Rieke Steinweg

Erwin Dahme · Eugen Weiss (Hrsg.)

Grundriß der speziellen pathologischen Anatomie der Haustiere

Erwin Dahme • Eugen Weiss (Hrsg.)

Grundriß der speziellen pathologischen Anatomie der Haustiere

5. neu bearbeitete und erweiterte Auflage

unter Mitarbeit von
Angela Hafner, Walter Hermanns, Ilse Käufer-Weiss,
Andreas Pospischil, Manfred Reinacher, Roland Rudolph,
Ekkehard Schäffer, Wolfgang Schmahl,
Peter Schmidt und Jens Peter Teifke

Enke

Professor em. Dr. Dr. h.c. Erwin Dahme
Emeritierter Professor für Allgemeine Pathologie
und Neuropathologie an der Tierärztlichen Fakultät
der Ludwig-Maximilians-Universität München
Veterinärstraße 13
D-80539 München

Professor em. Dr. Dr. h.c. Eugen Weiss
Institut für Veterinär-Pathologie der
Justus-Liebig-Universität Gießen
Frankfurter Straße 96
D-35392 Gießen

Die Deutsche Bibliothek – CIP-Einheitsaufnahme

Dahme, Erwin:
Grundriß der speziellen pathologischen Anatomie der Haustiere /
Erwin Dahme ; Eugen Weiss. Unter Mitarb. von Walter Hermanns ... –
5., neu bearb. und erw. Aufl. – Stuttgart : Enke, 1999
ISBN 3-432-80905-0

1. Auflage 1968
2. Auflage 1978
3. Auflage 1983
4. Auflage 1988

Satz: Schröders Agentur, D-14199 Berlin
Druck und Bindung: Universitätsdruckerei H. Stürtz AG, D-97017 Würzburg
Filmsatz: Times, PC

5 4 3 2 1

Vorwort zur fünften Auflage

Seit dem Erscheinen der vierten Auflage sind elf Jahre vergangen. Während dieser Zeit haben Wissens- und Erkenntniszuwachs auch auf den Gebieten der Allgemeinen Pathologie und der Pathologischen Anatomie wie in allen anderen medizinisch-biologischen Disziplinen rapide zugenommen. Nicht allein die Verfeinerung morphologischer Methoden, sondern auch die Einbeziehung spezieller Verfahrensweisen aus den Gebieten der Molekularbiologie und Immunologie haben die Möglichkeiten innerhalb der diagnostischen wie forschenden Pathomorphologie erheblich erweitert. Befruchtend haben sich in diesem Zusammenhang ferner viele neue Erkenntnisse auf den Gebieten der Genetik und Mikrobiologie sowie jenen der klinischen Diagnostik ausgewirkt. Die Autoren der nun vorliegenden neuen Auflage haben versucht, in der Abfassung der Texte diesen Gegebenheiten gerecht zu werden, wenngleich ein „Grundriß" eine Vertiefung in Einzelprobleme nur in beschränktem Maße bzw. nur skizzenhaft zuläßt. So soll das Buch dem Studierenden eine möglichst abgerundete Grundorientierung vermitteln, gleichzeitig aber seinen forschenden Geist anregen, um sich im weiteren speziellen Fragestellungen widmen zu können. Dem im Beruf stehenden Tierarzt soll es sowohl den gegenwärtigen Stand der Organpathologie vermitteln als ihn auch auf eine Reihe neuer Erkenntnisse für seine eigene diagnostische und gutachterliche Tätigkeit aufmerksam machen. Um diesen Zielen gerecht werden zu können, wurde der Kreis der Mitarbeiter durch Einbeziehung erfahrener Wissenschaftler erweiteret. In alphabetischer Reihung sind dies Frau Dr. Angela Hafner sowie die Herren Prof. Dr. Walter Hermanns, Priv.-Doz. Dr. Peter Schmidt und Dr. Jens-Peter Teifke.
Das äußere Erscheinungsbild des Buches wurde durch Änderung des Formates den modernen, an medizinische Lehrbuchliteratur zu stellenden Anforderungen angepaßt. Eine günstigere Spaltenbreite sowie die Durchnumerierung der Kapitel sollen dem Benutzer das Lesen der bisweilen komprimierten Informationen erleichtern. Vermehrung und technische Verbesserung der Schwarz-Weiß-Abbildungen, hier insbesondere die Darstellung einiger histopathologischer Befunde, sind als weitere Orientierungshilfen gedacht. Die Farbtafeln wurden aus der vorhergegangenen Auflage übernommen.
Besonderer Dank für das Gelingen des Werkes gilt, neben den Co-Autoren, Frau Prof. Dr. Ilse Käufer-Weiss für die erneute Bearbeitung des Sachregisters, ferner dem Verlag Ferdinand Enke für die verständnisvolle Betreuung des Buches, hier insbesondere für sein Entgegenkommen hinsichtlich der Erweiterung von Text und Illustrationen.

München und Gießen, Februar 1999

Erwin Dahme, Eugen Weiss

Vorwort zur ersten Auflage

Der Gedanke, einen Grundriß der pathologischen Anatomie der Haustiere zu schreiben, entsprang dem Wunsch, den Studierenden der Tiermedizin die Einführung in die Problematik der pathologischen Morphologie zu erleichtern. Es war dabei zu keiner Zeit Absicht der Autoren, mit den altbewährten einschlägigen Fachbüchern in Konkurrenz zu treten. Das vorliegende Buch soll vielmehr die auf THEODOR KITT zurückgehende Münchener Lehrbuchtradition unmittelbar fortsetzen. Dem Studierenden soll es eine Arbeitsgrundlage und ein Gedankengerüst für die Vorlesungen auf den Gebieten der speziellen pathologischen Anatomie sein und ihm genügend Raum für Ergänzungen aus der Vorlesung lassen. Nicht zuletzt soll ihm hierbei die dem Text vorangestellte Inhaltsübersicht eine rasche Orientierung innerhalb der verschiedenen Organsysteme erleichtern. Dies scheint den Autoren vor allem im Hinblick auf den neugeregelten Studiengang wichtig, der eine Straffung des Unterrichts auch in der pathologischen Anatomie mit sich bringt und den Studierenden mehr noch als bisher zwingt, sich durch systematische Vorbereitung auf Vorlesungen und Übungen bereits ein Grundwissen anzueigenen.

Obgleich eine umfassende Abhandlung der gesamten pathologischen Anatomie der Haustiere, einschließlich tropischer und außereuropäischer Krankheiten, angestrebt wurde, schließt der relativ geringe Umfang des Buches von vornherein eine erschöpfende Darstellung des kaum überschaubaren Stoffes aus. In der textlichen Gliederung wurde auf übersichtliche Einteilung der Kapitel und auf knappe Formulierungen Wert gelegt, gleichzeitig aber der Versuch unternommen, auch der „funktionellen Pathologie“ soweit als möglich Rechnung zu tragen. Aus dieser Sicht mögen die jedes Kapitel und manche Unterabschnitte einleitenden anatomisch-funktionellen Einführungen verstanden werden. Daß diese nicht mehr als eine grobe Orientierung sein können, braucht nicht betont zu werden.

Im übrigen folgt die Gliederung des Stoffes den klassischen Prinzipien der pathologischen Anatomie. Innerhalb dieses Rahmens wurden allerdings Organveränderungen, die wegen ihrer vorwiegend funktionellen Phänomenologie in klinischen Lehrbüchern ausführlich behandelt werden, wie solche der Zähne, des Auges, des Ohres und der Hornorgane des Integuments, nur sehr knapp dargestellt.

Bei der Abfassung und Gliederung der Abschnitte über die Organe mit endokriner Funktion fanden vor allem die neueren Arbeiten und zusammenfassenden Darstellungen von MATTHIAS und GROTH Berücksichtigung.

Dem Verlag Ferdinand Enke gilt an erster Stelle Dank, insbesondere für sein vielseitiges Entgegenkommen und sein Verständnis während der Zeit der Vorbereitung des Buches wie auch bei dessen Gestaltung. Die hervorragende drucktechische Wiedergabe der Abbildungen verdient in diesem Zusammenhang besondere Anerkennung. Zu Dank verpflichtet sind wir ferner Frau Dr. BIBRACK und den Herren Dr. DEUTSCHLÄNDER, Dr. HARTIG, Dr. MILLER, Dr. F. MILLER, Dr. PÜSCHNER und Dr. RUDOLPH für Entwurf- und Korrekturarbeiten.

München, Herbst 1967

ERWIN DAHME, EUGEN WEISS

Mitarbeiterverzeichnis

Professor em. Dr. Dr. h.c. Erwin Dahme
Institut für Tierpathologie der Ludwig-Maximilians-Universität München
Veterinärstraße 13, D-80539 München

Dr. Angela Hafner
Institut für Tierpathologie der Ludwig-Maximilians-Universität München
Veterinärstraße 13, D-80539 München

Professor Dr. Walter Hermanns
Institut für Tierpathologie der Ludwig-Maximilians-Universität München
Veterinärstraße 13, D-80539 München

Professor Dr. Ilse Käufer-Weiss
Institut für Veterinär-Pathologie der Justus-Liebig-Universität Gießen
Frankfurter Straße 96, D-35392 Gießen

Professor Dr. Andreas Pospischil
Institut für Tierpathologie der Universität Zürich
Winterthurer Straße 260, CH-8057 Zürich

Professor Dr. Manfred Reinacher
Institut für Veterinär-Pathologie der Justus-Liebig-Universität Gießen
Frankfurter Straße 96, D-35392 Gießen

Professor Dr. Roland Rudolph
Institut für Veterinär-Pathologie der Freien Universität Berlin
Straße 518, Nr. 15, D-14163 Berlin

Dr. Ekkehard Schäffer
GSF-Forschungszentrum für Umwelt und Gesundheit GmbH
Institut für Pathologie
Neuherberg, D-85758 Oberschleißheim

Professor Dr. Wolfgang Schmahl
Institut für Tierpathologie der Ludwig-Maximilians-Universität München
Veterinärstraße 13, D-80539 München

Privatdozent Dr. Peter Schmidt
Institut für Tierpathologie der Ludwig-Maximilians-Universität München
Veterinärstraße 13, D-80539 München

Dr. Jens Peter Teifke
Bundesforschungsanstalt für Viruskrankheiten der Tiere (BFAV)
Boddenblick 5a, D-17498 Insel Riems

Professor Dr. Dr. h.c. Eugen Weiss
Institut für Veterinär-Pathologie der Justus-Liebig-Universität Gießen
Frankfurter Straße 96, D-35392 Gießen

Inhalt

1 Kreislauforgane

1.1 Herz und Herzbeutel

R. RUDOLPH und E. DAHME

Die *Ontogenese* des Herzens geht vom viszeralen Mesodermblatt aus, wobei zunächst eine paarige Anlage entsteht. Die Herzüberkleidung leitet sich vom Kopfzölom ab und überzieht mit ihrem sich auf die Herzanlage hin entwickelnden Blatt diese als Epikard. Auf diese Weise kommt es zu einer Anheftung der Herzanlage in einem dorsalen Mesokard. Die endothelial ausgekleideten, paarigen Röhren der Herzanlage verschmelzen miteinander. Durch Einschnürungen gliedert sich das primitive Herzrohr nun in Unterabschnitte, die die späteren Lokalisationen von Ostien, Herzklappen und Scheidewand vorzeichnen, während die endgültige Herzform durch bajonettartige Knickung der in Metamere unterteilten Herzanlage zustande kommt. Entscheidend für das Gelingen dieser Entwicklungsschritte ist das Ablaufen bestimmter Drehbewegungen. Diese sind ihrerseits direkte Voraussetzungen für die Bulbus- und Trunkusentwicklung, insbesondere für die aufeinander zugeordneten Septierungen der Ventrikel und des Truncus arteriosus communis.

Der voll entwickelte *Herzbeutelraum* besitzt ein viszerales (Epikard) und ein parietales (Perikard) Blatt aus einer einfachen mesothelialen Deckzellschicht (sog. Serosenepithel). Die Form der z. T. mit Kinozilien ausgestatteten Deckzellen wechselt je nach Kontraktionszustand des Herzens und damit nach der jeweiligen Form des Herzbeutels. Unter den Deckzellen befindet sich eine bindegewebige Schicht, die beim Epikard vom subepikardialen Fettgewebe und beim Perikard von einer fibroelastischen und einer serösen Tunika, der Pleura mediastinalis (s. Körperhöhlen), gefolgt wird.

Die Herzauskleidung, das *Endokard,* besteht aus einem lückenlosen Endothelbelag und einer subendothelialen kollagenen bzw. elastisch-kollagenen Faserschicht. Das Endothel überzieht auch die Herzklappen und setzt sich an den Gefäßein- und -ausmündungen in das vaskuläre Endothel fort.

Die *Herzklappen* besitzen in ihrem Inneren ein fibröses Skelett aus scherengitterartig verspannten, in einer Platte angeordneten Kollagenfasern (= Fibrosa). Zwischen dieser Platte und dem endothelialen Klappenüberzug liegt lockeres Bindegewebe, das bei den Atrioventrikularklappen vorhofseitig eine schwammig verschiebliche Schicht (= Spongiosa) bildet. Die Vaskularisation der Herzklappenbasis ist nach Tierspezies verschieden. Klappen gesunder erwachsener Tiere sind durchweg gefäßfrei. Die Herzklappenbasis ist bei den Atrioventrikularklappen durch ein tiefes Einstrahlen der Faserplatte in das Ventrikelmyokard, bei den Semilunarklappen gemeinsam mit der Verankerung der großen Arterienstämme fixiert. Die Atrioventrikularklappen sind überdies im Bereich der Schließungsränder über Sehnenfäden, die *Chordae tendineae*, an die Papillarmuskelwülste der Herzinnenfläche geheftet. Die Semilunarklappen besitzen in der Mitte ihres freien Randes jeweils ein kleines Kollagenknötchen (Noduli valvarum semilunarum ARANTII). Daneben finden sich vornehmlich bei Hund und Katze und insbesondere im rechten Ventrikel in wechselnder Zahl und Anordnung netzförmig verspannte Sehnenfäden (sog. moderator bands) zwischen den Trabekeln sowie zwischen Ventrikelwand und Septum.

Der Herzmuskel, das *Myokard,* besteht aus quergestreiften Muskelzellen von spezifischer Bauart und mit zentral gelegenem Zellkern. In ihrer Verlaufsrichtung sind die Muskelzellzüge der Kammerwandung in gegenläufigen Spiralen der Herzspitze zu orientiert. Das Vorkammermyokard ist von elastischen Fasern durchzogen und auch dem Endokard zu mit einer elastischen Faserschicht bekleidet. Beim Rind befinden sich auch unter dem Ventrikelendokard elastische Fasern, die sich der Herzspitze zu verlieren. Das Herzmuskelskelett wird durch ein kollagenfaserreiches Interstitium repräsentiert. Zwischen den größeren Muskelfaszikeln formiert es sich zu bindegewebigen Septen, in welchen die intramuralen Blutgefäße und die reichlich vorhandenen Lymphgefäße verlaufen.

Die *Blutversorgung des Herzmuskels* geschieht über die beiden (rechte und linke) Herzkranzarterien, in deren weiteren Aufzweigungsgebieten extramurale (unter dem Epikard gelegene) und intramurale (im Herzmuskel verlaufende) Wegstrecken zu unterscheiden sind. Entsprechend ihrem Aufzweigungsmuster und ihrer Blutverteilungskapazität kann von funktionellen Endarterien gesprochen werden. Die kapilläre Strombahn zeigt ein konstantes Verhältnis von Muskelzelle zu Blutkapillare, das bei bisher untersuchten Spezies (Mensch, Hund) in der rechten wie linken Kammermuskulatur bei 1 : 1 liegt.

Die als *Erregungsbildungs-* und *Erregungsleitungssystem* des Herzens auch morphologisch definierbaren Strukturen haben ihre Zentren als primäres Erregungsbildungszentrum im Sinusknoten bzw. sinuatrialen Knoten (KEITH-FLACK) und als sekundäres Erregungsbildungszentrum im Atrioventrikularknoten (ASCHOFF-TAWARA). Ersterer befindet sich an der Einmündung der vorderen Hohlvene, besteht aus eigentümlich geknäuelten, mit elastisch-kollagenen Fasern durchwirkten, fibrillenarmen Muskelzellen und setzt sich über die Vorkammermuskulatur in Form schlanker Muskelzellen fort. Vorwiegend am Knotenrand strahlen zahlreiche Nervenfasern ein, wo auch – in speziesunterschiedlicher Dichte und Zahl – Ganglienzellen liegen. Der Sinusknoten der **Katze** ist makroskopisch nicht sichtbar, zu dessen Darstellung sind zahlreiche histologische Stufen- und Serienschnitte notwendig. Dieser Unterschied zu **Mensch** und **Hund** wird dadurch ergänzt, daß bei der **Katze** die verschiedenen Zelltypen sowie zentrale Sinusknotenarterie fehlen. Der Atrioventrikularknoten zeigt eine ähnliche Feinstruktur, hat jedoch weniger Bindegewebe und sitzt rechtsseitig im Vorhofseptum. Er besteht aus einem Vorhofknoten und einem funktionell zum Ventrikel gehörenden Knotenanteil. Von hier aus ziehen Bündel (=HISSsche Bündel) modifizierter Muskelzellen (=PURKINJE-Fasern) subendokardial und beiderseits am Ventrikelseptum entlang und strahlen, insbesondere bei den **Großtieren**, tief in das Ventrikelmyokard ein. Bei der **Katze** ist der AV-Knoten gleichfalls makroskopisch nicht sichtbar; unterschiedliche Zelltypen bestehen ebenso wenig wie im HISSchen Bündel, dessen Zellen peripher nicht größer werden, nicht in Faszikel unterteilt sind und durch feine Bindegewebsfasern getrennt sind. Alle Anteile dieses Systems sind zu selbständiger Erregungsbildung fähig, wobei in funktioneller Hinsicht zu beachten ist, daß die Erregungsfrequenz des HISSchen Bündels am niedrigsten und die des Sinusknotens am höchsten ist, der Sinusknoten aber als Schrittmacher beim gesunden Herzen die übrigen Anteile des Systems dominiert. Bei Leitungsunterbrechung (Blockierung) treten in den Vorkammer- und Kammerbereichen somit zwangsläufig Rhythmusdifferenzen auf.

Für Erregungsbildung und Erregungsleitung sowie Kontraktionsleistung, d. h. insgesamt für die ökonomische Herzleistung, spielt die Ansprechbarkeit der *adrenergen Rezeptoren* eine zentrale Rolle.

Die *Innervation* des Herzens entspringt dem Truncus sympathicus und dem N. vagus. Beide Faseranteile durchmischen sich im Plexus cardiacus, so daß einzelne Nervenfasern nur elektronenmikroskopisch als Vagus- oder Sympathikusendformationen zu unterscheiden sind. Beide Anteile des vegetativen Nervensystems beeinflussen Schlagfrequenz, Qualität der Erregungsleitung, Erregbarkeit des Herzmuskels und dessen Kontraktionsgröße (Sympathikus: Frequenzsteigerung, Verkürzung der Überleitungszeit, Erregbarkeitssteigerung, Zunahme der Kontraktionsgröße; Parasympathikus: Schonung und Drosselung der Herzfunktion). Im übrigen ist das Herzgewebe einschließlich der Herzklappen und Sehnenfäden in ausgedehnter Weise idiotropsensibel innerviert. Funktionell steht die Herzinnervation insoweit auch mit chemo- und barorezeptorischen Glomera von Koronar- und Karotissinus sowie solchen des aortopulmonalen Ursprungs in Verbindung, als diese Rezeptoren über das ZNS (Hypothalamus, Medulla oblongata, Rückenmark) einen Reflexkreis steuern. So führt z. B. eine Herabsetzung des O_2-Partialdruckes im Karotisblut zur Steigerung der Herz-Lungenfunktion, der zerebralen Mikrozirkulation und des arteriellen Blutdruckes sowie zur Beeinflussung der renalen Natriumausscheidung.

Der letztgenannte Vorgang wird durch das einzige *Eigenhormon des Herzmuskels,* das „Atriale Natriuretische Peptid“ (ANP), gesteuert. Es besteht aus 28 Aminosäuren bekannter Sequenz, wird von den atrialen Muskelzellen gebildet und reflektorisch bei passiver Dehnung der Atrien, hier insbesondere des rechten Atriums, freigesetzt. ANP hemmt die Flüssigkeitsresorption im distalen Nierentubulus und steigert die glomeruläre Filtrationsrate über Tonusänderungen an Vas afferens und Vas efferens. Ferner hemmt es die adrenale Aldosteronsekretion (s. S. 474).

Für die *Bewertung der gestörten Herzfunktion,* insbesondere des Versagens der Herzleistung, stehen dem klinischen Begriff der Herzinsuffizienz nur zum Teil pathologisch-morphologisch definierbare Veränderungen gegenüber. Prinzipiell kommen für die Herzinsuffizienz sowohl kardiale als auch extrakardiale Voraussetzungen in Betracht, die sich wie folgt einteilen lassen:

Herzversagen aus kardialen Voraussetzungen

1. Beeinträchtigung der Blutführung über das Koronararterien- und das Koronarvenensystem
   a) Funktionelle Störungen, wie Gefäßspasmen und Tonussteigerung
   b) Funktionelle Störungen bei Herzarrhythmien, Tachy- und Bradykardien
   c) Gewebsveränderungen am herzeigenen Blutgefäßsystem mit Strombahneinengung, z. B. Thrombosen, Embolien, Intimasklerosen, Mediaverkalkungen, Arteriitis, Phlebitis, tumorbedingte Kompressionen und Gefäßeinbrüche
   d) Blutgefäßanomalien
2. Minderung der Herzmuskelleistung
   a) Hypertrophien mit Überschreiten des kritischen Herzgewichtes = Mißverhältnis zwischen Muskelmasse und Kapazität der kapillären Strombahn bei erschwertem Stoffwechsel in der umfangsvermehrten Herzmuskelzelle
   b) Dilatation mit hoher Restblutmenge bei verringertem Blutausstoß
   c) Degenerationen, Nekrosen und Entzündungen des Herzmuskels
   d) Herabsetzung von Enzym- und Transportleistungen der Muskelzelle infolge toxischer Einwirkungen
   e) Funktionelle Störungen durch Steigerung oxidativer Prozesse in der Muskelzelle aus endogener (Katecholamine, Thyroxin) oder exogener (sympathikomimetische Amine) Ursache
   f) Funktionelle Störungen neurovegetativen Ursprungs und bei Defekten am Erregungsbildungs- und Erregungsleitungssystem (Tachy- und Bradykardien, Arrhythmien, AV-Block etc.)
   g) Angeborener oder erworbener Rechts-Links-Shunt
3. Ventilstörungen an den Ostien des Herzens
   a) Mißbildungen der Herzklappen mit Stenosen, Klappeninsuffizienzen und subvalvulären Stenosen
   b) Erworbene Herzklappenveränderungen (Endokardose und Endokarditis)

Herzversagen aus extrakardialen Voraussetzungen

1. Fehlregulation der peripheren Blutstrombahn (Schock, Kollaps)
2. Widerstandserhöhung im großen und kleinen Kreislauf, z. B. peripherer Widerstandshochdruck in den Nieren oder pulmonaler Hochdruck
3. Veränderungen des Blutes und des Häms
   a) verschiedene Formen der An- und Oligämie
   b) Hypoxämien bei O_2-Verringerung in der Atemluft, bei Lungenerkrankungen und beim Rechts-Links-Shunt

c) Blockierung des Hämeisens bei bestimmten Vergiftungen (CO, Nitrit, Chlorat)
4. Raumfordernde Prozesse im Thorax
5. Perikarditis, Herztamponade, Geschwülste etc.

Herzgewichte gesunder Tiere

	absolut in g	relativ in %
Pferd	2150–4300	0,60 Kaltblut 0,62–0,99 Halbblut bis 1,04 Vollblut
Rind	1800–3600	0,4–0,68 (0,45-0,87 Kalb)
Schaf	220–241	0,46–0,51
Schwein	200–500	0,27–0,33
Hund	30–490	0,64 Bernhardiner 0,78 Vorstehhunde etc.
Katze	12,7–18,4	0,51–0,55

Diese Literaturwerte für die *Katze* müssen im Vergleich mit anderen Mitteilungen gesehen werden, da in Regionen der USA und z. B. auch in Berlin niedrigere relative Daten für geschlechtsreife Tiere (0,39-0,42 und 0,42 bzw. 0,3-0,4 und 0,33-0,39) oder auch höhere absolute Zahlen (12,9-21,9; 12-23) vorliegen; dieses unterstreicht die Notwendigkeit, jeweils Rasse, Alter und Lebensweise zu berücksichtigen.

1.1.1 Mißbildungen des Herzens und des Herzbeutels

Diese stellen Ergebnisse von Entwicklungsstörungen im Sinne von Verlagerungs- oder Hemmungsmißbildungen dar, stimmen in ihren Grundmustern bei den höheren Wirbeltieren, insbesondere den Säugern, weitgehend überein und sind entweder auf das Herz beschränkt oder stehen mit Mißbildungen anderer Gewebe und Organe in Zusammenhang.

Verlagerungen des Herzens werden als *Ektopien* (Ektokardien) bezeichnet. Wichtige Formen sind die *Ectopia cordis pectoralis, cervicalis* oder *abdominalis.* Gemäß ihrem Erscheinungsbild sind gedeckte und offene Ektopien zu unterscheiden. Der am häufigsten zu findenden pektoralen Form liegt ein Brustbeindefekt, d. h. ein unvollständiger oder fehlender Schluß der Sternalleisten, zugrunde. Hierbei liegt das ektopische Herz entweder frei *(Ectopia cordis nuda),* in einem offenen oder aber in einem geschlossenen Herzbeutel, gelegentlich sogar mit äußerer Haut überkleidet vor. Es kann normal- oder mißgestaltet sein (Abb. 1.1).

Ein totales *(Akardie)* oder teilweises *(Hemikardie)* ***Fehlen des Herzens*** ist nur bei einem Partner eineiiger Zwillinge unter der Voraussetzung möglich, daß Nabelgefäßanastomosen in ausreichender Zahl ausgebildet sind.

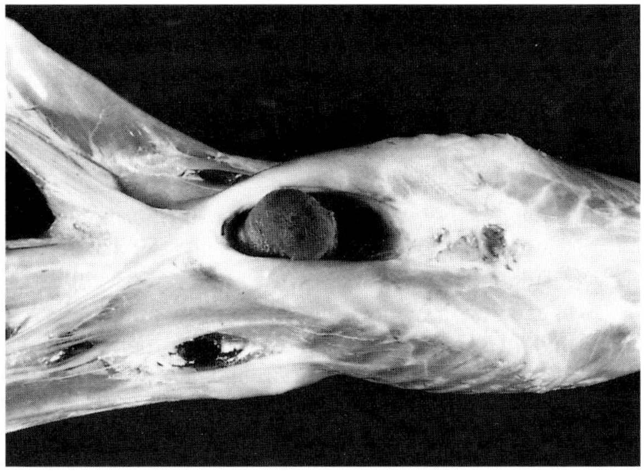

Abb. 1.1 *Fissura sternalis et Ectopia cordis,* Schaflamm. 1/3 nat. Größe

Divertikelbildung der Herzwandungen stellen ebenso seltene Entwicklungsstörungen dar wie ***Exzeß***- oder ***Mehrfachbildungen*** des Herzens *(Multiplicitas cordis).*

Eine bislang nur bei **Schwein** und **Schaf** bekanntgewordene Entwicklungsstörung des Ventrikelmyokards wird gelegentlich in der Form umschriebener, zur normalen Herzmuskulatur hin unscharf abgegrenzter Muskelfaserknoten gesehen. Die histologisch ungeordnet wirre Textur von Herzmuskelzellen in einem solchen, in der Regel solitären Knoten werden zwar auch unter der Bezeichnung *Rhabdomyom* geführt, doch deutet nichts darauf hin, daß es sich bei dieser Dysgenesie bereits um einen autonomen Tumor handelt. Morphologisch bestehen gewisse Übereinstimmungen mit den PURKINJE-Fasern des Erregungsleitungssystems.

Unter Beachtung des *zeitlichen Ablaufs* der embryonalen und fetalen Herzentwicklung lassen sich die **Herzmißbildungen im engeren Sinne** wie folgt definieren:

1. ***Mißbildungen als Ergebnis früher (embryonaler) Störungen der Herzentwicklung***
   a) Die *Transpositionen* der Körper- (V. cava) und Lungenvenen (Vv. pulmonales) in der Folge einer irritierten Umlagerung des Sinus venosus.
   b) Das *Ostium atrioventriculare commune* bzw. die Trikuspidalagenesie und der *Ventriculus communis.*
   c) Die komplette *Transposition* und andere *Positionsanomalien* von Aorta und A. pulmonalis als Folgen von Drehungsstörungen im Bulbusbereich, hier insbesondere eines Ausbleibens der sich gegenläufig zur Ventralschwenkung des Bulbus cordis vollziehenden Drehung von Aorten- und Pulmonalisursprung.
   d) Septierungsdefekte im Vorhofbereich unter dem Bilde eines *Truncus venosus communis* oder eines großen Vorhofseptumdefektes (*Foramen ovale primum persistens*).

e) Das Erhaltenbleiben des zunächst einheitlichen arteriellen Herzausgangs im Sinne eines *Truncus arteriosus communis verus s. idealis.* In der Regel finden sich hierbei vier Semilunarklappen, entsprechend der regulären Anlage von zwei Haupt- und zwei Nebenwülsten.

f) *Kammerseptumdefekte,* entweder mit normaler Entwicklung des arteriellen Trunkus und der aus diesem resultierenden Gefäße Aorta und A. pulmonalis oder aber mit Stromänderungen im embryonalen Herzen und hierdurch bedingter asymmetrischer Entwicklung der beiden großen Arterienstämme. Deutlichste Ausprägung finden diese Entwicklungsstörungen in einer weitgehenden *Stenose* bzw. einer *Atresie* von Aorta oder A. pulmonalis und der Ausbildung eines *Truncus arteriosus communis falsus* bzw. eines *Truncus arteriosus pulmonalis* oder *aortalis.* Die Zahl der Semilunarklappen eines derartigen *Pseudotruncus communis* wechselt von Fall zu Fall. In diese Gruppe von Entwicklungsstörungen gehören demzufolge auch als speziell bezeichnete Herzmißbildungen die *FALLOTsche Tetralogie,* charakterisiert durch (1) Pulmonalisstenose, (2) Kammerscheidewanddefekt, (3) „reitende Aorta", (4) Hypertrophie und Dilatation des rechten Ventrikelmyokards, und das *EISENMENGER-Syndrom,* charakterisiert durch (1) Pulmonalisdilatation, (2) Kammerscheidewanddefekt, (3) „reitende Aorta" oder Rechtsverlagerung der Aorta, (4) Hypertrophie des rechten Ventrikelmyokards. Die Größe von *Kammerseptumdefekten* unterliegt von Fall zu Fall großen Schwankungen, so daß grundsätzlich von *partiellen,* in Trunkusnähe gelegenen, *subtotalen* und *totalen* Defekten gesprochen werden kann. Die letztgenannte Form kann mit und ohne Trunkusanomalie auftreten und wird auch als *Cor univentriculare* bezeichnet. Betroffen sind vor allem (totgeborene oder neonatal gestorbene) Kälber. Aus ätiologischer Sicht dürfte es sich bei den isolierten oder komplexen Ventrikelseptumdefekten um Spontanmißbildungen handeln, doch wird wegen der Häufung solcher Mißbildungen bei bestimmten Hunde- und Schweinefamilien bzw. -rassen ein Erbschaden nicht ausgeschlossen. So wurde etwa für eine definierte Zuchtlinie des Yucatan Miniaturschweins eine hereditäre Genese nachgewiesen und für die Modellmedizin nutzbar gemacht.

2. *Mißbildungen mit Manifestation nach Ventrikelseptierung bzw. während der Fetalperiode*

a) Die *Ausweitung des Foramen ovale secundum* in der Vorkammerscheidewand mit der Konsequenz eines postnatalen Vorkammerscheidewanddefektes *(Foramen ovale secundum persistens).* Ein solcher Defekt kann für sich allein oder in Verbindung mit weiteren Defekten im Herzbereich bestehen. So finden sich etwa bei der *FALLOTschen Trilogie* ein (1) Foramen ovale secundum persistens, eine (2) Pulmonalisstenose und eine (3) Rechtshypertrophie.

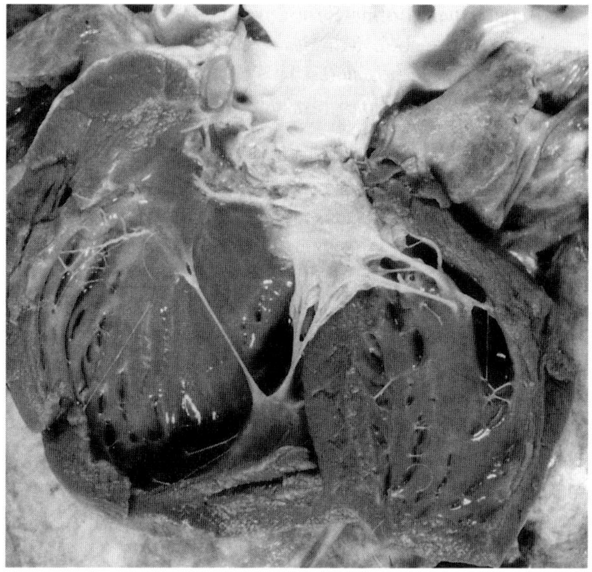

Abb. 1.2 *Kongenitale Stenose des Aortenostiums* unmittelbar unterhalb der Semilunarklappen (subaortale Stenose) mit exzentrischer Linkshypertrophie, Hund. 3/4 nat. Größe

b) *Entwicklungsstörungen bzw. Ausformungsstörungen von Herzklappen,* insbesondere in linksseitiger Manifestation, und – in enger Verbindung damit – *Entwicklungsstörungen des Conus aorticus.* Als Resultate dieser Störungen finden sich postnatal im Aortenklappenbereich – und hier insbesondere unmittelbar unterhalb der Semilunarklappen – gelegene Stenosen. Diese stellen qualitativ Muskelwülste und/oder narbenartige Bindegewebszubildungen in Form querverlaufender, leitersprossen- oder waschbrettartiger Endokardleisten *(Crista saliens)* dar. Entsprechend dem jeweiligen Ausprägungsgrad solcher Subaortalstenosen kann der Tod unmittelbar nach der Geburt oder aber, zeitlich versetzt, noch im jugendlichen Alter eintreten (s. S. 11). In der Haustierpathologie wird diese mit einer zunächst konzentrischen, später exzentrischen Linkshypertrophie einhergehende Herzmißbildung besonders häufig bei **Schwein** und **Hund** gesehen (Abb. 1.2). Bereits embryonal angelegte Engstellungen des Conus aorticus mit und ohne Septierungsstörungen führen insbesondere bei Miniaturschweinen zu konnatalen Linksherzhypoplasien, seltener -hyperplasien.

c) *Herzklappenzysten* mit wäßrig-farblosem (serösem) oder wäßrig-rotem Inhalt an den Atrioventrikularklappen stellen als endothelausgekleidete Räume mit Rückbildungstendenz nosologisch unbedeutende Zufallsbefunde dar. Am häufigsten findet man derartige Anomalien bei Schlachtkälbern.

1.1.2 Postmortale Veränderungen

Im Vergleich zum Skelettmuskel kommt die ***Leichen-*** oder ***Totenstarre*** *(Rigor mortis)* im Herzmuskel rasch, d. h. innerhalb einer Stunde p. m., zustande. Sie beginnt im linken Ventrikel und erreicht auch dort ihre stärkste Ausprägung. Streßeinwirkungen vor dem Tode mit Aktivierung und Erschöpfung des adrenal-sympathischen Systems erniedrigen den Glykogengehalt der gesamten Muskulatur. Hieraus ergibt sich ein besonders rasches Einsetzen, aber auch frühzeitiges Abklingen des Rigor mortis. Die zeitlich nachfolgenden weiteren Leichenerscheinungen entsprechen denen am Skelettmuskel (s. S. 345). ***Autolytische*** Herzmuskulatur erscheint auf der Schnittfläche stumpf, trocken, z. T. sogar graurot-hell. Dieser Zustand erlaubt meist keine sichere Abgrenzung gegenüber akut-degenerativen Zustandsbildern (Myodegeneratio cordis) mehr.

Hinsichtlich des Epi- und Perikards s. „Große Körperhöhlen“ und des Endokards s. „Blutgefäße“.

1.1.3 Epi- und Perikard

Bei frischen Leichen von Großtieren ohne pathische Prozesse im Herzbereich sind bei der Sektion bis zu ca. 100 ml einer klaren, hell- bis bernsteingelben, serösen Flüssigkeit im Herzbeutelraum zu erwarten. Bei solchen kleiner Haustiere liegen die erwartbaren Flüssigkeitsmengen im Herzbeutel um 10 ml und darunter oder zeigen sich bisweilen lediglich in einer satten Befeuchtung der Epi- und Perikardflächen und damit in einer widerstandslosen Verschiebbarkeit des noch uneröffneten Herzbeutels auf der Herzoberfläche. Neben der Prüfung des Herzbeutelinhalts und der Gleitfähigkeit ist bereits vor Eröffnung des Herzbeutels auf mögliche Verklebungen und Verwachsungen sorgfältig zu achten.

1.1.3.1 Fremdinhalte

Ein veränderter Herzbeutelinhalt kann Ausdruck und Folge nichtentzündlicher wie entzündlicher Grundereignisse sein und ist formal bzw. qualitativ nach folgenden Kriterien zu beurteilen:

Pneumoperikard: Gasansammlungen bei ansonsten unveränderten Herzbeutelverhältnissen sind daraufhin zu prüfen, ob sie nicht artifiziell, d. h. erst bei der Eröffnung des Brustraumes und durch Einreißen des Perikards entstanden sind. Ferner ist die postmortale Ansammlung von Faulgasen von einer intravitalen Gasansammlung zu unterscheiden. Letztere Form des echten Pneumoperikards kann ursächlich mit Lungen- und Perikardrupturen zusammenhängen und gemeinsam mit einem Pneumothorax bestehen (s. S. 115). Im übrigen können posttraumatische Gaseintritte in den Perikardraum bei Schlund- und Magenperforation zustande kommen. Auf die Entstehung eines jauchigen Pneumoperikards im Rahmen der Fremdkörperperikarditis des Rindes wird nachfolgend noch näher eingegangen.

Hydroperikard: Bei diesem ist zwischen Trans- und Exsudat zu unterscheiden. Transsudative Ergüsse mit einer eiweißarmen (spez. Gew. < 1015), klaren bis leicht getrübten Flüssigkeit beruhen auf allgemeinen Stoffwechselstörungen, wie Hypalbuminämie, chronischen Hepato- und Nephropathien, auf Kachexien bei Malignomen und Mangelkrankheiten, ferner – als Teilbild allgemeiner Höhlenergüsse und Ödeme – auf toxämischer oder zirkulatorischer Grundlage. In erster Linie kommen für die letztgenannte Ursachengruppe Störungen der Lymphdränage und Rückstauungen im venösen Schenkel des großen Kreislaufs in Betracht. Proteinreiche (spez. Gew. > 1015), seröse bzw. plasmatische Ergüsse sind in der Regel entzündlichen Ursprungs und zeigen bei mikroskopischer Untersuchung Beimengungen desquamierter Mesothelzellen und emigrierter Leukozyten. Oft gerinnt der in einem Gefäß aufgefangene Herzbeutelinhalt nach kurzer Zeit geleeartig.

Differentialdiagnostisch ist hiervon das sehr seltene ***Chyloperikard*** zu trennen, das sich aus Rupturen oder tumorösen Alterationen des Ductus thoracicus und des Herzbeutels ergeben kann (s. *Chylothorax* und *Chylaskos* S. 116).

Hämoperikard: Blutergüsse in den Herzbeutelraum hinein können zunächst auf der Grundlage von Blutgefäßrupturen (Aortenursprung, A. coronaria) und Herzwandrupturen (linkes Atrium bei Mitralinsuffizienz alter Hunde!) beobachtet werden. Des weiteren finden sich blutige Herzbeutelergüsse in unmittelbarem Zusammenhang mit Tumoren im Herzbereich (z. B. Herzbasistumoren, Hämangioendotheliome), bei Blutgerinnungsstörungen und bei der Perikarditis/Epikarditis im Stadium der Angio-Fibroblastensprossung. Dieses letztgenannte, erfahrungsgemäß nicht selten bei **Schwein** und **Hund** zu findende Hämoperikard basiert auf verschiedenen Einzelfaktoren, wie erhöhter Vulnerabilität des Granulationsgewebes, Koagulopathien, mikrobiell-toxischen und mechanisch-traumatischen Einflüssen.

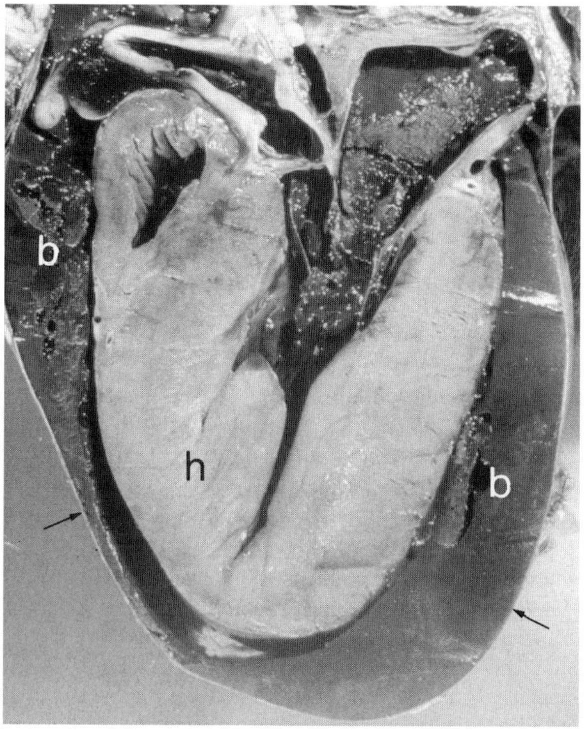

Abb. 1.3 *Herztamponade* nach traumatisch bedingter Ruptur der Vorkammermuskulatur (Formalin-fixiertes Präparat)), Kragenbär. 2/3 nat. Größe, Pfeile = Perikard, h = Herzmuskel, b = Bluterguß (Hämoperikard)

Ätiologisch nicht näher definiert sind die bei *Rüden großwüchsiger Hunderassen* vorkommenden und als idiopathische ***hämorrhagische perikardiale Effusionen*** bezeichneten Herzbeutelergüsse.

Die *Folgen* des Hämoperikards stehen in direkter Abhängigkeit von der Ergußmenge: Eine rasch ablaufende Füllung des Herzbeutelraumes kann zur tödlichen ***Herztamponade*** führen (Abb. 1.3). Blutergüsse geringen Ausmaßes, die die Herzaktion nur unerheblich beeinträchtigen, heilen in der Regel nach lymphogener Resorption oder resorptiver Entzündung ab. Als Residuen solcher Resorptionsprozesse finden sich gelegentlich bindegewebige Narben, Spangen oder Synechien, seltener ausgeprägte Schwarten.

Als qualitativ variable Form des Herzbeutelergusses besteht das *Hämo-Hydroperikard* bei der *diätetischen Mikroangiopathie (MAP)* bzw. *Maulbeerherzkrankheit* des **Schweines.** In der Mehrzahl der Fälle werden die charakteristischen Herzmuskelveränderungen (s. S. 17) von serofibrinösen oder auch serös-hämorrhagischen Herzbeutelergüssen begleitet.

1.1.3.2 Kreislaufstörungen

Subseröse Blutungen in Epi- und Perikard können von petechialen bis zu großflächigen Formen reichen. Sie finden sich häufig nach Septikämien, hypoxidotischen bzw. asphyktischen Zuständen (Erstickungstod), Unfällen mit massiver, stumpfer Traumatisierung, Schocktod und als Ausdruck einer hämorrhagischen Diathese.

1.1.3.3 Stoffwechselstörungen

Herzbeutelpigmentierungen sind im Zusammenhang mit der *Melanosis maculosa* des Kalbes bekannt; des weiteren können *Hämosiderinspeicherungen, Ceroiddepots* und *Kalkinkrustationen* (dystrophisch und metastatisch) im Nachgang zu Blutungen sowie entzündlichen oder degenerativen Gewebsveränderungen vorkommen.

Als ***gallertige Atrophie*** des subepikardialen Fettgewebes wird jener Zustand bezeichnet, bei dem infolge Totalmobilisierung der Depotfette auch das subepikardiale Fettgewebe entspeichert wurde. An seiner Stelle findet sich dann eine glasige, wasserreiche, wabblige Gewebsmasse, deren Umfang – im Vergleich zu der nach Alter und Spezies erwartbaren subepikardialen Fettspeicherung – allerdings nur unwesentlich reduziert ist.

1.1.3.4 Zusammenhangstrennungen

Zu den seltenen Veränderungen des Herzbeutels zählen die **Spontanrupturen** beim Hund. Hierbei gleitet der eingerissene Herzbeutel über größere Herzabschnitte, insbeson-

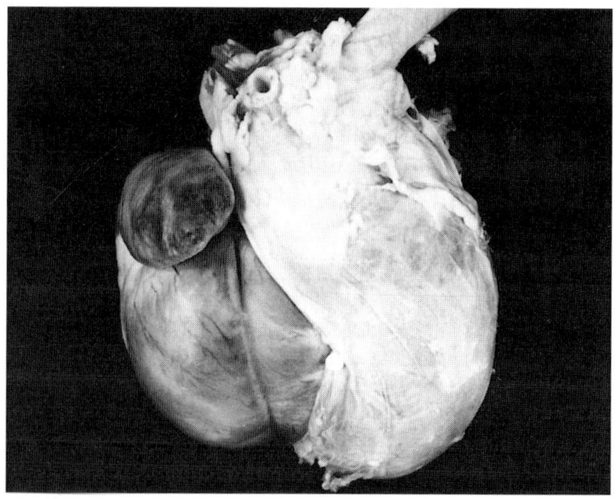

Abb. 1.4 *Herzbeutelruptur* (Spontanruptur) mit Abschnürung der ausgetretenen Anteile des rechten Ventrikels, Hund. 2/3 nat. Größe

dere Herzspitze zurück und führt alsbald zu einer Abschnürung des herausragenden Herzgewebes und damit – funktionell gesehen – zu plötzlichem Herzversagen (Abb. 1.4).

1.1.3.5 Entzündungen (Perikarditis, Epikarditis)

Die *Epi- und Perikarditisformen* zeigen grundsätzliche Übereinstimmungen mit den Entzündungen der Brust- und Bauchhöhle (Pleuritis, Peritonitis), wenngleich die besonderen räumlichen Verhältnisse und die Herzbewegungen den Herzbeutelentzündungen vielfach ein charakteristisches Aussehen verleihen.

Zu den **nicht-erregerbedingten Perikarditiden** zählen die im Rahmen von Ergußresorptionen (s. oben), die bei allgemeiner *Gicht* der Vögel und Reptilien und schließlich die infolge von Tumorimplantationen entstehenden Formen. Die zweitgenannte, als *Pericarditis urica* bezeichnete Form führt in der Regel zu einer breitflächigen bzw. totalen Synechie von Herz und Herzbeutel.

Hinsichtlich der Pathogenese der **erregerbedingten Perikarditiden** sind folgende Wege zu unterscheiden:

1. Direkte Entstehung aus Perforationen des Herzbeutels, insbesondere von Bedeutung für die *Pericarditis traumatica* des Rindes
2. Direkte Entstehung durch fortgeleitete Infektionsprozesse aus der Nachbarschaft (Pleurahöhle, Lunge, Ösophagus)
3. Hämatogene Entstehung im Rahmen virämischer und bakteriämischer Infektionsabläufe
4. Retrograd-lymphogene Entstehung bei Pleuropneumonien, insbesondere bei tuberkulösen Formen

Die ***seröse Perikarditis,*** auch als entzündliches Hydroperikard bezeichnet, besteht als solche sicher nur kurzzeitig, um im weiteren fibrinöse Beimengungen zu erfahren oder in eine resorptiv-proliferative Form überzugehen. Sie wird bei *manchen Clostridieninfektionen* des Schafes *(Cl. novyi)* und bei der *Hundeleptospirose (L. canicola)* gefunden (s. S. 121).

Im übrigen ist grundsätzlich davon auszugehen, daß Trans- oder Exsudatresorptionen Spuren hinterlassen, die – je nach Ursache und Dauer des Grundleidens – entweder eine chronisch ***fibroplastische Perikarditis*** mit flächiger Synechie von Epi- und Perikard (Abb. 1.5) oder spangenförmig-narbige Synechien ergeben.

Als ***Nischenperikarditis*** werden beim **Rind** (s. *Nischenpleuritis*, S. 120) graurote, zottige oder beetartige Angio-Fibroblastensprossungen bezeichnet, die vorwiegend an der Umschlaggrenze von Epi- zu Perikard liegen. Ätiopathogenetisch sind sie als Residuen von *Mykoplasmen-* und

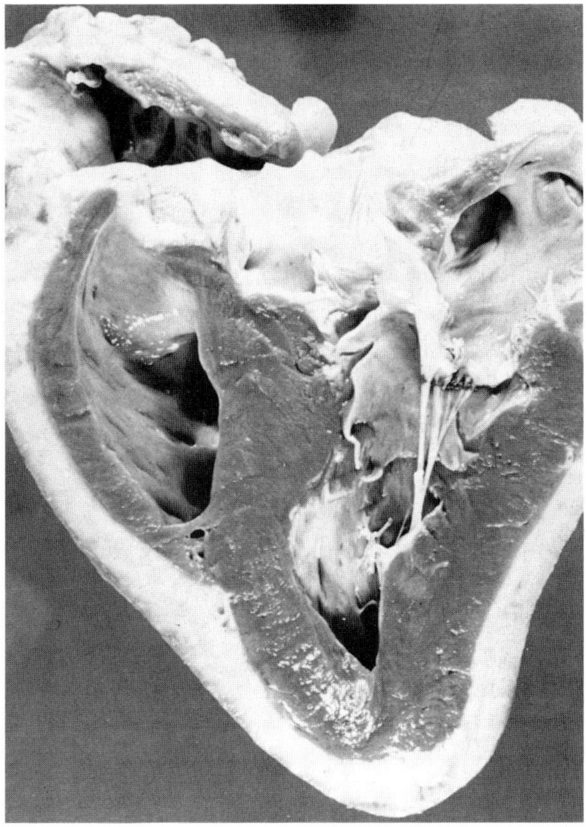

Abb. 1.5 *Pericarditis et Epicarditis fibroplastica adhaesiva,* Rind. 1/2 nat. Größe

Virusinfektionen zu bewerten. Soweit sie ausnarben, werden sie geweblich voll integriert und vom Mesothel des Perikardraumes überkleidet.

Die ***fibrinöse Perikarditis*** bzw. ***Epikarditis*** (Abb. 1.6) erlaubt im allgemeinen keine narbenlose Ausheilung mehr: Geringfügige Fibrinniederschläge können wohl noch resorbiert werden, wobei als Endzustand *Sehnenflecken* resultieren. Dichtere, meist plattenförmige Fibrinniederschläge werden dagegen nur unter Ausbildung eines Granulationsgewebes organisiert. Hier ist das Ergebnis dann ein Narbengewebe, das zu diffusen oder umschriebenen Dauerverwachsungen (Synechien) des Herzbeutels führen kann. Sekundäre dystrophische Verkalkungen sind möglich.

Für serofibrinöse und fibrinöse Herzbeutelentzündungen kommen ursächlich *Virus-* und *Bakterieninfektionen* in Betracht. Speziell für **Wiederkäuer** und **Schwein** sind *Haemophilus-* und *Mykoplasmeninfektionen* (s. S. 120) von Bedeutung. Nicht selten, so etwa bei *Pasteurella-* und

Abb. 1.6 *Epicarditis fibrinosa acuta diffusa*, Kalb. 3/4 nat. Größe

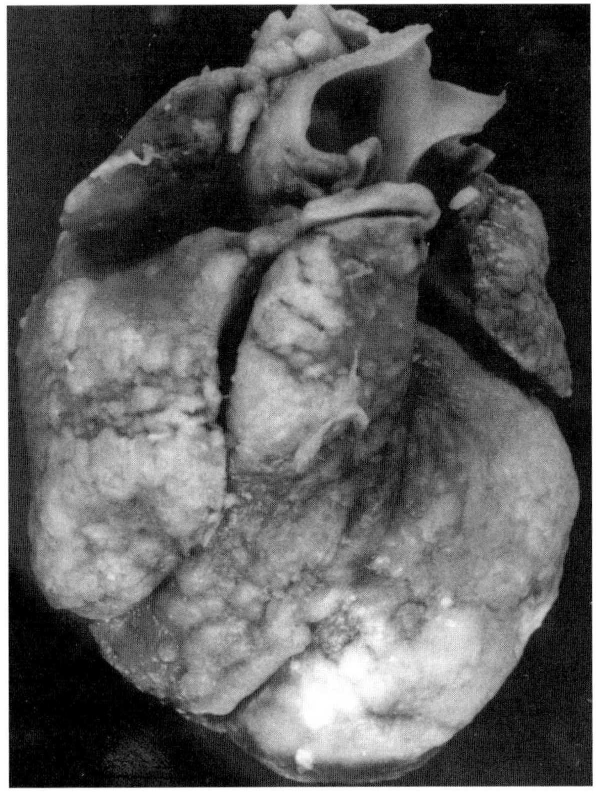

Abb. 1.7 *Epicarditis granulomatosa* bei Feliner Infektiöser Peritonitis (FIP), Katze. 2.5 x nat Größe

Virus-Infektionen, verlaufen die Herzbeutelentzündungen parallel mit Pleuropneumonien, bei *Haemophilus*- und *Mykoplasma*-Infektionen gemeinsam mit Polyserositis und Polyarthritis (s. S. 342). Auch bei Infektionen durch *Clostridium chauvoei (feseri)* des **Rindes** kommt es häufig zu fibrinösen Perikarditiden mit nekrotisierender Komponente. Sie bestehen entweder gemeinsam mit den auf S. 354 beschriebenen Muskelveränderungen oder isoliert.

Fibrinös-eitrige oder ***fibrinös-jauchige Perikarditiden*** finden sich regelmäßig bei perforierenden Haubenfremdkörpern des **Rindes** *(P. traumatica).* In fortgeschrittenen Stadien zeigen sich hier schwartige, gleichermaßen von Epi- und Perikard ausgehende Organisationsprozesse im Sinne einer fibrinös-fibroplastischen Entzündung, letztlich einer *Pericarditis (et Epicarditis) fibroplastica adhaesiva* (Abb. 1.5).

Zu den chronischen Formen der Herzbeutelentzündung zählt ferner die ***P. tuberculosa.*** Sie tritt stets sekundär im Anschluß an tuberkulöse Prozesse in anderen Organen auf, d.h. sie entsteht entweder auf hämatogenem Wege, retrograd lymphogen oder direkt durch Übergreifen aus der Nachbarschaft, hier besonders aus tuberkulös eingeschmolzenen Lymphknoten oder einer tuberkulösen Pleuritis. Beim **Rind** werden je nach Immunitätslage produktive oder mehr verkäsende Verlaufsformen beobachtet. Die produktive Form dokumentiert sich in einer vorwiegend glasighomogen erscheinenden, diffusen Granulationsgewebsbildung, in die knotige Veränderungen eingelagert sein können. Hier ist die Diagnose oft nur histologisch zu führen, insbesondere in Fällen, bei denen makroskopisch Tuberkel nicht sicher nachweisbar sind. Zu den verkäsenden Formen zählen zum einen die mit multiplen, sekundär verkäsenden Granulomen einhergehende Herzbeuteltuberkulose und zum anderen die *diffus-verkäsende Perikarditis.* Aus der *Granulomform* kann sich ein *Panzerherz* entwickeln.

Die P. tuberculosa des **Hundes** zeichnet sich durch erhebliche seröse Exsudationen (Hydroperikard) aus. Die Herzbeutelserosa ist hier in der Regel feinknotig verändert oder speckig verdickt und mit gröberen Knoten besetzt. Bisweilen zeigt sich nur eine allgemeine Rauhigkeit. Differentialdiagnostisch sind Geschwulstprozesse (P. carcinomatosa, Mesotheliom) auszuschließen.

Schließlich kann es auch bei der **Katze** nach Infektion mit dem *FIP-Virus* zu einer ***granulomatösen Perikarditis*** kommen (Abb. 1.7). Diese tritt sowohl als isoliertes

Geschehen als auch gemeinsam mit Peritonitis und/oder Pleuritis (s. S. 122) auf. Histologisch ist sie durch Angio-Fibroblastensprossungen gekennzeichnet, die gemeinsam mit granulozytären und lympho-plasmozytären Reaktionen sowie fibrinoiden Nekrosen zu knotig-schwartigen Veränderungen führen. Der Herzmuskel selbst ist nur ausnahmsweise einbezogen.

1.1.4 Endokard

1.1.4.1 Kreislaufstörungen

Endokardblutungen gelten im allgemeinen als unspezifisch hinsichtlich ihres Zusammenhangs mit bestimmten Grundleiden oder Todesursachen. Sie können *toxisch, hypoxisch, traumatisch* und *neurogen* entstehen. Die letztgenannte Möglichkeit ist besonders bei *Vagusirritationen* im Rahmen von Hals- oder Abdominaltraumen sowie nach Schockzuständen in Erwägung zu ziehen. Meist handelt es sich hierbei um flächige Endokardblutungen im linken, seltener im rechten Ventrikel.

Bei Herzsektionen werden gelegentlich kleine ***Kugelthromben*** angetroffen, die entweder in einer Vorkammer oder im Trabekelwerk einer Herzkammer liegen. Histologisch zeigen sie einen konzentrisch geschichteten Bau, wobei das Material im wesentlichen aus Fibrin und Blutplättchen besteht. Ihre nosologische Bedeutung bleibt meist unklar, wenngleich sie bevorzugt bei felinen Kardiomyopathiefällen gefunden werden.

Hinsichtlich Insuffizienz der Lymphdränage s. S. 11 „Endokardiale Fibroelastose" (EFE).

1.1.4.2 Stoffwechselstörungen

Als Stoffwechselstörungen kommen im wesentlichen nur Verkalkungen und Pigmentierungen in Betracht.

Verkalkungen des Endokards entstehen als metastasierende Formen in der Folge von Hyperkalzämien, so etwa bei D-Hypervitaminosen und Hyperparathyreoidismus. Der Prozeß beginnt in der Regel an Endokardpartien, die reich an elastischen Fasern sind. Damit besteht die gleiche enge Beziehung zwischen Elastin und Kalkeinlagerung wie im Blutgefäßsystem. So ist auch gut zu verstehen, daß Mediaverkalkungen und Endokardverkalkungen nicht selten gemeinsam vorkommen. Im besonderen Maße gehört die Endokardverkalkung zum Bilde der *endemischen Calcinosis* des **Rindes** und anderer **Wiederkäuer**. Diese zum Komplex der D-Hypervitaminosen zählende Krankheit wird durch bestimmte Futterpflanzen (Goldhafer = *Trisetum flavescens;* Solanaceen, vor allem *Solanum malacoxylon*) hervorgerufen (Tafel 1.A). Beim **Hund** stehen die vorwiegend auf das Vorkammerendokard beschränkten Kalkmetastasen i.d.R. mit einem renal bedingten *Hyperparathyreoidismus,* oft gemeinsam mit einer *urämischen Endokarditis,* in ursächlichem Zusammenhang. Auch die nekrotisierende Vorkammerendokarditis, hervorgerufen durch *Leptospira canicola,* neigt zur Verkalkung (s. S. 11).

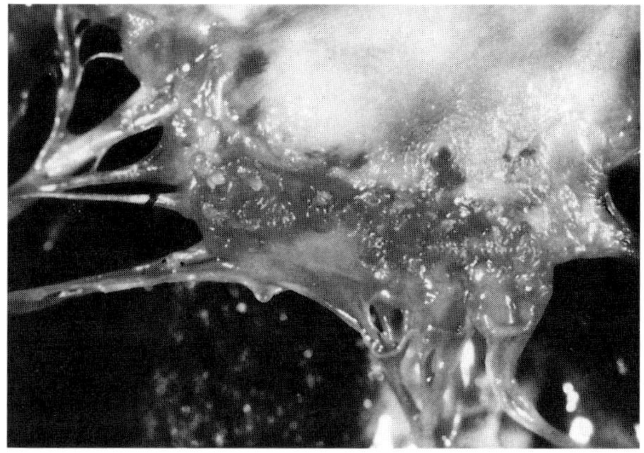

Abb. 1.8 *Endocarditis polyposa et ulcerosa* der Mitralis, Bernhardiner. Nat. Größe

Von den ***Pigmentierungen des Endokards*** seien lediglich die *Endokardmelanosen* bei Kalb und Schaf erwähnt. Die beim **Kalb** vorkommende Melanose entspricht der Melanose in den übrigen Organen (Lunge, Leber, Hüllen des ZNS usw.). Sie betrifft das subendotheliale Bindegewebe und stellt offenbar ein temporäres Phänomen dar, das mit zunehmendem Alter verschwindet. Beim **Schaf** läßt sich die Endokardmelanose am besten mit kerzenrußartigen Schwärzungen vergleichen. Sie betrifft vor allem das Ventrikelendokard, geht aber im Lebensablauf nicht zurück.

1.1.4.3 Entzündungen (Endokarditis)

Die Endokarditis entsteht bei den Haustieren i. d. R. auf bakterieller Grundlage. Eine virale Genese ist bislang nicht schlüssig nachgewiesen. Ihrem Sitz nach läßt sie sich in die *Endocarditis (E.) valvularis, E. parietalis, E. chordalis, E. trabecularis* und *E. papillaris* unterteilen. Qualitative Unterschiede sind besonders im Klappenbereich von Bedeutung, wo man zwischen einer *E. valvularis (v.) simplex, E. v. thromboticans* (diese besonders in der Form der *E. v. verrucosa, E. v. polyposa), E. v. ulcerosa* und E. *v. fibrosa* unterscheiden kann. Häufig sind hier auch kombinierte Formen, wie etwa eine *E. v. polyposa et ulcerosa* (Abb. 1.8), zu beobachten.

Pathogenetisch gesehen ist grundsätzlich zwischen der vorwiegend *linksseitigen Endokarditis* mit dominantem

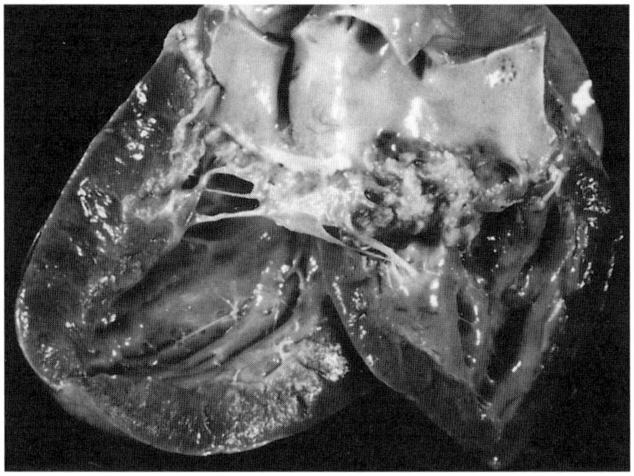

Abb. 1.9 *Endocarditis thromboticans* der Mitralis, Dalmatiner. 2/3 nat. Größe

Betroffensein der Mitralis und der *rechtsseitigen Endokarditis* mit bevorzugter Lokalisation im Trikuspidalbereich und in dessen benachbartem Wandendokard zu unterscheiden.

Die ***Endokarditis vom Mitralistyp*** (Abb. 1.9) läßt sich je nach Erregervirulenz, Immunitätslage und Krankheitsdauer entweder als entzündliches Klappenödem mit mikrothrombotischer Komponente, als vegetierende, d. h. mit Granulationsgewebszubildung einhergehende Thromboendokarditis, als destruierend-ulzerierende bzw. perforierende Klappenentzündung oder gelegentlich auch als primär chronisch verlaufender, ödematös-indurierender Prozeß klassifizieren. Demgegenüber bringt eine Einteilung der Endokarditis in septische und aseptische Unterformen für die praktische Diagnostik kaum Vorteile, zumal der Erregernachweis aus Leichenendokard problematisch ist und von Voraussetzungen abhängt, die nur ausnahmsweise erfüllt werden können.

In der Chronologie ihrer *Pathogenese* stehen bei der Mitralendokarditis bakteriell-toxische Endothelläsionen unter dem Einfluß spezifischer bakterieller Adhäsionsfaktoren sowie hyperergische Endotheldeformationen an Schließungsrand und vorhofseitigen Klappenflächen am Beginn des Geschehens. Diese Primärveränderungen werden von insudativ-ödematösen Verquellungen des Klappenstromas, oberflächlichen Thrombozytenaggregationen und Bakterienabsiedlungen aus dem strömenden Blut gefolgt. In einem gewissen Prozentsatz der Fälle sind Aortenklappen und vereinzelt auch die Trikuspidalis mitbetroffen, wenngleich durchweg in geringerem Maße (siehe unten).

Das *Schicksal* des von einer Mitralendokarditis betroffenen Tieres wird zum einen durch die fortschreitend zunehmende Mitralstenose und zum anderen durch zentrifugale Thromboembolien im arteriellen Schenkel des großen Kreislaufes bestimmt: Die Mitralstenose wirkt sich vor allem auf die pulmonale Blutzirkulation aus und führt zur chronischen Stauungslunge und zur Rechtsherzhypertrophie, während die Abschwemmung von Thrombusteilchen arterielle und arterioläre Obturationen, disseminiert herdförmige Entzündungsbilder und insbesondere embolische (septische!) Herzmuskel- und Niereninfarkte bedingen (s. S. 14 u. 249).

Die ***Endokarditis vom Trikuspidalistyp*** resultiert – pathogenetisch gesehen – im wesentlichen aus einer direkten Einschwemmung septischer Emboli aus dem venösen Schenkel des großen Kreislaufs in den rechten Herzraum. Speziell beim **Rind** kommen als Grundleiden einschmelzende, mit Thrombophlebitis einhergehende Prozesse, so etwa Retikuloperitonitis und -perikarditis, nekrotisierende Panaritien und nekrotisierende Prozesse im Uterus-Scheidenbereich in Betracht. Im Gegensatz zur Mitralendokarditis etablieren sich die Veränderungen am Endokard zunächst an der ventrikelseitigen Fläche der Klappensegel unter Einbeziehung der Sehnenfäden und des benachbarten Wandendokards. Qualitativ gesehen setzt sich diese Endokarditisform aus thrombotischen, nekrotisierenden und bindegewebig-proliferativen Vorgängen zusammen, die zu raumfordernden Prozessen im rechten Ventrikelraum werden und sich schließlich bis in den Herzspitzenbereich ausdehnen können. Im übrigen wird diese Form regelmäßig von Lungenarterienembolien bzw. -thrombosen begleitet (s. S. 89). Das Erregerspektrum ist außerordentlich breit (siehe unten).

Funktionell führen derartige Trikuspidalendokarditiden zur Massenstenose im rechten Herzen und damit zu Hohlvenenstau, chronischer Stauungsleber und Hydrops ascites (s. S. 205 u. 116).

Beim **Rind** dominiert der Rechtsherztyp mit etwa 77%. Er ist in der Regel auf den Trikuspidalbereich beschränkt, kann aber auch mit Thromboendokarditiden an den Pulmonalklappen, vereinzelt sogar mit solchen an Mitral- und/oder Aortenklappen einhergehen. Bakteriologisch finden sich in ca. 45% dieser Endokarditisform *Actinomyces (Arcanobacterium) pyogenes*, in ca. 20% *Streptokokken*, in den restlichen 35% Mischfloren, *Pasteurella multocida*, *Staphylococcus aureus*, *Fusobacterium necrophorum*, gelegentlich aber auch keine pathogenen Mikroorganismen. Bei dem seltener vorkommenden Mitralistyp trifft man hauptsächlich auf *Streptokokken* und *Actinomyces (Arcanobacterium) pyogenes*.

Bei den **kleinen Wiederkäuern** zählen Endokarditiden zu den seltenen Befunden. Erfahrungsgemäß kommen beide Grundformen vor, wobei unter den Erregern an erster Stelle *Streptokokken* stehen.

Beim **Pferd** erstreckt sich die Endokarditis vor allem auf den linken Herzraum, allerdings unter Bevorzugung der Aortenklappen

(65%–70%). Die Mitralis ist nur in etwa der Hälfte solcher Fälle einbezogen. Rechtsherzlokalisationen liegen demgegenüber bei oder unter 30% aller Endokarditisfälle.

Weitaus am häufigsten unter den Haussäugetieren wird das **Schwein** von der Endokarditis betroffen, wobei der Linksherztyp prozentual im Vordergrund steht. Nahezu regelmäßig sind die Mitralklappen, in vielen Fällen aber auch die Aortenklappen betroffen. Auch ist der Klappenapparat des rechten Ventrikels gelegentlich miteinbezogen, wohingegen reine Rechtsherzlokalisationen selten sind. Morphologisch trifft man bei der Mitralendokarditis in der Regel auf grobwarzige, fungiforme oder knollige Entzündungsbilder an Klappenrand und vorhofseitiger Klappenfläche. Ulzerierende Formen treten demgegenüber selten auf. Wohl aber neigt das Schwein, speziell bei der Rotlaufinfektion, auch zu chronisch-fibrosierenden Formen. Diese lassen dann oft mehr an eine Endokardose denn eine Endokarditis denken, zumal sich aus ihnen in der Regel keine Erreger isolieren lassen.

Das Erregerspektrum wird bei der Thromboendokarditis des Schweines mit 80 % Vorkommenshäufigkeit vom *Rotlauferreger* angeführt und erst mit 8 % von *Streptokokken* und weniger als 2% von *Staphylokokken* gefolgt. Andere bakterielle Erreger, wie *Pasteurellen*, werden nur in Einzelfällen oder im Rahmen komplexer Infektionsbilder gefunden.

Auch beim **Hund** liegt die Linksherzendokarditis mit einer Vorkommenshäufigkeit von ca. 70% aller Endokarditisfälle weit vor den Rechtsherzmanifestationen (ca. 10%-15%). Das signifikant häufigere Betroffensein älterer Rüden läßt sich aus pathogenetischen Zusammenhängen mit der eitrig-einschmelzenden Prostataentzündung erklären. Morphologisch ähnelt das Bild dem der Mitralendokarditis des Schweines, wenngleich ulzerierende Verlaufsformen beim Hund etwas häufiger beobachtet werden können als beim Schwein. Bakteriologisch trifft man vor allem auf *Streptokokken* und *E. coli*. Ähnlich dem Menschen kann in Einzelfällen auch *Erysipelothrix rhusiopathiae* isoliert werden, wobei es sich allerdings zumeist nicht um den Erreger des Schweinerotlaufs, sondern um Vertreter anderer Stämme handelt.

Ferner ist beim Hund eine *Endocarditis parietalis ulcerosa* im linken Atrium bekannt. Kausal wird sie der Canicola-Leptospirose und urämischen Grundprozessen zugeordnet.

Bei der **Katze** kommen Endokarditiden vergleichsweise selten vor.

1.1.4.4 Endokardfibrosen

Obgleich in ätiopathogenetischer Sicht als nicht einheitlich zu bewerten, verdienen ***Fibrosen des Wandendokards*** als Krankheitsbilder der frühen Lebensphase oder des jugendlichen Alters mit durchweg infauster Prognose besondere Beachtung. So werden ursächlich für die beim **Menschen** innerhalb des ersten Lebensjahres zum Tode führenden Formen einerseits fetale und/oder perinatale Virusinfektionen (Picorna-, Paramyxoviren), andererseits Hypoxidosen und konnatale (hereditäre?), endomyokardiale Lymphabflußstörungen als Kausalfaktoren diskutiert. Unter den

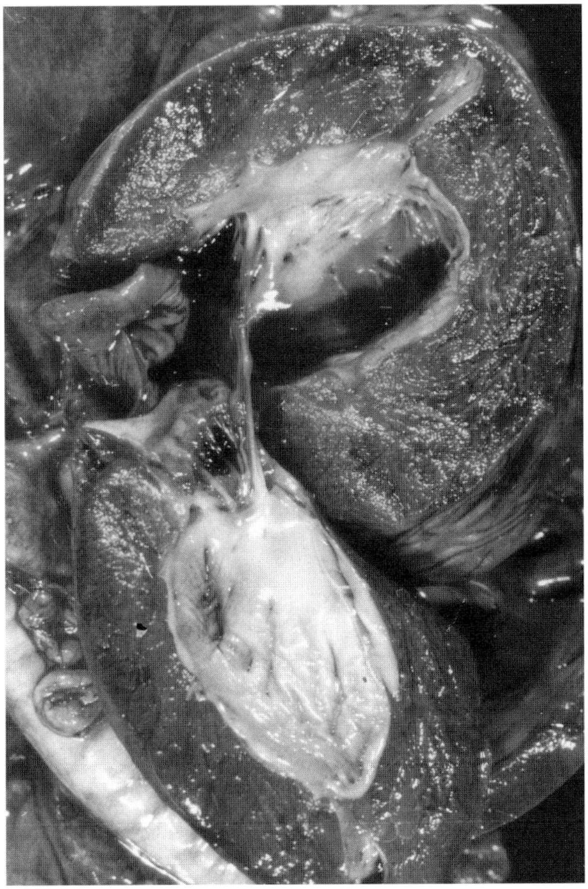

Abb. 1.10 *Endokardfibrose* der linken Herzkammer bei *Hypertrophischer Kardiomyopathie*, Schäferhund. 3/4 nat. Größe

Haustieren werden einschlägige Krankheitsbilder bei Katze, Hund (Abb. 1.10) und Rind (Abb. 1.11) entweder beschränkt auf den linken Ventrikel oder – seltener – in mehreren Herzinnenräumen gesehen.

Bei der **Katze** werden zwei Hauptformen der Endokardfibrose diskutiert. So soll die familiär-erbliche ***Endokardiale Fibroelastose (EFE)*** in der *Burmesenrasse* auf einem angeborenen Defekt der endomyokardialen Lymphdränage beruhen. Pathogenetisch wird dem daraus resultierenden und postnatal einsetzenden Endokardödem mit Weitstellung der Lymphbahnen und Zubildung von Kollagen- und Elastinfasern aus dem subendokardialen Mesenchymlager die Hauptbedeutung zugeschrieben. Entzündungsäquivalente fehlen durchweg. Die im wesentlichen auf den linken Ventrikel beschränkten, nach wenigen Wochen weißlich-gelb erscheinenden, bindegewebig-sehnigen Endokardveränderungen gehen mit Einmauerung

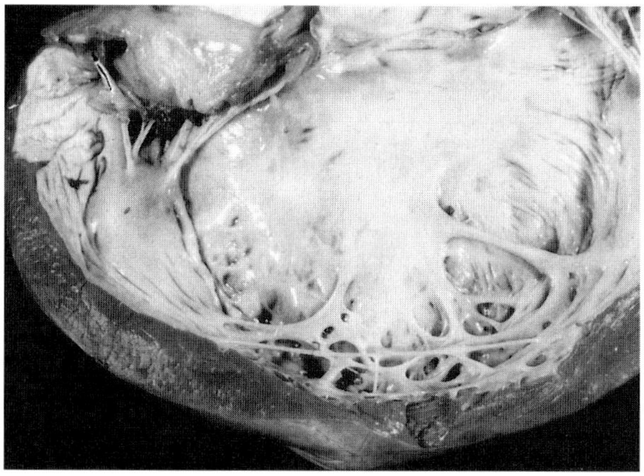

Abb. 1.11 *Endokardiale Fibroelastose* aller vier Herzkammern (im Bild ist die linke Kammer eröffnet), Rind. 1/2 nat. Größe

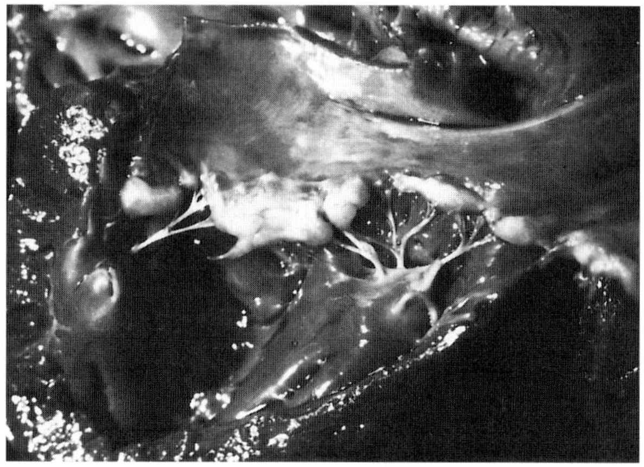

Abb. 1.12 *Endocardosis nodosa* der Mitralis mit Insuffizienzzeichen im Endokard der linken Vorkammer, Dackel. Nat. Größe

und Atrophie der PURKINJE-Fasern einher, woraus sich Funktionsstörung und frühzeitiges Versagen des Herzens erklären. Die Lebenserwartung betroffener Tiere liegt etwa am Ende des zweiten Lebensmonats.

Demgegenüber wird die im Sektionsgut von Katzen verschiedener Rassen in einer Häufigkeit von ca. 4% und vorwiegend bei männlich-kastrierten und männlichen Tieren zu diagnostizierende Endokardfibrose des linken Ventrikels bzw. ***Left Ventricular Endocardial Fibrosis (LVEF)*** ursächlich auf eine ***Chronische Endomyokarditis (EMC)*** unbekannter Ätiologie zurückgeführt. Bei dieser Form bestehen zunächst mono- und granulozytäre Infiltrationen im subendothelialen Mesenchymlager, die im weiteren unter Ausbildung von Granulationsgewebe und Abklingen der zellulären Infiltration zur fibrotischen Aufpolsterung führen. Ursprünglich als jeweils eigenständige Entitäten eingestuft, werden nunmehr EMC und LVEF als zeitlich versetzte Stadien eines einheitlichen Krankheitsgeschehens bewertet. Die Diagnose wird i. d. R. erst am Sektionstisch gestellt, klinischer Verdacht ist jedoch immer dann angezeigt, wenn junge Katzen mit akuten respiratorischen Insuffizienzzeichen und/oder mit akuter Aortenthrombose vorgestellt werden. Betroffene Tiere werden im allgemeinen nicht älter als vier Jahre. Neben der seltenen EFE der Burmakatze verkörpert die LVEF die häufigste feline Form der *restriktiven Kardiomyopathie* (s. S. 23). Ihre wichtigsten Begleit- und Folgeerscheinungen sind zum einen *Gerüstsklerose* der Lunge, zum anderen *Thrombose* der Abdominalaorta – seltener anderer Arterien oder des linken Ventrikelraumes – mit konsekutiven Thromboembolien. Die Lungenveränderungen sind Ausdruck einer pulmonalen Hypertonie infolge Blutabflußstörungen zum linken Herzen hin. Wegen der Ansammlung phagozytoseaktiver Makrophagen und Ausbildung hyaliner Membranen in den Lungenalveolen werden die Veränderungen mitunter (fälschlicherweise!) auch als interstitielle Pneumonien eingestuft.

Die sich durchweg im jugendlichen Alter manifestierenden Endokardfibrosen bzw. -fibroelastosen des **Rindes** (Abb. 1.11) gehören im wesentlichen zum Bild der auf S. 22 beschriebenen bovinen Kardiomyopathie. Bei diesem auf bestimmte Rassen beschränkten und damit vermutlich hereditären Herzleiden ist die Endokardfibrose i. d. R. Teilphänomen von m. o. w. ausgedehnten Myokardfibrosierungen.

Beim jungen **Hund** kommt die Endokardfibrose vor allem gemeinsam mit Mißbildungen (Stenosen) von Aorta und Herzkranzarterien sowie im Rahmen sog. *primärer Kardiomyopathien* (s. S. 21 u. Abb. 1.10) vor. Daneben liegen Einzelberichte über das Vorkommen einer der EFE der Katze vergleichbaren *endokardialen Fibroelastose* bei Hundewelpen der Rassen *Dänische Dogge, Springer Spaniel, Englische Bulldogge* und *Pit Bull* vor. Die Erlebenszeit betrug dabei maximal fünf Monate.

Von den bisher behandelten Fibrosen des Wandendokards sind die ***Fibrosen der Atrioventrikularklappen,*** weit seltener der Semilunarklappen zu trennen. Sie betreffen durchweg den alternden Hund, unter Bevorzugung bindegewebsschwacher Konstitutionstypen, und verkörpern die Hauptursachen der kaninen Klappeninsuffizienz. Von dieser *Endokardose (Endokardiose)* ist die Mitralis weit häufiger als die Trikuspidalis betroffen, wobei wulstige, knollige oder knotige Verdickungen der Schließungsränder und Retraktionen des gesamten Klappengewebes das patholo-

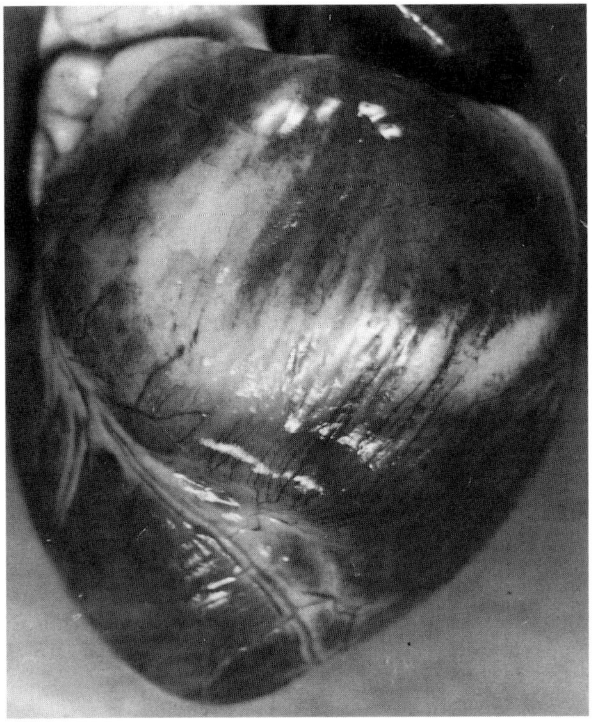

Abb. 1.13 *Akuter Herzinfarkt* in der Wand des rechten Ventrikels, Hund. 1/2 nat. Größe

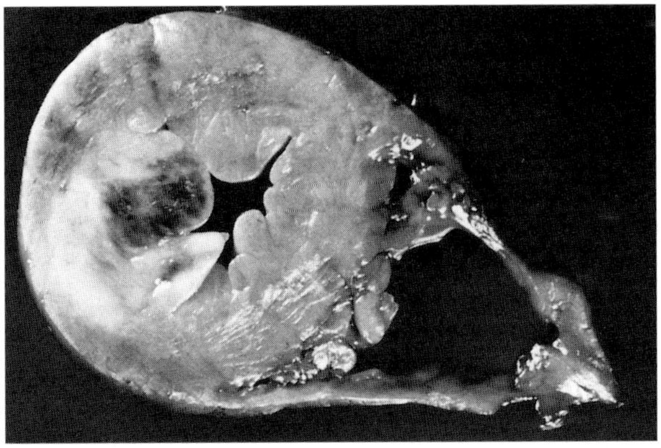

Abb. 1.14 *Infarkt* in Papillarmuskel und linker Herzkammerwand mit Blutung, Hund. 2/3 nat. Größe

gisch-anatomische Bild bestimmen (*Endocardosis nodosa,* Abb. 1.12). Dieses wird noch ergänzt durch Ausweitung des entsprechenden Atriums und durch Endokardrisse bzw. -narben (Insuffizienzzeichen!), gelegentlich auch durch Vorkammerruptur. Histologisch erweist sich die valvuläre Fibrose des Hundes als komplexes Geschehen, in dessen Ablauf sowohl Zerstörungen der Textur des fibrösen Herzklappenskeletts und kugelig-wirbelförmige Kollagenfaserneubildungen als auch dystrophische, vorwiegend hyaline, z. T. aber auch amyloide Degenerationen zu finden sind. Das Klappenendothel bleibt im wesentlichen intakt oder erleidet erst sekundär Defekte, die ausnahmsweise von Mikrothrombosen und deren Organisation (Inkorporation) gefolgt werden. Die hierbei klinisch zu beobachtenden Insuffizienzerscheinungen gehen entweder mit chronischen Stauungszuständen in der Lunge (Mitralinsuffizienz) oder in der Leber (Trikuspidalinsuffizienz) einher. Entsprechende Organveränderungen (Gerüstsklerosen) sind auf S. 87 und S. 205 näher beschrieben. Bei der relativ häufigen Mitralinsuffizienz mit pulmonaler Hypertonie entwickelt sich stets eine deutliche Hypertrophie des rechten Ventrikels.

1.1.5 Herzmuskel (Myokard)

1.1.5.1 Kreislaufstörungen

Blutungen im Herzmuskel entstehen im Zusammenhang mit Intoxikationen und Infektionen, und zwar in der Regel gemeinsam mit epi- und endokardialen Blutungen. Ferner werden sie gemeinsam mit degenerativen und entzündlichen Herzmuskelerkrankungen (Maulbeerherz, s. S. 17), beim Infarkt sowie auch bei Geschwulstprozessen gesehen.

Herzmuskelinfarkte spielen bei Haustieren, im Gegensatz zum Menschen, eine untergeordnete Rolle. Die Hauptursache des Infarktes im Herzen des **Menschen**, die durch Thrombosen komplizierte Atherosklerose, kommt für Tiere nur in Ausnahmefällen in Betracht. Dennoch sind auch hier myokardiale Kreislaufstörungen mit Muskelinfarkten bekannt, und zwar einmal auf der Grundlage von *Embolien* (Abb. 1.13, 1.14) und ferner nach hypertoniebedingter *Arteriolosklerose,* weit seltener als Folgen von Amyloidose (s. S. 31) intramuraler Kranzarterienäste. Wegen der extremen Empfindlichkeit des Herzmuskels gegenüber Hypoxien führen arterielle Totalverschlüsse durchweg rasch zu irreversiblen Herzmuskelveränderungen (s. S. 2). In den frühesten Stadien nur histologisch auszumachen, zeigen sich bereits nach wenigen Stunden makroskopisch wahrnehmbare Veränderungen. Nicht mehr durchblutete Muskelbezirke erscheinen zunächst blaß-graurot, nach etwa einem Tag grau-gelb, um im weiteren, d. h. mit Einsetzen der Resorptionsprozesse, einen hämorrhagischen Randsaum zu erhalten. Dieser Zustand wird von der Etablierung eines Granulationsgewebes mit zunehmender Rotverfäbung des Infarktbezirkes gefolgt und endet im Überlebensfall in einer narbigen Reparation. Als tertiäres Phänomen kann sich eine Aussackung im Sinne eines

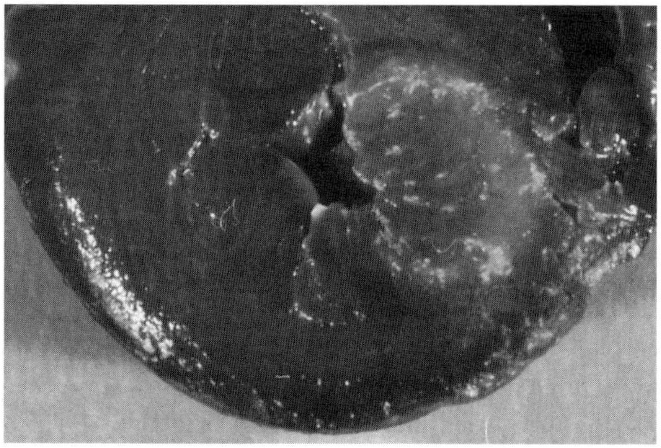

Abb. 1.15 Herzmuskelbild nach Euthanasie durch intrakardiale Barbituratinjektion, Katze. 2 x nat. Größe

Wandaneurysmas mit Rupturgefahr ausbilden. Im übrigen sind Größe und Lage des Infarktbezirkes dafür maßgebend, ob die Herzmuskelschädigung überhaupt noch ein Weiterleben erlaubt. In diesem Zusammenhang kommt auch der nicht seltenen Einbeziehung bestimmter Abschnitte des Erregungsleitungssystems Bedeutung zu, zumal Herzinfarkte weit häufiger Ventrikelwandungen und -septum als die Vorhofmuskulatur betreffen.

Septische Embolien als mögliche Infarktursachen sind nahezu ausnahmslos Folgen bakterieller Thromboendokarditiden des linken Herzens (s. S. 10), wobei die Infarktgröße direkt von der Größenordnung des obturierten Gefäßes abhängt. Des weiteren kann es, je nach Toxizität der beteiligten Erreger, neben der Infarktbildung, zur klein- bis großherdigen, embolisch-eitrigen Myokarditis bis hin zu Abszedierungen kommen.

Von diesen intravital entstandenen Herzmuskelinfarkten lassen sich die Euthanasie-bedingten Artefakte im allgemeinen gut abgrenzen. Sie imponieren durchweg als eng umschriebene, helle, z.T. auch blutdurchtränkte Herzmuskelbezirke (chemische Denaturierung des Myokards !) und lassen i. d. R. sowohl den Einstich der Kanüle als auch Ausfällungen von Injektionssubstanzen (Barbiturate etc.) erkennen (Abb. 1.15).

Durch Amyloidose kleiner intramuraler Arterien (s.S. 31 u. Abb. 1.32) bedingte ***ischämische Herzmuskeldefekte*** und ***-narben*** sind vor allem beim alten **Hund** nicht ungewöhnlich. In besonderem Maße sind dabei Papillarmuskelbereiche des linken Ventrikels betroffen *(Ischemic Heart Disease;* Abb. 1.16*)*. Sie sind pathogenetisch von den fleckigen, schockbedingten Myokardnekrosen zu trennen, welche aus disseminierten Mikrothrombosen resultieren und altersunabhängig auftreten.

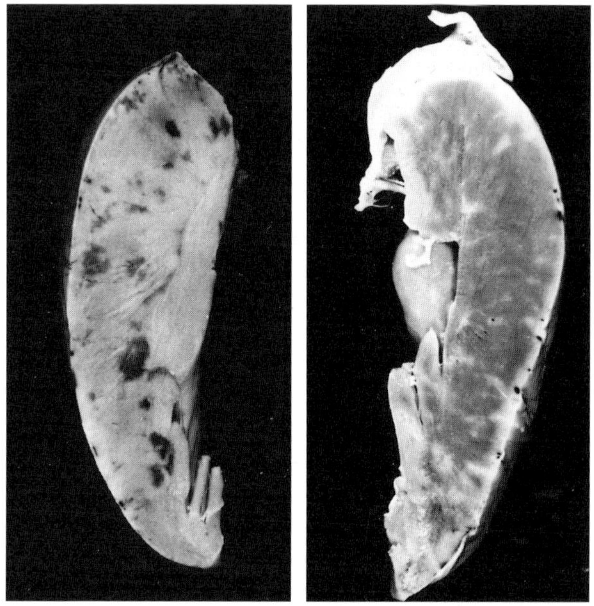

Abb. 1.16 Ischämische Herzmuskeldefekte *(Ischemic Heart Disease)* beim alten Hund. 3/4 nat. Größe.
Links: Frische, fleckförmige Nekrosen.
Rechts: Älteres Narbenbild mit ebenfalls fleckförmigem Verteilungsmuster.

1.1.5.2 Pigmentierungen

Die am häufigsten vorkommende Pigmentierungsform des Herzmuskels beruht auf der Akkumulation von ***Lipofuszin*** im Herzmuskelzellsoma unmittelbar an beiden Polen des Zellkerns. Sie kann ohne sonstige Herzmuskelveränderungen bestehen oder aber mit Muskelschwund unter dem Bild der ***braunen Atrophie*** einhergehen. In der Regel handelt es sich hierbei um alternsabhängige Pigmentanreicherungen. Demgegenüber werden bei relativ jungen Tieren Lipopigmentablagerungen im Herzmuskel in Form einer Akkumulation von ***Ceroid*** *(anglo-am. Xanthose)* auf der Grundlage eines *Vitamin E-Mangels*, ferner als hereditäre ***Ceroidlipofuszinose*** bei **Mensch, Hund** und **Schaf** gesehen, die auf einem Defekt der mitochondrialen Synthase C beruht (s. S. 370).

Die Natur der Lipopigmente ist nur teilweise aufgeklärt. Offenbar handelt es sich bei den Alterungspigmenten um inerte Stoffwechselschlacken, die morphologisch und histochemisch als Lipid-, Protein- und Polysaccharid-Komplexe von teilweise myelinartiger Struktur erscheinen. Bei den alimentären Ceroidpigmentierungen stehen peroxidierte Polyenfettsäuren im Vordergrund, die ihrerseits Komplexbindungen mit vielen Biomolekülen eingehen können.

Melaninpigmentierungen des Herzmuskelinterstitiums werden gelegentlich bei der *Melanosis maculosa* des **Kalbes** gefunden.

1.1.5.3 Zusammenhangstrennungen

Traumatisch bedingte Rupturen kommen nach stumpfer Gewalteinwirkung (Verkehrsunfälle), oft mit der Konsequenz einer akuten Herztamponade (Abb. 1.3) vor. Das pathologisch-anatomische Bild ist je nach Intensität des ursächlichen Traumas gestaltenreich.

Die ***Spontanrupturen*** spielen sich so gut wie nie am gesunden Herzen ab (plötzlicher, extremer Druckanstieg), d. h. sie ereignen sich i.d.R. an bereits vorgeschädigten Partien des Herzmuskels. Endokardrisse und Aneurysmen gelten dabei als die häufigsten prädisponierenden Faktoren, so z. B. beim **Hund** im linken Atrium bei chronischer Mitralinsuffizienz. Weiterhin können *inkomplette Rupturen* im Rahmen entzündlicher oder degenerativer Veränderungen, tödliche *komplette Rupturen* infolge infiltrierenden Tumorwachstums entstehen.

1.1.5.4 Hypertrophie

Die Totenstarre des Herzmuskels, insbesondere bei systolischem Herzstillstand, kann eine Hypertrophie vortäuschen. Bei Feten und Neonaten sind, bedingt durch die Besonderheit des fetalen Kreislaufs, der rechte und der linke Ventrikel etwa gleichstark.

Die Herzmuskelhypertrophie ist das Resultat einer Leistungssteigerung des Herzmuskels und kann auf einen Teil einer Kammer (z. B. Septum) oder auf einen Ventrikel beschränkt sein oder beide Ventrikel betreffen. Ursachen der Hypertrophie sind *Klappenstenosen* oder *-insuffizienzen, Einengungen der nachgeschalteten Arterien, systemischer* oder *pulmonaler Hochdruck, chronischer O_2-Mangel und Anämien.* Die Hypertrophie kann funktionell eine Kompensation darstellen **(*konzentrische Hypertrophie*)** oder aber gleichzeitig mit einer Dilatation bestehen **(*exzentrische Hypertrophie*, Abb. 1.2).** Die Hypertrophie beruht zunächst auf einer *Vermehrung der Muskelfibrillen* und damit auf einer Querschnittszunahme der einzelnen Herzmuskelzelle und nicht auf einer Zellvermehrung. Da die Herzmuskelzelle aber nur bis zu einer ganz bestimmten (kritischen) Dicke zunehmen kann, ist eine obere Grenze der *Hypertrophie* (kritisches Herzgewicht !) gezogen, die im allgemeinen nicht ohne Auftreten von Degenerationserscheinungen überschritten werden kann (Tafel I. C und D). Eine *Hyperplasie* der Herzmuskelfaser durch Längsteilung ist nur in sehr geringem Maße möglich und funktionell wenig ertragreich, zumal ja die Zahl der Blutkapillaren konstant bleibt und der Gesamtblutdurchfluß pro Zeiteinheit nicht erhöht werden kann, d.h. durch die Lichtungsweite der Kranzarterien festgelegt ist.

Jenseits dieser kritischen Grenze besteht somit zwangsläufig ein Mißverhältnis zwischen der Kapazität der beiden Herzkranzarterien und dem Energiebedarf der vermehrten Herzmuskelmasse. Hypoxidosen und weitergehende Stoffwechselstörungen sind die Folgen. Diese finden pathologisch-anatomisch ihren Ausdruck in fleckigen Nekrosen und Narben des Papillarmyokards, z. T. auch des Wandmyokards, wobei die subendokardialen Bereiche meist besonders deutlich betroffen sind. Im weiteren kommt es zur Gefügedilatation, die makroskopisch an Weitung der entsprechenden Innenräume bzw. Zunahme des Querdurchmessers sowie einer Tendenz zur Herzrundung zu erkennen ist.

Krankhafte ***Hypertrophien des linken Ventrikels*** finden sich in der frühen postnatalen Lebensphase im Zusammenhang mit angeborenen Stenosen der Aorta bzw. des Aortenostiums (s. S. 4 u. Abb. 1.2), bei älteren erwachsenen Tieren vor allem als Folge renaler Hypertonien (s. S. 268 u. Tafel I. C). Demgegenüber ist die ***Hypertrophie des rechten Ventrikels*** grundsätzlich Ausdruck und Folge erhöhten Strömungswiderstandes im kleinen Kreislauf. Eine derartige, auch als ***Cor pulmonale*** bezeichnete Rechtsherzhypertrophie entwickelt sich als Folge chronischer Lungenemphyseme, indurierender Pneumonien, bei der Lungenadenomatose (s. S. 109) und bei raumfordernden Prozessen in Lunge und Thorax. Ob auch bei Haustieren *essentielle pulmonale Hypertonien*, wie sie aus der Humanpathologie bekannt sind, zu einem Cor pulmonale führen, ist nicht erwiesen. Wie bei der Linkshypertrophie werden auch beim Cor pulmonale sowohl konzentrische als auch exzentrische Hypertrophieformen gesehen. Die Rechtsherzhypertrophie ist schließlich auch zeitversetzt bei fortschreitender Mitralinsuffizienz oder Mitralstenose mit konsekutiver Lungengerüstsklerose zu finden.

Konzentrische wie exzentrische Herzhypertrophien beider Ventrikel gehören zu den Befunden bei der *Eisenmangelanämie* des **Ferkels**. Hierbei liegt das relative Herzgewicht mit ~ 0,87 deutlich über dem gesunder Vergleichstiere (~ 0,54). Die veränderten kardialen Dimensionen werden als Ausdruck eines akzelerierten adaptativen Herzwachstums gewertet, zumal der Blutausstoß pro Zeiteinheit und kg/KG beim Anämieferkel signifikant erhöht ist und die relativen Massenverhältnisse von Kammerwandungen und Herzseptum im Normbereich liegen.

Zu adaptativen konzentrischen Rechtsherzhypertrophien im Sinne eines Cor pulmonale (Lunge = vasokonstriktive Primärveränderung!) kommt es beim **Rind** (*Bos primigenius taurus*; nicht jedoch Zeburind!), wenn es auf Almen in extremen Höhenlagen (Südamerika) gehalten wird. Daraus entstehende dekompensative, d. h. exzentrische Herzhypertrophien, gehen mit Triel-Ödem *(Brisket Disease; High Altitude Disease;* s. S. 90*)* und Lungeninduration einher. Letztere erklärt auch die mögliche konsekutive, Hypoxie-bedingte Herzhypertrophie.

Bei der **Katze** sind Herzhypertrophien auch bei *Hyperthyreose*, langzeitiger *Steroidbehandlung*, nutritivem *Kaliummangel* und *Taurinmangel* (s. S. 22) bekannt.

1.1.5.5 Dilatation

Bei noch nicht eingetretener Totenstarre eines gesunden Herzens kann, insbesondere bei frischgeschlachteten Tieren, irrtümlich der Eindruck einer Dilatation entstehen. Pathische Dilatationen können primär entstehen oder sich sekundär aus einer Hypertrophie im Sinne der *exzentrischen Hypertrophie* (siehe oben) entwickeln. Funktionell gesehen ist ein dilatierter Ventrikel nicht in der Lage, sein gesamtes Blutvolumen in der Systole auszustoßen, so daß eine Restblutmenge verbleibt, die sich mit dem diastolisch neu zuströmenden Blut vermischt. Grundsätzlich müssen ***kompensatorische, tonogene*** und ***dekompensatorische, myogene Dilatationen*** unterschieden werden. Erstere stellen eine Anpassung an die Bewältigung großer Blutmengen dar und können sich daher, zeitlich gesehen, rasch einstellen. Für die zweitgenannten sind vor allem degenerative Herzmuskelveränderungen (Abb. 1.17) und Atrophien maßgebend. Über längere Zeit bestehende Herzdilatationen ziehen chronische, i.d.R. irreversible Stauungsfolgen, insbesondere in Form der Gerüstsklerose (Leber, Lunge), und im weiteren periphere Ödeme und Höhlenergüsse (Hydrothorax, Hydroperikard, Hydrops ascites) nach sich.

Akut einsetzende Herzdilatationen kommen bei septischen und toxischen Erkrankungen und bei Überanstrengungen (Transporte, falsches Training usw.) zustande. *Chronische,* allmählich zur Insuffizienz führende Herzdilatationen zeigen pathologisch-anatomisch ein schlaffes, sackförmiges Herz mit stumpfer Spitze und flacher Trabekelzeichnung. Sie werden mit allen Erscheinungen chronischer Stauungszustände gesehen. Sekundär treten sie nach Stenosen und/oder Insuffizienzen der Herzklappen, Überschreiten des kritischen Herzgewichts, ferner nach vaskulären Kreislaufhindernissen, chronischen Hypoxidosen (Höhenkrankheit) und bei verschiedenen Vergiftungen auf.

1.1.5.6 Degeneration (Myodegeneratio cordis, Myokardose)

Die degenerativen Veränderungen des Herzmuskels sind als katabiotische Erscheinungen bzw. als Ausdrucksformen von Stoffwechselstörungen aufzufassen. Sie verkörpern nicht selten irreversible Defekte und spielen daher unter den unmittelbaren Todesursachen eine wichtige Rolle.

Morphologisch gesehen gehen die Degenerationen mit Veränderungen im Sarkoplasma und an den Muskelfibrillen bzw. -filamenten einher, wobei es zu feintropfiger Verfettung = *Fettphanerose, tropfigen* Trübungen des Sarkoplasmas = *Trübe Schwellung,* hyalin-scholliger Entartung der Fibrillen = *ZENKERsche Degeneration* und zur *Vakuolisierung* kommen kann. Meist bestehen mehrere Formen nebeneinander. Der degenerierte Herzmuskel erscheint makroskopisch, je nach Degenerationsform, grau-gelblich oder weiß-gelblich und zeigt brüchige, oft wie gekocht anmutende Beschaffenheit. Differentialdiagnostisch ist die Abgrenzung postmortaler Autolysen von intravital entstandenen Degenerationen wichtig und setzt Erfahrung voraus. Als Ursachen einer Myodegeneratio cordis kommen grundsätzlich Hypoxien, Avitaminosen und sonstige Mangelsyndrome, toxische Einwirkungen (besonders solche mit Beeinträchtigung der Zellatmung) sowie Infektionen in Betracht.

Hinsichtlich der Entstehung der feintropfigen Verfettung ist festzuhalten, daß der gesunde Herzmuskel zwar in der Lage ist, seinen Energiebedarf aus einer breiten metabolischen Palette zu decken, dennoch seine Funktion im wesentlichen aus der mitochondrialen β-Oxidation von Fettsäuren gespeist wird. Hierbei spielt das Transportprotein *Carnitin* eine zentrale Rolle, zumal es zugleich die Biosynthese von ATP in Gang hält. So wird verstehbar, daß es bei akut einsetzenden Störungen der Herzmuskelfunktion verschiedener Ursachen in klinischer Sicht zu einem Ansteigen der Carnitinwerte im Blutplasma im Sinne eines Insuffizienzindikators, in morphologischer Sicht zur feintropfigen Fettphanerose kommt. Dabei werden zunächst in der Zelle, d. h. zwischen den Muskelfibrillen, nicht metabolisierte Fettsäuren sichtbar, und erst mit fortschreitender Auflösung von Zellorganellen gesellen sich weitere Fettkörper infolge Demaskierung von Strukturlipiden hinzu. Derartige Degenerationen können grundsätzlich zirkumskript, multifokal oder diffus (Abb. 1.17) angelegt sein.

So steht vor allem bei ***hypoxischen Herzmuskeldegenerationen*** die feintropfige Fettphanerose am Anfang der Degenerationsprozesse. Sie ist das Ergebnis von Mangeldurchblutung des Herzens (Infarkt s. S. 13), Anämien, zu geringer Sauerstoffspannung im Blut und toxischer Beeinflussung der mitochondrialen Atmungsfermente.

Relativ häufig werden Herzmuskeldegenerationen bei *E-Avitaminosen* und *Selenmangel* in Form der hyalin-scholligen Degeneration als sog. ***Weißmuskelkrankheit*** (s. S. 352) beobachtet. Betroffen sind vor allem **Kälber, Lämmer** und

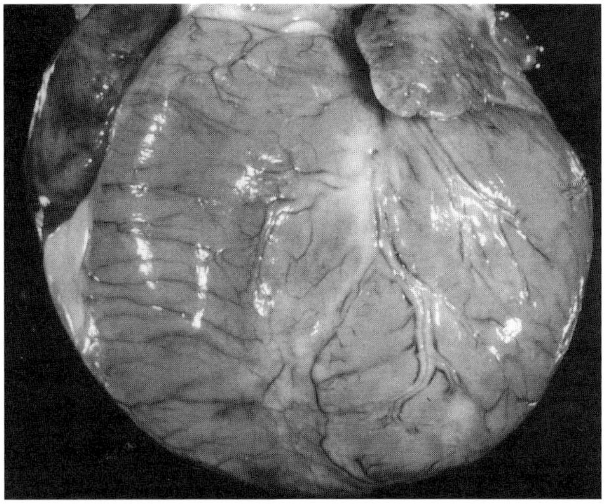

Abb. 1.17 *Myodegeneratio et Dilatatio cordis acuta* (Kugelherz), Schäferhund. 2/3 nat. Größe

Fohlen (Abb. 1.18). Die meist streifigen Degenerationen finden sich speziell bei Kalb und Lamm vorwiegend in den subendo- und subepikardialen Muskellagen. Histologisch tritt das initiale hyalin-schollige Degenerationsmuster nur kurzzeitg in Erscheinung, d.h. es wird rasch von resorptiv-reparativen Prozessen abgelöst, welche sich dann auch bei gestorbenen Tieren eher nachweisen lassen als die primär degenerativen Vorgänge.

Ein entsprechendes Krankheitsbild beim **Schwein** läuft unter der Bezeichnung ***Maulbeerherz-Krankheit*** *(Mulberry Heart Disease; diätetische Mikroangiopathie* = MAP), von dem vorwiegend 8-20 Wochen alte Tiere in guter Kondition betroffen werden. Am Sektionstisch zeigen sich – neben Hauteffloreszenzen – fleckig-streifige, mit Blutungen durchsetzte Myokardzeichnungen (Tafel 1. E), ferner Ergüsse in den Körperhöhlen einschließlich Herzbeutel, Serosenblutungen, Leberdystrophie mit Ödem des Gallenblasenbettes (s. S. 215) und Lungenödem. Histologisch finden sich Hyperämien, hyaline Kapillarthromben, seröse Transsudationen und Erythrodiapedesen in Herzmuskel und ZNS mit hyalin-scholliger Degeneration der Herzmuskelfasern.

Die *Ätiologie* des Leidens ist zwar nicht vollständig geklärt, jedoch bestehen kaum mehr Zweifel an seiner diätetischen Genese. Vor allem werden Defizite an *Vitamin E* und *Selen,* verbunden mit einem Überangebot an instabilen, zur Oxidation neigenden *Polyenfettsäuren* als Hauptkausalfaktoren genannt. Neben schockartigem Todeseintritt finden sich gelegentlich auch protrahierte klinische Verlaufsbilder. Die Letalität ist ingesamt gesehen sehr hoch, wobei in einem Bestand nicht selten die besonders gut entwickelten Tiere bevorzugt betroffen werden.

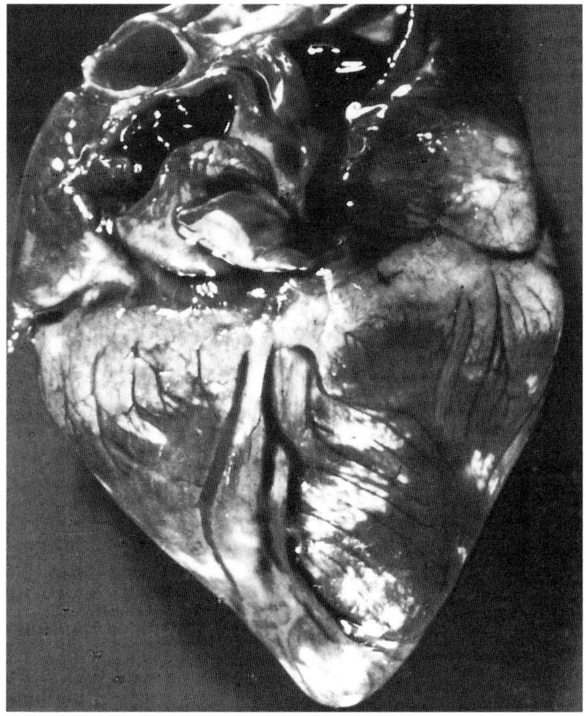

Abb. 1.18 *ZENKERsche Degeneration* bei der sog. *Weißmuskelkrankheit* mit besonderer Ausprägung im rechten Ventrikel, Schaflamm. Nat. Größe.

Vom Herztod im Rahmen des ***Porzinen Stress-Syndroms*** *(PSS* oder *maligne Hyperthermie* bzw. *malignes Hyperpyrexie-Syndrom)* werden überwiegend schlachtreife Mastschweine verschiedener Rassen, jedoch unter Bevorzugung bestimmter Familien, betroffen (s. S. 350). Pathologisch-anatomisch zeigen sich am Herzen weitgehende Übereinstimmungen mit den Herzbefunden von Menschen, Zoo- und Versuchstieren, die im Schock gestorben sind: Die Totenstarre des Herzmuskels setzt sofort nach dem Tode ein. Bereits durch das Epikard des linken Ventrikels schimmern braune bis braun-gelbliche Areale, die auf der Schnittfläche deutlicher werden und mit Blutungen (Papillarmuskel!) verbunden sein können. Histologisch besteht eine feinfragmentierte Desintegration der Myofilamente, jedoch kein hyalin-scholliges Bild, wie auch das Interstitium unverändert bleibt. Im Elektronenmikroskop zeigen sich Mitochondrienschwellungen und ein signifikanter Glykogenschwund. Die übrigen Organbefunde sind durch Anzeichen des akuten Herz-Kreislaufversagens, d. h. durch Lungenödem, Stauungshyperämien in Parenchymen und Körperperipherie, Magenschleimhauthyperämien nebst Blutungen und

Erosionen in der Fundusregion und, nicht zuletzt, durch einen grau-wäßrigen Skelettmuskel vom Typ des *Pale Soft Exudative (PSE)-Muskelsyndroms* charakterisiert (s. S. 350). Als prozeßauslösender Faktor wird vor allem eine übermäßige Freisetzung von Katecholaminen genannt. Letztere führen u. a. über die β-Rezeptoren des Herzmuskels zur Tachykardie, über jene glattmuskulärer Organe zu Erschlaffung von Darm, Uterus, Bronchialmuskulatur und Blutgefäßen.

Beim ***plötzlichen (Herz-)Tod des Kalbes*** beschränken sich die pathologisch-morphologischen Befunde auf den Herzmuskel. Tiere, die ohne klinisches Symptomenbild rasch verenden, zeigen lichtmikroskopisch einfache Formen einer Myodegeneratio cordis, elektronenmikroskopisch jedoch bereits deutlich veränderte Mitochondrien. So finden sich bei Tieren, die unter den Zeichen einer fortschreitenden Herzinsuffizienz ad exitum kommen, durchweg ausgeprägte Herzmuskelzellnekrosen und Mitochondrienverkalkungen. Pathogenetisch werden diese Veränderungen als Folge einer Ca-Überladung der Mitochondrien angesehen. In ätiologischer Hinsicht konzentrieren sich die Vermutungen auf alimentäre Faktoren. Insbesondere werden Belastungen des Stoffwechsels mit leicht oxidierenden oder toxischen (Erucasäure) Polyenfettsäuren in Gemeinschaft mit exzessiver Freisetzung von Katecholaminen aus dem Nebennierenmark als mögliche Voraussetzungen in Betracht gezogen.

Die Myokardose nach ***Monensin-Vergiftung*** beansprucht vor allem beim **Pferd**, seltener bei Fleischfressen, Wiederkäuern und Geflügel (Pute !), besondere diagnostische Aufmerksamkeit. Der Wirkstoff *Monensin* wird aus *Streptomyces cinnamonensis* gewonnen und dient einerseits als Kokzidiostatikum beim Haushuhn, andererseits als Futteradditiv beim Rind. Während die LD_{50} beim Rind bei 22 mg/kg/Kg und darüber liegt, ist dieser Wert beim Pferd auf 2 mg/kg/Kg limitiert. Vergiftungen beruhen beim Pferd durchweg auf irrtümlicher Verabreichung von Monensin in Futterzubereitungen.

Das toxische Prinzip liegt dabei auf verschiedenen Ebenen. So bildet das lipidlösliche (!) Monensin Komplexe mit Na^+ und K^+, schleust diese über die Zellmembran in das Zellinnere ein und stimuliert auf diese Weise ATP. Im Zusammenhang damit kommt es zu Protonenausschleusung sowie zu erhöhtem Einstrom von Ca^{++}, während der für K^+ allmählich abnimmt. Dies führt zur Überbeanspruchung und alsbaldigen Erschöpfung des ATP-Systems und zu Störung der intra- und extrazellulären Konzentrationsgradienten für Na^+ und K^+. Schwellungen und Leckwerden der Mitochondrien gehen mit CA^{++}-Austritt und Katecholamin-Freisetzung einher. Hieraus resultieren Herzarrhythmien und Kammerflimmern. Des weiteren stimuliert der intrazelluläre Ca^{++}-Anstieg die Aktomyosinfilamente im Sinne extremer Kontraktionen in Herz- und Skelettmuskel und führt schließlich auch zur Freisetzung lytischer Enzyme mit konsekutiver Peroxidation von Membranlipiden.

Pathologisch-morphologisch stehen blasse, streifige Herzmuskelbilder, verbunden mit petechialen Hämorrhagien im Koronarsulkus und im Vorkammerbereich im Vordergrund. In ähnlicher Weise können sich Skelettmuskelveränderungen, unter Bevorzugung des Zwerchfellmuskels, abzeichnen. Allerdings werden diese, sich histologisch als hyalin-schollige Degenerationen und Zellnekrosen erweisenden Muskelveränderungen frühestens nach etwa eintägigem Krankheitsverlauf sichtbar. Im übrigen kommt es zu Enteritis, Tubulonephrose, vakuolig-fettiger Degeneration des Leberparenchyms, Unterhautödemen und transsudativen Höhlenergüssen. Der klinische Verlauf ist denn auch einerseits durch Tachykardie, Herzarrhythmien, Tachypnoe, Angstzustände und Ataxie, andererseits durch Koliken und Diarrhoe, initiale Polyurie, Hämaturie und finale Anurie gekennzeichnet.

1.1.5.7 Verfettung des Herzmuskelinterstitiums

Dieser auch als ***Lipomatosis cordis*** bezeichnete Zustand hat nichts mit einer fettigen Muskeldegeneration zu tun. Er kommt im Rahmen einer allgemeinen Adipositas und zusammen mit allgemeiner, insbesondere aber ausgeprägter subepikardialer Fettdepotbildung zustande. Der mit „Fettadern" durchzogene Herzmuskel läßt histologisch Fettzellen auch zwischen einzelnen Muskelzellen, d. h. nicht nur im groben Interstitium, erkennen. Die Muskelzellen selbst sind intakt.

Fettzellansammlungen finden sich ferner in alten Herzmuskelnarben und sind dort als reine ***Vakatwucherungen*** zu bewerten.

1.1.5.8 Entzündung (Myokarditis)

Wie in anderen Organen und Systemen ist grundsätzlich zwischen ***sterilen*** und ***erregerbedingten*** Entzündungsformen zu unterscheiden. Die erstgenannten erheischen nur insoweit Beachtung, als sie im Nachgang von Herzmuskeldefekten bzw. -degenerationen in Form resorptiver und reparativer Reaktionen auftreten und von Narbenbildung (Herzschwiele) gefolgt werden.

Erregerbedingte Myokarditiden entstehen entweder *hämatogen* (Septikämie!) oder durch *Fortleitung* infektiös-entzündlicher Prozesse aus der Nachbarschaft (Lunge, Pleuralraum oder Bauchhöhle über die substernalen Lymphstraßen) sowie aus perforierenden Läsionen von Thorax, Ösophagus oder Lunge. Als Erreger kommen grundsätzlich Viren, Bakterien, Pilze, protozoische und metazoische Parasiten in Betracht. Demgemäß gestaltet

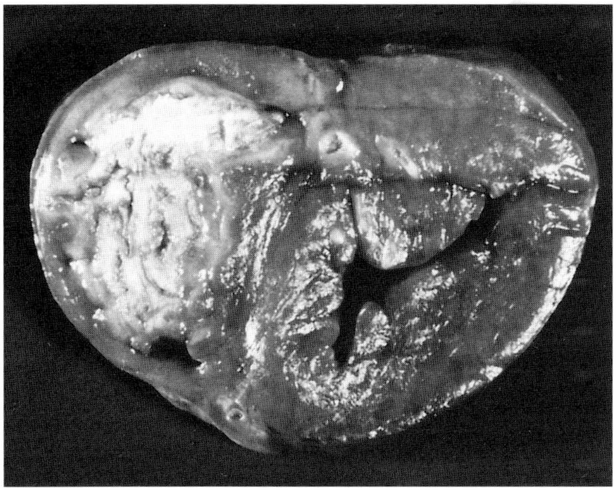

Abb. 1.19 *Myocarditis et Endocarditis apostematosa* in rechtem Ventrikel und Septum mit Obturation des Ventrikellumens, Schwein. 3/4 nat. Größe

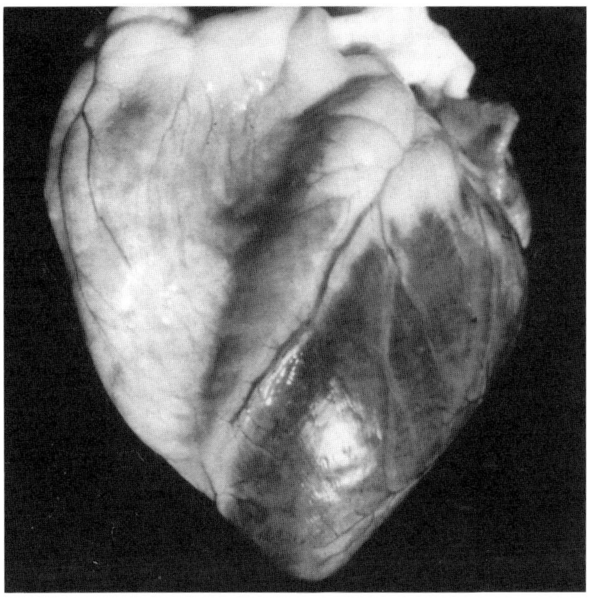

Abb. 1.20 Streifige und fleckige Myokardnekrosen der linken und rechten Kammer bei Maul- und Klauenseuche (MKS), Schwein. 3/4 nat. Größe

sich das Entzündungsbild als *Myocarditis (M.) lymphomonocytaria (non purulenta), M. purulenta, M. apostematosa, M. granulomatosa, M. necroticans, M. ichorosa.* Betroffene Partien erscheinen infolge Exsudatanreicherung und Myoglobulinverlust zerstörter Muskelfasern heller als die Umgebung und können gesprenkelt, multifokal, streifig, konfluierend oder großherdig aussehen (Abb.

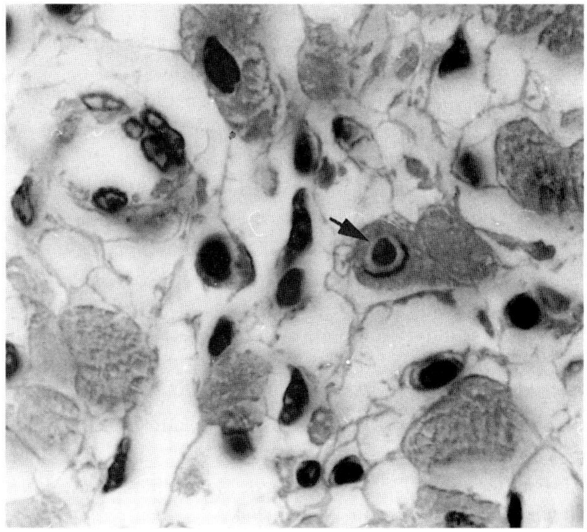

Abb. 1.21 *CPV-Myokarditis* beim Hundewelpen: Numerische Reduktion und Degeneration von Muskelzellen mit netzförmig-wabiger Auflockerung und beginnender Lymphozyteninfiltration. Der Pfeil weist auf ein intranukleäres Einschlußkörperchen. HE 800 x

1.19). Häufig kommt es zu Blutungen. Reparationen und Pigmentspeicherungen schließen sich an, soweit die akute Krankheitsphase überlebt wird. Bei intramuskulärer Vermehrung der Erreger (z. B. MKS-, kanines Parvo-Virus, Toxoplasma gondii , Sarcocystis spp.) ist pathogenetisch zu berücksichtigen, daß das Entzündungsgeschehen zunächst durch Muskelfaserdegenerationen eingeleitet wird.

Die *Myokarditis* bei der ***Maul- und Klauenseuche (=MKS)*** des **Rindes** und anderer **Paarhufer** (s. S. 130) setzt mit einer fleck- oder streifenförmigen, hyalin-scholligen Muskelfaserdegeneration ein, die sehr rasch in eine Nekrose übergeht (Abb. 1.20). In diesem Stadium kann es zum plötzlichen Herzversagen und zum Tode kommen. Daneben besteht aber durchaus die Möglichkeit einer narbigen Ausheilung, die dann ihrerseits i.d.R. erst als Zufallsbefund bei Schlachtungen festgestellt wird *(Tigerherz).* In den akuten und subakuten Phasen der entzündlichen Resorption (= MKS-Myokarditis) finden sich histologisch Muskeldegenerationen, lympho-monozytäre und plasmozytäre Infiltrate nebeneinander.

Die *Myokarditis* bei der ***caninen Parvovirusinfektion Typ 2 (= CPV)*** des bis zu zehn Wochen alten Welpen setzt mit raschem Zugrundegehen von Herzmuskelzellen ein und mündet, histologisch gesehen, in ein netzförmig-wabiges Lückenbild (Abb. 1.21). Dabei kommt es gleichermaßen im Arbeitsmuskel wie in PURKINJE-Fasern zum Auftreten basophiler Kerneinschlußkörperchen, die sich elektronenmikroskopisch als dichte Anhäufung von Virusnukleokapsiden erweisen. Bei älteren Tieren kommt dieses Phänomen wegen des Fehlens mitotischer Aktivität der Herzmuskelzellen nicht mehr zustande. Im weiteren Verlauf stellt sich eine mono- und lymphozytäre Reaktion ein. Wegen des durchweg raschen Todeseintrittes erreicht diese Entzündung allerdings kaum fortgeschrittenere Stadien. Immerhin können aber bei protrahiertem Krankheitsverlauf gelegentlich auch Narben- bzw. Schwielenbildungen sowie Herzdilatationen gefunden werden. Bei diesen Fällen tritt der Tod meist erst im Alter von vier bis fünf Monaten ein. Pathologisch-anatomisch zeigt der Herzmuskel bei der CPV-Myokarditis des Hundewelpen ein blaß-fleckiges Aussehen bei insgesamt deutlicher Dilatation und Ausbleiben der Totenstarre (Tafel I.F).

Eine weitere, als CPV-Myokarditis des jugendlich-erwachsenen Hundes bekannte Form wird pathogenetisch den virusinduzierten Autoimmunopathien zugeordnet. Auffälligen klinischen EKG-Befunden stehen lediglich unspezifische morphologische Befunde gegenüber, so etwa lymphozytäre Myokardinfiltrate. Einschlußkörperchen und Virusantigen sind nicht nachweisbar.

Die Infektion mit dem ***Encephalomyocarditis (EMC)-Virus*** aus der Familie *Picornaviridae,* Genus *Cardiovirus* verursacht beim **Schwein** eine disseminierte oder multifokale, nichteitrige Herzmuskelentzündung, die in der Regel nach kurzem Krankheitsverlauf zum Tode führt. Ausheilung ist jedoch grundsätzlich möglich, wobei das zunächst durch Muskelnekrosen und lympho-monozytäre Infiltrate bestimmte akute Entzündungsbild in ein streifiges Narbenmuster übergeht. Morbidität und Letalität liegen bei sehr jungen Tieren höher als bei älteren (s. S. 390).

Unter den vorwiegend ***bakteriell bedingten Formen*** stehen bei allen Haussäugetieren die embolisch-metastatischen an erster Stelle, während lymphogen-retrograde Infektionen und solche auf direktem Wege entstandene nur unter besonderen Voraussetzungen eine Rolle spielen (s. unten). Von verschiedenen pyogenen Erreger bestimmt, leitet sich die embolisch-metastatische, multifokal-eitrige Myokarditis von eitrig einschmelzenden Pneumonien sowie von der bakteriellen Mitralendokarditis (s. S. 10) her und besteht oft gemeinsam mit einer herdförmig-eitrigen Nephritis. Bei Einschwemmung gößerer Emboli kann es zudem zum (septischen) Herzmuskelinfarkt kommen (s. S. 13).

Speziell beim **Rind** wird eine durch perforierende Fremdkörper aus der Haube verursachte ***Fremdkörperperikarditis*** und ***-myokarditis*** beobachtet. Im Zusammenhang mit Tierverkäufen kommt dieser Form u. a. auch forensische Bedeutung zu, zumal klinische Erscheinungen im Frühstadium nicht in allen Fällen sicher auszumachen sind. Bei den durch die Fremdkörper in Herzbeutelraum und Myokard verschleppten Mikroorganismen handelt es sich um bakterielle Mischfloren mit Überwiegen von Saprophyten, woraus sich der durchweg ichoröse (jauchige) Entzündungscharakter erklärt. Außer dieser bovinen Sonderform sind beim Rind auch hämatogene und lymphogene ***metastatisch-herdförmige Herzmuskelentzündungen***, verursacht durch *Nekrosebakterien,* die Erreger der *Tuberkulose* und *Aktinomykose,* ferner durch *Actinomyces (Arcanobacterium) pyogenes,* diagnostisch zu berücksichtigen.

Beim **Schwein** kann eine disseminiert-herdförmige Myokarditis im Nachgang zur Rotlaufendokarditis (s. S. 11) entstehen. Demgegenüber sind *Myokardtuberkulosen* selten, gleiches gilt für **Pferd** und **Hund**. Insbesondere ist bei der Tuberkulose daran zu denken, daß das Infektionsgeschehen und damit der Entzündungsprozeß sowohl hämatogen als auch fortgeleitet lymphogen aus Lungen- oder Lymphknotentuberkulosen und damit über eine Pericarditis tuberculosa (s. S. 8) entstehen kann. Die hämatogene Form der Myokardtuberkulose tritt entweder disseminiert-miliar oder als Konglomerattuberkulose auf. Letztere ist bisweilen auf nur einen einzigen oder ganz wenige Herde beschränkt..

Die parasitären, teils entzündlichen Myokardveränderungen werden auf S. 25 besprochen.

1.1.5.9 Veränderungen am Erregungsbildungs- / Erregungsleitungssystem

Eine eigenständige Pathologie der dieses System bildenden Herzmuskelzellen läßt sich nicht eingrenzen, vielmehr sind nahezu alle hier registrierbaren Veränderungen im Zusammenhang mit solchen des Arbeitsmuskels zu sehen. So weisen die Muskelfasern des Sinusknotenbereichs ebenso wie die PURKINJE-Fasern des HISschen Bündels eine dem Arbeitsmuskel vergleichbare Vulnerabilität gegenüber Noxen, hier insbesondere gegenüber Hypoxie und Toxinwirkungen, auf. Den gelegentlich histologisch nachweisbaren interstitiellen Ödemen oder Fettzelleinlagerungen kommt kein besonderer nosologischer Wert zu, d.h. auch hier ist der Zustand der PURKINJE-Fasen allein ausschlaggebend. Vergleichend pathologisch ist zu bemerken, daß wegen des seltenen Auftretens von Herzmuskelinfarkten bei unseren Haustieren die Einbeziehung des Erregungsleitungssystems und seine funktionelle Beeinträchtigung oder Blockierung nur ausnahmsweise beobachtet wird (s. S. 13). Hinzu kommt, daß speziell bei Großtieren kein in sich geschlossener AV-Knoten vorliegt, der als Ganzes in eine umschriebene Herzmuskelnekrose einbezogen werden kann, sondern vielmehr eine relativ breit gefächerte Überleitung mit hoher Kompensationsqualität.

Die Einbeziehung des Erregungsbildungs- und -leitungssystems in entzündliche, neoplastische oder metaplastische Prozesse kann die Leistungsfähigkeit eines bereits geschädigten Arbeitsmuskels erheblich mindern. Demgegenüber ist den vorwiegend bei **Wiederkäuern** ebenso häufig wie zufällig nachweisbaren *Sarkosporidienzysten* in den PURKINJE-Fasern kein besonderer Krankheitswert zuzumessen (s. S. 25).

1.1.6 Kardiomyopathien (KMP)

Die Wortübersetzung des Begriffes Kardiomyopathie (KMP) bezeichnet Veränderungen sowohl des Arbeitsmuskels als auch des Erregungsbildungs- und Erregungsleitungssystems. Wenn die KMP in dieser allgemeinen Weise formuliert und verstanden werden, kann es zu Mißverständnissen kommen. Aus diesem Grunde empfiehlt es sich, die von der WHO (1980) zunächst für den Menschen konzipierte KMP-Definition anzuwenden, wobei – wie nachfolgend näher ausgeführt – hinsichtlich Qualität der Ausprägung und Vorkommenshäufigkeit durchaus Speziesunterschiede zu berücksichtigen sind.

Klassifikation der Kardiomyopathien

Primäre (idiopathische, kryptogenetische) KMP

Hierbei handelt es sich um Herzmuskelerkrankungen **unbekannter Genese**, die sich wie folgt unterteilen lassen:

1. Dilatative (kongestive) (KMP)
2. Hypertrophische KMP
3. Restriktive KMP

Sekundäre KMP

Hierbei handelt es sich um Herzmuskelerkrankungen **bekannter Genese**, insbesondere um solche dysmetabolischer, infektiöser, immunopathischer, toxischer oder neoplastischer Ursachen.

Dieses Klassifikationsschema ist nicht unproblematisch, zum einen, weil bei den gemeinhin als „primär" eingestuften KMP solche einbezogen werden, bei denen immerhin ätiopathogenetische Teilaspekte bekannt sind, zum anderen, weil unter den Begriff „sekundär" sich so gut wie alle degenerativen, entzündlichen und neoplastischen Herzmuskelveränderungen subsumieren lassen. Im folgenden werden daher aus didaktischen Gründen und in Anlehnung an die Klinik lediglich die in der einschlägigen Literatur als „primär" geführten KMP besprochen.

1.1.6.1 Primäre Kardiomyopathien

Hierunter werden zunächst die offensichtlich genetisch verankerten Vitalitätsschwächen des Herzmuskels, die unter den Erscheinungen der Dilatation, Hypertrophie oder Endokardfibrose zum Herzversagen führen, gerechnet. Ferner werden Formen einbezogen, die auf einer tierartlich spezifischen Empfindlichkeit gegenüber Mangel an bestimmten essentiellen Metaboliten beruhen. Zu den letzgenannten Formen zählt vor allem die feline KMP, verursacht durch Taurin-Mangel.

1.1.6.1.1 Dilatative (kongestive) Kardiomyopathien

Beim **Hund** sind durchweg großwüchsige Rassen, insbesondere *Doggen* und *Bernhardiner*, gelegentlich auch *Dobermann*, *Deutscher Schäferhund* und *Irischer Wolfshund* ohne erkennbare Geschlechtsdisposition betroffen. Im Gegensatz zur hypertrophischen Kardiomyopathie (s. unten) manifestiert sich das Leiden bereits innerhalb der ersten beiden Lebensjahre, seltener in der Lebenmitte. Klinische Zeichen treten meist plötzlich auf, d.h. wenn der Grad der Dilatation die Dekompensationsschwelle erreicht hat. Soweit es nicht zum sofortigen Todeseintritt (mors subitanea!) kommt, zeigt die kardiologische Analyse Vorkammerflimmern bei Zunahme der diastolischen Blutmenge sowie der systolischen Restblutmenge in beiden Kammern. Systolische Herzgeräusche weisen überdies auf mangelhaften Schluß beider Atrioventrikularklappen hin. Betroffene Tiere sind durchweg dyspnoisch, dies zunächst nach Belastung, im weiteren dann permanent bei zunehmend deutlicher werdender Neigung zu Höhlenergüssen und Unterhautödemen. In diesem Zustand ist die Lebenserwartung – selbst bei optimaler Therapie – durchweg auf wenige Wochen beschränkt. Pathologisch-anatomisch stellt ein dünnwandiges, allgemein ausgeweitetes Herz (Kugelherz) den Hauptbefund dar. Das Herzgewicht kann erhöht sein. Gelegentlich werden septumständige Endokardfibrosen im linken Ventrikel, seltener Thromben im linken Atrium gefunden. Histologisch und ultramikroskopisch nachweisbare Herzmuskelveränderugen beschränken sich auf unspezifische Befunde. So kann es zu Faserdegeneration mit feintropfiger Fettphanerose, Filamentrupturen, Mitochondrienanomalien, deutlicher Lipofuszinakkumulation sowie zu kleinfleckigen Fibrosen der Ventrikelmuskulatur kommen. Soweit Entzündungsäquivalente vorliegen (*Dobermann !*), beschränken sich diese auf fokale Lymphozyteninfiltrate. Neben und in engem Zusammenhang mit den Herzbefunden stehen chronische Stauungsbilder in Leber und Lunge, Hydrops ascites und periphere Ödeme, gelegentlich auch konsekutive Embolien in Niere und anderen Organen. Hinsichtlich der Beteiligung degenerativer Herzmuskelveränderungen im Rahmen der dilatativen KMP des Hundes wird dem Carnitin-Mangel (s. S. 16) eine gewisse auxiliäre Bedeutung zugesprochen.

Bei der **Katze** wird in der Literatur hinsichtlich der Geschlechtsdiposition einerseits vom überwiegenden Betroffensein des männlichen, andererseits von dem des weiblichen Geschlechts berichtet. Das Alter betroffener Tiere schwankt in weiten Grenzen, d.h. reicht von wenigen Monaten bis ins dritte Dezennium bei einem Durchschnittsalter von 5 J.. Im Gegensatz zur hypertrophischen Kardiomyopathie werden klinisch Aortenthrombosen selten diagnostiziert, dagegen in etwa 50% der Fälle Dyspnoe, Anorexie, Apathie, Höhlenergüsse, Untertemperatur und systolische Herzgeräusche über einen Zeitraum von Tagen oder Wochen. Pathologisch-anatomisch zeigt sich eine deutliche Weitung aller vier Herzräume (Kugelherz) mit z.T. extremer Verschmälerung von Ventrikelwand und -septum. Zarte Endokardfibrosen können, insbesondere im linken Ventrikel, vorkommen. Das absolute Herzgewicht ist gering (Grenzwert) bis stark erhöht (bis zu 50 g). Auch hier ergibt das relative Herzgewicht, welches stets erhöht ist, deutlichen Hinweis auf eine zusätzlich bestehende Hypertrophie (0,39-1,25 % des Körpergewichtes). Gleichermaßen entwickeln sich auf der Grundlage der Herzinsuffizienz kongestive Folgebilder in Leber und Lunge mit Gerüstsklerosen und Flüssigkeitsansammlungen in Abdomen und Unterhaut. Soweit Aortenthrombosen bestehen, beschränken sich diese auf die Pars abdominalis (s. unten). Die feingeweblichen Herzmuskelveränderungen entsprechen in ihrer unspezifischen Qualität den für den Hund zitierten Befunden.

Für einen Großteil dieser felinen Form der dilatativ-kongestiven KMP stellt sich allerdings die Frage, ob sie überhaupt den primären KMP zugeordnet werden dürfen, da sie auf einem (nachweisbaren !) Taurinmangel beruhen, wobei die Bedeutung dieser Sulfonsäure für die Herzmuskelfunktion keineswegs befriedigend geklärt ist. Jedenfalls wird bei Bestehen eines relativen Defizits das verfügbare Taurin bevorzugt zur Gallensäurekonjugation eingesetzt, zumal den Feliden ein Ausweichen auf Glyzinkonjugation offenbar nicht möglich ist. Zudem sind diese Spezies, wegen geringer Fähigkeit zur Eigensynthese, auf eine ausgeglichene alimentäre Versorgung mit Taurin angewiesen. So sollen sich, wie verschiedentlich berichtet, frühe Stadien der KMP mit Taurin-Substitution erfolgreich therapieren lassen.

Beim **Rind** wird mit zunehmender Häufigkeit in den *schwarzbunten* und *schwarzen Friesenrassen* sowie bei *Simmentaler* x *Red Holstein*-Kreuzungen eine vermutlich hereditäre, vorwiegend im zweiten bis vierten Lebensjahr manifest werdende (bovine) Kardiomyopathieform beobachtet. In der Pathogenese steht zunächst eine sich unter Myokardfibrose und konsekutiver Endokardfibrose entwickelnde Linksherzinsuffizienz im Vordergrund, mit deren Dekompensation dann ein rascher, letal endender Krankheitsverlauf einsetzt. Klinische Leitsymptome sind pulmonaler Hochdruck, Cor pulmonale, Rechtsherzdilatation und ein venöses Stauungssyndrom mit Ödemen und Höhlenergüssen. Mit fortschreitender Krankheitsdauer treten Leber- und Niereninsuffizienzen hinzu. Pathologisch-anatomisch besteht im übrigen weitgehende Übereinstimmung mit den dilatativen Kardiomyopathien von Hund und Katze.

1.1.6.1.2 Hypertrophische Kardiomyopathien

Diese werden beim **Hund** in allen Altersgruppen, unter signifikanter Bevorzugung des männlichen Geschlechts und großwüchsiger Hunderassen, gesehen. Die klinisch-kardiologisch unauffälligen Tiere sterben in der Regel ganz plötzlich, d. h. ohne erkennbare äußere oder innere Ursachen, mitunter während einer Narkose bzw. kleiner chirurgischer Eingriffe oder in Verbindung mit geringer körperlicher Belastung. Pathologisch-anatomisch zeigt das Herz eine (meist konzentrische!) Hypertrophie mit einem relativen Herzgewicht von 0,93–0,99 oder darüber (normal 0,64 bis 0,78) und einer betonten Hypertrophie des Ventrikelseptums. Das Dickenverhältnis Septum : linker Ventrikel kann dabei bis 1,3 ansteigen (normal = 1,0). Gegenüber dem normalen Herzen erscheint der linke Herzkammerraum klein. Allerdings werden auch exzentrische Hypertrophien mit dickem Ventrikelseptum, aber deutlicher Erweiterung des linken Ventrikellumens gesehen (Tafel 1.D). Eine Hypertrophie des rechten Ventrikels wird seltener beobachtet. Nur in einem Teil der Fälle bestehen Endokardfibrosen, die sich weniger auf den Klappenapparat als auf die linke Septumfläche erstrecken (Abb. 1.10). Die mögliche Bedeutung eines Carnitin-Defizits ist nicht hinreichend geklärt.

Das histologische Bild unterscheidet sich nur in einem geringen Teil der Fälle von dem des gesunden Hundeherzens. So können bevorzugt im Ventrikelseptum Desorganisationen in der Textur der Muskelzellen, gelegentlich aber auch frische, degenerativ-nekrotische Areale vorkommen.

Auch bei der **Katze** sind vorwiegend männliche Tiere aller Altersgruppen (Durchschnittsalter 5 J.) betroffen. Auffallend häufig sind Edelkatzen (vor allem *Perser*, *Burmesen* und *Siamesen*) beteiligt. Dem tödlichen Herzversagen gehen jedoch durchweg deutliche klinische Symptome voraus, unter denen Dyspnoe, Anorexie, Aortenthrombose (s. S. 35) und systolische Herzgeräusche überwiegen. Pathologisch-anatomisch wird der Herzbefund von Hypertrophie des linken Ventrikels einschließlich asymmetrisch-linksbetonter Septumhypertrophie beherrscht. Das Aortenostium kann durch Muskelwülste verengt sein, wie auch eine Dilatation des linken Atriums bestehen kann. Die absoluten Herzgewichte schwanken vom Grenzbereich bis zu 42 g. Besseren Aufschluß ergibt hingegen das relative Herzgewicht, welches immer erhöht ist und 0,43-1,44 % des Körpergewichtes betragen kann. Die Herzform ist je nach betroffenem Anteil und Ausprägungsgrad verändert. Als weitere wichtige Organbefunde sind Lungenödem und/oder Lungengerüstsklerose, Thoraxerguß, ferner in bis zu 50% der Fälle obturierende Thrombose des abdominalen Aortenabschnittes zu nennen (Tafel V. D).

Hämodynamisch gesehen bedingt die Hypertrophie eine relative *Obstruktion.*

1.1.6.1.3 Restriktive Kardiomyopathien

Diese Kardiomyopathien verlaufen hinsichtlich der Hämodynamik unter den Erscheinungen einer *Obliteration.* Deshalb wird auch von einer obliterativen Form der KMP gesprochen. Hierher gehören in pathogenetischer Sicht als erste Formengruppe die auf S. 11 beschriebenen verschiedenen ***endokardialen Fibrosen,*** d. h. die *Endokardiale Fibroelastose (EFE)* und die *Left Ventricular Endocardial Fibrosis (LVEF).* Bei den relativ häufigen felinen Fällen erweist sich das absolute Herzgewicht als geringgradig erhöht (20-21 g), das relative Herzgewicht jedoch erniedrigt (0,24-0,36 % des Körpergewichts). Dabei ist der linke Vorhof gelegentlich auffällig erweitert. Die Chordae tendineae sind durchweg verkürzt oder unregelmäßig gestaltet.

Insgesamt gesehen hat die fibrosierende KMP Charakteristika sowohl der dilatativen als auch der hypertrophischen KMP.

Die zweite Formengruppe der restriktiven KMP umfaßt jene, vorwiegend unmittelbar unter den linksseitigen Semilunarklappen liegenden, ***abnormen Querbalken.*** Diese auch als *Crista saliens* bezeichnete Fehlbildung besteht, wie auf S. 4 ausgeführt, entweder aus Muskelwülsten oder narbenartigen Bindegewebszügen, wobei stets eine deutliche Linksherzhypertrophie, die im dekompensierten Stadium von einer Dilataion überlagert sein kann, zu beobachten ist. Die Lebenserwartung betroffener Tiere (**Hund**, **Schwein**) ist extrem reduziert. Speziell bei der **Katze** können fädige Verspannungen zwischen Ventrikelseptum und linker Ventrikelwand, unter Einbeziehung des kaudalen und kranialen Papillarmuskels, zu einer KMP führen. Die hellrosa, kollagenfaserreichen Sehnenfäden oder -bändchen (moderator bands) verursachen letztlich ein Linksherzversagen, das sowohl von Hypertrophie als auch von Dilatation mit konsekutiver Hypertrophie des linken Atriums begleitet sein kann. Klinische Zeichen sind – neben Herzgeräuschen – Lethargie, Schweratmigkeit, blasse Schleimhäute sowie Freßunlust. Als Folgen der Herzinsuffizienz stellen sich chronische Kongestionen in Lunge, z. T. auch Leber, ferner Brusthöhlenergüsse und Aortenthrombose ein. Obwohl als Mißbildung primär bestehend, setzen Insuffizienzerscheinungen durchweg retardiert, d. h. im allgemeinen erst in der Lebensmitte ein.

1.1.6.2 Sekundäre Kardiomyopathien

Diese verkörpern, wie eingangs erwähnt, erworbene Herzmuskelerkrankungen und beruhen entweder auf unmittelbar herzbezogenen Primärursachen oder treten als Folgen anderer Organveränderungen bzw. innerhalb systemischer Krankheitsprozesse auf. Insofern sind sie auch als **symptomatische** Formen einzuordnen. Sekundäre KMP kommen relativ häufig vor und beinhalten morphologisch gleichfalls die allgemeinen Prinzipien von Degeneration, Entzündung, Hypertrophie und Dilatation.

Hinsichtlich Ätiologie sowie Pathogenese sind *metabolische Störungen,* hier insbesondere *diätetische Mangelzustände* und *Belastungsmyopathien, Ausbreitung von Infektionskrankheiten, primär multizentrische* oder *metastasierende Geschwulstprozesse, extrakardiale Mißbildungen, peripherer Widerstandsbluthochdruck, Hypovolämie, Anämie* und *Lungenkrankheiten* zu nennen.

1.1.7 Tumoren des Herzens und des Herzbeutels

Generell kommen Primärtumoren im Herzbereich sehr selten vor. So hat etwa eine umfassende Auswertung des Berliner Sektionsgutes gezeigt, daß auf tausend Sektionsfälle des Hundes maximal sechs hier einschlägige Tumoren treffen, dies vorwiegend bei älteren Tieren (Abb. 1.22).

Die **primären Neoplasien des Herzbeutels** werden in solche des *Mesothels* und jene der zugehörigen *Subserosa* eingeteilt. Für beide gelten die Ausführungen über die Geschwülste der serösen Häute der Körperhöhlen (s. S. 123).

Die **primären Neoplasien des Endokards** leiten sich entweder vom *Endothel* als ***Hämangiom*** bzw. ***Hämangioendotheliom*** oder vom *subendothelialen Gewebe* als ***Fibrom***, ***Fibrosarkom*** bzw. ***Myxom*** ab.

Bei den extrem seltenen **primären Neoplasien des Myokards** kommen grundsätzlich das ***Rhabdomyom*** und das ***Rhabdomyosarkom*** in Betracht. Differentialdiagnostisch ist das Hamartom (s. S. 3) zu beachten. Primäre Neubildungen des Herzmuskelinterstitiums entsprechen jenen des Subendokards und der Subserosa. **Primäre Neoplasien des Herzmuskelinterstitiums** entsprechen jenen des subendothelialen Gewebes, wobei vor allem ***fibromatöse*** und ***myxomatöse Formen*** zu nennen sind (Abb. 1.22).

Die Einbeziehung von Herz und Perikard in **metastasierende** und **systemische Tumorprozesse** sind weit häufiger zu beobachten als primäre Neoplasien des Herzbereiches. Dabei sind grundsätzlich drei Wege der kardialen Geschwulstmanifestation zu berücksichtigen: Erstens die Einsaat von Tumorzellen in den Herzmuskel über das Kranzarteriensystem (Abb. 1.24 u. 1.25) , zweitens die Absiedelung von Tumorzellen in den Trabekelnischen der rechten Vorkammer bzw. des rechten Herzohres (seltener

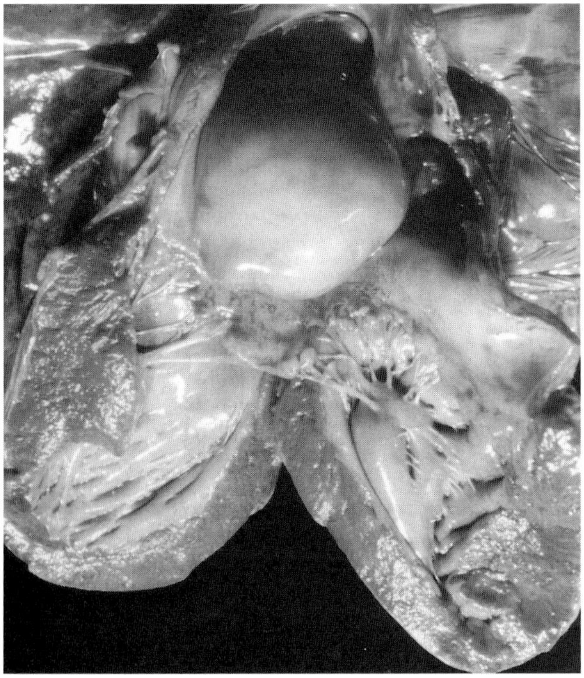

Abb. 1.22 *Fibrosarkom* in der Wand des linken Atriums mit Obturationsstenose des Mitralostiums, Hund. 3/4 nat. Größe

an den Klappenfäden der Trikuspidalis) mit nachfolgendem Tumorwachstum im Herzinnenraum (Abb. 1.23 u. Tafel II E)), drittens die Penetration von Peri- und Myokard durch infiltrierendes Tumorwachstum aus der Herzumgebung.

Bedeutung für die Sekundärbesiedlung des Herzens durch Tumorprozesse haben speziell beim **Hund** die ***Hämangioendotheliome*** (über 70 % multipel), ***Leukosen*** (vor allem solche der B-Lymphozyten), maligne ***Melanome*** und ***Mastzelltumoren***, bei der **Katze** insbesondere ***Fibrosarkome***, beim **Rind** ***Leukosen***. Unter den systemischen Neoplasien nimmt die auch die Herznerven erfassende ***systemische Neurofibromatose*** des **Rindes** (s. S. 422) eine Sonderstellung ein.

Bei den *Hämangioendotheliomen* besteht eine Rassendisposition für den *Deutschen Schäferhund*. Die betroffenen Tiere sind durchschnittlich 9 bis 11 Jahre alt. Für diese Tumoren wie für die *Leukose* des Rindes gilt die o. g. zweite Form der Tumorabsiedelung, bei der dem atrialen Trabekelsystem die Rolle eines „Schlammfängers" aus dem einströmenden venösen Blut zukommt (Abb. 1.23; Tafel II E).

Die sogenannten ***Herzbasistumoren*** des **Hundes** haben ihren Primärsitz in der Regel im Bereich der Kreuzung von

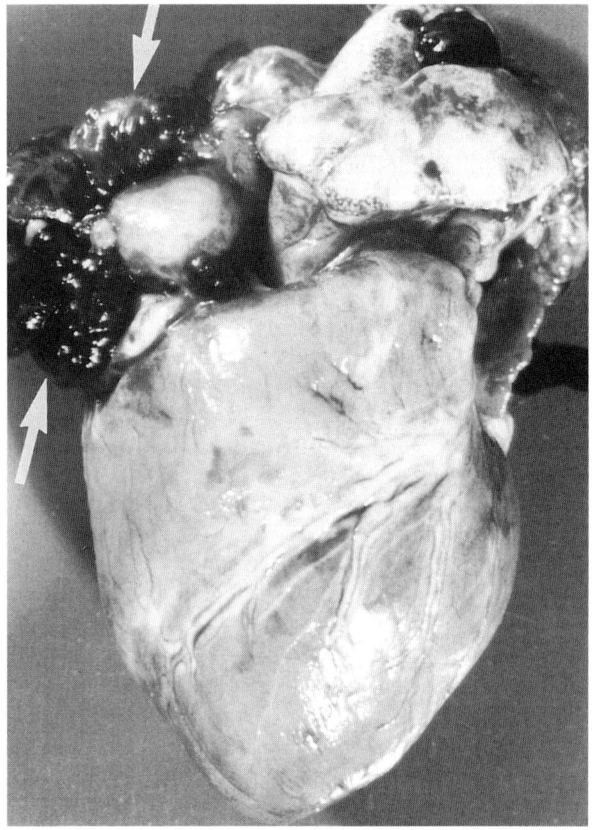

Abb. 1.23 *Hämangioendotheliom* (Pfeile) im Bereich des rechten Herzohres, Hund. 4/5 nat. Größe

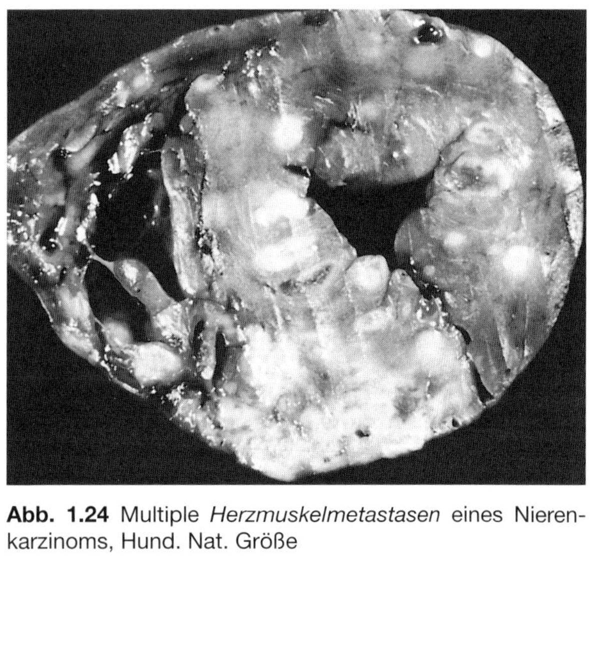

Abb. 1.24 Multiple *Herzmuskelmetastasen* eines Nierenkarzinoms, Hund. Nat. Größe

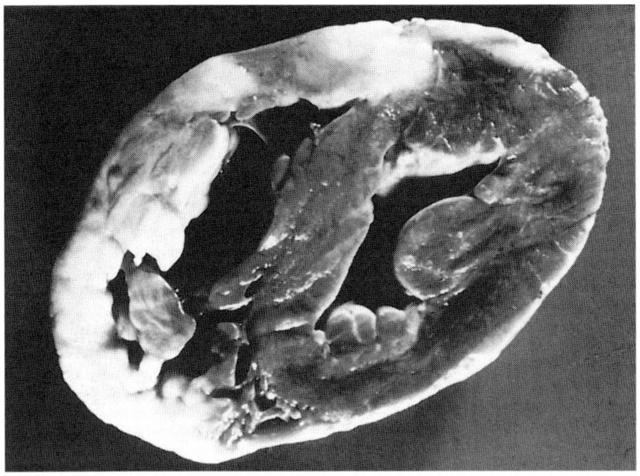

Abb. 1.25 Einbeziehung des Herzmuskels bei *lymphatischer Leukose*, Hund. Nat. Größe

A. pulmonalis und Aorta. Sie können gelegentlich große Teile des Herzbeutelraumes ausfüllen und führen zur Kompression der großen Gefäßstämme und des Herzens (s. S. 15). Beim Großteil solcher Neoplasien handelt es sich um ***Paragangliome*** bzw. ***Chemodektome***, die sich aus dem Paraganglion aorticopulmonale bzw. aus den Chemorezeptoren der Adventitia entwickeln. Rassendisposition besteht für den *Boxer.* Eine zweite, seltenere und vorwiegend bei *Terriern* vorkommende Form nimmt ihren Ausgang von einer heterotopen Schilddrüsenanlage, die sich entweder zu einer einfachen strumösen Hyperplasie oder aber zu einer echten Neoplasie (***Adenom***, ***Adenokarzinom***) entwickeln kann. Dies geschieht nicht selten parallel zu einer morphologisch analogen Strumenbildung des originären Schilddrüsengewebes (Abb. 1.26).

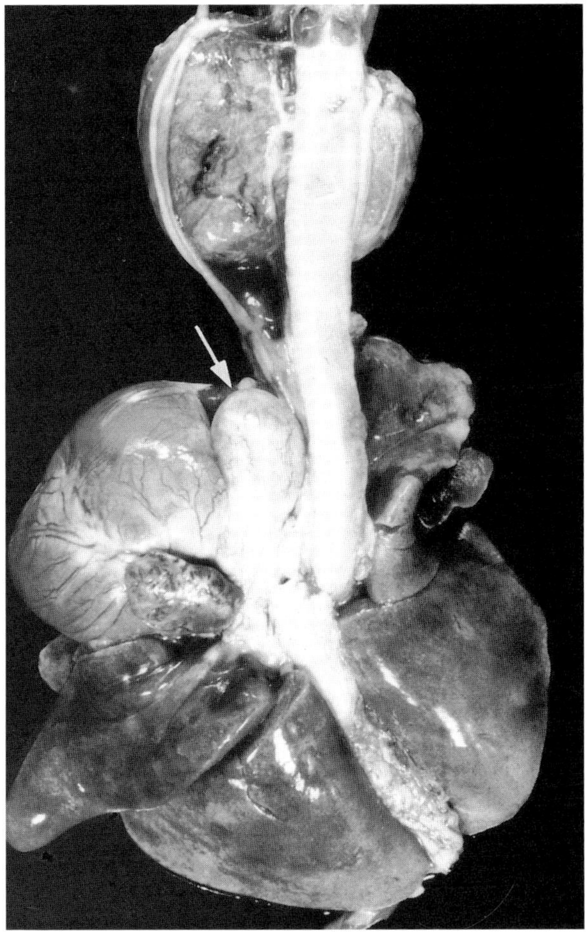

Abb. 1.26 *Herzbasistumor* beim Hund im Bereich einer Schilddrüsengewebsdystopie (Pfeil): Schilddrüse und dystopisches Gewebe sind gleichsinnig strumös (Struma parenchymatosa nodosa) verändert. 1/2 nat. Größe

1.1.8 Parasiten des Herzmuskels und des Herzinnenraumes

1.1.8.1 Protozoische Parasiten

Von den protozoischen Parasiten finden sich vor allem *Sarkosporidien* und *Toxoplasmen* im Herzmuskel. Der Lebenszyklus dieser Parasiten vollzieht sich in zwei Wirten, wobei sie in der Zwischenwirtphase als Gewebsform *(Sarcocystis, Toxoplasma)* und in der Endwirtphase als Darmform *(Isospora)* auftreten.

Sarcocystis spp. kommen im Herzmuskel von **Wiederkäuern**, **Equiden** sowie **Schweinen** vor und sind makroskopisch nicht erkennbar. Sie schädigen als Zystenform im allgemeinen die Muskelzelle nicht. Dabei zeigt sich histologisch im Arbeitsmuskel, gelegentlich auch in PURKINJE-Fasern, eine spindelförmige, z. T. ovoide bis kugelig-runde, je nach Art dünn- oder dickwandige Zyste, in welcher die sichel- oder bananenförmigen, bis zu 15 μm langen *Zystozoiten* in Vielzahl liegen. Eine ***Myocarditis sarcosporidica*** kommt nur selten und unter nicht näher bekannten Voraussetzungen zustande. Diese ist – analog zur Myositis sarcosporidica – durch ein disseminiert-miliares bzw. multifokales Entzündungsmuster gekennzeichnet, das histologisch zunächst eine Auflösung der Parasitenzysten und Nekrose der betroffenen und der unmittelbar benachbarten Muskelzellen, später dann eosinophile granulozytäre und granulomatöse Reaktionen mit Riesenzellbildung und zentraler Verkalkung erkennen läßt. Als wichtigste Parasiten des Genus *Sarcocystis (S.)* (LANCASTER, 1882) kommen in Betracht: Beim **Rind** *S. cruzi (bovicanis), S. hirsuta (bovi-*

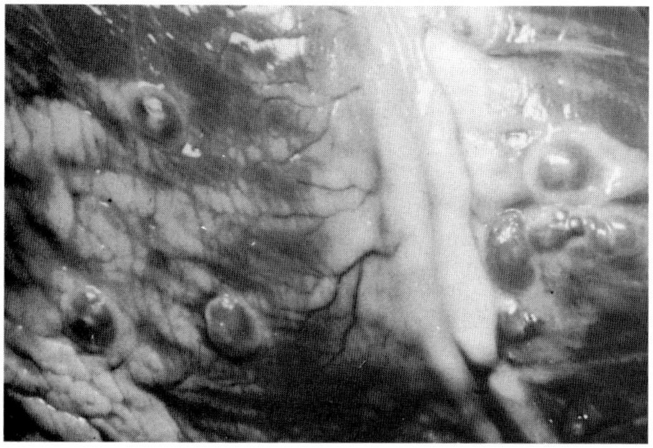

Abb. 1.27 Multiple Finnen von *Cysticercus bovis* im Herzmuskel, Rind. Nat. Größe

felis) und S. hominis (bovihominis, früher auch *S. fusiformis),* beim **Schaf** *S. arieticanis (ovicanis), S. tenella, S. medusiformis, bei der* **Ziege** *S. capracanis,* beim **Pferd** *S. equicanis, S. bertrami* und beim **Schwein** *S. miescheriana* und *S. suihominis* (s. auch S. 152 u. 355).

Herzmuskeltoxoplasmosen finden sich vorwiegend bei jungen **Hunden** im Rahmen von – in der Regel tödlich verlaufenden – Generalisationen und unter bevorzugtem Betroffensein von Lunge, ZNS, Herz und Leber. Neben den vereinzelt noch reaktionslos in Herzmuskelzellen liegenden Toxoplasmenzysten dominieren die gewebszerstörenden Prozesse, so daß die ***Myocarditis toxoplasmotica*** ein disseminiertes bzw. multifokales, miliares Entzündungsmuster aufweist (Tafel 1.G). Die entsprechende *Oozyste* dieses protozoischen Parasiten kommt im Darm der Katze bzw. im Katzenkot vor. Morphologisch identisch erweisen sich die Herzmuskelveränderungen bei der generalisierten Form der ***Neosporidiose*** des jungen Hundes, hervorgerufen durch *Neospora caninum.*

1.1.8.2 Metazoische Parasiten

Von den ***Zestoden*** kommen im Herzmuskel vor allem *Cysticercus (C.) cellulosae* beim **Schwein,** *C. bovis* beim **Rind** (Abb. 1.27), *C. ovis* beim **Schaf** und *Echinococcus hydatidosus (cysticus)* bei **Schaf, Rind, Ziege, Schwein, Pferd, Mensch** und anderen Säugern in Betracht. Während die kleinen Zystizerken im allgemeinen, d. h. selbst bei massiertem Auftreten, keine funktionsmindernden Schäden im Herzmuskel setzen und durch Bindegewebskapseln des Wirtsgewebes deutlich abgegrenzt werden, verkörpert der Echinococcus in der Regel ein raumforderndes Ereignis. Die meist einkammerigen Hydatiden führen nicht nur zu örtlichen Herzmuskelatrophien, sondern können das

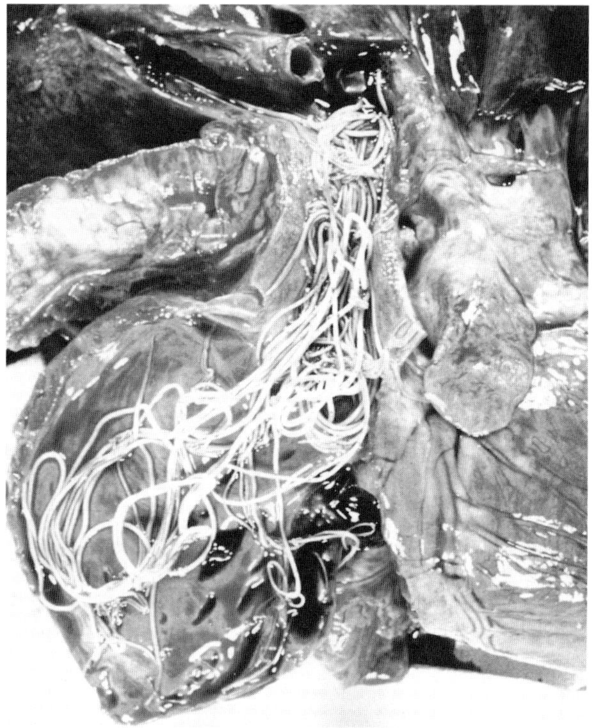

Abb. 1.28 *Dirofilariose* (Heart Worm Disease) beim Hund: Die Parasiten erstrecken sich vom rechten Ventrikel weit in die Aufzweigungen der A. pulmonalis hinein. 3/4 nat. Größe

Endokard in den Herzinnenraum vorwölben, so daß es u. U. zu endokarditischen Komplikationen (E. parietalis thromboticans) kommen kann.

Von den ***Nematoden*** ist *Dirofilaria immitis* der einzige Herzinnenraumparasit, der bei Haustieren eine Rolle spielt. Befallen werden **Kaniden, Feliden** und gelegentlich auch **Equiden** (Japan!). Als Vektoren spielen *Anopheles- und Culex-Mücken* die Hauptrolle. Die erwachsenen Parasiten (Länge: wbl. bis zu 30 cm, ml. bis zu 18 cm) leben im rechten Ventrikel und im Pulmonalarteriensystem (Abb. 1.28) und führen im Herzen zu Obturationsstenosen sowie zum Cor pulmonale, in der Lunge zu Obturationen mit thrombotisch-endarteriitischen Komplikationen. Die in der peripheren Blutstrombahn lebenden *Mikrofilarien* verursachen keine Zirkulationsstörungen.

Schließlich sei noch auf die durch wandernde Larven von *Strongylus vulgaris* verursachten Bohrgänge im Endokard von **Equiden** hingewiesen. Sie kommen nur gelegentlich – und auch dann nur bei massiver Larvenwanderung von der Aortenintima her – vor und heilen in der Regel komplikationslos ab (s. S. 36).

1.2 Blutgefäße

E. Dahme

Die Blutgefäße entwickeln sich aus dem Mesenchym der Dottersackwand (Area vasculosa) und treten zunächst als *Dottervenen* in Erscheinung. Die Aorta entspringt dem Mesenchym des ursprünglich gefäßfreien Embryo als paarig angelegtes Organ. Ebenfalls paarig angelegt sind die übrigen Arterien des *Kiemenbogensystems*. Durch Verschmelzung der Paarlinge oder Rückbildung eines der Paarlinge entwickelt sich dann das endgültige Aufzweigungsmuster.

Während die großen Gefäßstämme in ihrer Entwicklung eng mit der Herzentwicklung verknüpft sind, unterliegen die peripheren Wegstrecken den Bauprinzipien der entsprechenden Organe und Gewebe.

Anatomisch betrachtet ist den Blutgefäßen die einer Basalmembran aufsitzende *endotheliale Innenauskleidung* gemeinsam. Ihr liegen, je nach Funktionstyp, *Accessoria* verschiedener Bauart an, die unter den Bezeichnungen *Intima, Media* und *Adventitia* die eigentliche Gefäßwand ausmachen. Bei den **Arterien** nimmt die Media den größten Raum ein und zeigt bei den zentralen Gefäßstämmen (Aorta, A.pulmonalis) einen lamellären, elastisch-muskulären, bei den peripheren Arterien einen mehr muskulären Aufbau mit einer inneren und äußeren elastischen Platte (Lamina elastica interna bzw. externa). Bei den **Venen** ist der Wandaufbau außerordentlich variationsreich, zeigt aber grundsätzlich die gleichen muskulären, elastischen und kollagenen Bauelemente. Eine Besonderheit der Venen ist ihre Ausstattung mit *Klappen*, die, in der Wirkungsweise von Ventilen, einen Rückstrom des Blutes verhindern.

Die *glatte Muskelzelle* der Gefäßwand wird besser als *Mediazyt* bezeichnet, da sie, neben ihrer kontraktilen Funktion, die stoffwechseltragende Zelle der Media ist. Sie bildet zudem die paraplastischen Strukturen *Kollagen* und *Elastin* und steuert durch aktive Synthese von *Proteoglykanen* und *Glykoproteinen* den Stoffwechsel der extrazellulären Matrix.

Bei den **Blutkapillaren** besteht das Wandgefüge aus *Endothelzellen*, die auf einer *Basalmembran liegen*. Von außen sitzen dieser Membran die *Perizyten* als *Adventitia capillaris* auf, wobei einige Ausnahmen zu berücksichtigen sind. So wird bei den Kapillaren im Zentralnervensystem die Basalmembran an ihrer Außenfläche unmittelbar von Astrozytenfortsätzen umfaßt, und aus der Trias *Endothel, Basalmembran* und *Astrozyt* ergibt sich in funktionell-anatomischer Sicht die *Blut-Hirnschranke*. Den *sinusoiden Kapillaren* in Leber, endokrinen Drüsen und hämatopoietischen Systemen fehlt demgegenüber eine eigene Basalmembran. Ihr Endothel zeigt überdies in unterschiedlicher Weise Diskontinuitäten, Fenestrierungen und Diaphragmen. Letzeres gilt im übrigen auch für die Kapillaren des Nierenglomerulums, die zwar über eine ausgeprägte Basalmembran verfügen, deren Außenfläche jedoch von epithelialen Podozyten besetzt ist (s. S. 243).

1.2.1 Mißbildungen der Blutgefäße

Die **Arterienmißbildungen** lassen sich unterteilen in solche
1. der großen Arterien des Herzbereichs,
2. des Kiemenbogensystems,
3. der übrigen arteriellen Verzweigungsgebiete.

Zu den Bildungsanomalien der ***großen Arterien des Herzbereichs*** zählen die bei den Herzmißbildungen bereits besprochenen *Trunkusmißbildungen, Stenosen und Transpositionen* von Aorta und A. pulmonalis. Ferner gehören hierher die Mißbildungen der *Herzkranzarterien*, so etwa der *fehlerhafte Ursprung* der rechten Kranzarterie aus der A. pulmonalis, die *Verdoppelung* der Kranzarterien und, speziell beim **Rind**, das *Rankenaneurysma (An. cirsoides)* einer Kranzarterie. In letzterem Fall anastomosiert die jeweils betroffene, d.h. linke oder rechte A. coronaria in Nähe der Herzspitze mit dem entsprechenden Ventrikel und ragt in ihrem gesamten Verzweigungsbereich varizenartig und rankenförmig über das Herzoberflächenprofil und wird von Druckatrophien des Herzmuskels begleitet (Abb.1.29). Dennoch scheint es bei solchermaßen betroffenen Tieren nicht zu klinisch meßbaren Störungen zu kommen, da das Rankenaneurysma i. a. einen Zufallsbefund bei Schlachtrindern darstellt.

Unter den Anomalien des ***Kiemenbogenarteriensystems*** sind das Persistieren des rechten anstelle des linken Aortenbogens beim Säuger bzw. das Persistieren des linken anstelle des rechten Aortenbogens beim Vogel und die doppelseitige Entwicklung der Aorta an erster Stelle zu nennen. Die vor allem beim **Hund** vorkommende Dextroposition der Aorta kann zu Schlundkompressionen führen, wobei gleichzeitig eine Dorsalverlagerung der A. subclavia sinistra bestehen kann. Auch Dorsalverlagerungen der A. subclavia dextra bei normalem Aortenverlauf oder eine Verlagerung des Ductus arteriosus Botalli bei Dextroposition der Aorta können zu Schlundeinklemmungen und damit zum klinischen Bild der *Dysphagie* (Dysphagia lusoria) führen (Abb. 1.30; s. S. 149).

Eine wichtige Bildungsanomalie verkörpert das *Persistieren des Ductus arteriosus Botalli*. Es kann für sich allein oder in Gemeinschaft mit Herzmißbildungen (s. S. 3) bestehen und je nach Umfang zu Zirkulationsstörungen Anlaß geben.

Angeborene *Aortenstenosen* werden gelegentlich beim **Hund** beobachtet, und zwar im Bereich der Abzweigung der A. subclavia sinistra und der Einmündung des Ductus arteriosus Botalli. Diese *Isthmusstenosen* sind auf Störungen in der Rückbildung embryonaler Kiemenbogenarterien zurückzuführen. Meist besteht eine gut nachweisbare konzentrische oder bereits exzentrische Linkshypertrophie des Herzens.

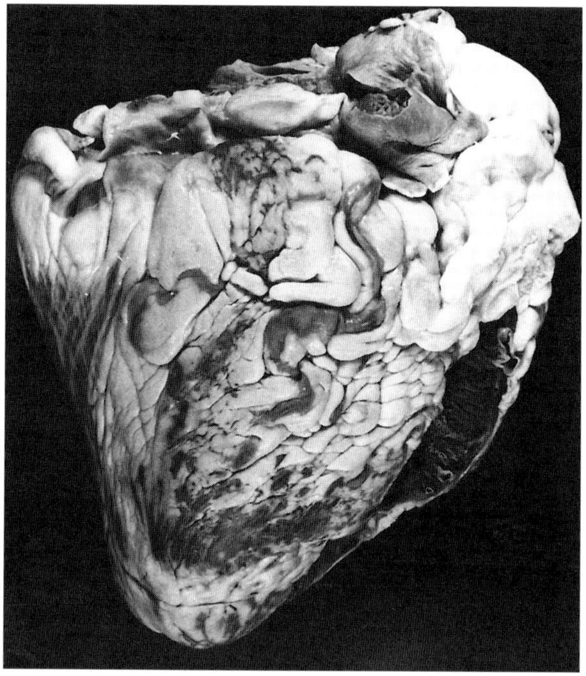
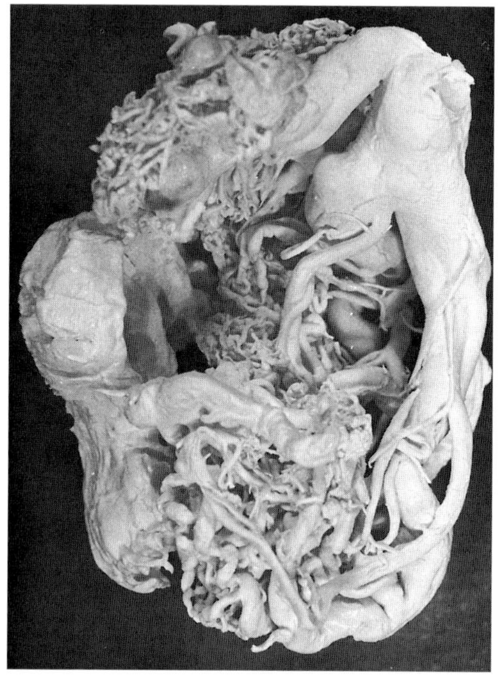

Abb. 1.29 *Rankenaneurysma* beim Rind. Ca. 1/2 nat. Größe
Links: Deutliche ektatische Zeichnung der rechten Herzkranzarterie einschließlich ihrer Verästelungen.
Rechts: Latex-Ausgußpräparat eines ähnlichen Falles, an welchem das Ausmaß der Anomalie deutlich wird.

Neben diesen besonders hervorstechenden Arterienmißbildungen kommen im Kiemenbogenarteriensystem und im Bereich der übrigen arteriellen Aufzweigungen zahlreiche Variationen vor, die entweder keine funktionelle Bedeutung haben oder in Zusammenhang mit anderweitigen Organ- oder Körpermißbildungen stehen.

Wichtige Vertreter von **Venenmißbildungen** sind das *Persistieren einer linken vorderen Hohlvene* (**Pferd**, **Hund**, **Katze**), das *Persistieren der rechten Kardinalvene* mit Defekten der hinteren Hohlvene und die *Verdoppelung von Venen,* so etwa der V. jugularis beim Pferd.

Ferner besitzen, insbesondere beim **Hund**, jene Venenmißbildungen Bedeutung, die durch eine *Atresie des Pfortaderzuflusses* zur Leber hin gekennzeichnet sind. Stets ist ein Nebenschluß (Shunt) zwischen Mesenterialvenensystem und dem zentralen Venensystem vorhanden. Dabei kann das Pfortader- bzw. Mesenterialvenenblut über die Milz- bzw. Nierenvenen, seltener über Venen des Beckenraumes in die V. cava caudalis abfließen, oder es besteht eine direkte Einmündung der Pfortader in die Hohlvene (zentraler *porto-cavaler Shunt),* gelegentlich auch in die V. azygos. In letzterem Falle kann zudem eine partielle Aplasie der hinteren Hohlvene bestehen, so daß die V. azygos den Hauptabflußkanal zum rechten Herzen hin darstellt. Ein Teil der Fälle von zentralem porto-cavalen Shunt beruht auf einem *Persistieren des Ductus venosus* ARANTII bei Hypo- oder Aplasie (Atresie) der V. portae. Die Lebenserwartung betroffener Tiere ist auf wenige Monate beschränkt. Klinisch stehen Leberinsuffizienz mit zerebralen Symptomen (Hepatoenzephalopathie) im Vordergrund. Deren pathologisch-morphologische Äquivalente sind hypoxisch-dystrophische Leberveränderungen, Hydrops ascites und Gliazelldegenerationen (s. S. 225 und S. 381).

Zum Formenkreis hereditärer **Abiotrophien** zählt schließlich das ***bovine* MARFAN*-Syndrom*** bei der *Limousin*-Rasse, bedingt durch einen autosomal-dominanten Fibrillin-Defekt, der keine normale Ausreifung des Elastins zuläßt. Besonders betroffen durch Ausbildung eines Aneurysma dissecans mit konsekutiver Ruptur sind Aorta und A. pulmonalis (s. S. 39). Der Tod tritt i.d.R. bereits bei Jungtieren infolge Herztamponade ein.

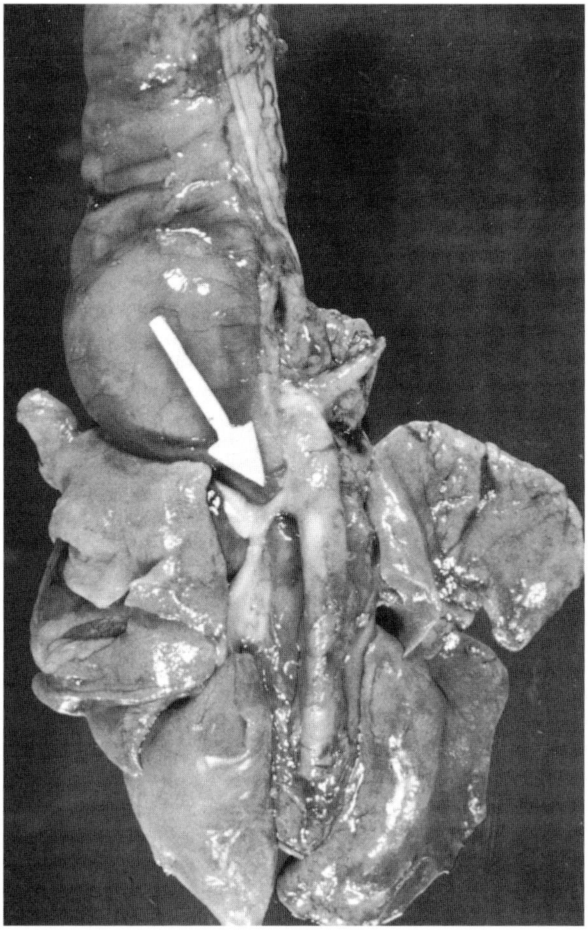

Abb. 1.30 Einklemmung und Stenose von Ösophagus und Trachea durch den verlagerten Ductus arteriosus BOTALLI bei *Dextroposition der Aorta* beim Hundewelpen: Deutliche Aussackung des Schlundes vor der Stenose als Äquivalent einer Dysphagia lusoria. Der Pfeil weist auf den Duct. arteriosus BOTALLI, der Pfeilschaft liegt über der Aussackung des Ösophagus. Ca. 2/3 nat. Größe

1.2.2 Postmortale Veränderungen der Blutgefäße

Ähnlich der quergestreiften Muskulatur kommt es nach dem Tode auch zu Starrekontraktionen der glatten Gefäßwandmuskulatur. Besondere Bedeutung kommt der Leichenstarre an zentralen Arterien zu. Mit Lösen der Starre setzen in der Regel die postmortalen Zersetzungen ein, beginnend mit Endothelverquellung und -ablösung. Im weiteren zeigen sich, infolge intravasaler *Hämolyse, Imbibitionsrötungen* der sonst weißen bis hellgelben Wandung. Fäulniserscheinungen des Blutes und der Gefäßwand können schließlich zu *gasiger Auftreibung* und *postmortaler Ruptur* von Gefäßen führen.

1.2.3 Arterien

1.2.3.1 Zusammenhangstrennungen

Intravital entstandene ***Arterienrupturen*** sind streng von den obengenannten postmortalen Gefäßwandzerreißungen zu trennen. Die unter der Bezeichnung *Spontanruptur* geführten Zerreißungen betreffen jedoch seltener die gesunde als vielmehr eine vorgeschädigte Arterienwand. Im Aortenbereich bestehen die Voraussetzungen für eine Ruptur meist in *mukoiden Degenerationen* und *Nekrosen der Aortenmedia.* Der plötzliche Druckanstieg des Blutes spielt dann pathogenetisch lediglich die Rolle einer Hilfsursache.

Aortenrupturen werden bei älteren **Pferden** im Ursprungsgebiet oder im Bogen, beim **Rind** im Ursprungsgebiet und in der Bauchaorta sowie im Zusammenhang mit dem ***bovinen MARFAN-Syndrom*** im Aortenursprung (s. oben), beim **Schwein** wie auch bei der **Pute** in Brust- und Bauchaorta gesehen. In den letztgenannten Fällen dürften primäre Ernährungsstörungen Ausgangspunkt für die Mediadegenerationen sein, die dann ihrerseits die Voraussetzungen für eine Ruptur darstellen. Oft geht der kompletten Ruptur ein Bluterguß in die nekrotischen Schichten der Aortenmedia *(Aneurysma dissecans)* voraus (s. S. 39).

Unter den Ursachen der *mechanisch-traumatisch bedingten Arterienzerreißungen* sind, neben stumpfen Gewalteinwirkungen und parasitären Prozessen, auch perforierende Fremdkörper zu nennen. So werden beim **Rind** gelegentlich Rupturen verschiedener Magenarterienäste, der A. thoracica interna und der A. coronaria des Herzens durch perforierende Haubenfremdkörper beobachtet. Bei Schwergeburten kann eine Ruptur der A. uterina media bei **Rind** und **Schwein** zum Verblutungstod führen.

1.2.3.2 Störungen des Arterienwandstoffwechsels – Degenerationen

Für die Beurteilung der nichtentzündlichen Umbauvorgänge in der Arterienwand ist die Berücksichtigung der normalen Strukturverhältnisse bzw. des **normalen Strukturwandels** im Lebensablauf von größter Wichtigkeit. Die normalen Umbauvorgänge am Arteriensystem mit zunehmendem Alter des Individuums bestehen in *Dickenzunahme* der Gefäßwand, besonders der Intima, in einer stärkeren Ausbildung von *Intimapolstern* an den Aufzweigungen und Gabelungen, in *Elastizitätsverlust* der Gefäßwand und schließlich in Abscheidung von *Lipiden und Kalk.* Diese letztgenannten Veränderungen sind aber in vielen Fällen bereits Ausdruck von *Stoffwechselstörungen* und zählen damit,

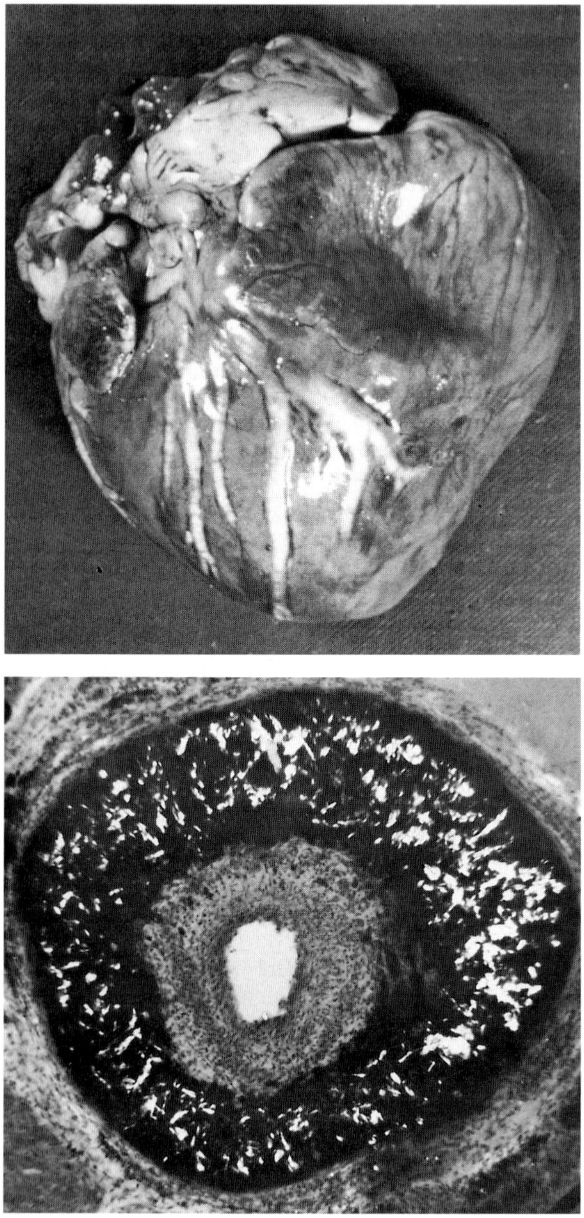

Abb. 1.31 *Xanthomatose* als Folge essentieller Hypercholesterinämie beim Hund am Beispiel des Kranzarteriensystems.
Oben: Makroskopischer Befund, ca. 2/3 nat.Größe
Unten: Histologischer Befund: Deutliche Lumeneinengung infolge massiver Lipidablagerungen in Intima und Media sowie Intimafibrose. Polarisationsoptisch erscheinen die amorphen Lipidablagerungen schwarz und die anisotropen Cholesterinkristalle optisch leer. Hämalaun-Fettrot bei halbgekreuzten Polarisationsfiltern, 75 x

trotz ihres bisweilen regelmäßigen Auftretens, zu den krankhaften Arterienwandveränderungen.

Entsprechend den spezifischen Verhältnissen in der Ernährung der inneren Arterienwandschichten bzw. der Media auf dem Diffusionswege führen Stoffwechselstörungen hier zu besonderen gestaltlichen Ausprägungen.

Die einfachste Form ist das **Wandödem**. Es kann durch Permeabilitätsstörungen am Endothel, durch Störungen der Resorption des Saftstromes in der Adventitia, durch mechanische Über- oder Unterbelastung der Gefäßwand und durch Hypoxidose entstehen. Je nach Ursache klingt es entweder ab oder bedingt nachgeordnete Strukturveränderungen. So können persistierende oder rezidivierende Ödeme zum einen Gewebsdegenerationen, wie *Hyalinose, Verfettung* und *Nekrose* (Medianekrose), zum anderen aber auch Gewebszubildungen und damit *Sklerosen* (Intimasklerose, Arteriosklerose) nach sich ziehen.

Hyalinosen der Arterien sind in der Regel Ausdruck ausgeprägter, anhaltender Wandstoffwechselstörungen und damit das Resultat einer Auflösung von Strukturelementen. Sie finden sich als partielle Hyalinose in der Media der großen Arterien oder als partielle und totale Hyalinose der peripheren Arterien und Arteriolen und sind dort wesentlichste Kriterien von *Arteriolosklerose* und *-nekrose.* Nosologisch unbedeutende, histologisch jedoch ausgeprägte Hyalinisierungen erfahren die kleinen Follikelarteriolen in der Milz beim alten **Hund**. Ähnliches wird auch bei greisen **Menschen** beobachtet.

Den **Lipidosen** der Arterienwand liegt keine einheitliche Pathogenese zugrunde, was schon aus der qualitativen Verschiedenheit der nachweisbaren Lipide zu ersehen ist. Die wichtigste Form ist die *Lipidose der Intima.* In höheren Graden läßt sich diese mit unbewaffnetem Auge in Form gelblicher oder weißlicher Streifen bzw. Fleckungen nachweisen. Histologisch gesehen liegen die Lipide zunächst frei und dispers in der Grundsubstanz, um bei längerem Bestehen teilweise zellulär gespeichert zu werden. Daneben können auch stoffwechselgestörte Mediazyten verfetten und einer Nekrose anheimfallen. Nicht alle fetthaltigen Zellen verkörpern somit Lipophagen im engeren Sinne. Pathogenetisch sind grundsätzlich zwei Entstehungsformen der Lipidose zu unterscheiden, erstens die direkt *diätetische* bzw. *hyperlipidämische* und zweitens die sich aus *Störungen des Eigenstoffwechsels* der Arterienwand ergebende. Erstere kann bereits im Jugendalter unter reiner oder vorwiegender Milchernährung in Form von *Lipidstreifen* in der Aortenintima angetroffen werden. Die zweite Form entsteht in der Regel in Verbindung mit anderweitigen Gefäßwandveränderungen, so bei Dystrophien und Sklerosen, oder als Ausdruck einer Insuffizienz des Eigenstoffwechsels der Gefäßwand.

Qualitativ gesehen liegen den Gefäßwandlipidosen Lipidgemische zugrunde, bestehend aus *Phospholipiden, Triglyzeriden und Cholesterin(-estern)*. Hohe Cholesterinanteile führen letztlich zur Kristallisation in Cholesterintafeln und im weiteren zu einer breiigen Auflösung des *Gewebes (Atherom)*. *Atherosklerosen* spielen nur bei Mensch, Schwein, Vögeln und einigen Primaten eine Rolle (s. S. 34). Übermäßige Cholesterinspeicherungen in Intima und Media von Arterien infolge Hypercholesterinämie führen im allgemeinen zunächst, d.h. bevor es zum Atherom kommt, zu intrazellulären (schaumzelligen) Speicherungen. In solchen, bei **Hund** und **Katze** gelegentlich vorkommenden Fällen von ***Xanthomatose*** erscheinen nicht zuletzt die kleinen Arterien diffus oder perlschnurartig verdickt und von gelblich-grauer Farbe. Zunächst betrifft der Prozeß die Arterienintima, greift aber im weiteren auch auf die Media über, woraus subtotale bis totale Lumenverschlüsse resultieren. Diese, vermutlich hereditäre Stoffwechselanomalie manifestiert sich vor allem in Aorta, Herzkranz- und Nierenarterien, so daß Herzinsuffizienz oder Schrumpfnieren-bedingte Urämie die Lebenserwartung erheblich einschränken (Abb.1.31)

Unabhängig von oder in Gemeinschaft mit Lipidabscheidungen kann es auch zu Umsatzstörung und Anreicherung von *Proteoglykanen* bzw. *Glukosaminoglykanen* in der Arterienwand bis hin zur **mukoiden Entartung** kommen. Derartige Zustandsbilder sind histologisch gut nachweisbar und stehen, ebenso wie manche Lipidosen, ursächlich mit allgemeinen Stoffwechselinsuffizienzen der Gefäßwand in Zusammenhang. Die *mukoide Entartung* der Media kann, wie auf S. 29 beschrieben, Wegbereiter für Wandruptur sein und im Zusammenhang mit Mediaverkalkungen auftreten (Abb.1.33).

Als eine eigene, ätiologisch weder einheitliche noch restlos abgeklärte Gruppe von Arterienwanddegenerationen gelten die **Amyloidosen**. Sie erstrecken sich ausnahmslos

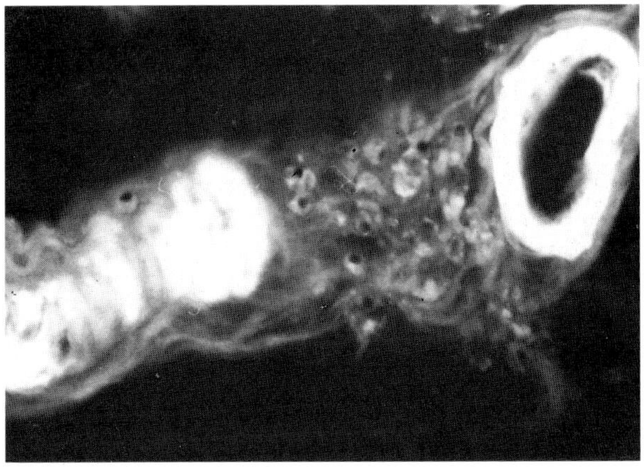

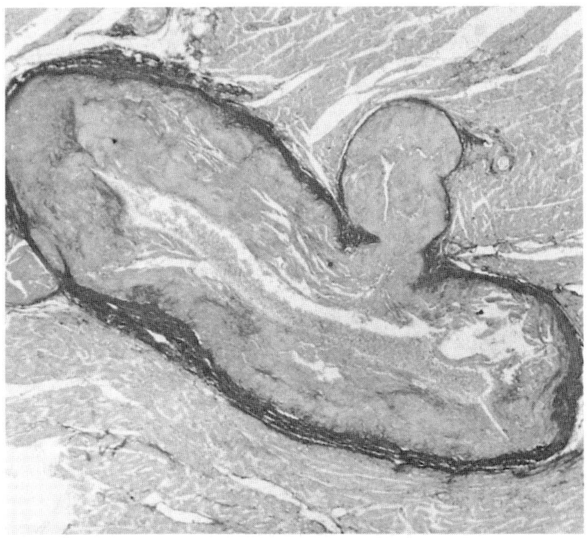

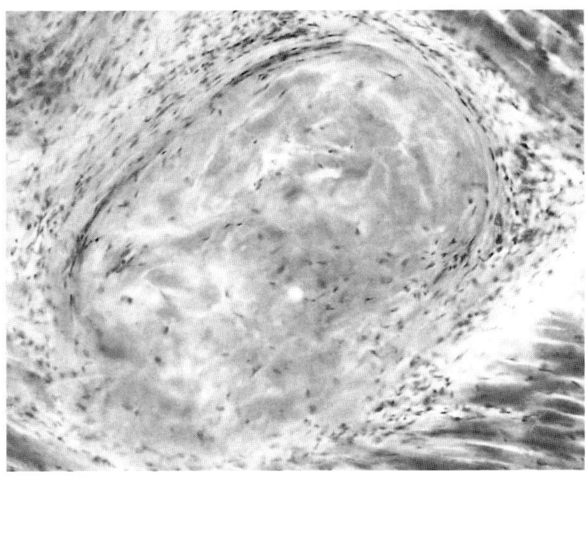

Abb. 1.32 Formen arterieller *Altersamyloidose (kongophile Angiopathie)* beim Hund.
Oben: Amyloidakkumulation in der Media einer meningealen Arteriole mit weitgehender Atrophie der Mediazyten. Die kollagenreiche Adventitia verhindert die Entstehung eines Aneurysmas bzw. die einer Ruptur. Thioflavin T, fluoreszenzmikroskopische Aufnahme, 300 x. Mitte: Amyloidose eines größeren Kranzarterienastes mit subtotaler Mediazytenatrophie und extremer Lumeneinengung. Das adventitielle Kollagen stellt sich als dunkler Saum dar. van Gieson, 30 x
Unten: Amyloidose eines kleinen Kranzarterienastes mit totaler Mediazytenatrophie und Lumenobliteration. Am unteren Bildrand ist das Übergreifen der Amyloidose auf die Adventitia zu erkennen. Hämalaun-Kongorot, 120 x

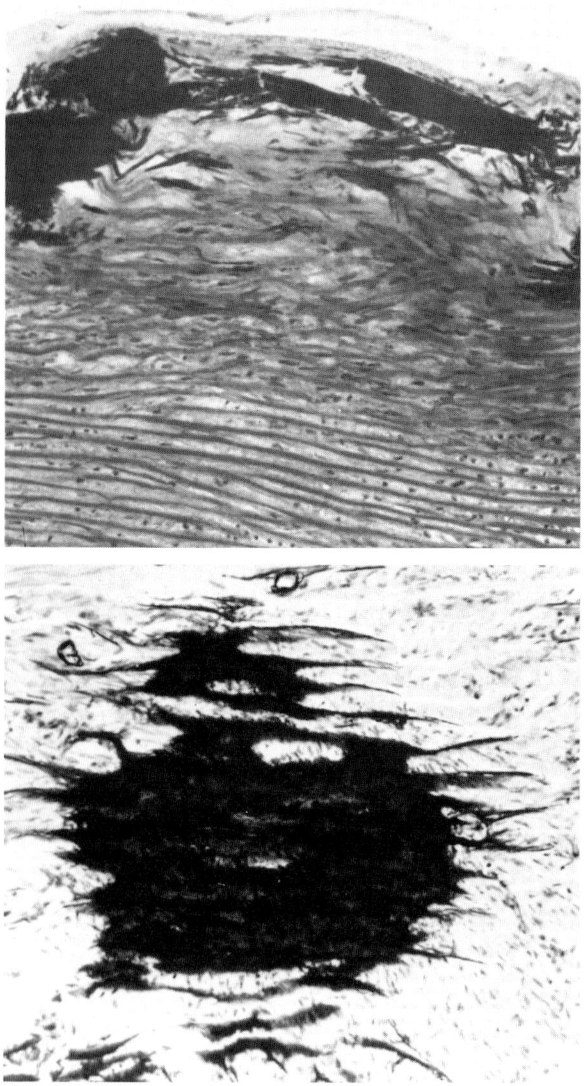

Abb. 1.33 Formen *metastatischer Verkalkung* der Arterienwand.
Oben: Mukoide Degeneration des inneren Mediadrittels mit Verkalkung der subendothelialen Elastinlamellen in der Aorta eines Hundes mit renalem Hyperparathyreoidismus. Kalknachweis nach v.KOSSA, 90 x
Unten: Mediaverkalkung in der Aorta eines Rindes mit alimentärer D-Hypervitaminose (Kalzinose nach Aufnahme von Goldhafer (*Trisetum flavescens*). Kalknachweis nach v.KOSSA, 100 x

auf die peripheren Wegstrecken und treten insbesondere beim alten **Hund** jenseits des zehnten Lebensjahres mit und ohne klinische Relevanz auf. Drei Hauptlokalisationen unterschiedlicher vaskulärer Amyloidqualitäten sind zu unterscheiden: In *Hirnrinde* und *Leptomeninx* sind überwiegend Arteriolen mit zwei, maximal drei Muskelzellagen betroffen. Mit fortschreitendem Schwund der glatten Muskelzellen (Mediazyten) kann es in der Hirnrinde an solchermaßen veränderten Arteriolen zu Mikroaneurysmen mit konsekutiven Kugelblutungen kommen, während bei den Meninxarteriolen Kollagenfaserzubildungen in der Gefäßadventitia eine Rupturgefährdung ausschließen (Abb.1.32, oben). Qualitativ gesehen gehört dieses von den Mediazyten exprimierte Amyloid zum ß/A4-Typ, der auch bei **Mensch**, **Primaten** und **Ursiden** in vergleichbarer Weise auftritt. An zweiter Stelle ist die ausschließlich beim **Hund** vorkommende Altersamyloidose kleiner *Lungengefäße*, d.h. die von Arteriolen und kleinen Venen zu nennen. Klinische Symptome sind nicht bekannt, obwohl diese Amyloidform bei ca. 20% der Tiere jenseits des zehnten Lebensjahres mit progressiver Tendenz zu finden ist. Pathogenetisch gehört sie zum Al-Typ, und ihre Vorläufersubstanz ist das Apolipoprotein Al (apoAl), d.h. das in Leber und Dünndarm gebildete kanine High-Density-Lipoprotein (HDL). Auch die dritte Form, die Amyloidose intramuraler *Herzkranzarterienäste*, kommt nur beim **Hund** vor. Sie betrifft Gefäßkaliber mit zwei bis ca. acht Muskelzellagen, insbesondere aber sog. Polsterarterien, die einen Blutreflux während der Systole verhindern. Im Finalstadium besteht Totalobliteration mit Schwund von Mediazyten und Endothel (Abb.1.32, Mitte u. unten). Obgleich bislang eine molekularbiologische und damit pathogenetische Zuordnung dieser Amyloidose noch aussteht, kommt ihr klinisch als Ursache der auf S. 14 beschriebenen, fleckig-ischämischen Herzmuskelnekrosen bzw. -fibrosen *(Ischemic Heart Disease of Old Dogs)* große Bedeutung zu.

Unter den **Mineralstoffwechselstörungen** in der Gefäßwand sind Kalkniederschläge von Bedeutung. Obgleich im Einzelfall kausalgenetisch nicht immer bestimmbar, lassen sich *metastatische* von *dystrophischen* Formen unterscheiden.

Metastatische Verkalkungen resultieren aus hyperkalzämischen Zuständen, wobei ursächlich an Funktionssteigerung der *Epithelkörperchen*, d.h. *Hyperparathyreoidismus* – ***primär*** beim endokrin aktiven Epithelkörperchenadenom, ***sekundär*** infolge renaler Azidose (Abb.1.33, oben) – und an *D-Hypervitaminose* zu denken ist. Zunächst sind die elastischen Elemente betroffen, an denen es zu knopf-, platten- oder wabenförmigen Kalkin-

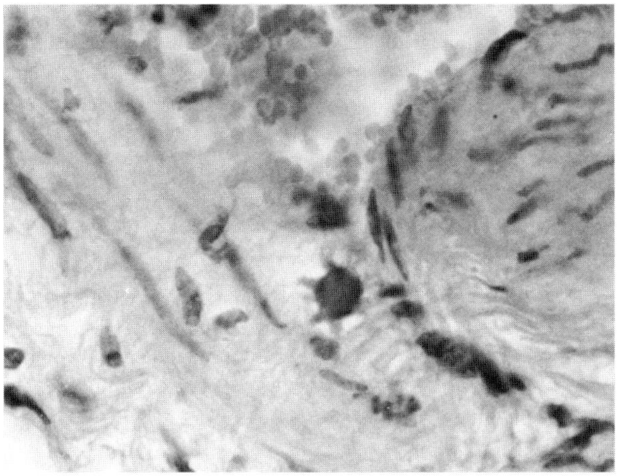

Abb. 1.34 *Asteroide Verkalkung* in der Arterienintima beim Pferd. HE, 480 x

krustierung kommt. So ist gut zu verstehen, daß in den großen Gefäßen regelmäßig die Elastika-reiche Media verkalkt (Tafel I.B, Abb.1.33, unten), in den kleinen Arterien dagegen mehr die Lamina elastica interna. In Fällen langdauernder und intensiver Kalkstoffwechselstörungen kann es zu einer generalisierten Verhärtung des Arteriensystems, verknüpft mit sekundären Intimasklerosen, kommen (***Calcinosis***). Die Tiere leiden und verenden unter Erscheinungen allgemeiner vaskulärer Insuffizienz. Vorwiegend betroffen werden **Rind**, **Schaf** und **Ziege**, soweit sie auf bestimmten Böden weiden und zusätzlich unter alimentärer D-Hypervitaminisierung stehen (***Manchester Wasting-Disease***), hier insbesondere bestimmte Pflanzen (s. S. 9) aufnehmen.

Dystrophische Verkalkungen spielen sich regelmäßig in degenerativ-nekrotischen Gefäßwandbezirken ab und sind am häufigsten als Teilphänomene von Sklerosen (s.S. 34), unvollständigen Rupturen, Medianekrosen und Arterienentzündungen zu finden.

Eine nur bei **Equiden** vorkommende Sonderform stellt die ***asteroide Verkalkung*** der Arterienintima dar. Bereits im Fohlenalter beginnend lagern sich hier subendothelial Protein-Kalkkomplexe von Stechapfelform und wenigen µm Durchmesser ab, die lediglich histologische Nebenbefunde darstellen, d.h. keinen Krankheitswert besitzen (Abb.1.34).

Von den Verkalkungen scharf zu trennen sind die **Verknöcherungen**. Hierbei handelt es sich um echte mesenchymale Metaplasien, die sich meist spangen- oder plattenförmig infolge degenerativer und entzündlicher Mediaveränderungen, insbesondere aber nach Verkalkungsprozessen, ausbilden. Sie können *Knochenmarkräume* mit hämatopoetischer Aktivität entwickeln und werden gelegentlich, d.h. im allgemeinen mehr zufällig bei Sektion oder Schlachtung alter **Pferde** (Abb.1.35) in Aneurysmen von Aorta und Mesenterialarterien, ferner im Aortenbogen gefunden.

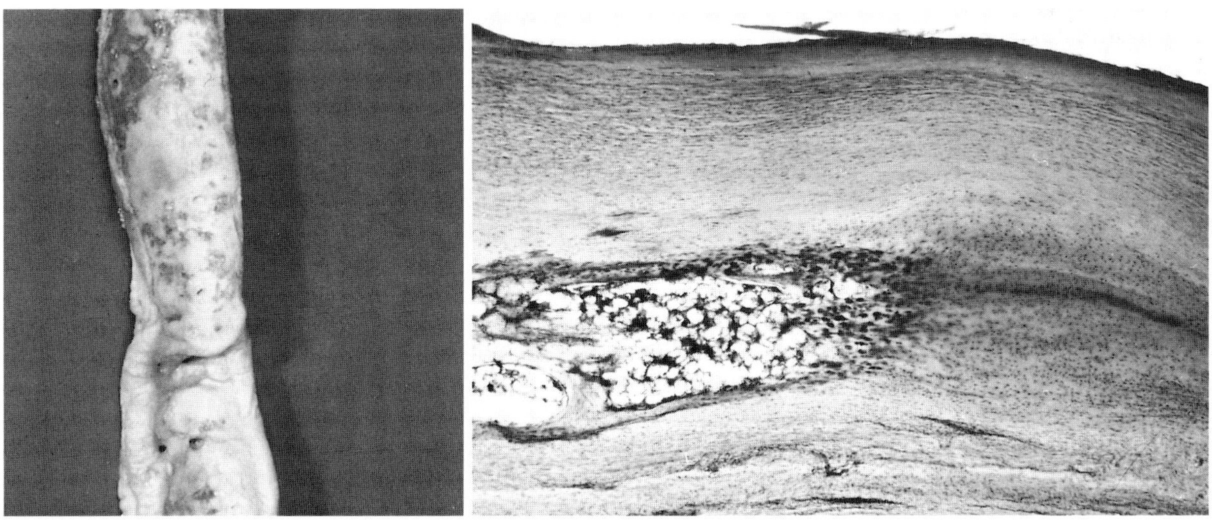

Abb. 1.35 Abschnittsweise *metaplastische Verknöcherung* der Aorta beim Pferd.
Links: In den oberen zwei Dritteln der eröffneten Aorta ist die totale knöcherne Erstarrung bei relativer Wandabschwächung zu erkennen, während das untere Drittel normale Wandverhältnisse zeigt. Ca. 1/2 nat. Größe
Rechts: Der entsprechende histologische Schnitt macht die an die Corticalis eines Röhrenknochens erinnernde Metaplasie deutlich, in deren Zentrum hämatopoetisch aktives Knochenmark zu erkennen ist. HE, 25 x

1.2.3.3 Arteriosklerosen

Mit dem Überbegriff „Arteriosklerose" werden chronisch-progressive Gestalt- und Strukturveränderungen der Arterienwand zusammengefaßt, die weder ätiopathogenetisch noch morphologisch einheitlich sind. Da der Mensch in besonderer Weise betroffen ist, d.h. Arterio- und Arteriolosklerosen in der Todesursachenstatistik breiten Raum einnehmen, werden die humanen Arteriosklerosetypen gerne zum Maßstab für animalische Formen genommen. Für eine vergleichende Bewertung ist aber zu fordern, jede einzelne Spezies jeder anderen vorurteilsfrei gegenüberzustellen und keine zu priorisieren.

Zu den wesentlichen Stadien der Arteriosklerogenese gehören:

1. Proliferation von Mediazyten mit Kollagenfaserzubildung
2. Thrombozytenaggregation am Endothel mit konsekutiver intimaler Inkorporation
3. Umsatzstörungen und Anreicherung von Proteoglykanen
4. Kalkabscheidung, insbesondere am Elastin
5. Anreicherung von Lipiden
6. Sistieren der Bradytrophie in der verdickten Arterienwand
7. Auskristallisation von Cholesterin
8. Nekrose in der Tiefe des arteriosklerotischen Beetes

Zu den wichtigsten Folgen der Arteriosklerose gehören:

1. Einengung des Gefäßlumens
2. Atherombildung mit konsekutiver Exulzeration
3. Thrombotischer Gefäßverschluß
4. Hypoxie im arteriellen Versorgungsgebiet bzw. Infarkt
5. Aneurysma mit konsekutiver Ruptur

Als gemeinsamer Nenner für die Sklerogenese in der arteriellen Intima gelten für alle Spezies einschließlich Mensch die Mediazytenproliferation in Verbindung mit Thrombozytenaggregation. Zwischen diesen beiden Phänomenen bestehen insoweit enge Beziehungen, als das Festkleben der Blutplättchen am Endothel zur Freisetzung spezifischer Wachstumsfaktoren (Platelet-Derived Growth Factors = PDGF) führt, die ihrerseits am Mediazyten Proliferation, ferner Sekretion spezifischer Matrixpeptide, wie Lysyloxidase und Thrombospondin, sowie Aktivierung der Laktatdehydrogenase induzieren. Hinzu kommt als wesentliche Ursache für die Dickenzunahme der Intima, daß die aggregierten Thrombozyten alsbald vom Endothel überkleidet und damit in die Intima inkorporiert werden. Dies erklärt die Tatsache, daß Intimasklerosen vorwiegend und besonders ausgeprägt im Bereich von Wirbelströmungen bzw. sog. Totwasserzonen, also an Gefäßabzweigungen bzw. -gabelungen und im abdominalen Aortenabschnitt entstehen. Aus diesem Grundprozeß heraus läßt sich unschwer nachvollziehen, daß früher oder später die kritische Schichtdicke, in der ein bradytropher Stoffwechsel gerade noch funktionieren kann, überschritten wird und sich in der Tiefe des Sklerosebeetes nekrobiotische Prozesse einstellen. In ihrer qualitativen Ausprägung werden diese von allgemeinen Stoffwechseleinflüssen, wie Hyperlipämien, Hypercholersterinämien, Dyslipoproteinämien, Hyperkalzämien, mitbestimmt. Vielfach geht dem Nekrosestadium auch eine Umsatzstörung der Proteoglykane mit dem Bilde der mukoiden Degenerationen voraus. Von „Atherosklerose" spricht man nur dann, wenn in einem Nekrosefeld Lipide, vor allem kristallines Cholesterin, dominieren, die einen Grützebrei-ähnlichen Gewebszerfall bewirken (αϑηρη = Weizenmehlbrei). Solche Atherosklerosebeete können im fortgeschrittenen Stadium exulzerieren, wobei sich einerseits der Detritus ins Gefäßlumen ergießt und zur Embolie führt, andererseits Abscheidungsthromben bilden. Derartige Bilder kommen vor allem beim Menschen vor.

Vergleicht man unter diesen Kriterien die Haustiere miteinander, dann zeigen sich erhebliche Unterschiede, d.h. daß bei den einzelnen Spezies jeweils nur ganz bestimmte der genannten Faktoren nachweisbar sind. Ferner ist festzuhalten, daß den meisten sklerotischen Arterienwandveränderungen, insbesondere den alternsbedingten Metamorphosen, ein echter Krankheitswert nur ausnahmsweise zukommt. Die durchweg kurze, bei Nutztieren ohnedies beschränkte Lebenszeit spielt dabei als limitierender Faktor eine entscheidende Rolle, d.h. die erst am toten Tier nachweisbaren Veränderungen hatten i.d.R. während des Lebens keine der o.g. Folgeerscheinungen gezeitigt, d.h. sie waren funktionell voll kompensiert.

Bei den **herbivoren Haustieren** spielen Lipideinlagerungen und atheromatöse Arterienwandnekrosen keine Rolle. Soweit Sklerosen überhaupt zu Zirkulationsstörungen führen, beruhen sie auf chronischen Hyperkalzämien, d.h. sie sind charakteristische Phänomene der sog. Kalzinosen (s. S. 33). Erstarrt dabei die Arterienwand vollends, spricht man von *Gänsegurgelarterie*. Dieser Typ wird im übrigen auch an den Beinarterien des Menschen als sog. *MÖNCKEBERGsche Sklerose* beobachtet.

Die Intimasklerosen des alten **Hundes** und der alten **Katze** stellen insgesamt unkomplizierte Mediazytenproliferate dar und sind von geringem Krankheitswert. Sie sind von den oben beschriebenen Gefäßwandamyloidosen streng zu trennen, ebenso auch von den Atherosklerosen bei den seltenen systemischen (hereditären?) Xanthomatosen, die die Lebenserwartung erheblich einschränken (s. S. 30 und Lehrbücher der Allgemeinen Pathologie).

In ihrer grundsätzlichen Ausprägungsqualität kommt die Arteriosklerose des **Schweines** dem Atherosklerosetyp des Menschen am nächsten. Was sich beim Menschen in etwa sieben Dekaden abspielt, ist beim Schwein als komplexes Krankheitsbild bereits im Alter von etwa zehn Jahren nachweisbar. Da aber Hausschweine nur als Zuchttiere ein Alter von maximal fünf bis sechs Jahren erreichen, findet man im allgemeinen lediglich Frühstadien unter Bevorzugung der Abdominalaorta und der Zerebralarterien. Nachdem auch das **Wildschwein** (*Sus scrofa ferus*) die gleiche Atherosklerosetendenz zeigt, ist ein Domestikationsphänomen weitgehend auszuschließen. Im übrigen entwickeln auch **Vögel**, hier insbesondere Psittaciden mit hoher Lebenserwartung, typische Atherosklerosen, die zur Todesursache werden können.

Eine besondere Entität verkörpert schließlich der peripher lokalisierte, als ***Arteriolosklerose*** bezeichnete Sklerosetyp, wie er sich in der Folge chronischer Bluthochdruckkrankheiten unter Bevorzugung der Herzkranzarterien entwickelt und insbesondere bei der renalen (Schrumpfniere) und adrenalen (Phäochromozytom) Hypertonie des **Hundes** zu finden ist (s. S. 268 u. 479). Dabei kommt es in der Intima kleinkalibriger Arterien zu meist schichtförmig konfigurierten Mediazytenproliferationen mit Zubildung von Kollagen und Elastin und auf diese Weise zu Dysregulation des Blutstromes im jeweiligen Versorgungsgebiet.

Eine Sonderstellung unter den normalen Strukturveränderungen der Arterienwand nimmt die ***Graviditätssklerose*** der Uterinarterien ein. Diese prägt sich mit zunehmender Zahl von Graviditäten immer deutlicher aus, was in Dickenzunahme, Verhärtung und verstärkten Schlängelungen (Längenzunahme) der zum Uterus führenden und sich in dessen Wand verzweigenden Arterien zum Ausdruck kommt. Histologisch handelt es sich um lamelläre, kollagen-elastische Zubildungen, die sich mit jeder weiteren Gravidität von der inneren Wandschicht her formieren und an Media und Adventitia zu Kollagenisierung und Reduzierung der Media führen. Vergleichbare Metamorphosen, jeoch minderer Ausprägung finden sich mit zunehmendem Alter und unabhängig von der Zahl der Graviditäten an den Ovarialarterien.

1.2.3.4 Arterienthrombose und -embolie

Thrombosen in den Arterien stehen bei den Haustieren vorwiegend mit Irritationen der Arterienintima und damit einer Endarteriitis (s.unten) in Zusammenhang und werden besonders bei parasitären Endotheldefekten und nach mechanischer Traumatisierung gefunden. Weiterhin können sich Arterienthrombosen direkt aus bakteriellen Thromboendokarditiden fortleiten bzw. sekundär nach embolischen Absiedelungen in peripheren Arterien (Thromboembolien) entwickeln.

Der Form nach sind *wandständige, obturierende und reitende* Thromben, der Struktur nach *rote Koagulationsthromben* und *weiße Agglutinationsthromben* zu unterscheiden. Das Schicksal der Thromben hängt von ihrer Ursache, Lage, Größe und ihrem Einfluß auf das zugehörige arterielle Versorgungsgebiet ab. Totale Obturationen von Darmarterien können bei Pferden tödliche Koliken mit Darmwandnekrosen verursachen. Partielle Lumenverlegungen führen zu Ischämien, insbesondere nach Belastung, so etwa zu intermittierendem Hinken bei Thrombosen der Abdominalaorta und der Aa. iliacae (s.unten). Sind die thrombosebedingten Zirkulationsstörungen funktionell kompensierbar, kann es zu Thrombusorganisation und Rekanalisation des betroffenen Gefäßabschnittes kommen. Eine erneute Abschichtung von Thrombusmaterial wird als *Thrombusrezidiv* bezeichnet. Bei mehrfacher Wiederholung kann ein Schichtthrombus entstehen (Abb. 1.37).

Eine ebenfalls im kaudalen Abschnitt der Abdominalaorta lokalisierte und reitend in die Aa. iliacae hineinreichende Thrombose kommt bei der **Katze** vor. Pathogenetisch gesehen sind vor allem die *idiopathischen Kardiomyopathien* (s. S. 22 u. Tafel V. D), seltener mechanische Traumatisierungen und nur ausnahmsweise auch atheromatöse Intimaveränderungen von Bedeutung. Die charakteristischen klinischen Symptome bestehen in Kälte und Paralyse der Hinterextremitäten sowie Fehlen des Femoralispulses.

Embolien im Arteriensystem entstehen durch Absprengung von Thrombusteilchen, ferner durch Fremdelemente im Gefäßlumen, wie Fette, Gase, Gewebsteile und Zellen, Geschwülste, Parasiten und Fremdkörper. Auf ihre Bedeutung für die verschiedenen arteriellen Aufzweigungsgebiete wird bei den jeweiligen Organen näher eingegangen.

1.2.3.5 Arteriitis

Die am Arteriensystem sich abspielenden Entzündungen sind ihrer formalen und kausalen Genese nach nicht als einheitliches Geschehen aufzufassen. Insbesondere ist zu bedenken, daß einerseits Entzündungen in Organen und Geweben auf Arterien übergreifen können, um so zu örtlichen oder *fortgeleiteten Arteriitiden* zu führen, andererseits aber Noxen primär auf die Gefäßwand wirken und auf diese Weise örtliche oder allgemeine, d. h. *systemische Arteriitiden* bzw. *Vaskulitiden* zur Folge haben können.

Der Qualität nach sind *seröse, fibrinoide, eitrige, thrombosierende, nekrotisierende, lympho-monozytäre* und *granulomatöse* Arterienentzündungen zu unterscheiden. Dem Verteilungsmuster auf die verschiedenen Wandschichten entsprechend, wird von *End-, Mes- und Periarteriitis* und beim Betroffensein sämtlicher Schichten von *Panarteriitis* gesprochen.

Örtliche, d.h. aus der Umgebung auf die Arterienwand übergreifende Entzündungen führen, je nach Entzündungsursache, zu serös-eitrigen (phlegmonösen), nekrotisierenden und thrombosierenden Arteriitiden. Auch die *Arterienwandtuberkulose* ist hier einzureihen. Diese kann, insbesondere an Aorta und großen Arterien, zu käsiger Einschmelzung und Ulzeration mit Sekundärthrombose führen. Eine hämatogene, sich von der Intima her entwickelnde Arterientuberkulose wird so gut wie nie beobachtet.

Mykotische, nekrotisierend oder granulomatös verlaufende Arteriitiden entstehen entweder in der Folge von Organmykosen oder auf embolisch-metastatischem Wege. Näheres über Gefäßwandarrosionen bei der *Luftsackmykose* des **Pferdes** findet sich auf S. 74.

Zu den auf bestimmte Arterienregionen beschränkten Entzündungen zählen die thrombotisch oder embolisch und die parasitär entstandenen. Der Hauptvertreter der letztgenannten Gruppe ist die bei **Equiden** vorkommende *verminöse Endarteriitis,* hervorgerufen durch Larven von

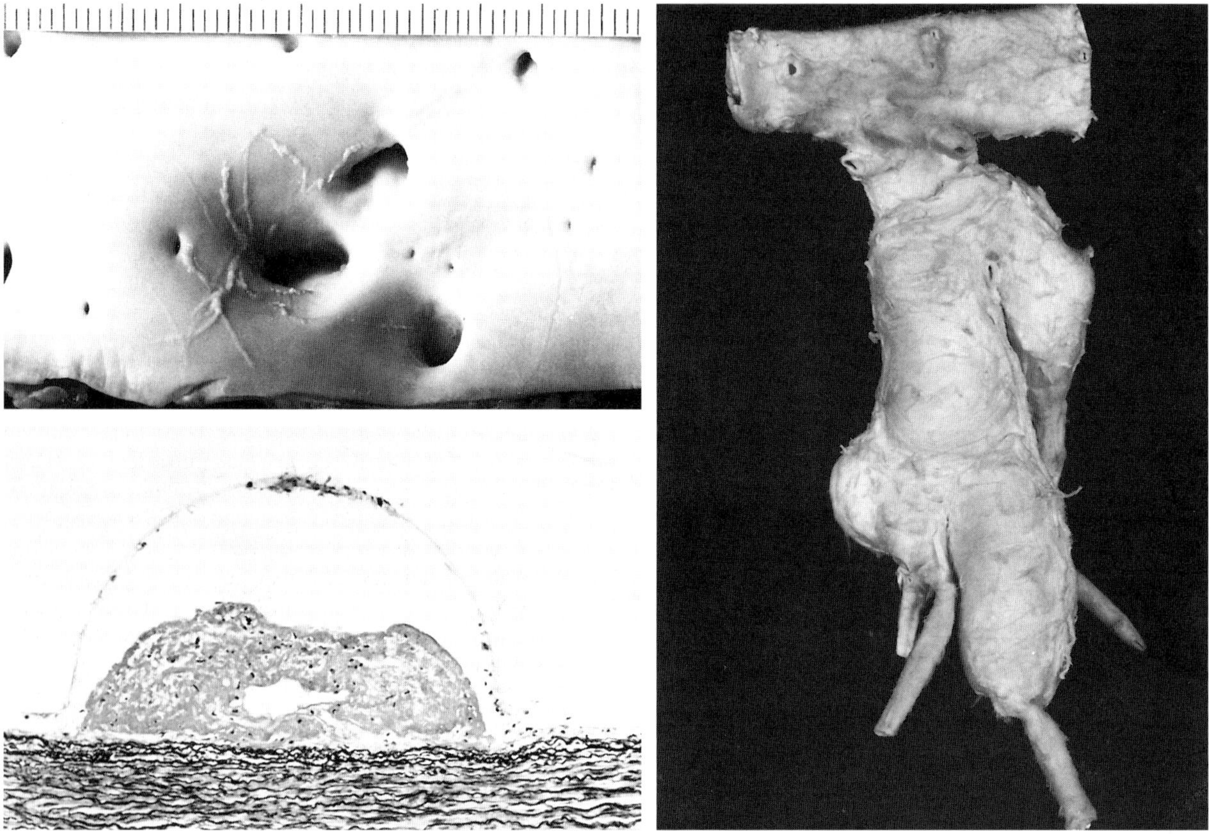

Abb. 1.36 *Endarteriitis verminosa* der Equiden.
Linke Bildhälfte: Makroskopische und histologische Darstellung der subendothelialen Migration der Larven IV und V von *Strongylus vulgaris* im Ursprungsbereich der A.mesenterica cranialis. Detritus und Fibrin konservieren vorübergehend das Profil der Wanderwege. HE, 75 x
Rechte Bildhälfte: Spätes Stadium mit Aneurysma der A. ileocaecocolica bei unauffällig erscheinender A.mesenterica cranialis einschließlich der aus ihr entspringenden Aa. jejunales. 2/3 nat. Größe

Strongylus vulgaris. Letztere wandern in den entsprechenden Arterien vom Darm her subendothelial bis zur Mesenterialarterie, häufig auch zur Aorta (Abb.1.36). Dort verursachen sie z.T. schwere Endothelläsionen mit nachfolgender Thrombose und Entzündung der inneren Arterienwandschicht (Endarteriitis verminosa thromboticans, Abb.1.37). Wird bei heftigem oder rezidivierendem Parasitenbefall die Arterienwand tiefgreifender zerstört, kann es zu Ausbuchtungen (Aneurysmen) und Rupturen kommen (Abb.1.36 u. 1.37; s. S. 39 u. 44). Bei chronischen Verlaufsformen sind nicht selten periarterielle Verwachsungen, z.T. mit Irritation vegetativer Ganglien (Ggl. coeliacum, Ggl. mesent. cran.) vor allem klinisch relevant.

Im Gesamtverlauf der ***Endarteriitis verminosa thromboticans*** führen die kompletten und inkompletten Arterienverschlüsse (Obturationsstenosen) im Verzweigungsgebiet der A. ileocaecocolica zu regionaler Mangeldurchblutung der Dickdarmwand und damit zum klinischen Bild der „Wurmkolik". Im Verein damit können Embolien zu regelrechten Darmwandinfarkten führen. In Fällen, in denen die Aorta im Abzweigungsbereich der A. mesenterica cranialis gleichsinnig betroffen ist, können Folgeprozesse die Aortenendaufgabelung in Form eines „reitenden Thrombus" miterfassen. Die daraus resultierende, insbesondere die A. iliaca betreffende Lumeneinengung ist in klinischer Sicht Hauptursache für das *intermittierende Hinken* bzw. in ausgeprägten Fällen für das *Einbrechen auf der Hinterhand.*

Als Endarteriitis mit charakteristischer Lokalisation ist ferner die thrombotisch-eitrige, bisweilen auch jauchige ***Omphaloarteriitis*** zu nennen. Am häufigsten bei **Kalb** und **Fohlen** vorkommend, ist diese durch pyogene Bakterien

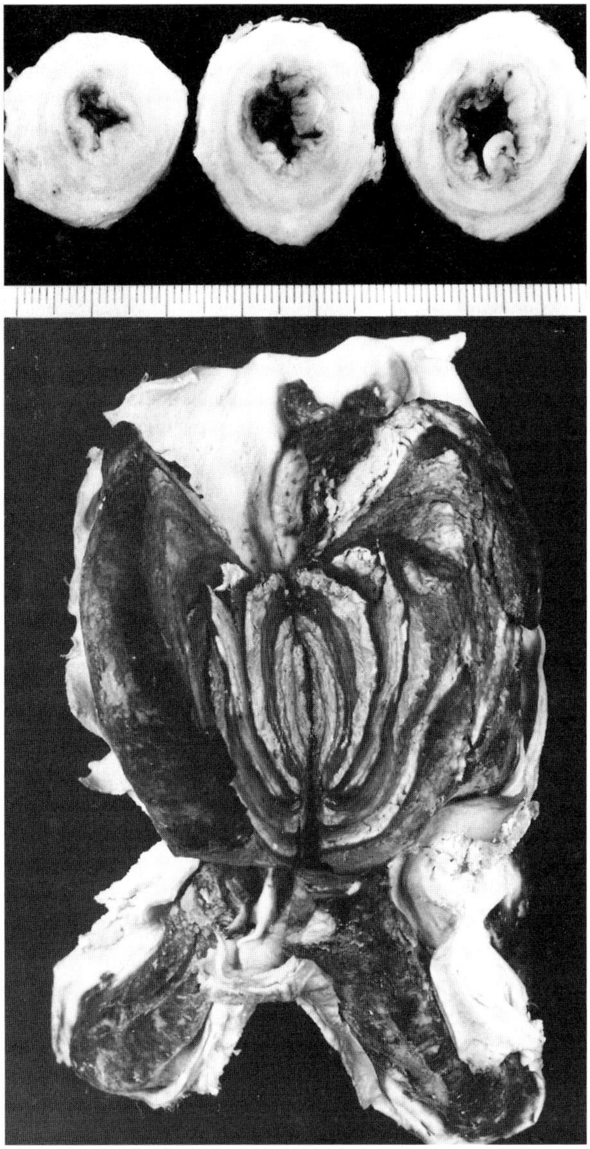

Abb. 1.37 *Endarteriitis verminosa* der Equiden in der A. ileocaecocolica.
Oben: Thromboendarteriitis mit relativer Lumeneinengung durch parietale Abscheidungsthromben und fortgeschrittener Thrombusorganisation
Unten: Großer Schichtthrombus mit totaler Obturation des Gefäßlumens

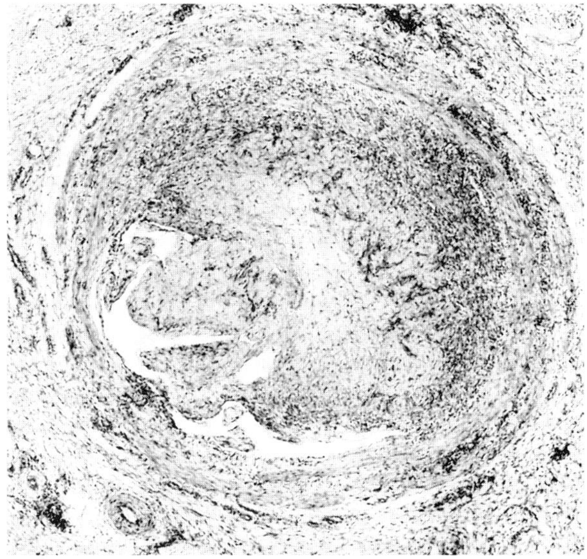

Abb. 1.38 Traumatisch bedingte *Endarteriitis obliterans* der Zehenarterien beim Pferd.
Intravaskuläre Gewebsproliferationen mit Anzeichen von Vaskularisation und Rekanalisation sowie von zellulären, bis in die Adventitia reichenden Reaktionen. HE, 45 x

hervorgerufene, oft saprophytär komplizierte und gemeinsam mit der Omphalophlebitis auftretende Arterienentzündung Ausgangspunkt für tödlich endende Septikämien.

Ein der ***Endarteriitis obliterans*** bzw. ***Thrombangitis obliterans*** des **Menschen** (Morbus WINIWARTER-BUERGER) vergleichbares systemisches Krankheitsgeschehen ist bei Haustieren unbekannt. Es betrifft vor allem junge und jugendlich erwachsene Männer und wird dem rheumatischen Symptomenkomplex zugeordnet. Die für die Tiermedizin relevanten obturierenden oder obliterierenden Entzündungen der arteriellen Intima treten im allgemeinen in bestimmten Lokalisationen auf, d.h. sie sind nicht systemisch. Neben Folgebildern von Thrombosen und Embolien kommt ätiologisch mechanischen Traumen die Hauptbedeutung zu. Letzteres gilt insbesondere für die ***Endarteriitis obliterans der Zehenarterien*** *des* **Pferdes**, die, trotz Neigung zum Totalverschluß, wegen günstiger Kollateralversorgung i.d.R. klinisch unauffällig bleibt. Die medial verlaufenden Arterienäste sind dabei signifikant häufiger betroffen als die lateralen. In ätiologischer Sicht ist davon auszugehen, daß fehlerhafte Extremitätenstellung sowie Beschlagfehler zum „Streifen" im Bewegungsablauf und damit zu einer unmittelbaren Traumatisierung der auf knöcherner Unterlage fixierten Zehenarterien führen (Abb. 1.38).

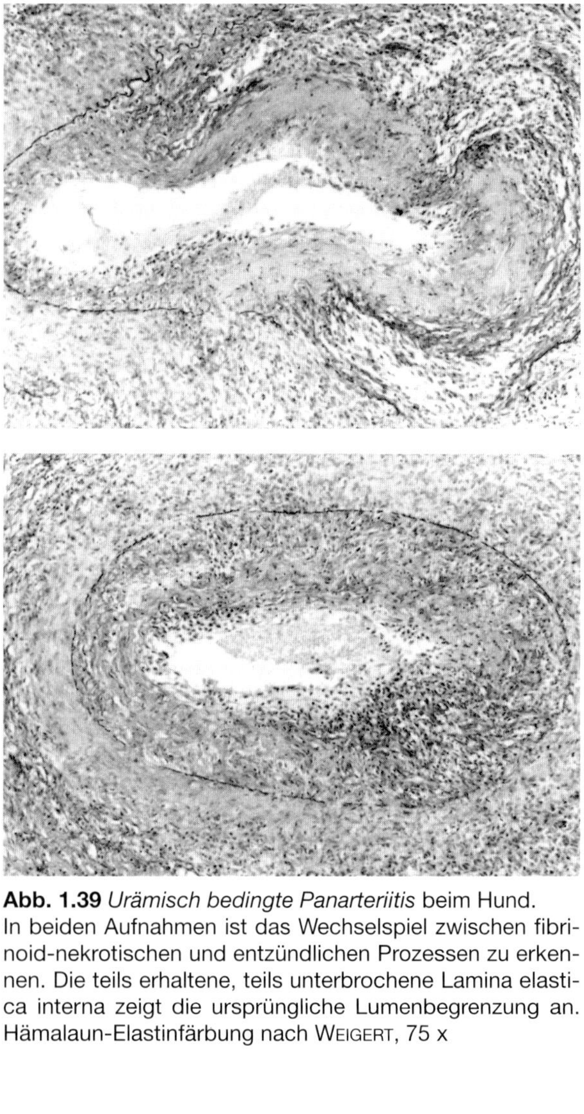

Abb. 1.39 *Urämisch bedingte Panarteriitis* beim Hund. In beiden Aufnahmen ist das Wechselspiel zwischen fibrinoid-nekrotischen und entzündlichen Prozessen zu erkennen. Die teils erhaltene, teils unterbrochene Lamina elastica interna zeigt die ursprüngliche Lumenbegrenzung an. Hämalaun-Elastinfärbung nach WEIGERT, 75 x

Unter den **primär-systemischen Arteriitiden** beanspruchen die verschiedenen Formen der *Panarteriitis*, also Entzündungsmuster mit Betroffensein aller drei Wandschichten, besonderes Interesse. Hierher zu zählen ist zunächst die ***urämische Panarteriitis*** des **Hundes**: Die vorwiegend betroffenen kleinen Organarterien, hier insbesondere die Herzkranzarterien, zeigen makroskopisch grau-gelbliche Verdickungen, z.T. in Form knotiger Auftreibungen. Histologisch bestehen Endotheldefekte mit m.o.w. deutlichen Thrombosierungen, ferner fibrinoide Media- und Adventitianekrosen mit granulo- und monozytären Infiltrationen (Abb.1.39). Eine weitere, teils systemische, teils auf die extramuralen Herzkranzarterien beschränkte Panarteriitis gleicher Ausprägung wird nicht selten bei Hunden der Beagle-Rasse bereits während des ersten Lebensjahres ohne Geschlechtsdisposition gesehen. Über auslösende Faktoren ist nichts bekannt.

Hierherzu zählen ist ferner die ***Panarteriitis nodosa***, die auch als *Periarteriitis nodosa* bezeichnet wird. Ihrem Verteilungsmuster nach eine *Polyarteriitis*, bevorzugt sie bestimmte Organe, wie Herz, Niere, Magen-Darmkanal, Geschlechtsorgane und Skelettmuskel mit Infarkt- oder Ulkusbildung. Soweit die Vasa vasorum der Aorta miteinbezogen sind, entstehen Medianekrosen mit konsekutivem Aortenaneurysma. Unter den Haus- und Zootieren sind am häufigsten **Wiederkäuer**, **Schwein** und **Equiden** betroffen. Wie beim Menschen ist bei diesem durchweg letal endenden Leiden im Einzelfall ein ätiologisches Prinzip nur ausnahmsweise festzumachen. Generell wird die Panarteriitis nodosa als Ausdruck eines hyperergischen bzw. immunopathisch-rheumatoiden Geschehens gewertet, zumal sie die Züge einer Zweitkrankheit trägt, d.h. auf dem Boden eines primär infektiösen Prozesses gewachsen sein dürfte.

Von den genannten systemischen Panarteriitiden abzugrenzen sind schließlich die ***virusbedingten Arteriitiden***. Exemplarisch für diese Formen seien drei Bilder genannt: Die durch das *Arteri-Virus* hervorgerufene ***Virusarteriitis des Pferdes*** verläuft klinisch mit Fieber, Lid- und Extremitätenödemen, Schleimhautblutungen, Atemnot, Kolik und Depression und endet in 60% der Fälle tödlich. Die histologisch faßbaren Hauptläsionen betreffen kleine Arterien von etwa 0,5mm Durchmesser und sind durch Ödem, fibrinoide Verquellung sowie lympho-granulozytäre Infiltration der Gefäßwand, ferner durch Thrombosierungen gekennzeichnet. Während die Veränderungen bei dieser equinen Virusarteriitis als direkte Folge der Erregerwirkung einzustufen sind, ist dies für die panarteriitischen Veränderungen beim ***Bösartigen Katarrhalfieber*** (***BKF***) **der *Boviden*** (s. S. 135) und bei der durch ein *Coronavirus* hervorgerufenen ***Felinen Infektiösen Peritonitis*** (***FIP***) keineswegs sicher. Insoweit bestehen hier gewisse Ähnlichkeiten mit der o.g. Panarteriitis nodosa. Betroffen sind jedoch durchweg kleinkalibrige periphere Arterien und Arteriolen. Bei BKF beginnt der Prozeß meist mit einer lympho-monozytären Infiltration der Intima, um von hier auf die gesamte Gefäßwand mit Zerstörung der Mediazyten überzugreifen (Abb. 11.22). Soweit es zum Verschluß des Lumens kommt, beruht dieser eher auf Intimaproliferationen denn auf Thrombosen. Hieraus läßt sich die Entstehung der BKF-typischen, umschriebenen, ischämischen Parenchymnekrosen in Leber und Niere erklären. Bei FIP steht die Panarteriitis in enger Verbindung mit den für dieses Leiden typischen Pyogranulomen

(s. S. 122), d.h. daß auch bei den Gefäßwandveränderungen fibrinoid-nekrotische und granulozytäre Bilder gemeinsam mit lympho-monozytären Veränderungen vorherrschen.

1.2.3.6 Aneurysma

Unter den Begriff Aneurysma (An.) lassen sich alle Formen einer irreversiblen Erweiterung von Arterien subsumieren. Diese können umschrieben *(zirkumskriptes An.)* oder ausgedehnt *(diffuses An.)* sein. Ferner unterscheidet man echte *(An. verum)* und falsche *(An. spurium)* Aneurysmen. Erstere entstehen durch Ausbuchtungen der Arterienwand selbst, letztere liegen außerhalb der Arterienwand und sind nichts weiter als *extramurale Hämatome*. Bei den echten An. werden je nach Form unterschieden: *An. sacciforme, An. fusiforme, An. cylindricum, An. serpentiniforme; An. cirsoides (cirsoidum)* und *racemosum*, ferner ein *An. simplex* und ein *An. multiplex*.

Ihrer Pathogenese nach beanspruchen das An. verum spontaneum und das An. per arrosionem das Hauptinteresse. Das ***An. verum spontaneum*** entwickelt sich auf der Grundlage von Arterienwandschwächungen, entsteht also vorwiegend auf der Basis degenerativer, arteriosklerotischer und entzündlicher Veränderungen. Es tritt beim **Menschen** (Mesaortitis syphilitica, Arteriosklerose) häufiger als bei Tieren auf. Das ***An. per arrosionem*** *(=An. per diabrosin)* wird bevorzugt beim **Pferd** an den Arterien der Gekrösewurzel, besonders der A. ileocaecocolica als Folge einer *verminösen Endarteriitis* gefunden (Abb. 1.36 u.1.37). Wie an anderer Stelle (s.S. 35 u. 45) ausgeführt, kann die parasitäre Endarteriitis von der Intima her auf die Media übergreifen und dort zu irreparablen Defekten führen. Im Gesamtverlauf stehen meist Thrombosierungen im Lumen und fibrotische Proliferation in der Arterienumgebung im Vordergrund, so daß mit fortschreitendem Arterienwandabbau im adventiellen und periarteriellen Gebiet erhebliche Bindegewebszubildungen zustande kommen. Die geschwächte Wand und das neugebildete Bindegewebe werden ausgebuchtet. Auf diese Weise können Aneurysmen bis zu Kopfgröße entstehen. Trotz der *bindegewebigen Stabilisierungsversuche*, die gelegentlich sogar mit *Verknöcherung* einhergehen, ist die Aneurysmenwand funktionell minderwertig und *rupturgefährdet*. Vereinzelt kommt es auch zu *bakteriellen Komplikationen* vom Thrombus her, die zu eitriger *Einschmelzung* und *Ruptur* führen.

Parasitär bedingte Aneurysmen der Aorta werden gelegentlich auch beim **Hund** gesehen. Die Parasiten *(Spirocerca lupi)* befallen Adventitia und Media der Aorta und verursachen knotige Auftreibungen mit folgender Abschwächung und Ausbuchtung der Wand. Rupturen werden allerdings sehr selten beobachtet (Abb.1.44; s. S. 45 u. 152).

Eine spezielle Form des An. ist das ***An. dissecans***. Es entsteht entweder im Anschluß an Medianekrosen, in die hinein durch Intimarisse Blut dringt, oder unmittelbar nach primären Intimarissen. Es kann vorübergehend als *intramurales Hämatom* imponieren, und erst im weiteren Verlauf kommt es zu stromabwärts gelegenen Rückperforationen ins Arterienlumen, wodurch ein parallel zum ursprünglichen Blutstrom verlaufender *Zweitstrom* entsteht. Bevorzugt betroffen wird die Aorta, wo das An. dissecans unmittelbares Vorstadium einer kompletten Ruptur sein kann. Auch beim *bovinen Marfan-Syndrom* geht der Aorten- bzw. Pulmonalisruptur i.d.R. ein An.dissecans voraus (s. S. 28).

Von vergleichend-pathologischer Bedeutung ist das *An. dissecans* bei **Puten**. Vorwiegend bei 12-24 Wochen alten Tieren der großwüchsigen Rassen entsteht es in der abdominalen Aorta und führt nahezu in allen Fällen zu Ruptur und innerer Verblutung. Ursächlich dürfte es sich wohl um ein diätetisch bedingtes Leiden handeln. Pathogenetisch steht eine mangelhafte Entwicklung des Elastins im Vordergrund, so daß insgesamt Fehlernährung (Cu-Mangel, Fettüberangebot) und toxische Einflüsse *(Lathyrus odoratus*-Vergiftung*)* diskutiert werden. Als Vorstadien des dissezierenden Prozesses werden Mediadegenerationen und Intimasklerosen, als auslösende Faktoren Hypertonie und Pulsbeschleunigung genannt.

Aneurysmen mit seltenem Vorkommen und damit von untergeordnetem Interesse sind das ***An. arterio-venosum*** und das ***An. congenitum***. Das An. arterio-venosum beruht auf einer Kommunikation benachbarter Arterien und Venen im Sinne einer *arterio-venösen Fistel*. Die Vene ist meist stärker erweitert als die Arterie, weshalb auch häufig von einem *Varix aneurysmaticus* gesprochen wird. Angeborene Aneurysmen kommen, sieht man von den arteriovenösen Aneurysmen ab, unter den Haustieren eigentlich nur beim **Rind** im Bereich der Herzkranzarterien *(Rankenaneurysma)* vor (s. S. 27 u. Abb. 1.29).

1.2.4 Venen

1.2.4.1 Zusammenhangstrennungen

Ähnlich den Rupturen von Arterien ist bei den Venen zwischen solchen, die eine *primär unveränderte* und solchen, die eine *vorgeschädigte Gefäßwand* betreffen, zu unterscheiden. Zu den erstgenannten zählen Zerreißungen nach unmittelbarem Einwirken mechanischer Traumen und nach übermäßiger Steigerung des venösen Blutdruckes. Den zweitgenannten, sekundären Rupturen können als *prädisponierende Faktoren* variköse Erweiterungen, Abszeßeinbrüche, Wandläsionen durch Tumoren und Exostosen, Parasiteninvasionen, Arrosionen durch Thromben, Einbrüche benachbarter Arterienaneurysmen und Degenerationen der Venenwand vorausgehen.

Rißform und *-größe* hängen gleichermaßen vom Kaliber der betroffenen Vene wie von der Rupturursache ab. Sie sind maßgebend für das weitere Schicksal des Defektes und damit des betroffenen Tieres. Grundsätzlich können Rupturen zu Verblutungen, Luftaspirationen mit tödlichen Luftembolien und zur Ausbreitung von Infektionen führen. In manchen Fällen kommt es aber nur zu örtlichen thrombotischen Defektverschlüssen und Hämatomen in der Venenumgebung ohne tödlichen Ausgang.

Von großer Bedeutung sind Venenrupturen bei Rind und Pferd. Beim **Rind** sind vor allem V. cava caudalis, V.mammaria, V. uterina media und Vv. coronariae betroffen: Ursächlich kommen für ***Hohlvenenrupturen*** nahezu ausschließlich eitrige Einschmelzungen durch benachbarte, in der Zwerchfell-Leber-Gegend liegende Fremdkörperabszesse in Betracht. Dabei kann es entweder zu innerer *Verblutung* oder aber zur Entleerung des Abszeßinhaltes in die Hohlvene und damit zu einer massiven, durchweg tödlichen *Lungenembolie* kommen. Den ***Milchvenenrupturen*** liegen, neben endogenen (Varizenbildung), vor allem exogene Ursachen zugrunde. Die sich durch die relativ zarte Haut deutlich abzeichnenden, geschlängelten Venen sind mechanischen Traumen, wie Stichen, Hornstößen und Verletzungen durch Weidezäune, in besonderem Maße ausgesetzt. ***Uterusvenenrupturen*** mit durchweg letalem Ausgang kommen sowohl im Verlauf von Schwergeburten als auch erst postpuerperal auf der Grundlage massiver, zu Gewebsnekrosen führender Infektionen zustande. Zu den seltenen, durch perforierende Vormagenfremdkörper bedingten Formen zählen die ***Koronarvenenrupturen***. Sie führen zum Hämoperikard und damit zum Tod durch Herztamponade.

Beim **Pferd** sind die ***Hohlvenenrupturen*** seltener durch Abszeßeinbrüche (z. B. bei Druse) als durch besondere Kreislaufbelastungen, wie Blutdruckerhöhung beim Geburtsvorgang, ferner durch Wirbelfrakturen und Wirbelexostosen verursacht. ***Pfortaderrupturen*** können ebenfalls auf apostematöser oder traumatischer (Hufschlag) Grundlage entstehen. Gleiches gilt für die ***Jugularvenenruptur***: Neben iatrogenen (Aderlaß, sekundäre Thrombosen, Fistelbildung) Rupturen kommen hier vor allem Hufschläge, Gegenrennen, Stürze usw. ursächlich in Betracht.

1.2.4.2 Nichtentzündliche Veränderungen der Venenwand

Der besondere Bau der Venenwand und hier insbesondere ihre – verglichen mit der Arterienwand – weitaus günstigere Stoffwechsellage läßt nur selten degenerative Veränderungen zur Entstehung kommen. Soweit sich degenerative Veränderungen, wie **Hyalinose** und **Lipidose**, in den peripheren Venen abspielen, stehen sie meist mit Erkrankungen der entsprechenden Organsysteme in Zusammenhang. In den großkalibrigen Venen der Haustiere vermißt man selbst im fortgeschrittenen Alter Wanddegenerationen. Lediglich beim **Rind** werden, ähnlich den Verhältnissen in der Aorta, **Verkalkungen** der hinteren Hohlvene gefunden. Entsprechend dem Reichtum der Adventitia an elastischen Fasern liegt hier ein mehr adventitieller Verkalkungstyp vor.

Eigentliche **Phlebosklerosen** sind bei Tieren unbekannt. Dagegen werden gelegentlich **Wandhypertrophien** als Folgen erhöhter Druckbelastung gesehen. Vermehrt sind sowohl die Mediazyten als auch die kollagenen Faserzüge.

Unter den Venenerweiterungen wird im allgemeinen zwischen **Phlebektasien** und **Varizen** unterschieden. Erstere stellen einfache Lumenerweiterungen mit normaler, wenn auch z. T. dünner Wandung dar. Letztere beruhen auf einer Strukturveränderung der Venenwand, d. h. sie entwickeln sich aus einem Schwund muskulärer und elastischer Elemente und deren Ersatz durch funktionell inadäquates Kollagen. Eine scharfe Trennung zwischen Phlebektasien und Varizen ist jedoch nicht möglich, zumal Varizen aus Phlebektasien entstehen können.

Phlebektasien und Varizen spielen bei Tieren keine bemerkenswerte Rolle, d. h. ein dem ***varikösen Symptomenkomplex*** des **Menschen** – bestehend aus Bein-, Samenstrang-, Prostata-, Harnblasen-, Hämorrhoidalvarizen und aus Ektasien kleiner Hautvenen – vergleichbares Geschehen ist nicht bekannt. Dies mag in der vorwiegend horizontalen Orientierung des Tierkörpers einerseits und den relativ häufigen erblichen Bindegewebsschwächen beim Menschen andererseits eine Erklärung finden.

Die wenigen relevanten Krankheitsbilder in der Tiermedizin beziehen sich bein **Pferd** vorwiegend auf *Varizen* der *V. saphena* im Tarsalbereich (Blutspat), seltener auf solche der *V. axillaris* und der *V. thoracica externa* (Sporader), beim **Rind** auf die *Milchader* (V. subcutanea abdominis bzw. V. mammaria) und beim älteren **Hund** auf *Skrotalvenen*. Gelegentlich kommt es bei Beinvarizen des **Pferdes** zu schuppenden Hautatrophien, seltener zu Elephantiasis. Weitere Komplikationsmöglichkeiten resultieren aus Verletzung bzw. Ruptur der erweiterten, durchweg dünnwandigen Venen unter dem klinischen Bild nicht oder nur schwer stillbarer Blutungen, dies speziell bei **Rind** (Milchvenen) und **Hund** (Skrotalvenen, Abb.1.40).

Sekundäre Phlebektasien im Mesenterial- bzw. Portalvenensystem entstehen nahezu ausschließlich infolge venöser Abflußstörungen zur Leber hin (Abb.1.41). Haupt-

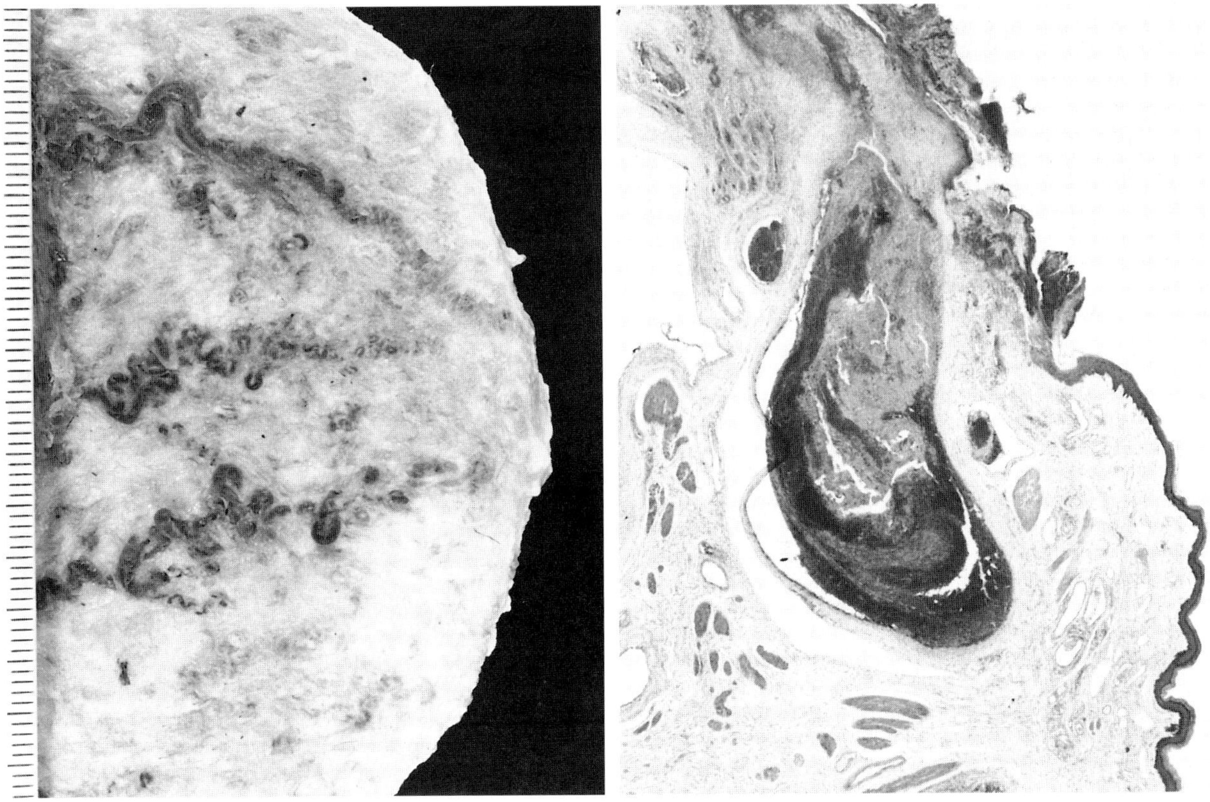

Abb. 1.40 *Skrotalvenenvarizen* beim Hund.
Links: Sektionsbefund am umgestülpten Skrotum. 3 x nat. Größe
Rechts: Rezidivierend blutende, teils thrombosierte Varize mit Exulzeration der Skrotalhaut. HE, 18 x

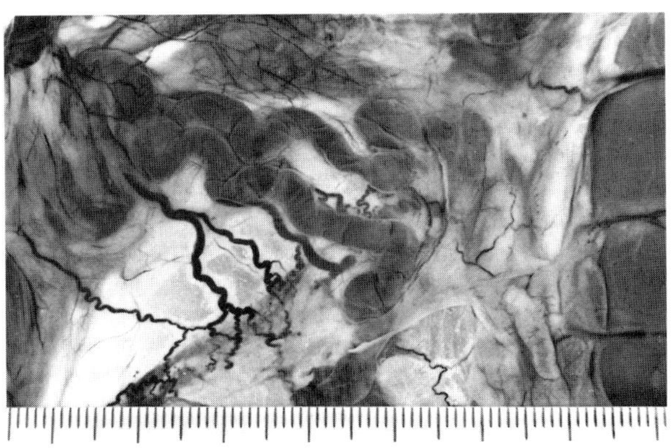

Abb. 1.41 *Ektasie der Mesenterialvenen* infolge Leberzirrhose (sog. *Mesenterialvenenvarizen*) beim Hund.

ursachen sind Leberzirrhosen und Pfortaderthrombosen. Im Zusammenhang damit sind *Ösophagusvarizen* sowie ein *Medusenhaupt* (Caput medusae) in der Umgebung des Nabels durch Inbetriebnahme venöser Kollateralsysteme beim Menschen meist stark, bei Tieren nur selten deutlich entwickelt und ohne klinische Bedeutung.

1.2.4.3 Venenthrombose und -embolie

Hinsichtlich der Kausalitäten venöser **Thromben** ist zwischen *örtlich reaktiven, dyskrasischen* und *hämodynamischen* Formen zu unterscheiden. Eine Bedeutung kommt eigentlich nur der erstgenannten Form zu. Sie kann sich in der Folge lokaler Traumatisierungen, eines Übergreifens von Entzündungen aus der Nachbarschaft hämatogener Infektionen (Pfortader) und parasitärer Einflüsse entwickeln. Zu den häufigsten Lokalisationen der örtlichen reaktiven Thrombose zählen die *Pfortader* beim **Rind**, die *hintere Hohlvene* bei **Rind** (Abb.1.42), **Schwein** und **Pferd** und die *Drosselvene* beim **Pferd**. Den Pfortaderthrom-

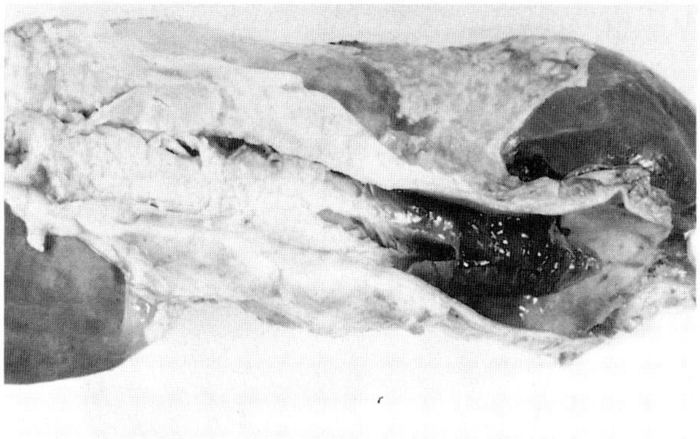

Abb. 1.42 Obturierende (septische) *Hohlvenenthrombose* im Leberbereich nach Abszeßeinbruch bei traumatischer Retikuloperitonitis des Rindes. 1/3 nat. Größe

bosen liegen kausalgenetisch enterale Infektionsprozesse, den Hohlvenenthrombosen Phlegmonen und Abszesse in der Venenumgebung und den Jugularvenenthrombosen unsachgemäße Injektionen und Blutentnahmen zugrunde.

Dyskrasische Thrombosen, wie sie beim **Menschen** als Ausdruck einer besonderen Thrombosebereitschaft und nicht selten in der Form *blander Fernthrombosen* bekannt sind, zählen bei Haustieren zu den Raritäten. Ähnliches gilt für die *hämodynamischen Thrombosen,* die beim Menschen bevorzugt an Varizen, Phlebosklerosen und Venenobliterationen entstehen.

Nach rein morphologischen Gesichtspunkten ist zwischen *wandständigen* (parietalen), *klappenständigen* (valvulären) und *verstopfenden* (obturierenden) Thrombosen zu unterscheiden. Die wesentlichste und zugleich oft verhängnisvollste Folge der Venenthrombose ist die zentripetale Abschwemmung von Thrombusteilchen zum rechten Herzen und zur Lunge hin. Dort kommt es, je nach Größe und Qualität des Embolus (septisch oder aseptisch!), zu Trikuspidal-Endokarditis (Rind), Lungeninfarkt, Lungenabszeß, Pulmonalarterienthrombose und -ruptur; ferner sekundär auch zur Hypertrophie des rechten Herzens (Cor pulmonale). *Embolien* aus septischen Thromben können zu erheblichen Einschmelzungen von Lungengewebe und damit zur akuten, tödlichen Hämoptoe (Blutsturz) führen. Aseptische (sterile), lokale Venenthrombosen werden meist organisiert. Sofern sie *obturierend* sind, werden sie bei günstigem Verlauf *rekanalisiert* oder durch Erschließung von *Kollateralbahnen* funktionell kompensiert. Letzteres ist vor allem dann der Fall, wenn eine Rekanalisation infolge totaler Venenobliteration nicht mehr möglich ist.

Eine ätiologisch nicht geklärte Thrombose des venösen *Plexus pharyngooesophagicus* findet sich relativ häufig beim **Schwein** (bis zu 7% der Schlachtschweine !). Sie bedingt eine eigentümliche Schleimhautvorwölbung im oberen Schlunddrittel und erweist sich auf der Schnittfläche als Schichtthrombus mit Verkalkungsneigung (s. S. 150 u. Abb. 5.10).

Embolien innerhalb des zuführenden *Lebervenensystems* gehen zum einen von bakteriell-infektiösen Prozessen im *Mesenterialvenen-Pfortadersystem,* zum anderen von *Nabelveneninfektionen* (bei Jungtieren) aus. In beiden Fällen kommt es in der Leber zu embolischen Einsaaten, in deren Folge sich – entsprechend den beteiligten Erregern – nekrotische oder eitrig-abszedierende, klein- oder großherdige, solitäre oder disseminierte Entzündungsbilder entwickeln (s. S. 219ff.).

1.2.4.4 Phlebitis

Ihrer Entstehung nach sind zwei Grundformen der Venenentzündung *(Phlebitis)* zu unterscheiden, und zwar die mit einem *periphlebitischen* und die mit einem *endophlebitischen* Prozeß beginnenden. Erstere entstehen durch Übergreifen infektiöser Gewebseinschmelzungen und Entzündungen aus der Nachbarschaft auf die Venenwand, letztere vorwiegend auf hämatogenem bzw. embolischem Wege. Damit bestehen kausalgenetisch enge Beziehungen zu den Thromboembolien. Tatsächlich verlaufen viele Venenentzündungen unter dem Bilde einer *Thrombophlebitis.*

Ein Übergreifen von Entzündungen aus der Nachbarschaft auf die Venenwand wird häufig in Zusammenhang mit bestimmten Gewebsveränderungen, wie perivenösen Fremdkörperabszessen, Metritis, Pneumonien, verkäsender Tuberkulose, Mykosen, Nekrobazillose usw., gesehen. Aus der primären ***Periphlebitis*** wird eine *Phlebitis* bzw. *Thrombophlebitis.*

Die hämatogen entstehenden ***Endophlebitiden*** sind entweder Folgen von Embolien oder aber von direkten Bakterienabsiedlungen am Venenendothel. Das Haften von Bakterien setzt das Bestehen einer Endothelschädigung, i.d.R. das einer Mikrothrombose voraus. Endophlebitiden werden bei *Salmonellosen, Tuberkulose* und, soweit es die Lebervenen betrifft, bei vielen *thromboembolischen* Bakterieneinschwemmungen vom Darm her gesehen. Morphologisch läßt sich demzufolge zwischen *eitrigen, thrombosierenden* und *produktiven* Endophlebitiden unterscheiden. Zur letztgenannten Phlebitisform gehört auch die hämatogen entstandene, vorwiegend die Lebervenen betreffende *Venentuberkulose* (*Endophlebitis tuberculosa*). Die auftretenden Intimatuberkel sind relativ klein und oft nur mikroskopisch zu sichern. Sie entstehen in der Regel subendothelial, bleiben von Endothel überkleidet und sind offenbar kein Ausgangspunkt für die weitere hämatogene Ausbreitung der Tuberkulose. Exsudative und verkäsende Formen sind selten, wie ja auch die Bakterienzahl in den polypösen und nodulösen Venentuberkeln relativ gering ist.

Wegen ihres häufigen Auftretens nimmt die *abszedierende Nabelvenenentzündung* insbesondere beim **Kalb** eine besondere Stellung ein. Bei **Fohlen** und den übrigen Jungtieren wird sie seltener gesehen. Diese *Omphalophlebitis* beruht durchweg auf einer Mischinfektion unter Beteiligung von *Actinomyces (Arcanobacterium) pyogenes, Fusobact. necrophorum,* verschiedenen *Kokken* und *Saprophyten.* In dem zum Nabelstumpf gehörenden Venenabschnitt kann es zu empyemartigen Zustandsbildern kommen, die sich bis in die Leber hinein erstrecken. Das Leberparenchym selbst ist häufig von Abszessen durchsetzt (s. S. 223). Differentialdiagnostisch ist die Omphalophlebitis von der Omphaloarteriitis (s. S. 36) zu unterscheiden bzw. zu prüfen, ob beide Prozesse gemeinsam vorliegen, zumal in klinischer Sicht die chirurgische Behandlung der Omphaloarteriitis eine weit bessere Prognose hat als die der Omphalophlebitis.

1.2.5 Tumoren der Blutgefäße

Zu den Neubildungen der Blutgefäße im engeren Sinne zählen die der *Endothel-* und *Perithelzellen* sowie die der *epitheloiden Zellen der Glomusorgane.* Schwierigkeiten bestehen in der Grenzziehung zwischen echten Geschwülsten und nichtblastomatösen (angeborenen!) Hamartien der Blutgefäße, zumal diese vielfach ebenfalls als Hämangiome bezeichnet werden, ferner in der Abgrenzung von (erworbenen!) Angiektasien.

Zu den **benignen Blutgefäßtumoren** zählt zunächst das ***Hämangiom***. Es kommt sowohl als *kavernöses* als auch als *solides* Angiom vor, wobei der erstgenannte Typ der häufigere ist. In seltenen Fällen tritt es in Form der ***Hämangiomatose*** multizentrisch-systemisch auf, wobei von einer dysontogenetischen Entstehungsweise auszugehen ist. Bevorzugte Lokalisationen des solitären Hämangioms sind Kutis und Subkutis, nächsthäufig Milz, Leber, Knochenmark und Herz, seltener ZNS und sonstige Organe

Das gekammert-schwammartige *kavernöse (sinusoidale)* Hämangiom ist zur Umgebung hin meist deutlich abgesetzt, zeigt histologisch eine geschlossene, flachzellige endotheliale Auskleidung seiner oft bizarren Räume und besitzt ein derb-fibröses Stroma (Abb.1.43, oben). An vorspringenden Endothelnasen kommt es nicht selten zu Thrombusbildungen. Beim *soliden* Hämangiom ist die endotheliale bzw. kapilläre Innenstruktur nicht immer gut auszumachen, so daß die differentialdiagnostische Abgrenzung zum Fibrom hin problematisch sein kann.

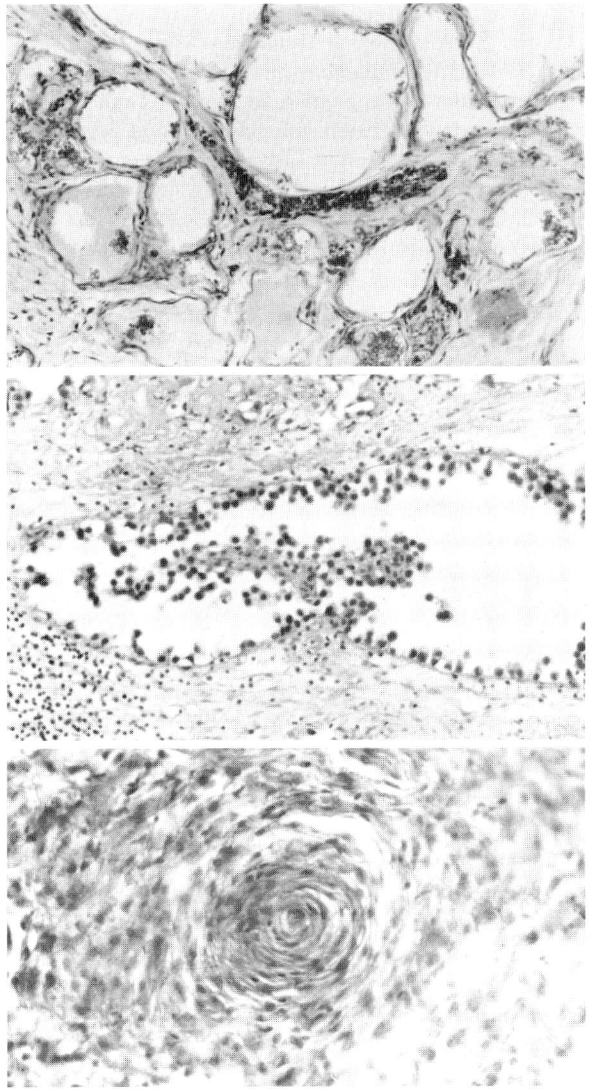

Abb. 1.43 Beispiele primärer kutaner *Blutgefäßgeschwülste* beim Hund.
Oben: Kavernöses (sinusoidales) Hämangiom. HE, 160 x
Mitte: Hämangioendotheliom (Schuhzweckenhämangioendotheliom). HE, 175 x
Unten: Hämangioperizytom. HE, 250 x

Eine weitere gutartige Gefäßwandgeschwulst ist das sog. ***Perizytom*** (*Hämangioperizytom*). Vorwiegend beim **Hund** als derb-knotige Neubildung der *Unterhaut* nachweisbar, zeigt die Geschwulst histologisch einen typischen Aufbau (Abb.1.43, unten; s. S. 542) und neigt nach Exzision zum Rezidiv.

Die **malignen Blutgefäßtumoren** lassen sich nach den gleichen Strukturprinzipien einteilen wie die benignen. Das ***Hämangioendotheliom*** bzw. ***Endotheliom*** hat, im Gegensatz zum Hämangiom, seine typische Gefäßstruktur verloren und wirkt bei histologischer Betrachtung teils wabig-retikulär, teils solide, sarkomartig. Gelegentlich sitzen die tumorösen Endothelzellen eigentümlich lockergestielt, „schuhzweckenförmig" der Kavernenwand auf , so daß von einem *Schuhzweckenhämangioendotheliom* (Abb.1.43, Mitte) gesprochen werden kann. Häufige Primärlokalisationen sind Milz, Knochenmark und Leber. Bei multiplem Auftreten, insbesondere aber bei kleinherdiger Durchsetzung der Lunge und Beteiligung des rechten Herzohres, ist mehr an eine hämatogene Metastasierung denn an eine primäre Multiplizität zu denken. Die *Rupturneigung* solcher Tumoren ist, ganz im Gegensatz zu den benignen Angiomen, außerordentlich groß. Signifikant häufiger als alle anderen Hunderassen sind **Schäferhunde** vom kavernösen Hämangioendotheliom betroffen. Primärsitz ist meistens die Milz (cave! klinische Fehldiagnose „Milzhämatom"), seltener Knochenmark oder Leber. Leztere ist i.d.R. – ebenso wie Lunge und rechtes Herzohr – sekundär-metastatisch einbezogen. Der Verblutungstod tritt oft schlagartig (Mors subitanea!) infolge Ruptur der betroffenen Herzvorkammer, einer Lebermetastase einschließlich Leberkapsel, seltener des Primärtumors in der Milz ein. Bei disseminierter Durchsetzung der Lunge mit Hämangioendotheliomen verschiedener Größen und Vorliegen gleichsinniger Veränderungen im rechten Herzohr, jedoch ohne Beteiligung von Milz und Leber, ist grundsätzlich an eine Tumorprimärlokalisation im Knochenmark zu denken.

Eine Sonderstellung unter den Blutgefäßgeschwülsten nehmen die bei Haustieren seltenen ***Glomustumoren*** ein. Sie gehen von den epitheloiden Zellen der arteriovenösen Knäuelanastomosen (Glomusorgane) aus und sind bevorzugt an den Endphalangen der Extremitäten lokalisiert. Klinisch imponieren sie bei Mensch und Tieren durch ungewöhnliche *Schmerzhaftigkeit* bzw. Druckempfindlichkeit. Geweblich gesehen sind sie jedoch gutartig. Entsprechend ihrer Feinstruktur werden sie in *gefäßarme epitheloide, angiomatöse* und *neuromatöse* Varianten unterteilt.

1.2.6 Parasiten der Blutgefäße

Hier ist streng zwischen *obligatem, transitorischem* und *akzidentellem* Parasitismus zu unterscheiden. Bei allen drei Formen kann es zu m.o.w. ausgeprägten Gefäßwandschäden kommen. Nicht berücksichtigt werden im folgenden solche transitorischen und akzidentellen Parasiten, die keine Gefäßveränderungen verursachen, sowie die reinen Blutparasiten.

***Trematoden*:** Unter ihnen kommt eine Reihe von *Schistosomen* (Bilharzien) als überwiegende Venenschmarotzer, unter Bevorzugung der Pfortader, der großen Darmvenen und nicht selten auch anderer Venengebiete in Betracht. *Schistosoma (Sch.) bovis* wird in tropischen Ländern bei **Rind** und **Schaf**, *Sch. spindale* in Indien, Sumatra, SO-Afrika beim **Rind** und *Sch. indicum* in Indien bei **Wiederkäuern** und **Equiden** gefunden. Der letztgenannte Parasit verursacht verlustreiche Seuchen = *Gillar* bei Schaf und Ziege. *Sch. japonicum* wird in Ostasien bei **Mensch**, **Pferd**, **Rind**, **Schwein**, **Ziege**, **Hund** und **Katze** beobachtet und verursacht die *Kalayama-Krankheit* (Kalayamaschnecke ist der Zwischenwirt!). *Ornithobilharzia bomfordi* kommt in Indien bei **Zeburindern** und *Ornithobilharzia turkestanica* bei **Schaf**, **Ziege**, **Kamel**, **Pferd**, **Esel**, **Büffel** und **Rind** in Rußland, Turkestan, Mongolei, Irak und Frankreich vor. Die einzige in Mittel- und Nordeuropa und in Nordamerika vorkommende Bilharziose betrifft das Mesenterialvenensystem von **Wild**- und **Hausenten** und wird durch *Bilharziella polonica* verursacht.

Die wesentlichsten durch Schistosomen verursachten Venenveränderungen sind Thrombosen und unspezifische Fremdkörperreaktionen auf die Parasiteneier in kleinlumigen Venen.

***Zestoden*:** Bandwurmlarven, d.h. Blasenwürmer oder Finnenstadien, werden gelegentlich auch in Gefäßwänden bzw. in der Nachbarschaft von größeren Blutgefäßen mit sekundärer Entwicklung einer Druckatrophie der Gefäßwand gesehen. Es kann hierbei zu Aneurysmen und Gefäßrupturen kommen.

***Nematoden*:** Vor allem Parasiten der Überfamilie *Filaroidea* finden sich als Arterienparasiten. *Dirofilaria immitis* parasitiert im rechten Herzen und in den Pulmonalarterien bei **Hund** (Abb.1.28), anderen **Fleischfressern** und gelegentlich bei **Equiden** (s. S. 36).

Filaria sanguinis equi, ein ovoviviparer Parasit, lebt in der Wandung großer Arterien des **Pferdes** und führt dort zu reaktiv-granulomatösen Prozessen. Hauptverbreitungsgebiet ist Indien. *Dipetalonema evansi* erzeugt Gefäßwandentzündungen, Thrombosen und Aneurysmen in der A. pulmonalis und A. spermatica bei **Dromedar** und **Kamel**.

Als häufiger Aortenparasit, der bei **Rind** und **Büffel** zu knotigen Wandveränderungen führt, kommt in Indien, Sumatra und Afrika *Onchocerca armillata* vor.

Elaeophora poeli, vorwiegend bei **Rind** und **Büffel** in Ostasien gefunden, parasitiert ebenfalls in der Aortenwand

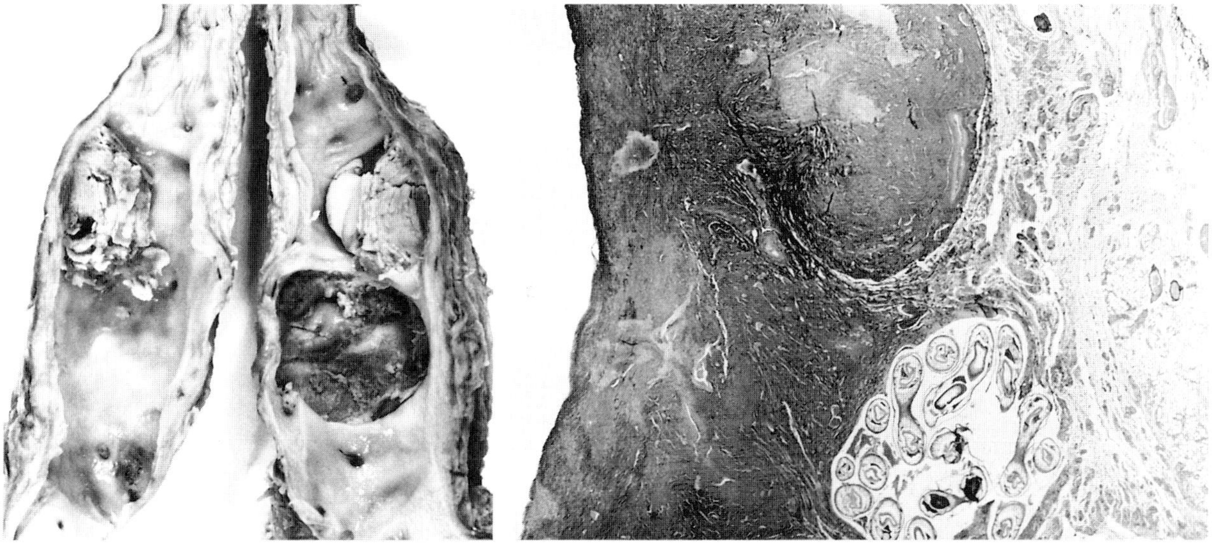

Abb. 1.44 *End- und Mesaortitis thromboticans* beim Hund, hervorgerufen durch die Larvenentwicklung von *Spirocerca lupi* mit Ausbildung von Arrosionsaneurysmen.
Links: Makroskopischer Befund. Nat. Größe
Rechts: Histologischer Befund mit tiefgreifenden Veränderungen der Aortenwand mit angeschnittenen Larven IV und V, wobei lumenseitig eine thrombotische Auflagerung zu erkennen ist. van Gieson, 20 x (Präparat Prof. Dr. Sengir, Ankara).

und in kleineren Arterien und führt dort vorwiegend zu Intimaläsionen mit sekundärer Verkalkung in der Form napfförmiger Usuren.

Elaeophora boehmi kommt ausschließlich in der Adventitia und Media der distalen Extremitätenarterien und -venen beim **Pferd** vor. Einengungen und Kompressionsstenosen sind möglich und können zu Lahmheit führen. Hauptverbreitungsgebiete sind vermutlich Mittel- und Südosteuropa.

Aus der Familie der *Spiruidae* tritt *Spirocerca lupi* als häufiger Aortenparasit bei **Hund** und **Fuchs** in wärmeren und subtropischen Gebieten auf. Der im Schlund lebende Parasit kann durch Ansiedeln der Larven IV und V in der Aortenwand, wo dann oft 20 und mehr Larven in einem Knoten zu finden sind, Wandabschwächungen, Entzündungen, Thrombosen (End- und Mesaortitis thromboticans) sowie Aneurysmen verursachen. Zwischenwirt sind kotfressende Käfer (Scarabaeus) und Küchenschaben (s. S. 152, Abb. 1.44 u. Abb. 5.12).

Aus der Familie der *Metastrongylidae* verursachen mehrere Gattungen im Lungenbereich endarteriitische und thrombosierende Gefäßveränderungen, bisweilen aber lediglich ausgeprägte Mediahyperplasien der kleinen Pulmonalisäste (Katze!). Als wichtigste Vertreter sind, neben den eigentlichen Lungenwürmern (s. S. 111), *Aelurostrongylus abstrusus* bei der **Katze** und *Angiostrongylus vasorum* bei **Hund** und **Fuchs** zu nennen.

Bei den *Strongyliden* sind es die Larven IV und V von *Str. vulgaris,* die bei **Equiden** schwerste thromboendarteriitische Veränderungen in Mesenterialarterien und Aorta verursachen (s. S. 36, 39 u. 193).

1.3 Lymphgefäße

E. Dahme

Das Lymphgefäßsystem erfüllt in den Organen und Geweben des Organismus die Funktion einer *Gewebsdränage.* Es ist damit ein rein *zentripetal* gerichtetes System, das seinen Ursprung in einfachen Gewebsspalten hat, die in endothelbekleidete *Lymphkapillaren* einmünden, aus denen sich im weiteren die *peripheren Lymphwege* formieren. Von wenigen Ausnahmen abgesehen, führen diese Lymphgefäße zu den regionären *Lymphknoten.* In diesen durchspült die Lymphe die Sinus, fließt dann über die *zentralen Lymphwege* zur vorderen *Hohlvene* hin ab. Die Lymphe der Beckengliedmaßen, der Organe des Abdomens und der Brusthöhle erreicht über den *Brustmilchgang (Ductus thoracicus)*, der seinen Ursprung in der dorsal der Aorta gelegenen Lendenzisterne hat, ebenfalls die V.cava cranialis in Herznähe. Die peritoneale

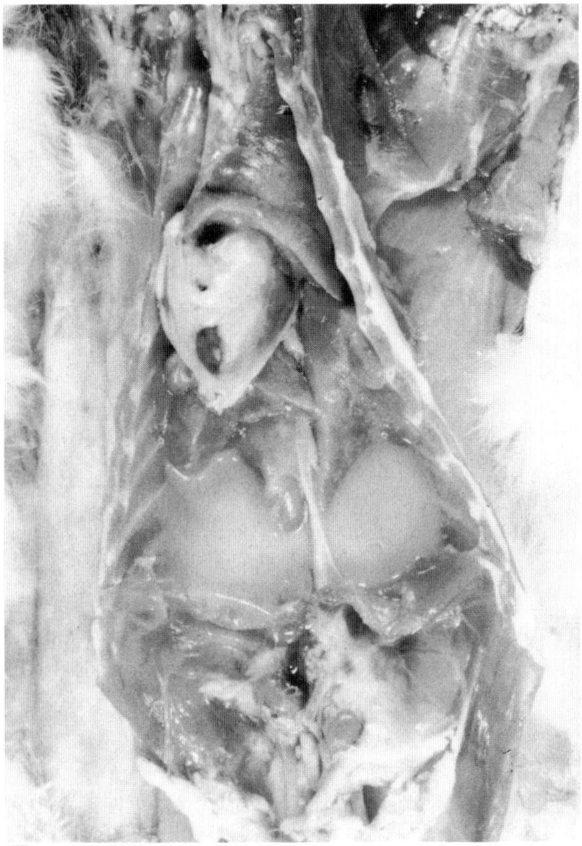

Abb. 1.45 *Chylothorax* nach Ruptur des Brustmilchganges bei der Katze. 2/3 nat. Größe

und pleurale Dränage läuft über retrosternale Lymphwege und -knoten, die von Kopf, Hals und Vordergliedmaßen über zwei parallel zur Luftröhre verlaufende Lymphkanäle *(Ductus lymphacei tracheales)*. Ähnlich dem Venensystem sind die Lymphgefäße mit *Klappen*, die ein Rückfließen der Lymphe verhindern, ausgestattet. Die vom Darm her entspringenden Lymphgefäße führen *Chylus* (Chylusgefäße).

Die Entwicklung des Lymphgefäßsystems vollzieht sich wahrscheinlich unabhängig vom Blutgefäßsystem durch Endothelisierung mesenchymaler Spalten in zentripetaler Richtung.

1.3.1 Mißbildungen

Angeborene ***Diskontinuitäten*** der Lymphgefäße werden bei **Mensch**, **Rind**, **Schwein** und **Hund** gefunden. Betroffen sind bevorzugt die Lymphstraßen der Hinterextremitäten, jedoch werden auch generalisierte Formen (Hund!) gefunden. Im einzelnen sind diese *Erbleiden* (dominanter Erbgang beim Hund nachgewiesen!) sowohl durch ein streckenweises Fehlen von Lymphgefäßen als auch durch eine Aplasie von Lymphknoten (Ln. popliteus; Ln. axillaris) gekennzeichnet. Die aus diesen Defekten resultierenden Lymphödeme zeigen demzufolge stets einen a priori chronischen Verlauf, der zwangsläufig zu Bindegewebssklerosen bzw. zur ***Elephantiasis*** führt.

1.3.2 Zusammenhangstrennungen

Diese sind als solche meist nicht sicher zu lokalisieren, jedoch an den Ergüssen ins Gewebe oder in die entsprechenden Körperhöhlen eindeutig zu diagnostizieren. Bei Zerreißen größerer Lymphgefäße kommt es zur **Lymphorrhagie**, deren wichtigste Form, die **Chylorrhagie**, Folge von Verletzungen der Mesenterialgefäße oder des Milchbrustganges ist. Je nach Art und Lage der Läsion kann es zum ***Ascites chylosus*** oder zum ***Chylothorax*** kommen. In allen diesen Fällen zeigt sich eine milchige Ausfüllung der betroffenen Körperhöhlen, die – speziell beim Hund – mehrere Liter betragen kann. Besonders häufig werden Chylorrhagien, neben dem **Hund**, bei der **Katze** beobachtet (Abb. 1.45).

1.3.3 Lymphgefäßerweiterungen

Lymphangiektasien treten entweder als diffuse oder als zystische Erweiterungen auf und sind mit unbewaffnetem Auge gut auszumachen. Die Hauptursachenkomplexe sind *Abflußbehinderungen* durch Entzündungen, Geschwülste, Thrombosen und Kompressionen oder ein vermehrter Lymphfluß in dem entsprechenden Quellgebiet, der die Kapazität der Lymphwege vorübergehend übersteigt. Abflußstörungen mit Rückstau von Lymphe können sich auch sekundär, d. h. im Anschluß an Erhöhung des Innendruckes der V. cava, entwickeln. Dies gilt besonders für die Lymphdränage der Lunge (Abb. 1.46). Langanhaltende Stauungen führen zu Permeabilitätsstörungen mit konsekutivem (lymphogenem!) Ödem sowie zu Lympho- oder Chylorrhagien; bei Chronifizierung schließlich zu Bindegewebsproliferationen bzw. Elephantiasis in den ödematös-versumpften Geweben.

Zu den Erweiterungen zählt ferner das **Lymphgefäßemphysem**, dem allerdings nur in der Form des ***Luftblasengekröses*** beim **Schwein** eine praktische Bedeutung zukommt (Abb. 5.37). Hierbei sind die mesenterialen Lymphgefäße klein- bis großblasig aufgetrieben, so daß ein insgesamt *traubig-blasiges* Bild entsteht. Histologisch finden sich z. T. mäßige Gewebsreaktionen, gelegentlich aber auch Fremdkörperriesenzellen. Die Mesenteriallymphknoten können, ebenso wie die subserösen Lymphstraßen

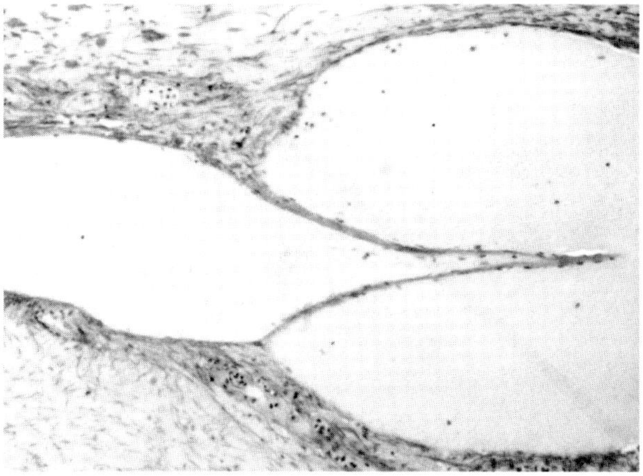

Abb. 1.46 *Lymphstau* im Lungeninterstitium nach Rechtsherzinsuffizienz beim Schwein.
Die „Klappenschleuse" ist komplett verschlossen, wobei der Rückstau an der stromabwärts gelegenen Lumenweitung deutlich wird. van GIESON, 75 x

am Darm, gleichsinnig verändert sein. Ätiologisch werden mikrobielle Gasbildungen diskutiert (nichtpathogene Colibakterien, s. S. 190).

1.3.4 Lymphgefäßthrombose

Die *Lymphgefäßthrombosen* stehen in der Regel mit Läsionen der Lymphgefäßwand und Entzündungen in den entsprechenden Organen bzw. Einzugsgebieten in Zusammenhang. Vorwiegend handelt es sich um *Koagulationsthrombosen* bzw. um eine ***Lymphangitis thromboticans*** (s.unten). Soweit eine Rekanalisierung nicht möglich ist, werden Thrombosen, insbesondere die kleiner Lymphgefäße vom umgebenden Bindegewebe her organisiert.

Eine Sonderform der Lymphgefäßthrombose ist die ***Chylusthrombose*** der Mesenteriallymphgefäße. Ihre Entstehungsursachen sind Eindickungen des Chylus infolge Rückstaus (Tumoren) und eine gestörte Zusammensetzung des Chylus auf alimentärer Basis (gestörte Fettresorption!). Makroskopisch treten sie als weiß-gelbliche, subseröse Verästelungen und Stränge an Darmwand und Mesenterium in Erscheinung (Abb. 1.47). Chylusthrombosen können offenbar wiederum verflüssigt werden und induzieren deshalb im Gegensatz zum Gerinnungsthrombus meist keine organisatorischen Maßnahmen.

1.3.5 Lymphangitis

Wie die Lymphgefäßthrombose, steht auch die *Lymphangitis* (L.) ursächlich vielfach mit Entzündungsprozessen im

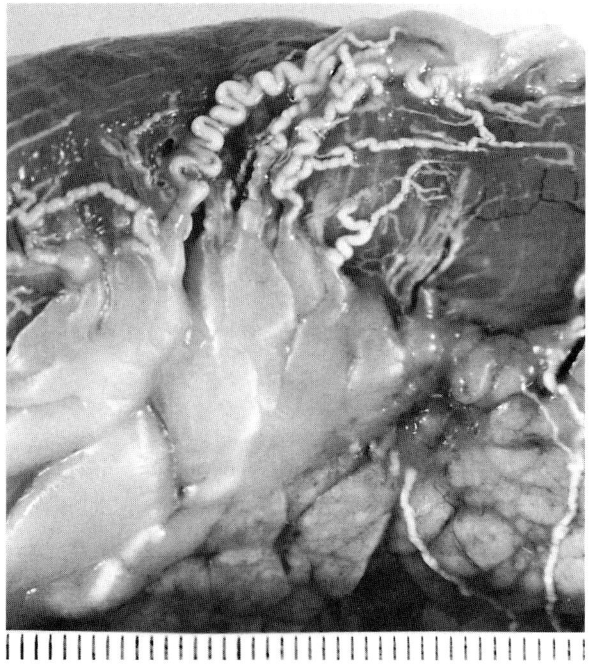

Abb. 1.47 *Chylangiektasie* mit *Chylusthrombose* im Mesenterium/Darmbereich beim Hund nach tumorbedingter Abflußstörung. Nat. Größe

entsprechenden Einzugsgebiet in Zusammenhang, bzw. ist sie sogar ein untrennbares Teilphänomen verschiedener Organentzündungen. Nach rein morphologischen Gesichtspunkten läßt sich zwischen *Endo-* und *Perilymphangitis* unterscheiden. Entsprechend der Entzündungsqualität kann von der *L. serosa* oder *simplex, L. thromboticans, L. purulenta, L. apostematosa, L. ulcerosa, L. productiva* und einer *L. obliterans* gesprochen werden. Die durch verschiedene Infektionserreger verursachten Lymphgefäßentzündungen lassen sich morphologisch alle in diesem Schema unterbringen.

Die einfacheren Formen der L. entstehen durch Verlagerung von *Infektionsprozessen* in die Lymphbahnen: Je nach Erreger entwickeln sich seröse, serofibrinöse oder eitrige Prozesse. Weit folgenschwerer sind die thrombosierenden, abszedierenden und ulzerierenden Formen, da es hierbei meist zur Auflösung der Gefäßstruktur kommt.

Aus dieser Gruppe seien einige wichtige Beispiele genannt: So besitzen etwa *Mykoplasmen* eine Vorliebe für die Lymphwege (s. S. 93). Beim ***Milzbrand***, insbesondere seiner Karbunkelform, finden sich in den zugehörigen Lymphbahnen Thrombosen, Nekrosen und hämorrhagische Infiltrationen mit deutlicher Bakterienansiedelung. Eine vorwiegend fibrinös-thrombosierende L. mit allge-

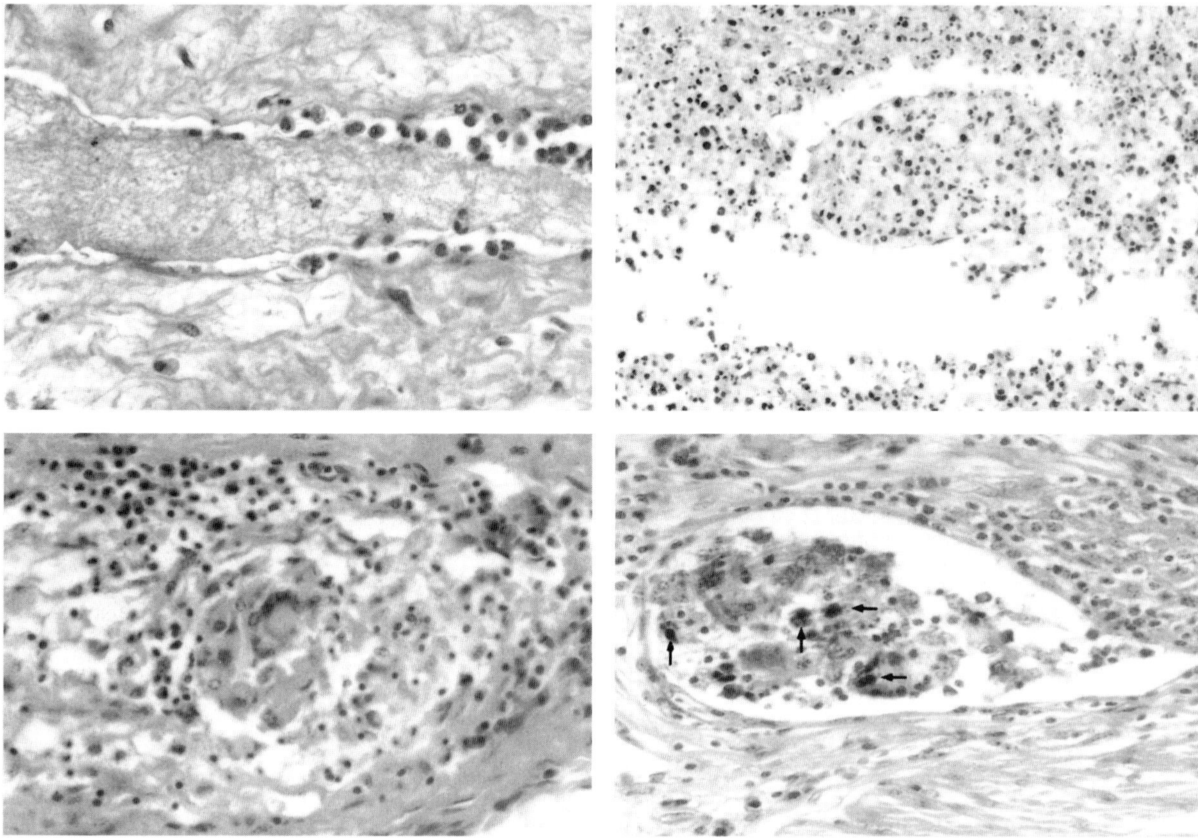

Abb. 1.48 Beispiele der *Lymphangitis (L)*.
Oben links: *L. thromboticans* bei *Coli-Mastitis* des Rindes. Neben netzartig geronnenem Fibrin sind emigrierte Leukozyten zu erkennen. HE, 220 x
Oben rechts: *L. malleosa* in der Nasenscheidewand des Pferdes. Die Gewebsauflösung, insbesondere der Schwund der Lumenbegrenzung, sowie die Karyorrhexis in ortsständigen und emigrierten Zellen gelten als Rotz-typisch. HE, 220 x
Unten links: *L. tuberculosa* in der Lunge beim Rind. Die ursprüngliche Lumenbegrenzung ist nur noch angedeutet, und neben der Ausbildung von Epitheloid- und Riesenzellen besteht eine deutliche lymphozytäre Infiltration. Bakterien sind nicht erkennbar. ZIEHL-NEELSEN, 220 x
Unten rechts: *L. paratuberculosa* in der Darmwand beim Rind. In den Epitheloid- und Riesenzellen finden sich in Vielzahl säurefeste Bakterien (Pfeile). Noch wird das Gefäßendothel respektiert, doch gleicht in fortgeschrittenen Stadien das Bild mehr und mehr dem der L. tuberculosa. ZIEHL-NEELSEN, 220 x

mein phlegmonöser Gewebsveränderung kommt bei *E. coli*-Infektionen zustande (Abb.1.48, li. oben). Die ***L. malleosa*** des **Pferdes** trägt thrombotisch-eitrigen Charakter mit Vorherrschen karyorrhektischer Erscheinungen und der Tendenz, auf die Umgebung im Sinne einer Perilymphangitis überzugreifen (Abb.1.48 re.oben). In der Genese der ***L. tuberculosa*** spielt nur die sekundäre Infektion der Lymphwege eine Rolle. Beide Formen, die Peri- und die Endolymphangitis tuberculosa, kommen im Rahmen der *lymphogenen* Infektionsausbreitung vor und gehen entweder mit exsudativ-verkäsenden oder produktiven Veränderungen einher, unter Ausbildung von Epitheloid- und Riesenzellen (Abb.1.48 li. unten). Bei der ***Aktinomykose*** und -***bazillose*** lassen sich strang- und perlschnurartige Verdickungen der Lymphgefäße (Zungenaktinomykose des **Rindes**!) nachweisen. Andererseits kommt es im Rahmen des chronischen Gesamtverlaufes der Aktinomykose nicht selten zum Totalverschluß von Lymphwegen mit konsekutivem Lymphstau und erheblichen Bindegewebsproliferationen (s. S. 140 u. S. 317 u. 523).
Eine als ***L. ulcerosa*** an den Extremitäten der **Einhufer** bekannte Krankheit trifft man bevorzugt in feuchten tropi-

schen Gegenden. Sie geht mit diffusen Schwellungen und geschwürig aufbrechenden Knotenbildungen einher. Ob eine einheitliche Genese vorliegt, ist fraglich. Als häufigster Erreger wurde *Corynebacterium pseudotuberculosis* isoliert. Diese Infektion ist von der ***L. epizootica*** des Pferdes differentialdiagnostisch zu trennen, welche durch *Histoplasma (Cryptococcus) farciminosum* hervorgerufen wird und in mancher Hinsicht der L. malleosa ähnelt. Vorwiegend an den Vorderextremitäten kommt es bei der L. epizootica zu strangförmigen Verdickungen der Unterhautlymphkanäle, die im weiteren Verlauf eine knotige Form annehmen und ulzerieren können. Im Gegensatz zum Rotz fehlen Granulozyten. Die vorwiegend monozytär-makrophagische Reaktion mit dem Ziele der Erregerresorption spielt sich primär als Perilymphangitis und erst im weiteren Verlauf auch als Endolymphangitis ab (s. S. 528).

Beim **Rind** interessieren, neben der ***L. tuberculosa*** (Abb.1.48, li. unten) die ***L. farciminosa*** und die ***L. paratuberculosa***. Erstere, hervorgerufen durch *Nocardia farcinica,* geht mit strang- und knotenförmigen Veränderungen an den Lymphbahnen der Extremitäten und des Stammes und mit deutlichen Lymphknotenschwellungen einher. Die Knoten können aufbrechen und auf diese Weise eingeschmolzen werden (s. S. 520). Die L. paratuberculosa verkörpert, ähnlich der L. tuberculosa, ein Sekundärgeschehen, d.h. sie steht mit den paratuberkulösen Darmveränderungen in direkter Beziehung. Diese durch das *Mycobacterium avium paratuberculosis* verursachten Veränderungen in Darmwand- und Mesenteriallymphbahnen sind zunächst die einer granulomatösen Endolymphangitis. Wie bei der Tuberkulose stehen auch hier Epitheloid- und Riesenzellbildungen im Vordergrund, jedoch tifft man – im Gegensatz zu jener – zudem auf eine Vielzahl, durchweg phagozytierter (!), säurefester Stäbchen (Abb. 1.48, re. unten). Die prozeßbegleitende Perilymphangitis erwächst aus unspezifischen zellulären Reaktionen, die sich zu granulomatösen Arealen weitergestalten, in denen schließlich keine Lymphgefäßkonturen mehr auszumachen sind.

1.3.6 Tumoren der Lymphgefäße

Die Neoplasien der Lymphgefäße werden in ihren gutartigen Formen als ***Lymphangiome***, in ihren bösartigen als ***Lymphangioendotheliome*** bezeichnet. Beide Formen können uni- oder multizentrisch auftreten und lassen sich, ähnlich den Hämangiomen, nicht immer eindeutig von Hamartien abtrennen.

Nach der Ausprägungsform werden unter den Lymphangiomen das *Lymphangioma simplex,* das *Lymphangioma cavernosum* und das *Lymphangioma cysticum* unterschieden. Die *Lymphangioendotheliome* haben, wie die Hämangioendotheliome, die Tendenz, sowohl kavernös als auch solid zu wuchern. Im allgemeinen spielen jedoch die primären Lymphgefäßgeschwülste bei den Haustieren keine bedeutende Rolle. Ganz anders verhält es sich aber mit der Beteiligung der Lymphgefäße am Wachstum sonstiger, insbesondere bösartiger Tumoren: Im Rahmen der lymphogenen Geschwulstausbreitung dienen die Lymphkanäle nämlich nicht nur als Ausbreitungsbahnen für abschwimmende Tumorzellen, vielmehr wird die Lymphgefäßwand selbst ins Geschwulstgeschehen einbezogen. Nach Implantation von Tumorzellen in die Lymphgefäßwand kommt es an dieser zum Aussprossen eines Stromas. Veränderungen dieser Art, die oft strang- oder perlschnurartig in Erscheinung treten und bis in die regionären Lymphknoten reichen, werden als ***Lymphangiosis carcinomatosa*** oder ***sarcomatosa*** bezeichnet (Abb. 4.10 u. Abb. 5.16).

2 Blutbildende Organe

E. WEISS

Das von MAXIMOW bereits in den zwanziger Jahren entwickelte Konzept der **Hämatopoese**, nach dem die verschiedenen Blutzellen alle aus einem einzigen, gemeinsamen pluripotenten Stammzellenspeicher hervorgehen, ist heute unbestritten.

Die **pluripotenten Stammzellen** (CFU-S = Colony Forming Unit Stem Cell) wandern während der frühen Embryonalzeit aus Blutzellinseln des Dottersackes in Leber, Milz und Thymus ein, in denen dann die weitere Blutbildung erfolgt. Etwa ab der Mitte der Trächtigkeit besiedeln sie auch das Knochenmark, das dann zusammen mit der Milz die hauptsächliche Blutbildung übernimmt. Im postnatalen Leben sind bei Mensch und Haussäugetieren Erythro-, Granulo-, Mono- und Megakaryozytopoese weitgehend auf das Knochenmark beschränkt, während die Lymphozytopoese vor allem in Thymus, Milz, Lymphknoten und -follikeln erfolgt. Leber und Milz behalten aber ihre grundsätzliche hämatopoetische Potenz bei, da ihr Stroma bei schweren Schädigungen des Knochenmarkes eingewanderte Stammzellen wieder pluripotent differenzieren kann. Diese extramedulläre Blutbildung ist meist aber nur wenig effektiv.

In dem Zellerneuerungssystem der Hämatopoese kann man drei Hauptspeicher unterscheiden, nämlich den Stammzellspeicher, den Proliferations-, Reifungs- und Vorratsspeicher sowie den Funktionsspeicher. Die Vermehrung (Selbsterneuerung) der pluripotenten Stammzellen und ihre Differenzierung zu den unipotenten (=determinierten oder kommitierten) Stammzellen der Erythrozytopoese (BFU-E = Burst Forming Unit Erythrocyte CFU-E), der Granulo- und Monozytopoese (CFU-GM), der Megakaryozytopoese (CFU-M) und Lymphozytopoese wird durch die Mikroökologie (Microenvironment) des Stromagewebes und lokal produzierte humorale Faktoren reguliert. Für die weitere Differenzierung der unipotenten Stammzellen sind neben dem multispezifischen Wachstumsfaktor Interleukin-3 (IL-3) eine Reihe von endogenen und exogenen Faktoren verantwortlich. Die Hämatopoese stimulierend wirken vor allem die verschiedenen Poetine (Erythro-, Eosinophilo-, Basophilo- und Thrombopoetin), verschiedene Wachstumsfaktoren, IL-1 und IL-2 (Lymphozytopoese), Androgene (Erythrozytopoese), Kortikosteroide (Erythro- und Granulozytopoese) und Thymushormone (Lymphozytopoese). Inhibitorische Eigenschaften besitzen besonders Suppressor-T-Lymphozyten (Erythro- und Granulozytopoese), Östrogene (Erythro- und Granulozytopoese), Chalone (Granulozytopoese), Kortikosteroide (Mono- und Lymphozytopoese) und Milzfaktoren (Megakaryozytopoese).

2.1 Knochenmark

Während des Fetallebens und beim wachsenden Tier füllt es als *rotes Knochenmark* die Markräume weitgehend aus und sorgt sowohl für den Ersatz der zugrunde gegangenen Blutzellen als auch für die im Rahmen des Körperwachstums notwendige absolute Vermehrung der Blutzellen. Letzteres entfällt nach abgeschlossenem Körperwachstum, und der größere Teil des roten Knochenmarkes wird in das gelbe, hämatopoetisch *inaktive Fettmark* umgewandelt. Beim erwachsenen Tier findet sich rotes Knochenmark nur mehr in Wirbeln, Rippen, Schädeldach, Beckenknochen, Sternum und inselförmig in den proximalen Enden von Humerus und Femur. Diese Umwandlung ist reversibel, d. h. bei entsprechenden Leistungsansprüchen wird aus dem Fettmark wieder rotes Knochenmark.

2.1.1 Gallertige Atrophie

Die auch als *seröse Atrophie* bekannte Veränderung tritt im Verlauf hochgradiger Abmagerungszustände in Erscheinung. Zugrunde liegt ihr ein weitgehender Schwund des Fettes der Zellen des Fettmarkes und dessen Ersatz durch eine seröse gelbliche Flüssigkeit, wodurch das sogenannte *Gallertmark* entsteht (s. S. 6).

2.1.2 Porphyrie

Die sehr seltene, mit Photodermatitis und Anämie einhergehende kongenitale **erythropoetische Porphyrie des Rindes** beruht auf einem autosomal-rezessiv vererbten Mangel an Uroporphyrinogen-Cosysnthetase.

Diese Isomerase ist dafür verantwortlich, daß bei der Kondensation der vier Porphobilinogenmoleküle fast ausschließlich nur Uroporphyrinogen III gebildet wird. Durch Dekarboxylierung entsteht daraus Koproporphyrinogen III, durch weitere Oxidation Protoporphyrin und durch anschließende Eiseneinlagerung (Ferrochelatase-Wirkung) als Endprodukt der Synthese das Häm. Koproporphyrin III (Dehydration von Uroporphyrinogen III) und Uroporphyrin I (Synthase allein) sind Nebenprodukte und werden mit Harn und Kot ausgeschieden.

Durch den Isomerasemangel werden nicht verwertbare Porphyrine vom Typ I gebildet, die teils ausgeschieden, teils im Gewebe (bräunlich-rote Verfärbung von Knochen,

Nieren, Lunge, Milz; intensive Rotfluoreszenz bei UV-Bestrahlung) abgelagert werden. Wegen der Verfärbung des Dentins wird das Leiden auch als *„Pink Tooth"* bezeichnet (s. S. 513).

Der **erythropoetischen Protoporphyrie des Rindes** liegt bei den Rassen Limousin und Blonde d'Aquitaine ein rezessiv erblicher Mangel an Ferrochelatase zugrunde. Sie geht mit Photodermatitis, aber ohne Anämie, und mit Ablagerung eines Lipofuszin-ähnlichen Pigmentes in Hepatozyten und KUPFFERschen Sternzellen einher.

Die Pathogenese der dominant vererbten Porphyrie des **Schweines**, bei der keine Photodermatitis auftritt, ist unbekannt (Tafel XIX.A). Bei **Siamkatzen** tritt eine dominant vererbte Porphyrie mit Photodermatitis auf, der wie beim Rind ein Isomerasemangel zugrunde liegt.

2.1.3 Veränderungen des Knochenmarkes bei Anämien

Anämien entstehen entweder durch Blutverluste (Blutungsanämie), gesteigerten Erythrozytenzerfall (hämolytische Anämie) oder Unterfunktion des Knochenmarkes (Mangelanämie, aplastische Anämie). Dementsprechend sind die Knochenmarkveränderungen bei den einzelnen Anämieformen verschieden.

Bei den **akuten Blutungsanämien** ist das Knochenmark meist makroskopisch unverändert und eine regeneratorische Leistung nur mikroskopisch im vermehrten Auftreten von jugendlichen Zellen zu erkennen. Nach starken Blutverlusten und bei guter Regenerationsfähigkeit des Knochenmarkes kann man rote Blutbildungsinseln (Hyperplasie des erythropoetischen Gewebes) auch im Fettmark finden.

Bei **chronischen Blutungsanämien,** die durch längere Zeit andauernde oder sich wiederholende Blutverluste (blutsaugende Parasiten, Sickerblutungen aus Magen- oder Darmgeschwüren) entstehen, nimmt das ganze Knochenmark eine weißlich-gelbe Farbe an, da durch den starken Eisenverlust die Hämoglobinbildung nur mehr in ungenügendem Maße erfolgen kann. Die chronische Blutungsanämie ist daher eine *hypochrome Anämie* und im Sinne einer *Eisenmangelanämie* zu verstehen.

Eine schmutzig-rote Verfärbung des roten Knochenmarkes findet man bei **hämolytischen Anämien,** während das Fettmark infolge des auftretenden Ikterus gelblich wird. Bei lang anhaltenden hämolytischen Anämien kann das rote Knochenmark fast völlig verschwinden. Ursächlich kommen vor allem Vergiftungen (Arsenwasserstoff, Blei, Kupfer, Phenothiazin, Saponine, Chlorate, Nitrite und Nitrate, Markstammkohl, Zwiebel u. a.), Infektionen (infektiöse Anämie der Einhufer, Leptospirose, hämolysierende Streptokokken, bazilläre Hämoglobinurie, Blutparasiten, Eperythrozoonose, Hämobartonellose u. a.), immunpathologische Vorgänge (Unverträglichkeit bei der Blutübertragung, isohämolytische Anämie bei neugeborenen Fohlen, Maultieren und Ferkeln, autoimmune hämolytische Anämien), Kälte- und Marschhämoglobinämie, puerperale Hämoglobinämie sowie idiopathische hämolytische Anämien in Betracht.

Die **Leptospirose** kommt weltweit bei allen Haustieren, vielen Wildtieren und beim Menschen (Zoonose) vor. Sie wird durch ***Leptospira interrogans*** verursacht. Von dieser Art existieren zahlreiche Serotypen. Morphologisch ist *Leptospira interrogans* nicht von *Leptospira biflexa* (apathogen, im Wasser lebend) zu unterscheiden. Die Infektion erfolgt in erster Linie durch Kontakt (direkt und indirekt) und oral, kann aber auch perkutan und koital stattfinden. Die akuten und subakuten Verlaufsformen sind klinisch vor allem durch hohes Fieber und Mattigkeit gekennzeichnet, wobei in schweren Fällen meist auch ein Ikterus (hämolytischen und hepatischen Ursprungs) auftritt. Subklinische Infektionen mit Monate bis Jahre dauernder Erregerausscheidung über den Harn sind, vor allem bei Nagern, nicht selten. In der septikämischen Phase (bis sieben Tage) kann die *Diagnose* durch den Erregernachweis in Blut oder Organen (Dunkelfeldmikroskopie von Frischpräparaten; histologischer Nachweis mit der LEVADITI-Versilberung, Immunhistologie, Kultur) gesichert werden. Mit nicht mehr frischem Gewebe sind jedoch häufig keine befriedigenden Ergebnisse zu erzielen. In der postseptikämischen Phase kann man die Leptospiren nur noch in Niere, Leber und im trächtigen Uterus finden, wo sie auch persistieren. Der serologische Nachweis von humoralen Antikörpern ist ab 5.–7. Tage p. i. (auch mit Leichenblut) möglich und stellt die wichtigste diagnostische Methode zur Erkennung einer Leptospireninfektion dar.

Rind: Die größte Rolle spielt der Serotyp *Pomona,* gefolgt von den Serotypen *Grippotyphosa, Icterohaemorrhagiae, Canicola* u. a. Die Krankheit führt vor allem in den USA und in der ehemaligen Sowjetunion zu großen wirtschaftlichen Verlusten. Die perakute und akute Form (Tod meist nach 1–7 Tagen) sind durch hochgradige hämolytische Anämie, Hämoglobinurie, mäßigen Ikterus, hämorrhagische Diathese, Lungenödem, Leberschwellung (Degeneration und hypoxische Nekrosen), Nierenschwellung (ischämische chromoproteinämische Tubulonephrose, später auch herdförmige nichteitrige interstitielle Nephritis) und Aborte (s. S. 306) gekennzeichnet. Die subakute Verlaufsform geht mit transienter Hämoglobinurie, mäßigem Ikterus, nichteitriger Herdnephritis (Erreger klumpenartig in Tubuluslumina liegend) und häufig auch mit einer katarrhalisch-hämorrhagischen Mastitis einher. Infektionen mit dem Serotyp *Hardjo* führen nur bei laktierenden oder trächtigen Tieren zu Krankheitserscheinungen (Mastitis, starkes Absinken der Milchleistung, Aborte).

Pferd: Die relativ seltene Leptospirose des Pferdes wird durch zahlreiche Serotypen (besonders *Pomona* und *Grippotyphosa)* hervorgerufen. Perakute und akute Verlaufsformen entsprechen weitgehend denen beim Rind. Ob die sogenannte Mondblindheit (s. S. 439) durch Leptospiren verursacht wird, ist nicht eindeutig geklärt.

Schwein: Am häufigsten gefunden wird der Serotyp *Pomona,* der meist jedoch nur milde Erkrankungsformen oder subklinische Infektionen (Dauerausscheider, Hauptquelle für Infektionen anderer landwirtschaftlicher Nutztiere und des Menschen) verursacht. Akute bis subakute Verlaufsformen, meist bedingt durch *Icterohaemorrhagiae, Tarasovi (Hyos), Hardjo* oder *Canicola* kommen vor allem bei Ferkeln und Läufern vor und führen häufig zum Tod. Die Veränderungen entsprechen weitgehend denen beim Rind. Von erheblicher Bedeutung sind Aborte, Totgeburten und perinatale Todesfälle (s. S. 307).

Schaf und **Ziege:** Hauptsächlich kommen *Pomona, Grippotyphosa* und *Icterohaemorrhagiae* vor. Die Veränderungen entsprechen weitgehend denen beim Rind.

Hund: Der Serotyp Icterohaemorrhagiae (WEILsche Krankheit des Menschen; Erregerreservoir sind besonders Ratten) ruft, vor allem bei jungen Hunden, ein perakutes bis akutes Krankheitsbild mit Leberdystrophie und hauptsächlich dadurch bedingtem Ikterus, mäßiger hämolytischer Anämie, hämorrhagischer Diathese (besonders in Magen-Darm-Kanal und Lunge), nekrotisierender Tubulonephrose und bei längerem Verlauf auch mit diffuser interstitieller Nephritis hervor.

Der Serotyp *Canicola* (Stuttgarter Hundeseuche; Erregerreservoir ist der Hund; heute nur noch selten vorkommend) schädigt vor allem die Nieren (diffuse interstitielle nichteitrige Nephritis), so daß die Tiere meist an einer Urämie sterben. Ikterus ist wesentlich seltener als bei Infektionen mit *Icterohaemorrhagiae* (parietale Endokarditis s. S. 11).

Mangelanämien (Eisen, Kupfer, Kobalt) zeigen das bereits bei den chronischen Blutungsanämien beschriebene Knochenmarkbild. **Aplastische Anämien** (Vergiftungen mit Benzol- und Anilinderivaten, Chloramphenicol, Furazolidon und Östrogenen, Strahlenschäden, Mykotoxikosen, Urämie, schwere bakterielle und virale Infektionen, raumfordernde Geschwülste u. a.) sind durch das Fehlen der Regenerationsleistung des Knochenmarkes gekennzeichnet. Makroskopisch fällt das aplastische Knochenmark wegen seiner diffusen weiß-grauen Farbe auf. Bei schnell einsetzender Zerstörung des hämatopoetischen Gewebes, wie z. B. bei der Parvovirose des Hundes (s. S. 178), kann es aber auch blutig-rot und von zerfließlicher Beschaffenheit sein. Häufig ist neben dem erythropoetischen auch das leuko- und thrombozytopoetische System schwer geschädigt. Dieser Zustand der völligen Knochenmarkinsuffizienz wird als *Panmyelophthise* bezeichnet und führt neben Anämie und Blutgerinnungsstörungen *(hämorrhagische Diathese)* zu einem Zusammenbruch der mono- und granulozytären Abwehr *(Agranulozytose),* wodurch bakteriellen Infektionen Tür und Tor geöffnet werden.

2.1.4 Tumoren

Plasmozytome (Myelome) kommen einzeln oder multipel auftretend selten bei Hunden, Katzen und Pferden vor. Sie bestehen aus blastomatös entarteten Plasmazellen und bewirken infolge ihres infiltrativen Wachstums Porose und Lückenbildung der befallenen Knochen. Die von den Geschwulstplasmazellen produzierten Paraproteine sind meist vom Typ der γ- und β-Globuline und können ein Krankheitsbild verursachen, das durch schwere Störungen der Bluteiweißzusammensetzung *(Paraproteinämie)* und der Nierenfunktion (paraproteinämische Nephrose, Paraproteinurie mit Auftreten von BENCE-JONESschen Eiweißkörpern im Harn, s. S. 255) sowie gelegentlich auch durch Ablagerung von Leichtketten-Amyloid gekennzeichnet ist. Extramedulläre Plasmozytome s. S. 59, 546.

Mamma- und Prostatakarzinome, maligne Melanome und maligne Hämangioendotheliome neigen besonders zur Metastasierung in das Knochenmark. *Leukose,* s. S. 64.

2.2 Thymus

Der Thymus (Bries) ist ein lympho-epitheliales Organ. Sein epithelialer Anteil entwickelt sich aus dem Entoderm der 3. und 4. Schlundtasche und füllt sich im Laufe der Embryonalentwicklung mit Lymphozyten. Bei voller Ausbildung, die zu tierartlich unterschiedlichen Zeiten nach der Geburt erreicht wird, erstreckt sich der Thymus von der präkardialen Mittelfellspalte bei Wiederkäuern und Schwein bis zum Kehlkopf, bei Pferd und Fleischfresser maximal bis zur Halsmitte. Mit fortschreitendem Lebensalter, spätestens mit Eintreten der Geschlechtsreife, bildet sich der Thymus, meist am Halsteil beginnend, allmählich zurück. Funktionstüchtige Reste bleiben jedoch, besonders im Brustteil, bis ins Alter erhalten.

In der frühen Embryonalzeit wandern offensichtlich *Stammzellen* aus dem Knochenmark in den Thymus ein. Unter dem Einfluß eines oder mehrerer humoraler Faktoren, die von den Thymusepithelien produziert werden, differenzieren sich die Stammzellen in der Thymusrinde und produzieren immunkompetente Lymphozyten. Die *Lymphozytopoese,* die im Thymus wesentlich stärker als in anderen lymphatischen Organen ist, hält auch im involvierenden Organ älterer Tiere an. Von den neugebildeten Lymphozyten gehen die mit selbstreaktiven Rezeptoren zugrunde (Apoptose) und werden von Makrophagen aufgenommen. Die anderen wandern von der Rinde in Richtung Mark und emigrieren von dort in die Blutbahn. Diese als *T-Lymphozyten* bezeichneten Zellen sind langlebig, bleiben in der Zirkulation oder siedeln sich in den thymusabhängigen Gebieten der peripheren lymphatischen Einrichtungen an und können wieder rezirkulieren. Erhebliche Meinungsunterschiede bestehen jedoch über die prozentuale Menge der zugrunde gehenden beziehungsweise emigrierenden Thymuslymphozyten.

Der Thymus nimmt eine zentrale Stellung im immunologischen Geschehen ein. Die von ihm und den thymusabhängigen Regionen der peripheren lymphatischen Einrichtungen produzierten T-Lymphozyten sind als Träger der *zellulären Immunität* verantwortlich für die Abstoßung von Allotransplantaten, die verzögerte Überempfindlichkeitsreaktion, die Abwehr bestimmter Viren und fakultativ intrazellulärer Bakterien und Parasiten sowie auch für die Erkennung und Zerstörung von Krebszellen. Die T-Lymphozyten und ihre Subklassen sind weiterhin von Bedeutung für die Kooperation mit B-Lymphozyten in der Antikörperproduktion (Helfer- und Suppressorfunktion, MHC-Restriktion).

Im Unterschied zu Milz und Lymphknoten zeigt der Thymus nach Antigenverabreichung keine hyperplastischen Reaktionen mit Bildung von Immunzellen. Es kann sogar das Gegenteil, nämlich Atrophie des Thymus, eintreten.

Die **Aplasie** des Thymus kommt, wenn überhaupt, beim Haustier nur extrem selten vor. Bei den sogenannten *Nackten Mäusen (Nude Mice),* die in der immunologischen Forschung eine wichtige Rolle spielen, liegt eine rezessiv erbliche „Aplasie" des Thymus mit entsprechenden Immundefekten (besonders fehlende Transplantatabstoßung, sehr stark verminderte IgA-Synthese) vor. Richtiger wäre es jedoch von einer Hypoplasie zu sprechen, da bei den Nackten Mäusen noch kleine Reste des Thymus vorhanden sind.

Die **Hypoplasie** des Thymus und der übrigen lymphatischen Organe und Gewebe wird vor allem beim kombinierten Immundefekt der Araberfohlen (SCID = Severe Combined Immune Deficiency) und dem Zinkmalabsorptionssyndrom der schwarzbunten Niederungsrinder beobachtet. ***SCID*** kommt als autosomal-rezessives Erbleiden relativ häufig (bis 2%!) bei Araberfohlen vor, wobei offensichtlich infolge eines Defektes einer lymphopoetischen „Stammzelle" keine funktionstüchtigen B- und T-Lymphozyten gebildet werden. Die gesund geborenen Fohlen erkranken ca. 10 Tage nach der Geburt meist an Pneumonien und Darmentzündungen infolge opportunistischer Infektionen (besonders Adenoviren und Pneumocystis carinii) und sterben auch bei intensiver Therapie in wenigen Monaten.

Kälber mit dem ***Zinkmalabsorptionssyndrom*** (Letalfaktor A 46, autosomal-rezessiv; s. S. 487) entwickeln ab der vierten Lebenswoche eine hochgradige Parakeratose, vor allem im Bereich der Übergänge zu den kutanen Schleimhäuten, Alopezie und eine katarrhalische Enteritis. Die Kälber sterben, wenn ihnen nicht laufend Zink in größeren Mengen zugeführt wird. Die hochgradige Abwehrschwäche der Tiere beruht auf einer durch den Zinkmangel ausgelösten Störung der zellulären Immunität. Ob es sich bei dem Letalfaktor A 46 tatsächlich um eine Hypoplasie des Thymus handelt oder, was wegen des relativ späten Auftretens der Krankheitserscheinungen wahrscheinlicher wäre, um eine Thymusatrophie, ist bislang nicht geklärt.

Thymektomie bei neugeborenen Mäusen führt zur Hypoplasie der thymusabhängigen Gebiete in den peripheren lymphatischen Organen mit schweren Störungen der zellulären Immunität und auch der Antikörperproduktion. Die Tiere bleiben im Wachstum zurück, werden krank (sogenannte *Wasting* oder *Runting Disease)* und sterben nach zwei bis drei Monaten. Nach neonataler Thymektomie bei Haustieren, insbesondere beim Schaf, aber auch bei Ratten, Hamstern und Kaninchen, treten diese Symptome nicht oder nur in geringem Maße auf, da bei diesen zur Zeit der Geburt die Aussaat von T-Lymphozyten schon im Gange ist. Dementsprechend bleibt auch die Thymektomie bei älteren Tieren ohne wesentliche Folge.

Kongenitale Verlagerungen von Thymusgewebe *(Ektopie, akzessorisches Thymusgewebe)* kommen bei allen Haustieren, insbesondere Rind und Katze, vor. Bei der Interpretation von Thymektomiefolgen ist dies stets in Betracht zu ziehen.

Thymuszysten können vor allem beim Schwein Schluckbeschwerden mit nachfolgender Aspirationspneumonie verursachen.

Der **Atrophie** des Thymus liegt vor allem ein Lymphozytenschwund zugrunde. Sie tritt schnell bei Magen-Darm-Erkrankungen (Kälber), übermäßiger physischer und psychischer Belastung (Streß), Kortikosteroidverabreichung bei Kälbern (Abb. 2.1) sowie im Gefolge vieler, vor allem zehrender Krankheiten ein. Regeneration ist möglich. FeLV s. S. 67, FIV, s. S. 68, Schweinepest s. S. 163, Staupe, bei Welpen oft nur die einzige Veränderung, s. S. 100, 390.

Fehlende Rückbildung *(Thymus persistens)* wird vor allem bei endokrinen Störungen der Gonaden beobachtet.

Die **„Hyperplasie"** des Thymus wurde bis in die Mitte der sechziger Jahre als *Status thymolymphaticus* häufig beim

Abb. 2.1 Hochgradige Thymusatrophie bei einem 10 Tage alten Kalb mit Gastroenteritis.

Menschen und gelegentlich auch beim Haustier in ursächlichen Zusammenhang mit akuten Todesfällen gebracht. Diese Auffassung ist heute nicht mehr haltbar. Man übersah, daß der Thymus bei vielen Krankheiten relativ schnell atrophisch wird und betrachtete daher den nicht atrophischen, normal großen Thymus akut Verstorbener als hyperplastisch.

Herdförmige **Verkalkungen** und **Oxalatablagerungen** unterschiedlichen Ausmaßes („Sandbries") werden bei Kälbern und Ziegenlämmern beobachtet.

Blutungen in Form von Petechien und Ekchymosen sind häufig bei Strychnin- und Dikumarolvergiftungen, wobei besonders bei letzteren auch oft massive Sugillationen und Hämatome auftreten. Blutungen kommen aber auch bei anderen Vergiftungen, bei Tod infolge Asphyxie, euthanasierten Tieren u. a. vor und sind demzufolge nicht pathognomonisch.

Bei jungen, meist unter zwei Jahre alten ***Hunden*** werden gelegentlich *Blutungen mit Todesfolge* im Bereich des Thymusrestgewebes und im *Cavum mediastinale* gefunden. Es wird vermutet, daß die dünnwandigen Gefäße im Thymusrestgewebe bei Blutdrucksteigerungen verschiedener Art (Aufregung, starke körperliche Anstrengung, Strychninvergiftungen u. a.) zerreißen und dann zur tödlichen, mitunter auch protrahiert verlaufenden Verblutung führen. Nach dem 2. Lebensjahr ist dies sehr selten, da mit fortgeschrittener Involution des Thymus die Gefäße weitgehend sklerosiert beziehungsweise verödet sind. Differentialdiagnostisch kommen als Ursache der Verblutung auch starke Traumen, Hämangiome und die *Microdissectio aortae* in Betracht.

Ein der menschlichen **Myasthenia gravis** ähnliches Krankheitsbild mit oder ohne Thymushyperplasie kommt bei Hunden und Mastomys coucha (Zitzenmaus), seltener auch bei Katzen vor (s. S. 346).

Eitrig-abszedierende und granulomatöse, vor allem tuberkulöse *Entzündungen* kommen gelegentlich im Thymus vor.

Thymome sind gutartige Geschwülste und kommen relativ häufig bei Rindern und Mastomys coucha, seltener bei anderen Tieren vor. Sie bestehen entweder vorwiegend aus epithelialen oder vorwiegend lymphoiden Thymuszellen. Wesentlich häufiger sind *Lymphosarkome* im Thymusbereich (s. Leukose, S. 64f.).

2.3 Milz

Die Milz *(Lien, Splen)* hat Aufgaben im Kreislauf (Speicherung von Erythrozyten, Blutdruckregulierung, Entlastung des Portalkreislaufes), im Stoffwechsel (Hämoglobinabbau, Hämatopoese) und in der Abwehr (Phagozytose, Bildung von Antikörpern und Immunzellen) zu erfüllen. Je nachdem, welche Funktion überwiegt, unterscheidet man zwischen *Speichermilzen* (trabekel- und muskelreich, groß und relativ lymphgewebsarm; Pferd, Katze, Schwein, Rind und Hund) und *Stoffwechselmilzen* (lymphgewebsreich, trabekel- und muskelarm, klein; Mensch, Kaninchen, Meerschweinchen und Huhn). Die Milz jugendlicher Tiere ist relativ reich an Lymph- und Pulpagewebe. Im hohen Alter werden diese zurückgebildet, die Milz wird kleiner, ihre Kapsel runzelig (sog. *Altersinvolution*).

2.3.1 Postmortale Veränderungen

Solange die *Totenstarre* der Milzmuskulatur anhält, besitzt das Organ eine feste Konsistenz und eine leicht granulierte

Oberfläche. Beim Pferd treten dabei die Kapselgefäße besonders deutlich zum Vorschein und können so mit Kapselblutungen verwechselt werden. Nach Lösung der Totenstarre wird die Milz weicher, behält aber noch ihre Struktur. Erst mit dem Auftreten von *Fäulniserscheinungen,* vor allem von Gasbildung, geht sie verloren. Die postmortale Erweichung darf nicht mit einer septischen Milzschwellung verwechselt werden. Grün-schwarze Verfärbungen infolge *Sulfmethämoglobinbildung* findet man hauptsächlich an den Magen und Darm zugewandten Milzflächen.

2.3.2 Mißbildungen, Form- und Lageveränderungen

Aplasie und **Hypoplasie** der Milz sind sehr selten. **Doppelmilzen** *(Lien duplex)* werden am häufigsten beim Schwein, nur gelegentlich bei anderen Haustieren beobachtet. Sie können auch infolge Milzzerreißungen postnatal entstehen.

Nebenmilzen *(Lien succenturiatus),* die in histologischer Struktur und Funktion der normalen Milz gleichen, kommen als einzelne oder multiple, linsen- bis bohnengroße Knötchen im Magenmilzband, im Netz und gelegentlich auch im Bauchfell vor. Sie stellen entweder Mißbildungen dar oder sind posttraumatisch durch Implantation von abgesprengten Milzteilchen entstanden.

Einkerbungen, Furchen- und Faltenbildungen sind häufig; ob sie kongenitaler oder erworbener Natur sind, kann oft nur histologisch durch Nachweis eines Entzündungs- oder Narbengewebes entschieden werden.

Zur **Verlagerung (Ektopie)** der Milz in die Brusthöhle kann es bei angeborenen oder erworbenen Zwerchfelldefekten kommen (s. S. 168).

Eine **Drehung (Torsion)** der Milz in ihrer Längsachse um 180° bis 240° findet man meist als Zufallsbefund bei Schlachtschweinen. Beim Schwein ist die Milz durch das Magenmilzband nur locker fixiert. Dies gilt vor allem für die ventrale Milzhälfte, während die dorsale durch Milznierenband und Milzarterie und -vene weniger Bewegungsfreiheit besitzt. Die Torsion betrifft deshalb entweder das ganze Organ oder nur die ventrale Hälfte. Werden bei der Drehung des *ganzen Organs* Milzarterie und -vene vollständig abgeschnürt, dann kommt es zur Milznekrose mit nachfolgender entzündlicher Demarkation, bindegewebiger Abkapselung und Einhüllung durch das Netz. Wird nur die Vene abgeschnürt, so entwickeln sich infolge der anhaltenden arteriellen Blutzufuhr zunächst eine hochgradige Stauungshyperämie und eine hämorrhagische Infarzierung. Bei der Torsion der *ventralen Milzhälfte*

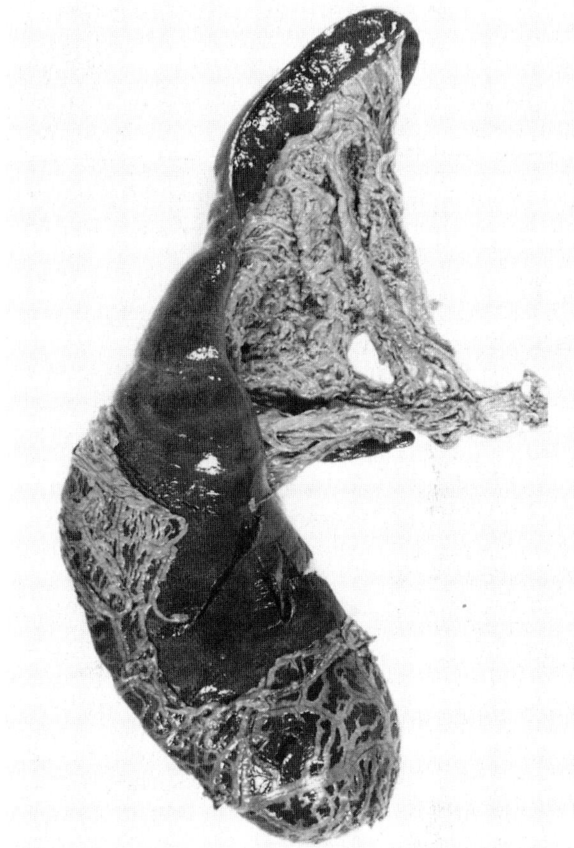

Abb. 2.2 Torsion und hämorrhagische Infarzierung der ventralen Milzhälfte mit nachfolgender Einwicklung in das Netz, Schwein.

schnüren die im *Ligamentum gastrolienale* verlaufenden Gefäße (hintere Magenvene und -arterie), die durch die Drehung gespannt und komprimiert werden, den venösen Abfluß der unteren Milzhälfte ab, wodurch sich ebenfalls eine starke Stauung mit nachfolgender Nekrose entwickeln kann (Abb. 2.2).

Bei der **Magentorsion des Hundes** (s. S. 157, Tafel VIII. A) macht die Milz infolge ihrer Befestigung durch das *Ligamentum gastrolienale* die Drehung mit, wobei es zu einer starken Blutstauung und einer charakteristischen V-Form des Organs kommt. Eine Drehung um die Längsachse, auch mit tödlichem Ausgang, wird ebenfalls beobachtet.

Einfache Einhüllungen und *Verwicklungen* der Milz mit dem Netz werden wiederum häufig beim Schwein beobachtet. Auch hier kann es zu bindegewebigen Abkapselungen kommen.

2.3.3 Zusammenhangstrennungen

Am häufigsten sind gleichzeitige Zerreißungen von Kapsel und Parenchym, während isolierte Kapsel- oder Parenchymrisse seltener vorkommen.

Verursacht werden die Zusammenhangstrennungen durch traumatische Einwirkungen. Unter **traumatischen Rupturen** im engeren Sinne versteht man Zusammenhangstrennungen der primär unveränderten Milz. Sie kommen besonders häufig bei Hunden vor (Nebenmilzen, s. S. 55). Bei den *spontanen Rupturen* zerreißt dagegen, ausgelöst durch ein geringfügiges Trauma, die primär schon veränderte Milz. Besonders häufig sind spontane Rupturen bei starken Milzschwellungen infolge Leukose (Rind, Hund), Tuberkulose, Milzbrand, Babesiose, infektiöser Anämie der Equiden und Amyloidose (Serumpferde). Meistens entsteht dabei zunächst ein ***subkapsuläres Milzhämatom***. Im Unterschied zu den traumatischen Rupturen, die unter Narbenbildung ausheilen können, führen spontane Rupturen in der Regel zum Verblutungstod. Differentialdiagnostisch ist vor allem das maligne Hämangioendotheliom abzugrenzen (s. S. 44, 59).

2.3.4 Stoffwechselstörungen

Eine **Atrophie** der Milz findet man bei alten Tieren, bei Vorliegen einer Kachexie, bei chronischen Strahlenschäden und im Anschluß an chronische Stauungsprozesse. Die Milz wird dabei klein und schlaff, das lymphatische Gewebe zurückgebildet. Kapsel und Trabekel sind bindegewebig verdickt.

Hyalinisierungen der Follikelarterien werden häufig bei alten Hunden gefunden. Wahrscheinlich hängen diese mit den Rückbildungsvorgängen der MALPIGHIschen Körperchen zusammen (s. S. 30).

Die **Milzamyloidose** wird vor allem bei Pferd, Hund, Katze und Rind im Rahmen einer sekundären (AA-Amyloid), seltener einer primären Amyloidose (AL-Amyloid) beobachtet. Beim Tier kommt es fast immer zu Amyloidablagerungen in den MALPIGHIschen Körperchen, wodurch das charakteristische Bild der sog. *Sagomilz* entsteht. Die Amyloidablagerung im Pulparetikulum, die zu einer diffusen Vergrößerung und einem speckigen Aussehen der Milz, zu einer sog. *Schinkenmilz,* führt, ist beim Tier sehr selten. Sie wird am ehesten noch bei hyperimmunisierten Pferden beobachtet (Serumpferde, s. oben).

Hämosiderinablagerungen kommen schon normalerweise in den Retikulumzellen und Makrophagen der Milz der Haustiere vor. Am intensivsten sind sie beim Pferd, weniger stark bei Schaf, Rind und Schwein, am geringsten bei Fleischfressern. Bei Feten und sehr jungen Tieren ist die Milz in der Regel frei von Hämosiderin, während bei alten Tieren der Hämosideringehalt der Milz zunimmt. Eine Hämosiderose der Milz, kenntlich an der Braunfärbung des Organs, findet man bei hämolytischen Anämien (infektiöse Anämie der Einhufer s. S. 57). Auch bei manchen bakteriellen Infekten sieht man eine stärkere Beladung der mononukleären Phagozyten mit Hämosiderin. Eine Eisenspeicherkrankheit *(Hämochromatose),* wie sie beim Menschen vorkommt, ist beim Tier nicht bekannt.

Sogenannte **siderofibröse Herde,** das sind stecknadelkopf- bis markstückgroße, grau-gelbe oder leicht rötliche, flache Knötchen oder Platten, kommen bei Hunden häufig in der Kapsel des Milzrandes oder der viszeralen Milzfläche vor. Sie bestehen aus einem Geflecht teilweise hyalinisierter Kollagenfasern, die mit Eisen-Kalksalzen inkrustiert sind, und zwischen denen Hämosiderin- und Hämatoidin-haltige Makrophagen liegen. Die Pathogenese der Herde ist nicht genau bekannt, wahrscheinlich entstehen sie im Anschluß an Blutungen und Störungen des Portalkreislaufs. Ähnliche Eisen-Kalkinkrustationen von Hanfkorngröße und tabakähnlicher Farbe findet man gelegentlich an den Aufzweigungsstellen der Milzarterie bei alten Hunden. Möglicherweise sind sie mit den GANDY-GAMNAschen Knötchen der menschlichen Milz identisch, die im Gefolge einer periarteriellen Fibrose entstehen.

Ablagerungen von *Xanthin* und *Guanin* werden sehr selten bei Rindern gefunden.

2.3.5 Kreislaufstörungen

Die **aktive Hyperämie** ist häufig bei akuten generalisierten Infektionskrankheiten.

Stauungsmilzen (venöse Hyperämie) sind entweder akuter oder chronischer Natur. Sie entstehen durch Störung des Blutabflusses über die Milzvene (Milztorsion, Magentorsion beim Hund, Torsion des Grimmdarmes und Volvulus beim Pferd, Milzvenenthrombose) oder die Pfortader (Milzvene mündet in die Pfortader, Anastomosen zur *V. cava caudalis* nur gering ausgebildet, s. S. 224; sogenannte portale Stauungsmilz bei Kompression durch Tumoren, Leberzirrhose), nach Splanchnikuslähmungen oder zentral durch Versagen des rechten Herzens (kardiale Stauungsmilz, häufig mit einer chronischen Stauungsleber verbunden).

Die ***akute Stauungsmilz*** zeigt sich in einer starken Vergrößerung des Organs, bei dessen Anschneiden reichlich Blut abfließt. Lokale Stauungen in Form bohnen- bis hühnereigroßer multipler Vorwölbungen unter der Kapsel findet man bei Hund und Pferd im Verlauf septikämischer und toxämischer Krankheiten. Die sog. *Schlagmilz* bei geschlachteten Rindern und Schweinen, die in der Differentialdiagnose zum Milzbrand (s. S. 187) von Bedeutung ist, stellt ebenfalls eine akute Stauungsmilz dar und wird wahrscheinlich durch eine übermäßige Reizung des Vasomotorenzentrums infolge fehlerhafter Betäubung (Schlag auf das verlängerte Mark) verursacht. Die bei euthanasierten Hunden und Katzen zu beobachtende Stauungsmilz ist ebenfalls das Resultat einer Vasomotoren- bzw. Splanchnikuslähmung.

Die ***chronische Stauungsmilz*** ist vergrößert, jedoch von derber Konsistenz (bindegewebige Induration) und von mäßigem Blutgehalt.

Blutungen sind wegen der komplizierten Kreislaufverhältnisse in der Milz oft nur schwer zu erkennen. Frische oder alte ***Hämatome*** im Milzparenchym oder unter der Kapsel kommen besonders häufig bei Hunden vor (s. S. 56) und sind differentialdiagnostisch von Blutgefäßgeschwülsten zu unterscheiden.

Die vollständige Verlegung des Stammes der *A. lienalis* durch einen **Embolus** führt zur Milznekrose. Häufiger ist die Verlegung von Ästen der Milzarterie, durch die **Infarkte** entstehen. *Anämische Milzinfarkte* findet man vor allem bei Vorliegen einer Endokarditis des linken Herzens. Multiple *hämorrhagische Infarkte* bei Schweinepest (s. S. 183 u. Tafel X. D) und Parvovirusinfektion des Hundes (s. S. 178). Die bei alten Hunden häufig zu beobachtenden *hämorrhagischen Randinfarkte* entwickeln sich wahrscheinlich durch Obliteration oder Stenose kleiner Milzgefäße. Bezüglich der infizierten Milzinfarkte siehe unter Splenitis, S. 59. Die *Milzvenenthrombose* ist selten.

2.3.6 Veränderungen der Milz bei Anämien

Die Speichermilz der Haustiere reagiert auf akute, größere Blutverluste durch Entleerung, sie kontrahiert sich und wird klein und schlaff. Bei hämolytischen Anämien schwillt die Milz durch Vermehrung ihrer Pulpa und durch Ablagerung von Blutabbauprodukten an (sog. *spodogener Milztumor).* Bei chronischen Anämien findet man histologisch in der Milz metaplastische Blutbildungsherde. Sind Infektionserreger an dem anämischen Zustand beteiligt, so kommt es auch häufig zu einem deutlichen Hervortreten der Milzfollikel (follikuläre Milzhyperplasie).

Die **infektiöse Anämie der Einhufer** ist weltweit verbreitet. Sie wird durch ein *Lentivirus* (Familie *Retroviridae)* mit hoher Mutationsrate verursacht, das sich in Lymphozyten und Makrophagen vermehrt. Die Übertragung erfolgt in erster Linie durch blutsaugende Insekten (Bremsen, Fliegen), aber auch durch kontaminierte Instrumente, seltener durch direkten Kontakt oder diaplazentar. Die Krankheit verläuft akut, subakut oder chronisch und geht mit lebenslang persistierender zellassoziierter Virämie einher. Beim *akuten Verlauf* liegt das Bild einer hoch fieberhaften Erkrankung mit Petechien in serösen Häuten und Schleimhäuten (Unterseite der Zunge!), Unterhautödem sowie Milz- und Lymphknotenschwellung vor. Bei der *subakuten Verlaufsform* kommt es zur Abmagerung und schweren Anämie, die gelegentlich auch mit Ikterus verbunden ist. Die *chronische Form* ist gekennzeichnet durch anfallsweise intermittierendes Fieber, Gewichtsabnahme und Anämie. In der fieberfreien Zeit können die Tiere klinisch gesund erscheinen. Der Tod kann jederzeit infolge Exazerbation der klinischen Symptome eintreten. Erkrankte Tiere können klinisch wieder völlig gesund werden und spielen dann als Virusträger in der Weiterverbreitung der Krankheit eine wichtige Rolle.

Die makroskopischen und histologischen Veränderungen geben für die ***Diagnose*** der Krankheit wertvolle Hinweise. Dabei ist aber zu beachten, daß Tiere, die in der fieberfreien Zeit getötet werden, häufig keine Veränderungen mehr zeigen.

Die ***Milz*** ist in der akuten Verlaufsform pulpös-hyperplastisch und zeigt eine ausgeprägte Hämosiderinspeicherung in Retikulumzellen und Makrophagen. Im subakuten und chronischen Stadium kommt es durch eine massive lymphoidzellige Infiltration zur Verwischung der Organstruktur und Einschränkung des Blutabbaues, so daß der Hämosideringehalt meist stark verringert ist. Die ***Lymphknoten***, vor allem die der Milz, Leber, Nieren und des Darmes, sind in der akuten Verlaufsform hyperplastisch und Hämosiderin-reich (braun-rote Farbe), in der chronischen, ähnlich wie die Milz, von Lymphoidzellen durchsetzt und Hämosiderin-arm. Die ***Leber*** ist meist vergrößert und zeigt in chronischen Fällen eine muskatnußartige Zeichnung. Histologisch sieht man lymphoidzellige Infiltrate besonders im Bereich der GLISSONschen Dreiecke, Hämosiderinablagerungen in Makrophagen *(Siderozyten),* besonders in KUPFFERschen Sternzellen, sowie dystrophische und fibrotische Prozesse (s. S. 218). Lymphoidzellige Infiltrate und Hämosiderinablagerungen können auch in vielen anderen Organen auftreten.

Die ***Anämie*** ist hauptsächlich hämolytischer Natur, wobei die Hämolyse sowohl intra- als auch extravaskulär erfolgt. Die Hämolyse beziehungsweise verringerte Lebenszeit der Erythrozyten wird durch Antikörper gegen Virusantigene auf der Erythrozytenoberfläche bedingt (Antikörper- und

Komplement-vermittelte Lyse). Weiterhin kommt eine Störung der Erythropoese infolge Eisenmangel in Betracht. Die nicht selten zu beobachtende Glomerulonephritis entsteht durch Ablagerung von Antigen-Antikörper-Komplexen. Die lymphoidzelligen Infiltrationen sind im Sinne immunologischer Reaktionen zu interpretieren.

Differentialdiagnostisch müssen vor allem parasitär bedingte Anämien (Babesiosen) abgegrenzt werden. Für die Sicherung der Diagnose dient der Antikörpernachweis im Agargelpräzipitationstest nach COGGINS und gegebenenfalls ein ELISA.

2.3.7 Hyperplasie

Die Hyperplasie der Milz ist meist Ausdruck der immunbiologischen Leistungen dieses Organs. Die Milz und die Hämallymphknoten sind direkt in die Blutbahn eingeschaltet, d. h. die Antigene gelangen in die Milz über das arterielle Blut. Der größte Teil wird von den Retikulumzellen und Makrophagen der roten Pulpa phagozytiert (Antigenverarbeitung), von wo aus dann Antigen-beladene Zellen in die weiße Pulpa (periarterioläre Lymphozytenscheiden = T-Lymphozyten) übertreten können. Ein kleiner Teil gelangt durch die Follikelarterien in die marginalen Follikelsinus. In diesen Gebieten der weißen Pulpa kommt es zum Kontakt mit immunkompetenten Zellen, bereits nach 24 Stunden ist die Bildung von Plasmoblasten zu beobachten. Diese sogenannte *plasmazelluläre Reaktion* erreicht am 4. Tag ihren Höhepunkt (reife Plasmazellen, Antikörper vom IgM-Typ). Von diesem Zeitpunkt an entwickeln sich auch im Zentrum der Follikel große Blasten, aus denen wiederum B-Lymphozyten entstehen (Keimzentrumbildung). Gleichzeitig kann man auch in den Follikeln Zellabbauvorgänge beobachten. Diese sogenannte *Follikelzentrumsreaktion* kann wochenlang andauern und wird als Ausdruck der Synthese von Antikörpern des (vor allem IgG) und der Bildung von Gedächtniszellen interpretiert.

Eine *sekundäre Immunantwort* entwickelt sich, wenn der Organismus erneut mit dem gleichen (homologen) Antigen in Kontakt kommt. Prinzipiell entspricht sie der primären Reaktion, läuft aber wegen der vorhandenen Gedächtniszellen viel schneller und intensiver ab.

Unter Berücksichtigung dieser Erkenntnisse ist es verständlich, daß die Milz als Ort der primären Sensibilisierung und Immunantwort nur dann in Betracht kommt, wenn das Antigen erstmals und direkt in die Blutbahn gelangt. Dies ist vor allem bei den durch Arthropoden übertragenen Protozoonosen, Virusinfektionen und Rickettsiosen (Ehrlichiose, Salmon Disease s. S. 180), bei intravenöser Applikation von Antigenen und Blutübertragungen der Fall. Bei der Antikörper- und Immunzellproduktion in der Milz in Zusammenhang mit anderen Krankheitsprozessen handelt es sich dagegen meist um eine sekundäre Immunreaktion.

Abb. 2.3 Follikuläre Hyperplasie der Milz, Kalb.

Morphologisch kann man grundsätzlich zwischen *pulpöser* und *follikulärer Milzhyperplasie* unterscheiden. Mischformen kommen vor. Als Faustregel kann dabei gelten, daß die pulpöse Hyperplasie vor allem bei akuten bis subakuten, die follikuläre mehr bei chronischen infektiösen Prozessen auftritt. Eine hyperplastische Milzschwellung spricht für das Vorliegen eines infektiösen Geschehens (s. auch Milz bei Anämien, S. 57), ihr Fehlen aber nicht dagegen.

Die **pulpöse Milzhyperplasie** geht meist mit einer auffälligen Organvergrößerung einher. Beim Anschneiden des Organs quillt rote Pulpa hervor. Wenn zusätzlich noch eine starke Blutfülle vorliegt, dann spricht man auch von einer akuten hyperämischen Milzschwellung, wie zum Beispiel beim Milzbrand (s. S. 187). Die pulpöse Milzhyperplasie wird besonders häufig bei akuter Babesiose, Trypanosomose, Theileriose, Anaplasmose, Hepatozoon canis-Infektion, Eperythrozoonose, Hämobartonellose, Ehrlichiose, Salmonellose des Kalbes (sogenannte *Gummimilz*, auch miliare Nekrosen und histiozytäre Granulome s. S. 185), Pneumokokkeninfektion des Kalbes (ebenfalls Gummimilz und gelegentlich auch Nekrosen s. S. 95), Ornithose der Vögel *(Chlamydia psittaci;* Spleno- und Hepatomegalie) und anderen septischen Krankheiten beobachtet.

Bei der **follikulären Milzhyperplasie** ist das Organ häufig nur unbeträchtlich vergrößert. Auf der Schnittfläche fallen aber die normalerweise kaum sichtbaren Lymphfollikel als bis ungefähr 2 mm im Durchmesser große, weiße Knötchen auf (Abb. 2.3).

Knotige Hyperplasien, die in Form von linsen- bis pflaumengroßen, weißlich-rötlichen Halbkugeln aus der Milzoberfläche herausragen, sind sehr häufig bei alten Hunden. Sie werden auch als Lymphome bezeichnet, stellen aber keine echten Geschwülste dar, sondern sind regeneratorischer Natur und als Kompensation für zugrunde gegangenes Milzgewebe zu verstehen (Altershyperplasie, Fehlregenerate).

Bei der sogenannten **Myelolipomatose** der Feliden und Kaniden, die besonders beim Gepard vorkommt, findet man weiße, linsen- bis erbsengroße Knoten, die sich histologisch als Fettmark und myeloisches Gewebe erweisen.

2.3.8 Entzündungen

Eine *hämatogen-metastatische, eitrige Splenitis* mit Infarkt- und Abszeßbildungen findet man nicht selten bei Vorliegen einer Endokarditis *(Streptokokken, Actinomyces pyogenes)* bei Rind, Schwein und Pferd, ferner bei *Druse* (s. S. 72) und bei eitrigen Nabelentzündungen.

Bei Rindern mit traumatischer Vormagenentzündung sieht man häufig eine *fortgeleitete eitrige, abszedierende,* teils *jauchige Splenitis* und Perisplenitis (s. S. 155).

Bezüglich der *Melioidose* und der *mykotischen Erkrankungen* der Milz gilt ähnliches wie bei den Lymphknoten (s. S. 63).

Nekrobazillose S. 521, Pseudotuberkulose S. 184, Tuberkulose S. 102f., Aktinomykose S. 523, EHV-1 und -4 s. S. 98.

2.3.9 Tumoren

Sarkome, meist **undifferenziert,** werden bei Hund und Katze relativ häufig beobachtet. **Maligne Hämangioendotheliome,** einzeln oder multipel auftretend, kommen besonders bei Deutschen Schäferhunden vor. Sie metastasieren in andere Organe (s. S. 44), wobei aber nicht immer entschieden werden kann, ob nicht eine primäre Multiplizität der Tumoren vorliegt (Abb. 2.4).

Extramedulläre Plasmozytome werden beim Hund beschrieben. Lymphosarkome treten selten einzeln, meist multipel und im Zusammenhang mit einer Leukose auf (s. S. 64ff .). Maligne Histiozytose s. S. 69.

Sekundäre Tumoren sind in der Milz selten. Am häufigsten kommen noch maligne Melanome und Leber- und Pankreaskarzinommetastasen (retrograde lymphogene und hämatogene Absiedelung) vor.

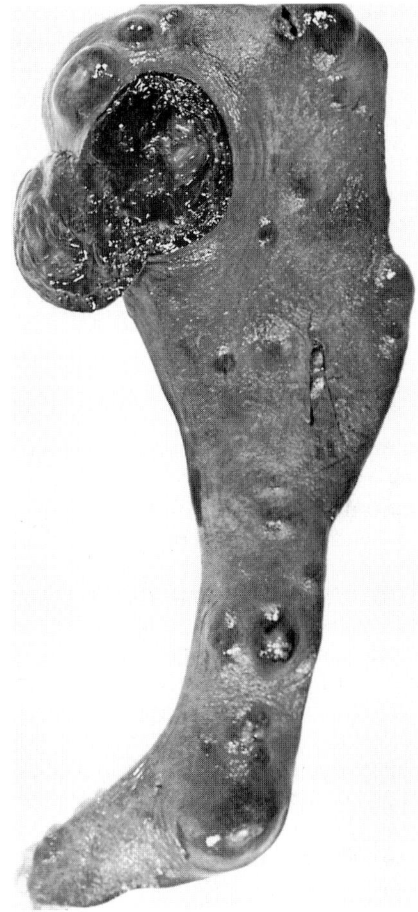

Abb. 2.4 Multiple maligne Hämangioendotheliome in der Milz, Hund.

2.3.10 Parasiten

Gelegentlich werden in der Milz verirrte *Leberegel,* etwas häufiger auch *Echinokokkenblasen* (Rind, Schaf) angetroffen. Bei der *Toxoplasmose* kann man miliare Nekrosen beobachten. Leishmaniose S. 228. Pulpöse Hyperplasie s. S. 58.

2.4 Lymphknoten

Die Lymphknoten *(Lymphonodi)* stellen einen wesentlichen Teil des lymphatischen Gewebes dar. Neben ihrer *hämopoetischen Funktion* (Lymphozyten, Plasmazellen, Makrophagen) spielen sie eine wichtige Rolle in der *Abwehr* (Phagozytose, Bildung von Antikörpern und Immunzellen). Hinsichtlich ihrer Struktur unterscheiden sich die Lymphknoten des Schweines grundsätzlich von denen der anderen Säugetiere, da bei ihnen die Lymphe am Hilus einströmt und über die Randsinus den Lymphknoten wieder verläßt. Junge Tiere besitzen relativ große, lymphgewebsreiche Lymphknoten. Im fortgeschrittenen Alter werden diese kleiner und lymphgewebsärmer *(Altersinvolution)*. Lymphoide *Hämalknoten* (splenoide Knoten) findet man vor allem im retroperitonealen Fettgewebe der Wiederkäuer. Sie stehen sowohl in struktureller als auch funktioneller Hinsicht der Milz und nicht den Lymphknoten nahe.

2.4.1 Stoffwechselstörungen

Zur **Atrophie** der Lymphknoten kommt es im hohen Alter, bei Kachexie sowie im Anschluß an Strahlenschäden und chronische Entzündungen.

Hyalinose und Amyloidose sind selten und in der Regel nur mikroskopisch zu diagnostizieren.

Ablagerung und Speicherung von **Fett** und fettähnlichen Substanzen findet man normalerweise in den supramammären Lymphknoten von laktierenden Kühen, in den Mesenteriallymphknoten von Schweinen und von fettreich gefütterten Hunden (Fettresorption und -assimilation).

Hämosiderin- und **Hämatoidinablagerungen,** kenntlich an einer bräunlichen bis olivbraunen Verfärbung der Lymphknoten, treten häufig im Anschluß an Blutungen im Einzugsgebiet der Lymphknoten sowie bei allen mit Blutzerfall einhergehenden Krankheiten auf (infektiöse Anämie der Equiden s. S. 57, 218).

Zur **Resorption von Blutkörperchen** kommt es bei Blutungen im Einzugsbereich der Lymphknoten. Die Lymphknoten schwellen dabei an und zeigen eine blutrote Farbe. Leuchtend rote ***Blutresorptionslymphknoten*** findet man als diagnostisch wichtige Veränderung bei der Schweinepest (s. S. 183). Bei Rindern und Schafen, die an einer akuten Atemnot gestorben sind, weisen die Halslymphknoten häufig eine dunkelrote Farbe infolge eines erhöhten Blutgehaltes auf. Differentialdiagnostisch ist daran zu denken, daß bei durch Halsstich getöteten Tieren in Sekundenschnelle eine Rotfärbung der Brusteingangslymphknoten durch Blutresorption eintreten kann.

Ablagerungen von **Melanin** kommen in mäßigem Ausmaß bei allen pigmentierten Haustieren, vor allem in den Inguinallymphknoten, vor. Bei alten Schimmeln findet man häufig eine hochgradige Melanose der Lymphknoten. Beim Vorliegen von Hautkrankheiten, vor allem von chronischen Ekzemen, endokrin bedingten Hyperpigmentierungen und bei Räude, sind die regionären Lymphknoten infolgte Resorption von Melanin aus geschädigten Epidermisgebieten oft dunkel-schwarz verfärbt.

Die Leberlymphknoten von Rindern und Schafen, die an einer Distomatose leiden, sind durch ein melaninähnliches, in seiner Struktur jedoch nicht bekanntes Pigment (sog. *Helminthenpigment* s. S. 211) dunkelbraun bis schwarz verfärbt.

Xanthin- und *Guaninablagerungen* werden als sehr seltene Ereignisse beim Rind beschrieben.

Die **Anthrakose** der Lungen- und Mediastinallymphknoten (s. S. 107) ist bei Hunden, aber auch bei Pferden und Katzen, häufig.

Eine *Braunfärbung* der mesenterialen, bronchialen und supramammären Lymphknoten tritt fast regelmäßig bei älteren Rindern auf. Das Pigment ist vermutlich pflanzlichen und mineralischen Ursprungs.

Nach Anwendung von *silber-* oder *quecksilberhaltigen* Salben oder Tinkturen sowie nach parenteraler Verabreichung von *Eisenpräparaten* (Prophylaxe der Ferkelanämie) findet man eine auffällige Pigmentierung der regionären Lymphknoten.

2.4.2 Kreislaufstörungen

Ödeme der Lymphknoten findet man bei Stauungsprozessen, bei Kachexie und bei direkter Schädigung der Kapillarwände durch Toxine. Bei der *Enterotoxämie der Schweine* kommt es zu charakteristischen Ödemen der Mesenteriallymphknoten, die meist mit Blutungen und Nekrosen verbunden sind. Den Veränderungen liegt eine schwere fibrinoide Degeneration und Ödematisierung der Lymphknotenkapillaren zugrunde (s. S. 181).

Blutungen in Form von Petechien und Ekchymosen findet man bei zahlreichen septikämisch verlaufenden Infektionskrankheiten, bei vielen Intoxikationen sowie bei vaskulären und durch Störung der Blutgerinnung verursachten hämorrhagischen Diathesen.

Sogenannte **Lymphzysten** infolge Lymphstauung werden gelegentlich in den Mesenteriallymphknoten von Kälbern gesehen (Protein-Verlust-Syndrom s. S. 173).

2.4.3 Emphyseme

Emphyseme in den mediastinalen und bronchialen Lymphknoten findet man bei **Rindern** mit chronischen interstitiellen und alveolären Lungenemphysemen (s. S. 85) sowie beim Vorliegen einer azinösen Lungentuberkulose (s. S. 104). Die Lymphknoten nehmen dabei ein schaumig-puffiges Aussehen an. Histologisch sieht man, daß die Luft reaktionslos in den erweiterten Sinusbahnen liegt.

Beim sog. **Luftblasengekröse (Intestinalemphysem) der Schweine**, bei dem es auch zur Emphysembildung in den

Mesenteriallymphknoten kommt, entwickeln sich dagegen entzündliche Prozesse, da die in den Emphysemblasen befindlichen Gase wie Fremdkörper wirken (s. S. 189 und Abb. 5.37).

Euterlymphknoten bei Anaerobier-Infektionen s. S. 315.

2.4.4 Hyperplasie

Ähnlich wie in der Milz sind auch hyperplastische Vorgänge in den Lymphknoten Ausdruck immunbiologischer Leistungen. Die Antigene gelangen mit der afferenten Lymphe über die Randsinus in die interfollikulären Sinus und Marksinus. Von den dort und in den Lymphfollikeln gelegenen Retikulumzellen und Makrophagen werden sie phagozytiert und verarbeitet. *Plasmazelluläre Reaktion* (vor allem in den parakortikalen Lymphozytenfeldern und Marksträngen) und *Follikelzentrumsreaktion,* ähnlich wie in der Milz, schließen sich an.

Die reaktive Hyperplasie der Lymphknoten wird auch als ***markige Schwellung*** bezeichnet. Wenn gleichzeitig auch lokale Kreislaufstörungen, wie Hyperämie und Ödem, vorliegen, dann kann man auch von einer ***einfachen Lymphknotenentzündung (Lymphadenitis simplex)*** sprechen.

Lymphknotenschwellungen sind sehr häufig und finden sich fast regelmäßig, wenn in ihrem Einzugsgebiet entzündliche Prozesse ablaufen. Sie treten ferner bei vielen viralen Infektionskrankheiten auf.

Hyperplastische Lymphknoten sind vergrößert, meist von weicher Konsistenz, die Schnittfläche wölbt sich leicht vor und ist saftig, von weißlich-gelblicher, teils auch rötlichfleckiger (Hyperämie, Blutungen) Farbe.

Eine erhebliche (bis 5 cm im Durchmesser) Vergrößerung der zervikalen oder inguinalen Lymphknoten mit Kapillarproliferation und Atrophie des lymphatischen Gewebes (sogenannte ***plexiforme Vaskularisation)*** wird vor allem bei Langhaarkatzen beobachtet. Die Pathogenese ist ungeklärt, möglicherweise spielen ischämische Zustände und genetische Faktoren eine Rolle. Differentialdiagnostisch sind besonders reaktive und leukotische Lymphknotenvergrößerungen abzugrenzen. FIV s. S. 68.

2.4.5 Entzündungen

Lymphknotenentzündungen *(Lymphadenitis)* sind entweder eitriger, abszedierender, hämorrhagischer, fibrinöser, nekrotisierender oder granulomatöser Natur und in der Regel auch mit hyperplastischen Veränderungen vergesellschaftet. Die einzelnen Formen lassen sich aber nicht immer scharf voneinander trennen. Übergangs- beziehungsweise Mischformen sind häufig. Dem Verlauf nach sind die Lymphknotenentzündungen akut, subakut oder chronisch.

Die **akute eitrige Lymphadenitis** geht mit Vergrößerung der Lymphknoten einher, die eine mehr gelbliche Farbe annehmen und bereits kleine Einschmelzungen und Nekrosen zeigen können. Liegen auch Blutungen vor, dann kann das Lymphknotengewebe in eine zerfließliche, rotbraune Masse umgewandelt werden. Ursächlich kommen vor allem Infektionen mit Eitererregern *(Streptokokken, Staphylokokken, Actinomyces [Arcanobacterium] pyogenes)* in Betracht. Bei der **Druse des Pferdes** *(Streptococcus equi)* entstehen aus anfänglich miliaren Eiterherden bis zu kindskopfgroße Abszesse (Abb. 3.2) mit weißlich-rahmigem Eiter vorzugsweise in den Lymphknoten des Kopfes, Rachens (s. S. 72) und Abdomens. Auf hämatogen-metastatischem Wege können aber auch andere Lymphknoten und Organe erkranken. Die Lymphknotenabszesse brechen entweder auf oder werden abgekapselt. *Rhodococcus equi* s. S. 95.

Die **Streptokokkenlymphadenitis des Schweines** (SLS, Jowl Abscess) kann zu erheblichen wirtschaftlichen Verlusten führen. Sie wird verursacht *durch β-hämolysierende Streptokokken* der Gruppe E (LANCEFIELD), die wahrscheinlich von einer eitrigen Pharyngitis ausgehend in die Rachen-, Kopf- und Halslymphknoten gelangen. Mischinfektionen sind häufig. Am Anfang steht eine eitrige Lymphadenitis, später zeigen sich bis zu faustgroße Abszesse, die mit typischem grünlichem, kremigem und nicht riechendem Eiter angefüllt sind.

Eine ähnlich lokalisierte, durch Streptokokken der Gruppen C und L bedingte Lymphadenitis wird gehäuft auftretend bei **Zwingerhunden** gesehen. Weibliche Tiere zeigen meist auch noch eine durch die gleichen Erreger verursachte eitrige Entzündung von Vagina und Vulva.

Bei der **Brucellose der Hasen und Meerschweinchen** *(Brucella suis,* s. S. 282) kommt es neben der häufigen ödematösen Schwellung der Lymphknoten auch zu nekrotisch-verkäsenden Veränderungen. Lymphknotenschwellung und miliare Nekrosen werden auch bei der Listeriose (s. S. 404) beobachtet.

Die **Pseudotuberkulose der Schafe** und anderer kleiner Wiederkäuer sowie Rinder, auch *käsige Lymphadenitis* genannt, wird durch *Corynebacterium pseudotuberculosis* (zwei Biotypen) verursacht. Die Erreger gelangen meist über Hautwunden (Schur, Kastration, Schwanzkupieren, Dornen, Zeckenbisse u. a.) in die regionären Lymphknoten und rufen dort Abszesse und umfangreiche käsig-weiße Nekrosen mit typischer zwiebelschalenartiger Schichtung hervor. Bevorzugt betroffen sind die submaxillären, prä-

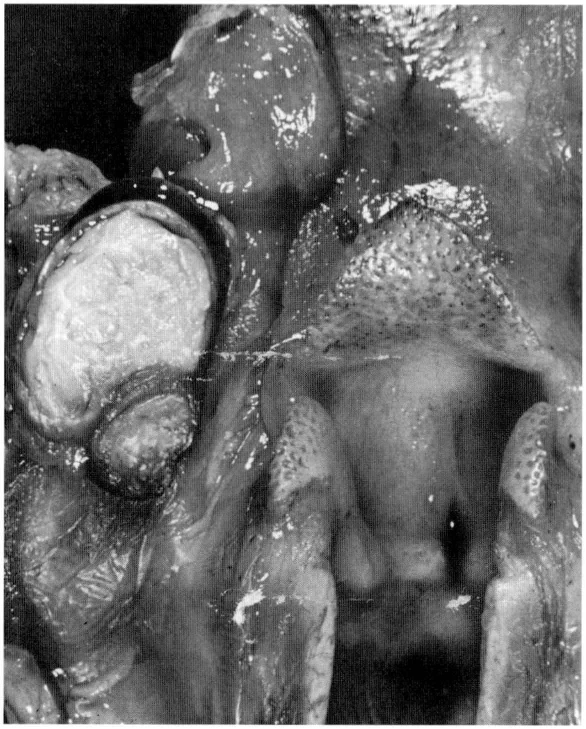

Abb. 2.5 Pseudotuberkulose *(Corynebacterium pseudotuberculosis)* der retropharyngealen Lymphknoten, Schaf.

skapulären, inguinalen und supramammären Lymphknoten (Abb. 2.5). Durch Aufbruch der Abszesse kommen die Erreger in den Boden der Schafpferche, in dem sie sehr lange überleben und so die Quelle für erneute Infektionen darstellen. In Tauchbädern (Dips), in denen die Erreger mehr als 24 Stunden am Leben bleiben, kann die Infektion auch über die intakte Haut erfolgen. Aerogene und alimentäre Infektionen sind selten. Der Gesundheitszustand der infizierten Tiere ist meist nicht gestört. Wegen der Beanstandung der Schlachtkörper können jedoch große wirtschaftliche Verluste entstehen. In selteneren Fällen kommt es, besonders bei Lämmern, zur metastatischen Ausbreitung in andere Organe wie Lunge (käsige Nekrosen oder Bronchopneumonie), Leber, Milz, Nieren, Gehirn und Rückenmark, wobei Todesfälle eintreten können. *Corynebacterium pseudotuberculosis* verursacht auch die *ulzerative Lymphangitis* und *kontagiöse Akne* der *Pferde* (s. S. 516), eine kontagiöse *eitrige Arthritis bei Lämmern* und eine eitrige *Orchitis und Periorchitis* beim *Schafbock* (s. S. 282). Andere Tiere und auch der Mensch (perkutane Infektion besonders bei der Schur der Schafe) können erkranken. Pseudotuberkulose (Yersiniose) s. S. 184 (Abb. 5.33).

Die **Tularämie,** verursacht durch *Francisella tularensis,* kommt vor allem bei Nagern (Mäuse, Erdhörnchen u. a.), Hasen und Wildkaninchen in Ländern der nördlichen Hemisphäre vor (Übertragung hauptsächlich durch blutsaugende Insekten und Zecken). Die Krankheit ist auch auf den Menschen (orale Infektion) und Haustiere übertragbar. Miliare bis knotige, teils verkäsende Nekrosen in Lymphknoten, Milz und Leber stellen die wichtigsten Veränderungen dar.

Tuberkulose. Das Auftreten tuberkulöser Veränderungen in den Lymphknoten hängt in erster Linie von der jeweiligen Phase der Krankheit ab. Bei Vorliegen eines primären Herdes oder einer Frühgeneralisation (primäre oder Erstinfektions-Periode) gilt das CORNETsche Lokalisationsgesetz, d. h. die regionären Lymphknoten sind bei einer tuberkulösen Organerkrankung stets auch tuberkulös verändert. In der postprimären Phase erkranken die regionären Lymphknoten nicht mehr bzw. zeigen keine makroskopisch sichtbaren Veränderungen. Kommt es jedoch zum Niederbruch der erhöhten Resistenz in der postprimären Phase, dann gilt das CORNETsche Lokalisationsgesetz wieder uneingeschränkt (s. S. 103).

Die Tuberkulose der Lymphknoten äußert sich entweder in einer vorwiegend exsudativen oder vorwiegend proliferativen (produktiven) Entzündung. Die ***exsudative Lymphknotentuberkulose*** beginnt mit Schwellung und Ausbildung eines perifokalen entzündlichen Ödems, das dem erkrankten Lymphknoten ein gelblich-sulziges Aussehen verleiht. Später kommt es zur trockenen Verkäsung, die durch erhalten gebliebene Bindegewebssepten eine strahlige Zeichnung erfährt (sog. *strahlige Verkäsung).* Charakteristisch sind blutungsartige Herde am Rande der Nekrosen, die durch angeschnittene hyperämische Kapillaren vorgetäuscht werden. Histologisch zeigt sich, daß diese verkäsenden Herde durch ein typisches epitheloid- und riesenzelliges Granulationsgewebe demarkiert werden.

Die ***proliferative Form*** ist durch die Ausbildung von Tuberkeln (Abb. 2.6 A) oder durch eine diffuse Gewebszubildung gekennzeichnet. Treten nur vereinzelte kleine Tuberkel auf, dann kommt es nicht zur Vergrößerung des Lymphknotens; werden diese jedoch zahlreicher und größer, dann nimmt auch der Lymphknoten erheblich an Umfang zu (bis faustgroß). Bei der *diffusen* proliferativen Tuberkulose sind die Lymphknoten vergrößert, von weißlich-gelber Farbe und derber Konsistenz.

Histologisch ist diese Form durch ein diffuses, nicht demarkiertes epitheloid- und riesenzelliges Granulationsgewebe gekennzeichnet.

Die *exsudative* Form wird vor allem bei Rind, kleinen Wiederkäuern und bei der durch *M. bovis* verursachten

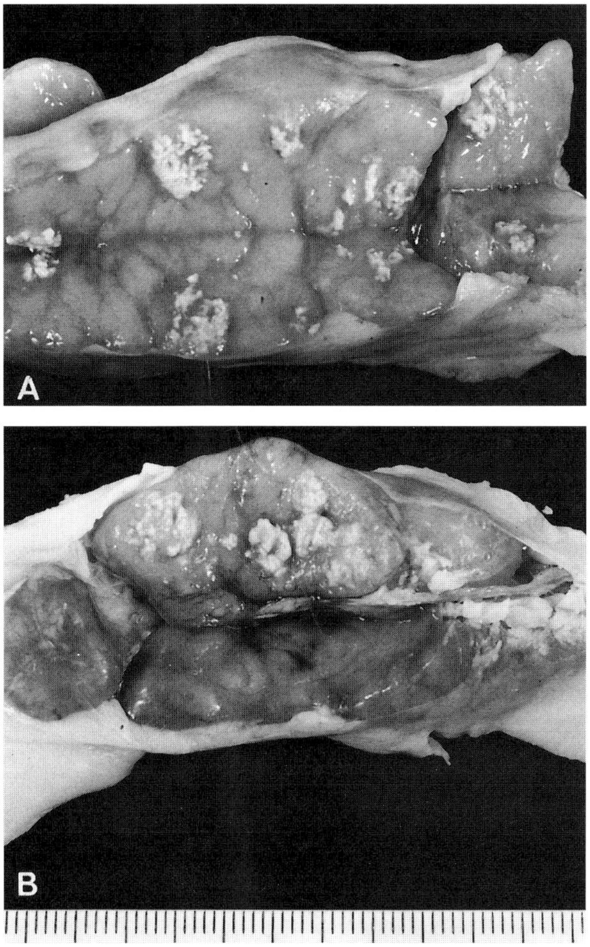

Abb. 2.6 A Proliferative Tuberkulose *(Mycobacterium avium)* eines Mesenteriallymphknotens, Schwein.
B Parasitäre Granulome mit Verkalkung in einem Mesenteriallymphknoten, Schwein.

Tuberkulose des Schweines beobachtet, die proliferative vor allem beim Pferd, bei der durch *M. avium* und *M. intracellulare* (Sägemehl-Einstreu!) verursachten Tuberkulose des Schweines und beim Fleischfresser.

Die exsudativen und proliferativen tuberkulösen Herde der Erstinfektionsperiode können durch starke *Verkalkung* und *Bindegewebszubildung (Narbenbildung)* weitgehend rückgebildet bzw. ausgeheilt werden. Alte Veränderungen können dadurch leicht von frischen (Reinfektion, Niederbruch) unterschieden werden.

Differentialdiagnostisch sind beim ***Schwein*** in den Hals- und Darmlymphknoten Veränderungen, die völlig echten tuberkulösen Prozessen gleichen können, aber durch *atypische Mykobakterien* (s. S. 317 u. 524), durch *Rhodococcus equi* oder durch wandernde *Parasiten* (Askaridenlarven) verursacht worden sind, zu unterscheiden. Als Anhaltspunkt für die makroskopische Abgrenzung von echten tuberkulösen Prozessen kann gelten, daß diese tuberkuloseähnlichen Veränderungen ungefähr die Größe einer Linse erreichen, halbkugelig aus der Oberfläche hervorragen, eine gelbliche Farbe besitzen und leicht aus dem Lymphknotenparenchym herauszulösen sind (Abb. 2.6 B). In Zweifelsfällen kann nur eine histologische und kulturelle Untersuchung Aufschluß über die Natur der Veränderungen geben. Beim ***Rind*** kann *Rhodococcus equi* in den retropharyngealen, bronchialen und mediastinalen Lymphknoten Veränderungen hervorrufen, die makroskopisch und histologisch (Granulome mit zentraler Nekrose und Verkalkung, LANGHANSsche Riesenzellen) von denen bei Tuberkulose nicht zu unterscheiden sind.

Als **Post Weaning Multisystemic Wasting Syndrome (PMWS)** wird eine Krankheit bei Saugferkeln und Mastschweinen bezeichnet, die durch ein *porzines Circovirus* hervorgerufen wird. Abmagerung, generalisierte Lymphknotenvergrößerung (besonders der Inguinal- und Mesenteriallymphknoten), Anämie und gelegentlich auch Ikterus kennzeichnen das Krankheitsbild. Histologisch findet man in den lymphatischen Organen eine hochgradige Lymphozytendepletion, eine massive Infiltration mit großen Makrophagen und vereinzelt vielkernige Riesenzellen (intrazytoplasmatische Einschlußkörperchen). Eine interstitielle Pneumonie (s. S. 99) und nach bakteriellen Sekundärinfektionen eine herdförmige eitrige Bronchopneumonie können ebenfalls auftreten.

Ähnlich wie bei der Tuberkulose, aber nicht so gesetzmäßig, erkranken beim Vorliegen eines **Organrotzes** (s. S. 105) auch die zugehörigen Lymphknoten. Beim vorwiegend *exsudativen Rotz* treten in den Lymphknoten infolge örtlicher Nekrose und Ausschwitzung von Fibrin und Leukozyten durchscheinende Knötchen mit einem roten Entzündungshof auf. Diese Knötchen werden später gelblich-trüb (Auftreten von Epitheloid- und Riesenzellen) und sind dann von einer dünnen, weißlichen Bindegewebskapsel umgeben. Bei der vorwiegend *proliferativen Form* entstehen entweder speckige, epitheloidzellige Knötchen oder es kommt zu einer diffusen epitheloidzelligen Wucherung mit Vergrößerung und grau-weißer Verfärbung der Lymphknoten.

Bei der **felinen infektiösen Peritonitis** (s. S. 105) sind die Mesenteriallymphknoten sehr häufig nekrotisch und von Granulomen durchsetzt.

Bei der **Melioidose** (Pseudorotz, *Burkholderia [Pseudomonas], pseudomallei),* die in tropischen Ländern bei

Nagern, Haustieren und beim Mensch vorkommt, findet man multiple rotzartige Geschwüre und Abszesse in Lymphknoten, Lunge, Leber, Milz und Gehirn.

Mykosen der Lymphknoten, vor allem *Blastomykose, Histoplasmose, Kokzidioidomykose, Prototheca-* und *Grünalgeninfektionen* (Chlorococcalesarten, typische Grünfärbung der Lymphknotenrinde) gehen mit granulomatösen, teils nekrotischen Veränderungen einher. *Mukor-* und *Aspergillusinfektionen* rufen besonders beim Rind bis zu faustgroße, häufig verkalkte und zentral nekrotische Granulome hervor (s. S. 107). Makroskopisch kann die genaue Diagnose einer Mykose nicht gestellt werden, sondern nur durch histologische (GROCOTT-Färbung) und kulturelle Untersuchungen.

Schweinepest S. 183, Rinderpest S. 135, bösartiges Katarrhalfieber S. 135, Milzbrand S. 186, Paratuberkulose S. 188, Aktinomykose und -bazillose S. 523.

2.4.6 Tumoren

Leukose S. 64ff.

Sekundäre Tumoren in den Lymphknoten sind ungemein häufig. Sie entstehen durchweg infolge lymphogener Absiedlung von Geschwulstzellen, während der hämatogenen Metastasierung eine nur untergeordnete Bedeutung zukommt.

2.4.7 Parasiten

Bei bestimmten durch **Trypanosomen** verursachten Krankheiten *(Nagana, Surra, Dourine)* und beim **Ostafrikanischen Küstenfieber** *(Theileria parva)* sind alle Lymphknoten oder nur die bestimmter Körpergebiete stark vergrößert. Histologisch können in den veränderten Lymphknoten unter Umständen die Erreger, teils in phagozytiertem Zustand, nachgewiesen werden.

Miliare bis erbsengroße, gelbliche bis grünliche Knoten, hervorgerufen durch **Trematoden** (meist Jugendformen von *Fasciola hepatica),* werden in den Mesenteriallymphknoten von Rindern gefunden.

Ähnliche oder mehr zystische Veränderungen mit chylusartigem, breiigem Inhalt können bei Pflanzenfressern auch durch die Jugendform *(Pentastomum denticulatum)* von **Linguatula serrata** verursacht werden (s. S. 77). Differentialdiagnostisch sind diese Veränderungen von der Tuberkulose abzugrenzen.

Larven von kleinen Lungenwürmern können auf ihrer Wanderung zu den Lungenalveolen in die Bronchiallymphknoten gelangen und dort eine granulomatöse Entzündung verursachen (s. S. 110).

Strongylidenlarven verursachen beim Pferd gelegentlich eine granulomatös-eitrige (Sekundärinfektion) Entzündung der abdominalen Lymphknoten (s. S. 194).

Verirrte Larven von **Oesophagostomum columbianum** können in den Mesenteriallymphknoten von Schafen linsengroße, grün-gelbliche Eiterherde hervorrufen, die später verkäsen und verkalken.

Demodexmilben und -eier kann man vor allem bei der pustulösen Demodikose der Hunde in den regionären Hautlymphknoten finden (s. S. 554).

Finnen von *Taenia saginata* (Rind) und *Taenia solium* (Schwein) sowie *Echinokokkenblasen* kommen sehr selten vor.

Toxoplasmose s. S. 407, Leishmaniose s. S. 547.

2.5 Leukose

Die Bezeichnung *Leukose* wird traditionsgemäß vor allem in der deutschsprachigen Veterinärmedizin verwendet. Man versteht darunter systemische neoplastische Proliferationen von Blutzellen beziehungsweise deren Vorstufen. Vielfach werden aber auch einzeln auftretende Geschwülste hämolymphatischer Gewebe dazu gerechnet. Je nachdem, ob Tumorzellen im Blut vorhanden sind oder nicht, unterscheidet man leukämische und aleukämische Formen. Vorwiegend in englischsprachigen Ländern wird die von VIRCHOW geschaffene Bezeichnung Leukämie (Leucemia) häufig für Leukoseformen gebraucht, bei denen die Ausbildung solider Tumoren unterbleibt.

Die Leukose kommt bei vielen Säugetieren, aber auch bei Vögeln und Reptilien vor. Unter den Haussäugetieren ist sie am häufigsten bei Rind, Katze, Hund und Pferd.

Die **Virusätiologie** (onkogene Viren der Familie *Retroviridae,* C-Partikel) ist bei Huhn, Maus, Katze, Rind, Schaf und Schwein (?) gesichert. Die Übertragung erfolgt horizontal durch virushaltigen Speichel, Nasensekret, Kot, Urin, Milch und Blut sowie vertikal. Die Inkubations- beziehungsweise Latenzzeit ist sehr variabel und kann Jahre dauern.

Die **Einteilung** der Leukosen erfolgt nach dem Zelltyp. Dementsprechend unterscheidet man eine *lymphatische Leukose* (lymphoproliferative Krankheiten) und eine *myeloische Leukose* (myeloproliferative Krankheiten).

In der **Humanmedizin** wird besonders wegen der Konsequenzen für eine optimale Therapiewahl und für die Prognose eine genaue Stadieneinteilung vorgenommen. Für die ***Non-Hodgkin-Lymphome*** finden vor allem die Kiel-Klassifikation und die National Cancer Institute (NCI; USA) Working Formulation Anwendung. Im Prinzip wird dabei zwischen niedrig-, intermediär- und hochmalignen Formen unterschieden. Als Klassifikationskriterium werden besonders Zelltyp (z. B. lymphozytär, lymphoblastisch, plasmozytär, immunoblastisch, B- und T-Zellen), Zellgröße (klein, groß), Kernformen und Tumorstrukturen (follikulär, diffus oder gemischt) herangezogen. Die ***chronischen lymphatischen Leukämien***, die besonders bei älteren Menschen vorkommen, werden zu den niedrigmalignen Lymphomen gerechnet. Die ***akuten lymphatischen Leukämien***, die vor allem bei Kindern auftreten, werden nach der French-American-British-Group (FAB-Klassifikation) in B-, T- oder 0-Typen eingeteilt.

Für die ***myeloischen Leukämien***, die unter Anwendung besonders histochemischer Methoden (Nachweis von Myeloperoxidase-, α-Naphthylazetat-Esterase- und Chlorazetat-positiver Granula) an Blut- und Knochenmarkausstrichen diagnostiziert werden, findet ebenfalls die FAB-Klassifikation Anwendung. Folgende Leukämietypen (L) werden dabei unterschieden: M1 = akute Myeloblasten-L ohne Reifezeichen, M2 = mit Reifezeichen, M3 = akute Promyelozyten-L, M4 = akute myelomonozytäre L (Granulozytenvorstufen, Monoblasten und Promonozyten), M5 = akute Monozyten-L (Monoblasten, Promonozyten, Monozyten), M6 = Erythroleukämie (Erythro- und Granulozytenvorstufen).

In der **Veterinärmedizin** (z. B. Animal Leucemia Study Group) wird in zunehmendem Maße versucht, diese Klassifikationen, meist in modifizierter Form, besonders für Hund und Katze zu übernehmen. Inwieweit sich daraus aber therapeutische Konsequenzen und sicherere prognostische Aussagen (Malignitätsgrad) ergeben werden, ist in vielem noch ungeklärt.

Bei den **Haussäugetieren** kommen in erster Linie lymphatische Leukosen vor, während myeloische seltener sind.

Bei der **lymphatischen Leukose** (malignes Lymphom, Lymphosarkom) erkranken bevorzugt Lymphknoten, Milz, Thymus, Knochenmark und Leber, häufig aber auch Labmagen, Darm, Herzmuskel (Rind, Schaf) und Niere (Katze). Prinzipiell können aber leukotische Wucherungen in jedem Organ auftreten. Weiterhin können viele oder nur einzelne Organe beziehungsweise Lymphknoten leukotisch verändert sein.

Das ***makroskopische Erscheinungsbild*** der an lymphatischer Leukose erkrankten Organe beziehungsweise Lymphknoten ist entweder durch diffuse Vergrößerung, tumoröse Veränderungen oder beides gekennzeichnet

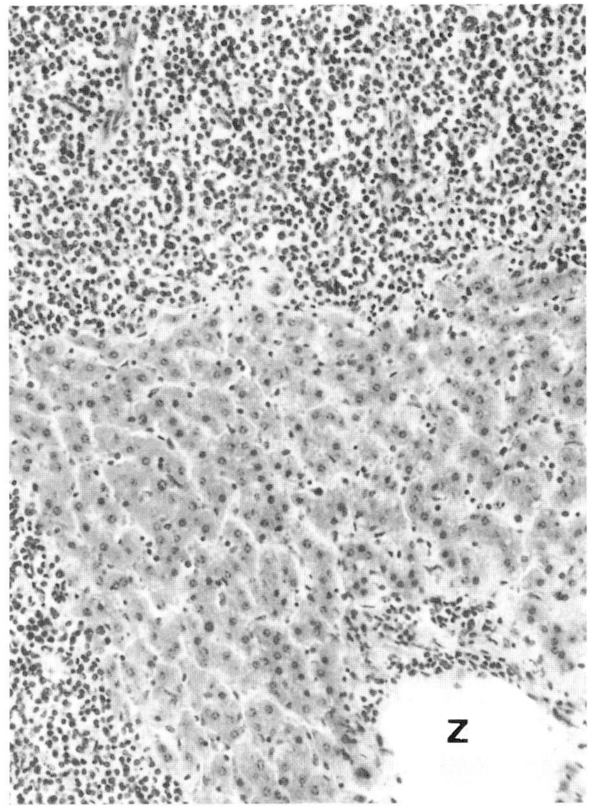

Abb. 2.7 Lymphatische Leukose der Leber eines Rindes, Druckatrophie der Leberzellbalken durch die Tumorzellen; Z = Zentralvene. HE, 100 x.

(Tafel II, Abb. 2.8 u. 2.9). Die ***Lymphknoten*** sind meist diffus vergrößert, von weißlicher oder grau-roter Farbe und weicher bis breiiger Konsistenz. Stark vergrößerte Lymphknoten zeigen häufig nekrotische Einschmelzungen und Blutungen. Gelegentlich findet man auch derbere Tumoren (Lymphosarkomatose). Die ***Milz*** ist vergrößert, wobei häufig die Lymphfollikel deutlich hervortreten. Erbsen- bis faustgroße Tumoren sind nicht selten. Der ***Thymus*** kann durch eine massive leukotische Wucherung völlig verdrängt sein, wobei meist auch die mediastinalen Lymphknoten und andere Organe verändert sind. Das ***Knochenmark*** kann weitgehend durch leukotisches Gewebe ausgefüllt sein, während solitäre Tumoren selten sind. In der ***Leber*** kommen sowohl diffuse leukotische Durchsetzung (Abb. 2.7) als auch tumoröse Veränderungen vor. In der ***Niere*** herrschen tumoröse Veränderungen vor, mit Ausnahme der Katze, bei der man häufig eine nahezu vollständige Durchsetzung der Rinde mit leukotischen Wucherungen findet (Abb. 2.8 E). In ***Labmagen*** (s. S. 163) und

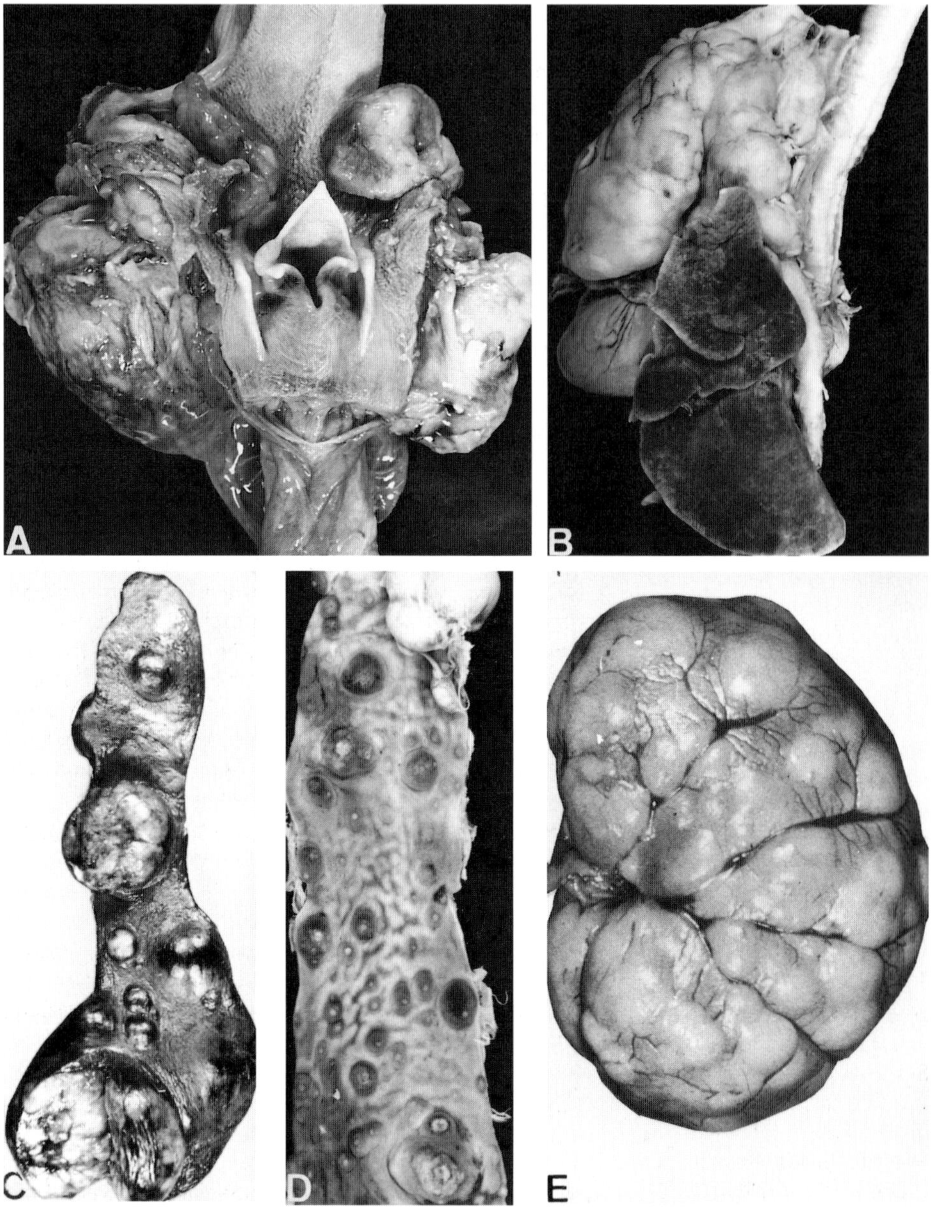

Abb. 2.8 Lymphatische Leukose.
A Tumoröse Form, Tonsillen und retropharyngeale Lymphknoten, Hund.
B Zerviko-thorakale Form im Thymusbereich, Hund.
C Tumoröse Form, Milz, Hund.
D Knotig-ulzeröse Form, Dickdarm, Hund.
E Nahezu vollständige Durchsetzung der Nierenrinde mit leukotischen Wucherungen, Katze.

Darm *(s.* S. 191) treten diffuse oder knotige und ulzeröse leukotische Veränderungen auf. Der ***Herzmuskel***, insbesondere die rechte Vorkammerwand, ist beim Rind häufig leukotisch verändert. Entweder handelt es sich dabei um relativ derbe, weißliche Tumoren, die in der Wand sitzen oder in die Vorkammer knollenartig hineinragen, oder um multiple, unscharf begrenzte weißlich-graue Herde, ähnlich wie bei der hyalinscholligen Degeneration. Die ***Hautleukose*** geht mit diffusen Verdickungen oder Bildung meist multipler Knoten einher (s. S. 545). Plasmozytom s. S. 40, Thymome s. S. 42, Mycosis fungoides s. S. 545.

Bei der **myeloischen Leukose,** zu der auch die Megakaryozyten- und Mastzellenleukose sowie die maligne Histiozytose gerechnet werden, sind vor allem das Knochenmark, oft aber auch Leber und Milz betroffen. Ähnlich wie bei der lymphatischen Leukose können auch

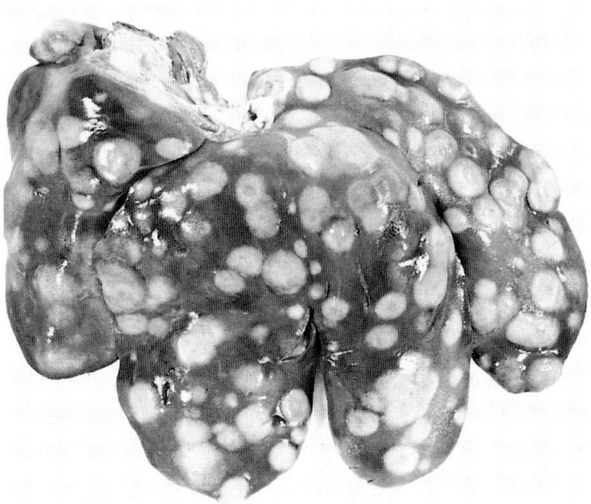

Abb. 2.9 Knotige Form der lymphatischen Leukose, Schwein.

andere Organe erkranken. Leukämische Formen sind häufig. Die eosinophile myeloische Leukose wird auch als *Chloroleukose* bezeichnet und kommt besonders bei Rind und Schwein vor.

Hauptfolgen der Leukose sind immunologische Insuffizienz mit nachfolgenden bakteriellen und viralen Infektionen, Knochenmarkinsuffizienz (aplastische Anämie, Granulo- und Thrombozytopenie), Blutungen (hämorrhagische Diathese infolge Thrombozytopenie und Verbrauchskoagulopathie) und Behinderung der Organfunktion (Druckatrophie, Kompression benachbarter Organe, Verlegung von Hohlorganen, Durchbrüche).

Rind: Die ***enzootische Rinderleukose*** wird durch das bovine Leukosevirus (BLV; Genus HTLV-BLV) verursacht. Die Infektion erfolgt in erster Linie horizontal (durch Kontakt, Milch und andere Sekrete, stechende Insekten, chirurgische Instrumente u. a.) und ist in allen Altersstufen möglich. Der vertikalen (diaplazentaren) Infektion, die früher als Hauptweg angesehen wurde, kommt nur eine untergeordnete Bedeutung zu. Die höchste Erkrankungsfrequenz bei der enzootischen Leukose liegt bei etwa zwei bis drei Jahre alten Tieren. Sie verläuft, besonders in der Spätform, meist leukämisch, wobei lebenslang persistierende Lymphozytosen auch ohne Ausbildung leukotischer Tumoren vorkommen können. Hinsichtlich des Zelltypes handelt es sich dabei um eine B-Zelleukose. Antikörper gegen BLV-Antigene sind bei den infizierten Tieren regelmäßig zu finden, wobei infektöses Virus nicht nachweisbar ist. Die Antikörper verhindern nicht die Entstehung der leukotischen Tumoren. Ihr Nachweis, vor allem mit dem Agargelimmundiffusionstest und ELISA, wird heute routinemäßig bei der Bekämpfung der enzootischen Rinderleukose eingesetzt.

Die ***sporadische Rinderleukose*** kommt bei jüngeren Tieren vor. Im einzelnen können dabei eine *multizentrische Form* (Kälber), eine *Hautleukose* (eventuell mit Lymphknotenbeteiligung; 2 Jahre und etwas älter) und eine *Thymusleukose* (meist mit Lymphknotenbeteiligung; 6 Monate bis 2 Jahre alt) unterschieden werden. Die Ätiologie der sporadischen Rinderleukose, insbesondere eine ursächliche Beteiligung von Viren, ist nicht geklärt.

Schaf: Die lymphatische (B-Zell-)Leukose tritt selten enzootisch oder sporadisch auf. Ursache der enzootischen Form ist das ovine Leukosevirus (OLV), das antigenetisch dem BLV sehr ähnlich ist.

Katze: Die Leukose ist mit 30 bis 50% die wichtigste Tumorkrankheit der Katze. Die häufigste Ursache ist das feline Leukosevirus (FeLV; Mammalian Type C Retrovirus Group = MLV = Murine Leucemia Related Virus). Aufgrund der verschiedenen antigenen Eigenschaften der Virushüllglykoproteine (gp70) unterscheidet man bei den Feldisolaten die Subtypen A (immer vorhanden), B (bei ca. 50%) und C (bei ca. 2%). Die Subtypen B und C entstehen sehr wahrscheinlich durch Rekombination mit dem Wirtsgenom und kommen nur zusammen mit dem Subtyp A vor. Sie sind alleine nicht infektiös, aber verantwortlich für den unterschiedlichen Zelltropismus des FeLV.

Die ***Diagnose*** einer FeLV-Infektion wird gesichert durch den Nachweis zellgebundenen Virusantigens in Blut- und Knochenmarksausstrichen (auch mit Gewebsschnitten möglich) mittels indirekter Immunfluoreszenz (IF) oder Peroxidase-Antiperoxidase-Methode oder freien Virusantigens in Blut oder Speichel mittels eines ELISA sowie virusneutralisierender Antikörper (VNAk). Weiterhin spricht der Nachweis von Antikörpern gegen das FeLV-induzierte FOCMA (Feline Oncornavirus Associated Cell Membrane Antigen), das die Tumorbildung verhindert oder einschränkt, (nicht aber die FeLV-Replikation), für eine FeLV-Infektion.

Die ***FeLV-Infektion*** ist in Katzenpopulationen, insbesondere bei geschlossenen Haltungsformen mit mehreren Katzen, weit verbreitet. Die Infektion erfolgt durchweg horizontal (Speichel, Nasensekrete, seltener Urin, Kot, u. a.), während dem vertikalen (diaplazentaren) Weg nur eine untergeordnete Bedeutung zukommt. Haupteintrittspforte ist der Nasen-Rachen-Raum. Das Virus vermehrt sich zunächst in geringem Ausmaß in den Lymphozyten und Makrophagen der Tonsillen, des Rachenringes und der regionären Lymphknoten, gelangt mit diesen Zellen ab dem 3. Tag p. i. in das andere lymphatische Gewebe (besonders in das Darm-assoziierte), wo es sich vor allem in den sich rasch teilenden B-Lymphozyten der Keimzentren vermehrt. Diese zellassoziierte Virämie führt ab dem 7. Tag p. i. zu einer Infektion des Knochenmarkes, in dem (vor allem in Megakaryozyten) sich das Virus rapide vermehrt. Gleichzeitig kommt es auch zur starken Virusvermehrung in den Kryptenepithelien des Dünn- und Dickdarmes. Gebunden an Knochenmarkszellen, vor allem neutrophile Granulozyten und Plättchen, aber auch zellfrei im Plasma, erfolgt eine massive Ausschwemmung der Erreger über die Blutbahn in die verschiedenen Organe und Gewebe. Mit der Virusausscheidung über Sekrete und Exkrete ist der Infektionsweg geschlossen.

Bei der FeLV-Infektion sind grundsätzlich folgende ***Verlaufsformen*** möglich:

1. Bei den infizierten Katzen vermehrt sich das Virus zwar initial im lymphatischen Gewebe des Nasen-Rachenraumes, wird aber bei ca. 40% der Tiere durch Resistenzfaktoren (natürliche Immunität) und neutralisierende Antikörper an einem Übertritt ins Blut gehindert (ELISA –, IF –, VNAk +, sogenannte ***Regressorkatzen***). Von diesen überwinden ca. 30% die Infektion und eliminieren das Virus, ca. 10% können aber latent infiziert bleiben (keine Virämie, aber Provirus noch vorhanden). Durch Trächtigkeit, Geburten, Krankheiten u.a. kann das Provirus wieder aktiviert werden und dadurch zur Leukose beziehungsweise zu FeLV-assoziierten Krankheiten führen.

2. Bei ca. 60% der infizierten Katzen kommt es zunächst zu einer transienten Virämie, wobei ca. 20% der Tiere die Infektion überwinden, ca. 10% latent infiziert bleiben und ca. 30% eine persistierende Virämie (ELISA +, IF +, VNAk –) entwickeln. Die persistierend virämischen Katzen sterben meist innerhalb von zwei bis drei Jahren nach der FeLV-Infektion ***(Progressorkatzen)***.

Maßgeblich für den *jeweiligen Verlauf* sind Virulenz und Menge des aufgenommenen FeLV, die Abwehrlage und das Alter der Katzen zum Zeitpunkt der Infektion (erster Höhepunkt der Erkrankungshäufigkeit bei Tieren zwischen 2 und 5 Jahren, zweiter bei 6–8 Jahre alten Katzen). Bei Vorliegen einer Infektion mit dem Felinen Immundefizienz Virus (FIV) erhöht sich das Risiko, an Leukose zu erkranken bis auf das fünffache (s. S. 69).

Die **lymphatischen Formen** sind am häufigsten (50–80% aller leukotischen Tumoren). Sie werden in folgender Weise eingeteilt:

1. Lymphosarkom (lymphatische Leukose)

a) Multizentrische Form
Betroffen sind die Lymphknoten, häufig bilateral-symmetrisch, und viele Organe; B- und T-Zelltypen.

b) Intestinale Form
Betroffen sind Magen und Darm (schleimhautassoziiertes lymphatisches Gewebe) und die regionären Lymphknoten; seltener auch andere Organe; B-Zelltyp; ca. 20 % FeLV+.

c) Thymusform (zerviko-thorakale oder mediastinale Form) Betroffen sind Thymus und mediastinale Lymphknoten, häufig Kompression der Brusthöhlenorgane; T-Zelltyp; ca. 90 % FeLV+.

d) Andere Formen
Betroffen sind besonders die Nieren (diffuse Durchsetzung, Abb. 2.8 E)

2. Lymphatische Leukämie
Betroffen sind vor allem Knochenmark, Leber und Milz, keine Ausbildung von soliden Tumoren.

3. Tumoren immunglobulinbildender Zellen, Plasmozytom, Makroglobulinämie von Waldenström.

Die **myeloischen (myeloproliferativen) Leukosen** machen ca. 20% aller leukotischen Tumoren aus. Dazu gehören die myeloische Leukämie (systemisch; häufig Mischformen) und die auf S. 65 genannten Sonderformen.

FeLV ruft aber nicht nur neoplastische Veränderungen hervor, sondern ist von noch größerer Bedeutung als Ursache der sogenannten FeLV-assoziierten Krankheiten. Die **FeLV-assoziierten Krankheiten** sind wesentlich häufiger als die durch dieses Virus verursachten Leukosen. Diese stellen somit nur die „Spitze des Eisberges" bei den FeLV-Infektionen dar. Häufig sind Knochenmarkschädigungen mit aplastischer Anämie, Thrombo- und Leukopenie. Thymusatrophiesyndrom und Suppression der zellulären Immunität, hauptsächlich bedingt durch das Virusprotein p15E, begünstigen die Entstehung anderer Krankheiten (Katzenschnupfen, infektiöse Peritonitis, rezidivierende Abszesse, Otitiden und Gingivitiden, Hämobartonellose, Toxoplasmose u. a.). Weiterhin beobachtet man nach FeLV-Infektionen embryonalen Fruchttod, Aborte, Totgeburten, Kümmern der Welpen (Fading Kitten Syndrom), Glomerulonephritis, Iridochoriozyklitis, Erblindung und Paralysen der Nachhand. FeLV-assoziierte Enteritis s. S. 183, progressive Arthritis s. S. 343, FeSV s. S. 542, Feline Osteochondromatose s. S. 321.

Das **Feline Immundefizienz-Virus (FIV**; Lentivirus) ist weltweit in Katzenpopulationen verbreitet. Es wurde erstmals 1987 in Kalifornien bei FeLV-negativen Katzen nachgewiesen. Man nimmt aber an, daß das FIV schon viel früher existierte, und daß deshalb zumindest ein Teil der als FeLV-assoziiert angesehenen Krankheiten nicht durch eine FeLV- sondern durch eine FIV-Infektion hervorgerufen wurde. Die Infektion erfolgt in erster Linie über Biß- und Kratzwunden. Nach einer unterschiedlich langen Inkubationszeit treten Fieber, erosive Stomatitis, Uveitis, Leukopenie und Lymphknotenschwellungen (Lymphadenopathie) auf. Es folgt eine meist ein bis fünf Jahre oder länger dauernde Phase ohne Krankheitssymptome, in der sich die Immunschwäche entwickeln kann. Diese manifestiert sich durch eine fortschreitende Abnahme (Apoptose) der $CD4^+$ T-Helferzellen und teilweise auch durch eine Zunahme der $CD8^+$ zytotoxischen T-Zellen im Blut. Durch die Immunschwäche werden sekundäre Infektionen mit Viren (FeLV s. S. 68, FIP s. S. 122), Bakterien, Pilzen und Parasiten, besonders aber auch mit opportunistischen Keimen begünstigt. Die Katzen magern ab, Anämie, Panzytopenie, Erkrankungen des Magen-Darm-Traktes, der Atemwege, Haut, Nieren und des ZNS (s. S. 393) sind in unterschiedlicher Häufigkeit zu beobachten. Besonders auffällig ist die fast immer vorhandene erosive, teils ulzerative Stomatitis. Auch Neoplasien (Leukose s. S. 68, Plattenepithelkarzinome in Haut und Mundhöhle s. S. 141 und 537) treten vermehrt auf. Der Tod der Tiere erfolgt meist innerhalb eines Jahres. Die Diagnose wird gesichert durch den Nachweis von FIV-Antikörpern (ELISA), FIV-Antigen (ELISA) oder von Provirus-DNA (PCR) in Blutleukozyten.

Das FIV ist dem HIV sehr ähnlich, aber genetisch und antigenetisch verschieden. Bei *Affen* kommt ebenfalls eine durch ein Lentivirus (SIV) verursachte Immundefizienz mit ähnlichen Veränderungen wie bei AIDS vor. Die Bedeutung des *Bovinen Immundefizienz-Virus (BIV)* ist in vielem noch unklar (s. S. 393).

Hund: Bei der relativ häufigen ***lymphatischen Leukose*** sind ähnliche Formen wie bei der Katze zu beobachten. Gelegentlich tritt ein *paraneoplastisches Syndrom* mit Pseudohyperparathyreoidismus und Hyperkalzämie auf. Aufgrund des häufigen aleukämischen Verlaufs kommen Tumorzellen in Knochenmark und Blut meist erst im Spätstadium der Erkrankung vor, während sie in veränderten Lymphknoten schon frühzeitig zu finden sind. Daher empfiehlt es sich, Punktate von Lymphknoten zu untersuchen, wobei aber der Lymphonodus mandibularis wegen häufiger entzündlicher Veränderungen in der Mundhöhle nicht punktiert werden sollte.

Myeloische Leukosen sind selten.

Die **maligne Histiozytose** kommt nicht selten bei älteren, meist männlichen **Berner Sennenhunden** vor und führt schnell zum Tod. Weißliche Knoten unterschiedlicher Größe, makroskopisch nicht von solchen bei lymphatischer Leukose zu unterscheiden, treten in der Lunge, in den Lungenhilus- aber auch anderen Lymphknoten sowie Leber und Milz auf. Neben den neoplastischen Histiozyten, die auch Blutzellen phagozytiert haben können, fallen besonders mehrkernige Riesenzellen mit pathologischen Mitosen auf. Weiterhin finden sich in den Tumoren häufig Infiltrate neutro- und eosinophiler Granulozyten .

Eine **maligne Histiozytose mit ausgeprägter Erythrophagie** kommt gelegentlich bei Hund und Katze vor. Sie verläuft aleukämisch und ist klinisch vor allem durch eine schnell fortschreitende Anämie mit nachfolgender Panzytopenie und Knochenmarksinsuffizienz gekennzeichnet. Lymphknoten, Milz und Leber sind vergrößert und weisen häufig herdförmige Nekrosen auf. Histologisch findet man große Tumorzellen (große Kerne und Nukleoli, α-Naphthylazetat-Esterase positive Granula). Besonders auffällig ist die Phagozytose zahlreicher Erythrozyten (Erythrophagie) durch die Tumorzellen. Histiozytose Haut s. S. 545.

3 Atmungsorgane

E. WEISS und R. RUDOLPH

3.1 Nase und Nasennebenhöhlen

Die Atemluft gelangt durch die *Nasenlöcher (Nares)* in die *Nasenhöhle (Cavum nasi)*, von dort *zum Atmungsrachen (Pharynx respiratorius)* und über *Kehlkopf (Larynx)* und *Luftröhre (Trachea)* in die Lunge. Auf dem Wege zur Lunge wird die Atemluft im oberen Respirationsapparat, vor allem in Nasenhöhle und *Nasenmuscheln (Conchae nasales)*, von gröberen Staubteilchen (über 10 µm) gereinigt (Schleimhaut mit mehrschichtigem Flimmerepithel und Becherzellen), befeuchtet (seromuköse Drüsen in der Schleimhaut) und angewärmt (Blutgefäßnetze in der Atmungsschleimhaut). Im Grund der Nasenhöhle liegt außerdem das *Geruchsorgan*. Der Kehlkopf dient in erster Linie der Erzeugung der Stimme. Eine kutane Schleimhaut findet man im oberen Respirationsapparat nur dort, wo mechanische Beanspruchungen vorkommen (Nasen- und Kehlkopfeingang, Stimmorgan).

Die *Nasennebenhöhlen (Sinus paranasales)* sind von einem respiratorischen Epithel ausgekleidet und pneumatisieren die Kopfknochen. Dadurch bleibt deren Gewicht relativ gering. Die Nasennebenhöhlen gliedern sich in Kieferhöhle, Stirnhöhle, Gaumenhöhle, Keilbeinhöhle, Tränenbeinhöhle und paraorbitale (Wdk.) bzw. paraethmoidale (Schw.) Höhlen. Ihre Verbindungen untereinander und mit der Nasenhöhle sind tierartlich verschieden. Grundsätzlich kann man ein Höhlensystem unterscheiden, das dem Sinusgang der Nasenhöhle hintereinandergeschaltet und ein solches, das dem Nasengrund nebeneinandergeschaltet (mit eigenen Zugängen) angeschlossen ist. Die Kenntnis dieser Verbindungen ist für die Beurteilung der Ausbreitungsmöglichkeiten entzündlicher Prozesse in den Nasen- und Nasennebenhöhlen von Bedeutung.

Pferd: Alle Nebenhöhlen sind dem Sinusgang angeschlossen; die beiden Kieferhöhlen haben im *Aditus nasomaxillaris* einen gemeinsamen Zugang von der Nasenhöhle; der großen Kieferhöhle sind Stirnmuschel- und Gaumenkeilbeinhöhle hintereinandergeschaltet, die orale Kieferhöhle steht mit der ventralen Muschelhöhle in Verbindung. Der *Luftsack*, eine sackartige, ventrolaterale Ausstülpung der Schleimhaut der Ohrtrompete, kommuniziert mit dem Atmungsrachen.

Rind: Gaumenhöhle und Kieferhöhle stehen mit dem Sinusgang in Verbindung; der Kieferhöhle ist die Tränenbeinhöhle angeschlossen.

Kleine Wiederkäuer: Gaumen- und Kieferhöhle stehen mit dem Sinusgang in Verbindung; die Tränenbeinhöhle hat einen eigenen Zugang vom Nasengrund oder ist als Ausbuchtung der lateralen Stirnhöhle ausgebildet; Stirnhöhlen, Keilbeinhöhle, Nasenmuschel- und Paraorbitalhöhlen haben jeweils einen eigenen Zugang vom Nasengrund.

Schwein: Die Kieferhöhle ist mit dem Sinusgang verbunden; Tränenbeinhöhle, Stirn- und Paraethmoidalhöhlen haben jeweils einen eigenen Zugang vom Nasengrund; die Tränenbeinhöhle ist manchmal der lateralen oralen Stirnhöhle angeschlossen

Fleischfresser: Die Kieferbucht (anstelle der Kieferhöhle) ist mit dem Sinusgang verbunden; die beim Hund unterteilte, bei der Katze einheitliche Stirnhöhle sowie die nur bei der Katze ausgebildete Keilbeinhöhle sind dem Nasengrund angeschlossen.

3.1.1 Mißbildungen

Mißbildungen der Nase treten oft zusammen mit solchen von Gesicht und Gehirn auf. Die Nase fehlt bei **Aprosopie** und ***Zyklopie***. ***Spaltbildungen*** können bei verschiedenen Gesichtsspalten entstehen; allerdings sind Spaltnasen bei manchen Hunden eine Rasseneigentümlichkeit (Schweizer Dürbächlerhunde). ***Aplasie*** oder ***Hypoplasie*** des *Bulbus olfactorius* können zusammen mit *Agenesie* des *Geruchsorgans* und diese mit Fehlentwicklung und Verschluß der Nase vorkommen (bei Montafoner Rindern erblich).

3.1.2 Stoffwechselstörungen

Ablagerungen von **Amyloid** in Form kleiner oder größerer Knoten (tumorförmige Amyloidose) in der Submukosa des Nasenvorhofes, des Nasenseptums und der Nasenmuscheln sind beim **Pferd** bekannt. Gelegentlich kommt es auch zur diffusen Infiltration der Schleimhaut mit amyloiden Massen. Die Ursache dieser lokalisierten Amyloidose ist unbekannt. Sind die Ablagerungen groß genug, dann kann sich eine Stenose des Naseneingangs einstellen. Differentialdiagnostisch kann der Nasenrotz vor allem wegen des Fehlens der typischen Ulzera und Narben (s. S. 72) abgegrenzt werden.

Die **knötchenförmige schleimige Degeneration des Nasenscheidewandknorpels** bei meist älteren Pferden ist durch in Längsreihen angeordnete, hirsekorn- bis erbsengroße schleimige Knötchen gekennzeichnet, die sich halbkugelig vorwölben und von intaktem Schleimhautepithel überzogen sind. Die Ätiologie ist unbekannt.

Die **schleimige Degeneration der Nasenmuscheln** tritt meist bei Kaltblutfohlen auf. Die stark aufgetriebenen Nasenmuscheln zeigen eine entzündlich-ödematös und polypös verdickte Schleimhaut sowie serös-schleimigen Inhalt. Die knöcherne Grundlage der Nasenmuscheln, bei fortgeschrittenem Krankheitsverlauf auch die Nasenhöhlenwand, erfahren dabei einen Osteodystrophia fibrosa-artigen Umbau. Ursächlich wird ein ernährungsbedingter sekundärer Hyperparathyreoidismus in Betracht gezogen.

3.1.3 Kreislaufstörungen

Nasenbluten (Epistaxis) ist häufig bedingt durch Traumen, Fremdkörper, entzündliche Prozesse (Mykosen), Schleimhautpolypen oder ulzerierende beziehungsweise infiltrativ-destruierend wachsende Geschwülste. Weitere Ursachen sind Lungenblutungen (besonders bei Rennpferden, s. S. 89), mykotische Luftsackentzündungen (s. S. 74), Tumoren und das von der Ethmoidregion ausgehende sogenannte **progressive Hämatom des Pferdes** (Hämatom mit Granulationsgewebe, Riesenzellen, Makrophagen, Knochenatrophie, Ätiologie unbekannt). *Diapedesisblutungen* treten besonders bei Morbus maculosus, Infektionskrankheiten (Schweinepest, Staupe, Milzbrand, infektiöse Anämie der Equiden u. a.) und Kriebelmückenbefall auf. Bei Vollblutpferden ist ein *rezessiv erbliches Nasenbluten* (Wandschwäche der Gefäße?) bekannt. Starkes Nasenbluten kann zur akuten posthämorrhagischen Anämie oder zum Verblutungstod, rezidivierendes zur Eisenmangelanämie führen.

3.1.4 Entzündungen

Entzündungen der Nasenschleimhaut **(Rhinitis)** sind bei den Haustieren sehr häufig. Viren, Bakterien, Pilze, Parasiten, reizende Gase, Staub, Allergene, Fremdkörper u.a. können, meist nach herabgesetzter allgemeiner oder örtlicher Widerstandskraft, entzündliche Veränderungen der Nasenschleimhaut bedingen.

Es *können seröse (katarrhalische), seromuköse, eitrige, fibrinöse (pseudomembranöse), diphtheroide* und *granulomatöse* Nasenschleimhautentzündungen unterschieden werden. Sie verlaufen entweder akut oder chronisch. Das akute Stadium beginnt meist mit der Bildung eines serösen Exsudates, das später häufig eitrig wird.

Das chronische Stadium ist durch polypöse Wucherungen *(Rhinitis hypertrophicans)* oder durch allmählichen Schwund der Nasenmuscheln *(Rhinitis atrophicans)* gekennzeichnet.

Die Entzündungen der Nasennebenhöhlen **(Sinusitis)** entstehen häufig im Anschluß an entzündliche Prozesse der Nasenschleimhaut (s. Verbindungen der Nasen- und Nasennebenhöhlen, S. 70). Nicht selten entwickeln sie sich aber auch bei perforierenden Verletzungen (Hornbrüche), Frakturen und Zahnfachentzündungen. Durch die entzündliche Schwellung der Schleimhaut und das entstehende Exsudat können die Verbindungen der Höhlen verstopfen. Ansammlungen von schleimigen Massen oder Eiter **(Empyem)** mit nachfolgender Atrophie der Schleimhaut und der Knochen (Ausbuchtungen, Deformierungen), Arrosionen (Osteomyelitis) und Durchbrüche sind die Folgen. Besonders gefürchtet ist die Fortleitung der entzündlichen Prozesse auf lymphogenem Weg in Gehirn und Ohr (Meningitis, Otitis media et interna).

Rind: Die **infektiöse bovine Rhinotracheitis (IBR)** wird durch das bovine *Herpesvirus 1* (Subfamilie *Alphaherpesvirinae)* hervorgerufen, das auch die infektiöse *pustuläre Vulvovaginitis (IPV)* verursacht (s. S. 310). Unter natürlichen Bedingungen kommen aber beide Krankheitsbilder bei einem Tier gleichzeitig nur sehr selten vor. Bei oronasaler Infektion erfolgt die primäre Virusvermehrung in den Tonsillen. Latente Infektionen mit lebenslanger Erregerpersistenz und intermittierender Virusausscheidung sind häufig. Die IBR tritt vor allem bei Massentierhaltung (z. B. Feed Lots in den USA) auf. Die ***leichte Form*** ist durch Hyperämie des Flotzmaules („Red Nose"), serös-schleimigen Nasenausfluß, katarrhalische Rhinitis und Konjunktivitis, seltener auch durch rezidivierende Ophthalmie mit Blutungen gekennzeichnet. Die ***schwere***, durch Bakterien (Pasteurellen, Pseudomonaden, Mycoplasma bovis u. a.) komplizierte Verlaufsformen (Letalität bis 15%) geht mit eitrig-fibrinösen, teils diphtheroiden Entzündungsprozessen in der Nasen-, Kehlkopf- und Trachealschleimhaut einher (Abb. 3.1), wobei sich über eine nekrotisierende Bronchitis und Bronchiolitis häufig auch eine Bronchopneumonie („Rindergrippe" s. S. 96) entwickelt. Thrombosen großer Lungenvenenäste können sich anschließen und über eine Embolie zu Infarkten in den Nieren (s. S. 249) führen. Seltener sind Erosionen und Ulzera in den Schleimhäuten des oberen Verdauungsapparates, katarrhalische Enteritis, Nekrose der PEYERschen Platten, Nekrose und Schwellung vor allem der Kopf- und Halslymphknoten, nichteitrige Meningoenzephalitis, Entzündung des Trigeminusganglions (s. S. 398) sowie Herdnekrosen in Milz, Niere, Nebenniere und Leber. Typische intranukleäre, azidophile Einschlußkörperchen lassen sich in der Regel nur bis zum 5. Tag p. i. nachweisen. Aborte infolge IBR-Infektion s. S. 306. ***Differentialdiagnostisch*** sind vor allem Mucosal Disease (auch Mischinfektionen s. S. 137), bösartiges Katarrhalfieber und Rinderpest (s. S. 135ff.) s.abzugrenzen.

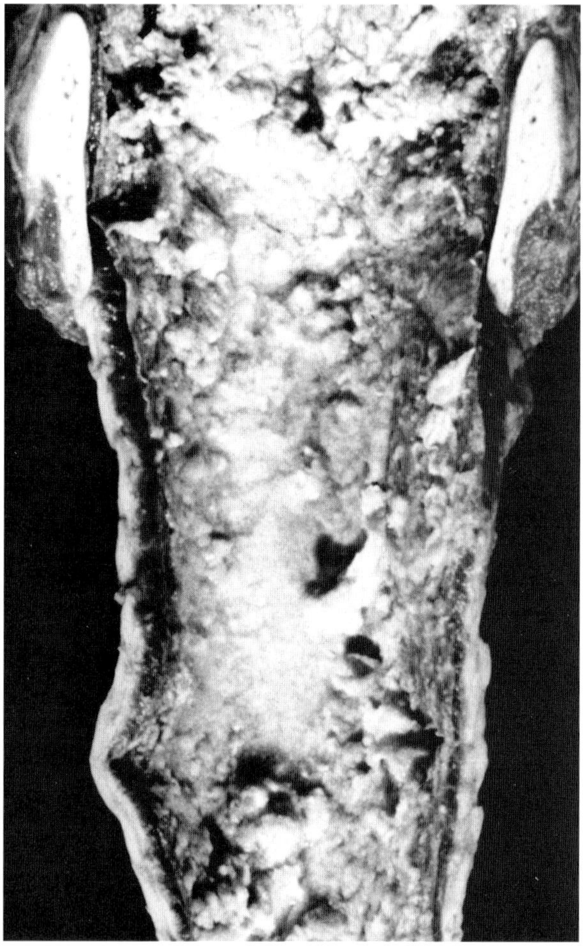

Abb. 3.1 Diphtheroid-nekrotisierende Laryngotracheitis bei IBR, Jungrind.

Eine **allergische Rhinitis,** Konjunktivitis und auch Bronchiolitis meist vom anaphylaktischen Typ (Atopie) wird bei Rindern und Schafen zur Sommerzeit gesehen. Offensichtlich sind diese Tiere besonders empfindlich gegenüber Blütenstaub. Todesfälle infolge Erstickung können eintreten. Auch bei Hund, Katze und Pferd kommen allergische Nasenschleimhautentzündungen vor.

Die **Nekrobazillose** kommt gelegentlich beim Kalb vor (s. S. 139).

Die **Aktinomykose** entsteht entweder primär durch aerogene Infektion oder fortgeleitet von einer entsprechenden Erkrankung der Kieferknochen (s. S. 332).

Bei der **Tuberkulose** der Nasenschleimhaut handelt es sich meist um Geschwüre oder Knoten (fungös, polypös), die im Rahmen der Frühgeneralisation oder der chronischen Lungentuberkulose (kanalikuläre Ausbreitung s. S. 103) entstanden sind. Tuberkulöse Primärherde sind extrem selten.

Die **Rhinosporidiose** *(Rhinosporidium seeberi)* kommt in subtropischen und tropischen Ländern (endemisch in Indien) bei Rindern, Pferden, Hunden und auch Menschen vor. Die Erreger gelangen offensichtlich durch kleine Verletzungen *(Schistosoma nasalis)* in die Nasenschleimhaut. Die Veränderungen bestehen aus breit aufsitzenden oder gestielten, weichen, rötlichen, teils blumenkohlartig zerklüfteten Knoten, die einen Durchmesser bis zu 3 cm erreichen können.

Differentialdiagnostisch ist das bei Rindern in gemäßigten Zonen vorkommende **Nasengranulom (Nasal Granuloma)** abzugrenzen. Die Veränderungen, die vorzugsweise in den vorderen Abschnitten der Nasenhöhle auftreten, bestehen in zahlreichen, bis zu 2 cm großen grauen Knötchen mit schwammartiger Oberfläche und zentralem grünlichem Kern. Bei einem Teil der Fälle lassen sich saprophytäre Pilze im Sinne der **Maduromykose (Myzetom**, s. S. 529) nachweisen. Bei der besonders in Australien häufigeren Form **(Summer Snuffles)** dürfte es sich um eine chronische allergische Rhinitis vom anaphylaktischen Typ (Atopie) handeln (s. S. 507).

Pferd: Die **Druse** *(Streptococcus equi)* beginnt mit katarrhalischer Rhinitis, Konjunktivitis und Lymphknotenschwellung. Eitrige, phlegmonöse oder abszedierende Entzündungen der Nasen- und Rachenschleimhaut und des Luftsackes (Empyem) sowie metastatische Ausbreitung in andere Organe (s. S. 61) schließen sich häufig an. Durch die entzündlich bedingte Vergrößerung der retropharyngealen Lymphknoten (Abszesse!) kann es zur Einengung des Atemwegs im Pharynxbereich mit Dyspnoe und in seltenen Fällen auch zum Erstickungstod kommen. *Streptococcus zooepidemicus* ruft gleichartige Veränderungen hervor, die Lymphknoten sind jedoch nicht auffallend verändert (Abb. 3.2).

Der **Nasenrotz** *(Burkholderia mallei,* früher *Pseudomonas mallei)* entsteht in der Regel im Gefolge einer primären Rotzerkrankung des Rachens. Dem aerogenen Infektionsweg kommt nur eine untergeordnete Bedeutung zu. Die ersten Veränderungen zeigen sich in der Schleimhautpropria in Form einzelner oder multipler, teils zusammengeballter, submiliarer bis miliarer schmutzig-gelber *Knötchen,* die häufig von einem hyperämischen Hof umgeben sind. Durch eitrige Einschmelzung der Knötchen entstehen kleine *Geschwüre* mit leicht wulstigem Rand und diphtheroidem Grund. Im weiteren Verlauf wird das eitrig-nekrotische Gewebsmaterial demarkiert und abgestoßen, wodurch sich die wie ausgestanzt erscheinenden *lenti-*

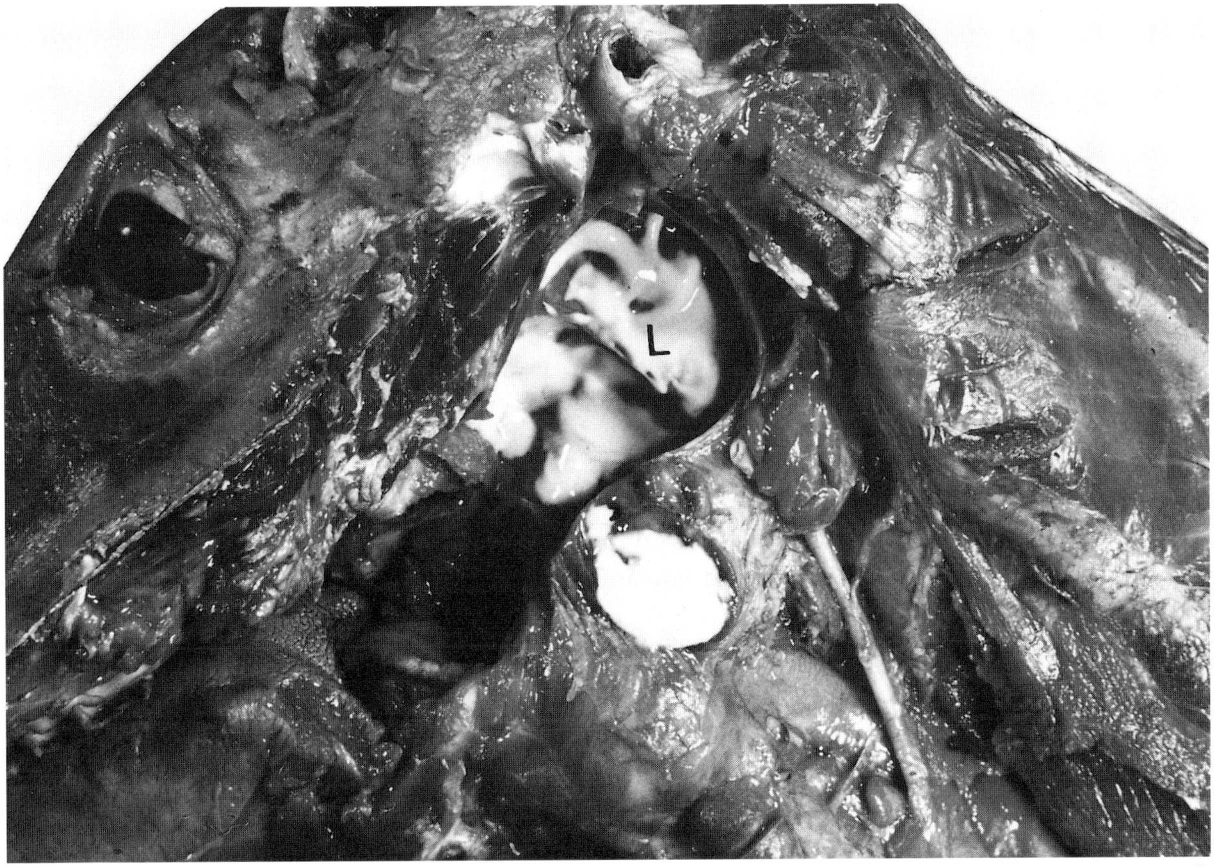

Abb. 3.2 Abszedierung der retropharyngealen Lymphknoten und Luftsackempyem (L) bei Druse *(Streptococcus equi)*, Pferd.

kulären Geschwüre mit glattem Grund bilden. Die primären Rotzgeschwüre können sich durch Anlagerung von Resorptivknötchen oder durch Verschmelzung mit anderen Knötchen zu den *sekundären Geschwüren* vergrößern. Diese besitzen einen feingranulierten wulstigen Rand und einen speckigen, leicht höckerigen und zerfressenen Grund. Ein hyperämischer Hof ist häufig vorhanden. Der Geschwürsprozeß greift nicht selten auf den Knorpel über und durchlöchert ihn. Typisch für den Rotz ist, daß gleichzeitig mit dem ständigen Ausbreiten des Entzündungsprozesses auch Heilungsvorgänge einhergehen, wodurch ein buntes Nebeneinander von verschiedenen Rotzknötchen und -geschwüren und ***eisblumenartigen Narben*** entsteht (Abb. 3.3) Lungenrotz S. 105, Hautrotz S. 524, Melioidose S. 63.

Die **mykotische Rhinitis** wird meist durch Aspergillus-, Kryptokokkus- und Kokzidioides-Arten verursacht. Die Granulome sind in der Regel unilateral anzutreffen und können zu Blutungen, Dyspnoe und eitrigem Nasenausfluß führen.

Die **Lymphangitis epizootica** der Equiden *(Histoplasma farciminosum)* kann sich primär oder sekundär (s. S. 528) in der Nasenschleimhaut entwickeln. Makroskopisch herrschen zu Beginn der Erkrankung grau-weiße, trockene Knötchen vor, die sich später eindellen und dann geschwürig aufbrechen. Durch Konfluenz können große Knoten und Geschwüre entstehen. Die Unterscheidung von Nasenrotz erfolgt durch den Nachweis der massenhaft im Detritus vorhandenen Pilze.

Luftsackentzündungen (Aerosacculitis) entstehen meist über die EUSTACHIsche Röhre im Gefolge von Rachen- und Mittelohrentzündungen (Druse!) und neigen zu chronischem Verlauf mit Bildung von Empyemen (Abb. 3.2) und steinartigen Konkrementen *(Luftsacksteine)*. Eine *katarrhalische* beziehungsweise in der chronischen Verlaufsform *follikuläre Entzündung* der Schleimhaut des Luft-

Abb. 3.3 Rotznarben in der Nasenmuschel, Pferd.

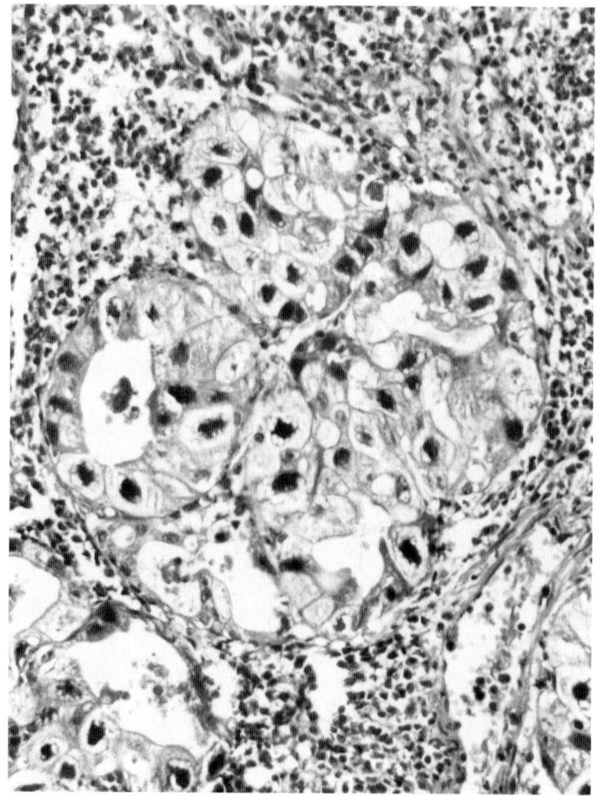

Abb. 3.4 Einschlußkörperchenrhinitis, Ferkel. Neben den zahlreichen intranukleären Einschlußkörperchen starke Infiltration mit Granulozyten (eitrige Rhinitis). HE, 150 x.

sackes, Rachens und der Nase wird im Zusammenhang mit der *Rhinopneumonitis* (s. S. 98) gesehen.

Bei der nicht seltenen **Luftsackmykose** *(Aspergillus fumigatus,* seltener *Penicillium spp.)* kommt es häufig zu Arrosionen der nahe am Luftsack verlaufenden *A. carotis externa* und *A. carotis interna* mit nachfolgendem schwerem rezidivierendem oder tödlichem Nasenbluten (s. S. 71). Durch Übergreifen der entzündlichen Prozesse auf die entsprechenden Nerven kann es zur Hemiplegia lingualis (N. hypoglossus), H. laryngis (N. laryngeus recurrens) sowie Pharynx- und Fazialisparesen kommen. Zungenatrophie s. S. 128.

Die seltene **Luftsacktympanie** entsteht, wenn Luft in größeren Mengen eintritt (z. B. bei Mißbildungen der Tuba auditiva) oder Gase infolge einer Aerosacculitis gebildet werden. Letzteres wird vor allem bei Fohlen beobachtet, wenn beim Saugakt Luft und Milch in die Luftsäcke gelangen (Gärung). Bei hochgradiger Luftsacktympanie kommt es infolge Kompression des Pharynx zu einer vorwiegend inspiratorischen Dyspnoe und zu Schluckstörungen.

Schwein: Die **Einschlußkörperchenrhinitis (Zytomegalie)** ist eine fieberhafte, katarrhalisch-eitrige Entzündung der Nasenschleimhaut bei zwei bis drei Wochen alten Ferkeln und wird durch das porzine Herpesvirus 2 verursacht. Die Morbidität ist hoch, die Mortalität niedrig. Nicht selten sind auch die Nasennebenhöhlen, das Mittelohr und die Lunge entzündlich verändert. Atrophie der Nasenmuscheln kann sich anschließen. Histologisch findet man typische, schon bei schwacher Vergrößerung sichtbare *intranukleäre Einschlußkörperchen* in den Drüsenzellen der Nasenschleimhaut (Abb. 3.4).

Die **Rhinitis atrophicans contagiosa suum** *(Schnüffelkrankheit)* ist weit verbreitet und kann zur empfindlichen Beeinträchtigung der Mast führen. Infektionen, meist im Ferkelalter, mit *Bordetella bronchiseptica* sind die Voraussetzung, daß toxinproduzierende Stämme von *Pasteurella multocida* sich ansiedeln und vermehren können. Die Pasteurellen-Kapseltoxine, meist vom Typ D, verursachen, wenn sie in genügender Menge produziert werden, die Atrophie der Knochen.

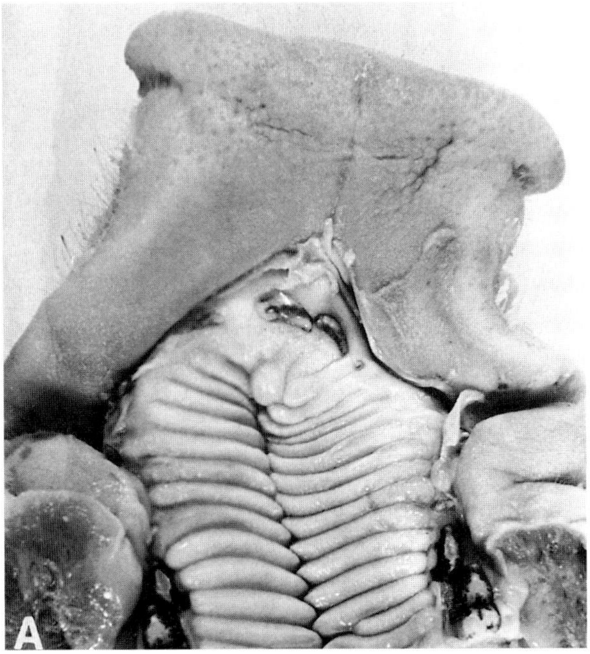

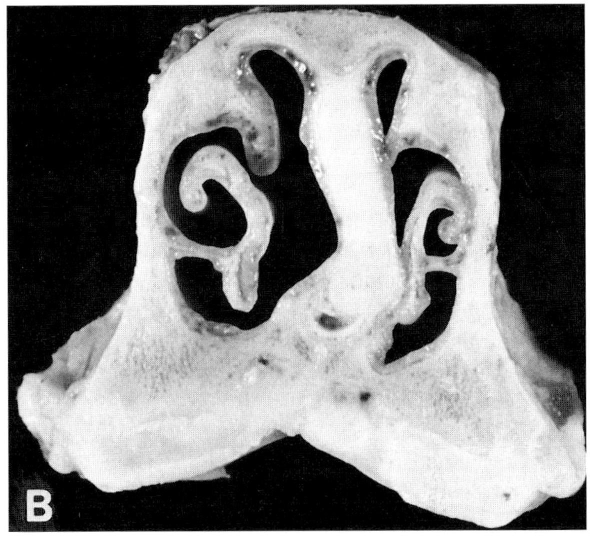

Abb. 3.5 Atrophische Rhinitis, Schwein.
A Seitliche Verbiegung des Oberkiefers.
B Atrophie der Nasenmuscheln und Verbiegung des Nasenseptums.

Die Krankheit beginnt mit einer serös-schleimigen Rhinitis, die bald zu einer eitrigen wird. Auf der Nasenschleimhaut lassen sich in diesem Stadium auch Erosionen erkennen, was die blutige Durchmengung des schleimig-eitrigen Nasenausflusses erklärt. Mit fortschreitender Dauer des Krankheitsprozesses kommt es zur Deformation des Gesichtsschädels (Verkürzung und seitliche oder dorsale Verbiegung des Oberkiefers mit Ausbildung dicker Hautquerfalten), Asymmetrie des Nasenseptums, der Nasenhöhlen und Nasennebenhöhlen sowie zur partiellen oder totalen Atrophie der Nasenmuscheln (Abb. 3.5 A, B). Ist auch der Tränennasenkanal verlegt, dann bilden sich dunkle Borken eingetrockneten Tränensekretes und Exsudates am inneren Augenwinkel. Histologisch sieht man in den Knochen ein Wechselspiel atrophischer und hypertrophischer sowie fibrosierender Prozesse als Ausdruck einer gestörten Knochenbildung. Die Nasenschleimhaut weist neben Entzündungszellen hypertrophische und metaplastische Veränderungen auf.

Beim Ferkel tritt gelegentlich durch Übergreifen nekrotisierender Prozesse in der Mundhöhle auch eine **Nekrobazillose** der Nasenschleimhaut auf (s. S. 139).

Hund: Eine **allergische katarrhalische Rhinitis,** Konjunktivitis und Dermatitis wird bei Hunden beobachtet, die besonders empfindlich gegenüber Blütenstaub sind *(Allergie vom anaphylaktischen Typ,* s. S. 507). Nicht selten tritt bei diesen Tieren auch eine Bronchiolitis *(Bronchialasthma)* auf, die zum Erstickungstod führen kann. Staupe und Zwingerhusten s. S. 100.

Aspergillus fumigatus ist, besonders beim Hund, als Ursache einer eitrig-granulomatösen Rhinitis und Sinusitis bekannt. Beim Hund entstehen dabei in den erkrankten Nasenbezirken „lufthaltige", durch Pilzmyzelien austapezierte Hohlräume, die röntgenologisch als typische punktförmige Aufhellungen imponieren. Differentialdiagnostisch sind chronisch-bakterielle Infektionen sowie Neoplasien von Bedeutung.

Katze: Als **Katzen- oder Virusschnupfen** werden ätiologisch verschiedene, klinisch und morphologisch nicht immer sicher unterscheidbare, infektiös-entzündliche Erkrankungen der oberen Luftwege bezeichnet.

Infektionen mit **felinen Caliciviren** (unterschiedlich virulente Stämme) verlaufen im allgemeinen gutartig, nicht selten sogar weitgehend symptomlos. Daneben gibt es aber auch Fälle, insbesondere in größeren Tierbeständen und bei Vorliegen bakterieller Sekundärinfektionen, bei denen eitrige Rhinitis, ulzerative Stomatitis und Pneumonien auftreten.

Die **feline Rhinotracheitis** wird durch das *feline Herpesvirus 1* verursacht. Die Krankheit beginnt mit einer katarrhalischen Rhinitis, Tracheitis und Konjunktivitis. Im allgemeinen erholen sich die Tiere in der zweiten Krankheitswoche, es treten aber auch Todesfälle (Letalität bei 5–20%) und längerdauernde (bis vier Wochen) Verlaufsformen auf.

Eitrige Rhinitis, ulzerative Stomatitis (Abb. 5.3), stromale Keratitis und Bronchopneumonie (bakterielle Sekundärinfektionen) kennzeichnen die bösartige Form. Bei den über zwei Wochen andauernden Verlaufsformen treten darüber hinaus häufig diphtheroid-nekrotisierende Nasenschleimhautentzündungen mit rarefizierender Chondro- und Osteodystrophie der Nasenmuscheln und -wände (atrophische Rhinitis) auf. Histologisch können bis zum 8. Tag nach der Infektion intranukleäre Einschlußkörperchen in den Schleimhautepithelien nachgewiesen werden.

Chlamydia psittaci ist die Ursache der sogenannten *Katzenpneumonitis* (s. S. 100). Sie geht häufig auch mit eitriger Rhinitis und Konjunktivitis einher. Die Letalität ist im allgemeinen nicht höher als 5%.

Abschließend sei darauf hingewiesen, daß Mischinfektionen, insbesondere mit Calici- und Herpesviren, vorkommen und damit das Krankheitsbild des „Katzenschnupfens" noch weiter verwischt werden kann.

Bei jungen Katzen werden gelegentlich im Zusammenhang mit chronisch-entzündlichen Prozessen **nasopharyngeale Polypen** von 1–2 cm Durchmesser an der Einmündungsstelle der EUSTACHIschen Röhre gefunden (s. S. 456).

Granulome von 1–4 mm Durchmesser, hauptsächlich aus eosinophilen Granulozyten, Mastzellen und Plasmazellen werden bei Katzen in Australien beobachtet. Eine allergische Genese ist sehr wahrscheinlich.

Kaninchen: Der häufige **Kaninchenschnupfen** *(Rhinitis contagiosa cuniculorum)* verläuft als katarrhalisch-eitrige Entzündung und kann zu Otitis media und Meningitis führen. Ursächlich kommen Viren, reizende Gase (NH_3, SO_2) und bakterielle Infektionen *(Pasteurella multocida* Typ A, *Bordetella bronchiseptica* u. a.) in Betracht.

3.1.5 Tumoren

Tumoren in der Nasenhöhle sind relativ selten. Am häufigsten kommen sie noch beim Hund vor. Bei den **epithelialen Formen** unterscheidet man Papillome, Plattenepithelkarzinome, Spindelzellkarzinome, Übergangszellkarzinome, Adenome, Adenokarzinome, mukoepidermoide Karzinome, adenoide zystische Karzinome und undifferenzierte (anaplastische) Karzinome. **Plattenepithelkarzinome** findet man beim Pferd meist in der Oberkieferhöhle (Tumormassen können die Höhle vollständig ausfüllen), beim Hund häufig im Alveolenbereich der Canini und bei der Katze im Nasenvorhof. Chronische entzündliche Prozesse sollen eine wichtige Rolle bei der Entstehung dieser Tumoren spielen.

Adenokarzinome kommen vor allem bei Hunden vor und zeigen meist ein infiltrativ-destruierendes Wachstum.

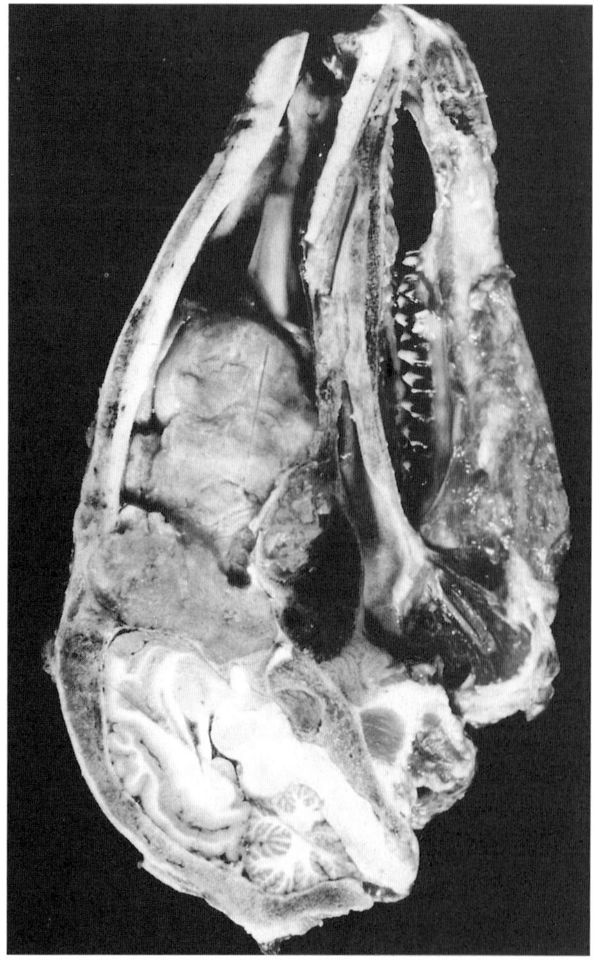

Abb. 3. 6 Ethmoidalkarzinom (Plattenepithelkarzinom) bei einem drei Jahre alten Schaf.

Eine Besonderheit stellen die **enzootisch auftretenden Karzinome der Riechschleimhaut (ethmoidale Karzinome**; entweder Plattenepithel-, Spindelzell- oder Adenokarzinome oder undifferenzierte Karzinome) dar, die in verschiedenen Ländern beschrieben wurden. Sie kommen am häufigsten bei **Schafen** und **Ziegen** vor (Abb. 3.6), werden aber auch bei Rind, Pferd und Schwein beobachtet. Bei den Wiederkäuern wurden elektronenmikroskopisch Retrovirus-ähnliche Partikel nachgewiesen, so daß man annimmt, daß Retroviren (Typ B oder D) bei der Entstehung der Tumoren von ursächlicher Bedeutung sind. Die Ethmoidalkarzinome metastasieren gelegentlich in die regionären Lymphknoten. Das besonders in Südchina gehäuft auftretende Nasopharyngealkarzinom des Menschen (SCHMINCKE-Tumor), dessen Hauptursache das

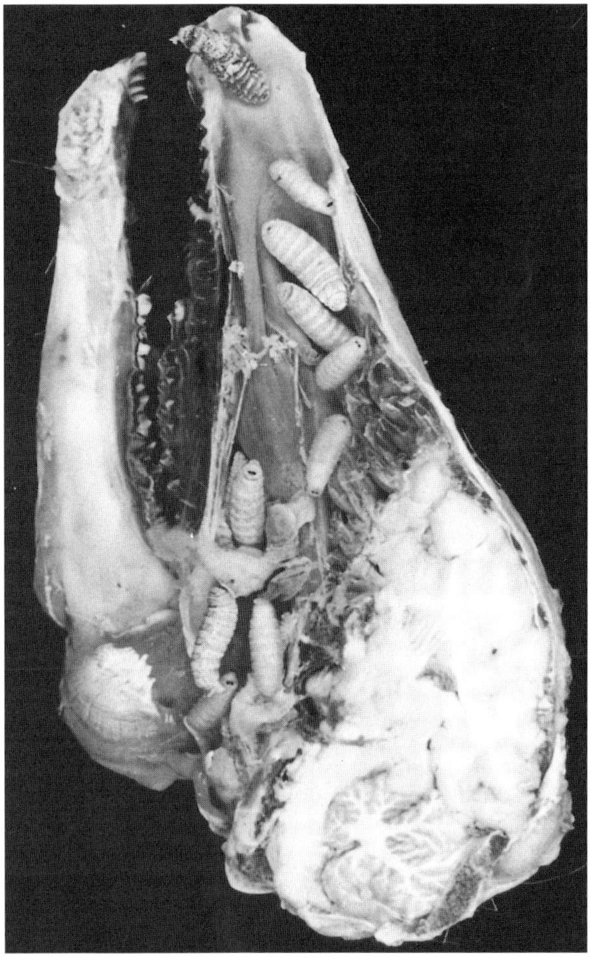

Abb. 3.7 Myiasis nasalis (*Cephenemyia*-Arten), Reh.

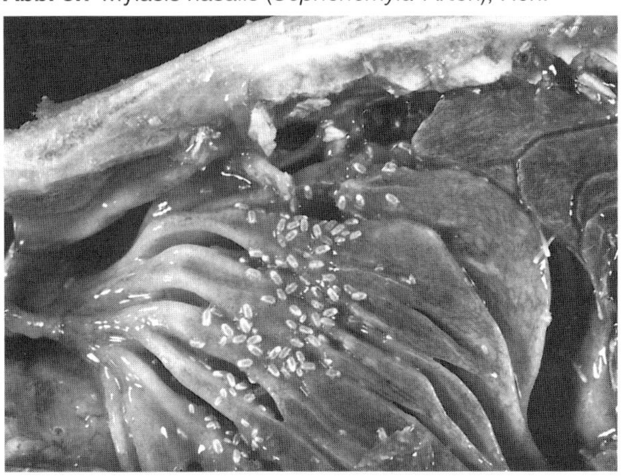

Abb. 3.8 Milben *(Orthohalorachne*-Arten*)* auf der Nasenschleimhaut, Mähnenrobbe, 1,3 x.

EPSTEIN-BARR-Virus (Herpesvirus) darstellt, hat gewisse morphologische Ähnlichkeiten mit der undifferenzierten Form des Ethmoidalkarzinoms.

Mesenchymale Tumoren, wie Myxome, Fibrome, Chondrome und Osteome bzw. ihre malignen Formen, kommen bei allen Haustieren vor. **Fibrosarkome,** die meist von den Nasenmuscheln, der Nasenscheidewand oder dem Siebbein ausgehen, sind vor allem beim Hund von Bedeutung. Diese bösartigen Geschwülste wachsen rarefizierend in das benachbarte Gewebe ein, schmelzen es ein und brechen häufig in Richtung Nasenrücken durch.

Ästhesioblastome kommen sehr selten vor (s. S. 418).

3.1.6 Parasiten

Halicephalobus (Micronema) spp., vor allen Dingen *H. deletrix* (normalerweise frei lebende Nematoden) rufen bei Pferden große Granulome in Nasen- und Mundschleimhaut hervor. Durch lymphohämatogene Verschleppung der Parasiten entstehen Granulome besonders in Gehirn, Lunge, Nieren, Knochen und Herz (s. S. 410). In Einzelfällen können auch Menschen erkranken.

Die **Myiasis nasalis** wird durch **Dipterenlarven** („Nasenbremsen") hervorgerufen. Diese wandern, nach ihrer Ablage durch die Fliegen, von den Nasenöffnungen in Nasen- und Nasennebenhöhlen, gelegentlich auch in den Rachen ein, heften sich an der Schleimhaut fest und entwickeln sich in ungefähr 10 Monaten zu Larven dritten Grades (Abb. 3.7). In der Schleimhaut entsteht eine reaktive, oft bis in die *Propria mucosae* reichende katarrhalische Entzündung. Sekundäre bakterielle Infektionen oder die Weiterleitung der Entzündungsprozesse entlang der Lymphscheiden des *N. olfactorius* zu den Meningen stellen gefährliche Komplikationen dar. Bei Schaf und Ziege handelt es sich um Larven von *Oestrus ovis,* bei Ren, Reh, Hirsch und Elch um *Cephenemyia-Arten,* beim Pferd um *Rhinoestrus purpureus* (auch im Konjunktivalsack auftretend).

Linguatula serrata parasitiert in den Nasen- und Nasennebenhöhlen von Fleischfressern und kommt besonders häufig in den Balkanländern und in der Sowjetunion vor. Die Parasiten verursachen lediglich eine geringgradige katarrhalische Rhinitis. In den Zwischenwirten (Herbivoren) rufen sie die ***Pentastomenknötchen*** der Mesenteriallymphknoten und der Darmwand hervor (s. S. 64).

Milben können bei Säugern, vor allem bei Affen und Hunden *(Pneumonyssus caninum),* Rhinitis, Sinusitis und Bronchitis verursachen.*Orthohalorachne-Arten* kommen bei Robben häufig vor (Abb. 3.8).

Weitere Parasiten, die nur selten vorkommen, sind: *Pferdeegel* (Limnatis nilotica und Haemopis sanguisuga); Troglotrema acutum bei Nerz, Iltis und Fuchs, Eucoleus aerophilus bei Fuchs und Silberfuchs; Schistosoma nasalis bei Rindern und Pferden in Indien (granulomatöse Rhinitis).

3.2 Kehlkopf

Mit zunehmendem **Alter** verkalken und verknöchern die hyalinen Knorpel des Kehlkopfes; beginnend im Körper des Schildknorpels, fortschreitend über die Seitenplatten auf den Ringknorpel und die Knorpel der Luftröhre.

Mißbildungen sind sehr selten. Bei Pferd und Schwein wird eine mangelhafte Ausbildung ***(Hypoplasie)*** des Kehldeckels mit Hyperplasie und Vorfall der *Plicae aryepiglotticae* und bei brachyzephalen Hunderassen eine ***Eversion*** der lateralen Ventrikel des Larynx beobachtet.

Die **Hemiplegia laryngis** ist die Hauptursache des **Kehlkopfpfeifens** (Rohren, Roaring; inspiratorisches, laryngeales Stenosengeräusch) der **Pferde**. Ihr zugrunde liegt eine WALLERsche Degeneration des linken *Nervus laryngeus recurrens* ***(Rekurrenslähmung),*** der aus dem motorischen Faseranteil der Pars thoracica des *N. vagus* entspringt. Als Folge atrophieren die von ihm versorgten linksseitigen Kehlkopfmuskeln (außer *M. cricothyreoideus,* der vom Ramus externus der Pars cervicalis des motorischen Vagusanteils innerviert wird) mit abnehmender Stärke: *M. cricoarytaenoideus dorsalis, M. arytaenoideus transversus, M. cricoarytaenoideus lateralis, M. ventricularis* und *M. vocalis* (Abb. 3.9). Durch partiellen oder totalen Ausfall des hauptsächlichen Kehlkopferweiterers *(M. cricoarytaenoideus dorsalis)* sinkt der Gießkannenknorpel in die Kehlkopflichtung, die Stimmbänder nähern sich, so daß sich die Inspirationsluft in der erweiterten seitlichen Kehlkopftasche unter weiterer Verengung der Stimmritze verfängt. Histopathologie und Pathogenese s. S. 415.

Bei **Araberfohlen** ist nach Verabreichung des Anthelminthikums *Haloxon* eine Degeneration des *N. laryngeus recurrens* mit nachfolgender Kehlkopflähmung beobachtet worden. Weiterhin ist zu beachten, daß auch andere Krankheiten, wie follikuläre Pharyngitis und Laryngitis (Rhinopneumonitis s. S. 98) mit einen inspiratorischen laryngealen Stenosengeräusch wie beim Kehlkopfpfeifen einhergehen können.

Bei älteren **Hunden**, vorwiegend großer Rassen, wird eine bilaterale neurogene Atrophie der Kehlkopfmuskeln beobachtet. Polyneuropathiekomplex des Dalmatiners s. S. 415.

Beim **„Epiglottic Entrapment“** der **Pferde** ist die Epiglottis von der *Plica aryepiglottica* und von subepiglottalem Gewebe eingefaßt. Sie tritt permanent oder intermittierend auf und geht mit in- und exspiratorischen Atemgeräuschen, gelegentlich auch mit Husten und Leistungsabfall einher.

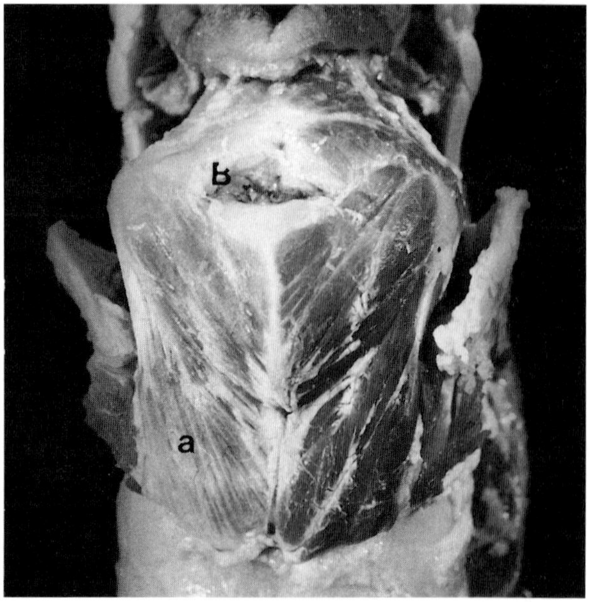

Abb. 3.9 Atrophie der linksseitigen Kehlkopfmuskeln bei Hemiplegia laryngis des Pferdes.
a = M. cricoarytaenoideus dorsalis. b = M. arytaenoideus transversus.

Blutungen können im Kehlkopfbereich agonal, als Vergiftungsfolge, durch Traumen (Strangulation) oder im Verlauf akuter Infektionskrankheiten entstehen. Besonders charakteristisch bei der akuten Schweinepest sind petechiale oder größere Blutungen in der Kehldeckelschleimhaut (s. S. 183 u. Tafel X. B).

Glottisödeme treten oft bei Infektionen auf, die von der Rachenhöhle ausgehen, und sind meist entzündlicher Genese (z. B. sogenannter Rachenmilzbrand des Schweines, Milzbrand des Pferdes, Pasteurellose). Auch beim Morbus maculosus des Pferdes, bei allergischen Prozessen (Rind), Dikumarolvergiftung (Abb. 3.10), durch Fremdkörper, Insektenstiche (Kriebelmücken), Pflanzen (Dieffenbachia) und Parasiten (Pferdeegel) können Glottisödeme entstehen. Peripher oder zentral bedingte Stauungsvorgänge kommen seltener ursächlich in Betracht. Durch die starke Schwellung des lockeren Gewebes der Glottis kann es leicht zur Verlegung des Kehlkopfeinganges und damit zum Erstickungstod kommen (s. S. 85).

Entzündungen (Laryngitis) sind in der Regel katarrhalischer, eitriger oder pseudomembranöser Natur und verlau-

Abb. 3.10 Ödem und Blutung im Bereich der Glottis infolge Dikumarolvergiftung, Hund.

fen akut oder chronisch. Meist stellen die Kehlkopfentzündungen eine Teilerscheinung entzündlicher Krankheiten des gesamten oberen Respirationsapparates dar und werden deshalb, soweit es sich nicht um Besonderheiten handelt, an anderer Stelle besprochen.

Bis zu 13% der geschlachteten **Rinder** aus Feed Lots (s. S. 71) können sogenannte **Kontaktulzera** oder Narben in der Schleimhaut des Stimmbandfortsatzes und medialen Winkels des Aryknorpels aufweisen. Man vermutet, daß dauerndes Husten infolge Entzündungen der oberen Luftwege zu einem häufigen und krampfartigen Schluß des Kehlkopfes führt und damit die entzündlich geschwollene Schleimhaut in den genannten Gebieten auch mechanisch geschädigt wird. Infektionen mit Fusobacterium necrophorum sind meist mitbeteiligt.

Bei der **Panleukopenie** der Katzen (Parvovirus) kann man gelegentlich eine fibrinöse oder diphtheroid-nekrotisierende Laryngitis beobachten, die wahrscheinlich infolge einer sekundären bakteriellen Infektion entsteht (s. S. 183). Eine diphtheroid-nekrotisierende Laryngitis wird gelegentlich auch bei der **Nekrobazillose** des Kalbes und Ferkels gesehen. **Abszesse,** bedingt durch *Actinomyces (Arcanobacterium) pyogenes,* können bei weidenden Schafen und Jungrindern sporadisch oder enzootisch auftreten, wobei offensichtlich Verletzungen durch harte, trockene Gräser wegbereitend wirken.

Aktinomykose kommt in fungöser oder disseminierter Form gelegentlich bei Rind und Schwein vor.

Die **Tuberkulose** entsteht beim Rind im Verlauf der chronischen offenen Lungentuberkulose (s. S. 104) durch Kontaktinfektion mit dem ausgehusteten, bakterienreichen Lungenschleim. Die Veränderungen (diffus, fungös, ulzerierend) sitzen meist an der Ansatzstelle des Lig. vocale oder zwischen Ringknorpel und erstem Trachealring.

Rotz s. S. 105.

Tumoren des Kehlkopfes sind selten. Plattenepithelkarzinome, Fibrome, Lipome und Chondrome werden beobachtet. *Retentionszysten der* Schleimhautdrüsen und des Ductus thyreoglossus können einen geschwulstartigen Eindruck erwecken.

3.3 Luftröhre

Die Luftröhre wird von den aus hyalinem Knorpel bestehenden *Trachealringen,* die von einem fibrösen und elastischen Bindegewebe zusammengehalten werden, gestützt. Dorsal sind die Spangen offen und werden durch Bindegewebe *(Ligg. anularia)* und den *M. trachealis* verbunden. Die *Schleimhaut* besteht aus einem mehrreihigen Flimmerepithel mit Becherzellen und seromukösen Drüsen in der Propria. Lymphoretikuläre Einlagerungen *(Solitärfollikel)* findet man in der Propria mucosae und im *Spatium retromucosum,* dem Raum zwischen den Knorpelspangen und dem M. transversus tracheae.

Die Form der Luftröhre weist **tierartliche Unterschiede** auf, wobei aber auch postmortale Formveränderungen zu berücksichtigen sind.

Rind: Querschnitt intra vitam elliptisch, post mortem säbelscheidenartig.

Pferd: Querovale Form, M. trachealis liegt innerhalb der Knorpelspangen, die sich nur intra vitam mit ihren freien Enden überdecken; vor der Bifurkation auch noch dachziegelartig angeordnete Knorpelplatten zwischen den freien Enden der Knorpelspangen.

Schaf: Im laryngealen Teil überdecken sich die freien Enden der Knorpelspangen; im mittleren Drittel U-Form; im kaudalen Drittel reicht das linke freie Ende der Spange weiter dorsal.

Ziege: U-förmiger Querschnitt.

Schwein: Kreisrunder Querschnitt, Trachealspangen überdecken sich dorsal, M. transversus tr. lumenwärts zwischen den Knorpelspangen gespannt.

Fleischfresser: Runder bis querovaler Querschnitt, Trachealspangen dorsal frei, M. transversus tr. außen angeheftet.

Mit der Atemluft gelangen im allgemeinen in Trachea und Bronchien nur **Partikel** unter 10 µm Größe. Partikel von 2–10 µm Größe werden dort abgefangen, kleinere erreichen Bronchioli und Alveolen (s. S. 107).

Gestaltsveränderungen der Luftröhre sind *angeboren* (Hypoplasien) oder *erworben*. Beim **Pferd** sind *Aufrollen* und dorsales *Einrollen* der Knorpelspangen mit Einengung der Luftröhrenlichtung und die sogenannte *Säbelscheidentrachea* nicht selten. Letztere kann auch durch seitlichen Druck oder durch narbige Kontraktion des *M. trachealis* (Tracheotomie) entstehen. Eine *dorso-ventrale Abplattung* der Luftröhre entwickelt sich bei Pferd und Hund (vor allem Yorkshire-Terrier, Narkosezwischenfälle!) nach Erschlaffung von M. trachealis und Ligg. anularia (Alters- und postinflammatorische Prozesse oder angeboren), so daß im Extremfall nur mehr ein schmaler Querspalt übrig bleibt. Vor allem bei kleinwüchsigen und brachyzephalen Hunderassen wird diese Formveränderung in Zusammenhang mit Herzinsuffizienz gebracht, wobei aber die Pathogenese nicht geklärt ist. Bei der ***Dysphagia lusoria*** (s. S. 27 u. Abb. 1.14) wird neben dem Ösophagus auch die Trachea eingeengt. Raumfordernde Prozesse in der Nachbarschaft (Tuberkulose beim Rind, Schilddrüsengeschwülste beim Hund) können eine teilweise *Kompression* der Luftröhre verursachen. ***Luftröhrendivertikel*** sind sehr selten. Bei längerer Verabreichung von ***Clenbuterol*** bei Mastkälbern (verboten!) kommt es zur Erschlaffung der Ligg. anularia und damit zu einem Verlust der elliptischen Form der Trachea und zu einem diffusen chronischen alveolären Lungenemphysem. Ovarien und Uterus s. S. 293.

Diffuse **Nekrosen und Verkalkungen** der Schleimhaut (sandpapierartiges Aussehen) findet man vor allem bei der Urämie des Hundes. Nekrosen der Trachealschleimhaut mit nachfolgender Stenose der Luftröhre werden beim Pferd beobachtet, wenn mit Äthylenoxid sterilisierte und zu wenig lang ausgelüftete Tracheotubusse Verwendung finden. Beim akuten Verbrennungstod kann man u. a. auf der Schleimhaut von Larynx, Trachea und großen Bronchien typische Ruß- oder auch Ölschlieren finden.

Die **Entzündungen** der Luftröhre *(Tracheitis)* sind wie die des Kehlkopfes meist Teilerscheinung von Krankheiten der gesamten oberen Luftwege. Von besonderer Bedeutung sind: infektiöse bovine Rhinotracheitis (S. 71, bösartiges Katarrhalfieber (S. 135), Staupe (S. 100), Zwingerhusten (S. 100), Katzenschnupfen (S. 75), equine Rhinopneumonitis (S. 92).

Bei der chronischen ***lymphoplasmazytären Tracheitis*** von **Ziegen und Schafen** werden fast regelmäßig dichte Beläge filiformer Bazillen (Genus Flavibacterium?) auf den Flimmerepithelien gefunden ***(Cilia-Associated-Respiratory = CAR)***; Nachweis mit der Warthin-Starry-Färbung. Die pathogenetische Bedeutung dieser Bazillen ist nicht geklärt. Todesfälle bei CAR sind auf Pneumonien (Mykoplasmen, Pasteurella multocida, s. S. 94) zurückzuführen. Ähnliche CAR kommen auch bei Ratten, Mäusen, Kaninchen, Hamstern, Rindern und Schweinen vor.

Nach **Tracheotomie** beobachtet man nicht selten, besonders wenn eine zu große Öffnung angelegt und Knorpelringe verletzt werden, ulzerative und polypöse Entzündungen sowie Ekchondrosis und Verknöcherungen der Luftröhrenringe im Bereich der Operationswunde. Das freie Ende starrwandiger Metallkanülen kann durch Druck zu Ulzerationen der Schleimhaut, Nekrose der Knorpel und Durchbruch ins peritracheale Gewebe führen.

Bei der **Druse** des Pferdes kommt es durch Einbruch von Abszessen zur eitrigen Tracheitis oder metastatisch zur Abszeß- und Phlegmonebildung im *Spatium retromucosum* (s. S. 72).

Rotz in produktiver und ulzerierender Form tritt meist im Anschluß an entsprechende Erkrankungen der Nase und Lunge auf (s. S. 72, 105).

Aktinomykose s. S. 106.

Für die Tuberkulose der Luftröhre gilt analog das beim Kehlkopf (S. 79) Gesagte. Auf das häufige Auftreten metastatischer, zur Verkäsung oder Erweichung neigender Herde im *Spatium retromucosum* (reich an Lymphfollikeln) sei jedoch besonders hingewiesen.

Tumoren der Trachea sind selten. Es werden Fibrome, Chondrome, Hämangiome, Sarkome und Lymphosarkome (tumorförmige Leukose) beobachtet. Maligne Neoplasien aus der Nachbarschaft (Plattenepithelkarzinom des Ösophagus, Schilddrüsenkarzinom) können die Trachea infiltrieren.

Parasiten der Luftröhre s. S. 109f.

3.4 Bronchien

3.4.1 Veränderungen der Bronchiallichtung

Obturationsstenosen und -verschlüsse entwickeln sich häufig im Gefolge entzündlicher Prozesse (Bronchitis, Bronchiolitis, Peribronchiolitis) durch Ansammlung von Exsudat und Schleimhautschwellung. Atelektasen und Emphyseme sind oft die Folge (s. S. 84). Obturationsstenosen werden ferner durch Fremdkörper (Holzstücke, Getreideähren, kleine Äste, Fichtensprossen u. a.) verursacht, die durch Aspiration oder nach Lungenperforation in die luftführenden Wege gelangen. Die Folge sind Emphyseme, Atelektasen, Pneumothorax, Entzündungen mit peribronchialer Gangrän oder Demarkationen mit Bildung sack- oder zylinderförmiger Bronchiektasien. Größere Fremdkörper können auch zum Reflextod führen. Obturationsstenosen können auch durch massenhaftes Auftreten von Lungenwürmern (s. S. 109f.) entstehen.

Die **Kompressionsstenose** bildet sich bei fortwährendem Druck granulomatöser oder neoplastischer Prozesse auf die Bronchien.

Die **Bronchiektasie** ist eine in sehr seltenen Fällen angeborene (Disposition beim Sibirischen Husky), häufiger jedoch erworbene Erweiterung des Bronchiallumens. Ursächlich ist vor allem an chronische Entzündungen (Tuberkulose, Mykosen, Abszesse u. a.), Sekret- und Exsudatstauung und narbigen Zug aus der Umgebung zu denken. Aber auch aspirierte Fremdkörper und massenhaft vorhandene Lungenwürmer in den Bronchien (Schaf, Schwein) können Bronchiektasien verursachen. In der überwiegenden Zahl der Fälle ist die entzündlich infiltrierte, langsam zerstörte und im Umbau begriffene Bronchialwand nicht mehr widerstandsfähig genug und gibt dem Druck oder Zug nach. Entsprechend der Beschaffenheit der Bronchialwand werden eine ***atrophische*** und eine ***hypertrophische Bronchiektasie*** unterschieden. Bei der atrophischen Form liegen zylindrische Ausweitungen mit kleinen seitlichen Aussackungen, die prall mit Exsudat gefüllt sind, vor. Die Schleimhaut ist durch den Untergang der zugehörigen Bronchialdrüsen und peribronchialen Faserschichten u. U. papierdünn. Bei der seltenen hypertrophischen Form treten sackartige Ausweitungen mit derben, chronisch-entzündlich veränderten Bronchialwänden auf (Tafel V. B). Das meist eitrige Exsudat kann eindicken und verkalken, wodurch die sogenannten ***Bronchialsteine (Bronchiolithen)*** entstehen. Hauptfolgen sind Atelektase der zugehörigen Lungenfelder, Emphyseme und chronisch-rezidivierende Pneumonien.

3.4.2 Entzündungen

Entzündungen der Bronchien **(Bronchitis)** und Bronchiolen **(Bronchiolitis)** kommen meist in Zusammenhang mit solchen der oberen Luftwege und der Lunge (Bronchopneumonie, s. S. 91f.), seltener isoliert vor. Aerogene, seltener auch deszendierende, aszendierende und hämatogene Infektionen, Parasiten, Allergene, reizende Gase, Luftverschmutzungen und Fremdkörper sind die Hauptursachen.

Bei der **Bronchitis catarrhalis acuta** ist die Schleimhaut hyperämisch-rot und mit relativ wenig weißlich-grauem Schleim bedeckt. Bei der **Bronchitis purulenta acuta** ist die Schleimhautrötung stärker, das Exsudat gelblich und flüssiger.

Die **Bronchitis fibrinosa acuta** tritt besonders bei fibrinösen Pneumonien, bösartigem Katarrhalfieber (s. S. 135), IBR (s. S. 71) und Rinderpest (s. S. 135) auf. Dabei entstehen nicht selten regelrechte Ausgüsse von Bronchien, die oft in toto ausgehustet werden.

Eine **Bronchitis necroticans** entwickelt sich bei Vorliegen von Fremdkörpern, nach Aspiration von Futter (Aspirationspneumonie, s. S. 101) und bei starkem Parasitenbefall. IBR s. S. 71.

Bei der **Bronchitis chronica** ist die Schleimhaut in der Regel verdickt, das Exsudat meist zähflüssig und glasig, aber auch opak (desquamierte Zellen) oder eitrig. Durch Verlust von Flimmerepithelien und deren nur unvollständigen Ersatz mit Becherzellen und Plattenepithelien verlieren die Bronchien weitgehend die Fähigkeit, sich von den Exsudaten zu reinigen. Bakterielle Sekundärinfektionen werden dadurch begünstigt und tragen dazu bei, daß die Bronchitis nicht zur Ausheilung kommt.

Bei der sogenannten **Stauungsbronchitis** (Blutstauung im kleinen Kreislauf, *Cor pulmonale* s. S. 89) ist die Bronchialschleimhaut ödematös und infolge bakterieller Infektionen entzündet und mit schleimig-eitrigem Exsudat bedeckt.

Das *Asthma bronchiale* des Menschen ist durch eine anfallartige, hochgradige, vorwiegend exspiratorische Dyspnoe infolge krampfartiger Kontraktion kleiner Bronchien, Schleimhautschwellungen und Absonderung von zähem Schleim (sogenannte Asthmabronchitis) gekennzeichnet. Ein vergleichbares, allergisch bedingtes Krankheitsbild ist bei Pferd, Hund und Katze bekannt (Typ I der Allergie, s. S. 507).

Bei der **Bronchiolitis** können grundsätzlich die gleichen Formen unterschieden werden wie bei der Bronchitis. Oft ist jedoch eine genaue Diagnose nur histologisch möglich. Im Unterschied zur Bronchitis entwickeln sich im Anschluß an eine Bronchiolitis viel häufiger Verlegungen der Luftwege mit Emphysem- und Atelektasebildung (s. S. 84).

Die **Bronchiolitis obliterans** entsteht durch Granulationsgewebe, das sich nach Zerstörung der Schleimhaut einschließlich Basalmembran bildet und das Lumen verlegt. Sie tritt besonders nach Inhalation reizender Gase (Ammoniak, Stickstoffdioxyd u. a.) und Virusinfektionen auf.

Durch periphere Ausbreitung der entzündlichen Prozesse kommt es zur **Peribronchitis** beziehungsweise **Peribronchiolitis**. Bei der chronischen Form sieht man makroskopisch in der hellen, gewöhnlich schlecht retrahierten Lunge bis miliare weißliche Knötchen, die typisch für die

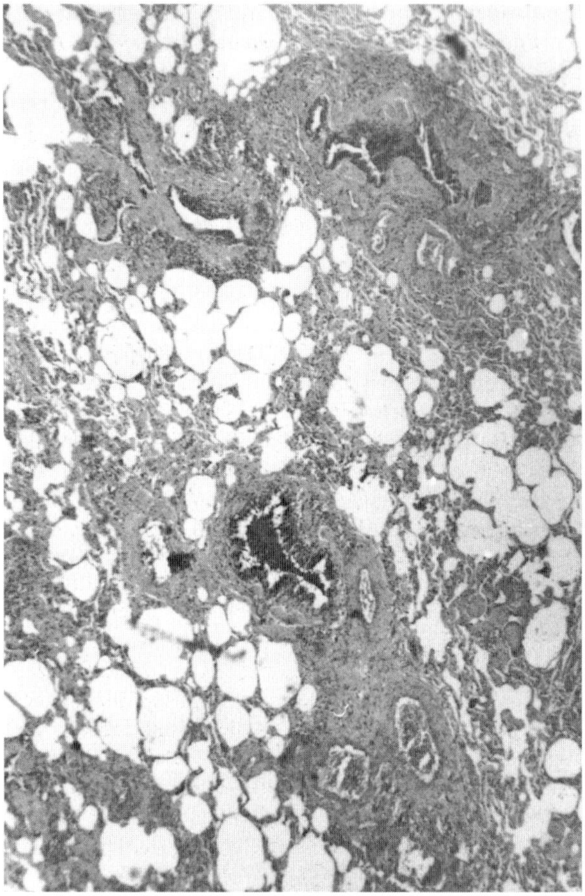

Abb. 3.11 Chronische Bronchitis und Peribronchitis und chronisches Emphysem bei COPD des Pferdes, HE, 60 x.

Peribronchitis beziehungsweise **Peribronchiolitis nodosa** sind. Die Knötchen bestehen vorwiegend aus lymphohistiozytären Infiltraten, die sich manschettenartig um die Bronchien und Bronchiolen legen. Hauptursache sind virusbedingte Krankheiten des Respirationsapparates (s. interstitielle Pneumonien S. 96f.).

Die **COPD (Chronic Obstructive Pulmonary Disease)** ist eine häufige Erkrankung erwachsener **Pferde**, vor allem bei Stallhaltung. Sie ist gekennzeichnet durch eine chronische Peribronchitis und Bronchiolitis sowie ein unterschiedlich stark ausgebildetes chronisches alveoläres Lungenemphysem. Histologisch sieht man peribronchioläre mononukleäre Infiltrate und Fibrosen, Hyperplasie von Bronchialepithel und -muskulatur, Abnahme der CLARA-Zellen, Metaplasie der Becherzellen sowie Ansammlung von Schleim in Bronchien, Bronchiolen und Alveolen (Abb. 3.11). Auch eosinophile Granulozyten sind häufig zu finden. Die ***Ursachen*** der COPD sind nicht genau bekannt. Diskutiert werden vor allem virale Infektionen (möglicherweise nur als dispositionelle Faktoren, s. S. 97), Allergie vom Typ I (Gehalt an IgE- und IgA-Antikörper gegen *Aspergillus fumigatus* und *Micropolyspora faeni* in bronchoalveolärer Lavage erhöht), genetische Disposition sowie 3-Methylindol-Toxizität (s. S. 86). Die COPD ist eine der Hauptursachen der ***Dämpfigkeit*** (in Deutschland nach der Kaiserlichen Verordnung von 1899 definiert als „Atembeschwerde, die durch einen chronischen unheilbaren Krankheitszustand der Lunge oder des Herzens bewirkt wird").

3.5 Lunge

Die *Lunge (Pulmo)* ist seitenungleich entwickelt und tierartlich spezifisch unvollständig in *Lappen* geteilt.

Wiederkäuer, Schweine und Fleischfresser haben links jeweils einen zweigeteilten Spitzen- sowie einfachen Zwerchfellappen. Beim Pferd ist der Spitzenlappen ungeteilt. Rechts haben Fleischfresser und Schweine jeweils einen Spitzen-, Mittel-, Zwerchfell- und Anhangslappen. Bei den Wiederkäufern ist der Spitzenlappen zweigeteilt. Das Pferd besitzt keinen Mittellappen.

Die Trachea teilt sich in die beiden *Stammbronchien* und gibt bei Wiederkäuer und Schwein schon vor der Bifurkation einen *Bronchus trachealis* für den rechten Spitzenlappen ab. Weitere Aufteilung: Lappenbronchien → Segmentbronchien → terminale Bronchiolen → respiratorische Bronchiolen → Alveolargänge → Alveolen. Mit Beginn der *Bronchiolen* fehlen die knorpelige Stütze und Drüsen. Die *Alveolen* besitzen einen Oberflächenfilm aus Phospholipiden mit einem hohen Anteil an Dipalmitoyl-Lezithin, der von den Pneumozyten Typ II (Septalzellen) gebildet wird und den Kollaps der Alveolen verhindert *(Surfactant; Anti-Atelektasefaktor)*. Das *Septum interalveolare* ist von submikroskopisch kleinen Poren durchbrochen, die offensichtlich eine kollaterale Luftzirkulation ermöglichen. Der CO_2/O_2-Austausch findet im Bereich der alveolo-kapillaren Membran (Pneumozyten-Basalmembran-Endothelzellen), der Grenzfläche zwischen Luft- und Blutraum der Lunge, statt. Da CO_2 schneller diffundiert als O_2 sind Schädigungen der Alveolarwände schwerwiegender für die O_2-Aufnahme als für die CO_2-Abatmung. Lungenreinigung s. S. 107.

Das **funktionelle Blut** fließt von der rechten Herzkammer über die *A. pulmonalis* in die Lunge (permanent durchströmte Stromkapillaren; je nach Bedarf durchströmte Netzkapillaren), von dort über die *Vv. pulmonales* in den linken Vorhof. **Nutritives Blut** gelangt in die Lunge mit den *Aa. bronchales* und verläßt sie bei Rind und Schwein wieder über die *Vv. bronchales*, die gemeinsam in die *V. azygos* einmünden. Da bei Fleischfressern, kleinen Wiederkäuern und Pferden die *Vv. bronchales* sich nur bis zum Hilusbereich verzweigen, übernehmen die *Vv. pulmonales* am überwiegenden Teil des Bronchialbaums damit auch den Abfluß des über die *Aa. bronchales* zugeführten Blutes.

Funktionell gesehen kann die Atmung durch Störungen der *Ventilation* (z. B. Atelektase, Emphysem), der *Perfusion* (Lungendurchblutung) und der *Diffusion* (Gasaustausch) beeinträchtigt werden. Häufig, insbesondere bei Pneumonien, liegen jedoch diese Störungen gemeinsam vor.

Die Lunge ist aber nicht nur für die Funktion des Gasaustausches zuständig, sondern auch ein *aktives Stoffwechselorgan.* Sie synthetisiert ungefähr gleich viel Phospholipide wie die Leber, eliminiert Serotonin, Bradykinin und Prostaglandin F aus dem Blut und verringert die Noradrenalinkonzentration nach Lungenpassage um ungefähr 25%. Angiotensin s. S. 244. Die Lunge nimmt ferner Anteil an der Regulierung von Wasser- und Elektrolytbalance, Blut-pH sowie Körpertemperatur.

Für die **Abwehr** in den Respirationstrakt eingedrungener Noxen stehen diesem unspezifische und spezifische Mechanismen zur Verfügung. Die unspezifischen umfassen physiologisch-reflektorische Vorgänge (Husten, Niesen, Bronchokonstriktion), bakterizide und viruzide Schleimsekretion, die Mukoziliarfunktion des Tracheobronchialbaumes, die Neutralisationsfunktion des Surfactants und vor allem die Phagozytose durch alveoläre und interstitielle Makrophagen. Spezifische Mechanismen wie humorale, lokale und zellvermittelte Immunität, spielen vor allem in der Abwehr bakterieller, viraler und parasitärer Infektionen eine wichtige Rolle. Dem Schleimhaut-assoziierten lymphatischen Gewebe kommt dabei eine große Bedeutung zu. Im Unterschied zu anderen Schleimhäuten dominiert in der des Respirationstraktes nicht das IgA, sondern IgG, insbesondere IgG_1, das auch in komplementfreier Umgebung opsonieren kann.

3.5.1 Postmortale Veränderungen

Die **Hypostase** beginnt meist schon in der Agonie und wird postmortal verstärkt, da sich das Blut, dem Gesetz der Schwere folgend, senkt. Beim Haustier, das nach dem Tod in der Regel auf der Seite liegt, sammelt sich das Blut entweder in der rechten oder linken Lunge, wobei vor allem die ventrokranialen Bereiche der entsprechenden Hauptlappen betroffen sind. Blutflüssigkeit und -körperchen können nach einiger Zeit auch in Alveolar- und Bronchialräume austreten und ein Lungenödem vortäuschen. Die postmortale Blutgerinnung ist durch ihr gleichmäßiges Auftreten in den größeren Lungengefäßen und durch die elastische Konsistenz der Gerinnsel von einer Thrombose unterscheidbar.

Die **Autolyse** führt zur Ablösung von Alveolarzellen und in den Bronchien oft zur Abhebung zusammenhängender Zellverbände von der Basalmembran. Durch **Fäulnis** wird dies noch verstärkt, wobei es durch Gasbildung auch zum sogenannten Fäulnisemphysem kommen kann. Eine fermentative postmortale Lyse des Bronchialepithels kann auftreten, wenn in der Agonie erbrochener Magensaft aspiriert wurde.

Nach Eröffnung der Brusthöhle kommt es zur **Retraktion** (Kollaps) der Lunge, da der intrathorakale Unterdruck aufgehoben wird und die Lunge sich entspannt. Infolge autolytischer Veränderungen der elastischen Fasern ist die Retraktion meist weniger stark ausgebildet als bei einem Lungenkollaps zu Lebzeiten (Pneumothorax s. S. 115). Durch Aufblasen von Lungen geschlachteter Tiere, eine früher vielfach von Metzgern geübte Unsitte zum Vortäuschen besonders „schöner“ Lungen, kann ein dem akuten universellen alveolären Emphysem ähnliches Bild entstehen.

Die sogenannte **Brühwasserlunge** des Schweines ist häufig beim Kesselbrühverfahren ohne Benutzung eines Rachenkolbens. Durch das über die Atemwege eindringende Brühwasser werden die Lungen prall bis auf das Volumen des Brustraumes ausgedehnt und fühlen sich nach unmittelbarer Entnahme aus dem Tierkörper heiß an. Wird der Halsstich zu hoch brustwärts geführt, dann kann Brühwasser in die Brusthöhle eindringen. Die Lungen kollabieren dabei meist völlig, die Pleura wird faltig, die Oberfläche höckerig und rötlich-hell marmoriert. Trachea und Bronchien enthalten jedoch kein Brühwasser. Diese Veränderungen können auch nur einseitig oder auf einzelne Lungenbezirke beschränkt auftreten. Weiterhin machen Pleura costalis und häufig auch die Zwerchfellseite der Lunge einen leicht gekochten Eindruck, während das Herz kontrahiert und blutleer ist. Brühwasserlungen können ein Lungenödem vortäuschen, von diesem aber leicht durch Nachweis von Haaren und Schmutz in den Bronchien unterschieden werden (s. S. 87). Blutaspiration s. S. 89.

3.5.2 Mißbildungen

Aplasie und **Hypoplasie** einzelner Lungenlappen kommen vor. Die vorhandenen Lungenlappen können sich dabei kompensatorisch vergrößern (Hypertrophie) und so den freien Raum in der Brusthöhle ausfüllen.

Lappenanomalien treten in mangelhafter oder zusätzlicher Lappung in Erscheinung. Durch Ausdehnung oder Kammerung der Enden des Bronchialbaumes entstehen Waben- oder Sacklungen. Solche kongenitalen **Zystenlungen** werden auch als fetale Bronchiektasien bezeichnet.

Torsionen einzelner Lungenlappen oder **Verlagerungen** von Lungenteilen in die Bauchhöhle infolge kongenitaler Zwerchfelldefekte sind seltene Mißbildungen.

Akzessorische Lungen (Nebenlungen) treten ohne Verbindungen mit der Lunge beim Kalb in der Bauchhöhle (Bauchlunge) oder in der Unterhaut auf. Die bis zu brotlaibgroßen Nebenlungen erinnern in ihrem makroskopischen Aussehen an Geschwülste und zeigen histologisch den Bau atelektatischer Lungen.

Hyperplasie einzelner Lungenlappen und **lobäres Emphysem** infolge Aplasie des Bronchialknorpels (Hund), werden gelegentlich beobachtet.

Hamartome in Form adenomatöser bis kopfgroßer tumorartiger Gebilde kommen sehr selten vor.

Die **Melanose** der Lunge **(Melanosis maculosa)** ist Teilerscheinung einer allgemeinen Melanose und wird als Mißbildung angesehen. Die meist schwarze Pigmentierung ist streng lobulär angeordnet, wobei das Melanin sich im interalveolären und interlobulären Bindegewebe sowie in der Adventitia der Blutgefäße und im peribronchialen Gewebe befindet.

3.5.3 Atelektase

Enthält das Lungengewebe keine Luft oder ist der Luftgehalt wesentlich vermindert, so liegt eine Atelektase beziehungsweise Präatelektase vor. Atelektatische Lungenteile besitzen ein kleineres Volumen als lufthaltige Bezirke, sind blau-rot und kompakt. Bei der Schwimmprobe sinken herausgeschnittene Stücke unter. Im Embryonal- und Fetalleben enthalten die Lungen keine Luft **(fetale Atelektase).** Dehnt sich Lungengewebe nach der Geburt nicht aus, so spricht man von einer **angeborenen Atelektase.**

Eine **erworbene Atelektase** liegt vor, wenn lufthaltige Lungenbezirke wieder luftleer geworden sind. Die ***Entspannungsatelektase*** (Lungenkollaps) entsteht durch Aufhebung des negativen Druckes im Brustraum (z. B. bei Pneumothorax, s. S. 115) infolge Retraktion der elastischen Fasern. Bei Ergüssen in die Pleurahöhle oder raumfordernden Prozessen (z. B. Geschwülste, Parasiten, Aszites, Meteorismus) kann die Lunge komprimiert werden (***Kompressionsatelektase****,* s. S. 116). Nach Verschluß eines Bronchus oder einer Bronchiole wird die Luft im distal davon liegenden Lungengewebe in ein bis zwei Tagen resorbiert, und zwar in der Reihenfolge Sauerstoff – Kohlendioxyd – Stickstoff ***(Obstruktions-, Obturations-*** oder ***Resorptionsatelektase).*** Ursachen sind Entzündungen der Bronchien (s. S. 81) und der Lunge (s. S. 90ff.) sowie Obturationen anderer Art (s. S. 80).

Die Begrenzung der atelektatischen Herde ist bei bronchitischer Genese stets lobulär, wobei sich benachbarte Acini ausdehnen können. Besteht eine Atelektase nur kurze Zeit, so kann eine Restitutio ad integrum eintreten. Bei längerer Dauer schließen sich Kollapsinduration, Ödem, Karnifikation oder Pneumonie an. Ausgedehnte und länger bestehende Atelektasen bedingen einen erhöhten Widerstand im kleinen Kreislauf, so daß sich ein *Cor pulmonale* (s. S. 89) bilden kann.

Unter **Dystelektase** versteht man die ungenügende Belüftung der Lunge bzw. einzelner Lungenabschnitte. Sie kommt vor besonders nach partieller Verlegung von Bronchien, infolge mangelhafter Entfaltung der Lunge nach der Geburt *(Atemnotsyndrom,* vor allem bei Fohlen) und Störungen der zentralen Atmungsregulation (Hirntraumen, -ödeme und -entzündungen). Hyaline Membranen s. S. 88.

3.5.4 Emphysem

Unter Emphysem versteht man einen vermehrten Luftgehalt. In der ***Humanmedizin*** wird das Lungenemphysem als eine reversible oder irreversible Erweiterung der luftführenden Räume distal der terminalen Bronchiolen definiert. Je nach Lokalisation des erhöhten Luftgehalts in der Lunge unterscheidet man das häufigere *alveoläre (vesikuläre)* und das seltenere *interstitielle Emphysem.* Mischformen kommen vor. Das Emphysem verläuft entweder *akut* oder *chronisch.* Akute Emphyseme sind *reversibel,* chronische wegen des relativ schnell eintretenden Parenchymabbaues *irreversibel (destruktives Emphysem,* Lungenemphysem im engeren Sinne). Der vermehrte Luftgehalt kann in Teilen *(partielles* oder *herdförmiges Emphysem)* oder in der gesamten Lunge *(universelles* oder *diffuses Emphysem)* auftreten. Die Irreversibilität ist durch Spezialfärbung anhand hirtenstabförmig eingerollter elastischer Fasern im Rißbereich erkennbar.

3.5.4.1 Alveoläres Emphysem

Das **akute partielle alveoläre Emphysem** entsteht infolge vorübergehender Stenosen oder Verschlüsse ***(Obstruktionsemphysem)*** von kleinen Bronchien oder Bronchiolen, meist durch Schleim oder entzündliche Exsudate (Bronchitis, Bronchiolitis, Pneumonien). Bei angestrengter Inspiration kann die Verlegung überwunden werden und Luft in die distal des Hindernisses gelegenen Alveolarräume gelangen. Da der exspiratorische Druck aber schwächer ist, kann die Luft nicht wieder vollständig aus diesem Gebiet ausgeatmet werden. Durch diese ***Ventilstenose*** kommt es zu einem zunehmenden Luftstau mit Erweiterung von respiratorischen Bronchiolen und Alveolen sowie Überdehnung und Ruptur der Septen. Häufig treten infolge absoluten Verschlusses von Bronchien und Bronchiolen nach Resorption der alveolären Restgase auch herdförmige Atelektasen und Emphyseme nebeneinander auf.

Dem **akuten universellen alveolären Emphysem** liegt ebenfalls eine Ventilstenose zugrunde. In typischer Form

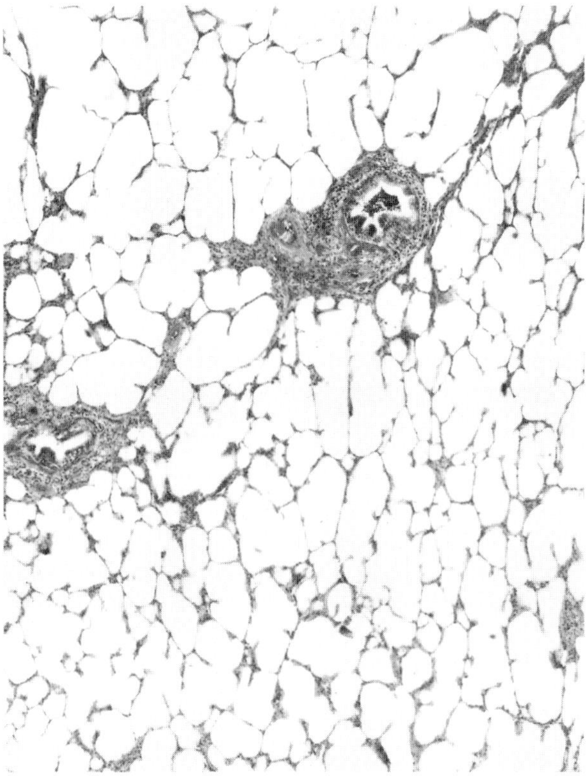

Abb. 3.12 Chronisches alveoläres Lungenemphysem und Peribronchitis nodosa, Pferd. HE, 60 x.

wird es beim Ertrinkungstod und anaphylaktischen Schock (Bronchialspasmen) gesehen. Nicht immer streng universell kommt es ferner vor bei *Asthma bronchiale* (s. S. 81), bei Aspiration von Fruchtwasser oder erbrochenem Mageninhalt sowie bei Ventilstenosen des Kehlkopfes (Fremdkörper, Ödeme, Spasmen u. a.). Bei Vorliegen eines universellen Emphysems kollabieren die Lungen nicht, sind blaßrosa oder gelb-weiß, auf der Schnittfläche trocken und von puffig-teigiger Konsistenz.

Das **chronische herdförmige alveoläre Lungenemphysem** ist in der Regel ein Obstruktionsemphysem mit Ventilstenose und wegen Parenchymschwundes irreversibel. Durch das Nebeneinander von hellen emphysematösen und dunklen atelektatischen Bezirken kann ein schachbrettartiges Muster entstehen. Häufig entwickelt sich, vor allem an den Lungenrändern und unter der Pleura, ein ***bullöses Emphysem***. Es ist gekennzeichnet durch über 1 cm im Durchmesser große Blasen in einem infolge Druckischämie weiß-gräulich erscheinenden Lungengewebe. *Hauptursachen* für das chronische herdförmige alveoläre Emphysem sind Entzündungen der kleinen Bronchien, Bronchiolen (Abb. 3.12) und der Lunge sowie die Lungenstrongylose bei Rind, Schaf und Schwein. Selten dagegen sind die sogenannten ***Narbenemphyseme***, die durch Retraktion in der Umgebung chronisch-indurierender Entzündungen (Tuberkulose, Pneumokoniosen) von Lunge und Pleura entstehen können.

Das **chronische universelle alveoläre Emphysem** kommt vor allem beim Pferd vor und ist durchweg Folge einer chronischen Bronchiolitis und Peribronchiolitis (s. S. 81). Entgegen früheren Ansichten führt die Hyperventilation der Lunge infolge starker körperlicher Beanspruchung nicht zum chronischen alveolären Emphysem. Clenbuterol s. S. 80.

Eine weitere Form des chronischen universellen Emphysems ist das *vikariierende* (kompensatorisches oder kollaterales), das besser als **Überdehnungsemphysem** bezeichnet wird. Es entsteht nach Resektion oder Verödung von Lungenlappen, wenn sich die Restlunge durch Dehnung und unter Beibehaltung des normalen Alveolendruckes den Raumverhältnissen des Thorax anpassen muß, und führt nicht zum destruktiven Emphysem mit all seinen Folgen. Beim Haustier spielt es keine Rolle. Fälschlicherweise wird aber das herdförmige akute und chronische Obstruktionsemphysem oft als vikariierendes Emphysem infolge inspiratorischer Überbelastung angesehen.

3.5.4.2 Interstitielles Emphysem

Interstitielle Emphyseme entstehen durch Lufteintritt in das Lungenzwischengewebe. Dabei kommt es im interlobulären Bindegewebe und unter der Pleura zur Entstehung perlschnurartig angeordneter Bläschen und Blasen. Über die Lymphspalten und Gefäße kann die Luft in die regionären Lymphknoten, in das Mediastinum und sogar in die Unterhaut gelangen (s. S. 499). Das interstitielle Emphysem ist beim **Rind** wesentlich häufiger als bei den anderen Haustieren. Es entsteht meist durch Überdehnung und Zerreißung von Alveolen beim Schlachten, nach akuten und chronischen Obstruktionsemphysemen, bei Lungenstrongylose, chronisch-interstitiellen Pneumonien (Abb. 3.13), forciertem Husten und Überdruckbeatmung. Weiterhin kommen Verletzungen (Rippenbrüche), Fremdkörper (Rind) und stumpfe Gewalteinwirkungen als Ursachen in Betracht.

3.5.4.3 Folgen des Emphysems

Die Folgen hängen in erster Linie vom Ausmaß des Emphysems ab und resultieren sowohl aus der Beeinträchtigung der alveolären Ventilation (geringe Elastizität,

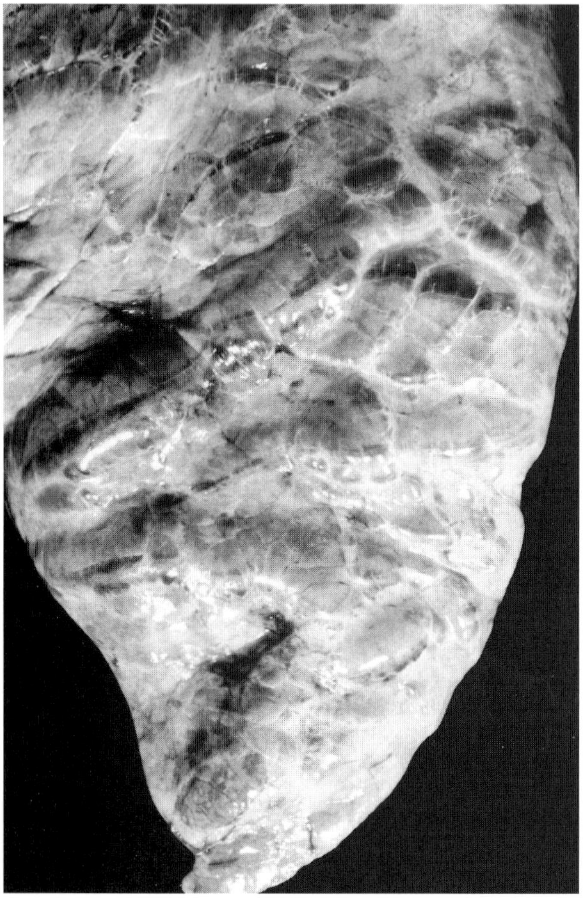

Abb. 3.13 Interstitielles Lungenemphysem, Rind.

Vergrößerung der Restluftmenge, höherer intraalveolärer Druck, geringere Sauerstoffsättigung) als auch der verminderten Lungenperfusion (Reduktion von Kapillarstrecken durch Alveolarseptenrisse mit Fibrose, Erhöhung des Strömungswiderstandes, Anstieg der CO_2-Spannung mit Vasokonstriktion, Ischämie) sowie aus Diffusionsstörungen. In ausgedehnten Fällen kommt es zur erheblichen Verkleinerung der respiratorischen Oberfläche und damit zur Reduktion des Gasaustausches. Besonders bei Belastung entstehen Atembeschwerden (Erhöhung der Frequenz, angestrengte Atmung und verzögerte Beruhigung), die unter Umständen zur allgemeinen Zyanose und auch zum Tode führen können. Durch Einengung der Lungenstrombahn kann sich weiterhin ein *Cor pulmonale* (s. S. 89) entwickeln. Spontanpneumothorax durch Einreißen der Lungenbläschen ist besonders bei bullösen und interstitiellen Emphysemen bekannt.

3.5.4.4 Weideemphysem des Rindes

Das Weideemphysem *(Fog Fever, Fog* = Grummet; *Öhmdgrasfieber; akutes Ödem* und *Emphysem der Lunge, interstitielle Pneumonie des Rindes)* tritt bei erwachsenen Rindern kurze Zeit nach Verbringen von kargen auf saftige Weiden besonders im Herbst, seltener auch im Frühjahr auf. Klinisch steht die hochgradige, nicht selten zum schnellen Tod führende Atemnot im Vordergrund (Morbidität 10–60%, Letalität 25–50%). Bei den gestorbenen Tieren findet man nahezu regelmäßig *akute Stauungslunge, Lungenödem, diffuses interstitielles Emphysem, hyaline Membranen, mononukleäre interstitielle Infiltrate* und *Hyperplasie der Typ II-Pneumozyten* (s. S. 82). Ein weitgehend gleichartiges Krankheitsbild findet man bei der respiratorischen Form der Rapsvergiftung, bei Aufnahme anderer Brassica-Arten und von verschimmelten Süßkartoffeln. Experimentell kann das Weideemphysem durch eine einmalige orale Verabreichung von L-Tryptophan erzeugt werden.

Die Lungenveränderungen werden durch ***3-Methylindol*** ausgelöst, das in den Vormägen durch Mikroorganismen aus dem in den genannten Pflanzen vorhandenen L-Tryptophan gebildet wird. Nach Resorption gelangt es mit dem Blut in die Lunge, in der es durch mischfunktionelle Oxidasen zu einem pneumotoxischen Zwischenprodukt umgewandelt wird. Differentialdiagnostisch ist in erster Linie die atypische interstitielle Pneumonie (s. S. 97) abzugrenzen.

Bei dem vor allem in Norwegen bei **Schaflämmern** auftretenden **akuten Atemnotsyndrom** *(Acute Respiratory Distress Syndrome),* das mit einer Mortalität bis 36% einhergehen kann, findet man ein herdförmiges interstitielles und alveoläres Emphysem und Ödem, akute Stauung, perivaskuläre granulozytäre Infiltrate in der Lunge sowie eine Glomerulonephritis und herdförmige nichteitrige interstitielle Nephritis. Die Ursache ist unbekannt, allergische Prozesse und übermäßige Histaminproduktion im Pansen nach Verbringen der Lämmer auf saftige Weiden werden vermutet.

3.5.5 Kreislaufstörungen

3.5.5.1 Ischämie, aktive Hyperämie

Die **Ischämie** der Lunge ist entweder Teilerscheinung einer Anämie (Schlachtung, Verbluten, Mangelanämien u. a.) oder lokal bedingt. Örtlich wird sie bei Kompressionen (Kollaps bei Pneumothorax, raumfordernde Prozesse im Thorax, Emphysem) und Verlegungen oder Verödungen des Lungenkapillarnetzes (Embolie, Pneumonie, chronisches Emphysem, Lungenfibrose) beobachtet. Eine reflektorische Minderdurchblutung entsteht bei Hypoventilation einzelner Lungenteile, da der Sauerstoffmangel in den Alveolen zur Konstriktion der Arteriolen führt.

Die **aktive Hyperämie** kommt vor allem bei Pneumonien vor. Sie wird weiterhin beobachtet bei zu rascher Entfernung pleuritischer Exsudate (Unterdruck im Thorax), bei Aufenthalt in großer Höhe (Luftdruck sinkt, Blutdruck steigt) und bei Irritationen der Kreislaufzentren, besonders infolge von Hirnschäden. Herz- und Gefäßmißbildungen mit Links-Rechts-Shunt sowie Pulmonal- und Trikuspidalstenosen (Aortalisation des kleinen Kreislaufs) können ebenfalls zur akuten Lungenhyperämie führen.

3.5.5.2 Lungenstauung

Die Lungenstauung *(passive Hyperämie, Stauungshyperämie)* ist die Folge eines gestörten Abflusses des Blutes aus der Lunge in die linke Herzvorkammer.

Die **akute Lungenstauung** kommt bei Linksherzinsuffizienz vor, die hauptsächlich durch Entzündungen und Degenerationen des Myokards und Herzmuskelinfarkte verursacht wird. Gewicht und Volumen der Lungen sind dabei erhöht, ihre Farbe ist dunkelblau-rot, die Schnittfläche feucht und blutig. Blutflüssigkeit ist in Alveolen und Bronchien in der Regel vorhanden (akutes Lungenödem).

Die **chronische Lungenstauung** entwickelt sich im Laufe von Monaten und Jahren besonders im Gefolge einer Stenose oder Insuffizienz der Mitralklappen (Endokarditis s. S. 9f., Fibrose s. S. 11). Sie führt über eine zunehmende Fibrose des Lungengerüstes zur *Lungeninduration.* Durch den erhöhten Druck in den Lungenvenen kommt es weiterhin zur *Kapillarsklerose (Gerüstsklerose)* und anschließend infolge alveolärer Hypoxie auch zur *Intimasklerose* im Aufzweigungsgebiet der A. pulmonalis *(Pulmonalsklerose).* Erythrozyten, die im Rahmen der Stauungsvorgänge in Alveolen oder Interstitium austreten, werden von Alveolarmakrophagen aufgenommen und abgebaut. Diese hämosiderinreichen Zellen lösen sich ab und werden mit dem Bronchialsekret entfernt. Sie werden als *Herzfehlerzellen* bezeichnet und kommen beim Menschen wesentlich häufiger vor als beim Tier (Abb. 3.14). *Hauptfolgen* der chronischen Stauungslunge sind schwere Störungen der Perfusion und Diffusion, Einschränkung der Vitalkapazität und Stauungsbronchitis (s. S. 81). *Makroskopisch* ist die Lunge unvollständig retrahiert, von derber Konsistenz und rötlicher, eventuell leicht bräunlicher Farbe (Hämosiderin). Das typische Bild der roten und braunen Lungeninduration des Menschen wird bei Haustieren kaum beobachtet, da diese in der Regel schon vor Erreichung dieses Zustandes euthanasiert werden.

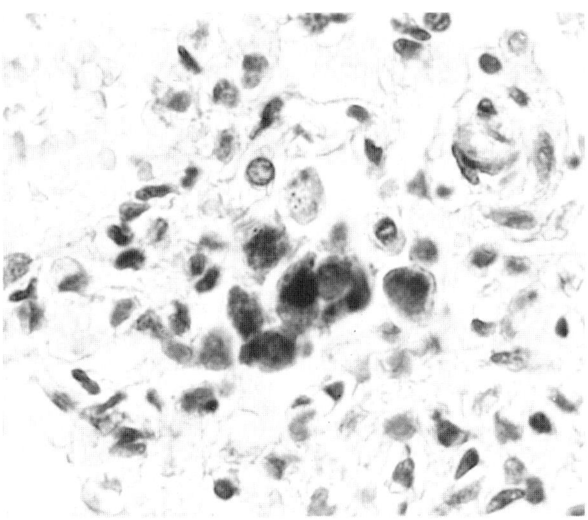

Abb. 3.14 Herzfehlerzellen (Hämosiderin-haltige Alveolarmakrophagen) bei chronischer, kardial bedingter Lungenstauung, Hund. Berliner-Blau-Färbung, 700 x.

3.5.5.3 Lungenödem

Das Lungenödem entsteht durch Austritt von Blutflüssigkeit in Alveolarräume und/oder interstitielles Gewebe (alveoläres und interstitielles Lungenödem). Durch Vermischung mit Luft und durch die „Waschmittelwirkung" des Surfactants wird sie schaumig und kann bis in die oberen Luftwege vordringen.

Bei **akutem Lungenödem** sind die Kapillaren zu Beginn blutreich und weit, bei voller Ödemausbreitung dagegen häufig blutarm und eng. Demzufolge ist die akut ödematöse Lunge von rötlicher oder blasser Farbe. Sie ist weiterhin schwer, nicht retrahiert und von teigiger Konsistenz. Fingereindrücke bleiben längere Zeit bestehen. Von der Schnittfläche fließt, besonders bei Druckanwendung, eine wässerige, feinschaumige Flüssigkeit ab, die durch Blutbeimengungen auch rötlich sein kann. Beim **chronischen Lungenödem,** das weitgehend der chronischen Lungenstauung entspricht, ist die Flüssigkeit reich an desquamierten Alveolarepithelien, deshalb von trüber Farbe und häufig auch eingedickt.

Für die **Entstehung** des Lungenödems kommen vor allem Steigerung des hydrostatischen Druckes in A. pulmonalis und/oder Vv. pulmonales und Erhöhung der Kapillarpermeabilität in Betracht. Drucksteigerungen sind meist kardial bedingt, das Ödem die Folge einer Lungenstauung. ***Neurogene Lungenödeme*** entstehen durch Reizung des Vasomotorenzentrums (vor allem infolge von Hirntraumata), wodurch das Blutvolumen in der Lunge infolge einer Vasokonstriktion in der Peripherie stark ansteigt. Bei der perakut bis akut verlaufenden AUJESZKYschen Krankheit des Hundes und der Katze, die besonders mit einer Hirnstammenzephalitis (s. S. 396) einhergeht, findet man als regelmäßigen und oft einzigen Sektionsbefund ein ausgeprägtes Lungenödem, das offensichtlich neurogen bedingt ist. Durch Permeabilitätserhöhung ausgelöste Ödeme kommen besonders vor bei Enterotoxämie der Schweine (s. S. 181) und Schafe, Weideemphysem (s. S. 86), Vergiftungen (Thioharnstoffe, vor allem Antu; Kampfgase, besonders Phosgen; Urämie) sowie bei vielen allergischen und entzündlichen Prozessen der Lunge. Durch übermäßige parenterale Flüssigkeitszufuhr (z. B. Überwässerungstherapie bei der COPD) kann es auch zum akuten Lungenödem kommen. *Fumonisine* (Fusarientoxine) führen beim Schwein zu hochgradigem Lungenödem und Hydrothorax (Porcine Pulmonary Edema Syndrome). Leber- und Pankreasdegenerationen können ebenfalls vorkommen. Niere s. S. 255.

Differentialdiagnostisch ist daran zu denken, daß im Gefolge der beim Haustier üblichen Euthanasieverfahren häufig akute Hyperämien und Ödeme der Lunge entstehen. Das *agonale Ödem* entwickelt sich auch im Zusammenhang mit der Hypostase (s. S. 83). Die Brühwasserlunge des Schweines (s. S. 83) läßt sich durch Nachweis von Schmutz und Haaren, die im Brühwasser enthalten sind, leicht von einem Lungenödem unterscheiden.

Akute ausgedehnte Lungenödeme können in kurzer Zeit wegen Behinderung des Gasaustausches und Luftwechsels (Schaumbildung!) zum Tod führen. Nach Beseitigung der Ursache kann es aber auch zur Resorption der ausgetretenen Flüssigkeit über die Lymphspalten und -gefäße und zur Restitutio ad integrum kommen. Chronische Ödeme haben weitgehend gleiche Folgen wie die chronische Lungenstauung (s. S. 87).

Die **Afrikanische Pferdepest** (AP) wird durch ein *Orbivirus* (verschiedene Stämme) der Familie *Reoviridae* verursacht. Die Virusübertragung erfolgt durch blutsaugende Arthropoden, v. a. durch *Culicoides spp.* Die Krankheit kommt auch in Asien und auf der Iberischen Halbinsel vor und ist in allen EU-Staaten wegen der drohenden Einschleppungsgefahr anzeigepflichtig. In nicht-endemischen Gebieten geht die AP bei Pferden mit hoher Letalität (bis 90%) einher. Bei Maultieren und besonders bei Eseln verläuft die Infektion wesentlich milder oder, wie beim Zebra, klinisch inapparent (Virusreservoir). Die Virusvermehrung erfolgt primär in den regionären Lymphknoten, etwas später dann im übrigen lymphatischen Gewebe und besonders auch in den Endothelien kleiner Blutgefäße. Bei der ***pulmonalen (akuten) Verlaufsform*** kommt es durch die Endothelschädigung zur Entstehung eines Hydrothorax und eines hochgradigen, schnell zum Tod führenden Lungenödems. Bei der ***kardialen (subakuten) Form*** findet man vor allem Hydroperikard, Myokarddegeneration, subendokardiale Blutungen sowie charakteristische subkutane Ödeme in Kopf- und Halsbereich. Gelegentlich kommt es auch bei der kardialen Form zur Ausbildung eines Lungenödems ***(kombinierte Verlaufsform).*** **Hunde** können durch Aufnahme von Fleisch oder Organen infizierter Pferde erkranken und spielen deshalb möglicherweise in der Epidemiologie der AP eine Rolle.

3.5.5.4 Hyaline Membranen

Hyaline Membranen können als besondere Form des Lungenödems angesehen werden. Es handelt sich dabei um histologisch sichtbare Glukosaminoglykan-Protein-Kondensate, die tapetenartig Alveolen, aber auch Alveolargänge und Bronchiolen auskleiden (Abb. 3.20 B) und zu schweren Diffusionsstörungen führen. Sie werden in erster Linie bei neugeborenen Menschen *(idiopathisches Atemnot-Syndrom),* seltener auch bei neugeborenen Fohlen, Lämmern, Ferkeln, Katzen- und Hundewelpen beobachtet. Als Ursache wird eine Unreife der Lunge mit erhöhter Kapillarpermeabilität und Unvermögen, Surfactant (s. S. 82) zu bilden, angesehen. Hyaline Membranen treten aber auch auf bei Weideemphysem, Farmerlunge, atypischer interstitieller Pneumonie, Schock, Urämie (sogenannte urämische Pneumonie, s. S. 94), verminöser Pneumonie und nach Inhalation von reizenden Gasen.

Beim rezessiv vererbten sogenannten *Barker (Neonatal Respiratory Distress) Syndrom des Schweines* liegen gleichartige Lungenveränderungen (hyaline Membranen, Unreife des Alveolarepithels mit Verminderung der Pneumozyten II und des Phospholipid-Lezithingehaltes), bei einem Teil der Tiere zusätzlich noch ein Hypoparathyreoidismus vor.

3.5.5.5 Blutungen

Rhexisblutungen entstehen vor allem durch in die Lunge eindringende Knochensplitter nach Rippenfrakturen, Quetschungen nach schweren Brusttraumen (Verkehrsunfälle), durch Stich- und Schußverletzungen, Fremdkörper sowie Druck- und Sogwirkungen nach Explosionen. **Arrosionsblutungen** werden gelegentlich bei Lungengangrän, Thrombembolien und bei Rotz, nicht dagegen, wie häufig beim Menschen, im Gefolge der Tuberkulose gesehen. Verblutungen, Blutaspiration mit nachfolgendem Erstickungstod, Hämoptoe oder Hämothorax können die Folgen sein.

Bei fast 50% der **Renn- und Springpferde** findet man bei der endoskopischen Untersuchung unmittelbar nach Beendigung der Belastung **Lungenblutungen,** die meist geringfügig sind und nur bei ca. 1 % der Tiere mit Epistaxis (s. S. 71) einhergehen ***(Exercise Induced Pulmonary Hemorrhage)***. Die Ursachen sind nicht genau bekannt. Wahrscheinlich kommt es bei der starken Lungenbelastung zur Überdehnung und Zerreißung von Alveolarsepten in Bereichen, die durch entzündliche Prozesse (herdförmige Bronchiolitis s. S. 81) oder kleine Narben in ihrer Ausdehnungsfähigkeit eingeschränkt sind. Dafür würde auch sprechen, daß die Blutungen zwar schon bei Pferden ab dem 2. Lebensjahr, mit zunehmendem Alter aber immer häufiger auftreten. Auch bei **Rennkamelen** werden ähnliche Lungenblutungen gefunden.

Diapedesisblutungen unterschiedlicher Form kommen unter anderem bei toxischen (Urämie, Dikumarolvergiftung) und infektiösen Prozessen, Asphyxie und akuter Hypoxie (Erstickungsblutungen), Lungenstauung sowie reflektorisch bei Hirntraumen (Schlachtblutungen) vor. Die regionären Lymphknoten nehmen dabei häufig infolge Blutresorption eine rote Farbe an.

Blutaspiration wird häufig bei Schlachttieren gesehen, wenn beim Durchschneiden der Halsgefäße auch die Trachea verletzt wird. Dabei kann es zur Ausbildung von dunkelroten, lobulär begrenzten Bezirken oder petechienartigen Veränderungen kommen. Letztere entstehen, wenn eingedrungenes Blut durch forcierte agonale Atmung zerstäubt wird und so bis in die Alveolen gelangen kann. Die petechialen Blutaspirationen sind vor allem von Blutungen bei akuter Miliartuberkulose und akuten Parasiteninvasionen abzugrenzen. Blutresorptionslymphknoten s. S. 60.

3.5.5.6 Lungenembolie

Die **Thrombembolie** nimmt ihren Ausgang von Thrombosen der Venen (Lokalisationen s. S. 41f.) und thrombosierenden Endokarditiden des rechten Herzes (s. S. 10). Die Emboli können auf dem Blutweg einmalig oder wiederholt (rezidivierend) über das rechte Herz in die Äste der *A. pulmonalis* verschleppt werden.

Die ***Folgen*** hängen in erster Linie von der Größe und Zahl der Emboli, der Leistungsfähigkeit des Herzens und der Grundkrankheit ab. Wenn der Hauptstamm der *A. pulmonalis* verlegt wird, dann kommt es zum *Sekundenherztod.* Verlegungen einzelner, mittlerer oder kleinerer Pulmonalarterien führen bei gesundem Herz nicht zum hämorrhagischen *Infarkt,* da die betroffenen Gebiete durch die Bronchialarterie ausreichend versorgt werden. *Rezidivierende Mikroembolien* bedingen pulmonale Hypertonie mit Pulmonalsklerose und schließlich ein chronisches *Cor pulmonale* (s. unten).

Die Thrombembolie führt zum **hämorrhagischen Lungeninfarkt,** wenn gleichzeitig der venöse Abfluß gestört ist, d. h. eine chronische Lungenstauung (s. S. 87) vorliegt. Die Bronchialarterien können dann nicht mehr genügend nutritives Blut in die Lunge bringen, infolge Hypoxie stirbt das betroffene Gewebe ab und wird durch aus den gestauten Kapillaren austretendes Blut rot gefärbt. Je nach Kaliber des verlegten Astes der Pulmonalarterie ist der Infarkt unterschiedlich groß, oft keilförmig zum Lungenhilus orientiert, über das Pleuraniveau vorspringend und von derber Konsistenz. Größere Infarkte, wenn sie nicht zum Tode führen, heilen unter Narbenbildung ab, kleinere können vollständig resorbiert werden. Infizierte Emboli führen zu septischen Infarkten mit eitrigen Einschmelzungen oder zur embolisch-metastatischen Pneumonie (s. S. 100).

Die **Fettembolie** kommt besonders nach Knochenbrüchen und Quetschungen von subkutanem Fettgewebe vor. Fetttröpfchen gelangen dabei in die eröffneten Venen des Verletzungsgebietes und mit dem Blut in die Lunge, wo sie sich in den Lungenkapillaren ansammeln und zu einem erhöhten Strömungswiderstand führen. Ist mehr als ein Drittel der Lungenkapillaren verstopft, dann tritt Tod infolge Herzversagens ein. Liegen gleichzeitig auch Schockzustände vor, dann kann auch schon eine weniger massive Fettembolie zum Tod führen. Nicht selten werden Fetttröpfchen auch durch die Lungen gepreßt und können dann zur Embolie, vor allem in Gehirn (meist tödlich!), Nieren und Herzmuskel führen. Beim Haustier sind tödliche Fettembolien sehr selten. Meist sind sie geringfügig und fallen klinisch und morphologisch nicht auf. Differentialdiagnostisch ist das postmortale Zusammenfließen von Fetttröpfchen bei bestehender Lipämie *(Diabetes mellitus,* Hyperlipämie der Ponies) abzugrenzen.

Eine massive **Tumorzellembolie** mit Durchsetzung der gesamten Lunge (sog. *krebsige Pneumonie)* wird bei infiltrativ wachsenden Mammakarzinomen der Hündin und Katze nicht selten gefunden (s. S. 318).

Andere Embolieformen: Haare nach intravenöser Injektion, vor allem bei Labortieren; fibrokartilaginäre Embolie nach Bandscheibenvorfall (s. S. 376). Diese Emboli verursachen häufig Granulome vom Fremdkörpertyp. Dirofilaria immitis s. S. 26.

3.5.5.7 Cor pulmonale

Nach der WHO-Definition versteht man darunter die *Vergrößerung (Hypertrophie, Dilatation) des rechten Her-*

zens, verursacht durch Erkrankungen, die Rückwirkungen haben auf Funktion und Struktur der Lunge. Nicht zum Cor pulmonale rechnet man die Herzhypertrophie infolge von Herzmißbildungen und von primären Erkrankungen des linken Herzens. Beim Cor pulmonale kommt es zur *alveolären Hypoxie,* die zunächst eine funktionelle *Vasokonstriktion,* bei längerer Dauer auch eine strukturelle Verengung der Endstrombahn der Lungenarterien *(Pulmonalsklerose)* bedingt. Die *Folge* ist ein erhöhter Widerstand im Lungenkreislauf, den das rechte Herz durch Mehrarbeit überwinden muß, was wiederum zum Druckanstieg im kleinen Kreislauf, zur *pulmonalen Hypertonie,* führt. Infolge dieser Mehrbelastung kommt es zur *kompensatorischen, konzentrischen Hypertrophie der rechten Herzkammer (chronisches Cor pulmonale),* die im Laufe der Zeit *exzentrisch* wird *(Dilatation)* und letztlich zur *Rechtsherzinsuffizienz* mit Stauung im großen Kreislauf (Leber!) führt.

Hauptursachen des **chronischen Cor pulmonale** sind alveoläre Hypoxien infolge chronischer Atelektasen, Emphyseme, rezidivierender Mikroembolien (vor allem bei der Herzwurmkrankheit des Hundes, s. S. 26), Pneumonien und Pneumokoniosen. Bei der ***Höhenkrankheit (Brisket Disease,*** s. S. 496), die vor allem bei Rindern, seltener bei Pferden und Schafen, die auf über 2500 m hoch gelegene Weiden verbracht werden, gesehen wird, kann es infolge Sauerstoffmangels ebenfalls zu einem chronischen Cor pulmonale kommen. Unterhautödeme, besonders in der Trielgegend (Brisket), kennzeichnen vor allem beim Rind das Krankheitsbild. *Extrapulmonale Ursachen* (Adipositas, raumfordernde Prozesse im Thorax, Pleuraschwarten, Kyphoskoliose u. a.) spielen beim Tier keine besondere Rolle.

Das **akute Cor pulmonale** ist durch Rechtsdilatation ohne vorausgegangene Hypertrophie gekennzeichnet und tritt besonders bei massiver Lungenembolie auf (s. S. 89, sogenanntes Schrapnellschußembolie).

3.5.6 Stoffwechselstörungen

Die **Lungenhämosiderose** ist entweder Folge einer chronischen Lungenstauung (s. S. 87), von Lungenblutungen oder Teilerscheinung einer allgemeinen Hämosiderose nach hämolytischen Anämien. Herdförmige Hämosiderinablagerungen, die nicht mit einer Melanosis maculosa verwechselt werden dürfen, kommen nicht selten beim Meerschweinchen vor.

Bei Hunden und Katzen wird gelegentlich eine tumorförmige **Amyloidose** mit Granulombildung beobachtet. Altersamyloidose s. S. 31.

Herdförmige **Lipidablagerungen** werden als weißlich-gelbe Plättchen oder Knötchen, oft strangartig angeordnet und subpleural gelegen, nicht selten bei Nagern, kleinen Pelztieren, Hunden und Katzen angetroffen. Histologisch handelt es sich dabei um Schaumzellenansammlungen ***(alveoläre Histiozytose)*** oder ***Cholesteringranulome*** mit TOUTONschen Riesenzellen. Die Ursache ist unbekannt. Differentialdiagnostisch sind lokale Emphysembildungen, herdförmige Lungenparenchymzerstörungen nach intrathorakalen Injektionen (Euthanasie) und tumorförmige Amyloidose zu unterscheiden.

Die alveoläre **Lipidproteinose** kommt beim Haustier sehr selten vor. Sie ist gekennzeichnet durch intraalveoläre azidophile und PAS-positive Ablagerungen von Surfactant-Phospholipiden und -Proteinen. Bei Ratten und Mäusen kann sie vor allem durch silikathaltige Stäube und katamphiphile Substanzen (auch generalisierte Phospholipidose) ausgelöst werden. Lipidpneumonie s. S. 101.

Verkalkungen sind entweder metastatischer oder dystrophischer Natur. Erstere führen zum Bild der sogenannten *Bims-* oder *Tuffsteinlunge.* Das verkalkte Lungengewebe ist diffus, ast- oder herdförmig verdichtet, besitzt eine reibeisenartige Konsistenz, ist von schwammiger Struktur und grau-weißer Farbe. Bezüglich der Ursachen sei auf das bei der Kalzinose der Arterien (s. S. 32) und der urämischen Pneumonie (s. S. 94) Gesagte verwiesen. Dystrophische Verkalkungen findet man vor allem bei der Tuberkulose und parasitären Prozessen *(Chalikosis)* sowie gelegentlich auch beim CUSHING-Syndrom (s. S. 475). *Mikrolithen,* z. T. mit Verknöcherung sind selten und häufig von einer Fremdkörperreaktion begleitet.

Diffuse oder herdförmige **Verknöcherungen** entstehen in der Regel durch Metaplasie von Bindegewebszellen im Anschluß an entzündliche Prozesse oder Verkalkungen. Makroskopisch gleicht die diffuse Lungenverknöcherung dem Bild der Bimssteinlunge. Multiple miliare subpleural gelegene Lungenverknöcherungen findet man häufig bei älteren Hunden. Sogenannte *Lungenosteome* sind selten (Hamartie).

Ceroidablagerungen werden sehr häufig in der Lunge von Dachsen beobachtet, wobei pathogenetische Beziehungen zu Lungenwurmbefall und entzündlichen Prozessen bestehen dürften.

3.5.7 Entzündungen

Die **Lungenentzündungen (Pneumonien)** sind durch Gewebsverdichtungen, bedingt durch Exsudate und/oder zellige Infiltration gekennzeichnet, die zur Verminderung des Luftgehaltes des Organes führen. Je nachdem, ob die entzündlichen Prozesse überwiegend im respiratorischen oder interstitiellen Gewebe ablaufen, kann man zwischen *alveolären* und *interstitiellen Pneumonien* unterscheiden. Beginnen die entzündlichen Prozesse multizentrisch in Form kleiner herdförmiger Verdichtungen, die sich später weiter ausbreiten, dann spricht man von einer *lobulären Pneumonie* oder *Herdpneumonie.* Diese Formen bezeichnet man auch als *Bronchopneumonien,* da die lobulären entzündlichen Veränderungen in der Regel ihren Ausgang von Bronchien beziehungsweise Bronchiolen nehmen.

Im Gegensatz dazu steht die *lobäre Pneumonie,* bei der schlagartig ein oder mehrere ganze Lungenlappen erkranken. Diese kommt beim Menschen in Form der lobären fibrinösen Pneumonie vor und ist durch eine aerogene Infektion mit Pneumokokken *(Streptococcus pneumoniae*, sogenannter Phagozytoseausweicher) bedingt. Beim Haustier ist sie selten (Schwein und Schaflamm s. S. 94).

Ursachen der Pneumonien sind vor allem Bakterien, Pilze, Mykoplasmen, Chlamydien, Viren, Parasiten, reizende Gase und aspiriertes Fremdmaterial. Haltungs- und Fütterungsfehler (Erkältung, Futterumstellung, Mangelernährung u. a.) sowie andere Krankheiten mit nachfolgender Resistenzminderung spielen dabei als dispositionelle Faktoren eine wichtige Rolle. Die **Hauptfolgen** bestehen in Behinderung der Lungenfunktionen, Ausschwemmung von Erregern und Toxinen in die Peripherie und Herzmuskelschäden (toxisch und hypoxisch).

Für die **Morphologie** der Pneumonien sind neben der Art der Noxen besonders der Weg, auf dem diese in die Lunge gelangen (aerogen, hämatogen, lymphogen), die Tierart und die Reaktionslage des Organismus von Bedeutung. Die verschiedenen Bilder der Pneumonien überschneiden sich häufig und sind nicht spezifisch. Sie erlauben aber trotzdem weitreichende Rückschlüsse auf die Krankheitsursache.

Unter Berücksichtigung dieser Gesichtspunkte können die Pneumonien der Haustiere in folgender Weise eingeteilt werden.

I. Alveoläre Herdpneumonien
   1. Fibrinöse Bronchopneumonie
   2. Katarrhalisch-eitrige Bronchopneumonie
II. Interstitielle Pneumonien
III. Sonderformen
   1. Embolisch-metastatische Pneumonie
   2. Aspirationspneumonie
IV. Granulomatöse Pneumonien

3.5.7.1 Alveoläre Herdpneumonien

3.5.7.1.1 Fibrinöse Pneumonien

Ursächlich kommen vor allem aerogene Infektionen mit *Pasteurella multocida* (primär oder sekundär nach Virusinfektionen) und *Mykoplasmen in* Betracht. Bevorzugt betroffen sind Spitzen- und Herzlappen sowie der kranioventrale Bereich der Hauptlappen. In der Regel ist auch die Pleura über den erkrankten Lungenbezirken entzündlich verändert ***(Pleuropneumonie)***.

Zu Beginn steht eine im Lobus multizentrisch auftretende Entzündung der Bronchiolen, die sich peri- und endobronchial weiter ausbreitet. Im Zuge der peribronchialen Ausbreitung werden die dort befindlichen Lymphgefäße erfaßt, die wiederum mit den perivaskulären Lymphscheiden (besonders stark ausgebildet bei Rind und Schwein) und den subpleuralen Lymphgefäßen in Verbindung stehen (lymphogene Ausbreitung mit Lymphangiektasien und Thrombosen). Auf endobronchialem Wege erkranken die zugehörigen Acini, die sich mit entzündlichem Exsudat füllen und konfluieren (azinöse Pneumonie, konfluierende = lobuläre Pneumonie), so daß schließlich große, aber nicht unbedingt alle Teile eines Lungenlappens betroffen sind. Dadurch und wegen der zeitlich verschieden ablaufenden entzündlichen Vorgänge in ein und denselben Lungenlappen kommt es zu einem bunten Nebeneinander von normalem und entzündlich verändertem Gewebe verschiedenen Alters (***bunte Marmorierung*** *bei* Rind und Schwein, Tafel III. A).

Im **zeitlichen Ablauf** der fibrinösen Pneumonie lassen sich die Stadien der Anschoppung (Stadium incrementi), der roten Hepatisation (Hepatisatio rubra), der grauen Hepatisation (Hepatisatio grisea) und der Lösung (Lysis) beziehungsweise der Organisation unterscheiden. Dabei ist aber zu beachten, daß Übergänge und tierartliche Besonderheiten bestehen.

Im Stadium der ***Anschoppung*** ist der erkrankte Lungenlappen vergrößert, schwer und von dunkelroter Farbe. Von der Schnittfläche fließt reichlich grau-rote Flüssigkeit. Histologisch findet man eine pralle Füllung der Kapillaren und in den Alveolen eine leicht eosinophile homogene oder feinkörnige Eiweißmasse, untermengt mit einzelnen Erythrozyten, Granulozyten und desquamierten Alveolardeckzellen (Abb. 3.15 A).

Im Stadium der ***roten Hepatisation*** sind die Kapillaren immer noch prall mit Erythrozyten gefüllt, wodurch der rote Farbton des erkrankten Gewebes entsteht. Die veränderten Lungenteile sind voluminös und fühlen sich kompakt wie Lebergewebe *(Hepatisation,* Tafel III A) an. Die Schnittfläche ist dunkelrot und trocken-brüchig. Das interlobuläre Interstitium wird bei Rind und Schwein zu breiten,

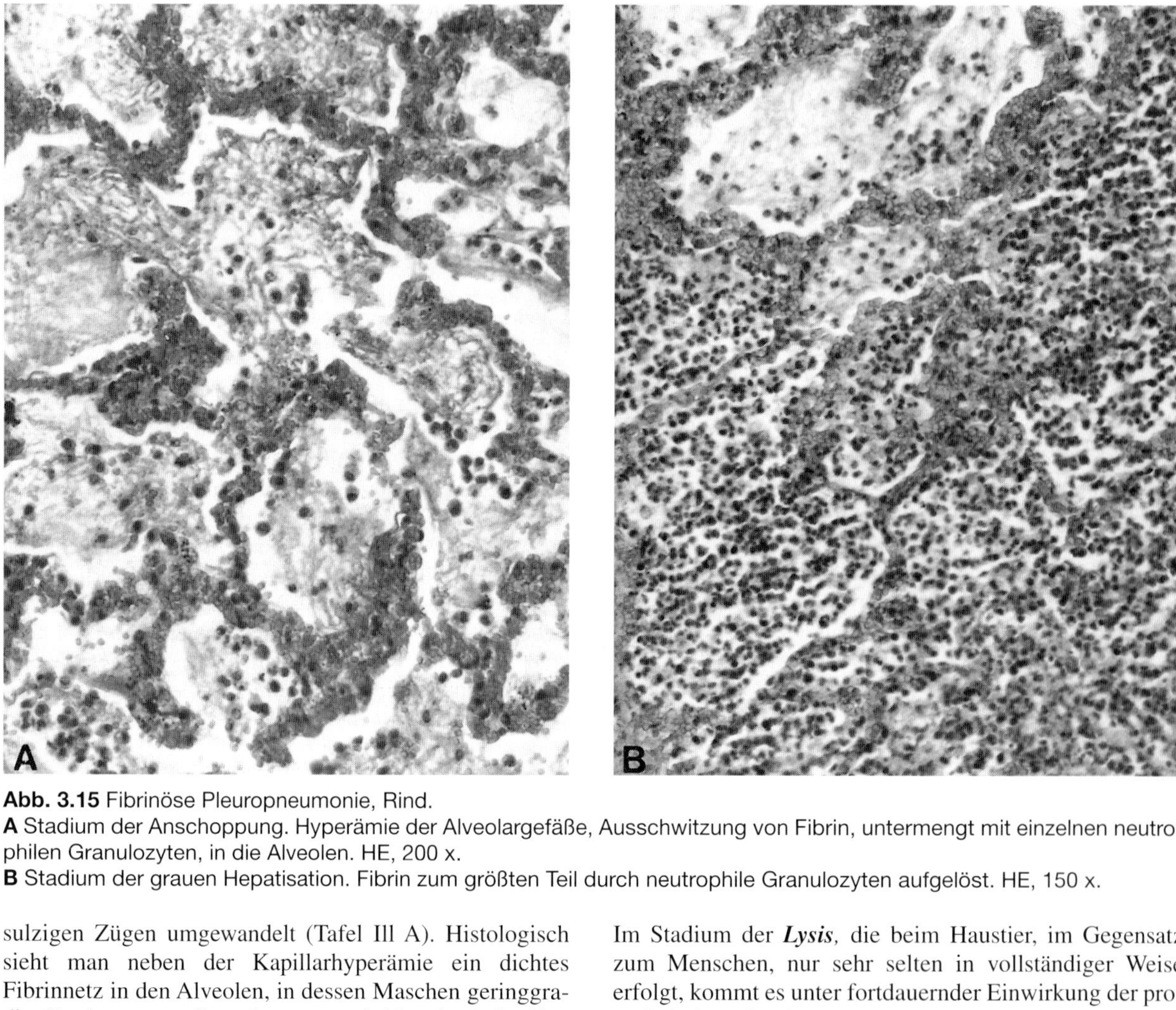

Abb. 3.15 Fibrinöse Pleuropneumonie, Rind.
A Stadium der Anschoppung. Hyperämie der Alveolargefäße, Ausschwitzung von Fibrin, untermengt mit einzelnen neutrophilen Granulozyten, in die Alveolen. HE, 200 x.
B Stadium der grauen Hepatisation. Fibrin zum größten Teil durch neutrophile Granulozyten aufgelöst. HE, 150 x.

sulzigen Zügen umgewandelt (Tafel III A). Histologisch sieht man neben der Kapillarhyperämie ein dichtes Fibrinnetz in den Alveolen, in dessen Maschen geringgradig Erythrozyten, Granulozyten und Alveolardeckzellen eingelagert sind. Die Lymphgefäße des Interstitiums sind erweitert und thrombosiert. Thrombosen kleiner Venen, seltener auch kleiner Arterien kommen ebenfalls vor.

Im Stadium der ***grauen Hepatisation*** ist das betroffene Lungengewebe von grau-gelber Farbe, voluminös, trocken und kompakt, herausgeschnittene Stücke sinken, wie bei den vorhergehenden Stadien, im Wasser unter. Histologisch sieht man in den Kapillaren zahlreiche Granulozyten, die in großer Zahl in das Alveolarexsudat einwandern und dort das Fibrinnetz allmählich enzymatisch auflösen (Abb. 3.15 B). Die Wiedereröffnung thrombosierter Gefäße setzt in diesem Stadium ein. Die gelbliche Farbe, die am Ende dieses Stadiums beobachtet werden kann, kommt durch den hohen Fettgehalt der Granulozyten, bedingt durch Phagozytose zugrunde gegangener Zellen, zustande.

Im Stadium der ***Lysis,*** die beim Haustier, im Gegensatz zum Menschen, nur sehr selten in vollständiger Weise erfolgt, kommt es unter fortdauernder Einwirkung der proteolytischen Leukozytenenzyme zur Verflüssigung des pneumonischen Exsudates, wobei der betroffene Lungenlappen, ähnlich wie im Stadium der Anschoppung, dunkelrot, flüssigkeitsreich und schwer wird. Die flüssigen Exsudatmassen werden über die Lymphbahnen und Blutkapillaren resorbiert, zum Teil auch ausgehustet. Die Alveolarepithelien regenerieren sich, die betroffenen Lungenlappen werden wieder lufthaltig.

Beim Haustier kommt es häufiger zur ***Organisation*** der entzündlich veränderten Lungenbezirke. In erster Linie ist dies auf die oft fehlende Verflüssigung des fibrinösen Exsudates und die Resorptionsbehinderung infolge der Thrombose von Lymphgefäßen zurückzuführen. Die Organisation erfolgt durch Einsprossen eines gefäßreichen Granulationsgewebes mit dem Ziel der Resorption des in hyalinartige Massen umgewandelten entzündlichen Exsu-

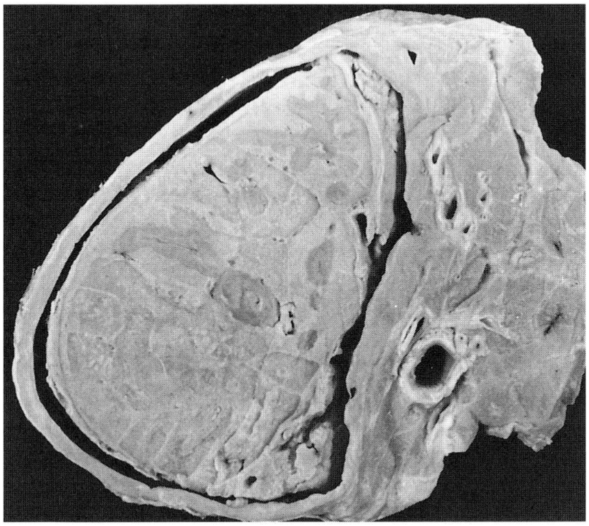

Abb. 3.16 Sequesterbildung bei Lungenseuche *(Mycoplasma mycoides subsp. mycoides),* Rind.

dates. Der betroffene Lungenabschnitt erfährt dabei eine Volumenverminderung und nimmt eine fleischartige Farbe und Konsistenz ***(Karnifikation)*** an. Das Granulationsgewebe wird später in eine faserreiche Narbe umgewandelt ***(Lungeninduration*** oder ***-sklerose).***

Als **Komplikation** kann es besonders bei massiver Infektion zur Nekrose von Lungenläppchen kommen. Diese sind meist zentral eingeschmolzen, grau bis schmutzig-braun und von Granulationsgewebe umgeben *(nekrotisierende fibrinöse Pneumonie).* ***Sequester*** entstehen vor allem bei den durch Mykoplasmen bedingten fibrinösen Pneumonien der Wiederkäuer (Abb. 3.16). Umfangreichere Lungenbezirke sterben dabei infolge Thrombose größerer Gefäße ab, wobei die Struktur des toten Lungengewebes weitgehend erhalten bleibt. Der Sequester wird abgekapselt, seltener auch abgestoßen. Weiterhin kann es zur Bildung von Lungenabszessen, eines Pleuraempyems und bei Zutritt von Fäulnisbakterien zur Lungengangrän kommen.

Rind: Die **Lungenseuche** (Pleuropneumonia infectiosa, Contagious Bovine Pleuropneumonia, Péripneumonie contagieuse) ist heute noch eine verlustreiche Seuche in Afrika und Asien, kommt aber auch in Südamerika, auf der Iberischen Halbinsel und in Osteuropa vor. Der Erreger ist *Mycoplasma mycoides subsp. mycoides (Small Colony Type = sc; Mycoplasma mycoides Cluster* s. S. 94). Die Infektion erfolgt aerogen. Den pneumonischen Veränderungen geht häufig eine Thrombose der Lungengefäße voraus, deren Mechanismus nicht bekannt ist. In der Regel ist nur eine Lungenhälfte betroffen, die Pleura durchweg miterkrankt. Sequesterbildungen (Abb. 3.16), Indurationen, Bronchiektasien und Verwachsungen mit Rippenfell und Herzbeutel sind häufig bei den Tieren zu finden, die die Krankheit überleben (subakutes bis chronisches Stadium der Lungenseuche). Diese Tiere sind als Träger des Erregers für die Weiterverbreitung der Seuche von großer Bedeutung. Bei Streßeinflüssen verschiedener Art kann der chronische Prozeß wieder aufflackern und zum Tode führen. Für die histologische Abgrenzung von fibrinösen Pneumonien anderer Ätiologie sind das Auftreten zahlreicher (nicht einzelner) perivaskulärer Organisationsherde und die besonders starke Erweiterung und Thrombose der Lymphgefäße bei der Lungenseuche von Bedeutung.

Die **Wild- und Rinderseuche** (hämorrhagische Septikämie, Rentierseuche. El Guedda der Dromedare) spielt heute noch in Asien und Afrika eine wichtige Rolle. Sie wird verursacht durch eine naso-oropharyngeale Infektion mit *Pasteurella multocida Typ B* oder *Typ E* ***(primäre Pasteurellose).*** Sie verläuft entweder perakut als hämorrhagische Septikämie, oder akut mit Ödembildung vor allem in der Unterhaut oder/und fibrinöser Pleuropneumonie *(pektorale Form).* Nicht selten liegt auch eine hämorrhagische Gastroenteritis vor *(intestinale Form).* Die Lungenveränderungen sind denen bei der Lungenseuche ähnlich, Sequesterbildungen und perivaskuläre Organisationsherde jedoch wesentlich seltener. Differentialdiagnostisch ist die hämorrhagische Septikämie besonders vom septikämischen Milzbrand abzugrenzen (s. S. 187).

Von der primären Pasteurellose sind die durch **Pasteurellen** komplizierten Pneumonien anderer Ätiologie zu unterscheiden. Es handelt sich dabei um ***sekundäre,*** aerogene Infektionen der Lunge mit *Pasteurella haemolytica* und *Pasteurella multocida Typ A.* Primär liegt meist eine Virusinfektion (s. interstitielle Pneumonie S. 96) vor. Die Krankheit tritt besonders bei schlechten Haltungsbedingungen und nach längeren Transporten auf und wird deshalb auch als Transport- oder Viehmarktfieber, Shipping Fever, Railroad Fever usw. bezeichnet. Die Lungenveränderungen (Tafel III.A) gleichen weitgehend denen bei der primären Pasteurellose, in der Regel kommt es jedoch nicht zur Sequesterbildung. Histologisch kann man unter Umständen in den makroskopisch unverändert erscheinenden Lungenbezirken noch eine interstitielle Pneumonie als Hinweis auf eine wegbereitende Virusinfektion finden. Infektionen mit *Haemophilus somnus* (s. S. 404) können ebenfalls eine fibrinöse Pleuropneumonie verursachen.

Schwein: Die **kontagiöse Pleuropneumonie** entsteht nach aerogener Infektion mit *Actinobacillus pleuropneumoniae.* Sie kann sporadisch, häufig aber auch seuchenartig auftreten und zu großen Verlusten führen. In leichteren akuten Fällen findet man schwarz-rote, scharf abgesetzte Nekroseherde und ödematös verbreiterte Interstitien sowie serofibrinöse Exsudate auf der Pleura pulmonalis (hämorrhagisch-nekrotisierende fibrinöse Pleuropneumonie). Die Nekroseherde werden häufig durch Sekundärinfektionen mit Eitererregern, *Bordetella bronchiseptica* u. a. zu Abszessen. Bei der perakuten, tödlich verlaufenden Form sind ganze Lungenlappen (besonders der Zwerchfelllappen) oder sogar eine ganze Lungenhälfte betroffen. Bei chronischen Fällen beobachtet man Sequestration, Induration und adhäsive Pleuritis. Gelegentliche Komplikationen sind Serositis, Arthritis, Endocarditis valvularis und Septikämie. Differentialdiagnostisch ist von dieser Form vor allem die GLÄSSERsche Krankheit *(Haemophilus parasuis* s. S. 120 abzugrenzen. Weiterhin ist zu beachten, daß gleichartige Lungenveränderungen und Septikämien auch durch *Actinobacillus suis* und *A. equuli* hervorgerufen werden können.

Die **primäre Pasteurellose** des Schweines (Schweineseuche), die als hämorrhagische Septikämie oder fibrinöse Pleuropneumonie (pektorale Form) beschrieben worden ist, spielt heute keine Rolle mehr. Die fibrinöse Pleuropneumonie kommt dagegen häufig als Folge einer **Sekundärinfektion** mit *Pasteurella multocida Typ A* und *Typ D* bei enzootischer Pneumonie (interstitielle Pneumonie, s. S. 98) oder akuter bis subakuter Schweinepest vor. PRRS s. S. 99.

Ziege und **Schaf:** Die **ansteckende Lungen- und Brustfellentzündung** der Ziegen (Pleuropneumonia contagiosa caprae), die auch bei Schafen vorkommt, ist eine verlustreiche Krankheit in Asien, Afrika und südlichen Ländern Europas. Ursache sind areogene Infektionen mit Erregern aus dem sogenannten ***Mycoplasma mycoides Cluster.*** Am wichtigsten sind *Mycoplasma mycoides subsp. mycoides – Large Colony Type* (auch Mastitis s. S. 316; Polyarthritis bei Lämmern s. S. 343) und *Mycoplasma capricolum subsp. capripneumoniae* (klassische Pleuropneumonie in Kenya). Weiterhin können die ebenfalls zum „Cluster" gehörenden *Mycoplasma mycoides subsp. capri* und *Mycoplasma capricolum subsp. capricolum* Pleuropneumonien verursachen. Mischinfektionen oder Sekundärinfektionen vor allem mit Pasteurella multocida sind häufig. Die Krankheit hat klinisch und morphologisch viel Ähnlichkeit mit der Lungenseuche, führt jedoch nicht zur Sequesterbildung. Bei trächtigen Tieren kommt es meist auch zum Abort. Die sogenannte atypische Form geht mit tödlicher Septikämie oder ausgeprägten Unterhautödemen einher.

Die **primäre Infektion** mit *Pasteurella haemolytica* spielt bei Lämmern eine wichtige Rolle. Sie tritt entweder als hämorrhagische Septikämie (Typ T) oder als lobäre fibrinöse Pleuropneumonie (enzootische Pneumonie der Lämmer; Typ A) in Erscheinung. Sekundärinfektionen mit *Pasteurella multocida* sind von Bedeutung bei den interstitiellen Pneumonien und parasitären Erkrankungen der Lunge von Schaf und Ziege (s. S. 109). CAR s. S. 80.

Hund und Katze: Bei der sogenannten ***urämischen Pneumonie*** des Hundes treten metastatische Verkalkungen (sog. Bimssteinlunge, s. S. 90), Ödeme, Fibrinergüsse und hyaline Membranen in den Alveolen auf, häufig verbunden mit einer eitrigen Bronchitis. Ursächlich kommen vor allem Einwirkung urämischer Toxine (s. S. 271) und Ausscheidung harnpflichtiger Stoffe über die Lunge sowie bakterielle Infektionen in Betracht. Auch bei anderen entzündlichen Prozessen der Lunge kann es zur Fibrinexsudation kommen, wobei aber in der Regel das von anderen Haustieren her bekannte Bild der fibrinösen Pleuropneumonie nicht vorliegt.

Bei der **Katze** sind herdförmig abgegrenzte, nicht konfluierende Pleuropneumonien bekannt, deren Ätiologie nicht eindeutig geklärt ist (Infektion mit *Bordetella bronchiseptica* oder *Pasteurella multocida* nach vorausgegangenen Streßzuständen?).

Kaninchen und Hase: *Pasteurella multocida* ruft eine schwere fibrinös-eitrige Pleuropneumonie hervor. Meist sind auch die oberen Luftwege mit betroffen, wobei besonders die stark hyperämische Trachea auffällt. Differentialdiagnostisch ist jedoch zu beachten, daß die Trachea bei diesen Tieren sehr stark vaskularisiert und deshalb auch normalerweise bei nicht entbluteten Tieren diffus gerötet ist. Möglich ist auch eine ein- oder beidseitige exsudative Pleuritis, wobei die stark fibrinhaltigen Massen in der Brusthöhle eine Lungenkompression ohne auffällige Pneumonie bewirken.

3.5.7.1.2 Katarrhalisch-eitrige Bronchopneumonien

Ursächlich kommen vor allem bakterielle Infektionen in Betracht *(Streptokokken, Staphylokokken, Actinomyces pyogenes, E. coli, Bordetella bronchiseptica, Salmonellen u. a.).* Meist handelt es sich jedoch um bakterielle Sekundärinfektionen im Anschluß an eine primäre Virusinfektion der Lunge (interstitielle Pneumonien s. S. 96f).

Die Infektion erfolgt vorwiegend aerogen, seltener deszendierend von entzündlichen Prozessen der oberen Luftwege und führt zur Bronchitis beziehungsweise Bronchiolitis. Die Entzündung breitet sich vorzugsweise endobronchial durch Aspiration, aber auch peribronchial (Peribronchitis) aus. Makroskopisch sieht man vor allem in den kranioventralen Lungenabschnitten zu Beginn multiple, unregelmäßig verteilte rötliche Herde, die meist Läppchengröße besitzen und zentral eitrig oder nekrotisch sind. Zwischen den entzündlichen Herden liegt normales, atelektatisches oder emphysematöses Lungengewebe (Obstruktionsatelektase und -emphysem, s. S. 84). Von der Schnittfläche, insbesondere aus den Bronchien, fließt bei leichter Druckanwendung reichlich Exsudat, das eine je nach Erreger- und Tierart verschiedene Farbe und Beschaffenheit aufweist. Im weiteren Verlauf der Bronchopneumonie können die einzelnen Herde konfluieren, so daß größere Lungenbezirke oder ganze Lungenlappen (besonders Spitzen- und Herzlappen) betroffen *sind (konfluierende Bronchopneumonie,* Tafel III. B). Diese weisen jedoch im Unterschied zu den Verhältnissen bei der fibrinösen Pneumonie keine oder eine nur geringgradige (beim Hund auch stärkere) Volumenzunahme auf. Bei längerer Dauer ist ihr Volumen infolge einer ausgedehnten Obstruktionsatelektase sogar verringert. Weiterhin fehlt in der Regel eine Mitbeteiligung der Pleura.

Histologisch sieht man zu Beginn in den Alveolen ein seröses Exsudat mit relativ wenig Zellen, das bald zu einem eitrigen (zahlreiche Granulozyten) wird. In Bronchien und Bronchiolen findet man ein vorwiegend eitriges Exsudat. Liegt eine starke Desquamation von Alveolarepithelien vor, dann spricht man auch von einer *Desquamativ-* oder *Alveolarzellpneumonie* (Abb. 3.17).

Die katarrhalisch-eitrigen Bronchopneumonien können vollständig ausheilen. Als Komplikation sieht man aber nicht selten Abszeßbildungen (abszedierende Bronchopneumonie), Atelektasen und Fibrosen sowie gelegentlich bei Zutritt von Fäulnisbakterien Gangräne.

Rind: Die **Pneumokokkeninfektion** *(Streptococcus pneumoniae;* zahlreiche Serotypen) des Kalbes erfolgt meist aerogen und tritt vorzugsweise in Beständen mit überwiegender Stallhaltung auf. Sie stellt eine echte ***Anthropozoonose*** dar, d. h. gesunde Menschen als Pneumokokkenträger übertragen die Erreger auf Kälber. Pneumokokken sind für neugeborene und junge Kälber obligat pathogen. Bei diesen verläuft die Infektion sehr häufig perakut als Septikämie, wobei nur selten Lungenveränderungen auftreten. Bei der akuten Verlaufsform sind dagegen bronchopneumonische Herde, besonders in Herz- und Spitzenlappen, regelmäßig zu beobachten. Auch bei der chronischen Form, die vor allem bei älteren Kälbern auftritt, sind Lungenveränderungen häufig. Milzhyperplasie (Gummimilz, s. S. 58) und seröse bis serofibrinöse Entzündungen der Karpal- und Tarsalgelenke sind weitere oft zu beobachtende Veränderungen.

Die *„Rindergrippe"* verläuft sehr häufig unter dem Bild einer eitrigen Bronchopneumonie (s. S. 96, Tafel III.B).

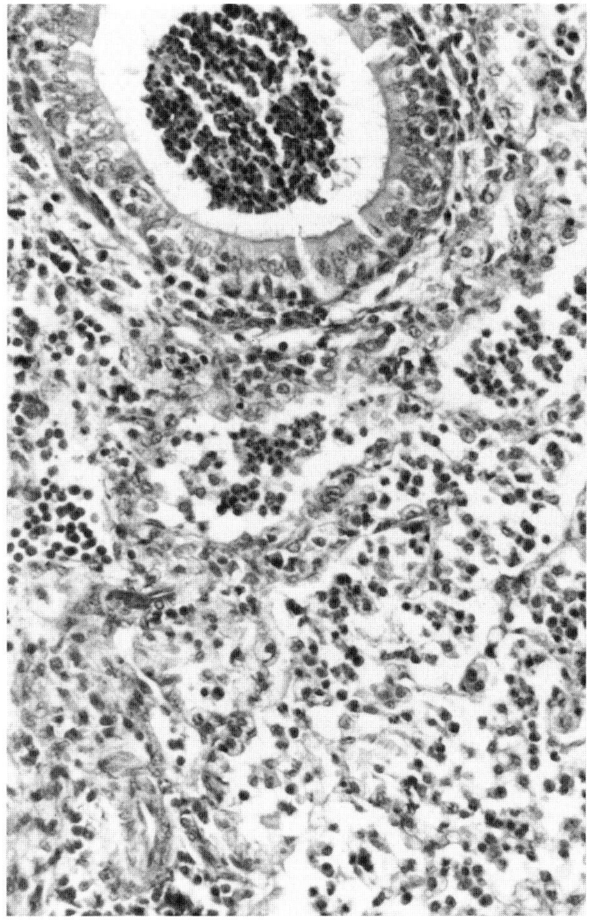

Abb. 3.17 Katarrhalisch-eitrige Bronchopneumonie (Bronchus und Alveolen mit neutrophilen Granulozyten und Alveolarmakrophagen gefüllt) infolge Streptokokkeninfektion im Anschluß an eine Staupe, Hund. HE, 200 x.

Schwein: Bordetella bronchiseptica kann aerogen von der gesunden Muttersau auf die Saugferkel übertragen werden und eine meist tödliche Septikämie oder eine milder verlaufende eitrige Bronchopneumonie hervorrufen. Charakteristisch für letztere ist die relativ schnelle Heilung mit starker Bindegewebszubildung um Bronchien und Arterien mit nachfolgenden fissurartigen Kontraktionen. *Bordetella bronchiseptica* wird häufig auch bei der enzootischen Pneumonie (s. S. 98) gefunden.

Pferd: Rhodococcus equi (saprophytärer Bodenkeim s. S. 63) führt bei ein bis drei Monate alten Fohlen nach aerogener, gelegentlich auch omphalogener Infektion zu einer schweren, häufig tödlichen eitrig-abszedierenden und nekrotisierenden oder auch pyogranulomatösen Broncho-

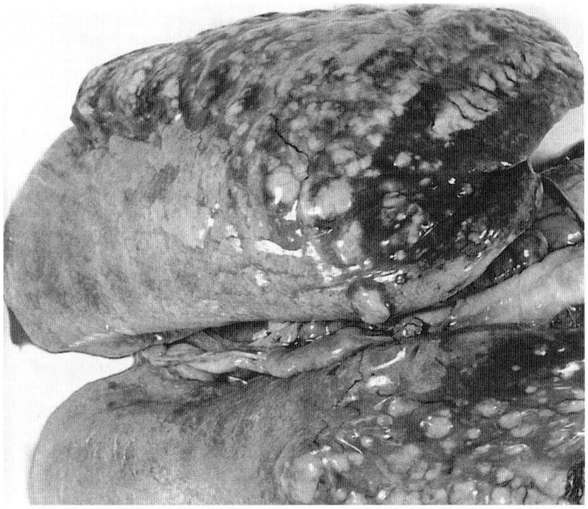

Abb. 3.18 Eitrig-konfluierende und abszedierende Bronchopneumonie nach Infektion mit *Rhodococcus equi,* Fohlen, zwei Monate alt.

pneumonie (Abb. 3.18) sowie zur Pyämie. Der Erreger vermehrt sich vor allem in Makrophagen (fakultativ intrazellulärer Erreger). In der Regel liegt auch eine eitrige Entzündung vieler *Lymphknoten,* mit Ausnahme der des Kopfes und Halses, vor, die besonders in den Gekrösewurzellymphknoten *(Lymphocentrum coeliacum)* zur Bildung großer Abszesse führen kann. Nicht selten ist auch eine *diphtheroid-ulzeröse Kolitis,* die offensichtlich ihren Ausgang von den Solitärfollikeln des Dickdarmes nimmt, vorhanden.

3.5.7.2 Interstitielle Pneumonien

Ursächlich kommen für die interstitielle Pneumonie (Pneumonitis im angloamerikanischen Sprachraum) vor allem ***aerogene Virusinfektionen (Viruspneumonie),*** aber auch *Chlamydien, Mykoplasmen* und *Parasiten* in Betracht. Sehr häufig sind ***bakterielle Sekundärinfektionen,*** die das ursprüngliche Bild der interstiellen Pneumonie überdecken. In diesen Fällen kann histologisch in den makroskopisch unverändert erscheinenden Lungenbezirken häufig noch die primäre interstitielle Pneumonie nachgewiesen werden.

Makroskopisch sind die interstitiellen Pneumonien häufig als solche nur schwer zu erkennen. Relativ typisch sind die verdichtete, teils puffige (Emphysem) Konsistenz und das Nichtkollabieren des Lungengewebes. Bei chronischem Verlauf kann man bindegewebig verbreiterte Interstitien, peribronchiale Knötchen *(Peribronchitis nodosa* s. S. 82) und ausgedehnte Emphyseme (s. S. 85) beobachten.

Histologisch kann man je nachdem, welche Bezirke des Zwischengewebes bevorzugt erkrankt sind, *peribronchiale, intra-* und *interlobuläre interstitielle Pneumonien* unterscheiden. Häufig treten die ersten beiden Formen gemeinsam auf. Die interlobuläre Form, die sich in der Regel durch Übergreifen pleuritischer Prozesse auf die Lungensepten entwickelt, kommt wesentlich seltener vor. Bei den entzündlichen Infiltraten handelt es sich in erster Linie um Lymphozyten, Histiozyten und Plasmazellen, während Granulozyten nur vereinzelt auftreten. Bei der peribronchialen Form entstehen dicke Mäntel um die Bronchien *(Peribronchitis nodosa; Cuffing Pneumonia),* während bei der intralobulären Verdickung der Alveolarsepten Proliferation und Desquamation von Alveolarepithelien *(Desquamativpneumonie)* im Vordergrund stehen. Auch hyaline Membranen (s. S. 88) und mehrkernige Riesenzellen können auftreten.

Interstitielle Pneumonien heilen entweder vollständig aus oder, besonders bei bakterieller Komplikation, werden organisiert. Auch chronische Verlaufsformen (Peribronchitis nodosa mit Emphysembildung, s. S. 85) kommen vor.

Rind: Die **Enzootische Bronchopneumonie** (Viruspneumonie, sogenannte Rindergrippe) ist eine wirtschaftlich sehr bedeutsame Krankheit (Mortalität um 5%, Kümmern), die vor allem Tiere im Alter von zwei bis zwölf Monaten betrifft und hauptsächlich in der Stallhaltungsperiode (Herbst- und Wintermonate) auftritt. Ursächlich kommen aerogene Infektionen (häufig Mischinfektionen) mit verschiedenen Viren in Betracht. Das *Bovine Respiratory Syncytial Virus* (BRSV; Subfamilie *Pneumovirinae* der Familie *Paramyxoviridae*) ist am häufigsten beteiligt. Charakteristisch für diese Infektion ist das Auftreten mehrkerniger Riesenzellen, die durch eine virusinduzierte Fusion von Makrophagen entstanden sind (Abb. 3.19). Weiterhin spielen *Parainfluenza-3-Virus,* verschiedene Serotypen von *Adeno-* und *Reoviren und* seltener *auch Rhinoviren eine ursächliche Rolle*, wobei dispositionellen Faktoren mit Resistenzminderung (s. S. 91) von Bedeutung sind. Mucosal Disease (s. S. 133), IBR (s. S. 71) und Parasitosen begünstigen ebenfalls die Entstehung der Enzootischen Bronchopneumonie. Durch die häufigen Sekundärinfektionen *(Streptokokken, Actinomyces pyogenes, Pasteurellen)* kommt es zur Komplikation des Krankheitsbildes, so daß aus der ursprünglich primären interstitiellen meist eine eitrige, abszedierende oder, seltener, fibrinöse Bronchopneumonie entsteht (s. Tafel III. A, B). Auch *Chlamydieninfektionen* kommen vor, wobei aber nicht gesichert ist, ob diese von primärer oder nur sekundärer Bedeutung sind. Nicht selten treten neben den Lungenveränderungen auch Dünndarmentzündungen mit

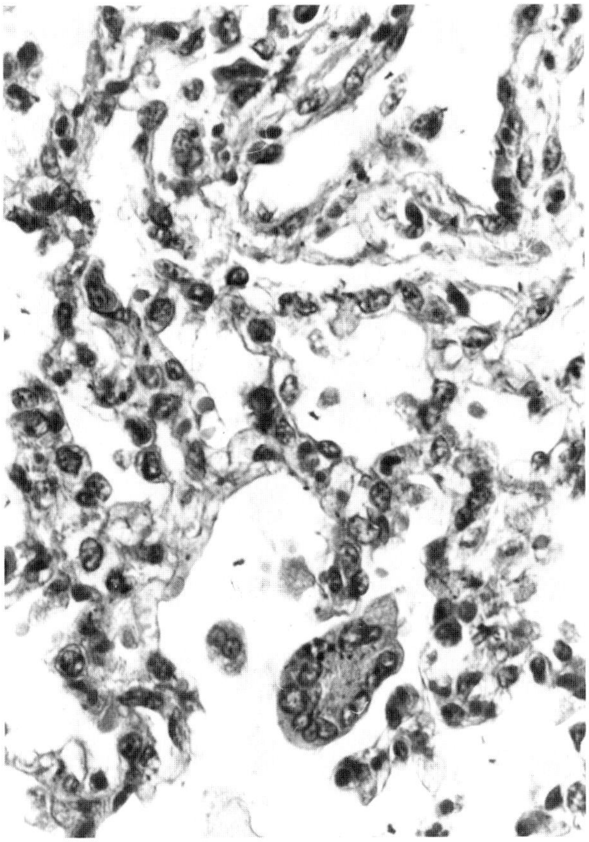

Abb. 3.19 Interstitielle Pneumonie und mehrkernige Riesenzellen nach Infektion mit dem bovinen respiratorischen Synzytial-Virus (BRSV). HE, 400 x.

Durchfall auf, weshalb man auch von einem *respiratorisch-enteralen Syndrom* spricht.

Die **atypische interstitielle Pneumonie** kommt im Gegensatz zum Weideemphysem (s. S. 86) fast ausschließlich bei Stallrindern in der Spätherbst- und Winterzeit vor und verläuft in der Regel chronisch mit anfallsweiser Dyspnoe und Husten. Hauptursache ist eine Allergie gegen Sporen von *thermophilen Aktinomyzeten (Micropolyspora faeni, Thermopolyspora polyspora, Thermoactinomyces vulgaris),* die vor allem in verdorbenem Heu vorkommen und aufgrund ihrer geringen Größe (1 µm) direkt in die Alveolen gelangen können. Bei dem Krankheitsbild handelt es sich in erster Linie um eine durch Immunkomplexe vermittelte Überempfindlichkeit (Typ III, s. S. 506), möglicherweise sind aber auch Reaktionen vom Typ I mitbeteiligt. Histologisch findet man, wie beim Weideemphysem (s. S. 86), Ödem, interstitielles Emphysem und hyaline Membranen. Zusätzlich treten noch lymphohistiozytäre und eosinophile Infiltrate, Fibrose der Alveolarsepten und obliterierende Bronchiolitis auf (Abb. 3.20). Die beim Menschen als *Farmerlunge, Taubenzüchterlunge* oder *Pilzzüchterlunge* bekannten Krankheitsbilder haben die gleiche Ätiologie. BRSV kann sehr ähnliche oder gleichartige Lungenveränderungen hervorrufen.

Eine atypische, mit mono- und granulozytären interstitiellen Infiltraten einhergehende interstitielle Pneumonie ist bei Kälbern in Australien, weniger in Kalifornien von Bedeutung. Ursache ist die Aufnahme von mit *Acremonium lolii* verpilztem Weidelgras *(Lolium perenne;* Toxin = Lolitrem B), wobei jedoch hyaline Membranen nicht vorkommen (Ryegrass Staggers).

Pferd: Die **equine Influenza** (infektiöse Bronchitis und Bronchopneumonie, Hoppegartener Husten u. a.) ist eine hochkontagiöse Krankheit, die als katarrhalische Entzündung der oberen Luftwege, Bronchien und Bronchiolen (Peribronchiolitis) verläuft und meist nach zwei bis drei Wochen ausheilt. Ursache ist eine aerogene Infektion mit *Orthomyxovirus Influenza A Equi 1 (H7N7),* nur noch selten mit *Equi 2 (H3N8).* Bei herabgesetzter Abwehrkraft und Sekundärinfektionen, vor allem mit *Streptokokken* und *E. coli,* entwickelt sich eine bösartige Form (sog. Brüsseler Krankheit), die mit eitriger, teils abszedierender und nekrotisierender Bronchopneumonie einhergeht und häufig zum Tode führt. Chronische Verlaufsformen mit dem Bild der Peribronchitis nodosa spielen in der Pathogenese der COPD (s. S. 82 u. Abb. 3.11) eine wichtige Rolle. 1989 wurde in China eine verlustreiche Influenzaepidemie beobachtet, die durch ein neues Influenza A Equi 2-Virus (H3N8) verursacht wurde, das Gensegmente aviären Ursprungs (Ente; kein „Gen-Reassortment") aufweist.

Im Herbst 1994 trat in Australien ein bislang unbekanntes perakut und mit hoher Letalität (ca. 70%) verlaufendes respiratorisches Syndrom bei Pferden auf (Equine Respiratory Syndrom = ERS). Als Ursache wurde ein neues **Equines Morbillivirus (EMV)** aus der Familie *Paramyxoviridae* erkannt. Mit EMV infizierte Flughunde, die offensichtlich nicht erkranken, spielen sehr wahrscheinlich bei der Verbreitung des Virus (vor allem Ausscheidung über Fruchtwasser) eine wichtige Rolle. Das EMV ist hochpathogen für den Menschen (Zoonose), in Australien sind bislang zwei Todesfälle bekannt geworden. Experimentell können Katzen und Meerschweinchen infiziert werden (tödlicher Verlauf). Bei Pferden treten folgende Veränderungen auf: alveoläres Lungenödem mit Erweiterung der subpleuralen Lymphgefäße, Lungenblutungen, interstitielle Pneumonie, Nekrose von Endothelzellen und Thrombosen kleiner Gefäße sowie Bildung von Endothel-

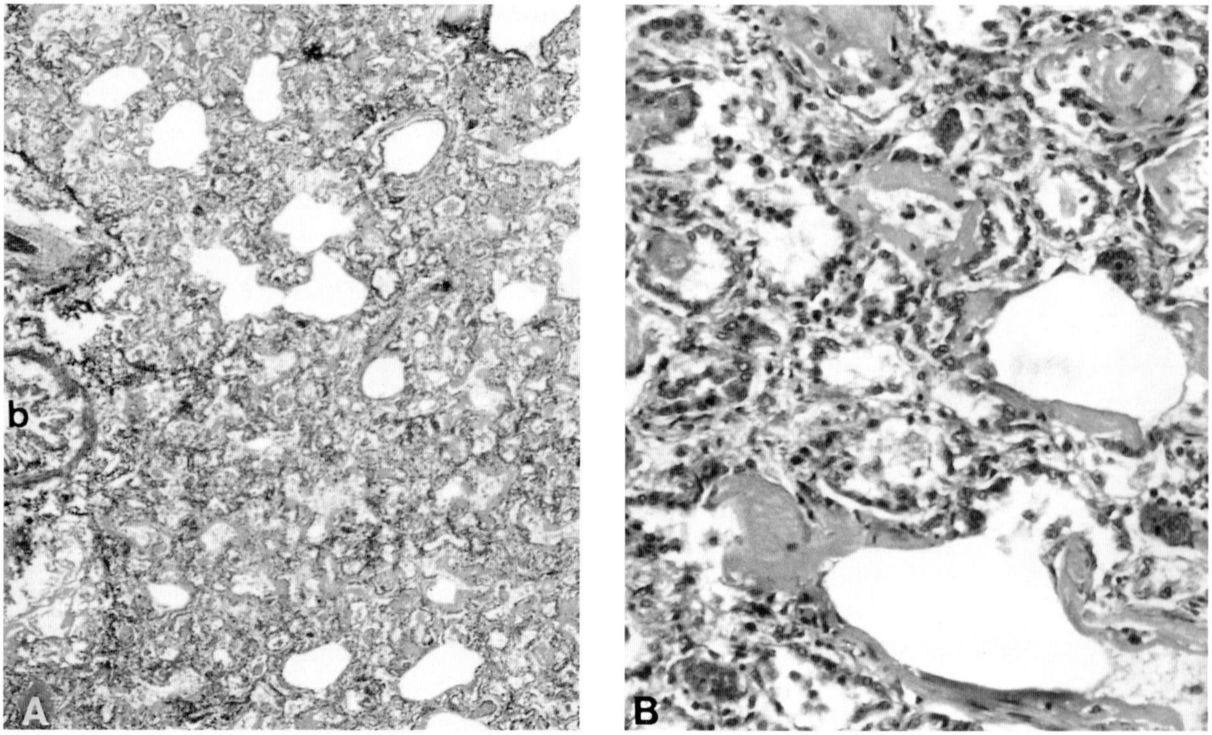

Abb. 3.20 Atypische interstitielle Pneumonie des Rindes.
A Verdichtung des Interstitiums; b = kleiner Bronchus. HE, 80 x
B Ausschnitt aus A. Hyaline Membranen, die Alveolen auskleidend, mononukleäre Zellen im Interstitium. HE, 200 x.

zellsynzytien. Die Gefäßveränderungen werden auch in anderen Organen beobachtet. In den Endothelzellen können immunhistologisch und elektronenmikroskopisch Virusantigen bzw. -partikel nachgewiesen werden, was zusammen mit den Veränderungen der Endothelien dafür spricht, daß diese die Zielzellen des EMV darstellen.

Die **equine Rhinopneumonitis** wird durch aerogene Infektion mit den *equinen Herpesviren Typ 1* oder *Typ 4* verursacht. Klinisch äußert sie sich beim jungen Pferd als mild verlaufender Katarrh der oberen Luftwege, Bronchien und Bronchiolen. Bei älteren Tieren verläuft die Infektion meist klinisch inapparent, führt jedoch bei trächtigen Stuten zum *Abort (s.* S. 307). Gelegentlich kommt es auch zu zentralnervösen Veränderungen (s. S. 398) mit Ataxie oder hochgradiger Paralyse. Ähnlich wie bei der equinen Influenza kommen Komplikationen durch bakterielle Sekundärinfektionen vor. Infektionen mit *Adenoviren* bei Saugfohlen (Auftreten intranukleärer Einschlußkörperchen; SCID der Araberfohlen s. S. 53) und *Parainfluenza-3-Virus* können ebenfalls zu Entzündungen der oberen Luftwege und Lunge führen. *Pneumocystis carinii* s. S. 107. Arterivirus s. S. 38.

Schwein: Die **enzootische Pneumonie** ist eine weit verbreitete, hochkontagiöse Krankheit, die bei Ferkeln zum verzögerten Wachstum (Kümmern) führt und so große wirtschaftliche Verluste bedingt. Als Ursache wird heute allgemein eine aerogene Infektion mit *Mycoplasma hyopneumoniae (suipneumoniae)* angesehen, wobei prädisponierenden Faktoren, besonders Haltungs- und Fütterungsfehlern, eine große Bedeutung zukommt. In der akuten Verlaufsform liegt eine diffuse interstitielle Pneumonie vor. Bei der in der Regel sekundär bakteriell infizierten subakuten und chronischen Form findet man eine herdförmige Bronchopneumonie mit multilobulären Atelektasen und Emphysemen, bevorzugt in den Spitzenlappen und kranioventralen Teilen der übrigen Lungenlappen (Abb. 3.21). Pleuritis und Pericarditis fibroplastica adhaesiva können ebenfalls vorkommen. Die Lungenlymphknoten sind in der Regel vergrößert. Bei den sekundären bakteriellen Infektionen handelt es sich vor allem um *Pasteurella multocida, Streptokokken, Actinomyces pyogenes, Haemophilus parasuis* und *Bordetella bronchiseptica.*

Die **Schweineinfluenza** (Hog Flu) wird durch *Typ A-Influenzaviren* verursacht und kommt vor allem in den

Abb. 3.21 Enzootische Pneumonie des Schweines mit bakterieller Komplikation. Multilobuläre eitrige Bronchopneumonie mit Atelektasen, bevorzugt der ventralen Lungenbezirke.

USA und in Norditalien vor, führt aber seit 1980 jährlich meist im Winter auch in Frankreich, Belgien, UK und in Deutschland zu Neuausbrüchen. Schweine gelten auch als Virusreservoir für die Influenza des Menschen; umgekehrt kommt es im Verlauf von Grippeepidemien häufig auch zu Infektionen von Schweinen mit humanen Influenzavirusstämmen. Die Schweineinfluenzaviren rufen als Monoinfektion in der Regel nur eine relativ milde, fieberhafte Erkrankung mit Husten, Nasen- und Augenausfluß hervor. In Kombination mit *Haemophilus parasuis (auch* beim gesunden Schwein im Respirationsapparat vorkommend, s. S. 120) kann es zu einer schlagartig auftretenden Herdenerkrankung kommen. Im Vordergrund stehen dabei katarrhalische Erkrankungen der oberen Luftwege und eine interstitielle Pneumonie mit multilobulären Atelektasen. Im Gegensatz zur enzootischen Pneumonie verschwinden die Veränderungen schnell wieder, vorausgesetzt, daß keine zusätzlichen bakteriellen Komplikationen *(Pasteurella multocida)* auftreten.

Bei Sekundär- oder Mischinfektionen mit dem ***porzinen respiratorischen Coronavirus*** *(PRCV, Variante von TGE,* s. S. 177*)* ist histologisch besonders auffällig das Auftreten von mehrkernigen Riesenzellen. Blue Eye s. S. 283, 391.

Das **porzine respiratorische und reproduktive Syndrom (PRRS)** trat erstmals 1987 in den USA und Kanada auf („Mystery Swine Disease"). Seit 1990 wird die Krankheit auch in verschiedenen Ländern Europas beobachtet. Die Häufigkeit ihres Auftretens ist aber in den letzten Jahren zurückgegangen. Ursache ist die Infektion mit einem *Arterivirus* (Ordnung Nidovirales, Lelystad-Virus), das besonders bei Mastschweinen eine interstitielle Pneumonie hervorruft. Durch Schädigung der Alveolarmakrophagen, in denen sich das Virus vermehrt, werden Sekundärinfektionen besonders mit *Pasteurella multocida, Haemophilus parasuis* und *Streptococcus suis* begünstigt, so daß es auch zum Tod der Tiere kommen kann. PIGD-Syndrom s. S. 260, 535.

Bei ***trächtigen Sauen*** führt die Infektion zum Spätabort ***(Seuchenhafter Spätabort der Schweine, SSS)***, zur Geburt lebensschwacher oder toter Ferkel sowie zum intrauterinen Absterben der Feten mit Mumifikation (SMEDI s. S. 307). Besonders auffällig ist bei den Sauen die vorübergehende Zyanose der Ohren („Blue Eared Pig Disease"), der Bauchhaut, Zitzen und Vulva. Intrauterin oder unmittelbar nach der Geburt infizierte Ferkel sterben mit respiratorischen und neurologischen Symptomen.

Das **Post Weaning Multisystemic Wasting Syndrome (PMWS)** wird durch ein *Circovirus* verursacht und führt zu großen Verlusten. Hauptveränderungen sind interstitielle Pneumonie, Lymphknotenschwellung (Lymphozytendepletion, Synzytienbildung) und Ikterus. Häufig werden auch mononukleäre Infiltrate in Leber, Nieren, Pankreas, Darm, Haut und Gehirn beobachtet (s. S. 63).

Bei der **Einschlußkörperchenrhinitis** (s. S. 74) treten gelegentlich auch peribronchiale und perivaskuläre lymphohistiozytäre Lungeninfiltrate auf.

Bei der **AUJESZKYschen Krankheit** des Schweines findet man neben einem Lungenödem (s. S. 88) auch eine intralobuläre interstitielle Pneumonie. Dermatosis vegetans und Riesenzellpneumonie s. S. 490. Schweinepest s. S. 183.

Schaf: Die **Maedi** (isländisch = Atemnot; progressive Pneumonie von MARSH, Zwoegerziekte) ist eine langsam fortschreitende, virusbedingte (Slow-Virus-Infektion; *Lentivirus* aus der Familie *Retroviridae)* interstitielle Pneumonie, die vor allem bei über ein Jahr alten Schafen auftritt und regelmäßig zum Tod führt. Das Virus ruft auch die als *Visna* bezeichnete Enzephalitis (s. S. 392) sowie Euter- und Gelenksentzündungen (s. S. 316) hervor. Die Virusvermehrung erfolgt sehr wahrscheinlich nur in ausdifferenzierten Makrophagen, nicht dagegen in anderen infizierten Zellen. Das Virus wird in erster Linie mit der Milch (Kolostrum) übertragen, bei eingepferchten Schafen kommt auch eine aerogene Übertragung in Betracht. Im Frühstadium der Erkrankung findet man relativ typische stecknadelkopfgroße, grau-rötliche bis grau-weißliche Knötchen (Lymphfollikel) diffus im Lungengewebe, die durch die Pleura pulmonalis hindurch zu erkennen sind (Tafel IV. A u. B). Das Gewicht dieser Lungen ist stark erhöht. Histologisch findet man vor allem eine starke

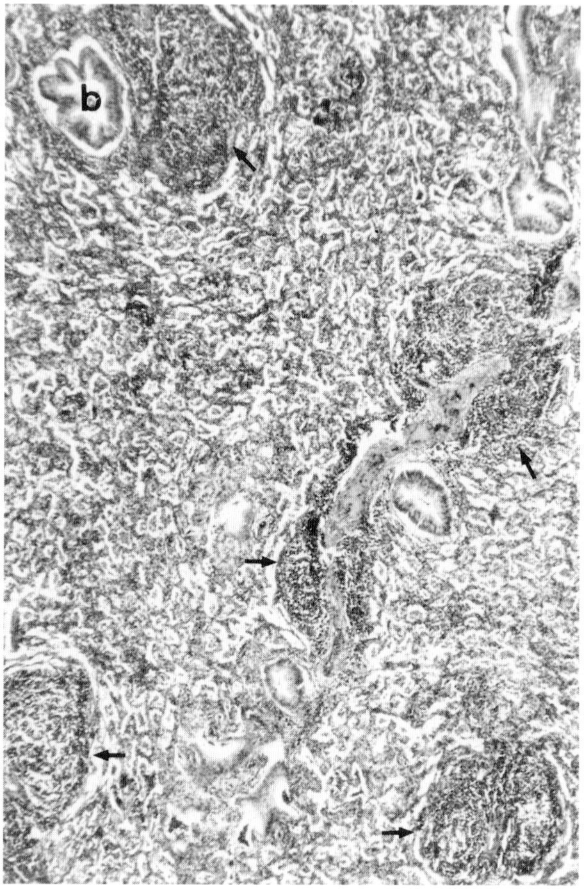

Abb. 3.22 Maedi, Schaf. Verdichtung des Interstitiums und Ausbildung kleiner Lymphfollikel (Pfeile); b = kleiner Bronchus. HE, 50 x.

Hyperplasie der Lymphfollikel und mononukleäre Infiltrate (Hinweis auf immunpathologische Vorgänge!), Septenfibrose sowie Transformation und Desquamation von Alveolarepithelien (Abb. 3.22). Differentialdiagnostisch sind vor allem pneumonische Prozesse infolge Lungenwurmbefall (s. S. 110) abzugrenzen. Klinisch stehen hochgradige Dyspnoe und starke Abmagerung im Vordergrund.

Eine mild verlaufende interstitielle Pneumonie ist bei Schaflämmern bekannt, als deren Ursache eine Infektion mit **Chlamydia psittaci** (s. Schafabort, S. 308) angesehen wird. Schafpocken s. S. 531, CAE s. S. 343, 393.

Hund: Die **Staupe** (Canine Distemper) wird durch das Staupevirus (Genus *Morbillivirus* der Familie *Paramyxoviridae)* hervorgerufen. Die Infektion erfolgt aerogen oder peroral. Die pulmonale Form der Staupe ist primär durch eine interstitielle Pneumonie gekennzeichnet, die jedoch infolge bakterieller Sekundärinfektionen (besonders *Bordetella bronchiseptica,* aber auch *Streptokokken, Staphylokokken, E. coli* u. a.) sehr häufig zu einer katarrhalisch-eitrigen Bronchopneumonie wird. Bei der Staupe können weiterhin Keratokonjunktivitis, Gastroenteritis (s. S. 165), Meningoenzephalitis (s. S. 390), pustulöse Dermatitis (s. S. 534), Thymusatrophie (s. S. 53) und metaphysäre Osteosklerose (s. S. 333) auftreten. Für die Diagnose wertvoll ist der Nachweis von intrazytoplasmatischen und *intranukleären Einschlußkörperchen* besonders in Epithelzellen der Bronchial-, Magen-, Harnblasen- und Nierenbeckenschleimhaut (Abb. 5.14) sowie in Glia- und Ganglienzellen. Staupeinfektionen kommen auch bei anderen Kaniden, Musteliden, Kleinbären und Großkatzen vor. Mit dem Staupevirus eng verwandte Morbilliviren rufen ähnliche Veränderungen bei Seehunden, Robben, Schweinswalen und Delphinen hervor.

Bei dem sogenannten **Zwingerhusten (Kennel Cough)** handelt es sich um ein polyätiologisches Geschehen, bei dem verschiedene Viren *(Parainfluenza-2-Virus, SV5, Influenza Typ A 2/Hongkong, kanine Reoviren Typ 1, 2* und *3, kanines Herpesvirus Typ 1),* Mykoplasmen und Bakterien (besonders *Bordetella bronchiseptica)* eine Rolle spielen. Dem *kaninen Adenovirus Typ 2* (intranukleäre Einschlußkörperchen in Bronchialepithelien) dürfte die größte Bedeutung zukommen. Neben einer Laryngotracheobronchitis beobachtet man häufig auch eine interstitielle beziehungsweise katarrhalisch-eitrige Pneumonie (s. auch kanine Herpesinfektion der Welpen. S. 309). Experimentell kann auch mit dem kaninen Adenovirus Typ 1 (Erreger der Hcc s. S. 216) bei jungen Hunden eine Pneumonie erzeugt werden.

Katze: Die sogenannte **Katzenpneumonitis** wird durch *Chlamydia psittaci* (s. S. 75) verursacht. Todesfälle treten besonders nach bakterieller Sekundärinfektion *(Pasteurella multocida, Bordetella bronchiseptica)* auf. Infektionen mit dem *felinen Herpesvirus Typ 1* und *Caliciviren* (s. S. 75) können ebenfalls eine interstitielle Pneumonie bei jungen Katzen verursachen.

3.5.7.3 Sonderformen

3.5.7.3.1 Embolisch-metastatische Pneumonie

Die Erreger kommen nicht auf dem Bronchialweg, sondern hämatogen in die Lunge. Dabei handelt es sich vor allem um *Streptokokken, Staphylokokken, Actinomyces (Arcanobacterium) pyogenes* und *E. coli.,* die von einem Primärherd (Endokarditis, Panaritium, Metritis, Mastitis, Omphalophlebitis u. a.) über das rechte Herz in die Lunge gelangen. Sie führen dort zu herdförmigen granulozytären Infiltraten, in deren Zentren es schnell zur Einschmelzung von Alveolar- und auch Läppchensepten kommt. Dadurch entstehen multiple ***Abszesse (abszedierende Pneumonie)***, die unterschiedlich groß sein können und nicht selten auf die Pleura übergreifen.

Bei der *Nekrobazillose (Fusobacterium necrophorum)*, die auch bronchogen (nekrotisierende Bronchitis und Pneumonie) entstehen kann, findet man bei embolischer Genese multiple, scharf abgegrenzte, grau-braune, trockene Nekroseherde (s. S. 521). *Salmonellen* und *Colibakterien* rufen vor allem bei Kälbern und Fohlen im Rahmen einer bestehenden Septikämie eitrige Pneumonien hervor. Gleiches trifft zu für die *Actinobacillus equuli-Infektion* junger Fohlen (s. S. 264). *Corynebacterium pseudotuberculosis*, s. S. 61.

3.5.7.3.2 Aspirationspneumonie

Bei eitrigen oder nekrotisierenden Entzündungen, Perforationen und operativen Eingriffen (Tracheotomie, Kehlkopfpfeiferoperation, Intubation u.a.) im Bereich der oberen Luftwege kann es über Aspiration (deszendierend) zu einer meist eitrigen oder abszedierenden Bronchopneumonie vor allem der kranioventralen Lungenabschnitte kommen (s. S. 94).

Die Gefahr der Aspiration von Futter über eine Regurgitation besteht bei allen Krankheitszuständen, die mit Schlingbeschwerden einhergehen (Schlundkopflähmungen bei Tollwut besonders des Rindes, bei AUJESZKYscher Krankheit, Botulismus und Schädeltraumen; Schlundverstopfungen s. S. 149). Aspiration von Magen- und Darminhalt tritt vor allem bei Erbrechen in Bewußtlosigkeit (Unfälle, Narkose) auf. Durch fehlerhaftes Eingeben (mit der Flasche besonders bei Rind und Schwein, falsch sitzende Nasenschlundsonde) können flüssige Medikamente direkt in die Lunge gelangen *(Eingußpneumonie)*. Aspiration von Fremdkörpern (s. S. 80) kommt ebenfalls vor. Das aspirierte Fremdmaterial führt durch direkte Reizwirkung (Magensaft, Fremdkörper, reizende Medikamente) und aufgrund der fermentativen Wirkung der im aspirierten Material enthaltenen saprophytären Mischflora zur eitrig-ulzerierenden Bronchitis mit nachfolgender abszedierender oder faulig-jauchiger Einschmelzung von Lungengewebe ***(gangräneszierende Pneumonie, Lungengangrän***; Tafel IV. C u. Abb. 3.23). Dabei entstehen Kavernen, die mit schmutzigen, stinkenden Massen gefüllt sind und häufig in die Brusthöhle durchbrechen (jauchiges Empyem). Die Lungengangrän führt meist zum Tod, gelegentlich, besonders beim Rind, kann sie auch demarkiert und organisiert werden. Die Lungengangrän kann auch als Komplikation anderer Pneumonien auftreten.

Abb. 3.23 Gangräneszierende Pleuropneumonie nach Einguß von Tartarus stibiatus (Brechweinstein) über eine falsch liegende Nasenschlundsonde, Pferd.

Bei der Aspiration von **Fruchtwasser**, die eine häufige Todesursache bei Welpen ist, findet man eine schlecht entfaltete Lunge und histologisch besonders Hornschüppchen, Mekonium und desquamierte Epithelien. Bei etwas längerem Verlauf kann es auch zur Ausbildung einer eitrig-nekrotisierenden Pneumonie kommen.

Aspiration von **Ölen** infolge fehlerhafter Eingabe kommt vor allem bei Katzen und Pferden vor. ***Mineralische Öle***, wie zum Beispiel Paraffinöl, werden nicht abgebaut. Histologisch findet man die Öltröpfchen frei in Alveolen, im Interstitium oder gespeichert in Makrophagen und mehrkernigen Riesenzellen. Sie färben sich mit Sudanrot schwach rosa an, werden aber durch Osmium nicht geschwärzt. Wenn größere Mengen Öl aspiriert werden, dann entstehen chronisch-indurierende Pneumonien mit Granulomen, z. B. Paraffingranulome. ***Pflanzliche Öle*** (z. B. Olivenöl) rufen nur geringe, *tierische* (z. B. Lebertran) etwas stärkere Lungenveränderungen hervor. Die Öle werden emulgiert und hydrolysiert, phagozytiert (auch durch mehrkernige Riesenzellen) und abgebaut. Die Öltröpfchen färben sich gut mit Scharlachrot und Nilblausulfat und werden durch Osmium geschwärzt. Lipidablagerungen s. S. 90.

3.5.7.4 Granulomatöse Pneumonien

3.5.7.4.1 Tuberkulose

Die Tuberkulose kommt bei allen Säugetieren und Vögeln vor und wird durch *Mycobacterium tuberculosis* (hauptsächlich beim Menschen, aber auch bei Rind und Fleischfresser vorkommend), *M. bovis* (bei Säugetieren am häufigsten vorkommend) oder *M. avium* (hauptsächlich bei Vögeln, aber auch bei Säugern vorkommend) verursacht. Je nach Tierart, Art des Erregers und Reaktionslage des Organismus entstehen entweder vorwiegend exsudative oder vorwiegend proliferative (produktive) granulomatöse Entzündungen.

Bei den vorwiegend **exsudativen Entzündungen** kommt es von Anfang an zu einer starken Ausschwitzung eines eiweißreichen Exsudates und zur Koagulationsnekrose des betroffenen Gebietes. Dieses nimmt eine strukturlose, käsige Beschaffenheit an, weshalb man hier auch von einer primären *Verkäsung* spricht. Um den Nekroseherd sammeln sich besonders Epitheloidzellen und mehrkernige Riesenzellen vom LANGHANS-Typ (fehlen beim Fleischfresser häufig) an, während Lymphozyten und Granulozyten kaum auftreten. Insgesamt besteht jedoch nur eine geringe Neigung zur Demarkation. Durch geeignete Färbung (z. B. nach ZIEHL-NEELSEN) lassen sich in den Phagozyten und im nekrotischen Gewebe die Tuberkelbakterien in unterschiedlicher Menge nachweisen. Typische Beispiele für diese vorwiegend exsudative Entzündungsform sind die azinöse und die lobulär-verkäsende Tuberkulose der Lunge beim Rind, die sich rasch ausbreiten und daher auch als galoppierende Tuberkulose bezeichnet werden.

Bei der vorwiegend **proliferativen Entzündungsform** treten am Ort der Erregereinwirkung Epitheloidzellen und LANGHANSsche Riesenzellen (s. oben) auf und bilden ein herdförmiges Infiltrat, in dessen Peripherie später auch vermehrt Lymphozyten anzutreffen sind (Abb. 3.24).

Im allgemeinen fehlen Gefäße im Entzündungsgewebe. Im weiteren Verlauf kann dieses entweder herdförmig begrenzt bleiben und Tuberkel bilden oder in diffuser Weise und infiltrativ ein Gewebe oder Organ durchsetzen. Aufgrund der Schadwirkung der Erreger und wegen der Gefäßlosigkeit des Entzündungsgewebes entstehen bald regressive Veränderungen der Epitheloid- und Riesenzellen sowie des betroffenen Gewebes, die letztlich zu einer Nekrose (Karyolyse) der mehr zentral gelegenen Bezirke

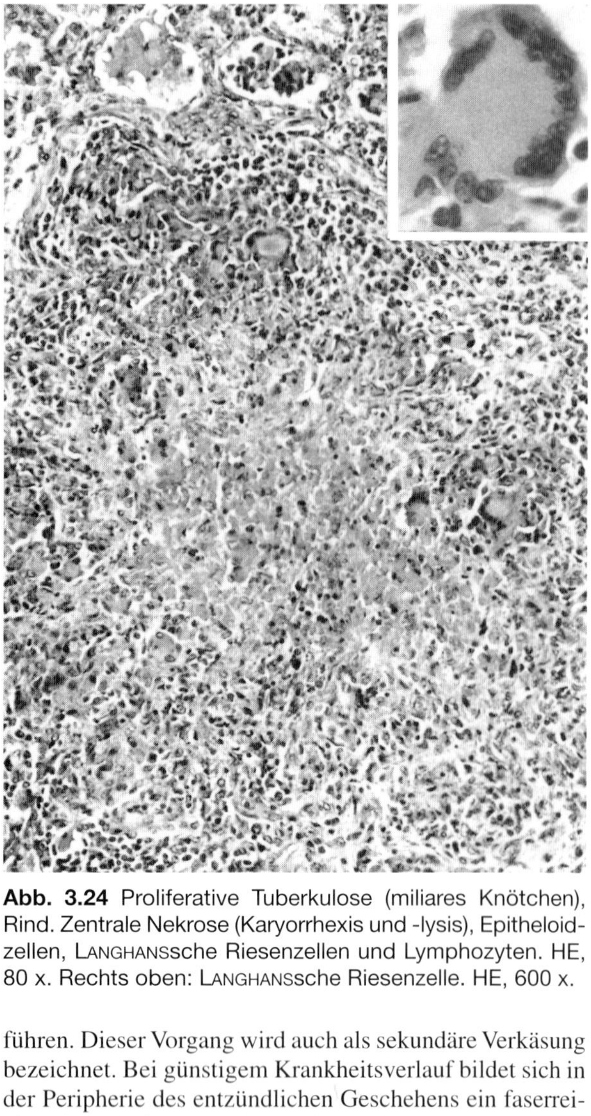

Abb. 3.24 Proliferative Tuberkulose (miliares Knötchen), Rind. Zentrale Nekrose (Karyorrhexis und -lysis), Epitheloidzellen, LANGHANSsche Riesenzellen und Lymphozyten. HE, 80 x. Rechts oben: LANGHANSsche Riesenzelle. HE, 600 x.

führen. Dieser Vorgang wird auch als sekundäre Verkäsung bezeichnet. Bei günstigem Krankheitsverlauf bildet sich in der Peripherie des entzündlichen Geschehens ein faserreiches Granulationsgewebe, wodurch der tuberkulöse Herd mehr oder minder sicher von der Umgebung abgegrenzt wird. Häufig kommt es auch zur dystrophischen Verkalkung der zentralen nekrotischen Gebiete. In diesen „abgeheilten" Herden können aber infektionsfähige Tuberkelbakterien noch jahrelang erhalten bleiben und nach Einwirkung belastender Faktoren wieder zum Aufflammen (Exazerbation) der Krankheit führen.

Makroskopisch sieht man bei der herdförmig begrenzten Zellwucherung speckige, hirsekorngroße Knötchen *(Epitheloidzelltuberkel)*. In deren Nachbarschaft können sich durch Ausbreitung der Bakterien über Lymphspalten und -gefäße neue Herde *(Resorptivtuberkel)* entwickeln, die wiederum mit dem ursprünglichen Herd verschmelzen, wodurch bis zu bohnengroße *Konglomerattuberkel* entstehen. Nicht selten, vor allem bei Pferden und Fleischfressern, bilden sich auch große, speckige, tumorförmige Knoten, die meist nicht verkäsen. Bei der diffusen Form der Zellwucherung findet man derbe, grau-weißliche Verdickungen, deren Schnittfläche durch Bindegewebszüge eine Felderung erhalten. Auf Schleimhäuten entstehen durch oberflächlichen Zerfall der Tuberkel und Knoten häufig Geschwüre.

Im Ablauf der Tuberkulose lassen sich eine Reihe von **Phasen** unterscheiden, die vor allem beim Rind ausgeprägt sind. Die an der Eintrittsstelle (meist Lunge oder Darm) sich entwickelnden Veränderungen werden als ***Primärinfekt (Primärherd)*** bezeichnet. Von dort gelangen die Tuberkelbakterien, meist phagozytiert in Makrophagen, zu den regionären Lymphknoten, die gleichsinnig miterkranken. Dadurch entsteht der tuberkulöse ***Primärkomplex,*** der mit großer Regelmäßigkeit angetroffen wird (CORNETsches Lokalisationsgesetz). Ein unvollständiger Primärkomplex entsteht dann, wenn der Schaden an der Eintrittsstelle nur gering ist und schnell wieder regeneriert wird (z. B. Darm) und demzufolge nicht mehr nachgewiesen werden kann. Die tuberkulösen Herde können völlig ausheilen oder abgekapselt liegen bleiben. Aus den primären Herden, seltener auch aus ruhenden, können bei schlechter Abwehrlage Bakterien in die Blutbahn gelangen und dann in anderen Organen zur Entstehung multipler Tuberkel ***(Frühgeneralisation)*** führen. Bei schneller und starker Aussaat der Tuberkelbakterien (akute Generalisation) entsteht die akute ***Miliartuberkulose,*** bei wiederholter, schubweiser eine *protrahierte Generalisation* mit verschieden alten und damit auch unterschiedlich großen Herden. Während der Frühgeneralisation gilt das CORNETsche Lokalisationsgesetz uneingeschränkt (s. S. 62).

Primärkomplex und Frühgeneralisation werden zusammen als ***Erstinfektionsperiode*** bezeichnet. Die ***Periode der postprimären Prozesse*** kommt in der Regel nur beim Rind vor und ist durch Ausbreitung des tuberkulösen Prozesses entlang vorgebildeter Kanalwege ***(chronische Organtuberkulose)*** oder erneuter hämatogener Ausbreitung ***(Spätgeneralisation)*** gekennzeichnet.

Rind: Die Tuberkulose *(Mycobacterium bovis, M. tuberculosis)* war vor Tilgung der Seuche in Deutschland eine der häufigsten und wichtigsten Rinderkrankheiten. Sie ist nach wie vor in vielen Ländern weit verbreitet. Beim erwachsenen Tier ist der ***primäre Herd*** in 90%, beim Kalb in 40% der Fälle in der Lunge zu finden. Unvollständige Primärkomplexe kommen vor. Makroskopisch ist der primäre Herd ein erbsen- bis faustgroßer Knoten, der vorwiegend an den bestbeatmeten Lungenbezirken zu finden ist, also subpleural am dorsalen Rand der Hauptlappen. Selten liegen mehrere Primärherde in der Lunge bzw. sind Spitzen- und Mittellappen betroffen. Die Lungentuberkel sind in der Regel zentral verkäst und mehr oder weniger stark verkalkt. An ihrer Peripherie können miliare Resorptionsknötchen entstehen. Die Lymphknotenveränderungen sind oft umfangreicher als die primären Lungenherde. Die Lungenlymphknoten zeigen Vergrößerung sowie diffuse strahlige Verkäsung oder sind von normalem Umfang und besitzen in ihrem Parenchym kleine, scharf begrenzte, verkäste und verkalkte Knötchen. Primäre Lungenherde können schon bei drei Wochen alten Kälbern ausgebildet sein und bereits nach ein bis zwei Wochen verkalken.

Im Verlauf der ***Frühgeneralisation*** können vier verschiedene Formen entstehen, nämlich 1. akute Miliartuberkulose, 2. protrahierte Generalisation, 3. lobulär-infiltrierende Tuberkulose, 4. galoppierende azinöse und lobulär-verkäsende Pneumonie. Bei der *akuten Miliartuberkulose* findet man die Tuberkel besonders in den schlecht ventilierten Lungenbezirken. Die zahlreichen miliaren Knötchen sind anfangs glasig durchscheinend, später trüb und grau-gelblich, wobei sowohl exsudative als auch produktive Prozesse vorherrschen können. Die Lymphknoten neigen zu auffälliger Vergrößerung sowie früher und starker Verkalkung.

Bei der *protrahierten Generalisation* entstehen weniger und unterschiedlich alte Tuberkel. Sie verkäsen und verkalken im Zentrum, haben unterschiedliche Größe und zeigen oft schon peripher neue Resorptivknötchen. Die Lymphknotenveränderungen sind gleich denen bei der akuten Miliartuberkulose.

Bei der selteneren großherdigen produktiven *lobulär-infiltrierenden Tuberkulose* besteht keine Neigung zur Verkäsung. Weißliche Herde von derber, speckiger Beschaffenheit liegen zwischen normalen oder emphysematösen Lungenläppchen. Diese Form kommt durch eine besondere Reaktionslage des Organismus zustande. Die regionären Lymphknoten sind meist gewaltig vergrößert und zeigen das Bild der sogenannten strahligen Verkäsung.

Bei Kalb und Jungrind ist während der Frühgeneralisation auch eine *galoppierende, azinöse* und *lobulär-verkäsende Pneumonie* bekannt. Dabei ist die Lunge von zahlreichen unregelmäßigen, speckigen und teilweise verkäsenden Herden unterschiedlicher Größe (auch Miliartuberkel) durchsetzt. Wahrscheinlich wird diese Form durch eine hyperergische Reaktionslage des Körpers bedingt.

Die **chronische Lungentuberkulose** tritt auf, wenn nach der Infektion Resistenz- und Immunitätsmechanismen nur zu einer mäßigen Abwehrlage führen. Makroskopisch ist sie besonders durch 1. azinöse und azino-nodöse Herde, 2. Kavernen sowie 3. tuberkulöse Geschwüre in den Bronchien und der Trachea gekennzeichnet.

Die *azinösen Herde* liegen bevorzugt im kaudalen Bereich und am gewölbten Rand der Zwerchfellappen. Makroskopisch sieht man in den rötlichen Lungenläppchen gelbliche Knötchen, die in Art von Ausgüssen in den Alveolarräumen liegen. Durch Vereinigung dieser kleinen Herde entstehen linsen- bis erbsengroße, zentral nekrotische Knoten. Die Wand der entsprechenden Bronchiolen ist verdickt, verkäst und ihr Lumen mit eiterähnlichen und verkästen Massen angefüllt. Da die Herde von Anfang an mit dem Bronchialbaum in Verbindung stehen, können die erweichten Massen endobronchial weiter verbreitet oder über Husten nach außen befördert bzw. abgeschluckt werden. Manchmal bilden sich statt der azinösen Herde knotige Veränderungen *(nodöse Form)*. Zur Heilung kann es kommen, wenn die azinösen bzw. nodösen Herde bindegewebig abgekapselt werden. Häufiger ist jedoch die fortschreitende bronchogene Ausbreitung des Prozesses.

Die bei der chronischen Lungentuberkulose auftretenden *Kavernen* haben eine unterschiedliche formale Genese. Die Einschmelzungskavernen entstehen meist durch Zusammenfluß azinöser und nodöser Herde, Verflüssigung der käsigen Inhaltsmassen und Entleerung dieser über Bronchien *(offene Tuberkulose)*. Beim Rind fehlen die Gefäßaneurysmen in der Kavernenwand, die beim Menschen häufig zu tödlichen Blutungen (Blutsturz) führen. Die *bronchiektatischen Kavernen* sind pathognostisch für die chronische Lungentuberkulose des Rindes. Sie entstehen durch den Druck des intrakanalikulär angesammelten eitrigen Exsudates auf die tuberkulös erkrankte Bronchialwand, so daß diese erweitert wird. Die Kavernen werden vorwiegend am gewölbten Rand und am kaudalen Ende der Hauptlappen angetroffen.

In der Schleimhaut der *Bronchien* und der *Trachea* (Bifurkation) treten im Anfangsstadium der chronischen Lungentuberkulose miliare Tuberkel auf, die später zu typischen *Geschwüren* mit aufgeworfenem, speckigem Rand und feinhöckerigem Grund werden.

Die Lungenlymphknoten sind bei der chronischen Organtuberkulose unverändert. Etwaige tuberkulöse Veränderungen (Verkalkung, bindegewebige Induration) stammen noch aus der Erstinfektionsperiode.

Im Verlauf der **Spätgeneralisation** (schlechte Abwehrlage) können sich 1. eine galoppierende azinöse Lungentuberkulose, 2. eine lobulär-verkäsende Pneumonie oder 3. die sogenannte typische akute Miliartuberkulose entwickeln.

Bei der *galoppierenden azinösen Lungentuberkulose* hat die Lunge ein großes Volumen und eine auffallend emphysematöse Beschaffenheit. Über die ganze Lunge verteilt finden sich zentral erweichte azinöse Herde ohne bindegewebige Abgrenzung sowie akute submiliare und miliare Tuberkel (auch in der Nierenrinde!). Die Lungenlymphknoten sind vergrößert, gelb-sulzig ödematisiert und infiltrierend verkäst. Oft sind daneben noch scharf begrenzte, intensiv grau-gelbe und meist verkalkte ältere Herde aus der Erstinfektionsperiode zu finden.

Bei der rasch um sich greifenden, *lobulär-verkäsenden Pneumonie* ist die Lunge voluminös, teilweise emphysematös und von zahlreichen lobulären, käsigen, trockenen Herden unterschiedlicher Größe durchsetzt. Diese strahlen fingerförmig in das umgebende lufthaltige Lungengewebe ein und können zusammenfließen. Auf der gelb-trüben Schnittfläche sieht man verstreut rote Blutpunkte. Daneben treten in Lunge und Nieren frische miliare Tuberkel auf. Die Lungenlymphknoten sind gleichsinnig denen bei der galoppierenden azinösen Lungentuberkulose verändert.

Nach Geburten und längeren Transporten kommt auch eine *typische akute Miliartuberkulose,* ähnlich der des Menschen vor. Die große, voluminöse Lunge ist teils emphysematös, teils ödematös. Die Lunge ist von frischen miliaren Tuberkeln durchsetzt, die sich besonders in den schlecht ventilierten Lungenabschnitten finden. Charakteristisch für diese Tuberkuloseform ist, daß Anzeichen einer fortschreitenden tuberkulösen Erkrankung nicht vorhanden sind und höchstens Spuren eines alten primären Lymphknotenherdes oder einer ruhenden, nur geringgradig ausgebildeten azinösen Tuberkulose der Lungenhauptlappen gefunden werden. Offensichtlich ist für die Entstehung dieser eigentlich typischen akuten Miliartuberkulose eine besondere Reaktionslage des Organismus verantwortlich zu machen.

Pferd: Die Infektion (meist *M. bovis)* der Lunge erfolgt hämatogen nach enteraler Infektion. Ein aerogener Infektionsweg ist bislang noch nicht beobachtet worden. Bei der akuten Miliartuberkulose ist die Lunge voluminös, teilweise emphysematös und mit zahlreichen miliaren, auffallend transparenten Knötchen durchsetzt (Differentialdiagnose: Chalicosis s. S. 112). Verkäsung und Verkalkung fehlen in der Regel. Die Lungenlymphknoten sind von derber Konsistenz und gleichmäßig grau-weißem, speckigem Aussehen. Seltener sind die Lymphknoten stärker vergrößert.

Bei der protrahierten Generalisation treten miliare bis grobknotige polymorphe, derbe, grau-weiße, speckige Veränderungen auf. Verkäsungen, Verkalkungen sowie Erweichungsherde sind sehr selten. Die Lungenlymphknoten zeigen das gleiche Bild wie bei der akuten Miliartuberkulose.

Abb. 3.25 Akute Miliartuberkulose *(Mycobacterium bovis)* mit perifokalen Blutungen, Lymphknoten (Pfeile) mitbetroffen (Frühgeneralisation nach alimentärer Infektion), Schwein.

Schwein: Beim Schwein spielt vor allem der enterale Infektionsweg eine Rolle (s. S. 62). Die aerogene Infektion und damit auch der tuberkulöse Lungenprimärinfekt sind selten. Tritt letzterer auf, dann ist er meist unvollständig, d.h., nur die bronchialen Lymphknoten zeigen Veränderungen. Frühgeneralisationsformen (akute Miliartuberkulose und protrahierte Aussaat) sind häufig und gleichen denen bei Kalb und Rind. Bei der Infektion mit *M. bovis* sind typische früh verkäsende und verkalkende Epitheloidzelltuberkel zu sehen, wobei auch die Lungenlymphknoten verkäst und verkalkt sind (Abb. 3.25). Besondere Merkmale bei der Infektion mit *M. avium* sind perlschnurartig angeordnete speckige Tuberkel, die weder verkäsen noch verkalken und in den Lymphgefäßen des interlobulären Septengewebes der Lunge sitzen. Infolge der relativ kurzen Lebensdauer der meisten Schweine werden postprimäre Prozesse kaum gesehen.

Ziege und Schaf: Bei der *Ziege* hat die Lungentuberkulose *(M. bovis)* ausgeprägt exsudativen Charakter, wodurch das Bild einer verkäsenden Pneumonie mit der Tendenz zur peripheren Demarkation entsteht. Der primäre Lungenherd ist meist als erbsen- bis walnußgroßer, subpleural gelegener, früh verkäsender Knoten am gewölbten Rand der Zwerchfellappen anzutreffen. Die zugehörigen Lymphknoten sind immer miterkrankt und enthalten verkäste und verkalkte Tuberkel. Bei der Generalisation ist die bronchogene Ausbreitung auffallend. Aus den erst grobknotigen verkästen Herden entstehen durch teilweise Konfluenz bis mannsfaustgroße Erweichungs- und bronchiektatische Kavernen mit derber, gekammerter und stark vaskularisierter Wand. In den Bronchien und der Trachea sind gelegentlich auch tuberkulöse Geschwüre ausgebildet. Beim *Schaf* ist die Tuberkulose *(M. bovis)* sehr selten. Während der Frühgeneralisation treten bis zu walnußgroße, derbe, speckige, früh verkäsende und verkalkende Knoten auf, die bindegewebig begrenzt werden. Die regionären Lymphknoten sind stets miterkrankt und verkäsen und verkalken. Differentialdiagnostisch sind vor allem Pseudotuberkulose *(Corynebacterium pseudotuberculosis,* s. S. 61) und Wurmknötchen (s. S. 110) abzugrenzen.

Hund und Katze: Aerogene Infektionen mit *M. bovis* und *M. tuberculosis* sind seltener als enterale (s. S. 188). Der Lungenprimärherd bei Hund und Katze (am häufigsten im dorsalen Bereich der Zwerchfellappen gelegen) zeigt sich als erbsen- bis walnußgroßer, derber, auf der Schnittfläche speckiger Knoten. Zentral kann sich eine Höhle befinden, die mit erweichten, nekrotischen Massen angefüllt ist. Häufig ist die über den Knoten liegende Pleura miterkrankt *(Pleuritis tuberculosa)* und zeigt einen umschriebenen Fibrinbelag. Die meist nur wenig vergrößerten Lungenlymphknoten sind entweder diffus speckig oder zentral nekrotisch. Die Frühgeneralisation kann als akute Miliartuberkulose, als grobknotige protrahierte Tuberkulose oder als tuberkulöse Bronchitis und Bronchopneumonie in Erscheinung treten. Bei letzterer Form erfolgt auch eine Ausbreitung auf dem vorgebildeten Kanalweg, wodurch Tuberkel entstehen, in deren Zentrum ein Bronchus liegt. Differentialdiagnostisch sind besonders FIP, bösartige Geschwülste und mykotische Granulome abzugrenzen.

3.5.7.4.2 Rotz

Beim Rotz der Equiden, der heute noch in den asiatischen und afrikanischen Ländern eine Rolle spielt und auch bei Menschen (Zoonose) und Feliden (Löwen und Tiger) vorkommt, sind die Lungen und die Lungenlymphknoten beinahe immer erkrankt. Der Erreger *Burkholderia (Pseudomonas) mallei* gelangt in der Regel von einem primären Rotzherd einer anderen Körperstelle (vor allem Nasenrachenraum, seltener Darm und Haut, s. S. 524) auf lymphohämatogenem Wege in die Lunge. In der Lunge breitet sich der Prozeß lymphogen (Resorptionsknötchen) und bronchogen (Einbruch in Bronchien) aus. Je nach Virulenz des Erregers und Abwehrlage des Organismus kommt es entweder zu vorwiegend exsudativen oder proliferativen Entzündungen, wobei wiederum kleine oder große Knoten *(Rotzknötchen* und *-knoten)* oder diffuse Bronchopneumonien *(rotzige Pneumonie)* entstehen können.

Die vorwiegend **exsudativen Rotzknötchen** haben einen mehr akuten Charakter und herrschen in Ländern mit schwacher Durchseuchung vor. Makroskopisch sieht man miliare, linsen- bis erbsengroße Knötchen subpleural oder in der Tiefe des Lungengewebes. Die Schnittfläche dieser Knötchen zeigt im frühen Stadium einen kleinen, gelb-trüben, trocken-eitrigen Kern, der von einem breiten, schwarz-roten, innen trocken und gekörnten, außen feuchten und glatten Hof umgeben wird. Im späteren Stadium besteht das linsengroße Knötchen aus einem trüben, mörtelartigen Kern, umgeben von speckig-durchsichtigem, grau-weißem Gewebe. Im Gegensatz zu Parasitenknötchen ist keine totale Verkalkung des Kernes zu sehen; auch läßt sich der bröckelige Kern nicht in seiner Gesamtheit von dem umgebenden Mantel lösen, es bleiben vielmehr immer noch Partikel an der Wand haften. Histologisch ist bei den Rotzknötchen immer das typische Bild der Karyorrhexis zu sehen, während eine fibröse Umwandlung fehlt.

Die vorwiegend **proliferativen Rotzknötchen** sind in Ländern mit stärkerer Durchseuchung vorherrschend. Makroskopisch sind miliare bis linsengroße, graue, etwas durchscheinende Knötchen sichtbar, die jedoch keinen Mantel oder Hof aufweisen. In älteren Knötchen kann es zur zentralen Nekrose und Verkalkung kommen.

Histologisch herrschen anfänglich Proliferationen von Epitheloidzellen vor, wobei auch einzelne Riesenzellen und Granulozyten auftreten können. Später findet man auch ein zentrales Kerntrümmerfeld sowie einen peripheren Mantel aus Lymphozyten und faserbildendem Bindegewebe.

Mit den miliaren Knötchen oder für sich allein können in der Lunge einzelne **Rotzknoten** vorkommen, die sich über ein ganzes Läppchen oder mehrere ausdehnen (lobäre Herde). Dabei werden akut und chronisch verlaufende Formen unterschieden. Die akut verlaufenden, ausgesprochen exsudativen Rotzknoten neigen zu raschem Zerfall, wobei die anfangs teils trocken und feingekörnten, teils mehr feuchten und glatten Knoten in den grau- bis schwarz-roten kompakten Läppchen eitrig eingeschmolzen werden und durch Blutungen oft ein schokoladefarbenes Aussehen erhalten. Wenn die erweichten Massen durch eröffnete Bronchien abfließen, können *Kavernen* mit ausgefransten Rändern entstehen. Die chronisch verlaufenden, zur Organisation neigenden lobär-pneumonischen Herde führen zum sogenannten **Schwielenrotz,** der für sich allein oder zusammen mit kleinen Rotzknötchen in der Lunge vorkommen kann. Die Rotzschwielen stellen bis zu faustgroße, unscharf begrenzte, grau-weiße Herde dar. Innerhalb dieser Schwielen finden sich entweder kirsch- bis hühnereigroße Höhlen mit pastösem, von Gewebsfetzen durchsetztem, braun-rotem Inhalt oder kleinere grauweiße, aus eitrigen oder mörtelartigen Massen bestehende Knoten. Diese Veränderungen können aber auch fehlen, so daß nur eine Schwiele zu sehen ist. Bei genauer Betrachtung kann man in diesen Schwielen nicht selten auch submiliare gelbliche Nekrosen erkennen.

3.5.7.4.3 Aktinomykose

Die Aktinomykose und -bazillose (Erreger s. S. 523) der Lunge werden gelegentlich bei Rind und Schwein gesehen. Die Infektion erfolgt aerogen oder hämatogen-metastatisch, ausgehend von einem anderen Herd im Körper. Bei der aerogenen Infektion findet man entweder bis zu faustgroße, abgekapselte, von kleinen Abszessen durchsetzte weiche Knoten (vorzugsweise im dorsalen Bereich der Hauptlappen auftretend) oder eine diffuse Vergrößerung besonders der Spitzen- und Mittellappen. In letzterem Fall zeigt die Schnittfläche der veränderten Lungenlappen weißlich-gelbe, lobuläre knotige, weiche Herde, die von derben Bindegewebszügen umgeben sind. Bei der hämatogenen Infektion kommt es zur Bildung multipler miliarer (Schwein) bis walnußgroßer (Rind) Knoten. Differentialdiagnostisch sind besonders Tuberkulose (s. S. 102f.), Botryomykose (s. S. 516), Nocardiose (s. S. 520) und mykotische Granulome (s. unten) abzugrenzen.

3.5.7.4.4 Mykotische Pneumonien

Die Infektion der Lunge mit Pilzen erfolgt entweder primär aerogen oder sekundär hämatogen-metastatisch. Die in Frage kommenden Pilze sind entweder obligat oder fakultativ pathogen (s. S. 528). Die bei den Pneumomykosen entstehenden granulomatösen Veränderungen sind nicht spezifisch. Eine exakte Diagnose ist nur durch histologische Untersuchung (Spezialfärbungen, z. B. nach GROCOTT) und zusätzliche kulturelle Untersuchung möglich. Pneumomykosen infolge **obligat pathogener Pilze** kommen vor allem in tropischen und subtropischen Gebieten vor.

Die ***nordamerikanische Blastomykose*** *(Blastomyces dermatitidis)* tritt beim Menschen als Hautkrankheit, beim Hund in erster Linie als Lungenerkrankung auf. Die ***Histoplasmose*** *(Histoplasma capsulatum)* zeigt sich in der Lunge von Mensch und Tier im Auftreten einzelner oder multipler, bis zu erbsengroßer Knoten mit zentraler Nekrose. Differentialdiagnostisch ist von ihr besonders die Tuberkulose zu unterscheiden. Die ***Kokzidioidomykose*** *(Coccidioides immitis),* die in den ariden Gebieten des Südwestens der USA und Mexikos bei Mensch, Rind, Hund und Nagern vorkommt, gleicht hinsichtlich der makroskopischen Lungenveränderungen weitgehend der Histoplasmose bzw. Tuberkulose. Die ***Kryptokokkose*** (Torulose, europäische Blastomykose; Erreger: *Crypto-*

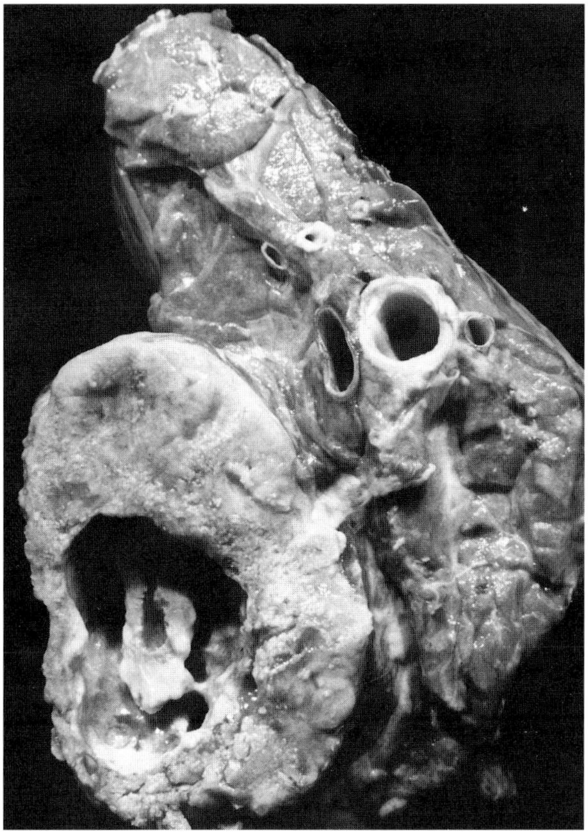

Abb. 3.26 Zentral nekrotisches, verknöchertes Granulom (natürliche Größe) infolge Infektion mit Aspergillus-Arten, Rind.

coccus neoformans) führt bei Mensch und Tier in erster Linie zu Veränderungen im ZNS, an zweiter Stelle folgen Lungenaffektionen (Granulome). Die ***Sporotrichose*** *(Sporothrix schenckii)* kommt besonders in der Haut und in den Lymphbahnen, seltener in der Lunge vor. Unter den durch **fakultativ pathogene Pilze** verursachten Pneumomykosen spielt die ***Aspergillose*** die größte Rolle. Bei der Aspergillose der Säuger findet man in der Lunge miliare bis linsengroße Knoten mit homogenen, grau-gelben, zentralen Kernen und gelegentlich auch bronchiektatischen Kavernen. Beim chronischen Verlauf können, besonders beim Rind, bis zu faustgroße, häufig verknöcherte tumorförmige Knoten (Abb. 3.26, 3.27) entstehen. ***Pneumocystis carinii***, derzeit als Pilz eingeordnet, kommt als latente Infektion bei den meisten Haustieren in der Lunge vor. Bei angeborenen oder erworbenen Immundefekten, besonders bei der SCID der Araberfohlen (s. S. 53), kann der Erreger zu entzündlichen Lungenveränderungen, besonders vom Typ der interstitiellen Pneumonie führen.

Penizilliose, Candidamykose, Geotrichose, Mukormykose und Haplomykose können in der Lunge ebenfalls zu granulomatösen Veränderungen führen.

3.5.7.4.5 Pneumokoniosen

Staubteilchen in der Atemluft, die größer als 10 µm sind, werden in der Nasenschleimhaut, solche zwischen 2-10 µm in der Tracheobronchialschleimhaut abgefangen. Teilchen um 2 µm Größe gelangen in die Alveolen und werden zum Teil von den Alveolarmakrophagen phagozytiert. Diese lösen sich dann aus dem Zellverband und werden mit der Exspirationsluft in die Bronchien befördert. Durch aktive Tätigkeit des dort befindlichen Flimmerepithels und durch vermehrte Schleimsekretion wird der Staub wieder nach außen gebracht (Aushusten, Abschlucken). Ein Teil des Staubes gelangt jedoch, vermutlich durch die Interzellularlücken, in das Lungeninterstitium. Dort bleibt er entweder in den Saft- und Gewebslücken um die Bronchien und Gefäße liegen oder wird mit dem Lymphstrom zu den regionären Lymphknoten geschwemmt.

Die Ablagerung von Kohlenstaub **(Anthrakose)** kommt vor allem bei Hunden in „Raucherhaushalten“,nur selten bei Rindern, Pferden und Katzen vor. Makroskopisch zeigt sich die Anthrakose im Auftreten multipler schwarzer Punkte oder schmaler zackiger Linien (Rind). Reine Kohlenstaubablagerungen führen entweder zu keiner Reaktion von seiten des Lungengewebes oder nur zu lokalen Fibrosen. Die regionären Lymphknoten sind in der Regel schiefergrau bis schwarz verfärbt. Hämosiderose der Meerschweinchen s. S. 90

Silikosen (Ablagerung von kieselsäurehaltigem Staub, z. B. Quarz) und **Silikatosen** (Ablagerung von silikathaltigem Staub, z. B. Asbest, Talkum, Kaolin) spielen beim Haustier keine Rolle. Beim Menschen (Bergarbeiter) stellen sie jedoch eine wichtige Berufskrankheit dar, in deren Verlauf es zu schweren granulomatösen Lungenveränderungen, Lungenfibrosen und chronischen Emphysemen kommt. Die **Asbestose** führt beim Menschen u. a. zu Bronchialkarzinomen und Mesotheliomen. Gleichfalls von untergeordneter Bedeutung sind beim Tier Pneumokoniosen infolge Inhalation von Düngemittelstäuben und Gasen (Kampfgase, Brandschwaden).

3.5.8 Tumoren

Primärtumoren der Lunge kommen beim Haustier, im Gegensatz zum Menschen (starke Zigarettenraucher!), nur selten vor. Am häufigsten sind sie noch bei alten Hunden (Durchschnittsalter 14 Jahre) und Katzen (Durchschnitts-

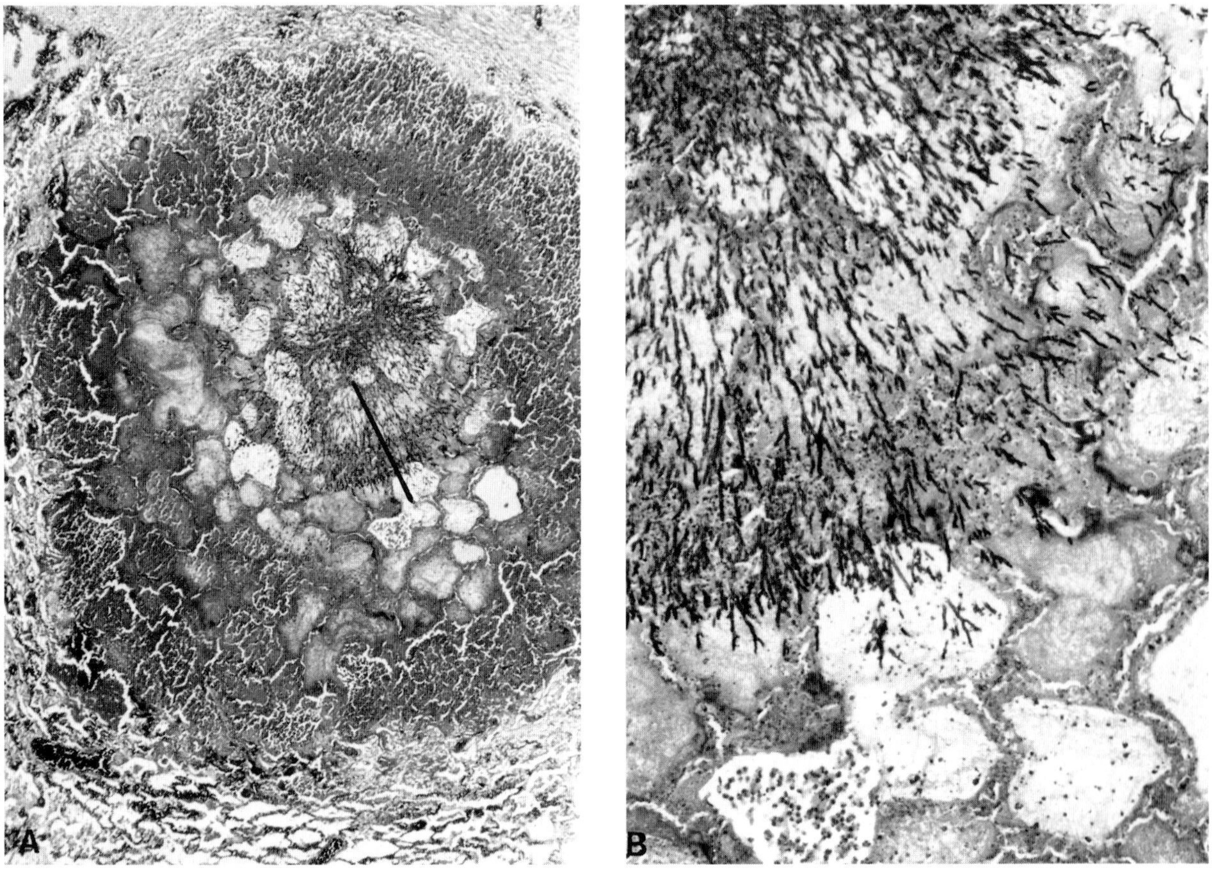

Abb. 3.27 Aspergillose der Lunge, Kalb.
A Im Zentrum des Granuloms das Pilzmyzel, Koagulationsnekrose des umliegenden Gewebes und fibrinös-granulozytäre Entzündung HE-GROCOTT, 50 x.
B Ausschnitt aus A, durch schwarzen Strich gekennzeichnet, invasives Wachstum der Pilzfäden HE-GROCOTT, 150 x.

alter 13 Jahre) sowie in Form der Lungenadenomatose bei Schafen zu finden. ***Sekundäre Lungentumoren*** werden dagegen sehr oft beobachtet. Als Faustregel für ihre Unterscheidung kann gelten, daß solitäre Tumoren für einen primären, multiple für einen sekundären (metastatischen) Geschwulstprozeß sprechen. Ausnahmen sind vor allem bei der broncho- und hämatogenen Ausbreitung eines primären Lungentumors sowie bei der Lungenadenomatose der Schafe gegeben.

Die **primären Lungengeschwülste** sind durchweg epithelialer Natur und bösartig. Mesenchymale Primärtumoren und gutartige Geschwülste sind in der Lunge sehr selten.

Bei den epithelialen Primärgeschwülsten unterscheidet man *Plattenepithelkarzinome* (= Bronchialkarzinome oder epidermoide Karzinome), *anaplastische Karzinome* (klein- oder großzellig; nicht bei der Katze vorkommend), *Adenokarzinome* (papillär oder bronchiolo-alveolär, einschließlich Lungenadenomatose der Schafe), *kombinierte Bronchial-* und *Adenokarzinome, Karzinoide* (s. S. 163) und *Tumoren* der *Bronchialdrüsen.*

Beim Haustier überwiegen weitaus die ***Adenokarzinome*** (80–90% der Lungenprimärgeschwülste), während beim Menschen Bronchialkarzinome und Adenokarzinome am häufigsten auftreten (zusammen ca. 80%). Die Metastasierung der primären Lungengeschwülste erfolgt hämatogen (besonders in Gehirn, Herzmuskel, Niere), lymphogen in die Lungenlymphknoten, bronchogen innerhalb der Lunge (besonders bei Adenokarzinomen) und gelegentlich auch durch Implantation in Pleura und Herzbeutel.

Pulmonale Osteoarthropathie (Akropachie) wird vor allem beim Hund, seltener bei anderen Tieren beobachtet (s. S. 324).

Die **Lungenadenomatose der Schafe** (Jaagsiekte; Afrikaans = Hetzseuche) ist in Ländern mit ausgedehnter Schafhaltung eine chronisch verlaufende verlustreiche Krankheit, die zur hochgradigen Dyspnoe, Abmagerung und zum Tode führt. Sie tritt bei Schafen im Alter von sieben Monaten bis zehn Jahren (Durchschnittsalter drei Jahre) auf. Ursache ist ein Retrovirus vom Typ D (nicht identisch mit dem beim Ethmoidalkarzinom des Schafes isolierten Virus).

Die ersten Veränderungen bestehen in kleinen grauen Knötchen, die besonders durch die weiche Konsistenz, fehlende Verkalkung, relativ unscharfe Begrenzung und Nichtvorwölben der Pleura von Wurmknötchen unterschieden werden können. Prädilektionsstellen sind die dorsalen Bereiche der Zwerchfellappen. Die Knötchen werden zahlreicher und größer, konfluieren und bilden graue, durchscheinende Bezirke, die sich vom grau-bläulich-rötlichen Lungengewebe abheben. Die weitere Ausbreitung erfolgt besonders in die ventralen Bereiche der Zwerchfellappen sowie in den linken Herz- und rechten Anhangslappen. Die Lungen werden voluminös und sehr schwer (bis 3 kg, normalerweise 300–800 g). Bei leichter Druckanwendung läßt sich reichlich seröse Flüssigkeit abpressen. Metastasen in Bronchial- und Mediastinallymphknoten treten in etwa 4% der Fälle auf. Bakterielle Infektionen mit nachfolgenden pneumonischen Veränderungen sind häufig. Histologisch entspricht die Lungenadenomatose dem bronchiolo-alveolären Subtyp des Adenokarzinoms (Tafel V. C). Differentialdiagnostisch sind vor allem Maedi (s. S. 99) und parasitäre Prozesse (s. S. 111) abzugrenzen.

Der besonders beim Pferd, nur sehr selten bei Hund und Katze vorkommende **Granularzelltumor** (Myoblastoma s. S. 142) ist nicht myoblastischen Ursprungs, sondern leitet sich von den Schwannschen Zellen ab.

Die **lymphomatoide Granulomatose** (Plasmazellen und Histiozyten) kommt sehr selten beim Hund vor und wird als besondere Form des T-Zell-Lymphosarkoms angesehen (s. S. 545)..

Unter den **sekundären Geschwülsten** verdient besondere Beachtung die ***diffuse Karzinomatose*** der Lunge (sogenannte krebsige Pneumonie; s. S. 89), die im Anschluß an infiltrierende Mammakarzinome (s. S. 318) bei der Hündin und Katze nicht selten gesehen wird. Auch bei der Leukose kann es zu einer diffusen Durchsetzung der Lunge mit Tumorzellen kommen. Maligne Hämangioendotheliome und maligne Melanome metastasieren sehr häufig in massiver Weise in die Lunge (s. S. 541, 544).

Maligne Histiozytose s. S. 69.

3.5.9 Parasiten

Die Lunge ist Ort mannigfaltiger Schädigungen durch tierische Parasiten. Diese lassen sich nach Lebensweise und Lokalisation wie folgt einteilen.

I. Lungenparasiten im engeren Sinn
   1. Parasiten im Bronchialbaum
   2. Parasiten in der Lungenstrombahn
II. Passanten
III. Andere Parasiten

3.5.9.1 Lungenparasiten im engeren Sinne

3.5.9.1.1 Parasiten im Bronchialbaum

Rind: Die *Lungenwurmkrankheit* ist eine verlustreiche Krankheit bei jüngeren Weidetieren und wird durch den **großen Lungenwurm Dictyocaulus viviparus** (bis 8 cm lang) verursacht. Die Infektionslarven (III) werden mit dem Futter (Benutzung von Sporangien koprophiler Pilze der Gattung *Pilobolus* zur Ausbreitung) aufgenommen, verlieren während der Magenpassage ihre Scheide, bohren sich in die Dünndarmschleimhaut ein und gelangen über Lymphgefäße in die Mesenteriallymphknoten, von dort in den Ductus thoracicus und schließlich über die V. cava cranialis und die A. pulmonalis in die Lungenalveolen. Dort häuten sich die Larven IV zu den Larven V, die schließlich zu geschlechtsreifen Würmern werden. In Bronchien und Trachea legen die Weibchen bereits embryonierte Eier, aus welchen die Larven I schlüpfen. Diese werden ausgehustet oder abgeschluckt und mit dem Kot ausgeschieden (exogene Entwicklung zu Larve II und III).

Während beim Übertritt der Larven in den alveolär-bronchiolären Raum kaum Schäden auftreten, rufen die geschlechtsreifen Würmer katarrhalisch-eitrige Bronchitis und Bronchiolitis, Obstruktionsemphyseme und -atelektasen (s. S. 84, Abb. 3.28), interstitielle Emphyseme und bei bakteriellen Sekundärinfektionen auch schwere Pneumonien hervor. Da nach überstandener Erstinfektion sich eine gewisse Immunität ausbildet, erkranken bei erneuter Infektion die Tiere kaum mehr, können aber über längere Zeit als Ausscheider zur Ansteckung nichtimmuner Tiere führen.

Dictyocaulus viviparus kommt auch bei Kamelen, wildlebenden Boviden und Zerviden vor.

Schaf und Ziege: Die *Lungenwurmkrankheit* wird bei den kleinen Wiederkäuern (auch bei den wildlebenden) durch den *großen Lungenwurm Dictyocaulus filaria* (direkte Entwicklung) und durch die haardünnen *kleinen Lungenwürmer* (Gattungen *Protostrongylus, Muellerius, Cysto-*

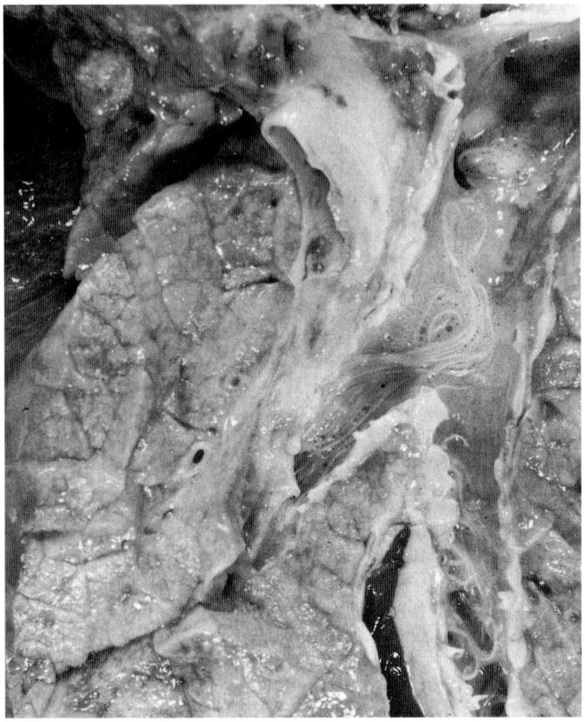

Abb. 3.28 Große Lungenwürmer *(Dictyocaulus viviparus)* in den Bronchien, katarrhalisch-eitrige Bronchitis; Rind.

caulus, Neostrongylus; indirekte Entwicklung über Schnecken als Zwischenwirte) hervorgerufen.

Der **große Lungenwurm** *Dictyocaulus filaria* (bis 10 cm lang) führt zu großen Verlusten besonders bei Jungtieren. Entwicklung der Parasiten und Schadwirkung sind ähnlich wie bei *Dictyocaulus viviparus.*

Kleine Lungenwürmer. Die Infektion erfolgt durch Aufnahme der als Zwischenträger fungierenden Schnecken oder von aus diesen ausgewanderten Larven III. Besonders im Dickdarm wandern die Infektionslarven über Lymphgefäße zu den Mesenteriallymphknoten, häuten sich dort zur Larve IV und gelangen über Ductus thoracicus und A. pulmonalis in die Lunge. Dort werden sie in den Bronchien und den sogenannten ***Brutknoten*** geschlechtsreif, die Weibchen legen Eier ab, aus denen die Larven I schlüpfen, die wiederum ausgehustet oder abgeschluckt mit dem Kot ins Freie gelangen. Die mikroskopische Untersuchung eines nativen Abstriches von der Schnittfläche eines Brutknotens erlaubt eine schnelle und sichere Diagnose. Ein Teil der kleinen Lungenwürmer bildet typische ***Wurmknötchen***, die als entzündliche Reaktion des Wirtes gegen die Parasiten zu werten sind. Im einzelnen unterscheidet man miliare rote (Larve IV, eosinophile Granulozyten,

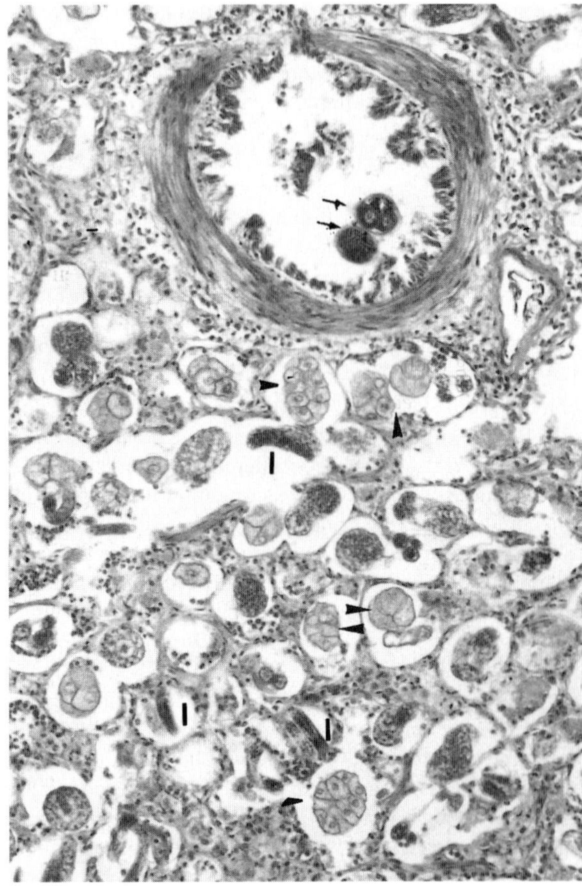

Abb. 3.29 Brutknoten in der Lunge eines Schafes nach Infektion mit kleinen Lungenwürmern *(Protostrongylus rufescens).* Pfeile = geschlechtsreife Strongyliden im Bronchus, der auch eine Hypertrophie seiner Muskulatur aufweist. Keile = Eier in Furchung. I = Larven I in Alveolen und Bronchiolen. Mittelgradige interstitielle mononukleäre Entzündung. HE, 50 x.

Hyperämie), etwas größere grau-weiße (nicht vollentwickelte, häufig abgestorbene Larven, eosinophile Granulozyten, Makrophagen, Riesenzellen; häufig vernarbt und verkalkt) sowie dunkelbraune bis schwarze (fast geschlechtsreife, häufig noch lebende Larven, relativ geringe entzündliche Reaktion) Wurmknötchen (Tafel IV. D u. Abb. 3.29).

Die wichtigsten Vertreter der Gattung *Protostrongylus* (bis 6,5 cm lang) sind *Pr. rufescens* und *Pr. brevispiculum.* Die gelblich-weißen bis grau-bräunlichen, oft rechteckigen und die Pleura vorwölbenden Brutknoten reichen relativ tief in das Lungengewebe hinein und kommen überall in der Lunge vor. Wurmknötchen werden nicht gebildet.

Muellerius capillaris (bis 3 cm lang) spielt vor allem bei älteren Schafen eine Rolle. Die rötlich-grauen oder gelblich-grauen Brutknoten kommen besonders in den Zwerchfellappen vor und sind unscharf begrenzt, so daß die Lunge bei stärkerem Befall häufig ein scheckiges Aussehen erhält. Wurmknötchen lassen nur in frühen Phasen Reste abgestorbener Würmer erkennen und neigen zur Vernarbung und Verkalkung.

Cystocaulus ocreatus (bis 9,5 cm lang) kommt häufig vor. Die gelb-braunen bis braun-roten Brutknoten liegen vor allem in den Zwerchfellappen und erreichen Walnußgröße. Die Wurmknötchen, die zystische Struktur aufweisen, enthalten häufig noch lebende reife Würmer.

Neostrongylus linearis (bis 1,5 cm lang) tritt nur selten auf.

Mäßiger Befall mit kleinen Lungenwürmern ruft kein klinisches Krankheitsbild hervor. Massiver Befall und besonders bakterielle Komplikationen können zu schweren Krankheitserscheinungen (verminöse Pneumonie) mit Abmagerung und Tod führen. Differentialdiagnostisch sind von den Veränderungen infolge kleiner Lungenwürmer (Brutknoten, Wurmknötchen) besonders Maedi (s. S. 99), Lungenadenomatose (s. S. 109) und Miliartuberkulose (s. S. 103) abzugrenzen.

Equiden: *Dictyocaulus arnfieldi* (bis 7 cm lang) hat eine ähnliche Entwicklung wie die Dictyocaulus-Arten der Wiederkäuer und kann bei massivem Befall Bronchitis und Bronchopneumonie verursachen.

Schwein: *Metastrongylus apri* (bis 4,4 cm lang) ist der häufigste Lungenwurm bei Haus- und Wildschwein, kommt aber auch bei Wiederkäuern, Hund und Mensch vor. Die Entwicklung ist indirekt, wobei Regenwürmer als Zwischenwirte fungieren. Weitere Lungenwürmer sind *M. pudendotectus, M. salmi, M. confusus* u. a. Durch die Invasion der Larven kommt es zu Lungenblutungen. Die in den Bronchien parasitierenden geschlechtsreifen Würmer rufen Bronchitis und Obstruktionsemphyseme und -atelektasen hervor. Bereits bestehende Lungenerkrankungen anderer Art, vor allem die enzootische Pneumonie, werden durch die Lungenwürmer kompliziert.

Fleischfresser: *Paragonimus westermani* (Lungenegel; bis 1,6 cm lang) kommt in Ostasien vor allem beim Menschen vor, wird aber auch im Hund geschlechtsreif. Er führt zur Bildung zystenartiger Bronchiektasien, gelegentlich auch zu Lungengeschwülsten. Der Trematode tritt sehr selten auch bei anderen Haustieren auf.

Crenosoma vulpis (bis 1,6 cm lang) verursacht besonders beim Fuchs Tracheobronchitis. Zwischenwirte sind Schnecken. *Crenosoma striatum* ist beim Igel sehr häufig.

Aelurostrongylus abstrusus (bis 1 cm lang) kommt, nicht selten endemisch, bei Katzen und Mardern vor und führt zu Wurmbrutknoten (bis 1 cm im Durchmesser, vorwiegend in den Zwerchfellappen), die konfluieren können, sowie zu ausgeprägten Mediahyperplasien der Pulmonalarterienäste, die makroskopisch als perlschnurartige Gefäßverdichtungen imponieren. Zwischenwirte sind Schnecken.

Filaroides osleri (bis 1,4 cm lang) ruft in der Tracheal- und Bronchialschleimhaut bei Hunden bis zu erbsengroße Knoten hervor, in denen zahlreiche Würmer liegen. Zwischenwirte sind Nacktschnecken. *Filaroides hirthi* (bis 13 mm lang) und *Filaroides milksi* kommen weltweit vor allem bei in Kolonien gehaltenen Hunden (Beagles) vor. Sie rufen Hyperplasie des Alveolar- und Bronchialepithels, Granulome, Herdpneumonien und Lungenfibrosen hervor.

Capillaria aerophila (bis 3,2 cm lang) kommt vor allem beim Fuchs vor. In Fuchsfarmen kann er beträchtlichen Schaden verursachen (Tracheobronchitis. Bronchopneumonien, Anämie). Die Entwicklung ist direkt.

Kaninchen und Hase: Verschiedene *Protostrongyliden,* besonders *Pr. commutatus, (pulmonis)* können Bronchitis und Bronchopneumonie bedingen.

3.5.9.1.1 Parasiten in der Lungenstrombahn

Angiostrongylus vasorum (bis 2,5 cm lang) kommt nicht selten bei *Hund* und *Fuchs* in der A. pulmonalis und auch in der rechten Herzkammer vor. Die von den Würmern abgelegten Eier werden in das Kapillargebiet der Lunge eingeschwemmt. Aus diesen entwickelt sich die Larve I, die sich in die Alveolen durchbohrt, ausgehustet und abgeschluckt mit dem Kot ins Freie gelangt. Zwischenwirte sind Schnecken. In den Ästen der A. pulmonalis entstehen embolisch-thrombotische Veränderungen, in der Lunge bis zu walnußgroße Granulome. Bei starkem Befall entwickelt sich ein Cor pulmonale mit all seinen Folgen (s. S. 89).

Dirofilaria immitis (bis 30 cm lang) kommt bei Hund, Katze und wildlebenden Karnivoren in warmen Ländern vor und wird durch blutsaugende Culex-, Anopheles- und Aedesmücken übertragen. Die Parasiten finden sich in der rechten Herzkammer (Herzwurm, s. S. 26 und Abb. 1.13) und in der Arteria pulmonalis. Sie rufen vor allem Thrombosen der Aufzweigungen der *A. pulmonalis* mit nachfolgendem Cor pulmonale (s. S. 89), Lungeninfarkte, Lungenhämosiderose und Hypertrophie der Bronchialmuskulatur hervor. Die bei Hunden in den USA gelegentlich vorkommende *pulmonale eosinophile Granulomatose* ist durch multiple unterschiedlich große Knoten, bestehend aus eosinophilen und neutrophilen Granulozyten und mononukleären Zellen, gekennzeichnet. Die Ursache ist unbekannt, immunpathologische Prozesse und Beziehungen zur Dirofilariose (s. S. 26) werden vermutet.

3.5.9.2 Passanten

Wiederkäuer: *Strongyloides papillosus kommt* vor allem bei Jungtieren vor. Die Infektionslarven (III) bohren sich durch die Haut, gelangen lymphohämatogen in die Lunge, wo sie bei jüngeren Tieren in die Alveolen wandern, über Trachea und Abschlucken in den Dünndarm gelangen und dort geschlechtsreif werden. Bei älteren Tieren bohren sich die Larven in der Lunge nicht in die Alveolen, sondern in Blutgefäße ein und gelangen über den großen Blutkreislauf u. a. bei weiblichen Tieren in das Euter, wo sie mit der Milch ausgeschieden werden und galaktogene Infektionen bei Kälbern und Lämmern verursachen können.

Bei Kälbern treten nur nach massivem Befall Gewichtsabnahmen auf, während bei Jungschafen Lungenblutungen, pneumonische Veränderungen, Abmagerung und Todesfälle vorkommen (Hautveränderungen s. S. 551, Darmentzündungen s. S. 192).

Hakenwürmer (Bunostomum phlebotomum beim Rind, *B. trigonocephalum* bei Schaf und Ziege) haben einen ähnlichen Infektionsweg und rufen in erster Linie Darmveränderungen (s. S. 195), Anämie und Abmagerung, in geringerem Ausmaß auch entzündliche Lungenveränderungen hervor.

Ascaris suum-Larven (s. nebenan) verursachen vor allem bei Kälbern eine grünliche Verfärbung der Lunge, die durch eine stärkere Infiltration mit eosinophilen Granulozyten bedingt ist.

Toxocara vitulorum ruft bei seiner Wanderung durch die Lunge keine Veränderung hervor.

Equiden: Nach oraler Aufnahme von Eiern von *Parascaris equorum*, die die infektionstüchtige Larve II enthalten, gelangen die Larven lymphohämatogen in die Lunge, von dort aus als Larve III über Luftröhre-Schlund in den Darm. Die Larven verursachen in der Lunge Blutungen und miliare bis erbsengroße, anfänglich grau-glasige, später verkalkte Wurmknötchen *(Chalikosis)*. Gelangen die Larven versehentlich in den großen Blutkreislauf (Vv. pulmonales), dann bilden sich auch Wurmknötchen mit abgestorbenen Parasiten in anderen Organen.

Strongyloides westeri-Larven verhalten sich ähnlich wie die von *Str. papillosus* (s. oben) und kommen vor allem bei Fohlen vor.

Schwein: Nach oraler Aufnahme infektiöser Eier von *Ascaris suum* schlüpfen im Dünndarm die Larven II, die über die Pfortader in die Leber (Larve III) und von dieser über die kaudale Hohlvene in die Lunge gelangen. Dort bohren sie sich in die Alveolen und gelangen über Trachea-Pharynx wieder in den Dünndarm, wo sich aus den Larven IV geschlechtsreife Würmer bilden. Neben Leberveränderungen (s. S. 231) kommt es in der Lunge zu fokalen Blutungen, eosinophilen Granulozyteninfiltraten und Wurmknötchen. *Toxocara canis und Toxocara mystax* s. unten.

Hakenwürmer (Globocephalus urosubulatus) können ebenfalls Blutungen und entzündliche Veränderungen verursachen.

Fleischfresser: *Toxocara canis* (Hund, Fuchs, Wolf) weist bei jungen Welpen einen trachealen Wanderungsweg auf, der zum patenten Darmbefall führt (Dünndarm → Pfortader → Leber → V. cava caudalis → rechtes Herz → A. pulmonalis → Lunge → Trachea → Dünndarm). Bei älteren Tieren treten die Larven in der Lunge in die Pulmonalvenen über und gelangen über den großen Kreislauf in Muskulatur und Organe (somatischer Wanderweg; ab 3. bis 10. Lebenswoche allmählich beginnend). In der Muskulatur können die Larven jahrelang lebensfähig bleiben, während sie in den Organen häufig absterben und zur Bildung von Wurmknötchen (granulomatöse Entzündung, Vernarbung, Verkalkung) Anlaß geben. Am häufigsten ist die pränatale Infektion. Während der Trächtigkeit werden in der Muskulatur des Muttertieres befindliche ruhende Larven aktiviert und gelangen diaplazentar in den Fetus, wo sie zunächst in der Leber bleiben und erst nach der Geburt in die Lunge und Trachea weiterwandern. Die Larven können auch von einer Neuinfektion der Mutter während der Trächtigkeit stammen. Galaktogene Infektionen kommen ebenfalls vor. Pränatal infizierte Welpen können schon in den ersten Lebenstagen, besonders wegen der Lungenveränderungen (Blutungen, Pneumonie), sterben. *Toxocara canis* kommt auch bei anderen Haustieren, insbesondere beim Schwein und beim Menschen vor, wobei in diesen nicht spezifischen Wirten stets eine somatische Wanderung der Larven erfolgt und oft erhebliche Schäden eintreten *(Larvae migrantes,* vor allem in Leber, ZNS und Nieren, s. S. 270, 410).

Toxascaris leonina (Hund, Feliden, Mensch) zeigt keine Blut-Lungen-Wanderung.

Toxocara mystax (syn. cati) kommt bei Feliden, gelegentlich auch beim Hund vor. Wie bei *Toxocara canis* gibt es einen trachealen und somatischen Wanderweg. Letzterer wird bei Fremdwirten (Schwein) stets eingeschlagen, wobei es aber nicht zu den starken Schädigungen wie bei *T. canis* kommt *(Ancylostomum caninum* s. S. 195, 551, *Strongyloides stercoralis* s. S. 192).

3.5.9.3 Andere Parasiten

Darunter werden die Parasiten geführt, deren Lebensraum weder ausschließlich noch regelmäßig die Lunge ist.

Toxoplasma gondii kommt bei allen Haus- und Labortieren vor und kann zu miliaren Lungennekrosen und zur eitrigen, teils nekrotisierenden Pneumonie führen (s. S. 26).

Fasciola hepatica und *F. gigantica* können in der Lunge von Rind, Schaf, Pferd und Schwein zystenartige, bindegewebig abgekapselte Herde mit braunem, sirupartigem Inhalt, in dem die Egel liegen, hervorrufen.

Cysticercus tenuicollis (s. S. 231) wird bei Wiederkäuern und Schwein, *Cysticercus pisiformis* bei Nagern gefunden.

Echinococcus cysticus syn. hydatidosus, die Finne des Hundebandwurmes *Echinococcus granulosus,* kommt häufig beim Schaf, selten bei Rind, Schwein und Wildwiederkäuern, aber auch beim Menschen vor. Die Onkosphären gelangen durch den Darm über die Pfortader in die Leber, wo sich ein Teil ansiedelt. Der andere Teil passiert die Leber und erreicht hämatogen die Lunge, wo ähnliche Veränderungen wie in der Leber entstehen (s. S. 231). Die die Lunge passierenden Onkosphären gelangen über den großen Kreislauf in andere Organe. Durch Platzen fertiler Blasen in der Lunge und Aspiration von Skolizes kann sich die Echinokokkose auch innerhalb der Lunge weiter ausbreiten.

Echinococcus alveolaris (Finne von *E. multiolocularis* des Fuchses, seltener auch bei Hund und Katze) kommt bei Nagern und Mensch vor. Leber s. S. 231.

Draschia megastoma und *Habronema microstoma* rufen beim Pferd gelegentlich bis haselnußgroße Granulome hervor (s. Magen S. 163, Haut S. 548).

4 Große Körperhöhlen (Brusthöhle, Bauchhöhle)

R. Rudolph

Ontogenetisch leitet sich die viszerale und parietale Auskleidung von Brust- und Bauchraum vom Mesoderm ab und wird als **Tunica serosa** (Pleura bzw. Peritoneum; Brust- bzw. Bauchfell) bezeichnet. Je nach Lokalisation erfolgen Bezeichnungen der jeweiligen Gewebe (z.B. Pleura costalis, Peritoneum omentalis). Die seröse Haut besteht aus einem einschichtigen, das Höhlenlumen austapezierenden *Mesothel* (Deckzellen, Mesothelium, sog. Serosenepithel) und der darunterliegenden *Adventitia* (Tunica adventitia, Stratum subserosum, Lamina propria), die neben kollagenen und elastischen Fasern, Blut- und Lymphgefäße, Nervengewebe sowie Fettzellen enthält. Bei weiblichen Tieren steht die Peritonealhöhle über das Infundibulum tubae des Eileiters mit der Außenwelt in Verbindung. Die *Aufgaben* der Mesothelzellen sind vielfältig: In enger Beziehung zu den Blutkapillaren sezernieren sie eine gering visköse, seröse Flüssigkeit, ermöglichen dadurch die Gleitfähigkeit der Organe innerhalb der Höhlen und haben die Fähigkeit zur Resorption; insofern stellen sie auch eine aktive Grenzschicht zwischen den Körperhöhlen und den Blut- und Lymphgefäßen der Adventitia dar. Das Mesothel hat als intermitotisches Gewebe eine hohe regeneratorische Potenz. In den serösen Häuten können Ansammlungen (Milchflecken) von Immunzellen, Makrophagen und Granulozyten gefunden werden, die vor allem in Netz und Netzbeutel häufiger sind und auf besondere Reaktionsfähigkeiten im Rahmen von Abwehraufgaben hindeuten. Eine Besonderheit stellt die *Lymphdränage* des Peritonealraumes über spezielle diaphragmale, mit Stomata ausgestattete Lymphgefäße dar, die eine direkte Verbindung von der Bauchhöhle über pleurale und retrosternale Lymphbahnen zu den Sternallymphknoten sowie schließlich in die venöse Blutbahn darstellen. Dadurch ist eine rasche Abführung größerer Flüssigkeitsmengen aus dem Abdominalraum möglich. Andererseits ist damit auch eine höhere Gefahr der schnellen Ausbreitung von Infektionserregern oder Krebszellen über diese Verbindungen in Richtung Herz/Lunge gegeben. Bei Störung dieser Flußrichtung (z.B. Lymphangiosis neoplastica = mechanische Dränageinsuffizienz; Schwäche des rechten Herzens = funktionelle Dränageinsuffizienz) erhöht sich die Gefahr des Auftretens und der Verstärkung eines *Hydrops ascites* (Aszites).

4.1 Postmortale Veränderungen

Bereits in der Agonie beginnen die Veränderungen, die postmortal weitere Ausprägung erfahren: Im einzelnen handelt es sich um *Hypostase, Desquamation* des *Mesothels, Erhöhung des Gehaltes an seröser Flüssigkeit* wegen Nachlassens der Resorption oft in Verbindung mit agonaler Herzschwäche, *Austritt von Blutflüssigkeit* mit *Hämolyse* (*Imbibitionsröte*), *Einwanderung von Fäulnisbakterien* mit *Tendenz* zu *Gewebeverflüssigung*, *Bildung von Gas* (z.B. H_2S) und *Sulfmethämoglobin* (*Pseudomelanose*) sowie eventuell auch von adventitiellen *Emphysemen*. Die damit verbundenen *Auto-* und *Heterolysen* ziehen im weiteren eine Diffusion von Galleflüssigkeit in die Nachbarschaft (*gallige Imbibition*) nach sich. *Austrocknung* der serösen Häute führt zu deren Stumpfheit, Rauhigkeit und Schrumpfung. Die Vielzahl dieser Veränderungen bedingt lokale, multiple oder diffuse *Farbvariationen* (rot, gelb, grün, schwarz, grau) mit schmutzigen, schmierigen, trüben, teils abwischbaren *Belägen*. Nach intrathorakaler bzw. intraabdominaler *Applikation von Substanzen* zum Zwecke der Euthanasie ist die Ausfällung amorpher oder kristalliner Niederschläge in Gemeinschaft mit lokalen toxischen Gewebsalterationen und Blutaustritt differentialdiagnostisch zu berücksichtigen (s. S. 14).

4.2 Mißbildungen

Die ***Eventratio simplex*** stellt angeborene Spaltbildungen in der Wand des Thorax oder der Bauchhöhle dar, so daß die frei austretenden Organe nur von der viszeralen Serosa bedeckt sind. Beispiele sind *Schistosoma reflexum*, *Fissura sternalis*, *Fissura abdominalis*, *E. s. diaphragmatica*. Ohne rasche Regulierung schließen sich traumatische Läsionen, hämorrhagische Stase oder Entzündungen bzw. Nekrosen an. Bei der ***Eventratio hernialis*** (Hernia, Bruch) verlagern sich Organe der Bauchhöhle durch angeborene bzw. kongenital bereits vergrößerte *Spalten* oder *Löcher*, wobei die viszerale Serosa den Bruchsack allein darstellen kann oder dieser zusätzlich von der parietalen Serosa oder auch von weiteren Umgebungsgeweben gebildet wird (z.B. *Zwerchfell-*, *Leisten-*, *Nabel-*, *Mesenterialbruch*). Die proximale Engstelle des Bruchsackes wird als *Bruchpforte* bezeichnet. Die *Bruchinhalte* (z.B. Milz, Darmteil, Netz) können temporär, temporär-rezidivierend oder permanent bestehen. Durch venöse Abflußbehinderung, Anschoppung von Darminhalt, Kompression der Lunge oder Nekrosen kann die *Symptomatik* (Ileus, Schmerz, Kolik, Atem- und Kreislaufbeschwerden) verstärkt werden. Die Einklemmung (*Inkarzeration*) kann somit im Hernienbereich zu hämorrhagischer Infarzierung, Obstipationen, Entzündungen mit konsekutiven Verwachsungen sowie systemisch zu Intoxikation oder Schock führen. Hinsichtlich der Vielfalt der Hernien s. S. 167.

Die *forensisch* oder *züchterisch* wichtige Unterscheidung der Hernien auf der Grundlage von Mißbildungen im Gegensatz zu Hernien als Folge von erworbenen Veränderungen sind glatter, verschieblicher, reaktionsloser Rand der Bruchpforte bei ersteren, hingegen vitale Reaktionen wie Blutung, Retraktion, Ausfransungen, Verklebung bzw. entzündliche Verwachsung mit der Nachbarschaft bei letzteren.

4.3 Fremdinhalte

Beim **Pneumothorax** befinden sich Luft oder Gase zwischen Pleura pulmonalis und Pleura costalis, beim Pneumomediastinum (*Mediastinalemphysem*) zwischen den Mediastinalblättern. Die eindringenden Gase heben den negativen Druck in der Brusthöhle auf, so daß die Lunge durch ihr elastisches Gerüst zusammengezogen wird (*Kollaps*). Ein *Pneumothorax* entsteht entweder durch von außen einwirkende, perforierende Traumen oder nach Verletzung der Pleura pulmonalis einschließlich des Lungengewebes durch (gedeckte) scharfkantige Rippenfrakturen, durch stumpfes Flächentrauma, durch Lungenzerreißung nach plötzlicher extremer Druckwirkung (Explosionen), ferner im Rahmen entzündlich-perforierender Prozesse sowie infiltrierender bzw. rupturierender Neubildungen, nach Riß von Echinokokkenblasen in Nähe der Pleura pulmonalis, durch migrierende Parasiten und gasbildende Anaerobierinfektionen, schließlich auch nach Emphysemrissen, Ösophagusperforation und Zwerchfellruptur. Beim Pferd tritt der Pneumothorax infolge Kommunikation der Pleuralsäcke in der Regel beidseitig auf.

Ein **Pleuraemphysem** (Abb. 4.1) entwickelt sich im Zusammenhang mit dem Pneumothorax oder durch Fortleitung eines Lungenemphysems bzw. im Verlaufe von Infektionen durch *Clostridien-spp.* Speziell beim Rind kann sich das Pleura- und Mediastinalemphysem bis in die Unterhaut des Triels ausbreiten.

In der ***Forensik*** ist die Beweisführung wichtig. Bei Verdacht auf Pneumothorax empfehlen sich – insbesondere bei kleineren Tieren – vor Beginn der Sektion Einschnitte im Zwischenrippenbereich bei untergetauchtem Tierkörper (Wasserbecken), wobei im positiven Falle Blasen unter Blubbern aufsteigen. Bei Großtieren kann Gas aus dem Pleuraraum abgesaugt oder farbige Flüssigkeit (z.B. Tusche) zwischen die voneinander entfernten Pleurablätter appliziert werden; möglich ist auch eine wassergefüllte Interkostaldelle, durch welche nach Perforation Gas perlen wird. Ein versehentliches Einstechen in die Lunge ist dabei nicht zu befürchten, da diese durch den Pneumothorax von der Brustwand abgerückt ist. Ist keine derartige Veränderung vorhanden, trifft man in der Lunge nur auf wenig Restgase, da dieses Organ im toten Tier infolge der Eigenelastizität in der Exspirationsphase vorliegt. Zum Auffinden kleiner Lungenrisse nach Entnahme der Lunge aus dem Thorax ist die Gaseinfüllung über die Trachea in die Lunge bei untergetauchtem Organ zu empfehlen, wobei Gasbläschen von der Rißstelle her aufsteigen.

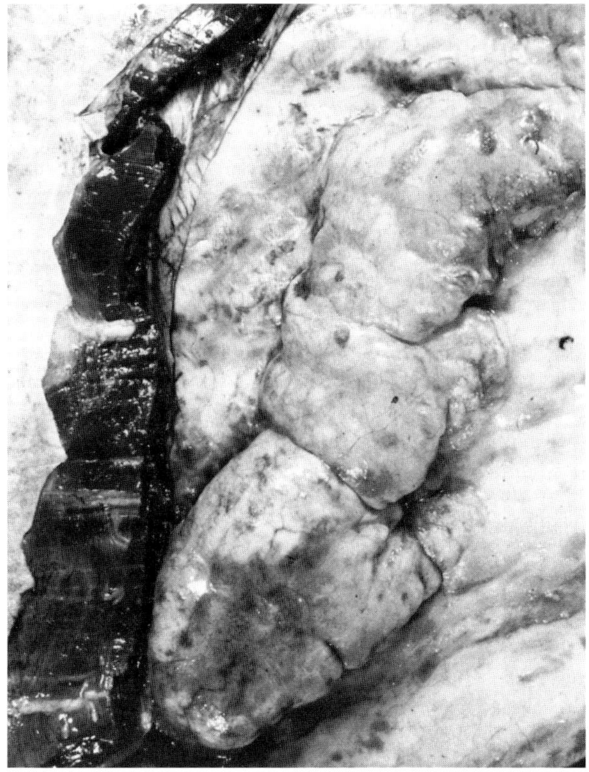

Abb. 4.1 *Pleuraemphysem*, Rind.

Ein **Pneumoperitoneum** entwickelt sich durch Ausdehnung eines Pneumothorax via Zwerchfellporen, Zwerchfellriß oder auch durch krankhafte Öffnungen von Magen, Darm oder z.B. Bauchdecke. Gas kann auch über Defekte des Uterus oder der Harnblase bzw. das Infundibulum des Eileiters in die Bauchhöhle übertreten. Die Entstehung ist vor allem auch im Zusammenhang mit gasbildenden, bakteriellen Infektionen oder mit intravitalen Fäulnisprozessen möglich. Bei gesunden Tieren wird eine Menge von 12,5 bis 100 ccm Gasapplikation pro kg Körpergewicht innerhalb von 9 bis 25 Tagen aus dem Peritonealraum rückresorbiert; dieses erfolgt bei Jungtieren schneller; bei krankhaften Veränderungen im Bauchraum muß hingegen mit einer Verzögerung gerechnet werden. Das Pneumoperitoneum ist seltener als der Pneumothorax, kann aber z.B. zu Verlagerungen von Bauchorganen, Passagebehinderungen, Kolik oder Ischämien führen.

Pyothorax bzw. **Pyoperitoneum** stellen Eiteransammlungen im Rahmen meist bakterieller Infektionskrankheiten dar, die mit korrespondierender Pleuritis bzw. Peritonitis purulenta zu bewerten sind (s.unten).

Der **Chylothorax** tritt nach Zerreißung, Arrosion oder auch infolge von Abflußbehinderungen (Tumoren, Entzündungen, Mißbildung) des Ductus thoracicus und Rückstau des Chylus auf. Die Beschaffenheit der Flüssigkeit ist milchig und opaleszierend (Abb. 1.45). Die Trübung kann durch Lösung der Lipide nach Zugabe von Äther aufgehellt werden. Ergüsse, die länger bestehen bleiben, führen zur Kompressionsatelektase der Lunge, zu chronischer Pleuritis mit Verwachsungen, Widerstandserhöhung im Thorax und zum venösen Rückstau. Ein **Chyloperitoneum (Chylaskos)** ist demgegenüber seltener, dann aber vor allem bei schwerwiegenden Passagebehinderungen oder Rupturen von Chylusgefäßen zu beobachten.

Hydrothorax (Brustwassersucht) und **Hydrops ascites** bzw. **Aszites** (Bauchwassersucht, Hydroperitoneum) stellen Ansammlungen wäßriger, klarer Flüssigkeit in den Höhlen dar, wobei das spezifische Gewicht (bis 1015) demjenigen eines Transsudates entspricht. Ursächlich kommen Herzinsuffizienz, chronische Pleuritis bzw. Peritonitis, Nierenkrankheiten, Neoplasien, zur Kachexie führende chronische Krankheiten sowie Hypalbuminämie in Betracht. Speziell für die Genese des Aszites sind weiterhin portale Kreislaufstörungen (Leberzirrhose, Venenmißbildungen im Leberbereich, Pfortadersklerose oder -thrombose) von zentraler Bedeutung. Länger bestehende Ergüsse führen sekundär zu sterilen (!), chronisch-proliferierenden Entzündungen der serösen Häute, die gelegentlich sekundär infiziert werden können, zu Organkapselfibrosen oder –hyalinosen (Zuckergußmilz!), ferner zu Kapselkontrakturen (z.B. Leber, Milz, Lunge) mit und ohne Verwachsungen (Synechien). Dabei kann es zum Entstehen flüssigkeitsgefüllter Kammerungen im Organisationsgewebes kommen (Hydrothorax bzw. Ascites saccatus). Als weitere Komplikationen sind vor allem Beeinträchtigungen der Blutzirkulation und der Atmung (Zwerchfellverlagerung) zu nennen, die eine Ausdehnung des bestehenden Ergusses zusätzlich begünstigen (Circulus vitiosus).

Hämothorax und **Hämoperitoneum** (Hämaskos) entstehen bei Einwirken mechanischer Traumen, bei infektiös bedingten Gefäßarrosionen, nach Gefäßläsionen durch neoplastische Infiltrationen oder Tumorruptur, ferner als Äquivalent postoperativer (Nach)blutungen, schließlich auch im Rahmen hämorrhagischer Diathesen und Infarzierungen. Nichtgeronnenes Blut wird in der Regel rasch über die großlumigen retrosternalen Lymphstraßen resorbiert, geronnenes hingegen meist über Wege phagozytärentzündlicher Maßnahmen mit narbigen Residuen. In klinischer Sicht bestimmen Schnelligkeit und Menge der Blutansammlung die Entwicklung eines hämorrhagischen Schockes.

Uroperitoneum und **Cholaskos** sind Folgen meist traumatischer Einwirkungen auf Harnblase bzw. Gallenblase, wobei Wandüberdehnungen bei starker Füllung begünstigend wirken. Urolithiasis bzw. Cholelithiasis mit Abflußbehinderung, entzündliche oder neoplastische Wanddestruktion mit nachfolgender Ruptur auch bei geringerem Innendruck sowie Nekrosen infolge Ischämie oder Infarkt in diesen Organen sind weitere pathogenetische Grundlagen. Rückresorption (Urämie, Cholämie) und Entwicklung einer reaktiven Peritonitis leiten schwerste, i.d.R. irreversible, letal endende, toxische Komplikationen mit ausgeprägter Nierenschädigung (s. S. 256) ein.

Gemischte Ergüsse setzen sich aus heterogenen Anteilen zusammen, z.B. Hydrohämo-, Chylopyo-, wobei Übergänge zum Exsudat deutlich werden, insbesondere auch bei Anteilen aus Nekrosen oder Geschwülsten (s. Entzündungen der Serosa).

Fremdkörper gelangen nach Zusammenhangstrennungen (Vorschädigung) oder Perforation in der Regel aus dem Digestionstrakt (Ösophagus, Magen, Darm), Respirationsweg (Lunge), von außen (Thorax-, Abdominalwand) oder aus Uterus bzw. Eileiter in die entsprechenden Höhlen. So werden z.B. Knochensplitter oder Geschoßteile vorgefunden. Beim **Rind** durchbohren Nägel und Drahtstücke vor allem die Haube. Feten könne sich als Abdominalgravidität entwickeln. Die Stellung der Nadeln begünstigt nach Aspiration von kleinen Tannenzweigen die schnelle Tiefenwanderung innerhalb des Bronchialbaumes mit konsekutiver Perforation der Pleura pulmonalis. Organische Fremdkörper geringer Masse können aufgelöst und rückstandsfrei resorbiert werden. Fremdkörperbedingte zirkumskripte oder diffuse Serositiden verlaufen demzufolge entweder steril oder nach Erregerkontamination unter Ausprägung verschiedener Exsudate (*Fremdkörperperitonitis* bzw. *-pleuritis*). Medikamente können appliziert oder vor allem nach Zusammenhangstrennungen des Magen-Darm-Kanals oder des Uterus ausgetreten sein. Je nach Beschaffenheit des nicht oder schwer resorbierbaren Materials kann es auch zur Ausbildung von Fremdkörpergranulomen kommen (s. unten).

4.4 Kreislaufstörungen

Die **aktive Hyperämie** weist arteriell betonte, stärker injizierte, hellrote Gefäßfüllungen in der Subserosa auf. Häufig ist dieses Stadium bereits mit einem *Ödem* verbunden. Als weiterführende Schäden sind **Hämorrhagien** in Form von *Petechien*, *Ekchymosen*, *Sugillationen* und *Hämatomen* zu nennen. ***Diapedesisblutungen*** finden sich vor allem bei Septikämien und Virämien (z.B. Milzbrand, Pasteurellose, Brucellose, Rotlauf, Leptospirose, Schweinepest, infektiöse Anämie der Einhufer, Hcc, FIP, Parvovirose; in Feten bei Virusabort) sowie bei Protozoonosen, exogenen (z.B. E 605, Arsen, Phosphor, Dicumarol) oder endogenen Intoxikationen (Peritonitis, Pleuritis, Pyometra, Urämie, Leberinsuffizienz, Dermatitis, Combustio, Hypoxie), zentralnervösen Störungen (Enzephalitis, Meningitis, Myelitis, Neoplasien, Trauma) und Stoffwechselkrankheiten (z.B. Faktorenmangel, Skorbut). ***Rhexisblutungen*** nehmen ihren Ausgang entweder von der subserösen Vaskularisation oder von rupturierten Gefäßen tiefergelegener Gewebebereiche und führen je nach Qualität und Kaliber der beschädigten Gefäße zu m.o.w. umfangreichen hämorrhagischen Höhlenergüssen (*Hämaskos, Hämothorax, Hämoperikard)*. Die zugrunde liegenden Gefäßdefekte können sowohl traumatisch bedingt sein als auch im Rahmen von Entzündungen, Neoplasien, Parasitenwanderungen u.a. zustande kommen.

Die **passive Hyperämie** ist durch venös betonte, stärker injizierte, dunkelrote bis blauviolette Gefäßfüllungen in der Subserosa gekennzeichnet. Als weiterführende Veränderungen sind gleichfalls *Ödeme* und *Hämorrhagien* möglich. Ursachen sind zentrale (kardiale) oder regionale Rückflußbehinderungen (Stauungen)

Der **Lymphstau** mit Lymphaustritt in das subseröse Gewebe ist Ausdruck lokaler Lymphgefäßschädigung oder massiver Abflußinsuffizienz (zentrale venöse Stauung).

Ischämien seröser Häute finden sich im Zusammenhang mit Anämie, Blutverlust, Schockzentralisation, lokalem Druck (Tympanie, Tumor) oder Verlagerungen von Organen mit Ausbildung heller Schnürfurchen.

4.5 Regressive (Stoffwechselstörungen) und progressive Veränderungen

Unter den **Verkalkungen** kommt den auf allgemeinen Kalziumstoffwechselstörungen beruhenden die Hauptbedeutung zu. So finden sich ***metastatische Verkalkungen*** insbesondere bei *D-Hypervitaminosen* und der *alimentären Kalzinose* der **Wiederkäuer**, ferner bei verschiedenen Formen des *Hyperparathyreoidismus,* hier insbesondere beim *osteorenalen Syndrom,* in Form fokaler oder streifenförmiger Ablagerungen an den elastischen Fasern der Subserosa sowie denen der Blutgefäße (s. S. 32 und Abb. 4.2). Das osteorenale Syndrom führt, speziell bei **Hunden** mit chronischer Niereninsuffizienz, an der elastinreichen *Fascia endothoracica* zu charakteristischen, bilateral symmetrischen Kalkabscheidungen. Dieses Bild wird fälschlicherweise auch als *Pleuritis necroticans* bezeichnet, doch verkörpern hier die entzündlichen Phänomene bestenfalls unbedeutende Sekundärprozesse. ***Dystrophische Verkalkungen*** stellen sich als umschriebene Ereignisse nicht selten in Narben der Serosa ein. Wegen ihres durchweg geringen Umfangs und ihrer Seltenheit kommt ihnen kein besonderer nosologischer Wert zu. Nicht zu verwechseln sind sie mit **Verknöcherungen**. Bei diesen handelt es sich um *Mesenchymmetaplasien* im Verein mit chronisch-reparativen Prozessen, hier insbesondere mit umfangreichen

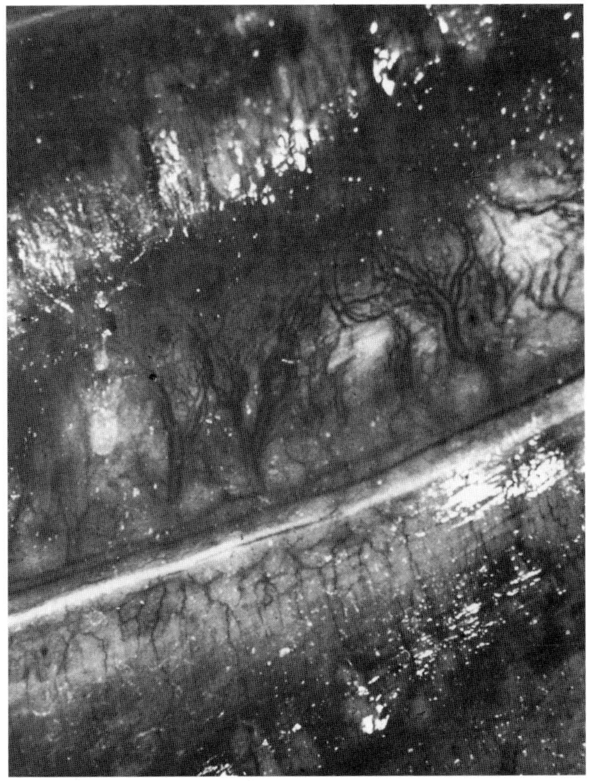

Abb. 4.2 Streifenförmige *Verkalkungen* der subpleuralen elastischen Fasern und Gefäße bei renalem Hyperparathyreoidismus und Urämie, Hund.

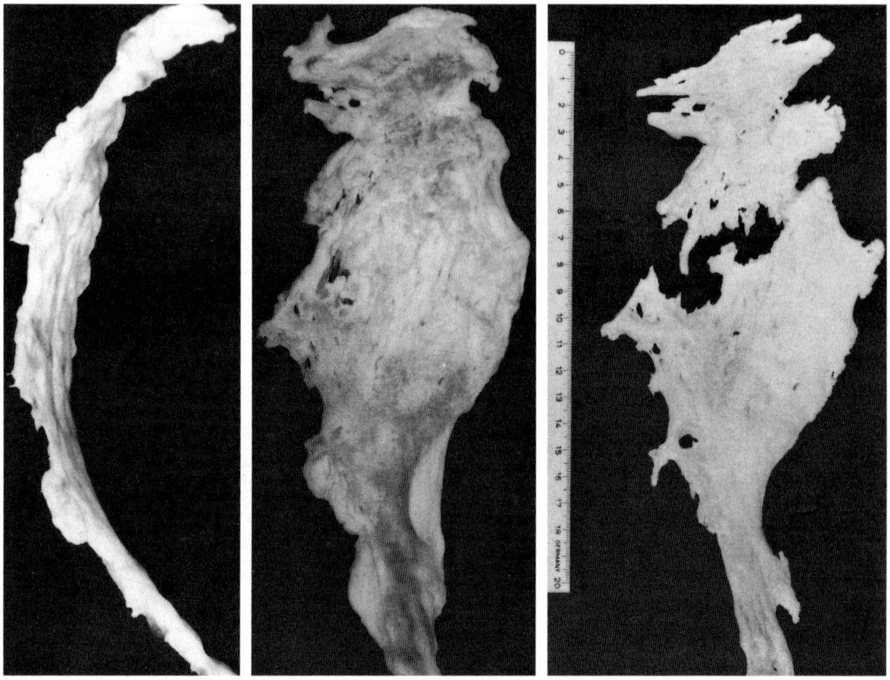

Abb. 4.3 Metaplastische , in Narbengewebe entstandene spangen- und panzerförmige *Verknöcherung* des Bauchfells. Links: Seitenansicht; Mitte: von der Peritonealseite her gesehen. Rechts: Knochengewebe nach Mazeration, Schwein.

Narbenbildungen nach Laparotomien oder Kastrationen (**Schwein**), ferner in Bruchsackwandungen. Die meist spangenförmigen Knochenbildungen liegen stets in der Subserosa und lassen kompakte sowie spongiöse Anteile erkennen, letztere nicht selten mit Anzeichen aktiver Hämatopoese (Abb. 4.3).

Pigmentablagerungen betreffen in erster Linie das subseröse Gewebe, z.T. auch die dort verlaufenden Lymphbahnen. So finden sich Kohlenstaubablagerungen als ***Anthrakose*** in der Pleura pulmonalis, ***Futterpigmente*** im viszeralen Peritoneum des Intestinums herbivorer Tiere, die ***Melanosis maculosa*** des **Kalbes** in allen serösen Höhlenauskleidungen einschließlich Peri- und Epikard, ***Hämosiderosis*** und *Hämatoidinablagerung* als Blutungsresiduen sowie, speziell in der Ileumserosa bei **Equiden**, auch als ***Haemomelasma ilei*** in Form eines schwarzen Sulfmethämoglobinniederschlages.

Die **Viszeralgicht** kommt bei den Haussäugetieren nicht vor und äußert sich bei **Reptilien** und **Vögeln** als mehlige, weiße, kristalline Uratausfällung auf den Serosen mit reaktiver Entzündung (*Polyserositis urica*) und Ausbildung flächiger Verwachsungen (*Synechien*).

Fettgewebshyperplasien sind bei Adipositas mit überschießender Depotbildung zu beobachten, während die **seröse Atrophie des Fettgewebes** für Abmagerung bzw. Kachexie kennzeichnend ist. **Fettgewebsnekrosen** erscheinen im akuten Zustand als schmierig-gelbe Erweichungen, im chronischen Zustand als schmutzig-weiße bis graue Gewebsverfestigungen, können im Rahmen einer Pankreasnekrose, d.h. durch Autodigestion, sowohl umschrieben im Pankreasbereich als auch systemisch (Enzymämie?) auftreten. Soweit das akute Krankheitsgeschehen überstanden wird, bildet sich Granulationsgewebe mit Fremdkörperriesenzellen unter Einschluß von Fettsäurekristallen und Kalkseifen. Die *Yellow-Fat-Disease*, bei **Schwein**, **Katze** und **Nerz** vorkommend, zeigt intensiv helle, gelbe Verfärbungen der subserösen Fettdepots. Sie ist das Äquivalentbild einer Lipidperoxidation mit konsekutiver Ceroidbildung auf der Grundlage eines Vitamin-E-Mangels und eines Überangebotes an ungesättigten Fettsäuren.

4.6 Entzündungen

Die Entzündungserscheinungen an serösen Häute lassen sich nach Verlaufszeit in akute, subakute oder chronische, hinsichtlich Lokalisation in fokale, disseminierte oder diffuse Formen unterteilen. Die Bezeichnung erfolgt entsprechend nach dem anatomischen Wortstamm als **Pleuritis** (Pl.) oder **Peritonitis** (P.) mit einem weiteren Lokalisationshinweis: *Pl. costalis*, *Pl. pulmonalis*, *Pl. mediastinalis*, *Pl. pericardialis*, *Pl.* bzw. *P. diaphragmatica*, *Pl. bzw. P. parietalis* oder *visceralis*, *P. mesenterialis*, *P. omentalis* und als ***Polyserositis*** für die generalisierten Formen. Weitere spezielle organbezogene Termini sind *Perihepatitis, Perisplenitis sowie Peri-* bzw. *Parametritis*. Auch die *Peri-* und *Epikarditis* gehören letztlich in diese Aufzählung (s. S. 7). Der jeweiligen Ursache nach ist zwischen *sterilen* und *septischen* Formen zu unterscheiden. Letztere entstehen entweder lympho-hämatogen im Verlauf septikämischer und embolisch-metastatischer Prozesse oder aber durch Übergreifen aus der Nachbarschaft (Lunge, Herz, Brust-, Bauchwand, Wirbelsäule, Lymphknoten, Magen, Darm, Nabel, Leber, Uterus, Ovar, Niere, Milz) infolge Penetrationen, Perforationen oder Rupturen. Sterile Formen finden sich im Nachgang zu operativen Eingriffen sowie nach primär nichtentzündlichen Veränderungen (Erguß, Neoplasie, Nekrose, Verlagerungen, Verkalkung, Hämatom). Insofern kann auch zwischen *primären* und *sekundären* Serositiden unterschieden werden.

In qualitativer Hinsicht ist zwischen feuchten, trockenen und gemischten Formen zu unterscheiden. In den erstgenannten Formenkreis gehören die *Pl.* und die *P. exsudativa (humida)* als seröse, fibrinöse, eitrige, hämorrhagische, nekrotisierende oder gangräneszierende Inflammationen. Bei der *Pl.* und *P. sicca* stehen Sero- und Plasmadiapedesen im Hintergrund, d.h. es dominieren proliferartive oder granulomatöse Phänomene. Bei den gemischten Formen sind i.d.R. granulomatöse Prozesse von eitrig-fibrinösen Exsudationen überlagert. Serosenentzündungen können narbenfrei ausheilen, zarte Narbenäqivalente in Form milchglasartiger Trübungen bilden, aber auch umschriebene bis flächige Schwielen oder narbige Reparationen (*Pl.* bzw. *P. fibroplastica*) mit teils zottigen Verwachsungen (Synechien) hinterlassen (*Pl.* bzw. *P. adhaesiva villosa*). Speziell beim Rind werden gelegentlich in derartigen Verwachsungen gut gekapselte (kalte) Abszesse gefunden. Wesentliche Folgen permanenter Verwachsungen sind die Behinderung von Lungen-, Herz- und Intestinalmobilität, ferner Kompressionsatelektase oder Kollapsinduration von Lungengewebe und im Intestinum Invaginationen, Verlagerungen und Ileus. In klinischer Sicht ist zu beachten, daß die akute diffuse Serositis unter Schocksymptomen letal verlaufen kann.

4.6.1 Exsudative Höhlenentzündungen

Die **Serositis serosa acuta** ist durch aktive Hyperämie und fleckige, trüb-stumpfe Serosenflächen und einen durchweg

Abb. 4.4 *Fibrinöse Peritonitis*; Darmschlingen und weitere Bauchhöhlenorgane sind durch Fibrin netzartig, fädig und flächig belegt und verbunden, Elefant.

klaren, allerdings gelegentlich koagulierenden Erguß gekennzeichnet. Ihr Bestand ist meist temporär beschränkt, d.h. sie kann aber auch das Initialstadium anderer, vorwiegend exsudativer Formen darstellen oder tritt mit diesen gemeinsam auf (z.B. sero-fibrinöse oder sero-hämorrhagische Qualität). Die seröse Entzündung wird insbesondere als Frühstadium bei Infektionen durch Viren, Mykoplasmen und weniger aggressive Bakterien sowie als sterile Variante nach Laparotomie, Harn- oder Galleaustritt, im Zusammenhang mit Geschwülsten oder Urämie angetroffen. Die Resorptionsfähigkeit der serösen Häute kann durch die Exsudation erheblich beeinträchtigt sein, was wiederum zu einem bedrohlichen hypovolämischen wie resorptiv-toxischen Schockgeschen führen kann.

Die **Serositis fibrinosa** ist an grauen bis gelben, fädigen, membranartigen oder netzförmigen, gummiartig elastischen, zerreißbaren Belägen erkennbar (Abb. 4.4). Diese verkörpern im akuten Stadium noch lösbare Verklebungen, wobei unter den Fibrinbelägen eine deutliche aktive Hyperämie zu erkennen ist. Der nicht geronnene Flüssigkeitsanteil der Exsudation ist quantitativ außerordentlich variabel. Er verhindert vorerst, allerdings i.d.R. nur kurzzeitig, großflächige Verwachsungen. Da das sich verdichtende Fibrinexsudat im geschlossenen Raum einer Körperhöhle liegt, kann es – im Gegensatz zur fibrinösen Darmentzündung – nicht in die Außenwelt eliminiert werden, d.h. im weiteren bestimmen Organisationsprozesse das Geschehen. In deren Verlauf sprossen aus der gefäßreichen Subserosa Angiofibroblasten in den aufliegenden Fibrinbelag (Abb. 4.5) und führen zu grauen bis grau-roten, derben, wenig elastischen, schwieligen, teils fädig-zottigen Granulationsgewebszubildungen und letztlich zu Verwachsungen (*Serositis fibroplastica diffusa, circumscripta, maculosa, villosa* oder *filamentosa adhaesiva; Synechien*). Hieraus können sich wiederum Funktionsstörungen, wie Atonie, Ileus, Kolik, Obstipation, ferner Strikturen und Kompressionen ergeben.

Menge und Ausdehnung der Fibrinpolymerisation werden vor allem auch durch tierartlich unterschiedliche Fibrinogengehalte im Blutplasma und das fibrinolytische Potential mitbestimmt. Fibrinöse Entzündungen kommen vor allem durch Infektionen mit *Pasteurellen* und *Mykoplasmen* im Rahmen der Pleuropneumonie, ferner solche mit *Salmonellen*, *Haemophilus* (ISTME), *Chlamydien*, *Clostridien* zustande. Auch in der Folge chirurgischer Eingriffe, hämorrhagischer Infarzierungen des Darmes, penetrierender bzw. ulzerierender Entzündungen von Magen, Darm, Uterus, Harnblase, Haut wird diese Entzündungsform beobachtet, ferner im Zusammenhang mit Omphalophlebitis und -arteriitis (s. S. 43), beim **Rind** mit Vormagen-perforierenden Fremdkörpern (*Retikuloperitonitis* mit konsekutiver *Pleuritis* und *Perikarditis*) sowie nach Parasitenwanderungen (*Fasciola*, *Strongylus*). Eine ausgedehnte Einbeziehung der Serosen (*Polyserositis*) ist im übrigen bei der Coli-Septikämie des **Kalbes**, bei FIP (s.unten) sowie bei Infektionen mit *Mycoplasma mycoides* (**Schaf**), *Haemophilus parasuis* (**Schwein**) und *Mycoplasma hyorhinis* (**Schwein**) zu finden.

Als unmittelbare und späte Folgen der fibrinösen Serositis sind Protein- und Flüssigkeitsverluste, Schock, Kreislaufbelastungen, Komplikationen durch Organisationsgewebe, Weiterführung in andere Exsudatformen sowie Verlagerungen, Bewegungs- und Peristaltikbehinderungen bestimmter Organe (Zwerchfell, Lunge, Herz, Intestinum) zu beachten. Als prognostisch günstig bzw. nosologisch belanglos zu bewerten ist die häufig und vorwiegend beim **Rind** als Zufallsbefund zu registrierende ***Nischenserositis***. Insbesondere als ***Nischenpleuritis*** vorkommend ist sie durch multiple kleinflächige und feinzottige, grau-rote, derbe, gut vaskularisierte Synechien mit Hyperplasie proliferationsaktiver Mesothelien charakterisiert, die i.d.R. bei der Exenteration abreißen. Im allgemeinen sind weniger großflächige als marginale oder rein interkostal gelegene Areale betroffen. Die Ätiologie ist unklar, wenngleich verschiedentlich Virus- und Mykoplasmeninfektionen ursächlich in Betracht gezogen wurden (s. S. 7).

Die **Serositis purulenta** ist häufig mit anderen (fibrinösen, hämorrhagischen, nekrotisierenden) Exsudationsprozessen gemischt, wobei umschriebene Eiterprozesse mit Abszedierungstendenz (***Serositis apostematosa***) weit seltener als ausgedehnte, einen ganzen Höhlenbereich ausfüllende Formen (***Empyema pleurale*** oder ***omentale***) zu beobachten sind. Ursächlich kommen in erster Linie bakterielle Infektionen im Rahmen von Septikämien, Fremdkörperperforationen, einschmelzend-penetrierenden Prozessen aus der Nachbarschaft in Betracht. Die Farbe des Eiters wechselt von Fall zu Fall, je nach beteiligten Bakterien (grau, grünlich) und Beimengung von Zelldetritus, Blut, Fett oder Fibrin (gelb, rot, braun, schiefergrau bis grau-weiß). Inhaltsstoffe und Wassergehalt bestimmen die Konsistenz (flüssig, rahmartig, fest).

Eine ***Pleuritis purulenta*** kann sich aus der Fortleitung eitriger Lungenprozesse entwickeln, ferner in der Folge von Fremdkörperperforationen aus Hohlorganen (Ösophagus, Haube) oder der Umwelt, penetrierenden Hautfisteln oder ulzerierender Ösophagitis. In ähnlicher Weise kann es zu einer ***Peritonitis purulenta*** durch Ausbreitung eitriger Einschmelzungen von Nachbargeweben, z.B. septische Metritis, Omphalophlebitis, Labmagenulzera, Haubenperforation, infizierte Wunden der Bauchwand, Aufbruch von Leber-, Prostata- oder Lymphknotenabszessen, kommen. Beim **Rind** führen perforierende Haubenfremdkörper speziell im Leber-Hohlvenenbereich zu lokalisierten Eiteransammlungen mit Ausbildung m.o.w. dickwandiger Abszesse (***Peritontis apostematosa circumscripta***), welche in die Hohlvene (s. S. 42), seltener in die Bauchhöhle hinein aufbrechen können. Demgegenüber führen die sich von einer septischen Metritis her ausbreitenden Infektionen auch beim Rind zu diffusen purulenten Bauchhöhlenentzündungen. Eine weitere diffuse Variante stellt bei dieser Spezies die eitrige bis eitrig-jauchige Netzbeutelentzündung (***Bursitis omentalis purulenta et ichorosa***) dar. Die Existenz eines anatomisch gut begrenzten Netzbeutels erklärt die i.d.R. räumliche Beschränkung auf einen empyemartigen Zustand. Ursächlich kommen, neben perforierenden Haubenfremdkörpern, durchbrechende Pansen- und – speziell bei Kälbern und Jungrindern – Labmagenulzera in Betracht (Abb. 4.5).

Bei der ***Pyobazillose*** des **Schweines** ist die durch *Actinomyces pyogenes* hervorgerufene (***Poly***-) ***Serositis apostematosa multiplex*** in Bauch- wie Brusthöhle das Ergebnis

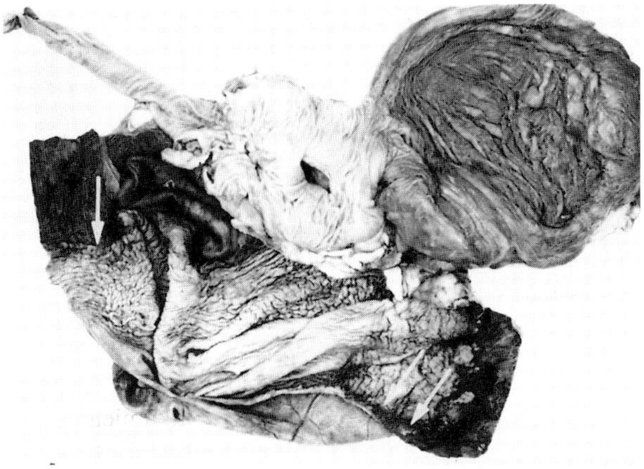

Abb. 4.5 *Bursitis omentalis* nach perforiertem Labmagenulkus; der Netzbeutel ist schwartig organisiert (Pfeile) und enthält auf seiner Innenseite weiterhin Fibrinexsudation, Jungrind.

entweder hämatogener Erregerausbreitung oder per contaginem fortgeleiteter Wundinfektionen nach Kastration, Hautverletzungen, Schwanzkupieren und Zahnpulpainfektionen.

Vor allem durch Aufbrechen von Lymphknotenabszessen kann es bei der durch *Streptococcus equi* verursachten ***Druse*** des **Pferdes** zu eitrigen Körperhöhlenentzündungen kommen.

Die sog. ***Streptotrichose*** der **Fleischfresser** ist eine bakterielle Mischinfektion (*Actinomyces spp., Nocardia spp., Spirillen, Kokken, fusiforme Bakterien*) vor allem in der Brusthöhle, seltener in beiden großen Höhlen oder allein in der Bauchhöhle (Abb. 4.6). Das sich dabei bildende, charakteristische jauchige Empyem ist schmutzig grau oder grau-rot, suppig und bildet nach Auffangen einen flockiggriesigen Bodensatz aus Akkumulationen von Fibrin, Zelldetritus und Bakterienkolonien. Die serösen Häute erscheinen dabei grau-rot und – infolge chronisch-proliferierender Entzündung – deutlich verdickt. Ätiologisch gesehen stehen perforierende Traumata von außen (Biß- und andere Verletzungen), aspirierte Fremdkörper mit Bronchialwanderung und konsekutiver Perforation der Pleura pulmonalis (z.B. Getreideähren, Grannen, Tannenzweiglein), ferner penetrierende Hautfisteln sowie Perforationen von Ösophagus oder Magen im Vordergrund.

Hinsichtlich der Früh- und Spätfolgen gilt für die *Serositis purulenta* im wesentlichen das für die serösen und fibrinösen Formen Ausgeführte.

Die **Serositis haemorrhagica** ist in aller Regel Teilphänomen anderer exsudativer Entzündungen. Pathogenetisch entscheidend für ihre Entstehung sind kapilläre

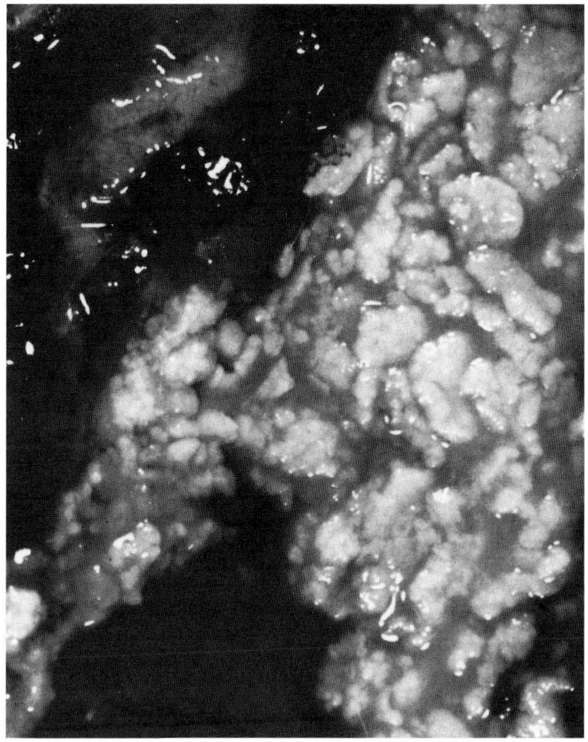

Abb. 4.6 *Eitrig-jauchige Pleuritis* mit Exsudatklümpchen nach polybakterieller Mischinfektion (sogenannte Streptotrichose der Fleischfresser), Katze.

Permeabilitätsstörungen und herabgesetzte Blutgerinnung, ätiologisch gesehen kommen vor allem Infektionen, hier insbesondere ***Clostridieninfektionen***, ***Milzbrand***, ***Hcc***, und ***Coli-Septikämien*** in Betracht. Je nach Grad des Blutverlustes kann es – neben den erregerbedingten allgemeinen Störungen und weiterem Verlust von Gerinnungsfaktoren – zu hypovolämischem Schock und generalisierter Hypoxidose kommen.

Die **Serositis ichorosa (gangraenosa)** ist das Ergebnis von Mischinfektionen unter Beteiligung von Saprophyten (Fäulnisbakterien). Sie trägt durchweg den Charakter einer akut-floriden Entzündung, wobei der übelriechende Höhlenerguß mißfarben-trüb ist und verschiedene Beimengungen, wie Fibrinflocken, Blut, Zelldetritus, Bakterienkolonien, aber auch Fremdstoffe, wie Magen-Darminhalt etc., enthalten kann. Hauptursachen sind eine fortgeleitete Lungengangrän, hier insbesondere auf der Basis von Aspirationspneumonien (s. S. 101), sowie Perforationen von Hohlorganen (Ösophagus, Magen, Darm, Uterus) oder von Thorax- bzw. Bauchwand. Die Folgen sind mit denjenigen bei der Serositis purulenta vergleichbar. Die Letalität ist hoch.

4.6.2 Proliferative Höhlenentzündungen

Neben den zwangsläufig sich einstellenden banalen Granulationsgewebsbildungen im Rahmen einer bereits mehrfach erwähnten Chronifizierung von Serosenentzündungen kommt den granulomatösen Formen besondere Bedeutung zu. Sie entstehen immer dann, wenn die auslösende Noxe fortbesteht, insbesondere spezifische virale, bakterielle, mykotische oder parasitäre Erreger den Entzündungsprozeß aufrecht erhalten und Resorptionsbemühungen nicht zum Erfolg führen. So versteht es sich von selbst, daß die **Serositis granulomatosa** ihrem Wesen nach eine chronische Form der Höhlenentzündung verkörpert. Die sie charakterisierenden proliferativen Ereignisse stellen sich uneinheitlich dar, d.h. die Merkmale der Granulationsgewebsbildung werden weitgehend von Aktionen mobiler Zellen, insbesondere von Monozyten/Makrophagen, Lymphozyten, aber auch Granulozyten, fibrinoiden Nekrosen und Verkäsungen überlagert. Charakteristische Elemente sind insbesondere die sich von den Monozyten ableitenden Epitheloid- und Riesenzellen vom Fremdkörper- oder LANGHANS-Typ sowie eine starke Durchsetzung der Proliferate mit exsudativen Elementen bis hin zum Pyogranulom. Ebenso vielgestaltig wie ihr histologisches Bild ist der jeweilige makroskopische Befund, wobei zu beachten ist, daß granulomatöse Entzündungsprozesse durchaus mit entzündlichen Höhlenergüssen gepaart sein können. So finden sich beetartige, fleckige oder grobknotige ebenso wie kleinperlige Proliferationsmuster mit und ohne regressive Begleiterscheinungen (Abb. 4.7).

Nach ätiologischen Gesichtspunkten ist zwischen sterilen und den erregerbedingten granulomatösen Serositiden zu unterscheiden. Der erstgenannte Typ ist vor allem fremdkörperinduziert und kommt bei Haustieren relativ selten vor. Eine typische Form wird durch Talkumstaub bedingt, der bei chirurgischen Eingriffen in die Bauchhöhle gelangt. Auch nadelförmige Asbestkristalle können aus der Lunge, d.h. nach Perforation subpleuraler Lymphbahnen, in den Pleuralspalt gelangen und dort sowohl chronisch-proliferierende Entzündungen als auch mesotheliale Tumoren, sog. Mesotheliome (s.unten), induzieren.

Die Einteilung erregerbedingter granulomatöser Serositiden erfolgt am besten nach ätiologischen Kriterien.

Von besonderer Bedeutung ist die ***Feline Infektiöse Peritonitis (FIP).*** Ursache ist eine Infektion mit *felinen Coronaviren* (FCoVs; Genus Coronavirus, Familie Coronaviridae, Ordnung Nidovirales). Bei diesen kennt man zwei morphologisch und antigenetisch nicht unterscheidbare Biotypen. Die Infektion (meist oral) mit *felinen enteralen Coronaviren* (FECVs) verläuft bei guter Abwehrlage in der Regel klinisch inapparent. Nur wenn viele Enterozyten des Dünndarmes durch die Virusvermehrung zerstört werden, kommt es zu einer milden transienten katarrhalischen Enteritis (s. S. 178). Im Gegensatz dazu rufen die *felinen infektiösen Peritonitis-Viren* (FIPVs) eine fast immer zum Tod führende Krankheit hervor, die zwar als FIP bezeichnet wird, aber meist nicht auf das Bauchfell beschränkt bleibt bzw. auch ohne peritonitische Veränderungen einhergehen kann. Die FIPVs werden als Mutanten von FECVs angesehen, Art und Ort der Mutationen sind jedoch nicht bekannt. Von den verschiedenen Stämmen der beiden Biotypen existieren die Serotypen I und II, wobei der Typ II durch Rekombination des Typs I mit kaninen Coronaviren entstanden sein dürfte. Die Serotypen sind aber nicht verantwortlich für die verschiedenen Verlaufsformen der Infektionen mit FCoVs.

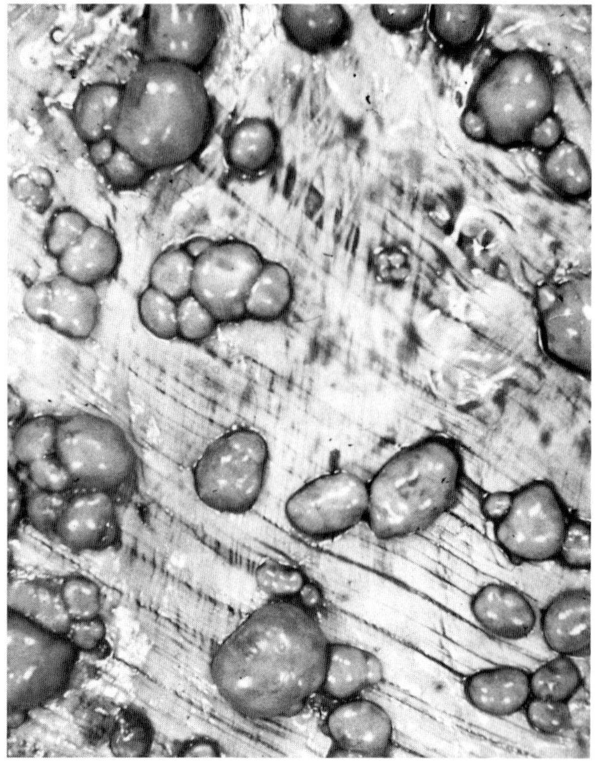

Abb. 4.7 *Pleuritis tuberculosa nodosa* (Perlsucht), Rind.

Für die Entstehung der FIP sind neben Virusstamm und Infektionsdosis vor allem das Alter des Tieres zum Zeitpunkt der Infektion (meist erkranken Katzen im Alter bis zu zwei Jahren), genetische Disposition, gleichzeitig bestehende andere Infektionen (FeLV s. S. 67, FIV s. S.

68), Streß und die zellvermittelte Immunkompetenz von Bedeutung. Bei einem mit FECV infizierten Tier kann es zur Ausbildung der FIP kommen, nachdem im Darm eine Mutation des Virus erfolgt ist. Eine andere Möglichkeit besteht darin, daß FIPVs, die von anderen Katzen mit dem Kot ausgeschieden wurden, aufgenommen werden. Entscheiden ist, daß durch die Mutationen die Viren die Fähigkeit erlangt haben, sich in Makrophagen zu vermehren. Dies erfolgt primär meist in den Mesenteriallymphknoten. Durch die schnelle und massive Virusvermehrung gehen die Makrophagen zugrunde, wodurch zahlreiche Virionen freigesetzt werden. Diese werden wieder von Makrophagen aufgenommen, so daß es zu eienr sehr starken Vermehrung der Viren kommt. Freie Viren und virushaltige Makrophagen gelangen auf lymphohämatogenem Weg in andere Organe und rufen dort die entsprechenden Veränderungen hervor.

Traditionsgemäß wird bei der FIP zwischen einer feuchten (exsudativen) und einer trockenen (parenchymatösen) Form unterschieden, Mischformen sind aber häufig zu beobachten. Bei der feuchten Form findet man in der Bauchhöhle, seltener auch in Brusthöhle und Herzbeutel, ein eiweißreiches, zellarmes gelbliches Exsudat, das besonders bei Luftzutritt geliert. Die Serosen sind mit Fibrinschleiern bedeckt und lassen mit zunehmender Krankheitsdauer miliare bis linsengroße Knötchen (Granulome) von weißlicher Farbe erkennen (Tafel XVI, A-D). Bei der trockenen Form sind die Granulome zahlreicher und größer (bis kirschgroß, durch Konfluenz auch noch größer), während Ergüsse meist fehlen. Betroffen sind vor allem seröse Häute, Mesenteriallymphknoten, Leber (s. S. 216) und Nieren (s. S. 266), aber auch Augen (s. S. 438), Herz (s. S. 8), Lunge, Milz, Gehirn und Rückenmark (s. S. 396). Hinsichtlich des histologischen Aufbaues der Granulome und der Immunpathogenese der FIP sei auf das auf S. 438 Gesagte verwiesen. Häufige weitere Befunde sind Marasmus, Anämie und Ikterus. Differentialdiagnostisch sind vor allen Dingen Leukose (s. S. 64), Yersiniose (s. S. 184) und Tuberkulose abzugrenzen.

Zu den klassischen „spezifischen" Infektionen mit Ausbreitung auf Brust- und Bauchfell sowie Herzbeutel (s. S. 8) zählen die bei der ***Tuberkulose*** durch verschiedene Mykobakterien-Typen bedingten Serosenveränderungen. Während bei **Hund** und **Katze**, die sich überwiegend vom Menschen her (Anthropozoonose) mit *Mycobact. tuberculosis* infizieren, eine sich aus aufgebrochenen Lymphknoten ableitetende exsudativ-nekrotische Pleuritis bzw. Peritonitis dominiert, zeigt das **Rind** bei Infektion mit *Mycobact. bovis* i.d.R. das Bild einer „Perlsucht" (Abb. 4.7). Die Höhlenmanifestation resultiert dabei aus hämatogener wie lymphogener Erregerausbreitung, aber auch aus direktem Einbrechen tuberkulöser Organprozesse. Für die flächenhafte Infektion in einem einmal infizierten Raumsystem kommt den Kräften der Peristaltik bzw. Atembewegung ebenso wie der pro- und retrograden lymphogenen Erregerausbreitung Bedeutung zu. Bei neugeborenen **Kälbern** ist überdies der omphalogene Infektionsweg zu beobachten. Mit Zunahme der Kankheitsdauer erfahren die knotigen Veränderungen zentrale Verkäsungen und Verkalkungen. Durch Zubildung einfachen Granulationsgewebes kommt es schließlich zu flächigen Verwachsungen mit weitgehendem Schwund mesothelial überkleideter Flächen. Demgegenüber ist die Körperhöhlenbeteiligung bei der ebenfalls durch das *Mycobact. bovis* bedingten Tuberkulose des **Pferdes** ein vergleichsweise seltenes Ereignis. Da es sich hier um eine ausgesprochen produktive epitheloid-riesenzellige Form mit teils monströsen Zubildungen handelt, ist im Einzelfall differentialdiagnostisch ein Geschwulstleiden (Sarkom. Mesotheliom) auszuschließen.

Aktinomykose, ***Botryomykose***, ***Rotz*** und ***Mykosen*** der serösen Häute zählen demgegenüber zu den seltenen Vorkommnissen, d.h. sie charakterisieren gelegentlich bestimmte Wege der Krankheitsausbreitung.

4.7 Tumoren

4.7.1 Primäre Formen

Primäre Neoplasien kommen vor allem bei **Hund, Katze, Pferd, Rind** und **Vogel** vor und können sich grundsätzlich vom Mesothel her oder aus adventitiellen Gewebselementen der Subserosa entwickeln. Das ***Mesotheliom*** tritt solitär oder multipel auf. Hinsichtlich seiner Dignität ist es in der Regel als maligne (*malignes Mesotheliom, Mesotheliosarkom*) einzustufen, wobei insbesondere durch Abklatsch oder Abschwimmen von Tumorzellen rasch Implantationsmetastasen und damit eine schnelle Ausbreitung innerhalb der betroffenen Körperhöhle (*Mesotheliosarkomatose*) zustande kommen (Abb. 4.8). Fernmetastasen sind demgegenüber selten. Makroskopisch erinnern die weißlichen, grauen bis grau-roten knotigen Geschwülste an eine chronisch-fibroplastische oder granulomatöse Entzündung. Die Tumorkonsistenz wechselt je nach Stromaanteilen von weich bis derb. Fluktuation ist in Fällen von Flüssigkeitseinschlüssen möglich. Auch kann es zu serösen bis hämorrhagischen Höhlenergüssen kommen, wobei, neben Serodiapedesen und Blutaustritt, insbesondere die sekretorische Aktivität der Tumorzellen von kausaler Bedeutung ist. Soweit der epithelähnliche Typ des malignen Mesothelioms Zytokeratin exprimiert, wird auch von *Mesotheliokarzinom* gesprochen. Die differentialdia-

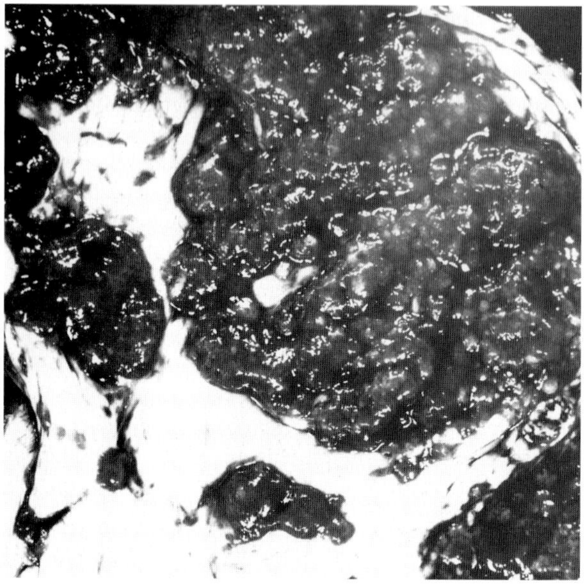

Abb. 4.8 *Malignes Mesotheliom* der Pleura costalis, Hund.

gnostische Abgrenzung gegenüber Adenokarzinomen, ausgehend u.a. von Lunge, Ovar oder Pankreas und sekundärer Serosenmanifestation gestaltet sich dann oft schwierig.

Weitere primäre Neoplasien sind die von der Subserosa ausgehenden, hier insbesondere ***Fibrom***, ***Myxom***, ***Lipom***, ***Lymphom***, ***Hämangiom***, ***Lymphangiom***, ***Neurofibrom*** bzw. deren maligne Formen. Aus mesenschymalen, narbenbedingten Metaplasien (s.oben) kann (allerdings selten!) auch ein ***Osteom*** oder ***Chondrom*** entstehen. Hinsichtlich neurogener Geschwülste s. S. 423. Mehr den Hyperplasien als den echten Neubildungen zuzuordnen ist das meist gestielte oder ***pendelnde Lipom*** in der Bauchhöhle alter **Pferde** zuzurechnen. Da es in der Lage ist, vor allem Darmteile einzufangen und zu deren Strangulation mit hämorrhagischer Infarzierung zu führen, liegt das Risiko quo-ad vitam relativ hoch.

4.7.2 Sekundäre Formen

Sekundäre Neoplasien werden insbesondere bei **Hund** und **Katze** beobachtet und entstehen hämatogen, lymphogen sowie durch Implantation oder Übergreifen neoplastischer Veränderungen aus der Nachbarschaft. Dabei kann eine vor allem lymphogene Ausbreitung zu perlschnurartiger Multiplizität führen (Abb. 4.9). Auch kann von einer ***Pleuritis*** bzw. ***Peritonitis carcinomatosa*** oder ***sarcomatosa*** gesprochen werden, wobei die entzündlichen Ereignisse meist erst zeitlich nachgeordnet im Sinne einer reaktiven Phase

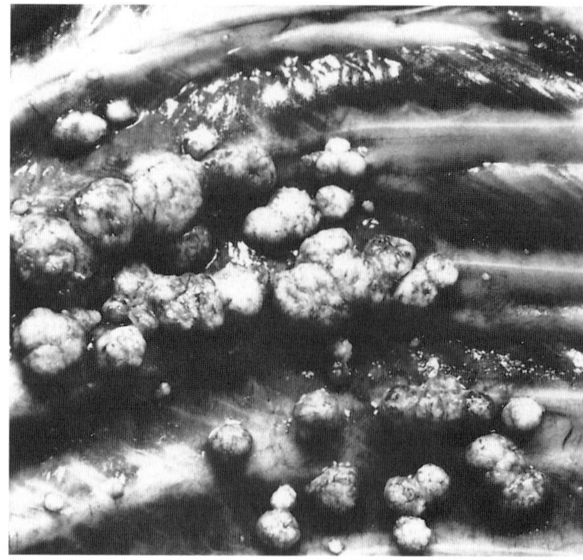

Abb. 4.9 Implantation eines *verhornenden Plattenepithelkarzinomes* mit weiterer lymphogener Ausbreitung in der Pleura costalis, Hund.

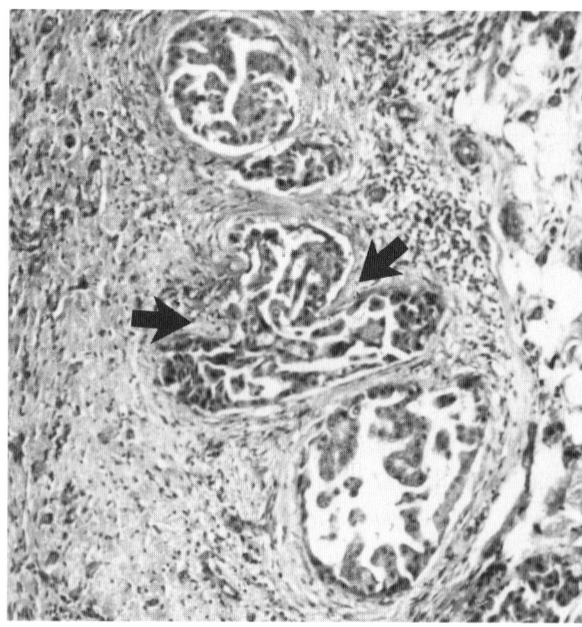

Abb. 4.10 *Lymphangiosis et Lymphangitis carcinomatosa* in der Pleura costalis bei Adenokarzinom der Mamma, Hund. Das metastatische Wachstum differenziert innerhalb der Lymphgefäße zu alveolären und tubulären Strukturen, tapeziert die Innenwände aus und infiltriert in das reaktiv entzündliche, sklerosierte Pleuragewebe; das mittlere Lymphgefäß weist eine Taille von Lymphgefäßklappenresten auf (Pfeile). HE, 75x.

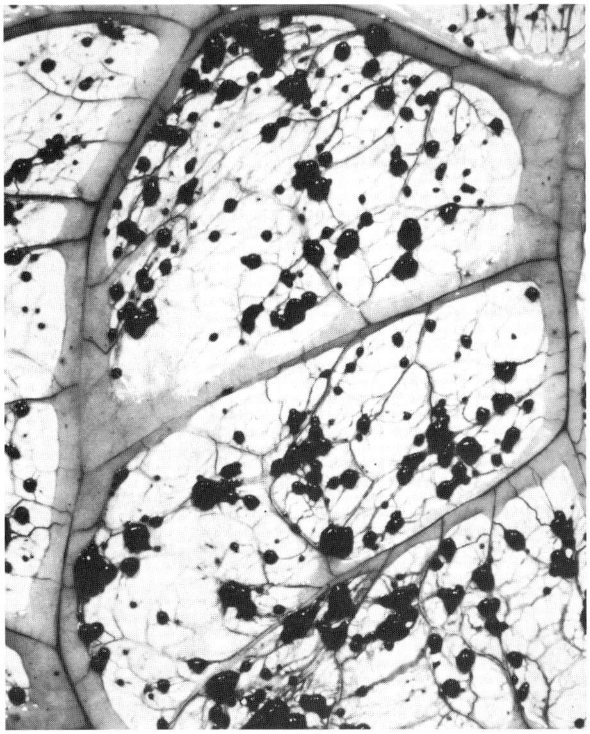

Abb. 4.11 Metastasen eines *malignen Melanoms* im Netz, Katze.

hinzutreten (Abb. 4.10). Höhlenergüsse können sich dabei aus Stauungsprozessen, Blutungen, Sekretionsaktivitäten und Kolliquationsnekrosen bilden. Vor allem zeichnen sich Adenokarzinome durch teils extreme Sekretionsaktivität aus. Zu diesen zählen in der Brusthöhle primäre *Lungenkarzinome* und *Mammakarzinommetastasen*, in der Bauchhöhle *Ovarial-*, *Leber-*, *Pankreas-* und *Intestinalkarzinome*. Ausgedehnte (trockene) Metastasierungen werden bei *malignen Melanomen* (Abb. 4.11*), Lymphosarkomen bzw. Leukosen* und *Hämangioendotheliomen* gesehen. Die *systemische* Manifestation der ***Leukose*** ist am häufigsten bei **Rind** und **Katze** mit Infiltration seröser Häute verbunden, wobei die lymphatischen Formen überwiegen (s. S. 64).

Differentialdiagnostisch sind von den peritonealen Implantationsmetastasen maligner Tumoren *granulombildende Entzündungen* (s.oben), *akzessorisches hämolymphatisches Gewebe* und Implantate reifer Gewebe zu unterscheiden. So kann es nach Milzrupturen, bevorzugt beim **Hund**, zu multiplen ***Milzgewebsimplantaten*** in Netz und Mesenterium kommen. Diese „Nebenmilzen" besitzen eine komplette Organstruktur und sind voll funktionstüchtig, was auch als Therapieansatz nicht uninteressant ist. Auch *Nebennierenrindengewebe* kann sich in analoger Weise peritoneal implantieren.

4.8 Parasiten

4.8.1 Parasiten der Bauchhöhle

Obligate Bauchhöhlenparasiten sind Filarien und Bandwurmfinnen. ***Filarien*** der Gattung *Setaria* (S.) entsenden Mikrofilarien in das periphere Blut und werden durch Stechmücken übertragen. Bei **Wiederkäuern** haben *S. digitata*, *S. cervi*, *S. marshalli* und *S. africana* Bedeutung. *S. digitata* hinterläßt in der Bauchhöhle in der Regel keine Schäden; die Larven III verursachen in nicht adäquaten Wirten (**Schaf**, **Pferd**) die Augensetariose; bei **Pferd**, **Schaf** und **Ziege** werden durch diese metazyklischen Larven auch gering- bis hochgradige Hirn-Rückenmarksveränderungen (zerebrospinale Nematodiasis) hervorgerufen. Beim **Rotwild** finden sich gelegentlich schneckenförmig aufgerollte und von Peritonealgewebe überzogene Setarien sowohl am parietalen als auch am viszeralen (z.B. Leber) Blatt des Bauchfells. Entsprechend dem Übertragungsweg durch Arthropoden kommen *Setarien* bei **Wiederkäuern** vor allem in warmen Regionen, so im Vorderen Orient, ferner in Indien, Südasien, Afrika *(S. africana)* und Rußland *(S. marshalli)* gehäuft und mit jahreszeitlichem Rhythmus vor. Bei **Schweinen** werden *S. bernardi* in Südostasien und *S. congolensis* in Afrika gesehen. Beim **Pferd** weist *S. equina* eine weltweite Verbreitung auf. Nur ausnahmsweise entstehen reaktiv-entzündliche Läsionen mit Blutung und Hämosiderinspeicherung. Augenveränderungen durch die Larve III sind wie durch *S. digitata* möglich.

Unter den ***Zestoden*** sind vor allem die ***Bandwurmlarven*** (Finnen) von Interesse. Es kommen vor: *Cysticercus tenuicollis* bei **Schwein** und **kleinen Wiederkäuern** (*Taenia hydatigena* des Hundes), *Cysticercus pisiformis* bei **Hase** und **Kaninchen** (*Taenia pisiformis* des Hundes), *Echinococcus hydatidosus* bei **Rind**, **Schwein**, **Pferd**, **Schaf**, **Nager**, **Mensch** *(Echinococcus granulosus* des Hundes). Diese serosophilen Finnen liegen in der Subserosa, ohne erkennbare entzündliche Veränderungen auszulösen. Abgestorbene, dünnhalsige Finnen können bei älteren **Schafen** pergamentartige und verkalkte Herde hinterlassen. Wenig schädigend ist die ***Metazerkarie*** *Agamodistomum suis* in der Bauchhöhle von **Wildschwein** und (seltener) **Hausschwein** (Trematode *Alaria alata* im Dünndarm von Karnivoren).

Transitorische Bauchhöhlenparasiten: Beim **Rind**, seltener beim **Schaf**, können die über die Bauchhöhle in die Leber einwandernden *Metazerkarien* von *Fasciola hepatica* bei starkem Befall zu serofibrinöser und fibroplastischer Peritonitis führen. Vergleichbare Veränderungen (Serositis, Erguß) werden bei **Hund**, **Katze** und **Fuchs**

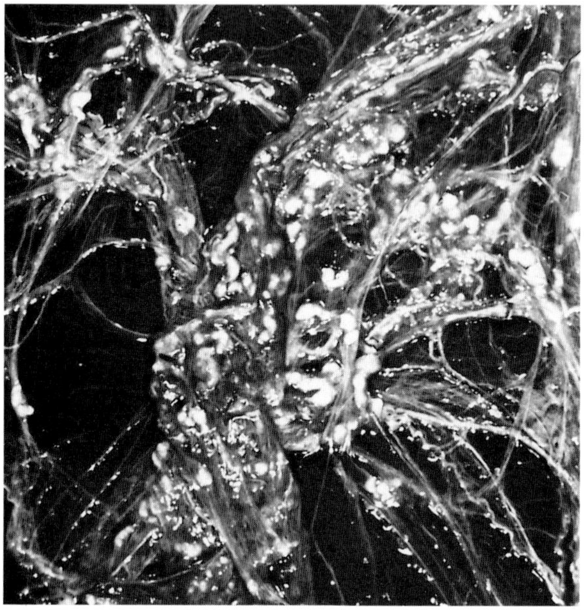

Abb. 4.12 *Peritonitis parasitaria* durch die Larve IV von Strongylus edentatus, Pony.

Abb. 4.13 *Bursitis omentalis parasitaria* mit konsekutiver Fibrose infolge transitorischer Wanderung von Strongylidenlarven *(Strongylus equinus* oder *Strongylus edentatus),* Pferd.

durch *Dithyridium elongatum*, der Larve von *Mesocestoides lineatus*, hervorgerufen. Bei einer Reihe von Tierarten, vor allem bei jungen **Hunden**, verursachen *Askariden* bei massivem Auftreten nach Perforation des Dünndarmes und Einwandern in die Bauchhöhle eine letal verlaufende Peritonitis purulenta et gangraenosa. Ein vergleichbares Bild wird auch als Sekundärkomplikation bei gehäuftem Auftreten von *Oesophagostomum*-Knötchen bei **Schaf** und **Affe** gesehen. Bei **Equiden** induzieren sowohl *Strongylus (Str.) equinus* als auch *Str. edentatus* im Verlaufe der Bohrgänge subseröse Nekrosen und Blutungen (Abb. 4.12), später Fibrosen und villöse Adhäsionen (z.B. Leber-Zwerchfell, Darm-Mesenterium), Wurmnester und verkalkte Knötchen (Abb. 4.13).

4.8.2 Parasiten der Brusthöhle

In der Brusthöhle oder deren Serosa kommen gelegentlich, jedoch meistens ohne auffallende Veränderungen, *S. equina* beim **Pferd**, *S. digitata* bei **Rind**, **Ziege** und **Schaf**, *Echinococcus hydatidosus* bei mehreren Tierarten, *Dithyridium elongatum* bei **Hund**, **Katze** und **Fuchs**, *Dipetalonema dracunculoides* und *D. reconditum* beim **Hund** sowie *Litomosoides carinii* bei der **Maus** vor. Im Zusammenhang mit Lungenveränderungen, hervorgerufen durch *Dirofilaria immitis,* können beim **Hund** entzündliche Fibrosen und Hämosiderinablagerungen in der Pleura auftreten.

5 Verdauungsorgane

E. WEISS

5.1 Mund- und Rachenhöhle

Die **Mundhöhle (Cavum oris)** und ihre Organe (Lippen, Backen, Zahnfleisch, harter Gaumen, Zunge, sublingualer Mundboden) sind von einer kutanen Schleimhaut ausgekleidet, die stark durchblutet ist. In der Submukosa befinden sich gruppenweise angeordnete Drüsen, die je nach ihrer Lokalisation als Lippen-, Backen- oder Zungendrüsen bezeichnet werden. Das Lippenintegument enthält bei Pferden, Fleischfressern und kleinen Wiederkäuern Sinushaare. Es bildet beim Rind das Flotzmaul, bei kleinen Wiederkäuern und Fleischfressern den Nasenspiegel und beim Schwein die Rüsselscheibe. Die großen Kopfspeicheldrüsen (Unterzungen-, Unterkiefer- und Ohrspeicheldrüse) entleeren ihre Sekrete durch eigene Ausführungsgänge in die Mundhöhle.

Der **Rachen (Pharynx, Schlundkopf)** stellt die Verbindung zwischen Mundhöhle und Speiseröhre und Luftröhre her. Sein ventraler Teil wird als Schlingrachen (kutane, drüsenhaltige Schleimhaut), sein dorsaler als Atmungsrachen (respiratorische Schleimhaut mit flimmerndem Zylinderepithel und Drüsen) bezeichnet. Das Gaumensegel (weicher Gaumen) bildet als aborale Fortsetzung des harten Gaumens die Scheidewand zwischen dem dorsalen Atmungsrachen und dem ventralen Mundrachen und ist demzufolge mundseitig von einer kutanen und aboral von einer respiratorischen Schleimhaut überzogen. Die Mund- und Rachenhöhle ist reich an lymphoretikulärem Gewebe (Einzellymphknötchen, Mandeln, s. S. 142).

5.1.1 Postmortale Veränderungen

Durch **Austrocknung** wird die Schleimhaut, besonders die der Zungenspitze und -ränder, lederartig und runzelig, wodurch ursprünglich vorhandene oberflächliche Effloreszenzen u. U. kaum mehr erkannt werden können. **Zahneindrücke** an der Zunge entstehen, wenn diese in der Agonie oder nach dem Tode zwischen die Kiefer gerät und diese sich infolge der Totenstarre fest schließen. Häufig ist die Mundhöhle durch Mageninhalt *(agonales Erbrechen* oder *postmortale Entleerung)* verunreinigt. **Fliegeneier** und **-maden** sind nicht selten in der Mundhöhle zu finden. Aus deren jeweiligen Entwicklungsstadien kann man Hinweise auf die seit Eintritt des Todes verstrichene Zeit erhalten.

5.1.2 Mißbildungen

Die normale Entwicklung der Mund- und Rachenhöhle setzt das koordinierte Ablaufen einer Vielzahl komplexer Wachstums- und Fusionsprozesse voraus. Es ist verständlich, daß diese komplizierten Vorgänge leicht gestört werden können und demzufolge Mißbildungen im Bereich der Mund- und Rachenhöhle häufig vorkommen. In der überwiegenden Mehrzahl handelt es sich dabei um Hemmungsmißbildungen, die sowohl erblich als auch durch exogene Noxen bedingt sein können. **Spaltbildungen** können besonders auch durch Aufnahme teratogen wirkender Pflanzen während der frühen Trächtigkeitsphase entstehen (Rind: bestimmte Lupinenarten, Schaf: Veratrum californicum, Schwein: Hemlock = Conium maculatum, Crotalaria retusa-Samen u. a.). Im einzelnen werden folgende Formen unterschieden:

Oberlippenspalte (Cheiloschisis, Hasenscharte), meist lateral (ein- oder beidseitig), seltener median auftretend.

Lippenkieferspalte (Cheilognathoschisis), median oder lateral auftretend.

Lippenkiefergaumenspalte (Cheilognathopalatoschisis, Wolfsrachen), bei Hereford- und Charolais-Rindern (auch Arthrogryposis) autosomal-rezessiv erblich.

Unterlippen- und *Unterlippenkieferspalten* sind selten und meist von außen nicht sichtbar.

Gaumenspalten (Palatoschisis) entstehen durch mangelhafte Ausbildung der Gaumenfortsätze.

Schräge Gesichtsspalten (Meloschisis) sind eine Folge des Nichtschließens der Tränennasenrinne.

Quere Gesichtsspalten sind meist doppelseitig anzutreffen und können bis in den äußeren Gehörgang hineinreichen.

Als *Aprosopie* wird das Fehlen des Gesichtsschädels bezeichnet.

Sind der Stirnwulst nur mangelhaft entwickelt und die Augen miteinander verschmolzen, dann entsteht eine *Zyklopie,* die häufig mit einer komplexen Mißbildung des Schädels einhergeht (s. S. 425).

Agnathie, Brachygnathie und *Prognathie* (Fehlen bzw. Verkürzung oder Verlängerung der Ober- und Unterkiefer) kommen relativ häufig bei Hunden und Schweinen vor.

Aglossie, Mikroglossie, Makroglossie, Glossoschisis, Epitheliogenesis imperfecta linguae stellen die wichtigsten Mißbildungen der Zunge dar.

Epitheliogenesis imperfecta, s. S. 487

Die Verschmelzung der Ohren wird als *Synotie,* das Auftreten eines akzessorischen, rudimentären Unterkiefers mit

Zähnen und Schleimhaut im Bereich des Ohrmuschelgrundes als *Otognathie* bezeichnet.

Kiemenfisteln (Hals- oder branchiogene Fisteln) sind entweder durchgehend oder innen oder außen verschlossen. Äußere Kiemenfisteln findet man vor allem beim Pferd in der Nähe des äußeren Gehörganges *(Ohrfistel),* wobei am Fistelgrund nicht selten ein Zahn liegt *(branchiogene Zahnzyste* oder *-heterotopie).* In derselben Gegend und im Bereich des äußeren Gehörganges treten auch *Kiemenzysten* (branchiogene Zysten) auf, die entweder Dermoidzysten, Schleimzysten oder Zahnzysten (heterotope Zahnanlagen) darstellen.Weitere Heterotopien sind Dermoid- und Epidermoidzysten, die besonders am Mundhöhlenboden und in der Zunge vorkommen, sowie Haare im Sulcus medianus linguae des Hundes, die zur granulomatösen Entzündung mit Fremdkörperriesenzellen führen können.

5.1.3 Farbveränderungen

Die Schleimhaut der Mund- und Rachenhöhle ist bei den meisten Haustieren pigmentiert. Die Melaninpigmentierung ist entweder unregelmäßig fleckig oder diffus und nimmt mit steigendem Alter an Intensität zu.

Eine **Hyperpigmentierung** im Rahmen einer allgemeinen Melanose ist selten. Bei Hunden, die an endokrin bedingten Hautkrankheiten oder einer Acanthosis nigricans (s. S. 493) leiden, kann es gelegentlich auch zu einer schwärzlichen Verfärbung (Melanin) der Zungen- und Lippenschleimhaut kommen.

Pigmentlose Flecken entstehen im Anschluß an Erosionen, Geschwüre und Wunden und können über längere Zeit als solche bestehen bleiben (s. S. 130ff.).

Ein sogenannter **Bleisaum** (Ablagerung von Bleisulfid am Zahnfleischrand) wird bei der chronischen Bleivergiftung des Menschen häufig, bei der des Tieres dagegen nur selten beobachtet. Durch Ablecken von Farbstoffen, wie sie vor allem zum Kennzeichnen der Tiere verwendet werden, und durch verabreichte Medikamente stellen sich u. U. intensive Verfärbungen der Mundschleimhaut ein.

5.1.4 Stoffwechselstörungen

Die **senile Atrophie der Gingiva** mit nachfolgendem Zahnausfall ist vor allem bei Hund und Katze häufig (s. S. 146). Zahnsteinbildung, s. S. 146

Die ein- oder beidseitige **Atrophie der Zungenmuskulatur** wird nach Schädigung des N. hypoglossus (z. B. durch Luftsackmykose des Pferdes) beobachtet (s. S. 74).

Die **Calcinosis circumscripta** (s. S. 498) kommt auch in der Zunge von Hund, Katze und Pferd vor.

Beim **Ferkel** äußert sich die **A-Avitaminose** durch papillomatöse Wucherungen und Hyperkeratose der Papillae filiformes an den Rändern der Zungenspitze.

Im Gefolge der **Chlornaphthalinvergiftung des Rindes** (s. S. 492) kommt es zur Ausbildung hyperkeratotischer Plaques in der Zungenschleimhaut, nach deren Abstoßung Erosionen, Geschwüre und Nekrosen infolge bakterieller Infektion *(Fusobacterium necrophorum)* entstehen können.

Bei der **Pellagra des Hundes** (Mangel an Nikotinsäureamid und Vit. B_2, s. S. 496) wird die Zungenspitze infolge der Zyanose zunächst dunkelrot bis schwarz *(Blacktongue);* dann entwickeln sich Ulzera und schließlich durch bakterielle Infektionen eine Gangrän der Zungenspitze. Ähnliche Veränderungen treten auch in der Mundschleimhaut sowie in Magen und Darm auf. Die bakteriellen Infektionen bedingen schließlich den Tod des Tieres.

Skorbut (C-Avitaminose) wird gelegentlich bei Schweinen, Hunden, Affen und **Meerschweinchen** beobachtet. Er ist gekennzeichnet durch Zahnfleischblutungen und Lockerwerden der Zähne. Bakterielle Infektionen sind häufig und führen zu einer geschwürigen Zersetzung des Zahnfleisches und zum Zahnausfall.

Umschriebene parakeratotische Veränderungen der Zungenschleimhaut treten besonders beim Pferd auf. *Parakeratosis diaetetica,* s. S. 495

5.1.5 Kreislaufstörungen

Die **Blässe** der Mundschleimhaut ist beim lebenden Tier als Symptom einer Anämie, beim toten jedoch in erster Linie im Sinne einer Leichenblässe (s. S. 486) zu werten. In ähnlicher Weise verschwindet die aktive Hyperämie, die vor allem bei akuten entzündlichen Prozessen auftritt, nach dem Tode.

Bei der **Zyanose** ist die Mundschleimhaut dunkelrot bis dunkelblau verfärbt, bei der *Methämoglobinämie* schmutzig-braun bis gelblich. **Stauungshyperämie** und **Ödematisierung** der Zunge und der Backen sind charakteristisch für die Bluetongue des Schafes (s. S. 137) und die Blacktongue des Hundes (s. oben).

Bei Hunden mit *Urämie* findet man häufig eine Zyanose der Mundschleimhaut und oberflächliche Ulzerationen (s. S. 137).

Petechien und **Ekchymosen** treten bei septikämischen Prozessen und anderen hämorrhagischen Diathesen sowie bei Entzündungen auf. Multiple petechiale Blutungen an der Unterfläche der Zunge und im Zungenbändchen sind charakteristisch für die infektiöse Anämie der Einhufer (s. S. 57). Größere Blutungen sind in der Regel Folge von traumatischen Schädigungen.

5.1.6 Fremdkörper

Unvollständig gekautes und mazeriertes Futter, das leicht von Erbrochenem unterschieden werden kann, findet man häufig in der Mundhöhle von Pferden, die an einer Gehirnkrankheit (Dummkoller, s. S. 381) litten (Schlucklähmungen; „Vergessen" des Abschluckens infolge Bewußtseinstrübung).

Rinder, die an einem starken Phosphormangel leiden, nehmen oft Knochen oder andere größere Fremdkörper ***(Allotriophagie)*** auf, die häufig im Pharynx steckenbleiben und Drucknekrosen beziehungsweise eine Asphyxie verursachen.

Größere Rübenstücke und Fleischteile, Kartoffeln, Äpfel und Zapfen von Koniferen können, vor allem nach gieriger und hastiger Aufnahme, im Pharynx steckenbleiben und zum Erstickungstod führen.

Scharfe und spitze Fremdkörper (auch Kanülen) können mannigfaltige Verletzungen hervorrufen, die infolge bakterieller Infektionen oft zur Ausbildung von Geschwüren und Phlegmonen Anlaß geben (septische Phlegmone des Rindes, s. S. 522). Bei Einhufern, Wiederkäuern und Schweinen sind es vor allem Getreidegrannen (Gerste), Grassamen und harte Pflanzenstengel, die sich zwischen die Zähne (Diastase), zwischen Zähne und Zahnfleisch (besonders bei einer bereits bestehenden Periodontitis, die dadurch erheblich kompliziert wird) oder in Zunge und Backenschleimhaut einspießen (Entstehung von Fremdkörpergranulomen).

Eine Besonderheit stellt in diesem Zusammenhang das sogenannte **traumatische Zungenrückengeschwür des Rindes** dar. Es handelt sich dabei um ein bis zu markstückgroßes, bräunlich-rotes, oberflächliches Geschwür im Bereich der Zungenrückengrube, aus dem büschelartig eingespießte Pflanzen- und Tierhaare ragen. Im chronischen Verlauf wird das Geschwür von schwieligem Bindegewebe ausgefüllt, in dem nur noch einzelne kleine Abszesse und Granulome zu finden sind. Sehr häufig sind neben Eitererregern aktinobazilläre Infektionen (s. S. 139) an diesem Prozeß beteiligt. Die Erklärung, warum das traumatische Zungenrückengeschwür so häufig auftritt, liegt darin, daß sich die als Futtergrube bezeichnete Vertiefung am Zungenrücken beim Vorstrecken und Zurückziehen der Zunge während der Futteraufnahme ständig erweitert und wieder verengt. Dadurch können an dieser Stelle spitze Pflanzenteile besonders leicht eingespießt werden. Ist es zur Geschwürsbildung gekommen, dann entwickelt sich oft ein *Circulus vitiosus,* da die geschädigte Schleimhaut besonders leicht wieder von neuen Fremdkörpern durchbohrt werden kann.

Bei Hunden sind es vor allem Knochen, Stöckchen und Bälle (Spielen!), die im Pharynx steckenbleiben. Gelegentlich entwickelt sich bei Hunden auch eine *granulomatöse Glossitis* infolge Inspissation von Pflanzenfasern. Nicht selten findet man bei Fleischfressern ringförmige Fremdkörper (besonders Trachea- und Aortenquerschnitte), die sich über die Zunge gestülpt haben und dort Stauungsvorgänge mit Nekrosen und sogar Gangränbildungen (Abfall der Zungenspitze) hervorrufen. Besonders gefährlich können lange Fäden werden, wenn sie sich schlingenartig um die Unterseite der Zunge legen (Drucknekrose und Einschneiden in das Zungenbändchen) und nach Abschlucken in den Ösophagus oder gar in den Darm gelangen (s. S. 172).

5.1.7 Zusammenhangstrennungen

Verletzungen im Bereich der Mundhöhle sind bei den Haustieren häufig. Quetschungen, Riß- und Schürfwunden entstehen vor allem durch Fremdkörper, Unfälle, nicht passendes Trensengebiß (Pferd), unsachgemäßes Eingeben von Medikamenten (Pillenstock, „Balling Gun", s. S. 150), Bisse, unsachgemäße Verwendung von Zahninstrumenten oder durch scharfe Kanten und Spitzen der Zähne (Backenschleimhaut bei Pferden und Rindern). Zerrungen der Zunge mit Muskelzerreißungen oder Einrisse sowie Abrisse der Zungenspitze oder gar der ganzen Zunge können beim gewaltsamen Herausziehen der Zunge (Anwendung von Schlingen) entstehen. Bißwunden, die zum Teil sehr tief gehen, findet man an der Unterseite der Zunge von Rindern, die an AUJESZKYscher Krankheit erkrankt sind (s. S. 396). Wegen des bei diesem Leiden auftretenden starken Juckreizes wird offensichtlich die Zunge auf den Schneidezähnen gerieben oder direkt eingebissen.

Im allgemeinen heilen die tieferen Verletzungen unter Ausbildung eines Narbengewebes ab. Dies gilt auch für totale Zungenabrisse und -abbisse, falls die betroffenen Tiere nicht vorher verbluten.

5.1.8 Entzündungen

Entzündungen der Mundhöhle werden als **Stomatitis**, solche der Rachenhöhle als **Pharyngitis** bezeichnet. Je nachdem, ob nur einzelne Gebiete der Mund- und Rachenhöhle entzündlich verändert sind, spricht man von einer *Glossitis* (Zunge), *Cheilitis (Lippen), Gingivitis* (Zahnfleisch), *Tonsillitis* (Tonsillen) oder einer *Angina* (weicher Gaumen). Die entzündlichen Veränderungen betreffen entweder oberflächliche (Schleimhaut) oder tiefer gelegene Gewebsschichten und können katarrhalischer, vesikulärer, erosiver, ulzeröser, papulöser, proliferativer, pseudomembranöser, diphtheroid-nekrotisierender, gangräneszierender oder eitrig-abszedierender Natur sein.

Entzündungen der Mundhöhle treten entweder für sich allein oder im Zusammenhang mit generalisierten *Infektionskrankheiten* auf. Für die Diagnose letzterer sind sie von großer Bedeutung, lassen aber, vor allem beim Rind, wegen der großen Ähnlichkeit der Veränderungen für sich allein meist keine eindeutige Diagnosestellung zu.

5.1.8.1 Stomatitis et Pharyngitis catarrhalis

Die akute katarrhalische Stomatitis und Pharyngitis kommt häufig vor und ist in der Regel unspezifischer Natur. Sie kann durch zahlreiche Noxen ausgelöst werden. Nicht selten ist sie auch Begleiterscheinung einer Infektionskrankheit. Typisch für den akuten Katarrh der Mund- und Rachenhöhle sind Hyperämie und Ödematisierung der Schleimhaut, deutliches Hervortreten der Lymphfollikel und Schwellung der Tonsillen. Das Epithel der Mundschleimhaut proliferiert, degeneriert und wird dann abgestoßen. Durch Vermengung der desquamierten Epithelzellen mit Fibrin, Leukozyten und Bakterien entstehen umschriebene Plaques oder diffuse soorartige Beläge, besonders auf der Zungenoberfläche (sogenannte *Stomatitis cruposa diffusa* der saugenden Kälber, Lämmer, Fohlen und Ferkel). *Foetor ex ore* ist eine häufige Folge. Ein starker Speichelfluß ist meist vorhanden. Werden die Drüsenausführungsgänge durch desquamierte Epithel- oder Entzündungszellen verstopft, dann bilden sich miliare bis kirschgroße Retentionszysten.

Die Heilung erfolgt sehr schnell im Sinne einer *Restitutio ad integrum.* Bei chronischem Verlauf bilden sich polypöse Wucherungen (Schwein) oder bis zu einem Zentimeter lange, fädige Auswüchse der *Papillae filiformes* (Rind, Katze), die oberflächlich verhornt sind und der Zunge ein bürstenartiges Aussehen verleihen (Haar- oder Bürstenzunge).

5.1.8.2 Stomatitis vesiculosa

Die Stomatitis vesiculosa kommt durch ballonierende Degeneration der Epithelzellen zustande. Sie wird in der Regel durch Virusinfektionen verursacht. Es ist jedoch zu beachten, daß auch Verbrennungen und Verätzungen mit Blasenbildung einhergehen können. Die wichtigsten Krankheiten, bei denen eine vesikuläre Stomatitis auftritt und die differentialdiagnostisch voneinander abgegrenzt werden müssen, sind die *Maul-* und *Klauenseuche,* die *Stomatitis vesicularis infectiosa,* das *vesikuläre Exanthem,* die *vesikuläre Schweinekrankheit* und das auf S. 533 beschriebene *Ekthyma contagiosum. Pemphigus* s. S. 509f.

Die **Maul- und Klauenseuche** (MKS) wird durch ein Virus des Genus *Aphthovirus* der Familie *Picornaviridae* (MKS-Virus) hervorgerufen. Von diesem sind bislang sieben nicht kreuzreagierende Serotypen (A, O, C, SAT1, SAT2, SAT3, Asia 1), von denen jeweils wieder Subtypen existieren, bekannt (Antigenvariation infolge Antigen-Drift und -Shift). Bei Rindern und Schweinen verläuft die MKS als fieberhafte Krankheit mit hoher Morbidität aber nur geringer Mortalität. Sie verursacht aber hohe wirtschaftliche Verluste, insbesondere durch Milchrückgang, Mastitis, Wachstumsverzögerung und veterinärbehördliche Maßnahmen. Neben Klauentieren sind auch eine Reihe anderer Tierarten (z.B. Tylopoden) und auch der Mensch empfänglich, wobei im Grad sehr unterschiedliche Krankheitserscheinungen auftreten. Klinisch inapparente persistierende Infektionen kommen bei Haus- und Wildwiederkäuern vor (z. B. Büffel in Südafrika) und sind vor allem für die Weiterverbreitung der MKS von Bedeutung.

Die ***Infektion*** erfolgt besonders aerogen und oropharyngeal aber auch über belebte und unbelebte Vektoren. In den Schleimhäuten der Eintrittspforten (in erster Linie Pharynxschleimhaut) entstehen nur histologisch nachweisbare, herdförmige degenerative Veränderungen, die als *Primäraphthen* bezeichnet werden. In diesen vermehrt sich das Virus und führt über eine Virämie zur Entstehung der makroskopisch sichtbaren *Sekundäraphthen.* Auf dem Höhepunkt der Blasenentwicklung verschwindet das Virus wieder aus dem Blut.

In der ***Mundschleimhaut des Rindes*** entwickeln sich nach einer Inkubationszeit von zwei bis sieben Tagen einzelne oder multiple bis zu hühnereigroße Blasen, die mit einer klaren oder gelblich-roten Flüssigkeit gefüllt sind, die das Virus in hoher Konzentration enthält. Besonders häufig (exanthemartig) sind die Aphthen an der Zungenspitze, am Zungenrücken, an den Zungenrändern (Abb. 5.1 A, B, C), an der Zahnplatte, am Zahnfleisch, an der Lippen- und Backenschleimhaut, seltener am Flotzmaul bzw. an der Rüsselscheibe, an den Nasenöffnungen und am harten Gaumen zu finden (sogenannte *aphthöse Form* der MKS). Nach weiteren 12 bis 24 Stunden kommt es infolge der Mazeration der Blasendecken und der Kaubewegungen zum Platzen der Aphthen. Dadurch entstehen einzelne oder

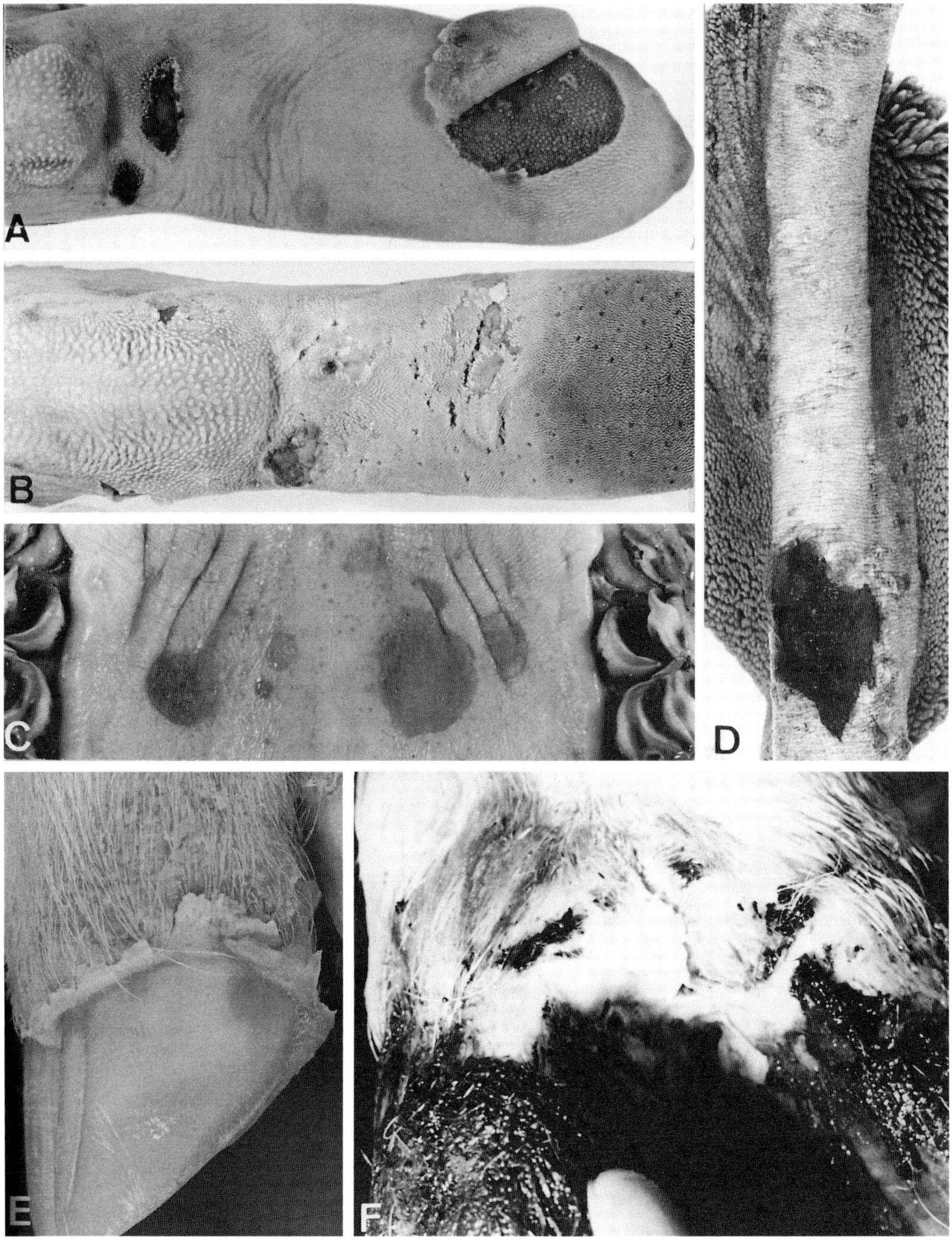

Abb. 5.1 Maul- und Klauenseuche
A, B Geschlossene und geöffnete Aphthen sowie Erosionen, Zunge, Rind.
C Erosionen in der Gaumenschleimhaut, Rind.
D Aphthen und verschorfende Erosion am Pansenpfeiler, Rind.
E Beginnendes Ausschuhen der Klauen, Schwein.
F Geplatzte Aphthen im Zwischenklauenspalt, Rind.

landkartenartig zusammengeflossene *Erosionen* (Abb. 5.1 A, B, C), die von fetzenartigen Resten der Blasendecken umrandet sind. Durch das Platzen der Blasen tritt der nur noch vom Stratum basale bedeckte hochrote Papillarkörper zutage. Dieser wird nach 24 bis 48 Stunden mit gelblichem oder grau-weißem, katarrhalisch-eitrigem Exsudat bedeckt. Tritt keine bakterielle Sekundärinfektion auf, dann erfolgt in etwa fünf Tagen eine *Restitutio ad integrum,* wobei Leukoplakien noch ungefähr ein halbes Jahr lang die Stelle der ursprünglichen Erosionen kennzeichnen. Bei bakteriellen Sekundärinfektionen entwickeln sich Geschwüre und diphtheroid-nekrotische Prozesse, die nur unter Narbenbildung ausheilen können.

Neben den Veränderungen in der Mundschleimhaut findet man häufig auch entsprechende Läsionen in der Mukosa der *Pansenpfeiler,* wobei es nicht selten zu einer direkten Koagulationsnekrose der Epithelzellen kommt *(verschorfende Form der MKS,* Abb. 5.1 D).

In der ***Haut*** des Zwischenklauenspaltes, des Koronarsaums, der Euterhaut und der Zitzen entwickeln sich ebenfalls häufig die typischen Aphthen und Erosionen (Abb. 5.1 F). Durch Lösung der Lederhaut infolge der Bläschenbildung kommt es nicht selten zum *Ausschuhen* (Abb. 5.1 E), zur Bildung einer eitrig-hohlen Wand oder eines Panaritiums (bakterielle Sekundärinfektionen mitbeteiligt!).

Die ***bösartige Form der MKS*** geht mit einer nichteitrigen ***Myokarditis*** einher, wobei die Aphthenbildung meist unterbleibt und es häufig zum Tode kommt. Diese Form wird besonders bei neugeborenen sowie bei jungen und gut genährten Tieren beobachtet (s. S. 19).

Eine ***milde Verlaufsform*** ist vor allem bei älteren und weniger gut genährten Tieren bekannt.

Bei ***Schafen*** gleichen die Veränderungen weitgehend denen des Rindes, nur sind die Blasen kleiner (milderer Verlauf) und vorzugsweise die Klauen (häufig bakterielle Sekundärinfektionen) erkrankt. Auch beim ***Schwein*** stehen die Klauenveränderungen im Vordergrund.

Bei der ***Ziege*** verläuft die MKS ähnlich wie beim Schaf, nur daß häufig auch ödematöse Schwellungen der Lippen- und Backenschleimhaut auftreten.

Differentialdiagnostisch sind von der MKS neben den eingangs erwähnten Krankheiten dieMucosal Disease, das bösartige Katarrhalfieber und auch die Rinderpest abzugrenzen (s. S. 133ff.).

Die **Stomatitis vesicularis infectiosa** wird durch sieben verschiedene Serotypen des Genus *Vesiculovirus* der Familie *Rhabdoviridae* verursacht. Sie kommt bei Pferden, Rindern und Schweinen, vereinzelt auch bei Menschen vor und kann auf verschiedene Labortiere übertragen werden. Die Infektion erfolgt über kleine Haut- und Schleimhautläsionen. Die Veränderungen in der Mundhöhle sind von denen der MKS nicht zu unterscheiden. Die Krankheit verläuft gutartig, Veränderungen an den Klauen, vor allem beim Schwein, treten wesentlich seltener als bei der MKS auf. Erhebliche wirtschaftliche Schäden können jedoch durch Absinken der Milchleistung von Kühen entstehen.

Das **vesikuläre Exanthem des Schweines (VES)** kam nur in den USA (vor allem Kalifornien) vor, wo es zu seuchenartigen Ausbrüchen führte. Die Krankheit gilt seit 1956 als getilgt. Die Ursache der Krankheit ist ein *Calicivirus* (verschiedene Serotypen). Die Infektion erfolgt auf alimentärem Wege, wobei der Verfütterung von Küchenabfällen eine große Bedeutung zukommt. Die Krankheit kann experimentell auf das Pferd übertragen werden. Das *San-Miguel-Sealion-Virus,* das bei ***marinen Säugern*** des Pazifiks vorkommt (Aborte bei Seelöwen, vesikuläre Dermatitis bei nördlichen Pelzrobben), ist mit dem VES-Virus identisch.

Typisch für das VES ist das exanthemartige Aufschießen von Blasen an der Rüsselscheibe, in der Mundschleimhaut, im Zwischenklauenspalt, an den Koronarsäumen, seltener auch an den Zitzen und in der Haut der Metakarpal- und Metatarsalgegend. Die Blasen und die sich daran anschließenden Erosionen sind von denen der MKS und der *Stomatitis vesicularis infectiosa* nicht zu unterscheiden. Das vesikuläre Exanthem verläuft in der Regel gutartig, wobei es in kurzer Zeit zur vollständigen Heilung kommt. Bakterielle Sekundärinfektionen der Blasen an den Füßen können das Krankheitsbild komplizieren und zum Ausschuhen oder zur Bildung eines Panaritiums führen. Aborte bei tragenden Sauen sind häufig.

Die **vesikuläre Schweinekrankheit (Swine Vesicular Disease = SVD)** wurde 1966 erstmals in Italien, später auch in England, Frankreich, Österreich, in der Schweiz und Bundesrepublik sowie in Japan und Hongkong beobachtet. Ursache ist eine alimentäre, seltener perkutane Infektion mit einem Virus des Genus *Enterovirus* der Familie *Picornaviridae.* Es ist serologisch sehr eng verwandt mit dem Coxsackie B 5-Virus des Menschen und ruft bei diesem Influenza-ähnliche Symptome hervor. Die Veränderungen bei der SVD gleichen weitgehend denen bei MKS. Eine nichteitrige Enzephalomyelitis wird nur bei experimentellen Infektionen beobachtet. Die Morbidität ist mäßig, die Mortalität gering. Bakterielle Sekundärinfektionen können das Bild komplizieren. Andere Haustiere sind nicht empfänglich (s. S. 390).

5.1.8.3 Stomatitis erosiva et ulcerosa

Bei der Stomatitis erosiva et ulcerosa findet man neben einer akuten diffusen Entzündung der Mund- und Rachenschleimhaut einzelne oder mehrere, unterschiedlich große Erosionen und Ulzera, die nicht selten auch in der Nasolabialregion auftreten. Die Erosionen betreffen nur die oberen Schichten der Schleimhaut, während das Stratum basale und die Basalmembran erhalten bleiben. Eine Restitutio ad integrum ist daher häufig. Die unter der Erosion liegende Propria ist entzündlich infiltriert. Die Geschwüre entstehen entweder primär oder entwickeln sich infolge bakterieller Infektionen aus den Erosionen. Tiefe Ulzera können nur unter Narbenbildung abheilen. Histologisch dominiert auch hier eine primäre, fortschreitende vakuolige Degeneration der Epithelien.

Die **Ursachen**, die zu einer *Stomatitis erosiva et ulcerosa* führen, sind sehr mannigfaltig. Traumen, Verbrennungen (vor allem an den Lippenwinkeln bei Hund und Katze nach Durchkauen stromführender Kabel), Chemikalien (Säuren, Laugen, Lost, Holzschutzmittel u. a., s. S. 514), chronische Quecksilber- und Bleivergiftungen sowie Virusinfektionen kommen in erster Linie in Betracht. Erosionen und Ulzera entstehen häufig auch im Gefolge von Infektionskrankheiten und im Anschluß an eine Stomatitis vesiculosa (s. S. 130ff.).

Beim **Rind** sind es vor allem die *bovine Virusdiarrhoe und Mucosal Disease*, das *bösartige Katarrhalfieber*, die *Rinderpest* und die *bovine Leukozyten-Adhäsions-Defizienz*, die zu Erosionen und Geschwüren in der Mundhöhle führen. Da bei diesen Krankheiten ähnliche Veränderungen auch in den übrigen Abschnitten des Verdauungskanals sowie in anderen Organen entstehen, werden sie der Einfachheit und der besseren Übersicht halber hier zusammenfassend besprochen.

Die **bovine Virusdiarrhoe (BVD)** und die **Mucosal Disease (MD)** sind zwei verschiedene Krankheiten, die durch ein Virus (BVDV) des Genus *Pestivirus* der Familie *Flaviviridae* verursacht werden. Von diesem existieren eine Reihe von antigenetisch unterschiedlichen Stämmen/Isolaten, die in hohem Maße kreuzreagieren. Nach dem Verhalten des BVDV in der Gewebekultur unterscheidet man einen zytopathogenen (zp) und einen nichtzytopathogenen (nzp) Biotyp. Von einem ***„Matching Pair"*** spricht man, wenn ein zp und ein nzp BVDV weitgehend gleiche antigenetische Eigenschaften besitzen. Das BVDV ist weltweit verbreitet, bis zu 90% der Rinder können neutralisierende Antikörper aufweisen. Der wirtschaftliche Schaden der BVDV-Infektion ist beträchtlich. Neben Rindern sind auch andere Wiederkäuer (möglicherweise alle) und Schweine empfänglich, bei denen es allerdings in der Regel nur zu klinisch inapparenten Infektionen kommt.

Die ***BVDV-Infektion*** erfolgt meist oropharyngeal und auf direktem oder indirektem Weg. In den lymphatischen Zellen und in Kryptenepithelien der Tonsillen findet die primäre Virusvermehrung statt. Zellgebunden, vor allem in Phagozyten, wird das Virus in die regionären Lymphknoten und verschiedene Organe und Gewebe transportiert. Der weitere Verlauf der Infektion hängt in erster Linie vom Stamm und von der Virulenz des Erregers, vom Immunstatus des Tieres und davon ab, ob das Tier trächtig ist und zu welchem Zeitpunkt der Trächtigkeit die Infektion erfolgt.

Bei der ***horizontalen Infektion empfänglicher nichtträchtiger Tiere*** mit dem nzp BVDV (auch zp BVDV ?) kommt es meist (bis zu 90%) zu einem klinisch inapparenten Verlauf mit Bildung neutralisierender Serumantikörper. Seltener ist die ***akute BVD***, die durch starke Durchfälle, Augen- und Nasenausfluß, starken Rückgang der Milchleistung und niedrige Mortalität gekennzeichnet ist. Durch die vorübergehende, jedoch erhebliche immunsuppressive Wirkung des Virus (Suppression der humoralen und zellulären Immunantwort, der Interferonbildung, der Phagozytose, der Chemotaxis u. a.) können aber, vor allem bei Massenhaltung von Kälbern, andere virale und bakterielle Infektionen, vor allem des Respirationstraktes, begünstigt werden. In den letzten Jahren sind in den USA und in Kanada gehäuft Epizootien einer ***perakut verlaufenden BVD*** mit hoher Morbitität und Mortalität beobachtet worden (Typ 2 des BVDV).

Bestimmte nzp BVDV-Stämme können bei Kälbern, seltener bei erwachsenen Tieren, eine hochgradige Thrombozytopenie (ähnlich wie bei der akuten europäischen Schweinepest, s. S. 183) mit hämorrhagischer Diathese (sog. ***hämorrhagisches Syndrom)***, blutiger Diarrhoe und Anämie hervorrufen. Die Plättchen und Megakaryozyten werden offensichtlich direkt durch die Viren zerstört.

Koitale Infektionen führen zum embryonalen Fruchttod mit häufig länger dauernder Sterilität.

Die ***Infektion empfänglicher trächtiger Rinder*** führt bei diesen zu den gleichen Verlaufsformen wie bei den nichtträchtigen empfänglichen Tieren. Mit sehr hoher Wahrscheinlichkeit (unter experimentellen Bedingungen bis zu 100%) wird aber ***diaplazentar der Fetus*** infiziert, in dem sich in vielen Geweben das Virus vermehren kann. Nach dem heutigen Kenntnisstand scheint dazu jedoch nur das nzp BVDV in der Lage zu sein. Von entscheidender Bedeutung für den weiteren Verlauf ist das Alter des Fetus und damit der Stand der Organogenese und der Entwicklung des Immunsystems zum Zeitpunkt der Infektion. Infektionen während des ersten Drittels der Trächtigkeit können zu Fruchtresorption, Aborten (5.–8. Trächtigkeitsmonat), Mumifikation, Augen- und Gehirnmißbildungen (s. S. 365) führen. Infektionen nach etwa dem 120. Trächtigkeitstag, also nach Entwicklung der immunologischen Kompetenz des Fetus, veranlassen diesen, neutralisierende Antikörper zu bilden, die die Virusinfektion beenden. Erfolgt die Infektion des Fetus vor dem 120. Trächtigkeitstag, dann kommt es infolge der immunologischen Toleranz zu einer persistierenden Virämie ohne Bildung spezifischer Antikörper. Die Kälber werden gesund geboren, sind aber häufig im Wachstum zurückgeblieben, zum Teil immunsupprimiert (Zahl der peripheren T- und B-Lymphozyten vermindert, Thymushypoplasie), und als Virusausscheider die Hauptinfektionsquelle für empfängliche Tiere. Bis zu 100% dieser *persistent infizierten Kälber* sterben im Laufe von drei Monaten bis zu zwei Jahren unter dem Bild der **MD**. Nur wenige Tiere bleiben über diesen Zeitraum hinaus klinisch gesund (serologisch negative Virusausscheider), können trächtig werden und wiederum virämische Kälber gebären.

Die Entstehung der MD ist darauf zurückzuführen, daß bei den persistent mit dem nzp BVDV infizierten Tieren ein antigenetisch weitgehend homologes zp BVDV („Matching Pair") auftritt, das deshalb vom Immunsystem nicht erkannt wird und so die Veränderungen bei der MD verursacht. Immunhistologisch kann das zp BVDV-Antigen besonders in Tonsillen, Lymphknoten, Thymus, Milz, Darmschleimhautimmunsystem und in Darmepithelien nachgewiesen werden. Die Herkunft des zp Biotyps ist nicht restlos geklärt. In Betracht kommen *Superinfektion* mit zp Feld- und Impfstämmen, *Mutationen* und *Rekombinationen* von zellulären kodierenden Gensequenzen, besonders mit solchen für Ubiquitin.

Beim ***akuten Verlauf*** der MD zeigen sich leichter Nasenausfluß, Keratokonjunktivitis, Fieber und starker, mit etwas Blut vermischter Durchfall, der zur Exsikkose und nach ein bis zwei Wochen häufig zum Tode führt. In der *Mundhöhle* findet man eine katarrhalische, diffuse Schleimhautentzündung und kleine Erosionen. In der ***subakuten Verlaufsform*** ist der Nasenausfluß stärker, und das schleimige Exsudat trocknet am Flotzmaul unter Krustenbildung ein. Die Körpertemperatur geht nach drei bis fünf Tagen wieder auf die Norm zurück. In dieser Zeit entwickeln sich die Veränderungen im Verdauungskanal und ein starker wäßriger Durchfall, der mit Schleimfetzen und Blut vermischt sein kann. Im Gefolge der auftretenden katarrhalischen Stomatitis und Pharyngitis entstehen miliare Nekrosen in der Schleimhaut, die von einem hämorrhagischen Hof umgeben sind. Aus diesen werden dann durch Umsichgreifen der Nekrose und Zusammenfließen einzelner Herde unregelmäßige und unterschiedlich große rötliche Erosionen, die besonders häufig am harten Gaumen, Zahnfleisch und an den Papillen der Backenschleimhaut auftreten. Seltener sind Erosionen an Zunge und Pharynx (Tafel VI. A).

Erosionen und flache Geschwüre findet man in der Mehrzahl der Fälle auch am *Flotzmaul* und in der Umgebung der *Nasenöffnungen.* Charakteristisch sind die länglichen, schmutzigbraunen Erosionen im *Ösophagus* (Tafel VI. B), in dem es kaum zur Ausbildung von Geschwüren kommt. Nicht selten findet man in der Speiseröhre auch grau-weiße, leicht entfernbare Plaques aus nekrotischen Epithelzellen. Die Veränderungen in *Pansen* und *Psalter* (vor allem an den Rändern der Blätter) gleichen weitgehend denen in der Mundhöhle. Der *Labmagen* ist hyperämisch und ödematisiert, die Schleimhaut von einzelnen oder zahlreichen stecknadelkopf- bis fingernagelgroßen, flachen Geschwüren mit hellem Hof durchsetzt. Ähnliche Veränderungen findet man im *gesamten Darmkanal,* wobei die Geschwüre oft länglich (bis 6 cm lang) und von diphtheroiden Belägen bedeckt sind (Tafel VI. C, D). Die *Lymphfollikel* des Darmes, vor allem die PEYERschen Platten, sind vergrößert, oft oberflächlich nekrotisch (Geschwürbildung) und mit Blutgerinnseln oder diphtheroid-fibrinösen Massen bedeckt. In der *Haut* der Innenfläche der Oberarme und Oberschenkel, des Koronarsaumes, Zwischenklauenspaltes, Perineums, Euters und Präputiums können oberflächliche, herdförmige Nekrosen und Ulzera mit nachfolgender Verhornung entstehen. Die *Lymphknoten* des Kopfes und Halses sind bei der akuten Verlaufsform der MD häufig blutigrot, teils auch dunkelschwarz verfärbt, während die Lymphknoten des Verdauungskanals histologisch in der Regel Nekrosen der Follikel zeigen. Hyaline und fibrinoide Degeneration findet man vor allem in Arteriolen der Darmsubmukosa und des Mesenteriums, seltener in solchen anderer Organe.

Die ***chronische MD*** kann sich über mehrere Monate erstrecken. Die Veränderungen im Verdauungsapparat sind ähnlich denen bei der subakuten MD. Klinisch ist sie vor allem durch Abmagerung und wechselnde blutig-schleimige Durchfälle gekennzeichnet. Für die chronische MD wird eine Superinfektion mit einem antigenetisch weniger übereinstimmenden zp BVDV verantwortlich gemacht.

In Einzelfällen kommt es bei der MD durch eine immunologisch vermittelte (IgG-tragende Lymphozyten) Degranulation und Zerstörung der B-Zellen der Pankreasinseln auch zum ***Diabetes mellitus***.

Beim ***Schwein*** kann eine BVDV-Infektion gelegentlich zu ähnlichen Veränderungen wie bei der MD führen. Differentialdiagnostisch ist dann besonders an die europäische Schweinepest zu denken, deren Erreger serologisch eng mit dem BVDV verwandt ist (Kreuzreaktionen!). Border Disease s. S. 395. Niere s. S. 263. Differentialdiagnose s. S. 137.

Das **bösartige Katarrhalfieber der Rinder (BKF; Bovine Malignant Catarrh)** tritt meist sporadisch, seltener enzootisch (Rind, Hausbüffel, Bison, Hirsch) auf und ist weltweit verbreitet. Die Mortalität beträgt über 90%. Bei Rindern in Afrika und empfänglichen Wildtieren in Zoos ist die Ursache das zellassoziierte, in der Gewebekultur synzytienbildende *alcelaphine Herpesvirus 1* (AHV 1, Gammaherpesvirus, Vermehrung in lymphatischen Zellen). Es wird durch latent infizierte Gnus (= Blue Wildebeest, haben bis zu 100% Antikörper gegen dieses Virus) und auch durch andere Wildwiederkäuer und Schafe, die auf den gleichen Gebieten wie die Rinder weiden, übertragen. Kontaktinfektionen zwischen Rindern sind jedoch nicht bekannt. Bei dem außerhalb Afrikas vorkommenden *Schaf-assoziierten BKF*, das sich klinisch und morphologisch vom afrikanischen nicht unterscheidet, war die Ätiologie bis vor kurzem ungeklärt. Trotz umfangreicher Untersuchungen und obwohl die experimentelle Übertragung auf andere Rinder und Kaninchen mit Blut oder lymphatischen Geweben von erkrankten Rindern oder von sogenannten Carrier-Schafen möglich ist, konnte das AHV 1 nicht nachgewiesen werden. In jüngster Zeit wurden aber mittels PCR für *ovines Herpesvirus 2* (OHV 2) typische Gensequenzen beim Schaf-assoziierten BKF nachgewiesen, so daß dessen Ätiologie als geklärt angesehen werden kann.

Klinisch wird eine *perakute Form* (Tod nach ein bis drei Tagen unter hohem Fieber), eine *akute intestinale* und eine mehr *subakute Kopf-Augen-Form* unterschieden. Eine *abortive,* mild verlaufende Form ist vor allem nach experimenteller Infektion bekannt. Die intestinale und die Kopf-Augen-Form lassen sich häufig jedoch nicht voneinander trennen, da die Symptome und Veränderungen beider oft gleichzeitig miteinander auftreten.

Bei den ***akuten*** und ***subakuten Verlaufsformen*** entwickeln sich nach einer Inkubationszeit von etwa zwei bis acht Wochen (und länger) hohes, wechselndes Fieber, allgemeine Mattigkeit und eine auffallende Vergrößerung der Lymphknoten. Nasenausfluß ist vorhanden, wobei das Exsudat zu dicken, braun-roten Krusten eintrocknet, die u. U. die Nasenöffnungen und den Nasentränenkanal verlegen (Tafel VII. A). Die Augenlider sind geschwollen, die Bindehäute entzündet. Die Hornhaut weist eine opake Trübung auf, die von der Peripherie ihren Ausgang nimmt und sich zentripetal ausbreitet. Gelegentlich bildet sich auch eine tiefe stromale Keratitis (s. S. 430). In der Mundschleimhaut entwickeln sich Erosionen und Ulzera, die sowohl in Lokalisation als auch Aussehen weitgehend denen bei der Mucosal Disease ähnlich sind (Tafel VII. B, C). Das gleiche gilt für die Veränderungen im *Ösophagus* (vor allem in den oberen Abschnitten Auftreten von Erosionen), im *Labmagen* (oft auch petechiale Blutungen) und im *Darmkanal.* In der Schleimhaut der *Nase,* des *Rachens,* des *Kehlkopfes*, der *Trachea* und der größeren *Bronchien* kann es zu diffusen, akuten katarrhalischen Entzündungen mit petechialen Blutungen und u. U. auch zur Bildung von Pseudomembranen kommen. In der *Haut* des Kopfes (Hornansatz), der Schenkel, des Euters, Skrotums und des Perineums entwickelt sich häufig ein vesikuläres und papulöses Exanthem mit Ausschwitzung von Lymphflüssigkeit und nachfolgender Bildung von dicken Krusten und Haarausfall (Tafel VII. C). In den *Nieren* sieht man nicht selten multiple bis zu erbsengroße, speckige, weiße Knötchen, die aus Lymphozyten und Makrophagen bestehen. In *Nierenbecken, Ureter, Blase* und *Vagina* treten fast immer multiple petechiale oder spritzerartige Schleimhautblutungen, gelegentlich auch kleine Geschwüre auf. *Gehirnveränderungen* bei BKF s. S. 399.

Die **Diagnose** des BKF stützt sich, neben den klinischen, epidemiologischen und pathologisch-anatomischen Befunden, in erster Linie auf die *pathologisch-histologischen Veränderungen.* Diese bestehen vor allem in einer nichteitrigen Entzündung kleiner und mittlerer Arterien, seltener auch Venen. Sie ist besonders ausgeprägt im Rete mirabile der Hypophyse, in Gehirn (s. S. 399), Niere, Leber und Lunge. Lymphozyten und Makrophagen, gelegentlich auch einzelne Plasmazellen und Granulozyten, sind dabei vor allem in der Adventitia, seltener in Media oder Intima der Gefäße *(Panarteriitis* und *Panphlebitis)* zu beobachten (Abb. 5.2). Fibrinoide Gefäßwandnekrosen und Thrombenbildung kommen vor, sind aber seltener. Mononukleäre Infiltrate findet man weiterhin herdförmig in Leber (GLISSONsches Dreieck), Niere und Lunge sowie im Bereich der makroskopisch sichtbaren Haut- und Schleimhautveränderungen. Aufgrund dieser Veränderungen wird angenommen, daß *immunpathologische Reaktionen vom verzögerten Typ* in der Pathogenese des BKF von zentraler Bedeutung sind. Differentialdiagnose s. S. 137.

Die **Rinderpest** stellt eine hochkontagiöse fieberhafte Krankheit dar, die durch ein Virus des Genus *Morbillivirus* der Familie *Paramyxoviridae* verursacht wird. Die Infektion kommt auch bei Schafen und Ziegen sowie anderen Wiederkäuern vor (meist subklinischer Verlauf). Die Rinderpest ist heute noch in Afrika und Asien heimisch. Die Mortalität kann bis zu 90% betragen, in enzootischen Gebieten ist sie jedoch wesentlich niedriger (milde Verlaufsform).

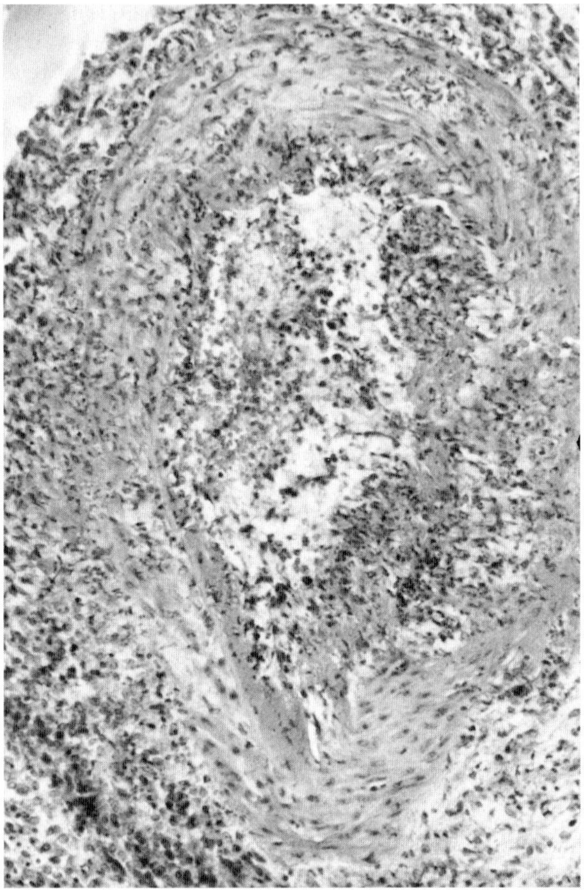

Abb. 5.2 Lymphohistiozytäre Entzündung einer Nierenarterie (A. interlobularis; Panarteriitis) mit Ausbildung thrombotischer Auflagerungen auf der Intima bei bösartigem Katarrhalfieber des Rindes. HE, 150 x.

In der ***perakuten Verlaufsform*** kommt es nach kurzer Zeit zum Tode, wobei umfangreiche Blutungen in vielen Organen bei der Sektion gefunden werden. In der ***akuten Verlaufsform*** (Tod nach 6 bis 12 Tagen) entwickeln sich in der Mundhöhle ähnliche Veränderungen wie bei der Mucosal Disease, gelegentlich jedoch auch pseudomembranöse Beläge (besonders bei sehr matten Tieren). Erosionen im *Ösophagus* sind relativ selten und, wenn vorhanden, besonders in den oberen Abschnitten zu finden. Die *Vormägen* zeigen nur sehr selten Veränderungen. Der *Labmagen* dagegen ist hochgradig entzündlich-ödematös geschwollen und weist in der Fundusschleimhaut vorwiegend längliche, in der Pylorusschleimhaut vorwiegend rundliche grau-gelbe Beläge auf, unter denen blutende Erosionen und gelegentlich auch Geschwüre zum Vorschein kommen. Im *Dünndarm* findet man flächenhafte Blutungen und Erosionen. Der *Ileozäkalzapfen* ist häufig oberflächlich erodiert und stark bluthaltig. In *Zäkum* und *Kolon* sieht man zahlreiche längliche Erosionen und Geschwüre mit diphtheroiden Belägen, eine starke Stauungshyperämie sowie multiple Petechien und Ekchymosen. Erosionen und Geschwüre sind besonders häufig über den Lymphfollikelplatten der Schleimhaut. Die *Lymphknoten* sind makroskopisch meist nicht auffällig verändert. Histologisch findet man aber, wie im gesamten lymphatischen Gewebe, ausgedehnte Nekrosen, die für die bei der Rinderpest besonders starke Leukopenie verantwortlich sind. Unter dem Endo- und Epikard treten häufig spritzerartige und flächenhafte *Blutungen* auf. Petechien und Ekchymosen kann man auch in den Schleimhäuten der Nase, Trachea und der Bronchien finden. Gelegentlich entwickeln sich oberflächliche Erosionen in Blase und Vagina. Ödematisierung und Hyperämie der Bindehäute sowie eine eitrige Konjunktivitis werden auch bei der Rinderpest nicht allzu selten gesehen. Ab und zu findet man in der *Haut* des Halses, der Flanken, der Schenkelinnenfläche, des Euters und des Skrotums ein feuchtes, teils krustöses Ekzem.

Die **Peste des petits ruminants (Pseudorinderpest, Kata, Stomatitis-Enteritis Komplex)** kommt bei **Schafen** und **Ziegen** besonders in Westafrika vor und wird durch ein *Morbillivirus* verursacht, das eine enge antigene Verwandtschaft mit dem Rinderpestvirus aufweist. Die klinischen Symptome und Veränderungen gleichen denen bei der Rinderpest. Die Mortalität ist sehr hoch (bei Ziegen bis 95%). Klinisch inapparente Verlaufsformen sind häufig.

Die **bovine Leukozyten-Adhäsions-Defizienz (BLAD)**, früher als bovine Granulozytopathie bezeichnet, wird weltweit bei schwarz- und rotbunten Rinderrassen beobachtet. Ursache ist eine autosomal-rezessiv vererbte Punktmutation des Gens, das für die gemeinsame Untereinheit CD18 der β_2-Integrine (CD11/CD18) kodiert (Nachweis mit PCR-DNA-Amplifikation). Dadurch kommt es zu einer stark verminderten Expression dieser Adhäsionsmoleküle auf der Oberfläche von Leukozyten, besonders von neutrophilen Granulozyten. Bei letzteren sind auch die Rezeptoren für die Bindung von C3b und IgM zahlenmäßig reduziert. Die Funktion der Neutrophilen, insbesondere ihre Phagozytoseleistung, ist damit erheblich beeinträchtigt, so daß vor allem bakterielle Infektionen, auch mit opportunistischen Keimen, sich entwickeln können. BLAD ist ein Letalfalktor, unbehandelt sterben die Tiere meist schon im ersten Lebensjahr. Die wichtigsten pathologisch-anatomischen Veränderungen sind Erosionen und Geschwüre in der Gingiva, Zahnfleischretraktion, Zahnausfall, eitrige Osteomyelitis der Kieferknochen, Bronchopneumonie, diphtheroid-nekrotisierende Darmentzündungen und

Dermatomykosen. Da die BLAD mit einer hochgradigen und persistierenden Neutrophilie einhergeht, findet man in histologischen Präparaten Blutgefäße, die strotzend mit Granulozyten gefüllt sind.

Differentialdiagnostisch ist die gegenseitige Abgrenzung der genannten **Rinderkrankheiten** von besonderer Bedeutung.

Die makroskopischen, histologischen und klinischen Befunde erlauben nur bei BKF und BLAD eine sichere Diagnose. Zusätzliche virologische Untersuchungen sind daher notwendig.

Die histologischen Veränderungen der Schleimhäute sind bei den genannten Krankheiten weitgehend gleich. Sie bestehen vorwiegend in einer vakuoligen, teils ballonierenden Degeneration der Epithelien mit auffallender Kernpyknose. Die *Rinderpest* ist besonders durch die hochgradigen nekrotischen Vorgänge in den Lymphfollikeln gekennzeichnet, die bei den anderen Krankheiten in diesem Ausmaße nicht vorkommen.

Die *infektiöse bovine Rhinotracheitis* (IBR) als weitere Differentialdiagnose weist meist wesentlich stärkere Veränderungen (z. T. diphtheroid-nekrotisierende Prozesse) im Bereich der oberen Luftwege (s. S. 71) auf, während Veränderungen im Verdauungskanal seltener sind. Histologisch lassen sich in den Anfangsstadien der IBR intranukleäre Einschlußkörperchen nachweisen. Da auch Mischinfektionen mit BVD vorkommen, kann die Diagnose sehr schwierig werden. Die *Maul- und Klauenseuche* unterscheidet sich von den genannten Krankheiten in erster Linie durch die primäre Bildung von Blasen, das Fehlen von Veränderungen im Darmkanal und das häufigere Auftreten von Läsionen an den Klauen.

Beim **Schaf** ist die erosive und ulzerative Stomatitis charakteristisch für die **Blauzungenkrankheit (Bluetongue, Sore-Muzzle)**. Die durch ein Virus des Genus *Orbivirus* der Familie *Reoviridae* (viele Serotypen) hervorgerufene Krankheit kommt gelegentlich in einer milden Form auch bei Rindern (häufig Aborte), Ziegen, Hirschen und Antilopen vor und wird durch Stechmücken (*Culicoides* spp.) übertragen. Die primäre Virusvermehrung findet in Milz und Lymphknoten statt. Die Bluetongue ist weit verbreitet in Afrika, im Mittleren und Nahen Osten, in Indien, in den USA und in der Karibik. In Spanien und Portugal traten 1956/57 sehr verlustreiche Seuchenzüge auf. Morbidität und Mortalität sind beim ersten Auftreten der Krankheit sehr hoch (bis 80 %), sinken aber nach Durchseuchung auf 1–2 % ab.

Die Krankheit beginnt mit hohem Fieber und einem anfangs mukösen, später blutig durchmischten Speichel- und Nasenausfluß. Die Nasenöffnungen sind verkrustet, Gesicht, Ohren, Lippen, Backen und Zunge sind hochgradig ödematös geschwollen und stark zyanotisch. An der Mund- und Nasenschleimhaut treten petechiale Blutungen auf. Ulzera und Abszesse entwickeln sich vor allem in der Backenschleimhaut im Bereich der Backenzähne und in der Zunge (bakterielle Sekundärinfektion), die auch gangränös werden kann. Die Haut wird hyperämisch und ödematös, wobei an verschiedenen Stellen haarlose Flecken mit Ausschwitzung eines entzündlichen serösen Exsudats, das später verkrustet, entstehen. In Unterhaut und intermuskulärem Bindegewebe findet man eine gelatinöse, teils farblose, teils blutige Flüssigkeit. Die Kronen- und Saumlederhaut der Klauen ist teils hyperämisch, ödematös und von braun-roten Petechien und Ekchymosen durchsetzt. Ausschuhen wird selten beobachtet; dagegen kommt es bei Tieren, die die Krankheit überstehen, häufig zu parallelen ringförmigen Defekten im Bereich des Klauenhornes. Die Muskulatur weist herdförmige hyalinschollige Degenerationen mit reparativer Entzündung und multiplen Petechien auf (Tortikollis oder Seitwärtshalten des Kopfes). Blutungen mannigfaltiger Art werden auch am Epikard im Bereich des Ursprungs der Aorta und der A. pulmonalis sowie an der Pleura gesehen. Gelegentlich entsteht auch ein Hämohydroperikard. Bei Feten kommt es zu *Gehirnmißbildungen* (s. S. 365), bei trächtigen Tieren zu *Aborten*. *Differentialdiagnostisch* sind in erster Linie das *Ekthyma contagiosum* (s. S. 533), die *Peste des petits ruminants* (s. S. 136) und die *Photodermatitis* (s. S. 513f.) abzugrenzen.

Die **epizootische hämorrhagische Krankheit der Hirsche,** die vor allem in Nordamerika vorkommt, und die **Ibaraki Krankheit der Rinder** in Japan werden durch andere Subgruppen von Orbiviren verursacht. Erstere tritt häufig zusammen mit einer Bluetongue-Infektion auf.

Die orale Verabreichung von **nichtsteroidalen Antiphlogistika** (vor allem Phenylbutazon) kann besonders beim Pferd, seltener auch beim Hund, zu tiefen, kraterartigen Geschwüren in Mundschleimhaut, Tonsillen, Magen sowie in Dünn- und Dickdarm führen. Papillennekrose s. S. 253.

Bei alten **Hunden** mit Paradentitis und Zahnstein (s. S. 146) findet man häufig eine *Gingivitis ulcerosa,* die auf benachbarte Gebiete übergreifen kann. Auch bei *Urämie, Leptospirose und Staupe* kann es zur Ausbildung flacher Geschwüre in der Mundschleimhaut kommen (Stomatitis ulcerosa). Bei Schäferhunden der US-Streitkräfte trat während des Vietnamkrieges gehäuft eine *rezidivierende Glossitis* mit vakuoliger Degeneration und Akanthose der Schleimhautepithelien auf, die zum Verlust der filiformen Papillen und nicht selten auch zur Ulzeration führte (sog. Redtongue). Als Ursache werden Sonnenlichteinwirkung

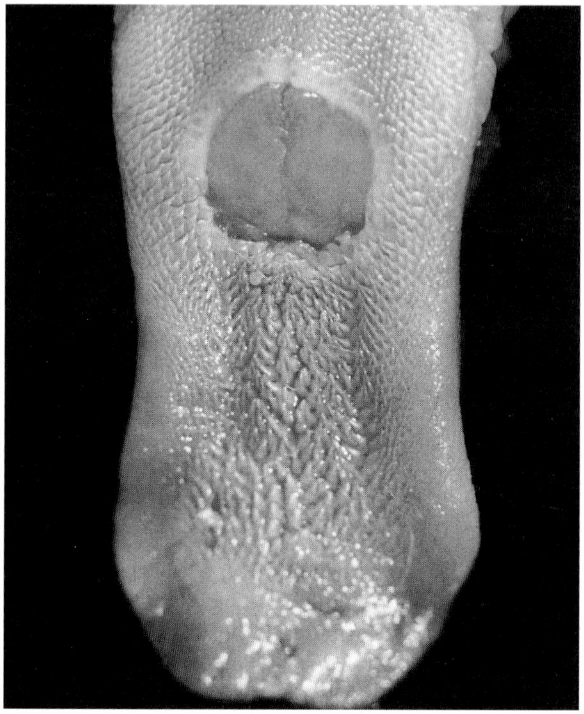

Abb. 5.3 Geschwür am Zungenrücken bei feliner Rhinotracheitis (felines Herpesvirus).

und Anwesenheit photodynamischer Substanzen (topisch? s. S. 513) vermutet. Mit der *Pellagra* (Blacktongue s. S. 128) bestehen keine Beziehungen. Das ***orale eosinophile Granulom (Linear Granuloma)*** kommt als familiäre Krankheit bei jungen **Sibirischen Huskies** vor. Einzelfälle sind auch bei anderen Rassen beschrieben. Die Veränderungen bestehen aus einzelnen oder multiplen, derben, oft oberflächlich ulzerierten Plaques an der Ventral- oder Lateralfläche der Zunge, seltener auch am Gaumen. Das histologische Bild entspricht dem des linearen Granuloms der Katze (s. S. 535). Die Ursache ist unbekannt, möglicherweise allergischer Natur, da die Veränderungen auf eine Kortikosteroidtherapie ansprechen. Eosinophiles Granulom s. S. 535.

Bei **Katzen** werden nicht selten bei *Panleukopenie* (s. S. 182) und Infektionen mit *Calici-* und *Herpesviren* (Katzenschnupfen, s. S. 75 u. Abb. 5.3), FeLV (s. S. 64f) und FIV (s. S. 68) flache Geschwüre an Zunge, Gingiva und Lippen beobachtet. Häufig ist die Ursache der Geschwüre nicht zu ermitteln. Die ***plasmazelluläre Gingivitis und Pharyngitis*** ist relativ häufig. Makroskopisch ist sie gekennzeichnet durch rötliche, oberflächlich ulzerierte, polypöse oder warzenähnliche, weiche Wucherungen. Histologisch dominieren die zahlreichen Plasmazellen, die teils zweikernig sind und zwischen denen eingestreut Neutrophile, Lymphozyten und Makrophagen liegen. Die Ursache ist unbekannt, ein immunpathologisches Geschehen wird vermutet (erhöhter Gammaglobulinblutspiegel). Eosinophiles Granulom s. S. 535, Pemphigus s. S. 509.

5.1.8.4 Stomatitiden verschiedenen Typs

Die **Stomatitis papulosa des Rindes** stellt eine meist harmlose Krankheit dar, die durch das *Parapoxvirus bovis 1* verursacht wird. Dieses ist serologisch eng verwandt mit dem *Parapoxvirus bovis 2* (Euterpocken, Melkerknoten) und dem *Orfvirus* (s. S. 533). Die ersten sichtbaren Veränderungen bestehen in multiplen roseolenartigen Flecken (etwa 2 bis 20 mm im Durchmesser), die exanthemartig am Flotzmaul, an den Nasenöffnungen und in der Mundschleimhaut auftreten. Bei Kälbern treten Effloreszenzen u. U. auch in Ösophagus und Pansen auf. Nach ein bis zwei Tagen kommt es infolge einer Epithelhyperplasie zur papulösen Umbildung des Fleckenzentrums. Die dadurch entstehenden grau-weißen, oberflächlich leicht schuppigen Papeln breiten sich langsam in ihre Umgebung aus und sind von einem hyperämischen Hof umgeben. Mit der Zeit werden die Papeln zentral nekrotisch, zerfallen und lassen Erosionen zurück, die nach ungefähr acht Tagen abgeheilt sind. Histologisch kann man azidophile intrazytoplasmatische Einschlußkörperchen nachweisen. Differentialdiagnostisch sind Kuhpocken (s. S. 530) und MKS (s. S. 130) abzugrenzen.

Bei den **Pocken der Säugetiere** treten Effloreszenzen nicht allzu selten in der Mund- und Rachenschleimhaut auf. Das gilt vor allem für die durch das Vacciniavirus hervorgerufenen **Pferdepocken,** deren Schleimhautform früher unter der Bezeichnung *„Stomatitis pustulosa contagiosa equi"* als eigene Krankheit geführt wurde (s. S. 531).

Soor, verursacht durch *Candida albicans,* tritt gelegentlich bei saugenden Jungtieren auf, wenn diese in ihrer Abwehrkraft geschädigt sind und unter schlechten hygienischen Bedingungen gehalten werden. Charakteristisch sind weißliche pseudomembranöse Beläge. Differentialdiagnostisch müssen A-Avitaminose und die sogenannte *Stomatitis cruposa diffusa* (s. S. 130) abgegrenzt werden.

5.1.8.5 Stomatitis profunda

Phlegmonen, Abszesse und Gangräne entwickeln sich häufig im Anschluß an bakteriell infizierte Verletzungen im Bereich der Mundhöhle.

Abb. 5.4 Sog. Kälberdiphtheroid (Nekrobazillose).

Die **Nekrobazillose (Diphtheroid)** kommt besonders häufig bei Kälbern, Lämmern und Ferkeln mit schlechter Abwehrlage vor. Die Erreger *(Fusobacterium necrophorum;* s. S. 521) dringen offensichtlich durch kleine Verletzungen in die Schleimhaut ein. Die charakteristischen Veränderungen treten vor allem in der Backen- und Rachenschleimhaut, in der Zunge, in den Nischen seitlich des Kehlkopfes und in den Tonsillen, im Bereich durchbrechender Zähne, am Gaumen und bei erwachsenen Tieren auch unmittelbar hinter den letzten Molaren auf. Bei Ferkeln entwickelt sich die Nekrobazillose nicht selten nach Abzwicken der „Augenzähne" und bei Lämmern oft seuchenhaft im Anschluß an den ansteckenden Lippengrind *(Ekthyma contagiosum* s. S. 533).

Die Läsionen bestehen in bis zu handtellergroßen, scharf begrenzten. grau-rötlichen bis grau-gelben, trockenen käsigen Herden (Koagulationsnekrose), die über die Schleimhaut hervorragen und bis tief in die benachbarten Muskeln und Knochen hineinreichen können (Abb. 5.4). Floride, sich noch weiter ausbreitende Prozesse sind durch scharfe Abgrenzung und einen rötlichen Demarkationssaum gekennzeichnet. Abheilende Läsionen zeigen tiefe Geschwüre mit granuliertem Grund und beginnender Narbenbildung.

Bei jungen Tieren verläuft die Nekrobazillose häufig tödlich. Nicht selten kommt es auch zur kanalikulären und hämatogenen Verschleppung der Erreger in Kehlkopf, Trachea, Lunge, Ösophagus und unteren Verdauungskanal (Pansen, PEYERsche Platten).

Bei in Gefangenschaft gehaltenen ***Känguruhs, Antilopen*** und ***Gazellen*** werden relativ häufig tiefe Stomatitiden beobachtet, die dem Bild der Nekrobazillose gleichen und deren Ursache bislang nicht geklärt ist.

Bei der **Stachybotryotoxikose** der **Pferde, Wiederkäuer** und **Schweine** (Mykotoxikose durch Toxine von *Stachybotrys alternans*, in feucht gelagertem Stroh und Heu vorkommend) findet man neben hämorrhagischen Diathesen auch eine nekrotisierende und ulzeröse Stomatitis (Haut s. S. 498).

Eine besondere Form der nekrotisierenden und gangränösen Entzündung der Lippen und Backen wird als **Noma** (Wasser- oder Wangenkrebs) bezeichnet und tritt vor allem bei **Hunden**, seltener bei anderen Tieren auf. Die Veränderungen beginnen mit kleinen Geschwüren, die rasch um sich greifen, wobei das betroffene, von Pseudomembranen bedeckte Gewebe einen zerfressenen Eindruck macht. Ursächlich liegt wahrscheinlich eine primäre Schädigung der allgemeinen Abwehrkraft vor, in deren Gefolge Bakterien der normalen Mundhöhlenflora (Spirochäten, fusiforme Bakterien) bedingt pathogen werden und ihre Schadwirkung entfalten.

Beim Durchbeißen **stromführender Kabel** (Niederspannung) kommt es zu tiefen Verbrennungsnekrosen hauptsächlich am Zungenrücken und Gaumendach, bei Hundewelpen sogar mit Eröffnung des ventralen Nasenganges.

Bei der **Dermatophilose,** die ein weites Tierspektrum betrifft (s. S. 518), kann es bei Katzen gelegentlich zur Granulombildung vor allem in Zunge und Tonsillen und beim Rind zu einem Übergreifen der Prozesse vom Flotzmaul auf die Mundschleimhaut kommen.

Bei der **chronischen Schweinepest** kommt es gelegentlich unter der Mitwirkung von Nekrosebakterien zu einer diphtheroid-nekrotisierenden Stomatitis und Pharyngitis (s. S. 183).

Die **Aktinobazillose** *(Actinobacillus lignieresii)* stellt eine primäre Infektion (Verletzungen) der Weichteile der Mund- und Rachenhöhle dar und breitet sich entlang der Lymphgefäße und -spalten aus, wobei häufig die regionären Lymphknoten mitbetroffen sind. Die *Aktinomykose (Actinomyces bovis)* betrifft dagegen primär meist die

Ober- und Unterkieferknochen (s. S. 332 u. S. 523) und kann sekundär auf die benachbarten Weichteile übergreifen, deren regionäre Lymphknoten dann in der Regel nicht miterkranken.

Am häufigsten ist die ***Aktinobazillose der Zunge***, die besonders bei Rind und Schwein vorkommt. Das sogenannte *aktinobazilläre Zungenrückengeschwür* (s. S. 129) stellt eine beim **Rind** nicht selten auftretende lokalisierte Form der Krankheit dar. Gelegentlich, offensichtlich bei guter Abwehrlage des Wirtes und geringer Virulenz der Erreger, kommt es auch zum Auftreten nur einzelner Knötchen mit zentraler Einschmelzung und derben Wällen von Granulationsgewebe. Häufiger wird die *disseminierte knotige Zungenaktinobazillose* beobachtet, bei der multiple abszeßartige, abgekapselte Knoten im Gewebe zu finden sind. Diese können zusammenfließen und nach außen aufbrechen, wodurch tiefe, kraterartige Geschwüre entstehen. Seltener ist die *diffuse sklerosierende Aktinobazillose (sog. Holzzunge)*. Sie ist gekennzeichnet durch eine diffuse Verdickung des Zungenkörpers und der Zungenspitze, wodurch es zu einer Verstreichung der Zungenschleimhaut kommt und diese eine glatte, glänzende Oberfläche erhält. Die Konsistenz der Zunge ist derb bis hart, die Schnittfläche des indurierten Bereiches speckig-weiß oder gelblich-rötlich und oft scharf von der gesunden Nachbarschaft abgegrenzt, wodurch ein geschwulstartiger Eindruck entstehen kann.

In den *Lymphgefäßen* treten bei Ausbreitung des aktinobazillären Prozesses Verdickungen und gelbliche Knötchen auf, die oft rosenkranzartig angeordnet sind. In den regionären *Lymphknoten* beobachtet man ähnliche, oft schwefelgelbe Knötchen und eine diffuse sklerosierende Entzündung. Gelegentlich entstehen auch bis zu kopfgroße Abszesse, die durch die Haut aufbrechen können.

In den *Lippen* kommt es nach primärer oder lymphogener Infektion zur Bildung von Knötchen, Geschwüren oder diffusen, unförmigen, sklerotischen Auftreibungen *(Elephantiasis actinobacillosa;* besonders beim Schwein). Das *Zahnfleisch* erkrankt meist sekundär lymphogen oder im Verlauf einer Kieferaktinomykose, wobei es zu fungösen Auftreibungen *(Epulis actinomycotica)*, Geschwüren und Erosionen kommen kann. Die Aktinobazillose der *Rachenwand* entsteht sowohl primär im Anschluß an kleine Verletzungen durch sich einspießende Futterteilchen oder lymphogen im Anschluß an eine Aktinobazillose anderer Weichteile der Mundhöhle oder der regionären Lymphknoten. Besonders an der dorsalen Rachenwand treten dabei erbsen- bis faustgroße Knoten auf, die gestielt sein können, so daß es zu erheblichen Schluckbeschwerden und zum Erstickungstod kommen kann.

Die **Tuberkulose** ist sehr selten. Am häufigsten kommt sie noch in der Zunge vor, wobei die Infektion meist durch tuberkulöses Sputum (offene Lungentuberkulose, s. S. 104) und nur sehr selten primär durch tuberkelbakterienhaltiges Futter erfolgt.

5.1.9 Tumoren

Tumoren und tumorartige Wucherungen des Zahnfleisches können ganz allgemein als **Epuliden** bezeichnet werden. Epuliden periodontalen Ursprungs kommen häufig, besonders bei älteren Hunden, vor und wurden auch als Zahnfleischhyperplasie bzw. -hypertrophie bezeichnet. Bei der ***fibromatösen Form*** findet man solitäre oder multiple harte Tumoren mit fungösem oder blumenkohlartigem Aussehen in Nähe der Zähne. Beim Boxer kommen diese Epuliden, zum Teil diffus die Zähne überwachsend, familiär gehäuft vor (Abb. 5.5 A). Bei *schwedischen Silberfüchsen* ist das Leiden rezessiv-erblich und kann zu so hochgradiger Wucherung führen, daß es zur Verlagerung von Zähnen oder sogar zur Schlußunfähigkeit der Kiefer kommt. Histologisch ist die fibromatöse Epulis durch ein dichtes fibrillärkollagenes Gewebe mit sternförmigen Zellen und regelmäßig angeordneten Blutgefäßen gekennzeichnet. Weiterhin findet man langgezogene, sich verzweigende Epithelstränge, die teilweise mit der Schleimhaut zusammenhängen und tief in den Tumor hineinziehen. Zement-, dentin- oder knochenartiges dichtes Material ist häufig. Wenn osteoides Gewebe in größerer Menge vorhanden ist, dann spricht man von ***ossifzierenden Epuliden*** (sehr hart, Schneiden nur nach Entkalken möglich). Als dritte Form werden die ***akanthomatösen Epuliden*** angesehen, die, im Unterschied zu den anderen, häufig lokal infiltrativ in den Kieferknochen einwachsen. Histologisch sind sie durch Bänder von säulenartigen Basalzellen mit auffallenden Interzellularbrücken gekennzeichnet.Die ***Riesenzellepulis*** kommt bei Hund und Katze vor und ist, wie der Name sagt, durch zahlreiche mehrkernige Riesenzellen gekennzeichnet. Sie tritt besonders nach Zahnextraktion auf und wird deshalb auch als hyperplastische oder granulomatöse Reaktion ähnlich wie das sogenannte *pyogene Granulom* am Gaumendach von Hund und Pferd interpretiert.

Virusbedingte **Papillome** (entweder *squamöse Papillome* oder *Fibropapillome*, s. S. 538) werden oft multipel auftretend im Zahnfleisch und in der Lippenschleimhaut von Hunden und Rindern jüngeren Alters gesehen (Abb. 5.6). Sie können auch in der Mundschleimhaut von Pferden, Gemsen, Schafen, Ziegen und Kaninchen auftreten. Spontanheilungen sind, mit Ausnahme der basosquamösen Formen, die zur Rezidivbildung neigen, häufig. Differen-

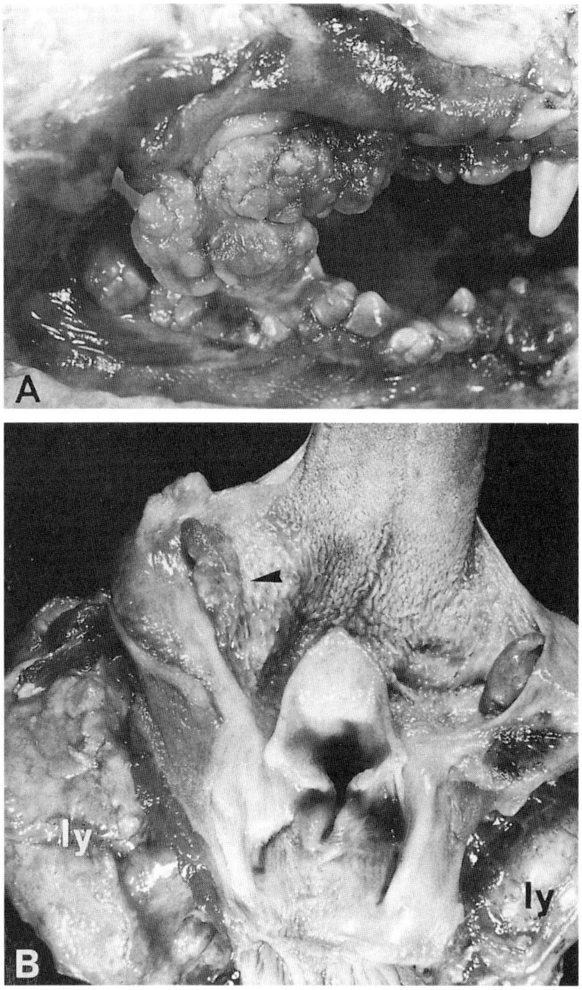

Abb. 5.5 A Fibromatöse Epuliden, Hund.
B Plattenepithelkarzinom der linken Tonsille (Keil) mit Metastasierung in die retropharyngealen Lymphknoten (ly), Hund.

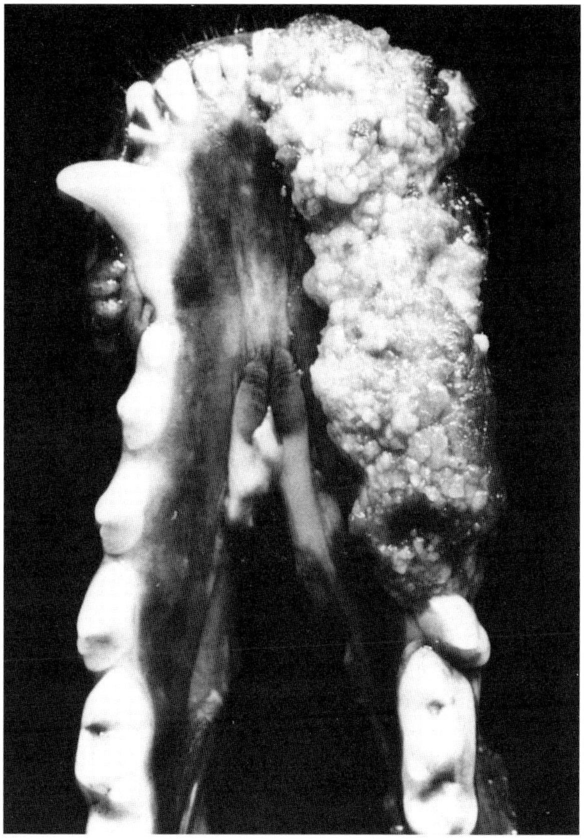

Abb. 5.6 Papillomatose am Zahnfleisch eines sechs Monate alten Hundes.

tialdiagnostisch ist bei Kälbern das *vaskuläre Hamartom* abzugrenzen.

Bei den bösartigen epithelialen Tumoren der Mundhöhle *(Epulis carcinomatosa)* handelt es sich durchweg um **Plattenepithelkarzinome** mit unterschiedlich starker Verhornung. Man findet sie vor allem im Bereich des Zahnfleisches (im Oberkiefer häufiger als im Unterkiefer) und des harten Gaumens bei älteren Pferden und Hunden (zweithäufigster bösartiger Mundhöhlentumor) sowie an der ventrolateralen Zungenfläche von Katzen, bei denen es der häufigste bösartige Mundhöhlentumor ist. Chronische mechanische Reizungen (fehlerhaftes Gebiß) und chronische hyperplastische Entzündungen des Alveolarepithels (Periodontitis) scheinen eine wichtige Rolle in der kausalen Genese dieser Neubildung zu spielen. Die Plattenepithelkarzinome der Mundhöhle wachsen langsam, jedoch ausgesprochen destruktiv (Einschmelzung des benachbarten Gewebes mit Lockerung oder Ausfall der Zähne, Ulzeration und jauchiger Zerfall der Tumoren) und metastasieren häufig (bis 15%) in die regionären Lymphknoten, Fernmetastasen sind jedoch seltener. Die Tumoren können sehr groß werden, Nasen-, Nasenneben- und Augenhöhlen ausfüllen und zu schweren Deformierungen des Kopfes führen. Tonsillenkarzinom s. S. 143, Adlerfarn s. S. 151.

Maligne Melanome sind die häufigsten bösartigen Tumoren der Mundhöhle beim **Hund** (Dackel!), bei anderen Haustieren dagegen seltener (s. S. 541). Sie sind unterschiedlich stark pigmentiert, nicht selten sogar pigmentlos. Sie wachsen invasiv und führen bis zu 90% zu Nahmetastasen in den regionären Lymphknoten, Fernmetastasen in der Lunge sind nicht selten.

Der sogenannte **Lefzentumor des Hundes** ist relativ häufig und soweit bislang bekannt gutartig. Histologisch dominieren große, an Histiozyten erinnernde Zellen.

Der gutartige und nicht rezidivierende **Granularzelltumor (Myoblastom;** Periodic Acid-Schiff = PAS-positive zytoplasmatische Granula, Ausgang von SCHWANN-Zellen?) kommt gelegentlich beim Hund, besonders an der Zungenbasis, vor. Lunge s. S. 109.

Fibrosarkome sind bei der Katze die zweithäufigsten, beim Hund (auch bei jüngeren Tieren vorkommend) die dritthäufigsten bösartigen Mundhöhlentumoren. Sie wachsen invasiv und meist schnell, führen in 30 bis 40% zu Lymphknotenmetastasen und frühzeitig auch zu Lungenmetastasen. Andere Sarkome, wie *Angio-, Spindel-* und *Riesenzellsarkome* sind selten, **Osteosarkome** (s. S. 334) etwas häufiger. **Extramedulläre Plasmozytome** und **Mastzellentumoren** kommen sehr selten auch in der Mundschleimhaut vor. Epidermotropes Lymphosarkom s. S. 545.

5.1.10 Parasiten

Cysticercus cellulosae kommt in der Zungenmuskulatur von Schweinen, *Cysticercus bovis* in der von Rindern vor. *Trichinella spiralis* und *Sarkosporidien* (s. S. 151) können ebenfalls in der Zungenmuskulatur auftreten. Letztere können nach Zerplatzen der Zysten zur sogenannten *Glossitis (Myositis) sarcosporidica* führen, die ein der Holzzunge ähnliches Bild aufweist (s. S. 140).

Östrus- und *Gasterophiluslarven* siedeln sich gelegentlich in der Mund- und Rachenhöhle an, wobei es zu katarrhalischen und ulzerösen Entzündungen kommen kann.

Ähnliche Veränderungen kann der *Pferdeegel (Limnatis nilotica)* hervorrufen.

Kriebelmücken (Simuliidae, s. S. 140) gelangen auch in die Mund- und Rachenhöhle, wo sie durch ihre Stiche hochgradige Ödeme (Gaumensegel) verursachen, die zum Erstickungstod führen können. *Micronema spp.* können beim Pferd eine granulomatöse Gingivitis verursachen.

5.2 Mandeln

Unter einer *Mandel (Tonsille)* versteht man zusammengelagerte, von einer Bindegewebskapsel organartig zusammengehaltene Einzellymphknötchen, die subepithelial gelegen sind (sogenanntes lymphoepitheliales Organ) und mit den Schleimhautdrüsen in enger topographischer und funktioneller Beziehung stehen (sogenannter lymphoglandulärer Komplex). Sie besitzen im Unterschied zu den Lymphknoten nur abführende Lymphgefäße.

Im *Isthmus faucium* bilden die Mandeln zusammen mit dem dort reichlich vorhandenen diffusen lymphoretikulären Gewebe und den Einzellymphknötchen den sogenannten lymphatischen Rachenring (WALDEYER), dessen Hauptaufgabe in der Abwehr von Erregern besteht (s. S. 59). Je nach Lokalisation unterscheidet man Gaumen-, Rachen-, Zungen-, Tuben- und Choanenmandeln. Dem Bau nach handelt es sich um *Plattenmandeln* (Gaumenmandeln der Fleischfresser, Rachenmandeln sämtlicher Haustiere, Tubenmandeln der Wiederkäuer) oder *Gruben- (Balg)mandeln* (Zungenmandeln sämtlicher Haustiere, Gaumensegelmandeln des Pferdes und Schweines, Tubenmandeln des Schweines, Tonsillae paraepiglotticae der kleinen Wiederkäuer und des Schweines; Gaumenmandeln der Wiederkäuer = zusammengesetzte Grubenmandeln). Die Gaumenmandeln des Pferdes nehmen eine Zwischenstellung ein und werden als *Platten-Balgmandeln* bezeichnet. Pathogene und apathogene Bakterien sind häufig auch bei gesunden Tieren in den Mandelkrypten zu finden (z. B. Rotlaufbakterien beim Schwein).

Die **Atrophie** der Mandeln stellt eine Teilerscheinung des allgemeinen Schwundes des lymphatischen Gewebes im fortschreitenden Alter dar oder entwickelt sich postinflammatorisch.

Fremdkörper (Futterteilchen, Steinchen) in den Tonsillen findet man besonders bei Herbivoren und Hunden.

Tonsillarsteine entstehen durch Kalzifikation von eingedicktem Sekret und Detritus, die sich um einen Kristallisationskern (Fremdkörper) angesammelt haben. Sie werden bis zu erbensgroß, sind von dunkelbrauner bis schwarzer Farbe und kommen vor allem bei Pferden, Rindern und Schweinen vor.

Mandelpfröpfe sind weißliche, übelriechende, gummiartige Gebilde aus Detritus, Bakterien, Leukozyten und Nahrungsbestandteilen, die in den Krypten von Tonsillen liegen und sich meist im Gefolge einer chronischen Entzündung entwickeln (Schwein, Pferd, Rind).

Entzündungen der Tonsillen (Tonsillitis) stellen entweder eine Teilerscheinung einer Pharyngostomatitis oder ein selbständiges Leiden dar. Die ***oberflächlichen Entzündungen*** sind entweder katarrhalischer oder eitriger Natur und kommen häufig bei Druse, Staupe und *Hepatitis contagiosa canis* (intranukleäre Einschlüsse in den Tonsillenepithelien) vor. Beim *Zwingerhusten* des Hundes (s. S. 100) liegt häufig auch eine katarrhalisch-eitrige Rhinotonsillitis vor. Bei Hunden wird im Zusammenhang mit einer durch Strepto- oder Staphylokokken bedingten eitrigen Tonsillitis nicht selten auch eine Endokarditis gesehen *(Tonsillitis-Endokarditis-Syndrom).*

Die ***tiefen Entzündungen*** sind entweder diphtheroid, ulzerös oder apostematös und führen häufig zur Mandelphlegmone und eitrigen Einschmelzungen der regionären Lymphknoten. Eine diphtheroide Tonsillitis wird bei

Schweinepest (s. S. 183), bei der AUJESZKYschen Krankheit der Schweine (s. S. 396) und gelegentlich bei der Panleukopenie der Katze (s. S. 182) gesehen. Der *Rachenmilzbrand* des Schweines (sog. Anthraxbräune, s. S. 186) entsteht durch Eindringen der Erreger von der Oberfläche aus, wobei sich eine diphtheroid-nekrotisierende Tonsillitis mit typischen trockenen, grau-braunen Borken und ein sulzig-hämorrhagisches Ödem des Pharynx entwickeln. Geschwürs- und Karbunkelbildungen sind selten. Ein ähnliches Bild findet man auch bei der Pasteurellose. Nekrobazillose s. S. 521; Phenylbutazon s. S. 137.

Die *Tuberkulose* der Mandeln ist meist proliferativ-epitheloidzelliger Natur und kann primär als Fütterungstuberkulose (vollständiger Primärkomplex), hämatogen (Generalisation) oder durch tuberkulöses Sputum (offene Lungentuberkulose) entstehen (s. S. 104).

Aktinomykose und Rotz sind sehr selten, das feline eosinophile Granulom kommt gelegentlich vor.

Chronische Mandelentzündungen sind durch polypöse Wucherungen und eine stark zerklüftete Oberfläche gekennzeichnet.

Bei den **Tumoren** der Tonsillen des **Hundes** handelt es sich meist um einseitig auftretende ***Plattenepithelkarzinome***, die fast immer frühzeitig in die regionären Lymphknoten metastasieren, wobei die Tochtergeschwülste in der Regel ein Vielfaches der Größe der Primärtumoren erreichen und klinisch mit einer Struma verwechselt werden können (Abb. 5.5 B). Fernmetastasen kommen in ca. 60% der Fälle vor. Bei der tumorösen Form der ***lymphatischen Leukose*** sind die Mandeln häufig mitbetroffen (s. S. 64ff. u. Abb. 2.7 A).

5.3 Zähne

Die Zähne entwickeln sich aus zwei verschiedenen embryonalen Geweben. Der Zahnschmelz ist ektodermalen, die übrigen Zahnbestandteile sind mesodermalen Ursprungs. Das Epithel der Schmelzorgane beeinflußt die Formbildung der mesodermalen Zahnanlage. Die Zähne bestehen aus der *Schmelzsubstanz (Email, Substantia adamantina;* von den Ameloblasten = Adamantoblasten gebildet), dem *Zahnbein (Dentin, Substantia eburnea;* von den Odontoblasten gebildet), und der *Zementsubstanz (Substantia ossea;* von den Zementoblasten gebildet). Die *Zahnpulpa* füllt die Zahnhöhle aus. Sie ist reich an Bindegewebszellen, Blutgefäßen und Nervenfasern.

Schneide- und Hakenzähne sowie die Prämolaren werden in einem bestimmten Lebensalter gewechselt, während die Molaren nur einmal zur Anlage kommen. Dementsprechend unterscheidet man *Milch-* und *Dauergebiß*.

Die Zähne sind in die *Zahnfächer (Alveolen)* eingekeilt (Gomphosis) und durch die SHARPEYschen Fasern, die aus dem *Periost der Zahnfächer (Alveolarperiost, Periodontium, Wurzelhaut)* in die Zementsubstanz der Zahnwurzel einstrahlen, verankert. Die Haltevorrichtung der Zähne einschließlich des Zements und der Kieferknochen wird unter dem klinischen Begriff *Parodontium (Paradentium)* zusammengefaßt. Bezüglich der **Zahnformen** kann man niedrige (kurze) = *brachyodonte* und hohe (lange) = *hypselodonte Zähne* unterscheiden. Die brachyodonten schmelzhöckerigen Zähne haben ein frühzeitig abgeschlossenes Längenwachstum (Mensch, Schwein, Karnivoren) und gut ausgebildete Wurzeln (Einschnürung der Pulpa). Die hypselodonten Zähne, die meist schmelzfaltig sind, besitzen dagegen ein unbegrenztes Längenwachstum, da die Pulpahöhle basal offen bleibt (Hauer der Eber, Stoßzähne der Elefanten). Die begrenzt hypselodonten Zähne der Equiden und Wiederkäuer nehmen eine Zwischenstellung ein und werden, im Gegensatz zu den brachyodonten Zähnen, im Bereich der Kronen ständig abgenutzt. Bei den Equiden werden die Schneidezähne um jährlich 2 mm, die Backenzähne um 3 bis 4 mm abgeschliffen. Bis zum 6. Lebensjahr wird dies durch echtes Längenwachstum, vom 6. bis 15. Lebensjahr durch Hochheben der Zähne infolge Knochenneubildung am Alveolengrund, ab dem 15. Lebensjahr auch noch durch eine Hyperplasie des Wurzelzements (Vertikalverschiebung, falsches Längenwachstum) ausgeglichen. Vom letzteren Zeitpunkt an kommt es auch zur Atrophie der Alveolarfortsätze und damit scheinbaren Verlängerung der Zähne. Im Senilium verflachen die Alveolen, auf der Kaufläche der Zähne verschwinden die Schmelzeinstülpungen und glatte, muldenförmig ausgehöhlte Dentinflächen entstehen *(senile Glättung* und *Exkavation).* Die Pulpa wird ebenfalls atrophisch, die Zähne sterben ab und fallen aus. Ähnliche Verhältnisse liegen bei Wiederkäuern vor, bei denen es auch noch zu einer Sagittalverschiebung (Anpassungswanderung der Molaren nach vorne, um den Zahnschluß zu gewährleisten) kommt. Bei Schweinen spielen Abnutzungserscheinungen keine besondere Rolle, da sie im allgemeinen kein Senilium erreichen. Bei den Karnivoren hängen Art und Grad der Zahnabnutzung besonders von Rasse, Haltung und Fütterung ab.

Die *senilen Veränderungen* des Gebisses bedingen fortschreitend sich verstärkende Kaubeschwerden mit nachfolgenden Erkrankungen des Magen-Darm-Kanals und eine unvollständige Verwertung des Futters.

5.3.1 Mißbildungen und Entwicklungsstörungen

Durch laterale Verbiegung des Oberkiefer-Nasen-Teils entsteht der sogenannte gekreuzte Biß **(Kampylognathie).** Eine mangelhafte Abnutzung der Schneidezähne ist die Folge. Bei Nagern und Hasentieren können dabei die Schneidezähne in weitem Bogen in den Kiefer zurück- und einwachsen. **Brachygnathie** und **Prognathie** können sowohl Unter- als auch Oberkiefer betreffen, wobei beim Vorstehen der oberen Zahnreihe das sogenannte Karpfengebiß, bei dem der unteren das sogenannte Hechtgebiß entsteht.

Zahnlücken werden als **Diastasis dentium** bezeichnet und können sowohl angeboren als auch erworben sein.

Unter den **Stellungsanomalien** einzelner Zähne sind besonders Drehungen um die Längsachse *(Torsion, Rotation;* besonders bei Molaren von brachyzephalen Hunderassen), Drehungen um die Querachse *(Deviation),* labiale oder linguale *Dislokationen* sowie *Transpositionen* (Auftreten von Zähnen an einem falschen Ort) zu erwähnen. *Retentionen* und *Inklusionen* mit Wucherung der Zementsubstanz und Atrophie von Schmelz und Dentin findet man vor allem in den Hakenzähnen der Stute, wobei es u. U. zur Bildung von sogenannten *Pseudozementomen* oder *odontogenen Pseudosteomen* kommen kann (s. S. 147). *Zystische Inklusionen* sind häufiger, wobei follikuläre Kieferzysten oder zystisch-tumorförmige Inklusionen (Wucherung des Knochen- und Bindegewebes) entstehen können.

Überzählige Zähne **(Polyodontie)** sind Exzeßmißbildungen (Milchzahnanlagen besonders betroffen) oder heterotoper Genese (Ohrfistel Pferd, s. S. 128).

Zahnmangel **(Oligodontie)** kann auf einer Hemmungsmißbildung oder einer phylogenetischen Reduktion des Gebisses (beim Hund z. T. erblich) beruhen. Aber auch exogene Noxen (Hypovitaminosen, Hypothyreoidismus, Staupe u. a.) können einen Zahnmangel, vor allem der Ersatzzähne, bedingen.

Durch Verwachsungen (Vereinigung der Zahnsäckchen) oder Verschmelzungen (Vereinigung benachbarter Zahnkeime und Papillen) entstehen **Doppelzähne**. In ersterem Falle sind die Zähne durch Schmelz und Dentin, in letzterem Falle nur durch Zement verbunden. *Riesenzähne* sowie *Kegel-* oder *Zapfenzähne* werden ebenfalls beobachtet.

Odontogene Zysten (mit Epithelresten) und **„Dentigerous Cysts“** (Teratom-ähnlich) kommen vor allem bei Pferden vor.

Kongenitale Strukturanomalien in Form einer *Hypoplasie* der *Schmelzeinstülpungen* treten bei fast einem Viertel der Pferde auf, wobei die ersten Molaren des Oberkiefers und wiederum der vordere Teil der Zähne am häufigsten betroffen sind. Dadurch kommt es zu einer relativ frühen vollständigen Abreibung der Schmelzeinstülpungen und zu einer, im Vergleich mit den anderen Zähnen, vorzeitigen Abnutzung der betroffenen Zähne, die als *präsenile Glättung* und *Exkavation* bezeichnet werden kann. Auch beim Rind wird diese Mißbildung gelegentlich beobachtet.

Die *Hypoplasie* der *Zementfüllung* tritt nicht selten in den Oberkiefer-Backenzähnen von Pferd und Rind auf. Die

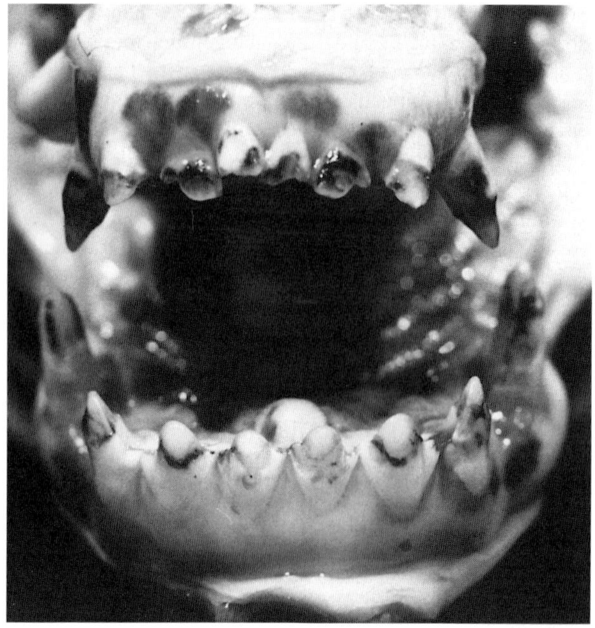

Abb. 5.7 Schmelzhypoplasien und Karies als Folge einer Staupeinfektion (Staupegebiß), Hund.

Schmelzeinstülpung bleibt dabei ganz oder teilweise hohl und ist mit Futterteilchen gefüllt, so daß der Zahn einen kariösen Eindruck erweckt.

Von großer Bedeutung sind die **Schmelzhypoplasien,** die sich in Form mulden- oder rinnenartiger Schmelzdefekte, vor allem an den Schneidezähnen auftretend, äußern. Den Defekten liegt eine Degeneration der Ameloblasten zugrunde. Gleichzeitig mit der Hypoplasie des Schmelzes tritt auch eine solche des Dentins auf, die jedoch im Unterschied zu ersterer regeneratorisch wieder behoben werden kann. Ursächlich kommen vor allem Ernährungsstörungen, Mangel an Vitaminen A und D, chronische Intoxikationen, Infektionskrankheiten *(Staupegebiß,* Abb. 5.7) und endokrine Störungen (Hyperparathyreoidismus) in Betracht. Die Schmelzdefekte disponieren die Zähne für Karies.

Bei der seltenen **Osteogenesis imperfecta** des Hundes (erblich?), Kalbes (erblich) und Lammes (erblich), die bedingt ist durch eine Störung des Kollagenstoffwechsels und eine Insuffizienz der Osteoblasten, ist auch das Dentin betroffen *(Dentinogenesis imperfecta;* glasartiges Aussehen der Zähne*).*

Charakteristische Veränderungen der Zähne findet man bei der **chronischen Fluorvergiftung,** bei der es auch zu osteomalazischen oder hyperostotisch-sklerotischen Krankheitsbildern kommt (s. S. 329). Betroffen werden nur

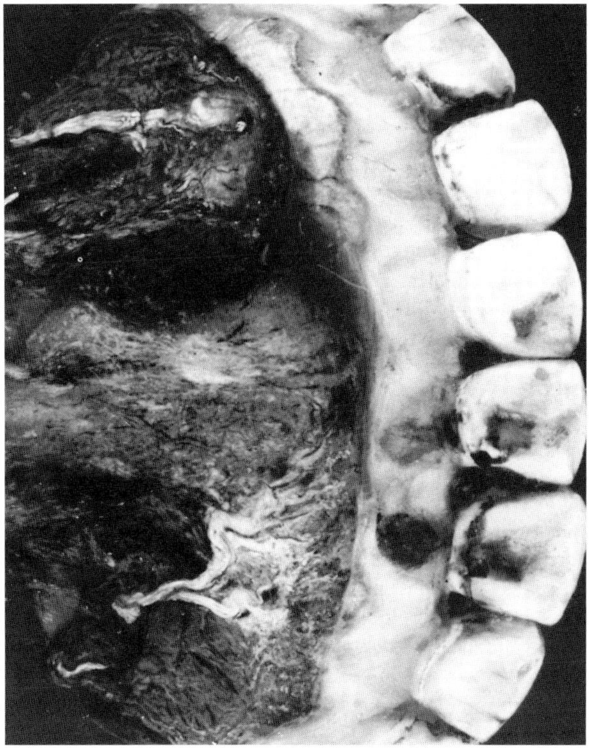

Abb. 5.8 Defekte und Pigmentierungen im Zahnschmelz bei chronischer Fluorvergiftung, Rind.

die Zähne, die sich noch im Wachstum befinden, wobei das Fluor offensichtlich zu Störungen in der Mineralisation des Schmelzes führt. Bevorzugt findet man bei **Rind** und **Schaf** die Veränderungen an den äußeren Schneidezähnen, den 2. Prämolaren und 2. und 3. Molaren. Die leichteren Veränderungen bestehen in kleinen, kreidigweißen, opaken Flecken oder horizontal verlaufenden Grübchen im Zahnschmelz (Abb. 5.8). In schweren Vergiftungsfällen können diese Veränderungen auf den ganzen Zahn übergreifen. Durch Pigmentierung des Schmelzes und des Dentins nehmen die Zähne eine für die Fluorose charakteristische dunkelbraune Farbe an, die sich im Unterschied zu der durch Futter oder Zahnstein bedingten Verfärbung nicht abkratzen läßt. Die Zähne werden brüchig und nützen sich schneller und stärker, oft bis zum Zahnfleisch, ab. Kauunfähigkeit und Zahnfachentzündungen sind die Folgen.

5.3.2 Anomalien der Zahnabnutzung

Störungen der normalen Zahnabnutzung spielen bei **Pflanzenfressern** eine große Rolle und bedingen durch die auftretenden Kaubeschwerden oft das vorzeitige Ausscheiden der Tiere aus der Nutzung.

Eine **ungenügende Zahnabnutzung** tritt auf, wenn der Gegendruck fehlt (Oligodontie, angeborene und erworbene Zahndiastasen, Kieferanomalien). Dadurch entstehen übermäßig lange Zähne mit meist scharfen, keilartigen Spitzen (unregelmäßige Abschleifung). Verletzungen des Zahnfleisches, der Lippen und Backen sowie Kaubeschwerden sind die Folgen.

Fehlerhaftes Kauen infolge schmerzhafter Zustände kann ebenfalls zu Abnutzungsanomalien der Zähne führen. Fehlt die Mahlbewegung, dann kommt es zur Entstehung eines sogenannten **Sägegebisses**. Ein kantiges oder scharfes Gebiß **(Schieferzahngebiß)** entsteht bei ungenügender Seitwärtsbewegung der Kiefer, ein **Scherengebiß** bei einseitigem Kauen, wobei auch die Schneidezähne schief abgerieben werden.

Eine *übermäßig starke Abnutzung* der Zähne kann durch rohfaserreiches und sandiges Futter bedingt werden. Untugenden **(Kopper- und Wetzergebiß)** und häufiges Apportieren harter Gegenstände können eine verstärkte Zahnabnutzung verursachen.

5.3.3 Karies

Die Karies *(Caries dentium)* besteht in einer lokalen Entkalkung des Zahnschmelzes mit nachfolgender enzymatischer Auflösung des organischen Materials der harten Zahnsubstanzen. Die Entmineralisierung erfolgt in erster Linie durch Milchsäure, die von Mundhöhlenbakterien aus Kohlenhydraten der Nahrung, die sich an der Zahnoberfläche und zwischen den Zähnen ansammeln (dentale Plaques), gebildet wird. Auch Enzyme, die die organische Substanz der Zähne auflösen, werden von Bakterien gebildet. Sicherlich ist für das Auftreten der Karies auch eine gewisse Disposition notwendig, wobei vor allem an eine ungenügende primäre Mineralisation des Schmelzes zu denken ist. Nach den heutigen Erkenntnissen kommt dem Fluor eine wichtige Rolle in der Härtung des Zahnschmelzes zu.

Die Karies betrifft vor allem die Backenzähne und kommt bei allen Haustieren, besonders bei unphysiologisch ernährten, vor. Die ersten sichtbaren Veränderungen bestehen bei der Karies der **schmelzhöckerigen Zähne** in fleckigen Trübungen des Schmelzes, der glanzlos und stumpf-weiß wird. Mit Freilegung des Dentins tritt eine braun-schwarze Verfärbung auf, schließlich entsteht ein Hohlraum, der sich vergrößert und zur Eröffnung der Pulpahöhle führen kann. Bei den Tieren erfolgt die Exkavation relativ langsam und unter Bildung trockener, nur wenig stinkender Zerfallsmassen *(Caries chronica s. sicca)*, beim Menschen dagegen meist schnell und mit übelriechenden feucht-schmierigen Massen *(Caries acuta s. humida)*. Beim Hund findet man am häufigsten die Okklusionskaries an den Kauflächen der Molaren; etwas seltener die Zahnhals- oder Zementkaries und gelegentlich auch die Approximalkaries an den Seitenflächen der Zähne infolge von Diastasen und Zahnfachentzündungen.

Die Karies der **schmelzfaltigen Zähne** beginnt in der Regel in der Zementsubstanz, wo sie sich ausbreitet und dann auf Dentin und Schmelz übergreifen kann. Zähne mit Hypoplasie der Zementsubstanz sind naturgemäß besonders disponiert. Die Karies kann von der Reibefläche, von Fissuren und Frakturen ausgehen und den ganzen Zahn einschließlich der Wurzel ergreifen (sekundäre Seiten- und Wurzelkaries mit Periodontitis). Beim Pferd findet man häufig eine primäre Karies der freien Seitenflächen, während die Wurzelkaries meist sekundärer Natur ist.

Bei den häufigen **„Neck Lesions" der Katze** handelt es sich um einen Abbau der Zahnhartsubstanz (Schmelz, Zement, Dentin) durch Osteoklasten (Dentoklasten), dessen Ursache unbekannt ist. Die Veränderungen treten meist an den Hälsen auf, kommen aber auch an Wurzeln und Kronen vor. Die Defekte sind oft von chronischem Granulationsgewebe und Zahnstein überdeckt. Die „Neck Lesions" sind sehr schmerzhaft, so daß die Katzen immer wieder die Futteraufnahme verweigern. Ähnliche Veränderungen werden auch beim Hund beschrieben.

5.3.4 Zahnstein

Zahnsteinbildung wird häufig bei alten Hunden und Katzen, gelegentlich bei Pferden und Schafen und nur selten bei anderen Haustieren beobachtet. Der Zahnstein besteht aus einer verkalkten Masse von Futterresten, Bakterien, Pilzen, desquamierten Epithelien und Leukozyten, wobei die Kalksalze offensichtlich aus dem Speichel (Ausfällung infolge Störung des Kolloidschutzes) stammen. Der Zahnstein der Hunde und Katzen besitzt eine grau-grünliche bis bräunliche Farbe, einen üblen Geruch, ist fest und nur schwer abkratzbar (Kalziumphosphat) und kommt besonders häufig am Hals der Hakenzähne und der maxillaren Backenzähne vor.

Bei Pferden ist der Zahnstein kreidigweiß (vorwiegend Kalziumkarbonat), bröckelig und leicht entfernbar. Er findet sich bevorzugt an den maxillaren Prämolaren und in Nachbarschaft der Mündung der Speicheldrüsengänge, wobei – das gilt auch für den Zahnstein der Fleischfresser – die buccalen Zahnflächen stärker betroffen sind als die lingualen.

Bei weidenden Schafen und Ziegen, seltener bei Rindern, sowie bei wildlebenden Wiederkäuern beobachtet man häufig einen metallisch glänzenden (Interferenzerscheinungen), braunen bis schwarzen Zahnbelag an den Hälsen der Schneidezähne, seltener auch an den Backenzähnen. An den Prämolaren können dabei bis zu 2 cm dicke Pseudokonkremente entstehen.

Stärkere Zahnsteinbildung kann zur Zurückdrängung des Zahnfleisches und zusammen mit bakteriellen, mechanischen und chemischen Reizen zur Paradentose, Gingivitis und Periodontitis führen.

5.3.5 Parodontose

Unter Parodontose (Paradentose) versteht man eine primär nicht entzündlich bedingte Atrophie und Lockerung des Zahnfleisches und des Zahnhalteapparates, die in einer scheinbaren Verlängerung der Zähne und schließlich in deren Ausfall resultieren. Da sich sehr häufig entzündliche Prozesse anschließen, wird die Parodontose heute auch unter dem Sammelbegriff **„Parodontopathien"** geführt. Man versteht darunter alle Erkrankungen des Zahnhalteapparates. Man findet die Parodontose vor allem im Schneidezahngebiß alter Hunde, wobei Pudel und Dackel offensichtlich besonders disponiert sind. Auch bei bestimmten Schafrassen wird eine Parodontose mit frühzeitigem Ausfall der Schneidezähne beschrieben (s. S. 147). Bakterielle Infektionen können zu schweren Zahnfachentzündungen führen.

5.3.6 Entzündungen

Entzündliche Prozesse findet man nur in den Zahnabschnitten, die ein Gefäßbindegewebe führen. Dementsprechend kann man eine *Pulpitis, Periodontitis* (Alveolarperiostitis, Wurzelhautentzündung) und *Parodontitis* (Zahnfleischtaschenentzündung) unterscheiden. Wegen der morphologisch-funktionellen Einheit des Zahnstützgewebes werden die beiden letzten Entzündungsformen häufig auch unter dem übergeordneten Begriff der *Zahnfachentzündung* (Paradentitis im weiteren Sinne) geführt.

Die **Pulpitis** ist sehr häufig und wird durchweg durch Bakterien (Eiterbakterien, *Fusobacterium necrophorum)* verursacht. Diese gelangen nach Frakturen, Kariesperforationen, anormaler Zahnabnützung und Zahnfachentzündungen in die Pulpahöhle. Ein hämatogen metastatischer Infektionsweg ist sehr selten. Bei Herbivoren bleibt der entzündliche Prozeß wegen der Begrenzung der Pulpa durch die Schmelzfalten häufig nur auf einen Pulpaabschnitt beschränkt.

Die *Pulpitis* verläuft meist akut, seltener chronisch. Am häufigsten ist die eitrige Pulpitis, wobei auch Abszesse und Nekrosen, begünstigt durch die Enge des Pulpahöhlenzuganges, entstehen können. Oft kommt es auch auf dem Wege über die Wurzelkanälchen zu einem Übergreifen der entzündlichen Prozesse auf das Periodontium, das Kieferperiost und -knochenmark (Osteomyelitis). Bei chronischen Prozessen bildet sich ein dickes Granulationsgewebe um die Wurzel des betroffenen Zahnes (sogenannte *Pulpagranulome oder -polypen).*

Die **Periodontitis** entsteht in der Regel durch bakterielle Infektionen. Es werden jedoch auch aseptische Entzündungen im Verlauf von Blutungen und Regenerationsvorgängen beschrieben. Am häufigsten erfolgt die Infektion von eingekeilten Futtermassen zwischen Zahn und Zahnfleischrand. Fissuren, Frakturen (besonders bei fehlerhafter Zahnextraktion), Diastasen, Pulpitiden, Paradentose und senile Atrophie des Zahnfleisches können ebenfalls Anlaß zur Entstehung einer Periodontitis geben.

Die Entzündung ist meist eitrig und verläuft akut oder chronisch. Je nach Lokalisation werden eine *Periodontitis marginalis* (Infektion vom Alveolarrand ausgehend; am häufigsten), eine *Periodontitis apicalis* (bei Infektionen von der Pulpahöhle aus) und eine *Periodontitis totalis* (vor allem beim Pferd) unterschieden.

Der vorzeitige Ausfall der permanenten Schneidezähne ***(Broken Mouth)*** bei 3½ bis 4½ Jahre alten ***Bergschafen*** ist besonders in Schottland und Neuseeland ein Hauptgrund für deren vorzeitige Schlachtung („Culling"). Verantwortlich für den Zahnausfall sind wahrscheinlich entzündliche periodontale Veränderungen unbekannter Genese.

Bei jungen ***Rindern*** in Mato Grosso (Brasilien) ruft die als ***„Cara inchada"*** (geschwollenes Gesicht) bezeichnete Krankheit große Verluste hervor. Aus unbekannten Gründen kommt es zunächst zur Taschenbildung medial zwischen den Maxillaren P 2 und P 3, anschließend zum Einkauen von Futter und zur eitrigen Periodontitis mit Ausfall der Molaren und Prämolaren sowie zur Auftreibung der Kieferknochen (chronische ossifizierende Periostitis), so daß die Futteraufnahme fast unmöglich wird. Ob GRAM-negative Bakterien einschließlich von *Prevotella melaninogenica* primär oder nur sekundär an der Entstehung der Cara inchada beteiligt sind, ist nicht geklärt.

Sehr häufig greift die Periodontitis auf das benachbarte Zahnstützgewebe über, es entsteht eine *Zahnfachentzündung* oder **Paradontitis** im weiteren Sinne, die viel häufiger ist als die lokalisierte Paradentitis. Durch die eitrige Einschmelzung und das einwuchernde Granulationsgewebe werden der Halteapparat des Zahnes zerstört, das Zahnfleisch nekrotisch oder hyperplastisch, der benachbarte Knochen rarefiziert und fibrotisiert.

Zahnausfall, fistulöse Prozesse, Osteomyelitis (profunde Parodontitis) und Einbruch in die Kieferhöhlen (Empyembildung) sind häufige Folgen. Nicht selten kommt es auch zur Bildung von Wurzelgranulomen, Zementhyperplasien und Verknöcherungen, wodurch die Extraktion des erkrankten Zahnes sehr erschwert werden kann. Auch metastatische Absiedelungen von Bakterien in andere Organe (dentogene Fokalinfektion) und Sepsis können sich entwickeln.

Geschoßkugeln und Speerspitzen, die in die Pulpa eingedrungen waren, mit knöcherner Abkapselung (Sekundärdentin) im Inneren von **Elefantenstoßzähnen** wurden in früheren Zeiten mehrfach beschrieben.

5.3.7 Tumoren

Tumoren der Zähne sind bei Haustieren relativ selten. Hinsichtlich ihrer Klassifikation und Nomenklatur bestehen nach wie vor gewisse Unsicherheiten.

Ameloblastome *(Adamantinome)* kommen vor allem bei Hund und Rind vor und gehen von den Schmelzorganen aus. Sie wachsen invasiv, zerstören häufig die Kieferknochen, rezidivieren, bilden aber keine Metastasen. Typisch sind Schmelzepithel-artige Strukturen und Zysten, gelegentlich kommt es auch zur Verhornung. Beim Pferd wurde auch ein paraneoplastisches Syndrom mit Hyperkalzämie infolge der Bildung eines Parathormon-artigen Stoffes beschrieben.

Verkalkende epitheliale odontogene Tumoren kommen in der Gingiva von Hund und Katze vor. Sie sind gutartig und besonders auch durch Ablagerung von Amyloid gekennzeichnet.

Ameloblastische Fibrome werden bei Katzen und Kälbern beschrieben. Epithelstränge, ähnlich denen der Zahnleiste, und spindelige Bindegewebszellen kennzeichnen den gutartigen Tumor.

Ameloblastische Odontome haben eine ähnliche Struktur wie die ameloblastischen Fibrome, enthalten aber auch Schmelzsubstanz und Dentin. Sie kommen besonders bei jungen Hunden, Pferden und Rindern vor und sind gutartig.

Komplexe Odontome weisen alle Zahnbestandteile auf, die im Unterschied zu den **zusammengesetzten Odontomen** ungeordnet vorliegen. Wenn zusätzlich zu einer der beiden Tumorformen auch noch Areale von ameloblastischem Epithel vorhanden sind, dann spricht man von einem **Odontoameloblastom.**

Zysten s. S. 144.

5.4 Speicheldrüsen

Die großen Kopfspeicheldrüsen (Ohrspeichel-, Unterkiefer- und Unterzungendrüse) münden mit eigenen Ausführungsgängen in die Mundhöhle. Die *Parotis* ist eine seröse Drüse, während *Mandibularis* und *Sublingualis* gemischte Drüsen darstellen. Der von den Drüsen gelieferte Speichel hat die Aufgabe der Anfeuchtung und Einschleimung des Futters (mit Muzin vermischtes Kasein fällt bei der Labgerinnung besonders feinflockig aus, wodurch es erheblich leichter verdaut werden kann). Die enzymatische Aufspaltung von Stärke und Glykogen über Dextrin zu Maltose mittels Diastase ist nur bei Mensch und Schwein von Bedeutung.

Verstopfungen der Speichelgänge mit nachfolgender Sekretstauung, Erweiterung der Gänge und Druckatrophie der Drüsen können durch Fremdkörper (Stroh- und Grashalme, Grannen, Haferkörner u. a.), Speichelsteine, entzündliche Schwellungen und Narbenstrikturen bedingt sein. Unter Umständen entstehen dadurch auch Speicheldrüsenretentionszysten, die bis zu hühnereigroß werden können.

Speicheldrüsenzysten (Sialozelen) kommen vor allem bei **Hunden** vor. Die *sublingual* am Mundboden gelegenen Zysten werden wegen der Ähnlichkeit mit einem Froschbauch ***Ranula*** genannt. Die *zervikalen Sialozelen (Halszysten)* kommen subkutan ventral oder ventrolateral in der kranialen Halsgegend vor. Die Zysten entstehen langsam, ihr Inhalt ist klar, opak (honigartig) oder bräunlich und von seröser *(Serozele)* oder muköser *(Mukozele)* Beschaffenheit. Konkrementbildung ist häufig. Im Unterschied zu den *branchiogenen Zysten* (s. S. 128) und den vom *Ductus thyreoglossus* (s. S. 466) ausgehenden, die von Epithel ausgekleidet sind, besteht die Wand der Sialozelen aus fibrotischem Bindegewebe. Die Speicheldrüsenzysten entstehen nicht durch Verschluß, sondern durch Zerreißung von Drüsengängen mit nachfolgender Ansammlung des ausgetretenen Sekrets im Bindegewebe.

Speichelsteine (Sialolithen) treten hauptsächlich in der Parotis des **Pferdes** auf. Sie können ein Gewicht bis zu 600 g erreichen und stellen weiße, eiförmige, manchmal in Mehrzahl vorhandene glatte und harte Körper dar. Facettierung und konzentrische Schichtung um einen zentralen Kristallisationskern (Fremdkörper) sind häufig. Die Sialolithen bestehen überwiegend aus Kalziumkarbonat.

Verletzungen der Speicheldrüsen und -gänge können zu **Speichelfisteln** führen.

Metaplastische Verhornungen mit sekundärer eitriger Entzündung der Ausführungsgänge findet man bei der Chlornaphthalinvergiftung (s. S. 492) und A-Avitaminose.

Entzündungen der Speicheldrüsen sind meist durch Bakterien oder Viren bedingt, die die Speicheldrüsen primär oder sekundär im Rahmen einer Allgemeinerkrankung schädigen. Eine lymphohistiozytäre Sialoadenitis findet man bei Tollwut (besonders in der Submaxillaris), Staupe, BKF und Coronavirusinfektion der Ratte *(Sialodacryoadenitis infectiosa)*, eine eitrige häufig bei der Druse. Abszesse entstehen besonders nach Verletzungen und können mit Sialozelen verwechselt werden.

Die *chronische Sialoadenitis* ist durch Atrophie und Fibrose der Drüsen gekennzeichnet. Aktinomykose und Tuberkulose sind selten.

Tumoren der Speicheldrüsen sind selten. Adenome, Adenokarzinome, Karzinome, Mischgeschwülste (Parotis der Fleischfresser), Melanome, Osteochondrome werden beschrieben. Die Lymphosarkomatose der Speicheldrüsen (MIKULICZscher Symptomenkomplex) ist beim Hund bekannt.

5.5 Speiseröhre

Der Ösophagus besteht aus einer kutanen Schleimhaut, einer lockeren Submukosa (Drüsen im gesamten Verlauf nur beim Hund, beim Schwein nur im Anfangsteil, bei den übrigen Haustieren nur im Ösophagus-Vorhof vorhanden), einer Muskelhaut (quergestreifte Muskulatur im gesamten Verlauf nur bei Wiederkäuern und Hunden) und einer äußeren Schicht, die im Halsteil aus einer Adventitia, im Brust- und Bauchteil aus einer Serosa besteht. Durch peristaltikartige Kontraktionen der Muskulatur und wechselhaftes Spiel der funktionellen Sphinkteren wird die aufgenommene Nahrung in den Magen befördert und bei den Wiederkäuern auch der Ruktus ermöglicht.

5.5.1 Postmortale Veränderungen

Postmortale Veränderungen in Form von schmierigen oder fetzigen Schleimhauterweichungen (Mazeration; sogenannte Ösophagomalazie) treten vor allem in den kaudalen Ösophagusabschnitten auf und werden durch eingeflossenen peptischen Magensaft verursacht. Bei starkem Wurmbefall findet man Parasiten, vor allem Askariden, im Ösophaguslumen, die zum Teil aktiv, zum Teil passiv (antiperistaltische Magen- und Darmbewegungen in der Agonie) dorthin gelangt sind.

5.5.2 Mißbildungen

Mißbildungen (Aplasie, Stenose im Bereich der Luftröhrenbifurkation beim Hund, Atresie des Halsteiles, Ösophagotrachealfisteln, Verdoppelungen, heterotope Magenschleimhaut in der Kardiagegend) sind selten. Megaösophagus s. S. 415.

5.5.3 Stenose und Obturation

Kompressionsstenosen durch Umfangsvermehrungen in der Nachbarschaft (Lymphknoten- und Schilddrüsengeschwülste; Abszesse, Tuberkulose und Aktinomykose der Hals- und Mediastinallymphknoten besonders beim Rind s. S. 62) sowie infolge Verlagerung von Baucheingeweiden in die Brusthöhle nach Zwerchfelldefekt kommen bei allen Haustieren vor.

Abschnürungen der Speiseröhre entstehen beim Hund meist, wenn infolge Persistenz des rechten Aortenbogens der Ösophagus zwischen Aorta, *A. pulmonalis* und *Ductus arteriosus* liegt, statt über diesen zu verlaufen. Die Abschnürung macht sich erst einige Monate nach der Geburt bemerkbar, da erst die Schrumpfung des *Ductus arteriosus* zum *Lig. arteriosum* (Botalli) den Raum zwischen den Gefäßen so weit verengt, daß es zur Kompression des Ösophagus kommt. Kranial der Abschnürungsstelle bildet sich eine sackartige Erweiterung, die bis zum Halsteil des Ösophagus reichen kann *(Dysphagia lusoria* und andere Gefäßanomalien, s. S. 27, Abb. 1.14). Abschnürungen der Speiseröhre mit nachfolgender Dilatation werden beim Hund auch durch Hypertrophie der Zwerchfellmuskulatur bedingt.

Narbenstrikturen können ebenfalls Stenosen verursachen. *Spastische Stenosen* infolge krampfartiger Kontraktion der Speiseröhrenmuskulatur oder der Kardia sind vor allem beim Hund bekannt.

Obturationen werden meistens durch Fremdkörper, seltener durch Geschwülste, Abszesse und Parasiten *(Gasterophilus, Spirocerca)* verursacht. Rübenstücke, Kartoffeln und Obst spielen bei Wiederkäuern und Schweinen, trockene Rübenschnitzel beim Pferd, Knochen, Knorpel und Fleischstücke bei den Fleischfressern die größte Rolle. Bei Fleischfressern und Pferden bleiben die Fremdkörper meist am Brusteingang oder im Bereich des *Hiatus oesophageus* stecken. Sie führen dann oft zur Drucknekrose und Perforation des Ösophagus und schließlich zur tödlichen jauchigen Pleuritis. Beim Rind gibt es entgegen früheren Ansichten keine bevorzugten Stellen für die Entstehung von Obturationsstenosen.

Folgen der Stenosen und Obturationen sind: Unvermögen Nahrung abzuschlucken (Dysphagie) beziehungsweise bei Wiederkäuern auch der Rejektion des Bissens; Erschwerung des Ruktus und damit Tympanie bei Wiederkäuern; Ösophagusdilatation und Divertikelbildung; kompensatorische Hypertrophie der Ösophagusmuskulatur bei chronischem Verlauf; Ösophagusruptur; Regurgitieren, vor allem beim Pferd, mit nachfolgender Futteraspiration (s. S. 101).

5.5.4 Erweiterungen

Erweiterungen betreffen den Ösophagus entweder allseitig *(Dilatation, Ektasie)* oder nur einseitig *(Divertikel).* **Dilatationen** erstrecken sich entweder auf einen begrenzten Abschnitt der Speiseröhre oder auf deren gesamte Länge. Ursächlich kommen einerseits Stenosen (siehe oben), andererseits Innervationsstörungen der quergestreiften Schlundmuskulatur und/oder der glatten Muskulatur der Kardiaregion in Betracht. Insbesondere findet man beim **Hund** (Rassendisposition der Irischen Setter und Dänischen Doggen) den angeborenen wie erworbenen ***neurogenen Megaösophagus,*** der durchweg einen sehr flachen quergestreiften Schlundmuskel zeigt und auch als *Chalasie* bezeichnet wird. Ferner kommen bei jungen Hunden, seltener bei Fohlen sekundäre Schlunderweiterungen nach Kardiospasmus im Sinne der vom Menschen her bekannten *Achalasie* (s. S. 415) vor. Bei der durch *Trypanosoma cruzi* hervorgerufenen Chagas-Krankheit, die außer beim Menschen auch beim Hund vorkommt, ist ein Megaösophagus infolge Schädigung der intramuralen Ganglien häufig. Bei der Zeckenparalyse des Hundes *(Ixodes holocyclus,* Australien) kann sich auch ein Megaösophagus entwickeln. Auch bei *chronischer Thalliumvergiftung* und Aujeszkyscher Krankheit kann es beim Hund zur Ösophagusdilatation kommen. Key-Gaskell s. S. 417, Myasthenia gravis s. S. 346, Dalmatiner s. S. 415.

Divertikel sind durch sackartige Ausstülpungen der Speiseröhrenwand gekennzeichnet. Die häufigeren ***Pulsionsdivertikel*** entstehen durch Defekte in der Muskelwand, durch die sich die Schleimhaut infolge des Druckes der abgeschluckten Nahrung nach außen stülpt (Schleimhauthernie, Ösophagozele). Sie kommen vor allem bei Pferden, besonders bei solchen mit idiopathischer Hypertrophie der Ösophagusmuskulatur, vor und sitzen meist unmittelbar vor dem *Hiatus oesophageus.* Sie können Kopfgröße erreichen, sind mit gärendem, stinkendem Futter gefüllt und weisen auch sekundäre entzündliche Veränderungen auf. Schlingbeschwerden, nicht selten aber auch Perforationen und Rupturen mit anschließender tödlicher Pleuritis sind die Folge. Die selteneren ***Traktionsdivertikel*** entstehen infolge Zugwirkung von der Nachbarschaft her (narbige Prozesse mit Schrumpfung). Ihre Wand besteht aus allen drei Schichten des Ösophagus (Abb. 5.9). Thrombose des *Plexus pharyngeus* s. S. 42 und Abb. 5.10.

5.5.5 Hypertrophie

Bei **Pferden** wird häufig eine klinisch meist inapparente ***idiopathische Hypertrophie*** der Ösophagusmuskulatur

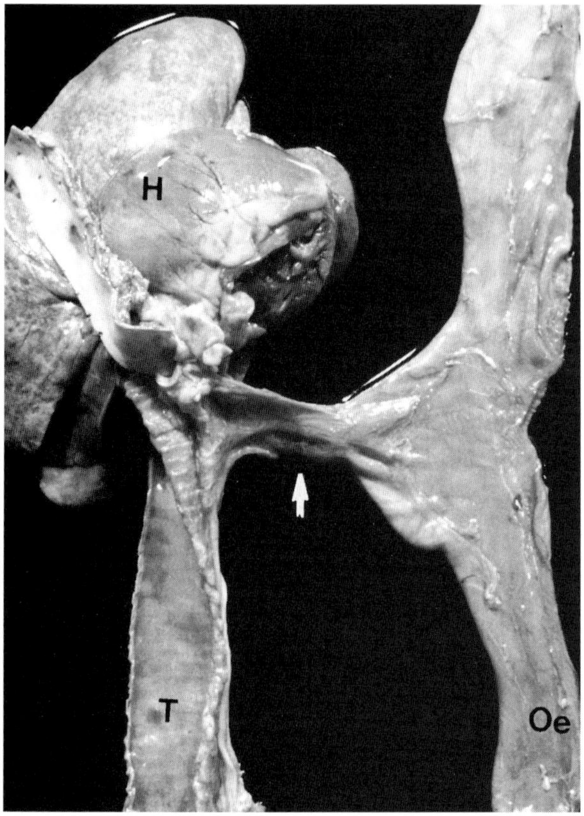

Abb. 5.9 Traktionsdivertikel des Ösophagus (Oe) eines Hundes infolge Verwachsung (Keile; Zugwirkung) mit dem peritrachealen Gewebe. T = Trachea, H = Herz. Ursache vermutlich Perforation durch einen Fremdkörper (Knochen?) im Ösophagus.

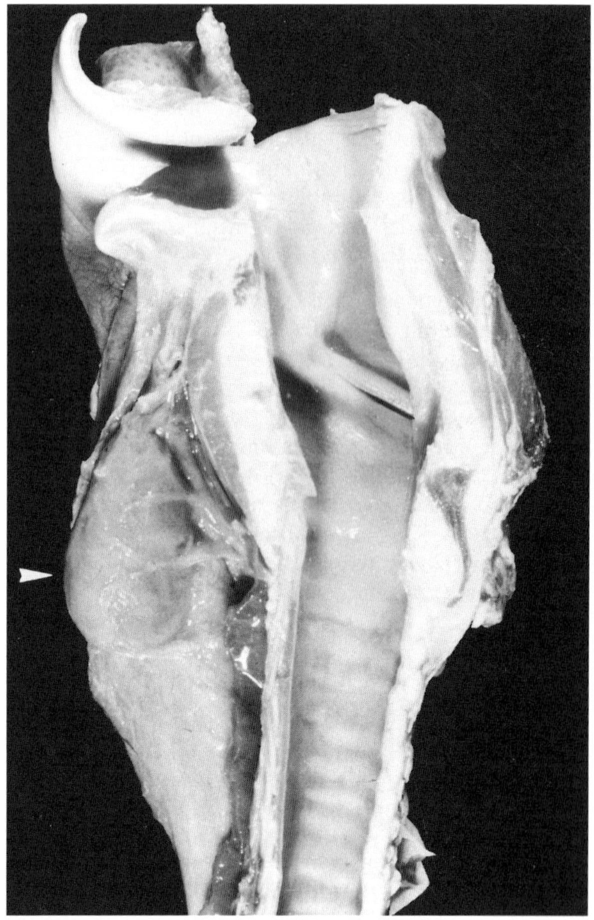

Abb. 5.10 Thrombose des *Plexus pharyngeus* (nicht eröffnet; Keil), Schwein.

(vor allem der glatten Ringfaserschicht) des Brustteils beobachtet. Die Ösophaguswand kann dabei bis zu 3 cm dick werden (Abb. 5.11 A). Der hypertrophische Teil geht flaschenförmig in den normalen Abschnitt der Speiseröhre über und kann sich auch auf die Kardia erstrecken. Die Ursache ist unbekannt, Kardiospasmen kommen jedoch in Betracht. Eine mögliche Folge sind Muskelzerreißungen mit Ausbildung von Pulsionsdivertikeln. (Magenulzera Schwein s. S. 162; Abb. 5.15).

5.5.6 Zusammenhangstrennungen

Zusammenhangstrennungen (Perforationen, Rupturen) können von außen oder innen erfolgen, wobei ursächlich besonders Hieb-, Stich- und Schußverletzungen sowie unsachgemäß eingeführte Sonden zu erwähnen sind. Auch bei der in der Rinderhaltung üblichen peroralen Applikation antiparasitär wirksamer Boli (sog. „große Pille"; s. S. 129) kann es vor allem bei Kälbern zu Verletzungen des Ösophagus kommen. Spontanrupturen beobachtet man besonders bei Vorliegen spastischer Zustände und von Divertikeln. Die Zusammenhangstrennungen können alle drei Wandschichten oder nur die Schleimhaut beziehungsweise die Muskelschicht betreffen (totale und partielle Rupturen und Perforationen). Sekundäre bakterielle Infektionen führen oft zur Entstehung von Abszessen, Fisteln und Phlegmonen. Totale Rupturen im Bereich des Brustteils haben in der Regel eine tödliche jauchige Pleuritis zur Folge. Bei kleineren Defekten kann es aber auch zur narbigen Ausheilung kommen.

Des weiteren können periösophageale Abszesse (Lymphknotenabszesse bei Druse) in die Speiseröhre einbrechen. Wird gleichzeitig auch die Luftröhre miteröffnet, dann entsteht eine *Ösophagotrachealfistel,* die über eine Aspira-

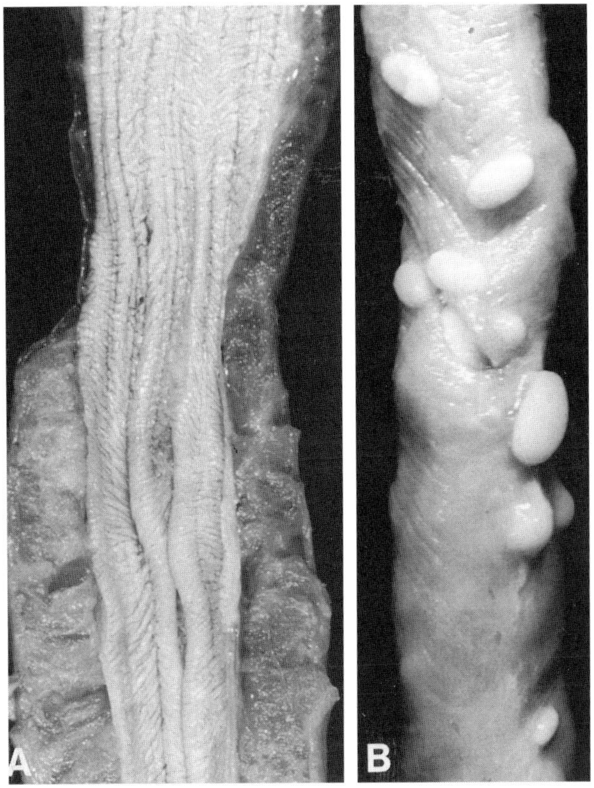

Abb. 5.11 A Idiopathische Hypertrophie der Ösophagusmuskulatur; flaschenartiger Übergang nach oben in den normalen Speiseröhrenabschnitt, Pferd.
B Sarkosporidien *(Sarcocystis gigantea)* am Ösophagus eines Schafes (natürliche Größe).

tionspneumonie meist zum Tod des Tieres führt. In ähnlicher Weise kann sich auch eine *Ösophagoaortenfistel* bilden, in deren Verlauf es zu tödlichen Blutungen in Speiseröhre und Magen kommt.

Nekrosen der Schleimhaut bilden sich nach längerdauerndem Druck (Fremdkörper), bei der Nekrobazillose und nach Verätzungen, wobei immer die Gefahr einer Perforation besteht.

5.5.7 Entzündungen

Entzündungen **(Ösophagitis)** sind katarrhalischer, eitriger, erosiver, ulzeröser, pseudomembranöser oder diphtheroidnekrotisierender Natur. Die dafür in Betracht kommenden Ursachen sind bereits im Abschnitt „Entzündungen der Mundhöhle" besprochen worden. Dies gilt vor allem für die Veränderungen bei Mucosal Disease, bösartigem Katarrhalfieber, Rinderpest, Stomatitis papulosa, Pocken, Soor, Parakeratosis diaetetica, exsudative Dermatitis und Ekthyma contagiosum. Ösophagus-Magengeschwüre s. S. 161.

Chronische katarrhalische Entzündungen der Speiseröhre sind durch Verdickung und Runzelung der Schleimhaut sowie durch Auftreten von Leukoplakien gekennzeichnet.

Die **Refluxösophagitis** entsteht durch Einwirkung von Magensäure, Pepsin, regurgitierten Gallensalzen und möglicherweise auch von Pankreasenzymen auf die Ösophagusschleimhaut. Schon nach relativ kurzer Einwirkung entstehen lineare Erosionen und Ulzera, vor allem im distalen Ösophagus, die mit Fibrin bedeckt und von einem hyperämischen Saum umgeben sein können. Die Refluxösophagitis wird bei Hund und Katze am häufigsten nach Vollnarkosen, aber auch nach wiederholtem Regurgitieren oder Erbrechen gesehen, bei Schweinen und Pferden auch im Zusammenhang mit Magengeschwüren. Bei der gastroösophagealen Invagination (s. S. 158) kommt es meist auch zur Refluxösophagitis.

Aktinomykose und *Tuberkulose* sind sehr selten. Graskrankheit s. S. 416.

5.5.8 Tumoren

Unter den Tumoren der Speiseröhre nehmen die **Papillome** beim Rind den ersten Rang ein (s. S. 140). Die seltener lokalisiert, meist dagegen multipel auftretenden Tumoren können zur Verlegung des Lumens mit nachfolgender Dilatation und Hypertrophie der Muskulatur führen. Maligne Entartung zu Karzinomen wird gelegentlich gesehen.

Ein gehäuftes Auftreten von **Plattenepithelkarzinomen** des Ösophagus, der Zunge und des Pansens bei Massairindern wird aus Kenia berichtet. In Schottland und Brasilien werden Adlerfarn und Papillomviren als Ursache der Plattenepithelkarzinome des Rindes angesehen (enzootische Hämaturie, s. S. 276).

Fibrome, Leiomyome, Sarkome und *Melanome* kommen gleichfalls zur Beobachtung. Von besonderer Bedeutung ist das Auftreten von **Fibrosarkomen, Rundzellensarkomen** und **osteoplastischen Sarkomen** bei Hunden im Zusammenhang mit der Spirozerkose (s. S. 152).

5.5.9 Parasiten

Sarkosporidien kommen sehr häufig auch in der Ösophagusmuskulatur von Pflanzenfressern und Schweinen vor **(Sarkozystiose),** die als Zwischenwirte dienen. Endwirte sind Karnivoren und der Mensch, die mit dem Kot

Tabelle 1: Sarkosporidien

Spezies	Sarcocystis spp.	Überträger-Endwirt	Pathogenität	Größe der reifen Zysten
Rind	S. cruzi	Kaniden	Ja	≈ 500 µm lang
	S. hirsuta	Feliden	nein	8 x 1 mm
	S. hominis	Mensch	nein	≈ 500 µm lang
Schaf	S. tenella	Kaniden	ja	≈ 0,7 mm lang
	S. arieticanis	Kaniden	ja	bis 1 mm lang
	S. gigantea	Feliden	nein	1,5 x 0,7 cm
	S. medusiformis	Feliden	nein	< 1 mm lang
Ziege	S. capracanis	Kaniden	ja	bis 1 mm lang
	S. hircicanis	Kaniden	ja	bis 2,5 mm lang
	S. moulei	Feliden	nein	bis 1,5 cm lang
Pferd, Esel	S. bertrami	Hund	ja	bis 9 mm lang
	S. equicanis	Hund	ja	bis 600 µm lang
Schwein	S. miescheriana	Kaniden	ja	1100 x 90 µm
	S. suihominis	Mensch	ja	1500 x 100 µm

Sporozysten ausscheiden. Es gibt pathogene und nichtpathogene Sarkosporidien, von denen die meisten nur mikroskopisch zu erkennen sind (Tabelle 1). *Sarcocystis (S.) gigantea* bildet beim Schaf (Abb. 5.11 B), *S. moulei* bei der Ziege und *S. bertrami* bei Pferd und Esel bis zu haselnußgroße weiße ovoide Gebilde mit breiig-gallertigem Inhalt (Zystozoiten). Durch frühzeitige und ständig sich wiederholende Infektion entwickelt sich eine stabile Immunität, so daß die Sarkozystiose in der Regel subklinisch verläuft. Die klinisch apparente Form tritt nur dann auf, wenn empfängliche Tiere große Mengen pathogener Sporozysten aufnehmen. Die akute Sarkozystiose, die nicht selten auch zum Tode führt, ist vor allem durch Anämie und hämorrhagische Diathese gekennzeichnet. Bei trächtigen Tieren kommt es zu Aborten.

Cysticercus bovis wird hauptsächlich beim Rind, **C. cellulosae** beim Schwein beobachtet.

Spirocerca lupi kommt bei **Hunden** und **anderen Kaniden** in warmen Ländern häufig vor. Die Eier werden mit dem Kot des Endwirtes von Käfern (Skarabaeus-, Akis- und Geotrupes-Arten), die als Zwischenwirte dienen, aufgenommen. Reptilien, Vögel, Mäuse, Kaninchen, Insektenfresser u. a. dienen häufig als Transportwirte. Im Magen des Endwirtes werden die infektiösen Larven frei, bohren sich durch die Schleimhaut und wandern in der Magenarterienwand zur Aorta (3. und 4. Häutung), verlassen diese im mittleren Brustabschnitt und dringen über die Adventitia in den thorakalen Abschnitt des Ösophagus ein. Dort bilden sich haselnuß- bis pflaumengroße Knoten (Granulome), in denen sich meist mehrere geschlechtsreife, bis zu 8 cm lange, blutrote Würmer befinden (Abb. 5.12). Auf der Kuppe der Knoten befindet sich eine kleine Öffnung, durch die die Eier in das Ösophaguslumen gelangen. Die Knoten, die auch im kardialen Teil des Magens auftreten, können eitrig einschmelzen, zu Geschwüren werden und in die Brusthöhle durchbrechen. Häufig kommt es zur Entstehung von metastasierenden Sarkomen (s. S. 151). Aneurysmabildung s. S. 39.

Die Filarie **Gongylonema pulchrum** (4 bis 14,5 cm lang, weißlich-gelb) kommt frei im Ösophaguslumen liegend oder im Schleimhautepithel steckend („Zick-Zack-artige" mit Blut gefüllte Bohrgänge) bei Herbivoren und Schweinen vor.

Larven von **Hypoderma lineatum** (s. S. 559) treten in der Zeit von Juli bis Ende Mai in der Submukosa, gelegentlich auch im periösophagealen Bindegewebe von Rindern auf.

Ähnlich wie im Magen, aber viel seltener, heften sich Larven von **Gasterophilus intestinalis** und **G. haemorrhoidalis** in der Speiseröhrenschleimhaut an.

5.6 Vormägen der Wiederkäuer

Das Vormagensystem der Wiederkäuer gliedert sich in *Pansen (Rumen)*, mit dorsalem und ventralem Sack, *Haube (Retikulum)* und *Blättermagen (Psalter, Omasus)*. Die Vormägen sind mit einer kutanen Schleimhaut ausgekleidet. Submuköse Drüsen und Lymphknötchen fehlen. Im **Pansen** bildet der Papillarkörper zungen- oder kegelförmige Vorsprünge, die die Pansenzotten darstel-

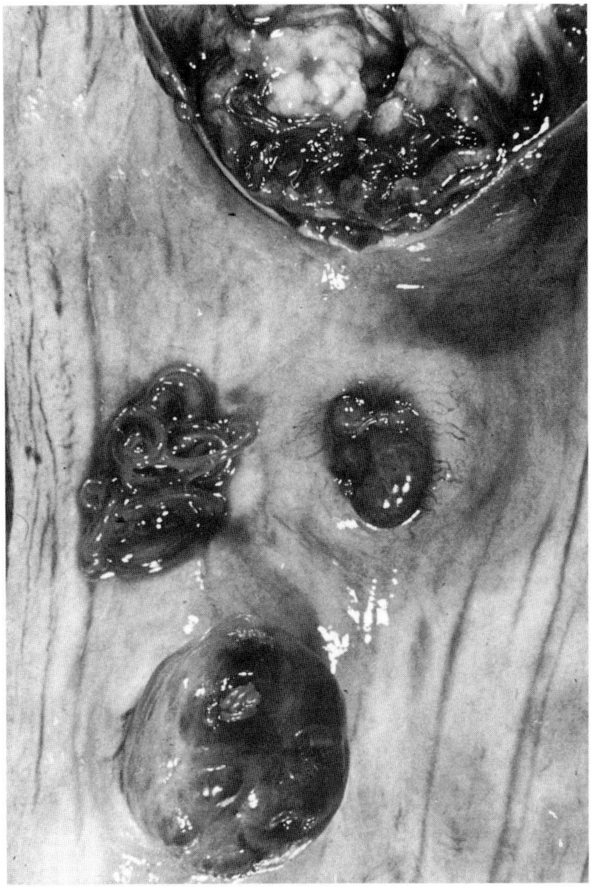

Abb. 5.12 Granulome im Ösophagus, verursacht durch *Spirocerca lupi*, Hund (Foto: H. FRANK)

len. Die Pansenpfeiler sind zottenfrei. In der Haube sind leistenartige, sich kreuzende Vorsprünge vorhanden. Beim Neugeborenen sind die Vormägen nur unvollständig ausgebildet. Erst mit der Aufnahme von Rauhfutter setzt ihre Entwicklung ein. Der Ösophagus mündet in den Pansenvorhof (Schleudermagen) und setzt sich als Schlundrinne (Speiserinne) bis zur Haubenpsalteröffnung und durch die Psalterrinne bis zum Labmagen fort. Der Pansen liegt der linken Bauchwand an und nimmt fast die ganze Bauchhöhle und einen Teil der Beckenhöhle ein. Er ist dorsal links der Medianen, kaudal bis zum 3. bis 4. Lendenwirbel und kranial bis zum Speiseröhrenschlitz angeheftet. Die **Haube** liegt zwischen dorsalem Pansensack und Schaufelknorpel eng an das Zwerchfell gepreßt in unmittelbarer Nähe des Herzbeutels. Rechts vom Pansen, hinter der Haube und dorsal vom Labmagen liegt der **Blättermagen** („Reibeisen", „Saftpresse").

Die Funktion der Vormägen besteht in der mechanischen und chemischen Verdauung des aufgenommenen Futters. Die artenreiche Bakterienflora und Protozoenfauna der Vormägen ermöglicht den Abbau der pflanzlichen Kohlenhydrate, vor allem der Zellulose (Endprodukte kurzkettige Fettsäuren) sowie die Synthese aller Aminosäuren unter Verwendung auch einfachster Stickstoffverbindungen und die aller wasserlöslichen Vitamine.

5.6.1 Postmortale Veränderungen

Nach dem Tode setzen neben der weiter fortlaufenden Pansengärung auch Zersetzungsvorgänge ein, besonders wenn die Leiche langsam erkaltet. Es kommt zur **postmortalen Tympanie**. Diese kann so stark werden, daß eine Pansenruptur, u. U. auch eine Zwerchfellruptur eintritt. Die postmortalen Zerreißungsvorgänge unterscheiden sich von intravitalen besonders durch Fehlen der blutigen Imbibition und Wulstung der fetzigen Rißstellen sowie durch die fehlende Verklebung der ausgetretenen Futterteile mit dem Bauchfell.

Mazerationsvorgänge können schon wenige Stunden nach dem Tode zur fetzigen Ablösung des Epithels führen. Eine solche kann aber auch bei einer Rumenitis auftreten, wobei aber die Epithelfetzen meist teilweise noch auf ihrer Unterlage festsitzen.

5.6.2 Stoffwechselstörungen

Eine **Hyper- und Parakeratose** mit Verlängerung und teilweiser Verklumpung der Pansenzotten wird bei Rindern und Schafen beobachtet, die mit pelletiertem Heu gefüttert werden (sog. Pansenzottenhyperplasie). Offensichtlich stimulieren höhere Konzentrationen von kurzkettigen Fettsäuren, die besonders auch bei Gabe leicht verdaulicher Zusatzfuttermittel entstehen, das Zottenwachstum und stören die physiologischen Verhornungsprozesse (Pansenazidose s. S. 156). Bei der A-Avitaminose der Kälber und der Chlornaphthalinvergiftung kommt es zur herdförmigen Hyperkeratose des Pansens. Die Hyperkeratose und krallenartige Verlängerung der Papillen des Psaltereingangs entstehen wahrscheinlich durch den mechanischen Reiz des Rauhfutters.

5.6.3 Lageveränderungen

Lageveränderungen können angeboren oder erworben sein. Eine *Ektopie* des Pansens und der Haube, seltener des Psalters, findet man bei kongenitalen Bauchspalten und erworbenen Bauchdeckenrissen. Zwerchfellrisse können mit einer Verlagerung von Vormagenteilen in die Brusthöhle einhergehen. Neubildungen, Ergüsse und der trächtige Uterus können zu Verlagerungen der Vormägen innerhalb der Bauchhöhle führen.

5.6.4 Gestaltsveränderungen

Zur **Schrumpfung** der Vormägen (Atrophie) kommt es nach anhaltend unzureichender Versorgung mit Rauhfutter. **Einschnürungen** können nach Verlagerungen oder durch Druck aus der Nachbarschaft entstehen.

Erweiterungen von Pansen und Haube infolge übermäßiger Ansammlung von Gärungsgasen werden als **Tympanie** (Aufblähen) bezeichnet. Die ***akute primäre Tympanie*** mit Durchmischung von Gas und Futter (= schaumige Gärung) kann in einer Herde gehäuft auftreten und zu großen Verlusten führen. Ursächlich kommt vor allem die Aufnahme besonders gärfähigen Futters (Leguminosen vor der Blüte, Knollenfrüchte, Schlempe, Treber, mit Eiweißkonzentraten angereichertes Getreide, besonders in den Feed-Lots der USA, gefrorenes oder angewelktes Grünfutter u. a.) in Betracht. Individuelle Dispositionen und Vormagenindigestionen sind weiterhin von Bedeutung. Der Ruktus ist anfänglich noch vorhanden, kommt aber dann durch Anschoppung der schäumenden Futtermassen vor der Speiseröhrenmündung zum Sistieren.

Die ***sekundäre akute Tympanie*** mit dorsaler Gasblase entsteht, wenn der Ruktus der in normalen Mengen gebildeten Gase behindert ist (Stenosen und Obturationen des Ösophagus s. S. 149, traumatische Retikuloperitonitis, Verletzungen des Nervus vagus = HOFLUND-Syndrom, s. S. 416, Alkalose u. a.). „Pansentrinker", s. S. 156.

Die Tympanie kann schnell zum Tod des Tieres führen. Durch Druck auf das Zwerchfell kommt es zur Behinderung der Atmung und schließlich zum Erstickungstod. Weiterhin wird durch den Druck auf die kaudale Hohlvene Blut rückgestaut und zum Teil umgeleitet (besonders über die Venen der Wirbel in Richtung *V. hemiazygos dextra)*, so daß das Herzschlagvolumen reduziert wird und sich ein kardiogener Schock entwickelt.

Bei der **Sektion** findet man neben der Tympanie der Vormägen eine Druckischämie vor allem der Leber, seltener von Milz und Nieren, gelegentlich aber auch eine Stauungshyperämie dieser Organe, Blutungen (Endo- und Epikard, Pleura, Trachea, Bronchien, Kopf- und Halslymphknoten, Halsmuskulatur, Unterhaut u. a.) sowie ein Lungenemphysem. Ein charakteristischer, aber nicht immer vorhandener Befund ist die sog. *Tympanielinie* in der Ösophagusschleimhaut. Sie kommt dadurch zustande, daß die Schleimhaut des zervikalen Ösophagus zyanotisch (Stauungshyperämie) ist, ab dem Brusteingang aber infolge der Ischämie hell erscheint. Blutaustritt aus den Körperöffnungen und Vorfall der Mastdarmschleimhaut sind fast immer vorhanden. Risse der Pansenwand und des Zwerchfells können auftreten, müssen aber stets von postmortalen Zerreißungen unterschieden werden (s. S. 155).

Akute Erweiterungen infolge Überladung mit Futter **(akute alimentäre Dilatation)** treten auf, wenn die Tiere große Mengen stark quellenden Futters (Körner, Trockenschnitzel) aufnehmen. Zusätzliche Gasbildung kann den Zustand noch verschlechtern.

Die **Psalteranschoppung** *(„Psalterparese")* besteht in einer chronischen Dilatation des Organs, das bis auf das Dreifache vergrößert sein kann und eine harte Konsistenz aufweist. Zwischen den Psalterblättern befinden sich trockene, zundrige, übelriechende Futtermassen. Die Schleimhaut löst sich in großen Fetzen, Drucknekrosen und Geschwüre können auftreten. Die Psalterparese tritt als primäres Leiden vor allem bei Aufnahme besonders zellulosereichen Futters (gehäckseltes Stroh, Dreschabfälle u.a.) auf und kommt als sekundäres Geschehen bei vielen Krankheiten vor.

Bei der **Pansenleere** enthält das Organ nur wenig Futter und ist leicht aufgebläht. Dieser Zustand tritt bei Rindern nach längeren Transporten auf (Transporttetanie, sog. Eisenbahnkrankheit) und dürfte durch eine Schädigung der Muskulatur infolge Überanstrengung und Wärmestauung bedingt sein (s. S. 351).

5.6.5 Abnormer Inhalt

Art und Zusammensetzung des Panseninhaltes können wertvolle Hinweise auf die Krankheitsursache eines Tieres geben. Normalerweise sind immer eine gewisse Flüssigkeitsmenge und Rauhfuttermasse vorhanden. Der Pansensaft soll grau-grünlich sein und aufschäumen, sofern nicht schon postmortale Zersetzungsvorgänge begonnen haben. Wichtig ist, ob die Futtermassen in abnormer Menge vorhanden sind oder ob einseitig viel Getreidekörner, Mais, Schrot, Zuckerrübenschnitzel oder -blätter, Brot usw. sowie faulende Futtermassen vorliegen, die eine Azidose oder Enterotoxämie auslösen können.

In den Vormägen von Wildwiederkäuern findet man im Winter oft ausschließlich *Tannennadeln,* die manchmal zur Verharzung und Verklumpung der Pansenzotten führen.

Fremdkörper können bei der Futteraufnahme zufällig mit aufgenommen werden. Ihr gehäuftes Vorkommen kann aber auch Zeichen einer Gehirnkrankheit oder Stoffwechselstörung mit Allotriophagie sein. Man findet Gegenstände aller Art: stumpfe und spitze metallische Körper, Holzteile, Stoff- und Lederreste, Steine, Sand (Versandung der Haube) und Glasscherben, zusammengeknäueltes Bindegarn, Silofolie, Teerpappe u. a.. Eisenteile werden schwarz und zersetzen sich. Große und schwere Fremdkörper können rein mechanisch die Vormagenmotorik beeinflussen. Spitze Gegenstände können sich einspießen und zur Perforation und Entzündung führen.

Zur **Bezoarbildung** kommt es, wenn abgeschluckte Haare (Ablecken) oder Pflanzenfasern durch drehende und rollende Bewegungen im Pansen zusammengeballt und durch Salzeinlagerung gefestigt werden. In Richtung der Drehbewegung erscheinen die Haare und Fasern wie gebürstet (Wirbelbildung). Man unterscheidet rauhe (mit rauher, gebürsteter Oberfläche) und glatte (durch Salzeinlagerung geglättete Oberfläche) *Tierhaar-* und *Pflanzenbezoare* (Pilibezoare = Zootrichobezoare; Phytotrichobezoare). Tierhaarbälle werden sehr häufig bei Mastkälbern (besonders bei reiner Milch- oder Milchaustauscherfütterung; häufig auch im Labmagen, s. S. 159), nicht selten auch bei Gemsen und Hirschen (Gams- und Hirschkugeln) gefunden (Abb. 5.27 D, E, F). Störungen der Vormagenpassage durch Einkeilung der Bezoare mit nachfolgender Tympanie sind selten. Mit Erdsalzen inkrustierte Pflanzenbezoare können sogenannte *Pansensteine* bilden.

5.6.6 Zusammenhangstrennungen

Zusammenhangstrennungen erfolgen **von außen** unter Miteröffnung der schützenden Bauchdecken bei Pansenstich und -schnitt sowie bei Stich- und Schußverletzungen. Häufig bildet sich nur eine lokale fibrinös-fibroplastische Peritonitis, die den Defekt schließt und schließlich narbig-schwielig abheilt. Abszeß- und Fistelbildungen oder allgemeine Peritonitis sind weitere Folgen.

Perforationen von innen her werden besonders in der Haube, seltener im Pansen, sehr selten im Psalter, beobachtet und sind in der Regel durch *spitze Fremdkörper* bedingt. Die Perforationen können langsam fortschreitend oder rasch erfolgen, je nach Lage und Art des Fremdkörpers und den Bewegungen der Vormagenmuskulatur, des Zwerchfells und der übrigen Baucheingeweide. Eine unvollständige Durchbohrung kann daher jederzeit zu einer vollständigen werden. Schnell erfolgende Perforationen heilen meist ohne besonders auffällige Veränderungen aus. Bei den häufiger vorkommenden langsameren Durchbohrungen bildet sich um den Stichkanal ein chronisches Granulationsgewebe, das wegen der primär stattgefundenen Blutung schiefergrau bis schwärzlich verfärbt ist (Sulfmethämoglobinbildung). Im Stichkanal findet man ein jauchig-eitriges Exsudat, Zelldetritus und Vormageninhalt. Erreicht der Fremdkörper die Serosa, dann entstehen eine fibrinös-fibroplastische, zirkumskripte Peritonitis (Schwielen) und Verwachsungen mit der Bauchwand beziehungsweise mit benachbarten Organen ***(traumatische Retikuloperitonitis)***.

Der Fremdkörper kann wieder in die Vormagenhöhlen zurückfallen oder wird im Stichkanal zur Auflösung gebracht. Häufig wandert er jedoch passiv in dem peritonitischen Granulationsgewebe weiter, wobei es meist auch zur Verschleppung von Bakterien und damit auch zur Entstehung entsprechender Entzündungprozesse (Abszesse, Phlegmonen, Nekrobazillose, Aktinomykose) in den befallenen Organen kommt.

Fremdkörper, die die Haube durchbohren, dringen meist durch das Zwerchfell in den Herzbeutel und nicht selten auch in den Herzmuskel ein, da die Haube nur 3–5 cm vom Perikard entfernt ist. Dadurch entstehen eine *Hauben-Herzbeutelfistel* sowie eine *traumatische Perikarditis* und *Myokarditis,* die in der Regel fibrinös-jauchiger Natur sind (s. S. 116).

Gelangen die Fremdkörper in die Lunge *(Hauben-Lungenfistel),* dann entwickeln sich abszedierende und gangräneszierende Pneumonien, oder wenn die Arteria pulmonalis beziehungsweise deren Aufzweigungen durchbohrt werden, Thrombosen und embolisch-metastatische Abszesse. Milz, Leber und *Vena cava caudalis* (Verblutungsgefahr, s. S. 40) können ebenfalls verletzt werden. Gelegentlich tritt der Fremdkörper durch Muskulatur und Haut, eventuell auch durch das Brustbein nach außen.

Eine sogenannte abgesackte eitrige Peritonitis zwischen Vormagenwand und Zwerchfell oder Bauchwand oder anderen Organen stellt eine weitere, nicht allzu seltene Komplikation der traumatischen Retikulitis und Rumenitis dar. Diffuse eitrig-fibrinöse, oft tödliche Bauchfellentzündungen entstehen bei Durchbruch dieser lokalisierten Entzündung oder von Abszessen.

Perforationen der Vormägen können sich auch im Anschluß an *Verätzungen* (Säuren, Laugen, Arsenik u. a.) und entzündliche Prozesse (Ulzera vor allem im Psalter) entwickeln.

Rupturen betreffen fast ausschließlich den Pansen und entstehen meist infolge von Tympanien, seltener auch durch stumpfe äußere Traumen (s. auch postmortale Rupturen, S. 153). Über eine akute Peritonitis kann es zum schnellen Tod kommen. Es können jedoch auch chronische, eitrig-abszedierende Bauchfellentzündungen mit umfangreichen Verwachsungen entstehen.

5.6.7 Entzündungen

Entzündungen des Pansens *(Rumenitis),* der Haube *(Retikulitis)* und des Psalters *(Omasitis)* sind meist traumatisch bedingt (s. Zusammenhangstrennungen), kommen aber auch im Rahmen generalisierter Infektionskrankheiten (MKS, BKF, BVD-MD, IBR, Rinderpest, Bluetongue, Schafpocken, Monensinvergiftung) und der **Pansenazidose** vor. Diese tritt vor allem nach Aufnahme von Futtermitteln mit hohem Anteil leicht verdaulicher Kohlenhydrate (Zuckerrüben, Obst, Mais, Brot, Treber u. a.) auf, wodurch mehr Säuren als üblich entstehen und der pH auf 6,0 bis 4,0 absinkt. Damit werden die normale Mikroflora und -fauna gehemmt beziehungsweise abgetötet, die Schleimhaut des Pansens, aber auch des Labmagens und Dünndarmes im Sinne einer katarrhalischen Entzündung verändert.

Bei Milch**mast**kälbern wurde zuerst in Holland (1982) eine selbständige chronische Indigestion mit chronisch-latenter Pansenazidose beschrieben und als **„Pansentrinker-Syndrom"** bezeichnet. Die Kälber trinken schlecht, kümmern, neigen zur Tympanie und setzen einen typischen festen, lehmartigen Kot (hoher Gehalt an Trockenstoffen) ab. Ursache ist eine Dysfunktion des Schlundrinnenreflexes, meist ausgelöst durch lange Transporte und Futterumstellungen. Milch und Milchaustauscher gelangen in großen Mengen in den Hauben-Pansenraum. In fortgeschrittenen Stadien findet man eine ausgeprägte Hyper- und Parakeratose der Pansenschleimhaut.

„Pansentrinken" beobachtet man aber auch bei Milchkälbern. Im Gegensatz zum „Pansentrinker-Syndrom" handelt es sich hierbei um eine akut verlaufende Komplikation primärer Krankheiten (Diarrhoe der Neugeborenen, angeborene oder erworbene Trinkschwäche, Pneumonien u. a.), bei denen es zur Störung der Schlundrinnenfunktion kommen kann. Zwangstränkung, vor allem mittels Sonden, aber auch mit Saugflaschen führen zu dem gleichen Krankheitsbild, da die auf diesem Weg verabreichte Flüssigkeit in den Hauben-Pansenraum gelangt. Die in der Tränke enthaltenen Kohlenhydrate werden dort bakteriell zu kurzkettigen Fettsäuren und/oder Milchsäure vergoren. Butter- und Propionsäure stimulieren besonders das Wachstum der Schleimhautepithelien. Hyper- und Parakeratose im Pansen, aber auch in Haube und Psalter sind die Folge. Weiterhin kommt es zur Pansenazidose (pH 5,0 bis 4,0) und damit wieder zur Störung der Schlundrinnenfunktion *(Circulus vitiosus)*.

Makroskopisch findet man in Pansen, aber auch in Haube und Psalter eine graue Verfärbung einzelner Zotten größerer Schleimhautbezirke (eitrige Entzündung), Zottenverklumpung, Erosionen, teils vernarbte Ulzera und Nekrosen.

Durch bakterielle oder mykotische Infektionen entstehen häufig Erosionen und Geschwüre im Pansen, die durchbrechen können, sowie auf metastatischem Wege Abszesse und Nekrosen (Nekrobazillose) vor allem in der Leber und Rumenitis-Leberabszeß-Komplex s. S. 219.

Aktinomykose und *Tuberkulose* sind selten, *mykotische Infektionen* meist sekundärer Natur (Aspergillus-, Mukor-, Candida-, Rhizopus- und Absidia-Arten bei Verletzungen und Pansenazidose).

5.6.8 Tumoren

Papillome kommen im Pansen von Rindern vor (s. S. 151) und gleichen denen in Ösophagus und Mundhöhle. Andere Tumoren sind selten. Es werden **Plattenepithelkarzinome** (s. S. 151), **Adenokarzinome, Fibrome, Leiomyome** und **Sarkome** beschrieben. Diffuse oder knotige, weiße, bis zu mehrere Zentimeter starke Schleimhautverdickungen werden gelegentlich im Pansen bei der **lymphatischen Leukose** beobachtet.

5.6.9 Parasiten

Paramphistomum spp. werden in Asien, Australien und Afrika häufig, bei uns nur selten, bei Haus- und Wildwiederkäuern gefunden. Die Trematoden sitzen in Pansen, Haube oder Duodenum und rufen entweder keine oder starke entzündliche Veränderungen und Todesfälle hervor. Die migrierenden Larven können auch in die Bauchhöhle eindringen.

Gongylonema spp. kommen, wie im Ösophagus, auch im Pansen vor. Die **Myiasis** des Pansens, verursacht durch *Cochliomyia hominivorax,* stellt in Südamerika eine verlustreiche Kälberkrankheit dar.

5.7 Magen

Der Magen *(Ventriculus, Gaster)* erfüllt die Aufgaben eines Speichers, zerkleinert und durchmischt die Nahrung mit dem Magensaft und reguliert deren Weitertransport in das Intestinum. Außerdem produziert er Pepsinogen, Labferment (saugende Jungtiere), Gastrin und Salzsäure. Letztere aktiviert das Pepsinogen zu Pepsin und vernichtet einen Großteil der mit der Nahrung aufgenommenen Mikroorganismen.

Die Magenwand besteht aus Schleimhaut, Submukosa, Muskelhaut und Serosa. Die Schleimhaut wird von einem prismatischen, sich ständig erneuernden Oberflächenepithel überzogen, das in drüsenfreien Zotten angelegt ist, die wiederum zwecks Vergrößerung der sezernierenden Oberfläche durch Magengrübchen und -furchen getrennt werden. Die *Magendrüsen* stellen tubuläre, verästelte Einzeldrüsen dar, die zu mehreren gemeinsam in die Magenfurchen münden und entsprechend ihrer Lokalisation in Fundus, Pylorus- und Kardiadrüsen eingeteilt werden. Die Hauptzellen der Fundusdrüsen produzieren Pepsinogen, die Belegzellen

Salzsäure. Die Pylorusdrüsen liefern hauptsächlich Schleim (die Magenschleimbarriere verhindert die Rückdiffusion der Magensäure und die Selbstverdauung der Schleimhaut) und nur wenig Pepsin und Labferment, während das seröse Sekret der Kardiadrüsen hydrolytische Eigenschaften hat. In den Pylorusdrüsen wird durch den Nahrungsreiz das Gewebshormon *Gastrin* gebildet, das zusammen mit *Histamin* (von den Gewebsmastzellen stammend, Bindung an die H_2-Histaminrezeptoren der Belegzellen) und *Azetylcholin* (von den postganglionären Fasern des Parasympathikus freigesetzt) die Sekretion der *Magensäure*, in geringerem Maße auch die des *Pepsins fördert*.

Die kardiaseitige *Vormagenabteilung* der Equiden und des Schweines besitzt eine kutane Schleimhaut *(Pars proventricularis)*. Der *Labmagen* der Wiederkäuer hat eine nur unbedeutende Kardiazone und weist im Fundus hohe, dünne, unverstreichbare Falten auf.

5.7.1 Postmortale Veränderungen

Die Form des gefüllten Magens bleibt nach dem Tode so lange erhalten, wie die Totenstarre besteht. Diese bedingt auch ein stärkeres Hervortreten und eine Hyperämie der Schleimhautfalten sowie den Verschluß von Kardia und Pylorus. Beim Hund entsteht, besonders wenn der Magen leer ist, durch Kontraktion des distalen Abschnittes eine sanduhrartige Einschnürung *(postmortaler Sanduhrmagen)*. Nach Lösung der Totenstarre erschlafft der Magen, so daß Mageninhalt in Ösophagus und Darm auslaufen kann.

Die blau-rote Verfärbung der tiefgelegenen Magenteile infolge *Hypostase* und die später durch Diffusion des Blutfarbstoffes entstehende *Imbibitionsröte* dürfen, ähnlich wie die funktionelle Hyperämie des gefüllten Magens, nicht mit einer entzündlichen Rötung verwechselt werden. Durch Bildung von *Sulfmethämoglobin* kommt es häufig zu einer schiefergrauen, schwärzlichen oder sepiabraunen Verfärbung der ursprünglich rötlichen Schleimhaut (Pseudomelanose).

Eine gelbliche Verfärbung der Magenwand durch diffundierten Gallenfarbstoff tritt dort auf, wo die Gallenblase direkt dem Magen anliegt *(gallige Imbibition)*. Sie kann auch durch Übertritt der Galle in den Magen entstehen.

Durch **Selbstverdauung** kommt es zur Mazeration der Schleimhaut, die zunächst quillt und glasig wird und sich dann in schmierige, weißliche oder durch Blutaustritt bräunliche Massen verwandelt. Bei Kalb, Kaninchen und Meerschweinchen zerstört die Mazeration häufig die gesamte Magenwand und führt dann zur ***postmortalen Magenruptur***. Diese kann, ähnlich wie in den Vormägen (s. S. 153), auch durch *postmortale Tympanie* eintreten und zusammen mit einer postmortalen Zerreißung des Zwerchfells auftreten. Das Plattenepithel der Pars proventricularis des Pferde- und Schweinemagens löst sich durch Mazeration in kleinen Fetzen ab.

Das postmortale **Fäulnisemphysem** der Magenwand führt zur Ablösung der Schleimhaut und deren Durchsetzung mit zahlreichen Gasblasen.

5.7.2 Mißbildungen

Mißbildungen des Magens sind sehr selten. Agastrie, Hypogastrie, Gastroschisis, Atresie und Stenose der Öffnungen, Divertikel und Sanduhrmagen werden beobachtet. Heterotopie s. S. 167.

5.7.3 Lageveränderungen

Durch angeborene oder erworbene Spalten kann der Magen in die Brusthöhle (s. S. 168) oder unter die Haut teilweise oder ganz verlagert werden **(Ectopia s. Eventratio ventriculi).** Stauungsvorgänge mit nachfolgender hämorrhagischer Nekrose der betroffenen Abschnitte sind häufige Folgen.

Die **Drehung des Magens (Torsio s. Volvulus ventriculi; Magendilatation-Magentorsions-Komplex)** kommt vor allem bei **großwüchsigen Hunderassen** (Dogge, Deutscher Schäferhund, Boxer, Bernhardiner) vor, wird gelegentlich aber auch bei kleinen (Dackel, Pekingese u. a.) beobachtet. Nach allgemeiner Ansicht geht der Drehung eine Erweiterung (Aufblähung) des Magens voraus, deren Ursachen im einzelnen nicht geklärt sind. In Betracht gezogen werden Abschlucken von Luft bei hastigem Fressen oder Trinken, CO_2-Bildung aus Bikarbonat (Speichel, später auch vom Pankreas kommend) und Magensäure, bakteriell bedingte Gärung des Mageninhaltes sowie übermäßiger, durch Ischämie bedingter Austritt extrazellulärer Flüssigkeit in den Magen. Eine täglich nur einmalige Fütterung (Überfressen) sowie getreidereiches Handelsfutter sollen die Entstehung der Magendilatation begünstigen. Für die Nichtentleerung des Gases durch Ruktation wird ein relativ langer ***pseudoabdominaler Ösophagus*** (= Abstand zwischen der Ansatzstelle des *Lig. triangulare sinistrum* am *Centrum tendineum* des Zwerchfells und an der Stelle, an der die *A. gastrica sinistra* über die *Facies visceralis* der Kardia hinweg zieht; beim Hund gibt es keinen abdominalen Ösophagus!) und dessen spitzwinkelige Einmündung in die Kardia des dilatierten Magens verantwortlich gemacht. Ein solch übermäßig stark ausgebildeter Antirefluxmechanismus kommt offensichtlich bei den großen Hunderassen gehäuft vor. Weiterhin wird diskutiert, ob durch eine Störung der parasympathischen Innervation (N. vagus) des Ösophagus Rülpsen und Erbrechen verhindert und damit die Voraussetzung für die Entstehung der Magendilatation geschaffen wird.

Die Dilatation begünstigt die Torsion des Magens, der nur über den Ösophagus im Bereich seines Durchtrittes durch das Zwerchfell fester fixiert ist. Die Drehung erfolgt in der Regel, von kaudal aus gesehen, nach ***rechts***. Dabei bewegen sich der rechts gelegene Pylorus entlang der ventralen Bauchwand und der links gelegene Fundus an der Wirbelsäule vorbei nach rechts. Der Magen vollzieht dabei um eine in der Verlängerung der Speiseröhre gedachte Achse eine Drehung bis zu 360°. Dadurch werden der Ösophagus spiralig abgedreht, Milz und Netz mitgezogen, Duodenum und Pankreas zwischen Magen, Zwerchfell und Leber verlagert und die Duodenallichtung komprimiert. **Folgen** sind eine sich noch verstärkende Tympanie des Magens, Stauungshyperämie der gedrehten Teile (Stauungsblutfülle und V-förmige Abknickung der Milz; Tafel VIII A), Transsudation von Flüssigkeit in die Bauchhöhle und in Magen-Darm (Bluteindickung), Ischämie der Leber (Kompression der Pfortader), Behinderung der Atmung durch Druck auf das Zwerchfell (auch Ruptur möglich) und reduziertes Herzschlagvolumen infolge verminderter venöser Blutzufuhr (Kompression der *V. cava caudalis;* kardiovaskulärer Schock). Weiterhin beobachtet man auch eine hämorrhagische Infarzierung der Magenwand vorzugsweise im Gebiet der Propriadrüsen (H^+-Produktion durch die Drüsenzellen benötigt viel Energie bzw. Sauerstoff), die selten auch zum Durchbruch führt. Der Tod kann rasch infolge Atmungs- und Kreislaufinsuffizienz bzw. Schock eintreten (Suffokationsblutungen in Lunge, Endo- und Epikard und Pleura costalis).

Beim **Schwein**, vor allem bei erwachsenen Sauen, kann hastiges Aufnehmen von großen Futtermengen, Wasser und Luft zur Magendilatation mit Torsion, meist im Uhrzeigersinn führen.

Eine **Torsion ohne Verlagerung des Labmagens** mit meist letalem Ausgang wird gelegentlich beim **Kalb** beobachtet.

Linksseitige Verlagerungen des Labmagens sind von erheblicher Bedeutung bei **Kühen** nach dem Kalben und solchen mit hoher Milchleistung. Auf der Grundlage einer Motilitätsstörung (Hypotonie) kommt es zur vermehrten Gasbildung im Labmagen. Von dieser Gasblase gezogen wandert der Labmagen von der rechten zur linken Seite und zwischen Pansen und linker Bauchwand nach dorsal. Torsionen im Uhrzeigersinn können noch hinzutreten und je nach Grad der Drehung das Krankheitsbild komplizieren. Für die Motilitätsstörung werden besonders postpartale Insulinresistenz mit Ketose und Leberverfettung,

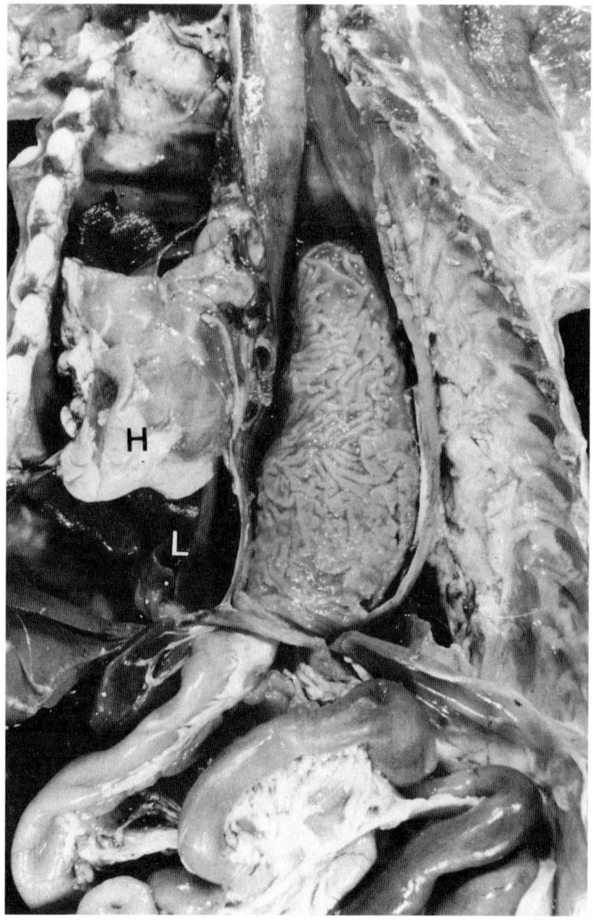

Abb. 5.13 Invagination von Magen und Netz in den dilatierten Ösophagus (aufgeschnitten) eines 4 ½ Monate alten Deutschen Schäferhundes. L = Leber, H = Herz.

Metritiden, Nachgeburtsverhaltungen, hoher Anteil flüchtiger Fettsäuren, energiereiche und rohfaserarme Fütterung sowie genetische Faktoren verantwortlich gemacht. Bei der linksseitigen Labmagenverlagerung des Kalbes sind die Motilitätsstörungen meist Folge von Magengeschwüren.

Die **rechtsseitige Labmagenverlagerung des Rindes** ist seltener (ca. 15 bis 20 % der Fälle) und ohne Bezug zu Puerperium und Hochlaktation. Sie geht häufig mit einer Torsion einher. Wenn diese 180° überschreitet, dann kommt es schnell zur Dilatation, hämorrhagischen Infarzierung und gegebenenfalls zur Ruptur des Labmagens. Besonders ungünstig ist die Prognose, wenn Psalter oder dieser und die Haube mit verdreht sind.

Invaginationen des Magens in die Speiseröhre oder in das Duodenum werden gelegentlich bei **Hunden** gesehen (Abb. 5.13).

5.7.4 Gestaltsveränderungen

Für die Entstehung der Gestaltsveränderungen des Magens gilt grundsätzlich das gleiche wie das bei den Vormägen Gesagte.

Einschnürungen des Magens sind meist durch Narbenstrikturen, Verlagerungen oder Geschwülste bedingt. Treten solche im Korpusbereich auf, dann entsteht ein sogenannter *Sanduhrmagen* (s. S. 157). Eine *anuläre Hypertrophie* der Pylorusmuskulatur wird gelegentlich beim Hund gesehen.

Bei den **Erweiterungen** des Magens unterscheidet man, analog zu denen der Vormägen, eine *primäre akute Dilatation* (alimentär oder tympanisch), eine *primäre chronische Dilatation* (oft mit kompensatorischer Hypertrophie der Schleimhaut und Magenmuskulatur) sowie eine *sekundäre akute* oder *chronische Dilatation.* Letztere werden vor allem beim Pferd infolge Stenosen oder Verschluß von Dünn- und Dickdarm beobachtet. Auf die sekundäre Magentympanie beim Hund infolge Magentorsion wurde bereits hingewiesen. Bei der *Vomiting and Wasting Disease* der Saugferkel (Enzephalomyelitis, Coronavirus, s. S. 396) findet man häufig einen aufgeblähten Magen.

Traktions- und *Pulsionsdivertikel* sowie *falsche Divertikel* (s. S. 149) kommen im Magen nur sehr selten vor.

5.7.5 Zusammenhangstrennungen

Auch für die Zusammenhangstrennungen des Magens gilt grundsätzlich das gleiche wie bei denen der Vormägen.

Perforationen sind entweder mechanisch bedingt oder erfolgen im Anschluß an Verätzungen, infolge von Geschwüren oder Parasiten.

Rupturen kommen weitaus am häufigsten beim **Pferd** vor. Meist handelt es sich um Dehnungsrupturen, seltener um traumatisch bedingte Zerreißungen infolge stumpfer Gewalteinwirkung von außen sowie um Spontanrupturen bei primär geschädigter Magenwand oder infolge plötzlicher, heftiger Magenperistaltik (Medikamente, vor allem Verabreichung von Physostigmin).

Dehnungsrupturen entstehen in der Regel im Anschluß an akute, meist sekundäre Magenerweiterungen. Die bevorzugte Rupturstelle liegt beim Pferd ungefähr handbreit über der großen Kurvatur, die am stärksten gedehnt wird, aber am wenigsten dehnungsfähig ist. Die Zerreißung erfolgt zunächst im Bereich der Serosa, dann der Muskulatur, während die mehr dehnbare Schleimhaut erst später reißt. Der Serosa- und Muskelriß ist daher stets größer als der der Schleimhaut.

Die *intra vitam entstandene Magenruptur* ist anhand der fetzigen, ausgefransten, blutig infiltrierten Rißränder, der Verklebung von Futterteilchen im Rupturbereich, der Einhüllung von Futtermassen im Netz sowie deren Durchmischung mit Blut und diffusen Verbreitung in der gesamten Bauchhöhle von einer postmortal erfolgten zu unterscheiden (Tafel VIII. D).

Nach einer vollständigen Magenruptur tritt bei Pferden der Tod meist in ein bis acht Stunden durch Intoxikation (Resorption von toxisch wirkenden Futterbestandteilen) und Schockwirkung (perakute Todesfälle) ein. Zur Ausbildung einer fibrinös-jauchigen Peritonitis kommt es meist nicht mehr.

Die Magendilatation und -torsion führt beim **Hund** meist nicht zur Ruptur, da dieser, wenn unbehandelt, frühzeitig stirbt (s. S. 157).

5.7.6 Abnormer Inhalt

Fremdkörper mannigfaltiger Art findet man vor allem bei Allotriophagie (Tollwut, Hundestaupe, Mangelernährung). *Magenversandungen* kommen vor allem bei Pferden und Rindern vor, die auf sandigen Böden weiden, beziehungsweise denen laufend sandiges Futter verabreicht wird. Perforationen der Magenwand durch spitze Fremdkörper sind relativ selten.

Magensteine (Gastrolithen), in der Regel aus Ammoniummagnesiumphosphat oder Kalziumkarbonat bestehend, sind beim Pferd bekannt. **Zootrichobezoare** sind im Labmagen von Kälbern (s. S. 155) nicht selten und können durch Verlegung des Pylorus rezidivierende Tympanien verursachen. Bis zu faustgroße Zootrichobezoare kommen bei **Angorakaninchen** nach der Schur vor und führen, da sie aus dem Magen nicht weiter transportiert werden können, in der Regel zum Tod der Tiere (häufig Magenruptur). Graskrankheit s. S. 416.

5.7.7 Kreislaufstörungen

Eine **aktive Hyperämie** findet man bei starker Füllung des Magens (Verdauungshyperämie) und bei akuten entzündlichen Erkrankungen des Magens. Eine **passive Hyperämie** mit blau-rötlicher Verfärbung der Schleimhaut liegt bei zentral und portal (hypertrophische Leberzirrhose) bedingten Stauungsprozessen vor und ist bei chronischem Verlauf häufig von kleinen Erosionen und Geschwüren begleitet. Besonders deutlich ausgeprägt ist die passive Hyperämie bei Rotlauf, akuter Schweinedysenterie, akuter Salmonellose, Schweinepest, Coliinfektionen und bei der

GLÄSSERschen Krankheit, in deren Verlauf es auch zur oberflächlichen Nekrose und Ablösung der Schleimhaut kommt. Ischämie s. S. 161.

Bei der **chronischen Urämie des Hundes**, seltener bei der akuten, ist die Schleimhaut schwarzrot oder rotbraun verfärbt und die Magenwand sulzig-hämorrhagisch infiltriert. Ein stechender ammoniakalischer Geruch ist charakteristisch für die allgemein als *urämische Gastritis* bezeichneten Veränderungen. Entzündliche Prozesse fehlen aber meist bis auf einige Erosionen. Im Vordergrund stehen vielmehr schwere passive Stauungsvorgänge, fibrinoide Nekrosen der Magenschleimhautkapillaren (urämische Gifte, s. S. 271) und die Diapedese von Blut. Letzteres erhält wegen der Einwirkung der Salzsäure des Magens eine schwarzrote bis sepiabraune Farbe. Verkalkungen in Mukosa und Submukosa sind häufig. Ähnliche Veränderungen findet man auch in den oberen Dünndarmabschnitten. Infolge der starken Ammoniakbildung kommt es zur Alkalisierung des Darmes, wodurch die Entstehung von entzündlichen Prozessen sowie von Verdauungs- und Resorptionsstörungen begünstigt wird (s. S. 271).

Ödeme der Magenwand sind besonders charakteristisch für die Enterotoxämie (Ödemkrankheit, s. S. 181 u. Abb. 5.31) der Schweine. Die Magenwand macht dabei einen glasig-gequollenen Eindruck und kann bis zu 1 cm dick werden. Marantische Ödeme der Magenwand findet man vor allem bei starkem Parasitenbefall (Hämonchus und Ostertagia bei Wiederkäuern).

Blutungen können sich als Folge von Stauungsvorgängen entwickeln, treten aber auch sehr häufig in Form von Petechien und Ekchymosen bei vielen septischen Krankheiten (Schweinepest, Rinderpest, Hcc, Leptospirose u. a.) und anderen hämorrhagischen Diathesen auf. Das ausgetretene Blut nimmt eine braun-rote bis schwärzliche Farbe an (Bildung von salzsaurem Hämatin). An der Blutungsstelle kommt es infolge der Selbstverdauung häufig zur Bildung von Erosionen und Geschwüren.

5.7.8 Entzündungen

Die Entzündungen des Magens **(Gastritis)** sind katarrhalischer, fibrinöser, hämorrhagischer, eitriger (selten), diphtheroid-nekrotisierender, erosiver oder ulzeröser Natur und können akut oder chronisch verlaufen. Häufig sind sie mit Darmentzündungen vergesellschaftet *(Gastroenteritis)*.

Die **akute katarrhalische Magenentzündung** (Magenkatarrh) ist durch Hyperämie der Schleimhaut, ödematöse Schwellung der Magenwand und durch vermehrte Bildung eines serösen oder mukösen Exsudates gekennzeichnet.

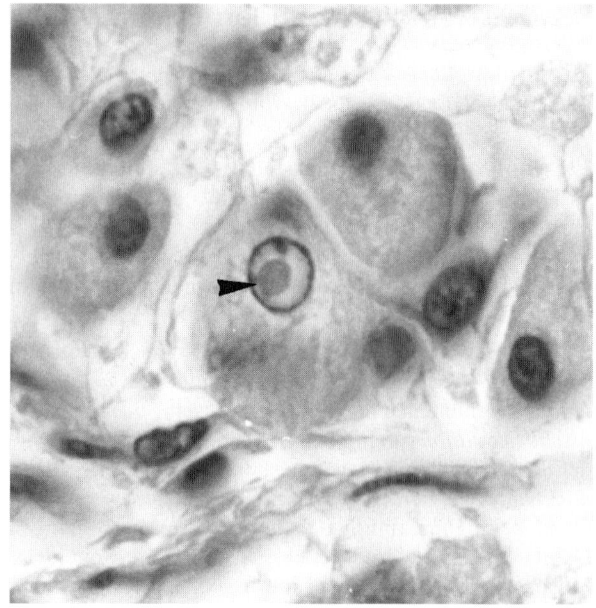

Abb. 5.14 Intranukleäres Einschlußkörperchen im Magenepithel bei der Staupe, Hund. HE, 1200 x.

Ursächlich kommen mannigfaltige infektiöse, chemische, allergische, thermische und auch mechanische Einflüsse in Betracht, die direkt die Schleimhaut schädigen. Daneben kann ein Magenkatarrh auch durch Ausscheidung toxischer Stoffe entstehen *(Ausscheidungsgastritis;* s. Urämie). Bei der Diagnosestellung ist Zurückhaltung geboten, da die Erfahrung lehrt, daß viele als entzündlich angesehene oberflächliche Schleimhautläsionen in Wirklichkeit Folgen von Kreislaufstörungen (s. S. 129) darstellen oder gar physiologischer oder postmortaler Natur sind (Staupe s. S. 390 u. Abb. 5.14).

Eine **fibrinöse (pseudomembranöse) Gastritis** findet man gelegentlich bei Rinderpest, boviner Virusdiarrhoe, IBR und Schweinepest. Durch sekundäre bakterielle Infektionen entwickelt sich daraus häufig eine **diphtheroid-nekrotisierende Entzündung.** Eine solche findet man auch bei der Nekrobazillose des Labmagens von Kälbern. Auch Verätzungen, vor allem mit arseniger Säure („Hüttenrauchkrankheit" der Rinder) und Schwefeldioxid, führen zu einer verschorfenden Gastritis, u. U. auch zur Magenperforation.

Die **Gastritis haemorrhagica** ist durch Hyperämie, katarrhalische Entzündung, blutige Infiltration der Magenwand und durch Diapedesisblutungen in das Magenlumen gekennzeichnet. Die **Bradsot** (dänisch = schnelle Seuche) der **Schafe**, die durch *Clostridium septicum* hervorgerufen wird und in nordischen Ländern (Island, Norwegen,

Schottland u. a.) vorkommt, verläuft perakut und stets tödlich. Das Sektionsbild ist vor allem durch eine hämorrhagisch-nekrotisierende Labmagenentzündung (landkartenartige Zeichnung) und serofibrinöse Ergüsse in der Bauchhöhle gekennzeichnet. Durch schnelle postmortale Clostridienvermehrung kann es aber schon kurze Zeit (zwei Stunden) nach dem Tod zur hochgradigen Fäulnis und Gasbildung kommen, so daß eine morphologische Diagnose nicht mehr möglich ist. Auch bei der *Leptospirose* des Hundes kann eine hämorrhagische Gastritis vorliegen. Urämische Gastritis s. S. 160, kanine hämorrhagische Gastroenteritis s. S. 188.

Erosionen (Gastritis erosiva) treten meist multipel auf und können zu stärkeren Blutungen führen. Ursächlich werden besonders Kreislaufstörungen (Ischämie,Streß, Schock, Stauungshyperämie) und Infektionskrankheiten (s. Stomatitis erosiva, S. 133ff.) in Betracht gezogen.

Geschwüre (Gastritis ulcerosa) kommen bei allen Haustieren und vielen Zootieren, besonders aber bei Rind, Schwein und Pferd vor. Im Unterschied zu Erosionen reichen hier die Substanzverluste bis zur Muscularis mucosae oder tiefer. Ulzera entstehen dann, wenn die ***Schleimhaut-aggressiven Faktoren*** die Schleimhaut-protektiven überwiegen. Zu ersteren gehören vor allem Salzsäure (Hyperazidität, „ohne Säure kein Ulkus"), Pepsin, Gallensäuren (duodenogastraler Reflux), chronische Entzündungen, Ischämie (besonders bei Streß- und Schockulkus), Infektionen *(Stomatitis ulcerosa,* s. S. 133), Parasiten, Medikamente (besonders nichtsteroidale Antiphlogistika) und Verletzungen. *Helicobacter pylori* ist beim Menschen die Hauptursache von Magengeschwüren. ***Helicobacter-ähnliche Organismen*** sind bei einer Reihe von Haus- und Wildtieren, besonders bei Katze und Hund nachgewiesen worden (Silberfärbungen von Magenschleimhautbioptaten, z. B. nach WARTHIN und STARRY). Ihre Bedeutung in der Pathogenese von akuten oder chronischen Gastritiden und Ulzera ist aber unklar, da sie auch bei gesunden Tieren gefunden werden.

Protektiv wirken Schleim und Bikarbonat, ständige Regeneration der Schleimhautepithelien, ausreichende Blutversorgung sowie Prostaglandine vom Typ E, besonders PGE_2 (Erhöhung der Schleim- und Bikarbonatsekretion, Drosselung der Säuresekretion, Stimulation der Epithelregeneration und Vasodilatation).

Das ***akute Ulkus*** ist gegen die Umgebung scharf abgesetzt („wie ausgestanzt"), oft oberflächlich verschorft und am Grund leicht blutend. Es kann über ein Granulationsgewebe mit Narbenbildung abheilen, wobei die Schleimhaut über dem Defekt wieder regeneriert wird. Wenn die Schadwirkung des Magensaftes stärker ist als der Heilungsvorgang durch das Granulationsgewebe, oder wenn Infektionen *(Fusobacterium necorphorum,* fakultativ pathogene Pilze, u. a.) hinzutreten, dann entsteht ein ***chronisches Ulkus.*** Der Geschwürsrand ist dabei durch Granulationsgewebe wallartig aufgeworfen oder infolge der Magenperistaltik treppenförmig verschoben, der Geschwürsgrund teilweise vernarbt. Gefürchtete Komplikationen sowohl des akuten als auch des chronischen Ulkus sind Arrosionsblutungen (Massenblutungen oder Verblutung; Sickerblutungen, chronische Blutungsanämie), Perforationen mit nachfolgender häufig tödlicher Peritonitis sowie Penetrationen entlang von Verwachsungen in benachbarte Organe und Gewebe (Bursa omentalis, Leber, Pankreas, Bauchwand u. a.).

Bei **Kälbern** sind Labmagengeschwüre sehr häufig (bis 90%). Die linsen- bis fünfmarkstückgroßen Geschwüre treten vor allem im Pylorusbereich auf. Klinisch verlaufen sie in vielen Fällen inapparent. Stärkere *Arrosionsblutungen, Perforation* und *Penetration* kommen vor. Rezidivierende Tympanien infolge von Pylorusspasmen und Labmagenverlagerungen (s. S. 158) können durch die Geschwüre ausgelöst werden. *Ursächlich* wurden früher Schleimhautverletzungen durch Rauhfutter oder aufgenommene Einstreu verantwortlich gemacht, da man histologisch in den Geschwüren immer wieder einmal Pflanzenteile finden kann. Diese sind aber nicht die eigentliche Ursache, sondern werden offensichtlich erst in die Geschwüre eingespießt. Dafür spricht auch, daß Magenulzera genau so häufig bei Kälbern auftreten, die nur mit Milch/Milchaustauschern gefüttert und ohne Einstreu gehalten werden.

Die täglich nur einmalige Fütterung mit großen Mengen führt aufgrund der Magenüberdehnung besonders im Pylorusbereich zur Ischämie und begünstigt damit die Entstehung von Geschwüren.

Bei **erwachsenen Rindern** treten Geschwüre annähernd gleich häufig in Pylorus und Fundus auf. Die Fundusgeschwüre neigen besonders zur Perforation (Tafel VIII. C). Geschwüre findet man auch auf dem Kamm der Schleimhautfalten, so daß diese wie angenagt aussehen. Mykotische Geschwüre (meist Zygomyzeten, seltener Aspergillus u. a.) sind nicht selten, wobei aber häufig nicht feststeht, ob die Pilzinfektion primärer oder sekundärer Natur ist.

Bei **Schweinen,** besonders im Mastalter, treten in der *Pars proventricularis* nicht selten hyper- und parakeratotische Veränderungen der Schleimhaut auf, aus denen sich akute und chronische, bis zu handtellergroße Geschwüre entwickeln (TafelVIII. B). Todesfälle infolge massiver Arrosionsblutungen, Sickerblutungen mit chronischer

Abb. 5.15 Hypertrophie der Ösophagusmuskulatur infolge Stenose der Kardia, bedingt durch Narbenstriktur (abgeheiltes Magengeschwür), Schwein.

Blutungsanämie oder Perforationen sind häufig. Nach Ausheilung kommt es infolge Narbenstriktur nicht selten zur Stenose der Kardia mit nachfolgender Hypertrophie der Ösophagusmuskulatur (Abb. 5.15). Ursächlich kommen Hyperazidität und Hypersekretion des Magens infolge haltungsbedingter Streßzustände (Lärm, Überbelegung der Ställe u. a.) sowie einseitige Getreide- oder Maismast, feingemahlenes pelletiertes Futter, Mangel an Rauhfutter und eventuell auch Vitamin E-Mangel in Betracht. Mykotisch bedingte Geschwüre sind vor allem im Fundusbereich lokalisiert.

Bei **Pferden,** vor allem Fohlen (auch bei Neonaten), sind Magengeschwüre vorwiegend in der *Pars proventricularis* (besonders am Übergang zum Fundus) zu finden, wobei es nicht selten zu massiven Arrosionsblutungen und Perforation kommt. Phenylbutazon kann infolge Hemmung der Prostaglandinsynthese zu Ulzerationen im Magen-Darm-Trakt führen (s. S. 137).

Beim **Hund** wird ein dem ZOLLINGER-ELLISON-Syndrom des Menschen vergleichbares Krankheitsbild beobachtet. Nicht-insulinbildende Inseltumoren des Pankreas produzieren dabei einen gastrinartigen Stoff, der die Salzsäureproduktion vermehrt, zur gastrischen Hypersekretion und damit zur Entwicklung von Geschwüren in Magen, Duodenum und häufig auch im Ösophagus führt. Eine Zottenatrophie im Dünndarm ist in der Regel ebenfalls vorhanden. Bei generalisiertem Auftreten von ***Mastzellentumoren*** (s. S. 544) findet man beim Hund infolge vermehrter Histaminausschüttung auch Magen- und Duodenalgeschwüre.

Bei der **Gastritis catarrhalis chronica hypertrophicans,** die vor allem bei **Hund** (besonders bei Drentse Patrijs- und Basenji-Hunden) und **Pferd** vorkommt, findet man eine derbe Verdickung der Schleimhaut (glanduläre Hyperplasie, Rundzellinfiltrate), die häufig mit einer Verstreichung der Schleimhautfalten und einer Hypertrophie der Magenmuskulatur vergesellschaftet ist. Erbrechen, Durchfälle und Abmagerung sind die wichtigsten klinischen Symptome. Im Unterschied zur MÉNÉTRIER-Krankheit des Menschen, mit der eine gewisse Ähnlichkeit besteht, kommt es nicht zu Eiweißverlust und hypoproteinämischen Ödemen.

Polypenbildungen der Schleimhaut können auftreten. *Warzenartige Veränderungen* findet man bei der chronischen Magenentzündung des Pferdes häufig in der Pars proventricularis. Beim Schwein ist auch eine *Gastritis chronica atrophicans* bekannt, die möglicherweise sekundär aus einer hypertrophischen Gastritis entsteht. Eine *auffällige Hyperplasie des lymphatischen Gewebes* der Mukosa zusammen mit zahlreichen *Spirillen-artigen Bakterien* in den Magendrüsen und parietalen Zellen wird vor allem in Beagle-Kolonien beobachtet.

Die **Aktinomykose** des Magens (fungös oder disseminiert kleinknotig) ist sehr selten.

Die **Tuberkulose** ist gleichfalls sehr selten. In der Regel kommt es dabei zur Bildung von Geschwüren (hämatogene Infektion oder durch Abschlucken tuberkulösen Auswurfes bei offener Lungentuberkulose).

5.7.9 Tumoren

Einzeln oder multipel auftretende **adenomatöse Polypen** kommen gelegentlich bei Hund und Pferd vor, sind aber nicht Vorstadien bösartiger Tumoren.

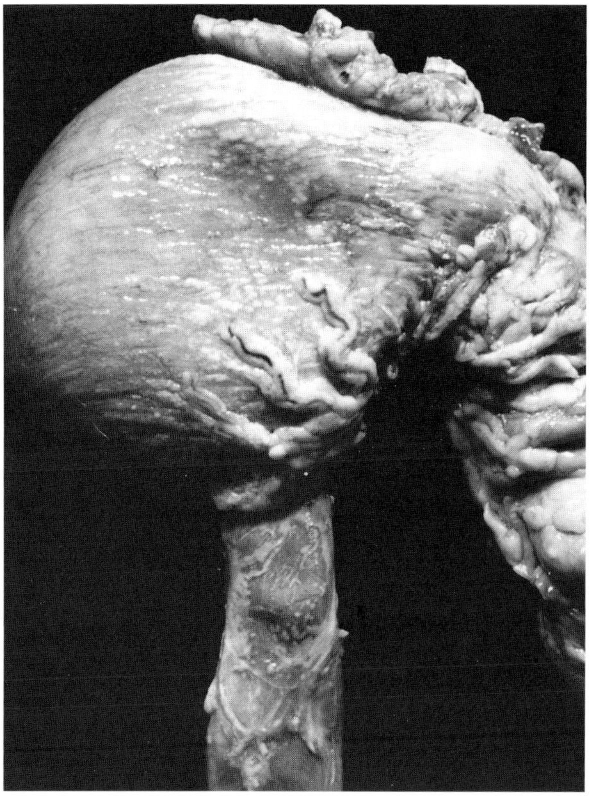

Abb. 5.16 Lymphangiosis carcinomatosa bei einem skirrhösen Plattenepithelkarzinom, 12 Jahre alter Setter.

Adenokarzinome sind im Gegensatz zum Menschen beim Haustier selten. Am häufigsten kommen sie noch beim **Hund** vor. Sie gehen meist von der Pylorusregion aus. Die Tumoren infiltrieren diffus die Magenwand, sind von derber Konsistenz (Desmoplasie) und häufig auf der Schleimhautseite ulzeriert. Lymphangiosis carcinomatosa (Abb. 5.16) und Metastasen in den regionären Lymphknoten sind die Regel, Fernmetastasen ebenfalls häufig. Histologisch kann man einen diffusen und einen tubulären Typ unterscheiden.

Verhornende Plattenepithelkarzinome sind die häufigsten Magentumoren des **Pferdes**. Sie entstehen in der *Pars proventricularis* und fallen klinisch erst in einem fortgeschrittenen Stadium auf (Anorexie, Abmagerung). Die Tumoren können Kopfgröße erreichen, sind blumenkohlartig zerklüftet und mit dicken, schmierigen grau-braunen Hornmassen bedeckt. Arrosionsblutungen, Aszites und Hydrothorax sind fast immer zu beobachten. Die Metastasierung erfolgt lymphogen und durch Implantation (auf den serösen Häuten mesotheliomartiges Aussehen der Metastasen), später auch hämatogen.

Karzinoide (argentaffine Chromaffinome, sogenanntes kleinzelliges Karzinom) kommen sehr selten bei Hund, Katze und Rind vor und führen meist zur Metastasenbildung in regionären Lymphknoten und Leber. Sie können auch in Darm, Leber und Lunge auftreten und stammen von den chromaffinen = APUD-Zellen ab. Eine vermehrte Produktion von 5-Hydroxytryptamin (Serotonin), wie bei den entsprechenden Tumoren des Menschen, ist beim Tier noch nicht nachgewiesen worden (s. S. 482).

Leiomyome, die sich halbkugelig nach innen oder außen vorwölben, sind bei älteren Hunden relativ häufig. Auch **Sarkome** kommen bei Fleischfressern vor.

Bei der **lymphatischen Leukose des erwachsenen Rindes** ist der Labmagen nach den Lymphknoten am häufigsten betroffen, nicht dagegen beim Kalb. Umfangreiche diffuse oder knotige Verdickungen der Schleimhaut, häufig nebeneinander auftretend und ulzerierend, beherrschen das Bild (Tafel 11. D). Auch bei Hund und Katze ist die lymphatische Leukose des Magens (meist knotig und ulzerierend) nicht selten (s. S. 65).

5.7.10 Parasiten

Wiederkäuer: Magenfadenwürmer (Trichostrongylidae) rufen besonders bei kleinen Wiederkäuern, aber auch bei Jungrindern, die verlustreiche *Magenwurmseuche* hervor. Bei kleinen Wiederkäuern sind es in Mitteleuropa vor allem *Ostertagia circumcincta, Haemonchus contortus* (Abb. 5.17) und *Trichostrongylus axei,* bei Rindern *Ostertagia ostertagi* und *Trichostrongylus axei*. Mischinfektionen sind häufig, eine strenge Wirtsspezifität der Parasiten besteht nicht. Die blutsaugenden Würmer verursachen katarrhalische Entzündungen, Erosionen, Ulzera, und Ödeme der Magenschleimhaut. Bei den Ostertagia-Arten sowie bei *Trichostrongylus axei* kommt es außerdem zur Bildung bis zu linsengroßer Knötchen in der Schleimhaut, in denen die präadulten Würmer aufgerollt liegen. Abmagerung, chronische Blutungsanämie und hypoproteinämische Ödeme sind bei massivem Befall häufige, nicht selten zum Tode führende Folgen.

Equiden: Bei Equiden kommen aus der Familie der **Habronematidae** die Gattungen ***Draschia*** und ***Habronema*** vor. *Draschia (Syn. Habronema) megastoma* dringt in die Submukosa ein und ruft knotige, adenomartige, kirsch- bis hühnereigroße entzündliche Wucherungen hervor, die in das Magenlumen hineinragen und meist in der Fundusregion nahe dem Margo plicatus zu finden sind. Das Zentrum der Knoten ist mit schmierigem, weißlich-gelbem Detritus gefüllt, der sich zusammen mit den Parasiten durch einen trichterförmig mündenden Kanal ausdrücken

Abb. 5.17 Hochgradiger Befall mit *Haemonchus contortus,* Labmagen, Schaf. 1,3 x .

läßt. Nach Absterben der Würmer verkalken die Knoten. Narbenbildungen entstehen, wenn die Parasiten die Knoten verlassen haben. Die Habronematose ruft meist keine klinischen Störungen hervor. Kutane Habronematidose s. S. 548.

Andere Nematoden, wie Habronema majus (Syn. microstoma), H. muscae, Trichostrongylus axei, sind von untergeordneter Bedeutung.

Larven verschiedener **Gasterophilusarten** *(G. intestinalis* und *G. haemorrhoidalis*, seltener *G. pecorum, G. inermis)* stellen die häufigsten Parasiten des Equidenmagens dar (s. S. 196). Die jungen Gasterophiluslarven sitzen meist in großer Zahl mit ihren Chitinhaken verankert in der Schleimhaut und nehmen dort Blut, Detritus und Lymphe auf. Sie rufen Erosionen hervor, die in der Vormagenabteilung von einem schmalen hyperplastischen Wall aus Plattenepithelzellen umgeben sind. Bei sehr starkem Befall kann eine chronisch-hyperplastische Gastritis mit papillomatösen oder adenomatösen Wucherungen entstehen. Nach Abstoßung der Parasiten kommt es zur Bildung charakteristischer, leicht erhabener, konzentrisch geschichteter Knötchen aus hyperplastischem Epithel, die erst nach längerer Zeit kaum sichtbaren Narben weichen.

Störungen treten nur bei sehr starkem Befall auf und bestehen in Blutverlust, Perforationen und Verdauungsbeschwerden. Möglicherweise können auch Geschwülste aus den chronischen Schleimhautveränderungen entstehen.

Schwein: Der **rote Magenwurm, Hyostrongylus rubidus,** ist besonders bei Sauen weit verbreitet. Die peroral aufgenommenen Infektionslarven entwickeln sich in den Lumina der Fundusdrüsen, wobei die Larve IV eine längere Ruhepause durchmachen kann und erst während der Laktationsperiode der Sau geschlechtsreif wird. In der Magenschleimhaut entstehen dabei bis haselnußgroße Knötchen, bei stärkerem Befall auch eine erosiv-ulzeröse oder diphtheroide Gastritis. Abmagerung, chronische Blutungsanämie und anhaltender Durchfall sind die Folgen.

Andere Wirte: *Spirocerca lupi* (s. S. 152) kommt gelegentlich auch im Magen des Hundes vor. *Ollulanus tricuspis* findet man bei der Katze und *Graphidium strigosum* beim Kaninchen (Magenwurmseuche mit Anämie und Kachexie). *Askariden* können nach dem Tode des Wirtes in Magen und Ösophagus einwandern.

5.8 Darm

E. Weiss und A. Pospischil

Die Wand des Darmes *(Intestinum)* besteht aus Schleimhaut (Epithel, Lamina propria, Lamina muscularis mucosae), Submukosa, Tunica muscularis und Serosa.

Durch die Faltung der Schleimhaut in Krypten und Zotten wird die resorptive Oberfläche der Schleimhaut gewaltig vergrößert. Die Oberfläche der Schleimhaut wird von Epithelzellen *(Enterozyten)* gebildet, die in den Krypten kubisch, auf den Zotten hochprismatisch sind. Die Enterozyten sind einer ständigen Erneuerung unterworfen,die Neubildung erfolgt aus *Stammzellen* an der Kryptenbasis. Diese sind nicht zur Resorption, sondern zur Sekretion befähigt. Auf ihrer Wanderung zur Zotte reifen die Enterozyten und erlangen die Fähigkeit zur Resorption. Diese Entwicklung dauert etwa zwei bis drei Tage, abhängig vom Lebensalter und läßt sich durch den Nachweis resorptiver Enzyme auf der Enterozytenoberfläche verfolgen. Am Ende seiner Lebenszeit wird der Enterozyt an der Zottenspitze aus dem Epithelverband entfernt und in das Darmlumen abgegeben. Neben den Enterozyten finden sich in der Schleimhaut noch Panethsche Körnerzellen, neuroendokrine Zellen, Becherzellen, intraepitheliale Lymphozyten und globuläre Leukozyten (Schollenleukozyten). Letztere treten auch neben Mastzellen und Plasmazellen in der Lamina propria auf. Panethsche Körnerzellen wurden bisher im Kryptenbereich des Dünndarmes von Pferd, Rind und Nagern, nicht aber bei Hund, Katze und Schwein nachgewiesen. Ihre Funktion ist nur zum Teil bekannt, sicher ist, daß sie Lysozym als antimikrobiellen Wirkstoff abgeben.

Neuroendokrine Zellen (enterochromaffine = enteroendokrine = argentaffine = argyrophile Zellen) werden überwiegend im Kryptenbereich, aber auch im Zottenbereich von Dünn- und Dickdarm beobachtet. Sie enthalten eine Vielzahl endo- bzw. parakrin wirksamer Amine und Peptide, die bei der Regulation der Darmmotilität und -funktion wirksam sind.

Becherzellen treten zwischen Enterozyten im Krypten- und Zottenbereich des Dünn- und Dickdarmes auf. Je nach Lokalisation sezernieren sie unterschiedliche Schleimqualitäten.

Die Mehrzahl der *intraepithelialen Lymphozyten* sind T-Zellen. Ein großer Teil von ihnen enthält große intrazytoplasmatische Granula („Large Granular Lymphocytes"), was als Charakteristikum für „Natural Killer Cells" gilt.

Globuläre Leukozyten, mononukleäre Zellen mit eosinophilen intrazytoplasmatischen Granula, stammen vermutlich von Mastzellen ab und finden sich zwischen Enterozyten und in der Lamina propria. Ihre Hauptfunktion scheint auf dem Gebiet der Regulation der Schleimsekretion zu liegen.

Mastzellen in der Lamina propria des Darmes unterscheiden sich histochemisch von denen in anderen Geweben des Körpers. Am häufigsten werden sie im Zusammenhang mit parasitären Infektionen beobachtet.

Submuköse Drüsen (BRUNNERsche Drüsen) kommen nur im Duodenum vor.

Das *Schleimhaut-assoziierte lymphatische Gewebe* tritt als diffuse Ansammlung solitärer oder aggregierter Knötchen (PEYERsche Platten) im gesamten Darmkanal auf, besonders zahlreich in Ileum und Zäkum. Die Knötchen liegen im allgemeinen antimesenterial und bestehen aus einer oberflächlichen Lage spezialisierter Enterozyten. Diese unterscheiden sich morphologisch und funktionell von resorptiven Enterozyten und wölben sich kuppelartig *(„Dome"-Epithelien)* in das Darmlumen vor. In der Lamina propria der „Domes" liegt eine Schicht aus B- und T-Zellen. In der Submukosa finden sich die Lymphfollikel, die im wesentlichen aus B-Zellen bestehen, dazwischen T-Zell-abhängige Areale.

Das Darmepithel liegt einem mesenchymalen Stroma auf, der *Lamina propria.* Diese enthält neben den bereits angesprochenen Zellen eine große Zahl von Lymph- und Blutgefäßen. Plasmazellen in der Lamina propria stammen ursprünglich aus den PEYERschen Platten. Nach einem Umweg über Mesenteriallymphknoten und Ductus thoracicus gelangen sie auf hämatogenem Weg wieder in die Lamina propria des Darmes *(„Homing").* Ein beträchtlicher Teil dieser *Plasmazellen* produziert dort IgA, welches an ein Transportprotein *(„Secretory Piece")* gekoppelt über einen aktiven Transportmechanismus durch die Kryptenepithelzelle hindurch das Darmlumen erreicht.

Die *Lamina muscularis mucosae,* eine dünne Schicht glatter Muskelzellen, bildet den Übergang von der Lamina propria in die Submukosa.

In der *Submukosa* finden sich neben Blut- und Lymphgefäßen auch Ganglien und Nervenfasern des *Plexus submucosus* (MEISNER und SCHABADASCH). Diese Teile des autonomen Nervensystems steuern gemeinsam mit dem *Plexus myentericus* (AUERBACH), der zwischen der Längs- und Ringmuskulatur des Darmes liegt, Motilität und Funktion des Dünn- und Dickdarmes.

Unter der Submukosa befindet sich die *Tunica muscularis*, bei der sich Längs- und Ringmuskulatur unterscheiden lassen. An die Muskularis schließt sich nach außen die *Serosa* des Darmes an.

Bei der **Obduktion** der Baucheingeweide nimmt man vorteilhafterweise Rücksicht auf deren Lage und legt Equiden auf die rechte Seite (Blinddarm liegt unten), Wiederkäuer auf die linke Seite (Pansen liegt unten), Schweine und Fleischfresser auf den Rücken.

5.8.1 Postmortale Veränderungen

Postmortale Tympanie (besonders in Blind- und Dickdarm), blutige und gallige Imbibition, Pseudomelanose, autolytische Zersetzung der Schleimhaut, Fäulnisemphyseme und postmortale Lageveränderungen infolge Transport der Leiche sind häufig zu beobachtende Leichenerscheinungen (s. entsprechende Abschnitte in Kapitel Vormägen und Magen). Von Bedeutung ist ferner die **Hypostase**, durch die ventral gelegene Darmabschnitte eine blutigrote Farbe annehmen und so entzündliche Prozesse vorgetäuscht werden können. Wegen der nach dem Tod sehr schnell eintretenden Autolyse und Fäulnis sollten Gewebeproben für die histologische Untersuchung möglichst frühzeitig fixiert werden.

Postmortale Darminvaginationen infolge einer zu unterschiedlichen Zeiten auftretenden Totenstarre der Darmmuskulatur lassen sich, im Unterschied zu intra vitam entstandenen, nach Aufhebung der Totenstarre, die im Darm sehr rasch eintritt, leicht lösen und sind nicht von einer Stauungshyperämie oder hämorrhagischen Infarzierung oder Serositis begleitet.

Beim Auflegen lebenswarmer Därme auf kalte Sektionstische kontrahiert sich die Darmmuskulatur, der Darm ringelt und verdickt sich, was besonders bei Katzen und Hunden nicht mit einer entzündlich bedingten Darmverdickung verwechselt werden darf. Ähnliches gilt für die durch Blutversackung im Splanchnikusgebiet bedingte Hyperämie der Darmschleimhaut bei frisch getöteten und nicht entbluteten Tieren.

5.8.2 Mißbildungen

Agenesie und **Hypoplasie des Kolons** kommen als erbliche Leiden bei Kälbern, Fohlen und Hundewelpen vor. Die

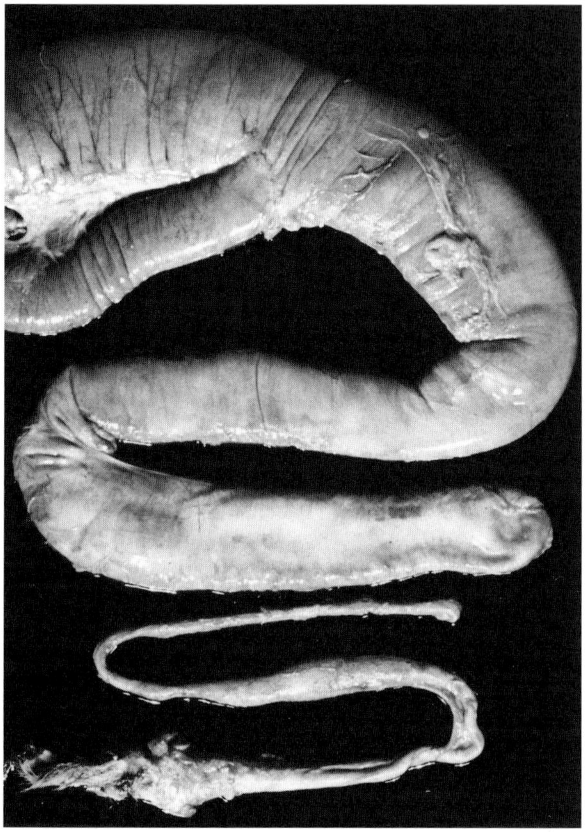

Abb. 5.18 *Atresia coli* mit Dilatation der vorgeschalteten Dickdarmabschnitte bei einem neun Tage alten Kalb.

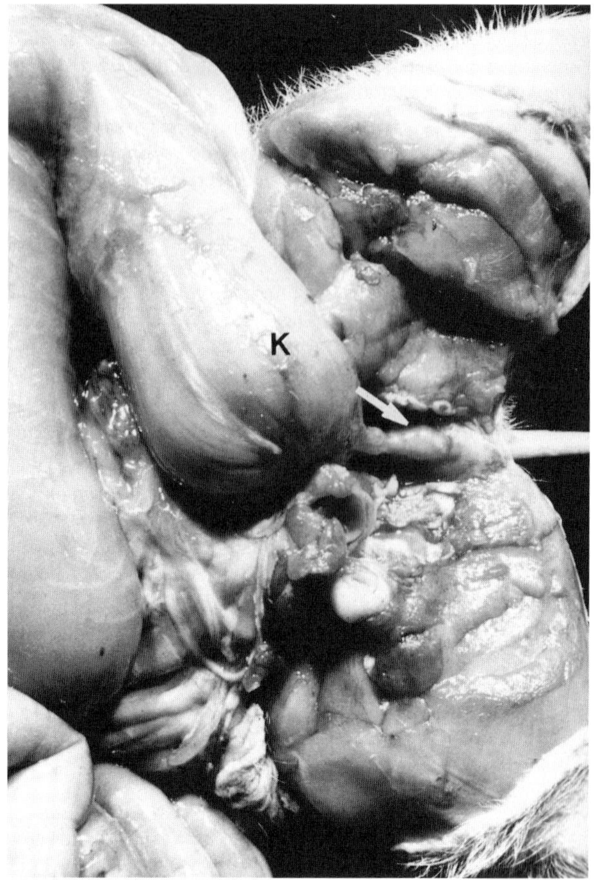

Abb. 5.19 *Atresia ani et recti* bei einem 14 Tage alten männlichen Ferkel. K = dilatiertes Kolon

Atresia intestinalis (meist Ileum und Kolon) wird relativ häufig bei Kälbern (erblich?, Abb. 5.18), seltener bei Fohlen und Hundewelpen beobachtet. Im einzelnen werden ein „Membran-Typ" (Membran im Darmlumen), ein „Strang-Typ" (blind endende Darmabschnitte, verbunden durch Muskel- oder Bindegewebe) und ein „Blindend-Typ" (Segment eines Darmabschnittes fehlt, Mesenteriumlücke) unterschieden.

Infolge Störungen der Differenzierung der Kloake in Rektum und Sinus urogenitalis entsteht die **Atresia ani et recti,** die häufig mit einer A- oder Hypoplasie des Schwanzes vergesellschaftet ist. Diese Hemmungsmißbildung kommt besonders oft beim **Ferkel** (s. SMEDI, S. 307) vor. Bei der *Atresia ani simplex* fehlt lediglich die Afteröffnung, während bei der *Atresia recti* diese vorhanden ist, das Rektum aber vorher blind endet (Ausbildung eines sog. Afterstranges zwischen Darmende und Blindsack). Die *Atresia ani et recti* ist durch Verschluß von Anus und Rektum gekennzeichnet, wobei das blinde Ende des Rektum bis zu 20 cm weit von der Haut der Perianalgegend entfernt sein kann (Abb. 5.19).

Bleibt die Analmembran des Kloakenganges erhalten, dann bilden sich beim männlichen Tier ***Fisteln*** zwischen Rektum und Harnröhre oder Harnblase *(Atresia ani urethralis* bzw. *vesicalis),* beim weiblichen solche zwischen Rektum und Scheide oder Uterus *(Atresia ani vaginalis* bzw. *uterina).* Diese inneren Fisteln oder Kommunikationen erlauben den Abgang eines Teiles der im Rektum angestauten Kotmassen und geben die Erklärung, warum die Tiere mit solchen Atresien oft noch wochenlang leben können. Die Fisteln können auch nach außen münden (Perineum, Skrotum, Raphe des Penis). *Echte Kloakenbildungen* stellen den stärksten Grad dieser Hemmungsmißbildungen dar.

Das **Megacolon congenitum** (HIRSCHSPRUNGsche Krankheit) ist auch bei Hund, Katze, Pferd und Schwein beschrieben worden und durch Aplasie der Ganglienzellen der MEISSNER- und AUERBACH-Plexus des Dickdarmes bedingt. Die ganglienfreien Darmabschnitte besitzen keine Peristaltik und sind eng, so daß es kranial davon zur Kotanschoppung und Darmerweiterung kommt. Eine **Aganglиose** mit Einengung des Kolons (vor allem des kleinen Kolons) und Dilatation der vorgeschalteten Darmabschnitte wird bei **Fohlen** (Schecken mit Overozeichnung = *Lethal White Foal Syndrome)*, die meist innerhalb von zwei Tagen nach der Geburt sterben, beobachtet (Melanoblasten und Ganglienzellen der Plexus kommen aus der Neuralleiste; s. S. 416).

Bei **gescheckten Kaninchen** (sog. Chaplins) kommt ein erbliches Megakolon mit hoher Mortalität vor. Beim ***idiopathischen Megakolon***, das in einem späteren Lebensalter vorkommt, liegt eine Erweiterung ohne ein nachgeschaltetes aganglionäres, enges Darmsegment vor.

Verdoppelungen des gesamten Darmes, häufiger die einzelner Darmabschnitte, kommen vor.

Das **MECKELsche Divertikel**, das den Bau der Dünndarmwand aufweist, sitzt stets am Ileum und ist ein Überbleibsel des normalerweise sich restlos zurückbildenden *Ductus omphaloentericus.* Es kommt vor allem bei Pferd (bis kopfgroßer Blindsack) und Schwein (30 bis 40 cm langer Schlauch) vor. Andere *kongenitale Divertikelbildungen* können an jeder beliebigen Stelle des Darmkanals auftreten und müssen von den erworbenen *Pulsionsdivertikeln* beziehungsweise *Traktionsdivertikeln* (s. S. 149) unterschieden werden.

Dottergangsfisteln entstehen, wenn der Ductus omphaloentericus erhalten und bis zum Nabel offen bleibt, **Dottergangszysten** infolge Sekretanstauung nach Verschluß beider Enden des Ganges.

Heterotopien von Magenschleimhaut (bei Hund und Katze auch Entartung zu Karzinomen) und **Situs inversus** sind sehr selten.

Rektovaginale Konstriktion s. S. 309.

5.8.3 Lageveränderungen

Bei den Lageveränderungen des Darmes, die besonders häufig bei **Equiden** vorkommen, besteht immer die Gefahr der Verlegung der Darmpassage und der Behinderung der örtlichen Blutzirkulation. Zunächst kommt es zur partiellen oder totalen Ischämie (klinisch meist inapparent). Wird die Sauerstoffversorgung nach ca. zwei (Dünndarm) bis drei (Dickdarm) Stunden wieder hergestellt, dann können, besonders beim Pferd ***Reperfusionsschäden*** auftreten. Diese werden ausgelöst durch freie Radikale, die besonders unter dem Einfluß des Xanthin-Oxidase-Mechanismus der Schleimhaut, des NADPH-Oxidase-Mechanismus und der Myeloperoxidase eingewanderter neutrophiler Granulozyten gebildet werden. Ödematisierung und hämorrhagische Infarzierung der verlagerten Darmabschnitte, Dilatation, Rupturen kranial des Hindernisses gelegener Darmabschnitte oder des Magens, Ansammlung von Stauungstranssudat und ausgetretenem Blut in der Bauchhöhle, schnell auftretende Störungen des Wasser- und Elektrolythaushaltes, Intoxikationen, Kreislaufkollaps und Schock kennzeichnen die Darmverlegungen im späteren Verlauf. Verlagerungen mit Abschnürung von Dünndarmteilen führen rascher zum Tod als solche von Dickdarmteilen, da der Wasser- und Elektrolytverlust (Exsikkose infolge Erbrechen und Stauung von Flüssigkeit in den oberhalb der Abschnürung gelegenen Dünndarmabschnitten, die diese nicht resorbieren können), bei ersteren viel schneller eintritt. Bei Verlagerungen und Abschnürungen von kaudalen Dünndarmabschnitten und Dickdarmteilen steht die Intoxikation infolge Aufnahme von Bakterientoxinen durch die geschädigte Darmwand im Vordergrund. Bei solchen der Endabschnitte des Kolons und des Rektums ist der Wasser- und Elektrolythaushalt nicht wesentlich gestört, so daß der Tod erst nach relativ langer Zeit eintritt.

Unter **Eventration** versteht man den Austritt von Baucheingeweiden aus der Bauchhöhle. Bei der *Eventratio simplex* sind diese nicht, bei der *Eventratio hernialis* jedoch von Bauchfell bedeckt. Beide Formen können angeboren (zum Teil erblich) oder erworben (in erster Linie traumatisch bedingt) sein.

Die **Eventratio simplex** findet man bei angeborenen Bauchspalten (besonders beim *Schistosoma reflexum),* bei Rupturen und Perforationen der Bauchdecken (entweder Austritt zwischen die Bauchmuskeln, unter die Haut oder nach außen) sowie von Uterus, Vagina oder Rektum. Sie kommt weiterhin vor bei angeborenen (selten) und erworbenen (häufig bei Katze und Hund, besonders nach Verkehrsunfällen) *Zwerchfelldefekten* (Verlagerung von Netz, Magen, Dünndarmteilen, Milz und Leber in die Brusthöhle mit Kompressionsatelektase der Lunge; Abb. 5.20).

Unter einer **Eventratio hernialis (Hernie, Bruch)** versteht man eine Ausstülpung des Bauchfells entweder unter die Haut oder in die Brusthöhle, in die die Bauchhöhlenorgane eingetreten sind.

Sie werden deshalb auch als ***äußere Hernien*** bezeichnet. Dabei unterscheidet man den vom Bauchfell gebildeten *Bruchsack* (meist mit geringen Transsudat- oder Exsudatmengen = Bruchwasser), die *Bruchpforte* und den *Bruchinhalt.* Von einer LITTRÉ-Hernie *(Darmwandbruch)* spricht man, wenn nur ein Stück Darmwand in die Bruchpforte

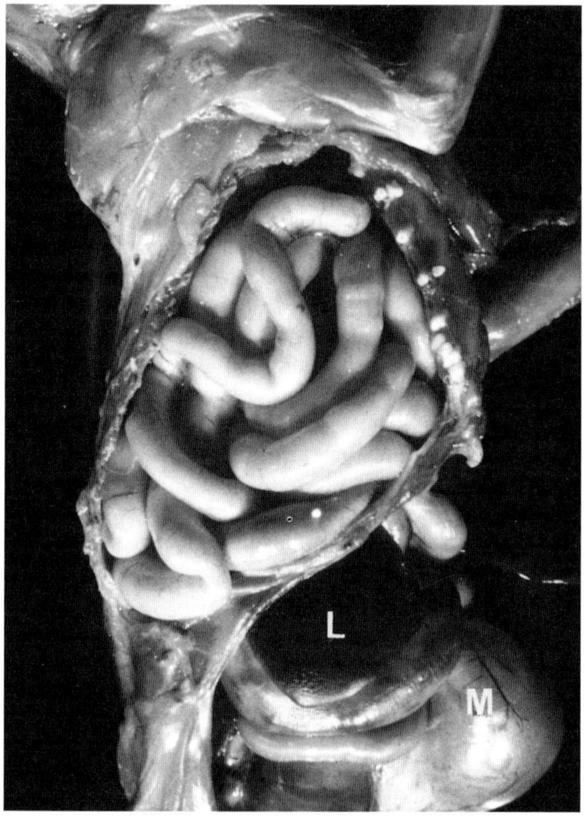

Abb. 5.20 Verlagerung des Dünndarmes in die Brusthöhle nach Zwerchfellruptur bei einer fünf Wochen alten Katze. L = Leber, M = Magen.

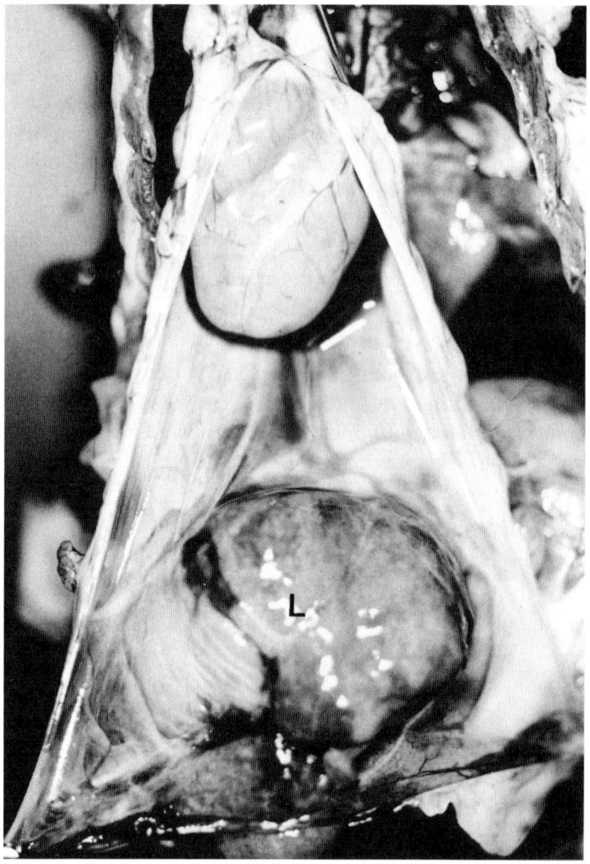

Abb. 5.21 *Hernia peritoneo-pericardialis diaphragmatica* bei einer acht Monate alten Perserkatze.

hineinragt. Brüche können beweglich, unbeweglich (Verwachsungen) oder eingeklemmt (inkarzeriert) sein. *Inkarzerationen* haben die eingangs dieses Kapitels geschilderten Komplikationen zur Folge. Daneben findet man aber häufig auch weniger bedenkliche Verwachsungen und metaplastische Verknöcherungen des Bruchsackes.

Im einzelnen unterscheidet man folgende äußere Brüche:

1. *Bauchbruch (H. abdominalis s. ventralis),* meist durch stumpfe Traumen oder Überdehnung und Riß der Bauchwandmuskeln (Trächtigkeit) bedingt.
2. *Nabelbruch (H. umbilicalis, Omphalozele),* häufig bei Fohlen (besonders Stutfohlen), Schweinen und Kälbern, zum Teil erblich bedingt.
3. *Leisten- und Hodensackbruch (H. inguinalis, H. scrotalis),* bei männlichen Tieren relativ häufig, da bei diesen der Leistenkanal dauernd offen bleibt; auch bei der Hündin vorkommend, da auch bei dieser ein Leistenkanal vorhanden ist; der *Nebenleistenbruch* ist eine Eventratio simplex!
4. *Schenkelbruch (H. femoralis s. cruralis),* Vorstülpung des Bauchfells und der Fascia transversa in den Schenkelkanal, meist Netz- und Darmteile ausgetreten.
5. *Mittelfleisch-* oder *Dammbruch (H. perinealis)* infolge Nachgiebigkeit des retroperitonealen Gewebes und Ruptur des M. coccygeus medialis (Diaphragma pelvis); besonders häufig bei alten Hunden mit Verlagerung von Darm, Blase und Prostata.
6. *Zwerchfellbruch (H. diaphragmatica),* im Gegensatz zum Zwerchfelldefekt (s. S. 114) selten; Bruchpforte kann auch der stark erweiterte Hiatus oesophageus sein, wobei der Bruchsack im Mediastinum (SUSSDORFscher Raum) liegt.
7. Die *Hernia peritoneo-pericardialis diaphragmatica,* die vor allem bei Perserkatzen vorkommt, entsteht durch eine Störung der Entwicklung des *Septum transversum.* Dadurch können Baucheingeweide in den Herzbeutel verlagert werden (Abb. 5.21).

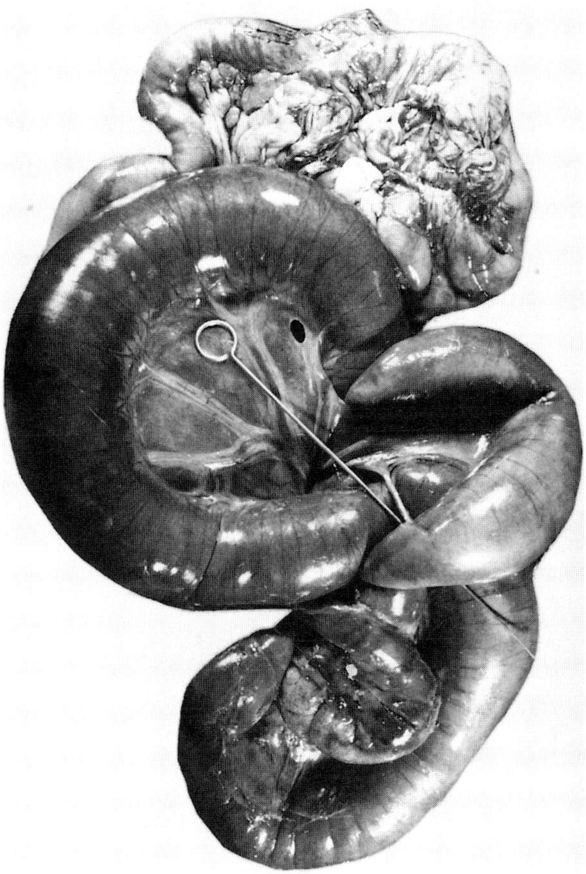

Abb. 5.22 *Hernia mesenterialis* nach Einriß (Sonde) des Darmgekröses, Hund.

Sogenannte ***innere Brüche*** entstehen durch Verlagerungen von Organen durch bereits bestehende oder erst erworbene Lücken innerhalb des Mesenteriums, Netzes oder von Bändern der Bauchhöhlenorgane. Da die Verlagerungen innerhalb der Bauchhöhle stattfinden, kann man sie nicht als Eventrationen bezeichnen. Durch das Fehlen eines Bruchsackes unterscheiden sie sich zudem von Brüchen. Die Bezeichnung „innerer Bruch" ist somit als „Kompromiß" aufzufassen. Im einzelnen kennt man folgende Formen:

1. *Netzbeutellochbruch (H. foraminis epiploici),* meist bei Pferden = Verlagerungen von Dünndarmteilen durch das Foramen epiploicum (WINSLOWsches Loch), wobei der Netzbeutel zu einer Art Bruchsack wird und die Darmteile eingeklemmt werden.
2. *Netzbruch (H. omentalis),* infolge von Rissen im Netz.
3. *Gekrösebruch (H. mesenterialis),* relativ häufig bei Pferd und Hund (Abb. 5.22) vorkommend; in der Regel traumatisch bedingte Gekröserisse, meist im Dünndarmbereich.
4. *Milznierenraumbruch (H. spatii renolienalis),* nur beim Pferd bekannt; Dünndarmschlingen, kleines Kolon, Colon ascendens oder linke Lagen des großen Kolons von kaudal nach kranial; Bruchpforte ist der sogenannte Milznierenraum = Spalt zwischen Milznierenband, Dorsalende der Milz, linker Niere und lateral angrenzender Rückenmuskulatur. Diese auch als „Left Dorsal Displacement of the Colon" bezeichnete Lageveränderung erfordert bei der Sektion besondere Aufmerksamkeit, da durch Wälzen der Tierleiche, aber auch schon durch Einströmen von Luft, die Lageveränderung sich beheben kann.
5. *Samenleiterfaltenbruch (H. plica ductus deferentis)* = innerer Bauchbruch oder Überwurf oder Strangulatio ductospermatica; früher häufig nach fehlerhafter Kastration beim Ochsen (Abreißen des Hodens ohne Fixierung des Samenstranges, dadurch reißt die Samenleiterfalte ein und bildet eine Lücke, oder der Samenleiter schnellt in die Bauchhöhle zurück und verwächst unter Lückenbildung mit der Bauchwand); fast ausschließlich rechtsseitig vorkommend, da linksseitig der Pansen das Eindringen der Darmschlingen verhindert.
6. *Hernia pseudoligamentosa,* Lückenbildung infolge abnormer Strangbildungen (Briden; frz. = Zügel, Zaum) und Verwachsungen, Persistenz der obliterierten Nabelarterien, des Urachus, des Ductus omphaloentericus, peritonitische Verwachsungen u. a..

Drehungen um die Längsachse des Mesenteriums findet man besonders beim **Pferd** in Form des **Volvulus (Torsio) mesenterialis jejuni et ilei**. Diese auch als **Querachsendrehung** oder Gekröseverdrehung bezeichnete Lageveränderung betrifft in erster Linie Dünndarm und Hüftdarm, seltener das kleine Kolon, da diese ein langes, stielartiges Gekröse besitzen und sich ihre Schlingen schon normalerweise im Verlauf der Darmbewegungen kreuzen, umlegen und drehen (bis 180°). Die Verdrehung um das Gekröse entwickelt sich, wenn eine Darmschlinge infolge stärkerer Füllung nach abwärts gezogen wird, bewegungslos verharrt und dadurch das Gekröse spannt, das dann zur Torsionsachse wird. Ein in Bewegung begriffener vorderer Darmabschnitt schiebt sich dann neben diesem Strang vorbei und faltet und verdreht das Gekröse. Über dem Strang aus Gekröse und Darm kommt es dann zur Umlegung und Abknickung der darübergelegten Schlinge und zur Stauung von Darminhalt in dem abgeschlossenen Darmteil. Die Folge ist eine starke Gasfüllung, die bewirkt, daß weitere bewegliche Dünndarmteile bis zu einer Länge von 10 m (Pferd) über den Strang gezogen werden. Da der Zug an beiden Enden der primär abgeknickten Darmschlinge erfolgt, werden sowohl vordere als auch hintere Dünndarmteile über den Strang gezogen, und zwar so lange, bis das Darmgekröse so angespannt ist, daß eine weitere Wanderung nicht mehr möglich ist (kaudal meist erst am Ileum). Durch den Zug der Darmschlingen kommt es dann zur Strangulation der Anfangs- und Endabschnitte der verlagerten Darmteile über den primären Darm-Gekrösestrang und wegen der in erster Linie durch die Gasfüllung unterhaltenen Bewegung zur karussellartigen Drehung der abgeschlossenen Darmteile um das Gekröse (Einschnürungsstelle). Hämorrhagische Infarzierung (arterielle Zufuhr erhalten, venöser Abfluß verschlossen), Stauungstranssudation, hochgradige Störungen des Wasser- und Elektrolythaushaltes, Peritonitis und Intoxikation führen schließlich zum Tod (s. S. 167).

Bei **Mastschweinen** (50 bis 80 kg) kommt es, insbesondere bei Flüssigfütterung (Molkereinebenprodukte), zu einem Volvulus des gesamten Dünndarmes oder einzelner Schlingen.

Bei **Elefanten** findet man gelegentlich eine ähnliche Rotation des großen Kolons, bei **Schwein** und **Kalb** eine **Rotation** des Dickdarmkegels beziehungsweise der Dickdarmscheibe *(Torsio mesenterialis intestini). Rotationen des Blinddarmes* kommen bei Pferd, Rind und Schwein vor.

Unter einem **Volvulus nodosus** versteht man eine Lageveränderung, bei der Dünndarmschlingen einen Knoten um andere Dünn- oder Dickdarmteile schlingen, der dann infolge der Peristaltik zugezogen wird und zur Strangulation der betroffenen Darmabschnitte führt. Diese Lageveränderung wird gelegentlich beim **Pferd** beobachtet.

Die **Längsachsendrehung (Rotation, Torsion) der linken Lagen des großen Kolons** ist eine der häufigsten Kolik- und Todesursachen beim **Pferd**. Die durch ein kurzes Gekröse fest miteinander verbundenen linken Kolonlagen sind, ähnlich wie die Querlagen und im Gegensatz zu den rechten Lagen, frei beweglich. Sie können sich so drehen, daß die linke obere Lage (nur ein Bandstreifen, keine Poschen) sich nach unten senkt, während die untere (vier Bandstreifen und vier Poschenreihen), die Drehachse bildend, an ihrem Platz bleibt oder nach oben verschoben wird. Die Drehung erfolgt lateral (linksläufig) oder häufiger medial (rechtsläufig). Bei einer Drehung um 90° (Vierteldrehung) liegt die dorsale Lage seitlich, ohne daß es zu besonderen klinischen Symptomen kommt. Bei der Drehung um 180° (halbe Drehung) liegen die obere Lage unten, die untere oben, bei einer solchen um 270° (Dreivierteldrehung) die Lagen wieder seitlich und bei einer Drehung um 360° (ganze Drehung) liegen die obere Lage wieder oben und die untere wieder unten. Mediale, rechtsläufige Drehungen um 360° sind am häufigsten (Tafel IX. A), noch stärkere Drehungen kommen vor. Die spiralig aufgedrehte, infolge der Blutleere blasse ***Einschnürungsstelle*** (Drehungsstelle) befindet sich primär meist am Übergang der linken Längslagen zu den Querlagen, wird aber sekundär oft durch den Stauungsdruck des Koloninhaltes und des dort in großen Mengen gebildeten Gases in das Querkolon oder auch in das rechte Längskolon verschoben.

Ursächlich kommen für die Entstehung der Längsrotation des großen Kolons erhöhte, teils krampfartige Darmperistaltik, plötzliche heftige Bewegungen des Tieres (Wälzen, Aufstehen, Niederlegen) und starke Füllung der linken Kolonlagen bei Leere des Querkolons in Betracht. Die Folgen der Drehungen entsprechen denen auf S. 167 geschilderten, wobei die hämorrhagische Infarzierung des linken Kolons, die Stauungstranssudation (bis 25 l), Blutungen in Darm- und Bauchhöhle sowie die Intoxikation im Vordergrund stehen.

Abknickungen des große Kolons, des kleinen Kolons oder des Zäkums werden gelegentlich bei **Pferden** gesehen *(Retroflexio coli* oder *R. caeci).* Postmortale Abknickungen, die relativ häufig sind, unterscheiden sich durch die fehlenden örtlichen Kreislaufstörungen.

Darmeinschiebungen (Invagination, Intussuszeption) stellen häufige Veränderungen dar und entstehen durch Einstülpung eines Darmabschnittes in den nächstliegenden. Die Darminvagination wird durch die Peristaltik bewirkt, wobei sich der kontrahierte Abschnitt in den angrenzenden erschlafften oder gasgeblähten, der eine weite Lichtung besitzt, teleskopartig einschiebt. Fixpunkte, an denen die peristaltische Bewegung angreifen kann, sind meist die von der Kreismuskulatur gebildeten Schnürringe, seltener Geschwülste, Fremdkörper und Parasiten. Darmentzündungen (Staupe, Parvovirose) begünstigen die Entstehung von Invaginationen. Invaginationen findet man am häufigsten in Dünn- und Hüftdarm, wobei letzterer auch in den Dick- oder Blinddarm eintreten kann. Die Blinddarmspitze kann sich in den Blinddarm und dieser wiederum in das Kolon und dieses letztlich wieder in das Rektum einstülpen. Bei kleinen Haustieren beträgt die Länge der Einschiebung 5 bis 30 cm, bei Großtieren mehrere Meter.

Der invaginierte Darmabschnitt ist wurstähnlich prall verdickt und meist bogen- oder schneckenförmig gekrümmt. An der Einstülpstelle entsteht eine ringförmige, umwulstete Vertiefung, in welche das Gekröse eingeschoben ist. Am anderen Ende fühlt man das kegelförmige Endstück des

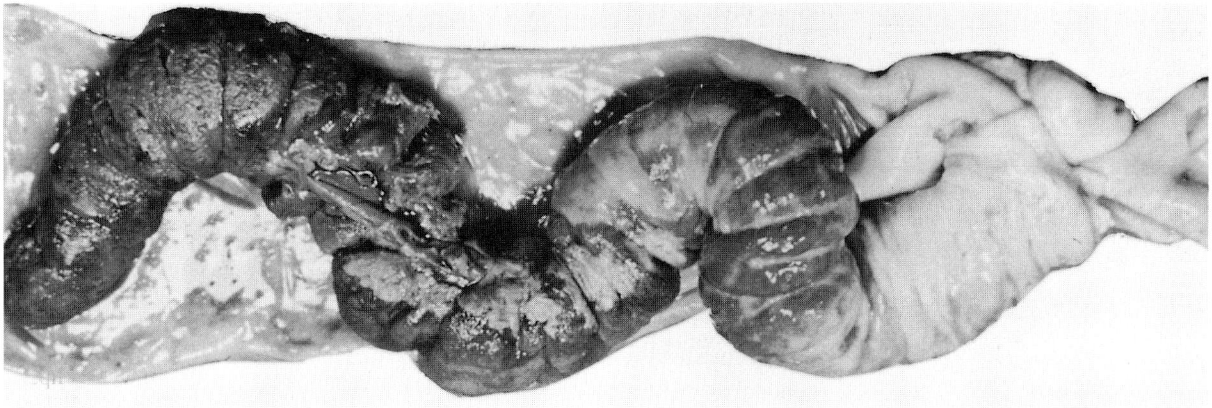

Abb. 5.23 Invagination des Dünndarmes mit hämorrhagischer Infarzierung des eingeschobenen Darmabschnittes, Hund.

eingeschobenen Darmteiles, dessen umgeschlagene Schleimhaut nach dem Aufschneiden sichtbar wird. Auf dem Querschnitt sieht man drei Röhren übereinanderliegen, wobei das äußere Darmrohr ein mittleres (beide kehren sich die Schleimhautflächen zu), das mittlere ein inneres Rohr und das Gekröse (beide berühren sich mit den Serosaflächen) umschließen. Der invaginierte Darmabschnitt ist blau-rot verfärbt, nekrotisch und mit blutigen Massen durchsetzt (hämorrhagische Stase oder Infarzierung; Abb. 5.23). Der Tod tritt nach ein bis drei Tagen ein. Selbstheilung mit Hinterlassung von narbigen Ringwülsten (Invaginationsnarbe) ist selten. Postmortale Invagination s. S. 165.

Der **Vorfall des Mastdarmes** geht meist mit einem solchen des Anus einher *(Prolapsus recti et ani)*. Ein ähnlicher Zustand kann bei der Invagination des Rektums entstehen. Ursächlich kommen starker Druck (Bauchpresse, Peristaltik) und Erschlaffung des periproktalen Bindegewebes und des Sphincter ani sowie Hyperöstrogenismus (Schwein s. S. 310) in Betracht. Der vorgefallene Teil ist gestaut und sekundären mechanischen Verletzungen und Infektionen ausgesetzt. **Strikturen des Rektums** können beim **Schwein** auch im Anschluß an Vorfälle und Salmonellose entstehen (s. S. 185). Bei Schweinen, die mit Lysin-reichem Futter gefüttert werden, kommt es zum gehäuften Auftreten von Mastdarmvorfällen. Gasterophilus s. S. 196.

5.8.4 Veränderungen der Darmlichtung

Verlegungen der Darmlichtung (Obturation) können durch Futtermassen („*Large Colon Impaction*" beim Pferd, Obstipation, Koprostase), Fremdkörper (Steine, Pfirsichkerne, Wurstzipfelhüllen aus Kunstdarm), Parasiten (Askariden), Konkremente, Bezoare, Geschwülste, Abszesse, Hämatome usw. verursacht werden.

Verengungen (Stenose) und Verschlüsse (Obstruktion) entstehen durch Kompression, Strangulation *(Strangulatio lipomatosa* durch pendelnde Tumoren, meist Lipome, Abb. 5.24, beim Pferd) und Narbenstrikturen (s. S. 185, Abb. 5.25; terminale Ileitis s. S. 186, Salmonellose s. S. 185). Auch Darmverlagerungen führen häufig zu diesen Zuständen, von denen der **Darmverschluß (Ileus** = klinischer Begriff) am gefährlichsten ist (Tod infolge Schock; Elektrolyt- und Wasserverlust, Intoxikation). Neurogen bedingte Obstruktionen treten nach Bauchoperationen und bei der Graskrankheit der Pferde (s. S. 416) auf.

Für die Entstehung von **Erweiterungen (Dilatation, Ektasie)** und deren verschiedenen Formen (akute tympanische Dilatation, alimentäre Dilatation, chronische Dilatation) gilt grundsätzlich das in den entsprechenden Kapiteln bei Vormägen und Magen Gesagte. Fast immer führen Verlegungen und Verengungen des Darmlumens zur Dilatation der vor den Hindernissen liegenden Darmabschnitte. Beim **Pferd** ist die chronische Darmdilatation, auch nach Beseitigung der Ursache, irreversibel (Indikation zur Darmresektion!). Die Muskulatur der erweiterten Darmteile weist bei chronischem Verlauf eine unterschiedlich starke *kompensatorische Hypertrophie* auf. Forensisch (Altersbestimmung) ist diese von Bedeutung und wird besonders bei der Beurteilung des Alters der *rezidivierenden Blinddarmverstopfung* des Pferdes herangezogen.

Beim **Pferd** kommt es gelegentlich zur Bildung einzelner oder mehrerer **Pulsionsdivertikel** im kleinen Kolon und im Bereich des kranialen Ampullendaches des Rektums (Abb. 5.26). Ursache dafür ist eine schwach ausgebildete, deltaförmige Tunica muscularis in diesem Bereich, die einen

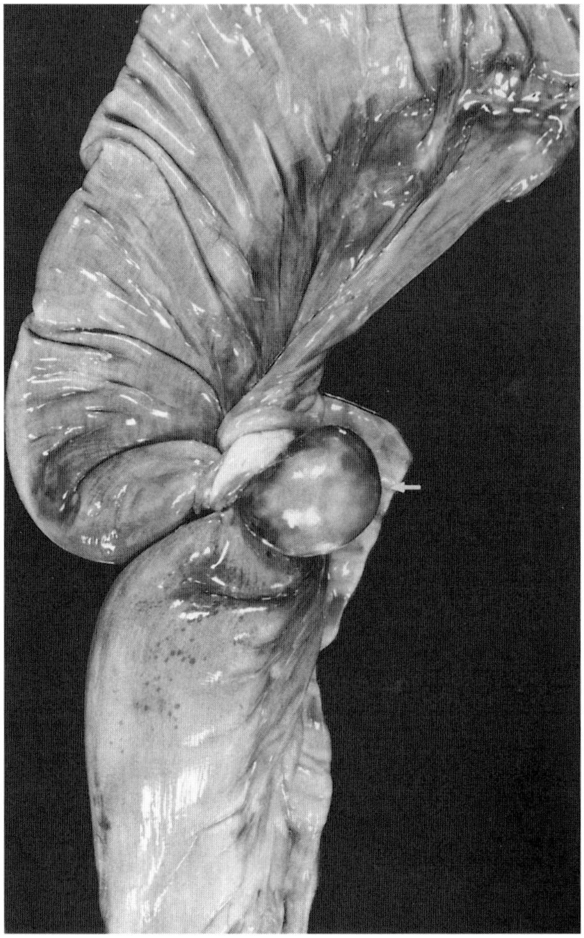

Abb. 5.24 Strangulation des Dünndarmes durch ein pendelndes Lipom (Pfeil), Pferd.

Abb. 5.25 Stenose des Duodenums infolge Narbenstriktur, Dilatation des kranial gelegenen Darmabschnittes, Pferd.

Locus minoris resistentiae darstellt und zur *Spontanruptur* führen kann. Bei der forensischen Beurteilung von Mastdarmrupturen bzw. -perforationen im Zusammenhang mit einer durchgeführten rektalen Untersuchung ist zu beachten, daß es sich nur dann um eine *Spontanrup*tur handeln kann, wenn die Zusammenhangstrennung im dorsalen Mastdarmbereich liegt. Voraussetzung ist aber, daß dort auch die geschilderten morphologischen Veränderungen vorliegen. Bei der Sektion solcher Pferde ist daher anhand des Ausbildungsgrades der Muskularis zu klären, ob eine muskelstarke (formstabile) oder muskelschwache (formlabile) Ampulla recti beziehungsweise Übergangsformen vorliegen und die Zusammenhangstrennung sich im Bereich der deltaförmigen Fläche befindet.

Bei anderen Haustieren sind *Pulsions-* und *Traktionsdivertikel* sehr selten.

5.8.5 Fremdkörper, Konkremente und Zusammenhangstrennungen

Neben den bei den Obturationen bereits erwähnten **Fremdkörpern** sind noch spitze (Nadeln, Angelhaken u. a.) und scharfe sowie band- und fadenartige Fremdkörper zu nennen. Erstere können zu Darmperforation (Gekröseansatz!) und Peritonitis führen. Letztere bedingen schnittartige Verletzungen der Darmschleimhaut und, besonders wenn sie an irgendeiner Stelle des Verdauungsapparates (Zunge) festgehalten werden, eine girlandenartige Aufreihung der Darmschlingen mit nachfolgenden Schleimhautverletzungen (Tafel IX. B), Stauungs- und Entzündungsprozessen und Invaginationen. Zur Darmversandung kommt es bei langdauernder Aufnahme von sandigem Futter.

Darmkonkremente kommen im Kolon von **Equiden**, vor allem in der magenähnlichen Erweiterung, und nur selten

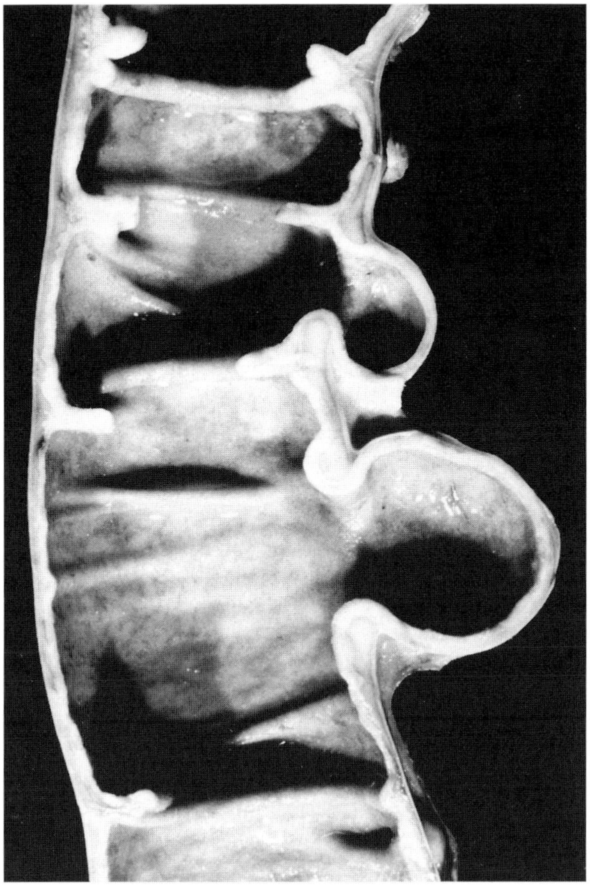

Abb. 5. 26 Multiple Dünndarmdivertikel, Pferd (Foto: K. FRESE)

bei anderen Tieren vor. Mineralische Darmsteine ***(Enterolithen)*** können Kopfgröße erreichen (früher besonders bei Müllereipferden) und bestehen hauptsächlich aus Ammoniummagnesiumphosphat. Sie sind häufig konzentrisch geschichtet und zeigen im Zentrum oft Steine als Kristallisationspunkte (Abb. 5.27 A, B). An der Oberfläche sind sie glatt, häufig weisen sie aber auch zahlreiche scharfkantige Defekte auf. *Zusammengesetzte Darmsteine* haben mannigfaltige Formen und reiben sich an ihren Berührungsflächen gegenseitig ab, wodurch sogenannte *Facettensteine* entstehen (Abb. 5.27 C). Zahlreiche kleine Steinchen können ebenfalls auftreten (sogenannter *Darmgrieß)*.

Phytotrichobezoare, vor allem aus Hafergrannen bestehend (sog. *Hafersteine)* und oft mit Ammoniummagnesiumphosphat inkrustiert, sind wesentlich häufiger als *Tierhaarbälle,* die vor allem bei Hund und Schwein vorkommen. Bei Wiederkäuern stammen sie meist aus den Vormägen (s. S. 155, Abb. 5.27 D, E, F).

Konglobate entstehen durch Zusammenballungen unverdauten Futters (Koprolithen beim Hund).

Meist sind die Darmkonkremente ohne nachteilige Folgen. Gefährlich werden dagegen Steine, wenn sie im kleinen Kolon zur Einkeilung kommen. Dies gilt vor allem für Konkremente, die ungefähr einen Durchmesser von 10 cm haben, da kleinere das Kolon passieren können, größere im allgemeinen in der magenähnlichen Erweiterung liegen bleiben.

Für die **Zusammenhangstrennungen** des Darmes gelten die gleichen Gesichtspunkte wie bei denen der Vormägen und des Magens (s. S. 155, 159). Zu beachten ist, daß Parasiten *(Parascaris equorum* beim Pferd im Bereich der beiden Blätter des Mesenteriums und an deren Ansatz, *Anoplocephala perfoliata* und *A. magna; Macracanthorhynchus hirudinaceus* beim Schwein), Geburtsverletzungen, sodomistische und sadistische Akte sowie Knochensplitter auch als Ursachen für *Darmperforationen* und *-zerreißungen* in Betracht kommen. *Dehnungsrupturen* erfolgen beim Pferd besonders in der magenähnlichen Erweiterung des Kolons, neben der großen Kurvatur des Blinddarmes, am Beginn des kleinen Kolons (Darmsteine) und im kranialen Ampullendach des Rektums (s. sog. Spontanruptur S. 138).

Bei **Pferden** wird nicht allzu selten eine ***Ruptur bzw. Perforation des Zäkums,*** meist querverlaufend an der Ventralseite des Blinddarmkörpers, beobachtet. Das Gewebe im Bereich der Zusammenhangstrennung ist blutig-ödematös durchtränkt, histologisch können gelegentlich geringgradige granulozytäre und mononukleäre Infiltrate nachgewiesen werden. Die Pathogenese ist nicht geklärt. Bei den Tieren, bei denen das Zäkum mit Futtermassen angeschoppt und das Kolon relativ futterleer ist, dürfte die Zusammenhangstrennung die Folge der Blinddarmobstipation sein. Bei Stuten, bei denen die Zusammenhangstrennung vor allem während und nach der Geburt und ohne Vorhandensein einer Blinddarmobstipation auftritt, wird ein erhöhter intraabdominaler Druck als Ursache diskutiert. Weiterhin wird vermutet, daß die Verabreichung von nichtsteroidalen Antiphlogistika die Entstehung von Blinddarmzusammenhangstrennungen begünstigt. Larvale Cyathostominose s. S. 194.

5.8.6 Stoffwechselstörungen

Die **Atrophie** der Darmschleimhaut ist meist druckbedingt oder Folge einer Entzündung (Zottenatrophie, s. S. 176f.).

Das **enterale Proteinverlust-Syndrom (Protein-Losing Enteropathy) des Hundes** (Norwegische Lundehunde

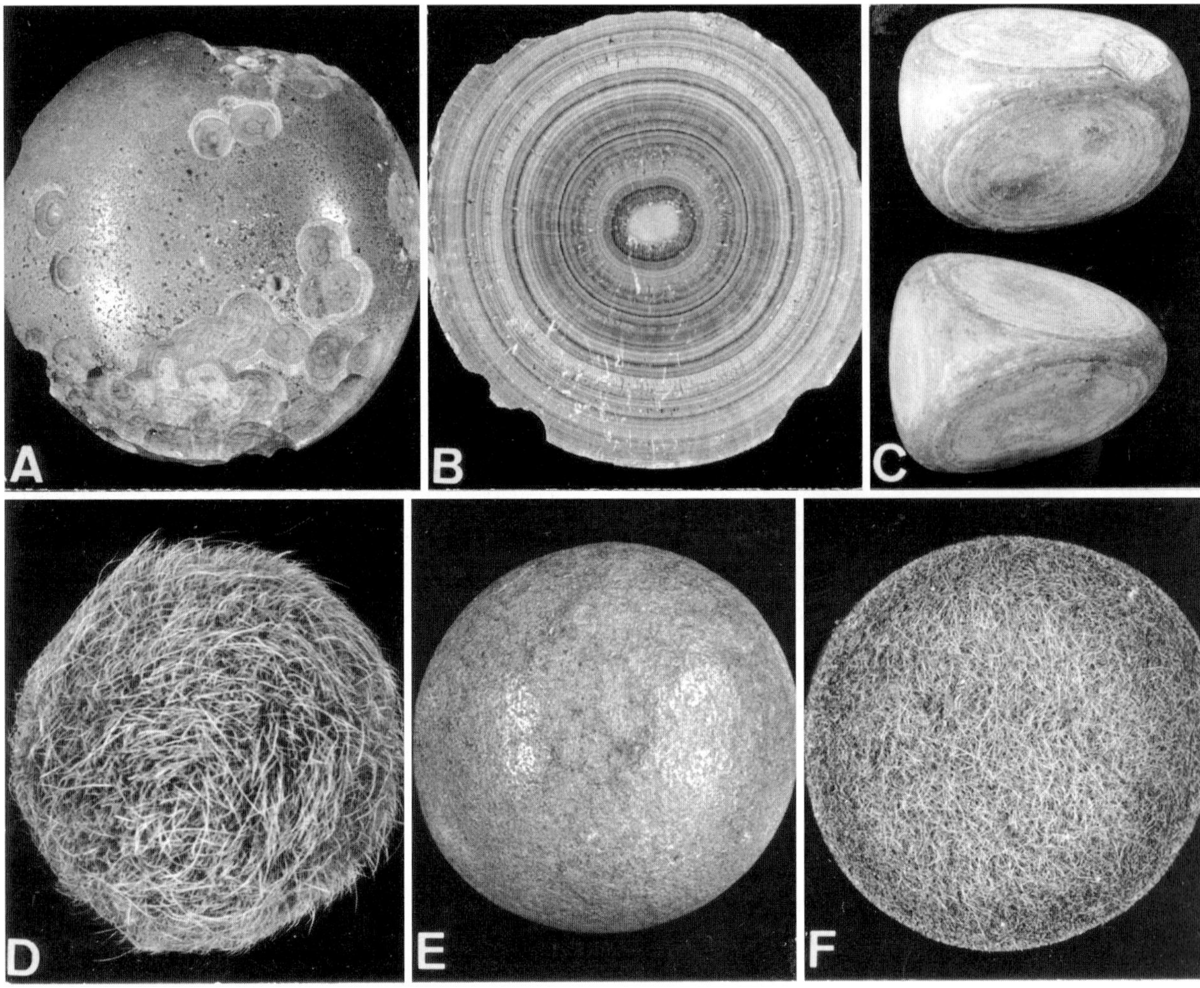

Abb. 5.27 Magendarmkonkremente.
A, B Dickdarmstein (Durchmesser 13 cm) mit kraterartigen Defekten und achatartiger Schichtung um einen Kieselstein, Pferd.
C Zusammengesetzte Steine (Durchmesser ca. 7 cm) aus dem kleinen Kolon mit Facettierung infolge gegenseitigen Abschleifens, Pferd.
D Oberflächlich rauher Pilibezoar aus dem Pansen, Kalb.
E, F Oberflächlich glatter Pilibezoar mit filzartiger Struktur im Querschnitt, Pansen, Kalb.

besonders betroffen) ist klinisch durch chronischen Durchfall, Abmagerung, Hypoproteinämie mit Ödemen und Aszites, Hypokalzämie, Hypocholesterinämie und Lymphopenie gekennzeichnet. Makroskopisch fallen, besonders im proximalen Jejunum, die erweiterten weißlichen subserösen und mesenterialen Lymphgefäße, kleine weißliche Granulome in Subserosa und Mukosa sowie vergrößerte weißliche Darmzotten auf. Histologisch findet man vor allem eine Erweiterung des Zentralkanals der Zotten und der Lymphgefäße *(intestinale Lymphangiektasie)*, Atrophie, Fusion und ballonartige Auftreibung der Zotten sowie Lipidgranulome. Die Ursache des Syndroms ist nicht bekannt. Der Proteinverlust ist in erster Linie auf die Ruptur der erweiterten Lymphgefäße und die druckbedingte erhöhte Permeabilität der Schleimhaut, in geringerem Maße auch auf eine Malabsorption infolge der Atrophie der Zotten (besonders der Mikrovilli) zurückzuführen.

Die **Hypertrophie** der Darmmuskulatur tritt in den vor den Stenosen gelegenen Darmabschnitten und bei chronischen

Dilatationen als kompensatorisches Ereignis auf (s. S. 171). Besondere Beachtung verdient die *Hypertrophie der Ileummuskulatur* des **Pferdes**, die in der Regel, ähnlich wie die der Speiseröhre, idiopathischer Natur ist und bei der ebenfalls besonders die Kreisfaserschicht verdickt ist. Rezidivierende spastische Prozesse im Bereich der Ileozäkalöffnung und rezidivierende Blinddarmtympanien werden als Ursachen in Betracht gezogen. Die beim **Schwein** vorkommende *Hypertrophie* der *Muskulatur* besonders der kaudalen (terminalen) Ileumabschnitte ist ebenfalls idiopathischer Natur. Meist führt sie zu keinen klinischen Erscheinungen, gelegentlich kann es aber auch zur Ruptur oder Divertikelbildung kommen. Bezüglich der sogenannten *terminalen Ileitis* s. S. 185. Eine wahrscheinlich durch nicht näher klassifizierte Darmbakterien bedingte übertragbare *Ileumhyperplasie* ist bei **Hamstern** bekannt.

Metaplastische Verknöcherungen infolge chronisch-entzündlicher Prozesse sowie **Verkalkungen** der Darmwand (D-Hypervitaminose, Urämie) sind selten.

Melaninpigmentierung des subserösen Gewebes findet man beim Rind als Teilerscheinung einer allgemeinen Melanose. Braunfärbung meist des Dünndarmes infolge **Lipofuszinablagerung** in der glatten Muskulatur wird gelegentlich bei Hunden und Katzen beobachtet (Vitamin-E-Mangel?).

5.8.7 Kreislaufstörungen

Die **aktive Hyperämie** ist entweder eine Verdauungshyperämie oder Teilerscheinung einer akuten Enteritis.

Akute passive Hyperämie, Ödematisierung, Stauungstranssudation und hämorrhagische Infarzierung stellen charakteristische Veränderungen bei mit Verlagerungen, Verlegungen, Verengungen und Verschlüssen einhergehenden Darmerkrankungen dar.

Eine **chronische Stauungshyperämie** entsteht bei Kompression der Pfortader, Pfortaderthrombose, hypertrophischer Leberzirrhose, intra- und extrahepatischem Shunt und chronischer Herzinsuffizienz (chronische Stauungsleber). Colitis X s. S. 188.

Ödeme der Darmwand und des Mesenteriums treten besonders bei der Enterotoxämie des Schweines und der Amyloidnephrose des Rindes auf (s. S. 181, S. 251).

Eine **Ischämie** der Darmschleimhaut wird unter anderem bei Schock (Hund), Lageveränderungen, Thrombosen von Darmarterien, bei verschiedenen Vergiftungen (Quecksilber, Eicheln) und bei Verabreichung nichtsteroidaler Antiphlogistika beobachtet.

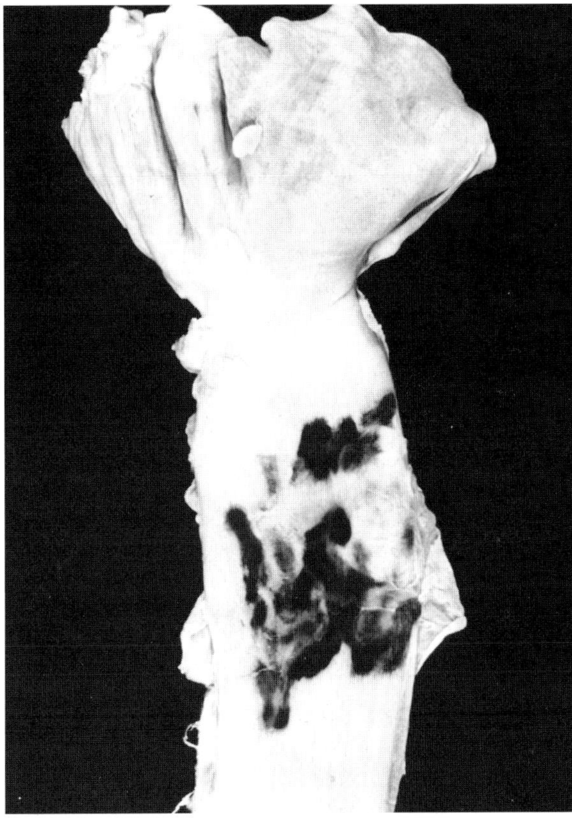

Abb. 5.28 Haemomelasma ilei, Pferd.

Diapedesisblutungen findet man bei vielen septischen Krankheiten (Milzbrand, Schweine- und Rinderpest, Pasteurellose, Rotlauf) und anderen hämorrhagischen Diathesen, wie Morbus maculosus, Dikumarolvergiftung und Hämophilie. Infolge Sulfmethämoglobinbildung nehmen die Blutungen häufig eine schwärzliche Farbe an (Pseudomelanose).

Eine schwere, zum Tode führende *diffuse Diapedesisblutung* im Dünndarmbereich wird bei **Mastschweinen** beobachtet (Dünndarm mit Blut und desquamierten Epithelien gefüllt, kollaterale Anämie des Tierkörpers und der Organe). Die Ursache dieses ***enterohämorrhagischen Syndroms*** ist nicht bekannt (Enterotoxämie? Streßsyndrom? Anaphylaxie? Volvulus?). Intestinale Adenomatose, s. S. 185.

Rhexisblutungen (Parasiten, Stiche, Fremdkörper) führen häufig in Submukosa und Subserosa zu Bildung von Hämatomen.

Das **Haemomelasma ilei**, das sind runde oder längliche, leicht erhabene, schwärzliche oder schiefergraue Flecken (Sulfhämoglobin; Abb. 5.28) unter der Serosa besonders des Ileums, entsteht durch Thrombose kleiner Wandarterien oder im Anschluß an Blutungen, bedingt durch Larven von *Strongylus vulgaris,* die meist von den PEYERschen Platten her einwandern (s. S. 193).

Die **Thrombose** der Darmarterien ist beim Pferd häufig *(Thromboarteriitis verminosa*, verursacht durch Strongylidenlarven; s. S. 36 u. Abb. 1.16) und führt oft zur Embolie und Kolik). **Ischämische Darminfarkte** (Abb. 5.40, thrombotisch-embolische Kolik) entstehen aber in der Regel nur unter folgenden Bedingungen:

1. Gleichzeitige oder innerhalb kurzer Zeit eintretende plötzliche Verlegung beider Kolon- bzw. Zäkumarterien nahe ihres Ursprungs.
2. Bildung von Etagenthromben in Kolon- oder Zäkumarterien.
3. Plötzliche Verlegung größerer Arterien besonders in Nähe der Beckenflexur (z. B. Ramus colicus der A. ileocolica).
4. Verlegung zahlreicher kleinerer Arterien zur gleichen Zeit.

5.8.8 Entzündungen

Die Entzündung kann den gesamten Darm *(Enteritis)* oder nur bestimmte Abschnitte *(Duodenitis, Jejunitis, Ileitis, Typhlitis, Kolitis, Proktitis)* betreffen. Häufig ist auch der Magen entzündlich verändert *(Gastroenteritis).* Die Entzündung ist entweder oberflächlich oder tief und verläuft akut, subakut oder chronisch. Weiterhin unterscheidet man katarrhalische, fibrinöse, diphtheroid-nekrotisierende, hämorrhagische, ulzeröse und granulomatöse Entzündungen, wobei fließende Übergänge und Mischformen häufig vorkommen. Darmentzündungen gehen oft mit Durchfall (Verschmutzung der Perianalgegend, Schenkel und des Schwanzes) einher und können zu Störungen der Resorption, zu Wasser- und Elektrolytverlust, Dehydration, Blutazidose, extrarenaler Urämie, Intoxikationen und bei chronischem Verlauf zur Abmagerung und Hypoproteinämie führen.

5.8.8.1 Katarrhalische Darmentzündung

Die *akute katarrhalische Enteritis* ist durch Hyperämie und ödematöse Schwellung der Schleimhaut, durch ein seromuköses Exsudat, mit häufiger Beteiligung von Granulozyten und einen dünnflüssigen, umgeformten Darminhalt gekennzeichnet. Die Diagnose „akute katarrhalische Darmentzündung" stellt einige Anforderungen an den Obduzenten, da postmortale Veränderungen (vor allem bei euthanasierten Tieren s. S. 165), Verdauungshyperämie und die schon normalerweise stark schwankende Konsistenz des Darminhaltes das Bild der akuten katarrhalischen Entzündung vortäuschen können. Die Schwellung der mesenterialen Lymphknoten (Lymphadenitis simplex) erleichtert, wenn vorhanden, die Diagnosestellung. Die chronische katarrhalische Enteritis zeigt entweder eine verdickte *(Enteritis chronica hypertrophicans),* polypöse oder ausgesprochen dünne *(Enteritis chronica atrophicans)* Schleimhaut.

Als **Diarrhoe** bezeichnet man einen von der Norm abweichenden, erhöhten Flüssigkeitsgehalt des Darminhaltes. Die folgenden Überlegungen beschränken sich auf Durchfallerkrankungen, die pathologisch-anatomisch als *akute katarrhalische Enteritis* bezeichnet werden.

Folgende **Pathomechanismen** sind beteiligt: *Maldigestion, Malabsorption, Hypersekretion* und *Motilitätsstörungen.* Die beiden erstgenannten Funktionsstörungen weisen in den meisten Fällen histopathologisch erfaßbare Veränderungen auf, die beiden letztgenannten entziehen sich weitgehend einer morphologischen Beschreibung. In der Mehrzahl der Fälle entstehen die genannten Funktionsstörungen und morphologischen Veränderungen dadurch, daß Erreger am Darmepithel haften, in dieses eindringen und sich dort vermehren. Für den klinischen Verlauf ist neben der Intensität, die Lokalisation (Dünn- oder Dickdarm) und die Ausdehnung entlang eines betroffenen Darmabschnittes von Bedeutung. Zuerst soll auf die Funktionsstörungen des **Dünndarmes** eingegangen werden.

Eine ***Maldigestion*** entsteht durch das Fehlen oder die Verminderung der zur Verdauung notwendigen Enzyme und Hilfsstoffe. Dies findet man bei Erkrankungen des Magens und Pankreas und bei Ausfall der Gallenfunktion. Im Dünndarm kommt es durch die Einwirkung von Erregern *(Rota-* u. *Corona-Viren; enteropathogene E. coli* = EPEC, Kryptosporidien) zur Beeinträchtigung der Enterozytenfunktion im Zottenbereich. Eine der ersten Ausfallserscheinungen ist dabei das Absinken der Konzentration von Verdauungsenzymen (Peptidasen, Disaccharidasen) in morphologisch noch intakten Enterozyten. Dadurch verbleiben osmotisch aktive Di- und Oligosaccharide im Darmlumen und binden Wasser relativ fest an sich (osmotische Diarrhoe). Erfolgt durch die Erreger eine weitergehende Zerstörung von Enterozyten, dann werden diese aus dem Epithelverband ausgestoßen. Die Zotte verkürzt sich *(Zottenatrophie),* ein Ersatz der Enterozyten erfolgt durch unreife oder noch nicht vollständig ausgereifte Enterozyten aus den Krypten. Die Gesamt-Resorptionsfläche des Darmes wird damit vermindert, und die unreifen Kryptepithelzellen auf der Zotte sind zur

Resorption noch nicht befähigt. Es entsteht eine ***Malabsorption,*** in deren Folge ebenfalls osmotisch aktive Substanzen im Darmlumen verbleiben *(osmotische Diarrhoe).*

Andere Erreger, wie *enterotoxische E. coli* (ETEC), *Vibrio cholerae* und *Yersinia enterocolitica* bilden bei ihrer Vermehrung *Enterotoxine (Exotoxine).* Diese greifen in den aktiven Transport von Natrium-, Kalium- und Chlorid-Ionen durch die Zellmembran ein. Dem Transport dieser Elektrolyte folgt die Bewegung von Körperwasser in den Darm. Enterotoxine bewirken über erhöhte cAMP- und cGMP-Konzentrationen eine verminderte Aufnahme und eine erhöhte Abgabe der Elektrolyte durch Enterozyten. Die im Normalzustand nur resorptiv tätigen Enterozyten auf den Zotten werden unter dem Einfluß von Enterotoxinen zur „Sekretion" angeregt *(Hypersekretion; sekretorische Diarrhoe).*

Welche Rolle ***Motilitätsstörungen*** in der Pathogenese von Diarrhoeen spielen, ist aufgrund des gegenwärtigen Wissensstandes nicht ausreichend bekannt. Bei einigen Darminfektionen (z. B. TGE) kommt es entgegen den bisherigen Vorstellungen nicht zu einer Hyper- sondern zu einer Hypomotilität.

Eine der wesentlichen Aufgaben des **Dickdarmes** ist die *Eindickung* des aus dem Dünndarm stammenden wasserreichen Inhaltes. Gelangt nun durch eine der oben geschilderten Funktionsstörungen des Dünndarmes übermäßig mit Wasser durchsetzter Inhalt in den Dickdarm, so kann die Resorptionskapazität des Dickdarmes überschritten werden und damit eine Durchfallerkrankung entstehen. Bei einigen der oben genannten Infektionen können Erreger aber auch im Dickdarm selbst Veränderungen und Funktionsstörungen hervorrufen (z. B. *EPEC, Coronaviren).* Andere Infektionen *(Kryptosporidien, Schraubenbakterien)* greifen bevorzugt den Dickdarm an. In beiden Fällen wird die Wasserrückresorptionsfähigkeit des Dickdarmes herabgesetzt.

Aus dem Gesagten ergibt sich, daß Durchfallerkrankungen sowohl durch Erkrankungen des Dünn- als auch des Dickdarmes allein hervorgerufen werden können. Häufig sind jedoch Funktionsstörungen und Veränderungen an beiden Darmabschnitten ursächlich an der Erkrankung beteiligt, wobei die dargestellten Pathomechanismen sowohl neben- als auch nacheinander vorkommen können.

Eine katarrhalische Darmentzündung kommt bei vielen Krankheiten vor, die zum Teil bereits an anderer Stelle besprochen wurden (BVD-MD, Bluetongue, Staupe u. a.).

Die **übertragbare Gastroenteritis (Transmissible Gastroenteritis = TGE) der Schweine** wird durch das *porzine Coronavirus 1* (TGEV) verursacht und kommt weltweit vor. In Europa wird die Krankheit heute aber nur noch sehr selten beobachtet. Grund dafür ist, daß das 1984 erstmals in Belgien beschriebene *porzine respiratorische Coronavirus* (s. S. 99) mittlerweile in den Schweinebeständen weit verbreitet ist. Dieses Virus, das sich nicht im Darm vermehren kann, ist mit dem TGEV serologisch sehr eng verwandt und ruft daher eine Immunität gegen das TGEV hervor. Die Krankheit kommt besonders bei Saugferkeln vor, geht mit Erbrechen, Durchfall und Exsikkose einher und führt bei bis zu zwei Wochen alten Tieren fast immer zum Tode. Bei Läufer- und Mastschweinen sowie Sauen ist die Letalität dagegen im allgemeinen gering. Diese unterschiedliche Letalität kann damit erklärt werden, daß beim Saugferkel die Regeneration von Darmepithelien längere Zeit braucht (8–12 Tage) als bei erwachsenen Tieren (3–4 Tage). Bei der Sektion der an TGE gestorbenen Saugferkel findet man eine katarrhalische Gastroenteritis, wobei Magen und Dünndarm meist leicht gebläht sind und unverdaute, geronnene Milch enthalten.

Das Virus schädigt besonders die Zottenepithelien, die dann desquamiert werden. Die noch verbleibenden Epithelien sind abgeflacht und nur noch begrenzt in der Lage, die für die Verdauung wichtigen Enzyme zu produzieren. Um mit diesen Epithelzellen eine noch einigermaßen intakte Oberfläche zu erhalten, kontrahieren sich die Zotten und werden dadurch erheblich kürzer. Diese sogenannte ***Zottenatrophie*** kann man im Nativpräparat (Schleimhaut vorsichtig abspülen, in eine mit Wasser gefüllte Petrischale legen und unter dem Stereomikroskop betrachten) oder histologisch leicht nachweisen, vorausgesetzt, daß noch keine postmortale Selbstverdauung der Schleimhaut eingetreten ist. Die Zottenatrophie ist besonders stark ausgeprägt im Jejunum, weniger im Ileum und fehlt im proximalen Duodenum (daher gut als Vergleichspräparat zu verwenden!). Die Zottenatrophie ist nicht pathognomonisch für TGE, sondern kann nur als Hinweis für Krankheiten gelten, die mit einer solchen einhergehen. Bei der TGE der erwachsenen Tiere findet man auch eine fibrinöse oder diphtheroide Jejunitis.

Die 1977 erstmals beobachtete **Epizootische Virus-Diarrhoe (EVD) der Schweine** ist klinisch, epidemiologisch und morphologisch nicht von der TGE zu unterscheiden, mit der sie auch zusammen auftreten kann. Ursache ist ein dem TGE-Coronavirus morphologisch ähnliches Virus *(porzines Coronavirus 2),* das aber immunologisch mit diesem keine Gemeinsamkeiten aufweist. Die Diagnose kann daher nur mit immunhistologischen oder virologischen Methoden erfolgen.

Eine Zottenatrophie, bevorzugt in Duodenum und distalen Jejunumabschnitten, sieht man auch bei der als **Steatorrhoe** (nichtinfektiöse Diarrhoe) der drei Wochen alten

Ferkel bezeichneten Krankheit. Man nimmt an, daß hier vermehrte Futteraufnahme und gastrointestinale Hypomotilität über eine Dysbakteriose zur Schleimhautschädigung (Zottenatrophie) führen, in deren Gefolge sich eine Malabsorption, vor allem von Fett, entwickelt, die sich wiederum in Steatorrhoe äußert.

Coronavirusinfektionen sind verantwortlich für Durchfallerkrankungen bei **Kälbern** und **Hundewelpen** in den ersten Lebenstagen sowie bei **Katzen** (auch ohne klinische Symptome, FIP vergleiche S. 122). Dabei treten eine Zottenatrophie, ähnlich wie bei der TGE, und eine katarrhalische Entzündung von Dünn- und Dickdarm auf. Morbidität und Mortalität sind relativ niedrig. Sekundärinfektionen, insbesondere mit E. coli, sind für den weiteren Krankheitsverlauf von großer Bedeutung. Kryptosporidien s. S. 192.

Rotaviren (Genus *Rotavirus* der Familie *Reoviridae)* werden für die Diarrhoe der neugeborenen Kälber, Lämmer, Fohlen, Ferkel und Hunde verantwortlich gemacht, wobei in erster Linie eine katarrhalische Entzündung von Jejunum und Ileum vorliegt. Zottenatrophie ist ebenfalls vorhanden. Gelegentlich erkranken auch ältere Tiere. Die Letalität kann bei Ferkeln und Kälbern sehr hoch sein. Sekundärinfektionen, besonders mit E. coli, komplizieren häufig das Krankheitsbild. Kryptosporidien s. S. 192.

Vertreter des Genus **Torovirus** der Familie *Coronaviridae* sind bei durchfallkranken **Kälbern** (Iowa = Breda, Lyon) und bei Fohlen (Bern) isoliert worden. Infektionen führen bei neugeborenen Kälbern zu Diarrhoe mit Atrophie und Fusion von Zotten und zur Nekrose von Kryptenepithelien.

Die **Parvovirusinfektion der Hunde** ist seit 1978 bekannt und weltweit verbreitet, hat aber in den letzten Jahren infolge Durchseuchung und regelmäßiger Vakzination zahlenmäßig abgenommen. Der ursprüngliche Erreger, das kanine Parvovirus 2 (CPV2), ist heute weitgehend verdrängt durch die neuen antigenen Typen CPV2a und CP2b, die auch in der Katze replizieren können. Alle antigenen Typen des CPV2 induzieren aber untereinander eine belastbare Kreuzimmunität. Das schon früher beim Hund nachgewiesene CPV1 ruft, wenn überhaupt, nur eine milde Diarrhoe hervor. Außer dem Hund sind auch andere Kaniden empfänglich.

Die ***Replikation*** von Parvoviren erfolgt nur, wenn die infizierten Zellen in das Teilungsstadium übergehen. Dementsprechend sind intermitotische Zellen, vor allem des hämopoetischen Gewebes und des Darmes, besonders betroffen. Nach oropharyngealer Infektion vermehrt sich CPV-2 zuerst (1–2 Tage p.i.) in Lymphoblasten der Mesenterial- und Retropharyngeallymphknoten sowie der Tonsillen. Freies (Zytolyse) oder in Lymphoblasten vorhandenes Virus gelangt dann in die anderen lymphatischen Organe und Gewebe (Thymus, Milz, Lymphknoten, PEYERsche Platten), wo es sich weiter vermehrt. In den Kryptenzellen des Darmes (kraniale Abschnitte besonders betroffen) und im Knochenmark ist eine Virusvermehrung erst später (frühestens 4, meistens 5 Tage p. i.) nachweisbar. Mit Auftreten neutralisierender Antikörper (5–7 Tage p. i.) wird die Virämie beendet.

Bei der Parvovirusinfektion des Hundes unterscheidet man eine kardiale und eine enterale Form.

Die ***kardiale Form*** (heute sehr selten) tritt bei Welpen im Alter von 2–12 Wochen auf. Die Tiere sterben plötzlich, ohne vorher krank gewesen zu sein oder unter den Symptomen einer akuten Dyspnoe (Lungenödem) und kardialen Arhythmie. Histologisch findet man eine nichteitrige Myokarditis mit intranukleären Einschlußkörperchen (s. S. 19), die offensichtlich zu einer meist tödlichen Reizleitungsstörung führt. Tiere, die die akute Myokarditis überleben, sterben oft noch nach Monaten an einer Myokardinsuffizienz (Narben im Myokard). Die ***enterale Form*** betrifft Hunde aller Altersstufen, wobei Mortalität und Letalität bei jüngeren Hunden besonders hoch sind. Die Krankheit beginnt mit Mattigkeit, Fieber und Erbrechen, gefolgt von teils blutigem, teils nichtblutigem Durchfall. Eine hochgradige Leukopenie (400–300 Zellen/ml) und Immundepression sind häufig. Die Tiere sterben meist nach 2–3 Tagen, Heilungen, besonders bei intensiver Therapie, sind jedoch möglich.

Die morphologischen Veränderungen sind pathogenetisch in erster Linie dadurch zu erklären, daß das Parvovirus zu seiner Replikation den Stoffwechselapparat (insbesondere die DNA-Polymerase) sich teilender Zellen benötigt. ***Pathologisch-anatomisch*** findet man eine akute katarrhalische bis fibrinös-hämorrhagische Gastroenteritis, wobei besonders der Dünndarm betroffen ist. Die Darmschleimhaut ist stark gerötet, verdickt und zeigt ein narbenlederartiges Relief, in dem die PEYERschen Platten eingesunken erscheinen (Abb. 5.29). Nicht selten findet man auch eine serofibrinöse Entzündung der Darmserosa. Das Knochenmark ist, unabhängig vom Alter des Tieres, blutig-rot und von zerfließlicher Beschaffenheit. Die Milz ist leicht pulpös geschwollen und weist eine landkartenartig gezeichnete Oberfläche (unterschiedliche Blutverteilung beziehungsweise Blutungen) auf. ***Histologisch*** fällt im Darm, besonders im Ileum, in erster Linie der Schwund des Kryptenepithels auf. Weiterhin findet man dilatierte, mit abgeflachtem, teils nekrotischen Epithel ausgekleidete und mit Zelldetritus gefüllte Drüsenschläuche. Das Zottenepithel ist meist abgelöst, die Zotten sind verkürzt (kann aber auch durch postmortale Autolyse und Fäulnis bedingt

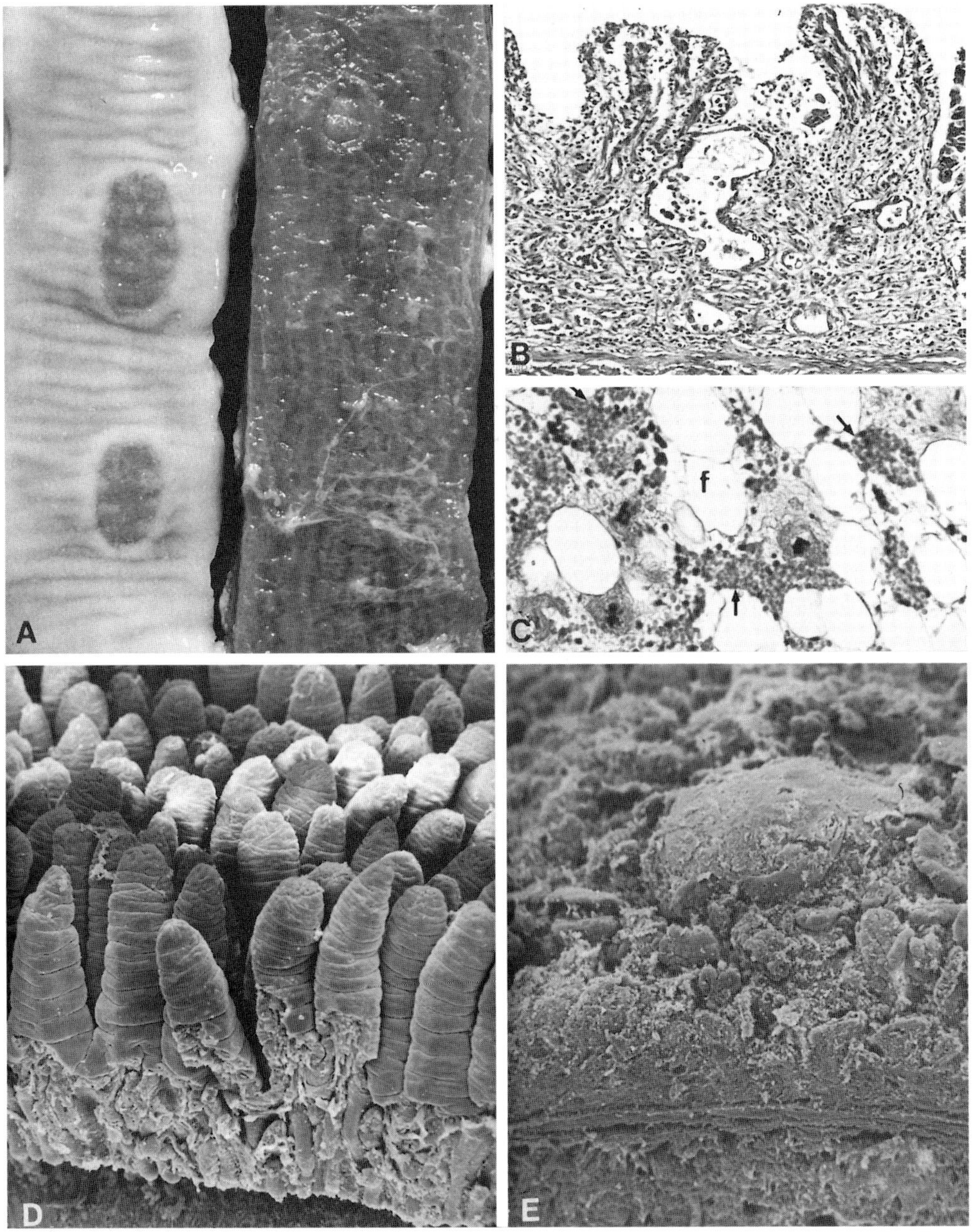

Abb. 5.29 Parvovirusinfektion des Hundes.
A Eingesunken erscheinende PEYERsche Platten, narbenlederartige Struktur der Schleimhaut und fibrinöse Entzündung des Dünndarmes.
B Zottenatrophie, Schwund des Kryptenepithels, Dilatation von Drüsenschläuchen, vorwiegend mononukleäre Infiltrate. HE, 150 x.
C Sogenanntes leeres Knochenmark, myeloische Zellen weitgehend verschwunden, Sinushyperämie (Pfeile); f = Fettzellen. HE, 150 x.
D Normales Dünndarmzottenprofil. 100 x.
E Zottenatrophie und fibrinöses Exsudat. 100 x (Alle Fotos: K. FRESE).

sein!). *Intranukleäre Einschlüsse* können in Darm- und Zungenepithelien, Makrophagen und myeloischen Zellen des Knochenmarks auftreten. Entzündliche Infiltrate, vorwiegend aus mononukleären Zellen bestehend, treten nur in der Propria auf. Bei stärkerer Vergrößerung kann man auch zahlreiche Bakterien (meist Campylobacter-Arten und E. coli = Sekundärinfektion) in der Schleimhaut finden. Bei etwas längerem Krankheitsverlauf treten auch Regenerationsvorgänge im Kryptenbereich auf. Im Knochenmark sind die Sinus strotzend mit Blut gefüllt (Sinushyperämie = rote Farbe des Knochenmarkes), die myeloischen Zellen aber weitgehend verschwunden (sogenanntes leeres Knochenmark). Weiterhin findet man Fibrinausfällungen und Nekrosen der Megakaryozyten (Abb. 5.29). Lymphozytendepletion und Follikelnekrosen treten in Milz und PEYERschen Platten, jedoch nur selten auch in den Lymphknoten auf.

Die ***Diagnose*** kann aufgrund des typischen pathologisch-anatomischen und histologischen Bildes mit sehr großer Sicherheit gestellt werden, selbst wenn die virologische Untersuchung negativ verläuft. Von weniger typischen Verlaufsformen der Parvovirose sind aber besonders Staupe (s. S. 390) und die Coronavirusinfektion differentialdiagnostisch abzugrenzen. Leptospirose, Hcc und nicht infektiöse Gastroenteritiden sind in zweiter Linie in Betracht zu ziehen. Immunhistologie und direkter immunelektronenmikroskopischer Virusnachweis im Kot unterstützen die Diagnose.

Die hochkontagiöse **Winterdysenterie der Rinder** (Morbidität bis 100%, vor allem bei Milchkühen, Mortalität unter 1%) geht mit einer katarrhalischen Abomasoenteritis einher. Ursache ist ein Coronavirus.

Die pathogenetische Bedeutung von bei Durchfallerkrankungen verschiedener Haustiere isolierten **Viren**, wie Parvo-, Adeno- und Enteroviren, ist nicht gesichert. *Chlamydien* spielen bei der Diarrhoe neugeborener Kälber (Gastroenteritis catarrhalis, besonders ausgeprägte Entzündung in den terminalen Ileumabschnitten; Polyarthritis) sowie bei Saugferkeln *(Chlamydia trachomatis, Chlamydia pecorum)* eine gewisse Rolle. Diese können auch bei gesunden Schweinen nachgewiesen werden.

Bei der **Lachskrankheit (Salmon Disease)** der **Hunde**, Füchse und Koyoten in den USA (Pazifikküste) findet man eine katarrhalische Gastroenteritis sowie eine hochgradige (leukoseartige) Schwellung besonders der mesenterialen Lymphknoten. Ursache sind *Neorickettsia helminthoeca* und *N. elokominica* (Übertragung durch Aufnahme von Salmoniden, in deren Darm sich Metazerkarien von *Nanophyetus (Troglotrema) salmincola* befinden.

Escherichia (E.) coli ist ein normaler Bewohner des Dickdarmes von Mensch und warmblütigen Tieren, mit Ausnahme von Meerschweinchen und Chinchillas. Bestimmte Stämme bilden jedoch Virulenzfaktoren und können dadurch Erkrankungen vor allem bei Jungtieren hervorrufen. Die meisten dieser Eigenschaften werden nicht chromosomal sondern über Plasmide vererbt, so daß verschiedene Kombinationen von Virulenzfaktoren vorkommen. Sie vermitteln die Haftung des Erregers an die Enterozyten (Pili, Fimbrien, Adhäsions- und Kolonisationsfaktoren), bilden Toxine und Invasionsfaktoren. Von besonderer Bedeutung sind die **darmpathogenen E. coli-Stämme**.

Im einzelnen können folgende Krankheitsbilder unterschieden werden: *Colidiarrhoe* (enterotoxische Enteropathie), *Colienteritis, Ödemkrankheit der Schweine* und *Coliseptikämie* (nicht darmpathogen).

Colidiarrhoe. Sie kommt besonders bei Kälbern, Ferkeln und Lämmern in der ersten Lebenswoche und bei Absatzferkeln vor und führt zu großen wirtschaftlichen Verlusten. Sie wird verursacht durch ***enterotoxische E. coli (ETEC)***. Prädisponierende Faktoren sind vor allem Abwehrschwäche (Kolostrummangel bzw. Fehlen spezifischer Antikörper), Haltungs- und Fütterungsfehler sowie Infektionen mit Viren (besonders Rota- und Coronaviren) und Kryptosporidien. Die ETEC haften mit Adhäsionsfaktoren an den Enterozyten des Dünndarmes und vermehren sich dort sehr schnell. Sie bilden temperaturstabile (ST) und/oder temperaturlabile (LT) Toxine, die über die auf S. 177 beschriebenen Mechanismen zur sekretorischen Diarrhoe führen. Bei der Sektion der gestorbenen Tiere findet man lediglich eine Exsikkose, geronnene Milch im Magen sowie wäßrigen Darminhalt. Histologisch sieht man, falls keine Misch- oder Sekundärinfektionen vorliegen, keine auffällige Zottenatrophie und, wenn überhaupt, nur spärliche Anzeichen einer Entzündung. Bei frischem Material lassen sich charakteristische Bakterienbeläge auf dem Dünndarmepithel nachweisen.

Colienteritis. Sie wird durch ***enteropathogene E. coli (EPEC)*** und ***Shiga-Toxin-bildende E. coli (STEC)*** verursacht. Die Erreger haften zunächst nur lose an den Enterozyten des Dünn- und Dickdarmes und führen zur Zerstörung („Efface") der Mikrovilli. Sie heften sich dann fest an die Zottenspitzen an. Man spricht daher auch von ***„Attaching-Effacing-E. coli" (AEEC).***

EPEC bilden keine Toxine und rufen bei Jungtieren Durchfälle ohne Blutbeimengung hervor. Diese sind in erster Linie Folge einer Maldigestion. Histologisch findet man im Dünndarm eine Epitheldesquamation mit gering- bis hochgradiger Zottenatrophie sowie gelegentlicher

Zottenfusion. Im Dickdarm treten auch kleine Erosionen und herdförmige Infiltrate von Granulozyten auf.

STEC (früher unterschied man Shiga- und Vero-Toxine sowie Shiga-like-Toxine), vor allem Stämme aus der Serogruppe O 118, rufen bei jüngeren **Kälbern** blutigen Durchfall hervor, der nicht selten zum Tod führt. Bei der Sektion findet man eine fibrinös-hämorrhagische Entzündung des Darmes, vor allem in Kolon und Rektum. Bei den nur wenige Tage alten Kälbern sind häufig auch noch Rota- und Coronaviren sowie Kryptosporidien am Krankheitsgeschehen beteiligt.

Beim **Menschen** sind STEC, die als **enterohämorrhagische E. coli (EHEC)** bezeichnet werden, verantwortlich für das hämolytisch-urämische Syndrom (HUS; besonders bei Kindern und immunsupprimierten Erwachsenen) und die hämorrhagische Kolitis (HC), die zum Tode führen können. Klinisch gesunde Rinder sind das Hauptreservoir für EHEC-Stämme.

Bei **Ferkeln** rufen STEC-Stämme, die wahrscheinlich identisch sind mit denen bei der Ödemkrankheit, eine katarrhalische, teils hämorrhagische, teils oberflächlich nekrotisierende Gastroenteritis mit Thrombosen submuköser Venolen hervor. Die Krankheit tritt meist nach dem Absetzen ***(„Postweaning E. coli-Enteritis")*** auf. Die Morbidität ist hoch, die Mortalität unterschiedlich.

Die **Ödemkrankheit der Schweine** wird durch eine massenhafte Vermehrung von STEC-Stämmen, die das Shiga-Toxin (STx 2e) und das α-Hämolysin bilden (meistens Serotypen O 138, O 139 und O 141), im Dünndarm verursacht. Die Häufigkeit des Auftretens der Ödemkrankheit unterliegt starken Schwankungen. Sie tritt meist einige Wochen nach dem Absetzen, bei Umstellung von Fütterung und Haltung sowie häufig gleichzeitig mit Ausbrüchen der „Postweaning E. coli-Enteritis" auf. Die Ödemkrankheit führt meist zum schnellen Tod, bei längerem Verlauf zu zentralnervösen Störungen (s. S. 283). Das auch als Neurotoxin bezeichnete STx 2e schädigt die Endothelzellen der kleinen Arterien und Arteriolen, so daß es zu Permeabilitätserhöhungen und Störungen der Mikrozirkulation kommt.

Das typische ***pathologisch-anatomische Bild*** der Krankheit ist gekennzeichnet durch Ödeme in Unterhaut (besonders Nasenrücken und Augenlider, Abb. 5.30), Magenwand (besonders Pars proventricularis, Abb. 5.31), Dickdarmgekröse, Mesenteriallymphknoten (auch Lymphadenitis simplex und Blutungen) und Lunge, seröse bis serofibrinöse Ergüsse in Bauchhöhle (besonders zwischen Darmschlingen und Leberlappen), Brusthöhle und Herzbeutel. Eine katarrhalische Gastroenteritis kann vorhanden sein oder auch fehlen. Nicht selten sind die geschilderten

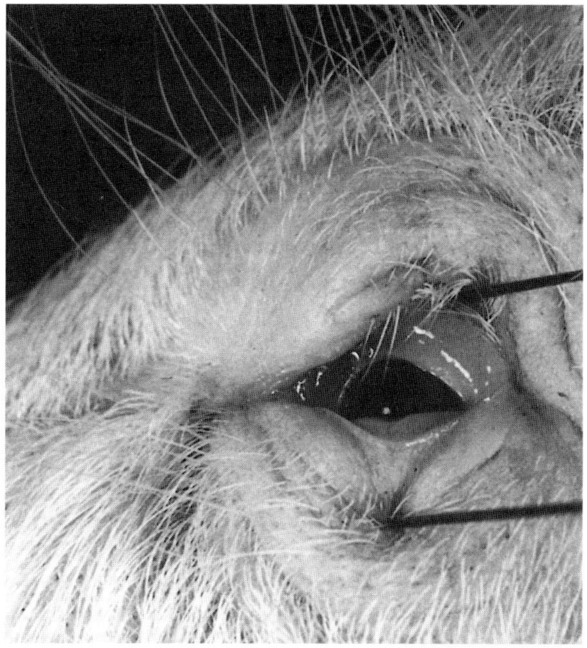

Abb. 5.30 Lidödem bei Enterotoxämie (Ödemkrankheit) des Schweines.

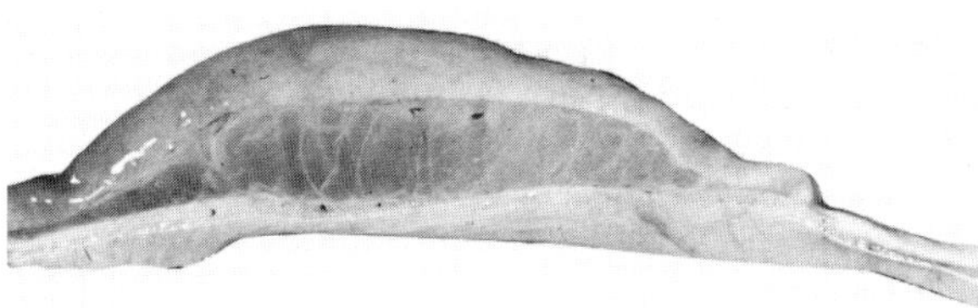

Abb. 5.31 Ödem der Magenwand *(Pars proventricularis)* bei der Enterotoxämie des Schweines (Foto: K. Frese).

Veränderungen unterschiedlich stark ausgeprägt oder in den einzelnen Organen nicht vorhanden. ZNS-Veränderungen s. S. 283. In typischen Fällen reicht der pathologisch-anatomische Befund für eine sichere ***Diagnosestellung***. Bakteriologisch ist für die Ödemkrankheit charakteristisch, daß oftmals im vorderen Dünndarm nur wenige oder keine Erreger zu finden sind. Dies ist Folge des zeitlichen Abstandes zwischen Dünndarmbesiedelung und Tod des Tieres. Protrahierte Verläufe sind besonders häufig bei älteren und adulten Schweinen, die gar nicht so selten betroffen sind.

Coliseptikämie. Sie tritt vor allem bei Kälbern, Lämmern, Ferkeln, Fohlen und Welpen in den ersten Lebenstagen auf. Ursache sind Infektionen mit septikämischen Colistämmen (O 78, O 86, O 26, O 115 u. a.) bei gleichzeitig bestehender Abwehrschwäche (ungenügende oder zu späte Kolostrumverabreichung, andere Krankheiten). Die Infektion erfolgt, besonders bei Kälbern und Lämmern, meist nasopharyngeal, während enterale und omphalogene Infektionen von untergeordneter Bedeutung sind. Die Coliseptikämie verläuft perakut oder akut. Darmentzündungen sind meist nicht vorhanden (Ausnahme Infektionen mit nekrotoxischen E. coli). Bei den perakuten Verlaufsformen sind makroskopische Veränderungen meist nicht vorhanden. Bei der akuten Coliseptikämie findet man vor allem Petechien und Ekchymosen auf den serösen Häuten. Bei etwas längerem Verlauf kommt es auch zur Ausbildung einer serofibrinösen, teils eitrigen Serositis, Polyarthritis, Meningitis und Ophthalmitis (Fibrin- und Eiterflocken in der vorderen Augenkammer). Bakteriologisch findet man in vielen Organen Colibakterien in Reinkultur. Dabei ist aber zu beachten, daß Colibakterien nach dem Tod schnell aus dem Darm auswandern und dann in vielen Organen gefunden werden.

Die **Dysenterie der Jungkaninchen** ist die verlustreichste Aufzuchtkrankheit dieser Spezies. Ursache ist eine Infektion mit verschiedenen Serotypen von E. coli, wobei besonders Futterumstellungen eine prädisponierende Rolle spielen. Das pathogenetische Prinzip beruht in erster Linie auf der Bildung von Enterotoxinen (s. S. 177). Wahrscheinlich werden auch, besonders bei gleichzeitiger Kokzidieninfektion, Toxine von E. coli-Bakterien resorbiert, so daß es zur Enterotoxämie beziehungsweise zum Toxinschock kommt. Weiterhin kommen auch *enteropathogene* (ohne nachweisbare Toxinbildung) Stämme von E. coli (EPEC) und möglicherweise auch *enteroinvasive* Colibakterien als Ursache der Kaninchendysenterie in Betracht. Pathologisch-anatomisch findet man eine katarrhalische Enteritis, wobei Dünn- und Dickdarm stark erweitert und mit flüssig-wäßrigem Inhalt angefüllt sind sowie eine starke Verschmutzung des Afters (Durchfall).

Ebenfalls sehr verlustreich, besonders in Großbetrieben, ist die sogenannte **mukoide Enteritis,** die vor allem bei **Jungkaninchen** auftritt. Die Ätiologie ist nicht geklärt. Während von der einen Seite E. coli-Enterotoxine als Ursache angesehen werden, ist die andere der Ansicht, daß ein nicht-infektiöses Geschehen vorliegt (Futterumstellung, schlechtes Futter, Blinddarmobstipation). Bei der Sektion findet man einen geblähten Magen, einen mit viel wäßeriger Flüssigkeit gefällten Dünndarm, schleimige Massen, teils geleeartig eingedickt, in Ileum und Kolon sowie einen mit Futtermassen angeschoppten Blinddarm.

Enterotoxämien, verursacht durch verschiedene Typen von **Clostridium perfringens** (Einteilung je nach Art des hauptsächlich produzierten Exotoxins in Typen A, B, C, D, E), sind bei den landwirtschaftlichen Nutztieren von großer Bedeutung. Aus didaktischen Gründen werden sie hier zusammenfassend besprochen, obwohl nicht alle mit gastroenteritischen Veränderungen einhergehen. *Clostridium spp.* kommen im Boden und auch im Darm gesunder Tiere vor (vor allem Typ A) und rufen in der Regel nur bei Anwesenheit prädisponierender Faktoren (in erster Linie Fütterungsfehler und verdorbenes Futter) Krankheiten mit plötzlichen Todesfällen hervor. Für die Art des Krankheitsbildes beziehungsweise der Veränderungen ist das vorherrschende Toxin verantwortlich. Mischformen sind nicht selten.

Cl. perfringens Typ A: gelegentlich bei Lämmern und Kälbern, sehr selten bei erwachsenen Tieren; das α-Toxin (hämolytisch wirkende Lezithinase) verursacht *Hämoglobinämie* und *-urie, Anämie* und *Ikterus;* differentialdiagnostisch von Leptospirose (s. S. 51) und chronischer Kupfervergiftung (s. S. 215) abzugrenzen. *Colitis X* s. S. 188.

Cl. perfringens Typ B: verursacht die *Dysenterie* der *Lämmer,* seltener bei Kälbern und Fohlen; hämorrhagische Enteritis (seltener auch katarrhalische) mit Ulzera und Nekrosen, serofibrinöse Ergüsse in die Körperhöhlen; differentialdiagnostisch von Volvulus abzugrenzen.

Cl. perfringens Typ C: bei *erwachsenen Schafen* („Struck") mit nekrotisierender und ulzeröser Jejunitis und serofibrinösem Erguß (2–3 l) in die Bauchhöhle einhergehend; hämorrhagisch-nekrotisierende Enteritis auch bei Kälbern, Lämmern und Ferkeln in der ersten Lebenswoche.

Cl. perfringens Typ D: häufigste *Enterotoxämie* bei *Schafen* und *Ziegen* aller Altersstufen, auch bei Kälbern vorkommend; oft perakuter Verlauf, besonders bei gutgenährten Tieren; neurologische Symptome bei akutem bis subakutem Verlauf (s. S. 383); nur geringgradige katarrhalische Gastroenteritis, Blutungen in den serösen Häuten, *„Breiniere"* = *„Pulpy Kidney"* = dunkelrote, weiche, breiig-zerfließliche Nieren infolge akuter Degeneration, häufig jedoch durch postmortale Autolyse entstanden und daher durchaus nicht, wie vielfach angegeben, pathognomonisch für Enterotoxämie (s. S. 245).

Cl. perfringens Typ E: gelegentlich beim Kalb und Kaninchen vorkommend; akute katarrhalische Enteritis und Blutungen.

5.8.8.2 Fibrinöse Darmentzündung

Bei der fibrinösen Entzündung, die vor allem im Dünndarm vorkommt, ist die Schleimhaut mit weißlich-gelben, grauen oder grau-braunen Membranen *(Enteritis pseudomembranosa)* bedeckt, die sich fetzig ablösen oder als Ausgüsse mit dem Kot den Darm verlassen.

Die **Panleukopenie der Katzen** und anderer Feliden (Katzenseuche, *Laryngoenteritis infectiosa)* wird durch

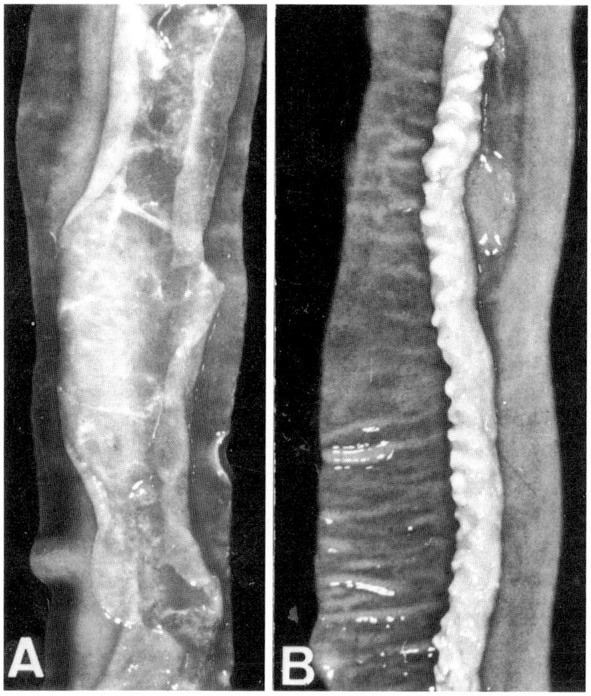

Abb. 5.32 Fibrinöse (pseudomembranöse) Jejunitis.
A Bei Panleukopenie der Katze.
B Bei Salmonellose, Kalb.

das feline Parvovirus verursacht. Die Pathogenese entspricht weitgehend der der Parvovirose des Hundes (s. S. 178). Die Letalität, besonders bei jungen Tieren, ist sehr hoch. Der auffälligste Sektionsbefund ist eine akute katarrhalische bis fibrinöse Enteritis mit starker Schwellung der Darmwand (Abb. 5.32 A). Infolge der durch die Panleukopenie bedingten Abwehrschwäche kommt es nicht selten zu bakteriellen und mykotischen Sekundärinfektionen mit diphtheroid-nekrotisierender Kolitis. Entsprechende entzündliche Veränderungen werden gelegentlich auch am Kehlkopf *(Plica aryepiglottica)* beobachtet. Das Knochenmark ist weniger rot und weniger zerfließlich als bei der Parvovirose des Hundes, die Milz hyperplastisch (pulpös oder follikulär). Histologisch kann man gelegentlich intranukleäre Einschlußkörperchen in Darmepithelien finden. Zerebellare Hypoplasie s. S. 365. Differentialdiagnostisch muß vor allem die *FeLV-assoziierte Enteritis,* bei der aber insbesondere die für die Panleukopenie typischen Veränderungen des Knochenmarkes und der lymphatischen Organe fehlen, abgegrenzt werden (s. S. 68).

Die **Virusenteritis der Nerze** wird durch ein dem felinen Parvovirus sehr ähnliches Virus hervorgerufen. Die Veränderungen gleichen denen bei der Katzenseuche. Pathognomonisch sind die sogenannten „Ballooned Cells" in der Darmschleimhaut.

5.8.8.3 Diphtheroid-nekrotisierende Darmentzündung

Sie ist gekennzeichnet durch fibrinöses Exsudat, das infolge tiefergreifender Schleimhautdefekte (Geschwüre) fest der Unterlage anhaftet. Vorzugsweise ist der Dickdarm und dort besonders wieder die über den Darm-assoziierten lymphatischen Geweben liegende Schleimhaut betroffen.

Die **europäische Schweinepest (ESP, klassische Schweinepest)** wird durch das Hog Cholera Virus (Genus *Pestivirus* der Familie *Flaviviridae)* verursacht und stellt eine sehr verlustreiche (veterinärbehördliche Maßnahmen!), weltweit verbreitete Seuche dar. Die Infektion erfolgt meist oropharyngeal (direkter oder indirekter Kontakt, Sekrete und Exkrete infizierter Haus- und Wildschweine, kontaminierte Küchenabfälle). Bei diaplazentarer Infektion kann es zum SMEDI-Syndrom kommen (s. S. 307), wobei die lebend geborenen Ferkel persistierend virämisch (Immuntoleranz) und als Dauerausscheider in der Epidemiologie der Seuche von großer Bedeutung sind. Die ESP beginnt meist mit katarrhalischer Gastroenteritis und Lymphknotenschwellung. Bei der ***akuten Schweinepest*** findet man multiple *Petechien* und *Ekchymosen* in vielen Organen und Geweben (hämorrhagische Diathese infolge Endothelläsionen, Verbrauchskoagulopathie und peripherem Plättchenverschleiß). Sie sind besonders ausgeprägt in Haut, Lymphknoten, Kehldeckel, Trachea, Magen, Darm, Blase und serösen Häuten. Die Lymphknoten sind häufig auch infolge Blutresorption diffus rot gefärbt (s. S. 60, Tafel X. A-E). *Hämorrhagische Randinfarkte* in der Milz werden als pathognomonisch für Schweinepest angesehen. Durch bakterielle Sekundärinfektionen *(E. coli, Fusobacterium necrophorum, Salmonellen* u. a.) kommt es häufig zur *diphtheroid-nekrotisierenden Entzündung* besonders im Bereich des Schleimhaut-assoziierten lymphatischen Gewebes der Mund- und Rachenhöhle (Tonsillen, Rachenring) und des Dick- und Blinddarmes (Ileozäkalzapfen). In letzteren entstehen dabei knopfartige diphtheroide Herde *(Boutons),* die typisch für die subakute und chronische Schweinepest sind. Kleinere Boutons können schon in drei bis vier Tagen p. i. ausgebildet sein, während die großen zwei bis drei Wochen brauchen. Bei der ***chronischen Schweinepest*** beobachtet man gelegentlich auch eine diffuse diphtheroid-nekrotisierende Kolitis mit wulstartigen, bis zu 1 cm dicken Schorfen sowie *Hautnekrosen* (s. S. 498). Bei jungen Tieren kommt es auch zur *Störung des Knochenwachstums* im Bereich der Rippenknorpelgrenze. In akuten und subakuten Verlaufsformen kann die

Epiphysenfuge erweitert sein, in chronischen findet man sehr häufig infolge abrupter Verkalkung reifer Knorpelzellen ein 5–10 mm breites, transversal verlaufendes weißes Band proximal der Rippenknorpelgrenze. Gehirnmißbildungen s. S. 365, Enzephalitis s. S. 395. ***Klinisch inapparente Infektionen*** werden vor allem bei Zuchtschweinen beobachtet. Am toten Tier wird die ***Diagnose*** durch Nachweis des ESP-Antigens mittels fluoreszierendere Antikörper (direkter IFT, schnell, aber besonders bei Vorliegen autolytischer Prozesse unsicher) in histologischen Schnitten besonders von Tonsillen, Lymphknoten, Milz, Parotis, Pankreas und Gehirn gesichert. Der Virusnachweis in der Zellkultur durch IFT dauert länger (2 bis 3 Tage), ist aber zuverlässiger. Da bei Schweinen auch das BVD-Virus vorkommt (s. S. 134), ist eine serologische Differenzierung der Virusisolate mit monoklonalen Antikörpern notwendig. SMEDI s. S. 308.

Die **afrikanische Schweinepest (ASP, African Swine Fever)** wird durch das „African Swine Fever-like-Virus" (eigenständige Virusgruppe) verursacht und läßt sich morphologisch nicht eindeutig von der europäischen unterscheiden. Im Unterschied zu dieser werden jedoch häufiger auch Transsudate in größerer Menge in den Körperhöhlen beobachtet. Die Krankheit ist heimisch in Afrika und auf der Iberischen Halbinsel, zu Seuchenausbrüchen ist es in den beiden letzten Jahrzehnten in Frankreich, Madeira, Malta, Sardinien, Brasilien, Dominikanischer Republik, Oberitalien und Belgien (1985!) gekommen. Bei Hausschweinen und europäischen Wildschweinen erfolgte die Infektion durch Kontakt oder indirekt besonders über virushaltige Schlacht- und Küchenabfälle sowie Fleisch- und Wurstwaren. Bei den afrikanischen Warzenschweinen, die häufig latent infiziert sind und so ein sehr wichtiges Virusreservoir darstellen, ist auch eine Übertragung durch die Zecke *Ornithodorus monbata porcinis* (transovariell) nachgewiesen worden.

Die **Pseudotuberkulose (Yersiniose),** verursacht durch *Yersinia pseudotuberculosis* (gelegentlich auch durch *Y. enterocolitica),* kommt vor allem bei Nagern, Hasen, Kaninchen, seltener bei Katzen (FIV, FeLV), Affen und anderen Tieren vor. Die Krankheit tritt auch beim Menschen auf (Zoonose). Die Infektion erfolgt in der Regel alimentär, wobei miliare bis erbsengroße Knötchen im Bereich des Hüft- und Blinddarmes (vor allem Blinddarmspitze, Abb. 5.33), die ulzerieren oder konfluieren können (diphtheroid-nekrotisierende Typhlokolitis mit „wurstartigem" Aussehen), auftreten. Ähnliche Nekrosen entstehen durch lympho-hämatogene Ausbreitung besonders in den regionären Lymphknoten, in Leber und Milz. Differentialdiagnostisch sind besonders Tuberkulose, Darm- und Gallengangskokzidiose, Listeriose und Tularämie abzugrenzen.

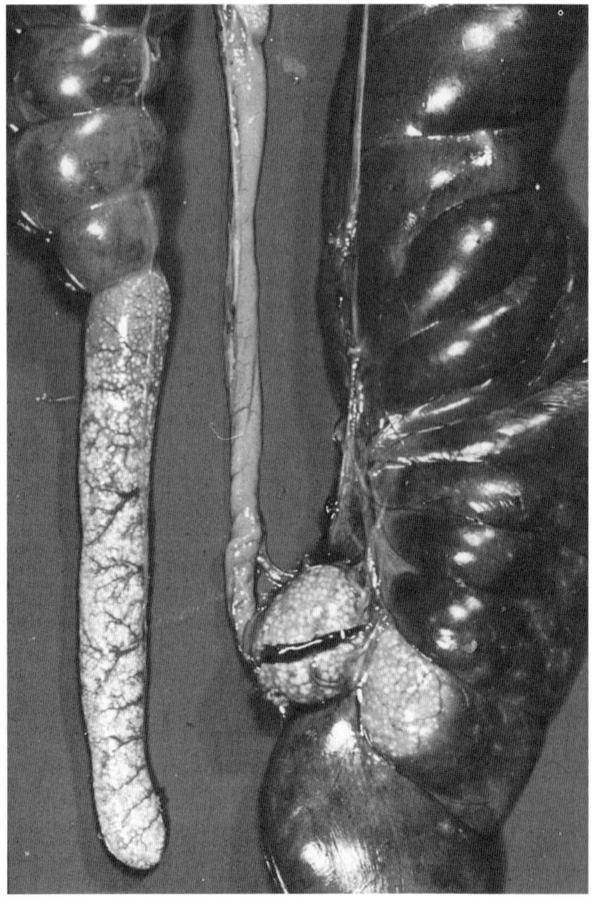

Abb. 5.33 Herdförmige diphtheroid-nekrotisierende Entzündung in Blinddarmspitze und Ileozäkalgegend bei Pseudotuberkulose *(Yersinia pseudotuberculosis),* Kaninchen.

Die **Salmonellose** spielt vor allem bei den landwirtschaftlichen Nutztieren eine große Rolle, kommt aber auch bei anderen Haustieren sowie vielen anderen Tieren vor. Latente Infektionen sind sehr häufig. Der Gattung *Salmonella* gehören eine große Zahl von Arten bzw. Serotypen an. Hinsichtlich deren Pathogenität kann man zwischen ***wirtsadaptierten*** und ***nicht-wirtsadaptierten*** Salmonellen unterscheiden. Erstere sind für die jeweilige Tierart hochpathogen und durchdringen nach oraler Infektion die Darmschleimhaut (sogenannte *primäre Salmonellose; S. abortus equi, S. abortus bovis, S. abortus ovis, S. choleraesuis, S. typhisuis* u. a., *S. typhi* beim Menschen). Die nichtadaptierten Salmonellen, wie vor allem *S. typhimuri-*

um, S. dublin und *S. enteritidis* kommen als Enteritiserreger bei vielen Tieren vor und bleiben in der Regel auf den Darm beschränkt. Ähnlich wie *E. coli* (s. S. 180) sind sie in der Lage, sich mittels Pili an die Schleimhaut anzuheften und Enterotoxine zu bilden.

Die Salmonellose verläuft entweder perakut oder akut als *Septikämie* (besonders bei Jungtieren; Blutungen in serösen Häuten, serofibrinöse Polyarthritis und -serositis, miliare Nekrosen in Milz und Leber, sogenannte Gummimilz bei Kälbern), als *akute katarrhalische* oder *fibrinöse Gastroenteritis* (Abb. 5.32 B) oder als *chronische Enteritis* (meist diphtheroid-nekrotisierende oder ulzerierende Typhlokolitis; häufig auch eitrige Bronchopneumonie der Spitzenlappen). Bei Klinikpferden kann eine oft tödlich endende diphtheroid-nekrotisierende, teils hämorrhagische Typhlokolitis, verursacht durch *S. typhimurium* (meist var. Copenhagen), gehäuft auftreten. *S. choleraesuis* ruft eine *nekrotische Enteritis* beim Schwein hervor. Diese kann aber auch im Rahmen der Dysenterie (s. S. 187), der Clostridium perfringens Typ C Enterotoxämie (s. S. 182), der proliferativen hämorrhagischen Enteropathie, Schweinepest (s. S. 183) und der Pellagra (Nikotinsäureamid- u. Vit. B_2-Magel, s. S. 128) auftreten. *S. typhimurium* kann beim Schwein auch eine *ulzerierende Proktitis* mit Thrombophlebitis und Thrombose von Ästen der das Rektum versorgenden A. *haemorrhoidalis cranialis* (ischämische Proktitis) verursachen, die nach narbiger Abheilung nicht selten zur *Rektumstriktur* mit Obstipation, Tympanie und Abmagerung führt (Abb. 5.34). Salmonellen als Abortursache s. S. 306f.

Zum Komplex der **porzinen proliferativen Enteropathie (intestinaler Adenomatose-Komplex)** rechnet man die porzine proliferative Enteropathie, die proliferative hämorrhagische Enteropathie, die nekrotische Enteritis und die terminale Ileitis.

Die ***porzine proliferative Enteropathie*** (sogenannte intestinale Adenomatose) wird verursacht durch *Lawsonia intracellularis* und kann in Schweinebeständen erhebliche Schäden (Mastverzögerung, Abmagerung, Tod) hervorrufen. Die Erreger finden sich vor allem in den Kryptenepithelien (Nachweis mit Silberfärbungen). Sie können in Rattenenterozytenkulturen, nicht aber in Nährböden gezüchtet werden. *Campylobacter spp.,* die häufig bei der porzinen proliferativen Enteropathie isoliert werden, sind für die Krankheit nicht verantwortlich. Die Veränderungen findet man vor allem im Ileum, aber auch in Zäkum und Kolon besonders von Läufer- und Mastschweinen. Die Schleimhaut ist ähnlich wie bei der Paratuberkulose in tiefe Falten gelegt, von Knötchen und Polypen (besonders in Blind- und Dickdarm) durchsetzt und oberflächlich teilweise nekrotisch (Abb. 5.35 A,B). Histologisch fällt vor allem die starke Wucherung von Epithelzellen auf, die keine sekretorischen Leistungen mehr zeigen. Die Darmzotten sind verschwunden, in der Lamina propria liegt eine geringgradige Infiltration von mononukleären Zellen und eosinophilen Granulozyten vor. Die intestinale Adenomatose kann aber auch mit dem *enterohämorrhagischen Syndrom* (s. S. 175) einhergehen, weshalb man das Krankheitsbild auch als ***proliferative hämorrhagische Enteropathie*** bezeichnet.

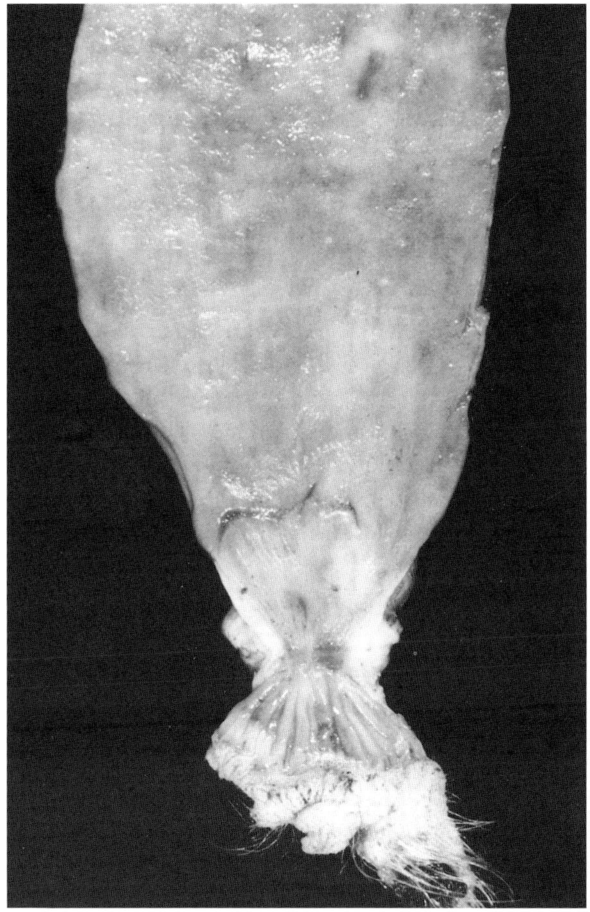

Abb. 5.34 Rektumstriktur als Folge einer ulzerierenden Proktitis mit nachfolgender Dilatation des vorgeschalteten Darmabschnittes, Schwein.

Die ***nekrotische Enteritis*** und die ***terminale Ileitis*** entstehen im Gefolge der porzinen proliferativen Enteropathie. Wenn die adenomatösen Proliferationen sich nicht zurückbilden, dann kommt es unter Einwirkung von Darmbakterien leicht zur Zerstörung der ihres Schleimschutzes beraubten proliferierten Epithelien. Es entsteht eine nekro-

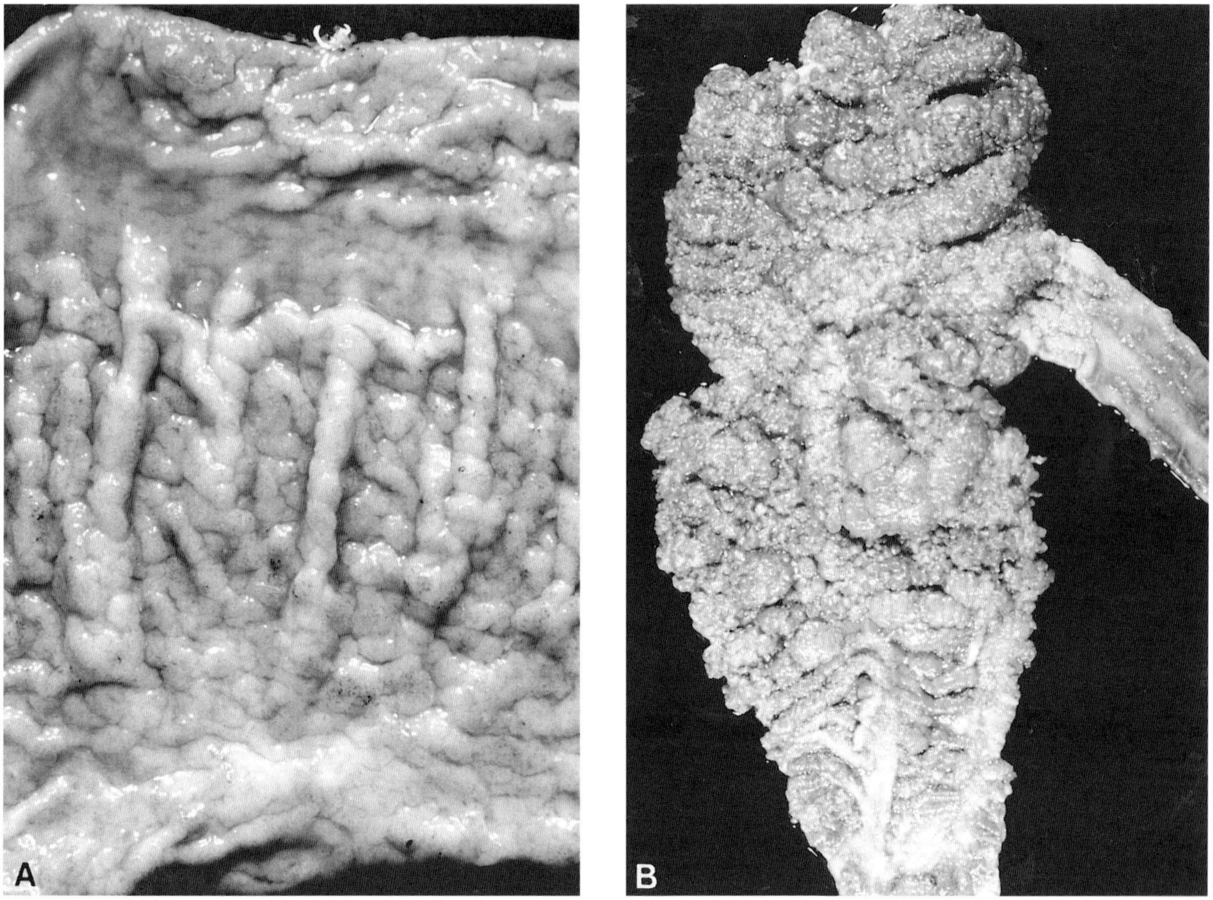

Abb. 5.35 Porzine proliferative Enteropathie (sog. intestinale Adenomatose) des Schweines. **A** Kolon, **B** Ileum und Zäkum (Fotos: K. FRESE).

tisierende Enteritis, die entweder zum Tode führt oder unvollständig mit Granulations- und Narbengewebe abheilt. Letzteres führt über Kontraktion zur *Stenose* des Lumens, was wiederum eine *kompensatorische Hypertrophie* der Darmwandmuskulatur nach sich zieht, die typisch für die terminale Ileitis ist. Wichtig ist aber, darauf hinzuweisen, daß nicht alle Fälle der nekrotischen Enteritis und terminalen Ileitis auf dem Boden einer proliferativen Enteropathie entstehen, daß vielmehr auch andere unbekannte Ursachen (s. S. 175) zu diesen Veränderungen führen können. Weiterhin sei erwähnt, daß die terminale Ileitis des Schweines nicht dem gleichnamigen, auch als Morbus CROHN bezeichneten Krankheitsbild beim Menschen entspricht.

Die intestinale Adenomatose ist auch bei Fohlen, Lämmern, Welpen, Kaninchen, Hamstern, Ratten (Adenokarzinome!), Füchsen und Frettchen beschrieben. Ob die dabei beobachteten intrazellulären Bakterien identisch sind mit *Lawsonia intracellularis* ist noch nicht geklärt. Rhodococcus equi s. S. 96.

5.8.8.4 Hämorrhagische Darmentzündung

Die hämorrhagische Enteritis ist besonders gekennzeichnet durch blutige Durchsetzung der Schleimhaut und Blutaustritt in das Darmlumen. Die Unterscheidung von einer reinen Diapedesisblutung, wie man sie vor allem bei vielen Infektionskrankheiten findet, kann im Einzelfall schwierig und nur histologisch möglich sein.

Der **Milzbrand** ist bei Mensch und Tier, vor allem in Asien, Afrika und Südamerika, von großer Bedeutung und wird durch *Bacillus anthracis* verursacht. Die vegetative Form des Erregers *(Bazillus)* besitzt nur eine geringe

Tenazität und geht schon bei Einwirkung von Fäulnisprozessen und höheren Temperaturen (60°) zugrunde. Bei Luftzutritt bilden sich jedoch in wenigen Stunden *Sporen,* die außerordentlich widerstandsfähig sind und im Erdreich jahrzehntelang infektionstüchtig bleiben können. Aus diesen Gründen sollte man bei Milzbrandverdacht die Obduktion frischer Leichen nicht vornehmen, sondern versuchen, die Diagnose über Ausstriche etc. von Leichenblut (Ohren anschneiden) zu stellen. Dies gilt insbesondere dann, wenn die Obduktion nicht in gut desinfizierbaren Sektionsräumen durchgeführt werden kann.

Die ***Infektion*** erfolgt meist alimentär (Rachen, Darm) durch Aufnahme der Sporen; aerogene (primärer Lungenmilzbrand) und kutane (primärer Hautmilzbrand, Wundinfektion) Infektionen sind beim Tier seltener. Bei **Wiederkäuern** und **Pferd** verläuft der Milzbrand in der Regel als ***Septikämie,*** während bei **Schwein** und **Fleischfresser** die ***lokale*** beziehungsweise ***metastatische Form*** die vorherrschende ist. Beim *perakuten Verlauf* des ***septikämischen Milzbrandes*** (besonders häufig beim Schaf) ist der Sektionsbefund wenig ergiebig. Beim *akuten Verlauf* findet man eine hämorrhagische Enteritis (Blutaustritt aus dem After), multiple Petechien und Ekchymosen besonders in den serösen Häuten, serös-blutige Ergüsse in den Körperhöhlen und eine hochgradige hyperämische Milzschwellung. Das Blut ist nicht geronnen, in frischen Fällen (Notschlachtung) himbeerrot, später teerfarben.

Der ***lokale Milzbrand*** tritt in Form der sogenannten ***Milzbrandkarbunkel*** (hämorrhagisch-nekrotisierende Entzündung mit tumorförmiger Anschwellung) an den Eintrittsstellen (Rachen, Darm; selten Haut, Lunge) auf. Der Prozeß kann abheilen, breitet sich aber häufiger ***metastatisch*** in andere Organe, besonders in die regionären Lymphknoten (Gekröselymphknoten) und Milz aus, wo wieder die typischen Karbunkel entstehen. Die erkrankten Lymphknoten zeigen ziegelrote, trockene, später grau-rot werdende Nekrosen von mürber Konsistenz, die im Laufe der Zeit abgekapselt werden und beim Anschneiden ausfallen. Örtlicher Lymphknotenmilzbrand kommt gelegentlich auch bei Rind und Pferd vor.

Differentialdiagnostisch kommen besonders andere septikämisch verlaufende Infektionskrankheiten (Rinderpest, Wild- und Rinderseuche u. a.), beim Schwein die sogenannte Schlagmilz (s. S. 57) in Betracht.

Die **Schweinedysenterie** (infektiöse hämorrhagische Enteritis) wird durch *Serpulina hyodysenteriae und S. pilosicoli* (anaerob) verursacht, wobei andere anaerobe Darmbakterien (Fusobakterien, *Bacteroides spp.)* an der Entstehung der Veränderungen mitbeteiligt sein können. *S. hyodysenteriae* schädigt die Schleimhautepithelien und Becherzellen des großen Kolons (dort auch intrazellulär und in den Krypten nachweisbar), dringt aber nicht durch die Lamina propria hindurch. Dadurch kann Wasser nicht mehr oder nur noch in ungenügendem Maße rückresorbiert werden, so daß es zur schweren Diarrhoe kommt. Die Krankheit kann akut, subakut oder chronisch verlaufen (Morbidität bis 90%, Mortalität bis 30%), Remissionen sind nicht selten. Im *akuten Stadium* findet man Hyperämie und Ödem des großen Kolons und seines Gekröses, seromuköse Exsudation und wässerigen mit Blutkoagula durchmengten Darminhalt. In subakuten Fällen ist die Ödematisierung noch stärker ausgeprägt, das Exsudat mukofibrinös-hämorrhagisch. Im *chronischen* Stadium sieht man häufig eine ausgeprägte *pseudomembranöse, hämorrhagische* und teilweise *diphtheroid-nekrotisierende Kolitis.* Der Dünndarm ist in der Regel unverändert, der Magen häufig gefüllt (Stase infolge Hypomotilität) und im Fundusbereich hyperämisch oder blutig infiltriert. *Serpulina pilosicoli* verursacht eine mildere Verlaufsform, die auch als Spirochäten-Diarrhoe bezeichnet wird. Winterdysenterie und Kaninchendysenterie s. S. 180 u. 182.

Die ansteckende diphtheroid-nekrotisierende Typhlitis, nach dem Erstbeschreiber auch als **TYZZERsche Krankheit** (1917) bezeichnet, führt bei Kaninchen, Mäusen, Ratten, Meerschweinchen, Gerbils und Hamstern zu hohen Verlusten. Ursache ist eine Infektion mit *Clostridium piliforme (Bacillus piliformis*, GRAM-negatives Stäbchen, anaerober Sporenbildner; in zellfreien Medien nicht züchtbar, daher erst 1965 entdeckt). Pathologisch-anatomisch findet man eine diphtheroide und oberflächlich nekrotisierende Entzündung des Blinddarmes, gelegentlich auch der Anfangsteile des Kolons, mit hochgradigem Ödem der Darmwand, blutigem Blinddarminhalt, serofibrinöse Ausschwitzungen zwischen den Darmschlingen, starke Schwellung der Mesenteriallymphknoten und häufig auch submiliare Nekrosen in Leber und Milz, gelegentlich auch im Herzmuskel. Die Diagnose wird aufgrund des pathologisch-anatomischen Befundes und des histologischen (WARTHIN-STARRY-Silberfärbung) bzw. immunhistologischen Nachweises der obligat intrazellulären Erreger besonders am Rand der Leber- und Milznekrosen gestellt. Der bakteriologische Befund ist ohne Bedeutung und darf insbesondere nicht zur Diagnose Coli-Infektion verleiten.

Cl. piliforme ruft bei **Fohlen** in den ersten Lebenswochen eine tödliche Krankheit mit Ikterus, Enterokolitis, Leber- und Milznekrosen hervor, die leicht mit anderen bakteriellen Septikämien verwechselt werden kann. Auch bei Katze, Hund, Schwein und Rhesusaffen sind Infektionen mit Cl. piliforme bekannt geworden (s. S. 219).

Eine diphtheroid-nekrotisierende Entzündung der kaudalen Dünndarmabschnitte und des Ileums, häufig vergesellschaftet mit miliaren Nekrosen oder kleinen Granulomen in Leber und Milz, seltener auch in Nieren und Lungen, wird gelegentlich beim **Kaninchen** beobachtet und nach dem Erstbeschreiber auch als **RIBBERTsche Krankheit** (1887) bezeichnet. Ursache ist eine Infektion mit einem nicht näher klassifizierten Corynebakterium.

Die **kanine hämorrhagische Gastroenteritis (kanines gastrointestinales Syndrom)**, sehr wahrscheinlich durch verschiedene *Clostridium perfringens*-Typen verursacht, führt zu perakuten Todesfällen. Der Darminhalt ist stark blutig, die Schleimhaut vor allem des Kolons nekrotisch und von zahlreichen Bakterien (Clostridien) durchsetzt.

Als **„Colitis X“** wurde 1963 eine neue, eigenständige Typhlokolitis beim **Pferd** beschrieben, die plötzlich auftritt und häufig zum schockartigen Tod führt. Betroffen sind die ventralen Längslagen des Kolons und das Zäkum. Diese sind dilatiert und die subserösen Blutgefäße hochgradig gestaut. Die Mukosa ist ödematös verdickt, von dunkelroter bis schiefergrauer Farbe und zeigt herdförmige oder diffuse grau-braune Auflagerungen. Die Ingesta sind meist mit Blut vermengt. Blutungen in der Nebennierenrinde sind häufig zu beobachten. Die Ursache dieser hämorrhagisch-nekrotisierenden Typhlokolitis ist nicht geklärt. Streß, Futterumstellungen, Fütterungsfehler, Antibiotikatherapie, *Cl. perfringens Typ A, Cl. difficile*, Salmonellen und Parasiten werden diskutiert (s. S. 194).

Bei der schweren Verlaufsform der **„Equine Monocytic Ehrlichiosis“ (Potomac Horse Fever)**, die erstmals 1979 im Bundesstaat Maryland, USA, beschrieben wurde, ist die dominierende Veränderung eine Typhlokolitis ähnlich der bei der „Colitis X“. Die Krankheit wird durch *Ehrlichia risticii* hervorgerufen. Die Erreger können mit Silberfärbungen in Monozyten und besonders in Makrophagen der Lamina propria und Submukosa von Dick- und Blinddarm nachgewiesen werden. Bei trächtigen Stuten kommt es häufig zu Aborten.

Hämorrhagische Darmentzündungen bei Leptospirose s. S. 51, bazillärer Hämoglobinurie *(Cl. novyi Typ D* s. S. 221).

5.8.8.5 Granulomatöse Darmentzündungen

Die **Darmtuberkulose** war vor Ausmerzung der Krankheit beim **Rind** nicht selten. Die Infektion des Darmes erfolgt entweder durch direkte Aufnahme von Tuberkelbakterien mit der Nahrung (Fütterungstuberkulose) oder nach Abschlucken tuberkulösen Speichels (offene Lungentuberkulose). Der zweite Infektionsweg spielt vor allem beim erwachsenen Rind eine Rolle, während bei Kalb und Jungrind es sich fast immer um eine Fütterungstuberkulose handelt (s. S. 103). Primärveränderungen im Darm entwickeln sich häufig nicht oder sind wegen der schnellen Regeneration der Schleimhaut nicht mehr als solche zu erkennen. Die regionären Lymphknoten weisen dagegen immer tuberkulöse Veränderungen auf (s. S. 103).

Die **Paratuberkulose** (JOHNEsche Krankheit), verursacht durch verschiedene Stämme von *Mycobacterium avium paratuberculosis*, kommt weltweit, vor allem in gemäßigten Klimazonen, bei Haus- und Wildwiederkäuern (auch Zootiere!) vor, sehr selten auch bei monogastrischen Tieren (auch beim Menschen mit Immunsuppression). Epidemiologie und Pathogenese der Krankheit sind am besten für das **Rind** erforscht, bei Schaf und Ziege dürften aber sehr wahrscheinlich gleichartige Gegebenheiten vorliegen. Ungefähr 5% der infizierten Rinder erkranken an unstillbaren chronischen Durchfällen (nur sehr selten bei Schaf und Ziege), magern sehr stark ab und sterben fast immer innerhalb von Wochen oder Monaten, gelegentlich auch erst nach ein bis zwei Jahren. Bei den klinisch inapparent infizierten Tieren (Antikörpernachweis mit ELISA) kommt es häufig zu erheblichem Rückgang der Milchleistung, Sterilität und verminderter Lebenserwartung und damit zu beträchtlichem wirtschaftlichen Schaden.

Die ***Infektion*** erfolgt meist durch orale Aufnahme der Erreger (junge Tiere sind besonders empfänglich!). Diese vermehren sich nach Durchdringen der Mukosa in Makrophagen, vor allem der Darm-assoziierten lymphatischen Gewebe des Jejunums und Ileums. Ein Teil der Tiere überwindet die Infektion, ein Teil wird latent infiziert, ein anderer erkrankt nach sehr unterschiedlich langer Inkubationszeit. Sowohl bei den latent infizierten als auch ganz besonders bei kranken Tieren kommt es zur lympho- und hämatogenen Verschleppung der Bakterien (meist mit den infizierten Makrophagen) in Mesenteriallymphknoten und verschiedene Organe (Milz, Lunge, Leber, Nieren, Euter, Uterus, männliche Geschlechtsorgane; meist keine makroskopischen Veränderungen, histologisch eventuell herdförmige Ansammlungen von bakterienhaltigen Epitheloidzellen in Leber und Tonsillen). Damit kann die diaplazentare Infektion von Feten (schon nach dem 2. Trächtigkeitsmonat nachgewiesen) und die Übertragung der Erreger mit Milch, Samen und Urin erklärt werden. Beim Rind erkranken in erster Linie Dünn- und Hüftdarm, deren Schleimhaut in typischen Fällen ein hirnwindungsartiges Aussehen annimmt (Abb. 5.36 A). In fortgeschrittenen Fällen findet man auch metastatische (?) Verkalkungen besonders in Aorta, Vena cava und im Endokard. Bei Schaf und Ziege sowie Wildwiederkäuern (Zootiere!) liegt meist nur eine chronische katarrhalische Dünndarmentzündung vor. Die Mesenteriallymphknoten sind geschwollen und

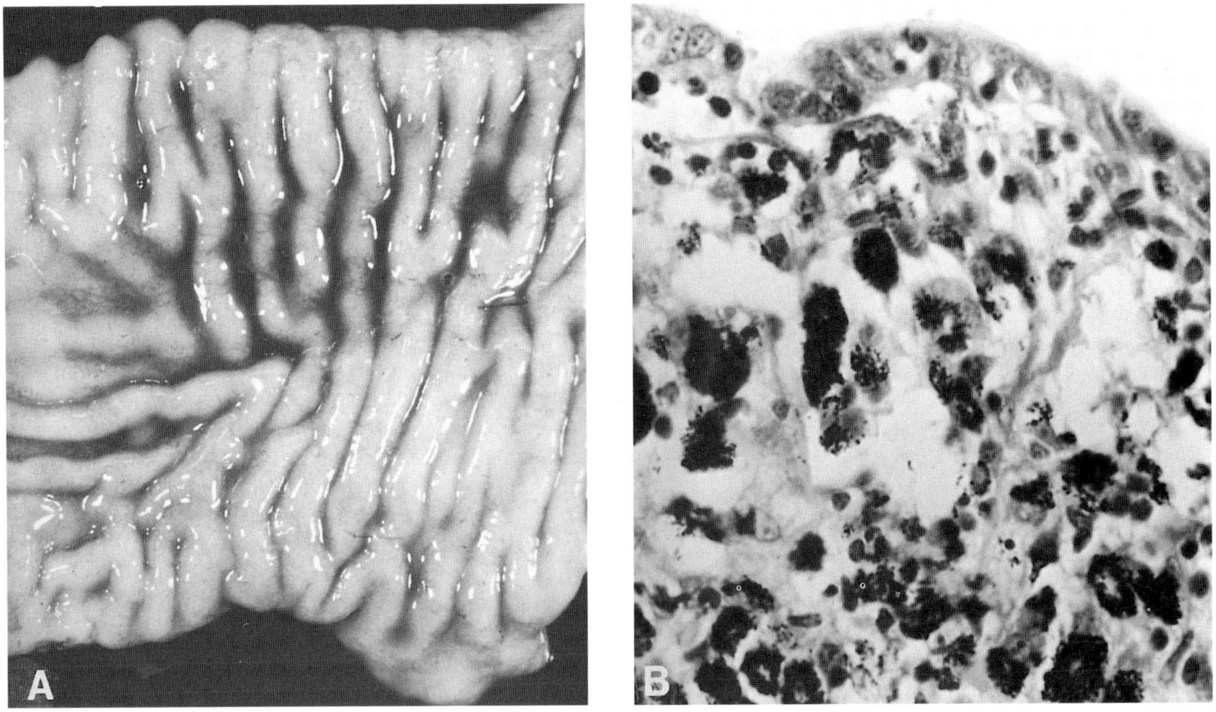

Abb. 5.36 Paratuberkulose (*Mycobacterium avium paratuberculosis*) Rind.
A Hirnwindungsartige Umbildung der Dünndarmschleimhaut.
B Zahlreiche Makrophagen, die Mykobakterien in sehr großer Zahl phagozytiert haben (Zellkerne häufig nicht mehr sichtbar) in der Dünndarmsubmukosa. ZIEHL-NEELSEN-Färbung, 700 x.

gelegentlich von einzelnen kleinen weißlich-gelben Herden durchsetzt. Beim kleinen Wiederkäuer können die Lymphknoten ähnlich wie bei der Tuberkulose (s. S. 62) verändert sein.

Histologisch findet man zahlreiche Makrophagen (Epitheloidzellen), teils nestartig angeordnet, zunächst in den Zottenspitzen und in der Propria, später auch in Submukosa, Muskularis und Subserosa. Die Zotten sind verkürzt, die Darmeigendrüsen häufig druckatrophisch zugrunde gegangen. Plasmazellen, Lymphozyten und einzelne LANGHANSsche Riesenzellen sind ebenfalls anzutreffen. Bei Anwendung der ZIEHL-NEELSEN-Färbung sieht man, daß die Makrophagen die Erreger in großen Mengen phagozytiert haben (obligat intrazelluläre Erreger, Abb. 5.36 B). Differentialdiagnostisch sind durch andere Mykobakterien hervorgerufene Krankheiten abzugrenzen (s. S. 62).

Mykosen des Darmes kommen bei allen Haustieren vor. ***Aspergillose*** und ***Zygomykose*** *(Mukor, Absidia, Rhizopus)* werden am häufigsten gefunden und stellen in der Regel die Komplikation einer primären anderen Krankheit dar (z. B. Panleukopenie, kanine Parvovirose). Sie führen meist zu hämorrhagisch-nekrotisierenden Darmentzündungen mit Ausbildung von Granulomen. Von den obligat pathogenen Pilzen ist vor allem ***Histoplasma capsulatum*** bei Hunden, besonders in den USA und Kanada, von Bedeutung (ulzerös-nekrotisierende und granulomatöse Enteritis, systemische Ausbreitung).

Das **Intestinalemphysem (Luftblasengekröse)** wird besonders beim **Schwein**, sehr selten auch bei Schaf und Hund beobachtet. Makroskopisch sieht man am Gekröseansatz, an den daran sich anschließenden Teilen des Mesenteriums, in der Darmwand subserös gelegene, zahlreiche, häufig auch traubenförmig konglomerierte, linsen- bis pflaumengroße Gasblasen, die durch feine Bindegewebssepten oder fibröse Stränge voneinander getrennt sind (Abb. 5.37). Dünn- und Hüftdarmbereich sind bevorzugt betroffen, gelegentlich auch die regionären Lymphknoten. Histologische Untersuchungen zeigen, daß die Gasansammlung in erweiterten Lymphspalten und -gefäßen erfolgt (endotheliale Auskleidung der Zysten in letzterem Fall) und eine reaktive granulomatöse Entzündung

Abb. 5.37 Sog. Luftblasengekröse, Schwein.

mit Fremdkörperriesenzellen, eosinophilen Granulozyten, Lymphozyten und Makrophagen vorliegt. Das in den Bläschen befindliche Gas ist hinsichtlich seiner Zusammensetzung weder mit Luft noch mit Darmgasen identisch. Pathogenetisch ist in erster Linie an das Eindringen von nichtpathogenen Bakterien *(E. coli) in* Lymph- und Chylusräume mit nachfolgender Vergärung dort befindlicher Kohlenhydrate in Betracht zu ziehen. Auch ein mechanisches Eindringen von Darmgasen sowie ein Freiwerden von Gasen aus der Darmlymphe in loco werden diskutiert. Das Intestinalemphysem zeigt keine Auswirkungen auf den Gesundheitszustand der betroffenen Tiere (s. S. 46).

5.8.8.6 Lymphoproliferative und eosinophile Darmentzündungen

Bei jüngeren Boxerhunden, seltener bei anderen **Hunderassen und Katzen**, wird eine ulzerös-granulomatöse Entzündung von Zäkum, Kolon und Rektum beobachtet **(granulomatöse oder histiozytäre Kolitis).** Die Krankheit verläuft chronisch und geht mit Durchfall und Darmblutungen einher. Die Schleimhaut der betroffenen Darmabschnitte ist stark verdickt und gefaltet, häufig auch ulzeriert (Tafel IX. C). Histologisch sieht man eine massive Infiltration der Lamina propria und Submukosa mit Makrophagen, die teils Bakterien phagozytiert haben sowie einzelne Lympho- und Granulozyten und Plasmazellen. Makrophagen sind in großer Zahl auch in den in der Regel vergrößerten Darmlymphknoten zu finden. Die Ursache ist unbekannt (Rickettsien?, Chlamydien?, vereinzelt immunhistologisch Salmonellenantigen nachgewiesen). Eine gewisse Ähnlichkeit besteht mit der WHIPPLEschen Krankheit des Menschen, die gleichfalls ursächlich nicht geklärt ist und zur Malabsorption führt.

Die **idiopathische granulomatöse Enteritis der Pferde** führt zur Abmagerung und Hypoproteinämie (Malabsorption und Proteinverlust; Ödeme und Ergüsse in den großen Körperhöhlen). Die Darmserosa ist feingranuliert oder weist umschriebene, weißliche, gelbliche oder rötliche fibröse Verdickungen auf, wobei Verwachsungen mit dem Netz bestehen können. Auf der Ileumserosa findet man harte weiße Knoten, während im Dünndarmbereich bis zu 20 cm lange und 5 cm dicke tumoröse Gebilde entstehen können. Die Darmschleimhaut weist ganz unterschiedliche Veränderungen auf (Schleimhautverdickung, rote und braune eingesunkene Bezirke, Knötchen, Zottenatrophie u. a.). Die Mesenteriallymphknoten sind stark vergrößert, von weißlich-grauer Farbe und derber Konsistenz. Histologisch dominieren Infiltrate von Lymphozyten, Makrophagen und Epitheloidzellen, während Plasmazellen und mehrkernige Riesenzellen nur selten vorkommen. Differentialdiagnostisch ist besonders die Tuberkulose abzugrenzen.

Die **eosinophile Gastroenteritis des Hundes**, die vor allem beim Deutschen Schäferhund vorkommt, ist klinisch durch Durchfälle, Malabsorption, Abmagerung und Proteinverlust gekennzeichnet. Die betroffenen Magen-Darmabschnitte sind verdickt oder die Mukosa zeigt irreguläre Falten, Knoten, Erosionen oder Ulzera. Histologisch dominieren eosinophile Infiltrate meist in allen Wandschichten. Die Ursache ist nicht geklärt, jedoch dürften allergische Prozesse vor allem vom verzögerten Typ (Futterallergie?) eine Rolle spielen. Wenn eosinophile Granulome auftreten, dann müssen auch Larven von *Toxocara canis* ursächlich in Betracht gezogen werden.

Mit ähnlicher klinischer Symptomatik geht die **eosinophile Enteritis** bei Katze und Pferd einher. Bei der ***Katze*** ist sie selten und meist Teil eines idiopathischen Eosinophiliesyndroms (Hepato-Splenomegalie, Lymphknotenschwellung u. a.). Beim ***Pferd*** ist sie ebenfalls idiopathisch und durch Zottenatrophie sowie Infiltration der Darmwand mit eosinophilen Granulozyten, Mastzellen, Makrophagen, Lymphozyten und einzelnen Plasmazellen gekennzeichnet. Eosinophile Granulome mit Makrophagen und Riesenzellen können in der Darmschleimhaut, aber auch in Pankreas, Leber, Gallengang und Mesenteriallymphknoten auftreten. Auch eine *eosinophile granulomatöse Dermatitis* mit Epitheloid- und Riesenzellen kann vorkommen. Weiterhin sind Einzelfälle bei Pferden bekannt, bei denen eine eosinophile Enteritis durch *Pythium spp.* verursacht wurde (s. S. 528).

5.8.9 Tumoren

Tumoren des Darmes sind bei Haustieren relativ selten. **Kolorektale Polypen** sind vor allem bei **Hunden** zu finden. Primäre **Adenome** und **Adenokarzinome,** häufig vom skirrhösen Typ, kommen vor allem bei Schaf, Pferd (vorwiegend vom Dünndarm ausgehend) und beim Hund (meist Rektumkarzinome) vor. Letztere sind durchweg bösartig und metastasieren oft in die regionären Lymphknoten, wachsen invasiv in benachbarte Organe (Prostata beim Hund) ein und führen nicht selten auch zu ausgedehnten Implantationen in der Bauchhöhle. Adlerfarn (s. S. 276) wird für das gehäufte Auftreten von Adenokarzinomen des Dünndarmes bei Schafen verantwortlich gemacht. Bei Pferden neigen die Kolonkarzinome zu umfangreichen metaplastischen Verknöcherungen. **Plattenepithelkarzinome** des Darmes sind sehr selten. **Karzinoide** s. S. 163 u. 482.

Adenome und Adenokarzinome der apokrinen Drüsen des Analbeutels kommen bei älteren **Hunden** vor. Sie metastasieren häufig in die Becken- und Darmbeinlymphknoten und gehen, besonders bei der Hündin, oft mit einer Hyperkalzämie (Pseudohyperparathyreoidismus infolge Sekretion von Parathormon-artigen Proteinen) einher. Tumoren der merokrinen Drüsen des Analbeutels sind sehr selten (s.S. 472).

Leukotische Veränderungen (durchweg *lymphatische Leukose)* des Darmes sind bei Katze, Hund, Pferd und Rind häufig. Die lymphatischen Einrichtungen des Darmes sind bevorzugt betroffen, wobei es entweder zu einer diffusen Darmverdickung oder häufiger zu knotigen und ulzerösen Veränderungen kommt (Abb. 2.7 D). Multiple großknotige Prozesse können auch im Sinne einer *Lymphosarkomatose* verstanden werden (s. S. 66).

Intestinale Mastzelltumoren kommen gelegentlich bei älteren **Katzen**, wesentlich seltener auch bei **Hunden** vor. Sie sitzen meist im Dünndarm, infiltrieren die Darmwand auf eine Länge von mehreren Zentimetern, gehen aber nicht mit Ulzeration der Schleimhaut (s. S. 162) einher. Metastasen treten in regionären Lymphknoten, seltener in Leber und Milz auf. Im Unterschied zu den Mastzelltumoren der Haut (s. S. 544) und anderer Organe sind hier die Tumormastzellen polygonal bis spindelförmig. Das Zytoplasma ist nur leicht granuliert, häufig sind keine metachromatischen Granula nachweisbar.

Leiomyome und **Leiomyosarkome** kommen vor allem bei Hunden vor.

5.8.10 Parasiten

Parasitäre Erkrankungen des Darmes spielen bei den Haustieren eine sehr bedeutsame Rolle. Es ist jedoch zu beachten, daß gerade das Vorkommen von Parasiten im Darm häufig ohne besondere klinische Erscheinungen einhergeht (Gleichgewichtszustand zwischen Parasit und Wirt). Erst wenn dieser Zustand gestört wird (massive Erstinfektionen, Haltungs- und Fütterungsfehler, disponierende andere Erkrankungen), kommt es zur Ausbildung schwerer Krankheiten.

Parasiten schädigen den Wirtsorganismus durch Entzug von Nährstoffen, durch Saugen von Blut (Anämie, Hypoproteinämie), mechanisch (Verletzungen, Obstipationen) sowie durch toxisch oder allergisch wirkende Ausscheidungs- und Stoffwechselprodukte.

5.8.10.1 Protozoen

Die **Kokzidiose** kommt bei allen Haustieren vor und ist besonders bei Rind und Kaninchen von Bedeutung, wobei vor allem Jungtiere erkranken. Die Parasiten schädigen den Wirt in erster Linie durch Zerstörung der befallenen Zellen während der *Schizo-* und *Gamogonie.* Stark virulente Kokzidien rufen diffuse, weniger virulente herdförmige Schädigungen der Schleimhaut hervor. Subepithelial sich entwickelnde Kokzidien verursachen schwere, oft tödliche Blutungen, die bei den nur in den Epithelien parasitierenden Arten nicht auftreten.

Beim **Rind** spielen vor allem *Eimeria bovis* und *E. zuerni* eine wichtige Rolle, da sie chronischen Durchfall, Abmagerung und Anämie hervorrufen (rote Ruhr der Jungrinder und Kälber). *E. bovis* tritt vor allem in Hüft-, Blind- und Dickdarm auf und führt zur Ausbildung von multiplen weißlichen, stecknadelkopfgroßen Nekroseherden in der Darmschleimhaut, in denen die Parasiten in Massen nachgewiesen werden können. *E. zuerni* findet sich während der 1. Schizogonie in Jejunum und Ileum, in der 2. in Zäkum und Kolon. Die Schleimhaut der befallenen Darmabschnitte ist verdickt und in Falten gelegt sowie von blutig-fibrinösen Exsudatmassen bedeckt. Durch bakterielle Sekundärinfektionen können sich diphtheroid-nekrotisierende Entzündungen entwickeln.

Die pathogensten Arten sind beim **Schaf** *E. bakuensis, E. ansata* und *E. ovinoidalis,* bei der **Ziege** *E. arloingi* (multiple stecknadelkopfgroße Nekrosen im Dünndarm, diffuse katarrhalische Entzündung).

E. leuckarti verursacht möglicherweise bei **Equiden** eine Diarrhoe.

Beim **Ferkel** ruft *Isospora suis* Durchfälle hervor, während die *Eimeria spp.* nur wenig pathogen sind.

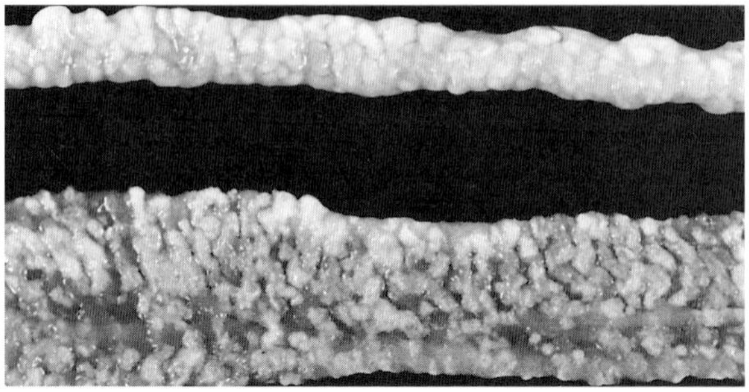

Abb. 5.38 Herdförmige diphtheroid-nekrotisierende Ileitis infolge Kokzidiose *(Eimeria perforans)*, Kaninchen.

Die Darmkokzidiose der **Kaninchen** und **Hasen** *(E. irresidua, E. magna, E. piriformis, E. perforans,* u. a.) ruft schwere, oft tödlich verlaufende katarrhalische Darmentzündungen mit starker Abmagerung bei Jungtieren hervor. Herdförmige Nekrosen (Abb. 5.38), die zusammenfließen können, findet man in Hüft-, Blind- und Dickdarm vorwiegend beim Befall mit *E. perforans* und *E. media.* Differentialdiagnostisch ist vor allem die Yersiniose (s. S. 184) abzugrenzen. Kaninchendysenterie s. S. 182.

Kokzidien der Gattung **Cryptosporidium** kommen bei vielen Tierarten vor, ihre Pathogenität ist aber innerhalb des Wirtstierspektrums sehr unterschiedlich. Bei neugeborenen Kälbern mit Durchfall (Rota- und Corona-Virusinfektion, s. S. 178) werden Kryptosporidien (Nachweis im GIEMSA-gefärbten Ausstrich) häufig gefunden, sie kommen aber auch bei gesunden Tieren vor. Die Erreger liegen frei im Darmlumen oder sind mit einer „Feeder Organelle" an die Darmepithelien angeheftet, wobei an der Anheftungsstelle die Mikrovilli verschwinden und so Verdauungs- und Resorptionsvorgänge beeinträchtigt werden können. SCID s. S. 53.

Balantidium coli, ein normalerweise vorkommender Kommensale in Blind- und Dickdarm, kann bei herabgesetzter Widerstandskraft blutige und diphtheroid-nekrotisierende Dickdarmentzündungen bei Schweinen und Affen verursachen *(Balantidienruhr).* Andere Ziliaten können bei Pferden eine eosinophile Kolitis und Hepatitis verursachen.

Globidien rufen bei Lämmern *(G. gilruthi)* schwere blutige Labmagen- und Darmentzündungen hervor. Auch bei Rindern, Kamelen und Pferden sollen sie krankmachende Eigenschaften besitzen.

Amöben und **Giardia (Lamblia)** verursachen ruhrartige Erkrankungen bei Affen, Hunden, Kälbern und Kaninchen.

5.8.10.2 Zestoden

Die in der Regel wirtsspezifischen Bandwürmer schmarotzen vorwiegend in den mittleren Dünndarmabschnitten, wobei es meist nur bei Jungtieren zu einer hochgradigen Täniose mit Darmentzündungen kommt. Die Bandwürmer schädigen den Wirt durch Nahrungsentzug, durch mechanische Verletzungen (Haken, Saugnäpfe), durch toxisch-allergische Stoffwechselprodukte und können auch zu Obturationen führen. Die wichtigsten Bandwürmer und ihre Finnen sind:

Wiederkäuer: *Moniezia expansa, M. benedeni* (Anoplocephalidae).

Equiden: *Anoplocephala perfoliata, A. magna;* Hyperplasie und polypöse Wucherungen der Schleimhaut, gelegentlich Durchbruch und Peritonitis.

Hund: *Dipylidium caninum* (Zwischenwirt Hundefloh, Hundehaarling), *Taenia pisiformis (Cysticercus pisiformis* bei Hase und Kaninchen), *T. hydatigena (Cysticercus tenuicollis* bei Wiederkäuer und Schwein), *Echinococcus granulosus, (E. cysticus syn. unilocularis syn. hydatidosus* bei Mensch, Rind, Schwein u. a.), *E. multilocularis (E. alveolaris syn. multilocularis* bei Nagern, anderen Säugetieren und Mensch – Fuchsbandwurm!), *Taenia multiceps (Coenurus cerebralis* bei Schaf), *T. serialis (Coenurus serialis* in der Unterhaut von Nagern, Hasen und Kaninchen*), T. cervi (Cysticercus cervi), T. ovis, Mesocestoides lineatus, Diphyllobothrium latum.*

Katze: *T. taeniaeformis (Strobilocercus fasciolaris* in Leber von Nagetieren), *Dipylidium caninum* (Zwischenwirt Katzenfloh), *Diphyllobothrium latum.*

Kaninchen: *Cittotaenia-* und *Andrya-*Arten.

5.8.10.3 Nematoden

Nematoden kommen häufig im Darmkanal vor und spielen eine wichtige Rolle bei allen Haustieren.

Die **Strongyloidose** (Zwergfadenwürmer) ruft bei Ferkeln starke Abmagerung und Anämie sowie eine chronische katarrhalische Darmentzündung hervor *(Strongyloides ransomi).* Ferner kommen die Parasiten vor bei Pferden *(Str. westeri),* Wiederkäuern *(Str. papillosus),* Fleischfressern *(Str. stercoralis,* auch bei Menschen) und Affen *(Str. fülleborni,* schwere Ausfälle bei Zootieren). Hautveränderungen s. S. 551, Lunge s. S. 88.

Strongylidosen des Darmes werden durch Parasiten der Familie *Strongylidae* verursacht. Bei Equiden kommen große und kleine Strongyliden, bei Wiederkäuern und Schweinen Ösophagostomum-Arten und bei Wiederkäuern Chabertia ovina vor.

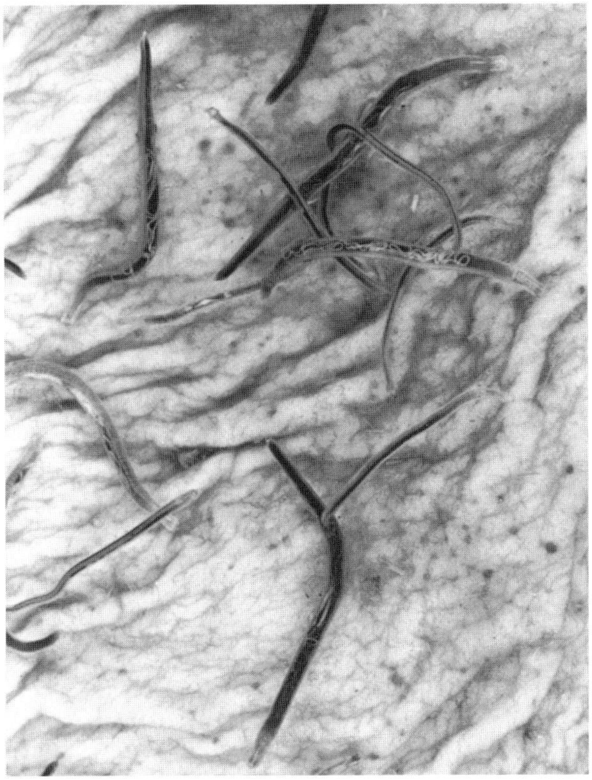

Abb. 5.39 *Strongylus vulgaris* an der Dickdarmschleimhaut haftend, Pferd 2 x.

Große Strongyliden (Palisadenwürmer) der Equiden. Dazu gehören *Strongylus vulgaris, Str. equinus* und *Str. edentatus.*

Strongylus vulgaris-Infektionen sind bei Pferden weit verbreitet und rufen erhebliche Verluste hervor. Nach Aufnahme der infektiösen Larven (III) mit dem Futter verlieren diese im Dünndarm ihre Scheiden, bohren sich in die Wand von Dick- und Blinddarm ein und werden zu Larven IV. Diese penetrieren die submukösen Arteriolen und wandern unter der Intima oder auch im Gefäßlumen entgegen dem Blutstrom in die kraniale Mesenterialarterie bis zu deren Ursprung aus der Aorta. Die maximal nur 2 mm langen „Wanderlarven" wachsen dort weiter und sind 120 Tage nach der Infektion 10–18 mm lang. Nach einer weiteren Häutung entstehen Larven V, die mit dem arteriellen Blutstrom wieder in die Darmwand eingeschwemmt werden. Dort entstehen bis zu erbsengroße Knötchen, in denen die präadulten Parasiten liegen (Tafel IX. D). Nach weiteren sechs bis acht Wochen haben sich schließlich die geschlechtsreifen Strongyliden entwickelt (Abb. 5.39). Die Parasiten rufen vor allem Veränderungen in den Arterien

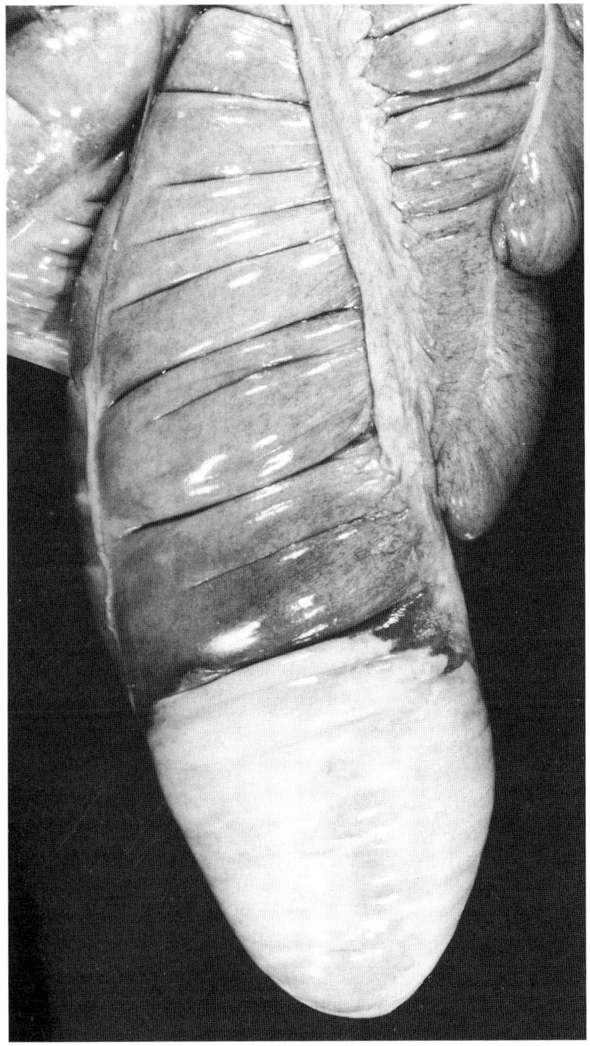

Abb. 5.40 Nekrose (ischämischer Infarkt) der Blinddarmspitze infolge embolisch-thrombotischen Verschlusses eines größeren Astes der Arteria caecalis medialis bei Endarteriitis verminosa *(Strongylus vulgaris),* Pferd.

(Endarteriitis verminosa s. S. 36) hervor, während die Darmveränderungen (entzündliche Prozesse beim Einwandern der Larven) von untergeordneter Bedeutung sind. Durch Embolie und Thrombose der Mesenterialarterien kommt es nicht selten zu ischämischen Darminfarkten (s. S. 176, Abb. 5.40). Haemomelasma s. S. 175 u. Abb. 5.28.

Die Infektionslarven (III) von ***Str. equinus*** bohren sich in die Wand des Zäkumkopfes, seltener auch des Zäkumkorpus und der ventralen Kolonlagen ein, bilden dort linsengroße Knötchen und häuten sich dann zur Larve IV.

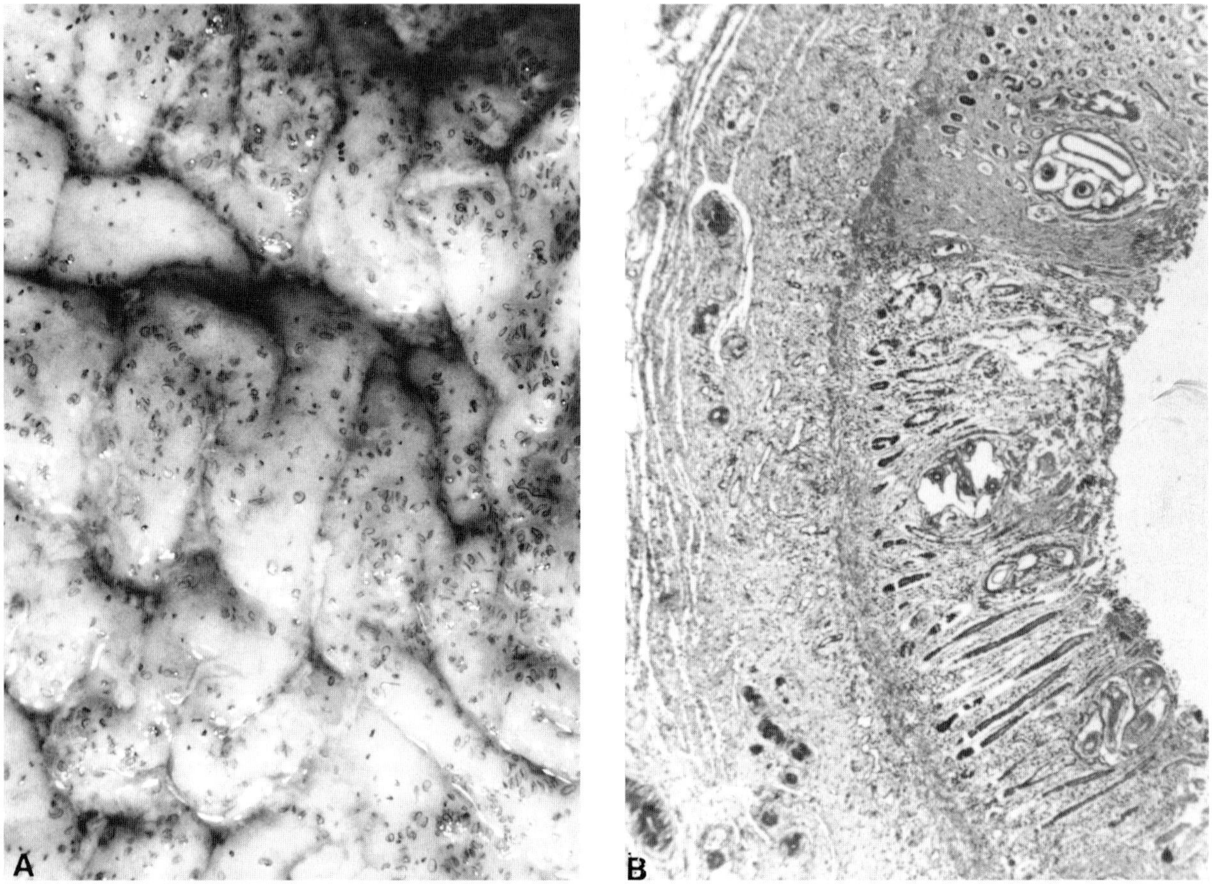

Abb. 5.41 Larvale Cyathostominose. **A** Multiple Granulome in der ödematös verdickten Dickdarmschleimhaut, **B** Multiple Parasitenanschnitte in der Dickdarmschleimhaut. HE, 25 x.

Ein Teil der Larven wandert monatelang in der Blinddarmwand umher (Bohrgänge, Koliken), der größere Teil aber gelangt in die Bauchhöhle. Dort sterben die Parasiten entweder ab oder gelangen in die Leber und von dieser in das Pankreas, wo sie sich zum Larvenstadium V (Präadulte) häuten. Vom Pankreas wandern die Larven V wieder in Blind- und Dickdarm zurück, wobei sich zystenartige Wurmknötchen in der Darmwand bilden können. Die häufigen filamentösen Verwachsungen zwischen Leber, Pankreas und Zwerchfell und die dort zu findenden Wurmknötchen sind in erster Linie durch *Str. equinus* bedingt.

Die Larven III von ***Str. edentatus*** gelangen über Blinddarm und Kolon innerhalb von zwei Tagen mit dem Portalvenenblut in die Leber, wo sie sich zu Larven IV häuten. Nach etwa zwei Monaten bohren sie sich in die Leberbänder ein und wandern in das parietale Bauchfellblatt (bis zu handtellergroße Blutungen, Bohrgänge, Wurmknötchen). Auf welche Art sie wieder in den Dickdarm zurückkehren, ist weitgehend unbekannt (möglicherweise über das *Lig. hepatorenale*).

Kleine Strongyliden der Equiden. Dazu gehören die Subfamilien *Cyathostominae* und *Strongylinae.* Die Infektionslarven (III) dringen in die Wand besonders des ventralen Kolons und Zäkum ein und bilden bis erbsengroße schwarze, gelbliche oder mehr rötliche Knoten (Granulome mit spiralig aufgedrehten Larven, eosinophilen und neutrophilen Granulozyten, Abb. 5.41 A,B). In diesen machen sie die weiteren Häutungen durch und kehren als Larven IV oder als Präadulte in den Dickdarm zurück. Die adulten kleinen Strongyliden rufen meist keine besonderen klinischen Erscheinungen hervor. Dagegen kann die ***larvale Cyathostominose*** zur hämorrhagisch-nekrotischen Typhlokolitis (s. S. 188), Abmagerung und zum Tod führen. Dazu kommt es, wenn die hypobiotischen Larven nach ihrer Reaktivierung in großen Mengen in das Darmlumen

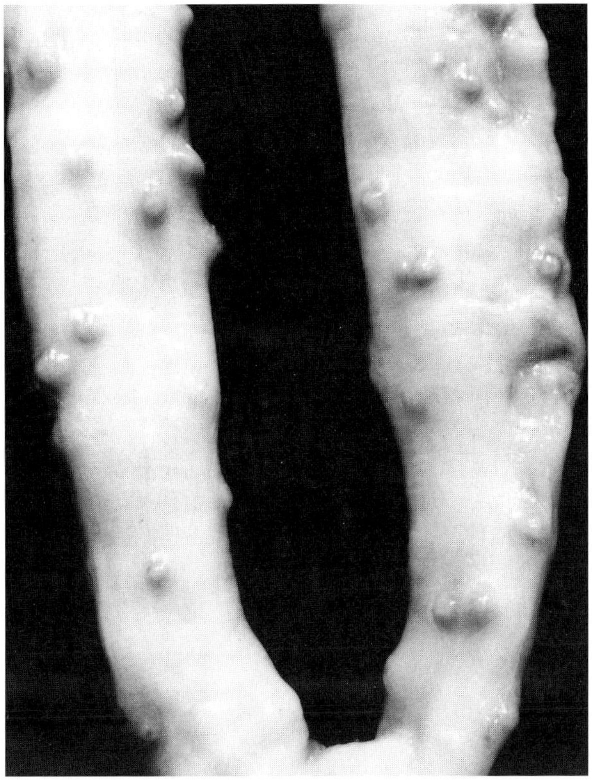

Abb. 5.42 A Ösophagostomose, Dünndarm, Rind.

auswandern. Die Auswanderung erfolgt in den späten Wintermonaten, im Frühling oder Frühsommer (sogenannte Wintercyathostominose).

Zur Subfamilie ***Strongylinae*** gehören die Gattungen *Triodontophorus, Oesophagodontus* und *Craterostomum.* Entwicklung und Pathogenese sind wie bei den Cyathostominae, sie kommen aber wesentlich seltener vor als diese.

Die **Ösophagostomose (Knötchenwurmkrankheit)** ist bei **Wiederkäuern** und **Schweinen** weit verbreitet *(Oesophagostomum radiatum* beim Rind; *Oes. columbianum* und *Oes. venulosum bei* Schaf und Ziege; *Oes. dentatum* beim Schwein). Die Larven III dringen, in der Regel im Bereich der Solitärfollikel, in die Darmschleimhaut (Dünndarm und Blinddarm besonders bei Wiederkäuern, Dickdarm besonders bei Schweinen) ein. In der Submukosa veranlassen sie die Bildung derber, bis zu erbensgroßer, dunkler bis grau-weißer Knötchen, die die Darmschleimhaut flach oder halbkugelig vorwölben (Abb. 5.42 A,B). Nach einer weiteren Häutung kehren die Larven IV wieder in das Darmlumen zurück, worauf die Knötchen in kurzer Zeit abheilen und wieder verschwinden. Bei weniger empfänglichen Tieren, vor allem nach Super- und Reinfektionen, werden die Larven in der Darmwand von einer Bindegewebskapsel eingeschlossen, sterben dann ab und werden dystrophisch verkalkt. Nicht selten bilden sich auch aus Knötchen durch geschwürigen Zerfall sogenannte *Follikulargeschwüre* (Tafel IX. E), die, wenn keine besonderen bakteriellen Sekundärinfektionen (Durchbruch → Peritonitis) eintreten, unter Narbenbildung abheilen.

Die Ösophagostomose verläuft häufig ohne klinische Krankheitszeichen. Bei Jungtieren, vor allem in tropischen Ländern, kann ein massiver Befall jedoch zu schweren Durchfällen, zu Abmagerung und Anämie führen. Die krankmachende Wirkung der im Darm befindlichen geschlechtsreifen Parasiten und Larven IV darf dabei, im Verhältnis zu der Schadwirkung der Larven III, nicht unterschätzt werden.

Chabertia ovina ist weitverbreitet bei **kleinen Wiederkäuern** (Dickdarm) und tritt gelegentlich auch beim Rind auf. Bei starkem Befall kommt es, besonders bei Jungtieren, zu katarrhalischer Kolitis, Anämie und Kachexie.

Ankylostomatidosen (Hakenwurmkrankheit) betreffen **Fleischfresser, Wiederkäuer** und **Schweine**. *Ancylostoma caninum* und *Uncinaria stenocephala* spielen bei Kaniden und Menschen (hauptsächlich *A. duodenale), A. tubaeformis* bei Haus- und Wildkatzen die größte Rolle. *Bunostomum phlebotomum* (Rind, Zebu, Büffel) und *B. trigonocephalum* (Schaf, Ziege, Wildwiederkäuer) sind die Hakenwürmer der Wiederkäuer, *Globocephalus urosubulatus* und *Gl. longemucronatus* die der Haus- und Wildschweine. Die Parasiten bohren sich in die Schleimhaut und Submukosa des Dünndarms ein, wo sie Blut saugen. An ihrem Anheftungsort kommt es zur Entstehung von Erosionen und kleinen Geschwüren, die u. U. Anlaß zu chronischen Sickerblutungen geben (Absonderung eines blutgerinnungshemmenden Sekrets in die Verletzungen). Die Hakenwurmkrankheit spielt vor allem in warmen Ländern eine Rolle und kann bei ungünstigen Haltungs- und Fütterungsbedingungen zu seuchenartigen Verlusten führen (Anämie, Kachexie). Die Infektion kann auch perkutan (s. S. 551) und galaktogen erfolgen.

Intestinale Trichostrongylidosen (Wiederkäuer: meist Mischinfektionen von *Trichostrongylus-, Cooperia-* und *Nematodirus spp.)* sind hinsichtlich ihrer pathogenen Wirkung je nach Art unterschiedlich. Sie schädigen im allgemeinen den Wirt durch Nahrungsentzug, durch Absonderung toxischer Stoffe und Behinderung der Resorption. Chronische katarrhalische Darmentzündungen mit unstillbaren wäßrigen Durchfall kennzeichnet das Bild der Trichostrongylidose (s. Magenparasiten S. 163).

Askaridosen (Spulwurmkrankheit) kommen bei allen Haustieren vor (Ascaris suum; Parascaris equorum;

Toxocara [syn. Neoascaris] vitulorum bei Kälbern; Toxocara canis, T. mystax [syn. cati], Toxascaris leonina). Die geschlechtsreifen Würmer schmarotzen im Dünndarm und können schon bei der Geburt vorhanden sein (intrauterine Infektion). Je nach Zahl der Parasiten und allgemeiner Abwehrlage des Wirtes kommt es zu keinen oder zu schweren Störungen (Kachexie, Enteritis catarrhalis, Toxämie, Obturation, Perforationen der Darmwand, besonders durch Parascaris equorum, hämolytische Anämie; Larva migrans vor allem in Leber und Lunge s. S. 231, 112).

Oxyuridosen (Pfriemenschwanzkrankheit) gehen mit nur geringer Schadwirkung (Pruritus ani, bei massivem Befall auch katarrhalische Kolitis) einher.

Trichuridosen (Peitschenwurmkrankheit) sind am häufigsten bei Wiederkäuern *(Trichuris discolor* beim Rind, *Tr. ovis, Tr. globulosa), Schweinen (Tr. suis),* Fleischfressern *(Tr. vulpis), Primaten (Tr. trichiura)* und bei Kaninchen und Hasen *Tr. leporis* und *Tr. sylvilagi*. Die Parasiten halten sich bevorzugt im Blinddarm, seltener auch im Kolon auf und rufen keine oder örtliche hyperämische Zustände oder kleine Blutungen der Schleimhaut hervor. Nur in schweren Fällen entsteht eine hämorrhagische bis diphtheroid-nekrotisierende Typhlokolitis.

Darmtrichinellen *(Trichinella spiralis)* rufen nur bei Massenbefall bei Schweinen Darmveränderungen (katarrhalische bis hämorrhagische Entzündungen) hervor.

Akanthozephalen (Kratzer) kommen vor allem bei Schweinen *(Macracanthorhynchus hirudinaceus),* Hunden *(M. cattilinus, Onciola canis),* Affen *(Prosthenorchis spirula* und *Pr. elegans)* vor. An ihrer Anheftungsstelle im Dünndarm entstehen wallartig aufgeworfene Geschwüre, seltener auch Perforationen mit anschließender jauchiger Peritonitis.

Die Larven III von **Gasterophilus inermis** sitzen beim **Pferd** eingebohrt in der Schleimhaut des Rektums (s. S. 164), die von *G. nigricornis* und *G. nasalis* in der des Duodenums.

6 Leber

W. HERMANNS

Die Leber (Hepar) ist das zentrale Stoffwechselorgan des Körpers, sie dient ferner der unspezifischen Abwehr und Entgiftung, fungiert als exokrine Drüse und in begrenztem Umfang als ein Blutspeicher. Sie entwickelt sich als unpaares Bauchhöhlenorgan aus einer entodermalen Epithelknospe des hepatopankreatischen Ringes des Duodenums. Die Pars hepatica der Anlage bildet zusammen mit dem aus dem Mesoderm hervorgehenden Gefäßsystem das Leberparenchym einschließlich der Cholangiolen (s.u.); aus der Pars cystica entsteht das intra- und extrahepatische Gallengangsystem mit der Gallenblase.

Die Gestalt der Leber, insbesondere Anzahl und Tiefe der Lappung, unterscheidet sich bei den verschiedenen Spezies. Sie ist am einfachsten gegliedert bei den Wiederkäuern, am stärksten gelappt bei Fleichfressern, Lagomorphen und Nagern. Ihre Farbe ist je nach Blutgehalt rötlich-braun, die Konstistenz elastisch.

Der Aufbau der Leber wird wesentlich durch Blutgefäß- (*V. portae, A. hepatica* und *V. hepatica*) und Gallengangsystem geprägt. Die kleinste funktionelle Einheit ist das **Leberläppchen**. Die *V. portae* transportiert Nährstoff-reiches Blut aus den unpaaren Bauchhöhlenorganen (Magen, Darm, Pankreas, Milz) in die Leber. Sie ist das dominierende zuführende Gefäßsystem, das rd. 70% des Blutes für die Versorgung der Leber liefert. Die *A. hepatica* versorgt die Leber dagegen mit Sauerstoff-reichem Blut. V. portae und A. hepatica zweigen sich in der Leber bis zu den zwischen den Leberläppchen verlaufenden *Vv. interlobulares* und *Aa. interlobulares* auf. Jeweils eine *V. interlobularis* und *A. interlobularis* bilden, gemeinsam mit einem Ast des Gallengangsystems (*Ductus interlobularis biliferus*), eine **GLISSONsche Trias** und verlaufen, von Bindegewebe umgeben, im **Portalfeld**.

Aus den interlobulären Blutgefäßen der GLISSONschen Trias gehen terminale Arteriolen und Venolen hervor. Diese verlassen das Portalfeld, ziehen außen am Leberläppchen entlang, anastomosieren miteinander, treten in die Läppchen ein und gehen intralobulär in die **Sinusoide** über. Den entgegengesetzten Weg nimmt die von den Hepatozyten gebildete Galle. Die von den Leberzellen gebildeten **Gallenkanälchen** (*Canaliculi biliferi*) stehen untereinander in Verbindung und transportieren die Galle zur Läppchenperipherie. Hier münden die Gallenkanälchen in die Anfangsteile des Gallengangsystems, die **Cholangiolen** (Ductuli, HERING-Kanälchen), die ebenfalls an der Außenseite der Leberläppchen verlaufen und in den interlobulären Gallengang der GLISSONschen Trias einmünden. Die Cholangiolen, die innerhalb des Leberläppchens unmittelbar in die Leberzellbalken und auf ihrer anderen Seite in das Gallengangsystem übergehen, sind sehr wahrscheinlich der Bereich, in dem die Stammzellen (sog. **Ovalzellen**) für die Bildung sowohl von Leber- als auch Gallengangszellen zu suchen sind (s.u.).

Das Blut aus den Sinusoiden fließt in die im Zentrum des Leberläppchens liegende *V. centralis*. Das Blut der Zentralvenen sammelt sich in den *Vv. sublobulares*, die zwischen den Läppchen aber außerhalb der Portalfelder verlaufen. Die Sublobularvenen sind kontraktil (Drosselvenen) und können so den Blutfluß durch das Leberparenchym regulieren. Das Blut verläßt die Leber schließlich über die *V. hepatica* zur *V. cava caudalis* hin.

Embryonal wird die Leber nach Rückbildung der Dottersackgefäße von der *V. umbilicalis sinistra* mit arteriellem Blut versorgt. Die Nabelvene nimmt sowohl Verbindung mit der *Vena portae* als auch über den ***Ductus venosus ARANTII*** mit der *V. cava caudalis* auf. Während der *Ductus venosus* bei Pferd und Schwein frühzeitig verödet (das gesamte arterielle Blut durchfließt das Kapillarnetz der Leber) bleibt er bei Wiederkäuer und Fleischfresser bis zur Geburt erhalten. Erst dann obliteriert dieses Kurzschlußgefäß zwischen Pfortader und hinterer Hohlvene.

Wichtige Gewebe-Komponenten und Orientierungspunkte des **Leberläppchens** (*Lobulus*) sind die Portalfelder mit der GLISSONschen Trias, die radiär auf die Zentralvene zulaufenden Leberzellplatten (im histologischen Schnitt Leberzellbalken) mit den dazwischen liegenden Sinusoiden und schließlich die Zentralvenen. Jedes im idealisierten histologischen Schnitt hexagonale Leberläppchen wird an seinen sechs Ecken von Portalfeldern begrenzt, hat einen Durchmesser von 0,7 mm und eine Länge von 1,5 bis 2 mm. An der Außenseite wird das Läppchen von einer geschlossenen Leberzellplatte (*Lamina limitans*) umgeben, die nur von Gefäßen und Gallengängen durchbrochen wird. Während beim Schwein das gesamte Läppchen von Bindegewebe umgeben ist, findet sich Bindegewebe bei den anderen Tierarten nur im Bereich der Portalfelder, die Grenzen der einzelnen Läppchen sind deshalb undeutlich.

Wesentlich für das Verständnis der Leberfunktion und für die Interpretation zahlreicher pathologischer Befunde ist die Tatsache, daß der Blutfluß im Leberläppchen zentripetal von der Peripherie zur Zentralvene hin erfolgt. Die in der Läppchenperipherie liegenden Hepatozyten werden zuerst mit Nährstoff-, Sauerstoff- und Hormon- (u.a. Insulin, Glukagon) reichem Blut versorgt. Dementsprechend unterscheiden sich die Hepatozyten je nach ihrer Lage im Läppchen in ihrer Ausstattung und Funktion. Dieses führt dazu, daß man innerhalb eines Läppchens bestimmte metabolische Zonen unterscheiden kann (in der Läppchenperipherie vor allem oxidativer Energiestoffwechsel, Zitratzyklus, β-Oxidation, Harnstoffsynthese, Gallensäuresekretion und zentrolobulär Glykolyse, Liponeogenese, Ketogenese und Biotransformation). Dabei ist die Ausstattung der Zellen nicht statisch sondern paßt sich der jeweiligen Ernährungssituation an und weist außerdem tagesrhythmische Schwankungen auf.

Neben dem beschriebenen klassischen Leberläppchen, dessen Zentrum die Zentralvene ist, gibt es weitere mikroanatomische Gliederungsmöglichkeiten der Leber. Beim *periportalen Läpp-*

chen wird das Zentrum vom Portalfeld mit seinem Gallengang gebildet, während die Eckpunkte von den umgebenden Zentralvenen markiert werden (im histologischen Schnitt ein Dreieck). Dieses Modell richtet sich am Fluß der Galle aus und hebt so die Funktion der Leber als exokrine Drüse hervor. Der sog. *Leberazinus* (nach RAPPAPORT) wird von zwei Leberläppchen gebildet. Er hat als Zentrum den zwischen zwei Portalfeldern liegenden Bereich, in dem die zuführenden Arteriolen und Venolen verlaufen. Die unmittelbar an diesen Bereich anschließenden Leberzellen werden der periportalen Zone (Zone I) zugeordnet. Sie erhalten das Nährstoff- und Sauerstoff-reiche Blut und entsprechen deshalb der peripherlobulären Zone des Leberläppchens. Die nachgeordnet versorgten Leberzellen liegen im Bereich der Zentralvenen und gehören der periazinären Zone (Zone III) an. Die dazwischen liegenden Leberzellen werden der Zone II zugeordnet. Im histologischen Schnitt hat der Leberazinus Rautenform. Dieses Modell des Leberaufbaus soll vor allem dem Stoffwechselgeschehen in der Leber Rechnung tragen. Es kann insbesondere dann das Muster der Veränderungen erklären, wenn nur einzelne Portalfelder betroffen sind. Da sich die meisten Alterationen der Leber allerdings an einem größeren Areal manifestieren, wird zur Beschreibung der beobachteten Veränderungen durchweg der klassiche Begriff „Leberläppchen" verwendet.

Neben den in Zellplatten angeordneten Hepatozyten (rd. 60 % der Zellen in der Leber) sind die Sinusoide die zweite wichtige Komponente der Leberläppchen. Zwischen den Leberzellplatten und den Sinusoiden liegt der DISSEsche Raum. Außer den Endothelzellen (30 %) kommen in diesem Bereich noch KUPFFER-Zellen (10 %), fettspeichernde Zellen (ITO-Zellen, < 5 %) und sog. Pitzellen vor.

Das Kapillarsystem der Leber, die **Sinusoide** (Sinus-ähnliche großlumige Kapillaren mit einer Länge von 350 bis 500 µm und einem variablen Durchmesser von 5 bis 15 µm), ist der Funktion der Leber angepaßt. Die Auskleidung mit **Endothelzellen** ist inkomplett, d.h. die Zellen weisen sowohl interzelluläre Lücken (∅ 0,1 – 0,5 µm) als auch in ihrem Zytoplasma Poren (∅ 100 nm) auf. Eine Basalmembran ist nicht ausgebildet, die Zellen ruhen auf einem Netzwerk von Retikulinfasern (Kollagen-Typ-III). Die zellfreie Phase des Blutes kann somit unmittelbar mit der apikalen Fläche der Hepatozyten in Kontakt treten. Dieses dient, zusammen mit der Verlangsamung des Blutflusses aufgrund des großen Durchmessers der Sinusoide, einer optimalen Versorgung der Leberzellen. Die **KUPFFER-Zellen** sind Bestandteil des Mononukleären Phagozytensystems (der Zellersatz erfolgt zum größeren Teil durch Zellen aus dem Knochenmark und nur zu einem kleinen Teil durch lokale Proliferation). Durch ihren Gehalt an KUPFFER-Zellen ist die Leber das größte unspezifische Abwehrorgan des Organismus (rund zwei Drittel der Blutmonozyten werden zu KUPFFER-Zellen). Die KUPFFER-Zellen liegen und bewegen sich frei im Lumen der Sinusoide indem sie mit ihren Zellausläufern Kontakt zu den Endothelzellen aufnehmen. Neben ihrem Reichtum an Lysosomen haben sie eine hohe Peroxidaseaktivität und zahlreiche Peroxisomen. Sie sind maßgeblich sowohl an der Entfernung partikulärer (infektiöser) Substanzen und Endotoxin aus dem Pfortaderblut als auch von löslichen körpereigenen Produkten (u.a. Immunkomplexe, Gerinnungsprodukte) beteiligt und tragen erheblich zur Vielfalt der von der Leber synthetisierten Substanzen bei. Die **Pitzellen**, die in den Sinusoiden an den Endothelzellen adhärieren, gehören zur Gruppe der *Large Granular Lymphocytes* und teilen deren Aktivität als *Natural Killer Cells*.

Im **DISSEschen Raum**, zwischen den Endothelzellen und den Hepatozyten, liegt das retikuläre Stützgerüst der Sinusoide. Außerdem ragen in ihn die mit Mikrovilli besetzten apikalen Flächen der Hepatozyten und die der fettspeichernden Zellen, die zwischen den Hepatozyten liegen, hinein. Dieser 0,5 bis 2 µm breite Spaltraum wird von Plasma durchspült. Lichtmikroskopisch erkennbar wird der DISSEsche Raum v.a. bei der Amyloidose der Leber. Von den Funktionen der fettspeichernden Zellen, **ITO-Zellen,** ist unter Normalbedingungen vor allem ihre Fähigkeit zur Speicherung von Vitamin A bekannt. Sie sind lichtmikroskopisch in der Fettfärbung an ihrer großen Fettvakuole erkennbar. Unter pathologischen Bedingungen können sich ITO-Zellen unter dem Einfluß von Zytokinen (u.a. TGF-α, TGF-β), die u.a. von KUPFFER-Zellen und Hepatozyten gebildet werden, vermehren, in Myofibroblasten umwandeln und extrazelluläre Matrix (u.a. Kollagen Typ I) synthetisieren. Diese Vorgänge sind bei der Fibrose und vor allem der Zirrhose der Leber bedeutsam.

Die **Hepatozyten** sind große, polygonale Zellen (∅ 20–30 µm), mit einem umfangreichen eosinophilen Zytoplasma, der zentral liegende Zellkern hat ein bis zwei große Nukleoli. Untereinander sind die Hepatozyten durch *Gap Junctions* verbunden. Zwischen diesen erweitert sich der Interzellularraum zu einem tubulären Spaltraum, dem Gallenkanälchen (Canaliculus). Zum übrigen Extrazellularraum hin ist dieses Kanälchensystem durch *Tight Junctions* verschlossen, so daß keine Galle in den DISSEschen Raum und damit ins Blut gelangen kann. Die große funktionelle Leistung der Hepatozyten kommt darin zum Ausdruck, daß beim erwachsenen Tier bis zu 25% der Hepatozyten zweikernig sind und daß rund 75% der Zellen tetraploide und etwa 10% oktaploide Chromosomensätze besitzen (was zu einer entsprechenden Vergrößerung der Zellkerne führt). Hepatozyten sind die Mitochondrien-reichste Zellart (bis zu 2000 pro Zelle), was die Eosinophilie des Zytoplasmas bedingt. Sie verfügen über ein ausgeprägtes glattes (Entgiftung, Cholesterinstoffwechsel) und auch rauhes (Proteinsynthese) endoplasmatisches Retikulum. Umfangreiche GOLGI-Felder liegen in der Nachbarschaft der Gallekanälchen. Die Zellen sind reich an Lysosomen und Peroxisomen. Die Menge an gespeichertem Glykogen ist abhängig von der Nahrungszufuhr (bei Neugeborenen sind große Mengen an Glykogen in den Hepatozyten gespeichert). Unter Normalbedingungen lassen sich nur einzelne Lipidtröpfchen im Zytoplasma nachweisen.

Während die interlobulären und größeren intrahepatischen Gallengänge ein kubisches Epithel aufweisen, sind die extrahepatischen Gänge (*Ductus hepatici, Ductus cysticus und Ductus choledochus*) ebenso wie die **Gallenblase** (fehlt bei Equiden, Cerviden und Ratten) von einem Zylinderepithel mit mukösen Gallengangsdrüsen ausgekleidet. Glatte Muskulatur findet sich in der Gallenblasenwand sowie als *Sphincter ODDI* in der *Papilla duodeni*.

Die Leber ist als zentrales Stoffwechselorgan an allen wichtigen Metabolisierungswegen beteiligt. Im *Kohlenhydratstoffwechsel* hat sie die Aufgabe, den Glukose-Spiegel konstant zu halten. Mit der Nahrung aufgenommene Glukose wird unter der Wirkung von Insulin der Glykogensynthese und -speicherung zugeführt. Bei vermehrtem Energiebedarf kann Glukose durch Glykogenolyse oder durch Glukoneogenese aus Laktat, bei Wiederkäuern insbesondere auch Propionat, und aus Glyzerin oder Aminosäuren bereitgestellt werden.

Im Rahmen des *Proteinstoffwechsels* synthetisiert und katabolisiert die Leber die meisten Plasmaproteine, wie Albumin, zahlreiche Gerinnungsfaktoren (Fibrinogen, Prothrombin, die Faktoren V, VII, IX und X), Transportproteine (z.B. Coeruloplasmin, Haptoglobin), Proteaseinhibitoren (u.a. α_1-Antitrypsin), Apolipoproteine und Enzyme (Pseudo-Cholinesterase). Ein Teil dieser Proteine zählt zur Gruppe der Akute-Phase-Proteine. Neben den Hepatozyten sind auch die KUPFFER-Zellen in erheblichem Umfang an der Synthese von Mediatoren beteiligt. Die Leber reguliert durch Abbau und Neusynthese die Plasmakonzentration der einzelnen Aminosäuren. Das beim Aminosäureabbau anfallende neurotoxische Ammonium wird durch Glutaminbildung bzw. Harnstoffsynthese entgiftet.

Der *Fettstoffwechsel* und seine Störungen sind für die Leber von besonderer Bedeutung. Neutralfette werden im Dünndarm nach Emulgation durch Gallensäuren von der Pankreas-Lipase in Fettsäuren und Monoglyzeride gespalten und in dieser Form von Enterozyten aufgenommen. Hier erfolgt die Resynthese von Triglyzeriden. Diese werden zusammen mit Phospholipiden, Cholesterin und Apoproteinen in der Form von Chylomikronen in die Lymphgefäße abgegeben. In der Blutbahn werden dann aus den Chylomikronen Fettsäuren durch die Endothelzell-ständige Lipoprotein-Lipase freigesetzt und entweder direkt von Fett- und Muskelzellen verwertet oder, an Albumin gebunden, der Leber zugeführt. Der Chylomikronen-Restkörper wird später ebenfalls von Hepatozyten aufgenommen. Unter bestimmten Stoffwechselbedingungen können aus dem Fettgewebe unter dem Einfluß hormonsensitiver Lipasen (Adrenalin, Glukagon) Fettsäuren freigesetzt werden (Fettmobilisation), die, an Albumin gebunden, ebenfalls von der Leber aufgenommen werden. Schließlich kann die Leber bei Kohlenhydrat-reicher Nahrung auch Fettsäuren und damit Triglyzeride aus Glukose synthetisieren. Aus den Fettsäuren bzw. Triglyzeriden bildet die Leberzelle Lipoproteine der Klasse Very Low Density-Lipoproteine (VLDL), die der Ausschleusung der ansonsten nicht wasserlöslichen Lipide aus der Leberzelle und deren Transport im Blut dienen. Wesentliche Bestandteile der VLDL sind, neben den Triglyzeriden und Cholesterin, die von den Leberzellen gebildeten Phospholipide und Apoproteine. Störungen in der Synthese dieser Substanzen führen zur Akkumulation von Triglyzeriden in der Leberzelle. Bei gesteigertem Energiebedarf führt die Leber Fettsäuren der β-Oxidation zu. Das entstehende Azetyl-CoA kann im Zitratzyklus vollständig abgebaut werden. In der Leber, und nur hier, kommt es allerdings bevorzugt zur Bildung von Ketonkörpern, die von Muskelzellen und im Hungerzustand vor allem vom ZNS verwendet werden.

Die Drüsenfunktion der Leber kommt in der Bildung und Sekretion der **Galle** zum Ausdruck. Die Galle setzt sich, neben Wasser, Elektrolyten und mukösen Sekreten der Gallengangsdrüsen, aus Gallensäuren, Phospholipiden, Cholesterin (diese drei Komponenten bilden hydrophile Mizellen), Bilirubin und Proteinen (u.a. Immunglobulin A) zusammen. **Gallensäuren** werden von den Leberzellen aus Cholesterin gebildet, mit den Aminosäuren Glycin oder Taurin konjugiert und aktiv in die Canaliculi ausgeschieden. Aufgrund ihrer emulgierenden Wirkung werden sie für die Fettverdauung im Darm benötigt. Der größte Teil der Gallensäuren wird deshalb im Ileum rückresorbiert und über das Blut der Leber erneut zur Verfügung gestellt (enterohepatischer Kreislauf).

Das **Bilirubin** (Gallenfarbstoff) entsteht ganz überwiegend durch Abbau der prosthetischen Gruppe des Hämoglobins, dem Häm, aus gealterten Erythrozyten in Zellen des MPS (Milz, Knochenmark, KUPFFER-Zellen). Nach enzymatischer Umwandlung des *Hämoglobins* in *Verdoglobin* entsteht aus diesem durch Abspalten von Proteinanteil und Eisen das blaugrüne *Biliverdin*. Durch Reduktion geht dieses in das orangerote *Bilirubin* über *(Bilirubin I,* Hämobilirubin, unkonjugiertes, nicht nierengängiges oder indirekt reagierendes Bilirubin). Im Blut an Albumin gebunden wird das Bilirubin größtenteils von Leberzellen aufgenommen, dort, an ein Bindungsprotein (Glutathion-S-Transferase) gekoppelt, zum glatten endoplasmatischen Retikulum transportiert, wo es durch Konjugation mit Glukuronsäure in eine hydrophile Form überführt wird *(Bilirubin II,* Bilirubindiglukuronid, Cholebilirubin, konjugiertes, nierengängiges oder direkt reagierendes Bilirubin), um so anschließend aktiv in die Canaliculi sezerniert zu werden. Im Darm kommt es unter Einwirkung bakterieller Enzyme zur Dekonjugation. Unkonjugiertes Bilirubin kann wieder reabsorbiert werden und wird in einem enterohepatischen Kreislauf erneut mit der Galle ausgeschieden. Der überwiegende Teil des Bilirubins wird über mehrere Schritte in *Urobilinogen* (was in geringem Umfang reabsobiert und über die Niere ausgeschieden wird und für die Farbe des Urins sorgt) und schließlich in *Stercobilinogen* umgewandelt und mit den Fäzes ausgeschieden.

Bei der Gallesekretion in die Canaliculi wird ein Gallensäure-abhängiger Galllefluß, der von der Menge an Gallensäuren abhängt, die der Leber über den enterohepatischen Kreislauf zugeführt werden, und ein Gallensäure-unabhängiger Fluß unterschieden, der auf dem aktiven Transport von Natrium in die Canaliculi mit passivem Wassernachstrom beruht. Für den kanalikulären Gallefluß sorgen sowohl die permanente Galleabgabe der Hepatozyten als auch deren kontraktile Elemente des Zytoskeletts (Mikrofilamente und Mikrotubuli), die besonders im Bereich des Gallepols angeordnet sind. Auf dem Weg in die Gallenblase wird die Lebergalle zur sog. Blasengalle modifiziert (u.a. um das 5- bis 20-fache konzentriert). Gallenblasenfüllung und -entleerung stehen unter nervaler und hormoneller Kontrolle.

Eine ganz wichtige Funktion der Leber ist die Entgiftung oder **Biotransformation** endogener (u.a. Steroide, Gallensäuren, Eicosanoide) und exogener (Xenobiotika) toxischer Substanzen. Da die meisten dieser Substanzen lipophil sind, besteht ein wesentlicher Schritt in deren Transformation zu wasserlöslichen, mittels Galle oder Harn ausscheidbaren Verbindungen. Die wichtigste Reaktion hierfür ist die Hydroxylierung durch unspezifische Monooxygenasen (Mischfunktions-Oxygenasen; Cytochrom P-450), die in den Membranen des glatten endoplasmatischen

Retikulums lokalisiert sind (Phase I-Reaktion). Häufig schließt sich eine Konjugation mit Glukuronsäure an (Phase II-Reaktion). Die Enzymsysteme der Biotransformation befinden sich überwiegend in den Hepatozyten des Läppchenzentrums. Bei entsprechender Exposition kommt es zu einer Induktion der Monooxygenasen mit einer Zunahme des glatten endoplasmatischen Retikulums. Hinzuweisen bleibt, daß durch die Biotransformation auch primär unschädliche Substanzen in toxische Produkte umgewandelt werden können (metabolische Aktivierung).

6.1 Allgemeine Pathologie der Leber

6.1.1 Ursache, Art und Verteilungsmuster von Leberschäden

Die Leber kann durch infektiöse, toxische, zirkulatorische, metabolische oder tumoröse Ursachen geschädigt werden. Das Spektrum der Reaktionen der Leberzelle auf diese vielfältigen Noxen ist vergleichsweise schmal. Es reicht von Störungen des Fettstoffwechsels bzw. Wasserhaushalts (Verfettung bzw. Einwässerung) bis zum Untergang der Zelle. Der Zelluntergang kann sich auf unterschiedliche Weise vollziehen. Die ***Apoptose*** (gesteuerter Zelltod) ist ein aktiver Vorgang, der durch das Einwirken oder auch Fehlen bestimmter Signale ausgelöst wird. Es kommt zur Kondensation des Kernchromatins und zur hochgradigen Schrumpfung der Zelle (COUNCILMAN-Körper). Die Zellreste werden von anderen Hepatozyten oder KUPFFER-Zellen aufgenommen. Die Apoptose betrifft immer Einzelzellen, eine entzündliche Reaktion muß nicht ausgelöst werden. Bei der ***Koagulationsnekrose*** kommt es zum sehr schnellen Untergang von Zellen mit Ausfällung der Proteine einschließlich der lysosomalen Enzyme. Eine ***Kolliquationsnekrose*** entsteht beim langsamen Untergang von Leberzellen, bei dem es durch den Ausfall der Ionenpumpe zum Einstrom von Wasser in die Zelle und zur hydropischen Degeneration kommt. Koagulations- und Kolliquationsnekrose betreffen mehrere Zellen gleichzeitig und führen zu einer resorptiven Entzündung.

Stoffwechselstörungen (v.a. Verfettung), Zelluntergang und Entzündung, die sehr häufig in einem pathogenetischen Zusammenhang stehen, haben in der Leber meistens ein Verteilungsmuster, aus dem pathologisch-anatomisch oder histologisch auf bestimmte Schädigungsmechanismen geschlossen werden kann (Abb. 6.1). Entscheidend ist das räumliche Verhalten der Veränderung in bezug auf das Leberläppchen, im nachfolgenden am Beispiel der Nekrose dargestellt. Die ***fokalen Nekrosen*** (Herdnekrosen), die keine Rücksicht auf die Läppchenstruktur

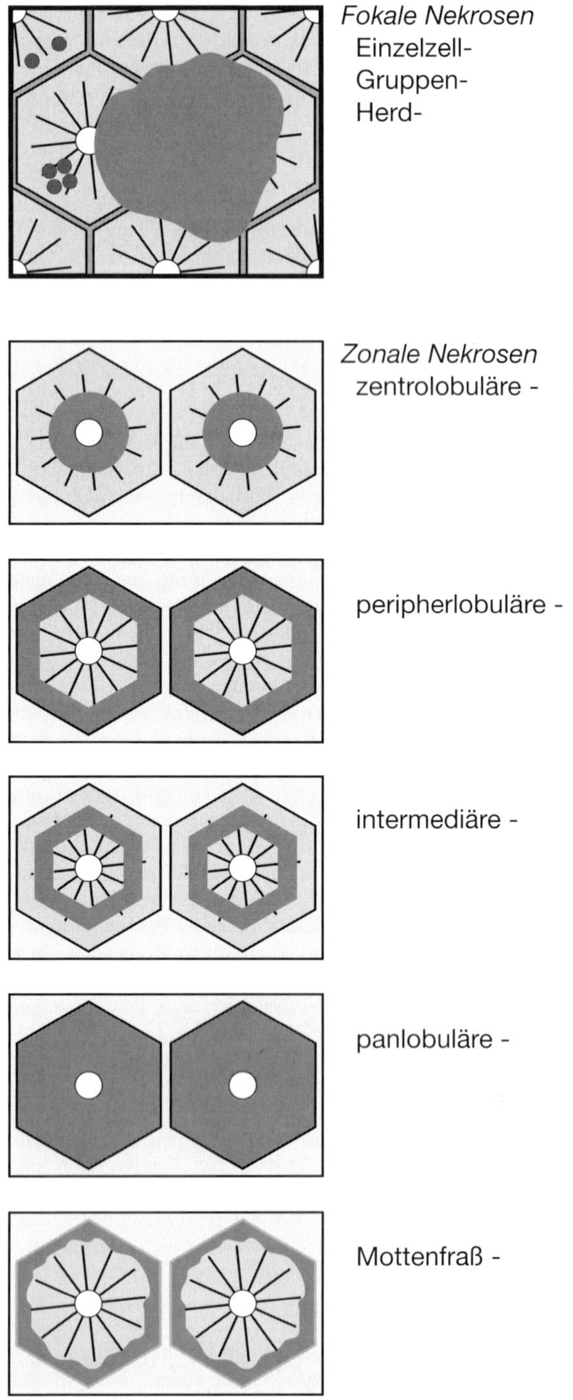

Abb. 6.1 Schematische Darstellung der unterschiedlichen Muster von *herdförmigen* und *zonalen Leberveränderungen*.

nehmen, können einzelne Zellen oder kleine Gruppen von Zellen (Gruppen-Nekrose) betreffen, sie können darüber hinaus klein- (miliar) bzw. großherdig sein sowie einzeln oder multifokal auftreten. Eine besondere Form sind die ***Brückennekrosen***, die sektorförmige Teile des Leberläppchens betreffen und Portalfelder mit Zentralvenen verbinden. Fokale Nekrosen haben häufig eine infektiöse Ursache und gehen meistens mit deutlichen entzündlichen Veränderungen einher (nekroinflammatorische Reaktion). Die ***zonalen Nekrosen*** dagegen richten sich an der Läppchenstruktur aus und betreffen große Teile oder die gesamte Leber (diffuse Veränderung). Ursache sind hypoxämische Zustände oder die Einwirkung von Toxinen, die zur Koagulationsnekrose führen. Nach der räumlichen Anordnung lassen sich unterscheiden, die *zentrolobuläre*, *peripherlobuläre*, *intermediäre* und die *panlobuläre* (massive) *Nekrose*. Während bei den erstgenannten Formen meistens Teile des Gefäßsystems und des bindegewebigen Gerüstes der Läppchen erhalten bleiben, kommt es bei der panlobulären Nekrose zum Kollaps der Läppchen, erhalten bleibt das sich zunehmend narbig verdichtende interstitielle Bindegewebe (sog. Kollapsfibrose). Eine besondere Form des Leberzelluntergangs ist die sog. ***Mottenfraß-Nekrose*** (*Piecemeal Necrosis*), bei der es in der Läppchenperipherie beginnend zum fortschreitenden apoptotischen Zelltod kommt (s. S. 224). Folgen der geschilderten Veränderungen können die vollständige Ausheilung durch Regeneration, die Narbenbildung und, als spezifische Reaktionsform der Leber, die Zirrhose sein.

6.1.2 Regenerationsvermögen der Leber

Hepatozyten sind langlebige (rd. 300 Tage), reversibel postmitotische Zellen. Der physiologische Ersatz der Zellen erfolgt durch Stammzellen, die im Bereich der Läppchenperipherie liegen. Die dort gebildeten jungen Hepatozyten wandern langsam an den Sinusoiden entlang zum Läppchenzentrum, wo sie unter Apoptose absterben.

Bei Zellverlust können die Hepatozyten sehr schnell und problemlos wieder in den Teilungszyklus eintreten. Die Wertigkeit des gebildeten Regenerates hängt allerdings vom Erhaltungszustand des Gefäßbindegewebes, das als Leitschiene für die proliferierenden Hepatozyten dient, ab. Ferner sind Einwirkungsdauer der Noxe (einmalig oder kurzfristig – wiederholt oder chronisch), Ausdehnung der Veränderung im Leberläppchen (einzelne Zonen – massiv) und Ausdehnung der Veränderung in der Leber (einzelne Areale – gesamte Leber) für das Schicksal der Leber und des Gesamtorganismus von bestimmendem Einfluß.

So können kleinherdige Nekrosen und die nicht das gesamte Läppchen erfassenden zonalen Nekrosen, insbesondere wenn die Noxe einmalig oder nur kurzfristig einwirkt, folgenlos ausheilen. Panlobuläre Nekrosen, die große Teile der Leber erfassen, führen zum Tod (akute Leberdystrophie); ansonsten kommt es zur Kollapsfibrose und Narbenbildung (wie auch bei großherdigen Nekrosen). Noxen, die längerfristig oder wiederholt zum Leberzelluntergang führen, bedingen häufig neben der Fibrose auch eine Regeneration von Lebergewebe. Dabei kommt es allerdings nicht zum Aufbau typischer Läppchen sondern nur zur Bildung ungeordneter Leberzellansammlungen, die insbesondere Defizite in der Gefäßversorgung und im Galleabfluß aufweisen, zur Bildung von ***Pseudolobuli***. Diese meist progredient und die gesamte Leber erfassenden Veränderungen sind Kennzeichen der Leberzirrhose (Abb. 6.2).

6.1.3 Leberversagen

Die Leber verfügt sowohl über große Reservekapazitäten als auch ein gutes Regenerationsvermögen. Erst bei hochgradigen Schäden, die große Teile der Leber erfassen, kommt es zu klinisch manifesten Ausfallserscheinungen. Zu diesem Zeitpunkt sind die morphologischen Veränderungen allerdings zumeist bereits in einem irreversiblen Stadium. Die Störungen in der Leber beruhen auf dem Ausfall von metabolisch aktiven Hepatozyten sowie Störungen der Blutversorgung und des Galleabflusses. Die Einschränkung der Leberfunktion (Leberinsuffizienz) führt ihrerseits zu Krankheitserscheinungen des Gesamtorganismus wie *Ikterus, Aszites, Gerinnungsstörungen, Photosensibilität* (bei Wiederkäuern) und schließlich zum *hepatoenzephalen Syndrom* (s. S. 381).

6.2 Postmortale Veränderungen

Die postmortale ***Autolyse*** setzt unmittelbar nach Eintritt des Todes ein, ist allerdings zunächst nur histologisch zu erkennen. Im weiteren Verlauf und insbesondere aufgrund der subfinalen Einschwemmung von Mikroorganismen aus dem Darm über das Pfortadersystem beginnen ***Heterolyse*** und ***Fäulnisprozesse***, die oft mit der Ausbildung heller, um große Gefäße herum gelegener Flecken im Lebergewebe (abzugrenzen von Verfettung und Nekrose) sowie Gasbildung einhergehen und zum Bild der ***Schaumleber*** (*Fäulnisemphysem*) bzw. zum breiigen Zerfließen des Gesamtorganes führen. Durch die Autolyse wird die Gallenblasenwand durchlässig für Gallenfarbstoffe, so daß

Abb. 6.2 Schematische Darstellung von Leberveränderungen mit Zubildung von Kollagenfasern (Näheres siehe Text).

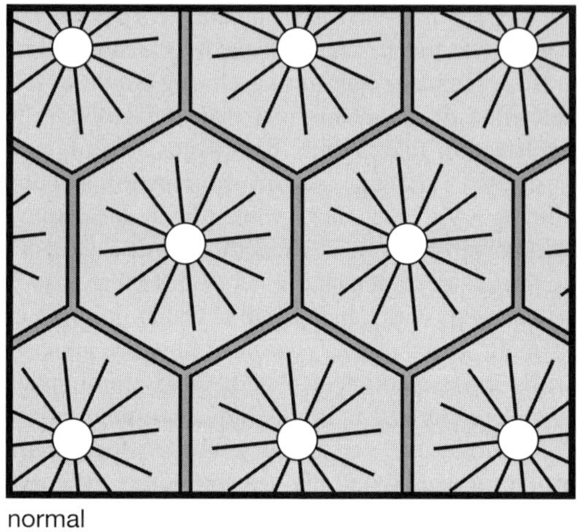

es besonders in deren Umgebung zur ***galligen Imbibition*** der Gewebe kommt. Außerdem kommt es durch die bakterielle Erzeugung von Schwefelwasserstoff zur Sulfmethämoglobin-Bildung, was zu einer schwarz-grünen Verfärbung der oberflächlichen Leberanteile, der ***Pseudomelanose***, führt. Darüber hinaus finden sich gelegentlich auf der Leberoberfläche fest anhaftende, kreideartige Kristalle, bei denen es sich um Leuzin oder Tyrosin als Endprodukte der Eiweißfäulnis handelt.

6.3 Mißbildungen

Angeborene Formveränderungen der **Leber** im Sinne abnormer, überzähliger oder reduzierter Lappungen kommen bei allen Tieren vor. Sie sind im allgemeinen für die Organfunktion ebensowenig von Bedeutung wie Spaltungen der Leberanlage mit Bildung von ***Nebenlebern***. Auch eine relativ zu kleine (*Hypoplasie*) oder zu große Leber wird meist nur als formale Abweichung von der Norm interpretiert. *Agenesien* und *Aplasien* der Leber kommen isoliert nicht vor, d. h. sie werden nur als Teilphänomen allgemeiner Entwicklungsstörungen gesehen.

Mißbildungen der **Gallengänge** und der **Gallenblase** variieren in vielfältiger Weise und stehen nur in einem Teil der Fälle mit Mißbildungen der Leber in Zusammenhang (siehe Embryologie). Am wichtigsten sind die ***Hypo-*** und ***Aplasie*** sowie die vollständige oder unvollständige ***Verdoppelung*** (*Vesica fellea duplex*) der Gallenblase. Als reine Lageveränderungen werden von Lebergewebe umgebene (*Vesica fellea occulta*) oder pendelnde (*Vesica fellea pendulans*) Gallenblasen gesehen.

Unter den Gallengangsmißbildungen sind, neben den bei **Kalb** und **Lamm** beschriebenen ***Gallengangsatresien***, die ***Gallengangszysten*** zu nennen, die in Ein- oder Vielzahl (*Zystenleber*) bei allen Haustierspezies vorkommen können. Sie entstehen, wenn es zu Störungen in der Verbindung zwischen den lobulären Cholangiolen und den interlobulären Gallengängen kommt. Bei **Katze** (*Perser*) und **Hund** (*Cairn Terrier*) können Gallengangszysten Bestandteil des erblich bedingten Krankheitsbildes der „Polyzystischen Nierenerkrankung" (s. S. 247) sein. Die Zysten sind mit einschichtigem Epithel ausgekleidet und beinhalten eine klare, bisweilen muköse Flüssigkeit. Sie sind von den rein oberflächlich liegenden und vom serösen Leberüberzug ausgehenden Zysten abzugrenzen.

Derartige ***Serosazysten*** werden bevorzugt beim **Kalb** gefunden, und zwar entweder als ein- oder mehrkammerige, der Leberoberfläche breit aufliegende, oder als gestielte, dünnhalsige Gebilde. Ihr Inhalt ist in der Regel wasserklar. Abzugrenzen sind die Serosazysten von den serosophilen Zystizerken bei Schwein und Wiederkäuer (*Cysticercus tenuicollis*) sowie Hase und Kaninchen (*Cysticercus pisiformis*) (s. S. 231).

Angeborene portosystemische Anastomosen (*Shunts*), die meistens aus einem einzigen Gefäß bestehen, können intra- oder extrahepatisch liegen und kommen vor allem beim **Hund,** seltener bei der **Katze** vor. Die ***intrahepatische Anastomose*** beruht auf einer Persistenz des fetalen *Ductus venosus*, der, anstatt mit der Geburt zu obliterieren (beim Hund funktionell am 3. Tag und strukturell bis zum 18. Tag), als dünnwandiger und oft geschlängelt verlaufender Kanal bestehen bleibt. Die ***extrahepatischen Anastomosen*** entstehen durch die Ausbildung normalerweise nicht vorhandener Gefäße zwischen der Pfortader bzw. den sie speisenden Venen (s.S. 206) und der *V. cava caudalis* oder der *V. azygos*. Durch den Shunt wird ein großer Teil des Pfortaderblutes mit seinen hepatotrophen Substanzen an der Leber vorbeigeleitet. Die Folge ist eine deutliche Verkleinerung der Leber, die histologisch auf einer Verkleinerung der Läppchen und der einzelnen Hepatozyten beruht. In den Portalfeldern fehlen die Interlobularvenen entweder ganz oder sie sind sehr klein, während Äste der Interlobulararterien sogar vermehrt sein können. Die histologischen Veränderungen sind allerdings insgesamt wenig deutlich ausgeprägt. Klinisch zeigen die Tiere ein hepatoenzephales Syndrom, ihre Lebenserwartung ist auf wenige Wochen bzw. Monate reduziert. Hinzuweisen bleibt, daß der Shunt ohne intravitale röntgenologische Darstellung bei der Obduktion oft nur schwer aufzufinden ist.

Ein als **Mikrovaskuläre Dysplasie** der Leber bezeichnetes Krankheitsbild bei **Hunden** geht ebenfalls mit einer angeborenen Shunt-Bildung einher, ohne daß makroskopisch erkennbare Gefäßanomalien vorliegen. Auffällig sind histologisch nachweisbare, dünnwandige, venöse Gefäße, die zwischen der Interlobularvene und der Zentralvene im Läppcheninneren verlaufen und so das Blut um die Sinusoide herumleiten. Möglicherweise handelt es sich um Reste von Dottersack-Venen, die nicht vollständig umgebildet worden sind. Die betroffenen Tiere sind älter als diejenigen mit makroskopisch erkennbaren Anastomosen, klinische Symptome sind ebenfalls meist weniger deutlich ausgebildet.

6.4 Lageveränderungen

Lageveränderungen der Leber sind meistens die Folge von angeborenen oder durch ein Trauma erworbenen Zwerchfellspalten (*Eventratio diaphragmatica*). Es können entweder einzelne Lappen, die gesamte Leber oder zusätzlich weitere Bauchhöhlenorgane wie Magen, Darm, Netz und Milz in den Brustraum vorfallen (s. S. 167). Leberlappenverlagerungen durch enge Zwerchfellspalten führen nicht selten zum Bilde einer chronischen lobären Stauungsleber (s. S. 205) mit Atrophie des Parenchyms, gelegentlich auch zu massiven Transsudationen in den Brustraum unter Ausbildung eines Hydrothorax.

Die ***Torsion*** einzelner Leberlappen tritt selten bei **Hund**, **Schwein** oder **Kaninchen** auf. Da vor allem der venöse Abfluß durch die Torsion unterbunden wird, kommt es entweder zur akuten Infarzierung des Gewebes, möglicherweise gefolgt von einer tödlichen Blutung ins Abdomen, oder der Lappen unterliegt ebenfalls der Atrophie.

6.5 Zusammenhangstrennungen

Trotz ihrer verhältnismäßig geschützten Lage wird die Leber nicht selten traumatisch geschädigt. Die häufigsten Zusammenhangstrennungen sind die durch stumpfe Schläge, Verkehrsunfälle und Stürze verursachten Kapsel- und Parenchymrisse. Umfang und Grad der Gewebszerstörungen hängen dabei sowohl von der Qualität der Noxe als auch vom Zustand des Lebergewebes ab. Juveniles bzw. vorgeschädigtes Leberparenchym (Verfettung, Amyloidose) weist im allgemeinen eine erhöhte Vulnerabilität auf, so daß bereits geringgradige Traumatisierungen zu Leberrissen führen können (sog. Spontanrupturen).

Die Folgen eines Leberrisses hängen von seiner Größe und Lage ab. Massenblutungen in die Bauchhöhle werden bei kleinen Kapselrissen in der Regel nicht gesehen, da eine gute Abdeckung durch korrespondierende Peritonealflächen gewährleistet ist. Reichen die Risse aber tiefer in das Parenchym hinein, sind größere Blutgefäße einbezogen oder liegen umfangreiche Gewebszerstörungen vor, dann wird der Leberriß nicht selten von einer inneren Verblutung gefolgt. Gelegentlich kommt es auch zur Parenchymzerstörung ohne gleichzeitigen Kapselriß, wobei dann subkapsuläre Hämatome entstehen. Rezidivierende Blutergüsse können die Form umfangreicher, zwiebelartig geschichteter Massen von grau-roter Farbe annehmen.

Zu den Zusammenhangstrennungen zählen auch perforierende Verletzungen durch Projektile, Fremdkörper und Parasiten. Im Hinblick auf deren Folgen sind ebenfalls Lage und Umfang der Verletzungen entscheidend. Bei Mitbeteiligung der abführenden Gallenwege kann es zum Austritt von Galle und zur galligen Peritonitis kommen. Bei Haubenfremdkörpern besteht die Gefahr der Einschleppung von Bakterien mit Ausbildung von Leberabszessen (s. S. 221).

Bei der Ausheilung von Zusammenhangstrennungen können im Defektbereich Narben zurückbleiben, die an der Leberkapsel als strahlige, grauweiße Flecken in Erscheinung treten. Beim Pferd kommt es als Folge der Wanderung von *Strongylus equinus* zu zottigen Auflagerungen auf der Leberserosa (*Perihepatitis villosa;* s. S. 231).

6.6 Kreislaufstörungen

Ursachen, Morphologie und Folgen von Kreislaufstörungen der Leber hängen davon ab, welches Gefäßsystem betroffen ist: *A. hepatica, V. portae*, venöses Abflußsystem einschließlich der *V. hepatica* oder die sinusoidale Endstrombahn.

Verschlüsse von Ästen der ***A. hepatica*** führen nur dann zu einer Hypoxie-bedingten Koagulationsnekrose von Leberzellen, wenn sich der Verschluß möglichst schnell und vollständig entwickelt. Ansonsten erfolgt eine ausreichende Sauerstoff-Versorgung durch das Blut der *V. portae* und durch Kollateralgefäße. Der primär ischämische Infarkt kann durch Blutzufluß in einen hämorrhagischen Infarkt übergehen (roter Leberinfarkt). Die wichtigsten Ursachen für Verschlüsse der *A. hepatica* sind Strongylidenlarven beim **Pferd** (s. S. 36), wobei in der Regel nur kleine Äste verstopft sind. In seltenen Fällen kommt es bei der **Katze** im Rahmen einer Aortenthrombose (s. S. 22 u. 35) zur Mitbeteiligung der *A. hepatica*. Hierbei können auch größere Äste verlegt sein und somit ausgedehnte Lebereareale nekrotisch werden.

Bei Verschlüssen von Ästen der ***V. portae*** sind die Folgen am Quellgebiet des Gefäßes von denen an der Leber zu unterscheiden. Ein akuter, vollständiger Verschluß der Pfortader führt zur hämorrhagischen Infarzierung des Darmes und zum Tod des Tieres. Vollständige Verschlüsse kleinerer Äste führen zur Nekrose oder, da sie häufig mikrobiell thrombo-embolischer Natur sind, zur eitrigen Einschmelzung der betroffenen Leberareale (s. S. 223). Inkomplette, sich allmählich vollziehende und nichtinfizierte Verschlüsse schädigen die Leber durch die mangelhafte Zufuhr von hepatotrophen Substanzen. Die Folgen sind Atrophie und Fibrose des betroffenen Areals. Beeinträchtigungen der Pfortaderstrombahn führen, ähnlich den Veränderungen bei der Stauungsleber (s.u.), zum portalen Hochdruck mit entsprechenden Folgen.

Abflußbehinderungen des Blutes aus den Sinusoiden, über die Zentralvenen, Sublobularvenen, die ***V. hepatica*** und die hintere Hohlvene bis in die rechte Herzkammer hinein, sind die häufigsten Kreislaufstörungen der Leber. Ganz im Vordergrund stehen kardial bedingte Stauungserscheinungen (u.a. Myokarditis, kongestive Kardiomyopathie, angeborene Herzklappenfehler, Schließungsinsuffizienz der Trikuspidal-Klappe bei der Endokardiose des Hundes, Perikarditis; s. S. 9–23). Selten sind obstruktive Veränderungen der Hohlvene (Tumoren, leukotisch veränderte Lymphknoten) oder Thrombosen der V. hepatica (BUDD-CHIARI-Syndrom) die Ursache. Störungen des intrahepatischen Blutabflusses können zahlreiche Gründe haben. Beim **Hund** führt die Ausstattung der Sublobularvenen mit Sphinkteren im Rahmen von Schockzuständen zu einer akuten Blutfülle der nachgeschalteten Strombahn. Als *veno-okklusive Erkrankung* sollten allerdings nur solche bezeichnet werden, die auf einer lumeneinengenden Veränderung der Wand der Zentralvene beruhen (*Endophlebitis obliterans*). Die Folgen bei Lageveränderungen und Torsionen von Lebergewebe (s.o.) schließlich ergeben sich ebenfalls aus dem gestörten venösen Abfluß.

Die Folgen der Abflußbehinderung am Lebergewebe richten sich nach dem Grad und der Dauer der Stauung. Hochgradige, die gesamte Leber erfassende Stauungen können akut zum Tode führen. Geringergradige Stauungen, die über einen längeren Zeitraum einwirken, führen dagegen zur chronischen Stauungsleber.

Die **akute Stauungsleber** ist geschwollen, ihre Ränder sind abgerundet, die Farbe ist dunkel rötlich-blau, die Schnittfläche blutreich und ihre Konsistenz eher brüchig. Da vermehrt Lymphe gebildet wird, die reich an Gerinnungsfaktoren ist, bilden sich Fibrinniederschläge auf der Leberoberfläche und zwischen den Lappen sowie ein blutiger Bauchhöhlenerguß. Histologisch fällt die hochgradige Blutfülle der Sinusoide im Läppchenzentrum auf, die zur Druckatrophie der zentrolobulären Leberzellen oder zu deren Verfettung und Nekrose führt. Mit dem Schwund der Hepatozyten kommt es zur Ausbildung von zentralen Blutseen, die aber auch große Teile des Läppchens einnehmen können. Hochgradig dilatierte Lymphgefäße begleiten die Adventitia der Lebervenen.

Bei der **chronischen Stauungsleber** ist die Leberoberfläche fein granuliert, die Ränder können scharfrandig sein, und die Konsistenz des Gewebes ist verfestigt. Meistens ist eine deutliche Läppchen-bezogene Zeichnung zu erkennen, mit dunkelbraunen Läppchenzentren, die netzförmig von hellbraunem Lebergewebe umgeben werden (sog. Muskatnuß-Leber; Tafel XII F, G). Histologisch entspricht dies der zentrolobulären Blutfülle und verfetteten Hepatozyten in der Läppchenperipherie. Die Schädigung der Leberzellen kommt vor allem durch den verlangsamten Blutfluß zustande, der dazu führt, daß insbesondere das ohnehin schlechter versorgte Läppchenzentrum unter Sauerstoffmangel leidet.

Mit Fortdauer der Stauung tritt eine zunehmende Fibrosierung der Leber ein. Die Faservermehrung kann sich zentrolobulär um die Zentralvene herum entwickeln, und sie betrifft das interlobuläre Bindegewebe (Gerüstsklerose; Abb. 6.2). Von besonderer Bedeutung aber ist die Zubildung von Fasern im DISSEschen Raum, die von den in Myofibroblasten umgewandelten ITO-Zellen ausgeht, und die Ausbildung einer Basalmembran. Diese als *Kapillarisierung* bezeichnete Änderung des sinusoidalen Wandaufbaus bedingt eine Versorgungsstörung der noch verbliebenen Hepatozyten. Die Behinderung des Blutflusses im Läppchen führt außerdem zur Ausbildung portovenöser Umgehungskreisläufe und damit zu einer weiteren Verschlechterung der Versorgung der Läppchen. Da die Blutdruckdifferenz zwischen Pfortader und Lebervene ohnehin nur gering ist, kommt es bei der chronischen Stauungsleber zu einem *portalen Hochdruck* mit ausgeprägter *Aszitesbildung* und eventuell zur Ausbildung *portosystemischer Anastomosen* (s.u.) und zum sog. *Stauungskatarrh* des Darmes.

Der Endzustand einer hochgradigen *Leberfibrose* mit ihrem regelhaften Aufbau darf nicht mit einer Leberzirrhose verwechselt werden, obwohl es sicher auch in Einzelfällen zur Ausbildung einer Leberzirrhose auf der Basis einer chronischen Stauungsleber kommen kann.

Zu **veno-okklusiven Veränderungen**, also der Lumeneinengung der Zentralvenen, kommt es nach der Aufnahme von Pyrrolizidin-haltigen Kreuzkraut-Arten beim **Rind** (s. S. 214) sowie in Verbindung mit einer übermäßigen Zufuhr von Vitamin A bei in Gefangenschaft gehaltenen **Großkatzen** und möglicherweise auch nach Chemo- und Strahlentherapie, wie es vom Menschen beschrieben wird.

Teleangiektasien treten am häufigsten beim **Rind** auf, wo sie von wirtschaftlicher Bedeutung sind (betroffene Lebern werden bei der Fleischbeschau verworfen). Aber auch bei **Katzen** sind sie im Rahmen der Altersveränderungen der Leber nicht selten zu finden. Es handelt sich um unterschiedlich große (bis 2 cm im Durchmesser) und in unterschiedlicher Anzahl auftretende dunkelblau-rote Herde, die beim Schlachttier infolge des Blutentzuges unter die Leberoberfläche einsinken (Abb. 6.3). Klinisch relevante Ausfallerscheinungen sind nicht bekannt. Im histologischen Bild sind von ektatischen Sinusoiden ausgehende und mit Blut angefüllte Raumsysteme zu erkennen, die von Endothel ausgekleidet und von einzelnen Leberzellbälkchen durchzogen werden. Eine Zubildung von Bindegewebe fehlt im allgemeinen. Es handelt sich um erworbene Veränderungen, deren Pathogenese trotz des häufigen

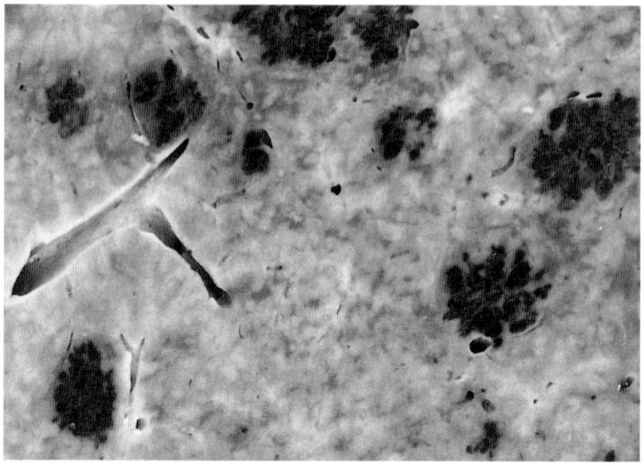

Abb. 6.3 *Teleangiektasien* in der Leber eines Rindes.

Vorkommens nicht geklärt ist. Die gängige Theorie zu ihrer Entstehung besagt, daß sie sich beim Rind als Folge überreicher Fütterung entwickeln. Der Prozeß soll mit einer Abscheidung glykogenreicher Substanzen zwischen Leberzellen und Sinusoid beginnen und zum Abbau von Leberzellen und einer Zerstörung der Sinusoidwand führen. Nach Abschwemmung der defekten Leberzellen werden die entstandenen Räume reendothelisiert.

In den gleichen Formenkreis gehört die zunächst beim **Menschen** beschriebene **Peliosis hepatis**, die bei **Rind**, **Katze**, **Hund** und **Ratte** vorkommt. Es handelt sich um blutgefüllte Zysten. Nach ihrer Entstehung sind die phlebektatische (ausgehend von der Zentralvene) und die parenchymatöse Form (entstanden durch Untergang von Lebergewebe) zu unterscheiden. Beim Menschen werden sie im Zusammenhang mit der Tuberkulose sowie anaboler oder androgener Steroidtherapie gesehen. Bei Rindern in Australien wird eine Peliosis hepatis im Zusammenhang mit der Vergiftung durch Pflanzen der Gattung *Pimelea* als sog. ***St. Georges-Disease*** beobachtet. Sie beginnt als diffuse periportale Dilatation der Sinusoide; im Endstadium gleicht die Leber einem riesigen blutgefüllten Schwamm. Die Ursache der Peliosis bei den übrigen Haustieren ist unbekannt. Da Teleangiektasien und Peliosis hepatis nebeneinander vorkommen, ist nicht auszuschließen, daß es sich um zwei Manifestationsformen einer Krankheit handelt. Rupturen der Zysten mit tödlicher Verblutung sind bei Katzen beschrieben worden. Insbesondere beim Hund müssen Gefäßtumoren der Leber (s. S. 43 u. 227) histologisch abgegrenzt werden.

Bei hochgradigem Befall mit *Dirofilaria immitis* (s. S. 26) kann es zu ausgedehnten kavernösen Dilatationen der Zentral- und Sublobularvenen kommen, die von einer Leberfibrose begleitet werden und die sehr wahrscheinlich auf einer Abflußbehinderung durch Parasiten in der *V. cava caudalis* beruhen.

Erworbene porto-systemische Anastomosen (Shunts) entstehen durchweg auf der Basis eines portalen Hochdrucks, d.h. es müssen Hinweise auf eine Abflußstörung der Pfortader in die Leber vorhanden sein (Leberfibrose oder -zirrhose, Aszites). Der Hochdruck führt zu einer Aufweitung normaler, aber nichtfunktioneller Gefäßverbindungen zwischen der Pfortader oder den sie speisenden Venen (*V. gastrica sinistra, V. lienalis, V. mesenterica cranialis und caudalis, V. gastroduodenalis*) und der V. cava caudalis. Der erworbene portosystemische Shunt ist immer ein extrahepatischer Shunt, der meistens mehrere Gefäße betrifft. Diese Shuntgefäße sind dünnwandig und nehmen einen geschlängelten Verlauf.

6.7 Stoffwechselstörungen der Leber (Hepatosen)

Hepatosen sind primär nicht von entzündlichen Veränderungen begleitete Stoffwechselstörungen, die entweder ausschließlich die Leber betreffen oder diese – neben anderen Organen – besonders in Mitleidenschaft ziehen. Sie sind angeboren oder erworben und gehen entweder mit der Ablagerung von Substanzen in der Leber oder mit der Nekrose von Leberzellen einher. Typischerweise ist die gesamte Leber betroffen. Die Veränderungen erfassen dabei ganze Leberläppchen oder weisen ein zonales Muster (s. S. 200) auf. Stoffwechselstörungen, die mit der Ablagerung von farblich auffälligen Substanzen einhergehen, werden unter der Gruppe der Pigmentierung der Leber zusammengefaßt. Hepatosen können ohne besondere Folgen bleiben, frühzeitig zum Tod führen oder in ein chronisches, von entzündlichen Reaktionen begleitetes Stadium übergehen und letztlich in einer Zirrhose enden.

Die Hepatosen lassen sich einteilen in hereditäre (endogene oder angeborene) Hepatosen (Speicherkrankheiten), erworbene Hepatosen mit Substanzablagerungen in der Leber, Pigmentablagerungen in der Leber, toxische Hepatosen und die Hepatosis diaetetica.

6.7.1 Hereditäre Hepatosen (endogene H.)

Die endogenen Hepatosen sind bis auf wenige Ausnahmen (Glykogenose Typ III, Kupferspeicherkrankheit) lysosomale Speicherkrankheiten. Vielfach stehen andere Organe im Vordergrund der Veränderungen, wie das Nervensystem (s. S. 369), die Muskulatur (s. S. 346) oder das Skelettsystem (s. S. 321). Die Speicherung kann zur makroskopisch erkennbaren Vergrößerung der Leber (Hepatomegalie) führen. Die Akkumulation betrifft die Hepatozyten und/oder KUPFFER-Zellen, teilweise kommt es zu umfangreichen Ansammlungen von Speichermakrophagen, die das Lebergewebe verdrängen. Da die meisten Substanzen bei der histologischen Aufarbeitung aus dem Gewebe gelöst werden, resultiert fast immer eine mehr oder weniger deutliche Vakuolisierung der betroffenen Zellen.

Eine Hepatomegalie mit Hellfärbung des Organs tritt bei folgenden Speicherkrankheiten auf: ***Glykogenose Typ III*** (CORI) beim **Hund**, ***α-Mannosidose*** bei **Katze** (*Perser, Kurzhaar*) und **Rind** (*Galloway*), ***Mukopolysaccharidose Typ I*** (HURLER/SCHEIE) bei der **Katze** und ***Typ VII*** (SLY) beim **Hund**, ***G_{M1}-Gangliosidose*** und ***G_{M2}-Gangliosidose*** (KORAT) bei der **Katze**, ***Sphingomyelinose NIEMANN-PICK*** bei **Katze** (*Siam*) und **Hund** (*Pudel*) und ***Cholesterinester-Speicherkrankheit*** beim **Hund** (*Foxterrier*).

Die ***Cholesterinester-Speicherkrankheit*** bei Foxterriern ist klinisch durch eine hochgradige Hepatosplenomegalie und zirkuläre, weißliche Ablagerungen in der Kornea gekennzeichnet (s. S. 429). Der Mangel an lysosomaler Cholesterinester-Hydrolase bedingt eine massive Speicherung von Cholesterinestern und Neutralfetten in Makrophagen, die sich im Interstitium zahlreicher Organe ansammeln. Der höchste Grad wird dabei in der Leber erreicht, wo es zu Verdrängung und Schwund von Hepatozyten kommt. Die Tiere sterben im Alter von ein bis zwei Jahren. Beim Menschen ist ein entsprechender Defekt beschrieben, der ebenfalls zu einem eher protrahierten Krankheitsverlauf führt. Demgegenüber nimmt die WOLMANsche Krankheit – eine weitere Cholesterinester- und Triglyzerid-Speicherkrankheit – einen weit ungünstigeren Verlauf und führt bereits im frühkindlichen Alter zum Tode.

Durch histologisch erkennbare Substanzablagerungen in Leberzellen bzw. KUPFFER-Zellen sind gekennzeichnet: ***Glykogenose Typ II*** (POMPE) bei **Rind** (*Brahman, Shorthorn, Murdoch*), **Schaf** (*Corriedale*), **Hund** (*Lappland*) und **Katze**, ***β-Mannosidose*** bei der **Ziege** (*Nubische*), ***Mukopolysaccharidosen Typ I*** beim **Hund**, ***Typ VI*** (MAROTEAUX-LAMY) bei **Katze** (*Siam, Langhaar*) und **Hund** (*Pinscher*) sowie ***Typ VII*** (SLY) bei der **Katze**, ***Gangliosidose G_{M1}*** beim **Hund** (*Portugiesischer Wasserhund, Englischer Springer Spaniel*) und **Schaf**, ***Ceroid-Lipofuszinose*** bei **Hund** (verschiedene Rassen) und **Rind** (*Devon*). Der ***Morbus GAUCHER***, eine Sphingolipidose, geht beim **Hund** (*Sidney Silky*) mit der herdförmigen Ansammlung von Speichermakrophagen einher.

6.7.2 Kupferspeicherkrankheiten

Kupfer findet sich als prosthetische Gruppe in einer Reihe wichtiger Enzyme. Es wird im Duodenum aufgenommen und im Blut an Albumin oder Transcuprein gebunden zur Leber transportiert. Nach Aufnahme in die Leberzellen liegt es im Zytosol an Metallothionein gebunden vor. Dort dient es dem Einbau in Proteine oder es wird an Coeruloplasmin gebunden ins Blut abgegeben, um andere Organe mit Kupfer zu versorgen, oder es wird lysosomal aufgenommen und mit der Galle ausgeschieden (rd. 80%). Der Cu-Gehalt im Organismus wird durch die Exkretion geregelt; der normale Gehalt der Leber liegt beim Hund bei 400 ppm in der Trockenmasse. Zu erhöhten Cu-Spiegeln kann es aufgrund angeborener Störungen im Cu-Stoffwechsel, bei vermehrter Aufnahme mit der Nahrung, aber auch sekundär bei chronischen Leberkrankheiten mit Cholestase kommen.

Eine ***hereditäre Kupferspeicherkrankheit*** findet man beim *Bedlington Terrier*. Aufgrund einer autosomal-rezessiv vererbten Störung der Metallothionein-Synthese kommt es zur Akkumulation von Kupfer in Lysosomen und im Zellkern vor allem der zentrolobulär gelegenen Hepatozyten (Gehalte von 2.000 bis 10.000 ppm, nachzuweisen durch Spezialfärbungen mit Rhodanid [Dimethylamino-benzyliden-rhodanin] oder Rubeanwasserstoff [Dithiooxalsäurediamid]). Diese führt entweder aufgrund massiver Lebernekrosen nach kurzer Krankheit zum Tod (Alter der Tiere etwa 6 Monate) oder es stellt sich ein protrahierter Verlauf ein. Unter dem Bild einer chronischen aktiven Hepatitis mit Leberzellnekrosen, Fibrose und Gallengangsproliferation entsteht eine mikronoduläre Leberzirrhose (s. S. 224 und 225). Die für das verwandte Krankheitsbild der WILSONschen Krankheit des Menschen typischen Veränderungen an Auge (KAYSER-FLEISCHER-Ring) und ZNS fehlen dem Hund.

Bei **Hunden** der Rassen *West Highland White* und *Skye Terrier* sowie bei weiblichen *Dobermann Pinschern* kommt es im Rahmen einer bislang in ihrer Pathogenese ungeklärten chronischen aktiven Hepatitis (s. S. 224) zur Kupferspeicherung in den Hepatozyten. Allerdings ist der Grad der Speicherung deutlich geringer als beim Bedlington Terrier und sehr wahrscheinlich die Folge und nicht die Ursache der Entzündung.

6.7.3 Erworbene Hepatosen mit Substanzablagerung

6.7.3.1 Durch Störungen des Wasserhaushaltes bedingte Hepatosen

Störungen des Wasserhaushaltes der Leberzelle beruhen meistens auf einer gestörten oxidativen Phosphorylierung, mit den Folgen des ATP-Mangels, der eingeschränkten Funktion der ATP-abhängigen Ionen-Pumpe und schließlich dem Einstrom von Natrium und Wasser in die Zelle. Die auslösenden Ursachen können vielfältig sein, Hypoxie ebenso wie exogene bakterielle oder chemische Gifte. Je nach dem Grad der Einwässerung werden die ***trübe Schwellung*** (v.a. Mitochondrien), die ***vakuoläre Degeneration*** (Mitochondrien und endoplasmatisches Retikulum) und die ***hydropische Degeneration*** (das Zytoplasma ausfüllende Vakuolen) unterschieden. Makroskopisch ist die Leber durch ihre helle Farbe und die Schwellung mit Abstumpfung der Leberränder gekennzeichnet. Histologisch sind die Leberzellen aufgetrieben, schaumig aufgehellt oder weisen Vakuolen unterschiedlicher Größe auf. Eine Abgrenzung gegenüber der Verfettung bzw. der Glykogenspeicherung hat zu erfolgen (s. unten).

6.7.3.2 Durch Störungen des Kohlenhydratstoffwechsels bedingte Hepatosen

Die Leber ist ein physiologischer Glykogenspeicher. Größere Mengen an Glykogen treten in den Hepatozyten von Neugeborenen und nach der Nahrungsaufnahme auf. Pathologische Ablagerungen von Glykogen findet man, außer bei angeborenen Glykogenosen (s.o.), in den ***knotigen Hyperplasien der Leber*** alter **Hunde** und **Katzen** (s. S. 228) und unter der Einwirkung von Glukokortikoiden.

Bei der ***Glukokortikoid-induzierten Hepatose*** kommt es durch erhöhte Glukokortikoid-Spiegel zur Aktivierung der Glukoneogenese und dem Enzym *Glykogen-Synthase* in den Hepatozyten und so zur vermehrten Glykogenspeicherung. Erhöhte Glukokortikoidspiegel sind die Folge von Tumoren der Adenohypophyse (Morbus CUSHING) oder der Nebennierenrinde (CUSHING-Syndrom) (s. S. 476), vor allem aber einer iatrogenen Hormonzufuhr. Makroskopisch ist die Leber vergrößert und von hellbrauner Farbe. Histologisch sind bevorzugt die intermediär im Läppchen gelegenen Leberzellen erheblich vergrößert, und ihr Zytoplasma erscheint schaumig-vakuolär, da das Glykogen bei der Aufarbeitung der Gewebe herausgelöst wird.

Der sichere histologische Glykogen-Nachweis gelingt nur an Alkohol-fixierten Gewebeproben mit Hilfe der BESTschen Karminfärbung oder der PAS-Reaktion. Da Glykogen auch nach dem Tod noch von den Leberzellen verbraucht wird, unterscheidet sich die Histologie bioptisch gewonnener Proben deutlich von der postmortal entnommenen Gewebes.

6.7.3.3 Durch Störungen des Proteinstoffwechsels bedingte Hepatosen

Die ***Amyloidose*** der Leber kommt vor allem bei **Pferd**, **Rind**, **Hund** und **Katze** und im Rahmen einer generalisierten AA-Amyloidose vor. Aufgrund einer chronisch-entzündlichen Stimulation wird von den Hepatozyten unter dem Einfluß des von Makrophagen stammenden IL-1 und IL-6 Serum-Amyloid-A-Protein gebildet und in das Blut abgegeben. Während beim Pferd die wiederholte Antigenapplikation im Rahmen der Erzeugung von Hyperimmunseren, neben chronischen Parasitosen, der Stimulus ist, dürften bei den übrigen Tierarten meist chronisch-infektiöse Prozesse der Auslöser sein. Makroskopisch ist die Leber vergrößert, grau-gelblich und von derb-brüchiger Konsistenz. Spontanrupturen werden vor allem bei Serumpferden beobachtet. Die Ablagerung des Amyloid-Proteins erfolgt in der Leber im DISSEschen Raum, und zwar von der Läppchenperipherie her beginnend. Mit Zunahme der Ablagerungen kommt es zur Druckatrophie und zum Schwund der Leberzellbalken.

MALLORY-Körperchen sind hyaline, eosinophile Ansammlungen von Intermediärfilamenten vom Zytokeratin-Typ in Leberzellen. Sie finden sich im Zusammenhang mit verschiedenen Erkrankungen der Leber (beim Menschen typisch für die Alkohol-Leber) und sind nur histologisch nachweisbar.

6.7.3.4 Leberverfettung / Fettleber

Die Leber nimmt im Lipidstoffwechsel eine zentrale Rolle ein (s. S. 199), trotzdem ist, bis auf wenige Ausnahmen, normalerweise Fett makroskopisch und histologisch nicht in den Hepatozyten nachzuweisen. Zu einer Akkumulation von Triglyzeriden kommt es, wenn das Angebot den Verbrauch in der Leberzelle bzw. die Abgabe in Form der VLDL übersteigt. Die Ursachen eines solchen Mißverhältnisses können sein: a.) vermehrter Anfall von Fettsäuren/Triglyzeriden infolge Fett- bzw. Kohlenhydrat-reicher Ernährung (*nutritive Verfettung*); b.) vermehrter Anfall von Fettsäuren durch Mobilisation aus den Fettdepots bei Hochträchtigkeit, Laktation, akuten Hungerzuständen, Streßsituationen, endokrinen Störungen (*Lipomobilisations-Verfettung*); c.) gestörte Fettsäure-Oxidation in der Leberzelle (*hypoxische Verfettung*); d.) gestörte Synthese von Apoproteinen und Phospholipiden sowie Zerstörung von zellulären Membransystemen (*toxische Verfettung*); e.) Mangel an essentiellen Faktoren des Fettstoffwechsels, wie z.B. Cholin, Vitamin B_{12} oder Kobalt (*Substratmangel-Verfettung*).

Es ist üblich, die Leberverfettung nach bestimmten morphologischen Kriterien einzuteilen. Nach der Verteilung in der Leber werden die diffusen Verfettungen, die bei weitem überwiegen, von der herdförmigen Verfettung (z.B. periligamentöse Verfettung beim Rind, s.u.) unterschieden. Entsprechend der Verteilung des Fettes im Leberläppchen kann man peripherlobuläre, zentrolobuläre, intermediäre und panlobuläre Verfettungen (s. S. 201) unterscheiden (Abb. 6.1). Hinsichtlich der Größe der Fetttropfen in der Leberzelle wird eine kleintropfige Verfettung, die sich bei sehr kurzfristiger Einwirkung der Noxe (Toxine, Hypoxie) einstellt, von der großtropfigen Verfettung, die in einem längeren Zeitraum durch das Zusammenfließen kleiner Tropfen entsteht, abgegrenzt. Ferner weist eine ungestörte

Kernmorphologie auf eine einfache / reversible Verfettung hin, während Kernpyknose oder -lysis für eine degenerative / irreversible Verfettung sprechen.

Verteilung und Ausmaß der Verfettung lassen sich histologisch durch den Nachweis von Triglyzeriden mittels lipophilen Farbstoffen (z.B. Sudanrot) am Formalin-fixierten Gefrierschnitt ermitteln. Außerdem ist so die sichere Abgrenzung der Verfettung von Einwässerungen der Zelle und der Glykogen-Speicherung möglich.

Die ***nutritive Verfettung*** kommt vor allem bei **Hund** und **Katze** nach längerfristiger Fett-, Cholesterin- oder Kohlenhydrat-reicher Ernährung vor. Die Tiere weisen neben einer hochgradigen Adipositas auch eine Verfettung der Leber auf. In vielen Fällen dürfte die hyperkalorische Ernährung auch für die Entwicklung eines Insulin-unabhängigen Diabetes mellitus (s. S. 480) verantwortlich sein. Neugeborene weisen nach Aufnahme des fettreichen Kolostrums ebenfalls einen erhöhten Fettgehalt der Leber auf.

Als ***Lipomobilisations-Verfettung*** werden Krankheitsbilder bei den verschiedenen Haustierarten zusammengefaßt, die eine ähnliche Pathogenese haben. Es handelt sich fast immer um adipöse Tiere, die in eine negative Energiebilanz geraten, entweder durch einen plötzlich auftretenden Hungerzustand oder durch extreme Leistungsanforderungen (Trächtigkeit, Laktation). Beides bedingt einen Anstieg des Glukagon-Spiegels im Blut. Hinzu kommt in vielen Fällen eine Streßsituation, die eine Erhöhung des Adrenalin- und Kortisol-Spiegels auslöst. Die langanhaltende und meist höhergradige Adipositas führt darüber hinaus zur Ausbildung eines Insulin-unabhängigen Diabetes mellitus (Typ II Diabetes, s. S. 480) mit Insulin-Resistenz v.a. der Fettzellen und damit zu einer verminderten Reutilisation von Triglyzeriden aus dem Blut.

Der Anstieg von Glukagon, Adrenalin und Kortisol (bei tragenden Tieren zusätzlich auch Somatotropin) induziert eine hochgradige Lipomobilisation aus dem Depotfett. Die freigesetzten Fettsäuren werden in der Leber einerseits wieder zu Triglyzeriden verestert und können dann als VLDL abgegeben werden oder sie akkumulieren in der Leberzelle, anderseits unterliegen sie der β-Oxidation mit anschließender Bildung von Ketonkörpern.

Die Krankheitsbilder bei den einzelnen Tierarten unterscheiden sich in ihrer Ursache und auch in den Folgen voneinander.

Das ***Hyperlipämie-Syndrom der Ponies*** kommt überwiegend bei adipösen, hochtragenden oder frühlaktierenden Shetland-Ponystuten vor. Auslöser ist ein kurzfristiger Hungerzustand aufgrund einer eingeschränkten Futteraufnahme durch Geburt, Laminitis oder andere Streßsituationen. Neben der massiven Lipomobilisation aus den Fettdepots tritt erschwerend eine Utilisationsstörung für Triglyzeride infolge einer Insulinresistenz hinzu. Klinisch zeigen die Tiere Somnolenz, Anorexie und Diarrhoe bzw. Kolik sowie Unterhautödeme. Die hochgradige Hyperlipämie (leicht erkenntlich am Aufrahmen einer Blutprobe) bedingt eine disseminierte intravasale Gerinnung, die zu petechialen Blutungen in den serösen Häuten und zur Infarktbildung in Myokard und Niere führen kann. Fettembolien in Myokard, Lunge und ZNS kommen ebenfalls vor. Neben der Leber sind auch Myokard, Niere und Nebennierenrinde von der Verfettung betroffen. An der Leber kommt es gehäuft zu sog. Spontanrupturen. Histologisch liegt eine hochgradige diffuse Leberverfettung mit wenig Leberzellnekrosen vor.

Das ***Fettleber-Syndrom der Katze*** ähnelt dem der Ponies. Es sind ebenfalls vor allem adipöse Tiere betroffen, bei denen es zu einer Störung der Nahrungsaufnahme gekommen ist. Klinisch sind die erkrankten Katzen durch Vomitus, Diarrhoe, Ikterus und zentralnervöse Störungen gekennzeichnet. Histologisch treten neben der Verfettung vermehrt peripherlobuläre Leberzellnekrosen mit konsekutiven Teleangiektasien, Cholestase und Gallepigment in den KUPFFER-Zellen auf. Der entsprechende makroskopische Befund ist auf Tafel XI C wiedergegeben. Ähnliche Fettleber-Syndrome werden auch bei adipösen **Kaninchen** und **Meerschweinchen** beobachtet.

Die ***Ketose des Rindes*** (*Azetonämie*) und die ***Gestationshepatose des Schafes*** beruhen auf einem hohen, nicht zu deckenden Energiebedarf, der zu Hypoglykämie, Lipomobilisation und hochgradiger Ketonkörperbildung in der Leber führt. Rinder sind vor allem in den ersten vier Wochen der Laktation und Schafe in der letzten Phase von Zwillingsträchtigkeiten betroffen. Die aus Depotfett freigesetzten Fettsäuren werden in der Leber zu Azetyl-CoA abgebaut, das normalerweise im Zitratzyklus weiter oxidiert wird. Dazu ist Oxalazetat nötig, das beim Wiederkäuer aus Propionat aufgebaut wird. Wenn Propionat nicht ausreichend durch die Pansenverdauung zur Verfügung gestellt werden kann, wird Azetyl-CoA in Azetazetyl-CoA und anschließend in die Ketonkörper Azetazetyl sowie β-Hydroxybutyrat und Azeton umgewandelt. Propionat ist beim Wiederkäuer auch das wichtigste Substrat für die Glukoneogenese. Glukose dient außer als Energielieferant auch der Bildung von Laktose in der Milchdrüse. Beide Krankheitsbilder sind durch eine hochgradige diffuse Leberverfettung gekennzeichnet (Tafel XI A). Während die Verfettung beim Rind meistens reversibel ist, verläuft die Gestationshepatose beim Schaf häufig tödlich. Tödliche Verläufe treten allerdings bei hochgradig adipösen Rindern bei zusätzlichen Erkrankungen um den Geburtstermin herum auf, die zu eingeschränkter Nahrungsaufnahme führen (Metritis, Mastitis, Labmagenverlagerung). Neben der Leber sind bei diesen Tieren auch Niere und Skelettmuskulatur von der Verfettung betroffen.

Bei Welpen von **Zwerghunden** (v.a. *Yorkshire Terrier*) kommt es im Rahmen des ***Hypoglykämie-Fettleber-Syndroms*** zu einer hochgradigen Leberverfettung. Auslöser sind häufig Streßsituationen wie Besitzerwechsel, Impfung, Absetzen oder Infektionskrankheiten, die zu kurzfristigen Hungerzuständen mit Hypoglykämie führen. Zwerghunde scheinen aufgrund ihrer überproportional geringen Sklelettmuskelmasse nicht zu einer ausreichenden Glukoneogenese aus Muskeleiweiß befähigt zu sein. Erhöhte Glukagon-, Kortisol- und Adrenalinspiegel führen zur Lipomobilisation mit Leberverfettung und zur Ketonkörperbildung. Welche Rolle die verminderte Anzahl azidophiler, Somatotropin-bildender Zellen in der Adenohypophyse für dieses Krankheitsbild spielt (s. S. 462), bleibt abzuklären.

Hypoxische Verfettungen treten bei der subakut bis chronischen Stauungsleber aufgrund eines reduzierten sinusoidalen Blutflusses und bei einer höhergradigen Anämie auf. Die Leber ist diffus verfettet, die Fettphanerose beginnt zentrolobulär, kann sich aber auf das gesamte Läppchen ausdehnen. Die weitergehenden Veränderungen bei der Stauungsleber wurden bereits beschrieben.

Die ***toxische Verfettung*** ist eine Form der toxischen Hepatose (Näheres s. unten), bei der Art, Grad und Dauer der Gifteinwirkung zur Verfettung der Leberzellen führt. Meist handelt es sich um schwach wirksame / niedrig konzentrierte Gifte nach kurzfristiger / einmaliger Einwirkung oder die Verfettung entwickelt sich im Randbereich von Arealen mit Toxin-bedingter Leberzellnekrose. Zur Akkumulation der Triglyzeride kommt es entweder aufgrund einer Störung der β-Oxidation bzw. Atmungskette oder aber durch eine Hemmung der Synthese von Apolipoproteinen bzw. der Ausschleusung von VLDL aus der Leberzelle.

Eine ***Substratmangel-Verfettung*** findet man bei der vor allem in Norwegen beschriebenen „Ovine White Liver Disease". Ursächlich handelt es sich um einen Kobalt-Mangel mit nachfolgendem Vitamin-B_{12}-Mangel. Klinisch sind die Tiere abgemagert und zeigen eine schlechte Vliesqualität. Leber, Myokard und Skelettmuskulatur sind blaß, die Leber ist außerdem vergrößert und in chronischen Stadien feingranuliert. Histologisch weist die Leber eine zentrolobulär beginnende, großtropfige Verfettung, vermehrt COUNCILMAN-Körper und fokale Nekrosen sowie Gallengangsproliferation und eine peripherlobuläre Fibrose auf. Neben veränderten Lymphknoten kommt es auch zu Alterationen am Gehirn. Über ähnliche Veränderungen der Leber als Folge eines Kobaltmangels wurde auch bei Katzen berichtet.

Herdförmige Leberverfettungen werden beim **Rind** als scharf begrenzte, unregelmäßig geformte subkapsuläre helle Bereiche in unmittelbarer Nachbarschaft zu den Bandfixierungen der Leber, v.a. des Ligamentum triangulare dexter gesehen (sog. periligamentäre Verfettung; Tafel XI B). Auch in der Umgebung peritonitischer Verwachsungen können derartige Verfettungsherde auftreten. Sie werden als Folgezustände örtlicher Mangeldurchblutung (= hypoxische Verfettung) infolge der Zugbelastung des Gewebes interpretiert.

6.7.3.5 Pigmentierungen

Zu der Gruppe der Pigmentierungen der Leber zählen Krankheiten, die mit einer makroskopisch erkennbaren und farblich auffälligen Ablagerung von Stoffwechselzwischen- oder -endprodukten einhergehen. Die verursachende Stoffwechselstörung kann dabei entweder in der Leber selbst oder in anderen Organen liegen; zur Einschränkung der Organfunktion muß es nicht kommen.

Melanin: Eine ***angeborene Melanose*** tritt gelegentlich bei **Kälbern** im Rahmen der *Melanosis maculosa* der Lunge (s. S. 84) und anderer Organe auf. Es handelt sich um schwarze, unregelmäßig geformte aber scharf begrenzte Flecken. Histologisch ist zu erkennen, daß das Pigment ausschließlich in Makrophagen des interstitiellen Bindegewebes der Leber liegt. Bei erwachsenen Rindern ist die Melanose nicht mehr nachweisbar.

Bei *Corriedale Mutant*-**Schafen** in Kalifornien kommt es zu einer diffusen schwarzbraunen Färbung der Leber aufgrund einer Ansammlung von Melanin in den Hepatozyten. Zugrunde liegt ein erblicher ***Defekt der biliären Exkretion***, mit Retention von konjugiertem Bilirubin, Phylloerythrin und Adrenalin-Metaboliten, deren Polymerisation die Melaninbildung bedingt. Bei dieser, dem DUBIN-JOHNSON-Syndrom des Menschen ähnlichen Krankheit, zeigen die Tiere klinisch eine Photosensibilisierung, allerdings keinen Ikterus.

Eine ***erworbene Melanose***, bei der die gesamte Leber eine graue bis schwarze Farbe aufweist, wird bei erwachsenen **Schafen**, gelegentlich auch **Rindern**, im östlichen Australien und auf den Falklandinseln beobachtet. Das lysosomal gespeicherte Pigment kommt in Hepatozyten und Makrophagen, aber auch in den Zellen des proximalen Nierentubulus vor. Die Herkunft des Melanins ist bislang unbekannt, vermutlich entsteht es durch Biotransformation aus Bestandteilen bestimmter Futterpflanzen.

Lipopigmente: Sowohl Lipofuszin als auch Ceroid leiten sich von peroxidierten und anschließend polymerisierten ungesättigten Membranlipiden ab. ***Lipofuszin*** sammelt sich in den langlebigen Hepatozyten in *Residual Bodies* an und entstammt dem autophagozytischen Umsatzes der Zelle. Ein Schutzfaktor gegen die Peroxidbildung ist Vitamin E. ***Ceroid*** dagegen sammelt sich nach Phagozytose in Makrophagen an. Es bildet sich extrazellulär, insbesondere beim Zerfall von Zellen in Anwesenheit von Eisen, das aus Hämoglobin im Rahmen von Blutungen stammt und die Peroxidbildung beschleunigt.

Lipofuszin ist histologisch ein gelb-braunes, feinkörniges Pigment, das nur bei hochgradiger Ablagerung zu einer makroskopisch wahrnehmbaren Braunfärbung des Organs führt. Es tritt besonders bei alten Tieren, und hier besonders frühzeitig bei der Katze auf. Eine beschleunigte Bildung von Lipofuszin findet man im Rahmen von Vitamin-E-Mangelsyndromen (Yellow Fat Disease) bei Katzen und Schweinen. Bei Schafen wird in Norwegen gehäuft eine Ablagerung von Lipofuszin in den Hepatozyten und KUPFFER-Zellen bei ansonsten gesunden Tieren beobachtet.

Ceroid-haltige Makrophagen treten gelegentlich als kleinherdige Ansammlung im Interstitium (sog. Lipogranulome) bei älteren **Hunden** und **Katzen** auf. Ihre Pathogenese und Bedeutung sind nicht geklärt.

Eisenpigmente: Eisen wird intrazellulär an Apoferritin gebunden und als *Ferritin* gespeichert. Bei vermehrtem Eisenanfall wird Ferritin autophagozytotisch in Siderosomen aufgenommen. Durch partiellen Abbau des Ferritins und Kondensation des Eisens entsteht *Hämosiderin*, das histochemisch durch die Berliner Blau-Reaktion nachgewiesen werden kann.

Krankheitsbilder mit einer vermehrten Eisenspeicherung sind die *Hämosiderose* und die *Hämochromatose*. Bei der ***Hämosiderose*** stammt das Eisen vor allem aus dem vermehrten Anfall von Hämoglobin im Rahmen von Hämolysen unterschiedlicher Genese. Der Grad der Fe-Speicherung führt nicht zu einer Schädigung des betroffenen Organs. Während das Hämosiderin in den KUPFFER-Zellen direkt aus dem vermehrten Abbau von Erythrozyten stammt, entsteht die Leberzell-Hämosiderose durch vermehrte Aufnahme von Transferrin-gebundenem Eisen aus dem Serum. Die Hämosiderose der Leber führt nur bei höhergradiger Speicherung zu einer Braunfärbung des Organs. Histologisch tritt Hämosiderin als dunkelbraunes scholliges Pigment v.a. in KUPFFER-Zellen aber auch Hepatozyten in Erscheinung. Ursachen sind infektiöse (Infektiöse Anämie der Einhufer, Babesiose der Rinder) und toxische Hämolysen. Die ***Hämochromatose*** (H.) beruht dagegen auf einer vermehrten Eisenzufuhr (*primäre H.* = genetisch bedingte vermehrte enterale Eisen-Resorption, *sekundäre H.* = wiederholte parenterale Eisengaben bzw. Transfusionen). Da Eisen nicht ausgeschieden werden kann, kommt es zur Akkumulation, u.a. in der Leber, und zur Schädigung des Organs. Über Krankheitsbilder, die Ähnlichkeit mit der Hämochromatose beim Menschen haben, d.h. die mit hochgradiger Hämosiderin-Ablagerung und Zirrhose-ähnlichem Umbau des Organs einhergehen, wurde vereinzelt bei **Rind** und **Pferd** berichtet.

Das sog. ***Leberegelpigment***, ein Eisen-Porphyrin-Komplex, ist für die dunkelbraune Färbung der Galle bei der Infektion des **Rindes** mit *Fasciola hepatica* verantwortlich. Hochgradige Ablagerungen des gleichen Pigments findet man in Bohrgängen und Zysten, die durch den in den USA beim Rind vorkommenden Leberegel *Fascioloides magna* verursacht werden.

Eine erbliche ***erythropoetische Protoporphyrie***, die auf einem Mangel an Ferrochelatase, dem für den Einbau des Eisens in den Protoporphyrinring verantwortlichen Enzym, beruht, ist bei **Kälbern** der Rassen *Limousin* in USA, Argentinien und Frankreich sowie *Blonde d'Aquitaine* in Frankreich beschrieben. Die Krankheit führt zu einer dunkelbraunen bis schwarzen Verfärbung der Leber und geht mit der Ablagerung eines braunen Pigments in Leberzellen, KUPFFER-Zellen, Endothelzellen und im Bindegewebe der Leber sowie mit Photosensibilisierung einher und unterscheidet sich von der kongenitalen erythropoetischen Porphyrie des Rindes, bei der es zu Anämie und Verfärbung von Knochen und Zähnen kommt (s. S. 323).

Bei der Fixation von blutreichem Gewebe in ungepuffertem, sauren Formalin kommt es zur Umwandlung des Hämoglobins in **Formolpigment,** das braun-schwarze Niederschläge bildet.

Gallenfarbstoffe: Die Bildung von Bilirubin, dem eisenfreien Abbauprodukt des Hämoglobins, wurde oben bereits beschrieben. Störungen im Bilirubin-Stoffwechsel können bedingt sein durch vermehrte Produktion von unkonjugiertem Bilirubin (Bilirubin I) oder durch Störungen der Aufnahme in die Leberzelle, der Konjugation mit Glukuronsäure in der Zelle, der Exkretion von konjugiertem Bilirubin (Bilirubin II) in die Canaliculi und schließlich im Abtransport durch das Gallengangsystem.

Das vermehrte Auftreten von Bilirubin im Blut führt zur ***Hyperbilirubinämie***. Ein höhergradiger und längerdauernder Bilirubinanstieg im Blut führt zur Ablagerung von Bilirubin im Gewebe, zum ***Ikterus***. Zu erkennen ist der Ikterus an Kollagenfaser-reichen Geweben wie Sklera, Media großer Gefäße, Sehnen, nicht aber am Fettgewebe, das v.a. bei Pflanzenfressern durch Lipochrome hochgradig gelblich verfärbt sein kann. Unter ***Cholestase*** werden Stau und Ansammlung von Galle in Gallengängen, Canaliculi und Hepatozyten verstanden. Sie manifestiert sich insbesondere im Läppchenzentrum. Bei der ***Cholämie*** ist es zum Übertritt von Galle ins Blut gekommen. Ein Ikterus kann anhand der primären Lokalisation der Störung als prä-, intra- und posthepatischer Ikterus bezeichnet werden.

Der **prähepatische Ikterus** (Superfunktionsikterus, hämolytischer Ikterus) beruht auf einem vermehrten Anfall von Bilirubin I im Rahmen eines hämolytischen Erythrozytenzerfalls, der die Aufnahme-, Konjugations- und Exkretionskapazität der ansonsten unveränderten Hepatozyten überschreitet. Ursache der Hämolyse (s. S. 51) können Bakterientoxine, Viren, Protozoen (Hämobartonellen, Babesien), pflanzliche und chemische Gifte oder immunpathologische Reaktionen, wie autoimmunhämolytische Anämie, Bluttransfusion bei Blutgruppenunverträglichkeit oder die Bildung von isohämolytischen Antikörpern mit Ausbildung eines ***Icterus haemolyticus neonatorum*** sein. Die Leber selbst muß keine Farbveränderung zeigen; die Galle ist dagegen aufgrund des hohen Gehalts an Bilirubin II dunkel gefärbt.

Neben den erworbenen Ursachen gibt es angeborene Störungen des hepatozellulären Bilirubinstoffwechsels. Beim *Southdown Mutant*-**Schaf** in Neuseeland und Kalifornien ist ein Defekt der Bilirubinaufnahme in die Leberzelle beschrieben (ähnlich dem GILBERT-Syndrom des Menschen). Die Tiere zeigen trotz erhöhtem Blutspiegel von unkonjugiertem Bilirubin klinisch keinen Ikterus und erst nach ihrem Entbluten wird eine ikterische Verfärbung erkennbar. Hinweis auf weitere hepatozelluläre Störungen ist die Photosensibilität der Tiere (s. S. 513). Auf den Ausscheidungsdefekt beim *Corriedale Mutant*-**Schaf** wurde bereits bei der Melanose hingewiesen.

Mit einem **intrahepatischen** (hepatotoxischen) **Ikterus** können alle höhergradigen Funktionseinschränkungen der Leberzellen einhergehen, wie sie sich im Rahmen von Stoffwechselstörungen, Entzündung oder Nekrosen der Leber einstellen. Beeinträchtigt ist vor allem die Konjugation von Bilirubin, aber auch seine Aufnahme und Exkretion. Die gestörte Leberarchitektur kann außerdem zum Rückfluß von Galle aus den Canaliculi führen. Diese gelangt in den Interzellularraum und von dort entweder über Lymphspalten und -gefäße oder direkt über die Sinusoide in die Zirkulation (Cholämie). Bei dieser Ikterusform liegt meistens eine hochgradige grün-gelbliche Verfärbung der Gewebe vor. Die Leber zeigt neben den die Störung verursachenden Veränderungen auch Ablagerungen von Gallenfarbstoff in Hepatozyten und KUPFFER-Zellen.

Der **posthepatische** (Stauungs -) **Ikterus** wird durch eine Behinderung des Galleflusses (Konkremente, Entzündungen, Parasiten, Tumoren etc.) bedingt. Dabei kann die Obstruktion intra- oder extrahepatische Gallengänge betreffen. Histologisches Kennzeichen ist die ausgeprägte Cholestase (s.o.), die zur Schädigung der Hepatozyten führt und dadurch ebenfalls den Übertritt von Galle in das Blut ermöglicht. Das Bild gleicht sich in diesem Stadium dem des intrahepatischen Ikterus an. Im Blut findet man vermehrt Bilirubin II, das aufgrund seiner Nierengängigkeit eine deutliche Einfärbung des Harnes bedingt. Bei vollständigem Verschluß des Gallenganges kommt es zu acholischen Fäzes, die zusammen mit der mangelnden Fettverdauung eine hell- bis schiefergraue Farbe (Fettkot) aufweisen. Eine chronische Cholestase führt zu Gallengangsproliferation, Fibrose und möglicherweise auch zur biliären Leberzirrhose (s.u.).

Außer durch mechanische Abflußstörungen kann eine Cholestase auch durch toxische Substanzen ausgelöst werden, wie bei der chronischen Vergiftung von **Schaf** oder **Rind** u.a. in Australien, Südafrika und Indien mit *Lantana camara* (s. S. 514). Möglicherweise ist die Beeinträchtigung des kontraktilen Systems in den Hepatozyten durch die Triterpene Lantaden A und B die primäre Ursache für diese mit Ikterus und Photosensibilisierung einhergehende Krankheit. Hochgradige extrahepatische bakterielle Entzündungen, insbesondere unter Beteiligung von GRAM-negativen Bakterien, können ebenfalls eine klinisch relevante Cholestase auslösen.

6.7.4 Toxische Hepatosen

Die Leber ist bevorzugt der Einwirkung von Giften ausgesetzt, da, erstens, enteral aufgenommene Substanzen über das Pfortaderblut in hoher Konzentration in die Leber gelangen und, zweitens, die Leber das zentrale Organ der Biotransformation und Entgiftung ist. Im Rahmen der Biotransformation werden lipophile Verbindungen durch Hydroxylierung und anschließende Konjugation ausscheidungsfähig gemacht; dieser Vorgang spielt sich überwiegend in den zentrolobulär gelegenen Hepatozyten ab. Allerdings kann es durch dieselben Mechanismen auch zu einer Bildung von toxischen Substanzen aus ungiftigen Vorstufen kommen (so wird der ungiftige Tetrachlorkohlenstoff in das hochtoxische CCl_3 umgewandelt). Das Ausmaß der metabolischen Aktivierung kann durch eine vorherige Induktion der Monooxygenasen durch nichttoxische Medikamente zusätzlich gesteigert werden. Außerdem verfügen Hepatozyten über zahlreiche Carrier-Systeme, mit deren Hilfe sie die verschiedensten wasserlöslichen Substanzen aus dem Blut aufnehmen, um sie über die Galle auszuscheiden (ähnlich dem Bilirubin). Ein dritter Schädigungsweg führt über die KUPFFER-Zellen, die ebenfalls Rezeptoren für zahlreiche Substanzen aufweisen (z.B. für Endotoxine). Ihre Aktivierung führt zur Radikal- und Mediatorfreisetzung. Die Leberzellen können dann direkt oder indirekt, z.B. durch Bildung von Mikrothromben in den Sinusoiden, geschädigt werden.

Das Einwirken eines Giftes auf die Leber führt zu einer diffus verteilten zonalen Stoffwechselstörung, die in der Einwässerung (Zellhydrops), Verfettung (beides s. oben) oder Nekrose von Hepatozyten bestehen kann. Einmalige submassive, d.h. nicht das gesamte Läppchen erfassende Nekrosen können innerhalb kurzer Zeit wieder abheilen. Massive Nekrosen mit Schädigung des bindegewebigen Gerüstes der Leber führen zur Kollapsfibrose und Narbenbildung. Längerfristig oder mehrmalig einwirkende Noxen induzieren dagegen häufig eine chronische aktive Hepatitis mit anhaltendem Zelluntergang, Fibrose, Regeneratbildung, Gallengangsproliferation und Cholestase, also letztlich eine Leberzirrhose. Diese eigenständigen, chronischen Krankheitsbilder werden weiter unten und getrennt von den akut-nekrotisierenden Veränderungen beschrieben. In bestimmten Fällen kann es aufgrund der Toxineinwirkung auch zur Ausbildung von Lebertumoren kommen.

Hepatotoxische Substanzen können aus Pflanzen (Phytotoxine) und Pilzen (Mykotoxine) stammen oder es handelt sich um Chemikalien bzw. Arzneimittel. Sie werden entweder bereits in toxischer Form aufgenommen, oder entstehen im Rahmen der Biotransformation aus zuvor ungiftigen Verbindungen, oder es handelt sich um Stoffwechselprodukte der gastrointestinalen mikrobiellen Flora. Ferner lassen sich obligat bzw. idiosynkratisch die Leber schädigende Toxine unterscheiden. Die *obligat schädigenden Substanzen* führen dosisabhängig, vorhersehbar und bei zahlreichen Spezies zu Leberveränderungen. Sie haben entweder eine direkt schädigende Wirkung, indem sie selbst den Stoffwechsel der Leberzelle unmittelbar und nachhaltig stören (u.a. durch Peroxidation von Membranlipiden, Denaturierung von Strukturproteinen, Hemmung von Enzymen), oder sie besitzen eine indirekte Wirkung, indem sie mit Stoffwechselvorgängen interferieren und so zur Schädigung führen (u.a. durch Blockade von Rezeptor- oder Transportproteinen, Modifikation von Proteinen, Bindung an Nukleoproteine, DNS, RNS oder Ribosomen). Die *idiosynkratische Wirkung* betrifft immer nur einzelne Individuen einer Spezies, ist nicht vorhersehbar und dosisunabhängig. Meistens handelt es sich um immunologisch-allergische Reaktionen, bei denen sich v.a. Arzneimittel als Hapten an hepatozelluläre Trägerproteine binden und so eine gegen die Leberzellen gerichtete Immunantwort auslösen.

Das Bild der **akuten toxischen Hepatose** ist, unabhängig von der auslösenden Substanz, relativ gleichförmig. Klinisch dominieren Anorexie, zentralnervöse Störungen und Erbrechen oder Durchfall. Der Tod tritt in engem zeitlichen Zusammenhang mit der Giftaufnahme ein. Pathologisch-anatomisch weisen die Tiere häufig Aszites, Gallenblasenwandödem und petechiale Blutungen der serösen Häute als Hinweis auf eine Permeabilitätsstörung im Rahmen einer Verbrauchskoagulopathie auf. Die Leber kann je nach Dauer des Überlebens entweder hell und geschwollen sein (gelbe Leberdystrophie), später ist sie verkleinert und dunkelrot gefärbt (rote Leberdystrophie). Histologisch kommt es bei sehr vielen Toxinen zu einer zentrolobulären bis hin zur massiven Leberzellnekrose. Während im Frühstadium die nekrotischen bzw. verfetteten Hepatozyten noch im Zellverband liegen, werden die abgestorbenen Zellen nach kurzer Zeit aus der Leber ausgeschwemmt, und der freiwerdende Raum wird von den sich ausdehnenden, blutgefüllten Sinusoiden eingenommen. Verkleinerung und Rotfärbung des Organs sind die Folgen.

Da für die zahlreichen hepatotoxischen Substanzen gesicherte Daten vielfach nur für Mensch und Versuchstiere vorliegen, bleibt die folgende Aufzählung auf wenige, für Haustiere relevante Beispiele beschränkt.

Zu den ***obligat hepatotoxischen Chemikalien***, die früher teils als Arzneimittel eingesetzt wurden, zählen Tetrachlorkohlenstoff, gelber Phosphor, organische Arsenverbindungen, Chloroform und das in Stallbaumaterialien verwendete Kresol. Bei den ***idiosynkratisch schädigenden Substanzen*** handelt es sich überwiegend um Arzneimittel, wie die bei **Hund** und **Katze** eingesetzten Antiepileptika Phenobarbital, Diazepam und Phenytoin, das Anthelminthikum Mebendazol, die Chemotherapeutika-Kombination Trimethoprim-Sulfadiazin und das Inhalationsnarkotikum Halothan.

Beim **Ferkel** kann es nach intramuskulärer Gabe von Eisen-Dextran bei gleichzeitiger Unterversorgung an Vitamin E / Selen zu massiven Lebernekrosen kommen, die dem Bild der Hepatosis diaetetica (s. S. 215) ähneln. Verantwortlich ist eine durch das Eisen begünstigte Lipidperoxidation in den Leberzellen.

Unter den ***Phytotoxinen***, die zu einer akuten toxischen Hepatose führen können, sind in letzter Zeit Vergiftungen mit Blaualgen (u.a. *Microcystis aeruginosa, Anabaena spiroides*) bei **Rind, Schaf, Pferd, Schwein** und **Hund** bekannt geworden. Zu einer massiven Vermehrung dieser Algen kommt es im Sommer in stehenden, eutrophierten Gewässern (Algenblüte). Nach Aufnahme von Blaualgen mit der Tränke können Tiere perakut ohne deutliche Veränderungen versterben. Ansonsten zeigen sie petechiale Blutungen in serösen Häuten, Darmtrakt und Nieren. Die Leber weist zentrolobuläre bis massive Nekrosen mit einer hochgradigen Einblutung auf. Futterpflanzen mit akut wirkenden Hepatotoxinen kommen v.a. in wärmeren Ländern vor. Zu Vergiftungen kommt es meist auf kargen Weiden mit Mangel an anderen Pflanzen oder nach Austrieb auf unbekannte Weiden. So wird über weitgehend ähnliche zentrolobuläre bis massive Lebernekrosen nach Aufnahme von *Cestrum parqui* bzw. *C. laevigatum* (*Solanaceae*) bei

Rind und **Schaf** in Südamerika, Zentralasien und Australien bzw. Südafrika (Toxin: das wasserlösliche Atractylosid), *Xanthium pungens* (*Compositae*) bei **Schwein** und **Rind** (Toxin: Carboxyatractylosid) und *Trema aspera* (*Ulmaceae*) bei **Rind** und **Schaf** in Australien (Toxin: das Glykosid Trematoxin) berichtet. Bekannt sind auch Vergiftungen mit Pflanzen der Familie *Myoporaceae* bei **Schaf**, **Rind**, **Pferd** und **Schwein** in Australien und Neuseeland (Toxin: Furanosesquiterpenoid), *Zamiaceae* beim **Schaf** in den Tropen (Toxin: das Aglycon Methylazoxymethanol) und *Lasiospermum bipinnatum* bei **Rind** und **Schaf** in Südafrika.

Die **chronischen toxischen Hepatosen** beruhen in der Regel auf der wiederholten Aufnahme von Phytotoxinen, Mykotoxinen oder Chemikalien, die entweder zur Schädigung der Leberzellen oder des Gallengangssystems führen. Klinisch dominieren Ikterus und bei Wiederkäuern auch Photosensibilisierung. Die Leber ist häufig verkleinert, derb, besitzt scharfe Ränder, und ihre Oberfläche kann granuliert bis knotig verändert sein. Histologische Merkmale sind Fibrose, Gallengangsproliferation, regeneratorischer Umbau, evtl. Cholestase und, solange der schädigende Mechanismus einwirkt, auch Mottenfraß-Nekrosen oder kleinherdige Nekrosen mit Ansammlung von neutrophilen Granulozyten (chronische aktive Hepatitis, s. S. 224).

Am häufigsten werden chronische Hepatosen durch ***Pyrrolizidin-Alkaloide*** induziert, die weitverbreitet in Pflanzen ganz unterschiedlicher Gattungen bzw. Familien vorkommen, wie in *Senecio-* (*Compositae*), *Crotalaria-* (*Leguminosae*), *Heliotropium-*, *Echium-*, *Cynoglossum-* und *Amsinckia-* (*Boraginaceae*) Arten. In Mitteleuropa spielen das Jakobs- (*Senecio jacobaea*), das Gemeine (*S. vulgaris*) und das Alpen-Kreuzkraut (*S. alpinus*) die größte Rolle. Die Alkaloide selbst sind nicht toxisch und werden erst durch die Monooxygenasen in toxische Pyrrolverbindungen umgewandelt, die alkylierende Eigenschaften haben und mit den Purin- und Pyrimidinbasen von DNS und RNS interagieren. Am empfindlichsten ist das **Schwein**, gefolgt von **Rind** und **Pferd**, wenig empfindlich dagegen sind Schafe. Die meisten der genannten Pflanzen werden nur bei Futterknappheit und in geringen Mengen aufgenommen, so daß chronische Vergiftungen nach einer mehrmonatigen Latenzzeit resultieren. Bei Pferden dominieren klinisch zentralnervöse Störungen (*hepatoenzephales Syndrom*) mit unkoordiniertem Vorwärtsdrängen, später dann Somnolenz bis zum Koma (Schweinsberger Krankheit; Tafel XII A-E; s. S. 381). Die Leber ist verkleinert, braun-grünlich verfärbt, derb und ihre Oberfläche glatt oder feingranuliert. Histologisch liegt eine mikronoduläre Leberzirrhose (s. S. 225) vor, mit Einzelzellnekrosen und granulozytärer entzündlicher Reaktion, Fibrose, hochgradiger Gallengangsproliferation sowie Megalozytose. Diese hochgradige Vergrößerung der Leberzellen, einschließlich Zellkern, häufig mit zytoplasmatischen Pseudoeinschlußkörpern, und Nukleolus, ist typisch für Pyrrolizidin-Alkaloide (und Aflatoxine), die zwar die Zellteilung hemmen, nicht aber die Proteinsynthese der Zellen. Die Megalozyten sind der funktionell nicht vollwertige Ersatz von untergegangenen Leberzellen. Beim Rind ist die Fibrosierung der Leber deutlich stärker als beim Pferd. Die Faservermehrung um die Zentralvene herum führt zur veno-okklusiven Erkrankung (s. S. 205). Pyrrolizidin-Alkaloide rufen außerdem Veränderungen an Lunge und Nieren hervor.

Zahlreiche Pflanzenarten enthalten ***Saponine***, wie *Tribulus terrestris (Zygophyllaceae)*, der beim **Schaf** in Südafrika aufgrund der Photosensibilität zu typischen Veränderungen im Kopfbereich (Geeldikkop) führt. Die Saponine werden mit der Galle ausgeschieden, kristallisieren in den Gallengängen aus und induzieren eine chronische Cholangitis und Fibrose in den Portalfeldern. Die Leberzellen selbst sind nur wenig verändert. Toxische Wirkung üben die Saponine allerdings auch auf Myokard und Niere aus, außerdem führen sie zur Hämolyse. Über Saponine verfügen ferner Pflanzen der Arten *Panicum coloratum*, *P. mileaceum* (*Graminaceae*), *Agave lechequilla* (*Agavaceae*), *Nolina texana*, *Narthecium ossifragum* (*Liliaceae*) und *Brachiara decumbens*.

Auf die Störung des Galleabflusses mit den Folgen Ikterus und Photosensibilisierung durch Aufnahme von *Lantana camara* wurde hingewiesen (s. S. 212). Eine bislang in ihrer Pathogenese ungeklärte, vor allem die Gallengänge betreffende Vergiftung von Pferden in Kanada durch *Trifolium hybridum* (*Papilionaceae*) ist als ***Alsike Clover Disease*** beschrieben.

Unter den Mykotoxikosen spielt die Aufnahme von ***Aflatoxin*** die größte Rolle. Aflatoxine sind Furanokumarine, die u.a. von den Schimmelpilzarten *Aspergillus flavus*, *A. parasiticus* und *Penicillium puberulum* gebildet werden, die sich vorwiegend in Getreide bei feucht-warmer Lagerung massenhaft vermehrt haben. Die toxische, aber auch die kanzerogene, teratogene, mitosehemmende und immunsuppressive Wirkung von Aflatoxinen (v.a. dem Aflatoxin B1) beruht auf deren Bindung an DNS und Nukleoproteine. Höhere Konzentrationen von Aflatoxinen interferieren mit der RNS und mit Proteinen und lösen so an den Leberzellen Verfettung oder Nekrose aus und können auch zu akuten Todesfällen führen. Besonders empfindlich gegenüber Aflatoxinen sind **Hund, Katze, Schwein** und **Kalb**, weniger empfindlich dagegen **Rind** und **Pferd**. Je nach aufgenommener Giftmenge können sich akute Todesfälle oder chronische Krankheitsverläufe einstellen. Im akuten Fall finden sich petechiale und flächenhafte Blutungen an mukösen und serösen Geweben, Hämolyse und ein allgemeiner Ikterus. Die Leber ist hochgradige verfettet, histologisch lassen sich außerdem zentrolobuläre Nekrosen mit hochgradiger Ausweitung der Sinusoide und eine Cholestase nachweisen. Die chronische Aflatoxikose führt zu einer verkleinerten, derben Leber mit feinkörniger Oberfläche; histologisch dominieren Fibrose, Gallengangsproliferation, Regeneratbildung mit Megalozyten, aber auch Nekrosen mit Ansammlung von neutrophilen Granulozyten.

Ebenfalls ein hepatotoxisches Mykotoxin ist das ***Phomopsin***, das von den Pilzarten *Phomopsis leptostromiformis* und *Ph. rossiana* gebildet wird, die sich auf abgestorbenen Pflanzenresten von Lupinen stark vermehren können (sog. Lupinose; die Vergiftung mit Lupinen selbst führt beim Rind zu Skelettmißbildungen. Betroffen sind **Schafe** in Australien, aber auch bei **Rind** und **Pferd** kommt es zu chronischen Vergiftungen. Die Befunde an der Leber entsprechen den oben gemachten allgemeinen Angaben.

Das ***Sporidesmin*** ist ein Mykotoxin aus den Pilzsporen von *Pithomyces chartarum*, der sich auf abgestorbenem, feuchtem Weidelgras (*Lolium perenne*) vermehrt. Betroffen sind **Schaf** und **Rind** in Neuseeland und Australien. Das Toxin wird in die Galle ausgeschieden und schädigt primär die Gallengänge, so daß sich eine chronische Cholangiohepatitis mit sekundärer Beteiligung des Lebergewebes entwickelt. Die Photosensibilisierung führt beim Schaf zum sog. ***Facial Eczema*** (s. S. 514).

Zu einer ***chronischen Kupfervergiftung*** kommt es vor allem bei den besonders empfindlichen **Schafen** und **Kälbern** (zur hereditären Kupferspeicherkrankheit bei Hunden s. S. 207), während **Rind** und **Schwein** erst nach Aufnahme größerer Kupfermengen erkranken. Quellen einer vermehrten Kupferzufuhr für Schafe sind die Aufnahme von Futtermittelmischungen für Rind, Schwein oder Hühner mit höheren Kupferkonzentrationen oder von Futterpflanzen, die durch Emissionen von Kupfergruben und -hütten bzw. mit Kupfersulfat-haltigen Spritzmitteln (früher im Weinbau angewendet) kontaminiert wurden. Die Aufnahme von Futterpflanzen mit niedrigem Molybdängehalt (Molybdän bildet in Anwesenheit von Sulfat mit Kupfer schwerlösliche und somit inerte Komplexe) führt ebenso wie eine primäre Schädigung der Leber durch Phytotoxine (Pyrrolizidon) oder Mykotoxine (Phomopsin) selbst bei normalem Kupfergehalt im Futter zu dessen Akkumulation in der Leber. Kupfer wird in den Hepatozyten lysosomal gespeichert, und bis zu einer Konzentration von rd. 300 ppm Trockenmasse Leber treten keine Veränderungen auf. Bei höheren Konzentrationen kommt es zum Untergang von Leberzellen, die aber durch Regeneration schnell wieder ersetzt werden. Neben der granulozytären Reaktion findet man Gallengangsproliferation und portale Fibrose. Solange der Untergang von Leberzellen durch Regeneration ausgeglichen werden kann, kommt es nicht zu klinischen Erscheinungen (Akkumulationsphase). Bei Cu-Konzentrationen von 900 ppm an tritt dann – meist unter dem Einfluss von Streßfaktoren (Futter-, Weidewechsel, Transport) – ein vermehrter Untergang von Leberzellen mit Freisetzung des Kupfers in die Blutbahn ein. Massive intravasale Hämolyse (= hämolytische Krise) und Methämoglobinbildung führen einerseits zum prähepatischen Ikterus und andererseits aufgrund der Hypoxie zum beschleunigten Untergang von Hepatozyten mit vermehrter Cu-Freisetzung. Die hämolytische Phase, die u.a. mit chromoproteinämischer Nephrose und zentralnervösen Veränderungen einhergeht, endet innerhalb weniger Tage mit dem Tod des Tieres.

6.7.5 Diätetisch bedingte Hepatosen

Eine diätetisch bedingte akute ***Hepatosis diaetetica*** trat früher gehäuft bei Läufer- und Mastschweinen in guter Kondition auf, zählt jedoch mittlerweile zu den seltenen Schweinekrankheiten. Ursache ist ein Vitamin E- / Selen-Mangel in Verbindung mit einer Unterversorgung an schwefelhaltigen Aminosäuren. Damit gehört das Krankheitsbild zusammen mit der ***diätetischen Mikroangiopathie (MAP)*** und der ***Weißmuskelkrankheit*** in eine Krankheitsgruppe (s. S. 352). Der klinische Verlauf ist perakut bis akut. Die Leber zeigt ein läppchenbezogenes, buntscheckiges Muster mit grau-roten, gelblich-weißen und dunkelroten Läppchen. Das Gallenblasenbett kann ein Ödem aufweisen. Histologisch liegt ein die einzelnen Läppchen zu unterschiedlichen Zeiten erfassender Untergangsprozeß zugrunde. Neben Läppchen mit vakuolärer Degeneration gibt es solche mit hochgradiger Verfettung oder Nekrose und solche, in denen die nekrotischen Hepatozyten bereits abgeschwemmt worden sind und deren Platz durch umfangreiche Blutseen eingenommen worden ist. Bei Überleben der Tiere kann es zur Ausbildung einer postnekrotischen Leberzirrhose kommen.

6.8 Entzündungen der Leber

Die entzündlichen Veränderungen können entweder vorwiegend das Lebergewebe (*Hepatitis*) oder die intrahepatischen Gallengänge (*Cholangitis*) betreffen, oder die Entzündung greift von den Gallengängen auf das Lebergewebe über (*Cholangiohepatitis*). Nach ihrer Verteilung werden herdförmige von diffusen und nach dem zeitlichen Verlauf akute und chronische Entzündungen unterschieden. Dabei kann die Leber selektiv oder im Rahmen einer allgemeinen Erkrankung (sog. Begleithepatitis) entzündlich verändert sein.

Es lassen sich zwei Gruppen von Leberentzündungen unterscheiden. Erstens, *infektiöse Leberentzündungen*, die viral, bakteriell, mykotisch oder parasitär bedingt sind und nekrotisierend, eitrig, abszedierend oder granulomatös und mit entsprechenden Abheilungsvorgängen verlaufen können. Zweitens, die verschiedenen Formen der *chronischen Hepatitis* (s. S. 223), die durch die Beteiligung von Lymphozyten, Plasmazellen und Makrophagen gekennzeichnet sind. Ihre Ursache ist bei den Haustieren nur in wenigen Fällen bekannt.

6.8.1 Infektiöse Leberentzündungen

6.8.1.1 Virale Leberentzündungen

Die **Hepatitis contagiosa canis** (Hcc, RUBARTHsche Krankheit) wird durch das ***canine Adenovirus 1*** verursacht, das sich in Endothelzellen, Makrophagen, Hepatozyten, aber auch in Nierentubulus-Zellen und Korneaepithel vermehrt. Der zytopathische Effekt führt zum Untergang der Hepatozyten sowie zu Kreislaufstörungen mit Ödemen und Blutungen. Die Blutungsneigung wird verstärkt durch die Verbrauchskoagulopathie und die verminderte Synthese von Gerinnungsfaktoren in der Leber. Durch Impfprophylaxe ist die Krankheit selten geworden, sporadische Todesfälle treten allerdings bei Hunden unter zwei Jahren auf. Akut verstorbene Tiere zeigen Tonsillitis, Pharyngitis und petechiale Blutungen in zahlreichen Organen (Darmtrakt, Nieren, Lunge, Gehirn). Die Leber ist vergrößert, scharfrandig, dunkelrot verfärbt oder weist diffus verteilte submiliare weißliche Herde auf. Neben einem Aszites liegt meistens ein hochgradiges Ödem der Gallenblasenwand oder zumindest des bindegewebigen Lagers der Gallenblase vor. Die fibrinöse Perihepatitis ist an zwischen den Leberlappen liegenden Fibrinfäden zu erkennen (Tafel XIV A). Histologisch dominiert eine zentro- bis panlobuläre Leberzellnekrose bei Erhalt des bindegewebigen Gerüstes. Nach Ausschwemmen der nekrotischen Hepatozyten dehnen sich die Sinusoide zu umfangreichen Blutseen aus. Basophile Einschlußkörperchen, umgeben von einem hellen Halo und an die Kernmembran gedrängtem Chromatin (Abb. 6.4), sind in Hepatozyten, Sinusoid-Endothelzellen und KUPFFER-Zellen zu finden (die ebenfalls basophilen Nukleoli der Hepatozyten sind deutlich kleiner). Entzündungszellen treten erst im Rahmen der Beseitigung nekrotischer Zellen auf. Überleben die Tiere das akute Stadium, so kommt es zur vollständigen Wiederherstellung der Leber. Bei einem Teil der Fälle entwickeln sich eine hochgradige, reversible Korneatrübung (infolge Korneaödem und Uveitis anterior, s. S. 436) sowie eine interstitielle Nephritis mit weißlichen Herden in der Nierenrinde. Die experimentelle Infektion nur partiell immuner Hunde führt zu einer chronischen aktiven Hepatitis (s. S. 224). Auf die ebenfalls bei jungen Hunden vorkommende Herpes canis-Infektion wird unten eingegangen.

Bei der **Adenovirus-Infektion** von Schafen und Rindern finden sich gelegentlich intranukleäre Einschlußkörperchen in den Endothelzellen der Sinusoide. Bei den Schafen lagen gleichzeitig eine Lupinose bzw. Phomopsin-Vergiftung vor.

Die **Feline infektiöse Peritonitis** (FIP) ist eine sporadisch und bevorzugt bei jungen Katzen (aber auch bei Wild- und Großkatzen) in größeren Haltungen auftretende und zumeist tödlich verlaufende Infektion mit ***felinen Corona-Viren*** (s. S. 122 u. S. 336). Unabhängig von der klinischen Unterteilung in „feuchte“ und „trockene“ Verlaufsformen lassen sich an der Leber, neben der Ablagerung von Fibrin auf der Leberserosa, weißliche flache Umfangsvermehrungen in Leberkapsel und oberflächlichem Lebergewebe mit einem Durchmesser bis zu 5 mm sowie weißliche Herde unterschiedlicher Größe im Lebergewebe selbst unterscheiden. Die allermeisten Tiere entwickeln klinisch eine Hyperbilirubinämie, viele auch einen geringgradigen Ikterus. Die primäre histologische Veränderung (Prodromalstadium) ist eine lymphoplasmazelluläre Perivaskulitis aus der sich im Verlauf der Krankheit die makroskopisch sichtbaren Veränderungen entwickeln. So bestehen die weißlichen Herde aus einer Nekrose, die mit Fibrinexsudation und Ansammlung von Neutrophilen einhergeht, bei der zahlreiche Plasmazellen und Lymphozyten aber im Randbereich immer noch zu erkennen sind. Die Herde in Leberkapsel und -serosa sind Oberflächen-orientiert, d.h. die Plasmazellen liegen im subkapsulären Lebergewebe, während Fibrin und neutrophile Granuloyzten die meist hypertrophierten Serosazellen bedecken. Die Herde im Lebergewebe sind dagegen gefäßorientiert; die zentrale Nekrose wird von Lymphozyten und Plasmazellen umgeben. Eine klassische Vaskulitis, wie man sie bei zirkulierenden Immunkomplexen beobachtet, tritt bei der FIP nicht auf. Das histologische Bild ist eher im Sinne einer ARTHUS-Reaktion zu deuten: das von den Zielzellen (Makrophagen des Interstitiums, Serosadeckzellen) gebildete und freigesetzte Virus wird mit dem im Überschuß vorhandenen Antikörper komplexiert; die Aktivierung des Komplementsystems löst dann die zur Nekrose führenden Vorgänge aus. Die humorale Immunantwort hat also keinen schützenden Effekt, sie führt im Gegenteil durch ein *Antibody-Dependent Enhancement* zu vermehrter Bildung und Freisetzung von Virus aus Makrophagen. Eine wirkungsvolle zelluläre Immunantwort dagegen kann den Ausbruch der Krankheit verhindern, sie führt allerdings möglicherweise zu klinisch inapparenten Virusausscheidern.

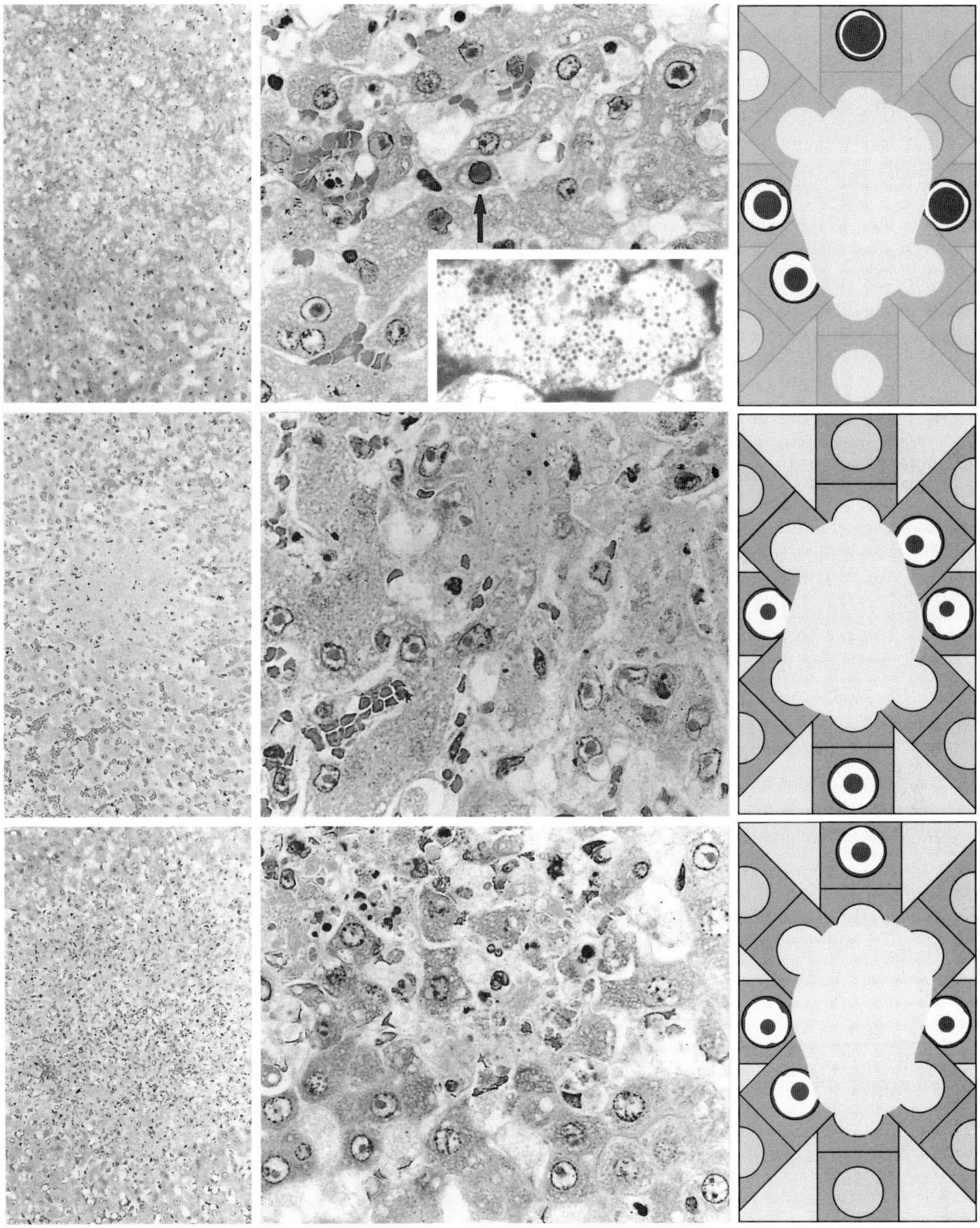

Abb. 6.4 *Virale Leberentzündungen* im histologischen Bild:
obere Reihe: *Canines Adenovirus 1, (Hcc)* – Umfangreicher Untergang von Lebergewebe, in vitalen Hepatozyten, Endothel- und KUPFFER-Zellen große basophile intranukleäre Einschlußkörperchen (↑), Hund. mittlere Reihe: *Equines Herpesvirus* – Lebernekrose, in vitalen Hepatozyten im Nekroserandbereich eosionophile intranukleäre Einschlußkörperchen, abortiertes Fohlen. untere Reihe: *Canines Herpesvirus* – Lebernekrose mit Zelltrümmern, in vitalen Hepatozyten im Nekroserandbereich eosinophile intranukleäre Einschlußkörperchen, Hunde-Welpe. linke Bildreihe: jeweils HE, 100 x; mittlere Reihe: HE, 550 x; Inset: Elektronenmikroskopie (A. Pospischil) der intranukleären Viruspartikel; rechte Reihe: schematische Darstellung.

Eine ähnliche lymphozytäre Perivaskulitis und auch Vaskulitis sind, neben anderen Organen, in der Leber beim Rind im Rahmen des **Bösartigen Katarrhalfiebers** und beim Schwein bei der Infektion mit dem **Porcinen respiratorischen und reproduktiven Syndrom (PRRS) Virus** zu beobachten (s. S. 99).

Die diaplazentare Infektion mit dem ***Equinen Herpesvirus 1*** (EHV-1), sehr selten auch mit dem ***Equinen Herpesvirus 4***, führt ab dem 7. Monat der Trächtigkeit zum Abort (Spätabort). Bei der Stute geht dem Abort eine akute Infektion des Atmungstraktes oder die Reaktivierung des latent in Zellen der Lymphknoten bzw. Ganglien des Kopfbereichs vorhandenen Herpesvirus voraus. Das Virus vermehrt sich vor allem in der späteren Phase der Trächtigkeit in Endothelzellen uteriner Gefäße, bedingt dort eine Perivaskulitis und Vaskulitis sowie Thrombenbildung und Nekrose; unter Ödembildung kommt es zur Lösung der Plazenta und damit zum Abort. Gelangt Virus in den Fetus so werden unter anderem Endothelzellen und das respiratorische Epithel von Bronchien und Bronchioli infiziert. Typische makroskopische Befunde der frisch abortierten Feten sind miliare weißliche Lebernekrosen (Tafel XI D), Fibrinausgüsse in der Trachea, Körperhöhlenergüsse und eine hochgradige follikuläre Hyperplasie der Milz. Histologisch dominieren die fokalen Lebernekrosen, in deren Randbereich intranukleäre, eosinophile Einschlußkörper in den Hepatozyten zu finden sind (Abb. 6.4). Nekrosen finden sich auch in Thymus, Lunge, Zentren der Milzfollikel, ZNS und Nebenniere.

Das ***canine Herpesvirus*** führt nach intrauteriner Infektion bzw. einer Infektion während der Geburt oder durch infizierte Wurfgeschwister bei Hundewelpen im Alter bis zu drei Wochen zu einer tödlich verlaufenden Erkrankung. Kennzeichen sind disseminierte Herdnekrosen, z.T. mit Hämorrhagien, in zahlreichen Organen, insbesondere in Leber, Nieren und Lunge. Nekrosen des Gefäßendothels führen zu Körperhöhlenergüssen sowie zur disseminierten intravasalen Gerinnung mit Verbrauchskoagulopathie. Die Schleimhäute des oberen Verdauungstraktes können eine vesikuläre Entzündung zeigen. Histologisch weisen die Herdnekrosen nur eine geringe entzündliche Reaktion auf; in den Zellen des Randbereichs der Nekrose lassen sich eosinophile intranukleäre Einschlußkörper nachweisen (Abb. 6.4). Überlebende Tiere entwickeln entzündliche Veränderungen in Niere, Gehirn und Auge.

Entsprechende fokale Lebernekrosen und intranukleäre Einschlußkörperchen in den Hepatozyten des Randbereichs der Nekrose treten auch beim **Morbus Aujeszky** der intrauterin mit dem ***Porcinen Herpesvirus 1*** infizierten und abortierten Schweinefeten auf.

Die Infektion mit dem Virus der **Equinen infektiösen Anämie** führt zu einer lebenslangen Viruspersistenz; d.h. das ***Lentivirus*** wird als provirale DNS in das Wirtszellgenom integriert. Der klinische Verlauf ist entweder apparent und geht mit akuten Schüben einher, die anfangs alle zwei bis vier Wochen auftreten, dann seltener werden und nach etwa einem Jahr zur klinisch inapparenten Infektion führen. Daneben gibt es primär inapparente Verläufe und seltener auch akute Todesfälle. Ursache des schubweisen Krankheitsverlaufs ist die hohe Rate von Mutationen des Virus, die bei der nicht-kontrollierten reversen Transkription der für Oberflächen-Glykoproteine kodierenden *env*-Gene auftreten. Die massive Freisetzung von Virus aus den als Zielzellen dienenden ortsständigen Makrophagen von Leber (Kupffer-Zellen), Milz und Lymphknoten wird mit der Ausbildung einer protektiven Immunantwort begrenzt und zunehmend unterdrückt. Mit der Entstehung einer neuen Virusmutante, die sich ungehindert vermehren kann, beginnt ein neuer Krankheitsschub. Neben Fieber und einer ausgeprägten Thrombozytopenie gehen die akuten Schübe mit zunehmender Krankheitsdauer auch mit Anämie einher. Auf den Erythrozyten abgelagertes Virusantigen führt zusammen mit Antikörpern und der Aktivierung des Komplementsystems zur intra- und extravasalen Hämolyse; letztere bedingt eine hochgradige Hämosiderose von Makrophagen (u.a. Kupffer-Zellen) und von Hepatozyten. Die Anämie führt ferner zur zentrolobulären Leberzellverfettung. Außerdem führt die fortdauernde Immunstimulation, neben einer lymphatischen Hyperplasie von Lymphknoten und Milz, in der Leber zu interstitiellen lymphozytären Infiltraten und zur Ansammlung von Lymphoblasten in den Sinusoiden. Während im akuten Schub die Leber ikterisch verfärbt ist, überwiegt in den späteren Phasen der Erkrankung das Bild der Muskatnuß-Leber (Hämosiderose, Verfettung und zellige Infiltration). In der inapparenten Phase der Infektion kann die Leber schließlich völlig unverändert sein (s. S. 57).

Durch unterschiedliche, aber nahe miteinander verwandte ***Calici-Viren*** ausgelöste Leberentzündungen sind bei Hasen als **European Brown Hare Syndrome** (EBHS) bzw. bei Kaninchen als **Rabbit Haemorrhagic Disease** (RHD) beschrieben worden. Beide Krankheiten zeigen einen perakuten bis akuten Verlauf und sind durch Ikterus gekennzeichnet. Kaninchen können darüber hinaus petechiale bis flächenhafte Blutungen in Schleimhäuten, Serosen und zahlreichen Organen z. T. als Folge einer Verbrauchskoagulopathie aufweisen. Die Leber ist vergrößert, hellbraun verfärbt, läßt eine deutliche Läppchenzeichnung erkennen und ist brüchig. Histologisch liegt eine in der Läppchenperipherie beginnende, später häufig das gesamte Läppchen erfassende Leberzellnekrose zugrunde; noch erhaltene Hepatozyten sind verfettet. Außerdem finden sich portale lymphoplasmazelluläre und monozytäre Infiltrate. Bei der Erkrankung der Kaninchen sind Mikrothromben in zahlreichen Organen (Lunge, Nierenglomerula) nachzuweisen.

Durch Arthropoden übertragene Leberentzündungen kommen bei **Schaf** und gelegentlich **Rind** in Afrika bei der durch ein ***Flavi-Virus*** verursachten **Wesselsbron Disease** bzw. dem durch ein ***Bunya-Virus*** verursachten **Rift Valley Fever** vor. Insbesondere bei den abortierten Feten bzw. lebensschwach geborenen Tieren treten fokale bis massive Lebernekrosen auf; in noch erhaltenen Hepatozyten sind intranukleäre Einschlußkörperchen nachzuweisen.

6.8.1.2 Bakterielle Leberentzündungen

Fusobacterium necrophorum, ein fadenförmiges, GRAM-negatives, obligat anaerob wachsendes Bakterium, gelangt bei **Wiederkäuern** meistens im Rahmen des Rumenitis-Hepatitis-Komplexes (Schädigung der Vormagenschleimhaut bei Pansenazidose infolge Kohlenhydrat-reicher Ernährung) aus dem Vormageninhalt, in dem sich dieser Keim normalerweise befindet, über die Pfortader in die Leber. Makroskopisch fallen bis zu 3 cm große, gelbliche, trockene Nekroseherde mit scharfer, landkartenähnlicher Begrenzung und hämorrhagischem Randsaum auf (Abb. 6.5). Die Außenzone der Nekrose wird durch Massen zerfallender neutrophiler Granulozyten demarkiert, zwischen denen in der GIEMSA-Färbung zahlreiche Bakterien zu erkennen sind (Abb. 6.6). Neben Endotoxin verfügt dieser Keim über ein Leukotoxin und Hämolysin, die zu Gefäßthromben und dadurch zu Lebernekrosen führen. Bei eitriger Einschmelzung und v.a. bei gleichzeitiger Besiedlung mit **Actinomyces (Arcanobacterium) pyogenes** kommt es zur Abszeßbildung (s.u.).

Leptospiren können akute bis subakute und chronisch subklinische Krankheitsbilder verursachen. Während bei **Rind** und **Schwein** chronische Infektionen mit Störungen der Trächtigkeit im Vordergrund stehen, kommen beim **Hund** akute Erkrankungen vor. Durch die Impfprophylaxe sind Infektionen mit den Serovaren *L. canicola* (Stuttgarter Hundeseuche) und *L. icterohaemorrhagiae* (WEILsche Krankheit) selten geworden. Statt dessen wird vermehrt über Erkrankungen durch *L. grippothyphosa*, *L. pomona* oder *L. bratislava* berichtet; dabei stehen die Veränderungen der Nieren im Vordergrund (s. S. 262). In der akuten, septikämischen Phase, die durch Blutungsneigung und Ikterus gekennzeichnet ist, treten in der Leber herdförmige Nekrosen bis hin zum Bild der akuten Leberdystrophie mit Auflösung der hepatozellulären Zellverbände auf. Daneben wurde auch eine chronische aktive Hepatitis durch Infektion mit *L. bratislava* beschrieben. In beiden Fällen lassen sich Leptospiren durch Versilberung im Lebergewebe nachweisen.

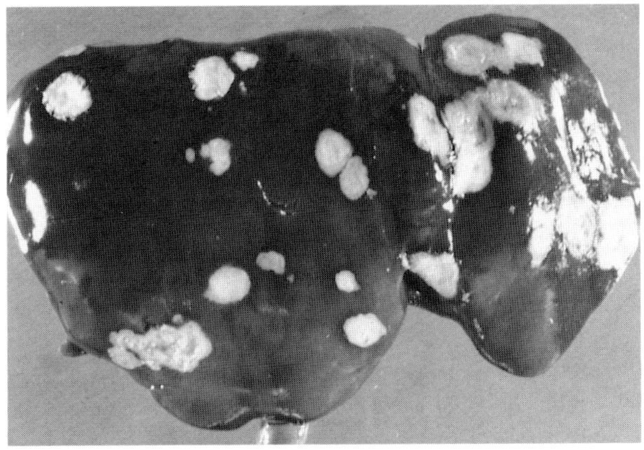

Abb. 6.5 Disseminierte Nekroseherde bei Infektion mit *Fusobacterium necrophorum* in der Leber eines erwachsenen Rindes.

Die Infektion mit ***Yersinia pseudotuberculosis*** bei **Hasenartigen, Nagern** (Rodentiose), **Wiederkäuern** und **Katzen** bleibt primär auf den Darm beschränkt. Nach aktivem Eindringen der Bakterien in die Schleimhaut im Bereich der PEYERschen Platten bilden sich Mikroabzesse in Darmwand und regionären Lymphknoten. Erst nach Schwächung der Abwehr kommt es zur Ausbreitung der Bakterien im Organismus mit Ausbildung von multiplen, meist konfluierenden, gelblichen, erhabenen Herden in Leber, Milz und Nieren. Histologisch liegt ein Gewebeuntergang mit Ansammlung von neutrophilen Granulozyten um zentral gelegene Bakterienrasen zugrunde (Abb. 6.6).

Vor allem bei abwehrgeschwächten Jungtieren, insbesondere **Fohlen**, **Katzen**- und **Hundewelpen**, tritt in den ersten Lebenswochen die Infektion mit ***Clostridium piliforme*** (TYZZERsche Krankheit) auf, dessen Reservoirwirt Kleinnager sind. Nach enteraler Infektion werden vor allem Leber und Myokard besiedelt. In der geschwollenen Leber sieht man zahlreiche miliare, gelbliche Nekroseherde. Histologisch dominiert die Koagulationsnekrose der Leberzellen. In den vitalen Hepatozyten am Rand der Nekrose sind in der GIEMSA-Färbung oder Versilberung die obligat intrazellulär wachsenden geraden, stabförmige Bakterien in unregelmäßiger Anordnung zu erkennen (Abb. 6.7). Der kulturelle Nachweis in künstlichen Nährmedien gelingt bislang nicht (s. S. 187).

Neben der eitrigen Entzündung von Unterhaut bzw. Brusthöhle kann der Saprophyt ***Nocardia asteroides*** bei jungen **Hunden** und **Katzen** nach disseminierter Ausbreitung auch zu multiplen, miliaren Herdnekrosen in der Leber führen. Neben den neutrophilen Granulozyten sind die partiell säurefesten, fadenförmig oder auch kokkoid

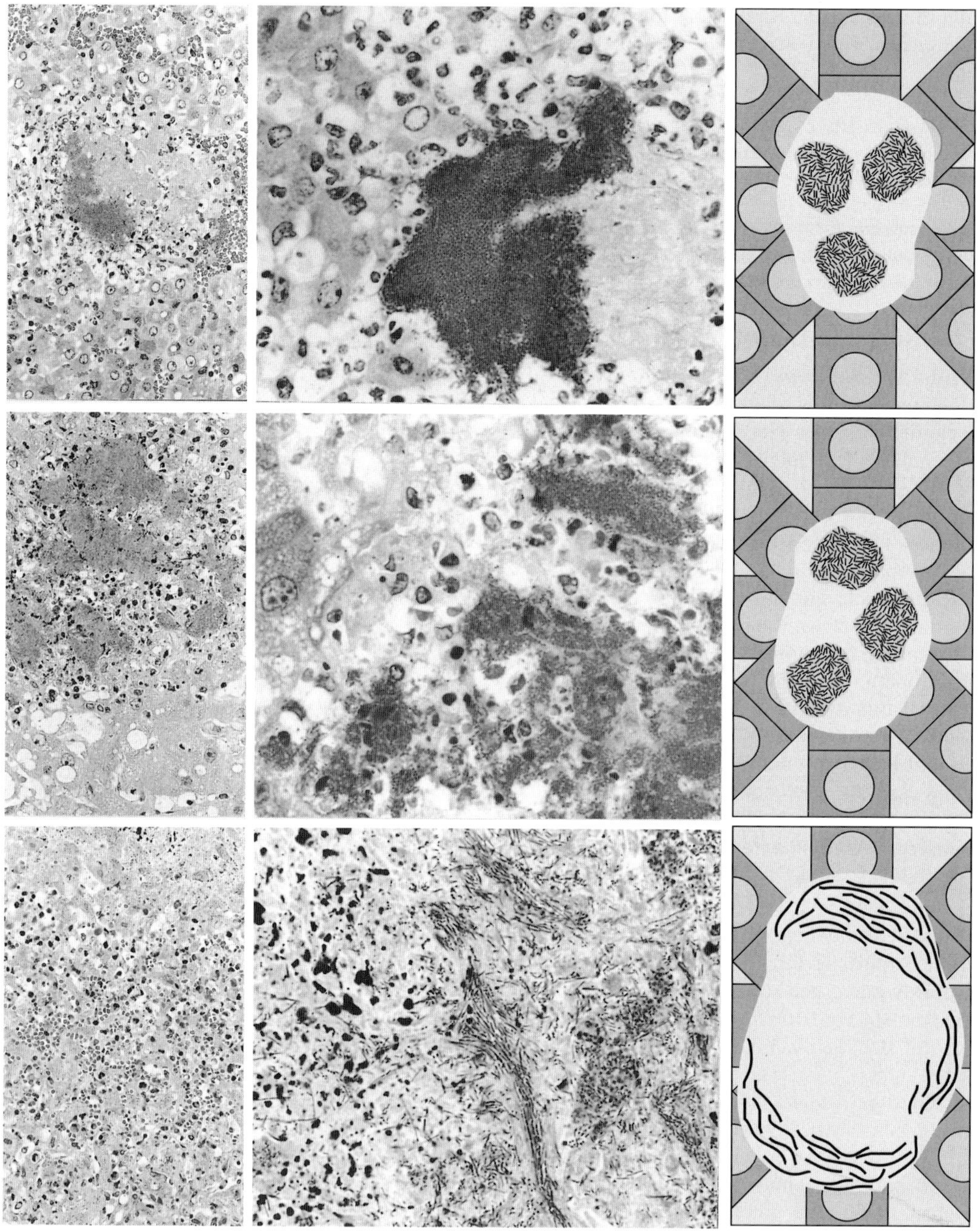

Abb. 6.6 *Bakterielle Leberentzündungen* im histologischen Bild (I):
obere Reihe: *Actinobacillus equuli* – Lebernekrosen mit Zelltrümmern und extrazellulär gelegenen Bakterienkolonien, Fohlen.
mittlere Reihe: *Yersinia pseudotuberculosis* – Umfangreiche Lebernekrosen mit Zelltrümmern und großen extrazellulär gelegenen Bakterienkolonien, Hase.
untere Reihe: *Fusobacterium necrophorum* – Ausgedehnte Lebernekrosen mit breiter Reaktionszone, im Randbereich der Nekrose extrazellulär gelegene, lange, fadenförmige Bakterien, Damtier.
linke Bildreihe: jeweils HE, 200 x; mittlere Reihe: jeweils GIEMSA, 550 x; rechte Reihe: schematische Darstellung.

wachsenden Bakterien intrazellulär nachzuweisen (Färbung nach FITE-FARACO, Abb. 6.7).

Die septikämische Ausbreitung von ***Actinobacillus equuli*** bei der **Fohlenlähme** führt neben den Gelenkaffektionen (s. S. 342 u. Tafel XIX E) vor allem zu Mikroabszessen in Niere, Leber und Lunge, in deren Zentrum Bakterienrasen zu erkennen sind (Abb. 6.6). Bei der **Melioidose** (Pseudorotz), der Infektion mit ***Burkholderia*** *(Pseudomonas)* ***pseudomallei***, kommt es nach kutaner bzw. aerogener Infektion zur Abszeßbildung in Leber und anderen Organen. Der Saprophyt führt in Südostasien und Australien zu Infektionen bei **Ziege**, **Schaf**, **Hund** und **Mensch**. Das fakultativ intrazellulär wachsende, stäbchenförmige Bakterium ist in Makrophagen des Abszeßeiters nachzuweisen. Über entzündliche Leberveränderungen, die Ähnlichkeit mit dem durch ***Helicobacter hepaticus*** bei der Maus verursachten Krankheitsbild haben, wurde kürzlich beim **Hund** infolge einer Infektion mit ***Helicobacter canis*** berichtet.

Zur Ansiedlung und Vermehrung von ***Clostridien*** kommt es bei Wiederkäuern in Parasiten-bedingten Lebernekrosen (Leberegel, Cysticercus tenuicollis). Die **infektiöse nekrotisierende Hepatitis** (sog. Deutsche Bradsot) wird durch *Cl. novyi* Typ B und die **bazilläre Hämolyse** durch den Typ D verursacht. Beide Krankheiten kommen vor allem in tropischen Gebieten vor.

Bei der **Salmonellose** kann es, neben den klinischen Bildern der Enterokolitis und des symptomlosen Trägertums, bei **Rind**, **Schaf** und gelegentlich auch **Schwein** insbesondere bei Jungtieren und in Streßsituationen zum septikämischen Krankheitsverlauf kommen. Nach aktivem Überwinden der Darmbarriere kommt es u.a. zur Besiedlung der Leber. Die Salmonellen werden dort ganz überwiegend von KUPFFER-Zellen abgetötet; allerdings können sich die Erreger ungehemmt in Hepatozyten vermehren, die schließlich unter Apoptose absterben. Die dabei freigesetzten Bakterien werden von Neutrophilen abgetötet, es kommt zur Ausbildung eines Mikroabszesses. Mit Einsetzen der Immunantwort werden nekrotisches Gewebe und Mikroabszesse durch Makrophagen abgebaut. Die Ausbildung einer granulomatösen Entzündung ist Ausdruck der Fähigkeit von Salmonellen, sich intrazellulär in Makrophagen zu vermehren. Nekrose, Mikroabszeß und Granulome sind für die typischen weißlichen, submiliaren Herde bei der Salmonellose der Leber verantwortlich.

Ähnlich der Salmonellose führt die septikämische Verlaufsform der **Listeriose** v.a. bei jungen **Wiederkäuern** zu miliaren Nekroseherden und Mikroabszessen in der Leber. Der Erreger (*L. monocytogenes*) läßt sich häufig in großer Zahl in Hepatozyten der Randzone der Nekrose, KUPFFER-Zellen und neutrophilen Granulozyten nachweisen (Abb. 6.7).

Die seltene Infektion von **Hund** und **Katze** mit *Francisella tularensis*, die **Tularämie**, durch Aufnahme infizierter Kleinnager, kann mit miliaren Lebernekrosen einhergehen.

Die **Tuberkulose** der Leber (*Mycobacterium bovis, M. tuberculosis, M. avium*) ist eine seltene Erkrankung bei Rind, Schwein, Pferd, Hund und Katze. Die Infektion kann kongenital (**Kalb**), alimentär über die Pfortader oder im Rahmen der Generalisation erfolgen. Makroskopisches und histologisches Bild werden von der Wirtstierspezies und der beteiligten Mykobakterien-Art bestimmt. Beim **Rind** dominieren miliare bis großherdige Formen mit Verkäsung und Verkalkung. Bei **Pferd** und **Fleischfresser** findet man speckige, tumorähnliche Herde unterschiedlicher Größe, die aus einem faserreichen Bindegewebe bestehen, in das Makrophagen, Epitheloidzellen und Lymphozyten, aber nur wenige Riesenzellen eingestreut sind. Beim **Schwein** wird das Bild von der verursachenden Mykobakterien-Art bestimmt. Während *M. bovis* größere Herde mit Verkäsung und nur geringgradiger Demarkation bedingt, verursacht *M. avium* den produktiven Typ der Tuberkulose. Die weißlichen, speckigen Herde haben Läppchen- bis Erbsengröße und strahlen sternförmig in das interstitielle Bindegewebe aus. Sie müssen von tumorösen/leukotischen Prozessen und vor allem von der durch Askaridenlarven bedingten parasitären Hepatitis des Schweines (s. S. 231) abgegrenzt werden. Histologisch ist diese Form durch Makrophagen, Epitheloidzellen, vereinzelte Riesenzellen sowie Lymphozyten gekennzeichnet, Nekrose und Demarkation fehlen dagegen meistens.

Bei etwa der Hälfte der Fälle von fortgeschrittener **Paratuberkulose** (*Mycobacterium avium subsp. paratuberculosis*) kommt es bei **Rind** und **kleinen Wiederkäuern** zur Dissemination der Bakterien über die Pfortader und zur Mitbeteiligung der Leber. Die typischen Epitheloidzellgranulome sind makroskopisch häufig nicht zu erkennen. Der Nachweis säurefester Stäbchen gelingt, im Gegensatz zu den Veränderungen am Darm, allerdings nur sehr selten.

Bei **bakteriell bedingten Aborten** muß vielfach mit Veränderungen an der fetalen Leber (fokale, nekrotisierende Hepatitis, granulomatöse Hepatitis) gerechnet werden, insbesondere bei Infektionen mit *Brucella spp.* (Wiederkäuer, Hund), *Leptospira interrogans*, verschiedene Serovare (Schwein, Wiederkäuer, Pferd), *Campylobacter jejuni* bzw. *C. fetus spp. fetus* (Schaf), *Listeria monocytogenes* (Schaf), *Chlamydia psittaci* (Wiederkäuer, Pferd), *Coxiella burnetii* (Wiederkäuer, Katze) sowie gelegentlich bei Infektionen mit *Salmonella spp.* (Schaf) und *Nocardia asteroides* (Pferd).

Leberabzesse treten vor allem beim **Rind**, seltener bei **kleinen Wiederkäuern** oder den übrigen Haustieren auf (Abb. 6.8). Entsprechende Erreger gelangen über die

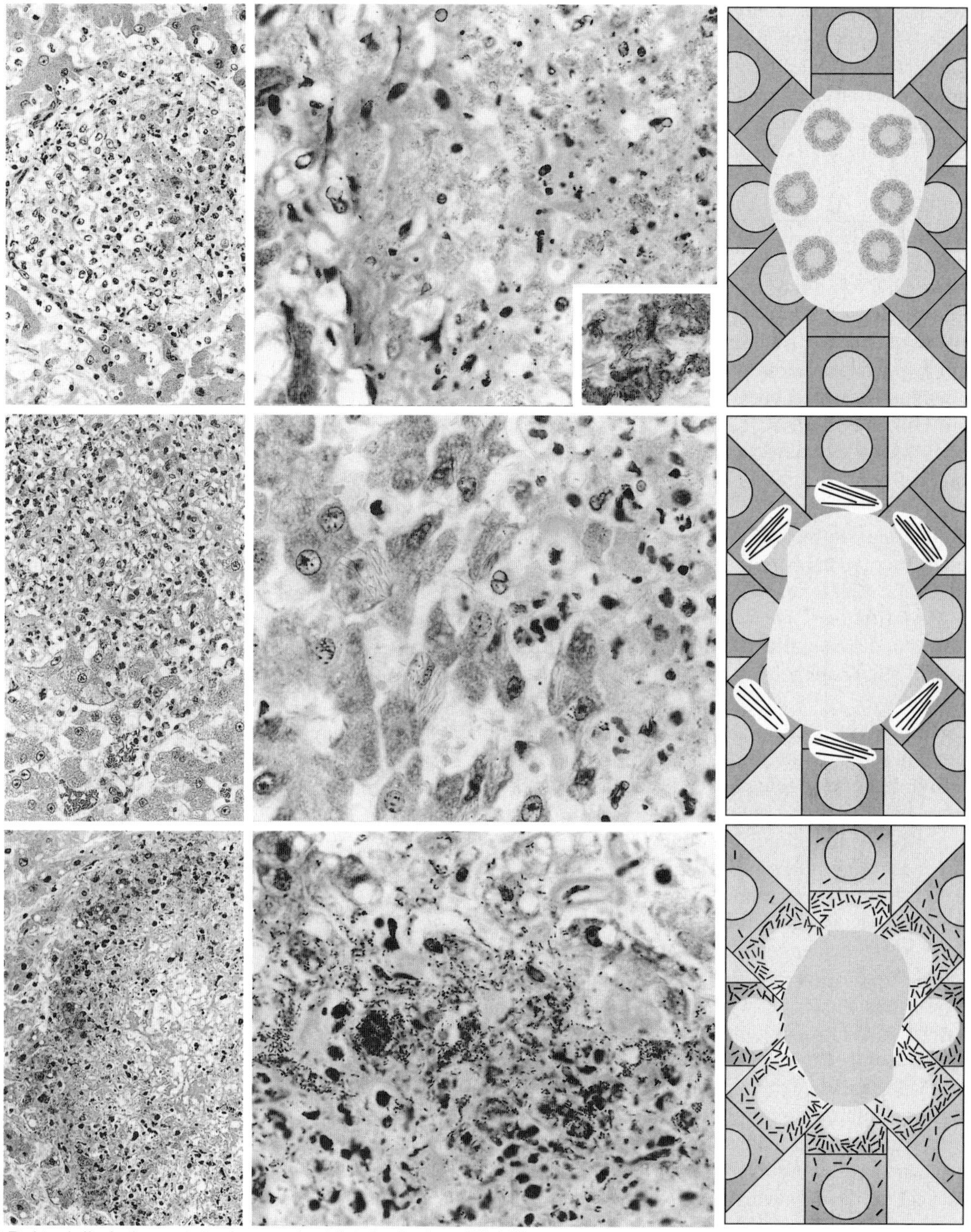

Abb. 6.7 *Bakterielle Leberentzündungen* im histologischen Bild (II):
obere Reihe: *Nocardia asteroides* – Lebernekrosen mit Entzündungszellen und Zelltrümmern; Bakterien liegen massenhaft intrazellulär im Randbereich der Nekrose, sicher nachzuweisen nur durch säurefeste Färbung (Inset), Katze. mittlere Reihe: *Clostridium piliforme* – Lebernekrosen mit Zelltrümmern, die langen, stabförmigen Bakterien liegen zu mehreren intrazytoplasmatisch in vitalen Hepatozyten im Nekroserandbereich, Katze. untere Reihe: *Listeria monocytogenes* – Lebernekrosen mit Zelltrümmern, die Bakterien finden sich massenhaft in vitalen Hepatozyten im Nekroserandbereich, Rind. linke Bildreihe: jeweils HE, 200 x; mittlere Reihe jeweils GIEMSA, 550 x; Inset: Färbung nach FITE-FARACO, 880 x; rechte Bildreihe: schematische Darstellung.

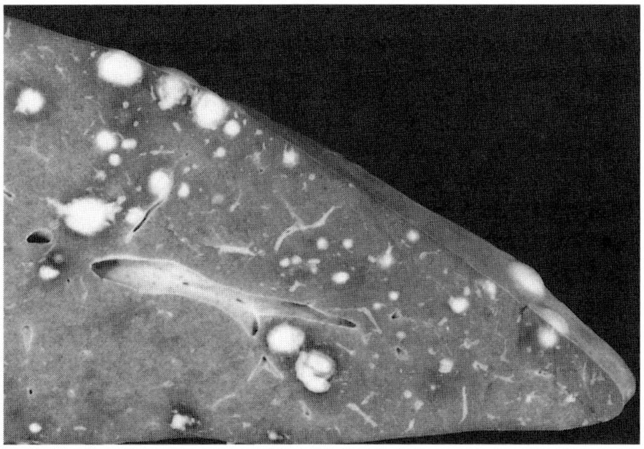

Abb. 6.8 Multiple *Leberabszesse* bei einem Rind.

Umbilikalvene (Neugeborene), die Pfortader (v.a. im Rahmen des Rumenitis-Hepatitis-Komplexes), die A. hepatica, den Gallengang oder direkt durch die Einwirkung von Fremdkörpern aus dem Vormagenbereich in die Leber. Beteiligte Bakterien sind vor allem *Fusobacterium necrophorum* und *Actinomyces (Arcanobacterium) pyogenes* (*F. necrophorum subspec. necrophorum* meist in Reinkultur, *F. necrophorum subspec. funduliforme* meist gemeinsam mit *A. pyogenes*), aber auch Bakterien der Gattungen *Bacteroides*, *Clostridium*, *Pasteurella*, *Streptococcus* und *Staphylococcus*. Aus der anfänglichen Koagulationsnekrose entwickeln sich unterschiedlich große Abszesse, die je nach ihrem Alter eine deutliche bindegewebige Kapsel aufweisen. Insbesondere beim Rind besteht die Gefahr der Arrosion der *V. cava caudalis* mit Einbruch des Abszesses und Verteilung von Eiter und Erregern im gesamten Organismus.

6.8.1.3 Mykotische Leberentzündungen

Disseminierte Infektionen mit obligat pathogenen Pilzarten, die vor allem in tropischen Gegenden vorkommen, von dort eingeschleppt werden und meistens primär den Atmungstrakt betreffen, wie *Histoplasma capsulatum*, *Cryptococcus neoformans*, *Blastomyces dermatitidis* und *Coccidioides immitis*, können auch zu Veränderungen in der Leber führen. In den unterschiedlich großen, meist speckig weißen Herden lassen sich mit Spezialfärbungen Pilzelemente in der granulomatösen Entzündung nachweisen. Bei *Histoplasma* und *Cryptococcus* liegen diese intrazellulär in Makrophagen, bei den anderen Mykosen dagegen frei.

6.8.2 Chronische Leberentzündungen

Zu dieser Gruppe von Hepatitiden zählen langdauernde Entzündungen der Leber mit bevorzugter Beteiligung von Lymphozyten, Plasmazellen und Makrophagen. Krankheitswert erlangen sie nur, wenn neben der Entzündung auch Leberzellnekrosen, und damit verbunden ein deutlicher Anstieg leberspezifischer Enzyme (Transaminasen) im Blut, nachzuweisen sind. Einzelne Formen der chronischen Hepatitis können spontan abheilen, andere verlaufen progredient, gehen in eine Leberzirrhose über und führen zum Leberversagen. Die Ursache chronischer Leberentzündungen beim Menschen sind vor allem die verschiedenen Formen der Virushepatitis, fortgesetzter Alkoholgenuß oder auch Arzneimittel-Nebenwirkungen. Mögliche Ursachen einer chronischen Hepatitis bei Haustieren sind nur in wenigen Fällen bekannt; prinzipiell ist an eine infektiöse, toxische, metabolische oder autoimmunopathische Genese zu denken. In den meisten Fällen bleibt die Ursache allerdings ungeklärt (idiopathische chronische Hepatitis). Nach histopathologischem Bild, klinischem Verlauf und ihrer Ursache lassen sich unterscheiden: chronische lobuläre Hepatitis, chronische persistierende Hepatitis, chronische aktive (aggressive) Hepatitis, lobulär-dissezierende Hepatitis und die unspezifisch-reaktive Hepatitis.

6.8.2.1 Chronische lobuläre Hepatitis

Diese kann klinisch stumm verlaufen, aber auch, vor allem nach längerem Bestehen, mit einer Erhöhung der Transaminasen im Blut einhergehen. Beim Menschen tritt sie in der frühen Phase der Virushepatitis B auf. Ihre Ursache bei Haustieren ist unbekannt. Makroskopisch ist die Leber wenig auffällig. Histologische Kennzeichen sind Einzelzell-, Gruppen- oder auch Brückennekrosen (s. S. 201). Als Entzündungszellen dominieren Lymphozyten, Plasmazellen und Makrophagen, die vor allem im Leberläppchen selbst, aber auch in den Portalfeldern vorkommen. Fibrose und Gallengangsproliferation sind nur geringgradig ausgebildet. Die lobuläre Hepatitis kann spontan ausheilen, sie kann allerdings auch, vor allem wenn Brückennekrosen vorliegen, zur Leberzirrhose (s. S. 224) führen.

6.8.2.2 Chronische persistierende Hepatitis

Diese Form der chronischen Hepatitis ist vor allem beim Menschen beschrieben. Sie verläuft klinisch meist unauffällig; makroskopisch erscheint die Leber unverändert. Histologisch findet man eine auf die Portalfelder begrenzte chronische Entzündung, Leberzellnekrosen sind selten. Ursachen sind neben der Virushepatitis auch Arzneimittel-

Nebenwirkungen. In den meisten Fällen kommt es, selbst nach längerem Verlauf, zu Spontanremissionen. Die chronische persistierende Hepatitis muß von der unspezifisch-reaktiven Hepatitis (s.u.) abgegrenzt werden. Möglicherweise gehört die ***chronische portale Hepatitis*** der **Katze** (s. S. 226) in diese Gruppe der chronischen Leberentzündungen.

6.8.2.3 Chronische aktive (aggressive) Hepatitis

Um eine Leberentzündung dieser Gruppe zuordnen zu können, ist sowohl der Nachweis der Chronizität (Dauer länger als vier Monate) als auch ihrer Aktivität erforderlich. Die Aktivität drückt sich klinisch in einem längerfristig und deutlich erhöhten Blutspiegel der Transaminasen aus. Histologisch müssen Leberzellnekrosen und eine entsprechende Entzündung nachzuweisen sein. Der Verlauf ist progredient und führt häufig zur Leberzirrhose und zum Leberversagen. Makroskopisch ist die Leber meist verkleinert, ihre Konsistenz derb, die Oberfläche kann fein-granuliert sein und ihre Farbe ist hellbraun bis grünlich-braun. Typische histologische Veränderungen sind Leberzellnekrosen in der Läppchenperipherie (Mottenfraß-Nekrosen), die von lymphoplasmazellulären Infiltraten, aber auch neutrophilen Granulozyten und Makrophagen begleitet werden. Später kommt es zur portalen und perilobulären Fibrose. Entzündung und Fibrose schieben sich immer weiter in die Läppchen hinein, umschließen Gruppen von Hepatozyten (aktive Septen) und führen zu deren Untergang. Die Fibrose wird häufig von einer Gallengangsproliferation und von Cholestase begleitet. Ursache der chronischen aktiven Hepatitis beim Menschen sind die Virushepatitis, aber auch Alkoholmißbrauch und Arzneimittel-Nebenwirkungen. Neben der direkten Schädigung der Hepatozyten spielen autoimmunopathische Reaktionen eine Rolle für die Persistenz und Progredienz der Entzündung. Eine chronische aktive Hepatitis tritt bei **Hunden** der Rassen *West Highland White* und *Skye Terrier* sowie bei weiblichen *Dobermann Pinschern* in Verbindung mit einer vermehrten Kupferspeicherung (s. S. 207) auf, ferner bei der erblichen Kupferspeicherkrankheit der *Bedlington Terrier* (s. S. 207). Bei **Pferden** löst die Aufnahme von Pyrrolizidin-Alkaloiden eine entsprechende Entzündung aus (s. S. 214). Ferner liegen Hinweise auf Arzneimittel-Nebenwirkungen sowie auf infektiöse Ursachen (Leptospirose, s. S. 219) vor.

6.8.2.4 Lobulär-dissezierende Hepatitis

Es handelt sich um eine bei jungen **Hunden** vorkommende chronische Leberentzündung mit bislang unbekannter Ursache. Klinisch weisen die Tiere häufig einen Aszites auf, ein portaler Hochdruck führt zur Ausbildung von sekundären portosystemischen Anastomosen. Die Leber ist verkleinert, hell gefärbt und hat eine glatte Oberfläche. Histologisch ist die Läppchenarchitektur weitgehend aufgelöst. Lymphozyten, Makrophagen und neutrophile Granulozyten treten lobulär und portal verteilt auf. In der Versilberung wird ein dichtes Netz von Retikulinfasern erkennbar, das Einzelzellen und kleine Gruppen von Hepatozyten umschließt. Leberzellnekrosen sind selten, häufig kommen dagegen zwei- und auch mehrkernige Hepatozyten vor, ein Phänomen, was man gelegentlich bei der Hepatitis von Neugeborenen und Jungtieren beobachtet.

6.8.2.5 Unspezifisch-reaktive Hepatitis

Es handelt sich um eine Begleitreaktion der Leber bei extrahepatischen chronischen Entzündungs- (Darm, Pankreas, Uterus; Parasitosen) oder Tumorprozessen. Typisch sind unterschiedlich umfangreiche lymphoplasmazelluläre und histiozytäre Infiltrate in den Portalfeldern. Dieses Bild tritt vor allem bei älteren Tieren auf.

6.9 Leberzirrhose

Die Leberzirrhose verkörpert das Endstadium chronischer Lebererkrankungen unterschiedlicher Genese, die aber alle mit einem anhaltenden Untergang von Leberzellen einhergehen. Folge der Leberzellnekrosen sind Entzündung, Regeneration von Leberzellen und die Ausbildung bindegewebiger Septen, die alle drei zu einer Zerstörung der normalen Läppchenarchitektur führen. Die Zirrhose ist ein fortschreitender, sich vielfach selbst unterhaltender Prozeß. Neben autoimmunopathischen Reaktionen tragen insbesondere Störungen des Galleabflusses (Cholestase) und des Gefäßsystems sowie die Ausbildung portovenöser Anastomosen zur Perpetuation bei. Solange Nekrosen von Leberzellen und Entzündung vorhanden sind, handelt es sich um eine **aktive Zirrhose**, bei Fehlen nekroinflammatorischer Vorgänge und Überwiegen der Fibrose hingegen um eine **inaktive Zirrhose**. Die gestörte Leberfunktion führt zum Ikterus, der Umbau des Gefäßsystems einerseits zum portalen Hochdruck mit Aszites und andererseits zum hepatoenzephalen Syndrom. Endstadium ist das Leberversagen. Die Zirrhose muß sowohl von der Leberfibrose als auch der Narbenleber abgegrenzt werden. Bei der *Leberfibrose*, als Folge einer chronischen Stauungsleber (s. S. 205), kommt es zur perilobulären Fibrose ohne Zerstörung der Läppchenarchitektur. Eine *Narbenleber* ist

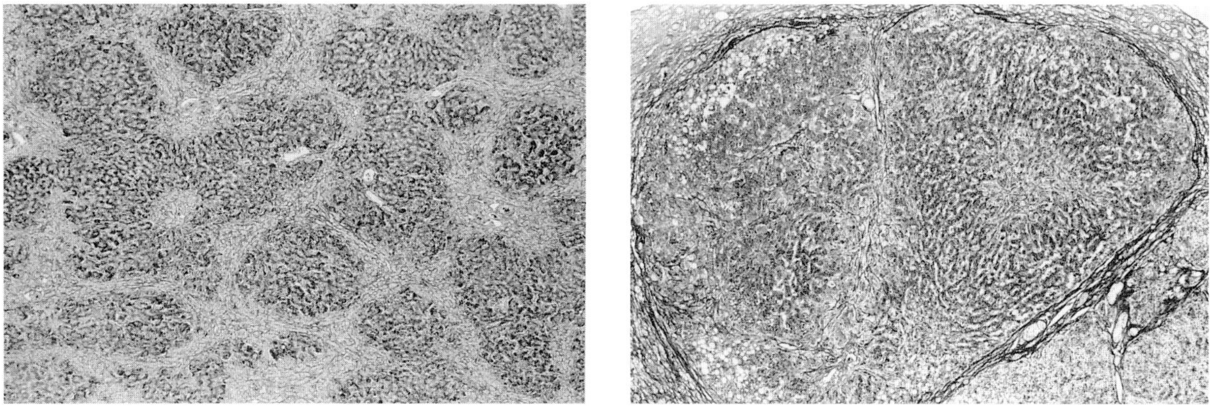

Abb. 6.9 linkes Bild: *Mikronoduläre Leberzirrhose* unbekannter Ursache bei einem Hund; zahlreiche kleinherdige Ansammlungen von Leberzellen sind von Bindegewebe umgeben.
rechtes Bild: *Makronoduläre Leberzirrhose* unbekannter Ursache beim Hund, umfangreiche Reste von ursprünglichem Lebergewebe sind von Bindegewebe umgeben. Beide Präparate weisen die gleiche Vergrößerung auf; Versilberung, 28 x.

die Folge einmaliger umfangreicher Lebernekrosen, eine Progredienz ist nicht vorhanden (Abb. 6.2).

Die Einteilung der Zirrhosen erfolgt heute anhand morphologischer Kriterien in eine mikronoduläre und eine makronoduläre Zirrhose. Als Sonderform kann die biliäre Zirrhose abgegrenzt werden (Abb. 6.2).

6.9.1 Mikronoduläre Zirrhose

Bei dieser Form ist die gesamte Leber in kleine, bis zu 3 mm große Knötchen umgewandelt (Tafel XIII C). Die Knötchen werden von schmalen Bindegewebssepten umgeben (Abb. 6.9). Eine reguläre Läppchenarchitektur mit Portalfeldern und Zentralvenen ist nicht zu erkennen. In den Septen treten, neben den Fasern und Fibroblasten, Lymphozyten, Plasmazellen und Makrophagen sowie proliferierte Gallengänge auf. Die mikronoduläre Zirrhose beruht auf einer Schädigung, die gleichmäßig an allen Leberläppchen angreift. Sie wird bei der Kupferspeicherkrankheit der Bedlington Terrier, der Cu-assoziierten chronischen aktiven Hepatitis (s. S. 224), der lobulär-dissezierenden Hepatitis (s. S. 224) und bei der durch Pyrrolizidin-Alkaloide verursachten Leberzirrhose der Pferde (s. S. 214) gesehen. Makroskopisch ist die Leber verkleinert, ihre Konsistenz sehr derb, die Farbe hellbraun bis grünlichbraun und ihre Oberfläche glatt oder höchstens feingranuliert (Tafel XI C).

6.9.2 Makronoduläre Zirrhose

Diese Zirrhose ist gekennzeichnet durch ungleichmäßig große (5mm bis 5 cm) Knoten, die durch unterschiedlich breite Bindegewebssepten voneinander abgegrenzt werden (Tafel XIII B, D). In den Knoten selbst lassen sich Portalfelder und Zentralvenen als Reste von ehemaligen Leberläppchen erkennen (Abb. 6.9). Die makronoduläre Zirrhose ist die Folge eines umfangreicheren Leberzelluntergangs (postnekrotische Zirrhose), bei dem es zum Kollaps des bindegewebigen Grundgerüsts gekommen ist (Kollapsfibrose). Allerdings kann sich auch die mikronoduläre Zirrhose durch fortschreitenden Gewebeuntergang mit nachfolgender knotiger Regeneratbildung in eine grobknotige Form umwandeln. Sie kommt bei allen Haustierarten vor und ist die häufigere Zirrhoseform, ihre Ursache bleibt allerdings in den meisten Fällen unbekannt.

6.9.3 Biliäre Zirrhose

Die biliäre Zirrhose ist entweder der – allerdings seltene – Endzustand einer chronischen Cholangiohepatitis der **Katze** (s. S. 226) oder sie entwickelt sich auf der Basis eines Verschlusses der extrahepatischen Gallenwege. Die Leber ist vergrößert, heller und ihre Konsistenz derb. Histologisch dominiert neben der entzündlichen Komponente eine portale Fibrose mit hochgradiger Gallengangsproliferation.

Eine besondere Form der Leberzirrhose wurde bei neugeborenen und jungen **Kälbern** als ***Mottled Liver*** beschrieben (Tafel XIII A). Die Ursache dieses mit umfangreichem Untergang von Leberzellen, Kollapsfibrose, Cholestase und Gallengangsproliferation einhergehenden Krankheitsbildes ist bislang unbekannt.

6.10 Erkrankungen der extrahepatischen Gallenwege

6.10.1 Konkremente

Gallensteine spielen im Vergleich zum Menschen bei den Haustieren eine untergeordnete Rolle. Sie können prinzipiell aus Cholesterin, Gallepigment (Bilirubin) und Kalksalzen zusammengesetzt sein. Beim **Hund** treten feinkörnige, braunschwarze, weiche Pigmentkonkremente in der Gallenblase (Gallenblasengrieß) und beim **Rind** Pigmentkalkkonkremente als Folge einer Leberegelinfektion auf. Die Bildung der Konkremente beruht auf chronisch entzündlichen Veränderungen der Gallenwege. Beim **Schwein** findet man gelegentlich als Zufallsbefund bei der Schlachtung in der Gallenblase sog. Inspissations- oder Eintrocknungskonkremente. Die weichen, dunkelbraun-rötlichen Massen füllen die gesamte Gallenblase aus. Folgeveränderungen der Konkrementbildung sind selten; sie können in einer Entzündung der Gallenwege und Dilatation von Gallengängen bzw. -blase bestehen.

6.10.2 Veränderungen des Lumens

Eine vollständige oder partielle **Obstruktion** der Gallenwege kann durch Entzündungen der Gänge, die entweder vom Darm aus aufsteigen oder vom Pankreas auf die Gallengänge übergreifen, durch Tumoren (Gallengang, Pankreas), Konkremente oder durch aus dem Darm in den Gallengang gelangte Parasiten (Leberegel, Askariden) bzw. Fremdkörper entstehen. **Kompressions-Stenosen** entwickeln sich unter dem Druck von gangnahe gelegenen Tumoren bzw. Abszessen. Längere Zeit bestehende Verschlüsse der Gallenwege führen zur Ausbildung eines posthepatischen Ikterus, evtl. auch einer biliären Zirrhose. Eine weitere Folge ist die **Dilatation** von Gallengängen (Cholangiektasien) oder Gallenblase (Tafel XI F). Bei der **Ruptur** von Gallengängen bzw. -blase infolge hochgradiger Dilatationen oder als Folge eines Bauchtraumas kommt es zum Austritt von Galle in die Bauchhöhle (Cholaskos), mit der Ausbildung einer meist tödlich verlaufenden **galligen Peritonitis**.

6.10.3 Kreislaufstörungen

Ein hochgradiges **Gallenblasenwandödem**, das auch das bindegewebige Lager der Gallenblase erfaßt, ist ein typischer Befund bei der ***Hepatitis contagiosa canis*** (Tafel XIV A) und bei der ***Mikroangiopathie (MAP)*** des **Schweines**.

6.10.4 Entzündungen

Entzündungen der Gallengänge, **Cholangitis**, oder der Gallenblase, **Cholezystitis**, können als katarrhalisch-eitrige, fibrinös-diphtheroide, hämorrhagisch-nekrotisierende oder als chronische, lymphoplasmazelluläre Form verlaufen. Ursachen sind Parasiten (v.a. Leberegel), Konkremente, Pflanzeninhaltsstoffe, Mykotoxine (z.B. das Sporidesmin, s. S. 215) oder Bakterien. Bakterielle Infektionen können entweder aszendierend, durch vom Darm aufsteigende Bakterien, verlaufen oder deszendierend, wobei die Bakterien aus dem Blut über die Leberzellen in das Gallengangsystem gelangen, wie z.B. bei der ***Salmonellose des Rindes***. Ein Übergreifen der Entzündung von den intrahepatischen Gallengängen auf die Leberläppchen wird als **Cholangiohepatitis** bezeichnet.

Bei der **Katze** werden zwei besondere Formen der Gallenwegs-Entzündung unterschieden. Die **eitrige Cholangitis / Cholangiohepatitis** betrifft vor allem Tiere mittleren Alters und geht mit Ikterus und einem gestörten Allgemeinbefinden einher. Vielfach ist diese Form mit Entzündungen des Darmes (v.a. Duodenum) und des Pankreas verbunden. Die Ursache ist meist eine aufsteigende bakterielle Infektion (überwiegend durch *Escherichia coli*), die aufgrund der gemeinsamen Mündung von Ductus choledochus und Pankreasausführungsgang bei der Katze beide Organe betrifft. Makroskopisch sind die extrahepatischen Gallengänge dilatiert, ödematisiert und enthalten entzündliches Exsudat. Intrahepatisch treten periduktuläre Ödeme auf; neutrophile Granulozyten finden sich im portalen Bindegewebe, im Gangepithel und im Lumen der Gallengänge. In chronischen Stadien kann es zur fortschreitenden Fibrose mit Gallengangsproliferation kommen, neben den Granulozyten dominieren Lymphozyten und Plasmazellen. Fibrose und Entzündung greifen häufig auf das Leberläppchen über und führen zur fortschreitenden Zerstörung der Leber im Sinne einer biliären Zirrhose (s. S. 225).

Die **lymphozytäre portale Hepatitis** wird vor allem bei der alten **Katze** beobachtet. Der Krankheitsverlauf ist chronisch, die klinischen Erscheinungen sind eher gering. Histologisches Kennzeichen ist eine Infiltration der Portalfelder mit Lymphozyten und Plasmazellen, teils kommt es zur Bildung von Sekundärfollikeln; neutrophile und eosinophile Granulozyten sind dagegen selten. Die Leberläppchen selbst sind von der Entzündung nicht betroffen. Die Ursache dieser Erkrankung ist bislang ungeklärt. Ausgeprägte lymphoplasmazelluläre periportale Infiltrate müssen von malignen Lymphomen der Leber, von Formen der chronischen Hepatitis (s. S. 223) und von Prodromalstadien der *Felinen infektiösen Peritonitis* abgegrenzt werden.

6.11 Tumoren der Leber und Gallenwege

Neben den primären Tumoren, die meist epithelialer und selten mesenchymaler Herkunft sind, ist die Leber häufig an lymphohämatopoetischen Neoplasien beteiligt bzw. das Ziel von Metastasen. Tumoren der extrahepatischen Gallenwege sind vergleichsweise selten. Außerdem treten Tumor-ähnliche, nichtneoplastische Veränderungen an Leber und Gallenwegen auf.

6.11.1 Primäre Tumoren der Leber

Hepatozelluläre Adenome (Leberzelladenome) kommen vorwiegend bei älteren **Hunden** und **Katzen** sowie bei **Wiederkäuern** vor. Sie treten gut abgegrenzt, einzeln oder auch multipel im ansonsten unveränderten Lebergewebe als rundliche, bis zu 15 cm im Durchmesser große Knoten auf, die heller oder dunkler als das umgebende Gewebe erscheinen und eine weiche Konsistenz aufweisen. Histologisch besitzen sie einen regelmäßigen Aufbau, die Leberzellbälkchen sind allerdings mehrreihig und eine Läppchenarchitektur mit Zentralvenen und GLISSONschen Trias ist nicht zu erkennen. Eine bindegewebige Tumorkapsel wird nicht ausgebildet. Die Tumorzellen speichern häufig Glykogen und/oder Lipide; die Sinusoide können ausgeweitet und blutreich sein. Abzugrenzen sind diese Tumoren von den knotigen Hyperplasien bzw. weit ausreifenden hepatozellulären Karzinomen.

Hepatozelluläre Karzinome (Leberzellkarzinome) kommen bei allen Haustieren, insbesondere beim älteren **Hund** vor. Es sind unterschiedlich große Tumorknoten, die heller als das umgebende Gewebe sind (Tafel XI E). Aufgrund ihrer brüchigen Konsistenz und der Nekroseneigung kommt es häufig zu Einblutungen und zu Blutungen in die Bauchhöhle. Histologisch finden sich weit ausreifende, trabekulär oder glandulär wachsende Formen bis hin zu solchen, die solide und anaplastisch wachsen und bei denen ein- und mehrkernige Riesenzellen dominieren. Die Tumoren wachsen infiltrativ und können durch Einbrüche in das Pfortadersystem intrahepatisch metastasieren, oder sie bilden lymphogen Metastasen in Lunge und Milz; außerdem kommt es häufig zu Implantationsmetastasen im Bauchraum.

Die ***Gallengangsadenome*** sind häufig als Zystadenome ausgebildet. In Größe, Verteilung und Häufigkeit entsprechen sie den Leberzelladenomen. Die Zysten sind meistens mit einem grau-weißlichen, mukösen Sekret gefüllt. Ein galliger Inhalt weist bei **Hund** und **Katze** eher auf angeborene Gallengangszysten (s. S. 203) hin.

Gallengangsadenokarzinome treten vor allem bei älteren **Katzen** und **Hunden**, aber auch bei **Wiederkäuer** und **Pferd** auf. Die gelblich-weißen, soliden und derben, vielfach multipel ausgebildeten Tumorknoten, die häufig einen zentralen Tumornabel aufweisen, sind scharf vom umgebenden Gewebe abgesetzt. Histologisch können die Tumoren solide oder drüsig erscheinen und weisen vielfach ein deutliches bindegewebiges Stroma auf. Die Tumorzellen ähneln meist den normalen Gallengangszellen. Unreife Tumoren sind allerdings gelegentlich schwer von Metastasen eines Adenokarzinoms abzugrenzen. Gallengangskarzinome neigen stark zur Metastasierung, das Metastasierungsmuster entspricht den hepatozellulären Karzinomen.

Seltene epitheliale Tumoren der Leber sind ***Karzinoide*** bei **Hund** und **Katze**, die sich von *neuroendokrinen Zellen* der Gallengänge ableiten und histologisch durch ein rosettenförmiges Wachstum gekennzeichnet sind, sowie die bei jungen **Schafen** und **Pferden** vorkommenden ***Hepatoblastome***.

Mesenchymale Lebertumoren sind im Vergleich zu den epithelialen selten. Beschrieben sind vor allem primäre *Hämangioendotheliome, Angiome, Lipome, Liposarkome* und *Fibrosarkome*.

6.11.2 Sekundäre Tumoren in der Leber

Die Leber ist sehr häufig an ***lymphohämatopoetischen Neoplasien*** beteiligt, insbesondere bei **Hund**, **Katze** und **Rind**. Zu unterscheiden sind die Gruppen der malignen Lymphome / lymphatische Leukämie, akute myeloische Leukämien / chronische myeloproliferative Erkrankungen und die Mastzell-Leukose. Makroskopisch ist die Leber häufig diffus vergrößert (Hepatomegalie), von weicher, brüchiger Konsistenz und grau-roter Farbe, wobei die Läppchenzeichnung betont sein kann. Histologisch besiedeln die lymphatischen Tumorzellen primär das portale Bindegewebe, während die myeloischen Zellen einschließlich der tumorösen Mastzellen vor allem in den Sinusoiden anzutreffen sind. Kompakt-tumoröse Veränderungen treten insbesondere bei lymphatischen Neoplasien auf. Vielfach sind auch regionäre Lymphknoten und Milz mit in den Tumorprozeß eingeschlossen.

Von den ***Metastasen*** in der Leber sind vor allem die *Hämangioendotheliome* zu nennen, die beim **Hund**, bevorzugt beim Deutschen Schäferhund, primär die Milz betreffen. Diese Gefäßtumoren neigen zu Blutungen in die Bauchhöhle. Sie müssen von den einfachen Teleangiektasien älterer Tiere (s. S. 205) abgegrenzt werden. Epitheliale Tumormetastasen stammen vor allem von *Adenokarzinomen* des exokrinen Pankreas und von Insulinomen ab.

6.11.3 Tumorähnliche Läsionen der Leber

Die ***knotigen Hyperplasien*** sind häufig beim älteren **Hund** auftretende knotenförmige Zubildungen von Lebergewebe. Die bis zu 3 cm im Durchmesser großen, meistens multipel vorkommenden Knoten sind von hellerer oder dunklerer Farbe als das übrige Lebergewebe. Histologisch ist die Läppchenarchitektur zwar gestört, aber noch zu erkennen, was eine Abgrenzung gegenüber Leberzelladenomen ermöglichen soll. Die Knoten sind vom übrigen Lebergewebe abgesetzt aber nicht abgekapselt. Die Leberzellen selbst weisen Fett- bzw. Glykogenspeicherung auf; die Sinusoide können erweitert und blutreich sein. Die Ursache der knotigen Hyperplasie ist unbekannt, ungeklärt ist auch die Frage, ob es sich um kompensatorische Phänomene beim alten Tier oder um prätumoröse Veränderungen handelt.

Ebenfalls als nichtneoplastische Zubildungen werden die ***Myelolipome*** bei **Hund** und **Katze** interpretiert, die aus Fettgewebe, in das hämatopoetische Zellen eingelagert sind, bestehen und die in ähnlicher Form auch in der Milz vorkommen (s. S. 59).

6.11.4 Tumoren der extrahepatischen Gallenwege

Extrahepatische ***Gallengangsadenome*** und ***-adenokarzinome*** kommen wesentlich seltener als die intrahepatischen Tumoren vor, denen sie im übrigen ähneln. In der Gallenblase selbst werden selten ***Adenome***, ***Papillome*** und, vor allem beim **Rind**, ***Gallenblasenkarzinome*** gefunden. Die Häufigkeit dieser Tumoren ist im Vergleich zum Menschen, der weitaus häufiger unter Gallenblasensteinen mit der Folge chronischer Entzündungen leidet, wesentlich geringer. Auch die mesenchymalen Tumoren der extrahepatischen Gallenwege sind selten; gelegentlich kommen umfangreiche ***Leiomyome*** in der Gallenblase des Rindes vor.

Zu den **tumorähnlichen Veränderungen** zählt die ***zystische, muzinöse Hyperplasie*** der Gallenblasenschleimhaut bei **Hund** und **Wiederkäuer**, die zu knotigen bis polypösen Umfangsvermehrungen der Innenauskleidung führt und von den Schleimdrüsen der Wand ausgeht.

6.12 Parasiten der Leber

6.12.1 Protozoische Parasiten

Als Zwischenwirt für die ungeschlechtliche Vermehrung von ***Toxoplasma gondii*** können zahlreiche Tierspezies dienen, u.a. **Hund**, **Schaf**, **Ziege**, **Rind**, **Schwein**, **Pferd**, aber auch die **Katze** selbst. Insbesondere bei abwehrgeschwächten, jungen Tieren kommt es nach Aufnahme der Oozyten zur generalisierten Infektion (Lunge, Myokard). In der Leber vermehren sich die Tachyzoiten in den Hepatozyten und führen so zu deren Absterben (Abb. 6.10). Die freiwerdenden Tachyzoiten infizieren benachbarte Hepatozyten, was schließlich zu fokalen Lebernekrosen führt, die mit einer lymphoplasmazellulären Infiltration einhergehen kann. Während in den Hepatozyten nur die Tachyzoiten nachgewiesen werden können, kommt es mit Einsetzen der Immunantwort in Gehirn, Skelett- und Herzmuskel zur Ausbildung von Toxoplasmenzysten (mit Bradyzoiten), gleichzeitig verschwinden die Tachyzoiten aus der Leber. Intrauterine Infektionen kommen bei Schaf, Ziege und Schwein vor; sie vermögen ebenfalls mit multiplen Herdnekrosen in der Leber der abortierten Feten einherzugehen.

Die diaplazentare Infektion mit ***Neospora caninum*** führt beim **Hund**, neben den Veränderungen an Nervensystem und Skelettmuskulatur (s. S. 407 u. 356), gelegentlich auch zu multifokalen Lebernekrosen, mit Nachweis von Tachyzoiten in den untergehenden Hepatozyten.

Die **Gallengangskokzidiose** der **Hasen** und **Kaninchen** wird durch ***Eimeria stiedai*** verursacht. Die im Gallengangsepithel ablaufenden Phasen der Sporo- und Gametogonie führen zu hochgradigen proliferativen Veränderungen an den Gallengängen, die makroskopisch als stricknadeldicke, knotig aufgetriebene, weißliche Stränge zu erkennen sind. Histologisch zeigen sie ein papilliform gewuchertes Epithel; in den Epithelzellen sind die verschiedenen Parasitenstadien in großer Zahl nachzuweisen (Abb. 6.11).

Im Rahmen der vor allem in tropischen und subtropischen Regionen beim **Hund** auftretenden Infektion mit ***Hepatozoon canis*** kann es zu einer umfangreichen Leberschwellung kommen.

Die **Leishmaniose** des **Hundes** ist eine generalisierte, chronische Infektion von Zellen des Mononukleären Phagozytensystems, die vor allem Leber, Knochenmark, Milz und Lymphknoten sowie in einem Teil der Fälle auch die Haut (s. S. 547) und sogar die Schleimhäute betrifft. Im Mittelmeer-Raum erfolgt die Infektion durch ***Leishmania infantum*** (Kinderleishmaniose des Menschen), in Südamerika durch ***L. braziliensis*** und in Asien durch ***L.***

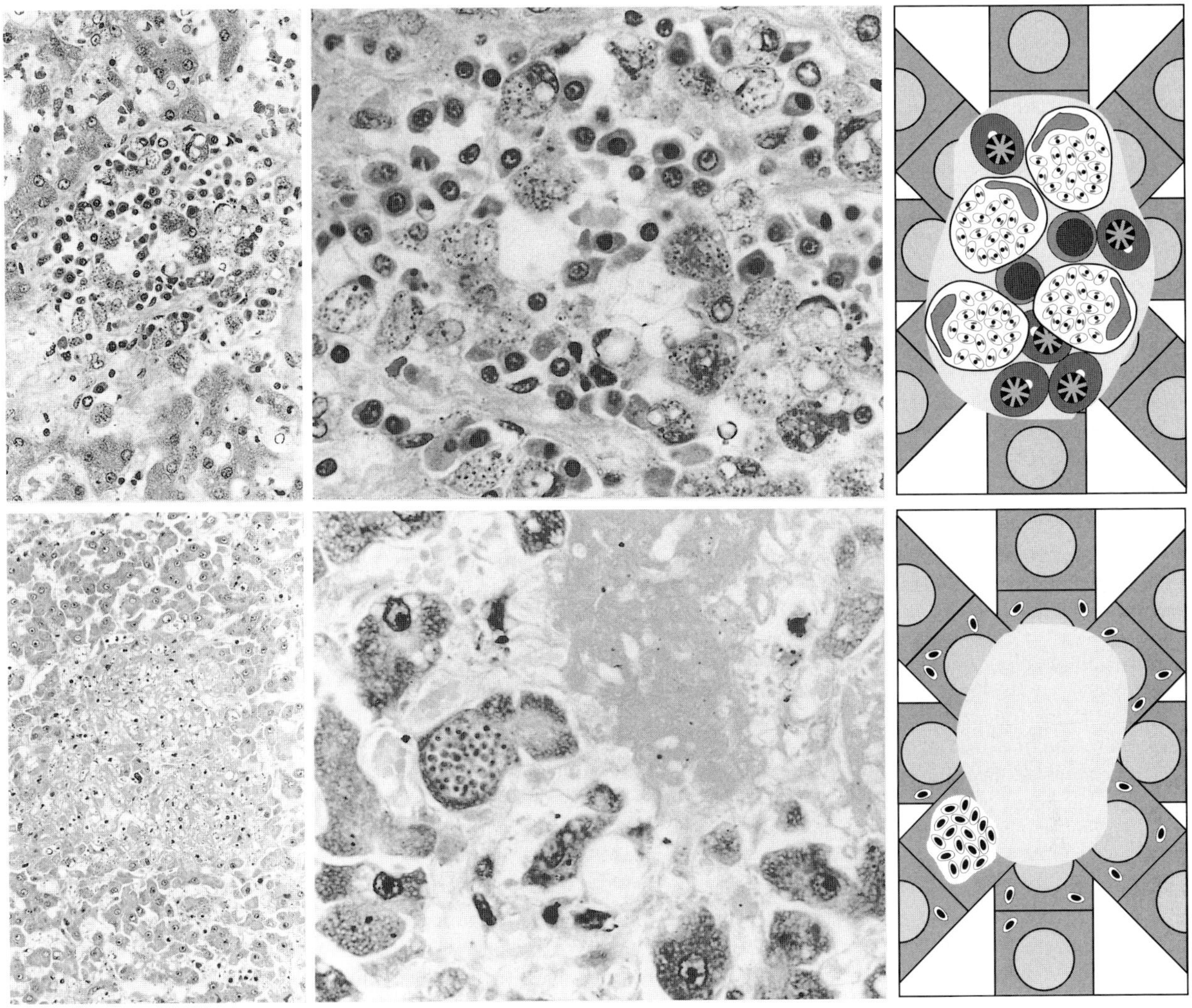

Abb. 6.10 *Parasitäre, protozoische Leberentzündungen* im histologischen Bild:
obere Reihe: *Leishmania infantum* – Granulomatöse Entzündung, die amastigoten Parasiten liegen zahlreich intrazytoplasmatisch in Makrophagen, daneben Plasmazellen und Lymphozyten, Hund. Linkes Bild: HE, 200 x; mittleres Bild: HE 550 x; rechtes Bild: schematische Darstellung.
untere Reihe: *Toxoplasma gondii* – Weitgehend reaktionslose Lebernekrose, die Tachyzoiten liegen einzeln oder gelegentlich zu mehreren in einer Vakuole intrazytoplasmatisch in noch vitalen Hepatozyten in der Nachbarschaft der Nekrose, Katze. Linkes Bild: HE, 100 x; mittleres Bild: GIEMSA, 550 x; rechtes Bild: schematische Darstellung.

donovani (Kala azar des Menschen); ob Infektionen mit ***L. tropica*** (Orientbeule des Menschen) beim Hund vorkommen, ist ungeklärt. Die Übertragung der begeißelten, promastigoten Form erfolgt durch stechende Insekten. In der Unterhaut von Mensch bzw. Hund kommt es zur Umwandlung in die unbegeißelte, amastigote Form, die von Makrophagen aufgenommen wird. Die Vermehrung der obligat intrazellulär lebenden Leishmanien erfolgt solange durch Zweiteilung in Phagolysosomen der Makrophagen, bis die Zellen absterben. Die freiwerdenden Parasiten werden von jüngeren Makrophagen aufgenommen und so kommt es zur Ausbreitung im gesamten Organismus. Die Infektion geht mit einer permanenten Stimulation der humoralen Immunabwehr einher, die zu einer hochgradigen Hypergammaglobulinämie führt. Die Bildung zirkulierender Immunkomplexe führt zu einer

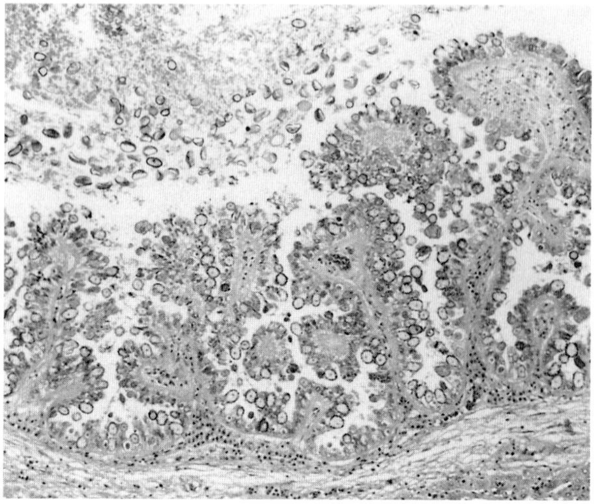

Abb. 6.11 Infektion mit *Eimeria stiedai* beim Kaninchen (sog. Gallengangskokzidiose). In dem papillär proliferierten Gallengangsepithel finden sich die verschiedenen Entwicklungsstadien der Parasiten, im Lumen zahlreiche Oozysten. HE, 63 x

Glomerulonephritis, die bei unbehandelten Tieren zu Nierenversagen mit Proteinurie, Kachexie und schließlich zum Tod führt. Eine zelluläre Immunantwort, die in der Lage wäre, die Infektion zu begrenzen, scheint beim Hund dagegen keine wesentliche Rolle zu spielen. Neben schuppenden, knotigen oder ulzerativen Hautveränderungen dominieren Hepatosplenomegalie und Schwellung der Lymphknoten. Typische histologische Veränderungen der Leber sind granulomatöse Herde, die sich aus Leishmanien-haltigen Makrophagen, Plasmazellen und einzelnen Lymphozyten zusammensetzen (Abb. 6.10). Ähnliche Veränderungen finden sich auch in den anderen betroffenen Organen. Die etwa 3 x 1,5 µm großen Leishmanien sind in nach GIEMSA gefärbten Präparaten an der T-förmigen Anordnung von Nukleus und stäbchenförmigem Kinetoplast zu erkennen.

Die akute Infektion mit ***Babesia canis*** führt beim **Hund** neben Ikterus, Splenomegalie und Blutungsneigung aufgrund der höhergradigen Anämie zu Schäden an zahlreichen Organen. So fallen in der vergrößerten und gelblich verfärbten Leber histologisch zentrolobulärer Leberzelluntergang und Cholestase auf.

6.12.2 Metazoische Parasiten

Die metazoischen Parasiten der Leber gehören zum Stamm der Plattwürmer (*Plathelmintha*) mit den beiden Klassen der Saugwürmer (*Trematoda*) und der Bandwürmer (*Cestoda*) sowie dem Stamm der Rundwürmer (*Nematoda*).

Von den **Saugwürmern** spielen in Europa vor allem die Leberegel der **Wiederkäuer** eine Rolle. Bei der Infektion mit ***Fasciola hepatica*** (großer Leberegel, Fasziolose) werden die Metazerkarien mit Futterpflanzen aufgenommen, im Dünndarm verlassen die jungen Egel ihre Hüllen, durchbohren die Darmwand und gelangen durch die Bauchhöhle zur Leber, in die sie über die Leberkapsel eindringen. Es schließt sich die bis zu acht Wochen dauernde Wanderung der jungen Egel durch das Lebergewebe an (***akute Fasziolose***). Die Bohrgänge sind durch die Leberkapsel als geschlängelte, dunkelbraun-rote Streifen zu erkennen. Die von Zelltrümmern und Blut angefüllten Bohrgänge werden von einem eosinophile Granulozyten enthaltenden Bindegewebe ersetzt, das sich später vollständig zurückbilden kann. Mit dem Eindringen der adulten Egel in die Gallengänge setzt die ***chronische Fasziolose*** ein. Die bis zu einem Jahr dauernde Besiedlung der Gallengänge durch die mit einem rauhen Integument ausgestatteten Egel führt zu einer chronischen Entzündung der Gallengänge mit Hyperplasie der Schleimhaut und hochgradiger Fibrose der Gallengangswand, die bis zur Verkalkung gehen kann (fibrosierende und verkalkende Cholangitis). Die bis zu fingerdicken, derben, weißen Gallengänge scheinen durch die Leberkapsel. Sie sind angefüllt mit Parasiten, braun-schwarzen Konkrementen und Schleim. Die Leberlymphknoten sind geschwollen und braun-schwarz pigmentiert. Die akute Fasziolose verläuft beim Schaf klinisch deutlich ausgeprägter als beim Rind.

Bei ***Dicrocoelium dendriticum*** (kleiner Leberegel) werden die Metazerkarien gemeinsam mit den als zweitem Zwischenwirt dienenden Ameisen aufgenommen. Die im Duodenum freiwerdenden Egel wandern über den Ductus choledochus in die intrahepatischen Gallengänge ein. Die chronische Cholangitis ist vor allem beim **kleinen Wiederkäuer** nur geringgradig ausgebildet. Infektionen mit *F. hepatica* und *D. dendriticum* kommen selten auch bei **Pferd** und **Schwein** (Weidehaltung) vor.

Beim **Rind** und anderen **Wiederkäuern** treten Infektionen mit ***Fasciola gigantica*** in Asien, Afrika und Nordamerika sowie mit ***Fascioloides magna*** in Nordamerika sowie Süd- und Osteuropa auf. Leberegel-Infektionen bei **Feliden** und **Kaniden** können in Europa durch ***Opisthorchis felineus*** und in Asien durch ***Clonorchis sinensis***, ***Metorchis albidus*** und ***Pseudamphistomum truncatum*** erfolgen. Veränderungen finden sich bei allen genannten Parasiten an den Gallengängen.

Für bestimmte ***Schistosoma spp.*** (*Sch. japonicum*, *Sch. mekongi*) stellen **Karnivoren** in Asien epidemiologisch bedeutsame Reservoirwirte dar. Siedlungsort der adulten Stadien ist das Pfortadersystem.

Im Infektionsablauf von **Bandwürmern** kann bei den Zwischenwirten die Leber als Ort der Entwicklung von infektionsfähigen Finnen (Metazerkarien) dienen. Zu unterscheiden sind hepatophile von serosophilen Metazerkarien.

Die **zystische Echinokokkose** wird bei **Schwein**, **Rind**, **Schaf, Pferd** und auch **Mensch** durch die Metazerkarien des dreigliedrigen Bandwurms, ***Echinococcus granulosus***, von Hund und anderen Karnivoren verursacht. Die im Dünndarm freigesetzten Onkosphären gelangen über die Pfortader in die Leber, selten auch in die Lunge oder andere Organe. Dort entwickeln sie sich im Verlauf von Monaten zu Finnen (*Echinococcus hydatidosus*), die makroskopisch als bis zu 10 cm große, runde, dickwandige, weißliche und mit einer wasserähnlichen Flüssigkeit angefüllte Gebilde (Hydatiden) im Lebergewebe zu erkennen sind. Die Hydatide selbst besteht aus einer inneren, dünnen, zellulären Keimschicht, die von einer azellulären Kutikulaschicht umgeben wird; es schließt sich die vom Wirt gebildete bindegewebige Kapsel (Finnenbalg) an. Aus den undifferenzierten Zellen der Keimschicht entwickeln sich Brutkapseln, in denen sich wiederum die infektionstüchtigen Protoskolizes bilden (Abb. 6.12). Nach Zerreißen der Brutkapselwände sammeln sich diese als sog. Hydatidensand in der Hydatidenflüssigkeit an. Die Leber wird vor allem bei einem hochgradigen Befall durch die Druckatrophie des Gewebes geschädigt (Tafel XIV B).

Die **alveoläre Echinokokkose**, die sich normalerweise in der Leber von **Maus** und **Ratte** sowie selten auch beim **Menschen** abspielt, ist auf die Metazerkarien des fünfgliedrigen Fuchsbandwurms, ***Echinococcus multilocularis***, zurückzuführen, der gelegentlich auch im Darm von Katze und Hund vorkommt. In den vergangenen Jahren traten wiederholt Fälle auf, in denen auch **Hund** und **Affe** als Fehlwirt für *E. multilocularis* dienten. Dabei war die Leber vollständig von dünnwandigen Zysten durchsetzt und erinnerte makroskopisch an einen zystischen Tumor. Histologisch war der überwiegende Teil der Metazerkarien abgestorben und hatte zu einer ausgedehnten granulomatösen Entzündung um die zusammengefalteten Reste der Kutikula geführt. Fertile, Protoskolizes enthaltende Finnen waren nur vereinzelt nachzuweisen.

Andere hepatophile Metazerkarien sind bei den Haustieren selten. So wird nur gelegentlich ***Cysticercus cellulosae*** (Finne von *Taenia soleum* beim Menschen) in der Leber des **Schweines** oder ***Cysticercus bovis*** (Finne von *Taenia saginata* beim Menschen) in der Leber des **Rindes** gefunden. Bei **Hund**, **Katze** und **Fuchs** treten vereinzelt ***Tetrathyridien*** als Finnenstadien verschiedener *Mesocestoides spp.* auf. ***Cysticercus** (Strobilocercus) **fasciolaris*** (Finne von *Taenia taeniaeformis* bei Hund und Fuchs) kommt gelegentlich in der Leber von **Maus** und **Ratte** sowie ***Coenurus serialis*** (Finne von *Taenia serialis* bei Fuchs, Hund und Katze) in der Leber von **Hase** und **Kaninchen** vor.

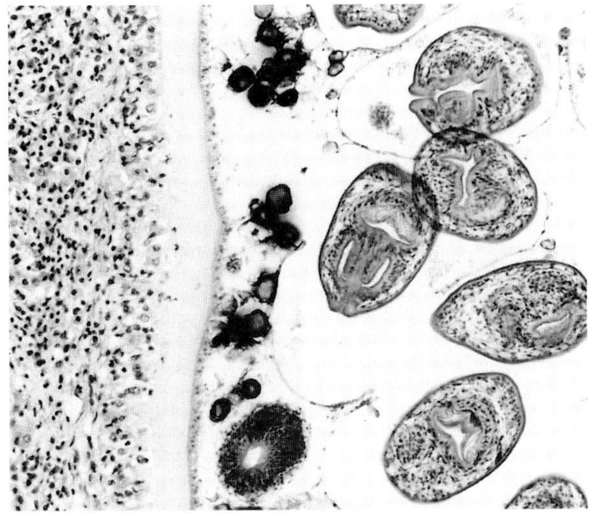

Abb. 6.12 Infektion mit *Echinococcus multilocularis* bei einem Bisam. Deutlich sind die äußere Kutikula und die innere Keimschicht der Echinokokken-Blase sowie die im Lumen liegenden Protoskolizes zu erkennen. HE, 125 x.

Zu den serosophilen Zystizerken gehören ***Cysticercus tenuicollis*** (Finne des Fleischfresser-Bandwurms *Taenia hydatigena*) bei **Schwein** und **Wiederkäuer** sowie ***Cysticercus pisiformis*** (Finne des Hundebandwurms *Taenia pisiformis*) bei **Hase** und **Kaninchen**. Zur Schädigung der Leber kommt es vor allem bei hochgradigem Befall mit *C. tenuicollis* durch die Wanderung der Onkosphären im Lebergewebe (akute Zystizerkose). Die reifen Zystizerken liegen als dünnwandige Blasen unter der Serosa der Leber sowie von Netz und Mesenterium.

Nematoden verursachen in der Phase ihrer Larvenwanderung Leberveränderungen bei Schwein (Spulwürmer) und Pferd (große Strongyliden).

Beim **Schwein** sind es die Larven von ***Ascaris suum***, aber auch von ***Toxocara canis*** und ***T. mystax***, die durch ihre Wanderung mit Blut und später Zelldetritus angefüllte Bohrgänge erzeugen, die jeweils nur einzelne oder wenige Leberläppchen umfassen. Die bindegewebige Reaktion, an der zahlreiche eosinophile Granulozyten beteiligt sind, strahlt in die umliegenden interlobulären Septen aus und bedingt so die typische netzförmige Hepatitis parasitaria multiplex (Milk Spots). Die parasitären Veränderungen müssen von den kompakteren granulomatösen Herden der aviären Tuberkulose (s. S. 221) abgegrenzt werden.

Während die Larven von ***Strongylus vulgaris*** beim **Pferd** nur gelegentlich in die Leber gelangen, suchen die Larven von ***Str. equinus*** nach Auswandern aus dem Dickdarm über die Bauchhöhle und ***Str. edentatus*** über die Pfortader die

Leber regelmäßig auf. Frische Bohrgänge sind als dunkle Straßen zu erkennen, die später bindegewebig organisiert werden und verkalken (Chalicosis) können. Der Befall mit den Larven IV von *S. equinus* kann bei jungen Pferden so hochgradig sein, daß es zu Todesfällen kommt. Die Larven von *S. equinus* verlassen die Leber über die Leberkapsel und führen so zu einer fibrinösen Perihepatitis, die zu Verklebungen der Leber mit Nachbarorganen und zu villösen Proliferationen auf der Leber führen.

Beim **Hund**, aber auch bei **Pferd**, **Kaninchen** und anderen Tierarten, treten gelegentlich Infektionen mit ***Capillaria hepatica***, einem Leberparasiten der **kleinen Nagetiere**, auf. Makroskopisch sind weißliche Bohrgänge zu erkennen, die sich histologisch als adulte Parasiten, Eigelege und eine granulomatöse Entzündung erweisen.

7 Bauchspeicheldrüse, exokriner Anteil

W. HERMANNS

Das Pankreas ist neben der Leber die zweite große Anhangsdrüse des Darmes. Es untergliedert sich in den exokrinen Anteil, der den Bauchspeichel produziert, und den endokrinen Anteil, die LANGERHANSschen Inseln (s. S. 479).

Das Pankreas entwickelt sich aus einer unpaaren dorsalen und der paarigen ventralen Anlage, die alle aus dem Entoderm des hepatopankreatischen Ringes des zukünftigen Duodenums hervorgehen. Die dorsale Anlage liefert den größeren Teil des Pankreas, aus ihrem Hauptsproß bildet sich der *Ductus pancreaticus minor s. accessorius* (SANTORINI). Die ventrale Anlage trägt zum kleineren Teil zum Pankreas bei, ihr Ausführungsgang ist der *Ductus pancreaticus major* (WIRSUNGI). Während der Ductus pancreaticus major gemeinsam mit dem Ductus choledochus auf der *Papilla duodeni* (VATERI) mündet, verläuft der Ductus pancreaticus minor getrennt vom Gallenausführungsgang und mündet auf der *Papilla duodeni accessoria*. Durch die Magendrehung wird die ventrale Anlage nach dorsal verlagert und verschmilzt mit der dorsalen Anlage. Die endgültige Ausbildung der Ausführungsgänge weist je nach Erhalt oder Rückbildung der Anlagen tierartliche Unterschiede auf. Bei Rind und Schwein ist der Ductus pancreaticus minor der einzige Ausführungsgang, ebenso beim kleinen Wiederkäuer der Ductus pancreaticus major. Beide Gänge sind beim Pferd erhalten. Bei den meisten Hunden sind ebenfalls beide Ausführungsgänge ausgebildet, dabei ist allerdings der Ductus pancreaticus minor der stärkere Gang; bei Hunden mit nur einem Gang ist dieser ausgebildet. Die Mehrzahl der Katzen besitzt nur den Ductus pancreaticus major, wenn beide Gänge ausgebildet sind (20% der Tiere) ist dieser der stärkere.

Das Pankreas liegt bei allen Haussäugetierarten in enger Nachbarschaft zum Duodenum, eingefügt zwischen die Serosablätter des großen Netzes bzw. des Mesoduodenums; die Lappung weist tierartspezifische Unterschiede auf. Seine Farbe ist blaßrosa, die Konsistenz elastisch. Das Drüsengewebe ist aus Läppchen aufgebaut, die von einem zarten Interstitium getrennt werden und insgesamt von einer dünnen bindegewebigen Kapsel umgeben sind. Die Gefäßversorgung erfolgt über die A. mesenterica cranialis und die A. coeliaca. Das venöse, mit Hormonen angereicherte Blut der LANGERHANSschen Inseln findet Anschluß an die Kapillaren des exokrinen Pankreas (insulo-azinäre Achse) und gelangt von dort über die Pfortader in die Leber. Die drainierenden Lymphknoten sind v.a. die Lnn. pancreaticoduodenales und die Lnn. hepatici. Das Pankreas wird von Ästen des N. vagus und des N. sympathicus innerviert.

Die Läppchen dieser serösen Drüse sind – abgesehen vom Gewebe der Inseln – aus Azinuszellen (rd. 90% des Volumens) und den intralobulären Ausführungsgängen (rd. 10 %) aufgebaut. Das Gangsystem ist komplex verzweigt und bildet teilweise Anastomosen. Die Azinuszellen sind entweder in das Gangsystem eingeschaltet und somit tubulär angeordnet, oder sie umgeben azinär blind endende Ganganteile (tubulo-azinäre Drüse). Teile des Gangsystems sind deshalb auch als zentroazinäre Zellen im Bereich der Azinuszellen nachzuweisen.

Die Azinuszellen bilden die verschiedenen Verdauungsenzyme. Das basal angeordnete Ergastoplasma ist basophil; die in der Form von Zymogengranula im apikalen Teil der Zelle gespeicherten Enzyme verhalten sich dagegen azidophil. Das Verhältnis der beiden Zellanteile ist vom jeweiligen Sekretionsstadium der Drüse abhängig. Das intralobuläre Gangsystem (Schaltstücke oder Ductuli und intralobuläre Ausführungsgänge) ist normalerweise lichtmikroskopisch nur schwer zu erkennen, seine Zellen sind flach und färben sich kaum an. Die interlobulären Ausführungsgänge und der Hauptgang dagegen sind von einem kubischen bis hochprismatischen Epithel ausgekleidet, in das einzelne Hormon-produzierende Zellen eingeschaltet sind und das bei verschiedenen Tierarten auch Becherzellen enthält. Eine Besonderheit bei der Katze ist das Vorkommen von VATER-PACINIschen Lamellenkörperchen im Interstitium.

Das Pankreassekret ist eiweißreich und reagiert alkalisch. Die Pankreasenzyme dienen der Verdauung der Hauptnährstoffe Eiweiß, Kohlenhydrate und Fette. Die proteolytischen Enzyme (Exo- / Endopeptidasen) liegen in der Pankreaszelle als inaktive Proenzyme vor (Trypsinogen, Chymotrypsinogen, Proelastase, Procarboxypeptidase B) ebenso wie die Prophospholipase A2. Als aktive Enzyme werden dagegen Lipase, Amylase, Ribonuklease und Desoxyribonuklease abgegeben. Die Aktivierung der Peptidasen wird im Duodenum mit der Umwandlung von Trypsinogen in Trypsin durch die von der Darmschleimhaut gebildete Enterokinase gestartet. Trypsin seinerseits aktiviert weiteres Trypsinogen und die übrigen proteolytischen Enzyme. Wasser, Elektrolyte, und hier besonders Bikarbonat, sowie Muzin werden von den Zellen der Ausführungsgänge produziert. Stimulantia der Pankreassekretion sind unter anderen das Cholezystokinin (v.a. Proteinsekretion) und das Sekretin (Wasser, Bikarbonat), die beide von den Enterozyten des Dünndarms auf entsprechenden Reiz hin in das Blut abgegeben werden. Außerdem nimmt das vegetative Nervensystem Einfluß auf die Sekretion.

Das Pankreas muß naturgemäß über effiziente **Schutzmechanismen** gegenüber einer Selbstverdauung verfügen. Dazu tragen bei a) die Synthese und Speicherung von inaktiven Proenzymen der Proteasen, b) die getrennte Lagerung der sekretorischen Proteine in den Zymogengranula von den Lysosomen in der Azinuszelle, c) die Aktivierung der proteolytischen Enzyme an einem räumlich von der Speicherung entfernten Ort (Darm), d) eine die Gangepithelien bedeckende Schleimschicht, e) das Vorhandensein von Enzyminhibitoren im Pankreassekret selbst (Pankreas-Trypsin-Inhibitor) sowie im Blutplasma (α_2-Makro-

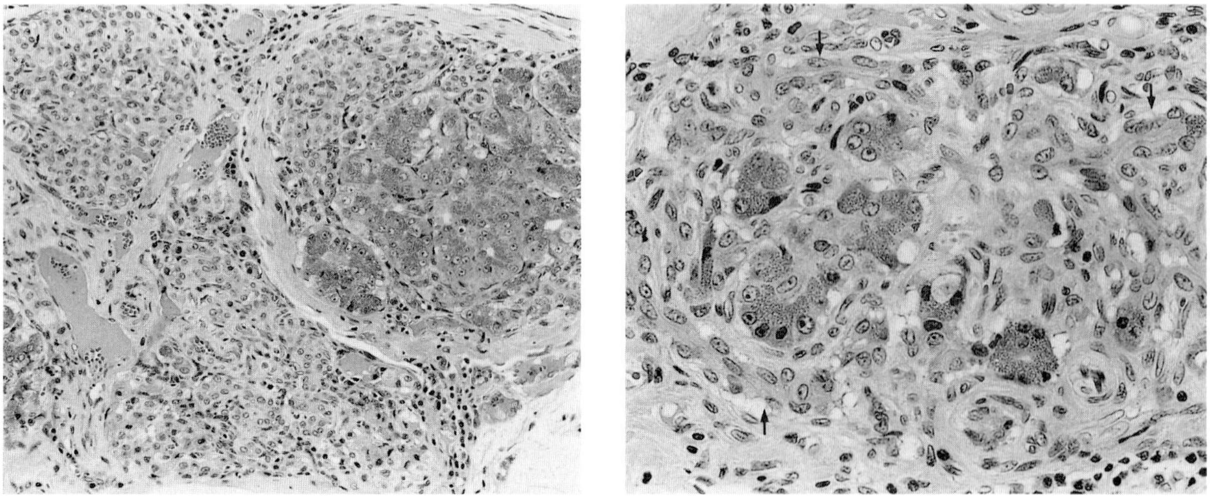

Abb. 7.1 *Tubuläre Komplexe* – linkes Bild: in mehreren Läppchen ist es zum Schwund der Azinuszellen gekommen, in dem Läppchen am rechten Bildrand ist noch ein Teil des ursprünglichen azinären Gewebes vorhanden, das Läppchen ist von einer bindegewebigen Kapsel umgeben; rechtes Bild: neben einzelnen Azini und kleinen Gefäßen sind mehrere schlanke Gangstrukturen zu erkennen (Pfeile). Beide Bilder HE; links 140 x, rechts 280 x.

globulin, α_1-Antitrypsin), f) und schließlich ist vitales, nicht vorgeschädigtes Pankreasgewebe durch Proteasen nicht angreifbar.

Ein **Regenerationsvermögen** nach Zellverlust ist gleichermaßen für exo- wie endokrines Pankreas gegeben. Der Zellersatz erfolgt vor allem durch den Wiedereintritt der ausdifferenzierten Zellen (Azinus-, Gangepithel- und Inselzellen) in die Zellteilung. Experimentell wurde die Neubildung von Pankreasgewebe aus Zellen der großen Ausführungsgänge gezeigt, ein Vorgang vergleichbar der Embryonalentwicklung aus Stammzellen; allerdings ist nach einer Resektion von Pankreasgewebe nicht mit der Ausbildung einer nennenswerten Menge funktionstüchtigen Gewebes zu rechnen.

Eine wichtige Reaktionsform des Pankreas als Folge unterschiedlicher Störungen (Pankreasatrophie, chronische Pankreatitis) ist die Ausbildung sog. **tubulärer Komplexe** (teilweise auch als Gangproliferate, Ganghyperplasie, duktuläre Hyperplasie bezeichnet). Es kommt, meistens Läppchen-bezogen, durch Verlust der Zymogengranula und des Ergastoplasmas und einer damit einhergehenden Abnahme der Zellhöhe zur Umwandlung von Azinuszellen in Zellen, die dem Gangepithel ähnlich sind (Abb. 7.1). Diese gangähnlichen Zellen sind, neben normalen intralobulären Gängen, Inselzellen und fallweise auch Fibrose und Entzündungszellen, die wesentliche zelluläre Komponente der veränderten Läppchen. Sie können ferner proliferieren, neue Gänge ausbilden und sich schließlich wieder zu Azinuszellen differenzieren. Das geschilderte Phänomen trägt maßgeblich zu der erheblichen Plastizität des exokrinen Pankreas bei.

7.1 Postmortale Veränderungen

Autodigestive und autolytische Vorgänge führen sehr schnell nach Eintritt des Todes zu einer schmutzigroten Verfärbung des Organs, die besonders früh im darmnahen Korpusbereich einsetzt. Bei einer höhergradigen Stauungshyperämie kommt es zur schwarz-roten, hämolytischen Imbibition des Gewebes und schließlich zur fortschreitenden Strukturauflösung des Organs.

7.2 Mißbildungen

Mißbildungen des Pankreas sind insgesamt selten und bleiben zumeist ohne klinisch erkennbare Folgen. Beschrieben sind ***Hypoplasien*** beim **Kalb**. ***Akzessorisches Pankreasgewebe*** kommt gelegentlich in der Wand von Duodenum, Jejunum oder Gallenblase bei **Hund** und **Katze** vor; ***ektopisches Milzgewebe*** im Pankreas hingegen ist wiederholt bei **Schwein** und **Katze** beobachtet worden. Gestaltveränderungen des Pankreas ergeben sich aus Störungen in der Umlagerung von ventraler und dorsaler Pankreasanlage. Eine Zweiteilung des Pankreas, ***Pancreas divisum***, ist beim Hund beschrieben, ein ringförmig das Duodenum umfassendes Pankreas, ***Pancreas anulare***, tritt gelegentlich bei **Schwein** und **Katze** auf. Multiple, von den Ausführungsgängen ausgehende ***Zysten*** sind bei **Schaf** und **Katze** im Rahmen der *Polyzystischen Nierenerkrankung*

(s. S. 247) beobachtet worden. Bei der **Katze** kommt es gelegentlich zur Ausbildung einer umfangreichen zystischen, teils gekammerten Dilatation des Hauptausführungsgangs, zur sog. ***Pankreasblase***, die in unmittelbarer Nachbarschaft zur Gallenblase liegt.

Die ***Pankreashypoplasie*** des **Hundes** ist nicht sicher von der idiopathischen Pankreasatrophie (s. unten) abzugrenzen. Möglicherweise handelt es sich bei der bei Hunden unterschiedlicher Rassen im Alter von 3 bis 5 Monaten manifest gewordenen exokrinen Pankreasinsuffizienz (s. S. 241) um die Folge einer Hypoplasie. Das hochgradig verkleinerte Pankreas der Tiere bestand aus vereinzelten, normal aufgebauten Läppchen, die in Fettgewebe eingelagert waren. Häufig scheinen bei diesem Krankheitsbild gleichzeitig Störungen in der Entwicklung des endokrinen Pankreas vorzuliegen.

7.3 Kreislaufstörungen

Diapedesisblutungen treten besonders beim **Hund** und häufig in Verbindung mit Gerinnungsstörungen im Verlauf von Infektionskrankheiten oder Intoxikationen auf. Sie können von petechialen Blutungen bis zu dunkelroten, hämatomartigen Einblutungen reichen.

7.4 Veränderungen am Gangsystem

Pankreassteine (*Sialolithi pancreatici*) treten ausschließlich beim **Rind** auf (Abb. 7.2). Das Pankreas ist äußerlich unverändert, die Steine lassen sich allerdings leicht bei der Palpation feststellen. Sie liegen, häufig zahlreich bis massenhaft, in den großen Ausführungsgängen, sind weiß, hart, glatt oder rauh sowie rund oder facettiert, im Durchmesser bis zu 1,5 cm groß und im Anschliff geschichtet. Sie bestehen überwiegend aus Kalziumkarbonat. Die Ausführungsgänge sind dilatiert, ihre Schleimhaut kann unverändert, ulzeriert oder auch papillär proliferiert sein. Die Wand der Gänge ist fibrosiert und chronisch entzündet. Außer der Druckatrophie in der Nachbarschaft der Gänge treten im Pankreasparenchym keine Veränderungen auf.

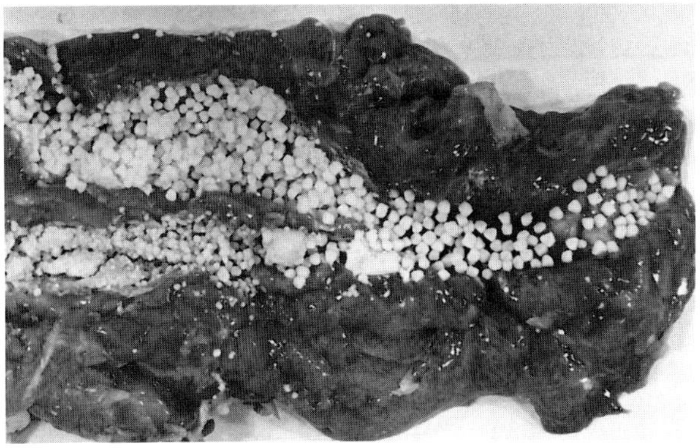

Abb. 7.2 *Pankreassteine* in den großen Ausführungsgängen des Pankreas eines Rindes.

Zu primären Gangveränderungen kommt es bei der **Zink-Vergiftung**. Zinksalze werden u.a. in Neuseeland zur Vorbeugung gegen die Sporidesmin-Mykotoxikose (s. S. 215) eingesetzt. An nekrotische und entzündliche Prozesse in den Ausführungsgängen schließen sich, vermutlich aufgrund des Sekretstaus, sekundär Alterationen an den Azini (Dedifferenzierung, Entzündung, Fibrose) an.

Die bei der **Katze** beschriebene ***akute aszendierende Pankreatitis*** (s. S. 240) zeigt typischerweise eine eitrige Entzündung der Ausführungsgänge, die sekundär auf das Pankreasparenchym übergreift. ***Tumoren der großen Ausführungsgänge*** (s. S. 242) treten bei den Haustieren nur sehr selten in Erscheinung.

7.5 Stoffwechselstörungen

Eine vermehrte Einlagerung von Fettzellen in das Interstitium, eine ***Lipomatose***, tritt im Rahmen einer allgemeinen Adipositas v.a. bei **Katzen** auf und führt nicht zur Beeinträchtigung der Organfunktion. Fettgewebe kann aber auch bei der Pankreas-Hypoplasie bzw. nach Gewebezerstörung Platzhalterfunktion einnehmen.

Zur Ablagerung von ***Amyloid*** kann es, außer bei der Diabetes mellitus-assoziierten Amyloidose der LANGERHANSschen Inseln der **Katze** (s. S. 481), auch im Rahmen einer generalisierten Amyloidose vom AA-Typ im Interstitium und in den Gefäßwänden kommen.

7.6 Pankreasatrophien

Eine ***Atrophie des exokrinen Pankreas***, also der primär nichtentzündliche Schwund von Drüsengewebe, stellt sich entweder als Folge einer Reihe von bekannten Ursachen ein, *sekundäre Pankreasatrophie*, oder es handelt sich um die bislang in ihrer Ursache und Pathogenese ungeklärte *idiopathische Pankreasatrophie des Hundes*.

7.6.1 Idiopathische Pankreasatrophie des Hundes

Diese Form der Pankreasatrophie betrifft in rund 80% der Fälle den *Deutschen Schäferhund*; ferner wird über ein gehäuftes Auftreten beim *Collie* berichtet, aber auch über

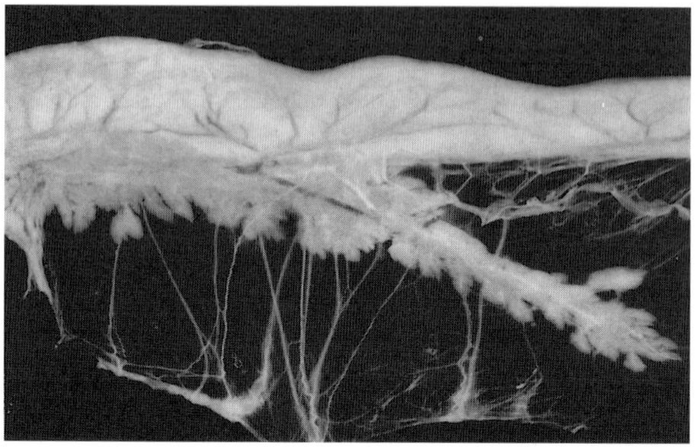

Abb. 7.3 *Idiopathische Pankreasatrophie* bei einem Deutschen Schäferhund.

Abb. 7.4 *Idiopathische Pankreasatrophie* im histologischen Bild – oben links: neben vereinzelten Arealen mit erhaltenen Drüsenazini liegt überwiegend atrophisches exokrines Pankreasgewebe vor (HE, 35 x); oben rechts: das atrophierte Gewebe besteht aus herdförmigen Zellansammlungen und tubulär angeordneten Zellen (HE, 70 x); unten links: Ausschnittvergrößerung aus dem atrophierten Pankreas (HE, 140 x); unten Mitte: immunhistochemische Darstellung von Insulin in Ansammlungen von B-Zellen (140 x); unten rechts: immunhistochemische Darstellung von Zytokeratin in den Zellen der intralobulären Ausführungsgänge (140 x).

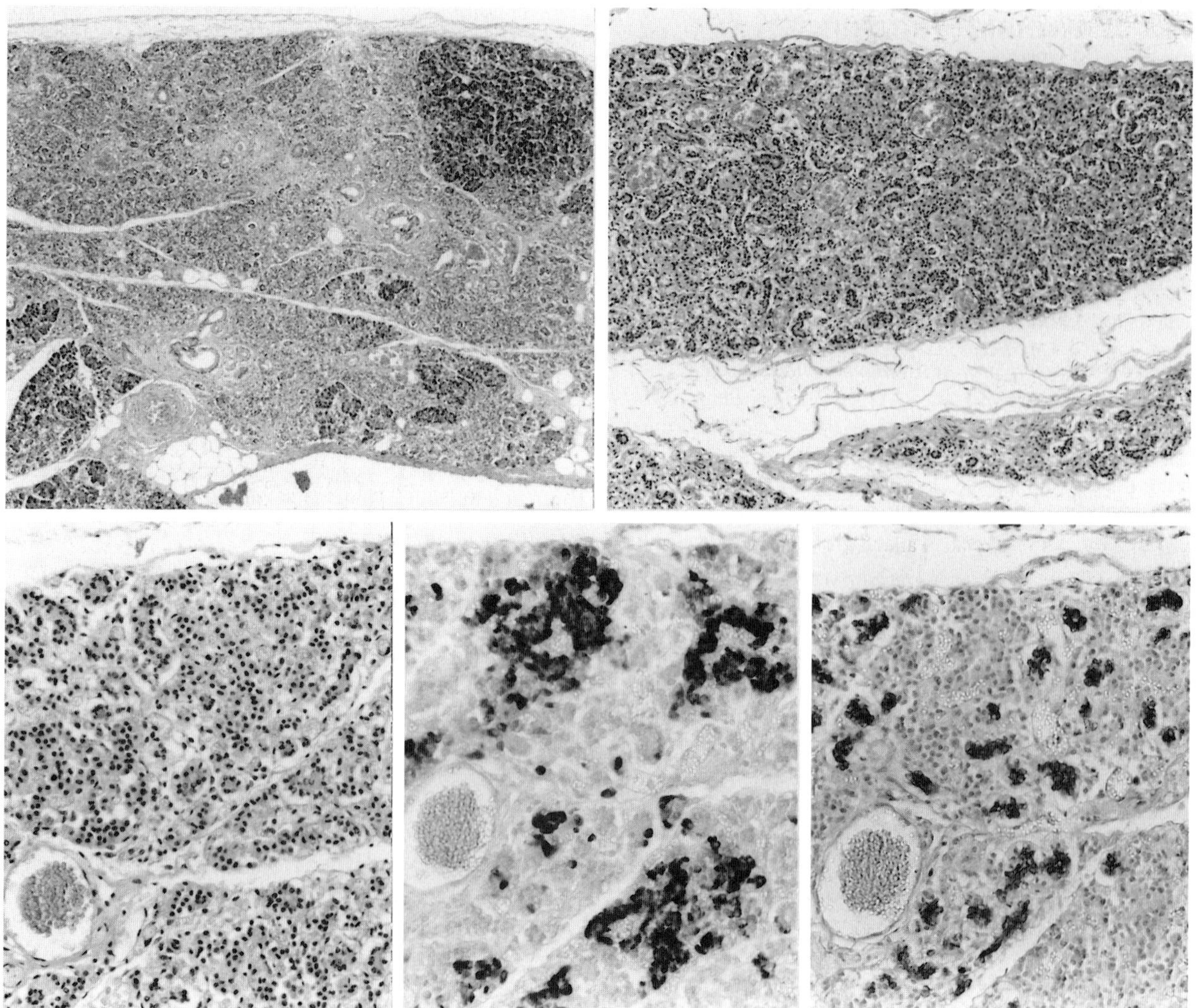

Abb. 7.5 Hochgradige Dilatation und Füllung des Dünndarms bei *exokriner Pankreasinsuffizienz* infolge einer *idiopathischen Pankreasatrophie*; das atrophische Pankreas ist am unteren Bildrand zu erkennen.

ein spontanes Vorkommen unter anderem bei den Rassen *Boxer, Dackel, Dalmatiner, Setter* und *Dobermann Pinscher* sowie bei Mischlingshunden. Das zum Zeitpunkt der Geburt normal ausgebildete exokrine Pankreas unterliegt einem fortschreitenden Parenchymschwund, der im Alter von 0,5 bis 5 Jahren zu einer hochgradigen exokrinen Pankreasinsuffizienz (s. S. 241) führt. Die Ursache des Leidens ist bislang unbekannt; beim Deutschen Schäferhund wird sie sehr wahrscheinlich autosomal-rezessiv vererbt. Klinisch fallen die betroffenen Tiere durch Abmagerung trotz Polyphagie auf; sie setzen außerdem häufiger locker strukturierte, helle, übelriechende Massenfäzes ab. Makroskopisch ist das Pankreas im Endstadium der Erkrankung bei annähernd erhaltener Länge und Breite hochgradig in seiner Höhe reduziert, so daß nur noch vereinzelte zarte Läppchen durch die Serosablätter durchscheinen (Abb. 7.3). Die am gesunden Organ kaum sichtbaren Blutgefäße und Ausführungsgänge sind dagegen deutlich zu erkennen. Histologisch besteht das Restgewebe aus unveränderten Ausführungsgängen unterschiedlicher Kaliber, Blutgefäßen, Ganglienzellen und tubulären Komplexen (s.o.), deren flache Zellen einen dunklen Zellkern und ein helles Zytoplasma besitzen, sowie aus herdförmigen Ansammlungen von Zellen mit einem schwach eosinophilen Zytoplasma (Abb. 7.4). Typische LANGERHANSsche Inseln sind in der Übersichtsfärbung meist nicht eindeutig auszumachen. Die immunhistochemische Darstellung von Insulin zeigt allerdings, daß ein großer Teil der Zellen mit eosinophilem Zytoplasma endokrine Pankreaszellen sind. Lymphozyten und Plasmazellen sind in wechselnder Menge nachzuweisen, eine Fibrose liegt dagegen nicht vor. Vereinzelte Reste von Drüsenläppchen mit normalen Azinuszellen lassen sich auch bei einer hochgradigen Atrophie immer noch nachweisen. Die Folge der exokrinen Pankreasinsuffizienz ist ein schlaffer, hochgradig mit schlecht verdauten Ingesta gefüllter Darm (Abb. 7.5). Trotz der Beeinträchtigung des endokrinen Pankreas liegt bei der Pankreasatrophie nur selten gleichzeitig ein manifester Diabetes mellitus vor.

7.6.2 Sekundäre Pankreasatrophien

Die Entstehung sekundärer Atrophien des exokrinen Pankreas wird begünstigt durch die hohe Protein-Syntheserate des Pankreas, die außerdem von der Stimulation durch Hormone der Darmschleimhaut abhängig ist. So führt ein höhergradiger chronischer Eiweißmangel zur ***marantischen Atrophie*** und die unzureichende Produktion von enteralen Hormonen (Cholezystokinin, Sekretin) aufgrund einer chronischen Enteropathie bedingt eine ***Inaktivitäts-Atrophie***.

Die ***Verlegung von Ausführungsgängen*** des Pankreas führt für sich allein nicht zu einer Pankreatitis, sondern in der akuten Phase zur Dilatation der Azini und zum interstitiellen Ödem gefolgt von einer Atrophie mit geringgradiger Fibrose und lymphoplasmazellulärer Entzündung. Von diesen Formen der Atrophie muß der Parenchymschwund im Rahmen einer chronischen Pankreatitis (s.u.) abgegrenzt werden.

7.7 Entzündungen

Entzündungen des exokrinen Pankreas werden nahezu ausschließlich bei **Hund** und **Katze** beobachtet und werden in akute und chronische Verlaufsformen unterteilt. Die akute Pankreatitis kann als *infektiöse* oder als *nichtinfektiöse akute Pankreatitis* verlaufen.

Eine ***infektiöse Pankreatitis*** tritt entweder als sog. *Begleit-Pankreatitis* im Rahmen von Allgemeininfektionen (v.a. virale und parasitäre) auf oder es handelt sich um eine *akute eitrige Pankreatitis*, die hämatogen, lokal fortgeleitet oder über die Ausführungsgänge aufsteigend aus dem Darmtrakt entstehen kann. Die ***nichtinfektiöse Pankreatitis,*** deren Ursache in den allermeisten Fällen unerkannt bleibt, verläuft entweder als klinisch wenig auffällige *akute interstitielle Pankreatitis* (Speichelödem) oder es kommt zur *akuten nekrotisierenden Pankreatitis* (akute Pankreasnekrose). Eine chronische Pankreatitis entwickelt sich entweder auf der Basis lokal begrenzter Rezidive einer akuten nekrotisierenden Pankreatitis, als *chronisch-rezidivierende Pankreatitis*; daneben gibt es sehr wahrscheinlich auch eine *chronisch-fibrosierende Pankreatitis* mit schleichendem Verlauf. Während die akute Pankreatitis, vor allem die akute Pankreasnekrose, zu schweren und häufig tödlichen Krankheitsverläufen führt, kann es bei der chronischen Pankreatitis zur Pankreasinsuffizienz (s.u.) und zur Ausbildung eines Diabetes mellitus (s. S. 480) kommen. Folgen einer akuten nekrotisierenden Pankreatitis können sog. *Pseudozysten* oder *Pankreasabszesse* sein.

7.7.1 Akute nekrotisierende Pankreatitis (akute Pankreasnekrose)

Die akute Pankreasnekrose, die bei den Haustieren nur beim **Hund** und seltener bei der **Katze** beobachtet wird, ist in ihrer Pathogenese bislang nicht vollständig geklärt. Es existiert keine einheitliche und vor allem nicht nur eine einzige auslösende Ursache, sondern es sind zahlreiche Risikofaktoren aufgrund klinisch-epidemiologischer Untersuchungen einerseits und tierexperimenteller Befunde andererseits bekannt.

Prinzipielle Voraussetzungen für die Entstehung einer akuten Pankreasnekrose sind: der Austritt von enzymhaltigem Bauchspeichel in das Interstitium des Pankreas, die Aktivierung inaktiver Proenzyme sowie schließlich eine Beeinträchtigung der Azinuszellen, so daß diese überhaupt verdaubar werden.

Bekannte *kausale Faktoren* beim **Menschen** sind Gallensteinleiden, die zur Einklemmung eines Steines in der Papille geführt haben, schwerer Alkoholismus, bestimmte Arzneimittel, Kreislaufstörungen mit Minderdurchblutung des Pankreas, Trauma, Hyperlipidämie und Hyperkalzämie.

Begünstigende Faktoren beim **Hund** sind, ähnlich wie beim Menschen, vor allem die Adipositas und fettreiche Mahlzeiten. Vielfach werden auch Arzneimittel wie Azathioprin, L-Asparaginase, die Gabe von Kalzium und vor allem Kortikosteroide verantwortlich gemacht. Betroffen sind Tiere mittleren und höheren Alters bei Bevorzugung des weiblichen Geschlechts. Bei der **Katze** sind eher normal- bis untergewichtige Tiere betroffen; bekannt als Auslöser sind Traumen (Fenstersturz, Verkehrsunfälle) aber auch chirurgische Eingriffe an der Bauchhöhle. Häufig liegen bei der Katze gleichzeitig Veränderungen an Leber oder Gallengangsystem vor, der kausale Bezug ist allerdings nicht völlig geklärt.

Eine *allgemeine Pathogenese* der akuten Pankreasnekrose könnte wie folgt aussehen: a) initialer Austritt von Bauchspeichel in das Interstitium (Speichelödem, akute interstitielle Pankreatitis) aufgrund von Hypoxie, Einwirkung von Toxinen, Sekretstau; nicht gegeben sind dadurch die Enzymaktivierung und die Verdaubarkeit des Pankreasgewebes; b) die Lipase liegt in aktivierter Form vor, sie kann allerdings Stoffwechsel-inaktive Fettzellen im Pankreasinterstitium und im peripankreatischen Fettgewebe nicht angreifen; erst eine gesteigerte lipolytische Aktivität macht die Fettzellen vulnerabel gegenüber der Lipase; c) eine gesteigerte Lipolyse findet sich bei erhöhten Blutspiegeln von Katecholaminen (z.B. im Schock), Kortisol oder auch im Rahmen einer höhergradigen Adipositas; d) die Spaltung der Neutralfette führt zur Bildung von freien Fettsäuren und damit zur akuten Fettgewebsnekrose; e) die freien Fettsäuren haben einerseits eine direkte toxische Wirkung und können zusammen mit der Lipase zur Nekrose benachbarter Pankreaszellen führen, ihre Verseifung bedingt andererseits den Einstrom von neutrophilen Granulozyten (akute eitrige Steatitis); f) lysosomale Enzyme aus den Neutrophilen (Kathepsin B) aktivieren Trypsinogen, das Trypsin seinerseits die übrigen Proenzyme; g) die Elastase bedingt Gefäßwandschäden mit Thrombenbildung und Hämorrhagien, die Phospholipase A2 setzt aus Lezithin Lysolezithin frei, das seinerseits zu Zellnekrosen in Pankreas und Fettgewebe führt, die Proteasen schließlich, die nicht mehr ausreichend durch Antiproteasen gehemmt werden, sind für die Autodigestion des Pankreas (Kolliquationsnekrose) verantwortlich.

Neben dieser „interstitiellen" Entstehung der Pankreasnekrose wurde auch ein „intrazellulärer" Aktivierungsweg diskutiert, bei dem es aus unbekannten Gründen zu einer Fusion von Lysosomen und Zymogengranula in der Azinuszelle kommt, die dann bereits intrazellulär zur Aktivierung der Proenzyme führt.

Die *Folgen* der geschilderten Pathogenese für das Pankreas hängen u.a. von der Ausdehnung der Fettgewebsnekrose und der Art der durch sie induzierten Entzündung im peripankreatischen Fettgewebe ab (Abb. 7.6). Die Entzündung kann auf das peripankreatische Fettgewebe begrenzt bleiben, es stellt sich eine granulomatöse Steatitis ohne oder mit geringgradiger Pankreatitis ein. Herdförmige Fettgewebsnekrosen können zu einer lokal begrenzten nekrotisierenden Pankreatitis oder auch zur akut-rezidivierenden Pankreatitis führen. Erst die umfangreiche Fettgewebsnekrose ist Anlaß für eine ausgedehnte und dann häufig auch tödlich verlaufende akute Pankreasnekrose. Entsprechend der geschilderten Pathogenese tritt die Entzündung im Pankreas immer in der Läppchenperipherie auf, nicht aber im Bereich der größeren Ausführungsgänge, wie bei der aszendierenden Pankreatitis (s.u.). Anzumerken bleibt, daß im peripankreatischen Fettgewebe häufig

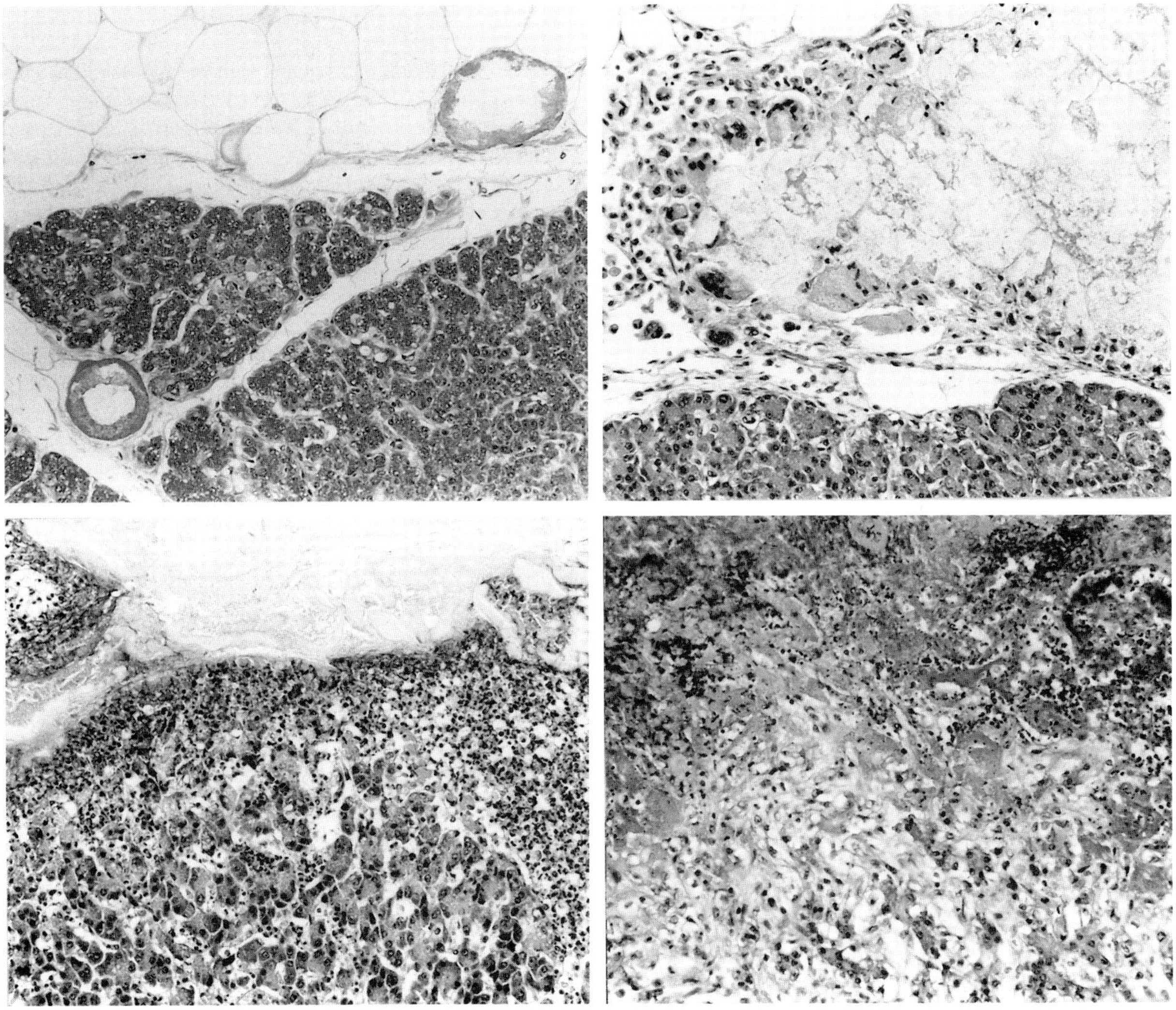

Abb. 7.6 *Peripankreatisches Fettgewebe* und *akute Pankreasnekrose* – oben links: einzelne Fettzellen im peripankreatischen Fettgewebe sind nekrotisch geworden, eine Entzündung ist nicht vorhanden; oben rechts: chronische, granulomatöse Steatitis im peripankreatischen Fettgewebe, das Pankreas selbst ist unverändert; unten links: akute Fettgewebsnekrose mit eitriger Steatitis, die Entzündung hat herdförmig auf das Pankreas übergegriffen; unten rechts: akute Pankreasnekrose mit massenhaft neutrophilen Granulozyten im Fettgewebe und Kolliquationsnekrose des Pankreasgewebes. Alle Bilder HE, 140 x.

Nekrosen von Fettzellen ohne jede entzündliche Reaktion histologisch nachzuweisen sind. Damit scheint auch eine primär im Fettgewebe beginnende und erst sekundär auf das Pankreas übergreifende Entzündung nicht ausgeschlossen.

Über die Aktivierung der Pankreasenzyme hinaus werden bei einer akuten Pankreasnekrose auch zahlreiche Entzündungsmediatorsysteme aktiviert, wie das Gerinnungssystem, das Komplementsystem und das Kallikrein-Kinin-System; eine zentrale Rolle spielt dabei der aktivierte HAGEMAN-Faktor. Im Pankreas gebildete Enzyme und Mediatoren können in die Blutzirkulation gelangen und zu Veränderungen an Gehirn, Lunge (Surfactant) und Unterhautfettgewebe führen (Lipase, Phospholipase A2).

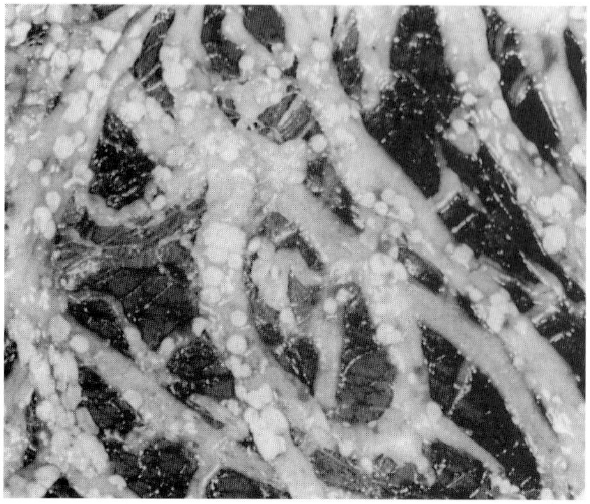

Abb. 7.7 Multiple *Fettgewebsnekrosen* im mesenterialen Fettgewebe.

Ferner kann es zu Kreislaufstörungen (Myokarddegeneration, Schock), disseminierter intravasaler Gerinnung oder zu degenerativen Veränderungen an Leber und Niere kommen, Veränderungen, die zum tödlichen Ausgang der Erkrankung beitragen.

Pathologisch-anatomisch sind bei der akuten Pankreasnekrose eine sulzige Verbreiterung der Interstitien, graurötliche hämorrhagische Bezirke und herdförmige weißliche Parenchymnekrosen zu erkennen, und zwar betont im Pankreaskörper (Tafel XI G). Im peripankreatischen Fettgewebe liegen ebenfalls weiße, teils bröckelige Nekroseherde vor, die sich auch auf Netz und Mesenterium sowie den weiteren Bauchraum erstrecken können (Abb. 7.7). Es kommt ferner zu peritonitischen Verklebungen zwischen Pankreas und Netz bzw. Mesenterium sowie zu einem trüb-rötlichen Bauchhöhlenerguß. Histologisch dominieren das Speichelödem (= Bauchspeichel + Ödemflüssigkeit), das sich als eiweißreiches, neutrophile Granulozyten enthaltendes Exsudat in den verbreiterten Interstitien darstellt und die Fettgewebsnekrosen mit der akuten eitrigen Steatitis. Die Entzündung greift auf das Pankreasgewebe über und führt zum Untergang von Azinus- und Ganggewebe. Vielfach liegen gleichzeitig Gefäßthrombosen und Hämorrhagien vor.

Eine lokale Komplikation der akuten nekrotisierenden Pankreatitis ist die Ausbildung größerer Hohlräume, sog. ***Pankreaspseudozysten***, die mit enzymhaltigen Detritusmassen gefüllt sind, aber nicht von einem begrenzenden Epithel umgeben werden. Außerdem kann es bei bakterieller Besiedlung der nekrotischen Gewebemassen zur Bildung von ***Pankreasabszessen*** kommen.

7.7.2 Begleit-Pankreatitis

Eine Begleit-Pankreatitis kann sich bei bakteriellen, viralen (Einzelberichte über *Parvovirus-Infektion* bzw. *Herpesvirus-Infektion* bei **Katzenwelpen**) oder bei parasitären (*Toxoplasma gondii* bei der **Katze**) Allgemein-Infektionen einstellen. Das morphologische Bild entspricht dabei weitgehend dem jeweils krankheitstypischen, wie es auch in anderen Organen auftritt. Vergleichsweise häufig ist das Pankreas der **Katze** bei der *Felinen infektiösen Peritonitis* beteiligt. Dabei sind interstitielle und subseröse plasmazelluläre Infiltrate zu finden, gelegentlich auch die typischen Nekroseherde sowie eine fibrinöse Peripankreatitis; der Übergang in eine akute Pankreasnekrose wurde allerdings bislang nicht beobachtet.

7.7.3 Akute eitrige Pankreatitis

Die eitrige Pankreatitis kann sich im Rahmen von septikämischen Prozessen entwickeln oder aus einer Fremdkörper-bedingten eitrigen Peritonitis entstehen. Bei der **Katze** ist außerdem eine aszendierende, betont die Ausführungsgänge betreffende Pankreatitis beschrieben worden. Das histologische Bild reicht von der herdförmigen Ansammlung von neutrophilen Granulozyten bis hin zur eitrig-einschmelzenden Entzündung.

7.7.4 Chronisch-rezidivierende Pankreatitis

Die chronisch-rezidivierende Pankreatitis, die bei der **Katze** als wahrscheinlich häufigste Form der Pankreasentzündung und auch beim **Hund** vorkommt, entwickelt sich aus wiederholten Schüben einer lokal begrenzten, akutnekrotisierenden Pankreatitis. Dies führt dazu, daß – neben Herden mit akuter eitriger Steatitis und Pankreasnekrose – größere Teile des Pankreas durch ein faserreiches Bindegewebe ersetzt werden, in welchem sich von Fall zu Fall wechselnde Mengen von Lymphozyten und Plasmazellen befinden. Reste des exokrinen Pankreas liegen als unterschiedlich große Inseln zwischen dem Bindegewebe (Abb. 7.8). Diese Form der Pankreatitis kann letztlich zur exokrinen Pankreasinsuffizienz führen, ein Diabetes mellitus (s. S. 480) ist in vielen Fällen nachzuweisen.

7.7.5 Chronisch-fibrosierende Pankreatitis

Kennzeichen der chronisch-fibrosierenden Pankreatitis ist, daß Herde einer akuten Pankreasentzündung nicht nachweisbar sind. Es kommt zu einer inter- und intralobulären Vermehrung von Bindegewebe mit Schwund von exokri-

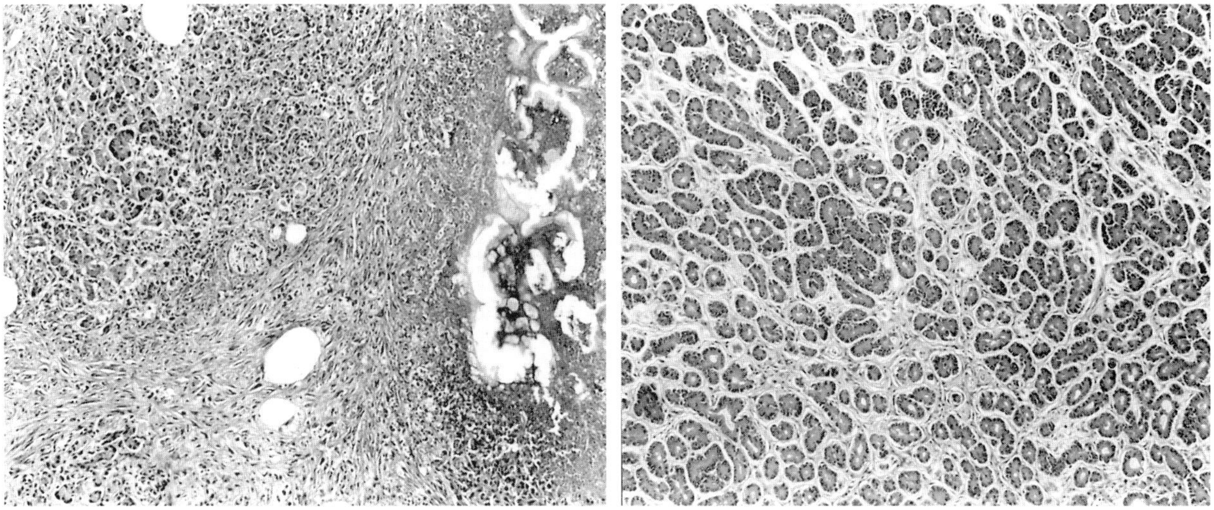

Abb. 7.8 *Chronische Pankreatitis* im histologischen Bild – linkes Bild: *chronisch-rezidivierende Pankreatitis* mit Nekrosen in intrapankreatischen Fettzellen, hochgradiger Fibrose und inselförmigen Parenchymresten; rechtes Bild: *chronisch-fibrosierende Pankreatitis* bei einem 11-jährigen Hund, die mittelgradige intralobuläre Fibrose geht ohne deutliche Entzündung einher, die Azini sind teilweise dilatiert. Beide Bilder HE, 70 x.

nem Pankreasgewebe bzw. zur Ausbildung von tubulären Komplexen (s.o). Eine chronische entzündliche Reaktion kann die Fibrose begleiten (Abb. 7.8). Die Ursache dieser Pankreatitisform, die vor allem bei älteren Katzen vorkommt, ist ungeklärt.

7.8 Exokrine Pankreasinsuffizienz

Die exokrine Pankreasinsuffizienz ist das klinische Bild, das sich bei einer hochgradig verminderten Sekretion von Pankreasenzymen und bikarbonathaltigem Pankreassaft einstellt. Aufgrund der hohen Reservekapazität des exokrinen Pankreas tritt eine klinisch manifeste Insuffizienz erst bei einem Parenchymverlust von über 80% auf. Das Krankheitsbild ist vor allem beim **Hund** und seltener auch bei der **Katze** beschrieben. Die häufigste und folgenschwerste Ursache ist die bei jungen Hunden auftretende *idiopathische Pankreasatrophie*; daneben können auch die *chronische Pankreatitis* bei älteren Hunden und Katzen sowie – in den seltenen Fällen – die *Pankreashypoplasie* und ausgedehnte *Tumoren* im Pankreas dazu führen. Der Mangel an Lipase, Amylase und den proteolytischen Enzymen führt zur pankreatogenen Maldigestion mit dem vermehrten Vorkommen unverdauter Nahrungsbestandteile im Kot (Steato-, Amylo- und Kreatorrhoe). Die Folge sind Massenfäzes häufig in Verbindung mit einer osmotischen Diarrhoe. Außerdem kann es zur hochgradigen Vermehrung von Bakterien (bacterial overgrowth) im Dünndarm kommen, wobei die Beteiligung obligat anaerober Bakterienarten auch zu entzündlichen Veränderungen an der Darmschleimhaut führen kann. Ferner kommt es zur Malabsorption von Vitaminen (fettlösliche Vitamine wie Karotin und Vitamin K oder Cobalamin/Vitamin B_{12}). Während die Pankreasatrophie selten mit einem Diabetes mellitus einhergeht, tritt dieser in Verbindung mit der chronischen Pankreatitis häufiger auf (s. S. 240). Die klinische Diagnostik der exokrinen Pankreasinsuffizienz erfolgt, neben der Darstellung unverdauter Futterbestandteile im Kot, durch den Nachweis eines verringerten Chymotrypsin-Gehalts im Kot und sicherer durch den Nachweis des verringerten Trypsinogen-Gehalts (gemessen als *Trypsin-Like Immunoreactivity*) im Blut. Von der Pankreasinsuffizienz müssen Störungen im Darmbereich wie die enterale Malabsorption (chronische Darmentzündungen, Lymphangiektasie/Eiweißverlust-Enteropathie, Darmlymphome) oder hochgradige Darmparasitosen abgegrenzt werden.

7.9 Tumoren des exokrinen Pankreas

Primäre Tumoren des exokrinen Pankreas sind selten und kommen am häufigsten beim **Hund** vor, gefolgt von der **Katze** sowie sehr vereinzelt bei **Rind** und **Pferd**; es besteht eine eindeutige Alterskorrelation. Bevorzugte Lage der

Tumoren ist der Pankreas-Körper. Die meisten Tumoren sind *Adenokarzinome*, Adenome dagegen sind sehr selten und müssen von den knotigen Hyperplasien (s.u.) abgegrenzt werden. Beide Tumorgruppen können entweder von den Azini ausgehen (azinäre Tumoren), was bei Hund und Katze in einem Teil der Fälle nachgewiesen worden ist, oder von den Gängen (duktale Tumoren). Außerdem gibt es Tumoren, die sich vom Epithel der großen Ausführungsgänge ableiten (intraduktale papilläre Tumoren). Die Pankreastumoren gehen meist mit einer unspezifischen klinischen Symptomatik einher, so daß sie endgültig häufig erst bei der Obduktion diagnostiziert werden. Die Tumoren neigen früh zu infiltrativem Wachstum und zur Metastasierung. Dabei wachsen sie einerseits in die Wand des Duodenums ein; kommt es dabei zum Verschluß von Gallengang (Tafel XI F) oder Pankreasausführungsgang, so stellen sich Stauungsikterus bzw. eine exokrine Pankreasinsuffizienz ein. Sie wachsen andererseits aber auch in das Zwerchfell und von dort in Mediastinum oder Lunge ein. Die Metastasierung erfolgt regelmäßig portogen in die Leber, aber auch lymphogen in die regionären Lymphknoten, außerdem kommt es häufig zu Implantationsmetastasen im Bauchraum mit Aszites-Bildung.

Adenome treten überwiegend solitär auf. Wenn ihre Größe die von Läppchen deutlich überschreitet und sie abgekapselt wachsen, können sie relativ sicher von knotigen Hyperplasien abgegrenzt werden. Adenokarzinome weisen makroskopisch vielfach ein der akuten Pankreasnekrose vergleichbares Bild auf. Es kommt zu Verwachsungen, Fettgewebsnekrose und zur Aszites-Bildung. Histologisch werden tubuläre und azinäre Wuchsformen unterschieden. Bei wenig differenzierten Tumoren wird häufig eine ausgeprägte Fibroplasie und damit ein skirrhöses Wachstum beobachtet.

Mesenchymale Tumoren im exokrinen Pankreas sind sehr selten, sie entsprechen in Morphologie und Verhalten denen in anderen Lokalisationen. Häufiger ist die Mitbeteiligung des Pankreas bei *lymphatischen Neoplasien* bei **Hund** und **Katze**. Dabei kann das Ausmaß der Tumorzellinfiltration allerdings so gering sein, daß ohne die Kenntnis der Gesamtdiagnose des Tieres eine sichere Abgrenzung von chronischen entzündlichen Prozessen nicht möglich ist. *Metastasen* werden nur sehr selten im Pankreas beobachtet, sie stammen u.a. von Karzinomen des Magens oder Dünndarms ab.

Zu den ***Tumor-ähnlichen Läsionen*** zählen die bei älteren **Hunden**, **Katzen** und **Rindern** häufig vorkommenden sogenannten *knotigen Hyperplasien* des exokrinen Pankreas. Makroskopisch fallen diese als flach vorgewölbte, heller als die Umgebung erscheinende Bezirke von bis zu Erbsengröße auf. Histologisch bestehen diese Areale, die ganze Läppchen oder Teile von Läppchen umfassen können, aus vergrößert erscheinenden, helleren und vor allem azidophilen Zellen in azinärer Anordnung. Zymogengranulation und basale Zytoplasma-Basophilie sind weitgehend verlorengegangen, statt dessen kann eine feine Vakuolisierung bestehen. Die knotigen Hyperplasien sind weder von einer Bindegewebskapsel umgeben noch komprimieren sie das angrenzende Gewebe. Dadurch sollen diese durchweg multipel auftretenden Veränderungen von Adenomen zu unterscheiden sein. Ob es sich bei den knotigen Hyperplasien mit ihrem Läppchen-ähnlichen Aufbau tatsächlich um eine Neubildung von Pankreasgewebe im Sinne kompensatorischen Wachstums handelt, muß bezweifelt werden. Es bleibt zu klären, ob es sich nicht vielmehr um die beim älteren Menschen als azidophile Degeneration beschriebene Veränderung handelt, die eher mit einer Leistungseinbuße des betroffenen Gewebes in Verbindung gebracht wird. In einem Teil der Fälle dürfte es sich allerdings auch um tubuläre Komplexe handeln.

7.10 Parasiten des Pankreas

Das Pankreas wird nicht selten bei der systemischen *Toxoplasma gondii*-Infektion der **Katze** mit einbezogen. Typische Veränderungen sind unterschiedlich große Herdnekrosen, wie sie ähnlich auch in der Leber (s. S. 228) und im Myokard zu finden sind.

Vor allem Parasiten der Klasse der Saugwürmer (*Trematodes*) können das Gangsystem des Pankreas besiedeln, entweder obligat als Pankreasegel der Gattung *Eurytrema* oder zufällig gemeinsam mit den Gallengängen als Leberegel. Dabei besiedeln die aus dem Duodenum einwandernden Parasiten als Adulte die großen Pankreasgänge und kommen hier zur Eiablage. Bei **Pferd**, **Schwein** und **Hund** dringen gelegentlich (postmortal?) Askariden vom Darm aus in die Ausführungsgänge ein.

Eurytrema pancreaticum führt bei **Rind**, **kleinen Wiederkäuern** und **Schwein** in Asien und Südamerika bzw. *Eurytrema procyonis* bei **Feliden** in Nordamerika zu Dilatation der Ausführungsgänge sowie zu chronischer periduktaler Entzündung und Fibrose. Gelangen Eier dieser Parasiten in das Pankreasparenchym, so kommt es zur granulomatösen Entzündung mit weitgehendem Umbau des Organs. Leberegel, die gelegentlich in Pankreasausführungsgängen gefunden werden, sind *Opisthorchis felineus* in Süd- und Osteuropa sowie *Amphimerus pseudofelineus* in Nordamerika.

8 Harnorgane

E. Weiss

8.1 Niere

Die Nieren (Einzahl: *Ren, Nephros)* sind bohnenförmig (rechte Niere des Pferdes herzförmig) und je nach Blutgehalt von hell- bis dunkelbrauner oder dunkelblau-roter Farbe. Infolge hohen Fettgehalts der Hauptstücke (s. S. 256) ist die Nierenrinde bei Katzen diffus lehmfarben, bei Hunden auf der Schnittfläche streifig gezeichnet. Die Haussäugetiere besitzen *einfache Nieren,* da die *Nierenlappen (Lobi renales, Renculi)* entweder vollständig (glatte Oberfläche) oder unvollständig (gefurchte Oberfläche, Rind) miteinander verschmolzen sind. Bei Pferd, Schaf, Ziege, Hund und Katze sind auch die Spitzen der Markpyramiden verschmolzen (glatte, einwarzige Nieren), während dies bei Schwein (glatte, mehrwarzige Nieren) und Rind (gefurchte, mehrwarzige Nieren) nicht der Fall ist. Die Niere wird von einer fibrösen Eigenkapsel und diese wiederum von einer Fett- und Serosenkapsel umgeben.

Jede Niere besteht aus zahlreichen (Hund ca. 400 000, Pferd ca. 2,7 Millionen, Mensch und Schwein ca. 2 Millionen, Schaf ca. 1,1 Millionen) **Nephronen,** die aus *Nierenkörperchen* (Malpighi) und harnbereitenden *Kanälchen (Tubuli)* bestehen und als anatomisch-funktionelle Einheit zu betrachten sind. Die Nierenkörperchen setzen sich aus den Kapillarschlingen *(Glomerulum)* und der sie umgebenden Bowmanschen Kapsel zusammen. Diese besteht aus einer Basalmembran und dem Kapselepithel (parietale Epithelzellen), das vom proximalen Tubulusabschnitt (Harnpol) kommt und am Gefäßpol in das viszerale Epithel (Podozyten, Schlingendeckepithel) übergeht. Die Kapillarschlingen werden von Endothelzellen, die zahlreiche, im Durchschnitt 70 nm weite, bei manchen Spezies auch membranüberspannte Fenster besitzen, ausgekleidet. In den peripheren Schlingenbezirken folgen darauf die glomeruläre Basalmembran und die viszeralen Epithelzellen, die diese produzieren und mit ihren charakteristischen Fußfortsätzen schlitzartige, von einer dünnen Membran (Schlitzmembran) überzogene Poren (Weite ca. 25 nm) bilden. Durch Endothelfenster, Basalmembran und die schlitzartigen Poren erfolgt die Filtration des Primärharnes (s. S. 244). Die Mesangiumzellen, die phagozytische Eigenschaften besitzen und die glomeruläre Basalmembran in ihrer Funktion unterstützen und auch mitbilden sollen, liegen zwischen den Kapillarschlingen, besonders in Nähe des Gefäßpoles. Von den Endothelzellen und untereinander sind sie hauptsächlich durch die Mesangiummatrix (basalmembranartiges Material, wahrscheinlich im Zug der Basalmembranerneuerung entstanden), von den viszeralen Epithelien durch die glomeruläre Basalmembran abgesetzt. Basalmembran, Mesangiumzellen und Mesangiummatrix sind bei entzündlichen und nichtentzündlichen Prozessen sehr häufig verändert.

Bei den *Nierenkanälchen* unterscheidet man vom Harnpol beginnend das *Hauptstück (Pars convoluta* und *Pars recta;* kubisches Epithel mit Bürstenbesatz), die Henlesche Schleife (dünner absteigender und dicker aufsteigender Schenkel; flaches kubisches Epithel), das *Schaltstück* (kubisches Epithel) und die *Sammelröhrchen* (kubisches bis zylindrisches Epithel), die als *Ductus papillares* in das Nierenbecken münden. Dieses ist im Papillenbereich mit einem zweischichtig-kubischen bis zylindrischen und im übrigen mit einem gemischten Epithel ausgekleidet.

Der *juxtaglomeruläre Apparat* (Funktion s. S. 244) besteht aus dem myoepithelialen Polkissen mit den Reningranula, der Macula densa (Rezeptororgan für Na^+-Konzentration des glomerulären Filtrates) und der Goormaghtig-Zell-Gruppe (nervale Steuerungseinrichtung).

Die **Gefäßversorgung** erfolgt in folgender Weise: A. *renalis* → Aa. interlobares → Aa. subcorticales (arcuatae) → Aa. corticales radiatae Arteriolae (vasa) afferentes → Glomerula → Arteriolae (Vasa) efferentes (enger!) Kapillarsystem → der Nierenrinde. Die *Arteriolae efferentes* der in Marknähe liegenden Glomerula *(juxtamedulläre Glomerula)* ziehen zum Teil als *Arteriolae medullares spuriae* geradlinig bis zur Papillenspitze und dienen in erster Linie der Wasserrückresorption (dünnes fenestriertes Endothel) aus den distalen Tubuli. Die *Arteriolae medullares verae,* die direkt aus den *Aa. subcorticales* entspringen, ziehen ebenfalls in das Nierenmark. Von den *Arteriolae afferentes* können ferner Zweige abgehen, die nicht in ein Glomerulum, sondern direkt in das Kapillarsystem der Rinde münden. Die Versorgung der Nierenkapsel geschieht in erster Linie durch durchbohrende Endäste der *Aa. corticales radiatae.* Der *venöse Abfluß* erfolgt über Vv. corticales superficiales → Vv. corticales radiatae → Vv. subcorticales. In letztere münden auch die *Vv. corticales profundae* und die *Venulae medullares.* Der weitere Abfluß des Blutes geht über *Vv. interlobares* → *V. renalis.* Die *Vv. stellatae* unter der Nierenkapsel sind besonders deutlich bei der Katze ausgeprägt. Während die Arterien Endarterien sind, anastomosieren die Venen in reichlichem Maße und besitzen polsterartige Sperreinrichtungen. Die Menge des die Nieren durchströmenden Blutes beträgt ca. 20% des Herz-Zeit-Volumens, d. h. die Nieren gehören zu den am besten durchbluteten Organen des Körpers.

Die *Lymphgefäße* verlaufen entlang der Arterien und Venen und kommen von einem weitverzweigten System von Lymphkapillaren und -spalten. Sie scheinen für die Konzentration des Harnes von Bedeutung zu sein.

Die **Funktion** der Nieren besteht in der Ausscheidung von Stoffwechselschlacken, von nicht benötigten Elektrolyten und Wasser sowie körperfremden Stoffen des Blutes. Die Nieren sind somit auch von entscheidender Bedeutung für die Aufrechterhaltung des osmotischen Druckes, des Säuren-Basen-Gleichgewichtes, der Wasserstoffionenkonzentration und des optimalen Mengenverhältnisses der einzelnen Mineralstoffe zueinander. Weiterhin bilden die Nierentubuli *Erythropoetin,* das die Erythropoese stimuliert. Vitamin D_3 s. S. 327.

Die *Harnbereitung* erfolgt über glomeruläre Filtration, tubuläre Rückresorption und tubuläre Sekretion. Die *glomeruläre Filtration,* durch die der Primärharn (Ultrafiltrat) gebildet wird, hängt ab vom effektiven Filtrationsdruck (durch Einengung des Vas efferens annähernd gleich dem systemischen hydrostatischen Druck, ca. 70 mm Hg; Autoregulation durch glatte Muskulatur der Vasa afferentia ab ca. 100 mm Hg) und der Permeabilität der Glomerulumkapillaren. Moleküle unter der limitierenden Porengröße von 25 nm können, soweit sie wasserlöslich und nicht an Serumproteine gebunden sind, das Glomerulumfilter passieren (z. B. Zucker, Aminosäuren, Harnstoff, Kreatinin, Mineralien), während größere Moleküle nicht oder nur durch wenige größere Poren filtriert werden können (z. B. Hämoglobin, Myoglobin, BENCE-JONES-Paraproteine, kleinmolekulare Präalbumine). Bei Nerzen, Mäusen und Ratten werden niedermolekulare Proteine (Pheromonwirkung bei Maus und Ratte) in unterschiedlicher Menge physiologischerweise mit dem Harn ausgeschieden.

Durch die *tubuläre Rückresorption* werden bis 99% des Wassers des Primärharnes und zahlreiche, für den Körper wertvolle Stoffe zurückgewonnen. Sie erfolgt entsprechend den Prinzipien des transepithelialen Transportes (polarer Zellcharakter der Tubulusepithelien) entweder passiv in Richtung eines Konzentrationsgefälles oder aktiv unter Energieverbrauch gegen ein solches. In den proximalen Tubulusabschnitten wird mehr als die Hälfte des Primärharnes ohne Einengung rückresorbiert. Die Na^+-Resorption, die zu ungefähr 2/3 bereits im proximalen Tubulusbereich erfolgt, ist ein energieverbrauchender Prozeß (ca. 75% des gesamten Sauerstoffverbrauches der Nieren werden dafür benötigt) und bedingt ein passives Nachströmen von Wasser und Cl^- in äquivalenten Mengen (Harn bleibt isotonisch). Eng mit der Na^+-Resorption gekoppelt ist die passive Resorption von Glukose, Aminosäuren, Phosphat- und Sulfationen, Harnstoff (s. unten) u.a. im proximalen Tubulusbereich. Durch spezifische molekulare Carriermechanismen der Epithelien wird die maximale Transportmenge dieser Stoffe pro Zeiteinheit limitiert. Im proximalen Abschnitt werden weiterhin K^+, Ca^{++}, Mg^{++}, Bikarbonat, Proteinmoleküle, Allantoin (maximal 50%) und Harnsäure (Mensch und Neuweltaffen, ca. 90%) resorbiert.

Beim ***Dalmatinerhund*** wird infolge Mangels des lebereigenen Enzyms Urikase die im Purinstoffwechsel anfallende Harnsäure nur teilweise in Allantoin umgewandelt, so daß sowohl Allantoin als auch Harnsäure (hauptsächlich) ausgeschieden werden. Eine tubuläre Rückresorption der Harnsäure findet, im Gegensatz zu den Verhältnissen beim Menschen und Neuweltaffen, beim Dalmatinerhund nicht statt, da ihm in allen Zellen die Transportmechanismen für Harnsäure fehlen. Gicht-induzierende Blutharnsäurekonzentrationen (Hyperurikämie) treten daher nicht auf.

Die *Harnkonzentrierung* erfolgt in den HENLEschen Schleifen und Sammelröhrchen in enger Verbindung mit den Vasa medullares (rectae) nach dem Haarnadel-Gegenstromprinzip, wobei die treibende Kraft die aktive Na^+-Resorption im aufsteigenden Schenkel darstellt. Gesteuert wird dieser Mechanismus durch das antidiuretische Hormon der Neurohypophyse (ADH, Vasopressin), das den distalen Tubulusabschnitt und die Sammelröhrchen für Wasser durchgängig macht.

Harnstoff wird zum Teil proximal resorbiert, zum Teil während der Schleifenpassage sezerniert und zum Teil zwischen distalem Tubulusabschnitt und Papille in enger Beziehung zur Wasserresorption wieder resorbiert. Die Harnstoffrückresorption macht aber in keinem Fall mehr als 50% des glomerulär filtrierten Harnstoffes aus.

Das *Säure-Basen-Gleichgewicht* wird renal dadurch reguliert, daß im gesamten Tubulusabschnitt H^+ sezerniert und im Austausch dafür Na^+ und Bikarbonat resorbiert werden (Beschleunigung der Bikarbonatbildung und dessen Konservierung durch tubuläre Karboanhydrase). Die H^+-Ionen werden teils durch Phosphat, teils durch NH_3 (Abspaltung aus Glutamin durch Glutaminase vorwiegend im distalen Tubulusbereich) als Ammonium (sog. Ammonium-Mechanismus) gepuffert.

Neben H^+ und NH_3 werden auch *Hippursäure* (proximal, vor allem bei Herbivoren), K^+ (distal, Austausch gegen Na^+), Harnsäure (nur bei Vögeln und Reptilien) und eine Reihe von Fremdstoffen (Phenolrot, Penicillin u. a.) aktiv in das Tubuluslumen sezerniert.

Kreatinin als Abbauprodukt des Muskelstoffwechsels wird bei den Haustieren mit Ausnahme des Schafes in nennenswerten Mengen weder rückresorbiert noch sezerniert (Kreatinin-Clearance und glomeruläre Filtrationsrate).

Die **Regulation** der Nierenfunktionen erfolgt endokrin durch *antidiuretisches Hormon* (ADH, Vasopressin, s. S. 460), *Aldosteron* der Nebennierenrinde (Steigerung der tubulären Na^+-Resorption von ca. 95% auf 99% des filtrierten Na^+, Steigerung der tubulären Sekretion von K^+, H^+ und NH_4^+), *Parathormon* und *Calcitonin* (Hemmung der tubulären Phosphatabsorption = vermehrte Phosphatausscheidung). Das *Renin-Angiotensin-Aldosteron-System* spielt zusammen mit dem Körper-Natrium/Blutvolumen-Status eine wichtige Rolle in der Regulation des Blutdruckes. Hyponatriämie, Hypovolämie (Mangeldurchblutung der Nieren), Hypotonie und Sympathikusreize führen zur vermehrten Bildung des Enzyms *Renin* im myoepithelialen Polkissen des juxtaglomerulären Apparates. Dieses bewirkt die Bildung des inaktiven *Angiotensin I* aus dem im Blut zirkulierenden Angiotensinogen. Das Angiotensin I wird während der Lungenpassage vom *Converting-Enzym* in das aktive *Angiotensin II* umgewandelt. Dieses steigert die Sekretion von Aldosteron *(sekundärer Aldosteronismus),* das zur vermehrten Na^+-Resorption führt. Dadurch kann es zur Na^+-Retention (Hypernatriämie) mit Erhöhung der Osmolalität des Blutes kommen, wodurch wiederum vermehrt antidiuretisches *Hormon (Vasopressin)* sezerniert wird. Dieses bedingt eine erhöhte renale Wasserrückresorption, in deren Gefolge Hypervolämie und Ödeme entstehen können. Angiotensin II verursacht, wenn es in größeren Mengen produziert wird, eine Konstriktion der Arteriolen mit nachfolgender Blutdrucksteigerung *(renale Hypertonie)* mit Verminderung der glomerulären Filtrationsrate, die mit zur Hypervolämie beiträgt. Man sieht daraus, daß dieser Mechanismus in der Regulation der

Aufrechterhaltung des normalen Blutdruckes von großer Bedeutung ist, aber bei Nierenerkrankungen auch zu Ödem und Hypertonie führen kann (s. S. 268). Atriales natriuretisches Peptid (ANP) s. S. 2.

8.1.1 Postmortale Veränderungen

Autolytische Veränderungen, besonders im Bereich der Hauptstücke (Pyknose, Kernverblassung, Aufquellung, Verlust des Bürstensaumes u. a.), treten relativ schnell nach dem Tode ein. Sie dürfen nicht mit den intravital entstandenen Veränderungen bei Tubulonephrosen verwechselt werden. Die bei Hund und Katze des öfteren zu beobachtenden *Protrusionen* von Tubulusepithelien in den BOWMANschen Raum werden als autolytische Prozesse, aber auch als Folge intravitaler Drucksteigerung interpretiert.

Fäulnis führt zur diffusen Gewebsauflösung. Schaumnieren bilden sich beim Rauschbrand (s. S. 354) des Rindes schon wenige Stunden nach dem Tod. Die sogenannte ***Breiniere*** bei der Clostridien-Enterotoxämie des ***Schafes*** (s. S. 182) ist zumindest teilweise durch postmortale Autolyse und Fäulnis bedingt. Meist ist nur die Nierenrinde von zerfließlicher, breiiger Beschaffenheit. Breinieren werden auch bei Fohlen im Zusammenhang mit bakteriellen Septikämien beobachtet. Wenn ***Katzen*** mit einer Kombination von Ketaminhydrochlorid und Natriumpentobarbital euthanasiert werden, dann kann eine nekrotisierende Glomerulopathie entstehen.

8.1.2 Mißbildungen und Entwicklungsstörungen

Aplasie und *Hypoplasie* einer oder beider Nieren, Verwachsungen beider Nieren an ihren Polen *(Hufeisennieren), Persistenz* fetaler Lappungen (Schwein), *überzählige Nieren* und Verlagerungen *(Dystopie)* einer Niere zum Beckeneingang (Schwein) kommen gelegentlich vor.

Als **renale Dysplasie** bezeichnet man eine ungeordnete Entwicklung des Nierenparenchyms infolge abnormer Differenzierung. Beide oder nur eine Niere können betroffen sein. Im allgemeinen ist die Dysplasie angeboren. Bei Hund, Katze und Schwein, bei denen die Nephrogenese erst ungefähr mit Ablauf des dritten Lebensmonates abgeschlossen ist, kann sie auch noch in diesem Zeitraum entstehen. Die Ursachen sind im einzelnen nicht bekannt, genetische spielen keine besondere Rolle. Fetale beziehungsweise neonatale Infektionen mit dem felinen Panleukopenievirus, dem kaninen Herpesvirus und dem BVD-Virus können renale Dysplasien verursachen, sicherlich kommen dafür aber auch andere teratogene Noxen in Betracht. *Makroskopisch* sind dysplastische Nieren meist klein (keine Hypoplasie!), höckerig, fibrotisch und von unterschiedlich großen Zysten durchsetzt. Die Nierenrinde wirkt verschmälert, der Harnleiter ist zumeist dilatiert und verdreht (dysplastische Nierenzysten). *Histologisch* findet man eine nichtsynchrone Differenzierung von Nephronen (unreife Glomerula und/oder Tubuli in ausgereiftem Parenchym), Tubuli mit ein- oder mehrschichtigem Zylinderepithel oder ausgeweitet mit abgeflachtem Epithel (Persistenz metanephrogenen Gewebes?), blindendende Sammelröhrchen, undifferenziertes Mesenchym, knorpelige und knöcherne Metaplasie (sehr selten) sowie sekundäre Veränderungen in Form von Fibrosen, Degenerationen und interstitiellen mononukleären Infiltraten. Urämische Symptome bei beidseitiger Dysplasie treten meist Ende des ersten Lebensjahres auf, bei Hunden in Einzelfällen auch erst nach einigen Jahren. Einseitige Dysplasien können zum renalen Hochdruck führen (s. S. 268).

Die **familiäre Nephropathie** (Familial Renal Disease, Juvenile Renal Disease, Progressive Renal Disease u. a.) kommt beim Norwegischen Elchhund, Cockerspaniel, Dobermann, Samojeden, Bullterrier, Berner Sennenhund, Shi Tzu und Soft Coated Wheaten Terrier vor. Bei einer Reihe anderer Hunderassen (Lhasa Apso, Zwergschnauzer, Airedale, Deutscher Schäferhund, Pudel, Alaskan Malamute, Keeshond, Deutsche Dogge, Pekingese u. a.) wurde die Krankheit ebenfalls beobachtet, eine familiäre Genese aber noch nicht eindeutig bewiesen. Die familiäre Nephropathie führt bei den betroffenen Hunden meist in einem Lebensalter von sechs Monaten bis eineinhalb Jahren zur Urämie. In Einzelfällen stellt sich das Nierenversagen schon wenige Wochen nach der Geburt oder erst nach mehreren Jahren ein. Makroskopisch sind die Nieren in der Regel verkleinert und weisen eine höckerige oder granulierte Oberfläche auf. Das histologische Bild ist nicht einheitlich. Da durchweg nur Endstadien der Nephropathie zur Untersuchung kommen, ergeben sich Schwierigkeiten in der differentialdiagnostischen Abgrenzung zu anderen chronischen Nierenveränderungen. Dies gilt insbesondere dann, wenn die Nephropathie bei älteren Hunden und ohne erkennbare familiäre Genese auftritt. Von Nierendysplasien kann die familiäre Nephropathie in erster Linie durch das Fehlen unreifer Tubuli unterschieden werden.

Beim ***Norwegischen Elchhund*** tritt die familiäre Nephropathie (Erbgang nicht geklärt) schon ab dem dritten Lebensmonat klinisch in Erscheinung, wobei es bei raschem Fortschreiten der Krankheit auch zu Zwergwuchs kommen kann. Andererseits gibt es auch über fünf Jahre alte Hunde mit bioptisch nachgewiesenen typischen

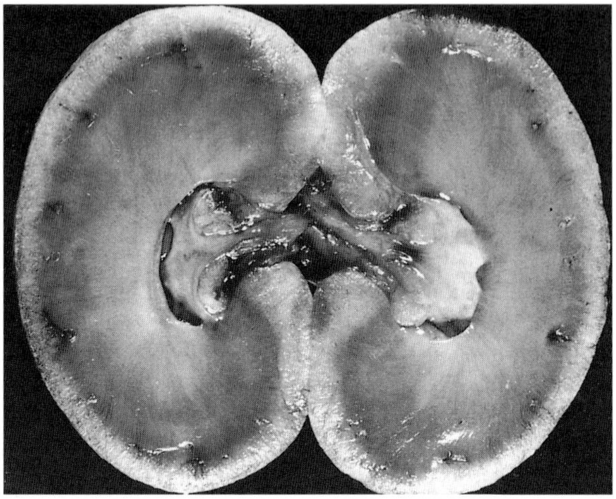

Abb. 8.1 Familiäre Nephropathie („Hypoplasie" der Nierenrinde) bei einem zweijährigen, an Urämie gestorbenen Cockerspaniel.

Nierenveränderungen ohne besondere klinische Symptomatik. Makroskopisch zeigen die Nieren graue streifen- oder keilartige Bezirke in der Rinde, im Terminalstadium das Bild einer hellen, granulierten Schrumpfniere mit Verschmälerung der Rindenzone. Histologisch dominiert vor allem eine diffuse Nephrosklerose, die im weiteren Verlauf zum Verlust von Glomerula und Tubuli sowie unspezifischen Veränderungen, wie Dilatation und Hyperplasie distaler Tubuli und herdförmiger Ansammlung mononukleärer Zellen, führt. Bioptische Verlaufsuntersuchungen haben eindeutig gezeigt, daß die Zahl der Glomerula und Tubuli zunächst normal ist, also keine Hypoplasie vorliegt, und erst mit fortschreitender Zeit abnimmt.

Beim ***bunten Cockerspaniel*** ist die familiäre Nephropathie als sogenannte Rindenhypoplasie (Abb. 8.1) bekannt und wird autosomal-rezessiv vererbt. Sehr wahrscheinlich liegen ähnliche pathogenetische Verhältnisse wie beim Norwegischen Elchhund vor, also primär keine hypoplastischen Prozesse. Die meisten Hunde sterben im Alter von drei Monaten bis drei Jahren an Urämie (häufig auch osteorenales Syndrom), während andere nur geringfügige und zeitweilige oder keine klinischen Störungen aufweisen.

Der familiären Nephropathie des ***Dobermann*** in den USA liegt eine membranoproliferative Glomerulonephritis (s. S. 260) mit sekundärer Fibrose und mononukleärer Infiltration zugrunde. Makroskopisch sind die Nieren etwas verkleinert, bräunlich und weisen auf der Schnittfläche radiär verlaufende Streifen auf. Auf der Oberfläche können im subakuten Stadium der Veränderungen kleine weiße Herde auftreten, die aus proteingefüllten Tubuli und verfetteten Epithelien bestehen. Die Ursachen sind nicht bekannt, offensichtlich liegt aber eine genetisch bedingte Disposition für bestimmte, nicht näher definierte nephrogene Noxen vor. Bei einigen Hunden sind in den Glomerula Immunkomplexe nachgewiesen worden.

Beim ***Samojeden*** wird die familiäre Nephropathie ***(erbliche Nephritis)*** durch ein dominantes, an ein X-Chromosom gekoppeltes Gen verursacht. Bei männlichen Merkmalsträgern, die unfruchtbar sind, führt die Nephropathie meist zwischen dem 12. und 16. Lebensmonat zum Tod infolge Urämie. Erste klinische Veränderungen wie Proteinurie, Hämaturie und Hypoalbuminämie sind schon ab dem vierten Lebensmonat nachzuweisen. Bei weiblichen Merkmalsträgern (Carrier) treten klinische Erscheinungen erst im mittleren oder höheren Alter auf und bestehen meist nur in einer mäßigen Proteinurie. Elektronenmikroskopisch lassen sich glomeruläre Veränderungen (segmentale Proliferationen) bereits im ersten Lebensmonat feststellen, während die chronische Glomerulonephritis (Glomerulosklerose) zwischen dem achten und zehnten Lebensmonat voll ausgebildet ist. Die Nephropathie des Samojeden hat Ähnlichkeit mit dem autosomal unvollständig dominant vererbten ALPORT-Syndrom des Menschen, Augenveränderungen und Innenohrschwerhörigkeit fehlen jedoch.

Beim ***Berner Sennenhund*** liegen eine membranoproliferative Glomerulonephritis mit Ablagerungen von IgM und Komplement sowie eine interstitielle Begleitnephritis vor. Der Erbgang ist autosomal-rezessiv. Möglicherweise bestehen Zusammenhänge mit einer *Borrelia burgdorferi*-Infektion, da häufig Antikörper gegen diesen Erreger nachgewiesen werden können.

Beim ***Bullterrier*** liegt ein autosomal-dominanter, beim ***Shi Tzu*** und ***Soft Coated Wheaten Terrier*** ein autosomal-rezessiver Erbgang vor. Finnische Landrasse s. S. 260, Schwein s. S. 260.

Eine **progressive Nierenfibrose** mit dadurch bedingter Urämie findet man auch beim ***Mutant Southdown Sheep*** in den USA und Neuseeland, bei dem ein kongenitaler Defekt in der Aufnahme des unkonjugierten Bilirubin und der Ausscheidung von Phylloerythrin (Photodermatitis s. S. 210, 514) durch die Leberzellen vorliegt.

Bei den **angeborenen Zystenbildungen** unterscheidet man Nierenzysten und Zystennieren. Bei **Nierenzysten** handelt es sich um einzelne oder mehrere, meist erbsen- bis haselnußgroße, seltener auch größere Zysten (Abb. 8.2 B) mit wäßrigem oder opakem Inhalt und einer Auskleidung mit kubischem oder abgeflachtem Epithel. Sie kommen bei allen Haustieren, besonders aber beim Schwein vor. Bei letzterem können sie auch autosomal-dominant vererbt

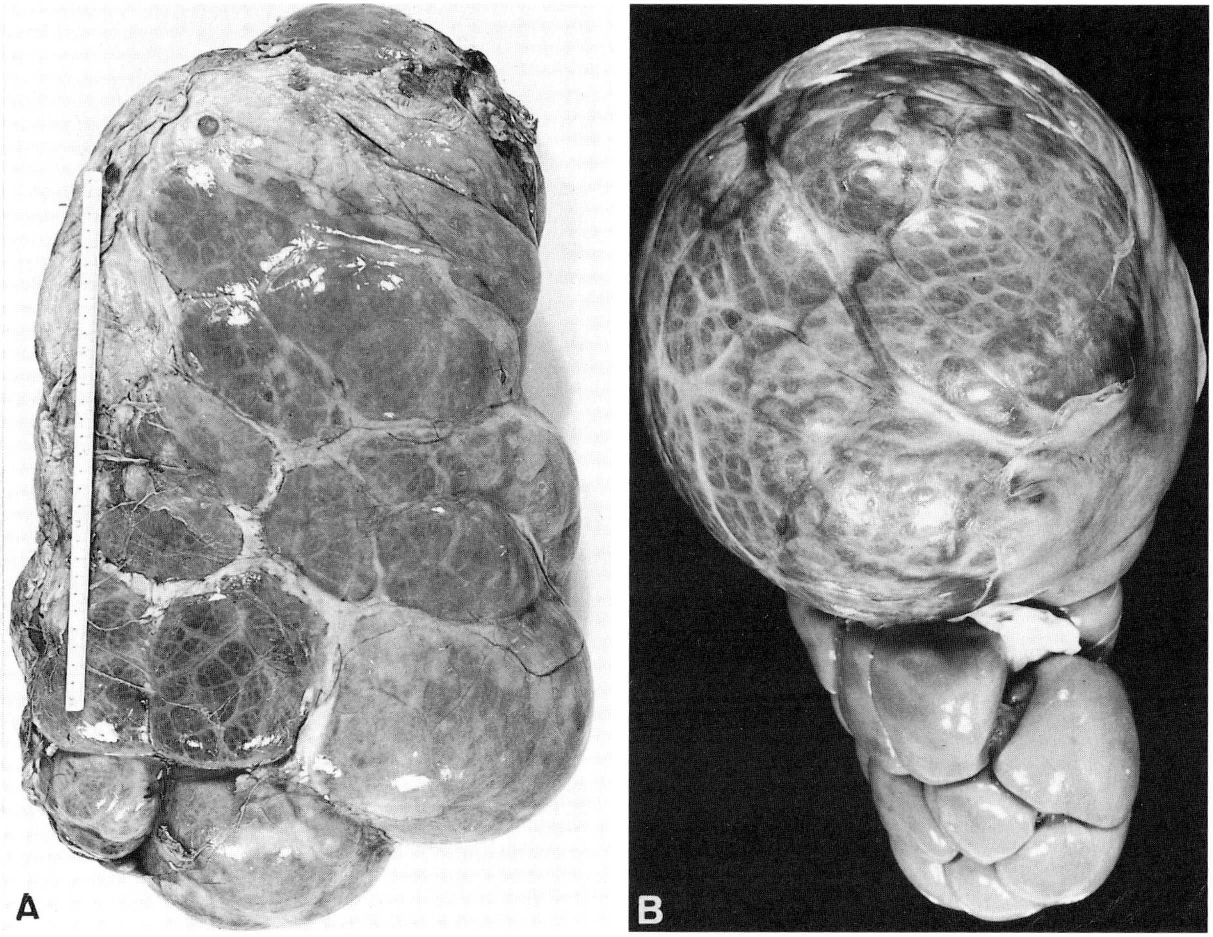

Abb. 8.2 A Zystenniere, Rind. **B** Nierenzyste, Rind.

werden, wobei die Zahl der Zysten mit fortschreitendem Alter in beiden Nieren offensichtlich zunimmt, ohne daß es jedoch zum Nierenversagen kommt. Bei den **Zystennieren**, die, meist bilateral auftretend, besonders bei Rind, Schwein und Pferd gefunden werden, sind die Nieren vergrößert und entweder diffus oder nur herdförmig von zahlreichen kleinen Zysten durchsetzt. In manchen Fällen erreichen die Zysten auch Walnußgröße, so daß man grundsätzlich zwischen einer schwammigen und einer großblasigen Zystenniere unterscheiden kann (Abb. 8.2 A). Das Gewebe zwischen den Zysten ist weitgehend atrophisch oder besteht nur aus bindegewebigen Septen. Tiere mit diffusen Zystennieren werden entweder tot geboren oder sterben meist einige Zeit nach der Geburt infolge Urämie. Zystennieren kommen aber auch bei erwachsenen Tieren (besonders bei Rind und Schwein) vor und führen meist nicht zu auffälligen Funktionsstörungen.

Die **polyzystische Nierenkrankheit (Polycystic Kidney Disease, PKD)** kommt bei Katzen- und Hundewelpen, Schaf- und Ziegenlämmern, Kälbern, Ferkeln und Fohlen vor. Bei der PKD des ***Cairn Terriers***, bei der auch Leberzysten vorkommen, liegt ein autosomal-rezessiver Erbgang vor, für die PKD des ***West Highland White Terriers*** wird ein solcher vermutet (s. S. 203).

Bei **Perserkatzen** und Kreuzungen mit diesen wird die PKD autosomal-dominant vererbt. Betroffen sind sowohl junge als auch alte Tiere. Eine Niereninsuffizienz entwickelt sich meist erst ab dem siebten Lebensjahr. Histologisch findet man neben den Zysten auch eine interstitielle nichteitrige Nephritis, eine Hyperplasie der Gallengangsepithelien sowie Leberfibrosen und -zysten (Abb. 8.3). Aufgrund ultrastruktureller Untersuchungen und der Lektinbindung wird angenommen, daß die Zysten aus proximalen und distalen Tubulusabschnitten entstehen.

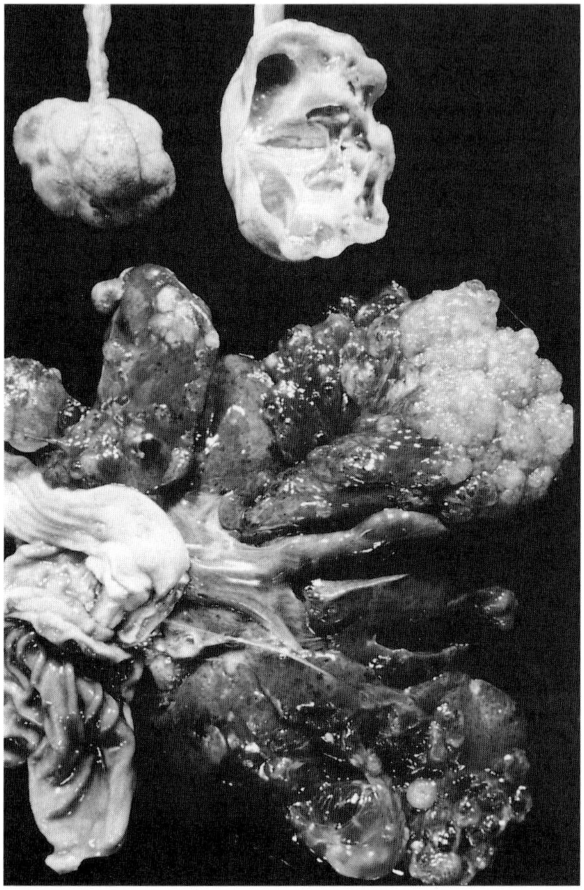

Abb. 8.3 Nieren- und Leberzysten bei sog. polyzystischer Nierenkrankheit bei einer 12 Jahre alten Perserkatze.

Dysplastische Nierenzysten s. S. 245.

Die **formale Genese** der verschiedenen angeborenen Zysten ist beim Haustier nicht geklärt. In Betracht kommen, ähnlich wie bei den Nierenzysten des Menschen, besonders dysplastische Veränderungen, obstruktive Tubulusepithelhyperplasien und Basalmembranveränderungen mit nachfolgender zystischer Ektasie der Tubuli, seltener auch der Glomerula.

Erworbene Retentionszysten (sekundäre Nierenzysten) findet man vor allem im Bereich von Narben und in Schrumpfnieren. Experimentell können Nierenzysten und Zystennieren durch länger dauernde Verabreichung von Kortikosteroiden, Diphenylamin, Diphenylthiazol, Alloxan u. a. erzeugt werden, wobei aber der Mechanismus der Zystenbildung nicht bekannt ist.

8.1.3 Atrophie, Hypertrophie und Regeneration

Altersatrophie (Involutionsatrophie) kommt gelegentlich bei sehr alten Hunden und Katzen vor. Die Nieren sind dabei geringfügig verkleinert, von rotbrauner bis lehmgrauer (Katze) Farbe und oberflächlich glatt oder fein-granuliert. Kleine Zysten findet man an der Oberfläche und auf der Schnittfläche. Die Involutionsatrophie darf nicht mit postnephritischen oder postnephrotischen Schrumpfnieren verwechselt werden.

Druckatrophie sieht man vor allem in Zusammenhang mit raumfordernden Prozessen (Zysten, Tumoren, Abszesse, Konkremente) und Störungen des Harnabflusses (Hydronephrose, s. S. 267). Geht irgendein Abschnitt des Nephrons zugrunde, dann unterliegt der restliche Teil einer *Inaktivitätsatrophie.* Gallertige Atrophie des Nierenfettes, s. auch S. 6.

Zur **kompensatorischen Hypertrophie** einer Niere kommt es bei Ausfall der anderen oder von größeren Nierenparenchymbezirken. Hypertrophische Nieren zeigen eine erhebliche Gewichtszunahme (bis maximal 80% des Gewichtes beider Nieren), sind aber wegen funktioneller Überbeanspruchung etwas krankheitsanfälliger. Hypertrophie einzelner Nephrone findet man bei vielen chronischen Nierenerkrankungen.

Die **Regenerationsfähigkeiten** der Niere sind begrenzt. Glomerula können nicht regenerieren, einzelne Tubulusabschnitte nur dann, wenn die Basalmembran noch intakt ist.

8.1.4 Kreislaufstörungen

Bei der akuten venösen **Hyperämie** sind die Nieren leicht vergrößert und dunkelrot. Sie wird in erster Linie durch akutes Herzversagen verursacht. Ein- oder doppelseitig auftretende ***Nierenvenenthrombose,*** wie sie bei Kälbern mit bakteriellen Allgemeinerkrankungen und Exsikkose beschrieben ist, führt zur passiven Hyperämie mit nachfolgender Nekrose besonders der sauerstoffempfindlichen Nierenbezirke (hämorrhagische Infarzierung). *Chronische Blutstauungen* mit Niereninduration sind beim Haustier von ganz untergeordneter Bedeutung.

Die *aktive Hyperämie,* deren Diagnose am Leichenorgan schwierig ist, sieht der passiven sehr ähnlich, ist aber häufig nur auf das Mark beschränkt. Sie kommt besonders bei bakteriellen Septikämien (Rotlauf), Enterotoxämien (Schaf, Rind) und akuten Nierenentzündungen vor.

Blutungen in Form von Petechien, Ekchymosen und Sugillationen entstehen bei vielen akuten septikämischen

Infektionskrankheiten, Intoxikationen und anderen hämorrhagischen Diathesen. Auch bei Nierenbiopsien kann es zu erheblichen Blutungen kommen.

Bei der akuten Schweinepest (s. S. 183, Tafel X. A-E) treten neben zahlreichen Petechien in der meist blassen Niere häufig auch Sugillationen im Nierenbecken auf. Multiple Petechien in der Nierenrinde findet man bei Saugferkeln, die an ganz verschiedenen Krankheiten gestorben sind, sowie auch bei gesunden Schlachttieren (meist in Tubuli; sogenannte Schlachtblutungen, s. S. 347). Subkapsuläre Sugillationen sieht man besonders bei der Enterotoxämie des Kalbes und zusammen mit perirenalen Blutungen bei Dikumarolvergiftungen und Traumen. Von den Rindengefäßen ausgehende Arrosionsblutungen mit nachfolgenden subkapsulären Hämatomen findet man nicht selten bei der felinen infektiösen Peritonitis (s. S. 123, Tafel XVI. D). Blutungen in den Glomerula, im Interstitium (mit Tubulusnekrose einhergehend) oder in der Schleimhaut der ableitenden Harnwege bedingen das für die klinische Nierendiagnostik wichtige Leitsymptom ***Hämaturie***.

Niereninfarkte (ischämische Nekrose infolge Arterienverschlusses) sind bei den Haustieren durchweg embolisch-thrombotischer Natur. Wegen der starken Durchblutung der Nieren (s. S. 243) werden Emboli, die meist im Gefolge von *Endokarditiden,* seltener von anderen Bakteriämien und Lungenentzündungen, in die Aorta gelangen oder in dieser direkt gebildet werden *(Endarteriitis verminosa thromboticans,* s. S. 36), besonders häufig in die Nieren eingeschwemmt. Dort erfolgt ihre Arretierung, die wiederum die Ausbildung anämischer Infarkte (Niere besitzt Endarterien!) zur Folge hat. Größe, Form und Lage der Niereninfarkte sind abhängig vom Ort der Arterienverstopfung. Wenn die *A. subcorticalis* betroffen ist, dann entstehen keilförmige Infarkte, deren Spitze bis in die Papille hineinzieht. Auch die Verlegung der *A. corticalis radiata* führt zu keilförmigen Infarkten, die aber weitgehend auf die Nierenrinde beschränkt bleiben. Sind noch kleinere Äste *(Arteriolae afferentes, Glomerula, intertubuläre Kapillaren)* betroffen, dann entstehen herdförmige Nekrosen mit resorptiver Entzündung (s. auch embolische Herdnephritis, S. 263). Bei Verlegung der *Aa. interlobares* kommt es zur ischämischen Nekrose großer Parenchymbezirke. Bei akutem totalem Verschluß der *A. renalis* (Embolie, Trauma; beim Tier selten) wird häufig nicht die ganze Niere nekrotisch, sondern einzelne, wahrscheinlich durch Kapselgefäße ernährte Bezirke bleiben erhalten. Die einseitige Stenose der *A. renalis* mit nachfolgender langsamer Drosselung der Durchblutung führt zu Nierenschrumpfung ***(inkompletter Infarkt, Subinfarkt)*** und renaler Hypertonie (Renin-Angiotensin-Mechanismus, s. S. 244, 268).

Der frische ***ischämische Infarkt*** ist von weißlich-gelber Farbe (Koagulationsnekrose), von einem hämorrhagischen Randsaum umgeben und infolge Wasseraufnahme leicht über die Oberfläche vorspringend (Tafel XV. A). Durch Reperfusion, venösen Reflux und Blutungen erhalten besonders die infizierten Infarkte nicht selten eine rötliche Farbe und imponieren dann als ***hämorrhagische Infarkte***. Im weiteren Verlauf sprießt vom Rand her ein Granulationsgewebe ein, das nekrotische Gewebe wird resorbiert und durch Narbengewebe ersetzt. Schließlich entstehen weißlich-graue, derbe, durch narbige Kontraktion eingezogene Bezirke, die, multipel auftretend, das Bild der *Infarktschrumpfniere* (s. S. 267) bedingen. Diese ist wiederum der pyelonephritischen Schrumpfniere sehr ähnlich. ***Infizierte Infarkte*** *(septische)* führen häufig zur Abszeßbildung. Nicht selten findet man in den Nieren auch Infarkte unterschiedlichen Alters, da die Emboli, besonders bei Vorliegen einer *Endocarditis thromboticans,* oft in protrahierter Weise (rezidivierend) in die Blutbahn abgegeben werden. Differentialdiagnostisch sind beim Rind die herdförmige nichteitrige interstitielle Nephritis (s. S. 262) und postmortal entstandene herdförmige druckanämische Veränderungen vom anämischen Niereninfarkt abzugrenzen.

Zur ***hämorrhagischen Infarzierung*** der Niere kommt es, wenn die Vena renalis schnell, in der Regel durch einen Thrombus verschlossen wird.

Infolge ischämischer Zustände im Rahmen des Schockgeschehens kann es zu schweren Tubulonephrosen und Nierenrindennekrosen *(Schockniere,* s. S. 251) kommen. *Arteriosklerose*-bedingte Schrumpfnieren (s. S. 269) sind beim Haustier extrem selten. *Panarteriitis nodosa,* s. S. 38.

Bei jungen ***Greyhounds*** wird in den USA nicht selten eine **idiopathische Vaskulopathie** (Alabama Rot, Greenetrack Disease) in Nieren und Haut beobachtet. In den Kapillaren der Glomerula, seltener auch in den afferenten Arteriolen, findet man hyaline Thromben sowie segmentale oder globale Endothelnekrosen, jedoch keine Immunkomplexe. Fibrinoide Nekrose kleiner und mittelgroßer Arteriolen führen in der Haut zu ischämischen Nekrosen und Ulzera, besonders im Bereich der Hintergliedmaßen. Die Nierenveränderungen können zur akuten Niereninsuffizienz führen.

8.1.5 Nephrosen

Unter Nephrose versteht man nach ZOLLINGER eine doppelseitige, nicht vaskuläre und nicht eindeutig entzündliche Nierenveränderung, die sich in lokalen Stoffwechselstörungen äußert. Diese zeigen sich in degenerativen Veränderungen und/oder Speicherungen von verschiedenen Stoffen.

Während man früher die Nephrosen als rein degenerative Nierenerkrankungen definierte, weiß man heute, daß die größere Zahl der Nephrosen im Sinne einer Speicherung zu verstehen ist (Speicherungsnephrosen, Reabsorptionsnephrosen). Dementsprechend geht auch nur ein Teil der Nephrosen mit auffallenden klinischen Symptomen wie akutes Nierenversagen (s. S. 270) oder nephrotisches Syndrom (s. S. 251) einher. Der morphologische Begriff „Nephrose" darf deshalb nicht mit dem klinischen Begriff „nephrotisches Syndrom" gleichgesetzt werden. Dies ist vielfach, vor allem in der Humanmedizin, geschehen und hat zu großen Verwirrungen und Meinungsverschiedenheiten, zum Teil sogar zur Aufgabe des Begriffs „Nephrose" geführt.

Nach der hauptsächlichen Lokalisation der Veränderungen können die Nephrosen grundsätzlich in **Glomerulonephrosen** und **Tubulonephrosen** eingeteilt werden. Mit Nachdruck sei aber darauf hingewiesen, daß glomeruläre und tubuläre Veränderungen gemeinsam auftreten können, und daß gerade die tubulären Speicherungsnephrosen häufig die Folge einer primären Schädigung der Glomerula darstellen. Dem Verlauf nach unterscheidet man akute und chronische Formen. Die Diagnose, insbesondere der akuten Nephrosen, kann in der Regel erst histologisch erfolgen. Postmortale Veränderungen (s. S. 245) können die Diagnose sehr erschweren oder gar unmöglich machen.

Einteilung der Nephrosen

I. Glomerulonephrosen
   1. Amyloidnephrose
   2. Glomeruläre Lipidose
   3. Glomerulosklerose
II. Tubulonephrosen
   1. Ischämische Tubulonephrosen
      1.1 Sogenannte Schockniere
      1.2 Ischämische chromoproteinämische Nephrose
   2. Toxische Tubulonephrosen
   3. Speicherungsnephrosen
   4. Tubulonephrosen mit Konkrementablagerung

8.1.5.1 Glomerulonephrosen

Zu den Glomerulonephrosen werden gerechnet: Amyloidnephrose, glomeruläre Lipidose und Glomerulosklerose.

8.1.5.1.1 Amyloidnephrose

Die Amyloidnephrose kommt vor allem bei *Rindern* (bis zu 3% bei gesunden Schlachtrindern), *Katzen* und *Hunden* vor, während sie bei den anderen Haustieren selten ist und in der Regel im Zusammenhang mit einer generalisierten Amyloidose auftritt.

Bei der *ausgeprägten* Amyloidose der Nieren des **Rindes** („helle große Niere") sind diese auf das Zwei- bis Dreifache vergrößert und oberflächlich fein-granuliert. Die Farbe ist hellgelb-braun, die Konsistenz ausgesprochen derb, die Kapsel ohne Substanzverlust ablösbar. Auf Ober- und Schnittfläche kann man die vergrößerten Glomerula bereits mit unbewaffnetem Auge als kleine, glasige, grauweiße Pünktchen erkennen. In der Rindenschicht findet man ferner gelblich-weiße Herde und Streifen (erweiterte und verfettete Tubuli), die mit grau-weißen, glasigen (Amyloid) abwechseln sowie häufig auch miliare Zysten. Das Mark kann unverändert sein oder grau-weiße Herde und Streifen zeigen. In *weniger ausgeprägten* Fällen sind die Nieren kaum vergrößert, oberflächlich glatt, von bräunlicher Farbe und von einzelnen oder mehreren grau-weißen Herden und Streifen durchsetzt oder von normaler Beschaffenheit.

Beim **Hund** sind die Nieren in der ausgeprägten Form der Amyloidose oberflächlich leicht granuliert, nicht oder nur geringgradig vergrößert, häufig sogar verkleinert (Amyloidschrumpfniere). Gelegentlich findet man gleichzeitig auch frische oder ältere Niereninfarkte. Bei grauen Collies mit zyklischer hereditärer Neutropenie tritt sehr häufig eine Amyloidose auf (s. S. 489). Auch beim Shar Pei ist eine hereditäre Amyloidose bekannt.

Die **Diagnose** der Amyloidnephrosen kann unter Umständen bereits makroskopisch durch Behandlung von Nierenstückchen mit LUGOLscher Lösung und Schwefelsäure gesichert werden. In positiven Fällen sieht man dabei blau-schwarze Stippchen (amyloidhaltige Glomerula) in der Rinde und Streifen oder Flecken (intertubuläres Amyloid) im Markbereich (Tafel XV. B).

Histologisch zeigt sich, daß Amyloid bevorzugt im Mesangium der Glomerula abgelagert wird, es aber besonders beim Rind auch in reichlichem Maße an der tubulären Basalmembran, um Arteriolen und im Interstitium des Markes vorkommt. Zylinderbildung, Nephrohydrose, Atrophie, Verkalkung und Verfettung von Tubuli, hyalintropfige Speicherung und sekundäre entzündliche Prozesse gehören mit zum typischen Bild der Amyloidnephrose.

Pathogenese. Das in den Nieren abgelagerte Amyloid ist vom Typ AA und tritt in der Regel im Rahmen einer generalisierten Amyloidose auf. Wenn bevorzugt Nieren, Leber, Milz, Darm und Nebennieren betroffen sind, dann handelt es sich durchweg um eine reaktive (sekundäre) Amyloidose, besonders im Gefolge chronischer entzündlicher oder neoplastischer Prozesse. Findet sich das Amyloid nur in den Nieren und im Bereich von Blutgefäßen, dann liegt in der Regel eine idiopathische (primäre) oder hereditäre Amyloidose vor.

Als **Folge** der durch die Amyloideinlagerungen bedingten erhöhten glomerulären Durchlässigkeit kommt es vor allem zur starken Proteinurie und bei genügend langer Dauer auch zur Ausbildung des **nephrotischen Syndroms** (Proteinurie, Hypalbuminämie, Hypercholesterinämie, Ödeme in Unterhaut und beim Rind vor allem auch in Darmgekröse und Darmwand, zusammen mit chronischem profusem Durchfall). Polyurie und mangelhaftes Harnkonzentrierungsvermögen (Hyposthenurie) treten vor allem beim Hund auf und sind durch die sekundären tubulären Schädigungen bedingt. In der terminalen Phase des nephrotischen Syndroms entwickelt sich, besonders beim Hund, eine Urämie. Als Komplikation der Amyloidnephrose kommt es beim Hund nicht selten zur Thrombose, vor allem von Pulmonal- und Nierenarterien, die offensichtlich durch eine Hyperkoagulabilität des Blutes infolge einer bestehenden Hyperfibrinogenämie ausgelöst wird. Medulläre geringgradige Amyloidablagerungen, wie sie besonders beim Rind vorkommen, gehen in der Regel ohne klinische Symptome einher.

Eine Besonderheit stellt die ***familiäre Amyloidose der Abessinier- und Somalikatzen*** dar, bei der hauptsächlich die Nieren betroffen sind. Im Nierenmark kommt es zu massiven Ablagerungen des Amyloids (AA), wodurch infolge Kompression von Blutgefäßen, Papillen- oder sogar Marknekrosen ausgelöst werden. In den Glomerula ist das Amyloid nur in geringem Ausmaß abgelagert.

8.1.5.1.2 Glomeruläre Lipidose

Bei bis zu 10% aller Hunde kommen in einzelnen oder mehreren Glomerula nestartig angeordnete, lipidhaltige Schaumzellen vor, die wahrscheinlich aus Mesangiumzellen entstanden sind. Oft tritt gleichzeitig auch eine staubige Verfettung fast aller Glomerula auf. Mit zunehmendem Alter wird die glomeruläre Lipidose häufiger. Die Ursache ist unbekannt, klinische Erscheinungen treten nicht auf. Wegen der Verwendung besonders von Beagle-Hunden bei Toxizitätsuntersuchungen ist die Kenntnis dieser Veränderungen für den Untersucher von Bedeutung.

8.1.5.1.3 Glomerulosklerose

Beim *Diabetes mellitus* des Hundes und der Katze (s. S. 209, 480) kann man gelegentlich bei sehr langem Verlauf eine Hyalinisierung der glomerulären Basalmembranen und des Mesangiums finden. Diese Veränderungen sind nur bedingt mit der typischen diabetischen Glomerulosklerose KIMMELSTIEL-WILSON des Menschen vergleichbar. Weitere beim Diabetes mellitus zu findende Nierenveränderungen sind die Glykogennephrose (HENLEsche Schleife, distale gewundene Kanälchen), Fetttröpfchen im Lumen der Schlingen (Lipämie) und ein starker Lipidgehalt der proximalen Tubuli. Proteinurie ist in fortgeschrittenen Fällen häufig. Die bei nicht diabetischen Hunden häufig zu findenden, bislang pauschal als Glomerulosklerose bezeichneten Veränderungen werden heute dem Formenkreis der chronischen Glomerulonephritis (s. S. 258) zugerechnet.

8.1.5.2 Tubulonephrosen

Tubulonephrosen können verursacht werden durch Hypoxie (Ischämie) oder Toxine sowie durch intraepitheliale Speicherung oder intratubuläre oder interstitielle Ansammlung von Stoffen, die das Glomerulumfilter passiert haben. Die dabei auftretenden morphologischen Veränderungen, wie trübe Schwellung, vakuolige Degeneration, Verfettung und Nekrose, sind weitgehend unspezifisch, während die Art der gespeicherten beziehungsweise intratubulär und interstitiell angesammelten Produkte in der Regel eine nosologische Zuordnung zu bestimmten Krankheitsbildern erlaubt.

Unter Berücksichtigung dieser und der eingangs des Abschnittes „Nephrosen" gebrachten Gesichtspunkte, können die Tubulonephrosen wie folgt eingeteilt werden: ischämische Tubulonephrosen, toxische Tubulonephrosen, Speicherungsnephrosen und Tubulonephrosen mit Konkrementablagerung.

8.1.5.2.1 Ischämische Tubulonephrosen

Bei *Schockzuständen* unterschiedlicher Genese kann es im Rahmen der Zentralisierung des Kreislaufes zum Blutdruckabfall und zur Ischämie der Nieren mit nachfolgenden, vorwiegend tubulären Schädigungen kommen. Die sogenannte **Schockniere** zeigt makroskopisch eine leichte Schwellung, Blässe und feuchte Schnittfläche. Histologisch fallen am Autopsiematerial besonders die herdförmige oder diffuse Weitstellung der Tubuluslichtungen und die Flüssigkeitsansammlung im Interstitium auf. Diese kommen durch agonale beziehungsweise postmortale Flüssigkeitsabgabe seitens der infolge Ischämie geschwollenen Hauptstückepithelien zustande. Je nach Dauer der Ischämie findet man ferner, vor allem in den besonders Sauerstoff-empfindlichen proximalen Tubuli, trübe Schwellung, hydropische Degeneration und Epithelnekrosen. Mikrothromben als Ausdruck einer *disseminierten intravasalen Gerinnung (Verbrauchskoagulopathie)* treten vorwiegend in den Glomerulumschlingen und bei der irreversiblen Phase des Schocks auf. Häufig besteht jedoch eine erhebliche Diskrepanz zwischen der klinischen Symptomatik *(akutes Nierenversagen,* besonders beim Menschen)

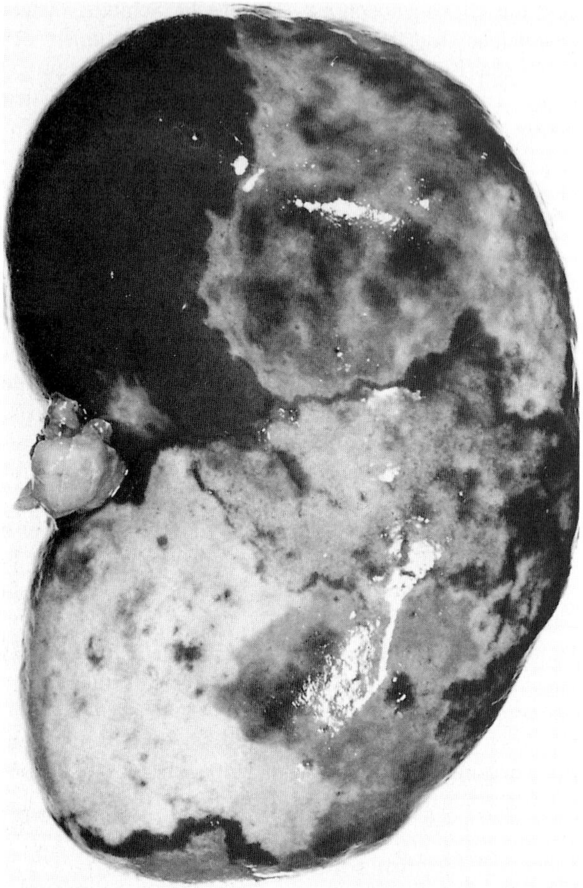

Abb. 8.4 Nierenrindennekrose nach traumatisch (Verkehrsunfall) bedingtem Schock (ischämische Tubulonephrose), Hund.

und den nur spärlich ausgebildeten oder gar fehlenden morphologischen Veränderungen. Die schockbedingten tubulären Läsionen können reversibel sein, bedingen aber auch nach Überwindung des Schocks noch länger anhaltende, unterschiedlich starke Funktionsstörungen der Niere.

Die **bilaterale Nierenrindennekrose** kann als Sonderform der Schockniere aufgefaßt werden. Sie entsteht durch eine schockbedingte Umverteilung der intrarenalen Blutversorgung und/oder infolge einer massiven disseminierten intravasalen Gerinnung. Durch Absinken des Blutdruckes kommt es über Angiotensin 2 und adrenerge Stimulation der Vasa afferentia (Kontraktion) zur verminderten Perfusion der äußeren Rindennephrone. Die inneren Rindennephrone werden jedoch noch normal durchblutet. Dies ist darauf zurückzuführen, daß in der Medulla als Reaktion auf die Ischämie PGE_2 produziert wird. Dieses gelangt intratubulär zum juxtaglomerulären Apparat und bewirkt eine lokale Vasodilatation der Vasa afferentia der juxtamedullären Nephrone. Durch eine massive intravasale Gerinnung kommt es zur Bildung von Fibrinthromben in vielen Glomerula und Vasa afferentia mit nachfolgender Nekrose vor allem der proximalen Tubuli. Besonders ausgeprägt ist dies bei Infektionen mit GRAM-negativen Bakterien (Endotoxinschock, SHWARTZMAN-SANARELLI-Phänomen) zu beobachten.

Die Rindennekrose entsteht, wenn die Ischämie längere Zeit (mehr als zwei Stunden) anhält. Makroskopisch findet man entweder eine vollständige Nekrose der äußeren Rindenzone (hellgraue Farbe) oder ein Nebeneinander von ischämischen und hämorrhagischen Bezirken (landkartenartiges Aussehen, Abb. 8.4, Tafel XIV C). Bei der Reperfusion der ischämischen Bezirke kann es durch Bildung freier Radikale zu zusätzlichen Nierenschäden kommen.

Die bilaterale Nierenrindennekrose führt meist zum Tod der Tiere, nur selten kommt es zur Ausheilung mit Narbenbildung. Schrumpfniere s. S. 267.

Zu den ischämischen Tubulonephrosen werden auch die mit akutem Nierenversagen einhergehenden *chromoproteinämischen* (Hämo- oder Myoglobinämie) und *cholämischen Nephrosen* (Bilirubinämie) gerechnet. Ihnen liegt eine massive Hämo-, Myo- oder Bilirubinämie **und** eine gleichzeitige, in der Regel schockbedingte renale Ischämie zugrunde. Hämo-, Myo- oder Bilirubinämie ohne ischämische oder toxische Tubulusschädigungen führen nicht zum Nierenversagen (s. S. 255).

Ischämische chromoproteinämische Nephrosen (Chromoproteinniere, ischämische Pigmentnephrose, Lower Nephron Nephrosis, Crush-Niere) werden besonders bei chronischer Kupfervergiftung des Schafes und Kalbes (hämolytische Krise, s. S. 215, Chlorat- und Nitratvergiftungen (Methämoglobinämie), bazillärer Hämoglobinurie des Rindes und Schafes *(Clostridium novyi Typ D,* s. S. 221), isoimmuner hämolytischer Anämie neugeborener Fohlen, bei der schweren Form der paralytischen Myoglobinurie des Pferdes, nach umfangreichen Muskeltraumen *(Crush-Niere)* und bei der RHD (s. S. 218) beobachtet. Die *Chromoproteinnieren sind* vergrößert, die Kapseln gespannt und leicht abziehbar. Rinde und Mark zeigen eine meist dunkelbraune bis schwarz-braune Farbe, wobei die Schnittfläche hellere Streifen aufweisen kann. Histologisch fallen besonders die zahlreichen Hämo- beziehungsweise Myoglobinzylinder (teils kristallin, teils granulär mit Eiweiß) auf, die bevorzugt in den HENLEschen Schleifen und Mittelstücken (Lower Nephron Nephrosis) auftreten und deren Entstehung durch schockbedingte Oligurie begünstigt wird (Abb. 8.5 B). Weiterhin findet

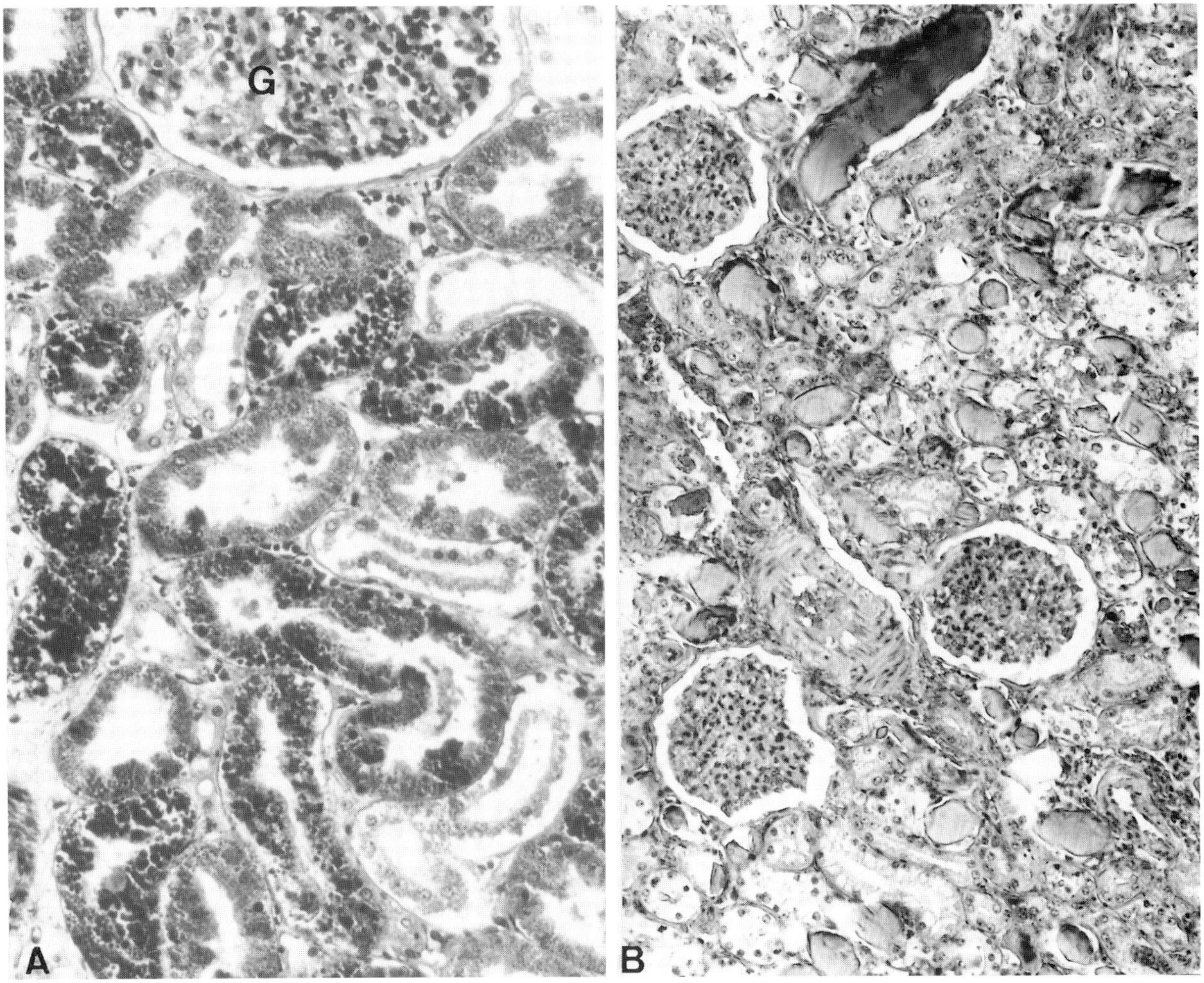

Abb. 8.5 A Hyalin-tropfige Speicherung in den Hauptstücken; G = Glomerulum, Trichrom-MASSON-Färbung, 200 x.
B Hämoglobinämische ischämische Nephrose mit zahlreichen Hämoglobinzylindern in den Tubuluslichtungen, Hund. HE, 150 x.

man in unterschiedlichem Ausmaß degenerative Veränderungen und Farbstoffrückresorption (tropfige Speicherung) in den proximalen Tubuli sowie Eiweißmassen (Proteinurie) in Kapsel- und Tubulusräumen. Zu entzündlichen Veränderungen kommt es, wenn die Tubuli infolge der Zylinderbildung nekrotisch werden (Tubulorhexis) und Harn in das Interstitium austritt.

Bei der **ischämischen cholämischen Nephrose,** wie sie vor allem bei der akuten Leptospirose des Hundes (s. S. 52) vorkommt, sind die Nieren schmutzig-gelbbraun bis olivgrün verfärbt. Histologisch findet man gleichartige Veränderungen wie bei der ischämischen chromoproteinämischen Nephrose, nur, daß anstatt Hämo- oder Myoglobin Bilirubin rückresorbiert beziehungsweise in Form eiweißreicher Zylinder in den Tubuli abgelagert wird (s. S. 256).

Eine Besonderheit stellen die **Mark- und Papillennekrosen** (Tafel XIV. D) dar, die vor allem bei jungen Hunden, Kälbern, Fohlen und Lämmern beobachtet werden. Ihre Pathogenese ist nicht eindeutig geklärt. Sie können im Rahmen des Schockgeschehens (bei längerdauernder Ischämie), bei Dehydration, bei toxischen Tubulonephrosen, bei längerer Verabreichung nichtsteroidaler Antiphlogistika und aus unbekannten Ursachen entstehen. Nichtsteroidale Antiphlogistika (s. S. 137) führen zu einer verminderten Produktion von Prostaglandinen (PGE_2,

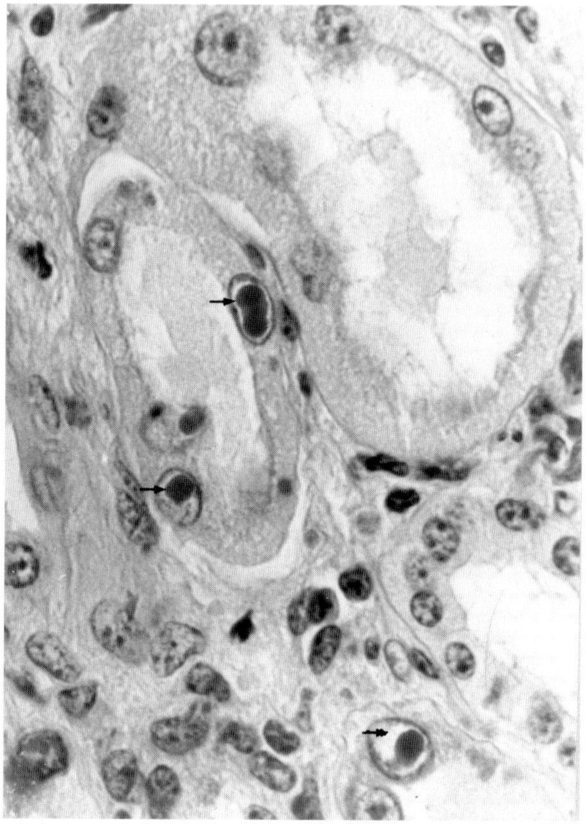

Abb. 8.6 Multiple säurefeste intranukleäre Einschlüsse Pfeile) in proximalen Tubulusepithelien bei chronischer Bleivergiftung, Kalb. ZIEHL-NEELSEN-Färbung, 450 x.

PGI_2) im Nierenmark, wodurch es wahrscheinlich über eine ungenügende Vasodilatation der Arteriolen der juxtaglomerulären Nephrone zur ischämischen Nekrose kommt. Folgen sind, je nach Größe der Nekrose, Urämie oder nur Isosthenurie. Papillen- und Marknekrosen bei Amyloidose der Katze S. 251, Pyelonephritis S. 264, Urolithiasis S. 274.

8.1.5.2.2 Toxische Tubulonephrosen

Bei den toxischen Tubulonephrosen sind primär meist die Hauptstückepithelien geschädigt (hydropische oder fettige Degeneration, Nekrose), da exogene und endogene Toxine nach ihrer glomerulären Filtration dort in der Regel rückresorbiert werden. Da Vergiftungen häufig auch mit schockartigen Zuständen einhergehen, kommt es nicht selten zu Überlagerung der toxischen und ischämischen Tubulusveränderungen. Toxische Tubulonephrosen führen häufig durch akutes Nierenversagen zum Tod.

Als **Ursachen** kommen zahlreiche Substanzen in Betracht, wie zum Beispiel Quecksilbersalze (Sublimat = schwere Nekrose und dystrophische Verkalkung, vorwiegend der distalen Abschnitte der Hauptstücke; Kalomel; quecksilberhaltige Fungizide), Kaliumbichromat (Nekrose mehr der proximalen Abschnitte der Hauptstücke), Urannitrat, Cadmium, Wismut, Thallium, Arsen, Phosphor, Tetrachlorkohlenstoff, Phenol, Monensin (s. S. 353), Mykotoxine u. a. Die dabei auftretenden Nierenveränderungen sind jedoch in der Regel zu unspezifisch, um eine sichere ätiologische Diagnose zu erlauben.

Die ***Bleivergiftung*** spielt vor allem bei Wiederkäuern, Hunden und wildlebendem Wassergeflügel (Aufnahme von Bleischrot) eine wichtige Rolle und kommt meist in der chronischen Form vor. Der Sektionsbefund ist unspezifisch (Abmagerung, hypochrome Anämie, Fettleber; ZNS, s. S. 282). Histologisch kann man eine meist vakuolige Degeneration der proximalen Tubuli sowie säurefeste Einschlüsse in den Kernen von Nieren- und Leberepithelien finden (Abb. 8.6). Beim ***Rind*** führen bereits subtoxische Bleimengen zu auffallenden Nierenveränderungen. Die Nieren sind vergrößert, von derber Konsistenz und weisen eine ockergelbe Farbe, zum Teil von weißen Stippchen durchsetzt, auf. Neben den bereits erwähnten tubulären Veränderungen findet man eine nichteitrige interstitielle Nephritis, eine Fibrose sowie eine vorwiegend mesangiale Glomerulonephritis.

Schwere Tubulonephrosen können bei hohen Gaben von bestimmten ***Sulfonamiden*** (zum Teil Verstopfung der distalen Tubuli durch ausgefällte Kristalle, die wegen ihrer Wasserlöslichkeit in routinemäßig hergestellten histologischen Schnitten meist nicht mehr zu finden sind) und ***Antibiotika*** (Gentamycin, Oxytetrazykline) entstehen, insbesondere, wenn zu wenig Flüssigkeit aufgenommen wird und der Harn sauer ist.

Ein besonderes Bild bietet die Vergiftung mit ***Äthlenglykol,*** das als Kühlerfrostschutzmittel (z. B. Glysanthin) Verwendung findet und immer wieder einmal von Hunden und Katzen, besonders an Tankstellen, aufgenommen wird. Die Hauptstücke der Nephrone zeigen dabei eine hochgradige, meist großvakuoläre Degeneration, während in Tubuluslumina und Interstitium typische Oxalatkristalle *(Oxalatnephrose)* auftreten. Äthylenglykol wird im Darm leicht resorbiert und dann zu etwa 10% in den Nieren und anderen Organen (Leber, Lunge, Gehirn u. a., dort auch Oxalatkristallbildung), vorwiegend durch die Alkohol-Dehydrogenase über einige Zwischenstufen zu Oxalsäure oxidiert, zu einem geringeren Teil auch durch Dekarboxylierung zu Ameisensäure umgewandelt. Beide sind in erster Linie für die umfangreichen Zellschädigungen verantwortlich, während die durch Bindung der Ca^{++} des Gewebes entstandenen Kalziumoxalatkristalle die Tubuli hauptsächlich mechanisch irritieren. Nach anderer Ansicht soll die großvakuolige Degeneration durch Rückresorption und Speicherung des stark hygroskopischen Äthylenglykols, ähnlich wie bei der Zuckerspeicherniere, erfolgen.

Oxalatnephrosen kommen bei Schafen, vor allem in Australien, nach Aufnahmen großer Mengen oxalatreicher Pflanzen, wie *Rhabarberarten, Sauerklee (Oxalis spp.), Sauerampfer (Rumex spp.), Halogeton glomeratus, Sarcobatus vermiculatus* u. a. vor, während Rinder und Pferde nur sehr selten Nephrosen entwickeln. *Amaranthus* (Fuchsschwanz) und *Chenopodium*-(Gänsefuß-)Arten, die einen hohen Gehalt an Nitrat und Oxalat besitzen, rufen keine Oxalatnephrosen, sondern bei Rind und Schwein (möglicherweise auch bei anderen Haustieren) perirenale Ödeme und Blutungen sowie Nekrosen der distalen Tubuli hervor. Das toxische Prinzip ist unbekannt (Phenole?), möglicherweise spielen zumindest in einem Teil der Fälle auch Mykotoxine (Ochratoxin A, s. unten) eine Rolle.

Die ***mykotoxische Nephropathie*** wird durch alimentäre Aufnahme von nierenschädigenden sekundären Stoffwechselprodukten von Pilzen verursacht. Sie kommt besonders bei ***Schweinen***, teilweise endemisch auftretend (Dänemark) vor. Sie wird auch bei Pferden und wahrscheinlich anderen Spezies, einschließlich Mensch (endemische Nephropathie in den Balkanländern?) beobachtet. Das hauptverantwortliche Mykotoxin ist *Ochratoxin A,* das erstmals aus *Aspergillus ochraceus* isoliert wurde. Heute kennt man sieben Aspergillus- und sechs Penicillium-Arten (vor allem *P. verrucosum-Stämme),* die das Toxin produzieren. Sie kommen besonders in Getreide- und Maisfutter vor, in denen sie sich bei geeigneten Umweltbedingungen rapid vermehren können. *Citrinin* und *Ochratoxin B,* die ebenfalls nephrotoxisch wirken, sind von untergeordneter Bedeutung. Oxalsäure, die von vielen Pilzen (besonders *Penicillium oxalicum* und *Aspergillus niger,* aber auch *Phycomyces-* und *Saccharomyces-Arten)* als primäres Stoffwechselprodukt gebildet wird, ist in der Pathogenese dieser Nephropathie ohne Bedeutung.

Klinisch findet man bei den Schweinen Polydipsie und -urie, Durchfälle und Wachstumsverzögerung. Der Verlauf ist chronisch, die Mortalität sehr gering, da die Schweine frühzeitig geschlachtet werden. Pathologisch-anatomisch sieht man vergrößerte, helle, oberflächlich gesprenkelte Nieren. Das histologische Bild ist durch Degeneration, besonders der proximalen Tubuli, Atrophie von Nephronen, glomeruläre Sklerose und Fibrose der Rindenschicht gekennzeichnet. Aus experimentellen Untersuchungen weiß man, daß die Tubulonephrose die primäre Veränderung darstellt.

Fumonisine (Zearalenone s. S. 310) führen bei Wiederkäuern zu Tubulonephrosen.

Bei dem als **perirenales Ödem** beim Absatzferkel bekannten Krankheitsbild (perirenales und subkutanes Ödem, Tubulonephrose) dürfte zumindest in einem Teil der Fälle Ochratoxin A eine kausale Rolle spielen (s. Amaranthusarten).

Nach Aufnahme größerer Mengen von ***Eicheln*** oder Eichenlaub *(Quercus spp.)* kann es bei Wiederkäuern, gelegentlich auch bei Pferden und nur sehr selten beim Schwein, zu Vergiftungserscheinungen mit Gastroenteritis, nekrotisierender Tubulonephrose und perirenalem Ödem kommen. Das toxische Prinzip dürfte in erster Linie der hohe Gerbsäuregehalt (Gallotannine), vorwiegend der jungen Blätter und grünen Eicheln, darstellen.

8.1.5.2.3 Speicherungsnephrosen

Speicherungsnephrosen entstehen durch Rückresorption und in der Regel lysosomale Speicherung von Stoffen, die das glomeruläre Filter passiert haben. Dabei kann die Durchlässigkeit des Filters primär oder sekundär erhöht (Glomerulonephrose und -nephritis) oder normal sein. Bei den gespeicherten Stoffen handelt es sich vor allem um Proteine, Pigmente, Lipide und Kohlenhydrate. Hauptspeicherungsort sind die proximalen Tubulusabschnitte (Hauptstücke).

Die **hyalintropfige Speicherung** stellt eine Speicherung von eiweißhaltigen Bestandteilen des Primärharnes durch Lysosomen der Hauptstückepithelien dar (Abb. 8.5 A). Sie kommt bei vielen Prozessen mit temporär (z. B. fieberhafte Allgemeinerkrankungen) oder permanent erhöhter glomerulärer Durchlässigkeit vor, ist reversibel und führt zu keinen klinischen Erscheinungen.

Beim **Plasmozytom** (s. S. 52) treten die vermehrt gebildeten Paraproteine durch das primär unveränderte glomeruläre Filter hindurch, werden zum Teil rückresorbiert (hyalintropfige Speicherung), zum Teil als intratubuläre Zylinder abgelagert, zum Teil mit dem Harn (BENCE-JONES-Protein*)* ausgeschieden. Im weiteren Verlauf kommt es zu Nephrohydrose, sekundären Glomerulumschädigungen, Tubulusatrophie, Verkalkung, Fibrose (typische Plasmozytomniere) und Niereninsuffizienz.

Die sogenannten **Pigmentnephrosen** werden am häufigsten durch Hämoglobin, Myoglobin, Hämosiderin, Gallenfarbstoffe und Lipofuszin verursacht, während Melanin, Porphyrine und Homogentisinsäure (Ochronose, Alkaptonurie) nur extrem selten vorkommen. Erworbene „Melanose" s. S. 210.

Bei *Hämo- und Myoglobinämie* passieren die Farbstoffe (Chromoproteine) das primär ungeschädigte Filter, werden zum kleinen Teil in den proximalen Tubuli rückresorbiert, zum größeren Teil mit dem Harn (Hämo- und Myoglobinurie, Zylinderbildung) ausgeschieden. Die Nieren können dabei eine braunrote bis schwarzrote Farbe annehmen. Funktionsstörungen der Niere werden nur bei gleichzeitigem Vorliegen von ischämischen oder toxischen Schädigungen (s. S. 252) beobachtet. Aus dem gespeicherten Hämo- und Myoglobin kann durch lysosomale Verdauung Hämosiderin entstehen, das der Nierenrinde in ausgeprägten Fällen eine dunkelbraune Farbe verleiht. Die *Hämosiderose* der Nieren tritt zusammen mit der anderer Organe (Leber, Milz, Lymphknoten), besonders bei wiederholten schweren hämolytischen Anämien (infektiöse Anämie der Equiden, s. S. 57), auf.

Die *Cloisonné-Niere* (fr. = durch Scheidewände getrennt, Zellschmelzemail) bei Ziegen gleicht im makroskopischen Aussehen der Ebenholzniere. Histologisch findet man an der verdickten Basalmembran der proximalen Tubuli ein braun-schwarzes Pigment, das aus Hämosiderin und Ferritin besteht und wahrscheinlich infolge wiederholter intravaskulärer Hämolyse entstanden ist. Funktionsstörungen treten nicht auf. Auch hier ist die Ursache unbekannt.

Bei der *cholämischen Nephrose* infolge Bilirubinämie (verschiedene Formen des Ikterus, s. S. 212) sind die Nieren schmutzig-gelbbraun bis olivgrün verfärbt. Hinsichtlich Speicherung, Zylinderbildung, Ausscheidung und Funktionsstörungen sind die Verhältnisse weitgehend ähnlich wie bei den Chromoproteinen.

Die *Fuszinnephrose* („tierische Hämochromatose") kommt als sogenannte *Ebenholzniere* (schwarze Verfärbung der Nierenrinde) bei erwachsenen Rindern vor. Das Lipofuszin-ähnliche Pigment liegt in den Epithelien der *Pars convoluta* der Hauptstücke und kann auch in der Skelettmuskulatur vorkommen. Die Ursache ist unbekannt, Funktionsstörungen treten nicht auf. Ansonsten kann man bei der histologischen Untersuchung normaler Nieren von Haus- und Labortieren nicht selten *Lipofuszin* in geringem Ausmaß in den Hauptstückepithelien finden.

Die typische **Lipoidnephrose** des Menschen entsteht sekundär im Anschluß an eine längerdauernde erhöhte Durchlässigkeit des Glomerulumfilters infolge von Glomerulonephrosen oder -nephritiden. Dabei kommt es zur Proteinurie und Lipoidurie (Hypercholesterinämie bei nephrotischem Syndrom, s. S. 251) mit nachfolgender teilweiser Rückresorption von Proteinen (hyalintropfige Speicherung) und doppelbrechenden Lipoiden in den Hauptstückepithelien (Schaumzellenbildung). Lipoide treten auch in Makrophagen gespeichert im Interstitium auf. Bei Haustieren kommt ein der typischen Lipoidnephrose vergleichbares Bild spontan nicht vor, obwohl bei der Amyloidnephrose des Hundes neben der Proteinurie gelegentlich auch eine Hypercholesterinämie vorliegt. Im Tierexperiment dient die Aminonukleosidnephrose als Modell für die Lipoidnephrose. WOLMAN's Disease beim Foxterrier s. S. 429.

Von der Lipoidnephrose (doppelbrechende Lipoide) streng zu unterscheiden ist die **tropfige Verfettung der Tubuli mit Neutralfetten.** Dabei handelt es sich entweder um normale Befunde (bei der Katze Hauptstück stark, beim Hund *Pars recta* des Hauptstückes mäßig verfettet; bei Pferd und Wiederkäuern meist nur einzelne Fetttröpfchen, beim Schwein einzelne Fetttröpfchen bis hochgradige Verfettung) oder um Verfettung infolge toxischer (Ketose bei hochträchtigen oder laktierenden Rindern und Schafen, Phosphor), hypoxischer (selten) oder lipämischer (Diabetes mellitus, Hyperlipämie der Ponies, Ketose) Zustände. Nieren mit hohem Neutralfettgehalt sind auffallend hellgelblich, von relativ weicher Konsistenz und auf der Schnittfläche fettig. Neben der diffusen Verfettung kommt bei einer Reihe anderer Nierenerkrankungen wie Amyloidose, Herdnephritis und Schrumpfnieren u. a. eine mehr herd- oder streifenförmige, unregelmäßig verteilte Verfettung vor.

Die **Glykogennephrose** tritt bei schweren Fällen von *Diabetes mellitus* bei Hund und Katze (s. S. 480) auf. Im Gefolge der Glykosurie wird ein Teil der Glukose rückresorbiert und intrazellulär, vor allem in den Epithelien der HENLEschen Schleife und der distalen gewundenen Kanälchen, als Glykogen gespeichert (holundermarkartiges Aussehen der Epithelien = ARMANNI-EBSTEIN-Zellen im H.E.-Schnitt). Infolge der gleichzeitigen Lipämie kommt es auch zur Verfettung der proximalen Tubuli (Glomerulosklerose, s. S. 251).

Die **Zuckerspeicherniere** (feinwabige, reversible Vakuolisierung der Hauptstückepithelien; osmotische Nephrose), die nach massiver Infusion von zuckerhaltigen Lösungen (Saccharose, Dextran, Periston) auftritt, spielt heute keine Rolle mehr.

8.1.5.2.4 Tubulonephrosen mit Konkrementablagerung

Dazu sind Verkalkungen, Harnsäureinfarkte, Nierengicht, Xanthinnephrose und die schon auf S. 255 beschriebene Oxalatnephrose zu rechnen.

Verkalkungen der Niere *(Nephrokalzinosen)* sind häufig und zeigen sich makroskopisch in feinen weißen Stippchen oder meist radiär angeordneten Streifen. Sie können metastatischer oder dystrophischer Natur sein. *Metastatische* Verkalkungen (Hyperkalzämie bei D_3-Hypervitaminose, sekundärem Hyperparathyreoidismus u. a.) treten im

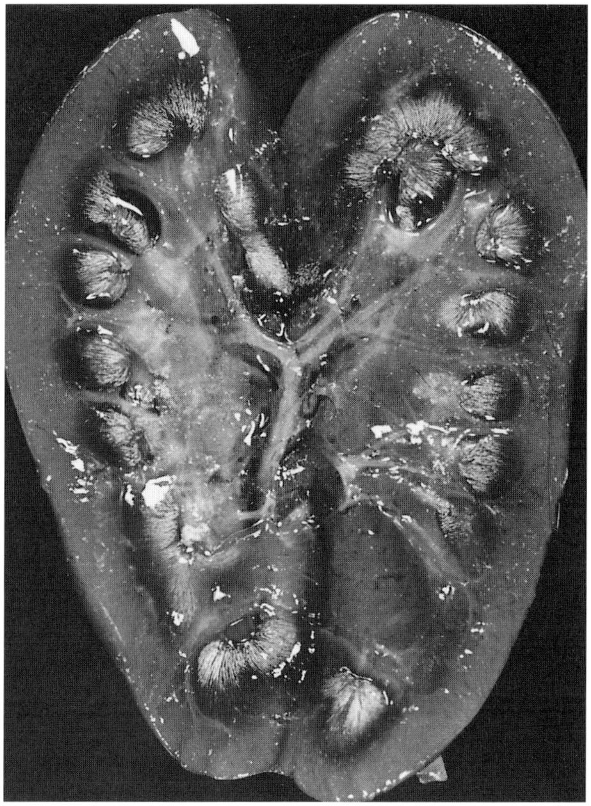

Abb. 8.7 Sog. Harnsäureinfarkt in den Nierenpapillen eines neugeborenen Ferkels.

Bereich der tubulären Basalmembranen, BOWMANschen Kapsel, im Interstitium (sogenannter Kalkinfarkt an der Papillenspitze, auch dystrophischer Natur) und in Gefäßwänden auf. Eiweiß-Kalkzylinder, insbesondere in den distalen Tubuli, sind häufig beim Hund und können gelegentlich mechanisch die Tubulusepithelien schädigen. *Dystrophische* Verkalkungen findet man vor allem bei nekrotisierenden Tubulonephrosen (Sublimatnephrose, s. S. 254) und, zusammen mit metastatischen, in Schrumpfnieren. Auch bei der durch starkes Erbrechen bedingten Hypochlorämie und extrarenalen Urämie kann gelegentlich eine dystrophische Verkalkung von Tubuli vorkommen.

Der sogenannte **Harnsäureinfarkt** kann bei neugeborenen Ferkeln, seltener bei anderen Haustieren, in Form von weißen bis hellgelben radiären Streifen in den Nierenpapillen beobachtet werden (Abb. 8.7). Er kommt durch temporäre intratubuläre Ablagerung von Harnsäure und Uraten im Gefolge eines vermehrten Zerfalls kernhaltiger roter Blutkörperchen und des erst allmählichen Ingangkommens der Urikaseaktivität zustande und bedingt in der Regel keine Funktionsstörungen.

Die **Nierengicht** mit Ablagerung von Harnsäure und Uraten tritt nur bei Vögeln und Reptilien auf. Infolge der mechanischen Reizwirkung der Uratkristalle kommt es häufig auch zu entzündlichen Prozessen mit Granulombildung. Die primäre nephrotische Nierengicht führt zunächst zu einer helleren Tönung des Organs mit deutlicher Zeichnung der Sammelröhrchen infolge Auffüllung der Lumina mit milchartigen Urat- und Harnsäureemulsionen. In fortgeschritteneren Stadien treten mehr und mehr körnige Uratkonkremente auf, die Nieren nehmen an Umfang zu, können aber auch bindegewebig indurieren. Meist liegt dann auch eine generalisierte Serosen- und Gelenkgicht vor. Ursächlich werden vor allem Vitamin A-Mangel, zu reichliche Proteingaben und Stoffwechselfehlleistungen verschiedener Art verantwortlich gemacht. Infektiös oder toxisch bedingte Nierenschädigungen können ebenfalls zum Bild der Nierengicht führen.

Die **Xanthinnephrose** (zahlreiche weißlich-gelbe Streifen und Netze in Rinde und Mark, Nierenoberfläche häufig fein-granuliert) kommt sehr selten vor und ist bislang nur beim Rind beschrieben (Mangel an Xanthin-Dehydrogenase?).

8.1.6 Entzündungen (Nephritiden)

Entzündliche Prozesse der Nieren *(Nephritis)* spielen sich im Bereich der Glomerula und/oder des Interstitiums einschließlich der Gefäße ab. Je nachdem, welche Strukturen zuerst und am stärksten betroffen sind, kann man zwischen **Glomerulonephritiden** und **interstitiellen Nephritiden** unterscheiden. Dabei ist aber zu beachten, daß insbesondere bei längerer Dauer eines Entzündungsprozesses sekundär auch andere Strukturen als die primär betroffenen geschädigt werden können. Häufig ist es dann schwierig oder unmöglich festzustellen, welche Gebiete der Niere zuerst und am stärksten verändert wurden, das heißt, um welche Nephritisform es sich primär handelte. Bei der Einteilung der Nierenentzündungen ist weiterhin zu beachten, ob die entzündlichen Prozesse diffus oder herdförmig auftreten, akut oder chronisch verlaufen und ob sie eitriger, nichteitriger oder granulomatöser Natur sind.

Einteilung der Nierenentzündungen

I. Glomerulonephritis
   1. Diffuse Glomerulonephritis
   2. Herdförmige Glomerulonephritis
II. Interstitielle Nephritis
   1. Diffuse nichteitrige interstitielle Nephritis

2. Herdförmige nichteitrige interstitielle Nephritis
3. Herdförmige embolisch-eitrige interstitielle Nephritis
4. Pyelonephritis
5. Granulomatöse Nephritis

8.1.6.1 Glomerulonephritis

Glomerulonephritiden kommen bei allen Haustieren vor. Sie lassen sich mit den vom Menschen her bekannten Grundformen vergleichen, was aber nicht heißen soll, daß sie mit diesen identisch sind.

Bei der *diffusen Glomerulonephritis* sind nahezu alle Glomerula (meist unterschiedlich stark), bei der *herdförmigen (fokalen)* nur die bestimmter Nierengebiete verändert. Die Veränderungen betreffen entweder das gesamte Glomerulum *(panglomerulär, global)* oder nur Teile *(segmental)* desselben. Sie bestehen im wesentlichen aus Exsudation (Granulozyten, Fibrin), Nekrose, Schwellung und Proliferation von Endothel-, Epithel- und Mesangiumzellen, Vermehrung der Mesangiummatrix sowie Verdickung, knotiger Auftreibung und Auffaserung der Basalmembran. Während die entzündlichen Exsudate abgeräumt und die Zellschwellungen noch rückgängig gemacht werden können, sind die anderen Veränderungen in der Regel irreversibel. Bei längerer Dauer treten reparative Prozesse auf und führen zu Sklerose der Glomerula (sklerosierende Formen der Glomerulonephritis, Glomerulosklerose). Als sekundäre Veränderungen sind tubuläre Speicherungsnephrosen (s. S. 255), Atrophie von Nephronen, interstitielle Entzündungen und Fibrosen (Schrumpfniere s. S. 267) anzusehen.

Als **Folgen** einer Glomerulonephritis kommt es primär zu Filtrationsstörungen (Proteinurie, Hämaturie, Oligurie, Anurie; nephrotisches Syndrom, s. S. 251) und sekundär, insbesondere bei längerer Dauer, zur Beeinträchtigung der tubulären Funktionen (mangelhafte Harnkonzentrierung, Verlust von Na^+, Cl^-, Bikarbonat u. a.) und schießlich zur Retention von Harnstoff, Kreatinin, Phosphaten u. a. (Azotämie, Urämie, s. S. 270). Ausmaß, Art und Dauer dieser Funktionsstörungen sind jedoch sehr unterschiedlich und in erster Linie vom jeweiligen Typ der Glomerulonephritis abhängig. Während man beim Menschen aufgrund der verschiedenen Bilder von bioptisch gewonnenem Nierenmaterial mit einiger Sicherheit prognostische Aussagen machen kann, ist dies bei Haustieren derzeit nur in begrenztem Maße möglich. Wichtig ist jedoch festzuhalten, daß nicht jede Glomerulonephritis zu auffallenden klinischen Symptomen oder gar zum Nierenversagen führt, da selbst bei Zerstörung zahlreicher (bis zu 70–80%) Nephrone durch kompensatorische Hypertrophie der nichtgeschädigten die Nierenfunktionen noch aufrechterhalten werden können (s. S. 271).

8.1.6.1.1 Diffuse Glomerulonephritis

Die diffusen Glomerulonephritiden können aufgrund histologischer Kriterien in exsudative, proliferative (mesangial oder extrakapillär), membranoproliferative, membranöse (mit oder ohne „Spikes") und sklerosierende Formen eingeteilt werden (Abb. 8.8 A,B,C,D). Dem zeitlichen Verlauf nach kann man akute, subakute und chronische Glomerulonephritiden unterscheiden, wobei auch fortschreitende und rezidivierende Formen vorkommen. Dazu sei aber gesagt, daß man beim Menschen vielfach abweichend von der eigentlichen Bedeutung der Begriffe, die noch ausheilbaren Glomerulonephritiden als akut, die nicht mehr heilbaren als chronisch bezeichnet. Zur exakten Diagnosestellung reicht der gewöhnliche Paraffinschnitt meist nicht aus. Besondere Untersuchungsmethoden wie Dünnschnittechnik, Versilberung nach Movat, PAS, Immunhistologie, Elution von Immunglobulinen, Elektronenmikroskopie u. a. sind dann notwendig.

Makroskopisch findet man nur bei den schweren Formen der diffusen Glomerulonephritiden auffallende Veränderungen, die jedoch uncharakteristisch sind, da sie auch bei herdförmigen Glomerulonephritiden (s. S. 261) und anderen Nephritiden auftreten können. Bei der *akuten Verlaufsform* sind die Nieren geschwollen, feucht, blaß und auf der Oberfläche von einzelnen oder zahlreichen Petechien durchsetzt. Bei der mehr *subakuten Verlaufsform* sind die Nieren stärker vergrößert, von heller bis hellrosafleckiger Farbe, relativ derb und ebenfalls oberflächlich von zahlreichen Petechien durchsetzt. Die *chronische Verlaufsform* kann sich als fein- bis grobgranulierte Schrumpfniere (s. S. 268) äußern, wobei es aber sehr schwierig oder unmöglich werden kann zu beweisen, daß diese auf dem Boden einer Glomerulonephritis entstanden ist.

In der **Pathogenese** der diffusen Glomerulonephritiden spielen immunpathologische Vorgänge die überragende Rolle. Die Nieren sind wegen ihrer funktionellen und anatomischen Besonderheiten mehr als jedes andere Organ für die Manifestation immunpathologischer Reaktionen prä-

Abb. 8.8 Glomerulonephritis beim Hund.
A Normales Glomerulum
B Membranoproliferativ
C Mesangial
D Membranös mit „Spikes" (Pfeile)
MOVAT-Versilberung, 350 x (Fotos: K. Frese).

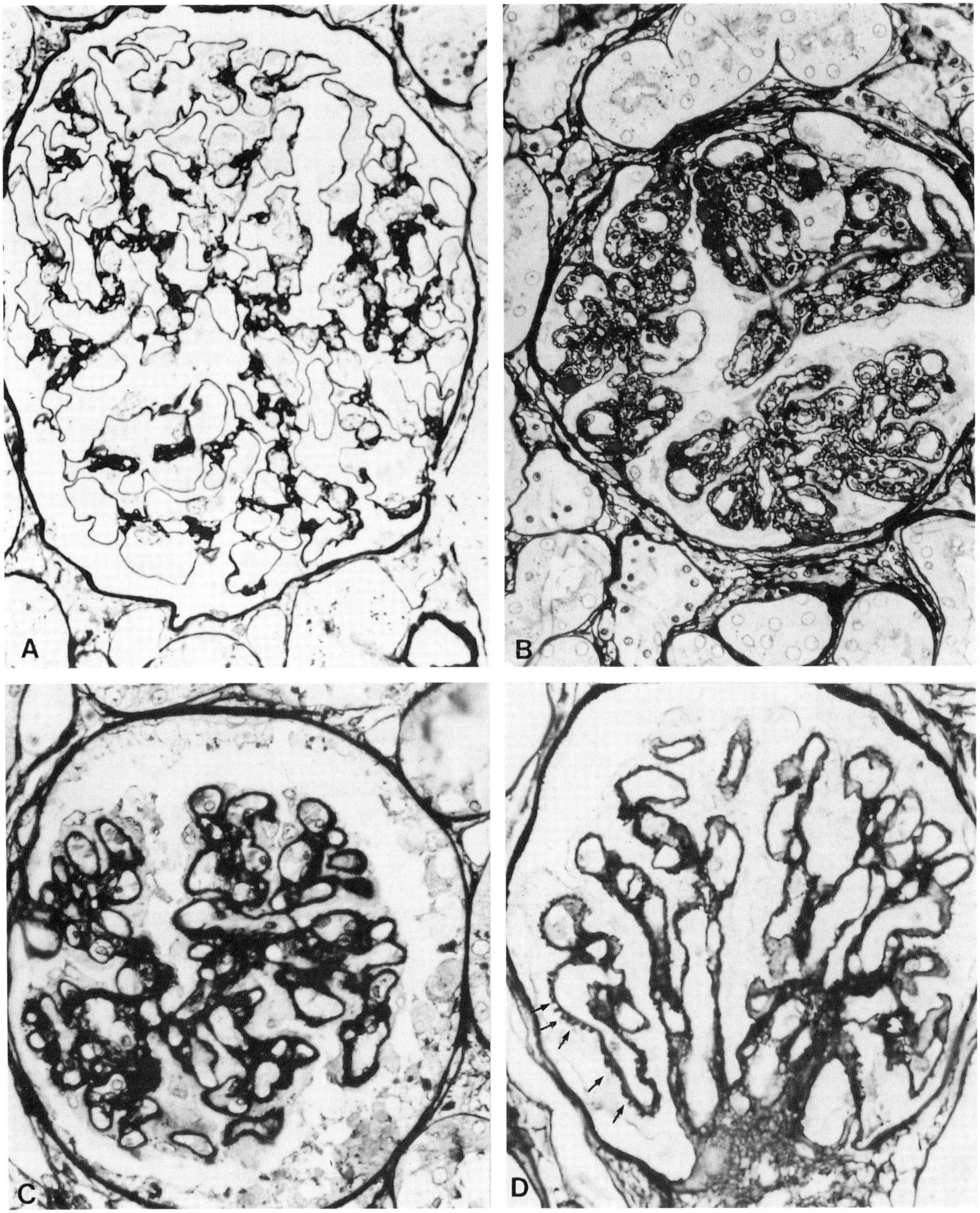
A
B
C
D

destiniert. Zum einen werden in der glomerulären Basalmembran im Rahmen des Filtrationsprozesses häufig *Antigen-Antikörper-Komplexe* abgelagert, zum anderen ist die glomeruläre Basalmembran wegen ihres hohen Anteils an organspezifischem Antigen der direkte Angriffspunkt für mehr oder minder nierenspezifische *antikörpervermittelte (humorale) Immunreaktionen.*

Bei den durch Antikörper-vermittelten Immunreaktionen ausgelösten Entzündungen der Glomerula kann man grundsätzlich zwischen einer Immunkomplex- und Anti-Basalmembran-Glomerulonephritis unterscheiden.

Immunkomplex-Glomerulonephritis s.

Im Blut befindliche, nicht gelöste Immunkomplexe werden durch das mononukleäre phagozytäre System aus der Zirkulation genommen. Gelöste Immunkomplexe, die besonders bei Antigenüberschuß (Serumkrankheit s. S. 506) entstehen, entgehen der Phagozytose, werden in den Glomerula abgelagert und aktivieren das *Komplementsystem.* Die Spaltprodukte C3a und C5a (Anaphylatoxine) setzen Histamin und Serotonin aus Mastzellen frei, C5a wirkt chemotaktisch, C7, C8, C9 direkt zytotoxisch. Weiterhin kommt es zur Bildung anderer biologisch aktiver Mediatoren wie besonders von Eicosanoiden (Leukotriene, Prostaglandine) und von Zytokinen (Komplement-unabhängig). Die Mediatoren lösen letztlich die entzündlichen Veränderungen aus. Deren Ausmaß hängt in erster Linie von der Stärke und Dauer der Antigen-Antikörper-Reaktion und der Art und Menge der freigesetzten Mediatoren ab. Immunhistologisch kann man dabei Immunglobuline (meist IgG, selten IgM oder IgA), C3 und/oder Properdin als unterbrochen-herdförmige Ablagerungen unterschiedlicher Menge nachweisen. Der Ort der Ablagerungen der Immunkomplexe hängt dabei in erster Linie von deren Größe ab: Große dringen noch durch das Endothel, werden aber subendothelial abgefangen und von Mesangiumzellen phagozytiert (mesangial), während kleinere in die glomeruläre Basalmembran (membranös) und durch diese hindurch in den subepithelialen Bereich gelangen können. Die Ablagerungen sind zusammen mit den anderen morphologischen Veränderungen für die nosologische Einordnung und prognostische Bewertung der verschiedenen Glomerulonephritiden von ausschlaggebender Bedeutung.

Bei der Immunkomplex-Glomerulonephritis der *Tiere* gelingt nur in relativ wenigen Fällen der Nachweis des Antigens, so daß die Beurteilung kausaler Zusammenhänge erschwert oder gar unmöglich wird. In diesen Fällen spricht man auch von einer primären oder idiopathischen Immunkomplex-Glomerulonephritis.

Beim *Menschen* machen die Immunkomplex-Glomerulonephritiden ca. 90% aller immunpathologischen Glomerulonephritiden aus, wobei die Post-Streptokokken-Glomerulonephritis am häufigsten vorkommt. Bei Haustieren ist das spontane Vorkommen einer Post-Streptokokken-Glomerulonephritis nicht bewiesen; sie konnte bislang auch experimentell nicht erzeugt werden.

Diffuse Immunkomplex-Glomerulonephritiden kommen bei allen Haustieren, besonders bei chronischen Infektionskrankheiten vor.

Hund: Pyometra (s. S. 301), Hcc (s. S. 216), Dirofilariose (s. S. 26), Leishmaniose (s. S. 547), Systemischer Lupus erythematodes (s. S. 510), familiäre Nephropathie bei Samojede, Dobermann und Berner Sennenhund (S. 246). Bei Britany Spaniels ist eine membranoproliferative Glomerulonephritis infolge eines autosomal-rezessiverblichen Mangels des Komplementfaktors C3 beschrieben (s. Finnische Landrasse-Schafe).

Katze: FeLV-Infektion (s. S. 68), FIP (s. S. 122), Progressive Polyarthritis (s. S. 342).

Schaf: Bei **Finnischen Landrasse-Schafen** kommt ein autosomal-rezessiverblicher Mangel des Komplementfaktors C3 vor. Dadurch werden offensichtlich eine verminderte Phagozytose und die Löslichkeit der Immunkomplexe bedingt, so daß sie u. a. in den Glomerula und dem Plexus chorioideus abgelagert werden und zu einer vorwiegend mesangiokapillären diffusen Glomerulonephritis beziehungsweise Chorioiditis führen. Erste Veränderungen entstehen bereits im Fetus, schreiten nach der Geburt schnell voran und führen nach ein bis drei Monaten zum Tod infolge Urämie. *Campylobacter fetus* (s. S. 308).

Rind: BVD (s. S. 133), Afrikanische Trypanosomose (s. S. 546), Bleivergiftung (s. S. 254).

Pferd: Infektiöse Anämie (s. S. 57).

Schwein: Das **Porzine Immunkomplex-Glomerulonephritis-Dermatitis (PIGD)-Syndrom** (Porzines Dermatitis Nephropathie Syndrom) wird seit Anfang der 90er Jahre in verschiedenen Ländern Europas, in Kanada, Südafrika, Südamerika, Australien und seit 1997 auch in den USA bei Mastschweinen beobachtet. Bei den Nierenveränderungen handelt es sich um eine exsudative (fibrinöse) intra- und extrakapilläre Glomerulonephritis mit Ablagerung von Immunkomplexen (IgM, IgA, C3, C1q, seltener IgG). Die histologischen Nierenveränderungen gleichen denen bei der auf S. 261 beschriebenen serofibrinösen Glomerulonephritis. In der Haut findet man eine herdförmige nekrotisierende Dermatitis mit Infiltration von polymorphkernigen Granulozyten sowie Mikrothromben (s. S. 535). Die Ursache der PIGD ist nicht bekannt, offensichtlich handelt es sich um eine Immunkomplex-vermittelte Allergie im Gefolge bakterieller

Infektion (Streptokokken?). In jüngster Zeit wurde auch PRRSV nachgewiesen (s. S. 99).

Bei Ferkeln der norwegischen Yorkshire-Rasse kommt es infolge einer membranoproliferativen Glomerulonephritis zu erheblichen Verlusten. Diese wird primär verursacht durch einen autosomal-rezessivvererbten **Mangel des Faktors H** (Plasmaprotein), der die Komplementaktivierung reguliert. Der Mangel an Faktor H führt über eine exzessive Aktivierung des Komplementsystems zu einem laufenden Komplementverbrauch und damit zu einer Hypokomplementämie. Dadurch kommt es ähnlich wie bei den Schafen der Finnischen Landrasse zur Entstehung einer Glomerulonephritis.

Chronische Europäische Schweinepest (s. S. 183), Chronische Afrikanische Schweinepest (s. S. 184).

Nerz: Die **Aleutenkrankheit** wird durch ein Parvovirus verursacht, wobei eine genetische Prädisposition der Aleuten-Mutante besteht (s. S. 489). Die Infektion erfolgt horizontal oder vertikal und verläuft persistierend (Makrophagen) über Monate bis Jahre. Das Virus verursacht eine Proliferation von B-Lymphozyten und Plasmazellen in fast allen Organen mit nachfolgender Hypergammaglobulinämie sowie eine Immunsuppression. Die Antikörper neutralisieren das Virus nicht, sondern bilden infektiöse Immunkomplexe. Diese rufen eine Glomerulonephritis (meist sklerosierend, Proteinurie), Anämie und Arteriolitis und Panarteriitis hervor, an der die Tiere sterben.

Anti-Basalmembran-Glomerulonephritis

Aus unbekannten Gründen werden Antikörper gebildet, die gegen glomeruläre Basalmembranen gerichtet sind (Autoimmun-Glomerulonephritis). Dabei kommt es zu prinzipiell gleichartigen Veränderungen wie bei den Immunkomplex-Glomerulonephritiden. Im Unterschied zu diesen sind die Immunkomplexablagerungen aber an der Basalmembran einheitlich glatt und linear angeordnet. Die Anti-Basalmembran-Glomerulonephritis ist unter den Haustieren bislang nur bei Pferd und Hund beschrieben. Beim GOODPASTURE-Syndrom des Menschen (idiopathisch, Lungenblutungen und -hämosiderose) kommt es, offensichtlich wegen der Bildung von Antikörpern gegen pulmonale Basalmembranen, die mit den glomerulären kreuzreagieren, zur Anti-Basalmembran-Glomerulonephritis mit stets tödlichem Ausgang.

Experimentell ist die Anti-Basalmembran-Glomerulonephritis durch Verabreichung eines heterologen Serums, das Antikörper gegen glomeruläre Basalmembranen enthält, bei vielen Tierarten erzeugt worden (sogenannte MASUGI-Nephritis).

8.1.6.1.2 Herdförmige Glomerulonephritis

Bei den herdförmigen Glomerulonephritiden ist nur ein Teil der Glomerula betroffen, wobei segmentale Veränderungen überwiegen. Pathogenetisch kommen in erster Linie direkte Schadwirkungen von Erregern und lokale Zirkulationsstörungen in Betracht. Es ist aber anzunehmen, daß auch immunpathologische Prozesse von Bedeutung sind. Untersuchungen, die dies beweisen könnten, fehlen jedoch.

Eine **akute herdförmige Glomerulonephritis** findet man bei vielen *septikämisch* verlaufenden Infektionskrankheiten, insbesondere bei akutem Rotlauf und akuter Schweinepest (s. S. 183). Das makroskopische Bild (Hyperämie, petechiale Blutungen) ist ähnlich dem bei der akuten diffusen Glomerulonephritis. Histologisch beziehungsweise elektronenmikroskopisch sieht man in zahlreichen Glomerula Mikrothromben als Ausdruck einer disseminierten intravasalen Gerinnung, Zellschwellungen, Endotheldefekte, fibrinoide Nekrosen der Schlingen und Granulozyten. Diese Veränderungen sind auf die direkte Einwirkung der Erreger und Störungen der Mikrozirkulation zurückzuführen. Immunpathologische Prozesse dürften, im Gegensatz zur chronischen Schweinepest (s. S. 183), wegen des nur wenige Tage dauernden Verlaufes keine besondere Rolle spielen.

Bei der durch Rotlaufbakterien oder Streptokokken bedingten *Endokarditis des Schweines* (s. S. 11) kann es entweder zu einer herdförmigen, embolisch-eitrigen interstitiellen Nephritis (s. S. 264) oder seltener auch zu einer **herdförmigen Glomerulonephritis** kommen. Makroskopisch sieht man bei dieser meist nur multiple Petechien. Histologisch fallen besonders Mikrothromben in den Kapillarschlingen, Nekrose und Hyalinisierung der Schlingen, Ansammlung von eiweißreichem Exsudat in den Kapselräumen und interstitielle lymphohistiozytäre Infiltrate auf. Bakteriologische Untersuchungen derartig veränderter Nieren sind durchweg negativ.

Eine Besonderheit stellt die sogenannte **serofibrinöse Glomerulonephritis** dar, die gelegentlich beim Schwein gefunden wird. Das makroskopische Bild der Nieren ist durch starke Schwellung, Rötung, feuchte Schnittfläche und multiple Petechien gekennzeichnet. Histologisch findet man im Kapselraum vieler Nierenkörperchen ein Exsudat, das aus Fibrin, Granulozyten und Erythrozyten besteht und häufig die Glomerulumschlingen auf die Seite drängt (extrakapilläre Glomerulonephritis, Abb. 8.9). Ähnliches Eiweißmaterial tritt auch in den Tubuluslichtungen auf. Die Ätiologie dieser Glomerulonephritis ist nicht bekannt. PIGD s. S. 260.

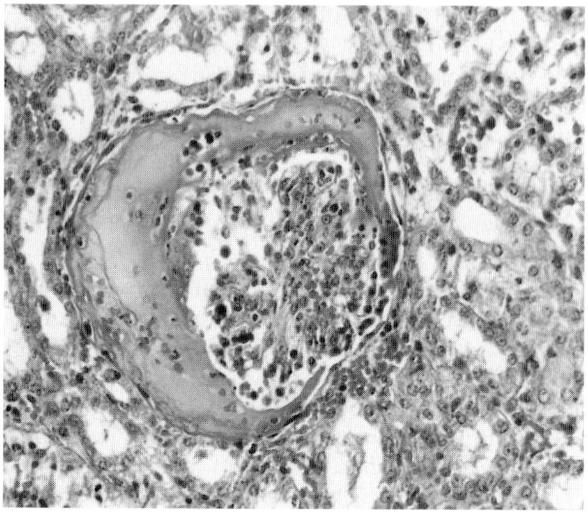

Abb. 8.9 Sog. serofibrinöse Glomerulonephritis eines Schweines. Eiweißreiches Exsudat, durchmengt mit Erythrozyten und einzelnen Granulozyten im Kapselraum. HE, 200 x.

8.1.6.2 Interstitielle Nephritis

Bei der interstitiellen Nephritis treten die entzündlichen Prozesse primär und hauptsächlich im Bereich des Nierenstromas auf. Sie können aber auch in begrenztem Maße sekundär nach einer primären Schädigung der Glomerula, Tubuli oder Gefäße entstehen. Man spricht dann von einer *interstitiellen Begleitnephritis.*

8.1.6.2.1 Diffuse nichteitrige interstitielle Nephritis

Sie kommt häufig beim *Hund* vor, allerdings nicht so häufig, wie vielfach in der Literatur angegeben. Weiterhin wird sie des öfteren bei der *Katze,* aber nur sehr selten bei anderen Haustieren gesehen. Die Ursachen sind vielfach unbekannt. In Betracht kommen vor allem Leptospireninfektionen (s. S. 51) und bakterielle Intoxikationen (z. B. bei Pyometra, Pneumonien u. a.). Die diffuse nichteitrige interstitielle Nephritis tritt doppelseitig auf (hämatogene Entstehung) und kann akut, subakut oder chronisch verlaufen. Ähnlich wie bei den Glomerulonephritiden besteht auch hier die Frage, ob die chronische Nephritis sich aus einer akuten entwickelt oder durch Fortschreiten primär geringfügiger Läsionen entsteht. Bioptische Untersuchungen und Funktionsprüfungen, die diese Frage klären könnten, stehen jedoch noch aus.

Bei der *akuten* diffusen nichteitrigen interstitiellen Nephritis sind die Nieren häufig makroskopisch unverändert oder dunkelrot, leicht vergrößert und ihre Kapseln ohne Substanzverlust abziehbar. Bei den *subakut bis chronischen Verlaufsformen* kann man eine oberflächliche weißgraue Fleckung beobachten. Auf der Schnittfläche dieser Nieren sieht man, daß die Flecken sich in die Nierenrinde fortsetzen und teilweise als weißliche Streifen in das Nierenmark ziehen. Bei der Katze können wegen der gelbweißen Eigenfarbe der Nieren diese Veränderungen leicht übersehen werden. Histologisch dominiert die starke Infiltration mit Lympho- und Histiozyten im Bereich des perivaskulären, intertubulären und periglomerulären Bindegewebes. Häufig sind, besonders beim Hund, auch Plasmazellen zu finden, während Granulozyten nur vereinzelt auftreten. Der histologische Befund ist ähnlich dem bei chronischer Nierentransplantatabstoßung beim Hund und weist somit auf die Beteiligung immunpathologischer Prozesse (lokale Antikörperbildung, Allergie vom verzögerten Typ) hin.

Im *Endstadium* liegt das Bild einer *feingranulierten Schrumpfniere* mit auffallend schmaler Rinde vor (s. S. 268), wobei es auch hier in der Regel nicht mehr möglich ist nachzuweisen, daß diese auf dem Boden einer interstitiellen Nephritis entstanden ist. Die akute diffuse interstitielle Nephritis kann, wie zum Beispiel bei der akuten Leptospirose des Hundes (s. S. 52), zur Urämie führen, aber auch ohne schwerwiegende klinische Erscheinungen einhergehen. Bei der chronischen, als Endstadium anzusehenden Form ist dagegen die Urämie häufigstes Ereignis.

8.1.6.2.2 Herdförmige nichteitrige interstitielle Nephritis

Sie kommt in unterschiedlich starker Ausprägung bei allen Haustieren häufig vor. Meist stellt sie einen Zufallsbefund bei der Schlachtung oder Autopsie dar oder wird erst bei der histologischen Untersuchung der Nieren erkannt. Das in der Regel doppelseitige Auftreten spricht für eine hämatogene Entstehung.

Eine typische herdförmige nichteitrige interstitielle Nephritis stellt die sogenannte **weiße Fleckniere** dar, die bei *Kälbern* häufig, seltener auch bei *Jungrindern* beobachtet wird. In ausgeprägten Fällen findet man einzelne oder zahlreiche, teils konfluierende, speckig-weiße Knoten (ca. 0,2–1 cm im Durchmesser), von denen die größeren halbkugelig aus der Nierenoberfläche hervorragen und mit der Nierenkapsel verwachsen sein können (Tafel XV. D). Auf der Schnittfläche sieht man, daß die Knoten in der Regel auf die Rinde beschränkt bleiben, und daß sie zum Teil die Form eines stumpfen Keiles annehmen (Abb. 8.10). Histologisch zeigt sich, daß die Knoten aus Lymphozyten, Plasmazellen (weniger häufig) und Makrophagen beste-

Abb. 8.10 Herdförmige nichteitrige interstitielle Nephritis, Rind.

hen, wobei letztere mit fortschreitendem Alter des Entzündungsprozesses zahlenmäßig zunehmen. Sekundär kann es zur Atrophie von einzelnen Glomerula und Zerstörung von Tubuli kommen. In letzterem Falle findet man dann Zelltrümmer (nicht mit Granulozyten zu verwechseln) und Zellzylinder in den erweiterten distalen Tubuli, unter Umständen auch eine mäßig ausgebildete Pyelonephritis.

Die weiße Fleckniere kann, abhängig vom Grad der Veränderungen, vollständig *(Restitutio ad integrum)* oder nur unter Narbenbildung ausheilen. Auffallende klinische Erscheinungen treten im allgemeinen nicht auf, gelegentlich kann es aber auch zur Niereninsuffizienz kommen. Die *Ursache* der weißen Fleckniere ist unbekannt. Wahrscheinlich sind dafür die besonders beim Jungtier häufig vorkommenden Virusinfektionen verantwortlich. Den verschiedenen gelegentlich aus weißen Flecknieren isolierten Bakterien dürfte keine ätiologische Bedeutung zukommen. Möglicherweise spielen aber auch immunpathologische Vorgänge, ausgelöst durch diese Erreger, eine Rolle. Differentialdiagnostisch sind vor allem anämische Niereninfarkte (Fehlen des hämorrhagischen Randsaumes, meist keine typische Keilform, Herde erhaben) und besonders bei der grobknotigen Form der weißen Fleckniere auch die lympathische Leukose und Pyelonephritis (s. S. 264) abzugrenzen.

Bei *erwachsenen Rindern* und *Schweinen* ist eine geringgradige herdförmige nichteitrige interstitielle Nephritis (einzelne oder mehrere, kleine weißlich-graue Streifen, teils stumpf-keilförmig in der Nierenrinde, Abb. 9.7) ein häufiger Zufallsbefund, der immer wieder zur Verwechslung mit anämischen Infarkten (s. oben) Anlaß gibt. Die Ursache dieser Veränderungen ist in der Regel nicht mehr zu ermitteln.

Herdförmige nichteitrige interstitielle Nephritiden ohne besondere klinische Bedeutung und teilweise nur histologisch nachweisbar, findet man auch beim bösartigen Katarrhalfieber des Rindes (s. S. 135), bei der bovinen Virusdiarrhoe (s. S. 133, jedoch nur gelegentlich), beim Ostküstenfieber des Rindes (s. S. 64), bei der infektiösen Anämie der Equiden (s. S. 57), bei Schafpocken (s. S. 531), und einer Reihe anderer Infektionskrankheiten sowie als sogenannten Begleitnephritis bei primär andersartigen Nierenschädigungen. Kanines Herpesvirus 1 s. S. 309. *Encephalitozoon (Nosema) cuniculi* s. S. 269.

8.1.6.2.3 Herdförmige embolisch-eitrige interstitielle Nephritis

Sie kommt bei allen Haustieren häufig vor und entsteht durch hämatogene Absiedlung von Bakterien *(Streptokokken, Staphylokokken, Actinomyces pyogenes, Escherichia coli u. a.)* im Rahmen einer Septikämie, Bakteriämie oder Thrombembolie. Bei der hämatogenen Ausbreitung der Bakterien werden diese als *Emboli* in den glomerulären und intertubulären Kapillaren beider Nieren arretiert und führen dort meist zu eitrigen Einschmelzungen *(Abszesse* und *Mikroabszesse)*. Beim Menschen sollen die eitrigen Prozesse bei starker Virulenz der Erreger besonders in der Nierenrinde, bei schwächerer bevorzugt im Mark entstehen. Bei der *Thrombembolie* werden in der Regel Gefäße größeren Kalibers verstopft. Die dadurch sich entwickelnden *septischen Infarkte* (Abszeßbildung s. S. 249) sind meist in beiden Nieren zu finden, können aber, wenn nur wenige Emboli ausgeschwemmt werden, auch einseitig auftreten. Durch Einschmelzung von Glomerula und Tubuli können Bakterien und Exsudat mit dem Harn ausgeschieden werden (sogenannte ***Ausscheidungsnephritis***; *Pyurie)* und zur Pyelonephritis führen.

Actinobacillus equuli ist die häufigste Ursache einer embolisch-eitrigen herdförmigen interstitiellen Nephritis beim neugeborenen ***Fohlen***. Die Infektion erfolgt entweder intrauterin oder omphalogen, führt zur Septikämie und in der Regel zum Tod. Bei Tieren, die einige Tage überleben, findet man in den hyperämischen Nieren multiple, stecknadelkopfgroße bis miliare grau-gelbe Herde (Mikroabszesse) auf der Nierenoberfläche und in der Rindenschicht, nicht jedoch im Mark. Die größeren Herde können von einem hämorrhagischen Saum umgeben sein. Weitere pathologisch-anatomische Befunde sind Mikroabszesse in anderen Organen (Lunge s. S. 101), fibrinös-eitrige Polyarthritis und katarrhalische Enteritis. Aborte s. S. 307.

Bei der **Druse** des **Pferdes** *(Streptococcus equi* s. S. 72) kommt es ebenfalls häufig zur embolisch-eitrigen Herdnephritis mit Ausbildung kleinerer oder größerer Abszesse oder streifenförmiger Gewebseinschmelzungen im Markbereich.

Beim **erwachsenen Rind** liegt der embolisch-eitrigen Herdnephritis in der Regel eine *Thrombendokarditis* (meist *Actinomyces pyogenes* und *Streptokokken* s. S. 10) zugrunde. Durch Thrombembolie entstehen infizierte anämische Infarkte, die infolge eitriger Einschmelzung zu Abszessen werden. Diese können nach außen durchbrechen oder unter Narbenbildung (narbige Einziehungen) abheilen. Da die Thrombembolie in der Regel protrahiert (rezidivierend) verläuft, sind ältere und jüngere Veränderungen häufig nebeneinander anzutreffen. Besteht auch eine Bakteriämie, dann kann es zur Bildung multipler miliarer Abszesse in beiden Nieren kommen.

Bei der häufigen embolisch-eitrigen Herdnephritis des **Schweines** findet man multiple miliare bis linsengroße, teils konfluierende Herde, die sich oberflächlich vorwölben und in der Nierenrinde keilförmig verjüngen oder streifenförmig bis ins Mark hineinreichen (Tafel XV. C). Sie sind entweder von dunkelroter Farbe oder besitzen ein grau-weißes Zentrum, das von einem hämorrhagischen Hof umgeben wird. Abszeßbildungen sind sehr selten. Häufig liegt eine *Thrombendokarditis (Rotlauf, Streptokokken* s. S. 11) vor, die embolisch-eitrige Herdnephritis wird aber auch unabhängig von einer solchen als Folge einer *Bakteriämie (Rotlauf, Streptokokken, Escherichia coli, Actinomyces pyogenes* u. a.) beobachtet.

8.1.6.2.4 Pyelitis und Pyelonephritis

Unter Pyelonephritis versteht man die Entzündung von Nierenbecken (Pyelitis) und Niereninterstitium. Sie wird beim Menschen auch als *interstitielle destruierende Nephritis* bezeichnet. Die Pyelonephritis ist bei den Haussäugetieren, insbesondere bei Rind, Schwein und Hund, häufig. Weibliche Tiere sind besonders betroffen (kurze Harnröhre). Die *Ursachen* sind durchweg bakterielle Infektionen, wobei meist Mischinfektionen mit relativ wenig virulenten Erregern *(Escherichia coli, Staphylo-* und *Streptokokken* vor allem des Darmes, *Proteus vulgaris, Corynebacterium renale* beim Rind und *Eubacterium suis* beim Schwein u. a.) vorkommen. Die Bakterien können urinogen (aufsteigend = aszendierend) oder *hämatogen* (absteigend = deszendierend) in die Niere gelangen. Nach überwiegender Ansicht kommt dem hämatogenen Weg die größere Bedeutung zu. Die urinogene Entstehung wird vor allem bei Obstruktion der ableitenden Harnwege (Harnstau mit rascher Bakterienvermehrung s. S. 274) und bei *vesikoureteralem Reflux* bei bestehenden entzündlichen Erkrankungen der Harnwege beobachtet. Hämatogen kann die Pyelonephritis auf dem Weg über eine embolisch-eitrige *Herdnephritis (Ausscheidungsnephritis)* entstehen.

Die Pyelonephritis tritt häufig beidseitig auf, wobei die Veränderungen je nach Grad und Dauer des Entzündungsprozesses sowie Tierart unterschiedlich sind. Sie kann als akute eitrige Entzündung verlaufen, wieder abheilen oder chronisch-rezidivierend werden. *Makroskopisch* kann man prinzipiell zwischen Formen unterscheiden, bei denen nur Nierenbecken und Papillen beziehungsweise Markpyramiden betroffen sind, und solchen, bei denen auch das übrige Nierengewebe, ähnlich wie bei der embolisch-eitrigen Herdnephritis, in Mitleidenschaft gezogen ist. Wenn Nierenstrukturen zerstört wurden (besonders Papillenabschmelzung), dann kann die Heilung nur über ein Granulationsgewebe mit anschließender Narbenbildung erfolgen. Die *Narben* sind entweder rötlich oder grau-weiß (alt und gefäßarm), von der Nierenoberfläche aus gesehen landkartenartig begrenzt, flach, schüsselförmig oder trichterförmig eingezogen („pyelonephritische Narbennieren"). Wenn die Pyelonephritis nicht ausheilt, dann kommt es unter Wirkung der Bakterien zu einer fortschreitenden Zerstörung von Nierenparenchym, die Narben konfluieren, und abschließend entsteht das Bild der *pyelonephritischen Schrumpfniere* (s. S. 268).

Beim **erwachsenen Rind** (besonders bei Kühen) kommt die sogenannte *Pyelonephritis bacteritica* meist erst in einem fortgeschrittenen und nicht mehr ausheilbaren Stadium zur klinischen Beobachtung. Die Nieren sind dabei hochgradig vergrößert und zeigen auf der Oberfläche unterschiedlich große, leicht erhabene, grau-weiße, häufig konfluierende Herde, die ähnlich wie bei der embolisch-eitrigen Herdnephritis (s. S. 264) in Rinde und Mark hineinreichen (Abb. 8.11). Daneben kommen aber auch narbige Einziehungen vor. Im Unterschied zur embolisch-eitri-

Abb. 8.11 Pyelonephritis auf der Grundlage einer embolisch-eitrigen Herdnephritis (Ausscheidungsnephritis), Rind.

gen Herdnephritis sind die Nierenpapillen entweder eingeschmolzen (ulzeriert) oder nekrotisch, wobei sich häufig diese Veränderungen von einzelnen Papillen aus bis tief ins Nierenmark fortsetzen. Dort findet man dann auch meist eine Demarkation durch Granulationsgewebe (typischer roter Saum). Die Schleimhaut des Nierenbeckens ist fibrotisch verdickt.

Das Becken selbst ist mit unterschiedlichen Mengen eines schleimig-eitrigen Exsudates gefüllt, das ammoniakalisch riecht und häufig von Kalkkonkrementen und Tripelphosphatkristallen (Magnesiumammoniumphosphat, typi-

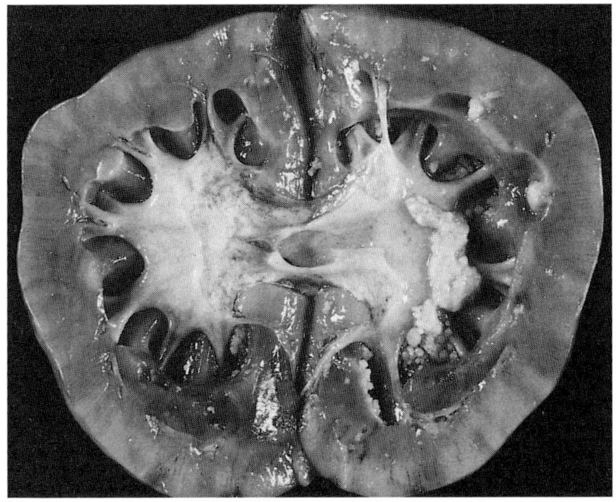

Abb. 8.12 Pyelonephritis mit Nierenbeckenkonkrementen und weitgehender Abschmelzung der Papillen, Schaf.

sche „Sargdeckelkristalle") durchsetzt ist. Durch Druckatrophie und eitrig-nekrotische Einschmelzung können die Nieren zu sackartigen, mit Exsudat und Konkrementen gefüllten Gebilden *(Pyonephrose)* umgewandelt werden. *Perirenale Abszesse* und *Phlegmonen* infolge Durchbruchs kommen vor. Als *Ursachen* werden hämatogene oder urinogene Infektionen mit Bakterien, vor allem mit *Corynebacterium renale,* angesehen. Beim *männlichen Rind* ist die primäre Ursache in der Regel Harnstau infolge Konkrementbildung in den ableitenden Harnwegen (s. S. 274f.). Bei **kleinen Wiederkäuern**, besonders bei Schafen mit Urolithiasis, treten ähnliche Formen der Pyelonephritis wie beim Rind auf (Abb. 8.12).

Bei **Sauen** kommt die Pyelonephritis vor allem nach Geburten vor, während sie beim Eber selten ist. Die Veränderungen sind ähnlich wie beim Rind, betreffen aber häufig nur einen Nierenpol und neigen zum Durchbruch in die Nierenkapsel (perirenale Abszesse und Phlegmone, Abb. 8.13). Durchweg liegen auch eine Zystitis und eine starke Füllung der Harnleiter mit gelb-braunem oder blutig verfärbtem Exsudat vor. Die Ursachen sind ebenfalls polybakterielle Infektionen (vorwiegend aufsteigend? Deckakt?), wobei häufig *Eubacterium suis* und *Corynebacterium renale* gefunden werden. Tod infolge Sepsis ist nicht selten.

Beim **Hund** ist die Pyelonephritis häufiger als früher angenommen. Nach neueren Untersuchungen ist anzunehmen, daß viele der üblicherweise als interstitielle Nephritiden angesehenen Fälle in Wirklichkeit Pyelonephritiden sind. Neben akuten eitrigen Formen treten auch häufig chronische, mit typischer sektor- oder streifenförmiger, radiär

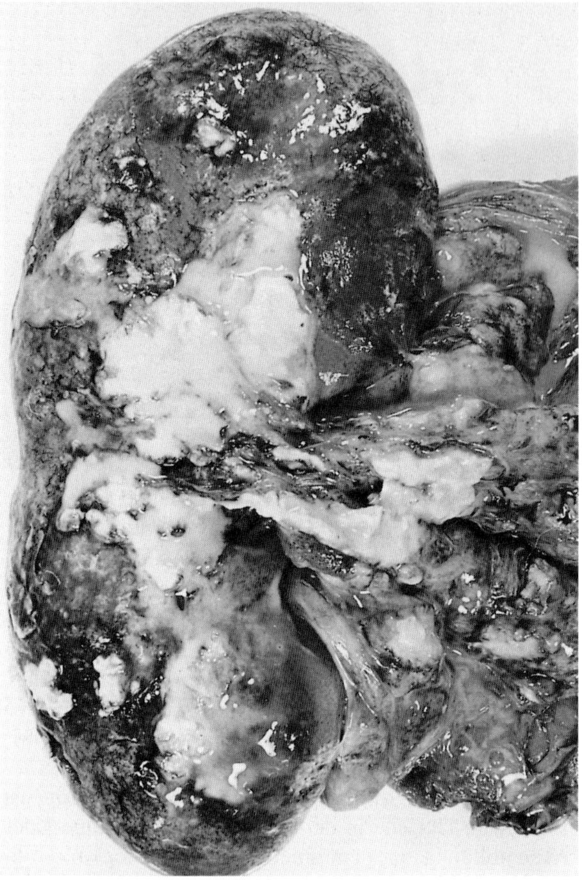

Abb. 8.13 Pyelonephritis mit durchgebrochenen Abszessen und perirenaler Phlegmone, Schwein.

verlaufender Narbenbildung auf. Ursächlich kommt vor allem eine Infektion mit *Escherichia coli* in Betracht. Endokrine Störungen (Hyperkortizismus, Hypersomatotropismus, Diabetes mellitus) begünstigen die Entstehung von Pyelitiden und Pyelonephritiden.

Bei Vorliegen einer *Pyometra* (meist durch *Escherichia coli* bedingt, s. S. 299, hämatogene oder urinogene Infektion der Nieren?) findet man häufig auch eine mild verlaufende Pyelonephritis. Bei Rüden werden auch pathogenetische Beziehungen zwischen eitriger *Prostatitis* (s. S. 287) und Pyelonephritis diskutiert.

8.1.6.2.5 Granulomatöse Nephritis

Die **Tuberkulose** der Nieren entsteht ausschließlich auf hämatogenem Wege im Rahmen der Generalisation (s. S. 103). Dabei lassen sich *akute Miliartuberkulose, chronische Miliartuberkulose* (protrahierte Aussaat; miliare und bis zu erbsengroße Tuberkel gemeinsam auftretend; Bildung sogenannter Konglomerattuberkel, s. S. 103) und *Ausscheidungstuberkulose* unterscheiden. Bei letzterer liegt ein ähnliches Bild wie bei der embolisch-eitrigen Herdnephritis (s. S. 264) vor, wobei besonders die tuberkulösen Markherde auffallen. Nicht selten kommt es auch, besonders beim Hund, zur Einschmelzung der Nierenpapillen. Die Nierenlymphknoten sind bei diesen drei Formen der Tuberkulose regelmäßig miterkrankt. Eine Sonderform, die nur beim erwachsenen Rind vorkommt, ist die *grobknotige Nierentuberkulose (sogenannte Nephritis caseosa)*. Dabei können einzelne Renculi bis zu faustgroß werden und tumorartig (exophytisch) hervorragen. Andere Renculi sind nur wenig oder nicht vergrößert, aber oberflächlich wie die tumorartigen von grau-weißer Farbe und von einzelnen oder mehreren Tuberkeln (Resorptivtuberkel) unterschiedlicher Größe durchsetzt. Auf der Schnittfläche sieht man scharf abgesetzte, vom Mark ausgehende Knoten, die zur Druckatrophie der darüber liegenden Nierenrinde geführt haben. Die Knoten sind teils verkäst, teils unverkäst-speckig und von roten Punkten (erweiterte und stark gefüllte Kapillaren) durchsetzt. Häufig unterliegen die Nierenpapillen einer eitrigen Einschmelzung, die gelegentlich auch große Teile des Renculus erfassen kann *(tuberkulöse Pyonephrose)*. Histologisch zeigt sich, daß eine primäre Koagulationsnekrose (Verkäsung) vorliegt, die am Übergang zum noch gesunden Gewebe durch ein Granulationsgewebe demarkiert wird. Es wird angenommen, daß bei der grobknotigen Nierentuberkulose des Rindes allergische Prozesse von Bedeutung sind. Die regionären Lymphknoten sind meist nicht tuberkulös verändert.

Bei der parenchymatösen Form der **felinen infektiösen Peritonitis** (s. S. 123) findet man häufig multiple, weißliche Nekrosen und bis zu erbsengroße Knötchen, die in unmittelbarer Gefäßnähe liegen. Histologisch sieht man in der Peripherie der Nekrosen vorwiegend mononukleäre Infiltrate, in älteren Fällen auch ein Granulationsgewebe. Gefäßarrosionen mit nachfolgenden Blutungen sind ebenfalls häufig (Tafel XVI. D). Differentialdiagnostisch müssen vor allem Leukose (s. S. 65), Tuberkulose, Kryptokokkose (s. S. 406) und Yersiniose (s. S. 184) abgegrenzt werden. *Larva migrans* s. S. 210.

Bei der *Yersiniose* (s. S. 184) sind die Nieren häufig, bei Infektionen mit *Corynebacterium pseudotuberculosis* (s. S. 61) und *Listeria monocytogenes* (s. S. 404) nur selten betroffen. *Systemmykosen* (s. S. 528) führen des öfteren auch zu granulomatösen Nierenentzündungen.

8.1.7 Hydronephrose

Unter Hydronephrose versteht man die Erweiterung des Nierenbeckens infolge Abflußbehinderung des Harnes. Diese kann bedingt sein durch angeborene oder erworbene Verschlüsse in Nierenbecken, Harnleiter, Blase oder Harnröhre. **Angeborene Verschlüsse** treten vor allem im Harnleiter (Schwein, Kalb) auf, wobei aber zu beachten ist, daß dieser und das Nierenbecken auch primär ohne sichtbares Abflußhindernis (Megaureter s. S. 272) dilatiert sein können. **Erworbene Verschlüsse** können entstehen durch Harnsteine im gesamten Bereich der ableitenden Harnwege (s. S. 274f.), iatrogen (z. B. versehentliches Abbinden des Harnleiters bei Pyometraoperation), Einwachsen von Geschwülsten der Blase oder Prostata (s. S. 288) in die Harnleitermündung, Kompression der Harnleiter (Geschwülste, Strangulationen; nur sehr selten auch bei Prostatahyperplasie), Blasenentzündungen, Blasenverlagerungen bei Perinealhernien, Strikturen von Harnleiter oder Harnröhre und Phimosen.

Als *Endzustand* einer *einseitig* auftretenden Hydronephrose findet man ein bis kopfgroßes, dünnwandiges, sackartiges und mit wäßriger Flüssigkeit gefülltes Gebilde *(Sackniere),* in das rippenartig die noch erhalten gebliebenen interlobären Septen hineinragen. In der Regel ist auch der Harnleiter proximal des die Abflußstörung verursachenden Hindernisses stark erweitert und geschlängelt. Seltener kommt es zum Bild einer grobbuckeligen Schrumpfniere mit unregelmäßig erweitertem Nierenbecken (renale Hypertonie, s. S. 268). Bei *beidseitigem* Auftreten der Hydronephrose entstehen nicht so hochgradige Veränderungen, da die Tiere schon vorher an Urämie sterben.

Die **formale Genese** der Hydronephrose ist durch tierexperimentelle Untersuchungen gut geklärt. Nach langsamem oder plötzlichem Verschluß des ableitenden Harnweges produziert die Niere noch für einige Zeit weiter Harn. Da dieser über die renalen Lymphgefäße nur zum Teil abtransportiert werden kann, kommt es zur Harnstauung mit nachfolgender Druckerhöhung im Nierenbecken. Weitere Folgen sind Druckatrophie zunächst der Papillen, später des Markes und zuletzt auch der Rinde sowie Zerreißungen mit Austritt von Harn in das Interstitium. Die einzelnen Renculi werden „ausgehöhlt" und wölben sich dann unter dem andauernden Druck ballonartig nach außen vor, wodurch schließlich das typische Bild der Sackniere entsteht. Die Harnstauung schafft ideale Voraussetzungen für bakterielle Infektionen, weshalb insbesondere die erworbene Hydronephrose häufig auch mit entzündlichen Prozessen (Pyelonephritis, Pyonephrose) einhergeht.

Als **Nephrohydrose** bezeichnet man die Erweiterung von Tubuluslichtungen infolge intrarenaler (= proximal des Nierenbeckens gelegener) Abflußhindernisse. Sie betrifft meist nur wenige Nephrone oder einzelne Nierenbezirke (sogenannte Strumafelder) und wird hauptsächlich durch Verstopfung (Paraprotein-, Chromoprotein-, Galle- und Eiweiß-Kalk-Zylinder, Konkremente) oder Abschnürung (interstitielle Entzündungen, Narben, Schrumpfnieren) von Harnkanälchen verursacht. Durch Harnaustritt infolge Zerreißung kann es zur interstitiellen Entzündung, bei längerem Bestehen auch zur Atrophie des Nephrons kommen.

8.1.8 Schrumpfnieren

Die Bezeichnung Schrumpfniere stellt einen Sammelbegriff für alle Nierenveränderungen dar, bei denen es durch Parenchymuntergang und Ersatz durch Narbengewebe zu einer Verkleinerung der Nieren gekommen ist. Schrumpfnieren stellen somit *Endzustände* primär verschiedener Nephropathien dar, die aber wegen der sekundären Veränderungen (Atrophie, Fibrose, Entzündung, Sklerose von Gefäßen u. a.) häufig nicht mehr ermittelt werden können. Angeborene Nierenverkleinerungen (Hypoplasie und Dysplasien, s. S. 245) sollten im Sinne obiger Definition nicht als Schrumpfnieren bezeichnet werden. Familiäre Nephropathie s. S. 245f.).

Makroskopisch sind die Nieren unterschiedlich stark verkleinert, von derber Konsistenz, oberflächlich grob- oder feingranuliert, glatt oder schüssel- bis trichterförmig eingezogen. *Histologisch* fallen besonders Atrophie von Nephronen, glomeruläre Sklerose, Dilatation und Hyperplasie von Tubuli, starke interstitielle Fibrose, vorwiegend mononukleäre Infiltrate und Verkalkungen auf.

Formalgenetisch kann man Schrumpfnieren unterscheiden, die im Anschluß an Kreislaufstörungen, Nephrosen, Entzündungen oder Harnstauungen entstanden sind.

Schrumpfnieren im Anschluß an embolisch-thrombotische *Kreislaufstörungen* kommen in Form der sogenannten **Infarktschrumpfniere** beim Haustier vor, während arterio- und arteriolosklerotische Schrumpfnieren im Unterschied zu den Gegebenheiten beim Menschen keine Rolle spielen. Bei den Infarktschrumpfnieren sieht man tief eingezogene, sektorförmige Narben, bevorzugt im Rindenbereich. Da die Niereninfarkte beim Haustier häufig infiziert sind und zur Ausscheidungsnephritis führen (s. S. 249), können die Narben auch bis zum Nierenbecken reichen und dann nicht mehr von solchen unterschieden werden, die im Gefolge einer Pyelonephritis entstanden sind.

Unter den **postnephrotischen Schrumpfnieren** zeigt lediglich die bei der Amyloidose des Hundes auftretende

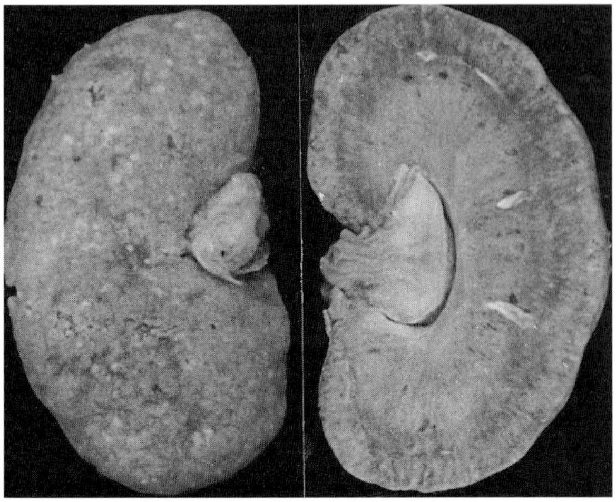

Abb. 8.14 Feingranulierte Schrumpfniere nach chronischer interstitieller Nephritis, Hund.

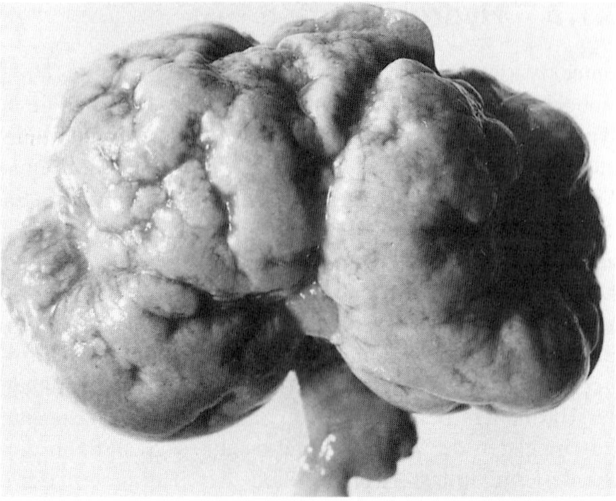

Abb. 8.15 Pyelonephritische Schrumpfniere, Hund.

ein relativ tpyisches makroskopisches Bild. Die Nieren sind meist nur geringgradig verkleinert, oberflächlich glatt bis feingranuliert und von feinen glasig-weißen Pünktchen durchsetzt (s. S. 250; Amyloidnephrose des Rindes s. S. 250).

Im Anschluß an **Glomerulonephritiden** entstandene Schrumpfnieren lassen sich makroskopisch lediglich beim Schwein mit einiger Sicherheit erkennen. Die Nieren sind dabei auffallend hell, nur geringfügig verkleinert, meist fein-, seltener auch grobgranuliert und an der Oberfläche von verstreut liegenden, stecknadelkopfgroßen roten Herden (Kapillarektasien in verödeten Glomerula) durchsetzt.

Schrumpfnieren nach **chronischer interstitieller Nephritis** kommen besonders beim Hund vor. Die Nieren sind unterschiedlich stark verkleinert, hell, derb und feingranuliert. Die Kapsel läßt sich nur schwer oder nur unter Substanzverlust ablösen. Die Nierenrinde ist auffallend verschmälert und, wie auch das Mark, von kleinen Zysten und fibrotischem Gewebe durchsetzt (Abb. 8.14).

Die **pyelonephritische Schrumpfniere**, die auch einseitig auftreten kann, ist durch tief eingezogene, bis zum Nierenbecken reichende Narben und starke Verkleinerung der Nieren gekennzeichnet (s. S. 264, Abb. 8.15). Sind nur einzelne Narben vorhanden, dann spricht man nicht von Schrumpfnieren, sondern von *Narbennieren.* Die Unterscheidung zwischen pyelonephritischen und infarktbedingten Narben beziehungsweise Schrumpfnieren ist aus den oben genannten Gründen häufig unmöglich.

Bei **Harnstauung** (Hydronephrose, s. S. 267) können neben den typischen Sacknieren auch Schrumpfnieren mit grobbuckeliger Oberfläche und stark erweitertem Becken entstehen.

Doppelseitig auftretende Schrumpfnieren führen über kurz oder lang durch Fortschreiten des Prozesses zum **Nierenversagen** (s. S. 271). Die Tatsache, daß man bei der Obduktion, vor allem von Hunden, immer wieder Schrumpfnieren ohne Anzeichen einer Urämie findet, ist einmal damit zu erklären, daß die intakten Nephrone durch kompensatorische Hypertrophie noch in der Lage sind, die Nierenfunktionen bei normaler Belastung aufrechtzuerhalten. Zum anderen kann zwar die Nierenleistung erheblich eingeschränkt sein, die Retention der harnpflichtigen Substanzen aber trotzdem noch kompensiert werden (chronische Niereninsuffizienz, s. S. 271).

Bei chronischen Nierenkrankheiten kann es zur **renalen Hypertonie** kommen. Prinzipiell unterscheidet man eine renal-vaskuläre und eine renal-parenchymatöse Form der renalen Hypertonie. Die *renal-vaskuläre Form* wird durch Minderdurchblutung *einer Niere* (einseitige Schrumpfniere, meist infolge Pyelonephritis oder Nierenarterienstenose, einseitige Dysplasie oder Hydronephrose) bedingt. Durch Absinken des Druckes im Vas afferens wird Renin gebildet, die Hypertonie somit durch das Renin-Angiotensin-Aldosteron-System (sekundärer Hyperaldosteronismus, s. S. 475) bewirkt. Die Pathogenese der *renal-parenchymatösen Form* des Bluthochdruckes, die beim Menschen vor allem bei entzündlichen Nierenkrankheiten beobachtet wird, ist nicht eindeutig geklärt. Einschränkungen der Filtrationsleistung mit relativer Hypervolämie und Natriumretention dürften aber eine wichtige Rolle spielen. Bei Hochdruck infolge einseitiger Schrumpfniere kommt es nach einiger Zeit zu *Arterio-* und *Arteriolosklerose* (s. S. 34) der primär gesunden anderen Niere (sogenannte Gegenniere) und damit zur Fixierung der Hypertonie. In diesem Stadium läßt sich die Hypertonie durch operative Entfernung der dafür primär verantwortlichen Schrumpfniere nicht mehr beheben, da die Gegenniere infolge der Vaskulopathie mangelhaft durchblutet wird und damit den Renin-Angiotensin-Mechanismus weiter unterhält. Daraus ist ersichtlich, daß es bei jeder längere Zeit bestehenden Hypertonie zur renalen Durchblutungsstörung und damit zu einem *Circulus vitiosus* kommt.

Beim Haustier ist der renale Hochdruck selten, während beim Menschen ca. 15% der Hypertoniefälle primär renalen Ursprungs sind. Dieser Unterschied dürfte besonders damit zu erklären sein, daß einseitige Nierenarterienstenosen (beim Menschen durchweg arteriosklerotisch bedingt) und pyelonephritische Zwergnieren sowie primär vaskuläre Nierenerkrankungen beim Haustier von ganz untergeordneter Bedeutung sind. Weiterhin führen auch beim Menschen die primär tubulären und/oder interstitiellen Nierenkrankheiten, die beim Haustier relativ häufig sind, auch im Terminalstadium viel seltener zur renalen Hypertonie als die primär vaskulären oder glomerulären Erkrankungen.

Eine *aplastische Anämie* infolge *Erythropoetinmangel* tritt bei Haustieren mit Schrumpfnieren, besonders bei Hunden, nicht selten auf, ist aber meist nur von mittelgradigem Ausmaß (s. S. 271).

8.1.9 Tumoren

Primäre Nierengeschwülste sind relativ selten. Am häufigsten findet man sie noch bei Hunden, Schweinen und Rindern.

Adenome (solide, tubuläre und papilläre Wuchsformen) sind selten. Am häufigsten kommen sie noch bei Rindern und Pferden vor.

Karzinome *(Nierenzellkarzinome)* sind neben den Nephroblastomen die häufigsten Nierengeschwülste. Sie können bilateral und multizentrisch auftreten. Man findet sie besonders bei Hunden und Rindern und unterscheidet papilläre, tubuläre und solide Wuchsformen. Das *papilläre Karzinom* tritt besonders bei Hund auf und ist ausgesprochen bösartig, da es oft in die Nierenvenen und hintere Hohlvene einbricht und zur massiven Metastasenbildung in Lunge, aber auch in anderen Organen wie Gehirn, Herz und Haut (!) führt. *Tubuläre* und *solide Karzinome* neigen ebenfalls zur Metastasierung. Bei den soliden Karzinomen gibt es Wuchsformen, bei denen das Zytoplasma der Tumorzellen bei H.E.-Färbung „klar" erscheint, und solche, bei denen es eosinophil granuliert ist. Erstere werden als *„Klarzellenkarzinome"* oder, da sie eine gewisse Ähnlichkeit mit Nebennierengewebe besitzen, auch als „Hypernephrome" bezeichnet. Noduläre Dermatofibrose und zystische Nierenkarzinome beim Deutschen Schäferhund s. S. 541.

Das **Nephroblastom** *(embryonales Nephrom)* kommt vor allem bei jungen Schweinen, seltener bei Hundewelpen und Kälbern vor, kann aber auch bei älteren Tieren (meist sehr große Tumoren) auftreten. Beim Nephroblastom handelt es sich um einen dysgenetischen Mischtumor mit Wucherung von epithelialen (tubuläre und glomeruläre Strukturen) und mesenchymalen (Bindegewebe, Fett, Knorpel, Muskulatur u. a.) Zellen. Die Nephroblastome werden deshalb auch vielfach als embryonale Mischgeschwülste, Adenosarkome, Karzinosarkome u. a. bezeichnet. Die Nephroblastome sind, obwohl sie sehr groß (bis zu 20 kg schwer bei älteren Schweinen) werden können, im allgemeinen gutartig. Lediglich bei Hunden scheint es des öfteren zur Metastasierung zu kommen. *„Renales Choristoblastom"* des Hundes s. S. 423.

Papillome, Übergangszellkarzinome und *Plattenepithelkarzinome* gehen von der Nierenbeckenschleimhaut aus und entsprechen den bei den ableitenden Harnwegen besprochenen Tumorformen (s. S. 276).

Mesenchymale Tumoren (Fibrome, Fibrosarkome, Leiomyome, Hämangiome, maligne Hämangioendotheliome) sind selten.

Bei der **Leukose** sind die Nieren, vor allem bei Katze (Abb. 2.8 E), Rind und Hund häufig mitbetroffen (s. S. 65).

Sekundäre Tumoren infolge hämatogener Metastasierung sind wegen der starken Durchblutung der Nieren (s. S. 243) häufig.

8.1.10 Parasiten

Encephalitozoon (Nosema) cuniculi ist bei Kaninchen weit verbreitet, kommt aber auch beim Hund vor. Die Parasiten liegen entweder reaktionslos in Hirn- und Nierengewebe oder rufen entzündliche Reaktionen hervor (herdförmige nichteitrige interstitielle Nephritis; Gehirn s. S. 408). Im Unterschied zur Toxoplasmose, die ein gleichartiges histologisches Bild zeigt, betrifft die Enzephalitozoonose fast immer Gehirn *und* Niere.

Die Nierenkokzidiose der *Equiden* wird durch *Klossiella equi* verursacht und stellt meist einen Zufallsbefund dar. Klinische Erscheinungen fehlen in der Regel.

Larven von *Toxocara canis (Larva migrans)* gelangen bei *Hund und Fuchs* im Rahmen des somatischen Wanderwegs (s. S. 112) häufig auch in die Nieren, wo sie in den arteriellen Gefäßen der Rinde stecken bleiben (Embolie). Dort bilden sich 1–2 mm im Durchmesser große Granulome, die anfänglich grau-gelb und weich sind, später aber weiß und hart (Verkalkung) werden. In den jüngeren Granulomen kann man bei der histologischen Untersuchung noch Wurmlarven beziehungsweise deren Reste nachweisen. Nach Abtötung und Beseitigung der Larven bleiben kleine Narben mit konzentrisch angeordneten Fasern zurück, die zum Teil auch verkalken (sog. Nephritis punctata). Ähnliche Veränderungen werden beim Kalb durch Larven von *Toxocara vitulorum* und *Toxocara canis* hervorgerufen.

Dioctophyma renale (Riesenpalisadenwurm) kommt im Nierenbecken, seltener auch in der Harnblase von Hunden (abnormer Wirt), Nerzen und anderen fischfressenden Fleischfressern (Hauptwirte) vor und kann zur schweren eitrig-hämorrhagischen Pyelonephritis und auch zur Peritonitis führen. Der Parasit kommt gelegentlich auch bei Rind, Schaf und Pferd vor.

Stephanurus dentatus, der Nierenwurm des Schweines, ist in tropischen und subtropischen Ländern weit verbreitet. Die infektiösen Larven werden oral aufgenommen oder durchdringen die Haut, gelangen in die Leber (Parenchymzerstörung und Narbenbildung) und über die Bauchhöhle in das perirenale Gewebe, wo sich die Larven zu den geschlechtsreifen Würmern entwickeln. Diese liegen in Zysten, die mit den Ureteren kommunizieren, so daß die Parasiteneier mit dem Harn ins Freie gelangen können. Abszesse und Phlegmonen im perirenalen Gewebe und auch im Pankreas sind häufig. Die Larven können auch in den Rückenmarkskanal eindringen und zu Lähmungen führen (s. S. 410).

Capillaria plica kommt bei Karnivoren in Blase und Nierenbecken vor, ruft im allgemeinen aber keine schweren Veränderungen hervor (s. S. 277). *Halicephalobus deletrix* s. S. 77.

Echinokokken, Cysticercus cellulosae, Angiostrongylus vasorum und *Fasciola hepatica* können zufälligerweise auch in den Nieren vorkommen.

Beim Ostküstenfieber *(Theileria parva)* findet man häufig eine herdförmige nichteitrige interstitielle Nephritis, ähnlich wie bei der weißen Fleckniere (s. S. 262).

8.1.11 Niereninsuffizienz

Unter **globaler Niereninsuffizienz** (Nierenversagen) versteht man das Unvermögen des Organes, die harnpflichtigen Stoffe in genügendem Maße auszuscheiden, so daß es zu deren Anreicherung im Blut (Azotämie) und schließlich zur Harnvergiftung (Urämie) kommt. Die Niereninsuffizienz kann sich plötzlich (akut) oder langsam (chronisch) entwickeln.

Von dieser globalen Niereninsuffizienz ist der angeborene oder erworbene isolierte Defekt einzelner Nierenfunktionen zu unterscheiden **(Partialinsuffizienz)**. Bei erwachsenen *Basenji-Hunden* kommen erbliche tubuläre Partialinsuffizienzen infolge fehlender Rückresorption vor (Polydipsie, Polyurie, Glukosurie, Hyperphosphaturie, Aminoazidurie), die eine gewisse Ähnlichkeit mit dem FANCONI-Syndrom des Kindes aufweisen. Im Gegensatz zu diesem fehlen aber insbesondere Skelettdeformationen und Minderwuchs. Eine weitere Partialinsuffizienz mit Cystinurie ist beim ***Dackel*** bekannt (s. S. 276). Die Partialinsuffizienzen führen nicht selten über sekundäre Ereignisse (Konkrementbildung, Tubulonephrose) zur globalen Niereninsuffizienz.

8.1.11.1 Akute Niereninsuffizienz

Die akute Niereninsuffizienz setzt plötzlich ein, ist reversibel und initial durch An- oder Oligurie und fortschreitende Retention harnpflichtiger Stoffe gekennzeichnet. Ursachen sind vor allem ischämische (Schock) und toxische Tubulonephrosen (akutes Nierenversagen im engeren Sinne), wesentlich seltener auch akute Glomerulonephritis, akute beidseitige Pyelonephritis und akute Harnabflußstörungen.

In der Erklärung der *Pathogenese* des akuten Nierenversagens ist in erster Linie davon auszugehen, daß sowohl hypoxische Zustände als auch Nephrotoxine zur erheblichen Hemmung der tubulären Na^+-Resorption führen. Diese stellt nämlich einen energieverbrauchenden Prozeß dar, für den ca. 75% des in der Niere verfügbaren Sauerstoffs benötigt werden (s. S. 244). Um eine lebensbedrohliche Natriumverarmung des Organismus zu verhindern, wird die glomeruläre Filtration und damit auch die des Natriums maximal gedrosselt (An- oder Oligurie). Die Drosselung erfolgt über den Renin-Angiotensin-Mechanismus (s. S. 244). Im Stadium der Oligurie, das beim Menschen bis zu elf Tage dauern kann, nimmt der Grad der Azotämie laufend zu, wobei es zur urämischen Intoxikation, Hyperkaliämie, metabolischen Azidose und Überwässerung kommen kann. Wird dieses Stadium überlebt (Dialysebehandlung), dann stellt sich eine Polyurie mit Hyposthenurie ein, und die Azotämie kehrt wieder zur Norm zurück. Als Komplikationen kann es in diesem Stadium zur Exsikkose, Hypokaliämie und zu bakteriellen Infektionen kommen. Die Wiederherstellung der Nierenfunktion nimmt Wochen bis Monate in Anspruch und ist entweder vollständig oder häufiger unvollständig (Persistieren geringgradiger Partialfunktionsstörungen). Inwieweit diese pathophysiologischen Vorgänge auch beim akuten Nierenversagen der einzelnen Haustiere auftreten, bedarf noch weiterer Untersuchungen.

8.1.11.2 Chronische Niereninsuffizienz

Die chronische Niereninsuffizienz ist durch eine fortschreitende Verminderung der glomerulären Filtrationsrate gekennzeichnet. Sie entsteht bei Schrumpfnieren, Dysplasie, familiärer Nephropathie und Zystennieren. Die Funktionsminderung der Nieren läßt sich in *vier verschiedene Stadien* einteilen. Im Stadium der *eingeschränkten Nierenleistungsbreite (Initialphase)* ist die Niere normalen Belastungen noch gewachsen, ihre Funktionsreserve aber deutlich vermindert. Die glomeruläre Filtrationsrate kann dabei bis auf 40% der ursprünglichen maximalen Menge reduziert sein (Nachweis nur mit Clearance-Methoden und speziellen Belastungsproben möglich). Im Stadium der *kompensierten Retention (Intermediärphase)* sind das Glomerulumfiltrat bis auf 10% der Norm vermindert und das Konzentrationsvermögen deutlich eingeschränkt (Isosthenurie). Harnstoff und Kreatinin des Serums sind erhöht, während metabolische Azidose, renale Anämie und renale Osteopathie sich allmählich bemerkbar machen. Die *metabolische Azidose* ist vor allem durch verminderte tubuläre Sekretion von H^+ und NH_3 (Störung des Karboanhydrase- und Ammonium-Mechanismus) bedingt. Die *renale Anämie* wird durch ungenügende Regenerationsfähigkeit des Knochenmarkes (Erythropoetinmangel und Schädigung durch urämische Gifte) sowie durch Blutungen (chronische Blutungsanämie) bedingt, wobei jede dieser Komponenten im Vordergrund stehen kann. Hinsichtlich der Entstehung der *renalen Osteopathie* s. S. 327.

Im Stadium der *dekompensierten Retention (Präurämie)* steigen die harnpflichtigen Stoffe im Blut weiter an, wobei in der Regel auch Hyperphosphatämie, Hyperkaliämie und Isosthenurie vorhanden sind. In der *terminalen Phase,* der eigentlichen *Urämie,* stehen die Symptome einer schweren Intoxikation im Vordergrund. Die Natur der urämischen Gifte ist jedoch nicht bekannt. Wahrscheinlich ist aber, daß das Urämiesyndrom durch Zusammenwirken der urämischen Toxine und der schweren Störungen des Säure-Basen-Gleichgewichts sowie des Wasser- und Elektrolythaushalts zustande kommt. Renaler Hochdruck kann vorhanden sein, gehört aber nicht zum eigentlichen Symptomenkomplex der Urämie.

8.1.11.3 Pathogenese und postmortale Diagnose der Urämie

Die urämischen Toxine schädigen direkt Parenchymzellen und führen zur Erhöhung der Kapillarpermeabilität. Dadurch gelangen auch retinierte harnpflichtige Substanzen in die Gewebe und an die Oberfläche von Schleimhäuten. Auf diesen entsteht unter Einwirkung der Urease, die von den auf den Schleimhäuten lebenden Bakterien gebildet wird, Ammoniak. Dieser reizt die Schleimhäute, so daß es zu deren Entzündung kommt.

In ausgeprägten Fällen, vor allem der chronischen Urämie, kann die *Diagnose* Urämie am Sektionstisch mit großer Sicherheit gestellt werden. Besonders charakteristisch ist der starke ammoniakalische Geruch der Schleimhaut des Magens und bei Schwein und Pflanzenfressern besonders des Kolons. Dementsprechend findet man auch eine sogenannte urämische Gastritis und Enterokolitis (s. S. 160). Bei Hund und Katze liegt nicht selten auch eine erosiv-ulzeröse Stomatitis (s. S. 137) vor. Weitere Befunde können sein: Hyperplasie der Epithelkörperchen, renale Osteopathie (s. S. 327), Verkalkungen der Pleura costalis, Trachea, des Kehlkopfes und der Magenschleimhaut (Hund, s. S. 160), Anämie (s. S. 271), Endokarditis (s. S. 52), Arteriitis (s. S. 38), urämische Enzephalopathie (s. S. 381) und Blutungen.

Seit Verfügbarkeit von *Teststreifen* (z. B. Merckognost®) kann durch Bestimmung der Harnstoffkonzentration im Augenkammerwasser, die mit der Plasmakonzentration weitgehend übereinstimmt, auch postmortal einfach und objektiv eine Urämie diagnostiziert werden.

8.2 Harnleiter, Harnblase und Harnröhre

Harnleiter (Ureter), Harnblase (Vesica urinalis) und Harnröhre (Urethra) sind wie das Nierenbecken von einem gemischten Epithel (Urothel, Übergangsepithel) ausgekleidet. Darauf folgen die bindegewebige Propria mucosae, die Tunica muscularis (innere und äußere Schicht längs verlaufend, mittlere kreisförmig) und die Adventitia. Die Harnleiter verlaufen, bevor sie im Bereich des Trigonum in die Blase einmünden, eine kurze Strecke schräg zwischen der Tunica muscularis und der Tunica mucosa. Bei starker Blasenfüllung wird dieser intramurale Harnleiterabschnitt komprimiert, so daß Harn nicht in das Nierenbecken zurückfließen kann. Dieser Schutzmechanismus wird jedoch bei Harnabflußstörungen unterschiedlicher Art aufgehoben. Harnröhre s. Penis, S. 288.

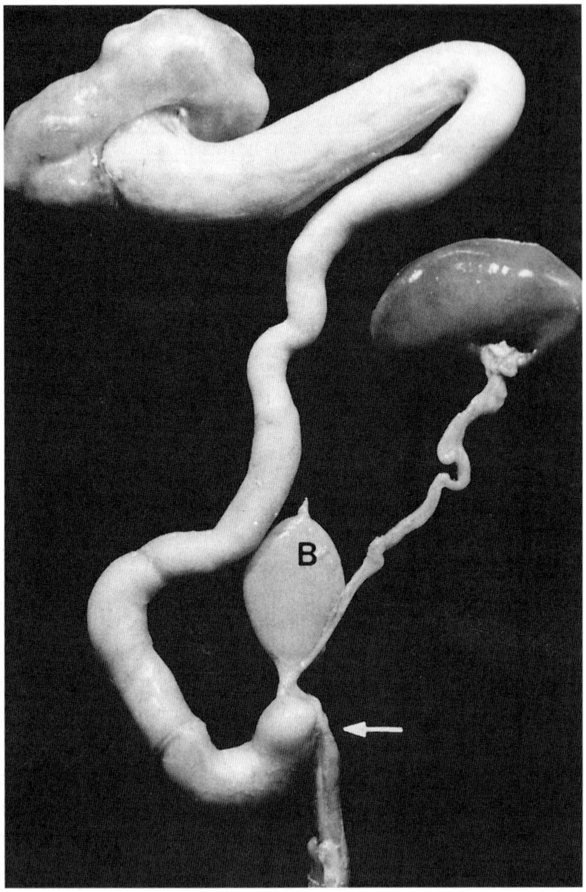

Abb. 8.16 Ektopie des rechten Harnleiters, blind endend im Bereich des Urethraursprungs (Pfeil). Megaureter und Hydronephrose bei einem sechs Wochen alten männlichen Ferkel. B = Harnblase.

8.2.1 Mißbildungen

Die häufigste Mißbildung der Harnleiter ist die **Ektopie.** Sie kommt besonders bei Hunden und Schweinen vor, wobei weibliche wesentlich häufiger betroffen sind als männliche. Die Harnleiterektopie kann ein- oder beidseitig auftreten. Die ektopischen Harnleiter münden in den Blasenhals, in die Harnröhre, Samenleiter, Samenblasen (Rind) oder in die Vagina, sehr selten auch in Rektum, Zervix, Uterus oder Tuben (Abb. 8.16). Die Ektopie ist die Hauptursache der Harninkontinenz bei jungen Tieren und begünstigt aufsteigende Infektionen (Pyelonephritis). Besonders bei Hunden ist die Harnleiterektopie häufig vergesellschaftet mit anderen Mißbildungen, wie Megaureter, Hydronephrose, Blasenhypoplasie und Insuffizienz des urethralen Schließmuskels. Bei Sibirischen Huskies und Labrador Retrievers ist eine familiäre Genese der Ektopie bekannt, bei einer Reihe anderer Hunderassen besteht eine besondere Disposition für diese Mißbildung.

Stenosen und *Verschlüsse (Atresien)* des Harnleiters führen zur Erweiterung von Harnleiter und Nierenbecken (Hydronephrose, s. S. 267). Harnleiter- und Nierenbeckenerweiterungen können aber auch primär ohne bestehende Harnabflußhindernisse auftreten *(Megaureter, Hydronephrose). Verdoppelungen* des Ureters *(Ureter duplex)* sind sehr selten.

Die fehlende Verödung des Urachus nach der Geburt *(Urachus patens)* führt zur *Urachusfistel* (Harnträufeln, besonders bei Fohlen und Kälbern). *Urachuszysten* (bis zu kopfgroß) entstehen, wenn der Urachus nur partiell zurückgebildet wird.

Die wichtigsten Harnröhrenmißbildungen bei männlichen Tieren sind ventrale *(Hypospadie)* und seltener dorsale *(Epispadie)* Spaltenbildungen. Der Lokalisation nach kann man die *Hypospadia glandis, H. penis, H. scrotalis* und *H. perinealis* unterscheiden (Penismißbildungen, s. S. 288). Beim weiblichen Tier ist die analoge Mißbildung das unmittelbare Einmünden der Harnblase in die Scheide bei Fehlen einer eigentlichen Harnröhre.

8.2.2 Gestalts- und Lageveränderungen

Erweiterungen der Harnleiter s. oben und bei Dermatitis exsudativa, S. 517. **Erweiterungen der Blase** können das ganze Organ im Sinne einer Dilatation oder aber in umschriebener Weise divertikelartig betreffen. Die *Dilatation* entsteht akut bei Verlegung des Harnabflusses (Urolithiasis, Strikturen u. a.) oder durch Störung der Innervation des Blasenschließmuskels (Blasenlähmung) bei schweren Erkrankungen des Rückenmarkes (Staupe, Tollwut, Prolaps des *Nucleus pulposus,* Querschnittslähmungen anderer Genese u. a.). Extreme Ausweitungen führen zunächst zur Zerreißung der intramuralen Blutgefäße (blutige Durchtränkung der Harnblasenwand) und im weiteren schließlich zur *Blasenwandruptur.* Diese erfolgt häufig auch nach Einwirken von Traumen (Verkehrsunfälle, unsachgemäßes Katheterisieren u. a.). Peritonitis und Urämie (extrarenal) sind die Folge. Chronische Harnabflußstörungen gehen mit mäßiger Blasendilatation und Hypertrophie der Muskulatur *(Balkenblase)* einher. Bei der Prostatahyperplasie des Hundes (s. S. 287) kommt es nur selten zu Harnabsatzbeschwerden und demzufolge auch kaum zur Bildung einer Balkenblase.

Harnblasendivertikel sind bei Haustieren selten und liegen bevorzugt in der Harnblasenscheitelregion. Sie können angeboren oder erworben (unvollständige Wandrupturen) sein.

Stenosen und **Verschlüsse** der Ureteren oder Urethra können ebenfalls angeboren (s. S. 272) oder erworben (Kompression, Strikturen nach Entzündungen und Verletzungen, Urolithiasis, s. S. 274) sein.

Umstülpungen der Harnblase durch die Harnröhre hindurch mit Vorfall in die Scheide **(Invaginatio et Prolapsus vesicae)** werden besonders im Zusammenhang mit Geburten bei Rind, Pferd und Schwein beobachtet. Häufig ist auch ein Teil (meist dorsaler) der Scheide mit vorgefallen. Wird der Vorfall nicht behoben, dann kommt es infolge der hämorrhagischen Stase zur tödlichen Harnblasennekrose. Weitere Verlagerungen der Harnblase sind möglich bei Perinealhernien (in den Bruchsack), bei Zerreißungen der ventralen Scheidenwand (in die Vagina) und bei Abknickungen der Harnröhre (unter die Vagina; *Retroflexio vesicae).*

8.2.3 Kreislaufstörungen

Petechien und *Ekchymosen* in der Harnblasenschleimhaut werden bei vielen septikämischen und toxämischen Prozessen gefunden. Fleckige oder diffuse Blutungen, verbunden mit Kapillarektasien, Schleimhautödemen, polypösen oder warzenartigen Wucherungen (zum Teil Geschwülste s. S. 276, Abb. 8.17) und entzündliche Veränderungen sieht man bei der **enzootischen Hämaturie des Rindes** (chronisches Blutharnen, sogenanntes Stallrot). Die Krankheit tritt gehäuft in bestimmten geographischen Gebieten auf. Als Ursache kommt in erster Linie Aufnahme von *Adlerfarn (Pteridium aquilinum)* in Betracht, dessen toxisches beziehungsweise kanzerogenes Prinzip auf einem Ptaquilosid bzw. auf dessen Endprodukt, einem konjugierten Dienon beruht (s. S. 276).

8.2.4 Entzündungen

Entzündungen von Harnleiter, Harnblase und Harnröhre kommen häufig im Zusammenhang mit einer Pyelonephritis vor (s. S. 264f.).

Harnblasenentzündungen (Zystitis) sind bei allen Haussäugetieren, besonders bei weiblichen (kurze Urethra, aufsteigende Infektionen bei Endometritis-Pyometra, Vaginitis) häufig. Prädisponierend ist vor allem die Harnstauung infolge verschiedenartiger Abflußhindernisse (Stenosen oder Verschlüsse der Harnröhre, Blasenlähmung). Dadurch können Bakterien (*adhärierende Escherichia coli, Proteus vulgaris, Strepto-* und *Staphylokokken, Corynebacterium renale* beim Rind und *Eubacterium suis* beim Schwein) aufsteigend in die Harnblase gelangen und sich dort vermehren.

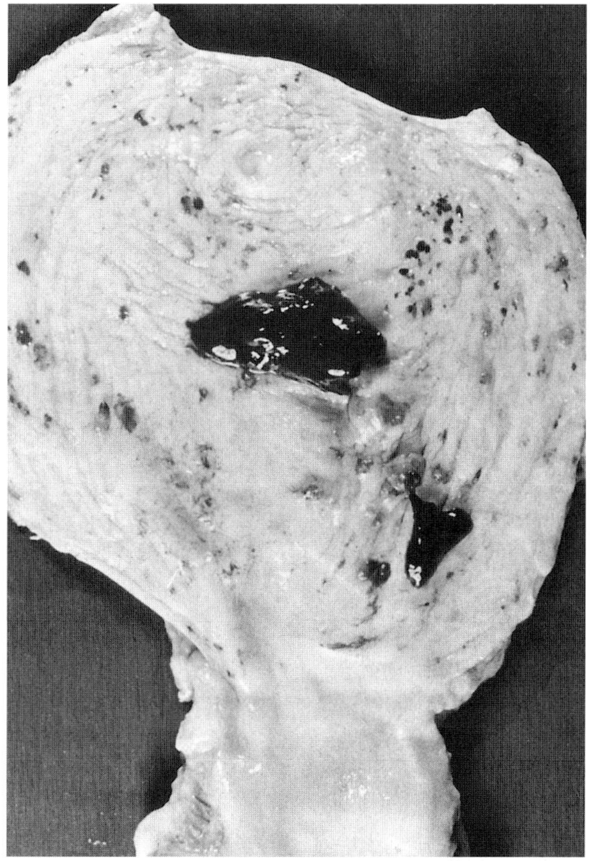

Abb. 8.17 Blutkoagula, Hämangiome, Papillome und Übergangszellkarzinome in der Harnblase eines Rindes mit enzootischer Hämaturie.

Harnblasenentzündungen können *akut* oder *chronisch* verlaufen, wobei aber eine klare Abgrenzung häufig nicht möglich ist. Die **akuten Blasenentzündungen** sind katarrhalischer, hämorrhagischer, fibrinöser, ulzeröser, phlegmonöser oder diphtheroid-nekrotisierender Natur (Abb. 8.18). Eine Sonderform stellt die *Cystitis emphysematosa* (bullosa) dar, die gelegentlich bei Hund und Katze gefunden wird. Ähnlich wie beim Intestinalemphysem (s. S. 189) liegen die Gasblasen im Bereich der Lymphgefäße und -spalten der Mukosa und Submukosa, wobei es teilweise zur entzündlichen Reaktion mit Riesenzellbildung kommt. Die Ursachen sind im einzelnen nicht geklärt (Vergärung von

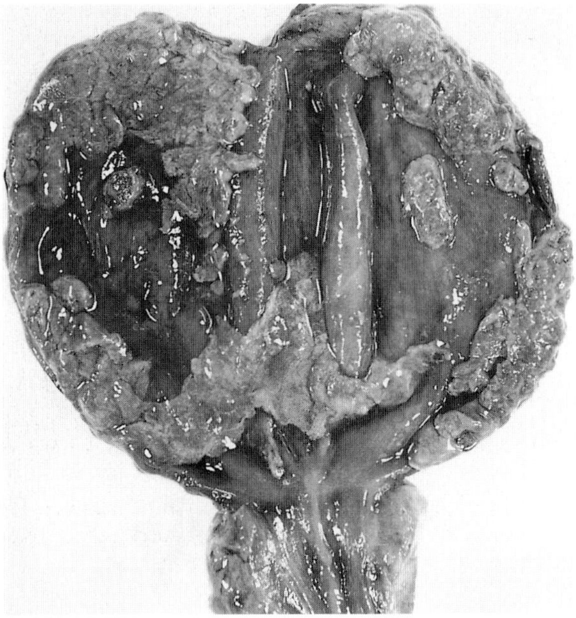

Abb. 8.18 Diphtheroid-nekrotisierende Zystitis, Hund.

zuckerhaltigen Flüssigkeiten durch Bakterien, insbesondere bei bestehendem Diabetes mellitus?).

Die **chronische Zystitis** kann mit Rötung und diffuser Verdickung der Schleimhaut einhergehen. Bei der *Cystitis follicularis* (besonders häufig beim Hund vorkommend) ist die Schleimhaut von einzelnen oder zahlreichen, stecknadelkopfgroßen, grau-weißen oder roten Knötchen (hyperplastische Lymphfollikel) durchsetzt. Nicht selten ist die Schleimhaut über den Knötchen nekrotisch (sogenannte Follikulargeschwüre). Die ***Cystitis polyposa chronica*** ist durch Bildung dicker Schleimhautfalten oder von Polypen gekennzeichnet. Die Polypen können, besonders beim Rind, zystisch oder glandulär (Metaplasie) umgewandelt und dann nekrotisch werden und zur Hämaturie führen.

Als **enkrustierende Zystitis** wird eine seltene, aber schwerwiegende eitrig-nekrotisierende Blasenentzündung mit dystrophischer Verkalkung der Blasenwand bezeichnet, die bislang nur bei Hund, Katze und Pferd beobachtet wurde. Sie entsteht im Zusammenhang mit anderen Krankheiten wie Prostatitis, Blasentumoren und Harnabflußstörungen unterschiedlicher Art sowie nach urologischen Manipulationen (Dauerkatheter, manuelles Ausdrücken der Harnblase u. a.). Diese begünstigen Urogenitalinfektionen, die zur Zystitis und damit zur Alkalisierung des Harnes mit Ausfällung von Struvitkristallen führen. Bei einem pH um 8,0 kann das *Corynebacterium urealyticum*

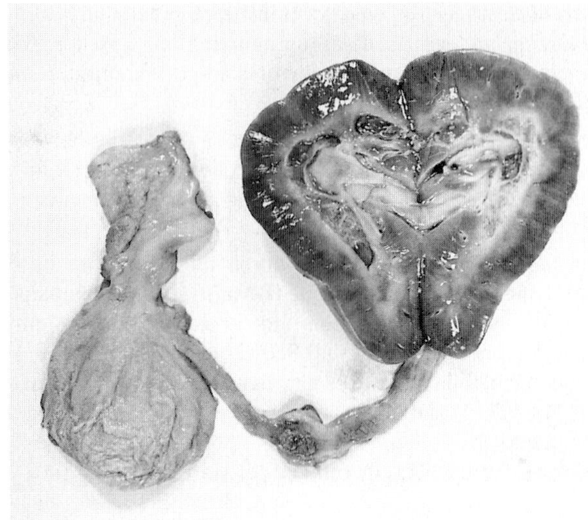

Abb. 8.19 Pyelonephritis mit Abschmelzung der Nierenpapillen, obturierender Harnleiterstein, Esel.

(Harnstoff spaltend, Antibiotika-resistent) seine Schadwirkung entfalten, so daß es zur Entstehung der enkrustierenden Zystitis kommt.

Granulomatöse Entzündungen von Harnleiter, Harnblase oder Harnröhre sind sehr selten.

8.2.5 Urolithiasis

Unter Urolithiasis versteht man das Vorkommen von Konkrementen in den ableitenden Harnwegen. Die Konkremente können in allen harnableitenden Organen entstehen. Am häufigsten bilden sie sich aber in Nierenbecken und Harnblase, von wo aus sie sehr oft in distal davon gelegene Abschnitte der Harnwege abgeschwemmt werden (Abb. 8.19, 8.20). Die Urolithiasis ist von großer Bedeutung bei Wiederkäuern und Fleischfressern, während sie bei Pferden und Schweinen wesentlich seltener vorkommt.

Die **chemische Zusammensetzung** der Harnsteine ist verschieden und in erster Linie vom *pH-Wert* des Harnes abhängig. Die Wasserstoffionenkonzentration kann in begrenztem Maße durch Fütterung (besonders bei Omnivoren und Katzen) beeinflußt werden. Entzündliche Prozesse in den Harnwegen erhöhen den pH-Wert, insbesondere, wenn dabei Harnstoff bakteriell zersetzt wird. Bei *Pflanzenfressern* mit einem normalerweise alkalischen Harn (pH 7–9,5) bestehen die Konkremente aus Kalziumkarbonat, Magnesium- und Kalziumphosphaten, Tripelphosphat (Magnesiumammoniumphosphat, Struvit) und gelegent-

Abb. 8.20 Facettensteine in der Blase bei einer Hündin.

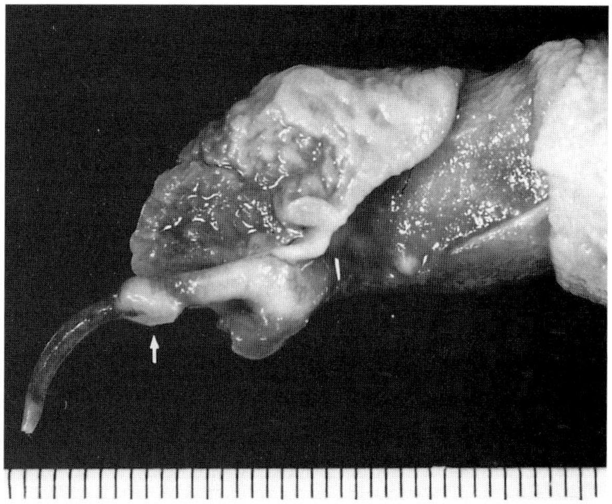

Abb. 8.21 Kalziumkarbonatstein (Pfeil) im Processus urethrae, der dadurch verstopft und nekrotisch wurde; Folge war eine tödliche Blasenruptur, Schafbock.

lich auch Eisenkarbonat. Bei saurer Harnreaktion können auch Silikate, Oxalate und Purine (Xanthin) zur Ausfällung gelangen. Beim *Schwein* werden im normalerweise sauren Harnmilieu (pH 5–6) Oxalate und Silikate, im alkalischen Kalziumkarbonat und Tripelphosphat als Konkrementbestandteile gesehen. Die *Karnivoren* zeigen im normalerweise sauren Harn (pH 5–6) besonders Konkremente aus Oxalaten, Uraten, Harnsäure und Cystin. Im alkalischen Harn kann es zur Ausfällung von Kalziumkarbonat und -phosphat, Kalziummagnesiumphosphat, Tripelphosphat und Ammoniumurat kommen. Die Nieren- und Harnleiterkonkremente der *Vögel* und *Reptilien* setzen sich aus Harnsäure, Uraten, Karbonaten und organischen Materialien (Muzinen) zusammen.

Die eine Konkrementbildung auslösenden **Ursachen** sind nur zum Teil bekannt. Wichtig ist vor allem das Vorhandensein von *Kristallisationskernen.* Diese können sich aus abgestoßenen Epithelien, Leuko- und Erythrozyten, Bakterien, Fibrin und tubulär entstandenen Zylindern zusammensetzen und entstehen vor allem im Gefolge von entzündlichen Prozessen und Harnstauungen (gleichzeitig auch Änderungen des pH-Wertes). Weitere Ursachen sind einseitige Fütterung, hohe Mineralanteile des Trinkwassers, ungenügende Flüssigkeitszufuhr (Durst, Hitze; Übersättigung des Harnes), metaplastische Veränderungen des Urothels durch Östrogene oder Vitamin A-Mangel sowie angeborene oder erworbene Stoffwechselanomalien.

Die **Folgen** der Urolithiasis hängen von Größe, Menge, Qualität, Oberflächenstruktur und Lokalisation der Konkremente ab. Sie können zu örtlichen Schleimhautläsionen, Entzündungen sowie zu Stenosen oder Verschlüssen von Harnleiter oder Harnröhre führen. Hydronephrose, Blasendilatation und -ruptur mit postrenaler Resorptionsurämie sowie periurethrale Harnphlegmone (Durchsickern des gestauten Harnes und bakterielle Infektionen) können sich anschließen. Große Nierenbeckensteine können als regelrechte Ausgüsse des Beckenraumes imponieren und durch Druckatrophie und entzündliche Einschmelzung (Pyelonephritis) zu erheblichem Verlust an Nierengewebe führen. Männliche Tiere sind wegen der größeren Länge der Harnröhre und dem Vorhandensein von Engstellen mehr gefährdet als weibliche (s. tierartliche Besonderheiten der Urolithiasis).

Bei **Schafen** und **Rindern** besitzt die Urolithiasis eine erhebliche wirtschaftliche Bedeutung. Meist handelt es sich um Karbonat- und Silikatsteine, während bei Masttieren auch Phosphatkonkremente häufig sind. *Harnröhrensteine* treten bevorzugt im Bereich der S-förmigen Flexur, des *Arcus ischiadicus* und beim Schaf auch des *Processus urethrae* auf (Abb. 8.21). Die Hauptursache ist in der *Fütterung* zu suchen, wobei insbesondere ein zu hoher Anteil an Phosphaten im Futter (Ca: P = 1: 2 und höher) die Entstehung von Konkrementen begünstigt. Vitamin A-Mangel (Metaplasie und Abschuppung von Epithelien der Harnwege) wird häufig als prädisponierender Faktor angesehen. *Phytöstrogene* (vor allem in Kleearten vorkommend) können bei Schafen zur metaplastischen Verhornung von Urothel und akzessorischen Geschlechtsdrüsen (s. S. 286) führen. Die verhornten Epithelien werden abgeschilfert und bilden zusammen mit geringen Mengen anorganischer Salze (meist Kalziumkarbonat) weiche Konkremente in Nierenbecken (auch bei weiblichen Tieren), Beckenabschnitt der Harnröhre oder *Processus urethrae.* Konkremente im Harnröhrenfortsatz führen meist zu dessen Nekrose und zur vollständigen Obturation der Harnröhre. Periurethrale Phlegmonen und/oder Harnblasenrupturen sind die Folge und in der Regel tödlich. Ein gleichartiges Krankheitsbild kann man bei männlichen Schaflämmern beobachten, denen zur Verbesserung der Mast Östrogene (verboten!) verabreicht wurden (s. S. 286).

Männliche **Hunde** erkranken an Urolithiasis ungefähr doppelt so häufig wie weibliche, wobei kleinere Hunderassen bevorzugt betroffen sind. Struvitsteine sind am häufigsten und durchweg infektiös-entzündlich bedingt. An zweiter Stelle folgen Cystinsteine, deren Häufigkeit aber kontinuierlich abnimmt. Bei Dackeln liegen der Bildung von Cystinsteinen eine genetisch bedingte tubuläre Rückresorptionsstörung (Cystinurie) zugrunde. Der Dalmatiner hat eine besondere Disposition zur Bildung von Ammoniumuratsteinen. Kalziumoxalatkonkremente sind ebenfalls häufig. Beim **Rüden** findet man Harnröhrensteine besonders im Bereich des Penisknochens oder kurz vor diesem. Blasensteine zeigen, wenn sie groß sind und multipel auftreten, charakteristische Facetten.

Bei der **Katze**, insbesondere bei männlichen Tieren, ist das sogenannte **feline urologische Syndrom (FUS)** von Bedeutung. Bei diesem werden Detritus-artige Konkremente beziehungsweise Pseudokonkremente gebildet, die überwiegend aus Struvit und/oder organischem Material bestehen. Die Harnröhrensteine finden sich meist im Bereich des Os glandis, können aber auch als Harngrieß die gesamte Harnröhre verstopfen. Beim Kater kommt es dadurch zur Nekrose der Glans penis, Blasendilatation und -ruptur. Weibliche Tiere zeigen meist nur eine Zystitis und Urethritis. Die Krankheit tritt meist zwischen dem zweiten und sechsten Lebensjahr auf. Perserkatzen, nicht jedoch andere Edelkatzen, sind besonders disponiert. Als Hauptursachen des FUS ist die Alkalisierung des Harnes nach Futteraufnahme anzusehen. Durch Salzsäuresekretion im Magen kommt es zu einer „postprandialen alkalischen Flut" im Blut und schließlich zur Alkalisierung des Harnes, die die Bildung von Struvitsteinen begünstigt. Seit die Futtermittelindustrie ihre Produkte so geändert hat, daß die Alkalisierung des Harnes verhindert wird, ist das FUS erheblich seltener geworden. Virale Infektionen (Caliciviren s. S. 75, Herpesviren s. S. 75) und eine kastrationsbedingte geringere Erweiterungsfähigkeit der Urethra im Bereich der Penisspitze sind, wenn überhaupt, von untergeordneter Bedeutung für die Entstehung des FUS.

8.2.6 Tumoren

Tumoren der Harnblase und Harnröhre sind bei allen Haustieren, mit Ausnahme bei Rindern in bestimmten Gegenden (enzootische Hämaturie, s. S. 273), selten. Am häufigsten kommen sie noch bei Hund und Rind vor.

Ungefähr 80% der Harnblasentumoren sind **epithelialer Natur**. Am weitaus häufigsten sind *Übergangszellkarzinome,* gefolgt von *Papillomen* (Abb. 8.22), *Plattenepithelkarzinomen, Adenokarzinomen* und *Adenomen.* Das Übergangszellkarzinom tritt einzeln oder multipel auf und zeigt verschiedene Wuchsformen (papillär und/oder infiltrativ; *Carcinoma in situ).* Metastasenbildung in regionären Lymphknoten und anderen Organen ist bei allen fortgeschrittenen bösartigen Blasentumoren häufig.

Bei den **mesenchymalen Tumoren** handelt es sich besonders um *Leiomyome, Fibrome, Hämangiome* und *Hämangioendotheliome.* Letztere treten, besonders beim Rind, häufig gemeinsam mit epithelialen Geschwülsten auf. *Botryoide Rhabdomyosarkome* kommen vor allem bei jungen Hunden, besonders beim Bernhardiner vor.

Bei der **enzootischen Hämaturie** des **Rindes** (Adlerfarnvergiftung s. S. 273) kommt es häufig zur Entstehung von Blasentumoren verschiedener Art (meist Übergangszellkarzinome, seltener Papillome und Plattenepithelkarzinome; häufig auch Gefäßtumoren; Abb. 8.17). Ein gleichartiges Krankheitsbild ist auch bei Schafen bekannt, die über längere Zeit Adlerfarn aufnehmen (s. S. 191).

Leukose und **Sekundäre Tumoren** sind selten. Das *Prostatakarzinom* des Hundes neigt zum Einwachsen in

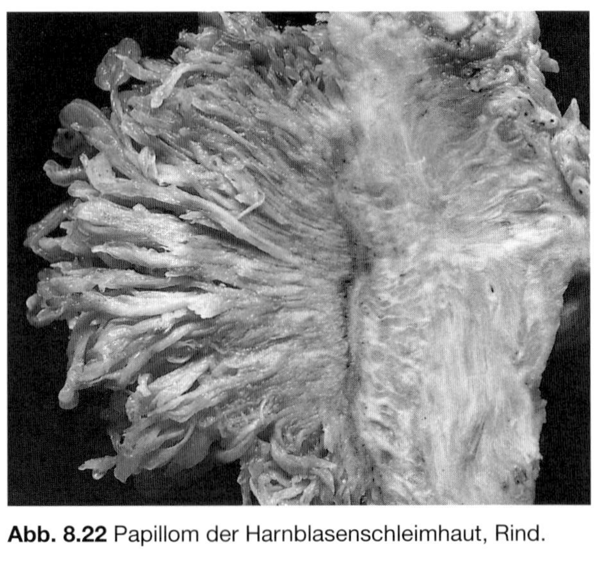

Abb. 8.22 Papillom der Harnblasenschleimhaut, Rind.

die Blase, wobei es zur Verlegung der Harnleitermündung mit nachfolgender Hydronephrose kommen kann (s. S. 288).

8.2.7 Parasiten

Dioctophyma renale und *Capillaria plica* treten auch in der Harnblase auf (s. S. 270).

Schistosomen (Bilharzien) kommen bei Wiederkäuern *(Schistosoma bovis, S. mattheei)* und Fleischfressern *(S. rodhaini, S. japonicum)* in warmen Ländern vor. Die Pärchenegel leben in Portal- und Mesenterialvenen, gelegentlich auch in Blasenvenen. Durch Eiablage in die Harnblasenwand wird ein Dauerreiz (Freiwerden zytolytischer Stoffe aus den Eiern) gesetzt, der zu entzündlichen, metaplastischen und polypösen Veränderungen der Blasenschleimhaut führt. Bei der Blasenbilharziose des Menschen *(S. haematobium)* entstehen aus diesen Veränderungen nicht selten Geschwülste.

9 Geschlechtsorgane

E. WEISS und ILSE KÄUFER-WEISS

In der **Geschlechtsentwicklung** unterscheidet man bei Säugern ein chromosomales, gonadales und ein phänotypisches Geschlecht. Ersteres wird bei der Befruchtung chromosomal fixiert und bleibt irreversibel (Geschlechtsdetermination). Grundsätzlich entsteht ein männliches Individuum, wenn die Zygote ein Y-Chromosom enthält, unabhängig von der Zahl der vorhandenen X-Chromosomen. Fehlt das Y-Chromosom, dann entwickelt sich in der Regel ein weibliches Tier. Nach Einwandern der primordialen Keimzellen (Urgeschlechtszellen, die sich mitotisch teilen) in die Gonadenanlagen, die bei beiden Geschlechtern gleich sind, differenzieren sich die Gonaden, also Hoden und Ovar (gonadales Geschlecht). Für die Differenzierung zum **Hoden** ist der Testisdeterminierende Faktor SRY (Sex Determing Region on the Y-Chromosome) verantwortlich. Das H-Y-Antigen und das Zinkfinger-Protein (ZFY), die wie SRY auf dem kurzen Arm des Y-Chromosoms liegen und die man bis Mitte-Ende der 80er Jahre für die Induktion der Hodenentwicklung primär verantwortlich machte, spielen bei dieser keine Rolle. Mit der Bildung von Keimsträngen, hauptsächlich bestehend aus Keim-, SERTOLI- und LEYDIG-Zellen, setzt auch die Produktion von Testosteron durch letztere ein (beim Menschen unter Einfluß von HCG, s. S. 303). Dies bedingt die weitere Differenzierung der WOLFFschen Gänge zu Nebenhoden, Samenleitern und Samenblasen. Die Maskulinisierung der indifferenten Anlage der äußeren Geschlechtsorgane (Bulbourethraldrüse und Prostata aus dem Sinus urogenitalis, Penis aus dem Genitalhöcker, Skrotum aus den Genitalwülsten) kann nur erfolgen, wenn in den Zellen des Sinus urogenitalis das Testosteron zu 5 α-Dihydrotestosteron mittels der 5 α-Reduktase umgewandelt werden kann (phänotypisches Geschlecht). Die Rückbildung der MÜLLERschen Gänge (kleiner Rest als Uterovagina masculina erhalten) wird durch das von den SERTOLI-Zellen des fetalen Hodens gebildete Anti-MÜLLER-Hormon (= *AMH; Müllerian Inhibiting Hormone* = MIH; nicht artspezifisches Proteohormon, das postnatal nur noch einige Wochen lang produziert wird), verursacht. Mit Testosteron kann eine Regression der MÜLLERschen Gänge nicht erreicht werden.

Die Differenzierung zum **Ovar** erfolgt später als die zum Hoden und unabhängig von hormonellen oder besonderen genetischen Faktoren. Gleiches gilt für die Differenzierung der MÜLLERschen Gänge zu Eileitern, Uterus und Teilen der Vagina sowie für die Feminisierung der indifferenten Anlage der äußeren Geschlechtsorgane (Teile der Vagina aus dem Sinus urogenitalis, Klitoris aus dem Genitalhöcker, Schamlippen aus den Geschlechtsfalten). Dementsprechend entwickeln sich die Feten, denen die Gonaden entfernt werden, immer in Richtung weiblich. Bei weiblichen Tieren kann aber durch Testosteron eine Maskulinisierung der äußeren Geschlechtsorgane induziert werden, da in diesen, wie bei den männlichen Tieren, entsprechende Hormonrezeptoren vorhanden sind (s. testikuläre Feminisierung, S. 279). Wodurch die Rückbildung der WOLFFschen Gänge verursacht wird, ist weitgehend unbekannt.

9.1 Sexuelle Zwischenstufen

Störungen der Geschlechtsentwicklung führen häufig zur Ausbildung von sexuellen Zwischenformen, die auch als *Intersexualität, Zwittertum* oder *Hermaphroditismus* bezeichnet werden. Man versteht darunter das Vorkommen von Organen beider Geschlechter in unterschiedlichem Ausbildungsgrad in einem Individuum.

Sexuelle Zwischenstufen werden bei allen Haustieren, insbesondere bei Schwein, Ziege und Rind, beobachtet. Eine restlos befriedigende, auch zytogenetische Aspekte berücksichtigende Einteilung der Vielfalt der beim Haustier bekannten sexuellen Zwischenstufen ist bislang nicht möglich. Nach KLEBS (1873) kann man grundsätzlich zwischen einem *echten Zwittertum (Hermaphroditismus verus) und* einem *falschen (Pseudohermaphroditismus masculinus* oder *Psh. femininus)* unterscheiden. Der echte Hermaphrodit besitzt die Gonaden bzw. Teile von Gonaden beider Geschlechter, der Pseudohermaphrodit nur die eines Geschlechtes. Die äußeren Geschlechtsorgane sind in unterschiedlicher Weise ausgebildet. Dieser Einteilung wird hier gefolgt, die Zwickenbildung wegen ihrer Sonderstellung aber eigens behandelt.

9.1.1 Hermaphroditismus verus

Beim echten Zwitter, auch H. ambiglandularis genannt, unterscheidet man folgende Formen:

1. *Hermaphroditismus lateralis sive alternans:* Hoden auf einer, Ovar auf der anderen Seite.
2. *Hermaphroditismus unilateralis:* Ovotestis (oder Hoden und Ovar) auf einer, Hoden oder Ovar auf der anderen Seite.
3. *Hermaphroditismus bilateralis:* beidseits entweder Ovotestes oder Hoden und Ovar, oder Ovotestis auf einer Seite sowie Ovar und Hoden auf der anderen Seite.

Keimzellen treten nur in den Ovarien und in den ihnen entsprechenden Anteilen der Ovotestes auf. Die Ausbildung der äußeren Geschlechtsorgane kann in ganz unterschiedlicher Weise in Richtung männlich oder weiblich erfolgen und ist zum Teil vom Grad der gonadalen Testosteronbildung abhängig. Der H. verus ist selten. Am häufigsten kommt er noch beim Schwein vor, ist aber auch bei Rind, Schaf, Ziege, Hund , Katze und Pferd (KLINEFELTER-Syndrom, s. S. 281) beschrieben. Der bei ihm zu erwartende Ganzkörper-Chromosomenchimärismus XX/XY wird nur gelegentlich beobachtet, meist liegt der Karyotyp XX wie beim normalen weiblichen Tier vor. Dies deutet darauf hin, daß der echte Hermaphroditismus und die *Geschlechtsumkehr* bei genetisch weiblichen Tieren *(XX Sex Reversal;* männliche Tiere mit Hoden, aber steril; bei Maus, Hund, Schwein und Ziege erblich) unterschiedliche Formen der gleichen Entwicklungsstörungen (autosomale Genmutationen, Translokationen und Deletionen) im Bereich der geschlechtsdeterminierenden Region darstellen. Beim H. verus reicht die „maskulinisierende Wirkung" nicht aus, um die Entwicklung funktionsfähiger Ovarien zu verhindern, wohl aber bei der XX-Geschlechtsumkehr.

9.1.2 Pseudohermaphroditismus

Pseudohermaphroditismus masculinus (Psh. testicularis, H. testicularis, Hodenzwitter). Beidseits ist je ein Hoden vorhanden, in der Regel aber keine Spermiogenese. Die äußeren Geschlechtsorgane entsprechen mehr denen eines weiblichen Tieres (vergrößerte Klitoris, Vulva-ähnliche Labioskrotalwülste, Vagina, kleiner Uterus). Diese Zwitterform wird beim Haustier am häufigsten beobachtet. Bei Schwein (bis zu 0,2% der Tiere) und Ziege (bei Tieren mit Hörnern bis zu 0,1%, bei hornlosen 6,5–8,4%; wenn Gen für Hornlosigkeit homozygot auftritt, dann immer Zwitterbildung, zum geringeren Teil auch echte) und möglicherweise auch beim Cockerspaniel wird der Pseudohermaphroditismus masculinus rezessiv vererbt. Fast immer liegt der Karyotyp XX vor, nur sehr selten XY oder XO. Als Erklärung wird angenommen, daß bei den XX- und XO-Tieren die Hoden-determinierende Region (SRY) des Y-Chromosoms durch Translokation auf autosomale Chromosomen, Austausch von genetischem Material zwischen X- und Y-Chromosomen oder Mosaikbildung (zusätzliches, nicht nachgewiesenes Vorhandensein von XY- oder XXY-Zellinien) erhalten geblieben ist. Beim *testikulären Feminisierungssyndrom,* das bei Mensch, Rind, Pferd, Maus und Ratte vorkommt, liegen Hoden, eine blind endende Vagina und ein weiblicher Phänotyp vor. Der Karyotyp ist XY. Ursache ist ein genetisch (bei der Maus an das X-Chromosom gebunden) bedingter Defekt des Androgenrezeptor-Proteins (Androgeninsensitivität). Trotz Testosteronproduktion des fetalen Hodens bleibt daher die Maskulinisierung der äußeren Geschlechtsorgane aus (s. S. 278). Das Syndrom der persistierenden MÜLLERschen Gänge (PMDS) ist gekennzeichnet durch das Vorhandensein von Ovidukt, Uterus und Vagina bei männlichen Tieren. Beim Zwergschnauzer ist ein autosomal-rezessiver Erbgang gesichert, beim Bassethound sehr wahrscheinlich. Dem PMDS dürfte ein Defekt des Anti-MÜLLER-Hormon-Rezeptors zugrunde liegen.

Pseudohermaphroditismus femininus (Psh. ovarialis, H. ovarialis, Eierstockzwitter). Beidseits ist je ein funktionsfähiger Eierstock vorhanden. Eileiter, Uterus und Vagina sind meist voll ausgebildet, das äußere Genitale jedoch männlich (Penis und Präputium). Der Karyotyp ist XX. Der Psh. femininus wird beim Haustier (Schwein, Hund) nur sehr selten gefunden. Hauptursache ist beim Menschen (Haustier?) das *kongenitale adrenogenitale Syndrom,* bei dem es infolge genetisch bedingter Enzymdefekte zur übermäßigen Bildung von Androgenen durch die Nebennierenrinde und damit zur *Virilisierung (Hirsutismus)* kommt. Exogene Einflüsse (Hormonbehandlung während der Trächtigkeit) sind von ganz untergeordneter Bedeutung.

9.1.3 Zwickenbildung

Störungen der Geschlechtsentwicklung in Form der sogenannten *Zwicken (Freemartin)* spielen eine wichtige Rolle beim Rind. Zwicken sind weibliche Tiere, die zusammen mit einem männlichen (heterosexuelle Zwillinge) geboren wurden, einen XX/XY Blut- und häufig auch Keimzellenchimärismus sowie Mißbildungen der Geschlechtsorgane aufweisen. Die Ovarien sind meist hypoplastisch. Die Eierstocksrinde ist nicht differenziert, während das Mark häufig eine hodenähnliche Struktur besitzt. In selteneren Fällen liegen echte Hoden (Kryptorchismus) vor. Eileiter, Uterus und Vagina sind unterentwickelt, die Klitoris ist vergrößert. Häufig finden sich auch Samenblasen-artige Gebilde und eine Präputium-artige Hautfalte in der Medianlinie des Unterbauches (Abb. 9.1).

Voraussetzung für die Zwickenbildung sind *Blutgefäßanastomosen* zwischen den Plazenten der einzelnen Zwillinge, die bei über 90% der Zwillingsträchtigkeiten beim Rind vorkommen. Über diese gelangt vom männlichen Zwillingspartner das Anti-MÜLLER-Hormon in den weiblichen und bedingt dessen Virilisierung. Androgene des fetalen Hodens des männlichen Zwillingspartners spielen, entgegen früherer Ansicht, keine Rolle.

Zwickenbildung wird auch bei Schaf und Ziege gesehen, jedoch wesentlich seltener als beim Rind, obwohl bei diesen Tierarten Zwillingsträchtigkeit viel häufiger ist. Im Unterschied zum Rind sind jedoch nur bei 5–10% der

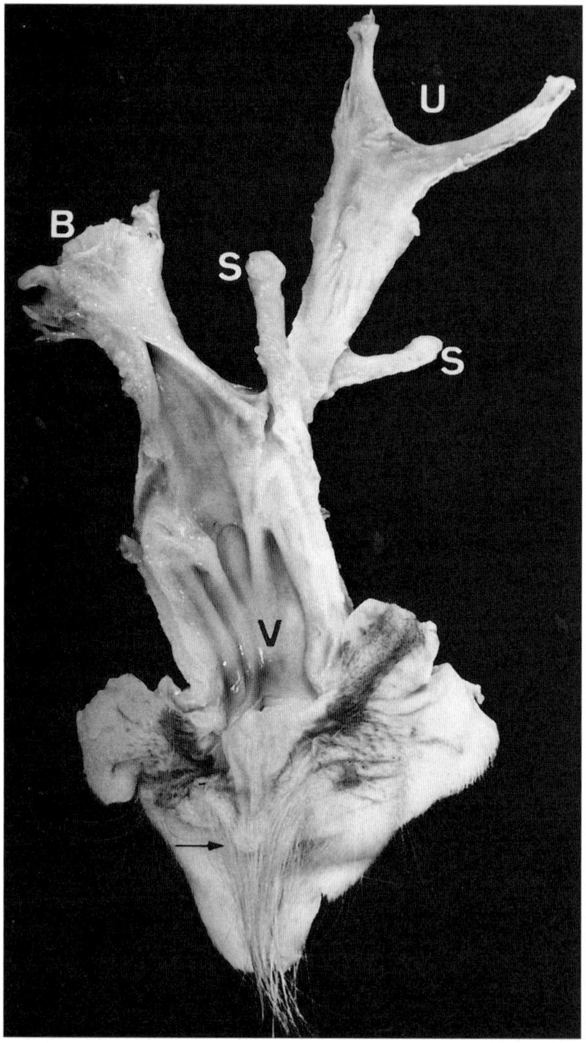

Abb. 9.1 Geschlechtsorgane einer Zwicke (Kalb); Uterus (U) und Vagina (V) unterentwickelt, penisartige Klitoris (Pfeil), paarige Samenblasen (S); B = Blasenstumpf (abgeschnitten).

Zwillingsträchtigkeiten plazentare Anastomosen ausgebildet. Beim Schwein sind plazentare Anastomosen und damit auch Zwicken häufiger. Da es aber in der Regel nicht möglich ist, die „plazentaren Nachbarn" eines geschlechtlich mißgebildeten Ferkels zu identifizieren, ist es schwierig, im Einzelfall die Zusammenhänge aufzuklären. Zwillinge bei Marmosetaffen (Callithricidae) zeigen zu 50% einen Blutchimärismus, eigenartigerweise aber keine Störungen in der Geschlechtsentwicklung.

9.2 Männliche Geschlechtsorgane

9.2.1 Hoden und Nebenhoden

Die Hoden sind ihrer Struktur nach zusammengesetzte tubuläre Drüsen. Das Hodenparenchym besteht aus den Keimzellen, die in Form von Samenkanälchen angeordnet sind.

Die LEYDIGschen Zwischenzellen produzieren Androgene und in geringem Maße auch Östrogene (beim Eber auch größere Mengen). Dazu werden sie von dem die interstitiellen Zellen anregenden Hormon (ICSH, identisch mit dem luteinisierenden Hormon = LH beim weiblichen Tier) des Hypophysenvorderlappens (HVL) angeregt, der wiederum, was die Gonadotropinsekretion anbelangt, unter Kontrolle des Hypothalamus steht (LH- und FSH-Releasing-Faktoren). Das hormonelle Gleichgewicht wird über einen Rückkopplungsmechanismus aufrechterhalten, wobei besonders der Androgenblutspiegel von Bedeutung ist. Die SERTOLI-Zellen, deren Funktion lange Zeit nur in Stützung und Ernährung der Keimzellen gesehen wurde, produzieren unter Wirkung des Follikel-stimulierenden Hormons des HVL (FSH) ein Androgen-bindendes Protein (ABP), das sie in die Samenkanälchen abgeben. Dort reichert es die von den LEYDIGschen Zellen stammenden Androgene an und verstärkt so ihre Wirkung auf die Spermiogenese (AMH, s. S. 278). Weiterhin produzieren die SERTOLI-Zellen das Proteohormon Inhibin, das auf kurzem Rückkopplungsweg die Freisetzung von ICSH aus der Hypophyse hemmt (Feinregulation neben der Grobregulation durch Androgene). Unter dem Einfluß der gebildeten Androgene erfolgt dann die *Spermiogenese* (Spermatogonien, Spermiozyten 1. und 2. Ordnung sive Präspermiden, Reduktionsteilung, Spermatiden sive Spermiden, Metaspermien, Spermien). Die *Spermien* gelangen von den Tubuli contorti in die Tubuli recti und in das Rete testis, von diesem über die Ductuli efferentes testis, die den Hoden am Kopfende verlassen, in den Nebenhoden, dann in den Ductus epididymidis und schließlich in den Samenleiter.

Hoden und Nebenhoden sind von der *Tunica albuginea* und der mit ihr fest verbundenen *Tunica vaginalis propria* (viszerales Blatt des Peritoneums) überzogen. Die Albuginea steht mit dem den Hoden in der Längsachse durchziehenden *Mediastinum testis* (beim Pferd nur andeutungsweise vorhanden) in Verbindung. Von diesem ziehen die *Septula testis* durch das Hodenparenchym kapselwärts. Der *Nebenhoden,* der als Samenspeicher dient, produziert eine Nährflüssigkeit, das *Spermioplasma,* in der die Spermien suspendiert sind und das gleichzeitig auch Bewegungen der Samenfäden hemmt. Am Nebenhoden kann man Kopf, Körper und Schwanz unterscheiden. Danach sich orientierend, spricht man auch von einem Kopf- und Schwanzende sowie von einem Nebenhodenrand des Hodens. *Rudimente* aus der Embryonalentwicklung können in Form kleiner Bläschen oder blind endender Gänge an Hoden, Nebenhoden und Samenleiter gefunden werden. *Paradidymis (in* der Nähe des Nebenhodenkopfes) und *Ductuli aberrantes* (im Samenleitergekröse) stammen von den Kanälchen der Urniere, der *Appendix testis (Hydatides;* am Kopfende des Hodens und Nebenhodens) und der *Utriculus mas-*

culinus sive prostaticus = *Uterovagina masculina* (entweder im Samenhügel oder in der Plica urogenitalis) vom MÜLLERschen Gang.

Descensus testiculorum s. S. 284.

9.2.1.1 Entwicklungsstörungen

Störungen des **Descensus testiculorum** *(Kryptorchismus, Retentio testiculorum)* kommen bei allen Haustieren, besonders aber bei Pferd, Schwein, Hund und bei hornlosen Ziegen- und Schafböcken, vor (s. S. 279). Sie äußern sich entweder in einem *abdominalen* oder *inguinalen,* bi- oder unilateralen Kryptorchismus. Am häufigsten wird die einseitige Retention des linken Hodens beobachtet. Die dystopischen Hoden sind nach der Pubertät kleiner als normal. Histologisch fallen vor allem die fehlende Spermiogenese und die besonders bei jüngeren Tieren vorhandene Vermehrung der LEYDIGschen Zwischenzellen auf. Bei Fohlen sind diese von ausgeprägter orange-gelber Farbe (intrazelluläres Ceroid?) Abdominalhoden neigen wegen ihrer großen Beweglichkeit (breites, lockeres Hodengekröse) zur *Torsion* mit nachfolgender Strangulation und Nekrose. In retinierten Hoden sind Tumoren und Teratome häufiger zu beobachten als in solchen mit normalem Deszensus. Formalgenetisch kommen für die Ausbildung des Kryptorchismus vor allem Störungen in der Retraktion des Leitbandes und des Lig. scroti in Betracht (s. S. 284). Die Ursachen des Kryptorchismus sind entweder genetisch-erblicher oder hormoneller Natur.

Unter **Ectopia testis** versteht man die Verlagerung der Hoden an Stellen, die während des normalen Deszensus nicht passiert werden, z. B. in den Schenkelkanal, in das Peritoneum, neben das Präputium oder unter die Haut.

Die **Aplasie** eines *(Monorchidie)* oder beider Hoden *(Anorchidie)* wird nur sehr selten beobachtet.

Ein dem KLINEFELTER-Syndrom des Menschen vergleichbares Krankheitsbild mit **Hodenhypoplasie** und fehlender Spermiogenese tritt bei Bullen, Schafböcken, Hengsten sowie Schildpattkatern (orange, schwarz), Kattunkatern (orange, schwarz, weiß) und Perserkatern (creme, blau) auf. Der Karyotyp ist meist durch ein zusätzliches X-Chromosom gekennzeichnet, also XXY. Bei den Katzen sind die Farbgene, mit Ausnahme dessen für Weiß (autosomal), in alleler Stellung an die X-Chromosomen gebunden, so daß die Fellfarben bei männlichen Tieren Marker für Chromosomenanomalien darstellen. Das Chromosomenbild ist aber bei den Katern nicht einheitlich (weitere X-Chromosomen, Chimärismus unterschiedlicher Art, Chimären ohne XXY sind meist fertil). Auch andere Störungen der Geschlechtsentwicklung, wie echter Hermaphroditismus, können dabei auftreten. Beim schwedischen Gebirgsrind wurde die Hodenhypoplasie (meist einseitig) als rezessives Erbleiden erkannt.

Die segmentale Aplasie des WOLFFschen Ganges ist gekennzeichnet durch eine ein- oder beidseitige Aplasie bzw. Hypoplasie von Nebenhoden, Samenleiter und Samenblasen. Da die Spermiogenese erhalten ist, kommt es häufig zur zystischen Erweiterung der Samenkanälchen besonders im rudimentären Caput epididymidis und schließlich auch zur abschnittsweisen sekundären Hodendegeneration. Bei Rind und Schwein ist das Leiden rezessiverblich.

Die **überzählige Hodenbildung,** meist in Form einer Triorchidie, ist beim Tier sehr selten.

Eine **multiple heterotope Hodenentwicklung** in Form miliarer bis kirschgroßer, über das ganze Bauchfell verstreuter Knoten von hodenartigem Aufbau wurde vereinzelt beim Schwein beschrieben.

9.2.1.2 Stoffwechselstörungen

Degeneration und **Atrophie** des Hodengewebes sind außerordentlich häufig, da die Epithelien der Samenkanälchen sehr empfindlich sind. Akute degenerative und atrophische Zustände sind nur histologisch (hydropische Degeneration, Pyknosen, mehrkernige Riesenzellen, Oligo- und Azoospermie) zu erkennen. Mit der Zeit werden die Hoden kleiner und derber und schließlich bindegewebig induriert. Ursächlich kommen vor allem Traumen, Zirkulationsstörungen, entzündliche Prozesse, Infektionskrankheiten, Vitaminmangel, Ernährungsfehler, klimatische und psychische Einflüsse, Strahlenschäden, Hyperöstrogenismus (SERTOLI-Zelltumor, s. S. 284) und hypophysäre Störungen in Betracht. Bei der *senilen Atrophie* werden die Hoden durch Ablagerung von Lipofuszin braun verfärbt.

Hodenverkalkungen entwickeln sich bei Stier, Ziegen- und Schafbock sehr häufig im Anschluß an Samenstauungen sowie entzündliche und degenerative Prozesse. Auf der Schnittfläche der betroffenen Hoden findet man in leichten Fällen nur einzelne gelblich-weiße, miliare bis erbsengroße, harte Knötchen, während es in fortgeschrittenen Fällen zur dystrophischen Verkalkung großer Gewebsabschnitte *(Petrificatio testis)* kommt (Abb. 9.2).

Histologisch sieht man, daß die Kalkablagerungen, von abgestorbenen Epithelien und Samenfäden durchsetzt, in den Lichtungen der meist zystisch erweiterten Tubuli liegen.

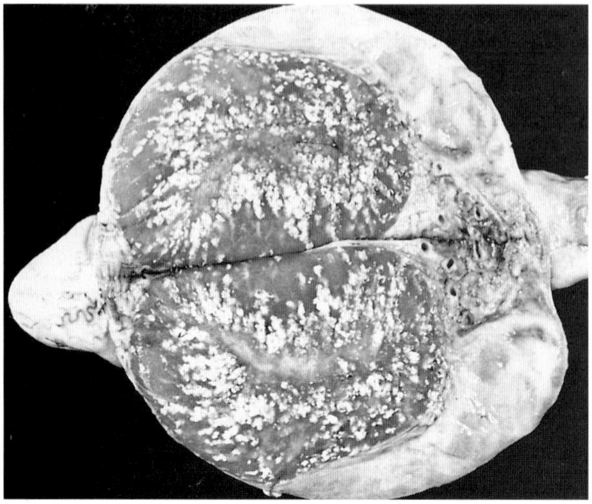

Abb. 9.2 Chronische Orchitis mit dystrophischer Verkalkung, Ziegenbock.

9.2.1.3 Zusammenhangstrennungen und Kreislaufstörungen

Hodenquetschungen kommen bei Haustieren vor allem nach Unfällen, Schlägen und Bissen vor. Blutungen, Nekrosen und degenerative Prozesse sind die Folge.

Nach **Hodenbiopsien,** die früher zu diagnostischen Zwecken durchgeführt wurden, stellen sich besonders bei Stier und Eber schwere, langandauernde Störungen der Spermiogenese, lokale Nekrosen und bindegewebige Indurationen ein.

Die **Hodentorsion** mit Verdrehung des Samenstranges tritt vor allem bei Vorliegen eines abdominalen Kryptorchismus, aber auch intraskrotal nach normalem Deszensus auf. Bei stärkeren Drehungen kommt es zur hämorrhagischen Infarzierung des Hodens. Bei geringgradigeren Torsionen entwickelt sich eine Stauungshyperämie mit nachfolgender Atrophie und Fibrose.

9.2.1.4 Entzündungen

Entzündungen der Hoden und Nebenhoden entstehen in der Regel nach Infektionen. Die sogenannte traumatische *Orchitis* und *Epididymitis* ist meist lediglich eine Kreislaufstörung mit all den von ihr ausgelösten Folgen.

Infektionen der Hoden und Nebenhoden entstehen entweder hämatogen-metastatisch, fortgeleitet auf dem Harn- und Samenweg oder im Anschluß an Verletzungen. Die akuten Entzündungen sind durch starke Schwellung, Ödembildung und Hyperämie, die chronischen durch Fibrose und Verkalkung gekennzeichnet.

Eitrige Hoden- und Nebenhodenentzündungen mit Neigung zur *Abszeßbildung* werden vor allem bei Infektionen mit *Streptokokken, Staphylokokken, E. coli* und *Actinomyces (Arcanobacterium) pyogenes* beobachtet. Beim ***Pferd*** kommt es auch zur Orchitis und Epididymitis bei Infektionen mit *Salmonella abortus equi* und bei Vorliegen der *Virus-Arteriitis*. Beim ***Schaf*** sind eitrige Nebenhodenentzündungen mit sekundären Hodenveränderungen, bedingt durch *Corynebacterium pseudotuberculosis* und *Yersinia pseudotuberculosis,* bekannt. Die Übertragung der Bakterien erfolgt wahrscheinlich durch Zecken, die vorher bei Nagern parasitierten. Wenn Abszesse und Nekrosen auftreten, dann sind meist auch die Hodenhüllen mitbetroffen, unter Umständen bilden sich sogar nach außen mündende Fistelkanäle aus. Beim *Hund* sind meist Coli- und Proteusbakterien an einer Hoden- und Nebenhodenentzündung beteiligt.

Die **Brucellose** von Hoden und Nebenhoden entsteht in erster Linie hämatogen nach oraler Aufnahme der Bakterien, seltener fortgeleitet (Samenblase). Beim ***Stier*** verläuft die *Brucellose (B.abortus)* entweder *akut-nekrotisierend* oder *protrahiert-granulomatös.*

Bei der *akuten Entzündungsform* schwellen Hoden und Nebenhoden stark an. Im Cavum vaginale kommt es infolge einer gleichzeitigen schweren Entzündung der Hodenhüllen (Periorchitis) zur Ansammlung eines fibrinös-eitrigen Exsudates. Das Hodengewebe wird abschnittsweise nekrotisch, die einzelnen Herde konfluieren, schließlich kann sich eine totale Hodennekrose entwickeln. Nur selten kommt es zu einer bindegewebigen Abgrenzung der Herde. Der nekrotische Hoden wird mit fortschreitender Zeitdauer des Prozesses von der Tunica dartos her bindegewebig abgekapselt und sequestriert.

Bei der *granulomatösen Form* sieht man makroskopisch zunächst keine auffälligen Veränderungen. Später erst tritt dann eine Hodenfibrose auf. Histologisch kann man miliare, tuberkelähnliche Granulome *(Brucellome)* beobachten.

Bei der *Brucellose des Schweines (B. suis)* findet man in der Regel eine herdförmige nekrotisierende Orchitis mit bindegewebiger Abkapselung. Ähnliche Veränderungen treten auch bei der *Brucellose der Hasen (B. suis)* auf. Bei *Schaf* und *Ziege (B. melitensis, B. ovis)* ist dagegen die protrahierte, granulomatöse Form die vorherrschende.

Die **infektiöse Nebenhodenentzündung der Schafe** ist vor allem in Australien, Neuseeland und Kalifornien von großer wirtschaftlicher Bedeutung. Sie wird aber auch in anderen Ländern beobachtet. Die Ursache war lange Zeit nicht geklärt, nach heutiger Ansicht ist aber in erster Linie eine Infektion mit *Brucella ovis* dafür verantwortlich. Die chronisch verlaufende Krankheit ist durch eine starke Verdickung des Nebenhodenschwanzes, der eine derbe Konsistenz und eine weißliche Farbe annimmt, gekennzeichnet. Im weiteren Verlauf kommt es sekundär durch Samenstauung auch zu einer Vergrößerung des Nebenhodenkopfes, unter Umständen auch zu Atrophie und Fibrose des gesamten Hodens, wobei in der Regel die Erreger nicht mehr nachweisbar sind. Ähnliche Veränderungen werden bei Schaf und Rind durch Infektionen mit *Actinobacillus seminis* und *Haemophilus somnus* (früher *Histophilus ovis)* verursacht. Epididymitis und Zervikovaginitis beim Rind s. S. 310.

Bei der **Brucella canis-Infektion** des Rüden steht eine chronische Epididymitis im Vordergrund. Dabei können Spermaantigene mit Makrophagen in den Blutkreislauf gelangen und die Produktion von Antikörpern gegen Spermien anregen. Diese schädigen die Spermien, so daß die Tiere unfruchtbar werden *(Autoimmunkrankheit)*. Bei Hodenverletzungen und Samenstauungen können sich, vor allem beim Bullen, ähnliche autoimmune Prozesse entwickeln.

Beim **Stier** wird des öfteren eine **knotige Hodennekrose** beobachtet und auch als *Pseudotuberkulose* bezeichnet. Auf der Hodenschnittfläche sieht man bindegewebig abgegrenzte, trockene, gelblich-weiße, leicht vorspringende nekrotische Herde unterschiedlicher Größe, die oft zwiebelschalenartig geschichtet sind. Die *Ätiologie* dieser Veränderungen ist unbekannt. Möglicherweise werden die knotigen Hodennekrosen durch die gleichen Noxen, die die knotigen Muskelnekrosen (ROECKLsches Granulom) beim Rind bedingen, hervorgerufen (s. S. 354). Differentialdiagnostisch ist die knotige Hodenbrucellose abzugrenzen.

Die **Tuberkulose** der Hoden und besonders der Nebenhoden war vor der erfolgreichen Durchführung der Tuberkulosebekämpfung bei Stier und Eber nicht selten. Sie entsteht im Anschluß an die Tuberkulose eines anderen Organes, und zwar entweder durch hämatogene Absiedelung oder auf kanalikulärem Wege über den Ductus deferens bei Vorliegen einer tuberkulösen Erkrankung der Prostata oder der Samenblasen. Der erstere Infektionsweg ist wesentlich häufiger und führt zum Bild einer *disseminierten Miliartuberkulose,* der intrakanalikuläre zur *chronischen Organtuberkulose* ohne Beteiligung der regionären Lymphknoten.

Rotz in Form kleiner, vorwiegend produktiver Knötchen wird beim Pferd gelegentlich im Zusammenhang mit einer malleösen Allgemeinerkrankung beobachtet. Beim *Impfrotz des Meerschweinchens* sind dagegen schwere Hodenveränderungen fast immer vorhanden (s. S. 105).

Bei der **Equinen Virusarteriitis** (Arterivirus, s. S. 38) findet man eine ausgeprägte nekrotisierende Vaskulitis in Hoden, Nebenhoden, Samenleiter und akzessorischen Geschlechtsdrüsen. Bei trächtigen Stuten kommt es häufig zu Spätaborten (s. S. 307).

Das **porzine Rubulavirus** (Paramyxovirinae) ruft eine verlustreiche Krankheit bei Ferkeln in Mexiko hervor, die mit neurologischen Symptomen und Korneatrübung („Blue-Eye-Disease") einhergeht. Bei Ebern verursacht das Virus eine granulomatöse Nebenhodenentzündung (Spermagranulome vor allem im Nebenhoden), Hodenfibrose und -atrophie, bei Sauen Sterilität (s. S. 391).

9.2.1.5 Zysten

Zysten kommen vor allem im Nebenhoden von Ziegen- und Schafböcken, von Ebern und gelegentlich auch von Stieren zur Beobachtung. Es handelt sich dabei fast durchweg um **Retentionszysten**, die mit Spermien *(Spermatozele)* oder bei Verschluß des Gangsystems mit einer milchigen Flüssigkeit *(Galaktozele)* gefüllt sind. Zysten von Resten des Mesonephrons *(Paradidymis)* und des MÜLLERschen Ganges (MORGAGNIsche Hydatiden) treten dorsal am Hoden in der Plica urogenitalis als erbsengroße Bläschen auf. Erweiterungen der blind endenden *Ductuli aberrantes* findet man an verschiedenen Stellen, vor allem aber im Nebenhodenkopf.

9.2.1.6 Samenstauung

Sie kann bei der segmentalen Aplasie des WOLFFschen Ganges, durch Hindernisse in den samenableitenden Wegen (Quetschung der Samenleiter, Resektion der Nebenhodenschwänze) und durch entzündliche Prozesse entstehen. Meist ist dabei der Nebenhodenkopf auffällig vergrößert und knotig verdickt. Histologisch findet man in der Regel sekundäre entzündliche Reaktionen mit Ausbildung von Spermagranulomen. Samenstauungen führen bei längerer Dauer zu Atrophie, Fibrose und Verkalkung der Hoden (s. S. 281). Bei ***Ziegenböcken*** ist die Samenstauung die wichtigste Sterilitätsursache und wird durch eine angeborene, erbliche Undurchgängigkeit des *Ductus epididymidis* oder der *Ductuli aberrantes* bedingt.

9.2.1.7 Tumoren

Tumoren werden häufig, vor allem bei älteren **Hunden** und in dystopischen Hoden, seltener beim Pferd beobachtet.

Seminome werden bis zu faustgroß und besitzen eine grauweiße Farbe und eine feste Konsistenz. Sie gehen von den Samenkanälchen aus (Abb. 9.3). Man unterscheidet eine intratubuläre (mit oder ohne Invasion) und eine diffuse Form (häufig Einwachsen in die Lymph- und Blutgefäße des Samenstranges). Metastasen sind selten.

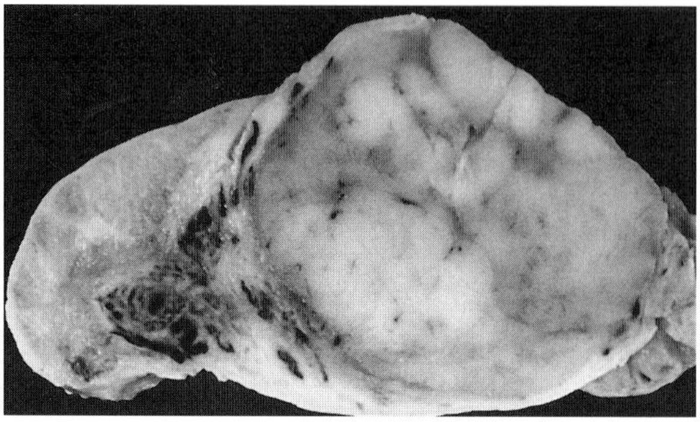

Abb. 9.3 Seminom, Hund.

Die **LEYDIG-Zelltumoren** (solid-diffus, zystisch-vaskulär oder pseudoadenomatös, durchweg gutartig) kommen besonders häufig bei alten Hunden und Zwergkaninchen vor. Makroskopisch sind sie durch ihre mehr gelblich-bräunliche Farbe und ihren hohen Lipidgehalt charakterisiert. Ihre Größe schwankt zwischen der eines Hirsekornes und der einer Walnuß. Blutungen in den Tumoren sind häufig. Sie können zum Teil auch als *knotige Hyperplasien* angesprochen werden (s. S. 281). Ob LEYDIG-Zelltumoren auch Hormone (Androgene) in vermehrtem Maße produzieren, ist nicht hinreichend bekannt. Das häufig gleichzeitige Auftreten von Perianaltumoren (s. S. 539) könnte jedoch ein Hinweis dafür sein.

SERTOLI-Zelltumoren (intratubulär mit oder ohne Invasion, diffuse Form) sind etwas weniger häufig und gleichen makroskopisch den Seminomen. Diese Tumoren produzieren beim Hund häufig östrogene Hormone, wodurch es zu Feminisierungserscheinungen (Gynäkomastie, Attraktivität für Rüden), zur Hoden- und Penisatrophie, zu Hautveränderungen (Alopezie, Akanthose, Hyperpigmentierung), zur endogenen Östrogenvergiftung (Knochenmarksschädigung mit aplastischer Anämie, hämorrhagische Diathese) und zur metaplastischen Verhornung der Prostata mit nachfolgender eitriger Entzündung (s. S. 286) kommt. Metastasen in den regionären Lymphknoten, Lunge und anderen Organen werden bei ca. 10% gefunden.

Neben diesen differenzierten Geschwülsten treten nicht selten **Misch- und Übergangsformen** (meist Seminom mit LEYDIG- und SERTOLI-Zelltumor) sowie **undifferenzierte Karzinome** (embryonales Karzinom) auf. **Mesenchymale Geschwülste** (Fibrome, Leiomyome, Sarkome) sind von untergeordneter Bedeutung. **Teratome** mit einem bunten Nebeneinander von Wucherungen aus allen drei Keimblättern und Dermoidzysten sind selten und werden am häufigsten noch bei Pferden beobachtet.

9.2.2 Samenleiter

Die Samenleiter *(Ductus deferentes)* bestehen aus einer Zylinderepithelschleimhaut, einer zirkulär und longitudinal angeordneten Muskelschicht und einem serösen Überzug. Kurz vor Eintritt in die Harnröhre verdicken sie sich zur Ampulle oder Pars glandularis (nicht beim Kater) und münden dann im Colliculus seminalis.

Eine **Plattenepithelmetaplasie** des Samenleiterepithels wird bei der Hyperkeratose (X-Disease) des Rindes und bei der A-Avitaminose beobachtet.

Die **Tuberkulose** des Samenleiters tritt beim Rind in der Regel im Zusammenhang mit einer Nebenhodentuberkulose auf.

Eitrige Entzündungen, vor allem der Ampullen, kommen beim Stier häufig gleichzeitig mit eitrig-abszedierenden Hoden-, Nebenhoden- und Samenblasenentzündungen *(Streptokokken, Actinomyces [Arcanobacterium] pyogenes),* beim Hund mit einer eitrigen Prostatitis *(E. coli)* vor.

Die **Brucellose** der Samenleiter ist sehr selten.

9.2.3 Scheidenhäute

Im Verlauf des *Descensus testiculorum* werden die Hoden zunächst durch das *Leitband* (Gubernaculum testis, bestehend aus Ligamentum inguinale und Ligamentum testis proprium) in die Nähe des Leistenringes gezogen (die Bauchwand des Fetus wächst schnell, das Leitband nicht, sondern kontrahiert sich sogar noch). Mittlerweile bildet sich die *Scheidenhauthöhle (Cavum vaginale)* durch Ausstülpung der Fascia transversa und des Bauchfelles *(Processus vaginalis)* durch den Leistenring in den Hodensack. Diese verschmelzen später und werden zur *Tunica vaginalis (communis).* Am freien Ende des Processus vaginalis entsteht das *Ligamentum scroti,* das den Scheidenhautfortsatz an der Wand des Hodensackes befestigt. Bei der Geburt ist dieses Ligamentum nicht mehr vorhanden. Mit dem Processus vaginalis gelangt auch das an seinem Grund befestigte Leitband in das Cavum vaginale. Durch Verkürzung und Schrumpfung des Leitbandes und des Ligamentum scroti sowie durch die Vergrößerung des Hodensackes wird dann schließlich der Hoden in das Cavum vaginale gezogen. Da der Hoden zwischen der Fascia transversa und dem Bauchfell liegt, schiebt er beim Deszensus das ihm anliegende Bauchfell *(Tunica vaginalis propria, Mesorchium)* in die Scheidenhauthöhle hinein, so daß er von diesem fast ganz umhüllt und getragen wird. Das Mesorchium und die in ihm verlaufenden Gefäße und Nerven bilden zusammen mit dem Samenleiter den *Samenstrang (Funiculus spermaticus).* Dieser reicht bis zum Ostium vaginale und teilt sich dann in die *Plica vasculosa* (A. und V. spermatica interna) und in die *Plica ductus deferentis,* die dann in die *Plica urogenitalis* übergeht (Kryptorchismus, s. S. 281).

Bei der **Hydrozele** sammelt sich wäßrige oder serofibrinöse Flüssigkeit im Cavum vaginale an. Als Ursachen kommen Stauungstranssudation nach Hodentorsion oder Darm- und Netzvorfall, Mesotheliome, Aszites oder entzündich-exsudative Prozesse der Scheidenhäute in Betracht. Bezüglich der Hernia scrotalis und inguinalis s. S. 168.

Entzündungen der Scheidenhäute entstehen traumatisch, fortgeleitet oder hämatogen-metastatisch.

Von Bedeutung ist die Periorchitis infolge *Brucellose* bei Rind und Schwein (s. S. 283). Die *Tuberkulose* tritt beim Stier zusammen mit einer Hoden- und Nebenhodentuberkulose oder einer Bauchfelltuberkulose (Perlsucht) auf.

Aktinomykose und *-bazillose* sowie *Botryomykose* werden sehr selten und in der Regel nur im Anschluß an Verletzungen gesehen.

Von der Bauchhöhle wandern gelegentlich **Parasiten** *(Setaria equina* und *Strongylus edentatus* beim Pferd; *Fasciola hepatica* beim Rind; *Cysticercus tenuicollis* beim Schaf) in das Cavum vaginale ein.

9.2.4 Samenstrang

Erweiterungen und starke Schlängelungen der *Vena spermatica (Varikozele, Krampfaderbruch)* werden gelegentlich bei Pferd und Rind gesehen.

Die **Entzündungen** des Samenstranges *(Funiculitis)* entstehen häufig, besonders beim Pferd, nach blutiger Kastration. Durch die offene Skrotalwunde können Eitererreger eindringen und eine eitrig-abszedierende, meist chronische Entzündung des Samenstrangstumpfes mit Ausbildung eines üppigen Granulationsgewebes und von Fisteln hervorrufen. Beim Pferd ist die *Botryomykose (Staphylococcus aureus)* von größter Bedeutung. Makroskopisch imponiert die Samenstrangbotryomykose als derbe, geschwulstartige Wucherung, die von kleinen Abszessen und zahlreichen Fisteln durchsetzt ist (s. S. 516).

Clostridium novyi-Infektionen führen zu einem hochgradigen sulzigen Ödem des Samenstranges.

Beim Rind findet man in erster Linie eine aktinomykotische resp. aktinobazilläre Funiculitis.

Die *Tuberkulose* des Samenstranges wurde früher vor allem bei kastrierten Schweinen gesehen.

9.2.5 Samenblasen

Die Samenblasen *(Vesiculae seminales)* sind zusammengesetzte tubuläre Drüsen mit stark erweiterten Ausführungsgängen. Sie fehlen bei Fleischfressern. Die Samenblasen entwickeln sich aus den Samenleitern und münden als *Ductus excretorii* im *Ostium ejaculatorium* des Samenhügels. Ihr Sekret ist besonders reich an Fruktose, die für die Vitalität der Spermien von großer Bedeutung ist.

Bei der **segmentalen Aplasie** des Wolffschen Ganges des Rindes kann eine ein- oder doppelseitige Aplasie der Samenblasen vorliegen (s. S. 281). Hypoplasie tritt nach Frühkastration auf.

Veränderungen der Lumina der Samenblasen in Form klein- oder großzystischer Erweiterungen einzelner Drüsenläppchen oder einer allgemeinen Dilatation werden bei Rind, Pferd und Schwein gesehen. Sie sind im allgemeinen im Sinne von Retentionszysten zu verstehen.

Die **Atrophie** der Samenblasen zeigt sich in einer Verkleinerung und höckerigen Umwandlung der Oberfläche der Drüsen. Ursächlich kommen vor allem Kastration, Hodenerkrankungen, hypophysäre Störungen und entzündliche Prozesse in Frage.

Die **metaplastische Verhornung** der Samenblasenepithelien wurde bei Rindern mit *Hyperkeratose* (X-Disease, s. S. 492) beobachtet. Bei *Hammeln,* die auf kleereichen Weiden Australiens gehalten wurden, kam es infolge der Wirkung pflanzlicher Östrogene *(Phytöstrogene)* ebenfalls zu metaplastischen Verhornungen der Samenblasen.

Die ***Brucellose*** der Samenblasen kommt bei Rind, Schaf, Ziege und Schwein vor. Beim Stier ist jede **Samenblasenentzündung** von vornherein Brucellose-verdächtig. In der *akuten* Verlaufsform kommt es zur Zysten-, Knoten- und Abszeßbildung sowie zu schweren Nekrosen (Sequesterbildung) und Blutungen. Häufiger ist die *chronische* Form mit bindegewebiger Induration und starker Verdickung der Kapsel. Die Brucellose der Samenblasen tritt meist im Zusammenhang mit einer gleichartigen Erkrankung der Hoden, Nebenhoden und Samenleiter auf. Die Infektion erfolgt in erster Linie hämatogen nach oraler Aufnahme von Brucellen, während der Infektion auf fortgeleitetem, intrakanalikulärem Wege nur eine untergeordnete Bedeutung zukommt (s. S. 282).

Samenblasenentzündungen, bedingt durch ***Eitererreger,*** vor allem durch *Actinomyces pyogenes,* spielen beim Stier eine gewisse Rolle. Häufig kommt es dabei zur Bildung von Abszessen, die abgekapselt werden oder auch in die Bauchhöhle durchbrechen (Abb. 9.4).

Samenblasenentzündungen beim Bullen werden auch beobachtet bei der IBR (s. S. 71), während die pathogenetische Bedeutung von *Mycoplasma bovigenitalium, Ureaplasmen* und *Chlamydia psittaci* nicht eindeutig geklärt ist.

Die ***Tuberkulose*** der Samenblasen ist sehr selten und nur beim Rind beschrieben. Sie entsteht entweder durch hämatogene Absiedelung von Bakterien, auf intrakanalikulärem Wege (Hoden- und Nebenhodentuberkulose) oder fortgeleitet von benachbarten Organen (Bauchfelltuberkulose).

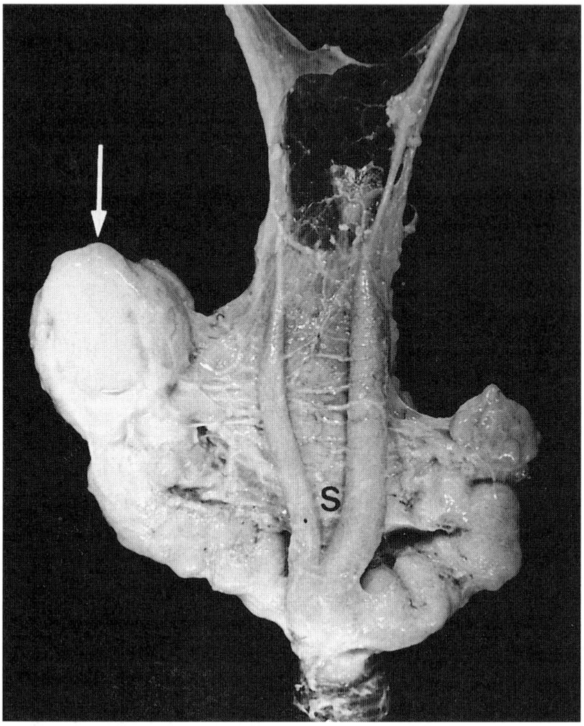

Abb. 9.4 Eitrig-abszedierende Samenblasenentzündung *(Actinomyces pyogenes)*, Stier; S = Samenleiter.

9.2.6 Prostata

Das *Corpus prostatae* umgibt bei Pferd, Hund und Katze mantelartig die Harnröhre unmittelbar kaudal des Blasenhalses. Beim Hund ist die *Prostata* die einzige akzessorische Geschlechtsdrüse. Das Drüsengewebe besitzt eine ausgesprochen tubuläre Struktur und reicht dicht an das Corpus cavernosum urethrae heran. Dort findet man gelegentlich kleine Drüsenläppchen, die als *paraprostatische Drüsen (Glandulae urethrales)* bezeichnet werden können. Die vielen einzelnen Drüsenabschnitte münden in kurzen Ausführungsgängen direkt in die Harnröhre. Ein deutliches ventrales und ein weniger stark ausgebildetes dorsales Septum teilen die Drüsen in zwei meist ungleiche Hälften, von denen jede wieder durch Bindegewebszüge feldartig aufgegliedert wird. Der *Utriculus prostaticus s. Uterovagina masculina* (s. S. 281) kann als kleines Bläschen im Colliculus seminalis vorhanden sein. Die Prostata soll immer ventral entlang der Harnröhre und nicht dorsal aufgeschnitten werden, da man sonst den *Colliculus seminalis* zerstört. Umgeben wird die Prostata von einer an glatten Muskelfasern reichen lymph- und blutgefäßhaltigen Bindegewebskapsel, in die dorsal auch einzelne quergestreifte Muskelfasern, wohl vom M. urethralis stammend, einstrahlen.

Bei Rind und Schwein ist nur ein kleines plattenförmiges, bei Schaf und Ziege überhaupt kein Corpus prostatae vorhanden. Dagegen findet man bei diesen Tieren rings um das *Stratum vasculare* (Corpus cavernosum urethrae) des Beckenstückes der Harnröhre ein gut entwickeltes Drüsenlager, die *Prostata disseminata (Pars interna)*. Das Prostatasekret besitzt stark proteolytische Fähigkeiten und hat die Aufgabe, den sauren pH des Spermas zu mildern und das Schutzkolloid von den Spermien zu entfernen (Initiierung der Eigenmotilität der Spermien).

Erkrankungen der Prostata kommen sehr häufig beim **Hund** vor, während sie bei den anderen Haustieren keine Rolle spielen.

9.2.6.1 Lageveränderungen

Bei bis zu zwei Monate alten Hunden liegt die Prostata vollständig abdominal, bis zum 8. Lebensmonat in der Beckenhöhle. Mit Eintreten der Geschlechtsreife (Testosteronwirkung, s. S. 278) vergrößert sich die Drüse und wandert fortschreitend wieder in die Bauchhöhle. Bei über zehn Jahre alten Hunden ist die Prostata ein rein abdominales Organ. Die hyperplastische Prostata liegt meist kranial des Schambeinkammes. Bei Perinealhernien befindet sich die Prostata häufig im Bruchsack.

9.2.6.2 Stoffwechselstörungen

Die **metaplastische Verhornung** der Prostata kommt beim Hund im Zusammenhang mit östrogenproduzierenden SERTOLI-Zelltumoren (s. S. 284) vor. Makroskopisch ist die Prostata kaum vergrößert, unter Umständen sogar kleiner als normal und von derber Konsistenz. Auf der Schnittfläche sieht man zahlreiche zystenartige Hohlräume, die mit krümeligem Detritus gefüllt sind. Ähnliche Veränderungen findet man auch bei *Schaflämmern* und *Kälbern,* denen zur Beschleunigung und Verbesserung der Mast Östrogene verabreicht wurden (nicht mehr erlaubt!), sowie bei Schafen nach Aufnahme von Phytöstrogenen (auch Bulbourethraldrüsen betroffen). Folgen der metaplastischen Veränderungen sind schwerwiegende eitrige Entzündungen der Drüse infolge aufsteigender bakterieller Infektionen und Obstruktionen der Harnröhre durch abgeschilferte Epithelien mit nachfolgender, oft tödlicher Harnverhaltung.

Der histologische Nachweis von metaplastischen Verhornungen in Prostata und Bulbourethraldrüsen beim männlichen und in den BARTHOLINIschen Drüsen beim weiblichen Kalb wird als wichtiges Indiz für Östrogenverabreichung angesehen (s. S. 310).

Hypoplasie und **Atrophie** der Prostata werden durch die gleichen Faktoren bedingt, die im entsprechenden Abschnitt bei den Samenblasen erörtert wurden (S. 285). *Prostatasteine* (meist Struvitsteine) sind sehr selten.

9.2.6.3 Entzündungen

Die Entzündungen der Prostata **(Prostatitis)** sind meist *eitriger* Natur. *Abszeßbildungen* sind nicht selten. Als Ursache kommen vor allem Infektionen mit *E. coli, Strepto-* und *Staphylokokken* sowie *Proteus vulgaris* in Betracht. Eine *Brucellose* der Prostata ist nicht bekannt. Die Infektion der Vorsteherdrüse kann auf kanalikulärem Wege von entzündlichen Prozessen der Harnröhre, Blase, Nieren, Hoden, Nebenhoden, Samenleiter und Samenblasen, hämatogen oder lymphogen vom Rektum her (Koprostase bei Prostatahyperplasie) erfolgen. Prostataabszesse neigen zum Durchbruch in die Bauchhöhle und zu Fistelbildungen mit dem Rektum oder der äußeren Haut. Beim Hund beobachtet man nicht selten im Anschluß an eine eitrige Prostatitis Herzklappenentzündungen (s. S. 11).

Für die *Tuberkulose* der Prostata, die sehr selten ist, gelten die gleichen Gesichtspunkte, wie sie im entsprechenden Kapitel bei den Samenblasen erörtert werden.

9.2.6.4 Prostatahyperplasie

Unter Prostatahyperplasie (Prostatahypertrophie) versteht man die primär nichtentzündliche Vergrößerung der Drüse durch einfache Proliferation ihrer epithelialen und mesenchymalen Bestandteile. Sie kommt bei älteren Hunden sehr häufig vor (ab dem 5. Lebensjahr auftretend, im 9. Lebensjahr ca. 85% der Rüden betroffen), bei den anderen Haustieren ist sie dagegen sehr selten. In Grenzfällen ist manchmal schwer zu entscheiden, ob die Prostata vergrößert ist oder nicht. Als Faustregel kann dann gelten, daß bei jungen Hunden der Durchmesser der Vorsteherdrüse kaum mehr als das 1½fache der Urethra ausmacht, beziehungsweise, daß sich das Normalgewicht der Drüse zwischen 0,1 und 0,7 g pro Kilogramm Körpergewicht bewegt.

Die hyperplastische Prostata ist bis zu faustgroß, besitzt eine derbe Konsistenz und zeigt auf der Schnittfläche eine wabige, felderartige Struktur und häufig auch unterschiedlich große zystische Erweiterungen (Abb. 9.5). Durch Druck des gewucherten Prostatagewebes auf Gefäße kommt es häufig über eine Ischämie zur Ausbildung von ***Prostatainfarkten,*** die durch sekundäres Einsickern von Blut eine blau-rötliche Farbe annehmen. Gelegentlich findet man in der *Pars prostatica urethrae,* besonders in der Gegend des Samenhügels, einzelne bis zu linsengroße Knötchen, die aus gewucherten paraprostatischen Drüsen bestehen. Histologisch dominiert die Proliferation der Drüsenepithelien, während die Zubildung von fibromuskulärem Gewebe mehr im Hintergrund steht. Häufig sind auch entzündliche Veränderungen zu finden.

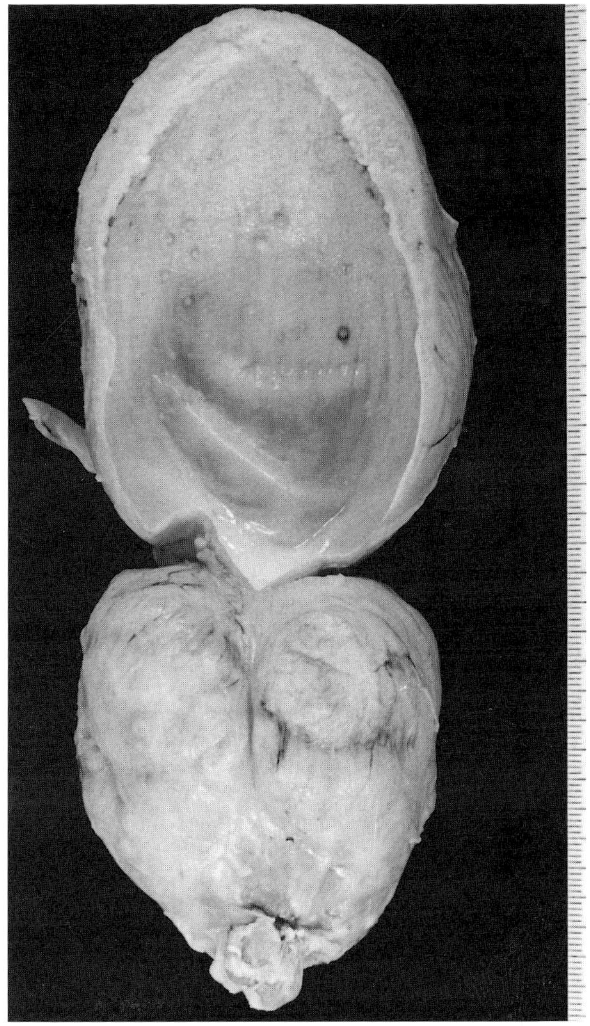

Abb. 9.5 Prostatahyperplasie und follikuläre Zystitis bei einem acht Jahre alten Hund.

Die **Ätiologie** der Prostatahyperplasie ist nicht genau bekannt, hängt aber sicherlich mit *endokrinen Störungen* zusammen. Frühkastrierte Hunde entwickeln keine Prostatahyperplasie, eine bereits bestehende bildet sich in der Regel nach Kastration weitgehend zurück. Bei der Prostatahyperplasie (noduläre Hyperplasie nach der WHO-Nomenklatur) des Mannes (alle über 70jährigen sind betroffen, aber nur die Hälfte behandlungsbedürftig) liegt ein Testosteron-Östrogen-Mißverhältnis infolge einer Hormonverwertungsstörung in der Prostata vor. Aus unbekannten Gründen nimmt die Aktivität der 5 α-Reduktase im Prostatastroma zu, so daß es zu einer vermehrten Bildung von 5 α-Dihydrotestosteron und seines Metaboliten Androstendiol und damit zu einer Hyperplasie des Drüsengewebes kommt (s. S. 278). Ein Überschuß von 17β-Östradiol führt zur Stromaproliferation. Inwieweit ähnliche Verhältnisse auch beim Hund vorliegen, ist noch nicht geklärt.

Als **Folge** der Prostatahyperplasie stehen klinisch Kotabsatzbeschwerden im Vordergrund, da bei Betätigung der Bauchpresse die Vorsteherdrüse in die enge Beckenhöhle gedrängt wird und dann auf das Rektum drückt. Perinealhernien mit Verlagerung der Prostata in den Bruchsack und Mastdarmdivertikel können sich einstellen. Harnabsatzbeschwerden in erheblicherem Maße treten kaum auf. Eine typische *Balkenblase* wird daher beim Hund im Anschluß an eine Prostatahyperplasie *nur sehr selten* gefunden. Die *Prostatahyperplasie des Mannes,* bei der die wuchernde Innendrüse (paraprostatische Drüsen) die eigentliche Prostata verdrängt (Bildung der sogenannten chirurgischen Kapsel) und es häufig zur Ausbildung eines wie ein Kugelventil den Blasenausgang verschließenden Mittellappens (HOME) kommt, führt dagegen zu schweren Harnabsatzbeschwerden und zur ausgeprägten Balkenblase.

9.2.6.5 Zysten

Kleinere zystische Erweiterungen findet man fast immer beim Vorliegen einer Prostatahyperplasie. Die mit einer milchig-weißlichen Flüssigkeit gefüllten Zysten können jedoch auch bis zu kopfgroß werden, verkalken und verknöchern sowie multipel auftreten. Sie entstehen durch Hypersekretion und Retention proliferierter Drüsen **(Retentionszysten)**. Bakterielle Infektionen mit nachfolgender eitriger Entzündung sind häufig (s. S. 287).

Von den eigentlichen Prostatazysten sind die **periprostatischen Zysten,** die linsen- bis walnußgroß sein können und an der Oberfläche vergrößerter Drüsen auftreten, zu unterscheiden. Sie entstehen durch Verlegung und Stauung von Lymphgefäßen.

9.2.6.6 Tumoren

Tumoren der Prostata sind selten. Meistens handelt es sich um **Adenokarzinome** oder **undifferenzierte Karzinome,** die durchweg bösartig sind und zur Metastasierung in die regionären Lymphknoten, in den Blasenhals (Verlegung der Harnleiter) und in das periproktale Bindegewebe neigen. Zwischen Prostatahyperplasie und Prostatakarzinom bestehen keine erkennbaren Beziehungen. Letzteres entwickelt sich offensichtlich unabhängig von endokrinen Störungen. Die beim Menschen häufige Metastasierung in Becken- und Wirbelknochen wird beim Hund seltener gesehen.

Fibrome, Leiomyome und *Sarkome* werden nur selten beobachtet.

9.2.7 Penis und Präputium

Penis und Präputium entstehen aus dem *Genitalhöcker (Phallus).* Der **Penis** besteht aus den *Schwellkörpern (Corpora cavernosa penis),* dem *Urogenitalkanal* und der *Muskulatur.* Beim Wiederkäuer und Schwein besitzt er eine S-förmige Biegung *(Flexura sigmoidea penis),* bei den anderen Haustieren verläuft er mehr gestreckt. Man kann an ihm die *Peniswurzel (Radix penis),* den *Peniskörper (Corpus penis)* und die *Eichel (Glans penis)* unterscheiden. Letztere ist nur bei Pferd und Hund deutlich ausgebildet, während bei Wiederkäuern und Katze der Penis spitz, beim Schwein außerdem noch spiralig gewunden ausläuft. An der Eichel des Pferdes befindet sich eine grubenartige Vertiefung *(Eichelgrube, Fossa glandis)* mit einem *Harnröhrenfortsatz (Processus urethrae).* Die Eichel des Hundes besteht aus einem spitzen Schwellkörper und einem kugeligen Schwellknoten *(Bulbus glandis).* Hunde besitzen einen *Penisknochen (Os penis).* Bei Schaf- und Ziegenböcken liegt ein langer *Processus urethrae* vor, beim Bullen lediglich eine kleine Papille. In der Penisspitze des Katers befindet sich ein kleiner Knochen *(Os glandis),* an der Oberfläche stachelartige Gebilde der Schleimhaut.

Das **Präputium** umgibt hüllenartig das Penisende und bildet den *Präputialsack (Cavum praeputiale).* Es besteht aus einem äußeren *(parietalen)* und inneren *(viszeralen)* Schleimhautblatt und geht in die Harnröhrenschleimhaut bzw. in die äußere Haut über. Beim Pferd bildet es noch zusätzlich eine *Ringfalte,* wodurch eine doppelt angelegte Vorhaut vorgetäuscht wird. Das Präputium kann bei Wiederkäuern, Schweinen und Hunden durch die Präputialmuskeln vor- und zurückgezogen werden. Beim Schwein liegt über der Präputialöffnung und unter der Haut der *Präputialbeutel (Diverticulum praeputiale; „Nabelbeutel"),* der mit der Präputialhöhle in Verbindung steht und von der gleichen kutanen Schleimhaut ausgekleidet wird. Seine Bedeutung ist unbekannt.

9.2.7.1 Mißbildungen

Die **Aplasie** des Penis und Präputiums ist außerordentlich selten.

Die **Hypoplasie** des Penis *(Mikrophallie)* kommt beim Haustier in erster Linie in Zusammenhang mit der Frühkastration und dem Hypogenitalismus (Infantilismus) vor. Das **Fehlen der Flexura sigmoidea** wird gelegentlich bei Schafböcken, sehr selten auch bei Stieren beobachtet. **Torsionen** des Penis um ungefähr 90° in der Längsachse wurden bei Pferden und Eseln beschrieben. **Partielle Präputiumdefekte** sind eine fast regelmäßige Erscheinung beim Vorliegen einer Epi- oder Hypospadie. Die **Persistenz des Frenulum praeputii** kommt beim Stier, seltener auch beim Eber vor und führt bei der Erektion infolge der Anheftung des Penis an das Präputium zu einer hirtenstabartigen Krümmung des Gliedes *(Erektionskrümmung).* Die **Atresie** der Präputialöffnung, die zur Harnverhaltung und Harnphlegmone der umgebenden Gewebe führt, ist beim Fohlen und Ferkel als relativ seltenes Ereignis bekannt.

Doppelbildungen des Penis, je nach dem Grad der Spaltung als *Diphallus glandaris, bifidus* oder *totalis* bezeichnet, werden sehr selten bei Pferd, Rind und Kaninchen (bei diesem erblich zusammen mit einem Hydrops congenitus und einer fetalen Erythroblastose) gesehen.

Die **Verlagerung des Penis** *(Retroflexio penis)* nach kaudoventral kommt sehr selten bei Pferd und Schwein zur Beobachtung.

9.2.7.2 Phimose und Paraphimose

Unter einer **Phimose** versteht man jeden Zustand, der ein Zurückstreifen der Vorhaut erschwert oder unmöglich macht. Die Phimose kann *angeboren* oder *erworben* sein. Eine ***echte Phimose*** liegt vor, wenn die Vorhautöffnung zu klein ist, eine ***Pseudophimose,*** wenn entweder die nach der Geburt noch vorhandene Verklebung zwischen Penis und viszeralem Präputialblatt (Membrana balanopraeputialis; physiologische Phimose) ungelöst bleibt oder es später wieder zu Verwachsungen zwischen beiden kommt. Die *kongenitale Phimose* wird erst einige Zeit nach der Geburt manifest, meist nachdem sekundäre entzündliche Prozesse und Narbenbildungen an der Vorhautöffnung diese noch stärker verengt haben. Die *erworbene Phimose* entwickelt sich im Anschluß an Verletzungen, Strikturen und chronische Entzündungen. *Folgen* der Phimosen sind, neben der Impotentia coeundi, in fortgeschrittenen Fällen Harnverhaltungen im Präputialsack (sog. Raumschlauchbildung, s. S. 291) sowie Blasen- und Nierenbeckenerweiterungen und -entzündungen.

Eine **Paraphimose** liegt vor, wenn der ausgetretene oder vorgefallene Penis manschettenartig von der Vorhaut umfaßt wird und deshalb nicht mehr retrahiert werden kann. Meist entwickelt sich eine Paraphimose im Anschluß an einen Vorfall oder ein gewaltsames Ausschachten des Gliedes bei Vorliegen einer Phimose. Folge der Paraphimose ist eine Stauung des Gliedes, die zur bindegewebigen Induration *(Elephantiasis penis)* und zu sekundären Verletzungen und Entzündungen Anlaß gibt.

9.2.7.3 Zusammenhangstrennungen

Unter den mannigfaltigen traumatischen Läsionen des Penis und Präputiums nimmt die sogenannte **Penisknickung** *(Penisfraktur)* beim Bullen eine besondere Stellung ein. Man versteht darunter eine Ruptur der Tunica albuginea penis dorsal am Penisschaft dicht vor der Flexura sigmoidea, die bei einer Knickung der Rute nach abwärts entsteht. Dabei entwickelt sich zunächst ein **Hämatom**, das später narbig organisiert wird und infolge Verwachsungen zur korkenzieherartigen Drehung des erigierten Penis oder zum Unvermögen, den Nachstoß auszuführen, Anlaß gibt. Unfälle beim Deckakt, insbesondere bei Verwendung von festen Sprungständen mit Gruben, sind die Ursache. Ein **Abriß des Penis** kommt beim gewaltsamen Trennen von Hunden während des Deckaktes (sog. Nachhängen) vor.

Frakturen des Os penis kommen gelegentlich nach Unfällen beim Hund zur Beobachtung.

Strangulationen des Penis können durch eingezogene Präputial- oder Schweifhaare zustande kommen.

Durch **fibröse Verschlüsse** der longitudinalen Kanäle der Schwellkörper im Bereich der S-förmigen Flexur, die mit Ausbildung eines eigenen venösen Abflußsystems einhergehen und wahrscheinlich durch zu hohen Blutdruck in den Schwellkörpern bedingt sind, kommt es beim Bullen zur Erektionsunfähigkeit des Penis.

9.2.7.4 Vorfall und Lähmung des Penis

Sie treten vor allem bei Pferd, seltener bei Hund und Nerz auf. Der eigentliche **Penisvorfall** kommt nach Quetschungen, Hämatombildungen oder Entzündungen infolge der dadurch bedingten Gewichtszunahme des Penis zustande. Charakteristisch ist die sichelförmige Biegung der Penisspitze nach kaudal infolge der Kontraktion der Mm. retractores penis sowie die Ausbildung eines Ödems, das besonders stark an der Umschlagstelle des inneren Präputialblattes ist (dorsales Venengeflecht; sogenannte *Ringwulstbildung).* Bei der **Penislähmung** fällt dagegen das primär unveränderte Glied vor. Erst mit Ausbildung der sekundären Veränderungen (Ödembildung, Entzündung) gleichen sich beide Krankheitsbilder morphologisch weitgehend. ***Ursache*** der Penislähmung ist eine Schädigung des *N. pudendus* bzw. des *N. dorsalis penis* infolge von Traumen, Intoxikationen, Infektionskrankheiten und Abmagerungs- und Erschöpfungszuständen. Bei Pferden, denen Propionylpromazin oder Azepromazinmaleat verabreicht wurde, kann es zu einer lang anhaltenden Penisparalyse kommen. Das vorgefallene Glied kann leicht erfrieren. Bei längerer Dauer entwickelt sich eine *Elephantiasis penis* mit Paraphimose, unter Umständen auch eine Penisgangrän.

9.2.7.5 Fremdkörper und Konkremente

Stroh, Getreideähren, Holzspäne, Sand, Fäden, Bänder und Haare werden besonders in der Präputialhöhle von Pferden gefunden und können zu entzündlichen Prozessen Anlaß geben. Übermäßige Ansammlung von *Smegma* findet man vor allem beim Wallach. Durch Inkrustation mit Kalk-, Phosphor- und Harnsalzen entstehen *Eichel-* und *Präputialsteine.* Bei Ochsen und Schweinen kann es zu kindskopfgroßen, steinharten Eintrocknungen des Vorhauttalges kommen (s. Raumschlauchbildung S. 291).

9.2.7.6 Stoffwechselstörungen

Die **Atrophie** des Penis und Präputiums tritt in erster Linie als Folge der Kastration auf. Die frühzeitige Kastration ruft wesentlich stärkere Veränderungen (Hypoplasie, enge Präputialöffnungen und -höhle, keine Lösung der Membrana balanopraeputialis) hervor als die Spätkastration. In ersterem Falle spricht man besser von einer *Hypoplasie.* Wichtig ist, daß durch die geschilderten kastrationsbedingten Anomalien die Ausbildung entzündlicher Prozesse, insbesondere die Raumschlauchbildung, begünstigt wird (s. S. 291).

Dystrophische herdförmige **Verkalkungen,** die keine Funktionsstörungen nach sich ziehen, werden gelegentlich in den Afterpenismuskeln von Stieren gefunden.

9.2.7.7 Kreislaufstörungen

Stauungsödeme mit nachfolgender bindegewebiger Induration *(Elephantiasis penis)* treten vor allem nach Vorfall und Lähmung des Gliedes auf (s. S. 289).

Blutungen unterschiedlicher Art sieht man nach Traumen und bei vielen Infektionskrankheiten. Sogenannte *Erektionsblutungen* kommen vor allem beim Bullen vor. Das Blut stammt dabei von den Corpora cavernosa (kleine Zerreißungen?).

Variköse Erweiterungen der Penisvenen sind bei alten Bullen und Hengsten nicht selten. Bei letzteren kommt es auch zur Thrombose erweiterter Präputialvenen mit nachfolgenden entzündlichen Prozessen.

Als **Blutfistel**, Erektionsblutung oder Aneurysma wird ein Leiden bei jüngeren Stieren bezeichnet, das durch eine feine pulsierende Sprühblutung während der Erektion gekennzeichnet ist. Die Ursache ist unbekannt.

Unter **Priapismus** (Satyriasis) versteht man einen Zustand lang andauernder Erektion, die auch nach dem Tode bestehen bleiben kann. Beim Mann liegt ihm meist eine venöse Stauung infolge autochthoner Thromben in den Schwellkörpern zugrunde. Beim Hund wird ein vergleichbarer Zustand sehr selten gefunden. s. Bei der Staupemyelitis (s. S. 390) des Hundes kann sich ebenfalls ein Priapismus einstellen.

9.2.7.8 Entzündungen

Entzündliche Prozesse betreffen die Schleimhaut des Penis *(Balanitis),* des Präputiums *(Posthitis)* oder die Schwellkörper *(Cavernitis).* Meist gehen entzündliche Prozesse der Penisschleimhaut auch mit solchen der Präputialschleimhaut einher *(Balanoposthitis).*

Die **Balanoposthitis** ist entweder katarrhalischer, eitriger, pustulöser, ulzeröser oder diphtheroid-nekrotisierender Natur. Eine scharfe Grenzziehung zwischen den einzelnen Entzündungsformen ist nicht immer möglich. Die *chronische Balanoposthitis* zeigt sich in der Ausbildung von vielen kleinen Follikeln in der Schleimhaut des Penis, dessen Oberfläche dadurch eine reibeisenartige Struktur annimmt. Die Ursachen der Balanoposthitis sind verschieden. Neben traumatischen und medikamentellen Reizen kommen vor allem Infektionen in Betracht, die in ihren tierartlichen Besonderheiten hier kurz abgehandelt werden (s. auch Abschnitt Vaginitis, S. 310).

Rind: Der **Bläschenausschlag,** der durch das gleiche Virus (bovines Herpesvirus 1; koitale Infektion), das die infektiöse Rhinotracheitis hervorruft (s. S. 71), bedingt wird, beginnt mit einer starken Rötung und Schwellung der Penis- und Präputialschleimhaut, die unter Umständen mit phimotischen und paraphimotischen Zuständen verbunden sein können. Nach zwei bis drei Tagen p. i. entstehen zahlreiche stecknadelkopfgroße Pusteln, die häufig konfluieren, sich dann unter Abstoßung ihrer Oberfläche in Erosionen verwandeln. Diese sind besonders im Bereich der Eichel von diphtheroiden, grau-gelben Membranen bedeckt. Bei der Heilung, die wegen der dauernden Bewegung des Penis länger dauert als beim weiblichen Rind (drei bis vier Wochen), werden diese abgestoßen. Häufig bleibt eine Lymphfollikelschwellung in der Submukosa zurück (sog. *Balanoposthitis follicularis; „Knötchenstiere“).* Diese Form gleicht den Veränderungen beim sogenannten *Knötchenausschlag (ansteckender Präputialkatarrh).* Bezüglich der Problematik der Differenzierung dieser beiden Krankheiten sei auf das S. 310 Gesagte verwiesen. Aborte s. S. 306.

Trichomonas fetus und *Campylobacter fetus* rufen beim Stier meist keine besonderen Veränderungen, höchstens eine katarrhalische Balanoposthitis, hervor.

Pferd: Bei der **Beschälseuche** *(Trypanosoma equiperdum)* kommt es im Anfangsstadium zur starken Schwellung des Schlauches; die Harnröhre ist gerötet und zeigt einen graugelblichen, schleimigen Ausfluß. Auf der Eichel können später gelbliche, linsengroße Knötchen entstehen, die im weiteren Verlauf zu Geschwüren werden. Diese heilen spurlos ab oder lassen scharf begrenzte pigmentlose Flecken (sog. Krötenflecken) zurück (s. S. 311, 496).

Beim **Bläschenausschlag** des Pferdes (Koitalexanthem), verursacht durch das equine Herpesvirus 3, treten ähnliche Veränderungen wie bei dem des Rindes auf (s. S. 310).

Schwein: Im Präputialbeutel kommen sehr häufig Veränderungen vor, die als **Präputial-** oder **Nabelbeutel-**

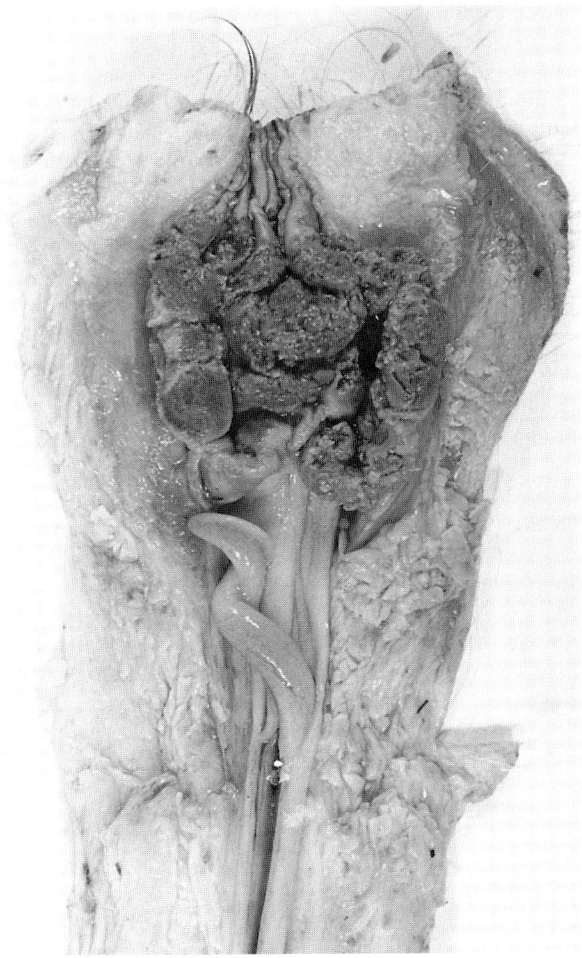

Abb. 9.6 Sogenanntes Präputialbeutelgeschwür bei einem Schwein.

geschwüre bezeichnet werden. Es handelt sich dabei um linsen- bis fingernagelgroße, plattenartige gelblich-weiße Beläge *(Plaques),* die auch konfluieren können (Abb. 9.6). Histologisch erkennt man, daß diese Veränderungen durch Hyperkeratose, Akanthose und Spongiose der kutanen Schleimhaut des Präputialbeutels entstanden sind. Ein Teil der „Plaques" zerfällt auch geschwürig. Ursache ist die chronische Reizwirkung des im Nabelbeutel angesammelten und sich zersetzenden Harnes. Meist bleiben Präputialbeutelgeschwüre ohne besondere Folgen. Bei Ebern können sie jedoch zu Störungen des Deckaktes führen.

Schaf: Die **enzootische Balanoposthitis** (Ulcerative Posthitis, Noncontagious Ovine Balanoposthitis, Pizzle Rot) ist besonders bei jungen Schafböcken und über drei Jahre alten Hammeln häufig. Die *äußere Form* zeigt sich in der Bildung von Schuppen und kleinen isolierten Ulzera an der Präputialöffnung. Wenn diese zahlreicher und größer werden, kommt es zu phimotischen Zuständen und Raumschlauchbildungen (sog. *innere Form),* die häufig tödlich ausgehen. Als Ursache wird *Corynebacterium renale* angesehen. Disponierende Faktoren sind Fütterung (hoher Eiweiß-, Kalzium- und geringer Phosphatgehalt, alkalisches Trinkwasser; Phytöstrogene, besonders von Klee- und Leguminosenarten) und langandauernde Nässe (Tauchbäder, Regen) im Bereich der Präputialöffnung. Bei der Balanoposthitis der älteren Hammel stellen die kastrationsbedingten Abweichungen von Penis und Präputium (s. S. 291) sicherlich ein das Auftreten der Krankheit begünstigendes Moment dar.

Eine **traumatische,** durch Infektionen *(Fusobacterium necrophorum, Clostridium perfringens)* komplizierte, ulzeröse und nekrotisierende, meist tödliche Balanoposthitis findet man vor allem bei Schafböcken, die übermäßig stark im Deckbetrieb (Verletzungen!) eingesetzt werden.

Die **infektiöse Balanoposthitis** (Ulzerative Balanitis) des Schafes wird durch ein bislang nicht näher klassifiziertes Pockenvirus hervorgerufen, wobei Border-Leicester-Schafe besonders betroffen sind. Infolge von Sekundärinfektionen kommt es häufig zur schweren Phimose, Penisnekrose und aufsteigenden Blasen- und Nierenbeckenentzündung. Das gleiche Agens ruft beim Schaf auch eine ulzeröse Vulvitis und Dermatitis hervor (s. S. 534).

Hund: Sehr häufig findet man beim Rüden einen eitrigen, durch polybakterielle Schmutzinfektionen bedingten, harmlos verlaufenden *Präputialkatarrh.* Kanines Herpesvirus, s. S. 309.

Kaninchen: Bei Infektionen mit *Treponema paraluiscuniculi* **(Kaninchenspirochätose, Kaninchensyphilis)** findet man eine schwere eitrige, teils ulzeröse Balanoposthitis, die nicht selten tödlich ist. Die *spontane Venerie der Feldhasen (Hasensyphilis)* dürfte mit der Kaninchenspirochätose identisch sein. Bei der **Myxomatose** kommt es u. a. zum sulzigen Ödem der Vorhaut mit nachfolgender Phimose (s. S. 532).

Sog. Raumschlauchbildung: Man versteht darunter die hochgradige Erweiterung des Präputialsackes und die damit einhergehenden entzündlichen Veränderungen, bedingt durch Ansammlung von Harn und Smegma. Zu Beginn des Leidens stehen phimotische Zustände. Die kastrationsbedingten Veränderungen des Penis und Präputiums (s. S. 290) begünstigen die Entstehung eines Raumschlauches. Dieser ist daher bei Ochsen besonders häufig. Durch bakterielle Infektionen können eitrig-

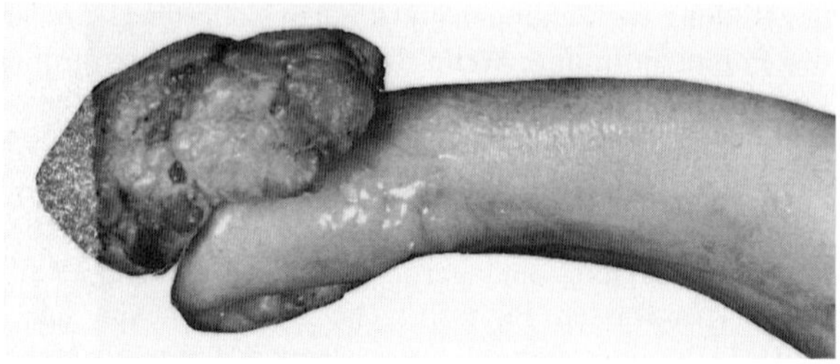

Abb. 9.7 Fibropapillom am Penis eines Jungstieres.

gangräneszierende Entzündungen und Phlegmonen entstehen, die meist tödlich sind.

Kavernitis: Die tiefe Entzündung des Penis ist gekennzeichnet durch Abszesse, Urininfiltration (Harnphlegmone), Fistelbildung oder Gangräne. Ursächlich kommen vor allem traumatische Läsionen, Raumschlauchbildung, Infektionen mit *Fusobacterium necrophorum* und *Clostridium perfringens* (Schaf), Penisvorfälle und -lähmungen sowie Erfrierungen in Betracht. Urolithiasis s. S. 274.

Die **Tuberkulose,** die lediglich beim Stier eine Rolle spielte, entsteht meist durch Kontaktinfektion (Vulva-, Scheiden- und Uterustuberkulose), seltener hämatogenmetastatisch. Bei der primären Tuberkulose findet man linsen- bis haselnußgroße, teils geschwürige Knoten an der Penisoberfläche und häufig auch größere Konglomeratknoten im Präputium, oft in charakteristischer Anordnung entlang der Lymphbahnen. Die Inguinallymphknoten sind in der Regel miterkrankt.

Die *Aktinomykose* ist äußerst selten.

9.2.7.9 Tumoren

Fibropapillome in Form einzelner oder multipler blumenkohlartig gewucherter, bis zu pflaumengroßer Tumoren werden nicht selten am Penis junger Stiere gesehen. Sie rezidivieren häufig nach operativer Entfernung, bilden aber keine Metastasen. Mit fortschreitendem Alter kommt es in der Regel zur Spontanheilung. Die Ursache ist das gleiche Virus, das die Hautpapillome des Rindes hervorruft (s. S. 538, Abb. 9.7).

Der **übertragbare venerische Tumor** (STICKER-Tumor) kommt weltweit vor und ist besonders häufig bei streunenden Hunden in warmen Ländern. Die natürliche Übertragung erfolgt während des Deckaktes. Experimentell kann der Tumor nur mit lebenden Tumorzellen übertragen werden. Die meist blumenkohlartig zerklüfteten, bösartig aussehenden Tumoren treten in der Schleimhaut von Penis, Präputium, Vagina und Vulva auf. Nur gelegentlich kommt es zur Metastasierung in regionäre Lymphknoten, Haut, orale Schleimhäute oder andere Organe. Sehr häufig wird die spontane Rückbildung der Tumoren beobachtet, für die offensichtlich eine zellvermittelte Zytotoxizität (häufig Infiltrate von T-Lymphozyten zu beobachten) und Antikörper gegen tumorspezifische Oberflächenantigene verantwortlich sind. Die Tumorzellen, die histiozytären Ursprungs sind, zeigen auffällige Chromosomenaberrationen (meist nur 57-59 anstelle von 78 Chromosomen) und keine Histokompatibilitätsantigene des Wirtes. C-Partikel wurden in den Tumoren gefunden, ihre kausale Bedeutung ist aber ungeklärt (Tafel XXVIII. A).

Squamöse Papillome kommen vor allem beim Pferd vor und sind wahrscheinlich virusbedingt.

Die häufigsten bösartigen Geschwülste des Penis und Präputiums sind **verhornende Plattenepithelkarzinome,** die die malignen Formen des squamösen Papilloms darstellen. Da sie sowohl von der Schleimhaut der Penisspitze als auch von dem parietalen Präputialblatt ihren Ausgang nehmen können, werden sie allgemein als ***Präputialkarzinome*** bezeichnet. Sie kommen besonders häufig beim *Pferd* vor. Bei den anderen Haustieren sind sie dagegen selten. Die Präputialkarzinome des Pferdes werden bis zu kindskopfgroß und besitzen eine schwammige Struktur sowie ein infiltratives Wachstum. Metastasen in den Leistenlymphknoten sind häufig, seltener dagegen in der Lunge und in anderen Organen. Beim Pferd spielen möglicherweise Squalen-ähnliche Stoffe des Smegmas eine ursächliche Rolle in der Entstehung des Präputialkarzinoms. Melanome s. S. 541.

Sekundäre Geschwülste sind selten.

9.2.7.10 Parasiten

Die **Myiasis** des Präputiums, führt bei jungen Schafen in warmen Ländern infolge Gangränbildung zu großen Verlusten (s. S. 558); Die **Habronematidose** kommt auch an Penis und Präputium von Pferden vor (s. S. 548).

9.3 Weibliche Geschlechtsorgane

9.3.1 Eierstock

Die Eierstöcke liegen im *Mesovarium,* das in das Mesometrium und in die Mesosalpinx direkt übergeht. Sie sind von einem *Keimepithel* überzogen, auf das die *Tunica albuginea,* die *Rindensubstanz* und die *Marksubstanz (Zona vasculosa)* folgen. Bei der Stute sind nur die am ventralen, konkaven Rand des Eierstocks liegende *Ovulationsgrube* vom Keimepithel, der übrige Teil vom Bauchfell überzogen. Eine Gliederung in Rinden- und Marksubstanz ist beim Pferdeovar nicht zu erkennen. In der Rindenzone liegen die verschiedenen Entwicklungs- und Degenerationsformen der Eifollikel. Der *Primärfollikel* besteht aus der Eizelle (Oozyt), die von einem einfachen kubischen bis zylindrischen Follikelepithel und einer Basalmembran umgeben ist. In den *Sekundärfollikeln* ist das Follikelepithel geschichtet, und die Zona pellucida beginnt sich zu entwickeln. In den *Tertiärfollikeln* (Bläschenfollikel, GRAAFsche Follikel) bilden die Follikelepithelien als Granulosazellen die Follikelhöhle, in der sich der von ihnen produzierte Liquor folliculi, der das Follikelhormon enthält, befindet. Die Fibrozyten des Eierstockstromas bilden eine Hülle um den Tertiärfollikel, die als Theca folliculi bezeichnet wird und die aus einer Theca interna (lipoidhaltige Thekazwischenzellen) und einer Theca externa (parallel angeordnete Spindelzellen) besteht. Das Follikelepithel sorgt für die Ernährung der Eizelle, die es im Bereich des Eihügels (Cumulus oophorus) als Eiepithel (Corona radiata) umgibt. Die *Eizelle* selbst ist von einer hellen, durchsichtigen Membran, dem Oolemma, überzogen. Sie besteht aus dem Ooplasma (Dotter, Oozentrum) und dem Keimbläschen mit dem Nukleolus. Die Reifung der Eizelle erfolgt durch Teilung, wobei zunächst das Vorei (Oozyt 2. Ordnung) entsteht. Meist erst nach dem Follikelsprung entsteht aus diesem durch Reduktionsteilung das befruchtungsfähige Reifei (Ovum). Bei der *Ovulation* kommt es zur Ausstoßung des Eies aus dem Eierstock. Das Ei löst sich zunächst vom Eihügel und schwimmt in der sich vermehrenden Follikelflüssigkeit. Während der Brunst reißt der prall gefüllte Follikel *(Follikelsprung)* an einer präformierten Stelle (Stigma), es erfolgt eine leichte Blutung, und das Ei gelangt in den Eileiter, der sich zur Zeit der Ovulation mit seiner Fimbrienplatte um den Eierstock legt.

Der *Gelbkörper (Corpus luteum)* entsteht durch Proliferation und Verfettung der unverletzten Granulosazellen des geplatzten Follikels. Diese Zellen werden als Luteinzellen oder Granulosa-Luteinzellen bezeichnet, da sie einen an Fett gebundenen Farbstoff, das *Lutein,* enthalten (nicht vorhanden bei Schaf, Ziege und Schwein). Bindegewebs- und Gefäßsprossen der Theka dringen zusammen mit den Thekaluteinzellen in das Corpus luteum ein, erstere bilden eine Kapsel und ein Bindegewebsgerüst, letztere geben ihre Lipide an die Luteinzellen ab. Im *ovariellen Zyklus* kommt es zur Proliferation, Vaskularisation und Blüte des Corpus luteum. Bei Nichtbefruchtung bildet es sich zurück *(C. luteum fibrosum sive albicans),* bei Befruchtung wird es zum *Corpus luteum graviditatis* und erst nach der Geburt wie das *Corpus luteum periodicum* zurückgebildet.

Ein großer Teil der Eifollikel geht bereits vor seiner Ausreifung zugrunde *(Follikelatresie),* wobei die Thekazwischenzellen den Abbau des Follikelepithels und der Eizellen zu herdförmigen lipoidhaltigen Zellhaufen übernehmen. Durch Bindegewebszubildung kann ein narbenartiges Gebilde entstehen, das als *Corpus atreticum* bezeichnet wird.

Der *präpubertäre Eierstock* besitzt keine ausgereiften Follikel, keine Gelbkörper oder Reste von solchen und keine Follikelnarben.

Nach Eintritt der Geschlechtsreife sind die weiblichen Geschlechtsorgane zyklischen Veränderungen unterworfen, die synchronisiert ablaufen. Dieser sogenannte *Geschlechtszyklus* unterliegt einer zentralnervös gesteuerten neuroendokrinen Regulation. Eine zentrale Bedeutung kommt hierbei dem *Hypothalamus* und den von ihm abgegebenen *Gonadotropin-Releasing-Hormonen* zu. Verschiedene Faktoren beeinflussen die Aktivität des Hypothalamus; in erster Linie sind hier die von den ovariellen Funktionsgebilden (Follikel, Corpus luteum) produzierten Sexualhormone zu nennen (positive und negative Rückkopplungsmechanismen) sowie Faktoren exogener Natur (Licht, Temperatur), wobei insbesondere bei saisonal östrischen Tieren eine Mitbeteiligung der Zirbeldrüse und des dort produzierten Wirkstoffes Melatonin zu unterstellen ist.

Durch die vom Hypothalamus freigesetzten Gonadotropin-Releasing-Hormone werden im Sinne der Mitkopplung im Hypophysenvorderlappen die gonadotropen Hormone *FSH (Follikelstimulierendes Hormon, Follitropin)* und *LH (Luteinisierungshormon, Lutropin)* freigesetzt. Neuere Untersuchungen haben gezeigt, daß diese Freisetzung in einer charakteristischen, pulsatilen Weise erfolgt, wobei sich die negativ rückkoppelnde Wirkung des vom *Corpus luteum* abgegebenen *Progesterons* vor allem in einer Erniedrigung von Pulsfrequenz und -amplitude zeigt. Diese als „basal“ bezeichnete Gonadotropin-Freisetzung garantiert – in Abhängigkeit von der Spezies – sowohl die Aufrechterhaltung der Corpus-luteum-Funktion (luteotroper Effekt von LH) als auch die kontinuierliche Anbildung von kleinen Tertiärfollikeln am Ovar während des Diöstrus, die allerdings in dieser Zyklusphase nicht der Ovulation zugeführt werden. Mit der Rückbildung des Corpus luteum periodicum (bei Rind, Schaf, Schwein, Pferd, Ziege, verursacht durch das vom Endometrium freigesetzte *Prostaglandin F 2 α)* und Aufhebung des negativen Rückkopplungsmechanismus kommt es zu einer verstärkten Gonadotropinfreisetzung in Form einer Erhöhung der Pulsfrequenz und -amplitude. Damit verbunden ist eine zusätzliche Stimulierung des Follikelwachstums (FSH-Wirkung), verbunden mit einer kontinuierlich ansteigenden Östrogenproduktion (LH-Wirkung). Erreichen die Östrogenkonzentrationen (Östradiol-17β) im Blut einen kritischen Grenzwert, so erfolgt im Sinne der positiv-rückkoppelnden Wirkung eine Stimulierung des Hypothalamus-Hypophysensystems, die zur notwendigen und zeitlich begrenzten präovulatorischen LH-Freisetzung (präovulatorischer LH-Peak) mit nachfolgender Ovulation und Anbildung des für die Progesteronproduktion verantwortlichen Corpus luteum führt.

Eine weitere Wirkung der vom Follikel produzierten Östrogene ist die Auslösung der exogenen und endogenen *Brunstsymptome,* verbunden mit einer Proliferation der uterinen Drüsen sowie einer Motilitätsbereitschaft der glatten Muskulatur. In dem sich anschließenden Met- oder Postöstrus, d. h. nach Abfall der Östrogenkonzentrationen und bei kontinuierlich ansteigenden Progesteronwerten, gelangt das Ei in den Eileiter, der in dieser Zeit seine Hauptaktivitätsphase aufweist. Mit Ansteigen der Progesteronwerte und Übergang in das Stadium des Diöstrus erfolgt die Umstellung der uterinen Drüsen in die sogenannte *Sekretionsphase* bei gleichzeitigem Verschluß der Zervix und Aufhebung der Motilität der glatten Muskulatur. Damit sind die Voraussetzungen für die Implantation des befruchteten Eies geschaffen. Zur weiteren Aufrechterhaltung der Gravidität ist es dann notwendig, daß durch vom Embryo ausgehende Signale der mütterliche Organismus die Trächtigkeit registriert und das erneute Ingangkommen des Zyklus (Eintreten der Luteolyse) unterbunden wird.

Rudimente aus der Embryonalentwicklung sind das *Epoophoron* (von den kranialen Kanälchen der Urniere und vom WOLFFschen Gang stammend), das *Paroophoron* (von den kaudalen Kanälchen der Urniere stammend) und die MORGAGNIschen Hydatiden (vom MÜLLERschen Gang stammend). Meist treten sie nur als linsen- bis erbsengroße Bläschen in der Mesosalpinx zwischen Eileiter und Eierstock auf, können aber auch einen Durchmesser bis zu 10 cm erreichen (sogenannte *paraovarielle Zysten).* Die **Aplasie** der Ovarien ist außerordentlich selten. Hypoplasie, Zwicken, s. S. 279.

9.3.1.1 Stoffwechselstörungen

Die **Atrophie** der Ovarien findet man in erster Linie bei alten Tieren (Altersinvolution). Dabei kommt es zum Schwund des Keimepithels und zum Fehlen ausgereifter Follikel sowie zu einer bindegewebigen Sklerose. Auch bei endokrinen Störungen, bei Infektionskrankheiten, Vergiftungen, Strahlenschäden und Hypovitaminosen kann es zum Schwund der Eierstöcke kommen. Bei alten Hunden und Katzen sind gleichzeitig auch oft noch Corpora lutea vorhanden.

Die **Atresie** von Follikeln, die nicht die volle Reife erlangen, ist physiologisch und führt zur Zunahme des interstitiellen Gewebes (Corpus fibrosum s. atreticum). Eine vermehrte Follikelatresie wird bei unfruchtbaren Rindern beobachtet. Reife Follikel, die nicht platzen, werden häufig atretisch und teilweise luteinisiert, wodurch luteinisierte Zysten entstehen können.

Als sogenannte persistierende Gelbkörper werden häufig funktionstüchtige Gelbkörper bezeichnet, die längere Zeit an den Eierstöcken bestehen bleiben. Sie kommen vor allem bei Kühen und Hündinnen mit eitriger Endometritis, Pyometra oder anderem Uterusinhalt vor. Da ein Persistieren des Gelbkörpers bei unverändertem Uterus ohne Inhalt nicht bekannt ist, sollte man nicht von einem Corpus luteum persistens, sondern von einem *Corpus luteum pseudograviditatis* sprechen.

9.3.1.2 Kreislaufstörungen und Entzündungen

Blutungen treten normalerweise bei der Ovulation auf. Nach dem manuellen Abdrücken von Gelbkörpern beim Rind tritt eine Blutung auf, wobei auch bei ungestörter Blutgerinnung bis zu acht Liter Blut (Verblutungsgefahr; vor allem, wenn eine Pyometra oder eine Gravidität vorliegen) in die Bauchhöhle fließen können. Petechien und Ekchymosen werden bei vielen infektiösen Prozessen in den Ovarien beobachtet.

Entzündungen der Eierstöcke (Oophoritis) werden beim Haustier selten beobachtet. Eitrig-abszedierende Eierstocksentzündungen entstehen entweder hämatogen-metastatisch, fortgeleitet oder aszendierend (eitrige Endometritis). Die ***Tuberkulose*** entsteht im Zusammenhang mit einer Bauchfelltuberkulose (Perlsucht). Bei der Parenchymtuberkulose findet man miliare bis faustgroße Knoten.

9.3.1.3 Zysten

Ovarialzysten kommen bei allen Haustieren vor. Man unterscheidet *Follikelzysten, Corpus luteum-Zysten, Germinal-Einschlußzysten* und *paraovarielle Zysten.*

Follikelzysten entstehen, wenn GRAAFsche Follikel nicht zum Platzen kommen. Sie treten meist multipel auf, sind die häufigsten Ovarialzysten und kommen besonders oft beim **Rind** vor. Die erbsen- bis faustgroßen Zysten sind dünnwandig und mit klarer Flüssigkeit gefüllt *(sog. großzystische Degeneration).* Histologisch findet man, daß der Oozyt und der größte Teil der Granulosazellen zugrunde gegangen sind. Die Zystenwand besteht aus Bindegewebe und einer inneren einfachen Epithellage, die aber nicht immer vorhanden sein muß (Follikelzysten im engeren Sinne = *Follikel-Thekazyste). Follikelluteinzysten (Thekaluteinzysten)* sind eine Sonderform der Follikelzysten und entstehen aus nicht ovulierten reifen Follikeln, deren Wand während der Atresie teilweise luteinisiert worden ist (s. S. 294). Die Follikelzysten enthalten in unterschiedlichen Mengen Östrogen und Progesteron (letzteres vor allem in Follikelluteinzysten, bei diesen auch Erhöhung des Plasmaprogesteronspiegels). Als Ursache der Follikelzystenbildung wird eine ungenügende oder unzeitgerechte Ausschüttung von Luteinisierungshormon durch die Adenohypophyse (HVL) angesehen. Dafür sind wiederum mannigfaltige Ursachen (Haltung, Fütterung, Uteruserkrankungen, primäre hypophysäre Störungen u. a.) verantwortlich. Als Folge der Ovarialzysten kann es zur Druckatrophie der Eierstöcke, zur Sterilität und Nymphomanie kommen. Häufig findet man auch eine zystische Hyperplasie des Endometriums, ein Vulvaödem, eine Vergrößerung von Hypophyse, Schilddrüsen und Nebennieren und beim Hund vor allem auch Hautveränderungen (Alopezie, Hyperpigmentierung, s. S. 500).

Als *kleinzystische Degeneration* der Ovarien, die beim Rind wesentlich seltener vorkommt als die sog. großzystische, bezeichnet man das gleichzeitige Vorhandensein zahlreicher, linsen- bis erbsengroßer Tertiärfollikel ohne Eizellen (kleintraubenförmiges Aussehen der Ovarien).

Die Veränderung wird als Follikelreifungsstörung angesehen, ist therapieresistent und führt zur permanenten Unfruchtbarkeit.

Corpus luteum-Zysten (zystisches Corpus luteum) sind wesentlich seltener und entstehen durch ständige Vergrößerung des zentralen Hohlraumes, der bei Gelbkörpern meist vorhanden ist. Histologisch ist die lipoidhaltige Wand aus Luteinzellen, die innen von einem dünnen Bindegewebshäutchen ausgekleidet ist, charakteristisch. Ursächlich wird eine nur geringfügige Störung der LH-Ausschüttung in Betracht gezogen. Corpus luteum-Zysten, zumindest kleinere, sind in der Regel ohne klinische Bedeutung.

Germinal-Einschlußzysten (Serosa-Einschlußzysten) entstehen aus Teilen der Eierstocksserosa, die bei der Ovulation oder infolge eines Traumas (Gelbkörperenukleation) in das Eierstocksgewebe versprengt werden. Die Zysten erreichen maximal nur Linsengröße und finden sich oft multipel auftretend unter der Oberfläche der Ovarien, besonders von Stuten und Hündinnen.

Paraovarielle Zysten (s. S. 294, Rudimente).

Verabreichung von ***Clenbuterol*** (s. S. 80) führt bei Schweinen zu zystischen Ovarien und Uterusatrophie.

9.3.1.4 Tumoren

Ovarialtumoren sind bei Haustieren, besonders bei Hund und Rind, häufig. Sie können in *epitheliale Tumoren, Keimzellentumoren, gonadostromale Tumoren* und *Weichgewebstumoren* eingeteilt werden.

Epitheliale Tumoren kommen besonders häufig bei der Hündin, seltener bei anderen Haustieren vor und treten meist beidseitig auf. Am häufigsten ist das *papilläre Adenokarzinom* (Abb. 9.8; oft Implantationsmetastasen am Bauchfell), gefolgt vom *papillären Adenom* (blumenkohlartig zerklüftete Oberfläche) und *Zystadenom.*

Bei den **Keimzellentumoren** unterscheidet man *Dysgerminome* und *Teratome.* Das *Dysgerminom* wird vor allem bei Hund und Katze beobachtet. Der Tumor entspricht histologisch weitgehend dem Seminom des männlichen Tieres (s. S. 283), ist aber häufig bösartig (Metastasenbildung in 10–20% der Fälle). Endokrine Aktivität ist gelegentlich vorhanden. *Teratome* sind selten. Sie sind zystisch oder solid und fallen besonders wegen des bunten Durcheinanders von Abkömmlingen aller drei Keimblätter (Haut mit Adnexen, Knorpel, Knochen, Zähne u. a.) auf.

Die **gonadostromalen Tumoren** werden in *Granulosa-, Theka-* und *Luteinzelltumoren* eingeteilt. Da gleichzeitiges Auftreten von verschiedenen Formen in einem Tumor beinahe die Regel ist, erfolgt die Klassifikation nach dem vorherrschenden Zelltyp.

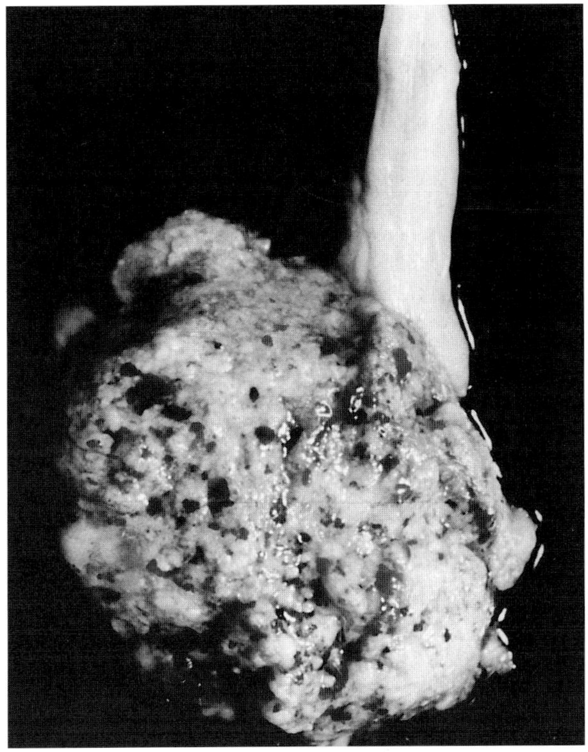

Abb. 9.8 Adenokarzinom des Ovars bei einer 10 Jahre alten Hündin.

Granulosazelltumoren sind die häufigsten Eierstocksgeschwülste bei allen Haustierarten mit Ausnahme des Hundes, bei dem epitheliale Tumoren annähernd gleich oft vorkommen. Sie treten in der Regel einseitig auf und können bis zu kopfgroß werden. Granulosazelltumoren vom SERTOLI-Zelltyp sind in der Regel gutartig und meist ohne nachweisbare hormonelle Aktivität.

Die übrigen Granulosazelltumoren (sarkomatöse Wuchsformen mit oder ohne Ausbildung von SERTOLI-Zell- oder Luteinzellgebieten) sind dagegen in der Regel bösartig (bei der Katze in bis zu 50%, bei der Hündin in bis zu 20% der Fälle Metastasenbildung) und endokrin aktiv (meist Östrogene, seltener Androgene und Progesteron).

Thekazelltumoren (Thekoma) sind seltener, gutartig und produzieren besonders bei der Kuh Östrogene.

Luteinzelltumoren (Luteoma) sind selten, in der Regel gutartig und entweder vom Fettzelltyp (Katze) oder LEYDIG-Zelltyp. Endokrine Aktivität kann vorhanden sein.

Weichgewebstumoren *(Fibrome, Sarkome, Leiomyome, Blutgefäßtumoren* u. a.) und *sekundäre Geschwülste* (Leukose, Mesotheliom u. a.) sind selten.

9.3.2 Eileiter

Die Schleimhaut des Eileiters besteht aus einem einschichtigen Zylinderepithel (Flimmerzellen und schleimbildende Zellen), das während des Zyklus mehrstufig werden kann. Die Muskularis setzt sich aus zirkulär verlaufenden glatten Muskelfasern, die von einzelnen longitudinalen durchsetzt werden, zusammen. Letztere strahlen zum Teil auch in die Serosa ein.

Entzündungen der Eileiter entstehen meist aszendierend, seltener deszendierend oder hämatogen-metastatisch. Beim Pferd ist die ***Salpingitis*** viel seltener als bei anderen Haustieren, wahrscheinlich weil der Eileiter mit einer Papille in den Uterus mündet, die durch eine kräftige zirkuläre Muskelschicht verschlossen werden kann.

Bei der *unspezifischen,* durch verschiedene Bakterien hervorgerufenen *Salpingitis* kommt es zu einer geringen Verdickung der Eileiter, wobei der uterusnahe Abschnitt am häufigsten erkrankt ist. Ansammlungen von seröser Flüssigkeit in den Lichtungen führen zur Bildung einer ***Hydrosalpinx,*** von Eiter zur ***Pyosalpinx***.

Die ***Eileitertuberkulose*** wurde früher häufig beim Rind, meist im Zusammenhang mit einer Bauchfell- oder Uterustuberkulose, beobachtet. Bei der *nodösen Form* findet man in der Schleimhaut, vor allem in der Ampulle, miliare Tuberkel. Bei der *Salpingitis tuberculosa caseosa* ist der Eileiter, besonders sein abdominales Ende, stark verdickt, während sich auf der Serosa perlsuchtartige Veränderungen zeigen (s. S. 123).

9.3.3 Gebärmutter

Pferde, Schafe und Ziegen besitzen einen *Uterus bicornis,* Rinder einen *Uterus septatus.* Die Gebärmutter von Fleischfressern und Schweinen nimmt eine Mittelstellung zwischen beiden Formen ein. Nagetiere haben einen *Uterus duplex,* der Mensch einen *Uterus simplex.* Am Uterus der Haustiere kann man einen Körper *(Corpus uteri),* einen Hals *(Cervix s. collum uteri)* und die beiden Hörner *(Cornua uteri)* unterscheiden. Die Gebärmutterschleimhaut *(Endometrium)* besteht bei Pferden und Karnivoren aus einem einfachen, bei Schweinen und Wiederkäuern aus einem geschichteten Zylinderepithel und einer Propria mucosae. Kurz vor der Ovulation zeigen die Epithelzellen eine holokrine Sekretionsleistung. In der Propria befinden sich die *Uterindrüsen,* die bei Karnivoren am wenigsten, bei Pferden am stärksten geschlängelt und verästelt sind. Bei Wiederkäuern und Schweinen sind sie ebenfalls stark geschlängelt und verästelt, außerdem aber noch in den oberen Partien ausgeweitet. Die *Zervixschleimhaut* ist, mit Ausnahme der des Fleischfressers, drüsenfrei und geht in der Portio vaginalis uteri in ein mehrschichtiges Plattenepithel über. Der Zervikalschleim entsteht durch holokrinen Zerfall der Zervixepithelzellen. Bei Wiederkäuern findet man erhabene, drüsenfreie Bezirke, die die Anlagen der *Karunkeln* darstellen. Bei trächtigen Tieren erreichen sie Kinderfaustgröße. Die Uterusschleimhaut einschließlich der Uterindrüsen und des Karunkelepithels ist bezüglich Form, Gestalt und Sekretionsleistung *zyklischen Veränderungen* unterworfen (s. S. 293).

Die Uterusmuskulatur *(Myometrium)* besteht aus einer inneren stärkeren, zirkulär verlaufenden und aus einer äußeren schwächeren, längs gerichteten, von zahlreichen Blutgefäßen durchsetzten Schicht glatter Muskelfasern. Erstere gehen in die mächtige Kreismuskulatur der Zervix, letztere in die Uterusserosa *(Perimetrium)* über. Als Parametrium bezeichnet man das gefäß- und nervenreiche Bindegewebe zwischen den Serosablättern des Mesometriums (Ligg. lata) an deren Übergang in das Perimetrium.

9.3.3.1 Mißbildungen

Die **Aplasie** des Uterus ist selten und kommt in der Regel im Zusammenhang mit dem Fehlen aller inneren Geschlechtsorgane vor. Die Aplasie eines Uterushornes wird gelegentlich beim Rind gesehen.

Die **Hypoplasie** des ganzen oder von Teilen des Uterus kommt vor allem bei Zwicken vor (s. S. 279).

Ein **Uterus simplex** bildet sich bei übermäßiger, ein **Uterus duplex** bei zu geringgradiger Verschmelzung der MÜLLERschen Gänge.

9.3.3.2 Lageveränderungen

Die **Torsion** des trächtigen Uterus ist ein häufiges Geburtshindernis beim Rind. Sie kommt gelegentlich auch bei der Stute, jedoch nur selten bei anderen Haustieren vor. Bei multiparen Tieren sieht man in erster Linie nur Torsionen eines Hornes oder eines Hornabschnittes. Beim ***Rind*** befindet sich der Drehpunkt meist kaudal des Orificium internum, seltener am Corpus uteri. Bei den häufigeren Drehungsgraden von 90° bis 180° (meist nach rechts) entwickelt sich eine Stauungshyperämie des Uterus, bei Drehungen über 180° kommt es zur hämorrhagischen Nekrose des Uterus und zum Absterben des Fetus. Als prädisponierende Ursachen der Torsio uteri kommen die Erschlaffung der breiten Gebärmutterbänder und die dadurch bedingte größere Beweglichkeit des Uterus, die Lage des Fetus, die Menge des Fruchtwassers und auch die Haltung des Muttertieres in Betracht. Unmittelbar auslösende Ursachen sind vor allem Bewegungen des Fetus, in zweiter Linie erst äußere mechanische Einwirkungen.

Die **Einstülpung** des Uterus *(Inversio uteri)* ohne *Uterusvorfall (Prolapsus uteri)* ist selten. Der **Gebärmuttervorfall** kommt besonders häufig beim Rind im Anschluß an die Geburt vor, wobei in der Regel nur das trächtig gewesene Horn vorfällt. Bei multiparen Tieren sind dagegen beide Hörner am Prolaps beteiligt. Wird der Prolaps nicht behoben, so entwickelt sich eine schwere Stauung mit nachfolgender Nekrose und bakterieller Infektion, die meist zur Sepsis führt. Begünstigende Faktoren für die Entstehung des Prolaps uteri sind die postpartale Atonie des Uterus, die Erschlaffung der Beckenbänder, die offene Zervix und ein eventuell bereits vorhandener Scheidenvorfall. Bei Schafen, die mit phytöstrogenreichen Leguminosen gefüttert werden, kann der Uterusprolaps gehäuft auftreten. Als unmittelbar den Vorfall auslösende Faktoren kommen die Saugwirkung beim schnellen Austritt des Fetus, der Zug einer nicht abgegangenen Nachgeburt oder die Druckwirkung der Bauchpresse in Betracht.

Knickungen des Uterus *(Versio et flexio uteri)* nach ventral, dorsal oder lateral sind in erster Linie ein Problem der Geburtshilfe und vom pathologisch-anatomischen Standpunkt weniger interessant, da sie bei Obduktionen oft nicht mehr eindeutig nachgewiesen werden können. Bezüglich der *Hernia abdominalis* und der *Hernia inguinalis* s. S. 168.

9.3.3.3 Zusammenhangstrennungen

Spontane **Rupturen** des Uterus treten vor allem bei Torsionen, übergangenen Geburten und beim Vorliegen entzündlicher Prozesse (septische Metritis; Pyometra) auf. Beim Hund werden gelegentlich auch spontane Perforationen im Bereich der Plazentargürtel unmittelbar nach der Geburt gesehen. Die Ursache ist wahrscheinlich eine örtliche Kreislaufstörung (Thrombose?), in deren Gefolge sich ein sogenanntes *Plazentargeschwür* entwickelt, das schließlich durchbricht. Viel häufiger sind jedoch Rupturen und Perforationen infolge unsachgemäßer Geburtshilfe (Hinterendlage) und „gynäkologischer" Manipulationen. Am häufigsten findet man Zusammenhangstrennungen an der ventralen Wand der Gebärmutter in der Gegend des Beckeneinganges. Meist kommt es dann zu einer Bauchfellentzündung oder einer inneren Verblutung, während Ausheilung und Vernarbung der Perforationsstellen seltener sind. Das übermäßige Einbringen von Flüssigkeit im Verlaufe einer Gebärmutterspülung kann zu einem Einreißen der Uteruswand im Bereich der Anheftungsstellen der Gebärmutterbänder führen. Enthält die Spülflüssigkeit ölige Stoffe, so entstehen in den Bändern typische Lipidgranulome.

9.3.3.4 Stoffwechselstörungen

Die **Atrophie** des Uterus ist beim Haustier meist kastrationsbedingt. Der atrophische Uterus ist klein, das Endometrium dünn und von gräulicher Farbe, beim Wiederkäuer fehlen außerdem die Karunkeln.

Die **Hyperplasie** der Uterusschleimhaut kommt bei allen Tieren, besonders aber beim Hund, vor. Makroskopisch

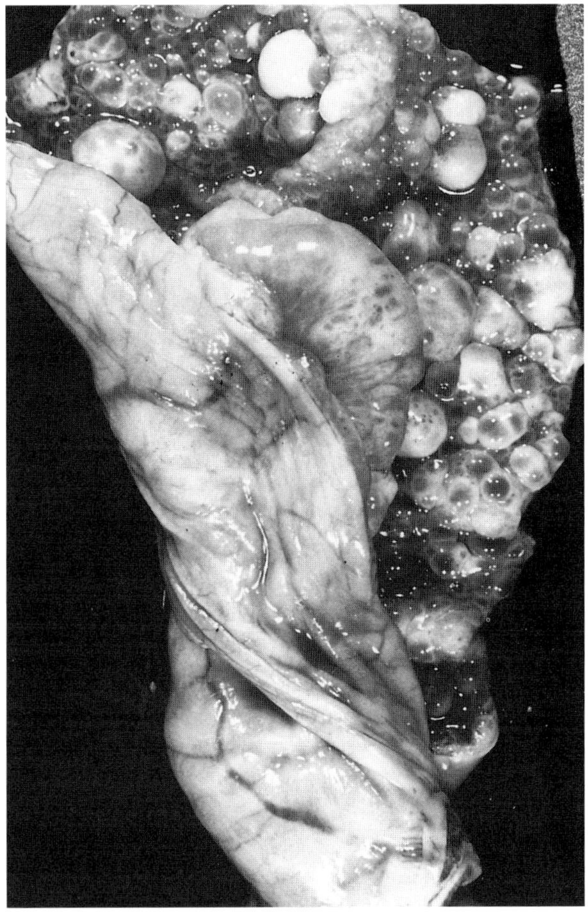

Abb. 9.9 Zystische Hyperplasie der Uterusschleimhaut einer Katze. Ca. 2 x.

wird sie besonders deutlich, wenn es auch zur Zystenbildung kommt. Man spricht dann von einer ***zystischen Hyperplasie*** des Endometriums. Die Bezeichnungen „Endometritis cystica" oder „zystisch hyperplastische Endometritis" sind dagegen irreführend und abzulehnen, da bei diesem Leiden entzündliche Prozesse nicht primär, sondern sekundär auftreten.

Bei der ***nichtzystischen Hyperplasie*** des Uterus ist die Schleimhaut infolge einer Vermehrung und Vergrößerung der Uterusdrüsen verdickt und leicht ödematisiert. Bei der ***zystischen Hyperplasie*** des Endometriums der *Hündin* (Abb. 9.9), der *Katze* und des *Schafes* findet man in der verdickten Schleimhaut zahlreiche bis zu linsengroße, mit wasserklarer Flüssigkeit gefüllte Bläschen, gelegentlich auch papilliforme und villöse Wucherungen sowie eine Hydrometra. Die Zervix ist stets geöffnet. Bei Hund und Katze können auch bis zu kindskopfgroße, meist gestielte

Polypen auftreten. Bei der seltenen Endometriumhyperplasie der *Stute* kann man bis zu 4 cm im Durchmesser große, flache Zysten von schwabbeliger Konsistenz sehen, die der Gebärmutterschleimhaut ein geleeartiges Aussehen verleihen. Bei der *Kuh* ist häufig auch noch eine wäßrige oder schleimige Flüssigkeit in der Gebärmutter vorhanden *(Hydro-* und *Mukometra).*

Ursächlich kommen tierartlich unterschiedliche hormonelle Dysregulationen in Betracht. Bei Hündin, Katze und wahrscheinlich auch bei Stute und Schwein reicht die Progesteronbildung durch Luteingewebe offensichtlich aus, um die Uterindrüsen zur Sekretion anzuregen, nicht aber zur Unterdrückung der Follikelreifung und der damit verbundenen Östrogenproduktion und endometrialen Proliferation. Demzufolge findet man neben der endometrialen Hyperplasie meist auch GRAAFsche Follikel, Follikelluteinzysten und Corpora lutea, nur selten dagegen Follikelzysten und Ovarialtumoren mit endokriner Aktivität (s. S. 295). Hormonverabreichungen, vor allem von Progesteronpräparaten zur Unterdrückung des Östrus, sind eine häufige Ursache dieser Störungen. Bei der Kuh dürfte in erster Linie ein Hyperöstrogenismus, bedingt durch Follikelzysten oder Granulosazelltumoren, für die endometriale Hyperplasie verantwortlich sein. Bei Schafen spielen Phytöstrogene (besonders verschiedene Kleearten) eine wichtige Rolle (s. S. 310). Steroidale Anabolika, die in der Rindermast (in unerlaubter Weise) angewandt werden, rufen *Hydro-* und *Mukometra* hervor.

Eine häufige *Folge* der endometrialen Hyperplasie sind bakterielle Infektionen mit nachfolgender Endometritis oder Pyometra (s. S. 299), nicht jedoch präkanzeröse Zustände wie beim Menschen. *Graviditätssklerose* s. S. 35, *Adenomyosis* s. S. 302.

9.3.3.5 Kreislaufstörungen

Hyperämie, Ödeme und **Hämorrhagien** treten schon normalerweise, vor allem bei Hündinnen und Kalbinnen, während des Östrus in der Uterusschleimhaut auf. Bei Hunden und Katzen sind Blutungen und Hämatome im Bereich der Plazentationsstellen (sogenanntes grünes Randhämatom beim Hund, Placenta endotheliochorialis) ebenfalls normal. Bei der *Subinvolution* der *Plazentarstellen* der Hündin kommt es über Wochen und Monate zu Blutungen, die zur chronischen Blutungsanämie und zum Tod führen können. Die Ursache ist nicht bekannt. Petechiale Blutungen kann man bei vielen Infektionskrankheiten finden. Zusammenhangstrennungen können zu schweren Blutungen in das Uteruslumen führen; ist die Zervix geschlossen, dann entwickelt sich eine **Hämometra.** Blutungen treten nicht selten auch beim Vorliegen einer zystischen Hyperplasie und von Uterustumoren (Myome, Karzinome) auf. **Thrombosen** der Uteringefäße findet man bei der septischen Metritis häufig. Gelegentlich kommt es auch ohne Zusammenhang mit einer septischen Uteruserkrankung, wohl als Ausdruck einer allgemeinen Thromboseneigung, zur fortschreitenden Thrombosierung der Vena uterina media und V. uterina caudalis.

Eine **ungenügende Rückbildung der Plazentationsstellen** wird nicht selten bei der ***Hündin*** beobachtet. Diese sind blutig infiltriert (blutiger Vaginalausfluß) und etwa doppelt so groß, wie zum gleichen Zeitpunkt bei normaler Rückbildung. Histologisch findet man, neben Blutungen und Kollagenfaserzubildung, zahlreiche Trophoblasten, die bis in das Myometrium hineinwuchern können. Warum diese nach der Geburt nicht zurückgebildet werden, ist unbekannt.

9.3.3.6 Entzündungen

Uterusentzündungen sind beim Haustier ungemein häufig und treten meist im Zusammenhang mit einem gestörten Puerperium oder endokrinen Dysregulationen auf. In der Regel werden sie durch Infektionen mit obligat oder fakultativ pathogenen Keimen verursacht, während mechanischen, thermischen und chemischen Noxen nur eine untergeordnete Bedeutung zukommt. Wichtig ist, daß der nichtträchtige Uterus wesentlich widerstandsfähiger gegenüber Infektionen ist als der trächtige, und daß er in der Östrusphase nicht so leicht erkrankt wie in der Lutealphase. Verantwortlich dafür ist in erster Linie die Progesteron-initiierte Sekretion von immunsuppressiven Substanzen, die die Proliferation von Lymphozyten behindern. Als Infektionsweg kommt vor allem der aszendierende in Betracht, aber auch der hämatogene und der deszendierende spielen eine wichtige Rolle.

Entzündungen der Uterusschleimhaut werden als *Endometritis,* der gesamten Uteruswand als *Metritis,* des serösen Überzuges als *Perimetritis* und des Bindegewebes der Ligamenta lata als *Parametritis* bezeichnet. Diese verschiedenen Formen lassen sich jedoch nicht immer genau voneinander abgrenzen, da nicht selten, vor allem bei den sogenannten septischen Entzündungen, mehrere oder alle Wandteile des Uterus gleichzeitig am Entzündungsprozeß beteiligt sind. Dem Verlauf nach können die Uterusentzündungen auch in *akute* und *chronische* eingeteilt werden.

9.3.3.6.1 Endometritis

Bei der *akuten, einfachen, katarrhalischen Endometritis,* wie sie in ihrer mildesten Form beispielsweise durch

Trichomonas fetus oder *Campylobacter fetus* hervorgerufen wird, können makroskopisch meist keine besonderen Veränderungen festgestellt werden. Eine leichte Hyperämie und ein opaker Schleim auf dem Endometrium sind oft die einzigen Anhaltspunkte für eine Entzündung. Histologisch findet man in dieser milden Verlaufsform eine mäßige granulozytäre und plasmazelluläre Infiltration des Endometriums. In mehr ausgeprägten Fällen können eine stärkere Hyperämie und Schwellung der Schleimhaut sowie ein eitriges Exsudat von – je nach Tierart und Erreger – unterschiedlicher Farbe *(Endometritis purulenta)* oder eine diphtheroide Nekrose der Schleimhaut *(Endometritis diphtheroidea et necroticans)* auftreten. Als Erreger dieser Formen kommen vor allem Streptokokken, Staphylokokken und Colibakterien in Betracht. Bei der *nekrotisierenden Staphylokokkenendometritis des Schweines* ist die Schleimhaut stark verdickt, nekrotisch, von grauer Farbe und mürber, bröckeliger Konsistenz. In ausgeprägten Fällen kann das Uteruslumen weitgehend durch die verdickte Schleimhaut eingeengt sein.

Die als **kontagiöse equine Metritis** (CEM) bezeichnete Krankheit wird durch *Taylorella equigenitalis* hervorgerufen. Die Krankheit, die besonders in der Vollblut- und Traberzucht großen Schaden (Sterilität) hervorruft, wurde 1977 erstmals in England, bald darauf auch in anderen Ländern (Frankreich, Irland, Australien, USA, Belgien, Deutschland) beobachtet. Die Übertragung erfolgt hauptsächlich koital, seltener durch Kontakt mit kontaminierten Gerätschaften. Bei den ausgeprägten Fällen findet man eine akute katarrhalisch-eitrige Endometritis (keine Metritis!), Zervizitis und Vaginitis (schleimig-eitriger Ausfluß, Erregerpersistenz hauptsächlich in der *Fossa glandis* der Klitoris), wobei vor allem auch die starke Hyperämie der Schleimhäute auffällt. Mildere Verlaufsformen und latente Infektionen sind häufig. Infizierte Hengste zeigen in der Regel keine auffälligen Veränderungen im Bereich der Präputialschleimhaut, in der, wie in den Genitalschleimhäuten der Stute, die Erreger Monate bis Jahre persistieren können.

Eine besondere Form der subakuten oder chronischen eitrigen Endometritis stellt die **Pyometra** dar. Man versteht darunter die Ansammlung von Eiter im Uterus bei vollständig oder weitgehend geschlossener Zervix. Die Pyometra ist ein häufiges Leiden bei der Kuh, Hündin, Katze und Stute, kommt aber bei allen Haustieren vor. Ursächlich spielen bakterielle Infektionen und hormonelle Einflüsse die wichtigste Rolle. Die Pathogenese der Pyometra, insbesondere was den Einfluß hormoneller Faktoren und tierartliche Unterschiede betrifft, ist jedoch nicht völlig geklärt. Die *Bakterien (Eitererreger, E. coli, Klebsiellen, Proteus spp., Pseudomonaden* u. a.) gelangen in der Regel aufsteigend in den Uterus, die Möglichkeit einer hämatogenen Infektion kann jedoch nicht ausgeschlossen werden. Unter den hormonellen Einflüssen kommt dem *Progesteron* eine besondere Bedeutung zu, da es die Infektionsbereitschaft des Endometriums erhöht, eine endometriale Hyperplasie bedingt sowie zum Verschluß der Zervix führt und damit die Voraussetzung für die Ansammlung des Eiters in der Gebärmutterhöhle schafft.

Bei der Pyometra der **Kuh** unterscheidet man eine puerperale und eine postkonzeptionelle Form. Bei beiden Formen kommt es infolge entzündlicher und anderer Veränderungen des Endometriums nicht zur Bildung des luteolytisch wirkenden Prostaglandins F2α (s. S. 293), so daß Gelbkörper nicht zurückgebildet werden, die Zervix sich schließt bzw. geschlossen bleibt und das Endometrium eine erhöhte Infektionsbereitschaft erlangt. Die ***puerperale Pyometra*** entsteht besonders nach Schwergeburten, Geburtsverletzungen und Nachgeburtsverhaltungen durch Infektionen mit *Streptokokken, Staphylokokken, Actinomyces (Arcanobacterium) pyogenes, E. coli* u. a. In der Uterushöhle kann man bis zu 50 Liter eines eitrigen Exsudates finden. Die Gebärmutterwand ist meist dick und derb, bei besonders langdauernden Prozessen und großen Eitermengen auch dünn und fibrotisch. Die Zervix ist zunächst geschlossen und ein Gelbkörper vorhanden. Wenn sie sich öffnet und spontan Eiter entleert wird, dann ist das Corpus luteum in der Regel zurückgebildet. Perimetritis und Pyosalpinx werden gelegentlich mit beobachtet, extragenitale Veränderungen wie bei Hund und Katze kommen nicht vor. Die ***postkonzeptionelle Pyometra*** der Kuh war vor Einführung der künstlichen Besamung häufig und in über 90% der Fälle durch eine Infektion mit *Trichomonas fetus* (s. S. 307) bedingt. Voraussetzung ist aber, daß der Embryo erst nach dem 15. Tag der Entwicklung abstirbt und eitrig eingeschmolzen wird, da sich dann das Corpus luteum nicht mehr termingerecht zurückbildet.

Die Pyometra der **Hündin** tritt vor allem bei nulliparen Tieren mittleren Alters im Met- und Diöstrus (ansteigende Progesteronbildung) auf. Die Plasmaprogesteronwerte liegen bei Hunden mit Pyometra innerhalb der normalen Schwankungsbreite. Offensichtlich reicht eine Reihe von Geschlechtszyklen ohne nachfolgende Trächtigkeit für die Entwicklung der endometrialen Hyperplasie aus, die der Infektion vorausgeht. Die Verabreichung von Depotgestagenen zur Läufigkeitsunterdrückung oder von Östrogenen zur Verhinderung der Nidation begünstigen die Entstehung der Pyometra. Die Infektion erfolgt offensichtlich am Ende des Östrus, wenn die Zervix noch nicht vollständig geschlossen ist. Am häufigsten sind Infektionen mit *E. coli* (adhärierende Formen, oft aus dem Harnapparat

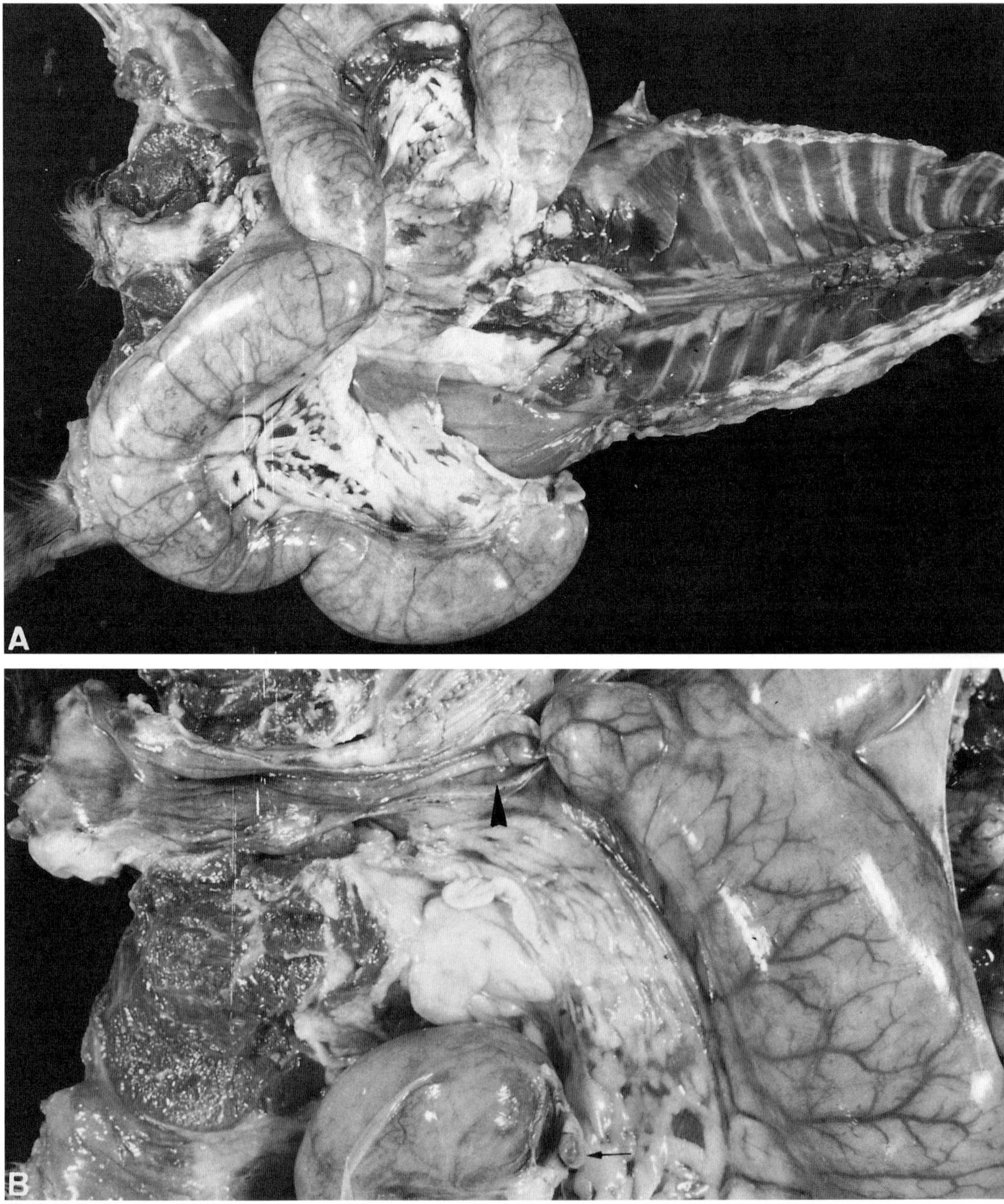

Abb. 9.10 Pyometra bei einer Dackelhündin. – **A** Pralle Füllung beider Uterushörner mit Eiter. **B** Zervix (Keil) geschlossen, Corpus luteum (Pfeil), starke Ramifizierung der Uterusgefäße.

stammend), *Strepto-* und *Staphylokokken* sowie *Proteus spp.* Das klinische Bild ist vor allem durch Polyurie und -dipsie, Exsikkose und Mattigkeit gekennzeichnet. Scheidenausfluß tritt nur auf, wenn sich die Pyometra zu entleeren beginnt. Die pathologischen Veränderungen variieren je nach Alter des Prozesses und der ursächlichen Bakterien und können nur ein Uterushorn oder beide Hörner betreffen. Bei mäßiger Eiterfüllung sind diese meist dickwandig und häufig ampullenförmig eingeschnürt. Bei praller Füllung können die Hörner bis zu armdick und die Uteruswand papierdünn werden (Abb. 9.10 A, B). Bei *Coli-* und *Proteusinfektionen,* die meist die schwerwiegenderen Veränderungen hervorrufen, ist der Eiter schmutzig- oder schokoladenbraun, zähflüssig und besitzt einen charakteristischen fötiden Geruch. Bei *Strepto-* und *Staphylokokkeninfektionen* weist der Eiter dagegen eine mehr gelblich-grüne Farbe auf und ist fast geruchlos. In Einzelfällen ist der Eiter steril, was aber nicht gegen eine ursächliche Infektion mit Bakterien spricht, da diese durch die Abwehrvorgänge, ähnlich wie in Abszessen, bereits abgetötet worden sein können. Die Zervix ist geschlossen, kann sich aber im Laufe der Zeit öffnen (Scheidenausfluß, Spontanentleerung). Die Eierstöcke weisen fast immer Gelbkörper auf, eventuell vorhandene Veränderungen stehen in der Regel nicht in Korrelation mit dem Progesteronblutspiegel. Die Uterusschleimhaut ist häufig fetzig aufgerissen, nekrotisch und von kleinen Geschwüren durchsetzt. Histologisch fallen vor allem die endometriale Hvperplasie (Progesteron-bedingt!) sowie, abhängig von der Art der Bakterien und dem zeitlichen Verlauf, eine starke Ansammlung von neutrophilen Granulozyten in den erweiterten Uterindrüsen sowie von Plasmazellen und Lymphozyten im endometrialen Stroma auf.

Als *Folgen* der Pyometra der *Hündin* kann es zu Durchbrüchen oder zur Entleerung von Eiter durch die Tuben in die Bauchhöhle kommen, wodurch eine oft tödliche Peritonitis entsteht. Degenerative Schädigung vor allem der Nierentubuli (Harnkonzentrationsvermögen eingeschränkt = Polyurie), von Leber, Herz und Knochenmark infolge der bakteriellen Toxine (vor allem Endotoxine von *E. coli)* sind als sogenannte extragenitale Veränderungen bei der Pyometra besonders gefürchtet (Narkoserisiko!). Bakteriämie und Septikämie kommen vor, sind aber relativ selten. Glomerulonephritis s. S. 260, histiozytäre und plasmazelluläre Proliferationen in der Leber s. S. 221.

Bei der Pyometra der **Katze** liegen, soweit erforscht, weitgehend ähnliche Verhältnisse vor (aber keine Progesterondominanz). Die Pyometra der **Stute** entsteht in den meisten Fällen unabhängig von Dystokien. Hormonelle Einflüsse scheinen aber nicht die große Bedeutung zu haben wie bei der Hündin, da der Geschlechtszyklus häufig trotz bestehender Pyometra weiterläuft. Trotz einer bis zu mehreren Litern betragenden Eiteransammlung in der Uterushöhle ist die Zervix in vielen Fällen nicht geschlossen, gelegentlich sogar erweitert. Neben den bereits bei den anderen Tierarten genannten Erregern werden häufig auch *Streptococcus zooepidemicus* und *Pasteurella spp.* aus dem eitrigen Exsudat isoliert.

Die **chronische Endometritis** ist durch eine erhebliche Verdickung der Schleimhaut und durch polypöse Wucherungen im Bereich der Ausführungsgänge der Uterusdrüsen gekennzeichnet (sog. *Endometritis polyposa).* Histologisch dominieren die Bindegewebszubildung und die starke Durchsetzung der Schleimhaut mit Plasmazellen, während Granulozyten, wie bei vielen chronischen Entzündungsprozessen, nur in geringem Maße auftreten. Aus diesem Grunde wird häufig auch von einer chronischen nichteitrigen Endometritis gesprochen. Diese Bezeichnung ist nicht sehr glücklich, da sie den Eindruck erweckt, als sei der Prozeß schon primär nichteitrig beziehungsweise nicht auch durch Eiterbakterien hervorgerufen.

Im weiteren Verlauf und als Folge einer chronischen Endometritis kann es zur bindegewebigen *Induration,* narbigen Verödung oder metaplastischen Verhornung der Schleimhaut, zur *Atrophie* der Uterusdrüsen und zur *dystrophischen Verkalkung* nekrotischen Schleimhautgewebes kommen. **Endometrose** ist beim Pferd eine Sammelbezeichnung für degenerative Veränderungen des Endometriums, die bislang als chronisch-degenerative Endometritis bezeichnet wurden.

9.3.3.6.2 Metritis

Da diese Form der Uterusentzündung meist zur Sepsis führt, wird sie vielfach auch als *septische Metritis* bezeichnet. Sie ist besonders häufig beim Rind und auch beim Hund und kommt fast ausschließlich durch Infektionen während des Puerperiums zustande. Neben pathogenen Keimen *(Streptokokken, Staphylokokken, E. coli, Actinomyces pyogenes, Fusobacterium necrophorum* u. a.) spielen auch saprophytäre Bakterien (Mischinfektionen) eine Rolle. Besonders auffallend sind die mürbe Konsistenz *(Rupturgefahr)* und die Verdickung der Wand des in der Regel nicht zurückgebildeten atonischen Uterus. Nicht selten greift der Entzündungsprozeß auch auf die Serosa über, die dadurch stumpf und trüb wird und mit fibrinösen Ausschwitzungen bedeckt sein kann. In der Uterushöhle findet man ein jauchiges, übelriechendes Exsudat, das von nekrotischen Schleimhautresten durchsetzt ist. Die Schleimhaut selbst ist nekrotisch und kann sich in größeren Stücken ablösen. Die Muskelschicht ist ödematös aufgelockert und meist schmutzig-grau verfärbt. Histologisch dominieren granulozytäre Infiltrationen in allen Uterusschichten sowie nekrotische Vorgänge und entzündlich-thrombotische Veränderungen der Uterusvenen. Die Entstehung embolisch-metastatischer Herde in anderen Organen, vor allem einer Endokarditis des rechten Herzens, wird dadurch begünstigt.

Als **Physometra** wird eine mit Gasbildung einhergehende Metritis bezeichnet. Sie kommt besonders beim Rind in Form des sogenannten Geburtsrauschbrandes *(Clostridium septicum* u. a.) vor. Sie ist gekennzeichnet durch eine blutig-sulzige Durchtränkung und gasige Durchsetzung des Uterus, der schnell der Nekrose verfällt (s. S. 522).

Die **nekrobazilläre Metritis** kommt bei der Kuh durchweg im Anschluß an eine Geburt vor. Sie wird durch Nekrosebakterien *(Fusobacterium necrophorum)* hervorgerufen, die häufig von einem gleichzeitig vorhandenen Panaritium (s. S. 521) stammen und auf aufsteigendem Weg über die Einstreu Vagina und Uterus infizieren können. Die Krankheit führt häufig über eine Sepsis zum Tode, weshalb sie auch als *bösartige Nekrobazillose* bezeichnet wird. Äußerlich fallen die erhebliche Vergrößerung des gesamten Uterus und die starre, röhrenartige Beschaffenheit seiner Hörner besonders auf. In der Uterushöhle findet man nur geringe Mengen eines eitrigen Exsudates. Die Schleimhaut selbst ist schmutzig verfärbt, stark verdickt, von bröckeliger Konsistenz und meist mit wulstartigen Querfalten versehen. Häufig ist sie von zahlreichen, oft konfluierenden Geschwüren durchsetzt. Auf dem Querschnitt sieht man eine bröckelige, mörtelartige, ungefähr fingerbreite innere Schicht, die durch eine rötliche, strichartige Demarkationszone von der äußeren Granulationsgewebsschicht, die die ganze Muskularis und Serosa einbezieht, abgesetzt ist. Histologisch findet man eine starke Gewebsnekrose, die durch Leukozyten und ein jugendliches Granulationsgewebe abgegrenzt wird. Besonders beachtenswert ist, daß der Prozeß auf die Uterusvenen übergreift, wodurch sich *Thrombosen* sowie embolisch-metastatische Herde in anderen Organen (Lunge, Herz, Leber) bilden können. *Differentialdiagnostisch* ist die nekrobazilläre Metritis von der Metritis tuberculosa caseosa abzugrenzen. Das Auftreten von kleinen *Resorptivtuberkeln in* den unveränderten Randzonen bei der Tuberkulose ermöglicht jedoch im allgemeinen eine sichere makroskopische Unterscheidung beider Prozesse.

Die **Tuberkulose** des Uterus war früher beim Rind häufig. Bei der hämatogen entstandenen *disseminierten Miliartuberkulose* findet man multiple kleine Tuberkel in der Uterusschleimhaut. Diese bleibt jedoch zunächst weitgehend unverändert, erst mit dem Größerwerden der Tuberkel und deren Aufbrechen kann sie geschwürig umgewandelt werden. Bei der *diffus verkäsenden tuberkulösen Metritis (Metritis tuberculosa caseosa; chronische Organtuberkulose)* liegt ein ähnliches Bild wie bei der Nekrobazillose vor. Die Schleimhaut ist diffus verkäst und durch ein epitheloidzelliges Granulationsgewebe abgegrenzt, während man Resorptivtuberkel in den unveränderten tieferen Uterusbezirken findet. Neben der hämatogenen Infektion spielt vor allem die deszendierende, auf dem Wege über die Eileiter (Bauchfelltuberkulose) eine Rolle. Eine Primärinfektion des Uterus während des Begattungsaktes (Penistuberkulose) ist selten, meist kommt es hier zunächst zur Infektion der Vulva und Vagina.

Aktinomykotische und botryomykotische Entzündungen des Uterus sind äußerst selten. Bezüglich der Brucellose s. S. 306.

9.3.3.7 Tumoren

Uterustumoren sind beim Haustier, im Gegensatz zum Menschen, selten. Am häufigsten sind noch **Leiomyome,** die Kopfgröße erreichen können. **Zystadenome** werden gelegentlich bei der Hündin, meist in der Gegend der Uterusbifurkation, gefunden. **Karzinome** und **Adenokarzinome** sind sehr selten, am häufigsten noch bei Kaninchen, Rind (meist skirrhös) und Katze. Sie nehmen meist ihren Ausgang von einem Uterushorn und neigen zur lympho-hämatogenen Ausbreitung und zur Bildung von Implantationsmetastasen im Bauchfell. **Plattenepithelkarzinome** der Zervix, die beim Menschen sehr häufig auftreten, sind beim Haustier nicht bekannt. Die vor allem an der Zervix vorkommenden **Polypen** sind keine echten Tumoren, sondern meist entzündlicher Natur. Die **Adenomyosis (Endometriosis),** das ist das Vorkommen von Uterindrüsen zwischen den Muskelschichten, wird gelegentlich bei Affen, Rind, Hund, Kaninchen und Katze beobachtet. Auch hier handelt es sich nicht um eine echte Geschwulstbildung, sondern um eine Störung in der Entwicklung (Heterotopie), wobei zyklusabhängige Veränderungen auftreten (besonders bei Affen).

Die lymphatische Form der **Leukose** führt im Uterus des Rindes nicht allzu selten zur Bildung von multiplen Knoten oder zu einer diffusen Verdickung des Endometriums (s. S. 67).

9.3.4 Pathologie der Trächtigkeit

Der Embryo ist von den *Fruchthüllen* umgeben, die ihn vor mechanischen Insulten schützen, die Verbindung mit dem Muttertier herstellen und damit seine Ernährung und Sauerstoffversorgung möglich machen. Die Fruchthüllen werden in ihrer Gesamtheit als *Plazenta,* ihre vom Embryo gebildeten

Tabelle 2: Plazenta-Typen – modifiziert nach SCHNORR

Spezies	Einteilung der Plazenten: Nach dem Verhalten unter der Geburt (nach STAHL, 1906)	Nach Verteilung und Anordnung der Chorionzotten	Nach den Schichten zwischen mütterlichem und fetalem Blutkreislauf (mod. n. GROSSER, 1927 u. ENDERS, 1965)	Endometrium Endothel	Endometrium Epithel	Chorion Epithel	Chorion Endothel
Adeziduata							
Pferd, Esel		Pl. diffusa completa					
Schwein	Adeziduate Plazenta	Pl. diffusa incompleta	Pl. epitheliochorialis	+	+	+	+
Wiederkäuer		Pl. multiplex s. cotyledonaria					
Deziduata							
Hund, Katze		Pl. zonaria	Pl. endotheliochorialis	+	–	+	+
Mensch, Meerschweinchen	Deziduate Plazenta		Pl. haemomonochorialis	–	–	+	+
Kaninchen		Pl. discoidalis	Pl. haemodichorialis	–	–	++	+
Ratte, Maus			Pl. haemotrichorialis	–	–	+++	+

Anteile als *Placenta fetalis (Eihüllen)*, die vom mütterlichen Gewebe abstammenden als *Placenta materna* bezeichnet. Die *Eihüllen* entstehen aus den Trophoblasten (Fruchthüllenanlage) über die Keim-, Dotter- und Nabelblasen. Zunächst umwächst vom Nabel ausgehend das doppelwandige *Amnion* den Embryo, wobei der *Amnionblasenraum* mit der *Amnionflüssigkeit* entsteht. Als Ausstülpung der fetalen Harnblase schiebt sich die Allantois mit ihrem inneren und äußeren Blatt in den Spalt zwischen den beiden Amnionblättern *(Exocoel)* hinein, wodurch der *Allantoisraum* mit der *Allantoisflüssigkeit* entsteht. Dieser umgibt den Embryo entweder ganz (Pferd, Fleischfresser) oder nur teilweise (Wiederkäuer, Schwein). Durch Verschmelzung der inneren Blätter des Amnions und der Allantois entsteht das *Allantoamnion* (Schaf- oder Fußhaut). Das äußere Amnionblatt wird durch die Nabelgefäße vaskularisiert und verbindet sich mit dem äußeren Allantoisblatt zum *Chorion* bzw. *Allantochorion* (Zottenhaut, Gefäßhaut). Auf dem Allantochorion entstehen Zotten, die die Verbindung mit der Uterusschleimhaut gewährleisten. Kommt es dabei zur Zerstörung des Schleimhautepithels (fermentative Auflösung) und zur Einpflanzung der Chorionzotten in die subepithelialen Schichten des Endometriums, so entsteht eine *deziduale Plazenta (Placenta vera)*. Ist das mütterliche Blut von dem fetalen noch durch Endothel getrennt, dann spricht man von einer *Placenta endotheliochorialis*, umfließt es direkt die Chorionzotten, dann liegt eine *Placenta haemochorialis* vor. Kommt die Verbindung zwischen Fetus und Muttertier nur durch einfache Anlagerung des Chorionepithels an das unbeschädigte Epithel der Uteruskrypten, in denen die Zotten stecken, zustande, so entsteht eine *adeziduale Plazenta (Placenta epitheliochorialis)*. Je nachdem, ob die Verankerung gleichmäßig oder nur an umschriebenen Stellen (zwischen den Kotyledonen und Karunkeln = *Plazentome)* erfolgt, unterscheidet man zwischen einer *Placenta diffusa* und einer *Placenta multiplex*. Eine *Placenta zonaria* liegt dann vor, wenn die Anheftstelle gürtelartig die Mitte des Fetus umgibt. Ist sie dagegen scheibenförmig, dann spricht man von einer *Placenta discoidea*.

Die Plazentatypen können nach dem Verhalten unter der Geburt, nach Verteilung und Anordnung der Chorionzotten und nach den Schichten zwischen maternalem und fetalem Blutkreislauf eingeteilt werden (Tab. 2)

Die *Placenta haemochorialis* erlaubt den ungehemmten Übertritt maternaler Antikörper auf den Fetus. Bei einer *Placenta endotheliochorialis* ist dies nur in sehr geringem Ausmaß und bei einer *Placenta epitheliochorialis* nicht möglich. Bestimmte Bakterien (z. B. Mycobacterium avium ssp. paratuberculosis), Viren (z. B. BVDV, SMEDI s. S. 307) und Parasiten (z. B. Larven von Toxocara canis) können ohne nachweisbare Schädigungen der Plazenta diese durchdringen und den Fetus infizieren. Die Plazenta bildet weitgehend autonom *Progesteron*, das für den Ablauf der Trächtigkeit von Bedeutung ist, sowie in geringen Mengen auch *Östrogene*, die zusammen mit dem Progesteron in der Ausbildung der Milchdrüse (s. S. 312) eine wichtige Rolle spielen. Beim Menschen produzieren die Zytotrophoblasten Choriongonadotropin *(Human Chorionic Gonadotropin*, HCG), bei der trächtigen Stute die Trophoblasten des Choriongürtels im Bereich der endometrialen *Cups (Schleimhautkrater)* oder endometriale Drüsenzellen (?) das *Stutenserum-Gonadotropin* (Pregnant Mare Serum-Gonadotropin, PMSG). Das HCG wirkt vorwiegend wie LH und etwas wie FSH und dient in erster Linie der Aufrechterhaltung der Funktion des Corpus luteum bis zu dem Zeitpunkt, an dem die Plazenta die volle Progesteronbildung übernimmt. PMSG entspricht der kombinierten Wirkung von FSH (vorwiegend) und LH (s. S. 293).

9.3.4.1 Extrauteringravidität

Bei der Extrauteringravidität erfolgt die Nidation des Eies entweder im Ovar *(Ovarialgravidität),* in der Bursa ovarica *(Bursagravidität),* im Eileiter *(Tubengravidität)* oder in der Bauchhöhle *(Abdominalgravidität).* Diese Formen sind beim Haustier selten. Meist kommt es dabei nicht zur vollständigen Entwicklung des Fetus. Das Bauchfell kann zwar eine gefäßreiche, der Placenta materna ähnliche Wucherung bilden, die aber nicht zur Ernährung des größer werdenden Fetus ausreicht, so daß dieser schließlich abstirbt. Die *sekundäre Abdominalgravidität* ist vor allem bei Hasen und Kaninchen bekannt und entsteht aus einer primären uterinen oder tubären Gravidität nach Ruptur des Fruchthalters. Auch hier kommt es meist zu einem baldigen Absterben der Frucht.

9.3.4.2 Veränderungen der Plazenta

Unter **Hippomanes** *(Fohlenbrot, Füllenmilz)* versteht man fleischartige Gebilde in der Allantoisflüssigkeit, die durch Abschnürungen von Allantois oder Allantochorion zustande gekommen sind.

Amniotische Plaques sind weiße, flache, bis zu fingernagelgroße Herde aus Plattenepithel an der inneren Oberfläche des Amnions, besonders in der Gegend des Nabelstranges, werden bei Wiederkäuern fast regelmäßig im ersten Drittel der Trächtigkeit, gelegentlich auch bei anderen Haustieren gefunden (Abb. 9.11). Diese Plaques sind als normale Vorkommnisse zu bewerten, deren Aufgabe und Bedeutung nicht bekannt sind. Ähnlich verhält es sich mit den Ablagerungen von *Kalksalzen* im Allantochorion.

Verknöcherte Zysten, die Mannsfaustgröße erreichen können, werden gelegentlich in den Eihäuten der Stute gesehen. Sie entstehen wahrscheinlich aus Allantois- und Chorionzysten oder persistierenden Nabelblasen. *Metaplastische Knochenbildungen* in Form kleiner Platten oder Spangen treten gelegentlich im Allantochorion auf.

Die exzessive Ansammlung einer wäßrigen Flüssigkeit in und zwischen den Eihäuten wird als **Eihautwassersucht** *(Hydrops amnii et allantoi)* bezeichnet. Dieses Leiden tritt nicht selten beim Rind auf, bei dem es auch als rezessiv vererbbare Krankheit bekannt ist. Bei der Kuh, bei der 6 bis

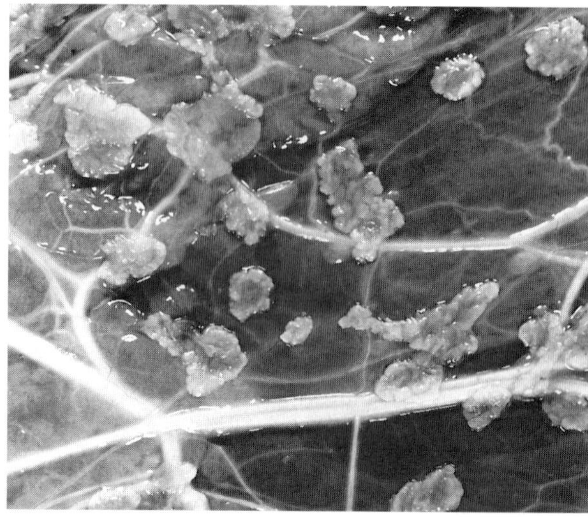

Abb. 9.11 Amniotische Plaques (natürliche Größe) an der inneren Fläche des Amnions einer Kuh (5. Trächtigkeitsmonat).

15 Liter Allantois- und 3 bis 6 Liter Amnionflüssigkeit normal sind, wurden bis zu 200 Liter Flüssigkeit in den ödematisierten Eihäuten gefunden. Der Fetus weist meist auch Anasarka, häufig auch Chondrodystrophie, Muskel- und Sehnenkontrakturen, Nierenzysten und andere Fehlbildungen auf.

Molen sind blasige, fleischige, zottige oder traubige Gebilde, die aus ödematisierten Chorionzotten und Epithelwucherungen bestehen. Beim Menschen können daraus bösartige Geschwülste *(maligne Chorionepitheliome)* entstehen, beim Haustier ist dies nicht bekannt. Mit den eigentlichen Molen dürfen die sog. *zystischen plazentaren Molen* nicht verwechselt werden. Diese können nach Absterben eines Embryo entstehen, wenn dieser resorbiert wird, die Plazenta aber erhalten bleibt. Solche „Molen" erscheinen als eine geleeartige Masse, die von plazentarem Gewebe zusammengehalten wird und in der sich unter Umständen auch noch Allantois- und Amniongewebe erhalten haben. Meistens liegt bei diesen „Molen" auch eine eitrige Endometritis oder eine Pyometra vor.

Bei der **adventitiellen Plazentation** der Wiederkäuer sieht man auf der Chorionwand zwischen den Kotyledonen warzenartige, größere und kleine Zotten, die fingerartig in entsprechende Ausbuchtungen des Endometriums eingreifen. Die Zahl der Kotyledonen ist dabei herabgesetzt, manchmal sind nur noch Reste von solchen vorhanden. Die adventitielle Plazentation der Wiederkäuer kann als kompensatorische Regeneration für zugrunde gegangene Karunkel angesehen werden. Wenn sie nur lokalisiert auf-

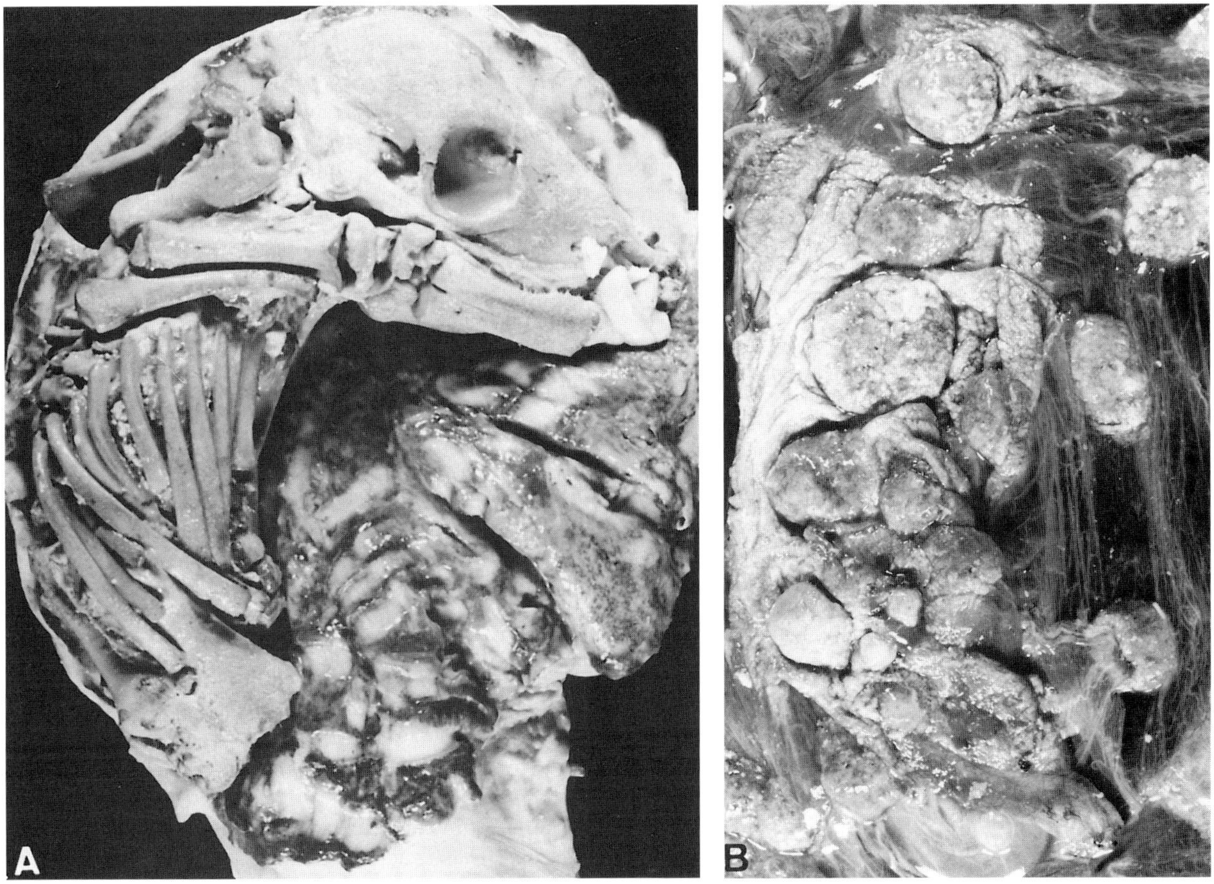

Abb. 9.12 A: Mazerierter Fetus im Uterus eines Rindes. **B:** Nekrotisierende Plazentitis bei Chlamydienabort des Schafes.

tritt, ist die Trächtigkeit kaum gefährdet, während es bei diffuser Ausbreitung nicht selten zu Abort oder Eihautwassersucht kommt. Gelegentlich entstehen auch durch besondere Ausbuchtungen des Uterus, die von Gewebssträngen durchzogen werden und in die Zottenbüschel hineinpassen, *akzessorische Semiplazentome.*

Die **adenomatöse Dysplasie (Hyperplasie)** der **Allantois** kommt nicht selten bei Pferden vor. Dabei treten multiple Plaques (ca. 2 cm dick, bis zu 20 cm im Durchmesser) und Knoten (1–5 cm im Durchmesser, teils zystisch) auf. Die Ursachen sind nicht bekannt. Offensichtlich bestehen aber Zusammenhänge mit anderen Erkrankungen der Plazenta und/oder solchen des Fetus.

Bei der **Zwillingsträchtigkeit der Stute** kommt es häufig zum Abort im 8.–9. Monat der Trächtigkeit, da die „Kapazität" der Plazenta nicht ausreicht. Man findet dann, daß die Zotten des Allantochorions, die normalerweise bis zum 90. Tag der Trächtigkeit voll ausgebildet sind, auf einem Drittel bis auf eine Hälfte der Fläche fehlen.

9.3.4.3 Fruchttod und Abortus

Je nachdem, in welcher Entwicklungsphase es zum Absterben der Frucht kommt, spricht man von einem *embryonalen* oder *fetalen Fruchttod.* Die abgestorbene Frucht kann *resorbiert, mazeriert, mumifiziert,* sofort oder erst nach einiger Zeit *ausgestoßen* werden oder im Uterus *liegen bleiben*. Eine *Resorption* der Frucht findet man häufig beim embryonalen Fruchttod des Rindes und Schweines. Die *Mazeration* erfolgt entweder steril oder unter Beteiligung von Bakterien (Fäulnis; Emphysembildung), wobei nur noch Knochenteile übrigbleiben (Abb. 9.12 A). Die *Mumifikation* kommt durch Resorption der Körperflüssigkeit des Fetus zustande, wobei in der Regel Bakterien nicht beteiligt sind. Durch Ablagerung von Kalksalzen entsteht aus einer mumifizierten Frucht die sogenannte *Steinfrucht (Lithopädion).*

Bezüglich der vielen Ursachen, die zum Fruchttod und Abortus führen, sei auf die Lehrbücher der Geburtshilfe verwiesen. Im folgenden werden nur **die infektiösen Aborte** besprochen, die mit pathologisch-anatomischen Veränderungen an Uterus oder Plazenta einhergehen. Dabei muß von vornherein gesagt werden, daß die Veränderungen in der Regel nicht so charakteristisch sind, daß sie ohne Erregernachweis die Diagnose erlauben. Wenn möglich, sollten zur Abklärung der Ätiologie abortierte Feten *und* Plazenta an die zuständige Untersuchungsstelle eingesandt werden. Insbesondere ist darauf zu achten, daß die Fruchthüllen nicht in der Einstreu des Stalles liegenbleiben, da sonst Fäulnisprozesse die Untersuchung erschweren oder gar unmöglich machen.

Rind: Bei der *Brucellose* des Rindes *(Brucella abortus)* kommt es je nach Reaktionslage der Kuh zum Abort (7. bis 8. Monat), zur Frühgeburt lebensschwacher Kälber oder lediglich zur Nachgeburtsverhaltung. Charakteristisch für die Brucellose ist die Ansammlung einer schmutzig-gelben, leicht viskösen, geruchlosen Flüssigkeit zwischen Endometrium und Chorion. In dieser Flüssigkeit liegen zahlreiche grau-weiße Detritusflocken, in denen die Brucellen besonders leicht nachweisbar sind. Die Eihäute und der Nabelstrang sind stark ödematisiert. Die Plazenta zwischen den Kotyledonen kann durch eine gelblich-gelatinöse Flüssigkeitseinlagerung verdickt sein. Ihre Oberfläche ist dann stumpf und lederartig und von einem fibrinös-zelligen Exsudat bedeckt. Der abortierte Fetus zeigt meist ein subkutanes Ödem, eine Ansammlung von Flüssigkeit in den Körperhöhlen und eine eitrig-fibrinöse Bronchopneumonie. Der normalerweise klare Labmageninhalt des Fetus wird zitronenfarbig trüb und flockig (sogenannte BANG-Kugeln). Er enthält in der Regel zahlreiche Bakterien und ist daher immer für die bakteriologische Untersuchung sicherzustellen. Histologisch dominieren die ödematös-nekrotischen Veränderungen der Plazenta und Infiltrate von Makrophagen, Plasmazellen, Lymphozyten und Granulozyten. Die Chorionepithelien sind vollgestopft mit den typischen kokkoiden Bakterien und werden laufend abgestoßen.

Campylobacter fetus ssp. venerealis, seltener auch *ssp. fetalis* führen in 5–20% der Fälle zum Abort (5. bis 6. Monat), zu Frühgeburten oder zur Geburt lebensschwacher Tiere. Die Kotyledonen sind häufig ödematös geschwollen, von gelblicher Farbe, teils nekrotisch und mit bräunlichem Exsudat bedeckt. Katarrhalische Endometritis, Zervizitis und Vaginitis sind fast regelmäßig anzutreffen. Bei den abortierten Feten kann man Unterhautödeme, serofibrinöse Ergüsse in der Bauchhöhle und Lebernekrosen beobachten.

Listeria monocytogenes ruft gelegentlich Aborte (7. bis 8. Monat), Frühgeburten und Lebensschwäche der Neugeborenen hervor. Nachgeburtsverhaltungen, Septikämie und Endometritis sind häufige Folgen.

Bei der *Leptospirose (L. pomona, L. hardjo* u. a. Serotypen) treten in 25–30% der Fälle Aborte (ab 6. Monat) auf. Charakteristisch sind die atonischen, schlaffen, gelblichen Kotyledonen und die blutleeren, ödematisierten Eihäute. Beim Fetus kann man blutige Ergüsse in den Körperhöhlen und entzündliche Nierenveränderungen (s. S. 51) finden.

Haemophilus somnus (s. S. 404) führt zu sporadischen Aborten oder Geburt lebensschwacher Kälber.

Yersinia pseudotuberculosis (s. S. 184) ruft Aborte im letzten Drittel der Trächtigkeit hervor.

Salmonellen, A. pyogenes und *Mykoplasmen* können ebenfalls zu Aborten, meist im letzten Drittel der Trächtigkeit führen.

Mykotisch bedingte Aborte *(Aspergillus, Absidia, Mukor, Rhizopus* u. a.) werden vor allem zwischen 3. und 7. Monat der Trächtigkeit gefunden. Eine diphtheroid-nekrotisierende Plazentitis mit dicken Belägen ist in der Regel vorhanden, während bei den abortierten Feten nur gelegentlich auch eine herdförmige mykotische Dermatitis (s. S. 529) vorliegt.

Chlamydia psittaci ruft in 30–40% der Fälle Aborte (6. bis 8. Monat) hervor. Die Plazenta ist häufig unverändert, gelegentlich aber auch nekrotisch. Der Fetus zeigt subkutane Ödeme, Aszites, Petechien in Ösophagus und Trachea und Leberdegeneration. Die Erreger können lichtmikroskopisch leicht in Ausstrichpräparaten (GIEMSA- oder STAMP-Färbung) als sogenannte Elementarkörperchen intra- oder extrazellulär nachgewiesen werden. Beim *epizootischen Abort* der Rinder in Kalifornien wird neben Chlamydien auch die ursächliche Beteiligung von durch Zecken übertragenen Spirochäten diskutiert.

Coxiella burnetii ruft Aborte meist nach dem ersten Drittel der Trächtigkeit hervor.

Das *bovine Herpesvirus Typ 1 (auch koitale Infektionen möglich,* s. S. 71) führt zu Aborten im 5. bis 6. Monat. Nekrotisierende Plazentitis und multiple herdförmige Nekrosen in der Leber, seltener auch in anderen Organen des Fetus sind häufig zu finden.

Das *Akabane-Virus* (Bunyavirus), in Japan, Australien und Israel vorkommend, führt zum Abort ausgangs der Trächtigkeit oder zu mißgebildeten Kälbern (Arthrogryposis-Hydranenzephalie-Syndrom, s. S. 364).

Bei *boviner Virusdiarrhoe* (s. S. 133) und *Bluetongue* (s. S. 137) kann es ebenfalls zu Aborten kommen. *Parainfluenza-3-Viren* und *Enteroviren* werden als weitere mögliche Abortursachen angesehen.

Trichomonas fetus ruft in 5–30% der Fälle Aborte (2. bis 4. Monat) hervor. Der Fetus stirbt meist frühzeitig ab und wird teilweise mazeriert. Typisch ist ein dünnflüssiges, weißlich-graues, geruchloses Exsudat, in dem sich Eiterflocken befinden. Pyometra und Retentio secundinarum oder katarrhalische Endometritis und Vaginitis sind häufig vorhanden (s. S. 299).

Sarcocystis cruzi kann zum Abort im zweiten Drittel der Trächtigkeit oder früher führen.

Neospora caninum ist vor allem in Kalifornien ein häufiger Aborterreger (Spätabort; s. S. 307). *Hammondia pardalis* kann ebenfalls Spätaborte auslösen

Pferd: *Salmonella abortus equi* ruft Aborte am Ende der Trächtigkeit hervor. Meist findet man eine hämorrhagisch-eitrige, teils diphtheroid-nekrotisierende Plazentitis. Allantochorion und Nabelstrang sind ödematisiert, von zahlreichen Nekrosen mit hämorrhagischen Höfen durchsetzt und von multiplen Petechien übersät. Die Fohlen werden nicht selten noch lebend geboren, sterben aber dann in den ersten Tagen an Septikämie. Klinische Erscheinungen (Enteritis, Polyarthritis, Tendovaginitis, Omphalophlebitis, Pneumonie) können aber auch erst ab der dritten Lebenswoche auftreten.

Actinobacillus equuli ruft seltener Aborte (Ende der Trächtigkeit), häufig aber septikämische Erkrankungen der Neugeborenen hervor (s. S. 264).

Hämolysierende Streptokokken sind eine nicht seltene Abortursache (Ende der Trächtigkeit). Die Plazenta kann unverändert sein oder eitrig-nekrotische Veränderungen aufweisen. Neonatale Infektionen mit nachfolgender Septikämie sind häufig, wenn eine Streptokokkeninfektion der Geschlechtsorgane der Stute vorliegt. *Brucella abortus, Corynebacterium pseudotuberculosis* (s. S. 61) und *Leptospiren* (s. S. 52) führen gelegentlich zu Aborten.

Mykotische Aborte kommen gelegentlich vor. Die Veränderungen sind ähnlich wie beim Rind.

Ehrlichia ristici s. S. 188.

Die *Virusarteriitis* (s. S. 38) führt bei trächtigen Stuten sehr häufig (bis 80%) zu Aborten (meist Spätaborte).

Das *equine Herpesvirus Typ 1 (Rhinopneumonitis,* s. S. 98) seltener auch *Typ 4* ist die häufigste infektiöse Abortursache (Virusabort der Stuten am Ende der Trächtigkeit oder Geburt lebensschwacher Fohlen). Uterus und Eihäute sind ohne besonderen Befund. Dagegen findet man in typischen Fällen beim abortierten Fohlen subkutane Ödeme, seröse Ergüsse in den Körperhöhlen, Pneumonie, follikuläre Milzhyperplasie, höckerige Leberoberfläche sowie miliare Nekrosen in Leber (Tafel XI. D) und etwas seltener auch in Lunge und Milz. Petechien und Ekchymosen treten besonders in der Schleimhaut der oberen Luftwege auf. Der histologische oder immunmorphologische Nachweis von intranukleären Einschlußkörperchen bzw. Virusantigen, besonders in Leber-, Tracheal-, Bronchial- und Alveolarepithelien sowie in Retikulumzellen von Thymus und Milz (besonders in den Hülsenzellen), sichert die Diagnose.

Auch das *equine Herpesvirus Typ 3* (s. S. 310) kann Aborte hervorrufen.

Neospora caninum kann bei Pferden Aborte verursachen.

Schwein: *Brucella suis* ruft Aborte meist zwischen 2. und 3. Monat der Trächtigkeit hervor. Häufiger kommt es aber zur Geburt toter oder lebensschwacher Ferkel. Charakteristisch sind multiple miliare grau- bis gelb-weiße Granulome in der Schleimhaut des Uterus und der Eileiter sowie im Allantochorion. Gelegentlich kann auch das Bild einer schleimig-zystösen Endometritis vorliegen. Nicht selten sind auch rötliche miliare Granulome in der Uterusserosa und in den *Ligamenta lata* vorhanden. Die Plazenta kann ansonsten ähnliche Veränderungen wie bei der Brucellose des Rindes aufweisen.

Campylobacter fetus ssp. intestinalis kann zu seuchenartigen Aborten (ausgangs der Trächtigkeit) führen.

Leptospiren verschiedener Serotypen (besonders *Pomona,* seltener *Canicola, Icterohaemorrhagiae* und *Tarasovi,* s. S. 52) rufen Aborte (zwei bis drei Wochen vor Ende der Trächtigkeit) hervor oder bedingen die Geburt lebensschwacher Ferkel. Die Veränderungen sind ähnlich wie bei der Leptospirose des Rindes.

Als SMEDI bezeichnet man ein Syndrom, das durch Totgeburten (Stillbirth), Mumifkation, embryonalen Fruchttod (Embryonic Death) und Sterilität (Infertility) gekennzeichnet ist. Während man früher als ursächliche Erreger nur bestimmte *Enteroviren* (Familie *Picornaviridae;* SMEDI A, B, C, D, E) ansah, weiß man heute, daß *porzine Parvoviren* eine wesentlich größere Rolle spielen (Abb. 9.13). Die Viren können offensichtlich zu ganz verschiedenen Zeiten zum Absterben einzelner oder aller Früchte führen. Sterben Embryonen vor dem 30. Tag der Trächtigkeit ab, dann können sie vollständig resorbiert werden. Betrifft der Fruchttod alle Embryonen, dann stellt sich nach einiger Zeit wieder der normale Geschlechtszyklus ein. Wenn nur einzelne Embryonen absterben, dann gibt es kleine Würfe, wobei aber die ursprüngliche Embryonenzahl ungefähr anhand der überzähligen Corpora lutea ermittelt werden kann. Sterben die Früchte später ab, dann kommt es zu Mumifikation und/oder zu Totgeburten. Dabei können alle Früchte absterben oder nur ein Teil. Die unterschiedliche Größe der mumifizierten und noch nicht mumifizierten Feten beweist, daß der Fruchttod zu ganz verschiedenen Zeiten der Trächtigkeit eintreten kann. Lebensschwache Ferkel und solche mit Mißbildungen

Abb. 9.13 SMEDI-Syndrom (Parvovirusinfektion) des Schweines; Feten zu unterschiedlichen Zeiten abgestorben, vier davon weitgehend mumifiziert.

(Atresia ani, Palatoschisis, „Büffel"-artige Ferkel) werden beim SMEDI-Syndrom ebenfalls beobachtet. Die Mutterschweine zeigen in der Regel keine Veränderungen. Eventuell auftretende Plazentaläsionen sind in der Regel sekundärer Natur und eine Folge der Mumifikation.

Weitgehend ähnliche Verhältnisse liegen bei intrauterinen Infektionen mit dem Virus der *Schweinepest* (s. S. 184) vor, das zu allen Zeiten der Trächtigkeit zum Fruchttod führen kann. Mißbildungen (Mikrophthalmie, Kleinhirnhypoplasie, mangelhafte Myelinisierung u. a.) sind relativ häufig (s. S. 365). Auch bei der *Enzephalomyokarditis* (Genus Cardiovirus der Familie *Picornaviridae*, s. S. 390) kann es zum SMEDI-Syndrom kommen. PRRS s. S. 99

Aborte, Totgeburten und lebensschwache Ferkel werden auch als Folge *anderer Viruskrankheiten* (MKS, Influenza, vesikuläres Exanthem, AUJESZKY u.a.) und von Chlamydieninfektionen beobachtet.

Sarcocystis miescheriana kann Aborte, meist im zweiten Drittel der Trächtigkeit, verursachen.

Schaf und **Ziege:** *Brucella ovis* (s. S. 282) ruft nur bei Schafen im Ausgang der Trächtigkeit Aborte oder Totgeburten hervor. Die Veränderungen sind ähnlich wie beim Rind (s. S. 306). *Brucella melitensis* kommt vor allem bei der Ziege, seltener bei Schaf und Rind vor. Aborte am Ende der Trächtigkeit und Totgeburten sind häufig. Die Plazentaveränderungen gleichen denen bei der Brucellose des Rindes. Die Muttertiere zeigen häufig Fieber, Gewichtsverlust, Durchfall, Mastitis und Lahmheit, latente Infektionen sind aber nicht selten.

Salmonella abortus ovis und *S. dublin* rufen Aborte in den letzten sechs Wochen der Trächtigkeit hervor oder führen zur Geburt lebensschwacher Lämmer. Die Veränderungen sind ähnlich wie beim Salmonellenabort der Stute. Nicht selten entwickeln die Muttertiere nach dem Abort eine eitrig-nekrotisierende Metritis.

Listeria monocytogenes (s. S. 404) ist gleichfalls eine häufige Abortursache (ab 3. Monat der Trächtigkeit). Die Veränderungen sind ähnlich wie bei Listerienabort des Rindes (s. S. 306).

Campylobacter fetus ssp. intestinalis ruft enzootische Aborte meist in den letzten beiden Monaten der Trächtigkeit hervor. Die Veränderungen sind ähnlich wie beim Rind (s. S. 306).

Yersinia pseudotuberculosis ruft Aborte im Ausgang der Trächtigkeit und Totgeburten hervor (s. S. 184).

Mykotische Aborte, s. Rind, S. 306.

Chlamydia psittaci ist eine der häufigsten Ursachen für Aborte (letzte zwei bis drei Wochen der Trächtigkeit) und Geburt lebensschwacher Lämmer. Die Plazenta ist entweder nicht verändert oder herdförmig bis diffus diphtheroid-nekrotisch entzündet (Tafel XVIII. C; Abb. 9.12 B). Der Fetus zeigt häufig subkutane Ödeme, wäßrige Ergüsse in den Körperhöhlen und multiple Petechien. Die typischen Elementarkörperchen können leicht mikroskopisch (GIEMSA- oder STAMP-Färbung) in Chorionepithelien oder extrazellulär nachgewiesen werden. Ist die Plazenta der Untersuchung nicht mehr zugänglich, dann kann der mikroskopische Erregernachweis mit gutem Erfolg auch anhand von Ausstrichpräparaten aus dem Nabelstumpf geführt werden.

Coxiella burnetii (Q-Fieber) kann Aborte zu Ausgang der Trächtigkeit hervorrufen (Epizootie in Zypern 1974/75).

Bei der *Border Disease* der Schafe (s. S. 395, 488) kommt es zu Aborten im Ausgang der Trächtigkeit oder zur Geburt lebensschwacher Lämmer mit abnorm starkem Haarkleid und zentralnervösen Symptomen beziehungsweise Veränderungen.

Wesselsbron Disease, s. S. 219, 364, *Rifttalfieber*, s. S. 219, *Bluetongue* s. S. 137.

Das *Akabane-Virus* führt zum Abort ausgangs der Trächtigkeit und zu Mißbildungen wie beim Kalb (s. S. 306).

Toxoplasma gondii ist bei Schafen in Neuseeland die häufigste Abortursache, kommt aber auch in anderen Ländern nicht selten vor. Das Verwerfen erfolgt im Ausgang der Trächtigkeit, beziehungsweise kommt es zu Totgeburten. Die Kotyledonen sind hell- bis dunkelrot, die Zotten ödematös aufgequollen und von zahlreichen 1 bis 3 mm im Durchmesser großen nekrotischen Herden durchsetzt, die auch dystrophisch verkalkt sein können. In den Trophoblasten sind die Toxoplasmen frei oder in Zysten leicht und in großen Mengen nachweisbar. Die abortierten Lämmer sind meist ohne Befund, nur gelegentlich können histologisch die Erreger in Herz, Lunge oder Gehirn nachgewiesen werden. Da man bei den Muttertieren häufig enzystierte Toxoplasmen reaktionslos im Endometrium liegend finden kann, nimmt man an, daß die Plazenta zu dem Zeitpunkt infiziert wird, in dem die in das Endometrium eindringenden Trophoblasten die Toxoplasmenzysten zerstören und so infektionstüchtig machen.

Sarkosporidien und *Neospora caninum* können Aborte, meist im Ausgang der Trächtigkeit, verursachen.

Hund: *Brucella canis* kann in Hundekolonien enzootische Aborte (Mitte bis Ausgang der Trächtigkeit) hervorrufen. *Borrelia burgdorferi* rufte ebenfalls Aborte hervor.

Das *kanine Herpesvirus 1* kann Aborte im Ausgang der Trächtigkeit verursachen. Beim Fetus findet man dann miliare Nekrosen beziehungsweise Granulome und Blutungen besonders in Leber, Milz, Lunge, Nieren und Gehirn und intranukleäre Einschlußkörperchen (besonders in Leberzellen), seltener auch eine Kleinhirnhypoplasie. Häufiger sind *neonatale Infektionen* auf aerogenem Wege (interstitielle Pneumonie, s. S. 100) oder während der Passage der Geburtswege, wenn die Hündin an einer durch das kanine Herpesvirus verursachten *vesikulären Vulvovaginitis* erkrankt ist. Der Tod der Welpen tritt dann in der Regel in der ersten bis zweiten Lebenswoche ein (Veränderungen wie oben beschrieben).

Das *kanine Parvovirus 1 (Canine Minute Virus)* ruft Spätaborte hervor.

Neospora caninum ruft Spätaborte hervor.

Katze: Aborte, Totgeburten oder lebensschwache Welpen werden bei Infektionen mit *FeLV, FIV* (s. S. 67f.), *felinem Herpesvirus* und mit dem Virus der *felinen infektiösen Peritonitis* beobachtet.

9.3.5 Scheide und Scham

Die Scheide entsteht aus Teilen des MÜLLERschen Ganges und kaudalen Abschnitten des Sinus urogenitalis und wird durch ein mehr oder minder deutliches *Hymen* in die eigentliche Scheide und den Scheidenvorhof (*Vestibulum vaginae*) geteilt. Ihre kutane Schleimhaut ist nur im Bereich des Vorhofes drüsenhaltig. Unter der Schleimhaut des Vorhofes oder im Constrictor vestibuli bzw. zwischen beiden (Rind) liegen lateral und dorsolateral die BARTHOLINIschen Drüsen *(Glandulae vestibulares majores;* aus den kranialen Abschnitten des Sinus urogenitalis entstanden), die kaudal der Urethraöffnung münden. Unmittelbar ventral von dieser liegt das *Diverticulum suburethrale* (groß beim Rind, kleiner bei Schaf, Ziege und Schwein). Beidseits vom Ostium urethrale befinden sich unter der Schleimhaut die GARTNERschen Gänge *(Ductus epoophori longitudinales;* Reste des WOLFFschen Ganges), die besonders deutlich bei Rind und Schwein ausgebildet sind. Die *Muskelwand* der Scheide besteht aus einer inneren Kreis- und einer äußeren Längsschicht glatter Muskelfasern. Im Bereich des Vorhofes wird die äußere Schicht von quergestreiften Muskelfasern gebildet, die mit den Aftermuskeln in Verbindung stehen. Auf die Muskelhaut folgen die gefäß- und nervenreiche Adventitia und schließlich die Serosa.

Die *Klitoris* liegt im ventralen Schamwinkel. Das Integument der Vulva besteht aus äußerer Haut, die allmählich in die kutane Schleimhaut der Scham bzw. des Scheidenvorhofes übergeht.

9.3.5.1 Mißbildungen

Die **Hypoplasie** der Vagina kommt häufig bei Zwicken, bei Rindern mit Eierstockshypoplasie und bei Zwittern vor (s. S. 279f.).

Die kongenitale **Atresie** der Vagina im Bereich des Hymens wurde beim Hund, die im Bereich des Scheidenvorhofes und der Scham bei Ferkeln beschrieben.

Überreste der Scheidenwand der MÜLLERschen Gänge können als derbe, von kutaner Schleimhaut bedeckte bindegewebige Spangen (sog. *Fleischspangen)* die Scheidenhöhle durchziehen.

Hyperplasie und **Persistenz** des Hymens kommen gelegentlich bei Rind, Schwein und Pferd vor.

Die **rektovaginale Konstriktion** kommt als autosomal-rezessives Erbleiden bei ***Jerseyrindern*** vor und führt durch die Stenose des Vulvovestibularbereiches zu Schwergeburten. Häufig tritt auch ein Euterödem auf (s. S. 312).

9.3.5.2 Lageveränderungen

Einstülpung und **Vorfall** der Scheide *(Inversio et prolapsus vaginae)* treten häufig beim Rind während der Trächtigkeit sowie vor und nach der Geburt auf. Die durch den zu dieser Zeit vorhandenen Hyperöstrogenismus bedingte Auflockerung des Bindegewebes begünstigt die

Entstehung dieser Lageveränderungen. Bei noch nicht geschlechtsreifen Schweinen, denen verschimmeltes Getreide gefüttert wird, kommt es zur Ödematisierung und Hyperämie der Scheidenschleimhaut (Vulvovaginitis) sowie häufig auch zum Prolapsus vaginae. Mastdarmvorfälle können gleichzeitig mit auftreten. Ursächlich kommen Mykotoxine (Zearalenone s. S. 255) von *Fusarium roseum (graminearum),* das eine östrogenartige Wirkung besitzt, in Betracht. *Phytöstrogene* rufen bei weiblichen Schafen gleichartige Veränderungen hervor (s. S. 298).

Bleibt der Scheidenvorfall längere Zeit bestehen, so entwickeln sich Stauungen, Entzündungen und Nekrosen. Der *postmortale Vorfall* infolge gasiger Auftreibung der Baucheingeweide zeigt meist keine ausgeprägte Stauungshyperämie.

9.3.5.3 Zusammenhangstrennungen

Sie entstehen in erster Linie bei gestörter Geburt (Hinterendlage beim Rind), gelegentlich auch bei der Begattung (Hund) und infolge sodomistischer oder sadistischer Handlungen. Die Verletzungen betreffen entweder nur die Schleimhaut oder auch die ganze Wand der Scheide. Die Risse, Perforationen oder Quetschungen sind dabei hämorrhagisch infiltriert, die Scheidenhöhle oder das perivaginale Gewebe (Hämatombildung) können mit Blut gefüllt sein. *Fettgewebe* aus dem Becken kann durch eine perforierende Verletzung in die Scheide vorfallen, wo es dann bindegewebig organisiert wird und eine Geschwulst (Lipom) vortäuschen kann. Durch Infektion der Wunden kommt es unter Umständen zur Ausbildung von Phlegmonen, Abszessen, Gangränen, zum Gasbrand oder zur Bauchfellentzündung. Wenn tiefere Schichten der Vagina verletzt werden, stellen sich meist nach erfolgter Ausheilung narbige Strikturen ein.

9.3.5.4 Zysten

Zysten der GARTNERschen Gänge (s. S. 309) findet man vor allem bei Rindern mit Follikelzysten, Scheidenentzündungen und bei Vergiftungen mit hochchlorierten Naphthalinen (s. S. 492). Die Zysten können einen Durchmesser bis zu 2 cm erreichen und liegen einzeln oder in zwei parallelen Reihen angeordnet zwischen Uterusmund und Harnröhrenmündung.

Zysten der BARTHOLINIschen Drüsen (s. S. 309) kommen bei den gleichen Leiden, vor allem aber im Anschluß an Entzündungen der Scheidenschleimhaut, vor. Bei der Kuh erreichen sie die Größe einer Faust und sind mit einer wäßrigen oder schleimigen Flüssigkeit gefüllt. Sie entstehen meist durch entzündliche Verlegung bzw. Striktur der Drüsenausführungsgänge. Bakterielle Infektionen sind relativ häufig (Zysten mit Eiter gefüllt). Hyperplasie und metaplastische Verhornung des Drüsenepithels entstehen nach Östrogengaben (s. S. 286).

9.3.5.5 Entzündungen

Die Entzündungen der Scheidenschleimhaut sind entweder katarrhalischer, eitriger, pustulöser, ulzeröser oder diphtheroid-nekrotisierender Natur. Die chronische Vaginitis und Vulvitis sind durch Hyperplasie der submukösen Lymphfollikel gekennzeichnet, wodurch die Schleimhautoberfläche eine reibeisenartige Beschaffenheit annimmt. Ähnlich wie bei der Balanoposthitis (s. S. 290) kommen auch in der Entstehung der Vulvovaginitis in erster Linie infektiöse Prozesse in Betracht.

Beim ***Rind*** spielt vor allem der **Bläschenausschlag** (infektiöse pustulöse Vulvovaginitis, Exanthema coitale vesiculosum bzw. pustulosum), verursacht durch das bovine Herpesvirus Typ 1 (s. S. 71) eine Rolle. Der Prozeß beginnt mit einer starken Rötung und Schwellung der Schleimhaut, in der sich nach zwei bis drei Tagen p. i. miliare Bläschen entwickeln, die schnell zu Pusteln werden und konfluieren, wodurch oberflächliche Geschwüre entstehen. Diese heilen nach 8 bis 10 Tagen ohne Narbenbildung ab; zurück bleiben hyperplastische Lymphfollikel, die als rötliche Knötchen in der Schleimhaut imponieren. Intranukleäre *Einschlußkörperchen* in den Schleimhautepithelien kann man vom 2. bis 4. Tag p. i. finden. Bei trächtigen Tieren kommt es auch zu Aborten (s. S. 306).

Der **Bläschenausschlag** des **Pferdes** (koitales Exanthem) wird durch das equine Herpesvirus Typ 3, gelegentlich auch Typ 1 verursacht. Nach Abheilung bleiben im Bereich der Schamlippen häufig pigmentlose Flecken zurück (s. S. 290, 307).

Als **ansteckender Scheidenkatarrh** (Knötchenausschlag, Vulvovaginitis granulosa s. follicularis, Granular Venereal Disease) wird beim ***Rind*** eine Krankheit beschrieben, die durch multiple miliare Knötchen in Scham- und Vorhofschleimhaut (sog. Reibeisenvagina, bedingt durch Hyperplasie der submukösen Lymphfollikel) gekennzeichnet ist. Da es bisher nicht gelungen ist, einen spezifischen Erreger nachzuweisen, ist man der Ansicht, daß der Knötchenausschlag keine eigene Krankheit, sondern lediglich die chronische Form der katarrhalischen oder eitrigen Vulvovaginitis darstellt. Der sogenannte Knötchenausschlag kann somit auch die chronische Verlaufsform des Bläschenausschlages sein.

Eine wahrscheinlich durch ein Virus (Herpes?) verursachte **infektiöse eitrige Zervikovaginitis** wurde bei ***Rindern*** in Afrika beschrieben. Durch Übergreifen der Entzündung auf Uterus und Eileiter kommt es etwa bei einem Viertel der erkrankten Tiere zur Sterilität (Eileiterverwachsungen, Hydrosalpinx). Der gleiche Erreger ruft beim männlichen Tier eine eitrige Nebenhodenentzündung hervor.

Blutungen und Ulzera können in der Scheide sowohl bei *Rinderpest, BKF* als auch *BVD-MD* vorkommen (s. S. 133ff.). Ulzerative Dermatosis, s. S. 534.

Bei der **Beschälseuche der Pferde** (Dourine; *Trypanosoma equiperdum)* sitzt der Primäraffekt in Vulva und Vagina. Zunächst kommt es zu einer starken entzündlichen Schwellung der Vulva- und der Vaginalschleimhaut. Später können auch oberflächliche, seltener tiefergreifende Geschwüre entstehen. Erstere heilen spurlos oder unter Hinterlassung von typischen pigmentlosen Flecken *(Krötenflecken)* ab. Diese können sich aber auch ohne vorhergehende Geschwürsbildung entwickeln und sind charakteristisch für die Beschälseuche. Sie sind als eine *trophoneurotische Pigmentatrophie,* bedingt durch das Übergreifen der entzündlichen Prozesse auf die entsprechenden Nervenfasern der Schleimhaut und Haut, zu erklären. Tiefergreifende Ulzera heilen langsamer ab und führen häufig zu strahlig geschrumpften Narben oder polypösen Wucherungen (s. S. 290, 494).

Die **nekrobazilläre Vulvovaginitis** kommt beim Rind meist im Zusammenhang mit der nekrobazillären Metritis vor (s. S. 302). Tiefergreifende herdförmige oder auch konfluierende Nekrosen von trockener und mürber Beschaffenheit, die vor allem in der Vagina auftreten, kennzeichnen das Bild.

Beim **Rauschbrand** und **Pararauschbrand** (Geburtsrauschbrand, malignes Ödem) der Wiederkäuer sind Vulva und Scheide meist hochgradig ödematös geschwollen und unter Umständen auch gasig durchsetzt (s. S. 522).

Die **Tuberkulose** betrifft beim Rind entweder die GARTNERschen Gänge, die Vaginalschleimhaut oder die Vulva.

Bei *ersterer* findet man perlschnurartig aufgereihte, zentral verkäste, oberflächlich häufig geschwürig veränderte Knoten und Stränge. Die Infektion erfolgt meist aufsteigend von der Mündung der Gänge her. Fast immer liegt gleichzeitig auch eine Uterustuberkulose vor, während die hämatogene Infektion selten ist.

Bei der selteneren *Tuberkulose der Scheidenschleimhaut* treten einzelne oder multiple flache oder aufgeworfene, teilweise konfluierende Geschwüre auf. Sie entsteht meist deszendierend nach einer Uterustuberkulose, selten handelt es sich hier um einen Primärinfekt (Deckinfektion, Penistuberkulose).

Die *Vulvatuberkulose* ist durch erbsen- bis pflaumengroße, teils geschwürig aufbrechende Knoten, die vor allem am Übergang von Haut und Schleimhaut auftreten, gekennzeichnet. Die regionären Lymphknoten sind fast immer mit erkrankt. Meist handelt es sich hierbei um eine Primärinfektion (Deckakt, s. S. 292).

9.3.5.6 Tumoren

Fibrome und **Leiomyome** kommen sehr häufig in der Vagina älterer Hunde vor. Sie treten entweder einzeln oder multipel auf, sind von weißlich-gelber Farbe, von derber Konsistenz und können die Größe einer Faust erreichen. Sie bilden keine Metastasen. Wahrscheinlich wird ihre Entstehung durch Östrogene gefördert, da sie besonders häufig bei Hunden mit Ovarialzysten, östrogenproduzierenden Eierstockstumoren und zystischer Hyperplasie des Endometriums gefunden werden.

Von den Fibromen ist das chronische Ödem mit Fibrose, das besonders bei der Hündin häufig ist, abzugrenzen. Der **übertragbare venerische Tumor** (STICKER-Sarkom) kommt auch bei der Hündin vor (s. S. 292).

Fibropapillome findet man häufig in der Vulva jüngerer Rinder. Die warzenartigen Tumoren haben die gleiche Ätiologie wie die Fibropapillome der Haut und des Penis (s. S. 538).

Talgdrüsenadenome werden gelegentlich in der Vulva von Hunden, **Plattenepithelkarzinome** bei Kühen und Stuten gesehen. Für die Entstehung letzterer spielen chronische Entzündungen und Sonnenlichteinwirkung (Afrika) eine Rolle. **Melanome** (s. S. 541).

Die lymphatische Form der **Leukose** tritt gelegentlich in Form von multiplen Knoten oder einer diffusen Verdickung auf.

Eine tumorähnliche **Hyperplasie** der Vaginalschleimhaut mit Ausbildung von dicken Falten oder Knoten findet man nicht selten bei der Hündin. Fettgewebsprolaps s. S. 310.

9.3.6 Milchdrüse

Die Milchdrüse ist eine zusammengesetzte, modifizierte, *apokrine Hautdrüse.* Die Drüsen sind von tubulo-alveolärer Struktur und besitzen je nach Sekretionsleistung ein kubisches oder abgeflachtes Epithel, das von *Korbzellen (Myoepithelien)* umsponnen wird. Die Drüsenalveolen stehen durch *sinusartige Erweiterungen,* die durch glatte Muskelfasern abgeschnürt werden können, miteinander in Verbindung. Dadurch kann das Milchsekret in der Drüse selbst gespeichert werden. Die *Milchsammelgänge (Ductus lactiferi)* führen zur *Milchzisterne* (nur bei den Wiederkäuern voll ausgebildet), die aus einem Drüsen- und einem Zitzenteil besteht. Diese sind von einem zweischichtigen Zylinderepithel ausgekleidet und besitzen zahlreiche Buchten und Nischen, wodurch das schwammartige Aussehen dieses Drüsenbezirkes zustande kommt. Die Schleimhaut des Zitzenteiles der Zisterne bzw. der großen Milchgänge geht innerhalb der Zitzen in das mehrschichtige Plattenepithel des *Zitzenkanals* über. Beim Rind findet man einen ausgeprägten Schließmuskel (M. sphincter papillae).

Die **juvenile Milchdrüse** besteht größtenteils aus Binde- und Fettgewebe, die als Platzhalter für das eigentliche Drüsengewebe dienen. In der **Geschlechtsreife** kommt es unter dem Einfluß des ovariellen Östrogens und Progesterons zum weiteren Wachstum und Ausbau des Drüsenparenchyms. Mit Beginn der Trächtigkeit wird die Milchdrüse zum laktationsfähigen Organ. Plazentares Progesteron und Östrogen sowie Prolaktin (LTH) und Somatotropin (STH) des Hypophysenvorderlappens sind dafür verantwortlich. Die Milch wird bereits während der Gravidität gebildet *(Kolostrum),* jedoch nur in beschränktem Maße. Durch Wegfall der Hemmwirkung des plazentaren Progesterons nach der Geburt und vor allem durch den Saug- und Melkreiz wird die Ausschüttung des Prolaktins des Hypophysenvorderlappens besonders gefördert, es kommt zum Einschießen der Milch und zur eigentlichen *Laktation.* Wirkstoffe der Schilddrüse und der Nebennieren spielen dabei ebenfalls eine wichtige Rolle. Der Saug- bzw. Melkreiz setzt das Oxytocin, das in den Kernen des Hypothalamus gebildet wird, frei. Dieses wird über den Hypophysenhinterlappen in das Blut abgegeben und bewirkt die Kontraktion der Myoepithelien und damit die Sekretabstoßung durch die Drüsenepithelien. Nach A*bsetzen* der Jungen bzw. mit Aufhören des Melkens *(Trockenstellen)* kommt die Sekretion zum Versiegen und wird erst wieder durch eine neue Trächtigkeit angeregt.

9.3.6.1 Mißbildungen

Die **Aplasie** des gesamten Euters oder einzelner Komplexe mit oder ohne Zitzen ist selten.

Die **Hypoplasie** einzelner Komplexe (Etagen- oder Stufeneuter) ist dagegen, vor allem beim Rind, häufiger anzutreffen. Unter den **Zitzenanomalien** spielt besonders beim Wiederkäuer die ***Mehrzitzigkeit = Hyper-*** oder ***Polythelie*** (After- oder Abortzitzen, Bei- oder Nebenzitzen) eine große Rolle, da sie in der Regel erblich ist und beim Rind den Einsatz von Melkmaschinen stark behindern kann. Die zusätzlich ausgebildeten Zitzen stellen entweder nur blind endende Hautgebilde dar oder sind einem eigenen Drüsenparenchym *(Polymastie)* nachgeschaltet. Die Nebenzitzen können auch mit den Hauptzitzen verschmolzen sein und eine *als „Astloch"* bezeichnete eigene Öffnung besitzen (sog. Pseudomilchfistel). ***Anomalien der Zitzenkuppen*** (rund, halbrund, teller-, trichter- und taschenförmig) sind beim Rind nicht selten und begünstigen die Entstehung von Euterentzündungen.

Beim sogenannten **Pigmentspeck** *(Melanosis uberis)* des Schweines wird das Fett- und Bindegewebe der Mamma durch melaninhaltige Zellen schiefergrau gefärbt. Es handelt sich dabei um ein angeborenes heterotopes Auftreten von Pigmentzellen.

9.3.6.2 Erworbene Formveränderungen

In der Zitzenschleimhaut des Rindes kommt es sehr häufig im Gefolge entzündlicher Prozesse zu narbigen **Strikturen, polypösen Wucherungen** und **metaplastischen Verhornungen** der Schleimhaut **(Leukoplakie)**. Sie sind von großer praktischer Bedeutung, da sie den Melkvorgang sehr erschweren.

Retentionszysten in den Milchgängen findet man vor allem beim Hund, seltener bei anderen Tieren, meist im Zusammenhang mit Entzündungen.

Obliterationen der Zisterne und der milchausführenden Gänge sind ebenfalls in der Regel Folgen chronischer Entzündungen.

Gynäkomastie, das ist die Hypertrophie der Milchdrüse beim männlichen Tier, kommt im Gefolge endokriner Störungen (SERTOLI-Zelltumor, Hodenhypoplasie, Kryptorchismus u. a.) vor (s. S. 284).

9.3.6.3 Kreislaufstörungen

Die **aktive Hyperämie** des Euters ist physiologisch kurz vor und nach der Geburt. Sie kommt auch während der Laktation vor, wenn die Tiere nicht ausgemolken werden.

Ein **physiologisches Euterödem** tritt, vor allem beim Rind, ebenfalls um die Geburt auf und kann sich auf die Haut der ventralen Bauchseite und der Scham erstrecken. Es verschwindet im allgemeinen bei der Kuh innerhalb von 8 bis 12 Tagen post partum. Das Ödem ist als *pathologisch* zu betrachten, wenn die Schwellung solche Ausmaße annimmt, daß die Euterhaut straff gespannt wird, die Zitzen fast den Boden erreichen und die Kühe nur noch mit gespreizten Hinterextremitäten stehen können. Die Haut kann dabei, vor allem am Zitzenansatz, einreißen, wodurch eitrig-jauchige Entzündungen entstehen können. Bleiben die Schwellungen längere Zeit bestehen, dann entwickelt sich ein *chronisches Euterödem mit Sklerose* der Subkutis und des interstitiellen Gewebes, wodurch es zur Verhärtung des Euters und zur Hartmelkigkeit kommt.

Ursächlich kommen bei den mit der Geburt zusammenhängenden Euterödemen in erster Linie hormonelle Störungen (Hyperöstrogenismus) in Betracht, wodurch das Bindegewebe quillt und mehr Wasser binden kann. Offensichtlich sind bei diesen Zuständen auch die Kapillarpermeabilität erhöht und der Lymphabfluß gestört. Das Euterödem bei der *rektovaginalen Konstriktion* der Jersey-Kuh wird wahrscheinlich durch Behinderung des venösen Abflusses verursacht (s. S. 309).

Nichtentzündliche (kalte) Euterödeme treten weiterhin bei zentralen und peripheren Kreislaufstörungen (Thrombose der Eutervenen; Festliegen) und bei hypoproteinämischen Zuständen auf. Bezüglich der entzündlichen (heißen) Ödeme s. S. 313.

Diapedesisblutungen kommen bei frischmelkenden Tieren nicht selten vor und verleihen der Milch einen leicht rötlichen Farbton *(Blutmelken).* **Rhexisblutungen** findet man im Anschluß an Traumen, wobei das Eutergewebe entweder diffus oder umschrieben (Hämatome) von Blut durchtränkt wird. *Hämatome* werden abgekapselt oder bei mehr oberflächlicher Lage als Sequester abgestoßen.

Embolie und **Thrombose** der Blut- und Lymphgefäße mit nachfolgender Infarzierung und *Sequesterbildung* kommen vor allem bei der akuten bösartigen Mastitis vor (s. S. 314).

9.3.6.4 Zusammenhangstrennungen

Traumatisch bedingte Verletzungen betreffen vor allem die Euterhaut und die Zitzen. An den Zitzen kommen Schälwunden, nicht penetrierende oder penetrierende Wunden, totale und partielle Abrisse oder Abquetschungen sowie vollständige Gewebszertrümmerungen vor. Im Gefolge dieser Verletzungen kann es zu Infektionen und Entzündungen, zu vollständigen und unvollständigen Ausheilungen (Milchfistelbildung) oder zur Nekrose größerer Euterabschnitte kommen.

Zitzennekrosen infolge Scheuern auf harten, rauhen Böden (Beton!) treten beim Ferkel schon ab der dritten Stunde nach der Geburt auf. Betroffen sind stets die kranial des Nabels liegenden Zitzen. Durch den Zitzenverlust können die weiblichen Tiere nicht mehr zur Zucht verwendet werden (s. S. 498).

9.3.6.5 Entzündungen

Entzündungen des Euters spielen beim Haustier, vor allem beim Rind, eine sehr große Rolle. Als Erreger kommen in erster Linie Bakterien und Mykoplasmen in Betracht. Die Erreger gelangen in das Euter entweder über Strichkanal, Zisterne und Milchgänge *(galaktogene Infektion),* über Wunden der Haut und Zitzen *(Wundinfektion,* lymphogene Infektion) oder über den Blutstrom *(hämatogene Infektion).* Der galaktogenen Infektion kommt die größte Bedeutung zu.

Die Milchdrüse wird besonders durch **Resistenzmechanismen** vor Infektionen geschützt. Das Eindringen von Mikroorganismen über den Strichkanal wird durch den Schließmuskel und das Strichkanalkeratin (vor allem bei Wiederkäuern) ver- bzw. behindert. Das Strichkanalkeratin besitzt aufgrund seines Lipid- und Proteingehaltes auch bakteriostatische und bakterizide Wirkung. Den neutrophilen Granulozyten (beim Rind bis zu 90% der somatischen Zellen) kommt die größte Bedeutung in der Infektionsabwehr zu, während Makrophagen eine weniger bedeutsame Rolle spielen. Die Phagozytose – und Bakterizidieaktivität der neutrophilen Granulozyten ist in der Milch aber geringer als im Blut. Dies wird u. a. darauf zurückgeführt, daß weniger Interleukin-1 gebildet wird, daß auch Bestandteile der Milch, wie Casein-ähnliche Mizellen und Zellreste phagozytiert werden und der Gehalt an Komplement und opsonierenden Antikörpern geringer ist. Weitere unspezifische Abwehrfaktoren sind besonders das Laktoferrin und das Lysozym. Weniger effektiv ist die **spezifische Infektionsabwehr** durch Antikörper (beim Rind IgG_1 und IgG_2 aus dem Blut, IgA und IgM lokal produziert), da diese in der Milch nur in niedrigen Konzentrationen (geringer Transfer aus dem Blut, „Verdünnungseffekt" bei hoher Laktationsleistung) vorkommen. Aus diesen Gründen ist eine aktive Immunisierung gegen die wichtigsten Mastitiserreger nach wie vor problematisch.

Als *prädisponierende Faktoren* sind schlechte Haltungs- und Ernährungsbedingungen, Anomalien des Euters, der Zitzen und des Strichkanals, Milchstauungen, ungenügendes Ausmelken, fehlerhaftes Melken, nicht optimaler maschineller Milchentzug sowie Allgemeinerkrankungen in Betracht zu ziehen.

Je nachdem, ob das Drüsenparenchym oder die Milchsammelgänge erkrankt sind, spricht man von einer *Mastitis* oder einer *Galaktophoritis.* Häufig treten jedoch beide Formen gemeinsam auf beziehungsweise bedingt die eine meist auch die Entstehung der anderen.

Die **Einteilung** der Euterentzündungen nach ihrer Ätiologie wird viel geübt, erfordert aber stets den Erregernachweis, da gleiche oder ähnliche Veränderungen von verschiedenen Erregern hervorgerufen werden können. Vom klinischen und pathologisch-anatomischen Standpunkt ist daher die Einteilung von RENK, die den Krankheitsverlauf, die Sekretbeschaffenheit und die Art der vorherrschenden Entzündungsmerkmale berücksichtigt, vorzuziehen. Selbstverständlich bedarf diese Einteilung einer Untergruppierung nach ätiologischen und tierartlichen Gesichtspunkten.

Nach RENK kann man folgende entzündliche Veränderungen des Euters unterscheiden.

1. Akute katarrhalisch-eitrige Galaktophoritis und Mastitis
2. Chronische katarrhalische Galaktophoritis und Mastitis
3. Akute bösartige Mastitis
4. Chronische eitrig-abszedierende Mastitis
5. Interstitielle nichteitrige Mastitis
6. Granulomatöse Mastitis

9.3.6.5.1 Akute und chronische katarrhalisch-eitrige Galaktophoritis und Mastitis

Diese Formen der Euterentzündung kommen besonders beim **Rind** vor und werden in erster Linie durch α-*Streptokokken* (Streptokokkenmastitis, hauptsächlich *Str. agalactiae* und *Str. uberis,* seltener *Str. dysgalactiae;* Gelber Galt = galtgehen, schweizerisch = keine Milch gebend) und *Staphylococcus aureus* verursacht. Andere Streptokokken, *A. pyogenes, Mykoplasmen (M. bovis* = enzootische Mastitis), sowie Pilze *(Candida-* und *Saccharomyces-Arten)* sind von geringerer Bedeutung. Die Infektion erfolgt galaktogen.

Bei der ***akuten Form*** sind die erkrankten Mammarkomplexe leicht vergrößert, das Sekret ist dünn-wäßrig und mit Flocken geronnener Milch durchsetzt oder mehr rötlich-eitrig verfärbt. Die Zisternenschleimhaut ist verdickt, die Drüsenalveolen quellen auf der Schnittfläche leicht vor und sind zum Teil, wie auch die Milchgänge, mit gelblich-eitrigen Massen gefüllt (Tafel XVII. A).

Bei der ***chronischen Form*** treten die entzündlichen Veränderungen in den Milchgängen und in der Milchzisterne in den Vordergrund. Unter der Schleimhaut dieser Bezirke sieht man bis zu erbsengroße, polypöse, knotige oder fungöse Wucherungen, die auch die Form von Warzen, Falten oder Spangen annehmen können. Das inter- und intralobuläre Bindegewebe wird vermehrt, wodurch es schließlich zur *Induration* des erkrankten Mammarkomplexes kommt. In den proximalen Drüsenabschnitten bleiben meist noch laktierende Bezirke erhalten, häufig kommt es infolge von Sekretstauungen zur Zystenbildung und zur Ausweitung der mit gelblich-grünem Eiter gefüllten Milchgänge. Endzustand ist dann die *Atrophie des* erkrankten Mammarkomplexes mit weitgehendem Verlust des Drüsengewebes. Durch starke Vermehrung des Bindegewebes und Hypertrophie der noch erhalten gebliebenen Drüsenläppchen kann es aber auch zur erheblichen *Umfangsvermehrung* der betroffenen Abschnitte kommen.

Histologisch dominieren zu Beginn der Erkrankung die mehr exsudativ-eitrigen Prozesse im Drüsenparenchym, wobei in erster Linie neutrophile Granulozyten (Eiter) in den Lumina der Alveolen und Milchgänge, zum Teil durch deren Epithel hindurchtretend, und im Interstitium gefunden werden. Bei chronischem Verlauf stehen mononukleäre Infiltrate und polypöse Wucherungen der Gangschleimhaut im Vordergrund.

Die beim Rind durch *Mycoplasma bovis,* gelegentlich auch durch andere Mykoplasmen und pathogene Stämme von *Acheloplasma laidlawii* verursachte eitrige, teils abszedierende Mastitis betrifft meist alle Euterviertel. Häufig erkranken mehrere Tiere einer Herde. Die Mykoplasmenmastitis ist ausgesprochen therapieresistent und neigt zum chronischen Verlauf.

Die **subklinische Mastitis** des Rindes (Zellgehalt/Grenzwert 100 000/ml), die weit verbreitet ist und zu hohen wirtschaftlichen Verlusten führt, wird in erster Linie durch *B-Streptokokken* und *Staphylococcus aureus* verursacht. Als disponierende Faktoren spielen Melkmaschine (Rückfluß und Rückspray) und Melktechnik (Gewebsquetschungen) die größte Rolle. Systematische histologische Untersuchungen von Rindern mit subklinischer Mastitis haben gezeigt, daß bei dieser fast immer auch herdförmige entzündliche Veränderungen (Granulozyteninfiltration bei akuten, mononukleäre Infiltrate und Bindegewebsproliferationen bei subakut bis chronischen Verlaufsformen) im Eutergewebe vorliegen (s. interstitielle nichteitrige Mastitis).

9.3.6.5.2 Akute bösartige Mastitis

Die bösartig verlaufende akute Mastitis ***(Mastitis acuta gravis)*** tritt entweder nur in einem Mammarkomplex oder in mehreren gleichzeitig auf. Klinisch stehen beim **Rind** vor allem die hochgradige schmerzhafte Schwellung des Euters mit Hyperämie und Zyanose der Haut und das erheblich gestörte Allgemeinbefinden im Vordergrund. Das nur in geringem Maße vorhandene Sekret ist wäßrig-blutig, eitrig-blutig oder sogar jauchig und von zahlreichen Fibrinflocken durchmengt. Das subkutane und interstitielle Bindegewebe ist ödematös gequollen, die Drüsenschnittfläche diffus oder herdförmig gerötet und von nekrotischen Bezirken durchsetzt (Tafel XVII. B, C, D). In den Blut- und Lymphgefäßen des Interstitiums kann man häufig Thromben finden. Sie können auch größere Gefäße betreffen, wodurch es zum Absterben und zur *Sequestrierung* (Abb. 9.14) umfangreicher Drüsenbezirke kommt. Neben den Gerinnungsnekrosen können auch herdförmige Einschmelzungsprozesse auftreten, die unter Umständen auch abgekapselt werden. ***Histologisch*** sieht man eine hochgradige Hyperämie besonders der Kapillaren, Blutungen, serofibrinöse Ergüsse in das Interstitium mit Thrombosierung von Blut- und Lymphgefäßen, Nekrosen sowie Granulozyten und Eiweißmassen in den Alveolen und Milchganglumina (Abb. 1.48, 9.15).

Die ***akute hämorrhagisch-nekrotisierende Mastitis,*** die vor allem beim kleinen Wiederkäuer, aber auch beim Schwein vorkommt, verläuft zu Beginn der Erkrankung unter dem gleichen Bild, jedoch schon nach ein bis zwei Tagen stellen sich schwere Parenchymnekrosen von schiefergrauer bis bräunlicher Farbe und multiple Gefäßthrombosierungen ein. Wenn es nicht zum Tode des Tieres kommt, werden die nekrotischen Bezirke abgekapselt und

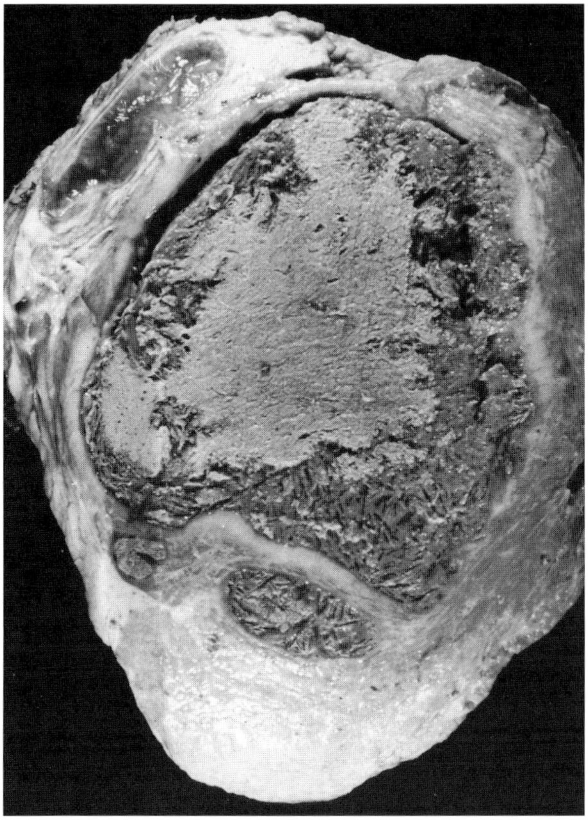

Abb. 9.14 Eutersequester nach Colimastitis, Rind. L = Supramammärer Lymphknoten.

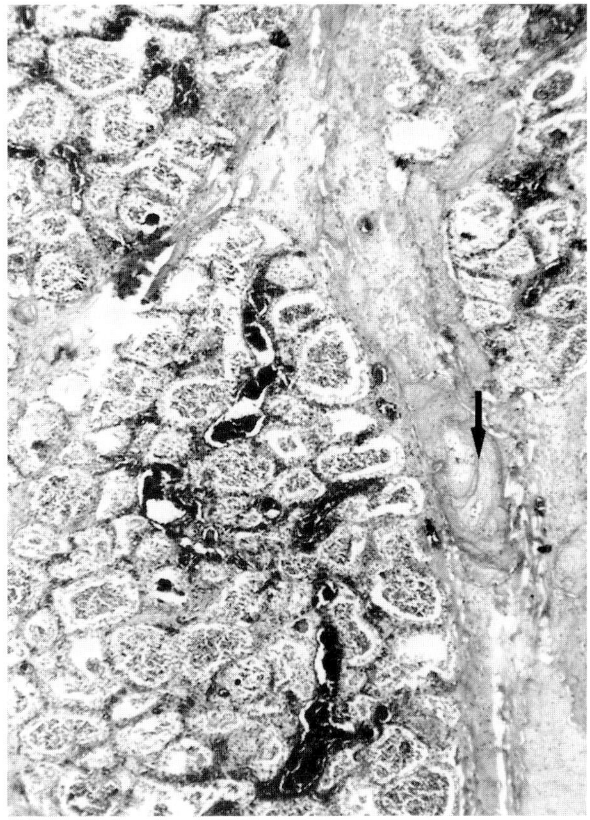

Abb. 9.15 Hochgradige Hyperämie der Blutgefäße, Granulozyten in Alveolen und Interstitium, serofibrinöse Ergüsse im Interstitium mit Thrombose von Lymphgefäßen (Pfeil), Colimastitis, Rind. HE, 60 x.

sequestriert. Oft kommt es auch, vor allem bei Schaf und Ziege, zur Abstoßung ganzer Mammarkomplexe.

Ätiologisch kommen beim **Rind** in erster Linie Infektionen mit *Escherichia coli* (galaktogene, eventuell auch hämatogene Infektion) in Betracht, weshalb diese Form der Euterentzündung häufig unter der Sammelbezeichnung *Colimastitis* geführt wird. Aber auch *Klebsiella pneumoniae, Fusobacterium necrophorum, Staphylococcus aureus* (vor allem bei Ziegen und Schafen), *Pseudomonas aeruginosa, Actinomyces (Arcanobacterium) pyogenes, Bac. subtilis, Bac. cereus, Haemophilus somnus, Nocardia asteroides, Pasteurella haemolytica* (Schaf), Hefen u. a. bzw. Mischinfektionen mit diesen können eine akute bösartige Mastitis hervorrufen.

Eine Besonderheit stellt die *nekrotisierende Mastitis* des **Schafes** dar, die häufig seuchenartig in einer Herde auftritt und zu vielen Todesfällen führt. Bei der durch *Staphylococcus aureus* verursachten Form kommt es zu jauchiger Zersetzung des Drüsenparenchyms und einem hochgradigen Ödem der Unterhaut (violett bis schwarz-rot verfärbte Haut), das nicht selten auch auf Unterbauch und Vulva übergreift. Bei Infektion des Euters mit *Pasteurella haemolytica* kommt es zur derben Vergrößerung meist nur einer Euterhälfte, zur Ödematisierung des subkutanen und interstitiellen Bindegewebes und bei Mischinfektionen mit pyogenen Bakterien und *E. coli* auch zur jauchigen Einschmelzung.

Clostridium perfringens und *Cl. septicum,* die meist über eine Wundinfektion, aber auch galaktogen ins Euter gelangen, rufen bei Rind und Schaf eine hämorrhagisch-jauchige Mastitis hervor. Das Unterhautgewebe ist dabei sulzig-rötlich verändert und das Drüsenparenchym infolge Nekrose und Gasbildung schwammig-zundrig umgebildet. Auch die supramammären Lymphknoten weisen eine nekrotisch-gasige Beschaffenheit auf (Tafel XVII. C).

9.3.6.5.3 Chronische eitrig-abszedierende Mastitis

Diese Form der Euterentzündung wird in erster Linie durch *Actinomyces pyogenes* hervorgerufen, während andere Bakterien, wie *Staphylokokken* und *Pseudomonas aeruginosa*, nur eine untergeordnete Rolle (Mischinfektion) spielen.

Beim **Rind** ist die abszedierende Mastitis unter der Bezeichnung *Holsteinische Euterseuche* oder *Pyogenesmastitis* bekannt. Betroffen sind in erster Linie Färsen und nichtlaktierende Kühe. Die *akute Form (Sommermastitis)* stellt eine eitrige Galaktophoritis und Mastitis dar. Bei der *chronischen Form* findet man dagegen multiple linsen- bis faustgroße Abszesse, die mit einem grünlich-gelben, übelriechenden Eiter gefüllt sind. Die Abszesse sind von Kapseln umgeben, die innen eine mehr gelbliche Farbe und weichere Konsistenz besitzen, nach außen mehr schwielig-weißlich und derber werden. In Milchgängen, Zisterne und Strichkanal liegen grünliche Eitermassen, während das übrige Drüsenparenchym unverändert erscheint. Auch Fistelbildungen mit der äußeren Haut werden beobachtet. Die Erreger können über den Strichkanal, durch Wunden (Fliegenstiche) und auch hämatogen ins Euter gelangen.

Auch beim **Schwein** spielt die Pyogenesmastitis (galaktogene Infektion) eine wichtige Rolle. Sie stellt nicht selten den primären Herd für eine metastatische Absiedlung der Keime in andere Organe (Endokarditis) dar.

9.3.6.5.4 Interstitielle nichteitrige Mastitis

Diese Mastitisform kann nur histologisch erkannt werden und ist durch herdförmige Ansammlung von Lymphozyten, Histiozyten, Plasma- und Mastzellen gekennzeichnet. Im Unterschied zu den chronischen eitrigen Entzündungen, bei denen diese Zellen ebenfalls überwiegen, kommt es zu keinen oder nur geringfügigen proliferativen Vorgängen. *Brucellen, Listerien, Leptospira hardjo* (s. S. 52) und einzellige Algen *(Prototheca*-Arten) kommen als Ursachen in Betracht. Bei der enzootischen *infektiösen Agalaktie der Schafe und Ziegen,* die durch *Mycoplasma agalactiae ssp. agalactiae* (s. S. 94) hervorgerufen wird, findet man ebenfalls eine nichteitrige interstitielle Mastitis sowie eitrige Polyarthritis und Ophthalmitis. Bei der *Maedi-Visna-Virusinfektion* (s. S. 392) findet man diffus in beiden Euterhälften Lymphfollikelhyperplasien in der Nachbarschaft von Milchgängen, interstitielle mononukleäre Infiltrate und eine geringgradige Fibrose. Über die in der Milch befindlichen Virus-haltigen Makrophagen werden die Lämmer angesteckt. Die häufig zu beobachtende verzögerte Gewichtszunahme dieser Lämmer ist offensichtlich nicht Folge der Virusinfektion, sondern der geringen Milchproduktion der Mutterschafe. Bemerkenswert ist ferner, daß nur ein relativ geringer Prozentsatz der Mutterschafe die Symptome beziehungsweise Veränderungen der klassischen Maedi aufweist. Auch bei der *Arthritis und Enzephalitis der Ziegen* (Lentivirus, s. S. 343, 393) kommt eine nichteitrige Mastitis mit starkem Rückgang der Milchleistung vor. Subklinische Mastitis, s. S. 314).

9.3.6.5.5 Granulomatöse Mastitis

Die **Eutertuberkulose** (s. S. 103) des *Rindes* tritt in drei Formen auf. Bei der *disseminierten Miliartuberkulose* ist das Gewebe gleichmäßig von verkästen und verkalkten Tuberkeln, teils auch von Konglomerattuberkeln, durchsetzt. Auch die regionären Lymphknoten weisen solche Tuberkel auf (hämatogene Infektion in der primären Phase).

Die *chronische lobulär-infiltrierende Eutertuberkulose* ist die häufigste Form. Sie ist gekennzeichnet durch das Auftreten großer Knoten an der Euteroberfläche und durch zunächst herdförmige, später mehr diffuse grau-speckige Umwandlung des betroffenen Drüsengewebes. Das interlobuläre Bindegewebe ist verbreitert, wodurch die Septierung des Euters noch deutlicher wird. Bei längerer Dauer des Prozesses verkäsen die erkrankten Drüsenläppchen und Milchgänge, und der lobulär infiltrierende Charakter des Entzündungsprozesses wird immer offensichtlicher. Die regionären Lymphknoten sind im allgemeinen nicht verändert; tuberkulöse Veränderungen treten erst auf, wenn es im Euter zu größeren, frischen Verkäsungen kommt. Histologisch fällt vor allem der ausgesprochen proliferative Charakter des Entzündungsprozesses auf. Die lobulär-infiltrierende Eutertuberkulose entsteht in der postprimären Phase (chronische Organtuberkulose) und breitet sich entlang des Kanalsystems der Mamma aus.

Die *Mastitis caseosa* führt zur Verkäsung großer Eutergebiete, die eine harte Konsistenz annehmen und auf der Schnittfläche eine landkartenartige Zeichnung aufweisen. Diese kommt durch die Ausbildung unregelmäßig begrenzter, oft von einem roten Hof umgebener, trockener, gelblicher und käsiger Herde zustande. In den Herden sind meist noch Blutgefäße erhalten, wodurch der Eindruck von Blutungen entsteht. Die regionären Lymphknoten sind regelmäßig miterkrankt und weisen entweder eine infiltrierende oder mehr strahlige Verkäsung auf. Bei weniger ausgeprägten Fällen kann das Bild mehr dem der lobulär-infiltrierenden Form gleichen. Die Mastitis caseosa ist als Überempfindlichkeitsreaktion zu verstehen und kann im Gefolge der Frühgeneralisation (verminderte Abwehrkraft des Körpers) oder der chronischen Organtuberkulose durch Niederbruch der Widerstandskraft eintreten.

Beim *kleinen Wiederkäuer* und *Schwein* liegt in der Regel das Bild der chronischen, protrahierten und disseminierten Miliartuberkulose vor. Bei der Ziege sind jedoch auch die lobulär-infiltrierende und die verkäsende Form bekannt.

Infektionen mit **atypischen Mykobakterien** der Gruppe III und IV *(M. fortuitum, M. smegmatis)* nach RUNYON können beim Rind zu enzootisch verlaufenden granulomatösen (Epitheloid- und Riesenzellen) Mastitiden führen. Eine bei Kühen in der Schweiz beobachtete enzootische *nodulär-ulzerierende Thelitis* wird sehr wahrscheinlich durch nicht näher bestimmte Mykobakterien verursacht (Epitheloid- und Riesenzellgranulome, Ausheilung über Narbenbildung).

Aktinomykose und **Aktinobazillose** treten vor allem beim Schwein, seltener beim Rind auf. Häufig handelt es sich dabei um Mischinfektionen mit Staphylokokken, die auch allein entsprechende Veränderungen mit drusenartigen Gebilden hervorrufen können. Bei der primären, durch Wund- bzw. Schmutz- und Schmierinfektion entstandenen Aktinomykose treten einzelne oder mehrere erbsen- bis faustgroße Knoten auf. Die größeren Knoten können die Haut halbkugelig vorwölben oder sie als fungöse, oberflächlich ulzerierende Gebilde durchwachsen. Die Schnittfläche der Knoten zeigt ein derbes, weißlich-gelbes mit kleinen Abszessen durchsetztes Granulationsgewebe oder größere abszeßartige eitrige Einschmelzungen mit Abkapselung (s. S. 523).

Die **Botryomykose** des Euters der Stute zeigt sich in einer derben Vergrößerung des Organs, in dem einzelne oder mehrere knotenartige weißlich-bräunliche Gebilde liegen. Diese können eitrig einschmelzen und unter Fistelbildung durch die Haut nach außen aufbrechen (s. S. 516).

Bei der **Euterkryptokokkose** *(Cryptococcus neoformans)* nimmt das Gewebe eine derbe Konsistenz an, und in den Milchgängen sammelt sich in geringer Menge ein gelbweißes Sekret. Histologisch kann man in Alveolen, Zysten, abszeßartigen Granulomen und schaumig aufgetriebenen Makrophagen die Pilze oft in großen Mengen nachweisen. Auch andere Pilze (besonders *Aspergillus-, Penicillium-* und *Mukorarten)* können, vor allem als Komplikation intrazisternaler Antibiotikagaben, beim Rind eitrig-granulomatöse Mastitiden hervorrufen.

9.3.6.6 Tumoren

Mammatumoren kommen häufig bei **Hund** und **Katze**, kaum aber bei anderen Haustieren vor. Bemerkenswert ist, daß bei männlichen Meerschweinchen Mammakarzinome nicht selten sind. Ältere Tiere sind bevorzugt betroffen, wobei das Maximum der Tumorhäufigkeit zwischen 9. und 11. Lebensjahr liegt. Bei der Hündin treten die Tumoren häufig multipel und bevorzugt in den kaudalen Mammarkomplexen auf. Ungefähr 40 bis 50% der Mammatumoren des Hundes sind bösartig. Bei der Katze sind die ersten bis vierten Mammarkomplexe annähernd gleich häufig, die fünften etwas weniger betroffen. Ein multiples Auftreten ist nicht selten. Während bei unter 2 Jahre alten Katzen maligne Formen kaum auftreten, steigt mit zunehmendem Alter die Häufigkeit bösartiger Tumoren stark an. Bei 8 bis 14 Jahre alten Katzen sind bis 90%, bei noch älteren Tieren fast alle Mammatumoren bösartig. Siamkatzen neigen besonders zu bösartigen Mammatumoren. Die Metastasenbildung erfolgt vorzugsweise in regionäre Lymphknoten und Lunge. Rezidivbildungen sind relativ häufig, aber vom Auftreten neuer Tumoren an anderer Stelle zu unterscheiden.

Die Ursache der Mammatumoren ist nicht bekannt, sicherlich begünstigen aber endokrine Störungen ihre Entstehung. Rezeptoren für Östrogen, Progesteron und Testosteron wurden gleichzeitig vorkommend bei Mammatumoren der Hündin nachgewiesen. Die Ergebnisse erlauben aber bislang keine schlüssigen Aussagen über die Rolle dieser Rezeptoren in der Tumorentstehung und -prognose.

Die Mammageschwülste können grundsätzlich in epitheliale Tumoren, mesenchymale Tumoren und Mischtumoren eingeteilt werden. Ihre weitere Aufgliederung einschließlich der tumorartigen Veränderungen (Dysplasien) geht aus nachfolgender Übersicht hervor.

Histologische Klassifikation und Nomenklatur der Mammatumoren

I. Epitheliale Tumoren (einfach und komplex)
  A. Adenom
  B. Papillom
  C. Karzinome
    1. Adenokarzinom
    2. Solides Karzinom
    3. Spindelzellkarzinom
    4. Anaplastisches Karzinom
    5. Plattenepithelkarzinom
    6. Muzinöses Karzinom
II. Mesenchymale Tumoren
  A. Gutartige Weichgewebstumoren
  B. Fibrosarkom
  C. Osteosarkom
  D. Osteochondrosarkom
  E. Andere Sarkome
III. Mischtumoren
  A. Gutartige Mischtumoren
  B. Bösartige Mischtumoren
IV. Dysplasien (gutartig)
V. Sekundäre Tumoren

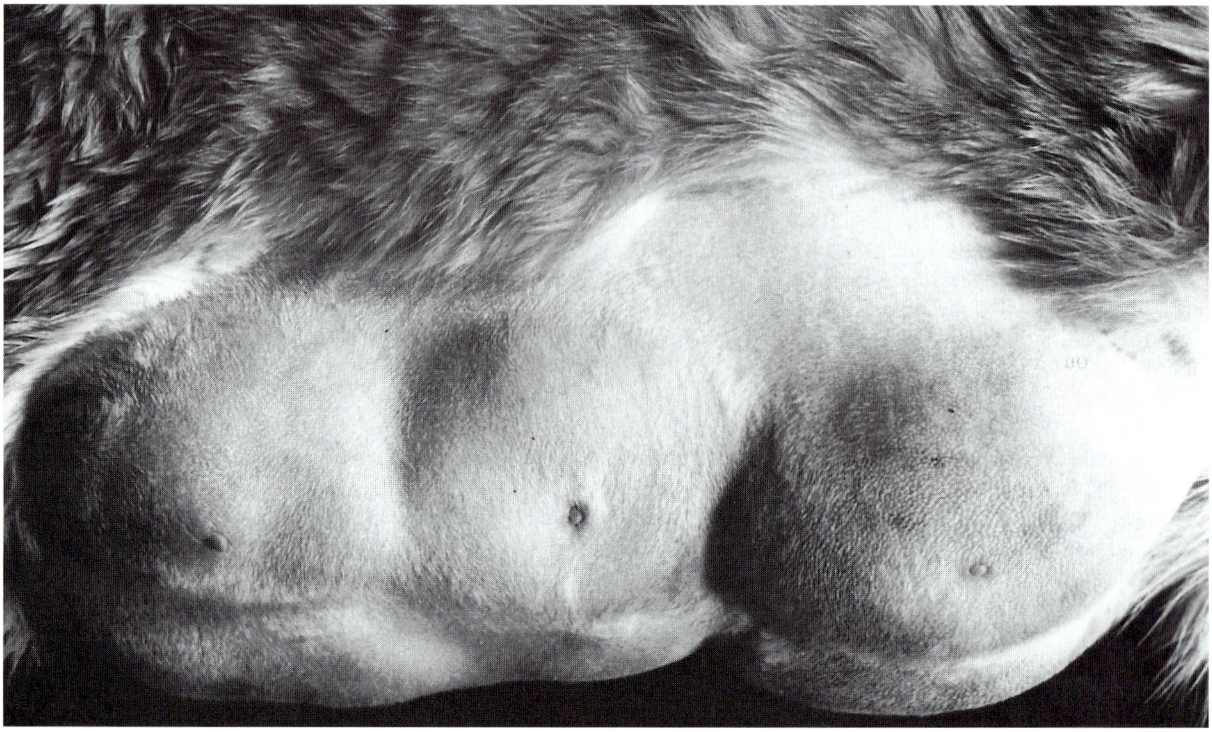

Abb. 9.16 Fibroadenomatose (fibroepitheliale Hyperplasie) mit hochgradiger Vergrößerung aller Mammarkomplexe (Haare entfernt) einer Katze.

9.3.6.6.1 Epitheliale Tumoren

Die epithelialen Tumoren sind die häufigsten Mammatumoren. Man bezeichnet sie als *komplex,* wenn an der neoplastischen Proliferation auch myoepitheliale Zellen teilnehmen, im Gegensatz zu den einfachen, bei denen nur Drüsenepithel gewuchert ist. Grundsätzlich kann man sagen, daß die komplexen epithelialen Mammatumoren weniger häufig malignes Verhalten zeigen als die einfachen.

Einfache Adenome sind sehr selten, während **komplexe Adenome**, die des öfteren Übergänge zu gutartigen Mischtumoren aufweisen, bei der Hündin sehr häufig sind. **Fibroadenome** kommen gelegentlich vor. **Papillome**, die von den Gängen ausgehen, sind selten.

Adenokarzinome sind die häufigsten bösartigen Mammatumoren. Dabei handelt es sich entweder um tubuläre, papilläre oder papillär-zystische Wuchsformen. Bei der Katze kommen im Gegensatz zum Hund fast ausschließlich einfache Adenokarzinome vor. **Solide Karzinome** des einfachen und komplexen Typs sind beim Hund nicht selten und zeigen meist ein ausgeprägtes infiltratives Wachstum (Lymphangiosis carcinomatosa) und häufig Metastasenbildung. Bei ausgedehnter Metastasierung kann es über einen Verbrauch von Gerinnungsfaktoren zur ***hämorrhagischen Diathese*** (Verbrauchskoagulopathie) kommen. Bei der Katze sind sie die zweithäufigsten bösartigen Mammatumoren und fast ausschließlich vom einfachen Typ.

Spindelzellkarzinome (Verwechslung mit Fibrosarkomen!) und **Plattenepithelkarzinome** (häufig mit Lymphangiosis einhergehend) sind relativ selten und kommen nur beim Hund vor. **Anaplastische** und **solide Karzinome** können in diffuser Weise Mamma und benachbarte Haut infiltrieren (brettartige Verhärtung der Gesäugeleiste) und führen dann meist zur Metastasierung in regionäre Lymphknoten, Lunge (sogenannte krebsige Pneumonie oder *diffuse Karzinomatose,* s. S. 109) und andere Organe. *Muzinöse Karzinome* kommen sehr selten bei Hund und Katze vor.

9.3.6.6.2 Mesenchymale Tumoren

Gutartige mesenchymale Tumoren (**Lipome, Hämangiome**) sind selten. **Sarkome** sind häufig bei der Hündin, selten dagegen bei der Katze. Metastasierende Sarkome wurden bislang nur bei der Hündin beobachtet. **Osteochondrosarkome** sind am häufigsten, gefolgt von **Osteosarkomen**, während reine **Fibrosarkome** selten sind.

9.3.6.6.3 Mischtumoren

Bei den Mischtumoren sind epitheliale (Drüsenepithelien, Myoepithelien oder beide) und mesenchymale Zellen (Fibrozyten, Fett-, Knorpel- und Knochenzellen) an der neoplastischen Proliferation beteiligt. Die *gutartigen* Mischtumoren sind wesentlich häufiger als die *bösartigen*, können aber gelegentlich aufgrund rein histologischer Kriterien von letzteren nicht unterschieden werden. Infiltratives Wachstum, Lymphangiosis und Metastasenbildung sind bei den bösartigen Mischtumoren seltener als bei den Karzinomen und Sarkomen. Bei der Katze sind Mischtumoren, insbesondere maligne, extrem selten.

9.3.6.6.4 Dysplasien

Zu den seltenen Dysplasien der Mamma werden tumorartige Veränderungen, wie Zysten, einfache Wucherungen der Gang- und Läppchenepithelien, Gangektasien, die sogenannte Adenosis (ähnlich einem komplexen Adenom), Fibrosklerose, Gynäkomastie und entzündliche Proliferationen gerechnet. Eine Besonderheit stellt die bei der Katze und nur sehr selten auch beim Hund vorkommende **Fibroadenomatose** (fibroepitheliale Hyperplasie) dar. Innerhalb weniger Tage kommt es zu einer hochgradigen Vergrößerung einzelner oder aller Mammarkomplexe. Histologisch findet man weitlumige tubuläre epitheliale Strukturen und Epithelknospen in einem ödematösen, hochgradig proliferierenden Bindegewebe (Abb. 9.16). Progesteron scheint für die Ausbildung der Fibroadenomatose der Katze verantwortlich zu sein.

9.3.6.6.5 Sekundäre Tumoren

Sekundäre Tumoren sind sehr selten. Beim Rind spielen verhornende Plattenepithelkarzinome der Euterhaut, die auf das Gangsystem und Drüsenparenchym übergreifen können, sowie leukotische Prozesse eine gewisse Rolle.

10 Stütz- und Bewegungsapparat

10.1 Knochen

M. Reinacher

Knochen entwickeln sich entweder direkt aus dem Bindegewebe (Bindegewebsknochen des Schädels) oder über knorpelige Vorstufen (peri- und enchondrale Knochenbildung des übrigen Skeletts). Entgegen dem durch seine statischen Funktionen bedingten ruhenden Eindruck, laufen auch beim ausgewachsenen Tier im Knochen ständig dynamische Prozesse ab, die sowohl statische Aufgaben (Remodellierung durch dauernden Ab- und Aufbau von Knochensubstanz) als auch Funktionen im Mineralstoffwechsel betreffen. Zusätzlich beherbergt der Knochen noch das Knochenmark (s. S. 50).

Die zellulären Bestandteile des Knochens leiten sich einerseits von einer gemeinsamen Osteoprogenitorzelle ab, aus der Osteoblasten, Chondroblasten und Fibroblasten entstehen, während andererseits die Osteoklasten vermutlich vom mononukleären Phagozyten-System des Knochenmarkes abstammen.

Osteoblasten bilden die extrazelluläre, organische Knochenmatrix, das Osteoid, Chondroblasten die Knorpelmatrix. Diese Matrices bestehen aus einer amorphen Grundsubstanz, den Proteoglykanen, in die Kollagenfasern (Knochen = Typ 1; Knorpel = Typ 2) eingelagert sind. Dabei kann das Osteoid bis zu 95% Kollagen und nur ca. 5% Proteoglykane enthalten.

Das Osteoid wird durch die Aktivität der Osteoblasten mineralisiert. Durch die Einlagerung von Mineralien kann die Knochenmatrix bis zu 90% aus anorganischem Material bestehen. Die dominierenden Bestandteile sind Ca und Phosphat (hauptsächlich in Form von Hydroxylapatit). Weiterhin finden sich u. a. Karbonat, Na, Mg, Sr und Zn. Aufgrund seines Mineralreichtums spielt der Knochen eine wichtige Rolle im Mineralstoffwechsel, insbesondere bei Ca, P und auch Natrium. Inwieweit er für die Homöostase anderer Mineralien von Bedeutung ist, steht noch nicht eindeutig fest.

Knochenwachstum und ständige Remodellierung des ausgewachsenen Knochens werden durch Hormone (Somatotropin, Thyroxin, Androgene, Östrogene und Glukokortikoide beeinflussen die Synthese der organischen Matrix, Parathormon und Calcitonin die Mineralisierung des Osteoids), Vitamine (Vitamin D, A und C) sowie mechanische (Zug, Druck, Schwerkraft), chemische (Sauerstoffspannung, lokaler pH) und elektrische (bioelektrische Potentiale, Piezoelektrizität) Einflüsse reguliert (s. S. 324).

Im folgenden werden Erkrankungen, die vorwiegend von klinisch-chirurgischem Interesse sind, nicht eingehend besprochen (vgl. Lehrbücher der Allgemeinen und Speziellen Chirurgie).

10.1.1 Entwicklungsstörungen – Mißbildungen

Skelettmißbildungen können sowohl genetisch als auch exogen bedingt sein. Sie treten entweder als systemische oder als lokale Veränderungen auf, wobei multifokale Formen einen gewissen Übergang darstellen können.

10.1.1.1 Systemische Entwicklungsstörungen

Die wichtigste erbliche Entwicklungsstörung des Skeletts ist die ***Chondrodysplasia (Chondrodystrophia) fetalis*** (Ch. f.). Unter den Haustieren sind am häufigsten **Rinder** und hier wiederum bestimmte Rassen betroffen. Ihrer Ausprägung entsprechend werden spezielle Formen unterschieden, deren wichtigste die *Dexter-* und die *Telemarkform* sind.

Beim *Dexterrind* liegt der Ch. f. ein einfacher, inkomplett dominanter, autosomaler Erbgang zugrunde, der bei heterozygoter Genkombination zum typischen Habitus des kleinen Dexterrindes mit kurzen Extremitäten und breitem Kopf, bei homozygoter Kombination zu nicht lebensfähigen, meist vorzeitig abortierten, chondrodysplastischen *Zwergkälbern* führt. Bei derartigen Kälbern (Bulldog- oder Mondkälber) besteht, neben der allgemeinen Dysproportioniertheit, meist eine erhebliche Ödematisierung der Haut (Anasarka), die ihrerseits ein Geburtshindernis darstellen kann. Die Dexterform der Ch. f. wird gelegentlich auch bei anderen Rinderrassen, so etwa bei *Jersey*, *Charolais* und *Schwarzbunten*, beobachtet.

Die Ch. f. beim *Telemarkrind* beruht auf einem autosomal-rezessiven Erbschaden und wird demzufolge phänotypisch nur bei homozygoter Genkombination evident. Die kurznasigen und kurzgliedrigen Zwergkälber werden in der Regel normal ausgetragen und lebend geboren, können aber nicht stehen und sterben bald nach der Geburt. Als weitere Mißbildungen finden sich Hydrozephalus und Spaltbildungen im Kopfbereich.

Ähnliche Formen der Ch. f. werden auch bei **Schwein**, **Schaf** und **Hund** beobachtet. Beim Hund scheint eine gewisse Bevorzugung bestimmter Rassen, wie *Pudel* und *Scotch-Terrier*, vorzuliegen.

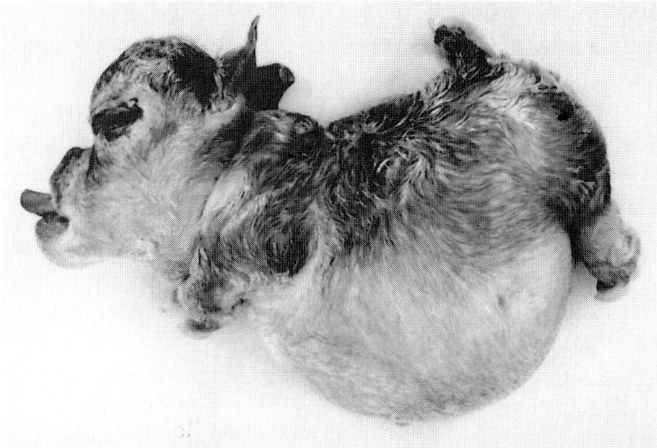

Abb. 10. 1 *Chondrodysplasia fetalis* beim Rind (Zeburind): Gesamtlänge des normal ausgetragenen, jedoch nicht lebensfähigen Kalbes = 48 cm.

Die *Wachstumsstörung* bei diesen Formen der Ch. f. beruhen auf einem Defekt der ordnungsgemäßen Proliferation jenes epiphysären Knorpelanteils, der in der Form des Säulenknorpels das Modell für den definitiven Knochen vorzubilden hat. Das rein appositionelle, vom Perichondrium ausgehende Wachstum ist im allgemeinen nicht gestört, auch nicht die Entwicklung des Bindegewebsknochens. Damit wird verständlich, weshalb es an allen Orten epiphysären Knochenwachstums zu einer mangelhaften Knochenentwicklung kommen muß, so auch im Bereich der Schädelbasis, wo zwei Epiphysen (E. intersphenoidalis, E. sphenooccipitalis) für das Längenwachstum verantwortlich sind (Abb. 10. 1).

Bei chondrodysplastischen Rinderzwergen mit Brachyzephalie gibt es ferner die Form der ***Snorter Dwarfs***, die autosomal-rezessiv besonders bei den Rassen *Hereford* und *Aberdeen-Angus* auftritt. Ursächlich scheint ein Defekt im Glukosaminoglykan- (Mukopolysaccharid-)Stoffwechsel verantwortlich zu sein, zumal im Harn solcher Kälber eine bis zu 30fach erhöhte Ausscheidung von Glukosaminoglykanen des Chondroitin-4-Sulfattyps festgestellt wurde. Insgesamt besteht eine gewisse Parallele zur menschlichen, rezessiv vererbten Mukopolysaccharidose beim PFAUNDLER-HURLER-Syndrom (*Gargoylismus*).

Vergleichbare osteodysplastische, autosomal-rezessive Erbleiden sind als ***Mukopolysaccharidose I*** (MPS 1) mit nachweisbarem α-L-Iduronidase-Mangel (HURLER-SCHEIE-Syndrom) bei der kurzhaarigen **Hauskatze** und dem **Plotthund** sowie als ***Mukopolysaccharidose VI*** (MPS VI) mit nachweisbarem Arylsulfatase-B-Mangel (MAROTEAUX-LAMY-Syndrom) bei der **Siamkatze** bekanntgeworden. Diese beiden Enzymopathien führen unter progredienter Korneatrübung sowie lysosomalen Speicherungsprozessen in ZNS und Bindegewebe zur Ausformungsstörung des Gesichtsschädels (*Gargoylismus*) und zu Hüftgelenksluxationen. Bei der MPS VI kann es infolge osteodysplastischer Prozesse an der Wirbelsäule zudem zu Rückenmarkkompressionen und damit klinisch zu m.o.w. rasch fortschreitenden Paresen der Hinterextremitäten kommen.

Ein autosomal-rezessiv erblicher Mangel an Lysylhydroxylase wird für die ***Chondrodysplasie des Alaska-Malamuthundes*** verantwortlich gemacht. Hier kommt es neben einer Anämie hauptsächlich zu Verkürzung und Fehlstellung der Gliedmaßen, während der Stamm weitgehend normal ist. Ein ähnliches Krankheitsbild mit stärkerer Beteiligung der Wirbelsäule ist auch beim *Norwegischen Elchhund* beschrieben.

Bei verschiedenen **Rinder-** und **Schafrassen** *(Fleckvieh, Braunvieh x Brown Swiss-Kreuzungsrinder, Schwarzbunte, Rotbunte, Suffolk)* wurde ein ***Arachnomelie-Syndrom*** (Dolichostenomelie) beschrieben. Die Tiere zeigen Verlängerung und Verdünnung der Röhrenknochen, besonders des Metakarpus („Spinnengliedrigkeit"), mit erhöhter Fragilität, Arthrogrypose, Verkrümmung der Wirbelsäule und Brachygnathia inferior.

Eine weitere Entwicklungsstörung des Knorpels ist in der uni- oder multifokal auftretenden ***Chondrodysplasie*** gegeben. Diese tritt unifokal in Form knotiger und pilzförmiger knorpeliger Auftreibungen oder Vorwölbungen am Knochen auf und ist bei Tieren selten. Die multifokale Form wird auch unter dem Namen ***multiple kartilaginäre Exostosen*** geführt. Kausalgenetisch wird sie mit einer Dislokation epiphysären Knorpels in die Diaphysen hinein erklärt. Zu diesem Formenkreis zählt beim **Pferd** das Bild der ***hereditären multiplen Exostosen*** (HME). Es kann sich auf alle Skelettbereiche vom enchondralen Typ erstrecken, und seine Manifestation folgt einem autosomal-rezessiven Erbgang. Bei der **Katze** tritt ein ähnliches Krankheitsbild auf, das auch als ***Osteochondromatose*** bezeichnet wird. Es unterscheidet sich von den Veränderungen wie sie hauptsächlich bei **Pferd** und **Hund** vorkommen dadurch, daß bei der **Katze** adulte Tiere betroffen sind, lange Röhrenknochen seltener Sitz der Veränderungen sind als die Bindegewebsknochen des Schädels und eine Assoziation mit der FeLV-Infektion besteht.

Eine seltene Skelettmißbildung ist die ***Osteogenesis imperfecta.*** Sie wird gelegentlich (nicht ganz den beim Menschen gefundenen Veränderungen entsprechend) bei **Kalb**, **Lamm**, **Hund** und **Katze** gesehen. Makroskopisch der Ch. f. ähnlich, zeigt sie histologisch jedoch eine normale Knorpelentwicklung, der – infolge eines Osteoblastendefekts – eine unzureichende Knochenentwicklung folgt. Auch die Entwicklung der Bindegewebsknochen und das periostale Appositionswachstum bleiben hinter den normalen Wachstumsraten zurück. Erhöhte Knochenbrüchigkeit, Skelettdeformationen und multiple Kallusbildungen entwickeln sich infolge einer fehlerhaften Synthese von Kollagen Typ 1 (Mutationen im Bereich der α- oder β-Kette), welche zu osteoporoseartigen Bildern vom Typ der *juvenilen Osteoporose* führt.

Eine ebenfalls erbliche, zum Formenkreis der Chondrodysplasie zählende und einen Übergang zu den lokalen Formen darstellende Wachstumseinschränkung ist die ***rasspezifische Kurzknochigkeit*** beim **Hund,** so das reduzierte Längenwachstum der Extremitäten bei *Dackeln* oder die Brachyzephalie bei *Boxern*, *Bulldoggen*, *Pekinesen* u. a.. Die dysplastischen Vorgänge sind hier streng lokalisiert und stellen Domestikationsmutationen dar, die der Mensch als Tierzüchter bewußt erhalten hat.

Beim *Deutschen Schäferhund* ist ein ***Somatotropin-abhängiges, proportioniertes Zwergwachstum*** beschrieben. Es liegt entweder eine STH-Synthesestörung in der Hypophyse vor (s. S. 462) oder die STH-Produktion ist zwar normal, die Zielzellen sprechen aber auf STH nur schlecht an (Rezeptormangel bzw.-insuffizienz?).

Ein disproportioniertes Zwergwachstum liegt bei der sogenannten ***Hyänenkrankheit des Kalbes*** vor. Hiervon werden Tiere zwischen drei und sechs Monaten betroffen. Hintergliedmaßen, Beckenknochen und lumbosakrale Wirbel sind wesentlich stärker verändert als die Knochen der Vordergliedmaßen. Es liegen Reifungsstörungen im Bereich der Epiphysenfuge vor, resultierend in Verkürzungen und Deformationen der Knochen. Vitamin A- und D-Vergiftungen sowie Autoimmunreaktionen im Zusammenhang mit einer Infektion durch das Virus der Bovinen Virusdiarrhoe/Mucosal Disease werden als mögliche Ursachen diskutiert.

10.1.1.2 Lokale Entwicklungsstörungen

Die lokalen Entwicklungsstörungen des Skeletts stehen vielfach in direktem Zusammenhang mit Mißbildungen anderer Organe und Gewebe oder werden von diesen induziert. Sie treten als *Hypo-* oder *Aplasien* und als *Hyper-* oder *Polyplasien* auf. Mangelhafter oder fehlender Schluß fetaler Spalten, frühzeitiges Sistieren des Wachstums mit oder ohne Knochenverschmelzungen, fehlende embryonale Differenzierung bestimmter Skelettregionen und inkomplette Verdoppelungen eines Individuums bzw. bestimmter Knochenblasteme sind wesentliche Voraussetzungen.

Die ***Mißbildungen im Schädelbereich*** finden sich in Form inkompletter oder kompletter *Doppelmißbildungen,* diverser Spaltbildungen *(Cheilo-, Palato-, Gnathoschisis),* des Fehlens bestimmter Schädelanteile *(Aprosopie, Agnathie, Arhinenzephalie),* der Kieferverkürzung *(Brachygnathie)* und in Gemeinschaft mit verschiedenen Mißbildungen des Gehirns (s. S. 363). Ähnliches gilt für manche ***Mißbildungen der Wirbelsäule***. Im übrigen können Wirbelsäulenmißbildungen als Wirbelkörperverschmelzungen mit Verkürzung des Rumpfskeletts *(Perocormie)* oder unter Fehlen kaudaler Wirbelsäulenabschnitte *(Perosomus elumbis)* in Erscheinung treten (s. S. 366). Fehlen oder Verschiebung einzelner Wirbelkörpersegmente führt zu Verbildungen der Wirbelsäule, insbesondere *Keilwirbelbildung.* Oft ist eine Verschmelzung zweier benachbarter Wirbelknochen mit Verkrümmung der Wirbelsäule nachweisbar. Wirbel mit Charakteristika zweier benachbarter Wirbelsäulenabschnitte *(Übergangswirbel, Transitional Vertebrae)* kommen – teils auch als überzählige Wirbel – besonders beim Hund nicht selten vor und können eine klinische Symptomatik verursachen. Verdoppelung der hinteren Wirbelsäulenabschnitte einschließlich des Beckens und der Extremitäten *(Duplicitas posterior)* werden ebenso gesehen wie Verschmelzungen der Hinterextremitäten *(Sirenenbildung)* mit unvollständiger Entwicklung von Becken und Lendenwirbelsäule. Überzählige Rippen im Lenden- und Halsbereich stellen, ähnlich der Schwanzlosigkeit und Schwanzverkrüppelung, harmlose Anomalien oder Schönheitsfehler dar. Rippenverschmelzungen kommen mit und ohne Wirbelsäulenverkrümmungen vor.

Spaltbildungen des Brustbeines sind in breitester Variation bekannt und liegen in extremster Form beim *Schistosoma reflexum,* d. h. dem totalen, ventralen Offenbleiben der Brust-und Bauchhöhle, einer Lordose der Wirbelsäule und einem fehlenden Schluß der Beckensymphyse, vor. Kleinere Brustbeinspalten können mit einer *Ectopia cordis* (s. S. 3) vergesellschaftet sein.

Das ***Fehlen von Gliedmaßen*** *(Amelie)* kann bilateral-symmetrisch oder einseitig vorkommen und wird bei den Vordergliedmaßen als *Abrachie* und bei den Hintergliedmaßen als *Apodie* bezeichnet. Bei Unterentwicklung oder Fehlen des proximalen Gliedmaßenskeletts spricht man von *Phokomelie,* beim Fehlen der distalen Abschnitte von *Peromelie.* Zu kleine Extremitäten werden als *Mikromelie,* Verdoppelungen als *Polymelie* bezeichnet. An Zehenmißbildungen werden das Fehlen von Zehen = *Adaktylie* oder Zehengliedern = *Perodaktylie,* die Verschmelzung = *Syndaktylie* (Rind), die Verkürzung von Zehen = *Brachydaktylie,* das Vorhandensein überzähliger Zehen = *Polydaktylie* und die Spaltung von Zehen = *Schistodaktylie* gesehen.

Eine beim **Hund**, vorwiegend bei *Scotch-* und *West Highland White-Terriern*, seltener bei anderen Rassen *(Boston- und Cairn-Terrier, Labrador, Dogge, Dobermann)* vorkommende, offenbar *hereditäre Knochenhyperplasie*

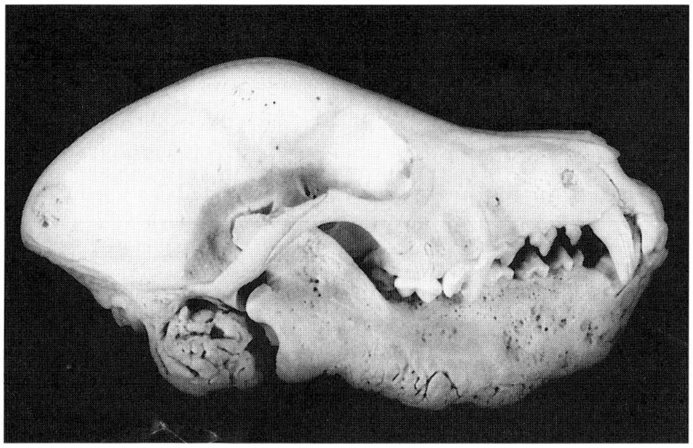

Abb. 10.2 *Osteopathia craniomandibularis hypertrophicans deformans* bei einem 18 Monate alten, weiblichen Scotch-Terrier.

betrifft ausschließlich das Kopfskelett und hier wiederum bevorzugt Unterkiefer und Bulla ossea der Felsenbeinpyramide. Diese ***Osteopathia craniomandibularis hypertrophicans deformans*** beginnt bereits im ersten Lebensjahr, führt zu erheblichen Kieferanschwellungen und zu Kaubeschwerden, ohne daß das Zahnwachstum beeinträchtigt ist (Abb. 10. 2). Der Verlauf ist i.d.R. schubweise progredient. Histologisch läßt sich ein nichtentzündlicher Knochenumbau der kompakten wie spongiösen Knochenanteile nachweisen, der schließlich zu einem bunten Nebeneinander alter und neuer Knochenlamellen und Knochenröhrchen führt. Der neugebildete Knochen ist dabei schlecht mineralisiert und durch Kittlinien deutlich von den primären Knochenanteilen abgegrenzt. Das so entstandene mosaikartige Muster erinnert an die Verhältnisse bei der *Osteodystrophia deformans* (PAGET-Krankheit) des Menschen (s. auch S. 327).

10.1.2 Wachstumsstörungen

Zu Wachstumsstörungen allgemeiner Art, wie ***Gigantismus*** und ***Nanosomie,*** kommt es unter verschiedenen hormonellen Voraussetzungen, die in der Einleitung zum Abschnitt „Stoffwechselstörungen" im einzelnen besprochen werden. Im übrigen kommen Wachstumsstörungen und Skelettdeformierungen als Folgen von allgemeinen oder lokalisierten Stoffwechselstörungen, Knochenentzündungen und traumatischen Knochenläsionen vor. Hierbei sind die Formveränderungen der Wirbelsäule von besonderem Interesse. So werden die Dorsalverkrümmung als ***Kyphose,*** die Ventralverkrümmung als ***Lordose*** und die Lateralverkrümmung als ***Skoliose*** bezeichnet.

10.1.3 Pigmentierungen

Eine Ablagerung endogener Pigmente findet sich im Knochen am häufigsten im Zusammenhang mit einem *Ikterus.* Die ***Porphyrie*** tritt als erbliche Porphyrinsynthesestörung bei **Rind**, **Schwein** und **Katze** auf. Die Knochen sind braun verfärbt, während Bindegewebe und Knorpel keine Farbabweichungen aufweisen. Ultraviolettes Licht induziert Rotfluoreszenz, wie auch klinisch bei betroffenen Rindern Photosensibilität beobachtet werden kann. Speziell bei Rind und Schwein stützt sich die klinische Diagnose auf rosabraune Färbung der Zähne *(Pink Tooth Disease;* s. S. 513 u. Tafel XIX. A*).* ***Melanosen*** betreffen am Skelett das Periost. Sie treten beim **Kalb** im Rahmen einer *Melanosis maculosa generalisata* auf.

Die besondere Bereitschaft des wachsenden Knochengewebes, *Chlortetracycline* nahezu selektiv aufzunehmen, führt gelegentlich beim Kalb zu einer Verfärbung des Skeletts. Die in der Regel intensiv gelbe Pigmentierung ist dabei auf das in der Einwirkungszeitspanne neu mineralisierte Gewebe beschränkt. Diese exogene Pigmentierung erstreckt sich demzufolge auch auf das Dentin wachsender Zähne, nicht jedoch auf Knorpelgewebe.

10.1.4 Kreislaufstörungen

Die gute Vaskularisation und das Vorhandensein vieler Gefäßanastomosen bieten die Voraussetzung dafür, daß im Knochen nur ausnahmsweise bzw. nur in spezifischen Lokalisationen kritische Kreislaufsituationen erreicht werden. Ganz allgemein gilt ein intaktes Periost als wichtige Voraussetzung für die Stabilität der Kompakta des Knochens.

Langanhaltende *Ischämien* auf der Grundlage totaler Gefäßverschlüsse, etwa auch bei Erfrierungen der Extremitätenakren oder des Schwanzes, können ebenso zu Knochennekrosen führen wie großflächige Periostablösungen nach mechanischer Gewalteinwirkung mit und ohne Knochenfraktur und nach Osteosynthesen. Insbesondere gefährdet ist jeweils der Diaphysenbereich von Röhrenknochen.

Zu diesem Formenkreis zählen auch die degenerativnekrotischen ***Veränderungen an den Sesambeinen*** des **Pferdes**. Hier kann es infolge wiederholter Überlastung des Sehnen-Gleichbeinapparates bereits beim jugendlichen Pferd zu arteriellen Versorgungsstörungen kommen, die je nach Intensität osteoporotische Veränderungen oder Knochennekrosen nach sich ziehen und zum klinischen Bild der *Gleichbeinlahmheit* beitragen.

Die pathogenetisch verwandten Vorgänge bei der ***Femurkopfnekrose*** werden auf S. 330 beschrieben.

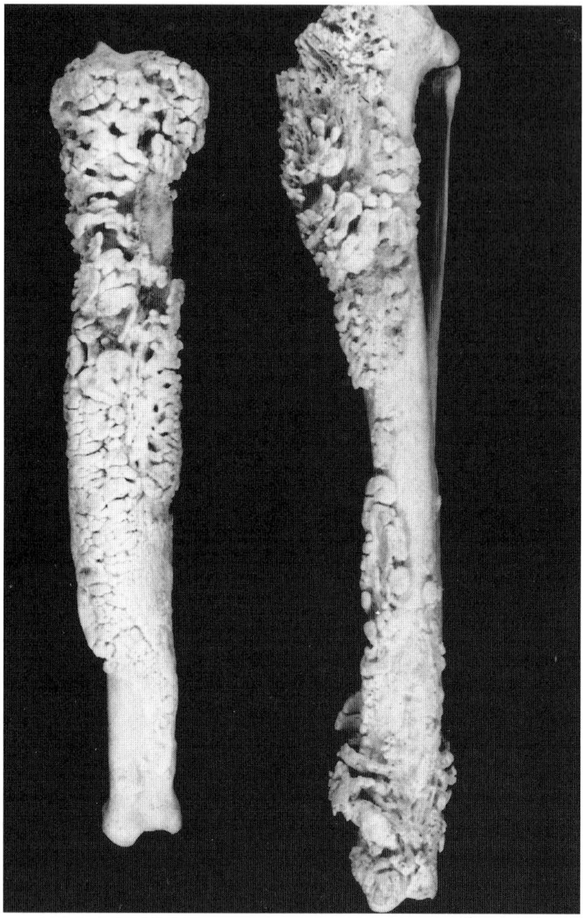

Abb. 10.3 *Osteoperiostitis ossificans hypertrophicans* (Akropachie) beim Hund.

Die beim **Pferd** gelegentlich nach Neurektomien auftretenden *partiellen **Hufbeinnekrosen*** sind Ausdruck einer neurogenen Zirkulationsstörung. In deren Rahmen kann es an zunächst unverändert erscheinenden, jedoch funktionsinsuffizienten Arterien auch zu Obliterationen kommen.

Hyperämien entstehen als aktive Formen bei Entzündungen und Frakturheilung. Inwieweit die Hyperämie für die **Akropachie** (Osteoperiostitis ossificans hypertrophicans, Hypertrophic Osteopathy, Osteoarthropathie hypertrophiante pneumonique) wirklich eine pathogenetische Bedeutung hat oder nur einen Sekundäreffekt darstellt, ist unklar. Die Akropachie wird als systemisch an den distalen Extremitätenabschnitten vorkommende Osteopathie beim Menschen und unter den Haustieren am häufigsten beim **Hund**, weit seltener bei **Pferd**, **Rind** und **Schaf** im Zusammenhang mit raumfordernden Prozessen im Brustraum (Tumoren, chronische Tuberkulose, Lymphknoten- und Ösophagusgranulome usw.) beobachtet. Pathologisch-anatomisch handelt es sich um eine periostale, warzige bis blumenkohlartige, spongiöse Knochenzubildung (Abb. 10. 3), die in einem chronisch-ödematösen, hypervaskularisierten, teils knorpelig-metaplastischen Bindegewebe eingebettet liegt. Entzündliche Begleiterscheinungen kommen vor, weshalb auch von einer Osteoperiostitis gesprochen wird. Die Genese des Leidens ist, wie angedeutet, nicht gänzlich erforscht, jedoch ist zu vermuten, daß ihm eine Vasomotorenstörung zugrunde liegt. Nach Beseitigung der raumfordernden Prozesse bzw. der kardiopulmonalen Kreislaufstörungen können sich die periostalen Hyperplasien wieder zurückbilden.

10.1.5 Stoffwechselstörungen

Bei den durch Stoffwechselstörungen verursachten Knochenerkrankungen besteht die Schwierigkeit, daß diese z. T. morphologisch, z. T. aber auch ätiologisch definiert sind. Daher ist dieser Abschnitt auch entsprechend gemischt gegliedert. Dem Knochen steht nur eine relativ beschränkte Zahl an Reaktionsmöglichkeiten zur Verfügung. Deshalb können sehr verschiedene Ursachen ähnliche oder gleiche Veränderungen hervorrufen. Oft handelt es sich hierbei um chronisch-dynamisch fortschreitende Veränderungen, die im Laufe ihrer Entwicklung unterschiedliche morphologische Substrate haben. Das bei der Sektion oder am Bioptat ermittelte Bild ist aber eine statische Momentaufnahme. Daher kann, je nach Krankheitsstadium, die gleiche Ursache verschiedene pathomorphologische Bilder erzeugen. Oft spielen gleichzeitig weitere, z. T. nicht oder nur schlecht erfaßte ätiologische und pathogenetische Faktoren in der Ausprägung der Erkrankung eine Rolle. Auch dies kann verschiedene pathomorphologische Zustandsbilder bei gleicher Hauptursache bedingen. Weiterhin ist zu beachten, daß z. T. erhebliche Speziesunterschiede in der Reaktion auf vergleichbare pathologische Zustände bestehen.

Das Stoffwechselgeschehen im Knochen wird hauptsächlich durch ein komplexes **Zusammenwirken hormoneller und nutritiver (Vitamine, Mineralien) Faktoren** gesteuert.

Somatotropin, das in der Hypophyse gebildete Wachstumshormon, ist für die normale Ausreifung des Knochens nötig. Sein ***Mangel*** bewirkt *Zwergwachstum (hypophysärer Zwergwuchs;* *s.* S. 462). Eine spezielle Form hypophysären Zwergwuchses findet sich gelegentlich beim Kalb auf der Grundlage von Hypophysenaplasie als Teilbild schwerer Hirnmißbildungen (s. S. 364).

Infolge Fehlens des somatotropen Hormons (STH) bleiben die Feten relativ klein, und wegen des Ausbleibens der über plazentare und wiederum hypophysenabhängige (ACTH) Prostaglandinbildung induzierten Luteolyse wird die Gestationszeit z. T. um Monate verlängert. *STH-Überschuß* induziert im jugendlichen Organismus ***hypophysären Riesenwuchs***, beim adulten Tier kommt es jedoch im Gegensatz zum Menschen nur sehr selten zur ***Akromegalie***.

Schilddrüsenhormone sind für die physiologische Gestaltung des Knochens ebenfalls unerläßlich. So verursacht *Schilddrüsenunterfunktion* im jugendlichen Organismus eine Wachstumsverlangsamung aller Knochen (***hypothyreoter Zwergwuchs*** bzw. ***Kretinismus***). Die jugendlichen Skelettproportionen bleiben erhalten, und der relativ kleinvolumige Schädelinnenraum bedingt nach zeitgerechtem oder verfrühtem Schluß der Schädelnähte eine Kraniostenose mit m.o.w. erheblicher Beeinträchtigung der Hirnentwicklung. Beim Fohlen sind Gliedmaßendeformierungen, Hypoplasie der Tarsal- und Karpalknochen sowie Prognathia superior im Zusammenhang mit Schilddrüsenunterfunktion aufgetreten. *Schilddrüsenüberfunktion* induziert eine Wachstumsbeschleunigung und kann als Folge der negativen Stoffwechselbilanz in schweren Fällen eine ***Osteoporose*** auslösen (s. S. 326 u. unten).

Östrogene und mehr noch **Androgene** fördern einerseits das Knochenwachstum, veranlassen andererseits aber den wachsenden Knochen zum Epiphysenfugenschluß, der bei erhöhten Spiegeln verfrüht einsetzt. Ein Mangel an diesen Geschlechtshormonen bewirkt dementsprechend beim noch wachsenden Tier in speziesabhängig unterschiedlicher Ausprägung überproportionales Wachstum der Röhrenknochen mit Erhaltenbleiben der jugendlichen Beckenproportionen (***eunuchoider Riesenwuchs***). Im Gegensatz zur Situation bei der Frau führen niedrige Östogenspiegel bei der ausgewachsenen Hündin aber nicht zur Osteoporose.

Längerdauernder Überschuß an **Glukokortikoiden**, gleichgültig ob exogen verabreicht oder endogen gebildet (s. CUSHING-Syndrom S. 463), verursacht u. a. über eine Hemmung der Kollagensynthese die Ausbildung einer ***Osteoporose*** (s. S. 326).

Das wichtigste Hormon für den Knochenstoffwechsel ist das in den Epithelkörperchen gebildete **Parathormon** (Parathyrin = PTH). Es wird als Antwort auf eine Hypokalzämie oder niedrige Spiegel an 1,25-Dihydroxycholecalciferol (Vitamin D_3) gebildet und ausgeschüttet. PTH hemmt die Osteoblastenaktivität (Hemmung der Transskription der Prokollagen m-RNS) und stimuliert auf nicht im einzelnen bekanntem Weg die Osteoklasten (Osteoklasten haben selbst keinen Parathormonrezeptor). Hierbei spielt die durch PTH induzierte Interleukin-Synthese und -Freisetzung (IL-1 und IL-6) in Osteblasten aber zumindest eine Rolle. Es kommt zum Knochenabbau mit Freisetzung von Ca, das in der Knochenmatrix z. T. gegen Na und K ausgetauscht wird, so daß nicht im gleichen Ausmaß auch Phosphat abgegeben wird. In der Niere verursacht Parathormon über eine Hemmung der Phosphatrückresorption eine erhöhte Phosphatausscheidung sowie eine verminderte Ausscheidung von Ca.

Während Parathormon mehr für die längerfristige und gröbere Regulation verantwortlich ist, obliegt die schnelle Feinsteuerung seinem Gegenspieler, dem in den parafollikulären Zellen der Schilddrüse gebildeten **Calcitonin.** Die Calcitoninausschüttung erfolgt als Reaktion auf eine Hyperkalzämie und hemmt am Knochen die Osteoklastenaktivität. Calcitonin erhöht die Ca- und Phosphatausscheidung in der Niere und verursacht als Nettoeffekt eine Senkung der Ca-und Phosphatblutspiegel. Im Gegensatz zum Parathormon scheint ein längerfristig erhöhter Calcitoninspiegel keine pathologischen Knochenveränderungen zur Folge zu haben.

Das für den Knochenstoffwechsel wichtigste Vitamin ist das **Vitamin D**. Es wird in Form von Ergosterin (in Pflanzen) oder 7-Dehydrocholesterin (in tierischen Geweben) im Darm resorbiert. Aus diesen Vorstufen entsteht in der Haut unter UV-Lichteinwirkung *Ergocalciferol (Vitamin D_2)* bzw. *Cholecalciferol (Vitamin D_3)*, das in der Leber zu *25-Hydroxycholecalciferol* (25 [OH] D_3) und in der Niere zu *1,25-Dihydroxycholecalciferol* (1,25 $[OH]_2D_3$) oxidiert wird. Letztere Verbindung stellt die biologisch weitaus aktivste Form dar, wobei es sich dann streng genommen eigentlich um ein Steroidhormon handelt. 1,25-Dihydroxycholecalciferol induziert im Darm die Synthese eines Ca-bindenden Proteins und erhöht so die enterale Ca-Resorption, aber gleichzeitig auch die Phosphatresorption. Die renale Ca- und P-Ausscheidung wird vermindert. Am Knochen induziert 1,25 $(OH)_2D_3$ wahrscheinlich ebenfalls die Bildung eines Ca-bindenden Proteins und führt zur Mineralisation des Osteoids durch Ausfällung von Kalziumphosphat in Form des Apatits. Bei Anwesenheit von Parathormon unterstützt $1{,}25(OH)_2D_3$ die Ca-Freisetzung. Hohe Serumkonzentrationen an Parathormon, Prolaktin und Östrogenen sowie Hypokalzämie und Hypophosphatämie fördern die Bildung von $1{,}25(OH)_2D_3$ aus $25(OH)D_3$. Hohe $1{,}25(OH)_2D_3$-Spiegel vermindern und niedrige Spiegel steigern die Produktion von Parathormon. Bei niedrigen Parathormon- und hohen Ca-Spiegeln wird dagegen anstelle der $1{,}25(OH)_2D_3$-Bildung die Synthese eines anderen, weniger aktiven Metaboliten, des 24,25Dihydroxycholecalciferols ($24{,}25[OH]_2D_3$) stimuliert. $24{,}25(OH)_2D_3$ unterstützt am Knochen die $1{,}25(OH)_2D_3$-Wirkung und ist für die Biosynthese der Bindegewebsgrundsubstanz wichtig. Die renale Ca- und P-Ausscheidung scheint durch $24{,}25(OH)_2D_3$ effektiver gehemmt zu werden als durch $1{,}25(OH)_2D_3$. Die reelle Bedeutung des 24,25 $(OH)_2D_3$ ist jedoch umstritten.

Vitamin A beeinflußt auf nicht im einzelnen bekanntem Weg die Remodellierung des Knochens und ist für die normale Knochengestaltung essentiell. **Vitamin C** ist für die Synthese des Kollagens im Osteoid notwendig, spielt jedoch, soweit bekannt, beim Haustier aufgrund endogener Synthese kaum eine Rolle bei der Entstehung von Skelettveränderungen. Jedoch sind beim Skorbut des Meerschweinchens und des Affen entsprechende Knochenveränderungen beschrieben.

Eine noch nicht im einzelnen bekannte Rolle im Knochenstoffwechsel und dessen Aberrationen spielt auch der **Transforming Growth Factor-ß** (TGF-ß). Das Knochengewebe ist der größte Produzent des TGF-ß, der in Osteoblasten eine Proliferation und Differenzierung induziert, während er die Osteoklastenbildung sowie die Knochenresorption hemmt. Auch die Bedeutung anderer Wachstumsfaktoren wie z.B. des **Insulin-like Growth Factor** (IGF) ist noch nicht voll erfaßt. Er stimuliert zusammen mit dem

Wachstumshormon die Knochenbildung und fördert die Aktivität der 25(OH)D_3-1-Hydroxylase sowie die P-Rückresorption in der Niere. Vom **Platelet-Derived Growth Factor** (PDGF) ist bekannt, daß er z.B. für die Frakturheilung Bedeutung hat, indem er auf Osteoblasten mitogen wirkt.

Für den Knochenstoffwechsel ist es wichtig, daß die essentiellen Knochenbestandteile nicht nur in absolut ausreichender Menge zur Verfügung stehen, sondern es kommt, insbesondere bei den Mineralien, auch auf das mengenmäßige Verhältnis der einzelnen Substanzen zueinander in der Nahrung an. Dies ist vor allem für die Ca/P-Relation wichtig. Insgesamt gilt, daß ein „optimaler" Wert für den Gehalt eines Minerals in der Nahrung nur gilt, wenn die anderen dieses und sich gegenseitig beeinflussenden Mineralien ebenfalls im Optimum sind. Die minimal erforderlichen und maximal ohne pathologische Folgen tolerierten Grenzwerte für Mineralien beeinflussen sich somit gegenseitig. Daher kann eine mit der Nahrung zugeführte Substanzmenge einmal eine Krankheit auslösen oder zumindest unterstützen und ein anderes Mal im Normbereich liegen.

10.1.5.1 Osteoporose

Unter Osteoporose *(Knochenatrophie, Osteopenie)* versteht man jede systemische oder lokale sekundäre Verminderung der Knochensubstanz, bei der die normale Knochenstruktur erhalten bleibt. Der ständig in jedem Knochen ablaufende Auf- und Abbau befindet sich nicht mehr im Gleichgewicht. Der Abbau überwiegt im Vergleich zum Aufbau. Es kommt zu einer Verschmälerung der Knochenkompakta und zu einem Schwund von Knochenbälkchen. Derartig porosierte, zarte Knochen zeigen erhöhte Frakturneigung.

Unter den ***generalisierten Osteoporosen*** spielen die ernährungsbedingten und die senilen Formen die größte Rolle. *Ernährungsbedingte Osteoporosen* finden sich bei verschiedenen chronisch-auszehrenden Krankheiten und gehen dann i. a. auch mit einer gallertigen Knochenmark- und Fettgewebsatrophie einher. Hier spielen vor allem Magen-Darmparasitosen und primäre Malabsorptionssyndrome eine Rolle. Entsprechend kann auch chronische Unterernährung über Protein- und Kalorienmangel (negative Stoffwechselbilanz) eine Osteoporose auslösen. Im Alter kommt es ebenfalls zu einem Überwiegen des Knochenabbaus gegenüber dem Knochenaufbau, so daß sich eine *senile Osteoporose* entwickelt, die insbesondere bei **Katze** und **Hund** von Bedeutung ist.

Andere Ursachen einer Osteoporose sind der *Mangel* an bestimmten *Mineralien* (besonders Ca und P), *Spurenelementen* und *Vitaminen* sowie *Vergiftungen,* die im folgenden unter der jeweiligen Ätiologie besprochen werden. *Glukokortikoide* und *Schilddrüsenüberfunktion* als Ursachen von Osteoporosen wurden bereits erwähnt (s. S. 325).

Örtliche Knochenatrophien lassen sich kausalgenetisch in Druckatrophien, Inaktivitätsatrophien, zirkulatorisch bedingte und trophoneurotische Atrophien einteilen, die auch z.B. mit kombinierter Pathogenese nach Frakturen u.ä. auftreten können *(SUDECKsche Atrophie)*.

10.1.5.2 Osteomalazie

Unter dem Begriff Osteomalazie werden jene Skeletterkrankungen zusammengefaßt, in deren Verlauf das im ausgereiften Knochen neu gebildete Osteoid nicht ausreichend mineralisiert wird. Damit einher geht meist auch ein Schwund an spongiöser und kompakter Knochensubstanz, verursacht durch eine Osteoklastenvermehrung und gesteigerte Knochenresorption. Durch diese „Knochenerweichung" kommt es zu erhöhter Frakturbereitschaft, multiplen Kallusbildungen an besonders beanspruchten Knochenregionen, Knochenverbiegungen, Beckeneinengungen, Wirbelsäulendeformierungen sowie zu subkondylären Gelenksverformungen und -einbrüchen.

Als Ursachen kommen hauptsächlich absoluter P- und Vitamin D-Mangel in Frage, aber auch länger anhaltende Störungen des Ca/P-Verhältnisses in der Nahrung, die über Ausfällung von unlöslichem Kalziumphosphat zum absoluten Mangel an resorbierbarem P führen.

Die Osteomalazie findet sich am häufigsten beim **Rind**, wo sie hauptsächlich durch P-Mangel hervorgerufen wird. Vielfach werden nur Tiere mit erhöhtem Mineralbedarf, also trächtige oder laktierende Kühe betroffen, während die übrigen Tiere der Herde den Mangelzustand noch zu kompensieren vermögen.

10.1.5.3 Rachitis

Rachitis hat dieselben Ursachen wie die Osteomalazie und geht auch mit einer mangelhaften Mineralisation des Osteoids einher. Sie tritt aber ausschließlich am jugendlichen, wachsenden Knochen auf. Die wesentlichsten rachitischen Veränderungen betreffen daher die enchondralen Verknöcherungsvorgänge im Epiphysenbereich.

Bei der Rachitis ordnet sich die Knorpelmatrix zwar zum Säulenknorpel, doch bleibt die primäre Mineralisation am Knorpelmodell unvollständig oder sogar ganz aus. Unmittelbare Folge ist eine mangelhafte Degeneration des Säulenknorpels und damit eine deutliche Verbreiterung der Epiphysenknorpelzone. Mit der verzögerten Knorpeldegeneration geht eine unzureichende Kapillarsprossung, d. h. eine unzureichende Knorpelresorption einher, und das neugebildete Osteoid wird nur unvollständig mineralisiert. Insgesamt gesehen resultiert aus diesen Störungen des Knochenwachstums und der Knochenreifung eine verbreiterte und weiche Epiphysenzone, die histologisch grobe Unregelmäßigkeiten in der Anordnung der verschiedenen Gewebsanteile erkennen läßt. Das pathologisch-anatomische Äquivalent zu dieser Störung ist eine Knochenauftreibung, besonders an solchen Epiphysen, die einer starken mechanischen Normalbelastung unterliegen.

Klinisch treten demzufolge derartige Veränderungen an verschiedenen Extremitätengelenken und am Rippenknorpel *(rachitischer Rosenkranz)* in Erscheinung. Demgegenüber ist die Wirbelsäule bei Haussäugetieren nicht so deutlich in Mitleidenschaft gezogen wie beim vertikal orientierten Skelett des Menschen.

Rachitis kann grundsätzlich bei allen Haustieren vorkommen, wird aber hauptsächlich beim raschwüchsigen **Schwein** (hier auch erblich als Folge einer Störung der 1,25-Dihydroxycholecalciferol-Synthese in der Niere infolge Mangel an 25 [OH] D_3-1-Hydroxylase) und bei **Fleischfressern** mit unausgeglichener Mineral- (P-) und Vitamin D-Versorgung gesehen. In Ställen oder Wohnungen gehaltene Jungtiere sind mehr gefährdet als Tiere, die im Freien leben und den für die Synthese der Vitamine der D-Gruppe wichtigen ultravioletten Strahlen ausgesetzt sind. Viele Rachitisformen bei Tieren werden bedingt oder begünstigt durch eine unzureichende Mineralversorgung, die entweder primär gegeben ist oder durch chemische Bindung von Kalksalzen an organische Säuren im Futter verursacht wird. Das Vorkommen einer reinen Vitamin D-Mangelrachitis, wie sie beim Menschen bekannt ist, wird für die Haustiere vielfach bestritten.

10.1.5.4 Osteodystrophia fibrosa

Die Osteodystrophia fibrosa geht mit einer erhöhten Resorption mineralisierten Knochens infolge gesteigerter Osteoklastentätigkeit und einem Ersatz des normalen Knochengewebes durch nicht ausreichend mineralisiertes Osteoid sowie durch kollagenes Bindegewebe einher. Der zentrale pathogenetische Mechanismus ist der ***Hyperparathyreoidismus*** (Epithelkörperchenüberfunktion), dessen morphologisches Substrat eine Hyperplasie oder ein Tumor der Parathyreoidea ist (s. S. 472). Der Hyperparathyreoidismus wird in verschiedene Untergruppen gegliedert. Beim *primären Hyperparathyreoidismus* handelt es sich um idiopathische Hyperplasien oder um endokrin aktive Nebenschilddrüsentumoren. Diese Form ist beim Haustier extrem selten. Der *sekundäre Hyperparathyreoidismus* entsteht als Gegenregulation auf eine länger anhaltende Hypokalzämie und/oder einen Mangel an $1{,}25(OH)_2D_3$. Beim *renalen Hyperparathyreoidismus* ist dies durch chronische Niereninsuffizienz bedingt, beim *alimentären Hyperparathyreoidismus* durch einen P-Überschuß und Ca-Mangel in der Nahrung. Von *tertiärem Hyperparathyreoidismus* spricht man, wenn ein sekundärer Hyperparathyreoidismus im Laufe des Krankheitsgeschehens autonom wird, also nicht mehr als Antwort auf einen Mangelzustand besteht, sondern unabhängig von den aktuellen Blutspiegeln ständig Parathormon im Überschuß produziert wird.

Der ***Pseudohyperparathyreoidismus*** (Induktion von Hyperkalzämie durch Synthese von Parathormon, Parathormonanalogen oder Prostaglandinen in nichtparathyreoidalen Tumoren, z. B. Leukose, Analbeutelkarzinome) wird an anderer Stelle besprochen (s. S. 191 u. 472), da die systemische Auswirkung auf den Knochen i. a. relativ gering ist.

Die Osteodystrophia fibrosa infolge eines ***renalen Hyperparathyreoidismus*** ist besonders beim **Hund** ein wichtiges Krankheitsbild. Bei chronischer Niereninsuffizienz (oft im Zusammenhang mit einer Schrumpfniere, s. S. 473) mit Verminderung des Glomerulumfiltrates kommt es zu einer P-Retention. Die konsekutive Hyperphosphatämie führt – entsprechend dem Massenwirkungsgesetz – zu einer Erhöhung der Kalziumphosphatkonzentration im Blut. Da Kalziumphosphat extrem schlecht löslich ist, kommt es zu einer Ausfällung dieser Verbindung („Verkalkung"), sobald das Produkt der Konzentrationen (in mg/dl) von Ca und anorganischem P im Serum größer als 60 wird. Die Hyperphosphatämie verursacht auf diesem Wege eine Hypokalzämie, auf die die Nebenschilddrüse mit einer regulativen Hyperplasie reagiert. Das ausgeschüttete Parathormon würde an der gesunden Niere über Hemmung der tubulären Phosphatrückresorption eine gesteigerte Phosphatausscheidung und gleichzeitig eine Verminderung der renalen Ca-Ausscheidung induzieren. Die insuffiziente Niere spricht jedoch oft nur noch schlecht auf das Hormon an, so daß, zusätzlich zur ohnehin eingeschränkten Glomerulumfiltration, dieser Regulationsmechanismus nicht in vollem Umfang wirksam werden kann. Ein zweiter pathogenetischer Mechanismus bewirkt, daß die Niere zur weiteren Hydroxylierung des in der Leber aus der Vitamin D-Vorstufe Cholecalciferol gebildeten 25-Hydroxycholecalciferols, die in den Epithelzellen des proximalen Tubulus abläuft, nicht mehr in ausreichendem Maße in der Lage ist. Es fehlt dann an der biologisch aktivsten Form, dem 1,25-Dihydroxycholecalciferol, so daß es nun auch zum Mangel an Ca-Transportprotein im Darm und zu einer ungenügenden Ca-Aufnahme aus der Nahrung kommt. Dies verstärkt wiederum die Hypokalzämie. Zusätzlich reagiert die Nebenschilddrüse auch auf einen niedrigen $1{,}25(OH)_2D_3$ -Spiegel allein schon mit einer verstärkten Parathormonausschüttung, so daß das Krankheitsbild auch bei normalen Ca-Blutspiegeln entstehen kann. Inwieweit als dritter pathogenetischer Mechanismus eine verstärkte renale Ca-Ausscheidung infolge der bei chronischer Niereninsuffizienz sich einstellenden metabolischen Azidose eine Rolle spielt (Ausscheidung von Ca als Gegenion anstelle von Protonen), ist umstritten.

Der ***alimentäre Hyperparathyreoidismus*** entwickelt sich, wenn in der Nahrung das Ca/P-Verhältnis stark zugunsten des P verschoben ist. Die Ausprägung des Krankheitsbildes geschieht schneller und ist schwerer, wenn die Ca- und Vitamin D-Versorgung über die Nahrung suboptimal sind. Es kommt zu hohen Serum-P- und zu niedrigen Serum-Ca-Spiegeln. Letztere aktivieren wiederum die Parathyreoidea. Hohe Serum-P-Spiegel hemmen die Hydroxylierung des 25-Hydroxycholecalciferols in der 1-Position, so daß auch hier wieder eine Erhöhung der Parathormonkonzentration im Serum mit einem zumindest relativ zum 1,25-Dihydroxycholecalciferol erhöhten 25-Hydroxycholecalciferol-Spiegel einhergeht. 25-Hydroxycholecalciferol hat zwar nur eine schwache Wirkung auf die Ca-Resorption im Darm, wirkt aber am Knochen ebenso wie die 1,25-dihydroxylierte Verbindung bei hohen Parathormonspiegeln synergistisch zu diesem.

Der alimentäre Hyperparathyreoidismus spielte vor allem früher bei **Pferden** mit starker Kleiefütterung (Müllereipferde) eine Rolle und kommt heute noch auf Weiden mit oxalatreichen (Ca-Ausfällung) tropischen Gräsern vor. Er ist beim Schaf nicht beschrieben und tritt auch beim Rind nur selten auf. Dagegen findet er sich häufiger bei **Ziegen**. Beim **Schwein** – besonders empfindlich sind Schweine während des Skelettwachstums – kommt er infolge ausgewogener Diät praktisch nicht mehr vor. Bei **Hund** und **Katze** kann er sich infolge reiner Herzmuskel- oder Innereienfütterung einstellen.

Durch den Einfluß des Parathormons kommt es infolge der gesteigerten Osteoklastenaktivität zur vermehrten Resorption mineralisierten Knochens (Ca-Mobilisierung) und dessen Ersatz durch ungenügend mineralisiertes Osteoid sowie kollagenes Bindegewebe. Der Knochen kann dabei seine Form erhalten *(isostotische Form der Osteodystrophie)*, seinen Umfang vermehren *(hyperostotische Form)* oder auch an Substanz verlieren *(hypostotische Form)*. Die Veränderungen betreffen am stärksten die mechanisch stark beanspruchten Knochen wie Unter- und Oberkiefer (Rubber-Jaw der Hunde, Nilpferdkopf der Pferde), Rippen und lange Röhrenknochen. Die Knochen werden weich, z. T. sogar schneidbar, und im Kiefer kommt es zu Lockerung und Verlust der Zähne. Spontanfrakturen sind möglich. Bei Überschreitung des Löslichkeitsproduktes von Ca und P im Serum kommt es zu Verkalkungen im gesamten Organismus, wobei das Verkalkungsmuster demjenigen der *metastatischen (hyperkalzämischen) Verkalkung* entspricht. Hyperkalzämien finden sich – entsprechend der Pathogenese der Osteodystrophia fibrosa – vorwiegend beim primären und tertiären Hyperparathyreoidismus, den beiden selteneren Formen.

Eine Osteodystrophie unbekannter Ursache stellt die ***Hypertrophische Osteodystrophie*** des **Hundes** dar. Sie tritt bei schnell wachsenden Junghunden großwüchsiger Rassen auf. Es kommt zur Verdickung der Metaphysen, insbesondere der langen Röhrenknochen. Auch können extraossäre Verkalkungen vorkommen. Werden die Hunde nicht wegen hochgradiger Lahmheit getötet, kommt es i.d.R. zur Ausheilung. Bezüglich der *hypertrophischen Osteopathie* im Zusammenhang mit einer Staupevirus-Infektion s. S. 333.

10.1.5.5 Stoffwechselstörungen durch Imbalancen in der Mineralstoff- und Spurenelementversorgung

Die wichtigsten Krankheitsbilder als Folgen unausgeglichener Mineralstoffversorgung wurden bereits besprochen (Osteoporose, Osteomalazie, Rachitis, Osteodystrophia fibrosa).

Ein den Knochenstoffwechsel negativ beeinflussender, längerdauernder ***Ca-Mangel*** bei sonst ausgeglichener Mineralstoffversorgung kommt unter natürlichen Verhältnissen kaum vor. Unter experimentellen Bedingungen erzeugt er eine Osteoporose. In Kombination mit einem P-Überschuß bewirkt er i. a. die Entwicklung einer Osteodystrophia fibrosa.

Ca-Überschuß in der Nahrung spielt nur insoweit eine Rolle, als er über Ausfällung unlöslichen und nicht resorbierbaren Kalziumphosphats zum P-Mangel führen kann.

P-Mangel in der Nahrung verursacht meist eine Osteomalazie bzw. beim Jungtier eine Rachitis, kann jedoch auch – eventuell infolge der mit P-Mangel öfters verbundenen Anorexie – eine Osteoporose auslösen.

Alimentärer ***P-Überschuß*** führt zur Osteodystrophia fibrosa (s. S. 327), wobei die Entwicklung der Erkrankung aber über osteomalazische Vorstufen ablaufen kann.

Hinsichtlich Kupfer ist für das Skelett nur der ***Cu-Mangel*** von pathologischer Bedeutung. Es kommt zur Reduzierung der Osteoblastenaktivität (die Bildung elastischer Fasern und ihre Vernetzung mit Kollagenfasern ist beeinträchtigt), während die Knochenresorption ungestört abläuft. Dadurch entwickelt sich eine Osteoporose. Der Bedarf an Kupfer in der Nahrung ist vom *Molybdängehalt* des Futters abhängig und steigt mit diesem an.

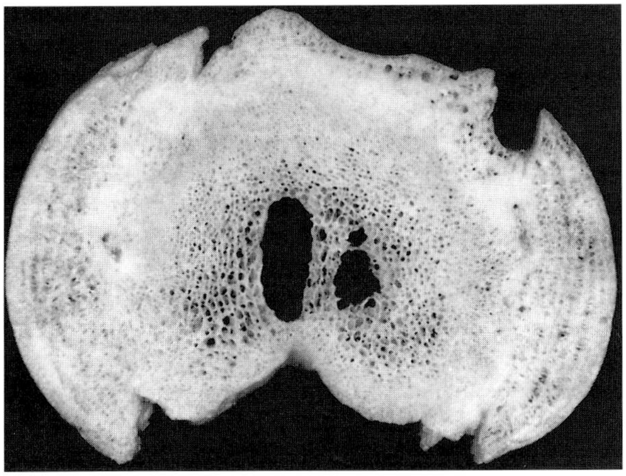

Abb. 10.4 Hyperostotischer Knochenumbau eines Röhrenknochens bei chronischer *Fluorvergiftung,* Rind.

Obwohl Fluor ein essentielles Spurenelement ist, sind nur ***Fluorvergiftungen*** (Fluorosen), aber keine Fluormangelzustände bekannt. Allein die *chronische Fluorvergiftung* ruft am Knochen Veränderungen hervor. Sie wird i. a. nur bei Weidetieren, also bei **Rind** und **Schaf**, beobachtet. Fluor wird als Kalziumfluorid oder Fluorapatit im Knochen eingelagert und führt über eine Hemmung der Mineralisierung des Osteoids erst von relativ hohen Einbauquoten an zu Osteopathien. Am wachsenden Skelett kommt es zu rachitisartigen Veränderungen. Bei erwachsenen Tieren entwickelt sich eine *Osteomalazie,* bei der allerdings gleichzeitig vorwiegend in den stoffwechselaktiven Knochenregionen, d. h. vor allem in Periostalbereichen, zusätzlich hyperostotische Prozesse mit lamellenartiger Apposition von Knochen ablaufen (Abb. 10. 4). Auch die Muskel- und Sehnenansätze zeigen oft massive periostale Exostosen. An den Zähnen entstehen lokale *Schmelzdefekte* und bräunliche Schmelzpigmentierungen (s S. 145).

Im wachsenden Organismus führt die ***chronische Pb-Vergiftung*** dazu, daß die Chondroblasten eine zwar verkalkende, aber nicht resorbierbare Knorpelmatrix bilden. Die Knochenbildung ist retardiert, so daß es zu osteoporotischen Krankheitsbildern mit erhöhter Knochenfragilität kommt, dies insbesondere bei jungen **Schafen** auf Weiden in der Nachbarschaft von Bleiminen.

10.1.5.6 Stoffwechselstörungen durch Imbalancen in der Vitaminversorgung

Das für den Knochenstoffwechsel wichtigste Vitamin, das Vitamin D, wurde bereits ausführlich hinsichtlich des *Vitamin D-Mangels* besprochen (vgl. Osteomalazie, Rachitis, Osteodystrophia fibrosa).

Auch die ***D-Hypervitaminose*** spielt eine nicht unbedeutende Rolle innerhalb der Osteopathien unserer Haustiere, hier insbesondere beim **Rind**. Sie entwickelt sich nach Überdosierung oder bei alimentärem Überangebot. Bei Weidetieren kommt in einigen Regionen auch die Aufnahme von Pflanzen mit Vitamin D-artigen Wirkstoffen ätiologisch in Betracht. In der Bundesrepublik (Voralpengebiet) und Österreich ist dies Goldhafer *(Trisetum flavescens),* der auch für das Krankheitsbild ***Kalzinose*** (s. S. 9, 32 u. 117) verantwortlich ist. Durch die synergistische Wirkung zum Parathormon bei hohen PTH-Spiegeln kommt es zuerst zu einer gesteigerten Knochenresorption *(Osteoporose)*, der eine vermehrte Synthese unzureichend mineralisierten Osteoids *(Osteomalazie)* folgt. Später wird dieses Osteoid dann doch noch vollständig mineralisiert, wobei es zur Einengung des Markraumes und durch periostale Zubildung auch zur Verdickung der Kompakta kommt *(Osteosklerose)*.

Beim **Kalb** führt ***Vitamin A-Mangel*** zu Proliferations- und Synthesestörungen der Osteo- und Chondroblasten. Insbesondere bewirkt die Retardierung des periostalen Knochenabbaus eine Einengung des Schädelraumes, der Schädelforamina und des Rückenmarkkanals. ***Kraniostenosen*** mit konsekutiver *Optikusatrophie* (s. S. 385 u. 427 u. Abb. 11.15) sind dabei die wichtigste Folge. Die gleichen Vorgänge können beim **Hund** Taubheit auslösen. Beim **Fohlen** kann es unter Vitamin A-Mangel zur *Epiphysiolyse* (s. S. 331) am Femurkopf kommen. Ähnliches scheint für manche Formen der Epiphysiolyse beim männlichen **Schwein** zu gelten. Für beide Krankheitsbilder werden allerdings unter den Kausalfaktoren auch noch Vitamin B_2- und Vitamin C-Mangel genannt.

Die ***A-Hypervitaminose*** spielt bei der **Katze** eine Rolle. Sie findet sich i. a. bei über zwei Jahre alten Tieren und wird durch längerdauernde und einseitige Leberfütterung (besonders Rinderleber) verursacht. Es entwickeln sich periostale Exostosen, die vor allem dorsal und lateral an den zervikalen Halswirbeln (Abb. 10.5), u. U. auch Brustwirbeln, sowie im proximalen Bereich der Vordergliedmaßen auftreten. Bevorzugt sind Band- und Sehnenansätze betroffen. Es kommt zu ausgedehnten Ankylosierungen. Insbesondere nach Gelenkversteifung kann eine Gelenkknorpeldegeneration mit konsekutiver Pannusbildung ablaufen. Als wesentliche Folgen dieser Vorgänge, die regelmäßig noch durch Mikrofrakturen in den Hyperostosen und entsprechende Kallusbildung kompliziert werden, sind Druckatrophien und Entzündungen der Nervenwurzeln infolge Einengung der Forr. intervertebralia zu nennen.

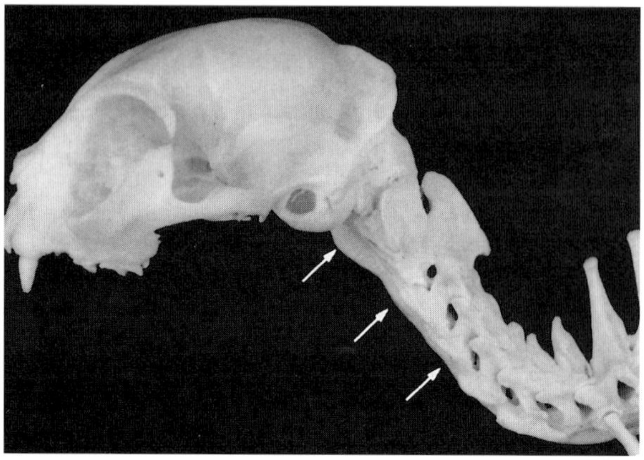

Abb. 10.5 Hyperostotisch-ankylosierende Veränderungen (Pfeile) an der Halswirbelsäule der Katze infolge *A-Hypervitaminose.*

Der ***Vitamin C-Mangel*** führt bei Haustieren nur ausnahmsweise zu Osteoporosen, da nur Affen, Meerschweinchen und der Mensch auf exogene Ascorbinsäurezufuhr angewiesen sind. Gelegentlich kann es aber auch im Falle gestörter Eigensynthese des Vitamins, bevorzugt bei **Hund**, **Schwein** und **Katze**, zu einem osteoporotischen Bild vom Typ des Morbus MÖLLER-BARLOW kommen. Es sind dann i.a. junge Tiere betroffen, bei denen sich vor allem Blutungen in Knochenmark und Periost, Epiphysenauftreibungen und Zahnfacherkrankungen zeigen. Diesen Vorgängen liegen Störungen in der Osteoid- und Kollagensynthese zugrunde.

10.1.6 Nekrosen

Knochennekrosen können aus einer örtlichen Ernährungsstörung, aber auch aus unmittelbarer toxischer Einwirkung (Bakterientoxine) resultieren. Unter den Ernährungsstörungen spielen Blutzirkulationsstörungen die Hauptrolle. Sie können ihrerseits von örtlichen Traumatisierungen, Thromboembolien, Erfrierungen und von bestimmten Fehlregulationen der peripheren Blutstrombahn (Ergotismus) ausgehen (s. auch S. 497). Knochennekrosen werden ferner in Gemeinschaft mit Frakturen und Knochenentzündungen gesehen.

Die ***akute Knochennekrose*** gibt sich pathologisch-anatomisch nicht deutlich zu erkennen, lediglich im histologischen Bild findet sich eine schwache oder fehlende Anfärbbarkeit der Zellkerne. Mit Fortschreiten der Nekrose kommt es zu Verflüssigung und Abbau der weiteren Knochenbestandteile und zu einer Ablösung des Periosts. Die Farbe des nekrotischen Knochens reicht von weiß nach braun.

Das weitere *Schicksal der Knochennekrose* gestaltet sich je nach Lage und Größe des nekrotischen Bezirks und nach Nekroseursache recht verschiedenartig: Entweder wird der nekrotische Bezirk nach seiner osteoklastischen ***Demarkation*** resorbiert, und ***Regeneration*** erfolgt durch neugebildetes Knochengewebe oder es kommt zur ***Sequestrierung***. Derartige Knochensequester können nun im Gewebe als tote Elemente liegenbleiben und von neugebildetem Knochengewebe als sogenannte ***Totenlade*** ummauert werden. In vielen Fällen, besonders bei Bestehen einer eitrigen Knochenentzündung, werden die Knochensequester entweder über eine ***Knochenfistel*** eliminiert oder aber zu Ursachen permanenter Fisteln. Resorptive und regenerative *Ausheilung* örtlicher Knochennekrosen sind besonders bei Frakturen recht normale Erscheinungen. Sie können vorübergehend von hyperplastischen Knochenzubildungen begleitet sein. Schließlich bieten primär aseptische Knochennekrosen Ansiedlungsmöglichkeiten für Bakterien, so daß mitunter aus einer ***aseptischen*** eine ***septische Nekrose*** bzw. eine nekrotisierend-eitrige Ostitis wird.

Als spezielle aseptische Nekroseform gilt die ***Femurkopfnekrose***. Sie findet sich hauptsächlich bei jungen **Hunden** kleiner *Terrier-* und *Pudelrassen*, seltener bei Katzen und Schweinen und entspricht der CALVÉ-LEGG-PERTHESschen Krankheit des jugendlichen Menschen. Der Femurkopf bezieht seine Blutgefäßversorgung – solange der Epiphysenfugenknorpel besteht – hauptsächlich über die Gelenkkapsel. Ist diese Blutversorgung z. B. durch erhöhten intraartikulären Druck oder Entzündungen gestört, kann es zirkulationsbedingt zur aseptischen Femurkopfnekrose kommen.

Die speziell das **Pferd** betreffenden Hufbein- und Sesambeinnekrosen werden auf S. 323 beschrieben.

10.1.7 Zusammenhangstrennungen

Diese entstehen durch mechanische Traumen oder durch ungewöhnliche Kontraktionen der am Knochen ansetzenden Muskeln. Als begünstigende Voraussetzungen kommen degenerative Knochenerkrankungen und tumoröse oder entzündliche Knocheneinschmelzungen in Betracht *(pathologische Fraktur).*

Zu unterscheiden sind unvollständige und vollständige Zusammenhangstrennungen, je nachdem, ob Periost und Knochenmark mitzerreißen. ***Unvollständige Brüche***, auch als ***Grünholzfrakturen*** oder ***Infraktionen*** bezeichnet, kommen bei abnorm weichen (malazischen oder porotischen) und jugendlichen Knochen vor. Knochensprünge und -spalten werden als *Fissuren* bezeichnet.

Bruchlinienverlauf und Lage der Bruchstücke kennzeichnen den jeweiligen Charakter einer ***vollständigen Knochenfraktur***. So stellen *Splitter-, Impressions-* und *Lochfrakturen* besondere Bruchformen dar. Verschiebungen der Frakturenden in ihrem Verhältnis zueinander kommen in der Form winkeliger Knickungen = *Dislocatio ad axim*, Verschiebungen in Längsrichtung = *Dislocatio ad longitudinem* oder nach der Seite = *Dislocatio ad latus* und durch Torsion der Bruchstücke in ihrer Längsachse = *Dislocatio ad peripheriam* vor.

Unmittelbar nach der Fraktur finden sich blutige Infiltrationen in der Umgebung der Bruchstelle und im Knochenmark. In weiterer Folge setzen resorptive und proliferative Prozesse ein, die die *Kallusbildung* und damit die *Frakturheilung* einleiten.

Als ***Komplikationen der Frakturheilung*** kommen örtliche Knochennekrosen und sekundäre Infektionen der Frakturregion in Betracht. Ferner ist nur dann eine völlige Wiederherstellung der Knochenkontinuität zu erwarten, wenn die Bruchflächen in normale Lage zueinander gebracht werden und während des Heilungsvorganges in dieser fixiert bleiben. Dislozierte Bruchenden verwachsen entweder überhaupt nicht oder nur in unregelmäßiger Weise miteinander. Bleibt zwischen den Frakturenden eine flexible Bindegewebsbrücke bestehen, spricht man von *Pseudarthrose*, kommt es zu gegenseitigem Abschleifen der Frakturenden mit knorpeliger Überkleidung und periostaler Kapselung, spricht man von *Nearthrose*. *Synostosen* entstehen an benachbarten Knochen dann, wenn diese in gleicher Höhe gebrochen sind und miteinander verwachsen.

Keine eigentliche Kallusbildung zeigen die *Schädelknochen:* Im Defektbereich bildet sich lediglich eine Platte aus kollagenem Bindegewebe mit nur geringer Ossifikationsneigung. Näheres über die Frakturheilung findet sich in den Lehrbüchern der Allgemeinen Chirurgie.

Besondere Formen der Zusammenhangstrennungen sind die *Epi-* und die *Apophysiolyse*. Bei der ***Epiphysiolyse*** kommt es zur Zusammenhangstrennung zwischen Epi- und Metaphyse. Sie kommt vor allem am Femurkopf vor. Die Epiphysiolyse ist entweder traumatisch bedingt (Fleischfresser, Fohlen; Zughilfe bei Kälbergeburt) oder tritt als pathologische Fraktur im Laufe einer Osteomalazie (Schwein, Rind) auf. Beim **Schwein** spielt hier neben einer erblichen Komponente (Vaskularisationsstörungen in der Corticalis des Collum ossis femoris) auch energiereiche und mineralienarme Fütterung eine Rolle. Falls eine Osteochondrose (s. S. 338) die gesamte Epiphyse erfaßt, kann es auch hier zur Epiphysiolyse kommen. Im Verlauf der Femurkopfnekrose tritt sie selten und dann erst sehr spät auf. Auf die Bedeutung des Vitamin A-Mangels wurde bereits hingewiesen (s. S. 329). Unter ***Apophysiolyse*** versteht man die Ablösung des Sitzbeinhöckers in seiner knorpeligen Wachstumszone. Dieses das **Schwein** betreffende, in 80% doppelseitige Bild wird bei trächtigen Jungsauen beobachtet. Ätiologisch werden sowohl ungünstige Stallverhältnisse, insbesondere das Ausgleiten provozierender Boden, als auch genetische Defekte des Formenkreises *Osteochondrosis* genannt. Schwerste Bewegungsstörungen und Festliegen in Grätschstellung erschweren den Geburtsvorgang, so daß der Tod oft über eine Herz-Kreislauf-Insuffizienz eintritt.

10.1.8 Entzündungen

Alle Entzündungen des Knochens spielen sich primär am Gefäß- und Bindegewebsapparat ab, während sich die eigentliche Knochensubstanz nur durch Veränderungen wie Nekrose, Resorption und Apposition von Knochensubstanz am Entzündungsgeschehen beteiligt.

Die einfache ***aseptische Entzündung*** des Knochens ist meist mechanisch-traumatisch bedingt und beginnt, je nach Intensität des Traumas, mit m.o.w. heftigen Blutungen bzw. subperiostalen Hämatomen. Auch die sich bei der Abheilung von Fissuren und Frakturen abspielenden resorptiv-entzündlichen Vorgänge gehören hierher.

Die ***septische Entzündung*** des Knochens wird durch bakterielle, seltener mykotische Infektionen ausgelöst und in ihrem oft chronischen Verlauf unterhalten. Als Infektionswege kommen der direkte (offene Knochenverletzung) und der indirekte bzw. hämatogene in Betracht. Ein Übergreifen infektiöser Prozesse aus der Nachbarschaft auf den Knochen wird ebenfalls beobachtet. Auch kann aus einer Knochennekrose oder einer aseptischen Entzündung durch Absiedelung von Bakterien eine septische Entzündung werden.

Hinsichtlich der Verteilung auf die verschiedenen Knochenelemente wird zwischen *Periostitis, Ostitis* und *Osteomyelitis* unterschieden. Ist der Knochen in seiner Gesamtheit betroffen, wird von *Panostitis* gesprochen.

Die ***eitrige Periostitis*** entsteht sowohl direkt als auch hämatogen und beginnt, je nach Erreger, in einer mehr serös-hämorrhagischen oder einer nekrotisierend-einschmelzenden Weise. Bevorzugt betroffen werden die subperiostalen Zonen. Hier führen serös-eitrige Exsudationen zur Abhebung des Periosts und im weiteren zu Knochenresorptionen. Der Prozeß kann als Phlegmone weiterbestehen und auf den Gesamtknochen im Sinne einer Ostitis und Osteomyelitis übergreifen oder aber zur

Abszedierung *(subperiostaler Abszeß)* führen. Ein Durchbrechen nach außen ist möglich und führt dann zur *Knochenfistel.* Bei ausgedehnten Periostitiden kommt es infolge von Ernährungs- und Stoffwechselstörungen des seiner Knochenhaut beraubten Knochens nicht selten zu kortikalen *Nekrosen* bzw. *Sequestrierungen.* Die *chronischen Periostitiden* gehen mit Gewebszubildungen, wie Fibrose und Ossifikation *(Periostitis fibrosa* oder *ossificans),* einher. Sie werden bei **Pferd** und **Rind** meist infolge rezidivierender Traumen oder besonderer Dauerbelastungen in Gelenknähe, an Band- und Sehnenanheftungen und an bindegewebig verbundenen Knochen (Griffelbein-Metatarsus) gefunden.

Die ***bakteriell bedingte Osteomyelitis*** ist als *Markphlegmone* bzw. *Markabszeß* aufzufassen und führt in der Regel zu einer Einbeziehung des kompakten Knochens *(Ostitis)* in das Krankheitsgeschehen. Einer Ausbreitung innerhalb des Markraumes stehen kaum Widerstände entgegen, sieht man vom Epiphysenknorpel des jugendlichen Knochens ab. Hier können Abschmelzungen zur kompletten Epiphysenlösung führen. Demgegenüber kann der osteomyelitische Prozeß am ausgewachsenen Knochen bis unter den Gelenkknorpel reichen, diesen abheben und auf den Gelenkraum übergreifen (s. S. 341).

Die ***Heilungsaussichten*** sind bei der akuten eitrig-phlegmonösen Osteomyelitis schlecht: Soweit das betroffene Tier nicht an einer Allgemeininfektion zugrunde geht, kommt es zur chronischen Osteomyelitis bzw. Panostitis, deren Hauptsymptome Nekrosen, Sequestrierungen, rarefizierende Ostitis *(Knochenkaries)* und Fistelbildungen sind. Abklingen und Ausheilung der Entzündung führen oft zu erheblichen Knochenzubildungen *(sklerosierende* und *kondensierende Ostitis),* zu Markausmauerungen *(ossifizierende Ostitis)* und zu einer allgemeinen *Osteosklerose* bzw. *Eburnierung.*

Die ***lokal-abszedierenden Osteomyelitiden*** schmelzen bei weiterer Ausbreitungstendenz Knochengewebe ein und führen häufig zu pathologischen Frakturen, hier u.a. zu Einbrüchen von Wirbelkörpern mit Wirbelsäulenverkrümmung. Bleiben die Abszesse begrenzt bzw. können sie demarkiert werden, so bilden sich in ihrer unmittelbaren Umgebung sklerotische Knochenfelder *(Eburnierung).*

Die verschiedenen ***Formen erregerbedingter Knochenentzündungen*** bei Haustieren weisen z. T. sehr charakteristische Erscheinungsbilder auf und lassen sich demzufolge nach morphologischen Gesichtspunkten gut unterscheiden.

10.1.8.1 Bakteriell bedingte Knochenentzündungen

Diese entstehen am häufigsten als ***lokale Formen*** nach Verletzungen bzw. durch Übergreifen von Infektionen aus benachbarten Weichteilen. Nicht immer ist ein akutes Primärstadium klar abgrenzbar, d. h., daß von vornherein ein chronisch-schleichender Verlauf gegeben sein kann. Hierher zählt, als häufigstes Leiden, die *nekrotisierende Knochenentzündung.* Sie tritt in der Folge einer nekrotisierenden Stomatitis und Periodontitis an den Kopfknochen bei **Rind** und **Schwein** auf und führt ferner im Klauenbereich beim Rind, selten beim Schwein, zu ulzerierenden Knochen- und Gelenkveränderungen (s. S. 341). Als Erreger kommen, neben *Fusobacterium necrophorum,* saprophytäre und pathogene *Mischfloren* in Betracht, u. a. auch *Spirochäten.*

Auch die chronisch verlaufende ***Knochenaktinomykose*** des **Rindes**, seltener anderer Tiere, entsteht durch Fortleitung eines lokalen Prozesses in Zahnfleisch und Zahnfach und führt zu extremen Knochenumgestaltungen. Die Knochenaktinomykose, hervorgerufen durch *Actinomyces bovis* (s. S. 523) verkörpert eine progressive, granulomatöse *Panostitis*, in deren Verlauf Knochen eingeschmolzen *(Ostitis rarefaciens)* wird und an dessen Stelle ein unspezifisches Granulationsgewebe, durchsetzt mit miliaren granulomatösen und abszedierenden Herden, tritt. Der Erreger selbst hat sich zu *Drusen* formiert und ist leicht nachzuweisen. Vielfach finden sich zentral verkalkte Drusen. Die Kontinuität des rarefizierten Knochens kann verlorengehen, bleibt aber in den meisten Fällen in der Form filigranartiger, blasig anmutender Auftreibungen bestehen (Abb. 10.6). Je weiter der Prozeß fortschreitet, desto mehr greift er auf die Nachbarschaft (Muskulatur, Kopfhöhlen, Gelenke, ZNS) über und neigt zur Fistelbildung.

Beim **Schwein** kommt es in der Folge von Schwanzamputationen oder von Bißverletzungen (Schwanzbeißen) bevorzugt in den Sakral- und Lumbalwirbeln zur eitrig-abszedierenden bzw. rarefizierenden Osteomyelitis und Ostitis. Als Erreger steht *Actinomyces (Arcanobacterium) pyogenes* im Vordergrund, wobei der Infektionsweg teils über die Lymphgefäße, teils direkt über den Wirbelkanal läuft. Sekundäre Rückenmarkkompressionen bestimmen in vielen Fällen das klinische Verlaufsbild.

Die wichtigsten der hämatogen entstehenden, ***systemischen Formen*** werden durch *Actinomyces (Arcanobacterium) pyogenes* und *Mycobacterium spp.*, d.h. die Erreger der Tuberkulose hervorgerufen. Seltenere Infektionen sind solche durch *Brucella spp.*, *Yersinia pseudotuberculosis* und *Salmonella spp.*. Allen diesen Infektionen

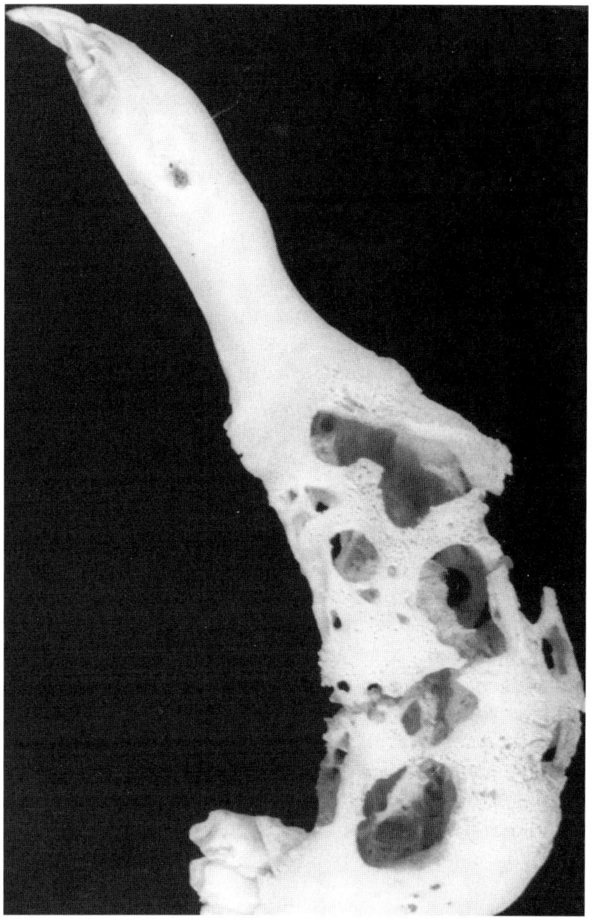

Abb. 10.6 Mazerationspräparat eines Unterkieferknochens mit *Knochenaktinomykose (Actinomyces bovis),* Rind.

ist die Tendenz zur Ausbildung herdförmiger bzw. abszedierender Knochenentzündungen gemein. Die vor allem beim jugendlichen Menschen bekannte, meist durch Staphylokokken bedingte, hämatogene Osteomyelitis purulenta kommt bei Tieren selten vor.

Durch ***Actinomyces (Arcanobacterium) pyogenes*** verursachte Knochenentzündungen werden hauptsächlich bei **Rind**, **Schaf** und **Schwein** als Folgen hämatogener Metastasierungsprozesse beobachtet. Ausgangspunkte sind eitrige Pleuropneumonien, eitrige Fremdkörperprozesse und eitrige Haut- und Gesäugeerkrankungen. Am deutlichsten zeichnen sich die osteomyelitischen Prozesse an den Wirbelkörpern in der Form gelb-grüner Abszesse ab. Sie bilden dort Voraussetzungen für Wirbelkörperimpressionen und -frakturen.

Nekrotisierend-eitrige und phlegmonöse Knochenentzündungen entwickeln sich auch im Rahmen bakterieller Polyarthritis und Tendovaginitis bei **Fohlen** *(Actinobacillus equuli;* Tafel XIX. E;. s. S. 342*)* und **Kalb** *(Streptokokken, Actinomyces pyogenes,* andere *Corynebakterien).*

Auch die ***Knochentuberkulose*** betrifft besonders häufig die Wirbelkörper. Meist als Osteomyelitis beginnend, greift sie alsbald auf Corticalis und Periost über und führt im weiteren zu Rarefizierung und filigranartigen Knochenauftreibungen. Derartige kariöse Knochenläsionen können schließlich von Frakturen und Impressionsdeformationen (Wirbelkörper) gefolgt werden. Bei **Rind** und **Schwein** besteht besondere Neigung zur Entwicklung sogenannter *Konglomerattuberkel. Miliartuberkel* entstehen gelegentlich sowohl im Rahmen einer Früh- als auch einer Spätgeneralisation. Beim Rind besteht eine deutliche Tendenz zur Verkäsung, beim Schwein zu granulomatös-produktiven Formen. Ausschließlich produktiven Charakter zeigt die seltene miliare *Osteomyelitis tuberculosa* des **Pferdes**.

10.1.8.2 Mykotische Knochenentzündungen

Über das Vorkommen mykotischer Knochenentzündungen ist wenig bekannt. Fälle von Osteomyelitis et Periostitis bei ***Kokzidioidomykosen*** (s. S. 528) werden beim **Hund** beobachtet. Beim **Pferd** ist eine den Knochen in chronischen Fällen mit einbeziehende ***Pythidiose*** *(Pythium insidiosum)* beschrieben.

10.1.8.3 Virus-bedingte Knochenentzündungen

Bei viralen Infektionen, die den Knochen mitbetreffen, kann es entweder zu Blutungen und Nekrose, u. a. infolge Gefäßendothelschädigung *(Schweinepest, Hepatitis contagiosa canis, Felines Herpesvirus)*, oder zur Osteosklerose *(Staupe, Feline Leukämievirus-Infektion)* kommen. Das Bild bei der Staupevirusinfektion wird auch als ***hypertrophische Osteopathie*** (Eburnierung vor allem im Bereich der Metaphyse durch Störungen der Knochenmodellierung) bezeichnet. Beim Menschen konnte in einem Teil der Fälle mit PAGET-Krankheit (Osteodystrophia deformans; s. auch S. 323) durch in situ-Hybridisierung Staupevirus-Genom nachgewiesen werden. Die multiplen kartilaginären Exostosen *(Osteochondromatose)* im Zusammenhang mit der FeLV-Infektion wurden bereits erwähnt (s. S. 321).

Bei der *Juvenilen* ***Panostitis*** des **Hundes**, deren Ursache unbekannt ist, kommt es zu Fibrose und Verknöcherung im Knochenmark *(Enostitis, Juvenile Osteomyelitis).* Die

Krankheit tritt unter Bevorzugung männlicher Tiere hauptsächlich bei jungen Hunden großer Rassen auf. Eine Rassedisposition besteht für den Deutschen Schäferhund. Histologisch sind entzündliche Infiltrate (Plasmazellen, Makrophagen) eher selten und auch eine Bluteosinophilie *(Eosinophile Panostitis)* tritt nur unregelmäßig auf.

10.1.9 Tumoren

Geschwülste im Skelettsystem können von allen am Knochenaufbau beteiligten mesenchymalen Gewebsanteilen, d. h. vom *Knorpel,* vom *eigentlichen Knochengewebe* (Osteoblasten, Osteoklasten), vom *Periost,* vom *parossalen Bindegewebe,* vom *Knochenmarkretikulum* und von den *Blutgefäßen* ihren Ausgang nehmen.

An tumorähnlichen Veränderungen spielen ***Knochenzysten*** eine gewisse Rolle, die bei allen Tierarten vorkommen, am häufigsten jedoch subchondral bei **Pferd** und **Schwein** auftreten. Hier finden sie sich oft im Zusammenhang mit einer Osteochondrose (s. S. 338).

10.1.9.1 Chondrogene Tumoren

Als ***Chondrome*** werden gutartige Knorpelgeschwülste bezeichnet. Sie sind in reiner Form am Knochen selten, und ihre Abgrenzung gegenüber Mißbildungen (Chondrodysplasie s.S. 321) einerseits und malignen Knorpelgeschwülsten andererseits bereitet Schwierigkeiten. Soweit sie direkt vom Knorpelgewebe ausgehen, werden sie als *Ekchondrome* bezeichnet. Alle übrigen Formen entstehen in ursprünglich knorpelig präformierten Knochen und sind als Folgen von Entwicklungsstörungen und Chondrodysplasien aufzufassen. Chondrome können sich sekundär dystrophisch verändern oder einer späteren Ossifikation anheimfallen.

Chondrosarkome kommen in reiner Form selten vor, weit häufiger dagegen die Mischformen, etwa als *Osteochondrosarkome* oder *Chondromyxosarkome.* In ihrer Lokalisation (Epiphysen-, Symphysenregionen) stimmen die Osteochondrosarkome mit den Osteosarkomen überein.

10.1.9.2 Osteogene Tumoren

Die gutartige Form bildet hier das ***Osteom,*** je nach Struktur als *Osteoma spongiosum, Osteoma durum* oder *Osteoma eburneum* bezeichnet. Die Knochenentwicklung entspricht ganz den normalen Vorgängen beim Bindegewebs- oder beim Knorpelknochen. Demzufolge fällt auch hier die Abgrenzung gegenüber ossifizierenden Hyperplasien und Exostosen schwer. ***Riesenzelltumoren*** *(Osteoklastome),* vor allem an den Enden der langen Extremitätenknochen auftretend und nur ausnahmsweise metastasierend, sind bei **Hund**, **Katze** und **Pferd** beschrieben. Bei der **Katze** wird ein Zusammenhang mit der FeLV-Infektion berichtet.

Als ***Osteochondrome*** werden auch die bereits erwähnten (s. S. 321), teils hereditären, bei der **Katze** auch mit einer FeLV-Infektion assoziierten, singulären oder multiplen kartilaginären Exostosen (Osteochondromatose) angesprochen. Mit Ausnahme der Situation bei der Katze ist das Wachstum der Zubildung meist mit dem Wachstum des sie tragenden Knochens abgeschlossen, so daß sie in solchen Fällen kaum als echte Neoplasien gewertet werden können.

Das ***Multilobuläre Chondrom und Osteom des Schädels*** kommt bei **Hunden** mittlerer und großer Rassen vor. Der Tumor wächst invasiv, metastasiert jedoch nur selten (Lunge).

Große Bedeutung kommt auch bei den Haustieren den ***osteogenen Sarkomen*** zu. In ihrer morphologischen Ausprägung variieren sie außerordentlich und können als sklerosierende oder rarefizierende (osteolytische, osteoklastische) Formen, ferner als *Osteochondrosarkome, Osteofibrosarkome* und *Osteoidsarkome* auftreten. Der Reifegrad der Osteosarkome reicht von der primitiven, pluripotenten Mesenchymzelle bis zur weitgehend ausgereiften, osteoidbildenden Knochenzelle. Knochensarkome von osteoider Bauart und ohne Mineralisation werden als Osteoidsarkome, solche mit weitgehender Ausdifferenzierung von Knochenbälkchen als osteoplastische Sarkome bezeichnet.

Osteosarkome führen zu einer Zerstörung der betroffenen Knochen, zeichnen sich durch rasches, explosionsartiges Wachstum und enorme Massenzunahme aus und haben besondere Neigung, in die Lunge zu metastasieren (ca. 40-60%), dagegen nur selten (ca. 5%) und später in die Lymphknoten. Häufig betroffen sind der **Hund**, mit einer deutlichen Bevorzugung großwüchsiger Rassen, und die **Katze**, bei der ein Zusammenhang mit der persistierenden Infektion durch das Feline Leukämievirus (FeLV) besteht. (Die persistierende FeLV-Infektion kann bei der Katze auch eine Osteosklerose und eine Myelofibrose induzieren). Der Lokalisation nach stehen die Enden (Epiphysenregionen) proximaler Extremitätenknochen an erster Stelle (Tafel XIX. C), im weiteren gefolgt von Rippen und Kopfknochen. Die Beckenknochen sind relativ selten betroffen. Es ist nicht ausgeschlossen, daß traumatische Irritationen des wachsenden Knochens wichtige onkogene Noxen darstellen. Bei erwachsenen **Rindern** und **Pferden** scheinen Kiefer- und Schädelknochen relativ häufiger als andere Skelettregionen betroffen zu sein.

10.1.9.3 Bindegewebige Tumoren

Diese gehen meist vom parossalen bzw. äußeren periostalen Bindegewebe, seltener von endostalen Bindegewebslagern aus. In ihrer gutartigen Form stellen sie ***Fibrome*** dar, die bisweilen in ihrer Basis Knochenbälkchen aufweisen, so etwa bei den Epuliden des **Hundes**. Fibrome am Nasenrücken können allerdings auch den umgebenden Knochen infiltrieren. In ihrer bösartigen Form verkörpern sie spindel- oder polymorphzellige ***Fibrosarkome***, u. U. auch mit myxoiden Anteilen und mit erheblicher osteolytischer Tendenz.

10.1.9.4 Vom Markgewebe und von den Blutgefäßen ausgehende und sekundäre metastatische Tumoren

Eine kleinzellige, vermutlich vom Knochenmarksretikulum ausgehende, bisweilen endotheliomatös anmutende, als ***EWING-Tumor*** bezeichnete Geschwulst wird relativ häufig beim Menschen, sehr selten bei Tieren (**Hund**) gefunden. Sie entwickelt sich vorwiegend in der Knochendiaphyse und wächst rarefizierend-bösartig.

Lipome kommen gelegentlich in den Wirbelkörpern des **Schweines** vor, ohne dort Schaden anzurichten. Ähnlich den Lipomen anderer Lokalisation sind sie mehr als gutartige Hyperplasien denn als eigentliche Neubildungen aufzufassen.

Unter den *hämangiogenen Formen* im Skelettsystem sind sowohl gutartige ***Hämangiome***, etwa als *Hämangioma cavernosum* im Wirbelkörper, als auch – nicht gerade häufig – bösartige ***Hämangioendotheliome*** zu finden. Letztere treten im Knochen entweder primär, uni- oder multizentrisch oder erst in der Folge hämatogener Metastasierung auf. Eine Grenzziehung zwischen primärem und sekundärem Tumorvorkommen ist auch hier oft unmöglich (s. S. 43).

Leukotische Tumoren verursachen oft ausschließlich im befallenen Knochen eine Osteoporose über lokal wirkende Osteoklasten-aktivierende Faktoren. Zusätzlich können sie besonders beim **Hund** einen Pseudohyperparathyreoidismus (s. S. 191) induzieren, ohne daß es dadurch zu schweren Skelettveränderungen kommt. Näheres über die Hämoblastosen des Knochenmarkes findet sich auf S. 52 und S. 64.

Sekundäre metastatischeTumoren werden im Skelett häufig beobachtet. Besondere Metastasierungsneigung in den Knochen zeigen *Mammakarzinome* und *maligne Melanome*. Sie können dort in osteoklastischer wie osteoplastischer Wuchsform vorkommen, das heißt, sie zerstören in dem einen Fall das vorhandene Knochengewebe und veranlassen in dem anderen Fall den Knochen, ein ossifizierendes Stroma zu bilden. Neben hämatogenen Metastasen im Knochen kommt es gelegentlich auch durch Einwachsen von Tumoren aus der Nachbarschaft zu einem sekundären Geschwulstwachstum.

10.1.10 Parasiten

Ausschließlich oder weitgehend auf den Knochen spezialisierte Parasiten sind nicht bekannt. Somit bestehen nur die Möglichkeiten eines zufälligen Vorkommens von Parasiten im Knochen oder eines Übergreifens parasitärer Prozesse aus der Nachbarschaft auf den Knochen.

Zu ersterer Möglichkeit zählt das gelegentliche Auftreten von ***Echinokokken*** im Knochenmark bei **Rind** und **Pferd**. Durch die meist erhebliche Ausdehnung dieser Bandwurmlarve kommt es am Knochen zu Umbauvorgängen und deutlichen Auftreibungen. Am eindrucksvollsten gestalten sich diese Veränderungen an Skapula und Rippe. Im übrigen können alle Knochen des Rumpfes und der Gliedmaßen betroffen werden.

Zur zweitgenannten Möglichkeit gehören die rarefizierend-kariösen Knochenentzündungen, wie sie am Schädelknochen des **Iltis** durch die in der Nasenhöhle schmarotzenden ***Troglotremen*** *(Tr. acutum)* hervorgerufen werden. Vergleichbare Bilder finden sich beim **Pferd** infolge Befalls mit *Halicephalobus deletrix* (s. S. 410).

10.2 Gelenke

M. REINACHER

Am Skelett werden verschiedene Grundformen flexibler Knochenverbindungen unterschieden, die ***Junctura fibrosa*** (Syndesmosis), die durch Zwischenwirbelscheiben bewerkstelligte ***Junctura cartilaginea*** der Wirbelknochen (Synchondrosis) und die ***Junctura synovialis*** (Diarthrosis) als das eigentliche Gelenk. Die ***Zwischenwirbelscheiben*** stellen einen sehnig-knorpeligen Faserring dar, in dessen Zentrum sich als ein Rest der Chorda dorsalis der zunächst gallertige, später faserknorpelige *Nucleus pulposus* befindet. Bei den *echten Gelenken* sind die jeweils korrespondierenden Knochenflächen mit *Gelenkknorpel* überkleidet. Der eigentliche ***Gelenkraum*** ergibt sich aus der Gelenkkapsel, die ihrerseits aus einer derben äußeren Schicht, dem Stratum (Str.) fibrosum, einer inneren Schicht, dem Str. synoviale, und aus den mit dem Str. fibrosum eng verschmolzenen Gelenkbändern besteht. Das *Str. synoviale = Synovialis* ist z. T. vom Fettgewebe unterpolstert und weist Falten und Zotten auf. Als blut- und lymphgefäßreiches Gewebsblatt sezerniert es über seine mesotheliale Oberfläche die Gelenkschmiere = *Synovia* und hat damit auch *nutritive* Bedeutung für den Gelenkknorpel und ganz allgemein auch *resorptive* Funktionen. Das *Kniegelenk* besitzt als besonderes Bindegewebsorgan den *Meniskus.*

Der ***Gelenkknorpel*** enthält keine Nerven und Gefäße. Daher ist er weder schmerzempfindlich noch primär zur entzündlichen Reaktion befähigt. Er hat einen Diffusionsstoffwechsel, wobei die Ernährung hauptsächlich über die Synovia stattfindet. Im Gegensatz zum Knochen unterliegt er keinem dauernden Umbau. Abnutzungserscheinungen während des Lebens sind normal, können aber unter besonderen Belastungen zu vorzeitigem Verschleiß sowie krankhaften Deformationen (s. S. 338) Anlaß geben.

10.2.1 Entwicklungsstörungen – Mißbildungen

Gelenkmißbildungen im eigentlichen Sinne beschränken sich auf die angeborenen *Gelenkdysplasien* bzw. *angeborenen Luxationen.* Die als *kongenitale Kontrakturen* in Erscheinung tretenden Gelenkanomalien stehen in erster Linie mit Sehnen- oder Muskelverkürzungen, epiphysären Ossifikationsstörungen und Innervationsstörungen der Gliedmaßenmuskulatur in Zusammenhang.

Unter den kongenitalen Dysplasien ist die ***Hüftgelenkdysplasie*** die wichtigste. Sie wird bei **Mensch**, **Hund** (hauptsächlich große Rassen wie Leonberger und Deutscher Schäferhund) und **Kalb** (überwiegend Bullenkälber der Rassen Hereford, Aberdeen Angus, Charolais und Galloway) beobachtet. Bei anderen Tierarten (Schwein, Kaninchen) ist sie selten. Synonyma sind *angeborene Luxation, Hip Dysplasia* oder *Acetabular Dysplasia.* Das Leiden hat eine erbliche Komponente und wird oft erst im Verlauf des Wachstums oder beim erwachsenen Tier evident. Der eigentliche Defekt bezieht sich auf das Azetabulum, braucht aber nicht bilateral-symmetrisch ausgeprägt zu sein: Die zu flache Gelenkpfanne bietet dem Femurkopf nicht genügend Halt. Auch eine relativ zum Körpergewicht zu schwach ausgebildete Beckengürtelmuskulatur kann eine erhöhte, unphysiologische Belastung des oberen Azetabulumrandes verursachen und dadurch gleichartige Veränderungen bewirken. Unmittelbare Folgen sind Subluxationen oder Luxationen, verbunden mit Femurkopfdeformierungen, Knorpelverlust und Eburnierung des dadurch freigelegten Epiphysenknochens. Als weitere Veränderung können sich Femurhalsnekrosen, Bänderrisse oder -dehnungen (häufig Schwund des Lig. teres), Weitungen und Risse der Gelenkkapsel, Knorpel- und Knochenwulstbildungen *(Coxarthrose)* und *Nearthrosen* einstellen (Abb. 11. 9). Damit bestehen deutliche Unterschiede zu der ebenfalls hereditären CALVÉ-LEGG-PERTHESschen Krankheit (s. S. 330) bei kleinwüchsigen Hunderassen.

Überwiegend bei kleinwüchsigen Hunden und Pferden (Shetlandpony) tritt die ein- oder doppelseitige ***Kniescheibenluxation*** als angeborenes Leiden auf. Sie erfolgt beim **Hund** meist nach medial, beim **Pferd** öfter nach lateral. Die Manifestation dieses Defektes kann frühzeitig oder verzögert, d. h. erst innerhalb des 6.-12. Lebensmonats (Pferd), in Form der stationären oder habituellen Luxation erfolgen. Die Hauptvoraussetzungen für diese Luxatio patellae congenita werden in Achsendrehungen und Verkrümmungen von Femur und/oder Tibia, ferner in einer Hypoplasie des jeweiligen Kondylus gesehen.

Als ***Arthrogryposis*** (arthron = Gelenk; grypos = gekrümmt) werden angeborene Gelenkverkrümmungen im Extremitätenbereich bezeichnet. Es handelt sich hierbei jedoch nicht nur um primäre Gelenkverformungen, sondern oft sind auch Sehnen- und Muskelverkürzungen sowie Muskelinnervationsstörungen an der Ausprägung der Veränderung beteiligt. Unter unseren Haustieren mit Abstand am häufigsten bei neugeborenen **Kälbern** vorkommend, läuft diese Mißbildung auch unter den Bezeichnungen *Myodystrophia fetalis, Neuromyodysplasia congenita* oder *Crooked Calf Disease.* Bei einem Großteil der hier einschlägigen Beobachtungen werden neben Gelenkverkrümmungen weitere kongenitale Defekte, so etwa Palatoschisis, Hydrozephalie, Hydranenzephalie, Skoliose, Tortikollis und eine Spina bifida gesehen. Jedoch kann nicht von einem ätiologisch einheitlichen Geschehen ausgegangen werden.

Entsprechend dem gegenwärtigen Stand der Forschung ist bei der bovinen Arthrogryposis zwischen endogenen und exogenen Formen zu unterscheiden: Zu den ersteren wird die hereditäre, d. h. einem autosomal-rezessiven Erbgang folgende Arthrogryposis beim Charolais-Rind gerechnet. Exogene Formen werden u. a. nach Lupinenfütterung zwischen dem 40. und 70. Gestationstag, ferner im Zusammenhang mit Magnesiummangel, aber auch mit Virusinfektionen *(Akabanevirus*, s. S. 306 u. 364) bzw. Vakzination gegen Virusinfektionen *(Bluetonguevirus)* gesehen.

10.2.2 Kreislaufstörungen

An Kreislaufstörungen spielen außer der entzündlichen Hyperämie (s. S. 341) vor allem ***Blutungen*** eine große Rolle. Im *Gelenkbereich* kommen Rhexis- und Diapedesisblutungen vor. Erstere entstehen in der Regel traumatisch und können das blutgefäßreiche Stratum synoviale der Gelenkkapsel oder aber als ***Haemarthros*** den Gelenkraum selbst betreffen. Die geringe Dehnbarkeit der Gelenkkapsel läßt im allgemeinen nur eine beschränkte Blutmenge einfließen, doch kann es auch zu beträchtlichen Aussackungen mit geringer Resorptionstendenz kommen. Die Resorption erfolgt ohnedies nur langsam über die Synovialis, insbesondere, wenn es zu Blutungsrezidiven mit Granulationsgewebsbildung und Lymphgefäßthrombosierung gekommen ist. ***Hämorrhagien im Bandscheibenbereich*** sind stets mit partiellen oder totalen Nekrosen und Ablösung der Bandscheibe vom knöchernen Wirbelkörper verbunden.

Diapedesisblutungen beschränken sich auf das Stratum synoviale und werden im Zusammenhang mit septisch oder toxisch bedingten Diapedesen in anderen Körpergegenden gefunden.

10.2.3 Stoffwechselstörungen

Mit zunehmendem Alter stellen sich am Gelenkknorpel vielfach *degenerative Umgestaltungen* ein. Die Wasserbindungskapazität des Knorpels sinkt aufgrund der Zunahme von Proteoglykanen mit höherem Molekulargewicht (Keratansulfat). Dadurch wird die elastische Verformbarkeit geringer und der Gelenkknorpel empfindlicher gegen mechanische Belastungen. Zusätzlich wird die Nährstoff- und Gasdiffusion erschwert, so daß der Knorpel auch anfälliger für hypoxisch und nutritiv bedingte Schäden wird. Es kommt zur Verfettung von Knorpelzellen, Knorpelerweichungen infolge Matrixödems (freies Wasser im Knorpel) und zu partiellen Verkalkungen. Der Meniskus zeigt ähnliche Degenerationserscheinungen wie der hyaline Knorpel. An den Bandscheiben kommt es unter Wasserverlust und Fibrosierung zur Abflachung und Induration des Nucleus pulposus. Besondere Verhältnisse liegen bei den chondrodysplastischen Hunderassen insoweit vor, als bei ihnen eine besondere Nekroseneigung besteht (s. S. 380).

10.2.4 Distorsion und Luxation

Die kurzfristige Verlagerung korrespondierender Gelenkflächen wird als ***Distorsion*** (Verstauchung) bezeichnet. Es kann dabei zu Dehnungen und partiellen Zerreißungen der Gelenkkapsel, zu Bänderriß und Blutergüssen kommen. Bleibt im Anschluß an eine Verlagerung oder Zerreißung im Gelenk eine neue Stellung der Gelenkflächen zueinander bestehen, liegt eine ***Luxation*** vor. Die ***Subluxation*** stellt demgegenüber nur eine teilweise und/oder temporäre Änderung oder Aufhebung der Berührung zweier Gelenkflächen dar. *Komplizierte Luxationen* bestehen im Falle einer Ruptur der Gelenkkapsel und der diese umgebenden Gewebe einschließlich äußerer Haut.

Nichtreponierte Luxationen führen zu Atrophien der verlagerten Gelenkanteile oder, soweit Kontakt zu einem anderen Knochenabschnitt besteht, zur Ausbildung von ***Nearthrosen***. Letztere werden bevorzugt bei Femurkopfluxationen gesehen. Jede Nearthrose geht mit erheblichen Deformierungen des Gelenkknorpels und seiner knöchernen Matrix einher. Neben Luxationen traumatischer Genese werden auch ***Spontanluxationen*** gesehen. Ihnen liegen ursächlich chronische Gelenkleiden, etwa chronisch-deformierende Entzündungen (Tuberkulose) oder angeborene Gewebsschwäche, zugrunde.

10.2.5 Ankylose

Die Versteifung bzw. der Verlust der Beweglichkeit eines Gelenkes wird als *Ankylose* bezeichnet. Ursächlich kommen verschiedene Grundleiden in Betracht, unter denen Luxationen, Entzündungen und deformierende Arthropathien an der Spitze stehen. Graduell werden ***Ankylosis incompleta*** mit stark reduzierter Gelenkaktion und die ***Ankylosis completa*** mit totaler Versteifung unterschieden.

Die Fixierung eines Gelenkes kann zum einen durch Schrumpfung oder Verdickung der Gelenkkapsel *(Ankylosis capsularis)* sowie partielle oder totale Verknöcherung des periartikulären Bindegewebes und zum anderen durch direkte Vereinigung der korrespondierenden Gelenkflächen erfolgen. Gelenkfixierungen, die nicht mit Verwachsungen der Gelenkflächen einhergehen, werden auch als ***Ankylosis spuria*** oder ***Brückenankylosen*** bezeichnet. Bei den echten Ankylosen *(A. intracapsularis, A. vera)* können die Verwachsungen durch Bindegewebe *(A. fibrosa)* oder durch Knochen *(A. ossea)* erfolgen.

10.2.6 Freie Körper im Gelenk

Ablösungen von Synovialzotten, Knorpel- und Knochenteilchen in den Gelenkraum hinein führen zu ***Gelenkmäusen*** bzw. ***Corpora libera***. Größe und Qualität der Gelenkmäuse bestimmen klinisch gesehen den Einfluß auf die Gelenkaktion: So können sich größere Gelenkmäuse im Gelenk festklemmen und zu schmerzhaften Zuständen führen. Pathologisch-anatomisch erscheinen die Gelenkmäuse als reiskorn- bis taubeneigroße, meist mit Knorpel überzogene Gebilde, in deren Zentrum sich Verknöcherungen oder Verkalkungen abzeichnen können (Abb. 10.7).

Für die *Entstehung* von Gelenkmäusen kommen äußere Gewalteinwirkungen, Distorsionen, Luxationen und, nicht zuletzt, arthrotische und arthritische Prozesse in Betracht. Auch Reste von Fibrin- oder Blutkoagula können durch Eindickung (Inspissationskonkremente) die Gestalt von Corpora libera annehmen.

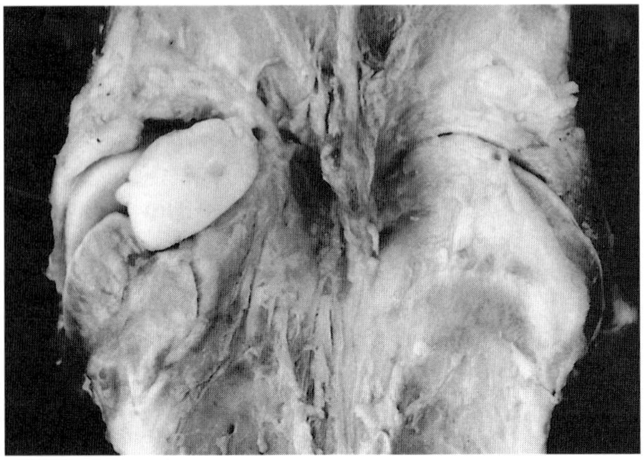

Abb. 10.7 *Corpus liberum* nach Gelenkknorpelrandabsprengung in einem seitlichen Halswirbelgelenk (C 4), Pferd.

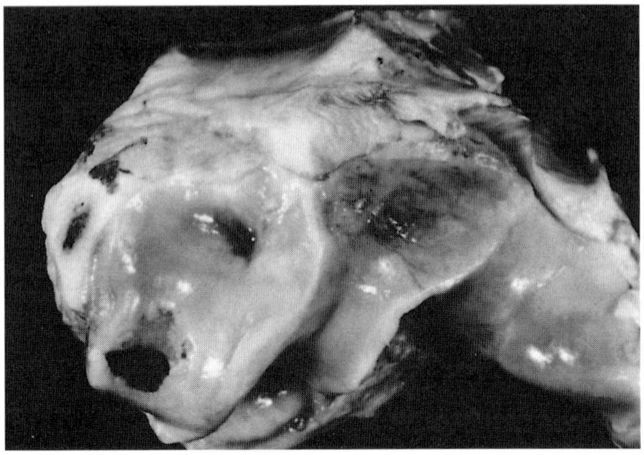

Abb. 10.8 *Osteochondrosis dissecans* an der distalen Gelenkwalze des Radius, Rind.

10.2.7 Meniskusveränderungen

Die Verhältnisse am Meniskus des Kniegelenkes verdienen besondere Beachtung. Neben den bereits genannten Altersmetamorphosen kann es, insbesondere im Zusammenhang mit ***Rupturen der Ligamenta cruciata,*** zu *Zerreißungen* und *partiellen Absprengungen* kommen. Infolge des sehr trägen Stoffwechsels und Reaktionsvermögens setzt die Heilung relativ spät, d. h. erst nach Wochen ein, und der Verlauf zieht sich über Monate hin. Ein resezierter Meniskus kann regeneriert werden, allerdings ist der neugebildete Meniskus zarter als der ursprüngliche.

10.2.8 Arthropathia deformans (A. d.)

Die meisten Veränderungen dieses Formenkreises sind Äquivalente rasch fortschreitender oder chronischer Umgestaltungen von Gelenken. Der Gesamtverlauf und die Einbeziehung bestimmter Gelenke lassen für die verschiedenen Haustierspezies eine verhältnismäßig übersichtliche Einteilung der deformierenden Arthropathien *(Arthrosen)* zu.

Histogenetisch gesehen liegen diesen Krankheitsbildern wechselvolle und keineswegs einheitliche Prozesse zugrunde. Insbesondere sind sie zeitweise auch durch entzündlich-resorptive wie proliferative Geschehnisse charakterisiert. Dennoch sind sie grundsätzlich von den entzündlichen Gelenkleiden, d. h. von der Arthritis, zu trennen.

Kausalgenetisch gesehen entstehen die verschiedenen Formen der A. d. auf der Grundlage von Stellungsanomalien, Fehl- und Überbelastungen, Vitamin- und Mineralmangelernährung, altersbedingten Abnutzungen und genetisch verankerten Mesenchymschwächen.

Zu den bevorzugt bei raschwüchsigen Jungtieren, hier insbesondere bei großwüchsigen **Hunden** und beim **Schwein**, seltener bei **Pferd** und **Rind** auftretenden Arthropathien zählt die ***Chondrosis*** bzw. ***Osteochondrosis dissecans*** (Abb. 10. 8). Sie findet sich am häufigsten in Schulter-, Ellbogen-, Knie-, Tarsal- und Karpalgelenk. Infolge Überbelastung kommt es zur Hyperplasie des Gelenkknorpels. Dies verschlechtert die diffusionsabhängige Versorgung tiefer Knorpelschichten, welche degenerieren, Spalten aufweisen und schließlich nekrotisch werden. Hat sich eine flächige Massennekrose ausgebildet, kommt es zur Ablösung der oberflächlichen Gelenkknorpelschichten unter dem Bild der ***Chondrosis dissecans,*** sonst zum Einbruch in die nekrotischen Areale. Bei der Osteochondrosis dissecans lösen sich Knochenteile mit ab, und/oder die Nekrose geht vom subchondralen Knochengewebe aus. Oft besteht dann gleichzeitig eine Chondrodysplasie mit Hyperplasie, mangelhafter Ossifikation und Degenerationserscheinungen im Wachstumsknorpel. In beiden Fällen erfährt die Knochenmatrix in den Defektarealen eine Markfibrose.

Auch die ***chronische A. d.*** zeigt bei den verschiedenen Haustieren charakteristische Lokalisationsmuster. In der Regel beginnt sie mit Defekten *(Usuren)* und Degenerationen des Gelenkknorpels.

Infolge des Schwundes von Gelenkknorpel können sich im subchondralen und knöchernen Bereich der Gelenkmatrix Einbrüche mit Blutungen, Nekrosen und Zysten einstellen. Mit zunehmendem Verschleiß des Gelenkknorpels werden

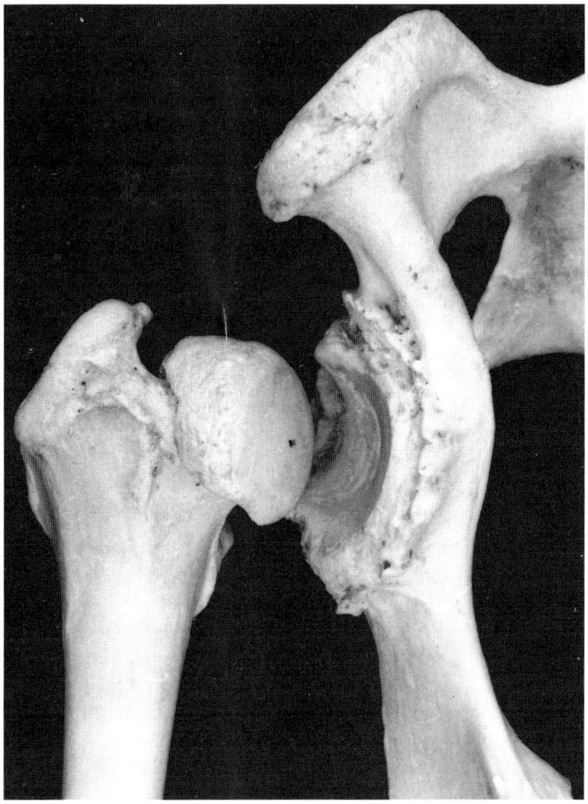

Abb. 10.9 Mazerationspräparat des Hüftgelenks eines Schäferhundes mit ausgeprägter Coxarthrose nach *Hüftgelenksdysplasie.*

seitens der Bälkchen des Knochenmarkraumes resorptiv-proliferative Prozesse entwickelt, die einerseits den geschädigten Knorpel abbauen und andererseits eine derbe, knöcherne Gelenkfläche schaffen. An den Gelenkrändern treten Knochenproliferate besonders als sog. POMMERsche Randwülste in Erscheinung. Der Deformierungsprozeß induziert im weiteren Abschliffe und Abflachungen der Gelenkflächen (Coxarthrosis), kronenförmige Pfannenrandwülste und bindegewebige Verdickungen von Gelenkkapsel und Stratum synoviale (Abb. 10. 9). Die letztgenannten Veränderungen führen zu zottenartigen Umgestaltungen, gelegentlich auch zur Bildung lipom-, chondrom- und osteomartiger Hyperplasien in der Kapsel. Ankylosierungen korrespondierender Knochen entstehen vor allem an den starren Gelenkverbindungen in den Tarsal- und Karpalgelenken und z. T. auch an den Zehengelenken *(Arthropathia ankylopoetica).* Die A. d. chronica wird unter den Haustieren besonders bei **Pferd**, **Rind** und **Hund** (s. unten) gesehen. In der Regel werden ältere Tiere betroffen, doch kommt sie auch bei jungen Kaltblutpferden vor.

Als ***Spat*** wird bei **Pferd** und **Rind** eine deformierende und ankylosierende chronische Arthropathie der Tarsal- und (seltener) der Karpalgelenke bezeichnet *(Arthropathia deformans et ankylopoetica tarsi* bzw. *carpi).* Überwiegen die Abbauerscheinungen am Gelenkknorpel unter Ausbildung subchondraler Trümmerzonen und Zysten, so steht die innere, echte Ankylosierung im Vordergrund. Überwiegen dagegen die Band-, Gelenkkapsel- und Periostverknöcherungen, so kommt es zum Bild der äußeren Ankylose durch Knochenbrücken *(Spatknochen).* Vielfach laufen jedoch beide Prozesse gemeinsam ab.

Sicher handelt es sich beim Spat um ein polyätiologisches Leiden (konstitutionelle Voraussetzungen und besondere Arten der Gelenkbelastung). Dies gilt auch für die Verhältnisse bei *Schale* und *Leist.* Diese beiden Krankheitsbilder verkörpern deformierende und ankylosierende Arthropathien an den Zehengelenken bei Equiden, seltener bei Rindern.

Bei der ***Schale*** wird, je nach Lage der Ankylosierung, die *artikuläre* von der *periartikulären* unterschieden. Die periartikuläre Schale, in ihrer ausgeprägtesten Form auch als *Ringbein (Ringbone)* bezeichnet, ist die häufigere und findet sich beim **Pferd** vornehmlich im Fesselbein-Kronbein-Bereich der Vorderextremitäten.

Beim ***Leist*** handelt es sich um eine partielle Verknöcherung der Hufbein-Fesselbeinbänder des **Pferdes**, die am Fesselbein zu Exostosen führt.

Die beim jungen **Pferd** bekannte ***Arthropathia cervicospinalis deformans*** zwischen zweitem Hals- und dem zweiten bis dritten Brustwirbel kann zum klinischen Bild der ***spinalen Ataxie*** *(Wobbler)* führen. Das Leiden tritt bei Stuten seltener auf als bei männlichen Tieren und betrifft oft schnellwüchsige Vollblüter. Ihm liegt nicht selten eine Abflachung der Wirbelpfanne zugrunde, die ihrerseits aus einer partiellen Nekrose des kaudalen Wirbelkörperepiphysenknorpels *(Osteochondrosis)* resultiert. Auf diese Weise kann der syndesmotisch in der Pfanne fixierte Kopf des nächstfolgenden Wirbelkörpers bei Ventroflexion der Halswirbelsäule nach dorsal über den Pfannenrand gleiten (Subluxation), dabei den Wirbelkanal einengen und das Halsmark quetschen (Abb. 10.10). Andererseits kann es auch infolge einer Lockerung des intervertebralen Bandapparates und der dadurch bedingten erhöhten Mobilität der Wirbel bei Beugungsbewegungen zu Zerrung und Kompression des Rückenmarks kommen. Außerdem kann es zu Mikroläsionen und Degeneration des intervertebralen Bandapparates (Lig. flavum) mit reparativer Verdickung kommen, wodurch wiederum Druck auf das Rückenmark ausgeübt wird. Im weiteren Verlauf stellt sich oft eine Ankylosis fibrosa bzw. eine Spondylarthropathia deformans an den seitlichen Wirbelgelenken ein. Vergleichbare

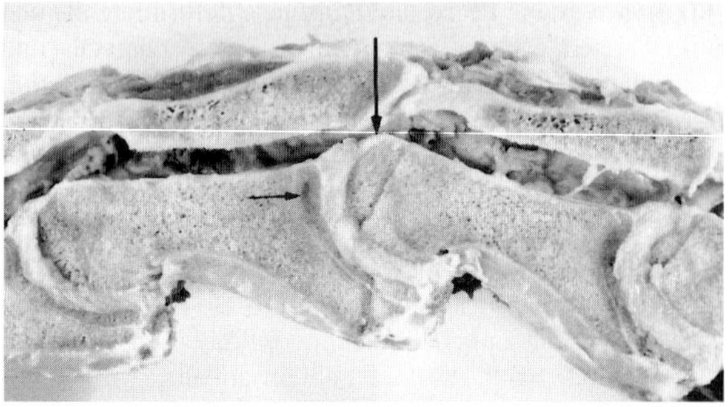

Abb. 10.10 *Arthropathia cervicospinalis deformans* beim Pferd: Der Kopf des 5. Halswirbels ist bei Ventroflexion über den Rand der abgeflachten Wirbelkörperpfanne des 4. Halswirbels geglitten (großer Pfeil) und engt nun den Wirbelkanal ein. Das Halsmark ist, der besseren Übersichtlichkeit wegen, bereits entnommen. Die kaudale Epiphysenfuge des 4. Halswirbels zeigt eine deutliche Nekrose (kleiner Pfeil).

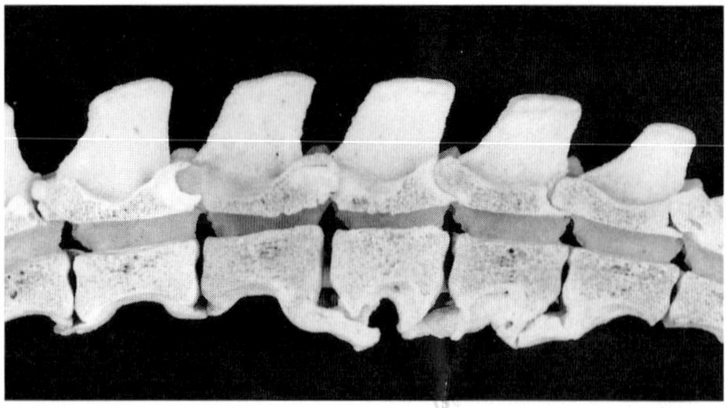

Abb. 10.11 *Spondylopathia (Spondylosis) deformans et ankylopoetica* der Lendenwirbelsäule, Hund.

Krankheitsbilder, allerdings ohne Bevorzugung eines Geschlechts, finden sich auch bei schnellwüchsigen, großen **Hunden**, insbesondere bei Dogge und Dobermann (s. S. 380).

Chronisch-deformierende Spondylarthropathien, d. h. arthrotische Umformungen der seitlichen Wirbelgelenke, vollziehen sich ganz allgemein entsprechend den degenerativ-proliferativen, z. T. aber auch entzündlichen Verlaufsmustern der Arthropathia deformans. Angeborene Asymmetrien vorwiegend der Halswirbelsäule (**Pferd**), ferner aber auch Traumatisierungen mit und ohne Knochenfissuren, -frakturen, subchondralen Knochennekrosen und Knorpeldefekten sind die häufigsten Voraussetzungen für die *Spondylarthropathia (Spondylarthrosis) deformans.* Bisweilen bildet sich zunächst auch ein *Haemarthros,* später ein *Hydrarthros mit villöser Synovitis,* sackförmiger Vorwölbung in den Wirbelkanal und Rückenmark- bzw. Nervenwurzelkompressionen aus (s. S. 380). Inwieweit primär rheumatische bzw. rheumatoide Gelenkentzündungen für die Spondylarthropathia deformans von initialer Bedeutung sind, ist für die Haustiere nicht hinreichend befriedigend geklärt.

Mit oder ohne Einbeziehung der seitlichen Wirbelgelenke entwickelt sich die ***Spondylopathia (Spondylosis) deformans.*** Grundsätzlich bei allen Haussäugern als posttraumatisches oder Überbelastungsphänomen im unteren Halswirbelsäulenbereich und an der Lendenwirbelsäule bekannt, spielt das Leiden als Ausdruck spezifischer, konstitutioneller Mesenchymschwäche insbesondere bei **Hunden** der Doggenrassen (Dänische Dogge, Boxer) eine große Rolle (Abb. 10.11).

Während die erstgenannten, *traumatisch bedingten Formen* in aller Regel mit partieller oder totaler Zerstörung der Bandscheibe einhergehen, bleibt bei den *konstitutionellen Formen* die Bandscheibe ebenso regelmäßig intakt. Die prozeßgestaltenden Vorgänge bei der Spondylopathia deformans vollziehen sich am ventralen Bandapparat der Wirbelsäule, der mit den äußeren Gewebslagen des Anulus fibrosus eng verflochten ist. Demzufolge kommt es zunächst auf dem ventralen Kamm der betroffenen Wirbelsäulenabschnitte zu osteophytischen Zubildungen im Bandverlauf, die alsbald den Abstand zwischen zwei benachbarten Wirbelkörpern überbrücken *(Ankylose).* Sind mehrere aufeinanderfolgende Wirbel (Lendenbereich) betroffen, entsteht eine Bambusstabwirbelsäule *(Boxer).* Hinsichtlich der Verteilungsmuster der Veränderungen ist folgendes zu berücksichtigen: Bei der (vorwiegend) mechanisch-traumatisch induzierten Spondylopathia deformans sind insbesondere die Bereiche C_6/C_7, C_7/T_1, T_{13}/L_{1-3}, L_7/Os sacrum betroffen. Bei der konstitutionellen Form des Hundes dominieren die zur Ankylose führenden Prozesse im Bereich der letzten beiden Brustwirbel und der gesamten Lendenwirbelsäule. Gelegentlich finden sich, neben diesem typischen Lokalisationsmuster, auch auf einzelne Segmente der Brustwirbelsäule beschränkte spondylotische Ankylosierungen.

Ganz allgemein ist noch festzuhalten, daß mit zunehmender Wirbelsäulenversteifung die Knochenbrückenbildung zwischen den Wirbelkörpern mehr und mehr von ventral nach lateral übergreift und auf diese Weise auch die seitlichen Wirbelgelenke und deren Bänder in das Geschehen einbezieht.

Von der konstitutionellen Spondylopathia deformans werden keineswegs nur alte Hunde betroffen: Bereits im ersten Lebensjahr zeigen sich – meist gemeinsam mit metaplastischen Verknöcherungen der Dura mater spinalis – deutliche osteophytische Proliferationen am Lig. longitudinale ventrale. Geweblich gesehen handelt es sich auch hier z. T. um metaplastische (desmale) Verknöcherungen, die allerdings von periostalen Ossifikationen begleitet werden.

Als ebenfalls konstitutionelles Phänomen wird die bei chondrodysplastischen (chondrodystrophischen) **Hunden** *(Dackel, Bully, Basset, Spaniel, Pekinese* etc.*)* relativ häufig und unter Bevorzugung der unteren Brust- und Lendenwirbelsäule auftretenden ***Bandscheibennekrose*** gewertet. Im Mittelpunkt des klinischen Interesses stehen bei dieser ***Enchondrosis intervertebralis*** die sekundären Rückenmarkkompressionen durch Vorfall von Bandscheibenmaterial bzw. von Detritus in den Wirbelkanal.

Ausgangspunkt des Defektprozesses ist die *mangelhafte Ausreifung* des sich aus dem Nucleus pulposus herleitenden Bandscheibenzentrums: An die Stelle der faserknorpeligen Konsolidierung tritt frühzeitig eine funktionell minderwertige, chondroide Transformation des gallertigen Nucleus-Materials und im weiteren auch der Innenzone des Anulus fibrosus. In einigen (mechanisch besonders beanspruchten) Bandscheiben fällt dieses Material alsbald einer *Nekrose und dystrophischen Verkalkung* anheim. Das klinisch-nosologisch bedeutsame Stadium dieser Vorgänge ist jeweils dann erreicht, wenn die pastös-körnigen Detritusmassen in Richtung auf den Rückenmarkkanal in Bewegung geraten, um dann entweder den noch geschlossenen, aber geschwächten Anulus fibrosus nach dorsal vorzuwölben oder ihn zu perforieren und in den Wirbelkanal einzubrechen. Die sich unmittelbar hieraus für das Rückenmark ergebenden Folgen sind auf S. 380 eingehend besprochen. In der Regel kommt es seitlich neben dem Lig. longitudinale dorsale zum Vorfall. Im Bereich der Brustwirbelsäule deckt das Lig. conjugale costarum die Bandscheibe dorsal so weit straff ab, daß Vorfälle nur ausnahmsweise erfolgen. Soweit in den prolabierten Detritusmassen noch vitale Knorpelzellreste vorhanden sind, können sich diese auf der Dura mater spinalis oder in den ventralen Nischen des Wirbelkanals, d. h. auf der Endorhachis, implantieren und noch Jahre nach erfolgtem Vorfall als Gewebsinseln vorliegen.

Rein *traumatisch* bedingte Bandscheibennekrosen können grundsätzlich zu vergleichbaren Bildern führen, wenngleich hier das zerstörte Bandscheibenmaterial auch nach ventral bzw. ventrolateral verlagert werden kann. In solchen Fällen kommt es im weiteren Verlauf zu umschriebenen Veränderungen vom Typ der *Spondylopathia* bzw. *Spondylarthropathia deformans* (s. oben).

Bei der *Sektion* von Fällen mit Bandscheibenprotrusionen ist der Wirbelkanal ausschließlich mit der Knochenzange und unter Durchtrennung der Wirbelbögen zu eröffnen. Beim Aufsägen würden Gewebsrückstände entstehen, die dann nicht von pastös-körnigem Bandscheibendetritus zu unterscheiden wären. Oft ist vorgefallenes Material auch nur durch histologische Rückenmarkuntersuchung exakt nachzuweisen. Zum Zwecke der genauen Lokalisierung eines Vorfalls empfiehlt es sich, nach Entfernung des Rückenmarks die Wirbelkörper mit dem Messer – unter kompletter Durchschneidung der Bandscheibe – voneinander zu trennen.

10.2.9 Entzündungen

Die Gelenkentzündung *(Arthritis)* wird im wesentlichen vom blutgefäßreichen Stratum synoviale *(Synovitis)* getragen. Soweit die Gelenkflächen einbezogen sind, wird je nach Umfang der entzündlichen Veränderungen von *Chondritis* oder *Osteochondritis (dissecans)* gesprochen. Entzündungen des äußeren Kapselbereiches und der Umgebung des Gelenkes sind als *Periarthritis* zu werten. Grundsätzlich ist zwischen *aseptischen* (traumatisch, metabolisch oder immunopathisch bedingten) und *septischen* Arthritiden zu unterscheiden.

Für die in der Haustierpathologie besonders wichtigen septischen Formen sind pathogenetisch gesehen drei *Infektionswege* zu beachten, nämlich die *hämatogene* Infektion, das Übergreifen entzündlicher Prozesse *aus der Gelenkumgebung* (periartikuläre Phlegmone, Osteomyelitis et Ostitis purulenta rarefaciens) und die Infektion bei der *offenen Gelenkverletzung*. Eine Sonderform stellt die *allergische* oder *rheumatische Arthritis (Polyarthritis)* dar. Numerisch gesehen muß zwischen *Mon-, Olig-* und *Polyarthritis,* qualitativ gesehen zwischen der *serösen, serofibrinösen, fibrinösen, fibrinös-eitrigen, eitrig-abszedierenden, jauchigen, granulomatösen* und *chronisch-proliferierenden Arthritis* unterschieden werden.

Die ***seröse oder serofibrinöse Arthritis*** kommt vor allem als akute, ***aseptische*** bzw. posttraumatische und damit als mon- oder oligarthritische Form vor. Sie kann durch Gewebszerstörungen am artikulären Knorpel-, Knochen- und Kapselgewebe, ferner durch Blutungen *(Haemarthros)* und daraus resultierende aseptische Nekrosen und resorptive Entzündungen kompliziert sein. Bei stärkeren Graden einer Gelenkdeformierung oder bei Nicht- und Fehlbehandlung der akuten, aseptischen Arthritis kann es zur chronischen Arthritis und zur Arthropathia chronica deformans mit Dehnung der Gelenkkapsel, Hyperplasie der Synovialzotten, Gelenkhydrops *(Hydrarthros, Gelenkgallen)* und den bei der deformierenden Arthropathie beschriebenen Knorpel- und Knochenproliferationen kommen.

Als Initialstadium **septischer,** d. h. vor allem bakterieller Gelenkerkrankungen geht die seröse Arthritis alsbald in ein serofibrinöses und fibrinös-eitriges Entzündungsbild über. Qualität und Toxizität des jeweiligen Erregers oder Erregerspektrums bestimmen Grad und Qualität der Gewebsalterationen am Str. synoviale. Heftige Gewebsalterationen sind in der Regel durch massive *Desquamationen* des synovialen Mesothels und Blutaustritt gekennzeichnet; beides Phänomene, die im weiteren Verlauf durch die eigentlichen exsudativen und zellemigratorischen Ereignisse überlagert werden. Pathologisch-anatomisch gesehen kommt es in der Regel zu einer alsbaldigen Ausfällung von *Fibrin,* das dann in Form von gummiartigen Platten, Pseudomembranen und Ausgüssen der Gelenknischen und -räume vorliegt. Der *flüssig* bleibende (seröse) Exsudatanteil ist dann bouillonartig-gelb oder trüb-rahmig. Entsprechend dem insgesamt akuten Verlauf ist das Kapselgewebe in der Regel nur leicht ödematisiert, d. h., daß die klinisch oft augenfälligen Gelenkverdickungen im wesentlichen auf das Konto der Exsudatanreicherung im Gelenkraum gehen.

In der Form von *Polyarthritiden* stellen derartige Entzündungsbilder lediglich Teilsymptome eines allgemeinen septischen Geschehens dar und gehen nicht zuletzt mit qualitativ gleichartigen Entzündungen in den Körperhöhlen (Polyserositis), im ZNS (Meningoenzephalomyelitis), im Auge (Endophthalmitis), in Knochen (Osteomyelitis, Panostitis), Sehnenscheiden (Tendovaginitis) und Bursen (Bursitis) einher. Vor allem werden Jungtiere während der ersten Lebenstage und -wochen betroffen. Bei der Sektion finden sich die Veränderungen sowohl in den Extremitätengelenken als auch in den Wirbelgelenken, hier insbesondere im Atlanto-Okzipitalgelenk.

Die Infektionen erfolgen in erster Linie auf *omphalogenem* und *alimentärem,* weit weniger auf *aerogenem* Wege. An Erregern dieser ***bakteriellen Polyarthritiden der frühen Lebensphase*** kommen bei **Kalb**, **Schaflamm** und **Ferkel** alle jene in Betracht, die auch eine *Polyserositis* (s. S. 119) und *Meningoenzephalomyelitis* (s. S. 403) verursachen. Es sind dies vor allem *E. coli* und *Streptokokken (*auch *Diplo-* bzw. *Pneumokokken),* seltener *Actinomyces (Arcanobact.) pyogenes* und *Staphylokokken.* Beim **Fohlen** wird *Actinobacillus equuli,* gelegentlich auch *Rhodococcus equi* als Erreger nachgewiesen (Tafel XIX.E, s. S. 358).

Seltenere Formen der (Poly-)Arthritis können noch durch folgende Erreger hervorgerufen werden:

Schaf: *Erysipelothrix rhusiopathiae; Staphylococcus aureus; Chlamydien.* Die letztgenannten Erreger verursachen bei Lämmern eine im allgemeinen gutartige Arthritis unter Bevorzugung der proximalen Extremitätengelenke.

Schwein: *Haemophilus suis; Brucella suis.*

Als besondere Formen chronischer, hämatogener Arthritiden gelten beim Schwein vor allem die *Rotlaufarthritis,* seltener die *Streptokokkenarthritis* und die *Gelenktuberkulose* bei Rind und Schwein.

Die ***Rotlaufarthritis des Schweines*** gehört, neben der Endokarditis (s. S. 11), in den Formenkreis des *chronischen Rotlaufs* und ist sowohl durch Proliferation *(Synovitis villosa, Gelenkpannus)* als auch durch Deformation der Gelenkflächen *(Arthritis deformans et ankylopoetica)* gekennzeichnet. Neuere Untersuchungen haben gezeigt, daß sich die Gelenkveränderungen bereits in der allerfrühesten Infektionsphase, d. h. im Verlaufe weniger Stunden, manifestieren; dies in Form von *Thrombosierungen* kleiner Blutgefäße und von *Permeabilitätsstörungen* im Stratum synoviale mit rasch folgenden mesenchymalen, insbesondere *mesothelialen Reaktionen* und mit subchondralen oder epichondralen *Gewebsproliferationen und Pannusbildung.* Der unmittelbaren Initialwirkung des Erregerantigens bzw. -toxins mit Verbrauchskoagulopathie, Thrombose und Gefäßwandnekrose folgen im weiteren allgemeine wie örtliche Immunreaktionen, die zwar zur Eliminierung des Erregers im Gelenk, jedoch u.U. nicht in dem das Gelenk umgebenden Bindegewebe führen.

Die nur noch selten vorkommende ***Gelenktuberkulose*** beschränkt sich, obwohl hämatogen entstanden, in aller Regel auf wenige Gelenke, oft nur auf ein einziges Gelenk. Sie verläuft entweder als produktive, fungöse oder als verkäsende Form. In letzterem Falle kann es infolge größerer Exsudatansammlungen zu hydropsartigen Gelenkbildern kommen.

Vor allem beim **Hund**, aber auch bei **Pferd**, **Rind** und **Katze** konnte mittlerweile die vom Menschen schon länger bekannte ***Lyme-Borreliose*** nachgewiesen werden, die sich u.a. in Form einer intermittierenden und migrierenden Oligoarthritis äußern kann. Der Erreger, *Borrelia burgdorferi,* wird durch die Zecken der Gattung *Ixodes* übertragen.

Beim **Hund** konnten ***rheumatoide Arthritiden*** im Zusammenhang mit dem Auftreten von *Staupevirusantigen* enthaltenden löslichen Immunkomplexen in Blutserum und Synovia nachgewiesen werden. Ob beim **Rind** rheumatoide Arthritiden vorkommen, wird nicht einheitlich beantwortet. Gelegentlich werden, bevorzugt im Anschluß an eine Geburt, arthritische Prozesse an den Tarsal-, Karpal- und Fesselgelenken gesehen, die sich formal in diesen Kreis einbeziehen lassen. Differentialdiagnostisch sind sie im Einzelfall von rein traumatisch bedingten Arthropathien und von metastatischen Arthritiden abzugrenzen.

In diesem Zusammenhang ist noch allgemein festzuhalten, daß in der Pathogenese der hämatogenen Arthritiden, neben den septikämischen Erregerabsiedlungen im Gelenk, auch ***metastatische Formen*** Beachtung verdienen. In der

Regel spielen eitrige Organprozesse (Pneumonien) und die Thromboendokarditis die Rolle des Grundleidens, und als Erreger finden sich vorzüglich *Kokken, Corynebakterien* und *Fusobacterium necrophorum;* letzterer insbesondere beim Rind. Im betroffenen Gelenk kommt es zu nekrotisch-eitrigen Einschmelzungen (A. purulenta, A. apostematosa), gelegentlich auch zur Periarthritis apostematosa et phlegmonosa.

Die aus entzündlichen ***Gewebsprozessen der Gelenkumgebung***, insbesondere aus einer *Osteomyelitis purulenta* oder einer *periartikulären Phlegmone* resultierenden Entzündungen treten als *A. purulenta* oder *A. apostematosa* mit und ohne Periarthritis und Tendovaginitis in Erscheinung. Gelenkentzündungen nach *offenen Verletzungen* werden qualitativ in der Regel durch Mischinfektionen bzw. Saprophytenbesiedlungen bestimmt, d. h. sie zeigen sich als *A. ichorosa.* Von derartigen jauchigen (Mon-)Arthritiden gehen nicht selten schwere Allgemeininfektionen und umfangreiche phlegmonöse Prozesse aus. Soweit Ausheilungen überhaupt möglich sind, vollziehen sich diese unter Gelenkdeformation und Ankylosierung.

Neben den genannten bakteriell bedingten Formen verdienen die ***Mykoplasmen-Arthritiden*** besondere Beachtung. Sie betreffen vorwiegend, jedoch nicht ausschließlich, Jungtiere. Ihr Verlauf ist bisweilen gutartig, steht aber grundsätzlich in Abhängigkeit vom Gesamtausbreitungsmuster der Infektion (Polyserositis, Pleuropneumonie, Meningitis, Mastitis). Bisweilen fallen, ungeachtet der generalisierten Gelenkaffektion, die Veränderungen nur an einzelnen Gelenken (Karpal-, Tarsal-, Kniegelenke) auf, so daß klinisch ein (scheinbar) mon- oder oligarthritisches Bild besteht. Qualitativ gesehen dominiert bei der Mykoplasmenarthritis der *fibrinöse* Entzündungscharakter, und nur in Ausnahmefällen kommt es zu eitrigen Exsudationen (*M. agalactiae* bei der Ziege; s. S. 316). Insgesamt besteht auch eine Neigung zu subakut-chronischen bzw. chronisch-proliferativen Entzündungsbildern.

Im einzelnen sind folgende Erreger zu berücksichtigen:

Kalb (Rind): Verschiedene L-, N- und Q-Stämme, die sich von *Mycoplasma (M.) mycoides* serologisch unterscheiden.

Ziege, seltener **Schaf:** *M. capricola, M. mycoides, M. agalactiae.*

Ferkel bis zum Alter von 10 Wochen: *M. hyorhinis, M. hyosynoviae.* Hier bestehen in der Regel Polyserositis und Polyarthritis, ferner ist mit Mischinfektionen durch *Haemophilus spp.* zu rechnen.

Mast- und **Zuchtschwein:** *M. granularum.* Hier besteht in der Regel eine akut oder aber subakut bis chronisch verlaufende Polyarthritis ohne Polyserositis und Rhinitis.

Das ***Arthritis Enzephalitis Syndrom der Ziege*** *(Caprine Arthritis Encephalitis Syndrome, CAE)* wird durch ein dem Maedi/Visnavirus nahe verwandtes *Lentivirus* aus der Familie *Retroviridae* hervorgerufen. Die Übertragung erfolgt über Kolostrum und Milch. Das Virus verursacht in einem Teil der Jungtiere eine *Leukenzephalomyelitis,* die mit einer *interstitiellen Pneumonie* verbunden sein kann (s. S. 99 u. S. 393). Bei älteren Ziegen entwickelt sich dagegen eine chronische Arthritis, die ebenfalls mit interstitieller Pneumonie und mit einer interstitiellen Mastitis zusammen auftreten kann (s. S. 316).

Bei der **Katze** ist eine seltene, mit dem felinen *Spumavirus (Feline Syncytium Forming Virus, FeSFV)* in Verbindung stehende ***chronische progressive Arthritis*** beschrieben, bei der eine deutliche Geschlechtsdisposition für Kater bekannt ist. Dies könnte wie bei der FIV-Infektion mit der Übertragung des Virus durch Beißereien zusammenhängen.

10.2.10 Tumoren

Neben den sich aus den verschiedenen bindegewebigen Bauelementen der Gelenkkapsel und aus dem Knorpel- und Knochengewebe ableitenden Neubildungen, stellen die ***Synovialome*** die eigentlichen gelenkspezifischen Geschwulstformen dar. Sie gehen von der mesothelialen Synovialis aus und lassen histologisch vorwiegend spindelige Tumorzellen, bisweilen auch polygonale, pseudoepithelial-adenoid angeordnete Zellgruppen erkennen. Die Tumoren metastasieren relativ selten, bilden jedoch sehr häufig Rezidive.

10.3 Skelettmuskel

Angela Hafner und E. Dahme

Die quergestreiften Skelettmuskelfasern (= Skelettmuskelzellen) verkörpern vielkernige Zellgebilde, welche eine Länge von wenigen Millimetern bis zu 15 cm, entsprechend den jeweiligen anatomischen Verhältnissen, aufweisen. Gleichermaßen schwankt ihr mittlerer Durchmesser zwischen 10 und 100 µm.

Die Struktur der Skelettmuskelfasern wird vor allem durch die 1-2 µm dicken **Myofibrillen** (= kontraktiles System) bestimmt, deren Bauelemente die dünnen (5-7 nm dicken) *Aktin-* und die dicken (ca. 16 nm) *Myosinfilamente* sind. Aus der spezifischen Anordnung vieler nebeneinander liegender **Myofilamente** ergibt sich für die einzelne Muskelfaser ein charakteristisches Sequenzmuster, das lichtmikroskopisch als *Querstreifung* in Erscheinung tritt. Ultrastrukturell läßt sich dieses grobe Streifenmuster weiter in I- und A-Banden (isotrop, anisotrop) untergliedern, die ihrerseits von der Z-Scheibe bzw. der H-Zone und dem M-Band unterbrochen werden. Da die Myofibrillengliederung absolut symmetrisch ist, umfaßt eine Grundeinheit *(= Sarkomer)* folgende Streifensequenz: Z-I-A-H-M-H-A-I-Z.

Das **Sarkoplasma** enthält, neben dem Muskelfarbstoff *Myoglobin,* alle sonstigen Zellorganellen. Auch die Zellkerne werden von Sarkoplasma umgeben und liegen in der Randzone der Muskelfaser. In jeder Faser finden sich zwei tubuläre Systeme, die in enger morphologischer und funktioneller Beziehung zueinander stehen: Das *sarkoplasmatische Retikulum* mit seinen *Terminalzisternen* umgibt die einzelnen Myofibrillen; ein *transversales Tubulus-System* (T-System) korrespondiert über Poren im **Plasmalemm** mit dem Extrazellularraum. Verschiedene erst in jüngster Zeit charakterisierte Proteine und Glykoproteine gewährleisten die Integrität und Funktionstüchtigkeit der Skelettmuskelfasern. Von Bedeutung sind hierbei insbesondere die innerhalb bzw. unmittelbar unterhalb der Zellmembran gelegenen Proteine *Dystrophin* und *Dystrophin-assoziierte Proteine* (Dystroglycan-, Sarcoglycan-, Syntrophin-Komplex). Aus dem muskelspezifischen Protein *Desmin* werden die Intermediärfilamente (ca. 10 nm dick) der Muskelzellen gebildet.

An der Oberfläche der Muskelfaser wird das Plasmalemm von einer Basalmembran und einem feinen Netz von Kollagenfasern umgeben. Plasmalemm, Basalmembran und Kollagenfasernetz werden lichtmikroskopisch als **Sarkolemm** bezeichnet, das seinerseits mit dem *Perimysium internum* und über dieses mit den kollagenen Faserbündeln der Sehnen und Aponeurosen in Verbindung steht. Im Sarkolemm befinden sich bereits embryonal angelegte Satellitenzellen, die im gesunden Muskel funktionslos sind, jedoch im Falle seiner Beschädigung aus ihrem „Dornröschenschlaf" erwachen und als mitoseaktive Myoblasten die Muskelregeneration bewerkstelligen (s.S. 349).

Morphologisch, biochemisch und funktionell sind im wesentlichen **drei Haupttypen von Muskelfasern** zu unterscheiden:

Typ 1 verkörpert eine relativ schmächtige, myoglobin- und mitochondrienreiche Faser, die einen *oxidativen* Grundmetabolismus aufweist und demzufolge reich an oxidativen Enzymen (NADH-TR = NADH-Tetrazoliumreduktase, SDH = Succinatdehydrogenase) ist. Im übrigen zeigt sie lichtmikroskopisch feine Neutralfettgranula, jedoch nur wenig Glykogen. Funktionell ist sie eine *langsam kontrahierende, tonische Faser* (slow twitch oxidative, fatigue resistant).

Die **Typ 2B**-Faser ist in ihrem Querschnitt massiger und myoglobin- und mitochondrienarm. Ihr Stoffwechselprinzip ist das der *anaeroben Glykolyse,* was ihren Reichtum an myofibrillärer ATPase, Phosphorylase und Glykogen erklärt. Funktionell ist sie eine *rasch kontrahierende, phasische Faser* (fast twitch glycolytic, rapidly fatiguable).

Die **Typ 2A**-Faser mit dem Charakteristikum der *raschen Kontraktion* (fast twitch oxidative-glycolytic, fatigue resistant) gilt als weiterer Grundtyp.

Mit gewissen Einschränkungen entsprechen Typ 1 und 2A der roten und Typ 2B der weißen Muskelfaser nach der RANVIERschen Systematik von 1880. Über diese Einteilung hinaus können noch weitere Muskelfasertypen, so z.B. **Typ 2C** und **Typ 2M**, definiert werden.

Funktionell gesehen ist die Skelettmuskelfaser unabdingbar an eine intakte **Innervation** gebunden. Nichtinnervierter Muskel kann sich nicht entwickeln, denervierter Muskel fällt der Atrophie anheim! Dabei sind grundsätzlich *zwei Hauptinnervationsformen* zu beachten: Erstens die der Arbeitsmuskulatur *(extrafusale Muskelfaser)* über die neuromuskuläre Synapse, d. h. motorische Endplatte, zweitens die der Muskelspindel *(intrafusale Muskelfaser),* die efferent über eine Endplatte und afferent über ringförmig-spiralige Endverzweigungen erfolgt.

Die *motorische Endplatte* des **Arbeitsmuskels** ist die Endorganelle des in einem motorischen Rautenhirnkern oder im Rückenmarkgrau gelegenen α-Motoneurons (2. motorisches Neuron). Alle über den Neuriten eines bestimmten α-Motoneurons innervierten Muskelfasern stellen eine *motorische Einheit* dar. Bei der Erregung führen die über die Membran des Neuriten saltierend fortgeleiteten Depolarisationen an der Endplatte zur Freisetzung des Transmitters *Acetylcholin.* Dieser verbindet sich mit spezifischen *Acetylcholin-Rezeptoren* des Sarkolemms und führt zu einer negativen Ladung (Endplattenpotential) gegenüber der Umgebung (Potentialdifferenz). Die Kontraktion der Muskelfibrillen erfolgt durch Ausbreitung des Potentials über die Muskelfasermembran. (Nähere Einzelheiten der Muskelphysiologie finden sich in den einschlägigen Lehr- und Handbüchern.)

Der **Muskelspindelapparat** registriert laufend den aktuellen Spannungszustand einer Muskelfasergruppe, in deren Interstitium er parallel zum Faserverlauf fixiert ist. Die innerhalb der Spindelhülle liegenden (intrafusalen!) Muskelfasern sind zunächst einmal durch *efferente* Nervenfasern der in Medulla und Rückenmark neben den α-Motoneuronen liegenden γ-Motoneuronen innerviert. Die Aktivierung eines γ-Motoneurons führt über dessen motorische Endplatte zur Kontraktion des intrafusalen Muskels und damit zur *Steigerung der Empfindlichkeit* des Rezeptors. Die *afferenten* Nervenfasern des Spindelapparates haben ihre Perikarya in den entsprechenden Kopf- oder Spinalganglien und stehen über ihr zentrales Axon unmittelbar mit den α-Motoneuronen in Verbindung (wichtig für die Muskelreflexe!).

Die *übergeordnete Regulation* von Tonus und Motorik der Skelettmuskulatur ist in mehrere Regel- oder Schaltkreise gegliedert und findet ihr morphologisches Äquivalent in den kortiko- und rubrospinalen (efferent), in den vestibulospinalen (efferent) wie in den spinozerebellaren (afferent) Rückenmarkbahnen.

10.3.1 Postmortale Veränderungen

Die ***Totenstarre*** (Rigor mortis) ist mit der intravitalen Muskelkontraktion insoweit vergleichbar, als sie von der Spaltung der noch vorhandenen ATP-Reserve unterhalten wird. So ist zu verstehen, daß dieses supravitale Kontraktionsphänomen hinsichtlich Intensität und Bestand von mehreren, ante wie post mortem wirksamen Faktoren abhängig ist: zu ersteren zählen fieberhafte Krankheitsprozesse, erhöhte Muskelleistung und Intoxikationen, zu letzteren Körperinnen- und Umgebungstemperatur. Die Totenstarre tritt ein bis zwei Stunden post mortem ein, bei Tod nach schweren Hirntraumen kann sie sich aus einer rasch einsetzenden Enthirnungsstarre fortsetzen. In der

Regel werden zunächst Kopf- und Halsmuskulatur, im weiteren Stamm- und Extremitätenmuskulatur ergriffen. Die Lösung der Starre erfolgt mit dem Einsetzen von Auto- und Heterolyse innerhalb von 24-48 Stunden post mortem. Kälte kann die Starrezeit erheblich verlängern, Wärme drastisch verkürzen bzw. das Eintreten der Starre verhindern. Die postmortale Autolyse geschieht durch Freisetzung lysosomaler Enzyme und geht, histologisch gesehen, mit Auflösung von Mitochondrien und nächstdem der starrekontrahierten Myofibrillen einher. Diese Vorgänge laufen beispielsweise bei 22° C viermal rascher ab als bei 4° C. Die genannten Autolysebilder sind weder licht- noch elektronenmikroskopisch von Initialstadien der intravitalen Muskeldegeneration zu unterscheiden.

Hinsichtlich der Bewertung der ***postmortalen Heterolyse*** bzw. *Fäulnis* des Skelettmuskels ist der Gesamtzustand der Leiche zu berücksichtigen. Vor allem sollte Faulgasentwicklung in der Tiefe des Muskels stets sorgfältig von bereits intravital entstandenen Gasphlegmonen, hervorgerufen durch Clostridieninfektionen (s.S. 354), abgegrenzt werden.

10.3.2 Mißbildungen, Erbleiden

Inwieweit die ***Spreizbeinigkeit,*** insbesondere die der Hinterextremitäten, bei neugeborenen **Ferkeln** *(Splayleg, Spraddle Leg)* Ausdruck einer (rezessiv) vererbten Retardierung der Muskelentwicklung bzw. der Muskelinnervation ist, ist nicht geklärt. Keineswegs lassen sich nämlich diätetische und toxische Einflüsse ätiologisch ausschließen. Für die Pathogenese des Leidens ist interessant, daß das histologische Muskelbild neugeborener Ferkel mit Spreizbeinigkeit einen Mangel an Myofibrillen *(Congenital Myofibrillar Hypoplasia)* und ein m. o. w. deutliches interstitielles Ödem, ausnahmsweise auch zelldegenerative Prozesse, erkennen läßt. Auch finden sich in einem Teil der Fälle inkomplette bzw. verzögerte Entwicklungen der Muskelspindeln in den Adduktoren (M. sartorius!) und myoblastische Prozesse. Bei Ferkeln, die ohne oder mit Therapie (d. h. durch mechanische Fixierung der Hinterextremitäten) innerhalb weniger Tage gesunden, bestehen histologisch durchweg normale Verhältnisse. Gelegentlich ist auch ein zufälliges Zusammentreffen mit der ätiopathogenetisch abzugrenzenden *Myoclonia congenita* = Ferkelzittern (s. S. 365) zu beobachten.

Angeborene Grätschstellung mit abnormen *Flexionen* in den Extremitätengelenken finden sich bei **Rindern** der Jersey-Rasse, aber auch anderer Rassen als Ausdruck eines erblichen Defektes.

Kongenitale Muskelhyperplasien stellen als sogenannte ***Doppellendigkeit*** *(Doppellender)* beim **Kalb**, seltener beim **Schaflamm**, eine spezifische Mutationsform dar. Der sich insbesondere auf Schulter- und Beckengürtel, z. T. auch auf die Lendenmuskulatur erstreckenden Umfangsvermehrung liegt eine Vermehrung der Muskelfaserzahl, also eine *echte Hyperplasie,* und keine Verdoppelung bestimmter Muskelgruppen zugrunde. Histologisch sind ferner normale Ausmaße und Ausformungen der Einzelfasern sowie auch ihre reguläre Innervation festzustellen. Die Zahl der Typ 2-Fasern ist relativ groß, wie auch die Succinatdehydrogenasewerte in den hyperplastischen Bezirken auffallend niedrig liegen. Die motorischen Endplatten erscheinen im Schnitt größer als die normaler Vergleichsfasern. Trotz der – entsprechend der großen Zahl von Einzelfasern – vermehrten Terminalverzweigungen der motorischen Nervenfasern lassen sich im Rückenmarkgrau weder vermehrte noch die Regelgröße übersteigende α-Motoneurone nachweisen.

Beim Schwein ist eine ***Myositis ossificans*** *(generalisata)* als Erbleiden mit Manifestation innerhalb der ersten sechs Lebensmonate bekannt. Pathologisch-morphologisch gesehen dominieren jedoch exzessive Knochenbildungen in Bindegewebe und Periost, die in die Muskulatur einstrahlen und diese in raumfordernder Weise verdrängen können. Die Schwere der jeweiligen Ausprägung und die Lokalisation der Knochenbildung bestimmen das klinische Bild im Einzelfall. Neben der Tarsalregion finden sich Wirbelsäulenbereiche, insbesondere aber das der Wirbelsäule unmittelbar zugeordnete Muskelgewebe am häufigsten verändert. Im Hinblick auf Qualität und primären Gewebsbezug wird das eigentümliche Erbleiden auch unter dem Terminus *Fibrodysplasia ossificans progressiva* geführt.

Als ***Muskeldystrophie*** wird eine primäre degenerative Skelettmuskelerkrankung mit Früh- oder Spätmanifestation, progressivem (fortschreitendem) Verlauf und oftmals erblicher Genese bezeichnet. Die degenerativen Prozesse führen i.d.R. zu einem Verlust von Muskelfasern und somit klinisch zu einer fortschreitenden Funktionseinschränkung der Skelettmuskulatur. Das histologische Bild wird geprägt von teils abschnittsweisen hyalin-scholligen Muskelfaserdegenerationen und Nekrosen, gefolgt von einer unterschiedlich stark ausgeprägten resorptiven Entzündung (überwiegend Makrophagen). Gelegentlich entstehen auch granulomartige Bilder mit Riesenzellen. Häufig findet sich auch eine gewisse Regeneration von Muskelfasern, die jedoch funktionell ohne Bedeutung ist. Späte Verlaufsstadien sind durch Bindegewebsproliferation (Narbengewebe) und Ersatz von Muskel- durch Fettgewebe, d.h. Vakatwucherung von Fettgewebe (Lipomatosis musculorum e vacuo) gekennzeichnet. Im ZNS, insbesondere im Rückenmarkgrau, fehlen – ganz im Gegensatz zu spinalen Muskelatrophien – numerische Reduktionen von Motoneuronen. Diesem degenerativ-resorptiven Prozeßverlauf entsprechen klinisch-chemisch insbesondere deutlich erhöhte Creatinkinase (CK)-Werte im Blut.

Kongenitale hereditäre Muskeldystrophien *(Myodystrophia congenita, Inherited Muscular Dystrophy)* mit autosomal-rezessivem Erbgang sind bei **Schaf** *(Merinorasse)* und **Hund** *(Labrador Retriever)* bekannt. Beim Schaf wird das Leiden ohne Geschlechtsunterschied etwa nach Ablauf des ersten Lebensmonats unter Bevorzugung der Muskulatur des Schulter- und Beckengürtels manifest. Klinisch zeigen sich anfangs Steifheit und Bewegungsstörungen mit vermindertem Flexionsvermögen des Kniegelenkes. Der zugrundeliegende Gendefekt ist bislang unbekannt.

Kongenitale, erbliche Muskeldystrophien mit gesichertem genetischen Defekt, nämlich einem Defekt im *Dystrophin-Gen*, sogenannte ***Dystrophinopathien*** sind bei **Mensch** *(DUCHENNEsche und BECKERsche Muskeldystrophie)*, **Hund** *(Golden Retriever, Irish Terrier)*, **Katze** und **Maus** *(mdx-Maus)* bekannt. Die durch diesen Defekt bedingte reduzierte bzw. fehlende Expression des Proteins *Dystrophin* in der Skelettmuskelfaser führt zu einer Instabilität der Zellmembran betroffener Fasern mit konsekutiver Faserdegeneration. Diese Leiden werden X-chromosomal vererbt und betreffen somit (jedenfalls in ihrer ausgeprägten Form) männliche Individuen. Bei betroffenen Golden Retriever-Welpen treten im Alter von wenigen Wochen klinische Symptome wie Muskelschwäche und Bewegungsstörungen auf, die zunehmend ausgeprägter werden. Die animalischen Formen der Dystrophinopathie – insbesondere jene von Maus und Hund – gelten als Modelle für die entsprechenden humanen Erbleiden und können damit der weiteren Aufklärung pathogenetischer Mechanismen und möglicherweise der Entwicklung von Therapiekonzepten dienen.

Neben den erblichen Muskeldystrophien kann es auch zu Einzelfällen mit *Spontanmutationen* kommen, die ebenfalls das beschriebene pathologisch-morphologische Bild zeigen.

Gemeinsames Charakteristikum aller ***myotonischen Krankheiten*** ist das klinische Symptom *Myotonie*, d.h. eine verzögerte Erschlaffung der Skelettmuskulatur nach willkürlicher Kontraktion bzw. mechanischer oder elektrischer Stimulation. Klinisch zeigt sich eine Versteifung der Extremitäten, die sich bei Kälteeinwirkung verstärken und bei Bewegung verlieren kann. Diese Leiden können mit einer Muskeldystrophie einhergehen *(myotonische Dystrophie)* und dann das entsprechende histologische Bild aufweisen oder aber es fehlen morphologisch faßbare Äquivalente zu dem klinisch eindrucksvollen Verlaufsbild. Eine primär-neurogene Dysfunktion scheint jedoch nicht zu bestehen. ***Myotonische Muskeldystrophien*** erblicher Genese (dominant und rezessiv-autosomal vererbte Formen) sind bei **Ziege** *(Angoraziegen)* und **Hund** *(Chow Chow)* beschrieben; nichterbliche Formen treten bei **Pferd** und **Hund** auf. Jedoch war nicht in allen bekanntgewordenen Fällen eine sichere Abgrenzung von symptomatischen, d. h. erworbenen Myotonien (wie z.B. bei Morbus CUSHING des Hundes oder bei langdauernder Kortikosteroidtherapie in hohen Dosen) möglich.

Verschiedene weitere ***primäre Myopathien*** mit Hinweisen auf eine erbliche Genese sind nicht nur beim Menschen, sondern auch bei verschiedenen Haustierspezies und -rassen bekannt geworden. Bislang handelt es sich jedoch durchweg um selten aufgetretene Fälle, teils lediglich um Einzelbeschreibungen. Diese Myopathien zeigen unterschiedliche, teilweise charakteristische histologische Bilder, anhand derer sie von den oben genannten Muskeldystrophien abgegrenzt werden: z.B. Ansammlung von Nemalinkörperchen, welche aus den Z-Scheiben der Myofibrillen entstehen, bei der *Nemaline Body Myopathy* (Mensch, Katze) oder zentrale Auflösung von Muskelfasern bei der *Central Core Disease* (Hund).

Die ***Myasthenia gravis (pseudoparalytica)*** ist klinisch als relativ einheitliches Leiden bei **Mensch**, **Hund** und **Katze** bekannt, das in verschiedenen Lebensabschnitten manifest werden kann. Klinisch ist die Myasthenie beim Hund durch eine Muskelschwäche in den Gliedmaßen gekennzeichnet, die in der Regel bereits nach kurzzeitigen Laufbewegungen einsetzt und auf Physostigmin (Prostigmin, Neostigmin) anspricht. Die *erworbene* oder *autoimmune Form* ist ursächlich bedingt durch spezifisch gegen die Acetylcholin-Rezeptoren im postsynaptischen Anteil der motorischen Endplatte (d.h. an der Muskelfaser) gerichtete Autoantikörper (Immunglobulin vom IgG-Typ). Ein hoher Anteil betroffener Hunde weist gleichzeitig Tumoren des Thymus auf. Darüber hinaus werden auch Schlunddilatationen (s. S. 415) gesehen, die entweder als Teilsymptome der Myasthenie oder aber m.o.w. isoliert ohne generalisierte Muskelschwäche auftreten. Die weitaus seltenere *kongenitale Form* findet sich bei verschiedenen Hunderassen *(Jack Russell Terrier, Glatthaar Foxterrier, Springer Spaniel)* und unterliegt einem autosomal-rezessiven Erbgang. Pathogenetisch liegt dieser Form vermutlich eine numerische Reduktion der Acetylcholin-Rezeptoren zugrunde.

Die erblichen, neurogenen Myopathien, insbesondere die *spinale Muskelatrophie* (SMA; Lower Motor Neuron

Disease) werden auf S. 368 behandelt. Derartige neurogene Muskelatrophien entsprechen dem morphologischen Bild einer progredienten Denervationsatrophie der Skelettmuskulatur (s. S. 348).

10.3.3 Pigmentierungen

Im Gegensatz zum Herzmuskel kommt es im Skelettmuskel mit fortschreitendem Alter lediglich zu unbedeutenden intrazellulären Ablagerungen von ***Lipofuszin***. Deutlichere pigmentführende Restkörper lassen sich elektronenmikroskopisch bei Bestehen degenerativer Veränderungen, insbesondere im Zusammenhang mit E-Hypovitaminosen nachweisen. Dabei liegen die Lipopigmente zwischen den Filamentbündeln in enger räumlicher Beziehung zum endoplasmatischen Retikulum.

Die gelegentlich beim **Kalb** als Teilbild einer generalisierten Melanose vorkommende ***Melanosis maculosa musculorum*** stellt, genau besehen, eine Pigmentierung des Perimysiums und nicht der Muskelzelle selbst dar.

Zu einer allgemeinen schmutzig braun-roten Verfärbung von Muskel-, Faszien- und Bindegewebe kommt es, vornehmlich bei **Rind** und **Schaf**, im Zusammenhang mit toxisch bedingten Methämoglobinämien. Ursächlich kommen Kupfer-, Chlorat- und Nitritvergiftungen in Betracht.

10.3.4 Kreislaufstörungen

Hier ist zunächst die ***allgemeine Blutleere*** beim Tod durch Verblutung zu nennen. Sie ist um so ausgeprägter, je langsamer die Ausblutung vonstatten gegangen ist. Die ***lokale Blutleere*** steht jeweils in direkter Abhängigkeit von regionalen Minderungen der Blutversorgung, so etwa bei arterieller Thrombose oder Embolie. Auch ein ***Muskelödem*** kann zur Reduzierung des Blutgehaltes und damit zu Farbabweichungen führen, insbesondere wenn die Interstitialräume prall flüssigkeitsgefüllt sind. Dies gilt insbesondere für das auf S. 350 beschriebene PSE-Phänomen des Schweines.

Flächige Hyperämien sind an der Tierleiche nur mit Vorbehalt als intravital entstanden diagnostizierbar und insbesondere von der postmortalen Hypostase streng zu unterscheiden. ***Örtliche Hyperämien*** sind regelmäßig als Begleiterscheinungen von Entzündungsprozessen zu finden.

Bei ***Blutungen*** in der Muskulatur sind solche nach Zerstörung von Muskelgewebe und solche im ansonsten intakten Muskel zu unterscheiden. *Blutungen im Zusammenhang mit Gewebszerstörung* hängen hinsichtlich ihrer Ausprägung direkt von Kaliber und Anzahl rupturierter Blutgefäße ab. Als typische ***Rhexisblutungen*** finden sie sich bei offenen wie gedeckten Verletzungen und sind ein sicheres Zeichen für intravital erfolgte Gewalteinwirkungen. *Blutungen in der intakten Muskulatur* betreffen ausschließlich das interfaszikuläre bzw. interstitielle Bindegewebe. Sie können zwar grundsätzlich auch Folgen stumpfer Traumatisierung sein, sind aber i.d.R. Ausdruck kapillärer Permeabilitätsstörung im Sinne der ***Diapedesisblutung***. Ursächlich kommen für diese Blutungsform endotheliotoxische Einwirkungen (Hg-Vergiftung, bakterielle Enterotoxämien) sowie Störungen der Blutgerinnung (Dikumarolvergiftung, Verbrauchskoagulopathien) in Betracht. So sind beispielsweise die Blutungen bei Schweinepest das Ergebnis sowohl der gezielten viralen Endothelschädigung als auch einer thrombozytopenischen Verbrauchskoagulopathie. Auch allergisch-hyperergische Gewebszustände können sich, etwa in Form des *Morbus maculosus*, gleichermaßen von einer endothelialen Permeabilitätssteigerung wie von einer Koagulopathie herleiten. Kapilläre Muskelblutungen bei Schlachtschweinen werden nicht selten erst bei der Verarbeitung oder beim Verzehr des Fleisches wahrgenommen. Sie werden einerseits auf die elektrischen Betäubungsmaßnahmen, andererseits auf nervale Reize zurückgeführt.

Die kapillären Diapedesisblutungen liegen, der Anordnung der Haargefäße entsprechend, zwischen den Muskelfasern und folgen in ihrer Ausdehnung deren Längsausrichtung. Demzufolge erscheinen sie im Querschnitt punktförmig und im Längsschnitt streifig.

10.3.5 Veränderungen der Muskelmasse

10.3.5.1 Atrophie, Muskelschwund

Der erworbene Schwund kann ***generalisiert*** den Gesamtskelettmuskel, ***systemisch*** bestimmte Muskelgruppen oder ***lokalisiert*** einen Einzelmuskel betreffen. Prinzipiell ist zwischen der ***einfachen*** und der ***numerischen Atrophie*** zu unterscheiden. Während erstere grundsätzlich wieder zur Normgröße zurückfinden kann, ist letztere irreversibel und wird bestenfalls durch Vakatwucherung von Fettgewebe *(Lipomatosis musculorum e vacuo; Pseudohypertrophia lipomatosa)* plastisch kaschiert.

Ein generalisierter Muskelschwund von der Qualität der *einfachen Atrophie* findet sich vor allem als Ausdruck marantischer bzw. kachektischer Zustände, wie sie bei chronischer Inanition, enteraler Malabsorption, Leber- oder Pankreasinsuffizienz und, nicht zuletzt, als *Krebskachexie* im Finalstadium malignen Tumorwachstums vor-

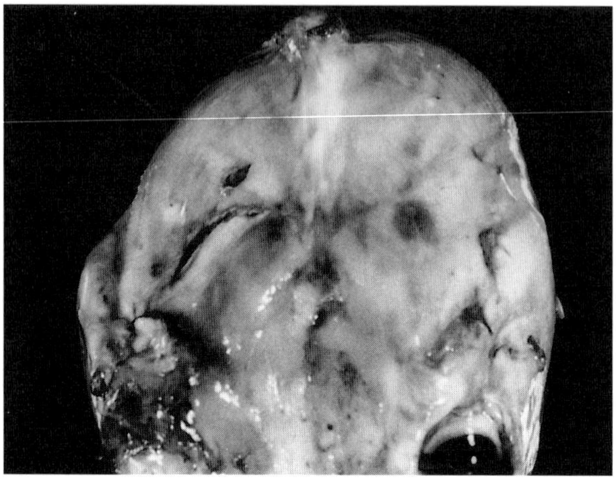

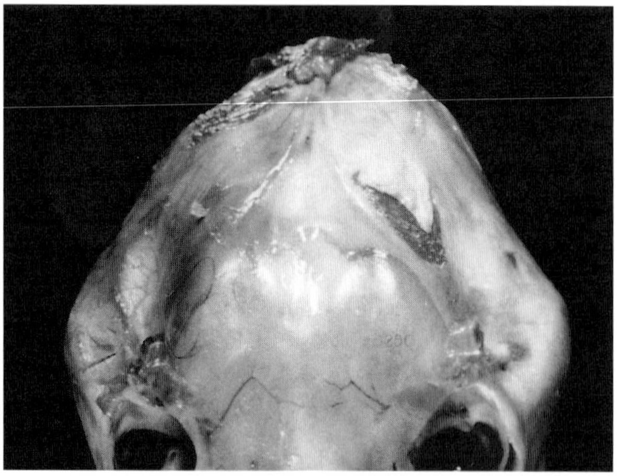

Abb. 10.12 Formen der Muskelatrophie am Beispiel des M. temporalis beim Deutschen Schäferhund. links: Einseitige *neurogene Atrophie* durch Ausfall des motorischen Astes des N. trigeminus (Ram. masticatorius) bei *Kleinhirnbrückenwinkeltumor*, ml. 5 J; rechts: Doppelseitige *postinflammatorische Atrophie* bei narbiger Ausheilung der Myositis eosinophilica, ml. 1 J.

kommen. Die gelegentlich auch bei Haustieren, hier insbesondere bei **Hund**, **Katze** und **Pferd** zu beobachtende ***senile Atrophie*** trägt zwar ebenfalls die Merkmale einfacher Atrophie, doch lassen sich bisweilen auch neurogen-numerische Muskelfaserdefizite nachweisen. Als ***endokrine Atrophie*** spielt der systemische bis generalisierte Muskelschwund vor allem beim CUSHING-Syndrom des **Hundes** (negative N-Bilanz, erhöhte Glukoneogenese) eine wichtige Rolle (s. S. 476). In fortgeschrittenen Verlaufsstadien wird die zunehmend in eine numerische Form übergehende Muskelatrophie von einer augenfälligen Stammfettsucht überlagert.

Der Umfangsverminderung nichtaktiver Muskelgruppen nach Ruhigstellung bei Frakturbehandlung oder nach Sehnenruptur liegt eine einfache ***Inaktivitätsatrophie*** zugrunde. Bereits nach kurzzeitigem Training bzw. nach Ausheilung des Grundleidens normalisieren sich Größen- und Massenverhältnisse wieder.

Bei der ***neurogenen Atrophie*** sind zwei Grundformen zu unterscheiden. Die erste beruht auf einem Innervationsverlust von Muskelfasern, bedingt entweder durch Kontinuitätsunterbrechung des die neuromuskuläre Synapse bildenden Neuriten *(=Denervationsatrophie)* oder durch Ausfall der motorischen Nervenzelle *(Lower Motor Neuron Disease)*. Soweit die Reinnervation dauerhaft ausbleibt, erfährt der nicht mehr erregte Muskel das Schicksal der irreversiblen numerischen Atrophie (Abb. 10.12 u. Tafel XIX. B2). Demgegenüber kommt es in Fällen frühzeitiger Reinnervation zur kompletten Muskelregeneration. Dabei bestimmt jedoch die jeweilige Qualität des aussprossenden motorischen Axons ($\alpha 1$ oder $\alpha 2$) die (neue) Qualität der von ihr synaptisch kontaktierten Muskelfaser (Typ 1, Typ 2A, Typ 2B), d.h. nicht jedes Axon findet zu seiner ursprünglich von ihm innervierten Muskelzelle zurück. Analoges gilt für die Reinnervation intrafusaler Muskelfasern durch regenerierende γ-motorische Axone. Die zweite Grundform resultiert aus Defekten im übergeordneten motorischen System *(Upper Motor Neuron Disease)*, also aus dem Verlust der Erregungsübertragung vom ersten auf das zweite Motoneuron. Verfällt letzteres schließlich der transsynaptischen Atrophie, kommt es am betroffenen Muskel wiederum zur numerischen Atrophie *(=progrediente Denervationsatrophie)*. Zunächst besteht jedoch über lange Zeit eine einfache Muskelatrophie.

Histologisch fällt die nicht mehr innervierte Muskelfaser zunächst durch Vergrößerung ihres Querschnittes auf, wobei es zu einer konzentrischen bzw. zielscheibenartigen Anordnung der Muskelfilamente (target fibers) und zur Zentralverlagerung des Zellkernes kommen kann. Bei Ausbleiben der Reinnervation werden die Muskelfasern zunehmend schmächtiger bis hin zu ihrem völligen Schwund.

Eine weitere, eigenständige Form stellt die ***postdystrophische*** bzw. ***postinflammatorische Atrophie*** dar. Sie bleibt in der Regel auf einzelne Muskelgruppen oder Faserzüge beschränkt, insbesondere wenn die Primärursachen in lokalen Muskelalterationen bestehen. Andererseits entwickelt sie sich als systemische Variante mit bilateral-symmetrischer Ausprägung bei der chronischen Verlaufsform der *Myositis eosinophilica* des **Hundes** (s. S. 353 u. Abb. 10.12).

10.3.5.2 Hypertrophie, Metaplasie

Als Folge und Ausdruck einer Steigerung der Muskelleistung kommt den ***Hypertrophien*** bei den Haustieren eine nur untergeordnete Bedeutung zu. Lokale Muskelhypertrophien im Sinne der Kompensation von Muskeldefekten sowie von Stellungs- und Haltungsanomalien sind jeweils im Zusammenhang mit dem Grundleiden zu bewerten.

Metaplasien sind in Form umschriebener Ossifikationen meist die Folgen mechanisch-traumatischer Muskelirritationen. Genauer besehen handelt es sich bei diesen Veränderungen um eine metaplastische Verknöcherung von Muskelnarbengewebe, die den Reit- und Exerzierknochen des Menschen sowie den auf S. 118 beschriebenen Verknöcherungen von Operationsnarben etc. entspricht. Da die Ossifikation i.d.R. einem bereits abgeklungenen, resorptiv-entzündlichen Geschehen folgt und durchweg protrahiert abläuft, trifft die Bezeichnung *Myositis ossificans (circumscripta)* nicht zu.

10.3.6 Degeneration, Regeneration

Die regressiven Muskelveränderungen lassen sich grundsätzlich nach formalen wie nach kausalen Kriterien definieren.

Die einfachste Form unspezifischer Muskeldegeneration ist die ***trübe Schwellung.*** Der von ihr betroffene Muskel erscheint makroskopisch hell und trocken, histologisch ist die Querstreifung von feinkörnigen Strukturen überlagert, jedoch noch deutlich nachweisbar. Bei einem Teil der Körnungen handelt es sich um geschwollene Mitochondrien. Je nach Ursache, Grad und Dauer dieses Zustandsbildes kann es entweder zur Restitution oder aber zu weiteren Auflösungserscheinungen im Sinne der hydropisch-vakuolären und hyalin-scholligen Degeneration kommen.

Auch die ***hydropisch-vakuoläre Degeneration*** verkörpert ein unspezifisches Äquivalent verschiedener Stoffwechselstörungen. Histologisch gesehen liegen ihr Schwellungen bzw. Weitungen sowohl von Mitochondrien als auch von endoplasmatischem Retikulum und T-System zugrunde.

Eine charakteristische Form regressiver Veränderungen stellt die ***hyalin-schollige Muskeldegeneration*** dar. Auch als *ZENKERsche Degeneration* bezeichnet, beginnt sie mit einer histologisch erkennbaren Auflösung von Querstreifung und feinfibrillärer Ordnung unter dem histologischen Bild der hyalinen Homogenisierung mit konsekutivem scholligen Zerfall. In diesem Stadium kommt es meist auch zu einem Kontinuitätsverlust des Sarkolemms. Besondere Bedeutung kommt dieser Degenerationsform für den Komplex der auf S. 352 besprochenen ***Weißmuskelkrankheit*** zu.

Fettige Muskeldegenerationen dürfen weder mit interstitiellen Depotfettzubildungen bzw. lipomatösen Vakatwucherungen noch mit den in den Typ 1-Fasern regelmäßig vorhandenen Neutralfettgranula (s. S. 344) verwechselt werden. Insgesamt gesehen verkörpern pathische Faserverfettungen Antworten auf ganz verschiedene Noxen, unter denen allerdings Hypoxidosen bzw. Störungen der Zellatmung dominieren.

Für die Abschätzung des Krankheitswertes von Muskeldegenerationen ist der Erhaltungszustand von Sarkolemm und Perimysium ein zentrales Kriterium. Sind diese Gewebselemente erhalten geblieben, ist eine Restitutio ad integrum grundsätzlich möglich. Dabei geht die entscheidende Regenerationsleistung von den *Satellitenzellen* (s.S. 344) aus. Im Falle einer Kontinuitätsunterbrechung des Sarkolemms kommt es zwar auch zur Aktivierung dieser, als ruhende Myoblasten zu verstehenden Satellitenzellen, doch bleibt es i.d.R. bei der Bildung vielkerniger Muskelknospen, d.h. das ursprüngliche Längenprofil einer Muskelfaser wird nicht mehr erreicht, und der nicht mehr innervierte Faserabschnitt verfällt der neurogenen Atrophie.

10.3.7 Nekrosen – Verletzungen – Zusammenhangstrennungen

Umfangreichere Muskeldefekte mit Zerstörung von Sarkolemm und Perimysium führen zwangsläufig zur ***Nekrose***, deren Primärursachen vor allem in toxischen, zirkulatorischen und mechanisch-traumatischen Noxenwirkungen zu suchen sind. Dabei gehen umschriebene, nur einzelne Fasern betreffende Formen nicht selten in eine *dystrophische Verkalkung* über, während umfangreichere Nekrosen mit konsekutiver Vernarbung wiederum eine Basis für *metaplastische Ossifikation* bieten.

Unter den ***toxischen Nekrosen*** beanspruchen die bakteriell bedingten das Hauptinteresse, vor allem jene aus der Gasödemgruppe (Anaerobierinfektionen; s. S. 354). Bei den ***zirkulatorisch*** bedingten stehen aus ätiologischer Sicht arterielle Thrombosen im Vordergrund.

Posttraumatische Nekrosen mit umfangreicheren Muskelzerreißungen und lokalen Störungen der Blutversorgung führen zu gut demarkierten Koagulationssequestern, die mitunter in der Tiefe großer Muskelbereiche zu finden sind. Die anschließende Resorption und Totalvernarbung erfolgt meist verzögert, kann aber auch ausbleiben.

Derartige Bilder werden z.B. im M. iliopsoas des Pferdes nach überstandenem Starrkrampf *(Clostridium tetani*-Infektion*)* oder schweren Stürzen gefunden.

Bei den ***Verletzungen*** und ***Zusammenhangstrennungen*** ist grundsätzlich zwischen *offenen* und *gedeckten* Formen zu unterscheiden. In deren Bewertung sind gleichzeitig erfolgte Schäden an anderen Organen und Geweben, so etwa Knochenfrakturen, Sehnen- und Bänderrisse, Zwechfellrupturen, Rupturen parenchymatöser Organe, einzubeziehen. Frische Muskelzerreißungen gehen durchweg mit starken Blutungen einher. Sind Rißränder frei von Blutaustritt, ist zu vermuten, daß die Ruptur erst post mortem erfolgt ist. Dennoch ist im Rahmen der forensischen Beurteilung von Zusammenhangstrennungen die histologische Untersuchung unerläßlich, zumal nur auf diesem Weg Frühstadien entzündlich reaktiver bzw. resorptiver Maßnahmen erfaßt werden können.

10.3.8 Myopathien

Unter diesem Begriff werden bestimmte, nach kausalen oder morphologischen Kriterien definierbare Entitäten zusammengefaßt, wobei grundsätzlich zwischen *hereditären Myopathien* (s. Abschnitt 10.3.2)*, Belastungsmyopathien, diätetischen Myopathien* und *toxischen Myopathien* unterschieden wird. Eine scharfe Grenzziehung zwischen den im Abschnitt 10.3.2 abgehandelten hereditären Formen und den Belastungsmyopathien ist allerdings nicht in allen Fällen möglich.

10.3.8.1 Belastungsmyopathien

Hierzu zählt insbesondere das beim **Schwein** unter dem Begriff ***Porzines Streß Syndrom (PSS)*** bekannte Krankheitsbild, welches auch als ***Maligne Hyperthermie*** oder ***Hyperpyrexie-Syndrom*** bezeichnet wird. Diesem genetisch determinierten Krankheitskomplex liegt ursächlich eine Punktmutation in einem Strukturgen eines Kalziumkanals im sarkoplasmatischen Retikulum *(Ryanodin-Rezeptor)* zugrunde, die letztlich zu einer Störung im Kalziumstoffwechsel der Skelettmuskelzellen führt.

Bei bestimmten Rassen und Zuchtfamilien *(Pietrain, Landrasse)* entwickeln sich so als Streßfolgen (z.B. Transport) Muskelveränderungen, die in fischfleischartiger, weicher, feuchter Beschaffenheit der Muskulatur in bestimmten Muskelgruppen (M. longissimus dorsi, Oberschenkelmuskulatur) bestehen und unter dem Begriff des ***PSE-Fleisches*** (**P** = *pale*, **S** = *soft*, **E** = *exudative*) subsumiert werden. Diese typischen Muskelveränderungen werden in der Regel erst einige Zeit nach der Schlachtung evident. Im noch warmen Tierkörper sind pH-Werte der Muskulatur von 5,8 oder sogar darunter nachweisbar. Muskel mit hohem Anteil an Typ 2B-Fasern (z.B. M. longissimus dorsi) sind häufiger und stärker betroffen. Die muskulären Veränderungen sind Ausdruck des nach der Schlachtung erhöhten und dann rasch abfallenden Gehaltes an Glykogen und Phosphorylase. Überdies wird der Freisetzung von Katecholaminen eine spezifische, prozeßinduzierende Rolle zugeschrieben.

Unabhängig von diesen beim Schlachttier zu findenden Veränderungen ist die eigentliche Krankheit zu bewerten. Diese verläuft häufig unter dem Bilde einer akut einsetzenden und oft tödlich endenden Krise, die durch Zyanose, Dyspnoe, Tachykardie, respiratorische und metabolische Azidose, Hyperthermie und schließlich durch terminale Rigidität von Skelett- und Herzmuskel gekennzeichnet ist. Sie kann durch bestimmte Inhalationsnarkotika (Halothan) und Succinylcholin provoziert werden. Das pathologisch-anatomische Bild gestorbener Tiere ist – neben den beim Schlachttier anzutreffenden Muskelveränderungen – durch akute venöse Stauungserscheinungen in den Organen und Zyanose der Haut, insbesondere der Akren, gekennzeichnet.

Zum Formenkreis des PSE-Syndroms zählt auch die ***akute Rückenmuskelnekrose***, eine weitgehend auf den M. longissimus dorsi beschränkte Skelettmuskelnekrose, die klinisch mit rasch einsetzenden Bewegungsstörungen, Muskelzittern, (asymmetrischer!) Rückenverkrümmung und Rückenmuskelschwellung (="Bananenkrankheit") verläuft und zu hundesitziger Stellung und Festliegen in Seitenposition führt. Unter fieberhaften Allgemeinsymptomen kommt es bereits zu Beginn der Erkrankung bei etwa 10 % der Fälle zum Schocktod. Pathologisch-anatomisch finden sich in derartigen Fällen, neben allgemeinen venösen Stauungsbildern, ein- oder beidseitige, ödematös-blasse bis sulzig-hämorrhagische Nekrosen in der Tiefe des langen Rückenmuskels. Tiere, die diese Frühphase überleben und später zur Schlachtung kommen, zeigen demgegenüber in Abhängigkeit von der Überlebenszeit verschiedene Myopathiestadien, angefangen von Muskelnekrosen bis hin zu groben Sequestrierungen und resorptiv-vernarbenden Entzündungsbildern. In ihrer Längsausdehnung, die bis zu 30 cm reichen kann, zeigen die zentral im langen Rückenmuskel gelegenen Veränderungen eine zigarrenförmige Konfiguration (Abb. 10.13).

Ätiologisch nach wie vor ungeklärt ist die in der Regel akut einsetzende ***paralytische Myoglobinämie*** und ***-urie*** *(Schwarze Harnwinde, Lumbago, Feiertagskrankheit)* des **Pferdes** und anderer **Equiden**. Insbesondere fehlen exakte Informationen über die dem Leiden zugrunde liegenden

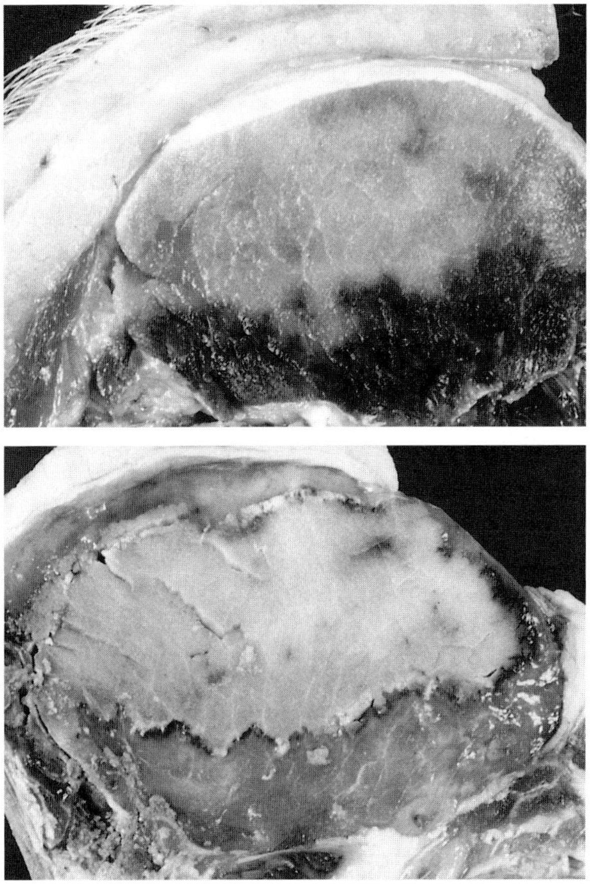

Abb. 10.13 Stadien der *zentralen Nekrose* des M. longissimus dorsi beim PSE-Syndrom. oben: Frühstadium der akuten Nekrose mit perifokaler Hyperämie und beginnender Demarkation; unten: Ausgeprägter koagulationsnekrotischer Muskelsequester mit deutlicher Demarkation. Befunde bei Schlachtschweinen, 2/3 nat. Größe.

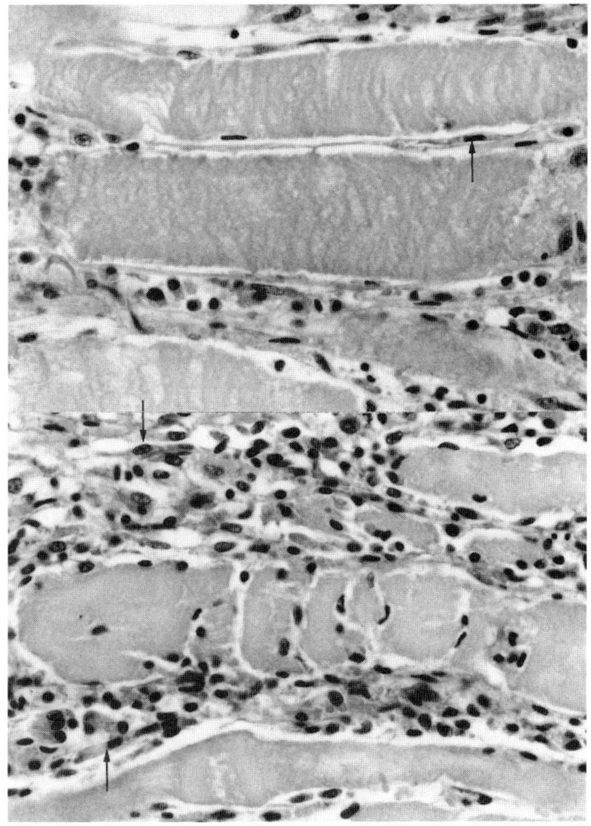

Abb. 10.14 Histologischer Befund bei der *paralytischen Myoglobinurie* des Pferdes: Neben verschiedenen Stadien der hyalin-scholligen Degeneration finden sich sowohl makrophagische Resorptionen als auch Aussprossung der myoblastischen Satellitenzellen (Pfeile). Stute 17 J, HE, 300 x.

Muskelstoffwechselstörungen, d. h., daß die vielfach zitierte Vermehrung von Muskelglykogen während einer Ruhepause nach überdurchschnittlicher Muskelbeanspruchung nur vage ätiopathogenetische Anhaltspunkte vermittelt. Auch bleibt offen, ob ein erhöhter Blut-Laktatspiegel nach Wiederbeanspruchung der Muskulatur als unmittelbares Kausalprinzip in Betracht kommt. Das Krankheitsbild tritt besonders häufig bei körperlicher Beanspruchung nach einer längeren Ruhephase auf und äußert sich klinisch in plötzlicher Hinterhandschwäche bis zu völliger Bewegungsunfähigkeit, Schwitzen, Zittern sowie Myoglobinurie. Pathologisch-anatomisch sind die sich vorwiegend in der Glutäen- und Oberschenkelmuskulatur manifestierenden Veränderungen durch ein blasses, fleckiges, z. T. weich-brüchiges, zundriges Gewebsbild charakterisiert. Ihm entspricht histologisch eine ausgeprägte hyaline Degeneration mit rasch folgender Nekrose von Muskelfasern (Abb. 10.14). Spätbilder lassen nicht selten Atrophien ganzer Muskelgruppen erkennen.

Erworbene Belastungsmyopathien im Sinne von ***Transportmyopathien*** mit oft tödlichem Ausgang sind ferner bei **Rind** und **Schaf** sowie bei **Zoo-** und **Wildtieren** bekannt. Lange Bahntransporte in überfüllten Waggons bei extrem hohen oder niederen Temperaturen und schlechter Belüftung scheinen die ursächlichen Schwerpunkte zu bilden. Der Skelettmuskel solchermaßen verendeter Tiere zeigt streifig-fleckförmige, hyaline Degenerationen und Fasernekrosen. Soweit die Tiere überleben, bilden sich klinisch Myoglobinämien und -urien mit Bewegungsstörungen und auffallend steifer Extremitätenstellung aus (s. S. 154).

10.3.8.2 Diätetische Myopathien

Diätetische bzw. nutritive Myopathien sind bei **Rind, Schaf, Pferd, Schwein, Kameliden** und **Vögeln** (insbesondere bei Enten) unter dem Begriff ***Weißmuskelkrankheit*** *(White Muscle Disease)* bekannt. Betroffen werden ganz überwiegend junge Tiere. Gelegentlich, speziell beim Fohlen, entstehen die Veränderungen bereits im späten Fetalstadium (= kongenitale Form der Weißmuskelkrankheit).

Ursächlich liegt dem Leiden ein Mangelsyndrom zugrunde, in dessen Mittelpunkt ein α-Tokopherol- und/oder Selenmangel steht. Zwischen beiden, dem α-Tokopherol (= Vitamin E) und dem Element Selen, bestehen insofern enge biochemische Zusammenhänge, als sie gemeinsam und synergistisch die Zellmembranen vor einer Peroxidation ihrer mehrfach ungesättigten Fettsäurebausteine schützen. Selen fungiert dabei als essentieller Faktor für die Aktivierung der Glutathionperoxidase.

Pathologisch-anatomisch ist bemerkenswert, daß sich die für die Krankheit charakteristischen, fleckförmig-streifigen Muskelfaserdegenerationen nicht in allen Muskelbereichen gleichmäßig deutlich ausprägen. So werden, insbesondere bei Wiederkäuern, Muskelgruppen der Halswirbelsäule, des Schultergürtels (M. supraspinatus, M. infraspinatus), des Brust- und Stammbereiches (Mm. pectorales, Mm. intercostales, M. longissimus dorsi) und des Beckengürtels (M. semimembranosus, M. semitendinosus) bevorzugt betroffen (Abb. 10.15). Zwerchfell- und Zungenmuskel können, ebenso wie der Herzmuskel (s. S. 16), in das Geschehen einbezogen sein.

Histologisch entspricht den makroskopisch stumpf-trockenen, grauweißen bis gelblichen Muskelveränderungen ein hyalin-scholliges Degenerationsbild (ZENKERsche Degeneration) mit unterschiedlich deutlichen Resorptionserscheinungen und Regenerationsversuchen in der Form mehrkerniger Muskelknospen.

Spätstadien kommen nur ausnahmsweise zur Beobachtung, zumal – insbesondere bei Wiederkäuern – die Herzmuskelveränderungen in der Regel alsbald zum Tode führen bzw. ein therapieresistentes Festliegen Anlaß zur Tötung gibt.

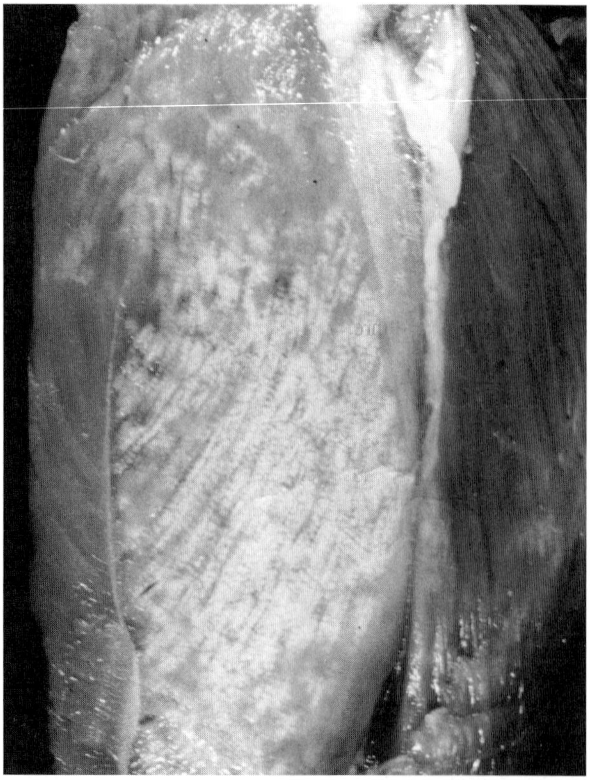

Abb. 10.15 Hyalin-schollige (ZENKERsche) Degeneration des Skelettmuskels bei *Weißmuskelkrankheit,* Kalb, 12 Wo.

10.3.8.3 Toxische Myopathien

Diese können auf der Grundlage therapeutisch-prophylaktischer Maßnahmen wie durch Aufnahme von Giften, hier insbesondere von Pflanzengiften, entstehen. Zu den erstgenannten Formen zählt als die wichtigste die hyalinschollige Degeneration mit Verkalkungsneigung beim **Ferkel** nach parenteraler, seltener oraler Verabreichung von *Eisenpräparaten* zur Anämieprophylaxe. Eisen ist in ionisierter Form besonders toxisch und führt über Peroxidationsprozesse und im Sinne eines Kalziphylaxie-Syndroms zur Muskelschädigung. Demzufolge wirkt auch eine ausreichende Versorgung mit Vitamin E und Selen (s. oben) einer Eisenintoxikation entgegen.

Zu den ***Pflanzenvergiftungen*** mit nachteiligen Wirkungen auf die Muskulatur zählt die nach Aufnahme der Coyotillo-Frucht von *Karwinskia humboldtiana* bei **Wiederkäuern**. Neben ausgedehnten Skelettmuskeldegenerationen kommt es zu Demyelinisierungen im PNS und axonalen Dystrophien im ZNS (s. S. 384). Ferner ist die Vergiftung beim **Rind** durch die Früchte von *Cassia occidentalis,* einem *Sennes*-Gewächs, in manchen Gegenden (Texas) von beachtlicher wirtschaftlicher Bedeutung. Wenige Tage nach Aufnahme größerer Mengen dieser giftigen Früchte kommt es zu gastrointestinalen Störungen, Bewegungsstörungen, Muskelschwäche und schließlich zum Festliegen, begleitet von Myoglobinämie und -urie. Diesem Verlaufsbild entsprechen pathologisch-anatomisch multiple, kleine, blasse, zirkumskripte Muskeldegenerationen mit bevorzugtem Betroffensein der Hinterextremitätenmuskulatur. Der Herzmuskel ist jedoch nicht selten gleichsinnig verändert.

Die ***Monensin-Vergiftung*** des **Pferdes** nimmt insofern eine Sonderstellung ein, als hier eine ausgeprägte Empfindlichkeit dieser Spezies gegenüber diesem einerseits als Kokzidiostatikum bei Hühnern, andererseits als Futteradditiv beim Rind eingesetzten Wirkstoff besteht. Die Herz- und Skelettmuskelveränderungen sind ausführlich auf S. 18 dargestellt.

Für die hinsichtlich ihrer Entstehung noch nicht restlos aufgeklärte ***atypische Myoglobinurie des Pferdes***, die bei Weidetieren verschiedener Rassen und unterschiedlichen Alters vorkommt, werden ursächlich ungünstige Klimaverhältnisse, insbesondere Kälte diskutiert. Klinisch stehen Muskelversteifung und -zittern, Gangunsicherheit sowie Myoglobinämie und -urie im Vordergrund. In der Regel kommt es innerhalb weniger Tage zum Festliegen mit letalem Ausgang. Pathologisch-anatomisch und -histologisch besteht in verschiedenen Muskelgruppen eine Myopathie, die durch akute Nekrose der Typ-1-Skelettmuskelfasern charakterisiert ist.

10.3.9 Entzündungen

Diese lassen sich nach Qualität und Ursachen klassifizieren. In *unspezifischer* Weise verlaufen sie im Nachgang zu degenerativ-nekrotischen Myopathien und führen über Resorption und Proliferation zur bindegewebigen Narbe und gelegentlich zur Vakatwucherung von Fettgewebe *(Lipomatosis)*.

Eine offenbar nur geringe Bedeutung kommt den *allergischen* bzw. *rheumatischen* Muskelentzündungen bei den Haustieren zu. Insbesondere ist die Frage offen, inwieweit Myositiden mit hervorstechender Beteiligung eosinophiler Granulozyten als allergische Formen interpretiert werden dürfen. Unter ihnen sind zwei Formen von praktischer Bedeutung, die *Myositis eosinophilica* des Hundes und die *Myositis eosinophilica chronica* des Rindes.

Von der ***Myositis eosinophilica*** des **Hundes** werden insbesondere Schäferhunde heimgesucht, wobei sich die schubweise und in Attacken einsetzenden Myopathien auf die Kaumuskulatur, weit seltener auch auf Oberschenkel-, Oberarm-, Zungen- und Schlundmuskulatur erstrecken. Infolge einer hochgradigen entzündlichen Infiltration (überwiegend mit eosinophilen Granulozyten) sind die betroffenen Muskelbereiche zunächst hart und gespannt, grau-gelblich verfärbt und gelegentlich von Blutungen durchsetzt. Im weiteren Verlauf gehen Muskelfasern hyalin-nekrotisch zugrunde, und resorptive Vorgänge führen zu Narbenbildung (atrophische Myositis; Abb. 10.12). Klinisch stehen rezidivierender Muskelschmerz und -schwellung bis hin zur Kiefersperre im Vordergrund.

Die Hauptvoraussetzung für das Zustandekommen einer derartig lokalisierten Myositis wird im Vorkommen einer von jener der Gliedmaßenmuskulatur abweichenden Myosin-Isoform und damit einer speziellen Muskelfaserzusammensetzung der Kaumuskulatur (Typ 2M und Typ 1) gesehen.

Die ***Myositis eosinophilica chronica*** des **Rindes** zeigt, bei von Fall zu Fall wechselnder Lokalisation, in ihrer Initialphase ebenfalls hochgradige Infiltrationen des Perimysium externum und internum mit eosinophilen Granulozyten, die pathologisch-anatomisch als streifige bis fleckförmige, weitgehend scharf begrenzte Areale mit grünlicher Farbe (eosinophile Granulozyten!) auffallen. Zum Teil dringen die emigrierten Leukozyten auch in die Muskelfasern ein. Schließlich führen Granulationsgewebsbildungen als Ausdruck resorptiv-reparativer Vorgänge zu breit angelegten Narbenzügen. In ihnen sind dann noch einzelne Muskelfasern zu finden, die sowohl hypertrophiert als auch sekundär atrophisch-degenerativ verändert sein können. Der – ätiologisch ungeklärten – Myositis eosinophilica des Rindes kommt in der Regel lediglich fleischhygienische Bedeutung zu; klinisch relevant wird sie nur bei der eher seltenen Einbeziehung des Herzmuskels.

Unter den ***erregerbedingten Myositisformen*** stehen solche bakterieller Genese der Häufigkeit des Auftretens nach an erster, solche parasitärer Genese an zweiter Stelle.

Virusbedingte Formen spielen lediglich im Rahmen eines besonders schweren Verlaufs von Maul-und Klauenseuche eine Rolle und sind, ähnlich den Herzmuskelveränderungen (s. S. 19), durch streifig angeordnete Fasernekrosen, lymphozytär-makrophagische Reaktionen und sekundär-fibroblastische Mesenchymreaktionen charakterisiert.

Die ***banale, serös-eitrige oder eitrige Entzündung*** ist meist Folge einer Infektion mit pyogenen Bakterien, hier insbesondere mit Strepto- und Staphylokokken. Umschriebene Formen können nach mechanischen, offenen Verletzungen aber auch iatrogen, als sog. Spritzenabszesse *(Myositis apostematosa circumscripta)* vorkommen. Ausgedehnte oder *generalisierte* Entzündungsmuster bzw. multiple Abszesse sind im allgemeinen Ausdruck einer hämatogenen Erregeraussaat. Als Erreger von Muskelabszessen sind *Actinomyces (Arcanobacterium) pyogenes* (**große Wiederkäuer**), *Streptococcus equi* (**Equiden**) und *Corynebacterium pseudotuberculosis* (**kleine Wiederkäuer**) von Bedeutung.

Serös-eitrige Myositiden zeigen nicht selten Neigung, in ausgedehnte ***Phlegmonen*** *(Staphylokokken, Strepto-*

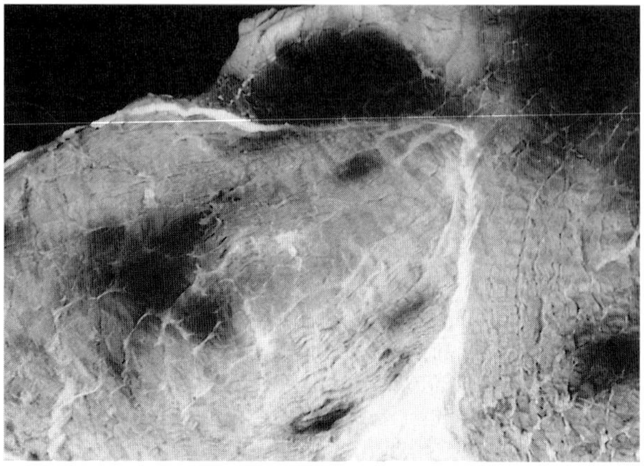

Abb. 10.16 Skelettmuskelbild beim *Rauschbrand,* hervorgerufen durch *Clostridium chauvoei (feseri),* Rind.

kokken) überzugehen. Gasig-phlegmonöse und ödematöse Entzündungsbilder weisen auf Infektionen mit *Clostridien spp.* hin.

Der ***Rauschbrand*** (Blackleg), hervorgerufen durch *Clostridium chauvoei (syn. C. feseri),* ist hauptsächlich beim **Rind**, gelegentlich auch beim **Schaf** zu finden. Der Erregereintritt geschieht über den Magen-Darm-Kanal. Die Infektion breitet sich insbesondere auf die Muskulatur aus, wobei infolge gasiger Zersetzung die verendeten Tiere stark aufgetrieben sein können. Veränderte Muskelpartien sind blutig-sulzig durchtränkt oder auch relativ trocken und von brauner bis schwarz-roter Farbe (Abb. 10.16). Nach Luftzutritt kommt es alsbald zu einer deutlichen Aufhellung. Die blasig-gasige Durchsetzung bewirkt beim Betasten der Muskulatur ein eigentümliches Knistern oder Rauschen. Beim Überstreifen mit dem Messer fließt schaumig-rote Flüssigkeit ab. Die dabei entströmenden Gase erinnern an den Geruch ranziger Butter bzw. Buttersäure.

Das *histologische* Bild zeigt eine akute Koagulationsnekrose, die die Umrisse der Muskelfasern noch gut erkennen läßt. Im Interstitium finden sich Ödeme mit hämo- und myolytischen Komponenten und Gasblasen. Beginnende resorptive Entzündungen im Sinne leukozytärer Infiltrate sind in den Randzonen der Nekrosen regelmäßig nachweisbar.

Der ***Pararauschbrand*** oder ***Malignes Ödem*** wird durch verschiedene Clostridienarten hervorgerufen *(C. septicum, C. perfringens, C. novyi, C. sordellii)*, wobei Mischinfektionen häufig sind. Die Krankheit kommt bei **Rind**, **Ziege**, **Schaf**, **Equiden**, **Schwein** und gelegentlich sogar bei **Fleischfressern** vor. Die Infektion nimmt ihren Ausgang von infizierten Wunden der Haut oder Schleimhaut *(Wund- und Geburtspararauschbrand).* Je nach Erregerbeteiligung überwiegt die hämorrhagisch-ödematöse oder die schaumig-gasige Komponente. Offenbar sind die Muskelfasern selbst primär nicht betroffen, d. h., daß sich die Schädigung vorwiegend auf Unterhaut und den intramuskulären Gefäß-Bindegewebs-Apparat beschränkt (Tafel XIX. D).

Auch einige fakultativ pathogene Clostridien können, wenn sie in luftabgeschlossene Wunden mit umfangreicher Gewebszerstörung gelangen, ähnliche Entzündungsbilder hervorrufen.

Die ***tuberkulöse Myositis*** des **Rindes** kann sich im Rahmen von Generalisationsprozessen entwickeln und tritt überwiegend als schwielig-käsige Konglomerattuberkulose auf. Die Herde liegen meist vereinzelt in der Tiefe des Muskelgewebes und sind regelmäßig von einem Wall einfachen Granulationsgewebes umgeben. Grundsätzlich ist jedoch zu bemerken, daß bei tuberkulösen Generalisationsprozessen die Muskulatur nur selten mitbetroffen ist.

Ganz anders liegen die Verhältnisse bei den ***Aktino-*** und ***Botryomykosen***, bei denen bestimmte Muskelbereiche in einer gewissen Regelmäßigkeit unter dem Bild einer granulomatösen Myositis betroffen werden. Bevorzugter Sitz der *Aktinomykose* bzw. *-bazillose* des **Rindes** *(Actinomyces bovis, Actinobacillus lignieresii)* ist, neben der Mundhöhlenschleimhaut, die Kaumuskulatur. Bis zu apfelgroße Granulome von weiß-grauer Grundfarbe, durchsetzt von multiplen, kleinherdigen, rahmigen Einschmelzungen und Verkalkungen, bestimmen hier das pathologisch-anatomische Bild. Bei der *Botryomykose* des **Pferdes** *(Staphylococcus aureus)* liegen vergleichbare Verhältnisse in der Brust- bzw. Bugregion, so z.B. als Bugbeule vor. Auch hier sind die ins Muskelgewebe einstrahlenden Granulomprozesse von speckig-knorpeliger Konsistenz, wogegen die Einschmelzungen mehr großräumig, fistulös erscheinen. Die Wand solcher Abszeßhöhlen oder -gänge ist zumeist mißfarben (s. S. 516).

Ein charakteristisches, in seiner Ätiologie allerdings noch nicht abgeklärtes Myositisbild bietet das ***Roeckl**sche* ***Granulom*** des **Rindes.** Die bis zu hühnereigroßen Knoten sind in der subkutanen Muskulatur und in oberflächlichen Skelettmuskelbereichen in meist multipler Ausbreitung zu finden. Prädilektionsstellen sind Extremitäten- und Schwanzmuskulatur. Die Granulome können auch in Leber, Lunge, Lymphknoten und Hoden auftreten. Ihrer Umgebung gegenüber sind die Knoten durch eine nur dünne Bindegewebskapsel abgegrenzt, und ihre trocken-homogene Schnittfläche ist von gelb-grauer Farbe. In ihrer Konsistenz sind sie gummiartig-derb mit einer gewissen Neigung zur Brüchigkeit.

Entzündliche Reaktionen als Antwort auf *tierische Muskelparasiten* sind im Abschnitt 10.3.11 „Parasiten" näher beschrieben.

10.3.10 Tumoren

Insgesamt treten primäre Tumoren des Skelettmuskels bei allen Haustieren nur selten auf, wobei grundsätzlich zwischen solchen des eigentlichen *Muskelgewebes* und solchen des intramuskulären *Bindegewebes* zu unterscheiden ist. Die eigentlichen Tumoren der quergestreiften Muskulatur ***Rhabdomyome*** bzw. ***Rhabdomyosarkome*** stellen ausgesprochene Raritäten dar. Häufiger sind dagegen ***Fibrome*** und ***Fibrosarkome, Lipome, Myxome*** und ***Myxosarkome***.

Neben diesen kommen im Rahmen generalisierter *Leukosen* auch ***Maligne Lymphome*** der Skelettmuskulatur vor. Hierbei sind die betroffenen Muskelgebiete von grauspeckigen Bahnen oder Knoten durchsetzt. Auch die lokale Infiltration durch benachbarte maligne Tumoren sowie Metastasen maligner Tumoren im Rahmen von Generalisationen können die Skelettmuskulatur betreffen.

Differentialdiagnostisch von Interesse sind schließlich noch die ***Dermoidzysten***. Diese stellen keine echten Tumoren dar, sondern resultieren aus frühembryonalen Versprengungen von Epithelgewebe in die Muskulatur hinein *(**branchiogene Zysten*** im Halsbereich*)*. In den meist kugeligen Zysten finden sich Haare, Talg und Hautschuppen. Seltener lassen sich andere Epithelbildungen, wie Zähne, nachweisen.

10.3.11 Parasiten

10.3.11.1 Protozoische Parasiten

Sarkozystiose: Sarkosporidien kommen in enzystierter Form insbesondere bei **Wiederkäuern**, **Equiden**, **Schwein**, **Hasenartigen**, **Nagern** und **Bären** häufig in Herz-, Skelett-, Zwerchfell- und Schlundmuskulatur vor. Speziell beim Rind kann man von einem geradezu notorischen Befall sprechen. Da sie jedoch durchweg sehr klein sind und i.d.R. reaktionslos in Muskelzellen liegen, werden sie mit unbewaffnetem Auge nicht wahrgenommen. Ausnahmen hiervon bilden *Sarcocystis (S.) hirsuta* beim Rind (Abb. 10.17) und *S. gigantea* beim Schaf. Unter nicht

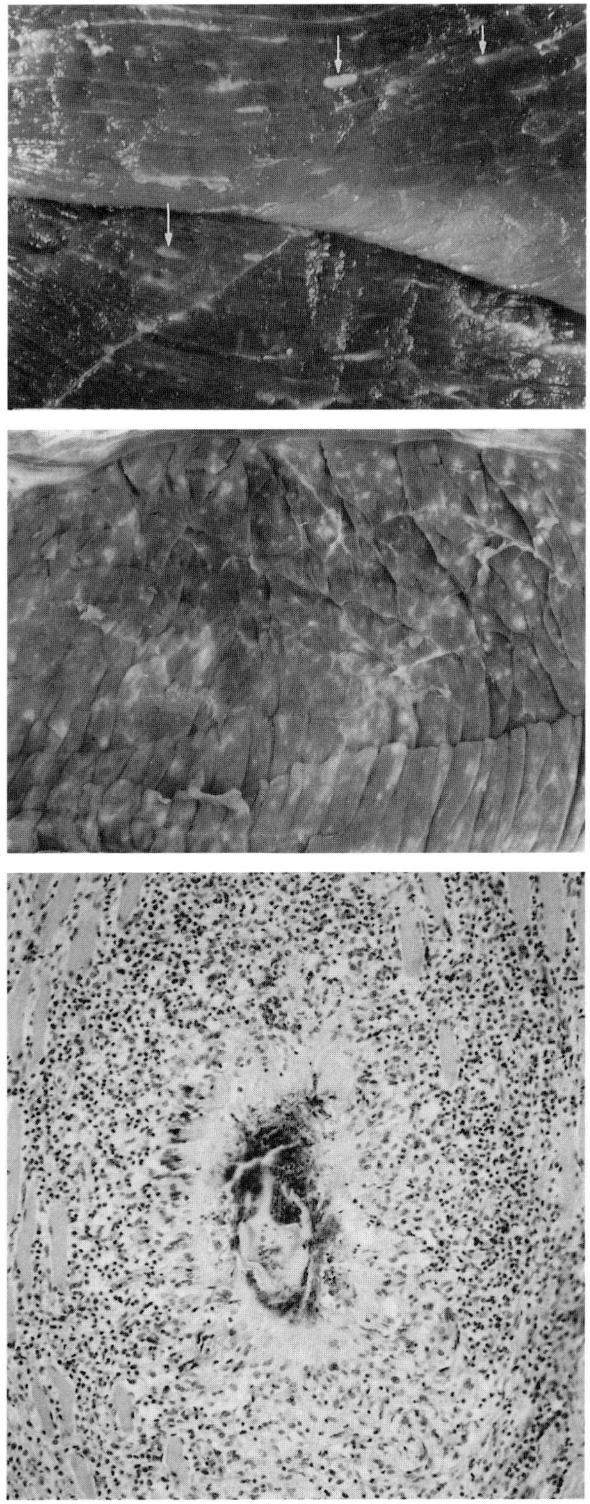

Abb. 10.17 *Muskelsarkozystiose* beim Rind. oben: Befall mit *Sarcocystis hirsuta*, wobei die relativ großen (apathogenen) Parasitenzysten reaktionslos im Muskelgewebe liegen (Pfeile). Nat. Größe; Mitte: Befall mit einer *pathogenen Sarcocystis sp.* unter Ausbildung einer multifokalen *Myositis (eosinophilica) sarcosporidica (sarcocystica),* nat. Größe; unten: Histologischer Befund zu Bild Mitte, der durch eine zentrale Nekrose mit Resten der Zystenkapsel, umgeben von einem typischen Epitheloidzellsaum und im weiteren von Lymphozyten und eosinophilen Granulozyten, gekennzeichnet ist. HE, 120 x.

näher bekannten Voraussetzungen kann sich jedoch eine disseminierte ***Myositis sarcosporidica*** *(sarcocystica)* entwickeln, die i.d.R. klinisch inapparent verläuft, d.h. lediglich als Zufallsbefund bei Schlachtrindern registriert wird. Die stecknadelkopf- bis reiskorngroßen, grau-grünlichen Herdchen zeigen histologisch in ihrem Zentrum Reste der hyalinen Parasitenzystenkapsel, umsäumt von einer epitheloid-riesenzelligen Fremdkörperreaktion sowie einer, sich in der unmittelbaren Umgebung verlierenden, Infiltration von Lymphozyten und eosinophilen Granulozyten (Abb. 10.17). Nach Abheilung des floriden Stadiums dieser mikroparasitären Myositis bleiben nur noch multiple Kalkstippchen und sehr diskrete Narben übrig. Weiteres über die Systematik der Sarkosporidien findet sich in Tabelle 5.1 auf S. 152.

Toxoplasmose: Zysten von *Toxoplasma gondii* (geschlechtliche Entwicklung ausschließlich im Dünndarm der Katze) finden sich vornehmlich in Lunge, Leber, Skelett- und Herzmuskulatur sowie im ZNS verschiedenster Spezies, unter anderem des Menschen. Zur eigentlichen Krankheit kommt es jedoch nur unter bestimmten Bedingungen, insbesondere bei immunsuppressiven Zuständen (Staupe; Kortikosteroidbehandlung), wenn sich die Erreger explosionsartig vermehren können. Darüber hinaus sind hormonelle Einflüsse, insbesondere während Trächtigkeit und Laktation, von auxiliärer Bedeutung (s. S. 407).

Neosporidose: Als Folge einer Infektion mit *Neospora caninum* kann es beim **Hund,** neben einer Meningoenzephalitis und Polyradikuloneuritis, auch zu einer disseminierten, überwiegend nekrotisierenden Myositis kommen. Betroffen sind hiervon überwiegend Jungtiere (s. S. 307 u. 407).

10.3.11.2 Metazoische Parasiten

Zystizerkose: Bei der Muskelzystizerkose handelt es sich um die Anwesenheit von Larvenstadien, d.h. Finnen, bestimmter Zestodenspezies in der Muskulatur. Die wichtigsten Formen sind *Cysticercus bovis (C. inermis)* beim **Rind** und *Cysticercus cellulosae* beim **Schwein**. Die entsprechenden Bandwürmer sind *Taenia saginata* und *Taenia solium,* beide vorwiegend beim Menschen vorkommend. *C. bovis* des Rindes findet sich bevorzugt in gut durchbluteten Muskelpartien wie Kau-, Zungen-, Zwerchfell- (Abb. 10.18) und Herzmuskulatur. Die Zystizerken werden bis zu erbsengroß und liegen, von einer sehr zarten Bindegewebshülle umgeben, im Muskelinterstitium. Auch eine pränatale Infektion ist speziell beim Kalb bekannt. *C. cellulosae* kann, neben dem Schwein, auch gelegentlich bei Karnivoren und kleinen Wiederkäuern gefunden werden. Lieblingssitze sind die Muskulatur von Schulterblatt, Kreuzbein, Zwerchfell und Zunge. Auch Fettgewebe und parenchymatöse Organe (Gehirn) können betroffen sein. Während sich beim Rind die Zystizerkose häufig auf das Vorkommen einzelner Larvenbläschen beschränkt, findet sich bei den Kälber- und Schweinezystizerkosen durchweg eine Vielzahl von Finnen. Diese sitzen als flüssigkeitsgefüllte Bläschen vorwiegend an der Muskeloberfläche und wölben auf diese Weise die Muskulatur etwas vor. Ältere Finnen können absterben und verkalken.

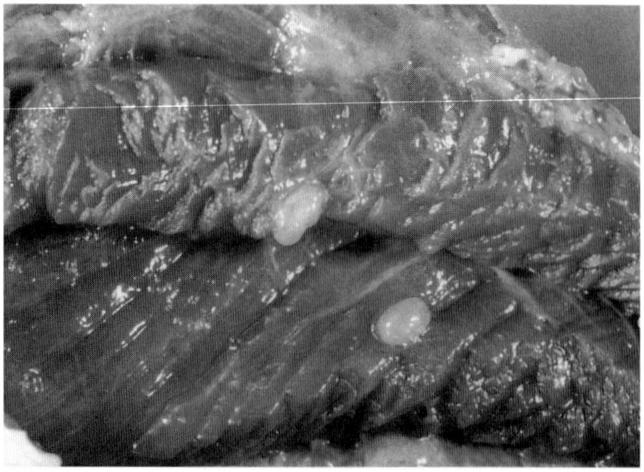

Abb. 10.18 *Cysticercus bovis (inermis)* in der Zwerchfellmuskulatur eines Schlachtrindes, nat. Größe.

Trichinellose: Die Invasion des Parasiten *Trichinella spiralis* erfolgt auf alimentärem Wege. Bei der Verdauung trichinösen Fleisches werden die enzystierten Larven frei und dringen ins Kryptenepithel des Dünndarms (vor allem des Duodenums) ein, wo bereits nach wenigen Tagen adulte Männchen und Weibchen entstehen. Nach der Paarung stirbt das Männchen ab, während das befruchtete Weibchen im Laufe mehrerer Wochen bis zu 1600 lebende Wurmlarven produziert. Diese gelangen via Lymph- und Blutstrom in den großen Körperkreislauf und suchen bestimmte Muskelgebiete auf, in die sie über das Interstitium einwandern. Die sehr kleinen *Wandertrichinellen* (0,1 mm lang) sind mikroskopisch nur schwer aufzufinden. Nach Einbohren in die Muskelfasern wachsen sie jedoch zu ca. 1 mm langen Würmern heran, ringeln sich zusammen und werden von einer Kapsel umgeben (Abb. 10.19). Auf diese Weise entsteht das typische Bild der längsovalen bzw. zitronenförmigen *Parasitenzyste,* die in ihrer Frühform noch von Entzündungszellen umsäumt ist, im weiteren Verlauf jedoch reaktionslos in der Muskelzelle liegt. Im Laufe der Zeit kann die Kapsel verkalken (Mensch!).

Am häufigsten werden von der Trichinellose **Schwein**, **Karnivoren** und der **Mensch** betroffen. Während der

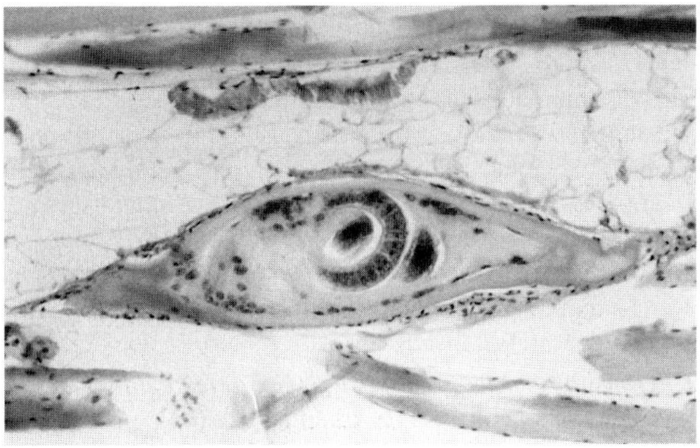

Abb. 10.19 *Trichinellose* beim Schwein. Der enzystierte Parasit liegt in einer Muskelzelle, die von einigen wenigen Rundzellen umsäumt ist. HE, 150 x.

Darminvasion und Vermehrung der Parasiten können sich beim Menschen schwerste Darmentzündungen mit Todesfolge einstellen. Während der Muskelphase der Erkrankung treten vor allem Muskelschmerzen und -steifheit auf.

Bedeutung für die Pathologie des Skelettmuskels, aber auch der anderer Gewebe kommt schließlich der pränatalen Infektion von **Hundewelpen** mit Larven von *Toxocara canis* insofern zu, als dabei überwiegend in der Skelettmuskulatur des Muttertieres ruhende Larven in die Feten einwandern. Bei *Ancylostoma caninum* kommt es durch in Muskel und Fettgewebe ruhende Larven bei trächtigen bzw. säugenden Hündinnen zur Besiedelung der Mamma und zur galaktogenen Infektion der Welpen.

10.4 Sehnen, Sehnenscheiden und Schleimbeutel

E. Dahme und M. Reinacher

Die **Sehnen** stellen zusammen mit der Skelettmuskulatur eine funktionelle Einheit dar und kommen in der Form von Sehnenplatten oder Aponeurosen, Faszien und strangartigen Muskelverbindungen zum Skelett hin vor. Ihr wesentliches Bauelement sind geordnete *Kollagenfasersysteme,* die, in Bündeln zusammengefaßt, von einem lockeren, vaskularisierten Interstitium *(Peritenonium internum et externum)* umkleidet werden. Das ungehinderte Gleiten größerer, strangförmiger Sehnen wird durch **Sehnenscheiden** und **Schleimbeutel** gewährleistet. Diese entwickeln sich aus Lücken im Peritenonium, sind von einer *Synovialis* ausgekleidet und gleichen damit in vieler Hinsicht den Gelenkräumen. Eine besondere *nervale Einrichtung* verkörpert der **Sehnenspindelapparat.** Bei extremer Zugbelastung der Sehne setzt er ein Reflexgeschehen in Gang, das die α-Motoneurone des entsprechenden Spinalbereiches blockiert und damit eine sofortige Muskelentspannung bewirkt (Schutzreflex).

10.4.1 Mißbildungen

Angeborene ***Kontrakturen*** der Sehnen kommen für sich allein oder in Verbindung mit Muskelkontrakturen vor. Je nach Lage der Verkürzung kann es zu Beuge- oder Streckkontrakturen an den Extremitäten kommen *(Sehnenstelzfuß, Bockhufigkeit).* Echte, d. h. anatomisch definierbare Sehnenkontrakturen sind von dem Formenkreis der *Spastischen Parese* grundsätzlich abzugrenzen (s. S. **370**).

10.4.2 Sehnenluxationen

Diese haben ihre Voraussetzungen in mangelhafter Sehnenfixierung durch Sehnenbänder bzw. in einer Verformung der knöchernen Unterlage, wie etwa bei der *Perosis des Geflügels.* Sehnenluxationen bedingen in der Regel Belastungsstörungen und abnorme Abwinkelungen von Extremitäten.

10.4.3 Rupturen und Verletzungen

Sehnenrupturen können im Rahmen offener Verletzungen, als gedeckte Prozesse mit und ohne Zerreißung von Sehnenscheiden und als komplette oder inkomplette Formen auftreten. Bevorzugte Lokalisationen sind die ***Beugesehnen*** der distalen Extremitätenabschnitte bei **Pferd** und **Rind** und die ***Achillessehne*** beim **Rind.** Ursächlich werden ungewöhnliche mechanische Belastungen, Fehler bei der Aufstallung von Mastrindern und Degenerationen im Sehnengewebe genannt (s. unten).

Die *traumatisch* bedingten Läsionen der *Sehnenscheiden* und *Bursen* lassen sich ebenfalls in gedeckte und offene Formen unterteilen. Bei ersteren finden sich zunächst seröse Flüssigkeitsansammlungen und Blutungen im Innenraum, ferner Kapselödeme und Hyperämien. Diesem Primärstadium schließt sich eine resorptive Entzündung (s. unten) an. Rezidivierende Traumatisierungen können *chronische Entzündungen* mit *Ausweitungen (Sehnenscheidengalle, Bursahygrom)* und *Kapselfibrosen* nach sich ziehen. *Offene Verletzungen* bilden nicht selten die Voraussetzungen für bakterielle Infektionen und eitrige Entzündungen (vgl. hierzu die einschlägigen Kapitel in den Lehrbüchern der Allgemeinen und Speziellen Chirurgie).

10.4.4 Stoffwechselstörungen und Degenerationen

Degenerative Veränderungen in der *Sehne* werden im allgemeinen resorbiert und durch Granulationsgewebe und Narbengewebe ersetzt. Derartige Formveränderungen können jedoch die Zugfestigkeit der Sehnen herabsetzen und damit Vorbedingungen für eine partielle oder totale Ruptur schaffen (s. oben).

Unter den Stoffwechselstörungen in den *Schleimbeuteln* und *Sehnenscheiden* spielt die ***Gicht*** nur bei **Vögeln** und **Reptilien** eine Rolle. Im übrigen beschränken sich die Stoffwechselstörungen auf die Kapsel verdeckter Sehnenscheiden und Schleimbeutel und treten dort gelegentlich als *dystrophische Verkalkungen,* seltener als *metaplastische Verknorpelungen* und *Verknöcherungen* in Erscheinung. *Hämosiderinablagerungen* in der Kapselwandung sind dagegen nicht Ausdruck von Stoffwechselstörungen, sondern vielmehr als Reste noch nicht oder unvollständig resorbierter Blutungen aufzufassen.

10.4.5 Entzündungen

Diese betreffen im allgemeinen weniger die gefäßarme *Sehne* als vielmehr *Sehnenscheide* und *Schleimbeutel.* Dennoch spielen die sich an partielle Sehnenrupturen anschließenden resorptiv-reparatorischen Entzündungsvorgänge vor allem beim **Pferd** eine gewisse Rolle. Sie sind vielfach Ausdruck eines verzögerten Heilungsablaufs und können zu narbigen Verdickungen und sekundären Kontrakturen führen.

Tendovaginitis und ***Bursitis*** entsprechen in ihren verschiedenen Formen und Verteilungsmustern den Gelenkentzündungen. Kausalgenetisch sind *mechanisch-traumatisch, allergisch* und *hämatogen* entstandene zu unterscheiden. Die letztgenannten finden sich als Folge septikämischer oder metastatischer Prozesse und können sich gelegentlich an primär traumatisch vorgeschädigten Sehnenscheiden oder Schleimbeuteln entwickeln. Nach qualitativen Gesichtspunkten lassen sich die Entzündungen in *seröse, serofibrinöse, fibrinöse* bzw. *trockene, eitrige* und *jauchige* Formen unterteilen. Vielfach treten sie gemeinsam mit Gelenkentzündungen auf (s. S. 342 u. Tafel XIX. E).

Zu den *Bursitiden* mit *charakteristischer Lokalisation* zählen beim Pferd ***Genickbeule*** *(Talpa; Poll Evil)* und ***Widerristfistel*** *(Fistulous Withers).* Beiden liegen wohl primär traumatische oder parasitäre *(Onchocerca spp.)* Ursachen zugrunde, wenngleich sie in fortgeschrittenen Stadien bisweilen granulomatös-eitrigen Charakter annehmen. Häufig lassen sich aus dem Entzündungsprozeß Bakterien, bevorzugt *Brucella abortus* und *Actinomyces spp.,* isolieren. Da auch nicht fistelnde Bursitiden solche Keime enthalten können, ist pathogenetisch an einen hämatogen-metastatischen Infektionsweg zu denken.

Chronische Schleimbeutel- und ***Sehnenscheidenentzündungen*** sind in der Regel traumatischen Ursprungs und führen zu Flüssigkeitsansammlungen, Umfangsvermehrungen und Kapselverdickungen. In dieser Form werden sie als ***Hygrom, Hydrops*** oder *(Gelenk-)**Galle*** bezeichnet. Ihre Innenauskleidung ist meist zottig, und in ihrem serösen Inhalt schwimmen freie Körperchen, bestehend aus kondensierten Exsudatresiduen und aus abgelösten Teilen der zottigen Innenauskleidung.

Sehnenscheidengallen kommen häufig beim **Pferd** im Bereich der Karpal-, Tarsal- und Fesselgelenke vor. ***Schleimbeutelgallen*** finden sich beim **Rind** als ***Knieschwamm*** am Karpalgelenk und als ***Liegebeule*** am Tarsalgelenk, beim Pferd als ***Ellbogenbeule*** und als ***Piephacke*** am Fersenhöcker.

10.4.6 Parasiten

Von den vorwiegend im Bindegewebe schmarotzenden *Onchozerken* haben sich einige auf Sehnen und Bänder spezialisiert. Zu ihnen gehören die in den Gleichbeinbändern des **Pferdes** lebende *Onchocerca reticulata,* die im Nackenband des **Rindes** lebende *Onchocerca gutturosa* und die in den inneren Kniegelenkbändern lebende *Onchocerca bovis.* Diese Parasiten führen zu örtlichen degenerativen, metaplastischen und entzündlichen Gewebsveränderungen und können den Boden für sekundäre bakterielle Infektionen schaffen *(O. reticulata,* s. S. 550).

11 Nervensystem

E. DAHME und W. SCHMAHL

Eine Unterteilung des Nervensystems in ein *zentrales* (ZNS), ein *peripheres* (PNS) und ein *autonomes* oder *vegetatives* System (VNS) ist unter didaktischen bzw. auch klinischen Betrachtungsweisen zwar erlaubt, unter Beachtung morphologischer Gesichtspunkte letztlich aber nur mit Einschränkung möglich. Insbesondere ist zu berücksichtigen, daß das ZNS zwar charakteristische Baueigentümlichkeiten aufweist, daß es aber kontinuierlich über die Nervenzellfortsätze (Axone) in das PNS übergeht bzw. aus peripheren Nervenzellen (Ganglien) Axone aufnimmt und in seine Bahn- und Gewebestrukturen integriert.

Nach entwicklungsgeschichtlichen und funktionellen Kriterien ist es sinnvoll, das *vegetative Nervensystem* dem *animalen Nervensystem* gegenüberzustellen. Ersteres ist auf das Körperinnere gerichtet und umfaßt die intramuralen Eigensysteme von Organen (Magen-Darm etc.) sowie insbesondere das *Sympathische* und das *Parasympathische Nervensy*stem. Das *animale* oder *zerebrospinale Nervensystem* ist anatomisch-morphologisch einerseits durch Hirn und Rückenmark, andererseits durch Hirnnervenganglien, Spinalganglien, Nervenplexus, periphere Nerven und Sinnesorgane repräsentiert. Auf der Ebene dieses Systems realisieren sich vor allem die Wechselbeziehungen zwischen dem Einzelwesen und seiner Umwelt.

Bauweise und *funktionelle Gliederung* des gesamten Nervensystems und die zwischen den verschiedenen Gattungen und Spezies bestehenden Unterschiede sind nur aus der Phylogenese zu verstehen. Keinesfalls ist das menschliche Hirn das ausschließliche anatomisch-funktionelle Bezugsobjekt für alle übrigen Vertebratenhirne, zumal es zwar ein Höchstmaß an Großhirnrindenausbau, verbunden mit einer z. T. asymmetrischen kortikalen Funktionsgliederung, erreicht hat, andere, z. T. phylogenetisch ältere Funktionskreise aber entweder reduziert oder nur bis zu einem gewissen Grade weiterentwickelt hat. In diesem Zusammenhang erscheint die Feststellung wichtig, daß zwar zwischen der Zahl der Nervenzellen bzw. der Größe des ZNS einerseits und der Differenziertheit und Vielfalt neuraler Leistungen andererseits Beziehungen bestehen, daß aber letztlich die bei den höheren Säugern jeweils erreichten Entwicklungsgrade durch zunehmende Integration der neuronalen Schaltsysteme, Ausbau neuer Systeme (Module!), stärkere Funktionsgliederung und Einfaltung der Großhirnrinde erreicht worden sind.

Aus dem bisher Gesagten wird leicht verstehbar, daß in der pathologisch-anatomischen wie histologischen Beurteilung von Nervengewebe im Vergleich zu anderen Organen und Systemen insoweit ein Unterschied besteht, als einer strengen Funktionsgliederung eine spezifische, strukturell faßbare gewebliche Ordnung gegenübersteht. Dies erfordert vom Untersucher einerseits eine *funktionsbezogene Bewertung* von Gewebsveränderungen, andererseits auch *Kenntnisse* über die *unterschiedliche Vulnerabilität* definierter Areale gegenüber bestimmten Noxen, ferner *Kenntnisse über gewebliche Regenerations- und Reaktionsmöglichkeiten.* So kommt in der Neuropathologie nicht nur den qualitativen (z. B. Nekrose, Degeneration, Entzündung) Kriterien, sondern ganz besonders dem Lokalisationsmuster, d. h. der *Topik* von Erkrankungsprozessen, Bedeutung zu.

Für die Analyse neuropathologisch faßbarer Prozesse ist schließlich eine genaue *Kenntnis der Grundbauelemente* (Zellen) des Nervensystems unerläßlich, wobei die Ontogenese der verschiedenen am Aufbau des Gesamtsystems beteiligten Zellformen berücksichtigt werden muß.

So entsteht im Rahmen der Organogenese aus der *ektodermalen* Neuralplatte das Neuralrohr, von dem sich als eigentliche neuroektodermale Zellen die Nerven-, Astroglia-, Oligodendroglia-, Ependym- und Plexusepithelzellen ableiten. Die Anzahl der Nervenzellen der Großhirnrinde wird bei der Maus auf etwa 10 Millionen, beim Menschen auf 10 Milliarden geschätzt. 85% aller Zellen des zentralen Nervensystems entfallen auf Nervenzellen (Neurone), 15% auf Gliazellen (Astro- und Oligodendrozyten sowie Mikrogliazellen). Die Astrozyten können, entgegen ihrem numerischen Anteil, durch exzessive Schwellungspotenz ohne weiteres 20–25%, in Extremfällen sogar 50% des Gehirnvolumens einnehmen. Aus den bilateral zum Neuralrohr angeordneten Neuralleisten (Ganglienleisten) differenzieren sich die Spinalganglien, die SCHWANN- und REMAK-Zellen, die Paraganglien, das Nebennierenmark und die Melanoblasten. Analog hierzu entwickeln sich aus den Plakoden der Kopfanlage Hirnnervenganglien und Riechschleimhaut. Die Zellen des vegetativen, idiotropen Systems leiten sich ontogenetisch vom Neuroektoderm und von der Neuralleiste her.

Als *mesenchymale* Abkömmlinge haben zu gelten die Hüllen des zentralen (Meningen) und peripheren (Endo-, Peri- und Epineurium) Nervensystems, die Blutgefäße im Nervensystem und die Mikroglia. Diese den Makrophagen der übrigen Organe gleichzustellenden Zellen kommen im Verhältnis 1:4 zu den neuroektodermalen Astrozyten (Makroglia) vor. Das ZNS besitzt kein Lymphgefäßsystem und auch kein dem übrigen Körperbauplan vergleichbares interstitielles Bindegewebe. Insgesamt kommuniziert es aber über perivaskuläre und liquorführende Räume mit dem zervikalen und abdomino-thorakalen Lymphgefäßsystem.

Nervenzelle: Die Bezeichnungen Neuron, Pyramiden- und Ganglienzelle beschreiben im allgemeinen nur einen Teil der in Wirklichkeit durch *Dendriten* und den *Neuriten* weit verzweigten Zelle. Der um den Zellkern herum gelegene zentrale Zellbereich wird daher besser als *Perikaryon* oder *Zellsoma* bezeichnet. Die Zellvolumina der Nervenzellen schwanken wie bei keiner anderen Zellpopulation zwischen Extremwerten. Dies ist sowohl aus der unterschiedlichen Größe der Perikarya als auch aus der Verästelung und Ausdehnung der Zellfortsätze zu erklären. Die Nervenzellen stehen untereinander mit zahlreichen Neuritenfortsätzen, die mittels *Endkölbchen* sowohl Perikaryon als auch Dendriten anderer Nervenzellen kontaktieren, in Verbindung. Solche Kontaktstellen werden ganz allgemein als *Synapsen* bezeichnet. Deren Zahl ist 10^3-10^4 x größer als die Zahl der Nervenzellen und liegt generell bei etwa 10^9 Synapsen pro mm^3. In den Synapsen führen bei einer Erregung die über die Axonmembran sich ausbreitenden Aktionspotentiale zur Freisetzung spezifischer Überträger- bzw. *Transmitterstoffe (Acetylcholin, Noradrenalin, Dopamin, Serotonin, Glycin, γ-Aminobuttersäure, Glutaminsäure).* So gesehen kann das Nervensystem als ein *permanent sekretorisches System* gelten, wie es auch über das hypothalamisch-hypophysäre System = Neuroendokrines System ganz spezifische Sekretionsleistungen erkennen läßt (s. S. 459). Wegen seiner ungemein regen Synthesefunktionen sind die *Perikarya* reich an Zellorganellen. Insbesondere ist das rauhe endoplasmatische Retikulum, dessen lichtmikroskopisches Äquivalent die *NISSL-Schollen* sind, in dichten Gruppierungen angeordnet. In der *Durchführung ihres Eigenstoffwechsels* ist die Nervenzelle weitgehend auf den Astrozyten angewiesen.

Astrozyten: Diese neuroektodermalen Abkömmlinge treten in zwei Hauptformen, den *protoplasmatischen* (Kurzstrahler) und den *fibrillären* (Langstrahler) Astrozyten auf. Als stoffwechseltragende und -vermittelnde Zellen besitzen sie direkten Membrankontakt mit den Blutkapillaren (Abb.11.34) wie auch mit der nicht von Synapsen besetzten Oberfläche der Nervenzelle. Insbesondere sind sie für die Stabilisierung des *Ionenmilieus,* den *Ionentransport* und damit gleichzeitig für den *Flüssigkeitshaushalt* im ZNS verantwortlich, ferner auch für die *Sauerstoffversorgung* der Neuronen mittels Regulierung des örtlichen (kapillären) Blutstromes. In Defektbereichen bilden die Astrozyten ein *Glianarbengewebe*.

Oligodendroglia: Diese ursprünglich als fortsatzlose oder -arme Glia bezeichneten Zellen treten als *Satellitenzellen* am Perikaryon, insbesondere aber als *Markscheidenzellen* des ZNS auf. Durch flache, „ausgewalzte" Umformung ihres Zelleibes umwickeln sie bei der Markreifung nach Art einer Bisquit-Rolle als polyaxonale Hüllzellen jeweils mehrere Axone. Zwei benachbarte Wicklungen grenzen jeweils in Höhe des RANVIERschen Knotens, d.h. einer axonalen Intumeszenz, an der sich die Depolarisationen bei der Nervenleitung realisieren, aneinander. Hierdurch entsteht der Eindruck eines Schnürringes. Die von Knoten zu Knoten reichende Strecke wird als *Internodium* bezeichnet.

Ependymzellen, Plexusepithelzellen: Diese beiden Zellformen finden sich in den **Innenräumen** des ZNS. Die *Ependymzellen* kleiden das Hirnventrikelsystem und den Zentralkanal des Rückenmarks aus und verfügen über einen außergewöhnlich dichten *Zilienbesatz* (Oberflächenvergrößerung, Spülfunktion durch wogende Bewegung!). Sie sind postmitotische Zellen, d.h. ohne Regenerationsfähigkeit. Die regenerationsfähigen *Plexusepithelzellen* überkleiden die glomerulumartig gebauten *Blutgefäßplexus* in den Hirnventrikeln.

Die **Plexus** des 4. Ventrikels kommunizieren über die Foramina LUSCHKAE mit dem Arachnoideal- bzw. Zisternenraum. Gemeinsam mit den Blutgefäßen sind die Plexusepithelien für die Produktion des *Liquor cerebrospinalis* verantwortlich (je nach Spezies täglich 0,2-1,0 l), der über die Foramina LUSCHKAE und das Foramen MAGENDII in den Arachnoidealraum des ZNS und, in weit geringerem Umfang, auch in den Zentralkanal des Rückenmarks fließt. Die Liquorresorption geschieht über Villi arachnoidei, PACCHIONIsche Granulationen und Spinalnervenwurzeltrichter.

Neuropil: Das Parenchym des ZNS stellt eine innige, *filzartige Verflechtung* der Fortsätze neuroektodermaler Zellen dar. Dieser nur im ZNS vorliegende besondere Gewebsverband wird als Neuropil bezeichnet. Ihm fehlt ein bindegewebiges Interstitium und somit auch ein Lymphspaltensystem. Da insgesamt enge Membrankontakte zwischen den Elementen des Neuropils bestehen, ist ein Extrazellularraum nur andeutungsweise vorhanden. Auch fehlt ein extrakapillärer Raum, d. h. das Nervengewebe kontaktiert mit seinen Astrozytenfortsätzen die gesamte Kapillaraußenfläche *unmittelbar.* Diese Struktureigentümlichkeit ist das morphologische Substrat der *Blut-Hirn-Schranke.*

Blutgefäße: Der mesenchymale Anteil des Hirn- und Rückenmarkgewebes ist in seiner Hauptmasse durch die Blutgefäße repräsentiert, die sich von der Organoberfläche her unter Mitnahme pialen und adventitiellen Bindegewebes ins ZNS-Parenchym einsenken. Das Neuropil grenzt sich diesen größeren Gefäßen gegenüber (VIRCHOW-ROBINscher Raum), ähnlich wie zur Pia mater hin, durch ein gliales Grenzgeflecht, die *Membrana limitans gliae interna,* ab. Für die kapillären und postkapillären Wegstrecken gilt das beim Neuropil genannte Baumuster. Die *arterielle Versorgung* des Hirns erfolgt, mit deutlichen tierartlichen Variationen, über die *A. carotis* und die A. *vertebralis.* Bei Rind, Schwein und Katze ist ein *Rete mirabile* ausgebildet. Die Versorgung des Rückenmarks geschieht über die *Spinalarterien.* Das aus dem ZNS stammende *venöse Blut* fließt über die *Venensinus* ab, die im Spinalbereich eine charakteristische Strickleiterform zeigen und keine Klappen besitzen.

Lymphgefäße/Liquordränage: Das eigentliche zentralnervöse Gewebe besitzt in seiner Neuropilstruktur keine Lymphgefäße. Erst der liquorführende Arachnoidealraum steht mit dem Lymphgefäßsystem in direkter Verbindung, wobei ein Großteil des Liquor cerebrospinalis entlang der Nervenwurzeln abgeführt wird, und zwar im Kopfbereich über Siebbeinsubmukosa, Optikusscheide sowie via Retropharyngeal-, Zervikal- und Submandibularlymphknoten, im Spinalbereich via Interkostal-, Mediastinal-, Leber-, Milz-, Nieren-, Mesenterial- und Retroperitoneallymphknoten. Daneben besteht noch eine venöse Liquordränage über die Villi arachnoidales.

Mikroglia: Ein weiteres mesenchymales Element im ZNS stellen die der Familie der *Monozyten* zuzurechnenden Mikrogliazellen dar. Diese verkörpern die „residente" Phagozytenpopulation mit spezifischen sekretorischen wie immunologischen Kompetenzen. Wegen der besonderen Raumverhältnisse im ZNS erscheinen sie in nichtaktiver Form stäbchenförmig schlank und mit wenigen fädigen Fortsätzen ausgestattet. Bereits im gesunden ZNS erfüllen sie die *Funktion der Gewebsreinigung* durch aktive Resorption abräumbedürftiger Materialien. Bei Gewebsnekrosen können sie gemeinsam mit emigrierten Blutmonozyten als Makrophagen *(Gitterzellen)* in Erscheinung treten, wenngleich die Beseitigung von Defektmaterial, die im ZNS als *mobile Resorption* bezeichnet wird, im wesentlichen Aufgabe der aus dem strömenden Blut emigrierten Monozyten ist (Abb. 11.13).

Die Hüllen des ZNS: Die als *Meninx bzw. Meningen* bezeichneten Hüllen sind mesenchymale Gewebselemente und finden sich als *Leptomeninx,* bestehend aus *Pia mater (cerebri* oder *spinalis)* und *Arachnoidea,* ferner als *Pachymeninx* bzw. *Dura mater.* Letztere ist im kranialen Bereich *(Dura mater cerebri)* geweblich mit dem Periost verschmolzen, während sie im spinalen Bereich *(Dura mater spinalis)* als Duraschlauch, umgeben von einem *epiduralen Raum* bzw. von *epiduralem Fettgewebe,* vorliegt. An den zerebrospinalen Nervenwurzeln geht die Dura trichterförmig in das epineurale Bindegewebe über, und die arachnoidealen und subarachnoidealen Zellagen setzen sich als *Perineuralscheide* fort. Intra vitam besteht übrigens kein *Spatium subdurale,* d.h. es kommt erst nach Todeseintritt bzw. bei der Sektion infolge Trennung der zarten neurothelialen Verbindung zwischen innerem (hirnseitigem) Blatt der Dura und arachnoidealer Oberfläche zustande. Der subarachnoideale Raum ist liquorgefüllt. Die Leptomeninx ist ungemein reich an Blutgefäßen. Die Meningen sind im übrigen idiotrop-sensibel innerviert.

Peripheres Nervensystem: Die Bauelemente des PNS sind, soweit es die funktionstragenden Nerven- oder Ganglienzellen bzw. die aus dem ZNS entspringenden efferenten und die in das ZNS einmündenden afferenten Axone betrifft, mit denen des ZNS *identisch.* Demgegenüber fehlt ein *Gliazellgewebe,* d. h. die Umscheidung der Ganglienzellen und ihrer axonalen Fortsätze wird im PNS durch eigene Hüllzellen bewerkstelligt, von denen sich insgesamt drei Typen unterscheiden lassen: a) die monoaxonalen SCHWANN-*Zellen* als myelinbildende Hüllzellen efferenter (motorischer) und afferenter (sensibler) Axone, b) die polyaxonalen REMAK-*Zellen* als Hüllzellen vegetativer Axone und c) die *Mantelzellen* in den Spinalganglien, die in Vielzahl jede einzelne Ganglienzelle umhüllen und am Ursprungskegel der Neuriten an die SCHWANN- oder REMAK-Zellen anknüpfen.

Funktionell gesehen sind im PNS *afferente,* somato- und viszerosensible auf der einen und *efferente,* motorische, parasympathische und sympathische Nervenfasern auf der anderen Seite zu unterscheiden. Mehrere efferente und afferente, markhaltige und marklose Nervenfasern sind im peripheren Nerv jeweils zu Bündeln zusammengeschlossen, zwischen denen sich ein zartes endoneurales Bindegewebe *(Endoneurium)* befindet, dessen Kollagenfasern vorwiegend von den Hüllzellen und zum geringeren von den vereinzelt liegenden Endoneuralzellen gebildet wird. Die Außenbegrenzung der Nervenbündel erfolgt zunächst durch das mehrschichtige *Perineurium* , im weiteren durch das derb-bindegewebige *Epineurium.* Das mesotheläхnliche, scherengitterartig gegenläufig lamellierte Perineurium *(Perineuralscheide)* begleitet den Nerv bis an die nervösen Endorgane und wird z. B. an der motorischen Endplatte als einschichtige *HENLEsche Kapsel* oder in vielschichtiger Lage bei den *Lamellenkörperchen* gefunden.

Anatomisch-funktionell ist das PNS schließlich zu gliedern in die *zerebrospinalen Wurzel-* und *Gangliensysteme* und in die *vegetativen Ganglien* und *viszeralen Plexus.* Im Bereich der zervikothorakalen und lumbosakralen Extremitäteninnervation kommt es jeweils, d. h. im *Plexus cervicalis* und im *Plexus lumbosacralis,* zu einer für jeden Extremitätennerven charakteristischen Mischung efferenter und afferenter zerebrospinaler wie vegetativer Fasern.

Die *nervösen Endapparate* an den Erfolgs- bzw. Einzugsorganen sind ihrer Funktion entsprechend variationsreich und in *induktive* und *rezeptive* zu trennen. Zu ersteren zählen die *motorischen Endplatten* an quergestreiften Skelettmuskeln (neuro-muskuläre Synapsen) und Teile der *vegetativen Endformationen* (Terminalretikulum) im Bereich kontraktiler Systeme, so etwa in der glatten Muskulatur von Hohlorganen. Der zweitgenannten Gruppe gehören die sensiblen (viszero- und somatosensiblen) Organellen (GRANDRYsche, KRAUSEsche, MEISSNERsche, VATER-PACINIsche, GOLGI-MAZZONIsche und RUFFINIsche Endkörperchen, MERKELsche Tastzellen) und im besonderen die Sehnen- und Muskelspindelorgane (s. S. 344 u. 357) an.

Die **Beurteilung des Nervensystems am Sektionstisch** setzt gute Kenntnisse der anatomischen Gegebenheiten insbesondere am Skelett voraus. Das *Gehirn* wird bei allen Haustieren in der Weise gewonnen, daß, nach Absetzen des Kopfes im Atlanto-Okzipital-Gelenk, zunächst ein Querschnitt in Höhe des hinteren Randes der Augenhöhlen angelegt wird. Die Dicke des Kopfskeletts an dieser Stelle wechselt tierartlich außerordentlich und ist von Fall zu Fall abzuschätzen. Bei erwachsenen Tieren trifft der Querschnitt zunächst die Stirnhöhle (beim Rind ist die Stirnhöhle besonders umfangreich, weshalb es sich empfiehlt, u. U. zunächst die Hornzapfen einschließlich der die Stirnhöhle bedeckenden Knochenlamelle zu entfernen). Der Querschnitt wird sodann an beiden Schädelseiten durch je einen, bis ins Foramen occipitale magnum zu führenden Schrägschnitt, verbunden. Nach Abnehmen des Schädeldaches wird das Hirn sichtbar und kann durch Abtrennung der Hirnnerven an der Basis präpariert werden.

Die Entnahme des *Rückenmarks* geschieht entweder nach beidseitiger Durchtrennung der Wirbelbögen mittels einer Zange bzw. Säge oder nach paramedianem Längsspalten oder -sägen der Wirbelsäule. Sollen *Spinalnervenwurzeln* und *Spinalganglien* gemeinsam mit dem Rückenmark gewonnen werden, empfiehlt sich erstere Verfahrensweise. Dabei müssen die Foramina intervertebralia mittels Knochenzange freigelegt werden.

Für die weitere histologische Bearbeitung von ZNS-Gewebe empfiehlt sich die Fixierung in Formalin, das nach 24 Stunden zu wechseln ist. Gute Ergebnisse liefert die Paraffinmethode, da sie großflächige Schnittebenen und Serienschnitte sowie eine Reihe von Färbemethoden erlaubt

Feinpräparationen *peripherer Nerven* und *vegetativer Ganglien* sollten bei der Sektion unterbleiben, da bessere histologische Untersuchungsergebnisse erzielt werden, wenn man die Nervenbereiche zunächst in Zusammenhang mit ihrem natürlichen Gewebsverband in Formalin fixiert. Nach ein bis zwei Tagen lassen sich dann gewebeschonende Präparationen durchführen. **Nervenbioptate** sollten möglichst ohne Gewebsquetschung entnommen, in Formalin oder einem gleichteiligen Gemisch aus Formalin und 6,5%igem Glutaraldehyd überführt und unverzüglich versandt werden. Für die histologische Untersuchung bedient man sich in beiden Fällen am besten der Semidünnschnittechnik an kunstharzeingebetteten Präparaten, die selbst bei Nervengewebe, das ein- bis zwei Tage post mortem der Leiche entnommen wurde, noch erstaunlich gute Resultate liefert, während die Gefrier- und Paraffinschnittmethoden i. d. R. bizarre Aufblätterungen der Markscheiden mit sich bringen. Als Färbungen liefern die Paraphenyldiamin- und Azurblautechniken die besten Ergebnisse.

11.1 Vorbemerkungen über Degeneration und Regeneration zentraler und peripherer Nervenfasern

11.1.1 Kontinuitätsunterbrechung – WALLERsche Degeneration

Jede Nervenfaser repräsentiert mit ihrem Axon einen längeren oder kürzeren, fadenförmig ausgezogenen Nervenzellfortsatz, der im ZNS von Oligodendrozyten, d.h. einer glialen Markscheide, und im PNS von myelinbildenden SCHWANN-Zellen oder myelinfreien REMAK-Zellen umhüllt wird (s. S. 360). Unter Beachtung dieser anatomischen Gegebenheiten kann nach einer Nervenfaserdurchtrennung von einem *proximalen,* d. h. aus dem Perikaryon entspringenden, und einem *distalen,* nicht mehr mit seinem Perikaryon in Verbindung stehenden *Stumpf* gesprochen werden. Während nun im PNS, wegen der allenthalben deutlichen Faserordnung, die Vorgänge nach einer Faserdurchtrennung relativ gut überschaubar sind, sind die Folgeprozesse im ZNS vergleichsweise unübersichtlich. Insgesamt ist festzustellen, daß Kontinuitätsunterbrechungen im ZNS grundsätzlich keine Regeneration erlauben, während die regeneratorische Potenz des PNS durchweg sehr gut ist.

Unmittelbar nach einer Faserdurchtrennung spielen sich in ZNS und PNS insofern vergleichbare Vorgänge ab, als der *distale, abgetrennte Axonabschnitt* atrophisch zugrunde geht und die Zellen der Nervenscheiden unter Abbau und Phagozytose des Myelins erhebliche Formveränderungen erfahren, z. T. ebenfalls zugrunde gehen. Diese Vorgänge entwickeln sich innerhalb weniger Tage, können sich aber im ZNS auch über Monate erstrecken. Am *proximalen Stumpf* schließt sich die Axonmembran in Höhe des der Durchtrennung nächstgelegenen intakten Internodiums. Das entsprechende Perikaryon stellt sich funktionell auf regeneratorische Syntheseleistung um, was in einer Umfangsvermehrung des Zellkörpers, einem aufgehellten (Entspiralisierung der DNS!), exzentrisch liegenden Zellkern und einer feinstkörnigen Aufhellung des zentralen Zellsomas mit Verlagerung der NISSLschen Tigroidsubstanz an die Peripherie (Randschollenkranzbildung) Ausdruck findet und generell als *NISSLsche Primäre Reizung* bezeichnet wird (Abb. 11.30). Im Laufe dieser regeneratorischen Maßnahme der Nervenzelle verdickt sich auch der proximale Axonstumpf und erfährt am Stumpfende eine spindel- oder kolbenförmige Auftreibung mit Ansammlung verschiedener Zellorganellen (Neurotubuli, Mitochondrien, Filamente).

Im weiteren Ablauf der Ereignisse zeigen sich dann allerdings zwischen ZNS und PNS große Divergenzen: Im ZNS folgen dem Zerfall des distalen Stumpfes makrophagische Resorption, ferner astrozytäre und oligodendrozytäre Proliferationen, die in eine *Narbenbildung* oder ein *Narbenäquivalent* übergehen. Sind lange Rückenmarkbahnen von der WALLERschen Degeneration betroffen, kann von *funikulären Defekten* gesprochen werden. Die Regenerationsbemühungen der Nervenzelle erschöpfen sich schließlich und gehen unter dem Bild der *Chromatolyse* in eine *retrograde Degeneration (Dying Back)* mit finaler *Apoptose* des Perikaryons (Abb. 11.30) über.

Demgegenüber dominieren im PNS alsbald – neben den regeneratorischen Vorgängen an Perikaryon und proximalem Stumpf – gerichtete *regeneratorische Sprossungen* der Nervenscheidenzellen (SCHWANN- und REMAK-Zellen) und der endoneuralen Fibroblasten. Innerhalb weniger Tage (5-9 Tage) entstehen auf diese Weise *Bandfaserstrukturen,* d. h. sogenannte HANKEN-BÜNGNERsche Bänder, die den weiteren Regenerationsweg bestimmen. Axonsprossung und bandförmige Hüllzellregenerationen zeichnen so vom proximalen Stumpf her die weitere Regeneration bis hin zur Etablierung der Endorganellen vor. Distaler Stumpfbereich und Faserverlauf bieten zwar eine Leitschiene, verhalten sich aber selber nicht regenerationsinduzierend. Soweit mit dem distalen Stumpf größere Gewebsabtrennungen erfolgt sind oder komplette Amputationen (Gliedmaßen!) vorliegen, führt die regeneratorische Potenz des proximalen Stumpfes zu knäuelförmig wirren Regenerationen, die schließlich zu (schmerzhaften!) *Amputationsneuromen* heranwachsen können. Im übrigen ist festzustellen, daß auch bei der Regeneration peripherer Nervenfasern ein Teil der regeneratorisch aktiven Perikarya im Sinne einer Erschöpfung, d.h. eines *Dying Back-Phänomens,* abstirbt.

11.1.2 Neuroaxonale Dystrophien

Diese finden sich an Neuraxonen des ZNS und stehen letztlich wohl auch mit Kontinuitätsunterbrechungen oder primären Diskontinuitäten ursächlich in Zusammenhang.

Wiederum handelt es sich morphologisch um *knollen-, kolben-, torpedo-* oder *spindelförmige* Auftreibungen, die jedoch nur z. T. als *Axonstumpf* anzusprechen sind, vielfach sogar *umschriebene Deformationen* axonaler Wegstrecken darstellen. Bei den Haustieren finden sie sich vor allem im Terminalgebiet des GOLLschen und BURDACHschen Stranges. Vielfach wird ätiologisch ein Kausalzusammenhang mit einem Vitamin E-Mangel postuliert, andererseits kommen sie aber auch als einfache Altersmetamorphosen vor. Eine Sonderform stellen die auf Gendefekten beruhenden hereditären axonalen Dystrophien dar, die auf S. 411 näher beprochen werden.

11.1.3 Primäre Axondegenerationen

Diese entstehen im Verlauf des Absterbens von Nervenzellen, da ja das Axon Teil der Zelle ist und gleichzeitig mit dem Perikaryon und den dendritischen Fortsätzen zugrunde geht. Dem Schwund des Axons folgt in ZNS und PNS eine Atrophie der Hüllzellen, die im Bereich des PNS zunächst auch von einer SCHWANN-Zellproliferation scheinbar kompensiert werden kann. Zu den Ursachen primärer Nervendegenerationen zählen *toxische* (As-, Hg-, Pb-, Tl-, Sulfonamidvergiftungen), *mechanische, thermische* und *sonstige physikalische* Einwirkungen. Ferner finden sich Degenerationen bei *Vitaminmangelkrankheiten* (A-, B_1-, E-Mangel).

11.1.4 Primäre oder selektive Degeneration und Nekrose der Markscheiden (Demyelinisierungen)

Demyelinisierungen in ZNS und PNS können auf *hereditärer* (Leukodystrophien), *toxischer, infektiöser* und *allergischer* Grundlage im Sinne definierbarer Erkrankungen der glialen Markscheiden und/oder SCHWANN-Zellen zustande kommen. Mit dem Untergang von Markscheiden ist jedoch *keineswegs* eine Zerstörung oder Atrophie des zugehörigen Axons verbunden, wenngleich es zu einem Verlust der Erregungsleitung kommt. Selbst in alten Entmarkungsfeldern des ZNS kann man noch auf erstaunlich viele nackte Achsenzylinder ohne Anzeichen einer Diskontinuität treffen.

11.1.5 Folgen des Nervenfaserverlustes

Mit dem Zugrundegehen axonaler Strukturen sind zwangsläufig Folgen für spezifische *Endorganellen* (Tastkörperchen, motorische Endplatten und neuro-neuronale Synapsen) verbunden. So kommt es insbesondere beim Ausbleiben von Regenerationen motorischer Fasern zur (neurogenen) *Muskelatrophie,* die letztlich zu einem irreversiblen, numerischen Schwund von Muskelzellen führt (s. S. 348). Im Bereich neuro-neuronaler Synapsen kommt es zu einer rasch fortschreitenden Schwellung und *Ablösung der synaptischen Endkölbchen.* Verliert die Nervenzelle jedoch an ihrer Oberfläche alle oder weitgehend alle Synapsen, so bleibt sie unerregt und geht allmählich im Sinne einer *Funktionsatrophie* bzw. *transsynaptischen Degeneration* unter Zellschrumpfung zugrunde.

11.2 Zentrales Nervensystem (ZNS)

11.2.1 Mißbildungen, Abiotrophien, Speicherkrankheiten

Die nach anatomischen Kriterien klassifizierbaren Mißbildungen des Nervensystems sind ätiologisch und pathogenetisch differenziert zu bewerten, wenngleich für viele einschlägige Befunde Informationen über mögliche Kausalprinzipien noch ausstehen. Keineswegs stellen nämlich Entwicklungsstörungen generell Äquivalente echter, genetisch fixierter Erbleiden dar, sondern sind in vielen Fällen durch toxische, zirkulatorisch-hypoxische und infektiöse Beeinträchtigungen der Keimentwicklung und der Organogenese bedingt. Andererseits sind durch die Aufklärung definierbarer postnataler Entwicklungsstörungen im Sinne von Abiotrophien und von Stoffwechselanomalien, insbesondere von Enzymdefekten, einige in der Regel morphologisch klassifizierbare Krankheitsbilder bei Mensch und Haustieren als hereditäre (familiäre) Leiden erkannt worden. Die nachfolgende Übersicht versucht diesen Gesichtspunkten Rechnung zu tragen, erhebt aber keinen Anspruch auf Vollständigkeit (vgl. auch Lehrbücher der Allgemeinen Pathologie).

11.2.1.1 Mißbildungen und konnatale systemische Entwicklungsstörungen

Anenzephalie = Fehlen des Gehirns und *Amyelie* = Fehlen des Rückenmarks bestehen häufig unabhängig voneinander, gehen aber regelmäßig mit Defekten an Schädel (Akranie, Kranioschisis) oder Wirbelkanal (Rhachischisis) einher. Die eigentliche Hirn- und Rückenmarksubstanz ist in diesen Fällen nur rudimentär entwickelt und besteht weitgehend aus blutgefäßreichem Gewebe.

Eine besondere Form ist die ***Hydranenzephalie,*** bei der anstelle der Hemisphären lediglich ein häutiger Sack vorliegt. Der Schädelknochen ist, im Gegensatz zum Hydrocephalus congenitus (s. S. 373), meist regelmäßig entwickelt, das Kleinhirn normal oder hypoplastisch. Bei **Kälbern** wird ein Komplexbild ***Hydranenzephalie*** plus ***Arthrogryposis*** gesehen, wobei zu vermuten ist, daß die zu der abnormen Gliedmaßenstellung führende Muskelhypoplasie neurogenen Ursprungs ist.

Neben einem für bestimmte Fälle gesicherten hereditären Charakter der Mißbildung (s. S. 366) werden *ätiologisch* auch *Virusinfektionen* genannt, wie überhaupt für viele Fälle von Hydranenzephalie, Porenzephalie und für andere komplexe intrakranielle Mißbildungen spezifische Virusinfektionen als Kausalfaktoren erkannt wurden. Zu nennen sind hier diaplazentare Infektionen mit *Parvoviren* (Panleukopenie der **Katze**), *Reoviren* (Bluetongue), *Bunyaviren* (Akabane; Rifttal-Fieber), *Flaviviren* (Wesselsbron-Disease) und *Pestiviren* (Schweinepest; BVD einschließlich der auf S. 395 beschriebenen Border Disease).

Ein partielles oder totales Fehlen der vorderen Großhirnbereiche, des Bulbus olfactorius, des Septum pellucidum, des Corpus callosum, der Hirnnerven II, III, VI, gepaart mit Fehlen verschiedener Schädelknochen und Ausbildung nur einer Augenhöhle und nur einer mehr oder weniger geteilten Augenanlage, wird als ***Zyklopie*** bezeichnet. Sind zwei völlig getrennte Augenanlagen bei sonst gleichartigen Defekten vorhanden, spricht man von ***Zebozephalie*** (= auch angeborener Mangel des Riechhirns). Mißbildungen dieser Gruppe, insbesondere Zyklopien, werden bei abortierten **Rinderfeten** oder neugeborenen **Kälbern** nach Aufnahme von *Veratrum californicum* durch die Muttertiere gesehen. Soweit auch Hypo- oder Aplasien des hypothalamischen-hypophysären Systems bestehen, ergeben sich (Rind!) z. T. erhebliche *Verlängerungen der Gestationszeit*. Offenbar kommt es durch Ausbleiben der hypophysär-adrenokortikalen Induktion plazentarer Prostaglandinbildung zu einem Persistieren des Corpus luteum beim Muttertier.

Ein Vorwölben von flüssigkeitsgefüllten Meningen durch einen Schädeldefekt wird als ***(Hydro)meningozele***, ein Vorwölben von Meningen einschließlich der erweiterten und druckatrophischen Hirnblase als ***(Hydro)enzephalozele*** *bzw.* ***Meningoenzephalozele*** bezeichnet. Diesen Mißbildungsformen verwandt ist die ***Exenzephalie***, bei der ein Schädeldefekt (Kranioschisis) besteht und das Hirn in mehr oder weniger vorgewölbtem Zustand frei liegt. Beim **Schwein** der Bunten Rasse ist eine *erbliche Form* der Meningozele nachgewiesen.

Zu den Hirnmißbildungen ohne gleichzeitige Schädeldeformationen bzw. -defekte zählen die ***Agenesie des Corpus callosum*** (Balken) bei defektem Septum pellucidum, die ***Porenzephalie*** (= partielle Defekte des Cortex in Form von Lücken, Spalten, Zysten und trichterförmigen Einziehungen), ferner Rindenanomalien in bilateral-symmetrischer oder unilateraler Ausprägung mit und ohne Krankheitswert, so die ***Makrogyrie*** (Rindenhyperplasie), die ***Mikrogyrie*** (Rindenhypoplasie, Abb. 11.1), die ***Polygyrie*** (überzählige Hirnwindungen, Abb. 11.1), die ***Oligogyrie*** (verringerte Zahl an Hirnwindungen, Abb. 11.2) und die ***Lissenzephalie*** (mangelhafte bis fehlende Rindeneinfaltung, Abb. 11.2). Im weiteren sind zu nennen die partiellen Defekte des Sehorgans, wie ***Hypo-*** oder ***Aplasie des Fasciculus opticus*** einschließlich des nervösen Retinaanteils, und schließlich die verschiedenen *Kleinhirndefekte*.

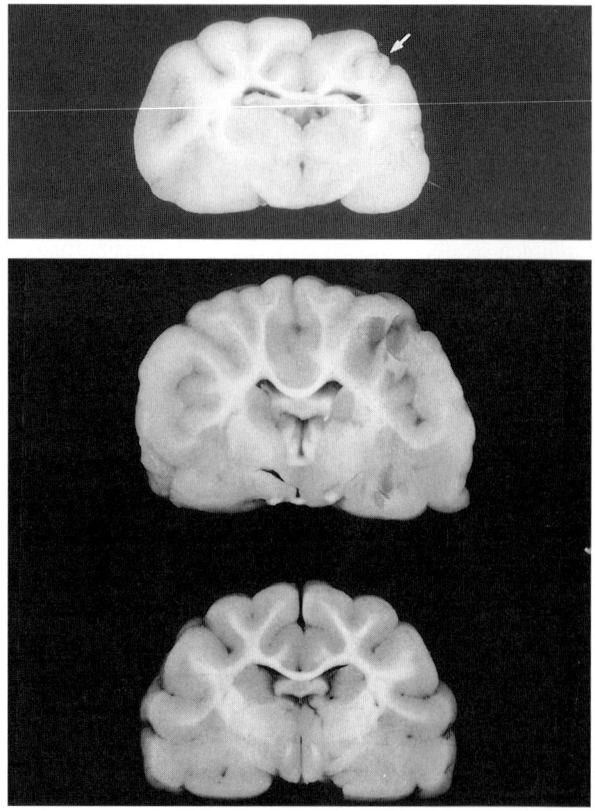

Abb. 11.1 Hirnrindenanomalien bei der Katze, nat. Größe. oben: asymmetrische *Mikrogyrie* im Bereich des Gyrus suprasylvius (Pfeil) bei einer Hauskatze, ml.kastr., 10 Mo; Mitte: bilateral-symmetrische *Polygyrie* im Bereich der Gyri suprasplenialis et lateralis bei einer Perserkatze, wbl., 4J; unten: Normalbild bei der Hauskatze.

Kleinhirnmißbildungen zeigen in ihren Ausprägungsmustern eine erstaunliche Variationsbreite und werden bei allen **Haussäugern**, ferner bei **Huhn** und **Taube** gesehen

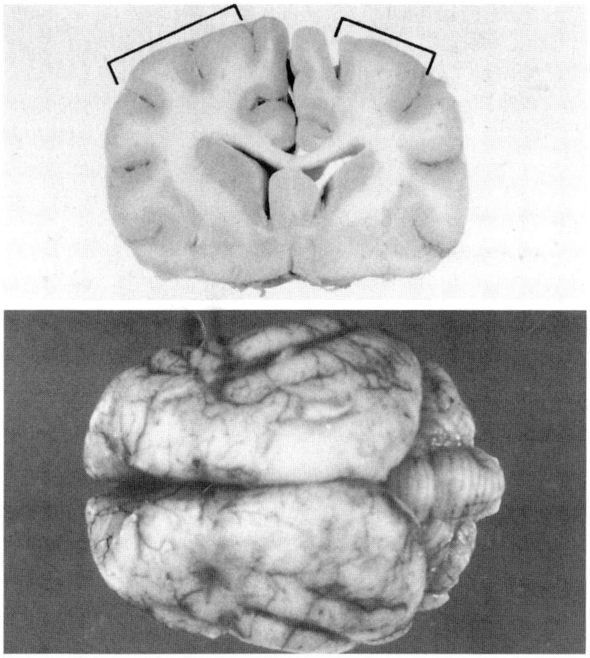

Abb. 11.2 Hirnrindenanomalien beim Hund, nat. Größe.
oben: asymmetrische *Oligogyrie* unter Verschmelzung der Gyri lateralis et suprasylvius (kleine Klammer) bei einem Schäferhund, ml., 2 J;
unten: symmetrische *Lissenzephalie* im Bereich der Gyri suprasplenialis, lateralis et suprasylvius bei einem Pekinesen, ml., 3 Mo.

(s. auch S. 367). Ursächlich müssen, neben *Erbleiden*, wiederum diaplazentare *Virusinfektionen* in bestimmten Gestationsphasen in Betracht gezogen werden (**Rind** = *BVD-Virus*, Abb. 11.3; **Schaf** = *Bluetongue-Virus*; **Schwein** = *Schweinepestvirus*; **Katze** = *Panleukopenievirus*, Abb. 11.3). Anatomisch ist zwischen totalen *(zerebellare Aplasie)* und partiellen *(zerebellare Hypoplasie)* Defekten zu unterscheiden, wobei die Hypoplasien histologisch Verschmälerung oder Fehlen einzelner oder mehrerer Rindenschichten, z. T. aber auch reduzierte Markentwicklung *(**Hypomyelogenese**)* erkennen lassen. Den jeweiligen Defektgraden entsprechen *klinisch* die Symptome *Muskelzittern, Ataxien* und *Paresen,* die bei „Nestflüchtern", wie **Wiederkäuer**, **Schwein**, **Pferd**, sofort nach der Geburt, bei „Nesthockern", wie **Hund**, **Katze**, **Nager**, **Lagomorphen** erst später zu erkennen sind.

Besondere wirtschaftliche Bedeutung kommt dem *kongenitalen Tremor (**Myoclonia congenita**)* beim **Schwein** zu. Einem klinisch recht einheitlichen Bild *(Zitterferkel!)* liegen offensichtlich verschiedene Ursachen zugrunde. So werden die Haupttypen A und B unterschieden, wobei für

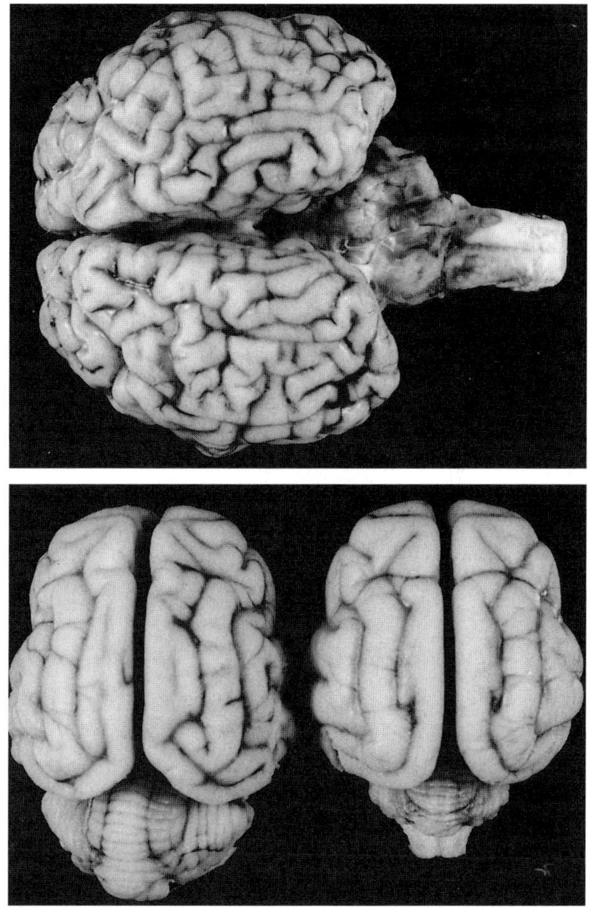

Abb. 11.3 Kongenitale Kleinhirnmißbildungen infolge diaplazentarer Virusinfektionen.
oben: *Kleinhirnhypoplasie* nach Infektion mit dem BVD-Virus beim Kalb, 2/3 nat. Größe;
unten rechts: *Kleinhirnhypoplasie* nach Infektion mit dem Panleukopenievirus bei einer Hauskatze, wbl., 5 Mo.;
unten links: Hirn einer gesunden Katze. 1,3 x nat. Größe.

den Typ A definierbare Ursachenkomplexe sowie charakteristische Gewebsbefunde genannt werden, während der Typ B keine morphologischen Äquivalente bietet. Der besonders wichtige Typ A wird ätiologisch in die Gruppen I-IV unterteilt:

Typ A I: ***Kleinhirnhypoplasie*** und ***spinale Hypomyelogenese*** auf der Grundlage einer diaplazentaren *Schweinepestvirusinfektion.*

Typ A II: ***Spinale Hypomyelogenese,*** bei normal entwickeltem Kleinhirn, auf der Grundlage einer diaplazentaren Infektion mit einem noch *nicht definierten Virus.*

Typ A III: ***Hypomyelogenese*** bzw. ***Agenesie der weißen Substanz*** des ZNS unter Bevorzugung des Rückenmarks bei weitge-

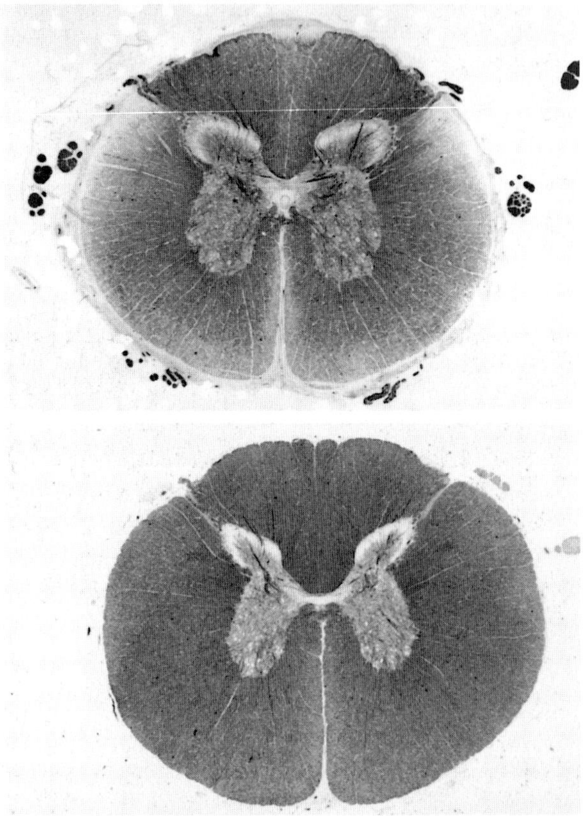

Abb. 11.4 Hereditäre *Dysmyelogenese* bei einem neugeborenen Kalb aus der Kreuzung Braunvieh X Brown Swiss. Oben: symmetrische (funikuläre) Defekte des Funiculus gracilis GOLL, des Tractus spinocerebellaris lateralis FLECHSIG/GOWERS und des Tractus sulcomarginalis; unten: Normalvergleich. Markscheidenfärbung, 5 x.

hendem Fehlen von Oligodendrozyten. Ursächlich wird ein *Erbleiden* vermutet, zumal nur männliche Tiere betroffen sind.

Typ A IV: ***Hypomyelogenese*** im gesamten ZNS bei sehr niedrigen Cerebrosid- und Plasmalogen-Werten im Gewebe. Dem Leiden scheint eine *erbliche Enzymopathie* im anabolen Fettsäurestoffwechselbereich zugrunde zu liegen. Dieses beim englischen Sattelschwein näher untersuchte Leiden zeigt damit Beziehungen zum Leukodystrophiekomplex (s. S. 370).

Den ***hereditären Hypo-*** und ***Dysmyelogenesen*** kommt im übrigen auch bei anderen Haustieren Bedeutung zu. Im wesentlichen handelt es sich um Unfähigkeit der Oligodendroglia, ausreichend (Hypo- !) oder regelrecht (Dys- !) organisiertes Myelin zu bilden mit dem Ergebnis einer konsekutiven Astrogliose. Während bei „Nestflüchtern" die klinischen Erscheinungen bereits konnatal erkennbar sind, werden sie bei „Nesthockern" meist erst im Verlauf der ersten Lebenswochen manifest. So wurde bei stehunfähigen, opisthotonen neugeborenen **Kälbern** der Kreuzungen *Braunvieh x Brown Swiss* und *Dänisch Rotvieh* x *Brown Swiss* eine auf lange Rückenmarkbahnen (Funiculus gracilis, Tractus spinocerebellaris lateralis, Tractus sulcomarginalis) bezogene Dysmyelogenese nachgewiesen (Abb. 11.4). Eine bei **Hunden** der *Spaniel*-Rasse beobachtete und unter der Bezeichnung „Shaking Pups" beschriebene Hypomyelogenese betrifft das gesamte ZNS, gleiches gilt für die bei *Samojeden-Spitz, Lurcher, Dalmatiner* und *Chow-Chow* beschriebenen Fälle. Beim *Silky-Terrier* imponiert die Myelinisierungsstörung neurohistologisch als spongiforme (vakuolige!) Leukoenzephalopathie und klinisch durch intermittierende Myoklonien. Hereditäre Myelinisierungsstörungen sind bei der **Katze** in zwei Formen bekannt: So erstreckt sich der bei der Rasse *Ägyptische Mau* vorkommende spongiöse Typ auf das gesamte ZNS unter den klinischen Zeichen von Ataxie, Dysmetrie und Epilepsie, während der bei *Siamesen* bekannte eine ausgeprägte spinale Hypomyelogenese unter dem klinischen Leitsymptom *Tremor* aufweist.

Bei **Lämmern** werden Myelinisierungsstörungen bei der *Border Disease* (s. S. 395), ferner beim *Kupfermangel* als sogenanntes *Swayback-Syndrom* beobachtet (s. S. 386).

An ***Rückenmarkmißbildungen*** kommt, neben der bereits zitierten *Amyelie,* noch eine Reihe von Mißbildungen in Betracht, deren wichtigste Formen unter der Bezeichnung *Spina bifida* zusammengefaßt werden. Ähnlich der Amyelie liegen hier Defekte der dorsalen Anteile der Wirbelkörper (*Rhachischisis*) vor. Das Rückenmark zeigt meist ausgeprägte Defekte im Sinne der *Myeloschisis*, die sich von einem mangelhaften oder fehlenden Schluß, d.h. *Dysraphie* des Neuralrohres, herleiten. Hierher zu zählen ist zunächst die einfache ***Hydromyelie***, die auf einer partiellen Dysraphie mit ausgebildeten dorsalem Schluß beruht und somit als extrem geweiteter Rückenmarkkanal mit inkompletter Ependymauskleidung imponiert (Abb. 11.5). Bei dieser Form besteht i.d.R. kein Wirbelsäulendefekt. Bei fehlendem Dorsalschluß in Gemeinschaft mit Spaltwirbelbildung kommt es mitunter zur hernienartigen dorsalen Vorwölbung des Rückenmarks und seiner Meningen = ***Spina bifida*** bzw. ***Hydromyelomeningozele*** oder ***Hydromyelozele,*** gelegentlich auch der Meningen allein = ***Meningozele***. Mangelhafter Schluß des Neuralrohres mit intakten Wirbelkörpern, jedoch meist mit korrespondierenden Haar- und Hautanomalien werden als ***Spina bifida occulta*** bezeichnet. Weitere Rückenmarkmißbildungen sind die totale *(=**Diplomyelia**)* oder partielle *(= **Diastematomyelia** und **Diastomyelia**)* Doppelmißbildung und das totale oder partielle Fehlen des Zentralkanals (s. S. 374). Schließlich kommen Rückenmarkmißbildungen in Zusam-

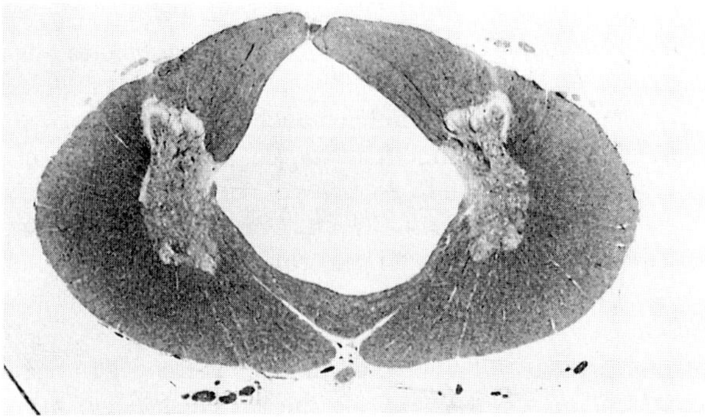

Abb. 11.5 Konnatale, vermutlich nichthereditäre *Hydromyelie* in Höhe L 3/4 bei einem vier Wochen alten Fleckviehkalb. Markscheidenfärbung, 4 x.

menhang mit Gliedmaßen- und Wirbelsäulenmißbildungen vor, wie etwa die ***partielle Agenesie des Rückenmarks*** bei totaler oder partieller Aplasie der Lumbosakral- und Kokzygealregion der Wirbelsäule = ***Perosomus elumbis*** (peros = verstümmelt). Eine ***erbliche Hydromyelie*** im Lumbalmark wird bei **Schweinen** der Dänischen Landrasse gesehen: Die betroffenen Ferkel zeigen ein *Splay Leg-Syndrom.*

Ähnlich der Hydromyelie, der morphogenetisch gesehen ein abschnittsweiser, zystenartig erweiterter Zentralkanal zugrunde liegt, stellt auch die ***Syringomyelie*** eine *Dysraphie (Raphe* = Naht), d. h. das Äquivalent eines frühembryonalen Schlußdefektes der Seitenplatten, dar. Sie zeigt progressive Tendenz mit frühjugendlicher bis spätadulter klinischer Manifestation und tritt bevorzugt, aber nicht ausschließlich, im Halsmark auf, kann sogar bis ins verlängerte Mark ***(Syringobulbie)*** reichen. Histologisch bestimmen stiftförmige Gliosen, Nekrosen und Liquoreinbrüche ins Rückenmarkgrau das Bild. Das in der Regel wohl *erbliche Leiden* ist bei **Mensch**, **Macacus mulatta**, **Hund** und **Katze** bekannt und ist durch spinale Leitungsstörungen, Ataxien und Tetraplegien charakterisiert. Am besten ist die Syringomyelie beim *Weimaraner-Hund* untersucht, bei dem die beschriebenen Veränderungen in verschiedenen Rückenmarksegmenten gefunden werden.

Näheres über den *Hydrocephalus congenitus* findet sich auf S. 373 und über die verschiedenen angeborenen und erworbenen *Ataxien des Pferdes* nachfolgend und auf S. 380.

11.2.1.2 Abiotrophien (postnatale Entwicklungsstörungen)

Mit dem von W.R. Gowers (1902) geprägten Begriff *Abiotrophie* wird der vorzeitige Schwund bestimmter Gewebe oder Zellsysteme, bezogen auf die durchschnittliche Lebenserwartung,

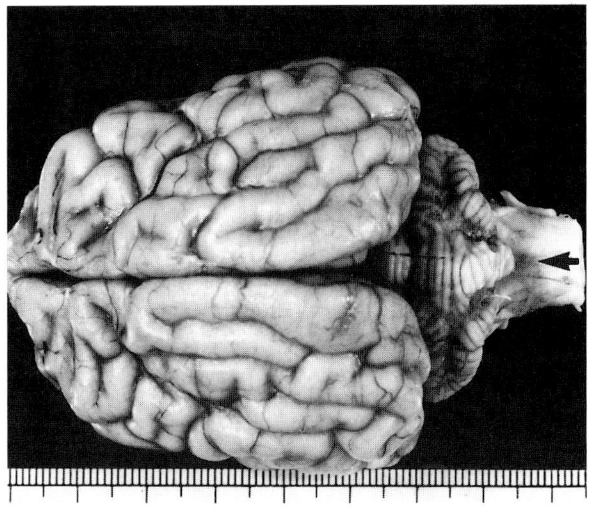

Abb. 11.6 Hereditäre *Kleinhirnabiotrophie* bei einem Staffordshire-Terrier, wbl., 5 J..
Infolge der Umfangsverminderung wird kaudal des Vermis der Obex bzw. das Ende der Rautengrube sichtbar (Pfeil).

bezeichnet. Hinsichtlich ihrer Manifestation werden bei den hier einschlägigen, vorwiegend autosomal-rezessiven Erbleiden *perinatale, frühjuvenile, juvenile, frühadulte* und *spätadulte Formen* unterschieden. Eine scharfe Abgrenzung gegenüber konnatalen Veränderungen ist insbesondere bei der frühjuvenilen Form oft nicht möglich, zumal bei unseren Haustieren hinsichtlich der Ausreifung des Nervensystems zeitliche Unterschiede zwischen „Nesthockern" und „Nestflüchtern" bestehen. Ist nur ein Zellsystem betroffen, spricht man von *systemischen Formen,* sind mehrere betroffen, von *multisystemischen Formen.* In der folgenden Darstellung werden die Manifstationszeiten in Klammern angegeben, wobei zu berücksichtigen ist, daß die Progredienz des weiteren Krankheitsverlaufs von Fall zu Fall erheblich divergieren kann.

Die ***Abiotrophie des Kleinhirns*** (zerebelläre Abiotrophie) ist in ihrer ***systemischen Form*** bei **Rind** (1-8 Mo) der Rassen *Holstein, Hornlos-Hereford, Aberdeen Angus* und *Charolais*, bei **Schaf** (1-4 J) der Rasse *Merino*, bei **Pferd** (1-9 Mo) der Rassen *Oldenburger, Araber* und *Gotland Pony*, sowie bei **Hund** (6-24 Wo) der Rassen *Gordon-Setter, Airedale-Terrier, Rauhhaar-Collie, Barber-Collie, Irish Setter* und *Beagle* bekannt (Abb. 11.6). Klinisch stehen Ataxien, Dys- und Hypermetrien, Tänzeln, Rückwärtsfallen und Festliegen im Vordergrund, neurohistologisch zeigen sich Degeneration und numerische Atrophie von Purkinje-Zellen oder Neuronen der Körnerschicht. In ihrer ***multisystemischen Form*** unter Einbeziehung von Substantia nigra, Nucl. caudatus und Olivenregion ist die zerebelläre Abiotrophie lediglich beim **Hund** (4-16 Wo) der Rasse *Kerry Blue-Terrier* beobachtet worden.

Die ***Abiotrophie spinaler sowie bulbärer Motoneurone*** kommt in ***systemischer Form*** als „hereditäre spinale (bulbäre) Muskelatrophie“ beim **Rind** der Rassen bzw. Kreuzungen *Brown Swiss*, *Dänisches Rotvieh x Brown Swiss* und *Braunvieh x Brown Swiss* (1-5 Wo), beim **Schwein** der Rasse *Yorkshire* (5 Wo) und beim **Hund** der Rassen *Brittany Spaniel* (homozygot = 6 Wo; heterozygot = 6 Mo), *Rottweiler* (1-4 Wo) und *English Pointer* (5 Mo) vor. Während betroffene Kälber eine rasch fortschreitende Muskelatrophie mit finaler, dekubital bedingter Pneumonie zeigen, kann sich das Leiden bei Ferkeln bis zu zehn Wochen und bei den heterozygoten Spaniels über drei und mehr Jahre hin erstrecken. Neurohistologisch stehen Störungen am Neurofilamentsystem motorischer Nervenzellen mit m.o.w. raschem Untergang im Sinne der numerischen Atrophie und am Skelettmuskel neurogene Atrophien (s. S. 348) im Vordergrund. Bei der ***Abiotrophie motorischer, sensorischer sowie vegetativer Neurone***, die als ***multisystemische Form*** zu verstehen ist, sind Nervenzellperikaryen von Rückenmark, Spinalganglien, Rauten- und Kleinhirn sowie von Ganglien des autonomen Nervensystems betroffen. Einschlägige Beobachtungen liegen für den **Hund** der Rassen *Schwedisch Lappland* (5-7 Wo), *Cairn-Terrier* (2-5 Wo) und *Collie* (2 Wo) mit durchweg rapidem Verlauf und den Zeichen „Ataxie, spastische Parese, Kataplexie und Muskelatrophie“ vor.

Die ***Abiotrophien zerebraler und spinaler Albi*** lassen sich in solche mit primären Axon- und solche mit primären Myelinscheidenveränderungen unterteilen. ***Primär axonale Degenerationen*** liegen beim **Rind** der als ***Weaver-Syndrom*** bezeichneten *hereditären progressiven Myeloenzephalopathie* zugrunde. Betroffen sind die Rasse *Brown Swiss* (8 Mo) und die Kreuzung *Braunvieh x Brown Swiss* (6-18 Mo). Die durchweg bilateral-symmetrischen Veränderungen erstrecken sich auf lange afferente und efferente Bahnen in Rückenmark, Rauten-, Klein- und Großhirn mit besonderer Betonung im Thorakalmark. Der protrahierte klinische Verlauf ist durch „webenden Gang“, Dysmetrien, Paraparesen unter Bevorzugung der Hinterextremitäten und finalem Festliegen charakterisiert. Beim **Hund** der Rassen *glatthaariger Foxterrier* (2-4 Mo) und *Jack Russell-Terrier* (2-4 Mo) sind im wesentlichen spinozerebellare und sulkomarginale Rückenmarkbahnen betroffen, wobei der protrahierte Krankheitsverlauf durch Dysmetrien und spastische Ataxien gekennzeichnet ist. Die ebenfalls zu diesem Formenkreis zählende ***Myelopathie des Deutschen Schäferhundes*** *(German Shepherd Dog Myelopathy = GSM)* zeigt neurohistologisch eine disseminiert-multifokale Degeneration der weißen Rückenmarksubstanz unter Bevorzugung des thorakalen Abschnittes und klinisch spastische Paresen und Ataxien der Hinterextremitäten (s. S. 378). Die ***Primären Markscheidendegenerationen*** sind hinsichtlich Manifestationszeit und Verlauf von den auf S. 366 beschriebenen Dysmyelogenesen zu trennen, wenngleich auch sie auf einem hereditären Defekt der Oligodendrozyten beruhen. Sie kommen beim **Rind** in den Rassen bzw. Kreuzungen *Charolais* (8-24 Mo) und *Limousin x South Devon* (1 Mo) vor und sind im ersteren Fall durch Demyelinisierung von Hirn und Rückenmarkalbi, im letzteren durch Nekrose des Chiasma opticum, zerebraler Albi und der Kleinhirnschenkel gekennzeichnet. Über den **Hund** liegen Beobachtungen beim *Afghanen* (3-13 Mo) vor, die auf einer akut einsetzenden und rasch fortschreitenden ***nekrotisierenden Myelopathie*** mit massiver mobiler Resorption beruhen. Die marginalen langen Rückenmarkbahnen sind dabei durchweg früher und deutlicher betroffen als die zentralliegenden kurzen Bahnen. Ein ***Markscheidenschwund unter Ausbildung spongiöser Degenerationsmuster*** ist bei **Ziege** und **Hund** mit hinreichender Absicherung erblicher Genese bekannt. Ihre Abgrenzung von den auf S. 366 beschriebenen konnatalen Dysmyelogenesen bereitet gewisse Schwierigkeiten, zumal noch weitgehend offen ist, in welchem Stadium der Myelindefekte die ersten Krankheitszeichen manifest werden. Bei der als Spiel- und Streicheltier weit verbreiteten **Afrikanischen Zwergziege** (3-20 Mo) entwickeln sich vorwiegend in Zwischen- und Mittelhirn, den Kleinhirnschenkeln und den Rückenmarkalbi vakuolisierende Aufspaltungen der Myelinlamellen, verbunden mit Degenerationserscheinungen an Soma und Kern der Oligodendrozyten. An klinischen Symptomen dominieren Ataxien der Hintergliedmaßen, Verhaltensstörungen sowie temporäres Sistieren von Futter- und Wasseraufnahme. Auch für die bei *Zwergpudel* (8 Wo) und *Labrador Retriever* (4-9 Mo) beobachteten Fälle ist ein bilateral-symmetrischer Myelinschwund unter Vakuolisierung von Albi, hier insbesondere in den Marklagern von Groß- und Kleinhirn, in Zwischen-, Mittel- und Rautenhirn sowie im Rückenmark maßgebend. Klinisch finden sich progressive Verhaltensstörungen mit Vergessen von früher Erlerntem und zentralem Erblinden.

Bislang noch nicht hinreichend abgeklärt ist, ob die (seltene) ***ALEXANDERsche Krankheit*** des **Hundes** den hereditären Abiotrophien zuzuordnen ist, zumal – im Gegensatz zu humanen Fällen – Mehrfachbeobachtungen in bestimmtem Hundefamilien vorliegen. Im wesentlichen eine *Leukoenzephalopathie*, stehen im Zentrum des Geschehens Proliferation und Dystrophie von Astrozyten. Vor allem perivaskuläre, subependymale und subpiale Verdichtungen sog. ROSENTHALscher Fasern bei gleichlaufenden Störungen der Myelinisierung kennzeichnen die Hirn- und Rückenmarkveränderungen.

11.2.1.3 Speicherkrankheiten (Thesaurismosen, Enzymdefekte)

Als besondere Formen vorwiegend autosomal-rezessiver Erbleiden mit ausschließlicher oder partieller Einbeziehung des Nervensystems haben die auf spezifischen Enzymdefekten beruhenden Speicherkrankheiten zu gelten. Aus dem Unvermögen, bestimmte Substrate enzymatisch zu degradieren, ergeben sich vorwiegend lysosomale, seltener extralysosomale Substratakkumulationen, die das Zellsoma in zunehmender Weise verdrängen, so daß es zum Funktionsverlust und schließlich zum Zelltod kommt. Da Thesaurismosen in ihrer jeweiligen klinischen Manifestation eine breite, von wenigen Tagen bis zu mehreren Jahren reichende Variation aufweisen, erfüllen sie ebenfalls die Kriterien der „Abiotrophie".

Die ***Glykogenosen*** sind durch exzessive *Glykogenspeicherungen* in Nervenzellen, in quergestreifter und glatter Muskulatur sowie im Herzmuskel gekennzeichnet. Beim **Menschen** ist der *Glykogenose Typ II* (POMPE) der wichtigste. Er beruht auf einem Mangel an *Amylo-1.4-Glukosidase (= saure Maltase)*. Vergleichbare Krankheitsbilder kommen bei **Rind** (*australisches Shorthorn*), **Schaf** (*Corriedale*), **Hund** (*Lappland*) und **Katze** vor. Klinisch stehen Bewegungsinkoordinationen, Muskelschwäche, Lethargie, Exsikkose, Festliegen sowie allgemeiner Verfall, bei Manifestation innerhalb des ersten Lebensjahres, im Vordergrund.

Die ***Myoklonusepilepsie*** (LAFORA-Krankheit, Typ II UNVERRICHT) zeigt bei **Mensch** (20-25 J) und **Hund** (1-10 J) eine auffallend späte klinische Manifestation bei retardierter Progression. Lethargie, Debilität, Bewegungsstörungen sowie epileptische Anfälle mit Myoklonien sind wesentliche Leitsymptome. Betroffen sind vor allem *Basset,* seltener *Pudel* und *Beagle.* Neurohistologisch zeigen sich solitäre bis multiple, kokardenartig geschichtete, kugelige, PAS-positive Einschlüsse in Soma und Dendriten von Neuronen (Abb. 11.7). Diese LAFORA-Körperchen sind reich an Glykoproteinen und filzig vernetzten Glykogenmolekülen. Ätiologisch wird ein defektes *Glykogen branching-Enzym* diskutiert.

Zu den ***Glykoproteinosen*** zählen die *Fukosidose* sowie die *α- und β-Mannosidosen.* Die ***Fukosidose*** beruht auf einem α-L-Fukosidasemangel und führt beim **Hund** (*Spaniel,* 1-3 J) unter progressiver Ataxie, gestörter Propriozeption, Aphonie, Dysphagie, Malabsorption und Marasmus zum Tode. Die lysosomal gespeicherten Metaboliten finden sich in exzessiver Weise in ZNS, spinalen und vegetativen Ganglien, daneben auch in allen übrigen Körperorganen. Die bei **Rind** (1-5 Mo) und **Katze** (8-12 Mo) bekannte ***α-Mannosidose*** ist Folge eines α-Mannosidasemangels, wobei die unter Ataxie, Tremor und Festliegen zugrunde gehenden Tiere lysosomale Substratspeicherungen in den Grisea des gesamten ZNS aufweisen. Demgegenüber erstrecken sich die Speicherungsprozesse bei der früh postnatal einsetzenden ***β-Mannosidose*** bei **Rind** und **Ziege** auf zahlreiche Organe, mit besonderem Betroffensein von ZNS, Retina, Innenohr und Skelettsystem (kongenitale Brachygnathie !).

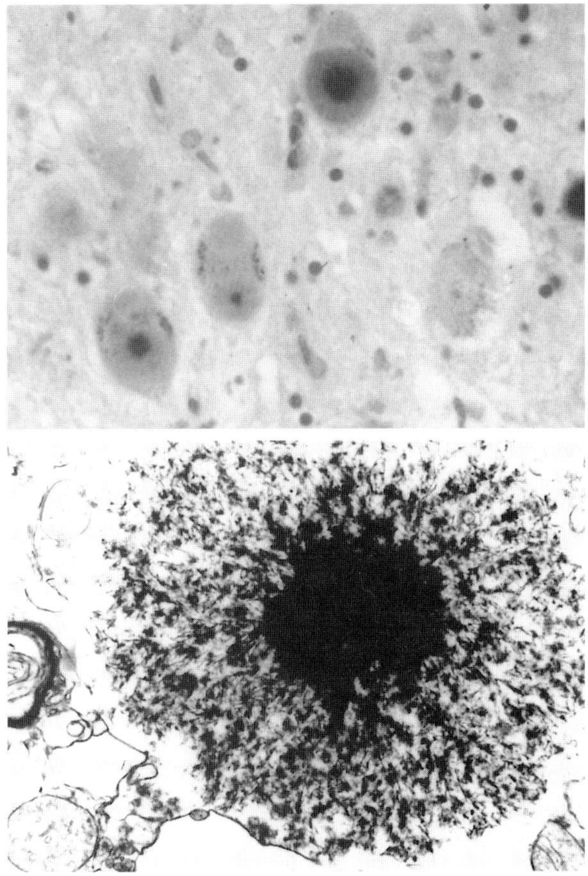

Abb. 11.7 *Myoklonusepilepsie* beim Basset-Hund, ml., 11J.. oben: Nervenzellperikaryen mit den typischen, sphärisch-geschichteten LAFORA-Körperchen, die das Zellsoma weitgehend ausfüllen. Perjodsäure-SCHIFF-Reaktion, 250 x; unten: Im Elektronenmikroskop zeigt sich, daß die Einschlußkörperchen aus einem Filz von Filamenten mit zentraler Verdichtung bestehen. TEM 3000 x.

Die bei Haustieren bekannten ***Lipidosen*** *(Gangliosidosen)* zeigen klinisch progrediente psychische, motorische und sensorische Ausfallserscheinungen. Unter diesen nimmt die Rindenblindheit, d.h. *Amaurosis,* eine zentrale Stellung ein. Neurohistologisch sind körnige, exzentrisch liegende, lysosomale Lipidspeicherungen in den zentralen Perikarya als Ausdruck spezifischer Enzymdefekte im Katabolismus

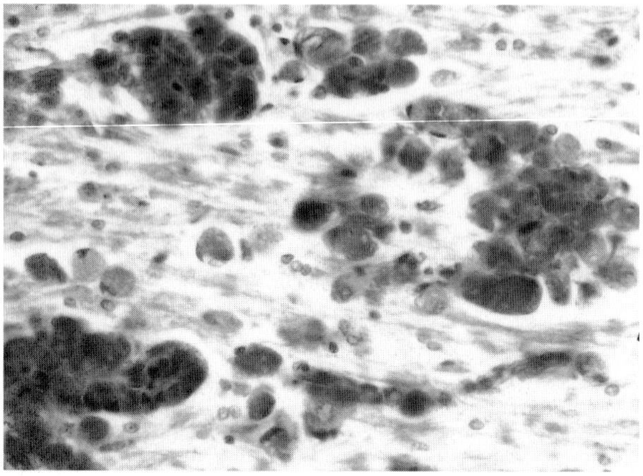

Abb. 11.8 *Globoidzellige Leukodystrophie* bei einem West Highland White-Terrier, ml., 4 Mo.
Das Markscheidenmyelin der weißen Hirn-Rückenmarksubstanz ist weitgehend abgebaut und seine Reste werden von extrem aufgemästeten Makrophagen (=Globoidzellen) abtransportiert. Vereinzelt finden sich „nackte" Axone. Luxol fast blue-Karmalaun, 300 x.

der Ganglioside zu finden. Im wesentlichen werden qualitativ zwei Defekttypen unterschieden, und zwar der eines neuronalen *β-Galaktosidasemangels* bei der ***G_{M1}-Gangliosidose*** und der eines *Hexosaminidasemangels* bei der ***G_{M2}-Gangliosidose***. Die erstgenannte Form kommt bei **Mensch** (2-10 J), **Rind** (2-4 Mo), **Hund** (2-4 Mo) und **Katze** (2-4 Mo) vor, zur letztgenannten zählen beim **Menschen** die *Amaurotische Idiotie* (Morbus TAY-SACHS), mit Manifestation im ersten Lebensjahr und geringer (2 J) Lebenserwartung sowie die *spätinfantile Form* der *Amaurotischen Idiotie*. Mit dieser spätinfantilen Form vergleichbar sind die sich im ersten Lebensjahr entwickelnden *G_{M2}-Gangliosidosen* bei **Hund** (*Deutsches Kurzhaar*), **Schwein** (*Yorkshire*) und **Katze**. Als weitere, seltene Enzymopathien gehören in diesen Formenkreis die auf einem *β-Glukosidasemangel* beruhende ***Glukozerebrosidose*** (Morbus GAUCHER des Menschen) bei **Hund** (8 Mo) und **Katze** (4 Wo) sowie die auf einem *Sphingomyelinasemangel* beruhende ***Sphingomyelinlipidose*** (Morbus NIEMANN-PICK des Menschen) bei **Hund** (5 Mo) und **Katze** (2-4 Mo). Beide Thesaurismosen sind klinisch durch Ataxie, Tremor, Hyperkinesien und Opisthotonus gekennzeichnet.

Als Enzymopathien zentraler wie peripherer Hüllzellen beanspruchen bei Mensch und Haustieren die ***Leukodystrophien*** besonderes Interesse. Die als Morbus KRABBE bezeichnete ***Globoidzellige Leukodystrophie*** beruht auf einem *β-Galaktosidasemangel,* d.h. dem Ausbleiben der *Galaktose-Ceramidspaltung* in der Oligodendroglia mit der Konsequenz einer Markscheidenauflösung. Das Defektmaterial wird von Makrophagen resorbiert, die infolge extremer Aufmästung kugelig (globoidzellig) erscheinen (Abb. 11.8). In diese progressive Entmarkung sind alle zerebralen und spinalen Albi einbezogen. Betroffen werden **Hund** (4-5 Mo) mit den Rassen *Cairn-* und *West Highland White-Terrier,* seltener *Zwergpudel* und **Katze** (1-2 Mo), wobei die Tiere klinisch durch progressive Ataxie, Hypermetrie und Verhaltensstörungen auffällig werden.

Die ***metachromatische Leukodystrophie*** beruht auf einem Mangel an *Arylsulfatase A* und betrifft sowohl SCHWANN-Zellen als auch Oligodendrozyten. Bei **Katze** (1 Mo) und **Nerz** (1-4 Mo) vorkommend, stehen klinisch Ataxie und Tremor im Vordergrund.

Die ***Lipofuszinose*** bzw. ***Ceroid-Lipofuszinose*** des ZNS besitzt sowohl morphologisch als auch hinsichtlich ihrer klinischen Symptomen- und Verlaufsmuster gewisse Übereinstimmungen mit den Lipidosen. Unter den Haustieren ist dieses einem autosomal-rezessiven Erbgang folgende Leiden bei **Hunden** (1-3 J) verschiedener Rassen, insbesondere bei *Englischen Settern* und *Dalmatinern* bekannt. Es geht dort mit einer neuronalen, aber auch insgesamt viszeralen lysosomalen Speicherung eines Ceroid-Pigments einher und verläuft klinisch unter Amaurosis sowie Störungen in Verhalten und Motorik. Vergleichbare Krankheitsbilder kommen bei **Rind** (1-4 J), **Schaf** (*South Hampshire,* 1 J) und **Ziege** (1-4 J) vor. Der krankheitsauslösende Enzymdefekt liegt im Bereich der *mitochondrialen ATP-Synthase (c).*

11.2.1.4 Sonstige Erbleiden

Den das Nervensystem betreffenden Erbleiden zuzuordnen sind auch die ***genuine Epilepsie*** bei **Hund** und **Katze** (in einigen Rassen autosomal-rezessiver Erbgang nachgewiesen!) und der ***Schottenkrampf,*** d. h. Hyperkinesien beim *Schottischen Terrier*. In beiden Fällen handelt es sich um klinisch interessante, morphologisch jedoch unergiebige Entitäten, weshalb auf die Darstellungen in klinischen Lehr- und Handbüchern verwiesen wird.

Zu den Erbleiden, deren primäres Defektprinzip noch der Aufklärung harrt, zählt schließlich die ***Spastische Parese*** (Paresis spastica posterior) des **Rindes**. Das auch unter dem Namen *Elso II-Hacke* bekannte Leiden kann klinisch bereits bei neugeborenen Kälbern evident sein, sich aber andererseits auch erst nach Wochen und Monaten, bisweilen sogar erst im zweiten bis vierten Lebensjahr manifestieren. Ihm liegt offensichtlich ein autosomal-rezessiver

Erbgang zugrunde. Von der straffen Lähmung werden zuvörderst der M. gastrocnemius, der M. flexor digitalis pedis superficialis, gelegentlich auch weitere Oberschenkelmuskeln (M. biceps femoris, M. semitendinosus, M. semimembranosus, M. quadriceps femoris) betroffen. Pathologisch-anatomisch gesehen fehlen diagnostische Kriterien. Insbesondere besteht keine Übereinstimmung mit den echten, angeborenen Sehnenkontrakturen, wie auch klinisch das Innervationsmuster zwischen Vorderhornneuron (2. motorisches Neuron) und Muskelzellen unauffällig ist. Damit stellt sich die Frage, ob der Spastischen Parese des Rindes möglicherweise eine primäre Störung im Reflexsystem des Muskelspindelapparates (s. S. 344) zugrunde liegt. Immerhin kann mittels Durchtrennung der dorsalen Spinalnervenwurzeln im Lumbalbereich der spastische Zustand beseitigt werden.

Erbleiden mit Manifestation am PNS werden auf S. 411 besprochen.

11.2.2 Die Hüllen des ZNS (Meningen)

11.2.2.1 Kreislaufstörungen, Pigmentierungen

Petechiale d. h. ***kapilläre Blutungen*** sind in der **Dura mater** selten anzutreffen. Demgegenüber kommt den Massenblutungen in der Form ***epiduraler*** und ***subperiostaler*** (Schädelbereich!) ***Blutungen*** mit *Hämatomcharakter* als *raumfordernden Ereignissen* weit größere Beachtung zu. Im Spinalbereich kann sich bei *epiduralen Blutungen* das Spatium epidurale in weiter Ausdehnung mit Blut füllen, woraus eine örtliche, manschettenförmige oder aber auch allgemeine Einengung des Rückenmarks resultiert. Blutungen infolge ***Ruptur intrakranieller Venensinus*** ohne gleichzeitige Ruptur der Dura mater cerebri führen zum epidural-periostalen Hämatom. Reißt die Dura mater mit ein, entsteht ein subduraler Bluterguß, der sich wegen der nur zarten neurothelialen Gewebsbrücken zwischen Pachy- und Leptomeninx i. d. R. flächenhaft verteilt.Da hierbei die beiden Meningen voneinander getrennt werden, ist die Bezeichnung ***subdurales Hämatom*** durchaus erlaubt.

Wegen ihrer besonders reichen Vaskularisation können in der **Leptomeninx** intravitale Kreislaufstörungen ebenso wie postmortale Blutverlagerungen zu variationsreichen Sektionsbefunden führen. Bereits bei normalem Füllungszustand der Blutgefäße kommt es regelmäßig zur ***postmortalen Hypostase*** in den jeweils tiefer gelegenen Hirnregionen. Solche Blutmassenverlagerungen werden mit Fortschreiten der allgemeinen *Autolyse,* insbesondere aber mit Einsetzen der *Fäulnis,* von Hämolysen und damit von ***hämolytischen Imbibitionen*** gefolgt.

Von der postmortalen Hypostase sind die intravital und agonal entstandenen, mehr gleichmäßig verteilten Hyperämien grundsätzlich zu trennen. Bei der ***entzündlichen Hyperämie*** (Meningitis) können extreme Füllungsgrade aller vaskulären Wegstrecken zu einer gleichmäßig dunkelroten Einfärbung der Hirn- und Rückenmarkoberflächen führen, so daß sich daneben bestehende ***Diapedesisblutungen*** optisch kaum abheben.

Bei den ***Blutungen in der Leptomeninx*** sind die *petechialen* (Purpura) den *großflächigen* gegenüberzustellen. Erstere treten bei Septikämien, Verbrauchskoagulopathien, nach Einwirkung ionisierender Strahlen, bei Sonnenstich und bei Tod durch elektrischen Strom auf. Letztere sind in der Regel Folgen von mechanisch-traumatischen Einwirkungen *(Rhexisblutung)* und Gefäßwandarrosionen *(Diabrosisblutung).* In diesem Zusammenhang sind *Massenblutungen* zu erwähnen. Diese können sich sowohl allein auf den arachnoidealen Raum erstrecken als auch sich im weiteren subdural ausbreiten.

Aus Blutresorptionsvorgängen resultieren im Meninxbereich ***hämoglobinogene Pigmentierungen*** verschiedener Ausprägung: Insbesondere im Nachgang zu umfangreicheren Extravasaten kommt es zu *Hämosiderin-* wie *Hämatoidinansammlungen,* die nur sehr langsam resorbiert werden. Länger bestehende *Siderosen* können u. a. die äußere piale und subpiale Randzone der Hirnrinde einbeziehen (*Randsiderose*) und sind histologisch an pigmentbeladenen Makrophagen *(Siderozyten)* diagnostisch gut zu erfassen.

Unter den *hämoglobinogenen* Pigmentierungen der Meningen spielt der ***Ikterus*** eine untergeordnete Rolle. Von den *anhämoglobinogenen Formen* verdienen lediglich die ***Melanosen*** Beachtung, gleichwohl ihnen kein Krankheitswert zukommt. So erstreckt sich die im allgemeinen zeitlich terminierte *Melanosis maculosa* des **Kalbes** (s. S. 84) nicht selten auch auf die *Pachy- und Leptomeninx* von Rückenmark und Hirn, ferner auf das *Periost des Wirbelkanals* und das *epidurale Fettgewebe.* Ihr ist die umschriebene, meist auf die basale oder frontale Leptomeninx cerebri beschränkte *Melanose* bei **Feliden**, insbesondere bei Großkatzen, **Kaninchen** und **Oviden** gegenüberzustellen. Diese Formen erstrecken sich in der Regel nicht auf andere Gewebe und bleiben offensichtlich während des ganzen Lebens bestehen.

11.2.2.2 Fibrosen, Verkalkungen, Verknöcherungen

Fibrosen der Leptomeninx stellen zunächst einmal erwartbare Altersmetamorphosen dar, die vor allem beim alten Hund regelmäßig zu finden sind. Im wesentlichen sind sie

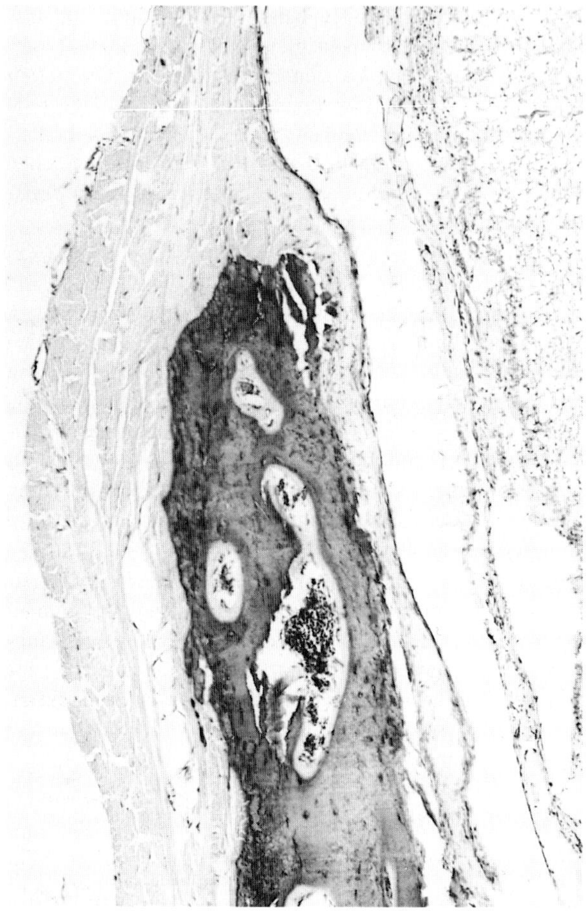

Abb. 11.9 *Metaplastische Verknöcherung der Dura mater spinalis* beim alten Schäferhund.
Im Bereich der markhaltigen Knochenspange ist die Dura deutlich verdickt, wodurch es zu einer geringfügigen Impression des Rückenmarks (rechts im Bild von Leptomeninx überkleidet) gekommen ist. HE, 48 x.

auf die Arachnoidea und auf die Adventitia meningealer Blutgefäße beschränkt, treten vorwiegend in den Sulci als milchglasartige Versteifungen der Arachnoidea in Erscheinung, besitzen aber keinerlei Krankheitswert.

Die ***mukoide Degeneration der Dura mater*** mit und ohne ***dystrophische Verkalkung*** stellt, speziell beim **Hund**, das Vorstadium der metaplastischen Duraverknöcherung dar. Insbesondere bei großwüchsigen Rassen *(Doggen, Schäferhunden, Rottweiler, Boxer)* finden sich nicht selten bereits im jugendlichen Alter in der Dura mater spinalis fleckförmige, hyaline Faserverquellungen mit Anreicherung von Proteoglykanen bzw. sauren Mukopolysacchariden. Das Verteilungsmuster zeichnet die nachfolgende *metaplastische* ***Verknöcherung des Duragewebes*** vor, d. h. in erster Linie sind – unter Bevorzugung des Lumbalmarks – *ventrale Meninxflächen* und die *Umgebung der Nervenwurzeldurchtritte,* im Schädelraum die *Rautenhirnbasis* betroffen. Der zeitliche Ablauf der Ossifikation unter Ausformung einer regelrechten Corticalis und eines hämatopoetisch aktiven spongiösen Markraumes (Abb. 11.9), gestaltet sich nach Rasse und Individuum variabel. So können gelegentlich bereits bei ein- bis zweijährigen Tieren ausgedehnte Duraverknöcherungen im Lendenbereich mit und ohne klinisch auffälliger *Rückenmark-* bzw. *Nervenwurzelkompression* gesehen werden. Somit darf die Duraverknöcherung beim Hund nicht als Altersleiden im engeren Sinne eingestuft werden, wenngleich klinisch faßbare Störungen in der Mehrzahl der Fälle erst mit zeitlicher Verzögerung, d.h. im letzten Lebensdrittel auftreten.

Als rein altersbedingt gelten ***Verknöcherungen des Tentorium membranaceum*** **und** ***der Falx cerebri.*** Insgesamt ist aber festzustellen, daß sich diese, von der periostalen Matrix ausgehenden, intrakraniellen Duraverknöcherungen durchweg nicht zu raumfordernden Prozesses mit nachteiligen Folgen für das Hirngewebe gestalten.

Umschriebene, kugelige, 10–50 μm große arachnoideale Proliferationen, vorwiegend an den spinalen Wurzelaustritten lokalisiert, mit geschichteter Verkalkung, stellen harmlose Altersveränderungen vom Typ des ***Psammoms*** (*Hirnsand*) dar.

11.2.2.3 Entzündungen (Meningitis)

Entzündungen der Dura mater = ***Pachymeningitis*** werden vergleichsweise selten gefunden. *Eitrige* Formen (Pachymeningitis purulenta) stehen ursächlich vor allem mit offenen Verletzungen, Übergreifen eitriger Prozesse aus der Nachbarschaft oder septischen Thrombosen in unmittelbarem Zusammenhang. *Hämorrhagische, fibrinöse* und *fibroplastische* Formen können zu Verwachsungen und zu Zysten- bzw. Hygrombildungen und damit zu raumfordernden Prozessen führen.

Demgegenüber kommt der Entzündung der weichen Hirnhäute = ***Leptomeningitis*** die weit größere Bedeutung zu, d.h. daß sich der Begriff „Meningitis" im allgemeinen Sprachgebrauch stets auf diese Form bezieht. Die Leptomeningitis entsteht nahezu ausschließlich erregerbedingt, entweder *hämatogen,* ferner als fortgeleiteter Prozeß *neuro-, oto-* und *rhinogen, oder* in Folge Übergreifens entsprechender Primärprozesse *aus der Nachbarschaft* bzw. *offenen Verletzungen.* Sie kann umschrieben (Basilarmeningitis, Konvexitätsmeningitis) oder diffus angelegt sein und entwickelt sich nicht selten gemeinsam mit Hirn- und Rückenmarkentzündungen (Meningoenzephalitis, Meningomyelitis).

Der Qualität nach sind zu unterscheiden die *seröse*, die *serös-eitrige* bzw. *serofibrinöse*, die *fibrinös-eitrige*, die *eitrige* (diffus oder apostematös), die *hämorrhagische*, die *lympho-plasmozytäre* und die *granulomatöse* Meningitis. *Seröse Meningitiden* sind in der Regel Folgeerscheinungen physikalischer (Schlag, Hitze), toxischer bzw. toxisch-infektiöser (Parasitentoxine, Pflanzenvergiftungen, Mykotoxikosen, Enterotoxämien) Noxen. Meningitiden mit *fibrinösem* oder *eitrigem Charakter* führen zu einer Trübung der Hirnoberfläche und einem Verstreichen der Furchungen (Abb. 11.24). Als septikämische Folgebilder treten sie bei *Streptokokken-*, *E. coli-* und anderen *bakteriellen Infektionen* auf (s. S. 403). In der Regel sind sie mit einer eitrigen Enzephalitis und Myelitis vergesellschaftet. Virusbedingte Formen gehen i.d.R. mit einer *lymphomonozytären Meningoenzephalomyelitis einher.*

Näheres zu Ätiologie und Qualität der verschiedenen Meningitiden findet sich in den Abschnitten 11.2.4.10 und 11.2.5.

11.2.3 Die Innenräume des ZNS (Plexus chorioideus und Ependym)

11.2.3.1 Kreislaufstörungen

Diese betreffen im wesentlichen die *Plexus chorioidei* und sind zunächst gemeinsam mit Kreislaufstörungen der Meninx- und Hirngefäße zu finden. Vor allem kann die ***venöse Stauungshyperämie*** in den Adergeflechten erhebliche Grade erreichen. ***Entzündliche Hyperämien*** sind dagegen nicht selten durch exsudative Prozesse überlagert, so daß sie nur einer histologischen Bewertung zugänglich sind. ***Blutungen*** können in Form kleiner Extravasate bzw. Diapedesen auftreten, die entweder auf das lockere Plexusstroma beschränkt bleiben, oder aber zu Blutaustritt in den Liquorraum, schließlich sogar zum *hämorrhagischen Erguß* in das Ventrikelsystem führen. Nicht selten resultieren allerdings, und dies vor allem in der Folge mechanischer Traumatisierungen, *Ventrikelblutungen* aus Venen- und Arterienrissen in der Ventrikelumgebung. Bei der Hirnsektion finden sich dann die Hirninnenräume mit geronnenen Blutmassen geradezu ausgegossen, ohne daß es i.d.R. zu einer merklichen Ventrikelausweitung gekommen ist.

11.2.3.2 Hydrocephalus internus

Die wichtigste und zugleich häufigste Formveränderung des Hirnventrikelsystems mit Verringerung oder weitgehendem Schwund von Hirngewebe ist der *Hydrocephalus internus (H. i.).* Unter Berücksichtigung möglicher Kausalitäten lassen sich der *H. i. congenitus* mit *fetaler* und *postfetaler Manifestation,* der *H. i. acquisitus* und der *H. i. ex vacuo* unterscheiden.

Der **Hydrocephalus internus congenitus mit fetaler Manifestation** zeigt schon äußerlich eine Umfangsvermehrung des Schädels, die ein erhebliches Geburtshindernis darstellen kann. Die Knochennähte sind nur unvollständig geschlossen und stellenweise durch häutige *Membranen,* z. T. auch durch *Schaltknochen* überbrückt. Die Großhirnhemisphären sind ausgesackt, dünnwandig-atrophisch und mit klarem Liquor gefüllt. Der vierte Ventrikel ist in der Regel nicht dilatiert, jedoch kann es infolge der engen Raumverhältnisse bzw. des erhöhten intrakraniellen Druckes zu einer *Verlagerung* kaudaler Kleinhirnabschnitte (Vermis) in das Foramen occipitale magnum hinein gekommen sein. Beim Eröffnen der Seitenventrikel zeigt sich ein weitgehendes bis totales *Fehlen des Septum pellucidum.* Hippocampus-, Nucleus caudatus-, Thalamus- und Hypothalamusregionen können atrophiert sein. Soweit hydrozephale Neonaten überhaupt normal geboren werden, haben sie in der Regel eine geringe Lebenserwartung und zeigen eine deutliche Reduktion neuraler Funktionen.

Ursächlich liegen dem H. i. congenitus mit fetaler Manifestation in der Mehrzahl der Fälle *Liquorabflußstörungen* im Bereich des Aquaeductus SYLVII zugrunde, wobei sich nur ausnahmsweise ein Totalverschluß nachweisen läßt. Oft finden sich dagegen Einengungen, Gabelungen oder Stauchungen mit Achsenverlagerung des Aquaeductus. Neben *erblichen* Voraussetzungen, die z. B. bei **Rindern** der *Hereford-* und *Shorthorn*rassen einem autosomal-rezessiven Erbgang folgen, sind an der Entstehung solcher Bilder auch *fetale Entzündungen* (Virusinfektionen?) im Mittelhirnbereich beteiligt. Eine besondere Rolle spielen ferner abnorme, oft rassebedingte Schädelformen, bei denen einerseits der intrakranielle Raum – im Sinne einer *Brachyzephalie* – verkürzt und insgesamt – im Sinne einer *Kraniostenose* – eingeengt ist, andererseits eine Knickung des Aquaeductus besteht. Speziell bei **Hunden** (*Pudel, Boxer*) mit stark überwölbten Schädelformen, entsteht die Liquorabflußstörung durch Einpressen des Velum medullare rostrale in die Rautengrube seitens des in ventro-rostraler Richtung gestauchten Vermis cerebelli.

Beim **Hydrocephalus internus congenitus mit postfetaler Manifestation** (konstitutioneller H. i.) kommen im Prinzip die gleichen ätiopathogenetischen Faktoren in Betracht, jedoch nehmen bei dieser Form die Liquorabflußstörungen erst postfetal in einem Maße zu, daß die

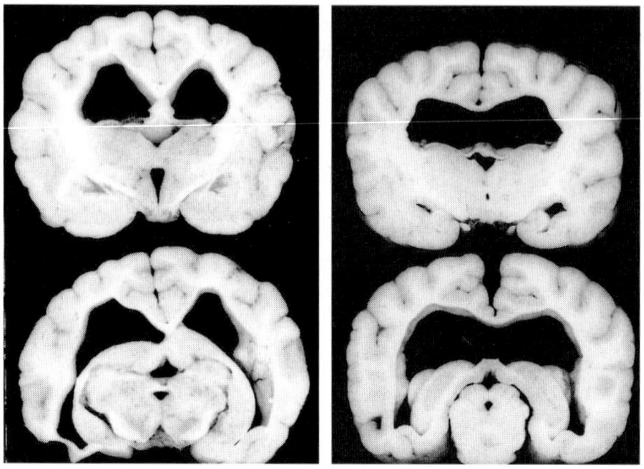

Abb. 11.10 Die beiden häufigsten Formen des *Hydrocephalus internus (H.i.)* beim Hund; 2/3 nat. Größe.
links: *H.i. ex vacuo* infolge Altersatrophie des Hirngewebes mit mäßiger Weitung des gesamten Ventrikelsystems;
rechts: *H.i.congenitus mit postfetaler Manifestation* infolge Liquorabflußbehinderung über den Aquaeductus Sylvii mit extremer Weitung der Seitenventrikel und Atrophie des Septum pellucidum.

Innendruckerhöhungen erst im *Laufe der ersten Lebenswochen* oder *-monate* zur Hydrozephalie (progressiver H. i.) führen. Demzufolge erscheint auch der knöcherne Schädel in der Regel nicht deformiert. Betroffene Tiere entwickeln sich zunächst ganz normal und lassen erst allmählich Verhaltens- und Orientierungsstörungen sowie Ataxien, Sehstörungen und epileptische Anfälle erkennen. Während der H. i. congenitus mit fetaler Manifestation bei allen Haustieren, insbesondere bei **Fohlen** und **Kalb** (Chondrodysplasie!), zu finden ist, tritt die zweitgenannte Form mit postfetaler Manifestation in erster Linie beim **Hund** auf (Abb. 11.10). Bevorzugt betroffen sind dabei wiederum vorwiegend brachyzephale Rassen, Zwerghunderassen und solche mit überwölbten Schädelformen.

Der **Hydrocephalus internus acquisitus** entwickelt sich auf der Grundlage erworbener Liquorabflußstörungen im Aquaeductus- oder Meninxbereich *(H. i. occlusus)*. Zum einen spielen *Hypomyelogenesen* (Swayback, Abb. 11.16) *Tumoren* (Abb. 11.34, 11.36), *Entzündungen* (Leukoenzephalitis, Abb. 11.17; Ependymitis, Abb. 11.19; Chorioiditis) und *Parasiten,* zum anderen *Meningitis* mit *Abflußstörungen* zum Arachnoidealraum hin bzw. meningeale *Liquorresorptionsstörungen (Hydrocephalus arresorptivus)* die Hauptrolle. Inwieweit bei Haustieren eine *übermäßige Liquorproduktion* von kausalem Belang ist *(Hydrocephalus hypersecretorius),* ist nicht entschieden. Speziell beim **Pferd** kommt dem pathogenetisch ungeklärten H. i. acquisitus als morphologischem Äquivalent zum klinischen Bild des Dummkollers Bedeutung zu. Insgesamt gilt für alle Formen des erworbenen Hydrozephalus, daß es zu *keiner Deformation* des knöchernen Schädels kommt und daß – je nach Lage des Abflußhindernisses – die Seitenventrikel und der dritte Ventrikel allein oder aber sämtliche Innenräume einschließlich des vierten Ventrikels einbezogen sind. Neben Druckatrophien der Großhirnhemisphären mit weitgehendem Schwund des Septum pellucidum kann es zu Schnür- und Kompressionsfurchen in den der Falx und dem Tentorium anliegenden Gyri und zur Einschiebung von Kleinhirnanteilen in das Foramen occipitale magnum kommen.

Der **Hydrocephalus internus ex vacuo** *(H. i. concomitans)* ist Ausdruck der (schicksalhaften!) *Altersatrophie* und unter den Haustieren vorwiegend beim senilen **Hund** auch ohne klinisch-neurologisch faßbare Ausfallserscheinungen zu finden. Hinsichtlich des H. concomitans des Hundes ist festzuhalten, daß sich weder Konturen des Schädelinnenraumes noch die der Hirnoberfläche ändern, d.h. der alternsassoziierte Massenschwund lediglich zur *Weitung der Hirninnenräume* führt. Die Liquordruckverhältnisse bleiben dabei *normal,* so daß auch die Druckatrophie des Septum pellucidum ausbleibt (Abb. 11.10).

11.2.3.3 Ausweitung des Zentralkanals im Rückenmark

Neben den den Mißbildungen im engeren Sinne zuzurechnenden Formveränderungen (s. S. 366) spielen *erworbene Ausweitungen* des Zentralkanals eine untergeordnete Rolle. Keineswegs lassen sich die beim Hydrozephalus angestellten ätiopathogenetischen Überlegungen auf das Rückenmark anwenden. Selbst mehrfache Unterbrechungen seiner Kontinuität führen in der Regel nicht zu Dilatationen des Zentralkanals oder gar zu Gewebsatrophien. Zu einer prallen Füllung und relativer Weite seines Lumens kann es nach *Rückenmarktraumatisierungen,* akuten *Kreislaufstörungen,* bei floriden *Entzündungen* und meningealen *Liquorabflußstörungen* (Meningitis!) kommen. Im übrigen ist das auf S. 367 zur *Syringomyelie* Ausgeführte zu berücksichtigen.

11.2.3.4 Entzündungen im Innenraumsystem

Diese betreffen in wechselnder Stärke *Ependym* (***Ependymitis***) und *Plexus chorioideus* (***Chorioiditis*** bzw. ***Chorioidplexitis***). Je nach Qualität des Entzündungsprozesses finden sich Trübungen des Liquors, eitrige bzw. nekrotisierende oder granulomatös-proliferative Prozesse. Ursächlich stehen die Entzündungen im Ventrikelsystem vorwiegend mit erregerbedingten Enzephalomyelitiden und Meningitiden in Zusammenhang (s. S. 389). Eine isolierte *Encephalitis ventricularis* unter Einbeziehung von Ependym und Adergeflecht kommt *nur ausnahmsweise* und wiederum im Zusammenhang mit erregerbedingten Grundleiden vor, so etwa als *granulomatöse Ependymitis* bei den Retrovirus-Infektionen *Visna* und *CAE* bei **Schaf** und **Ziege** (Abb. 11.19) und der *Infektiösen Anämie* bei **Einhufern** (s. S. 393). Ähnliche Bilder sind vorwiegend bei menschlichen Krebspatienten als Nebenbefunde zu erheben.

Lympho-plasmozytäre Infiltrate mit Ausformung regelrechter Lymphfollikel im Plexusgewebe und hier vor allem im Bereich des vierten Ventrikels finden sich als Ausdruck allgemeiner immunozytärer Reaktionen bei vielen Infektionskrankheiten, z.T. selbst dann, wenn keine Entzündungsprozesse im ZNS nachgewiesen werden können. Offenbar handelt es sich hierbei um speziell auf die Blut-Liquor-Schranke bezogene Reaktionen.

Schließlich können Entzündungsprodukte die Liquorpassage sowohl im Aquaeductus Sylvii als auch im Zentralkanal des Rückenmarks beeinträchtigen.

Eine nur beim **Pferd** bekannte chronisch-entzündliche Veränderung des Plexus chorioideus stellt das trauben- und knollenförmige ***Plexuscholesteatom,*** besser *Cholesteringranulom* oder *Xanthogranulom* des Plexus, dar. Pathogenetisch stehen zunächst m. o. w. deutliche *Lipidspeicherungen* in der Form von Schaumzellansammlungen *(Xanthomatose)* im Stroma der Adergeflechte im Vordergrund. Im weiteren kommt es zur *Nekrose* der Xanthomzellen und zu einer rasch einsetzenden, langsam fortschreitenden Auskristallisation von Cholesterin. Mit diesem *atheromatösen Stadium* beginnt als Antwort auf die kristallinischen „Fremdkörper" das eigentliche granulomatöse Geschehen, welches über kleine, knopfartige Gebilde bis zu hühnereigroßen *Granulomen* führt (Tafel XX. A). Der jeweils erreichte Umfang der Xanthogranulome ist für mögliche zerebrale Funktionsstörungen maßgebend. Keinesfalls sind solche die Regel, wie auch aus einem klinischen „Dummkollerbild" kein Rückschluß auf das Vorliegen von Plexusgranulomen erlaubt ist. Insgesamt gesehen sind vor allem die Plexus der Seitenventrikel, nächsthäufig die des vierten Ventrikels, kaum jedoch die Tela chorioidea des dritten Ventrikels betroffen. Aus dem bevorzugten Betroffensein älterer und alter Pferde kann nicht geschlossen werden, als handle es sich hier um zwangsläufig alterskorrelierte bzw. alternsbedingte Vorgänge, kann man doch gelegentlich bereits bei *Pferdefeten* auf Frühstadien treffen, während bei der Mehrzahl alter und selbst sehr alter Tiere derartige Plexusveränderungen i.d.R. nicht vorkommen. Zu möglichen genetischen Voraussetzungen liegen bislang allerdings keine Angaben vor.

11.2.4 Hirn- und Rückenmarkgewebe

11.2.4.1 Postmortale Veränderungen

Auflösungserscheinungen an Hirn- und Rückenmarkgewebe setzen unmittelbar nach dem Tode ein und können eine histologische Beurteilung erschweren. Je nach Höhe der Außentemperatur und nach dem Zeitpunkt des Einsetzens mikrobieller Zersetzung zeichnen sich alsbald auch Quellung, allgemeine Zerfließlichkeit, hämolytische Imbibition, gasige Zersetzung und grüngraue Verfärbung ab. Das ZNS tiefgefrorener Leichen löst sich nach dem Auftauen weitgehend auf und ist für eine histologische Untersuchung kaum mehr zu verwenden. Im übrigen setzt die histologische Grenzziehung zwischen postmortal und intravital entstandenen Gewebsveränderungen große Erfahrung voraus. So entstehen z. B. durch die kaum vermeidbaren Gewebsquetschungen bei der Hirnsektion Zellverklumpungen *(Dark Neurons),* die Zellatrophien vortäuschen können.

11.2.4.2 Pigmentierungen

Für Farbabweichungen, soweit sie durch besondere Blutverteilung, insbesondere durch *postmortale Hypostasen,* entstanden sind, gilt das auf S. 371 Ausgeführte. Unter den ***anhämoglobinogenen Pigmentierungen*** spielt *die Melanose* in der eigentlichen Nervensubstanz eine vergleichsweise geringe Rolle. Die weit wichtigeren aus dieser Gruppe sind für das ZNS zweifellos die *Lipopigmente*, die in Form des *Lipofuszins* als notorisch erwartbares Alternsphänomen in den Nerven- und (weniger deutlich) in den Neurogliazellen vorkommen. Ferner sind hierher die bereits auf S. 370 besprochenen erblichen *Ceroid-Lipofuszinosen* und die selteneren *Ceroidablagerungen* beim Vitamin E-Mangel zu zählen. Letztere werden in Hirngefäßendothelien vor allem bei den auf S. 385 besprochenen neurodegenerativen Krankheiten EDM und EMND des **Pferdes** beobachtet. Im übrigen reichert sich mit zunehmendem Alter in vorwiegend perivaskulär lokalisierten Makrophagen *Ceroid* in wechselnder Menge an, wobei die Albi durchweg stärker als die Grisea betroffen sind.

Hämoglobinogene Pigmente finden sich vor allem nach Blutungen in Form von *Hämosiderin* und *Hämatoidin.* Qualität, Menge und Lage dieser Pigmente sowie Fortschritt der aktiven Resorptionsprozesse lassen gewisse Rückschlüsse auf das Alter von Blutungen zu. So entstehen bei der mobilen (makrophagischen !) Resorption von *Hämosiderin* im Hirnrindenbereich bisweilen über dem Blutungsfeld gelbliche Verfärbungen der Pia mater, die als *Randsiderose* bezeichnet werden. Demgegenüber liegt *Hämatoidin* stets in kristalliner Form frei im Gewebe.

An allgemein *ikterischen* Krankheitsbildern nimmt das eigentliche Hirn-Rückenmarkgewebe, wegen der besonderen Verhältnisse der Blut-Hirn-Schranke, kaum teil. Lediglich bei sehr jungen Tieren kann ein (hämolytischer) ***Ikterus*** zu einer Gelbfärbung aller *Grisea,* insbesondere der subkortikalen grauen Kerne, führen. Derartige Zustandsbilder lassen sich dem *Kernikterus* des menschlichen Säuglings nur mit Vorbehalt an die Seite stellen. Speziell beim **Kalb** stehen ätiologisch Hämolysen und Methämoglobinbildungen nach Kupfervergiftung mit schwerem Begleitikterus im Vordergrund, während ein *Icterus gravis neonatorum* wohl nur in Ausnahmefällen in Betracht kommt.

11.2.4.3 Kreislaufstörungen des ZNS

Bei den Kreislaufstörungen im ZNS sind grundsätzlich Störungen zentraler bzw. *kardialer Genes*e, ferner Regulationsstörungen des Tonus der *peripheren* Blutgefäße und schließlich *Verschlüsse* der das ZNS versorgenden Gefäße zu unterscheiden. Der Füllungsgrad der Blutgefäße des ZNS am Leichenorgan vermittelt in der Regel nur allgemeine Eindrücke, die nur mit Einschränkung Rückschlüsse auf intravitale Verhältnisse zulassen. ***Hyper-*** und ***Anämie*** des ZNS müssen deshalb stets unter Beachtung der Blutverteilung im gesamten Tierkörper bewertet werden. Extreme *Hyperämien* trifft man z. B. bei Tod durch Wärmestau bzw. Hitzschlag.

Vergleichend-pathologisch ist festzustellen, daß ***Arteriosklerosen*** als Voraussetzungen für ischämische Erweichungen, hämorrhagische Infarkte und Massenblutungen beim Menschen einen bedeutenden Faktor darstellen, bei den Haustieren nur selten und auch dann nur in speziellen Einzelformen gefunden werden. So führen bei alten **Hausschweinen** jenseits des zehnten Lebensjahres Arteriosklerosen von Hirnarterien gelegentlich zu umschriebenen Nekrosen und Infarkten unter Bevorzugung der Stammganglien, der Capsula interna und des Septum pellucidum.

Beim alten **Hund** mit senilen Gefäßveränderungen vom Typ der ***kongophilen Angiopathie*** (*Altersamyloidose*, s. S. 31) kommt es bevorzugt in der Großhirnrinde zu kleinen, oft nur histologisch erfaßbaren *Kugelblutungen,* glialen und fibrösen Narben und zur Randsiderose in der Pia mater. ***Hirninfarkte*** entstehen beim **Hund** und bei den anderen Haussäugetieren in der Regel auf *embolischer* (Endokarditis!) und nur ausnahmsweise auf *primär-thrombotischer* Grundlage. Ältere Infarkte zeigen oft das Bild von Zysten oder umschriebenen Eindellungen der Hirnrinde.

Eine Sonderform emboliebedingter Rückenmarknekrose stellt die vorwiegend bei großwüchsigen **Hunden** (*Doggen, Schäferhunde, Weimaraner, Boxer*), bei der **Katze** und, in seltenen Einzelfällen, auch bei **Pferd** und **Mensch** vorkommende ***Knorpelgewebsembolie*** bzw. *Fibrokartilaginöse Embolie* dar. Das eingeschwemmte Material stammt dabei wahrscheinlich von der Knorpelendplatte, die zwischen Corticalis des Wirbelkörpers und Bandscheibe liegt und die partiell in den Markraum des Wirbelkörpers einbrechen kann. Als weitere Ausgangspunkte werden ein nekrotischer Anulus fibrosus sowie (bei jungen Individuen) die knorpelige Epiphyse diskutiert. Interessant und durch die reichen arteriovenösen Anastomosen erklärbar ist die Tatsache, daß sowohl Rückenmarkarterien und -arteriolen als auch Venen obturiert sein können. Der Einbruch des Defektmaterials in die Blutgefäße scheint unter massiver Druckwirkung zu erfolgen (Tafel XXI.C-D).

Massenblutungen als Folgen von *Bluthochdruckkrankheiten* werden gelegentlich als unmittelbare Todesursache gesehen. Meist liegt einem solchen Geschehen ein *renaler Hochdruck* mit konsekutiven Arterio- und Arteriolosklerosen zugrunde. Relativ selten entstehen Blutungen bei den Haustieren aus *teleangiektatischen, angiomatösen* und *aneurysmatischen* Primärzuständen. *Thrombotische* Venen- bzw. Sinusverschlüsse führen zu hypoxischen Zellnekrosen, bisweilen auch zu ***Malazien*** *(Erweichungen)*, weit seltener zu ***hämorrhagischen Infarzierungen.*** Solche werden gelegentlich, vorwiegend bei jüngeren **Pferden** in Form der ***postnarkotischen hämorrhagischen Myelopathie*** beobachtet. Offenbar kommt es bei operativen Eingriffen in ungünstiger Rückenlage des Tieres zu venösen Abflußstörungen im Spinalbereich mit nachfolgender venöser Infarzierung, d.h. zu Hämorrhagien und akutem Gewebsuntergang. Die Veränderungen betreffen nahezu ausschließlich das Rückenmarkgrau, hier am häufigsten thorakale, sich über mehrere Segmente erstreckende Abschnitte, z.T. auch unter dem Bild der *hämorrhagischen Stiftnekrose*. Blutungen infolge ZNS-Traumatisierungen werden auf S. 379 behandelt.

Von den bisher genannten Blutungsformen sind die petechialen klar geschieden, da sie ***kapilläre Hämorrhagien*** darstellen. Ursächlich kommen sämtliche, auch für andere Organsysteme maßgeblichen Kapillarwandschädigungen in Betracht, angefangen von septischen und allergischen bis hin zu chemisch-toxischen, traumatischen und thermischen Einflüssen und zur Einwirkung ionisierender Strahlen.

Kreislaufstörungen, die zum ***hypoxischen Zelltod*** im ZNS führen, sind ferner im Zusammenhang mit *Narkosezwischenfällen* und Serienkrämpfen bei der *symptomatischen*, seltener bei der *genuinen Epilepsie* (**Hund** und **Katze**) von Bedeutung. Betroffen werden vor allem und in bilateral symmetrischer Anordnung die *Hippocampusformation* (unter Bevorzugung des SOMMERschen Sektors = Sektor CA_1; Abb. 11.12), die *Großhirnrinde*, z. T. auch *Stammhirnareale*. Eine klare Abgrenzung von Malazien anderer Genese (s. S. 382) ist jedoch nicht immer möglich.

Eine *Erweichung der grauen Rückenmarksubstanz* auf der Grundlage *schockbedingter Kreislaufstörungen* wird beim **Schwein** gesehen. Pathogenetisch spielen für diese ***Poliomyelomalazie*** (Typ SCHULZ) Gefäßwandveränderungen an den Spinalarterien, insbesondere an Sulkokommissuralgefäßen, und Mikrothrombosen eine wichtige Rolle. Ätiologisch sind vor allem bakterielle Infektionen *(Rotlauf, E. coli-Toxämien)* in Betracht zu ziehen. Zu diesem Formenkreis zählen wiederum beim **Schwein** die durch ***zerebrospinale Angiopathien*** vom Typ HARDING verursachten Ödeme und Malazien des ZNS. Hierbei dominieren fibrinoid-nekrotische, z. T. auch proliferative vaskuläre und perivaskuläre Prozesse. Die Ätiologie des vorwiegend bei jüngeren Läuferschweinen auftretenden Leidens ist nicht restlos geklärt, doch scheinen auch hier besondere (verzögerte) Verlaufsformen *bakterieller Grundleiden* bzw. *Toxämien* eine zentrale Rolle zu spielen.

11.2.4.4 Ödeme des ZNS

Umfangsvermehrungen des ZNS sind nur in beschränkter Weise möglich, da der beanspruchbare Raum durch das knöcherne Skelett begrenzt ist. So kann es bei Hirnschwellungen bisweilen zu Verlagerung von Kleinhirnanteilen in das Foramen occipitale magnum hinein kommen. Neben raumfordernden Prozessen, wie Hydrozephalie und Tumorausbreitung, ist das Ödem die wichtigste Voraussetzung für Umfangsvermehrungen. Die histologisch in der Regel als schwammige oder kleinvakuolige Gewebsveränderungen imponierenden Ödeme des ZNS sind ihrer Form nach unspezifisch, weisen aber gelegentlich durch ein charakteristisches Verteilungsmuster auf bestimmte Ursachen hin (s. S. 380). Ödeme können sich generell bei Kreislaufstörungen, insbesondere in der Umgebung von Blutungen (= perifokales Ödem), beim Schocksyndrom, ferner in der Folge von Avitaminosen (B_1-Mangel) und toxischen Einflüssen, die entweder die Kapillarpermeabilität oder den Gliastoffwechsel beeinträchtigen, entwickeln. Die letztgenannten Voraussetzungen lassen sich generell auch als Störungen der Blut-Hirn-Schranke, d. h. der kapillär-astrozytären Funktionseinheit interpretieren. Grundsätzlich sind im ZNS zwei Hauptödemformen zu unterscheiden: Die häufigste und zugleich wichtigste Form ist das ***zelluläre Ödem***, dem eine *hydropische Schwellung* der Astrozyten zugrunde liegt. Entsprechend seinem schwammartigen histologischen Äquivalent besteht i.d.R. ein ***Status spongiosus***, der in eine ***spongiöse Dystrophie*** bzw. ***Malazie*** (Erweichung) oder ***Ödemnekrose*** (Abb.11.13) übergehen kann. Das ***extrazelluläre Ödem*** spielt – wegen des Fehlens eines mit anderen Organen vergleichbaren Interstitiums im ZNS – demgegenüber eine untergeordnete Rolle. Unter dem Bilde einer vorwiegend *extrazellulär-perivaskulären* Flüssigkeitsansammlung läßt es sich pathogenetisch vor allem auf Endothelläsionen (bakterielle Toxämien, Ödemkrankheit der **Ferkel** etc.) zurückführen. Ähnlich dem zellulären Ödem führt es zu *Ödemnekrose* bzw. *Malazie*. Auf diese Weise entstehen z. B. bei der *Maulbeerherzkrankheit* des **Schweines** (s. S. 17) ausgedehnte *Enzephalomalazien*.

Ödemprozesse als *Frühphasen der Hirnrindennekrose* der Wiederkäuer werden an anderer Stelle (s. S. 385) näher besprochen, ebenso auch das Ödemproblem bei der *Kochsalzvergiftung* des Schweines (s. S. 382) und bei *bakteriellen Toxämien* (s. S. 383).

Makroskopisch erscheint ödematöses ZNS-Gewebe gequollen, blaß und fällt durch eine schwammig-weiche bis teigige Konsistenz auf. Da im Gegensatz zur relativ lockeren Lage des Rückenmarks im Wirbelkanal der intrakranielle Raum weitestgehend vom Gehirn ausgefüllt ist, sind hier einer geweblichen Umfangsvermehrung rasch Grenzen gesetzt. So kann es beim ***allgemeinen Hirnödem*** und anderen *raumfordernden Prozessen* zu einer *Verlagerung von Kleinhirnanteilen*, insbesondere von Uvula und Pyramis des Vermis in das Foramen occipitale magnum hinein sowie zu Quetschungen der Medulla oblongata kommen. Bulbäre Funktionsstörungen, wie Paralyse der Atmung und Kreislauf regulierenden Zentren, führen meist rasch zum Tode.

Das ***doppelseitige Großhirnhemisphärenödem*** zieht meist eine Einschiebung okzipitaler Rindenbezirke unter die Tentoriumkante nach sich. Durch diese Einklemmung entstehen als *Tentorium-Zeichen* bilateral-symmetrische Schnürfurchen (Tafel XXI. A), die von ischämischen Hirngewebsnekrosen gefolgt werden. In Analogie hierzu steht das *Falx-Zeichen*, wie es als Folge eines ***einseitigen Hemisphärenödems*** auftreten kann. Dabei werden medioventrale Großhirnrindenanteile, insbesondere der Gyrus cinguli, unter der Hirnsichel hindurch auf die Gegenseite

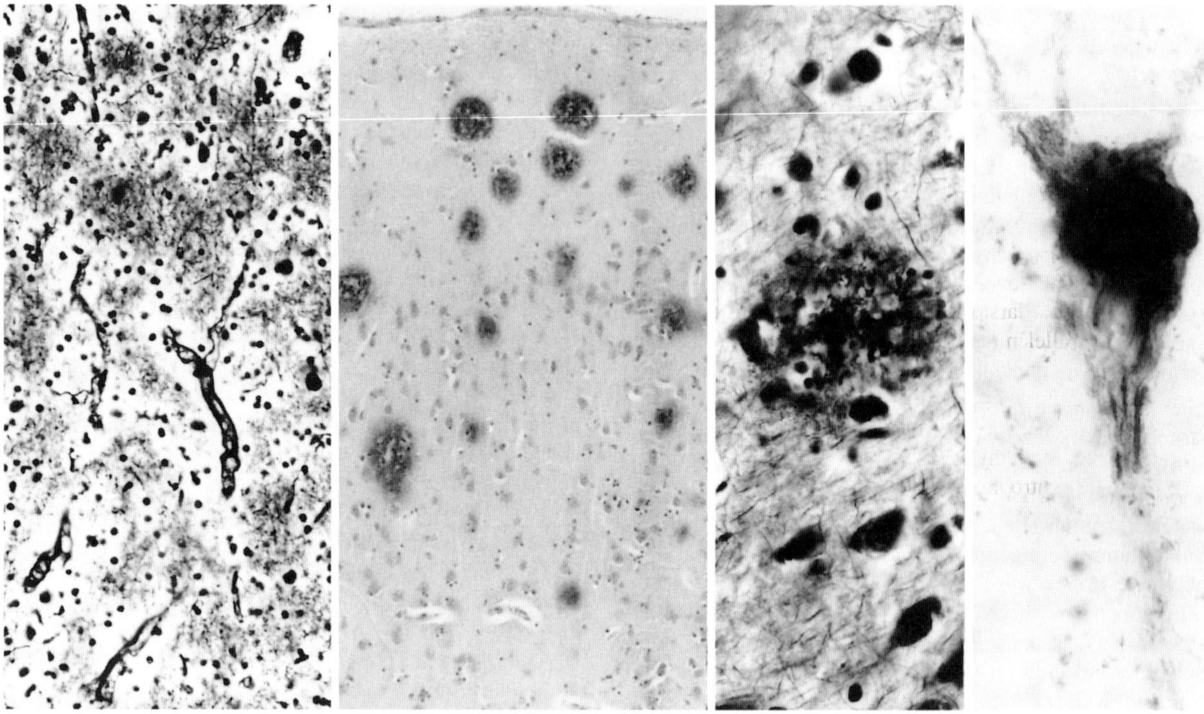

Abb. 11.11 *ALZHEIMER-ähnliche Altersveränderungen* in der Hirnrinde bei Hund und Eisbär (*Ursus maritimus*).
links: β/A4-Amyloidose vom diffusen Typ; Malteserhund, wbl., 14 J., v BRAUNMÜHL-Versilberung, 224 x.
Mitte links: β/A4-Amyloidose vom disseminierten Plaque-Typ. Eisbär, wbl., 36 J., immunhistochemischer Nachweis des β/A4-Proteins, 140 x;
Mitte rechts: Plaque-Darstellung mittels v BRAUNMÜHL-Versilberung beim selben Fall. 400 x.
rechts. Tangle-artige Veränderungen in einer Nervenzelle beim selben Fall. AT8-Immunhistochemie (Prof.Dr.BRAAK, Frankfurt), 910 x.

verschoben, so daß in diesen Anteilen als Falx-Impression eine Schnürfurche mit rostro-kaudalem Verlauf entsteht.

11.2.4.5 Erworbene Markscheidendegenerationen im ZNS

Abgesehen von den in den Abschnitten 11.2.1.1 und 11.2.1.2 beschriebenen hereditären Hypo- und Demyelinisierungen, den toxischen Leukoenzephalomalazien (s. S. 383), den Leukoenzephalomyelitiden (s. S. 387) und der Entmarkungsenzephalitis bei Hundestaupe (s. S. 389) trifft man gelegentlich auf Entmarkungsbilder unklarer Genese. Hierher gehören als neurologisch relevante Krankheiten die Myelopathien bei großwüchsigen Hunden. Weder klinisch noch neurohistologisch von der auf S. 368 zitierten Myelopathie beim Deutschen Schäferhund (*German Shepherd Myelopathy = GSM)* zu unterscheiden, ist ein möglicher Erbschaden nicht erwiesen. Durchweg bei Hunden jenseits des achten Lebensjahres ohne Geschlechtsdisposition auftretend zeigen sich initial Paresen und Ataxien der Hinterextremitäten und im weiteren Paraplegien mit fortschreitender Muskelatrophie. Neurohistologisch imponieren vor allem Demyelinisierungen im Bereich der dorsolateralen und ventromedialen (sulkomarginalen) Bahnen. Das Verteilungsmuster ist unregelmäßig bis fleckig, und die deutlichste Ausprägung findet sich im Thorakalmark.

11.2.4.6 Atrophien und Altersveränderungen des ZNS

Unter den Formen der Massenverringerung der zentralnervösen Substanz ist die ***Altersatrophie*** die einfachste. Bei senilen **Menschen** oft ausgeprägt, bei Haus- und Zootieren nur dort, wo ein eigentliches Senium erreicht wird, nachweisbar, führt sie zu einer Erweiterung der Ventrikelräume (*Hydrocephalus ex vacuo*, s. S. 374 u. Abb. 11.10), aber in Einzelfällen auch zu komplexen Abbauerscheinungen. So ist, nicht zuletzt unter dem Gesichtswinkel der vergleichenden Pathologie des Morbus ALZHEIMER beim Menschen, der gerontologische Fragenkomplex bei Haus- und Wildtieren über die Altersatrophie hinaus von besonderem Interesse. Nimmt man die alternskorrelierten, histologisch faßbaren Metamorphosen im menschlichen ZNS, die sich im wesentlichen als numerische Neuronenatrophie unter Ausbildung neurofilamentärer *Tangles*, als extrazelluläre Ablagerung von β/A4-Amyloid in Form diffuser oder fokaler *Plaques* sowie als *vaskuläres Amyloid* eines eigenen β/A4-Typs darstellen, zum Maßstab, so lassen sich gewisse Parallelen aufzeigen. Nach unseren bisherigen Erkenntnissen entwickeln **Großbären** (*Ursiden*) etwa jenseits des 30. Lebensjahres die deutlichsten ALZHEIMER-typischen ZNS-Veränderungen in Form von diffusen und Plaque-förmigen Amyloidosen der Hirnrinde (Abb. 11.11), von Tangles in atrophischen Neuronen und – in wenig deutlicher Ausprägung – von Amyloidosen kleiner Hirn- und Meninxgefäße. Demgegenüber steht beim senilen **Hund** die arterioläre Amyloidose im Vordergrund (s. S. 31), und die des Neuropils wird nur bei extrem alten Tieren erkennbar. Tangles fehlen ganz. Dies erklärt, daß beim Hund Verhaltensstörungen im wesentlichen auf rezidivierenden Hirnrindenblutungen nach Ruptur arteriolärer Mikroaneurysmen beruhen, während bei Zoo-Bären durchaus Erscheinungen progredienter kortikaler Insuffizienz mit Zeichen von Demenz zu beobachten sind. Interessanterweise ist die Neigung der (nichthumanen) Primaten zur Entwicklung solcher Altersveränderungen auffallend gering. Gleiches gilt für Haus- und Wildkatzen. Demgegenüber spielen Verkalkungsprozesse eine durchweg untergeordnete Rolle. Lediglich bei **Equiden** und **Primaten** kommt es unter Bevorzugung von Striatum und Globus pallidus zu Eisen-Kalkinkrustierungen, d.h. sog. *Siderokalzinosen*, in Arteriolenwandungen und an den Kapillaren.

Ein weiteres Phänomen des fortgeschrittenen Alters sind homogene, streng sphärische, 2 bis 20 µm große Gebilde in Astrozytenfortsätzen, die sich mit Eosin und Cresylviolett nur schwach anfärben, leicht PAS-positiv sind und im Polarisationsmikroskop deutlich aufleuchten. Diese als *Corpora amylacea* bezeichneten Polyglukosanakkumulationen bestehen in ihrer Hauptmasse aus Mukopolysacchariden mit einem geringen Proteinanteil (sog. Heat Shock-Proteine) und finden sich am ausgeprägtesten bei alten **Katzen**, die ansonsten kaum zu Altersveränderungen im ZNS neigen, sowie bei **Kaniden**, **Ursiden**, **Equiden** und **Primaten**. Hauptlokaliosationen sind subpiale wie subependymale Regionen, ferner Hippokampus sowie Rückenmarkgrisea und -albi. Ihr Krankheitswert wird durchweg als unbedeutend eingestuft. Gleiches gilt für die

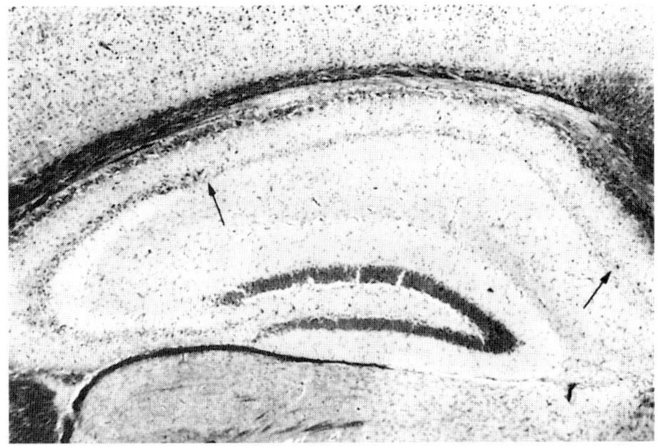

Abb. 11.12 *Selektive Nervenzellnekrosen* im Sektor CA_1 (SOMMERscher Sektor) des Hippocampus bei symptomatischer Epilepsie der Katze infolge Vioformvergiftung. Die Pfeile markieren die scharfe Abgrenzung gegenüber Sektor CA_2 und Gyrus parahippocampalis. NISSL-Luxol fast blue, 16 x.

auf S. 375 besprochene *Lipofuszinanreicherung* in Neuronen und Gliazellen und die *Ceroidakkumulation* in perivaskulär liegenden Makrophagen. .

Die ***Druckatrophie*** von Hirn und Rückenmark ist nach Ursache, Wesen und Form vielgestaltig. Sie findet sich als Sekundärereignis bei Hydrozephalien und Hydromyelien (s. S. 373), bei Geschwülsten, Hyperostosen, Hirnhautblutungen, Bandscheibenprolaps und anderweitigen raumfordernden Prozessen.

Deutlichste Ausprägung, bei unterschiedlichster Ausformung, können schließlich die ***Atrophien nach Degenerations- und Einschmelzungsvorgängen (Lazerationen)*** im ZNS erreichen.

11.2.4.7 Mechanisch-traumatisch bedingte Schädigungen des ZNS

Grundsätzlich sind zwei Hauptformen, die ***offenen*** und die ***gedeckten*** *Hirn- und Rückenmarkverletzungen,* zu unterscheiden. Diese Einteilung sagt nichts über Ausmaß und Schwere der Gewebsläsionen aus, wenngleich sich bei offenen Verletzungen, d. h. solchen mit Eröffnung des Schädelraums oder Wirbelkanals, Deformationen und Zerreißungen von Gewebe sowie konsekutive Infektionen besonders häufig einstellen. Nach klinischen wie morphologischen Bewertungskriterien werden die mechanischen ZNS-Läsionen in *Konkussionen* bzw. *Kommotionen* (Concussio, Commotio cerebri bzw. spinalis), *Kontusionen* oder *Kompressionen* (Contusio, Compressio) und *Lazerationen* (Laceratio) eingeteilt.

Unter ***Konkussion*** oder ***Kommotion*** ist eine in der Folge mechanisch-traumatischer Einwirkungen auftretende, zeitlich beschränkte Bewußtlosigkeit *(Amnesie)* mit fehlenden oder reduzierten Reflexen zu verstehen, die in aller Regel *keine Dauerschäden* nach sich zieht. Die tierexperimentell belegten Gewebsschäden beschränken sich auf Degenerationen und Nekrose von Einzelzellen, diskrete Ödeme und mobile makrophagische Resorptionen.

Die ***Kontusion*** oder ***Kompression*** ist demgegenüber mit weit schwereren Gewebsläsionen, z.T. auch mit Blutungen verbunden. Lokalisation und Quantität der Defekte, insbesondere die Entwicklung von *Gewebsödemen* und *meningealen Blutergüssen,* sind für klinischen Verlauf und Ausgang von entscheidender Bedeutung. Vor allem ist bei der Entstehung von Hirnkontusionen mit einem *Contrecoup-Effekt* zu rechnen, d. h. daß der dem Ort einer traumatischen Einwirkung *diagonal* gegenüberliegende Gewebsbereich besonders schwer betroffen ist. Dieses Phänomen ist aus der physikalischen Gesetzmäßigkeit von Impulsfortpflanzungen in Massen unterschiedlicher Dichte und Plastizität zu erklären.

Der Begriff ***Lazeration*** umschreibt all jene Gewebsschäden des ZNS, die mit *grober Zerstörungen* der Textur einhergehen und klinisch zu oft *irreversiblen Ausfallerscheinungen* führen bzw. *mit dem Leben nicht mehr vereinbar* sind. Eine Lazeration kann bei gedeckten wie offenen Verletzungen vorliegen und bietet generell Voraussetzungen für Infektionen.

Die ***traumatisch bedingten Rückenmarkschäden*** stellen in klinischer und morphologischer Hinsicht eine besondere, d.h. ätiopathogenetisch näher differenzierbare Gruppe dar. Sieht man von banalen exogenen Traumatisierungen ab, so verkörpern die Kontusionen und Lazerationen nach ***Bandscheibenvorfall*** (s. S. 341) den wichtigsten Formenkreis. Vorwiegend bei **Hunden** chondrodystrophoider Rassen (Dackel etc.) beruhen sie auf einer *fehlenden Ausreifung* und *frühzeitigen Nekrose* des *Nucleus pulposus* mit *Vorwölbung des Anulus fibrosus* oder *Einbrechen* körnig-pastösen Bandscheibendetritus in den Wirbelkanal. Im einzelnen kann es dabei zu einem keilförmig-spitzen, einem mehr kissenförmig-flächigen oder einem manschettenartigen Vorfall kommen. Bevorzugt sind die letzten Brust- und ersten Lendenwirbelsegmente, nächsthäufig die Zervikalsegmente sechs bis acht und das erste Thorakalsegment betroffen.

Im Unterschied zu normalwüchsigen Tieren ist bei chondrodystrophoiden der kollagene Gewebsanteil des Nucl. pulposus relativ hoch und der nichtkollagene, vorwiegend aus Proteoglykanen bestehende relativ niedrig. Hieraus resultiert ein geringes Wasserbindungsvermögen mit der Folge sowohl unzureichender mechanischer Belastbarkeit als auch tiefgreifender Störungen des bradytrophen Stoffwechsels, d.h. Nekroseanfälligkeit.

Die beim Bandscheibenvorfall auftretenden Rückenmarkveränderungen lassen sich zum einen als unmittelbare, segmental beschränkte, m.o.w. tiefgreifende Traumafolgen, zum anderen als mittelbare Folgen im Sinne eines konsekutiven, kardialen und/oder spinalen Schockgeschehens interpretieren. Letztere reichen von ausgedehnten *Ödemnekrosen* bis zu *hämorrhagischen Gesamtnekrosen* des Rückenmarks, wobei eine klinische Heilung nicht mehr zu erwarten ist. Bei den erstgenannten, weit häufiger vorkommenden, umschriebenen Kompressionsfolgen kann grundsätzlich eine partielle bis vollständige klinische Heilung erwartet werden, selbst wenn nur wenige Faserkontingente langer Rückenmarkbahnen erhalten geblieben sind oder das Rückenmarkgrau segmental nekrotisiert ist (Abb. 11.13). Hier zeigt sich die – im Vergleich zum Menschen – relativ große Autonomie des animalischen Rückenmarks. Späte, zufällig bei Sektionen anzutreffende, klinisch jedoch bereits ausgeheilte Stadien einer lokalen Rückenmarkquetschung sind bisweilen noch an einer m.o.w. deutlichen sanduhrförmigen Atrophie zu erkennen (Tafel XX. F), ebenso an vitalem Knorpelgewebe, das sich epidural implantiert hat, jedoch keinen raumfordernden Prozeß verkörpert (Abb. 11.13).

Ebenfalls traumatisch bedingt ist die ***Spinale Ataxie*** beim **Pferd** *(Wobbler-Syndrom).* Hier stellen *Wirbelknochendeformationen* im Halsbereich (s. S. 339), extreme *Ventroflexionen* der Halswirbelsäule und *Kapselprotrusionen* der seitlichen Wirbelgelenke in den Wirbelkanal hinein die Hauptursachen der Rückenmarkquetschungen dar. In der Regel sind Fohlen und jüngere Tiere (Hengste!) betroffen, wobei die Zervikalsegmente C4 – C7 am häufigsten in das Geschehen einbezogen sind. Im Rückenmark selbst erleiden die oberflächennahen, langen afferenten Bahnen (Tract. spinocerebellares laterales FLECHSIG und GOWERS, Tract. spinobulbaris GOLL) und efferenten Bahnen (dorsolaterale Bereiche des Tract. rubrospinalis MONAKOW; sulkomarginale Faszikel) die stärksten Schäden vom zentralen Typ der WALLERschen Degeneration (s. S. 362). Hieraus ist zu erklären, weshalb die Bewegungsstörungen im Hinterhandbereich stets deutlicher als im Vorderhandbereich ausgeprägt sind. Eine diesem Krankheitsbild entsprechende ***Zervikale Spondylo-myelopathie*** (*Wobbler-Syndrom)* ist auch beim **Hund,** hier insbesondere bei Vertretern der *Doggen-*, *Dobermann-* und *Basset*rassen, bekannt. Die Wirbelkanalstenose mit konsekutiver Rückenmarktraumatisierung resultiert aus Verkantungen und/oder Verformungen von Halswirbelknochen in Höhe C5 – C7 mit und ohne Bandscheibenprotrusionen. Klinisch setzt das Leiden zwischen erstem und drittem Lebensjahr, bisweilen schon in den ersten Lebensmonaten ein.

Differentialdiagnostisch sind von der spinalen Ataxie die ***zerebellaren Ataxien,*** d. h. die hereditären und virusbedingten Kleinhirnmißbildungen (s. S. 364), beim Pferd insbesondere auch die ***Oldenburger Fohlenataxie*** abzugrenzen. In letzterem Falle scheinen sich hereditäre Entwicklungsstörungen vornehmlich auf die Kleinhirn- bzw. Kleinhirndachkerne zu erstrecken (s. S. 367).

11.2.4.8 Toxisch bedingte Schädigungen des ZNS

Endogene Intoxikationen sind vor allem hepato-, nephro- und pankreatogener Natur. Das bei verschiedenen Leberleiden (s. S. 214 u. 225) klinisch manifest werdende hepatoenzephale Syndrom = ***Leber-Hirn-Krankheit*** ist Ausdruck einer komplexen Insuffizienz der Leberzelle. Insbesondere wird der dabei auftretenden *Hyperammonämie* eine zentrale pathogenetische Rolle zugesprochen (näheres hierzu auf S. 214). Neben Nervenzellnekrosen in Großhirnkortex, Ammonshorn und subkortikalen Grisea sowie allgemeinen spongiös dystrophischen Zustandsbildern finden sich lichtmikroskopisch „nackte", blasige Astrozytenkerne. Diese *Leberglia* bzw. ALZHEIMER-Glia ist jedoch keineswegs spezifisch, sondern findet sich auch bei nephro- und pankreatogenen (spongiösen) Enzephalopathien (s. Tafel XII. D). Ganz ähnliche Veränderungen wurden bei der ***urämischen Enzephalopathie*** (Mensch, Pferd) beobachet.

Exogene Intoxikationen mit Wirkung auf das ZNS können durch anorganisch- oder organisch-chemische, pflanzliche, mikrobielle und tierische Gifte verursacht werden.

Unter den **anorganisch-chemischen Vergiftungen** kommt der mit ***Schwefelwasserstoff*** (H_2S) beim **Rind** insofern Bedeutung zu, als dieses Gas infolge Unachtsamkeit aus der Güllekammer in großer Menge und hoher Konzentration direkt in Stallräume gelangen kann. Durch das hohe Atomgewicht des Elements Schwefel (36) beträgt die Schichthöhe des H_2S-Gases über dem Stallboden kaum mehr als 50 cm. Deshalb betrifft die Vergiftung vorwiegend

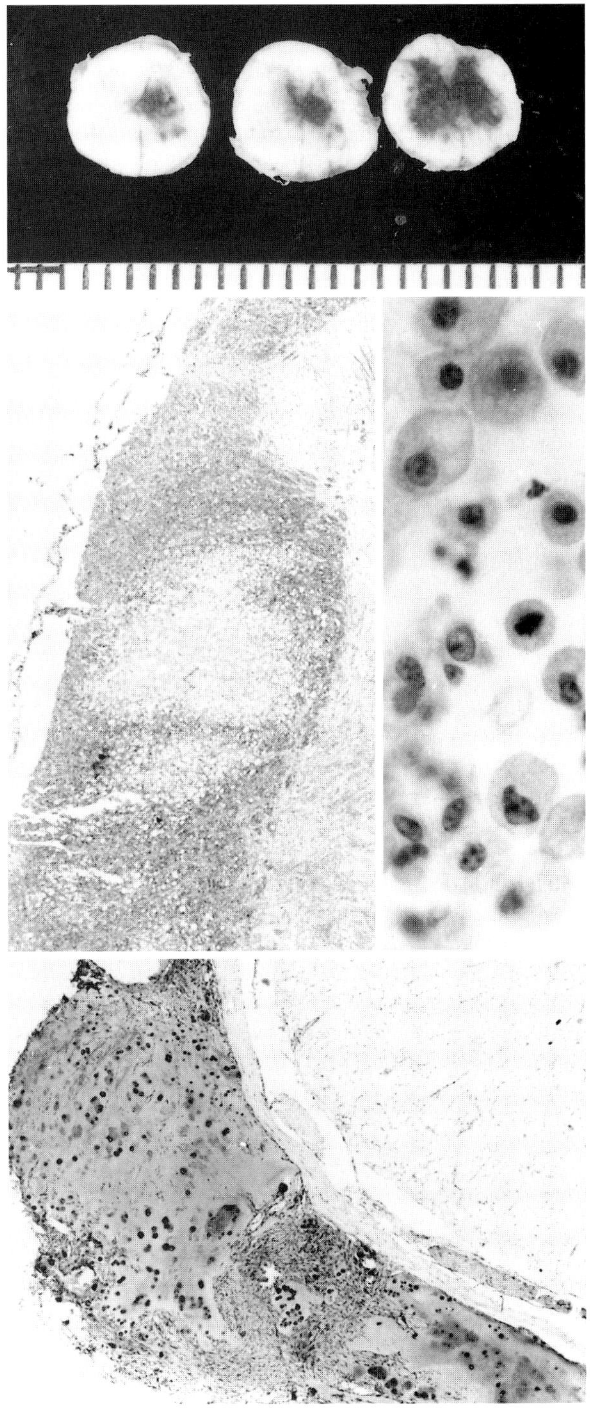

Abb. 11.13 Rückenmarkveränderungen nach *Bandscheibenvorfall* beim chondrodystrophoiden Hund.
oben: Frühstadium mit hämorrhagischer Nekrose der Rückenmarkgrisea im Bereich der Kompression.
Mitte links: Frühstadium mit fleckiger Ödemnekrose im tiefen Seitenstrangsystem. Luxol fast blue, 48 x.
Mitte rechts: mobile Resorption im Nekrosefeld durch Makrophagen (= Gitterzellen). NISSL-Färbung, 750 x.
unten: Spätstadium ohne klinische Relevanz. Das nekrotische Bandscheibenmaterial ist bereits resorbiert, und vital gebliebenes Knorpelgewebe hat sich an der Duraaußenfläche implantiert. Der raumfordernde Prozeß geht dabei zu Lasten des epiduralen Fettgewebes, so daß eine sekundäre Rückenmarkkompression ausbleibt. NISSL-Färbung, 48 x.

liegende Tiere. Da H_2S-Gas bereits in einer Konzentration von 2 mg pro Liter Luft tödlich ist und seine Wirkung weniger auf der Affinität zum Häm-Eisen als auf der zu den Fe-haltigen mitochondrialen Enzymen beruht, ist leicht zu verstehen, daß vor allem die extrem vulnerablen Neuronen der Großhirnrinde irreversibel geschädigt werden. In Abhängigkeit von Giftdosis und Überlebensdauer zeigt sich ein m.o.w. ausgeprägtes Hirnrindenödem mit eosinophilen Nervenzellnekrosen. Letztere bestehen in wechselnder Intensität auch in anderen ZNS-Regionen.

Zu den relativ häufigen Vergiftungen dieser Gruppe zählt ferner die durch ***Blei*** (Bleioxid, Bleisalze, metallische Bleiabfälle in saurem Bodenmilieu). Hierbei sind die klinischen Erscheinungen vordergründiger als die pathologisch-anatomischen bzw. histologischen Veränderungen am Nervensystem. Die *akute,* vor allem bei **Herbivoren** zu beobachtende Form führt in schweren Fällen unter den Erscheinungen von Muskeltremor und permanenten Konvulsionen, Hyperästhesie, extremem Nystagmus, Sehstörungen und terminaler Apathie innerhalb eines Tages zum Tode. Leichtere Fälle mit ähnlichen, jedoch milderen Erscheinungen können sogar wieder gesunden. *Subakute* und *chronische* Bleivergiftungen führen zu Paralysen (mit Bevorzugung der Hirnnerven), Anorexie, Muskeltremor, intestinalen Lähmungen und intermittierenden Konvulsionen. Auch hier ist der Ausgang dosisabhängig. Pathologisch-anatomisch steht die Ödematisierung der zerebralen Markssubstanz im Vordergrund. Ferner kommt es zu Degenerationen mit Demyelinisierung in Hypothalamus und Tractus opticus. Diese Veränderungen am ZNS gleichen damit denen der ***Arsenvergiftung***, bei der hinsichtlich des Vergiftungsgrades strenge Abhängigkeit von Giftquantität und -qualität besteht, insbesondere davon, ob *anorganische* oder *organische, leicht* oder *schwer resorbierbare* Verbindungen aufgenommen wurden. Die Giftwirkung des Arsens hat ihren Angriffspunkt an den *Sulfhydril-Radikalen* bestimmter Enzyme des Fett- und Kohlenhydratstoffwechsels.

Auch die ***Quecksilbervergiftung*** beruht auf einer *Blockierung verschiedener Enzymsysteme,* wobei in der Wirkung wiederum ein deutlicher Unterschied zwischen *anorganischen* und *organischen* Hg-Vergiftungen besteht. Für Haustiere, besonders für **Rind** und **Schwein**, kommen eigentlich nur Vergiftungen mit Verbindungen letzterer Art (Getreidebeizmittel usw.) in Betracht. Klinisch stehen neurologische Erscheinungen im Vordergrund. Sie setzen meist erst Wochen nach Giftaufnahme ein und ähneln denen der Bleivergiftung. Pathologisch-morphologisch finden sich, neben Nephrosen, die Hauptveränderungen an Zentralnerven- und Erregungsleitungssystem des Herzens. Während das Hirn geschwollen und extrem blaß erscheint, lassen sich die Veränderungen am Herzen nur histologisch, und zwar als ausgeprägte *Degeneration und Verkalkung* der PURKINJEschen Fasern, feststellen. Die histopathologischen Veränderungen des ZNS bestehen in *Nervenzellnekrosen* der Großhirnrinde (beim Rind auch ausgeprägt der Kleinhirnrinde) mit deutlichen *vaskulären und glialen Reaktionen.* Im Marklager kommt es zu *Ödemen* und *Demyelinisierungen* und an den kleinen meningealen Blutgefäßen zu *fibrinoiden* Wanddegenerationen.

Die ***Thalliumvergiftung*** – relativ häufig bei **Hund** und **Katze** vorkommend – führt in ihrer *akuten Verlaufsform* zu gastro-intestinalen Erkrankungen (s. S. 149), in ihrer *chronischen* zu Störungen von Stoffwechsel und Wachstum von Haut und Haaren (s. S. 491) und zu Erkrankungen von ZNS und PNS. Während klinisch-neurologisch Depressionen, Ataxien, Gleichgewichtsstörungen, Muskelspasmen, Hyper- und Parästhesien, Erblindung und Verlust der Augenreflexe im Vordergrund stehen, sind die neuropathologischen Befunde wenig signifikant. So kann es im ZNS zu *funikulären Defekten,* insbesondere zu *Entmarkungen* und *Sklerosen* im Rückenmark (Hinterstrangbahnen) und zu *Nervenzelldegenerationen* (motorische Vorderhornneurone des Rückenmarks; Retinazellen des Auges) kommen. In peripheren zerebrospinalen wie vegetativen (Grenzstrang) Nerven dominieren *axonale Degenerationen* und *Markscheidenzerfall.*

Unter einem ausgeprägten neurologisch faßbaren Symptomenkomplex verläuft die ***Kochsalzvergiftung*** beim **Schwein**, seltener beim **Kalb**. Klinisch zeigen sich Erblindung, Teilnahmslosigkeit, Myoklonien, intermittierende Konvulsionen, Muskelspasmen und Opisthotonus. Die morphologischen Befunde am Gehirn sind insbesondere beim Schwein geradezu pathognomonisch und bestehen in *Hirnödem, pseudolaminären Degenerationen* und *Nekrosen* in den mittleren Schichten der Hirnrinde (*Polioenzephalomalazie*) und einer Infiltration der Meningen und perivaskulärer Räume mit *eosinophilen Granulozyten* (*eosinophile Meningoenzephalitis,* Abb. 11.14). Ursächlich spielt, neben einem absoluten *Überangebot* an Kochsalz, auch ein *Mißverhältnis* zwischen Kochsalz- und Trinkwasserangebot eine Rolle, d. h. daß durstende Tiere ein Kochsalzüberangebot im Futter weit schlechter tolerieren als Tiere mit ungehinderter Wasseraufnahme.

Ähnlich wie beim Kupfermangel (s. S. 386) finden sich auch bei der ***Kupfervergiftung*** die Hauptveränderungen in der weißen Substanz des ZNS. Vor allem zeigen sich *Schwellungen* und *Ödematisierungen* der Oligodendro- und Astroglia als Ausdruck gestörter Stoffwechsel- und Transportmechanismen. Meist werden diese Hirnverände-

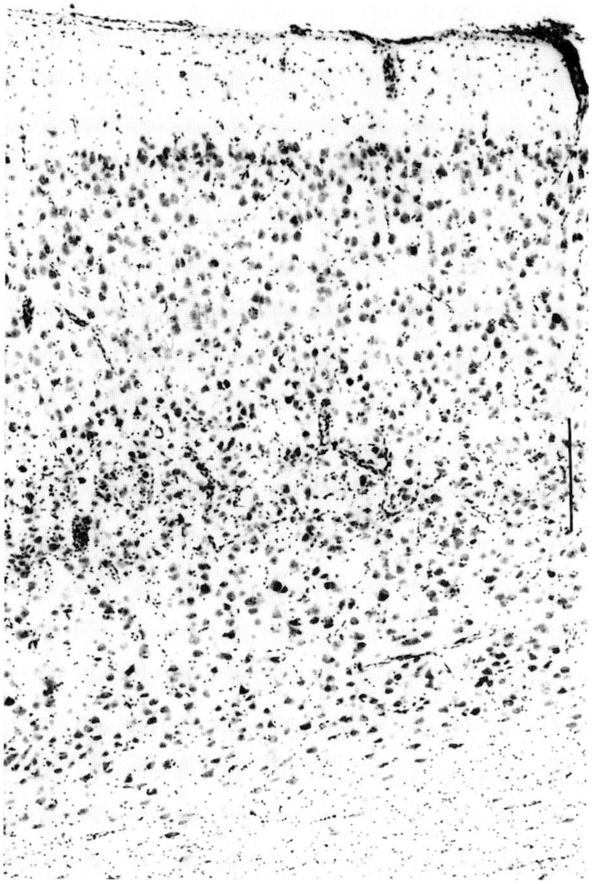

Abb. 11.14 Hirnbefund bei der *Kochsalzvergifung* des Schweines.
Die von Lokalisation zu Lokalisation wechselnde pseudolaminäre Großhirnrindenmalazie betrifft hier die Lamina IV (durch Balken markiert). Sie wird von perivaskulären und meningealen Entzündungsreaktionen mit Dominieren eosinophiler Granulozyten (=*eosinophile Meningoenzephalitis*) begleitet. NISSL-Färbung, 48 x.

rungen jedoch von den zum Tode führenden Hepatopathien und der hämolytischen Krise überlagert (s. S. 215).

Zu den Vergiftungen durch **organisch-chemische Substanzen** zählen u.a. ***Arzneimittelüberdosierungen*** und ***Fehlmedikationen.*** Zu jenen mit spezifischer Wirkung auf das ZNS gehört die *Jod-Chlor-Hydroxychinolin*-(Mexaform®, Vioform®) Vergiftung bei **Hund** und **Katze**. Klinisch kommt es zu Einzel- oder Serienkrämpfen bis hin zum *Status epilepticus*. Pathologisch-histologisch dominieren – in Abhängigkeit vom klinischen Gesamtverlauf – Krampfschäden in der Form *symmetrischer Zellnekrosen* im Hippocampus unter Bevorzugung des SOMMERschen Sektors (Abb. 11.12). Beim **Menschen** wird ein als *Subakute Myelo-Optico-Neuropathie* (SMON) bezeichnetes Krankheitsbild ursächlich mit einem einschlägigen Arzneimittelabusus erklärt. Ähnliche Symptome sind auch bekannt von *Ivermectin*-Intoxikationen bei **kleinen Haustieren**. Überdosierungen von *Nitrofurazon*-Präparaten führen insbesondere beim **Kalb** zu ausgeprägten neurologischen Symptomen und zum Tod nach wenigen Tagen. In erster Linie werden *Enzyme des aeroben Kohlenhydratstoffwechsels* geschädigt, so daß es im ZNS zu degenerativen Zellveränderungen kommt.

Unter den durch *Mikroorganismen verursachten Intoxikationen* stehen die **Mykotoxikosen** (*Moldy Corn Poisoning*) bei **Equiden** an erster Stelle. Sie entstehen nach Aufnahme verpilzten Futters und führen klinisch zu Somnolenz, Seh- und Schluckstörungen, schwankendem Gang und Manegebewegungen. Der Ausgang ist meist tödlich. Ursächlich stehen die Toxine (Fumonisine) von *Fusarium spp.*, hier insbesondere von *Fusarium moniliforme* an erster Stelle. In seltenen Überlebensfällen bleiben schwere zerebrale Ausfallserscheinungen bestehen. Das morphologische Äquivalent ist eine meist ausgeprägte ***Leukoenzephalomalazie***. Die Erweichung setzt mit Ödem in der weißen Substanz ein, während die graue Substanz in allen Krankheitsstadien weitgehend unverändert bleibt.

Von den **bakteriell bedingten Intoxikationen** mit Wirkung auf das ZNS spielen die durch Clostridien *(Cl. perfringens)* und *Escherichia coli* bedingten Enterotoxämien (z. B. Ödemkrankheit des Schweines) eine wichtige Rolle. Die Hauptveränderungen im ZNS beruhen, vor allem bei *E. coli-Enterotoxämien*, auf Permeabilitätsstörungen an den Blutgefäßen mit nachfolgenden Hirnödemen, Enzephalo- und Myelomalazien. Bei *Clostridium perfringens (welchii)* Typ D-Intoxikationen des Schafes führen intra- und extrazelluläre Ödeme zu schweren Ödemnekrosen in den Basalganglien, in Thalamus, Capsula interna, Substantia nigra und Groß- und Kleinhirnmark. Dagegen bieten die durch *Clostridium botulinum* und *Clostridium tetani* bedingten zentralnervösen Funktionsstörungen weder pathologisch-anatomisch noch histologisch bemerkenswerte Befunde.

Hierher zu zählen sind auch Vergiftungen durch Toxine von *Anguina spp.* und *Corynebacterium spp.*, die bestimmte Gräser, hier insbesondere *Lolium rigidum*, befallen. Speziell in Australien bekannt, führen sie bei **Rind** und **Schaf** zu vaskulären (extrazellulären !) Ödemen und Malazien im ZNS.

Pflanzliche Vergiftungen mit Wirkung auf das Nervensystem kommen, sieht man von der Thiaminase-Wirkung bei Adlerfarn- und Schachtelhalmvergiftungen (s. unten) ab, in Mitteleuropa kaum vor. Weltweit gesehen muß jedoch auf einige besondere Vergiftungen hingewiesen werden. So führen ***Centaurea spp.***, insbesondere die Sterndistel *C. solstitialis L.* in Nordamerika und Australien und *C. repens L.*. in Nordamerika (Colorado) bei **Pferden** in Globus pallidus, Capsula interna, Substantia nigra und weiteren Mittelhirnregionen zur ***Nigropallidalen Enzephalomalazie***. Das klinische Bild ist durch Somnolenz, permanente und unkoordinierte Kau- und Lippenbewegungen gekennzeichnet *(**Chewing-Disease**)*. Andere herbivore Tiere erkranken offensichtlich selbst bei reichlicher Aufnahme dieser Pflanzen nicht.

Als weitere Pflanzen aus der Familie der Körbchenblütler (*Compositae*) führen ***Helichrysum spp.***, insbesondere *H. argyrosphaerum DC*, in Südafrika bei **Schafen** und **Rindern** unter dem Gewebsbild schwerer *spongiöser Degenerationen* der Marksubstanz und des Tractus opticus zu Amaurosen und Paralysen.

In den Südstaaten der USA werden bei **Mensch** und **Wiederkäuern** nach Aufnahme der ***Coyotillo***-Frucht (*Karwinskia humboldtiana*) *Demyelinisierungen* der peripheren Nerven, *axonale Dystrophien* im ZNS (Kleinhirn!) und *Myopathien* (s. S. 352) gesehen, die zu Hyperästhesien, Tremor, Bewegungsstörungen und Festliegen führen. Ebenfalls bei **Wiederkäuern**, daneben aber auch bei **Pferden**, kommt es in Australien nach Aufnahme verschiedener ***Swainsonia spp.*** (Darling Pea), insbesondere *Swainsonia luteola, canescens* und *galegifolia* zu neuralen und extraneuralen Gewebsveränderungen auf der Grundlage *vakuolig-schaumiger Degenerationen* von Nervenzellen, Plexusepithelien, Pankreaszellen und Nierentubuli, verbunden mit massiver *Mannosid-Speicherung*. Letztere zeigt sich elektronenmikroskopisch unter dem Bilde einer lysosomalen Akkumulation von Oligosacchariden. Klinisch beginnt das Vergiftungsbild mit Ataxien. Pathogenetisch gesehen inhibiert das Indolizin-Alkaloid *Swainsonin* die lysosomale α-D-Mannosidase in spezifischer Weise, woraus eine weitgehende Übereinstimmung mit dem genetisch determinierten α-Mannosidasemangel resultiert (s. S. 369).

Vergiftung mit ***Cycas spp.***, insbesondere mit *C. circinalis* und *Zamina floridena* sowie mit deren Produkten (Mehl), sind in Guam bei **Mensch** und Nutztieren bekannt. Das wirksame Gift *Cycasin* zeigt neben *neurotoxischen* auch *hepatotoxische und onkogene* Eigenschaften. Das klinische Bild ist beim **Rind** durch Ataxien, Gänsemarsch-Gang charakterisiert. Ob die in Guam bei **Menschen** gehäuft auftretende *amyotrophische Lateralsklerose* (ALS) Cycasinbedingt ist, ist nicht hinreichend sicher abgeklärt. Im übrigen verursacht Cycasin auch *Entwicklungsstörungen* des *Kleinhirns* (Hypoplasien, Abiotrophien).

Unter den ***Solanazeen*** verursacht *Solanum kwebense* bei **Rindern** in Südafrika *vakuoläre Degenerationen* und Nekrosen von Nervenzellen, insbesondere von PURKINJE-Zellen. Schließlich kann es zu weitgehenden *Kleinhirnrindenatrophien* kommen. Neben Bewegungsstörungen, Ataxien und Festliegen ist das klinische Bild auch durch epileptiforme Anfälle gekennzeichnet. *Solanum esuriale* ist der Verursacher des ***Humpy Back*** bei australischen **Merinoschafen**. Schwere *WALLERsche Degenerationen* in den Rückenmarkalbi unter Bevorzugung der ventralen und lateralen (afferenten!) Bahnen werden hier für die mitunter massiven Ataxien verantwortlich gemacht.

Eine als ***Locoweed-Poisoning*** bezeichnete, vorwiegend im Westen Nordamerikas unter den neurologischen Symptomen Ataxie, aufsteigende Paralyse, Sehstörung auftretende Vergiftung bei **Pferd**, **Rind**, **Schaf** und **Ziege** wird durch Aufnahme von ***Astragalus spp.***, insbesondere *A. earlei* und *A. mollissimus* verursacht. Neurohistologisch finden sich im ZNS Nervenzellnekrosen ohne spezifisches Lokalisationsmuster. Interessant ist in diesem Zusammenhang, daß *Astragalus spp.* zu den Selen-speichernden Pflanzen zählen.

Unter den **tierischen Giften** haben vor allem die Toxine von *Zecken* der Subfamilien *Ixodinae* und *Argasinae* eine direkte Wirkung auf das Nervensystem, ohne spezifische morphologische Veränderungen zu induzieren. Vor allem werden neuromuskuläre (motorische) wie auch neuro-neuronale (sensible) Funktionsbereiche bzw. Synapsen betroffen. Klinisch dominieren Lähmungen verschiedenen Grades, die ganz allgemein als ***Zeckenparalyse*** bezeichnet werden und die bei Betroffensein der Atmungsmuskulatur zu lebensbedrohlichen Hypoventilationen mit respiratorischer Azidose führen können. Bei **Säugern** einschließlich **Mensch** kommen als Verursacher der Zeckenparalyse vor allem *Ixodes spp.* und bei **Vögeln** (Hühner) in erster Linie Larven von *Argas persicus* in Betracht.

11.2.4.9 Mangelkrankheiten

Der **Vitamin B_1**- (Aneurin-, Thiamin-) Mangel tritt weniger als primäre denn als sekundäre Form auf, für deren Zustandekommen vitaminspaltende Enzyme (Thiaminasen) die Hauptursachen darstellen. Zu diesem Formenkreis zählt beim **Pferd** das B_1-Mangelsyndrom nach Aufnahme großer Mengen von *Adlerfarn* oder *Ackerschachtelhalm*. Beide Pflanzen sind reich an *Thiaminasen*. Diesem Krankheitsbild entspricht bei Fleischfressern die ***CHASTEK-Paralyse***, die durch tierische Thiaminasen, die in hoher Konzentration in den Eingeweiden von Fischen vorkommen, verursacht wird. Klinisch stehen Bewegungsinkoordinationen, Opisthotonus, Tetraplegien und Konvulsionen im Vordergrund. Morphologisch finden sich im ZNS, insbesondere in verschiedenen Kerngebieten von Thalamus und Hypothalamus sowie von Mittel- und Rautenhirn, ferner im Großhirnkortex astrozytäre Ödeme, die zum Tod der dort liegenden Nervenzellen, z. T. auch zu Blutungen in bilateral-symmetrischer Anordnung führen können.

Auch die ***Zerebrokortikalnekrose*** (CCN) bzw. *Polioenzephalomalazie* beim Wiederkäuer wird ätiologisch dem Formenkreis des (sekundären) Vitamin B_1-Mangels bzw. einem Thiaminase-bedingten Geschehen zugeordnet. Vorwiegend werden jüngere Tiere (**Rind**, **Schaf**, **Ziege**) betroffen, die klinisch Rindensyndrome und Bewegungsstörungen (Amaurosis, Teilnahmslosigkeit, Ataxien, Opisthotonus, Konvulsion, Spasmus der Extensoren, Trismus, Nystagmus), Tachykardie, später Bradykardie und blutchemisch *erhöhte Pyruvatwerte* und *erniedrigte Transketolasewerte* zeigen. Der Verlauf ist rasch oder protrahiert, wobei Heilungen unter B_1-Substitution möglich sind.

Nur in ausgeprägten Fällen sind die Hirnveränderungen bereits makroskopisch zu erkennen. Diese beziehen sich vor allem auf dorsomediale, dorsale und dorsolaterale Großhirnrindenareale, seltener die lateralen und so gut wie nie auf die basalen Windungen. Kleinhirngrau, Colliculus posterior und Corpus geniculatum laterale sind nur ausnahmsweise betroffen. Der makroskopische Eindruck kann durch Betrachtung von Frontalschnittebenen unfixierten Hirngewebes unter UV-Licht insofern verstärkt werden, als dort die Veränderungen zart cremefarben bis blau-grün aufleuchten (Tafel XXVI. B). (Autofluoreszenz von Lipidabbauprodukten !)

Histologisch zeigt sich zunächst ein ausgeprägtes astrozytäres Ödem bzw. Status spongiosus und im weiteren rasch fortschreitende Nervenzellnekrosen, die alsbald von *mobiler Resorption* gefolgt bzw. überlagert werden. Soweit die Tiere überleben, kommt es im Bereich der Rindennekrosen zu makroskopisch erkennbaren Atrophien und gliösen Narbenfeldern.

Die *Herkunft der wirksamen Thiaminasen* bei der CCN ist nicht endgültig gesichert, doch dürften sie mikrobiellen Ursprungs sein. Insbesondere scheint eine defekte Mikroflora und -fauna im Vormagensystem, wie sie bei kohlenhydratreicher und zellulosearmer Fütterung entstehen kann, eine unzureichende Vitamin B_1-Versorgung des Wiederkäuerorganismus zur Folge zu haben. Gelegentlich werden ursächlich auch Arzneimittel, die Thiamin-Antagonisten enthalten (Amprolium), diskutiert.

Bei **Vitamin A**-Mangel stellen die neuropathologischen Befunde nur Teilphänomene eines komplexen Geschehens dar. Vorwiegend werden sie bei heranwachsenden (**Kalb**, **Ferkel**), gelegentlich auch bei erwachsenen Tieren (**Rind**)

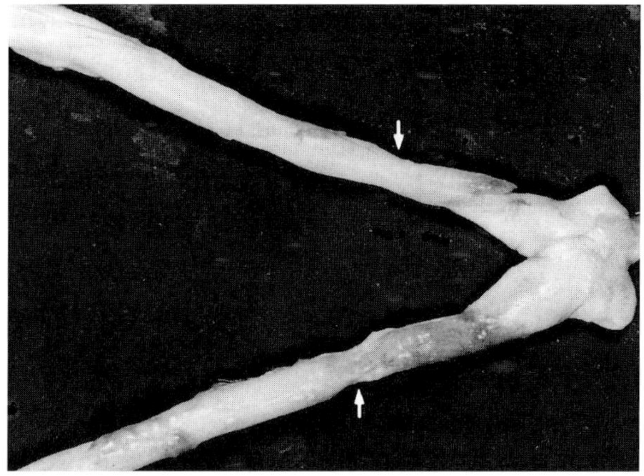

Abb. 11.15 Sanduhrförmige *Kompressionsatrophie* des Fasciculus opticus (Sehnerv) beim Kalb infolge Vitamin A-Mangel-bedingter Knochenwachstumsstörung mit Einengung des Foramen opticum. Nat. Größe.

gesehen. Die hervorstechendsten Veränderungen des ZNS ergeben sich vor allem beim Kalb aus einem erhöhten Hirndruck, der sich seinerseits aus einem gestörten Knochenwachstum und einem erhöhten Liquordruck in den Ventrikeln herleitet. Einschiebungen von Rauten- und Kleinhirnanteilen ins Foramen occipitale magnum, ferner Quetschung des Fasc. opticus (Abb. 11.15), Papillenödem und Exophthalmus sind die unmittelbaren Folgen. Beim erwachsenen Tier scheiden Knochenveränderungen als Ursachen für den intrakraniellen Druckanstieg aus, während gerade bei Jungtieren, u. a. auch bei **Hühnerküken**, der Wachstumsstörung an Kopf- und Wirbelskelett große Bedeutung zukommt. Die degenerativen Veränderungen im ZNS sind im allgemeinen unspezifisch und zeigen sich in Nervenzell- und Markscheidendegenerationen.

Ein **Vitamin E**-Mangel wird für zwei neurodegenerative Krankheiten des **Pferdes** verantwortlich gemacht: Die als ***Equine Degenerative Myeloencephalopathy (EDM)*** bezeichnete Krankheit betrifft bis zu sechs Monate alte Fohlen mit den klinischen Zeichen symmetrischer Ataxie und spastischer Parese der Vorder- und Hinterextremitäten. Neuropathologisch finden sich axonale Degenerationen mit konsekutiver Astrogliose in den spinozerebellären Seitenstrangsystemen des Rüchenmarks, ferner Neuronenverluste in Nucl. dorsalis, Nucl. gracilis med. und Nucl. cuneatus lat. (=Terminalkerne des Hinterstrangsystems !). Ein basaler genetischer Faktor ist wegen der Häufung von EDM in bestimmten Pferdefamilien nicht auszuschließen. Das als ***Equine Motor Neuron Disease (EMND)*** bezeichnete Krankheitsgeschehen findet sich demgegenüber übli-

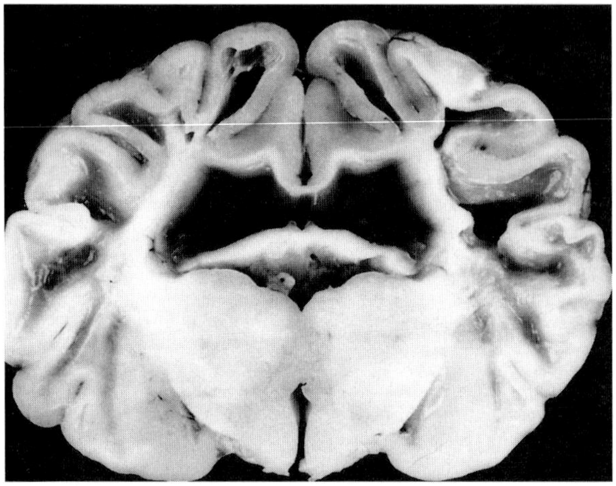

Abb. 11.16 *Swayback* beim Schaflamm infolge Kupfermangels.
Die weiße Substanz ist im Bereich des Isocortex nicht und im Bereich des Allocortex nur andeutungsweise entwickelt, während die zentralen Albi insgesamt gut zu erkennen sind. Im übrigen besteht ein Hydrocephalus internus. 1,6 x nat. Größe (Aufnahme Prof.Dr. URMAN, Ankara).

cherweise bei erwachsenen Tieren, die keine Möglichkeit zur Aufnahme frischen Grases haben. Klinisch stehen Gewichtsverlust, allgemeine Schwäche, faszikuläre Zuckungen und Atrophie der Muskulatur im Vordergrund. Neuropathologisch besteht eine umfangreiche, nahezu selektive Degeneration bulbärer und spinaler Motoneurone mit konsekutiver Muskelatrophie (s. S. 348). Das Bild gleicht damit dem auf S. 368 beschriebenen Defektmuster bei den *Abiotrophien spinaler und bulbärer Motoneurone* bzw. dem der *Amyotrophischen Lateralsklerose* des Menschen.

Eine ZNS-Manifestation des **Vitamin E**-Mangels kommt ferner unter dem Bilde einer ***Enzephalomalazie*** bei jungen **Hühnern** vor. Die unter Konvulsionen zugrunde gehenden Tiere zeigen malazisch-hämorrhagische Veränderungen besonders in Kleinhirn- und Hirnstammgebieten. Diese sind bereits mit unbewaffnetem Auge gut auszumachen.

Auch Mangel an anderen essentiellen Stoffen, vor allem an **Spurenelementen**, können zu Erkrankungen des ZNS führen. Hierzu zählen die durch **Kupfermangel** hervorgerufenen und mit dem klinischen Bild einer Ataxie einhergehenden Markscheidendefekte bei **Schaflämmern**. Die als ***Swayback*** bezeichnete Krankheit zeigt in hochgradigen Fällen eine Fehl- und Unterentwicklung der Marksubstanz und einen sekundären Hydrozephalus (Abb. 11.16). Die Veränderungen entwickeln sich bereits im Fetalleben, wenn ein Kupfermangel bei den Muttertieren besteht, ohne jedoch in der Regel bei diesen zentralnervöse Störungen zu verursachen. Daneben sollen aber auch bei erwachsenen **Schafen** Ataxien mit Demyelinisierungen in Rückenmark und Medulla oblongata auf der Grundlage eines Kupfermangels vorkommen (s. S. 494). Bei **Cerviden**, insbesondere beim Damwild, wird in Alpen- und Voralpenregionen mit hohen Molybdän- und niederen Kupferwerten im Boden eine progressive Demyelinisierung langer Rückenmarkbahnen mit konsekutiver Ataxie beobachtet, wobei dem Antagonismus der beiden Elemente eine besondere ursächliche Bedeutung zugeschrieben wird.

11.2.4.10 Entzündungen des ZNS

Entzündungen des Hirn-Rückenmarkgewebes gehen in der Mehrzahl der Fälle mit einer Meningitis (s. S. 372), gelegentlich auch mit Ependymitis und Chorioidplexitis (s. S. 374) einher. Dies gilt im besonderen für die erregerbedingten Formen, die im Abschnitt 11.2.5 als Gesamtübersicht dargestellt sind. Ihre gesonderte Darstellung läßt sich u.a. damit begründen, daß nicht alle der hier in Betracht kommenden ZNS-Veränderungen Entzündungsqualität aufweisen.

Soweit Entzündungen nichtinfektiöser Natur sind, so etwa als posttraumatische Ereignisse, Autoimmunreaktionen oder Reaktionen auf Tumorwachstum, kommen als Akteure der Reaktion sowohl die systemeigene, residente Mikroglia als auch aus dem Blut emigrierende Monozyten und Lymphozyten, gelegentlich auch Granulozyten in Betracht. Hierbei ist zu berücksichtigen, daß das ZNS primär über keine lymphfollikulären, d.h. keine kompletten immunozytären Einrichtungen verfügt, und die Mikroglia nur beschränkte immunozytäre Kompetenz besitzt. Für makrophagisch-resorptive Maßnahmen kommt die Mikroglia nur in geringem Umfang zum Einsatz, d. h. die Aufgabe der *mobilen Resorption* wird im wesentlichen von eingewanderten Blutmonozyten wahrgenommen. Aufnahme und Abtransport vollziehen sich dabei ausschließlich durch aktive Wegbahnung dieser Zellen innerhalb der lymphgefäßfreien Hirn-Rückenmarksubstanz. Hieraus ergeben sich relativ lange Resorptionszeiten. Erst wenn die Makrophagen den liquorführenden Arachnoidealraum der Leptomeninx erreicht haben, erfolgt ein rascher Abtransport über die Liquor-Lymphdränage. Die mit Abräumprodukten beladenen, sphärischen Zellkörper können im Rahmen der mobilen Resorption das Mehrfache ihrer ursprünglichen Größe erreichen und zeigen dann meist feinvakuolig-schaumige oder auch feinkörnig-sudanophile Zeichnung. In dieser Form werden sie als *Gitterzellen* oder *Fettkörnchenzellen* bezeichnet (Abb. 11.13). Im übrigen kann es auch zu chronisch-granulomatösen oder proliferativen Meningoenzephalitiden bzw. -myelitiden kommen, an denen Gefäßadventitien und Meninx als ortständige mesenchymale Komponenten beteiligt sind.

Nachfolgend werden einige besondere Entzündungbilder des ZNS besprochen, wobei nicht auszuschließen ist, daß die eine oder andere Form mit weiterem Erkenntniszuwachs zukünftig den erregerbedingten Formen zugeordnet werden muß.

Die postvakzinalen, postinfektiösen und allergischen Enzephalitiden

Diese vor allem vom **Menschen** her bekannten Enzephalitisformen werden gelegentlich auch bei Haustieren, insbesondere beim **Hund** gesehen. Ätiopathogenetisch stehen spezifische Antigen-Antikörperreaktionen im Vordergrund, wobei dem *basischen Protein* des Myelins als Autoantigen eine besondere Bedeutung zugeschrieben wird. Keineswegs sind die hier einschlägigen Bilder hinreichend definiert, wie auch die Auslösefaktoren der Immunmechanismen nur teilweise durch das Tierexperiment belegt werden konnten. Morphologische Kennzeichen dieser Enzephalitisgruppe sind zunächst einmal *vaskuläre Prozesse* mit Endothelschädigung sowie Gefügelockerung und Nekrose von Venulen- und Arteriolenwandungen, gefolgt von perivaskulären, lympho-plasmozytären sowie monozytären Reaktionen. Im weiteren Verlauf bestimmen meist *Entmarkungsprozesse* das Geschehen, so daß – neben *disseminierten Enzephalitiden (Enzephalomyelitiden)* – vor allem ***Leukoenzephalitiden** (Leukoenzephalomyelitiden)* zustande kommen. Beim Hund manifestieren sich, neurohistologisch gesehen, die m.o.w. großflächigen Veränderungen bevorzugt im Großhirnmarklager bei insgesamt inkonstantem Verteilungsmuster (Abb.11.17).

Die granulomatöse Meningoenzephalomyelitis

Diese, verkürzt auch als *Granulomenzephalitis* bezeichnete Krankheit kommt insbesondere beim **Hund**, weit seltener bei Katze, Pferd und Rind vor. Sie betrifft erwachsene Tiere und ist klinisch durch akut einsetzende Hirnstammsymptome, wie Fazialisparalyse oder -spasmus, Nystagmus, Kopfschiefhaltung, Manegebewegung und Verlust der Kopfhautsensibilität, gekennzeichnet. Im weiteren Krankheitsverlauf verstärkt sich die primäre Symptomatik unter Fieberschüben. In Fällen mit Großhirnrindenbeteiligung kommt es zu psychischen Störungen und Epilepsie. Die selteneren spinalen Formen werden von Mono- bis Tetraplegie reichenden Erscheinungen und Muskelspasmen, bei auffällig verstärkten Reflexen, begleitet. Der Liquor cerebrospinalis zeigt eine lympho-monozytäre Pleozytose. Neurohistologisch imponiert ein vorwiegend gefäßgebundenes Entzündungsgeschehen, charakterisiert durch Aktivierung von Lympho-Plasmozyten,

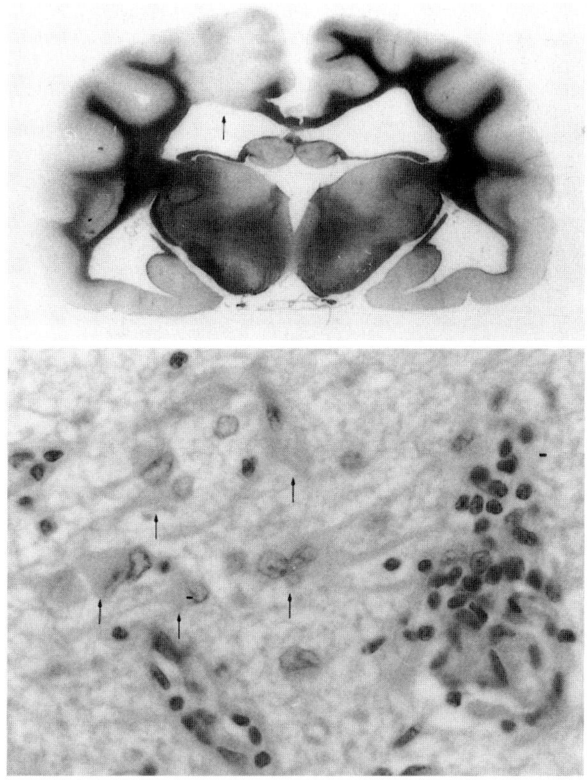

Abb. 11.17 *Leukoenzephalitis* beim Hund.
oben: Befund am Markscheidenpräparat. Der Pfeil markiert den Markscheidenverlust im Bereich der Gyri splenialis, suprasplenialis et lateralis. Die unveränderten Albi stellen sich schwarz dar. Daneben besteht ein Hydrocephalus internus. 1,2 x nat. Größe.
unten: im HE-Schnitt sind sowohl unspezifische perivaskuläre Rundzellinfiltrate als auch zahlreiche reaktive Astrozyten (Pfeile) bei nahezu totalem Schwund bemarkter Axone zu erkennen. 300 x.

Makrophagen und adventitiellen Fibroblasten einschließlich Retikulinfaserbildung (Abb. 11.18). Bei Übergreifen auf die Nachbarschaft entstehen granulomartige Reaktionsmuster, in deren Zentren oft fibrinoide Gefäßwandnekrosen zu erkennen sind.

Die Ursache der Granulomenzephalitis, die vorwiegend Mittelhirn, verlängertes Mark, Brücke und Kleinhirnmark, seltener Thalamus, Hypothalamus, Großhirnmark und nur ausnahmsweise Großhirnrinde oder Rückenmark betrifft, ist nicht restlos geklärt. Doch läßt das Dominieren MHC Klasse II Antigen-positiver Makrophagen sowie CD3 Antigen-positiver Lymphozyten das Bestehen einer T Zell-vermittelten Autoimmunopathie vom verzögerten Typ vermuten. Die früher speziell für die Granulomenzephalitis

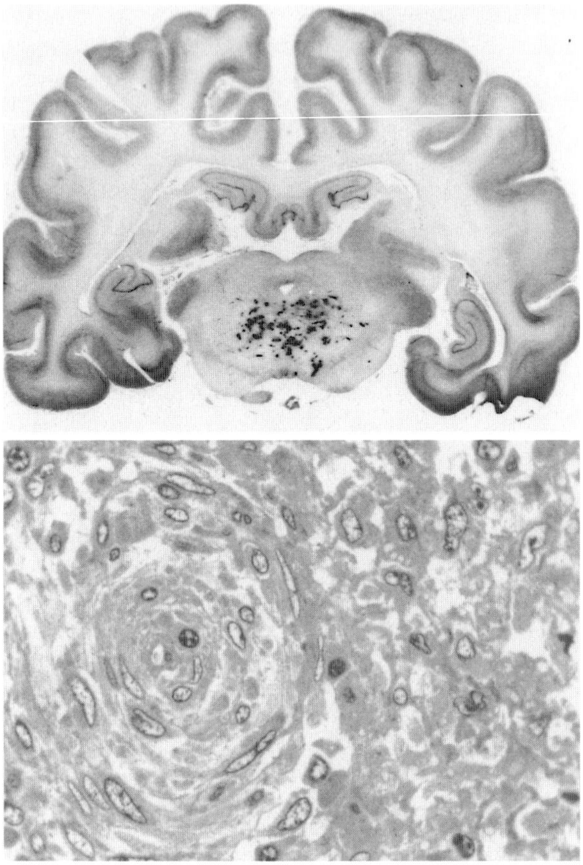

Abb. 11.18 *Granulomenzephalitis* beim Hund.
oben: Im NISSL-Präparat wird die Konzentration der Entzündungsprozesse auf das Mittelhirn deutlich. 1,5 x nat. Größe.
unten: Im 0,5 μm dicken Semidünnschnitt zeigen sich perivaskuläre Fibrozyten und teils konfluierende Monozyten (Makrophagen) als dominierende Zellpopulationen. Azurblau, 480 x.

des Hundes gebrauchten Bezeichnungen *entzündliche Retikulose*, *granulomatöse Retikulose* oder *histiozytäre Enzephalitis* sollten nicht mehr verwendet werden.

Die nekrotisierende Meningoenzephalitis des Hundes

Diese Entzündungsform zeigt ein rassegebundes Auftreten, wobei die besondere Häufung beim amerikanischen und japanischen *Pug-Dog* (Mops; brachyzephale, zu Fettsucht neigende Rasse !) der Krankheit den Namen ***Pug Dog-Enzephalitis*** eingebracht hat. Eine vergleichbare Enzephalitis wird beim *Malteser Hund* beobachtet. Das Alter betroffener Tiere reicht von sechs Monaten bis zu sieben Jahren, mit deutlicher Bevorzugung des weiblichen Geschlechts. Der klinische Verlauf erstreckt sich auf etwa zwei Wochen, gelegentlich aber auch einige Monate und ist initial durch Krämpfe gekennzeichnet, die von Lethargie, Ataxie, Depressionen und terminalem Koma gefolgt werden. Der makroskopische Hirnbefund zeigt umfangreiche Schwellung einer oder beider Großhirnhemisphären mit Dislokation nichtbetroffener Hirnteile. Neurohistologisch stehen ein weitgehender Neuronenverlust mit massiver mobiler Resorption sowie Marködeme im Vordergrund. Die Hirnrinde ist dabei von Gitterzellen dicht bevölkert. In späteren Stadien können sich auch zystenartige Malazien entwickeln. An den Rindengefäßen wie in der Leptomeninx kommt es zu umfangreichen Rundzellakkumulationen.

Hinsichtlich der *Ätiologie* dieser eigentümlichen Enzephalitis werden genetische Voraussetzungen nicht ausgeschlossen, zumal Hinweise auf Virusinfektionen bislang nicht zu erbringen waren. Nicht auszuschließen sind dabei (hereditäre ?) hormonelle Fehlregulationen, zumal bei den japanischen Pug Dogs nur weibliche Tiere betroffen waren, die etwa zwei Wochen vor Krankheitsbeginn Zeichen von Trächtigkeit oder Scheinträchtigkeit gezeigt hatten. Hinsichtlich der *Pathogenese* besteht wenig Zweifel an einem (Auto-) Immungeschehen.

Die feline Polioenzephalomyelitis (VANDEVELDE-BRAUND)

Schwerpunktmäßig unter dem Bild einer *Poliomyelitis* mit Begleitenzephalitis verlaufend, betrifft dieses Leiden Katzen verschiedener Rassen im Alter von vier Monaten bis zu etwa sieben Jahren. Die Krankheitsdauer beträgt ein bis vier Monate, wobei die klinischen Symptome durch Ataxie der Schulter- oder Beckengliedmaßen, bzw. beider Bereiche, ferner durch Hypermetrie, Intentionstremor, gestörte Stellreflexe, Hyperästhesien und gestörten Pupillarreflex gekennzeichnet sind. Neurohistologisch stehen Degeneration und Verlust von Neuronen in den spinalen, weniger ausgeprägt in den zerebralen Grisea, begleitet von perivaskulären Rundzellansammlungen, im Vordergrund. Damit besteht zwar eine gewisse Übereinstimmung mit den Enterovirus-bedingten Poliomyelitiden bei Mensch und Schwein (s. S. 389), doch fehlen verwertbare Hinweise auf eine Virusätiologie.

Die feline nichteitrige Meningoenzephalomyelitis – Staggering Disease – (LUNDGREN)

Diese Katzenkrankheit ist im wesentlichen durch eine *Polioenzephalitis* mit begleitender *Meningitis* gekennzeichnet. Betroffen werden Tiere verschiedener Rassen im

Alter von einem bis zwölf Jahren mit geringer Häufung (60%) beim männlichen Geschlecht. Die Krankheitsdauer beträgt bis zu vier Wochen. Initialsymptome sind steifer schwankender (staggering!) Gang und Bewegungsinkoordination der Hintergliedmaßen. Im weiteren kommt es zum Unvermögen, die Krallen einzuziehen, zu allgemeiner Schwäche und Paresen. Die Tiere miauen permanent, werden scheu, depressiv und appetitlos bei raschem Gewichtsverlust und Dehydratation. Hinzu kommen Pruritus, akustische und optische Hypersensibilität, Salivation und erhöhte Körpertemperatur. Neurohistologisch bestehen in allen Bereichen des ZNS ausgeprägte perivaskuläre lympho-monozytäre und plasmozytäre Akkumulationen, die vor allem auch die Meninx betreffen, ferner monozytäre und mikrogliale Infiltrate im Neuropil mit Atrophie und Degeneration von Neuronen. Am stärksten sind dabei Thalamus, Hippocampus sowie Mittelhirn mit Colliculus caudalis betroffen. Zwar ergeben sich aus der näheren Klassifizierung der Reaktionszellen Hinweise auf eine mögliche Virusätiologie, nicht zuletzt auf die Möglichkeit einer Bornavirus-Infektion (s. S. 394), doch fehlen auch hier schlüssige Beweise.

11.2.5 Erregerbedingte Veränderungen des ZNS

Infektionsbedingte Erkrankungen des ZNS treten, mit wenigen Ausnahmen, als *Enzephalitiden* und *Myelitiden* in Erscheinung und gehen häufig mit *Entzündungen* der *Meningen* (s. S. 372), z.T. auch der *Plexus chorioidei* einher. Qualität und Ausdehnung entzündlicher Prozesse hängen dabei gleichermaßen von Erregerart und Infektionsweg ab. So sind qualitativ gesehen *seröse, serofibrinöse, fibrinös-eitrige, eitrige, abszedierende, granulomatöse, hämorrhagische, nekrotisierende* und *lympho-monozytäre* Formen zu unterscheiden. Der Infektionsweg kann über das Blut (*hämatogen*), fortgeleitet aus der Nachbarschaft (*ex vicinia*), aus Nase (*rhinogen*) und Ohr (*otogen*) sowie auf dem Nervenweg (*neurogen*) zum ZNS hin verlaufen.

11.2.5.1 Virusinfektionen des ZNS

Virusinfektionen des ZNS führen zu qualitativ unterschiedlichen morphologischen Befunden. Die Voraussetzungen für diese Variationsbreite liegen zunächst einmal in der prozentualen Beteiligung der einzelnen Zellpopulationen am Infektionsgeschehen. So bedingen Virusvermehrungen in den Gliazellen andere Folgebilder als solche in den Nervenzellen oder etwa im Mesenchym des ZNS. Im weiteren wird die Morphologie virusbedingter ZNS-Bilder von dem Grad der primären Zellschädigung bestimmt. Dominieren Zytolysen bzw. Zytonekrosen, so treten, neben den immunozytären, perivaskulären, alsbald auch makrophagische, (mobile Resorption!), z. T. auch leukozytär-mikrophagische Resorptionen in den Vordergrund. Astrozytäre Proliferationen finden sich erst in subakut-chronischen Verlaufsstadien. Bisweilen werden Defektgrade bis hin zu hämorrhagischen Nekrosen erreicht. Fehlen dagegen zytolytische Tendenzen, treten auch die resorptiven Vorgänge in den Hintergrund und immunozytäre, perivaskuläre Reaktionen bestimmen das Bild. Darüber hinaus spielt für die Entwicklung der Entzündungsprozesse der zeitliche Ablauf eine erhebliche Rolle. Bei den sogenannten *Slow Virus*-Infektionen bedeutet dies, daß entweder der Phase der Zellschädigung eine relativ lange Latenzzeit vorangeht oder auch, daß der Gesamtreaktionsablauf extrem retardiert ist und demzufolge gewebliche Charakteristika der chronischen Entzündung, so z. B. astrozytäre Proliferationen (Sklerosen), deutlich werden. In diesem Zusammenhang sind auch durch Viren induzierte Autoimmunprozesse von Interesse (Visna!). In seltenen Fällen (Borna-Virus !) kann die Anwesenheit des Erregers zu Funktionsstörungen (Hyperphagie, Psychosen) ohne zwingende degenerativ-entzündliche Komponente führen, d.h. daß hier das Auftreten einer Enzephalitis als immunopathisches Phänomen eine besondere Verlaufsvariante verkörpert.

Infektionen durch RNS-Viren

Polioencephalomyelitis enzootica suum
(Teschener Krankheit, Talfan Disease)

Erreger: porzines Enterovirus der Familie Picornaviridae.
Inkubationszeit: 10-20 Tage.

Klinisch zeigen sich in einer ersten, ca. drei Tage dauernden Prodromalphase Depression und leichtes Fieber, in einer zweiten Folgephase dann Ataxien und Erregung. Die dritte Phase ist durch Muskeltremor, Nystagmus, Opisthotonus, Gliedersteife und tonisch-klonische Krämpfe gekennzeichnet und leitet in die vierte, paralytische Phase über, wobei von kaudal nach rostral fortschreitend alle Extremitäten, die Hals- und die Kopfmuskulatur erfaßt werden. Laryngeale Paralysen führen zum Stimmverlust, und der Tod tritt schließlich im Koma ein. Gutartige Verlaufsformen und partielle Heilungen sind grundsätzlich möglich, jedoch aus seuchenrechtlichen Gründen nur von theoretischem Interesse.

Dem neurogenen, über vegetative Bahnen aufsteigenden Infektionsmuster und dem klinischen Verlauf entsprechen fortschreitende Nervenzellnekrosen im Rückenmark unter besonderer Bevorzugung der Vorderhornareale, ferner in Spinalganglien, im verlängerten Mark sowie in Mittel- und

Zwischenhirn. Kleinhirn- und Großhirnrinde sind nur gelegentlich miterfaßt. Die abgestorbenen Perikarya werden unter dem Bild der „Neuronophagie“ monozytär resorbiert bzw. mobilisiert. Daneben kommt es zu lymphoplasmozytären, perivaskulären Reaktionen in der grauen Substanz, weniger deutlich in weißer Substanz und Meningen.

Sowohl im klinischen Verlauf als auch nach Qualität und Verteilungsmuster der ZNS-Veränderungen verhalten sich *Teschener Krankheit* und *Talfan Disease* (England) gleichsinnig, wie auch eine enge Erregerverwandtschaft besteht. Bei der Talfan Disease erkranken vor allem unter zehn Wochen alte Tiere. Eine Differentialdiagnose zur Abgrenzung anderer Poliomyelitiden des Schweines, insbesondere der Japan B-Enzephalitis (s. S. 395) und der HEV-Enzephalitis (s. S. 396), ist allein neurohistologisch nicht sicher zu führen. Darüber hinaus bestehen deutliche Parallelen zur Poliomyelitis des Menschen, ebenfalls einer Enterovirus-Infektion.

Enzephalitis bei der vesikulären Schweinekrankheit
(Swine Vesicular Disease = SVD)

Erreger: Enterovirus der Familie Picornaviridae (s. S. 132). Inkubationszeit: wenige Tage.

Bei dieser Virusinfektion kann, neben epithelialen Geweben, auch das Nervensystem in das Geschehen einbezogen sein. Allerdings kommt es nur bei einem Teil der Fälle zu klinisch-neurologischen Symptomen mit gelegentlich letalem Ausgang. Eine Altersbegrenzung betroffener Tiere besteht offenbar nicht. Neurohistologisch handelt es sich zunächst um eine *nichteitrige Meningoenzephalomyelitis*. Im weiteren sind Plexus chorioideus, Auge, Kopf- und Spinalganglien, Spinalnervenwurzeln und vegetative Ganglien betroffen. Durchweg finden sich degenerativnekrotische Prozesse in Verbindung mit perivaskulären lympho- und monozytären Reaktionen. Im Gegensatz zur europäischen Schweinepest bleiben die Blutgefäßwandstrukturen unbeteiligt. Im ZNS ist die graue Substanz durchweg deutlicher betroffen als die weiße, wie überhaupt die Nervenzellnekrosen das neurohistologische Bild bestimmen. Gelegentlich lassen sich basophile *Kerneinschlußkörperchen* in den Mantelzellen der Spinal- und Kopfganglien nachweisen.

Enzephalomyokarditis beim Schwein
(Encephalomyocarditis = EMC)

Erreger: Kardiovirus der Familie Picornaviridae. Inkubationszeit: 2–5 Tage.

Während das Virus bei kleinen Nagern, die möglicherweise das natürliche Reservoir darstellen, deutliche Neurotropie zeigt und zu *Myelitis* und *Enzephalitis* führt, stehen beim Schwein fleckförmige Herzmuskelnekrosen unter Bevorzugung des rechten Ventrikels, fibrinöse Perikard- und Bauchhöhlenergüsse, zentrolobuläre Lebernekrosen und Gallenblasenwandödeme im Vordergrund. Vorwiegend, jedoch keineswegs ausschließlich, werden wenige Wochen alte Tiere betroffen, wobei es zu Bestandsinfektionen mit hohen Todesraten kommen kann. Beim EMC-Virus handelt es sich um einen weit verbreiteten Erreger, der, neben Nagern und Schweinen, auch bei Mensch, Primaten, Equiden und Eichhörnchen zu Infektionen mit unterschiedlicher Organmanifestation führt.

Enzephalitis (Myelitis) bei Hundestaupe

Erreger: Morbillivirus der Familie Paramyxoviridae.

Inkubationszeit: 3–7 Tage für die Allgemeininfektion (s. S. 100).

Die zentralnervöse Manifestation der Staupevirusinfektion kann zu recht unterschiedlichen Enzephalitis- und Myelitisbildern führen, von denen die wichtigsten nachfolgend umrissen werden.

Als Infektionsweg zum ZNS kommt, grundsätzlich gesehen, der hämatogene, insbesondere aber der hämatoliquorogene in Betracht. Ersterer ist vor allem für die ***Staupeenzephalitis der Hundewelpen*** von Bedeutung. Bei dieser Enzephalitisform findet sich Virusantigen in allen Hirnregionen, allerdings unter Bevorzugung der Großhirnrinde. Der durchweg rapide Gesamtverlauf gipfelt in perivaskulären und meningealen, lympho-plasmozellulären Infiltrationen, Nervenzellnekrosen und monozytären Reaktionen, insgesamt also in einem *panenzephalitischen* Bild, welches parallel zu den sonstigen Organmanifestationen dieser Infektion besteht.

Demgegenüber dominiert bei der ***nervösen Staupe des jugendlichen und jungen erwachsenen Hundes*** die subakute oder chronisch progressive *Entmarkungsenzephalitis* bzw *-enzephalomyelitis*. Sie etabliert sich bevorzugt in den Albi der Umgebung des vierten Ventrikels und der Foramina LUSCHKAE, ferner im Mark der Kleinhirnarborisierungen, in den submeningealen Regionen von Mittelhirn, Kleinhirnschenkel und Medulla oblongata, gelegentlich auch im Rückenmark (*Priapismus* bei Staupemyelitis s. S. 290). Als Infektionsweg kommt der hämato-liquorogene in Betracht, wobei davon auszugehen ist, daß virusassoziierte Lymphozyten über die Plexus chorioidei in den Liquor cerebrospinalis gelangen, um im weiteren von den Ventrikelräumen und vom Arachnoidealraum her das ZNS-Gewebe zu infizieren.

Neurohistologisch ist diese Enzephalitisform vor allem durch Entmarkungsprozesse, Astrozytenschwellungen und durch Gliosen charakterisiert. Zytoplasmatische und intranukleäre *Einschlußkörperchen* findet man in den Astrozyten und auch in Ependymzellen, seltener in Neuronen und Oligodendrozyten. Die entzündlichen Reaktionen beschränken sich auf diskrete perivaskuläre Rundzellinfiltrate und monozytäre mobile Resorptionen. Bei der Demyelinisierung scheinen die Freisetzung von Myelinantigenen mit konsekutiven immunopathischen Prozessen die Hauptrolle zu spielen. In solchen Demyelinisierungsarealen ist i.d.R. kein Staupevirusantigen nachweisbar, jedoch eine ausgeprägte MHC II-Expression der Mikroglia, ein Vorgang, der vermutlich erst nach der Phagozytose von Myelinbruchstücken einsetzt.

Klinisch-neurologisch stehen – neben den typischen intestinalen, respiratorischen und konjunktivitischen Komplikationen – Myoklonien, Paralysen, Epilepsie, Wesensänderungen und Hyperkeratosen der Ballen *(Hard Pad-Syndrom)* im Vordergrund.

Die ***chronisch-progressive, multifokale Staupeenzephalitis*** zeigt nur gewisse Übereinstimmungen mit den bisher genannten Formen. Im wesentlichen betrifft sie Tiere im Alter zwischen vier und acht Jahren. Ihr gehen durchweg keine für Staupe typischen Krankheitserscheinungen voraus. So bestimmen Bewegungsinkoordinationen, Lähmungen bis zur Tetraplegie, Epilepsie und Wesensänderung den klinischen Verlauf. Ophthalmologisch lassen sich oft Retinaatrophie, abnormer Pupillenreflex und Nystagmus diagnostizieren. Neurohistologisch kennzeichnen multifokale, nekrotisierende Prozesse, die nur ausnahmsweise auch das Großhirn erfassen, das Geschehen. Vor allem sind Klein- und Großhirnschenkel, die Kleinhirnalbi, Capsula interna und die Tractus optici betroffen. Die fokalen Nekrosen werden von Demyelinisierungen eingeleitet und entwickeln sich bis zu zystischen Malaziefeldern. Eosinophile *Kerneinschlüsse* treten ganz vereinzelt in Astrozyten auf. Eine experimentelle Übertragung auf andere Hunde gelingt in der Regel ebenso wie die Virusisolierung.

Das unter der Bezeichnung ***Old Dog Encephalitis*** laufende chronisch-progressive Staupebild tritt im allgemeinen erst jenseits des sechsten Lebensjahres auf. Seine neurohistologischen Charakteristika sind fokale, lympho-plasmozytäre und monozytäre Reaktionen, ferner massive perivaskuläre Rundzellinfiltrate unter Bevorzugung der Großhirnrinde. Basalganglien, Thalamus, Hypothalamus und Mittelhirn sind nur fallweise einbezogen, wie auch vereinzelt Demyelinisierungen und Gliosen in Kleinhirnschenkel und Brücke vorkommen. Eosinophile Einschlußkörperchen finden sich in geringer Zahl im Zytoplasma oder im Kern von Astrozyten und Nervenzellen. Staupeantigen ist immunhistologisch erfaßbar. Abgrenzungsschwierigkeiten bestehen zum einen zwischen der Old Dog Encephalitis und der multifokalen Staupeenzephalitis, zum anderen zwischen diesen beiden Formen auf der einen und der Granulomenzephalitis auf der anderen Seite (s. S. 387).

Blue Eye beim Schwein

Erreger: La Piedad Michoacan (LPM)-, Rubula-Virus der Familie Paramyxoviridae. Inkubationszeit: wenige Tage

Die vorwiegend in Mexico auftretende, verlustreiche Virusinfektion ist klinisch durch Muskeltremor, Ruderbewegungen, Ataxie, Stellungsanomalien, Übererregbarkeit, Anorexie, Diarrhoe, Korneatrübung, neuropathologisch durch eine nichteitrige Meningoenzephalitis gekennzeichnet. Neben Nervenzellnekrosen, Neuronophagien und fokalen Malazien werden perivaskuläre und meningeale Infiltrationen durch mononukleäre Zellen beschrieben. Die Erregerausbreitung zum ZNS soll rhinogen erfolgen. Am Auge kommt es zu Keratitis und Uveitis. Ferner können sich Nebenhodenentzündung, interstitielle Pneumonie und Enteritis entwickeln, die beide für die horizontale Erregerausbreitung verantwortlich gemacht werden (s. S. 283).

Weitere, durch Paramyxoviren verursachte Enzephalitiden

Neben dem Staupevirus zeigen vor allem die Erreger von ***Masern*** und ***Rinderpest*** besondere Affinitäten zum ZNS. Analoges gilt für die ***subakut-sklerosierende Panenzephalitis*** *(SSPE)*, eine bei **Kindern** in der Regel letal endende Einschlußkörperchenenzephalitis mit deutlicher Astrogliose (Sklerose!). Auch hinsichtlich der ***multiplen Sklerose*** *(MS)* des **Menschen** wird eine ätiologische Bedeutung von Paramyxoviren diskutiert. Bei der Pathogenese der MS geht man von einer „molekularen Mimikry" viraler und bakterieller Proteine bezüglich des strukturellen Aufbaus bestimmter Myelinproteine aus. Diese Ähnlichkeit zwischen einem Protein des infektiösen Agens (Masern-, Hepatitis B- oder Influenzaviren bzw. Pseudomonas-Bakterien) und dem Autoantigen (meist dem basischen Myelinprotein) führt als Begleitphänomen zur Immunabwehr der Infektion zu einer Autosensitivität gegen Myelin. Schließlich scheint für bestimmte Formen der ätiologisch noch wenig geklärten ***Sporadischen Meningoenzephalitis*** des **Rindes** ein Paramyxovirus als Erreger in Betracht zu kommen; dies insbesondere für jene Formen, bei denen intra- und extranukleäre, eosinophile Einschlußkörperchen das neurohistologische Bild dem der Staupeenzephalitis ähnlich erscheinen lassen.

Tollwut (Rabies, Lyssa, Rage)

Erreger: Lyssavirus der Familie Rhabdoviridae. Inkubationszeit: wenige Tage bis zu mehreren Monaten

Das Virus wird weitaus am häufigsten durch den Biß wutkranker Tiere übertragen. Empfänglich sind viele warmblütige Vertebraten, einschließlich Mensch (Zooanthroponose). Das bei Fledermäusen vorkommende Virus ist eine natürliche Variante, die im übrigen für Mensch und andere Tierspezies pathogen ist, wobei u. a. der aerogene Infektionsweg in Betracht zu ziehen ist.

Die Virusausbreitung im Organismus nach Inokulation durch Biß geschieht in der Regel *neurogen*, wobei offensichtlich bereits in der Tiefe der Inokulation in peripheren Nerven bzw. im Muskelgewebe eine Virusvermehrung stattfindet. Das mit dem Achsenstrom *zentripetal* fortbewegte Virus ist in der Lage, Membranen von Nervenzellen zu penetrieren und sich auf diese Weise im ZNS weiter auszubreiten. Grundsätzlich ist dabei im Auge zu behalten, daß die dem oikotrop-sensiblen System (Hinterstrangsystem) angehörende Spinalganglienzelle zwei axonale Fortsätze, einen zur Körperperipherie und einen über das Rückenmark als GOLLscher und BURDACHscher Strang verlaufenden und im Rautenhirn endenen, besitzt. Das Virus, in das periphere Axon dieses Systems einmal eingetreten, braucht von dort bis zum Hirnstamm dieses nicht mehr zu verlassen. Vergleichbares gilt für die oikotrop-sensiblen Nerven im Kopfbereich (N. trigeminus mit seinem GASSERschen Ganglion semilunare). Während der Phase des aszendierenden intraaxonalen Transports sind keine Viruspartikel nachweisbar. Sicher kommen aber nicht nur diese afferent-sensiblen Systeme für die Virusausbreitung in Betracht, wie dann im weiteren Verlauf auch, d.h. nach Virusreplikation im Gehirn, eine zentrifugale neurogene Ausbreitung in die gesamte Peripherie und damit zu den Speichel- und Tränendrüsen stattfindet. Hierbei sind Viruspartikel elektronenmikroskopisch nachweisbar.

Ganz allgemein erklärt der neurogene Ausbreitungsweg, weshalb die Hauptmanifestation der Infektion in Rauten-, Mittel- und Zwischenhirn, Hippocampus- und Kleinhirn erfolgt und weshalb das klinische Bild durch Fehlsteuerungen sensibel-sensorischer, motorischer und integrierter Funktionskreise eben dieser Areale bestimmt wird. Die Einbeziehung des Limbischen Systems führt zu Erregungssteigerung (Wut) oder Erregungsdämpfung (Apathie, stille Wut), die Einbeziehung motorischer Systeme und der Kerngebiete der Vagusgruppe zu Schluckstörungen (Hydrophobie), die Einbeziehung der Formatio reticularis und der Atem- und Kreislaufzentren zu Dysregulation der Grundlebensvorgänge und schließlich zum Tode. Das Großhirn bleibt in der Regel oder zumindest relativ lange unbetroffen, so daß auch das Bewußtsein (Mensch!) bis zum Todeseintritt erhalten bleibt.

Die *histologisch* faßbaren Äquivalente zur Tollwutinfektion sind keineswegs einheitlich und hängen davon ab, ob die betroffenen Zellen einer Nekrose (Zytolyse) anheimfallen, oder ob es zu einer Virusreplikation ohne Zelltod kommt. In ersterem Falle, hier insbesondere im Endstadium der Krankheit, entstehen auf der Grundlage des Zelluntergangs Gliaknötchen gemeinsam mit lymphomonozytären, perivaskulären Reaktionen; insgesamt also ein *polioenzephalitisches* Bild mit spezifischer Topik. Einschlußkörperchen sind dabei kaum nachweisbar. Im zweitgenannten Fall aber bleibt die Virusausbreitung und -vermehrung ohne Zelltod auf das Zellinnere beschränkt. Demzufolge fehlen monozytäre, mobile Resorptionen, und perivaskulär-immunozytäre Reaktionen halten sich in Grenzen. Intrazytoplasmatische, 3–9 µm große *Einschlußkörperchen* (NEGRIsche Körperchen) sind meist in großer Zahl vorhanden und können in einer einzigen Nervenzelle die Zahl zwanzig sogar übersteigen. In den Einschlußkörperchen finden sich elektronenmikroskopisch typische Nukleokapsidstrukturen.

Für diagnostische Zwecke eignet sich zum *Einschlußkörperchen-* und *Virusantigennachweis* mittels Immunofluoreszenz das leicht auffindbare Ammonshorn. Bei Rindern finden sich Einschlußkörperchen auch in den Perikarya von Klein- und Rautenhirn. Im übrigen lassen sich grundsätzlich in allen Bereichen mit Virusvermehrung, d. h. auch im Rückenmark, Einschlußkörperchen nachweisen. Für den *klinischen Einschlußkörperchennachweis* beim Rind bieten Kornea- und Konjunktivalabstriche gute Voraussetzungen. Unter Verwendung mono- wie polyklonaler Antikörper können Existenz und Verteilung des Antigens innerhalb des ZNS auf immunhistologischem Wege sogar am Paraffinschnitt sicher nachgewiesen werden (s. Tafel XXII. A-C).

Visna (Maedi)

Erreger: Maedi-Visna-Virus (MVV), Lentivirus der Familie Retroviridae. Inkubationszeit: wenige Monate bis zu 6 Jahren.

Die als Visna bezeichnete Enzephalitis (Enzephalomyelitis) wurde zuerst bei **Schafen** in Island beobachtet, kommt aber auch in anderen, insbesondere mitteleuropäischen Ländern vor, in Deutschland auch bei **Ziegen**. Das mit dem Erreger der als *Maedi* bekannten Pneumonie (s. S. 99) identische Virus führt in der Regel zu extrem langsam, zunächst oft atypisch verlaufenden Krankheitsbildern (Slow Virus-Infektion). Auch hinsichtlich Inkubations- und Latenzzeit bestehen Schwankungen zwischen wenigen Tagen und mehreren Jahren. Der klinische Verlauf wird in der Regel durch Ataxie, Hinterhandparese oder -paralyse, allgemeine motorische Ausfallerscheinungen und Trübung des Sensoriums bestimmt. Ihm entspricht ein langsam fortschreitender Demyelinisierungsprozeß (*Leukoenzephalitis*), der von der subependymalen weißen Substanz mit ausgeprägten monozytären und lympho-plasmozytären Reaktionen ausgeht und als immunopathisches Geschehen interpretiert wird.. Die graue Substanz von Hirn und Rückenmark ist demgegenüber weit weniger einbezogen. Im Ependym, seltener im Arachnoidealgewebe, kann es zu umschriebenen Proliferationen und regelrechten Granulomen mit zentraler Nekrose (granulomatöse Ependymitis) kommen. Ausgeprägte immunozytäre (lymphfollikelartige) und granulomatöse Reaktionen zeigen im übrigen auch die Plexus chorioidei.

In den übrigen Organen finden sich durchweg unspezifische Begleitbilder, sieht man von den kleinknotigen, teils lymphfollikulären, teils granulomatösen Bildern in der Lunge (*Maedi-Pneumonie,* s. S. 99) und den gelegentlich vorkommenden miliaren Milzgranulomen ab.

Caprine Arthritis und Enzephalomyelitis (CAE)

Erreger: CAEV, Lentivirus der Familie Retroviridae. Inkubationszeit: einige Wochen bis zu 4 Monaten.

Ebenfalls als immunopathischer Prozeß eingestuft, zeigt diese Enzephalitis eine gewisse Übereinstimmung mit Visna. In erster Linie erkranken 2–4 Monate alte Tiere unter allgemeiner Retardierung des Wachstums und fortschreitenden Lokomotionsstörungen. Neurohistologisch besteht wiederum eine vorwiegend periventrikuläre, demyelinisierende z.T. auch nekrotisierende Enzephalitis bzw. Myelitis (*Leukoenzephalomyelitis*), die mit einer granulomatösen Ependymitis beginnt (Abb. 11.19). Regelmäßig besteht eine lymphozytäre Leptomeningitis. Sekundär können sich Muskelatrophien entwickeln. Im weiteren kann es zu chronisch-progressiver interstitieller *Pneumonie* und proliferativer *Polyarthritis* unter Bevorzugung der Karpalgelenke kommen. Letztere betrifft vor allem adulte Tiere.

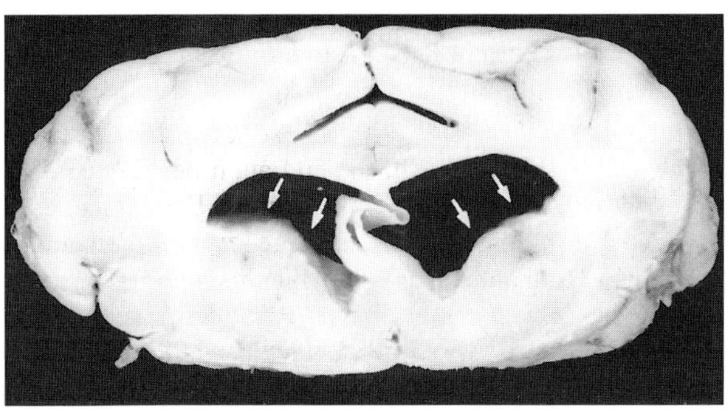

Abb.11.19 *Granulomatöse Ependymitis und Periventrikulitis* bei CAE der Ziege. 1,5 x nat. Größe.
Die insgesamt rauhe Kontur der Ventrikelwandungen ist durch den bereits fortgeschrittenen entzündlichen Abbau des periventrikulären Großhirnmarkes bedingt, wobei sich ein Hydrocephalus internus entwickelt hat. Die Pfeile markieren die feinknotigen Granulomfelder am Ventrikelboden.

Infektiöse Anämie der Einhufer (EIA)

Erreger: Equines Infektiöse Anämie-Virus (EIAV), Lentivirus der Familie Retroviridae.

Im Gegensatz zu den bisher genannten Lentivirosen besteht bei dieser Infektion kein spezifischer Neurotropismus. Lediglich in fortgeschrittenen Krankheitsstadien kann sich in den Großhirnventrikeln eine granulomatöse Ependymitis (Ventrikulitis) einstellen, die mit den entsprechenden, bei MVV- und CAE-Infektionen vorkommenden Veränderungen vergleichbar ist. Eine essentielle diagnostische Bedeutung kommt diesen Veränderungen bei EIA jedoch nicht zu.

Immunschwächekrankheiten bei Affe, Rind und Katze

Erreger: Simian (SIV), Bovine (BIV) and Feline (FIV) Immune Deficiency Virus, Lentiviren der Familie Retroviridae. Inkubationszeiten: nicht näher bestimmbar, jedoch durchweg lang (s. S. 68).

Ähnlich dem „**H**uman **I**mmun Deficiency **V**irus" (= HIV) führt der jeweils entsprechende Erreger, SIV beim Affen, BIV beim Rind und FIV bei der Katze, zur irreversiblen Schädigung des Immunsystems, die morphologisch vor allem durch Depletion der lymphfollikulären bzw. thymusabhängigen T-Zellkomplexe innerhalb lymphoretikulärer Systeme Ausdruck findet. Der humanen AIDS-Krankheit (**A**cquired **I**mmune **D**eficiency **S**yndrome), insbesondere hinsichtlich der ZNS-Veränderungen am ähnlichsten ist die SIV-Infektion. Neben zelldegenerativen Veränderungen kommt bei HIV vor allem den eigentümlichen monozytären Proliferationen mit Neigung zu Riesenzellbildung und deutlicher Bindung an das Gefäßsystem Bedeutung zu.

Auch bei der BIV-Infektion besteht ein deutlicher Neurotropismus, der sich bei experimentell infizierten Rindern in lympho-, plasmo- und monozytären Infiltationen von Meninx und ZNS-Parenchym, unter Betroffensein von Groß-und Kleinhirn sowie Rückenmark, ohne spezifisches Verteilungsmuster zu erkennen gibt. Daneben kommt es zu deutlichen Ödematisierungen. Wichtige opportunistische Begleit- bzw. Sekundärinfektionen sind Mastitis, Pododermatitis und systemische Leukose. Demgegenüber beschränken sich die ZNS-Veränderungen bei der FIV-Infektion auf diskrete Rundzellinfiltrate unter Bevorzugung von Thalamus und Mesenzephalon. In späten Verlaufsstadien, d.h. etwa sieben Monate post infectionem, treten teils fokale, teils diffuse Gliosen auf. Im übrigen ebnet auch diese Immunschwächekrankheit anderen Infektionen, hier insbesondere den Katzenvirosen FIP und FeLV, den Weg.

Lymphozytäre Choriomeningitis (LCM)

Erreger: Arenavirus. Inkubationszeit (exp.): 5–7 Tage.

Die in wildlebenden Mäusepopulationen z. T. weit verbreitete Infektion spielt für die Haustierpathologie eine untergeordnete Rolle. Beim **Menschen**, insbesondere bei Kindern, kann sie zu Meningitiden und Meningoenzephalomyelitiden führen. Im übrigen werden auch Infektionen bei **Affe**, **Hund**, **Meerschweinchen** und **Hamster** beobachtet.

Bei der LCM der Maus stehen, insbesondere bei jungen Tieren, immunozytäre Infiltrate in Meninx und Plexus chorioideus im Vordergrund, während degenerativ-nekrotische Vorgänge am Nervengewebe selbst fehlen. Insgesamt gilt daher die LCM als immunpathologisches Phänomen, in das in erster Linie die T-Lymphozyten einbezogen sind. Neben den Veränderungen im Bereich des ZNS werden systemische Proliferationen und Zellnekrosen im gesamten lymphatischen Gewebe, ferner Blutgefäßwandnekrosen und Glomerulopathien gesehen. Durch Applikation von Immunsuppressiva kann der Verlauf der LCM stark retardiert werden, wie auch bei älteren Mäusen mit Involution des immunozytären Systems keine deutlichen Zellproliferationen mehr stattfinden, obwohl Virus reichlich vorhanden ist (Dauerausscheider?).

Borna-Enzephalitis

Erreger: Behülltes Einzelstrang-RNS-Virus negativer Polarität (9 kb); Bornavirus (BDV) der Familie Bornaviridae, Ordnung Mononega virales.

Der weitgehend klassifizierte Erreger ist elektronenmikroskopisch nicht nachweisbar, führt jedoch gelegentlich zur Bildung intranukleärer, JOEST-DEGENscher Einschlußkörperchen in Nervenzellen, wo auch seine natürliche Replikation stattfindet. Er kodiert im übrigen zwei spezifische Proteine (24 und 38 kDa) sowie ein Glykoprotein (14 bzw. 18 kDa), entfaltet jedoch keinen primär zytopathogenen Effekt. Die Entstehung einer Polioenzephalitis bei **Pferd**, anderen **Equiden** und **Schaf**, seltener bei **Rind** und **Katze**, wird mit einer virusinduzierten, T-Zell-vermittelten Immunopathie erklärt, in deren Mittelpunkt $CD4^+$- und $CD8^+$-T-Zellaktionen und monozytäre Aktivitäten im Sinne einer Hypersensitivitätsreaktion vom „verzögerten Typ" stehen. In klassischer Weise beim Pferd vorkommend, erstreckt sich das Entzündungsgeschehen vor allem auf die Großhirnrinde, nächsthäufig auf subkortikale Grisea und seltener auf Rautenhirn und Rückenmark. Während histologisch aktueller Zelluntergang nur ganz vereinzelt zu finden ist, zeigen sich exzessive lymphoplasmozytäre Gefäßummantelungen sowie ausgedehnte Astrozytenproliferationen. Die Diagnose wird in zuverlässiger Weise immunhistochemisch abgesichert. Neben den im Regelfall subakut-chronisch verlaufenden Formen kommen vereinzelt auch hochakute Bilder mit teils hämorrhagischer Komponente vor. Der natürliche Infektionsweg verläuft vermutlich von der respiratorischen Nasenschleimhaut via N.trigeminus > Ganglion GASSERI oder von der Riechschleimhaut via Fila olfactoria ins ZNS. Obwohl sich eine Erregerverbreitung weit über Europa hinaus serologisch nachweisen läßt, ist das Auftreten der Krankheit beim Pferd im wesentlichen auf süd- und mitteldeutsche Endemiegebiete beschränkt. Neben den o.g. Tieren haben sich zahlreiche weitere Spezies als serologisch positive Reagenten erwiesen, und für den Menschen gilt ein Kausalzusammenhang zwischen bestimmten Psychosen und dem Borna-Erreger als wahrscheinlich. Diese Annahme wird durch die an Versuchstieren (Ratte, Maus, Hamster) gewonnenen Befunde insoweit bestätigt, als experimentelle Infektionen zum einen zu Verhaltensstörungen, oft mit ungezügelter Freßlust (*Obesity Syndrome*) und ohne Entwicklung einer Enzephalitis, zum anderen zu chronisch-degenerativen Hirnveränderungen mit terminalem Hydrozephalus, schließlich aber auch zur Enzephalitis führen.

Amerikanische Pferdeenzephalitiden

Erreger: Alphaviren (Arbo A) der Familie Togaviridae. Inkubationszeit: 1–3 Wochen.

Die drei wichtigsten amerikanischen Pferdeenzephalitiden, die ***Venezuelan*** *(VEE)*, ***Eastern*** *(EEE)* und ***Western*** *(WEE)* ***Equine Encephalitis,*** werden durch verschiedene Mückenarten *(Aedes, Anopheles* und *Culex spp.)* übertragen, wobei im Falle der VEE ein biologischer *Mücken-Pferde-Zyklus* besteht und sonstige Spezies einschließlich **Mensch** zufällig infiziert werden können. Demgegenüber laufen EEE und WEE über einen *Mücke-Vogel-Zyklus,* in den das Pferd und andere Spezies als „Sackgassewirte" (dead end hosts) einbezogen sein können.

Bereits die klinischen Erscheinungen, wie Verhaltensstörungen, Teilnahmslosigkeit, Amaurosis, Orientierungsstörungen, Ataxien, terminale Paralysen, deuten auf Störungen in den Grisea des ZNS hin. Dem entsprechen neurohistologisch degenerativ-nekrotische Primärläsionen in Großhirnkortex, Basalganglien, Stammhirnneuronen und Kleinhirnkernen. Entsprechend der nekrobiotischen Komponente finden sich sowohl granulozytäre als auch mikrogliale Phagozytosen, ferner perivaskuläre Rundzellansammlungen und astrozytäre Proliferationen. Bisweilen bestehen auch Mikrothrombosen in kortikalen und meningealen Arteriolen und Venolen.

Japan B-Enzephalitis

Erreger: Flavivirus der Familie Flaviviridae. Inkubationszeit: 1–3 Wochen.

Die durch *Culex-Mücken* übertragene Enzephalitis wird bisweilen bei **Mensch** und **Pferd**, seltener beim **Schwein** beobachtet. Normalerweise besteht ein *Mücke-Vogel-Zyklus*, so daß andere Spezies wiederum als „Sackgassewirte" von einer *Polioenzephalitis*, die morphologisch den amerikanischen Pferdeenzephalitiden weitgehend entspricht, betroffen werden können. Beim Schwein fällt rein neurohistologisch eine Abgrenzung vom Teschen-Talfan-Komplex schwer.

Louping Ill

Erreger: Flavivirus der Familie Flaviviridae. Inkubationszeit: 5 Tage.

Die Infektion wird durch Zecken *(Ixodes)* übertragen und führt vornehmlich bei jungen **Schafen** und **Lämmern**, die die kolostral erworbene Immunität verloren und noch keine aktive Immunität aufgebaut haben, zu einer *Polioenzephalomyelitis*. Gelegentlich wird diese Enzephalitis bei **Schwein**, **Rind**, **Reh** und **Pferd** und, in gutartiger Verlaufsform, beim Menschen gesehen. Neurohistologisch handelt es sich um eine Polioenzephalomyelitis, die im Rückenmark besonders die Ventralhörner betrifft. Bei den ausgeprägten perivaskulären Zellinfiltraten dominieren Makrophagen, Lymphozyten und Plasmazellen. Infiltrate dieser Art kommen auch in der Leptomeninx vor (Meningitis lympho-plasmocytaria). Geographisch gesehen, wird Louping Ill vor allem in England, Schottland und Irland vorwiegend in den Spätsommer- und Herbstmonaten beobachtet. Im übrigen besteht eine enge Antigenverwandtschaft mit dem Erreger der Zentraleuropäischen Zeckenenzephalitis (FSME).

Frühsommer-Meningoenzephalitis (FSME)

Erreger: Flavivirus der Familie Flaviviridae. Inkubationszeit: 3–14 Tage.

Die bei Mensch auch als *Tick born Encephalitis* oder *Zentraleuropäische Enzephalitis* bezeichnete Virusinfektion wird im wesentlichen durch Zecken *(Ixodes)* übertragen, die üblicherweise auf wildlebenden Nagern (Mäusen), dem natürlichen Virusreservoir, parasitieren. Sie wird gelegentlich auch bei Haustieren beobachtet. Klinisch können beim **Menschen** gut- wie bösartige Verlaufsformen, von leichtem Meningismus über epileptische Anfälle bis hin zur tödlichen Meningoenzephalitis reichend, auftreten. Unter den Haustieren am eindeutigsten beim **Hund** nachgewiesen, führt die Infektion zu einem *polioenzephalitischen* Bild mit fleckförmigem Verteilungsmuster. Neben lympho-monozytären Reaktionen finden sich auch polymorphkernige Granulozyten. Die perivaskulären und meningealen Immunozytenreaktionen entsprechen dem Reaktionsmuster bei den sonstigen Flavivirusinfektionen. Biologisch gesehen sind Mensch und Haustiere Zufalls- bzw. Sackgassewirte, während der *natürliche Viruszyklus* zwischen Zecke und wildlebenden Nagern (Mäusen) verläuft.

Schweinepestenzephalitis

Erreger: Pestivirus der Familie Flaviviridae; ESP-Virus. Inkubationszeit: 3–12 Tage.

Die europäische Schweinepest (s. S. 183) geht regelmäßig mit einer Meningoenzephalitis einher, die jedoch klinisch kaum in Erscheinung tritt, d. h. von den schweren Allgemeinsymptomen überlagert wird.

Neurohistologisch dominieren nichteitrige, d.h. lymphoplasmozytäre, perivaskuläre und meningeale Reaktionen, denen multiple Mikrothromben, gemeinsam mit Endothel- und Gefäßwandnekrosen vorangehen. Veränderungen im ZNS-Gewebe selbst treten erst sekundär und in unspezifischer Form (hypoxische Schädigung?) auf. Der rein *vaskulitische Charakter* der Schweinepestenzephalitis erklärt das diffuse bzw. panenzephalitische Verteilungsmuster der Veränderungen. Insgesamt gesehen sind die ZNS-Veränderungen bei der klassischen Schweinepest von hohem diagnostischem Wert. Ganz ähnliche Symptome findet man auch bei der seltenen *Afrikanischen Schweinepest* (DNS-Virus, Gruppe Iridoviren!).

Border Disease

Erreger: Pestivirus der Familie Flaviviridae; BD-Virus. Inkubationszeit: diaplazentar letztes Trimenon.

Der Erreger dieser Schafkrankheit ist mit dem Erreger der Bovinen Virusdiarrhoe (Mucosal Disease) weitgehend identisch. Für die Manifestation der Krankheit werden jedoch auch genetische Voraussetzungen mitverantwortlich gemacht (s. S. 133 u. 365).

Die Infektion kann sowohl zu *intrauterinem Tod* und *Abort* als auch zu charakteristischen Störungen bei **neugeborenen Lämmern** führen. Zu diesen sind ein abnormes, meist hyperpigmentiertes Vlies und eine reduzierte Entwicklung der Albi in Hirn und Rückenmark *(= Hypomyelinogenesis congenita)* mit dem klinischen Bild tonisch-klonischer Krämpfe (Shakers) zu zählen (s. S. 365, 488).

Neurohistologisch finden sich Veränderungen in der spinalen, aber auch der zerebellaren und zerebralen weißen Substanz im Sinne einer *reduzierten Myelinentwicklung* wie auch einer Auflösung bestehender Myelinscheiden mit monozytärer Phagozytose und konsekutiver Astrogliose. Bemerkenswert ist in diesem Zusammenhang, daß die Infektion auch zu Störungen im Kupferstoffwechsel führt, was die Abgrenzung vom Kupfermangel- bzw. Swayback-Syndrom erschwert.

Enzephalitis bei Erbrechen und Kümmern der Ferkel (Hemagglutinating Virus-Infection = HEV; Vomiting and Wasting Disease; Ontario-Poliomyelitis)

Erreger: porzines Coronavirus der Familie Coronaviridae; HEV-Virus. Inkubationszeit: 1–3 Tage.

Diese sporadisch in Schweinebeständen auftretende Infektion kann alle Altersgruppen betreffen, führt in der Regel aber nur bei Saugferkeln im Alter von 4 bis 14 Tagen zum Tode. Je nach Schwere des Verlaufs sterben die Tiere entweder unter Erbrechen und motorischen Ausfallerscheinungen oder erholen sich alsbald. Bei subakut-chronischem Verlauf zeigen sich die Symptome *Kümmern* und *Erbrechen* oft über mehrere Wochen, so daß der Tod unter allgemeinen Verfallserscheinungen (Marasmus) eintritt. Neurohistologisch besteht eine *Polioenzephalomyelitis*, die so weitgehend mit dem Bilde der Teschen-Talfan-Disease übereinstimmt, daß eine exakte Diagnose nur mittels virologischer und serologischer Methoden geführt werden kann. Die damit stark eingeschränkte histologische Differentialdiagnose wirft besonders bei Absatzferkeln und Läuferschweinen Probleme auf.

ZNS-Veränderungen bei der felinen infektiösen Peritonitis (Feline Infectious Peritonitis, FIP)

Erreger: Coronavirus der Familie Coronaviridae; FIP-Virus. Inkubationszeit: 1–4 Monate.

Wie auf S. 122 ausgeführt, werden bei dieser felinen Viruskrankheit bisweilen Veränderungen im ZNS gesehen. Histologisch bestehen in derartigen Fällen teils granulomatöse Entzündungen (sog. Pyogranulome) in den Hirnventrikeln und an den Meningen *(Chorio-Ependymitis et Meningitis granulomatosa)*. Heftigere Granulozytenemigrationen können auch einen mehr purulenten Entzündungscharakter bedingen. Besonders charakteristisch sind die vaskulären Reaktionen in der Leptomeninx von Typ der *Panarteriitis* und *-arteriolitis*, die auf ein immunopathisches Geschehen hinweisen. Die Verlegung des Liquorabflusses durch die Entzündungsereignisse kann zu einem sekundären Hydrozephalus führen. In Analogie hierzu steht eine fallweise zu beobachtende *Endophthalmitis granulomatosa (Panuveitis* s. S. 438).

Infektionen durch DNS-Viren

Hepatitis contagiosa canis (Hcc; Rubarthsche Krankheit; Fox Encephalitis)

Erreger: Mastadenovirus der Familie Adenoviridae; kanines Adenovirus 1 (CAV). Inkubationszeit: 1–5 Tage.

Bei der Virushepatitis des Hundes (s. S. 216) kommt es, vermutlich wegen des akut tödlichen Verlaufs, in der Regel nur zu wenig ausgeprägten ZNS-Veränderungen. Im allgemeinen lassen sich histologisch Gefäßwandnekrosen, Plasmaextravasate und kapilläre Blutungen im Hirnparenchym nachweisen. Soweit intranukleäre Einschlußkörperchen im ZNS vorkommen, beschränken sich diese auf Blutgefäßendothelien.

Aujeszkysche Krankheit (Pseudowut; Infektiöse Bulbärparalyse, Mad Itch)

Erreger: Porzines Herpesvirus Typ 1, Genus Varizellovirus der Familie Herpetoviridae; SHV 1. Inkubationszeit: 2–8 Tage.

Diese bei **Schwein**, **Rind**, **kleinen Wiederkäuern**, **Fleischfressern** und **Equiden** vorkommende Virusinfektion zeigt eine deutliche, wenngleich nicht ausschließliche Affinität zum Nervensystem. Beim Schwein, das, neben der Ratte, als der natürliche Hauptwirt gilt, erkranken in erster Linie Ferkel, während sich bei jugendlich-erwachsenen und älteren Tieren die Infektion zwar rasch ausbreitet, jedoch klinisch inapparent oder symptomenschwach verläuft. Bei graviden Tieren kommt es häufig zu *Aborten*. Saugferkel von Virusträgern erhalten eine passive kolostrale Immunität, Ferkel nichtimmuner Sauen sind besonders infektionsgefährdet.

Der Infektionsweg ist beim **Schwein** überwiegend *aerogen*, beim Rind sowohl *aerogen* als auch *alimentär* und *vaginal*. Da das Virus auch in Schwebepartikeln mit dem Wind verschleppt werden kann, bedarf es für das Haften der Infektion speziell beim Schwein keines Direktkontaktes zwischen infizierten und nichtinfizierten Tieren. Nach initialer Virusvermehrung am Infektionsort und einer virämischen Phase kommt es beim Schwein zu einer ausgedehnten Organmanifestation und im weiteren zu besonders deutlichen, unmittelbar viralen Schäden in ZNS (Panenzephalitis; Abb. 11.20) und PNS. Bei den übrigen Haustieren, insbesondere beim Hund, steht die neurogene Virusausbreitung pathogenetisch im Vordergrund.

Nach Aufnahme virushaltigen Futters erfolgt bei **Hund** und **Katze** die Primärmanifestation des Erregers hauptsächlich im Mund- und Rachenraum. Von hier aus verläuft der neurogene Infektionsweg über Äste von N. trigeminus und N. glossopharyngeus oder ersten Zervikalnerv. Infek-

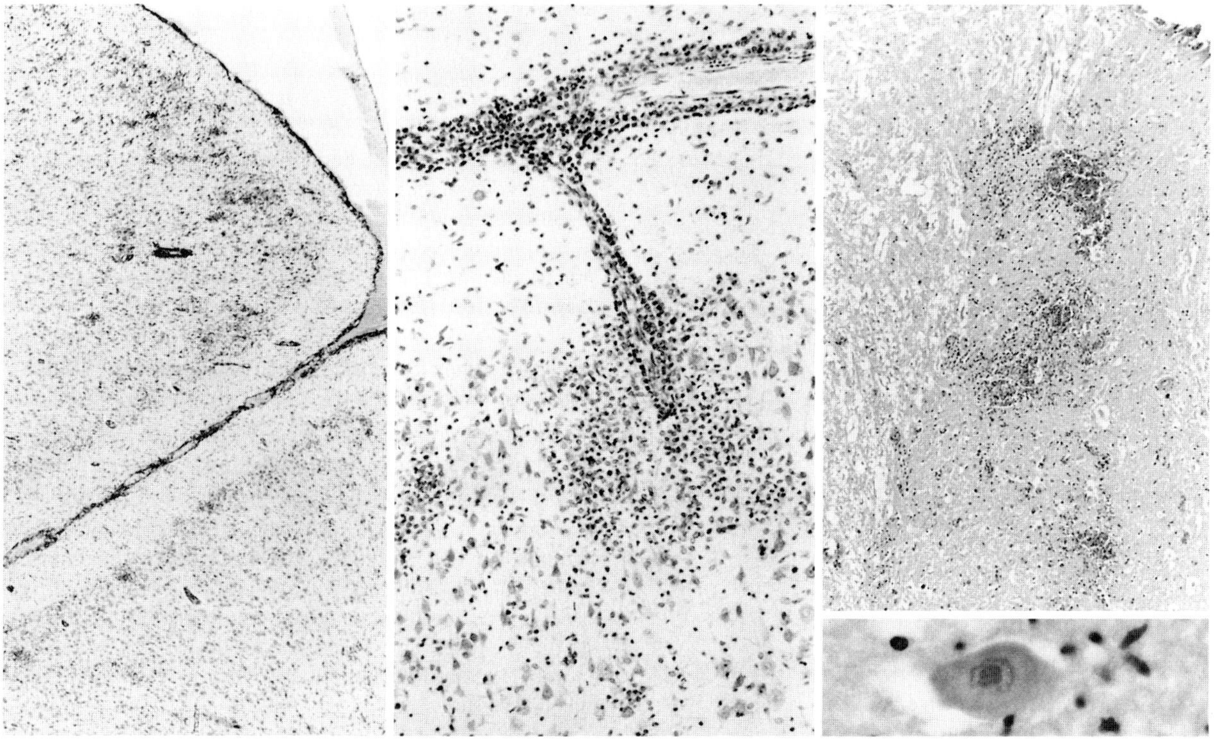

Abb. 11.20 *AUJESZKYsche Krankheit* bei Schwein und Hund.
links: Meningoenzephalitis vom Typ der diffusen Polioenzephalitis beim Ferkel infolge hämatogener Virusausbreitung. NISSL-Färbung, 90 x.
Mitte: Meningoenzephalitis mit deutlichem Blutgefäßbezug desselben Falles. Neben Lympho- und Monozyten finden sich auch zahlreiche neutrophile Granulozyten. NISSL-Färbung, 190 x.
rechts oben: segmentale Poliomyelitis im Bereich des Dorsalhornes im oberen Halsmark (C_2) des Hundes nach neurogen-aszendierender Virusausbreitung. NISSL-Färbung, 90 x.
rechts unten: Herpes-typisches, intranukleäres Einschlußkörperchen in einer Nervenzelle beim Hund. HE, 300 x.

tionsausbreitungen aus dem übrigen Digestionsapparat und aus der Körperperipherie sind demgegenüber seltener. Demzufolge findet sich bei der Pseudowut der Fleischfresser zumeist eine *Ganglioneuritis* im Bereich der genannten Nerven mit konsekutiver Hirnstammenzephalitis bzw. Myelitis. Letztere gibt im weiteren Anlaß zu motorischen Ausfallserscheinungen im Sinne einer Bulbärparalyse sowie zu Hyperästhesien und extremem Juckreiz im Kopf-Hals-Bereich. Bei Manifestation der Infektion in Spinalganglien und Rückenmark nach neurogener Virusausbreitung über vegetative oder sensible Bahnen spiegelt die Lokalisation des Juckreizes die Topik des jeweiligen myelitischen (Abb. 11.20) und ganglioneuritischen Geschehens wider. Vergleichbares gilt für **Pferd** und **Rind**. Meist noch deutlicher als beim Hund kommt es bei diesen Tieren zu extremem Juckreiz (Pruritus!) mit regelrechter „Ablederung" der Haut.

Entsprechend dem klinischen Symptomenmuster ist neurohistologisch zwischen einem, im wesentlichen nur beim Schwein nach hämatogener Erregerausbreitung vorkommenden panenzephalitischen und -myelitischen Geschehen auf der einen und eng systemischen Entzündungen in ZNS und Ganglien nach neurogener Erregerausbreitung auf der anderen Seite zu unterscheiden. Im Mittelpunkt der Gewebsveränderungen stehen Nervenzellnekrosen mit und ohne Neigung zu Ausbildung eosinophiler Kerneinschlußkörperchen. Diese Zytonekrosen können sich auch auf Neurogliazellen erstrecken, werden im übrigen aber von heftigen makro- und mikrophagischen Mobilisationen und lympho-plasmozellulären, perivaskulären Reaktionen gefolgt. Zu heftigen meningitischen Reaktionen kommt es vor allem beim panenzephalitischen Bild des Schweines. Ansonsten steht die Meningitis in enger Lokalisationsbeziehung zum Geschehen im Hirn-Rückenmarkgewebe.

Auch in den jeweils betroffenen *Zerebral-* oder *Spinalganglien* dominieren histologisch Zytonekrosen und deutliche makro- und mikrophagische Reaktionen. Insgesamt ist noch zu erwähnen, daß, ähnlich dem Entzündungsgeschehen bei anderen Herpesinfektionen, neutrophile Granulozyten unter den Entzündungszellen stark in den Vordergrund treten können.

Beim **Schwein** mit relativ weitgefächerter Organmanifestation finden sich Einschlußkörperchen und nekrotisch-entzündliche Veränderungen besonders auch in Nasenhöhle, Luftwegen und Lunge, ferner in den Epithelien des Mund- und Rachenraumes, der äußeren Haut, in Skelett- und Herzmuskulatur und in der Nebennierenrinde. Dem entspricht klinisch ein fieberhaftes, mit Anorexie, Husten, Nießen, Erbrechen, Pruritus und fortschreitenden ZNS-Symptomen einhergehendes Bild.

Zur Absicherung der Diagnose eignen sich der *immunhistochemische Antigennachweis* am Gefrier- oder Paraffinschnitt sowie der Nachweis *spezifischer Zytotoxizität* an der Gewebekultur.

Herpes equi 1-Infektion (Equine Viral Rhinopneumonitis = EVR, Virusabort der Pferde; s. S. 307)

Erreger: Equines Herpesvirus Typ 1 der Familie Herpetoviridae; Herpes equi 1. Inkubationszeit bei Neonaten: diaplazentar letztes Trimenon

Die Einbeziehung des ZNS in diese Infektion kann auf verschiedene Weise geschehen. So finden sich bei etwa 50% aller infolge Herpes equi 1-Infektion totgeborener oder unmittelbar nach der Geburt gestorbener Fohlen disseminiert-herdförmige ZNS-Nekrosen ohne spezifische Topik, die von monozytär-makrophagischen Reaktionen begleitet werden. Spezifische Kerneinschlußkörperchen sind bei dieser hämatogenen Erregerausbreitung regelmäßig in ZNS und anderen Organen, hier vor allem in Lunge, Leber, Milz, Thymus und Nebenniere, nachweisbar (s. S. 478).

Bei erwachsenen Tieren, die an Rhinopneumonitis erkrankt waren, insbesondere aber bei Stuten mit Virusabort, kommt es gelegentlich zu myelitischen, selten auch zu myeloenzephalitischen Bildern (= *Myelitis disseminata* DEXLER), die klinisch als *Equine Paralysis* oder *Equine Paresis* bezeichnet werden. Der Gesamtverlauf ist subakut bis chronisch. Spontanheilungen sind möglich. Am Sektionstisch dominieren petechiale bis streifige Blutungen im Rückenmark ohne spezifische Lokalisation. Allerdings ist in Einzelfällen der Hinterhornbereich der grauen Substanz betont betroffen (Tafel XX. E). Dieser auffällige makroskopische Befund wird histologisch durch vaskulonekrotische und thrombotische Prozesse an Venulen und Arteriolen, ferner durch disseminierte, partiell funikulär angeordnete Ödeme und Axonschwellungen in der weißen Substanz abgerundet. Zelluläre Reaktionen sind je nach Verlaufsstadium gering oder stark ausgeprägt. Einschlußkörperchen fehlen durchweg, wie auch der Antigennachweis im Bereich der Veränderungen nicht in allen Fällen gelingt. In pathogenetischer Sicht ist daher, neben einer direkten Viruseinwirkung auf das Rückenmark, auch an ein immunopathisches Geschehen zu denken. Mit akuten Stadien der Cauda equina-Neuritis (s. S. 413 und Abb. 11.31) bestehen gewisse Übereinstimmungen.

Herpes bovis 5-Infektion (Subform der Infektiösen Bovinen Rhinotracheitis = IBR)

Erreger: Bovines Herpesvirus 5 (BHV 5) der Familie Herpetoviridae; (frühere Bezeichnung BHV 1.3). Inkubationszeit: 2–6 Tage.

Zu enzephalitischen, letal endenden Komplikationen im Verlauf der IBR kommt es offenbar nur bei Infektion mit dem BHV-Typ 5. Betroffen sind durchweg junge Tiere, die sich bereits in einem fortgeschrittenen Infektionsstadium befinden. Die Virusausbreitung zum ZNS hin erfolgt durchweg vom Rachenraum aus über Äste des N. glossopharyngeus oder des N. trigeminus, seltener aus der Lunge über Nerven der Vagusgruppe. Aus dieser neurogenen Route erklärt sich auch die primär bulbäre Manifestation der Infektion, die im weiteren durch meist rasche intrazerebrale Ausbreitung andere Hirnbereiche bis hin zum Großhirnkortex erfaßt. Die hierbei ablaufende Zell-zu-Zell-Infektion führt zu Nervenzellnekrosen, Ausbildung intranukleärer Einschlußkörperchen, bestehend aus einer Vielzahl von Nukleokapsidstrukturen (Abb. 11.21), sowie monozytären, granulozytären, perivaskulär immunozytären und astrozytären Reaktionen. Am Ende steht eine multifokale bis diffuse, nekrotisierende Einschlußkörperchenenzephalitis unter Bevorzugung der Grisea (Polioenzephalitis).

Herpes-canis-Infektion

Erreger: Kanines Herpesvirus Typ 1 der Familie Herpetoviridae; CHV 1. Inkubationszeit: 3–8 Tage.

Diese bei neugeborenen **Hundewelpen** tödlich verlaufende Virusinfektion (s. S. 309) führt in ZNS und PNS einschließlich spinaler und autonomer Ganglien zu multifokalen, nichteitrigen Entzündungen. Die Meninx ist deutlich einbezogen (*Meningoenzephalomyelitis*). Die zelligen Reaktionen umfassen überwiegend aktivierte Mikroglia und phagozytoseaktive Monozyten. Diesem Befund entsprechen als klinische Symptome Lethargie, Schreien und Fehlen des Saugreflexes.

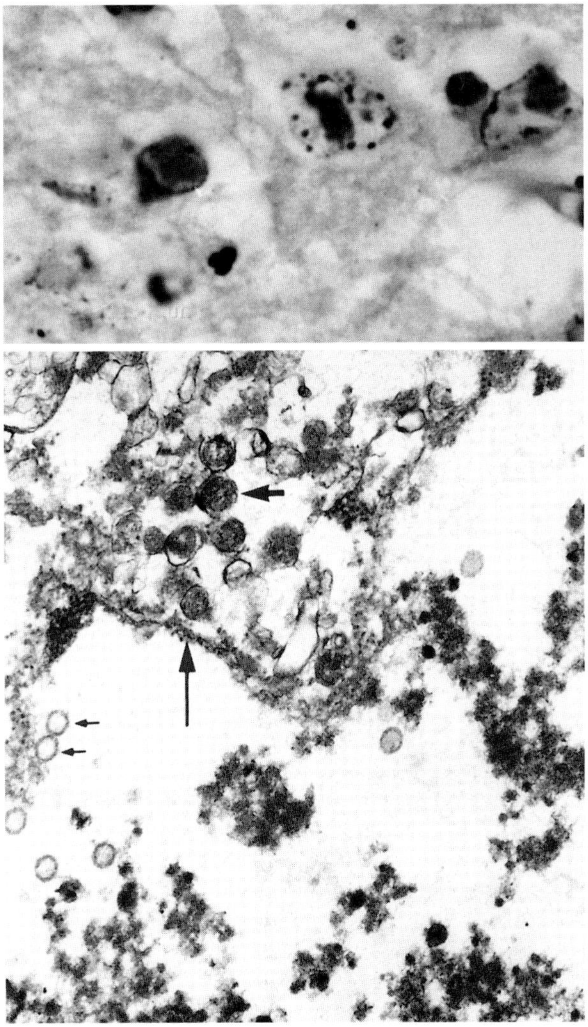

Abb. 11.21 *Nekrotisierende Enzephalitis* bei BHV 5-Infektion eines Kalbes.
oben: Nervenzellnekrosen, die mit Bildung intranukleärer Einschlußkörperchen einhergehen. HE, 1200 x.
unten: zugrunde gehende Nervenzelle. Der senkrechte Pfeil weist auf die Zellkernmembran, die kleinen waagrechten Pfeile auf Nukleokapsidstrukturen im Zellkerninnenraum und der große waagrechte Pfeil auf Nukleokapsidstrukturen im Zellsoma. TEM, 18.000 x.

Bösartiges Katarrhalfieber (BKF)

Erreger: Zwei verschiedene, immunologisch verwandte Herpesviren der Familie Herpetoviridae: 1. Das in Afrika von Wildwiederkäuern übertragene Alcelaphine Herpesvirus (AHV-1), 2. Ein in vielen Ländern vorkommendes, Schaf-assoziiertes Herpesvirus.

Für die Diagnose des BKF beim Rind (Büffel, Bison, Elch) kommt dem neurohistologischen Befund erhebliche praktische Bedeutung zu. Mit großer Regelmäßigkeit bildet sich, parallel zu den übrigen Organ- und Gewebsbefunden (s. S. 38 u. 135), eine meist massive *Meningoenzephalomyelitis* aus, in deren Mittelpunkt ein vaskulitisches Bild steht. Bevorzugt an Arterien und Arteriolen kommt es zu fibrinoiden Wandnekrosen, die im weiteren von einem panarteriitischen (panvaskulitischen) Geschehen gefolgt werden. In dieses einbezogen sind sowohl Meninx- als auch Parenchymgefäße des ZNS, nicht zuletzt Rete mirabile und Plexus chorioidei. In ihren Frühphasen zeigen die Gefäßwandveränderungen subendotheliale Lympho- und Granulozyteneinwanderungen (Abb. 11.22). Parallel hierzu kommt es zu einer dichten lympho-monozytären, teils auch granulozytären Besiedelung der Leptomeninx. Im Hirnparenchym selbst bilden sich zudem venuläre Entzündungen sowie multifokale Gliosen aus. Einschlußkörperchen sind nicht nachzuweisen, wie auch primär zytonekrotische Vorgänge fehlen. Im wesentlichen scheint es sich um ein immunopathisches Sekundärgeschehen zu handeln, womit ein deutlicher Unterschied zu den anderen Herpes-Enzephalitiden besteht.

Die differentialdiagnostische Abgrenzung des BKF kann am Sektionstisch insbesondere gegenüber BVD/MD Schwierigkeiten bereiten. Bei dieser Virusinfektion kommt es jedoch nur ausnahmsweise zu ZNS-Veränderungen in Form diskreter, perivaskulärer Rundzellinfiltrate, die unschwer von den Veränderungen bei BKF zu unterscheiden sind.

11.2.5.2 Prioninfektionen des ZNS (Spongiforme Enzephalopathien)

Prione sind Proteine, die zum einen in einer *regulären molekularen Konfiguration* in der Zelle, hier insbesondere der Zellmembranen vorkommen, zum anderen durch *veränderte molekulare Konfiguration* krankheitsinduzierend sind. Sie treten dabei auch in Form freier Proteinpartikel auf, welche als infektiöses, nukleinsäurefreies Agens für verschiedene, jedoch grundsätzlich gleichsinnige Krankheiten bei Mensch und Tieren verantwortlich sind..

Das **reguläre zelluläre Prionprotein PrP^c** (= Prionprotein cellulär) wird von einem Gen auf Chromosom 2 der Maus, bzw. Chromosom 20 des Menschen codiert. Dieses Gen weist zwei Exone auf, von denen das Exon II einen offenen Leserahmen (ORF) von 253/254 Codons umfaßt. PrP^c besitzt einen Molekülradius von 33-35 kD sowie dreidimensionale, α-helikale Struktur und ist mit einer Glykolipidverankerung Bestandteil der Zelloberfläche vieler

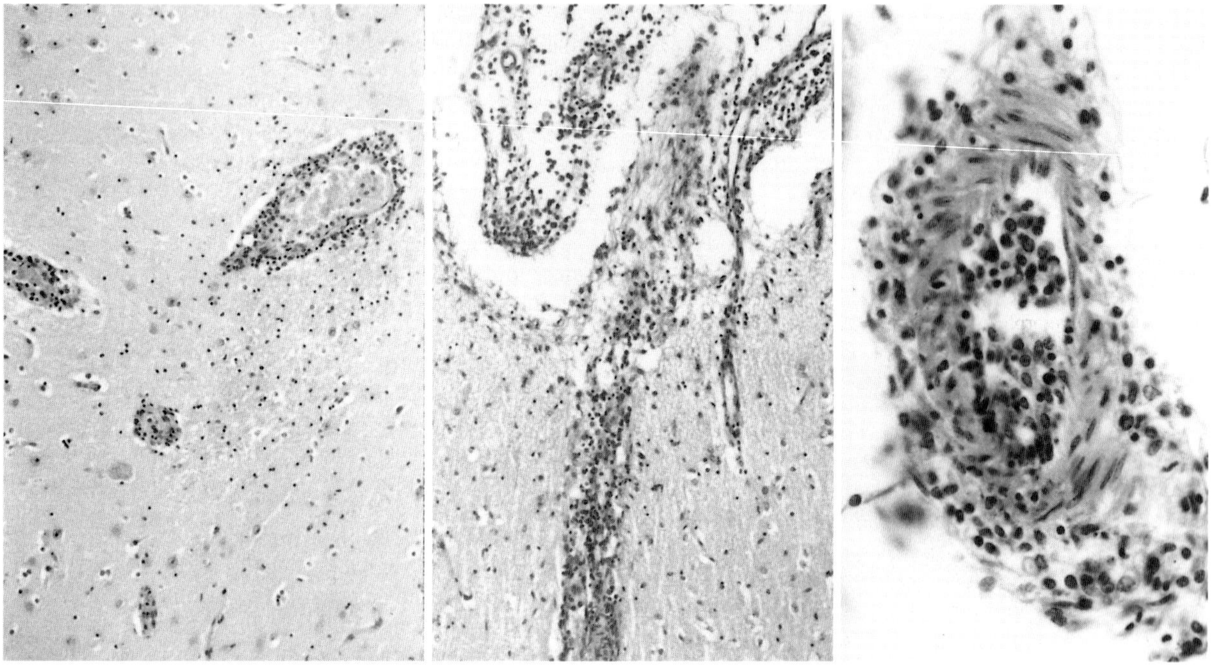

Abb. 11.22 Enzephalitisbild beim *Bösartigen Katarrhalfieber des Rindes (BKF).*
links und Mitte: perivenuläre und periarterioläre lympho-monozytäre Reaktionen in Hirnparenchym und Meninx. NISSL-Färbung, 75 x.
rechts: nahezu pathognomonischer Befund an Meninxarteriolen im Sinne einer Panarteriolitis. Neben einer lympho-monozytären Infiltration der Intima mit Endothelproliferation sind Adventitia und z.T. auch Media durch die gleichen Zellen infiltriert. HE, 350 x.

Körperzellen, ausgenommen Leber und Pankreas. Besonders hoch exprimiert wird PrP^c von Neuronen. Die Funktion dieses Proteins ist noch ungeklärt, vermutlich ist es an der Steuerung von Ionenkanälen beteiligt.

Das **veränderte Prionprotein PrP^{sc}**, dem für verschiedene spongiforme Enzephalopathien kausale Bedeutung zugesprochen wird, wurde erstmals bei *Scrapie* des Schafes nachgewiesen und deshalb seine Bezeichnung mit PrP^{sc} (= Prionprotein der Scrapie) für alle einschlägigen Krankheiten festgelegt. Es besitzt zwar die unveränderte Primärstruktur, jedoch ist der Molekülradius wegen β-Faltblattkonformation auf 27-30 kD reduziert. Mit dieser spezifischen Tertiärstruktur ist das PrP^{sc} im Gegensatz zu PrP^c extrem hitze-, säure-, protease- und strahlenstabil und akkumuliert in unlöslicher Form zu Amyloidfibrillen, die als SAF (= Scrapie Associated Fibrils) bezeichnet werden. Zellen, an deren Oberfläche sich PrP^{sc}-Moleküle befinden, zeigen einschneidende Veränderungen der Ionenhomöostase und gehen unter Vakuolisierung im Sinne einer *spongiösen Dystrophie* allmählich zugrunde. Entzündungszeichen bzw. Immunreaktionen fehlen, da PrP^{sc} eine Isoform des PrP^c und somit kein Fremdprotein ist. Die wesentliche, späte (!) Gewebsantwort besteht in einer progressiven Astrogliose.

Hinsichtlich der Pathogenese von Prion-Krankheiten wird postuliert, daß das PrP^{sc} mit dem PrP^c an der Zelloberfläche ein Heterodimer (z.T. auch Tri- bis Hexamere) bildet, wobei das reguläre PrP^c zu PrP^{sc} umgefaltet wird. Die daraufhin vorliegenden zwei PrP^{sc}-Moleküle bilden wiederum Heterodimere mit anderen PrP^c-Molekülen mit dem gleichen Ergebnis der Konformationsänderung. Dies führt zu exponentieller Zunahme von PrP^{sc}. Dieses Geschehen setzt die primäre Existenz von PrP^c auf Zellen unabdingbar voraus. So kann etwa CJD auf („knock out"-) Mäuse, die über kein PrP^c-Gen verfügen (und dennoch vital sind !), nicht übertragen werden. Grundsätzlich ist die Umwandlung von PrP^c zu PrP^{sc} nicht als katabiotischer Vorgang zu verstehen, sondern vielmehr als ein unter hohem Energieaufwand stattfindender Prozeß.

Für die Transformation vom PrP^c zu PrP^{sc} sind drei verschiedene Möglichkeiten zu berücksichtigen, auf deren Basis eine Einteilung der von PrP^{sc} induzierten Enzephalopathien in *spontane, hereditäre* und *infektiöse* Formen getroffen werden kann, wobei für ein und dieselbe Krankheit durchaus alle drei Möglichkeiten in Betracht kommen können.

So tritt etwa die ***Creutzfeldt-Jakob-Krankheit*** (*CJD = Creutzfeldt Jakob Disease*) des Menschen bei 80-85% aller Fälle im höheren Alter als Folge **spontaner** Konformationsänderung des PrP^c auf, während etwa 15% der CJD-Fälle als **hereditäre**, d.h. familiär-erbliche Formen gelten. Grundsätzlich ist bei der spontanen CJD keine Mutation am PrP-Genlocus zu finden, jedoch sind mehrere PrP-nahe Loci bekannt, die in der menschlichen Bevölkerung einen Polymorphismus erkennen lassen und als konstitutioneller Faktor die PrP-Transformation offenbar begünstigen. Neben den spontanen und hereditären CJD-Fällen liegen Beobachtungen über iatrogene Übertragung des **infektiösen** Agens vor, so etwa durch von Leichen gewonnes Korneagewebe und Wachstumshormon, ferner durch hirnchirurgische Maßnahmen.

Bei den **hereditären** (erblichen) spongiformen Enzephalopathien besteht eine Mutation am Prion-Genlocus, die für die Krankheitsmanifestation durch Änderung der Primärsequenz des PrP^c verantwortlich ist. Zu diesem Krankheitsspektrum zählen die bereits genannten erblichen Formen der ***CJD*** des Menschen mit den häufigsten Mutationen am Codon 178 oder 200, das ***Gerstmann-Sträussler-Scheinker-Syndrom (GSS)*** des Menschen mit Mutationen am Codon 102 oder 117 und die ***Familiäre fatale Insomnie (FFI)*** des Menschen mit Mutationen am Codon 178. Bei den am Codon 178 vorkommenden Mutationen ist bekannt, daß ein – selbst nicht krankheitsinduzierender – Polymorphismus am Codon 129 darüber entscheidet, ob die resultierende Enzephalopathie den Verlauf einer CJD oder einer FFI nimmt.

Die infolge der genomischen Mutation entstandenen PrP^{sc}-Partikel sind bei den erblichen Formen der CJD und beim GSS durch intrazerebrale Inokulation auf verschiedene Säugetierspezies übertragbar. Für die FFI ist eine solche Übertragung noch nicht gelungen. Somit heben sich diese Erbleiden durch die Besonderheit hervor, daß sie, neben ihrem hereditären Charakter, auch experimentell übertragbar sind.

Die **infektiösen** Prion-Enzephalopathien sind dadurch charakterisiert, daß die durch Konformationsänderung entstandenen PrP^{sc}-Partikel selbständig zu einer entsprechenden Krankheit führen, wenn sie vom Menschen bzw. von Tieren derselben Spezies aufgenommen werden. Offenbar spielt dabei der gastrointestinale Infektionsweg die wichtigste Rolle, wobei die Menge des aufgenommenen Agens ein entscheidender Parameter für das Zustandekommen einer Krankheit ist. Nach enteraler Resorption kommt es vermutlich zur Einbeziehung des lymphfollikulären Systems sowie im weiteren zur neurogenen Passage des Agens bis zum ZNS. Zu den infektionsbedingten Formen zählen ***Kuru*** des Menschen in Neuguinea, ***Scrapie*** der Schafe, die ***Bovine Spongiforme Enzephalopathie (BSE***, Mad Cow Disease), die ***Chronic Wasting Disease (CWD)*** bei Cerviden in Nordamerika, die ***Transmissible Mink Enzephalopathie (TME)*** der Nerze und die ***Feline Spongiforme Enzephalopathie (FSE)***. Auch bei diesen Krankheiten sind die entstandenen PrP^{sc}-Prionen, zusätzlich zu ihrem natürlichen Infektionsweg, mittels intrazerebraler Inokulation auf andere Tiere, auch unterschiedlicher Spezies, übertragbar. Bei der natürlichen Ausbreitung bestehen jedoch offenbar „Speziesbarrieren". Solche Barrieren finden sich zum Teil auch innerhalb einer Spezies im Zusammenhang mit einem bestimmten Polymorphismustyp für Prion-nahe Genorte. Eine direkte Scrapieübertragung vom Schaf auf den Menschen ist nicht bekannt, da in Gegenden mit hoher Scrapie-Rate keine erhöhte CJD-Inzidenz in der Bevölkerung gegeben ist. Demgegenüber scheint eine derartige Barriere für das BSE-Agens nicht zu bestehen, nachdem mittlerweile in England bei relativ jungen Menschen (16–41 J) eine neue CJD-Variante auftritt, für die dieses Agens verantwortlich gemacht wird. Ein gewisser genetischer Hintergrund ist insoweit nicht auszuschließen, als alle bisher Erkrankten homozygot für die Expression von Methionin am Codon 129 waren, sie diese Gegebenheit allerdings mit 50% der mitteleuropäischen Bevölkerung teilen.

Die mit keiner anderen Krankheit vergleichbare molekulare Pathogenese der spongiformen Enzephalopathien erklärt auch die späte Manifestation klinischer Symptome. Dies gilt grundsätzlich für alle drei Formen, wenngleich mit großer Variationsbreite. So liegt beispielsweise das Durchschnittsalter für das Auftreten der klassischen CJD bei 63 Jahren, für das der neuen CJD-Variante bei nur 29 Jahren und für das der FFI bei ca. 50 Jahren. Die Inkubationszeit für BSE soll im wesentlichen 3 bis 5 Jahre betragen. Gleiches wird für die neue CJD-Variante angenommen.

Neurohistologisch ist allen Prion-bedingten spongiformen Enzephalopathien die fortschreitende vakuoläre Dystrophie von Neuronen mit konsekutivem *Status spongiosus* gemeinsam. Während bei BSE und Scrapie vor allem großvakuoläre Veränderungen der Perikarya imponieren (Abb. 11.23), finden sich etwa bei CJD mehr kleinvakuolige Bilder. Letzteres gilt auch für experimentelle Formen bei der Maus. Die weitaus geringste Ausprägung der vakuoligen Dystrophie besteht bei FFI. Im übrigen sind bei BSE vorwiegend Medulla oblongata und andere Hirnstammregionen betroffen, demgegenüber bei CJD im wesentlichen die Großhirnrinde, woraus zu verstehen ist, daß es bei CJD zunächst zu kortikalen Defiziten mit Gedächtnisverlust und erst im weiteren zu Myoklonien und neurologischen Ausfällen kommt. Nur etwa 10% der CJD-

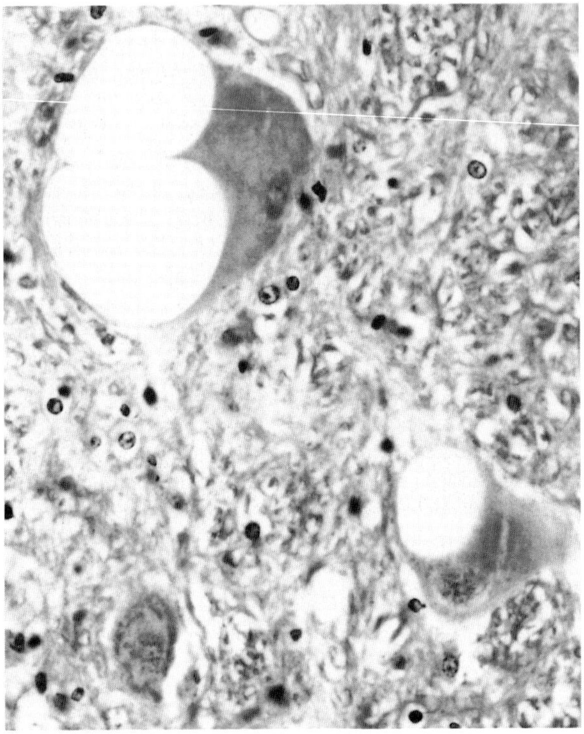

Abb. 11.23 *Bovine Spongiforme Enzephalopathie (BSE).* Charakteristische grobvakuoläre Veränderung von Nervenzellperikaryen im Hirnstamm. HE, 300 x.

Fälle beginnen mit myoklonischen Symptomen. BSE beginnt i.d.R. mit Ataxie, Hypersensibilität und nächsthäufig mit Verhaltensstörungen und Übererregung. Bei Scrapie des Schafes kann zum einen der Juckreiz (Mad Itch) zum anderen Ataxie (Traberkrankheit!) dominieren. Mit zunehmender Krankheitsdauer wird der Neuronenverlust von einer diffusen Astrogliose gefolgt. Entzündungserscheinungen, hier insbesondere immunozytäre Reaktionen fehlen durchweg. Bei Tieren werden allerdings späte Krankheitsstadien wegen sofortiger Ausmerzung krankheitsverdächtiger Individuen so gut wie nie beobachtet. Dies gilt im weiteren auch für die Akkumulation von Amyloidfibrillen (SAF) und Ausformung von Amyloid-Plaques. Beide Vorgänge benötigen gewisse Minimalzeiten.

11.2.5.3 Chlamydieninfektionen des ZNS

Als pathogener Erreger bei Säugetieren und Vögeln kommt im wesentlichen nur *Chlamydia psittaci* in Betracht. Das Spektrum der durch ihn verursachten Krankheitsbilder umfaßt enzootische Aborte bei Schaf und Rind, Polyarthritis beim Rind und vor allem Pneumonien bei verschiedenen Spezies einschließlich Mensch infolge Übertragung durch (Papageien-)Vögel. Enzephalitiden verkörpern zunächst Komplikationen im Rahmen der Allgemeininfektion, können aber auch tragendes Krankheitssymptom sein. Dies gilt speziell für die ***Sporadische bovine Enzephalomyelitis (SBE)***, die enzootisch mit einer Inkubationszeit von zwei Wochen auftreten kann. Initiale klinische Hauptsymptome sind Inaktivität, Depression, Anorexie, Hypersalivation, Dyspnoe, Diarrhoe sowie Fieber. Soweit es nicht zur Genesung kommt, entwickeln sich meist neurologische Symptome, gekennzeichnet durch schwankenden, steifen und unkoordinierten Gang mit Stolpern über geringfügige Hindernisse. Zunehmende Schwäche gepaart mit Opisthotonus führen zum Festliegen. Die Letalität liegt zwischen 60% und 100%. Betroffen sind vorwiegend Tiere im Alter bis zu drei Jahren. Das neurohistologische Bild wird von vaskulären und perivaskulären lympho-monozytären Infiltraten bestimmt, die keinerlei spezifische Topik aufweisen, vielmehr als Teilphänomen der generalisierten Gefäßreaktionen zu werten sind. Orte der Erregervermehrung im ZNS sind insbesondere Arachnoidea und Ependym.

Vergleichbare zentralnervöse Komplikationen sind bei Hund, Huhn, Taube und Truthuhn beschrieben worden.

Auch bei **Rindern** in den USA, in Japan und Australien tritt gelegentlich eine *Meningoenzephalomyelitis* auf, die mit serofibrinösen Exsudationen an den Körperhöhlenserosen einhergeht. Das ZNS-Bild dieser als ***Buss Disease*** bezeichneten *sporadischen bovinen Enzephalomyelitis* ist keineswegs spezifisch, insgesamt aber durch vaskuläre und perivaskuläre Entzündungen unter Einbeziehung der Spinalganglien charakterisiert. Die Letalität liegt bei 40%–60%. Die Krankheit läßt sich experimentell auf Kälber und auf Meerschweinchen übertragen. Letztere sterben 5–6 Tage nach Inokulation unter dem Bilde einer fibrinösen Peritonitis. Als Erreger wird *Chlamydia pecoris* genannt.

11.2.5.4 Mykoplasmeninfektionen des ZNS

Auch die Mykoplasmosen des ZNS stellen keine eigenständigen Krankheitsbilder dar, sondern treten gelegentlich im Rahmen hämatogener Generalisation, d.h. sog. Mykoplasmämien auf. Letal endende Meningoenzephalitiden mit sporadischem, aber auch enzootischem Auftreten sind beim **Rind** bekannt. Im Zusammenhang mit pneumonischen Komplikationen sind Meningitis und Meningoenzephalitis bei **Mensch**, **Ziege**, **Großkatzen** und **Nagern** (Muriden) in Einzelbeobachtungen beschrieben geworden. Als Erreger kommen Varietäten von *Mycoplasma mycoides* in Betracht. Der neurohistologische Befund für sich allein ist wenig aussagekräftig, d.h. es handelt sich um mono- und lymphozytäre, seltener granulozytäre Reaktionen, die mit Spuren serofibrinöser Exsudation einhergehen können. Die

Erreger befinden sich vorwiegend intrazellulär, sind aber gut aus dem Liquor cerebrospinalis isolierbar, was für die Diagnoseführung von essentieller Bedeutung ist.

11.2.5.5 Bakterielle Infektionen des ZNS

Die durch bakterielle Erreger verursachten ZNS-Veränderungen lassen nach Qualität und Verteilungsmuster erhebliche Unterschiede erkennen. Die wesentlichsten Voraussetzungen für die Qualität einer bakteriell bedingten Entzündung liegen in Art und Angriffspunkt der Toxinwirkungen. Von diesen Faktoren hängt es auch ab, ob sich Entzündungen mehr *alterativ-exsudativ, eitrig, proliferativ* oder *granulomatös* gestalten. Für die Entzündungsqualität sind ferner Verlaufsdauer und Verlaufsintensität der Infektion maßgebend. Hinsichtlich des Verteilungsmusters der Gewebsveränderungen ist vor allem der Infektionsweg von Bedeutung. Dabei kommen für die Manifestierung bakterieller Infektionen grundsätzlich der *hämatogene,* der *direkte* und der *neurogene* Weg in Betracht. Des weiteren ist noch zu berücksichtigen, daß Bakterien auch durch reine *Toxinwirkung,* d. h. ohne im ZNS anwesend zu sein, schädigen können (s. S. 383).

Bei der hämatogenen Infektionsausbreitung sind zwei Hauptgruppen zu beachten, die *Bakteriämie* bzw. *Septikämie* und die *Embolie.* Der ersteren Gruppe entsprechen die *diffusen* Meningoenzephalomyelitiden, der zweiten die *multifokalen,* d.h. *disseminiert herdförmig-eitrigen,* ferner die *herdförmig-nekrotischen, abszedierenden, phlegmonösen* und *disseminiert granulomatösen* Entzündungsbilder.

Die diffusen bakteriellen Meningoenzephalomyelitiden

Diese fibrinös-eitrige oder ausschließlich eitrige Entzündungsform im ZNS wird am häufigsten bei *Jungtieren,* vornehmlich während der ersten Lebenswoche, beobachtet. Sie kann, besonders beim **Kalb**, mit gleichsinnigen exsudativen Entzündungen in *Gelenken, Serosen* und Augen (*Endophthalmitis*) einhergehen. Bei der makroskopischen Beurteilung zeigen sich zunächst in der perakut septikämischen Phase disseminierte meningeale Petechien begleitet von Serodiapedesen (Tafel XX.C), im weiteren eine m. o. w. deutliche, trüb-graue bis grau-gelbe Exsudatfüllung des Arachnoidealraumes. Die Furchungen der Hirnoberfläche erscheinen verstrichen (Abb. 11.24). In der Regel bestehen diese Ausfüllungen, die auch das Rückenmark vollkommen umscheiden können, aus geronnenem Material. Histologisch zeigen sich Fibrinausschwitzungen und Emigrationen neutrophiler Granulozyten im Arachnoidealraum (Abb. 11.24), ferner Einschmelzung von Hirn-Rückenmarkgewebe, fibrinoide

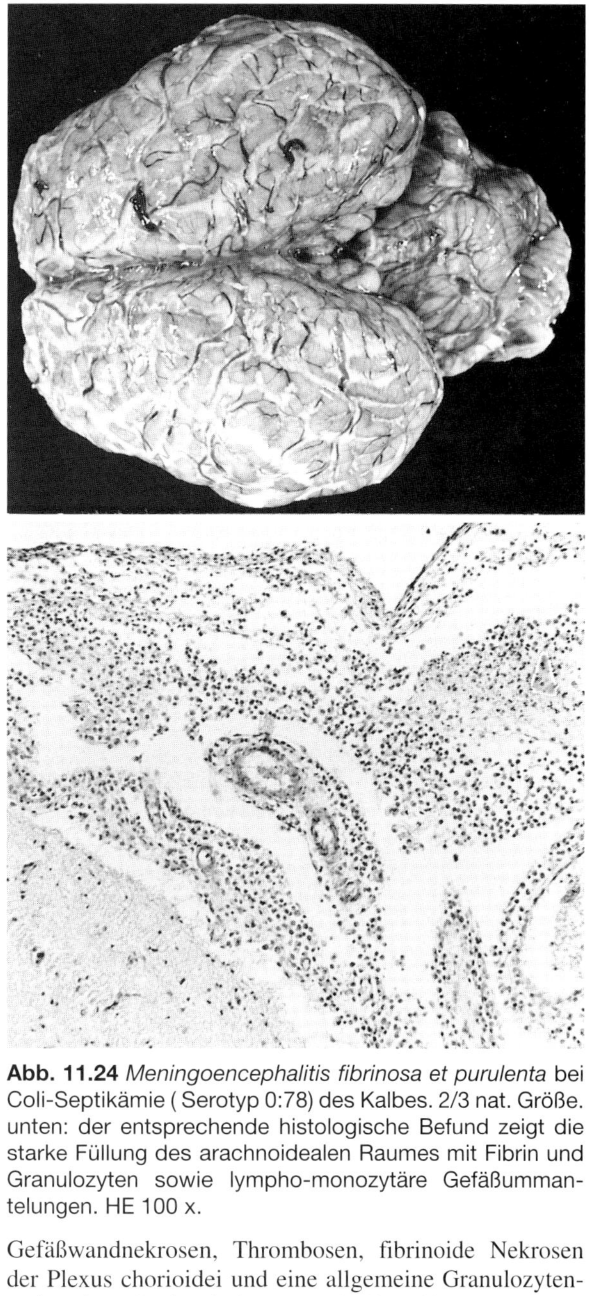

Abb. 11.24 *Meningoencephalitis fibrinosa et purulenta* bei Coli-Septikämie (Serotyp 0:78) des Kalbes. 2/3 nat. Größe. unten: der entsprechende histologische Befund zeigt die starke Füllung des arachnoidealen Raumes mit Fibrin und Granulozyten sowie lympho-monozytäre Gefäßummantelungen. HE 100 x.

Gefäßwandnekrosen, Thrombosen, fibrinoide Nekrosen der Plexus chorioidei und eine allgemeine Granulozytenemigration. Perivaskuläre Rundzellproliferate bestehen daneben in wechselnder Stärke. Die Mitbeteiligung der Ventrikelräume *(Chorioiditis)* kann sich bis zur Totalverlegung des Liquorabflusses im Aquaeductus SYLVII und in den Foramina LUSCHKAE steigern, woraus ein Aufstau trüb-flockigen Liquors in den Hirnkammern resultiert. Die sub- und epiduralen Räume sind insgesamt wenig einbezogen, wie auch die Dura mater stets nur geringgradige zellige Infiltrate erkennen läßt. Bei entsprechender Vergrößerung lassen sich im histologischen Präparat zahlreiche Bakterien und regelrechte Bakterienkolonien, z. T. aber auch granulozytär phagozytierte Erreger nachweisen. Die an der Liquordränage (s. S. 360) beteiligten Lymphknoten, hier insbesondere die Lnn. cervicales, lassen durchweg die bei bakteriellen Infektionen üblichen Reaktionsmuster bzw. Entzündungen (s. S. 61) erkennen.

Als Erreger kommen in Betracht:

Kalb und **Schaflamm:** *Escherichia coli*; *Streptococcus spp., insbesondere Pneumokokken; Pasteurella multocida* und *haemolytica;* beim **Lamm** gelegentlich *Listeria monocytogenes.*

Schwein, insbesondere Ferkel: *Streptococcus spp.,* insbesondere solche der Gruppe D *(Str. faecalis),* ferner solche der Gruppen C *(Str. zooepidemicus; Str. equisimilis),* E, R, S und T; *Haemophilus suis.*

Fohlen: *Actinobacillus equuli.*

Hund und **Silberfuchs,** insbesondere Welpen: *Salmonella spp.; Streptococcus spp.; Neisseria spp..*

Katze: *Flavobacterium meningosepticum; Neisseria spp.; Salmonella spp..*

Die multifokalen bakteriellen Meningoenzephalomyelitiden

Entzündungen dieser Gruppe entstehen im wesentlichen durch hämatogene Einschwemmung septischer Emboli mit Etablierung eines erregerspezifischen Folgeprozesses. Demzufolge dominiert ein *herdförmiges* Grundmuster, wobei Größe und Zahl der Emboli sowie Virulenz des Erregers den Krankheitsverlauf bestimmen. Als Grundleiden spielen, neben *allgemeiner Sepsis,* vor allem bakterielle, meist einschmelzende *Lungenprozesse* und die bakterielle *Endokarditis* (s. S. 10) die Hauptrolle. Die pathologisch-morphologisch faßbaren Veränderungen sind dementsprechend vielgestaltig und reichen von disseminiert-herdförmigen Einschmelzungen, Hämorrhagien und nekrotisch-eitrigen Entzündungen bis zu großen, septischen Infarkten und zu uni- oder multifokalen Granulomen und Abszessen (Tafel XXII. D). Die Meninx und das Ventrikelsystem können direkt embolisch oder aber auch durch Übergreifen einschmelzender Prozesse einbezogen werden. Wie in anderen Geweben kann eine Demarkierung, d.h. Ausbildung einer Abszeßkapsel, erfolgen. Meist nehmen aber Abszesse im weiteren Verlauf an Umfang zu und führen, je nach Lage, zu teils charakteristischen motorischen Ausfallserscheinungen und zu epileptischen Anfällen.

Als Erreger kommen in Betracht:

Rind: *Fusobacterium necrophorum; Actinomyces (Arcanobacterium) pyogenes; Streptococcus spp.; Pseudomonas aeruginosa; Haemophilus somnus.*

Dieser letztgenannte Erreger führt, vorwiegend in Mastbetrieben, zum Bild der ***Infektiösen, septikämisch-thrombosierenden Meningoenzephalomyelitis*** bzw. *Infectious Septicaemic Thromboembolic Meningoencephalitis* = **ISTME** oder ***Sleeper Syndrome:*** Vorwiegend in Herbst und Winter bei 250–500 kg schweren Tieren auftretend, scheint die Krankheit durch besondere Belastungen ausgelöst zu werden. Meist geht klinisch dem zentralnervösen Bild ein respiratorisches voraus. Pathologisch-morphologisch sind, neben einer fibrinös-eitrigen Meningitis, hämorrhagisch-nekrotische Bezirke im ZNS zu erkennen, die sich histologisch als Gefäßthrombosen und herdförmige Nekrosen mit deutlichen Granulozytenemigrationen, makrophagischen und lympho-plasmozytären Reaktionen erweisen (Tafel XXIII).

Schaf und andere **kleine Wiederkäuer** einschließlich **Damwild** in Gehegehaltung*: Fusobacterium necrophorum; Actinomyces pyogenes; Streptococcus spp.* sowie beim **Schaflamm** *Haemophilus ovis* mit einem ISTME-artigen Krankheitsbild.

Schwein: *Actinomyces (Arcanobacterium) pyogenes; Streptococcus spp.; Erysipelothrix rhusiopathiae; Haemophilus suis; Staphylococcus spp.; Salmonella spp..*

Pferd: *Actinobacillus equuli.*

Fleischfresser: *Streptococcus spp.* (Folgebild der bakteriellen Endokarditis; s. S. 10).

Auf direktem Wege oder oto-, rhino- und neurogen entstandene bakterielle Meningoenzephalomyelitiden

Auf ***direktem Wege*** entstehen Infektionen des ZNS insbesondere bei offenen Hirn- und Rückenmarkverletzungen. Hierbei ist kein charakteristisches Erregerspektrum zu erwarten. Neben pathogenen Mikroorganismen können auch Saprophyten das Entzündungsbild bestimmen. Die ***otogene*** *Infektion* führt in der Regel zu einer eitrigen oder abszedierenden Basilarmeningitis und im weiteren zu einer Meningoenzephalitis, die insbesondere Mittel- und Rautenhirn einbezieht. Am weitaus häufigsten werden unter den Haustieren **Rind, Schwein**, **Kaninchen** und **Katze** betroffen. Klinisch steht oft ein *Vestibularis-Syndrom* im Vordergrund. Die wichtigsten Erreger sind beim Rind *Pasteurellen* und beim Schwein *Actinomyces (Arcanobacterium) pyogenes, Pseudomonas aeruginosa* und *Pasteurella spp..*

Verglichen mit der otogenen bakteriellen Infektion spielt die ***rhinogene*** hinsichtlich ihrer Häufigkeit so gut wie keine Rolle. Meist sind es tiefgreifende Nekrosen im Nasenraum, die einer derartigen Ausbreitung den Weg bahnen. So kann gelegentlich beim **Schwein** eine allmählich auf Riech- und Frontalhirn übergreifende *granulomatöse* oder multipel *abszedierende* Hirnhautentzündung beobachtet werden.

Als ***aszendierend-neurogene*** bakterielle Infektion des ZNS nimmt die **Listeriose** *(Listeria monocytogenes)* eine

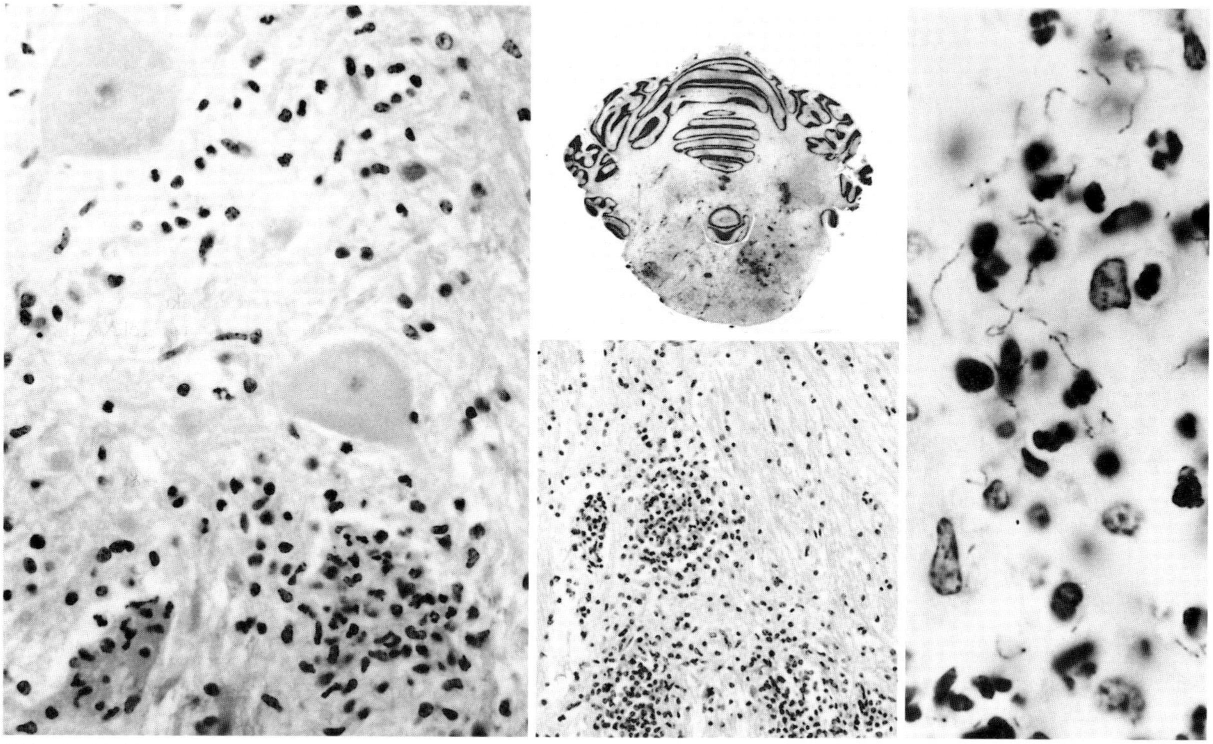

Abb. 11.25 *Hirnstammenzephalitis* bei *Listeriose* des Schafes.
Links: frühes Stadium der aszendierend-neurogenen Infektion, in welchem die Erreger die Nervenzellperikaryen erreicht haben und zerstören. Im oberen und mittleren Drittel zwei akut geschädigte Zellen, im unteren bereits heftige mono- und granulozytäre Reaktion als Frühstadien der multifokalen granulomatösen Hirnstammenzephalitis. Erreger sind mit dieser Färbung nicht darstellbar. HE, 300 x.
Mitte oben: Vollbild der Hirnstammenzephalitis. NISSL-Färbung, 1,5 x nat. Größe.
Mitte unten: Ausschnittvergrößerung in der der multifokale Entzündungscharakter zu erkennen ist. NISSL-Färbung, 190 x.
rechts: stärker vergrößerter Ausschnitt, in welchem sowohl die Erreger als auch Granulo- und Monozyten zu erkennen sind. NISSL-Färbung, 750 x.

Sonderstellung ein. Bei **Schaf** und **Rind**, selten auch bei **Mensch** und **Schwein** vorkommend, nimmt das Geschehen mit einem Erregereintritt im Mundhöhlenbereich seinen Anfang. Vorwiegend über Axone der Nn. trigeminus und glossopharyngeus aufsteigend, erreicht die Infektion das entsprechende Ganglion, die Nervenwurzeln, die Meninx und im weiteren die zugehörigen Rautenhirnkerngebiete und führt über eine *Radikuloganglioneuritis* zu einer umschriebenen *Hirnstammenzephalitis* mit *Begleitmeningitis* (Abb. 11.25). Qualitativ bestimmen, je nach Toxizität des Erregers, *nekrotisch-eitrige, abszedierende* oder *granulomatöse* Prozesse das weitere Geschehen, in dessen Verlauf auch benachbarte Kerngebiete zerstört werden. Die GRAM-positiven Erreger sind bei üblichen histologischen Färbungen ohne weiteres extra- und intrazellulär, d.h. primär in Nervenzellperikaryen und sekundär phagozytiert in Monozyten liegend zu erkennen. Klinisch-neurologisch gesehen zeigt sich ein typisches lateralisiertes (!) Hirnstammbild mit Manegebewegung, Tortikollis, Trismus, Zähneknirschen, Nystagmus, Ataxie, Festliegen.

Diese vorwiegend in Winter und Frühjahr und bei Maissilagefütterung auftretende Listerien-Enzephalitis entsteht unabhängig vom Listerienabort. Ferner muß differentialdiagnostisch zwischen dieser neurogenen Listerienenzephalitis und der gelegentlich bei Lämmern hämatogen-septikämisch entstandenen, diffusen Listerien-Meningoenzephalitis (s. S. 404) unterschieden werden.

Besondere Formen bakterieller Infektionen

Die ***Tuberkulose*** des Zentralnervensystems nimmt hinsichtlich des Verteilungsmusters der Veränderungen eine Sonderstellung insofern ein, als sie bevorzugt die Meningen der Hirnbasis (tuberkulöse Basilarmeningitis, s.S. 372) betrifft und von dort aus auf das Hirngewebe unmittelbar

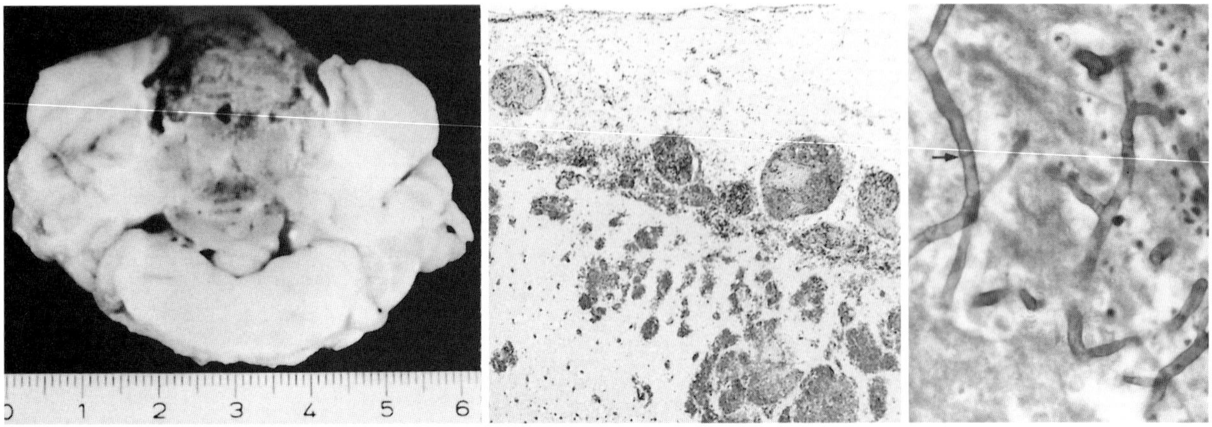

Abb. 11.26 *Mykotische Enzephalitis (Aspergillose)* beim Kalb.
links: makroskopischer Befund mit vorwiegendem Betroffensein des Vermis.
Mitte: histologische Übersicht, in der die thrombosierten, Pilzhyphen enthaltenden arachnoidealen Blutgefäße sowie die Prozeßausbreitung auf das Hirngewebe zu erkennen sind. HE, 30 x.
rechts: Betroffenes Hirngewebe mit zahlreichen echten Hyphen, die im Gegensatz zu den Pseudohyphen bei Hefen (z.B. Candida) dichotome Verzweigungen und Trennwände zwischen den einzelnen Zellen (Pfeil) aufweisen. GROCOTT-Versilberung, 750 x.

übergreifen kann. Diese Form findet sich insbesondere beim **Rind**, gelegentlich auch bei **Schwein** und **Fleischfressern**. Eine Direktmanifestation der Tuberkulose im Rahmen der postprimären Generalisation kommt demgegenüber *seltener* vor. So findet man nur in Einzelfällen bei **Hund** und **Katze** sowohl die *Miliartuberkulose* als auch die mehr protrahiert verlaufende *grobknotig-granulomatöse Form.*

Bei der *tuberkulösen Basilarmeningitis* gelangt der Erreger offenbar hämatogen über die Plexus chorioidei und Meninxgefäße mit dem Liquorstrom in das basale Zisternensystem. Für diese Infektionsausbreitung spricht ein gelegentliches Auftreten einer *Chorioiditis* und/oder *Ependymitis tuberculosa.* Das tuberkulöse Granulom der Basilarmeningitis zeigt histologisch den für die jeweilige Tierspezies charakteristischen Aufbau. Wegen des Fehlens von Riesenzellen ist beim Fleischfresser die differentialdiagnostische Abgrenzung von granulomatösen und neoplastischen Gewebsveränderungen erschwert.

Zu den seltenen bakteriellen Infektionen des ZNS zählen ferner die ***Aktinomykose*** *(Actinomyces bovis)*, die ***Aktinobazillose*** *(Actinobacillus lignieresii)* und die ***Botryomykose*** *(Staphylococcus aureus).* Sie entstehen auf direktem, rhinogenem und – weit seltener – hämatogenem Wege. Je nach Ablauf der einen oder anderen Infektionsweise wechselt auch das pathologisch-morphologisch erfaßbare Verteilungsmuster der Veränderungen. Histologisch handelt es sich um granulomatös-eitrige bzw. apostematöse Entzündungsformen mit typischen *Drusenbildungen.* Auch die ***Nocardiose*** *(Nocardia asteroides)* bei **Hund**, **Katze** und **Rind** greift gelegentlich auf das ZNS über. Die der Aktino- und Botryomykose ähnlichen Bilder sind nur bakteriologisch näher zu definieren. Alle diese Infektionen können aufgrund ihrer Raumbeanspruchung (Abszesse, Granulome) zudem zu Kompression von Hirn und Rückenmark führen.

11.2.5.6 Hefe- und Pilzinfektionen (Mykosen) des ZNS

Hefen: Die ***Kryptokokkose*** *(Cryptococcus neoformans)* befällt, neben Haut und Lunge, insbesondere das ZNS und hier wiederum bevorzugt die Meningen. Die bei **Rind**, **Pferd**, **Hund** und **Katze** vor allem in den USA, Australien, Südamerika, seltener in Mitteleuropa beobachteten Fälle gleichen denen der Kryptokokkose beim **Menschen**. An der Leptomeninx kommt es zu granulo-, lympho-, plasmo- und monozytären, zum Teil auch zu granulomatösen Prozessen, die tief in die Windungstäler hinabreichen und dort zu zystenförmigen Parenchymeinschmelzungen führen.

Die ***Soor****-Infektion (Candida spp.)* kann im Rahmen von Generalisationen hämatogen auf das ZNS übergreifen und dort zu disseminierten, submiliaren bis miliaren Parenchymnekrosen führen. Der Erreger ist in der Regel histologisch nachweisbar.

Pilze: Erreger, die den *Aspergillus*- und *Mukor*-Arten zugehören, können gelegentlich im Rahmen hämatogener

Generalisation, aber auch nach offenen Verletzungen zu ZNS-Infektionen führen. Vor allem findet man bei neugeborenen und auch spätabortierten **Kälbern** nekrotisierende Pilzbesiedelungen im ZNS, insbesondere dann, wenn beim Muttertier bereits eine Pilzinfektion (Pneumonie, mykotische Plazentitis) vorgelegen hat (Abb. 11.26). An Erregern dieser Gruppe kommen *Aspergillus fumigatus* und von den Mukorarten *Absidia ramosa, Mucor pusillus* und *Mortierella wolfii in* Betracht. Bei erwachsenen Tieren (**Rind**, **Hund**) werden gelegentlich Aspergillus-Pilze in ein- oder mehrherdigen, granulomatösen oder nekrotisierenden Enzephalitiden gefunden.

Die ***Kokzidioidomykose*** *(Coccidioides immitis)* spielt in Nord-, Mittel- und Südamerika bei **Mensch** und Haustieren eine beträchtliche Rolle. Insbesondere werden beim **Hund** tuberkuloseähnliche Granulome in Lymphknoten, Leber, Milz, Niere, Skelett und ZNS gesehen. Der Erreger ist histologisch gut zu erfassen (s. S. 528).

11.2.6 Parasiten des ZNS

Unter den tierischen Parasiten gibt es nur wenige mit einer spezifischen Manifestation im Nervensystem. Ihnen stehen solche gegenüber, die im Rahmen eines allgemeinen Gewebsparasitismus, einer mehr zufälligen Lokalisation oder einer Wanderung beim Fremdwirt (Larva migrans) beobachtet werden können. Näheres über die Lebensweise der hier in Betracht kommenden Parasiten findet sich in den parasitologischen Lehrbüchern.

11.2.6.1 Protozoische Parasiten

Zu den protozoischen Parasiten des Nervensystems zählen zunächst einmal solche aus den Klassen der *Sporozoea und Microsporidea,* die im wesentlichen den Familien der *Toxoplasmalidae, Sarcocystidae* und *Nosematidae* angehören. Ihre wichtigsten Vertreter sind *Toxoplasma, Neospora, Sarcocystis, Frenkelia* und *Encephalitozoon.* Während die ersten beiden Formen häufig oder gelegentlich bei Haustieren vorkommen, spielen Frenkelien bei Wildnagern eine große Rolle. Für die Toxoplasmen *(Toxoplasma gondii)* und die Sarkosporidien *(Sarcocystis spp.)* gilt das bei Herzmuskel (s. S. 25) bzw. Ösophagus (s. S. 151) Ausgeführte. Die Aufklärung des Lebenszyklus von *Encephalitozoon cuniculi* steht noch aus.

Für die diagnostische Beurteilung mikroparasitärer Enzephalitiden ist festzuhalten, daß eine exakte Zuordnung von nur histologisch faßbaren Erreger nach rein morphologischen Kriterien nur ausnahmsweise möglich ist und spezielle Erfahrungen voraussetzt. Allgemeine diagnostische Maßstäbe sind wie folgt anzulegen:

Toxoplasma gondii: Am häufigsten findet sich die *Toxoplasmenenzephalitis* beim **Hund**, selten bei **Rind**, **Schaf**, **Schwein**, **Pferd** und **Geflügel**. Makroskopisch gibt sie sich im ZNS nur bei einem Teil der Fälle durch hämorrhagische Nekrosen ohne spezifisches Verteilungsmuster zu erkennen. Histologisch zeigen sich sowohl reaktionslos im Zytoplasma von Glia- und Mesenchymzellen, seltener von Nervenzellen, liegende Tachyzoiten als auch Gewebsnekrosen mit heftigen Entzündungsreaktionen (Abb. 11.27). Letztere nehmen gelegentlich granulomatösen Charakter an. Beim jungen Hund besteht die ZNS-Toxoplasmose oft gleichzeitig mit einem Befall anderer Organe (Herz, Lunge, Leber). Ähnlich der Infektion mit *Neospora caninum* werden bei Welpen spinale ganglioneuritische Bilder gesehen. Obwohl mit ungeschlechtlicher und geschlechtlicher Entwicklung der für andere Spezies infektiösen Oozysten in ihrem Darm befaßt, kann in seltenen Fällen auch die **Katze** eine Toxoplasmenenzephalitis acquirieren. Daß Immunsuppresionen verschiedener Art die zentralnervöse Form der Toxoplasmose begünstigen, beweist ihr häufiges Vorkommen in Zusammenhang mit einer Staupeinfektion, insbesondere aber in Spätstadien der HIV-Infektion des Menschen, wo sie unmittelbare Todesursache sein kann.

Neospora caninum: Über lange Zeit Toxoplasma gondii zugeordnet, handelt es sich bei ihm um einen eigenständigen Parasiten, dessen Lebenszyklus nicht bekannt ist. Neben Haut-, Muskel- und Leberveränderungen verursacht er vor allem beim **Hund** enzephalomyelitische und radikulitische Bilder. Betroffen sind Welpen, wobei diaplazentare und perinatale Infektionen diskutiert werden, und ansonsten durchweg junge Tiere im Alter bis zu zehn Monaten, ausnahmsweise auch das **Kalb**. Beim **Rind** sind Aborte (s. S. 307) sowie paralytische Krankheitsbilder beschrieben worden. Neurohistologisch stimmt beim Hund das multifokale Entzündungsmuster im ZNS mit dem der Toxoplasmose überein. Zystenstadien mit Bradyzoiten imponieren durch ihre auffallend dicke Zystenwandung. Tachyzoiten finden sich in verschiedenen Zellen, insbesondere in Kapillarendothelien und Nervenzellperikaryen. Die polyradikuloneuritische Manifestation betrifft i.d.R. die lumbosakrale Region mit den Symptomen Parese und Paralyse der Hinterextremitäten.

Sarkosporidien: Bei **Rind** und **Schaf** werden mikroparasitäre Enzephalitiden mit z. T. gehäuftem Auftreten in Einzelbeständen gesehen, die durch *Sarcocystis spp.* hervorgerufen werden. Das Entzündungsbild entspricht weitgehend dem der ZNS-Toxoplasmose. Es wird in der Regel durch die *Schizonten* (der ersten Vermehrungsphase) verursacht. Auch die normalerweise in der Muskulatur nachweisbaren Zystenformen kommen gelegentlich im ZNS vor. Experimentelle Infektionen mit Sporozysten aus dem Hund führen bei Schaf und Kalb in einem hohen Prozentsatz zu Enzephalitiden.

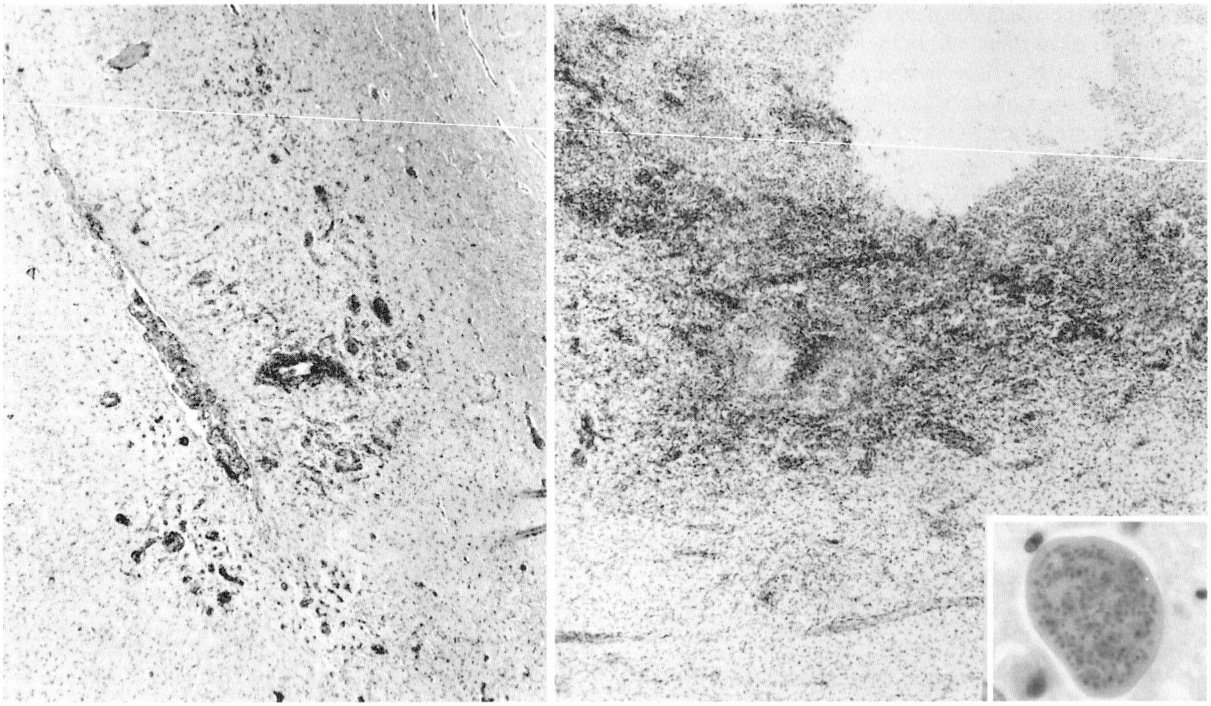

Abb. 11.27 *Toxoplasmenenzephalitis* beim Hund.
links: umschriebene Hirnrindenentzündung in Höhe eines Windungstales mit deutlichen perivaskulären Rundzellansammlungen. HE, 30 x.
rechts: Nekrotisierend-granulomatöse Entzündung, die Rinde und Mark gleichermaßen betrifft. HE, 30 x.
Inset: Rektionslos im Hirngewebe liegende Parasitenzyste. HE, 360 x.

Encephalitozoon cuniculi: Dieser Parasit findet sich bei **Maus**, **Ratte** und **Kaninchen** sowohl in der Form großer, reaktionslos in Hirn- und Meninxgewebe liegender Parasitenkolonien bzw. Riesenzysten als auch als Ursache für eine multifokal-disseminierte, nekrotisierende bis granulomatöse Enzephalitis bzw. Enzephalomyelitis (Tafel XXII. D, E). Begleitreaktionen finden sich an den Blutgefäßen in Fom vom Adventitiahyperplasien und vaskulitischen Reaktionen (Niere; s. S. 269).

Zu den Protozoen, die im ZNS parasitieren können, zählen ferner solche aus der Ordnung *Zoomastigophorea* bzw. der Familie der *Trypanosomatidae,* solche aus der Ordnung *Rhizopodea* bzw. den Familien der *Endamoebidae, Acanthamoebidae* und *Valkampffiidae* und solche aus der Ordnung *Piroplasmae* bzw. der Familie der *Babesiidae* und *Theileriidae.*

Trypanosomen: Die durch *Tr. brucei, T. vivax, T. congolense* und *Tr. evansi* beim **Hund** hervorgerufenen Veränderungen des ZNS gleichen weitgehend denen durch *Tr. gambiense* bei **Mensch** und **Affe** verursachten. Im Mittelpunkt stehen perivaskuläre und vor allem meningeale, mono-, lympho- und plasmozytäre Infiltrate, die eine bereits makroskopisch erkennbare *diffuse Meningoenzephalitis* ausbilden. Demgegenüber zeigen **Rinder**, die mit *Tr. congolense* infiziert sind, im ZNS lediglich unspezifische, kapilläre Blutungen mit Neigung zu Malazien, jedoch keine entzündlichen Reaktionen. Die durch *Tr. equiperdum* beim **Pferd** ausgelöste ***Dourine*** ist durch eine faziale Paralyse gekennzeichnet.

Amöben: Von diesen der Ordnung der *Rhizopodea* angehörenden Einzellern kommen als opportunistische ZNS-Parasiten *Naegleria fowleri, Balamuthia mandrillaris* und *Acanthamoeba spp.* in Betracht. Über Spontaninfektionen ist berichtet worden bei **Rind**, **Schaf**, **Pferd**, **Hund**, **Känguruh** und **Menschenaffen**. Dabei sind – in Übereinstimmung mit den beim **Menschen** erhobenen Befunden – zwei Manifestationsformen dieser ausschließlich rhinogen-aszendierenden Infektionen bekannt, zum einen die ***Primäre Amöben-Meningoenzephalitis (PAM),*** zum anderen die ***Granulomatöse Amöben-Enzephalitis (GAE).*** Für das Zustandekommen einer Infektion spielt längerer Aufenthalt in oder intensive Berührung mit stehenden Gewässern die Hauptrolle. Vor allem in subtropischen und tropischen Gegenden häufig, dagegen in Süd- und Mitteleuropa seltener und in Nordeuropa überhaupt nicht vorkommend, betreffen die Amöbenkrankheiten des ZNS im wesentlichen den Menschen.

Babesien: Zerebrale Manifestationen einschlägiger Infektionen durch *B.bovis, B.argentina oder B.bigemina* werden in Australien, Afrika und Madagaskar bei neugeborenen **Kälbern** beobachtet. Die Übertragung dieser protozoischen Parasiten soll intrauterin oder perinatal durch parasitenhaltiges mütterliches Blut erfolgen. Kälber, die bereits Kolostrum der in aller Regel immunen Mutter aufgenommen haben, zeigen eine gute Immunität gegen die natürlicherweise durch *Zecken* übertragenen Babesien. Das histologische Bild der zerebralen Babesiosen ist durch massive *Parasitenanschoppungen* in den *Blutkapillaren,* ferner durch Blutungen und fleckförmig verteilte Gewebsnekrosen gekennzeichnet.

Theilerien: Eine beim **Rind** als ***Turning Sickness*** bezeichnete, vorwiegend in Afrika (Südafrika, Uganda), aber auch in England vorkommende zerebrale Theileriose wird durch *Theileria mutans* hervorgerufen. Neben Milzinfarkten bestimmen zunächst *massive Blutgefäßthrombosen* und Anschoppungen von Lymphozyten in den Gefäßlumina das Bild. In weiterer Folge kommt es zu *Enzephalomalazien* und resorptiven Entzündungen. Ein Teil der angeschoppten Lymphozyten enthält als diagnostisches Spezifikum KOCHsche Körperchen. Daß dieser im allgemeinen wenig pathogene Erreger in Einzelfällen derartig schwere Krankheitsbilder mit Todesfolge auszulösen vermag, wird auf eine *immunsuppressive Wirkung* der Toxine der braunen Ohrzecke *Rhipicephalus appendiculatus* zurückgeführt.

Auch *Theileria parva,* der Erreger des ***Ostküstenfiebers***, kann beim **Rind** zu thrombosebedingten Enzephalomalazien führen (s. S. 64).

11.2.6.2 Metazoische Parasiten

Zestoden

Zönurose: Die durch das Finnenstadium = *Coenurus cerebralis* des Hundebandwurmes *Multiceps (Polycephalus) multiceps* hervorgerufene Blasenwurmkrankheit (Hirnquese; Drehkrankheit) tritt vornehmlich bei kleinen Wiederkäuern (**Schaf**, **Gemse**, **Ziege**), selten bei **Rind**, **Pferd** und **Kaninchen** auf. Die relativ große (3-4 cm Durchmesser) Finne verkörpert im wesentlichen einen *raumfordernden Prozeß* mit entsprechender Druckatrophie. Bakterielle Sekundärinfektionen sind möglich (Abb. 11.28).

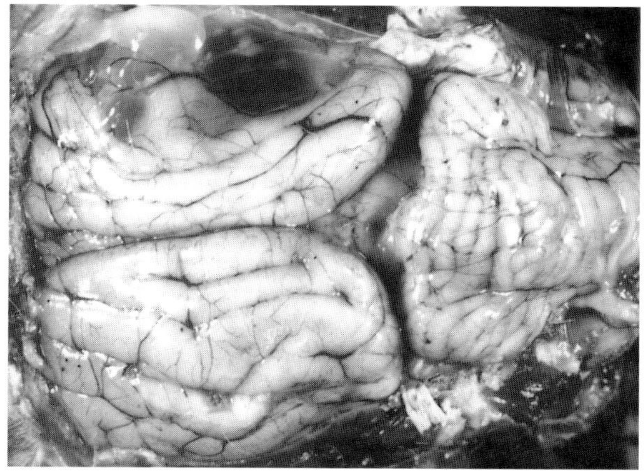

Abb. 11.28 *Coenurus cerebralis* in der rechten Großhirnhemisphäre einer Gemse.
Man beachte die ausgeprägte Druckatrophie des Hirngewebes.

Zystizerkosen: Unter den vorwiegend in Skelett- und Herzmuskel vorkommenden Bandwurmfinnen kommt *Cysticercus cellulosae* gelegentlich auch im ZNS und den Meningen zur Entwicklung; dies sowohl beim **Schwein** als auch bei **Hund** und **Katze**. Nur gelegentlich führt beim Rind *Cysticercus inermis (bovis)* zur zerebralen Zystizerkose. Gleiches gilt für *Cysticercus pisiformis* beim **Hund**.

Echinokokkose: Wiederum als erheblicher *raumfordernder Prozeß* führt in seltenen Fällen auch *Echinococcus hydatidosus* bei **Rind** und **Pferd**, aber auch beim **Menschen**, zu Atrophien im ZNS und am korrespondierenden Schädelknochen.

Trematoden

Parasiten aus der Reihe der Trematoden spielen neuropathologisch gesehen eine untergeordnete Rolle. Lediglich verirrte Troglotremen *(Tr. acutum)* und hämatogen eingeschwemmte Exemplare von *Paragonimus westermani* können bei **Feliden** zu umschriebenen Parenchymdefekten und Entzündungen führen.

Nematoden

Hierunter zählen die vorwiegend in Rußland, Indien und im Fernen Osten bisweilen zu Massenerkrankungen führenden ***Setariosen***. Die Parasitenlarven (Mikrofilarien) werden durch Insektenstich übertragen und verursachen vor allem bei jenen Spezies ZNS-Komplikationen, bei denen sie normalerweise nicht als (vorwiegend serosophile) Parasiten vorkommen. Dies gilt vor allem für die Setariosen bei **Pferd**, **Schaf** und **Ziege**, hervorgerufen durch *Setaria digitata,* einen Rinderparasiten. In Rußland führt *Setaria marshalli* nicht selten zu zentralnervösen

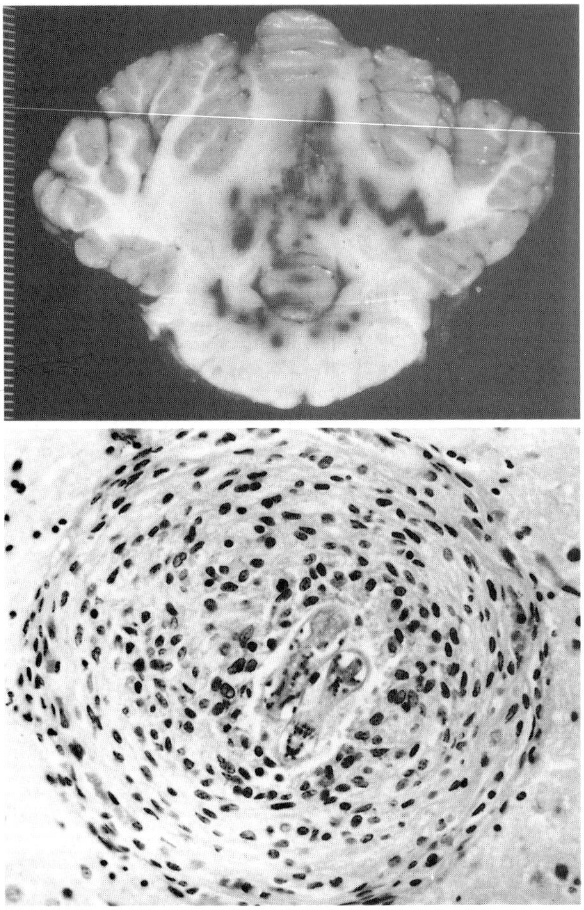

Abb. 11.29 Zufällige *Nematodeninvasionen* im ZNS bei Pferd und Hund.
oben: Blut- und Detritus-gefüllte Bohrgänge verirrter Larven von *Strongylus vulgaris* in Klein- und Rautenhirn eines jungen Pferdes mit zerebellarer Ataxie. Nat. Größe.
unten: Wurmgranulom im Hundehirn, verursacht durch *Larva migrans*. Im Granulomzentrum sind Anschnitte einer vitalen Larve zu sehen. HE, 250 x.

Störungen beim **Schaf**, und in vielen Gegenden, so auch in Mitteleuropa, kann die normalerweise im Peritoneum lebende *Setaria cervi* beim **Rotwild** zu Paresen *(Endemische Parese)* Anlaß geben. Ähnliche Erscheinungen können übrigens auch durch *Onchocerca flexuosa,* einen sonst im Unterhautbindegewebe lebenden Parasiten, ausgelöst werden, besonders wenn die Rückenmarkhäute betroffen sind.

Als Folge eines Abirrens vom üblichen Migrationsweg können Larven von *Angiostrongylus vasorum, Stephanurus dentatus, Strongylus vulgaris, Strongyloides spp., Toxocara canis* u. a. zu zentralnervösen Störungen führen. So finden sich gelegentlich bei jüngeren **Eseln** und **Pferden** gewundene und mit Blut ausgefüllte Bohrgänge im ZNS nach Einwanderung von Strongylidenlarven (Abb. 11.29) und beim Hund solitäre Wurmgranulome mit zentral gelegener Wurmlarve (Abb. 11.29). Während die erstgenannte Invasionsform meist mit klinischen Ausfallserscheinungen einhergeht, verlaufen die Larva migrans-Invasionen i.d.R. symptomlos.

Als ein ursprünglich saprophytär-humusbewohnender Nematode kann sich *Halicephalobus deletrix (= Micronema deletrix)* beim **Pferd** parasitär verhalten. Er verursacht granulomatöse Prozesse in ZNS, Herzmuskel, Niere und Lymphknoten. Klinisch gesehen führen rapid-progressiv verlaufende Ataxien und Bewegungsinkoordinationen zum Festliegen und zum Tode. Über den Infektionsweg des Parasiten ist wenig bekannt. (Tafel XXII. F, G; s. S. 77).

Arthropoden

Hypoderma bovis. Die über den Wirbelkanal in die Haut des Rindes einwandernde Larve der großen Dasselfliege führt zwar im allgemeinen nicht zu Rückenmarkläsionen, doch kann eine während dieser Wanderungsphase durchgeführte chemotherapeutische Dasselbekämpfung die temporär im Wirbelkanal anwesenden Larven abtöten bzw. an einem Weiterwandern hindern (s. S. 559). In der Folge können auf diese Weise beim **Rind** *raumfordernde* und *entzündliche* Prozesse mit *Rückenmarkkompressionen* entstehen.

Fliegenmaden von *Cuterebra spp.* können speziell bei **Hund** und **Katze** auf rhinogenem Wege in die Leptomeninx einwandern und dort zu ausgedehnten *Blutungen* und bisweilen letal endenden *Meningoenzephalitiden* führen.

11.3 Peripheres Nervensystem (PNS)

11.3.1 Allgemeine Pathologie des PNS

Die Beurteilung der Strukturelemente des peripheren Nervensystems (PNS), das Nervenwurzeln, Hirnnerven- und Spinalganglien sowie Nervenbahnen umfaßt, ist weitgehend auf histologische Untersuchungsmethoden beschränkt, da sich Formveränderungen nur in Ausnahmefällen grobsinnlich nachweisen lassen. Von den krankhaften Veränderungen im engeren Sinne sind zunächst einmal

altersabhängige Atrophien und **Pigmentierungen** zu trennen. So zeigen sich bei allen Haustierspezies mit fortschreitendem Alter *Lipofuszinanreicherungen* in den Perikaryen der Ganglien und bisweilen auch *Atrophien* und *numerische Reduktionen* von *Ganglienzellen* und Nervenfasern.

Altersunabhängig kommen atrophische, degenerative und entzündliche Veränderungen am PNS vor, die sich unter den Termini *Neuropathie* oder *Radikuloneuropathie* (*Ganglioneuropathie*) subsumieren lassen. Ihrer jeweiligen Topik entsprechend kann von *Mono-*, *Oligo-* und *Poly(radikulo)neuropathien* gesprochen werden. Nach rein morphologischen Kriterien ist zwischen *axonalen, demyelinisierenden* und *gemischten,* zwischen *nichtentzündlichen* und *entzündlichen* sowie, in funktioneller Hinsicht, zwischen *sensiblen, motorischen und sensomotorischen* Formen zu unterscheiden. Demgegenüber ist die ätiologische Zuordnung im Einzelfall schwierig. Grundsätzlich kommen *hereditäre, toxische, dysmetabolische, hypovitaminotische, endokrinopathische* und *paraneoplastische* Formen in Betracht.

11.3.2 Hereditäre Neuropathien

Zu diesem Formenkreis zählen zunächst die ***sensiblen Polyneuropathien*** des **Hundes**. Beim Tschechischen Vorstehhund (Typ SANDA-PIVNIK) und beim Englischen Pointer (Typ CUMMINGS-DELAHUNTA-WINN) vorkommend, zeigen sich klinisch progressive Analgesien und eine bereits in früher Jugend einsetzende Automutilationsneigung bei insgesamt ungestörter Propriozeption und regelrechter Muskelfunktion. Dem entspricht neurohistologisch eine signifikante progressive Nervenzellatrophie in den Spinalganglien mit konsekutiver Atrophie myelinisierter Spinalnervenfasern. Beim Langhaardackel (Typ DUNCAN-GRIFFITHS-MUNZ) manifestiert sich das klinische Bild erst im zweiten Lebensjahr, unter Verlust von Proprio- und Nocizeption, Reduktion der oikotropen Sensibilität sowie unter Harninkontinenz. Neurohistologisch findet sich eine progressive Einbuße an myelinisierten Nervenfasern unter dem Bilde einer distalen Axonopathie.

Eine auch als *Canine Giant Axonal Neuropathy* (GAN) beschriebene ***sensomotorische Neuropathie*** (Typ DUNCAN-GRIFFITHS) tritt beim **Schäferhund** auf. Im zweiten Lebensjahr unter zunehmendem Verlust von Proprio- und Nocizeption, Reduktion von Reflexintensität und Nervenleitgeschwindigkeit sowie mit Hypotonie der Hinterextremitätenmuskulatur einsetzend, zeigen sich histologisch extreme axonale Umfangsvermehrungen in den Spinalnerven, aber auch in vegetativen Fasern des Plexus myentericus und Plexus oesophagicus. Daneben kommt es zur Ausbildung von Riesenaxonen auch in bestimmten Rückenmarkbahnen, optischen Bahnen, Thalamus und Kleinhirnrinde. Eine weitere ***sensomotorische Neuropathie*** (Typ BRAUND-SCARRATT-VALLAT-TOIVIO-KINNUCAN-MOLL) ist als *Congenital Hypomyelination Neuropathy* beim **Schaf** der Dorset-Rasse bekannt. Die von Geburt an bestehenden klinischen Zeichen bestehen in intermittierendem Tremor sowie Bewegungsinkoordination von Kopf und Extremitäten.

Eine ***distal-motorische Neuropathie*** (Typ BRAUND-LUTTGEN-REDDING-RUMPH) kommt bei der **Dänischen Dogge** vor. Klinische Symptome unter dem Bilde einer neurogenen Muskelatrophie zeichnen sich vor allem an distalen Extremitätenregionen und Kehlkopf ab. Histologisch bestehen axonale WALLERsche Degenerationen mit Dying-Back-Phänomen sowie Ausbildung HANKEN-BÜNGNERscher Bänder.

Hypertrophische Neuropathien sind bei **Hund** und **Katze** bekannt. Sie entsprechen bis zu einem gewissen Grade den hereditären sensomotorischen Neuropathien = HMSN des **Menschen** (Typ I CHARCOT-MARIE-TOOTH; Typ III DEJERINE-SOTTAS). Die beim Tibetanischen Mastiff auftretende Form (Typ CUMMINGS-COOPER-DELAHUNTA-VAN WINKLE) folgt einem autosomal-rezessiven Erbgang mit Manifestation nach der siebten Lebenswoche. Klinisch finden sich progressive muskuläre Hypotonien und Hyporeflexien unter Retardierung der Nervenleitgeschwindigkeit, histologisch Myelinisierungsstörungen mit zwiebelschalenförmigen Fehlregeneraten (sog. *onion bulbs*) der SCHWANNschen Scheide bei gleichzeitiger Kollagenfaserzubildung. Für eine damit vergleichbare hypertrophische Neuropathie bei der Katze mit Manifestation am Ende des ersten Lebensjahres (Typ DAHME-KRAFT-SCABELL) ist der hereditäre Charakter nicht gesichert.

11.3.3 Neuropathien bei Hypovitaminosen

Hierher zu zählen ist die progressive spinale Nerven- und Nervenwurzelatrophie beim ***Pantothensäuremangel*** des **Schweines**. Inwieweit hier – neben den durch den Vitaminmangel unmittelbar bedingten Veränderungen an den Nerven – kompressionsbedingte Nervenwurzelschäden als Folgen gestörter Wirbelknochenentwicklung pathogenetisch von Bedeutung sind, ist umstritten. Das klinische Bild zeigt paradeschrittartigen Bewegungsablauf. Degenative Neuropathien als Folgen eines ***Vitamin*** B_1-Mangels werden vor allem bei der Taube beschrieben.

11.3.4 Dysmetabolische Neuropathien

Unter diesen kommt den ***diabetischen Polyneuropathien*** bei **Hund** und **Katze** eine gewisse Bedeutung zu. Vorwiegend als distale Formen auftretend, imponieren sie klinisch durch Verlangsamung der Nervenleitgeschwindigkeit, Störungen in den Stellreflexen, gelegentlich auch durch Hypo- und Hyperästhesien. Diesen Symptomen entsprechen – morphologisch gesehen – axonale De- und Regenerationsmuster sowie De- und Remyelinisierungen in den distalen Extremitätennerven.

11.3.5 Mechanisch-traumatisch bedingte Neuropathien

Reversible und irreversible neurale *Kontinuitätsstörungen* entstehen häufig nach *Nerven-* und *Nervenwurzelkompressionen.* Ursächlich kommen dabei vor allem Skelett-, Bandscheiben- und Wirbelgelenkerkrankungen, ferner raumforderndes Tumorwachstum, Blutungen, Abszesse und Granulome in Betracht. Auf die besonderen Verhältnisse bei den Skelettentwicklungsstörungen des mit *Vitamin A* unterversorgten **Kalbes** wird auf S. 385 näher eingegangen (Abb. 11.15).

Unter den irreversiblen *Kontinuitätsunterbrechungen,* die nach allgemeinpathologischen Gesichtspunkten auf S. 362 dargestellt sind, kommt den mechanisch-traumatischen ***Rupturen des Plexus brachialis,*** seltener solchen des *Plexus lumbosacralis,* besondere Bedeutung zu. Als unmittelbare Folge von Verkehrsunfällen finden sich vor allem beim **Hund** durchweg einseitige, komplette oder inkomplette Abrisse der den *Plexus brachialis* bildenden Zervikal- und Thorakalnervenwurzeln. Die Abrisse betreffen am häufigsten Wurzeln der Segmente C 6–8 und Th 1, entweder in Höhe des Foramen intervertebrale außerhalb der Pachymeninx oder unmittelbar am Rückenmark (Abb. 11.30). Sie sind vor allem deshalb irreparabel, weil sich der distale Abrißstumpf einschließlich des in ihm befindlichen Spinalganglions vom Foramen intervertebrale um mehrere Zentimenter entfernt (zusammenschnurrt). So entstehen regelmäßig am ventralen (efferent-motorischen!) Stumpf *Amputationsneurome,* die sich mit ihren Aussprossungen weit über die Oberfläche des Rückenmarks bis in den Sulcus ventralis hinein ausbreiten, sich gelegentlich auch pilzartig der Duraaußenfläche anlegen (Abb. 11.30). Die entsprechenden motorischen Zellen im Ventralhorn des Rückenmarkes zeigen das Bild der „primären Reizung", d.h. sie sind regeneratorisch hoch aktiv. Allerdings fallen auch einige dem „Dying Back" zum Opfer. Demgegenüber verkörpert der am Rückenmark verbleibende Rest der Dorsalwurzel anatomisch-funktionell einen distalen Stumpf, der die Verbindung zu seinen im Spinalganglion liegenden Perikaryen verloren hat. Hinzu kommt, daß eine axonale Regeneration vom Spinalganglion her ins Rückenmark hinein nicht möglich ist. So atrophiert der dorsale Wurzelstumpf alsbald und mit ihm die zugehörigen Fasern im BURDACHschen Strang (= Fasciculus cuneatus des Tractus spinobulbaris).

Die wesentlichen *klinischen Konsequenzen* dieses Plexusabrisses ergeben sich zuvörderst aus den *neurogenen Atrophien* der nicht mehr innervierten Extremitäten- und Halsmuskulatur (Tafel XIX. 2). *Trophoneurotische Hautveränderungen* kommen demgegenüber nur selten zustande und müssen von rein mechanisch bedingten Hautschäden (Radialislähmung mit Nachschleifen der Extremität) unterschieden werden.

Vergleichbare Wurzelabrisse im Bereich des ***Plexus lumbosacralis*** werden am häufigsten und wiederum unfallbedingt beim **Pferd** beobachtet. Hierbei ist, rein klinisch gesehen, eine Abgrenzung von der *Neuritis der Cauda equina* (s. unten) problematisch, bereitet jedoch pathologisch-anatomisch und histologisch keine diagnostischen Schwierigkeiten.

11.3.6 Entzündliche Neuropathien (Neuritis, Radikuloganglioneuritis)

Rein formal sind die hier einschlägigen Phänomene entsprechend ihrer Position als solche der Nervenwurzeln = *Radikulitis* und solche der Nerven = *Neuritis* zu unterscheiden. Ist das Ganglion miteinbezogen, kann, je nach Gesamtausdehnung des Entzündungsprozesses, von *Ganglioneuritis* oder *Radikuloganglioneuritis* gesprochen werden. Ferner ist zwischen dem Betroffensein nur eines Nerven = *Mononeuritis,* weniger Nerven = *Oligoneuritis* oder vieler Nerven = *Polyneuritis (Polyradikuloganglioneuritis!)* zu unterscheiden. Qualitativ gesehen, gehören die meisten Neuritiden zu den nichteitrigen, d. h. lymphoplasmozytären, monozytären Entzündungsformen, wobei akute, chronische und rezidivierende Verlaufsformen zu berücksichtigen sind. Soweit noch nicht bei den Infektionskrankheiten des Nervensystems (s. S. 389ff.) berücksichtigt, verdienen die folgenden Neuritisformen bei Haustieren besondere Beachtung.

Die ***Neuritis der Cauda equina*** (NCE; Hammelschwanzsyndrom-, kombinierte Schweiflähmung und Sphinkterenparalyse) des **Pferdes** ist klinisch hinreichend gut definiert, d. h. durch kontinuierlich oder rezidivierend fortschreitende, sensomotorische Denervation mit spezifischem Ausbreitungsmuster im Bereich der Anal- und Harnblasensphinkteren, der Schweifmuskulatur und bestimmter Hautareale charakterisiert. Daneben kommen gelegentlich

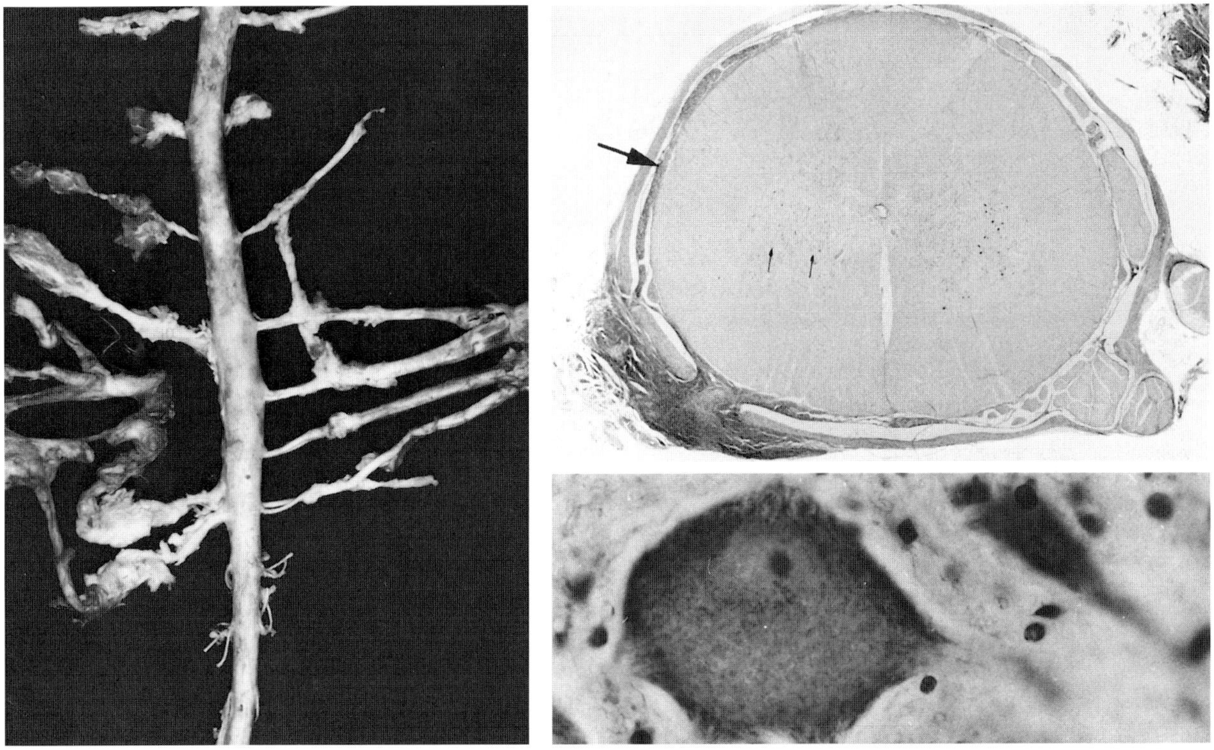

Abb. 11.30 Unfallbedingter, bisegmentaler Abriß der (linksseitigen) Nervenwurzeln C_7 und C_8 beim Hund.
links: makroskopischer Befund.
rechts oben: Querschnittbild des Rückenmarks in Höhe C_7 acht Wochen nach dem Unfall: Während der dorsale Wurzelanteil als distaler Stumpf bereits total atrophisch ist (Pfeil), zeigt der ventrale Wurzelanteil als proximaler Stumpf regeneratorische Aktivität mit Ausbildung eines pilzförmigen *Amputationsneuroms*. Die α-Motoneuronen im Ventralhorn der Defektseite erscheinen blaß, da sie im Sinne „primärer Reizung" auf Regeneration umgestellt haben, sind aber auch numerisch reduziert (Pfeilchen). NISSL-Färbung, 15 x.
Rechts unten: Zwei Perikarya aus dem Ventralhorn, links mit deutlicher Randschollenkranzbildung als Zeichen „primärer Reizung", rechts im Zustand atrophischen Zelluntergangs im Sinne des „Dying Back". HE, 850 x.

auch Fazialisparalysen vor. Nahezu ausschließlich werden Stuten und Wallache im Alter von zwei bis zwölf Jahren betroffen.

Pathologisch-morphologisch finden sich an der Cauda equina, z. T. aber auch an anderen Nervenwurzeln (N. facialis; zervikale und thorakale Spinalnerven) ödematössulzige, mit petechialen Blutungen durchsetzte Verdickungen (Abb. 11.31), die histologisch und ultramikroskopisch vor allem durch fortschreitenden Markscheidenabbau, monozytäre Phagozytose mit Neigung zur Riesenzellbildung, lympho-plasmozytäre Infiltrate und m.o.w. deutliche Infiltrate eosinophiler Granulozyten imponieren. Im weiteren Verlauf kommt es zu Verödung und Fibrose der Spinalganglien und Wurzelfaserbündel mit Ausbildung riesenzellreicher Granulome. Der Prozeß erfaßt im wesentlichen Nervenwurzeln und Spinalganglien, in geringerem Umfang die proximalen Nervenabschnitte (Radikuloganglioneuritis).

Das ZNS ist *lediglich sekundär*, d. h. in Form von Faseratrophien (Fasciculus gracilis GOLL) und von retrograden Veränderungen (primäre Reizung; Atrophie) der Ventralhornperikarya, einbezogen. Aufgrund dieses Bildes und der Erfahrung, daß zwischen dem Auftreten der NCE und vorangegangenen respiratorischen Erkrankungen Beziehungen zu bestehen scheinen, läßt sich die NCE dem Formenkreis der *allergischen Polyneuritis* zuordnen. Ähnlich wie bei menschlichen Polyneuritiden des STROHL-LANDRY-GUILLAIN-BARRÈ-Syndroms, sind komplizierte pathogenetische Mechanismen im Sinne einer *Autoimmunopathie* in Betracht zu ziehen, wobei dem basischen Protein des Nervenscheidenmyelins bzw. dem P_2-Myelinprotein eine zentrale Rolle zukommen dürfte. Ätio-

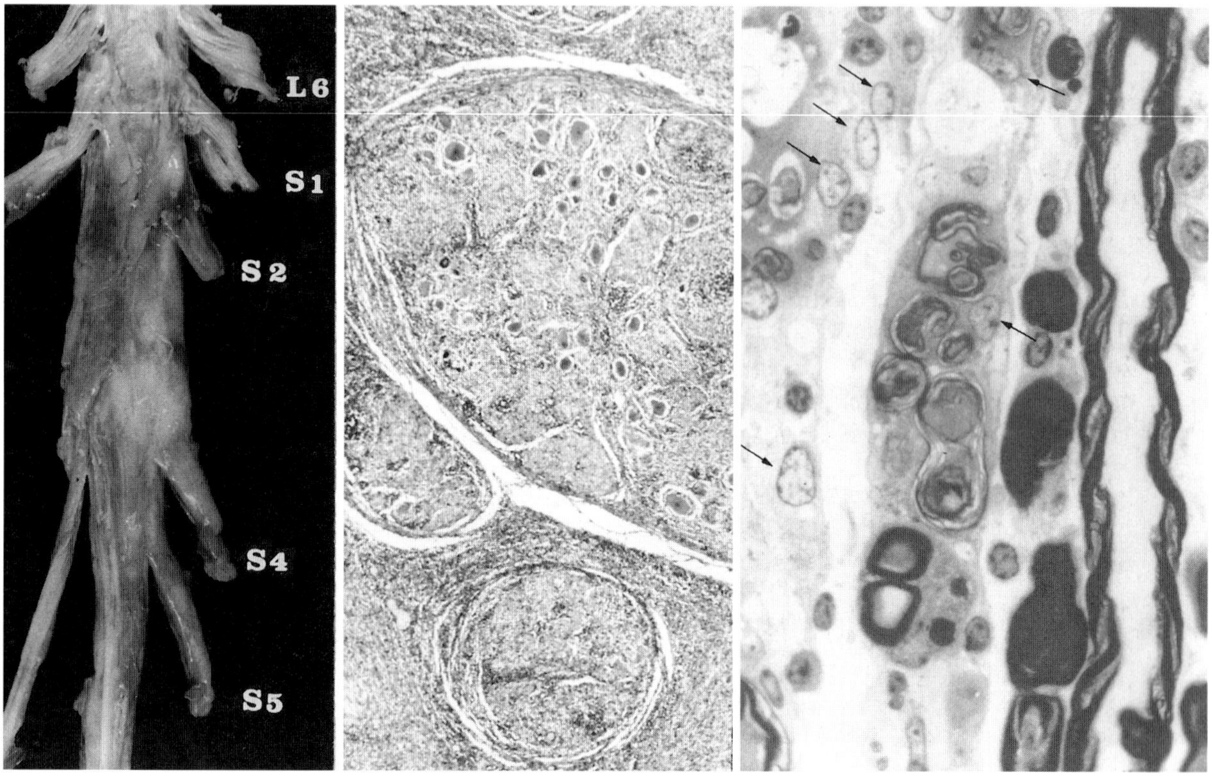

Abb. 11.31 *Neuritis der Cauda equina* beim Pferd.
links: makroskopischer Befund am Dura-überkleideten Präparat. ¾ nat. Größe.
Mitte: Querschnitt durch ein Spinalganglion und zwei Nervenwurzeln mit ausgeprägten, teils granulomatösen Entzündungen, die auch das epi- und interradikuläre Bindegewebe betreffen. HE, 30 x.
rechts: Längsschnitt durch eine Wurzel: Von rechts beginnend am Bildrand Mono- und Plasmozyten in unmittelbarer Nähe zu einer intakten Nervenfaser mit erhaltenen SCHMIDT-LANTERMANschen Einkerbungen; neben dieser eine bereits in Schollen zerfallende Markscheide; in der Bildmitte und am linken oberen Bildrand Riesenzellen mit großen, hellen Zellkernen (Pfeile). Das phagozytierte Material besteht hauptsächlich aus Myelinresten. Im gesamten Gesichtsfeld verstreut finden sich aktivierte Lymphozyten und Monozyten. Semidünnschnitt 1 μm, Azurblau, 750 x.

logisch werden prozeßauslösende Primärinfektionen mit dem Herpes equi 1- und dem equinen Adenovirus 1 diskutiert (s. S. 398).

In diesen Formenkreis *allergischer Polyneuritiden* werden auch verschiedene Neuritisformen des **Hundes** gerechnet. So kommen zum einen *Radikuloneuritiden* ohne erkennbare Grund- bzw. Primärleiden vor. Zum anderen wird in Nordamerika eine spezifische, als ***Coonhound Paralysis*** (*Polyradiculoneuritis of Coonhounds*) bezeichnete Form beobachtet, die ursächlich auf Biß- oder Kratzverletzungen durch Waschbären beruhen soll. Eine rasch von kaudal nach kranial fortschreitende Tetraplegie kennzeichnet das klinische Bild. Die Hautsensibilität ist unerheblich reduziert. Histologisch dominieren Vorderwurzelentzündungen (motorisch-efferentes System!) mit konsekutiver primärer Reizung oder Atrophie der Ventralhornperikarya sowie eine neurogene Muskelatrophie. Über die Natur des allergenen Prinzips ist nichts bekannt.

Näheres über *bakteriell bedingte Radikuloganglioneuritis* findet sich auf S. 405.

11.3.7 Neuropathien der Pars motorica des N.vagus

Das vergleichsweise komplizierte anatomisch-funktionelle Muster des N.vagus einschließlich seiner Ursprungs- und Endkerne sowie seiner sensiblen und vegetativen Ganglien rechtfertigt eine gesonderte Besprechung hier einschlägiger Krankheitsbilder. Während Veränderungen an den *sensibel-sensorischen* Vagusästen im allgemeinen neurologisch von geringerer Bedeutung sind, beanspruchen solche *motorischer* wie *parasympathischer* Nervenfaserkontingente besonderes Interesse. Letztere werden im Abschnitt „Vegetatives Nervensystem" besprochen, so daß nachfolgend lediglich zwei Symptomenkomplexe an motorischen Vagusanteilen, nämlich die Störungen der *Schlundmotorik beim Hund* und die *Recurrenslähmung bei Pferd und Hund,* behandelt werden.

11.3.7.1 Störungen der Schlundmotorik beim Hund

Die hier einschlägigen, vor allem den Hund betreffenden Funktionsstörungen lassen sich empirisch in drei Hauptformen unterteilen: *1.* ***Chalasien*** (chalaros = schlaff, locker) = schlaffe Ektasie des gesamten Schlundes. 2. ***Achalasien*** = spastische Verengung des unteren, magennahen Schlundabschnittes bzw. der Kardia des Magens mit Ektasie der oral des Spasmus gelegenen Schlundabschnitte. 3. ***Krikopharyngeale Achalasie*** mit Spasmus und Hypertrophie des M. cricopharyngicus.

Bei den Formen 1 und 2, die auch als ***Megaösophagus*** (s. S. 149) bezeichnet werden, finden sich histologisch sowohl Hypertrophien als auch Degenerationen und Atrophien der quergestreiften Schlundmuskulatur sowie nesterförmige Rundzellinfiltrate. Diese Befunde deuten auf eine tiefgreifende Störung der motorischen Vagusanteile hin. Ungeklärt ist, ob bei der Form 2 auch degenerativ-atrophische Prozesse im Plexus myentericus AUERBACH, der hier für die Innervation der glatten Kardiamuskulatur zuständig ist, pathogenetisch von Bedeutung sind. Interessant ist eine häufige Koinzidenz von *Schlunddilatation* und *Myasthenia gravis* (s. S. 346), womit pathogenetisch ein defektes Azetylcholin-Rezeptorsystem in der quergestreiften Schlundmuskulatur in Erwägung zu ziehen ist.

Der Form 3 liegt eine (isolierte?) Innervationsstörung der kaudalen Schlundkopfmuskulatur, d. h. eine Funktionsstörung des *N. laryngeus cranialis* der *Pars cervicalis* des (motorischen) N. vagus zugrunde. Wahrscheinlich besitzt dieser Nerv auch größere Faseranteile des *N. glossopharyngeus.*

Alle drei Formen treten vorwiegend als angeborene Störungen auf. Ihr hereditärer Charakter ist jedoch nicht hinreichend erwiesen. Vereinzelt werden auch späte Manifestationen im mittleren Lebensabschnitt bei den Formen 1 und 2 beobachtet. Ein in späteren Lebensstadien sich einstellender Megaösophagus kann, speziell beim **Hund**, durch Vergiftung mit Phosphorsäureestern (Parathionen) verursacht sein. Heilung ist möglich aber nicht die Regel.

11.3.7.2 Recurrenslähmung bei Pferd und Hund

Die Frage, ob die progredienten bzw. rezidivierend-progredienten Faseratrophien im ***linken N. laryngeus recurrens*** beim **Pferd** mit dem klinischen Bilde des *Kehlkopfpfeifens* (Recurrenslähmung; Hemiplegia laryngis; Rohren; Roaring) Ausdruck spezifischer Nervenstrangkompressionen sind, wird seit einem Jahrhundert diskutiert. Immerhin sprechen die Tatsachen, daß 1. *kein primäres Erbleiden* vorliegt, 2. (nahezu ausschließlich) der *linke Recurrensnerv* mit seinem langen, d. h. kaudal um den Aortenbogen führenden Verlauf betroffen ist und 3. überwiegend *großwüchsige* oder *langhalsige Pferde* erkranken, für eine ursächliche Bedeutung spezifischer, mechanisch-traumatischer Einflüsse. Histologisch bestehen im wesentlichen *Faseratrophien* vom Typ der WALLERschen Degeneration mit betont *distaler Manifestation,* daneben auch *Regenerationen* bzw. *Regenerationsversuche.* Am Kehlkopf kommt es, entsprechend des jeweiligen Grades der Nervenatrophie, zu einer neurogenen, d. h. irreversibel-numerischen *Atrophie der ipsilateralen Muskulatur,* mit Ausnahme des M. cricothyreoideus. Dieser wird vom *Ramus externus* der Pars cervicalis des motorischen Vagusanteils innerviert, während die *Nn. laryngei recurrentes* aus dem motorischen Faserbestand der Pars thoracica des N. vagus entspringen (s. auch S. 78 und Abb. 3.9).

Mit diesem equinen Typ direkt vergleichbar ist die Faseratrophie im linken N.laryngeus recurrens bei großwüchsigen **Hunden**. Die histologisch in geringer Ausprägung, jedoch häufig nachweisbaren Veränderungen bestehen i.d.R. klinisch symptomlos. Erst in fortgeschrittenen Stadien können Schnarchgeräusche und Atembeschwerden bei körperlicher Belastung auftreten.

Eine Sonderform stellt der ***Laryngeal Paralysis-Polyneuropathy Complex*** bei jungen *Dalmatiner*-Hunden insofern dar, als er Teil einer allgemeinen, offenbar hereditären (peripheren) Polyneuropathie unter Bevorzugung des N. laryngeus recurrens ist. Neben neurogener Atrophie der Kehlkopfmuskulatur kommt es – bei insgesamt infauster Prognose – zum Megaösophagus sowie zu m.o.w. deutlicher allgemeiner Muskelatrophie.

Neben dem klassischen Bild der linksseitigen Recurrenslähmung sind beim **Pferd** noch weitere Formen bekannt. So kommt eine, zunächst vorzugsweise den linken, im weiteren Verlauf auch den rechten N. recurrens betreffende Form im Rahmen einer ***systemischen distal-axonalen Neuropathie*** vor. Klinisch zeigen sich, neben der laryngealen Symptomatik, insbesondere Hyperflexionen der Hinterextremitäten. Die Ätiologie des Leidens ist nicht bekannt; für ein mögliches neurotoxisches Kausalprinzip spricht ein gelegentlich endemisches Auftreten.

Recurrenslähmungen ohne spezifische Lateralisierung finden sich bei allen Haussäugetieren schließlich als unmittelbare Folgen lokaler Gewalteinwirkung, maligner Schilddrüsentumoren sowie phlegmonöser und abszedierender Prozesse im peritrachealen Gewebe.

11.4 Vegetatives Nervensystem (VNS)

11.4.1 Angeborene Entwicklungsstörungen bzw. Erbleiden

Das hier einzuordnende wichtigste Krankheitsbild beim **Menschen** ist die als *Megakolon* oder *Morbus Hirschsprung* bezeichnete ***Hypo***- bzw. ***Aganglionie*** der intramuralen Plexus Auerbach und Meissner in Rektum und/oder Kolon. Während das jeweils betroffene Darmsegment bei deutlicher Kontraktion und damit Engstellung des Lumens keine Peristaltik erkennen läßt, kommt es am unmittelbar davor liegenden Segment zu Lumenerweiterung und Wandhypertrophie (Arbeitshypertrophie). Vergleichbare Anomalien sind bei Tieren nur in Einzelfällen bekannt geworden. Wie auf S. 167 beschrieben, finden sich bei total unpigmentierten, männlichen wie weiblichen **Fohlen** (White Foals) von Eltern mit partieller (großfleckiger) Hypopigmentierung in Haarkleid und Haut (sog. Overo Spotted Horses) in einem hohen Prozentsatz Aganglionien von Kolon und/oder Ileum. Die betroffenen Darmabschnitte sind aperistaltisch und erweisen sich bei der Sektion als kontrahiert und leer, während die davor liegenden gesunden Abschnitte sowie der Magen i. d. R. milchgefüllt sind. Die Lebenserwartung betroffener Fohlen ist auf 15 bis 48 Stunden post partum beschränkt, wobei massive Kolikerscheinungen den klinischen Verlauf kennzeichnen. Bei diesen „weißen Fohlen" (nicht zu verwechseln mit Albinos!) fehlen Melanozyten in Haut und Haarzwiebeln, bei ungestörter Augenpigmentierung. Die Koinzidenz von Aganglionie und Pigmentlosigkeit wird auf die gemeinsame Herkunft von Darmganglienzellen und Melanozyten aus der Neuralleiste erklärt, während die Retinapigmentzellen ja aus dem kranialen neuralen Ektoderm stammen. Vergleichbare Beobachtungen liegen bei pigmentierungsgestörten **Mäusen** (Piebald Mice) und **Ratten** (Spotting Lethal Mutant) vor, bei denen im Rahmen eines autosomal-rezessiven Erbleidens jeweils nur die homozygot-defekten Tiere Aganglionien in Kolon oder (seltener) Ileum aufweisen.

11.4.2 Die funktionelle Magenstenose des Rindes (Hoflundsches Syndrom; Vagus Indigestion in Cattle)

Vollständige und unvollständige *Kontinuitätsunterbrechungen* des *parasympathischen N. vagus,* insbesondere seiner Pars abdominalis bzw. des Truncus vagalis dorsalis und seiner Äste führen beim **Rind** zu Funktions- und Koordinationsstörung des Vormagensystems und des Pylorus mit dem klinischen Bilde der *Atonie* und *Tympanie* (= funktionelle Magenstenose). Die morphologisch faßbaren Nervenveränderungen können durch entzündliche Primärprozesse der Nachbarschaft (traumatische Retikuloperitonitis; Peritoneal- und Pleuralabszesse; Tuberkulose der Mediastinallymphknoten), Organverlagerungen (Zwerchfellrupturen; Zwerchfellhernien), Tumorprozesse (Leukose) und Fettgewebsnekrosen verursacht sein.

11.4.3 Dysautonomien

Während beim **Menschen** unter dem Begriff *Dysautonomie* (Riley-Day-Syndrom) vorwiegend hereditäre, autosomal-rezessive Entwicklungsstörungen des autonomen Nervensystems subsumiert werden, scheinen den seltenen animalischen Formen keine Erbleiden zugrunde zu liegen. Zwei Formen beanspruchen dabei besonderes Interesse, nämlich die equine Graskrankheit und das feline Key-Gaskell-Syndrom.

11.4.3.1 Die Graskrankheit (Grass Sickness) des Pferdes

Bei der akut bis perakut verlaufenden Graskrankheit des Pferdes finden sich die Hauptläsionen in den *sympathischen Ganglien* und den *intramuralen Plexus* des Digestionsapparates, z. T. auch in *parasympathischen Kerngebieten des ZNS* und in *Spinalganglien.* Im wesentlichen handelt es sich bei diesen um ein rasches Zugrundegehen von Nervenzellen der genannten Systeme. Dabei zeigen sich Karyopyknosen sowie strahlig-eosinophile Konfigurationen des Zytoplasmas (Abb. 11.32). Soweit erkennbar, treten Axondegenerationen betont an den *postganglionären, sympathischen* Fasern der Mesenterialganglien auf. Die Frage ist offen, ob diese Veränderungen Ursachen oder Folgen des infausten klinischen Verlaufs darstellen, der gemeinhin durch Unruhe, Kolik, Tympanie, Schluckbeschwerden, vermehrten Speichelfluß, Muskeltremor sowie regionales Schwitzen im Schulterbereich gekennzeichnet ist. Vorwiegend, keineswegs aber ausschließlich erkranken drei- bis sechsjährige, auf der Koppel gehaltene Tiere und gehen meist innerhalb von 12 bis 72 Stunden ad

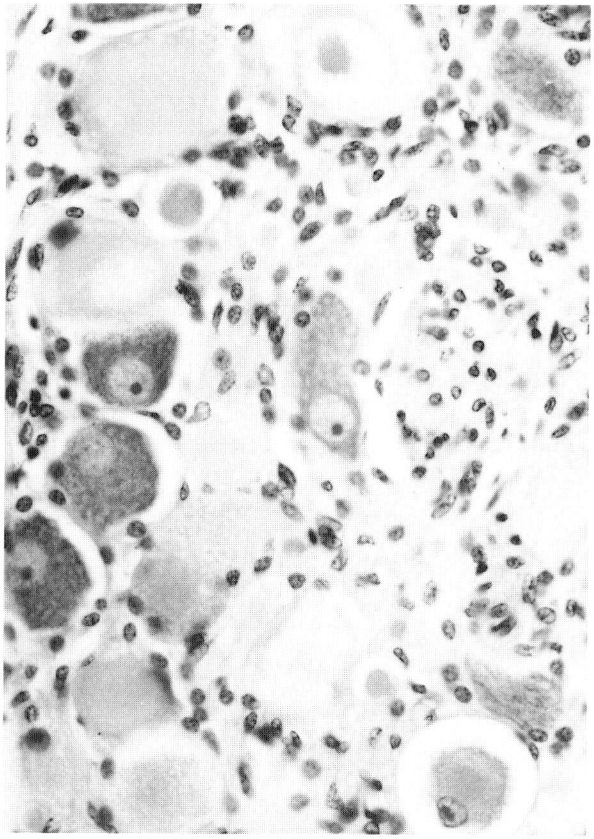

Abb 11.32 *Graskrankheit (Grass Sickness)* beim Pferd. Das histologische Bild des Ganglion mesentericum craniale läßt verschiedene Stadien des perakuten Zelluntergangs erkennen. Im Vordergrund stehen Zellschwellungen mit Karyolysis (oberer Bildrand) sowie Zellkollaps (unterer Bildrand). HE, 360 x.

exitum. Am Sektionstisch finden sich extrem wäßrige Füllung des Magens (gelegentlich auch Magenrupturen), Wandödeme und Schleimhautläsionen am Schlund, wäßriger, seltener blutiger Inhalt des Dünndarms und dicht gepackter Dickdarminhalt mit festen Kotballen in kleinem Kolon und Rektum.

Die *Ätiologie* der Graskrankheit ist ungeklärt, insbesondere auch die mögliche kausale Bedeutung von Clostridientoxinen.

11.4.3.2 Das Key-Gaskell-Syndrom der Katze

Dieses auch als *feline Dysautonomie* bezeichnete und in gewisser Beziehung der Graskrankheit des Pferdes ähnliche Krankheitsgeschehen ist klinisch durch vielfältige Funktionsstörungen des vegetativen NS gekennzeichnet. Im Vordergrund stehen Dysfunktionen des Digestionsapparates, so etwa Schlingstörungen mit und ohne Megaösophagus, Defäkationsstörungen gepaart mit Reduzierung des Analreflexes, Stomatitis, trockene Nares, beid- oder einseitige Pupillenweitung bzw. -starre mit Reduzierung des Pupillarreflexes sowie Nickhautvorfall, ferner Bradykardie, Paresen und reduzierte Propriozeption. Betroffen werden sowohl Rassekatzen als auch kurzhaarige Hauskatzen jeglichen Alters und ohne Geschlechtsdisposition. Die Krankheit setzt entweder rasch unter Teilnahmslosigkeit, Anorexie und Dehydratation ein, um in wenigen Tagen zum Tode zu führen, oder entwickelt sich retardiert progredient innerhalb einer Woche, wobei eine Genesung grundsätzlich möglich ist.

Unter den je nach Krankheitsverlauf m. o. w. deutlichen, jedoch im wesentlichen unspezifischen Sektionsbefunden dominieren Exsikkose, Koprostase sowie gelegentlich erosive Stomatitis und Megaösophagus. Die vergleichsweise spezifischen neurohistologischen Befunde bestehen in eosinophilen Nervenzellnekrosen in den sympathischen, z. T. aber auch parasympathischen Ganglien und in den Darmeigenplexen. Vereinzelt kommt es auch zu intraganglionären Rundzellinfiltraten. Das Zerebrospinalnervensystem kann mit Nervenzelluntergang und Neuronophagie in den kranialen und spinalen Nervenwurzelganglien, in den bulbären motorischen Kernen der Hirnnerven III, V, VII, X und XII sowie in den motorischen Ventralhornarealen des Rückenmarks einbezogen sein.

Die Ätiologie des Leidens ist nicht aufgeklärt, pathogenetisch soll eine Proteinsynthesestörung in bestimmten Neuronen von Bedeutung sein.

11.4.4 Der Hornersche Symptomenkomplex

Die klinischen Charakteristika dieses auch als Horner-Syndrom vor allem bei **Mensch**, **Hund, Katze** und **Pferd** bekannten Bildes sind *Ptosis, Enophthalmus, Miosis* und *Nickhautvorfall,* gelegentlich auch *Absenkung* des *intraokularen Druckes* und, speziell beim Pferd, *Hyperhidrosis.* Pathogenetisch gesehen, resultiert es aus einer temporären oder permanenten *Störung der sympathischen Innervation* des M. tarsalis, des M. orbicularis oculi, der glatten Irismuskulatur und des Corpus ciliare, wobei folgende anatomisch-funktionellen Überlegungen zu berücksichtigen sind:

Im wesentlichen gehen die spezifischen Erregungen vom Hypothalamus aus. Von hier werden sie in definierten Hirnstamm- und Rückenmarkbahnen bis zum dritten Thorakalsegment geleitet und dort synaptisch auf Grenzstrang- und Zervikalgangliensystem geschaltet. Im weiteren passieren sie via Grenzstrangfasern das Ggl. stellatum bzw. die Ggll. cervicale caudale et medium. Erst im Ggl. cervicale craniale werden sie erneut synaptisch, und zwar auf die eigentliche postganglionäre Wegstrecke, umgeschaltet. Diese mündet als N. caroticus internus in den Plexus caroticus, aus welchem die Fasern für den M. dilatator pupillae und die glatte Orbitamuskulatur, aber auch pilo-, sudo- und vasomotorische Fasern der Kopf-Hals-Region und sekretorische Fasern für die Kopfdrüsen entspringen.

Aus diesem vergleichsweise komplizierten sympathischen Innervationsschema ist zu verstehen, daß Wegunterbrechungen *in allen neuralen Teilstrecken* zum HORNERschen Symptomenkomplex führen können. Ursächlich kommen insbesondere in Betracht: Myelitis, Bandscheibenprotrusionen, Kopf- und Halstraumen, Tumoren im Brust- bzw. Mediastinalbereich, ferner tumoröse oder entzündliche Vorgänge in Bereichen des intrakraniellen Nervenverlaufs.

11.5 Tumoren des Nervensystems und seiner Hüllen

11.5.1 Tumoren des ZNS

Primäre Geschwülste des Hirn-Rückenmarkgewebes können von *neuroektodermalen* und von *mesenchymalen* Gewebselementen ausgehen. Unter den neuroektodermalen Formen spielen die ***Gliome*** die Hauptrolle.

In nennenswerter Häufigkeit kommen Gliome allerdings nur bei **Hunden** und hier nahezu ausnahmslos bei *brachyzephalen* Rassen vor. Dabei wird das Oligodendrogliom relativ häufiger als das Astrozytom und das wenig differenzierte ***pleomorphe Gliom*** gesehen. ***Oligodendrogliome*** finden sich bevorzugt in der Nachbarschaft der Seitenventrikel (Tafel XX. B) und zeigen feinstrukturell wabige Konfigurationen der Tumorzellen mit zentralliegendem Zellkern (Abb.11.33). Während es mit zunehmendem Tumorumfang zu zentralen, meist verschleimenden Nekrosen kommt, bilden sich in den Randbezirken girlandenförmige Kapillarproliferationen, die jedoch meist kein Blut führen. ***Astrozytome*** kommen vor allem in Thalamus/Hypothalamus (Abb.11.34), Lobus piriformis bzw. Allocortex, seltener Neocortex vor. Ihr histomorphologisches Erscheinungsbild ist außerordentlich variabel. So wird zwischen *fibrillären, protoplasmatischen, gemistozytischen* (Abb.11.34), *pilozytischen* (Abb.11.34) *und anaplastischen* Formen unterschieden. Die Manifestation von Gliomen kann zwar in allen Altersgruppen stattfinden, doch spricht das nicht gerade seltene Auftreten innerhalb der beiden ersten Lebensjahre für eine *dysontogenetische Entstehungsweise* bzw. eine *genetische Prädisposition.*

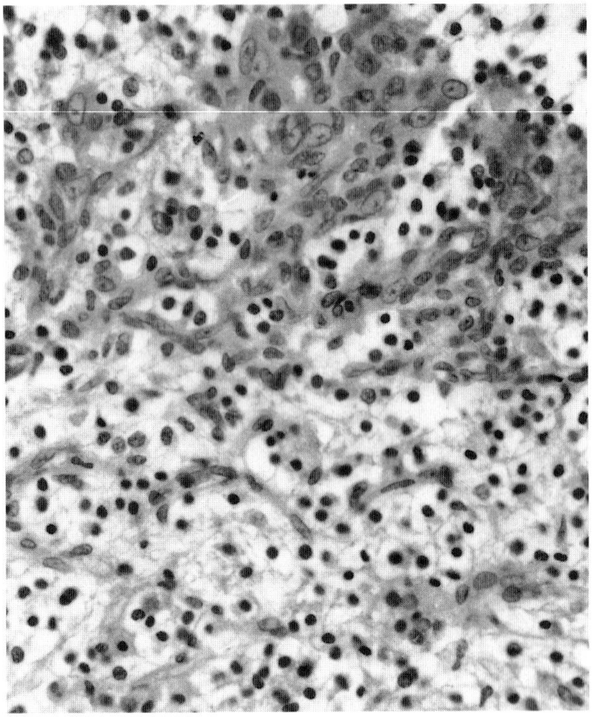

Abb. 11.33 *Oligodendrogliom* beim Hund.
Als charakteristische histologische Befunde gelten die wabigen Tumorzellen mit zentral liegendem Kern sowie die Gefäßgirlanden (obere Bildhälfte) im Tumorrandgebiet, die i.d.R. so gut wie kein Blut führen. HE, 350 x.

Gangliozytome, d. h. von der Nervenzelle ausgehende Tumoren relativ hohen Differenzierungsgrades, sind extrem selten und grundsätzlich mehr als lokale *Dysgenesien* denn als Geschwulstprozesse zu werten, während die ***Neuroblastome*** wenig differenzierte Nervenzelltumoren mit maligner Tendenz verkörpern. Als ebenfalls dysontogenetische Neubildungen gehören sie zur perinatalen bis frühjugendlichen Lebensperiode und können sowohl das Zerebrospinalnervensystem als auch vegetative Ganglien des Bauch- und Brustraumes betreffen.

Im Gegensatz zu den Neuroblastomen findet sich das ebenfalls seltene ***Ästhesioneuroblastom*** bzw. ***-epitheliom*** erst im fortgeschrittenen Lebensalter vor allem bei **Hund** und **Katze**. Diese Tumoren gehen von der Riechzelle, also einer hochspezialisierten Nervenzelle aus, deren Axone an den Mitralzellen im Bulbus olfactorius synaptisch inserieren, und liegen am Grunde des Septums (Abb. 11.35) in unmittelbarer Nachbarschaft zum Siebbein und damit zum ZNS. Letzters wird entlang der Fila olfactoria, d.h. der Riechzellaxone, unter Zerstörung des Siebbeines infiltriert. Das

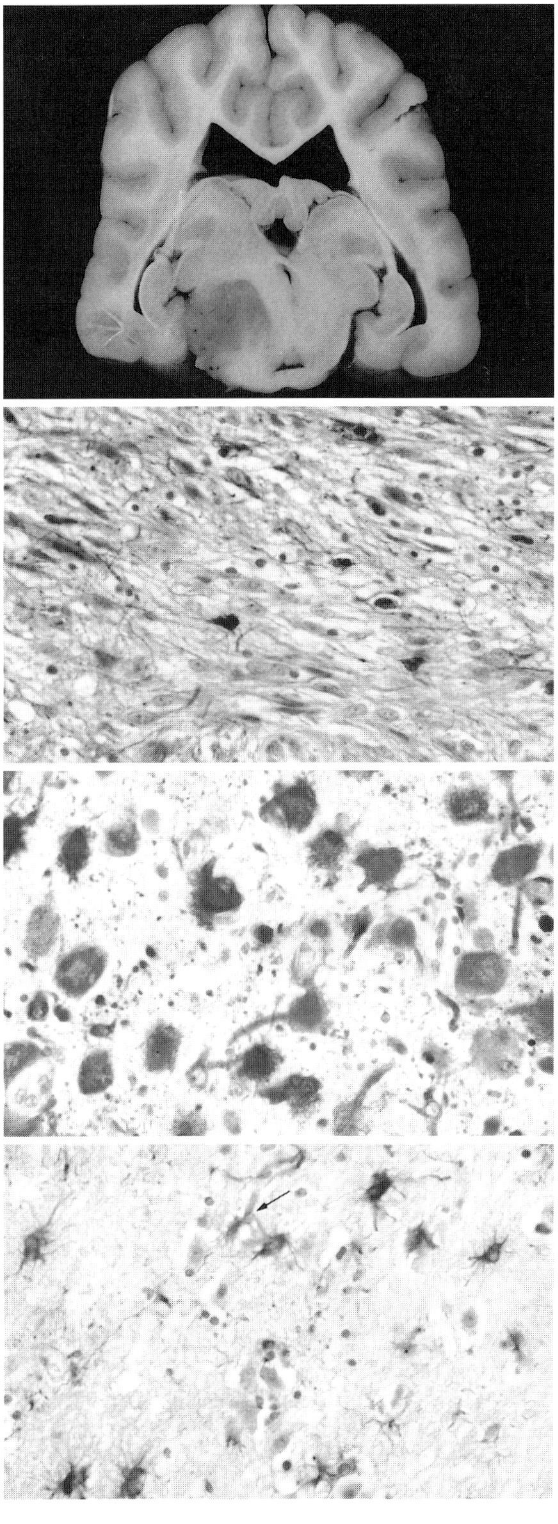

Abb. 11.34 Verschiedene *Astrozytome* beim Hund.
oben: Tumor mit unscharfer Begrenzung im Hypothalamus bei einem Boxerhund mit konsekutivem Hydrocephalus internus. 1,2 x nat. Größe.
Mitte oben: *Pilozytisches Astrozytom* (pilus = Haar) mit schmächtigen Zellkörpern und langen, feinfädigen Fortsätzen.
Mitte unten: *Gemistozytisches Astrozytom* (gemizo = füllen, beladen) mit gemästet erscheinenden Zellkörpern und wenigen, kurzen Fortsätzen.
unten: Normale Astrozyten in der Großhirnrinde, die in engem Kontakt mit den Blutkapillaren stehen (Pfeil).
Die drei histologischen Bilder vermitteln die immunhistochemische Darstellung des Astrozyten-spezifischen, sauren gliafibrillären Proteins (glial fibrillary acidic protein = GFAP) in 350facher Vergrößerung.

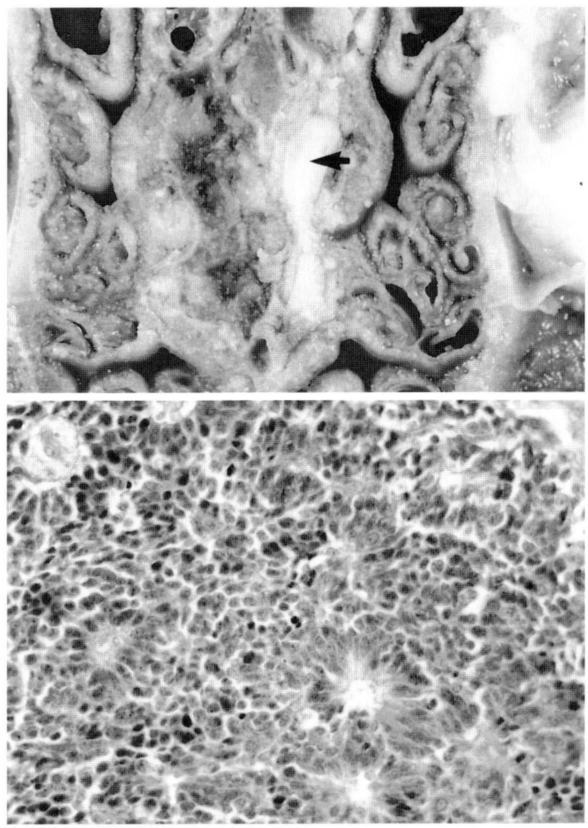

Abb. 11.35 *Ästhesioneuroepitheliom* beim Hund.
oben: makroskopischer Befund in Frontalansicht am Querschnitt durch Cavum nasale und Bulbus olfactorius. Der Pfeil markiert das rostrale Ende des linken Bulbus olfactorius, während der rechte durch das destruierende Tumorwachstum bereits zerstört ist. 2 x nat. Größe.
unten: charakteristisches Tumorbild mit zahlreichen Rosetten aus Zellen mit prismatischer Konfiguration. HE, 300 x.

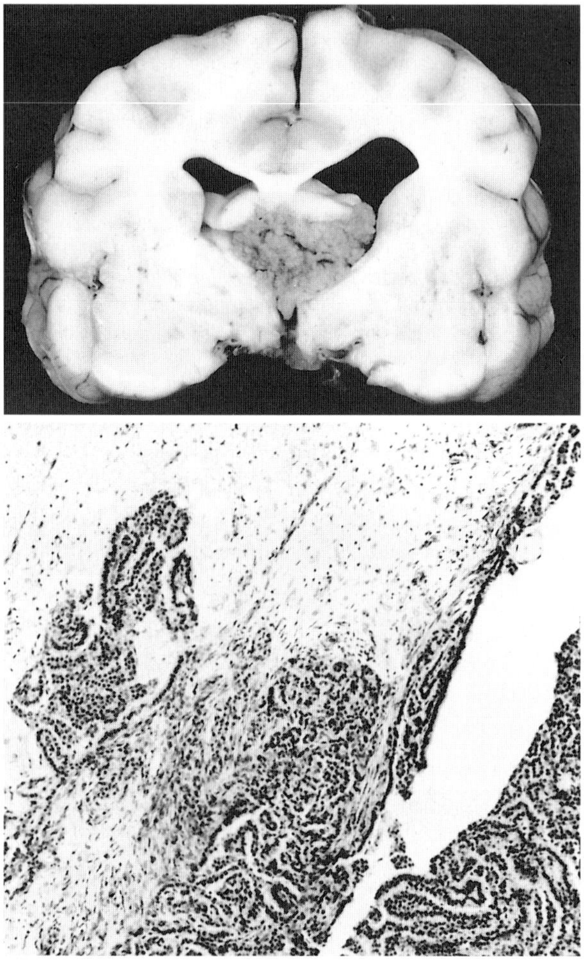

Abb. 11.36 *Plexuspapillom* beim Hund.
oben: von der Tela chorioidea am Dach des 3. Ventrikels ausgehendes Tumorwachstum, das ventral ins Infundibulum hineinragt und zu Liquorabflußstörung mit konsekutivem Hydrocephalus internus geführt hat. 1,2 x nat. Größe.
unten: vom Plexus des 4. Ventrikels ausgehendes Tumorwachstum, das einerseits das Foramen Luschkae ausfüllt, andererseits das periventrikuläre Hirngewebe infiltriert. Nissl-Färbung, 100 x.

histologische Bild ist durch Dominieren ovoider bis prismatischer Tumorzellen, die zu Rosettenbildung neigen, gut charakterisiert (Abb. 11.35). Die Tumorgenese erklärt sich aus der Tatsache, daß die Riechzelle als einzige regeneratorisch aktive Nervenzelle das Schicksal einer Transformationsfähigkeit nach Einwirkung von Kanzerogenen mit anderen intermitotischen Zellsystemen teilt. Differentialdiagnostisch sind Karzinome des respiratorischen Epithels ebenso wie Meningeome in Erwägung zu ziehen.

Auch das ***Ependymom***, bei **Kalb** und **Hund** beobachtet, gehört zu den recht seltenen ZNS-Tumoren. Als wiederum dysontogenetische Neubildung, allerdings mit oft retardiertem Wachstum, geht es entweder vom Ependym der Hirnventrikel oder dem des Rückenmarkkanals aus und führt als raumfordernder Prozeß u.a. zu Liquorflußstörungen. Wie die Nervenzelle zählt die Ependymzelle zu den postmitotischen Systemen.

Das etwas häufiger als der vorgenannte Innenraumtumor anzutreffende, durchweg wuchsfreudige ***Plexuspapillom*** kann sowohl von den Plexus chorioidei der Seitenventrikel und der Tela chorioidea als auch jenen des vierten Ventrikels ausgehen (Abb.11.36). In der letztgenannten Position erreicht es über das Foramen Luschkae die Arachnoidea und kann innerhalb dieses Raumsystems die Hirnoberfläche überwuchern.

Als besondere neuroektodermale Geschwulstform gilt schließlich das ***Pinealom.*** Soweit derartige Zirbeldrüsenblastome morphologisch mit primitiven Ovarial- oder Hodengeweben übereinstimmen, werden sie als ***Germinome*** bezeichnet.

Melanome kommen in meningealer, zerebrospinaler oder radikulärer Lokalisation vor. Als durchweg maligne Blastome können sie sich auf dem Liquorweg ausbreiten und sind so von hämatogenen Melanommetastasen zu unterscheiden.

Meningeome (Meningiome, Meningome) sind Neoplasien der Hirn- und Rückenmarkhäute. Histogenetisch leiten sie sich von der Neurothelzelle (Meningothelzelle) her, die sowohl das innere Blatt der Dura mater als auch die arachnoideale Überkleidung bildet. Soweit sie pachymeningealen Primärsitz haben, werden die in der Dura liegenden Arachnoidealzotten als Ursprungsorte angenommen. Der Form nach sind zu unterscheiden: a) Der *kugelige Typ* mit expansiv-verdrängendem Wachstum und nur geringer Infiltrationsneigung. b) Der *gelappte* oder *knollige Typ* mit teils guter Abgrenzung, teils deutlicher Infiltrationsneigung. c) Der *flächen-* oder *rasenförmig wachsende Typ* mit Infiltrationsneigung.

Der Lage nach sind zu unterscheiden: Meningeome der *Falx cerebri* bzw. des *parasagittalen Bereiches,* solche an der *Großhirnkonvexität* sowie in der Tiefe eines *Windungstales,* ferner solche der *Olfaktoriusrinne,* der *Sella,* der *Keilbeinflügel* und der *übrigen basalen Meninx. Spinale* Meningeome sind vergleichsweise selten. Während beim **Hund** Meningeome bevorzugt im basalen Meninxbereich zu finden sind, imponieren sie bei der (alten) **Katze** als kugelige Formen vor allem im Bereich von Tentorium und Falx sowie Tela chorioidea des dritten Ventrikels, ferner an der Großhirnkonvexität.

Histologisch sind folgende Grundtypen zu berücksichtigen: 1. Der *meningotheliomatöse* (endotheliomatöse oder synzytiale) *Typ*, bestehend aus soliden Zellmassen mit ovalen bis rundlichen, teils invaginierten Kernen sowie Zytoplasmainvaginationen. Kollagen- und Retikulinfasern sind kaum vertreten. Vereinzelt finden sich Riesenzellen. 2. Der *fibröse* (fibroblastische) *Typ*, bestehend aus spindeligen, fibroblastenartigen Zellen, die in Zügen und gefäßfreien Wirbeln angeordnet sind und reichlich Kollagen- und Retikulinfasern bilden. Verkalkungen in Form von Psammomen (Psammos = Sand) kommen vor allem im Zentrum von Wirbeln vor. 3. Der *Übergangstyp* (gemischte Typ), bestehend aus synzytial-fibroblastenartigen Elementen, teils in wirbeliger Konfiguration mit zentral liegenden Psammomkörpern (Abb.11.37). 4. Der *psammomatöse Typ* ist besonders reich an derartig mineralisierten, kugeligen Gebilden, die durch schmächtige meningotheliale Züge und Wirbel umsäumt sind. 5. Der *angiomatöse Typ*, charakterisiert durch zahlreiche klein- und großlumige Blutgefäßbildungen, die von meningothelialen und fibroblastischen Elementen durchwirkt sind. Von diesen echten Meninxneoplasien sind meningeale Perizytome (s. S. 43), die ein zentral liegendes Gefäßlumen besitzen, abzugrenzen.

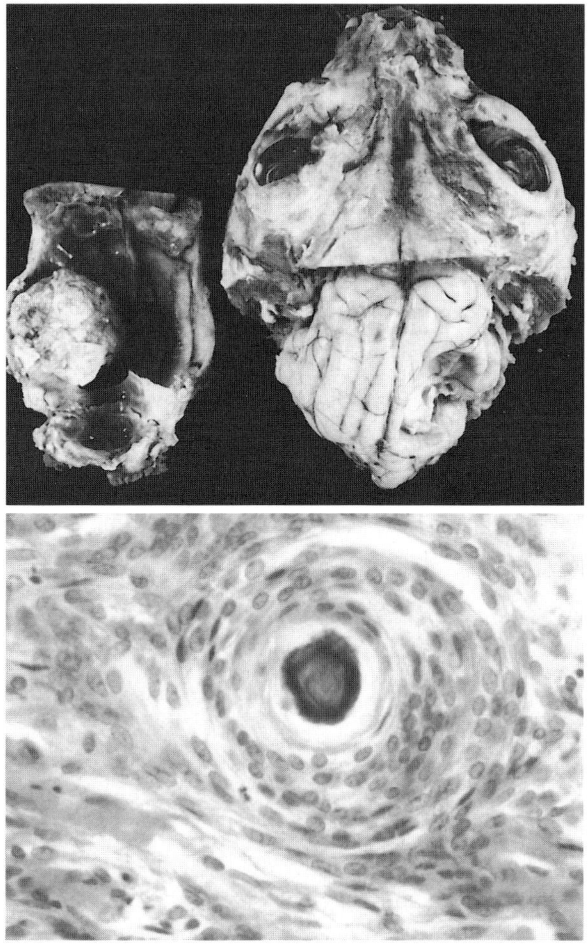

Abb. 11.37 *Meningeom* bei der Katze.
oben: expansiv wachsender Tumor mit Rarefizierung des Schädelknochens und Kompressionsatrophie der Gyri supra- et ectosylvius. Siamkatze, wbl. kastr., 14 J, 4/5 nat. Größe.
unten: Meningeom vom Übergangstyp mit zentralliegendem Psammomkörperchen. HE, 300 x.

Meningeome bleiben in der Regel – selbst bei deutlicher Infiltrationsneigung – örtlich begrenzt, bilden nur ausnahmsweise Metastasen und schädigen nicht zuletzt im Sinne *raumfordernder Prozesse* durch fortschreitende Gewebskompression. Maligne Formen sind beim **Hund** häufiger als bei der **Katze** zu finden.

Meningealsarkome leiten sich histogenetisch vom Meninxmesenchym ab. Sie *infiltrieren* das Hirngewebe vorwiegend entlang der Blutgefäße. Histologisch werden *spindelzellige* und *faserbildende* Sarkomformen unterschieden.

Unter den *primären mesenchymalen Tumoren* im ZNS dominieren die ***Hämangiome*** und ***Hämangioendotheliome***. Einschränkend ist festzuhalten, daß ihre Abgrenzung von Metastasen analoger Tumoren nicht immer möglich ist, wie auch gelegentlich an Teilphänomene eines systemisch-multizentrischen Tumorprozesses zu denken ist. Rupturen kavernöser Blutgefäßgeschwülste führen zu beträchtlichen, bisweilen tödlichen *Massenblutungen* im Gehirn (s. S. 376).

Lymphosarkome des Meninxbereichs zählen zu den seltenen Standortvarianten der systemischen lymphatischen Leukose und betreffen bei **Katze** und **Hund** vornehmlich den *spinalen Epiduralraum*. Von hier aus infiltrieren die Tumorzellen das Duragewebe und die Nervenwurzeln. Im übrigen wird das Rückenmark durch manschettenförmige Umwucherung des Duraschlauches in zunehmendem Maße komprimiert und fällt so einer abschnittweisen Atrophie anheim. *Subdurale Lymphosarkome* können über die Spinalnervenwurzeln das Rückenmarkgewebe infiltrieren. Im *intrakraniellen Bereich* werden die der Dura aufsitzenden, knotig-kugeligen Lymphosarkome gelegentlich beim **Rind** zu raumfordernden Prozessen.

Die gelegentlich beim **Schwein** vorkommenden ***Chondrome*** und ***Lipochondrome*** des Plexus chorioideus des vierten Ventrikels gelten gemeinhin als Choristome oder Choristoblastome.

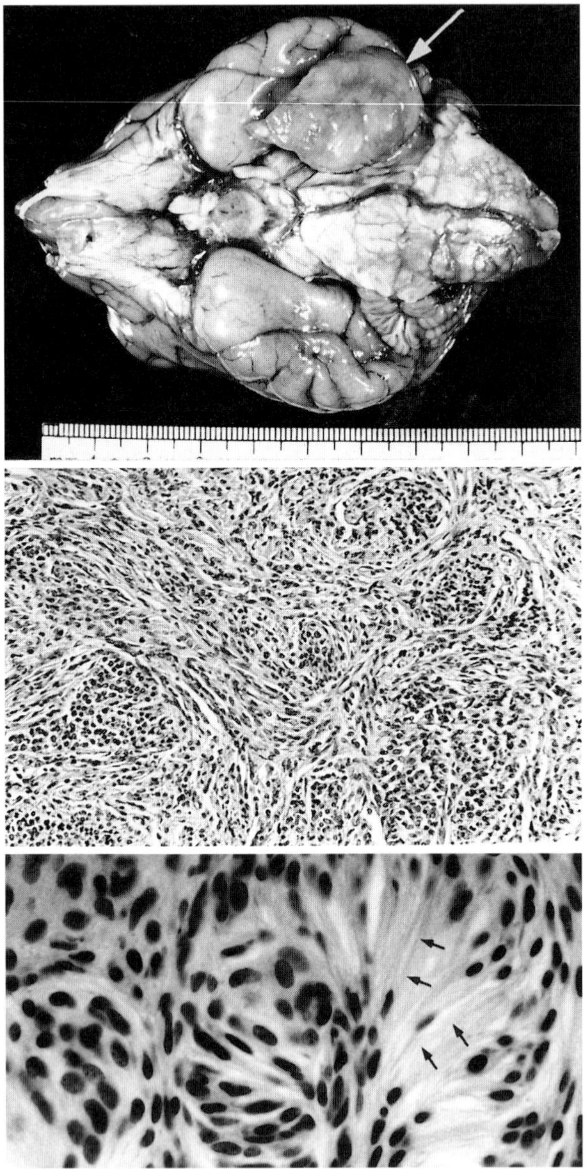

Abb. 11.38 *Neurinome* bei Hund und Schwein.
Oben: Trigeminusneurinom (sog. Kleinhirnbrückenwinkeltumor), der als raumfordernder Prozeß klinisch zu Hirnstammsymptomen, insbesondere zum zentralen Vestibularissyndrom geführt hatte. Dalmatinerhund, ml., 8 J.
Mitte: charakteristischer histologischer Befund beim Trigeminusneurinom. Die tumorös entarteten SCHWANN-Zellen besitzen durchweg spindelförmige Zellkerne und wachsen in wirren, fischzugartigen Verbänden. Dobermann, wbl., 7 J.
unten: kongenitales Neurinom beim Ferkel mit charakteristischer Wuchsform. Die Pfeile weisen auf sog. ANTONI Typ A-Fasern. HE, 300 x.

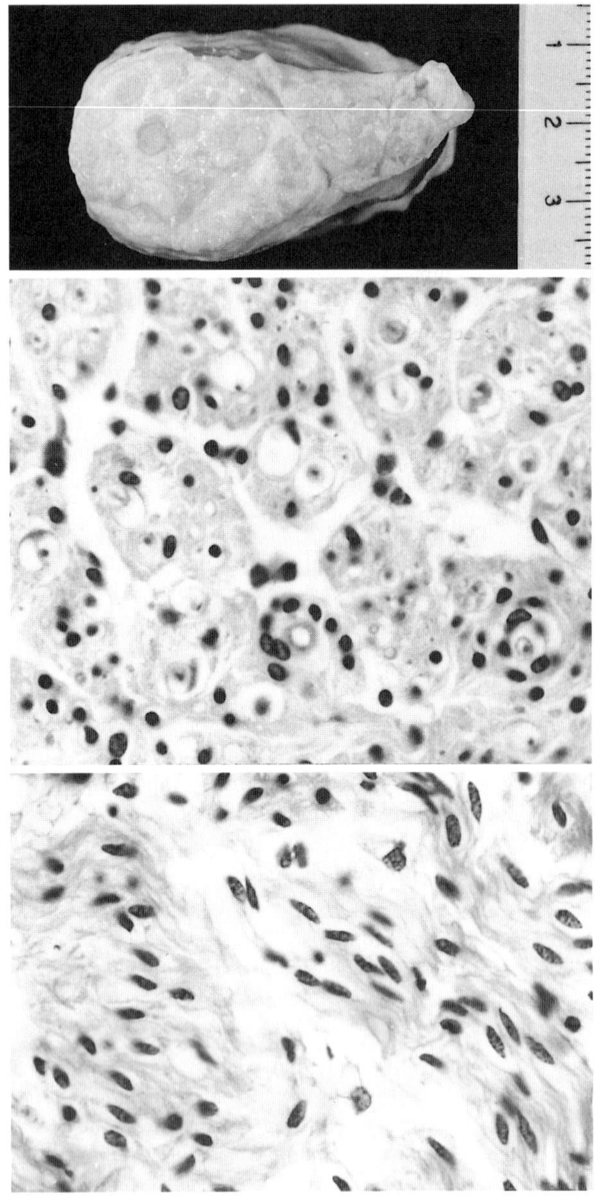

Abb. 11.39 sog. *Neurofibromatose* beim Rind.
oben: makroskopischer Befund am Nervenquerschnitt. Einige der Nervenfaserbündel quellen als glasig-sulzige Gebilde aus der Schnittfläche.
Mitte: histologischer Nervenquerschnitt, bei welchem das Bild einer hypertrophischen Neuropathie vorherrscht.
unten: ein unmittelbar neben dem oben gezeigten Querschnittbild liegendes Areal mit tumorösem Habitus; d.h. die Tumorzellen liegen in wirren Zügen und bilden einen zarten Kollagenfaserfilz.
Beide histologischen Abbildungen HE, 300 x.

Eine weitere, nur beim **Hund** vorkommende, dysontogenetische Tumorform ist das die letzen thorakalen und ersten lumbalen Spinalsegmente betreffende ***nephrogene*** bzw. ***renale Choristoblastom***. Es liegt der Leptomeninx m.o.w. breit auf und neigt zur Infiltration des Rückenmarkgewebes. Histologisch zeigen sich durchweg gut differenzierte tubuläre, seltener glomeruläre Strukturen, die das Gewächs als Abkömmling embryonal dislozierten Nierenblastems kennzeichnen. Die rasch fortschreitende spinale Querschnittsymptomatik setzt i.d.R. in den ersten Lebensmonaten ein, so daß betroffene Tiere nur ausnahmsweise das zweite Lebensjahr erreichen.

11.5.2 Tumoren des PNS

Neurinome (***Schwannome***) leiten sich histogenetisch gesehen von der *Nervenscheidenzelle bzw. SCHWANNschen Zelle* (s. S. 361) her. Sie treten i.d.R. als solitäre Geschwülste entweder an bestimmten Hirn- und Spinalnervenwurzeln, seltener an peripheren Nerven in Erscheinung. In speziellen zentralen Lokalisationen werden sie gerne mit bestimmten Bezeichnungen, z.B. *Trigeminus-Neurinom* oder *Kleinhirn-Brückenwinkel-Tumor* belegt (Abb.11.38). Gelegentlich, insbesondere beim **Hund**, kommen auch *maligne Neurinome* vor. Als bereits angeborene Formen werden Neurinome in z.T. mächtigen Tumorknoten beim **Ferkel** an Rücken oder Rüsselscheibe gefunden (Abb.11.38).

Die ***Neurofibrome*** zählen ebenfalls zu den Neubildungen der Nervenscheidenzelle. Sie sind reich an Kollagenfasern, die ein Produkt der SCHWANNschen Zelle und nicht etwa des endoneuralen Fibrozyten darstellen. Speziell beim **Rind** wird eine systemisch-generalisierte Form, die ***Neurofibromatose***, gesehen, die durch knotige bis strangförmig-höckerige Verdickungen zerebrospinaler und vegetativer Nerven imponiert (Abb.11.39). Histologisch zeigen sich einerseits Erscheinungen einer hypertrophischen Neuropathie, andererseits die echten Tumorwachstums, das jedoch die Perineuralscheide durchweg respektiert, wenngleich extrem ausweitet. Somit besteht auch zwischen dieser bovinen Form und einer gleichnamigen Blastomatose des Menschen, der v. RECKLINGHAUSENschen Krankheit, keine Übereinstimmung.

Im Gegensatz zu den Nervenscheidentumoren verkörpern ***Perineuriome*** Neoplasien der Perineuralzelle. Seltener an peripheren Ästen des Zerebrospinalnervensystems als an vegetativen Nervenbahnen des Intestinums auftretend, ist diese Tumorform histologisch durch konzentrisch-lamellierte Schichtung flacher Zellkörper, die licht-und elektronenmikroskopisch noch den Habitus der Perineuralzelle erkennen lassen, gekennzeichnet.

11.5.3 Tumoren des VNS

Neubildungen der *vegetativen Ganglien* werden gelegentlich bei **Hund**, **Schwein** und **Huhn** gesehen. Ihrem Reifegrad und der Ausformung von Ganglienzellen und axonalen Strukturen entsprechend, lassen sie sich in *benigne* ***Ganglioneurinome*** und *maligne (metastasierende)* ***Neuroblastome*** oder ***Sympathikoblastome*** differenzieren.

Zu den Tumoren der *Paraganglien* zählen die Primärgeschwülste des Nebennierenmarks, d. h. die ***Phäochromozytome*** und ***Phäochromoblastome*** (s. S. 479), ferner die des *Glomus caroticum* und des *Glomus aorticum*, d. h. die ***Chemodektome*** (s. S. 25).

12 Auge

E. Schäffer

Die primäre Augenblase ist eine Ausstülpung des Vorderhirns, die im Laufe des differenzierenden Wachstums von Gehirn und Oberflächenektoderm durch den Sehstiel vom späteren Zwischenhirn getrennt wird. Durch Anlehnung der primären Augenblase an das über ihr liegende Oberflächenektoderm entsteht als fokale ektodermale Verdickung die Linsenplakode, die die primitive Linsenblase bildet. Die weitere Entwicklung der Linse induziert die Invagination der Augenblase, wodurch der zweilagige Augenbecher gebildet und das angrenzende Neuroektoderm so in Position gebracht wird, daß die Entwicklung der retinalen Photorezeptoren und des retinalen Pigmentepithels gesichert ist. Außen ist der Augenbecher von aus der Neuralspalte stammendem Mesenchym umgeben, aus dem sich unter Induktion des sich zur sensorischen Netzhaut differenzierenden Neuroektoderms die Tunica vasculosa (Uvea) und die Tunica fibrosa (Sklera) des Auges bilden. Am Ende steht die sensorische Netzhaut als vorgeschobene Provinz des ZNS durch den Fasciculus opticus mit dem primären Sehzentrum im Corpus geniculatum laterale in Verbindung. Die okularen Adnexe formen sich unabhängig von der Entwicklung des Auges aus mesodermalen Strukturen, was dadurch zu belegen ist, daß beim Mikrophthalmus i.d.R. normale Lider, Tränendrüsen und extraokulare Muskulatur vorhanden sind.

12.1 Postmortale Veränderungen

Postmortale Veränderungen werden am Auge alsbald sichtbar und können degenerative Krankheitsbilder verdunkeln oder vortäuschen, was vor allem für die nach außen ungeschützte Hornhaut, aber auch für Linse und Netzhaut gilt. Die Hornhaut trübt sich durch Eintrocknen und Schrankenstörung und fällt bei nachlassendem Bulbusturgor ein. Bei weiter schwindender Gewebespannung legt sich die schnell autolysierende Netzhaut in Falten, das Glaskörpergel tritt in den Solzustand über. Keimbesiedlung findet erst relativ spät statt. Das Lidorgan kann Brutstätte für Insektenlarven sein.

12.2 Mißbildungen und Erbleiden

Die bei Haustieren, insbesondere bei Hunden und Katzen aus extensiver Linienzüchtung häufigen Fehlbildungen des Auges betreffen sowohl das Auge als Ganzes als auch einzelne okulare Struktureinheiten, wobei die Ätiologie oft unklar bleibt. Die beim Hund zahlreichen rassebedingten Defektmöglichkeiten am Lidorgan (Atresia palpebrarum, Kolobom, Agenesie, Dermoid, Distichiasis, Trichiasis, aberrante Zilien, En- und Ektropium) sind klinisch auffällig und chirurgisch korrigierbar. Anomalien des Gesamtbulbus treten gewöhnlich multipel auf, was die entwicklungsbedingte Abhängigkeit der einzelnen okularen Struktureinheiten voneinander widerspiegelt.

12.2.1 Anomalien des ganzen Auges

Der beim **Hund** vorkommende ***Kryptophthalmus*** ist dadurch charakterisiert, daß der an sich vorhandene Bulbus bei Fehlen des Lidorgans sowie einer regelrechten Hornhaut vollständig von äußerer Haut bedeckt ist (ekto- und mesodermale Differenzierungsstörung).

Der ***Anophthalmus***, definiert als das (auch histologisch) vollkommene Fehlen okularer Gewebestrukturen in der Orbita, ist selten und kommt bei **Hund**, **Katze**, **Rind**, **Pferd** und **Nagern** vor. Aufgrund von Serienschnitten des orbitalen Inhaltes kann sich ein vermeintlicher *Anophthalmus* als *Mikrophthalmus* erweisen (klinischer Anophthalmus). Ursache ist eine in der frühen Gestationsperiode stattfindende Entwicklungshemmung der gesamten Augenanlage. Der *Anophthalmus* kann aber auch Folgeprodukt einer Entwicklungsstörung des Vorderhirnkomplexes und damit nur Teilphänomen einer die gesamte Region betreffenden Abnormität sein.

Beim *uni-* oder *bilateralen* ***Mikrophthalmus*** weist das Auge neben der bloßen Verkleinerung weitere Fehlbildungen intraokularer (neuroektodermaler) Gewebe auf. Dies beruht fallweise auf einer genetisch determinierten Störung der sich gegenseitig beeinflussenden Differenzierung von Linse und Netzhaut. Beim Zwergschnauzer tritt der *Mikrophthalmus* kombiniert mit kongenitaler Katarakt auf. Die Mißbildung wird autosomal-rezessiv vererbt. Beim Dobermann ist der *Mikrophthalmus* mit Dysgenesie des vorderen Augensegmentes, Aphakie, Persistenz des hyperplastischen primären Glaskörpers, Netzhautdysplasie und -abhebung assoziiert. Der Vererbungsmodus ist vermutlich autosomal-rezessiv.

Beim ***Gray Collie Syndrom*** tritt der *Mikrophthalmus* kombiniert mit grauem Haarkleid und zyklischer Depression der Hämatopoese auf (s. S. 425). Beim **Pferd** (Vollblut) wird der *Mikrophthalmus* gemeinsam mit Kolobomata der Optikuspapille gesehen. Die seltene Kombination *Mikrophthalmus* und *Ektopie von Tränendrüsengewebe* ist beim **Rind** ebenso bekannt wie die Koppelung der Bulbusverkleinerung an Muskeldystrophie und Hydrozephalus.

Beim ***Nanophthalmus*** ist das Auge aufgrund einer Hemmungsmißbildung in allen Teileinheiten harmonisch verkleinert, diskrete Strukturabweichungen können jedoch vorkommen.

Mit ***Enophthalmus*** wird ein durch kongenitale Fehlbildung zu kleines und tief in der Orbita liegendes Auge bezeichnet.

Zyklopie und ***Synophthalmus***, deren Charakteristikum das Vorhandensein nur eines großen, medianen Auges ist, sind Teilphänomene insgesamt anatomisch komplizierter Mißbildungen des Splanchno- und Neurokraniums einschließlich des ZNS (s. S. 364). Bei der typischen *Zyklopie* besteht nur eine einzige Augenanlage in einer einzigen Orbita mit einem durch nur ein Foramen opticum austretenden Fasciculus opticus. Bei der *unvollständigen Zyklopie* befinden sich zwei mehr oder weniger nahe zusammenstehende Augen mit einem einzigen faszikulären Abgang in ein und derselben ausgeweiteten Orbita (*Synophthalmus*). Die *Zyklopie* ist bei **Hund**, **Rind** und **Schaf** bekannt. Beim Schaf (USA) kann durch die diaplazentare Alkaloidwirkung von *Veratrum californicum* eine *Zyklopie* verursacht werden.

Unilaterale Doppelmißbildung des Auges in Kombination mit symmetrischer *Doppelmißbildung des ZNS* ist bei der **Katze** als Folge exogener Störung der frühen Blastogenese bekannt.

Das ***kongenital zystische Auge*** und die ***kongenital nichtanliegende Netzhaut*** sind ätiologisch unklare, in der Säugetierreihe seltene, die gesamte Augenanlage betreffende Anomalien, die sich während der Entwicklung der Augenblase zum Augenbecher (frühe Gestationsphase) durch variable Einstülpungsstörungen einstellen.

12.2.2 Anomalien okularer Teilstrukturen

Mit ***Kolobom*** (Verstümmelung) wird ein Zustandsbild bezeichnet, bei dem ein Teil einer okularen Struktureinheit fehlt. *Kolobome* sind meist in der Region der embryonalen Spalte angesiedelt und durch Störung ihres Schließungsmechanismus bedingt (*typische Kolobome*). Kongenitale Defekte ähnlichen Phänotyps, aber anderer Lokalisation und Ursache, gelten als *atypische Kolobome*. Bei *kompletten Kolobomen* sind alle mit der embryonalen Spalte assoziierten okularen Struktureinheiten betroffen (Optikuspapille, Netz- und Aderhaut, Ziliarkörper, Iris, Linse), bei *inkompletten Kolobomen* ist der Defekt weniger extensiv. *Kolobome* kommen bei allen Haustieren vor, besonders häufig bei **Hunden** der Collie-Rasse (s. unten).

Aderhauthypoplasien werden außer als Teilphänomen der *Collie-Augen-Anomalie* bei verschiedenen **Hunderassen** in Verbindung mit für die Farbverdünnung verantwortlichen Genen (Merle-Scheck- und Harlekinfaktor) beobachtet und resultieren vermutlich aus einem Induktionsversagen fehlerhaft pigmentierten retinalen Pigmentepithels. *Aderhauthypolasien* werden bei weißen Tieren aller Spezies mit blauer Iris, auch kombiniert mit Netzhaut- und Tapetumhypoplasien, gesehen.

Die ***Collie-Augen-Anomalie*** (*Collie Eye Anomaly, CEA*) ist eine bei der Collie-Rasse in den USA häufiger als in Europa auftretende, kongenitale, bilaterale Erkrankung des hinteren Augensegmentes. Die CEA wird durch eine defektiv ablaufende embryonale Differenzierung der hinteren (polaren) Tunica fibrosa (Sklera) und Tunica vasculosa (Uvea) einschließlich des retinalen Pigmentepithels ausgelöst und betrifft somit Sklera, Aderhaut, Netzhaut samt Gefäßen und Optikuspapille. Der in einer Hypoplasie der Uvea posterior bestehende Basisdefekt der CEA wird autosomal-rezessiv vererbt, die übrigen CEA-typischen Defekte sind in ihrem Erbmuster weniger vorhersagbar. Ähnliche Syndrome vergleichbarer Pathogenese sind beim Border-Collie, Shetland Sheepdog und beim Australischen Schäferhund bekannt. Morphologisch charakteristisch für die CEA sind eine multifokal bis diffus hypoplastische und gering pigmentierte Aderhaut, Hypoplasie oder Agenesie des Tapetum lucidum cellulosum, Hypopigmentierung des retinalen Pigmentepithels, Kolobome der Optikuspapille und der peripapillären Sklera sowie Einblutung in den Glaskörper mit transsudativer oder lochbedingter Abhebung der Netzhaut. Die CEA kann zudem mit *Enophthalmus* oder *Mikrophthalmus* kombiniert sein.

Hypoplasien der Iris sind selten und kommen als selbständige Defekte oder als Teilphänomen multipler Augenmißbildungen vor. Als hereditäre Defekte können sie beim **Pferd** (Vollblut) mit *Katarakt, Ektopie* oder *Hypoplasie* der *Linse* und konjunktivalem *Dermoid* kombiniert sein. Ferner kann eine *Irishypoplasie*, klinisch meist als *kongenitale Aniridie* bezeichnet, bei dysplastischem Filtrationswinkel mit Glaukom assoziiert sein.

Die bei bestimmten **Hunde**- und **Pferde**rassen vorkommende ***Hypopigmentierung der Iris*** (*Heterochromia iridis*) kann partiell (Birkauge) oder vollkommen (Glas- oder Fischauge) sein sowie uni- oder bilateral auftreten. Sie resultiert aus einem Mangel an Melaningranula in Irisepithel und -stroma. Die *Heterochromia iridis* kann beim

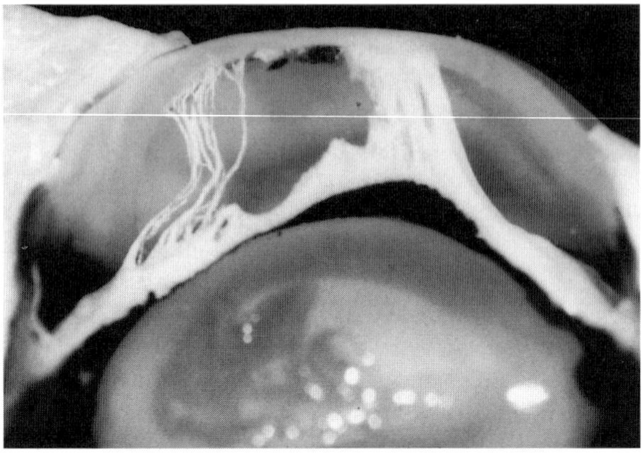

Abb. 12.1 *Membrana pupillaris persistens corneae adhaerens*, Katze

Hund mit *Hypoplasie* von *Tapetum lucidum cellulosum* und *Uvea posterior* kombiniert sein.

Die ***unilateral doppelte Anlage des uvealen Traktes*** ist in Kombination mit uvealer Leukose als Erbleiden bei der **Katze** bekannt.

Die bei **Hund** (*Basenji, Dobermann*) und **Katze** (auch Wildkatzen) vorkommende ***Membrana pupillaris persistens corneae adhaerens*** (Persistenz der hyperplastischen Tunica vasculosa lentis) resultiert aus einer klinisch bedeutungslosen, unvollständigen Atrophie des Mesenchyms der vorderen Augenkammer in der späten Fetalperiode und präsentiert sich als zwischen Iris und Hornhaut oder interpupillär inserierende, netzförmige, mesenchymal umscheidete Stränge, die obliterierte, kleinkalibrige Gefäße enthalten (Abb.12.1). Beim Basenji-Hund wird die Mißbildung variabel penetrierend autosomal-rezessiv vererbt.

Die seltenen, unter dem Begriff ***Dysplasie des vorderen Augensegmentes*** (*Anterior Chamber Cleavage Syndrome*) zusammengefaßten (multiplen) Defekte resultieren aus ungeordneter Entwicklung des Mesenchyms des vorderen Augensegmentes und sind als Anomalien von Hornhaut (Trübung), Linse (Mikrophakie, Katarakt) gewöhnlich Teilbefund eines *Mikrophthalmus*.

Als erbliche Defekte bei **Hunden** bedeutungsvolle ***Fehlentwicklungen des Filtrationswinkels*** (*Goniodysgenesis*) entstehen durch unvollständige Atrophie des fetalen Mesenchyms oder resultieren aus einer *Dysplasie* der fibrillären, das Lig. pectinatum und das Spongium anguli iridocornealis formenden Bausteine. Folgezustand kann ein *primäres Offenwinkel-Glaukom* sein.

Beim **Meerschweinchen** im Ziliarkörperstroma vorkommende ***kongenitale ossäre Choristien*** können durch Entwicklung eines *sekundären Offenwinkel-Glaukoms* und *Expositionskeratitis* auffällig werden.

Die mit ***Persistenz der A. hyaloidea***, der ***Tunica vasculosa lentis posterior*** und des ***primären (hyperplastischen) Glaskörpers***, also des fetalen hyaloid-vaskulären Systems einhergehenden Anomalien sind Folgezustand einer unvollständigen Atrophie mesenchymaler Strukturen des hinteren Augensegmentes. Das fetale hyaloid-vaskuläre System verläuft von der Optikuspapille durch den Glaskörper zur Linsenrückseite und bildet sich postnatal unterschiedlich schnell zurück, um dabei zwischen Optikuspol und hinterem Linsenpol einen trichterförmigen Kanal (CLOQUET) zu hinterlassen. Rückbildungsstörungen der *A. hyaloidea* führen beim **Hund** zu ernsten Visusstörungen (Glaskörperblutung). Nach der physiologischen Rückbildung der *A. hyaloidea* können am hinteren Linsenpol Reste persistieren (MITTENDORFscher Fleck). Die Persistenz des am Optikuspol fixierten Teils der *A. hyaloidea* als in den Glaskörper ragender, glial umscheideter, fibrovaskulärer Zapfen (BERGMEISTER-Papille) ist bei **Pferd** und **Wiederkäuern** physiologisch. Die *Persistenz* der *Tunica vasculosa lentis posterior* als retrolentales, fibröses, mit hinterer Polkatarakt kombiniertes Gebilde, ist bei Tieren selten. Beim **Menschen** wird die *persistierende Tunica vasculosa lentis posterior* als fibrös-metaplastisches Derivat des neuroektodermalen, das hyaloid-vaskuläre System begleitenden Glaskörpers angesehen und darum *als Persistenz des primären (hyperplastischen) Glaskörpers*, auch *„Persistent Hyperplastic Primary Vitreous"* (PHPV) bezeichnet. Die beim Menschen unilaterale PHPV koinzidiert mit Mikrophthalmie und anderen okularen Defekten. Mit dieser PHPV vergleichbare hereditäre Formen sind bei **Hund** (Dobermann und Staffordshire-Bullterrier; Tafel XXIV A) **Katze** und **Kamel** bekannt.

Durch fehlerhafte Differenzierung der retinalen Schichtenarchitektur charakterisierte ***Dysplasien der sensorischen Netzhaut*** kommen bei **Hund** und **Rind** vor. Ihr von der Ätiologie unabhängiges morphologisches Substrat besteht in retinalen Falten, Rosetten sowie Entdifferenzierung der Körnerschichten, Zelluntergang und gliöser Vernarbung. Die *Netzhautdysplasie des Hundes* (Springer Spaniel, Collie, Beagle) ist durch Desorganisation der äußeren Körnerschicht gekennzeichnet und wird einfach-rezessiv vererbt, wobei der primäre, zu fokaler Dysregulation des retinalen Wachstums führende Defekt in einer fehlerhaften Induktionswirkung des retinalen Pigmentepithels vermutet wird. Bei Labrador Retriever, Samoyedenhund, Alaskan Malamute und Norwegischem Elchhund ist die Netzhautdysplasie außerdem okularer Teilbefund der *Chondrodysplasie* (s. S. 321). Beim Labrador Retriever sind beide Defekte auf ein Einzelgen mit rezessiven Effekten auf das Skelett und unvollständig-dominanten Effekten auf das Auge zurückzuführen. Netzhautdysplasien sind als Folge von Defekten des retinalen Pigmentepithels auch Teilbefund bei der *Collie-Augen-Anomalie*. Ferner können sie Folgezustand chorioretinaler, durch embryonale Virusinfektionen ausgelöster Nekrosen sein, wie sie bei **Rind** (Bovine Virusdiarrhoe), **Schaf** (Bluetongue-Virus), **Hund** (Herpes-Virus) und **Katze** (Parvo-Virus, Leukose-Virus) vorkommen. Histologisch präsentieren sie sich als eine Kombination aus retinaler Atrophie mit Vernarbung, abortiver Regeneration und sistierender retinaler Differenzierung.

Die uni- oder bilaterale, kongenitale (seltene) ***Hypoplasie des Fasciculus opticus*** ist i. d. R. Teilbefund okularer Fehldifferenzierungen (z.B. bei Netzhautdysplasie). Einer scheinbaren *Hypoplasie des Fasciculus opticus* können Atrophiebilder zugrundeliegen, wie sie durch genetisch, viral oder toxisch bedingten Untergang von Ganglienzellen entstehen. Die *kongenitale Hypoplasie* bzw. *Agenesie* ist bei **Hund** (*Zwergrassen, Collie*), **Katze**, **Pferd**, **Rind**, **Schwein** und **Nagern** bekannt. Ob der Defekt erblich ist, ist unklar. Beim Rind kann die *Atrophie* des Fasciculus opticus Folge einer Vitamin A-Mangel bedingten Störung des osteogenen „Remodeling" und damit einer Stenose des Foramen opticum sein (s. S. 385). Beim Schwein werden ähnliche Atrophiebilder als rein teratogener Effekt maternalen Vitamin A-Mangels angesehen.

Das als *Choristie* zu wertende ***korneale (konjunktivale) Dermoid*** ist bei allen Tierspezies bekannt und besteht aus einer fokal dem Hornhautstroma aufsitzenden, hautähnlich differenzierten Bildung mit Adnexen. Beim Hereford **Rind** (USA) werden okulare *Dermoide* autosomal-rezessiv und polygen vererbt.

Kongenitale Trübungen der Hornhaut sind i.d.R. Folgezustand von Fehlentwicklungen des vorderen Augensegmentes (*Membrana pupillaris persistens*). Von wirtschaftlicher Bedeutung ist eine beim **Rind** (Holsteinrasse) bekannte, ätiologisch unklare, diffuse, *kongenitale* (permanente) *Trübung der Hornhaut*, der histologisch ein diffuses Stromaödem zugrunde liegt. Trübungen der peripheren Hornhaut durch *ektopisches Tränendrüsengewebe* sind als kongenitale Anomalien (Choristien) bei **Hund**, **Rind** und **Cerviden** bekannt.

Fehlbildungen der Linse sind wegen der Induktionswirkung der intakten Linse auf die Invagination der primären Augenblase für die Entwicklung des Gesamtauges bedeutsam, woraus erhellt, daß die ***primäre Aphakie*** (=*kongenitales Fehlen der Linse*) nur in einem rudimentär angelegten Auge vorkommt, während ***sekundäre Aphakien*** als Folgeprodukt degenerativer Linsenveränderungen in ansonsten intakten Bulbi zu verstehen sind. Die ***kongenitale Mikrophakie***, auch kombiniert mit ***Sphaerophakie*** und ***Katarakt*** kommt bei **Hund**, **Katze**, **Rind** und **Pferd** vor und kann mit *Mikrophthalmus* sowie *Luxation* oder *Ektopie* der Linse verbunden sein. ***Lentikonus*** und ***Lentiglobus***, bedingt durch eine abrupte Verformung der Linsenkapsel, verkörpern als Teilbefunde bei Persistenz der Tunica vasculosa lentis posterior sowie bei Persistenz des hyperplastischen, primären Glaskörpers (Dobermann) erworbene Defekte.

Die bei allen Tierspezies bekannte ***kongenitale Ektopia (Luxatio) lentis*** ist besonders für **Hund** und **Pferd** bedeutsam, jedoch weniger häufig als die *spontane Luxation*, wie sie beim erwachsenen **Hund** (Terrier-Rassen, Pudel) als Folge dysplastischer Entwicklung der Zonula ZINNI vorkommt (Glaukomgefahr). Bei **Katzen** sind *Linsenluxationen* jedoch ungewöhnlich.

Kongenitale Katarakte kommen sowohl als Teilphänomen insgesamt fehlgebildeter Augen (*Cataracta complicata*) als auch als eigenständige okulare Defekte vor. Bei über 70 **Hunde**rassen sind familiäre oder erbliche Katarakte bekannt, die bei z.T. vorhersagbarem Manifestationsalter klinisch auffällig, also nicht durchweg kongenital sind. Ihr Vererbungsmodus ist meist ungeklärt. Bei der **Perserkatze** ist die *kongenitale Katarakt* ebenfalls bekannt. Beim **Pferd** zählen *primäre Katarakte* in sonst defektfreien Bulbi zu den häufigsten, ätiologisch jedoch unklaren Augenanomalien. Bei kleinen und großen **Wiederkäuern** und beim **Schwein** sind *kongenitale Katarakte* selten. Speziell beim **Rind** (Holstein, Friesen, Jersey) wird ein autosomalrezessiver Vererbungsmodus vermutet. Daneben kann die Katarakt aber auch Folge einer fetalen Infektion durch das BVD-Virus sein (s.S. 365).

12.3 Okulare Adnexe

Zu den Adnexen gehören die Lider mit Kutis und Konjunktiva, die Nickhaut (3. Augenlid) mit Nickhautdrüse und die Tränendrüse.

12.3.1 Lider

Die insbesondere bei reinrassigen **Hunden** durch Fehldifferenzierung entstandenen Variationen in Form und Größe der Lidspalte sowie ihres Zilienbesatzes stellen keine diagnostischen Probleme dar. Die dermatologisch definierbaren Läsionen der Lidkutis entsprechen jenen der Haut der übrigen Körperoberfläche (s. S. 484ff).

Das vor allem beim **Hund** am freien Lidrand vorkommende ***Hordeolum*** (*Gerstenkorn*) ist Folge einer pyogenen Infektion der Zilienfollikel oder -drüsen (MOLLsche und ZEISsche Drüsen) und somit im letzteren Fall eine

Blepharoadenitis. Die als ***Chalazion*** (*Hagelkorn*) bekannte lipogranulomatöse Entzündung der tarsalen Talgdrüsen (MEIBOMsche Drüsen) entsteht durch Verlegung der Drüsenausführungsgänge. Im weiteren kann es zu Einkapselung, Verflüssigung, zystischem Umbau und Ruptur sowie am freien Lidrand zu polypoiden Wucherungen und Furunkulose kommen. Das *Chalazion* ist differentialdiagnostisch vom echten *Adenom der MEIBOMschen Drüsen*, mit dem es oft koinzidiert, abzugrenzen. Beim meist *posttraumatischen* ***Synblepharon*** sind Conjunctiva tarsi und Conjunctiva bulbi miteinander verwachsen.

12.3.2 Konjunktiva

Die pathophysiologischen Vorgänge in der Conjunctiva palpebrae et bulbi gleichen den an anderen Schleimhautoberflächen ablaufenden. Als Teil des präkornealen Ökosystems ist die Konjunktiva mit Lymphfollikeln ausgestattet, die bei chronisch-antigener Stimulation massiv proliferieren, so daß als Nebeneffekt eine *Irritationskeratitis* entstehen kann. Typische Reaktionsprodukte einer chronischen Reizung der Konjunktiva sind *Epithelhyperplasien* (einschließlich der Becherzellen), verhornende *Epithelmetaplasien* sowie unspezifische *Hyperplasien der Lymphfollikel*. Ebensogut wie eine *Konjunktivitis* Begleitbefund einer *Keratitis, Uveitis anterior* oder eines *Sekundär-Glaukoms* sein kann, ist ein Übergreifen entzündlicher Prozesse von einer *primären Konjunktivitis* auf Hornhaut, Uvea oder Orbita möglich. Das polyvalente Spektrum der *Konjunktivitis-Ursachen* umfaßt alle denkbaren Noxen einschließlich Allergenwirkung und Austrocknung. Eine *Konjunktivitis* kann somit Begleitbefund einer Vielzahl systemischer Infektionskrankheiten wie *Staupe, bovine Virusdiarrhoe, bösartiges Katarrhalfieber, Schweine- und Rinderpest, equine virale Arteriitis* u.a. sein.

12.3.2.1 Sonderformen der Konjunktivitis

Bei der ***infektiösen bovinen Rhinotracheitis*** verkörpert die seropurulente, teils ulzerierende Begleitkonjunktivitis mit Hyperplasie der Lymphfollikel einen pathognomonischen Befund.

Die ***feline infektiöse (Kerato-)Konjunktivitis*** kann primär erregerbedingt *(Chlamydien, Mykoplasmen)* auftreten oder als okularer Teilbefund bei *Virusinfektionen* der oberen Atemwege (*Herpes-, Calici- und Reoviren)* sowie als kombinierte Infektion. Die initial unilaterale, diphtheroide Konjunktivitis ist histologisch bei eitrig-erosivem Entzündungsmuster durch intraepithelial nachweisbare kokkoide Elementar- bzw. Retikularkörperchen charakterisiert und kann auf die Hornhautperipherie übergreifen.

Allergische Konjunktivitiden, bei allen Tierspezies bekannt, sind am besten beim **Hund** untersucht, spezifische *Allergene* jedoch kaum identifizierbar. Chronische Formen zeichnen sich histologisch durch lympho-plasmazelluläre Infiltration und Plattenepithelmetaplasie aus.

12.3.3 Tränendrüse

Die seltene, akute (eitrige) ***Dakryoadenitis*** *(Entzündung der Tränendrüse)* kann bei allen Tierspezies Folgezustand einer Konjunktivitis, orbitalen Cellulitis, Panophthalmie oder eines Traumas sein.

Die beim **Hund** mit dem Leitsymptom *Keratoconjunctivitis sicca* (KCS) verbundene lymphozytäre (interstitielle) atrophische und fibrosierende *Entzündung der Tränendrüse* und/oder der *Nickhautdrüse* gilt, analog dem *SJÖGREN-Syndrom* des Menschen, als immun-vermittelt.

Der bei Hunden verschiedener Rassen vermutlich auf einer hereditären Bindegewebsschwäche beruhende ***Vorfall der Nickhautdrüse*** kann eine Neoplasie des dritten Augenlides vortäuschen.

(Veränderungen der ableitenden Tränenwege vgl. ophthalmologische Spezialliteratur)

12.4 Kornea

Die vollkommene Transparenz der gesunden Hornhaut beruht auf ihrer Schichtenarchitektur, bestehend aus dem regelmäßigen, nichtverhornenden, pigmentfreien, lipophilen Hornhautepithel mit zarter Basalmembran, den dünnen, parallelen, zellarmen und avaskulären kollagenen (Typ I) Stromalamellen mit proteoglykanreicher, hydrophiler Grundsubstanz sowie der homogenen, endothelbedeckten Membrana DESCEMET. Weiterer Garant der kornealen Transparenz ist die durch eine Na^+-K^+-abhängige Adenosintriphosphatase-Pumpe in der Zellmembran des Hornhautendothels unterhaltene relative Dehydratation des Hornhautstromas. Von dieser funktionell-histologischen Konfiguration sind sowohl formalpathogenetischer Ablauf als auch Reaktion bei degenerativen und entzündlichen Keratopathien geprägt, wobei die reaktive Komponente bei Degenerationen gering ist. Akute Hornhautläsionen werden wegen der kornealen Avaskularität nicht mit akuter Entzündung, sondern zunächst mit einem epithelial, limbal oder endothelial gespeisten Ödem beantwortet. Als initiale vaskuläre Reaktion folgt eine perilimbale Hyperämie, über die später, als Teil einer kontrollierten Reparaturantwort auf die Entzündung, eine Vaskularisation des Hornhautstromas einsetzt. Die aus den limbalen Gefäßen austretenden Entzündungszellen migrieren zwischen den Stromalamellen zum entzündlichen Stimulus hin. Aus der Kombination Ödem, Vaskularisation, zellulärer Infiltration und lamellärer Distorsion resultiert der für Keratopathien charakteristische Transparenzverlust.

12.4.1 Dystrophische und degenerative Keratopathien

Das als initiale Reaktion auf exogene oder endogene (Glaukom) Schädigungen der Hornhaut schnell einsetzende, lokalisierte oder diffuse ***Ödem*** betrifft entweder das Hornhautstroma und/oder das Hornhautepithel. *Ödemquellen* sind die Tränenflüssigkeit bei oberflächlichen Läsionen und/oder die Limbusgefäße bei mitteltiefen Läsionen sowie das Kammerwasser bei tief-stromalen Läsionen mit Endothelschaden. Durch inter- und intraepitheliale Ausbreitung eines primär stromalen Ödems entsteht die ***bullöse Keratopathie***. Die ***Xerosis corneae*** *(Austrocknung der Hornhaut)* mit Verlust des Hornhautepithels und Nekrobiose der oberen Stromalagen ist Folgezustand mangelnder Schlußfähigkeit der Lider, wie sie bei retrobulbären Prozessen (Proptosis), Glaukom (Megalokornea) und Lagophthalmus auftritt. Bei der ***bandförmigen Keratopathie***, die bei **Nagern**, **Hund, Katze** (selten) **Schwein** sowie beim **Menschen** vorkommt, handelt es sich um eine Keratopathie multifaktorieller Genese bei insgesamt genetischer Disposition, deren histologisches Äquivalent aus axialen Kalkablagerungen im Niveau der Basalmembran des Hornhautepithels mit konsekutiver Epitheldegeneration und subepithelialer Fibroblastenproliferation besteht. Die ***oberflächlich-stromale Hornhautdystrophie***, die bei brachyzephalen **Hunden** (Boxer) unter dem Bilde des *Boxerulkus* vorkommt, ist durch periodisch-rezidivierende, axiale Ulzerationen mit Abhebung des Anschlußepithels und fehlende stromale Vaskularisation charakterisiert. Da das regenerierende Epithel sich nicht mit dem nekrotischen Hornhautstroma verbindet, wird der Basisdefekt in einer Stromadegeneration vermutet, die eine Verankerung epithelialer Hemidesmosomen mit den kollagenen Stromafibrillen verhindert.

Dystrophien des Hornhautendothels mit bilateralem, progressiven Stromaödem sind beim **Hund** (*Boston-Terrier, Chihuahua* u. andere Rassen) bekannt. Dabei kann die Ausbreitung des Stromaödems auf das Hornhautepithel zu ulzerierender Keratitis führen. Primärläsion und damit Eintrittspforte des Ödems (via Kammerwasser) ist eine ätiologisch unklare Spontannekrose des Hornhautendothels mit konsekutiver Hypertrophie, Nachrücken vitaler Endothelzellen sowie progressiver Abnahme der Gesamtdichte des Endothels.

Der ***hereditären juvenilen Dystrophie des Hornhautendothels*** der **Katze** (*Manx-Katze, Europäische Kurzhaarkatze = EKH*) liegt ein bilaterales, progressives, axiales, epitheliales und stromales Ödem zugrunde. Bei der EKH treten Degenerationen des Hornhautendothels hinzu. Demgegenüber verkörpert der ***feline Hornhautsequester*** *(Mumificatio corneae, Cornea nigra)* eine bei Edelkatzen (Perser) und EKH vorkommende, erworbene, uni- oder bilaterale, degenerative Läsion, die als nichtulzerierter, braun-schwarzer, axialer Hornhautfokus imponiert. Histologisch präsentiert sich der Hornhautsequester als blande Eintrocknung des Hornhautepithels, die als Artefakt mißverstanden werden kann. Das subepitheliale Stroma ist hyalinisiert, strukturlos und braun, die periphere Stromatiefe rundzellig infiltriert. Die kausale Genese der braunen Pigmentierung ist unklar, korneale Irritation bei manifester Primärkrankheit (Entropium), veränderte Zusammensetzung der Tränenflüssigkeit sowie ein enzymatischer Defekt des endogenen kornealen Epinephrinmetabolismus werden diskutiert.

Die ***Melanosis corneae*** verdient als Teilbefund der *Keratitis superficialis chronica pigmentosa* (ÜBERREITER) des **Hundes** besondere Beachtung. Das aus der Konjunktiva eingewanderte Melanin findet sich in der Basalschicht des Hornhautepithels und im oberflächlichen Hornhautstroma. Durch Sklera- und Hornhautinfiltration eines malignen Melanoms der Uvea anterior kann eine Melanosis corneae vorgetäuscht werden.

Posttraumatisch in der Hornhaut abgelagerte ***hämatogene Pigmente*** sind nosologisch wenig bedeutsam. Die ***korneale Lipidose*** (*Arcus lipoides corneae*), die phänotypisch durch kristalline stromale Hornhauttrübungen charakterisiert ist, kommt beim **Hund** sowohl spontan (Husky) als auch bei persistierender Hypercholesterinämie (*Dt. Schäferhund*) sowie als Teilbefund bei chronischer stromaler Keratitis vor. Histologisches Äquivalent sind im oberflächlichen Hornhautstroma eingelagerte Cholesterinkristalle und Vakuolen aus Phospholipiden und Neutralfetten, umgeben von gemischtzelliger Reaktion. Beim **Kaninchen** kann das Krankheitsbild durch experimentelle Hypercholesterinämie erzeugt werden. Der *Arcus lipoides corneae* ist außerdem klinisches Leitsymptom einer beim **Foxterrier** bekannten und dem *Morbus* WOLMAN des Menschen ähnlichen Lipidspeicherkrankheit.

12.4.2 Entzündliche Keratopathien (Keratitis)

Die entzündlichen Keratopathien werden vergleichend und traditionsgemäß in *nichtulzerierend*e und *ulzerierende* Formen unterteilt. Bei den *nichtulzerierenden* Keratitiden werden entsprechend der Ausbreitungstiefe *oberflächliche*, d.h. *epitheliale bis oberflächlich-stromale* und *tief-stromale* Formen unterschieden.

Unabhängig von der Causa prima verläuft aus formalpathogenetischer Sicht die Keratitis nach einem stereotypen Muster: Im

Frühstadium epitheliale und/oder stromale Ödeme, kombiniert mit limbaler Immigration von Granulozyten; im späteren (chronischen) Stadium limbal einsprossende Vaskularisation des Stromas, Immigration von Rundzellen (Lymphozyten), fibrosierende stromale Vernarbung und epitheliale Transdifferenzierung, verbunden mit Melaninimmigration; nach Abklingen der Entzündung Rückbildung der stromalen Vaskularisation. Sog. Geistergefäße können jedoch noch jahrelang persistieren, um bei Entzündungsrezidiven rekanalisiert zu werden.

12.4.2.1 Nichtulzerierende Keratitis

Oberflächliche Keratitiden kommen als nichtinfektiöse und infektiöse Formen vor. Eine Vielzahl nichtinfektiöser Zustände wie Störung des Tränenflusses, Hornhautexposition, Immunreaktionen, Denervierung, Dystrophien, Schädigung durch Licht, Epithelabrasionen, chemische Schädigung sowie Reaktionen auf topische oder systemische Medikation können durch Störung des präkornealen Ökosystems zu einem Niederbruch der Integrität des Hornhautepithels, zellulärer Infiltration oder opaker Trübung des subepithelialen Stromas, also einer *oberflächlichen Keratitis* führen. *Infektiös bedingte oberflächliche Keratopathien* gehen i.d.R. von viralen (*Blue Eye* beim Schwein s. S. 391) oder durch Chlamydien und Bakterien bedingten Infektionen der okularen Adnexe aus. *Eine typische Form der oberflächlichen Keratitis* ist die vorwiegend aber nicht exklusiv beim Dt. Schäferhund vorkommende ***Keratitis superficialis chronica (KSC) pigmentosa*** (ÜBERREITER). Das histomorphologische Substrat der KSC besteht aus Hornhautepithelfacetten, intra- und subepithelialer Melaninimmigration, lympho-plasmazellulärer Infiltration des oberflächlichen Hornhautstromas sowie stromaler Vaskularisation und Fibroplasie. Die Ätiologie ist unklar, eine durch veränderte, Hornhaut-assoziierte Antigene ausgelöste Immunreaktion wird diskutiert, UV-Strahlung wirkt promovierend.

Tief-stromale Keratitiden entstehen durch Ausbreitung konjunktivaler oder oberflächlich-stromaler Infektionen auf das mittlere bis tiefe Hornhautstroma, durch im Hornhautstroma ablaufende Immunreaktionen bei systemischen Erkrankungen (z.B.Tbc) sowie durch transkorneale Migration von Parasiten. Der primäre Entzündungsstimulus greift entweder intrastromal, limbal oder via Uvea anterior an, um sich wechselnd weit über das Hornhautstroma auszubreiten. Das Hornhautepithel bleibt charakteristischerweise intakt.

12.4.2.2 Ulzerierende Keratitis

Das ***Ulcus corneae*** ist eine für das Gesamtauge gefährliche Komplikation der Keratitis im weitesten Sinne. Der Verbund aus intaktem Hornhautepithel und normalem Tränenfilm, als präkorneales Ökosystem bezeichnet, dient zwar als effektive Barriere gegen die meisten (opportunistischen) Infektionserreger, jedoch durchbrechen erosive Epithelläsionen, Austrocknung, primäre Epitheldegeneration oder dissezierende Epithelschäden bei primär-stromaler Keratitis diese Schrankenwirkung und ermöglichen Infektionserregern eine intrastromale Ausbreitung. Hierdurch gewinnt der ulkustypische, axiale bis paraaxiale Epithelschaden seine Dimension. Durch den zentralen Epithelverlust und das Einsickern von Tränenflüssigkeit in das epithelbefreite, oberflächliche Hornhautstroma (Hornhautödem) setzt eine stereotyp ablaufende Reaktionskaskade ein: Stromale Immigration polymorphonukleärer Leukozyten via Tränenflüssigkeit und limbale Gefäße, opportunistische Keimbesiedlung, progressive Stromalysis (Keratomalazie) in der Ulkusperipherie durch Proteasen und Kollagenasen mikrobiellen, leukozytären und stromalen Ursprungs sowie stimulierende lokale Produktion von Zytokinen. Histologisch erweist sich die ulkusbedingte Auflösung des Stromakollagens als eosinophile Koagulationsnekrose, die in eine chronisch vernarbende, stromale Keratitis der Hornhautperipherie übergeht. Bei Keimbesiedlung des Ulkus (*Streptokokken*, *Pseudomonas* = potente Kollagenase- und Proteaseproduzenten) erreicht die stromale Koagulationsnekrose alsbald das tiefe Hornhautstroma und wird durch einen Leukozytenwall von der gesunden Peripherie napfförmig demarkiert (Ringabszeß). Diese Form der *ulzerierenden Keratitis* stellt sich insbesondere beim **Rind** nach Hornstößen und beim Cancer Eye ein. Insgesamt ist für die ulzerierende Keratitis jedenfalls charakteristisch, so lange zu persistieren oder zu rezidivieren wie die Causa prima (z.B. aberrante Zilien, Fremdkörper) bestehen bleibt. Nach deren Beseitigung erfolgt die Heilung von der intakten Stromaperipherie her durch Vaskularisation und Fibroplasie, koordiniert mit einer Überkleidung durch mitotisch aktives, partiell facettiertes Hornhautepithel.

12.4.2.3 Komplikationen der ulzerierenden Keratitis

Folgen des Übergreifens der ulzerierenden Keratitis auf das vordere Augensegment sind außer dem *Hypopyon* die *Uveitis anterior*, aus der sich durch Fortleitung auf die Uvea intermedia und posterior eine *Endophthalmitis* (Panuveitis) entwickeln kann. Perforiert das Ulcus corneae, fällt Irisgewebe defektfüllend vor (*Irisprolaps, Irisinkarzeration, Irisstaphylom).* Weitere Defektabdeckung erfolgt durch vordere und hintere *Synechierungen* (Sekundär-Glaukom). Das Endstadium ist durch komplexe

Vernarbungen der Struktureinheiten des vorderen Augensegmentes geprägt (*Leukoma adhaerens*), denen die Tendenz zu weiterer Atrophie mit Schrumpfung innewohnt (*Phthisis bulbi*). ***Ektatische Hornhautnarben*** resultieren aus der Nachgiebigkeit des jungen Narbengewebes gegenüber dem intraokularen Druck (*Keratektasie*). Die Folge narbiger Retraktion ist die ***Aplanatio corneae***. Das ***Hornhautkeloid*** zeichnet sich im Gegensatz zur zellulär-hypertrophischen Ulkusvernarbung histologisch durch persistierend unregelmäßigen Verlauf der Kollagenfibrillen aus und kann klinisch Tumorverdacht erwecken. Bleibt die elastische Membrana DESCEMET trotz subtotaler Auflösung des Stromas (*Keratomalazie*) intakt, kann sie sich unter dem intraokularen Druck als ***Descemetozele*** in den Defekt vorwölben.

12.4.2.4 Sonderformen der Keratitis

Die ***Keratitis superficialis punctata*** (KSP) kommt beim **Hund**, insbesondere, aber nicht exklusiv, beim jungen Langhaardackel vor. Der aus Hornhautbioptaten zu gewinnende histologische Befund der bilateral und rezidivierend auftretenden KSP zeigt eine diffuse, oberflächlich-stromale, chronische, lympho-plasmazelluläre und multifokal ulzerierende Keratitis. Ätiologisch wird diese als immunvermittelte Hypersensitivitätsreaktion auf inhalierte Allergene interpretiert. UV-Strahlung wirkt offenbar promovierend.

Die ***Keratoconjunctivitis sicca*** (KCS) ist eine zunehmend häufiger und bevorzugt bei brachyzephalen **Hunden** und beim *West Highland-White-Terrier* sowie bei **Katzen** (*Burma*) auftretende, progressive, chronische Erkrankung des vorderen Augenabschnittes, ähnlich dem *SJÖGREN-Syndrom* des Menschen. Die KCS wird als Folgezustand einer verminderten Produktion des wässerigen Anteils der Tränenflüssigkeit aus Tränen- und Nickhautdrüse interpretiert (sog. „trockenes Auge"). Als Ursache wird eine immunvermittelte, möglicherweise autoimmune Destruktion der Tränendrüsen vermutet. Histomorphologisch betrachtet besteht eine Atrophie der Tränendrüsen mit lympho-plasmazellulärer Infiltration, Bildung von Lymphfollikeln und periäzinärer Fibrosierung. Die konsekutiven Veränderungen der Hornhaut zeigen sich, abhängig vom Austrocknungseffekt und opportunistischer Infektion, entweder in einer prospektiven Keratinisierung des Hornhautepithels oder in einer diffusen, oberflächlich-stromalen Keratitis mit Neigung zur Ulzeration.

Die ***feline Herpes-Virus-Keratitis*** (FHV-1) ist die einzige virale Keratitis der adulten **Katze**. Bei Welpen und Jungkatzen, bei welchen FHV-1 auch als Co-Erreger der *Rhinotracheitis* eine Rolle spielt, tritt sie in konjunktivitischer Form als Teilphänomen des *Katzenschnupfens* auf (s. S. 75). Bei adulten Katzen scheint die FHV-1-Keratitis aus der Reaktivierung einer latenten Infektion zu resultieren, insbesondere bei immunsuppressiven Grundleiden oder unkontrollierter Glukokortikoidtherapie. Die durch den zytopathischen Effekt des Virus ausgelösten Hornhautveränderungen sind typisch und bestehen bei uni- wie bei bilateraler Manifestation in multiplen, erosiv-ulzerativen Epithelläsionen, die sich durch Verzweigung verbinden (*Keratitis dendritica*). An den Ulkusrändern kommen in degenerierenden Hornhautepithelzellen intranukleäre Herpes-Einschlußkörperchen vor. Die Epithelveränderungen gehen mit oberflächlich- bis tief-stromaler, chronischer Keratitis einher.

Die ***feline chronisch-eosinophile Keratitis*** (CEK) ist eine seltene, bei allen Katzenrassen (uni- oder bilateral) auftretende, proliferative, oberflächlich-stromale Keratitis mit einem charakteristischen Reaktionsspektrum. In Hornhautabstrichen dominieren eosinophile Granulozyten und Mastzellen neben Rundzellen und proliferierten Epithelzellen. In Hornhautbioptaten sind die eosinophilen Granulozyten, weil sie vermutlich transepithelial in den Tränenfilm emigrieren, weniger auffällig, dagegen kennzeichnen Neovaskularisation, Makrophagen, Plasmazellen, einzelne Mastzellen sowie Fibroplasie den proliferativen Charakter der stromalen Keratitis. Erreger sind nicht nachweisbar. Ätiologisch läßt der hinreichend charakteristische Zellbefund an eine überschießende Immunreaktion denken. Als promovierender Faktor gilt, wie bei der kaninen ÜBERREITER-Keratitis, UV-Strahlung. Im übrigen besteht eine gewisse Übereinstimmung mit dem *Eosinophilen Granulom* der Katze (s. S. 535).

Die ***equine eosinophile Keratokonjunktivitis*** (EEK) ist der CEK klinisch und histopathologisch ähnlich. Charakteristisch sind granulationsgewebsartige Zubildungen mit hell-käsigen Auflagerungen im Bereich des Limbus corneae und der Conjunctiva bulbi. Ihr histologisches Äquivalentbild, erzielt an Hornhaut- bzw. Konjunktivabioptaten, besteht in einer gemischtzelligen, von eosinophilen Granulozyten dominierten Infiltration der Lamina propria conjunctivae und des oberflächlichen, vaskularisierten, ödematösen Hornhautstromas mit Kollagenfasernekrosen und ulzerierten Epitheldefekten. Die Ätiologie ist wiederum unklar. Kausalpathogenetisch kommen sowohl durch spezifische Antigene provozierte Immunreaktionen als auch parasitäre Noxen in Betracht.

Die ***infektiöse bovine Keratokonjunktivitis*** (IBK) ist, ähnlich dem bovinen okularen Plattenepithelkarzinom (Cancer Eye) weltweit, vor allem in den USA, Australien und Neuseeland, eine der wirtschaftlich wichtigsten Augenkrankheiten des **Rindes**. Bei IBK-Epizootien sind vor allem Jungrinder während der Weideperiode betroffen, wobei Insekten als Vektoren vermutet werden. Die zur Ulzeration neigende Keratokonjunktivitis heilt häufiger sowohl spontan als auch nach Behandlung ab, als daß sich Komplikationen wie Uveitis anterior mit Synechierungen, Glaukom, Keratomalazie, Descemetozele, Ulkusruptur, Irisprolaps oder Phthisis bulbi einstellen. Das wichtigste infektiöse Agens der IBK ist *Moraxella bovis,* gefolgt von *Mycoplasma spp., Acholeplasma spp.* und *bovinem Herpes-Virus Typ 3.* Als promovierende Faktoren werden UV-Strahlung, Staub, Wind und Fliegenplage im Sinne einer faktorenbedingten Infektionskrankheit in Betracht gezogen.

Die ***infektiöse ovine Keratokonjunktivitis*** tritt, analog der bovinen Form, verstärkt in der Weideperiode als epizootische Faktorenkrankheit auf, d.h. daß – neben dem Erregerspektrum *Mycoplasma conjunctivae, Branhamella ovis* und *Chlamydia psittaci* – promovierenden Faktoren (Fliegen, UV-Strahlung, Staub, Wind) eine krankheitsauslösende Bedeutung zukommt. Sie ulzeriert seltener als die bovine, kann mit einer Polyarthritis (*Chlamydia psittaci*) assoziiert sein (s. S. 342) und kommt auch bei der Gemse als **Gamsblindheit** vor.

Mykotische Keratitiden verkörpern keine nosologische Entität, vielmehr stellen sie sich durch opportunistische Hefe- und Pilzinfektionen, insbesondere nach traumatischen Hornhautläsionen, bevorzugt bei **Pferd** und **Vogel**, ein. Wegbereiter können Langzeittherapien mit antibiotika- und glukokortikoidhaltigen Augensalben sein, wodurch in der normalen konjunktivalen Flora ansässige Erreger wie *Aspergillus, Candida und Penicillium spp.* fußfassen können. Mykotische Keratopathien können sich stromal abspielen, ulzerieren und bei Progression (Therapieresistenz) zur Hornhautperforation führen.

12.5 Sklera

Im Vergleich zu anderen okularen Struktureinheiten ist die Sklera, insbesondere ihr gut einsehbarer vorderer Teil (*Sclera anterior*), der den intraskleralen Plexus venosus (Abfluß des Kammerwassers) enthält, weniger häufig erkrankt.

12.5.1 Mechanisch-traumatische Läsionen

Meist mit intraokularer Einblutung verbunden, verkörpern diese die wichtigsten Skleraveränderungen. Ferner können Frakturen des Orbitaringes zu Quetschungen der Sclera anterior führen, und nach Zusammenhangstrennungen der Sclera anterior infolge Biß-, Schuß- und anderer Verletzungen kommt es häufig zum Verlust von Kammerwasser, Linse und Glaskörper. *Panophthalmitis* und *Phthisis bulbi* sind dann weitere Folgen.

12.5.2 Entzündungen

Die einzige nosologisch bedeutsame *Primärkrankheit der Sklera* ist die ***noduläre Fasciitis***, auch als *noduläre, granulomatöse Episklerokeratitis* oder *Collie-Granulom* bezeichnet. Beim **Hund**, seltener bei der **Katze** bevorzugt im temporalen, korneoskleralen Limbus uni- oder bilateral auftretend, handelt es sich um eine proliferative, noduläre, subkonjunktivale Läsion, die klinisch Tumorcharakter haben kann. Die Ätiologie des möglicherweise immunvermittelten Leidens ist ungeklärt. Im Sklerabioptat finden sich im teils fragmentierten, teils nekrotisierten Kollagengerüst Neovaskularisationen, ungeordnet proliferierende Fibroblasten und vermehrt Retikulinfasern sowie Monozyten, Lymphozyten und Plasmazellen.

Bei ***orbitaler Cellulitis*** (*retrobulbärem Abszeß*) kann die Sclera posterior mitinfiltriert sein. Weitere sekundär-entzündliche Veränderungen der Sclera anterior werden in Form perivaskulärer Leukozyten- oder Rundzellinfiltrate, meist in Kombination mit einer *Uveitis anterior* oder als immunologische Reaktion bei *intraokularen Tumoren* gesehen. Einseitig- regionale, subkonjunktival bis zur peripheren Hornhaut reichende, profuse, ***pigmentierte Schwellungen*** *der Sclera anterior* sind insbesondere bei **Hund** und **Katze** ein diagnostisches Indiz für den Einbruch eines *malignen Melanoms der Uvea anterior.* Speziell bei der **Katze** ist bei unilateraler bzw. regionaler ***pigmentfreier Umfangsvermehrung*** *der Sclera anterior* einschließlich Hornhauttrübung differentialdiagnostisch an den Einbruch eines *primär intraokularen Sarkoms* zu denken.

12.6 Linse

Die neben Hornhaut, Kammerwasser und Glaskörper für die retinale Lichtfokussierung durch Refraktion verantwortliche Linse ist bikonvex, glasklar, elastisch und besteht zu zwei Dritteln aus Wasser, im übrigen aus Strukturproteinen. Letztere werden in zwei Kategorien, nämlich wasserlösliche linsenspezifische Kristalline (α, β, γ) und wasserunlösliche Zytoskelett- und Membranproteine, sog. Albuminoide, unterteilt. Die wasserlöslichen Strukturproteine verlieren ihre Löslichkeit durch Alterung und bei Katarakt, die wasserunlöslichen Albuminoide nehmen mit dem Alter zu.

Die mit allen wichtigen Enzymen des Stoffwechsels ausgestattete Linse bezieht die für Proteinsynthese und Transparenz nötigen Nährstoffe über reziproke Diffusion aus dem Kammerwasser und die dafür erforderliche Energie (ATP) aus anaerober Glykolyse. Unterstützend wirkt der K^+-Na^+-Transport, bewerkstelligt über die osmotische, im Linsenepithel membrangebundene ATPase (Na^+-Pumpe), die Na^+-Ionen ausscheidet. Das mit Zellorganellen ausgestattete Linsenepithel ist zudem zur oxidativen Glykolyse fähig. Die Linsenfasern dagegen sind frei von Mitochondrien, so daß dort keine Atmungskettenphosphorylierung stattfindet.

Das Linsengewebe hat wegen seines spezifischen Aufbaues innerhalb des Auges und im Gesamtorganismus eine Sonderstellung. Als rein epitheliales Gebilde ist die Linse durch die von ihren Epithelzellen gebildete Linsenkapsel vom übrigen Organismus isoliert. Der Linse fehlen Gefäße und Nerven sowie unmittelbarer Kontakt zu mesenchymalen Gewebselementen. Dieser Isolation entsprechen die begrenzten und einfachen pathischen Reaktionen der Linse.

12.6.1 Allgemeine Pathologie der Linse

Infolge ihrer frühen embryo-fetalen Isolierung innerhalb der Organogenese enthält die Linse „sequestrierte Proteine", die das Immunsystem, etwa nach traumatischer Kapselläsion bzw. Kapselleckage bei Cataracta hypermatura als „fremd" erkennt und im Sinne einer Antigen-Antikörperreaktion beantwortet. Damit kann grundsätzlich jede Eröffnung der Linsenkapsel eine *phakogene Uveitis anterior*, eine *phakoanaphylaktische Endophthalmitis* oder ein *phagozytäres (phakolytisches) Offenwinkel-Glaukom* induzieren.

Da die Linse ihre alternden Zellen wegen der sie umschließenden Kapsel nicht abstoßen kann – wie z.B. das Hautorgan – , werden die durch die zeitlebens anhaltende Proliferation des Linsenepithels nachrückenden Linsenfasern (appositionelles Wachstum) unter Druck im Linsenkern zu hochmolekularen Aggregaten komprimiert. Diese kontinuierliche Akkumulation alter, im Strukturprotein veränderter und ausgetrockneter Linsenfasern führt im höheren Alter zu der den Visus nicht störenden ***Kernsklerose***, die fließend in eine ***Kernkatarakt*** übergehen kann.

Trotz der lebenslangen Proliferation des Linsenepithels sind ***primäre Tumoren*** der Linse extrem ungewöhnlich, und primäre Entzündungen sowie neurogene Veränderungen spielen in der Linse überhaupt keine Rolle.

12.6.2 Katarakt

Alle Erkrankungen der Linse spielen sich an ihren Hauptelementen *Zonula Zinni, Kapsel, Epithelzellen* sowie *Linsenfasern* ab und äußern sich in unterschiedlich lokalisierten und ausgeprägten irreversiblen Trübungen, d.h. in sog. *Diskontinuitätszonen*, die als *Katarakt* (Tafel XXIV B) bezeichnet werden. Katarakte werden in *primäre,* d.h. isolierte, und in *sekundäre*, d.h. mit anderen intraokularen oder systemischen Krankheitsprozessen assoziierte Formen eingeteilt (Abb.12.6). Die Grenzziehung bleibt jedoch unscharf. Die Zahl kataraktogener Noxen ist unüberschaubar. Als wichtigste seien genannt: Licht, UV- und radioaktive Strahlung, Kälte, Wärme, Mangelzustände, chemische und mikrobielle Toxine, Coprodukte intraokularer Entzündung, Chemotherapeutika, Glaukom, genetische Defekte und Traumata. Hinzu kommt, daß sich kataraktogene Noxen im Sinne der Synkataraktogenese addieren oder im Sinne der Cokataraktogenese in ihrer Wirkung potenzieren können. Damit verkörpert die Kataraktentstehung in vielen Fällen ein multifaktorielles Geschehen.

12.6.2.1 Die formale Pathogenese der Katarakt

Diese läuft histologisch, dank der einfachen Bauart der Linse und von der jeweiligen Ätiologie kaum beinflußt, nach einem stereotypen Muster ab: Eine durch noxenabhängige, biochemische Mechanismen (z.B. oxydative Prozesse, Hemmung der epithelialen Na^+Ka^+-abhängigen ATPase-Pumpe) induzierte Osmosestörung zeigt sich zunächst in Schwellung, Pyknose oder Karyorrhexis des Linsenepithels, gefolgt von Schwellung und Unterbrechung kortikaler Linsenfasern sowie Ausformung flüssigkeitsgefüllter Spalten und Vakuolen. Durch konsekutives Zusammenbrechen von Linsenfasern bilden sich sog. Morgagnische Eiweißkugeln, und freies Linsenprotein mischt sich der Ödemflüssigkeit bei. Damit ist der Transparenzverlust im Sinne einer ***Cataracta immatura*** manifest. Bei sich verstärkender intra- und interzellulärer Wasseraufnahme (klinisch: *Cataracta intumescens)* entsteht unter progressiver Degeneration und Verflüssigung der Rindenfasern die ***Cataracta matura***, aus der sich nach Absacken des sklerotischen Linsenkerns innerhalb der verflüssigten Rinde die ***Cataracta hypermatura*** (Morgagni) entwickeln kann. Als Reaktion auf epitheliale Degeneration und Auflösung kortikaler Linsenfasern stellen sich am vorderen Linsenpol häufig mehrreihige *Hyperplasien* des *Linsenepithels* mit neu sezernierten Basalmembranen ein, die zu plaqueartiger *fibröser Transdifferenzierung* und dystrophischer Kalkablagerung neigen. An weiteren Ablagerungen kommen Lipide und Cholesterin vor. Im äquatorialen bis tief-postäquatorialen subkapsulären Bereich auffällige, ballonförmige Zellen (*Wedlsche Blasenzellen)* sind Resultat abortiver Transformation äquatorialer Linsenepithelzellen in Linsenfasern.

12.6.2.2 Sonderformen der Katarakt

Die bilaterale, subkapsuläre und kortikale ***diabetische Katarakt*** kann okularer Teilbefund beim *Diabetes mellitus* (s. S. 480) sein. Pathogenetisch entscheidend ist, daß die Linse das Enzym Aldose-Reduktase enthält, das bei diabetesbedingt hohem Glukosewert des Kammerwassers die Reduktion von Glukose in Sorbitol (Polyalkohol) katalysiert. Sorbitol wird sodann in den subkapsulären Linsenzellen akkumuliert, wodurch diese osmosegestört hydropisch degenerieren und platzen.

Die bilaterale, subkapsuläre und kortikale ***Galaktose-Katarakt*** ist bei künstlich aufgezogenen **Känguruhs** (*Wallabies*) bekannt. Ätiologisch aufschlußreich ist, daß Känguruhmilch weniger Laktose enthält als Kuhmilch und Wallabies keine ausreichende Enzymausstattung besitzen, um Laktose sowie Galaktose zu spalten (osmotische Diarrhoe). Dadurch gelangt überschüssige Galaktose in das Kammerwasser, um in der Linse über Aldose-Reduktase in Dulcitol (Polyalkohol) reduziert zu werden, wodurch wiederum Osmosestörungen mit hydropischer Degeneration und Auflösung subkapsulärer Linsenfasern auftreten.

Die ***Katarakt*** nach ***Glukokortikoid-Langzeittherapie*** ist i.d.R. subkapsulär am hinteren Pol angesiedelt. Ihre Dosisabhängigkeit ist nicht hinreichend geklärt. Im übrigen verhält sie sich auch nach Absetzen der Therapie meist progressiv.

Die subkapsuläre ***Katarakt*** bei ***Tetanie*** bildet sich nach Ausgleich des Kalziumspiegels im Kammerwasser nicht zurück. Die Pathogenese dieses durch Kalziummangel bedingten Defektes am bradytrophen Linsengewebe, der bei Nagern experimentell erzeugbar ist, ist unklar.

Mangel-Katarakte, bedingt durch diätetische Defizite an *essentiellen Aminosäuren, Zink* und *Vitamin C* werden bei in künstlichen Biotopen gehaltenen **Fischen** beobachtet.

Die ***Cataracta ossea*** ist extrem selten und baut sich nach Kapseldefekt durch aus der Umgebung, insbesondere der Uvea anterior, einsprossendes Gefäßbindegewebe auf.

12.6.3 Subluxation und Luxation der Linse

Beschädigungen der *Zonula ZINNI* oder ihrer Fixpunkte können eine laterale Verdrängung der Linse zur Folge haben. Verbleibt die Linse dabei in der pupillären Apertur, ist sie subluxiert. Ist die Linse vollständig von der Pupille disloziert, spricht man von Luxation (Abb.12.5 u.6). Die ***Luxatio lentis anterior*** kann durch Pupillarblock oder mechanische Verlegung des Filtrationswinkels ein *Sekundär-Glaukom* auslösen. Bei ***Luxatio lentis posterior*** ist durch Verdrängung des Glaskörpers via Pupille ebenfalls ein *Sekundär-Glaukom* möglich. Bei Ruptur des Bulbus kann die Linse bis subkonjunktival oder transskleral-orbital disloziert sein oder unter dem Bilde der *sekundären Aphakie* verlorengehen. Traumata sind die häufigsten Ursachen der *Luxatio lentis*. Indirekte Traumafolge sind fokale, subkapsuläre bzw. kortikale Trübungen (klinisch: *Kontusionsrosette*). Von der Uvea anterior ausgehende Proliferation von Tumorzellen (malignes Melanom) hat oft eine ***Subluxatio lentis*** zur Folge. I. d. R. wird die luxierte und damit ernährungsgestörte Linse selbst bei intakter Kapsel allmählich kataraktös.

12.7 Glaskörper

Krankhafte Veränderungen des Glaskörpers (Corpus vitreum) sind, ähnlich denen der Linse, vorwiegend degenerativer Art. Der gefäßlose, den Bulbusraum hinter der Linse ausfüllende Glaskörper besteht als gelförmige, transparente, lichtbrechende, extrazelluläre Substanz zu 99% aus Wasser, dem Humor vitreus, der die Passage von Metaboliten zwischen den benachbarten Strukturen, d.h. der Netz- und Aderhaut, ermöglicht. Als strukturelle Basis enthält der Glaskörper ein lichtoptisch nicht wahrnehmbares, dreidimensionales Gerüst aus Kollagenfibrillen, das am Kortex des Glaskörpers zu einer Glaskörpermembran kondensiert ist und in enger Beziehung zur inneren Grenzmembran der Netzhaut steht. Das kollagene Fasergerüst ist von Proteoglykanen und Hyaluronsäure ausgefüllt, also von großmolekularen Stoffen, die durch ihr hohes negatives elektrostatisches Potential Barrierefunktion ausüben. In der kortikalen hinteren Zone des Glaskörpers finden sich ortsständige Hyalozyten, die bei pathischen Prozessen als Phagozyten reagieren. Im übrigen haben sie Anteil an der Bildung präretinaler Membranen, wie sie im Verlauf einer Endophthalmitis entstehen können.

12.7.1 Glaskörperdegeneration

Der oligozelluläre und bradytrophe Glaskörper reagiert bei Störungen seiner komplizierten kolloidalen Struktur vorwiegend katabolisch, d.h. mit *Verflüssigung* (=Synchisis), *opaker Trübung* oder *Schrumpfung,* beziehungsweise *Abhebung* mit dem Risiko einer Amotio retinae. Der Glaskörper erwachsener Individuen ist nach Verlust nicht regenerierbar.

Die ***Verflüssigung*** bzw. ***Synchisis corporis vitrei*** ist die häufigste degenerative Glaskörperveränderung. Sie tritt posttraumatisch, alternsbedingt, bei degenerativen und entzündlichen Zuständen des Gesamtauges, nach chemischer, thermischer oder strahlenbedingter Schädigung sowie vorzeitig bei Myopie auf. Sie stellt generell einen durch

Dehydratation bedingten Übergang vom Gel- in den Solzustand dar, in dessen Verlauf sich der Glaskörper trübt und durch Zerstörung seiner Architektur zusammenbricht (Syneresis), wobei zwischen erhaltenen Glaskörperzonen flüssigkeitsgefüllte Lakunen entstehen. Die Netzhaut kann sich infolge des Wegfalls der platzhaltenden Funktion des Glaskörpers abheben (ohne Glaskörperabhebung keine Amotio retinae). Ist die Synchisis Folgezustand einer *Endophthalmitis*, können sich zwischen Netzhaut und Glaskörper vitreoretinale fibrovaskulär-adhäsive Membranen bilden.

Die ***opake Trübung des Glaskörpers*** ist Folgezustand entzündlich-zelliger Infiltration im Rahmen akuter und chronischer Entzündungen des inneren Auges (Abb.12.3). So entstehen opake Trübungen bei der Organisation entzündlicher Exsudate, z.B. bei der *equinen rezidivierenden Uveitis*, oder infolge hämorrhagischer Extravasate, z.B. posttraumatisch nach intraokularer Massenblutung, ferner durch Inkorporation aus Netz- oder Aderhaut sowie intraokularen Tumoren freigewordener Zellen. Außerdem sind opake Glaskörpertrübungen für die Massierung von Entzündungszellen bei der *phakoanaphylaktischen Endophthalmitis* typisch (s. S. 438).

12.7.1.1 Sonderformen der Glaskörpertrübung

Die ***asteroide Hyalose*** bzw. das *Sternhimmel-Phänomen* ist Ausdruck eines degenerativen Glaskörperprozesses, der durch Auftreten unzähliger, winziger, sphärischer, opaker, einer Galaxie gleichender „asteroider" Körperchen charakterisiert ist (Abb.12.2). Diese in das Glaskörpergerüst suspendierten Körperchen sind undulierend beweglich. Das im höheren Alter bei **Hund**, **Katze**, **Pferd** und **Mensch** vorkommende Phänomen kann, insbesondere bei axialer Konzentration der asteroiden Körperchen, den Visus stören. Die Ätiologie ist ungeklärt, Beziehungen zu systemischen Stoffwechselstörungen wie Hypercholesterinämie und Diabetes mellitus konnten nicht bestätigt werden. Bei **Hund** und **Katze** koinzidiert die klinisch nur selten erkannte asteroide Hyalose bisweilen mit posttraumatischen intraokularen Blutungen, intraokularen Tumoren und Netzhautabhebung bzw. -degeneration. Die morphologischen Charakteristika der asteroiden Körperchen *(doppelbrechend, kalziumpositiv, sudanophil, positive PAS-Reaktion, intime Verbindung mit den Glaskörperfibrillen)* sprechen für das Vorliegen eines Kalzium-Lipidkomplexes, der sich möglicherweise von degenerierten Glaskörperfibrillen herleitet.

Bei der ***Cholesterosis bulbi*** bzw. *Synchisis scintillans* finden sich in verfüssigten Glaskörperarealen – im bewegten

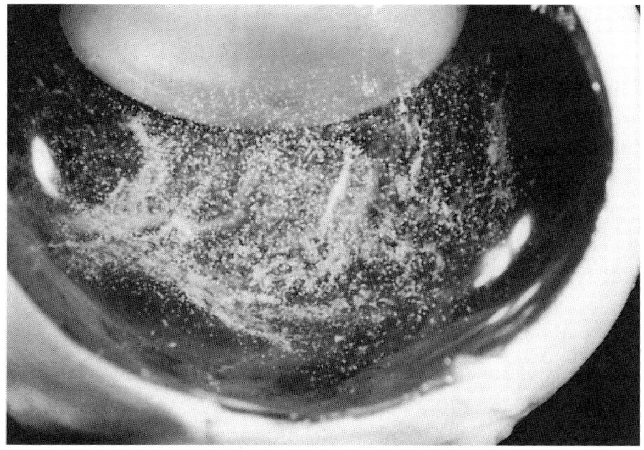

Abb. 12.2 *Asteroide Hyalose* (Sternhimmel-Phänomen), Hund.

Auge aufwirbelnde, im stillstehenden Auge sich wieder absetzende – stark lichtbrechende *Cholesterinkristalle* im Sinne eines „Schneefall-Phänomens". Sie resultieren i.d.R. aus unvollständig organisierten bzw. resorbierten intraokularen Massenblutungen. Das mikroskopische Äquivalent sind im Paraffinschnitt sog. Cholesterinkristallsärge, in Gefrierschnitt und Frischpräparat tafelförmige, anisotrope Kristalle im Glaskörper.

12.8 Uvea

Die zwischen Sklera und Netzhaut eingebettete Uvea besteht als ***Uvea anterior*** *mit Filtrationswinkel* aus den benachbarten Strukturen *Iris* und *Ziliarkörper* mit *Lig. pectinatum* und *Spongium anguli iridocornealis* und als ***Uvea posterior*** aus *Chorioidea* und *Tapetum lucidum*. Als eigentliche gefäßführende Augenhülle (*Tunica vasculosa)* setzt sich die Uvea aus einem Netzwerk von Gefäßen, Nerven, unterstützendem Bindegewebe und einer variierenden Zahl von Melanozyten zusammen. Von der spezifischen Funktion der Muskulatur von Iris und Ziliarkörper (Irisblende, Akkomodation) abgesehen, ist die Uvea für die Ernährung aller übrigen intraokularen Gewebe, Produktion und Abfluß des Kammerwassers sowie die Sekretion der Hyaluronsäure des Glaskörpers zuständig. Lymphgefäße fehlen. Dadurch, daß die Uvea zu den am besten perfundierten Geweben des Gesamtorganismus gehört, ist sie für immunologische und entzündliche Reaktionen besonders empfänglich. Das ***Tapetum lucidum*** ist als *Tapetum lucidum cellulosum* eine Fundusspezialität der Karnivoren und als *Tapetum lucidum fibrosum* eine solche der Herbivoren. Es fehlt bei **Schwein**, **Vögeln** und **Mensch**. Beim **Hund** enthalten die tapetalen Zellen Zink in Zysteinhydratform, bei der **Katze** Riboflavin, wodurch Reflexion und Zerlegung (Interferenz) des in das Auge einfallenden Lichtes mit dem Ergebnis guten Sehens im Dämmerlicht optimiert werden (Leuchten der Tieraugen).

12.8.1 Allgemeine Pathologie der Uvea

Die reaktive und reparative Potenz des uvealen Gewebes variiert erheblich. Bei aseptischer Verletzung der ***Iris*** tritt nur eine äußerst geringe Gewebereaktion auf, d.h. bei ihrer Ausheilung ist weder Granulations- noch Narbengewebe zu erkennen. Blutungen werden ganz ohne Gewebereaktion resorbiert. So zeigen z.B. Iridektomiewunden selbst nach Jahren kaum Anzeichen aktiver Reparation. Treten jedoch komplizierende Faktoren wie Infektionen, Irisprolaps nach Hornhauttrauma oder Ulkusruptur hinzu, nimmt auch das Irisgewebe am reparativen Prozeß teil. Der Grund für das passive Verhalten der Iris in normaler Umgebung liegt vermutlich in ihrer Suspension im Kammerwasser, wodurch sie vor irritierenden Faktoren relativ geschützt ist. Der ***Ziliarkörper*** zeigt bei der Wundheilung nicht die für die Iris typische Inaktivität, sondern wie die Aderhaut deutliche, zur Vernarbung führende Gewebereaktionen, die vom ortsständigen Gefäßbindegewebe unterhalten werden. Das Ziliarkörperepithel beteiligt sich durch Proliferation.

Immunologisch muß das Auge, da es keine ortsständigen Lymphozyten, keine Antigen verarbeitenden Makrophagen oder dendritische Zellen und keine Lymphdränage aufweist, als ein privilegierter Ort angesehen werden, der gleichzeitig eine einzigartige Herausforderung des Immunsystems darstellt. Hinzu kommt die durch die engen interzellulären Verbindungen (tight junctions) des Irisendothels, des nichtpigmentierten inneren Ziliarkörperepithels und des retinalen Pigmentepithels bestehende Blut-Augenschranke, die jedoch nicht so dicht ist, daß Antigene via vordere Augenkammer keine systemische, humorale oder T-Zell-vermittelte Immunantwort auslösen könnten. Das heißt, es wird das Bestehen eines perfekt regulierten Systems okularer Immunität im Sinne der sog. vorderkammerassoziierten Immundeviation angenommen. In diesem System werden intraokular eingedrungene Antigene, bevor sie das Auge über die intrasklerale Kammerwasserdränage verlassen, vorbehandelt, um in der Milz eine typische humorale und eine atypische, zellvermittelte Immunantwort auszulösen. Die Proliferation von zytotoxischen T-Zellen ist dabei verstärkt, doch sind die als Teil einer verzögerten Hypersensitivitätsreaktion mit der Produktion von Zytokinen betrauten T-Zellen unterdrückt. Sobald die in der Milz aktivierten Lymphozyten in das Auge zurückkehren, sind sie dort, bei geringstmöglichem Begleitschaden, lediglich zu lokalisierten, d.h. spezifischen Effekten auf das krankheitsauslösende Antigen befähigt, was histologisch durch perivaskuläre Lymphozytenmäntel in der Uvea anterior und diffuse lymphozytäre Infiltration der Uvea posterior sichtbar wird (=lymphknotenartiges Verhalten der Uvea). Als weitere, unnötigen immunvermittelten Schaden vermeidende Sicherung enthält das uveale Gewebe wie das Kammerwasser Zytokine, die eine Aktivierung von T-Lymphozyten verhindern. Die Amplifikation der okularen Immunantwort resultiert, ähnlich der anderer Gewebe, in einer über das spezifisch-antigenetische Maß hinausgehenden Rekrutierung von Lymphozyten. In der polyklonalen Natur dieser Lymphozyten ist vermutlich der rezidivierende Verlauf vieler Uveitiden begründet, denn einmal installiert, antworten diese Immunozyten auf verschiedenste, über eine entzündungsbedingt defekte Blut-Augenschranke intraokular zirkulierende Antigene. Für das Verständnis der Pathogenese vieler immunvermittelter Uveitiden, so z.B. der equinen rezidivierenden Uveitis, ist es somit hilfreich zu wissen, daß chronische, rezidivierende Uveitiden nicht aus der Persistenz eines einzigen Antigens oder der wiederholten Exposition diesem Antigen gegenüber resultieren müssen. Eine Uveitis kann ebensogut stereotyper Ausdruck der durch eine Vielzahl zirkulierender Antigene ausgelösten Aktivierung der zahlreichen erworbenen Lymphozytenpopulationen sein.

12.8.2 Uveitis

Entzündungen können in typischer Weise in der vorderen Uvea als ***Uveitis anterior*** *(Iritis, Zyklitis, Iridozyklitis)* oder in der hinteren Uvea als ***Uveitis posterior*** *(Chorioiditis)* angesiedelt sein oder als ***Panuveitis*** die gesamte Uvea umfassen. Die Entzündungen des uvealen Gewebes haben die Tendenz, auf benachbarte Strukturen wie die Netzhaut *(Chorioretinitis)*, die okularen Binnenräume *(Endophthalmitis)* oder alle okularen Struktureinheiten einschließlich die Sklera *(Panophthalmitis)* überzugreifen.

Qualitativ lassen sich die Entzündungen der Uvea in *eitrige* (neutrophile Granulozyten), *nichteitrig-nichtgranulomatöse* (Lymphozyten, Plasmazellen) und *nichteitrig-granulomatöse* (Epitheloid- und Riesenzellen) und *gemischtzellige* Formen unterteilen.

Entzündungen der Uvea entstehen entweder durch exogenen Antigeneintritt, z.B. bei ulzerierender Keratitis, infizierten traumatischen Defekten, oder durch endogenen, immun-vermittelten oder hämatogen-septikämischen Antigeneintritt. Die bei **Kleintieren** und **Pferd** häufig nach traumatischer Läsion der Hornhaut oder des vorderen Augensegmentes auftretende reaktive *Uveitis anterior* wird in ihrem Ausprägungsgrad durch promovierende Effekte wie Hyperämie und erhöhte Permeabilität der Uveagefäße, die ihrerseits durch Bakterientoxine, Entzündungsmediatoren und Stimulierung vasoaktiver, sensorischer Reflexe (N.trigeminus) zustandekommen, mitbeeinflußt.

12.8.2.1 Folgen der Uveitis

Die für die benachbarten, nichtuvealen Gewebe so bedeutsamen *visusstörenden Effekte der Uveitis* resultieren sowohl aus der intraokularen Ansammlung von Blut, Produkten der Entzündung, Trans- und Exsudaten als auch aus den in den okularen Binnenräumen ablaufenden Vorgängen der reaktiven Proliferation bzw. der Wundheilung.

Das ***Hypopyon*** entsteht durch im Kammerwasser absinkende Anhäufungen von degenerierten Granulozyten und Fibrin, was – dank des potenten, kammerwassereigenen Fibrinolysesystems – nur ausnahmsweise ein Glaukom zur Folge hat. Das ***Hyphaema***, eine im vorderen Augensegment abgesackte Einblutung, kann bei Insuffizienz der direkten Ausschwemmung via intraskleralen Plexus venosus, mangelhafter Hämolyse und Phagozytose zum Glaukom führen. Die ***Irisatrophie*** kann Folgezustand einer massiven, nekrotisierenden Uveitis anterior sein, während die durch subretinales Trans- oder Exsudat ausgelöste ***Ablatio retinae*** häufig aus einer diffusen Uveitis posterior resultiert. Die als Effekte der Exsudatorganisation zwischen Iris und Hornhaut auftretenden ***vorderen Synechien*** sind weniger häufig als die sich aus demselben Grund zwischen Iris und Linse bildenden ***hinteren Synechien***. Bei der kompletten, zirkulären hinteren Synechierung im Bereich des Pupillarsaums, der ***Seclusio pupillae***, kann sich die Iris, dem Kammerwasserdruck folgend, im Sinne der ***Iris bombé-Konfiguration*** vorwölben. Organisationsbedingte, interpupilläre, bindegewebige Membranbildung führt neben der Synechierung gleichzeitig zum Pupillarblock, d.h. zur ***Occlusio pupillae***. Alle genannten Synechierungsformen kommen als *Glaukom-Ursachen* in Betracht. Die bei der Organisation von Vorderkammerblutungen und bei chronischer Uveitis anterior auf der Irisoberfläche proliferierenden fibrovaskulären Membranen können unter dem Bilde der ***Rubeosis iridis*** durch transpupilläre Proliferation mit ***Occlusio pupillae*** sowie durch ein, die Kammerbucht bis hin zum Hornhautendothel überbrückendes Wachstum einen ***Glaukom-Status*** provozieren. Rubeosis-bedingte Kontrakturen der Irisvorderfläche führen zu Einrollen des Pupillarsaumes entweder nach innen als ***Entropium uveae*** oder nach außen als ***Ektropium uveae***. Die *Rubeosis iridis* ist irreversibel und progressiv. Die ***Cataracta complicata*** ist ein häufiger, auf Diffusionsstörung beruhender Begleiteffekt der Uveitis anterior. Ferner lagern sich in uveo-retinalem Narbengewebe gerne Blutpigmente, Cholesterin und Kalk ab.

Die Organisation von Trans- und Exsudaten in der hinteren Augenkammer und im Glaskörper wird durch fibrovaskuläre, sog. ***zyklitische Membranen*** bewältigt, die dem hinteren Ziliarkörperstroma sowie -epithel entstammen und entlang der Glaskörperbasis proliferierend die gesamte retrolentale Region überbrücken können. Narbige Kontraktionen zyklitischer Membranen im Bereich der Ora serrata können durch Traktion oder Lochbildung zur ***Ablatio retinae*** führen. Die als Effekt der Uveitis posterior im Glaskörperkortex und damit präretinal auftretende reaktive Proliferation von Gefäßbindegewebe birgt bei narbiger Kontraktion ebenfalls das Risiko der *traktionsbedingten Ablatio retinae* in sich.

Die ***Phthisis bulbi*** stellt den durch Atrophie und Schrumpfung geprägten Endzustand des Auges nach ausgeprägten Entzündungen (Panuveitis, Endophthalmitis) oder Traumatisierung dar. Sie ist, neben Schrumpfung, vor allem durch Desorganisation und narbigen Ersatz der intraokularen Inhalte charakterisiert (Architekturstörung). Die in phthitischen Bulbi vorkommenden kartilaginären und z.T. markführenden ossären Metaplasien gehen vom uvealen Gewebe sowie vom retinalen Pigmentepithel aus. Die Sklera ist dabei schrumpfungsbedingt verdickt und unregelmäßig konfiguriert.

12.8.2.2 Immunvermittelte Uveitiden

Abgesehen von den rasant-progressiven, exo- und endogenen bakteriellen Uveitiden, sind so gut wie alle Uveitiden durch eine die initial nichtspezifische Entzündung überlagernde Komponente charakterisiert. Die klinisch progressiv oder periodisch-rezidivierend verlaufenden, immunvermittelten Uveitiden sind qualitativ im allgemeinen nichteitrig, chronisch, d.h. durch diffuse und gefäßorientierte lympho-plasmazelluläre, histologisch persistierende Infiltration der Uvea gekennzeichnet. Den Formen bekannter Ätiologie stehen idiopathische (Hund, Katze) gegenüber.

Die für das ***Uveitis-Vitiligo-Poliosis-Syndrom*** *(Vogt-Koyanagi-Harada-Syndrom)* des **Hundes** typische bilaterale *Panuveitis* wird in erster Linie beim Akita-Inu, selten beim Sibirischen Husky und beim Samojeden und nur ausnahmsweise bei anderen Hunderassen beobachtet. Das durch Depigmentierung besonders der Kopfhaut (*Poliosis, Vitiligo*) und des uvealen Traktes geprägte Krankheitsbild erfüllt, abgesehen von der beim Hund fehlenden Enzephalitis, die diagnostischen Kriterien des zuerst beim **Menschen** (Asiaten) beschriebenen Syndroms. Daß das Syndrom bevorzugt beim Akita-Inu auftritt ist, vergleichend gesehen, eine interessante, aber bislang ungeklärte Analogie. Histologisch ist die Panuveitis granulomatös-destruktiv, d.h. Makrophagen, Plasmazellen, Lymphozyten und einzelne neutrophile Granulozyten sind sequestrierend um Melanozyten und freie Melaningranula der Uvea und des retinalen Pigmentepithels zentriert. Die diffus degene-

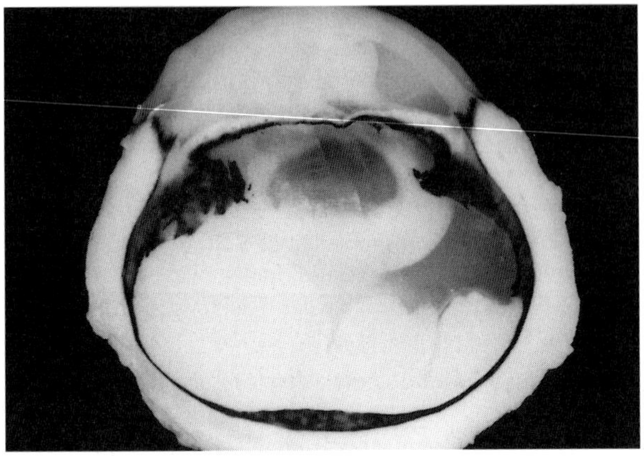

Abb. 12.3 *Okulare Manifestation der FIP.* Exsudat in der vorderen Augenkammer (sekundäres Offenwinkel-Glaukom), exsudative Amotio retinae.

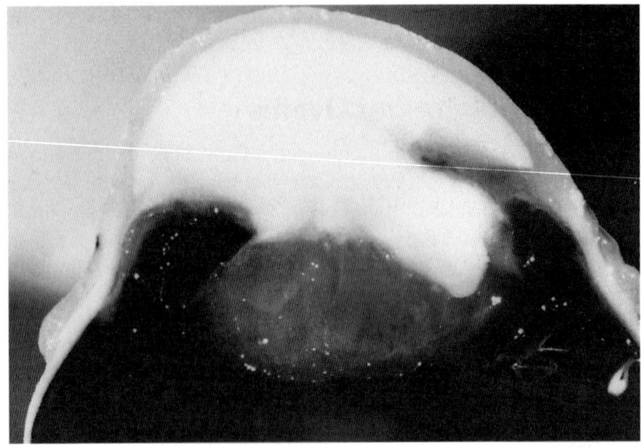

Abb. 12.4 Linseninduzierte *Uveitis anterior* nach transkornealer Läsion der Linsenkapsel mit Exsudation in das vordere Augensegment (sekundäres Offenwinkel-Glaukom), Kaninchen.

rierte Netzhaut ist exsudationsbedingt abgehoben. Kausalpathogenetisch scheint die granulomatöse Panuveitis auf einer autoimmunen Reaktion gegen Melanin oder Oberflächenrezeptoren der Melanozyten mit deren nachfolgender Zerstörung zu beruhen (s. S. 494).

Bei der spontanen ***Hepatitis contagiosa canis*** (*kanines Adenovirus Typ 1*), aber auch postvakzinal kann durch virale Replikation in Hornhautendothelzellen und uvealen Phagozyten eine milde *nichteitrige Uveitis anterior* sowie ein endothelschadenbedingtes Hornhautödem (*Blue Eye*) entstehen. Klinisch ist diese auf Persistieren eines viralen Antigens beruhende Uveitis i. d. R. bedeutungslos. In degenerierten Hornhautendothelzellen können intranukleäre Einschlußkörperchen vom Adenovirus-Typ nachweisbar sein.

Die sog. ***idiopathische Uveitis anterior*** *mit Glaukom-Status* kommt beim **Hund** und häufiger bei der **Katze** vor. Die Ätiologie dieser lympho-plasmazallulären Entzündung ist unklar. Histologisch charakteristisch sind breite, perivaskuläre lympho-plasmazelluläre Infiltrate in der *Uvea anterior mit Filtrationswinkel,* die, vor allem bei der Katze, lymphoid-nodulär proliferieren. Perivaskuläre Rundzellinfiltrate können sich auch in der Uvea posterior und – diskreter – in der Netzhaut vorfinden. Das auf das Auge beschränkte Krankheitsbild scheint immunvermittelt zu sein, wobei allerdings die antigenetische Identifikation noch aussteht. Bei der Katze sprechen serologische Befunde für eine Erregerbeteiligung (FIV, Toxoplasmose), wobei okulare Manifestationen von FIP oder Leukose differentialdiagnostisch abgegrenzt werden müssen.

Die solitäre oder im Rahmen eines systemischen Infektionsgeschehens als ***okulare Manifestation der FIP*** (*Corona-Virus*) auftretende *diffuse Panuveitis* ist ebenfalls als immunvermittelt zu verstehen und hat ihren Schwerpunkt in der *Uvea anterior.* Qualitativ ist die Uveitis gemischtzellig-exsudativ vom Typus eines Pyogranuloms (s. S. 122) mit fibrinreichem Exsudat im vorderen Augensegment, wobei in der vorderen Uvea neutrophile Granulozyten und in der hinteren Uvea Lymphozyten und Plasmazellen überwiegen. In der meist exsudativ abgehobenen Netzhaut finden sich perivaskuläre Rundzellinfiltrate und immunreaktive, phlebitische Gefäßnekrosen (Abb.12.3). Dem Hornhautendothel haften als keratitische Präzipitate aus dem Exsudat stammende Makrophagen und Granulozyten an, und aus einer leukozytären Infiltration des Hornhautendothels (Endothelialitis) kann ein stromales Hornhautödem resultieren.

Die ***linseninduzierte Uveitis anterior*** (*Endophthalmitis phakoanaphylactica*) entsteht als immunologische Reaktion auf freigesetztes Linsenprotein nach Linsenkapselruptur. Sie wird am häufigsten bei **Hund**, **Katze**, **Kaninchen** und **Käfigvögeln** (*Psittaciden spp.*) gesehen und klinisch nicht immer als solche erkannt (Abb.12.4). Posttraumatisch ist die kapselbefreite, kataraktöse Linsenfront von neutrophilen Granulozyten, die perilentikuläre Region von neutrophilen Granulozyten sowie sog. PAS-positiven Linsenmakrophagen und die Uvea anterior und intermedia von Lymphozyten infiltriert. Das die Kammerbucht verlegende Entzündungsmaterial bedingt ein linseninduziertes, phakolytisches Offenwinkel-Glaukom. Diesem Status schließen sich perilentikulär proliferative, zu komplexer Vernarbung des vorderen Augensegmentes führende Wundheilungvorgänge einschließlich fibröser Transdifferenzierung des Linsenepithels mit völligem Transparenzverlust und fortbestehendem Glaukom an. Im Falle der Nichtenukleation kommt es i.d.R. zur *Phthisis bulbi*. Die Immunpathogenese der *linseninduzierten Uveitis* basiert darauf, daß das freigesetzte Linsenantigen die T-Zell-Toleranz der Milz überfordert. Durch Mobilisierung linsensensitiver Lymphozyten in Uvea anterior und intermedia wird eine perilentikuläre, gemischtzellige, später fibrosierende Entzündung initiiert, ein Circulus vitiosus, der klinisch nur durch die frühe Exstirpation des lentikulären Trümmerfeldes bulbuserhaltend unterbrochen werden kann.

Die ***Uveitis anterior beim bösartigen Katarrhalfieber*** des **Rindes** (s. S. 135) ist, entsprechend der systemischen Vaskulopathie durch Gefäßwandnekrosen und lymphozytäre Panvaskulitiden, die zudem auch in Uvea posterior, Netzhaut, Optikushüllen, Sclera anterior und der vaskularisierten Hornhautperipherie vorkommen können, geprägt. Zudem findet sich zell- und fibrinreiches Exsudat im vorderen Augensegment, und Hornhautödeme stellen sich via periphere Vaskularisation oder lymphozytischen Endothelschaden ein. Daß die uveitische Vaskulitis, analog den Vaskulitiden in den übrigen Geweben, nicht unmittelbar virusinduziert ist, sondern vielmehr durch Immunkomplexe vermittelt wird, gilt als wahrscheinlich (s. S. 38).

Die ***equine rezidivierende Uveitis*** (ERU; früher *Mondblindheit* oder *periodische Augenentzündung*) ist die weltweit am häufigsten vorkommende und zum Verlust des Visus führende Augenkrankheit der **Equiden**. Qualitativ ist die i.d.R. unilateral auftretende und unregelmäßig rezidivierende *Uveitis anterior* zunächst exsudativ-eitrig mit zell- und fibrinreichem Exsudat im vorderen Augensegment. Relativ früh wird das Entzündungsgeschehen jedoch von vorwiegend perivaskulären lympho-plasmazellulären Infiltraten dominiert, die persistieren und lymphoidnodulär proliferieren können. Im Verlauf weiterer Entzündungsschübe zeigen sich die Rundzellinfiltrate auch in der *Uvea posterior*, in der *Netzhaut* (Chorioretinitis) und im *Fasciculus opticus*. Nach periodisch-rezidivierendem Verlauf kommt es zur chronisch-nichteitrigen *Panuveitis* mit exsudativ- endophthalmitischer Komponente und Folgeveränderungen wie stromaler Keratitis, Synechierungen, Sekundär-Glaukom (selten), Luxatio lentis, Cataracta complicata, Ablatio retinae, chorioretinaler gliöser Vernarbung und Glaskörpertrübungen. Im hyalinisierten inneren, nichtpigmentierten Ziliarepithel finden sich ultrastrukturell stäbchenförmige, kristalloide, intrazytoplasmatische Einschlüsse, deren pathogenetische Bedeutung offen ist. Das Endstadium der ERU ist durch progressiven Visusverlust und organisationsbedingte Atrophie mit Schrumpfung (Phthisis) geprägt. Entsprechend aktueller Hypothese soll die ERU aus einer verzögerten Hypersensitivitätsreaktion mit Persistenz immunologisch sensibilisierter Zellen, die bei erneuter systemischer Antigenexposition reagieren, entstehen. Die in diesem Zusammenhang am häufigsten zitierten Antigene sind *Leptospiren,* insbesondere die Leptospirenserovare *grippotyphosa, bratislava* und *copenhagen*, ferner abgestorbene Mikrofilarien von *Onchocerca cervicalis*.

12.8.2.3 Bakterielle Uveitiden (Endophthalmitiden)

Diese entstehen einerseits exogen uni- oder bilateral durch Verletzung des vorderen Augensegmentes, andererseits endogen bilateral auf hämatogenem bzw. embolisch-metastatischem Wege. Dementsprechend ist die exogene Endophthalmitis bevorzugt im vorderen Augenabschnitt (Iris-Ziliarkörper), die endogene dagegen eher im hinteren Augensegment (Ziliarkörper, Uvea intermedia und posterior) angesiedelt. Das Keimspektrum ist variabel. Theoretisch kommt jeder zu lokaler Infektion, Bakteriämie, Sepsis oder Septikämie fähige Erreger infrage. Pyogene Keime wie *Streptokokken*, *Staphylokokken* oder *Meningokokken* und *coliforme Keime* stehen im Vordergrund und spielen insbesondere bei den neonatalen Endophthalmitisformen von **Fohlen** und **Kalb** eine wesentliche Rolle.

Die ***okulare Manifestation der generalisierten Tuberkulose*** (*Mycobacterium bovis*) ist für die **Nutztiere** eher von historischer Bedeutung. Die bei der **Katze** als tuberkulöser Primärinfekt vorkommende ***Keratokonjunktivitis*** (*Mycobacterium tuberculosis*) ist insgesamt selten. Dagegen ist die okulare Manifestation der generalisierten Tuberkulose (28 verschiedene *Mycobacterium avium*-Serovare) bei einigen **Vogelarten**, insbesondere bei „Slumtauben“ nach wie vor aktuell. Zudem werden bei Vögeln wie bei der Katze auch durch *Mycobacterium tuberculosis* verursachte okulare Primärinfekte beobachtet. Das histologische Bild ist mit dem der Tuberkulose anderer Organe identisch.

Die ***okulare Manifestation der zerebralen Listeriose*** bei **Oviden** und **Boviden** äußert sich in einer unilateralen eitrigen Endophthalmitis mit abszedierender und ulzerierender (Hornhaut) Komponente. Ihr Endergebnis kann die Phthisis bulbi sein. Der Fasciculus opticus ist, ebenso wie das primäre optische Zentrum im Corpus geniculatum laterale, nicht beteiligt. Wenngleich die Pathogenese unklar ist, kommt grundsätzlich eine Erregerausbreitung vom Mittelhirn via N. oculomotorius in Betracht.

Bei der ***infektiösen septikämisch-thrombosierenden Meningoenzephalomyelitis*** (ISTME) des **Rindes** zeigt sich die Augenbeteiligung in einer fokalen eitrigen *Uveitis posterior* (Chorioretinitis). Im übrigen entsprechen die charakteristischen histologischen Veränderungen den auf S. 404 beschriebenen ZNS-Befunden. Vergleichbares gilt auch für die *diffuse fibrinös-eitrige Panuveitis* bei der ***Coli-Septikämie*** des **Kalbes** (s. S. 403).

Schließlich kann beim **Hund** durch *Brucella canis* eine nichteitrige, lympho-plasmazelluläre, möglicherweise immunvermittelte *Endophthalmitis* ausgelöst werden, die gewisse morphologische Übereinstimmungen mit der equinen rezidivierenden Uveitis erkennen läßt.

12.8.2.4 Mykotische Uveitiden (Endophthalmitiden)

Die vor allem bei **Hund** und **Katze** bekannte okulare (bilaterale) Beteiligung an Systemmykosen erfolgt i. d. R. hämatogen-uveal und steht kausalpathogenetisch unter Umständen mit systemischen Glukokortikoidgaben in Verbindung. Auch mangelnde Immunkompetenz (FIV) kann Auslöser okularer Mitbeteiligung an generalisierten Infektionen durch fakultativ pathogene bzw. saprophytäre Pilze, Hefen oder Algen sein.

Die ***okulare Manifestation der Aspergillose*** (*Aspergillus fumigatus*) zeigt sich unter dem Bilde der embolisch-metastatischen Endophthalmitis und kommt vor allem bei **Vögeln** vor. Dem aeroben Wachstum der Aspergillus- und anderer Schimmelpilzarten (*Curvularia spp.*) entsprechend, können sich auch örtliche Infektionen der freien Augenoberfläche, wie sie bei **Reptilien**, **Vögeln**, **Kaninchen** und **Pferd** vorkommen, einstellen. Bei Vorliegen typischer Aspergillome mit septierten, dichotom verzweigten Hyphen ist die Diagnose histologisch einfach. Vergleichbares gilt für die bei den Haustieren seltene ***Geotrichose*** (*Geotrichum candidum*), bei der mikroskopisch sowohl septierte Hyphen mit dichotomer Verzweigung als auch Arthrosporen in sog. Schaumzellgranulomen nachzuweisen sind.

Die ***okulare Manifestation der Blastomykose*** (*Blastomyces dermatitidis*) geht mit einer *diffusen, granulomatösen, teils eitrigen Chorioretinitis* (*Endophthalmitis*) sowie Exsudatablatio und Optikusbeteiligung einher. Sie betrifft vor allem **Hund** und **Katze**. Diagnostisch entscheidend ist der histologische Nachweis freier oder phagozytierter, sphärischer bis ovaler, dickwandiger Blastomyces-Zellen, die asymmetrische Sprossungen (budding) aufweisen können. Transsklerale Progression der Uveitis kann zu Panophthalmitis und orbitaler Cellulitis führen.

Die extrem seltene ***okulare Manifestation der Kokzidioidomykose*** (*Coccidioides immitis*) führt zu einer *teils granulomatösen, teils eitrigen Uveitis*. Granulozytäre Emigrationen sind insbesondere um reife, platzende, ihre Endosporen freigebende Sphaerula ausgeprägt, während in der Umgebung reifer Endosporen die granulomatöse Komponente dominiert. Der weitere Entzündungsverlauf ist destruktiv-progressiv und führt zur eitrigen Panophthalmitis.

Bei der vor allem **Hund** und **Katze** betreffenden ***okularen Manifestation der Histoplasmose*** (*Histoplasma capsulatum*) zeigt der Erreger besondere Affinität zum Makrophagensystem. Die Veränderungen beschränken sich unter dem Bilde einer *diffusen, rundzelligen, wenig destruktiven Panuveitis* auf die Aderhaut. In geblähten Makrophagen finden sich Erreger in Form zahlreicher runder bis eiförmiger Körperchen mit einem PAS-positiven, kapselartigen Hof. Entzündungseffekte wie Exsudatablatio, Glaskörpertrübung oder Optikusmeningitis kommen vor.

Die durch asporogene Hefen der Gattung *Candida* induzierten ***granulomatösen Endophthalmitiden*** mit Bildung von Pseudomyzelien und phagozytierten Sproßzellen betreffen vor allem **Hund**, **Katze** und **Kaninchen**.

Die vor allem bei der **Katze** bekannte ***okulare Manifestation der Kryptokokkose*** (*Cryptococcus neoformans*) geht mit Veränderungen an Netzhaut, Uvea posterior und Fasciculus opticus einher. Sie entsteht hämatogen oder durch Ausbreitung vom ZNS über den Fasciculus opticus. Die kugelförmigen, von einer mucopolysaccharidhaltigen Kapsel umgebenen und sich durch unilaterale Sprossung vermehrenden Hefezellen zerstören das okulare Gewebe durch fermentativen Abbau, die granulomatöse Reaktion ist gering.

Die beim **Hund** im Verlauf der disseminierten, primär enteralen ***Protothekose*** (*Prototheca zopfii* = eine chlorophyllfreie, einzellige, saprophytäre Alge) zu beobachtenden bilateralen Augenveränderungen bestehen in einer *gemischtzelligen* bis *pyogranulomatösen Panuveitis* mit Exsudatablatio, Optikusbeteiligung und Glaskörpertrübung. Die im Entzündungsgebiet phagozytiert oder frei vorliegenden sphärisch bis oval konfigurierten Erreger besitzen eine PAS-positive, argyrophile, hyaline Zellmembran, granuliertes, basophiles Zytoplasma und einen zentral liegenden Kern. Da die Reproduktion der Erreger bei unregelmäßiger Kern- und Zytoplasmaspaltung über Endosporulation erfolgt, können zwischen Ader- und Netzhaut sowie im Glaskörper sowohl Prototheken mit zahlreichen Endosporen als auch rupturierte, winzige Erregerrepliken entlassende Mutterzellen angetroffen werden.

12.8.3 Glaukom

Der klinische Sammelbegriff *Glaukom* ist durch eine permanente Erhöhung des intraokularen Gewebedruckes und die daraus resultierenden, den Visus gefährdenden

Strukturschäden bzw. *Glaukomeffekte* an sensorischer Netzhaut, Papilla optica und Fasciculus opticus charakterisiert. Glaukome werden am häufigsten bei Klein- und Heimtieren (**Hund**, **Katze**, **Kaninchen**, **Meerschweinchen**), sporadisch bei **Pferd** und **Rind** und selten bei anderen Tierspezies (**Vögeln**, **Fischen**) gesehen. Tritt die Drucksteigerung ohne vorausgegangene intraokulare Erkrankung auf, handelt es sich um ein ***Primär-Glaukom***, dem i.d.R., und am häufigsten beim Hund vorkommend, eine Entwicklungsstörung des Filtrationswinkels zugrundeliegt. Ist die Drucksteigerung Folgezustand einer vorausgegangenen Augenerkrankung, hier insbesondere einer Uveitis anterior oder einer Tumorproliferation, spricht man vom ***Sekundär-Glaukom***. Für die Pathogenese des Glaukoms sind in jedem Fall die Veränderungen im Filtrationswinkelgebiet maßgebend.

Der lateral von der Sklera, in der Tiefe vom Ziliarmuskel und medial vom Irisstroma begrenzte **Filtrationswinkel** besteht aus einer zirkulär den gesamten Bulbus umlaufenden Schicht siebförmig perforierten Mesenchyms (*Spongium anguli iridocornealis*), das nach außen vom Lig. pectinatum, einer zwischen Membrana DESCEMET und Iriswurzel verlaufenden, fenestrierten und endothelbedeckten, kollagenen Struktureinheit begrenzt ist. Das unter Mitwirkung von Karboanhydrase vom inneren, nichtpigmentierten Ziliarkörperepithel kontinuierlich in die hintere Augenkammer sezernierte Kammerwasser, das einen geringeren Protein- und Zucker- aber höheren Ascorbinsäuregehalt als Serum aufweist, gelangt durch die Pupille in die vordere Augenkammer. Von dort erreicht es über das Lig. pectinatum den Filtrationswinkel, um über den tiefen intraskleralen Plexus venosus Anschluß an den allgemeinen venösen Keislauf zu gewinnen. Unvollständige Entwicklung oder erworbene Verlegung dieser den Abfluß des Kammerwassers regulierenden Strukturen kann, abhängig vom Ausmaß der Blockade, ein Glaukom provozieren.

12.8.3.1 Das Primär-Glaukom

Dem Primär-Glaukom, wie es klinisch am häufigsten beim **Hund** beoachtet wird, liegt i.d.R. eine Fehldifferenzierung von Teilstrukturen des Filtrationswinkels im Sinn der ***Goniodysgenesie*** zugrunde. Eine Ausnahme hiervon ist das beim Beagle vorkommende primäre Offenwinkel-Glaukom, bei dem ein die Drucksteigerung erklärendes morphologisches Substrat fehlt. Zwei Formen der Goniodysgenesie sind bekannt. Die häufigste ist die durch ***Dysplasie des Lig. pectinatum*** bedingte, bei der das den Filtrationswinkel überbrückende Band breiter als normal angelegt und zudem unvollständig perforiert ist. Durch diese Dysplasie ausgelöste bilaterale, primäre Offenwinkel-Glaukome sind als vermutlich hereditäre Leiden bei einigen Hunderassen (Bouvier des Flandres, Basset, Amerikanischer Cocker-Spaniel, Dandy-Dinmont-Terrier, Husky, Samojede), aber auch bei Mischlingshunden bekannt. Die zweite Form der *Goniodysgenesie* ist durch ***Reifungsstörungen des Spongium anguli iridocornealis*** bedingt, d.h. der Filtrationswinkel ist – bei offener Kammerbucht – durch Ausfüllung mit primitivem uvealen Mesenchym primär blockiert. Kombinationen mit *Irishyperplasie* oder mesenchymaler *Dysgenesie des vorderen Augensegmentes* kommen vor.

12.8.3.2 Das Sekundär-Glaukom

Die weitaus häufigeren Sekundär-Glaukome sind i.d.R. Folgezustand vorderer Synechierungen, wie sie z.B. bei *Uveitis anterior* oder *Irisprolaps* nach *Ulkusruptur* vorkommen. Hintere Synechierungen mit und ohne Bedeckung der Linse durch fibrovaskuläre, adhäsive Membranen (*Occlusio* und *Seclusio pupillae* = *Iris bombé-Konfiguration)* können als Folgeprodukt einer Uveitis anterior, Endophthalmitis oder Einblutung ebenfalls ein Sekundär-Glaukom auslösen. In der Uvea anterior lokalisierte Tumoren kommen vor allem bei **Hund** und **Katze** als Glaukomursache in Betracht (Abb.12.6 bis 10). Bei dem i.d.R. posttraumatischen *Hyphaema* kann ein Sekundär-Glaukom sowohl durch direkte Verlegung des Filtrationswinkels in Form eines ***hämorrhagischen Glaukoms*** als auch durch Ausbildung einer *Rubeosis iridis* provoziert werden. Als weitere, den Filtrationswinkel blockierende Ursachen kommen phagozytiertes Linsenmaterial mit Bildung des ***phakolytischen Glaukoms*** (Abb.12.4), Entzündungsprodukte bei Uveitis anterior mit Bildung des ***makrophagozytären Glaukoms*** (Abb.12.3) sowie frei zirkulierende Tumormelanozyten, etwa mit Bildung des ***melanomalytischen Glaukoms*** vor. Eine nach vorne luxierte Linse kann einen Glaukom-Status dadurch bedingen, daß der Glaskörper die Pupille verschließt, eine Uveitis anterior ausgelöst oder die Iris gegen die Hornhaut gedrängt wird. Kleine, zur erblichen Luxatio lentis neigende **Hunde**, hier insbesondere Terrier (Fox-, Sealyham- und Cairn-Terrier), weisen ein hohes Glaukomrisiko auf.

12.8.3.3 Glaukomeffekte

Persistierende Glaukome schädigen alle okularen Struktureinheiten durch Überdehnung und konsekutive Atrophie. Die durch Ausweitung aller Wandschichten primär auffällige, als ***Hydrophthalmus*** bezeichnete Vergrößerung des Auges tritt besonders bei Tieren mit dünner Sklera (**Katze**, **Nager**) auf. Die Hornhaut neigt durch druckbedingtes Einsickern von Kammerwasser zum diffusen ***Stromaödem*** mit Neovaskularisation und reaktiver Fibrosierung. Die Kontinuität der Membrana DESCEMET kann insbesondere beim **Pferd** durch Überdehnungsrisse unterbrochen sein.

Die über dem vergrößerten Bulbus gestörte Lidfunktion führt zur ***Expositionskeratitis*** (*Xerosis corneae, Hornhautulkus*). Iris und Ziliarkörper atrophieren, so daß die Fixation der durch Diffusionsstörung eingetrübten Linse bis hin zum ***Linsenschlottern*** bzw. einer ***Luxatio lentis*** überdehnt sein kann. Die den Visus störende glaukomatöse, innere ***Netzhautatrophie*** beginnt an der Nervenfaser- und Ganglienzellschicht (3. Neuron) und ist durch variierenden Untergang von Nervenfasern und Ganglienzellen geprägt. Endzustand kann die gliöse, von Melanophagen infiltrierte Vernarbung der Netzhaut sein. Die bei **Katze** und **Kaninchen** pathognomonische ***Exkavation der Papilla optica*** (Tafel XXIV A) ist Folge der druckbedingten Auswärtswölbung der Lamina cribrosa und trägt durch Einengung der axonalen und vaskulären Passage vermutlich zur konsekutiven ***Atrophie des Fasciculus opticus*** (SCHNABELsche Kavernen) bei. Ob die glaukomatöse Netzhautatrophie auf retinaler Ischämie oder einer Störung des axoplasmatischen Fließgleichgewichtes via Fasciculus opticus beruht, ist unklar.

12.9 Retina

Entwicklungsgeschichtlich differenziert sich das innere Blatt des Augenbechers zum Stratum nervosum retinae, das äußere zum einschichtigen, hexagonalen, retinalen Pigmentepithel (RPE), beide zusammen bilden die Pars optica retinae. Nur der fast bis zur Ora reichende hintere Teil hat als sensorische Netzhaut optische Funktion. Der vordere Teil, die Pars caeca retinae, bedeckt als äußere, pigmentierte Epithellage die Rückseite von Ziliarkörper und Iris und als innere, nichtpigmentierte Epithellage lediglich den Ziliarkörper. Das RPE synthetisiert Melanin, das über dem Tapetum lucidum und bei Albinos quantitativ reduziert ist oder fehlt. Weiterhin ist das RPE an der Synthese der proteoglykanreichen Matrix der Terminalstrukturen der Photorezeptoren beteiligt. Neben der Ernährung der Photorezeptoren ist das RPE außerdem für die Phagozytose und enzymatische Degradation verbrauchter Terminalstrukturen der Photorezeptoren verantwortlich, was zu einer lebenslangen intrazellulären Speicherung von Lipopigmenten führt. Zudem absorbiert das RPE, die Photorezeptoren schützend, Licht und nimmt am Vitamin A-Rhodopsin-Zyklus teil. Das in drei Neurone gegliederte Stratum nervosum retinae ist von filigraner Struktur und setzt sich von außen nach innen aus der Schicht der Stäbchen und Zapfen, d.h. den Photorezeptoren, und den zwischen einer äußeren und inneren Grenzmembran eingeschlossenen Lagen der äußeren Körnerschicht, im weiteren der äußeren plexiformen Schicht (1. Neuron), der inneren Körnerschicht, der inneren plexiformen Schicht (2. Neuron) sowie der Ganglienzell- und Nervenfaserschicht (3. Neuron) zusammen. Die Fixpunkte der Netzhaut sind die optische Scheibe, d.h. die Papilla optica, und die Ora serrata. Im übrigen Verlauf ist die Netzhaut nur lose am RPE fixiert und wird vom Glaskörper in Position gehalten. Damit ist sie der Gefahr einer potentiellen Abhebung in besonderer Weise ausgesetzt. Der Stelle des deutlichsten Sehens, die an der menschlichen Netzhaut Macula lutea heißt, entspricht bei den Haussäugetieren die Area centralis rotunda. Sie dient dem binokularen Sehen. Daneben gibt es bei Pferd, Rind und Schwein, entsprechend der relativ geringen Sehfeldüberschneidung, noch eine dem monokularen Sehen dienende Area centralis striaeformis. Bei Hund und Katze enthält die Area centralis eine Fovea externa. Papageien, Greifvögel und Segler haben zwei, ein hohes Auflösungsvermögen garantierende Foveae in der Netzhaut.

Die Blutzufuhr erfolgt über die Aa. ophthalmica externa et interna, die sich in das ziliare System zur Versorgung von Uvea und äußeren Netzhautschichten aufteilen. Eine A. centralis retinae gibt es nur bei Primaten.

Obwohl die sensorische Netzhaut eine vorgeschobene Provinz des ZNS darstellt, ist sie nicht zwangsläufig an ZNS-Erkrankungen beteiligt. *Netzhautentzündungen* leiten sich i.d.R. von einer uvealen Ausbreitung im Sinne der Chorioretinitis her, können jedoch, insbesondere als infektionsbedingte Formen, auch neurogen entstehen. *Netzhautdegenerationen* ohne entzündliche Reaktion sind – insgesamt gesehen – häufiger als *Netzhautentzündungen*. Die nach Netzhautschädigung einsetzende Reparation erfolgt – analog den Vorgängen im ZNS – über astrozytäre Proliferation aus den inneren Netzhautschichten und zeigt sich final als gliöse Vernarbung oder als fibrogliale, präretinale Membran. Das retinale Pigmentepithel (RPE) reagiert auf Zellschädigung mit Hypertrophie, Hyperplasie oder fibröser Transdifferenzierung und beteiligt sich so an der Bildung subretinaler Membranen (z.B. bei Ablatio retinae). Die für atrophische Netzhautbezirke typische Pigmentierung ist Folge einer Melaninimmigration via RPE.

12.9.1 Degenerative Retinopathien

Netzhautdegenerationen und -atrophien kommen unter der Bezeichnung ***progressive retinale Atrophie = PRA*** am häufigsten als primäre hereditäre Leiden beim **Hund,** weniger häufig bei der **Katze** vor. Sekundär können sie bei allen Haustieren im Rahmen von Altern, diätetischen und metabolischen Störungen, Infektionen oder chemischen und physikalischen Traumata entstehen. Mit Ausnahme der glaukomatösen Netzhautdegeneration spielen sich alle erblichen wie erworbenen Retinopathien in der äußeren Netzhaut, d.h. in dem durch das RPE und die Schicht der Photorezeptoren markierten Grenzbereich ab. Stetig fortschreitend greift das degenerativ-atrophische Geschehen auf die gesamte sensorische Netzhaut über, um i.d.R. in einer fibroglialen Vernarbung zu enden.

12.9.1.1 Die progressive retinale Atrophie (PRA) des Hundes

Die PRA des Hundes ist bislang bei über 100 Rassen als autosomal-rezessives Erbleiden bekannt. Bei stets bilateralem Auftreten führt sie zum progressiven, final irreversiblen Visusverlust. Sie kann mit einer Katarakt kombiniert sein, dies insbesondere dann, wenn die bei der Degeneration terminaler Photorezeptorstrukturen freiwerdende Lipidperoxydase via Glaskörper die Linse schädigt. Entzündliche oder andere okulare Begleiterkrankungen fehlen.

Beim *Irish-Setter* basiert die PRA auf einer Dysplasie der Schicht der Photorezeptoren mit konsekutiver Atrophie der Stäbchen, der Zapfen sowie der äußeren Körnerschicht. Biochemischer Auslöser der Dysplasie ist ein ausgeprägter *Mangel an Phosphodiesterase*, die für die in den äußeren Netzhautschichten kontinuierlich ablaufende Hydrolyse zyklischen Guaninmonophosphats notwendig ist. Der dafür verantwortliche Basisdefekt ist in dem Gen lokalisiert, das für die außensegmentspezifische Phosphodiesterase codiert. Gleiches gilt für die PRA des *Schottischen Schäferhundes*.

Beim *Norwegischen Elchhund* beruht die PRA auf einer primären Entwicklungsstörung der Stäbchenzone des Photorezeptorverbundes, die durch Progression zu komplettem Untergang der Photorezeptoren und konsekutiver Atrophie aller weiteren Netzhautschichten bis hin zur inneren Körnerschicht führt. Endzustand ist meist die fibrogliale Vernarbung der gesamten sensorischen Netzhaut.

Beim *Kleinpudel* ist die PRA durch eine ätiologisch unklare Desorganisation und Fragmentierung der Membranscheiben der Stäbchenzone, zunächst in der zentralen, später der gesamten sensorischen Netzhaut geprägt und oft mit einer Katarakt kombiniert.

Der beim *Entlebucher Sennenhund* bekannten PRA liegt eine ätiologisch unklare Dysplasie der Photorezeptorenschicht zugrunde. Kombinationen mit vorderer Polkatarakt oder Glaukom sind bekannt.

Die beim *Alaskan Malamute* durch züchterische Selektion selten gewordene und vom biochemischen Defekt her unklare PRA zeichnet sich durch Desorganisation und Untergang der Zapfenzone aus. Das Nachtsehen ist erhalten.

12.9.1.2 Die zentrale progressive retinale Atrophie (CPRA) des Hundes

Die CPRA kommt sporadisch und bevorzugt bei *Retriever* und *Briard* vor. Die charakteristischen, primär im RPE angesiedelten dystrophischen Veränderungen resultieren aus einer gestörten Degradation verbrauchter Terminalstrukturen der Photorezeptoren, d.h. im dystrophischen RPE ist sowohl die Membran-Peroxydation als auch die Akkumulation von Lipopigment exzessiv. Die konsekutive Hypertrophie bzw. Hyperplasie des RPE löst zwangsläufig eine Degeneration der Außenglieder der Photorezeptoren aus, die fortschreitend in eine Atrophie der Photorezeptoren samt äußerer Körnerschicht übergeht. Ursächlich ist die Phagozytosestörung unklar, ein Defekt im Vitamin E-Metabolismus des RPE wird vermutet.

12.9.1.3 Die plötzlich erworbene retinale Atrophie (SARD) des Hundes

Für die SARD ist die „Sudden Acquired Degeneration" des äußeren Segments der Photorezeptoren pathognomonisch. Sie gleicht morphologisch der PRA und kommt bei erwachsenen oder älteren Hunden aller Rassen vor. Die Ätiologie ist unklar. Eine Koinzidenz der SARD mit Polyurie, Polydipsie, erhöhten Serumwerten für Cholesterin und alkalische Phosphatase sowie mit adrenalen Endokrinopathien ist auffällig. Die Fragen, ob die SARD durch Neurotoxine aus Futterzusätzen verursacht wird, Ausdruck okularer Manifestation der granulomatösen Meningoenzephalitis ist oder auf einem zytotoxischen Autoimmun-Phänomen beruht, sind ist bislang offen.

12.9.1.4 Die progressive retinale Atrophie (PRA) der Katze

Die PRA der Katze kommt in zwei Formen sowohl bei der EKH als auch bei Edelkatzen (*Perser-, Siam-* und *Abessinier-Katze*) vor. Die erste, autosomal-dominant vererbte Form zeichnet sich durch eine früh manifeste Dysplasie der Photorezeptorenschicht aus und gleicht morphologisch sowie vom biochemischen Defekt her der kaninen PRA. Die zweite, autosomal-rezessiv vererbte Form ist durch späte, sich erst im Erwachsenenalter manifestierende Degeneration der Terminalstrukturen der Stäbchen und noch später einsetzenden, diffusen Verlust ganzer Photorezeptoreinheiten charakterisiert.

12.9.1.5 Die zentrale retinale Atrophie der Katze (Taurin-Mangel-Retinopathie)

Dieses bei allen Katzenrassen bilateral im Bereich des tapetalen Fundus auftretende Leiden kann zum völligen Visusverlust führen. Formalpathogenetisch gesehen geht die Degeneration der Photorezeptorenschicht mit progressiver retinaler Atrophie von der Area centralis aus. Verursacht wird diese Form der Netzhautatrophie durch diätetischen Mangel an Taurin (Hundetrockenfutter), nachdem die Katze aufgrund des ihr fehlenden Enzyms *Cystein-Sulfinsäure-Decarboxylase* als einzige Haustierspezies nicht fähig ist, die für die Netzhautfunktion essentielle Aminosäure Taurin aus Cystein zu synthetisieren. Sie ist deshalb auf Taurinzufuhr mit der Nahrung angewiesen. Bei nur temporärem Taurinmangel bleibt die retinale Atrophie statisch, d.h. nichtprogredient (s. S. 22).

12.9.1.6 Die präsenile (zystoide) Degeneration der Netzhaut

Diese Retinopathie, die sich bei **Hund**, **Katze** und **Pferd** vom mittleren Alter an entwickeln kann, ist durch multiple, variierend große, zystoide Transformationen der inneren Schichten der peripheren Netzhaut (2. Neuron) geprägt. Die zystoiden Gebilde gelten als Risikofaktor, da sie nach Einreißen, d.h. *Retinoschisis* eine lochbedingte *Amotio retinae* auslösen können.

12.9.1.7 Netzhautveränderungen bei hereditären Speicherkrankheiten

Die als Teilbefund der autosomal-rezessiv vererbten ***Ceroid-Lipofuszinose*** bei **Mensch**, **Hund** (*Englischer Setter, Dalmatiner*), **Katze** (*EKH*), **Schaf** (*South Hampshire*) und **Rind** (*Devon, Beefmaster*) vorkommende progressive Netzhautdegeneration beruht auf einer membrangebundenen Akkumulation der Untereinheit c der *mitochondrialen ATP-Synthetase*, und zwar in den Terminalstrukturen der Photorezeptoren. Die trotz fehlender kovalenter Lipidbindung auch als Proteolipide bezeichneten pigmentierten Akkumulationen finden sich auch in Zellperikarya der Ganglienzellschicht sowie in bipolaren Nervenzellen (s. S. 370).

Die beim **Hund** (*Deutsch-Kurzhaar*) im Rahmen der ***GM2 Gangliosidose*** auftretende Netzhautdegeneration ist auf einen erblichen *Hexosaminidase-Mangel* zurückzuführen (s. S. 370).

Bei der **Katze** ist die retinale Manifestation der auch beim Menschen bekannten ***Mucopolysaccharidose Typ I*** (Morbus PFAUNDLER-HURLER) Ergebnis eines einfach-rezessiv vererbten Mangels an α-L-Iduronidase und beim ***Typ VI*** (Morbus MAROTEAUX-LAMY) eines Mangels an lysosomaler Arylsulfatase B, wodurch es zu extensiver, membrangebundener Akkumulation von Glykosaminoglykan und Lipid im RPE sowie zu Hornhauttrübung kommt. Die konsekutive, eine Desorientierung der Terminalstrukturen der Photorezeptoren auslösende Hypertrophie des RPE führt dennoch nicht zur echten Netzhautatrophie (s. S. 321).

Bei der ***α-Mannosidose***, der bei **Mensch**, **Rind** und **Perserkatze** ein autosomal-rezessiv vererbter *α-Mannosidase-Mangel* zugrunde liegt, ist die Netzhautdegeneration das Ergebnis lysosomaler Akkumulation nichtdegradierter Oligosaccharide (D-Mannose, 2-Azetamino-2-Desoxy-D-Glukose) sowie der Exkretion abnormaler Oligosaccharide in allen Zelltypen der sensorischen Netzhaut. Die ***β-Mannosidose***, ein bei **Menschen**, **Rind** (*Salers Cattle*) und nubischer **Ziege** dokumentiertes, autosomal-rezessives Erbleiden, beruht auf einer mangelhaften *β-Mannosidase-Aktivität* in Gewebe und Plasma. Die dabei entstehende Netzhautdegeneration resultiert aus der lysosomalen Akkumulation von Oligosacchariden in RPE, Photorezeptoren, innerer Körnerschicht und Ganglienzellschicht. Das histologische Äquivalent sind optisch leere, sphärische intrazytoplasmatische Vakuolen (s.S. 369).

12.9.1.8 Netzhautdegenerationen durch Lichteffekte

Licht- und wärmeinduzierte Netzhautschäden sind bei Haustieren selten. Den größten Effekt hat das sichtbare Spektrum von 400–550 nm. Tiere mit gering pigmentierter Aderhaut sowie auf Nachtsehen adaptierte Spezies reagieren, abhängig von Alter und Temperatur, am empfindlichsten auf Lichteffekte. Morphologisch gleicht der lichtinduzierte Netzhautschaden dem erblicher, diätetischer und toxischer Retinopathien. Die größte Schadwirkung ist bei unter kontinuierlicher Einstrahlung von ***Neonlicht*** gehaltenen **Hühnern**, **Nagern** und **Fischen** zu erwarten, wobei albinöse Nager und Tiefwasserfische am empfindlichsten reagieren. Wie das sichtbare Licht die Netzhaut schädigt, ist nicht eindeutig geklärt. Denkbar ist eine lichtinduzierte Oxydation der mehrfach ungesättigten, langkettigen Fettsäuren in den Membranscheiben der Stäbchen, wodurch freie, die Zellmembranen der Photorezeptoren schädigende Radikale entstehen und sich in den MÜLLERzellen gliafibrilläres, saures Protein (GFAP) akkumuliert.

12.9.1.9 Diätetische Retinopathien

Vitamin C-Mangel löst bei **Fischen** über Lichteinwirkung, d.h. durch Ausfall des antioxydativen Vitamineffektes Netzhautatrophie und Katarakt aus. Eine durch experimentellen ***Vitamin E-Mangel*** erzeugbare Retinopathie ist bei **Hund** und **Primaten** bekannt. Ihr morphologisches Substrat ist eine durch exzessive Akkumulation von Lipofuszin bedingte Hypertrophie des RPE mit konsekutiver Degeneration der Terminalstrukturen der Photorezeptoren. Durch ***Vitamin A-Mangel*** bedingte Retinopathien kommen gelegentlich bei über längere Zeit mangelernährten, wachsenden **Schweinen** und **Rindern** vor. Maternaler *Vitamin A-Mangel* führt bei Kalb und Ferkel über gestörtes ossäres „Remodeling“ zur Lumeneinengung des Foramen opticum und somit zu konsekutiver Ischämie oder Druckatrophie des Fasciculus opticus mit uni- oder bilateralem Visusverlust (Abb. 11.15). Chronischer *Vitamin A-Mangel* kann beim Rind eine Atrophie der Terminalstrukturen der Zapfen und damit Nachtblindheit zur Folge haben oder durch Atrophie der gesamten Photorezeptorschicht zur progressiven Netzhautatrophie führen. Dabei wird, pathogenetisch gesehen, nicht genügend Vitamin A über Retinen in Rhodopsin umgewandelt.

12.9.1.10 Toxische Retinopathien

Diese werden, außer durch Chemikalien und falsch dosierte bzw. applizierte Arzneimittel, vor allem durch Weidepflanzen verursacht. In England kommt bei adulten **Schafen,** seltener bei **Rindern** eine durch ***Adlerfarn*** (*Pteridium aquilinum*) ausgelöste, primär-zentrale, später diffus-progressive Netzhautatrophie vor. Histologisch ist das bilateral auftretende, wegen Mydriasis-bedingter Hyperreflexion des Tapetum als ***„Bright Blindness"*** bekannte Krankheitsbild durch Degeneration der Photorezeptoren mit konsekutiver Atrophie der übrigen Netzhautschichten charakterisiert. In Nordamerika ist Visusverlust, neben Verhaltens- und Lokomotionsstörungen, bei **Wiederkäuern** und **Pferd** Charakteristikum einer Vergiftung mit den als *„Locoweed"* bekannten *Pflanzen* ***Tragant*** (*Astragalus spp.*) und ***Spitzkiel*** (*Oxytropis spp.*), in Australien verursachen ***Schmetterlingsblütler*** (*Swainsona spp.*) sowie ein ***Blindgras*** genanntes Liliengewächs (*Stypandra spp.*) eine vergleichbare Symptomatik. Nach Ingestion von Astragalus spp. und Swainsona spp., die beide einen potenten Inhibitor lysosomaler Mannosidase (Indolizidin-Alkaloid) enthalten, erfolgt der Verlust des Visus über eine neuroviszerale, lysosomale, Mannosidose-analoge Speicherkrankheit, die sich histologisch als reversible Vakuolisierung neuronaler Perikarya sowie irreversible axonale Degeneration erweisen (s. S. 384). Das morphologische Substrat der Vergiftung mit *Stypandra spp.* besteht in diffuser Atrophie der Photorezeptoren, reaktiver Hyperplasie des RPE und axonaler Degeneration des Fasciculus opticus. Weltweit werden Störungen des Visus bei Weidetieren außerdem durch Aufnahme sog. ***Selen-Indikatorpflanzen*** hervorgerufen.

12.9.1.11 Die diabetische Retinopathie

Spontane diabetogene Angioretinopathien sind nur beim **Hund** bekannt und zudem selten, was mit der deutlich reduzierten Lebensdauer solchermaßen erkrankter Tiere zusammenhängt. Die Netzhautdegeneration ist dabei unmittelbare Folge der chorioretinal angesiedelten ***Mikrovaskulopathie*** (Mikroaneurysmen, Netzhautblutungen, reaktive Proliferation).

12.9.1.12 Hochdruckbedingte Retinopathien

Durch permanent erhöhten Blutdruck ausgelöste Retinopathien kommen bei **Hund** und **Katze** vor und sind vor allem mit renaler oder adrenaler Hypertonie (s. S. 34 u. S. 268) sowie mit der hypertrophischen Kardiomyopathie (s. S. 22) assoziiert. Das morphologische Substrat der *hypertensiven Retinopathie* setzt sich, histologisch betrachtet, aus uveo- und retino-arteriolären Mediahyperplasien, fibrinoiden Gefäßwandnekrosen, kapillärer und perivaskulärer Fibrosierung, fokalen Netzhautnekrosen, exsudativen Netzhautabhebungen, konsekutiver Atrophie der Photorezeptoren und Hypertrophie des RPE zusammen.

12.9.2 Retinitis

Solitäre Entzündungen der Netzhaut sind selten. I. d. R. stellt sich die Retinitis entweder als Teilbefund, so etwa als Mitbeteiligung an einer Uveitis posterior, einer retinalen Phlebitis bzw. Chorioretinitis, oder als Folgezustand einer endogenen, embolisch-metastatischen, oder exogenen, traumatisch ausgelösten Endophthalmitis ein. Im Verlauf einzelner bakterieller oder viraler Allgemeinerkrankungen kommen, analog den Entzündungen des uvealen Traktes, auch *isolierte Retinitiden* vor.

Bei der durch *Haemophilus somnus* verursachten ***thromboembolischen Meningoenzephalitis*** des **Rindes** (s.S. 404) tritt Visusverlust sowohl zentral durch Hirngewebsnekrose als auch durch retinale Blutungen, Thrombosen und progressive Nekrosen auf. Zerebrale und retinale Läsionen sind dabei identisch. Bei Überleben der Allgemeininfektion stellen sich durch Vernarbung chorioretinitischer Herde fibröse Adhäsionen ein. ***Streptokokkeninfektionen*** verursachen bei **Kalb** und **Ferkel**, neben Arthritis, Meningitis und neurogen fortgeleiteter Endophthalmitis, auch *isolierte Retinitiden*. Die Retinitis bei bakteriämisch verlaufender ***Pasteurellose*** ist bei **Haus-** und **Wildtieren** Teilbefund einer *Endophthalmitis*. Bei der ***Hundestaupe*** (s. S. 390) treten entzündliche und postentzündlich-degenerative Veränderungen der Netzhaut und des Fasciculus opticus auf, die insgesamt zur Zerstörung des optischen Septums mit Visusverlust führen. Ihr histologisches Äquivalent sind lympho-plasmazelluläre *Chorioretinitis* und *Optikusneuritis* sowie *Netzhautdegeneration* mit gliöser Vernarbung. In retinalen Ganglienzellen und Astrozyten sind intranukleäre und in Epithelzellen der Nickhaut intrazytoplasmatische Einschlußkörperchen nachweisbar. Bei der ***Schweinepest*** reagiert das Auge mit akuter *Retinitis*. Die neuralen Elemente der Netzhaut sind jedoch nur sekundär im Sinne einer *retinalen* und *faszikulären Gliose* betroffen.. Bei ***Teschener***

Krankheit und ***Talfan Disease*** (*Polioenzephalomyelitis enzootica suum;* s. S. 389) treten ebenfalls entzündliche, mit fokaler Gliose kombinierte Läsionen der Netzhaut auf. Weiterhin können virale Retinitiden mit histologisch analogen Veränderungen im ZNS bei ***Scrapie***, ***Tollwut***, ***Aujeszky*scher *Krankheit*** und ***Borna*** vorkommen (s.S. 389ff)

12.9.3 Ablösung der Netzhaut (Ablatio retinae)

Die Ablatio retinae stellt in ihren verschiedenen Formen keine pathologische Einheit, sondern vielmehr einen durch unterschiedliche Ursachen provozierten morphologischen Status dar. Sie entsteht, sobald sich sensorische Netzhaut und RPE voneinander trennen. Vergleichend werden zwei Grundformen der Ablatio unterschieden, nämlich die seltenere ***Ablatio mit Foramen*** bzw. ***rhegmatogene Ablatio*** und die häufigere ***Ablatio ohne Foramen*** bzw. ***nichtrhegmatogene Ablatio***. Bei ersterer wird die Netzhaut durch Flüssigkeit aus dem Glaskörperraum, die durch ein hufeisenförmiges oder rundes Netzhautloch in den subretinalen Raum eindringt, abgelöst. Netzhautlöcher entstehen durch Netzhautdegeneration, z.B. zystoide Degeneration, traumatische Insulte oder Traktionswirkung vitreo-retinaler organisatorischer Membranen und liegen i. d. R. äquatorial. Degenerative Verflüssigung des Glaskörpers (Syneresis) ist dabei ein promovierender Faktor. Bei der *nichtrhegmatogenen Ablatio* werden zwei prinzipiell verschiedene Mechanismen der Ablösung unterschieden, nämlich die *Ablatio durch Exsudat* oder *Transsudat* (Abb.12.3) und die *Ablatio durch Traktion*. Erstere entsteht durch subretinalen Austritt von Flüssigkeit aus der Uvea, z.B. bei Uveitis posterior, intraokularer Massenblutung oder Tumoren (Abb.12.5,6,11), letztere ist Folge einer Zugwirkung vitreo-retinaler organisatorischer Membranen.

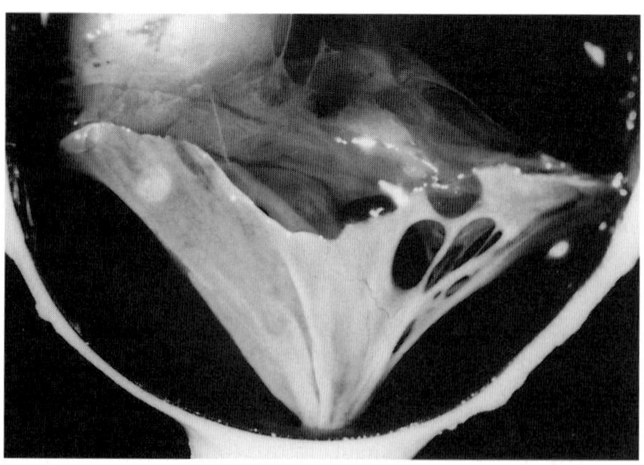

Abb. 12.5 Transsudative (hämorrhagische) *Ablatio retinae* mit sekundären (degenerativen) Rundlöchern und *Luxatio lentis* durch posttraumatische intraokulare Massenblutung, Hund.

Wesentlichste ***Folge der Netzhautablösung*** ist die Schwächung des biochemischen Zusammenspiels zwischen Photorezeptoren und RPE sowie der uvealen, für die äußeren Netzhautschichten bestimmten Blutzufuhr. Der Verlust der Terminalstrukturen der Photorezeptoren ist damit vorprogrammiert. Bei länger bestehender Ablösung atrophiert die gesamte Photorezeptorschicht, und das RPE hypertrophiert, ein Unterscheidungsmerkmal zur *artifiziellen Ablatio*. Weiteres Schicksal der abgehobenen Netzhaut sind *zystoide Degeneration* und *Atrophie* mit konsekutiver *gliöser Vernarbung*.

12.10 Papille und Fasciculus opticus

Der Fasciculus opticus (N. opticus) enthält die Axone der retinalen Ganglienzellen, ist feinanatomisch und in seinen pathologischen Reaktionen mit den Albi im ZNS und Rückenmark identisch und wird von gemeinsamen meningealen Hüllen (Dura mater, Arachnoidea, Pia mater) umschlossen. Als Teil des ZNS unterscheidet er sich damit deutlich vom Typus des peripheren Nerven, woraus sich auch seine Regenerationsunfähigkeit erklärt.

Veränderungen der *Papilla optica* verkörpern i.d.R. Folgezustände von Erkrankungen des Gesamtauges, des Fasciculus opticus oder des ZNS. Die durch Ödem und perivaskuläre Infiltrate charakterisierte ***Papillitis*** kann isoliert oder im Zusammenhang mit *Retinitis* oder *Endophthalmitis* auftreten. Da der subarachnoidale Raum des Fasciculus opticus mit dem des ZNS kommuniziert, ist auch die Ausbreitung einer *zerebralen Meningitis* auf Optikusscheide *(Perifaszikulitis)* und Papille möglich. Andererseits kann im Verlauf einer Endophthalmitis eine *Ausbreitung* der Entzündung über die Optikushüllen zum ZNS hin stattfinden.

Nichtentzündliche Papillenödeme sind Ausdruck einer intrakraniellen Liquordrucksteigerung, wie sie bei Anwesenheit retrobulbärer Umfangsvermehrungen, intrakranieller Neoplasien oder bei Vitamin A-Mangel vorkommen.

Atrophie* und *Gliose des Fasciculus opticus stellen sich im Verlauf von Netzhautdegenerationen, intraokularer Entzündung, länger bestehendem Papillenödem, Wurmmittel- und anderen Vergiftungen sowie bei Glaukom oder nach Optikusfaszikulitis (Optikusneuritis) ein.

Die ***proliferative Optikusneuropathie des Pferdes*** ist eine seltene, ohne Visusstörung verlaufende Krankheit unklarer Genese. Ophthalmologisch zeigt sich eine graue Erhebung auf der Papilla optica, die histologisch aus mononukleären Zellen mit hyperchromatischen, exzentrisch liegenden Kernen und schaumig-eosinophilem, z.T. lipidhaltigem Zytoplasma besteht. Die Läsion ähnelt der Proliferation myelinbeladener Makrophagen, wie sie nach traumatischer oder ischämischer Schädigung des Fasciculus opticus auftritt.

Die ***toxische Optikusneuropathie des Rindes*** entsteht durch Ingestion von Wurmfarn (*Dryopteris filix mas*). Bei bilateralem Auftreten finden sich Veränderungen wie Untergang der Axone und Myelinscheiden des Fasciculus opticus (paraaxialer Status spongiosus), sub- und suprahyaloide Fundusblutungen, Papillenödem sowie progressive Degeneration retinaler Ganglienzellen. Die fallweise reversible Erkrankung kann durch Atrophie des Fasciculus opticus und der Netzhautperikarya mit Visusstörung enden. Degenerative Veränderungen des Fasciculus opticus werden beim Rind außerdem durch *Vitamin A-Mangel,* hier insbesondere beim **Kalb,** sowie durch Aufnahme hexachlorophenhaltiger *Anthelminthika* verursacht.

12.11 Orbita

Der Eingang der anteilig vom Splanchno- und Neurokranium geformten Orbita ist bei den Wiederkäuern und Equiden durch den Orbitaring rundum knöchern konturiert, während er bei den Karnivoren und beim Schwein dorsolateral offen und durch ein straffes Band (Lig. orbitale) sowie M. masseter und M. temporalis begrenzt ist. Abgesehen von den diversen Foramina, Fissuren und Aperturen für den Durchtritt von Gefäßen und Nerven verkörpert die Orbita einen geschlossenen Raum, in dem eng zusammengedrängt alle Gewebeelemente vorkommen, d.h. die Orbita enthält – neben Bulbus mit Faszie (TENONsche Kapsel) und Fasciculus opticus – die Augenbeweger, den Lidheber, die Tränendrüse, Gefäße, Nerven und das in das orbitale Retikulum eingebettete retrobulbäre Fettgewebe (Corpus adiposum orbitae). Entsprechend vielgestaltig sind die pathologischen Veränderungen des orbitalen Weichgewebes. Hinzu kommen die metabolischen Erkrankungen der knöchernen Orbita. Das tiefe orbitale Gewebe ist frei von ortsständigen Populationen lymphoider Zellen, ebenso fehlen ihm endothelausgekleidete Lymphgefäße.

12.11.1 Exophthalmus, Enophthalmus

Bei brachyzephalen Rassen besteht durchweg ein variierender, bilateraler, ***habitueller Exophthalmus*** mit Neigung zur Luxatio bulbi. *Lidabszesse* lösen nur diskreten Exophthalmus aus. Demgegenüber führen phlegmonöse oder abszedierende *retrobulbäre Entzündungen* zu einem ***prominenten Exophthalmus*** mit Ödem (Chemosis) der Konjunktiva, Nickhautvorfall, Expositionskeratitis (Xerosis und Ulcus corneae) sowie reduzierter Beweglichkeit des Bulbus. Ähnliches gilt für den *Tetanus*. Die zum Exophthalmus führende Entzündung *(orbitale Cellulitis)* kann akut-eitrig oder chronisch-granulomatös sein und entsteht durch Fortleitung von Entzündungen aus den benachbarten Schädelsinus, durch abszedierende Sialoadenitis der Parotis, durch Traumatisierung, retrobulbäre Fremdkörper (Schußverletzung) sowie durch orbitale Thrombophlebitis. Oft bleibt die Entzündungsursache jedoch unklar. Seröse und eitrige Entzündungen des episkleralen Raumes (*Tenonitis*) sind selten. Der im Verlauf der *eosinophilen Myositis* des **Hundes** mögliche bilaterale Exophthalmus hat nur symptomatische Bedeutung. Die ebenfalls beim **Hund** vermutlich immunvermittelt entstehende *extraokulare Polymyositis* ist durch eine gemischtzellige Entzündung der Augenbeweger mit Fasernekrosen, Faserregeneraten und zarter Fibrosierung gekennzeichnet. Der *endokrine* ***thyreotoxische Exophthalmus*** ist von geringer Bedeutung. Nichtneoplastische Ursachen des ebenfalls seltenen ***variablen Exophthalmus*** sind die *Mukozele der Gl. zygomatica* sowie die *arterio-venöse Fistelbildung der Orbita*.

Mit ***Enophthalmus*** wird das nach Atrophie, Vernarbung oder operativer Entfernung orbitalen Gewebes eintretende Zurücksinken des Bulbus in die Orbita, das auch nach Orbitafrakturen vorkommt, bezeichnet.

12.12 Tumoren des Auges und seiner Adnexe

Gut- und bösartige Tumoren kommen sowohl am Lidorgan als auch intraokular und im orbitalen Gewebe vor. Die Klassifikation der okularen Tumoren ist, vergleichend gesehen, wertvoll, da die meisten der bei den Haus-, Heim- und Labortieren vorkommenden Tumortypen auch beim Menschen gesehen werden. Grundsätzlich werden ***epitheliale***, ***mesenchymale, neuroektodermale, melanogene*** und ***metastatische*** Formen unterschieden (s. Tab. 12.1).

12.12.1 Tumoren des Lidorgans

Die Neubildungen des *kutanen Lidbereiches* sind morphologisch den in der Haut vorkommenden Tumoren vergleichbar. Das beim **Hund** häufige ***Adenom der MEIBOMschen Drüsen*** gleicht dem in der übrigen Haut auftretenden *Talgdrüsenadenom*.

Histologische Klassifikation und Nomenklatur der Tumoren des Auges und seiner Adnexe

I. **Epitheliale Tumoren**
(Lider, Konjunktiva, Hornhaut u. Drüsen)
A. *Basalzellentumor*
B. *Plattenepithelkarzinom*
C. *Papillom*
D. *Epidermale Plaque*
E. *Talgdrüsentumor*
F. *Adenom/Adenokarzinom Nickhaut*
G. *Karzinom Tränendrüse*
H. *Zystadenom/Adenokarzinom* HARDERsche Drüse

II. **Mesenchymale Tumoren**
A. *Intraokular*
Felines posttraumatisches Sarkom (primar-okulares Sarkom)
B. *Extraokular (orbital)*
1. Tumoren des Bindegewebes
a) Fibrom
b) Fibrosarkom
c) Equines Sarkoid
2. Tumoren des Muskelgewebes Rhabdomyosarkom
3. Tumoren der Blutgefäße
a) Kavernöses Hämangiom
b) Malignes Hämangioendotheliom
4. Mesenchymale Tumoren der peripheren Nerven
a) Perineurales Fibroblastom
b) Neurofibrosarkom
5. Tumoren des lymphoretikulären Gewebes
a) Leukosen (Lymphosarkom)
b) Mastzellentumor
c) Histiozytom
d) Idiopathischer (entzündlicher) Pseudotumor orbitae
6. Tumoren des Knochengewebes Osteosarkom
C. *Fasciculus opticus*
1. Meningeom
2. Gliom
3. Retikulose
D. *Uvealer Trakt*
1. Leukose (Lymphosarkom)
2. Kavernöses Hämangiom
3. Leiomyom

III. **Neuroektodermale Tumoren**
A. *Iridoziliares Epithel*
1. Adenom
a) Papillär
b) Tubulo-alveolär
c) Solid
2. Adenokarzinom
3. Medulloepitheliom
B. *Netzhaut*
Astrozytom

IV. **Melanogene Tumoren**
A. *Lider und Konjunktiva*
1. Benignes Melanom
2. Malignes Melanom
B. *Uvealer Trakt*
1. Benignes Melanom
2. Malignes Melanom
a) Spindelzelliger Typ
b) Epitheloider Typ
c) Gemischter Typ

V. **Metastatische Tumoren**

VI. **Tumorähnliche Läsionen**
1. Okulares Dermoid
2. Epidermoidzyste
3. Dermoidzyste

Von den ***Tumoren im konjunktivalen Lidbereich*** hat das von der Conjunctiva bulbi et palpebrae ausgehende *Plattenepithelkarzinom* (Tafel XXIV C), das bei **Rind**, **Equiden**, **Katze** und **Hund** mit in dieser Reihenfolge abnehmender Häufigkeit vorkommt, beim Rind besondere (ökonomische) Bedeutung. Bei den betroffenen Rassen, hier insbesondere Hereford, Höhenfleckvieh, wird der weidebedingten Einstrahlung von UV-Licht einerseits und der schwachen oder fehlenden Pigmentierung des konjunktivalen und kutanen Lidbereiches andererseits die ätiologisch größte Bedeutung beigemessen. Vergleichbares gilt für das Plattenepithelkarzinom (PlKa) der kutanen und konjunktivalen Lidregion weißer **Katzen**. Viruspartikel oder virale Genome konnten bislang im konjunktivalen PlKa keiner Spezies nachgewiesen werden. Dem invasiven PlKa gehen bei allen Spezies prämaligne Vorstufen, so etwa epidermale Plaques, Papillome oder ein Carcinoma in situ voraus. Spontanregressionen präkanzeröser Läsionen sind bekannt. Histologisch ist das konjunktivale PlKa entweder gut differenziert verhornend oder anaplastisch. Immunozytäre Infiltration und sekundäre eitrige Entzündung gelten als typische Begleitbefunde. Tumoreinbrüche in das vordere Augensegment kommen ebenso vor wie Metastasen (Ln. parotidicus, Brust- und Bauchorgane). Durch Papillomviren (Papovaviridae) induzierte *Papillome* der *Conjunctiva bulbi* sind beim **Hund** beschrieben.

Die Inzidenz semimaligner und maligner ***Tumoren der Nickhaut*** ist insbesondere bei **Hund** und **Katze** steigend. Hierfür werden umweltbedingte Störungen des präkornealen Ökosystems, u.a. die erhöhte UV-Strahlenexposition infolge Vergrößerung des Ozonlochs, als promovierende Faktoren diskutiert. Das histologische Tumorspektrum umfaßt *Adenome und Adenokarzinome* der Nickhautdrüse, *maligne Melanome*, *Papillome* und Plattenepithel*karzinome* der Nickhautschleimhaut, *mesenchymale Tumoren* sowie die *pseudoneoplastische Hypertrophie* der Nickhautdrüse. Rezidive sowie Metastasen in regionale Lymphknoten, Lunge und Leber kommen vor. Differentialdiagnostisch sind die *lymphozytäre Adenitis* und der *Prolaps der Nickhautdrüse* zu berücksichtigen.

12.12.2 Primär-intraokulare Tumoren

12.12.2.1 Melanogene Tumoren

Das ***benigne fokale Melanom der Irisvorderseite*** (*Naevi, Freckles*) kommt bei **Hund** und **Katze** vor. Histologisch zeigt die fraglich progressive Veränderung eine territoriale Akkumulation von Melanozyten variierender Größe und Form.

Das bei **Hund**, **Katze** und **Pferd** vorkommende ***epibulbäre (limbale) Melanom*** geht von dem den Limbus corneae demarkierenden Pigmentband aus. Es ist durch lokal-epibulbäres Wachstum charakterisiert, histologisch benigne, neigt nicht zur Metastasierung und rezidiviert nach Exzision nur ausnahmsweise.

Das ***maligne Melanom der Uvea anterior*** ist der häufigste primär-intraokulare Tumor bei **Hund**, **Katze** (und **Mensch**). Beim **Pferd** ist das uveale Melanom selten, bei den übrigen Heim- und Haustieren nahezu unbekannt. Beim Hund ist der Tumor in einer umschriebenen Iris-Ziliarkörper-Region angesiedelt (Abb.12.6), bei der Katze proliferiert er i. d. R. in der gesamten Uvea anterior als diffuses Melanom (Abb.12.7). Die tumortypische Nähe zum Filtrationswinkel löst bei fortschreitendem Tumorwachstum – neben anderen Tumoreffekten wie Expositionskeratitis, Hyphaema, Rubeosis iridis, Cataracta complicata, Luxatio lentis, Amotio retinae – vor allem ein sekundäres Winkelblock-Glaukom aus. Letzteres stellt i.d.R. die eigentliche Indikation zur Enukleation des betroffenen Bulbus dar. Von der Uvea posterior ausgehende Melanome kommen, im Gegensatz zum Menschen, selten vor. Als Rarität gilt das sog. ***Ring***- oder ***Schalenmelanom***, bei dem die Tumormelanozyten diffus im gesamten uvealen Trakt proliferieren. Als bilaterale Variante ist es extrem selten.

Das *histologische Äquivalent* des uvealen Melanoms besteht bei **Hund** und **Pferd** aus im uvealen Stroma zelldicht proliferierenden, epitheloiden, entweder pigmentreichen, plump-polyedrischen oder pigmentärmeren, spindelförmigen Tumormelanozyten sowie aus Mischformen beider Zelltypen. Der pigmentreiche Zelltyp erscheint als Endstadium-Melanozyt weniger maligne als der spindelförmige, der sich als proliferativer Zelltyp durch einen höheren Mitoseindex und Anisokaryose auszeichnet. Das diffuse Melanom der **Katze** ist histologisch ausgesprochen pleomorph und bei hohem Mitoseindex variierend schwach pigmentiert. Wichtigstes Malignitätskriterium bei allen Spezies ist der transsklerale Tumorzelleinbruch, wodurch es – neben orbitaler Invasion und unabhängig vom Zelltyp – über den tiefen intraskleralen Plexus venosus zur hämatogenen Metastasierung in Leber und Lunge kommen kann. Das Metastasierungspotential wird beim Hund mit

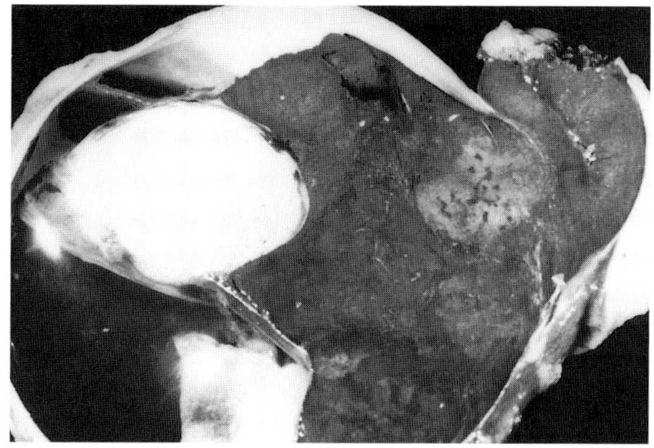

Abb. 12.6 Primär-intraokulares *malignes Melanom* der Uvea anterior mit Skleraeinbruch, sekundärem Winkelblock-Glaukom, Luxatio lentis, Cataracta complicata und Ablatio retinae an der hinteren Tumorschulter, Hund.

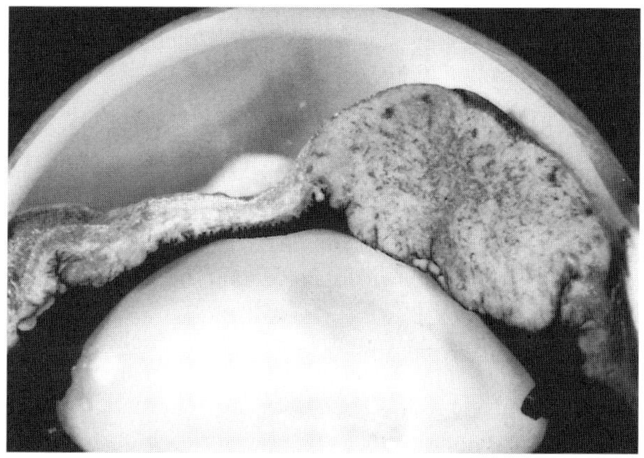

Abb. 12.7 Primär-intraokulares *malignes Melanom* der Uvea anterior, diffuse Wuchsform, sekundäres Winkelblock-Glaukom, Katze.

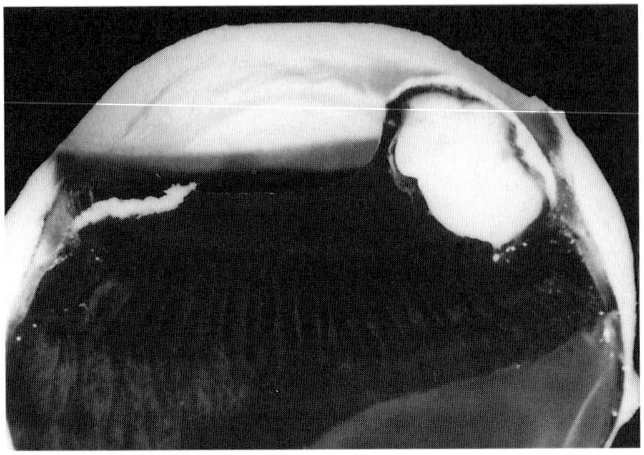

Abb. 12.8 *Iridoziliares Adenom* mit sekundärem Winkelblock-Glaukom (Linse entfernt), Katze.

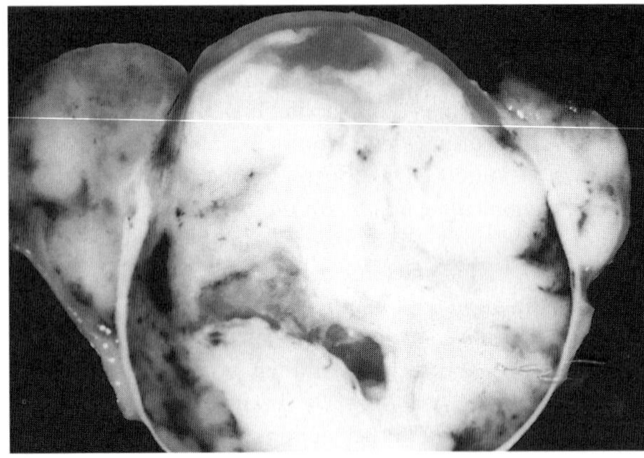

Abb. 12.9 *Felines primär-intraokulares Sarkom* mit Skleraeinbruch und völliger Architekturstörung.

5% als gering, bei der Katze mit 50-60% als hoch angegeben; jedoch verbirgt sich das wahre Potential mangels Verlaufskontrollen hinter einer Dunkelziffer.

12.12.2.2 Neuroektodermale Tumoren

Adenom und ***Adenokarzinom des iridoziliaren Epithels*** stellen, im Gegensatz zum Menschen, die zweithäufigste primär-intraokulare Tumorgruppe bei **Hund** und **Katze** dar (Abb.12.8). Beim Hund ist das Adenom häufiger, bei der Katze das Adenokarzinom. Bei den übrigen Heim- und Haustieren sind beide Tumorarten, das **Kaninchen** ausgenommen, unbekannt. Adenom und Adenokarzinom rekrutieren sich aus dem differenzierten inneren, nichtpigmentierten iridoziliaren Epithel und sind stromaarm. Die pigmentfreien Tumorzellen synthetisieren Basalmembranstrukturen. Histologisch ist das papillär, tubulär bzw. in Rosetten oder solid proliferierende *Adenom* isomorph und mitosenarm. Das überwiegend solid und dabei infiltrativ-destruktiv proliferierende *Adenokarzinom* ist bei hohem Mitoseindex pleomorph mit Neigung zu orbitaler Invasion, Metastasierung (Lunge) und Rezidivbildung. Typische Tumoreffekte sind Hyphaema, Rubeosis iridis, Sekundär-Glaukom und Luxatio lentis.

Das ***Medulloepitheliom***, das aus dem embryonalen d.h. primitiven Neuroektoderm entsteht, ist, im Gegensatz zum Menschen, vermutlich der häufigste primär-intraokulare Tumor beim **Pferd**. Enstprechend der zahlreichen neuroektodermalen Derivate kann sich diese eigentümliche Neoplasie in Netzhaut, Neuroglia, Glaskörper oder iridoziliares Epithel differenzieren. Der Mitoseindex ist hoch, Metastasen kommen offenbar nicht vor. Demgegenüber ist das vom Menschen her bekannte ***Retinoblastom*** bei Tieren bislang nicht gesehen worden.

12.12.2.3 Felines primär-intraokulares Sarkom

Bei der älteren **Katze** vorkommend, ist diese Neoplasie, nach dem malignen Melanom und dem iridoziliaren Adenom bzw. Adenokarzinom, dort der dritthäufigste primär-intraokulare Tumor. Er weist anamnestisch eine auffällige, allerdings nicht obligatorische Assoziation zu okularer Traumatisierung und/oder chronischer Uveitis auf (Abb.12.9). Als maligner mesenchymaler Tumor proliferiert er primär im Niveau des uvealen Traktes als pleomorphes, mitosenreiches, Kollagen Typ I- und Osteopontin-exprimierendes Fibrosarkom. Ossäre Transdifferenzierungen kommen vor. Die durchweg infauste postoperative Prognose dieses exklusiv bei der Katze vorkommenden Augentumors resultiert aus seinem progressiven, infiltrativ-destruktiven Proliferationsverhalten. Dieses ist nicht nur für die okulare Architekturstörung, sondern auch für Tumoreinbrüche in die Sklera anterior (mit konsekutiven Fernmetastasen über den intraskleralen Plexus venosus), in die Sclera posterior sowie den Fasciculus opticus einschließlich Chiasma (mit konsekutiver neurologischer Symptomatik, zentraler Amaurose und ZNS-Metastasen) verantwortlich. Die formale Pathogenese ist unklar. Jedoch wird, wegen des offensichtlich mesenchymalen Tumorcharakters, als Ursprung eine undifferenzierte, pluripotente uveale Stammzelle vermutet. Speziesspezifische Fibroplasie kann eine ätiopathogenetische Rolle spielen, und der Promotor „Trauma" scheint kausal-pathogenetisch ein entscheidender Faktor zu sein. Das Intervall zwischen okularem Trauma und klinischer Tumormanifestation variiert zwischen 5 Monaten und 12 Jahren. Felines Sarkomvirus (FeSV) ist elektronenoptisch nicht nachweisbar, möglicherweise aber mit der PCR-Technik. Das feline okulare

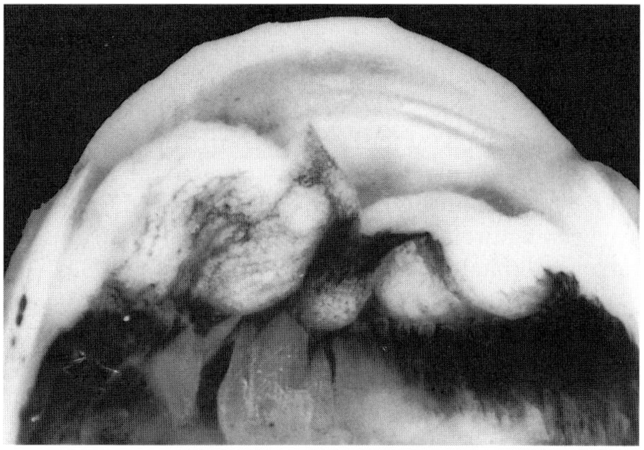

Abb. 12.10 *Lymphatische Leukose* (Lymphosarkom) der Uvea anterior mit sekundärem Winkelblock-Glaukom (Linse entfernt), Katze.

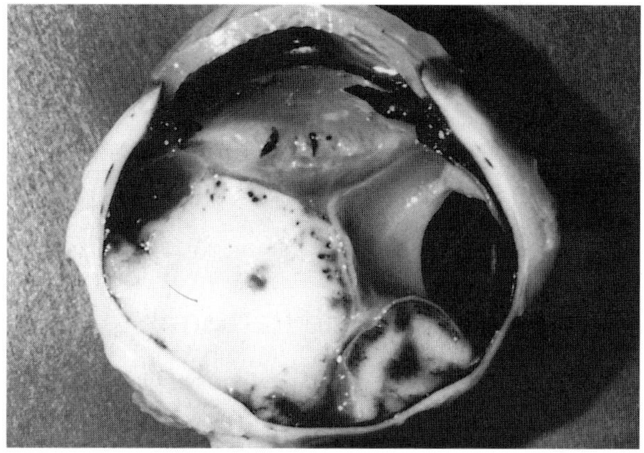

Abb. 12.11 *Metastasen eines anaplastischen Lungenkarzinoms* in der Uvea posterior mit konsekutiver Amotio retinae, Hund.

„Fremdkörpersarkom" entsteht nach Implantation einer Silikonprothese.

12.12.3 Sekundär-intraokulare Tumoren

Hämatogen-metastatische Tumoren der Uvea sind bei Mensch und Tieren häufiger zu beobachten als bisher angenommen, insbesondere, wenn systematisch nach ihnen gesucht wird. Okulare, uveo-vaskuläre Metastasierungen sind von epithelialen wie von mesenchymalen Primärtumoren gleichermaßen bekannt. So ist etwa das uveale ***Lymphosarkom*** der häufigste sekundär-intraokulare Tumor bei der **Katze** (Abb.12.10). Insgesamt vergleichend gesehen dominieren jedoch Metastasen von ***Mamma-*** und ***Lungenkarzinomen***. Uveale Tumormetastasen können sowohl klinisch und makroskopisch auffällig (Abb.12.11) als auch histologischer Zufallsbefund im Sinne ***uvealer Mikrometastasen*** sein. Charakteristisch für diese sind konsekutive, ischämische Netzhautatrophien mit Visusstörung sowie das Sekundär-Glaukom.

12.12.4 Orbitale Tumoren

Retrobulbäre Tumoren enstehen entweder primär-orbital aus ortsständigem, vor allem mesenchymalen Gewebe oder sekundär-orbital durch Tumoreinbrüche aus benachbarten Regionen (ZNS, Schleimhäute der Schädelsinus, der Nasen- und Mundhöhle), seltener hämatogen-metastatisch. Klinische Leitsymptome sind *Exophthalmus* (Proptosis) und *Expositionskeratitis* (Xerosis corneae).

Das ***Adenokarzinom der Tränendrüse***, der häufigste epitheliale Orbitatumor beim **Hund**, verhält sich lokal-invasiv, rezidiviert nach Exzision gerne, metastasiert jedoch nicht. ***Melanogene Tumoren*** der Orbita sind selten. Zu den mesenchymalen Tumoren, die im orbitalen Tumorspektrum bei Hund und Katze überwiegen, zählen benigne und maligne (fibröse) ***Histiozytome, Fibrosarkome, Hämangiome*** und ***Hämangiosarkome***. Das bei **Hund**, **Katze** und **Pferd** vorkommende ***multilobuläre Osteosarkom*** der Orbita bzw. des Schädels verhält sich aggressiv, lokal-invasiv, rezidiviert und neigt bei potentiell maligner Transformation zur Metastasierung. ***Meningeome*** des Fasciculus opticus sind nur beim **Hund** beschrieben. Sie entstehen entweder primär-orbital durch Proliferation des meningealen Neurothels der Optikusscheide oder sekundär-orbital durch Ausbreitung primär-intrakranieller Meningeome. Die ***Optikusmeningeome*** wachsen meist raumfordernd mit konsekutiver Atrophie des Fasciculus opticus, seltener infiltrativ-destruktiv mit Bulbuseinbruch, insgesamt jedoch ohne Metastasierungsneigung. ***Neuroendokrine Tumoren*** der Orbita sind beim **Pferd** in Einzelfällen bekannt. Das retrobulbäre ***Lymphosarkom*** ist als orbitale Manifestation einer Systemblastomatose beim **Rind** von klinischer Bedeutung, kommt aber auch bei **Hund** und **Katze** vor. Das orbitale Plasmozytom ist bei **Hund** und **Katze** bekannt. Demgegenüber sind ***orbitale Karzinom-Metastasen*** selten.

Der bei **Hund** und **Mensch** bekannte ***idiopathische (entzündliche) Pseudotumor der Orbita*** (Tafel XXIV D) nimmt insofern eine Sonderstellung ein, als es sich bei dieser ätiologisch unklaren *Phantomneubildung* um eine gemischtzellige und fibrosierende Entzündung des orbitalen Bindegewebes handelt, die ausbrennen und in eine azelluläre Fibrose übergehen kann (Biopsie, cave Exenteratio orbitae!).

12.13 Parasiten des Auges und seiner Adnexe

Das Auge ist einschließlich seiner Adnexe für nur wenige Parasiten ein spezifisches Wirtsgewebe. Bei der Mehrzahl der teilweise auch als Anthropozoonosen bekannten Parasitosen wird die okulare Manifestation durch sich zufällig im Auge ansiedelnde Parasiten (Larva migrans) ausgelöst.

12.13.1 Protozoische Parasiten

Die okulare Manifestation der ***viszeralen Leishmaniose*** (*Leishmania donovani*) des **Hundes** (Mittelmeerraum, USA) ist selten. Zu den polymorphen, im vorderen Augensegment stärker ausgeprägten Veränderungen zählen rundzellige Blepharo-Keratokonjunktivitis, Sklero-Uveitis anterior, Netzhautblutungen und (selten) Chorioretinitis. Der Erreger ist in Makrophagen nachweisbar.

Die ebenfalls seltene ***okulare Toxoplasmose*** kommt bei allen Haustieren vor und ist i.d.R. Teilbefund einer generalisierten Infektion (s. S. 407). Akute Krankheitsbilder sind, neben einer gemischtzelligen Fasciculitis optici durch multifokale Koagulationsnekrosen der Netzhaut geprägt, die in eine chronische, lympho-plasmazelluläre Retinochorioiditis einmünden. Bei seropositiven Katzen besteht häufig eine lympho-plasmazelluläre Uveitis. Die Erreger (*Toxoplasma gondii*) können zum einen als intrazelluläre Endozoiten oder Pseudozysten auch im retinalen Pigmentepithel, zum andern als freie Toxoplasma-Zysten vorliegen. Für die häufige Beteiligung der Augenbeweger sind Myonekrosen charakteristisch.

Die ***okulare Enzephalitozoonose*** (*Encephalitozoon cuniculi*) kommt als granulomatöse oder lympho-monozytäre Endophthalmitis bei **Hasenartigen, Nagern** und **Fuchs** vor. Histologisch sind die rundlich-wurstförmigen Parasiten (Trophozoiten) im retino-uvealen Entzündungsgebiet nachweisbar (s. S. 408).

12.13.2 Metazoische Parasiten

Intraokular wandernde ***Trematodenlarven*** (*Diplostomum spp.*) können Ursache des sog. *Wurmstars* (Cataracta parasitaria) bei **Fischen** sein. ***Cestodenlarven*** sind als okulare Absiedlungen selten. Der bei **Wiederkäuern** im ZNS und Rückenmark parasitierende *Coenurus cerebralis* (Finne von *Taenia multiceps*) kann bei **Schaf**, **Affe** und **Mensch** in der Orbita und intraokular unter Ausbildung eines Papillenödems angetroffen werden. Vom *Echinococcus hydatidosus* (Finne von *Echinococcus granulosus*) ist sowohl die orbitale (**Pferd**, **Affe**) als auch die intraokulare (**Mensch**) Ansiedlung bekannt. Bei massivem Befall mit *Cysticercus tenuicollis* (Finne von *Taenia hydatigena*) können beim **Schwein** Finnen um den Fasciculus opticus, aber auch intraorbital und intraokular angetroffen werden.

Zahlreiche ***Nematodenarten*** bzw. ihre Larvenstadien oder Mikrofilarien sind bei Mensch und Tieren als Augenparasiten bekannt. Die verschiedenen, bei **Wiederkäuern** und **Equiden** im Konjunktivalsack parasitierenden, durch Fliegen übertragenen *Thelazia spp.* verursachen, z.T. auch durch Verlegung der Tränenkanäle, eitrige und ulzerierende Keratokonjunktivitiden *(Thelaziose)*. Die in Sklera, Kornea, vorderem und hinterem Augensegment parasitierenden Nematoden in Form ihrer z.T. frei schwimmenden Mikrofilarien sind vor allem bei Pferd und Hund von Interesse. Beim **Pferd** sind es *Onchocerca cervicalis*, *Setaria digitata bzw. equina* und *Halicephalobus (Micronema) deletrix*, beim **Hund** *Angiostrongylus vasorum* und *Dirofilaria immitis* (Herzwurm, s. S. 26). Die durch die okulare Migration und das Absterben der Parasiten hervorgerufenen Veränderungen bestehen in Hornhautödem, granulomatöser Chorioretinitis, Glaukom und Glaskörpertrübung, wobei die uveale Entzündungsreaktion Folgeprodukt einer durch parasitäres Antigen ausgelösten Kreuzreaktion mit okularem Gewebe ist. Larven von *Toxocara canis* können bei **Hund** und **Mensch** eine multifokale Chorioretinitis mit Visusstörung auslösen. Histologisch finden sich subretinale eosinophile Granulome mit z.T. deutlichen Parasitenanschnitten und mit konsekutiver, gliös vernarbender Netzhautatrophie.

Die ***Ophthalmomyiasis interna posterior*** ist ein bei **Hund**, **Katze** und **Mensch** wohlbekanntes Krankheitsbild, das durch transskleral, über intraokulare Gefäße oder via Fasciculus opticus in das Auge eindringende und aktiv subretinal wandernde ***Fliegenlarven*** (*Diptera spp.*) verursacht wird. Histologisch entsprechen den funduskopisch erkennbaren, straßenkartenartigen Wanderspuren der Larven eine Hyperplasie des retinalen Pigmentepithels und – in akuten Fällen – subretinale Blutungen mit oder ohne segmentierte Parasitenlarve. Bei Absterben der Larven im vorderen Augensegment oder subretinal löst parasitäres Antigen eine reaktive Uveitis anterior oder Chorioretinitis aus.

13 Ohr

E. Dahme

Die **Entwicklung des Innenohres,** des eigentlichen Sinnesorganes, nimmt ihren Ausgang von einer Epithelverdickung des Ektoderms seitlich an der Kopfanlage des Keimlings. Diese senkt sich zum Hörgrübchen ein und wird zum Hör- bzw. Labyrinthbläschen, das sich vom Ektoderm trennt und zunächst mit Amnionflüssigkeit gefüllt ist. An seiner medialen Seite erhält das Labyrinthbläschen im weiteren eine dorsal gerichtete Aussackung, später die Bogengänge mit den beiden Vorhofräumen *Sacculus* und *Utriculus* (Gleichgewichtsapparat) sowie die *Cochlea* (Gehörschnecke). Sacculus und Utriculus stehen durch den *Ductus utriculosaccularis* miteinander und über den *Ductus reuniens* mit der Cochlea in Verbindung. Von ersterem zweigt der *Ductus endolymphaticus* ab und verbindet das Innenohr direkt mit den Liquor- bzw. Meninxräumen des Gehirns.

Die hinter dem ersten Kiemenbogen gelegene Aussackung des Kopfdarmes entwickelt sich zur **Paukenhöhle,** d. h. zur Mittelohrhöhle und zur Hörtrompete, welchletztere den Pharynx mit dem Mittelohr kanalikulär verbindet.

Der **äußere Gehörgang** geht aus der ersten Kiemenfurche hervor. Die Trennmembran zwischen erster Kiemenfurche und Schlundtasche wird zum **Trommelfell**, und der äußere Rand der ersten Kiemenfurche (Ektodermfurche) wulstet sich auf und wird zur **Ohrmuschel.**

Am Ende der Gehörgangentwicklung steht ein dreiräumiges System:

Das ***Innenohr***, Sitz der Gehör- und Gleichgewichtsorgane, mit den Liquorräumen des Gehirns in Verbindung stehend.

Das ***Mittelohr***, durch das Foramen ovale mit Steigbügelplatte und Fenestra rotunda vom Innenohr getrennt, in ständiger Verbindung zur Mundhöhle über die Tuba Eustachii (Hörtrompete), die dem Druckausgleich im Mittelohr dient. Die Auskleidung des Mittelohres einschließlich Bulla tympanica und Tuba Eustachii besteht aus respiratorischem Flimmerepithel.

Das ***äußere*** *Ohr*, vom Mittelohr durch das Trommelfell getrennt, zeigt Merkmale der Epidermis (Talgdrüsen, Zeruminaldrüsen und Haare).

Der Gleichgewichts- oder **Vestibularapparat des Innenohres** gewährleistet die Erhaltung des Körpergleichgewichts in Ruheposition und Bewegung. Die von ihm ausgehenden Impulse laufen über das *Ganglion vestibulare* und induzieren vermittels bulbärer und spinaler Regelkreise die Steuerung des Skelettmuskeltonus und der Augenstellung im Verhältnis zum Außenraum. Neurale Grundlagen dieser Regulationen sind zum einen die jeweils an der Basis der drei Bogengänge liegenden *Cristae ampullares* und zum anderen die *Maculae utriculi et sacculi.* Erstere bestehen aus Neuroepithelien mit zartem Zilienbesatz, die selbst geringste Flüssigkeitsverlagerungen und -strömungen registrieren, letztere verkörpern flache, neuroepitheliale Erhabenheiten der medialen Wandungen beider Vorhofsäckchen, in deren gallertiger Deckschicht prismatische Kalkkristalle, sogenannte *Statolithen* oder *Statokonien,* eingelagert sind.

Die zentralnervöse Repräsentation des Vestibularsystems findet sich in der Umgebung der Rautengrube in Form der vier Vestibulariskerne, die als Endkerne afferent von der Pars vestibularis des achten Hirnnerven erreicht werden und die efferent zentrale Vestibularisbahnen zum Kleinhirnflocculus, zu den Augenmuskelkernen, zum Nuc. ruber, zum Zwischenhirn, zur Formatio reticularis, zur Vierhügelplatte und – als Deitersche Bahn – zum Rückenmark hin senden.

Das eigentliche **Hörorgan des Innenohres** liegt als dreikammeriger, sich spiralig verjüngender *Ductus cochlearis* vor, der in seiner ganzen Länge vom *Organon spirale,* dem Cortischen Organ, durchzogen wird. Zwischen den hochspezialisierten Sinneszellen dieses Spiralorgans und den peripheren Fasern des sich ebenfalls durch die gesamte Hörschnecke hinziehenden *Ganglion spirale* bestehen Synapsen, über die die registrierten Schallwellen zu Nervenimpulsen transformiert und zentripetal weitergeleitet werden.

Die zentralnervöse Repräsentation des Cochlearissystems wird über die Pars cochlearis des achten Hirnnerven erreicht und findet sich im Tuberculum acusticum des verlängerten Marks in Form der Nucc. cochleares (dorsalis et ventralis). Von diesen Terminalkernen ausgehende Efferenzen ziehen als zentrale Hörbahnen unter mehrfacher Umschaltung zum Corpus geniculatum mediale und von hier aus weiter zur Area acustica des Großhirncortex.

13.1 Innen- und Mittelohr

13.1.1 Angeborene Defekte des Innenohres

Kongenitale Funktionsstörungen des Vestibularis- und Cochlearissystems sind klinisch bei *Nestflüchtern* durchweg bereits zum Zeitpunkt der Geburt manifest, während sie bei *Nesthockern* erst mit zunehmender Eigenorientierung im Raum deutlich werden. Erfahrungsgemäß lassen sich nur in bestimmten Fällen derartiger, meist hereditärer Defekte histologische Äquivalentbilder im Innenohr bzw. an den nervösen Einrichtungen des jeweils betroffenen Systems nachweisen. Insbesondere fehlen für die meisten der angeborenen Vestibularisstörungen Hinweise auf das Vorhandensein spezifischer Gewebsanomalien.

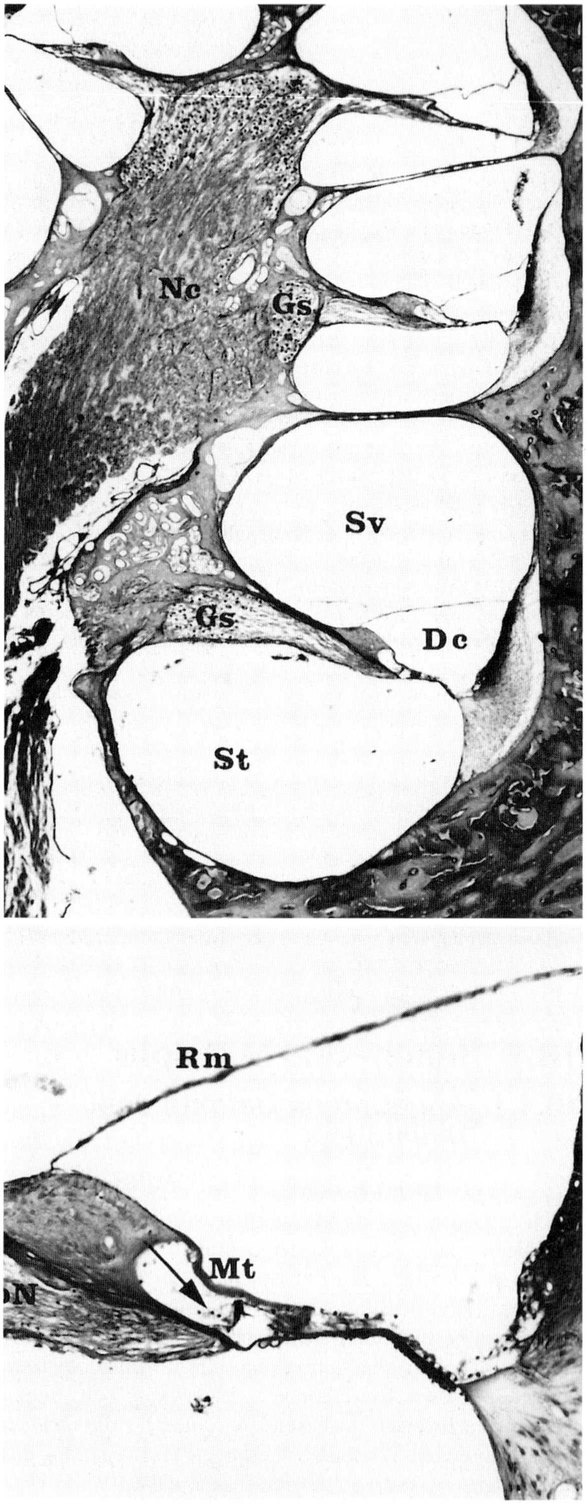

Kongenitale periphere Vestibulariszeichen werden gelegentlich bei **Hunde**- (*Schäferhund, Cocker-Spaniel*) und **Katzenwelpen** (*Siamesen, Burmesen*) gesehen. Das klinische Symptomenmuster ist im wesentlichen durch Ataxie, Nystagmus und Torticollis bestimmt. Vereinzelt besteht zusätzlich Taubheit (siehe unten). Die Tatsache, daß bei vielen der betroffenen Tiere ein Teil der zunächst deutlichen Vestibulariszeichen mit zunehmendem Alter verschwindet, läßt eine optische Kompensation der Funktionsstörungen vermuten. Vielfach bleibt aber die Kopfschiefhaltung als permanentes Vestibulariszeichen bestehen.

Kongenitale periphere Cochleariszeichen, d. h. Taubheit als Ausdruck eines erblichen Gendefektes, finden sich vielfach in Gemeinschaft mit Fehlpigmentierung von Haut (s. S. 489) und Augen (s. S. 425) bei **Hund** (*Bullterrier, Deutsches Langhaar*), blauäugigen **Katzen** und weißen **Nerzen**. Ohne begleitende Pigmentanomalien ist hereditäre Taubheit wiederum beim **Hund** (*Dalmatiner, Collie, Beagle, Spaniel, Dobermann*) beobachtet worden. Während bei Katze und Nerz dem Defektmechanismus ein autosomal-dominanter Erbgang zugrunde liegt, scheint für die sonstigen Beobachtungen ein autosomal-rezessiver maßgebend zu sein. Die differenzierte Bauweise des Gehörorgans läßt bei allen Formen der angeborenen Innenohrtaubheit eine histologische Aufklärung der Defektmanifestation zu, so daß zwischen Hypoplasien des Organon spirale Corti, des Ggl. spirale und/oder des N. cochlearis unterschieden werden kann (Abb. 13.1).

Zu den ***hereditären Abiotrophien*** zählt die Taubheit bei der *β-Mannosidose* der **Ziege** (s. S. 369). Infolge von Mannosid-Speicherung u.a. in den Sinneszellen des Spiralorgans kommt es bereits in den ersten Lebensmonaten zu einem rasch fortschreitenden Gehörverlust.

Differentialdiagnostisch sind von den peripheren kongenitalen Vestibularis- und Cochlearisdefekten die zentralen kongenitalen Störungsbilder abzugrenzen, hier insbesondere Mißbildungen bzw. Fehlentwicklungen des Kleinhirns (= zerebellare Ataxie s. S. 367) und/oder der Vestibularis- und Cochleariskerne im Rautenhirn (= zentrale Vestibularis- und Cochleariszeichen!).

Abb. 13.1 *Hypoplasie des Organon spirale* bei einem weiblichen Deutsch-Langhaarwelpen im histologischen Bild. Gs = Ggl. spirale; Nc = N. cochlearis (= zentrale Fasern des Ggl. spirale); pN = periphere Fasern des Ggl. spirale; Rm = Reissnersche Membran; Sv = Scala vestibularis; St = Scala tympani; Dc = Ductus cochlearis; Mt = Membrana tectoria; Pfeil: Rudimente der Haar- und Hörzellen des Organon spirale. Masson-Trichrom; oben: Sagittalschnittebene durch den Modiolus 35 x; unten: Ausschnitt 125 x.

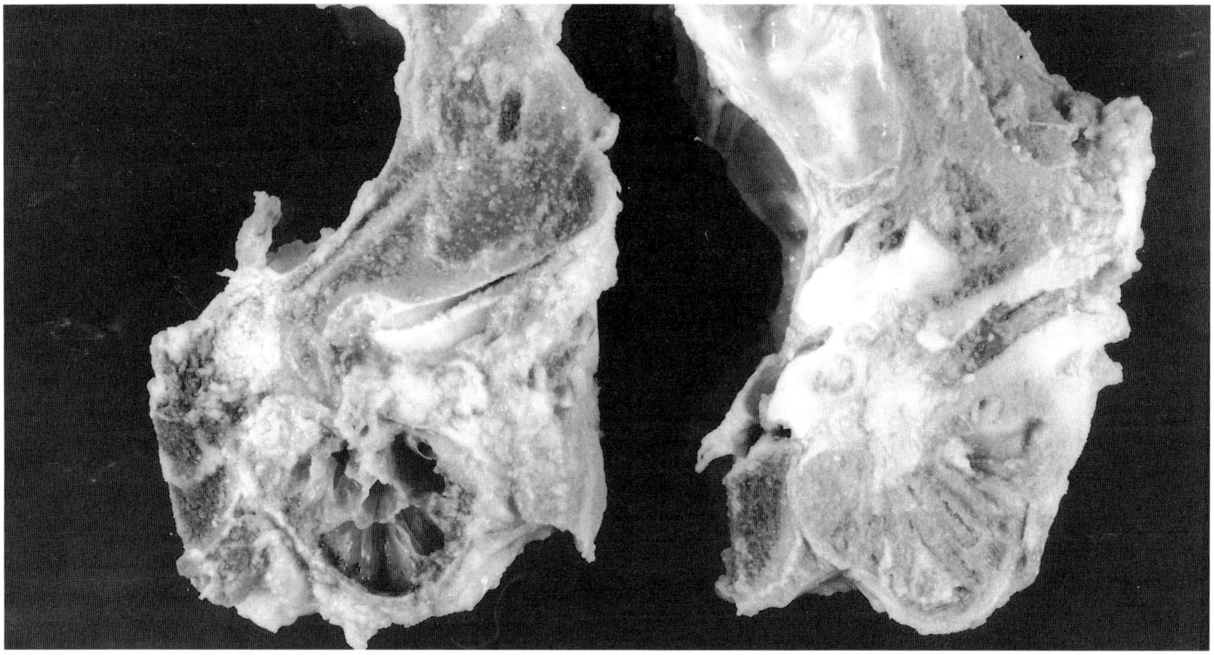

Abb. 13.2 Rechts: *Otitis media acuta* mit Einbruch in den äußeren Gehörgang (= Otitis externa) bei Infektion mit Pasteurella multocida des Kalbes.
Links: Normalstatus bei gesundem Vergleichstier. Frontalschnittebene durch Bulla tympanica / äußeren Gehörgang.

13.1.2 Erworbene Veränderungen des Innen- und Mittelohrbereiches

13.1.2.1 Entzündungen

Hierher gehören vor allem *bakterielle Infektionen*, die sich über die Tuba EUSTACHII oder – nach Trommelfellperforation – von einer ***Otitis externa*** ausgehend (siehe unten) im Mittelohr als ***Otitis media*** manifestieren. Im weiteren können solche Prozesse über das Vorhof- oder das Schneckenfenster auf das Innenohr übergreifen, d. h. sich zu einer ***Otitis interna*** fortentwickeln. Eitrige Einschmelzungen führen nicht nur zu irreversiblen Zerstörungen des peripheren Cochlearis- und Vestibularissystems, sondern bisweilen auch zum Übergreifen der Infektion auf die Meningen und damit zur otogenen Meningitis bzw. Meningoenzephalitis (s. S. 373). Otitisbegünstigende Faktoren sind Unterernährung, Vitaminmangel, Kältestreß, Virusinfektionen und – speziell bei **Equiden** – primäre Luftsackentzündungen.

Relativ häufig finden sich ***eitrige Mittel***- und z. T. auch ***Innenohreinschmelzungen*** bei Jungtieren, insbesondere bei **Schwein**, **Hund** und **Kaninchen**. Bei letzterem erkranken gelegentlich auch ältere Tiere. Das Spektrum isolierbarer pathogener Keime ist breit und umfaßt *pyogene Kokken* und *Corynebakterien* ebenso wie *Pasteurellen* und *E. coli.* Beim **Rind** sind zwei bakteriell bedingte Formen der Otitis media zu finden: Bei Mastkälbern eine *akute epizootische* Verlaufsform, hauptsächlich hervorgerufen durch *Pasteurella multocida,* bei jungen Mastrindern eine *chronisch-sporadische,* im wesentlichen durch *Pasteurella multocida* und/oder *Corynebact. pseudotuberculosis* bedingt. Pathologisch-anatomisch zeigt die erstgenannte Form eine Füllung der septierten Luftkammern der Bulla tympanica mit fibrinösem Exsudat und Zelldetritus, massive Schleimhautödeme sowie Trommelfelleinschmelzung mit Exsudaterguß in den äußeren Gehörgang (Abb. 13.2), die zweitgenannte Form – neben Exsudatergüssen – eine fortschreitende Einschmelzung der Luftkammersepten, der Ohrknöchelchen und des Trommelfells mit Ausbildung speckigen Demarkationsgewebes. Als seltenere (zusätzliche) pathogene Keime werden insbesondere bei der chronischen Form *Streptococcus spp., Staphylococcus spp., E. coli, Fusobact. necrophorum, Clostridium spp.* sowie *Actinobacillus spp.* gefunden. Nichteitrige Mittelohrentzündungen finden sich nahezu regelmäßig im Zusammenhang mit Trommelfellperforationen in chronischer Verlaufsform (*Otitis media non purulenta chronica*). Neben Epithelabschmelzungen bestehen m.o.w. ausgeprägte lympho-monozytäre Gewebsinfiltrate (Abb.13.3).

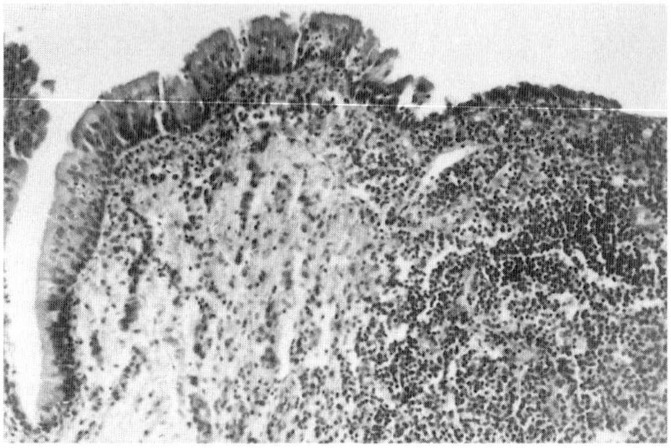

Abb. 13.3 *Otitis media non purulenta chronica* mit partiellem Verlust der hochprismatischen Epithelzellen beim Hund. HE, 85 x.

Das klinische Symptomenmuster gleicht weitgehend dem der angeborenen peripheren Vestibularis- und Cochleariszeichen. Hinzu kommt in vielen Fällen eine Mitbeeinträchtigung sowohl sympathischer Nervenfasern als auch bestimmter Fasern des N. intermediofacialis, soweit diese das Innenohr passieren. Leitsymptome sind das HORNER-Syndrom (s. S. 417) und gelegentlich die Keratitis sicca (s. S. 429). Fazialisparalysen treten vor allem dann auf, wenn sich der Entzündungsprozeß zentripetal ausbreitet und die Fazialiswurzel in ihrem motorischen Faseranteil in Mitleidenschaft zieht.

So gut wie auf die **Katze** beschränkt vorkommende Veränderungen stellen die entzündlichen ***Polypen*** der respiratorischen Schleimhaut des Mittelohrbereiches dar. Häufig von der Tuba EUSTACHII, seltener von der Bulla tympanica ausgehend, können sie erhebliche Größe erreichen und entweder den Mittelohrbereich einschließlich Bulla völlig ausfüllen oder – in seltenen Fällen – als bis zu 5 cm lange und 0,5 cm dicke, zartgestielte, zigarrenförmige Gebilde aus der Tuba EUSTACHII in die Mundhöhle hineinragen. Diese meist bilateral-symmetrischen, raumfordernden Veränderungen können Nahrungsaufnahme wie Atmung erheblich beeinträchtigen. Gelegentlich durchstoßen sie auch das Trommelfell und verlegen den äußeren Gehörgang, wobei sie nicht mit Zeruminalzysten oder echten Tumoren verwechselt werden dürfen. Insgesamt gesehen ist ihr Auftreten weder geschlechts- noch altersgebunden, d.h. sie können bereits im ersten Lebensjahr der Katze gefunden werden, was vermuten läßt, daß sie grundsätzlich auch angeboren vorkommen können. Histologisch verkörpern sie gutartige, gestielte Gewebshyperplasien, überkleidet von einem Kinozilien-reichen, respiratorischen Epithel. Ihr Stroma weist sowohl Entzündungzellen als auch lymphfollikuläre Strukturen auf (Abb.13.4).

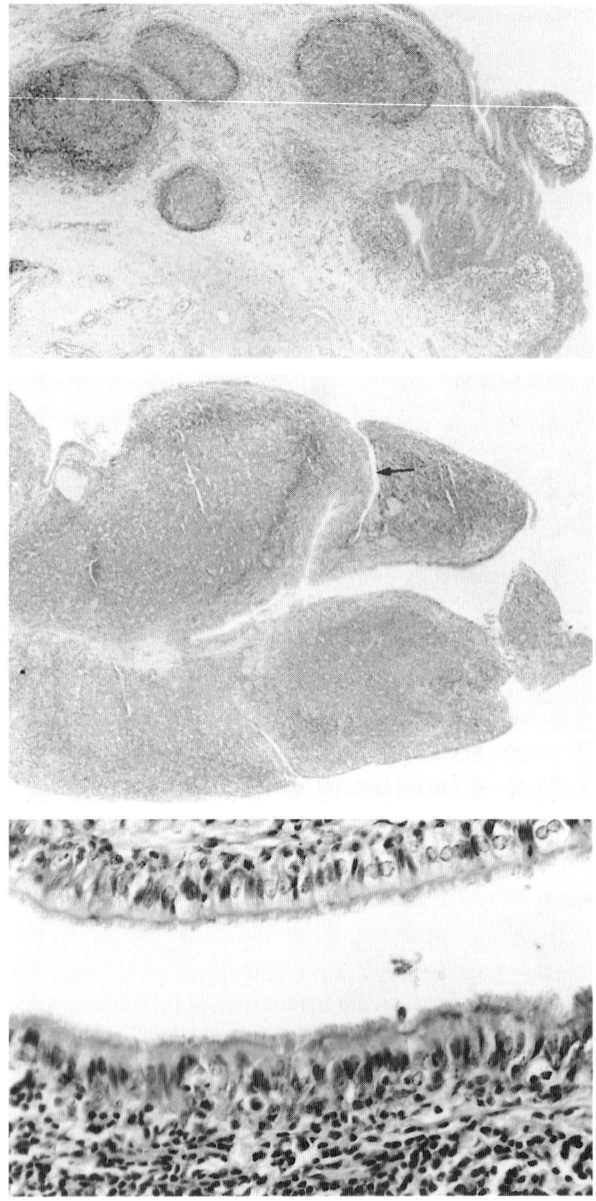

Abb. 13.4 *Entzündliche Polypen* im Mittelohrsystem einschließlich Tuba EUSTACHII bei der Katze.
oben: Großer Polyp (Ausschnitt), überkleidet mit respiratorischem Epithel und zahlreichen Lymphfollikeln im Stroma. GIEMSA, 25 x.
Mitte: Kleiner Polyp mit diffuser zelliger Infiltration des Stromas und angedeuteten lymphfollikulären Strukturen. GIEMSA, 25 x.
unten: Ausschnittvergrößerung (s. Pfeil i.d. mittleren Abb.), die das überkleidende respiratorische Epithel mit seinen Kinozilien zeigt. 250 x.

13.1.2.2 Sonstige erworbene Veränderungen

Zu diesen zählen ferner ***Blutungen*** als Folgen von Schädeltraumen, Degenerationen des Vestibularis- und Cochlearissystems sowie Altersatrophien. ***Degenerationen*** entstehen insbesondere bei **Katze** und **Hund** auf der Grundlage von Antibiotikaüberdosierungen (Strepto-, Neo-, Kanamycin u. a.) und führen i. d. R. zu bilateralen Vestibularis- und Cochleariszeichen. Erstere können nach Absetzen der Therapie wieder kompensiert werden, letztere bleiben oft in Form irreversibler Taubheit bestehen.

13.1.2.3 Tumoren des Innen- und Mittelohrbereiches

Die insgesamt seltenen Primärtumoren des Innen- und Mittelohrbereiches lassen sich im wesentlichen in *epitheliale*, die von den Auskleidungen der Bulla tympanica und der Tuba Eustachii ausgehen, und in *neuroektodermale* unterteilen.

Zur erstgenannten Gruppe zählen vom respiratorischen Epithel ausgehende ***Adenome*** und ***Adenokarzinome***, letztere mit infiltrativer Tendenz und Zerstörung von Felsenbein bzw. Cochlea und/oder Labyrinth. Soweit Mehrschichtigkeit und Keratinisierung im Tumorgewebe bestehen, ist aus histogenetischer Sicht sowohl an primär metaplastische Vorstadien oder aber an Beziehungen zum äußeren Gehörgang bzw. – je nach Lage – zur pharynxseitigen Einmündung der Tuba Eustachii zu denken. Die zweitgenannten, neuroektodermalen Neoplasien lassen sich einerseits dem Formenkreis ***Neurinom/Neurofibrom***, andererseits dem der ***Paragangliome*** zuordnen. Insbesondere letztere neigen zu malignen, infiltrativ-osteolytischen Wuchsformen. Histogenetisch sollen sie sich von den Paraganglien des Glomus jugulare oder des Glomus tympanicum herleiten.

Mesenchymale Tumoren werden nur ausnahmsweise gefunden. Neben osteogenen kommen dysontogenetische Formen, so etwa das ***Fibromyxom***, in Betracht.

Differentialdiagnostisch sind alle jene Krankheitsprozesse im ZNS zu berücksichtigen, die die zentrale Repräsentation des Vestibularis- und Cochlearissystems beeinträchtigen. Hierher zu zählen sind Virusenzephalitiden (Staupe!), Gliome, Meningeome, Plexuspapillome des vierten Ventrikels, Kleinhirnbrückenwinkeltumoren (Abb. 11.38), Nekrosen und Blutungen.

13.1.2.4 Parasiten des Innen- und Mittelohres

Tierische Schmarotzer in **Innen-** und **Mittellohr** sind bei Haustieren, abgesehen von zufällig eingedrungenen *Wanderlarven* von *Askariden* und dem bei der **Katze** vorkommenden *Syngamus auris*, nicht bekannt. Die durch den genannten Katzenparasiten verursachten Irritationen harren noch näherer Aufklärung. Vergleichend-pathologisch ist das Vorkommen von Trematoden (*Nasitrema gondo*) in Paukenhöhle und Scheide des N. vestibulo-cochlearis bei **Delphinen** (*Peponocephala electra*) und **Walen** (*Globicephala macrorhyncha; Pseudorca crassidens*) von besonderem Interesse. Vor allem durch ihre massive Eiablage, die vom Epineurium bis auf die Meningen übergreifen kann, verursachen die Parasiten heftige Entzündungen sowie Atrophien beider Anteile des achten Hirnnerven und damit letztlich die zunächst nicht erklärbaren Orientierungsstörungen und Massenstrandungen betroffener Tiere. Über die Biologie der Parasiten fehlen nähere Angaben. Offenbar verwechseln einwandernde Larven dieser Trematoden die Tuba Eustachii mit Gallen- bzw. Pankreasgängen.

13.2 Äußeres Ohr

13.2.1 Angeborene Defekte

Die Mißbildungen des äußeren Ohres sind im wesentlichen durch mangelhafte Anlage und Entwicklung von Ohrknorpel oder knöchernem Gehörgang bedingt. Zu kleine oder gespaltene Ohrmuscheln und das Herabhängen sonst steilgestellter Ohren kommen als uni- und bilaterale Defektmanifestationen vor. Hypo- und Hyperplasien des Küraßknorpels können, ebenso wie eine Fehlbildung des knöchernen Gehörganges, zu Engstellung des Ohrkanals mit sekundärer Sekretverhaltung und Entzündung (siehe unten) führen.

13.2.2 Erworbene Veränderungen des äußeren Ohres

13.2.2.1 Veränderungen der Ohrmuschel

Perforationen und ***Einrisse*** der Ohrmuschel sind bei den Haustieren oft Folgen von Bißverletzungen oder eines Ausreißens von Ohrmarken. Überdies können fehlerhaft liegende oder infizierte Ohrmarkierungen ***chronisch-proliferierende Entzündungen*** und ***Keloide***, gelegentlich sogar ***Fibrome*** oder ***Fibrosarkome*** induzieren. Als Folgen stumpfer Gewalteinwirkungen auf die Ohrmuschelflächen kommt es gelegentlich, bevorzugt beim **Schwein**, zu ausgedehnten ***Othämatomen.*** Hierbei erstreckt sich der Bluterguß auf das lockere, zwischen Knorpel und Korium liegende Bindegewebe. Blutgerinnungsstörungen begünstigen die Entstehung des Othämatoms.

Erhebliche Umfangsvermehrungen des Ohrmuschelgewebes können, wiederum beim **Schwein**, Ausdruck einer ***aktinomykotischen Pachydermie*** sein. Das Gewicht der derbwulstig aufgetriebenen Ohrmuschel kann hierbei mehrere Kilogramm erreichen und Anlaß zu eigentümlicher Kopfschiefhaltung geben (s. auch S. 523).

13.2.2.2 Veränderungen des äußeren Gehörganges

Entzündungen in diesem Ohrbereich werden als ***Otitis externa*** bezeichnet. Für ihre Entstehung sind Enge des Gehörganges, Schlappohren, mangelhafter Luftzutritt, ferner Anreicherung und Zersetzung von Zeruminaldrüsensekreten die wichtigsten Kausalfaktoren. Diese geben insbesondere die Voraussetzung für das Haften bakterieller und mykotischer, seltener viraler Infektionen. Gelegentlich wird die Otitis externa auch durch Fremdkörpereinwirkungen (Grannen, Ästchen und andere Pflanzenteile) und durch unsachgemäße Pflege des äußeren Ohres verursacht. Die zunächst exsudativ-nässenden Entzündungen gehen mit zunehmender Chronizität in ein proliferativulzeratives Bild über (s. Lehrbücher der allgemeinen und speziellen Chirurgie).

13.2.2.3 Tumoren des äußeren Ohres

Grundsätzlich ist bei den **Gehörgangstumoren** zwischen ***Adenomen*** bzw. ***Adenokarzinomen*** der Talg- und Zeruminaldrüsen einerseits und Plattenepitheltumoren, z. B. ***Plattenepithelkarzinomen***, andererseits zu unterscheiden (s. S. 537). Eine relativ häufige Form stellen die Zeruminaldrüsenzysten dar, die sich histologisch meist als ***Zystadenome*** erweisen. Die **Ohrmuscheltumoren** lassen sich in ***Chondrome***, ***Fibrome***, ***Fibrosarkome*** und ***Plattenepithelkarzinome*** klassifizieren.

13.2.2.4 Parasiten des äußeren Ohres

Als Angehörige der Ordnung der ***Milben*** bewohnen sie äußeren Gehörgang und Ohrmuschel und verursachen dort ***Ohrräude*** und ***Otitis externa***. Zu ihnen zählen die *Psoroptesmilben* bei **Schaf**, **Ziege** und **Kaninchen**, *Otodectes cynotis* bei **Hund** und **Katze** und *Raillietia auris* beim **Rind.** Neben den primären, durch die Parasiten hervorgerufenen Hautläsionen und Entzündungen komplizieren sekundäre bakterielle Prozesse bisweilen das Bild und führen u. a. zu eitrigen Einschmelzungen bis in den Mittel- und Innenohrbereich. Bevorzugt bei Fleischfressern entwickeln sich in Gehörgang- und Ohrmuschelbereich infolge chronischer Milbeneinwirkungen metaplastische Veränderungen an Epithel und Zeruminaldrüsen, die zu erheblichen Hyperplasien und gelegentlich sogar zu Neubildungen führen können.

14 Organe der inneren Sekretion (endokrines System)

P. Schmidt und E. Dahme

Das Endokrinium ist neben und mit Nerven- und Immunsystem verantwortlich für die Aufrechterhaltung der Homöostase des Organismus und damit für die Kontrolle vieler lebensnotwendiger Funktionen. Endokrin aktive Zellen sind entweder in Form von *Hormondrüsen* oder als *diffuses (neuro)endokrines System* organisiert. Synthese und Freisetzung der Hormone unterliegen komplexen Steuervorgängen und Rückkoppelungsmechanismen. Freigesetzte Hormone werden entweder unmittelbar in sinusoide, teils fenestrierte Kapillaren ins Blut abgegeben und erreichen auf diesem Weg die Rezeptoren ihrer Zielzellen oder beeinflussen parakrin benachbarte Zellen bzw. autokrin die mit ihrer Produktion betrauten Zellen selbst.

14.1 Hypophyse und Hypothalamus

14.1.1 Anatomisch-funktionelle Vorbemerkungen

Hypothalamus und Hypophyse agieren eng und untrennbar miteinander und nehmen als Hypothalamus-Hypophysen-System eine Schlüsselstellung in der neuroendokrinen Regulation ein. Der *Hypothalamus* bildet den ventral vom Thalamus gelegenen Abschnitt des Zwischenhirns und steht in enger Beziehung zum 3. Hirnventrikel. Die *Hypophyse* setzt sich phylogenetisch gesehen aus zwei Anteilen zusammen: Der Hirnteil, die ***Neurohypophyse*** (Hypophysenhinterlappen = HHL oder Lobus nervosus) entwickelt sich aus einer ventralen Ausbuchtung des Zwischenhirns und ist somit neuroektodermalen Ursprungs. Über ***Infundibulum*** (Hypophysenstiel) und ***Eminentia mediana*** steht die Neurohypophyse mit dem Zwischenhirn anatomisch-funktionell in direkter Verbindung. Der Drüsenteil, die ***Adenohypophyse***, entsteht aus einer dorsalen Ausbuchtung der embryonalen Mundbucht, der sog. Rathkeschen Tasche, und entstammt somit dem oropharyngealen Ektoderm. Beide Anteile verschmelzen miteinander und sind von der Mundhöhle durch das Keilbein, in dessen Fossa hypophysealis die Hypophyse zu liegen kommt, getrennt. Die *Adenohypophyse* bildet die *Pars distalis* (Hypophysenvorderlappen = HVL), die *Pars intermedia* (Hypophysenzwischenlappen = HZL) sowie die *Pars tuberalis* (Trichterlappen) als Fortsetzung des HVL auf den Hypophysenstiel.

14.1.1.1 Hypothalamus

Der Hypothalamus ist Bildungsort der Neurohormone *Vasopressin und Oxytocin*, die in den Nervenzellen von Nucl. supraopticus und Nucl. paraventricularis des rostralen Hypothalamus synthetisiert werden. Der axonale Transport dieser Hormone erfolgt zentrifugal über den Hypophysenstiel in die Neurohypophyse, wo sie axonal als endokrine Fracht in Form der Herring-Körperchen vorübergehend gespeichert und im weiteren an Blutkapillaren abgegeben werden. Darüber hinaus werden in verschiedenen Kerngebieten des Hypothalamus die *hypophyseotropen Freisetzungshormone* (Releasing Hormones, RH) und *Hemmhormone* (Inhibiting Hormones, IH) synthetisiert, die bei noch nicht vollständig aufgeklärter Struktur auch als Freisetzungs (RF)- bzw. Hemmfaktoren (IF) bezeichnet werden und für die Regulation der HVL-Aktivität verantwortlich sind (s.u.). Auch sie werden axonal transportiert und in der *Eminentia mediana* in das „Hypophysenpfortadersystem“ des HVL abgegeben (s.u.). Die wichtigsten hypothalamischen Freisetzungshormone sind *TRH* (Thyreotropin-Releasing Hormone, Thyreoliberin), *CRH* (Corticotropin-Releasing Hormone, Corticoliberin), *GnRH* (Gonadotropin-Releasing Hormone, Gonadoliberin), *GHRH* (Growth Hormone-Releasing Hormone, Somatotropin-Releasing Hormone, Somatoliberin, SRH) und *PRF* (Prolactin-Releasing Factor, Prolactoliberin; vermutlich identisch mit TSH). Die wichtigsten Hemmhormone sind *GHIH* (Growth Hormone Release-Inhibiting Hormone, Somatostatin, Somatotropin Release-Inhibiting Factor, SRIF), *PIF* (Prolactin Release-Inhibiting Factor; vermutlich identisch mit Dopamin) sowie *MIF I und MIF II* (Melanotropin Release-Inhibiting Factor I u. II; vermutlich identisch mit Dopamin).

14.1.1.2 Neurohypophyse

Der HHL stellt ein dichtes neuronales Geflecht dar, das sich hauptsächlich aus den Axonen der neurosekretorischen Neuronen der o.g. Kerngebiete rekrutiert. Das Kapillarsystem der gesamten Neurohypophyse ist charakterisiert durch das Fehlen der normalerweise im ZNS vorhandenen Blut-Hirn-Schranke. Es liegen vielmehr Kapillaren vor, deren Endothel Poren aufweist, die nur von einem sehr dünnen Diaphragma überspannt sind und die der Sekretübernahme dienen. Hochspezialisierte Gliazellen der Neurohypophyse, sog. Pituizyten, haben nicht nur Stütz- und Stoffwechselfunktionen, sondern sind ebenfalls an der Feinregulation der Neurosekretion beteiligt.

Der proximale Anteil der Neurohypophyse, die *Eminentia mediana*, bildet den Boden des 3. Hirnventrikels und stellt das funktionelle Bindeglied zwischen Hypothalamus und HVL dar. In dieser Erhebung bilden Äste der Hypophysenarterien einen primären Plexus fenestrierter Kapillaren, in welchen die hypothalamischen RH und IH abgegeben werden (s.o.). Das abströmende Blut wird in langen Portalgefäßen gesammelt, die zum HVL ziehen und dort ein sekundäres Kapillarbett bilden, das sowohl die nutritive als auch die funktionelle Versorgung des HVL übernimmt. Die

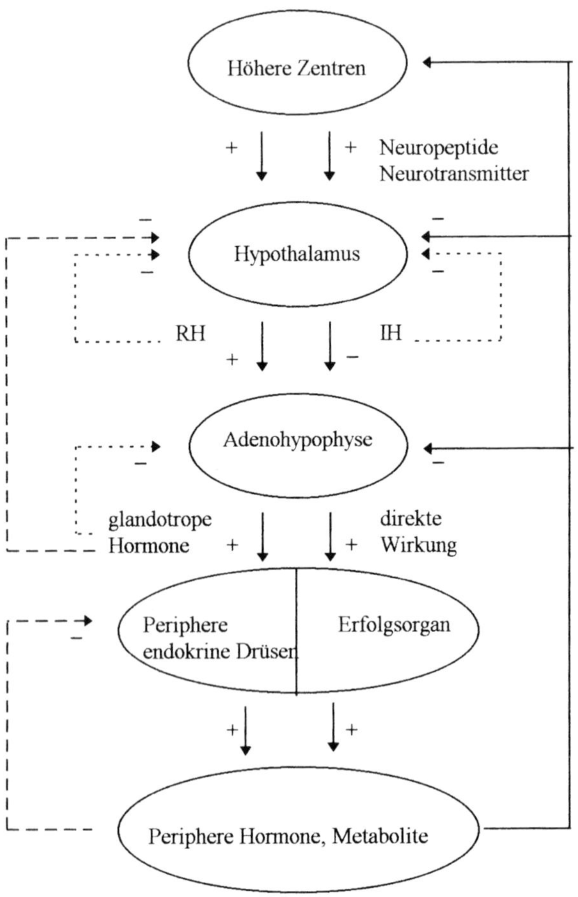

Übersicht 14.1 Schema der hypothalamo-hypophysären Regulation
⟶ long-loop - - -➤ short-loop ·······➤ ultra short-loop Feedback

Abgrenzung zum Ventrikelraum erfolgt durch spezialisierte Ependymzellen, die Tanyzyten. Ihre Funktion wird neben einer räumlichen Aufteilung der neurosekretorischen Kontaktflächen im aktiven Stoffaustausch zwischen Ventrikelsystem und Hypophysenpfortaderkreislauf gesehen.

14.1.1.3 Adenohypophyse

Der *HVL* macht, morphologisch gesehen, den größten Anteil der Adenohypophyse aus. Die Endokrinozyten des HVL, die fetal aus undifferenzierten Stammzellen hervorgehen, werden histologisch je nach Färbeverhalten in azidophile, basophile und chromophobe Zellen eingeteilt. Die **azidophilen** Zellen synthetisieren die Proteohormone Wachstumshormon (STH) und Prolaktin (PRL), während die Gonadotropine LH und FSH sowie das Thyreoidea-stimulierende Hormon (TSH) Glykoproteine darstellen und von **basophilen** Zellen produziert werden. Das adrenocorticotrope Peptidhormon ACTH, das aus dem Vorläufermolekül Proopiomelanocortin (POMC) hervorgeht, wird ebenfalls in **basophilen** Zellen synthetisiert. Chromophob stellen sich degranulierte Zellen und undifferenzierte embryonale Stammzellen dar. Die HVL-Hormone gelangen über fenestrierte Kapillaren in den Blutkreislauf. Sternförmige **follikulostellare Zellen** üben Stützfunktion aus und sollen an der Feinregulation des HVL beteiligt sein. Der kleinere HZL grenzt direkt an die Neurohypophyse an. Seine Drüsenzellen spalten ACTH weiter zu αMSH und CLIP (Corticotropin-Like Intermediate Lobe Peptide) und speisen diese unmittelbar in die Zirkulation ein. Die adenohypophysären Hormone steuern entweder als „glandotrope Hormone" die Aktivität peripherer Hormondrüsen (Gonaden, Nebennierenrinde, Schilddrüse) oder wirken direkt organspezifisch, so etwa STH, PRL, Peptide der Endorphingruppe und melanozytenstimulierende Hormone (MSH).

Im Zentrum der **Regulation der Adenohypophyse** steht der Hypothalamus, der selbst wiederum der Kontrolle von Afferenzen aus höheren Zentren (v.a. Cortex und Limbisches System) unterliegt. Dabei sind zahlreiche Neurotransmitter und Neuropeptide bekannt. Diese nehmen wie die Prostaglandine Einfluß auf Synthese und Freisetzung der hypothalamischen RH und IH, die in der E. mediana in das Hypophysenpfortaderblut gelangen. Die als Folge der Stimulation des Hypothalamus-Hypophysensystems freigesetzten Hormone und Stoffwechselprodukte werden ihrerseits im Sinne eines negativen Feedback wirksam und greifen regulierend in dieses Steuersystem ein (Übersicht 14.1). Neben *long-loop-Mechanismen*, die von den peripheren Hormonen und Metaboliten auf höhere Zentren, Hypothalamus und Hypophyse ausgeübt werden, spielen auch *„short-loop"*- und ultrakurze *Autofeedback-Mechanismen* eine wichtige Rolle. Innerhalb des HVL sind ferner parakrine Wirkungen, die von den follikulostellaren Zellen ausgehen oder zwischen den unterschiedlichen Drüsenzellen stattfinden, von Bedeutung. Im Gegensatz dazu unterliegt der HZL über hypothalamische dopaminerge und serotoninerge Axone in erster Linie neurogener Kontrolle.

14.1.2 Funktionelle Pathologie

Funktionelle Störungen im Hypothalamus-Hypophysensystem können von Schädigungen hypothalamischer Kerngebiete, der E. mediana, des Hypophysenstiels und/oder der Hypophyse selbst ausgehen. Als häufigste Ursachen sind primäre und metastatische Neoplasien anzusehen; es werden aber auch entzündliche und traumatisch bedingte Veränderungen sowie genetische Defekte und Mißbildungen beschrieben. Sekundäre Störungsmuster beruhen vor allem auf Veränderungen an den Zielstrukturen (Rezeptoren etc.) der Hypophysenhormone.

14.1.2.1 Hypothalamus-Neurohypophysensystem

Innerhalb des Hypothalamus-Neurohypophysensystems sind vor allem ***Störungen im Vasopressin-Stoffwechsel*** von klinischer Relevanz. Bei absoluter oder relativer Dehydratation (Transpirieren, Diarrhoe, Blutungen, Zufuhr großer Elektrolytmengen) wird Vasopressin infolge Erhöhung des osmotischen Druckes im Blut (Osmorezeptoren im Nucleus supraopticus, in der Vorderwand des 3. Hirnventrikels und anderen Hirnregionen sowie vermutlich im Portalkreislauf der Leber) oder einer Reduktion des zirkulierenden Blutvolumens (Barorezeptoren in Carotissinus und Aortenbogen) aus der Neurohypophyse freigesetzt. Vasopressin erhöht am distalen Nierentubulus durch Stimulation von V_2-Rezeptoren die Wasserrückresorption bei gleichzeitiger Konstriktion peripherer Arteriolen (V_1-Rezeptoren) und führt zur Erhöhung des Gesamtblutvolumens und zum Blutdruckanstieg. Daneben besteht ein Zusammenwirken von Vasopressin und dem Renin-Angiotensin-Aldosteron-System (s. S. 268). Ferner verstärkt Vasopressin die CRH-Wirkung auf die kortikotropen Zellen des HVL.

Eine verminderte Vasopressinwirkung führt zum klinischen Bild des ***Diabetes insipidus*** (D.i.), der durch Polyurie, Polydipsie und Hyposthenurie charakterisiert ist. D.i. kann angeboren oder erworben, vollständig oder partiell sein. Beim *zentralen D.i.* (Vorkommen bei **Hund**, **Katze**, **Pferd**, **Ratte**) liegen verminderte Vasopressinkonzentrationen im Blut als Folge all jener Störungen vor, die hypothalamische Synthese, axonalen Transport, Speicherung und/oder Freisetzung von Vasopressin aus der Neurohypophyse negativ beeinflussen. Ein *angeborener, zentraler D.i.* ist bei **Hund** und **Katze**, ferner und vor allem bei der Brattleboro-**Ratte** (autosomal-semirezessiver Erbgang; fehlende ADH-Produktion, begleitet von einer Hypertrophie des gesamten hypothalamo-neurohypophysären Systems) bekannt. Demgegenüber liegt beim *nephrogenen D.i.* ein Unvermögen der Niere vor, trotz adäquater oder sogar erhöhter Vasopressin-Spiegel den Harn zu konzentrieren. Als Ursachen kommen Defekte der V_2-Rezeptoren (hereditär bei einer Husky-Familie) und angeborene oder erworbene Nierenveränderungen in Frage. Im Gegensatz zum zentralen D.i. läßt sich der nephrogene D.i. nicht durch Vasopressin-Substitution beeinflussen.

Weitaus seltener ist die ***primäre Überproduktion von Vasopressin*** (SCHWARZ-BARTTER-Syndrom), die bei **Mensch** und **Hund** beobachtet wurde. Sie ist durch verstärkte Wasserrückresorption mit Verdünnung der Körperflüssigkeiten, Hyponatriämie und Ausscheidung eines konzentrierten, elektrolytreichen Harnes charakterisiert. Ätiologisch kommen eine ektope Vasopressinproduktion durch maligne Tumoren, ZNS-Störungen oder iatrogene Überdosierungen von Vasopressinpräparaten in Betracht.

Störungen im Oxytocinstoffwechsel können zu verzögerter oder gestörter Geburt und Beeinträchtigung der Laktation führen. Oxytocin wird nach Reizung der Zitzen und Genitalien ausgeschüttet, löst in der Mamma die Milchejektion aus und verstärkt zusammen mit PGF_2 die Uteruskontraktion bei der Geburt. Zentral freigesetztes Oxytocin moduliert Sexual- und Sozialverhalten und ist für die Ausprägung des Mutterverhaltens nach der Geburt verantwortlich.

14.1.2.2 Hypothalamus-Adenohypophysensystem

Die Adenohypophyse übernimmt durch Synthese und Freisetzung der glandotropen Hormone die Kontrolle über zahlreiche periphere Hormondrüsen. So stimuliert *ACTH* die Zonae fasciculata et reticularis der Nebennierenrinde und steigert die Synthese und Freisetzung der Glukokortikoide und der adrenalen Sexualsteroide. *TSH* aktiviert Schilddrüsenfunktion und -wachstum und mobilisiert die Schilddrüsenhormone aus ihrer Speicherform, dem Thyreoglobulin. Die Gonadotropine *FSH* und *LH/ICSH* sind für die Regulation der Gonadenaktivität verantwortlich. Das in den azidophilen Zellen des HVL gebildete *STH* stimuliert Wachstums- und Syntheseprozesse, wobei seine Wirkung postnatal durch den *Insulin-ähnlichen Wachstumsfaktor 1* (Insulin-like Growth Factor 1, IGF 1) vermittelt wird, der nach Bindung von STH an Rezeptoren in der Leber, aber auch in vielen anderen Organen gebildet wird. Die direkten metabolischen STH-Effekte beeinflussen den Kohlenhydrat-, Protein- und Fettstoffwechsel und sind im chronischen Fall als diabetogene, insulinantagonistische Wirkungen zu sehen, die mit Hyperglykämie, Glukoseintoleranz, Hyperinsulinämie und peripherer Insulinresistenz einhergehen. Aufgrund der positiven Wirkung von STH auf die Milchleistung, die sowohl auf direkt metabolische als auch auf indirekte, IGF 1 vermittelte Mechanismen zurückzuführen ist, wird seine Anwendung zur Steigerung der landwirtschaftlichen Produktivität derzeit diskutiert. Phylogenetisch eng verbunden mit STH ist die Entwicklung von *PRL*. Es stimuliert in der Milchdrüse Mammogenese, Laktogenese und Galaktopoese und übt an den Ovarien eine luteotrope Aktivität aus. *MSH*, das gemeinsam mit *endogenen Opioiden* und *ACTH* aus dem POMC-Stoffwechsel hervorgeht, beeinflußt entscheidend die Pigmentierung von Haut und Haaren. Daneben sind von MSH wie von den endogenen Opioiden zahlreiche modulierende Funktionen im ZNS und eine Beteiligung bei der Feinregulation der Hypophysenaktivität selbst bekannt. Von MSH wird darüber hinaus eine trophische Wirkung bei der Ontogenese berichtet.

Störungen, die mit einer verminderten ***(Hypopituitarismus)*** oder gesteigerten ***(Hyperpituitarismus)*** Aktivität des

Hypothalamus-Adenohypophysensystems einhergehen, verursachen tiefgreifende Veränderungen an den Zielgeweben und werden bei der Besprechung der betroffenen Organsysteme (s. S. 457) dargestellt.

14.1.3 Mißbildungen der Hypophyse

Entwicklungsstörungen der Hypophyse werden zunächst in der Form von ***Hypo- oder Aplasie*** des ganzen Organs oder auch einzelner Lappen beobachtet. Nicht selten stehen sie in nachweisbarem Zusammenhang mit Schädel- und Hirnmißbildungen. Bedeutsam sind in diesem Zusammenhang insbesondere die auf S. 364 besprochenen Aplasien des hypothalamisch-hypophysären Systems im Rahmen von Zyklopien und Arhinenzephalien beim **Kalb**.

Zu den Entwicklungsstörungen zählen ferner die kongenitalen (embryonalen) ***Hypophysenzysten***. Diese leiten sich im HVL- und Zwischenlappenbereich von der RATHKEschen Tasche bzw. vom Canalis craniopharyngicus ab und werden gemeinhin unter dem Terminus *RATHKEsche Zysten* geführt. Von diesen sind jene Zysten abzugrenzen, die ihren Ausgang von Resten des Recessus infundibuli nehmen, d.h. primär den HHL betreffen. In jedem Falle einer Zystenbildung hängt es von der Zystengröße und dem damit verbundenen Grad der Gewebsatrophie ab, ob es zu Funktionsstörungen kommt. Da aber das raumfordernde Verhalten von Hypophysenzysten erst im Laufe des postnatalen Lebens zum Tragen kommt, ist eine eindeutige Grenzziehung zwischen angeborenen und erworbenen Hypophysenzysten nicht immer möglich. Zysten, die sich nach dem Schließen des Canalis craniopharyngicus von oralen Residuen der adenohypophysären Anlage ableiten *(Rachendachhypophyse)* können mitunter, vor allem beim **Hund**, zu Atembeschwerden führen.

Der beim **Hund** (*Deutscher Schäferhund, Spitz, Zwergpinscher, Karelischer Bärenhund, Schäferhundmischlinge*, Inzuchtlinie des *immundefizienten Weimaraners*) gelegentlich zu beobachtende ***hypophysäre Zwergwuchs*** ist Teilphänomen eines ***jugendlichen Panhypopituitarismus***. Klinisch jenseits des zweiten Lebensmonats manifest werdend, ist dieses autosomal-rezessive Erbleiden durch retardiertes Wachstum mit verzögertem Epiphysenschluß, Persistieren der Welpenbehaarung, bilateral symmetrischen Haarausfall bis zur kompletten Alopezie, Verdünnung und Hyperpigmentierung der Haut, verzögerten oder ausbleibenden Zahnwechsel und unterentwickelte Genitalien gekennzeichnet. Pathologisch-morphologisch findet sich anstelle des HVL zumeist ein traubig-zystisches Bindegewebsgebilde mit spärlichem Drüsenzellbesatz. Ursächlich liegt eine Differenzierungsstörung der STH-synthetisierenden Zellen vor, so daß sich Residuen der RATHKEschen Tasche zu multilobulären Zysten entwickeln. Durch progressive Vergrößerung der Zysten und Kompression der verbleibenden Pars distalis und des Hypophysenstiels kommt es zu weiteren Funktionsausfällen mit sekundärem Hypothyreoidismus, Hypoadrenokortizismus und Hypogonadismus.

Für das Auftreten *zwergwüchsiger Linien* innerhalb einer **Hunderasse** sind demgegenüber vor allem unterschiedliche IGF 1-Konzentrationen verantwortlich zu machen. So zeigen z.B. *Miniatur-* und *Zwergpudel* bei normalen STH-Konzentrationen signifikant geringere IGF 1-Spiegel als Königspudel. Welche Rolle die verminderte Anzahl Wachstumshormon-bildender Zellen im HVL von Welpen anderer zwergwüchsiger Hunderassen (v.a. *Yorkshire-Terrier*) als Ausdruck endokriner Dysregulation bei der Entwicklung des ***Hypoglykämie-Fettleber-Syndroms*** (s. S. 210) spielt, bleibt abzuklären.

Bei einigen **Labormauslinien** wurde ein genetisch bedingter hypophysärer Zwergwuchs festgestellt, bei dem entweder ein isolierter STH-Mangel oder komplexe Störungen der adenohypophysären Regulation vorliegen.

Skelettveränderungen und Wachstumsstörungen werden beim **Kalb** nach intrauteriner BVD-Infektion beschrieben, wobei sich Virusantigen in Hypothalamus und Hypophyse, aber auch in anderen endokrinen Drüsen nachweisen läßt.

14.1.4 Kreislaufstörungen der Hypophyse

Hämorrhagien sind in der Hypophyse selten zu beobachten. Meist entstehen sie traumatisch oder im Verlauf raumfordernder Prozesse, insbesondere Tumoren, welche die Zirkulation behindern oder unterbinden. Daß lokale Druckerhöhungen auch intrasinusoidal zu Gitterfaserzerstörung führen können, zeigt das Beispiel der ***Peliosis hypophysis***. Bei ihr handelt es sich um kleine, verteilt liegende Bluträume, die sich histologisch als zartwandige Zysten ohne eigentliche endotheliale Auskleidung darstellen.

14.1.5 Regressive Veränderungen und Entzündungen der Hypophyse

Atrophische Prozesse im Alter, besonders bei **Pferd** und **Hund** vorkommend, gehen parallel mit gleichzeitiger Zubildung von Bindegewebe, zuweilen auch mit Gitterfasersklerose und Kalkablagerung. Daneben kann eine kolloide Einschmelzung der Parenchymzellen zur Bildung von Kolloidzysten führen.

Erworbene Zysten werden im übrigen lediglich im Bereich der Adenohypophyse beschrieben. Sie sind durch zystische Erweiterung der Kolloidfollikel oder durch Degeneration von Drüsenepithelien entstanden. Im allgemeinen ist aber diesen Hypophysenzysten keine größere Bedeutung beizumessen.

Bei den Haussäugetieren sind ***Hypophysenentzündungen*** selten. Sie können sich aus eitrigen Entzündungen der Hirnhäute und Ventrikel oder solchen der Nasen- und Nasennebenhöhle sowie der Keilbeinhöhle herleiten. Zu eitriger Einschmelzung und Abszedierung kann es aber auch auf embolisch-metastatischem Wege kommen, wie beim ***Hypophysen-Abszeß-Syndrom***, das für **Mensch**, **Wiederkäuer** und **Schwein** beschrieben ist.

Als Beispiel für ausgedehnte Immunozytenproliferationen bei Virusinfektionen seien die *infektiöse Anämie der Einhufer* und die *Schweinepest* erwähnt. Eine lymphomonozytäre Infiltration der Neurohypophyse ist beinahe regelmäßig bei der *Bornaenzephalitis* des **Pferdes** zu beobachten (s. S. 394).

14.1.6 Regeneration, Hyperplasien und Tumoren der Hypophyse

Ähnlich den Verhältnissen beim Menschen, treten bei den Haussäugern im Verlauf der Gravidität vermehrt azidophile PRL-synthetisierende Zellen (Schwangerschaftszellen) auf. Beim Menschen wurde dabei auch eine Umwandlung von STH-produzierenden somatotropen über somatomammotrope in PRL-synthetisierende mammotrope Zellen nachgewiesen. Als Ausdruck eines fehlenden negativen Feedback wird nach Kastration ein vermehrtes Auftreten großer, Gonadotropin-produzierender Zellen (Kastrationszellen) beobachtet. Hyperplasie und Hypertrophie der ACTH-synthetisierenden Zellen sind beim primären Hypoadrenokortizismus (s. S. 475) zu beobachten.

Knotige Hyperplasien im Bereich von Pars distalis und Pars intermedia sind bei alten **Pferden** und **Hunden**, insbesondere auch bei alten **Versuchsratten**, relativ häufig. Sie sind als überschießende regeneratorische Leistungen des Organismus zu deuten und lassen sich kaum von Adenomen abgrenzen.

Adenome der Adenohypophyse sind wiederum bei älteren **Hunden**, **Pferden** und **Ratten** häufig anzutreffen. Prinzipiell können sie sich von allen Drüsenzellpopulationen ableiten. Die klinischen Erscheinungen werden entweder durch hormonelle Hypersekretion und/oder aufgrund ihres expansiven Wachstums durch Kompression des restlichen Hypophysengewebes und des Gehirns bestimmt. Weitere Folgen sind demzufolge vor allem Hypopituitarismus, Diabetes insipidus und zentralnervöse Störungen. Bei **Hund** und **Pferd** favorisiert ein unvollständiges bzw. fehlendes Diaphragma sellae ein Tumorwachstum nach dorsal mit Kompression von Zwischen- und Mittelhirn sowie von Gehirnnervenwurzeln.

Während beim Menschen ***azidophile Adenome*** die häufigste Form von Hypophysentumoren ausmachen und zu *Hypersomatotropismus* oder *Hyperprolaktinämie* führen, sind derartige Tumoren bei Tieren vergleichsweise selten. Gelegentlich bei der **Katze** auftretend, geht das azidophile Adenom klinisch mit *Akromegalie* und – infolge der Blutglukose-steigernden Wachstumshormonwirkung – mit *sekundärem Diabetes mellitus* einher. Demgegenüber wird ein *Hypersomatotropismus* mit und ohne Akromegalie bei der **Hündin** nach Langzeitbehandlung mit Progesteronpräparaten beobachtet. Dabei sind die erhöhten Wachstumshormonspiegel nicht hypophysären Ursprungs, d.h. nicht tumorigen, sondern auf eine Wachstumshormonsynthese im proliferierten Milchdrüsengewebe zurückzuführen.

Prolaktinome kommen gelegentlich bei **Hund** und **Schaf** sowie sehr häufig bei älteren Ratten vor, ohne zu klinischen Erscheinungen zu führen, die auf eine Hypersekretion schließen ließen.

Die häufigsten Hypophysentumoren bei den Haustieren sind ACTH-produzierende, d.h. ***hormonell aktive Adenome des HVL***, die klinisch meist mit einem *hypophysären* C*USHING-Syndrom* (Morbus CUSHING s. S. 476) einhergehen. Ein hypophysäres CUSHING-Syndrom wird beim **Hund** in 30% der Fälle auch bei Adenomen des HZL beobachtet. Während in HZL-Adenomen anderer Tierarten ACTH in αMSH und CLIP gespalten wird, existieren beim Hund zwei Varianten (A und B) des morphologisch als mukoidzellig bezeichneten HVL-Adenoms: Beim A-Zellen-Adenom liegt ein gesteigerter POMC-Umsatz in αMSH und βEndorphin vor, wobei auch vermehrt ACTH freigesetzt wird, während beim B-Zellen-Adenom POMC vor allem in ACTH, βLPH und βEndorphin gespalten wird und die αMSH-Spiegel normal bleiben. Die Folge der ungezügelten ACTH-Freisetzung führt zu der auf Tafel XXIV.E gezeigten Hyperplasie der Z. fasciculata der NN-Rinde. Mit zunehmender Entdifferenzierung läßt die endokrine Aktivität der HVL-Tumoren meist nach, doch zerstört ihr infiltrierendes Wachstum die übrigen Hypophysenanteile sowie den Hypothalamus mit der Folge einer progredienten hypothalamo-hypophysären Insuffizienz und damit einer Atrophie verschiedener Zielorgane (Abb. 14.1).

Bei älteren **Pferden** werden in erster Linie ***hormonell aktive Adenome des HZL*** beobachtet (Abb. 14.2). Zum einen können die klinischen Symptome (Hirsutismus, Hyper-

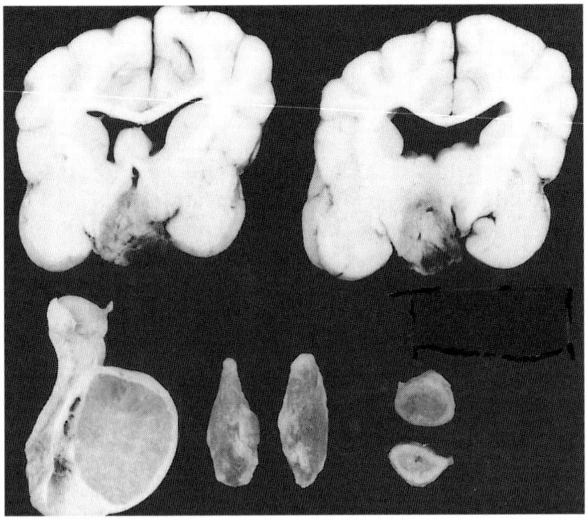

Abb. 14.1 *Tumoren der Adenohypophyse*: links: Maligner, endokrin nicht aktiver HVL-Tumor beim Hund mit totaler Zerstörung des gesamten Hypophysengewebes und tiefer Infiltration des Hypothalamus. In der Folge ist es zur Atrophie der Zielorgane Hoden, Schilddrüse und Nebennierenrinde gekommen. Boxer, ml. 6 J., nat. Größe.

hydrosis, Polydipsie/Polyurie, Polyphagie, intermittierendes Fieber, insulinresistente Hyperglykämie, Glukosurie, erhöhte Infektanfälligkeit) auf das expansive Tumorwachstum mit Kompression von Neurohypophyse und Hypothalamus und Schädigung der hypothalamischen Regulationszentren für zyklischen Haarwechsel, Appetit und Körpertemperatur zurückgeführt werden. Zum anderen liegt eine endokrine Dysregulation im Sinne eines hypophysären CUSHING-Syndroms vor. Pathogenetisch dürfte dafür in erster Linie eine gestörte circadiane Rhythmik der ACTH-Freisetzung maßgeblich sein, da in diesen Tumoren POMC vor allem in CLIP, αMSH, βMSH und βEndorphin gespalten wird, während die im Blut zirkulierenden ACTH-Spiegel lediglich geringgradig erhöht sind (s. o.).

Hormonell inaktive chromophobe Adenome der Hypophyse werden gelegentlich bei **Hund** und **Katze,** häufig jedoch bei alten Labornagern, hier insbesondere bei **Ratten** beobachtet.

Die sehr seltenen ***Hypophysenkarzinome*** zeigen ein invasives Wachstum und Metastasierung in andere Organe, sind aber in der Regel endokrin inaktiv.

Beachtung verdient noch das vorwiegend beim **Menschen** und gelegentlich beim **Hund** vorkommende ***Kraniopharyngeom***, ein Tumor, der seinen Ausgang von Resten der Epithelzellen des embryonalen Hypophysenganges (Canalis craniopharyngicus) nimmt.

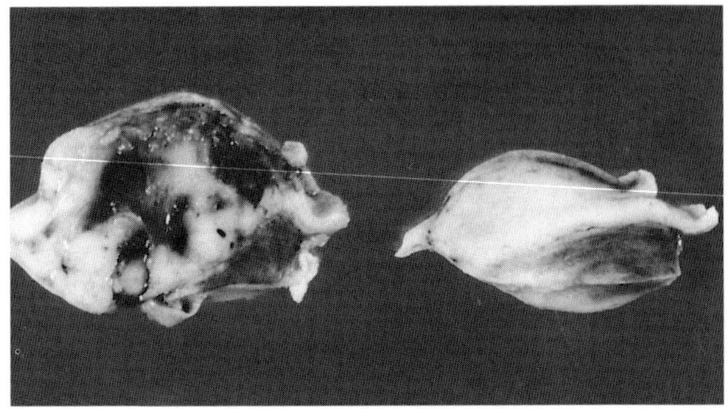

Abb. 14.2 Semimalignes Zwischenlappenadenom beim Pferd mit Infiltration der Neurohypophyse (N). HVL lediglich geringgradig atrophiert (V). Warmblut, wbl. 20 J., 1,2 x nat. Größe.

Extrem selten werden bei jüngeren **Hunden** im Bereich der Hypophyse intrakranielle, ***supraselläre Keimzelltumoren*** beobachtet, die zu Kompression und Invasion von Hypophyse und Hypothalamus führen können.

Auch Metastasierungen anderer Tumoren (z.B. Karzinome, Lymphosarkom, malignes Melanom, Osteosarkom) in die Hypophyse sind in Einzelfällen beschrieben.

14.2 Schilddrüse

14.2.1 Anatomisch-funktionelle Vorbemerkungen

Die Entwicklung des *follikulären Schilddrüsensystems* erfolgt als ursprünglich unpaares Organ aus dem Mundbodenentoderm. In ihrem Verlauf wird die Anlage mit dem Truncus arteriosus nach kaudal verlagert und zweigeteilt, bleibt aber bei den Säugetieren durch Mittellappen oder Isthmus verbunden. Der vorübergehend bestehende Ductus thyreoglossus wird bis zum Ende der Fetalperiode zurückgebildet. Die thyreoidalen C-Zellen des *parafollikulären Systems* entwickeln sich aus dem Ultimobranchialkörper, der jeweils beidseitig aus der fünften Schlundtasche hervorgeht. Bei Mammaliern kommt es zur Integration mit der Schilddrüsenanlage, während bei Fischen, Amphibien, Reptilien und den meisten Vogelarten ein selbständiger *Ultimobranchialkörper* bestehen bleibt.

Die Schilddrüse liegt ventrolateral der Trachea, beim Säuger in der Nähe des Kehlkopfes, beim Vogel intrathorakal an der A. carotis communis. Schildform hat die Schilddrüse nur bei Mensch und Schwein, da bei den anderen Säugern der Mittellappen zum Isthmus zurückgebildet ist, beim Vogel sogar ganz fehlt. Ihre Farbe ist rot bis rot-braun, ihre Konsistenz derb-elastisch, ihre Oberfläche glatt oder höckerig (Rind und Schwein). Die Schilddrüse ist sowohl sympathisch als auch parasympathisch innerviert. Die Fasern reichen bis an die einzelnen Epithelzellen.

Arterielle Gefäße mit vielen Anastomosen entstammen der A. thyreoidea. Die Lymphgefäße münden über die Lnn. cervicales profundi in die Ductus lymphacei tracheales.

Das Parenchym der Schilddrüse wird histologisch aus einschichtigem Epithel, das hohlkugelartig zu Follikeln angeordnet ist, gebildet. Das Epithel besteht aus schwach färbbaren *Hauptzellen* und den vereinzelt dazwischenliegenden, stärker färbbaren und schmäleren *Kolloidzellen*. Erstere sind je nach Funktionszustand abgeflacht, kubisch oder zylindrisch, letztere sind in aktivierten Follikeln häufiger anzutreffen als in ruhenden. Das Stroma der Schilddrüse besteht aus kollagenen und elastischen Fasern, die, von der Bindegewebskapsel ausgehend, die einzelnen Follikel umspinnen. In der aktivierten Drüse zeichnen sich die interfollikulären Räume durch Blutfülle der sinusoiden Kapillaren deutlich ab.

Die Bildung der biologisch aktiven Schilddrüsenhormone *L-Tetrajodthyronin (Thyroxin, T4)* und des um ein Vielfaches wirksameren *Trijodthyronin (T3)* ist abhängig von der aktiven Aufnahme von Jodidionen in die Schilddrüsenzelle und ihrer anschließenden Anreicherung. Dieser energiefordernde Transport wird durch hypophysäres TSH stimuliert und kann durch Perchloration gehemmt werden. Jodfreies Thyreoglobulin wird im endoplasmatischen Retikulum gebildet und über Transportvesikel und Exozytose in das Follikellumen abgegeben, wo es als Kolloid gespeichert wird. Die Jodierung des Thyreoglobulins erfolgt extrazellulär an der Kontaktstelle des Kolloids mit der apikalen Oberfläche der Drüsenzellen durch Oxidation des Jodids und Bindung an Tyrosinreste im Thyreoglobulin, ein Vorgang, der durch die Schilddrüsenperoxidase katalysiert wird. Bei Bedarf (Stimulation durch TSH) wird Kolloid über Endozytose in die Follikelzellen aufgenommen, die Schilddrüsenhormone werden durch lysosomale Enzyme vom Thyreoglobulin abgespalten und in die Zirkulation abgegeben. Der größte Teil des Trijodthyronins entsteht durch Monodeiodierung von Thyroxin (5'-Deiodinase) in extrathyreoidalen Geweben. Die endokrine Aktivität der Schilddrüse wird über einen übergeordneten hypothalamisch/hypophysären negativen Rückkopplungsmechanismus (s. S. 460) gesteuert.

Neben den bisher genannten Drüsenfunktionen besitzt die Schilddrüse in den o.g. parafollikulären Zellen = C-Zellen, die zwischen den Schilddrüsenfollikeln angeordnet sind, ein zweites, von der Hypophyse unabhängiges endokrines Funktionsprinzip. Sein Sekret, das Proteohormon *Calcitonin*, reguliert den Kalziumstoffwechsel im Sinne eines Parathormonantagonisten (s. S. 471). Die pathologischen Veränderungen dieses parafollikulären Systems werden zusammenfassend am Ende dieses Kapitels (S. 470) dargestellt.

14.2.2 Funktionelle Pathologie

Für das Verständnis krankhafter, durch Sekretionsstörungen bedingter Ereignisse ist zu berücksichtigen, daß die meisten somatischen Zellen intrazellulär-nukleäre und zytoplasmatische Rezeptoren für Schilddrüsenhormone besitzen, d.h. keine solitäre bzw. spezifische Zielzellenform existiert. Die Schilddrüsenhormone wirken insgesamt stoffwechselstimulierend; ihre vermehrte Abgabe führt zu Erhöhung des Grundumsatzes. Besonders ausgeprägt sind die stimulierenden Wirkungen auf Kohlenhydrat-, Protein- und Fettstoffwechsel, die Stimulation von Herzfrequenz, Schlagvolumen und Blutfluß sowie die neuronaler Entwicklung und Transmission. Darüber hinaus gibt es zahlreiche Wechselwirkungen mit anderen Hormonen (synergistischer und permissiver Effekt mit STH und Catecholaminen, eher entgegengesetzte Wirkung zu Steroidhormonen).

14.2.2.1 Hypothyreose

Unter den Begriffen *Hypothyreose* oder *Hypothyreoidismus* werden alle Funktionsmangelzustände der Schilddrüse zusammengefaßt. Man unterscheidet dabei *primäre* (Ursache in der Schilddrüse) und *sekundäre* (Ursache in der Hypophyse; TSH-Mangel) Formen.

Ursachen des primären Hypothyreoidismus

1. Gewebliche Defekte (Aplasie, Hypoplasie, Atrophie, Entzündung, Tumoren, Röntgenbestrahlung)
2. Mangel an Hormonbausteinen, insbesondere Jodmangel
3. Chemisch bedingte Blockierung der Hormonbildung oder -ausschüttung (z.B. Thioharnstoff)
4. Partielle oder totale Entfernung der Drüse

Folgen des Hypothyreoidismus

Diese lassen sich ganz allgemein auf eine Reduzierung bzw. Retardierung des Grundstoffwechsels zurückführen. Tritt die Hypothyreose bereits in Fetal- oder Wachstumsperiode auf, sind die Folgen durchweg schwerwiegend. Dies erklärt sich aus der besonderen physiologischen Bedeutung der Schilddrüse vor allem für die Entwicklung von Skelett- und Nervensystem.

Myxödem: Diese ausgeprägte Form der Hypothyreose führt an Haut, Unterhaut und Schleimhäuten zu einer mukoid-ödematösen Durchtränkung mit typisch teigiger Konsistenz. Die Grundsubstanz ist dabei extrem reich an Proteoglykanen, freien Mukopolysacchariden und Glykoproteinen.

Das Myxödem der Haussäugetiere wird vorwiegend durch alimentären Jodmangel verursacht, wobei Protein-und/oder Vitamin A-Mangel unterstützend wirken können. Beim **Ferkel** kann das Myxödem bereits zum Zeitpunkt der Geburt ausgebildet sein (Wasser- oder Speckferkel) oder erst in der 2.-3. Lebenswoche entstehen (Dickhalsferkel, da hier vorwiegend Schulter- und Halspartien betroffen sind). Die Schilddrüse zeigt in beiden Fällen das Bild der *parenchymatösen Struma* (Tafel XXIV.F). Auch bei **Schaf** und **Ziege** wird das kongenitale Myxödem gefunden.

Kretinismus: Im wesentlichen durch Skelettentwicklungsstörungen bedingt, zeigt sich bei dieser bereits frühfetal manifest gewordenen hypothyreoten Stoffwechsellage ein dysproportionierter Minderwuchs: Infolge vorzeitigen Schlusses der kraniellen Knochennähte kommt es zu *Mikrozephalie* mit mangelhafter Hirnentfaltung (= *Oligophrenie*). Hieraus resultieren mentale Retardation und Gehörstörungen. Myxödeme und Hypogenitalismus können das Bild abrunden. Bei Haustieren selten vorkommend, sind ätiopathogenetisch zwei *Formen* zu unterscheiden, die *endemische Jodmangelform* (= endemischer Kretinismus) und die *endogene* Form (= hereditärer oder sporadischer Kretinismus). Die erstgenannte Form wird gelegentlich bei **Pferd**, **Hund**, **Schwein** und **kleinen Wiederkäuern** mit und ohne Kropfbildung gesehen, der zweitgenannten Form dürften vor allem Enzymdefekte in der Thyreoglobulinsynthese zugrunde liegen (**Ziege**!). Näheres hierzu ist nachfolgend ausgeführt (s. S. 460).

Als Ausdruck einer Hypothyreose sind ferner häufig Hautveränderungen sowie *Fertilitätsstörungen* zu beobachten. Daneben zeigen sich *Hyperlipidämie* und *Hypercholesterinämie* im Verein mit niedrigen T4- und T3- Serumwerten.

14.2.2.2 Hyperthyreose

Dieses auch als *Hyperthyreoidismus* oder *Thyreotoxikose* bezeichnete, jedoch bei den Haustieren selten zu beobachtende Krankheitsbild beruht auf einer Überproduktion von Schilddrüsenhormonen. Klinisch besteht eine *sympathikotone Reaktionslage* mit erhöhtem Grundumsatz. Der stoffwechselsteigernde hormonelle Effekt führt dabei in der Leber zu Glykogenverarmung, in deren Folge es zu Fettinfiltration, zentrolobulärer Nekrose und schließlich zur Leberzirrhose kommen kann. Das Herz ist vergrößert, der linke Ventrikel hypertrophiert. Das Myokard ist arm an Glykogen und neigt zu Fettinfiltration und Degeneration. Ferner kommt es zur Erschöpfung der Nebennierenrinde sowie zu Hyperplasie von Thymus und anderen lymphatischen Einrichtungen. Hyperthyreosen gehen in der Regel mit endokrin aktiver Umfangsvermehrung der Schilddrüse (bei landwirtschaftlichen Nutztieren auch nach Aufnahme schilddrüsenaktiver Substanzen) einher. Eine Sonderstellung nimmt die ***Basedowsche Krankheit*** des **Menschen** ein (Morbus Basedow, Struma basedowiana), die durch die *Merseburger Trias* gekennzeichnet ist: Tachykardie, Struma und Exophthalmus. Pathogenetisch liegt eine Autoimmunthyreopathie vor, bei der autoreaktive Antikörper (IgG) gegen TSH-Rezeptorantigene gebildet werden, welche sowohl das Schilddrüsenwachstum als auch die Hypersekretion von Schilddrüsenhormonen stimulieren. Beobachtet wurde das klinische Bild der Basedowschen Krankheit auch bei **Pferd**, **Hund** und **Schaf**. Beim **Wildkaninchen** kann man einen sog. ***Schreckbasedow*** durch psychische Noxen auslösen.

14.2.3 Mißbildungen

Sowohl die ***Aplasie*** als auch ***kongenitale Hypoplasien*** sind insgesamt gesehen selten. ***Akzessorische Schilddrüsen*** finden sich in seltenen Einzelfällen beim **Hund.** Diese *dystopen* Strukturen können sich in all jenen Organen, die während der Ontogenese mit der Schilddrüsenanlage in geweblichen Kontakt kommen, etablieren (Zunge, Trachea, Mediastinum, Aortenbogen, Herz) und verhalten sich funktionell wie die *orthotope* Schilddrüse. Ferner beobachtet man ***Zysten***, ausgehend vom Ductus thyreoglossus (Zylinder- bzw. Flimmerepithel) oder von dystopischem Branchialgewebe (mehrschichtiges Epithel). Ein erblicher, nicht näher analysierter Enzymdefekt mit dem Ergebnis einer gestörten Thyreoglobulinsynthese und damit eines ***Hypothyreose-Syndroms*** ist bei bestimmten **Schaf-** und **Ziegenrassen** bekannt (s. S. 469).

14.2.4 Kreislaufstörungen

Stauungshyperämien können durch Kompression der Halsvenen (Halsband) und Herzfehler verursacht werden. Bei schockartigen Todesfällen (Narkosetod, Rotlaufseptikämie; früher: plötzlicher Herztod des **Schweines**) ist mitunter das histologische Bild eines ***Follikelkollapses*** mit venöser Hyperämie unter extremer Weitung von Kapillaren, subepithelialen und interstitiellen Ödemen sowie Erythrodiapedesen und Rhexisblutungen zu sehen. Durch die subepithelialen Flüssigkeitsansammlungen erscheint das Epithel abgelöst und in das Follikellumen gedrückt.

14.2.5 Regressive Veränderungen und Entzündungen

Altersbedingte Veränderungen: Im Alter geht mit der Reduzierung metabolischer Aktivitäten eine allmähliche teilweise *Ruhigstellung der Schilddrüse* einher. Zu beobachten ist dies beim **Hund** vom 10. Lebensjahr, beim **Pferd** vom 12. Lebensjahr an. Das Follikelepithel wird flach, und die Follikel sind mit Stapelkolloid gefüllt. Ferner treten knotige Hyperplasien als kompensatorische oder autonome Regenerate auf. Bei älteren Tieren wird regelmäßig *Lipofuszin* in den luminalen Bereichen der Follikelepithelien gefunden (braun-rote Organverfärbung).

Intravitale Epitheldesquamationen: Im Kolloid finden sich Epithelzellen mit phagozytierten Bestandteilen (Hämosiderin, Lipoide, Erythrozyten).

Amyloidose des Interstitiums: Diese führt, häufig bei generalisierten Amyloidosen, zur Verbreiterung der Follikelzwischenräume und partiell zur Atrophie von Follikeln, ohne Funktionsstörungen der Schilddrüse zu verursachen.

Kalkablagerungen: Dystrophische Verkalkungen sind in Hämorrhagien und Nekrosen möglich. Ferner sieht man im Alter in den Follikeln verkalktes Kolloid, ohne Funktionsstörungen hervorzurufen.

Entzündungen (Thyreoiditis) sind eher seltene Ereignisse. Nach Einwirkung mechanischer Traumen (Halsbanddruck; Biß- und Unfallverletzungen) kann es vorwiegend bei **Hunden** zu m.o.w. umfangreichen entzündlichen Resorptions- und Narbenprozessen kommen. Soweit es sich um offene Verletzungen handelt, kann das Schilddrüsengewebe unmittelbar infiziert oder mittelbar in phlegmonöse Halsgewebsprozesse einbezogen werden. Hierbei entwickelt sich gelegentlich eine *eitrige, eitrig-nekrotisierende oder jauchige Thyreoiditis*. Diese insgesamt aber unspezifischen Entzündungsbilder sind grundsätzlich von solchen zu trennen, die im Rahmen hämatogen-metastatischer Infektionsausbreitung entstehen oder aus der Nachbarschaft (Druseabszesse beim Pferd!) auf die Schilddrüse übergreifen.

Besondere Beachtung verdient die *chronische lymphozytäre Thyreoiditis*, die bei **Hunden** (10-13% in einigen Beagle-Populationen), bestimmten **Hühnerrassen** (Obese Strain), **Primaten** und **Ratten** zu beobachten und morphologisch vergleichbar mit der *Hashimoto-Thyreoiditis* des **Menschen** ist. Es handelt sich um eine *Autoimmunthyreopathie,* bei der pathogenetisch ein autoaggressiver Prozeß auf der Basis einer genetisch-prädisponierten Störung der Immuntoleranz angenommen wird; vermutlich liegt primär eine funktionelle Störung der immunsuppressiven Hypothalamus-Hypophysen-Nebennierenrindenachse vor. Im Verlauf der Krankheit kommt es zur Bildung autoaggressiver Antikörper gegen schilddrüsenspezifische Antigene, wie Thyreoglobulin, und eines mikrosomalen Antigens (Thyreoperoxidase). Histologisch zeigen belastete Individuen primär mangelhaft entwickelte, fragile Basalmembranen der Drüsenfollikel und – nach Manifestation der Thyreoiditis – eine massive Infiltration des Schilddrüsengewebes mit Immunozyten. Neben Abbau von Drüsengewebe kommt es im weiteren Verlauf zu Lymphfollikel-artigen Proliferationsfeldern, wie auch Hyperplasien parafollikulärer Zellen beobachtet werden. Am Ende des autoimmunen Entzündungsgeschehens steht eine fibrosierte, „ausgebrannte“ athyreote Drüse.

14.2.6 Regeneration, Hyperplasien (Struma benigna)

Regeneration und Hyperplasie der Schilddrüse stehen unter dem direkten Einfluß der tropen hypothalamisch-hypophysären Regulation (s. S. 460).

Nach Entfernung von Drüsenteilen findet eine ***kompensatorische Nachbildung*** von Parenchym statt, die durch den negativen Rückkoppelungsmechanismus TRF-TSH induziert wird und mit Erreichen der normalen Hormonproduktion zum Stillstand kommt.

Hyperplasien der Schilddrüse kommen recht häufig vor. Sie werden vor allem durch TSH angeregt, das einen bestehenden Mangel an Jodhormonen zu kompensieren sucht, wobei zwei Arten der Proliferation unterschieden werden:

1. Die adenomatöse Solidifikation: Hier entwickeln sich durch Epithelknospung und -abschnürung neue (kleine) Follikel, die kubisches oder zylindrisches Epithel aufweisen und Jodhormone sowie Kolloid produzieren.

2. Die papillomatöse Solidifikation: Innerhalb der Follikel bilden sich epitheliale Zellpolster mit Epithelfalten auf bindegewebigem Grundstock aus. Mit weiterem Wachstum können diese schließlich septen- oder baumartig das gesamte Follikellumen ausfüllen. Bei beiden Formen der Hyperplasie muß nach grobsinnlichen Maßstäben keine Vergrößerung der Schilddrüse (Struma) vorliegen, wie auch aus klinischer Sicht euthyreote Verhältnisse gegeben sein können.

Nichtentzündliche, makroskopisch oder palpatorisch wahrnehmbare Umfangsvermehrungen von Schilddrüsengewebe werden als ***Struma*** (***St.***) oder ***Kropf*** bezeichnet. Alle Kropfarten beim Haustier stehen ursächlich unter der aktivierenden Wirkung von TSH (s. S. 469). Dabei handelt es sich zunächst grundsätzlich um gutartige Hyperplasien = *St. benigna*, die sich allerdings in bösartige Gewächse = *St. maligna* (s. unten) wandeln können. Funktionell sind *hyper-, hypo- und euthyreote Strumen* zu unterscheiden.

Die ***hyperthyreote St.*** ist durch vermehrte Hormonproduktion und Hormonabgabe gekennzeichnet. Sie verkörpert bei den Haussäugetieren i.d.R. das hormonüberproduzierende Schilddrüsenadenom bzw. toxische Adenom (hinsichtlich Morbus Basedow s. S. 466). Wegen der permanent erhöhten Blutspiegel für Schilddrüsenhormone versiegt die TRF-TSH-Ausschüttung, was zur funktionellen Atrophie des normalen Drüsengewebes führt (= *partiell atrophische Knotenstruma*).

Die ***hypothyreote St.*** gehört als wesentlicher Teilbefund zum kongenitalen *Myxödembild* (s. S. 465). Da sie als

Anpassungsreaktion an einen extremen Jodmangel, d.h. als funktionelle Hyperplasie zu verstehen ist, ist sie parenchymreich und kolloidfrei (s. S. 465).

Die ***euthyreote St.*** gilt als die häufigste Form, d.h. sie wird in der Regel als endemische Jodmangelform beobachtet. Durch die funktionelle Gewebshyperplasie *(St. parenchymatosa)* wird der Hormonbedarf gerade noch gedeckt, und die Rückbildung erfolgt auch noch nach Normalisierung des Jodhaushalts recht zögernd (s. S. 465).

Nach *geographischen Gesichtspunkten* wird zwischen der *endemischen St.* (Jodmangelmilieu) und der *sporadischen St.*, nach *morphologischen Kriterien* grundsätzlich zwischen den diffusen und den knotigen Strumen unterschieden, wobei sich als Hauptformen die *St. parenchymatosa diffusa* und die *St. colloides diffusa* einerseits und die *St. parenchymatosa nodosa* und die *St. colloides nodosa* andererseits nennen lassen.

Die ***St. parenchymatosa diffusa*** tritt vor allem als *jugendlicher Kropf*, d.h. in der Regel während der Wachstumsperiode, auf. Im Vordergrund steht das zugebildete Epithelgewebe (Parenchym), wobei bei gleichmäßiger Verteilung der Gewebshyperplasien innerhalb der Schilddrüse die typische Organform durchweg gewahrt bleibt. Pathologisch-anatomisch sieht man eine Drüse mit glatter Oberfläche, fester Konsistenz und homogener Schnittfläche, histologisch trabekuläre und tubuläre Strukturen. Letztere weisen bereits zur St. colloides diffusa hinüber. Am häufigsten ist die mikrofollikuläre Form, bei der sich zunächst Epithelzellansammlungen mit entsprechendem Stroma zeigen. Hierdurch kommt es zur Ausbildung kleinbleibender Follikel mit oder ohne Innenraum, d.h. mit insgesamt wenig Kolloidanreicherung. Die Epithelzellen sind kubisch bis zylindrisch mit Sekretvakuolen im feingranulierten Plasma und runden bis ovalen, basal liegenden Zellkernen. In den präexistenten größeren Follikeln schieben sich papilläre Epithelproliferate in das Lumen hinein (= papillomatöse Solidifikation). Funktionell verhält sich diese Struma i. d. R. euthyreot.

Die ***St. colloides diffusa*** läßt bereits mit unbewaffnetem Auge auf der feuchtglänzenden Schnittfläche glasige Follikel erkennen. Aus diesen quillt gallertiges, gekochten Sagokörnern ähnelndes, bräunlich-gelbes Kolloid hervor (Gallertkropf). Histologisch erscheint das Follikelepithel infolge der enormen Kolloidanreicherung abgeflacht bis hin zu Atrophie und Auflösung der Follikelzwischenwände mit Entstehen großer zystischer Räume (St. colloides cystica; Abb. 14.3). Der Kolloidkropf wird als inaktivierte St. betrachtet. Er entsteht aus der St. parenchymatosa, sobald die kropfauslösenden Voraussetzungen nachlassen oder verschwinden. Im Regelfall führt nach einiger Zeit die

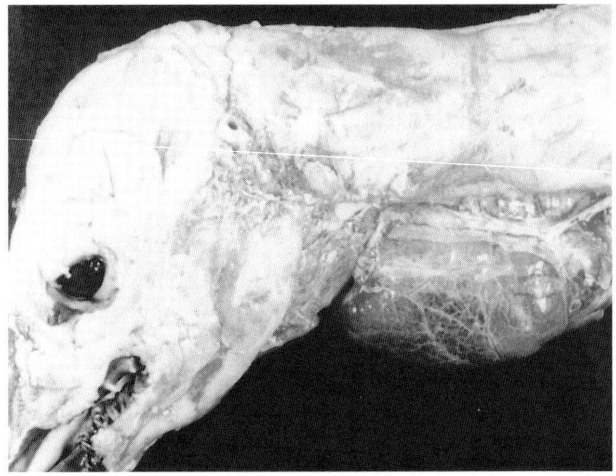

Abb. 14.3 *Struma colloides* beim Kamelfohlen. 0,5 x nat. Größe.

Rückbildung wiederum zur Normgröße. Der Stillstand dieses Involutionsvorganges ist erreicht, wenn das Gleichgewicht zwischen Hormonproduktion und -verbrauch wieder hergestellt ist. Funktionell gesehen zählt auch diese Struma zu den euthyreoten Formen. Das Zurückhalten (Stapeln) von Hormon in den Follikeln ist ja geradezu Hinweis auf ein euthyreotes, dem TRF-TSH-System angepaßtes Verhalten. Im Falle des Einwirkens einer weiteren Kropfnoxe beginnt das Gewebe der St. colloides diffusa jedoch erneut zu proliferieren. Da diese Proliferation meist nicht mehr gleichförmig, d.h. nunmehr umschrieben oder multizentrisch erfolgt, kann aus der diffusen Kolloidstruma schließlich ein Knotenkropf entstehen.

Die ***St. parenchymatosa nodosa*** ist durch stecknadelkopfbis faustgroße Knoten, die vom normalen Schilddrüsengewebe m.o.w. deutlich bindegewebig abgegrenzt sind (Abb. 14.4), charakterisiert. Man findet sie vorwiegend bei älteren Tieren (**Pferd**, **Hund**). Bisweilen sind die grauweißlichen bis braun-rötlichen Knotenbildungen erst nach Anschneiden der Schilddrüse zu erkennen. Histologisch zeigen sich netzfömig angeordnete, solide Zellstränge (*St. parenchymatosa nodosa trabecularis)*, sekretleere, gestreckt, gewunden oder verzweigt verlaufende Zellschläuche (*St. parenchymatosa nodosa tubularis*) oder kleine Follikel mit kubischem Epithel und dünnflüssigem, eosinophilem Kolloid (*St. parenchymatosa nodosa multifollicularis)*.

Bei der ***St. colloides nodosa*** finden sich auf der Schnittfläche entweder kleine, mit Kolloid gefüllte Gebilde, die in einem dichten Stroma liegen, oder große Follikel, deren Epithel sich histologisch entweder flach darstellt (*St. nodosa macrofollicularis simplex)* oder stellenweise in das

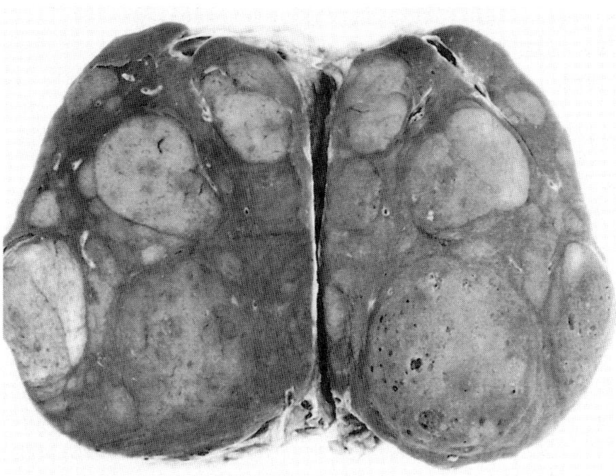

Abb. 14.4 *Struma parenchymatosa nodosa* beim Pferd, wbl. 17 J., nat. Größe.

Follikellumen hineinwuchert *(St. colloides nodosa macrofollicularis papillifera)*. Durch Druckatrophie der Follikelzwischenwände können auch hier wiederum größere Kolloidzysten entstehen.

Die Knotenkröpfe verhalten sich funktionell uneinheitlich. Ihre exakte Abgrenzung von autonom wachsenden Blastomen ist weder nach morphologischen noch nach endokrinologischen Kriterien möglich. Aus Gründen der Systematik werden letztere im Abschnitt 14.2.7 abgehandelt (s. unten).

14.2.6.1 Ätiologie und Pathogenese der Struma

Die Strumaursachen sind vor allem exogener Natur. Hierauf weist schon das endemische Auftreten des Kropfes hin. Letztlich führen alle strumigenen Einflüsse über eine Verminderung der im Blut zirkulierenden Schilddrüsenhormone zu einer Aktivierung der hypothalamo-hypophysären Regulatoren TRF und TSH und somit zu einer Stimulation des Schilddrüsenwachstums.

An erster Stelle der ***exogenen Faktoren*** steht der *alimentäre Jodmangel*: Ist zuwenig Jod als Baustein für die Schilddrüsenhormone vorhanden, so entsteht zwangsläufig ein Hormondefizit im Organismus. Nicht immer aber hat die durch Jodmangel bedingte Hyperplasie eine deutliche Umfangsvermehrung der Schilddrüse zur Folge. Oft tritt letztere erst nach Einwirkung zusätzlicher Belastungen (Wachstum, Gravidität, Laktation, klimatische Einflüsse) oder weiterer Noxen (Vitamin A-Mangel, Ca-Überschuß) auf. Fluor hemmt die Thyroxinwirkung und führt ebenfalls zur Struma. *Antithyreoidale* bzw. *thyreostatische Komponenten* sind ferner in Kohl- und Rübensorten sowie in manchen Hülsenfrüchten enthalten, wirken aber nur bei einseitiger Verfütterung solcher Pflanzen kropfbildend.

Thyreostatisch und somit strumafördernd sind vor allem folgende Wirkungsmechanismen: *Blockade von zellulärer Aufnahme und Transport des Jodids* (Perchlorat, Thiozyanat, Pertechnetat), *Hemmung des Jodeinbaus in das Thyreoglobulin* (Thionamide, Aniline, substituierte Phenole), *Hemmung der Schilddrüsenhormonfreisetzung* (Jod, Lithium). Eine *Hemmung der 5'Deiodinase* in Leber und Nieren (Erythrosin) verursacht die Bildung eines inaktiven reversen T3 aus T4, während eine Induktion hepatischer mikrosomaler Enzyme (Phenobarbital, Benzodiazepine, Steroide, DDT, PCB) eine gesteigerte Ausscheidung der Schilddrüsenhormone bewirkt.

Eine ***hereditäre Struma*** mit autosomal-rezessivem Erbgang kommt bei **Ziege**, **Schaf** und **Rind,** d.h. in bestimmten Zuchtlinien (z.B. Niederländische Ziege), vor. Die bereits bei Neugeborenen manifeste Kropfbildung geht mit allgemeiner Lebensschwäche einher. Die Ursache des Leidens wird in einer (partiell) mangelhaften Codierung der Thyreoglobulinsynthese infolge eines mRNA-Defektes gesehen.

14.2.7 Tumoren der Schilddrüse

Die Autoblastome der Schilddrüse lassen sich in solche des eigentlichen Schilddrüsenepithels, des Blutgefäß- und Stützgewebes und der C-Zellen unterteilen. Ferner kann die Schilddrüse in Systemblastomatosen (Leukose!) einbezogen sein. Auch die Tumoren des Schilddrüseneigengewebes werden durchweg unter der Bezeichnung „Struma" (St.) geführt.

14.2.7.1 Epitheliale Tumoren (St. adenomatosa benigna, St. maligna)

Die sich vom eigentlichen Schilddrüsenparenchym ableitenden Neubildungen spielen in der Tiermedizin vorwiegend beim **Hund** eine größere Rolle. Sie treten – analog zum Menschen – bevorzugt in Kropfendemiegebieten auf. Grundsätzlich ist davon auszugehen, daß jede strumös entartete Schilddrüse früher oder später in eine autonom-neoplastische Phase (hyperplasiogene Geschwülste) kommen kann.

Die ***Adenome*** (St. adenomatosa s. nodosa benigna) lassen sich keineswegs eindeutig von den oben beschriebenen knotigen Hyperplasien abtrennen. Nach morphologischen Kriterien sind follikuläre (Bildung von Drüsenbläschen)

Abb. 14.5 *Struma maligna (carcinomatosa)* des rechten Drüsenlappens mit umfangreichen Lungenmetastasen. Hund, ml. 12 J., 0,5 x nat. Größe.

von den selteneren papillären (Drüsenzellen einschichtig über einem Stiel aus Gefäß-/Bindegewebe angeordnet) Wuchsformen zu unterscheiden. Die *follikulären Adenome* können wiederum verschiedene Gewebsmuster ausbilden (z.B. mikrofollikuläre A., makrofollikuläre A., zystische A., trabekuläre A., oxyphile A.). Besondere klinische Bedeutung kommt dem *hyperthyreoten* bzw. *toxischen Schilddrüsenadenom* zu, bei dem ein relativ hoher Differenzierungsgrad (WHO-Grad I/II) mit TRF-TSH-unabhängiger Hormonausschüttung gepaart ist.

Von den Adenomen bis hin zur St. nodosa maligna sind wiederum keine scharfen Grenzen zu ziehen. Ein wesentliches Charakteristikum des ***Schilddrüsenkarzinoms*** ist aber seine Neigung zu hämatogener Metastasierung in die Lunge, während eine lymphogene Geschwulstausbreitung nicht oder erst zeitlich nachgeordnet evident wird (Abb. 14.5). Bei den differenzierteren Karzinomen lassen sich wiederum follikuläre, papilläre oder solide Wuchsformen unterscheiden, während sich die soliden, anaplastischen Formen lediglich dem kleinzelligen oder großzelligen Typ zuordnen lassen. Das *Carcinoma solidum* zeichnet sich durch besondere Infiltrations- und Metastasierungsneigung aus.

Die seltenen ***primären Plattenepithelkarzinome*** sind vermutlich branchiogen zu verstehen.

14.2.7.2 Mesenchymale Tumoren und Mischtumoren

Zu den vom *Blutgefäß-* oder *Stützgewebe* ausgehenden Neubildungen zählen als gutartige Formen ***Hämangiome***, ***Fibrome***, ***Osteochondrome*** und ***Osteome***. Die beiden letztgenannten Formen entstehen in der Regel auf metaplastischer Grundlage in alten Strumen.

Bei den ***Sarkomen***, die wiederum bevorzugt beim **Hund** auftreten, handelt es sich entweder um rein zellige, medulläre Wuchsformen von insgesamt weicher Konsistenz (*spindel-*, *rund-* und *polymorphzellige Sarkome*), um zwischensubstanzreiche, derb-elastische (*Fibrosarkom*) oder um knochenharte (*Chondro-Osteosarkom*) Tumoren.

Eine besondere Form stellt das ***Karzino-Sarkom*** dar. Es entsteht entweder als solides Karzinom, in welchem erst sekundär das mesenchymale Gewebe sarkomatös entartet (Kollisionstumor), oder gleichzeitig aus beiden Tumorkomponenten (Kompositionstumor).

14.2.7.3 C-Zelltumoren

Blastome der Calcitonin-bildenden parafollikulären Zellen werden, abgesehen vom **Menschen**, als seltene Formen vor allem bei älteren Tieren, so bei **Bulle**, **Pferd**, **Hund** und **Laborratte** diagnostiziert. Makroskopisch wie mikroskopisch i.d.R. als solide, medulläre Geschwülste erkennbar, lassen sie histologisch aufgrund ihres feingranulierten Zytoplasmas inkretorische Aktivität vermuten. Dies steht allerdings im Gegensatz zum weitgehenden Fehlen nachweisbarer Störungen im Ca/P-Haushalt bzw. am Skelettsystem. Mitunter lassen sich auch fokale Ablagerungen von AE-Amyloid nachweisen. Während C-Zelladenome das benachbarte Schilddrüsengewebe komprimieren, zeigen C-Zellkarzinome infiltratives Wachstum mit konsekutiver Metastasierung in die Zervikallymphknoten, bisweilen auch hämatogen in die Lunge. Ätiologisch wird vor allem bei Bullen eine langanhaltende diätetische Überversorgung mit Ca-Ionen in Erwägung gezogen.

Ganz allgemein gilt für die Geschwülste der Schilddrüse, daß sie über ihre durch Metastasierung oder endokrine Aktivität bedingten Sekundärbilder hinaus auch als raumfordernde Prozesse nachhaltige Störungen hervorrufen. So kommt es bei monströsen Umfangsvermehrungen zu Kompressionen von Schlund (Dysphagie), Trachea (Säbelscheidentrachea) sowie von Nerven, Blut- und Lymphgefäßen. Im übrigen kommen Schilddrüsen-analoge Neubildungen auch in dystopischem bzw. akzessorischem Schilddrüsengewebe (Herzbasistumor s. S. 24 u. Abb. 1.26) vor.

14.3 Epithelkörperchen

14.3.1 Anatomisch-funktionelle Vorbemerkungen

Die Epithelkörperchen (EK), *Glandulae parathyreoideae*, *Neben-* oder *Beischilddrüsen* entwickeln sich embryonal aus Zellen des Entoderms im Bereich der dritten und vierten Schlundtasche. Danach unterscheidet man anatomisch auch ein (laterales) *EK III* und ein (mediales) *EK IV*. Die Lage der EK variiert bei den verschiedenen Spezies sehr stark, stets aber liegen die EK bilateral symmetrisch in der Nähe der Schilddrüse oder im Schilddrüsengewebe, um dort am sinusoidalen Kapillarsystem zu partizipieren. Dabei sind die Parenchymzellen in das von Bindegewebe und Blutgefäßen gebildete Stromanetz eingebettet.

Je nach Funktionszustand werden *helle* und *dunkle Hauptzellen*, *oxiphile Zellen* und *polynukleäre synzytiumartige Zellen* unterschieden. Beim **Pferd** finden sich darüber hinaus regelmäßig auch *C-Zellen* in den EK, die organisatorisch den thyreoidalen C-Zellen entsprechen.

Die EK produzieren das *Parathormon (= Parathyrin, PTH)*, dessen wesentlichste Aufgabe die Steuerung des Kalzium-Phosphatstoffwechsels ist (s. S. 327). Eine Steuerung der EK durch übergeordnete endokrine Systeme (z.B. Hypophyse) findet nicht statt. Vielmehr besteht ein autochthoner Kontrollmechanismus, der im wesentlichen auf der Konzentration freier Kalziumionen beruht: Sinkt der Kalziumblutspiegel ab, wird gespeichertes und neusynthetisiertes PTH durch Exozytose freigesetzt; bei anhaltend niedrigen Kalziumkonzentrationen wird die Syntheserate erhöht. Die PTH-Sekretion kann im übrigen durch EK-Hypertrophie bzw. Hyperplasie gesteigert werden. Neben Kalzium beeinflussen auch andere Ionen, hier insbesondere Magnesium, die Sekretion von PTH. Schließlich wird bestimmten Faktoren, so etwa den Katecholaminen, eine modulierende Funktion, und dem – neben dem PTH in den Epithelzellen gebildeten – sekretorischen Protein (SP-I), das strukturell dem Chromogranin A gleicht, eine autokrine Hemmwirkung auf die PTH-Sekretion zugeschrieben. Das wesentliche *funktionelle Gegenprinzip* stellen jedoch die Calcitonin-bildenden, parafollikulären C-Zellen dar (s. S. 464).

Die ***Homöostase des Ca-Stoffwechsels*** unterliegt dem Einfluß von *Parathormon*, *Calcitonin* und *Vitamin D_3*: ***PTH*** steigert die Blut-Kalziumkonzentration durch direkte Wirkungen auf Skelett und Nieren sowie durch indirekte Wirkungen auf den Darm. Am *Knochen* verursacht PTH eine relative Betonung der Osteoklastenaktivität und somit die Mobilisation von Kalzium und Phosphor aus dem Skelett. Da Osteoklasten selbst jedoch keine PTH-Rezeptoren besitzen, wird dieser Vorgang durch Osteoblasten vermittelt. Diese auf der Knochenmatrix liegenden Osteoblasten ziehen sich nach Stimulation durch PTH zurück und ermöglichen dadurch den Zugang für die Osteoklasten, deren Aktivität sie vermutlich zusätzlich durch parakrine Faktoren (z.B. Zytokine, Lymphokine, Prostaglandine) steigern. Neben diesen katabolen sind relativ niedrige PTH-Konzentrationen auch für anabole Effekte verantwortlich, was u.a. bei der Behandlung von Osteoporose zu berücksichtigen ist. Die Wirkung von PTH auf das Skelett steht im übrigen in Abhängigkeit von einer ausreichenden Versorgung mit Vitamin D_3. In der *Niere* verursacht PTH durch Stimulation der Phosphatsekretion und Minderung der tubulären Phosphatrückresorption eine Erhöhung der Phosphatausscheidung sowie durch Steigerung der tubulären Rückresorption eine verminderte Kalziumausscheidung. Darüber hinaus fördert PTH die Umwandlung von 25-Hydroxycholekalziferol in $1{,}25(OH)_2$-Vitamin D_3 in der Niere und stimuliert somit indirekt die *enterale Kalziumresorption*. Die Sekretion des in den parafollikulären Schilddrüsenzellen gebildeten ***Calcitonins*** wird durch Erhöhung der Blut-Kalziumkonzentration stimuliert. In *antagonistischer* Wirkung zum PTH kommt es dabei über einen eigenen Calcitonin-Rezeptor zur Hemmung der Osteoklastenaktivität. Zu beachten ist, daß in der *Niere* Calcitonin *synergistisch* zu PTH eine Hemmung der tubulären Rückresorption von Phosphat bewirkt, jedoch die renale Ausscheidung von Kalzium steigert. Bezüglich der Wirkungen von ***Vitamin D_3*** sei auf S. 325 verwiesen.

14.3.2 Funktionelle Pathologie

14.3.2.1 Hypoparathyreoidismus

Unter dem Begriff Hypoparathyreoidismus wird eine verminderte Funktion der EK bezeichnet. Die dadurch bedingte *Hypokalzämie* verursacht am Skelettmuskel über eine erhöhte neuromuskuläre Erregbarkeit Tetanie, Spasmus und Tremor. Chronischer Hypoparathyreoidismus äußert sich zudem in Störungen der Zahnschmelzbildung und verzögerter Mineralisierung wachsender Knochen. Ursächlich liegt in sehr seltenen Fällen eine ***Agenesie der EK*** oder eine ***entzündliche Infiltration*** (*Autoimmunparathyreoiditis* des **Hundes**) vor; häufiger wird er durch ***chirurgische Entfernung*** (z.B. bei Strumektomie), ***tumoröse Infiltration*** oder ***traumatische Schädigung*** der EK ausgelöst. **Hunde**, **Katzen**, **Hühner**, **Enten** und **Tauben** sterben innerhalb weniger Tage nach Entfernen der EK. **Pferd**, **Schwein**, **Ziege** und **Ratte** tolerieren eine solche Parathyreoidektomie in der Regel nur deshalb besser, weil bei ihnen akzessorische EK die Funktion der entfernten EK III und IV m.o.w. ausreichend übernehmen können. Teilweise Entfernung der EK kann eine latente Tetanie zur Folge haben, die bei stärkerer Belastung des Ca-Haushalts (Gravidität, Laktation) manifest werden kann. Ein ***funktio-***

neller Hypoparathyreoidismus, der aber mit erhöhten Ca-Konzentrationen im Blut einhergeht, kann bei Überdosierungen von Vitamin D_3 oder bei erhöhter Sensibilität gegen Vitamin D_3 beobachtet werden. Beim ***Pseudohypoparathyreoidismus*** des **Menschen** werden normale PTH-Spiegel, aber ein Fehlen der PTH-Rezeptoren an den Zielorganen gefunden. Bei der ***hypokalzämischen Gebärparese*** des **Rindes** liegt dagegen ein diätetisch bedingtes Ungleichgewicht zwischen Calcitonin und PTH zum Zeitpunkt der Geburt bzw. dem Einsetzen der Laktation vor, so daß zuwenig Kalzium als Antwort auf den plötzlich gestiegenen Bedarf mobilisiert werden kann.

14.3.2.2 Hyperparathyreoidismus

Eine Überfunktion der EK wird als Hyperparathyreoidismus (HPT) bezeichnet. Dieser führt zu einer Ca-Mobilisation aus dem Skelettsystem und zu *Hyperkalzämie* (Osteodystrophie, s. S. 327). Beim ***primären HPT*** wird, meist als Folge einer *Hyperplasie*, eines *Adenoms* oder eines *Karzinoms* der EK, eine Überfunktion der Nebenschilddrüse beobachtet, ohne daß ein physiologischer Sekretionsstimulus erkennbar ist. Der ***sekundäre HPT*** entsteht im Zusammenhang mit *chronischen Niereninsuffizienzen* bzw. mit *diätetisch bedingten Ca/P-Stoffwechselstörungen*. In beiden Fällen dürfte eine Hypokalzämie als Folge erhöhter Phosphatkonzentrationen im Blut (verminderte renale Phosphatausscheidung bzw. Phosphat- und Oxalat-reiche sowie Ca-arme Ernährung) einen HPT auslösen. Während den diätetisch bedingten Ca/P-Stoffwechselstörungen praktisch nur bei Pflanzenfressern, insbesondere beim **Pferd**, Bedeutung zukommt, sind die renal bedingten Störungen vor allem beim **Hund** mit chronischen Nephropathien zu finden (s.S. 327). Beim ***tertiären HPT*** handelt es sich um Endzustände des sekundären HPT mit nicht mehr regulierbarer, autonomer Epithelkörperchenüberfunktion. Jede dieser drei HPT-Formen kann zur ***Osteodystrophie*** führen.

Die ***humorale maligne Hyperkalzämie (HMH),*** *auch als* ***Pseudohyperparathyreoidismus*** bezeichnet, steht in unmittelbarem Zusammenhang mit *Tumoren*, welche Faktoren mit Wirkung auf den Ca-Metabolismus sezernieren (z.B. PTH, PTHrP = PTH related Protein, Steroide, Prostaglandine, Zytokine). Sie wird vor allem beim **Hund** beobachtet und hier wiederum im Zusammenhang mit ***Lymphomen*** oder ***Adenokarzinomen*** der apokrinen Drüsen der Analbeutel (s. S. 191), aber auch bei anderen Tumoren. Eine zentrale Bedeutung wird dabei dem *PTHrP* zugeschrieben. Dieses Protein kommt normalerweise in zahlreichen fetalen Geweben vor, wo es eine besondere Rolle bei Wachstums- und Differenzierungsvorgängen sowie bei der Kontrolle des fetalen Ca-Transportes spielt. Seine Wirkung realisiert sich dabei offenbar über die Bindung an PTH-Rezeptoren. Darüber hinaus bestehen wohl auch additive Wirkungen mit anderen humoralen Faktoren, die an der Pathogenese der HMH beteiligt sind.

14.3.3 Mißbildungen

Hierher gehören vor allem die ***akzessorischen Epithelkörperchen***, die sich nach Vorkommen und Lage analog den akzessorischen Schilddrüsen verhalten. Ferner werden bei **Hund**, **Katze** und **Pferd** mit Flimmerepithel ausgekleidete ***Zysten*** beschrieben, die aus Schlundtaschenrudimenten entstehen sollen. Sog. ***KÜRSTEINERsche Zysten*** entwickeln sich aus Rudimenten des Ganges, der die Anlagen von EK und Thymus während der embryonalen Entwicklung verbindet.

14.3.4 Kreislaufstörungen

Stauungshyperämien werden bei Strumabildung gefunden. ***Blutungen*** können durch Traumen verursacht werden und Anlaß zu Tetanien geben (Rind). Bei manchen Vergiftungen und nach Erstickungstod sieht man asphyktische Blutungen.

14.3.5 Regressive Veränderungen und Entzündungen

Atrophien der EK können durch Strumen verursacht werden, sofern die EK unter der Schilddrüsenkapsel (Druck) liegen. Ferner sieht man Parenchymatrophien bei interstitiellen Fetteinlagerungen und Zystenbildungen. Zu ***Fetteinlagerungen*** kommt es vor allem bei älteren, gemästeten Tieren, namentlich bei **Rindern**, **Schweinen** und **Pferden**. ***Kolloidzysten*** treten bei den verschiedenen Spezies mit unterschiedlicher Häufigkeit auf. Über ihre Entstehungsweise besteht noch keine Klarheit. Auch über die Bedeutung der ***synzytialen Riesenzellen***, die bei älteren **Hunden** und **Ratten** vermutlich durch Fusion benachbarter Hauptzellen entstehen, besteht Unklarheit. Regressive EK-Veränderungen findet man ferner bei generalisierter ***Amyloidose*** und ***Hämochromatose***.

Bei den Entzündungen der EK ist eine ***diffuse lymphozytäre Parathyreoiditis*** zu erwähnen, die mitunter bei älteren **Hunden** als immunpathologisches Ereignis auftritt und zum Hypoparathyreoidismus führt (s. S. 471).

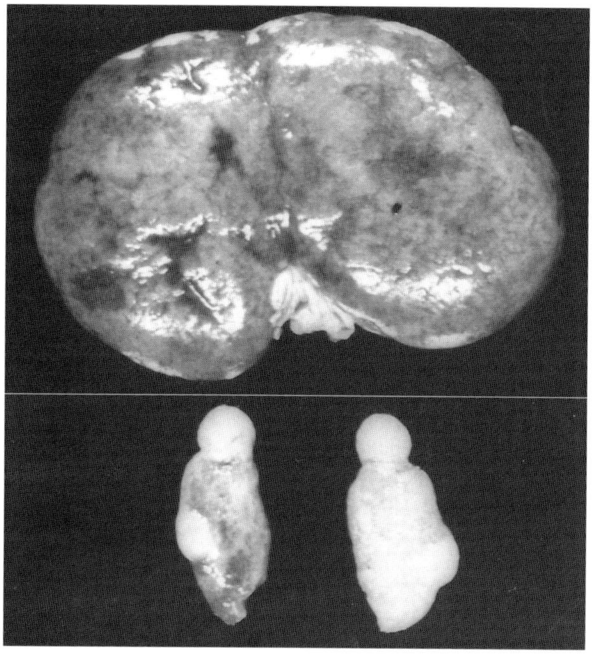

Abb. 14.6 Sekundäre, bilateral- symmetrische *Epithelkörperchenhyperplasie* (EK III und EK IV) beim Osteorenalen Syndrom infolge pyelonephritischer Schrumpfnieren. Hund, wbl. 8 J., nat. Größe.

14.3.6 Regeneration, Hyperplasien und Tumoren

Nach partieller Parathyreoidektomie paßt sich das Restgewebe sowohl durch Vergrößerung der Zellen (= funktionelle Hypertrophie) als auch durch Zellregeneration (= Hyperplasie) an. Als ***primäre Hyperplasien*** werden alle knotigen oder diffusen Vergrößerungen der EK unbekannter Ursache zusammengefaßt. Eine *primäre diffuse Hyperplasie der Hauptzellen* wird als autosomal rezessives Erbleiden beim **Deutschen Schäferhund** beobachtet und geht mit primärem HPT einher (s. S. 472). ***Sekundäre Hyperplasien*** entstehen in der Regel als Folge von Hypokalzämien alimentärer oder nephrogener Genese, hier insbesondere beim *Osteorenalen Syndrom* des **Hundes** (s.S. 327 und Abb. 14.6).

Primäre EK-Tumoren kommen bei den Haussäugetieren insgesamt selten vor. Nur bei **Hund**, **Pferd** und **Rind** werden ganz vereinzelt ***Adenome*** gesehen. Soweit diese endokrin aktiv sind und zum primären HPT führen, können sie als *toxische Adenome* bezeichnet werden. ***EK-Karzinome*** mit infiltrativem Wachstum und Metastasierung in regionäre Lymphknoten und Lunge sind in wenigen Einzelbeobachtungen nur vom **Hund** her bekannt.

14.4 Nebenniere

Phylogenetisch sind Nebennierenrinde und -mark eigenständige Organe, die bei den **Fischen** als *Interrenal-* bzw. *Suprarenalorgan* noch völlig getrennt sind, bei den **Amphibien** und **Reptilien** sich aneinanderlagern und bei den **Vögeln** einander durchdringen. Erst bei den **Säugetieren** umschließt das Interrenalorgan das Mark kapselartig als Rinde, und bildet so die äußerlich einheitliche, paarige Nebenniere. In der Ontogenese der **Säugetiere** schnüren sich beiderseits der Aorta in der Nähe der Urnieren und Keimdrüsenanlagen Knospen des Zölomepithels (Mesoderm) als Interrenalkörper ab. Dessen Zellen ordnen sich zu den u.g. drei Hauptrindenzonen. Als Abkömmlinge des Neuralleistensystems dringen Teile des Sympathikus als Sympathikogonien in das Zentrum des Rindenorgans vor und bilden dort als *Sympathikoblasten* sympathische Ganglienzellen und als *Phäochromoblasten* (Chromaffinoblasten) chromaffine Zellen. Bei den **Vögeln** vereinigen sich die Sympathikusanteile im Zentrum nicht, sondern unterteilen als Zwischenstränge (Marksubstanz) die der Rindenschicht der Säuger entsprechenden Gewebsstrukturen. Beim **Menschen** bildet sich die primitive Rinde nach der Geburt zurück, und die sekundäre Rinde entwickelt sich bis zur Pubertät. Auch bei den Säugetieren (Rind, Schwein) soll ein Cortex fetalis auftreten, der aber bereits während der Fetalentwicklung zurückgebildet wird.

Die Nebenniere (NN) liegt, vom Bauchfell bedeckt, jeweils am kranialen Pol der Niere. Die *Oberfläche* der NN ist meist glatt. **Schwein**, **Hund** und **Pferd** besitzen eine leicht höckerige NN-Oberfläche. Die *Farbe* der NN ist braunrot (**Pferd**, **Wiederkäuer**, **Schwein**) bis gelblich (**Fleischfresser**, **Nager**). *Größe und Gewicht* der NN schwanken je nach Körpergröße, Ernährungszustand, Alter, Rasse und vor allem Geschlecht. Deutlich wirken sich beim weiblichen Tier auch Ovarialzyklus und Laktation auf das Drüsengewicht aus. Die *Schnittfläche* zeigt eine gelbbraune, radiär gestreifte, peripher liegende Nebennierenrinde (NNR) und ein hell- bis schiefergraues Nebennierenmark (NNM).

Die *Blutversorgung* zeigt tierartlich und individuell Unterschiede. Die Aa. suprarenales gehen in der Regel aus den Aa. renales hervor, die V. centralis (in der Marksubstanz) geht in eine oder mehrere Vv. suprarenales über. Die Kapillarisierung ist die eines Sinusoidsystems, ähnlich den Verhältnissen in Leber und anderen endokrinen Organen. Die stark verzweigten *Lymphgefäße* führen zu den Lnn. renales.

Die *Nervenversorgung* geht vom Plexus suprarenalis (Teil des Pl. coeliacus) aus. Vor allem in der Marksubstanz findet sich ein dichtes Netz von Nervenfasern, die die einzelnen Zellen korbartig umspinnen.

14.4.1 Anatomisch-funktionelle Vorbemerkungen

14.4.1.1 Nebennierenrinde

Histologisch unterscheidet man nach der Anordnung der Zellen in der NNR von der aus kollagenen Fasern bestehenden Kapsel nach zentral fortschreitend folgende Zonen: Die kleinzellige, subkapsuläre Z. *glomerulosa s. arcuata* mit knäuelförmig (z.B. **Wiederkäuer, Schwein**) bzw. bogenförmig (z.B. **Hund, Pferd**) angeordneten Zellformationen, die Z. *fasciculata*, deren aus polygonalen Zellen aufgebaute Stränge radiär verlaufen und ohne Grenzen in die parazentral gelegene Z. *reticularis* übergehen, in der die Zellen zwischen Bindewebszügen und sinusoiden Gefäßen netzartig angeordnet sind. Das Zytoplasma der Rindenzellen ist reich an Mitochondrien und glattem endoplasmatischen Retikulum (Steroidsynthese!) sowie an Lipiden, die in Form von Tröpfchen vor allem in der äußeren und mittleren Schicht der Z. fasciculata liegen. Zu erwähnen ist auch der hohe Vitamin C-Gehalt sowohl der NNR als auch des NNM.

In der NNR werden eine Reihe lebenswichtiger Hormone gebildet. Man teilt sie entsprechend ihrer Wirkungen auf Mineralhaushalt, Kohlenhydratstoffwechsel sowie Wachstum und sekundäre Geschlechtsmerkmale in *Mineralokortikoide* (Aldosteron, Desoxykortikosteron), *Glukokortikoide* (Kortikosteron, Kortison, Hydrokortison) und *adrenale Sexualsteroide* (Androkortikosteroide, Androgene) ein. Die Ausgangssubstanz aller NNR-Steroide ist Cholesterin, das entweder direkt aus dem Blut stammt oder in der NNR synthetisiert und in Lipidtröpfchen gespeichert wird. Daneben werden eine Reihe anderer Hormone und Faktoren in der NNR gebildet (u.a. Oxytocin und Vasopressin), denen eine parakrine regulatorische Rolle zugeschrieben wird.

Die Hauptwirkung der ***Mineralokortikoide*** besteht in der Aufrechterhaltung der Na- und K-Bilanz. Zielgewebe sind distaler Nierentubulus, Darmschleimhaut sowie Speichel- und Schweißdrüsen. Am distalen Tubulus steigert *Aldosteron* die Rückresorption von Na- und Cl-Ionen und damit auch von H_2O, während K- und H-Ionen sowie Mg- und NH_4 -Ionen vermehrt ausgeschieden werden.

Die Ausschüttung der Mineralokortikoide unterliegt, unabhängig von der Hypophyse, primär dem *Renin-Angiotensin-System* (s. S. 268), wobei letztlich *Angiotensin II* für die Aldosteronfreisetzung zuständig ist. ACTH ist lediglich in der Lage, die Aldosteronsynthese kurzfristig zu stimulieren. Antagonist der Mineralokortikoide ist das *Atriale natriuretische Peptid (ANP)*, das bei Dehnung der Herzvorhöfe infolge Hypervolämie abgegeben wird (s. S. 2). ANP fördert die Na-Ausscheidung in der Niere (spezifische Rezeptoren in den Tubuli), reduziert die Reninfreisetzung und unterdrückt die Aldosteronsynthese direkt an der Z. glomerulosa. Ferner hemmt ANP die zentrale Vasopressinausschüttung und zeigt eine vasodilatatorische Wirkung.

Die ***Glukokortikoide*** wirken vor allem auf den Intermediärstoffwechsel im Sinne einer Steigerung der Blutglukosespiegel. So beeinflussen sie den Kohlenhydrat- (Förderung der hepatischen Glukoneogenese aus Aminosäuren, Hemmung der peripheren Glukoseutilisation, Hemmung der zellulären Rezeptoraffinität für Insulin, postrezeptorale Hemmung der Insulinwirkung), den Protein- (katabole Wirkung, Bereitstellung glukoplastischer Aminosäuren) und den Fettstoffwechsel (Lipolyse, Umverteilung von Fettgewebe). Somit wirken sie teilweise *insulinantagonistisch (diabetogen)* und können einen *Steroiddiabetes* auslösen (s. S. 480). Wichtig sind ferner ihre antiinflammatorischen und immunsuppressiven Wirkungen sowie ihre Effekte auf die Blutzellen. Daneben weisen einige Glukokortikoide eine geringgradige mineralokortikoide Nebenwirkung auf. Von besonderer Bedeutung sind die Glukokortikoide beim *Streß* (allgemeines Adaptationssyndrom siehe Lehrbücher der Allgemeinen Pathologie).

Die Freisetzung der Glukokortikoide aus den Zellen der Z. fasciculata steht in erster Linie unter der Kontrolle des Hypothalamus/HVL-Systems und wird über die Hormone *CRH* und *ACTH* im Sinne eines negativen Feedback kontrolliert (s. S. 460). Darüber hinaus scheint Faktoren (z.B. VIP, Neuropeptid Y, CRH, Katecholamine), die nach nervaler Stimulation im NNM gebildet werden, eine parakrine Wirkung zuzukommen. Die Ausschüttung der Glukokortikoide erfolgt in Episoden (unregelmäßige Spitzen und Täler der Hormonfreisetzung), die von einer tierartlich unterschiedlichen circadianen Rhythmik (abhängig von Tageszeit und Licht) überlagert werden. Ferner sind äußere Faktoren wie Streß oder iatrogene Manipulationen in der Lage, diese biologische Rhythmik zu durchbrechen.

Den ***adrenalen Sexualsteroiden*** kommt in der Tiermedizin nur eine untergeordnete Bedeutung zu. Die adrenale Androgenproduktion steht ebenfalls unter dem stimulierenden Einfluß von *ACTH*, verursacht aber kein negatives Feedback auf die ACTH-Freisetzung.

ACTH bewirkt nicht nur eine vermehrte Glukokortikoidausschüttung, sondern bei längerer Einwirkung auch mikroskopisch wahrnehmbare Veränderungen in Z. fasciculata und Z. reticularis im Sinne einer *progressiven Transformation*. ACTH-Stimulation erzeugt anfangs stärkere Durchblutung und Verbrauch der sudanophilen und doppelbrechenden Lipide, der Ascorbinsäure und der Plasmale (Azetalphosphatide). Unter längerem Einfluß werden wieder Lipide eingelagert, die Rindenepithelien vermehren sich (excl. Z. glomerulosa). Fällt die ACTH-Wirkung weg, atrophiert die Z. fasciculata unter dem Bild der *regressiven Transformation*.

14.4.1.2 Nebennierenmark

Das NNM setzt sich aus peripher drüsenschlauchartig angeordneten, im Zentrum mehr in Haufen liegenden polygonalen, zylinder- bis keilförmigen Zellen zusammen, zwischen denen ein feines Retikulum mit sinusoiden Kapillaren verläuft. Die zytoplasmatischen Granula reduzieren Chromsalze (chromaffines Gewebe) und lassen sich aufgrund dieser Eigenschaft färberisch darstellen. Man kann hellere, *pikrinophile Zellen*, die nur ***Adrenalin*** produzieren sollen, von dunkleren, *fuchsinophilen*, ***Noradrenalin*** bildenden unterscheiden. Eine genaue morphologische Abgrenzung ist allerdings nur elektronenmikroskopisch möglich, da Noradrenalin-haltige Sekretionsgranula einen elektronendichten, oft exzentrisch gelegenen Innenkörper mit einem deutlichen submembranösen Spalt besitzen, während Adrenalin-haltige Granula m.o.w. gleichmäßig von weniger elektronendichtem Material ausgefüllt sind und nur einen schmalen Saum aufweisen. Außerdem findet man im Mark noch Komplexe multipolarer Ganglienzellen. Diese stehen mit sympathischen Efferenzen, insbesondere Fasern der Plexus coeliacum, renale und suprarenale, bzw. der Nn.

splanchnici in unmittelbarer Beziehung. Das NNM gleicht somit in seinem Aufbau dem Typ der chromaffinen sympathischen Paraganglien.

In den ***chromaffinen Zellen*** des NNM werden die Katecholamine *Noradrenalin* und *Adrenalin*, deren Synthese von Phenylalanin über die Zwischenstufen Tyrosin, Dopa und Dopamin ausgeht, produziert und freigesetzt. Die Umwandlung von Noradrenalin in Adrenalin erfolgt ausschließlich im Nebennierenmark, eine enzymatische Reaktion (Phenylethanolamin-N-methyltransferase), die durch Glukokortikoide aus der NNR (gemeinsame Gefäßversorgung!) hochgradig stimuliert wird.

Die vielfachen Wirkungen der Katecholamine auf Herz und Gefäßsystem, glatte Muskulatur sowie auf den Intermediärstoffwechsel (z.B. Steigerung der Herzleistung, Blutdrucksteigerung, Erhöhung der Glukosespiegel im Blut) sind als Notfall- und Bereitschaftsreaktion bei besonderer Belastung zu verstehen. Dennoch kann ein völliger Ausfall der NNM-Funktionen ohne Lebensgefahr toleriert werden.

Die Aktivität des NNM steht beinahe ausschließlich unter nervaler Kontrolle und wird über das sympathische Nervensystem (präganglionäre cholinerge Fasern) und Fasern des N. splanchnicus stimuliert (Wirkung der Glukokortikoide s.o.).

14.4.2 Funktionelle Pathologie

14.4.2.1 Nebennierenrinde

Hypokortizismus

Eine Unterfunktion der NNR wird als Hypokortizismus bezeichnet.

Beim ***primären Hypokortizismus (Morbus Addison)***, der bei **Mensch**, **Hund**, **Katze** und **Pferd** beschrieben ist, geht die Störung von der NNR selbst aus, und es liegt i.d.R. eine Insuffizienz aller Zonen der NNR vor. Das klinische Bild ist unspezifisch (Lethargie, Schwäche, gastrointestinale Symptome) und sowohl vom Ausfall der Mineralokortikoide (Hyponatriämie, Hypochlorämie, Hyperkaliämie, metabolische Azidose, Plasmavolumenreduktion, Verringerung des Herzschlagvolumens, Hypotonie) als auch der Glukokortikoide (Hypoglykämie mit erhöhter Insulinempfindlichkeit, Abmagerung, Adynamie) gekennzeichnet (Addison-Krise = akute Krise infolge verminderter Anpassungsfähigkeit an plötzlich auftretende Belastung). Beim **Hund** kann es zum Megaösophagus kommen. Die ACTH- und MSH-Spiegel (**Mensch**: Hyperpigmentierung!) sind regulativ erhöht. Ursächlich liegt meist eine *idiopathische NNR-Atrophie* vor. Weitere Ursachen sind Gewebeschädigungen infolge *degenerativer, entzündlicher oder tumoröser (Metastasen!) Prozesse*.

Beim ***sekundären Hypokortizismus***, der bei **Mensch** und **Hund** beschrieben ist, liegt ursächlich ein *CRH- oder ACTH-Mangel* (z.B. beim Panhypopituitarismus) vor. Während Z. fasciculata und Z. reticularis atrophieren, bleibt die Z. glomerulosa i.d.R. unverändert, so daß ausschließlich ein Mangel an Glukokortikoiden vorliegt. Beide Formen des Hypokortizismus können auch iatrogen ausgelöst werden.

Hyperkortizismus

Eine Überfunktion der NNR wird als Hyperkortizismus bezeichnet, wobei jede Teilfunktion der NNR isolierte Überfunktionszustände entwickeln kann.

Hyperaldosteronismus

Der ***primäre Hyperaldosteronismus (Conn-Syndrom)***, der bei **Mensch**, **Hund** und **Katze** beschrieben wurde, ist auf *endokrin aktive Tumoren* (Adenome, selten Karzinome) bzw. *diffuse bis knotige Hyperplasien der Z. glomerulosa* zurückzuführen. Es liegen erhöhte Aldosteronkonzentrationen im Blut bei normalen oder geringgradig reduzierten Reninspiegeln vor. Als Folge kommt es zu vermehrter renaler Natriumrückresorption, verstärkter Kaliumausscheidung und metabolischer Alkalose, die klinisch zu Ödemneigung, Polydipsie, Polyurie (mit Hyposthenurie), Muskelschwäche, Müdigkeit, Obstipation und Hypertonie sowie zu Tachykardien und Herzarrhythmien führen können.

Der ***sekundäre Hyperaldosteronismus*** ist auf eine *gesteigerte Aktivität des Renin-Angiotensin-Systems*, die selbst wiederum Folge anderer Grundkrankheiten sein kann (z.B. Herzinsuffizienz, Leberzirrhose, nephrotisches Syndrom, Diabetes insipidus), zurückzuführen. Beim ***Bartter-Syndrom*** liegt eine juxtaglomeruläre Hyperplasie der Nieren (Ort der Reninbildung!) vor, wobei ursächlich eine vermehrte renale Prostaglandinbildung mit reduzierter Natriumrückresorption vermutet wird.

Ein sog. ***Pseudo-Conn*** ist beim **Menschen** bekannt und wird auf übermäßigen Genuß von Süßholz (Lakritzen) zurückgeführt. Dabei weist die *ß-Glycyrrhetinsäure* aldosteronähnliche Wirkungen auf.

Hyperkortisolismus (Cushing-Syndrom)

Das Cushing-Syndrom ist durch *erhöhte Glukokortikoidspiegel* charakterisiert und wird bei **Mensch**, **Hund**, **Katze** und **Pferd** beobachtet; beim älteren **Hund** stellt es die am häufigsten auftretende Endokrinopathie dar. Die Erscheinungen wie Polydipsie, Polyurie, Polyphagie, Stammfettsucht, Skelettmuskelatrophie, Alopezie und Epithelatrophien in den Stamm-, Hals- und proximalen Extremitätenbereichen (seltener Acanthosis nigricans in der Regio abdominalis et inguinalis), Osteopenien sowie Magenulzera lassen sich mit den Wirkungen der Glukokortikoide auf den Intermediärstoffwechsel (S. 474) erklären. Aufgrund der diabetogenen Wirkung der Glukokortikoide steigen die Blutzuckerkonzentrationen trotz erhöhter Insulinsekretion an (Hyperglykämie, Glukosurie). Infolge einer permanenten Überlastung der LANGERHANSschen Inseln bzw. ihrer Insulin-produzierenden B-Zellen kann sich daraus ein *sekundärer Diabetes mellitus* (Steroiddiabetes; s. S. 480) entwickeln. Während die Polyurie bei der **Katze** stets auf die Glukosurie zurückzuführen ist, werden beim **Hund** auch eine Glukokortikoid-bedingte Hemmung der Vasopressinsekretion und eine Steigerung der glomerulären Filtrationsrate beobachtet. Infolge eines negativen Feedback auf die hypophysäre Gonadotropinfreisetzung (bei Stimulation der Z. reticularis durch ACTH) werden Fertilitätsstörungen und Gonadenatrophien beobachtet. Atrophien des lymphatischen (Milz!) und myeloischen Systems sowie erhöhte Infektanfälligkeit und verzögerte Wundheilung sind auf die immunsuppressive und bindegewebshemmende Wirkung der Glukokortikoide zurückzuführen. Die Pathogenese ektopischer Kalkablagerungen in Dermis und Subkutis (Calcinosis cutis) und auch in anderen Organen ist nicht endgültig geklärt; ein Zusammenhang mit dem bestehenden Proteinkatabolismus und der Freilegung von Ca-Bindungsstellen erscheint wahrscheinlich (s. S. 500).

Am häufigsten wird ein ***primär hypothalamisch-hypophysäres CUSHING-Syndrom (Morbus CUSHING)*** beobachtet, dessen Ursache in *ACTH-synthetisierenden Tumoren* oder *diffusen Hyperplasien der kortikotropen Zellen der Adenohypophyse* (s. S. 463) zu suchen ist. Das ***primär adrenale CUSHING-Syndrom*** wird durch *endokrin aktive, autonome Tumoren (Adenome, selten Karzinome) der Z. fasciculata*, die i.d.R. unilateral und nur sehr selten bilateral auftreten, bedingt. ***Beim paraneoplastischen CUSHING-Syndrom (= ektopes ACTH-Syndrom)***, das sehr vereinzelt auch bei **Hund** und **Katze** auftreten kann, liegt eine *ektope ACTH-Sekretion* in nicht-hypophysären Tumoren (z.B. Bronchialkarzinom, Thymom, Pankreaskarzinom) vor. ***Ein iatrogenes CUSHING-Syndrom*** entsteht als unerwünschte Nebenwirkung im Rahmen einer *Therapie mit Glukokortikoiden oder ACTH* und wird vor allem bei **Hund** und **Katze** beobachtet, wobei die **Katze** diesbezüglich weniger empfindlich gegenüber Glukokortikoiden zu sein scheint.

Adrenogenitales Syndrom

Das Adrenogenitale Syndrom (AGS) wird beinahe ausschließlich beim **Menschen** beobachtet (bislang wurde ein Fall bei einem Kaninchen beschrieben). Aufgrund eines genetisch bedingten Enzymdefekts bei der Glukokortikoidsynthese und des daraus resultierenden fehlenden negativen Feedback auf die ACTH-Freisetzung liegt eine hypophysäre Überstimulation der Z. reticularis und damit der adrenalen Androgensekretion vor, die unter anderem zur Virilisierung beim weiblichen Geschlecht und zur Pseudopubertas praecox beim männlichen Geschlecht führt. Durch das negative Feedback auf die endogene Gonadotropinausschüttung entwickelt sich ferner ein hypogonadotroper Hypogonadismus.

14.4.2.2 Nebennierenmark

Bei den Funktionsstörungen des Nebennierenmarks ist lediglich die Überfunktion infolge endokrin aktiver Tumoren (*Phäochromozytom*) von Bedeutung, da Ausfallserscheinungen vom sympatischen Nervensystem und den Paraganglien vollständig kompensiert werden. Infolge *Hypersekretion von Katecholaminen* werden Hypertonie und Hypermetabolismus mit Hyperglykämie, Glukosurie, verminderter Glukosetoleranz (sekundärer Diabetes mellitus, s. S. 480) und vermehrter Lipolyse beobachtet. Die Hypertonie kann persistierend (Sekretion von Noradrenalin) oder anfallsartig (Sekretion von Adrenalin und Noradrenalin) auftreten.

14.4.3 Mißbildungen

Kongenitale Aplasien beider NN wurden bislang nur beim **Menschen** gefunden. Beim **Hund** beobachtet man gelegentlich das ***Fehlen der linken NN***. ***Verdoppelung beider NN*** kommt beim **Schaf** vor, und ***Verschmelzungen*** sind bei **Vögeln** möglich. Häufig sind bei den Haustieren ***Abweichungen im Verhältnis Rinde : Mark*** zu finden. So werden halbinselförmige Vorsprünge der Marksubstanz ins Rindengewebe (und umgekehrt) beobachtet. Markteile können bis an die Nebennierenkapsel heranreichen, d.h. Rinden- und Markteile können gegenseitig verlagert sein. Die Kapsel bildet oft Falten, die sich bis zur Marksubstanz einsenken. Selten sind ***akzessorische Nebennieren***, die aus Rinden- und Markgewebe bestehen (*Beinebennieren = Glandulae suprarenales accessoriae*), häufiger dagegen *Beizwischennieren*, die nur Rindensubstanz enthalten. Diese *Corpora interrenalia accessoria* findet man in der Nebennierenkapsel, im retroperitonealen Gewebe, in den Nieren (entweder unter der Kapsel oder im Rindenparenchym), ferner in Ovar, Gefäßwand, Leber, Pankreas und Nebenhoden. Sie können Haselnußgröße erreichen. Bisweilen sind ***Herde hämatopoetischer Zellen*** im Nebennierengewebe zu finden, ohne daß Blutbildungsstörungen oder Knochenmarkserkrankungen vorliegen.

14.4.4 Kreislaufstörungen

Bei Todesfällen nach Intoxikationen und Septikämien werden ***Hyperämien*** der Nebenniere beobachtet. Notgeschlachtete **Rinder** zeigen sehr oft eine Hyperämie der Kapillargefäße. Hervorzuheben ist die meist ausgeprägte Hyperämie bei Tod durch akutes Herzversagen. Kühe zeigen im letzten Drittel der Trächtigkeit eine physiologische Hyperämie der NN. ***Kapilläre Teleangiektasien***, d.h. multiple, eingesunkene Herde von roter Farbe, betreffen bevorzugt die NNR von **Pferd**, **Rind** und **Schwein**. Primär geht hier wahrscheinlich Nebennierengewebe zugrunde, und es entstehen blutgefüllte Räume im Sinne einer ***Peliosis***. Nicht selten werden ***Nebennnierenblutungen*** beobachtet. Bei neugeborenen Tieren sind sie auf ein *Geburtstrauma* zurückzuführen. Nebennierenblutungen treten ferner im *Niederbruchstadium der Streßreaktion* auf. Hämorrhagisch-nekrotische Rindenbilder entstehen auch nach *Endothelschädigung auf septisch-embolischer, toxischer und thrombotischer Grundlage* (z.B. bei E. coli-Septikämie). Die sich hierbei entwickelnden Insuffizienzbilder lassen sich dem WATERHOUSE-FRIDERICHSEN-Syndrom bei der Meningokokkensepsis des Menschen an die Seite stellen (Abb. 14.7).

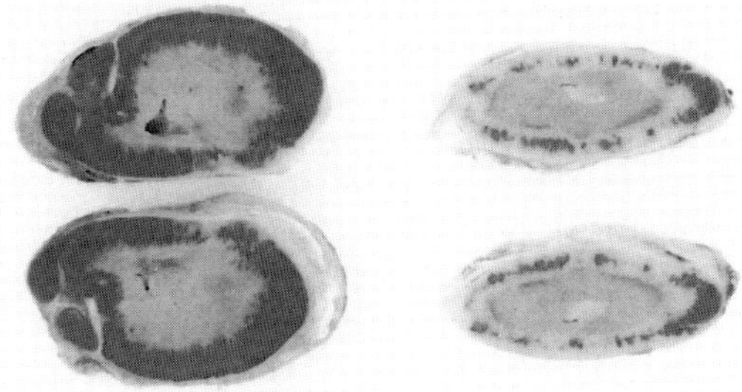

Abb. 14.7 *Hämorrhagische Nebennierenrindennekrose* bei einem an Enterotoxämie verendeten Schaf. 1,2 x nat. Größe.

14.4.5 Regressive Veränderungen und Entzündungen

Bei systemischen ***Amyloidosen*** kommt es vielfach auch zur Amyloidablagerung in der NN, meist in der Rinde. In orangegelben Rindenfeldern (Verfettung der druckatrophischen Rindenzellen!) zeichnen sich bläulich-graue, transparente Stellen ab, in denen das Amyloid dicke Mäntel um die Sinusoide bildet. NN-Amyloidosen können u.a. Begleiterscheinung von Tuberkulose bei Rind und Hund, bei *Actinomyces (Arcanobacterium) pyogenes*-Infektion des Schweines und Räudekachexie der Katze sein.

Verkalkungen, gelegentlich bei **Katzen** festgestellt, führen aber nicht zu Funktionsstörungen. Am ausgeprägtesten sind diese – vermutlich durch Störungen im Kalkstoffwechsel bedingten – Veränderungen bei älteren Tieren, werden aber röntgenologisch auch schon bei Jungtieren nachgewiesen. Sie liegen im übrigen extrazellulär und beginnen meist in der Mitte der Rindenschicht, von wo aus sie nach peripher und zentral (teilweise bis zum Mark) fortschreiten. Ferner finden sich gelegentlich konzentrisch geschichtete, aus Kalk und Protein bestehende Körperchen im Nebnennierenmark bei **Affe**, **Hund** und **Katze**.

Zu den ***Pigmentierungen*** zählt zunächst die partielle ***Melanose*** der NN-Kapsel bei **Rind** und **Pferd**. Diese kann gesprenkelt oder flächenhaft sein. Gelegentlich befinden sich auch Melanozytenansammlungen im Markbereich, ein Bild, das an die gemeinsame Herkunft von Phäochromoblasten und Melanoblasten aus dem Neuralleistensystem erinnert. Dunkelbraune ***Lipofuszin***-Pigmentgranula werden in den Rindenzellen der Z. reticularis bei allen Haustieren mit alterskorrelierter Intensität gesehen. ***Hämosiderin*** wird bei allgemeinen Hämosiderosen (z.B. Infektiöse Anämie der Equiden) und nach Blutungen siderophagisch in Endothelien und Makrophagen, nicht jedoch in Parenchymzellen gefunden.

Zysten von kubischem bis zylindrischem Epithel ausgekleidet und mit grau-brauner, leimartiger Flüssigkeit gefüllt, sieht man bei **Pferd**, **Rind** und **Hund**.

Besondere diagnostische Bedeutung kommt den Befunden bei der ***NNR-Insuffizienz*** bzw. der ***NNR-Erschöpfung (ADDISON-Krise)*** zu. Viele Streßfaktoren, insbesondere zirkulatorische, infektiöse, toxische, mechanisch-traumatische und thermische Noxen, geben zu einem exzessiven Hormonverschleiß Anlaß, der klinisch in ein Niederbruchstadium einmündet und dessen morphologische Äquivalente *Verschmälerung* oder *Ödematisierung*, *grau-rötliche Verfärbung*, ja sogar *hämorrhagisch-nekrotische Strukturauflösungen* der NNR sein können.

Von praktischer Bedeutung unter den regressiven NNR-Bildern ist ferner die ***Rindenatrophie*** nach längerdauernder *Glukokortikoidsubstitution*. Betroffen ist nahezu selektiv die Z. fasciculata. Bei einem plötzlichen Absetzen der Substitution kommt es deshalb zur akuten Insuffizienz bzw. hypoglykämischen ADDISON-Krise, weil der ACTH-Blutspiegel zwar wieder ansteigt, die atrophische NNR aber nicht in der Lage ist, mit einer adäquaten Glukokortikoidausschüttung zu antworten.

Eine bekannte Ursache für einen Morbus ADDISON ist ferner die ***idiopathische Atrophie der Nebennierenrinde*** (s.

S. 475). Sie wird auf ein *autoimmunes Geschehen* mit Bildung von antiadrenalen Antikörpern zurückgeführt und geht mit einer Zerstörung aller drei NNR-Schichten einher. Die NNR ist häufig nur noch so dick wie die Nebennierenkapsel. In frühen Stadien lassen sich zahlreiche Herde von Lymphozyten und Plasmazellen sowie Gruppen von Fibroblasten zwischen den Sinusoiden nachweisen.

Entzündungen der NN kommt insgesamt eine untergeordnete Bedeutung zu. Als *resorptive Formen* entstehen sie im Nachgang zu NNR-Nekrosen, embolischen Infarkten, mechanischen Gewebszerstörungen, aber auch bei erregerbedingten Schäden. In den letztgenannten Fällen dominieren herdförmige, miliare, granulomatöse und apostematöse Bilder. Besonders häufig kommt es bei der *AUJESZKYschen Krankheit* des **Schweines**, beim *Virusabort* des **Pferdes** und anderen *Herpesvirusinfektionen* zu nekrotisch-entzündlichen NN-Veränderungen unter Ausbildung eosinophiler Kerneinschlußkörperchen. Im Rahmen der *generalisierten Tuberkulosen* und verschiedener *Parasitosen* kann auch die NN miterkrankt sein.

14.4.6 Regeneration, Hyperplasien und Tumoren

14.4.6.1 Nebennierenrinde

Das Normalbild der NNR ist stets funktionsbezogen zu bewerten und wird nach Umfang und Farbe vor allem durch die Qualität der Lipiddepots bestimmt. Demzufolge gibt es fließende Übergänge zwischen normalen und pathologischen Gewebsbefunden, dies insbesondere im Hinblick auf die verschiedenen Grade der Entspeicherung und auf die problematische Grenzziehung zwischen einfachen Hyperplasien und autonomen (toxischen) Adenomen.

Eine gleichmäßige, ***doppelseitige NNR-Hyperplasie*** findet sich nicht selten beim **Hund** als Ausdruck permanent erhöhter ACTH-Ausschüttung durch einen hyper- oder neoplastisch veränderten HVL, und betrifft Z. fasciculata und Z. reticularis, während die Z. glomerulosa komprimiert sein kann. Sie ist damit Teil der Gewebebefunde beim *primär hypothalamisch-hypophysären CUSHING-Syndrom* (Morbus CUSHING; s. S. 476). Dieser sekundären NNR-Hyperplasie ist die primäre gegenüberzustellen, die beim (alten) **Hund** als endokrin stille oder aktive ***knotige Fasciculatahyperplasie*** imponiert. In ihrer autonomen Form zählt sie bereits zu den ***toxischen Adenomen*** und ist nicht selten Ursache eines *Hyperkortizismus* im Sinne des *primär adrenalen CUSHING-Syndroms* (s. S. 476). Infolge des Sistierens der CRH/ACTH-Aktivität (negatives Feedback!) kommt es hier alsbald zu einer Atrophie der Z. fasciculata in den nicht adenomatösen NNR-Bereichen (Abb. 14.8).

Knotige Glomerulosa-Hyperplasien und Glomerulosa-

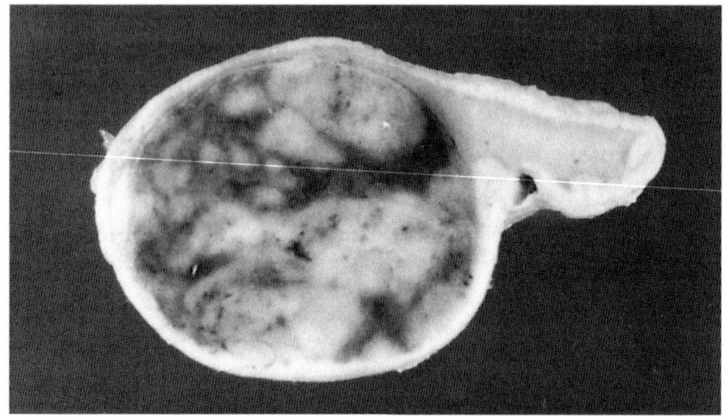

Abb. 14.8 Endokrin aktives *Fasciculata-Adenom* der Nebennierenrinde mit ausgeprägter Atrophie der Z. fasciculata im nicht tumorös veränderten Restgewebe. Hund. wbl. 8 J., 2 x nat. Größe.

Adenome können speziell beim **Hund** im Sinne des toxischen Adenoms zum *primären Hyperaldosteronismus* führen (s. S. 475). ***Eine doppelseitig-systemische Glomerulosa-Hyperplasie*** mit Ausbildung eines *sekundären Hyperaldosteronismus* (s. S. 475) kommt unter Bedingungen permanent erhöhter Reninausschüttung zustande.

Bei den gutartigen Rindengeschwülsten handelt es sich meist um ***Rindenadenome***, die auch *als Struma suprarenalis* bezeichnet werden und in der Regel morphologisch kaum von den knotigen Hyperplasien abzugrenzen sind. Sie können Faustgröße erreichen, sind von gelber Farbe und weicher, schmierig-fettiger Konsistenz. Vorwiegend sind **Pferd**, **Rind** und **Hund** betroffen. Näheres über das toxische Rindenadenom wurde bereits ausgeführt.

Bei **Rind**, **Primaten** und sehr selten anderen Spezies finden sich mitunter sog. ***Myelolipome***. Dabei handelt es sich um Umfangsvermehrungen, die aus Fett- und hämatopoetischem Gewebe zusammengesetzt sind. Sie werden heute als *regressiv veränderte Rindenknoten* aufgefaßt.

Bösartige Rindengeschwülste (maligne Adenome, ***Adenokarzinome***) sind sehr selten. Sie sind meist endokrin aktiv (primär adrenales CUSHING-Syndrom) und an ihren in venöse Gefäße einbrechenden Geschwulstthromben zu erkennen. ***Karzinome*** mit medullärer Wuchsform sind am häufigsten beim **Rind** anzutreffen. Sie sind weitgehend anaplastisch, wachsen infiltrierend und metastasieren hämatogen oder durch Kontakt (peritoneale Implantationsmetastasen!) sowie auch lymphogen.

Geschwülste, die aus Nebennierenrindengewebe entstehen, das während der Embryonalentwicklung in das Nierengewebe verlagert wurde (***GRAWITZsche Tumoren***), sind nur beim **Menschen** bekannt. Dagegen können sich auch bei Haustieren ***Geschwülste aus akzessorischen NN*** entwickeln.

Ferner kann die NN in ***Systemblastomatosen***, so etwa in *Hämangioendotheliomatosen* und *Leukosen* einbezogen oder von ***Tumormetastasen*** betroffen sein. Totale Verdrängung des NN-Gewebes führt dabei gelegentlich zur Rindeninsuffizienz.

14.4.6.2 Nebennierenmark

Pathologische Befunde am NNM beschränken sich nahezu ausschließlich auf tumoröse Veränderungen. Die Nebennierenmarktumoren werden nach ihrer Herkunft von sympathoblastischen oder phäochromoblastischen Differenzierungsformen sowie nach Reifegrad eingeteilt.

Diffuse oder knotige medulläre Hyperplasien werden gelegentlich beim **Menschen** und bei **Bullen** beobachtet und können sich weiter in Phäochromozytome transformieren.

Phäochromozytome sind die häufigsten Nebennierenmarktumoren bei Tieren und werden bevorzugt bei **Rind**, **Hund** und **Pferd** gefunden. Ihre Zellen sind meist endokrin aktiv und ähneln denen des chromaffinen Gewebes. Eine morphologische Charakterisierung des gebildeten Hormons ist elektronenmikroskopisch möglich (s. S. 474). Maligne Phäochromozytome zeigen ein infiltratives Wachstum und metastasieren häufig. Klinisch können arterielle Hypertonien oder paroxysmale hypertensive Krisen mit Linksherzhypertrophie und finaler hypoxischer Herzmuskelnekrose auftreten (Abb. 14.9).

Während Phäochromozytome bei älteren Tieren vorkommen, treten ***neurale Tumoren*** des NNM – wenngleich sehr selten – bei jüngeren Tieren auf und wurden bei **Rind**, **Schwein** und **Hund** nachgewiesen. Soweit sie malignen Charakter zeigen, neigen sie zur Metastasierung auf lympho- und hämatogenem Wege. Das Spektrum reicht von undifferenzierten *Neuroblastomen*, die sich von primitiven neuroektodermalen Zellen ableiten, bis zu gut differenzierten *Ganglioneuromen*, die reifere Ganglienzellen mit Neurofilamentbildung erkennen lassen. *Ganglioneuroblastome* besitzen Neuroblasten und Ganglienzellen verschiedener Differenzierungsgrade.

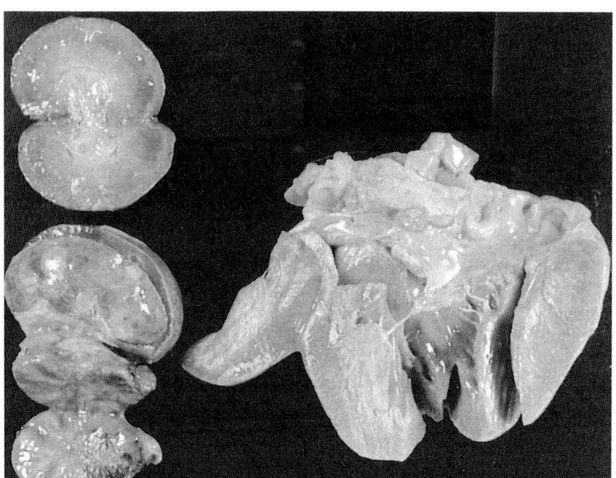

Abb. 14.9 Endokrin aktives *Phäochromozytom* (li. unten) der rechten Nebenniere mit konsekutiver Linksherzhypertrophie. Die Schnittfläche des Papillarmuskels läßt streifige hypoxische Nekrosen erkennen. Tod nach rezidivierenden hypertonischen Krisen. Hund, wbl. 11 J., 0,5 x nat. Größe.

14.5 Inselorgan

Als Inselorgan oder endokrines Pankreas wird die Gesamtheit aller LANGERHANSschen Inseln bezeichnet. Letztere entwickeln sich bei den höheren Wirbeltieren ontogenetisch zusammen mit den exokrinen Anteilen des Pankreas (s. S. 233). Die verschiedenen Zellen des Inselorgans leiten sich von gemeinsamen epithelialen Stammzellen des Ausführungsgangsystems ab und kommen über Inselsprosse und -knospen als definitive Inselfelder zwischen den Acini zu liegen. Die Stammzellen der Ausführungsgänge sind postnatal weiterhin für die Regeneration des Inselgewebes zuständig. Die Pankreasinseln werden aus dem arteriellen Gefäßsystem des Pankreas versorgt; die Kapillaren münden entweder direkt in Venulen oder speisen das Kapillargebiet des angrenzenden exokrinen Gewebes (Pfortadersystem des Pankreas), wobei den Pankreashormonen eine regulative Wirkung zukommt. Die Innervation der Inseln erfolgt über adrenerge bzw. peptiderge sympathische (N. splanchnicus) und cholinerge bzw. peptiderge parasympathische (N. vagus) Fasern, die im perikapillären Raum oder in der Nähe der endokrinen Zellen zu finden sind.

14.5.1 Anatomisch-funktionelle Vorbemerkungen

Histologisch unterscheidet man im Inselorgan vier Hauptzelltypen. Die zahlenmäßig vorherrschenden (60-80%) Insulin-produzierenden *B-Zellen* bilden zusammenhängende Verbände, die – tierartlich unterschiedlich – entweder im Zentrum der Insel liegen und von Nicht-B-Zellen umgeben werden (**Ratte**, **Maus**), oder die Nicht-B-Zellen mantelartig umfassen (**Affe**, **Katze**, **Pferd**). Bei **Mensch**, **Hund** und **Meerschweinchen** liegt dagegen eine unregelmäßige Anordnung der endokrinen Zellen vor. Insulin wird nach Spaltung aus dem Vorläufermolekül Proinsulin in Sekretgranula verpackt, in äquimolarem Verhältnis mit dem gleichzeitig abgespaltenen Verbindungspeptid (C-Peptid = Connecting Peptide) durch Exozytose freigesetzt und über die Sinuskapillaren ins Blut abgegeben. Ferner lassen sich in den Sekretgranula der B-Zellen das Insel-Amyloid-Polypeptid (IAPP, Amylin), das eine partielle Strukturhomologie mit CGRP (Calcitonin Gene-Related Peptide) aufweist, und – wie in zahlreichen anderen endokrinen Zellen – Chromogranin A, das eine partielle Strukturhomologie zu Pankreastatin besitzt, nachweisen. IAPP ist u.a. für die Entstehung des Inselamyloids (s. S. 481) verantwortlich. 10-20% der Zellen machen die Glukagon synthetisierenden *A-Zellen* aus, gefolgt von den Somatostatin bildenden *D-Zellen* (5-10%) und den *PP-Zellen* (3-10%), die das Pankreatische Polypeptid produzieren. Daneben werden in sehr geringer Anzahl auch Serotonin- synthetisierende *enterochromaffine Zellen* (EC-Zellen) gefunden. Ferner lassen sich im Inselorgan zahlreiche weitere Hormone nachweisen, denen vor allem parakrine Wirkungen zukommen.

Die zentrale physiologische Bedeutung des Inselorgans ist in der Aufrechterhaltung der *Glukosehomöostase* zu sehen. Der Blutzuckerspiegel steht unter der rasch einsetzenden, rezeptorvermittelten Wirkung von Insulin, Glukagon und der Katecholamine sowie unter der verzögerten (konzentrationssteigernden) Wirkung von Wachstumshormon, der Glukokortikoide und der Schilddrüsenhormone. Während *Glukagon* den Blutzuckerspiegel erhöht, ist sein direkter Gegenspieler *Insulin* das einzige Blutzucker-senkende Hormon (Steigerung der Glukoseutilisation und der Glykogenese, Hemmung der Glukoneogenese, Beschleunigung des Glukosetransportes durch die Zellmembran von Muskulatur und Fettgewebe) und weist darüber hinaus eine anabole Wirkung auf den Protein- und Fettstoffwechsel (Insulinmast) auf. Während die Freisetzung von Glukagon vornehmlich durch sinkende Blutzuckerspiegel stimuliert wird, unterliegen Synthese und Freisetzung von Insulin weitaus komplexeren Regulationsmechanismen. An erster Stelle ist die stimulierende Wirkung von Glukose zu nennen; darüber hinaus ist der Einfluß weiterer Metaboliten (Aminosäuren, Fettsäuren, Ketonkörper), des autonomen Nervensystems und zahlreicher Hormone mit endokriner und parakriner Wirkung bekannt (siehe Lehrbücher der Physiologie).

14.5.2 Funktionelle Pathologie

14.5.2.1 Diabetes mellitus

Der Pathologie der LANGERHANSschen Inseln kommt im Hinblick auf Klinik und Therapie des Diabetes mellitus (DM) vorwiegend bei Hund und Katze Bedeutung zu. Ganz allgemein ist zu berücksichtigen, daß der Begriff Diabetes mellitus im klinischen Sinne nur einen Symptomenkomplex beschreibt und zunächst auch nur auf Störungen innerhalb eines weitgespannten Systems der Stoffwechselregulation hinweist. Störungen können sowohl vom Inselapparat selbst als auch von neurogenen, neurohormonellen bzw. hormonellen (Hypophyse-STH, -ACTH, Nebennierenrinde, Schilddrüse, Geschlechtshormone) Einflüssen ausgehen. So spielt beispielsweise beim **Hund** der beim CUSHING-Syndrom (vgl. S. 475) entstehende *Steroiddiabetes* eine wichtige Rolle. Die Einteilung der unterschiedlichen Diabetesformen erfolgt meist nach der in der Humanmedizin üblichen Klassifikation (siehe auch Lehrbücher der Allgemeinen Pathologie), auch wenn erhebliche Speziesunterschiede bestehen, so daß deren Übertragung auf Haussäugetiere nur mit Einschränkung möglich ist.

Beim ***Typ I-DM*** (insulinabhängiger DM; früher: juveniler Diabetes), der sehr selten bei **Katze**, **Hund** und **Rind** beobachtet wird, liegt primär ein fortschreitender Schwund von B-Zellen vor. Pathogenetisch wird eine gegen die B-Zellen gerichtete *Autoimmunreaktion* unter Beteiligung von zytotoxischen T-Zellen und unter Bildung von B-Zell-spezifischen Antikörpern angenommen, die sich zunächst als Insulitis manifestiert. Neben einer *genetischen Prädisposition* sind vermutlich Virusinfektionen als Auslöser beteiligt. Als mögliche Erreger werden bei **Hund** und **Katze** Parvoviren diskutiert. Beim **Rind** wird ein Zusammenhang mit BVD-Infektionen vermutet.

Beim ***Typ II-DM*** (primär insulinunabhängiger DM; früher: Erwachsenen-Diabetes) liegen primär eine gestörte B-Zell-Funktion sowie eine Insulinresistenz der Zielzellen vor, die über eine zunächst gesteigerte Insulinproduktion letztlich zum Verlust der B-Zellfunktionen führen. Neben *genetischen Faktoren* spielen pathogenetisch vor allem *Polyphagie* (chronisch erhöhte Energiezufuhr) und *Adipositas* eine entscheidende Rolle. Es ist noch nicht hinreichend geklärt, inwieweit eine Übersekretion von *IAPP*, das zur Insulinresistenz der Zielzellen beiträgt, die Insulinsekretion hemmt und insbesondere bei der Katze gleichzeitig zur Inselamyloidose führt, ursächlich an der Auslösung dieses Typs beteiligt ist oder lediglich die Folge einer temporären Hypersekretion von Insulin darstellt (s. S. 479).

Beim ***sekundären DM***, der beim **Hund** besonders häufig beobachtet wird, liegt primär meist eine Grundkrankheit mit *Überproduktion diabetogener, insulinantagonistischer Hormone* (Glukagon, STH, TSH, ACTH/Glukokortikoide, Adrenalin, Noradrenalin) vor (z.B. Hypersomatotropismus s. S. 463 oder CUSHING-Syndrom s. S. 475). Eine zunächst kompensatorische Sekretionssteigerung der B-Zellen mündet letztlich in einen irreversiblen Erschöpfungszustand ein, so daß sich pathogenetisch teilweise Parallelen zum Typ II-DM ziehen lassen. Daneben kann sich ein sekundärer DM in der Folge tiefgreifender Schädigungen des exokrinen Pankreas, insbesondere Pankreasnekrose und Pankreatitis mit konsekutiver Pankreasfibrose einstellen.

Als besondere hereditäre Diabetesformen bei Haus- und Versuchstieren sind ***familiär-erbliche Formen*** beim **Keeshound**, beim **New Zealand White-Kaninchen** oder bei **BB-Wistar-Ratten** zu erwähnen (siehe Lehrbücher der Allgemeinen Pathologie).

14.5.2.2 Hyperinsulinismus

Pathologisch permanent erhöhte Insulinkonzentrationen im Blut, die klinisch zu hypoglykämischen Anfällen bis hin zum tödlichen Schockgeschehen führen können, werden zuweilen bei **Hund** und **Mensch** auf der Grundlage eines Insulin-sezernierenden *B-Zelltumors* (Insulinom, Inselzellkarzinom) gefunden.

14.5.3 Mißbildungen

Mißbildungen des endokrinen Pankreas werden gelegentlich bei **Mensch** und **Hund** gesehen. Sie beschränken sich beim juvenilen Hund auf Entwicklungsstörungen im Zusammenhang mit ***Hypoplasie des gesamten Pankreas***, ferner als seltene Formen der ***Inselaplasie***, der ***Inselhypoplasie*** und der ***B-Zellaplasie,*** die klinisch mit einem DM einhergehen können.

14.5.4 Regressive Veränderungen und Entzündungen

Regressive Veränderungen der Inselzellen lassen sich vor allem bei **Hund** und **Katze** im Zusammenhang mit einem bestehenden DM beobachten. Dabei werden ***Atrophien und hydropisch-vakuoläre Degenerationen der Inselzellen*** (Abb.14.10, oben), vornehmlich der B-Zellen, beim *sekundären* wie beim *Typ II-Diabetes* gesehen und pathogenetisch als Erschöpfungszustand interpretiert. Demgegenüber treten ***Atrophien und Fibrosen der Inseln*** meist als Folgen *akuter* und *chronischer Pankreasentzündungen* (s. S. 237) auf. Besondere Bedeutung kommt der ***Inselamyloidose*** (Abb. 14.10, unten) insofern zu, als sie bei älteren diabetischen Katzen nahezu regelmäßig zu finden ist. Das Inselamyloid zählt zum AE-Typ und formiert sich bei **Mensch, Katze** und **Makake** als Konsequenz einer *Übersekretion* und *extrazellulären Ablagerung von IAPP* im Rahmen eines Typ II-DM (s. S. 480).

Die Fähigkeit zur ***Amyloidbildung*** wird offensichtlich von der Aminosäuresequenz in einem bestimmten Abschnitt des Moleküls bedingt, welche die Ausbildung einer β-Faltblattstruktur begünstigt. Beim DM des Hundes wird erstaunlicherweise kein Inselamyloid beobachtet, obwohl im entscheidenden Abschnitt des Amylinmoleküls dieselbe Aminosäuresequenz wie bei der Katze vorliegt. Im Falle des endokrin aktiven Insulinoms (s. unten) kann es jedoch auch beim Hund zu Amyloidablagerungen kommen.

Immunozytäre entzündliche Reaktionen in den Pankreasinseln werden in sehr seltenen Fällen beim *Typ I-DM gefunden*. Sie gehen i.d.R. mit einem Verlust der B-Zellen einher.

Nekrotisierende Entzündungen des endokrinen Pankreas werden häufig im Rahmen der *Felinen Infektiösen Peritonitis* (FIP) beobachtet.

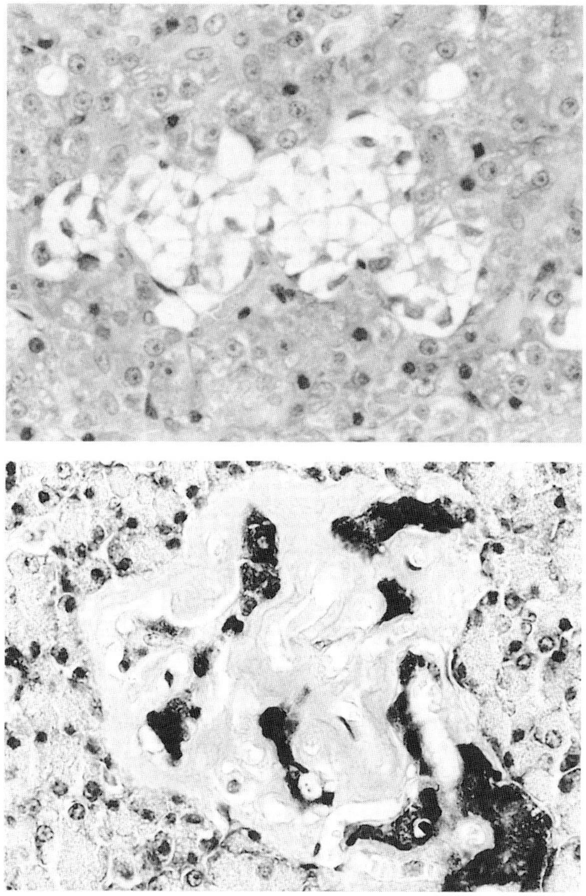

Abb. 14.10 *Regressive Veränderungen der Insel.* oben: *vakuolär-hydropische Degeneration und Atrophie der Inselzellen* bei der Katze. HE. 380 x. unten: *Inselamyloidose* bei der alten Katze mit immunhistochemischer Darstellung der Insulin- und IAPP-sezernierenden B-Zellen. Diese sind von AE-Typ-Amyloid umschlossen und atrophieren allmählich. Hämalaun-Insulin-AK. 350 x.

14.5.5 Tumoren

Vom Inselgewebe ausgehende Tumoren (*Inseladenome*) sind auch bei Haustieren nicht ungewöhnlich und werden mit positiver Alterskorrelation vorwiegend beim **Hund**, vereinzelt auch bei **Katze**, **Rind** und **Schwein** beobachtet. Ihre grundsätzliche Bedeutung liegt nicht zuletzt in einer möglichen schrankenlosen Überproduktion von Hormonen. Endokrin aktive Tumoren der *B-Zellen*, sog. ***Insulinome*** (Abb. 14.11), treten klinisch unter dem Bild des *Hyperinsulinismus* (WHIPPLE-Trias: Hypoglykämie,

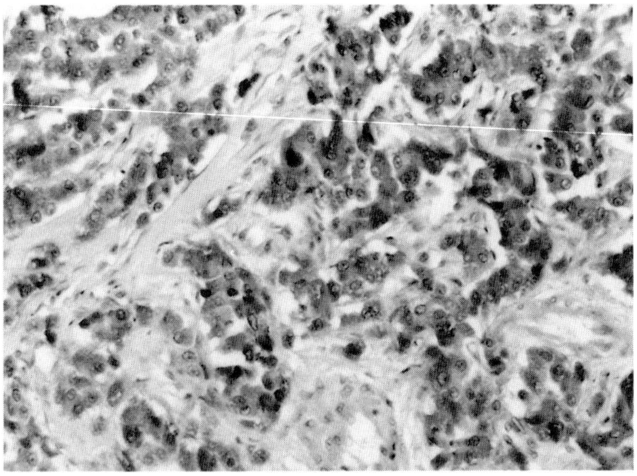

Abb. 14.11 Endokrin aktives *Insulinom* im immunhistochemischen Bild.Hund. Hämalaun-Insulin-AK, 200 x.

zentralnervöse Anfälle nach Nahrungskarenz bzw. körperlicher Anstrengung, Besserung nach Glukosegabe) in Erscheinung. Demgegenüber fehlen für die Haustiere genauere Angaben über endokrin aktive *A-Zelltumoren,* sog. ***Glukagonome***, im Sinne einer definierten Diabetes-Ursache.

Eine bei **Mensch** und **Hund** beobachtete Sonderform stellen die ***Gastrinome*** dar, die zu dem auf S. 162 beschriebenen *Zollinger-Ellison-Syndrom* führen. Dies ist um so interessanter, als normalerweise *G-Zellen* im Pankreas nicht vorkommen. Möglicherweise entstehen diese Gastrinome aus *entdifferenzierten D-Zellen*.

14.6 Diffuses endokrines System

Unter dem diffusen (neuro)-endokrinen System sind endokrine Zellen zu verstehen, die keinen isolierten Gewebekomplex bilden, sondern diffus in verschiedenen Organen vorliegen. Sie werden vor allem im *Magen-Darm-Trakt* (Eupeptidsystem des Magen-Darm-Traktes) und im *Bronchialsystem* gefunden und liegen meist einzeln zwischen den Epithelzellen. Die Endokrinozyten können sowohl ein *biogenes Amin*, wie z.B. 5-HT oder Histamin, als auch ein *Peptidhormon*, wie z.B. Substanz P, Somatostatin oder Neurotensin synthetisieren. Sie besitzen eine charakteristische Enzymausstattung, wobei die *Neuronenspezifische Enolase* und die *Dopa-Decarboxylase* hervorzuheben sind. Aufgrund der damit gegebenen Fähigkeit, Vorläufersubstanzen für die Synthese biogener Amine aufzunehmen und zu decarboxylieren, wurden sie zunächst gemeinsam mit den endokrinen Zellen von Hypophyse, Schilddrüse, Nebenschilddrüse und Inselapparat des Pankreas im sog. *APUD-System* (Amine Precursor Uptake and Decarboxylation) zusammengefaßt. Dieser Begriff wird heute nicht mehr verwendet; vielmehr wurde für die Zellen, die kein eigenes endokrines Organ bilden, die Bezeichnung diffuses endokrines System eingeführt.

14.6.1 Hyperplasien und Tumoren

Die Pathologie des diffusen endokrinen Systems umfaßt im wesentlichen nur Hyperplasien und Tumoren. Letztere werden als ***Karzinoide*** bezeichnet und sind durch hohen Differenzierungsgrad und langsames Wachstum charakterisiert. Sie treten vor allem submukös im *Magen-Darm-Trakt* und im *Bronchialsystem*, ferner auch in der *Leber* auf und können lymphogen und hämatogen metastasieren. Ein großer Teil einschlägiger Krankheitsformen wird in den jeweiligen Kapiteln der Organpathologie abgehandelt.

14.6.1.1 Orthope Karzinoide

Als orthope Karzinoide werden solche Tumoren bezeichnet, deren endokrin aktiver Zelltyp dem Ursprungsgewebe entspricht.

Gelegentlich können jedoch auch Neubildungen nicht endokriner Gewebe neuroendokrine Fähigkeiten entwickeln und ein sog. *paraneoplastisches Syndrom* auslösen (Bronchialkarzinom, Adenokarzinom der apokrinen Analbeuteldrüsen; s. S. 191).

14.6.1.2 Ektope Karzinoide

Die neuroendokrinen Zellen ektoper Karzinoide bilden Fähigkeiten aus, die ihrem normalen Verteilungsgebiet nicht entsprechen. So haben ***Gastrinome*** vielfach ihren Ursprung im Pankreas (Nesidioblastom), obwohl Gastrin-bildende Zellen normalerweise auf den Magen und den oberen Dünndarmabschnitt beschränkt sind (s. S. 156). In *Phäochromozytomen* des Nebennierenmarks findet man gelegentlich auch ***Somatostatin-*** und ***Calcitonin-produzierende Zellen***, in *C-Zelltumoren* der Schilddrüse auch ***ACTH-*** und ***Neurotensin-produzierende Zellen***.

14.7 Paraganglien

Neben dem Nebennierenmark existiert ein Netz extraadrenaler Paraganglien, die sich, ontogenetisch gesehen, ebenfalls von der Neuralleiste ableiten. Anatomisch bilden sie *branchiomere*, *intravagale*, *aortico-sympathische* (ZUCKERKANDLsche Organe) und *viszeral-autonome* Gruppen und umfassen insgesamt ***parasympa-***

thische (früher: nicht chromaffine Ganglien) und ***sympathische Paraganglien*** (früher: chromaffine Ganglien) sowie die ***Paraganglien viszeraler Organe***. Die parasympathischen Paraganglien fungieren als *Chemorezeptoren* (z.B. Glomus caroticum, Glomus aorticum) und beeinflussen die Atmung (siehe Lehrbücher der Physiologie). Histologisch wird in *epitheloide Hauptzellen* (Typ I-Zellen) und diese umgebende (SCHWANNzell-ähnliche) *Sustentikularzellen* (Typ II-Zellen) unterschieden.

14.7.1 Hyperplasien und Tumoren

Die pathologischen Veränderungen der Paraganglien erstrecken sich in erster Linie auf Neoplasien und nur ausnahmsweise auf Hyperplasien. Die ***Paragangliome*** sind elektronenmikroskopisch durch das Vorhandensein membrangebundener *neurosekretorischer Granula* und immunhistochemisch durch ihren Gehalt an *Neuronen-spezifischer Enolase (NSE)* charakterisiert.

Am häufigsten werden Tumoren der Chemorezeptor-Organe beobachtet und als ***Chemodektome*** bezeichnet (*Glomus caroticum-Tumor, Glomus aorticum-Tumor*). Anders als beim Menschen sind die Chemodektome der Haustiere i.d.R. nicht endokrin aktiv, sondern schädigen den Organismus als raumfordernde Prozesse bzw. durch lokal destruierendes Wachstum und durch Metastasierung. Besonders häufig sind **Boxerhunde** und **Boston Terrier** betroffen, wobei chronisch hypoxische Zustände bei diesen brachycephalen chondrodystrophen Rassen als auslösendes Moment angenommen werden. Chemodektome, die sich vom Glomus aorticum ableiten, sind bei *Herzbasistumoren* differentialdiagnostisch zu beachten (s. S. 25).

15 Haut

E. WEISS und J. P. TEIFKE

Unter **Haut (Integumentum commune)** versteht man die äußere Bedeckung des Körpers einschließlich der Hautorgane (Haare, Drüsen, Krallen, Hufe, Klauen, Hörner, Sporne, Kastanien), meint jedoch im engeren Sinne nur das nicht speziell modifizierte Organ *(Derma, Kutis)*. Die Haut schützt als Grenzfläche den Körper nach außen gegen Austrocknung und Elektrolytverlust, physikalische, chemische und infektiöse Reize (Hornpanzer, Hautfett, Haare, Pigmente, Säuremantel, Zellen des Immunsystems), ist ein bedeutendes Speicher- (Depotfett, Kohlenhydrate, Wasser) und Stoffwechselorgan (Vitamin D-Synthese), spielt eine wichtige Rolle in der Wärmeregulation (Änderung der Blutfülle und der Hautoberflächengröße, Schweißsekretion), ist ein Absonderungs- und Ausscheidungsorgan (Hauttalg, Schweiß) und auch ein Sinnesorgan (Tasten, Wärme- und Kälteempfindung). Schließlich ist der epidermale Keratinozyt ein bedeutender Syntheseort für Zytokine (IL-1, IL-3, IL-6, IL-8, CSF, TNF und Wachstumsfaktoren) und deren Rezeptoren, was die Rolle der Haut als immunologische Grenzschicht unterstreicht. Die γ-Interferon induzierte Bildung von Adhäsionsmolekülen (wie ICAM-1 aus der Immunglobulingen Superfamilie) auf der Keratinozytenoberfläche, LANGERHANS-Zellen und Endothelzellen bewirkt über das Leukozyten-Funktions-assoziierte-Antigen-1 (LFA-1) oder CD11a/CD18 die Retention von Leukozyten in der Epidermis.

Die Haut besteht aus der *Epidermis* (Oberhaut), dem *Korium* (Dermis, Lederhaut) und der *Subkutis* (Hypodermis, Unterhaut), die zusammen mit Faszien und besonderen Hautmuskeln eine Verbindungsschicht zum Tierkörper herstellt. Epidermis und Korium werden gelegentlich in etwas widersprüchlicher Definition zur Kutis im engeren Sinne zusammengefaßt und somit der Subkutis gegenübergestellt.

Die **Epidermis,** ein mehrschichtiges verhornendes Plattenepithel, kann in ein *Stratum profundum (Stratum* MALPIGHII) und ein *Stratum superficiale* unterteilt werden. Zu ersterem gehören das *Stratum basale,* von dem aus die ständige zyklische Erneuerung der Epidermis erfolgt, und das *Stratum intermedium*, welches wiederum aus dem *Stratum spinosum* und *Stratum granulosum* besteht. Die Zellen dieser Schichten liegen in einem Saftlückensystem und werden durch trajektoriell angeordnete, intrazellulär verlaufende *intermediäre Filamentbündel (Tonofibrillen,* Keratinfilamente), die in *Haftscheiben (Desmosomen)* inserieren und sich somit nur funktionell auf die Nachbarzellen fortsetzen, zusammengehalten. Ablösungsvorgänge unter pathologischen Bedingungen (Akantholyse, Bläschen, Blasen u. a.) erfolgen in der Regel hier. Die Körnchenschicht *(Stratum granulosum),* in der sich in Form der basophilen Keratohyalinkörperchen die ersten Verhornungsprozesse zeigen, ist durch sich abplattende Keratinozyten gekennzeichnet. Das *Stratum superficiale* wirkt als eigentliche Schutzschicht der Haut. Sein *Stratum lucidum,* eine aus unvollständig verhornten, abgeplatteten Zellen aufgebaute Schicht, besteht vor allem aus Eleidin, einer azidophilen, plastischen Substanz, die eine Verschiebung der festen Hornschicht *(Stratum corneum;* Keratinbildung) gegen das weiche Stratum granulosum zulassen soll. Die dendritischen, tonofilamentfreien, MHC-II und beim Hund CD1a exprimierenden LANGERHANS-Zellen, die dem Makrophagensystem zugerechnet werden, spielen in der Antigenvermittlung an T-Lymphozyten eine wichtige Rolle. Neuroendokrine MERKEL-Zellen sind Mechanorezeptoren im Stratum basale. Sie enthalten Zytokeratin, Neurofilament und neuronenspezifische Enolase. Haut- und Fellfarbe, die durchaus nicht übereinstimmen müssen, werden in erster Linie durch den Melaningehalt bestimmt. Das **Melanin** wird durch die Melanozyten, die neuroektodermalen Ursprungs sind, gebildet und über dendritische Ausläufer durch Phagozytose an die Basalzellen und die Matrixzellen der Haarbulbi abgegeben. Es schützt die Zellkerne vor dem schädigenden Einfluß von UV-Strahlung. UV-Licht und Entzündungen (Leukotriene, Prostaglandine) stimulieren Melanogenese und Melanozytenproliferation. Androgene, Östrogene, Glukokortikoide und Schilddrüsenhormone greifen ebenfalls in die Melaninbildung ein. Die Melanozyten dürfen nicht verwechselt werden mit den vor allem bei Hautkrankheiten auch in den oberflächlichen Koriumschichten häufig anzutreffenden Makrophagen, die Melanin phagozytiert haben und als Melanophagen zu bezeichnen sind *(Pigmentinkontinenz).* Diese besitzen im Unterschied zu den Melanozyten keine Phenoloxidase (Tyrosinase). Intraepidermale T-Lymphozyten (γ/δ-Rezeptoren) sind zum Teil CD8 positiv, besitzen Suppressor- bzw. zytotoxische Eigenschaften und weisen keine MHC-II Restriktion auf.

Die Epidermis ist mit dem **Korium** durch eine *Basalmembran* aus netzartig versponnenen Gitterfasern verbunden. Das besonders bei Rind und Pferd ausgebildete *Stratum superficiale* der Lederhaut, zu dem der eigentliche *Papillarkörper* gehört, greift besonders in haarlosen Hautbezirken zapfenartig in das entsprechende Relief der Epidermisunterseite ein und besteht aus einem Netzwerk von kollagenen (vor allem Typ III), argyrophilen und elastischen Fasern, in dem die Hautanhangsgebilde, Nerven, Blut- und Lymphgefäße, Nervenendkörper, Fibrozyten, Mastzellen, Histiozyten, und in geringerer Zahl Plasmazellen, Lymphozyten, neutrophile und eosinophile Granulozyten und Pigmentzellen eingelagert sind. Fibroblasten und Mastzellen sind als Bildner von

Glukosaminoglykanen wie Hyaluronsäure, Dermatan- und Chondroitinsulfaten, Heparin und Histamin für die Beschaffenheit der mukopolysaccharidreichen Grundsubstanz, in der die Fasern liegen, von Bedeutung. Gelegentlich, beim chinesischen Shar Pei jedoch immer, findet sich vor allem in der Nähe von Blutgefäßen und Hautanhangsorganen Muzin (kutanes Myxödem), eine basophile, körnig-fädige Substanz. In den tieferen Schichten bilden Gefäße ein dichtes Netz und lassen zusammen mit Nerven und Mastzellen eine besonders aktive Hautzone, den vaso-neuro-hormonalen Verbund entstehen. Die Mastzellen können nach erfolgter Stimulation TNF freisetzen, der Adhäsionsmoleküle vom Typ ELAM-1 im Gefäßendothel und somit die akute Entzündungsreaktion aktiviert. Das tiefer gelegene *Stratum profundum (reticulare)*, die stärkste Schicht des Koriums und damit Hauptträger der mechanischen Eigenschaften der Haut, besteht aus einem Netz dickerer Kollagenfasern (Typ I, weniger Typ III), das in Art eines dreidimensionalen Scherengitters angeordnet ist. Durch elastische Fasern ist es gewissermaßen in Ruhelage eingestellt. Die Verschieblichkeit der Haut wird damit gewährleistet.

Die Lederhaut geht ohne scharfe Grenze in die **Subkutis** über, die neben Glukosaminoglykanen als Grundsubstanz reich an Gefäßen, Kollagenfasern und Fettgewebe *(Panniculus adiposus)* ist. Verschiedene Hormone (Kortikoide, Testosteron, Östrogene, Thyroxin) erhöhen den Polymerisationsgrad und damit das Wasserbindungsvermögen. Die Unterhaut fehlt dort, wo die Haut fest auf der Unterlage aufsitzt (Nasenrücken, Augenlider, Flotzmaul, Rüssel, Nasenspiegel, Zehenendorgan, Hornbasis, Papilla mammae, Vulva). Flüssigkeitsansammlungen (Ödeme) lassen sich beim Tier an diesen Stellen besonders gut nachweisen, da sie hier nicht in das lockere Gewebe versacken können.

Als **Adnexe** werden Haarfollikel, Talg-, Schweiß- und Spezialdrüsen der Haut bezeichnet. Die Haare (Pili) sind rein epitheliale Gebilde, deren Wurzeln sich zu von bindegewebigen Haarpapillen eingestülpten Haarbulbi erweitern. Die äußeren und distalen Anteile des Bulbus differenzieren sich zur inneren und äußeren epithelialen Wurzelscheide, die noch weiter nach außen vom bindegewebigen Haarbalg manschettenartig umgeben sind. Zusammen mit der Wurzel bilden sie den Haarfollikel. Einfache Haarfollikel kommen bei Rind, Schwein und Pferd, aus Primär- und gruppierten Sekundärhaaren zusammengesetzte Follikel bei kleinen Wiederkäuern, Hunden und Katzen vor. Das Wachstum des Haares erfolgt kontinuierlich-zyklisch. Ein Haarzyklus besteht aus der Wachstumsphase, Anagen, der Rückbildungsphase, Katagen , während der die Matrix abstirbt und zum Haarkolben umgebildet wird, und der Endphase, Telogen, nach der es zum Ausfall des Haares kommt.

Die Hautdrüsen werden ihrer Form nach in alveoläre und tubuläre eingeteilt. Nach dem Sekretionsmodus lassen sich ekkrine, apokrine, merokrine und holokrine Drüsen unterscheiden. Die ekkrinen Schweißdrüsen (e-Drüsen) sind tubulär und finden sich in unbehaarten Hautbezirken (Zehen- und Sohlenballen, Flotzmaul, Nasenspiegel von kleinen Wiederkäuern, Rüssel des Schweines). Sie dienen in erster Linie der Wärmeregulation und Ausscheidung von Stoffwechselprodukten. In behaarter Haut finden sich viel häufiger apokrine Schweißdrüsen (a-Drüsen), die ein Duftsekret produzieren, das für Art- und Geschlechtserkennung bei der Fortpflanzung von großer Bedeutung ist und die über den Haarbalgdrüsen in den Haartrichter einmünden. Charakteristisch für die Schweißdrüsen ist das Myoepithel, durch dessen Kontraktion die Entleerung der Drüsen bewirkt wird. Die holokrinen, seltener merokrinen Talgdrüsen besitzen ein mehrschichtiges Epithel mit basal gelegenen undifferenzierten Stammzellen (Reservezellen). Sie entstehen in der Regel aus der äußeren Wurzelscheide der Haare, in den Augenlidern (Tarsaldrüsen; fehlen Elefant, Kamel und Delphin), am After, Penis und im äußeren Gehörgang dagegen direkt aus der Epidermis. Die Talgdrüsen des Präputiums sind echte Haarbalgdrüsen, bei denen allerdings die Stammhaare verkümmert sind. Talgdrüsen fehlen an Zehen- und Sohlenballen, Zitzen, Flotzmaul und Nasenspiegel.

Spezialisierte Hautdrüsen bestehen entweder aus besonders großen Talgdrüsen (Oberlippe Pferd, Anus und Hautblatt des Präputiums bei Hund und Pferd, Submentalorgan der Katze, Subkaudalorgan des Ziegen- und Schafbockes), ekkrinen Schlauchdrüsen (Flotzmauldrüsen der Wiederkäuer, Drüsen in der Rüsselscheibe des Schweines, Karpalorgan des Schweines, alle ohne Myoepithelien!) oder aus Talg- und Schlauchdrüsen (Zeruminaldrüsen, Antorbitalorgan der Schafe, Zerviden und Antilopen, Inguinal- und Interdigitalorgan der Schafe). Die merokrinen Talgdrüsen werden wegen ihrer Ähnlichkeit mit der Leberstruktur auch als hepatoide Drüsen bezeichnet (Zirkum- oder Perianaldrüsen der Hunde und Wildkaniden, dorsales Schwanzorgan von Hund und Katze bzw. Viole beim Rotfuchs, s. S. 539). Die Analbeutel (s. S. 191) der Fleischfresser werden von einem geschichteten, pigmentführenden und verhornenden Plattenepithel ausgekleidet. Ihre Drüsenschicht besteht bei der Katze aus holokrinen Talg- und apokrinen Schlauchdrüsen, beim Hund nur aus apokrinen Drüsen.

Die **Epidermalgebilde** der Haut (Hufe, Klauen, Krallen, Hörner, Sporne und Kastanien) stellen mächtige Horngebilde dar, deren Ausbildung in erster Linie auf besondere mechanische Beanspruchungen zurückzuführen ist. Die Beschreibung ihrer Morphologie und Pathologie würde den Rahmen dieses Lehrbuches überschreiten, es darf daher auf das in den einschlägigen Lehrbüchern der Anatomie und Histologie sowie der Huf- und Klauenkunde Gesagte verwiesen werden.

15.1 Postmortale Veränderungen

Frische Abschürfungen (besonders über vorspringenden Knochenleisten am Kopf) finden sich häufig als Folge eines Zusammenbrechens oder Anstoßens während der Agonie (Pferd, Rind). Bei Katzen lassen sich fast regelmäßig nach Autounfällen **aufgefaserte Krallenspitzen** an einer oder allen Gliedmaßen beobachten, was durch das reflektorische Verkrallen auf dem rauhen Straßenbelag bei gleichzeitigem Mitgerissenwerden durch das Kraftfahrzeug zu erklären ist, während Zusammenhangstrennungen der Haut bei dieser Tierart nur selten zu sehen sind.

Leichenerscheinungen der Haut fallen besonders bei hellhäutigen Schweinen und beim Geflügel auf, während bei den anderen Haustieren die starke Pigmentierung und Behaarung diese oft gar nicht oder nur sehr undeutlich sichtbar werden lassen.

Die ***Leichenblässe (Palor mortis)*** macht sich schon in der Agonie durch Absinken des Blutdruckes und der dadurch bedingten mangelhaften Durchblutung bemerkbar (nur bei wenig pigmentierter und behaarter Haut erkennbar). Durch die postmortale Hypostase wird in den höhergelegenen Hautbezirken der Eindruck der Blässe noch verstärkt, in den tiefergelegenen kommt es zur Ausbildung streifenförmiger oder rundlicher, blaurot-violetter ***Totenflecken (Livores).*** Durch autolytische Vorgänge diffundiert Blutfarbstoff durch die Gefäßwände, vor allem von Venen, in das benachbarte Gewebe. Dadurch entstehen die verwaschenen, rötlichen Diffusions- oder Imbibitionsflecken, die sich im Unterschied zu den rein hypostatisch bedingten Flecken durch Umlagerung der Leiche oder Druck nicht mehr zum Verschwinden bringen lassen.

In der Haut von Schweinen findet man gelegentlich echten Ekchymosen ähnliche Flecken, die postmortal durch ***Blutaustritt*** aus kleineren Gefäßen entstanden sind. Diese postmortalen Extravasate sind besonders häufig bei Krankheiten mit gestörter Blutgerinnung oder erhöhter Kapillarpermeabilität. Gelegentlich können derartige Extravasate, nicht nur bei Schweinen, die Unterscheidung intravitaler Bißverletzungen von postmortalen Fraßspuren erschweren.

Zur Grünverfärbung der Totenflecken kommt es bei Fäulnisprozessen infolge Bildung von ***Sulfmethämoglobin***. Sie beginnt zunächst in der Bauch- und Inguinalgegend, wo die vom Darm kommenden schwefelwasserstoffproduzierenden Fäulniskeime am schnellsten die Haut erreichen, und breitet sich dann entlang der Totenflecken über große Teile der Körperoberfläche aus. Korium und Subkutis werden schließlich in eine mißfarbene, sulzige, mit Fettaugen und Gasblasen durchsetzte Flüssigkeitsmasse umgewandelt, die Epidermis hebt sich in teils blasigen, teils schmierigen Belägen ab. Gasbildungen treten vor allem im lockeren Gewebe zwischen Schultern und Brustwand, Oberschenkel und Bauchwand sowie im lockeren Unterhautgewebe des Halses auf. Hufe, Klauen und Krallen lassen sich bei fortgeschrittener Fäulnis leicht von ihrer Matrix lösen, die Haare gehen aus. Die Horngebilde selbst sind aber gegen Fäulnis außerordentlich widerstandsfähig und können noch jahrelang nach dem Vergraben der Kadaver nachgewiesen werden. Der zeitliche Ablauf und Grad der Fäulnis hängen in erster Linie von der Temperatur, dem Luftzutritt und der Luftfeuchtigkeit sowie der Bodenbeschaffenheit ab. In der warmen Jahreszeit findet sich häufig im Bereich von Körperöffnungen und Wunden gestorbener Tiere in erheblichem Umfang ein postmortaler Befall mit Fliegenmaden (Myiasis, s. S 558).

Wenig oder nicht behaarte Haut (Augenränder, Flotzmaul, Rüsselscheibe, Nasenspiegel, Lippenränder, Skrotum) erhält durch ***Austrocknung*** ein runzeliges, borkenartiges und, wenn unpigmentiert, auch transparentes und pergamentartiges Aussehen. Die Rotfärbung der Schwarte gut entbluteter Schlachtschweine bei Schnellkühlung und zu geringer Luftfeuchtigkeit (unter 95%) ist in erster Linie auf eine oberflächliche Austrocknung zurückzuführen. Die Haut, die infolge des Brühvorgangs keine Epidermis und Haare mehr besitzt, wird durch Verdunsten des Wassers transparent und läßt so das in den Kapillaren der Lederhaut noch befindliche bzw. durch den Diffusionsstrom während des Austrocknungsprozesses dort angereicherte Hämoglobin rötlich durchscheinen. Bei Wasserleichen kann es infolge von Quellungsvorgängen zu einer der menschlichen Waschfrauenhaut ähnlichen runzeligen Hautoberfläche kommen. Bei Primaten ist dies vor allem an den talgdrüsenfreien Handinnenflächen und Fußsohlen der Fall.

Durch Bakterien können in gesalzenen und zusammengelegten Rinderhäuten rote und blaue Flecken entstehen, die zur erheblichen Wertminderung führen.

Zur ***Mumienbildung*** kommt es, wenn eine extrem niedrige Luftfeuchtigkeit zusammen mit einer hohen Außentemperatur die Fäulnisvorgänge verhindert.

Die ***kranke Haut*** ist grundsätzlich den gleichen postmortalen Veränderungen unterworfen wie die normale. Zu beachten ist jedoch, daß intravital entstandene Effloreszenzen, wie akute Erytheme und Exantheme, Urtikaria, Bläschen, Pusteln und Ödeme oft, vor allem durch Austrocknung, ihr charakteristisches Aussehen verlieren, andererseits aber auch durch das postmortale Erblassen Pigmentstoffwechselstörungen, wie Ikterus und andere Hyperpigmentierungen, deutlicher hervortreten.

15.2 Mißbildungen

Mißbildungen der Haut und ihrer Adnexe sind so zahlreich, daß im Rahmen dieses Lehrbuches nur ein unvollständiger Überblick gegeben werden kann.

15.2.1 Epitheliogenesis imperfecta

Die Epitheliogenesis imperfecta (Perodermie) zeigt sich in einem scharf von den normalen Hautbezirken abgesetzten Fehlen der Epidermis und ihrer Adnexe, so daß die blutigrote Lederhaut zutage tritt. Bei Fohlen und Kälbern kommen diese Epidermisdefekte besonders häufig an den Extremitäten und Akren (Huf- und Klauenlosigkeit) und am Kopf, bei Ferkeln in den dorsalen Hautgebieten vor. Nicht selten findet man gleichzeitig auch Epitheldefekte in der Mund- und Ösophagusschleimhaut (Abb. 15.1). Wegen der hohen Vulnerabilität dieser epithellosen Bezirke (Infektionsgefahr) ist die Lebenserwartung der betroffenen Tiere gering. Ursache dieser Hemmungsmißbildung sind bei Rind, Pferd, Schaf und Schwein autosomal-rezessive Letal- bzw. Semiletalfaktoren, bei Hund und Katze ist nicht viel über den Erbgang bekannt.

15.2.2 Ichthyosis

Bei der durch einen rezessiven Letalfaktor bedingten *Ichthyosis congenita gravis (I. fetalis, Fischschuppenkrankheit)* des **Kalbes** ist die Epidermis borkig verdickt und von tiefen Rissen und Furchen, die zum Teil den normalen Hautfalten entsprechen, durchzogen, wodurch der fischschuppenartige Eindruck erweckt wird. Histologisch dominiert die starke lamelläre Hyperkeratose der oberen Epidermisschichten, der Haarbälge und der Hautdrüsen, die durch eine verstärkte Aneinanderhaftung und damit verminderte Abschilferung der Keratinozyten bedingt ist (Retentionshyperkeratose). Der Papillarkörper ist warzenartig zerklüftet. Haare fehlen entweder vollkommen oder können, wenn vorhanden, nicht durch die starke Hornschicht durchbrechen. Die betroffenen Kälber werden entweder tot geboren oder sterben in den ersten Lebenstagen. Eine leichtere Form *(Ichthyosis congenita mitis)* wird als vermutlich autosomal-rezessives Erbleiden (Pinzgauer), teils aber auch besonders bei männlichen Kälbern (Jerseys und kanadische Holstein-Friesen) beobachtet. Die Veränderungen findet man vor allem am Flotzmaul, an den Beugeseiten der Extremitäten und am Bauch. Pinzgauer Kälber zeigen darüber hinaus Mikrotie, Katarakte und Schilddrüsenanomalien. Die Ichthyosis congenita kommt sehr selten auch als autosomal-rezessives Erbleiden beim Dobermann, Golden Retriever und Cockerspaniel vor.

15.2.3 Angeborener Zinkmangel

Eine rezessiv erbliche **Parakeratose**, die durch Zinkgaben beeinflußbar ist, wird beim schwarzbunten Niederungsrind und bei Shorthorns beobachtet und hat Ähnlichkeit mit der

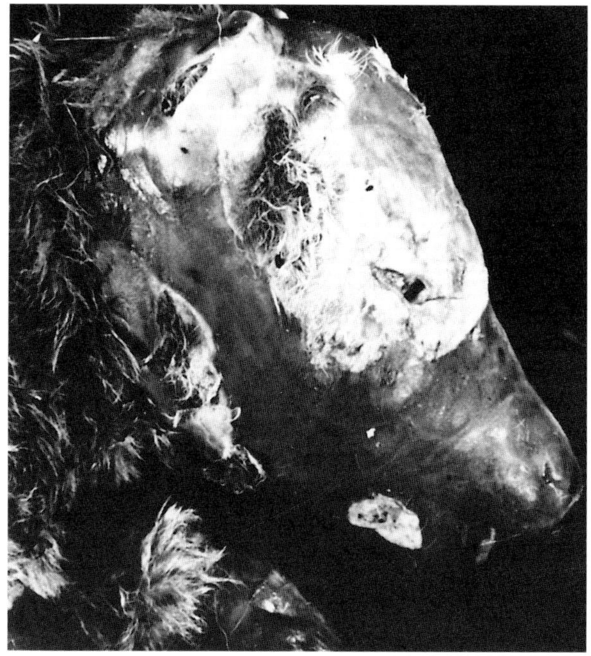

Abb. 15.1 Epitheliogenesis imperfecta, Kalb.

Akrodermatitis enteropathica des Menschen (Zinkmalabsorption. Letalfaktor A 46, s. S. 53) und dem *„Baldy Calf"-Syndrom* der kanadischen Holstein-Friesen. Bei letzterem findet man aber stallklauenartige Veränderungen, Nichtentwicklung der Hornzapfen und keine Hypoplasie des lymphatischen Gewebes. Eine pathogenetisch ähnliche, durch Zinkgaben nicht beeinflußbare zelluläre Zinkverwertungsstörung mit erniedrigten Serumzinkwerten liegt der mit Parakeratose, Wachstumsverzögerung und Immunsuppression (Thymushypoplasie) und sekundärer Pyodermie einhergehenden, autosomal-rezessiv vererbten *letalen Akrodermatitis* der Bullterrier zugrunde.

15.2.4 Angeborener Haarmangel

Beim angeborenen Haarmangel liegt in der gesamten Haut oder einzelnen Hautregionen entweder ein völliges Fehlen der Haare und der Haaranlagen vor (Atrichosis congenita), oder die Haare sind nur unvollständig entwickelt *(Hypotrichosis congenita*; im Erscheinungsbild sehr variationsreich; Rassestandard unter anderem beim Mexikanischen Nackthund, Chihuahua, „Alopecia universalis" bei der Sphinx-Katze und dem Large White Ulster-Schwein). Als Ursache dieser bei allen Haustieren bekannten Hemmungsmißbildungen kommen in erster Linie Erbfaktoren in Betracht. Bei der Alopecia congenita handelt es sich dagegen in der Regel um nichtgenetische, exogene Reize, die den Fetus getroffen haben (Myxödem bei Jodmangel; intrauterine Infektion mit dem Erreger der BVD/MD, fieberhafte Allgemeinerkrankungen des Muttertieres, vor allem bei Maul- und Klauenseuche, Aufnahme von Veratrum album während der Gravidität). Im Unterschied zur Atrichosis sind hier die Haaranlagen vorhanden und so die Möglichkeiten für eine spätere normale Ausbildung der Behaarung gegeben (sog. temporäre Alopezie s. S 491).

Gelegentlich wird bei auf blaue oder falbfarbene Pigmentaufhellung des ursprünglich schwarzen bzw. braunen Haarkleids gezüchteten Hunderassen eine **Alopezie der Farbmutanten** (Colour Mutant Alopecia) beobachtet. Besonders gut untersucht ist diese Störung beim blauen Dobermann, kommt aber auch bei falbfarbenen Irish Settern und blauen Farbschlägen von Chow-Chow, Mittelpudel und Teckeln vor. Unter dem Einfluß von bestimmten Fellfarbgenen am D-Lokus weisen Haare mit solcher Pigmentverdünnung große subkortikale Pigmentgranula (Makromelanosomen) auf, die zu einer unregelmäßig höckerigen Oberflächenbeschaffenheit der Haare führen. Eine ähnliche Störung wurde bei Simmental x Holstein-, Angus- und Charolais-Kreuzungsrindern gefunden.

Mehrere Hunderassen (u. a. Dobermann, Husky, Malamute, schwarze und weiße Saluki, Airedale-Terrier, Boxer, schwarzweiße Mischlinge), Rinder und Pferde zeigen gelegentlich eine **angeborene Follikeldysplasie schwarzpigmentierter Haare,** die vermutlich autosomal-rezessiv vererbt wird. Jungtiere werden mit normalem Fell geboren, entwickeln dann aber mit etwa vier Wochen in Bereichen schwarzer Behaarung eine Hypotrichose bei trockener, periodisch schuppender Haut mit insgesamt kurzen, borstigen, matten Haaren, während weiße Hautgebiete unverändert bleiben. Die zum Teil unregelmäßig deformierten Follikel schwarzer Haare befinden sich alle in der Telogenphase, die Haarkanäle sind durch verkümmerte Haarschäfte und Keratinmassen verlegt.

Bei **Herefordkälbern** wird eine autosomal-rezessiv vererbte Kardiomyopathie (Nekrosen, Entzündung, Fibrosen) beobachtet, die spätestens sechs Monate nach der Geburt zum Tode führt. Die Haare dieser Tiere sind gekräuselt *(Curly Hair).* Weiterhin kommt bei hornlosen Herefordkälbern eine vermutlich erbliche, **progressive Alopezie mit kongenitaler dyserythropoetischer Anämie und Dyskeratose** vor (s. S. 411).

Beim **Schwein** spielt die **Hypotrichosis cystica,** der sogenannte **Schrotausschlag**, eine gewisse Rolle. Man findet dabei besonders in der Rückenhaut multiple miliare bis erbsengroße, blaugrüne Bläschen („Schrotkörner"), die mit einer schmierigen, hornartigen Masse und einem spiralig aufgerollten Haar gefüllt sind, oder bogenartig gekrümmte Haare, die die Epidermis nicht durchstoßen haben. Es handelt sich hierbei um eine Hemmungsmißbildung, bei der das wachsende Haar nicht in der Lage ist, die Epidermis zu durchbrechen (Abb. 15.2).

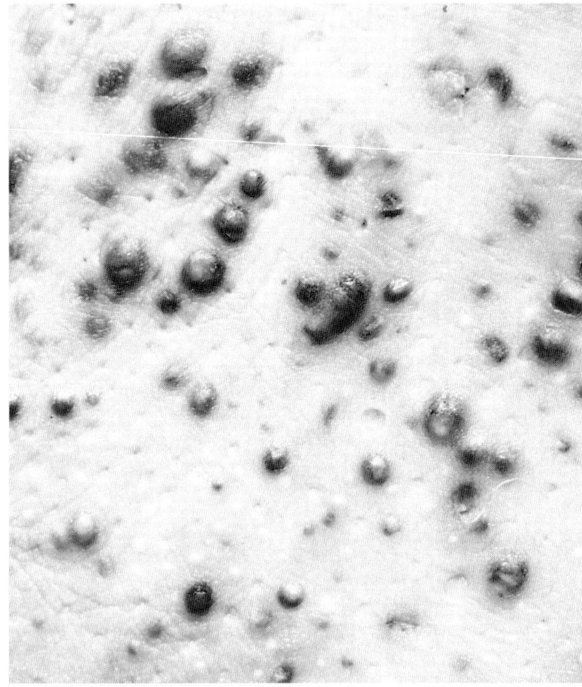

Abb. 15.2 Hypotrichosis cystica (Schrotausschlag; Epidermis entfernt), Schwein, 2 x.

15.2.5 Angeborene Langhaarigkeit

Die **Hypertrichosis congenita** (Langhaarigkeit, Hirsutismus) ist eine Eigentümlichkeit bei gewissen Rassen, kommt als autosomal-dominanter Erbfehler bei Rindern und idiopathisch bei Ferkeln und Pferden vor. Bei Pferden zeigt sie sich in der Ausbildung von Schnurrbärten sowie übermäßig langen Schweif- und Mähnenhaaren und muß von erworbener Langhaarigkeit, etwa infolge eines Hyperkortizismus (ACTH-produzierende Hypophysentumoren der Pars intermedia) unterschieden werden (s. S. 463).

Bei der **Border Disease** (s. S. 395) kann es nach diaplazentarer Infektion vor dem 80. Trächtigkeitstag zur Ausbildung eines rauhen, strähnigen Vlieses bei den Lämmern kommen *(„Hairy Shaker").* Betroffen sind nur mittel- bis feinwollige Schafrassen. Offensichtlich wird die Entwicklung der primären Haarfollikel zunächst durch die Infektion verzögert, ab dem 115. Trächtigkeitstag entwickeln sie sich im Sinne einer Kompensation aber schneller, so daß zahlreiche große, markhaltige Primärhaare entstehen. Die sekundären Follikel und Haare sind hingegen zahlenmäßig verringert.

15.2.6 Epidermolysis bullosa

Unter *Epidermolysis bullosa* versteht man erblich bedingte mechanobullöse Hautkrankheiten, deren gemeinsames Kennzeichen die Bildung von Blasen nach Einwirkung geringfügiger Traumen ist. Sie tritt beim Hund (besonders bei Collies und Shelties) vor allem im Bereich der Übergänge zu den kutanen Schleimhäuten vor dem sechsten Lebensmonat auf. Bei Schaflämmern (Suffolk und South Dorset Down-Rassen in Neuseeland, Scottish Blackface, Fehlen von Kollagen VII beim Schweizer Weißen Alpenschaf) entwickeln sich die Blasen schon wenige Stunden nach der Geburt vor allem über den Knochenvorsprüngen, in der Mundhöhle und im Bereich der Klauen (Ausschuhen!). Der Tod tritt in den ersten Lebenstagen ein. Bei Angus-, Brangus- und Simmentaler-Kälbern ist die autosomal-rezessive Krankheit ebenfalls beschrieben worden („Familiäre Akantholyse", erste Veränderungen wenige Tage nach der Geburt besonders an den Extremitäten, Tod nach zwei bis vier Wochen), beim Belgischen Kaltblutfohlen ist sie ebenfalls bekannt.

15.2.7 Angeborene Hypopigmentierungen

Albinismus und **Leuzismus** treten entweder partiell (Scheckung) oder total (Melanin fehlt auch in Iris, Chorioidea und Retina) auf und sind genetisch verankert. Ursachen sind Tyrosinasemangel (Chow-Chow) oder Störungen in der Bildung der Melanosomen. Eine familiär auftretende, fortschreitende Depigmentierung der Haut und Haare, besonders der Kopfgegend, die dadurch ein leicht gelbliches Aussehen gewinnen, wird bei Hunden (Dalmatiner, Dänische Dogge, Foxterrier), bei Katzen (Angora), weißen Nerzen (Hedlund), bei Meerschweinchen, Ratten und Mäusen beobachtet. Die Irisfarbe dieser Tiere ist dabei blau (Glasauge). Meist liegt gleichzeitig auch eine Taubheit infolge einer Hypoplasie des CORTIschen Organes vor (Cochleariszeichen s. S. 454).

Das **CHEDIAK-HIGASHI-Syndrom** ist ein autosomal-rezessives Erbleiden, das klinisch vor allem durch einen partiellen Albinismus oder „Verdünnung" der Fellfarbe, erhöhte Infektionsanfälligkeit und Blutungsneigung gekennzeichnet ist. Es spielt eine große Rolle in der Nerzzucht, da die wegen ihrer helleren Fellfarbe (Mutante) sehr geschätzten Aleutennerze („Blues"; benannt nach der blauen Variante des Eisfuchses) immer erkranken, wenn das für die Fellfarbe verantwortliche Gen a homozygot vorliegt (z. B. blaugraue Saphirnerze). Das Erbleiden tritt sehr selten auch bei Herefordrindern, Perserkatzen, Mäusen und Menschen auf. In allen Zellen, die normalerweise Granula enthalten, kommt es durch Fusion zur Ausbildung von sehr großen Granula (trommelschlegelartige Gebilde an Zellkernen). In Melanozyten werden Riesenmelanosomen gebildet, die miteinander verklumpen und mit Lysosomen fusionieren, so daß sie nur begrenzt an die Epidermis- und Retinazellen abgegeben werden können. In Granulozyten, Makrophagen und Lymphozyten findet man Riesenlysosomen, die offensichtlich nicht mit den Phagosomen fusionieren können. Damit kann zumindest teilweise die erhöhte Infektionsanfälligkeit (Aleutenkrankheit s. S. 281) erklärt werden. Die Blutungsneigung ist auf Plättchendefekte (herabgesetzte Aggregationsfähigkeit infolge ADP-Mangel) zurückzuführen. Alopezie der Farbmutanten s. S. 488.

Bei der **zyklischen Neutropenie** (zyklische Hämatopoese) kommt es neben der Störung der Neutrophilenreifung und einem Neutrophilensturz alle elf Tage auch zu einer silbergrauen Verfärbung der Haare (Gray Collie Syndrome) infolge ungenügender Melaninsynthese. Die Krankheit wird autosomal-rezessiv vererbt und führt zum Tod der betroffenen Tiere (erhöhte Infektionsanfälligkeit, Amyloidose; s. S. 250). Nach Knochenmarktransplantation zur Therapie der Hämatopoesestörung kommt es auch wieder zur Normalfärbung der Haare.

15.2.8 Angeborene Hyperpigmentierungen

Angeborene Hyperpigmentierungen kommen als *Melanosis maculosa* (herdförmige Ansammlung von Pigmentzellen in Korium und Subkutis) beim Kalb und als Pigmentspeck *(Melanosis uberis)* in der Eutergegend beim Schwein vor (s. S. 312). Melanome und Pigmentnaevi s. S. 541.

15.2.9 Angeborene Kollagenbildungsstörungen

Als **EHLERS-DANLOS-Syndrom** (Typ I-VII) werden beim Menschen erbliche Störungen der Bindegewebsbildung bezeichnet, die sich in Überdehnbarkeit und erhöhter Verletzlichkeit der Haut, Überstreckbarkeit der Gelenke und verstärkter Blutungsbereitschaft (Ruptur großer Gefäße) äußern. Die Störungen beruhen auf Enzymdefekten der Kollagenfaserbildung, die im einzelnen noch nicht restlos geklärt sind, insgesamt aber zu teils nur elektronenmikroskopisch erkennbar abnormen Kollagenfasern in unregelmäßiger Menge und Anordnung führen. Vergleichbare Krankheitsbilder, die als **Dermatosparaxie** *(Cutis hyperelastica,* erbliche Kollagendysplasie) bezeichnet werden, finden sich bei Hund, Katze und Nerz (autosomal-dominant, Enzymdefekte unklar), bei Schaf und Rind (autosomal-rezessiv, Prokollagenpeptidase-Mangel), Schwein und Fohlen.

Sogenannte **Vertikalfasern** *(„Pulpy Butt")* kommen bei Hereford- und seltener auch Angusrindern als erblicher Hautdefekt vor. Die kollagenen Fasern verlaufen im Stratum papillare vorwiegend senkrecht zur Oberfläche und sind untereinander nur wenig verwoben. Klinisch äußert sich der Defekt nicht, führt aber zu einer Wertminderung des Leders, da dessen Reißfestigkeit stark herabgesetzt ist.

15.2.10 Dermatosis vegetans

Als *Dermatosis vegetans* wurde ein autosomal-rezessives Erbleiden bei Schweinen in Skandinavien und später auch in anderen Ländern beschrieben. Die dabei auftretenden Veränderungen sind entweder schon von Geburt an vorhanden oder entwickeln sich erst einige Wochen später. Die ersten Hautveränderungen bestehen in erythematösen, oberflächlich leicht schuppenden Papeln, die sich peripher ausbreiten, so daß ein der Pityriasis rosea ähnliches Bild entsteht. Nach ungefähr fünf bis acht Wochen entwickeln sich daraus typische papilliforme, verhornte und schwarz pigmentierte, teils großflächig konfluierende Effloreszenzen, die haarlos und von tiefen Fissuren durchzogen sind. Die Veränderungen an den Fußenden sind – wenn vorhanden – bereits schon bei der Geburt ausgebildet. Die Koronargegend ist dabei ödematös geschwollen, hyperämisch und von schmieriger Beschaffenheit. Die Klauenwand ist verdickt und von parallel zum Koronarband laufenden Ringen durchzogen. Die meisten der erkrankten Tiere sterben, die überlebenden entwickeln fast ausnahmslos eine interstitielle Pneumonie mit Riesenzellen.

15.2.11 Dermoidsinus

Beim **Rhodesian Ridgeback-Hund** kommen Dermoidsinus infolge einer unvollständigen Trennung des Neuroektoderms und des epithelialen Ektoderms vor. Die Sinus treten einzeln oder multipel im Bereich der dorsalen Mittellinie des Halses, der vorderen Brust oder Kreuz-Schwanzgegend auf und können bis zur Dura mater reichen. Der Defekt wird wahrscheinlich rezessiv vererbt.

15.2.12 Dermatomyositis

Eine familiäre, offensichtlich autosomal-dominant vererbte Dermatomyositis (intra- und subepidermale Bläschen und Pusteln, Myodegeneration, Myositis, Muskelatrophie und -fibrose, Regenerationsversuche der Muskelfasern) ist bei Collies und Shelties beschrieben und ähnelt dem beim Kind bekannten Krankheitsbild. Die Pathogenese ist unklar, immunpathologische Prozesse als Folge einer Infektion mit Picornaviren werden diskutiert.

Anasarka s. S. 320, 496, Zysten s. S. 540.

15.3 Effloreszenzen

Effloreszenzen oder **Hautblüten** werden nach ihrer Entstehungsweise in **primäre** (Entwicklung infolge des zugrundeliegenden Krankheitsprozesses) und **sekundäre** (Entwicklung im Anschluß an primäre Effloreszenzen) unterteilt. Zur vollständigen Erfassung einer Hauterkrankung müssen **Lokalisation, Konfiguration** (*anulär* = ringförmig, *linear* = strichförmig, *figuriert* = bogenförmig, *polyzyklisch* = vielbogig, *serpiginös* = fortkriechend, *nummulär* = münzenartig), **Verteilungsmuster** (*lokalisiert* = umschrieben, *generalisiert* = alle Körpergegenden, *disseminiert* = unregelmäßig verstreut, *diffus* = großflächig, *(bilateral)symmetrisch*, *gruppiert* = dicht nebeneinanderliegend, *multifokal* = vielherdig u.a.), **Abgrenzung** (abgesetzt, konfluierend, scharf oder unscharf begrenzt), **Ausdehnung** (erhaben, eingesunken, oberflächlich oder tief), **Beschaffenheit** (trocken, feucht-nässend, schmierig, blutend, eitrig), **Konsistenz** (weich, verhärtet, fluktuierend) und **Farbe** beachtet werden.

Primäreffloreszenzen	Sekundäreffloreszenzen
Fleck *(Macula)*	Schuppe *(Squama)*
Papel *(Papula)*	Kruste *(Crusta)*
Knötchen *(Nodulus)*	Schürfwunde *(Erosio, excoriatio)*
Knoten *(Tuber, nodus)*	Rhagade, Schrunde *(Fissura)*
Knolle *(Phyma)*	Geschwür *(Ulcus)*
Quaddel *(Urtica)*	Narbe *(Cicatrix)*
Bläschen *(Vesicula)*, Blase *(Bulla)*	Lichenifikation *(Lichenificatio)*
Pustel *(Pustula)*	Mitesser *(Comedo)*

Fleck *(Macula)*: umschriebene Verfärbung der Haut ohne Niveau- und Konsistenzänderung, rötlich infolge Hyperämie (fleckig: Roseola, flächenhaft: Erythem), Blutung (Purpura, < 1cm Ø: Petechien, > 1cm Ø: Ekchymosen), weiß infolge Pigmentmangel (Vitiligo), bräunlich durch Zunahme der Melaninpigmentierung (Lentigo; Naevus)

Papel *(Papula)*: kleine solide Hauterhebung (< 1cm Ø) durch Zunahme der Hornschicht, der Epidermis (Akanthose, intraepidermales Ödem) oder des Koriums (entzündliche Infiltration, subepidermales Ödem). **Plaques** sind größere, oben abgeflachte Erhebungen durch konfluierende Papeln.

Knötchen ***(Nodulus):*** kleine umschriebene solide Erhabenheit (> 1cm Ø) durch Zunahme von Epidermis und Korium (meist entzündliche Infiltrate, Tumorzellen, Fibrin- oder Kalkablagerungen). **Oberflächlicher Knoten** ***(Tuber)*** und **tiefer Knoten** ***(Nodus):*** solide Erhabenheiten über Haselnußgröße.

Quaddel ***(Urtica):*** flüchtige, beetartige, scharf umrissene, durch ein Ödem im Papillarkörper oder oberen Korium hervorgerufene Erhabenheit (Nesselfieber, Insektenstiche)

Bläschen ***(Vesicula):*** scharf umschriebener, mit klarer wäßriger bis blutiger Flüssigkeit gefüllter, erhabener Hohlraum (< 1cm Ø); Bläschen > 1cm Ø = **Blase** ***(Bulla)*** infolge horizontaler Spaltbildung, physikochemischer Noxen, Akantholyse bei viral oder autoimmun bedingten Hautveränderungen; intraepidermal, suprabasal, intrabasal, subepidermal. Nach Platzen und Verlust des Blasendaches verbleibt ein zirkulärer Schuppenkranz, die *epidermale Coronella.*

Pustel ***(Pustula):*** mit Eiter gefüllte intra- bzw. subepidermale oder follikuläre kleine, scharf umschriebene Bläschen („Mikroabszeß"); **Impetigo** = dicht nebeneinanderliegende Pusteln.

Schuppe ***(Squama):*** kleieartige bis lamelläre Verbände verhornter und losgelöster Epidermiszellen

Kruste ***(Crusta):*** entsteht nach oberflächlichen Hautdefekten aus eingetrocknetem Exsudat, Serum (Fibrin, hell-honiggelb), Eiter (grünlich-graugelb), Blut (braunschwarz) sowie damit verklebten Haaren, Zellen, Schuppen oder Medikamenten.

Abschürfung ***(Erosio):*** Schürfwunden sind oberflächliche, nicht über die Basalmembran hinausgehende Defekte der Epidermis ohne Eröffnung des Papillarkörpers oder des oberen Koriums infolge Kratzen, Beißen oder Reiben (Juckreiz). Abheilung ohne Narbenbildung.

Geschwür ***(Ulcus):*** besonders tiefgreifende, rundliche oder kraterförmige Defekte von Epidermis und Korium, die nur unter Narbenbildung abheilen.

Schrunde, Riß oder **Rhagade** ***(Fissura):*** Schrunden sind scharfrandige lineare spaltförmige Defekte von Epidermis und Korium, die in der Regel an Stellen starker mechanischer Beanspruchung oder bei Elastizitätsverlust der Haut entstehen und von einer hämorrhagischen Kruste bedeckt sind.

Narbe ***(Cicatrix):*** kollagenfaserreiches bindegewebiges Ersatzgewebe eines Substanzverlustes mit extrem dünner Epidermis, gefäßarmem Korium und ohne Adnexe

Lichenifikation ***(Lichenificatio):*** Verdickung und Verhärtung der Haut bei Vergröberung des Oberflächenreliefs z.B. als Folge mechanischer Belastung (Reiben)

Mitesser ***(Comedo):*** dilatierter, mit verhornten Zellen und Talg angefüllter Haarfollikel, z.B. als Folge einer Seborrhoe, Disposition für bakterielle Follikulitis

15.4 Atrophie und Alopezie

Die senile **Atrophie** der Haut spielt bei Haustieren nur eine untergeordnete Rolle, da diese meist nicht das nötige hohe Alter erreichen. Gelegentlich findet man bei alten Hunden einen Schwund der Haut des Unterbauches, der Innenseite der Schenkel und des Skrotums, gekennzeichnet durch Haarausfall sowie Dünnerwerden und Elastizitätsverlust der Haut. Manchmal treten in diesen atrophischen Hautbezirken auch fleckenweise Pigmentanhäufungen, ähnlich den Altersflecken des Menschen, auf. Auch kann es bei hormonellen Störungen (Hyperkortizismus besonders bei Hund und Katze, Hypothyreose, Hyposomatotropismus), Mißbildungen (Dermatosparaxie) und autoimmunen Dermatosen (diskoider Lupus erythematodes, DLE) zur epidermalen und dermalen Atrophie kommen. Eine Besonderheit stellt eine mit erhöhter Fragilität einhergehende dermale Atrophie (fast vollständiges Fehlen der Kollagenfasern) bei Katzen mit hochgradiger Leberverfettung dar.

Bei hochgradigen Abmagerungszuständen kommt es nur selten auch zur Atrophie der Haut. Die gallertige Atrophie des subkutanen Fettgewebes wird, im Gegensatz zu der des Fettgewebes der inneren Organe, kaum beobachtet. Eine Druckatrophie der Haut stellt sich häufig über langsam wachsenden, raumfordernden, kutanen und subkutanen Tumoren ein. Infektiös-toxische und fütterungsbedingte Atrophien der Haut beginnen häufig mit primär degenerativen Vorgängen und sind in der Regel von einer Alopezie begleitet.

Unter **Alopezie** versteht man einen Haarausfall, bei dem die Haare nur noch mangelhaft oder gar nicht mehr ersetzt werden. Die Alopezie kann permanent oder temporär sein, je nachdem, wie stark die Haarfollikel geschädigt worden sind. Zu *permanenten Alopezien* kommt es vor allem im Gefolge schwerer Hautentzündungen (selten auch, besonders bei kleinen Pudelrassen, als Folge einer durch Tollwut-Vakzine induzierten Vaskulitis, Idiosynkrasie), bei flächenhafter Narbenbildung und nach Strahlenschäden. *Temporäre Alopezien* sind ungemein häufig und hinsichtlich ihrer Ätiologie sehr mannigfaltig oder gar nicht geklärt. Sie treten auf im Verlauf und Anschluß von Infektionskrankheiten (Druse, Morbus maculosus, Tetanus, Staupe, Salmonellose, Demodikose u.a.), bei Vergiftungen, die die Keratinbildung beeinträchtigen (Thallium, Selen = auch Ring- und Rißbildungen in den Hufen, Arsen, Quecksilber, Jod, Vitamin A beim Pferd), bei individueller Überempfindlichkeit gegen bestimmte Futter- und Arzneimittel (Kartoffeln, Rüben, Rohrzucker; Arzneimittelexanthem), bei Mangelernährung vor allem mit Vitaminen und Mineralstoffen (s. S. 496), bei Schaf- und Ziegenlämmern in Afrika nach Aufnahme der Pflanze *Chrysocoma tenuifolia* durch die Muttertiere während der Trächtigkeit („Bitterkarroo“; der Haarausfall im Bereich der unpigmentierten Hautgebiete wird als „Kaalsiekte“ bezeichnet), *Mimosinvergiftung (Mimosa pudica* und *Leucaena leucocephala*; bei Pferden, Rindern und Schafen) und nicht zuletzt bei Autoimmunkrankheiten (Lupus erythematodes disseminatus, SLE) und vielen endokrinen Störungen (s. S. 500) Bei Boxern und Airedale-Terriern wird eine saisonale Alopezie der Flankengegend bei kastrierten und nichtkastrierten Tieren beobachtet. Unter psychogener Alopezie versteht man einen Haarverlust, der durch ständiges Lecken oder Kratzen umschriebener Hautbezirke hervorgerufen wird. Sie wird bei der Katze an Achsel und Innenschenkel sowie im Rückenbereich beobachtet. Über die Pathogenese des häufig auftretenden Haarausfalls bei Kälbern, die mit Milchaustauschern aufgezogen oder gemästet werden, besteht keine Klarheit (Vitaminmangel, insbesondere A, B, C und E?). Beim Haarausfall in den anderen Hautregionen ist daran zu denken, daß in der ersten Lebenswoche das Haarkleid des Kalbes auch normalerweise schon gewechselt wird.

15.5 Störungen der Verhornung

Störungen der Verhornung werden allgemein als **Dyskeratosen** bezeichnet. Eine verstärkte Verhornung kennzeichnet die **Hyperkeratose**. Ist sie durch eine mangelhafte Abschilferung des Stratum corneum bedingt, spricht man von einer ***Retentionshyperkeratose***. Eine vermehrte Hornbildung infolge einer Proliferation von Keratinozyten mit Dickenzunahme der keratinbildenden Zellschichten *(Akanthose)* und des Stratum corneum ist typisch für eine ***Proliferationshyperkeratose***. Eine Unterteilung in orthokeratotische und parakeratotische Hyperkeratose, wie sie in der angloamerikanischen Literatur zu finden ist, ist u. E. nicht etwa präziser sondern sogar unter Berücksichtigung von Definitionen der Allgemeinen Pathologie unsinnig. Das hyperkeratotische Horn kann histologisch einen „korbgeflechtartigen“ (endokrine Störungen, idiopathische Seborrhoe, Dermatophytosen), „kompakten“ (chronische Irritation, lichenoide Dermatosen, Hauthörner) oder „lamellenförmigen“ (Ichthyosis) Eindruck machen. Eine Hyperkeratose der Haarfollikel findet sich besonders bei Follikeldysplasie, Vitamin A-Mangelzuständen, Akne und Schnauzer Komedo-Syndrom. Unter **Parakeratose** versteht man eine unvollkommene, quantitativ vermehrte aber qualitativ unzureichende Verhornung der Epidermis, die zu einer Verdickung des Stratum corneum ohne Verlust der Keratinozytenkerne führt. Parakeratose findet sich häufig bei entzündlichen Veränderungen, in Gemeinschaft mit Seborrhoe, bei Ektoparasitenbefall, Dermatophilose und Dermatophytosen, systemisch bei Zinkmangelzuständen, chronischer Arsen- und Thalliumvergiftung von Hund und Katze und hepatokutanem Syndrom des Hundes.

15.5.1 Hyperkeratose des Rindes

Eine erworbene metabolisch bedingte, systemische Proliferationshyperkeratose wird bei der **X-Disease** des Rindes beobachtet. Die Krankheit wurde in den 40er und 50er Jahren durch *hochchlorierte Naphthaline (Chlornaphthalinvergiftung),* die Schmiermitteln zur Verbesserung ihrer Leistung beigemischt wurden, und durch chlorierte Kresole und Diphenyle (in Holzschutzmitteln, Teer- und Asphaltprodukten vorhanden) hervorgerufen. Sie ist gekennzeichnet durch schwere hyperkeratotische Hautveränderungen, wobei vor allem die Haut des Kopfes und der Nackengegend, später auch die des Rückens und des Bauches dick und hart, brettartig, faltig und runzelig, ähnlich der Haut eines Elefanten, wird. Hyperkeratotische und proliferative Veränderungen treten auch im oberen Verdauungsapparat auf (s. S. 128).

Die Wirkungsweise dieser hyperkeratoseerzeugenden Stoffe ist verschieden und im einzelnen nicht geklärt. Sehr wahrscheinlich besitzen sie neben einem direkt schädigenden Einfluß auf das Epithel auch eine Anti-Vitamin A-Wirkung (Störung der Umwandlung des Karotins in Vitamin A in der Leber), da der Blutspiegel dieses Wirkstoffes bei der Hyperkeratose des Rindes stark abfällt und der Vitamin A-Mangel ähnliche Veränderungen hervorruft.

15.5.2 Schwiele

Eine erworbene, lokal begrenzt bleibende Proliferationshyperkeratose tritt als Anpassungswachstum in Form einer Schwiele *(Callus, Tyloma)* auf. Schwielen entstehen an Hautstellen, die wiederholtem Druck ausgesetzt sind. Beim Pferd sind sie häufig in der Sattel- und Geschirrlage, beim Rind im Bereich des Karpalgelenkes (Karpalbeulen) und des Manubrium sterni, beim Hund, wo sie am häufigsten vorkommen, an den Ellbogen- und Fersenhöckern sowie am Nasenrücken zu finden. Die Schwielen sind plattenähnlich, derb, haarlos, runzelig und gefurcht (Rhagaden) und gehen ohne scharfe Grenze in die gesunde Nachbarschaft über. Beim Hund kommt es nicht selten zu bakteriellen Infektionen und zur Ausbildung von sogenannten *Haargranulomen* im Bereich der Ellbogen- und Tarsalschwielen (s. S. 511).

15.5.3 Hauthörner

Echte Hauthörner (Proliferationshyperkeratose) sind über die Hautoberfläche hervorragende, derbe, harte Auswüchse, die aus hornartigen Substanzen bestehen und einen papillären Grundstock und eine Hornmarkbildung aufweisen. Die *falschen Hauthörner* besitzen diese Besonderheit nicht und stellen lediglich exzessive lokale Verhornungen dar. Hauthörner kommen vor allem bei Rindern, Schafen, Ziegen und Vögeln (bei letzteren meist falsche) vor und treten bevorzugt in der Haut des Kopfes, der Ohren und des Euters auf. Als Ursachen kommen lokale Mißbildungen (Naevi, Dermoid- und Epidermoidzysten), Narben (Kastration, Brandwunden), chronische Infektionen (Tuberkulose, Aktinomykose, Dermatophilose), Geschwülste (Papillome, Basalzellentumoren, Plattenepithelkarzinome) sowie chronische mechanische (schlecht sitzende Ohrmarken) und chemische Reize in Betracht. Hauthörner am Kopf von Wiederkäuern dürfen nicht mit echten überzähligen Hornbildungen, die einen knöchernen Zapfen besitzen, verwechselt werden. Bei der Katze werden multipel auftretende Hauthörner der Sohlenballen aber auch der Kopfhaut mit einer FeLV-Infektion in Verbindung gebracht (elektronenmikroskopischer Virusnachweis).

15.5.4 Acanthosis nigricans

Man versteht darunter eine idiopathische, primär nichtentzündliche, vorwiegend bilateral-symmetrisch auftretende Hyperpigmentierung, Akanthose, Hyperkeratose und papillomatöse Wucherung der Haut bei gleichzeitig auftretender Alopezie. Bevorzugt betroffen ist die Haut im Bereich der Achseln, der Schenkelinnenflächen, des Bauches, der Unterbrust, des Skrotums, der Mundspalte, der Augenlider und der Anogenitalregion (Abb. 15.3). Die Acanthosis nigricans kommt vor allem beim Dackel, gelegentlich auch bei Schäferhunden und Terriern vor. Sie entsteht durchweg schon während des ersten Lebensjahres und darf nicht mit anderen, vor allem endokrin bedingten, Hautkrankheiten, verwechselt werden.

Die *Ursache* ist nicht bekannt. Gewisse Ähnlichkeiten bestehen mit der juvenilen (benignen) Form der Acanthosis nigricans des Menschen. Diese wird offensichtlich durch einen erblich bedingten Insulinrezeptordefekt verursacht. Das dadurch im Überschuß vorhandene Insulin bindet an Rezeptoren des „Epidermal Growth Factor" und „Fibroblast Growth Factor", die ihrerseits dann die Akanthose und Hyperpigmentierung induzieren sollen. Als kutane Paraneoplasie kommt die *maligne* Form ausschließlich bei Erwachsenen vor, die an bösartigen Geschwülsten erkrankt sind. Nach deren operativer Entfernung verschwinden auch die Hautveränderungen.

Abb. 15.3 Acanthosis nigricans bei einer acht Jahre alten Airedale-Hündin.

15.6 Störungen der Pigmentbildung

Störungen im Pigmentgehalt der Haut oder der Haare sind entweder kongenitaler (s. S. 489) oder erworbener Natur und äußern sich in einer Verminderung oder Vermehrung des kutanen Melanins.

15.6.1 Erworbene Hypopigmentierung

Die erworbene Hypopigmentierung *(Leukopathia acquisita; Leukoderma resp. Leukotrichia acquisita; Achromatosis resp. Achromotrichia acquisita)* tritt entweder als primäres Leiden oder sekundär im Anschluß an andere Krankheiten auf.

Als **Vitiligo** wird eine **primäre** erworbene, vermutlich jedoch bei einigen Hunderassen (Tervueren, Deutscher Schäferhund, Dobermann, Neufundländer, Rottweiler) erblich bedingte seltene Leukopathie der Haut bezeichnet. Sie kommt gehäuft bei Rindern auf der Insel Bali und beim Madura-Rind vor. Bei Pferden (besonders Araber) und Siamkatzen ist sie ebenfalls beschrieben. Charakteristisch für die Vitiligo ist die fleckenweise progressive Depigmentierung der Haut und Haare, wobei die Ursache der Melanozytendegeneration unbekannt ist. Antikörper gegen Melanozytenoberflächenantigene lassen jedoch bei Mensch, Pferd, Hund und Katze eine autoimmune Pathogenese vermuten.

Ein dem seltenen **Vogt-Koyanagi-Harada-Syndrom** (uveodermatologisches Syndrom) des Menschen ähnelnder, vermutlich auch autoimmun bedingter Pigmentverlust (zellvermittelte Überempfindlichkeit gegenüber Melanin) an Lippen, Nasenspiegel und Augenlidern, seltener von Sohlenballen und Perianalgegend, ist besonders bei Akita Inu, Sibirischen Huskies und Samojeden beschrieben. Typisch ist das gleichzeitige Vorkommen einer granulomatösen Panuveitis (s. S. 437).

Sekundäre Leukopathien sind bei den Haustieren viel häufiger. Auch hier liegen meist fleckenförmige Depigmentierungen vor. Sie entstehen besonders bei Pferd und Rind im Anschluß an dauernden Druck (Sattel, Kummet, Ketten der Anbindevorrichtung, Ohrmarken), Hautwunden (Narben), nach Entzündungen (auch Überempfindlichkeitsreaktionen gegen *Culicoides sp.*, s. S. 508), Injektionen (Adrenalin, subkutane Gaben von Kortikosteroiden und Gestagenen beim Hund), Röntgenbestrahlungen und radioaktivem Niederschlag. Die sogenannten *Kröten-* und *Talerflecken* sind für die ***Beschälseuche der Pferde*** pathognomonisch (s. S. 290). Auch bei endokrin und autoimmun bedingten Hautkrankheiten kommt es gelegentlich zum Pigmentschwund. Ein ***Altersergrauen (Canities senilis)*** sieht man bei älteren Pferden und Hunden im Bereich der Augenbögen, der Stirn, der Lippen und der oralen Unterkiefergegend. Bläschenausschlag Pferd s. S. 310.

Bei **Kupfermangel** (s. S. 386) kommt es bei Schafen und Rindern zur Depigmentierung der Haare. Schwarze Rinder werden dadurch braun, rote fahlbraun, schwarze Schafe grau, wobei auch um die Augenbögen weiße Haare auftreten („Brillen"). Charakteristisch ist bei Schafen die *streifenförmige Depigmentierung der Wolle (Banded Wool)*, die durch einen sich in Abständen wiederholenden Kupfermangel zustande kommt. Gleichzeitig wird das Haar infolge einer Störung der Keratinisierung struppig und strähnig und verliert seine Elastizität und Kräuselung *(Steely Wool)*.

Das Kupfer spielt in der *Bildung des Melanins* eine wichtige Rolle, wobei man annimmt, daß bei seinem Fehlen die für die Melaninbildung erforderliche Phenoloxidase (Tyrosinase) nicht gebildet werden kann. Gleichartige Veränderungen im Haarkleid treten auch bei Überschuß an Molybdän und Sulfaten auf, die eine regulierende Wirkung in der Kupferresorption, -speicherung und -ausscheidung besitzen. Auch *Pantothensäure-, Paraaminobenzoesäure-* und *Manganmangel* können ähnliche Veränderungen hervorrufen.

15.6.2 Erworbene Hyperpigmentierungen

Erworbene Hyperpigmentierungen *(Melanoderma resp. Melanotrichia)* sind durchweg sekundärer Natur und entstehen häufig im Anschluß an atrophische Prozesse, an endokrin bedingte Hautkrankheiten (Hypothyreoidismus) und Entzündungen (vor allem bei Ekzemen; Stimulation der MSH-Rezeptorexpression durch IL-1, der Melanozytenproliferation durch PGD_2).

Unter **Lentigo** (pl. Lentigines; Linsen- oder Leberfleck) versteht man eine etwa linsengroße, rundliche bis ovale braun-schwarze Makula, die ohne Krankheitswert (Schönheitsfehler) gehäuft bei Hunden (autosomal-dominant beim Mops) vor allem an der Bauchhaut, bei roten Katzen besonders an Lippen, Gingiva, Nase und Augenlidern meist multipel vorkommt und von pigmentierten epithelialen Naevi und Melanomen unterschieden werden muß.

15.7 Störungen der Bindegewebsbildung

15.7.1 Elephantiasis, Pachydermie

Man versteht darunter eine erhebliche Verdickung und Verhärtung der Haut, die vorwiegend durch Hypertrophie des dermalen Bindegewebes bedingt sind. Als Ursache kommen vor allem chronische, entzündliche und nichtentzündliche Stauungsvorgänge der Blut- und Lymphgefäße in Betracht. Die Pachydermie ist somit in der Regel die Folgeerscheinung einer anderen primären Krankheit (chronische Ekzeme, vor allem Mauke und Straubfuß, chronische rezidivierende Phlegmonen, Akne, chronischer Rotz, Botryomykose, Aktinomykose und -bazillose, Filariose, Parelaphostrongylose der Ziege, Photodermatitis u. a.).

Besondere Formen der Pachydermie stellen die **Elephantiasis scroti** und der **Zwischenklauenwulst** dar. Erstere tritt relativ häufig bei älteren Hunden auf und wird durch wiederholte mechanische Traumen (Sitzen, Liegen) und bakterielle Infektionen verursacht. Die Elephantiasis scroti kann sich auch im Anschluß an eine blutige Kastration und an langdauernde Ödeme (kardial bedingte Hautwassersucht, Torsion des Samenstranges) entwickeln.

Als **Zwischenklauenwulst (Limax)** bezeichnet man eine derbe, wulstartige, bis gänseeigroße bindegewebige Wucherung im Zwischenklauenspalt schwerer Bullen und Kühe, die Beschwerden beim Gehen, ja sogar Lahmheit hervorrufen kann.

Als Ursache des Zwischenklauenwulstes sind eine vererbbare Anlage – schwere Fleischrassen wie Angus und Hereford sind besonders disponiert – und eine übermäßige Beanspruchung der Zehen (Weiden bzw. Haltung auf harten Böden) in Betracht zu ziehen. Es kommt dabei zu übermäßigem Spreizen der Zehen und damit zur Zerrung der Zwischenzehenbänder. Auf die gleiche Weise entstehen auch periostitische Wucherungen am Knochenansatz dieser Bänder, Arthritis und Periarthritis und Ankylosen. Verletzungen des Wulstes schaffen den Weg für Infektionen mit Eiter- und Nekrosebakterien, die fatal (Gelenkentzündung) ausgehen können.

15.7.2 Keloid

Keloide sind gutartige Bindegewebswucherungen, die vom Korium ihren Ausgang nehmen und im Anschluß an traumatische Insulte entstehen *(Narbenkeloid)*. Sie kommen vor allem beim Pferd vor, das offensichtlich eine besondere Neigung zur Keloidbildung besitzt. Prädilektionsstellen sind Kronen- und Fesselgegend, Schweifrübe (Kupieren) sowie die Beugeseiten der Gelenke (Stacheldrahtverletzungen). Makroskopisch erscheinen die Keloide meist als wulstartige Gebilde von blaß-gelber bis bläulich-roter Farbe mit glatter, gespannter, haarloser Oberfläche, die nicht selten auch entzündlich-ulzerös verändert sind. Typisch ist ihre eisblumen- oder krebsscherenartige Ausbreitung in die Umgebung. Bei Schweinen werden sie nach unsachgemäßer einstreuloser Haltung besonders an Sprunggelenken und Plantarflächen der Hintergliedmaßen gesehen („Technopathie"). Bei Hunden, die auf Drahtböden gehalten werden, können sich Keloide am kaudalen Ende des Brustbeines und an den Sitzbeinhöckern entwickeln (sog. *Kennel-Granuloma)*. Nicht selten rezidivieren Keloide nach operativer Entfernung. *Differentialdiagnostisch* sind harte Fibrome, Sommerwunden (kutane Habronematidose), hypertrophische Narben und equine Sarkoide abzugrenzen.

15.8 Diätetisch bedingte Hautveränderungen

15.8.1 Parakeratosis diaetetica des Schweines

Die Parakeratosis diaetetica trat vor Aufklärung ihrer Ätiologie häufig bei Mastschweinen auf und rief große wirtschaftliche Verluste (Masteinbuße) hervor. Zu Beginn der Erkrankung sieht man Hautrötungen und kleine Knötchen, verbunden mit geringem Juckreiz und meist auch Durchfall. Nach einigen Tagen bilden sich schmierige (Seborrhoe), schmutzig-braune Beläge und Krusten, die aus abgeschilferten Hornmassen, Hautsekreten sowie Schmutz- und Pflanzenteilchen (aus der Einstreu stammend) bestehen. Die Krusten können bis zu 2 cm dick werden und sind oft nur mehr durch die mit ihnen verklebten Haare an der Haut befestigt (Tafel XXV. A). An Stellen, die starken Bewegungen ausgesetzt sind (Hals, Gelenkbeugen), entwickeln sich tiefe Rhagaden, die oft mit einem serös-eitrigen Exsudat (bakterielle Infektion) gefüllt sind. Auch Mund- und Ösophagusschleimhaut können betroffen sein (s. S. 151). Sechs bis acht Wochen nach Krankheitsbeginn kommt es meist zur Selbstheilung, die nach etwa drei Monaten abgeschlossen ist.

Die **Ursache** der Parakeratosis diaetetica ist fütterungsbedingt. Sie tritt vorwiegend bei Getreidemast (Phytinsäure) auf, vor allem wenn Eiweißkonzentrate (Sojaschrot, Fisch- oder Knochenmehl) und Kalzium (Schlemmkreide) in größeren Mengen beigefüttert werden. Offensichtlich entwickeln sich dabei Störungen im Kalzium-, Phosphor- und Zinkstoffwechsel, die im einzelnen jedoch wenig bekannt sind. Dem *Zink* kommt eine besondere Bedeutung zu, da die Krankheit durch Zinkgaben verhütet bzw. geheilt werden kann. Das Zink selbst ist als essentielles Spurenelement Bestandteil verschiedener Metalloenzyme, Kofaktor zahlreicher anderer Enzymsysteme und spielt auch in der Regulation des Nukleinsäurestoffwechsels eine wichtige Rolle, so daß es auch für den normalen Ablauf des Verhornungsprozesses von Bedeutung ist.

Differentialdiagnostisch sind vor allem die täuschend ähnlich aussehende Räude und Epidermitis exsudativa der Saugferkel (Pechräude, s. S. 516) auszuschließen. Die Pechräude tritt nur bei Saugferkeln auf und ist durch Zinkgaben nicht beeinflußbar. Dermatosis vegetans, s. S. 490. Erworbene, klinisch und pathologisch-anatomisch ähnliche Zinkmangelzustände sind auch bei Wiederkäuern bekannt. Zinkmalabsorption des Rindes s. S. 53, 487.

15.8.2 Zink-abhängige Dermatosen des Hundes

Sie kommen in zwei Formen vor. Die eine Form betrifft vor allem Sibirische Huskies, Alaska-Malamutes, Dobermann, Dänische Doggen und Bullterrier. Parakeratotische Veränderungen mit Schuppen- und Krustenbildung und sekundärer Pyodermie entstehen meist noch im ersten Lebensjahr bevorzugt im Gesicht, am Übergang zu den kutanen Schleimhäuten und an den Ballen (Zinkmalabsorption?). Die zweite Form tritt bei Hundewelpen aller Rassen mit ähnlichen, aber generalisierten Hautveränderungen und hochgradiger Schwellung und Rhagadenbildung im Bereich der Sohlen- und Zehenballen auf. Letale Akrodermatitis der Bullterrier s. S. 487.

15.8.3 Vitaminmangelkrankheiten

Spontan auftretende Vitaminmangelkrankheiten der Haut sind beim Haustier relativ selten. Experimentell können dagegen, vor allem bei Labortieren, mannigfaltige Hypovitaminosen erzeugt werden, deren Besprechung jedoch den Rahmen dieses Lehrbuches überschreiten würde.

Von größerer Bedeutung ist lediglich die sogenannte **Gelbfettkrankheit.** Die Gelbfettkrankheit (Yellow Fat Disease, Nutritional Panniculitis, Steatitis) tritt vor allem bei jüngeren Schweinen, Katzen, Nerzen und Silberfüchsen auf, denen fischreiches Futter oder ranziger Lebertran (ungesättigte Fettsäuren!) in größeren Mengen verabreicht wurden. Neben einem Haarausfall und einer Leberdegeneration (s. S. 211) kommt es zu einer charakteristischen, anfangs gräulichen, später gelblichen Verfärbung des gesamten Fettgewebes durch Ablagerung eines säurefesten Ceroid-Pigmentes im Interstitium und in den Makrophagen des Fettgewebes sowie später auch in solchen von Lymphknoten, Milz und Leber. Bei Fohlen und Nerzen können Muskeldegeneration (s. S. 352), bei Schweinen zusätzlich noch Hepatose (s. S. 215) und Magengeschwüre (s. S. 161) auftreten. Todesfälle sind bei Katzen häufig. Die Krankheit kann durch Vitamin E-Zufuhr verhindert werden. Offensichtlich führt der Gehalt des Futters an ungesättigten Fettsäuren über einen Vitamin E-Mangel zu einer starken Oxidation des Depotfettes mit Peroxidbildung, Fettgewebsnekrosen und schwerer lobulärer, zunächst eitriger, später granulomatöser Steatitis sowie zur Entstehung des als metabolischer Artefakt anzusehenden Pigmentes.

Vitamin A-Mangel ruft vor allem bei jungen Tieren eine Störung in der Keratinisierung (Schuppenbildung) und eine metaplastische Verhornung der Ausführungsgänge der Hautdrüsen hervor (X-Disease des Rindes, s. S. 492). Eine auf Vitamin A-Gaben ansprechende hochgradige Seborrhoe, in Verbindung mit Otitis externa und sekundärer Pyodermie ist beim Cockerspaniel und Labrador beschrieben. **Pellagra** (Mangel an Nikotinsäureamid und Vitamin B_2) tritt gelegentlich beim Schwein in Form einer Hautrötung und stärkeren Schuppung auf. Bei Zutritt von Sonnenlicht entsteht eine krustöse, teils oberflächlich nekrotisierende Dermatitis. Pferde zeigen bei diesem Mangelzustand Haarausfall, Hunde eine ulzeröse Entzündung und Hyperpigmentierung der Zunge (Blacktongue s. S. 128). **Pantothensäuremangel** äußert sich beim Schwein in einer rauhen, schuppigen Haut und einer typischen „Parademarsch“-artigen Bewegung der Hintergliedmaßen beim Gehen. **Vitamin C-Mangel** kommt gelegentlich beim Schwein vor und zeigt sich in Hautblutungen, Geschwürbildungen und in einem Ausgehen der Borsten auf leichten Zug (sogenannte Borstenfäule). Beim Meerschweinchen ist er wesentlich häufiger, führt hier aber zu keinen Hautveränderungen (Spontanfrakturen, periartikuläre Blutungen).

15.9 Kreislaufstörungen

Anämische und hyperämische Zustände der Haut können nur bei wenig oder nicht pigmentierten bzw. behaarten Tieren deutlich erkannt werden.

Die aktive **Hyperämie** der Haut ist durch Rotfärbung gekennzeichnet und stellt meist ein Symptom einer beginnenden Entzündung (Rotlauferythem des Schweines) dar. Eine auffällige Hautrötung entwickelt sich auch nach kurzdauernden ischämischen Zuständen infolge Erfrierungen ersten Grades. Die passive Hyperämie der Haut äußert sich in einer bläulich-roten Verfärbung *(Zyanose)*. Hinsichtlich ihrer Genese ist sie entweder zentraler (Herzfehler) oder peripherer lokaler (Stauung und Verschluß von Venen, venöse Hyperämie bei der Entzündung) Natur.

Das **Hautödem (Anasarka)** kommt durch Transsudation von Blut- und Lymphflüssigkeit und durch deren Ansammlung in Korium und Subkutis zustande. Bei chronischen Ödemen nimmt das ursprünglich wäßrig-sulzige Bindegewebe infolge der Zubildung von Kollagenfasern eine derbe, speckige Konsistenz an. Die Haut verdickt sich, wird unelastisch und ähnelt schließlich der eines Elefanten (Elephantiasis cutis, Pachydermie, s. auch S. 494).

Hautödeme treten beim Schwein besonders deutlich im Bereich des Nasenrückens und der Augenlider (Abb. 5.30, s. S. 181), bei Wiederkäuern und Pferden im Kehl- und Halsbereich (Brisket Disease, s. S. 90) und bei Hunden und

Pferden in der Gegend der Unterfüße (unter Umständen als Vorstadium einer Akropachie, auch bei primärer dilatativer Kardiomyopathie) und des Skrotums auf. Als *Ursachen* kommen zentral und peripher bedingte Stauungsvorgänge, erhöhte Kapillarpermeabilität (Enterotoxämie der Schweine, hämorrhagische Diathesen, Infektiöse Anämie der Equiden, Allergie, Hypovitaminose A), Abnahme des onkotischen Druckes (Hungerzustände, Leber- und Nierenerkrankungen, parasitär bedingte Kachexie, Anämien) sowie Lymphabflußstörungen (insbesondere bei Lymphangiose) in Betracht.

Ein ***kongenitales Hautödem*** wird zusammen mit einer allgemeinen Wassersucht *(Hydrops universalis congenitus)* bei Kälbern, Ferkeln und Kaninchen beobachtet. Bei Kälbern handelt es sich um eine mit Chondrodystrophie verbundene Erbkrankheit (s. S. 320), bei Kaninchen um einen Letalfaktor (fetale Erythroblastose NACHTSHEIM). Bei Hundewelpen (Labrador u.a.) kann es infolge einer Entwicklungsstörung der Lymphgefäße oder Lymphknoten gelegentlich zu einem kongenitalen generalisierten oder auf die Extremitäten beschränkten Lymphödem kommen.

Myxödeme werden bei hypothyreoten Ferkeln mit kongenitaler Kropfbildung (Dickhals- resp. Speckferkel, s. S. 465) beobachtet. Kongenitale, durch Jodmangel oder Enzymdefekte ausgelöste Hypothyreosen führen auch bei in der Regel tot geborenen Hundewelpen zu diffusen Unterhautödemen, die als Folge eines stärkeren Wasserbindungsvermögens durch das vermehrte kollagene Bindegewebe (bradytrophe Stoffwechsellage) und die Einlagerung von kolloidosmotisch aktiven Mukopolysaccharideiweißkomplexen zu verstehen sind.

Entzündliche Ödeme beobachtet man vor allem bei Clostridien-Infektionen, Hautmilzbrand bei Schwein und Pferd, Bluetongue-Krankheit der Schafe, Photodermatitis, Insektenstichen, Mykotoxikosen und allergischen Zuständen. Afrikanische Pferdepest s. S. 88.

Diapedesisblutungen in Form von multiplen Petechien und Ekchymosen (Purpura) stellen sich bei vielen Infektionskrankheiten ein. Bei ***hämorrhagischen Diathesen***, vor allem bei der Dikumarol-, Furazolidon- und Sulfoquinoxalinvergiftung sowie bei der Hämophilie der Hunde und Schweine, entstehen häufig auch noch subkutane Sugillationen und Hämatome. Schlangenbisse s. S. 515. Die ***thrombozytopenische Purpura*** von Pferd, Hund und Katze (Autoantikörper gegen Thrombozyten) tritt meist in Zusammenhang mit einer autoimmunen hämolytischen Anämie, mit dem Lupus erythematodes disseminatus (s. S. 510) oder Leukosen auf.

Rhexisblutungen, meist in Form von Sugillationen und Hämatomen, beobachtet man bei den verschiedensten traumatischen Läsionen der Haut. Multiple petechiale Blutungen an den wenig behaarten Hautstellen (Ohr, Euter) entstehen nach einem Überfall durch *Kriebelmücken* (s. S. 558).

Teleangiektasien im Bereich der Venolen und **Varizen** der großen Hautvenen treten nicht selten im *Skrotum des Hundes* auf und führen über Geschwürbildung zu spontanen, oftmals rezidivierenden Blutungen. Ursächlich kommen für die Teleangiektasien primäre Dysplasien der Gefäße, für die Varizen mechanische und thermische Noxen (exponierte Lage der Skrotalhaut) in Betracht. Die Veränderungen haben mit echten Angiomen keine Gemeinsamkeit (s. S. 205).

15.10 Nekrose

Die Hautnekrose tritt in Form des *trockenen Brandes (Mumifikation,* in der Regel ohne Beteiligung von Bakterien) oder als *feuchter Brand (Gangraena humida;* durch Bakterien infiziert, übler Geruch) auf. Die Ursachen, die zur Hautnekrose führen, sind sehr mannigfaltig. Beim Haustier spielt der **Druckbrand** *(Dekubitus)* die wichtigste Rolle. Durch dauernden Druck (Festliegen) auf bestimmte, insbesondere über Knochenvorsprüngen (Hüft- und Ellbogenhöcker, Jochbein) liegende Hautbezirke sowie bei fehlerhaften Verbänden kommt es zur Druckischämie und schließlich zum Absterben der betroffenen Hautteile. Abgemagerte Tiere sind besonders anfällig. Eine direkte Nekrose der Haut tritt nach Einwirkung starker Laugen (Kolliquationsnekrose) und Säuren (Koagulationsnekrose) sowie bei schweren Verbrennungen (auch Kaustika!) und Strahlenschäden auf (s. S. 512). Bei Erfrierungen dritten Grades entwickelt sich die Hautnekrose als Folge einer primären Gefäßschädigung (s. S. 512). Vergiftungen mit Ergotamin (aus *Claviceps purpurea;* Mutterkornvergiftungen, vor allem bei Rindern und Geflügel, seltener bei Schafen, Schweinen und Pferden vorkommend) und mit Schwingelgras *(Festuca arundinacea;* in subtropischen und tropischen Ländern vor allem bei Wiederkäuern; das möglicherweise durch Befall mit dem Pilz *Acremonium coenophalium* Mutterkorn-ähnliche Alkaloide enthält) führen zu lang anhaltenden Gefäßspasmen und schließlich zur Thrombose, wodurch es zur ischämischen Nekrose vor allem peripher gelegener Bezirke (Akren, Ohr- und Schwanzspitzen, Kamm und Kehllappen) kommt. *Fusarientoxine* (vor allem das endothelzellschädigende *Trichothecen Mykotoxin* T-2 Toxin und sein Metabolit HT-2 Toxin) führen bei Schweinen und Kaninchen auch in Kombination mit *Aflatoxinen* nach direkter Einwirkung und peroraler Aufnahme zu Haut- und Schleimhautnekrosen. Trichothecen-Toxine von *Stachybotrys spp.* rufen das Bild der *Stachybotryotoxikose* (Haut- und Schleimhautulzera und -nekrosen) bei Pferden, Rindern, Schafen und Schweinen vor allem in Osteuropa und der GUS hervor. Bei Rotlauf, Eperythrozoonose, Salmonellose und Schweinepest entwickeln sich Hautnekrosen, vor allem im Bereich der Ohren und des Schwanzes, infolge entzündlich-thrombotischer Gefäßverschlüsse (s. S. 517). Zitzennekrose der Ferkel s. S. 313. Bei Vorstehhundewelpen (insbesondere Dt. Kurzhaar) wird eine erblich bedingte *neurotrophische Pfotennekrose (neurogene Akropathie)* beobachtet.

Fokale, zumeist nur epidermale Nekrosen werden als Folge von Selbst-Traumatisierung (Hauterkrankungen mit Juckreiz!), Arzneimittelexanthemen, nichtallergischer Kontaktdermatitis, lichenoiden Dermatosen, subepidermalen Blasen oder Zellinfiltraten mit Behinderung der Blutversorgung oder bei Erythema multiforme, toxischer epidermaler Nekrolyse und hepatokutanem Syndrom (s. S. 504) beobachtet. Nekrobazillose der Haut s. S. 521f., Staphylokokken- und Pasteurellamastitis bei Rind und Schaf s. S. 315, bovine ulzerative Mammilitis s. S. 534.

15.11 Einlagerungen in Dermis und Subkutis

15.11.1 Amyloidose

Die *Amyloidose* der Haut ist beim Haustier von untergeordneter Bedeutung. Sie wurde bei Pferden in Skandinavien und äußerst selten bei Hund und Katze beschrieben. Beim Pferd äußert sie sich im Auftreten von erbsen- bis walnußgroßen Knoten (granulomatöse Entzündung mit mehrkernigen Riesenzellen) in der Unterhaut des dorsalen Halsbereiches, des Hinterkopfes und der Vorderbrust. Als Ursache dieser atypischen Amyloidose (immunglobulinartiges Amyloid) werden Sensibilisierungsprozesse infolge wiederholter Insektenstiche angenommen. Eine knotige AL-Amyloidose der Unterhaut und Muskulatur wurde beim Pferd im Rahmen eines multiplen Myeloms beschrieben.

15.11.2 Xanthome

Xanthome sind unterschiedlich große, gelblich-weiße, plane, papuläre oder tuberöse, vorwiegend aus Lipoiden bestehende Effloreszenzen und treten bei Pferden, Hunden und Katzen entweder solitär oder multipel, idiopathisch, zum Teil in Verbindung mit Diabetes mellitus oder bei der Katze nach Megesterolazetat-Behandlung auf. Bei hereditär hypercholesterinämischen WATANABE-Kaninchen kommt es infolge der hohen Blutkonzentrationen an LDL, VLDL und IDL auch zur Ausbildung kutaner Xanthome.

15.11.3 Kutane Muzinose

Die übermäßige, fokale oder diffuse Ansammlung und Ablagerung von *Muzin* (saure Mukopolysaccharide, besonders Hyaluronsäure) besonders in Korium und Subkutis kann beim Hund (seltener bei der Katze in Verbindung mit Alopezie) idiopathisch oder im Zusammenhang mit Hypothyreose, Hypersomatotropismus, systemischem Lupus erythematodes, Dermatomyositis und Mycosis fungoides auftreten. Histopathologisch fallen zwischen den auseinandergedrängten Kollagenfasern gelegene, Alzianblau- und PAS-positive amorphe bis fädige Schleimmassen auf. Beim Chinesischen Shar Pei handelt es sich jedoch um einen „normalen" Zustand (s. S. 485). Myxödem s. S. 497, Myxomatose s. S. 532.

15.11.4 Verkalkung

Die **Calcinosis circumscripta** *(Kalkgicht, Kalzinogranulom)* findet man bei Hunden (besonders Deutschen Schäferhunden), in Einzelfällen bei der Katze vor allem im Bereich der Zehen- und Sohlenballen sowie der Unterhaut der Fersen- und Ellbogenhöcker (Zunge, s. S. 128). Beim Hund handelt es sich dabei um derbe, ½ bis 10 cm im Durchmesser große Knoten, die aufbrechen können und dann eine zähe, weiße, kreidige Masse entleeren. Auf Querschnitten durch die Knoten sieht man, daß diese Masse in einem von derben Bindegewebszügen geformten Maschenwerk liegt (Abb. 15.4). Histologisch gleichen die Veränderungen weitgehend verkalkten Fremdkörpergranulomen.

Offensichtlich entstehen die Knoten im Anschluß an traumatische Läsionen (dystrophische Verkalkung von nekrotischem Gewebe, das infolge seiner „Kalkgier" zum „Kalkfänger" wird), selten sind vorausgehende subkutane Injektionen oder die Verwendung von Polydioxanon-Nahtmaterial als Ursachen nachgewiesen. Häufig ist gleichzeitig im Blut beziehungsweise im Gewebe, zumindest temporär, ein erhöhter Kalziumgehalt vorhanden (metastatische Verkalkung). Für letztere spricht vor allem, daß die Calcinosis circumscripta besonders bei jungen Hunden, die an Erkrankungen des Darmes, der Nieren oder der Knochen leiden, auftritt. Differentialdiagnostisch sind vor allem Epitheliome (MALHERBE s. S. 540) und verkalkte Bursahygrome auszuschließen.

Nach subkutanen Injektionen (v.a. von Gestagenen) können gleichartige Veränderungen wie bei der Calcinosis circumscripta entstehen.

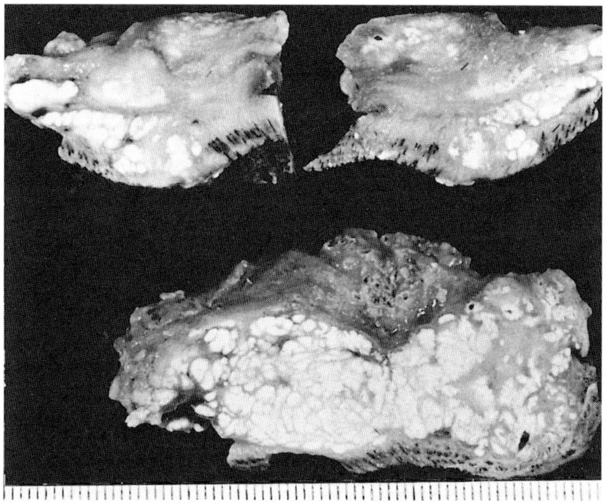

Abb. 15.4 Calcinosis circumscripta (Kalkgicht) aus dem Ellenbogenbereich eines zweijährigen Schäferhundes.

Unter der sogenannten **prästernalen Verkalkung** wird eine tumorartige Verkalkung des über dem Brustbein gelegenen, aus Fett und derbem Bindegewebe bestehenden Gewebspolsters bei Rindern und Schafen verstanden. Schwere Tiere sind besonders häufig betroffen. Als Ursache der Verkalkung kommen wiederholte Traumen, insbesondere Quetschungen (Liegen auf hartem Boden) in Betracht; die Verkalkung ist somit dystrophischer Natur. Differentialdiagnostisch ist an Tuberkulose zu denken.

Eine ausgedehnte *Calcinosis cutis* infolge dystrophischer Verkalkung findet sich bei Hunden mit erhöhtem Glukokortikoidspiegel (s. S. 500) und bei Diabetes mellitus.

Kalziphylaxie mit Haut- und Gefäßverkalkungen wird beim Ferkel beschrieben.

Knochenbildungen in der Haut sind entweder primärer, heteroplastischer oder sekundärer, metaplastischer Natur. Erstere entstehen aus embryonalen Gewebsresten und sind als ***Hamartome*** anzusehen. Metaplastische Verknöcherungen entwickeln sich häufig im Anschluß an dystrophische Verkalkungen, in Narben (Kastration, Kopperoperation), Hämatomen, Bruchsäcken, Dermoid- und Epidermoidzysten und Epitheliomen.

15.11.5 Unterhautemphysem

Lokale oder generalisierte Hautemphyseme entstehen, wenn Luft oder andere Gase in das lockere subkutane Bindegewebe gelangen. Die Gase dringen dabei entweder von außen (Hautverletzungen) oder vom Inneren des Körpers (Zusammenhangstrennungen im Bereich des Atmungs- und Verdauungstraktes) in die Unterhaut ein. Die emphysematöse Haut macht einen „aufgepumpten“ Eindruck und zeigt bei der Palpation das typische knisternde Geräusch. Hautemphyseme kommen vor allem beim Rind als Komplikation eines interstitiellen Lungenemphysems und von Laparotomien vor, wobei sie meist lokalisiert in der Hals- und Brustgegend sowie im Bereich der Operationswunde auftreten. Hautemphyseme sind für bakterielle Infektionen disponiert, wodurch sich schwere Phlegmonen entwickeln können. Differentialdiagnostisch ist der Gasbrand der Haut abzugrenzen (s. S. 522).

15.12 Funktionsstörungen der Talg- und Schweißdrüsen

15.12.1 Primäre (idiopathische) Seborrhoe

Von Bedeutung ist der primäre Talgfluß *(Seborrhoea sicca, S. oleosa)*, der häufig bei Hund (Deutscher Schäferhund, Cockerspaniel, West Highland White Terrier, Irish Setter, Dobermann, Labrador u. a.), seltener bei Schaf und Saugferkel mit Ekzemen (insbesondere bei sekundärer Infektion mit Staphylokokken oder der Hefe *Malassezia pachydermatis)* und beim Pferd mit einer übermäßigen Schuppenbildung *(Pityriasis)* im Bereich der Mähne und des Schweifes einhergeht. Die Ursachen sind unbekannt.

15.12.2 Sekundäre Seborrhoe

Sekundäre Störungen der Talgdrüsenfunktion treten vor allem bei *hyperkeratotischen* (Austrocknung der Haut infolge Verödung der Drüsen, z. B. bei Vitamin A-Mangel, Lebererkrankungen, Ektoparasiten) und bei *parakeratotischen* Vorgängen (vermehrter Talgfluß infolge Überfunktion der Drüsen, z. B. bei Zinkmangel, Fettsäure-Mangel, Dermatomykosen), bei *endokrinen* Störungen (Hypothyreose, Hyperkortizismus, Störungen der Sexualhormone, Diabetes mellitus, STH-Mangel) und *entzündlichen* Prozessen (auch Allergien) auf.

15.12.3 Störungen der Schweißbildung

Übermäßiges Schwitzen **(Hyperhidrosis)** kann lokalisiert oder generalisiert auftreten und ist häufig durch eine Schädigung der peripheren Nerven oder des N. sympathicus oder des Rückenmarkes bedingt. Es kann aber auch das Symptom einer Allgemeinkrankheit (Kolik, fieberhafte Krankheiten, Myopathien wie Myoglobinämie des Pferdes und Weißmuskelkrankheit der Kälber u. a.) darstellen. Eine vermutlich erbliche Form der Hyperhidrosis kommt bei Shorthorn Kälbern vor. Sweating Disease s. S. 552.

Eine verminderte Schweißbildung (**Hypo- und Anhidrosis**) findet man vor allem bei Pferden und Rindern, die aus gemäßigten Klimazonen in tropische gebracht werden. Sie beruht beim Pferd auf einer Adrenalinunempfindlichkeit der Schweißdrüsen.

15.13 Endokrin bedingte Hautveränderungen

Hautveränderungen, bedingt durch Störungen der Funktion der Schilddrüsen, Hypophyse, Nebennieren sowie der Gonaden sind, vor allem bei Hund und Katze zwar außerordentlich häufig, erlauben aber allein keine definitive Aussage bezüglich der ursächlichen Dysfunktion bestimmter endokriner Organe und sind daher insgesamt nicht spezifisch.

Nahezu alle durch endokrine Störungen hervorgerufenen Hautkrankheiten beginnen mit einer *Alopezie,* die oft die einzige Veränderung darstellt. Juckreiz und Schmerz fehlen häufig. Dem Haarverlust liegt eine mehr oder minder starke *Atrophie* der Haarbälge zugrunde. Die Haare hören auf zu wachsen, lösen sich von den Bälgen und gehen dann leicht aus. Dementsprechend sieht man den ersten und intensivsten Haarausfall in den Hautregionen, die mechanischen Einwirkungen am meisten ausgesetzt sind (Vorderbrust, Bauch, Rumpfseiten, Vorderflächen der Extremitäten, Nasenrücken, hinter den Ohren = Kratzen). Die vorwiegend bilateral-symmetrische Anordnung vieler endokrin bedinger Alopezien findet darin eine Erklärung. Eingehende histologische Untersuchungen haben gezeigt, daß die atrophischen Veränderungen der Haarfollikel nahezu diffus über den ganzen Körper verteilt sind, wobei die Haarfollikel des Kopfes und der Extremitäten eine etwas größere Widerstandskraft zu besitzen scheinen.

Neben der Atrophie und Alopezie der Haut treten, vor allem bei längerer Dauer der Störung, auch fleckenweise oder diffuse *melanotische Hyperpigmentierungen* und eine Wucherung des Stratum spinosum *(Akanthose)* mit Hyperkeratose (auch der noch vorhandenen Follikel) auf, wodurch das Bild der *Acanthosis nigricans* entstehen kann (s. S. 493). Schuppende, nässende oder seborrhoische *Ekzeme* sowie *eitrige Hautentzündungen* können sich anschließen.

15.13.1 Hypothyreoidismus

Bei der **Schilddrüsenunterfunktion**, die die häufigste endokrine Hauterkrankung beim Hund ist, aber auch bei Merinoschafen und Saanen-Zwergziegen-Kreuzungen bekannt ist, kommt es neben den beschriebenen Hautveränderungen auch zu teils ausgeprägten Myxödemen, Adipositas, Bradykardie und Emotionsarmut (s. S. 465). Das Thyroxin beeinflußt direkt das Haarwachstum durch Stimulierung der dafür verantwortlichen Fermentsysteme und der Kapillarfragilität der Haarfollikel. Histopathologisch sind neben der Hyperkeratose besonders die Hypertrophie und/oder Vakuolisierung der Mm. arrectores pilorum auffällig.

15.13.2 Hyperkortizismus

Das **CUSHING-Syndrom** beziehungsweise der **Morbus CUSHING (Hyperkortizismus,** s. S. 476) des **Hundes** sind durch Adipositas (Stammfettsucht), Diabetes mellitus, Osteoporose, Keimdrüsenatrophie, Eosino- und Lymphopenie und durch Hautveränderungen gekennzeichnet. Letztere bestehen neben einer Alopezie in einer starken Seborrhoe mit Schuppenbildung, im Auftreten von Blasen, Komedonen, Pusteln und eitrigen Entzündungen (bakterielle Pyodermie, *Malassezia*-Dermatitis), herdförmigen Pigmentierungen, Phlebektasien, Kollagenfasernekrosen mit dystrophischen Verkalkungen auch von Basalmembranen der Epidermis und der Haarfollikel bei insgesamt atrophischer und hypotoner Haut. Vor allem im Pfotenbereich einsetzende Demodikose kann als sekundäre Komplikation (Juckreiz!) mit auftreten. Der Hyperkortizismus kommt selten auch bei Katze (Hautveränderungen ähnlich wie beim Hund, keine Calcinosis cutis) und Pferd vor (Hirsutismus, Seborrhoe, Hyperhidrosis, Wundheilungsstörungen, Infektionen vor allem mit *Dermatophilus congolensis,* s. S. 518; Tafel XXVI. A).

15.13.3 Hyperöstrogenismus

Hautkrankheiten im Gefolge endokriner Störungen der **Gonaden** spielen bei Hund und Katze die größte Rolle. Gesichert ist die Bedeutung der *Östrogene* für die Entstehung von Hautveränderungen, umstritten jedoch, ob diese direkt oder über die Hypophyse und Nebennierenrinde bzw. die Schilddrüse auf die Haut einwirken. Beim *männlichen Hund* spielen vor allem die östrogenproduzierenden SERTOLI-Zelltumoren der Hoden eine wichtige Rolle. Neben den oben beschriebenen Hautveränderungen treten dabei häufig auch noch Juckreiz, Gynäkomastie, metaplastische Verhornung der Prostata und sexuelle Anziehungskraft auf andere Rüden auf. Auch bei Seminomen, LEYDIG-Zelltumoren, atrophischen Hodenveränderungen und beim Vorliegen eines Kryptorchismus können sich ähnliche Hautveränderungen einstellen *(Testosteron-ansprechende Dermatose)*. Beim *weiblichen Tier* kann es zu den geschilderten Hautveränderungen bei Störungen im Verlauf des Geschlechtszyklus, während der Gravidität, nach der Geburt *(Effluvium post partum)*, während der Laktation sowie beim Vorliegen von Ovarialzysten und -tumoren und nach Diethylstilböstrol-Therapie kommen. Ein ähnliches Bild kann auch bei *Hypoöstrogenismus* infolge prämaturer Ovariektomie auftreten *(Östrogen-ansprechende Dermatose)*.

15.13.4 Idiopathische, durch Kastration therapierbare Dermatose

Bei männlichen Alaska Malamutes, Sibirischen Huskies, Keeshonds und Chow-Chow ist ein durch ein ausgesprochen wollig-flauschiges Haarkleid (symmetrischer Verlust zunächst von Primärhaaren kaudomedial an den Oberschenkeln, am Schwanz, bei Retention von Sekundärhaaren, später Alopezie) gekennzeichnetes, seltenes, idiopathisches, jedoch auf Kastration ansprechendes Syndrom bekannt.

15.13.5 Hypo- und Hypersomatotropismus

Beim *Hyposomatotropismus* des erwachsenen Hundes kommt es zur bilateral-symmetrischen Alopezie, Hyperpigmentierung, Verminderung der Zahl der Retikulinfasern und Seborrhoe. Der *Hypersomatotropismus* (Akromegalie s. S. 324) führt beim Hund auch zu Hyperkeratose, Hyperplasie der Epidermis und dermalen Kollagenfasern sowie häufg auch zum Myxödem.

15.13.6 Feline idiopathische symmetrische Alopezie

Die feline idiopathische symmetrische Alopezie (sog. feline endokrine Alopezie) kommt gelegentlich bei kastrierten männlichen und weiblichen Katzen vor. Die Ursache ist unbekannt. Der Haarausfall (Haare leicht ausziehbar; überwiegend Telogenhaare) beginnt im Anogenitalbereich, greift dann auf Schwanz, Bauch, Brust und obere Extremitäten über, so daß terminal das Bild einer bilateral-symmetrischen Alopezie vorliegt. Differentialdiagnostisch ist diese idiopathische Form von symmetrischer Alopezie bei Atopie und Nahrungsmittelallergie, psychogener Alopezie und Ektoparasitosen abzugrenzen.

15.14 Ekzem

Entzündliche Veränderungen der Haut können ganz allgemein unter dem Begriff „Dermatitis" geführt werden. Betreffen die entzündlich-reaktiven Vorgänge jedoch nur die Oberhaut, so spricht man vielfach von einem Ekzem beziehungsweise von einer *Dermatitis eccematosa.*

Unter Ekzem versteht man demnach eine polymorphe, zum chronischen Verlauf neigende, in der Regel mit Juckreiz verbundene oberflächliche Hautentzündung *(Dermatitis eccematosa)*. Wir können uns nicht der Auffassung der American Animal Hospital Association anschließen, die die Bezeichnung Ekzem und *Dermatitis eccematosa* mit der Begründung aus ihrer Standardnomenklatur gestrichen hat, daß das Ekzem grundsätzlich allergisch bedingt sei und deshalb als allergische Dermatitis, Atopie oder allergische Kontaktdermatitis benannt werden sollte. Es ist unbestritten, daß sehr viele Ekzeme allergischer Natur sind. Häufig ist es aber sehr schwierig, die allergische Natur zu beweisen, beziehungsweise gibt es ohne Zweifel Ekzeme, die nicht allergisch verursacht sind. Wir sind daher der Ansicht, daß die Einengung des Begriffs Ekzem auf allergische Dermatitiden den Gegebenheiten in der Veterinärmedizin nicht gerecht wird. Selbstverständlich wird man bei geklärter Ätiologie und Pathogenese einer ekzematösen Hautveränderung diese auch entsprechend bezeichnen.

Das **akute Ekzem** beginnt in der Regel mit einem Erythem, das beim Haustier wegen der starken Behaarung und Pigmentierung häufig übersehen wird, und einer leichten Schuppenbildung *(erythematöses Stadium)*. Kommt dieses Stadium nicht zur Ausheilung, so entwickeln sich stärkere Abschuppung, Haarausfall und Hautverdickung *(squamöses Stadium)*. Dieses geht in ein *papulo-vesikuläres* und schließlich in ein *nässendes Stadium (Eccema madidans)* über. Durch Eintrocknung des serösen Exsudates entsteht das *krustöse Stadium*. Nach Verschwinden der auslösenden Noxe kann das Ekzem in jedem Stadium zur Ausheilung kommen. Das Ekzem kann aber auch mit jedem dieser beschriebenen Stadien beginnen und seine ursprüngliche Form bis zum Schluß beibehalten. Des weiteren werden verschiedene Formen und Rezidivbildungen häufig nebeneinander beobachtet. Bei ausgesprochen **chronisch-proliferativem Verlauf** entwickeln sich eine starke Hautverdickung mit Falten- und Rhagadenbildung sowie eine ausgeprägte Hyper- und Parakeratose (chronische hyperplastische Dermatitis). Eine Sonderform stellt das *seborrhoische Ekzem* dar, das durch Talgfluß und fettige Beschaffenheit der betroffenen Haut gekennzeichnet ist.

Histologisch ist das Ekzem durch fehlerhafte Verhornung *(Parakeratose),* interzelluläres Ödem im Stratum spinosum *(Spongiose,* verantwortlich für die Exsudation und Bläschenbildung) und Wucherung der Stachelzellschicht *(Akanthose,* verantwortlich für die Hautverdickung) gekennzeichnet. *Hyperpigmentierungen* treten besonders bei chronischen Ekzemen auf. In Epidermis und Korium sind nur relativ geringgradige lymphohistiozytäre Infiltrate vorhanden, während Granulozyten in der Regel nur bei zusätzlicher bakterieller Infektion (Staphylokokken) in größerer Zahl zu finden sind (Blasen- und Pustelbildung).

Als **Ursachen** für die Entstehung von Ekzemen kommen vor allem allergische Prozesse (s. S. 506), endokrine Störungen (s. S. 500) und Mangelkrankheiten (s. S. 495) in Betracht. Davon unabhängig spielen auch Staub, Schmutz, Schweiß, Nässe, Scheuern, Geschirrdruck, unsachgemäßes Trimmen, Waschungen mit grüner Seife oder ungeeigneten Shampoos, Desinfektionsmittel, Arzneimittel, Ektoparasiten, Insektizide, hohes Alter, Fütterung, erbliche Disposition u. a. eine Rolle. Infektionen mit Bakterien komplizieren häufig das Bild.

Rind: Die häufigsten Ekzemlokalisationen sind Kopf, Hals, Rücken, Schwanzansatz, Fesselbeuge, Zwischenklauenspalt und besonders bei starkem Euterödem die Euter-Schenkelgegend (Intertrigo). Unhygienische (feuchte) Haltungsbedingungen sind die Hauptursache (sogenannte Schmutzmauke, vor allem der Gliedmaßen), Vitamin B-Mangelzustände können ebenfalls zu diffusen Ekzemen führen. Die **bovine exfoliative Dermatitis** ist eine bei Milchkälbern auftretende ausgedehnte ekzematöse, mit Schuppenbildung und späterem Haarverlust einhergehende Dermatitis im Flotzmaulbereich unklarer Ursache.

Pferd: Als **Mauke („Pastern Dermatitis")** bezeichnet man die Hautentzündung im Bereich der Fesselbeuge, die sich in verschiedenen Bildern äußert. Vom klinischen Standpunkt unterscheidet man die *ekzematöse Mauke* (nässend, squamös und pustulös), die *verruköse Mauke* (warzenartige Hautveränderungen, Schwielen und Sklerose = Elephantiasis = sogenannnter *Straub-* oder *Igelfuß;* fast ausschließlich bei Kaltblutpferden vorkommend) sowie die *Brandmauke* (Gangrän, häufig infolge *Fusobacterium necrophorum,* s. S. 521). Kontaktdermatitis, Staphylokokkenfollikulitis, Dermatophilose, Chorioptesräude, Befall mit *Trombicula autumnalis,* Photosensibilität, Vaskulitis und Pemphigus foliaceus werden als Ursachen diskutiert. Begünstigend sind unhygienische und feuchte Haltungsbedingungen. Nach zunächst erythematöser Schwellung und einem nässenden Ekzem kommt es leicht zu krustenbedeckten Erosionen und Ulzera sowie Lichenifikation, überschießender Granulations- und Narbengewebsbildung. Epidermale Hyperplasie und lymphohistiozytäre Perivaskulitis kennzeichnen das histopathologische Bild. Eine Mauke-artige Erkrankung kann auch durch das Vacciniavirus verursacht werden (s. S. 531).

Als **Raspe** werden ähnliche Veränderungen an der Beugefläche der Karpal- und Tarsalgelenke bezeichnet.

Beim sogenannten **Mähnen- und Schweifgrind** können die Haare durch Scheuern ausgehen, wodurch der sogenannte *Rattenschweif* entsteht. Verfilzen die Haare oder verkleben sie untereinander, dann entsteht der sogenannte *Weichselzopf (Plica polonica).*

Die **Kleien- oder Schuppenflechte** tritt am ganzen Körper besonders bei stark abgemagerten Pferden auf. Sommerekzem s. S. 558.

Schwein: Unter **Ferkelruß** versteht man eine Sammelbezeichnung für ein squamös-krustöses Ekzem, das besonders an Kopf, Nacken und Rücken auftritt. Man hat dabei den Eindruck, als ob die Haut mit Ruß bestäubt wäre. Ferkelruß wird vor allem bei Kümmerern (enzootische Pneumonie, Anämie, chronische Salmonellose, chronische Schweinepest, schlechte Haltung und Fütterung u. a.) beobachtet. Der Ferkelruß muß aber von *der Parakeratosis diaetetica* (s. S. 495), der *Epidermitis exsudativa* (s. S. 516) und parasitären Hautkrankheiten (besonders kutane Strongyloidose, s. S. 551) unterschieden werden.

Die **Pityriasis rosea** (Bauchflechte) wird bei Ferkeln und Läuferschweinen beobachtet, wobei entweder nur einzelne Tiere oder der ganze Wurf erkranken. Die Ursache ist nicht geklärt. Eine erbliche Disposition ist jedoch wahrscheinlich. Mit Sicherheit handelt es sich nicht um eine Mykose. Klinisch werden zu Beginn der Krankheit Inappetenz, Erbrechen und Diarrhoe beobachtet. Juckreiz ist nicht vorhanden. Die ersten Hautveränderungen bestehen in runden bis ovalen, bis zu fingernagelgroßen, rötlich erhabenen Herden (Erythem und Papeln) im Bereich des Unterbauches, oft um eine Zitze oder um den Nabel und der Schenkelinnenfläche. Die Effloreszenzen breiten sich in den nächsten Tagen zentrifugal aus, während sie im Zentrum abblassen, einsinken und abheilen. Dadurch entstehen typische ringförmige, wulstartig aufgeworfene blau-rötliche und schuppige Effloreszenzen, die sich laufend vergrößern und zum Teil konfluieren (Abb. 15.5). Nicht selten sind dann auch Unterbrust und ventrale Halsseite, in extremen Fällen auch die gesamte Haut, betroffen. Nach zwei bis sechs Wochen tritt spontane Heilung ein. Differentialdiagnostisch müssen vor allem Dermatomykosen (s. S. 525), Pocken (s. S. 529) und die Dermatosis vegetans (s. S. 490) abgegrenzt werden.

Schaf und Ziege: Als **Hungerräude** bezeichnet man ein chronisches, schuppendes Ekzem am ganzen Körper, das

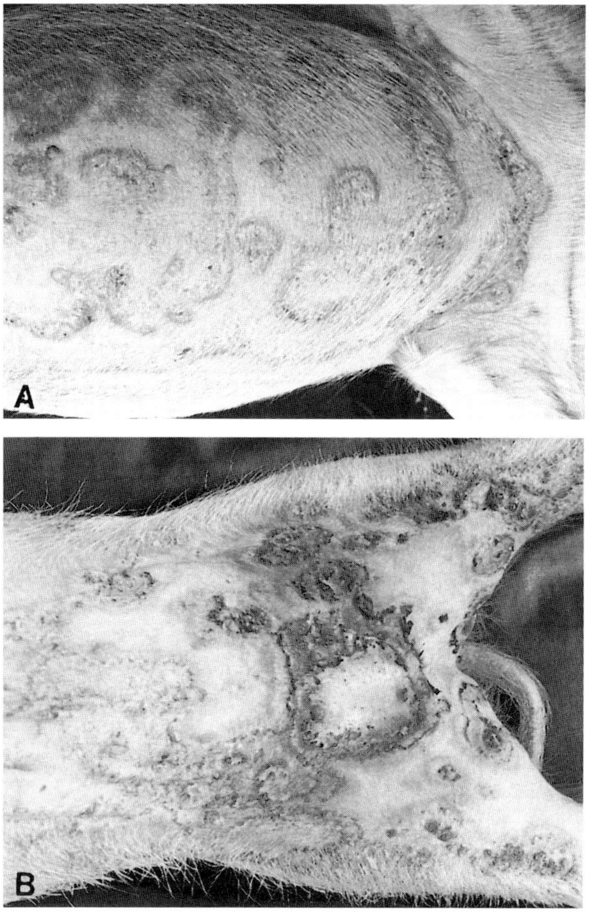

Abb. 15.5 Pityriasis rosea (sog. Bauchflechte), Läuferschwein.

besonders bei starker Abmagerung infolge parasitärer Krankheiten (Leberegel, Magen-, Darm- und Lungenwürmer) beobachtet wird. Die **Regenfäule** (Fleece Rot, Water Rot) ist ein nässendes Ekzem bei Schafen mit schlecht schließendem Vlies und tritt besonders an Rücken und Kruppe auf. Dabei können sich schmutzige Beläge mit zahlreichen Bakterien bilden. Wenn *Pseudomonas aeruginosa* beteiligt ist, kommt es zur auffälligen Grünfärbung der Beläge und Wolle. Die Regenfäule stellt eine besondere Disposition für Myiasis dar (s. S. 558). Bei Zwergziegen kommt ein exsudatives, zu Schuppen, Krusten und Haarverlust im Kopfbereich, an Perineum und Bauchhaut führendes *idiopathisches Ekzem* vor.

Hund: Ekzeme beim Hund sind sehr häufig allergischer Natur (atopische Allergie, Flohallergie, Kontaktdermatitis, Pemphigus, Lupus erythematodes, s. S. 506ff.). Nicht selten bestehen aber auch Zusammenhänge mit Erkrankungen innerer Organe, besonders solchen der Leber und Nieren. Bakterielle Infektionen sind häufig und komplizieren das Bild (s. Pyodermie).

Ein nichtjuckendes **seborrhoisches Ekzem** *(primäre Seborrhoe)* ist besonders bei Cocker- und Springerspaniels bekannt. Dabei bilden sich an einzelnen Stellen oder am ganzen Körper fettige Schuppen und Krusten oder ölig-schmierige Massen, die an den Haaren hängen und einen üblen, ranzigen Geruch verbreiten. Des öfteren, vor allem im Bereich der Brust, findet man auch haarlose Flecken, die im Zentrum pigmentiert und von einem rötlichen (erythematösen) Hof umgeben sind und an die Veränderungen bei Dermatomykose erinnern. Die Ursache ist unbekannt. Differentialdiagnostisch ist die sekundäre Seborrhoe bei gewissen Formen von Dermatomykosen, Demodikose, Räude, allergischen Dermatitiden und endokrin bedingten Hautveränderungen abzugrenzen.

Unter sogenannten **„Hot Spots"** *(Pyotraumatic Dermatitis)* versteht man häufig beim Hund im Lumbosakralbereich, lateral an den Oberschenkeln, an den Ohren oder perianal auftretende, sich rasch entwickelnde nässende Ekzeme, die infolge eines oftmals durch allergische Prozesse (Flohallergie!) ausgelösten Juckreizes mit dadurch bedingtem andauernden Kratzen, Belecken und Benagen entstehen.

Die **Leckdermatitis** (Acral Lick Dermatitis) kommt vor allem bei großen Hunderassen (Doggen, Dobermann, Labrador u. a.) vor. Die Hunde lecken sich in der Regel aus Langeweile an der Volarseite der vorderen oder hinteren Gliedmaßen (besonders Karpus- und Metatarsusbereich), wodurch sich zunächst eine umschriebene Alopezie entwickelt. Später kommt es zu ekzemartigen Veränderungen und Erosionen mit nachfolgender Reizung sensibler Hautnerven. Der dadurch entstehende Juckreiz veranlaßt die Hunde zum ständigen Weiterlecken *(Circulus vitiosus)*, so daß sich schließlich kraterförmige Geschwüre (Abb. 15.6) und knotig-hyperplastische Epithelwucherungen, umgeben von einem hyperpigmentierten (Melanin) Hof entwickeln. Diese Läsionen werden häufig und fälschlicherweise als Granulome (sogenanntes Leckgranulom) bezeichnet und auch mit ulzerierenden Hauttumoren (Histiozytome, Mastzellentumoren, Plattenepithelkarzinome) verwechselt. Otitis externa s. S. 458.

Bei älteren Dackeln, aber auch bei anderen Hunderassen mit Hängeohren, ist ein **seborrhoisches Ekzem** der Ränder der Ohrspitzen (Ohrranddermatose) häufig. Beim Dackel liegt meist auch gleichzeitig eine Alopezie der Ohrspitzen vor. Die Ursache ist unbekannt. Differentialdiagnostisch muß an Frühveränderungen bei Sarkoptesräude gedacht werden (s. S. 557).

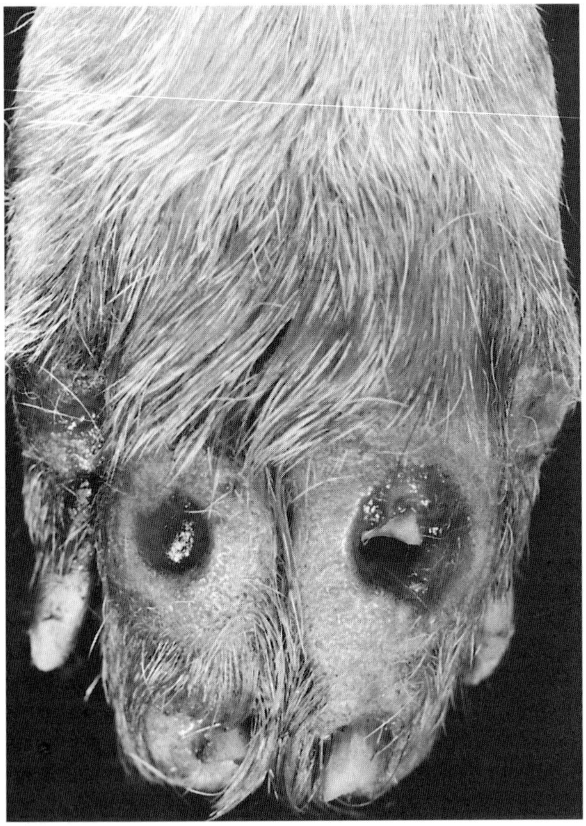

Abb. 15.6 Sog. Leckdermatitis (ulzerative Dermatitis) bei einer fünf Jahre alten Dogge.

Die besonders bei Zwergschnauzern gehäuft am Rücken auftretenden **Komedone (Schnauzer-Komedo-Syndrom)** sind durch die typische Lokalisation und das histologische Bild vom seborrhoischen Ekzem gut zu unterscheiden. Follikelretentionszysten s. S. 541, Vitamin A-Mangel s. S. 496.

Bei Zuständen von energetischer Unterversorgung (auch Mangel essentieller Aminosäuren), Vitamin- und Spurenelementmangel (vor allem Kupfer und Zink), die bei der mehrwöchigen Gabe von Futter schlechter Qualität oder falscher Zusammensetzung entstehen können, kommt es zu einem als **Billigfutterdermatose** benannten schuppigen und krustösen Ekzem mit Alopezie an den mukokutanen Grenzen im Kopfbereich, an Druckstellen und den distalen Gliedmaßenenden.

Als **hepatokutanes Syndrom** *(Superficial Necrolytic Dermatitis, diabetische Dermatopathie)* bezeichnet man ein seltenes, pathogenetisch nicht vollständig geklärtes, mit oberflächlicher epidermaler Nekrose verbundenes Ekzem beim Hund. Häufig ist es mit Glukagon-sezernierenden Pankreastumoren verbunden, wird aber auch oft bei Hunden mit Lebererkrankungen (chronische Hepatitis, Leberzirrhose s. S. 224) und daraus folgenden Störungen im Glukose- und Aminosäurehaushalt sowie bei Diabetes mellitus gesehen. Die symmetrischen Veränderungen bestehen in Schuppen- und Krustenbildung, Erythem, Alopezie, teils Erosion und Ulzeration der Haut an Kopf, distalen Gliedmaßenenden und Anogenitalbereich. Typisch ist die an den Pfotenballen auftretende Parakeratose mit Krusten-, Fissuren- und Ulzerabildung. Histopathologisch sind eine Akanthose mit auffallend blasser Anfärbung der oberflächlich gelegenen Keratinozyten des Str. spinosum sowie Parakeratose bzw. oberflächliche Nekrose zu beobachten.

Katze: Die sogenannte **lokalisierte Neurodermatitis** entspricht hinsichtlich Entstehung und Hauteffloreszenzen weitgehend der Leckdermatitis des Hundes. Sie kommt vor allem bei Siamkatzen vor und ist in der Regel durch dauerndes Lecken infolge eines gestörten Verhaltens (ausgelöst durch Wohnungswechsel, Verlust eines Gefährten, Klinikaufenthalt u. a.) bedingt. Die Läsionen treten vor allem an der Innenfläche des Oberarmes und -schenkels, an Unterbauch und Rücken sowie lateral des Schwanzansatzes auf. Dabei handelt es sich entweder um umschriebene Alopezien mit nachwachsenden dunkleren Haaren oder um scharf abgesetzte hellrote Erosionen. Von letzteren ist besonders der eosinophile Granulom-Komplex zu unterscheiden (s. S. 535). Flohallergie, Kontaktekzeme s. S. 507.

15.15 Urtikaria

Die *Urtikaria (Nesselfieber, Nesselausschlag)* ist beim Menschen eine sehr häufige Krankheit. Man nimmt an, daß 15–20% aller Menschen wenigstens einmal in ihrem Leben an Nesselfieber oder angioneurotischem Ödem, das der Urtikaria grundsätzlich gleichzusetzen ist, erkranken. Beim Haustier ist die Urtikaria nicht so häufig, kommt aber, insbesondere bei Schwein, Hund, Pferd und Rind, nicht selten vor.

Dem Verlauf nach kann man eine akute (Urtikaria im eigentlichen Sinne) und eine chronische beziehungsweise chronisch-rezidivierende Form *(Nesselsucht)* unterscheiden.

Die **akute Urtikaria** ist gekennzeichnet durch flüchtige Quaddeln und Erytheme sowie Juckreiz, letzterer ist häufig aber nicht besonders intensiv oder kann sogar fehlen. Die *Quaddeln (Nesseln, Urticae)* entstehen plötzlich an

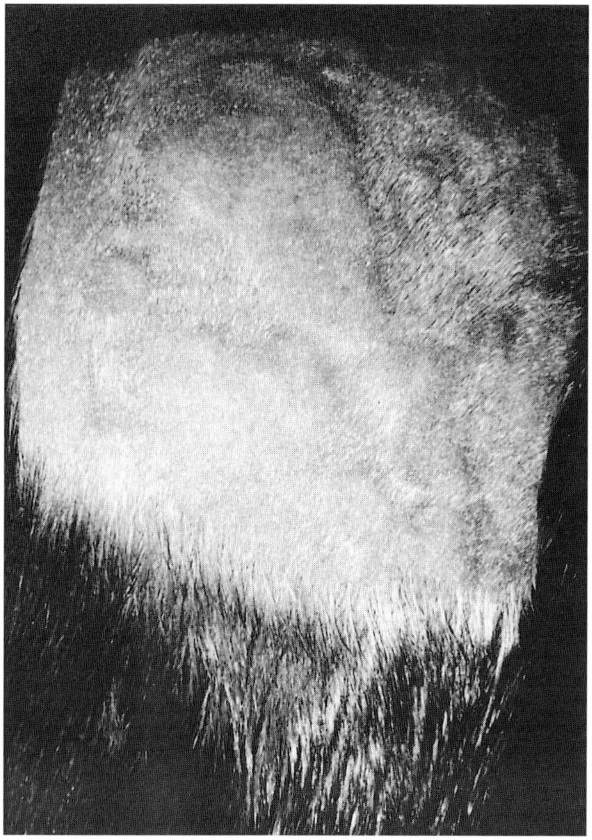

Abb. 15.7 Urticaria (idiopathisch), Pferd.

einzelnen Körperstellen oder auf der gesamten Körperoberfläche, breiten sich rasch aus, bleiben aber meist nur Stunden bestehen. Sie sind gartenbeetartig oder halbkugelig erhaben, scharf abgegrenzt, von rundlicher, ovaler oder unregelmäßiger Form und unterschiedlicher Größe (Abb. 15.7). Die Haare über den Quaddeln können durch die Hautschwellung mehr oder minder gesträubt sein. Geringgradig ausgebildete Ouaddeln sind häufig nur an der leichten Haarsträubung zu erkennen. In der nichtpigmentierten Haut sind die Quaddeln blaßrot oder hell-weißlich und von einem roten Hof umgeben. Die Quaddeln können sich peripher schnell ausbreiten und im Zentrum wieder zurückgehen (Ringbildung). Durch Konfluenz benachbarter Quaddeln entstehen größere Flecken, *Streifen (Streifenurtikaria* beim Pferd), geschlängelte Linien oder Ringe (sogenannte *figurierte Urtikaria).* Die Oberfläche der Quaddeln ist in der Regel nicht verändert, nur selten bilden sich Bläschen, die platzen und nässende Stellen hinterlassen *(Urticaria vesiculosa, bullosa, madidans).* Häufig sind bei einer ausgeprägten Urtikaria auch Schleimhäute (Konjunktiven, Nase, Pharynx, Larynx, Lippen, Vulva, Vagina) ödematös geschwollen. *Histologisch* findet man ein Ödem vorzugsweise im Korium und vereinzelte ausgewanderte weiße Blutzellen.

Die **chronische Urtikaria** *(Urticaria chronica s. perstans)* ist gekennzeichnet durch fortlaufende Nachschübe von neuen Ouaddeln, die nicht so flüchtig sind wie bei der akuten Urtikaria. Die Krankheit kann dabei Monate und Jahre andauern. Grundsätzlich liegen bei der chronischen Urtikaria die gleichen Veränderungen vor wie bei der akuten. Die zelligen Infiltrate um die Gefäße des Koriums sind aber in der Regel stärker ausgeprägt und bestehen in erster Linie aus Lymphozyten und Plasmazellen, nicht selten entstehen auch *Papeln (Urticaria papulosa perstans),* die der Nekrose anheimfallen können *(Urticaria papulosa perstans necroticans).* Bleiben nach Abheilen einer akuten oder chronischen Urtikaria Pigmentflecken zurück, dann spricht man von einer *Urticaria cum pigmentatione (Urticaria haemorrhagica,* wenn hämatogenes Pigment). Diese darf nicht mit der *Urticaria pigmentosa* (Mastozytose) verwechselt werden.

Das **angioneurotische Ödem** *(Angioödem,* QUINCKE-Ödem), das auch beim Haustier vorkommt, stellt eine grundsätzlich gleiche Veränderung wie die Urtikaria dar. Im Unterschied zu dieser sind aber auch Subkutis beziehungsweise Submukosa von der Ödematisierung betroffen, die Quaddeln wesentlich größer (Riesenquaddeln, *Urticaria gigantea)* und weniger scharf abgegrenzt. Urtikaria und Angioödem haben eine ähnliche Pathogenese und treten häufig in Kombination auf. Angioödeme der Lippen führen zur Behinderung der Nahrungsaufnahme, solche der Nüstern oder des Rachens zur Erschwerung der Atmung oder gar zum Erstickungstod.

Die *formale Genese* der Urtikaria und angioneurotischen Ödeme erklärt sich aus einer erhöhten Permeabilität der kleinen Hautgefäße.

In der **Pathogenese** der Urtikaria nehmen die *Mastzellen* eine zentrale Stellung ein. Aus diesen können durch bestimmte Mechanismen gefäßaktive Mediatoren freigesetzt werden, die zur Erweiterung und Permeabilitätserhöhung der kleinen Hautgefäße führen, in deren Gefolge sich dann das für die Urtikaria typische umschriebene Hautödem bildet. Ein Mediator ist *Histamin,* mit dem auch experimentell die charakteristischen Urtikariasymptome ausgelöst werden können. Von gewisser Bedeutung sind *Kinine* (besonders Bradykinin), während die Rolle des *Serotonins* (in den Mastzellen der Haussäugetiere nicht oder nur in sehr geringen Mengen vorhanden), der *Prostaglandine* und der *Leukotriene* bei den einzelnen Haustierarten nicht geklärt ist. Da Hunde mit Urtikaria beziehungsweise allergischen Hautkrankheiten kaum oder gar nicht auf Antihistamintherapie ansprechen, bestehen Zweifel, ob bei diesen Histamin als Mediator von besonderer Bedeutung ist.

Bei den **Freisetzungsmechanismen** kann man immunologische (spezifische) und nichtimmunologische (unspezifische) unterscheiden. Die *immunologischen Freisetzungsmechanismen* erfolgen im Rahmen der Allergie Typ I, seltener Typ III (IgE, Anaphylatoxine, s. S. 506). Eine *nichtimmunologische Mediatorenfreisetzung* liegt bei vielen Fällen von Urtikaria, besonders chronischen Formen, vor. Sie kann durch zahlreiche Medikamente (Aspirin, Chinin, Codein, Thiamin, Vitamin K, Morphin, Penicillin, Tetrazykline, Pilocarpin, Azofarbstoffe wie Tartazin, Röntgenkontrastmittel, Vakzinen u. a.), biologische Stoffe (Krustazeen, Askariden, Haken- und Bandwürmer, Insekten, Raupen, Schlangengifte, Brennesseln, Erdbeeren, Knoblauch, bakterielle Toxine, Peptone, Dextrane, Bluttransfusionen u. a.) sowie durch mechanische und andere physikalische Einwirkungen *(Urticaria factitia* und *Dermatographismus*, Sonnenlicht, intensive Hitze) verursacht werden.

Die Mechanismen der unspezifischen Mediatorenfreisetzung sind jedoch weitgehend unbekannt.

Für das Auftreten der Urtikaria sind weiterhin genetische Faktoren (familiäre Disposition, Rassendisposition), hormonelle Einflüsse und Vorgänge, die zur Erweiterung der kleinen Hautgefäße führen (körperliche Anstrengung, Fieber, emotioneller Streß u. a.), von Bedeutung.

Die vielfach geübte Einteilung der Urtikaria in immunologisch und nichtimmunologisch bedingte Formen macht in der praktischen Anwendung Schwierigkeiten, da die ätiologische Abklärung einer Urtikaria, besonders beim Haustier, häufig nicht möglich ist. Auch beim Menschen ist die Mehrzahl der Fälle mit chronischer Urtikaria ätiologisch nicht zu klären *(idiopathische Urtikaria).*

15.16 Allergische Hautreaktionen

Durch Kontakt mit einem Antigen wird der Organismus infolge Bildung von Antikörpern und/oder Immunzellen sensibilisiert. Bei erneutem Kontakt mit dem gleichen (homologen) Antigen kann es zur sekundären Verstärkung der Immunantwort, aber auch zur Überempfindlichkeit *(Hypersensibilität)* mit krankhaften Veränderungen (Überempfindlichkeitsreaktionen) kommen, die allgemein als allergische Reaktionen oder *Allergie* bezeichnet werden.

Im einzelnen kann man vier verschiedene Typen der Überempfindlichkeit unterscheiden.

Der **Typ I** oder die **Überempfindlichkeit vom anaphylaktischen Typ** beruht auf der Bildung von homozytotropen Antikörpern der IgE-Klasse (Reagine), die sich an Mastzellen und basophile Granulozyten binden und aus diesen zum einen präformierte vasoaktive Amine (vor allem Histamin, aber auch Heparin, Eosinophilen-chemotaktischer Faktor, ECF und Neutrophilen-chemotaktischer-Faktor, NCF, Thrombozyten-aktivierender Faktor) freisetzen, zum anderen ausgehend von Arachidonsäure die Synthese von LTC_4, LTD_4 und LTB_4, Prostaglandinen und Prostazyklinen auslösen, die dann die allergischen Reaktionen bedingen. Die Überempfindlichkeit vom anaphylaktischen Typ verläuft entweder *generalisiert* (Schock oder protrahierte milde Form mit Urtikaria und Fieber) oder *lokalisiert* als sogenannte *atopische Allergie (Atopie).* Für das Zustandekommen letzterer ist häufig eine erbliche Disposition von Bedeutung.

Typ II oder die **Überempfindlichkeit vom zytotoxischen Typ** beruht auf der Anwesenheit von Antikörpern, die durch Bindung an bestimmte Zelloberflächen-Antigene die Zerstörung dieser Zellen ermöglichen. Diese erfolgt durch Förderung der Phagozytose (durch Opsoninadhärenz über Fc-Regionen oder Immunadhärenz über gebundenes C 3), Aktivierung des Komplementsystems bis hin zu C 8 und C 9, die über „Membranangriffs-Komplexe" eine direkte Membranschädigung bewirken und durch eine Antikörper-abhängige Zytotoxizität (ADCC), die bei Phagozyten, neutrophilen Granulozyten und Monozyten sowie bei großen, granulierten Lymphozyten mit Fc-Rezeptoren (Natural Killer Cells, NK-Zellen) nachzuweisen ist. Die zytotoxische Allergie spielt bei Autoimmunkrankheiten und teilweise bei der Arzneimittelüberempfindlichkeit eine Rolle.

Der **Typ III** oder die **Komplex-vermittelte Überempfindlichkeit** beruht auf der Bildung von Komplexen zwischen Antigen und humoralem Antikörper. Diese können sich an bestimmten Körperstrukturen (Basalmembranen) ablagern und hier zu akuten Entzündungen führen. Sie aktivieren das *Komplementsystem,* wodurch es zur Bildung von *Anaphylatoxinen* (C 3 a und C 5 a-Fragmente) mit Freisetzung von vasoaktiven und chemotaktischen Mastzellmediatoren, zur *Thrombozytenaggregation* (Freisetzung von vasoaktiven Aminen und Mikrothrombenbildung, Ischämie) und Anlockung *(Chemotaxis)* von polymorphkernigen Granulozyten (Phagozytose der Immunkomplexe, wenn nicht durch Bindung an Basalmembranen verhindert: „frustrane Phagozytose" mit Freisetzung von Proteasen und Kollagenase sowie polykationischer Proteine aus Granula, lokale Gewebsschädigung, Nekrose und Entzündung) kommt. Weiterhin führt die fortdauernde Aktivierung von Makrophagen zur Bildung von IL-1 sowie von reaktiven Sauerstoffmetaboliten im Sinne eines „Respiratory Burst". Bei Antikörperüberschuß werden die Komplexe rasch präzipitiert und bleiben am Eintrittsort des Antigens liegen. Hier treten Reaktionen vom ARTHUS-Typ (Nekrose und Entzündung, eventuell auch nach aktiver Schutzimpfung zu beobachten) auf, während bei Antigenüberschuß durch Aktivierung des klassischen Komplementweges (kovalente C3b-Bindung und Verhinderung der Fc-Fc-Wechselwirkung) lösliche Immunkomplexe gebildet werden und das Bild der *Serumkrankheit* entsteht (Urtikaria, Fieber, Gelenkentzündung u.a., s. S. 342).

Während bei den Typen I, II und III die allergische Reaktion unmittelbar nach dem erneuten Antigenkontakt auftritt ***(Allergie vom Soforttyp)*** und auf der Präsenz von Antikörpern beruht, erfolgt die Reaktion bei **Typ IV** verzögert (Maximum nach 24–48 Stunden; ***Allergie vom Spättyp)*** und wird durch spezifisch sensibilisierte T-Helferzellen (CD 4), die das Antigen zusammen mit MHC-Klasse-II-Molekülen auf einer Antigen-präsentierenden Zelle erkennen, vermittelt ***(zellvermittelte Allergie)***. Typische Beispiele für die Überempfindlichkeit vom verzögerten Typ sind die Tuberkulin-, Mallein- und Brucellinreaktion. Sie spielt weiterhin bei vielen bakteriellen, mykotischen, viralen und parasitären (Flöhe, Insektenstiche, Hakenwürmer, Demodikose u. a.) Infektionen sowie bei der Kontaktdermatitis eine wichtige Rolle.

Allergische Hautreaktionen äußern sich entweder als *Urtikaria* (s. S. 504, besonders bei Allergien vom Soforttyp), *Ekzeme* (s. S. 501, häufig bei Allergien vom Spättyp) oder als Hautausschläge *(Exantheme)* unterschiedlicher Art. Diese verschiedenen Erscheinungsformen sind unspezifisch, d. h. lassen keine näheren Rückschlüsse auf das verantwortliche Allergen zu und können auch durch nichtimmunologische Mechanismen verursacht werden. Weiterhin ist es wichtig darauf hinzuweisen, daß es häufig nicht möglich ist, den Typ der allergischen Reaktion zu ermitteln, und daß nicht selten verschiedene Überempfindlichkeitsreaktionen an der Ausbildung des Krankheitsbildes beteiligt sind.

Die Allergene können entweder direkt auf die Haut einwirken oder nach Ingestion, Inhalation oder Injektion u. a. auch Hautveränderungen auslösen.

Die **atopische Allergie** *(atopische Dermatitis, Typ I)* kommt bei Hunden mit entsprechender erblicher Disposition vor, wobei auch eine Rassendisposition besteht (weißhaarige Terrier und Pudel, Dalmatiner u. a.). Allergene sind Pollen, Hausstaub, Federn, Wolle und Pilze, die durch Inhalation aufgenommen werden, während Futterbestandteile seltener allergen wirken. Die Hauptsymptome sind zunächst Erythem und Juckreiz im Kopfbereich (Ohren), an Pfoten, Achseln/Ellbogen und Bauchhaut, der zu Beißen, Reiben, Lecken und Kratzen führt, so daß schließlich auch sekundäre Hautveränderungen entstehen. Konjunktivitis, Otitis externa, Rhinitis und Bronchitis sind gelegentlich vorhanden (s. S. 72). Bei der atopischen Allergie von Katze, Pferd und Schaf dominieren eosinophile Granulozyten das Entzündungsbild, während sie beim Hund selten sind.

Allergische Kontaktekzeme *(Kontaktdermatitis;* hauptsächlich Typ IV) sind besonders bei Hund (Deutscher Schäferhund, Labrador) und Katze bekannt. Als Allergene (in der Regel Haptene) kommen vor allem Flohhalsbänder (imprägniert mit 2,2-Dichlorovinyl-dimethylphosphat), Desinfektions- und Reinigungsmittel (Tafel XXVII. D), Plastik- oder Gummifutternäpfe (Ekzeme im Mund- und Nasenspiegelbereich), Chrom-gegerbte Ledergurte beim Pferd, Lederhalsbänder, bestimmte Pflanzen sowie Woll- und Nylonteppiche in Betracht.

Die **Flohallergie** (s. S. 561) ist eine der häufigsten Hautkrankheiten des **Hundes**. Flohspeichel stellt ein Hapten dar, das nach Bindung an einen Kollagenanteil als Allergen wirkt. An der Entstehung der allergischen Flohdermatitis sind Überempfindlichkeitsreaktionen vom Sofort- und Spättyp (Typ I und IV) beteiligt. Juckreiz, Erytheme und Urtikaria kennzeichnen das Krankheitsbild, wobei vor allem die Lieblingssitze der Flöhe (Schwanzansatz, Rücken, Schenkelinnenfläche, Hals) betroffen sind. Bei chronischem Verlauf bilden sich ekzematöse Veränderungen mit Haarausfall und faltenartigen Hautverdickungen (Tafel XXVII. A).

Die *Flohallergie* bei der **Katze** ist durch Juckreiz, Erytheme und Bildung miliarer Papeln und Krusten, sogenannte *feline miliare Dermatitis* vor allem an Rücken, Nacken und Kehlgangsbereich gekennzeichnet. Ein makroskopisch ähnliches Bild ergibt sich allerdings auch bei anderen Überempfindlichkeitsreaktionen (Atopie, Futter- und Arzneimittelallergie, Pemphigus foliaceus, felines Hypereosinophiliesyndrom), Ektoparasitenbefall (*Cheyletiella sp.*, Otodektesräude), Dermatomykosen *(M. canis)* und Staphylokokkenfollikulitis sowie bei Biotin- und Fettsäuremangel.

Das sogenannte **Sommerekzem des Pferdes** (Schweißekzem, Sommerräude, Hitzeausschlag, Sweet Itch, Queensland Itch, Allergic Dermatitis, Kasen u. a.) tritt sehr häufig, besonders während der heißen Sommermonate, bei Ponies, nicht selten aber auch bei sogenannten Robust-Pferden (Weidehaltung) auf. Prädilektionsstellen sind die dorsalen Körpergebiete (Mähne, Widerrist, Schweifansatz, Rücken, Kruppe, Hals, Ohren u. a.), während die seitlichen seltener, die ventralen kaum betroffen sind (Abb. 15.8). Zu Beginn findet man stecknadelkopf- bis erbsengroße Papeln mit gesträubten Haaren. Exsudation, Pustelbildung, Schuppen, Verkleben, Abbrechen und Ausfallen der Haare (sogenannte Rattenschweifbildung) schließen sich an. Der starke Juckreiz veranlaßt die Tiere zu heftigem Scheuern und Benagen, so daß häufig sekundäre Veränderungen (Exkoriationen, blutende Geschwüre und Wunden, Krusten, tiefe Rhagaden, eitrige Entzündungen u. a.) das ursprüngliche Bild komplizieren. Mit Beginn der kühlen Jahreszeit oder nach Einstellen der Tiere in Ställe kommt es zur Besserung oder Abheilung der Veränderungen, die aber im nächsten Sommer wieder erneut auftreten. Bei mehrjährigem Rezidivieren wird die betroffene Haut stark verdickt, gefaltet, trocken und teilweise haarlos. Histo-

Abb. 15.8 Sommerekzem (Foto: M. UNKEL).

logisch findet man eine starke perivaskulär ausgehende Infiltration des Koriums vorwiegend mit eosinophilen Granulozyten.

Die ***Ursachen*** waren lange Zeit nicht genau bekannt. Heute dürfte aber gesichert sein, daß allergische Prozesse vom Typ I und IV, ausgelöst durch Stiche von Mücken (besonders *Culicoides spp.*, s. S. 558), die primäre Rolle spielen. Beim sogenannten *Queensland Itch* (Australien) wird die Überempfindlichkeitsreaktion durch *Culicoides robertsi* (Sandfly), bei der *Allergic Dermatitis* beziehungsweise *Summer Dermatitis (USA)* durch *Aedes triseriatus und Culicoides variipennis* sowie bei der in Japan als *Kasen* bezeichneten Krankheit durch *Stomoxys calcitrans* ausgelöst. Bei Araber- und Warmblutpferden besteht auch eine genetische Disposition für das Sommerekzem. Beim **Schaf** kommt eine im Sommer und Herbst auftretende, dem Sommerekzem ähnliche Hauterkrankung vor, die auf einer Überempfindlichkeitsreaktion gegen *Culicoides spp.*, besonders *C. obsoletus* beruht. (Onchozerkose s. S. 550).

Die Differentialdiagnose ist, nicht zuletzt wegen der verwirrenden Nomenklatur, schwierig. Im einzelnen sind zu unterscheiden Sommerwunden (kutane Habronematidose s. S. 548), Sommerbluten *(Parafilaria multipapillosa*, häufig auch als Sommerräude bezeichnet, s. S. 549), Streifensommerekzem *(Gasterophilus inermis* s. S. 560), allergische Reaktionen bei Zeckenbefall (besonders *Boophilus microplus* in Australien) sowie die auch vielfach als Sommerräude oder -ausschlag benannte primäre Akne der Geschirr- und Sattellage (s. S. 516).

Futtermittel- und Arzneimittelallergien („Drug Eruptions", s. S. 515) können Hautreaktionen unterschiedlicher Art auslösen. Beim Hund stellt die Futtermittelallergie nach Atopie und Flohallergie die dritthäufigste Überempfindlichkeitsreaktion dar. Insgesamt sind jedoch die Zusammenhänge im einzelnen noch wenig erforscht. Bei den im Anschluß an *Maul- und Klauenseuche-Impfungen* früher gelegentlich beobachteten allergischen Ekzemen sind Überempfindlichkeitsreaktionen vom Sofort- und

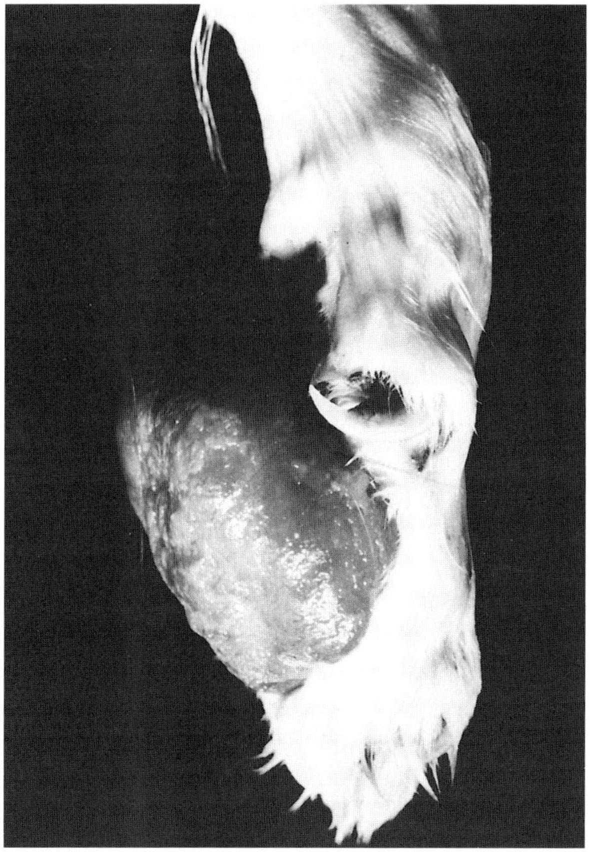

Abb. 15.9 Plasmazelluläre Pododermatitis bei einer sechs Jahre alten Katze.

Spättyp beteiligt. Die verantwortlichen Allergene sind Komponenten, die bei der Impfstoffherstellung entstehen (Formalin-Kälberserum-Komplexe bei der Inaktivierung = Soforttyp; Babyhamster-Nierenzellen = Spättyp). „Drug Eruptions" verlaufen häufig unter dem Bild eines Erythema multiforme bzw. gehen mit epidermaler Nekrose (toxische epidermale Nekrolyse) einher. Nichtallergische Futtermittel- und Arzneimittelausschläge sind im Sinne einer *Idiosynkrasie* zu erklären.

Als **Erythema multiforme** wird eine bei Pferd, Katze und Rind selten vorkommende Hautkrankheit bezeichnet, die offensichtlich durch Medikamente (besonders Trimethoprim-Sulfonamide und Penicillin, Levamisol, Zephalosporine) oder Staphylokokkeninfektion ausgelöst wird und dem Typ III der Allergie zuzurechnen ist. Die nichtjuckenden erythematösen Flecken (auch Urtikaria) und Papeln heilen zuerst zentral ab und breiten sich nach der Peripherie aus, so daß ringförmige, teilweise konfluierende Effloreszenzen entstehen.

Die **toxische epidermale Nekrolyse** bei Hund und Katze ist gekennzeichnet durch ein generalisiertes Erythem und eine ausgedehnte bullöse Degeneration (Nekrose) der Haut und kutanen Schleimhaut und führt häufig zum Tod. Sie kommt ebenfalls nach Verabreichung von Medikamenten und nach Hautinfektionen vor und kann als extreme Form des Erythema multiforme angesehen werden. Möglicherweise liegt dem Leiden eine zellvermittelte Allergie zugrunde.

Beim **Hund** (Pudel!) kann mehrere Monate nach einer Tollwutschutzimpfung im Bereich der Impfstelle eine Hautatrophie mit Alopezie und Hyperpigmentierung aufgrund einer als **„Rabies Vaccine-Induced Vasculitis"** bezeichneten immunvermittelten (Tollwutvirusantigen in Endothelzellen und im Haarfollikelepithel) milden chronischen lymphozytären Entzündung kleinerer arterieller und venöser Gefäße mit nachfolgender Gewebsischämie vorkommen. Eine gleichartige Pannikulitis begleitet das Krankheitsbild.

Die **Plasmazelluläre Pododermatitis** ist eine seltene, vermutlich immunvermittelte (möglicherweise allergische) Erkrankung von Katzen, die sich durch eine breiig-weiche, schmerzlose, gelegentlich auch ulzerierte, teils tumorartige Umfangsvermehrung besonders der Metakarpal- und Metatarsalballen äußert. Die noch nicht ulzerierten Ballen weisen durch Schuppenbildung eine feine, grau-weiße netzartige Zeichnung an der Oberfläche auf (Abb. 15.9). Plasmazelluläre Stomatitis s. S. 138.

Vogt-Koyanagi-Harada-Syndrom s. S. 494.

15.17 Autoimmunkrankheiten

Unter der Bezeichnung **Pemphigus** werden eine Reihe von Hautkrankheiten geführt, bei denen durch autoimmune Prozesse (Autoantikörper gegen epidermale Interzellularsubstanzen) Akantholyse, Bläschen, Pusteln oder Blasen entstehen. Sekundäre Veränderungen, wie Erosionen, Ulzerationen, Krustenbildung u. a., schließen sich schnell an und erschweren die Diagnose. Die Blasenentstehung wird heute folgendermaßen interpretiert: Gegen integrale Membranglykoproteine der Keratinozyten (z. B. Desmoglein oder E-Cadherin) gerichtete und interzellulär abgelagerte Antikörper werden durch Phagozytose in die Keratinozyten aufgenommen. Nach Bildung eines Phagolysosoms aktivieren sie schließlich eine von den Keratinozyten freigesetzte Serin-Protease vom Urokinasetyp, die Plasminogen in Plasmin (Trypsin-ähnliche Endopeptidase) umwandelt, das wiederum Adhäsionsmoleküle im Bereich von Arginin- und Lysinbindungen hydrolysiert, so daß es zur Akantholyse und Blasenbildung kommt.

Die ***Diagnose*** der verschiedenen Pemphigusformen wird nicht nur durch histologische und immunhistologische Methoden (Nachweis von „Pemphigus Antikörpern“, meist IgG, seltener IgM und IgA sowie Komplementfaktor C 3 mittels direkter und indirekter Peroxidase-Anti-Peroxidase- bzw. mittels Avidin-Biotin-Komplex-Methode; falsch-positive und falsch-negative Ergebnisse erschweren allerdings die Interpretation!) gestellt. Erst die Kombination aus klinisch typischem Bild, entsprechenden histopathologischen Veränderungen, positiver Immunhistologie und Ansprechen auf eine immunsuppressive Behandlung sichert die Diagnose.

Unbedingte Voraussetzung für die histopathologische und immunhistologische Untersuchung ist, daß die zu untersuchenden Biopsien aus frischen (Blasen) und nicht aus bereits sekundär veränderten Läsionen entnommen werden.

Die verschiedenen Pemphigusformen kommen selten bei Hund und Katze, und äußerst selten beim Pferd vor. Im einzelnen unterscheidet man folgende Formen des Pemphigus *(P): P. vulgaris, P. vegetans, P. foliaceus, P. erythematosus, bullöses Pemphigoid.*

P. vulgaris: Kommt als schwerwiegendste Variante des Pemphiguskomplexes bei Hund und Katze vor. Die Bläschen und Blasen treten vor allem an den Übergängen zu den Schleimhäuten, oft auch generalisiert auf. Die Mundschleimhaut ist sehr häufig mit betroffen. Histologisch findet man infolge Akantholyse Spalten oder Bläschen zwischen Stratum (Str.) basale und Str. spinosum (= *suprabasale Spaltbildung* mit typischen „Grabsteinzellen“ am Blasenboden) sowie Immunglobuline an den Kittlinien der Epidermiszellen, auch im Haarfollikelepithel.

P. vegetans: Wird als benigne Variante des P. vulgaris angesehen und geht mit intraepidermalen Pusteln mit zahlreichen eosinophilen Granulozyten einher. Der P. vegetans ist sehr selten.

P. foliaceus: Ist die häufigste Form bei Hund und Katze, wohl auch beim Pferd und bei der Ziege. Das wichtigste P. foliaceus-Antigen ist beim Menschen das Cadherinmolekül Desmoglein I. Nach anfänglicher Spalt- und rascher Pustelbildung entwickeln sich schnell Erosionen, Schuppen, dicke Krusten und eine oft ausgeprägte Alopezie. Die Veränderungen entwickeln sich häufig bei Hund und Katze im Bereich der Nase (später Depigmentierung), greifen auf die periorbitalen Bereiche, Ohren, Nacken und ventrale Bauchfläche über und kommen auch an den Pfoten und Sohlenballen (Krallenbett, Verlust von Krallen, „Hard Pad“-ähnliche Hyperkeratose) nicht selten vor (Tafel XXVII. B). Histologisch ist eine Akantholyse im Str. granulosum mit Ausbildung von *subkornealen Pusteln* relativ typisch. Immunglobuline sind an den epidermalen Kittlinien, gelegentlich nur im Bereich der oberen Epidermislagen, nachweisbar. Eine sterile *subkorneale pustuläre Dermatitis* ohne Akantholyse und Immunglobulinablagerungen kommt selten besonders bei Zwergschnauzern vor und ist vom P. foliaceus zu unterscheiden.

P. erythematosus: Stellt eine kombinierte Form von P. foliaceus und Lupus erythematodes dar und kommt gelegentlich im Kopfbereich bei Hund und Katze vor. Die histologischen Veränderungen entsprechen denen beim P. foliaceus (Haarfollikel besonders stark betroffen), Immunglobuline (und evtl. auch Komplement) finden sich im Bereich der Kittlinien und zusätzlich noch in Form eines schmalen Bandes im Bereich der Basalmembran. Ein Teil der betroffenen Tiere weist geringe Titer antinukleärer Antikörper auf.

Bullöses Pemphigoid: Kommt bei Hunden und Pferden vor und gleicht makroskopisch weitgehend dem Pemphigus vulgaris. Im Unterschied zu diesem erfolgt die Blasenbildung nicht durch Akantholyse, sondern durch Trennung der Epidermis im Bereich der Basalmembran vom Korium (*subepidermale Spaltbildung*, dort auch Immunglobulin- und C 3-Ablagerung). Bullöses Pemphigoid-Antigene (BPA) 1 und 2 sind nichtkollagene Proteine, die als Bestandteil der Hemidesmosomen innerhalb der Keratinozyten zu finden sind.

Der **Lupus erythematodes (LE)** kommt als *systemische (Lupus erythematodes disseminatus)* oder lokalisierte, nur die Haut betreffende *(Lupus erythematodes discoides)* Krankheit vor, wobei nicht geklärt ist, ob beide unterschiedliche Erscheinungsformen ein- und desselben Grundleidens darstellen.

Der **Lupus erythematodes disseminatus (SLE)** tritt sehr selten bei Hund und Katze auf. Wahrscheinlich aufgrund einer Störung der Immunregulation (Defekt von T-Suppressorzellen bei Überschuß von T-Helferzellen und Makrophagen sowie Proliferationsenthemmung von B-Zellklonen mit autoreaktiven Rezeptoren? Medikamentenwirkung, Streß?) und einer genetischen Disposition kommt es, induziert vor allem durch UVB- und UVA-Licht (auch Retroviren?), auf der Keratinozytenoberfläche zu verstärkter Expression von ICAM-1 und Translokation solcher Autoantigene an die Zelloberfläche, die physiologischerweise nur im Zellkern und Zytoplasma zu finden sind. Spezifische Autoantikörper gegen doppelsträngige und denaturierte DNA, RNA, Nukleoproteine und Histonantigene (antinukleäre Antikörper), aber auch gegen Oberflächenantigene von Blutzellen binden an den derart veränderten Zellen und induzieren eine ADCC. Antiidiotypen gegen IgG (Rheumafaktor) und Antikörper gegen

Gerinnungsfaktoren werden auch gebildet. Geschädigte Keratinozyten setzen IL-2 und andere Zytokine (insbesondere TNF-α, IL-1, IL-6) frei, was die resultierende lymphohistiozytäre Entzündungsreaktion sowie eine erhöhte B-Zellaktivität und IgM-Synthese mit verstärkter Bildung weiterer antinukleärer Antikörper (ANA) erklärt. Gewebs- und Organschädigungen werden aber nicht nur durch die direkte Wirkung der Antikörper, sondern vielmehr durch zirkulierende Immunkomplexe, die das Komplementsystem aktivieren und eine hohe Gefäßwandaffinität besitzen (Allergie vom Typ III), verursacht. Offensichtlich muß eine zellschädigende Vorläuferreaktion die Zellmembranen intakter Zellen vorbereiten, damit die Immunkomplexe bzw. antinukleären Antikörper mit den Kernen dieser Zellen reagieren können, was schließlich eine Phagozytose durch Granulozyten und Makrophagen zur Folge hat *(LE-Phänomen,* meist nur in vitro nachweisbar). Polyarthritis, Glomerulonephritis (s. S. 258), hämolytische Anämie, Amyloidose und thrombozytopenische Purpura sind die häufigsten Folgen. Bei ungefähr einem Drittel der an systemischem Lupus erkrankten Tiere treten auch **Hautveränderungen** auf, die besonders am Kopf vorkommen, aber sehr unterschiedlich sind. Sie können Ähnlichkeit mit denen beim Pemphigus vulgaris haben, aber auch seborrhoische Verlaufsformen sowie starke Schuppen- und Krustenbildung werden beobachtet. Nur selten findet man symmetrische, vom Nasenrücken zu den Backen sich erstreckende erythematös-papuläre Hauteffloreszenzen, die eine gewisse Ähnlichkeit mit dem für den systemischen Lupus erythematodes des Menschen typischen schmetterlingsförmigen Hautausschlag im Gesicht besitzen. Die Diagnose wird durch den Nachweis von LE-Antikörpern im Serum und Immunglobulin an der dermoepidermalen Grenze gesichert.

Der **Lupus erythematodes discoides (DLE)** kommt beim Hund vor, wobei besonders weibliche Tiere und bestimmte Rassen, wie Collies, Sibirische Huskies und Deutsche Schäferhunde betroffen sind, sowie auch sehr selten bei Pferd und Katze. Durch Einwirkung von Sonnenlicht werden die Hautveränderungen verstärkt beziehungsweise ausgelöst. Sie befinden sich vor allem am Nasenrücken im Bereich unpigmentierter Haut. Die sogenannte ***Collie-Nose*** (s. S. 512, Tafel XXVII. C) ist somit, zumindest in einem Teil der Fälle, nicht nur ein einfacher Sonnenbrand. Die Hautveränderungen bestehen in Schuppen- und Krustenbildung, Haarausfall, Depigmentierungen und gelegentlich auch Ulzerationen und können sich auf Lippen, Nasenspiegel und gelegentlich auch auf die Ohren erstrecken. Wie beim systemischen Lupus sind Immunglobuline an der dermoepidermalen Grenze nachweisbar, nicht jedoch LE-Antikörper im Serum.

Die seltene, vor allem bei Dackeln und Dalmatinern vorkommende (sterile) **noduläre Pannikulitis** wird teilweise dem Formenkreis des Lupus *(Lupus panniculitis)* zugerechnet, da die Hautveränderungen sehr ähnlich sind. Abweichend davon treten aber multiple umschriebene, bis zu 2 cm im Durchmesser große Knoten in der Unterhaut, besonders am Rücken auf, die häufig nach außen fisteln (ähnlich wie tiefe Pyodermie). Histologisch findet sich eine Fettgewebsnekrose mit reaktiver mononukleärer Entzündung. Die Veränderungen treten sowohl bei Welpen als auch bei erwachsenen Hunden auf und gehen häufig mit Allgemeinstörungen (Anorexie, Fieber, Kachexie) einher. Die Ursache ist unbekannt, genetische Disposition und immunpathologische Prozesse scheinen eine Rolle zu spielen. Zur Unterscheidung von einer durch Bakterien oder Pilze bedingten Pannikulitis sind entsprechende Spezialfärbungen nötig.

Dermatomyositis s. S. 490

15.18 Physikalisch und chemisch bedingte Hautveränderungen

15.18.1 Mechanische Ursachen

Mechanische Ursachen (Kratzen, Reiben, Scheuern, Schläge, Stöße, Stiche, Schnitte, Schuß u. a.) führen zu mannigfaltigen Zusammenhangstrennungen (Blasenbildung, Wunden u. a.) der Haut. Da es dabei in der Regel auch zur Nekrose von Hautgewebe kommt, erfolgt die Ausheilung über entzündlich-reparative Prozesse, die in ihrer Gesamtheit als *Wundheilung* bezeichnet werden (siehe Lehrbücher der Allgemeinen Pathologie).

Eine besondere Form der mechanischen Dermatitis stellen die **Fremdkörpergranulome** dar. Beim Hund findet man vor allem im Bereich von Liegeschwielen und zwischen den Zehen knotige, bis zu kirschgroße Granulome, die durch eingespießte beziehungsweise eingewachsene Haare verursacht werden. Diese sogenannten *Haargranulome* (Abb. 15.10) werden häufig sekundär durch Staphylokokken und Streptokokken infiziert, wodurch Abszesse entstehen (s. S. 492). *Grassamen* (vor allem von Stipa- und Hordeum-Arten) rufen bei Hunden an der Innenfläche der Ohren, an der Nase und zwischen den Zehen, bei Rindern vor allem in der Kehlgegend, bei Schafen im Konjunktivalsack (Blindheit!) und zwischen den Klauen, bei Lämmern auch noch an der Unterseite des Bauches und der Brust, Granulome und Abszesse (bakterielle Infektionen) hervor. Bei bestimmten Merinoschafen entstehen dadurch auch verhornende Plattenepithelkarzinome (s. S. 537).

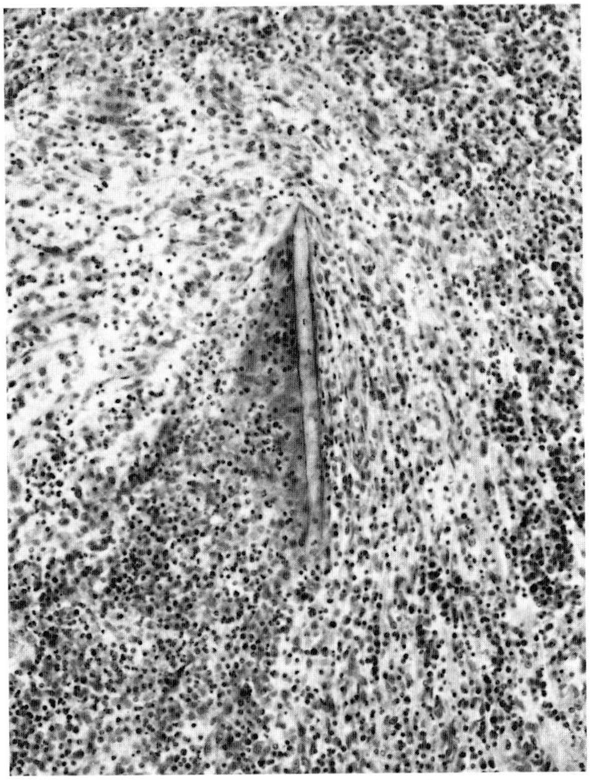

Abb. 15.10 Eingespießtes Haar und eitrige Entzündung (Haargranulom) im Bereich einer Liegeschwiele, Hund. HE, 100 x.

15.18.2 Verbrennung

Bei *Verbrennungen ersten Grades (Combustio erythematosa)* kommt es lediglich zu einer entzündlichen Hyperämie (Erythem) und leichten Ödematisierung der Haut. *Verbrennungen zweiten Grades (Combustio bullosa)* sind durch die Bildung von Blasen in der Epidermis (nahe der dermoepidermalen Grenze), deren Inhalt zunächst klar ist und später durch Leukozyteneinwanderung trüb wird, gekennzeichnet. Werden die Blasen entfernt, so tritt das nässende Str. MALPIGHII zu Tage. Die Heilung erfolgt über die Ausbildung einer Kruste ohne Narbenbildung, sofern keine bakterielle Infektion auftritt. Die *Verbrennung dritten Grades (Combustio escharotica)* führt zur Schorfbildung, die *vierten Grades* zur Verkohlung *(Combustio carbonisata),* wobei eine Heilung nur mehr über Narbenbildung erfolgen kann. Als *Komplikationen* umfangreicher Verbrennungen zweiten bis vierten Grades sind Schockzustände (primär durch Schmerz und Aufregung, sekundär nach einigen Tagen durch Verminderung der zirkulierenden Blutmenge, Hyperkaliämie, toxische Abbauprodukte und Verbrennungstoxin), Leber- und Nierenschädigungen und bakterielle Infektion der Brandwunden gefürchtet.

Die intravitale Verbrennung kann durch den Nachweis von Rußspuren auf Zungen-, Rachen-, Kehldeckel- und Luftröhrenschleimhaut und gegebenenfalls in der Lunge von einer postmortalen unterschieden werden. Hinzu kommt die im Zuge der Hitzeeinatmung zu beobachtende Koagulation der Mukosaoberflächen mit Blutungen sowie die extreme Weitstellung submuköser Venen.

15.18.3 Erfrierung

Die Haustiere sind gegen Kälteeinwirkung gut geschützt, so daß bei ihnen Erfrierungen viel seltener vorkommen als beim Menschen. Erfrierungen treten besonders bei feuchter Kälte und oft symmetrisch – an peripher gelegenen Körpergebieten (Ohren, Kamm, Kehllappen, Schwanz, Akren, Schwimmhäute, Präputium, vorgefallener Penis, Zitzen) auf. Die Veränderungen gleichen weitgehend denen bei Verbrennungen. Man spricht daher in analoger Weise von *Erfrierungen ersten, zweiten* oder *dritten Grades* beziehungsweise von einer *Congelatio erythematosa, bullosa* oder *escharotica.* Im Unterschied zu den Verbrennungen stehen bei den Erfrierungen *Gefäßschäden* (Wandödeme, Hyalinose, Thrombose) im Vordergrund, in deren Gefolge sich dann die jeweiligen Hautveränderungen entwickeln. Schockzustände treten bei Erfrierungen in der Regel nicht auf, da es nicht zu hochgradigen Schmerzen und Intoxikationen kommt. *Frostbeulen (Perniones),* die sich beim Menschen infolge der Gefäßschäden entwickeln, sind beim Haustier nicht bekannt.

15.18.4 Sonnenbrand

Hautentzündungen, die durch Sonnenstrahlen (vor allem UV-B-Strahlen) allein bedingt sind **(Dermatitis solaris)**, treten bei den Haustieren selten auf, da das dicke Haarkleid und die Hautpigmentierung einen ausreichenden Schutz gegen Sonneneinstrahlung bieten. Eine Ausnahme machen langhaarige Collies, weiße Katzen, Angoraziegen und besonders Merinoschafe, die in Gebieten mit starker Sonneneinstrahlung leben. Bei ersteren entwickelt sich häufig nach einem initalen Erythem infolge der durch die UV-Strahlung bedingten Zytokinfreisetzung aus den Keratinozyten eine nässende und krustöse Dermatitis im Bereich unpigmentierter und wenig behaarter Stellen des Nasenrückens („Collie-Nose"; Tafel XXVII. C; Lupus erythematodes discoides s. S. 511), bei Ziegen eine solche im Bereich des gesamten Kopfes und am Euter, bei Katzen und Schafen eine mehr krustöse Form besonders an den Ohren, bei Katzen auch an den Nasen, Lippen und Augenlidern. Infolge dieser, histopathologisch durch das Auftreten morphologisch veränderter Keratinozyten (sogenannten „Sunburn Cells“), epidermaler Hyperplasie und Parakeratose gekennzeichneten Dermatitis solaris entstehen nicht selten bei Rezidivierung als Präkanzerosen anzusehende *aktinische Keratosen* und schließlich Plattenepithelkarzinome (s. S. 537). Es ist wahrscheinlich, daß UV-B auch beim Tier zu Pyrimidin-Dimeren in der DNA, und bei ausbleibender Reparatur zu Mutationen, u. U. auch von Onkogenen und Tumorsuppressorgenen (p53) und damit zur malignen Entartung der Keratinozyten führt. Als *solare Elastose* bezeichnet man eine selten bei Hunden, Schafen und Pferden beobachtete basophile Degeneration oberflächlich dermal gelegener elastischer Fasern.

15.18.5 Photodermatitis

Viel häufiger als die Dermatitis solaris sind bei Haustieren Hautenzündungen, die aus einer gesteigerten Empfindlichkeit der Haut gegenüber Sonnenstrahlen resultieren und die als *Photodermatitis* oder *photodynamische Dermatitis* bezeichnet werden. Ursache sind **photodynamische Stoffe,** die per os aufgenommen werden, lokal auf die Haut einwirken oder im Körper selbst gebildet werden. Wahrscheinlich nehmen die photodynamischen, in der Regel auch fluoreszierenden Stoffe durch Absorption von Lichtstrahlen bestimmter Wellenlänge Energie auf und geben diese weiter, wodurch oxidative Vorgänge im Gewebe ausgelöst werden, die dann zur Dermatitis führen. Die photodynamische Dermatitis äußert sich zunächst in der Ausbildung eines starken Erythems und Ödems, die von Juckreiz begleitet sind. In schweren Fällen kommt es zur Exsudation einer serösen Flüssigkeit sowie zur Nekrose, Ulzeration und flächenhaften Abstoßung der Epidermis. Die Veränderungen treten jedoch nur an den Hautstellen auf, die nicht oder nur wenig pigmentiert beziehungsweise behaart (Augenränder und -lider, Flotzmaul, Nasenspiegel, Rüssel, Ohren, Euter, weiße Abzeichen) und daher der Einwirkung von Sonnenstrahlen besonders ausgesetzt sind. Akute schockbedingte Todesfälle kommen vor.

Einteilung der Photosensibilität und tierartliche Besonderheiten

A. Primäre Photosensibilität

Sie entsteht durch Aufnahme folgender exogener, photosensibilisierender Stoffe:

a) Phenothiazin
Bei Rindern, Schafen, Schweinen (früher verwendet als Anthelminthikum); neben Hautveränderungen auch Keratokonjunktivitis (Ausscheidung des Pansenmetaboliten Phenothiazinsulfoxid mit den Tränen). Absorptionsmaximum 360 nm.

b) Tetrazykline. Absorptionsspektrum 220–350 nm.

c) Hypericin (Hyperizismus)
Das photodynamische Pigment Hypericin (Anthrachinonderivat) kommt in verschiedenen Arten der Gattung Hypericum, vor allem in *H. perforatum* (Johanniskraut), vor und bewirkt Photosensibilität besonders bei Schafen und Rindern, seltener auch bei Pferden und Ziegen. Absorptionsspektrum 540–610 nm.

d) Fagopyrum (Fagopyrismus)
Fagopyrin (Anthrachinonderivat) kommt im Buchweizen *(Fagopyrum esculentum* u. a.) vor und bewirkt Photosensibilität besonders bei Pflanzenfressern. Absorptionsmaximum 590 nm.

e) Furocumarine
Vor allem 5-Methoxypsoralen *(Bergapten), 8-Methoxypsoralen (Xanthotoxin)* und *Imperatorin* besonders in Umbelliferae (Bärenklau, Herkulesstaude!) vorkommend; nach oraler Aufnahme oder direkter (topischer) Einwirkung auf die Haut (sog. Wiesendermatitis des Menschen). Absorptionsmaximum um 360 nm.

B. Photosensibilität infolge abnormer endogener Pigmentproduktion

Es handelt sich dabei um Protoporphyrine, Uroporphyrine und Koproporphyrine der Stellungsisomere I, die infolge einer erblichen Anomalie des Porphyrinstoffwechsels *(Porphyrie,* s. S. 51) in vermehrtem Maße gebildet werden. Photosensibilität tritt jedoch nur bei Rind und Katze, nicht beim Schwein auf.

C. Hepatogene Photosensibilität

Das verantwortliche photodynamische Pigment ist **Phylloerythrin**, das, unter Mitwirkung von Protozoen und Bakterien, in den Vormägen aus dem mit den Pflanzen aufgenommenen Chlorophyll gebildet wird. Normalerweise kommt dieses Pigment nach seiner Resorption mit der Galle wieder zur Ausscheidung. Bei verschiedenen, mit Ikterus einhergehenden Leberschädigungen (s. S. 214) kann das Phylloerythrin nicht mehr ausgeschieden werden und reichert sich im Blut an, wodurch das betreffende Tier gegen die Einwirkung von Sonnenstrahlen sensibilisiert wird. Von besonderer Bedeutung sind folgende Krankheitsbilder:

Geeldikkop („gelber dicker Kopf") bei Schafen und Ziegen in Südafrika, mit Ikterus verbunden; Ursachen sind hepatotoxische Substanzen (u. a. Saponine) von *Tribulus terrestris,* die im einzelnen aber nicht bekannt sind, und Mykotoxine (Sporidesmin) von *Pithomyces chartarum.*

Gesichtsekzem (Facial Eczema) bei Schafen, gelegentlich auch bei Rindern in Neuseeland, Australien, Südamerika und Südafrika, mit Ikterus verbunden; Ursachen sind verschiedene hepatotoxische Substanzen des Pilzes *Pithomyces chartarum,* der vor allem auf Weidelgras *(Lolium perenne)* wächst (Tafel XXVI. B).

Alveld („Elf-Fire") bei Schaflämmern in Norwegen, mit Ikterus verbunden; Ursachen sind hepatotoxische Substanzen von Pflanzen der Gattung Liliacea *(Narthecium ossifragum),* in Schottland auch durch Pflanzen der Gattung Panicum.

Beim **Mutant Southdown-Schaf** liegt eine erbliche Phylloerythrinretention in der Leber vor, die u. a. zur Photosensibilität führt (s. S. 210 u. 246).

Des weiteren können eine Reihe anderer Pflanzen *(Lantana camara, Lippia spp., Tetradymia* spp. u. a.) hepatogene Photosensibilität hervorrufen. Phenanthridinverbindungen, die zur Trypanosomosebehandlung verwendet werden, das Rift Valley Fever (s. S. 219), Leptospirose, Tetrachlorkohlenstoffvergiftungen, chronische Kupfervergiftung und Leberegel können ebenfalls über eine Leberschädigung Photosensibilität erzeugen.

D. Photosensibilität ungeklärter Ätiologie

Sie tritt sporadisch auf, verläuft gutartig und ohne Ikterus. Fälschlicherweise wird sie manchmal als einfacher „Futterausschlag" diagnostiziert. Offensichtlich spielen photodynamische Stoffe gewisser Pflanzen (vor allem Klee- und Kohlarten), ähnlich wie bei der primären Photosensibilität, eine ursächliche Rolle.

15.18.6 Ionisierende Strahlen

Für den Grad der entstehenden Hautschädigung sind neben der Dosierung und Qualität der Strahlung auch die Dauer der Strahleneinwirkung (fraktionierte Dosierung ist besser verträglich) und die Beschaffenheit der Haut selbst (Hautdicke, Pigmentierung, Behaarung, Wassergehalt, tierartliche Unterschiede) von Bedeutung.

Als *Frühreaktion* (ungefähr fünf Stunden nach der Strahleneinwirkung) kommt es meist, besonders bei jungen Tieren, zu einer auffälligen Faltenbildung der bestrahlten Haut. Die *Hautreaktion ersten Grades (Epilationsdosis)* ist durch eine Abschuppung, einen Wechsel und eine Depigmentierung der Haut und Haare gekennzeichnet. Bei der *Hautreaktion zweiten Grades (Erythemdosis)* entwickeln sich eine oberflächliche squamöse Dermatitis, eine Pigmentverschiebung und ein Haarausfall, wobei die nachwachsenden Haare zum Teil pigmentlos bleiben. Die *Hautreaktion dritten Grades (exsudative Epidermisreaktion)* verläuft unter dem Bild einer exsudativen Dermatitis mit Blasen- und Krustenbildung und Entstehung kahler Hautflächen infolge Verödung der Haarfollikel. Bei der *Hautreaktion vierten Grades* kommt es zur Hautnekrose und Geschwürbildung. Letztere wird durch schwere Schädigung der Blutgefäße bedingt. Die *chronische Röntgendermatitis,* die besonders beim Menschen bekannt ist, äußert sich in starker Hyperkeratose, Trockenheit, Rigidität und fleckenweiser Pigmentierung der Haut, wobei rezidivierende, sehr schmerzhafte Geschwüre das Bild noch komplizieren. Plattenepithelkarzinome können sich nach Strahlenschädigung entwickeln (s. S. 537).

15.18.7 Elektrischer Strom

Bei Stromunfällen im Niederspannungsbereich (60–1000 V) können **Strommarken** infolge JOULEscher Wärme entstehen. Bei den Strommarken handelt es sich um flache, punkt- oder streifenförmige Erhebungen der Epidermis, deren Ränder schwärzlich oder rötlich verfärbt sind, und die durch eine Höhlenbildung zwischen dem Stratum corneum und den darunterliegenden Epidermisschichten bedingt sind. Starkstrom ruft vor allem Hautverbrennungen dritten und vierten Grades hervor. Die durch elektrischen Strom hervorgerufenen Verbrennungen sind häufig mit zerstäubten Metallteilchen imprägniert (elektrolytische Wirkung des Stroms, sogenannte *Metallisation).* Auch bei der elektrischen Betäubung von Schweinen können dort, wo die Zangen angesetzt werden, Verbrennungen entstehen. Stomatitis s. S. 139.

Als **Blitzmarken** bezeichnet man kraterähnliche, schwärzlich verfärbte Nekrosen an der Eintrittsstelle des Blitzes. Von der Blitzmarke strahlen dendritisch sich verzweigende Stränge aus, die durch Ablösung der Epidermis vom Korium entstehen und als **Blitzfiguren** bezeichnet werden.

15.18.8 Chemische Ursachen

Je nachdem, ob die chemische Noxe von außen auf die Haut einwirkt oder erst nachdem sie über den Blutweg dorthin gelangt ist, spricht man von *exogenen* oder *endogenen* chemisch bedingten Dermatitiden.

Zu den **exogenen** gehören vor allem die Hautentzündungen, die durch *Säuren, Laugen* und *Kampfgase* verursacht werden. Hierdurch entsteht das Bild einer *nicht allergischen Kontaktdermatitis.* **Säuren** führen durch Wasserentzug und Eiweißfällung zur Koagulationsnekrose (trockener Ätzschorf), **Laugen** zur Auflösung des Zelleiweißes (Kolliquationsnekrose, schmieriger Ätzschorf) mit nachfolgenden reaktiv-entzündlichen Prozessen. **Kampfgase** der Gelbkreuzgruppe, vor allem das Dichlordiäthylsulfid (Lost), rufen starke Erytheme mit Blasenbildung und Nekrosen hervor (Ähnlichkeit mit Verbrennungen und Bullösem Pemphigoid). Chlor, vor allem Chlorgase, bedingen beim Menschen schwere metaplastische Verhornungen der Haarfollikel und Haarbalgdrüsen, die von entzündlichen Prozessen begleitet sind (sogenannte Chlorakne).

Nach **Schlangen-** (u.a. Vipern, Elapiden, Crotalusarten) und **Spinnenbissen** *(Latrodectes sp.)* kann es ebenfalls zu erheblichen Hautentzündungen (Erythem, ödematöse Schwellung, hämorrhagische Diathese, großflächige Hautnekrose mit Demarkation) und zum Tod der Tiere kommen.

Bei den **endogenen** chemisch bedingten Hautentzündungen gelangen die körperfremden Stoffe auf dem Blutweg in die Haut. Demzufolge sind die entstehenden Effloreszenzen über den ganzen Körper verteilt, es entwickelt sich unter primärer Schädigung des Gefäßsystems ein Exanthem. Von Bedeutung sind die sogenannten *Arzneimittelexantheme* (Quecksilber, vor allem bei Rind und Pferd, Jod, Brom, Arsen, Selen u. a.) und *Futtermittelausschläge* (Idiosynkrasie, Arznei- und Futtermittelintoleranz). Die auftretenden Hautveränderungen sind mannigfaltiger Natur. Im allgemeinen findet man jedoch im *akuten Stadium* eine exsudative Dermatitis mit Bläschen-, Blasen- und Pustelbildung, im *chronischen Stadium* eine Hyperkeratose der Epidermis (Schuppen- und Krustenbildung) und der Haarfollikel und Drüsen (Jod- und Arsenakne resp. Arsenkeratose beim Menschen). Bei der *chronischen Thalliumvergiftung* der Hunde und Katzen kommt es neben dem Haarausfall auch zu entzündlichen, vorwiegend ulzerösen Prozessen in der Gegend des Krallenbettes (Ösophagusdilatation s. S. 149). Nach längerer Fütterung von großen Mengen *Kartoffelschlempe* (40 bis 80 Liter täglich über zwei bis drei Wochen) entsteht bei Rindern ein zunächst vesikuläres, später krustöses Exanthem im Bereich der Fesseln der Hinterextremitäten, das in schweren Fällen sich auf Sprunggelenke, Euter, Unterbauch, Hals und Anogenitalregion ausbreitet (sogenannte *Schlempemauke).* Ein ähnliches Exanthem tritt auch nach Verfütterung großer Mengen roher und gekochter Kartoffeln oder Kartoffelkraut auf. Auch Weinlaub, Weintreber, Hopfenranken, Ölkuchen, Melasse u. a. sind als Ursachen von Futtermittelausschlägen bekannt (s. Ekzem, Urtikaria, Allergie). 48 Stunden nach Gabe von *Tiamulin* an Schweine kann gelegentlich eine schwere, mit Nekrosen einhergehende pustulöse und krustöse Dermatitis gesehen werden, deren Ursache vermutlich der Kontakt mit Tiamulinmetaboliten aus Harn und Kot der behandelten Schweine ist.

X-Disease des Rindes s. S. 492, Mimosinvergiftung s. S. 492

15.19 Bakterielle Hautkrankheiten

15.19.1 Pyodermie

Unter Pyodermie versteht man eine Hautentzündung, die durch **Eitererreger** (Streptokokken, Staphylokokken, besonders *S. intermedius* beim Hund, *S. aureus* beim Pferd und *S. hyicus* beim Schwein, Corynebakterien und *Actinomyces spp.*) verursacht wird. Fortdauernde Durchnässung, Verhornungsstörungen (als Folge endokriner Störungen oder bei Seborrhoe), oberflächliche Traumatisierung (Bißwunden, eingespießte Fremdkörper, nach Juckreiz bei Ektoparasitosen und Überempfindlichkeitsreaktionen), Verschmutzung bei starker Schweißbildung sind neben einer Immunsuppression weitere, die Entstehung einer Pyodermie begünstigende Faktoren. Das makroskopische Bild ist vielgestaltig. Ihre charakteristischen Formen werden deshalb zunächst vom allgemeinen Standpunkt aus erörtert und erst dann die tierartlichen Besonderheiten beschrieben.

Das **Erysipel** (Wundrose) ist eine fleckenförmige, mit Rötung, Schwellung, Schmerzhaftigkeit und Fieber einhergehende eitrige Hautentzündung, die sich entlang der Lymphgefäße ausbreitet und nicht selten zur Bildung von Blasen, Pusteln, Abszessen, Phlegmonen und Gangränen führt.

Als **Impetigo** wird eine oberflächliche (intraepidermale bzw. subkorneale) nichtfollikuläre pustulöse Dermatitis bezeichnet, die meist durch Staphylokokken, seltener durch Streptokokken hervorgerufen wird. Die ersten Veränderungen bestehen in hyperämischen Flecken, die bald zu Pusteln werden. Diese platzen, trocknen ein und sind dann von einer dünnen Kruste bedeckt. Entfernt man diese, so tritt das rötliche, nässende Stratum MALPIGHII zu Tage. Die Abheilung erfolgt in der Regel ohne Narbenbildung.

Das **Ekthyma,** das beim Haustier seltener vorkommt, stellt eine besondere Form der pustulösen Hautentzündung dar. Dabei verkrusten die Pusteln zentral und breiten sich in die Tiefe und peripher aus, so daß ein ulzerös-krustöser Prozeß entsteht, der nur unter Narbenbildung ausheilen kann.

Die **eitrige Haarbalgentzündung (Follikulitis, Sykosis)**, bei der meist auch das perifollikuläre Gewebe entzündet ist, ist eine tiefergehende Pyodermieform, die sich makroskopisch in der Ausbildung von hirsekorn- bis erbsengroßen Knötchen und Pusteln zeigt. Sind die Haarbalgdrüsen an dem eitrigen Prozeß beteiligt, so spricht man auch von einer **Akne**. Beide Begriffe werden aber oft nicht auseinandergehalten und in synonymer Weise verwendet.

Ein **Furunkel** entsteht, wenn eine Follikulitis weiter um sich greift und nach Zerstörung des Follikels zur abszedierenden Einschmelzung benachbarten Gewebes führt (sogenannter Haarbalgabszeß). Fließen mehrere Furunkel zusammen, dann bildet sich ein **Karbunkel.** Der Furunkel zeigt sich zunächst als Knoten, über dem die Haut gespannt und gerötet ist. Später verfärbt sich diese ins Bläuliche, der Knoten wird weicher und bricht schließlich durch ein rundes, wie ausgestanzt erscheinendes Loch auf, wobei eitrigblutige Flüssigkeit entleert wird. In der Tiefe des Loches befindet sich der sogenannte Furunkelpfropf, der aus nekrotischem Gewebe und abgestorbenen Granulozyten besteht und durch eine demarkierende Entzündung aufgelöst wird.

Erst wenn dies erfolgt ist, heilt der Furunkel auf dem Wege über ein Granulationsgewebe ab.

Die **Phlegmone** stellt eine diffuse oder zirkumskripte eitrige Entzündung des Unterhautbindegewebes dar. Sie neigt zum Übergreifen auf benachbarte Organe (Faszien, Muskeln) und zur Bildung von Abszessen, die häufig nach außen durchbrechen. Nicht selten führen umfangreiche Phlegmonen, vor allem bei Pferd und Hund, zur Septikämie und zum Tod.

Rind: ***Impetigo*** meist im Zusammenhang mit Staphylokokkenmastitis laktierender Kühe in der Haut über den Zitzen (Übertragung auf Melkpersonal). Nicht selten ist die *Furunkulose* der *Euterhaut,* die auch seuchenartig auftritt. *Corynebacterium pseudotuberculosis* kann auch beim Rind zu einer abszedierenden und ulzerativen Dermatitis führen (s. S. 61).

Sog. ***Sterzwurm*** = Folliculitis apostematosa mit Ausbildung linsen- bis bohnengroßer Knoten und Abszesse in der verdickten Haut des Schwanzes.

Pferd: ***Akne,*** bedingt durch Staphylo- und Streptokokken vor allem in der Geschirr- und Sattellage (Schmutz- und Schmierinfektion). Wenn sie in den Sommermonaten vermehrt auftritt, dann wird sie als ***Sommerausschlag*** (s. S. 508) bezeichnet. Die Akne tritt nicht selten auch an der äußeren Haut des Präputiums, des Hodensackes und der Schenkelinnenfläche auf. Die ***kontagiöse Akne*** *(Canadian Horsepox)* wird durch *Corynebacterium pseudotuberculosis* verursacht und tritt meist seuchenartig in einem Bestand auf. Die ***Lymphangitis ulcerosa,*** bedingt durch eine Wundinfektion mit *Corynebacterium pseudotuberculosis* und anderen pyogenen Bakterien, ist dem Hautrotz *(Burkholderia* früher *Pseudomonas mallei)* und der Lymphangitis epizootica *(Histoplasma farciminosum)* sehr ähnlich (s. S. 528).

Als ***Botryomykose*** *(Traubenpilzkrankheit)* wird eine chronische, abszedierend-granulomatöse und zur starken Bindegewebszubildung führende Entzündung bezeichnet, die durch eine Wundinfektion mit *Staphylococcus aureus* zustande kommt. Bevorzugt betroffen ist die Haut in der Geschirrlage und der Fesselgegend. Viele Stoll- und Bugbeulen sowie Samenstrangfisteln sind gleichfalls botryomykotischen Ursprungs. Die Hautbotryomykose beginnt mit der Ausbildung multipler, derber, bis erbsengroßer Knoten, die später erweichen und zu Abszessen werden und nach außen unter Bildung von Fistelkanälen durchbrechen. Nicht selten entstehen auch geschwulstähnliche, knollenartige Gebilde, die eine gelbliche Schnittfläche aufweisen und von zahlreichen Mikroabszessen durchsetzt sind. Die Botryomykose breitet sich häufig metastatisch in die regionären Lymphknoten und in innere Organe aus. Histologisch lassen sich die in typischer traubenartiger Form angeordneten Erreger leicht nachweisen (Abb. 15.11). Charakteristisch ist eine die Erregeransammlungen umhüllende radiär-keulenförmig strukturierte, homogen eosinophile PAS-positive Matrix („SPLENDORE-HOEPPLI-Material"), die vermutlich glykoproteinhaltige Antigen-Antikörperkomplexe darstellt und die Phagozytose der Bakterien erschwert (Aktinomykose und -bazillose s. S. 523).

Schwein: Die ***Impetigo*** (Staphylokokken) der Gesichtshaut tritt bei Saugferkeln oft seuchenartig auf (Schmutz- und Schmierinfektion). Gleichfalls häufig ist bei Saugferkeln eine ***krustöse eitrige profunde Dermatitis*** der Gesichts- und Ohrenhaut, die zu tiefen Rhagaden, zur Phlegmone und Keratokonjunktivitis führen kann. Ursache sind meist Streptokokken, die über Wunden (Bisse, Kratzer) in die Haut gelangen. Häufig ist ferner eine *multiple abszedierende Dermatitis (A. pyogenes, Streptokokken* der Gruppe E, s. S. 61), die oft zur metastatischen Ausbreitung (lympho-hämatogen, besonders Wirbelknochen und Lunge) und zum Einbruch in Gelenke (Panaritium) und Sehnenscheiden führt. Auch hier handelt es sich in der Regel um Schmutz- und Schmier- sowie Wundinfektionen, insbesondere im Anschluß an das sogenannte Schwanzbeißen. Die ***exsudative Epidermitis*** (exsudative Dermatitis, Pechräude) wird durch *Staphylococcus hyicus* verursacht, wobei prädisponierende Faktoren (Haltung, Verletzungen, Kolostrummangel u. a.) eine wich-

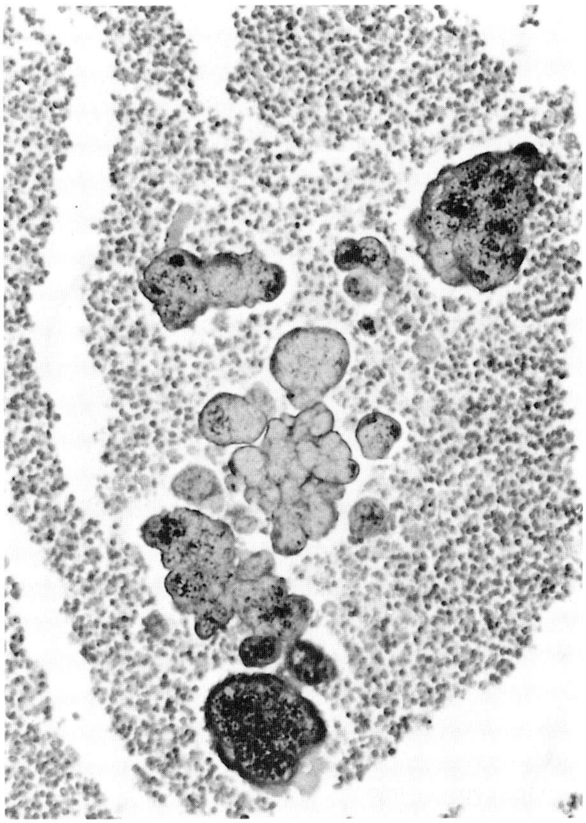

Abb. 15.11 Botryomykose, Pferd. Die GRAM-positiven Kokken liegen in traubenförmigen, von Eiterzellen umgebenen Gebilden. GRAM-Färbung nach BROWN u. BRENN, 200 x.

tige Rolle spielen. Die Krankheit kommt bei Saugferkeln vor, tritt plötzlich auf und befällt die gesamte Hautoberfläche. Exsikkose, Intoxikation und Abmagerung stellen sich ein und führen meist in wenigen Tagen zum Tode. Zu Beginn sieht man eine starke Absonderung von Talg und Schweiß, gefolgt von Abschuppung (Parakeratose) und Serumexsudation. Dadurch entstehen schmierig-krustöse Beläge, die einer stark geröteten Haut aufliegen (Tafel XXVI. G). Schwellungen der Lymphknoten, Erweiterung der Ureteren und des Nierenbeckens (abgeschilferte degenerierte Epithelzellen) und erosive Stomatitis können ebenfalls auftreten. Parakeratosis diaetetica s. S. 495.

Schaf: *Staphylococcus aureus* ist die Ursache einer ansteckenden eitrig-nekrotisierenden Dermatitis im Kopfbereich (vor allem um Augen, an Hornansatz und Oberkiefer). Sie wird fälschlicherweise auch als periorbitales oder faziales Ekzem bezeichnet, hat aber mit einer Photodermatitis (s. S. 513) nichts zu tun. Corynebacterium pseudotuberculosis s. S. 61.

Ziege: Staphylokokkenpyodermie an Euter, Bauchhaut, Innenschenkel, Perineum, Ohren und distalen Gliedmaßenenden.

Hund: Die ***Impetigo*** kommt in Form des *Staupeexanthems* (s. S. 534), als unspezifische Erkrankung an der Vulva und Mamma laktierender Hündinnen sowie als sogenannte ***Welpenpyodermie*** *(Staphylococcus intermedius)* in Form einer oberflächlichen, häufig subkorneal pustulösen Dermatitis bei jungen Hunden vor (Tafel XXVI D). Gleichfalls von Staphylokokken hervorgerufen ist die sogenannte **faziale Pyodermie**, bei der man oft symmetrisch oberflächlich ulzerierende Veränderungen im Bereich der medianen Augenwinkel, des Nasenrückens und der Lefzen findet. Eine ***Follikulitis*** und ***Akne*** findet man vor allem am Nasenrücken, an den Lefzen und nach Trimmen langhaariger Hunde. Die ***interdigitale Follikulitis*** und ***Furunkulose (Intertrigo)*** treten vor allem bei rauhhaarigen Hunden auf und nehmen wahrscheinlich von den sogenannten interdigitalen Zysten (embryonale Fehlbildungen?), die mit Staphylokokken infiziert werden, ihren Ausgang. Pyodermien mit Abszessen, Geschwüren und Hautsklerose sind beim Hund sehr häufig (Tafel XXVI. D). Sebaceous Adenitis s. S. 536.

Hase und **Kaninchen:** Die sog. ***Staphylomykose*** *(Staph. aureus)* ist durch eine eitrige Follikulitis mit Krustenbildung vor allem an den Lippen, den Augenlidern und den Hautfalten der Füße sowie durch die Ausbildung von Abszessen mit rahmigem, weißem Eiter in der Unterhaut gekennzeichnet (Abb. 15.12). Gleichartige Abszesse treten auch zwischen den Faszien, in den Lymphknoten und in inneren Organen auf. Der Erreger wird durch Flöhe übertragen, kann aber auch über Wunden in die Haut gelangen.

15.19.2 Rotlauf

Der Rotlauf der Schweine wird durch *Erysipelothrix rhusiopathiae suis* (Serotypen A, B u. N, in der Regel abnehmende Virulenz in dieser Reihenfolge) hervorgerufen. Es kommen akute, subakute und chronische Verlaufsformen vor. Bei der **septikämischen Form** kommt es zu einer diffusen, kräftigen Rötung der gesamten Haut, die besonders deutlich bei geschlachteten und gebrühten Schweinen zu sehen ist. Der Rotfärbung liegt eine starke Hyperämie des Koriums und des Papillarkörpers (Erythem) zugrunde (Schweinepest s. S. 183). Ähnliche Hautveränderungen kommen auch nach einer septikämisch verlaufenden Infektion mit *Actinobacillus suis* infolge eitrig-nekrotisierender und thrombosierender Vaskulitis (APX 1- und APX 2-Toxine) vor.

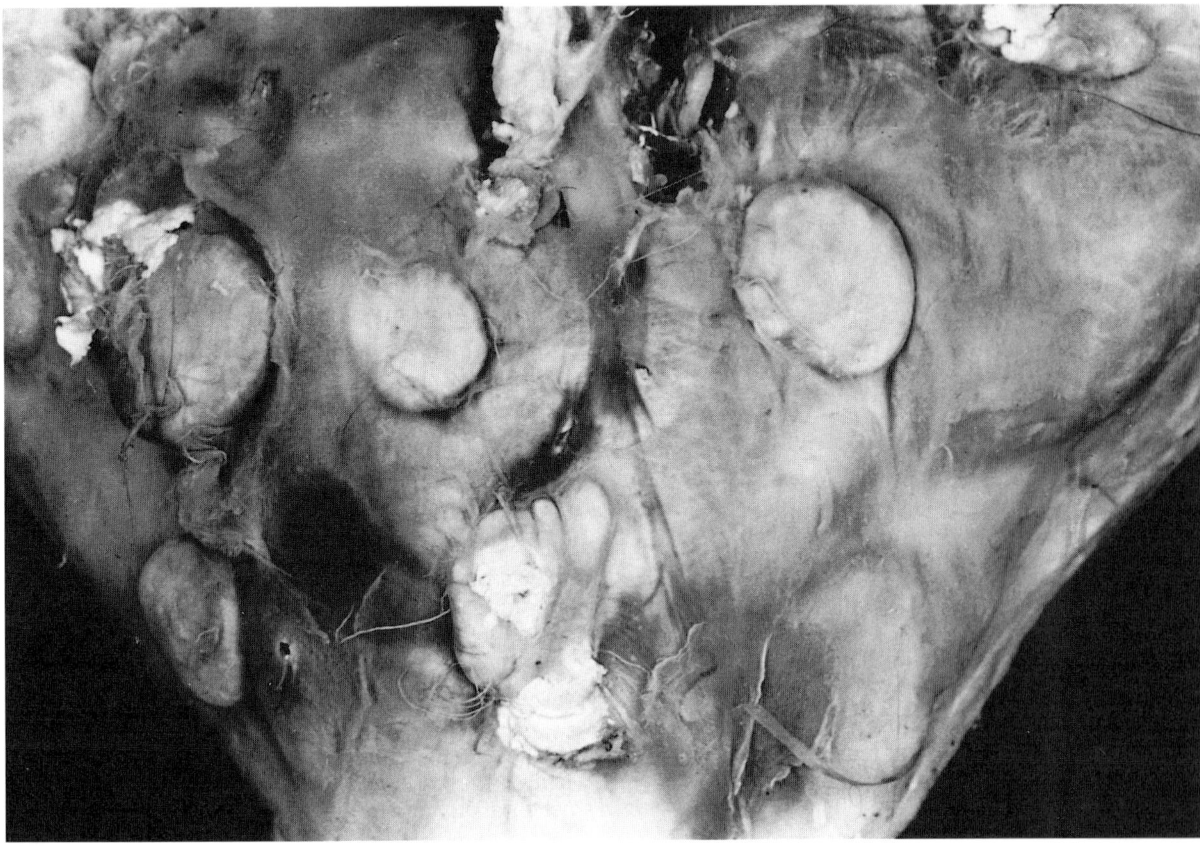

Abb. 15.12 Sog. Staphylomykose bei einem Feldhasen.

Die sogenannten **Backsteinblattern** werden entweder als milde Verlaufsform oder als allergische Form des Rotlaufs angesehen. Für letzteres konnte bislang jedoch der experimentelle Beweis nicht erbracht werden. Sie stellen gartenbeetartig erhabene, meist rechteckige oder rautenförmige rötliche Flecken dar, über denen die Borsten gesträubt sind (Urtikaria). Bei geschlachteten Tieren (Epidermis durch Brühen und Abschaben entfernt) kommen die roten Flecken besonders deutlich zum Vorschein (Abb. 15.13). Wie die eigenartige Form der Backsteinblattern zustande kommt, ist nicht bekannt (Zusammenhänge mit der Gefäßversorgung der Haut?). **Nekrose** umfangreicher Hautgebiete (infolge thrombosierender Arteriitis), besonders am Rücken, und von Akren infolge direkter Schadwirkung der Rotlaufbakterien wird in der akuten Verlaufsform der Krankheit nicht selten gesehen. Die nekrotischen Hautbezirke werden in großen Fetzen abgestoßen, die Heilung ist häufig durch Sekundärinfektionen verzögert. Der Sektionsbefund bei an akutem Rotlauf gestorbenen Tieren ist ansonsten unergiebig. Bei **chronischem Rotlauf** kommt es zur Arthritis (s. S. 342) und Endokarditis (s. S. 11). Bei Schaflämmern ist der akute Rotlauf durch Entzündungen der Gelenke und Klauenlederhaut gekennzeichnet. Beim Menschen entwickeln sich ähnliche Hautveränderungen *(Erysipeloid)* wie beim Schwein. Bei Puten und Enten ist der Rotlauf relativ häufig und verläuft meist als Septikämie (hämorrhagische Diathese, hämorrhagisch-nekrotisierende Enteritis, Leber- und Milzschwellung, Rhinitis und Pharyngitis; bei chronischem Verlauf auch Endokarditis). Bei Hühnern kommt der Rotlauf nur selten vor.

15.19.3 Dermatophilose

Die bei Rind, Pferd, Schaf und Ziege, selten dagegen bei Hund, Katze (auch Stomatitis), Schwein und dem Menschen vorkommende Krankheit wird durch *Dermatophilus congolensis* verursacht. Die Bakterien sind besonders durch Myzel- und Quersporenbildung gekennzeichnet.

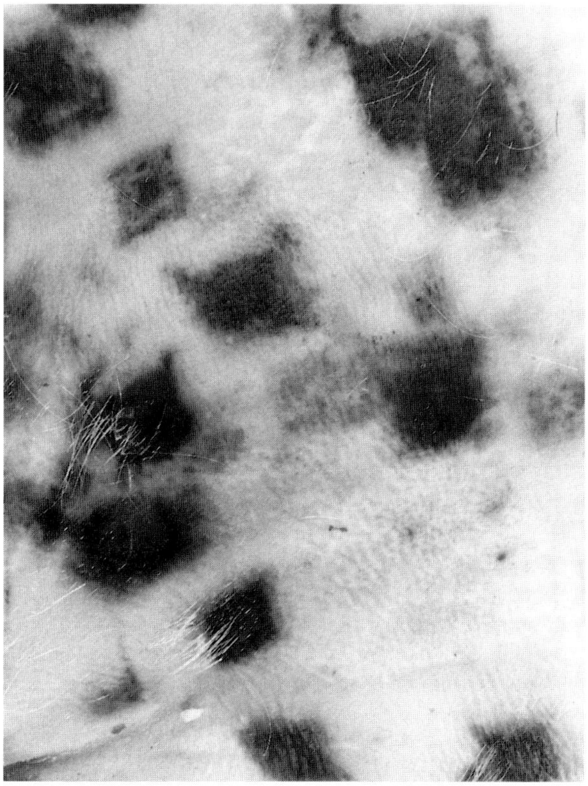

Abb. 15.13 Backsteinblattern bei Schweinerotlauf (Epidermis entfernt).

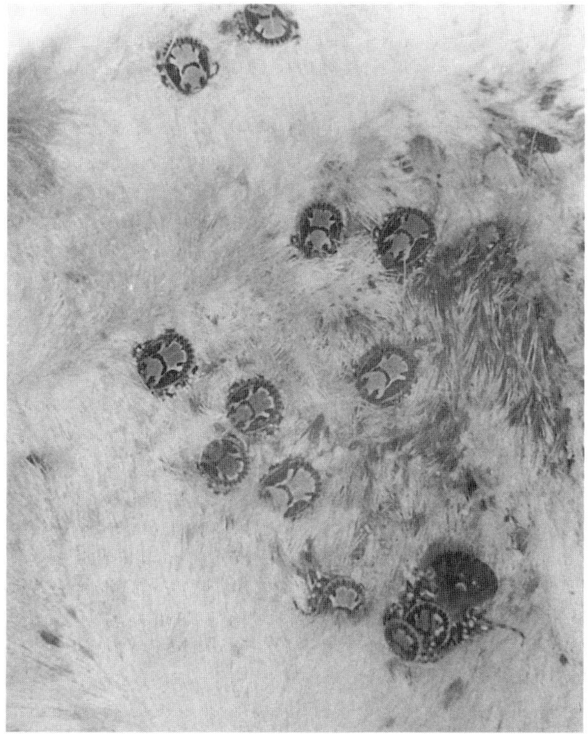

Abb. 15.14 Zahlreiche Zecken (*Amblyomma*-Arten) auf der Haut eines Rindes als Wegbereiter der kutanen Streptotrichose (Foto: F. BRÜCKLE).

Vom klinisch-morphologischen Standpunkt aus kann man die *kutane Streptotrichose,* die sogenannte *mykotische Dermatitis* und die *proliferative Dermatitis* unterscheiden, die jedoch, entgegen früheren Ansichten, einheitlicher Ätiologie *(D. congolensis)* sind und nicht durch verschiedene Dermatophilus-Arten hervorgerufen werden.

Die **kutane Streptotrichose des Rindes** ist eine verlustreiche Krankheit (Abmagerung, Häuteschäden, Todesfälle) in den tropischen Ländern Afrikas. Sie kommt auch sporadisch bei Rindern, Schafen, Ziegen, Pferden sowie auch beim Menschen in gemäßigten Klimazonen vor. Prädisponierende Faktoren spielen in der Entstehung der kutanen Streptotrichose eine große Rolle. Als solche kommen in erster Linie Zeckenbisse (Abb. 15.14), Verletzungen durch harte, spitze Gräser und dauernde Hautfeuchtigkeit (Regenzeit) in Betracht. Demzufolge findet man die Veränderungen vor allem in der Gegend häufiger Zeckenbisse (Achsel, Schenkelinnenfläche, Skrotum, Euter), ferner im Gesicht, am Kopf und an den Extremitäten (Verletzungen durch Gräser) sowie an Nacken und Rücken (Regen).

Die ersten Veränderungen bestehen in kleinen, fleckenartigen Hautrötungen, auf denen es zur Ausschwitzung eines leicht schmierigen, bernsteinfarbenen Exsudates kommt. Dieses koaguliert bald und trocknet ein, wodurch sich die typischen Krusten bilden, die mit den Haaren fest verkleben und diese aufrecht stellen (Abb. 15.15). Unter den schwarzen, krustigen Belägen tritt die rötliche, nässende oder leicht eitrige Epidermis zutage, die in chronischen Fällen durch ein leicht höckeriges Granulationsgewebe ersetzt sein kann.

In feuchtheißen Klimazonen neigt der Prozeß durch Zusammenfließen der einzelnen Effloreszenzen und durch Entstehung von neuen zur Ausbreitung über große Gebiete der Körperoberfläche. In gemäßigten oder trockenheißen Zonen bleiben jedoch die Zahl und die Ausbreitung der Veränderungen meist beschränkt, ähnlich wie während der Trockenzeit das Leiden sich immer wieder bessert oder gar zum Verschwinden kommt. *Bakterielle Sekundärinfektionen* können zur Ausbildung einer letalen nekrotisch-gangräneszierenden Dermatitis führen.

Mikroskopisch lassen sich an der Unterseite der Krusten, *histologisch* vor allem in den Mündungen der Haarfollikel,

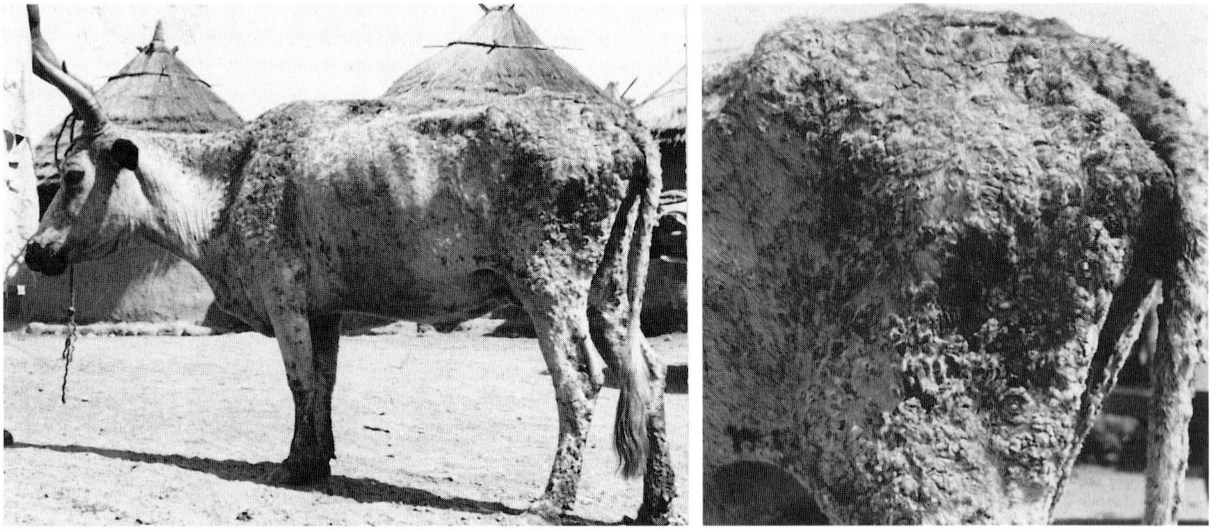

Abb. 15.15 Dermatophilose (kutane Streptotrichose), Rind (Foto: F. BRÜCKLE).

die typischen GRAM-positiven Bakterien leicht nachweisen.

Die sogenannte **mykotische Dermatitis** (Lumpy Wool) bei **Schafen** hat hinsichtlich Epidemiologie, Histogenese und der prädispositionellen Faktoren viel Ähnlichkeit mit der kutanen Streptotrichose des Rindes. Bei jungen Sauglämmern kommt es in wenigen Tagen zur Ausschwitzung eines bräunlichen, zähflüssigen Exsudates an der ganzen Körperoberfläche, wodurch die Haare verklebt werden und die Lämmer den Eindruck machen, als ob sie in Leim getaucht worden wären. Das Exsudat trocknet schließlich zu Krusten ein, es entwickeln sich dann tiefe Rhagaden und häufig auch eine tödliche eitrig-nekrotisierende Dermatitis. Bei älteren Lämmern und erwachsenen Tieren verläuft die Krankheit ausgesprochen chronisch, wobei hauptsächlich nur die Haut des Rückens und der Schenkel betroffen ist, und die Veränderungen oft erst nach Monaten oder gar erst beim Scheren zum Vorschein kommen. *Differentialdiagnostisch* muß die sogenannte Regenfäule (s. S. 503) ausgeschlossen werden, die ein ähnliches Bild zeigen kann.

Die **proliferative Dermatitis** (Papillomatöse Dermatitis, Strawberry Foot Rot) kommt beim **Schaf** vor. Typisch für die Krankheit sind warzenartige, von Krusten bedeckte Wucherungen an den Extremitäten, besonders unmittelbar über den Koronarsäumen der Klauen. Entfernt man die Krusten, so kommt ein fleischig-rötliches Granulationsgewebe zum Vorschein, das mit zahlreichen Blutungspunkten durchsetzt ist und eine gewisse Ähnlichkeit mit Erdbeeren (Strawberry) besitzt. Die Veränderungen heilen im allgemeinen nach sechs bis acht Wochen, wenn keine bakteriellen Sekundärinfektionen auftreten, von selbst wieder ab. Infektionen mir *Parapoxvirus ovis* können gemeinsam mit Dermatophilose auftreten.

15.19.4 Nocardiose

Die Nocardiose des **Hundes** und der **Katze** *(Nocardia asteroides* und *N. brasiliensis)* wird häufig auch als *Streptotrichose* bezeichnet. Sie äußert sich in der Bildung von Knoten und begrenzten Phlegmonen, die zeitweise abszedieren und durch Fisteln mit der Außenwelt in Verbindung stehen. Die Ansteckung erfolgt von Hautwunden aus. Die sogenannte *Streptotrichose* des *Bauch-* und *Brustfelles* (chronische Entzündung mit Bildung eines eitrig-jauchigen Exsudats) kann gelegentlich mit den beschriebenen Hautveränderungen einhergehen. Es ist allerdings zu beachten, daß die sogenannte Streptotrichose des Bauch- und Brustfelles meist keine Nocardiose, sondern eine Mischinfektion mit verschiedensten Keimen (Corynebakterien, Spirillen, fusiforme Bakterien, Kokken, *Actinomyces viscosus,* s. S. 121) darstellt. Neben der Haut- und Bauch- bzw. Brustfellnocardiose kommt gelegentlich auch eine generalisierte Form vor.

15.19.5 Lymphangitis farciminosa bovis

Die *Lymphangitis farciminosa bovis* (Bovine Farcy, tropische Aktinomykose, Hautwurm) wird in erster Linie durch

Mycobacterium farcinogenes und *M. senegalense* (häufig auch Mischinfektionen mit *Actinobacillus lignieresii)* verursacht. *Nocardia farcinica* spielt eine untergeordnete Rolle. Es kommt dabei zur Bildung von Knoten und fistelnden Abszessen entlang der Hautlymphgefäße besonders der Extremitäteninnenflächen. Nicht selten sind auch chronische sklerosierende Entzündungen der Lymphgefäße, die als derbe, schmerzlose Stränge imponieren, und Lymphknotenabszesse. Gelegentlich kann es auch zur Absiedlung der Erreger über den Lymph-Blut-Weg in die Lunge kommen, wo sich charakteristische Granulome entwickeln.

15.19.6 Nekrobazillose

Fusobacterium necrophorum, der prinzipielle Erreger der Nekrobazillose, ist ein normaler Bewohner des Magendarmtraktes und besitzt außerhalb des Körpers eine hohe Tenazität. Hauptsächliche Virulenzfaktoren des Bakteriums sind ein Endotoxin mit Lipoid A als toxischem Anteil sowie ein Exotoxin mit Leukozyten-schädigender Wirkung. Der Erreger gelangt über Wund- oder Schmutz- und Schmierinfektionen (Mischinfektionen mit anderen Bakterien, z. T. auch Synergismus) in den Körper. Haupteintrittspforten sind Haut, Vulva, Vagina und Uterus (s. S. 302, 311) Mundhöhle (s. S. 139), Vormagen (s. S. 156), Darm (s. S. 183) und Nabel. Auf hämatogenem oder lymphogenem Weg können sich die Erreger in andere Organe ausbreiten.

Das **Panaritium des Rindes** (Zwischenklauennekrose, „Fouls") beruht auf einer Mischinfektion hauptsächlich mit *Fusobacterium necrophorum* und *Prevotella* (früher *Bacteroides) melaninogenica* und kann vor allem bei Intensivhaltung (Mastbetriebe) zu beträchtlichen wirtschaftlichen Verlusten führen. Meist sind die Hinterextremitäten betroffen, in der Regel jedoch nur eine. Die leichte Form des „Panaritiums" beginnt mit Schwellung und Rötung der Zwischenklauenhaut, die später oberflächlich eitrig-nekrotisch wird und dann von einem schmierigen, wiederlichsüßlich riechenden Exsudat bedeckt ist. Durch die Nekrose kommt es häufig zu einer Trennung des Saumes von der inneren Hornwand. Bei der schweren (tiefen) Form entwickelt sich eine Phlegmone des Zwischenklauengewebes mit anschließender Nekrose des Gewebes. Das nekrotische Gewebe kann demarkiert werden, nicht selten greift der Prozeß aber auf Gelenke und Sehnen über und führt zur embolisch-metastatischen Verschleppung der Erreger in andere Organe.

Die **interdigitale Dermatitis des Schafes** wird durch *Fusobacterium necrophorum* verursacht und ist ähnlich der gutartigen Form der Moderhinke. Im Unterschied zu dieser ist sie aber nicht kontagiös.

Der **Zwischenklauenabszeß** (Klauenwurm, Schlegelfuß, Heel Abscess, Infective Bulbar Necrosis) kommt als akute Erkrankung vor allem bei schweren Schafen (tragende Mutterschafe, Zuchtböcke) vor und wird durch eine synergistische Infektion vor allem mit *Fusobacterium necrophorum* und *Actinomyces pyogenes* verursacht. Hinterextremitäten und mediale Klauen sind bevorzugt betroffen. Die frühen Veränderungen gleichen denen der interdigitalen Dermatitis, die nekrotisierenden Prozesse sind aber stärker ausgeprägt und greifen, ähnlich wie beim Panaritium des Rindes, häufig auf Gelenke und Bänder über. Ohne Behandlung kommt es nur sehr langsam zur Heilung, wobei oft eine erhebliche Deformation der Füße zu beobachten ist.

15.19.7 Moderhinke des Schafes

Unter Moderhinke (Foot Rot) versteht man eine kontagiöse, subakut bis chronisch verlaufende Entzündung der Klauen, die durch eine synergistische Infektion mit *Dichelobacter* (früher *Bacteroides) nodosus* und *Fusobacterium necrophorum* verursacht wird. Die Krankheit ist weltweit verbreitet und bedingt empfindliche wirtschaftliche Verluste.

D. nodosus kommt normalerweise in Hornspalten und Schrunden der Zwischenklauenhaut von Schafen, Rindern und anderen Wiederkäuern vor. Erst wenn als sekundärer Erreger Fusobacterium necrophorum (z. B. über eine fäkale Infektion) dazu kommt, entwickelt sich das Krankheitsbild der Moderhinke. D. nodosus produziert Proteasen, die das Eindringen von Fusobacterium necrophorum und anderer Bakterien in die Epidermis ermöglichen. Gleichzeitig steigert es durch Bildung eines löslichen, hitzestabilen Faktors die Virulenz von Fusobacterium necrophorum (synergistische Infektion). Eine Reihe anderer Bakterien trägt dazu bei, daß ein anaerobes Milieu geschaffen wird, das für die Vermehrung der beiden hauptsächlichen Erreger notwendig ist.

Die Entstehung der Moderhinke wird besonders begünstigt durch länger andauernde Feuchtigkeit, die zu einer Erweichung des Hornes führt und damit das Eindringen der Erreger begünstigt. Deshalb ist die Krankheit auch in gemäßigten Klimazonen mit hohen Niederschlägen besonders häufig. In die Haut eindringende Larven von Strongyloidesarten (s. S. 551) sollen die Entstehung der Moderhinke fördern.

Bei der Moderhinke des Schafes unterscheidet man eine gutartige (leichte) und eine bösartige (schwere, virulente) Form, wobei die Schwere des Krankheitsbildes in erster Linie von der unterschiedlichen Proteaseaktivität von D.

nodosus abhängen dürfte. Die ***gutartige Form*** ist gekennzeichnet durch Schwellung, Erosionen und oberflächliche Nekrosen der Zwischenklauenhaut. Gelegentlich kommt es zur Ablösung des weichen, nicht jedoch des harten Hornes. Die mit Lahmheit einhergehende gutartige Form kann über Monate bestehen bleiben, spricht jedoch auf lokale Therapie sehr gut an und heilt meist von selbst ab, wenn die Schafe in eine trockene Umgebung verbracht werden. Bei der ***bösartigen Form,*** die anfänglich der gutartigen weitgehend gleich ist, kommt es schon innerhalb einer Woche zur Ablösung des Hornes, die am Koronarsaum beginnt und sich auf Sohlen- und Wandhorn fortsetzt. Gelegentlich sind auch Gelenke und Bänder mitbetroffen. Die bösartige Form geht mit hochgradiger Lahmheit einher, führt zur Abmagerung und vermindertem Wachstum der Wolle und kann sekundär durch eine Myiasis kompliziert werden. Auch ohne Behandlung kommt es meist zu einer Heilung, die aber häufig mit einer starken Deformation der Klauen verbunden ist.

Synergistische Infektionen mit *D. nodosus* und *Fusobacterium necrophorum* sind als Ursache von Moderhinke-ähnlichen Erkrankungen auch bei *Rind* und *Ziege* bekannt.

15.19.8 Dermatitis digitalis des Rindes

Die *Dermatitis digitalis* (MORTELLAROsche Krankheit) des Rindes ist eine 1974 erstmals in Norditalien beschriebene, heute aber weltweit beobachtete subakute bis chronische, umschriebene ulzerative Entzündung der interdigitalen dorsalen oder palmaren (plantaren) Haut, wobei die Fesselbeugen der Hintergliedmaßen besonders häufig betroffen sind. Unhygienische Stall- oder Weideverhältnisse, schlechte Liegeplatzgestaltung und mangelhafte Klauenpflege begünstigen den Ausbruch der hochkontagiösen und häufig zu hochgradiger Stützbeinlahmheit (Milchleistungseinbußen!) führenden Erkrankung. Es kommt dabei zu runden bis ovalen, etwa 2 bis 3 cm großen, von einem grau-weißen, übelriechenden Belag bedeckten Hautdefekten, deren Oberfläche im chronischen Verlauf durch das gebildete Granulationsgewebe eine erdbeerartige, gelegentlich aber auch durch Parakeratose eine papillomatöse Beschaffenheit annimmt. In schwereren Fällen kann es zu phlegmonöser Entzündung im gesamten Ballenbereich kommen. Treponemaartige Spirochäten, *Campylobacter faecalis, Bacteroides levii, Prevotella bivia* und weitere *Bacteroides spp.* wurden aus erkranktem Gewebe häufig, dagegen *Dichelobacter nodosus* und *F. necrophorum* nur sporadisch isoliert. Die pathogenetische Rolle dieser verschiedenen Mikroorganismen ist jedoch bis heute unklar, keratolytischen Spirochäten scheint eine Schlüsselrolle zuzukommen. Eine zunächst vermutete Beteiligung boviner Papillomviren ließ sich nicht nachweisen.

15.19.9 Milzbrand

Der Hautmilzbrand entsteht primär (sog. Impfmilzbrand) oder hämatogen-metastatisch. Die Hautveränderungen bestehen in der Ausbildung eines entzündlichen *hämorrhagischen Ödems* (Rind) oder von sog. *Milzbrandkarbunkeln* (Schaf, Schwein, Fleischfresser) infolge nekrotischen Zerfalls des Gewebes (s. S. 187).

15.19.10 Anaerobierinfektionen

Das **maligne Ödem** (Pararauschbrand) ist eine akute Wundinfektion mit *Clostridium septicum,* häufig sind aber auch andere Clostridienarten *(Cl. perfringens, Cl. novyi, Cl. sordelli)* mitbeteiligt (Mischinfektion). Charakteristisch sind die sich schnell ausbreitenden ödematös-emphysematösen Schwellungen der Haut (proteolytische Wirkung der Anaerobiertoxine), die beim Betasten knistern (Gasbildung). Von der sulzigen Schnittfläche der veränderten Haut und Unterhaut fließt eine gelblich-rötliche, ranzig (Buttersäure) riechende, von Gasblasen durchsetzte Flüssigkeit ab. Eine besondere Form stellt der sogenannte **Geburtsrauschbrand** bei **Rind** und **Schaf** (malignes Geburtsödem; ausgehend von Geburtsverletzungen, s. S. 311) dar, bei dem es zur hochgradigen Schwellung von Scheide und Scham kommt, die rasch auf die Haut der Schenkelinnenfläche und des Unterbauches übergreift. Bei *Schafböcken* ist das maligne Ödem meist nur durch *Clostridium novyi* Typ A bedingt und besonders am Kopf (Kampfverletzungen; Swelled Head) lokalisiert. Ein seuchenartiges Auftreten des malignen Ödems wird in Schafherden gelegentlich nach der Schur beobachtet, wobei die Veränderungen am ganzen Körper auftreten. Kastrationswunden spielen bei Schafen und Schweinen eine gewisse Rolle als Eintrittspforten für Anaerobierinfektionen.

Differentialdiagnostisch sind vor allem die sogenannte septische Phlegmone des Rindes, der echte Rauschbrand und Hautemphyseme abzugrenzen.

Die **septische Phlegmone** des Rindes, die durch verschiedene Clostridien und Eitererreger *(Staphylokokken, Actinomyces [Arcanobacterium] pyogenes)* hervorgerufen wird, verläuft langsamer und ist vorzugsweise am Kopf (Wundinfektion ausgehend von der Mundhöhle, besonders der Zahnalveolen) anzutreffen. Sie neigt außerdem zur Nekrose (Dekubitus) und zur Abszeßbildung. Der echte **Rauschbrand** des **Rindes** *(Clostridium chauvoei;* Infek-

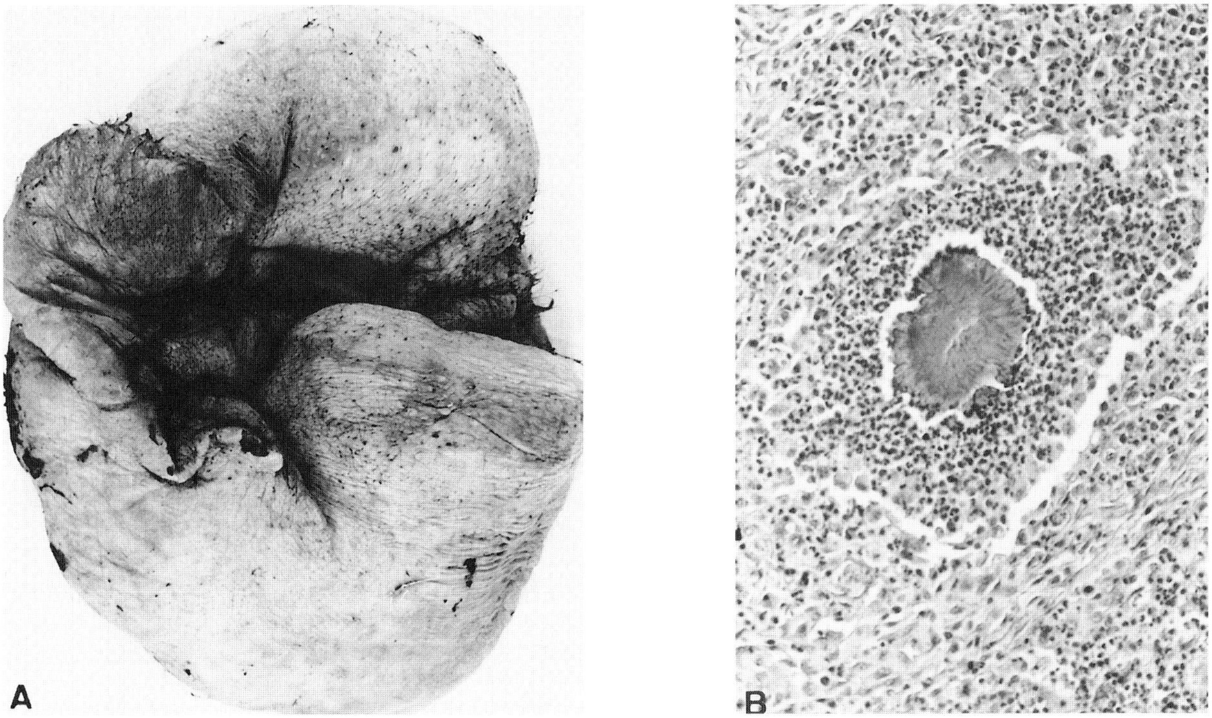

Abb. 15.16 A Aktinobazillose des Ohres eines Schweines (Pachydermia actinomycotica; 17 kg schwer)
B Druse, umgeben von zahlreichen neutrophilen Granulozyten. HE, 200 x.

tion über kleine Schleimhautverletzungen im Verdauungsapparat) ruft in erster Linie charakteristische Veränderungen in der Muskulatur (s. S. 354) hervor. Das maligne Ödem beginnt dagegen in der Unterhaut und kann sekundär auf die benachbarte Muskulatur übergreifen, wobei es auch in dieser meist zur Ödembildung und nur selten zu einer dem echten Rauschbrand ähnlichen zundrigen Konsistenz der Muskulatur kommt. Der Rauschbrand des **Schafes** *(Clostridium chauvoei)* ist dagegen sehr häufig eine Wundinfektion und unterscheidet sich kaum vom malignen Ödem.

Unterhautemphyseme s. S. 499.

15.19.11 Aktinomykose und -bazillose

Aktinomykose (Actinomyces bovis; GRAM-positiv) und *Aktinobazillose (Actinobacillus lignieresii;* GRAM-negativ) kommen besonders häufig bei Schwein und Rind vor, während sie bei anderen Haustieren nur selten als Erreger von granulomatösen Hautentzündungen zu finden sind. Häufig handelt es sich dabei um Mischinfektionen mit Staphylokokken, die auch allein entsprechende Veränderungen mit drusenartigen Gebilden hervorrufen können (Abb. 15.16 B). Makroskopisch ist es nicht möglich zu sagen, welcher Erreger jeweils die Veränderungen ausgelöst hat. Einen gewissen Hinweis gibt jedoch die Erfahrung, daß die Aktinobazillose mehr in den Weichteilen, die Aktinomykose mehr in den Knochen vorkommt (s. S. 332).

Aktinomykose und -bazillose der Haut entstehen entweder primär (Wund-, Schmutz- und Schmierinfektion), durch Fortleitung von einer fistelnden Knochenaktinomykose resp. -bazillose oder seltener hämatogen-metastatisch. Makroskopisch kann man eine *knotige* oder *fungöse* und eine *diffuse Form* unterscheiden. In ersterem Falle sieht man bis zu faustgroße, derbe, bindegewebige, tumoröse Wucherungen, die oberflächlich ulzeriert sein können und auf deren Schnittfläche kleine, rötlich-braune oder gelbliche Abszesse und Granulome erkennbar sind. Bei der selteneren diffusen Form kommt es zur auffälligen Verdickung der Haut, die mit Geschwüren und Abszessen durchsetzt sein kann. Bei Schweinen und gelegentlich auch bei Rindern ist als eine besondere Form die *Pachydermia actinomycotica* der Ohren und der Lippen bekannt, bei der es zu einer hochgradigen Vergrößerung dieser Organe infolge einer chronischen Lymphangitis und einer Bindegewebszubildung kommt (s. S. 494, Abb. 15.16 A).

15.19.12 Tuberkulose

Die Tuberkulose der Haut ist bei den Haustieren heute selten. Beim **Rind** ist sie unter dem Bild der *knotigen* und *elephantiastischen Vulvatuberkulose* und der sogenannten *Unterhauttuberkulose* bekannt. Bei letzterer entwickeln sich entweder miliare Herde in der unverändert erscheinenden Unterhaut, oder es kommt zur schwieligen Verdickung des Gewebes mit Einlagerung von erbsen- bis pflaumengroßen, teils zentral verkalkten und verkästen Knoten. Diese brechen häufig nach außen auf (Fistel- und Geschwürbildung) oder breiten sich strangartig entlang der Lymphgefäße aus, wobei die regionären Lymphknoten miterkranken. Von der knotig-schwieligen Unterhauttuberkulose des Rindes ist *differentialdiagnostisch* besonders die **Dermatitis nodosa (Skin Lesions),** die von atypischen Mykobakterien hervorgerufen wird, abzugrenzen. Die Veränderungen treten vorzugsweise in der Unterhaut der Extremitäten (Karpus, Schulter, Tarsus), seltener auch an Euter, Kniegelenk oder Rücken auf und sind makroskopisch und histologisch nicht eindeutig von der echten Tuberkulose abzugrenzen. Die erkrankten Tiere weisen zudem eine positive Tuberkulinreaktion auf, so daß zur sicheren Diagnosestellung eine kulturelle Untersuchung bzw. ein Tierversuch notwendig ist. Die Hauttuberkulose der **Pferde** (auch *M. avium)* ist durch diffuse, teils beulenartige harte Verdickungen, deren Schnittflächen einen schmierigen, speckigen Eindruck machen und von einzelnen oder multiplen, miliaren bis erbsengroßen, gelblichgrauen Tuberkeln durchsetzt sind, gekennzeichnet. Nicht selten ist die Epidermis über den Verdickungen haarlos und borkig oder warzenartig umgewandelt *(Pachydermia tuberculosa).*

Bei der Hauttuberkulose des **Schweines** findet man miliare bis walnußgroße, frühzeitig zentral verkäsende und verkalkende Tuberkel im Unterhautfettgewebe. Diese dringen nicht selten in die benachbarte Muskulatur ein oder brechen nach außen auf. Gelegentlich kommt es auch zur tuberkulösen Schwielenbildung. Als Infektionsweg kommen der primäre (Kastrationswunden), der hämatogen-metastatische (Frühgeneralisation) und der fortgeleitete (Knochentuberkulose) in Betracht.

Bei der **Katze** sieht man tuberkulöse Hautveränderungen in Form von kleinen Geschwüren vor allem am Kopf (Nasenrücken, Augenwinkel). Es handelt sich dabei fast immer um primäre Hautinfektionen, die beim Putzen mit den Pfoten entstehen, wenn diese mit Tuberkelbakterien (tuberkulöser Speichel) verunreinig sind.

Atypische Mykobakterien *(Mycobacterium fortuitum, M. xenopi, M. smegmatis, M. cheloni, M. phlei* u. a.) rufen bei **Katzen** schlecht heilende Granulome und Geschwüre hervor. Die Infektion erfolgt häufig über Bißwunden, vor allem in Bauch- und Rückengegend oder bei adipösen Tieren im Bereich der inguinalen Fettpolster (besonders M. smegmatis). Auch beim *Hund, Rind, Schwein* und beim *Menschen* nach kleineren Hautverletzungen *(M. marinum-balneum,* Aquarianer „Schwimmbad-Granulom") kommen gelegentlich subkutane Granulome (pyogranulomatöse Panniculitis), verursacht durch atypische Mykobakterien, vor (s. S. 317). Gelegentlich gelingt die ZIEHL-NEELSEN-Färbung nur am Gefrierschnitt.

15.19.13 Lepra

Die Lepra der **Büffel** *(Lepra bubalorum)* in Indonesien wird durch säurefeste, in künstlichen Nährmedien nicht züchtbare Bakterien hervorgerufen. Die Veränderungen sind ähnlich wie bei der knotigen Unterhauttuberkulose, jedoch nicht verkalkt oder verkäst und neigen nicht zum Aufbrechen.

Die **Katzenlepra** wird durch *Mycobacterium lepraemurium* verursacht. Dabei kommt es zur Bildung einzelner oder zahlreicher Hautknoten, die teilweise aufbrechen. Histologisch sieht man eine granulomatöse Dermatitis/Pannikulitis mit zahlreichen Neutrophilen und Makrophagen, in denen säurefeste Bakterien in großer Zahl nachgewiesen werden können.

15.19.14 Rotz

Die Infektion der Haut mit *Burkholderia* (früher *Pseudomonas) mallei* erfolgt meist hämatogen-metastatisch, ausgehend von einem Nasen- oder Lungenrotz, seltener primär (s. S. 105).

Typisch für den Hautrotz des Pferdes und der Fleischfresser sind *Knoten* und *Geschwüre* in der Haut und Unterhaut, die entweder einzeln auftreten oder häufiger rosenkranzartig entlang der Lymphgefäße angeordnet sind. Die Knoten besitzen ein nekrotisch-eitriges Zentrum und eine Kapsel. Wenn sie größer werden, brechen sie oft durch die Haut auf, wobei sich Geschwüre mit schlechter Heilungstendenz entwickeln. Die Geschwüre sind durch einen aufgeworfenen Rand und einen speckigen oder rötlich-granulierten Grund (hühnerafterartiges Aussehen) gekennzeichnet, der mit nekrotischem Gewebe bedeckt sein kann. Seltener ist die *diffuse rotzige Entzündung* der Unterhaut (Rotzphlegmone) mit nachfolgender Sklerose *(Elephantiasis malleosa).*

Differentialdiagnostisch sind beim Pferd besonders die Lymphangitis epizootica (s. S. 528), die Lymphangitis ulcerosa (s. S. 516) und die Sporotrichose (s. S. 528) abzugrenzen.

15.19.15 Rocky Mountain Spotted Fever

Nach Infektion mit der durch Zecken übertragenen *Rickettsia rickettsii* kommt es beim **Hund** in den USA zu Petechien, Ödemen, Nekrosen und Ulzerationen der Haut infolge einer Vaskulitis.

15.20 Hautmykosen

Die oberflächlichen Pilzerkrankungen der Haut werden als **Dermatomykosen** (Glatzflechte, Ringworm) bezeichnet. Sie betreffen nur die Haut, nicht dagegen andere Organe. Im Unterschied dazu kann die Haut durch eine primäre oder metastatische Infektion mit Pilzen erkranken, die nicht nur in der Haut, sondern vor allem auch in anderen Organen Veränderungen hervorrufen **(Systemmykosen)**. In der Haut entstehen dabei tiefe, meist granulomatöse Prozesse, weshalb man in diesen Fällen auch von *profunden Hautmykosen* spricht. Schließlich existiert eine heterogene Gruppe von **subkutanen Mykosen**, die meist durch Eindringen von Pilzsporen in Haut und Unterhaut entstehen.

15.20.1 Dermatomykosen

Zu den Dermatomykosen werden, auch als *Dermatophytosen* bezeichnete, oberflächliche Infektionen der Haut und Hautanhangsgebilde mit Pilzen der Gattungen *Microsporum, Trichophyton* und *Epidermophyton* (nur beim Menschen von Bedeutung) sowie kutane Infektionen mit den Hefen *Candida spp.* und *Malassezia pachydermatis (Pityrosporum canis)* gezählt. In der Regel sind die Erreger der Dermatophytosen nur in den keratinisierten Hautgebieten zu finden.

Die Identifizierung der verschiedenen Arten kann nur auf kulturellem Wege erfolgen. Eine Unterscheidung zwischen Microsporum spp. und Trichophyton spp. kann jedoch oft einfach aufgrund der Sporenbildung durchgeführt werden. Die Pilze beider Gattungen wachsen in der Haut als verzweigte, septierte Hyphen, die nicht zu unterscheiden sind. In Haaren, vor allem innerhalb der Haarbälge, bilden sie jedoch häufig Sporen (Arthrosporen), die eine Unterscheidung erlauben. Die Sporen von Microsporum formen eine Scheide um die Haarwurzel **(Ektothrix-Form)**, sind mehr polygonal und in unregelmäßigen Mosaiken angeordnet. Die Sporen von Trichophyton sind entweder *Ektothrixformen* oder wachsen innerhalb des Haares **(Endothrix-Form)**, in beiden Fällen sind sie aber rund oder sphärisch und kettenartig angeordnet. Microsporum-Arten (mit Ausnahme von M. gypseum) fluoreszieren außerdem stark im UV-Licht (WOODsche Lampe), während Trichophyton spp. nur wenig oder überhaupt keine Fluoreszenz zeigen. Grundsätzlich ist aber zu berücksichtigen, daß viele organische und anorganische Substanzen, vor allem Medikamente, die sich auf der Haut oder an den Haaren befinden, auch Fluoreszenz hervorrufen können. **Infektionsquellen** sind entweder der Boden *(geophile Dermatophyten; M. gypseum)*, der Mensch *(anthropophile D.*, vor allem *M. audouinii, Tr. schoenleinii, Tr. rubrum)* oder das *Tier (zoophile D.*, vor allem *M. canis* und *Tr. mentagrophytes)*. Die einzelnen Arten sind mit Ausnahme von Tr. equinum nicht wirtsspezifisch. Die meisten zoophilen Dermatophyten sind auf den Menschen übertragbar, bei dem sie in der Regel heftigere entzündliche Reaktionen hervorrufen als beim Tier.

Für das Zustandekommen einer Dermatomykose sind in der Regel auch dispositionelle Momente (herabgesetzte Abwehrkraft, Hyperadrenokortizismus, schlechter Ernährungszustand, mangelhafte Hygiene, häufiges Baden mit Shampoos, exzessive Glukokortikoid- oder Antibiotikatherapie u. a.) notwendig.

Wie es zu den Veränderungen in der Haut kommt, ist nicht restlos geklärt. Die Dermatophyten produzieren jedenfalls ein Enzym (Keratinase), das die Hornschichten zerstört. Histologisch sieht man daher die Pilze nur in den keratinisierten Bezirken, in den Haarfollikeln nur bis zu der Stelle, an der die Verhornung beginnt. Eine Ausnahme macht Tr. equinum, das auch den Haarbulbus befällt. Hyper- und Parakeratose, Akanthose und Infiltration mit Entzündungszellen infolge einer Keratinozytenschädigung (Freisetzung von Zytokinen) mit intrakornealen Mikropusteln, Follikulitis und Perifollikulitis sind die histopathologischen Kennzeichen.

Dermatomykosen heilen nach einer gewissen Zeit häufig von selbst, wobei sich meist eine erhöhte Resistenz gegen Neuinfektionen ausbildet. Einen fatalen Ausgang nehmen dagegen Dermatomykosen, besonders bei jungen (auch immunsupprimierten oder antibiotisch vorbehandelten) Tieren, wenn sie sehr ausgedehnt und sekundär bakteriell infiziert sind. *Latente Pilzinfektionen* ohne sichtbare Hautveränderungen kommen vor allem bei Katzen vor. Solche Tiere stellen eine besonders gefährliche Ansteckungsquelle für Mensch und Tier dar.

Im **allgemeinen Erscheinungsbild** der Dermatomykosen können scherende, Borken-, Knötchen-, Bläschen- und eitrige Flechten unterschieden werden. Diese Veränderungen sind jedoch nicht spezifisch und erlauben keine sichere Aussage über die Art des ursächlich verantwortlichen Pilzes.

Die **scherende Flechte** *(Trichophytia resp. Microsporia tonsurans et squamosa)* ist durch runde, haarlose, stark schuppende (asbestartig), bis zu 5 cm im Durchmesser große Flecken, die bogenförmig zusammenfließen können, gekennzeichnet. Entzündliche Prozesse fehlen meist. *Ringformen (Tr.* resp. *M. tonsurans circinata)* entstehen, wenn im Zuge der Heilung das Haarwachstum im Zentrum der Flecken wieder einsetzt. Die scherende Flechte kommt bei allen Haustieren, vor allem aber bei Pferd und Hund,

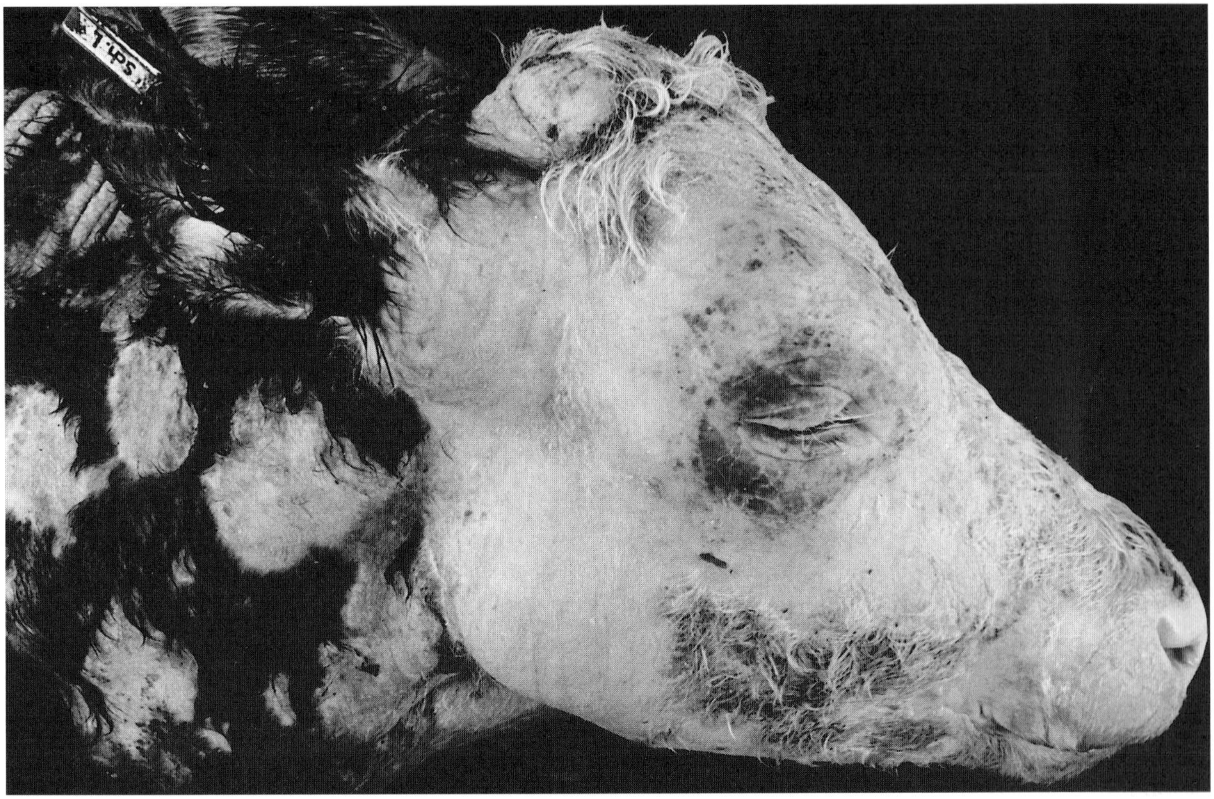

Abb. 15.17 Dermatomykose *(Trichophyton verrucosum;* sog. Teiggrind), Kalb.

vor. Die **Borkenflechte** *(Tr.* resp. *M. tonsurans crustosa)* beginnt mit dem Auftreten kleiner Knötchen und Bläschen mit nachfolgender Ausschwitzung eines serösen Exsudates, das zu kreisrunden, grauen, 1 bis 2 cm dicken Krusten eintrocknet. Entfernt man die Krusten, dann treten ein eitriges Exsudat oder kleine Eiterknötchen zutage. Diese Form ist besonders häufig bei Jungrindern und Schafen sowie als sog. *Erbgrind (Favus)* bei Fleischfressern, Kaninchen und beim Geflügel. Die **Knötchenflechte** *(Tr.* resp. *M. tonsurans miliaris)* ist nur beim Pferd bekannt und äußert sich im Auftreten zahlreicher bis linsengroßer Knötchen und haarloser Flecken an der ganzen Körperoberfläche. Bei der **Bläschenflechte** *(Tr.* resp. *M. tonsurans vesiculosa),* die gelegentlich in der wenig oder unbehaarten Haut (Bauch, Schenkelinnenfläche) des Hundes, Schweines und Pferdes auftritt, entstehen aus hyperämischen Flecken Bläschen und Knötchen, die zentral verkrusten, peripher sich aber immer weiter ausbreiten. Dadurch können bis zu 6 cm große Hauteffloreszenzen mit ringförmigen Wällen, ähnlich wie bei der Pityriasis rosea des Schweines (s. S. 502), entstehen. Die **eitrige Flechte** *(Tr.* resp. *M. tonsurans profunda) kommt* durch Sekundärinfektionen mit Streptokokken und Staphylokokken zustande und wird beim Hund nicht allzu selten beobachtet. An den runden, haarlosen Flecken entwickeln sich Abszesse oder diffuse eitrige Prozesse, wodurch die Dermatomykose häufig einen bösartigen Verlauf nimmt.

Eine besondere Form der Dermatomykosen stellt *die* **Onychomykose** bei Hund, Katze, Kaninchen und Affen dar, bei der die Krallen und Nägel infolge der Pilzinfektion brüchig werden, auffasern und eine hellbraune Farbe annehmen.

Rind: In der Regel handelt es sich um eine Infektion mit *Tr. verrucosum;* typische Borkenflechte an Kopf (Teigmaul oder Teiggrind bei Kälbern), Nacken, Vorderbrust und Schwanz, vor allem bei Jungtieren auftretend. Gelegentlich auch scherende Flechten infolge Infektion mit anderen Pilzarten (Abb. 15.17).

Pferd: Häufig Infektionen mit *Tr. equinum,* daneben aber auch mit *Tr. mentagrophytes, Tr. quinckeanum, M. gypseum, M. canis,* sehr selten *Tr. verrucosum.* Die scherende Flechte ist die häufigste Form, Knötchen- und Bläschen-

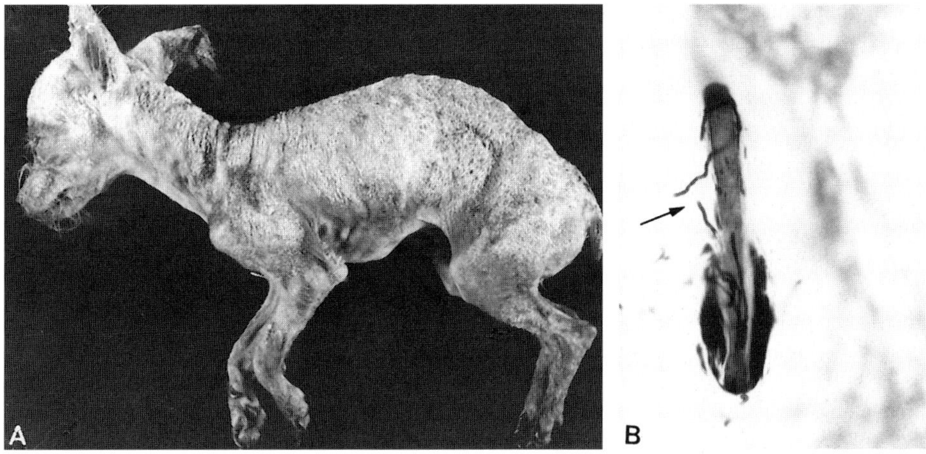

Abb. 15.18 A Dermatomykose (*Microsporum canis*) mit Alopezie und krustöser Dermatitis, Yorkshire-Terrier.
B Pilzfäden (Pfeile) im Haarbalg. GROCOTT-Färbung, 250 x.

flechte kommen aber ebenfalls vor. *Trichorrhexis nodosa* = knotige Auffaserung vor allem der Langhaare, Ätiologie nicht geklärt (Fadenpilze? Mangelernährung? Häufiges Kämmen der Schweifhaare?).

Schwein: Dermatomykosen sind bei Schweinen selten. Meist handelt es sich um Infektionen mit *Tr. mentagrophytes*, seltener um solche mit *M. gypseum, M. nanum* und *M. canis*. Scherende Flechte und Bläschenflechte sind am häufigsten. Pityriasis rosea s. S. 502.

Schaf und **Ziege:** Dermatomykosen sind bei Schafen und Ziegen selten. In Betracht kommen Infektionen mit *Tr. verrucosum, Tr. mentagrophytes, Tr. quinckeanum* und *M. canis*. Die Borkenflechte stellt die häufigste Form dar.

Hund und **Katze:** Am häufigsten sind Infektionen mit *M. canis* (Abb. 15.18 A, B), nicht selten aber auch *Tr. mentagrophytes, Tr. quinckeanum* und *M. gypseum*, gelegentlich auch *M. audouinii, Tr. verrucosum* und *Tr. rubrum*. Scherende Flechten dominieren, seltener sind Bläschen- und eitrige Flechten. *Trichophyton (Achorion) schoenleinii* (Erreger des Favus des Menschen) ruft an Kopf und Pfoten eine Borkenflechte hervor, die durch kreisrunde, graugelbliche, in der Mitte eingedellte Krusten *(Scutula* = Schildchen) und einen Geruch nach Mäuseharn gekennzeichnet ist. Unter dem Schildchen tritt die nässende Epidermis zutage.

Kerion (gr.: Honigwabe, grindartiger Ausschlag) ist die Bezeichnung für eine beim Hund an Kopf und Vordergliedmaßen, vermutlich aufgrund gesteigerter Immunabwehr ungewöhnlich stark und infolge Furunkelbildung (pyogranulomatöse Follikulitis und Perifollikulitis) knotig verlaufende Infektion mit *M. gypseum*. Im Zentrum der Granulome verbliebene Haarreste weisen häufig Sporen und wellenförmige endotriche Hyphen auf.

Vor allem bei Perserkatzen ist als seltene Besonderheit eine als **felines dermatophytisches Pseudomyzetom** benannte, meistens durch *M. canis* hervorgerufene tiefe Dermatomykose bekannt, die als Ergebnis unvollständiger zellvermittelter Immunantwort aufzufassen ist und dem Bild einer pyogranulomatösen Pannikulitis entspricht.

Die auch unter physiologischen Bedingungen aus dem äußeren Gehörgang isolierbare Hefe **Malassezia pachydermatis** wird für bestimmte chronische Hauterkrankungen (Seborrhoe) des Hundes, insbesondere beim West Highland-White Terrier nach chronischer Atopie, verantwortlich gemacht. Die Hefen produzieren Lipase und enthalten in ihrer Zellwand Zymogen, was zur Aktivierung von Komplement führt. Schwere irregulär hyperplastische, oberflächlich perivaskuläre Dermatitis mit Hyper- und Parakeratose, knospenden Hefen in Schuppen oder Krusten sowie häufig auch Bakterienkolonien kennzeichnen das histopathologische Bild.

Die Onychomykose ist meist durch *M. canis* und *Tr. mentagrophytes*, selten durch *Candida sp.* bedingt.

Kaninchen und **Chinchilla:** Häufig sind Infektionen mit *Tr. mentagrophytes, M. canis* und *Tr. schoenleinii (Favus)*. Neben der scherenden Flechte häufig auch Abbrechen der Haare.

15.20.2 Dermatomykosen mit subkutaner Manifestation

Selten rufen *Curvularia geniculata* und *Pseudoallescheria boydii* bei Pferden und Hunden nach Einspießen in die Unterhaut eine langsam fortschreitende, infolge der Eigenpigmentierung der Pilze (Curvularia) häufig schwarzbraun gefärbte, tumorförmig wuchernde granulomatöse

Entzündung mit drusenartigen Körnchen, das sogenannte **eumykotische Myzetom** hervor.

Die durch gelb-braun pigmentierte, fakultativ pathogene, saprophytäre Bodenpilze (*Exophiala spp., Cladosporium spp., Bipolaris spicifera, Dactylaria spp.* u. a.) hervorgerufene **subkutane Phaeohyphomykose** (chromomykotisches Granulom) kommt ebenfalls nur sporadisch bei Katzen (Extremitätenenden), Pferden, Rindern und äußerst selten bei Hunden vor.

Sie muß von der **Chromo(blasto)mykose** des Menschen (verruköse Dermatitis) und der Amphibien *(Cladosporium carrionii, Phialophora verrucosa, Fonsecaea spp.* u. a.) unterschieden werden, die durch große (6–12 µm), von einer wie gemauert (mit fugenartigen Septen) erscheinenden dicken dunkelbraunen Wand begrenzte, rundlich-polygonale, teils gruppierte Hefe-artige Zellen gekennzeichnet ist. Systemische Infektionen sind möglich. Maduromykose s. S. 529.

Die **Sporotrichose** *(Sporothrix schenckii)* führt zur Bildung von Knoten entlang der Hautlymphgefäße (Mensch, Einhufer, Hunde, Katzen, Nagetiere).

Die früher unter der Bezeichnung „Phykomykosen" zusammengefaßten Erkrankungen **Zygomykose** *(Conidiobolus spp., Basidiobolus haptosporus)* und **Pythiose** *(Pythium insidiosum,* zu den Protisten, Oomyzeten zählend) führen in den Tropen, besonders beim **Pferd** (Swamp Cancer, Kopf, Gliedmaßenenden, ventrale Körpergegenden, s. S. 548), seltener beim Hund (Lumbosakralgegend), Jungrind und Menschen zu rasch wuchernden, bis 30 cm im Durchmesser großen, knotigen, oberflächlich häufig ulzerierten, zentral multifokale Nekrosen mit Fistelgängen aufweisenden Hautveränderungen. Eosinophiles Granulom des Pferdes s. S. 536.

15.20.3 Systemmykosen

Systemmykosen werden entweder durch *obligat* oder *fakultativ* (Hilfsursachen notwendig) *pathogene Pilze* hervorgerufen, wobei neben anderen Organen auch die Haut betroffen sein kann. Die meist granulomatösen Veränderungen sind nicht spezifisch, so daß die Diagnose im histologischen Schnitt meist nur durch Anwendung spezieller Pilzfärbemethoden (besonders bewährt hat sich die GROCOTT-Färbung) beziehungsweise durch kulturelle Untersuchungen gestellt werden kann. Die Systemmykosen sind in gemäßigten Zonen relativ selten, in subtropischen und tropischen Gebieten dagegen von großer Bedeutung.

15.20.3.1 Systemmykosen infolge obligat pathogener Pilze

Die **Lymphangitis epizootica** der Einhufer (Pseudorotz, afrikanischer oder japanischer Rotz) wird durch Wundinfektionen mit *Histoplasma (Cryptococcus) farciminosum* (RIVOLTA) hervorgerufen. Bevorzugt sind die Gliedmaßen betroffen. In der Haut entwickelt sich zunächst ein Geschwür, das schlecht heilt und zur Ausbildung derber, wellenförmiger oder sich verzweigender Lymphgefäßschwellungen Anlaß gibt. Entlang dieser chronisch entzündeten Lymphgefäße entwickeln sich rosenkranzartig angeordnete Knoten, die durchbrechen, einen gelblich-weißen, schleimig-öligen Eiter entleeren können und dann zu Geschwüren werden. Häufig abszedieren auch die regionären Lymphknoten. Die Krankheit verläuft ausgesprochen chronisch und kann auf andere Hautgebiete und Organe übergreifen. Die Lymphangitis epizootica ist vom echten Rotz durch die mehr flachen Geschwüre und den eigenartigen Eiter zu unterscheiden. Die Lymphangitis ulcerosa (s. S. 516) tritt vorzugsweise an den Hinterextremitäten und ventral der Sprunggelenke auf und neigt nicht so stark zur lymphogenen Ausbreitung. Eine sichere Diagnose kann häufig jedoch nur durch den Erregernachweis beziehungsweise durch histologische Untersuchungen gestellt werden.

Erkrankungen der Haut infolge **Histoplasma capsulatum** sind bei Mensch und Tier selten, meistens sind Lunge und Darm (Makrophagen) betroffen.

Die **nordamerikanische Blastomykose** (GILCHRISTsche Krankheit; *Blastomyces dermatitidis)* ruft beim Menschen besonders Haut- und Knochengranulome, beim Tier (Hund) vor allem granulomatöse Lungenveränderungen hervor.

Die **südamerikanische Blastomykose** *(Blastomyces* s. *Paracoccidioides brasiliensis)* ist nur beim Menschen als Erreger einer chronisch-granulomatösen Haut- und Schleimhauterkrankung bekannt.

Die **Kryptokokkose** (europäische Blastomykose, Torulose, BUSSE-BUSCHKE, Erreger = *Cryptococcus neoformans)* kommt in den USA viel häufiger vor als in Europa (!) und betrifft vor allem das Zentralnervensystem (s. S. 406), wesentlich seltener die Haut (Schwein, Pferd) und das Euter (Rind).

Bei der **Kokzidioidomykose** *(Coccidioides immitis)* in den Wüstengebieten Mittelamerikas und des Südwestens der USA treten bei Mensch und Tieren (vor allem bei Hunden, Nagetieren, Rindern) auch Granulome in der Haut auf. Es überwiegen jedoch Lungen- und Knochenveränderungen.

Sporotrichose vgl. nebenan, Rhinosporidiose s. S. 72.

15.20.3.2 Systemmykosen infolge fakultativ pathogener Pilze

Als **Maduromykose** (Madurofuß des Menschen in Indien; **Myzetom**) werden tumoröse, bis zu kopfgroße, derbe, pigmentierte Knoten in der Haut von Menschen (Barfußgänger in Indien), Pferden, Hunden und Katzen bezeichnet, die durch eine Wundinfektion mit einer Vielzahl von Pilzen (Askomyzeten und Fungi imperfecti) entstehen können. Früher wurden unter dieser Bezeichnung auch die durch Aktinomyzeten verursachten tumorartigen Veränderungen geführt.

Aspergillus-, Mukor-, Absidia- und **Rhizopusarten** rufen in der Haut abortierter Rinderfeten *(mykotischer Abort,* s. S. 306) umschriebene, borkenartige oder hyperkeratotische Veränderungen hervor.

Geotrichose *(Geotrichum candidum)* und die mit nässendem Ekzem, ulzerativer Dermatitis (besonders an den mukokutanen Übergängen) und Otitis externa einhergehende **Candidamykose** *(Moniliasis, Soor)* sind in der Haut selten.

Ebenfalls selten tritt bei Hund und Katze eine granulomatöse (Podo-)Dermatitis, verursacht durch einzellige Algen **(Prototheca wickerhamii** und **Prototheca zopfii)** auf. Innerhalb der intrakutanen Granulome liegen die Erreger, die morphologisch Hefen ähneln, meist frei in großer Zahl vor und geben dadurch bei der histologischen Untersuchung dem Gewebsschnitt ein durchlöchertes Aussehen. Nur selten finden sich die Erreger innerhalb von Epitheloid- und mehrkernigen Riesenzellen (Auge s. S. 440; Milchdrüse s. S. 316). Andere dermale Algosen werden auch durch **Chlorella spp.** hervorgerufen.

15.21 Virale Hautkrankheiten

15.21.1 Pocken

Unter einer Pocke versteht man ganz allgemein eine mehrkammerige, oberflächlich eingedellte Pustel. Diese primäre, meist multipel auftretende Hauteffloreszenz wird in der Regel durch Viren der Familie **Poxviridae** hervorgerufen. Diese teilt man heute, ohne Berücksichtigung der bei Insekten vorkommenden Pockenviren *(Entomopoxvirinae),* in folgende acht Genera der Subfamilie **Chordopoxvirinae** ein.

1. *Orthopoxvirus (Opv.)*
   Variola- (Pocken und Alastrim beim Menschen, 1980 getilgt), Vaccinia- (Opv. commune), Kuhpocken- (und Kuhpocken-ähnliches), Büffelpocken-, Elefantenpocken-, Kamelpocken-, Kaninchenpocken-, Affenpocken-, Mäusepocken (Ektromelie)-, Wühlmauspocken-, Kegelrobbenpocken-, Waschbärenpocken-, Taterapockenvirus (Pocken beim Gerbil) und Uasin Gishu-Disease-Virus
2. *Parapoxvirus (Ppv.)*
   Orf (Ekthyma contagiosum Schaf)-, Bovine Stomatitis papulosa-, Melkerknoten- bzw. Euterpocken (Pseudokuhpocken)-, Robbenparapocken- und Ausdyk-Virus (Kamel-Ekthyma)
3. *Capripoxvirus (Cpv.)*
   Schafpocken-, Ziegenpockenvirus und Lumpy Skin Disease (NEETHLING)-Virus
4. *Suipoxvirus (Spv.)*
   Originäres Schweinepockenvirus
5. *Leporipoxvirus (Lpv.)*
   Myxom (Myxomatose Kaninchen)-, Kaninchenfibrom (SHOPE)- und Erdhörnchenfibromvirus
6. *Avipoxvirus (Apv.)*
   Hühner-, Tauben-, Puten-, Kanarien-, Sperling-, Star- und Wachtelpockenvirus
7. *Molluscipoxvirus*
   Molluscum contagiosum-Virus (Mensch)
8. *Yatapoxvirus*
   Yaba Affentumor- und Tanapockenvirus (Rhesusaffen, Mensch)

Eine Pockenerkrankung kann bei ein und demselben Menschen oder Tier durch verschiedene Pockenviren hervorgerufen werden. So geht das *Vacciniavirus (Opv. commune)* bei allen Säugern, einzelne Stämme sogar beim Huhn, an. Andere selbständige Pockenviren beschränken sich dagegen auf ganz bestimmte Wirte. Mit den Bezeichnungen Kuhpocken, Schweinepocken, Schafpocken usw. wird nur ausgesagt, daß das genannte Tier an Pocken erkrankt ist, nicht dagegen welches Virus diese Krankheit verursacht.

Die Pocken des Rindes, Pferdes und Schweines sind morphologisch denen des Menschen ähnlich und durch vorwiegend *entzündlich-exsudative Prozesse* in der Epidermis gekennzeichnet. Bei Schaf und Ziege findet man dagegen die entzündlich-exsudative Reaktion mehr im Korium, während beim Vogel *produktive Vorgänge* in der Epidermis mit starker Proliferation von Epithelzellen das Bild beherrschen. Allergische Reaktionen führen besonders bei Schweinen zu Variationen des gewohnten Bildes der Pockenkrankheit.

Histologisch lassen sich bei den Pocken **intrazytoplasmatische Einschlußkörperchen,** die aus kleineren Elementarkörperchen bestehen, nachweisen (Abb. 15.19). Elektronenmikroskopisch macht es keine besondere

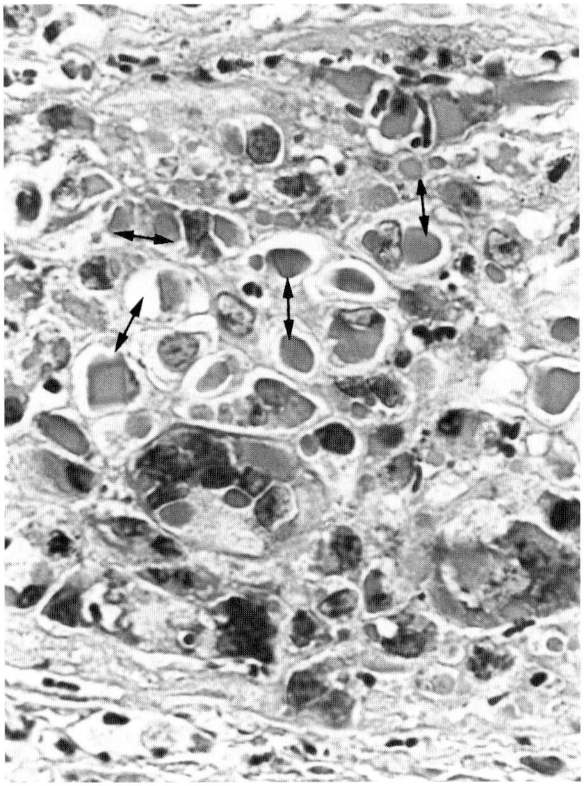

Abb. 15.19 Intrazytoplasmatische Einschlußkörperchen (Pfeile) bei Katzenpocken. HE, 450 x.

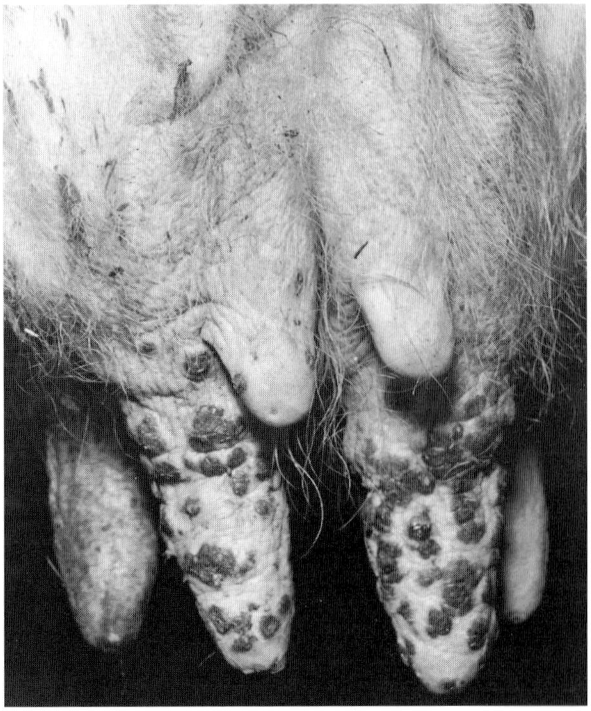

Abb. 15.20 Euterpocken *(Parapoxvirus bovis 2).*

Schwierigkeit, die Viren in den Pocken (vor allem während des Pustelstadiums) zu finden (Schnelldiagnose).

Die **Kuhpocken,** die durch *Opv. bovis* und *Vacciniavirus* verursacht werden, sind relativ selten. Sie treten an der Haut der Zitzen und des Euters auf und werden wahrscheinlich beim Melken übertragen. Die ersten Veränderungen bestehen in kleinen, roseolenartigen hyperämischen Papeln, die oft zu oberflächlich eingedellten Bläschen und schließlich zu mehrkammerigen Pusteln werden. Diese platzen und trocknen ein, wobei sich eine Borke bildet. Zytoplasmatische Einschlüsse sind vorhanden. Nach ungefähr zwei Wochen wird die Borke abgestoßen. Wenn keine Sekundärinfektion eingetreten ist, erfolgt die Abheilung meist ohne Narbenbildung. Die überstandene Krankheit hinterläßt eine wahrscheinlich lebenslange Immunität. Bakterielle Sekundärinfektionen des Euters (Mastitis) sind gefürchtet. Die ebenfalls durch das *Opv. bovis* oder durch ein eng mit diesem verwandtes Virus verursachten seltenen **Katzenpocken** (Großkatzen und immunsupprimierte Hauskatzen besonders empfänglich) beginnen als juckende erythematöse Flecken und Papeln, die später verkrusten und wieder abheilen. Subklinische Infektionen, gelegentlich aber auch Todesfälle, kommen vor. Ebenfalls nur sporadisch in Zoos und bei Zirkustieren in Mitteleuropa beschrieben sind **Elefantenpocken.** Als Erreger wird aufgrund des DNA-Restriktionsenzymmusters ein eher mit dem Kuhpockenvirus als mit dem Vacciniavirus (Übertragungsversuche darüber hinaus nicht erfolgreich) verwandtes, jedoch nicht identisches und daher auch als *Kuhpocken-ähnliches-Virus des Elefanten (Opv. elefanti)* bezeichnetes Pockenvirus angesehen. Wildlebende Nager, besonders Mäuse und Ratten, werden als Reservoir angesehen. Bei immunsupprimierten Menschen kann die Kuh-Katzenpockenvirusinfektion zum Tod führen.

Die **Euterpocken** (Pseudokuhpocken, Paravaccinia) werden durch das *Parapoxvirus bovis 2* hervorgerufen. Sie sind viel häufiger als die echten Kuhpocken, denen sie in Lokalisation und Aussehen sehr ähnlich sind. Im allgemeinen sind die Pocken aber größer, nicht eingedellt und machen kein pustulöses Stadium durch (Abb. 15.20). Häufig sind alle Kühe einer Herde erkrankt. Die entstehende Immunität ist nur kurzdauernd. Das Parapoxvirus bovis 2 kommt ferner als Erreger der **Melkerknoten des Menschen** in Betracht. Gleichartige Veränderungen können wahrscheinlich aber auch durch das Vacciniavirus, das

Orf-Virus, das MKS-Virus und das Virus der *Stomatitis papulosa infectiosa bovis (Parapoxvirus bovis 1* s. S. 138) verursacht werden. Mammilitis s. S. 534.

Die **Pferdepocken** werden durch das *Vacciniavirus* verursacht und machen dieselben Stadien durch wie die des Rindes. Sie treten besonders in der Fesselbeuge und in der Mundhöhle und ihrer Umgebung auf. Generalisierte Pockenerkrankungen sind selten. Bei den Läsionen in der Fesselbeuge handelt es sich um ein papulovesikuläres Exanthem mit starker Verhornung, das auch als **Mauke** bezeichnet wird. Sicherlich sind aber nicht alle unter dem klinischen Begriff „Mauke" geführten Veränderungen durch das Vacciniavirus bedingt, sondern z. T. auch rein ekzematöser Natur (s. S. 502). Bei der als *Stomatitis pustulosa contagiosa equi* (s. S. 138) bezeichneten zweiten Form kommt es zum Auftreten der Effloreszenzen besonders an der Innenseite der Lippen und Backen, an der Ventralfläche der Zunge, an den Nasenöffnungen und Augenlidern sowie anderen Stellen des Gesichtes. In Rennställen kann die Krankheit, insbesondere bei bakterieller Komplikation, empfindliche wirtschaftliche Verluste bedingen, da die erkrankten Pferde bis zu fünf Wochen lang nicht startfähig sind. Differentialdiagnostisch ist die ebenfalls durch Orthopoxviren hervorgerufene dritte Manifestationsform, die **papuläre Virusdermatitis** der jungen Pferde in Neuseeland, Australien und in den USA abzugrenzen. Bei dieser harmlosen, aber hochkontagiösen Krankheit entstehen nur bis 0,5 cm große Papeln, die oberflächlich nekrotisch werden, verkrusten und nach der Abheilung haarlose Hautstellen hinterlassen. Als **Uasin Gishu Disease** wird eine ebenfalls durch ein Orthopoxvirus verursachte, ähnliche, jedoch länger andauernde papulöse teils krustös-papillomatöse Dermatitis der Pferde in Kenia und Sambia bezeichnet. Ähnlich dem *Molluscum contagiosum* des Menschen verläuft beim Pferd eine andere, weniger kontagiöse proliferative Pockenvirusinfektion mit multiplen kleineren Papeln an Penis, Achsel- und Inguinalhaut sowie an den Lippen. In Keratinozyten der hyperplastischen Epidermis sind zahlreiche intrazytoplasmatische Einschlußkörperchen („Molluscum Körperchen") nachweisbar.

Die **Schafpocken** stellen in Osteuropa, im Vorderen Orient und in Nordafrika eine gefährliche Seuche dar. Die Mortalität kann, besonders bei jungen Tieren und bei vorliegenden bakteriellen Sekundärinfektionen, bis zu 50% erreichen. Das Schafpockenvirus *(Cpv. ovis)* ist weitgehend wirtsspezifisch, schützt aber als Vakzine Rinder gegen die Lumpy Skin Disease. Mit ziegenadaptiertem Schafpockenvirus und Ziegenpockenvirus kann man Schafe immunisieren, nicht jedoch umgekehrt. Die Infektion erfolgt kutan und aerogen und führt in der Regel über eine Virämie zur generalisierten Ausbreitung der Pocken. Diese treten vor allem an den wenig behaarten Hautgebieten (Augenlider, Lippen, Backen, Nase, Ohren, Vulva, Euter, Skrotum, Präputium, Unterseite des Schwanzes, Innenseite der Schenkel) auf. Die Erkrankung beginnt mit der Bildung hyperämischer Flecken, die nach ein bis zwei Tagen zu eingedellten Papeln werden, die zur Konfluenz neigen. Sehr häufig sind diese Papeln von einer Pellicula aus nekrotischem Epidermisgewebe und entzündlichem Exsudat überzogen *(sog. pellikulierte Papeln),* nach deren Abstoßen es zur Geschwürsbildung und nach ungefähr fünf bis sechs Wochen zur narbigen Ausheilung kommt. Wesentlich seltener treten *verrukoide* (warzenähnliche Wucherungen der Epidermis mit Hyper- und Parakeratose), *urtikoide* (entzündliches Ödem im Korium) und *vesikulierte Papeln* (Blase zwischen Korium und Epidermis) auf. Häufig kommt es auch zu pockenartigen Effloreszenzen und Geschwüren in den *Schleimhäuten* des oberen Verdauungs- und Atmungsapparates sowie zur Bildung von leukoseähnlichen Knötchen (mononukleäre Infiltrate) in der Nierenrinde und unter der Pleura pulmonalis. Histologisch lassen sich in den Epidermiszellen azidophile Einschlußkörperchen nachweisen. Ansonsten dominieren entzündliche Prozesse im Korium mit Auftreten der sogenannten „Schafpockenzellen" und Thrombosen von Hautvenen.

Die **Ziegenpocken** *(Cpv. caprae)* kommen in denselben Ländern wie die Schafpocken vor und verlaufen ähnlich wie diese, jedoch wesentlich milder. Die Pocken treten vorzugsweise an den wenig behaarten Hautgebieten, bei Lämmern auch in der Backenschleimhaut und an den Nasenöffnungen, auf. Einige Stämme des Ziegenpockenvirus können experimentell eine lokalisierte Pockenerkrankung bei Schafen und Kälbern verursachen.

Die **Schweinepocken** werden hauptsächlich durch das *originäre Schweinepockenvirus (Spv.)* aber auch durch das *Vacciniavirus* hervorgerufen. In der Übertragung der Krankheit spielen die Schweinelaus *(Haematopinus suis)* und Fliegen, Kontaktinfektionen sowie die orale Aufnahme virushaltigen Materials eine Rolle. Auch eine diaplazentare Spv.-Infektion kommt vor. Die Schweinepocken entwickeln sich ausschlagartig am ganzen Körper über ähnliche Stadien wie die Pocken des Menschen und Rindes (Roseolen, Papel-, Bläschen-, Pustel- und Krustenstadium). In der dicken Haut des Rückens kommt es allerdings nicht zur Bildung von Bläschen und Pusteln. Statt dessen werden dort die Papeln zentral und oberflächlich nekrotisch und verkrusten dann. Gelegentlich findet man auch Pocken in der Schleimhaut der Luftröhre, der Bronchien und des Magens.

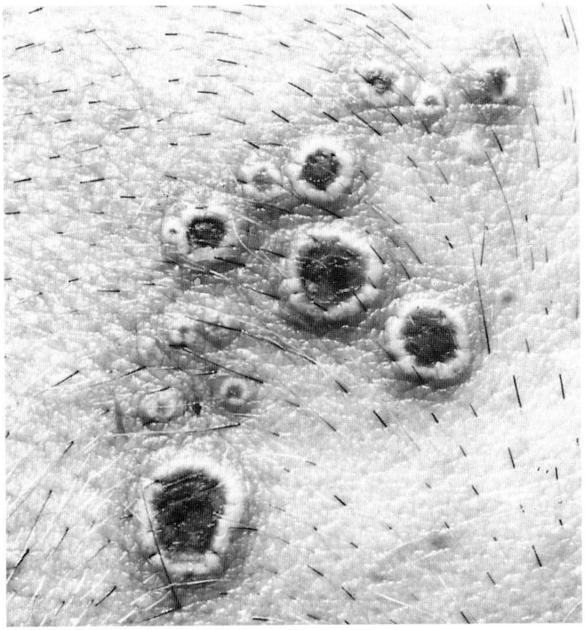

Abb. 15.21 Originäre Schweinepocken.

Die **originären Schweinepocken** (Abb. 15.21 u. Tafel XXV. C) treten seuchenartig auf, verlaufen schubartig (wellenförmiger Ablauf der Virämie), dauern relativ lang (sechs bis sieben Wochen) und betreffen in erster Linie Ferkel und Läufer, während ältere Tiere kaum erkranken (lokalisierte Pocken an Ohrgrund und Euter bei Muttersauen) Die durch das **Vacciniavirus** verursachten Schweinepocken treten dagegen nur sporadisch auf, verlaufen innerhalb weniger Tage und betreffen Schweine aller Altersstufen. Die Krankheitsdauer ist wesentlich kürzer (ungefähr drei Wochen). Beide Krankheiten sind relativ gutartig, bei sehr jungen oder geschwächten Tieren (Ferkelanämie) und bei bakteriellen Sekundärinfektionen steigt die Mortalität jedoch stark an. Trotz dieser klinischen und epidemiologischen Unterschiede kann eine sichere ätiologische Diagnose nur durch eine histologische Untersuchung (zytoplasmatische Einschlußkörperchen nur bei den originären Schweinepocken vorhanden) und durch Virusnachweis gestellt werden.

Differentialdiagnostisch ist der sogenannte pockenartige Ausschlag der Schweine abzugrenzen, der mehr einem Ekzem (Kontaktekzem?) gleicht und über dessen Ätiologie nichts Näheres bekannt ist.

Die **Myxomatose** *(Lpv. myxomatosis)* kommt bei Kaninchen, seltener bei Hasen vor und wird durch stechende Insekten (besonders Kaninchenfloh) übertragen. Die Mortalität ist bei Neueinschleppung der Seuche sehr hoch. Dort, wo die Infektion heimisch ist, verläuft sie milder oder inapparent. Brasilianische Wildkaninchen *(Sylvilagus spp.)* erkranken meist nicht oder an lokalisierten Hautfibromen, während europäische Wild- und Hauskaninchen stets schwerwiegende Verlaufsformen mit hoher Mortalität zeigen. Pathologisch-anatomisch dominieren teigige, teils knotig-tumoröse, teils diffuse Hautschwellungen, deren Schnittfläche einen myxomatösen Eindruck erweckt. Diese Veränderungen treten bevorzugt am Kopf (Lippen, Augen = Blepharokonjunktivitis, Ohrgrund, Nase) und in der Anogenitalregion auf (Abb. 15.22 A, B). Histologisch fällt besonders die serös-produktive Entzündung, die myxomatöse (schleimige) Umwandlung des Hautbindegewebes und das Auftreten sogenannter Myxomzellen (modifizierte Histiozyten) auf. Letztere zeigen oft azidophile, intrazytoplasmatische Einschlußkörperchen. SHOPE-Fibrom s. S. 542.

Die **Lumpy Skin Disease** des Rindes (Knopvelsiekte, Knotenausschlag) kommt in Süd- und Ostafrika vor (Ausbrüche in Ägypten sowie in Israel sind jedoch auch beschrieben) und wird durch ein *Capripoxvirus*, von dem mehrere Stämme (Prototypstamm NEETHLING) bekannt sind, verursacht. Moskitos und andere Insekten übertragen die Krankheit, als Reservoir wird auch der Kap-Büffel angesehen. In der milden Verlaufsform entstehen nur einzelne intrakutane Knoten, in der schweren dagegen zahlreiche, die über die ganze Hautoberfläche verteilt sind. Die Knoten sind ungefähr 0,5 bis 5 cm im Durchmesser groß, leicht erhaben, von derber Konsistenz und können zusammenfließen. In der nicht pigmentierten Haut sieht man, daß sie von einem stark hyperämischen Hof umgeben werden. Die Knoten sind zentral nekrotisch und verkäst, ihre Schnittfläche weist eine gräuliche Farbe auf. Nicht selten findet man die Knoten auch in der Vulva, am Skrotum, in den Hoden, auf der Glans penis, im Viszeralblatt des Präputiums, an den Augenlidern und in den Bindehäuten, in der hautnahen Muskulatur, in der Nierenrinde und in der Lunge. In der Schleimhaut des oberen Atmungs- und Verdauungsapparates treten oft flache nekrotische Herde auf, die von einer Pseudomembran bedeckt sind und in Geschwüre übergehen können.

Die Hautknoten werden in der Regel nach einiger Zeit nekrotisch und sequestriert, wobei tiefe Geschwüre entstehen, die langsam mit Granulationsgewebe ausgefüllt werden. Seltener kommt es zum spontanen Verschwinden oder zur bindegewebigen Induration der Knoten. **Histologisch** fallen besonders die ballonierende Degeneration der Epithelzellen, die Bildung von zytoplasmatischen Einschlüssen, Ödematisierung des Koriums, Venenthrombosen und Infiltrate aus Makrophagen, Lymphozyten und Plasmazellen auf.

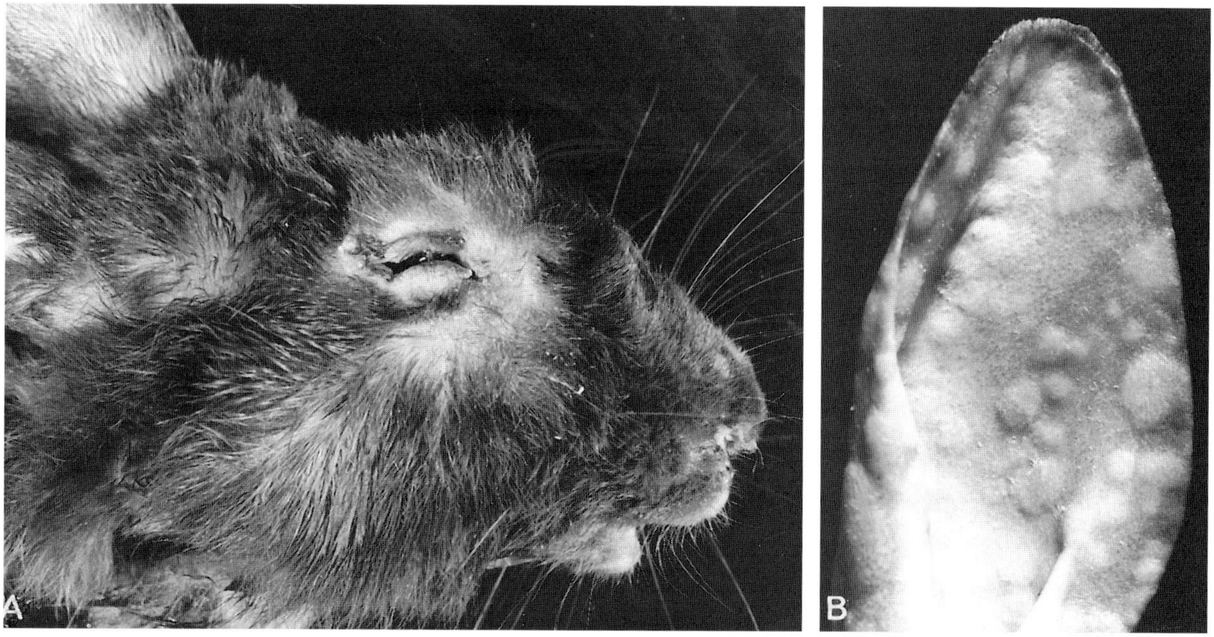

Abb. 15.22 Myxomatose des Kaninchens. **A** Nodulär-krustöse Dermatitis, Lidödem, eitrige Konjunktivitis. **B** Papeln am Ohr (Haare entfernt).

Die Krankheit verläuft im allgemeinen gutartig. Bakterielle Sekundärinfektionen können jedoch die Heilung verzögern, wobei tiefe kraterförmige Geschwüre mit Entzündung der regionären Lymphgefäße und -knoten entstehen. Durch Übergreifen der entzündlichen Prozesse auf benachbarte Organe (Gelenke, Sehnenscheiden, Euter, Auge, u. a.) kann das Leiden einen fatalen Ausgang nehmen. Pseudo-Lumpy Skin Disease s. S. 534.

Der **ansteckende Lippengrind** *(Ekthyma contagiosum,* ansteckende pustulöse Dermatitis, Orf = altenglisch „rauh") ist eine häufige Krankheit in den Schafzuchtgebieten der ganzen Welt. Ziegen, Gemsen und Steinböcke, aber auch der Mensch (pockenartige Effloreszenzen an den Händen) können erkranken. Ursache der Krankheit ist das Orf-Virus *(Ppv. ovis),* das unter anderem auch zur Bildung von zytoplasmatischen Einschlußkörperchen führt und in der Regel durch kleine Wunden in die Haut gelangt.

Ähnlich wie bei echten Pocken entstehen in der Haut zunächst fleckenförmige Erytheme, dann Pusteln, die platzen und schließlich von bis zu 1 cm dicken braunen oder grauen, warzenartigen Krusten (starke Parakeratose) bedeckt werden. Entfernt man diese, dann tritt ein rötliches, nässendes Granulationsgewebe zutage. Die Veränderungen sind vor allem an den Lippen (Außen- und Innenfläche, besonders in der Gegend des Mundwinkels) und am Nasenspiegel lokalisiert (Abb. 15.23). Weniger häufig sind primäre Veränderungen an den Füßen (Koronarsaum, Zwischenklauenspalt, Fersenhöcker, Dorsalfläche der Ober- und Unterschenkel) anzutreffen. Gelegentlich findet man die typischen Effloreszenzen auch über den Augen, am Euter (bei Mutterschafen mit Sauglämmern, die an Lippengrind erkrankt sind; Tafel XXV. D) und an der wenig behaarten oder verletzten Haut (Ohr-

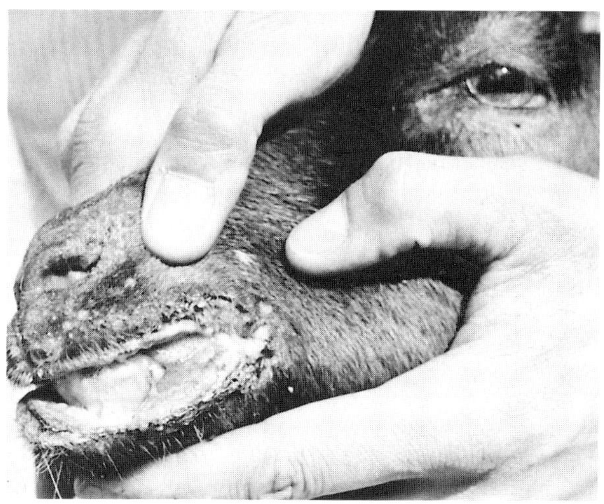

Abb. 15.23 Ekthyma contagiosum, Ziege.

marken, Grassamenverletzungen). In der oralen Schleimhaut (Backen, Gaumen, Zahnfleisch, Zunge) können erhabene, rötlich-graue, feuchte, nicht verkrustete Herde mit hyperämischen Höfen entstehen. Bei der bösartigen Form treten umfangreiche papillomatöse Veränderungen an den Lippen, in der Mundhöhle und in den Vormägen auf.

Die Hautveränderungen heilen nach ungefähr drei Wochen ab. Die erkrankten Tiere sind in der Futteraufnahme behindert und verlieren an Gewicht. Sekundäre bakterielle Infektionen, vor allem mit *Fusobacterium necrophorum,* und die Invasion von Fliegenmaden (Myiasis) können das Krankheitsbild komplizieren.

Differentialdiagnostisch ist die **ulzeröse Dermatitis der Schafe** *(Ulcerative Dermatosis,* Lip- und Leg-Ulceration) abzugrenzen, die durch ein mit dem Orf-Virus verwandtes, aber nicht kreuzreagierendes, nicht klassifiziertes Pockenvirus hervorgerufen wird. Es ruft auch die infektiöse Balanoposthitis und Vulvitis der Schafe (s. S. 291) hervor und tritt in Südafrika, in Großbritannien und in den USA auf. Die Infektion erfolgt wahrscheinlich durch kleine Wunden sowie während des Deckaktes. Die Krankheit ist durch bis zu 5 cm im Durchmesser große, umschriebene, teils zusammenfließende Geschwüre gekennzeichnet. Im Unterschied zu den Veränderungen beim Lippengrind sind sie von keiner oder nur von einer ganz dünnen Kruste bedeckt. Die Geschwüre treten vor allem an den Lippen, im Gesicht, an den Extremitäten, am Präputium (ringförmig um das Orificium) und an der Vulva (starke Hautschwellung), seltener auch an der Glans penis auf.

Dem Lippengrind ähnliche Veränderungen treten auch bei der *Bluetongue-Krankheit* der Schafe auf (s. S. 137).

15.21.2 Bovine Mammilitis und Pseudo-Lumpy Skin Disease

Die **bovine (ulzerative) Mammilitis** wird durch das bovine Herpesvirus 2 (BHV 2) hervorgerufen (Übertragung durch Insekten, wie *Stomoxys calcitrans)* und beginnt in der Regel mit einer plötzlichen, schmerzhaften Schwellung der betroffenen Zitzen. In leichteren Fällen bilden sich Flecken mit hämorrhagischen Randzonen und oberflächlicher Hautnekrose oder Bläschen. Nicht selten entstehen primär rötliche, runde, ungefähr ½ cm im Durchmesser große Papeln, die geschwürig aufbrechen, konfluieren und verschorfen können. Die Heilung erfolgt unter dem Schorf in ungefähr drei Wochen ohne Narbenbildung. Traumatische Einflüsse (Melken, Saugen) und bakterielle Sekundärinfektionen können aber die Heilung längere Zeit verzögern. Die beschriebenen Läsionen können auch an der Haut des Euters und Perineums auftreten. Differentialdiagnostisch sind vor allem Kuhpocken und Euterpocken (s. S. 530) sowie die durch BHV 4 hervorgerufene milder verlaufende *pustuläre Dermatitis des Euters* abzugrenzen.

Das bovine Herpesvirus 2 (ALLERTON-Virus) ist auch verantwortlich für eine generalisierte Hautkrankheit, die wegen ihrer großen Ähnlichkeit mit der Lumpy Skin Disease als **Pseudo-Lumpy Skin Disease** bezeichnet wird. Im Unterschied zu dieser verläuft sie aber milde und bildet typische harte, oberflächlich flache, im Zentrum leicht eingedellte Knoten.

15.21.3 Staupe

Das Staupevirus (Genus *Morbillivirus* der Familie *Paramyxoviridae,* s. S. 390) gelangt bei Hunden, Frettchen und Nerzen nach oraler oder aerogener Aufnahme in den Tierkörper. Dort vermehrt es sich im lymphoretikulären Gewebe und wird schließlich auf dem Blutweg (Virämie) unter anderem auch in der Haut abgesiedelt. In 30 bis 50% der Staupefälle entstehen charakteristische Veränderungen an der wenig behaarten und dünnen Haut des Bauches und an der Schenkelinnenfläche. Diese bestehen in exanthemartig aufschießenden Bläschen, die durch Sekundärinfektion mit Strepto- und Staphylokokken schnell zu **Pusteln** *(Impetigo,* s. S. 517, Abb. 15.24) werden. Diese platzen, trocknen ein, verkrusten und heilen in der Regel ohne Narbenbildung ab. Die Zehenballen können infolge einer starken Hyper- und Parakeratose verhärten **(Hard Pad Disease)**. Gleichartige Veränderungen treten auch, besonders bei Nerzen und Frettchen, am Nasenspiegel auf (Abb. 15.25). Ein mäßiger Haarausfall an den Augenlidrändern und in der Gegend der Mundwinkel sowie eine allgemeine stärkere Hautabschuppung werden gleichfalls beobachtet (Einschlußkörperchen s. S. 160 u. Abb. 5.14; Lunge S. 100, ZNS S. 390).

15.21.4 Weitere virale Hautkrankheiten

Hautveränderungen treten auch bei Rinderpest, Mucosal Disease, bösartigem Katarrhalfieber, Maul- und Klauenseuche, infektiöser boviner Rhinotracheitis, Border Disease, Bluetongue, Schweinepest, vesikulärem Exanthem und Bläschenkrankheit des Schweines, porziner Parvovirusinfektion (vesikuläre und ulzerative Dermatitis und Glossitis bei Saugferkeln in den USA), AUJESZKYscher Krankheit, selten bei feliner Herpesvirus 1-Infektion sowie sekundär auch z. B. nach Infektion mit FeLV und FIV infolge der Immunsuppression auf. Bezüglich der Veränderungen sei auf das bei diesen Krankheiten Gesagte verwiesen.

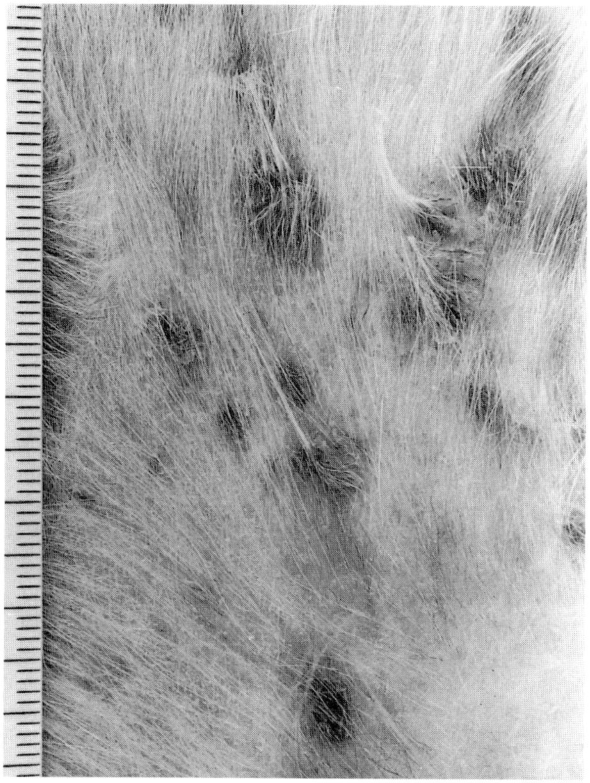

Abb. 15.24 Pustulöses Staupeexanthem, Bauchhaut, Hund.

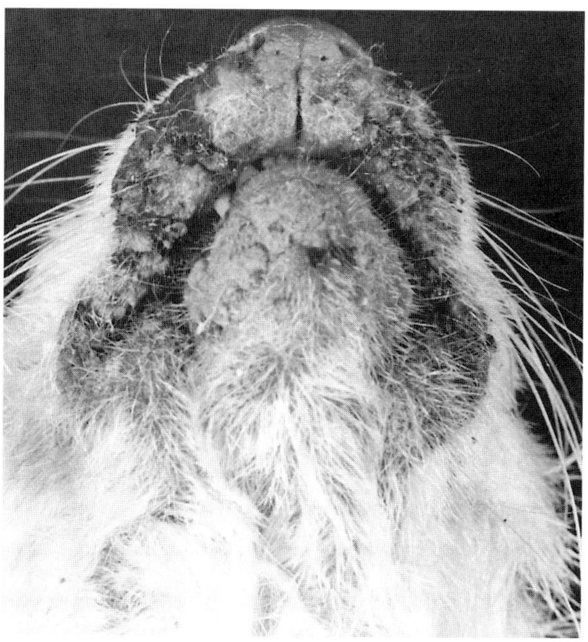

Abb. 15.25 Hyperkeratose bei Staupe, Frettchen.

Die akuten Hautveränderungen beim **PIGD-Syndrom** (s. S. 260) zeigen sich in runden oder unregelmäßigen rötlichen Flecken und Papeln, die häufig konfluieren und später verkrusten. Bevorzugt betroffen sind folgende Hautregionen: Perianalgegend, Gliedmaßen, Thorax und Bauch sowie Ohrränder. Histologisch fällt vor allem eine nekrotisierende Entzündung kleiner Blutgefäße in Haut, Synovia und Nierenbecken auf. Weiterhin beobachtet man eine interstitielle Pneumonie und eine generalisierte Lymphknotenschwellung. Immunhistologisch wurden Immunglobuline und Komplement im Bereich der veränderten Gefäße, PRRSV-Antigen in den perivaskulären Makrophagen nachgewiesen.

15.22 Ätiologisch ungeklärte granulomatöse Dermatitiden

15.22.1 Eosinophiler Granulom-Komplex der Katze

Beim sogenannten eosinophilen Granulom-Komplex der Katze, dessen Ursache unbekannt ist, kann man drei verschiedene Bilder unterscheiden. Das **eosinophile Geschwür** *(Rodent Ulcer)* kommt bei Katzen im Alter von neun Monaten bis zu neun Jahren vor und tritt besonders an Oberlippen, Mundschleimhaut, Hals und Oberschenkel auf. Die Geschwüre sind in der Regel oberflächlich und zeigen aufgeworfene Ränder. Histologisch findet man eine starke Infiltration mit Plasma- und Mastzellen, während eosinophile Granulozyten selten sind. Die *zweite Form* wird als **eosinophiler Plaque** *(eosinophiles Granulom, felines Leckgranulom)* bezeichnet und tritt bei Katzen im Alter von zwei bis sechs Jahren auf. Die Läsionen finden sich besonders am Bauch und Rücken, seltener auch an Extremitäten, Lippen, Gesicht und Hals. Sie bestehen aus oberflächlich ulzerierten, scharf abgesetzten Hautverdickungen (Plaques), die histologisch eine sehr starke Infiltration mit eosinophilen Granulozyten und Mastzellen zeigen, die bis in die Subkutis reichen kann. Häufig ist auch eine Bluteosinophilie vorhanden. Die *dritte Form* stellt das sogenannte **lineare Granulom** *(intradermales Granulom)* dar und tritt bei sechs bis zwölf Monate alten Katzen auf. Prädilektionsstellen sind Hintergliedmaßen, mediale Seite der Vordergliedmaßen und Lippen, während Zunge, Zahnfleisch und Gaumen nur sehr selten betroffen sind. Die Veränderungen bestehen in umschriebenen, leicht erhabenen, gelblichen oder rosaroten plaqueartigen Haut- beziehungsweise Schleimhautverdickungen mit auffallender linearer Konfiguration (Tafel XXV. B). Haarausfall und oberflächliche Ulzerationen sind selten. Histologisch findet man typische Granulome mit Kollagenfasernekrosen, vielkernigen Riesenzellen, Histiozyten, Mastzellen und eosinophilen Granulozyten.

15.22.2 Eosinophile Granulome bei Hund und Pferd

Beim Hund kommt gelegentlich ein eosinophiles Granulom ähnlich dem linearen eosinophilen Granulom der Katze vor (s. S. 138 u. 536). Beim Pferd sind multipel auftretende eosinophile Granulome mit Kollagenfasernekrose, die eine Größe bis zu 5 cm im Durchmesser erreichen können, nicht allzu selten. Die Ätiologie ist unbekannt, differentialdiagnostisch ist vor allem die kutane Habronematidose (s. S. 548) auszuschließen. Pythiose s. S. 528, eosinophile Enteritis s. S. 190.

15.22.3 Sterile granulomatöse Dermatitis und Pannikulitis

Bei **Hund** und **Katze,** seltener bei **Pferden** kommt eine idiopathische, gut auf Glukokortikoidtherapie ansprechende, besonders perifollikulär lokalisierte, multinoduläre und teils großflächig ulzerierte *sterile* **(pyo)granulomatöse Dermatitis** (auch Pannikulitis) vor. Collies, Doggen, Boxer, Weimaraner, Dackel und Golden Retriever sind besonders häufig betroffen und zeigen dann multiple Papeln und Knötchen an Kopf, Ohrmuscheln und Pfoten. Eine seltene Sonderform ist die bei Hundewelpen auftretende **juvenile sterile granulomatöse Dermatitis und Lymphadenitis** *(„Big Head")*. Lymphozytenfunktionsstörungen scheinen ursächlich von Bedeutung zu sein.

Die **sterile (pyo)granulomatöse Entzündung von Talgdrüsen** ohne Entzündung der Haarfollikel **(Sebaceous Adenitis)** ist u. a. beim Großpudel (autosomal-rezessiv), Samojeden, Spitz, Akita Inu, Vizsla und Chow-Chow beschrieben. Sie ist durch meist symmetrische, mit Schuppenbildung (Hyper- und Parakeratose) verbundene, in der dorsalen Mittellinie beginnende herdförmige bis diffuse Alopezie gekennzeichnet. Histopathologisch fällt neben der Entzündung der Schwund von Talgdrüsen auf. Sie ist von einer Talgdrüsenentzündung in Verbindung mit einer Follikulitis, Demodikose, dem uveodermatologischen Syndrom oder Leishmaniose abzugrenzen.

Eine **idiopathische (sterile) noduläre Pannikulitis** wird gelegentlich beim Dackel (sehr selten bei Katze und Pferd) beobachtet. Multiple feste, teils fluktuierende, subkutan gelegene Knoten (lobuläre Pannikulitis), die später zystisch erweichen und auch ulzerieren können, finden sich verteilt in der Haut, bevorzugt an Schulter, Brust- und Bauchwand.

Eine **sterile Pannikulitis der Sohlenballen** kommt sehr selten beim Deutschen Schäferhund (erblich?) vor. Häufig finden sich symmetrisch angeordnete, an der Proximal- bzw. Kaudalfläche der Karpal- oder Tarsalballen mündende Fistelgänge, die tief in das stark entzündete und durch Fibrose verhärtete Fettgewebe des Ballenpolsters ziehen.

15.23 Tumoren

Hauttumoren sind bei den Haustieren, vor allem beim Hund, sehr häufig. Ähnlich wie die Mammatumoren sind sie einer chirurgischen Behandlung weitaus eher zugänglich als Geschwülste anderer Organe. Ihre Klassifikation ist deshalb auch von erheblicher praktischer Bedeutung, insbesondere auch im Hinblick auf die Erarbeitung prognostischer Kriterien. Aus der komplexen Struktur der Haut mit Epidermis, Haarfollikeln, Talgdrüsen, verschiedenartigen Schweißdrüsen und mesenchymalen Elementen können sehr unterschiedliche Tumoren entstehen. Grundsätzlich können sie in epitheliale Tumoren, Tumoren der Pigmentzellen, Tumoren der Weichgewebe (mesenchymale Tumoren) und metastatische Tumoren eingeteilt werden. Ihre weitere Aufgliederung einschließlich der tumorähnlichen Veränderungen geht aus der Tabelle S. 537 hervor.

15.23.1 Epitheliale Tumoren

15.23.1.1 Basalzellentumoren („Basalzellenkarzinom", Basaliom)

Diese Tumoren gehören bei Hund und Katze zu den häufigen Hauttumoren, während sie bei anderen Spezies selten sind. Sie sind gewöhnlich gut abgegrenzt, größere Tumoren oft ulzeriert. Sie treten beim Hund bevorzugt an Kopf und Hals auf, können aber auch am übrigen Körper vorkommen. Zusammen mit ihrem bindegewebigen Stroma zeigen sie eine breite Variation im histologischen Gewebsmuster, die eine Unterteilung in Subtypen (girlandenartig, medusoid, adenoid, basosquamös, Granularzelltyp) ermöglicht. Neben soliden Formen kommen vor allem bei der Katze oft zystische, teilweise mit dystrophischer Verkalkung vor. Histogenetisch wird eine Abstammung der Basalzellentumoren von der Epidermis (trifft vor allem für die felinen Basalzellentumoren zu) oder von Haarkeimen angenommen. Diese werden neuerdings auch als **„Tricho-**

blastome“ klassifiziert. Histologisch ähneln die Basalzellentumoren der Haustiere weitgehend dem Basalzellenkarzinom des Menschen mit der typischen palisadenartigen Ausrichtung der teils sogar spindeligen Tumorzellen. Trotz ihres oft anaplastischen histologischen Erscheinungsbildes (Mitosereichtum!) rezidivieren oder metastasieren Basalzellentumoren nur sehr selten. Einige solide Basalzellentumoren und die lokalinvasiven basosquamösen Formen (kommen vor allem im Bereich des Übergangs zur Mundschleimhaut vor), die heute auch als eigenständiger Tumortyp (basosquamöses Karzinom) von den Basalzellentumoren und Trichoblastomen abgegrenzt werden, scheinen aggressiver zu sein. Bei der Katze kommt selten an Kopf und Nacken eine invasiv wachsende, auch multipel auftretende Tumorvariante vor, die ein stark desmoplastisches Stroma aufweist und als **felines Basalzellenkarzinom** bezeichnet wird. Sowohl makroskopisch als auch histologisch können in manchen Fällen mit starker akzidenteller Pigmentierung (Katze!) differentialdiagnostische Probleme in der Abgrenzung von Melanomen auftreten. Die Ursache der Basalzellentumoren von Hund und Katze ist unbekannt. Im Unterschied zum Menschen scheint kein Bezug zu UV-Lichteinwirkung zu bestehen.

15.23.1.2 Plattenepithelkarzinome

Plattenepithelkarzinome kommen relativ häufig bei allen Haussäugetieren vor und können in allen Hautregionen auftreten. Es handelt sich um invasive maligne epidermale Tumoren mit unterschiedlichem Differenzierungsgrad. Gut differenzierte Tumoren zeigen Keratinisierung unterschiedlichen Grades („Hornperlen“), wenig differenzierte Plattenepithelkarzinome, speziell die seltenen Spindelzellkarzinome, sind evtl. schwierig gegenüber Sarkomen oder Karzinosarkomen abzugrenzen. Sonnenlichteinstrahlung als ätiologischer Faktor spielt eine Rolle bei Plattenepithelkarzinomen an Ohren und Nasenspiegel weißer Katzen, Perineum und Ohren von Angoraziegen in Afrika sowie von Schafen in Australien (Beteiligung von Papillomviren), an Vulva und Augenlidern („Cancer Eye“ s. S. 448) beim Rind und vermutlich auch beim Pferd. Aktinische Keratose s. S. 513, solare Elastose s. S. 513.

Mechanische Irritationen (Ohrmarken, Grassameneinspießung bei bestimmten Merinoschafstämmen, Horngrundkarzinom bei asiatischen Rindern), Gefrierbrand (Rinder) und Verbrennungen (Brandkrebs, Heißbrand) können auch zu Plattenepithelkarzinomen führen. Insgesamt besitzen die Plattenepithelkarzinome der Haut einen geringeren Malignitätsgrad als diejenigen der Schleimhäute und anderer Organe. Eine Ausnahme bildet das beim Hund **(Schnauzer)** häufig im Zehenbereich lokalisierte und auch multipel an verschiedenen Krallen vorkommende Plattenepithelkarzinom, das zur Destruktion des Krallenbeines führt und bei ca. 30% der Fälle in die regionären Lymphknoten metastasiert (Abb. 15.26). Differentialdiagnostisch sind in dieser Lokalisation Entzündungen, Epidermoidzysten der Phalanx (s. S. 540), Onychomykosen sowie vor allem wenig oder nicht pigmentierte maligne Melanome in Betracht zu ziehen.

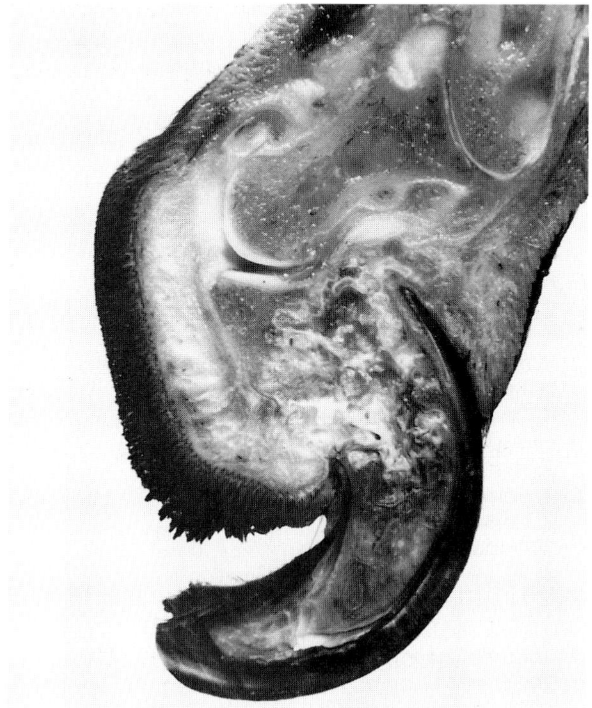

Abb. 15.26 Plattenepithelkarzinom mit Destruktion des Krallenbeines bei einem acht Jahre alten Riesenschnauzer.

Histologische Klassifikation und Nomenklatur der Hauttumoren.

I. **Epitheliale Tumoren**
- A. *Basalzellentumoren*
- B. *Plattenepithelkarzinome*
- C. *Papillome*
  1. Papillom
  2. Fibropapillom
- D. *Talgdrüsentumoren*
  1. Talgdrüsenadenom
  2. Talgdrüsenkarzinom
  3. Tumorähnliche Hyperplasie
- E. *Tumoren hepatoider (perianaler) Drüsen*
  1. Adenom hepatoider Drüsen
  2. Karzinom hepatoider Drüsen
  3. Tumorähnliche Hyperplasie

F. *Schweißdrüsentumoren*
1. Papilläres Syringadenom
2. Zystadenom apokriner Schweißdrüsen
3. Spiradenom
4. Mischtumor apokriner Schweißdrüsen
5. Karzinome apokriner Schweißdrüsen
   a) Papilläres Karzinom
   b) Tubuläres Karzinom
   c) Solides Karzinom
   d) Siegelringzellkarzinom

G. *Haarfollikeltumoren*
1. Trichoepitheliom
2. Tricholemmom
3. Nekrotisierendes und verkalkendes Epitheliom (MALHERBE) s. Pilomatrixom
4. Trichofollikulom

H. *Intrakutanes verhornendes Epitheliom*

I. *Zysten*
1. Epidermoidzysten
2. Dermoidzysten
3. Follikelretentionszysten
4. Zysten mit epithelialer Proliferation

J. *Nicht klassifizierte Tumoren*

II. **Tumoren der Pigmentzellen**

A. *Benignes Melanom*
1. Benignes Melanom mit junktionaler Aktivität
2. Benignes dermales Melanom
   a) Zellulärer Typ
   b) Fibromatöser Typ

B. *Malignes Melanom*
1. Epitheloider Typ
2. Spindelzelltyp
3. Epitheloid- u. Spindelzelltyp
4. Dendritisch-wirteliger Typ

III. **Tumoren der Weichgewebe (mesenchymale Tumoren)**

A. *Tumoren des Bindegewebes*
1. Fibrome
   a) Fibroma durum
   b) Fibroma molle
   c) Myxom (Myxofibrom)
2. Fibrosarkome
   a) Fibrosarkom
   b) Myxosarkom
   c) Sog. Hämangioperizytom des Hundes
3. Undifferenzierte Sarkome
4. Sarkoid des Pferdes
5. Tumorähnliche Veränderungen
   a) Fibröser Hautpolyp
   b) Keloid und hyperplastische Narbe
   c) Calcinosis circumscripta cutis

B. *Tumoren des Fettgewebes*
1. Lipom
2. Liposarkom

C. *Tumoren des Muskelgewebes*
1. Leiomyom
2. Leiomyosarkom
3. Rhabdomyom
4. Rhabdomyosarkom

D. *Tumoren der Blut- und Lymphgefäße*
1. Kavernöses Hämangiom
2. Malignes Hämangioendotheliom
3. Glomustumor
4. Lymphangiom
5. Lymphangiosarkom
6. Tumorähnliche Veränderungen

E. *Mesenchymale Tumoren peripherer Nerven*
1. Neurofibrom
2. Neurofibrosarkom

F. *Mastzellentumoren*

G. *Histiozytome des Hundes*

H. *Lymphosarkome*

I. *Übertragbarer venerischer Tumor* (STICKER)

K. *Extramedulläre Plasmozytome und Immunozytom*

IV. **Metastatische Tumoren**

15.23.1.3 Papillome

Papillome und *Fibropapillome* werden durch in der Regel streng wirtsspezifische Papillomviren (Familie *Papovaviridae)* verursacht und kommen in Haut und kutanen Schleimhäuten bei allen Haustieren, besonders aber bei jüngeren Rindern (Kopf, Hals, Rücken, Euter, Vulva, Penis, Ösophagus, Pansen, Blase) vor. Bei Rindern, Pferden (Nüstern) und Hunden sind die Papillome in der Regel gutartig und verschwinden häufig wieder von selbst. Rezidive nach operativer Entfernung sind dagegen nicht selten. Bei jüngeren Hunden finden sich als Besonderheit meist in der Bauchhaut lokalisierte (seltener vom Krallenbettepithel ausgehende), knopfartig zentral eingedellte, sogenannte **invertierte Papillome**. Bei Schafen, Ziegen und ganz besonders beim Hauskaninchen (SHOPE-Papillom) besteht jedoch eine starke Tendenz zur malignen Entartung (Plattenepithelkarzinom). Equines Sarkoid s. S. 543, Akanthom s. S. 558.

15.23.1.4 Talgdrüsentumoren

Talgdrüsentumoren kommen häufig bei alten Hunden mit Bevorzugung des männlichen Geschlechts vor. Cockerspaniel und Terrier sind offenbar prädisponiert. Die Tumoren sind oft multipel und werden besonders am Kopf (Adenome der MEIBOMschen Drüsen der Augenlider, Ohren) und an den Gliedmaßen beobachtet. Sie wachsen knotig oder papillomatös und werden selten größer als 1 cm im Durchmesser (Abb. 15.27). Histologisch unter-

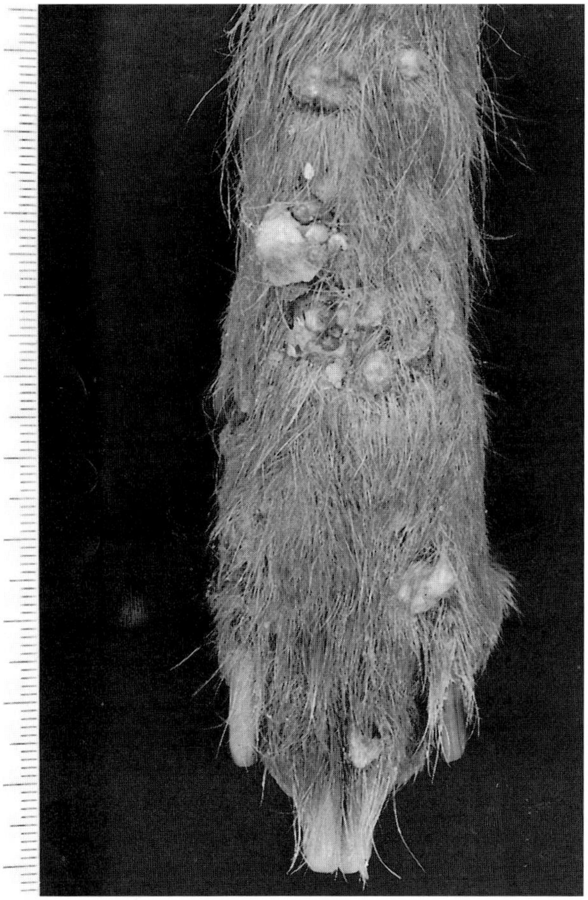

Abb. 15.27 Multiple Talgdrüsenadenome, bei einem zehn Jahre altenTerrier-Mischling.

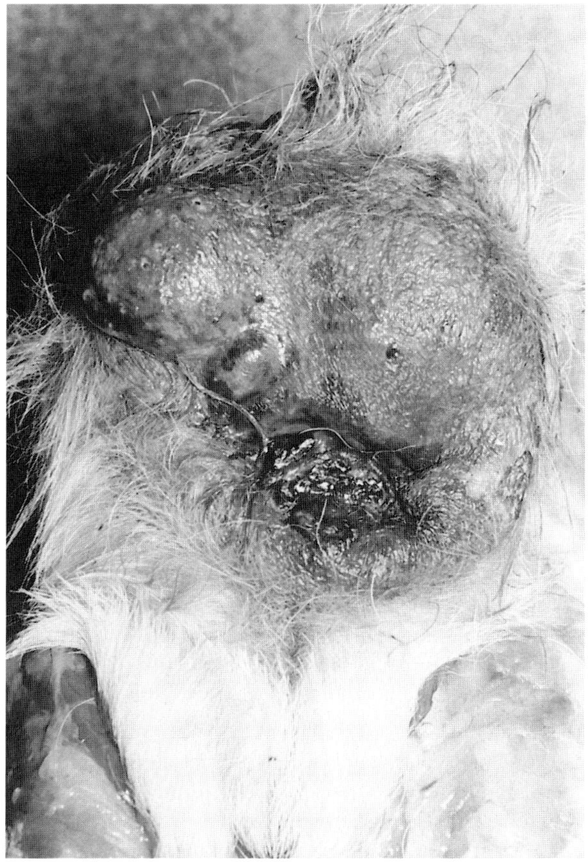

Abb. 15.28 Karzinom der Perianaldrüsen (hepatoide Drüsen) bei einem alten Schnauzer-Mischlingsrüden.

scheiden sich *Talgdrüsenadenome* von *tumorähnlichen Talgdrüsenhyperplasien* (senile Talgdrüsenhyperplasie) durch ihren Gehalt an generativen Talgdrüsenzellen (basal gelegene Reservezellen) mit geringer Differenzierung. Pigmentierte Talgdrüsenadenome lassen sich makroskopisch nicht von Melanomen oder akzidentell pigmentierten Basalzellentumoren unterscheiden. *Talgdrüsenkarzinome* kommen selten beim Hund vor. Über ihr biologisches Verhalten ist wenig bekannt.

15.23.1.5 Tumoren hepatoider Drüsen

Sie kommen nur beim **Hund** vor und gehen von den hepatoiden Drüsen aus. Sie finden sich besonders in der Perianalgegend (Perianaldrüsentumor, häufig multipel, androgenabhängig?), an Präputium, Vulva, Schwanz, Hintergliedmaßen und am kaudalen Rücken bis zur Lendengegend. Bevorzugt sind ältere Rüden betroffen. Es besteht die Neigung zu ausgedehnter Ulzeration. Am häufigsten sind die makroskopisch nicht unterscheidbaren **Adenome** hepatoider Drüsen und **tumorähnlichen Hyperplasien**. Während erstere unterschiedlich hohe Anteile an generativen Reservezellen besitzen, ähneln letztere weitgehend den normal differenzierten hepatoiden Drüsen. Rezidive sind häufig. **Karzinome** der hepatoiden Drüsen sind seltener (Abb. 15.28) und kommen eher bei Hündinnen vor. Analbeutelkarzinom s. S. 191.

15.23.1.6 Schweißdrüsentumoren

Tumoren der Schweißdrüsen sind weitaus seltener als die der Talgdrüsen. Sie kommen hauptsächlich beim Hund, gelegentlich bei der Katze und selten bei anderen Spezies vor. Meist handelt es sich um Geschwülste apokriner Schweißdrüsen. Neben zystischer Hyperplasie (häufiger Sitz im Nacken) kommen unterschiedlich wachsende benigne Formen vor (v. a. *papilläres Syringadenom, Zystadenom apokriner Schweißdrüsen, Spiradenom). Mischtumoren apokriner Schweißdrüsen* (benigne oder maligne) enthalten außer Drüsenepithel auch Myoepithel sowie Knorpelgewebe bzw. Knochen. Sie ähneln damit Mammamischtumoren. *Karzinome apokriner Schweißdrüsen* sind seltener und neigen besonders zur Rezidivierung und Metastasierung. Tumoren der apokrinen Drüsen des Analbeutels s. S. 191.

15.23.1.7 Haarfollikeltumoren

Das **Trichoepitheliom** kommt beim Hund häufig, bei der Katze sehr selten vor. Bevorzugte Lokalisation ist der Rücken. Es handelt sich meist um benigne Tumoren, die gut abgegrenzt subkutan liegen. In seltenen Fällen werden invasives Wachstum, Lymphangiosis carcinomatosa sowie Lymphknoten- und Lungenmetastasen gesehen, so daß dann von einem *malignen (infiltrativen) Trichoepitheliom* gesprochen werden muß. Häufige starke akzidentelle Pigmentierung kann makroskopisch zur Verwechslung mit Melanomen führen. Histologisch ist es durch multiple, zentral abrupt verhornende haarfollikelartige Inseln basaloider Tumorzellen in einem bindegewebigen Stroma gekennzeichnet.

Die seltenen, durchweg benignen **Tricholemmome** nehmen ihren Ausgang von der primitiven äußeren Wurzelscheide des Haarbulbus oder des Isthmussegmentes des Haarfollikels. Zystische Formen kommen vor.

Das **nekrotisierende und verkalkende Epitheliom (Malherbe; Pilomatrixom)** kommt beim Hund häufig vor. Terrier, speziell Kerry Blue-Terrier, scheinen eine besondere Disposition zu besitzen. Bei anderen Tierarten ist dieser Tumor nicht bekannt. Er ist vorzugsweise im Bereich des Rumpfes, tief korial oder subkutan lokalisiert. Durch Kalkeinlagerung und metaplastische Verknöcherung des Stromas kann der Tumor eine sehr harte Konsistenz aufweisen. Melanineinlagerungen sind häufig und können zur Verwechslung mit Melanomen Anlaß geben. Histologisch ähnelt dieser Tumor durch das Auftreten von basophilen, basalzellenähnlichen Zellen den Trichoepitheliomen, weist darüber hinaus ausgedehnte, zentral verkalkende Nekrosen mit Ausbildung sog. Schattenzellen auf. Einzelfälle metastasierender Pilomatrixome sind bekannt. Histologisch sind sie jedoch kaum von den benignen Formen zu unterscheiden oder ähneln keratotischen Basalzellentumoren.

Ein besonderer, als **Trichofollikulom** bekannter Haarfollikeltumor kommt beim Meerschweinchen und sehr selten beim Hund vor. Er besteht aus zystisch dilatierten und verhornenden, um ein gemeinsames Zentrum meist radiär angeordneten Primär- und baumartig verzweigten Sekundärhaarfollikeln.

15.23.1.8 Intrakutanes verhornendes Epitheliom

Dieser benigne Tumor kommt nur beim Hund vor und wird vor allem an Rücken, Hals, Thorax und Schulter angetroffen. Der Tumor besteht aus einer epidermalen Proliferation, welche in Dermis und Subkutis liegt. Der gegen die Umgebung gut abgegrenzte Tumor weist einen häufig keratingefüllten Porus auf, histologisch besteht er aus basalzellenähnlichen Tumorzellen, die Hornperlen bilden. Neben solitären kommen auch multiple (generalisierte) Tumorformen vor. Rüden sind bevorzugt betroffen. Eine Rassendisposition scheint bei Schäferhund, Terrier und Norwegischem Elchhund zu bestehen.

Der im angloamerikanischen Sprachraum häufig verwendete Begriff „Keratoakanthom“ ist für diesen Tumor nicht zutreffend, weil im Vergleich zu dem echten Keratoakanthom des Menschen erhebliche Unterschiede bestehen. Vielmehr wird heute die Bezeichnung **„Infundibular Keratinizing Akanthoma“** vorgeschlagen, was der Tatsache Rechnung trägt, daß es sich auch hierbei sehr wahrscheinlich um einen Haarfollikeltumor handelt.

15.23.1.9 Zysten

Grundsätzlich wird zwischen kongenitalen oder erworbenen Verlagerungszysten und Retentionszysten (Follikel-, Schweiß- und Talgdrüsenretentionszysten) unterschieden.

Epidermoidzysten *(Epidermiszysten, epidermale Zysten)* kommen besonders beim Hund an Kopf, Hals und in der Sakralregion, seltener auch intraossär meist im Bereich der Phalanx III vor, sind aber auch bei anderen Spezies bekannt. Ihre Wand entspricht dem Bau normaler Epidermis, ist aber durch den Druck der Hornmassen oft atrophisch. Es wird angenommen, daß sie entweder auf der Grundlage embryonal versprengter Epidermiskeime oder nach traumatischer (Biß, Stich, Einspießung) Verlagerung von Hautteilchen entstehen. Sie können einzeln oder multipel auftreten. Große Zysten neigen zur Ruptur mit nachfolgender pyogranulomatöser Entzündung.

Die Wand der **Dermoidzysten** *(dermale Zysten)* besteht aus Epidermis mit Adnexen, so daß sie neben Keratin Talgmassen und oft zahlreiche Haare enthalten. Besonders zu erwähnen ist das Auftreten multipler, dicht beieinander liegender Dermoidzysten im Stirnbereich junger Hunde und in der Medianlinie des Rückens beim **Rhodesian Ridgeback** (s. S. 490).

Follikelretentionszysten entstehen durch Obliteration (kongenital oder erworben) von Ausführungsgängen und/oder Follikelmündungen. Sie enthalten Horn, Talg oder Haare und werden, je nach Größe, als **Milien, Komedonen** oder **Retentionsatherome** bezeichnet. Schnauzer-Komedo-Syndrom s. S. 504.

Bei **Zysten mit epithelialer Proliferation** findet sich histologisch eine Plattenepithelproliferation in das Lumen von Epidermis- und Follikelzysten, sie stellen vermutlich das Frühstadium von *intrakutanen verhornenden Epitheliomen* dar. Bei der **Katze** kommen ähnliche, mit lamellenartigem Horn gefüllte Zysten vor, die eine Öffnung besitzen und entsprechend einer Läsion (Hamartom) beim Menschen als **„Dilated Pore of Winer"** bezeichnet werden.

15.23.2 Tumoren der Pigmentzellen

In der Häufigkeit von Tumoren der Pigmentzellen bestehen große tierartliche Unterschiede. Sie sind häufig bei alten Schimmeln und beim Hund (bevorzugt Terrier, Dackel, Boxer), ungewöhnlich bei Rind und Schwein (mit Ausnahme bestimmter Schweinerassen wie Duroc und Sinclair Lewis) und selten bei Katze und Schaf. Auch in der Morphologie dieser Tumoren bestehen Spezies-Unterschiede, und über ihre Histogenese ist nur wenig bekannt. Dies betrifft besonders das Naevus-Problem, welches eine wichtige Rolle in der menschlichen Pigmentzellonkologie spielt. Den menschlichen Naevi vergleichbare Veränderungen scheinen nur beim Schwein und Hund vorzukommen. Schwach pigmentierte und seltene amelanotische Melanome können die Anwendung spezifischer Färbungen (z.B. nach Fontana) erforderlich machen. So kann in etwa ¾ aller Melanome das S-100 Protein in Koexpression mit Vimentin nachgewiesen werden.

Etwa ¾ der Hautmelanome des Hundes sind benigne, während die Melanome der *Mundhöhle* fast ausnahmslos sich maligne verhalten und häufig innerhalb weniger Monate nach Erstoperation durch Rezidiv- und/oder Metastasenbildung zum Tod führen. Beim malignen Melanom der Haut liegen die Verhältnisse ähnlich, doch scheinen die Überlebenszeiten, soweit es sich bisher überblicken läßt, etwas länger zu sein (Zweijahrestodesrate bei 66%, mittlere Überlebenszeit 8 Monate). Der Melaningehalt der Tumoren ist kein Indikator für die Dignität. Insbesondere beim Pferd metastasieren auch hochdifferenzierte, histologisch benigne erscheinende Melanome häufig. Es ist zur Zeit nicht möglich, eine für alle Spezies geltende Klassifikation zu geben. Die vorliegende Einteilung ist lediglich beim Hund anwendbar.

15.23.2.1 Benignes Melanom

Benigne Melanome mit junktionaler Aktivität treten bevorzugt an den Augenlidern auf. Sie sind deutlich pigmentiert, oft papillomatös und überschreiten Erbsengröße meist nicht. Histologisch sind sie durch an der epidermokorialen Junktion gelegene Nester aus kuboiden Zellen charakterisiert, die in das Korium abtropfen und in spindelige Zellen in unterschiedlicher geweblicher Struktur übergehen. Sie ähneln dem Compound-Naevus des Menschen. Das **benigne dermale Melanom** kommt als ***dermal-zellulärer Typ*** und als ***fibromatöser Typ*** vor. Ersterer kann bis faustgroß werden, ist meist stark pigmentiert und tritt bevorzugt im Bereich der Gliedmaßenenden auf. Histologisch ist dieser Typ durch spindelige Melanozyten in wirteliger (storiformer) Anordnung charakterisiert und ähnelt daher dem dendritisch-wirteligen malignen Melanom, so daß ihm eine potentielle Malignität nicht ohne weiteres abgesprochen werden kann. Der fibromatöse Typ überschreitet meist Haselnußgröße nicht, ist oft pendelnd und in vielen Fällen weniger stark pigmentiert. Hier finden sich dendritische, in einer fibromatösen Grundstruktur gelegene Melanozyten. Beide Typen weisen Ähnlichkeiten mit den blauen Naevi des Menschen auf.

15.23.2.2 Malignes Melanom

Das **maligne Melanom der Haut** wird beim Hund besonders an den Gliedmaßenenden (Abb. 15.29), recht häufig auch am Rumpf und an den Geschlechtsorganen, selten am Kopf, beobachtet. Die bis faustgroßen, meist ulzerierten Tumoren sind mehr oder weniger stark pigmentiert. Histologisch lassen sich verschiedene Typen unterscheiden (s. S. 538). Der bisher nur in der Haut beobachtete **dendritisch-wirtelige Typ** nimmt eine Sonderstellung ein, weil er vom benignen dermal-zellulären Melanom histologisch nur schwer zu unterscheiden ist.

15.23.3 Tumoren der Weichgewebe (mesenchymale Tumoren)

15.23.3.1 Tumoren des Bindegewebes

Fibrome (Fibroma durum, F. molle) kommen in unterschiedlichen Lokalisationen vor und sind je nach Kollagengehalt mehr oder weniger derb und gut abgegrenzt. Eine Besonderheit stellt die autosomal-dominant vererbte **generalisierte noduläre Dermatofibrose des Deutschen Schäferhundes** dar. Soweit bis jetzt bekannt, sind nur Nachkommen der Paarung „Jutta von Colonia Agrippina" und „Fred zu den sieben Faulen" (1950) betroffen. Meist werden zunächst nur einzelne ½–4 cm große, derbe sub-

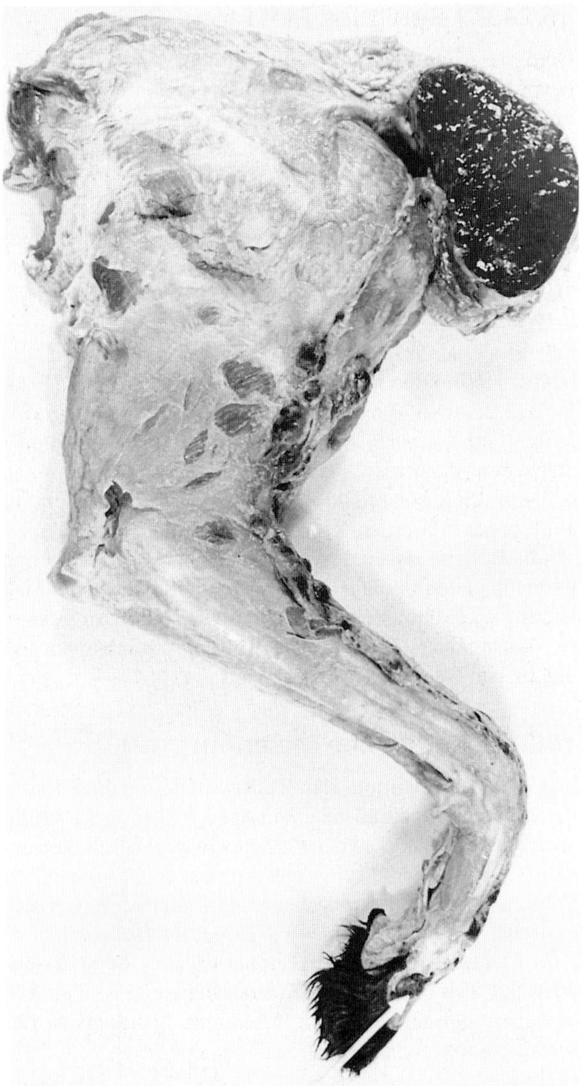

Abb. 15.29 Malignes Melanom der zweiten Zehe (Pfeil) mit Lymphgefäß- (Lymphangiosis) und Lymphknotenmetastasen.

kutane und intraepidermale Knoten (Dermatofibrome) beobachtet. Im Laufe einiger Jahre entstehen multiple, über die ganze Haut verteilte Knoten, wobei die Extremitäten besonders betroffen sind (Abb. 15.30). Bei der Sektion der in der Regel wegen des schlechten Allgemeinzustandes euthanasierten Hunde findet man meist bilateral Onkozytom-ähnliche, möglicherweise Transforming Growth Faktor- (TGF-) sezernierende, zystische Nierenkarzinome, bei weiblichen Tieren auch Leiomyome des Uterus.

Myxome (Myxofibrome) sind selten und bei älteren Tieren anzutreffen. Neben dem kollagenen Bindegewebe ist der Gehalt an schleimhaltigen Substanzen auffallend.

Fibrosarkome sind häufig bei Hund und Katze. Beim **Hund** kommen sehr unterschiedlich differenzierte Formen vor, wobei der Differenzierungsgrad annähernd korreliert mit dem biologischen Verhalten der Tumoren. Gut differenzierte Fibrosarkome wachsen zwar in der Regel infiltrativ, rezidivieren und metastasieren aber nicht. Weniger differenzierte (viele Mitosen, wenig Fasern, pleomorphe Zellen) Fibrosarkome führen in maximal 10% der Fälle zur Metastasierung. Die Fibrosarkome bei **Katzen** bis zu einem Alter von *fünf Jahren* treten meist multipel auf und können durch das *feline Sarkomvirus (FeSV;* 12 verschiedene Stämme) verursacht werden. Diese Katzen sind serologisch bzw. immunmorphologisch stets FeLV positiv (s. S. 67). Häufiger treten Fibrosarkome bei *älteren Katzen* solitär auf. Sie verhalten sich in Abhängigkeit vom Differenzierungsgrad ähnlich wie die Fibrosarkome des Hundes. FeSV oder FeLV sind an ihrer Entstehung nicht beteiligt. Besonders interskapulär, dorsolateral im Thorakolumbalbereich oder lateral an den Hintergliedmaßen lokalisierte, als **postvakzinale Sarkome** (Abb. 15.31) interpretierte Fibro-, Osteo-, Myxo-, Chondro- oder Rhabdomyosarkome sowie maligne fibröse Histiozytome werden bei Katzen in zunehmendem Maße beobachtet. Aluminiumverbindungen, die als Adjuvans in Impfstoffen Verwendung finden und in tumornahen Makrophagen nachgewiesen wurden, werden als Hauptursache der Geschwulstbildung angesehen, die sich vermutlich an eine chronische Entzündung (Lymphozyteninfiltration und mehrkernige Riesenzellen in der Tumorperipherie) anschließt. Das Fibrosarkom des **Kaninchens** (Shope) wird durch ein Leporipoxvirus (s. S. 532) hervorgerufen.

Als **malignes fibröses Histiozytom** wird ein sehr seltenes Sarkom bei Katze, Hund und Pferd bezeichnet, das sehr infiltrativ wächst (Knochen!) und nach operativer Entfernung in der Regel rezidiviert, jedoch nicht metastasiert. Histologisch besteht der Tumor aus Fibroblasten- und Histiozyten-ähnlichen Zellen und, besonders bei Pferden und Katzen aus mehrkernigen Riesenzellen (Riesenzelltumor der Weichgewebe) sowie einem fibroblastenreichen Stroma.

Myxosarkome wachsen infiltrativ. Hämatogene Metastasierung ist bei diesem seltenen Tumor die Regel.

Das **sogenannte Hämangioperizytom des Hundes** tritt bei älteren Tieren vor allem an Rumpf, Oberschenkel und Extremitäten auf. Erneutes Auftreten nach Exzision ist häufig (bis 50%), während Metastasen selten sind. Die derben Tumoren können bis 25 cm groß werden und Nekrosen

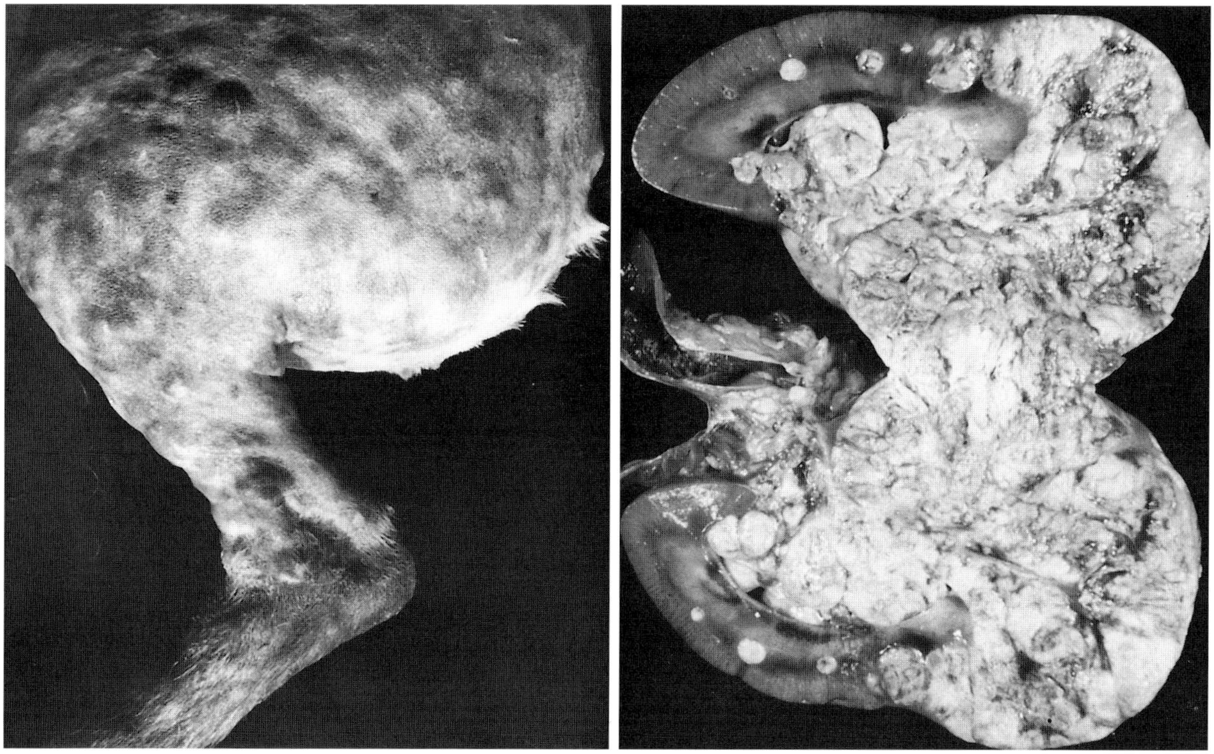

Abb. 15.30 Generalisierte noduläre Dermatofibrose (Haare teilweise entfernt) und Nierenkarzinom bei einem acht Jahre alten Deutschen Schäferhund.

aufweisen. Das histologische Bild ähnelt dem Fibrosarkom, wobei die Tumorzellen zwiebelschalenartig um kleine Gefäße gelagert sind. Die Entstehung der meist spindelförmigen Tumorzellen aus Perizyten der Blutgefäße ist nicht gesichert. Eine Trisomie von Chromosom 2 wurde in Einzelfällen nachgewiesen.

Undifferenzierte Sarkome verhalten sich meist bösartig (ähnlich wie wenig differenzierte Fibrosarkome).

Das semimaligne **Sarkoid der Pferde und Esel** *(equines Sarkoid)* ist makroskopisch und histologisch einem Fibrosarkom sehr ähnlich, wobei jedoch meist zusätzlich eine Proliferation der Epidermis sowie Ulzeration bestehen. Es ist der häufigste Tumor dieser Spezies. Es gibt solitäre und multiple Formen. Verruköse, sessile, fibroblastisch gestielte und Mischtypen werden unterschieden (Abb. 15.32). Rezidivbildungen nach operativer Entfernung sind häufig, Metastasen werden jedoch nicht gesehen. Ursache sind die Rinderpapillomviren BPV 1 und 2 (s. S. 538), deren DNS in den mesenchymalen, fibroblastenartigen Tumorzellen (nicht in den epithelialen!) episomal

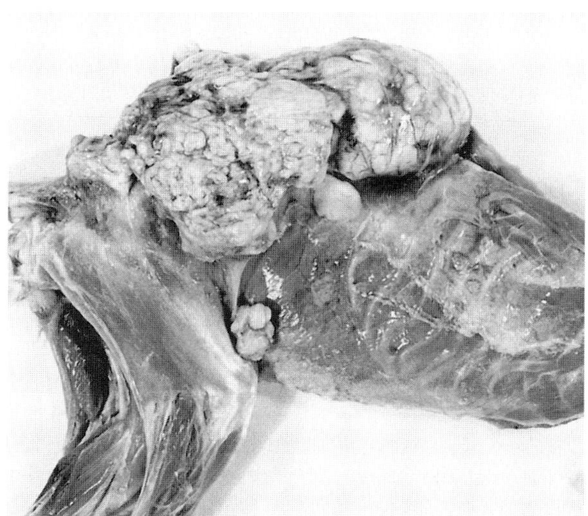

Abb. 15.31 Fibrosarkom in Unterhaut und Muskulatur einer vier Jahre alten Katze.

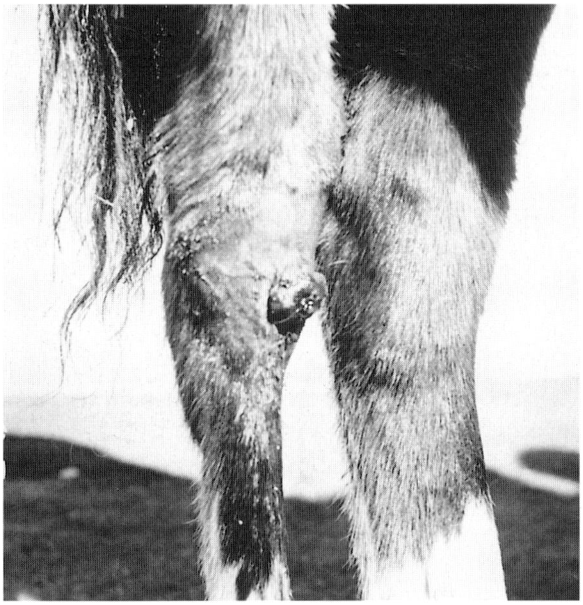

Abb. 15.32 Sarkoid, oberflächlich ulzeriert, Pferd.

repliziert wird, wobei eine Synthese von Viruspartikeln nicht stattfindet. Differentialdiagnostisch sind je nach Sarkoidtyp Dermatophytosen, chronische Entzündungen, Keloide und vor allem die Habronematidose (s. S. 548) abzugrenzen.

Zu den tumorähnlichen Veränderungen zählen der **fibröse Hautpolyp** (säulen- oder pilzförmige, kollagenisierte, oberflächlich haarlose Veränderung mit Ulzeration), die beim Hund häufigen lokalisierten **Koriumsklerosen, Keloide** und **hyperplastische Narben.** Diese Veränderungen weisen dichtes, hyalinisiertes Kollagen mit hyperkeratotischer Epidermis auf. Im Unterschied zum Fibrom sind elastische Fasern enthalten.

Calcinosis circumscripta cutis s. S. 498.

15.23.3.2 Tumoren des Fettgewebes

Lipome treten vor allem am Thorax und im Bereich der Oberschenkel auf, wobei Hündinnen häufiger betroffen sind als Rüden. Große Tumoren können nekrotische, dystrophisch verkalkte und schleimartige Bezirke enthalten.

Liposarkome zeigen unterschiedliche Grade der Differenzierung, sind weniger gut abgegrenzt und können metastasieren. Bei der Katze sollen Typ C-Retroviren (FeLV), beim Hund, ähnlich wie beim Menschen, eingespießte Fremdkörper (insbesondere Glassplitter oder Asbestfasern) ursächliche Bedeutung besitzen.

15.23.3.3 Tumoren des Muskelgewebes

Leiomyome, Leiomyosarkome, Rhabdomyome und Rhabdomyosarkome sind bei Tieren sehr selten (s. S. 355).

15.23.3.4 Tumoren der Blut- und Lymphgefäße

Kavernöse Hämangiome sind vor allem beim Hund häufig. Kennzeichnend sind endothelisierte, blutgefüllte und teilweise thrombosierte Hohlräume. Kongenitale Hämangiome kommen beim Pferd vor.

Maligne Hämangioendotheliome (Angiosarkome) neigen zu ausgedehnter Metastasierung und können zu massivem Blutverlust bzw. zur inneren Verblutung Anlaß geben. Die daraus resultierenden plötzlichen Todesfälle sind insbesondere auf Rupturen von Tumoren des Herzohres (Herztamponade) bzw. Milz oder Leber zurückzuführen. Der Differenzierungsgrad der Tumoren ist sehr unterschiedlich (s. S. 43).

Glomustumoren sind bei Tieren sehr selten (s. S. 44). **Lymphangiome** sind bei Tieren selten und kommen auch kongenital (Mißbildung) vor. **Maligne Lymphangioendotheliome** sind bei Tieren extrem selten. Varizen und Ektasien der Skrotalvenen beim Hund sind **tumorähnliche Veränderungen**, die mit kavernösen Hämangiomen verwechselt werden können (s. S. 40).

15.23.3.5 Mesenchymale Tumoren peripherer Nerven

(s. S. 423)

15.23.3.6 Mastzellentumoren

Mastzellentumoren sind die häufigsten malignen beziehungsweise semimalignen Hauttumoren des **Hundes**, wobei für Boxer und Boston-Terrier eine Rassendisposition besteht. Sie werden in der Regel bei älteren Tieren beobachtet, das Vorkommen bei Hunden unter einem Jahr ist selten. Es gibt solitäre und multiple Formen (Abb. 15.33 A, B), für letztere werden primäre Multiplizität und histohomologe Metastasierung diskutiert. Generalisierte Formen, bei denen vor allem Leber, Milz und Lymphknoten betroffen sind, werden auch als **Mastzellenleukose** bezeichnet. Bei reifen Mastzellentumoren kann es, bei unreifen sogar häufig, zur Rezidivierung und/oder Metastasierung kommen. Mastzellentumoren kommen nicht selten bei der **Katze** vor (auch generalisierte Formen, s. S. 66) und werden gelegentlich auch bei **Rind** und **Pferd** beobachtet. Die Tumoren sind gegenüber dem angrenzenden Gewebe nur undeutlich abgesetzt. Ulzera-

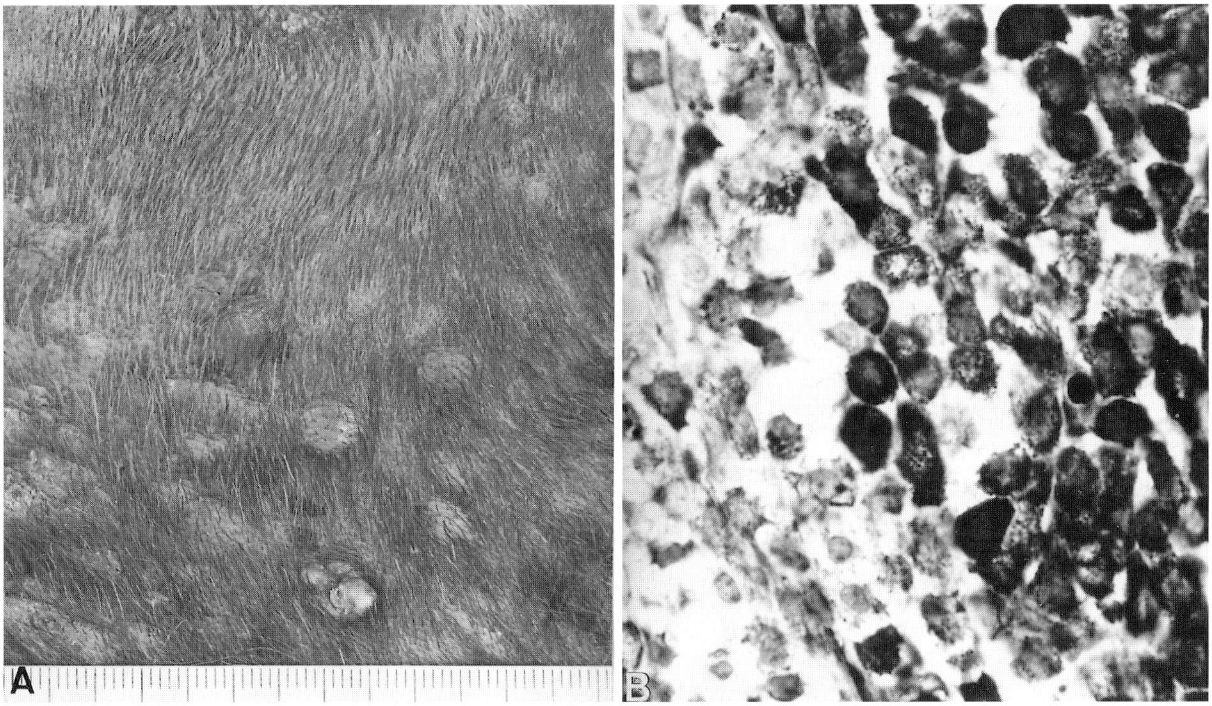

Abb. 15.33 A Multiple Mastzellentumoren, Boxer.
B Tumormastzellen mit deutlicher Granulierung, Toluidinblau, 700 x.

tionen sind häufig. Durch Histamin- und Heparinfreisetzung aus den Mastzellengranula kann es zu Gerinnungsstörungen (Blutungen), Schock sowie zu Magen-Darmgeschwüren (s. S. 162) kommen. Beim Hund sind zellhaltige und zellfreie Tumorübertragungen gelungen sowie Virus-ähnliche Partikel gefunden worden, so daß eine Virusätiologie möglich erscheint. Der Mastzellentumor des **Pferdes** ist differentialdiagnostisch von der Calcinosis circumscripta und vom eosinophilen Granulom (s. S. 498, 536) abzugrenzen.

15.23.3.7 Histiozytome

Diese häufigen benignen Tumoren kommen nur bei **Hunden** (besonders unter zwei Jahre alten) in der Haut vor. Die Tumoren wachsen schnell, bleiben aber meistens klein (Durchmesser bis etwa 1,5 cm). Sie sind relativ gut abgegrenzt und wölben sich halbkugelig über das umgebende Hautniveau. Die Histiozytome werden häufig an Kopf und Extremitäten angetroffen und können Spontanremission zeigen. Metastasen sind sehr selten. Der Tumor nimmt offensichtlich seinen Ausgang von Zellen des Makrophagensystems. Differentialdiagnostisch ist er vom STICKER-Tumor (s. S. 292) abzugrenzen. Das multiple Auftreten von Histiozytomen wird auch als **benigne kutane Histiozytose** bezeichnet. Unter **systemischer Histiozytose** versteht man hingegen eine durch „angiozentrische" noduläre Ansammlungen von Histiozyten, Lymphozyten und Granulozyten in Haut, Unterhaut, Auge und Lymphknoten gekennzeichnete, nichttumoröse, familiär beim **Berner Sennenhund** auftretende Erkrankung, die von der **malignen Histiozytose** (s. S. 69) aufgrund der Hautbeteiligung in der Regel leicht abzugrenzen ist. Malignes fibröses Histiozytom s. S. 542.

15.23.3.8 Lymphosarkome

Lymphosarkome und **lymphatische Hautleukose** (s. S. 66) sind bei Rind, Schaf, Hund und Katze bekannt, jedoch relativ selten und häufig mit leukotischen Veränderungen in anderen Organen vergesellschaftet. Eine besondere Form, die Ähnlichkeit mit der *Mycosis fungoides* des Menschen (T-Lymphozyten) besitzt und als **epitheliotropes (epidermotropes) Lymphosarkom** bezeichnet wird, kommt sehr selten bei **Hund** (Pudel, Cocker), **Katze** und **Pferd** vor. Dieses manifestiert sich neben juckenden, plaqueartigen Erythemen, in multiplen flachen erodierten oder ulzerierten Hautknoten an Rücken, Unterbauch,

Innenschenkeln oder Kopf (mukokutane Übergänge, Maulhöhle), die nicht heilen. Histologisch findet man in der Pars papillaris (dermoepidermale Junktion, Drüsen- und Haarfollikelepithel) und Epidermis (Bildung von PAUTRIER-Mikroabszessen) eine lichenoide Proliferation von atypischen, CD43- (CD4- und teilweise CD8-) positiven großen Lymphozyten mit eingekerbten Kernen (SÉZARY-Zellen), die teils Histiozyten-ähnlich sind, sowie von Plasmazellen. Beim **nicht-epitheliotropen kutanen Lymphosarkom**, der eigentlichen Hautleukose, liegen die Infiltrate dagegen in den tieferen Bereichen der Dermis.

15.23.3.9 Übertragbarer venerischer Tumor

STICKER-Tumor, s. S. 292, Tafel XVIII. A.

15.23.3.10 Extramedulläre Plasmozytome und Immunozytome

Im allgemeinen als benigne anzusehende extramedulläre Plasmozytome kommen beim **Hund** und selten bei der **Katze** in unterschiedlichen Hautlokalisationen vor. Bevorzugt werden sie an den Extremitätenenden, Lefzen, in Mundschleimhaut und äußerem Gehörgang gefunden. Histologisch zeigt sich eine Infiltration von Dermis und Subkutis mit pleomorphen Rundzellen, die durch exzentrisch gelegene, rundliche bis ovale und teils tief gekerbte Kerne charakterisiert sind. Mehrkernige Zellen sowie Zellen mit Riesenkernen und elektronendichten RUSSELLschen Körperchen sind häufig. In einem Teil der Tumoren können Amyloidablagerungen (AL) nachgewiesen werden. Meist kommt es, ebenso wie bei den aus Lymphozyten, Plasmazellen sowie Plasmazell-ähnlichen Rundzellen zusammengesetzten **Immunozytomen,** zu einer immunhistologisch nachweisbaren Immunglobulinexpression (IgG). Plasmazelluläre Pododermatitis s. S. 509.

15.23.4 Metastatische Tumoren

Metastatische Hauttumoren sind bei Haustieren sehr selten. Sie werden gelegentlich bei malignen Melanomen anderer primärer Lokalisationen und Nierenkarzinomen beobachtet. Maligne Mammatumoren der Katze neigen zu invasivem Wachstum in die umgebende Haut, vor allem anaplastische Karzinome der Mamma des Hundes zu Metastasen in die Haut der Schenkelinnenflächen (s. S. 318).

15.24 Parasiten

15.24.1 Protozoen

Durch Protozoen bedingte Hautveränderungen stehen meist im Zusammenhang mit Erkrankungen anderer Organsysteme oder einer Allgemeinerkrankung, selten ist die Haut das primär und/oder allein betroffene Organ.

15.24.1.1 Trypanosomosen

Bei der in Asien, Südamerika und Süd- und Osteuropa vorkommende **Beschälseuche der Einhufer** (Dourine, Erreger *Trypanosoma brucei equiperdum)* kommt es im Stadium der Allgemeinerkrankung neben den Veränderungen an Penis, Präputium, Vulva und Vagina zu ödematösen, urtikariaähnlichen Schwellungen in der Haut des Halses, der Schulter, der Unterbrust und Kruppe. Diese, auch als *Talerflecken* bezeichneten Veränderungen sind meist kreisrund oder ringförmig und können einen Durchmesser von 20 cm annehmen. Nach einigen Tagen verschwinden diese Quaddeln wieder. An ihrer Stelle können sich kleine, oberflächlich verkrustete Knötchen entwickeln. Gleichzeitig tritt eine Depigmentierung der Haut und Haare des betroffenen Bereiches ein (Leukodermie, Leukotrichie). Diese weißen Hautflecken können sich weiter ausbreiten. Sie ähneln den sogenannten *Krötenflecken* der Anogenitalregion und werden wie diese als trophoneurotische Depigmentierung interpretiert (s. S. 311).

Nach dem Stich von *Tsetsefliegen,* die mit **Trypanosoma congolense congolense** infiziert sind, können in der Haut von empfänglichen Rindern, Schafen und Ziegen Veränderungen entstehen, die auch als *Schanker (engl.* = chancre) bezeichnet werden und das erste klinische Symptom der afrikanischen Trypanosomose ***Nagana*** darstellen. Frühestens fünf Tage nach der Infektion bilden sich kleine Knötchen, aus denen sich zwischen dem 10. und 13. Tag bis zu 10 cm im Durchmesser große, derbe und schmerzhafte Schwellungen entwickeln, die zwischen 20. und 30. Tag wieder verschwinden. Histologisch dominieren anfänglich zahlreiche polymorphkernige Granulozyten, die nach einigen Tagen von Lymphozyten und Plasmazellen abgelöst werden, in Korium und Unterhaut sowie ausgedehnte Ödeme. Es wird angenommen, daß die Haut auch der Ort der Parasitenvermehrung ist, bevor die Trypanosomen in das Blut einwandern. Nicht infizierte Tsetsefliegen rufen durch ihren Stich keine besonderen Hautveränderungen hervor (s. S. 558).

Auch im Zusammenhang mit anderen Protozoenkrankheiten des Blutes (Surra, Mal de Caderas, Babesiosen u. a.) kommt es häufig zu ödematösen Schwellungen, Urtikaria, Erythem und Bläschenbildung der Haut.

Die **Leishmaniose** kommt bei Menschen und Hunden (Füchse, Katzen, Affen und Nager, in Südamerika auch Stall- und freilebende Kaninchen empfänglich) in den Mittelmeerländern, in Afrika, Asien und Südamerika vor. Die Erreger gehören zur Familie der *Trypanosomatidae* und werden durch den Stich von Sandmücken (Phlebotomusarten) übertragen. Die Mücken nehmen beim Saugakt von infizierten Individuen Leishmania-haltige Leukozyten, insbesondere Monozyten, auf. Die Parasiten vermehren sich im Mitteldarm der Mücke, gelangen von dort in den Ösophagus und werden beim nächsten Saugakt übertragen. Im Säugerorganismus vermehren sie sich in mononukleären Phagozyten, weshalb es häufig zu starker Milz-, Leber- und Lymphknotenschwellung kommt.

Im Gegensatz zum Menschen, bei dem eine ***Hautleishmaniose*** (Orient-, Aleppo-, Bagdad-, Delhi-Beule, *L. tropica, L. major, L.-braziliensis*-Komplex, *L.-mexicana*-Komplex*), **Haut- und Schleimhautleishmaniose*** (Espundia in Südamerika, *L.-braziliensis*-Komplex, *L.-mexicana*-Komplex) und systemische ***viszerale Leishmaniose*** (Kala-Azar = Schwarzes Fieber, *L. donovani, L. infantum, L. chagasi)* unterschieden werden, rufen die verschiedenen im **Hund** parasitierenden Leishmania-Arten (am häufigsten *L. infantum,* weshalb Hunde eine nicht zu unterschätzende Rolle in der Übertragung der Krankheit auf Menschen, besonders auf Kinder spielen; daneben *L. donovani, L. braziliensis* und *L. tropica*) ein generalisiertes Krankheitsbild, bei dem es regelmäßig auch zu Hautveränderungen kommt, hervor. Die Läsionen können dabei so dezent sein, daß sie der Untersuchung leicht entgehen. Am häufigsten findet sich eine lokale oder generalisierte trockene Schuppenbildung des stumpfen, struppigen Fells. Oft kommt es auch zu symmetrischem Haarausfall (Verwechslung mit Demodikose, Sarkoptesräude), Erythemen und Verdickung der Haut. Knoten und Ulzera sind bevorzugt an den Ohren und um die Augen- und Nasenöffnungen lokalisiert, nur gelegentlich sind die Gliedmaßen und der Rumpf befallen (Tafel XXVIII. A). An Ballen und Krallen kommen Hyperkeratosen mit gestörter Krallenhornbildung (abnorm lange und brüchige Krallen, Onychogryposis und Onychorrhexis) als auffällige Veränderungen vor. Milz-, Leber- und generalisierte Lymphknotenschwellung kommen vor, zirkulierende Immunkomplexe führen zu einer Glomerulonephritis, Vaskulitis mit Blutungsneigung, Iridozyklitis und Polyarthritis.

15.24.1.2 Kokzidiosen

Die **Besnoitiose** (Hautglobidiose, Hautsarkosporidiose, Elefantenhautkrankheit) ist eine in ganz Afrika verbreitete, auch in Südeuropa, Südamerika, Israel und im Nahen und Fernen Osten vorkommende Erkrankung von **Wiederkäuern** und **Equiden**, die besonders bei Rindern in Südafrika große wirtschaftliche Bedeutung besitzt. Die Erreger werden der Familie *Toxoplasmatidae* zugerechnet, der Übertragungsmodus ist noch nicht genau geklärt. Endwirte für *Besnoitia spp.* aus Nagern, Eidechsen und dem Opossum sind Feliden, in deren Intestinaltrakt die geschlechtliche Vermehrung stattfindet und die sporulierte Oozysten ausscheiden. Karnivoren werden als Endwirte auch bei den übrigen Besnoitia-Arten vermutet. Für die Übertragung auf die Zwischenwirte Pferd und Rind werden sowohl kontaminiertes Trinkwasser als auch blutsaugende Insekten *(Glossina palpalis?)* diskutiert. Die Trophozoiten sind nur relativ kurze Zeit im Blut nachweisbar. Sie vermehren sich ungeschlechtlich (Endodyogenie) in Histiozyten der Subkutis, Aponeurosen, Hoden, Schleimhäuten des Respirationstraktes und den Skleren. Innerhalb von sechs bis acht Wochen kommt es in der Haut (Korium) und in den Konjunktiven zur Ausbildung von makroskopisch erkennbaren, bis 500 µm großen dickwandigen Zysten.

Die Besnoitiose des **Rindes**, (Erreger *Besnoitia besnoiti)* verläuft meist chronisch. Todesfälle sind selten, aber die Tiere werden wegen starker Abmagerung und Nachlassen der Leistung wirtschaftlich unrentabel. Bei infizierten Bullen tritt häufig Sterilität auf. Eineinhalb bis zwei Wochen nach der Infektion beginnt die Krankheit mit Fieber, Inappetenz, Lymphknotenschwellung, Rhinitis, Lichtscheue, steifem Gang und subkutanen Ödemen (Anasarka). Trächtige Tiere können abortieren. Erst im zweiten Stadium treten Hautveränderungen auf. Lieblingssitz der Parasiten ist die Haut der Hintergliedmaßen und der Skrotalgegend. Die Veränderungen beginnen mit Verdickung und Elastizitätsschwund (Sklerodermie). Mitunter reißt die Haut auf, und es kommt zum Austritt von blutig-serösem Exsudat. An den geschwollenen Partien setzt Haarausfall ein, die Haut weist eine starke Runzelung auf. Überleben die Tiere dieses Stadium, so schließt sich das Stadium der trockenen Seborrhoe (chronische Besnoitiose) an. Dabei ist die Haut besonders in den ursprünglich ödematisierten Bezirken schuppig, verdickt und weist Rhagaden auf. Das Gesamtbild kann an schwere Räude oder X-Disease (s. S. 492) erinnern. Haarlosigkeit und Sklerodermie bleiben in schweren Fällen bestehen.

Auch die Besnoitiose der **Einhufer** (Erreger *Besnoitia benetti)* nimmt meist chronischen Verlauf. Die Veränderungen sind in der Regel nicht so stark ausgeprägt wie beim Rind. Nach subkutanen Ödemen an Kopf, Hals, Skrotum und Gliedmaßen entwickelt sich allmählich eine Sklerodermie mit Haarausfall und Schuppenbildung. Bezüglich der viszeralen Globidiose s. S. 192.

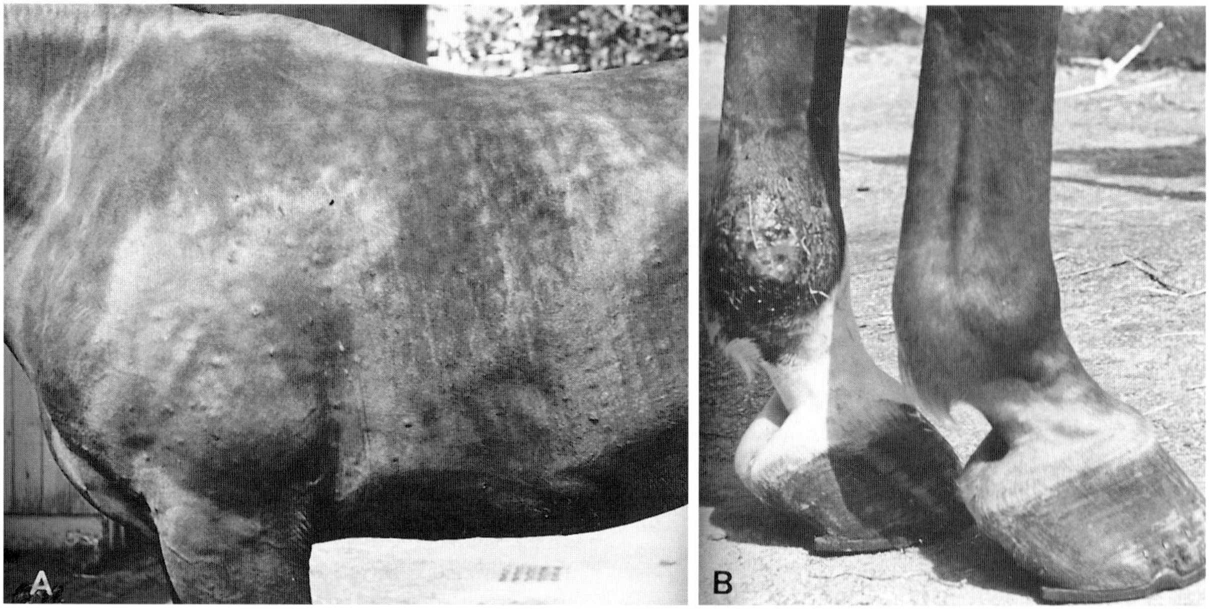

Abb. 15.34 Kutane Habronematidose. **A** Multiple Knoten, teils aufbrechend. **B** Typische Sommerwunden an der Innenseite der linken Vordergliedmaße.

Pyogranulomatöse oder nekrotisierende und ulzerative Dermatitiden können bei **Hunden** selten auch durch Caryospora bigenetica (Welpen) sowie Neospora caninum bedingt sein (s. S. 407).

15.24.2 Helminthen

15.24.2.1 Habronematidose

Die **kutane Habronematidose des Pferdes** (Sommerwunden, Kaloris, Dermatitis verminosa, Bursatti, Esponja, Swamp Cancer) ist eine nur im Sommer oder in heißen Gegenden auftretende granulomatöse Hautentzündung. Erreger sind die Larven III von Habronema-Arten *(Habronema muscae, Habronema majus s. microstoma, Draschia megastoma).* Die *Habronema*-Arten leben im Schleim der Magenmukosa, *D. megastoma* in der Magenwand. Aus den Eiern schlüpfen noch im Darm die Larven I. Diese müssen im abgesetzten Kot von Maden bestimmter Fliegenarten *(Musca domestica, Stomoxys calcitrans* u. a.) aufgenommen werden, in denen sie sich bis zu deren Verpuppung zur Infektionslarve III entwickeln. Kommt eine derart infizierte, geschlüpfte Fliege an Lippen und Nüstern eines Pferdes, so verlassen die Larven III den Zwischenwirt über dessen Mundwerkzeuge, werden vom Pferd abgeschluckt und gelangen in den Magen (s. S. 163). Werden die Infektionslarven jedoch auf Hautwunden ausgeschieden, so siedeln sie sich hier an und führen zur Hauthabronematidose. Bevorzugter Sitz sind Geschirrlage, Augenlider, Penis und Präputium (s. S. 292) und untere Extremitäten. Sehr selten kommt es zur Lungenhabronematidose. Bei Veränderungen des Präputiums kommt es in der Folge nicht selten zum Prolaps des *Processus urethrae* mit dem klinischen Bild der Dysurie. Ist der Tränennasenkanal mit einbezogen, so entwickelt sich ca. 2–3 cm unterhalb des medialen Augenwinkels die charakteristische, kreisrunde Veränderung. Sind die Konjunktiven betroffen, entstehen häufig eine ausgeprägte Photophobie, Chemosis und steter Tränenfluß. Die Larven dringen tief in das Gewebe ein und verursachen eine starke granulomatöse Entzündung mit Schwellung, Schmerzhaftigkeit und Juckreiz. Die Granulome, die einzeln oder zu mehreren auftreten können (Abb. 15.34 A, B), entwickeln sich meist plötzlich und wachsen schnell. Das Granulationsgewebe ist schlaff, breiig-körnig und blau-rot, oft ragt es blumenkohlartig über die Oberfläche vor. Die Veränderungen neigen schon bei geringer Irritation zu Blutungen und zeigen keine Heiltendenz. Häufig kommt es durch starken Juckreiz mit Kratzen und Scheuern zu sekundären Veränderungen. Während die Veränderungen an Konjunktiven und Augenlid (Augenhabronematidose) selten größer als 2 cm im Durchmesser werden, sind an anderen Lokalisationen

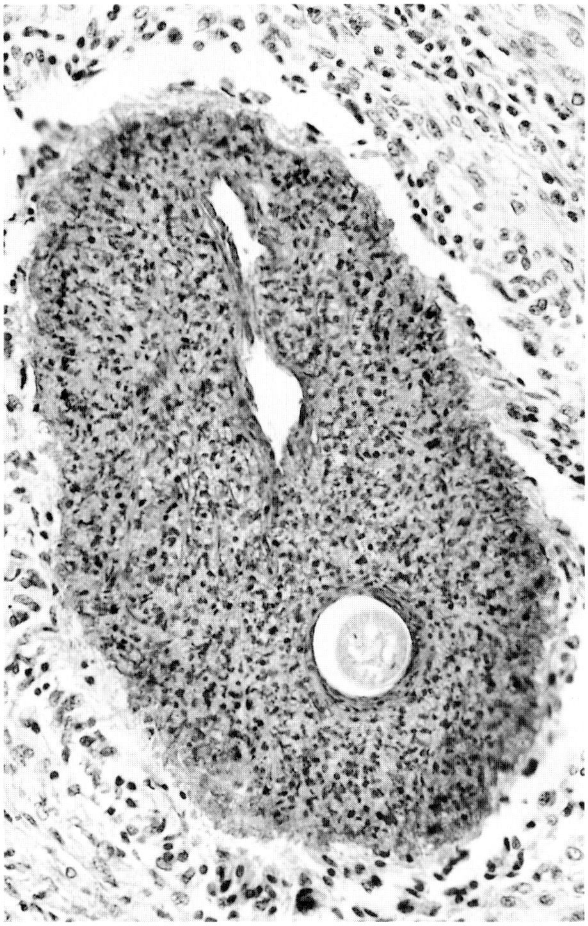

Abb. 15.35 Kutane Habronematidose, Pferd. Der im Granulom liegende Parasit *(Habronema muscae)* wird von nekrotischen, vorwiegend eosinophilen Granulozyten umgeben; darauffolgend Makrophagen und Bindegewebe. HE, 100 x.

Granulome mit einem Durchmesser bis zu 30 cm gefunden worden. In der kühleren Jahreszeit kommt der Prozeß zum Stillstand, in vielen Fällen erfolgt aber im nächsten Sommer ein neuer Ausbruch. Eine Weiterentwicklung der Larven III erfolgt nicht. Einzelfälle von Hauthabronematidose sind auch beim Hund und Rind beschrieben worden. Von der kutanen Habronematidose sind differentialdiagnostisch vor allem das eosinophile Granulom (s. S. 536), das Sarkoid (s. S. 543) und Keloide (s. S. 495) abzugrenzen, was meist nur auf dem Wege über die histologische Untersuchung (eosinophile granulomatöse Dermatitis mit Larven und Larvenresten, Abb. 15.35) oder einen direkten Larvennachweis erfolgen kann.

15.24.2.2 Parafilariose

Eine weitere, nur während der heißen Jahreszeit auftretende Hauterkrankung der **Einhufer** ist das **Sommerbluten** (Sommerräude, Blutschwitzen, hämorrhagische Filariose). Die Krankheit, die in Süd- und Osteuropa, Nordafrika, Südamerika, Indien und China heimisch ist, wird von *Parafilaria multipapillosa* hervorgerufen. Die adulten Parasiten leben in Unterhautbindegewebe und in den Faszien der Hautmuskeln.

Im Frühjahr und Herbst bohren sich die Weibchen in die oberen Schichten des Koriums und legen die Eier ab, aus denen sehr bald die Mikrofilarien schlüpfen. Dabei entstehen bis zu 2 cm im Durchmesser große, blutgefüllte Zysten, die aufbrechen und dadurch das Bild des Sommerblutens hervorrufen. Fliegen, die sich aus diesen „Blutseen" ernähren *(Haematobia atripalpis)* nehmen dabei die Mikrofilarien auf. In diesen Zwischenwirten erreichen sie das invasionstüchtige Stadium (Larve III) und werden wiederum beim Saugakt übertragen.

Bevorzugte Lokalisationen der Läsionen sind die untere Halsgegend, Schulter, Seitenbrust, Widerrist und Rücken. An diesen Stellen entstehen bis zu erbsengroße subkutane Granulome, die innerhalb weniger Stunden, besonders bei direkter Sonneneinstrahlung, aufbrechen und mit dem austretenden Blut Parasiteneier und -larven entleeren. Die befallenen Tiere zeigen derartige Veränderungen im Verlauf eines Sommers häufig an verschiedenen Stellen, oft tritt die Erkrankung mehrere Sommer lang auf.

Eine dem Sommerbluten der Einhufer ähnliche Erkrankung des **Rindes** tritt in Afrika, Indien, GUS, Europa (einschließlich Skandinavien) auf. Der Erreger ist *Parafilaria bovicola*. Die adulten Parasiten leben ebenfalls im subkutanen Bindegewebe, zur Eiablage dringen die Weibchen durch die Epidermis zur Hautoberfläche vor. Übertragungsmodus und pathologisch-anatomische Veränderungen entsprechen der Parafilariose der Einhufer. Bevorzugte Lokalisationen sind beim Rind der Hals, Schulterblätter, Rücken, Lende, Kruppe und Extremitäten.

15.24.2.3 Stephanofilariose

Die **Sommerwunden** (Sommerausschlag, Fliegenfraß) der **Rinder** werden von verschiedenen *Stephanofilaria-Arten* verursacht. Die Krankheit ist in Asien, den USA, Europa (Deutschland, Dänemark, Bulgarien) verbreitet. Morphologisch sind die Hautveränderungen bei allen Erregern gleich, die geographische Verbreitung und der bevorzugte Sitz sind jedoch für die Erreger charakteristisch. Die in Europa vorkommende Art ist noch nicht klassifiziert. Nach dem Sitz der Veränderungen scheint sie am ehesten der nordamerikanischen Art *Stephanofilaria stilesi* zu entsprechen. Aufgrund vergleichbarer Arten wird folgender Entwicklungszyklus vermutet: Die zu mehreren Exemplaren in subepidermalen Zysten im Bereich der Haarfollikel vorkommenden adulten Parasiten setzen lebende Larven ab. Diese gelangen entweder direkt oder über den Blut-Lymph-Weg zur Hautoberfläche. Dort werden sie von Arthropoden *(Haematobia irritans, Musca conducens),* wenn diese an den Hautläsionen saugen, aufgenommen und erreichen in diesen Zwischenwirten das invasionstüchtige Stadium, bevor sie an neue Wirte abgegeben werden. Die Erkrankung wurde bisher nur bei Weiderindern über 18 Monate beobachtet.

Die bevorzugten Lokalisationen der Läsionen sind der Unterbauch vor dem Euter (Voreuterekzem), das Euter selbst, besonders die Zitzenbasis, sowie die Kniefalten. Seltener sind auch andere Körperregionen, wie Vorderbrust, Achselgegend und Augenwinkel, betroffen. Die Wunden treten nur von Mai bis Oktober auf.

Die Veränderungen bestehen zunächst in etwa erbsengroßen, nässenden Effloreszenzen, die sich schnell in rundliche bis ovale, ca. 3 x 8 cm große, scharf abgesetzte Bezirke umwandeln, die eine ziegelrote, glatte Oberfläche aufweisen und von gelblichem, fibrinösem Exsudat bedeckt sind. Das zunächst wenig über die Oberfläche erhabene Granulationsgewebe bildet sich im weiteren Verlauf oft zu mehreren Millimeter hohen, von rot-braunen, rissigen Krusten bedeckte, unebene Erhabenheiten um. Da die Wunden Juckreiz verursachen und außerdem häufig von Fliegen irritiert werden (Myiasis), kommt es nicht selten zu schwerwiegenden Sekundärveränderungen. Mit Beginn der kühleren Jahreszeit werden die Wunden allmählich kleiner und flacher und heilen ab. Oft bleibt eine nur wenig erhabene, narbig-indurierte und haarlose Stelle zurück, aber auch papillomartige Veränderungen, die als „ruhende Dermatitis" bezeichnet werden, können auftreten. Aus diesen Veränderungen können adulte Filarien isoliert werden. Im folgenden Jahr treten meist Rezidive an den gleichen oder auch an anderen Hautstellen auf. Die Diagnose läßt sich histologisch (oberflächliche bis tiefe perivaskuläre Dermatitis unter Beteiligung eosinophiler Granulozyten und mononukleären Zellen, Filarien in Haarfollikeln) und/oder mit Hilfe eines speziellen Auswanderungsverfahrens durch direkten Nachweis der Mikrofilarien leicht stellen.

15.24.2.4 Onchozerkose

In den tropischen Gebieten Afrikas und in Mittelamerika gibt es beim Menschen eine chronische Infektion der Haut und Unterhaut, die durch Onchozerken verursacht wird. Bei den Haustieren (Wiederkäuer, Equiden) parasitieren die verschiedenen *Onchocerca*-Spezies vorwiegend in Sehnen, Sehnenscheide, Bändern (Nackenband beim Pferd), Aponeurosen und Schleimbeuteln (s. S. 358). Nur gelegentlich sind Wurmnester auch im subkutanen Bindegewebe zu finden, was zu einer herdförmigen Erhabenheit der Haut in diesem Bereich führt. Die Epidermis ist aber nicht betroffen. Allerdings kann es sekundär durch Fistelbildung zu Hautveränderungen kommen.

Die Mikrofilarien wandern in die Dermis, wo sie entweder frei in Gewebsspalten oder in Lymphgefäßen liegen. Die Übertragung erfolgt durch verschiedene Stechmücken *(Simuliidae, Culicoides)* und Gnitzen *(Ceratopogonidae).* In der Regel zeigen die Tiere keine Reaktion auf die intradermalen Mikrofilarien, entzündliche Reaktionen sind nur bei Mensch und Pferd (*O. cervicalis,* Nackenband) beobachtet worden. Diese beruhen wahrscheinlich auf allergischen Reaktionen, die sich entweder gegen Antigene der Mikrofilarien oder gegen solche ihrer Überträger richten. Eine in Ghana beim **Rind** vorkommende Art, *Onchocerca armillata,* scheint etwas häufiger auch die Haut zu befallen. In Australien verursacht *Onchocerca gibsoni* beim Rind knötchenartige Veränderungen in der Unterhaut, in denen zusammengerollte Parasiten zu finden sind. Auch beim *Hirsch* werden durch *Onchocerca flexuosa, O. tarsicola* und *O. tubingensis* ähnliche Veränderungen gefunden. Auge s. S. 452.

15.24.2.5 Elaeophorose

Diese Hautkrankheit des **Schafes** wird als *„Filarial Dermatitis"* bezeichnet. Die Krankheit wurde bisher in einigen Staaten der USA beschrieben. Erreger ist *Elaeophora schneideri,* der beim Wapitihirsch und anderen amerikanischen Hirschen eine als Clear-Eye-Blindness bezeichnete Augenerkrankung verursacht. Die adulten Parasiten leben in großen Arterien, speziell in der A. carotis, A. mesenterica und A. iliaca, bei der Blindheit der Hirsche wurden sie in den Kopfarterien gefunden. Die beim Schaf durch die Larven (Mikrofilarien) verursachte Dermatitis tritt fast regelmäßig an Kopf, einschließlich Gesicht, und Widerrist auf. Die Haut des Abdomens und der Gliedmaßen sowie Kornea und Mund- und Nasenschleimhaut können ebenfalls betroffen sein. Die mit starkem Juckreiz einhergehenden Hautveränderungen können einen Durchmesser von 1,5 cm erreichen. Sie beginnen als vesikuläre bzw. pustulöse Dermatitis, der Haarausfall und Krustenbildung folgen. Chronische Infektion des Kronsaumes kann zu Klauendeformation führen.

15.24.2.6 Pelodera Dermatitis

Die **kutane Strongyloidose, Pelodera (rhabditiforme) Dermatitis,** wird durch freilebende Larven III von Strongyloidesarten, die aktiv die Haut penetrieren, hervorgerufen. Im allgemeinen werden sie als *Rhabditis strongyloides,* beim Hund auch als *Pelodera strongyloides* bezeichnet. Da die Larven im Schmutz leben, begünstigt unhygienische Haltung die Erkrankung. Sie kommt bei allen Tierarten, besonders bei Jungtieren, vor. Besonders häufig werden die Extremitäten (Zwischenklauenspalt, Zwischenzehenhaut), Bauch und Gesäuge befallen. Die Larven dringen entlang der Haarfollikel in die Haut ein, wobei punktförmige Rötungen und Blutungen entstehen. Durch bakterielle Sekundärinfektionen entwickeln sich außerdem häufig eitrige Haarbalgentzündungen. Besonders beim **Hund** liegt meist das Bild einer pustulösen Dermatitis vor. Das Haarkleid wird struppig, die Haare verkleben an den betroffenen Stellen und fallen in großen Büscheln aus. Auch Quaddelbildung infolge allergischer Prozesse wird beobachtet. Die Veränderungen verursachen heftigen Juckreiz, der zu Scheuern, Kratzen und Belecken und damit häufig zu weiteren Komplikationen führen kann. Bei chronischem Verlauf entwickeln sich krustöse Ekzeme.

Beim Ferkel wird der sogenannte Ferkelruß (s. S. 502), beim Schaf die Moderhinke (s. S. 436) mit Strongyloideslarven in Verbindung gebracht.

Die im Darm parasitierenden Strongyloidesarten, die ebenfalls perkutan in den Wirt gelangen (s. S. 192), scheinen dagegen keine oder nur geringfügige Hautveränderungen ohne wesentliche entzündliche Reaktionen des Wirtsorganismus zu veranlassen.

15.24.2.7 Ankylostomatidose

Bei Hunden, vor allem bei Zwingerhaltung, wird eine durch penetrierende Hakenwurmlarven verursachte Dermatitis beobachtet. Erreger sind *Ancylostoma caninum* und *Uncinaria stenocephala.* Die adulten Würmer sind blutsaugende, zu schweren Anämien führende Parasiten, die bevorzugt in den mittleren Dünndarmabschnitten schmarotzen (s. S. 195). Ihre Larven entwickeln sich ohne Nahrungsaufnahme über zwei Häutungen im Freien. Die Larven von *Ancylostoma caninum* können entweder perkutan, peroral oder galaktogen in den Organismus gelangen, die von *Uncinaria stenocephala* perkutan und, vorzugsweise, peroral. Die perkutane Penetration ist in der Regel nur von leichtem Juckreiz begleitet, es werden aber auch schwere Dermatitiden beobachtet. Offensichtlich spielen Sensibilisierungsvorgänge bei der entzündlichen Reaktion eine Rolle, denn experimentell konnte nach mehrmaliger Applikation von Hakenwurmlarven eine rascher einsetzende und schwerwiegendere Dermatitis erzeugt werden.

Bevorzugte Lokalisationen der Veränderungen sind die Gliedmaßenenden, insbesondere die Zwischenzehenhaut, aber auch die Bauchhaut und andere Körperregionen können befallen werden. Bei chronischem Verlauf können sich Verdickung der Pfote, Paronychia und Krallendeformation entwickeln.

15.24.2.8 Dracunculose

Die Dracunculose ist eine in Asien, Afrika, Amerika, Westindien und auf den Fidji-Inseln bei Mensch und Hund, seltener bei Pferd, Rind und Katze bekannte Erkrankung. Erreger ist *Dracunculus medinensis* (Medina-, Schlangen-, Drachenwurm). Der weibliche Wurm, der eine Länge bis zu 4 m erreichen kann, lebt in der Subkutis. An der Stelle, wo das Vorderende des Parasiten liegt, bildet sich in der Haut des Wirtes eine Blase, die später zu einem flachen Geschwür wird. Sobald das Geschwür mit Wasser benetzt wird, stößt der Wurm eine große Zahl von Larven ab. Dieser Mechanismus erklärt sich dadurch, daß der Zwischenwirt des Parasiten ein *Cyclops (Crustaceae)* ist. In diesem Zwischenwirt werden die Larven invasionstüchtig, der Endwirt wird durch Aufnahme von verseuchtem Wasser infiziert. Die Larven werden im Verdauungstrakt des Endwirtes freigesetzt und wandern vermutlich aktiv zur Subkutis.

Ein dem Medinawurm verwandter Parasit, *Dracunculus insignis,* tritt in Nordamerika bei Hund, Nerz, Otter, Waschbär und Stinktier auf. Der adulte Wurm erreicht aber nur eine Länge von etwa 20 bis 30 cm. Entwicklungszyklus und pathologisch-anatomische Veränderungen entsprechen dem Medinawurm.

15.24.2.9 Parelaphostrongylose

Parelaphostrongylus tenuis kann bei Ziegen eine meist nur einseitig an Schulter, Brust oder Flanken lokalisierte, auffälligerweise senkrecht linear verlaufende ulzerativ-krustöse Dermatitis mit Alopezie und Narbenbildung hervorrufen (ZNS s. S. 410).

15.24.3 Arthropoden

15.24.3.1 Klasse Arachnea

Zecken

Zecken sind periodisch-stationäre blutsaugende Parasiten. Besonders in tropischen Gebieten stellt die Zeckenplage eine erhebliche wirtschaftliche Belastung dar. Zecken sind von großer epidemiologischer Bedeutung, da sie als Überträger von Viren, Rickettsien, Bakterien, Protozoen und sogar Helminthen (bei Nagern und Schlangen) dienen. Bei starkem Zeckenbefall führt der erhebliche Blutverlust zu schweren Anämien, Abmagerungen, Wachstumsverzögerung und Milchrückgang. Auch können zeckeneigene Toxine pathogen wirken und z. B. Lähmungen *(Zeckenparalyse)* und *Hyperhidrosis* mit Ekzembildung (Sweating Disease der Kälber und Schweine in Südafrika, verursacht durch *Hyalomma transiens)* hervorrufen. Die wichtigsten Vertreter gehören der Ordnung **Ixodida** mit den Familien **Ixodidae (Schildzecken;** Gattungen *Ixodes, Amblyomma* (Abb. 15.14), *Boophilus, Dermacentor, Haemaphysalis, Hyalomma, Rhipicephalus)* und **Argasidae (Lederzecken;** *Gattungen Argas, Ornithodorus, Otobius)* an.

Im Unterschied zu den Schildzecken, die während jeder Entwicklungsstufe Blut saugen und sich in dieser Zeit dauernd auf dem Wirt aufhalten, sind die Lederzecken Nestbewohner, die nur kurze Zeit Blut saugen und sich dann wieder in ihre Schlupfwinkel zurückziehen. Sie kommen vorwiegend bei Vögeln vor, bei denen sie als Überträger von Krankheiten (Geflügelspirochätose, Salmonellose der Tauben, Geflügelrickettsiose) eine große Rolle spielen.

Die **rote Vogelmilbe** *(Dermanyssus gallinae)* kann beim Säugetier juckende Ekzeme hervorrufen.

Eine Ausnahme macht die **Ohrenzecke** *(Otobius megnini)*, die bei Mensch und Tier in subtropischen und tropischen Gebieten Amerikas und Afrikas als stationärer Parasit in Ohr und Gehörgang vorkommt.

Die **Hautveränderungen** durch Zeckenbiß bestehen in Blutungen, Ödemen, Knötchen, Ulzera und Granulomen (besonders auch die Arten Amblyomma und Hyalomma; allergische Reaktionen vom Typ I, seltener auch Typ IV). Häufig sind derartige Läsionen Eintrittspforten für bakterielle Erreger (Pseudotuberkulose s. S. 61) oder geben zum Befall mit Fliegenmaden (Myiasen s. S. 558) Anlaß.

Cheyletiellose

Die Cheyletiellose ist eine bei Hund, Katze und Kaninchen auftretende Hauterkrankung, die von Vertretern der Raubmilbenfamilie *Cheyletiellidae* verursacht wird *(Cheyletiella yasguri* vor allem beim Hund, *Ch. blakei* bei der Katze, *Ch. parasitivorax* beim Kaninchen). Alle Arten können auch auf den Menschen übergehen und dort zu stark juckenden Hautveränderungen führen, ihren Lebenszyklus aber nicht beenden. Alle Vertreter haben ihren Lieblingssitz im Bereich des Rückens, die Ausbreitung verläuft meist von kaudal nach kranial. Art und Ausmaß der Veränderungen können variieren. Im leichtesten Fall findet man eine Hyperkeratose mit Abschilferung trockener weißer Schuppen. Vor allem bei Katzen kommt es jedoch nicht selten zu einzelnen oder generalisierten Papeln sowie krustösen Veränderungen. Juckreiz kann sehr stark ausgeprägt sein, im Einzelfall jedoch völlig fehlen. Betroffen sind in erster Linie Jungtiere, die durch direkten Kontakt vom Muttertier infiziert werden. Ältere Tiere besitzen offensichtlich eine erworbene Immunität.

Trombikulidose

Die Trombikulidose (Herbstbeiße, Sendlinger Beiß, Erntekrätze, Stachelbeerkrankheit u. a.) kommt bei Mensch und allen Haustieren vor. Sie wird hervorgerufen durch Vertreter der Familie *Trombiculidae* mit den Gattungen *Neotrombicula (s. Trombicula), Euschöngastia* und *Walchia*. In Europa wird sie hauptsächlich durch *Neotrombicula autumnalis* (Herbst- oder Erntemilbe, Birkenlaus), in Australien durch *Trombicula sarcina* (Leg-Itch-Mite bei Känguruhs und Schafen) verursacht. In Amerika kommen besonders *Eutrombicula alfreddugesi, Euschöngastia latchmani* und *Walchia americana* bei Katze, Hund und Pferd vor. Die kleinen orangeroten Milben gelangen von Gräsern und anderen Pflanzen auf den Wirt.

Bevorzugte Lokalisationen sind beim Rind die Schwanzunterseite und die Schenkelinnenfläche, wo sie ein an Schlempemauke erinnerndes Ekzem hervorrufen. Beim Schaf findet man häufig rote Streifen zu beiden Seiten des Nasenrückens. Bei der Ziege sind vorwiegend die Ohren betroffen. Bei Hund und Katze werden alle dünnhäutigen Partien wie Zwischenzehenhaut, Augen-, Lippen- und Nasengegend, Ohrmuschel und bei der Katze auch die Schwanzspitze befallen. Eine atypische generalisierte Form wird bei der Katze, verursacht durch *Walchia americana*, beobachtet. Beim Pferd zeigt sich der Befall meist in Form eines leichten Ekzems im Kopfbereich, an Ohren, Fessel („Heel Bug“) und Schenkelinnenflächen.

Die Veränderungen bestehen in bis zu linsengroßen Papeln, die von heftigem Juckreiz begleitet sind und besonders beim Schaf durch bakterielle Infektionen häufig geschwürig werden.

Demodikose

Die Demodikose (Akarusräude, Akariasis) wird durch Haarbalgmilben *(Demodicidae)* verursacht. Die Erreger sind streng wirtsspezifisch, obgleich sie sich morphologisch kaum unterscheiden. Die Erkrankung kommt bei allen Haustieren vor, klinische Bedeutung hat sie jedoch fast ausschließlich beim Hund. Große wirtschaftliche Schäden verursacht sie dagegen durch Leder- beziehungsweise Wollfehler bei Rind und Schaf.

Die Demodikose ist meist eine Krankheit jüngerer Tiere,

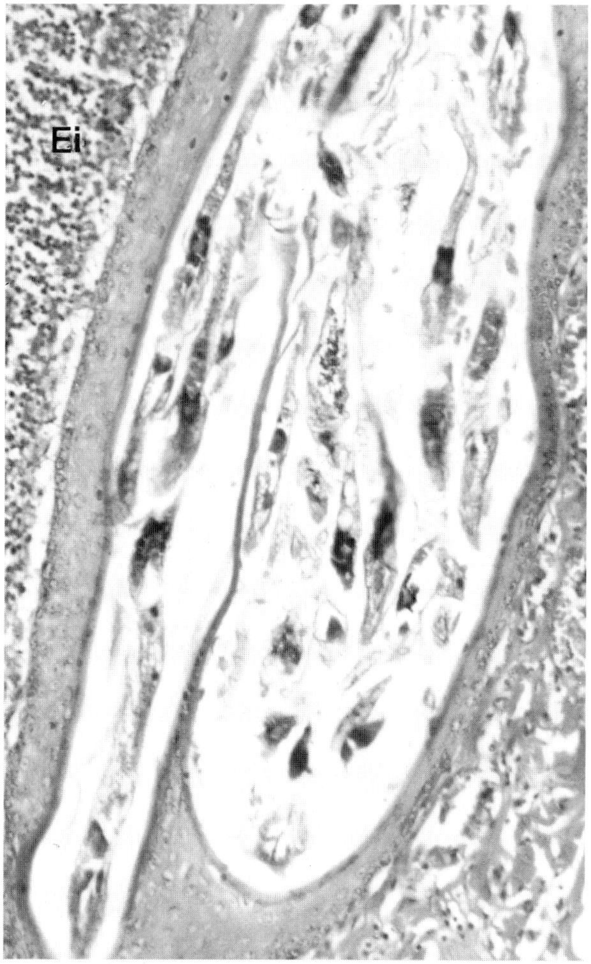

Abb. 15.36 Demodikose, Hund. Im Haarbalg zahlreiche Demodexmilben; Ei = Eiterzellen (neutrophile Granulozyten, zum größten Teil nekrotisch. HE, 80 x.

wobei die Übertragung durch Kontakt mit latent infizierten Muttertieren erfolgt. Demodexmilben gehören zur normalen Hautfauna fast aller Spezies einschließlich des Menschen. Zum klinischen Bild der Demodikose kommt es dann, wenn das Wirt-Parasit-Verhältnis gestört wird. Beim Hund scheint hierzu eine genetische Disposition (selektiver Defekt der zellulären Immunantwort?) eine Rolle zu spielen. Reinrassige Hunde sind auffallend häufiger betroffen als Mischlingshunde. Andererseits ist zu bedenken, daß die Demodikose ihrerseits, besonders wenn sie durch bakterielle Sekundärinfektionen *(Staphylococcus aureus,* Pyodermie) kompliziert ist, Defekte in der zellulären Immunantwort induziert. Auch andere, die Abwehr beeinträchtigende Faktoren wie Zahnwechsel, Viruserkrankungen u. a. können zum Ausbruch der Krankheit führen. Die Haarbälge und z. T. auch die Talgdrüsen werden durch die starke Parasitenvermehrung (beim Hund bis zu 200 Milben in den großen Haarbälgen der Sinushaare, Abb. 15.36) verstopft und sind dadurch für bakterielle Sekundärinfektionen (meist Staphylokokken, Pseudomonaden) besonders prädisponiert.

Die Demodikose des **Hundes** *(Demodex canis)* tritt bevorzugt bei jungen, geschwächten Tieren auf (Mangelernährung, Wurmbefall, Zahnwechsel, Staupe, zu häufiges Waschen mit Shampoos u. a.). Klinisch manifest wird die Krankheit, die in der Regel beim Saugakt von der latent befallenen Mutter übertragen wird, erst nach Absetzen der Welpen. Oft ist der ganze Wurf erkrankt.

Primär betroffen sind meist Hautstellen, die beim Saugen in engen Kontakt mit der Mutter kommen, nämlich Oberlippe, Augenlider, Nasenrücken, Stirn, Ohren und Pfoten. In leichten Fällen treten die Veränderungen nur an den Lidern und deren unmittelbarer Umgebung auf, wobei es durch Ausfall von Haaren und Wimpern zur sogenannten Brillenbildung kommt.

Man unterscheidet eine *Alopezieform*, eine *squamöse, squamopapulöse, pustulöse* und eine *atypische Form.* Die ***Alopezie*** stellt die leichteste Form der Demodikose dar und besteht in kleinen, zirkumskripten haarlosen Stellen an Kopf und Extremitäten.

Bei der ***squamösen Form*** liegt ein schuppendes Ekzem mit zunächst umschriebenem, später großflächigem Haarausfall vor. Die Schuppen haben eine charakteristische graubläuliche Farbe. Die betroffenen Hautpartien sind gerötet, oft verdickt und runzelig.

Aus der squamösen Form entwickelt sich häufig die ***squamopapulöse Form,*** bei der im Bereich der schuppenden Hautstellen auch kleine Papeln auftreten. Diese Form verläuft meist chronisch mit Ausbildung einer Sklerodermie. Im Falle einer Ausheilung zeigen die betroffenen Hautstellen häufig Hyperpigmentierung (Tafel XXVIII, B).

Die ***pustulöse Form*** tritt meist bei Tieren über zwei Jahren auf und entwickelt sich in der Regel ebenfalls aus der squamösen Form. Sie ist gekennzeichnet durch Bildung kleiner derber Knötchen, die in unmittelbarer Nachbarschaft von Haarfollikeln (Follikulitis) entstehen und meist eine blau-rote Farbe haben. Diese Knötchen wandeln sich schnell in gelbe bis braun-rote, mitunter schwärzliche Pusteln um, die bei leichtem Druck einen talgartigen, teils blutigen Eiter entleeren, in dem zahlreiche Milben aller Entwicklungsstufen nachgewiesen werden können. Im weiteren Verlauf können sich Geschwüre entwickeln, die Haut wird schuppig, dick und runzelig oder auch nässend und macht oft einen zerklüfteten Eindruck. Die charakteri-

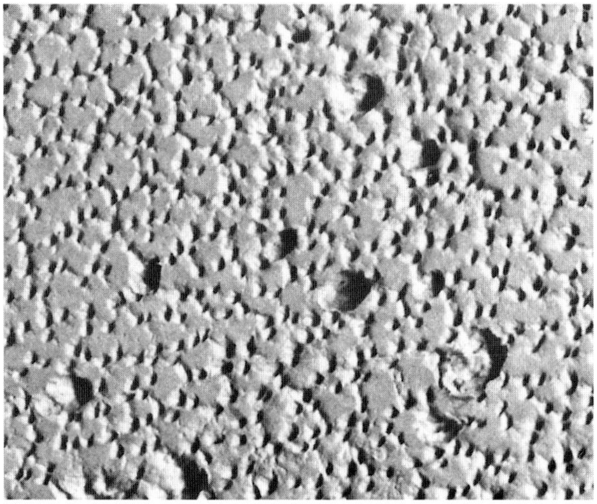

Abb. 15.37 Lederschäden (kraterartige Löcher) infolge Demodikose, Rind, 4 x.

stische blau-rote Farbe der Haut hat dieser Form der Erkrankung den Namen *„Rote Räude"* gegeben. Bei Zerstörung der Haarfollikel können Milben auch in den regionären Lymphknoten, gelegentlich auch in die Milz und andere Organe, gelangen. Die pustulöse Form der Demodikose neigt zur fortschreitenden Ausbreitung und ist, wenn größere Körpergebiete betroffen sind, prognostisch stets als ungünstig zu beurteilen.

Bei der ***atypischen Form*** sind die Veränderungen über den ganzen Körper verteilt. Auf kleinen, zirkumskripten schuppenden Hautbezirken fallen die Haare aus, Papeln und Pusteln können ebenfalls vorhanden sein.

Bei der **Katze** *(Demodex cati)* ist eine klinisch manifeste Demodikose nur in Einzelfällen belegt, vor allem die generalisierte Form wird in Zusammenhang gebracht mit FeLV- und FIV-Infektionen sowie Diabetes mellitus.

Die Demodikose des **Rindes** *(Demodex bovis)* verläuft chronisch, ohne in der Regel besondere klinische Erscheinungen hervorzurufen. Bevorzugter Sitz der Milben sind Schulter, Vorderbrust, Hals und Triel. Die Veränderungen bestehen in glasstecknadelkopf- bis erbsengroßen Knötchen, deren Entstehungsmechanismus folgendermaßen erklärt wird: Die Milben dringen entlang der Haarfollikel in das kutane Bindegewebe ein. Dabei werden Matrix und innere Haarwurzelscheide zerstört, das Haar stirbt ab und fällt aus. Durch Schließen der äußeren Wurzelscheide im Bulbusteil des Haares sollen sich dann die beschriebenen Knötchen bilden. Diese stehen über einen mit mehrschichtigem Plattenepithel ausgekleideten Gang mit der Hautoberfläche in Verbindung. In frischen Knoten sind Milben aller Entwicklungsstadien nachweisbar. Bakterielle Sekundärinfektionen oder andere Komplikationen sind bei der Rinderdemodikose selten. Ihre Bedeutung liegt in den oftmals ausgedehnten Hautzerstörungen, die meist erst bei der Lederfabrikation manifest werden und die Häute minderwertig oder gar wertlos machen (Abb. 15.37).

Beim **Schaf** *(Demodex ovis)* verläuft die Demodikose in der Regel ebenfalls subklinisch, nur gelegentlich kann sie bei älteren Tieren während der Trächtigkeit zu Hautveränderungen führen. Beim Schaf werden bevorzugt die MEIBOMschen Drüsen, die Augenlider und die Talgdrüsen von Präputium und Vulva *(D. aries)* befallen. Es kann dabei infolge erhöhter Sekretion der Hautdrüsen zu ausgedehnten Verklebungen und anschließendem Ausfall der Wollhaare kommen.

Die Demodikose der **Ziege** *(Demodex caprae)* und des **Schweines** *(Demodex suis)* sind sehr selten. Bei der Ziege beschränkt sie sich meist auf den Kopf, beim Schwein kann es gelegentlich infolge verminderter Widerstandskraft zum Auftreten klinischer Demodikose an allen Körperstellen kommen, wobei die Knoten zur Abszedierung neigen.

Beim **Pferd** *(Demodex equi* und *D. caballi)* tritt die Demodikose ebenfalls relativ selten auf und verläuft meist subklinisch. Die Veränderungen sind oft nur in Form kleiner haarloser Stellen im Kopfbereich nachzuweisen, die sich nur bei längerem Verlauf auch auf die Flanken ausdehnen können.

Beim **Kaninchen** *(Demodex cuniculi)* kommt die Demodikose dagegen relativ häufig als squamöse und pustulöse Form sowie als Otitis externa vor.

Psorergatose

Psorergates ovis, verursacht beim **Schaf** in Australien, Neuseeland, USA, Südafrika und Argentinien eine stark juckende, zu schweren Wollschäden führende Hautveränderung, die als *Psorergatesräude* bezeichnet wird. Besonders betroffen sind Merinoschafe. Die Veränderungen sind besonders im Bereich der Flanken, Oberschenkel und seitlichen Körperoberflächen lokalisiert. Das Vlies zeigt hier ein zerfetztes, franseliges Aussehen.

Räude

Die Räude (Krätze, Skabies) wird durch verschiedene Gattungen von Räudemilben der Familien **Psoroptidae** (Gattungen *Psoroptes, Chorioptes, Otodectes)* und **Sarcoptidae** (Gattungen *Sarcoptes, Notoedres)* verursacht. Sie stellt die wichtigste parasitäre Hautkrankheit der Haustiere dar. Die Wirtsspezifität der einzelnen Arten ist unterschiedlich. Besonders Spezies der Familie Sarcoptidae verursachen beim Übergang auf wirtsfremde Individuen häufig eine sogenannte Trug- oder Scheinräude, die in der Regel harmlos verläuft.

Die Übertragung der mit starkem Juckreiz einhergehenden Krankheit erfolgt in der Regel durch direkten Kontakt, Zwischenträger scheinen nur von untergeordneter Bedeutung zu sein. Latent infizierte Tiere stellen ein wichtiges Erregerreservoir dar.

Für die Art der entstehenden Hautveränderungen sind primär die pathogenen Parasiten, sekundär auch allergische, bakterielle und traumatische Prozesse (Kratzen, Scheuern, Benagen usw.) verantwortlich zu machen. Die einzelnen Gattungen schädigen die Haut, abhängig von ihrer Lebens- beziehungsweise Ernährungsweise auf unterschiedliche Art.

Psoroptes (Saugmilben, Fam. *Psoroptidae)* leben auf der Hautoberfläche und ernähren sich von Lymphe. Sie bohren mit ihren stilettartigen Mundwerkzeugen die lebenden Schichten der Epidermis und den Papillarkörper an. Bevorzugter Sitz dieser Gattung sind lang- und dichtbehaarte Hautpartien sowie die Gelenkbeugen.

Chorioptes (Nagemilben, Fam. *Psoroptidae)* nagen die oberflächlichen Hautschuppen beiseite, um an die Zellen der tieferen Epidermisschichten zu gelangen, von denen sie sich neben Lymphe ernähren. Sie sitzen vorwiegend an den Extremitäten.

Otodectes (Ohrmilbe der Fleischfresser, Fam. *Psoroptidae)* verhalten sich biologisch ähnlich wie Chorioptes.

Notoedres und **Sarcoptes** (Grabmilben, Fam. *Sarcoptidae)* legen in der Epidermis regelrechte Bohrgänge an, um das Stratum spinosum zu erreichen. Dort legen die Weibchen die Eier ab, während die Männchen immer an der Oberfläche der Epidermis leben. Die Grabgänge werden als Gegenreaktion auf die Parasiteninvasion verhornt. Diese neugebildeten Hornschichten müssen von den Milben immer wieder durch keratolytische Speichelsäfte weggelöst werden, um die Nahrung zu erreichen. Gelingt ihnen das nicht (z. B. bei guter Abwehrlage des Wirtes), so werden sie „eingesargt" und es erfolgt Selbstheilung. Bei geschwächter Abwehrlage dagegen entwickelt sich das Bild der Räude. Sarkoptesmilben besitzen auf ihrer Rückenfläche Dornen und Schuppen, die auch eine histologische Unterscheidung von Psoroptesmilben ermöglichen.

Rind: Beim Rind kommt in der Hauptsache **Sarcoptesräude** *(Sarcoptes bovis,* seltener *Sarcoptes scabiei)* vor. Sie tritt bevorzugt an Kopf und Hals (Kopfräude), seltener auch an der Schwanzwurzel auf. Sie zeigt ausgeprägte Ausbreitungstendenz. Anfänglich besteht nur Hautrötung, dann bilden sich Knötchen und Schuppen, schließlich tritt Haarausfall auf. Weiterhin kommt es zu Verdickung und Runzelung der Haut, die sich mit dicken Krusten und Borken bedeckt.

Die **Psoroptesräude** *(Psoroptes ovis)* tritt gewöhnlich im Herbst und Winter auf und verschwindet häufig wieder beim Weidegang. Die Veränderungen gleichen weitgehend denen der Sarcoptesräude. Sie manifestiert sich meist als Schwanzräude, seltener als Kopfräude (Hornansätze, Hals, Widerrist).

Die **Chorioptesräude** *(Chorioptes bovis),* bei der typische kleieartige Detritusmassen entstehen, zeigt sich als Steißräude (Schwanzwurzel, Steißgegend) und als Fußräude (Fesselbeuge). Differentialdiagnostisch sind von den Räudeformen des Rindes vor allem die krustösen Formen der Dermatomykosen, die Hyperkeratose, Dermatophilose und Besnoitiose abzugrenzen.

Pferd: Die wichtigste Form ist die **Sarcoptesräude** *(Sarcoptes equi),* die hauptsächlich die kurzbehaarte Haut befällt. Sie beginnt meist an Kopf und Widerrist und verbreitet sich über den ganzen Körper, wobei jedoch in der Regel die langbehaarten Hautstellen verschont bleiben. Zu Beginn der Krankheit sieht man einzelne stecknadelkopfgroße, undeutliche Knötchen, später linsengroße haarlose Flecken oder nur vermehrte Schuppenbildung. Anschließend entwickeln sich Hautverdickung und starke Krustenbildung. Die Sarcoptesräude ist gefährlich und kann infolge Abmagerung und Anämie zum Tode führen. *Sarcoptes equi* kann auch auf den Menschen übergehen und eine unangenehme Scheinräude hervorrufen.

Die **Psoroptesräude** *(Psoroptes equi)* manifestiert sich häufig als Steißräude, die Milben sitzen aber auch an anderen Körperstellen (Mähne, Kehlgang, Euter, Leistengegend). Charakteristisch ist die Bildung großer Knoten und dicker, stark zerklüfteter Borken. Die erkrankten Bezirke sind immer scharf von den gesunden abgegrenzt. *Psoroptes cuniculi* verursacht die Ohrräude des Pferdes.

Die **Chorioptesräude** *(Chorioptes bovis)* ist in erster Linie in der Gegend der Fesselbeuge lokalisiert (Fußräude), kann aber auch gelegentlich auf Tarsal- beziehungsweise Karpalgelenke und seltener auch auf die Schweifrübe übergreifen. Es kommt zur Verdickung der Haut und zur Ausbildung von Borken und tiefen Rhagaden. Differentialdiagnostisch sind von den verschiedenen Räudeformen des Pferdes besonders Dermatomykosen, Mauke und andere chronische Ekzeme auszuschließen.

Schaf: Die Schafräude im engeren Sinn ist die **Psoroptesräude** *(Psoroptes ovis,* Körperräude), die sich bevorzugt an den dichtbewollten Stellen der Haut ausbildet. Es zeigen sich zunächst bis linsengroße Knötchen, Bläschen und Pusteln, aus denen später dicke, fettige Borken entstehen.

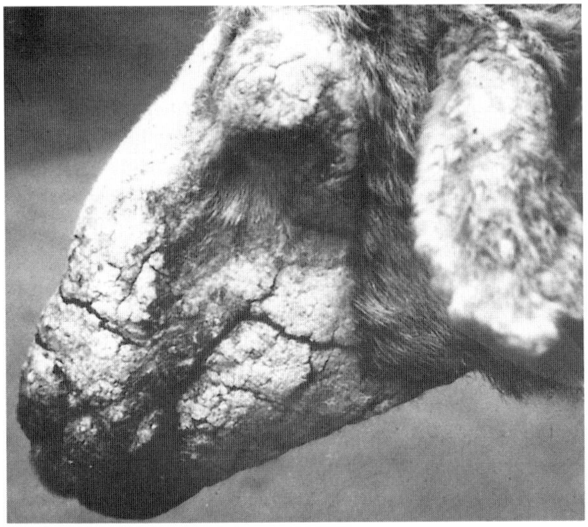

Abb. 15.38 Sarcoptesräude (Kopfräude), Schaf.

Die Haut wird dick und runzelig, die Wolle fällt in großen Büscheln aus. Abmagerung und Anämie stellen sich häufig ein und können zum Tod der Tiere führen. Psoroptesmilben („auf der Flucht vor Akariziden"?) siedeln sich im Gehörgang an und können das Bild der Ohrräude verursachen.

Die **Chorioptesräude** *(Chorioptes bovis)* befällt vorwiegend die vorderen, seltener die hinteren Fesselbeugen (Fußräude, Kötengrind), gelegentlich werden auch Karpal- und Tarsalgelenke, Euter und Skrotum betroffen. Charakteristisch ist auch hier die Bildung großer Mengen von kleieartigen Schuppen, Knötchen, Bläschen und Krusten.

Die **Sarcoptesräude** *(Sarcoptes ovis)* kommt selten vor. Sie hat ihren Lieblingssitz an den unbewollten Teiles des Kopfes (Kopfräude), kann aber auch auf andere Körpergegenden übergreifen (Abb. 15.38). Als Differentialdiagnosen zu den Räudeformen des Schafes sind vor allem die sogenannte Regenfäule und die Dermatophilose, aber auch Moderhinke auszuschließen.

Ziege: Die wichtigste Form ist die **Sarcoptesräude** *(Sarcoptes rupicaprae),* die ähnlich wie die Sarcoptesräude des Schafes als Kopfräude beginnt und eine Tendenz zur Ausbreitung auf andere Körperregionen hat.

Die **Psoroptesräude** *(Psoroptes cuniculi)* tritt als Ohrräude auf, wo sie zu Verstopfung des äußeren Gehörganges mit braunen, stinkenden Massen führt.

Die **Chorioptesräude** *(Chorioptes bovis)* ist selten. Sie befällt vor allem Hals, Rücken und Schwanzwurzel und ist durch Ausbildung dicker Krusten (sogenannter Krustenpanzer, Korinthenhals) gekennzeichnet.

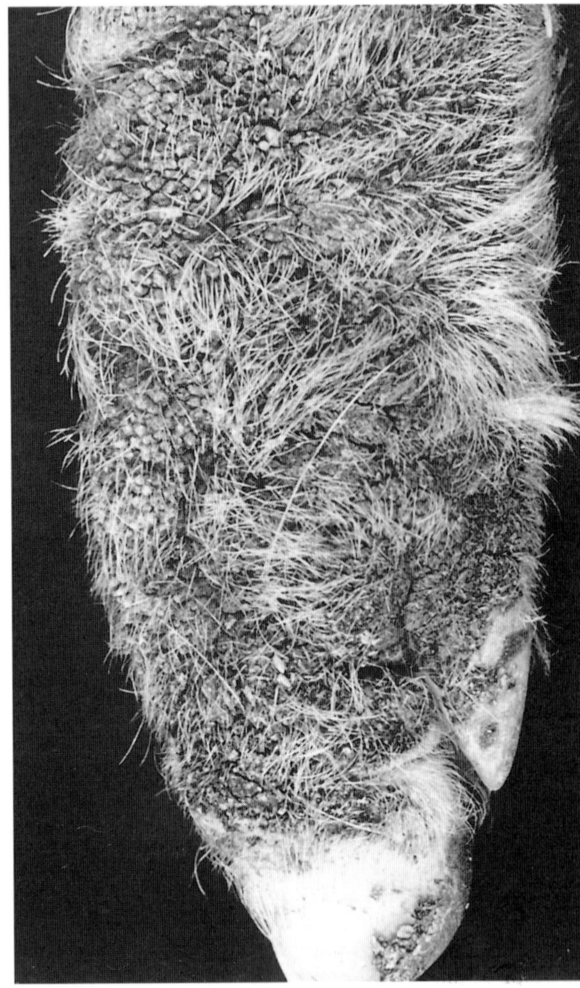

Abb. 15.39 Sarcoptesräude, Schwein.

Gemse: Die Gamsräude wird durch *Sarcoptes rupicaprae* verursacht. Sie hat eine starke Ausbreitungstendenz und führt zur Ausbildung dicker Krusten am ganzen Körper. Seh- und Hörstörungen, Abmagerung und Todesfälle sind bei starkem Milbenbefall häufig. In manchen Hochwildrevieren sind die Gamsbestände durch Räude fast völlig vernichtet worden.

Schwein: Beim Schwein tritt nur die **Sarcoptesräude** *(Sarcoptes suis)* auf. Sie zeigt sich anfangs in Hautrötung, Knötchen- und Schuppenbildung, später in der Entstehung von Borken und Krusten und Ausfall der Borsten. Bevorzugt ist der Kopf betroffen (einschließlich des äußeren Gehörganges), aber auch die Bauchunterseite, Umgebung der Hüfthöcker, die Schenkelaußenflächen und distalen Extremitäten (Abb. 15.39) sind häufiger Sitz. Bei

Abb. 15.40 Notoedresräude, Katze.

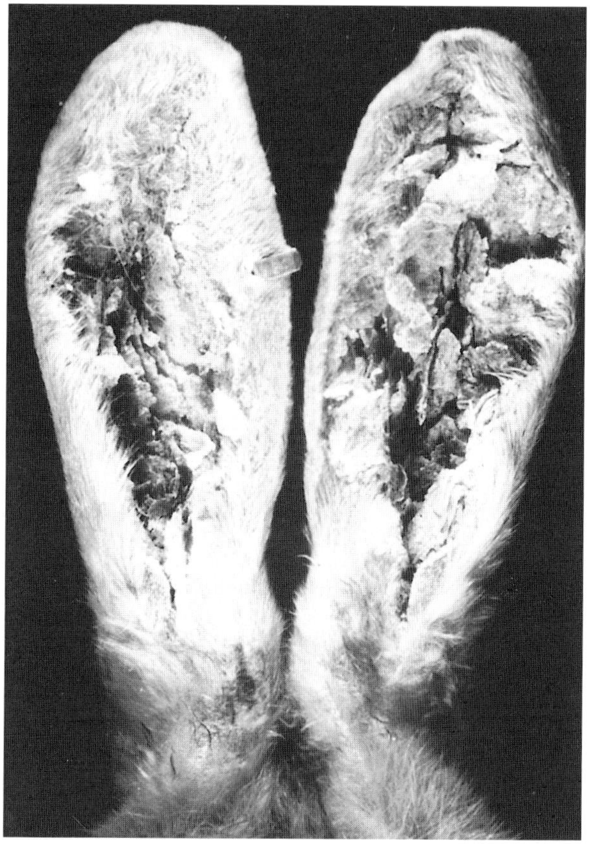

Abb. 15.41 Psoroptesräude (Ohrräude), Kaninchen.

Saugferkeln findet man fast regelmäßig urtikariaartige Veränderungen am Ohr sowie an der Unterseite von Brust und Bauch. Juckreiz tritt bei Ferkeln erst nach zwei bis drei Wochen auf, offensichtlich spielen Sensibilisierungsvorgänge eine Rolle bei der Entstehung. Differentialdiagnostisch sind besonders Parakeratose, beim Ferkel auch andere Ekzeme abzugrenzen.

Hund: Die **Sarcoptesräude** *(Sarcoptes canis),* die meist am Kopf beginnt, äußert sich anfänglich in der Bildung kleiner roter Flecken und Knötchen oder vermehrter Schuppenbildung. Später kommt es zur Verdickung der Haut mit Krustenbildung und Haarausfall.

Die **Ohrräude** des Hundes wird durch *Otodectes cynotis* verursacht. Sie bleibt meist auf den äußeren Gehörgang beschränkt. Bevorzugt werden Hunderassen mit halbaufgestellten Ohren befallen. Eine wichtige Komplikation stellt die Entstehung von Othämatomen infolge des heftigen Kopfschüttelns dar. Differentialdiagnostisch sind von den Räudeformen des Hundes Dermatomykosen, Demodikose, Cheyletiellose und nicht parasitär bedingte Entzündungen des Gehörganges in Betracht zu ziehen.

Katze: Die **Notoedresräude** *(Notoedres cati)* und die seltenere **Sarcoptesräude** beginnen ebenfalls am Kopf und greifen rasch auf andere Körperteile über. Die Veränderungen gleichen weitgehend denen der Sarcoptesräude des Hundes. Das gleiche gilt für die Ohrräude, die auch bei der Katze durch *Otodectes cynotis* hervorgerufen wird (Abb. 15.40).

Kaninchen: Die **Ohrräude** wird durch *Psoroptes cuniculi* und *Chorioptes cuniculi* verursacht. Es kommt zu Bläschen, Knötchen, Krusten und zur Ausbildung eines schmierigen Exsudates (Abb. 15.41).

Die **Kopfräude** *(Notoedres* und *Sarcoptes cuniculi)* ist durch starke Schuppenbildung, Haarausfall und dicke graue Krusten gekennzeichnet. Ein Übergreifen auf andere Körperregionen ist möglich.

Meerschweinchen: Die häufigere **Sarcoptesräude** wird durch *Trixacarus caviae,* die seltener zu beobachtende **Notoedresräude** durch *Notoedres spp.* hervorgerufen.

15.24.3.2 Klasse Hexapoda, Insekten

Über Hautveränderungen, die durch blutsaugende **Dipteren** (Ordnung *Diptera; Mücken, Bremsen, Fliegen)* entstehen, ist mit Ausnahme der Kriebelmücke (s. u.) wenig bekannt. Die primären Hautveränderungen können in lokalen Ödemen, Quaddeln, Papeln, Nekrose oder Blutungen bestehen. Wegen des starken Juckreizes schließen sich häufig sekundäre Veränderungen durch Kratzen, Reiben, Scheuern u. ä. an. Auch bakterielle Infektionen sowie Myiasen werden beobachtet. Besonders heftige primäre Hautreaktionen sind in der Regel Folge einer vorausgegangenen Sensibilisierung (meist Typ I, seltener Typ IV). Im allgemeinen werden nur Weidetiere (Ausnahme Anopheles) von blutsaugenden Dipteren befallen, deren Schadwirkung sehr unterschiedlich sein kann. Chronische Irritationen infolge von Dipterenstichen werden für die sogenannten papillären *Akanthome* an der Innenseite der Ohren (Aural Plaques) von älteren Pferden verantwortlich gemacht. Es handelt sich dabei um vorwiegend pigmentlose, bis zu fingernagelgroße, oberflächlich zerklüftete und verhornte Wucherungen, die konfluieren können. Neuerdings werden die Akanthome aufgrund elektronenmikroskopischen Virusnachweises wieder zu den virusbedingten Papillomen (s. S. 538) gerechnet.

Simuliidose

Die wichtigsten blutsaugenden Dipteren sind **Simuliidae** (Kriebelmücke, Kolumbacsermücke; Gattungen *Simulium, Odagmia, Wilhelmia, Boophthora).* Sie befallen die Tiere an wenig oder dünnbehaarten Stellen wie Euter, Schenkelinnenfläche und Ohren. Ihre Schadwirkung besteht darin, daß sie ein bislang noch nicht näher bestimmtes Speicheltoxin ausscheiden, das aber offensichtlich zu Atemlähmung und Herz-Kreislaufinsuffizienz führt. Todesfälle sind daher bei dieser als Simuliotoxikose bezeichneten, perakut verlaufenden Erkrankung häufig. An den Stichstellen entstehen neben Erythemen Petechien und Ekchymosen, in deren Zentrum man mit bloßem Auge den Stichkanal erkennen kann (Tafel XXVIII, C). Histologisch findet man diesen Kanal vollgestopft mit Detritusmassen. Weiterhin sieht man eine starke Infiltration mit eosinophilen Granulozyten sowie Thrombosen von Lymphgefäßen. Am häufigsten werden bei uns **Rinder** von April bis Juni von Kriebelmücken befallen, aber auch bei Pferden und auf der Weide gehaltenen Schweinen kann die Erkrankung gelegentlich in dieser Zeit beobachtet werden.

Kulizidose

Vertreter der Familie **Culicidae** (Stechmücken; Gattungen *Anopheles, Culex, Aedes)* spielen als Krankheitsüberträger eine Rolle. Sie sind lästige Blutsauger, die zur Beunruhigung der Tiere führen (Sommerekzem s. S. 507).

Tabanidose

Tabanidae (Bremsen; Gattungen *Tabanus, Chrysops, Haematopota)* verursachen bei Rind und Pferd sehr schmerzhafte, stark blutende und mit Quaddelbildung einhergehende Stichwunden. Beim Pferd spielen sie eine große Rolle als Überträger der infektiösen Anämie.

Muszidose

Muscidae (Fliegen; Gattungen *Musca, Stomoxys, Lyperosia, Siphona)* führen zu starker Beunruhigung der Herde. Sie spielen beim Pferd eine Rolle als Überträger von Habronemen (s. S. 548).

Außerdem kommt den **Glossinidae** (Tsetse-Fliegen, Trypanosomose s. S. 546) und **Phlebotomidae** (Sandmücken) als Überträger von Krankheitserregern (Leishmaniose s. S. 547) Bedeutung zu.

Myiasis

Die **Fliegenmadenkrankheit** (Myiasis), die vor allem beim **Schaf** (Blowfly-Strike) große wirtschaftliche Bedeutung besitzt (Merinoschafe sind wegen ihrer feinen Wolle besonders disponiert), wird hauptsächlich durch Larven der Familien **Calliphoridae** (Goldfliegen, Schmeißfliegen; Gattungen *Calliphora, Lucilia, Chrysomia)* und **Sarcophagidae** (Fleischfliegen; Gattungen *Sarcophaga* und *Wohlfahrtia)* verursacht. Die Krankheit, die vor allem in warmen Ländern bekannt ist und zu hohen wirtschaftlichen Verlusten führt (Mortalität bis zu 10%), kommt mittlerweile auch in Norddeutschland, Holland und Großbritannien vermehrt vor (besonders *Lucilia sericata).* Die meisten dieser Fliegen sind fakultative Parasiten und wichtige Vorratsschädlinge, die sich von tierischem Eiweiß ernähren. Eine Ausnahme machen die ***Schraubenwurmfliege*** *Cochliomyia (Callitroga) hominivorax,* der Erreger der „Screwworm-Disease" bei Rind, Pferd und Schwein (auch Mensch) und *Callitroga macellaria* in Amerika sowie *Chrysomia bezziana,* der Erreger der gleichen Krankheit in Afrika und Südostasien. Diese Erreger sind obligate Parasiten, deren Larven unbedingt lebendes Gewebe als Nahrung benötigen.

Die genannten Fliegen legen ihre Eier in kleine Hautwunden, Geschwüre oder andere entzündete Hautgebiete (feuchte Ekzeme, besonders bei der Regenfäule der Schafe), aber auch um die natürlichen Körperöffnungen (Präputium, Vulva, Lippen) herum und besonders in kot- oder harnverschmutzte Hautbezirke ab.

Ähnlich wie ein Kadaver in seinen verschiedenen Zersetzungsstadien (beginnende Fäulnis, Verflüssigung, Austrocknung) verschiedene Fliegengattungen anzieht, kann man auch bei der Myiasis eine ganz bestimmte Reihenfolge im Auftreten der verschiedenen Fliegen beobachten. Lucilia und Calliphora-Arten stellen die sogenannten primären Fliegen beziehungsweise Larven dar, sie sind somit die Initiatoren des „Strike". Sie bevorzugen feuchte Hautstellen (Urin, Kot, Ekzem), die viele Bakterien enthalten. Die Larven rufen eine Hautentzündung mit Ausschwitzung von Exsudat sowie spezifisch riechende Exkremente hervor. Erst dadurch werden die Hautveränderungen für die sogenannten sekundären Fliegen attraktiv, von denen Chrysomia-Arten die wichtigsten sind. Diese Fliegen würden für sich alleine nicht auf lebenden Tieren schmarotzen. In der Regel vertreiben die Larven der sekundären Fliegen die der primären, z. T. werden die primären Larven auch von den sekundären gefressen.

Durch die Larven, die sich von Haut und benachbartem Gewebe sowie von Bakterien und Exsudaten ernähren, entstehen zum Teil ausgedehnte Wundflächen und Geschwüre, deren Ränder durch den Larvenfraß unterminiert sind. Sobald das entzündliche Exsudat eintrocknet, stellen sich die tertiären Fliegen (häufig Musca-Arten) ein, die aber in der Regel keine weitere Schadwirkung mehr haben.

Myiasis wird außer beim Schaf gelegentlich auch bei Fleischfresser und Schwein beobachtet.

Während die Larven der bisher genannten Fliegen ihre Schadwirkung nur an bereits vorgeschädigter Haut entfalten können, dringen andere Larven aktiv in die gesunde Haut ein. Zu dieser Gruppe gehören *Cordylobia anthropophaga,* die sogenannte *Tumbu-Fly,* die bei Mensch, Hund und Kaninchen schmerzhafte Knötchen in der Haut verursacht, sowie *Booponus intonsus,* die sogenannte Foot Maggot der Wiederkäuer auf den Philippinen.

Hippoboscidose

Der Befall mit Lausfliegen *(Hippoboscidae;* Gattungen *Hippobosca, Melophagus, Lipoptena)* spielt vor allem beim **Schaf** *(Melophagus ovinus)* eine Rolle. Die stark juckenden Stichstellen sind prädisponiert für bakterielle Infektionen und Myiasen. Durch heftiges Kratzen und Scheuern kommt es außerdem zum Ausfall der Wolle.

Durch Stiche der **Pferdelausfliege** *(Hippobosca equina)* entstehen nach etwa 14 Tagen harte, juckende Quaddeln, die längere Zeit bestehen bleiben.

Die **Hirschlausfliege** *(Lipoptena cervi)* ruft bei wildlebenden Wiederkäuern durch ihre Stiche besonders am Ohrgrund chronische Hautentzündungen mit Haarausfall, Schuppen- und Borkenbildung (Juckreiz!) hervor.

Hypodermose

Dasselfliegen (Fam. *Oestridae;* Gattungen *Hypoderma* und in den Mittelmeerländern *Przhevalskiana)* kommen beim Rind und bei wildlebenden Wiederkäuern, seltener bei Schaf und Ziege vor. Beim **Rind** treten die Arten *Hypoderma bovis* (große Dasselfliege) und *Hypoderma lineatum* (kleine Dasselfliege) auf. Sie spielen vor allem wegen der von ihnen verursachten Hautschäden (Löcher) eine große wirtschaftliche Rolle. Die wandernden Larven beeinträchtigen aber auch die Leistung und das Wachstum der befallenen Tiere. Bakterielle Sekundärinfektionen (Phlegmone!) und allergische Reaktionen komplizieren das Krankheitsbild (Tafel XXVIII. D).

Die beiden Arten verhalten sich biologisch verschieden. ***Hypoderma bovis*** legt von Mai bis September die Eier an den Haaren der distalen Körpergegenden, an Flanken, Euter und Hinterextremitäten ab. Beim Anflug der Fliegen flüchten die Rinder in panischer Angst (sogenanntes Biesen). Die Larven I bohren sich aktiv in die Haut ein, wobei eine leichte papulöse Dermatitis entstehen kann, und wandern dann im perineuralen Fettgewebe zum epiduralen Fettgewebe des Rückenmarkes, wo sie sich etwa von Dezember bis März (12–16 mm lang) besonders im Thorakal- und Lumbalbereich aufhalten. Von dort gelangen sie durch die Rückenmuskulatur und -faszie in die Rückenunterhaut (Wanderlarve). Der Wanderungsweg dauert sieben bis neun Monate. In der Unterhaut bilden sich ab Mitte Januar ödematöse Beulen, die einen Durchmesser von 4 bis 6 cm erreichen können. Die Larven I bohren ein Atmungsloch durch die Beulen. Die anfänglich starke entzündliche Reaktion läßt nach, es bilden sich bindegewebig ausgekleidete Höhlen, die infolge der Infiltration mit eosinophilen Granulozyten eine grünliche Farbe aufweisen. In diesen Höhlen leben die Larven weitere zwei bis drei Monate und entwickeln sich über zwei Häutungen zu Larven III (Abb. 15.42). Diese verlassen dann aktiv die Beulen und verpuppen sich im Gras.

Hypoderma lineatum legt die Eier besonders an den Vorderbeinen und der Brust liegender Rinder, die dabei nicht beunruhigt werden, ab. Die Larven I dringen entweder aktiv durch die Haut ein und wandern durch die Halsmuskulatur zur Adventitia des Ösophagus (Wanderlarve), oder sie gelangen beim Belecken der Haut in die Mundhöhle und wandern in die Submukosa oder seltener in die Muskularis des Ösophagus ein. Dort halten sie sich sieben Monate lang auf und wandern dann vermutlich durch das Zwerchfell und die tiefe Rückenmuskulatur zur Rückenhaut.

Hypoderma diana (Rehdassel) befällt vor allem das **Reh**, aber auch gelegentlich Rot-, Dam-, Gams- und Muffelwild. Die Larven wandern nur im Unterhautbindegewebe und erzeugen dabei heftigen Juckreiz, so daß es durch Reiben und Scheuern zu flächigem Haarausfall beziehungsweise Abschürfungen kommen kann. Auch borkige Auflagerungen können entstehen.

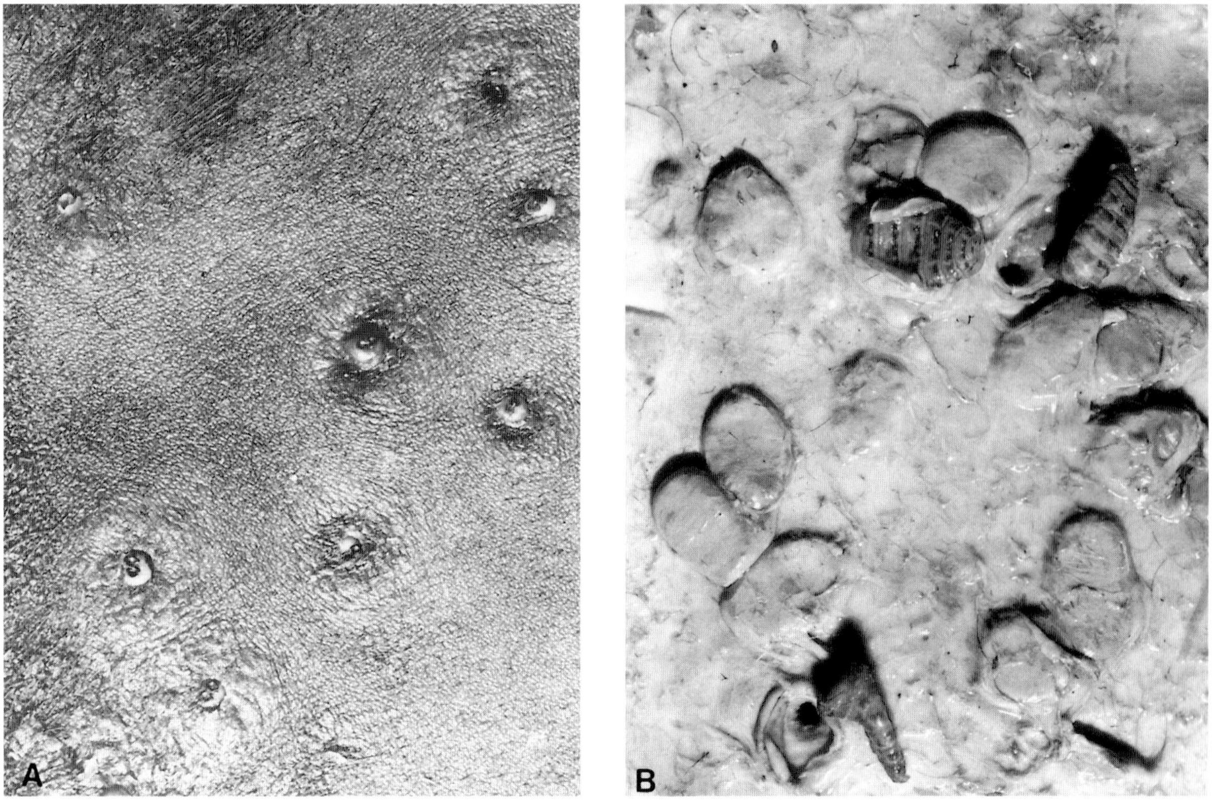

Abb. 15.42 Dassellarven (*Hypoderma bovis*; Larven II und III) in der Rückenhaut eines Rindes. **A** sog. Atmungslöcher (Haare entfernt) **B** Dassellarven in der Unterhaut.

Hypoderma actaeon kommt ausschließlich bei **Rotwild** vor. *Oedemagena tarandi* wird beim Rentier beobachtet. Auf Kreta, Zypern und in der Türkei kommt bei Schaf und Ziege *Hypoderma aeratum* vor, auf dem Balkan und in den Mittelmeerländern werden Pferd und Ziege von *Przhevalskiana silenus* befallen.

Gasterophilose

Das ***Streifensommerekzem*** am Kopf der **Pferde** wird durch wandernde Larven der „Backenbremse" *(Gasterophilus inermis,* Fam. *Gasterophilidae,* s. S. 164) hervorgerufen. Die Weibchen legen die Eier an den Seitenflächen des Kopfes ab. Von dort bohren sich die Larven aktiv in die Haut ein und wandern subepithelial zu den Mundwinkeln.

Entlang dieser Bohrgänge kommt es durch mechanische Reizung und durch Toxinwirkung zu umschriebener streifenförmiger Entzündung der Haut mit anschließendem Haarausfall.

Anopluridose

Läuse (Ordnung *Anoplura;* Familie *Haematopinidae;* Gattungen *Haematopinus, Linognathus, Solenopotes, Ratemia, Haemodipsus)* sind blutsaugende, stationäre Parasiten, die bei allen Tieren vorkommen. Bei starkem Befall können sie zur chronischen Blutungsanämie führen. Die Hautveränderungen sind wenig charakteristisch und abhängig von der Stärke des Befalles. Starker Juckreiz bei Massenbefall veranlaßt die Tiere zu ständigem Kratzen und Scheuern, wodurch Ekzeme und besonders beim Rind an Räude erinnernde Zustände mit Krusten- und Borkenbildung entstehen können.

Mallophagidose

Haarlinge (Ordnung *Mallophaga;* Gattungen *Bovicola, Werneckiella, Trichodectes, Felicola, Holakartikos, Lepikentron, Trimenopon, Gyropus, Gliricola)* ernähren sich hauptsächlich von Hautschuppen und dem aus

Hautläsionen austretenden Exsudat. Sie sind stationäre Parasiten, die sehr beweglich sind und die Tiere durch das ständige Herumkriechen stark beunruhigen. Die Hautveränderungen sind unspezifisch. Der starke Juckreiz bewirkt Scheuern, Kratzen und Benagen mit anschließender Ausbildung von Haarausfall, Ekzemen und großen Wundflächen. Besonders bei Hundewelpen werden häufig krustöse Ekzeme und komplizierende bakterielle Infektionen beobachtet.

Siphonapteridose

Flöhe (Ordnung *Siphonaptera;* Gattungen *Ctenocephalides, Pulex, Nosopsyllus, Ceratophyllus)* sind temporäre Hautparasiten, die sich durch Blutsaugen ernähren. Durch die Stiche werden lokale Hautreaktionen mit starkem Juckreiz hervorgerufen. Bei Massenbefall kommt es zu Ekzembildung, Abmagerung und Anämie (Katzenwelpen!). Darüber hinaus kann starker Flohbefall zu einer Sensibilisierung führen, so daß bei erneutem Befall nur wenige Exemplare genügen, um ein schweres *allergisches Ekzem (Flohallergie)* hervorzurufen (s. S. 507). Miliare Dermatitis s. S. 507, „Hot Spot“ s. S. 503.

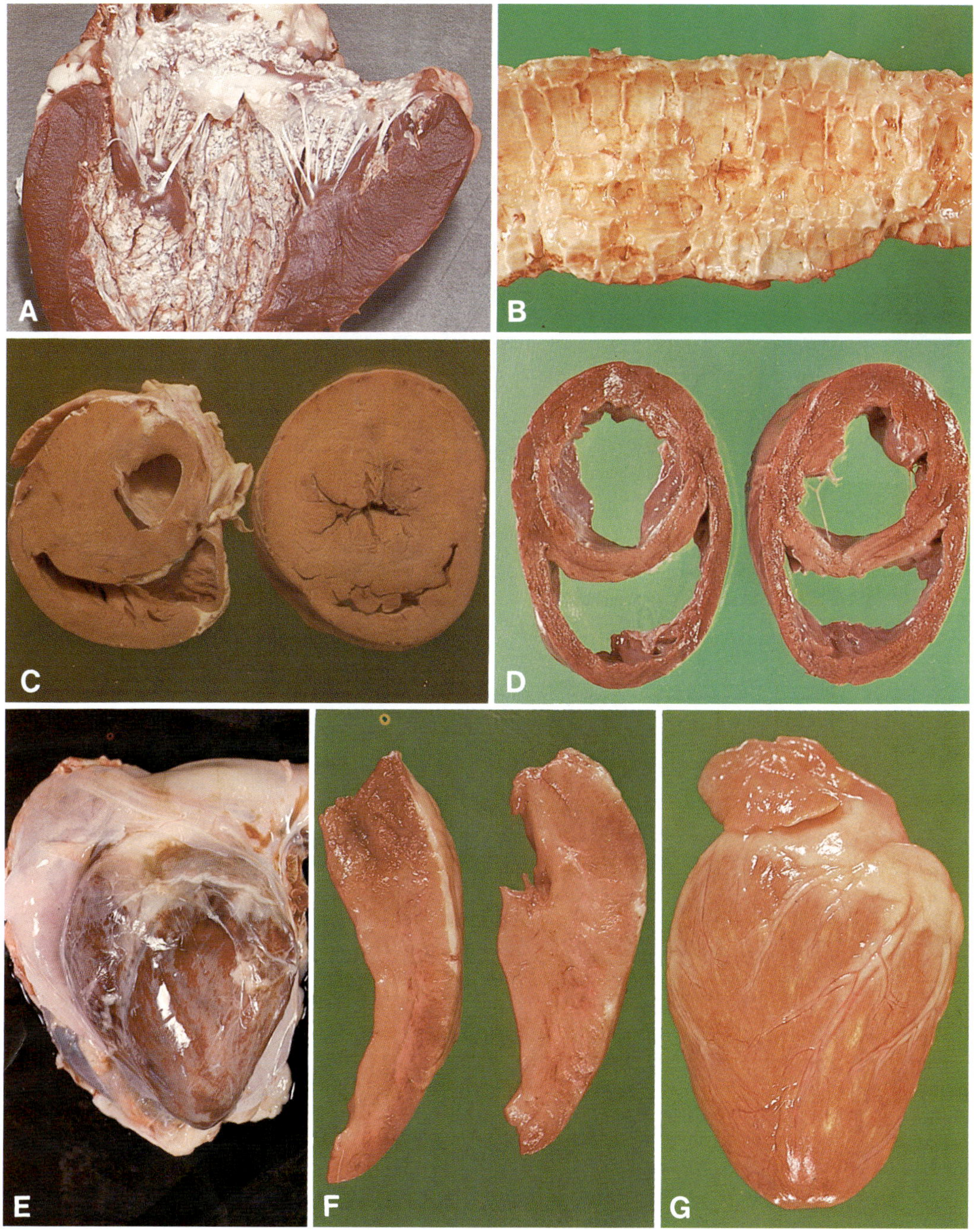

A *Endokardverkalkung* unter Aussparung der Herzklappen bei der Kalzinose des Rindes (½ nat. Gr.).
B *Mediaverkalkung* der Aorta bei der Kalzinose des Rindes.
C *Konzentrische Hypertrophie* des linken Ventrikels bei renaler Hypertonie, Hund (⅔ nat. Gr.).
D *Exzentrische Hypertrophie* des Herzens bei hypertrophischer Kardiomyopathie, Hund (⅔ nat. Gr.).
E *Maulbeerherz* (Diätetische Mikroangiopathie = MAP) des Schweines (½ nat. Gr.).
F *Parvovirus*-Myokarditis, Hund (nat. Gr.).
G Disseminiert-herdförmige Myokarditis bei *Toxoplasmose* des Hundes (nat. Gr.).

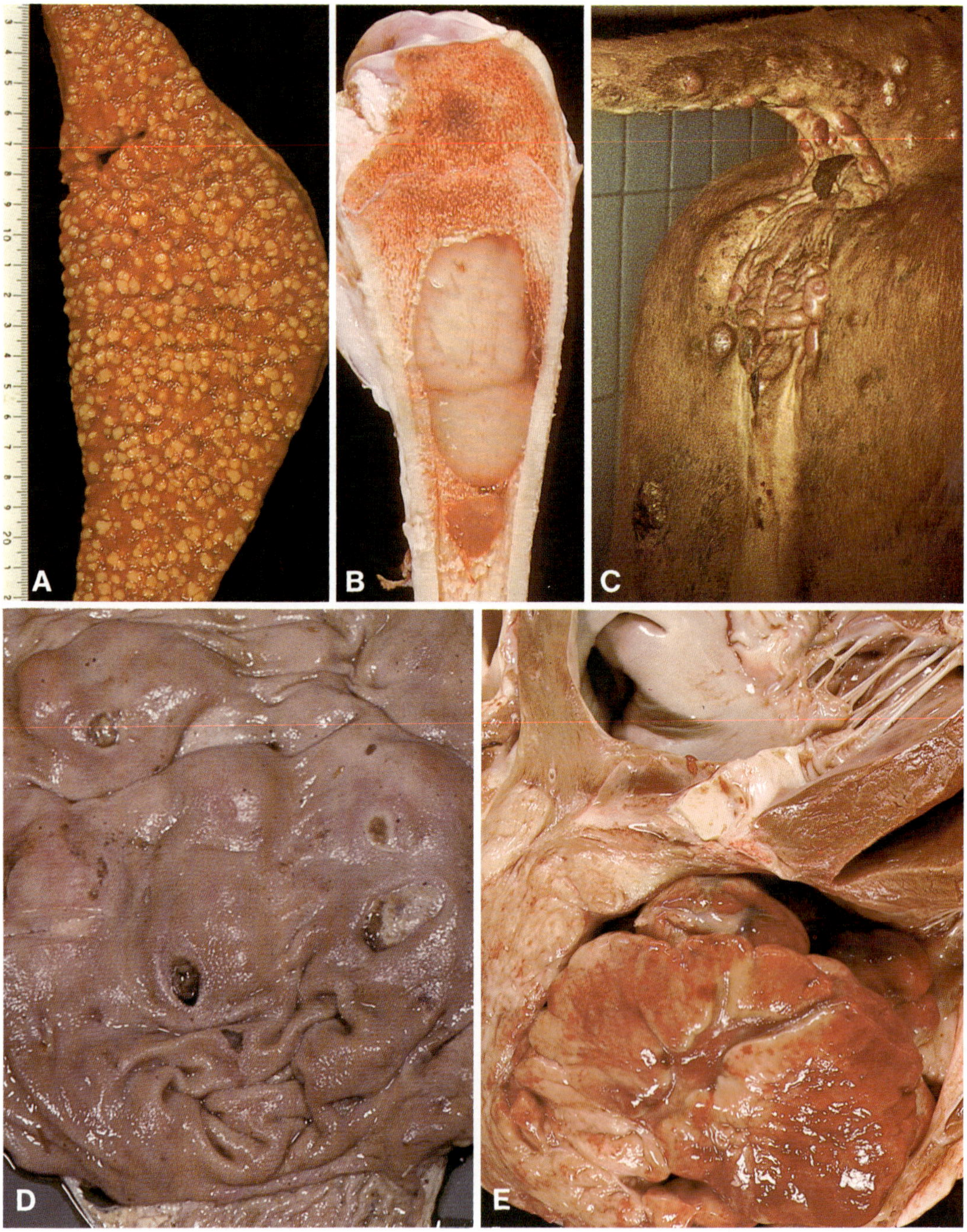

Lymphatische Leukose, Rind.

A Kleinknotige Form, Milz.

B Leukotischer Tumor im Mark des Humerus.

C Sporadische Hautleukose.

D Knotig-ulzeröse leukotische Veränderungen im Labmagen.

E Leukotische Tumoren in rechter Herzvorkammer und im Myokard.

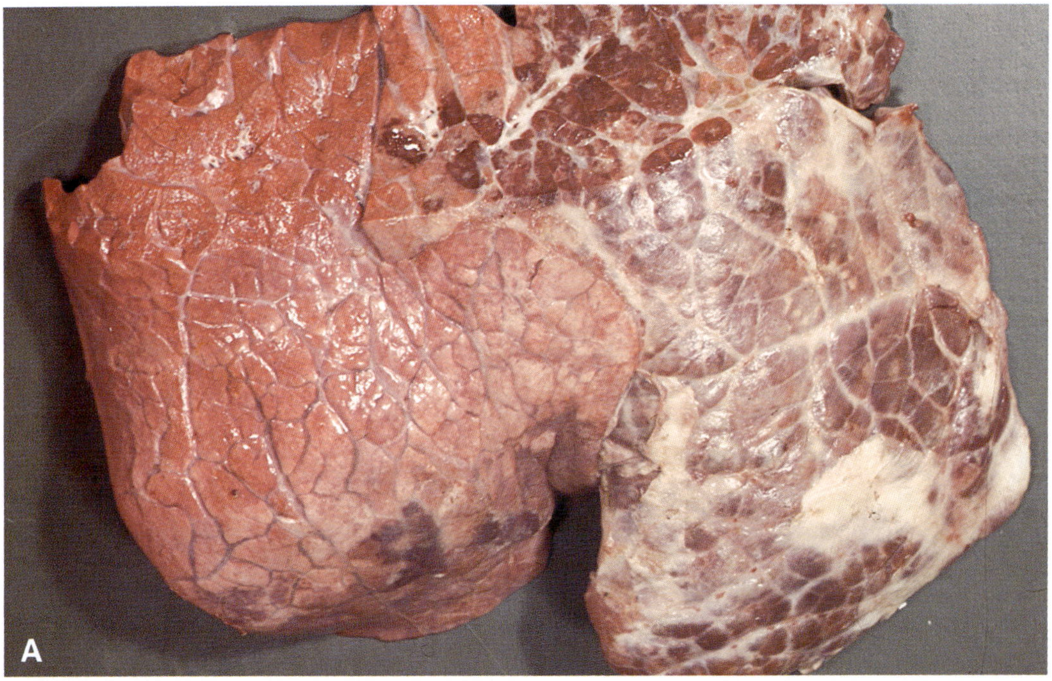

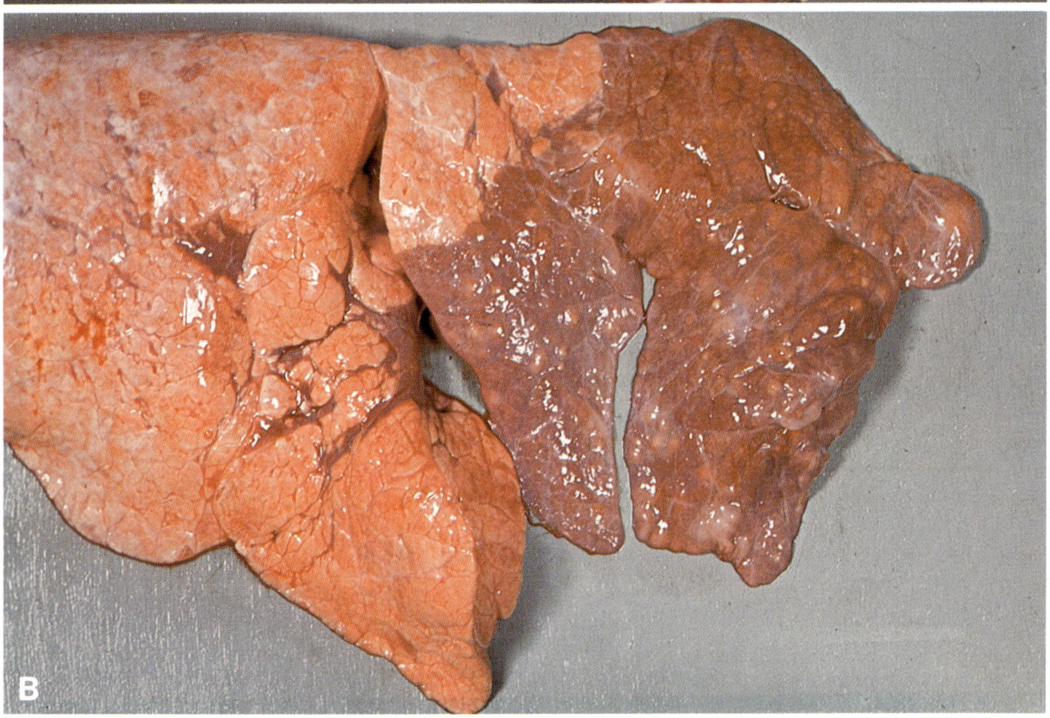

A *Fibrinöse Pleuropneumonie*, Rind (sekundäre Pasteurellose); typische bunte Marmorierung auf der Schnittfläche im oberen Bildteil.

B *Katarrhalisch-eitrige Bronchopneumonie* mit kleinen Abszessen und Atelektase des Herz- und Spitzenlappens, Rind.

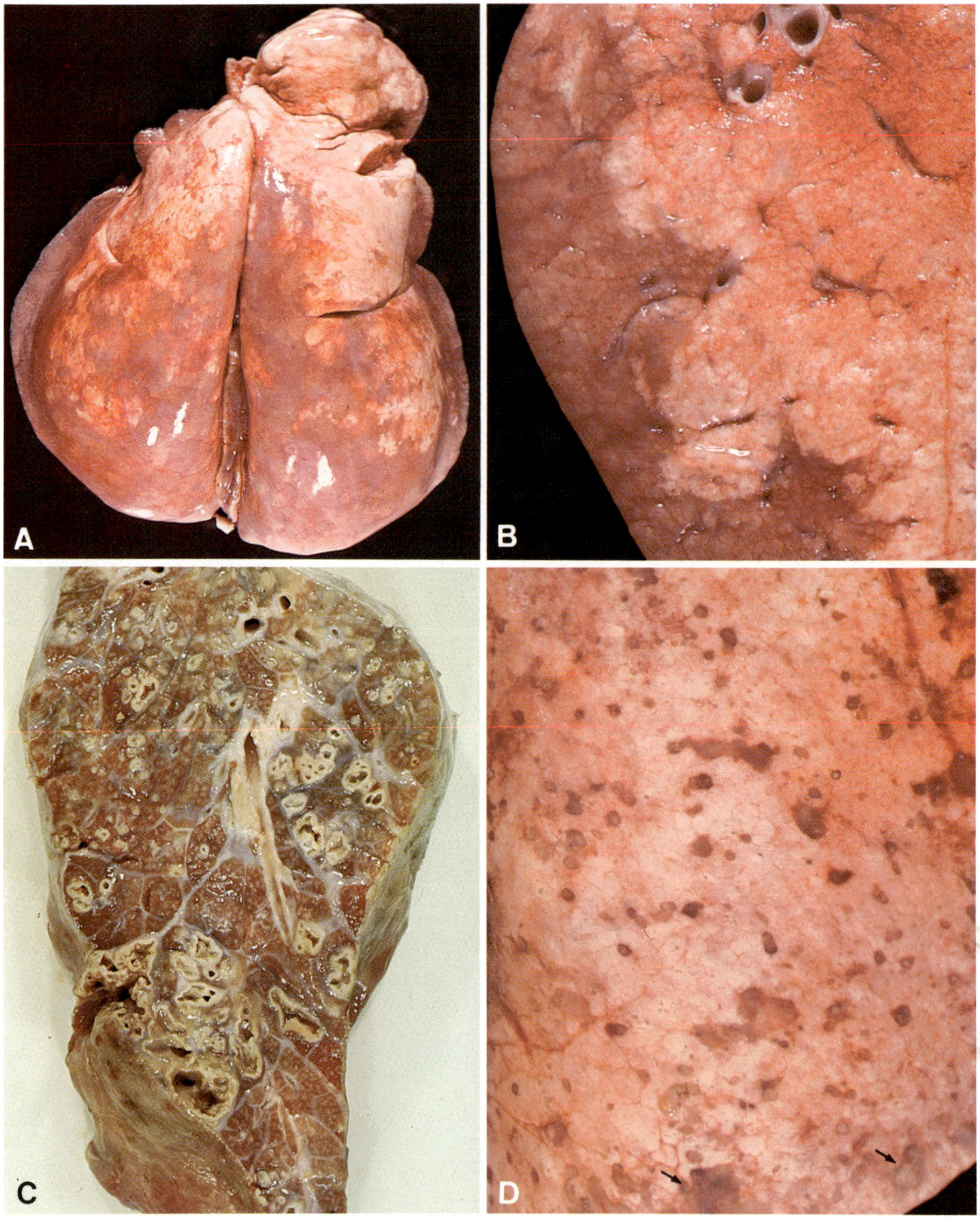

A Umfangsvermehrung und rötliche Verfärbung der Lunge bei *Maedi,* Schaf.

B Querschnitt von A. Die dunkelroten veränderten Bezirke sind von kleinen helleren Herden (Lymphfollikel) durchsetzt.

C *Eitrig-nekrotisierende Pneumonie* nach Aspiration von Futter (Lungengangrän), Rind.

D Multiple *Wurmknötchen* mit hämorrhagischem Hof und einzelne *Brutknoten* (Pfeile) nach Infektion mit kleinen Lungenwürmern.

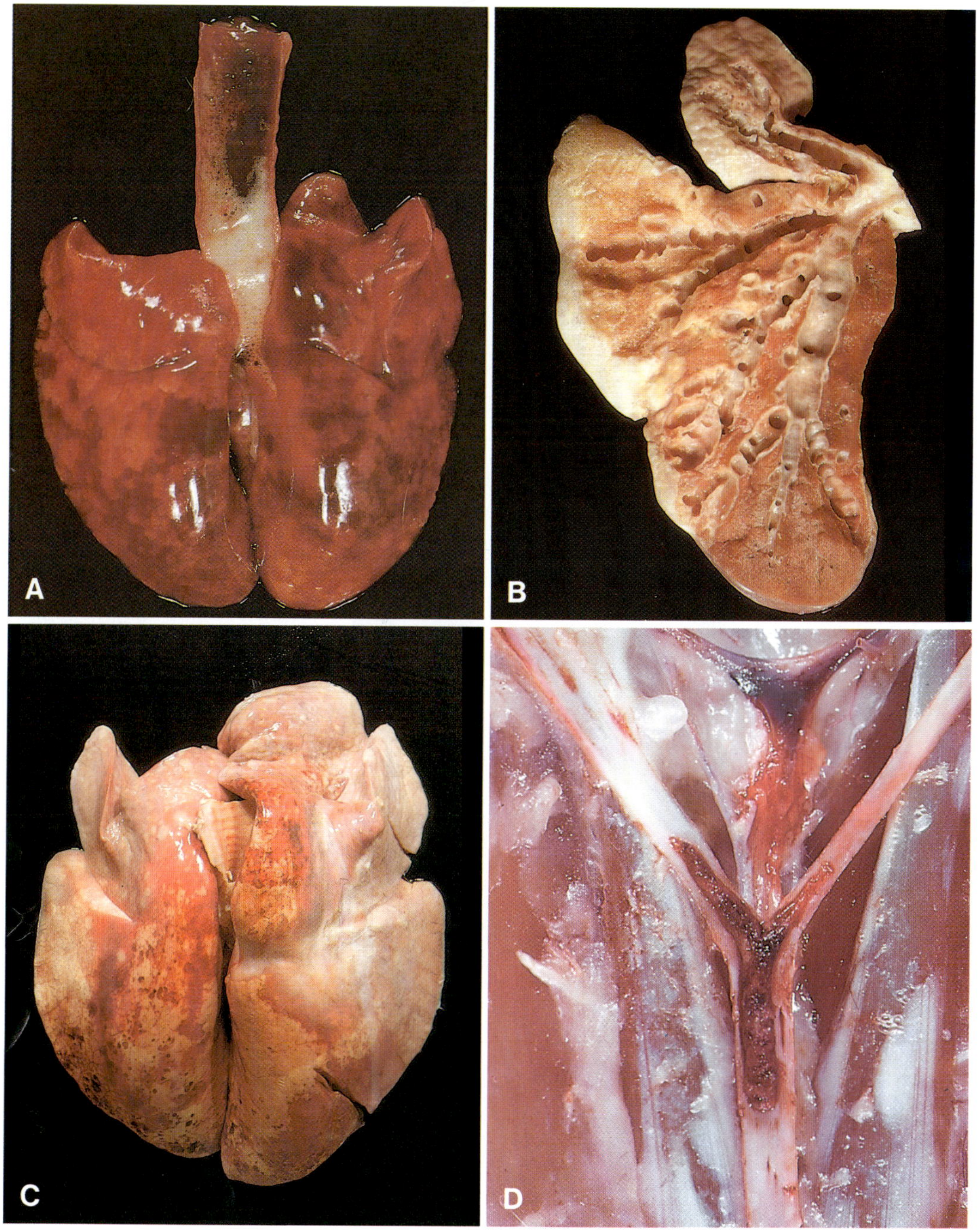

A Akutes *Lungenödem* bei AUJESZKYscher Krankheit, Hund.

B *Atrophische Bronchiektasien* (Exsudat entfernt) und alveoläres Lungenemphysem infolge chronischer Bronchitis, Hund.

C *Lungenadenomatose*, Schaf.

D *Reitender Thrombus* im Bereich der Abdominalaorta und der Aa. iliacae bei der hypertrophischen Kardiomyopathie der Katze.

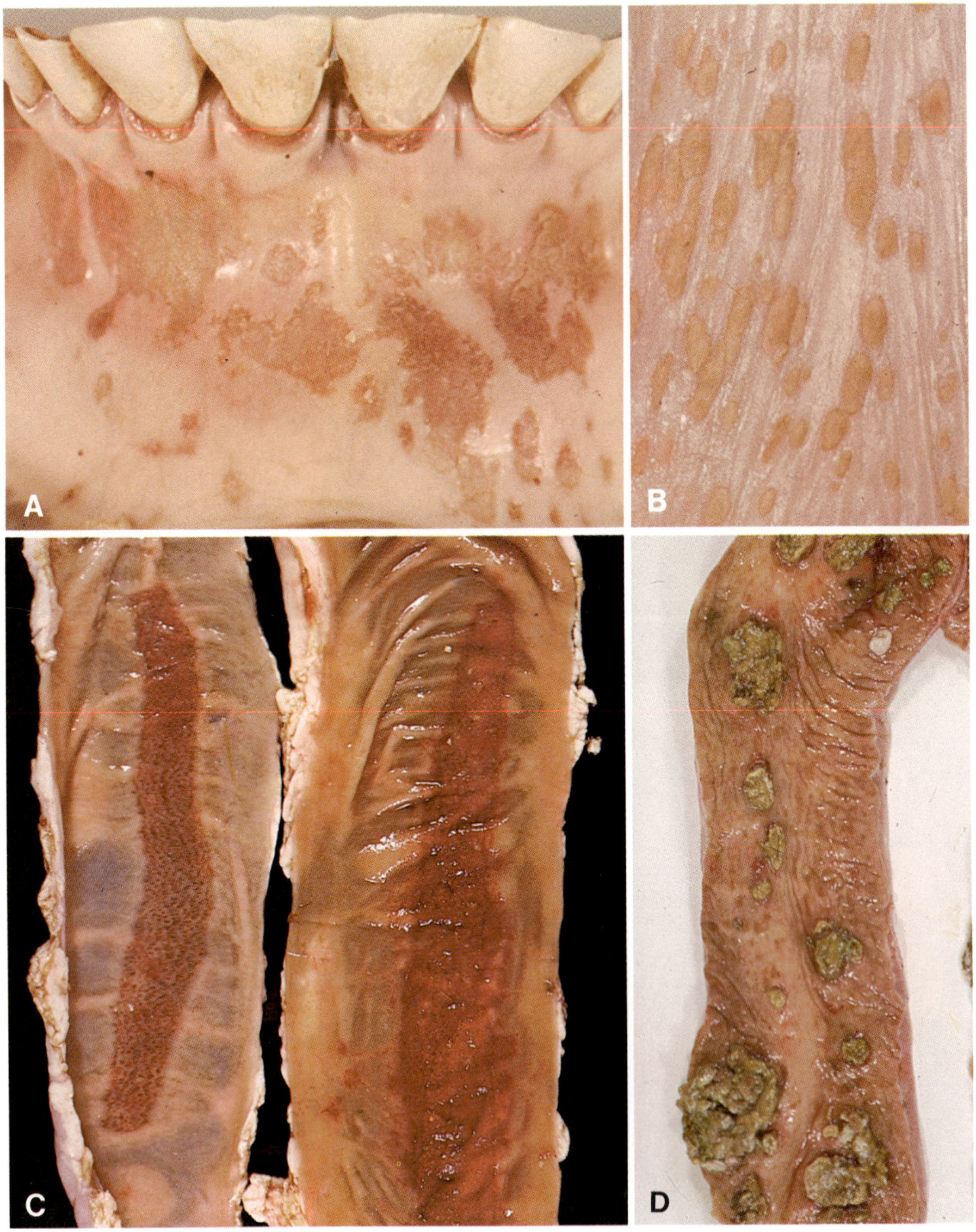

Mucosal Disease, Rind

A Erosionen an Zahnfleisch und Unterlippe.

B Erosionen im Ösophagus.

C Geschwüre, rechts mit Blutkoagulum bedeckt, im Bereich der PEYERschen Platten des Dünndarmes.

D Herdförmige diphtheroid-nekrotisierende Kolitis infolge bakterieller Sekundärinfektion.

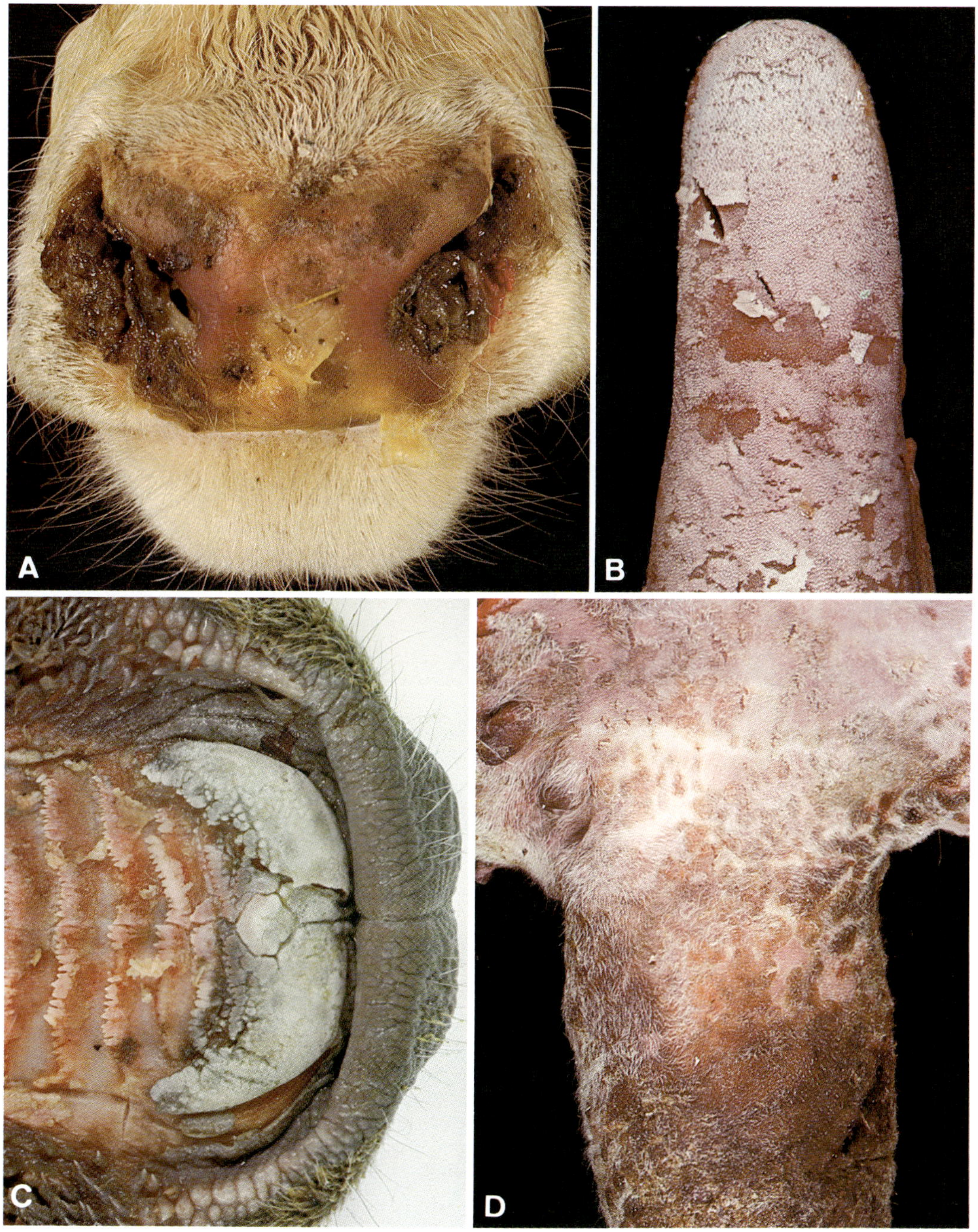

Bösartiges Katarrhalfieber, Rind.

A Erosionen und krustöse Beläge.

B, C Erosiv-ulzeröse Stomatitis.

D Erosiv-krustöse Dermatitis des Skrotums.

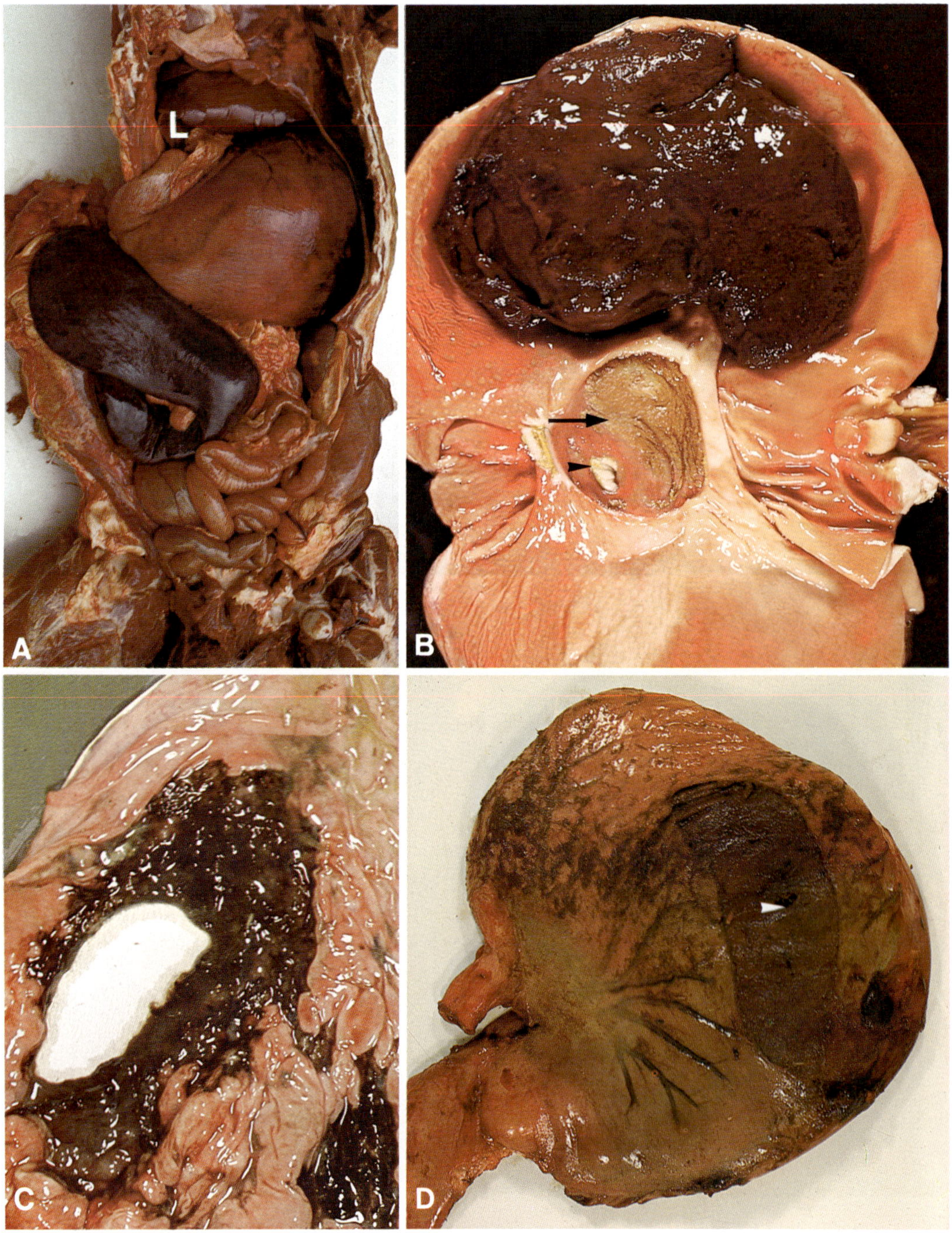

A *Magentorsion* (Rechtsdrehung) beim Hund mit hämorrhagischer Infarzierung und V-förmiger Abknickung der hochgradig gestauten Milz; L = Leber.

B *Magengeschwür* (Pfeil) in der Pars proventricularis mit großem Blutkoagulum nach Arrosionsblutung. Keil = Einmündung des Ösophagus.

C *Perforiertes Geschwür* im Labmagen, Rind.

D *Dehnungsruptur,* Magen, Pferd. Serosa und Muskularis sind total, die Schleimhaut (Keil) nur partiell gerissen.

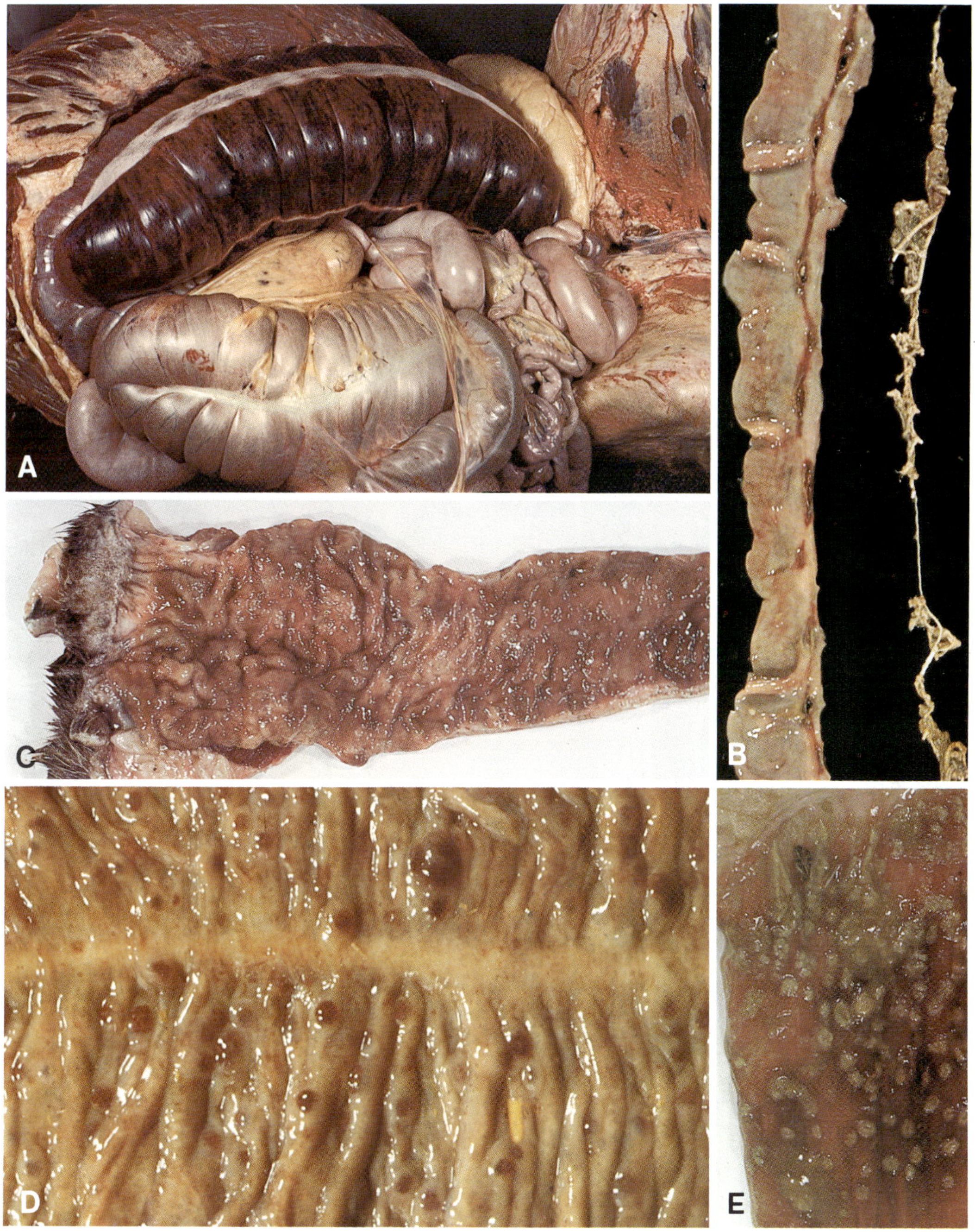

A *Längsachsendrehung* der linken oberen Lagen des großen Kolons um 360° nach rechts mit nachfolgender hämorrhagischer Infarzierung, Pferd.

B *Schnittverletzungen,* teils perforierend, des Dünndarmes durch Teile eines Bratennetzes, Hund.

C *Granulomatöse Kolitis,* Boxer.

D *Wurmknoten* in der Dickdarmschleimhaut durch präadulte Larven von *Strongylus vulgaris,* Pferd.

E Diphtheroid-nekrotisierende herdförmige *Proktitis* infolge Infektion mit *Oesophagostomum dentatum* (sog. Follikulargeschwüre), Schwein.

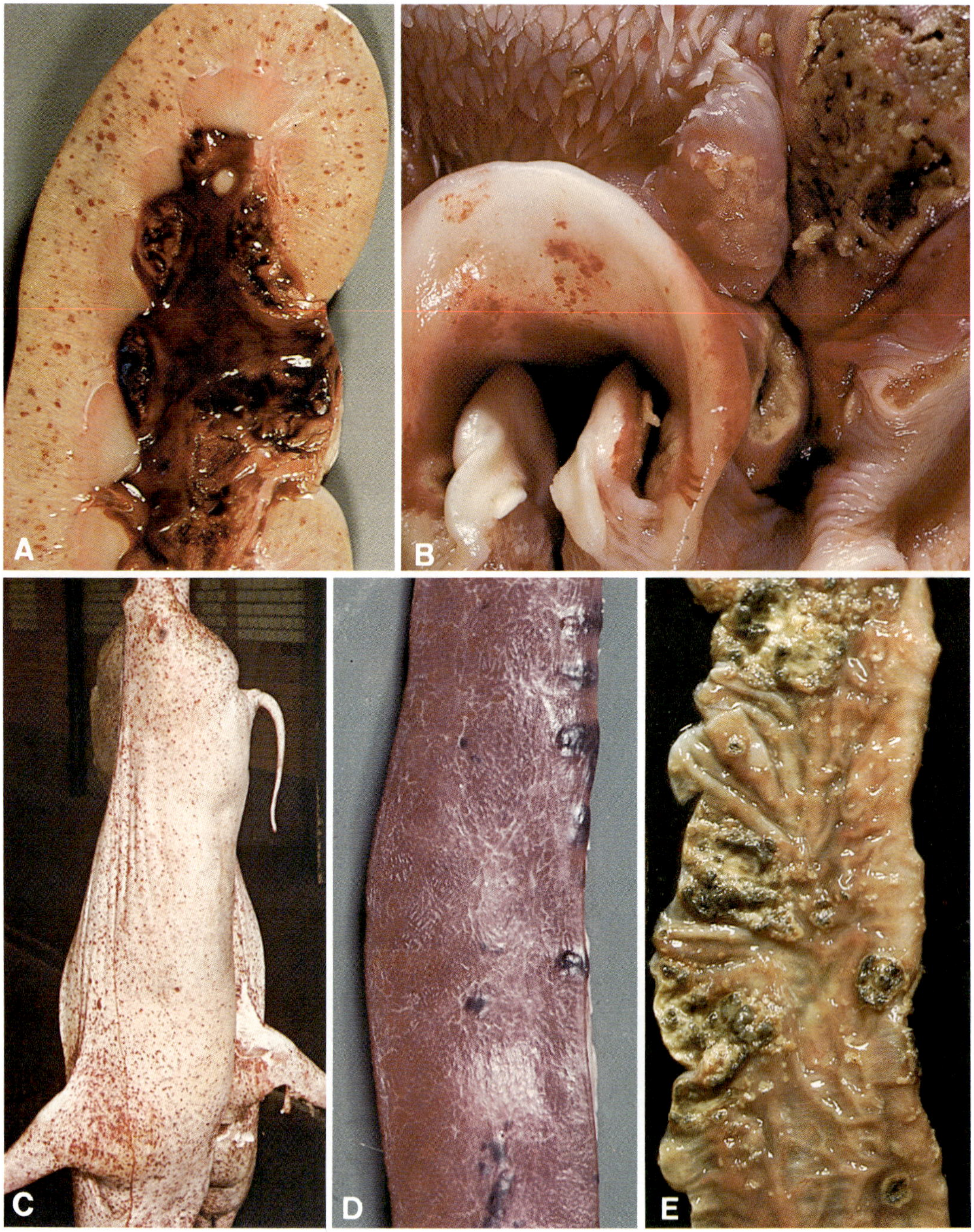

Europäische Schweinepest.

A Petechien in Nierenrinde, Sugillationen in der Beckenschleimhaut.

B Petechien und Ekchymosen am Kehldeckel, diphtheroid-nekrotisierende Tonsillitis.

C Hämorrhagische Diathese (Epidermis durch Brühvorgang entfernt).

D Hämorrhagische Milzinfarkte.

E Herdförmige diphtheroid-nekrotisierende Kolitis (Boutons) infolge bakterieller Sekundärinfektion.

A Hochgradige Leberverfettung bei der *Gestationshepatose* des Rindes (nat.Gr.).
B Umschriebene *periligamentäre Leberparenchymverfettungen,* Rind (⅔ nat. Gr.).
C *Fettzirrhose* der Leber, Katze (⅔ nat. Gr.).
D *Submiliare* bis *miliare Lebernekrosen* bei *Herpes equi 1-Virus*-Abort (nat. Gr.).
E *Hepatozelluläres Karzinom,* Rind (½ nat. Gr.).
F *Galleabflußstörung* infolge Obturation der VATERschen Papille durch infiltrativ wachsendes Pankreaskarzinom, Hund (⅔ nat. Gr.).
G Akute *Pankreasnekrose* mit sekundärer Fettgewebsnekrose, Hund (⅔ nat. Gr.).

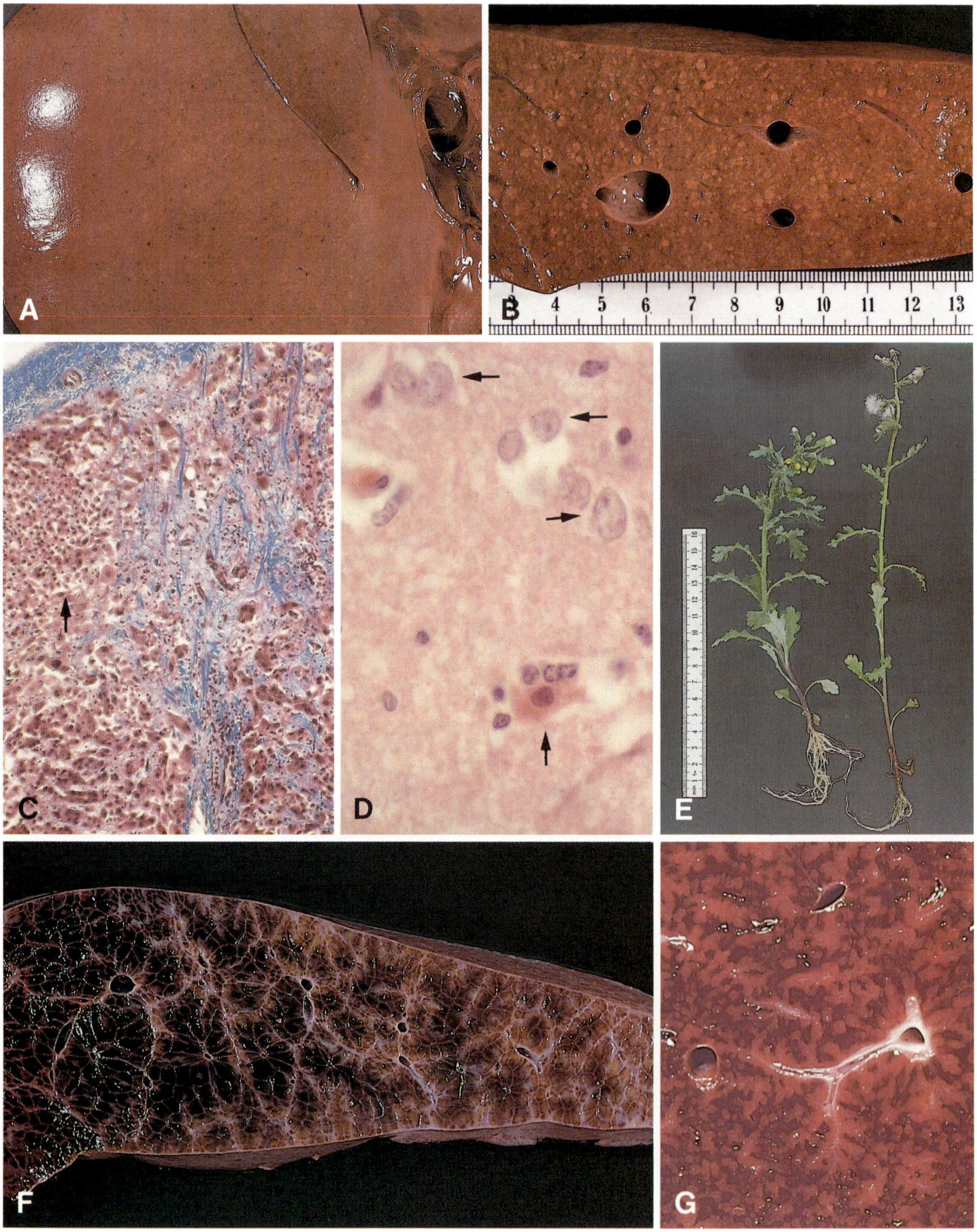

A–E *Senecio-Vergiftung beim Pferd:* Leber- und Gehirnveränderungen.

A *Leberzirrhose* mit kleinknotigen Regeneraten, Haflingerstute, 8 J.

B Schnittfläche derselben Leber.

C Inter- und intralobuläre Kollagenfaserzubildungen sowie Zellanisomorphie: Neben großen polyploiden Hepatozyten ein auffallend kleinzelliges Regenerationsfeld (↑), Masson Trichrom, 120 ×.

D *Gehirnveränderungen:* Bei ↑ Nervenzellnekrose mit beginnender Neuronophagie, bei ⟶ große, blasige Astrozytenkerne vom Typ „Leberglia" (Alzheimer-Glia), H. E., 759 ×.

E *Senecio vulgaris,* eine der zahlreichen heimischen Kreuzkrautarten.

F *Chronische Stauungsleber* (Schnittfläche) mit deutlicher Gerüstsklerose, Atrophie von Leberzellen und Ausweitung der Lebervenen, Rind.

G *Chronische Stauungsleber* mit moosästchenartiger Zeichnung der Schnittfläche, Rind (ca. 2 × nat. Gr.).

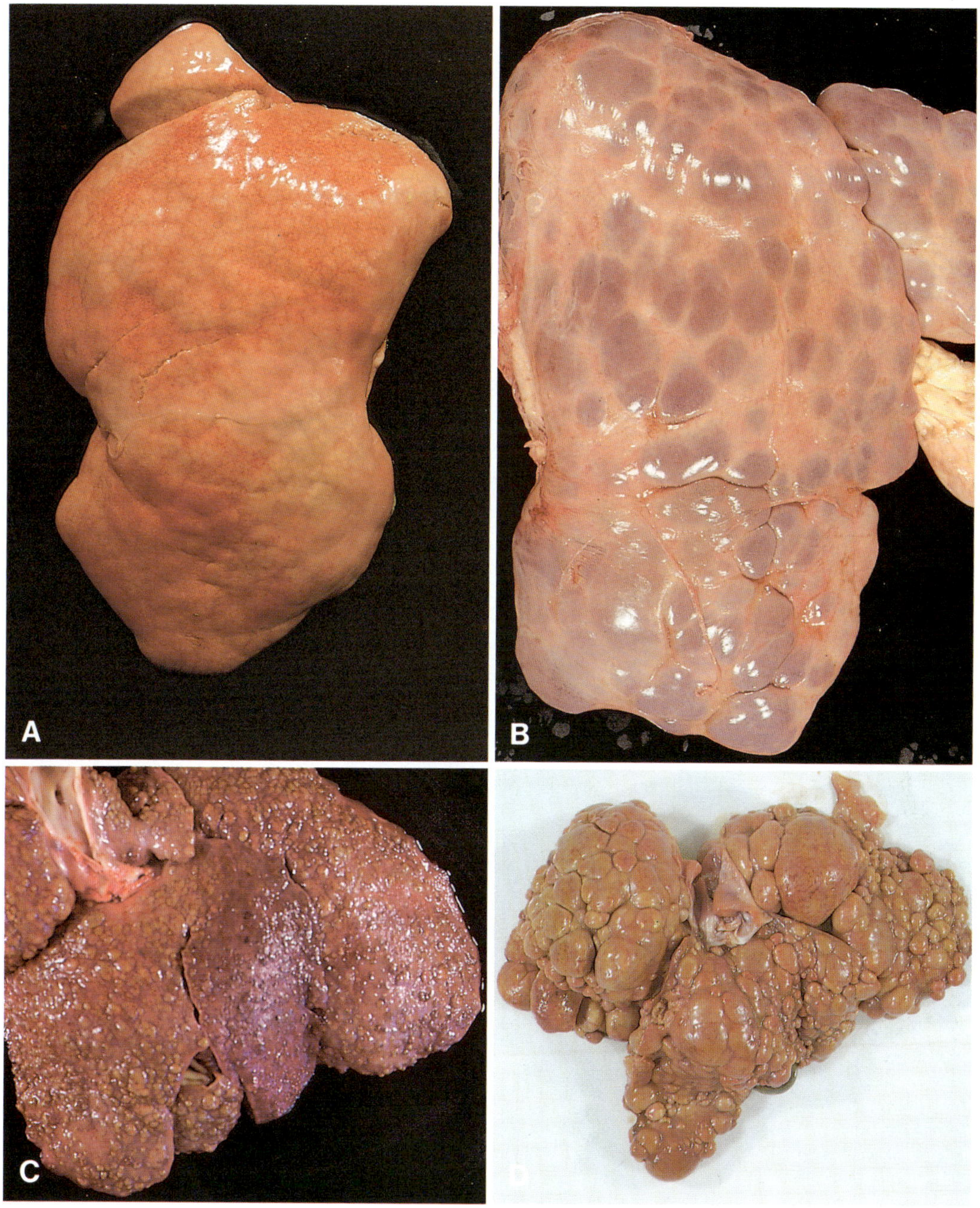

Verschiedene Formen der Leberzirrhose.

A Kongenitale Leberzirrhose (Mottled Liver), Kalb.

B Grobhöckerige Leberzirrhose (Narbenleber?), Rind.

C Atrophische kleinknotige Leberzirrhose, Hund.

D Atrophische, überwiegend grobknotige Leberzirrhose (Pseudohypertrophie), Hund.

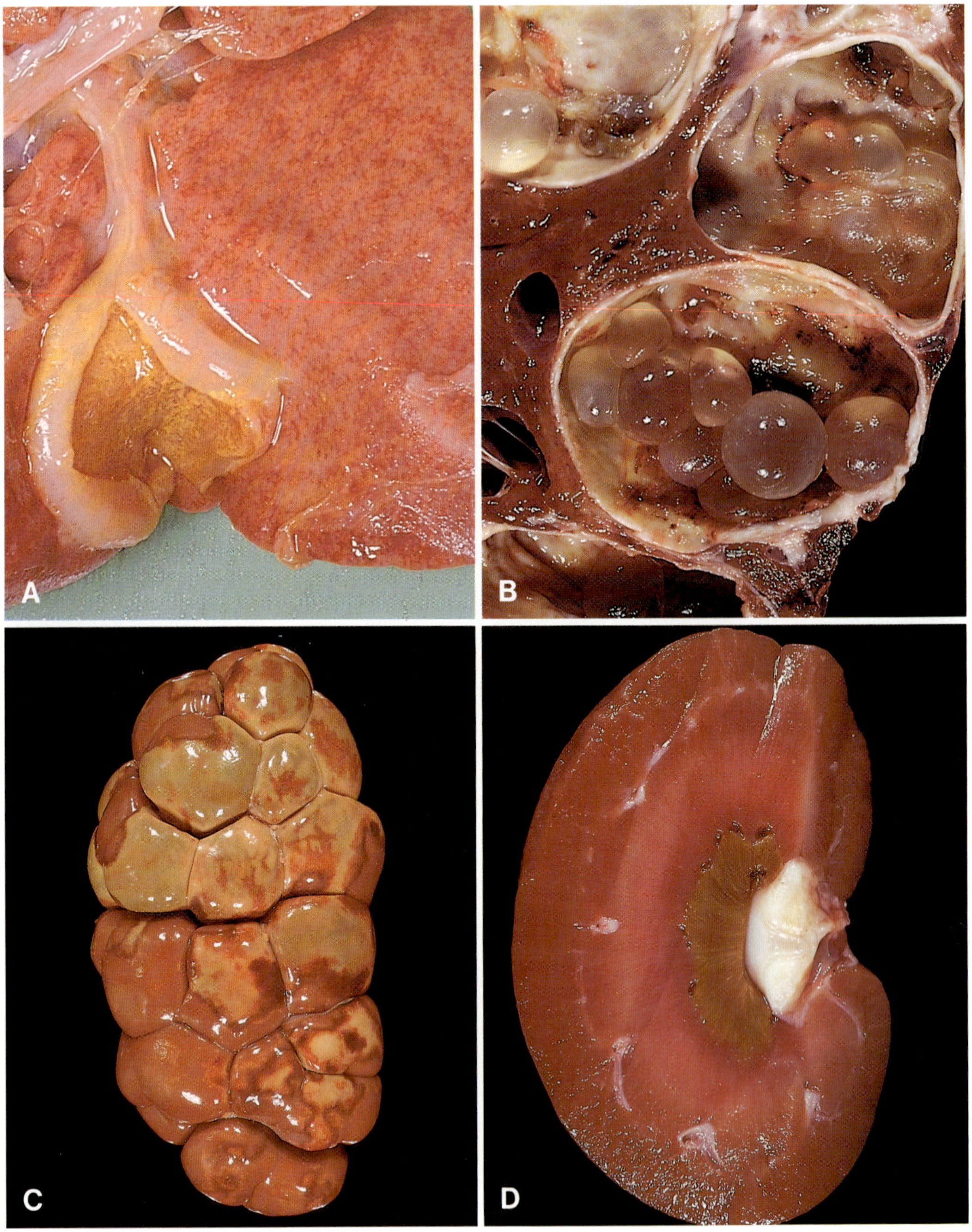

A *Hepatitis contagiosa canis;* Ödem der Gallenblasenwand, akute Leberdystrophie, Fibrinschleier auf der Leberoberfläche.

B *Finnen (Echinococcus hydatidosus)* von *Echinococcus granulosus* in der Leber eines Rindes (ca. 1,5 × nat. Gr.).

C *Nierenrindennekrosen* nach Sepsis (Endotoxinschock?), Kalb.

D *Nekrose der Nierenpapille,* Hund.

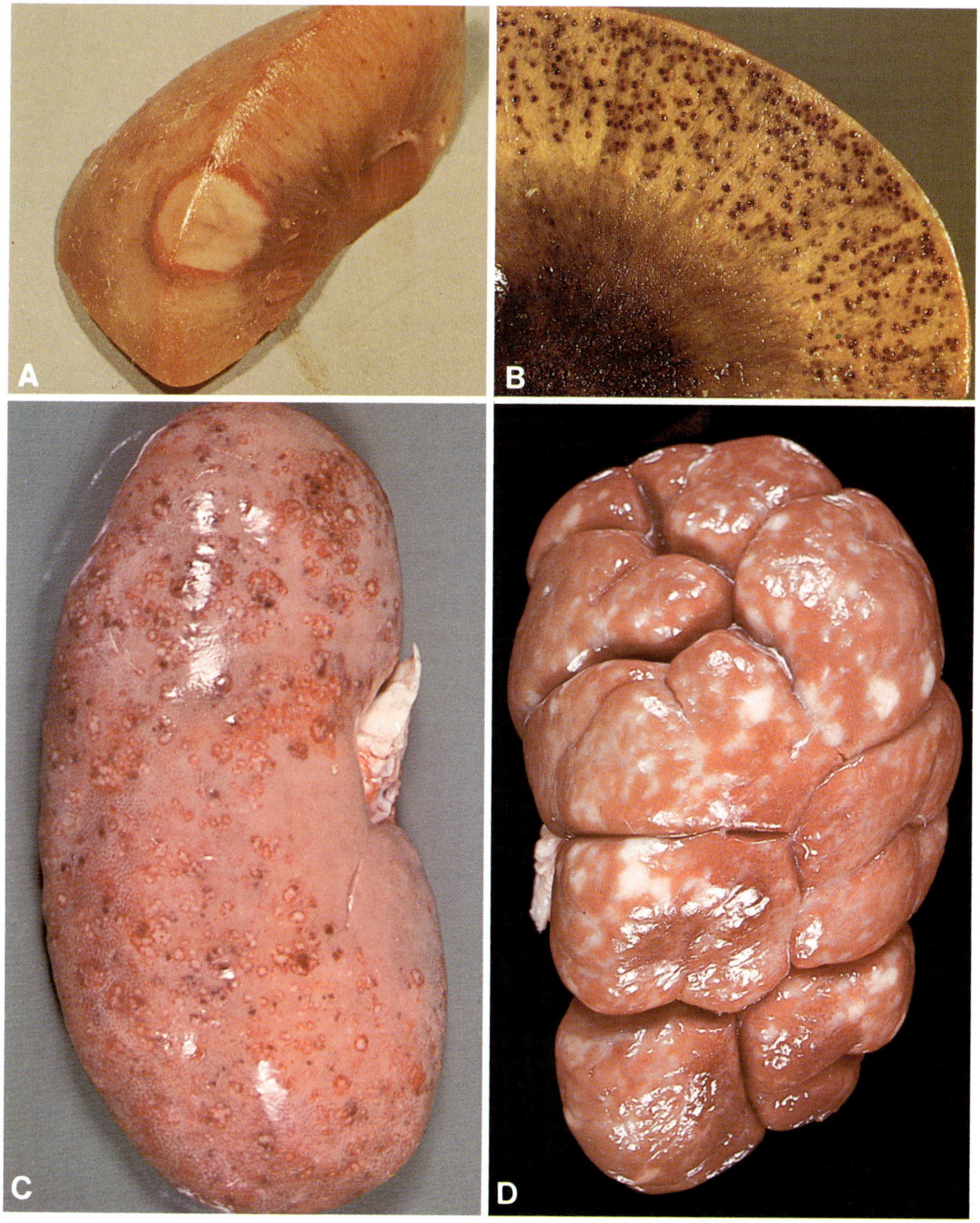

A *Anämischer Niereninfarkt* mit hämorrhagischem Randsaum, Ziege.

B *Amyloidnephrose,* Hund; Amyloidnachweis mit Lugolscher Lösung (Foto: K. Frese).

C *Herdförmige embolisch-eitrige interstitielle Nephritis,* Schwein.

D *Herdförmige nicht-eitrige interstitielle Nephritis* (weiße Fleckniere), Rind.

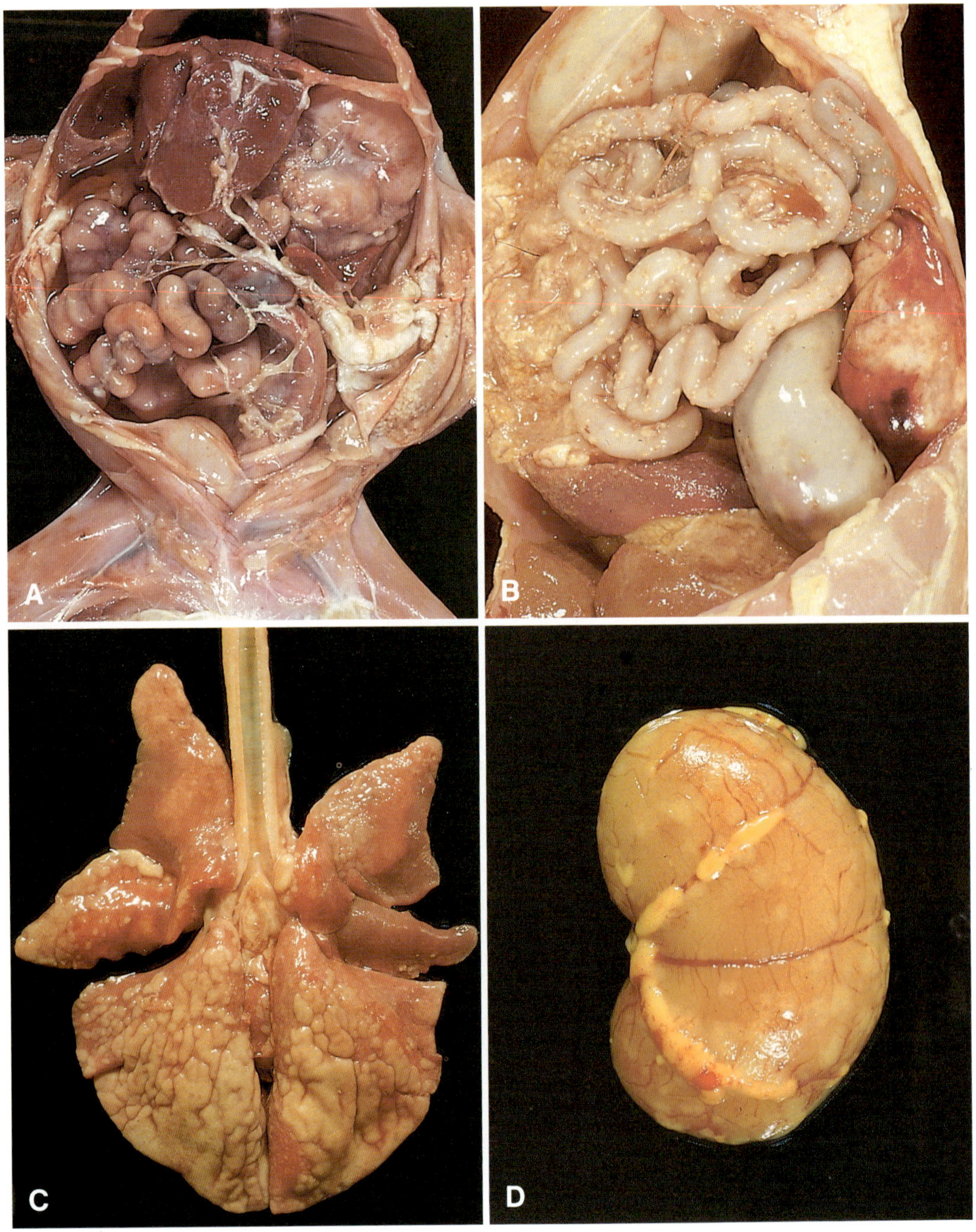

Feline infektiöse Peritonitis.

A Vorwiegend *exsudative Form* (Fibrinexsudation) mit starker Ausweitung der Bauchdecken.

B Vorwiegend *granulomatöse Form* (auch Leber betroffen), flächenhafte subseröse Blutungen und Ikterus.

C *Fibrinös-granulomatöse Pleuritis* mit Kompressionsatelektase der Lunge und Ikterus.

D Multiple *Granulome* in der Niere vorwiegend im Bereich der Gefäße (Arrosionsblutungen) und Ikterus.

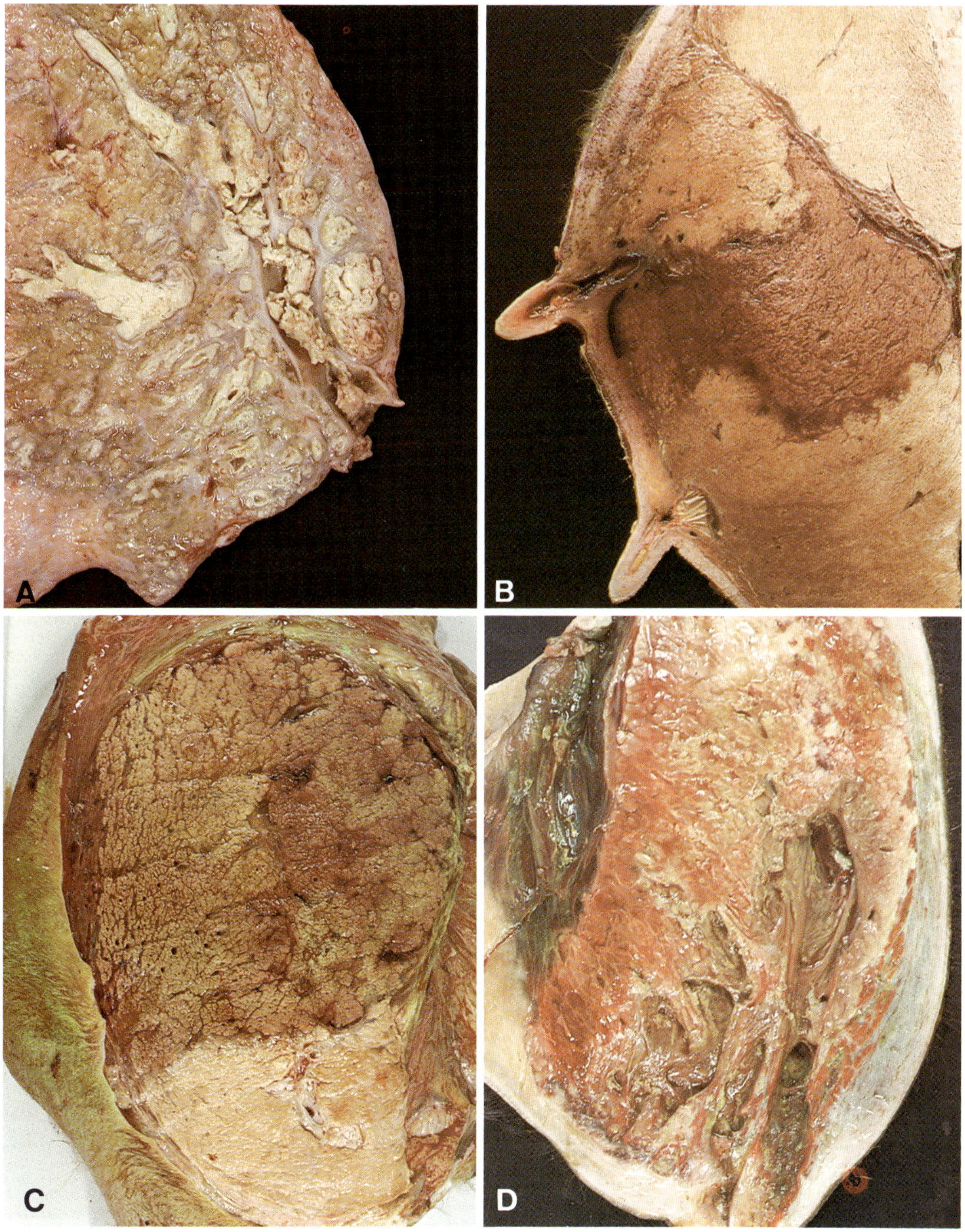

A Subakute *eitrige Galaktophoritis und Mastitis* infolge Infektion mit *Streptococcus agalactiae,* Rind.

B Sog. *Colimastitis,* Rind.

C *Akute hämorrhagisch-nekrotisierende Mastitis* infolge Infektion mit *Clostridium perfringens,* Rind.

D *Akute hämorrhagisch-nekrotisierende Mastitis* infolge Infektion mit *Pseudomonas aeruginosa,* Ziege.

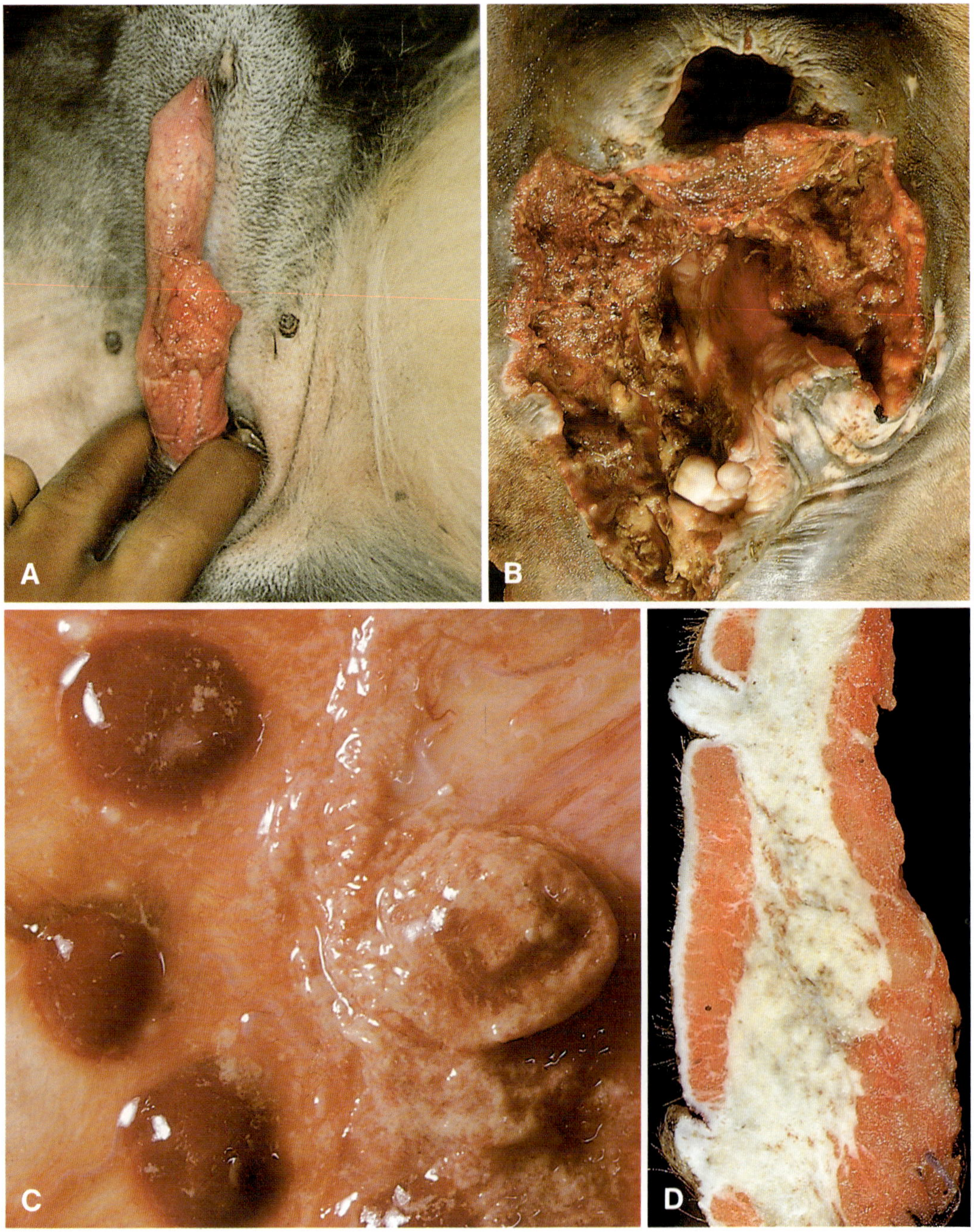

A *Übertragbarer venerischer Tumor* am Penis, Hund (Foto: H. Frank).

B *Ulzerierendes Plattenepithelkarzinom* der Vulva, Stute.

C *Fibrinös-nekrotisierende Plazentitis* bei Abort infolge Infektion mit *Chlamydia psittaci,* Schaf.

D Infiltrativ in der Gesäugeleiste wachsendes *solides Karzinom der Mamma* einer Hündin. Das Fettgewebe ist rot angefärbt, das Tumorgewebe von weißlich-gelber Farbe (Foto: K. Frese).

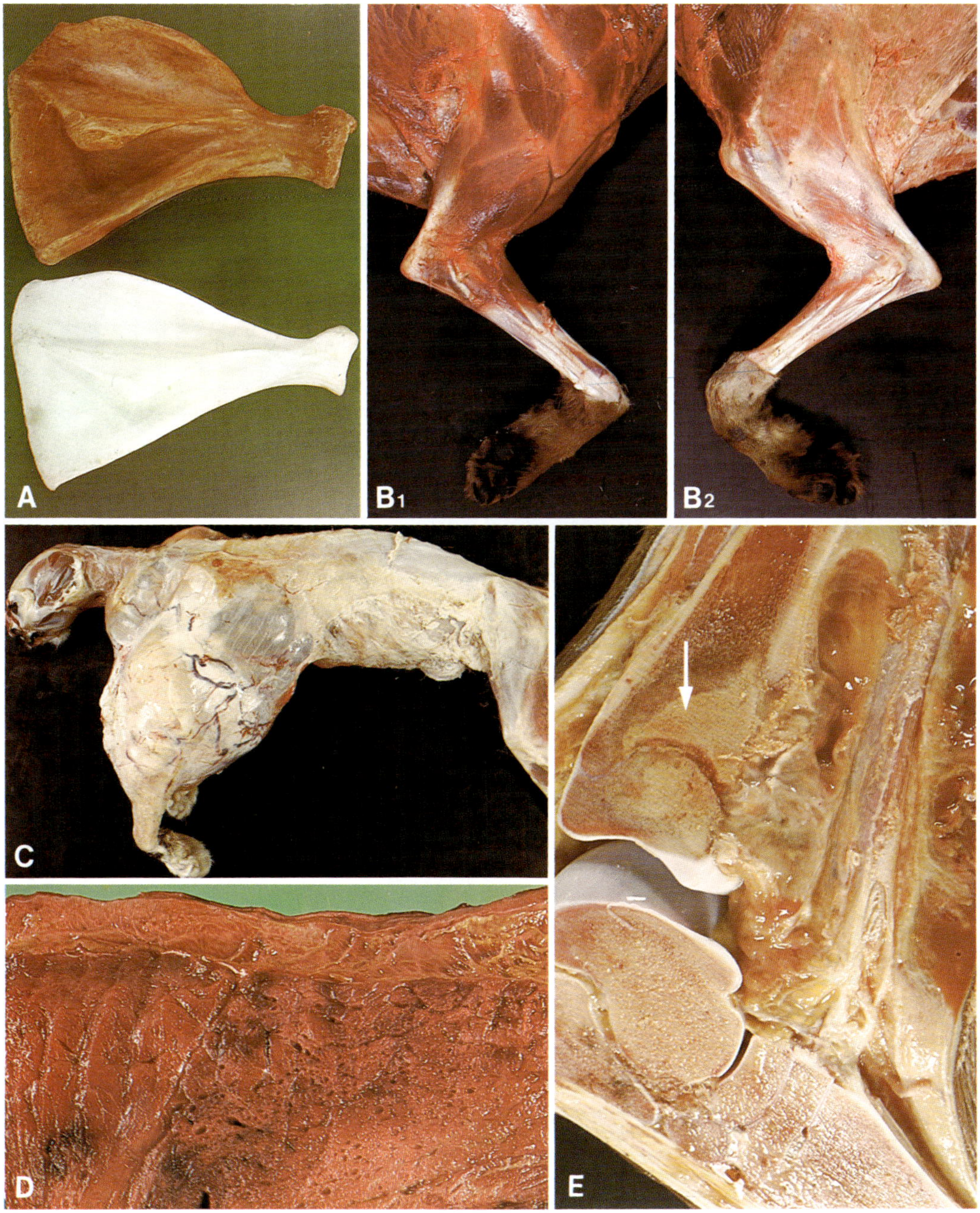

A *Porphyrie* des Knochens beim Schwein ($\frac{1}{3}$ nat. Gr.; unten Normalbild zum Vergleich).

B *Neurogene Muskelatrophie* nach Abriß des Plexus brachialis (B 2) im Vergleich mit der gesunden Extremität (B 1), Hund.

C *Osteochondrosarkom* von der proximalen Humerusepiphyse ausgehend, Katze.

D Gewebsbild beim *Pararauschbrand,* hervorgerufen durch *Clostridium septicum,* Rind ($\frac{2}{3}$ nat. Gr.).

E *Arthritis (Synovitis) et Tendovaginitis fibrinosa et purulenta* im Tarsalbereich, die mit einer Osteomyelitis purulenta (↓) korrespondiert, hervorgerufen durch *Actinobacillus equuli,* Fohlen ($\frac{2}{3}$ nat. Gr.).

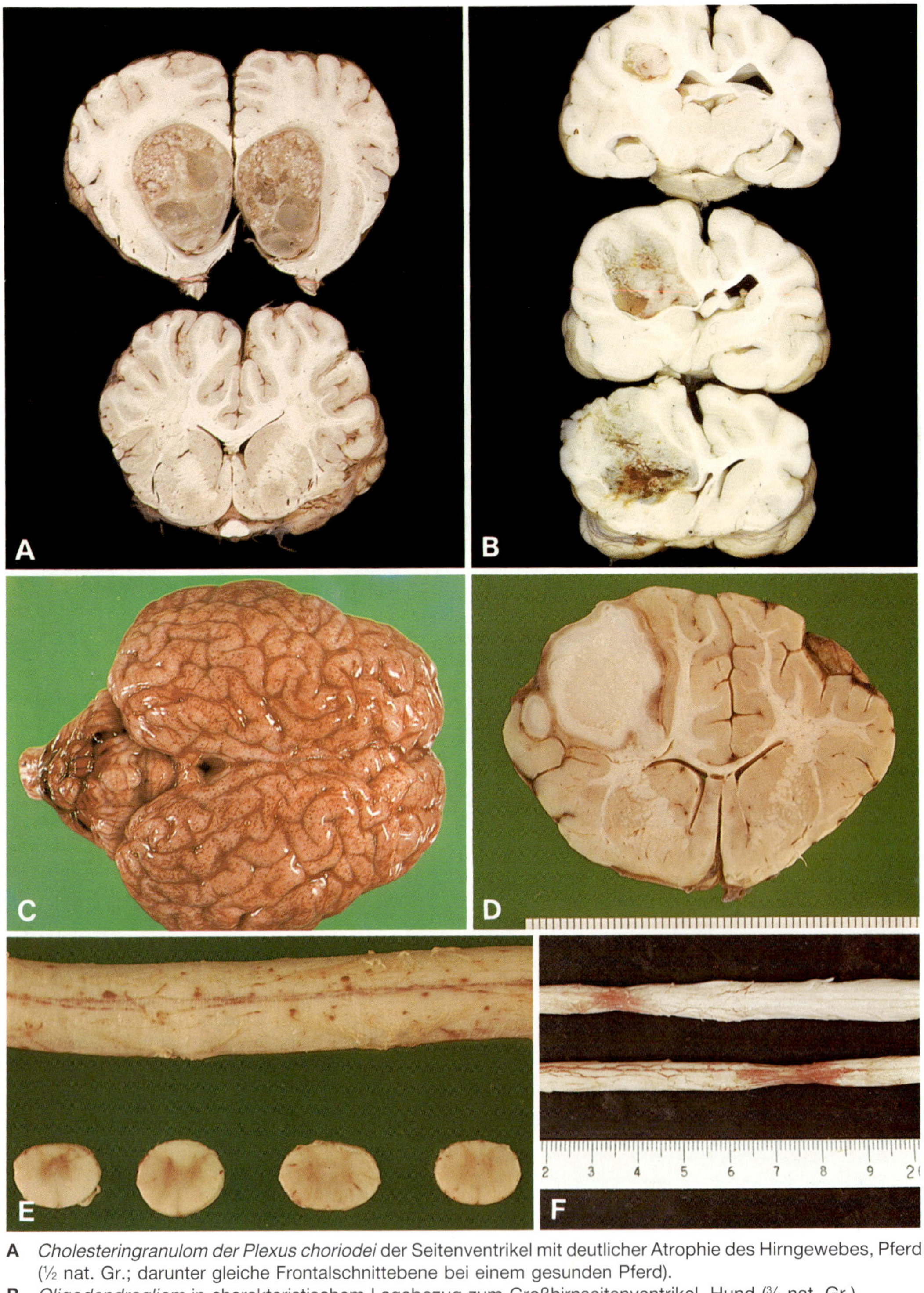

A *Cholesteringranulom der Plexus choriodei* der Seitenventrikel mit deutlicher Atrophie des Hirngewebes, Pferd (½ nat. Gr.; darunter gleiche Frontalschnittebene bei einem gesunden Pferd).
B *Oligodendrogliom* in charakteristischem Lagebezug zum Großhirnseitenventrikel, Hund (¾ nat. Gr.).
C *Akute Meningoenzephalitis* bei E. coli-Septikämie, Kalb (⅔ nat. Gr.).
D *Solitärer Hirnabszeß,* hervorgerufen durch *Fusobacterium necrophorum,* Damwild-Kalb (nat. Gr.).
E Rückenmark bei dem durch *Herpes equi 1*-Virus bedingten *equinen Parese/Paralysesyndrom* (nat. Gr.).
F Sanduhrförmige *Atrophien des Rückenmarkes* als Folgen von Bandscheibenprotrusionen, Hund.

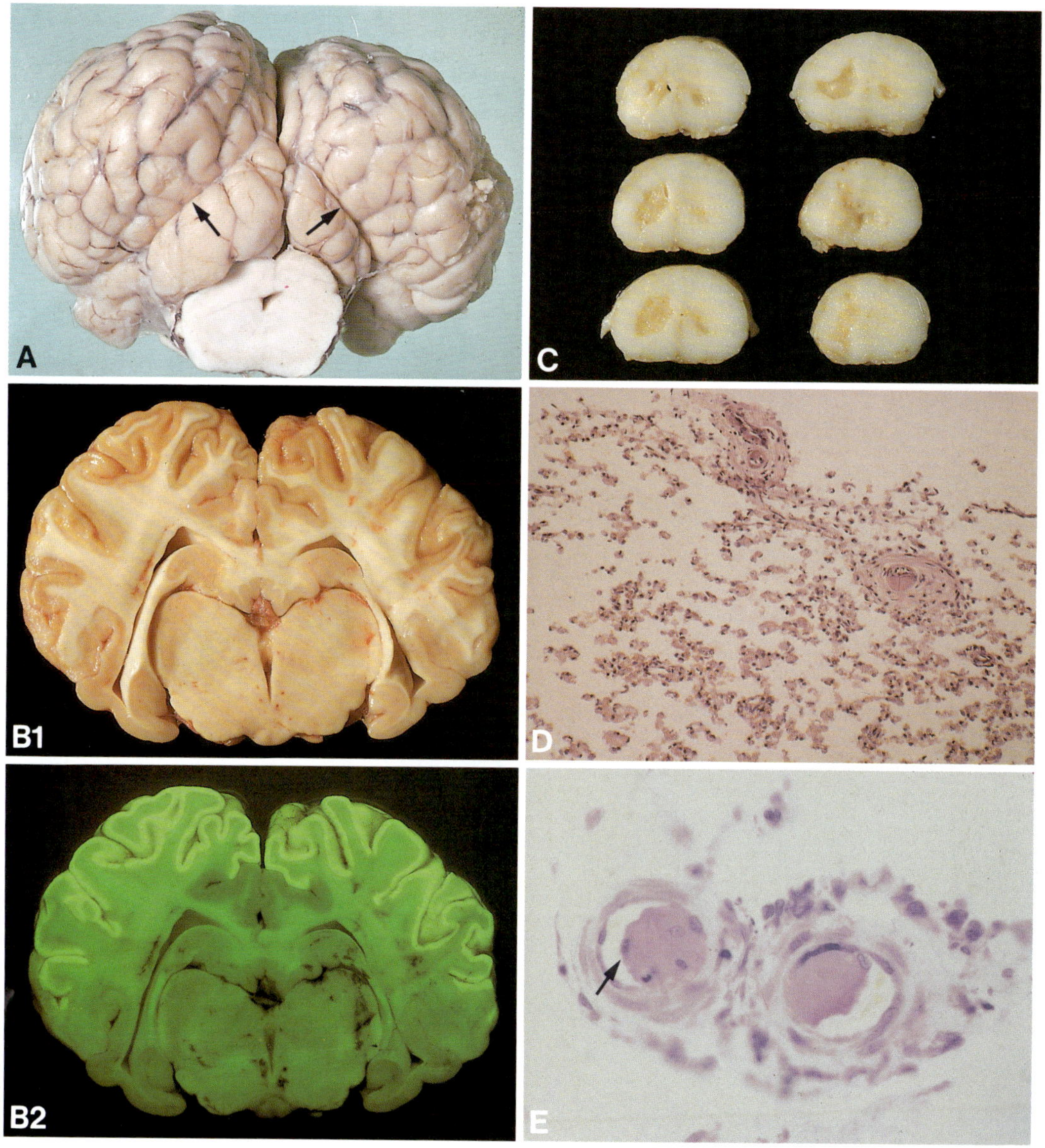

A *Hirnödem* mit bilateral-symmetrischer Verlagerung und Einschnürung von Großhirnrindengewebe im Tentoriumbereich. Die Pfeile weisen auf die Schnürfurche, das sog. Tentoriumzeichen, Pferd (⅔ nat. Gr.).

B *Zerebrokortikalnekrose (CCN)* beim Kalb.
Die vor allem den Neocortex betreffenden Malazien (**B1**) leuchten unter UV-Licht (**B2**) gelblich-grün auf (¾ nat. Gr.; Präparation K. Frese).

C *Knorpelgewebsembolie (fibrokartilaginäre Embolie)* im Lendenmark mit zentralen Nekrosefeldern (Poliomalazie), Dogge wbl. 4 Mo. (1,5 × nat. Gr.; Foto: K. Frese).

D Histologisches Bild zu C mit mesoglial-makrophagischer Resorption (Gitterzellen) und zwei obturierten sulcocommissuralen Arteriolen, H. E., 75 ×.

E *Metachromatische Faserknorpelteilchen* in spinalen Meninxarteriolen bei fibrokartilaginärer Embolie, die parietal festhaften und z. T. schon organisiert werden (↑), Boxer ml. 2 J., Nissl, 480 ×.

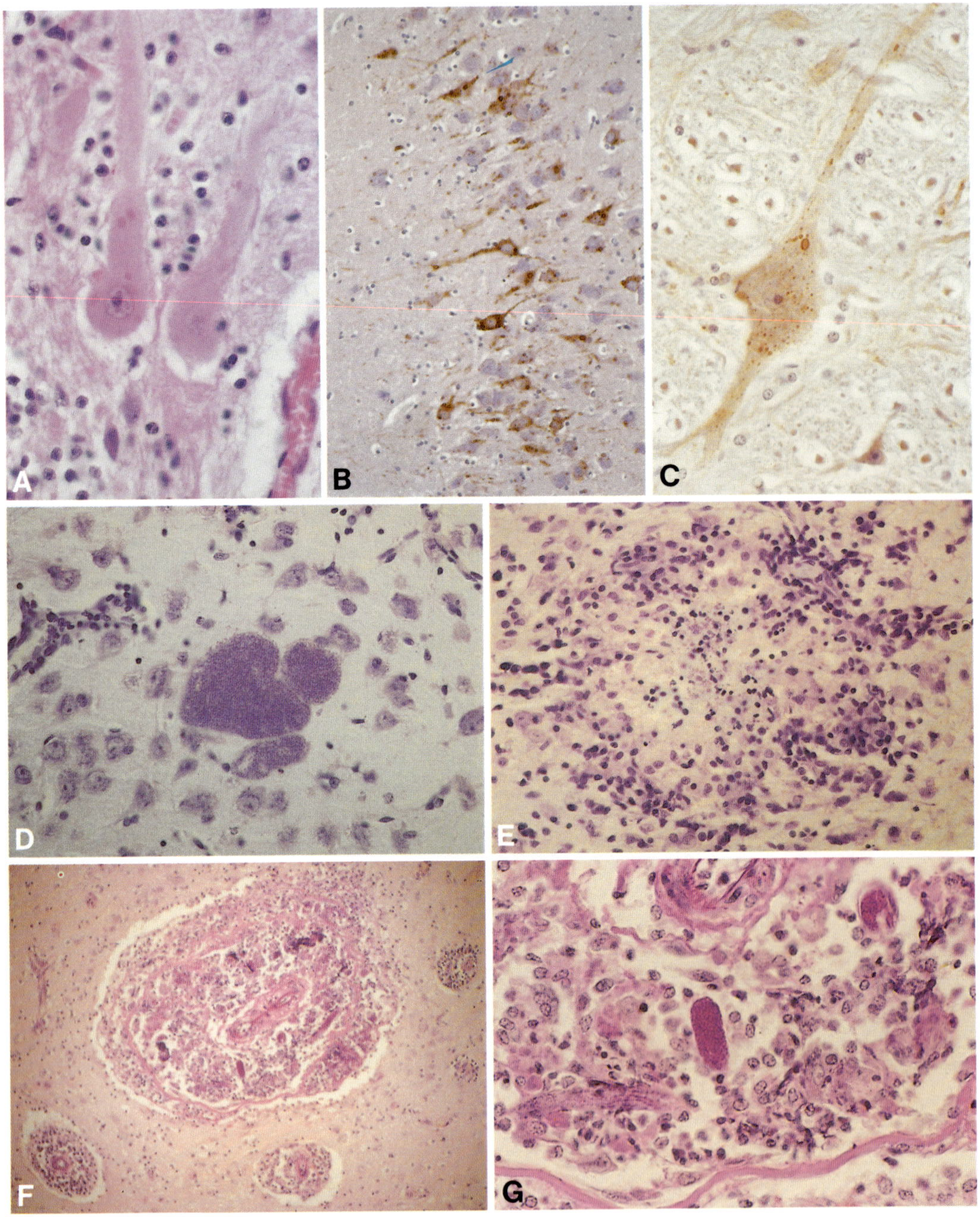

Tollwut: Antigenverteilung bzw. Virusreplikation in vitalen Nervenzellen.

A NEGRIsche Körperchen im Soma von PURKINJE-Zellen, Rind, H.-Phloxin, 400 ×.

B, C Immunhistochemischer Antigennachweis mit monoklonalem Antikörper (Avidin-Biotin-Methode). B = Hippocampus, Fuchs, 200 ×; C = Pons, Pferd, 300 ×.

Encephalitozoon cuniculi-Infektion beim Hauskaninchen.

D Große, reaktionslos im Hirngewebe liegende Parasitenzyste, NISSL, 250 ×.

E Herdenzephalitis (sog. Granulomenzephalitis) nach Auflösung der Zyste, NISSL, 250 ×.

Halicephalobus (Micronema) deletrix-Infektion im ZNS des Pferdes.

F, G Die ausschließlich weiblichen Parasiten finden sich vorwiegend in perivaskulär-adventitiellen Granulomfeldern, H.-PAS, 75 × und 480 ×.

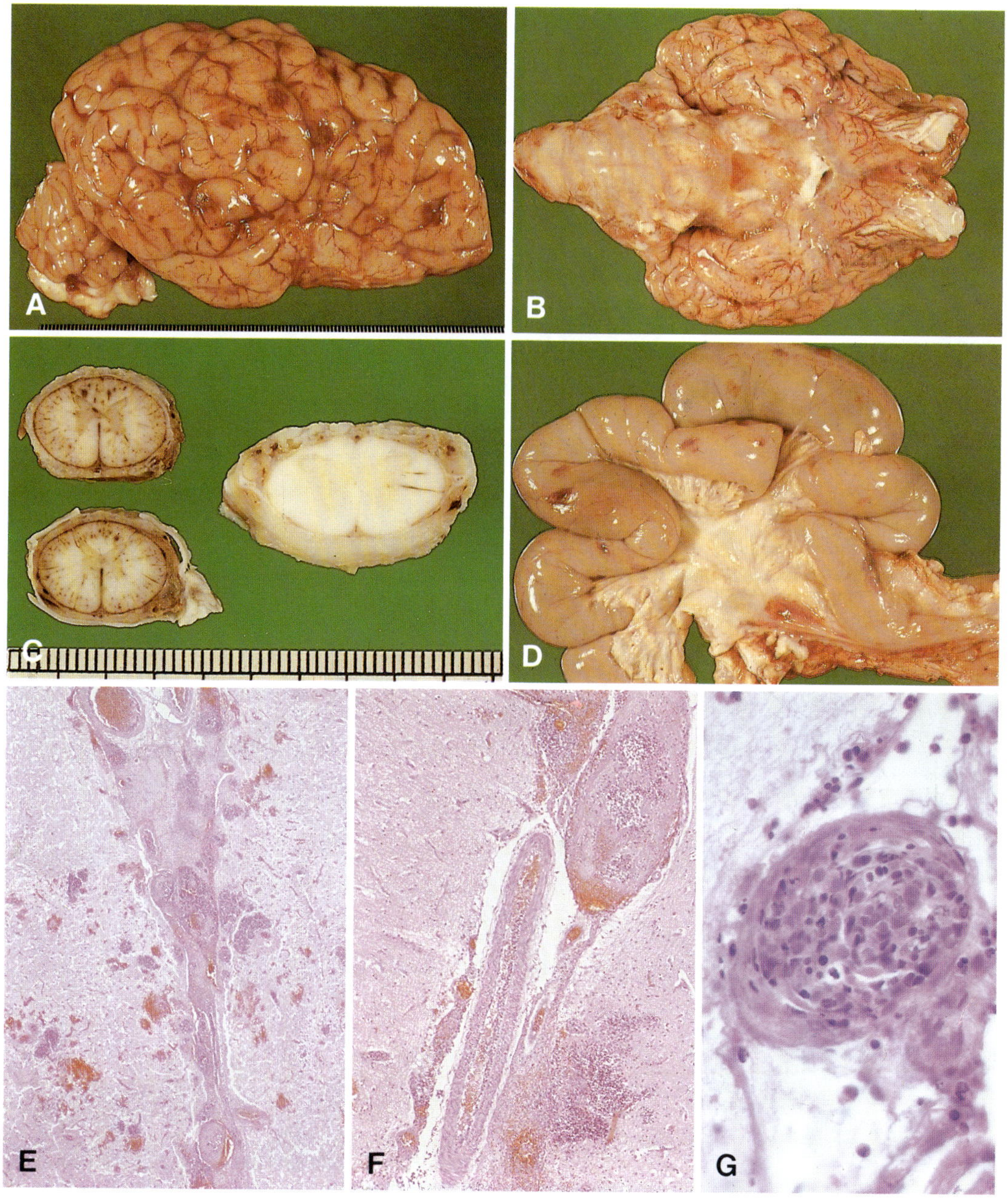

Infektiöse, septikämisch-thromboembolische Meningoenzephalomyelitis (Haemophilus somnus-Infektion) des Rindes.

A Disseminierte thromboembolische Enzephalitis (½ nat. Gr.).

B Fibrinös-eitrige Basilarmeningitis (½ nat. Gr.).

C Disseminierte thromboembolische Myelitis mit fibrinös-eitriger Meningitis (¾ nat. Gr.).

D Disseminierte thromboembolische Darmwandnekrosen, Jejunum (½ nat. Gr.).

E, F Neurohistologischer Befund zu **B:** Neben disseminierten nekrotisch-entzündlichen Hirngewebsveränderungen sind die fibrinös-eitrige Meningitis und thromboembolische Gefäßverschlüsse zu erkennen, H. E., 50 ×.

G Neurohistologischer Befund zu **C:** Thrombose und Wandnekrose einer kleinen Meninxvene, umgeben von fibrinös-granulozytären Exsudationen im Arachnoidealraum, H. E., 480 ×.

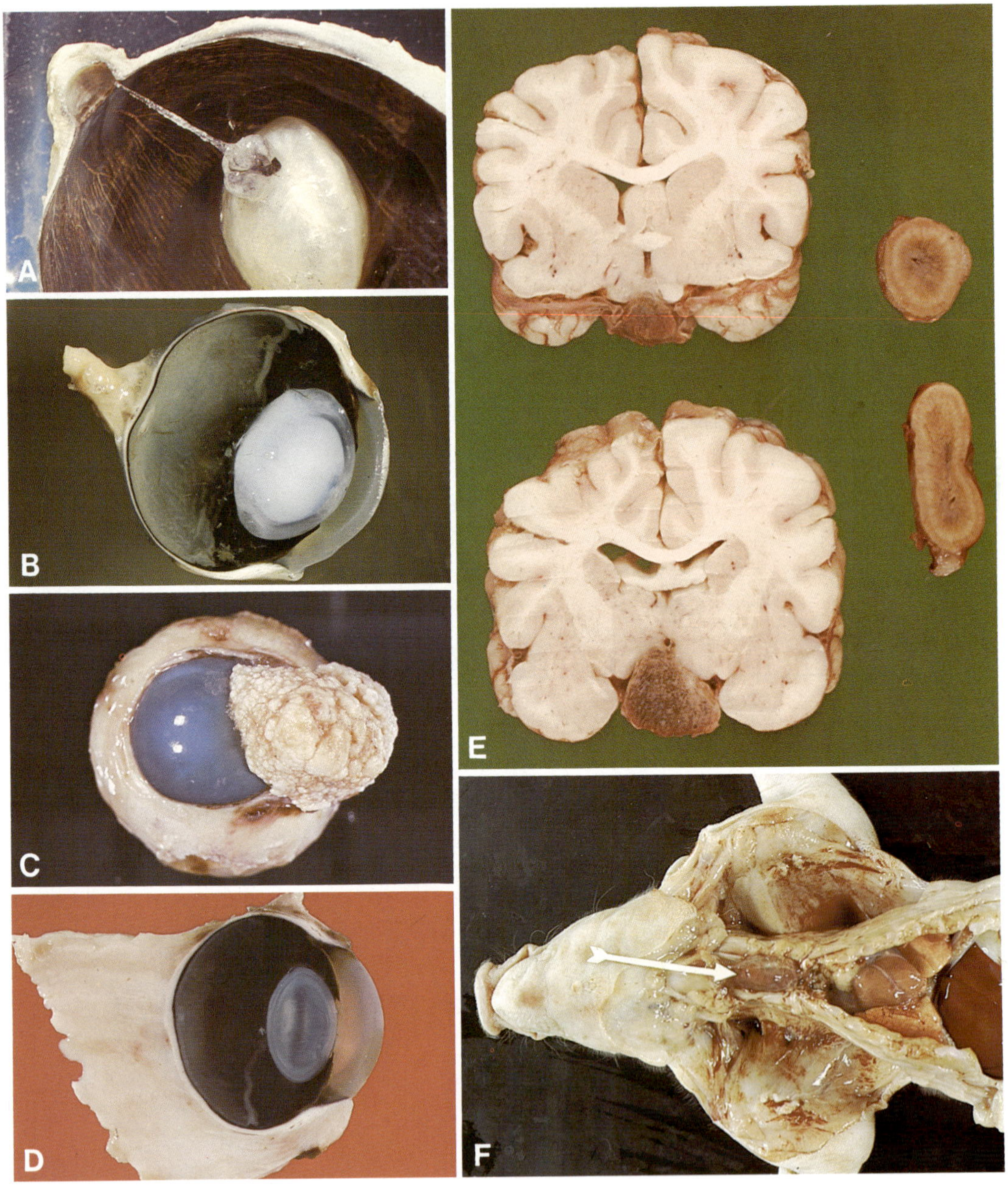

A *Persistierender hyperplastischer primärer Glaskörper:* Die Linse ist durch Traktion am fixierten Strang luxiert und weist einen hinteren Polstar auf; die Papilla optica ist durch Sekundärglaukom napfförmig exkaviert, Hund (4 × nat. Gr.).

B *Cataracta juvenilis:* Zentrale Trübung der Linse mit hinterem, bis zum Äquator reichenden Polstar, Hund (4 × nat. Gr.).

C *Verhornendes Plattenepithelkarzinom* der Conjunctiva bulbi, Pferd ($\frac{3}{4}$ nat. Gr.).

D Entzündlicher, sklerosierender *Pseudotumor orbitae,* Hund (1,5 × nat. Gr.).

E *Mukoidzelliges Hypophysenadenom* und *diffus-doppelseitige Nebennierenrindenhyperplasie* bei Morbus Cushing, Hund (nat. Gr.).

F *Struma parenchymatosa* mit Myxödem der Schulter- und Halspartie = Dickhalsferkel ($\frac{1}{2}$ nat. Gr.).

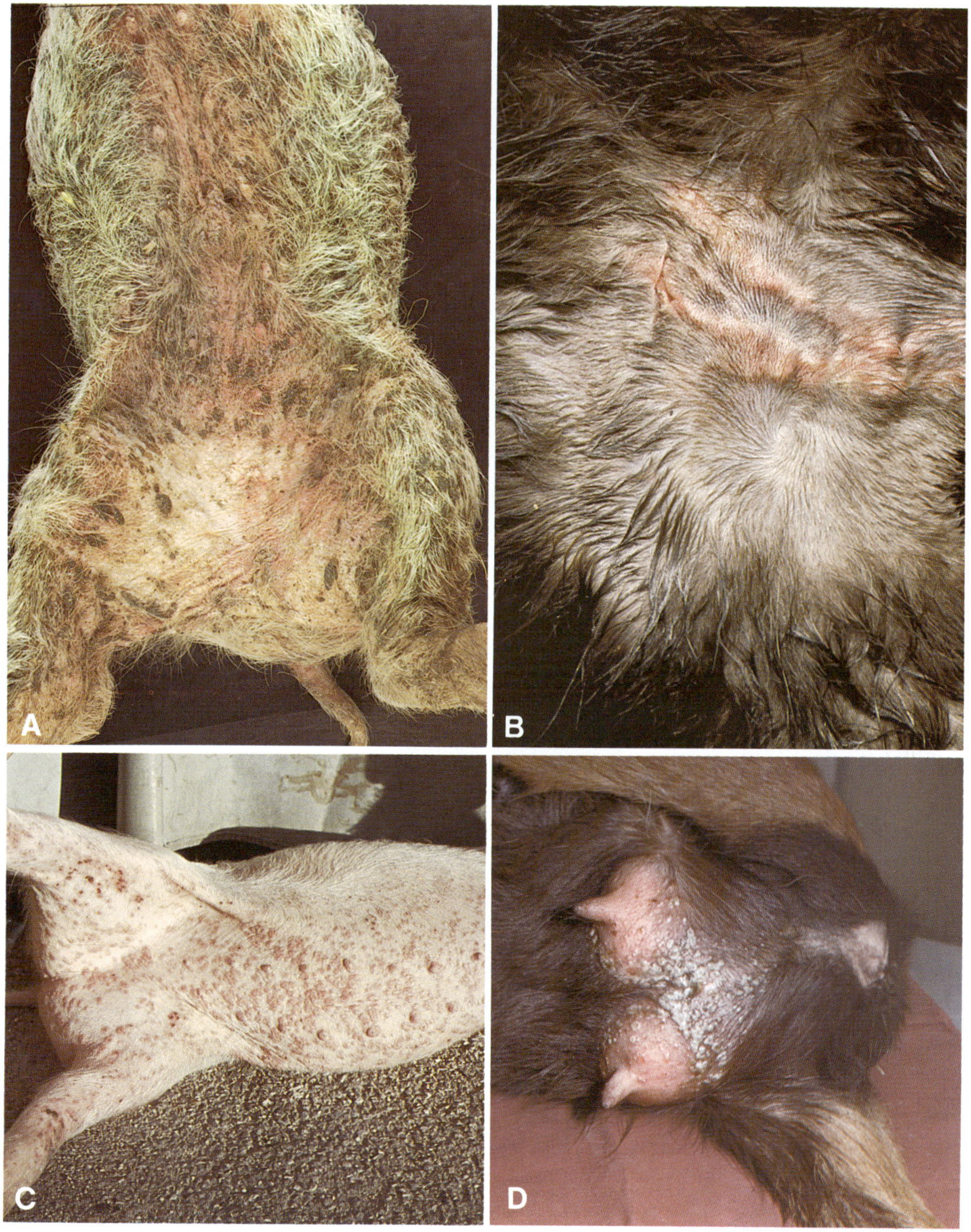

A *Parakeratosis diaetetica,* Läuferschwein.

B *Eosinophiles Granulom* (lineare = intradermale Form), Katze.

C Exanthem bei originären *Schweinepocken.*

D Pustulöse Dermatitis bei *Ecthyma contagiosum,* Ziege.

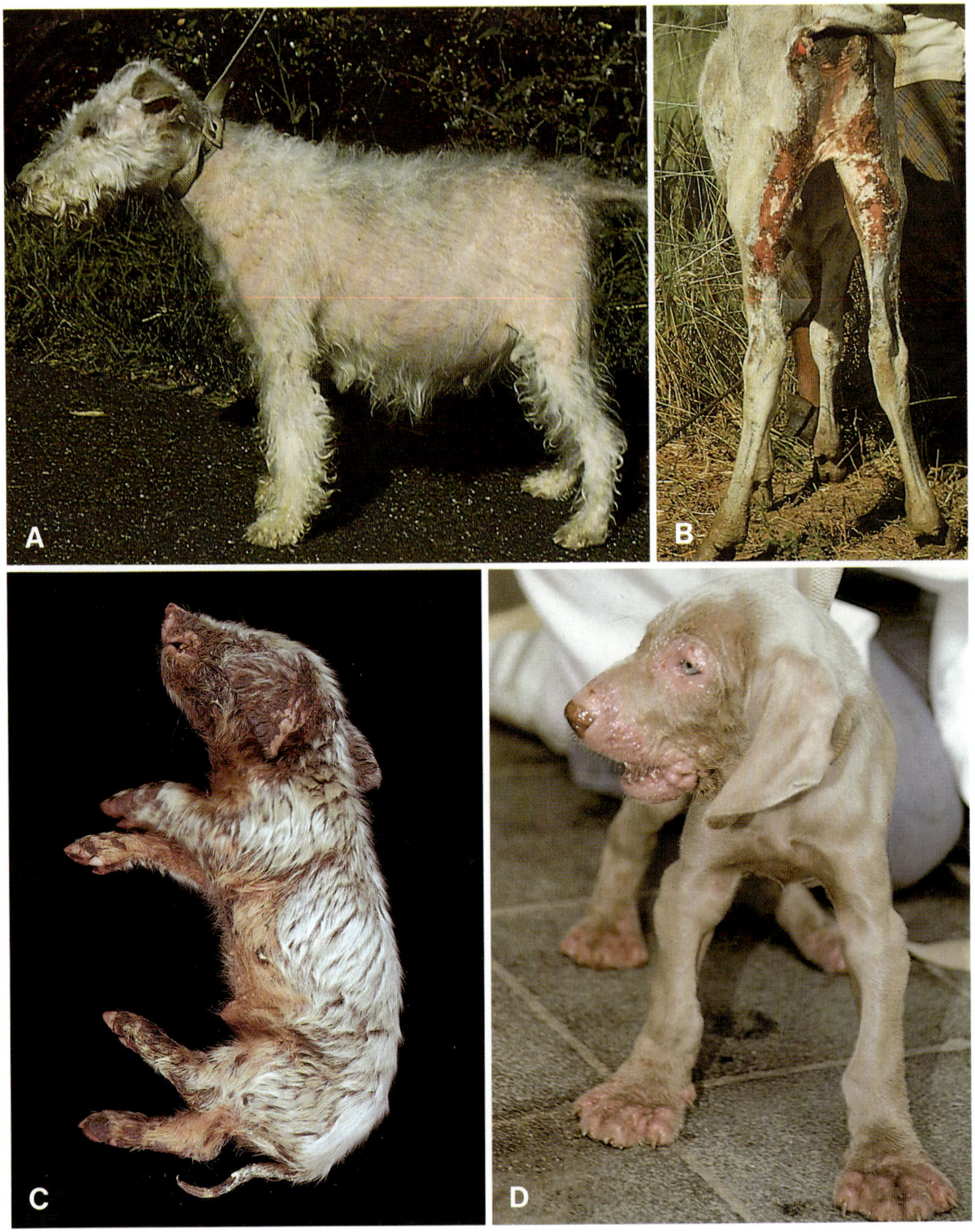

A Cushing-*Syndrom*: Alopezie, herdförmige Hyperpigmentierungen, Stammfettsucht (Foto: I. Nolte).

B *Hepatogene Photodermatitis* bei einem Rind, verursacht durch Mykotoxine von *Pithomyces chartarum* (Foto: J. Döbereiner).

C *Exsudative Epidermitis (Staphylococcus hyicus)* bei einem fünf Wochen alten Saugferkel.

D *Staphylokokkenpyodermie* (Foto: I. Nolte).

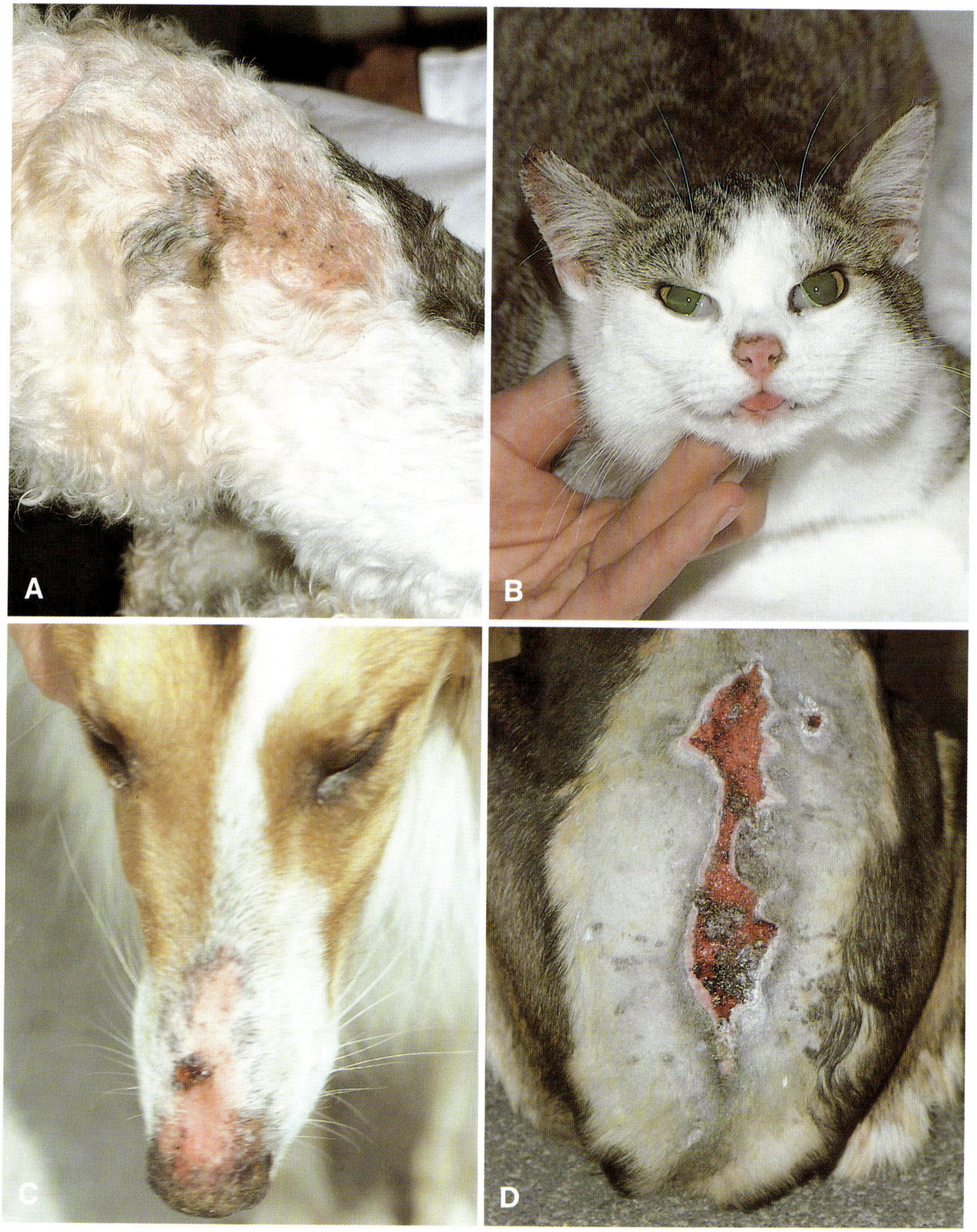

Allergische Hautkrankheiten.

A *Flohallergie,* Hund.

B *Pemphigus foliaceus* (Lippen, Nase, Ohren).

C Sogenannte *Collie-Nose (diskoider Lupus erythematodes?).*

D *Kontaktdermatitis* nach Aufbringen eines Desinfektionsmittels zur Operationsvorbereitung. (Alle Fotos: I. Nolte).

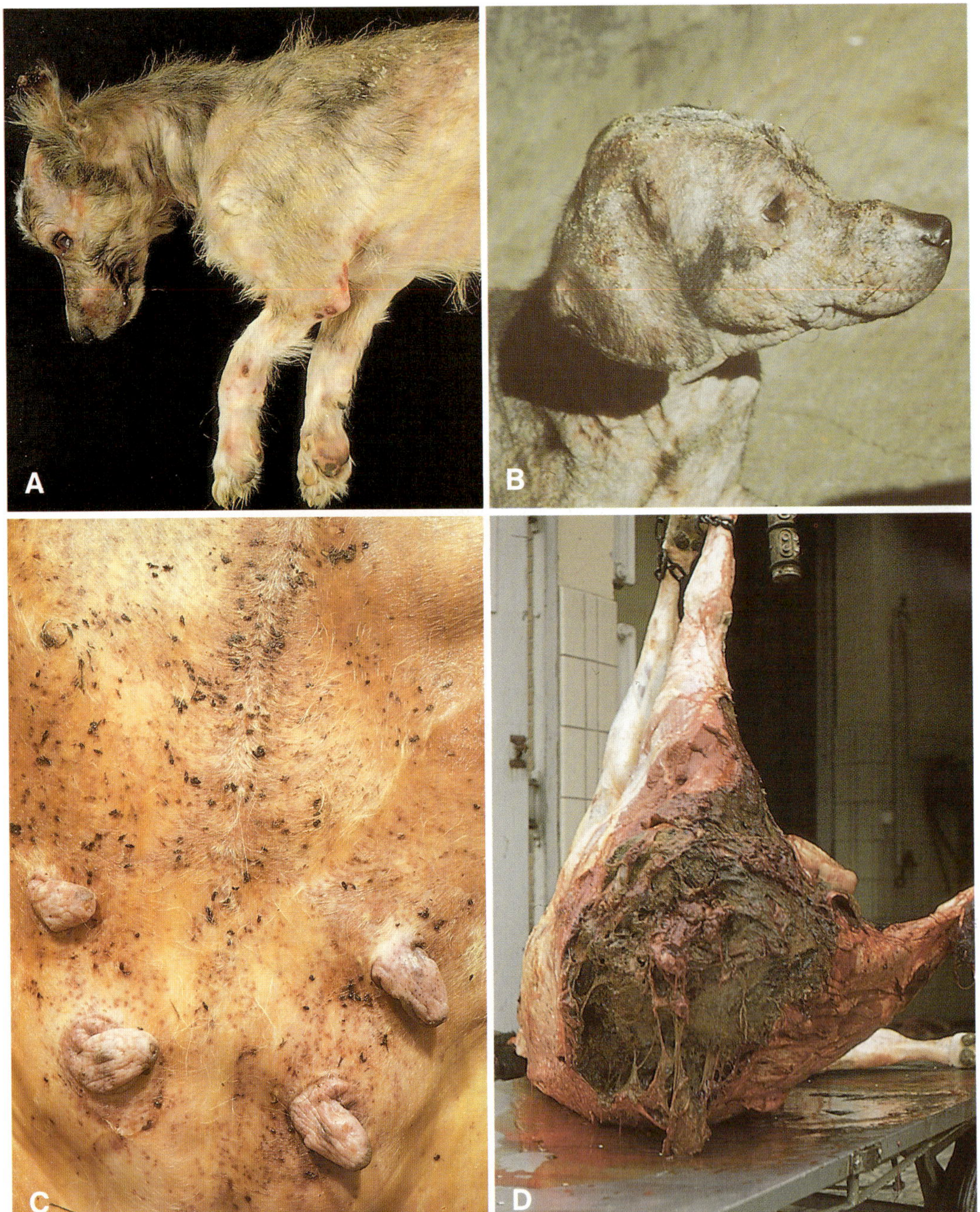

A *Kutane Leishmaniose* (Alopezie, Geschwüre).

B *Demodikose,* squamopapulöse Form (Foto: E. VOCKERT).

C Multiple Stiche, Petechien und Ekchymosen und Erythem nach Kriebelmückenüberfall. Euter, Rind.

D Ausgedehnte phlegmonös-gangräneszierende Entzündung der Unterhaut, Faszien und oberflächlichen Muskulatur infolge bakterieller Sekundärinfektion bei *Dasselfliegenbefall (Hypoderma bovis).*

Sachwortverzeichnis

F

M